U0196420

“十四五”时期国家重点出版物
出版专项规划项目

药理活性海洋天然产物手册

HANDBOOK OF PHARMACOLOGICALLY ACTIVE MARINE NATURAL PRODUCTS

第一卷

萜类化合物

Terpenoids

周家驹——编著

化学工业出版社
·北京·

内容简介

本手册数据信息取材于中国科学院过程工程研究所分子设计研究组研制的“海洋天然产物数据库”的活性数据，从 19715 种海洋天然产物中遴选出含有药理活性的海洋天然产物 8344 种，并按照物质的结构特征分类介绍。手册的编排注重化学结构的多样性、生物资源的多样性和药理活性的多样性。对每一种化合物，分别描述了其中英文名称、生物来源、化学结构式和分子式、所属结构类型、基本性状、药理活性及相应的参考文献。本卷总结了萜类化合物的相关数据及相应的结构与药效的关系。

本手册适合海洋天然产物化学、药理研究以及新药开发的人员参考。

图书在版编目（CIP）数据

药理活性海洋天然产物手册. 第一卷，萜类化合物/
周家驹编著. —北京：化学工业出版社，2022.11
ISBN 978-7-122-41785-5

Ⅰ. ①药… Ⅱ. ①周… Ⅲ. ①萜类化合物-海洋生物
-手册②萜类化合物-海洋药物-药理学-手册 Ⅳ.
①Q178.53-62②R282.77-62

中国版本图书馆 CIP 数据核字（2022）第 112644 号

责任编辑：李晓红　　　　装帧设计：刘丽华
责任校对：宋　玮

出版发行：化学工业出版社（北京市东城区青年湖南街 13 号　邮政编码 100011）
印　　装：北京科印技术咨询服务有限公司数码印刷分部
787mm×1092mm　1/16　印张 35½　字数 1059 千字　　2023 年 1 月北京第 1 版第 1 次印刷

购书咨询：010-64518888　　　　售后服务：010-64518899
网　　址：http://www.cip.com.cn
凡购买本书，如有缺损质量问题，本社销售中心负责调换。

定　　价：298.00 元

贡献者名单

本书是周家驹及中国科学院过程工程研究所分子设计研究组全体人员集体智慧的结晶，在此向所有为本书的编写做出贡献的成员表示感谢。

下面是 11 位贡献者的名单及对本书的贡献，按姓氏笔画先后顺序排列。

姓　名	对本书的贡献	当前工作单位
乔颖欣	数据源搜寻，原始论文收集，关键信息查找	中国国家图书馆
刘　冰	早期数据收集	Lead Dev. Prophix Software Inc.（加拿大）
刘海波	编辑转换专用软件研制	中国医学科学院药用植物研究所
何险峰	早期数据收集	中国科学院过程工程研究所
唐武成	部分原始论文收集	中国科学院过程工程研究所
彭　涛	自动产生索引软件研制	北京联合大学计算机学院
谢桂荣	数据收集、整理和编辑	中国科学院过程工程研究所
谢爱华	部分数据收集	河北中医学院药学院
雷　静	博士毕业论文	中华人民共和国教育部教学设备研究发展中心
裴剑锋	早期数据收集	北京大学交叉学科研究院定量生物学中心
廖晨钟	原始论文收集	合肥科技大学生物药物工程学院药学系

序

《药理活性海洋天然产物手册》（以下简称“手册”）是编著者所在的中国科学院过程工程研究所分子设计研究组研制的“海洋天然产物数据库”的活性数据选集。海洋天然产物数据库收录了海洋天然产物 19715 种，本手册选录了其中具有药理活性的海洋天然产物 8344 种。

广袤的海洋是地球上最后也是最大的资源宝库，迄今为止人类尚未对其进行系统研究和开发。

海洋的性质及其生态环境和陆地有很大的不同。首先它是一个全面联通的，而又永远流动的盐水体系。在一定深度以下，它又是一个高压、缺氧、缺光照的特殊体系。海洋特殊的性质及其生态环境决定了海洋生物具有和陆地生物迥然不同的多样性，其分布和景观更加多姿多彩。因此，海洋生物的二级代谢产物在结构类型、药理活性等方面也具有和陆地天然产物很不相同的多样性。

本手册论及的“海洋天然产物”是一个化学概念。它是指源于海洋生物的次生代谢物有机小分子，而不是指海洋生物本身。有机化学把有机分子分为两类：一类是天然原有的天然产物；另一类是人工合成的化合物。对于天然产物，应该是研究探索其产生和变化的自然规律，进而根据自然规律加以利用，以利于人类和自然的和谐共存和发展。

海洋天然产物小分子的分子结构千变万化，具有极为丰富的药理活性和结构多样性，无论从资源的角度，还是从信息的角度，对于研制开发新型药物的人们都具有巨大的吸引力。根据分子结构的不同类型，我们把本手册划分为四卷，分别是：

第一卷　萜类化合物

第二卷　生物碱

第三卷　聚酮、甾醇和脂肪族化合物

第四卷　氧杂环、芳香族和肽类化合物

这些化合物的天然来源是 3025 种海洋生物，包括各类海洋微生物、海洋植物和各类海洋无脊椎动物，但不包括鱼类等海洋脊椎动物。所有的内容都是由全世界的海洋生物学家、化学家、药物学家进行分离、鉴定和生物活性测定，并公开发表在有关领域核心杂志上的实验结果，因而数据全面、翔实、可靠。

手册系统收集范围截止到 2012 年，并包括了直至 2016 年的部分核心期刊新数据。这些化合物中大约有 85%是 1985~2014 年这 30 年间发表的，而在此前发表的只占 20%。要查找 1984 年以前发表的“老”化合物，不建议使用本手册，推荐使用文献[R1]和[R2]。查找 1985 年至 2016 年发表的“新”化合物，推荐使用本手册。

手册编著分两个时间段，其中 1998~2001 年为准备阶段，2011~2020 年为主要编著阶段。在最初的原始版本中，收集的化合物约为 25000 种，其中 3000 多种是来自不同作者的重复化合物，因此收集的化合物真正种类约为 22000 种。经过数据定义规范化、交叉验证、评估确认、重复结构识别和相关数据整合等全面的数据整理过程，最终完成的数据集含有 19715 种化合物，其中有药理数据的为 8344 种。

编著过程分四个步骤。首先，从 D. J. Faulkner 1986~2002 年发表在 *Nat. Prod. Rep.*上的连续 17 篇综述[R3] 和 J. W. Blunt 等 2003~2015 年发表在 *Nat. Prod. Rep.* 上的连续 13 篇综述[R4] 中得到 25000 多种海洋天然产物的名单、来源和结构等信息；第二步，根据此名单处理数千篇原始文献，核实和完善各种数据，并使用网上的化合物信息系统，以交叉验证法确定各类数据的准确性；第三步，以人工识别和计算机程序相结合，对整理过的 22000 种化合物重新检查，并对信息进行整合，得到 19715 种化合物的数据全集；最后一步，从此数据全集中提取全部有药理活性数据的化合物 8344 种，编成本手册。

编制多学科工具书要解决三个问题：一是对涉及的所有定义和概念都应明确其知识的内涵和外延；二是对于所有类型的数据进行可靠性评估；三是对重复数据的搜索识别和信息集成。十分幸运的是，我们自行开发的几款实用型软件可以帮助自动进行许多种作业，例如自动识别绝大多数重复的化合物等。剩下的问题则是结合手动过程来解决的。

本书的特点可以用"“三种多样性”来描述，即“化学结构的多样性”“生物资源的多样性”和“药理活性的多样性”。在化学结构多样性方面，我们采用了以前在中药数据库和中药有关书籍中使用过的行之有效的分类体系[R5]，该体系可以根据最新的研究和发展随时改进分类框架的结构，使之具有随时能更新的可持续发展性，建议读者浏览参看本手册各卷的目录，这些目录都是按照化学结构的详尽分类排序的，结构的分类又有三个详细的层次。

在编写过程中我们采用了两项方便读者阅读的新举措。一是对所有化合物都根据一般规则给出了中文名称，书中 15%已经有中文名称者均保留已有的名称，另外 85%没有中文名称的新化合物，则根据一般规则由编者定义中文名称。二是对 3025 种海洋生物都给出了“捆绑式”的中文-拉丁文生物名称，为读者在阅读中自然而然地熟悉大批海洋生物提供可能。

使用文后的 7 个索引，不但能方便地进行一般性查询，更重要的是从这些索引出发，读者可以方便地开展许许多多以前难以进行的信息之间关系的系统研究。

本书将帮助海洋资源管理者、研究者和教学者，以及对海洋资源感兴趣的社会各界读者了解海洋生物资源及海洋天然产物的概貌和详情。对相关专业的大学生、研究生等也有助益。

是为序。

周家驹

2022 年于京华寓所

参考文献

[R1] J. Buckingham (Executive Editor), Dictionary of Natural Products, Chapman & Hall, London, Vol 1~Vol 7, 1994; Vol 8, 1995; Vol 9, 1996; Vol 10, 1997; Vol 11, 1998.

[R2] CRC Press, Dictionary of Natural Products on DVD, Version 20.2, 2012.

[R3] D. J. Faulkner. Marine Natural Products (综述). Nat. Prod. Rep., 1986~2002, Vol 3~Vol 19.

[R4] J. W. Blunt, et al. Marine Natural Products (综述). Nat. Prod. Rep., 2003~2015, Vol 20~Vol 32.

[R5] 周家驹，谢桂荣，严新建. 中药药理活性成分丛书. 北京：科学出版社, 2015.

新海洋天然产物中文名称的命名

本手册收集了 8344 种海洋天然产物化合物，绝大部分在原始文献中都只有英文名称。为了使中国读者能尽快熟悉这一大批新的海洋天然产物，更方便、顺畅地阅读和掌握它们的相关信息并进而不失时机地开展研究，编著者根据化合物命名的一般规则，基于英文名称，定义了目前各种工具书中都没有中文名的新化合物的中文名称，约占总数的 85%。新化合物中文名称的命名依据有下面五种情况。

（1）根据系统命名法把英文名称译成中文名称，各卷举例如下：

卷	代码	化合物英文名称	化合物中文名称
1	**63**	(3*Z*,5*E*)-3,7,11-Trimethyl-9-oxododeca-1,3,5-triene	(3*Z*,5*E*)-3,7,11-三甲基-9-氧代十二烷基-1,3,5-三烯
2	**1958**	2-Amino-8-benzoyl-6-hydroxy-3*H*-phenoxazin-3-one	2-氨基-8-苯甲酰基-6-羟基-3*H*-吩噁嗪-3-酮
3	**1163**	2-Amino-9,13-dimethylheptadecanoic acid	2-氨基-9,13-二甲基十七烷酸
4	**782**	*N*-Phenyl-1-naphthylamine	*N*-苯基-1-萘胺

（2）根据化合物半系统命名法命名，各卷举例如下：

卷	代码	化合物英文名称	化合物中文名称
1	**116**	1-Hydroxy-4,10(14)-germacradien-12,6-olide	1-羟基-4,10(14)-大根香叶二烯-12,6-内酯
2	**898**	3,4-Dihydro-6-hydroxy-10,11-epoxymanzamine A	3,4-二氢-6-羟基-10,11-环氧曼扎名胺 A
3	**1076**	(24*R*)-Stigmasta-4,25-diene-3,6-diol	(24*R*)-豆甾-4,25-二烯-3,6-二醇
4	**871**	Physcion-10,10′-*cis*-bianthrone	大黄素甲醚-10,10′-*cis*-二蒽酮

（3）根据化合物结构类别+通用词尾命名，各卷举例如下：

卷	代码	化合物英文名称	化合物中文名称	结构类别		通用词尾	
				英文	中文	英文	中文
1	**115**	(+)-Germacrene D	(+)-大根香叶烯 D	Germacrene	大根香叶烷倍半萜	-ene	-烯
2	**784**	1-Methyl-9*H*-carbazole	1-甲基-9*H*-咔唑	Carbazole	咔唑类生物碱	-zole	-唑
3	**696**	Cholest-4-ene-3,24-dione	胆甾-4-烯-3,24-二酮	Cholestane	胆甾烷甾醇	-dione	-二酮
4	**1416**	Anabaenopeptin A	鱼腥藻肽亭 A		鱼腥藻肽亭类	-tin	-亭

（4）根据化合物源生物的名称+通用词尾命名，各卷举例如下：

卷	代码	化合物英文名称	化合物中文名称	生物来源		通用词尾	
				中文	拉丁文	英文	中文
1	**40**	Plocamene D	海头红烯 D	红藻蓝紫色海头红	*Plocamium violaceum*	-ene	-烯

续表

卷	代码	化合物英文名称	化合物中文名称	生物来源		通用词尾	
				中文	拉丁文	英文	中文
2	**6**	Acarnidine C	丰肉海绵定 C	丰肉海绵属	*Acarnus erithacus*	-dine	-定
3	**2**	Aureoverticillactam	金黄回旋链霉菌内酰胺	金黄回旋链霉菌	*Streptomyces aureoverticillatus*	-lactam	-内酰胺
4	**2**	Salinosporamide B	热带盐水孢菌酰胺 B	热带盐水孢菌	*Salinispora tropica*	-amide	-酰胺

（5）根据源生物名称+结构类型或特征+通用词尾命名，各卷举例如下：

卷	代码	化合物英文名称	化合物中文名称	结构类型或特征	生物来源	
					中文	拉丁文
1	**4**	Plocamenone	海头红烯酮	烯酮	海头红属红藻	*Plocamium angustum*
2	**135**	Flavochristamide A	黄杆菌酰胺 A	酰胺类生物碱	黄杆菌属海洋细菌	*Flavobacterium* sp.
3	**722**	Dendronesterol B	巨大海鸡冠珊瑚甾醇 B	胆甾烷甾醇类	巨大海鸡冠珊瑚	*Dendronephthya gigantean*
4	**295**	Terrestrol D	土壤青霉醇 D	苄醇类	海洋真菌土壤青霉	*Penicillium terrestre*

此外，还有极少数化合物不便归入上述五类者，直接采用英文名称音译为中文名称。

海洋生物捆绑式中-拉名称

本手册正文含有 8344 种海洋天然产物化合物，它们当中大约 85%都是近 35 年来新发现的海洋天然产物，源自 3000 多种海洋生物。这些海洋生物包括：海洋细菌、海洋真菌等海洋微生物；红藻、绿藻、棕藻、甲藻、金藻、微藻等海洋藻类；红树、半红树等海洋植物；以及海绵、珊瑚、海鞘、软体动物等各类海洋无脊椎动物。这一大批海洋生物对于绝大部分读者都是不熟悉的。为了方便广大中国读者和海洋生物及其天然产物研究者尽快熟悉这批数以千计的各类海洋生物，本手册对所有的海洋生物都采用了"捆绑式中-拉名称"来表达。

对 3025 种海洋生物，首先根据有关的工具书[1-8]编辑审定其中文名称；进而使用网上的软件 "世界海洋物种注册表"（WoRMS，World Register of Marine Species）审定、确认该种海洋生物在生物分类体系中的正确位置；最后定义其中文名称。本手册各卷中的索引 6 就系统地给出了全部捆绑式中-拉海洋生物名称。

本手册对于海洋生物中文名称有下列四种不同的表达格式。

（1）标准格式

只有属名或属种名的格式称为标准格式，例如：

卷 1 中的埃伦伯格肉芝软珊瑚 *Sarcophyton ehrenbergi*，凹入环西柏柳珊瑚 *Briareum excavatum*。

卷 1 中的巴塔哥尼亚箱海参 *Psolus patagonicus*，白底辐肛参 *Actinopyga mauritiana*，碧玉海绵属 *Japsis* sp.。

卷 2 中的阿拉伯类角海绵 *Pseudoceratina arabica*，巴厘海绵属 *Acanthostrongylophora* sp.，碧玉海绵属 *Jaspis duoaster*。

卷 2 中的豹斑褶胃海鞘 *Aplidium pantherinum*，髌骨海鞘属 *Lissoclinum vareau*，柄雷海鞘 *Ritterella tokioka*。

卷 3 中的柏柳珊瑚属 *Acabaria undulate*，斑锚参 *Synapta maculate*，斑沙海星 *Luidia maculata*。

卷 3 中的埃伦伯格肉芝软珊瑚 *Sarcophyton ehrenbergi*，矮小拉丝海绵 *Raspailia pumila*，爱丽海绵属 *Erylus* cf. *lendenfeldi*。

卷 4 中的碧玉海绵属 *Jaspis* sp.，扁板海绵属 *Plakortis* sp.，不分支扁板海绵 *Plakortis simplex*。

卷 4 中的艾丽莎美丽海绵 *Callyspongia aerizusa*，澳大利亚短足软珊瑚 *Cladiella australis*。

（2）类别信息+标准格式的复合格式

是在属种名前面加上红藻、绿藻、棕藻、红树、半红树、软体动物、半索动物等类别信息（用下划线标出的部分），例如：

卷 1 中的<u>红藻</u>顶端具钩海头红 *Plocamium hamatum*，<u>红藻</u>钝形凹顶藻 *Laurencia obtuse*，<u>红藻</u>粉枝藻 *Liagora viscid*。

卷 1 中的<u>绿藻</u>瘤枝藻 *Tydemania expeditionis*，<u>绿藻</u>石莼属 *Ulva* sp.，<u>绿藻</u>小球藻属 *Chlorella zofingiensis*。

卷 2 中的<u>软体动物</u>前腮蝾螺属 *Turbo stenogyrus*，<u>软体动物</u>褶纹冠蚌 *Cristaria plicata*。

卷 2 中的<u>棕藻</u>鼠尾藻 *Sargassum thunbergii*，<u>棕藻</u>黏皮藻科辐毛藻 *Actinotrichia fragilis*。

卷 3 中的<u>海蛇尾</u>卡氏筐蛇尾 *Gorgonocephalus caryi*，<u>海蛇尾</u>南极蛇尾 *Ophionotus victoriae*。

卷 3 中的<u>甲藻</u>共生藻属 *Symbiodinium* sp.，<u>甲藻</u>前沟藻属 *Amphidinium* sp.。

卷 4 中的<u>半索动物</u>翅翼柱头虫属 *Ptychodera* sp.，<u>半索动物</u>肉质柱头虫 *Balanoglossus cornosus*。

卷 4 中的<u>半红树</u>黄槿 *Hibiscus tiliaceus*, <u>红树</u>海桑 *Sonneratia caseolaris*, <u>红树</u>金黄色卤蕨 *Acrostichum aureum*。

(3) 生物分类系统中的位置+标准格式的复合格式

例如:

卷 1 中的软体动物腹足纲囊舌目海天牛属 *Elysia* sp.。软体动物裸腮目海牛亚目海牛科疣海牛 *Doris verrucosa*。

卷 1 中的刺胞动物门珊瑚纲八放亚纲海鸡冠目软珊瑚 *Plumigorgia terminosclera*, 六放珊瑚亚纲棕绿纽扣珊瑚 *Zoanthus* sp.。

卷 2 中的钵水母纲根口目根口水母科水母属 *Nemopilema nomurai*, 脊索动物背囊亚门海鞘纲海鞘 *Atapozoa* sp.。

卷 2 中的棘皮动物门海百合纲羽星目句翅美羽枝 *Himerometra magnipinna*, 棘皮动物门真海胆亚纲海胆亚目毒棘海胆科喇叭毒棘海胆 *Toxopneustes pileolus*。

卷 3 中的棘皮动物门真海胆亚纲海胆科秋葵海胆 *Echinus esculentus*, 棘皮动物门真海胆亚纲心形海胆目心形棘心海胆 *Echinocardium cordatum*。

卷 3 中的匍匐珊瑚目绿色羽珊瑚 *Clavularia viridis*, 软体动物翼足目海若螺科南极裸海蝶 *Clione antarctica*。

卷 4 中的软体动物门腹足纲囊舌目树突柱海蛞蝓 *Placida dendritica*, 水螅纲软水母亚纲环状加尔弗螅 *Garveia annulata*。

卷 4 中的百合超目泽泻目海神草科二药藻属海草 *Halodule wrightii*。

(4) 来源说明+标准格式的复合格式

例如:

卷 1 中的海洋导出的真菌新喀里多尼亚枝顶孢 *Acremonium neo-caledoniae*, 海绵导出的放线菌珊瑚状放线菌属 *Actinomadura* sp.。

卷 2 中的红树导出的真菌黄柄曲霉 *Aspergillus flavipes*, 卷 2 中的红树导出的放线菌奴卡氏放线菌属 *Nocardia* sp.。

卷 3 中的海洋导出的灰色链霉菌 *Streptomyces griseus*, 海洋导出的产黄青霉真菌 *Penicillium chrysogenum*。

卷 4 中的海洋导出的原脊索动物 *Amaroucium multiplicatum*, 红树导出的真菌红色散囊菌 *Eurotium rubrum*。

总之, 对海洋生物采用捆绑式中-拉名称来表达, 首先是为了读者能无障碍地顺畅地阅读本手册, 同时又使得读者在无意间逐步扩大海洋生物的有关知识。

工具性参考文献:

[1] 杨瑞馥等主编. 细菌名称双解及分类词典. 北京: 化学工业出版社, 2011.
[2] 蔡妙英等主编. 细菌名称. 2 版. 北京: 科学出版社, 1999.
[3] P. M. Kirk, et al. Dictionary of the Fungi, 10th Edition, CABI, 2011, Europe-UK.
[4] C. J. Alexopoulos 等编. 菌物学概论. 4 版. 姚一建, 李玉主译. 北京: 中国农业出版社, 2002.
[5] 中国科学院植物研究所. 新编拉汉英植物名称. 北京: 航空工业出版社, 1996.
[6] 赵毓堂, 吉金祥. 拉汉植物学名辞典. 吉林: 吉林科学技术出版社, 1988.
[7] 齐钟彦主编. 新拉汉无脊椎动物名称. 北京: 科学出版社, 1999.
[8] 陆玲娣, 朱家柟主编. 拉汉科技词典. 北京: 商务印书馆, 2017.
[9] WoRMS, World Register of Marine Species.

体 例 说 明

在国际上常用的科学数据库和英文信息表达体系中，每一个化合物及其各种属性信息的集合称为一个“入口 (entry)”。本手册沿用这一普遍使用的概念。

对每一个化合物入口，按顺序最多给出 12 项数据。其中，加粗标题行包括 3 项数据：各卷中的化合物唯一代码、化合物英文名、化合物中文名。数据体部分包括 8 项数据：化合物英文别名、中文别名、分子式、物理化学性质、结构类别、药理活性、天然来源、参考文献。最后第 12 项是包含立体化学信息的化合物化学结构式。

其中，化合物代码、英文名称、中文名称、分子式、结构类别、药理活性、天然来源、参考文献和化学结构式等 9 项是非空项目，其它 3 项是可选项。应该指出，在看似复杂纷纭的诸多类别信息中，分子结构及其类型、规范化的药理活性以及用中文名和拉丁文名“捆绑”表达的天然来源这三项是最有价值的核心信息。

(1) 化合物唯一代码　即本分册正文中化合物的顺序号，用加粗字体给出，是一个非空项。在后面的 7 个索引中，也都是用化合物代码来代表化合物，从索引中查到化合物代码之后，就可以方便地从正文部分查到该化合物的全部信息。

(2) 化合物英文名　用加粗字体给出，首字母大写，是一个非空项。前缀中所用的 *α-, β-, γ-, δ- ,ε-, ξ-, ψ-*; *dl-, R-, S-*; *cis-, trans-, Z-, E-*; *Δ*（双键符号）; *o-, m-, p-*; *O-, N-, S-*; *sec-, n-, t-, ent-, meso-, epi-, rel-* 等符号均为斜体。但 D-, L-, iso-, abeo-, seco-, nor-等用正体。对极少数没有英文名的化合物，采用一种可以自解释其原始参考文献来源的英文名称代码。

(3) 化合物中文名　用加粗字体给出。有星号*标记的化合物中文名都是由本手册编者命名的。

(4) 别名　此项数据为可选项，本手册对部分化合物给出了英文别名和中文别名。

(5) 基本信息　包括分子式和物理化学性质。其中分子式各元素按国际上通用的 Hill 规则排序；物理化学性质为可选项，包括形态、熔点、沸点、旋光等性质。

(6) 结构类型　是一个非空项。在小标题【类型】后面给出。有两种情形，一种是用本书目录中的最后一个层次的结构类型表达，另一种是用分类更细的结构类型表达。

(7) 药理活性　是一个非空项。在小标题【活性】后面给出每一入口化合物的药理活性实验数据。同一化合物有多项药理活性时，各项数据平行排列，用分号隔开。来自不同原始文献的同种药理活性数据一般不予合并。各项活性数据的出现先后顺序是随机的，并不表示其重要性的顺序，只有 LD_{50} 等毒性数据统一规定放在最后。在每一项药理活性数据中，按照下面的规范化格式进行细节的描述：关于该项药理性质的进一步描述、实验对象、定量活性数据、对照物及定量活性数据、关于作用机制等的补充描述。对于发表了实验数据但是未发现明显活性甚至没有活性的数据，同样作为有价值的科学实验数据加以收集，因此数据收集范围不仅包括活性成分，也包括少量无活性成分，这些无活性结果的表达格式是“活性条目 + 实验无活性”。这样的格式保证了在活性索引中无活性结果紧随在同一条目有活性结果之后，便于读者查找相关信息。

(8) 天然来源　是一个非空项。在小标题【来源】后面给出每一个化合物的海洋生物来源信息。为方便读者在无障碍的条件下顺畅地阅读本书，对所有的海洋生物天然来源都给出了“捆绑式中-拉海洋生物名称”。由本手册作者命名的海洋生物中文名在正文和索引中出现时右上角处标有星号*。

(9) 参考文献　是一个非空项。在小标题【文献】后面给出参考文献，包括第一作者、期刊名称、卷、期、页码及年代等。多篇参考文献用分号“;”隔开，例如：C. Klemke, et al. JNP, 2004, 67, 1058; M.

D. Lebar, et al. NPR, 2007, 24, 774 (Rev.); S. S. Ebada, et al. BoMC, 2011, 19, 4644.

（10）化学结构式　是一个非空项。化学结构及其类别是本书的核心信息。其立体化学一般根据最新的文献。所有的化学结构式都和分子式数据进行过一致性检验。

（11）索引　在本手册各卷的正文后面都编制了 7 个索引，索引词对应的数字是化合物的编号（即化合物在该卷中的唯一代码），而不是页码。通过这些化合物的编号来查找定位化合物最为方便。

导　读

编者在此试图用实例说明如何从本手册的数据出发，用极为简单、有效的方法获得系统的、完整的知识，从而引领重大领域的高效率、开拓性综合研究。

科学研究方法总体上可划分为“分析”和“综合”两大类，二者相辅相成，共同构成完整的科研体系，不应偏废。手册类工具书的编著就是一个典型的综合研究课题。综合研究有 3 个灵魂因素：严格的定义，合理的分类，以及用数理统计、逻辑推理、人工智能等方法找出不同类别研究对象之间有统计意义的关系。简言之，综合研究的目标就是寻找“关系”。近年来社会上开始看重人工智能，殊不知只有有了量大质精的数据集合，才有人工智能的用武之地。精准数据集合是“水”，而人工智能是“渠”，只有“水到”，才能“渠成”！

近一二十年，大数据应用得到迅猛发展，明确预示长期坐冷板凳的综合方法将迎来李时珍、林奈、达尔文之后的新的春天。只要有了规模足够大的精准数据集合，只需要初级人工智能工具，就可以方便快捷地开展许许多多综合研究课题，包括综合理论研究、综合比较研究和综合应用研究。反之，如果面对良莠不齐、杂乱无章的被我们戏称为“荆棘丛数据”的资料，再高级的人工智能也无能为力，根本无法开展工作，更谈不上得到任何有意义的结果。

本手册作为我们综合研究的成果，不仅得到一个实用有效的查找工具，还可以作为系统、综合地研究海洋天然产物的基础平台，用来综合提取各种知识。也就是说，用科学的大数据研究方法，建立一个多学科的、支撑新药开发及其它有关领域研究的精准数据系统，打开低成本、高效率、科学、丰产的综合研究大门。

从知识计算机化角度看，科学知识就是不同类型研究对象之间相互关系的表达，寻找规律就是寻找“关系”。在过去没有计算机的时期，人们通过传统方式学习和传播知识，包括教育、阅读和相互信息交换等。我们通过本手册的编著，将提供一种全新的方法，用来研究、管理和保存系统的完整的知识。而且系统的更新也非常方便，可以与时俱进，有良好的可扩展性和可持续发展性。简言之，这一新方法的应用就是寻找许许多多的“关系”，这在过去是根本无法进行的。

下面用一个具体的实例来说明基础平台的巨大作用。此例是关于如何发现先导化合物的。说明这里提出的方法是如何以低成本、高效率的方式，经过数据提取和综合分析两个简单步骤，就得到极有实用价值的结果。

问题：在二萜类化合物中，哪些化合物可作为研发抗癌、抗菌、杀疟以及其它类别新药的先导物的候选物?

应用本手册的信息，从第一卷萜类化合物中，用下面的简单步骤，就得出了有说服力的可靠结果。工作的出发点是含 1133 个活性二萜化合物的数据库根文件。这里的“数据库根文件”是组成数据库的一种 WORD 表格文件，其信息内容和本手册纸介质上的信息相同。需要该数据库根文件的读者可联系本手册编者（jjzhou@mail.ipe.ac.cn）无偿得到。操作步骤非常简单，就是从中手工拣选出定量活性数据 $IC_{50} \leqslant 0.1\mu g/mL$ 或 $IC_{50} \leqslant 0.3\mu mol/L$ 的 3 组高活性化合物。

第 1 组，6 个高活性抗癌化合物

代码	中文名称	结构类型	抗癌高活性判据
400	利索克林海鞘二酰亚胺 F*	半日花烷二萜	P_{388}, $IC_{50} = 0.0055\mu g/mL$

续表

代码	中文名称	结构类型	抗癌高活性判据
435	阿斯马林 B*	克罗烷二萜	P_{388}, IC_{50} = 0.24μmol/L A549, IC_{50} = 0.24μmol/L HT29, IC_{50} = 0.24μmol/L MEL28, IC_{50} = 0.24μmol/L P_{388}, HT29, MEL28, IC_{50} = 0.12~0.24μmol/L DU145, IGROV-ET, A549 NSCL, PANC1, LoVo, GI_{50} = 0.04~0.5μg/mL
655	粗厚豆荚软珊瑚内酯*	西柏烷二萜	P_{388}, ED_{50} = 0.012μg/mL
766	乌普尔内酯 H*	西柏烷二萜	Molt4, IC_{50} = 0.01μg/mL SR 细胞, IC_{50} = 0.07μg/mL
1026	凹入环西柏柳珊瑚内酯 M*	环西柏烷二萜	P_{388}, ED_{50} = 0.001μg/mL KB, ED_{50} = 1.0μg/mL A549, ED_{50} = 0.1μg/mL
1074	蕾灯芯柳珊瑚内酯 Y*	环西柏烷二萜	A549, IC_{50} < 0.3μmol/L MG63, IC_{50} < 0.3μmol/L

第 2 组，14 个高活性杀疟原虫剂

编号	中文名称	杀疟原虫机制	杀疟原虫高活性判据
1205	7-异氰基-11,14-*epi*-安非来克特二烯*	杀疟原虫的（恶性疟原虫 *Plasmodium falciparum* D6, IC_{50} = 58.5ng/mL, SI = 260, 对照氯喹, IC_{50} = 3.8ng/mL, SI = 4600; W2, IC_{50} = 25.6ng/mL, SI = 590, 氯喹, IC_{50} = 50.5ng/mL, SI = 340)	D6, IC_{50} = 58.5ng/mL W2, IC_{50} = 25.6ng/mL
1206	7-异氰基-11(20),14-*epi*-安非来克特二烯*	杀疟原虫的（恶性疟原虫 *Plasmodium falciparum* D6, IC_{50} = 14.1ng/mL, SI = 230, 对照氯喹, IC_{50} = 3.8ng/mL, SI = 4600; W2, IC_{50} = 9.3ng/mL, SI = 340, 氯喹, IC_{50} = 50.5ng/mL, SI = 340);	D6, IC_{50} = 14.1ng/mL W2, IC_{50} = 9.3ng/mL
1208	7-异氰基-1(14),15-新安非来克特二烯*	杀疟原虫的（恶性疟原虫 *Plasmodium falciparum* D6, IC_{50} = 90.0ng/mL, SI = 210, 对照氯喹, IC_{50} = 3.8ng/mL, SI = 4600; W2, IC_{50} = 29.7ng/mL, SI = 640, 氯喹, IC_{50} = 50.5ng/mL, SI = 340)	D6, IC_{50} = 90.0ng/mL W2, IC_{50} = 29.7ng/mL
1241	7-异氰基-11-环安非来克特烯*	杀疟原虫的（恶性疟原虫 *Plasmodium falciparum* D6, IC_{50} = 74.1ng/mL, SI = 200, 对照氯喹, IC_{50} = 3.8ng/mL, SI = 4600; W2, IC_{50} = 23.8ng/mL, SI = 610, 氯喹, IC_{50} = 50.5ng/mL, SI = 340)	D6, IC_{50} = 74.1ng/mL W2, IC_{50} = 23.8ng/mL
1242	7-异氰基-10-环安非来克特烯*	杀疟原虫的（恶性疟原虫 *Plasmodium falciparum* D6, IC_{50} = 84.9ng/mL, SI > 240, 对照氯喹, IC_{50} = 3.8ng/mL, SI = 4600; W2, IC_{50} = 28.4ng/mL, SI > 700, 氯喹, IC50 = 50.5ng/mL, SI = 340)	D6, IC_{50} = 84.9ng/mL W2, IC_{50} = 28.4ng/mL

续表

编号	中文名称	杀疟原虫机制	杀疟原虫高活性判据
1243	(1*S*,3*S*,4*R*,7*S*,8*S*,11*S*,12*S*,13*S*,15*R*,20*R*)-20-异氰基-7-异硫氰酸根合异环安非来克特烷*	杀疟原虫的 (恶性疟原虫 *Plasmodium falciparum* D6, IC_{50} = 45.1ng/mL, SI = 35.5, 对照氯喹, IC50 = 3.8ng/mL, SI = 4600; W2, IC_{50} = 28.5ng/mL, SI = 56.1, 氯喹, IC50 = 50.5ng/mL, SI = 340)	D6, IC_{50} = 45.1ng/mL W2, IC_{50} = 28.5ng/mL
1245	7,20-双异氰基异环安非来克特烷*	杀疟原虫的 (恶性疟原虫 *Plasmodium falciparum* D6, IC_{50} = 4.7ng/mL, SI = 1000, 对照氯喹, IC50 = 3.8ng/mL, SI = 4600; W2, IC_{50} = 4.3ng/mL, SI = 1100, 氯喹, IC50 = 50.5ng/mL, SI = 340)	D6, IC_{50} = 4.7ng/mL W2, IC_{50} = 4.3ng/mL
1247	(1*S*,3*S*,4*R*,7*S*,8*S*,11*S*,12*S*,13*S*,15*R*,20*R*)-7-异氰酸根合-20-异氰基异环安非来克特烷*	杀疟原虫的 (恶性疟原虫 *Plasmodium falciparum* D6, IC_{50} = 74.9ng/mL, SI = 26.7, 对照氯喹, IC50 = 3.8ng/mL, SI = 4600; W2, IC_{50} = 56.1ng/mL, SI = 35.7, 氯喹, IC_{50} = 50.5ng/mL, SI = 340)	D6, IC_{50} = 74.9ng/mL W2, IC_{50} = 56.1ng/mL
1248	(1*S**,3*S**,4*R**,7*S*,8*S**,11*R**,12*R**,13*S**,20*S**)-7-异氰基异环安非来克特-14-烯*	杀疟原虫的 (恶性疟原虫 *Plasmodium falciparum* D6, IC_{50} = 62.5ng/mL, SI = 290, 对照氯喹, IC50 = 3.8ng/mL, SI = 4600; W2, IC_{50} = 19.5ng/mL, SI = 930, 氯喹, IC50 = 50.5ng/mL, SI = 340)	D6, IC_{50} = 62.5ng/mL W2, IC_{50} = 19.5ng/mL
1249	(1*S*,3*S*,4*R*,7*S*,8*S*,11*S*,12*S*,13*S*,15*R*,20*R*)-20-异氰酸根合-7-异氰基异环安非来克特烷*	杀疟原虫的 (恶性疟原虫 *Plasmodium falciparum* D6, IC_{50} = 3.2ng/mL, SI = 1340, 对照氯喹, IC50 = 3.8ng/mL, SI = 4600; W2, IC_{50} = 2.5ng/mL, SI = 1710, 氯喹, IC50 = 50.5ng/mL, SI = 340)	D6, IC_{50} = 3.2ng/mL W2, IC_{50} = 2.5ng/mL
1336	5,10-双异氰酸根合卡里西醇 G*	杀疟原虫的 (恶性疟原虫 *Plasmodium falciparum*, EC_{50} =2.6×10^{-6}mol/L, FM3C, EC_{50} = 7.0×10^{-7}mol/L)	恶性疟原虫 *Plasmodium falciparum*, EC_{50} = 2.6×10^{-6}mol/L FM3C, EC_{50} = 7.0×10^{-7}mol/L
1348	6-羟基卡里西烯*	杀疟原虫的 (恶性疟原虫 *Plasmodium falciparum*, EC_{50} =8.0×10^{-8}mol/L, FM3C, EC_{50} = 1.2×10^{-6}mol/L, SI = 15)	恶性疟原虫 *Plasmodium falciparum*, EC_{50} = 8.0×10^{-8}mol/L FM3C, EC_{50} = 1.2×10^{-6}mol/L
1351	卡里西烯*	杀疟原虫的 (恶性疟原虫 *Plasmodium falciparum*, EC_{50} =1.0×10^{-8}mol/L, FM3C, EC_{50} = 3.7×10^{-8}mol/L, SI = 4)	恶性疟原虫 *Plasmodium falciparum*, EC_{50} = 1.0×10^{-8}mol/L FM3C, EC_{50} = 3.7×10^{-8}mol/L
1361	10-*epi*-卡里西醇 I*	杀疟原虫的 (恶性疟原虫 *Plasmodium falciparum*, EC_{50} > 1.8×10^{-6}mol/L, InRt = 38%)	恶性疟原虫 *Plasmodium falciparum*, EC_{50} > 1.8×10^{-6}mol/L

第 3 组，3 个其它类别高活性化合物

代码	中文名称	活性描述	高活性判据
744	硫代短指软珊瑚内酯 A*	神经保护 [成神经细胞瘤 SH-SY5Y 细胞，针对 6-OHDA 诱导的损害，在 0.001μmol/L, 0.01μmol/L, 0.1μmol/L, 1μmol/L 和 10μmol/L 时的相对神经保护活性分别为(37.2±4.3)%, (73.2±4.0)%, (30.8±8.6)%, (31.2±6.2)%和(29.9±8.5)%]	0.01μmol/L，相对神经保护活性为(73.2±4.0)%

续表

代码	中文名称	活性描述	高活性判据
1162	匍匐珊瑚二醇*	神经营养因子 [胆碱乙酰转移酶 ChAT 诱导剂, 基底前脑细胞: 0μg/mL, ChAT 活性 = 100%; 0.01μg/mL, ChAT 活性 = 130.2%; 0.1μg/mL, ChAT 活性 = 177.5%; 1μg/mL, ChAT 活性 = 138.6%; 10μg/mL, ChAT 活性 = 38.2%。SN49 细胞: 0μg/mL, ChAT 活性 = 100%; 0.01μg/mL, ChAT 活性 = 146.2%; 0.1μg/mL, ChAT 活性 = 141.8%; 1μg/mL, ChAT 活性 = 144.7%; 10μg/mL, ChAT 活性 = 92.7%]	基底前脑细胞: 0.1μg/mL, ChAT 活性 = 177.5% SN49 细胞: 0.01μg/mL, ChAT 活性 = 146.2%
1269	鹿儿岛软珊瑚新 A*	抗利什曼 (利什曼原虫 *Leishmania amazonesis,* 适度选择性活性, 亚微克分子水平活性); 抗锥虫 (刚果锥虫 *Trypanosoma congolense,* 亚微克分子水平活性)	亚微克分子水平

目　录

1　单萜

2　倍半萜

3　二萜

4 二倍半萜

5 三萜

6 多萜和杂类萜

附 录

索 引

1

单萜

1.1 无环单萜

1 Citronellol 香茅醇

【别名】3,7-Dimethyl-6-octen-1-ol; 3,7-二甲基-6-辛烯-1-醇.【类型】无环单萜.【基本信息】$C_{10}H_{20}O$,【来源】藻苔虫属藓苔动物 *Flustra foliacea*, 多种精油.【活性】LD_{50} (大白鼠, orl) = 3450mg/kg, LD_{50} (兔, 皮肤注射) = 2650mg/kg.【文献】C. Christophersen, et al. Naturwissenschaften, 1978, 65, 440.

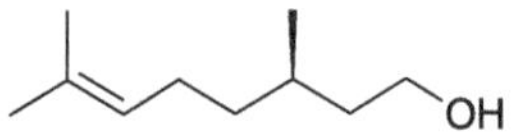

2 Geraniol 香叶醇

【基本信息】$C_{10}H_{18}O$, 有甜玫瑰味道的油状物, bp 230°C.【类型】无环单萜.【来源】藻苔虫属藓苔动物 *Flustra foliacea*.【活性】皮肤刺激剂; LD_{50} (大白鼠, orl) = 3600mg/kg.【文献】C. Christophersen, et al. Naturwissenschaften, 1978, 65, 440.

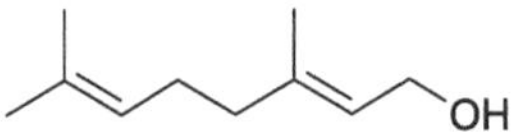

3 Isoplocamenone 异海头红烯酮*

【基本信息】$C_{10}H_{12}BrCl_3O$, 不稳定的无色到淡棕色油状物.【类型】无环单萜.【来源】红藻海头红属红藻 *Plocamium angustum* (朗斯代尔角, 澳大利亚).【活性】细胞毒 (和海头红烯酮的混合物样本, P_{388}, IC_{50} < 97.5ng/mL).【文献】M. A. Timmers, et al. Mar. Drugs, 2012, 10, 2089.

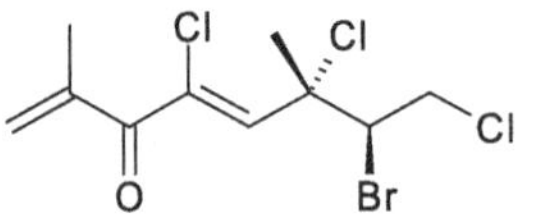

4 Plocamenone 海头红烯酮*

【基本信息】$C_{10}H_{12}BrCl_3O$, 稳定的无色到淡棕色油状物, $[\alpha]_D = -21.5°$ (c = 4.58, 氯仿).【类型】无环单萜.【来源】红藻海头红属红藻 *Plocamium angustum* (朗斯代尔角, 澳大利亚).【活性】细胞毒 (和异海头红烯酮的混合物样本, P_{388}, IC_{50} < 97.5ng/mL).【文献】M. A. Timmers, et al. Mar. Drugs, 2012, 10, 2089.

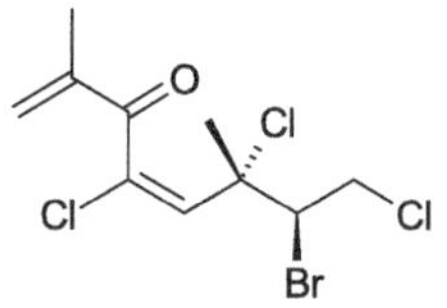

1.2 卤代二甲基辛烷类单萜

5 (3*Z*,5*E*)-1-Acetoxy-8-bromo-4,7-dichloro-3,7-dimethyl- octa-3,5-diene; (3*Z*, 5*E*)-1-乙酰氧基-8-溴-4,7-二氯-3,7-二甲辛-3,5-二烯

【基本信息】$C_{12}H_{17}BrCl_2O_2$, 无色油状物, $[\alpha]_D^{25} = -4.8°$ (c = 0.2, 氯仿).【类型】卤代二甲基辛烷类单萜.【来源】软体动物细点海兔* *Aplysia punctata* (加的斯, 西班牙).【活性】细胞毒 (P_{388}, ED_{50} = 2.5μg/mL; HT29, ED_{50} = 2.5μg/mL; A549, ED_{50} = 1.5μg/mL; MEL28, ED_{50} = 1.5μg/mL).【文献】M. J. Ortega, et al. JNP, 1997, 60, 482.

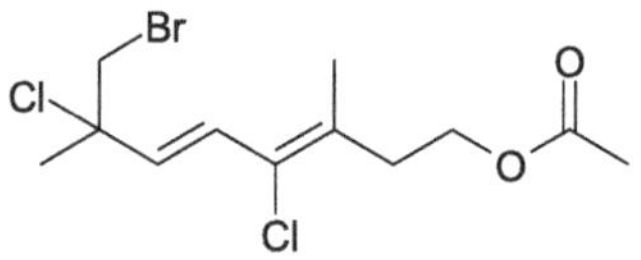

6 (7*E*)-1-Acetoxy-8-chloro-7-(dichloromethyl)-3-methyl- oct-7-en-4-one (7*E*)-1-乙酰氧基-8-氯-7-二氯甲基-3-甲基辛-7-烯-4-酮

【基本信息】$C_{12}H_{17}Cl_3O_3$, 无色油状物, $[\alpha]_D^{25} = -3.7°$ (c = 0.19, 氯仿).【类型】卤代二甲基辛烷类单萜.【来源】软体动物细点海兔* *Aplysia punctata* (加的斯, 西班牙).【活性】细胞毒 (P_{388}, ED_{50} = 2.5μg/mL; HT29, ED_{50} = 2.5μg/mL; A549, ED_{50} = 1.5μg/mL; MEL28, ED_{50} = 1.5μg/mL).【文献】M. J. Ortega, et al. JNP, 1997, 60, 482.

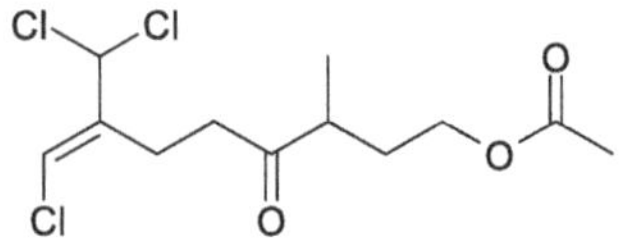

7 (7*Z*)-1-Acetoxy-8-chloro-7-(dichloromethyl)-3-methyl-oct-7-en-4-one (7*Z*)-1-乙酰氧基-8-氯-7-二氯甲基-3-甲基辛-7-烯-4-酮

【基本信息】$C_{12}H_{17}Cl_3O_3$, 无色油状物, $[\alpha]_D^{25} = -5.0°$ (c = 1.3, 氯仿).【类型】卤代二甲基辛烷类单萜.【来源】软体动物细点海兔* *Aplysia punctata*

(加的斯, 西班牙).【活性】细胞毒 (P_{388}, ED_{50} = 2.5μg/mL; HT29, ED_{50} = 2.5μg/mL; A549, ED_{50} = 1.5μg/mL; MEL28, ED_{50} = 1.5μg/mL).【文献】M. J. Ortega, et al. JNP, 1997, 60, 482.

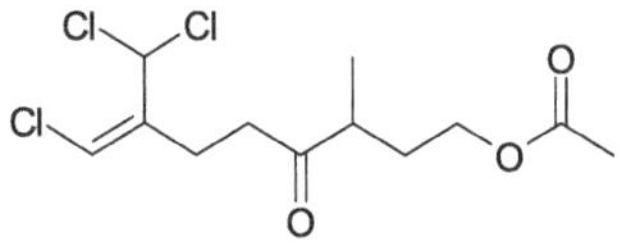

8 Anverene 安维林*

【基本信息】$C_{10}H_{15}Br_3Cl_2$, 晶体, $[\alpha]_D^{25}$ = −12° (c = 0.25, 氯仿).【类型】卤代二甲基辛烷类单萜.【来源】红藻软骨状海头红* *Plocamium cartilagineum* (嗜冷生物, 冷水域, 南极地区).【活性】抗菌 (抗万古霉素的粪肠球菌 *Enterococcus faecium* VREF, IZD = 8mm).【文献】S. Ankisetty, et al. JNP, 2004, 67, 1295; M. D. Lebar, et al. NPR, 2007, 24, 774 (Rev.).

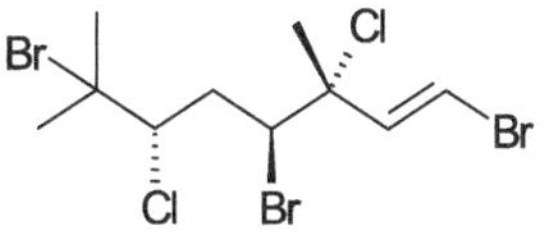

9 Aplysiapyranoid A 海兔吡喃类 A*

【基本信息】$C_{10}H_{15}Br_2ClO$, 油状物, $[\alpha]_D$ = +4.4° (c = 1, 氯仿).【类型】卤代二甲基辛烷类单萜.【来源】软体动物黑斑海兔 *Aplysia kurodai*.【活性】细胞毒 (Vero 非洲绿猴肾成纤维细胞, MDCK 犬肾细胞和B16 小鼠黑色素瘤细胞, IC_{50} = 19~96μg/mL).【文献】T. Kusumi, et al. JOC, 1987, 52, 4597.

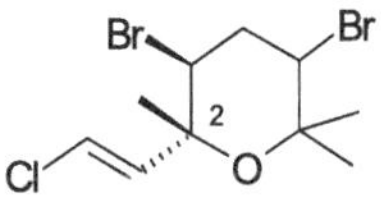

10 Aplysiapyranoid B 海兔吡喃类 B*

【基本信息】$C_{10}H_{15}Br_2ClO$, 晶体 (乙醇), mp 46~49°C, $[\alpha]_D$ = −27° (c = 0.91, 氯仿).【类型】卤代二甲基辛烷类单萜.【来源】软体动物黑斑海兔 *Aplysia kurodai*.【活性】细胞毒 (Vero 非洲绿猴肾成纤维细胞, MDCK 犬肾细胞和 B16 小鼠黑色素瘤细胞, IC_{50} = 19~96μg/mL).【文献】T. Kusumi, et al. JOC, 1987, 52, 4597.

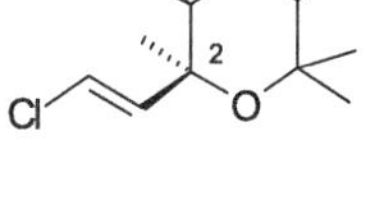

11 Aplysiapyranoid C 海兔吡喃类 C*

【基本信息】$C_{10}H_{15}BrCl_2O$, $[\alpha]_D^{25}$ = +52° (c = 1.0, 氯仿).【类型】卤代二甲基辛烷类单萜.【来源】软体动物黑斑海兔 *Aplysia kurodai*.【活性】细胞毒 (Vero 非洲绿猴肾成纤维细胞, MDCK 犬肾细胞和B16 小鼠黑色素瘤细胞, IC_{50} = 19~96μg/mL).【文献】T. Kusumi, et al. JOC, 1987, 52, 4597.

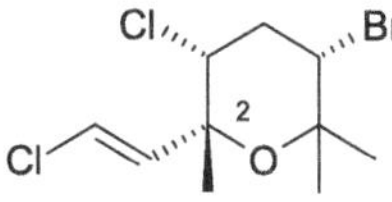

12 Aplysiapyranoid D 海兔吡喃类 D*

【基本信息】$C_{10}H_{15}BrCl_2O$, 油状物, $[\alpha]_D$ = +3.4° (c = 1.1, 氯仿).【类型】卤代二甲基辛烷类单萜.【来源】软体动物黑斑海兔 *Aplysia kurodai*.【活性】细胞毒 (Vero 非洲绿猴肾成纤维细胞, MDCK 犬肾细胞和 B16 小鼠黑色素瘤细胞, IC_{50} = 19~96μg/mL); 细胞毒 (人肿瘤细胞, IC_{50} = 14μg/mL).【文献】T. Kusumi, et al. JOC, 1987, 52, 4597.

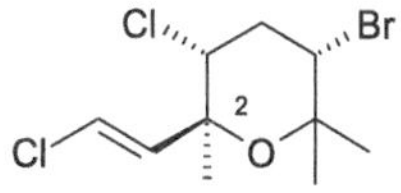

13 6-Bromo-3-(bromomethyl)-2,3-dichloro-7-methyl-1,6- octadiene 6-溴-3-溴甲基-2,3-二氯-7-甲基-1,6-辛二烯

【基本信息】$C_{10}H_{14}Br_2Cl_2$, $[\alpha]_D$ = −6.7° (c = 1, 氯仿).【类型】卤代二甲基辛烷类单萜.【来源】红藻软粒藻属* *Portieria hornemannii*.【活性】细胞毒 (NCI 初级抗肿瘤筛选程序, 平均 GI_{50} = 0.691μmol/L, 生长被完全抑制时的浓度 TGI = 3.02μmol/L, 平均 LC_{50} = 13.5μmol/L).【文献】R. W. Fuller, et al. JMC, 1994, 37, 4407; M. E. Jung, et al. JOC, 1997, 62, 7094.

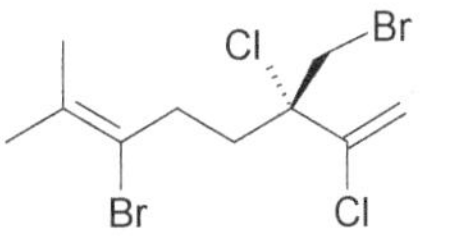

14 6-Bromo-3-bromomethyl-3,7-dichloro-7-methyl-1- octene 6-溴-3-溴甲基-3,7-二氯-7-甲基-1-辛烯

【基本信息】$C_{10}H_{16}Br_2Cl_2$.【类型】卤代二甲基辛烷类单萜.【来源】红藻软粒藻属* *Portieria hornemannii*.【活性】细胞毒 (NCI 初级抗肿瘤筛

选程序, 平均 $GI_{50} = 26.1\mu mol/L$, 生长被完全抑制时的浓度 $TGI = 77.0\mu mol/L$, 平均 $LC_{50} > 100\mu mol/L$, 和海乐萌有相同的细胞毒活性谱).【文献】R. W. Fuller, et al. JMC, 1992, 35, 3007; 1994, 37, 4407.

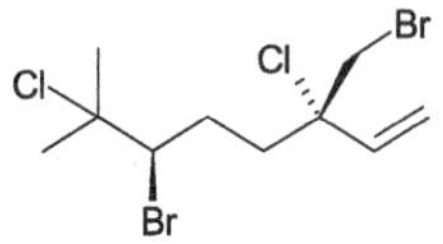

15　3,4-*erythro*-1-Bromo-7-dichloromethyl-3-methyl-3,4,8- trichloro-1*E*,5*E*,7*E*-octatriene　3,4-*erythro*-1-溴-7-二氯甲基-3-甲基-3,4,8-三氯-1*E*,5*E*, 7*E*-辛三烯

【基本信息】$C_{10}H_{10}BrCl_5$, $[\alpha]_D^{25} = -22.9°$ ($c = 0.9$, 氯仿).【类型】卤代二甲基辛烷类单萜.【来源】红藻软骨状海头红* *Plocamium cartilagineum*, 软体动物黑指纹海兔 *Aplysia dactylomela*.【活性】抗菌; 灭藻剂.【文献】J. S. Mynderse, et al. Tetrahedron, 1975, 31, 1963; M. Wessels, et al. JNP 2000, 63, 920.

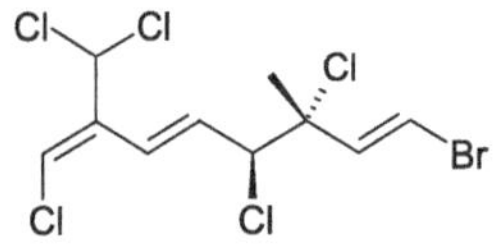

16　3-Bromomethyl-3-chloro-7-methyl-1,6-octadiene　3-溴甲基-3-氯-7-甲基-1,6-辛二烯

【基本信息】$C_{10}H_{16}BrCl$, 油状物, $[\alpha]_D^{25} = -3.7°$ ($c = 15$, 二氯甲烷).【类型】卤代二甲基辛烷类单萜.【来源】红藻软粒藻属* *Portieria hornemanni*.【活性】细胞毒 (NCI 初级抗肿瘤筛选程序, 平均 $GI_{50} = 33.1\mu mol/L$, 生长被完全抑制时的浓度 $TGI > 100\mu mol/L$, 平均 $LC_{50} > 100\mu mol/L$).【文献】R. W. Fuller, et al. JMC, 1992, 35, 3007; 1994, 37, 4407; M. E. Jung, et al. JOC, 1997, 62, 7094.

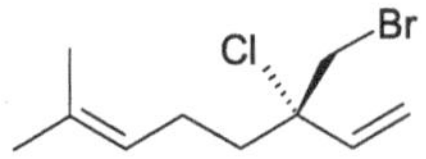

17　3-(Bromomethyl)-2,3-dichloro-7-methyl-1,6-octadiene　3-溴甲基-2,3-二氯-7-甲基-1,6-辛二烯

【基本信息】$C_{10}H_{15}BrCl_2$, 油状物, $[\alpha]_D = -1.6°$ ($c = 3$, 氯仿).【类型】卤代二甲基辛烷类单萜.【来源】红藻软粒藻属* *Portieria hornemannii*.【活性】细胞毒 (NCI 初级抗肿瘤筛选程序, 平均 $GI_{50} = 47.0\mu mol/L$, 生长被完全抑制时的浓度 $TGI > 100\mu mol/L$, 平均 $LC_{50} > 100\mu mol/L$, 和海乐萌有相同的细胞毒活性谱).【文献】R. W. Fuller, et al. JMC, 1994, 37, 4407.

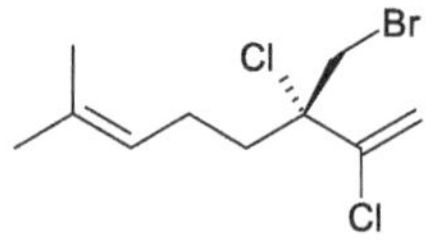

18　*Z*-3-Bromomethylene-2-chloro-7-methyl-1,6-octadiene　*Z*-3-溴亚甲基-2-氯-7-甲基-1,6-辛二烯

【基本信息】$C_{10}H_{14}BrCl$.【类型】卤代二甲基辛烷类单萜.【来源】红藻软粒藻属* *Portieria hornemannii*.【活性】细胞毒 (NCI 初级抗肿瘤筛选程序, 平均 $GI_{50} = 19.5\mu mol/L$, 生长被完全抑制时的浓度 $TGI = 44.7\mu mol/L$, 平均 $LC_{50} > 100\mu mol/L$, 和海乐萌有相同的细胞毒活性谱).【文献】R. W. Fuller, et al. JMC, 1992, 35, 3007; 1994, 37, 4407.

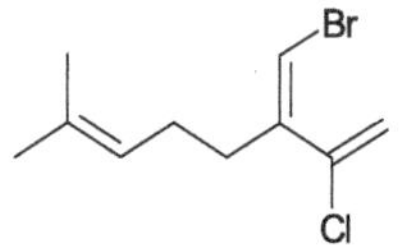

19　3-Bromomethyl-2,3,6-trichloro-7-methyl-1,6-octadiene　3-溴甲基-2,3,6-三氯-7-甲基-1,6-辛二烯

【基本信息】$C_{10}H_{14}BrCl_3$, 油状物.【类型】卤代二甲基辛烷类单萜.【来源】红藻软粒藻属* *Portieria hornemanni* 和红藻松香藻* *Chondrococcus hornemanni*.【活性】细胞毒 (NCI 初级抗肿瘤筛选程序, 平均 $GI_{50} = 0.741\mu mol/L$, 生长被完全抑制时的浓度 $TGI = 3.39\mu mol/L$, 平均 $LC_{50} = 17.0\mu mol/L$).【文献】R. W. Fuller, et al. JMC, 1994, 37, 4407.

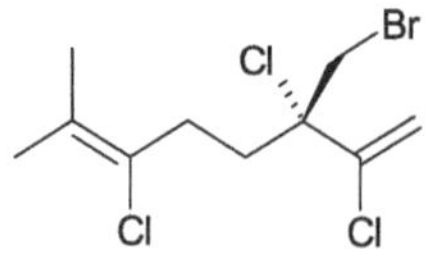

20　(1*E*,3*R*,4*S*,5*E*)-8-Bromo-1,3,4,7-tetrachloro-7-chloromethyl-3-methyl-1,5-octadiene (1*E*,3*R*,4*S*,5*E*)-8-溴-1,3,4,7-四氯-7-氯甲基-3-甲基-1,5-辛二烯

【基本信息】$C_{10}H_{12}BrCl_5$, 油状物, $[\alpha]_D = -20.2°$

(c = 1.19, 氯仿).【类型】卤代二甲基辛烷类单萜,【来源】红藻海头红属* *Plocamium* spp. 包括海头红属* *Plocamium oregonum*, 软骨状海头红* *Plocamium cartilagineum* 和红藻红叶藻科 *Pantoneura plocamioides*, 软体动物加州海兔 *Aplysia californica* (消化腺体).【活性】抗真菌; 杀虫剂.【文献】C. Ireland, et al. JOC, 1976, 41, 2461; P. Crews, JOC, 1977, 42, 2634; D. B. Stierle, et al. Tetrahedron, 1979, 35, 2855; J. Rovirosa, et al. Bol. Soc. Chil. Quim., 1990, 35, 131; M. Cueto, et al. Tetrahedron, 1998, 54, 3575.

Cl Br Cl Cl Cl Cl

21 8-Bromo-1,3,4,7-tetrachloro-3,7-dimethyl-1,5-octadiene 8-溴-1,3,4,7-四氯-3,7-二甲基-1, 5-辛二烯

【基本信息】$C_{10}H_{13}BrCl_4$, 油状物, $[\alpha]_D$ = –48.8° (c = 0.86, 氯仿).【类型】卤代二甲基辛烷类单萜.【来源】红藻海头红属* *Plocamium* spp. (南极地区).【活性】抗真菌.【文献】D. B. Stierle, et al. Tetrahedron, 1979, 35, 2855.

Cl Cl Cl Br Cl

22 Cartilagineal 软骨海头红醛*

【基本信息】$C_{10}H_{11}Cl_3O$, 黏性液体, $bp_{0.1mmHg}$ 130°C.【类型】卤代二甲基辛烷类单萜.【来源】红藻软骨状海头红* *Plocamium cartilagineum* (圣克鲁斯, 拉霍亚, 拉霍亚西北 644km 处, 美国), 软体动物加州海兔 *Aplysia californica*.【活性】鱼毒.【文献】P. Crews, et al. JOC, 1974, 39, 3303; P. Crews, et al. Phytochemistry, 1984, 23, 1449.

H O Cl Cl Cl

23 (1*E*,3*R*,4*S*,5*E*,7*S*)-1,8-Dibromo-3,4,7-trichloro-3,7-dimethyl-1,5-octadiene (1*E*,3*R*,4*S*,5*E*,7*S*)-1,8-二溴-3,4,7-三氯-3,7-二甲基-1,5-辛二烯

【基本信息】$C_{10}H_{13}Br_2Cl_3$, 晶体, mp 48.5~49°C, $[\alpha]_D$ = –46.3° (c = 1.03, 氯仿).【类型】卤代二甲基辛烷类单萜.【来源】红藻海头红属* *Plocamium* spp., 软体动物加州海兔 *Aplysia californica* (加利福尼亚, 美国).【活性】抗真菌.【文献】D. B. Stierle, et al. Tetrahedron, 1979, 35, 2855.

Br Cl Cl Br Cl

24 Halomon 海乐萌

【基本信息】$C_{10}H_{15}Br_2Cl_3$, 晶体 (甲醇), mp 49~50°C, $[\alpha]_D$ = +206° (c = 1.1, 二氯甲烷).【类型】卤代二甲基辛烷类单萜.【来源】红藻软粒藻属* *Portieria hornemannii*.【活性】细胞毒 (NCI 初级抗肿瘤筛选程序, 平均 GI_{50} = 0.676μmol/L, 生长被完全抑制时的浓度 TGI = 3.02μmol/L, 平均 LC_{50} = 11.5μmol/L).【文献】R. W. Fuller, et al. JMC, 1992, 35, 3007; 1994, 37, 4407; T. Schlama, et al. Angew. Chem. Int. Ed., 1998, 37, 2085; T. Sotokawa, et al. Angew. Chem. Int. Ed., 2000, 39, 3430.

Br Cl Cl Br Cl

25 Isohalomon 异海乐萌

【别名】7-Bromo-3-bromomethyl-2,3,6-trichloro-7-methyl-1-octene; 7-溴-3-溴甲基-2,3,6-三氯-7-甲基-1-辛烯.【基本信息】$C_{10}H_{15}Br_2Cl_3$, 晶体, $[\alpha]_D$= –25° (c = 1, 氯仿).【类型】卤代二甲基辛烷类单萜.【来源】红藻软粒藻属* *Portieria hornemanni* 和红藻松香藻* *Chondrococcus hornemanni* (黑点, 夏威夷, 美国).【活性】细胞毒 (NCI 初级抗肿瘤筛选程序, 平均 GI_{50} = 1.32μmol/L, 生长被完全抑制时的浓度 TGI = 4.47μmol/L, 平均 LC_{50} = 16.2μmol/L, 和海乐萌有相同的细胞毒活性谱).【文献】B. J. Burreson, et al. Chem. Lett., 1975, 1111; R. W. Fuller, et al. JMC, 1992, 35, 3007; 1994, 37, 4407.

Br Br Cl Cl Cl

26 (2*R*,3*E*,6*R*,7*S*)-1,1,7-Tribromo-2,6,8-trichloro-3,7- dimethyl-3-octene (2*R*,3*E*,6*R*,7*S*)-1,1,7-三溴-2,6,8-三氯-3,7-二甲基-3-辛烯

【基本信息】$C_{10}H_{14}Br_3Cl_3$, 晶体 (乙醇), mp 60.5~61.5°C, $[\alpha]_D^{25}$ = +99° (*c* = 0.0002, 环己烷).【类型】卤代二甲基辛烷类单萜.【来源】红藻十字海头红* *Plocamium cruciferum* (新西兰) 和红藻软骨状海头红* *Plocamium cartilagineum* (新西兰).【活性】抗微生物.【文献】J. W. Blunt, et al. Tetrahedron Lett., 1978, 4417; P. Bates, et al. Aust. J. Chem., 1979, 32, 2545; J. W. Blunt, et al. Aust. J. Chem., 1985, 38, 519.

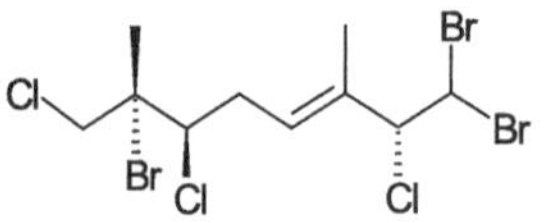

1.3 1-乙基-3,3-二甲基环己烷类单萜

27 4-Bromo-1,6,8-trichloro-2-ochtodene 4-溴-1,6,8-三氯-2-奥克托德烯*

【基本信息】$C_{10}H_{14}BrCl_3$.【来源】红藻软粒藻属* *Portieria hornemanni.*【类型】奥克托德烷类单萜.【活性】细胞毒 (NCI 初级抗肿瘤筛选程序, 平均 GI_{50} = 1.15μmol/L, 生长被完全抑制时的浓度 TGI = 4.68μmol/L, 平均 LC_{50} = 20.0μmol/L).【文献】R. W. Fuller, et al. JMC, 1992, 35, 3007; 1994, 37, 4407.

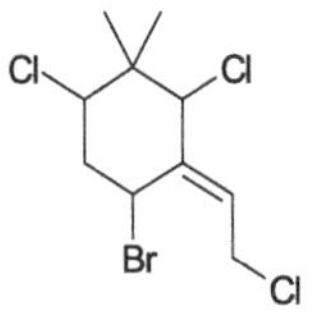

28 1,6-Dibromo-2-chloro-3(8)-ochtoden-4-ol 1,6-二溴-2-氯-3(8)-奥克托德烯-4-醇*

【基本信息】$C_{10}H_{15}Br_2ClO$, 油状物, $[\alpha]_D^{20}$ = −26.8° (*c* = 1, 氯仿).【类型】奥克托德烷类单萜.【来源】红藻奥克托德属 *Ochtodes crockeri*.【活性】拒食剂 (食草鱼雀鲷属 *Pomacentrus coeruleus*).【文献】V. J. Paul, et al. JOC, 1980, 45, 3401.

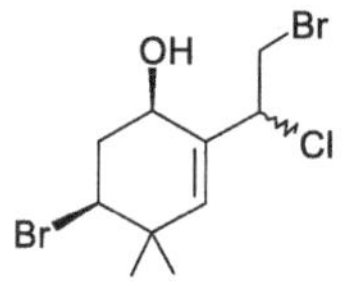

29 (1*E*,6*S,8*S**)-1,6-Dibromo-8-chloro-1,3-ochtodiene (1*E*,6*S**,8*S**)-1,6-二溴-8-氯-1,3-奥克托德二烯***

【基本信息】$C_{10}H_{13}Br_2Cl$, 油状物, $[\alpha]_D^{20}$ = +16.7° (*c* = 5.4, 氯仿).【类型】奥克托德烷类单萜.【来源】红藻奥克托德属 *Ochtodes crockeri*.【活性】拒食剂 (食草鱼雀鲷属 *Pomacentrus coeruleus*).【文献】V. J. Paul, et al. JOC, 1980, 45, 3401.

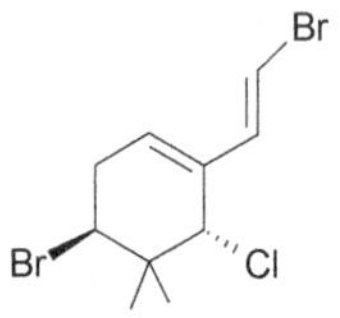

30 (1*E*,4*S ,6*S**)-1,6-Dibromo-1,3(8)-ochtodien-4-ol (1*E*,4*S**,6*S**)-1,6-二溴-1,3(8)-奥克托德二烯-4-醇***

【基本信息】$C_{10}H_{14}Br_2O$, 油状物, $[\alpha]_D^{20}$ = −71.2° (*c* = 3.2, 氯仿).【类型】奥克托德烷类单萜.【来源】红藻奥克托德属 *Ochtodes crockeri*.【活性】拒食剂 (食草鱼雀鲷属 *Pomacentrus coeruleus*).【文献】V. J. Paul, et al. JOC, 1980, 45, 3401.

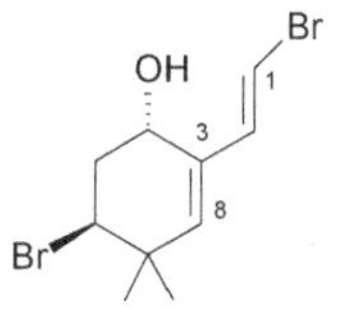

31 (1*E*,4*R ,6*S**)-1,6-Dibromo-1,3(8)-ochtodien-4-ol (1*E*,4*R**,6*S**)-1,6-二溴-1,3(8)-奥克托德二烯-4-醇***

【基本信息】$C_{10}H_{14}Br_2O$, 油状物, $[\alpha]_D^{20}$ = −45.4° (*c* = 2.5, 氯仿).【类型】奥克托德烷类单萜.【来源】红藻奥克托德属 *Ochtodes crockeri*.【活性】拒食剂 (食草鱼雀鲷属 *Pomacentrus coeruleus*).【文献】V. J. Paul, et al. JOC, 1980, 45, 3401.

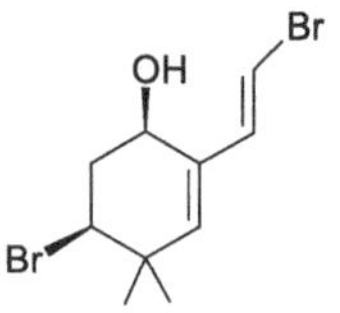

32　1,3(8)-Ochtodien-5,6-diol　1,3(8)-奥克托德二烯-5,6-二醇*

【基本信息】$C_{10}H_{16}O_2$.【类型】奥克托德烷类单萜.【来源】红藻奥克托德属 *Ochtodes crockeri*.【活性】拒食剂（食草鱼雀鲷属 *Pomacentrus coeruleus*).【文献】V. J. Paul, et al. JOC, 1980, 45, 3401.

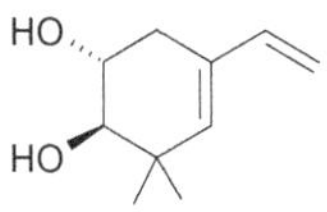

33　2*Z*,4-Ochtodien-1,6-diol　2*Z*,4-奥克托德二烯-1,6-二醇*

【基本信息】$C_{10}H_{16}O_2$.【类型】奥克托德烷类单萜.【来源】红藻奥克托德属 *Ochtodes crockeri*.【活性】拒食剂（食草鱼雀鲷属 *Pomacentrus coeruleus*).【文献】V. J. Paul, et al. JOC, 1980, 45, 3401; Y. Masaki, et al. Bill. Chem. Soc. Jpn., 1984, 57, 3466.

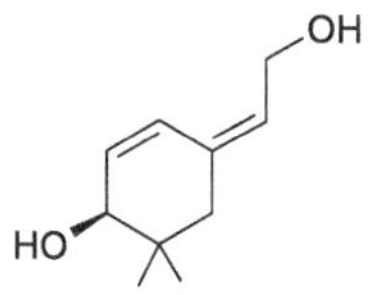

34　1,6,8-Tribromo-2-chloro-3(8)-ochtodene　1,6,8-三溴-2-氯-3(8)-奥克托德烯*

【基本信息】$C_{10}H_{14}Br_3Cl$，油状物，$[\alpha]_D = +55°$ ($c = 0.74$，氯仿).【类型】奥克托德烷类单萜.【来源】红藻奥克托德属 *Ochtodes secundiramea*（多巴哥）和红藻软粒藻属* *Portieria hornemannii*.【活性】细胞毒（NCI 初级抗肿瘤筛选程序，平均 $GI_{50} = 21.9\mu mol/L$，生长被完全抑制时的浓度 $TGI = 45.7\mu mol/L$，平均 $LC_{50} = 93.3\mu mol/L$).【文献】W. H. Gerwick, Phytochemistry, 1984, 23, 1323; R. W. Fuller, et al. JMC, 1992, 35, 3007; 1994, 37, 4407.

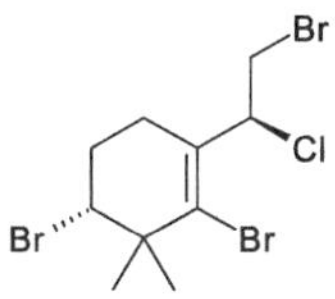

35　1,6,8-Trichloro-2,4-ochtodiene　1,6,8-三氯-2,4-奥克托德二烯*

【基本信息】$C_{10}H_{13}Cl_3$.【类型】奥克托德烷类单萜.【来源】红藻软粒藻属* *Portieria hornemanni*.【活性】细胞毒（NCI 初级抗肿瘤筛选程序，平均 $GI_{50} = 20.0\mu mol/L$，生长被完全抑制时的浓度 $TGI = 47.9\mu mol/L$，平均 $LC_{50} > 100\mu mol/L$).【文献】R. W. Fuller, et al. JMC, 1992, 35, 3007; 1994, 37, 4407.

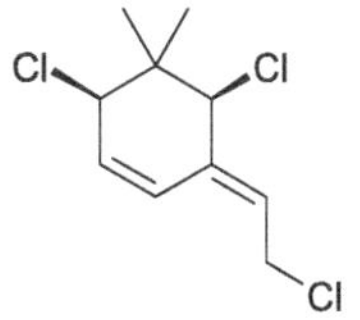

1.4　1-乙基-1,3-二甲基环己烷类单萜

36　Aplysiaterpenoid A　海兔萜类 A*

【别名】Gelidene; 格利登烯*.【基本信息】$C_{10}H_{14}Cl_4$，晶体，mp 86~88°C，mp 82°C，$[\alpha]_D = +9.4°$ ($c = 0.01$，氯仿).【类型】1-乙基-1,3-二甲基环己烷类单萜.【来源】红藻石花菜属* *Gelidium sesquipedale* 和红藻顶端具钩海头红* *Plocamium hamatum*，软体动物黑斑海兔 *Aplysia kurodai*.【活性】拒食剂; 杀虫剂.【文献】T. Miyamoto, et al. Annalen, 1988, 1191; J. C. Coll, et al. Aust. J. Chem., 1988, 41, 1743; M. A. Aazizi, et al. JNP, 1989, 52, 829; R. De Nys, et al. Mar. Biol. (Berlin), 1991, 108, 315; G. M. König, et al. Phytochemistry, 1999, 52, 1047.

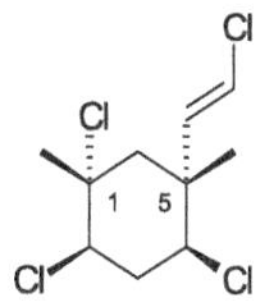

37　4-Bromo-5-bromomethyl-1-(2-chloroethenyl)-2,5-dichloro-1-methylcyclohexane　4-溴-5-溴甲基-1-(2-氯乙烯基)-2,5-二氯-1-甲基环己烷

【基本信息】$C_{10}H_{13}Br_2Cl_3$, mp 75~76°C, mp 74~74.5°C，$[\alpha]_D^{25} = -61.4°$ ($c = 0.21$，氯仿). $[\alpha]_D^{20} = -43.8°$ ($c = 1.01$，氯仿)，$[\alpha]_D = -67°$.【类型】1-乙基-1,3-二甲基环己烷类单萜.【来源】红藻软骨状海头红* *Plocamium cartilagineum*（南极地区和英

格兰南岸) 和顶端具钩海头红* *Plocamium hamatum* (大堡礁), 软体动物黑指纹海兔 *Aplysia dactylomela.*【活性】抗污剂 (小球藻 *Chlorella fusca*, IZD = 16mm); 抗真菌 (花药黑粉菌 *Ustilago violacea,* IZD = 1mm, 蒲头霉属微孢子门蒲头霉属 *Mycotypha microspora,* IZD = 2mm); 抗菌 (巨大芽胞杆菌 *Bacillus megaterium,* IZD = 2mm); 灭藻剂 (强活性); 有毒的 (盐水丰年虾).【文献】M. D. Higgs, et al. Tetrahedron, 1977, 33, 2775; D. B. Stierle, et al. Tetrahedron, 1979, 35, 1261; G. M. König, et al. Phytochemistry, 1999, 52, 1047; M. Wessels, et al. JNP, 2000, 63, 920.

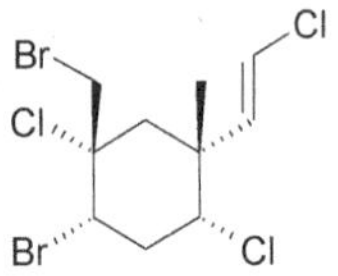

38 4-Chloro-5-(2-chloroethenyl)-1-chloromethyl-5-methylcyclohexene 4-氯-5-(2-氯乙烯基)-1-氯甲基-5-甲基环己烯

【基本信息】$C_{10}H_{13}Cl_3$, 油状物, $[\alpha]_D = -110°$ ($c = 0.91$, 氯仿).【类型】1-乙基-1,3-二甲基环己烷类单萜.【来源】红藻软骨状海头红* *Plocamium cartilagineum* (南极地区).【活性】抗真菌.【文献】D. B. Stierle, et al. Tetrahedron, 1979, 35, 1261.

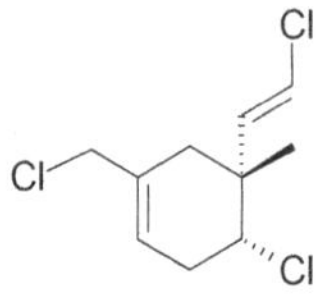

39 Mertensene 梅尔滕斯烯*

【别名】Mertensene 1; 梅尔滕斯烯 1*.【基本信息】$C_{10}H_{14}BrCl_3$, 针状晶体 (正己烷), mp 105.5~106°C, $[\alpha]_D = +20°$ ($c = 0.3$, 氯仿).【类型】1-乙基-1,3-二甲基环己烷类单萜.【来源】红藻海头红属* *Plocamium mertensii* 和红藻顶端具钩海头红* *Plocamium hamatum,* 软体动物细点海兔* *Aplysia punctata*.【活性】抗菌; 灭藻剂; 杀虫剂; 镇静剂; 平滑肌松弛剂; 抗惊厥剂.【文献】R. S. Norton, et al. Tetrahedron Lett., 1977, 3905; R. J, Capon., Aust. J. Chem., 1984, 37, 537; G. M. Konig, et al. Phytochemistry, 1991, 52, 1047.

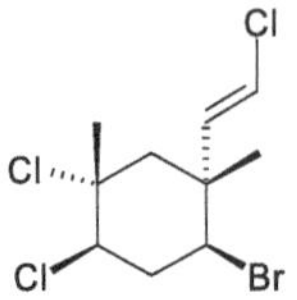

40 Plocamene D 海头红烯 D*

【别名】2,4-Dichloro-1-(2-chloroethenyl)-1-methyl-5-methylenecyclohexane; 2,4-二氯-1-(2-氯乙烯基)-1-甲基-5-亚甲基环己烷.【基本信息】$C_{10}H_{13}Cl_3$, 油状物, $[\alpha]_D^{20} = -4.1°$ ($c = 0.73$, 氯仿).【类型】1-乙基-1,3-二甲基环己烷类单萜.【来源】红藻蓝紫色海头红* *Plocamium violaceum* 和红藻小枝藻属 * *Microcladia* spp.【活性】抗真菌.【文献】P. Crews, et al. JOC, 1978, 43, 116; 1984, 49, 1371.

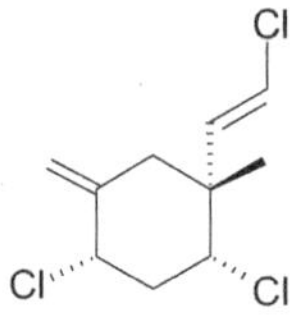

41 Plocamene D′ 海头红烯 D′ *

【别名】4-Bromo-2-chloro-1-(2-chloroethenyl)-1-methyl-5-methylenecyclohexane; 4-溴-2-氯-1-(2-氯乙烯基)-1-甲基-5-亚甲基环己烷.【基本信息】$C_{10}H_{13}BrCl_2$,油状物, $[\alpha]_D = +31.3°$ ($c = 0.86$, 氯仿).【类型】1-乙基-1,3-二甲基环己烷类单萜.【来源】红藻蓝紫色海头红* *Plocamium violaceum*, 红藻顶端具钩海头红* *Plocamium hamatum*, 红藻海头红属* *Plocamium meitensii* 和红藻软骨状海头红* *Plocamium cartilagineum* (南极地区).【活性】抗真菌.【文献】P. Crews, et al. JOC, 1978, 43, 716; D. B. Stierle, et al. Tetrahedron, 1979, 35, 1261; G. M. König, et al. Phytochemistry, 1999, 52, 1047; D. Dias, et al. Phytochem. Anal., 2008, 19, 453.

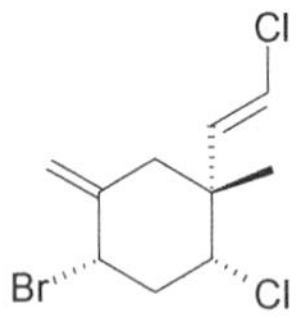

42 *epi*-Plocamene D *epi*-海头红烯 D*

【基本信息】$C_{10}H_{13}Cl_3$, 油状物, $[\alpha]_D = -63.3°$ ($c = 0.98$, 氯仿).【类型】1-乙基-1,3-二甲基环己烷类单萜.【来源】红藻蓝紫色海头红* *Plocamium violaceum* 和红藻软骨状海头红 **Plocamium cartilagineum* (南极地区).【活性】抗真菌.【文献】D. B. Stierle, et al. Tetrahedron, 1979, 35, 1261.

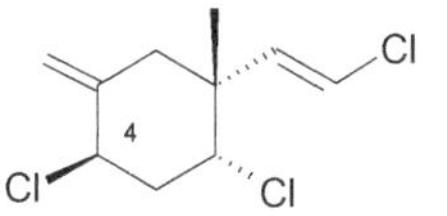

43 (1*S*,2*R*,4*R*,5*S*)-1,2,4-Trichloro-5-(2-chloroethenyl)- 1,5-dimethylcyclohexane (1*S*,2*R*,4*R*,5*S*)-1,2,4-三氯-5-(2-氯乙烯基)-1,5-二甲基环己烷

【基本信息】$C_{10}H_{14}Cl_4$, 油状物或晶体. (丙酮).【类型】1-乙基-1,3-二甲基环己烷类单萜.【来源】红藻软骨状海头红* *Plocamium cartilagineum* (智利) 和红藻顶端具钩海头红* *Plocamium hamatum*.【活性】抗菌; 毒素 (使软珊瑚坏死).【文献】A. San-Martin, et al. Phytochemistry, 1991, 30, 2165; R. De Nys, et al. Mar. Biol. (Berlin), 1991, 108, 315; P. Rivera, et al. Acta Cryst. C, 1998, 54, 816; G. M. König, et al. Phytochemistry, 1999, 52, 1047.

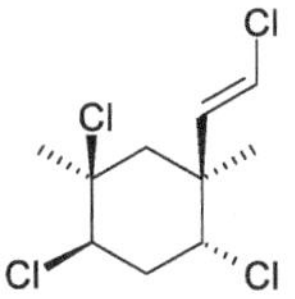

44 (1*S*,2*R*,4*S*,5*S*)-1,2,4-Trichloro-5-(2-chloroethenyl)- 1,5-dimethylcyclohexane (1*S*,2*R*,4*S*,5*S*)-1,2,4-三氯-5-(2-氯乙烯基)-1,5-二甲基环己烷

【基本信息】$C_{10}H_{14}Cl_4$, 晶体, mp 57~58°C, $[\alpha]_D^{70}$ = +7.7° (c = 1, 氯仿).【类型】1-乙基-1,3-二甲基环己烷类单萜.【来源】红藻软骨状海头红* *Plocamium cartilagineum* (智利).【活性】杀虫剂; 杀螨剂.【文献】A. San-Martin, et al. Phytochemistry, 1991, 30, 2165; R. De Nys, et al. Mar. Biol. (Berlin), 1991, 108, 315; G. M. König, et al. Phytochemistry, 1999, 52, 1047.

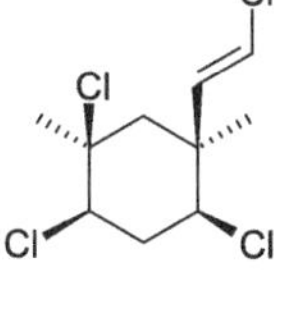

45 (1*S*,2*R*,4*R*,5*R*)-1,2,4-Trichloro-5-(2-chloroethenyl)- 1,5-dimethylcyclohexane (1*S*,2*R*,4*R*,5*R*)-1,2,4-三氯-5-(2-氯乙烯基)-1,5-二甲基环己烷

【基本信息】$C_{10}H_{14}Cl_4$, 晶体 (正己烷), mp 105°C.【类型】1-乙基-1,3-二甲基环己烷类单萜.【来源】红藻软骨状海头红* *Plocamium cartilagineum* (智利).【活性】杀虫剂; 杀螨剂; 抗真菌.【文献】A. San-Martin, et al. Phytochemistry, 1991, 30, 2165; P. Rivera, et al. Acta Crystallogr. Sect. C, 1998, 54, 816.

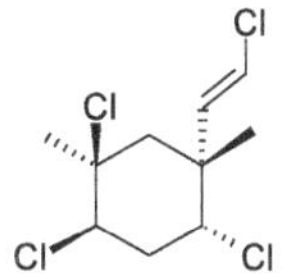

1.5 1-乙基-2,4-二甲基环己烷类单萜

46 1,4-Dibromo-5-chloro-2-(2- chloroethenyl)-1,5-dimethylcyclohexane 1,4-二溴-5-氯-2-(2-氯乙烯基)-1,5-二甲基环己烷

【基本信息】$C_{10}H_{14}Br_2Cl_2$, mp 86~87°C, $[\alpha]_D$ = −46.1° (c = 0.345, 氯仿), $[\alpha]_D^{20}$ = −36° (c = 1.13, 氯仿).【类型】1-乙基-2,4-二甲基环己烷类单萜.【来源】红藻软骨状海头红* *Plocamium cartilagineum* (英吉利海峡, 澳大利亚和西班牙), 软体动物细点海兔* *Aplysia punctata* 和软体动物黑指纹海兔 *Aplysia dactylomela*.【活性】抗菌; 抗真菌; 有毒的 (盐水丰年虾).【文献】M. D. Higgs, et al. Tetrahedron, 1977, 33, 2775; R. S. Norton, et al. Tetradron Lett., 1977, 3905; A. G. Gonzales, et al. Phytochemistry, 1978, 17, 947; M. Wessels, et al. JNP, 2000, 63, 920.

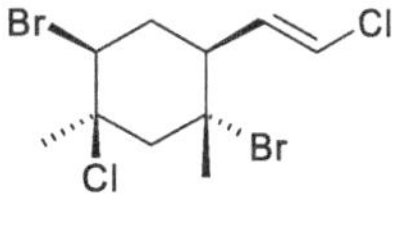

1.6 环烯醚萜类单萜

47 Cerbinal 栀子醛

【基本信息】$C_{11}H_8O_4$, 黄色针状晶体 (甲醇), mp 188~189°C.【类型】环烯醚类单萜.【来源】半红树海芒果 *Cerbera manghas*.【活性】抗真菌.【文

献】F. Abe, et al. Chem. Pharm. Bull., 1977, 25, 3422; H. Ohashi, et al. Agric. Biol. Chem., 1986, 50, 2655; X. Zhang, et al. Zhongcaoyao, 2008, 39, 1138; CA, 151, 443681.

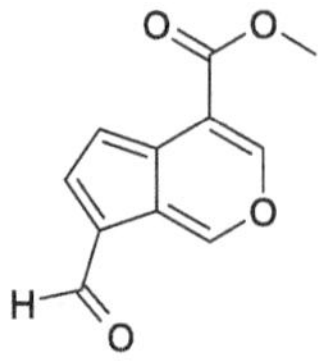

48 Fulvoplumierin 黄鸡蛋花素

【基本信息】$C_{14}H_{12}O_4$, 橙色针状晶体 (氯仿/乙醇), mp 151~152°C (分解), 溶于丙酮, 吡啶, 氯仿; 难溶于水, 己烷.【类型】环烯醚类单萜.【来源】软体动物前鳃 (海蜗牛) *Nerita albicilla*.【活性】抗菌; 抗艾滋病毒 HIV 活性.【文献】G. Buchi, et al. JACS, 1968, 90, 5336; 1969, 91, 6470; R. Sanduja, et al. JNP, 1985, 48, 335; CRC Press, DNP on DVD, 2012, version 20.2.

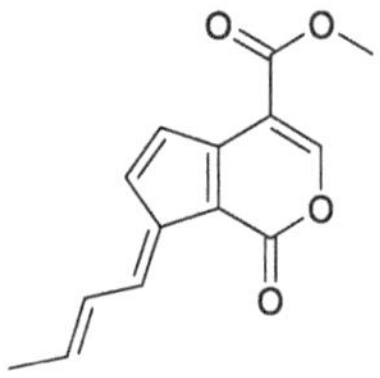

49 Plumericin 鸡蛋花素

【基本信息】$C_{15}H_{14}O_6$, 片样针状晶体 (苯), mp 212.5~213.5°C (轻微分解), $[\alpha]_D^{30}$ = +204° (氯仿).【类型】环烯醚类单萜.【来源】穿贝海绵属* *Cliona caribboea* (挖掘海绵), 陆地植物 (鸡蛋花属 *Plumeria* spp.).【活性】抗生素; 抗真菌; 抗肿瘤.【文献】G. E. Martin, et al. JOC, 1985, 50, 2383; Merck Index, 10th Edition, Entry No. 7407.

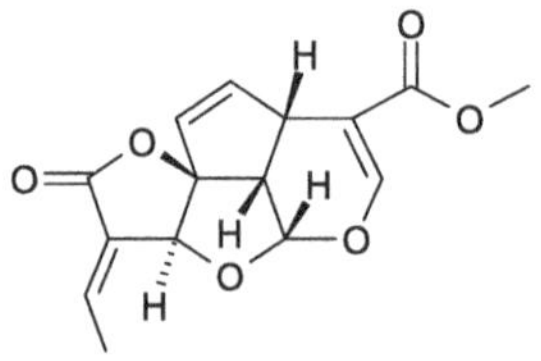

1.7 薄荷烷 (盖烷) 类单萜

50 Hydrallmanol A 奥鞘螅醇 A*

【基本信息】$C_{22}H_{28}O_2$, 浅黄色油.【类型】薄荷烷型单萜.【来源】水螅纲软水母亚纲镰形奥鞘螅* *Hydrallmania falcata*.【活性】细胞毒.【文献】C. Pathirana, et al. Tetrahedron Lett., 1989, 30, 1487.

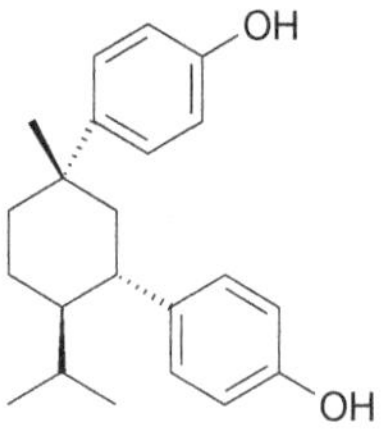

2

倍半萜

2.1 法尼烷 (金合欢烷) 倍半萜

51 (3*E*)-6-Acetoxy-3,11-dimethyl-7-methylidendodeca-1,3,10-triene (3*E*)-6-乙酰氧基-3,11-二甲基-7-亚甲基十二烷-1,3,10-三烯

【基本信息】$C_{17}H_{26}O_2$.【类型】简单金合欢烷倍半萜.【来源】丛柳珊瑚科 Plexauridae 柳珊瑚 *Plexaurella grisea* (加勒比海).【活性】细胞毒 (P_{388}, IC_{50} = 2.5μg/mL; A549, IC_{50} = 5μg/mL; HT29, IC_{50} = 5μg/mL; MEL28, IC_{50} = 5μg/mL).【文献】A. Rueda, et al. JNP, 2001, 64, 401.

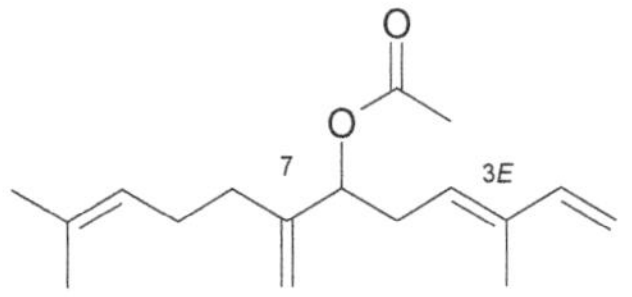

52 Caulerpenyne 蕨藻烯炔*

【基本信息】$C_{21}H_{26}O_6$, 晶体, mp 57~58°C, $[\alpha]_D^{20}$ = +7.1° (*c* = 1, 乙醇).【类型】简单金合欢烷倍半萜.【来源】绿藻杉叶蕨藻* *Caulerpa taxifolia* (热带, 马丁岬角, 法国) 和蕨藻**Caulerpa prolifera* (热带).【活性】抗微生物; 有毒的.【文献】V. Amico, et al. Tetrahedron Lett., 1978, 3593; T. Nakatsu, et al. JOC, 1981, 46, 2435; L. De Napoli, et al. Phytochemistry, 1982, 21, 782; A. Guerriero, et al. Helv. Chim. Acta, 1992, 75, 689; 1993, 76, 855; 1995, 78, 1755.

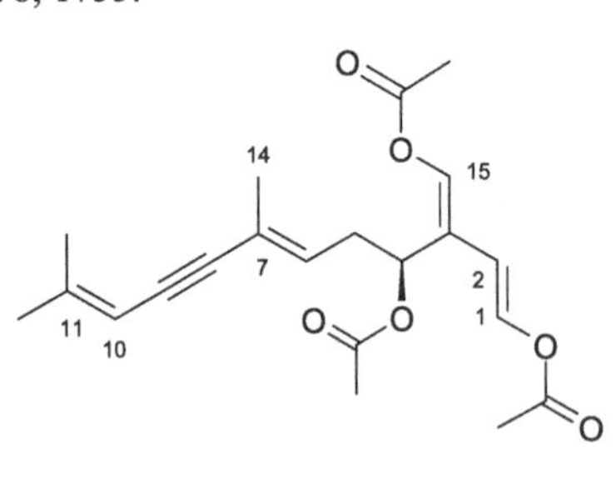

53 Caulerpenynol 蕨藻烯炔醇*

【别名】6-Hydroxy-$\Delta^{7(14)}$-caulerpenyne; 6-羟基-$\Delta^{7(14)}$-蕨藻烯炔*.【基本信息】$C_{21}H_{26}O_7$, 油状物, $[\alpha]_D^{20}$ = −53.7° (*c* = 0.095, 乙醇).【类型】简单金合欢烷倍半萜.【来源】绿藻杉叶蕨藻* *Caulerpa taxifolia* (热带, 马丁岬角, 法国).【活性】突变原.【文献】A. Guerriero, et al. Helv. Chim. Acta, 1993, 76, 855.

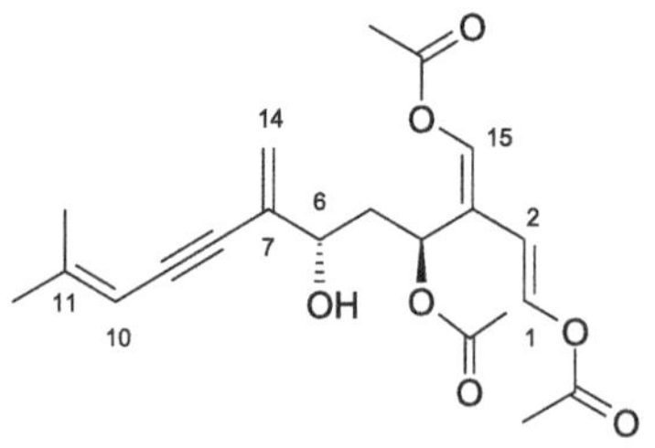

54 2,3-Dihydroxypropyl-farnesicate 2,3-二羟基丙基-金合欢乙酯

【基本信息】$C_{18}H_{30}O_4$, 油状物.【类型】简单金合欢烷倍半萜.【来源】软体动物裸腮目海牛亚目海牛科 *Archidoris odhneri*.【活性】抗菌 (金黄色葡萄球菌 *Staphylococcus aureus*).【文献】R. J. Andersen, et al. Tetrahedron Lett., 1980, 21, 797.

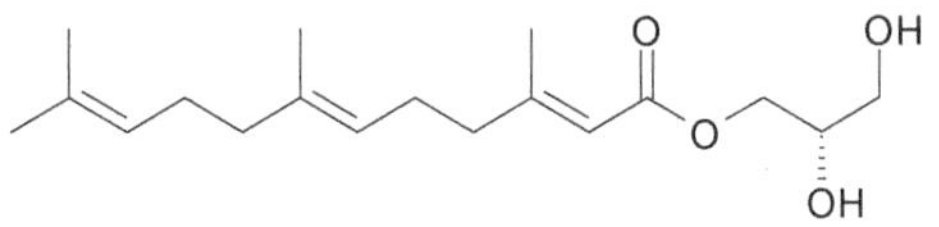

55 10,11-Epoxycaulerpenyne 10,11-环氧蕨藻烯炔*

【基本信息】$C_{21}H_{26}O_7$, 油状物, mp 57~58°C, $[\alpha]_D$= −12.3° (*c* = 0.56, 乙醇).【类型】简单金合欢烷倍半萜.【来源】绿藻杉叶蕨藻* *Caulerpa taxifolia* (热带, 摩纳哥, 地中海摩纳哥地区).【活性】有毒的; 致突变的.【文献】V. Amico, et al. Tetrahedron Lett., 1978, 3593; A. Guerriero, et al. Helv. Chim. Acta, 1992, 75, 689.

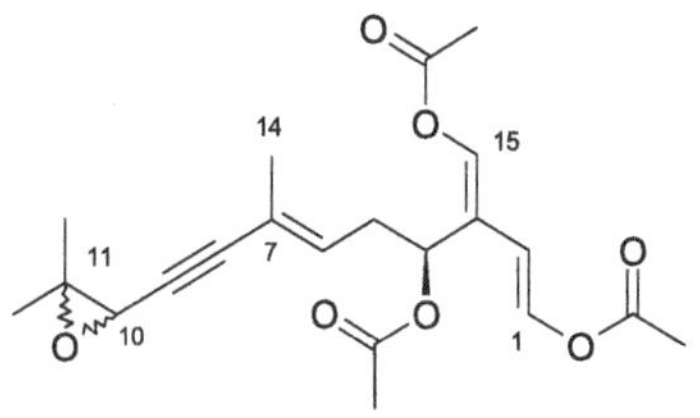

56 Flexilin 可弯蕨藻倍半萜酯*

【基本信息】$C_{19}H_{28}O_4$, $bp_{0.1mmHg}$ 100°C.【类型】简单金合欢烷倍半萜.【来源】绿藻可弯蕨藻*

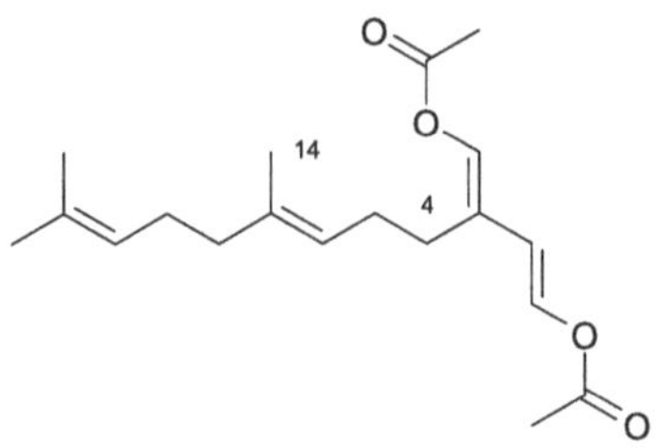

Caulerpa flexilis (塔斯马尼亚岛, 澳大利亚).【活性】鱼毒.【文献】A. J. Blackman, et al. Tetrahedron Lett., 1978, 3063.

57 Oxytoxin 1 囊舌毒素 1*

【基本信息】$C_{19}H_{24}O_5$, 油状物, $[\alpha]_D^{25} = -70.6°$ ($c = 2$, 氯仿).【类型】简单金合欢烷倍半萜.【来源】绿藻杉叶蕨藻* *Caulerpa taxifolia*, 软体动物门腹足纲囊舌目长足科 *Oxynoe olivacea*, 软体动物门腹足纲囊舌目 Volvatellidae 科 *Ascobulla fragilis* 和软体动物门腹足纲囊舌目长足科 *lobiger serradifalci*.【活性】鱼毒; 有毒的 (对盐水丰年虾, 盐水丰年虾是一种世界分布的耐高盐的小型低等甲壳类动物).【文献】G. Cimino, et al. Experientia, 1990, 46, 767; A. Guerriero, et al. Helv. Chim. Acta, 1992, 75, 689; 1993, 76, 855; M. Gavagnin, et al. J. Exp. Mar. Biol. Ecol., 1994, 175, 197.

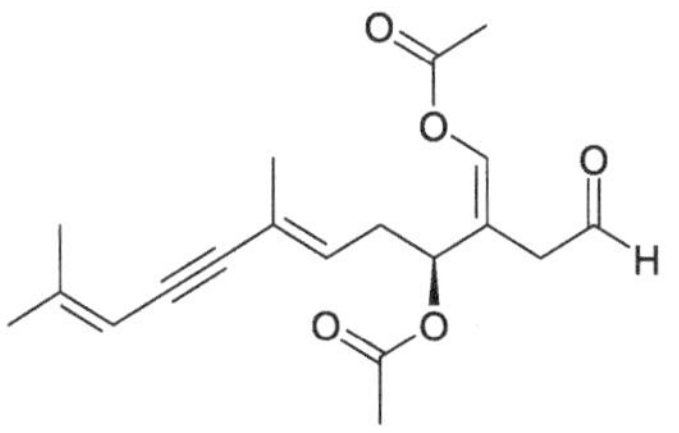

58 Preraikovenal 前游仆虫烯醛*

【基本信息】$C_{15}H_{24}O_2$.【类型】简单金合欢烷倍半萜.【来源】原生动物纤毛虫游仆虫属 *Euplotes raikovi*.【活性】推定的游仆虫烯醛的生物进化前体.【文献】G. Guella, et al. J. Chem. Soc., Chem. Commun., 1994, 2585; B. B. Snider, et al. Synth. Commun., 1997, 27, 1583.

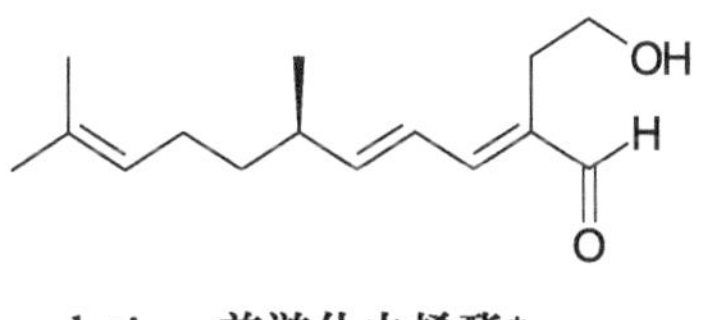

59 Preuplotin 前游仆虫烯酯*

【基本信息】$C_{19}H_{26}O_5$.【类型】简单金合欢烷倍半萜.【来源】原生动物纤毛虫厚游仆虫 *Euplotes crassus*.【活性】细胞毒 (对纤毛虫类).【文献】G. Guella, et al. JCS Perkin Trans. Ⅰ, 1994, 161.

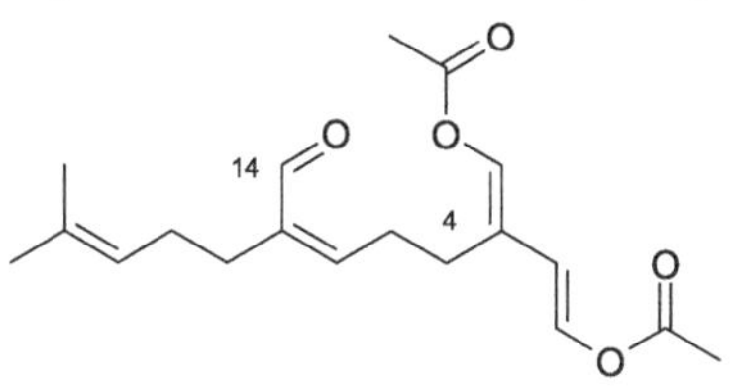

60 Rhipocephalin 肺头藻酯*

【基本信息】$C_{21}H_{28}O_6$, 油状物, $[\alpha]_D = 0°$, 极不稳定.【类型】简单金合欢烷倍半萜.【来源】绿藻凤凰肺头藻* *Rhipocephalus phoenix*.【活性】有毒的 (对海鱼雀鲷属 *Pomacentrus coeruleus*, 2μg/mL). 拒食剂 (对真雀鲷属 *Eupomacentrus leucostictus*, 100~300μg/g 食品团).【文献】H. H. Sun, et al. Tetrahedron Lett., 1979, 685.

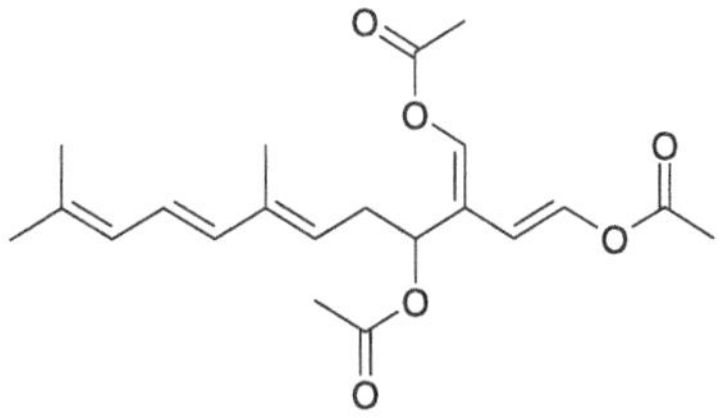

61 Rhipocephenal 肺头藻烯醛*

【基本信息】$C_{15}H_{20}O_3$, 油状物.【类型】简单金合欢烷倍半萜.【来源】绿藻凤凰肺头藻* *Rhipocephalus phoenix* (存储样本).【活性】有毒的 (对海鱼雀鲷属 *Pomacentrus coeruleus*, 10μg/mL). 拒食剂 (对真雀鲷属 *Eupomacentrus leucostictus*, 100~300μg/每克食品团).【文献】H. H. Sun, et al. Tetrahedron Lett., 1979, 685.

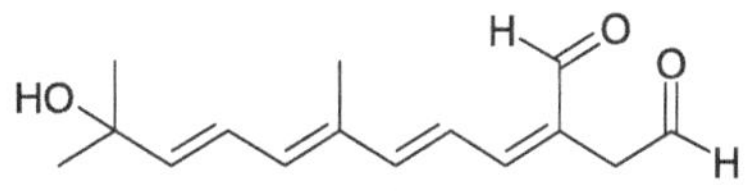

62 Sinularianin E 短指软珊瑚宁 E*

【基本信息】$C_{16}H_{24}O_4$.【类型】简单金合欢烷倍半萜.【来源】短指软珊瑚属* *Sinularia* sp. (东罗岛, 海南, 中国).【活性】核转录因子-κB 抑制剂 (温和活性).【文献】B. Yang, et al. Mar. Drugs, 2013, 11, 4741.

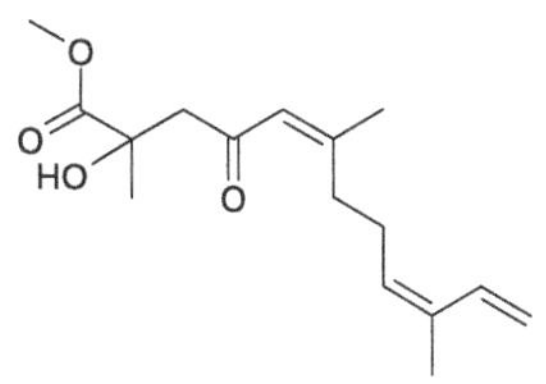

63 (3*Z*,5*E*)-3,7,11-Trimethyl-9-oxododeca-1,3,5-triene (3*Z*,5*E*)-3,7,11-三甲基-9-氧代十二烷基-1,3,5-三烯

【基本信息】$C_{15}H_{24}O$.【类型】简单金合欢烷倍半萜.【来源】从柳珊瑚科 Plexauridae 柳珊瑚

Plexaurella grisea (加勒比海).【活性】细胞毒 (P_{388}, IC_{50} = 2.5μg/mL; A549, IC_{50} = 2.5μg/mL; HT29, IC_{50} = 2.5μg/mL; MEL28, IC_{50} = 2.5μg/mL).【文献】A. Rueda, et al. JNP, 2001, 64, 401.

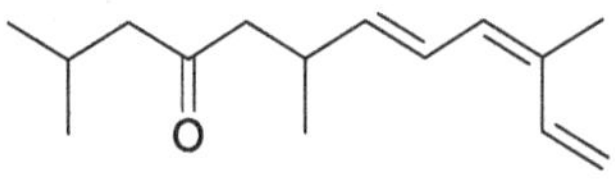

64 (3*E*,5*E*)-3,7,11-Trimethyl-9-oxododeca-1,3,5-triene (3*E*,5*E*)-3,7,11-三甲基-9-氧代十二烷基-1,3,5-三烯

【基本信息】$C_{15}H_{24}O$.【类型】简单金合欢烷倍半萜.【来源】丛柳珊瑚科 Plexauridae 柳珊瑚 *Plexaurella grisea* (加勒比海).【活性】细胞毒 (P_{388}, IC_{50} = 2.5μg/mL; A549, IC_{50} = 5μg/mL; HT29, IC_{50} = 5μg/mL; MEL28, IC_{50} = 5μg/mL).【文献】A. Rueda, et al. JNP, 2001, 64, 401.

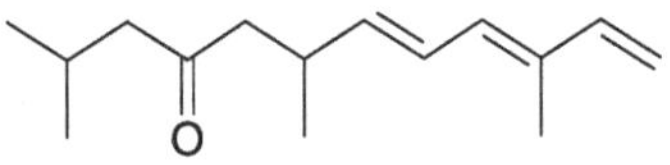

65 (2*E*,4*E*,7*Z*)-2,6,10-Trimethylundeca-2,4,7,9-tetraenal (2*E*,4*E*,7*Z*)-2,6,10-三甲基十一烷-2,4,7,9-四烯醛

【基本信息】$C_{14}H_{20}O$.【类型】简单金合欢烷倍半萜.【来源】丛柳珊瑚科 Plexauridae 柳珊瑚 *Plexaurella grisea* (加勒比海).【活性】细胞毒 (P_{388}, A549, HT29 和 MEL28 细胞, 所有的 IC_{50} > 10μg/mL).【文献】A. Rueda, et al. JNP, 2001, 64, 401.

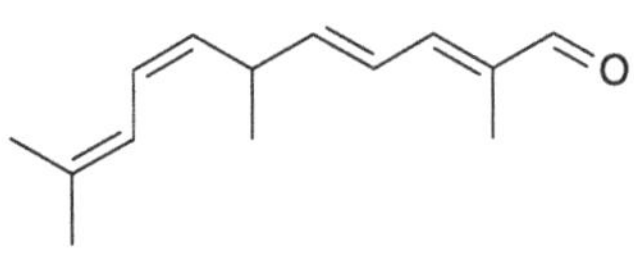

66 (2*E*,4*E*)-2,6,10-Trimethylundeca-2,4,9-trienal (2*E*,4*E*)-2,6,10-三甲基十一烷-2,4,9-三烯醛

【基本信息】$C_{14}H_{22}O$.【类型】简单金合欢烷倍半萜.【来源】丛柳珊瑚科 Plexauridae 柳珊瑚 *Plexaurella grisea* (加勒比海).【活性】细胞毒 (P_{388}, IC_{50} = 0.5μg/mL; A549, IC_{50} = 2.5μg/mL; HT29, IC_{50} = 2.5μg/mL; MEL28, IC_{50} = 2.5μg/mL).【文献】A. Rueda, et al. JNP, 2001, 64, 401.

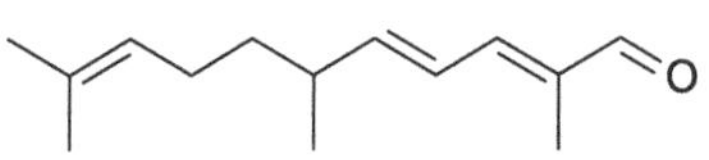

67 Capilloquinol 条状短指软珊瑚氢醌*

【基本信息】$C_{22}H_{26}O_3$, 无色黏性油状物, $[\alpha]_D^{25}$ = +31° (*c* = 0.1, 氯仿).【类型】呋喃金合欢烷倍半萜.【来源】条状短指软珊瑚* *Sinularia capillosa* (东沙群岛, 南海, 中国, 水深 8~10m).【活性】细胞毒 (P_{388} 细胞, ED_{50} = 3.8μg/mL, A549 和 HT29, 无活性).【文献】S. -Y. Cheng, et al. Mar. Drugs, 2011, 9, 1469.

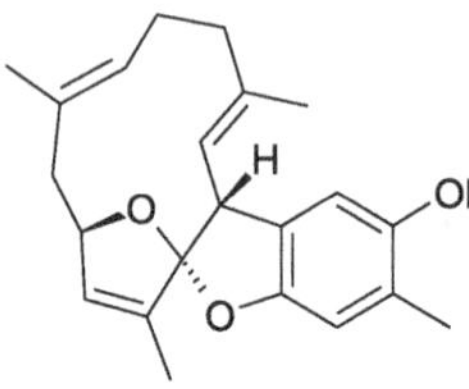

68 Dendrolasin 黑蚁素*

【别名】3-(4,8-Dimethyl-3,7-nonadienyl)furan; 3-(4,8-二甲基-3,7-壬二烯基)呋喃*; 榧素.【基本信息】$C_{15}H_{22}O$, 油状物, bp_{16mmHg} 148~150°C, n_D^{20} = 1.4860.【类型】呋喃金合欢烷倍半萜.【来源】樱桃海绵属* *Oligoceras hemorrhages,* 软体动物裸腮目海牛亚目海牛裸腮 *Cadlina luteomarginata* (加利福尼亚, 美国), 陆地生物蚂蚁 *Dendrolasius fuliginosus*.【活性】拒食剂.【文献】D. J. Wanderah, et al. Lloydia, 1975, 38, 271; J. E. Thompson, et al. Tetrahedron, 1982, 38, 1865.

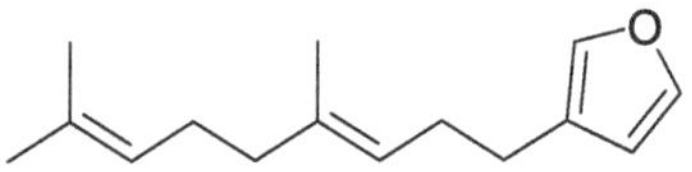

69 Dictyodendrillin A 澳大利亚海绵素 A*

【别名】1,2-Epoxy-6,10-farnesadien-15,1-olide; 1,2-环氧-6,10-金合欢二烯-15,1-内酯.【基本信息】$C_{15}H_{22}O_3$, 油状物, $[\alpha]_D$ = +0.2° (*c* = 1.6, 氯仿), $[\alpha]_D$ = −0.2° (*c* = 1.35, 甲醇).【类型】呋喃金合欢烷倍半萜.【来源】日本海绵属 *Dictyodendrilla* sp. (澳大利亚).【活性】抗生素.【文献】N. H. Tran, et al. Aust. J. Chem., 1995, 48, 1757.

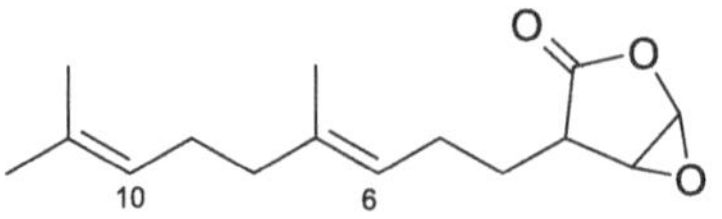

70 Dictyodendrillin B 澳大利亚海绵素 B*

【别名】15-Hydroxy-2,6,10-farnesatrien-1,15-olide; 15-羟基-2,6,10-金合欢三烯-1,15-内酯.【基本信息】$C_{15}H_{22}O_3$.【类型】呋喃金合欢烷倍半萜.【来源】日本海绵属 *Dictyodendrilla* sp. (澳大利亚).【活性】抗生素.【文献】N. H. Tran, Aust. J. Chem., 1995, 48, 1757; K. Gerlach, et al. Synlett, 1998, 682.

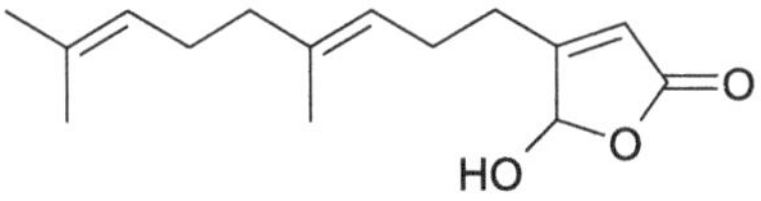

71 Dictyodendrillin C 澳大利亚海绵素 C*

【别名】1-Hydroxy-2,6,10-farnesatrien-15,1-olide; 1-羟基-2,6,10-金合欢三烯-15,1-内酯.【基本信息】$C_{15}H_{22}O_3$.【类型】呋喃金合欢烷倍半萜.【来源】日本海绵属 *Dictyodendrilla* sp. (澳大利亚).【活性】抗生素.【文献】N. H. Tran, et al. Aust. J. Chem., 1995, 48, 1757.

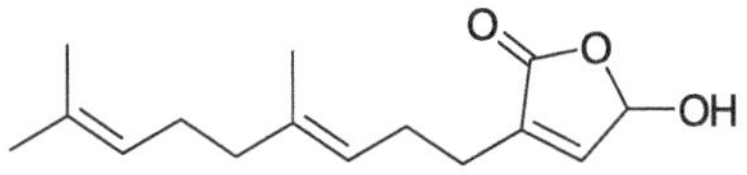

72 (3*E*,7*E*)-5-(2,6-Dimethyl-1,5,7-octatrienyl)-3-furan-carboxylic acid (3*E*,7*E*)-5-(2,6-二甲基-1,5,7-辛三烯基)-3-呋喃甲酸

【基本信息】9,13-Epoxy-1,3,7,9,11(13)-farnesapentaen-12-oic acid; 9,13-环氧-1,3,7,9,11(13)-金合欢五烯-12-酸.【类型】呋喃金合欢烷倍半萜.【基本信息】$C_{15}H_{18}O_3$, 晶体, mp 94.5~95.5°C.【来源】条状短指软珊瑚* *Sinularia capillosa* 和短指软珊瑚属* *Sinularia* spp.【活性】抗炎.【文献】B. F. Bowden, et al. Aust. J. Chem., 1983, 36, 371.

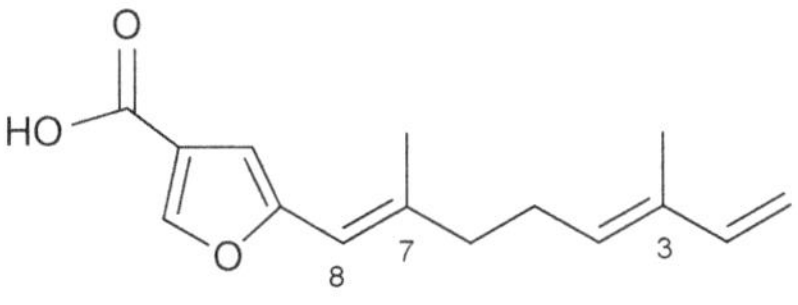

73 8-Hydroxydendrolasin 8-羟基黑蚁素*

【基本信息】$C_{15}H_{22}O_2$, 油状物, $[\alpha]_D = +15.5°$ ($c = 4\times10^{-3}$, 甲醇).【类型】呋喃金合欢烷倍半萜.【来源】雷海鞘属 *Ritterella rete*.【活性】细胞毒 (P_{388}, *in vitro*, $IC_{50} = 1\mu g/mL$).【文献】L. A. Lenis, et al. Tetrahedron, 1998, 54, 5385.

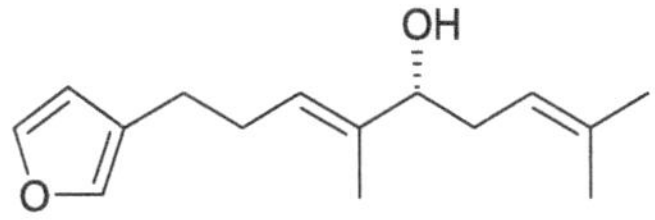

74 Sinularianin F 短指软珊瑚宁 F*

【基本信息】$C_{16}H_{24}O_3$.【类型】呋喃金合欢烷倍半萜.【来源】短指软珊瑚属* *Sinularia* sp. (东罗岛, 海南, 中国).【活性】NF-κB 抑制剂 (温和活性).【文献】B. Yang, et al. Mar. Drugs, 2013, 11, 4741.

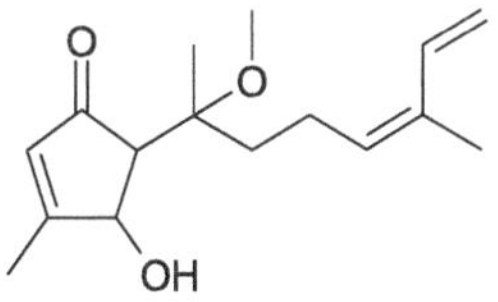

75 Tavacfuran 他伐呋喃

【基本信息】$C_{15}H_{18}O_2$, 液体.【类型】呋喃金合欢烷倍半萜.【来源】掘海绵属* *Dysidea* sp., 软体动物裸腮目海牛亚目海牛裸腮属 *Hypselodoris cantabrica*, *Hypselodoris tricolor* 和 *Hypselodoris villafranca*.【活性】拒食剂.【文献】G. Guella, et al. Helv. Chim. Acta, 1985, 68, 1276.

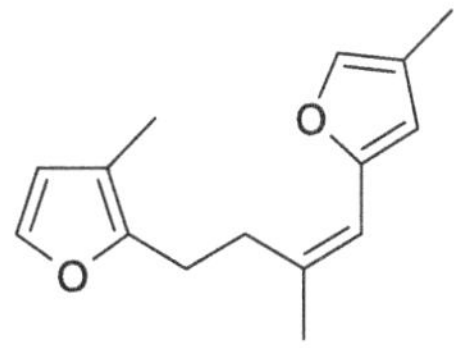

76 Abscisic acid 脱落酸

【别名】Abscisin Ⅱ; 脱落素Ⅱ.【基本信息】$C_{15}H_{20}O_4$, 晶体 (氯仿/石油醚), mp 160~161°C, $[\alpha]_D = +430°$.【类型】环金合欢烷倍半萜.【来源】海洋导出的真菌曲霉菌属 *Aspergillus* sp., 来自一种未鉴定的海藻 (印度尼西亚) 和海洋导出的真菌弯孢霉属 *Curvularia lunata*, 来自似雪海绵属* *Niphates olemda*.【活性】加速叶和果实脱落的物质; 植物生长激素的拮抗剂; LD_{50} (大白鼠, orl) > 5000mg/kg.【文献】J. Z. Xu, et al. J. Antibiot., 2008, 61, 415.

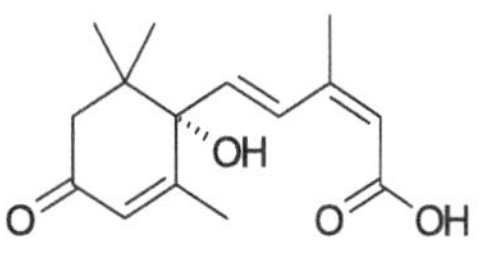

77 Aplysistatin 海兔亭*

【基本信息】$C_{15}H_{21}BrO_3$, 晶体, mp 173~175°C,

$[\alpha]_D^{25}$ = −375° (甲醇).【类型】环金合欢烷倍半萜.【来源】软体动物海兔属* *Aplysia angasi*.【活性】抗结核分枝杆菌 (低活性); 细胞毒.【文献】G. M. Koenig, et al. PM, 2000, 66, 337.

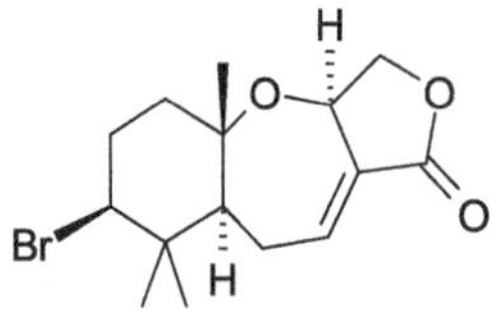

78 Arenaran A 多沙掘海绵素 A*

【基本信息】$C_{15}H_{26}O$, 无定形固体, mp 54.2°C, $[\alpha]_D$ = +154° (*c* = 0.01, 氯仿).【类型】环金合欢烷倍半萜.【来源】多沙掘海绵* *Dysidea arenaria* (泰国).【活性】细胞毒 (*in vitro*, A549, IC_{50} = 9.5μg/mL; HT29, IC_{50} = 9.11μg/mL; HCT29, IC_{50} = 5.28μg/mL; 鼠的白血病, IC_{50} = 3.17μg/mL).【文献】P. A. Horton, et al. JNP, 1995, 58, 44.

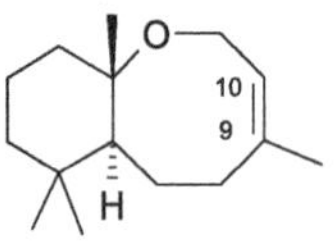

79 1,4-Diacetoxy-2-[2-(2,2-dimethyl-6-methylenecyclohexyl)ethyl]-1,3-butadiene 1,4-双乙酰氧基-2-[2-(2,2-二甲基-6-亚甲环己基)乙基]-1,3-丁二烯

【基本信息】$C_{19}H_{28}O_4$, 黏性油, $[\alpha]_D$ = −3° (*c* = 0.9, 氯仿).【类型】环金合欢烷倍半萜.【来源】绿藻蕨藻属* *Caulerpa bikiniensis*.【活性】细胞毒; 鱼毒; 拒食剂.【文献】V. J. Paul, et al. Tetrahedron Lett., 1982, 23, 5017.

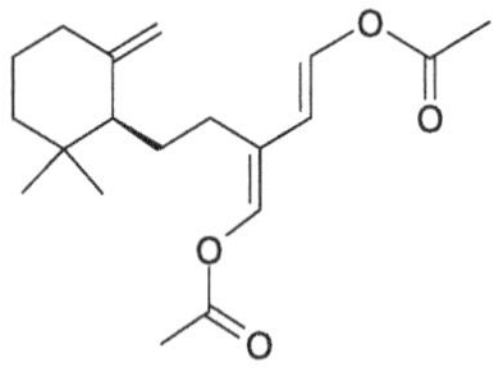

80 Onchidal 肺螺醛*

【基本信息】$C_{17}H_{24}O_3$, 油状物, $[\alpha]_D^{22}$ = +17.2° (*c* = 1, 氯仿).【类型】环金合欢烷倍半萜.【来源】软体动物腹足纲缩眼目 *Onchidella binneyi* (无壳).【活性】抗微生物; 有毒的 (对许多生物).【文献】C. Ireland, et al. Bioorg. Chem., 1978, 7, 125.

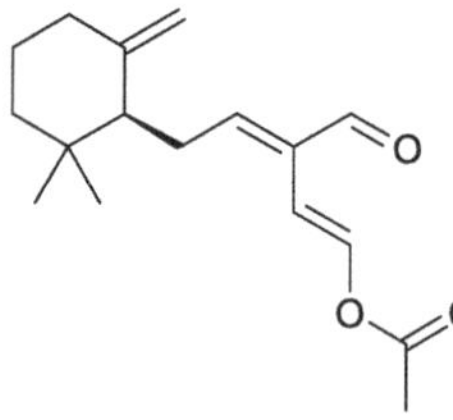

81 Tanyolide A 软体动物塔尼亚内酯 A*

【基本信息】$C_{22}H_{34}O_6$, 油状物, $[\alpha]_D$ = 0° (*c* = 0.1, 氯仿).【类型】环金合欢烷倍半萜.【来源】软体动物裸腮目海牛亚目 *Sclerodoris tanya* (拉霍亚, 美国).【活性】有毒的.【文献】P. J. Krug, et al. Tetrahedron, 1995, 51, 11063.

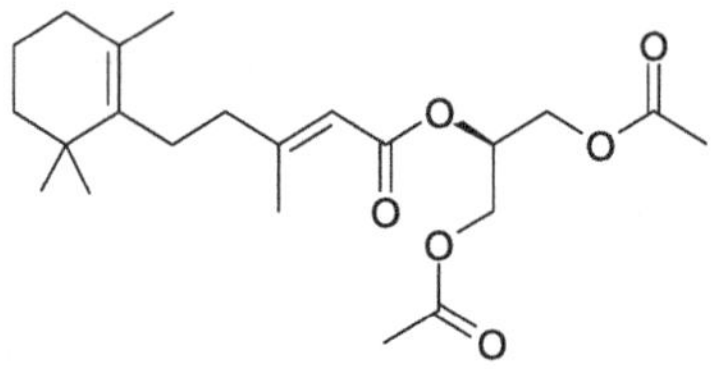

82 Tanyolide B 软体动物塔尼亚内酯 B*

【基本信息】$C_{20}H_{32}O_5$, 油状物, $[\alpha]_D$ = −3.0° (*c* = 0.1, 氯仿).【类型】环金合欢烷倍半萜.【来源】软体动物裸腮目海牛亚目 *Sclerodoris tanya* (拉霍亚, 美国).【活性】拒食剂 (鱼类).【文献】P. J. Krug, et al. Tetrahedron, 1995, 51, 11063.

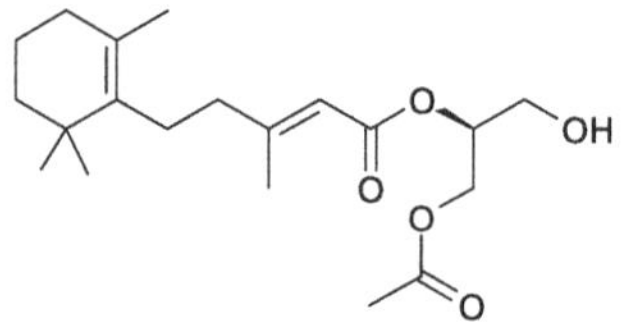

2.2 环法尼烷 (环金合欢烷) 倍半萜

83 Euplotin C 游仆虫亭 C*

【别名】8-Deoxo-euplotin B; 8-去氧-游仆虫亭 B*.【基本信息】$C_{17}H_{24}O_4$.【类型】环戊烷倍半萜.【来

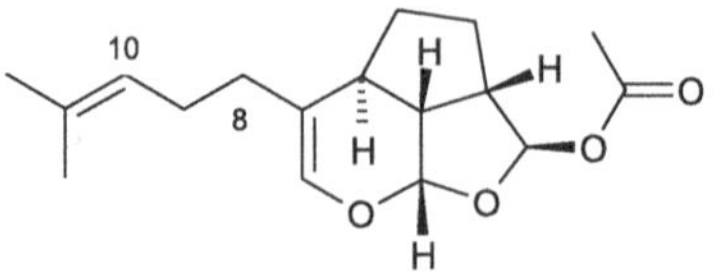

源】原生动物纤毛虫厚游仆虫 *Euplotes crassus*.【活性】细胞毒 (对纤毛虫类).【文献】G. Guella, et al. JCS Perkin Trans. Ⅰ, 1994, 161.

2.3 不规则无环倍半萜

84 Kumepaloxane 库么帕噁烷*

【基本信息】$C_{12}H_{20}BrClO$, 油状物, $[\alpha]_D = +22.6°$ ($c = 0.32$, 氯仿).【类型】不规则非环倍半萜.【来源】软体动物头足目葡萄螺属 *Haminoea cymbalum*.【活性】拒食剂 (鱼类); 鱼毒.【文献】A. Poiner, et al. Tetrahedron, 1989, 45, 617.

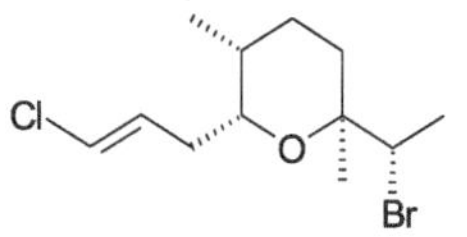

2.4 没药烷倍半萜

85 3-Acetoxy-*E*-γ-bisabolene 3-乙酰氧基-*E*-γ-红没药烯

【基本信息】$C_{17}H_{26}O_2$, $[\alpha]_D^{25} = +1°$ ($c = 0.56$, 氯仿).【类型】没药烷倍半萜.【来源】红藻坚挺凹顶藻* *Laurencia rigida* (澳大利亚).【活性】抗污剂.【文献】G. M. König, et al. JNP, 1997, 60, 967.

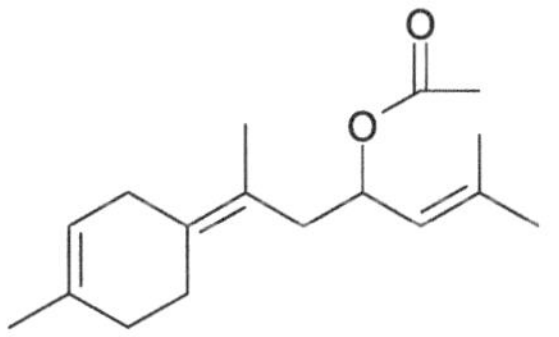

86 Aspergiterpenoid A 曲霉萜类 A*

【基本信息】$C_{15}H_{24}O_2$, 白色粉末; $[\alpha]_D^{25} = -4.7°$ ($c = 3.21$, 氯仿).【类型】没药烷倍半萜.【来源】海洋导出的真菌曲霉菌属 *Aspergillus* sp., 来自似龟锉海绵 (玳瑁色锉海绵)* *Xestospongia testudinaria* (涠洲珊瑚礁, 广西, 中国).【活性】抗菌 (金黄色葡萄球菌, MIC > 20μmol/L, 对照物环丙沙星, MIC = 0.312μmol/L; 枯草芽孢杆菌 *Bacillus subtilis*, MIC > 20μmol/L, 对照环丙沙星, MIC = 1.25μmol/L; 蜡样芽孢杆菌 *Bacillus cereus*, MIC > 20μmol/L, 对照环丙沙星, MIC = 0.625μmol/L; 藤黄八叠球菌 *Sarcina lutea*, MIC > 20μmol/L, 对照环丙沙星, MIC = 2.50μmol/L; 大肠杆菌 *Escherichia coli*, MIC = 20.0μmol/L, 对照环丙沙星, MIC = 0.625μmol/L; 四联微球菌 *Micrococcus tetragenus*, MIC = 10.0μmol/L, 对照环丙沙星, MIC = 0.160μmol/L; 副溶血弧菌 *Vibrio Parahaemolyticus*, MIC > 20μmol/L, 对照环丙沙星, MIC = 0.312μmol/L; 鳗弧菌 *Vibrio anguillarum*, MIC > 20μmol/L, 对照环丙沙星, MIC = 0.312μmol/L); 细胞毒 (HL60 和 A549 细胞, $IC_{50} > 50μg/mL$, 低活性).【文献】D. Li, et al. Mar. Drugs, 2012, 10, 234.

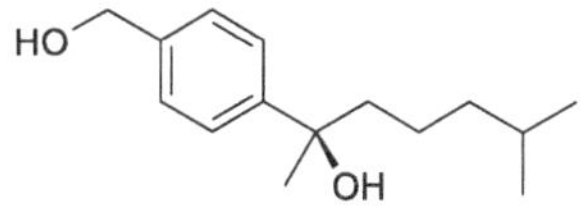

87 Caespitane 簇生凹顶藻烷类*

【基本信息】$C_{15}H_{25}Br_2ClO$, 晶体, mp 82~84°C, $[\alpha]_D = +39.8°$ ($c = 0.89$, 氯仿).【类型】没药烷倍半萜.【来源】红藻簇生凹顶藻* *laurencia caespitosa*, 软体动物黑指纹海兔 *Aplysia Dactylomela*.【活性】有毒的 (盐水丰年虾); 灭藻剂.【文献】M. Chang, et al. Phytochemistry, 1989, 28, 1417; M. Wessels, et al. JNP, 2000, 63, 920.

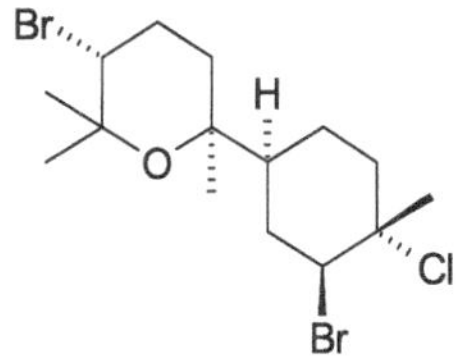

88 Caespitol 簇生凹顶藻醇*

【别名】Cespitol; 簇生凹顶藻醇*.【基本信息】$C_{15}H_{25}Br_2ClO_2$, 晶体 (正己烷), mp 109~111°C, $[\alpha]_D = +4.3°$ ($c = 0.44$, 氯仿).【类型】没药烷倍半萜.【来源】红藻簇生凹顶藻* *Laurencia caespitosa*, 软体动物黑指纹海兔 *Aplysia dactylomela*.【活性】有毒的 (盐水丰年虾); 灭藻剂.【文献】A. G.

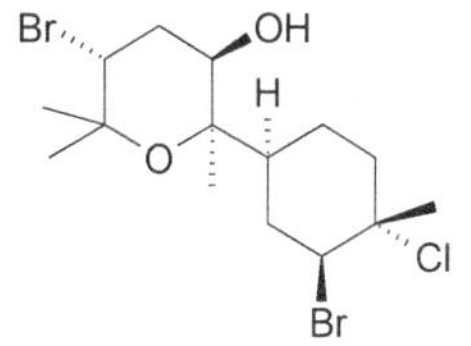

Gonzalez, et al. Tetrahedron Lett., 1974, 1249; 1976, 3051; 1979, 2719; M. Chang, et al. Phytochemistry, 1989, 28, 1417; M. Wessels, et al. JNP, 2000, 63, 920.

89 Curcudiol 莪术二醇*

【基本信息】$C_{15}H_{24}O_2$, 油状物, $[\alpha]_D = +9.2°$ ($c = 10.8$, 氯仿).【类型】没药烷倍半萜.【来源】柳珊瑚科柳珊瑚* *Pseudopterogorgia rigida* (加勒比海).【活性】抗肿瘤.【文献】M. Ono, et al. Tetrahedron: Asymmetry, 1995, 6, 1829; F. J. Mcenroe, et al. Tetrahedron, 1978, 34, 1661; M. Ono, et al. CPB, 1995, 43, 553.

OH
OH

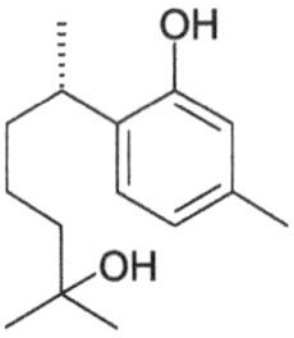

90 (−)-Curcuhydroquinone (−)-莪术氢醌*

【别名】Curcuquinol; 莪术醌醇*.【基本信息】$C_{15}H_{22}O_2$, 黏性油, $[\alpha]_D = -21°$ ($c = 0.9$, 氯仿).【类型】没药烷倍半萜.【来源】柳珊瑚科柳珊瑚* *Pseudopterogorgia rigida*, *Pseudopterogorgia americana* 和 *Pseudopterogorgia acerosa*.【活性】抗菌 (金黄色葡萄球菌 *Staphylococcus aureus*, 鳗弧菌 *Vibrio anguillarum*).【文献】F. J. McEnroe, et al. Tetrahedron, 1978, 34, 1661; G. L. Kad, et al. J. Chem. Res. (S), 1999, 164.

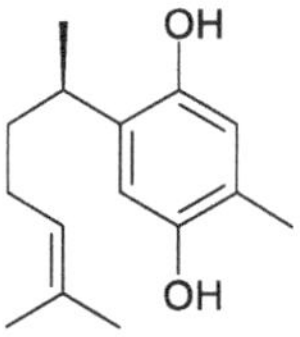

OH
OH

91 (+)-Curcuhydroquinone (+)-莪术氢醌*

【基本信息】$C_{15}H_{22}O_2$.【类型】没药烷倍半萜.【来源】柳珊瑚科柳珊瑚* *Pseudopterogorgia rigida*.【活性】抗微生物.【文献】F. J. McEnroe, et al. Tetrahedron, 1978, 34, 1661; C. Fuganti, et al. JCS Perkin Trans. Ⅰ, 2000, 3758.

OH
OH

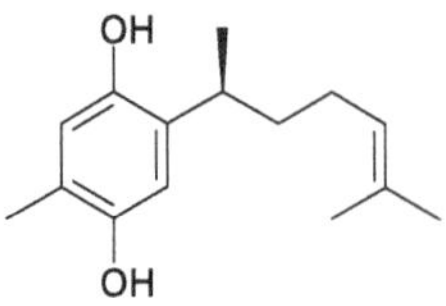

92 Curcumene 莪术烯*

【别名】姜黄烯.【基本信息】$C_{15}H_{22}$, $[\alpha]_D = -27°$ ($c = 2.1$, 氯仿).【类型】没药烷倍半萜.【来源】柳珊瑚科柳珊瑚* *Pseudopterogorgia rigida* (大堡礁).【活性】抗菌 (金黄色葡萄球菌 *Staphylococcus aureus*, 鳗弧菌 *Vibrio anguillarum*).【文献】F. J. McEnroe, et al. Tetrahedron, 1978, 34, 1661; C. Fuganti, et al. Synlett, 1998, 1252.

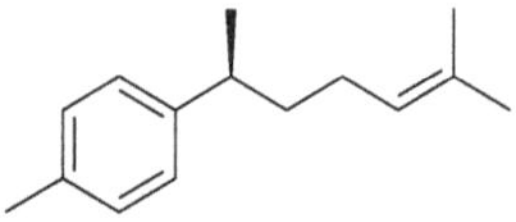

93 (+)-Curcuphenol (+)-莪术酚*

【基本信息】$C_{15}H_{22}O$, $[\alpha]_D^{27} = +26.0°$ ($c = 0.3$, 氯仿).【类型】没药烷倍半萜.【来源】寻常海绵纲海绵 *Didiscus flavus*, 柳珊瑚科柳珊瑚* *Pseudopterogorgia rigida* (加勒比海).【活性】细胞毒; 抗菌 (金黄色葡萄球菌 *Staphylococcus aureus* 和鳗弧菌 *Vibrio anguillarum*).【文献】F. J. Mcenroe, et al. Tetrahedron, 1978, 34, 1661; A. E. Wright, et al. JNP, 1987, 50, 976; M. Ono, et al. CPB, 1995, 43, 553; M. Ono, et al. Tetrahedron: Asymmetry, 1995, 6, 1829; T. Suguhara, et al. Tetrahedron: Asymmetry, 1998, 9, 2215; C. Fuganti, et al. Synlett, 1998, 1252; C. Fuganti, et al. JCS Perkin Trans. Ⅰ, 2000, 3758.

OH

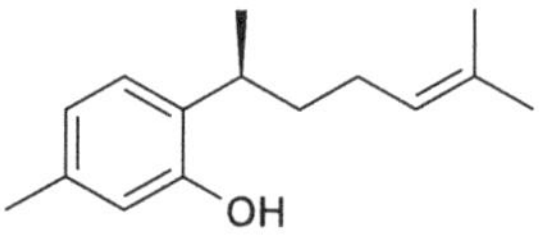

94 Curcuphenol 莪术酚*

【别名】(*R*)-1,3,5,10-Bisabolatetraen-1-ol; (*R*)-1,3,5,10-没药四烯-1-醇.【基本信息】$C_{15}H_{22}O$, 油状物, $[\alpha]_D = -20.9°$ ($c = 1$, 氯仿), $[\alpha]_D = -23.6°$ (氯仿).【类型】没药烷倍半萜.【来源】Heteroxyidae 科海绵 *Myrmekioderma dendyi*, 柳珊瑚科柳珊瑚* *Pseudopterogorgia rigida*.【活性】抗微生物.【文

OH

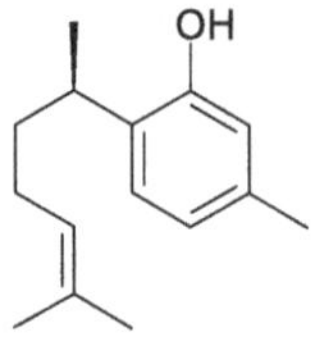

献】F. J. McEnroe, et al. Tetrahedron, 1978, 34, 1661; E. Ghisalberti, et al. Aust. J. Chem., 1979, 32, 1627; Y. Letourneux, et al. Heterocycl. Commun., 2005, 11, 291.

95 Dehydrocurcuphenol 脱氢莪术酚*

【基本信息】$C_{15}H_{20}O$, 油状物, $[\alpha]_D^{23} = -1.2°$ ($c = 0.48$, 氯仿).【类型】没药烷倍半萜.【来源】外轴海绵属* *Epipolasis* sp. 和 Heteroxyidae 科海绵 *Myrmekioderma dendyi.*【活性】氢/钾-腺苷三磷酸酶抑制剂.【文献】N. Fusetani, et al. Experientia, 1987, 43, 1234.

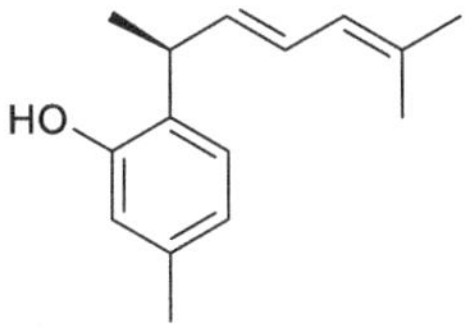

96 Deodactol 迪欧达克特醇*

【基本信息】$C_{15}H_{25}Br_2ClO_2$, 晶体 (正己烷), mp 134~135°C, $[\alpha]_D = +40°$ ($c = 0.2$, 乙醇).【类型】没药烷倍半萜.【来源】软体动物黑指纹海兔 *Aplysia dactylomela* (比米尼群岛, 巴哈马, 79°25'W 25°42'N).【活性】抗肿瘤.【文献】K. H. Hollenbeak, et al. Tetrahedron, 1979, 35, 541.

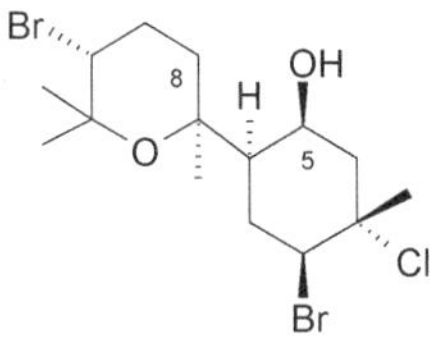

97 Disydonol A 迪西兜醇 A*

【基本信息】$C_{30}H_{46}O_5$.【类型】没药烷倍半萜.【来源】海洋导出的真菌曲霉菌属 *Aspergillus* sp., 来自似龟锉海绵(玳瑁色鉎海绵)* *Xestospongia testudinaria* (涠洲岛, 广西, 中国).【活性】细胞毒 (HTCLs 细胞).【文献】L.-L. Sun, et al. BoMCL, 2012, 22, 1326.

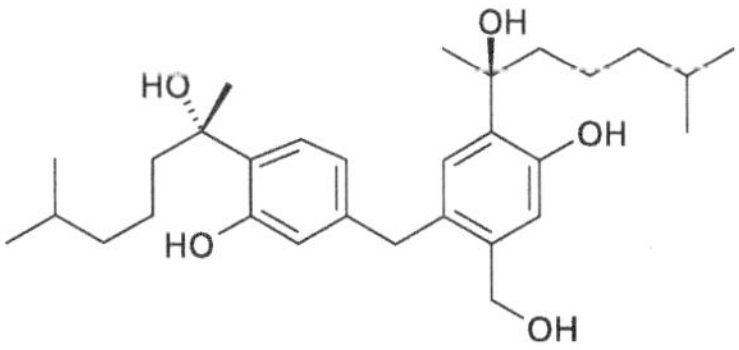

98 Disydonol C 迪西兜醇 C*

【基本信息】$C_{30}H_{46}O_5$.【类型】没药烷倍半萜.【来源】海洋导出的真菌曲霉菌属 *Aspergillus* sp., 来自似龟锉海绵(玳瑁色锉海绵)* *Xestospongia testudinaria* (涠洲岛, 广西, 中国).【活性】细胞毒 (HTCLs 细胞).【文献】L.-L. Sun, et al. BoMCL, 2012, 22, 1326.

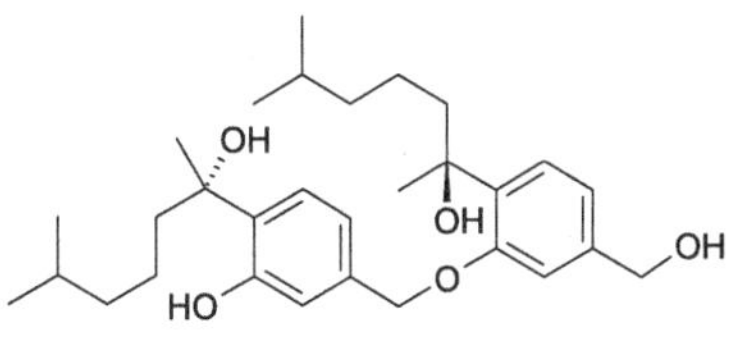

99 (−)-5-(Hydroxymethyl)-2-(2′,6′,6′-trimethyltetra-hydro-2*H*-pyran-2-yl)phenol (−)-5-(羟甲基)-2-(2′,6′,6′-三甲基四氢-2*H*-吡喃-2-基)苯酚

【基本信息】$C_{15}H_{22}O_3$, 白色粉末, $[\alpha]_D^{25} = -2.7°$ ($c = 1.05$, 氯仿).【类型】没药烷倍半萜.【来源】海洋导出的真菌曲霉菌属 *Aspergillus* sp., 来自似龟锉海绵 (玳瑁色锉海绵)* *Xestospongia testudinaria* (涠洲珊瑚礁, 广西, 中国).【活性】抗菌 (金黄色葡萄球菌 *Staphylococcus aureus,* MIC = 5.00μmol/L, 对照物环丙沙星, MIC = 0.312μmol/L; 枯草芽孢杆菌 *Bacillus subtilis,* MIC = 2.50μmol/L, 对照环丙沙星, MIC = 1.25μmol/L; 蜡样芽孢杆菌 *Bacillus cereus,* MIC > 20μmol/L, 对照环丙沙星, MIC = 0.625μmol/L; 藤黄八叠球菌 *Sarcina lutea,* MIC > 20μmol/L, 对照环丙沙星, MIC = 2.50μmol/L; 大肠杆菌 *Escherichia coli,* MIC > 20μmol/L, 对照环丙沙星, MIC = 0.625μmol/L; 四联微球菌 *Micrococcus tetragenus,* MIC > 20μmol/L, 环丙沙星, MIC = 0.160μmol/L; 副溶血弧菌 *Vibrio Parahaemolyticus,* MIC > 20μmol/L, 环丙沙星, MIC = 0.312μmol/L; 鳗弧菌 *Vibrio anguillarum,* MIC > 20μmol/L, 环丙沙星, MIC = 0.312μmol/L); 细胞毒 (HL60 和 A549 细胞, IC_{50} > 50μg/mL, 低活性).【文献】D. Li, et al. Mar. Drugs, 2012, 10, 234.

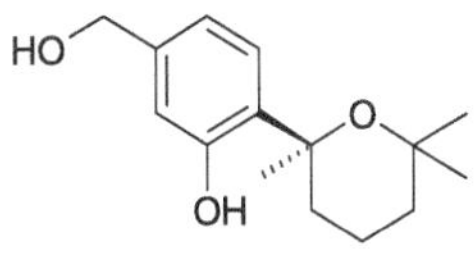

100 (*Z*)-5-(Hydroxymethyl)-2-(6′-methylhept-2′-en-2′-yl)phenol (*Z*)-5-(羟甲基)-2-(6′-甲基庚烷-2′-烯-2′-基)苯酚

【基本信息】$C_{15}H_{22}O_2$, 白色粉末.【类型】没药烷倍半萜.【来源】海洋导出的真菌曲霉菌属 *Aspergillus* sp., 来自似龟锉海绵 (玳瑁色锉海绵)* *Xestospongia testudinaria* (涠洲珊瑚礁, 广西, 中国).【活性】抗菌 (金黄色葡萄球菌, MIC = 20.0μmol/L, 对照物环丙沙星, MIC = 0.312μmol/L; 枯草芽孢杆菌 *Bacillus subtilis,* MIC = 10.0μmol/L, 对照环丙沙星, MIC = 1.25μmol/L; 蜡样芽孢杆菌 *Bacillus cereus,* MIC = 10.0μmol/L, 对照环丙沙星, MIC = 0.625μmol/L; 藤黄八叠球菌 *Sarcina lutea,* MIC > 20μmol/L, 对照环丙沙星, MIC = 2.50μmol/L; 大肠杆菌 *Escherichia coli,* MIC = 10.0μmol/L, 对照环丙沙星, MIC = 0.625μmol/L; 四联微球菌 *Micrococcus tetragenus,* MIC = 10.0μmol/L, 环丙沙星, MIC = 0.160μmol/L; 副溶血弧菌 *Vibrio Parahaemolyticus,* MIC > 20μmol/L, 对照环丙沙星, MIC = 0.312μmol/L; 鳗弧菌 *Vibrio anguillarum,* MIC > 20μmol/L, 对照环丙沙星, MIC = 0.312μmol/L); 细胞毒 (HL60 和 A549 细胞, IC_{50} > 50μg/mL, 低活性).【文献】M. W. Sumarah, Phytochemistry, 2011, 72, 1833; D. Li, et al. Mar. Drugs, 2012, 10, 234.

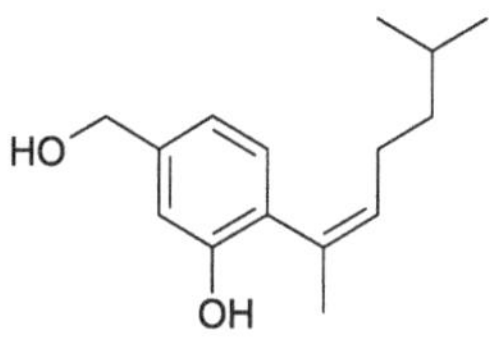

101 (+)-Methylsydowate (+)-甲基斯豆瓦特*

【基本信息】$C_{16}H_{22}O_4$, 无色晶体, $[\alpha]_D^{25}$ = +24.7° (氯仿).【类型】没药烷倍半萜.【来源】海洋导出的真菌曲霉菌属 *Aspergillus* sp. 来自灯芯柳珊瑚 *Dichotella gemmacea* (中国水域).【活性】抗菌 (金黄色葡萄球菌 *Staphylococcus aureus*, 低活性).【文献】M. Y. Wei, et al. Mar. Drugs, 2010, 8, 941.

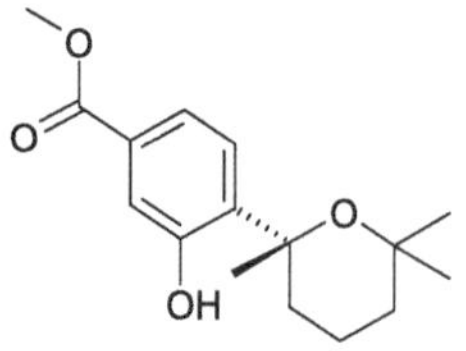

102 3-Oxobolene 3-氧代波来烯*

【基本信息】$C_{15}H_{20}O_2$.【类型】没药烷倍半萜.【来源】Heteroxyidae 科海绵 *Myrmekioderma* sp. (皮皮岛, 喀比府, 泰国).【活性】细胞毒 (HT29, 有潜力的).【文献】A. Yegdaneh, et al. Nat. Prod. Commun., 2013, 8, 1355.

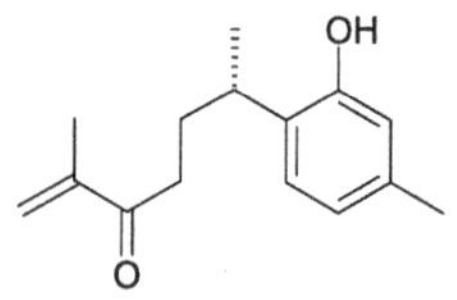

103 1-Oxocurcuphenol 1-氧代莪术酚*

【基本信息】$C_{15}H_{20}O_2$.【类型】没药烷倍半萜.【来源】Heteroxyidae 科海绵 *Myrmekioderma* sp. (皮皮岛, 喀比府, 泰国).【活性】细胞毒 (HT29, 有潜力的).【文献】A. Yegdaneh, et al. Nat. Prod. Commun., 2013, 8, 1355.

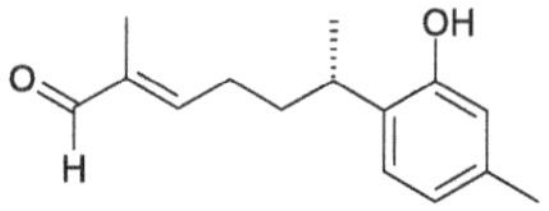

104 Parahigginic acid 似希金海绵酸*

【基本信息】$C_{16}H_{20}O_4$, 油状物, $[\alpha]_D$ = −29.2° (*c* = 0.15, 氯仿).【类型】没药烷倍半萜.【来源】似希金海绵属 *Parahigginsia* sp. (台湾水域, 中国).【活性】细胞毒 (P_{388}, IC_{50} = 1.0μg/mL, 对照(+)-黄根醇, IC_{50} = 0.1μg/mL; KB16, IC_{50} = 4.8μg/mL, 对照(+)-黄根醇, IC_{50} = 8.3μg/mL; A549, IC_{50} = 3.9μg/mL; HT29, IC_{50} = 6.0μg/mL, 对照(+)-黄根醇, IC_{50} = 8.1μg/mL).【文献】C. -Y. Chen, et al. JNP, 1999, 62, 573; Y.-C. Shen, et al. J. Chin. Chem. Soc., 1999, 46, 201.

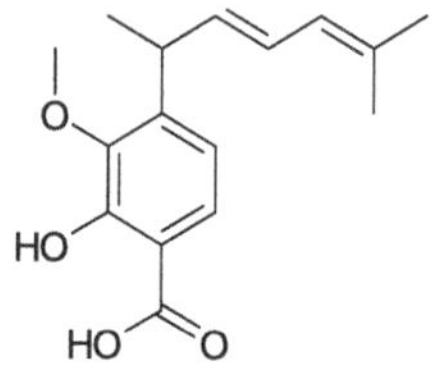

105 Parahigginin 似希金海绵醇醛*

【基本信息】$C_{15}H_{22}O_3$, $[\alpha]_D$= +4.5° (*c* = 0.325, 氯仿).【类型】没药烷倍半萜.【来源】似希金海绵属 *Parahigginsia* sp. (台湾水域, 中国).【活性】细胞毒 (*in vitro,* P_{388}, IC_{50} = 2.8μg/mL; KB16,

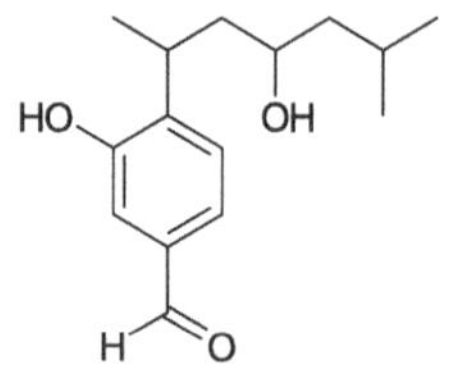

IC_{50} = 5.7μg/mL; A549, IC_{50} = 2.8μg/mL; HT29, IC_{50} = 5.4μg/mL).【文献】Y.-C. Shen, et al. J. Chin. Chem. Soc., 1999, 46, 201.

106 Parahigginol B 似希金海绵醇 B*

【基本信息】$C_{17}H_{24}O_4$，油状物，$[\alpha]_D$ = −11.4° (*c* = 0.58, 氯仿).【类型】没药烷倍半萜.【来源】似希金海绵属 *Parahigginsia* sp. (台湾水域，中国).【活性】细胞毒 (P_{388}, IC_{50} = 3.0μg/mL, 对照 (+)-黄根醇, IC_{50} = 0.1μg/mL; KB16, IC_{50} = 4.9μg/mL, 对照(+)-黄根醇，IC_{50} = 8.3μg/mL; A549, IC_{50} = 10μg/mL; HT29, IC_{50} = 3.5μg/mL, 对照(+)-黄根醇, IC_{50} = 8.1μg/mL).【文献】C.-Y. Chen, et al. JNP, 1999, 62, 573; Y.-C. Shen, et al. J. Chin. Chem. Soc., 1999, 46, 201.

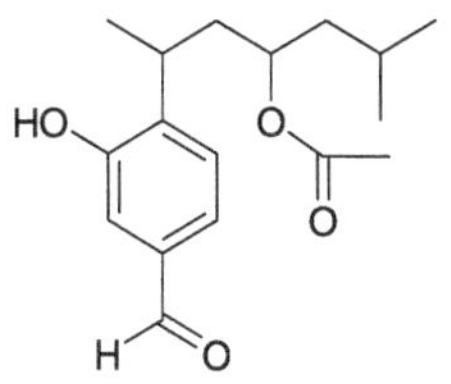

107 Parahigginol C 似希金海绵醇 C*

【基本信息】$C_{17}H_{26}O_3$，油状物，$[\alpha]_D$ = −9.5° (*c* = 2.1, 氯仿).【类型】没药烷倍半萜.【来源】似希金海绵属 *Parahigginsia* sp. (台湾水域，中国).【活性】细胞毒 (P_{388}, IC_{50} = 2.5μg/mL, 对照(+)-黄根醇, IC_{50} = 0.1μg/mL; KB16, IC_{50} = 3.9μg/mL, 对照(+)-黄根醇，IC_{50} = 8.3μg/mL; A549, IC_{50} = 2.8μg/mL; HT29, IC_{50} = 2.6μg/mL, 对照(+)-黄根醇, IC_{50} = 8.1μg/mL).【文献】C.-Y. Chen, et al. JNP, 1999, 62, 573; Y. -C. Shen, et al. J. Chin. Chem. Soc., 1999, 46, 201.

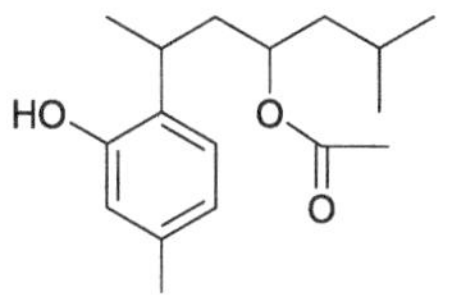

108 Parahigginol D 似希金海绵醇 D*

【基本信息】$C_{15}H_{18}O_3$，油状物，$[\alpha]_D$ = −73.5° (*c* = 0.225, 氯仿).【类型】没药烷倍半萜.【来源】似希金海绵属 *Parahigginsia* sp. (台湾水域，中国).【活性】细胞毒 (P_{388}, IC_{50} = 2.9μg/mL, 对照 (+)-黄根醇, IC_{50} = 0.1μg/mL; KB16, IC_{50} = 7.2μg/mL, 对照(+)-黄根醇，IC_{50} = 8.3μg/mL; A549, IC_{50} = 3.8μg/mL; HT29, IC_{50} = 3.3μg/mL, 对照(+)-黄根醇, IC_{50} = 8.1μg/mL).【文献】C.-Y. Chen, et al. JNP, 1999, 62, 573; Y.-C. Shen, et al. J. Chin. Chem. Soc., 1999, 46, 201.

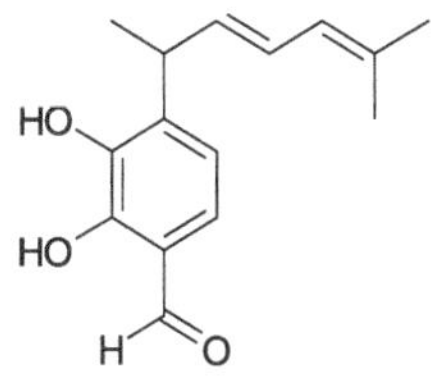

109 Parahigginone 似希金海绵酮*

【基本信息】$C_{15}H_{20}O_2$, $[\alpha]_D$= +75.0° (*c* = 0.38, 氯仿).【类型】没药烷倍半萜.【来源】似希金海绵属 *Parahigginsia* sp. (台湾水域，中国).【活性】细胞毒 (*in vitro,* P_{388}, IC_{50} = 1.3μg/mL; KB16, IC_{50} = 2.5μg/mL; A549, IC_{50} > 50μg/mL; HT29, IC_{50} = 37μg/mL).【文献】Y. -C. Shen, et al. J. Chin. Chem. Soc., 1999, 46, 201.

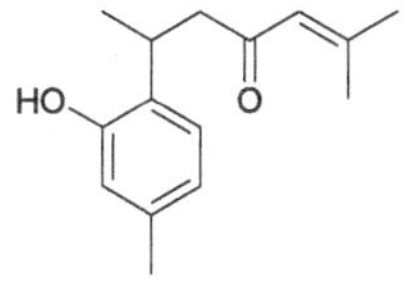

110 (−)-Sydonic acid (−)-3-羟基-4-(-1', 5'-二甲基-羟己基)苯甲酸

【基本信息】$C_{15}H_{22}O_4$，白色粉末，$[\alpha]_D^{25}$ = −2.0° (*c* = 1.03, 氯仿).【类型】没药烷倍半萜.【来源】海洋导出的真菌曲霉菌属 *Aspergillus* sp. 来自似龟锉海绵 (玳瑁色锉海绵)* *Xestospongia testudinaria* (涠洲珊瑚礁，广西，中国).【活性】抗菌 (金黄色葡萄球菌, MIC > 20μmol/L, 对照环丙沙星，MIC = 0.312μmol/L; 枯草芽孢杆菌 *Bacillus subtilis,* MIC = 2.50μmol/L, 对照环丙沙星，MIC = 1.25μmol/L; 蜡样芽孢杆菌 *Bacillus cereus,* MIC > 20μmol/L, 对照环丙沙星，MIC = 0.625μmol/L; 藤黄八叠球菌 *Sarcina lutea,* MIC = 2.50μmol/L, 对照环丙沙星，MIC = 2.50μmol/L; 大肠杆菌 *Escherichia coli,* MIC = 5.00μmol/L, 对照环丙沙星，MIC = 0.625μmol/L; 四联微球菌 *Micrococcus tetragenus,* MIC = 20.0μmol/L, 对照环丙沙星，MIC = 0.160μmol/L; 副溶血弧菌 *Vibrio Parahaemolyticus,* MIC = 10.0μmol/L, 对照环丙沙星，MIC = 0.312μmol/L; 鳗弧菌 *Vibrio* *anguillarum*, MIC = 5.00μmol/L, 对照环丙沙星, MIC = 0.312μmol/L); 细胞毒 (HL60 和 A549 细胞, IC_{50} > 50μg/mL, 低活性).【文献】D. Li, et al. Mar. Drugs, 2012, 10, 234.

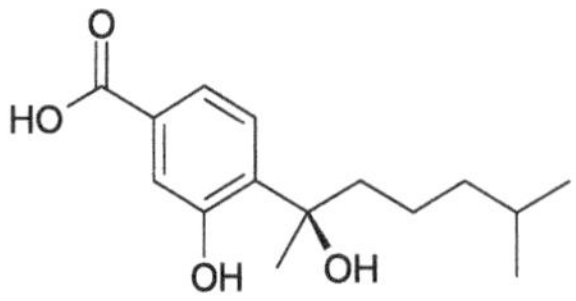

111 (+)-Sydonic acid (+)-3-羟基-(4-1', 5'-二甲基-羟己基)苯甲酸

【基本信息】$C_{15}H_{22}O_4$, 针状晶体 (苯), mp 85~86°C, $[\alpha]_D^{20}$ = +2.73° (*c* = 2.3, 甲醇).【类型】没药烷倍半萜.【来源】海洋导出的真菌曲霉菌属 *Aspergillus* sp., 来自灯芯柳珊瑚 *Dichotella gemmacea* (中国水域).【活性】抗菌 (金黄色葡萄球菌 *Staphylococcus aureus*, 低活性).【文献】M. Y. Wei, et al. Mar. Drugs, 2010, 8, 941.

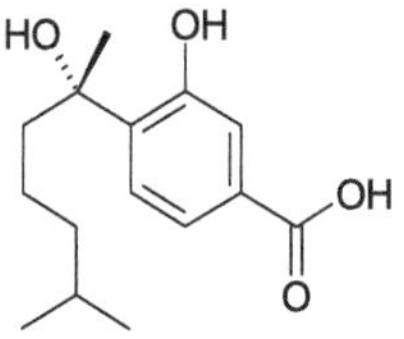

112 (−)-Sydonol (−)-西多诺尔醇*

【基本信息】$C_{15}H_{24}O_3$, 白色粉末; $[\alpha]_D^{25}$ = −3.6° (*c* = 3.70, 氯仿).【类型】没药烷倍半萜.【来源】海洋导出的真菌曲霉菌属 *Aspergillus* sp., 来自似龟锉海绵 (玳瑁色锉海绵)* *Xestospongia testudinaria* (涠洲珊瑚礁, 广西, 中国).【活性】抗菌 (金黄色葡萄球菌 *Staphylococcus aureus*, MIC = 5.00μmol/L, 对照物环丙沙星, MIC = 0.312μmol/L; 枯草芽孢杆菌 *Bacillus subtilis*, MIC > 20μmol/L, 对照环丙沙星, MIC = 1.25μmol/L; 蜡样芽孢杆菌 *Bacillus cereus*, MIC > 20μmol/L, 环丙沙星, MIC = 0.625μmol/L; 藤黄八叠球菌 *Sarcina lutea*, MIC > 20μmol/L, 环丙沙星, MIC = 2.50μmol/L; 大肠杆菌 *Escherichia coli*, MIC = 20.0μmol/L, 环丙沙星, MIC = 0.625μmol/L; 四联微球菌 *Micrococcus tetragenus*, MIC = 1.25μmol/L, 对照环丙沙星, MIC = 0.160μmol/L; 副溶血弧菌 *Vibrio Parahaemolyticus*, MIC > 20μmol/L, 对照环丙沙星, MIC = 0.312μmol/L; 鳗弧菌 *Vibrio anguillarum*, MIC > 20μmol/L; 环丙沙星, MIC = 0.312μmol/L); 细胞毒 (HL60 和 A549 细胞 IC_{50} > 50μg/mL, 低活性).【文献】D. Li, et al. Mar. Drugs, 2012, 10, 234.

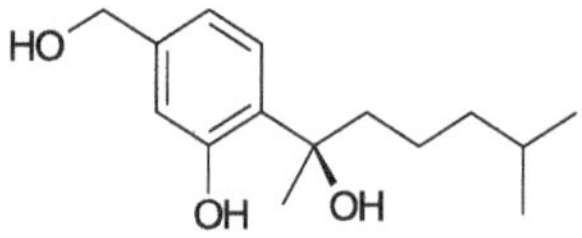

113 (+)-Sydowic acid (+)-西多威克酸*

【基本信息】$C_{15}H_{20}O_4$.【类型】没药烷倍半萜.【来源】海洋导出的真菌曲霉菌属 *Aspergillus* sp., 来自灯芯柳珊瑚 *Dichotella gemmacea* (中国水域).【活性】抗菌 (金黄色葡萄球菌 *Staphylococcus aureus*, 低活性).【文献】M. Y. Wei, et al. Mar. Drugs, 2010, 8, 941.

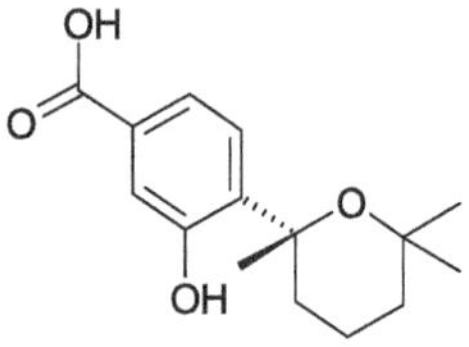

2.5 榄香烷倍半萜

114 6-*O*-(4-Hydroxy-4-methyl-2*E*-pentenoyl)-6-hydroxy-13-nor-1,3-elemadien-11-one 6-*O*-(4-羟基-4-甲基-2*E*-戊烯基)-6-羟基-13-去甲-1,3-榄香二烯-11-酮

【基本信息】$C_{20}H_{30}O_4$, 油状物, $[\alpha]_D^{25}$ = +12.3° (*c* = 1, 氯仿).【类型】榄香烷倍半萜.【来源】环节动物门矶沙蚕科 *Eunicea* sp. (加勒比海).【活性】抗结核 (结核分枝杆菌 *Mycobacterium tuberculosis* H37Rv, 6.25μg/mL, 值得注意的抑制活性).【文献】S. P. Garzón, et al. JNP, 2005,68, 1354.

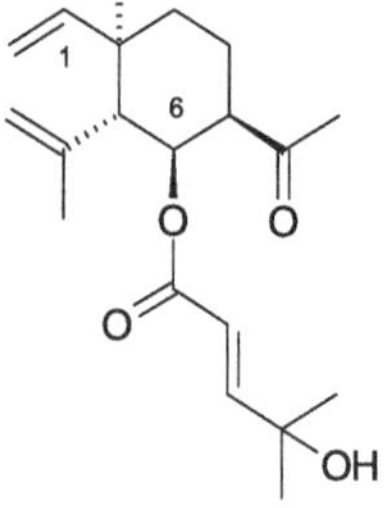

2.6 大根香叶烷 (吉玛烷) 倍半萜

115 (+)-Germacrene D (+)-大根香叶烯 D

【基本信息】$C_{15}H_{24}$, 油状物, $[\alpha]_D^{22} = +190°$ ($c = 1$, 氯仿).【类型】简单大根香叶烷倍半萜.【来源】环节动物门矶沙蚕科 *Eunicea fusca* (圣玛尔塔湾, 加勒比海, 哥伦比亚) 和柳珊瑚科柳珊瑚* *Pseudopterogorgia americana*, 短指软珊瑚属* *Sinularia mayi*, 苔藓植物门苔类 *Preissia quadrata* 和 *Jackiella javanica*.【活性】抗炎 (TPA 诱导的小鼠耳肿, 0.5mg/耳, InRt = 7.1%, 对照物吲哚美新, InRt = 77.3%); 抗污剂.【文献】W. R. Chan, et al. Tetrahedron, 1990, 46, 1499; E. Reina, et al. BoMCL, 2011, 21, 5888.

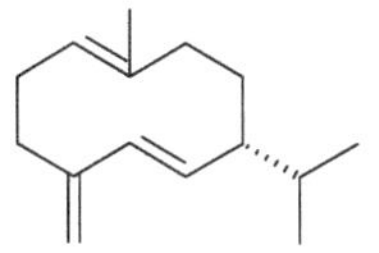

116 1-Hydroxy-4,10(14)-germacradien-12,6-olide 1-羟基-4,10(14)-大根香叶二烯-12,6-内酯

【基本信息】$C_{15}H_{22}O_3$, 油状物, $[\alpha]_D^{25} = +24.6°$ ($c = 1.1$, 氯仿).【类型】12,6-大根香叶内酯倍半萜.【来源】环节动物门矶沙蚕科 *Eunicea* sp. (加勒比海).【活性】抗疟原虫 (疟原虫 CRPF W2, $IC_{50} = 18\mu g/mL$); 细胞毒 (CCRF-CEM, $IC_{50} = 31.3\mu g/mL$; HL60, $IC_{50} = 51.5\mu g/mL$; Molt4, $IC_{50} = 19.6\mu g/mL$; RPMI8226, $IC_{50} = 90.4\mu g/mL$; MCF7, $IC_{50} = 82.2\mu g/mL$; 抑制人癌细胞低活性).【文献】S. P. Garzón, et al. JNP, 2005,68, 1354.

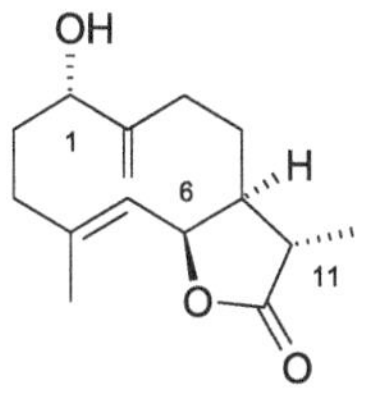

117 Menelloide D 梅内洛伊德 D*

【基本信息】$C_{15}H_{20}O_3$, 无色油状物, $[\alpha]_D^{25} = -36°$ ($c = 0.05$, 氯仿).【类型】12,6-大根香叶内酯倍半萜.【来源】小月柳珊瑚属 *Menella* sp. (台湾南部, 中国, 水深 100m).【活性】弹性蛋白酶抑制剂(抑制人中性粒细胞释放弹性蛋白酶, 10μg/mL, InRt = 10.5%).【文献】S.-Y. Kao, et al. Tetrahedron, 2011, 67, 7311; S.-Y. Kao, et al. Mar. Drugs, 2011, 9, 1534; S. -Y. Kao, et al. CPB, 2011, 59, 1048.

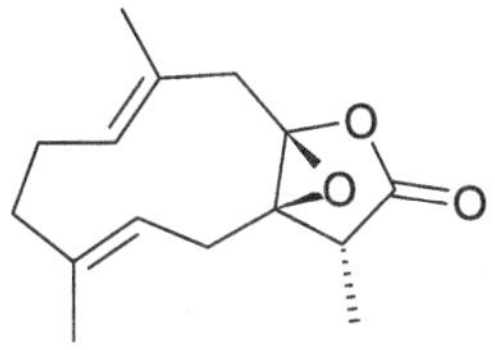

118 Furanodiene 呋喃二烯

【别名】Isofuranodiene; 异呋喃二烯.【基本信息】$C_{15}H_{20}O$ 晶体, mp 66°C.【类型】呋喃大根香叶烷倍半萜.【来源】伞软珊瑚科 Xeniidae 软珊瑚* *Cespitularia* sp.和伞软珊瑚科 Xeniidae 软珊瑚* *Efflatounaria* sp., 太平洋柳珊瑚属 *Pacifigorgia pulchraexilis*, 太平洋柳珊瑚属 *Pacifigorgia media* 和柳珊瑚科柳珊瑚* *Pseudopterogorgia* sp.【活性】抗菌 (革兰氏阳性菌).【文献】B. F. Bowden, et al. Aust. J. Chem., 1980, 33, 927; R. R. Izac, et al. Tetrahedron Lett., 1982, 23, 3743; R. R. Izac, et al. Tetrahedron, 1982, 38, 301; W. R. Chan, et al. Tetrahedron, 1990, 46, 1499; M. G. Phan, et al. Tap Chi Hoa Hoc, 2000, 38, 91.

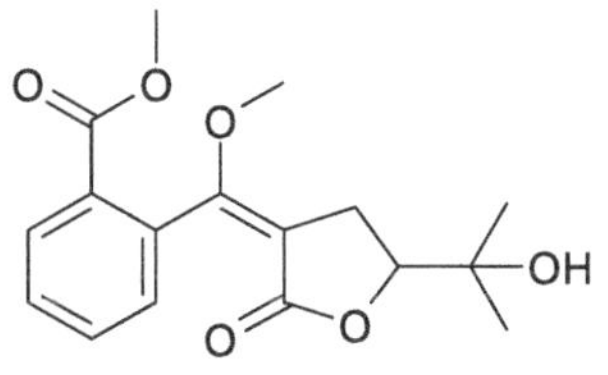

119 6-*O*-(4-Hydroxy-4-methyl-2*E*-pentenoyl)-1,6-dihydroxy-13-nor-4,10(14)-germacradien-11-one 6-*O*-(4-羟基-4-甲基-2*E*-戊烯基)-1,6-二羟基-13-去甲-4,10(14)-大根香叶烷二烯-11-酮

【基本信息】$C_{20}H_{30}O_5$, 油状物, $[\alpha]_D^{25} = +77.6°$ ($c = 1.2$, 氯仿).【类型】去甲-断-, 和高-大根香叶烷倍半萜.【来源】环节动物门矶沙蚕科 *Eunicea* sp. (加勒比海).【活性】抗疟原虫 (疟原虫 CRPF W2, $IC_{50} = 14\mu g/mL$).【文献】S. P. Garzón, et al. JNP, 2005, 68, 1354.

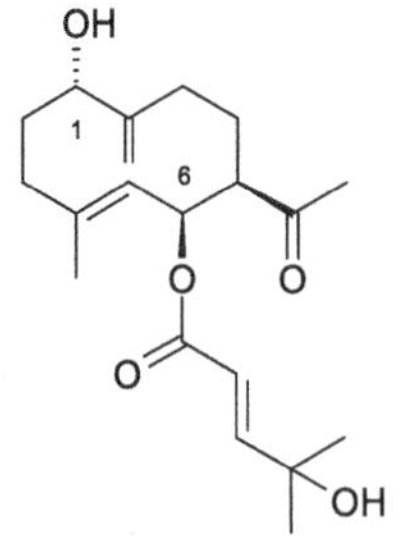

120 6-*O*-(4-Hydroxy-4-methyl-2*E*-pentenoyl)-6-hydroxy-1-oxo-13-nor-4,10(14)-germacradien-11-one 6-*O*-(4-羟基-4-甲基-2*E*-戊烯基)-6-羟基-1-氧代-13-去甲-4,10(14)-大根香叶烷二烯-11-酮

【基本信息】$C_{20}H_{28}O_5$, 油状物, $[\alpha]_D^{25}=+12.3°$ ($c=1.0$, 氯仿).【类型】去甲-, 断-, 和高-大根香叶烷倍半萜.【来源】环节动物门矶沙蚕科 *Eunicea* sp. (加勒比海).【活性】抗疟原虫 (疟原虫 CRPF W2, $IC_{50}=16\mu g/mL$); 抗结核 (结核分枝杆菌 *Mycobacterium tuberculosis* H37Rv, 6.25μg/mL, 值得注意的抑制活性).【文献】S. P. Garzón, et al. JNP, 2005, 68, 1354.

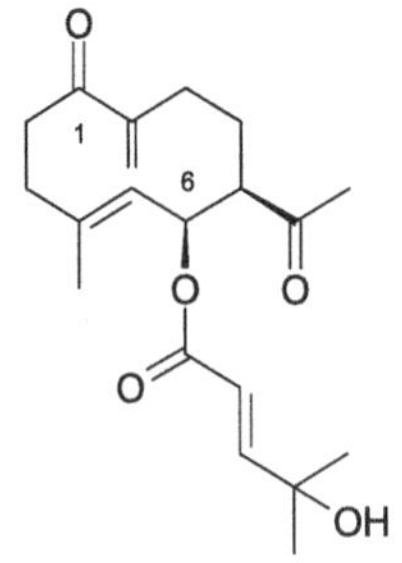

121 (−)-Anthoplalone (−)-海葵酮*

【基本信息】$C_{16}H_{26}O_2$, 浅黄色油, $[\alpha]_D=-4.4°$ ($c=0.09$, 氯仿).【类型】麻风烷和双环大根香叶烷倍半萜.【来源】珊瑚纲海葵目太平洋侧花海葵 *Anthopleura pacifica*.【活性】细胞毒 (B16 细胞, $IC_{50}=22\mu g/mL$).【文献】G.- C. Zheng, et al. Tetrahedron Lett., 1990, 31, 2617; S. Hanessian, et al. JOC, 1999, 64, 4893.

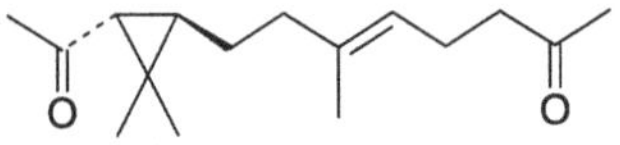

2.7 杂项单环倍半萜

122 Chabranol 柔荑软珊瑚醇*

【基本信息】$C_{14}H_{24}O_3$, 油状物, $[\alpha]_D^{25}=-56°$ ($c=0.1$, 氯仿).【类型】杂项单环倍半萜.【来源】柔荑软珊瑚属* *Nephthea chabroli* (小琉球岛, 中国台湾).【活性】细胞毒 (P_{388} 细胞, $ED_{50}=1.81\mu g/mL$; A549, $ED_{50}>50\mu g/mL$; HT29, $ED_{50}>50\mu g/mL$).【文献】S. Y. Cheng, et al. Org. Lett., 2009, 11, 4830; X. Wang, et al. JOC, 2010, 75, 5392.

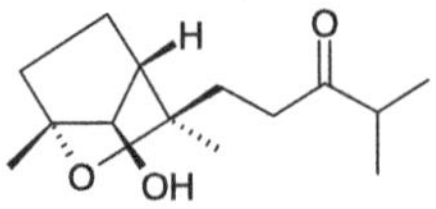

2.8 石竹烷倍半萜

123 Rumphellaone A 皱叶珊瑚酮 A*

【基本信息】$C_{15}H_{24}O_3$, 无色油状物, $[\alpha]_D^{25}=+257°$ ($c=0.014$, 氯仿).【类型】石竹烷倍半萜.【来源】皱叶柳珊瑚 *Rumphella antipathies*.【活性】细胞毒 (CCRF-CEM 人 T 细胞急性淋巴细胞白血病肿瘤细胞 CCRF-CEM, $IC_{50}=12.6\mu g/mL$, 适度活性).【文献】H. -M. Chung, et al. Tetrahedron Lett., 2010, 51, 6025.

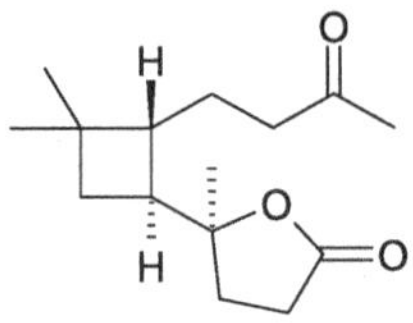

2.9 花侧柏烷倍半萜

124 Cupalaurenol 花侧柏凹顶藻醇*

【基本信息】4-Bromo-2-methyl-5-(1,2,2-trimethyl-3-cyclopenten-1-yl)phenol; 4-溴-2-甲基-5-(1,2,2-三甲基-3-环戊烯-1-基)苯酚.【基本信息】$C_{15}H_{19}BrO$, 油状物, $[\alpha]_D^{19}=+87.9°$ ($c=1$, 氯仿).【类型】花侧柏烷倍半萜.【来源】红藻凹顶藻属 *Laurencia* sp. (沙巴, 北婆罗洲, 马来西亚), 软体动物黑指纹海兔 *Aplysia dactylomela*.【活性】抗菌 (30mg/盘: 金黄色葡萄球菌 *Staphylococcus aureus*, IZD = 15mm, MIC = 125μg/mL; 葡萄球菌属 *Staphylococcus* sp., IZD = 15mm, MIC = 125μg/mL;

沙门氏菌属 *Salmonella* sp., IZD = 15mm, MIC = 125μg/mL; 霍乱弧菌 *Vibrio cholera,* IZD = 11mm, MIC = 200μg/mL); 鱼毒; 抗真菌.【文献】C. S. Vairappan, et al. Mar. Drugs, 2010, 8, 1743; T. Ichiba, et al. JOC, 1986, 51, 3364.

125 Cupalaurenol acetate 花侧柏凹顶藻醇乙酸酯*

【基本信息】$C_{17}H_{21}BrO_2$, 油状物, $[\alpha]_D^{19} = +65.1°$ ($c = 1$, 氯仿).【类型】花侧柏烷倍半萜.【来源】软体动物黑指纹海兔 *Aplysia dactylomela*.【活性】鱼毒; 抗微生物; 抗真菌.【文献】T. Ichiba, et al. JOC, 1986, 51, 3364.

2.10 月桂烷倍半萜

126 7-Hydroxylaurene 7-羟基-月桂烯

【基本信息】$C_{15}H_{20}O$, $[\alpha]_D^{20} = +45°$ ($c = 2.5$, 氯仿).【类型】月桂烷倍半萜.【来源】红藻凹顶藻属 *Laurencia* sp.【活性】抗生素 (强活性).【文献】S. J. Wratten, et al. JOC, 1977, 42, 3343.

127 *allo*-Laurinterol *allo*-月桂醇

【别名】7-Hydroxy-10-bromo-laurene; 7-羟基-10-溴-月桂烯; *allo*-凹顶藻酚.【基本信息】$C_{15}H_{19}BrO$, 浅黄色黏性油, $[\alpha]_D = +22°$ ($c = 1.7$, 氯仿).【类型】月桂烷倍半萜.【来源】红藻钝形凹顶藻 *Laurencia obtusa* (多米尼加, 加勒比海) 和红藻凹顶藻属 *Laurencia* sp.【活性】抗微生物.【文献】G. M. König, et al. PM, 1997, 63, 186; R. Kazlauskas, et al. Aust. J. Chem., 1976, 29, 2533; D. J. Faulkner, Tetrahedron, 1977, 33, 1421.

128 *allo*-Laurinterol acetate *allo*-月桂醇乙酸酯

【基本信息】$C_{17}H_{21}BrO_2$, 玻璃体, $[\alpha]_D^{20} = +47°$ ($c = 0.07$, 甲醇).【类型】月桂烷倍半萜.【来源】软体动物黑指纹海兔 *Aplysia dactylomela* (浅水域, 靠近拉帕尔格拉, 波多黎各).【活性】细胞毒 [PS 细胞 (= P_{388}), $ED_{50} = 40μg/mL$].【文献】F. J. Schmitz, et al. JACS, 1982, 104, 6415.

129 Cyclolaurene 环月桂烯

【别名】1,2-Dimethyl-2-(4-methylphenyl)bicycle [3.1.0]hexane; 1,2-二甲基-2-(4-甲基苯基)双环[3.1.0]己烷.【基本信息】$C_{15}H_{20}$, 油状物, $[\alpha]_D = -9.0°$ ($c = 0.22$, 氯仿).【类型】环月桂烷倍半萜.【来源】红藻凹顶藻属 *Laurencia* spp., 软体动物黑指纹海兔 *Aplysia dactylomela* 和软体动物海兔属 *Aplysia* spp.【活性】鱼毒; 抗微生物; 抗真菌.【文献】T. Ichiba, et al. JOC, 1986, 51, 3364; S. Takano, et al. Tetrahedron Lett., 1992, 33, 329; A. Nath, et al. JOC, 1992, 57, 1467; A. Srikrishna, et al. Tetrahedron, 1992, 48, 3429.

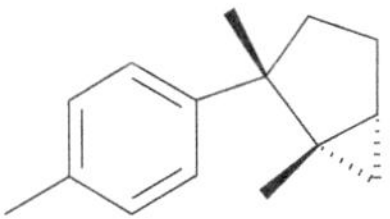

130 Cyclolaurenol 7-溴-10-羟基-环月桂醇

【基本信息】$C_{15}H_{19}BrO$, 晶体, mp 109~109.5°C, $[\alpha]_D^{21} = -9.3°$ ($c = 4.04$, 氯仿).【类型】环月桂烷倍半萜.【来源】软体动物黑指纹海兔 *Aplysia Dactylomela*.【活性】鱼毒.【文献】T. Ichiba, et al. JOC, 1986, 51, 3364.

131 Cyclolaurenol acetate 环月桂醇乙酸酯

【基本信息】$C_{17}H_{21}BrO_2$，油状物，$[\alpha]_D^{19} = -9.2°$ ($c = 0.82$，氯仿).【类型】环月桂烷倍半萜.【来源】软体动物黑指纹海兔 *Aplysia dactylomela.*【活性】鱼毒.【文献】T. Ichiba, et al. JOC, 1986, 51, 3364.

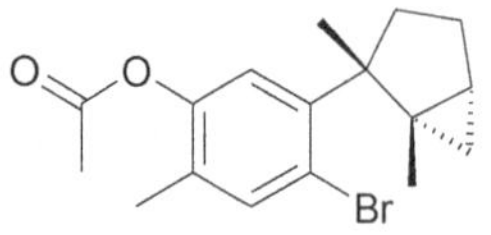

132 Debromolaurinterol 去溴环月桂醇

【基本信息】$C_{15}H_{20}O$，$[\alpha]_D^{20} = -12.2°$ (氯仿).【类型】环月桂烷倍半萜.【来源】红藻异枝凹顶藻 *Laurencia intermedia,* 红藻岗村凹顶藻 *Laurencia okamurai* 和 红藻凹顶藻属 *Laurencia johnstonii.*【活性】抗结核分枝杆菌 (低活性).【文献】Z. Kuwano, et al. J. Appl. Phycol., 1998, 10, 9; G. M. Koenig, et al. PM, 2000, 66, 337; Y. Okamoto, et al. Biosci. Biotechnol. Biochem., 2001, 65, 474.

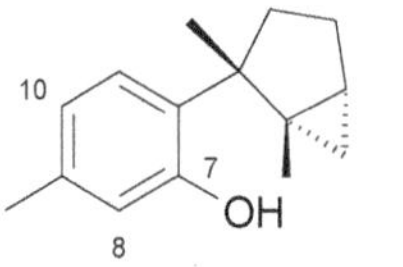

133 Laurinterol 7-羟基-10-溴-环月桂醇

【别名息】凹顶藻酚.【基本信息】$C_{15}H_{19}BrO$，晶体 (甲醇), mp 54~55°C, $[\alpha]_D = +13.3°$ ($c = 1.9$，氯仿).【类型】环月桂烷倍半萜.【来源】红藻异枝凹顶藻* *Laurencia intermedia,* 红藻岗村凹顶藻 **Laurencia okamurai*, 红藻巢形凹顶藻* *Laurencia nidifica,* 红藻异边孢藻* *Marginiosporum aberrans,* 红藻倣巢叉节藻* *Amphiroa nidifica,* 红藻小珊瑚藻* *Corallina pilulifera,* 红藻智利小珊瑚藻* *Corallina chilensis* 和红藻加州松节藻* *Rhodomela californica*, 软体动物海兔属 *Aplysia* sp.【活性】逆转录酶抑制剂；抗生素 (非常有效).【文献】A. F. Cameron, et al. JCS (B), 1969, 692; T. Irie, et al. Tetrahedron, 1970, 26, 3271; Y. Shizuri, et al. Phytochemistry, 1984, 23, 2672; Y. Okamoto, et al. Biosci. Biotechnol. Biochem., 2001, 65, 474.

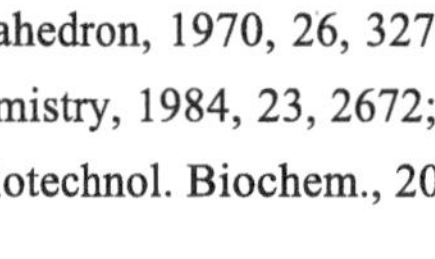

2.11 单端孢菌烷倍半萜

134 4-*O*-Acetylverrol 4-*O*-乙酰维罗尔*

【别名】Verrol 4-acetate; 维罗尔 4-乙酸酯*.【基本信息】$C_{23}H_{32}O_7$，$[\alpha]_D^{20} = -30°$ ($c = 0.1$，甲醇).【类型】单端孢菌烷型倍半萜.【来源】海洋导出的真菌新喀里多尼亚枝顶孢* *Acremonium neo-caledoniae*, 来自腐木样本 [新喀里多尼亚(法属)].【活性】细胞毒 (KB 细胞, $IC_{50} = 400ng/mL$).【文献】D. Laurent, et al. PM, 2000, 66, 63.

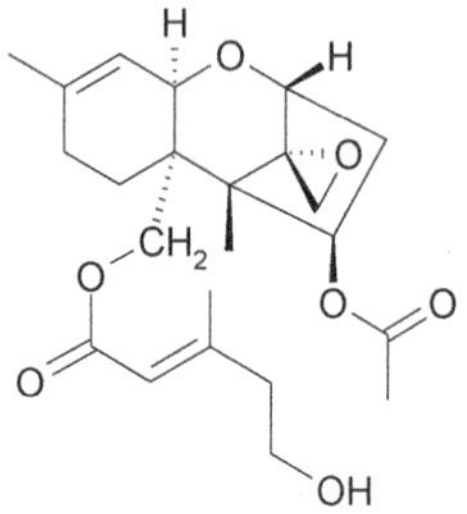

135 12,13-Deoxyroridin E 12,13-去氧露湿漆斑菌定 E*

【基本信息】$C_{29}H_{38}O_7$, $[\alpha]_D = -204°$ ($c = 0.025$，氯仿).【类型】单端孢菌烷型倍半萜.【来源】海洋导出的真菌露湿漆斑菌* *Myrothecium roridum* (水下木头样本，帕劳，大洋洲).【活性】细胞毒 (HL60, $IC_{50} = 25ng/mL$; L_{1210}, $IC_{50} = 15ng/mL$).【文献】M. Namikoshi, et al. JNP, 2001, 64, 396; M. Saleem, et al. NPR, 2007, 24, 1142 (Rev.).

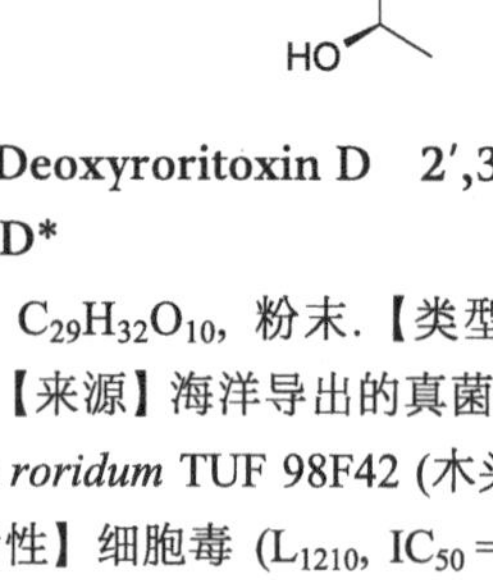

136 2′,3′-Deoxyroritoxin D 2′,3′-去氧露湿漆斑菌毒素 D*

【基本信息】$C_{29}H_{32}O_{10}$，粉末.【类型】单端孢菌烷型倍半萜.【来源】海洋导出的真菌露湿漆斑菌* *Myrothecium roridum* TUF 98F42 (木头样本，帕劳，大洋洲).【活性】细胞毒 (L_{1210}, $IC_{50} = 0.45μmol/L$).【文献】J. Z. Xu, et al. J. Antibiot., 2006, 59, 451.

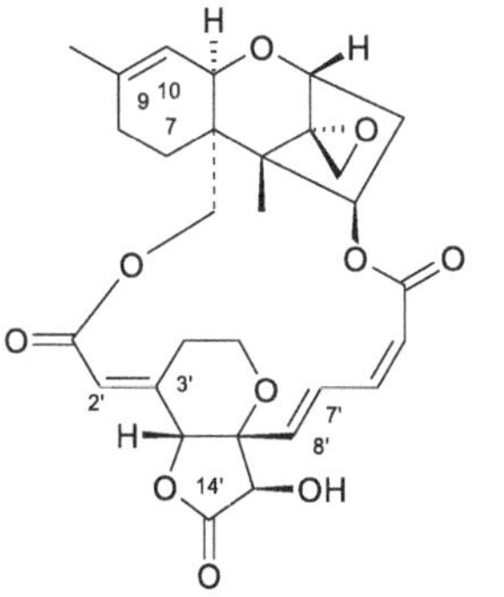

137　12′-Hydroxyroridin E　12′-羟基露湿漆斑菌定 E*

【基本信息】$C_{29}H_{38}O_9$, 粉末, $[\alpha]_D^{25}$ = +4.8° (c = 4, 甲醇).【类型】单端孢菌烷型倍半萜.【来源】海洋导出的真菌露湿漆斑菌* *Myrothecium roriDum* TUF 98F42 (木头样本, 帕劳, 大洋洲).【活性】细胞毒 (L_{1210}, IC_{50} = 0.19μmol/L).【文献】J. Z. Xu, et al. J. Antibiot., 2006, 59, 451.

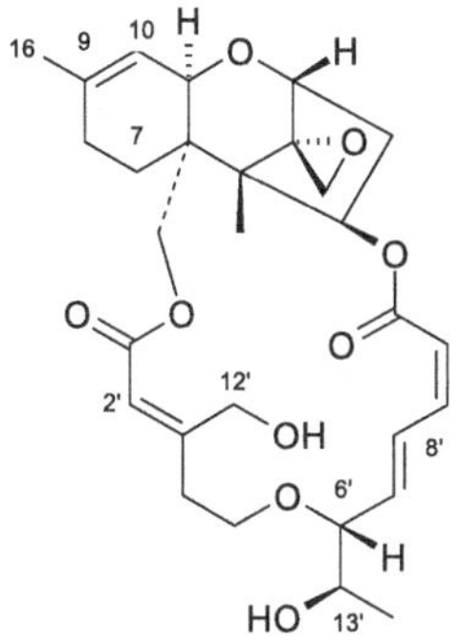

138　Roridin Q　露湿漆斑菌定 Q*

【基本信息】$C_{35}H_{46}O_{11}$, 粉末, $[\alpha]_D^{25}$ = +2.4° (c = 0.4, 甲醇).【类型】单端孢菌烷型倍半萜.【来源】海洋导出的真菌露湿漆斑菌* *Myrothecium roridum* TUF 98F42 (木头样本, 帕劳, 大洋洲).【活性】细胞毒 (L_{1210}, IC_{50} = 31.2μmol/L).【文献】J. Z. Xu, et al. J. Antibiot., 2006, 59, 451.

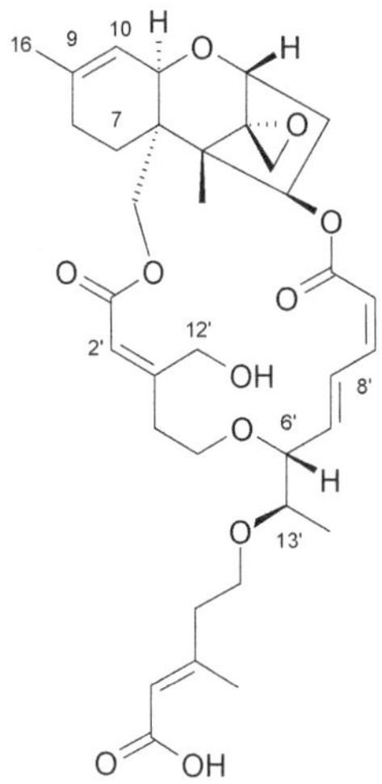

139　Roridin R　露湿漆斑菌定 R*′

【别名】2′,3′-Dihydro-2′-hydroxyroridin H; 2′,3′-二氢-2′-羟基露湿漆斑菌定 H*.【基本信息】$C_{29}H_{38}O_9$, 粉末, $[\alpha]_D^{25}$ = +9.6° (c = 0.05, 氯仿).【类型】单端孢菌烷型倍半萜.【来源】海洋导出的真菌漆斑菌属* *Myrothecium* sp. TUF 98F2, 来自一种未鉴定的海绵 (印度尼西亚).【活性】抗真菌 (酿酒酵母 *Saccharomyces cerevisiae*, MIA = 1μg/盘).【文献】J. Z. Xu, et al. J. Antibiot., 2006, 59, 451.

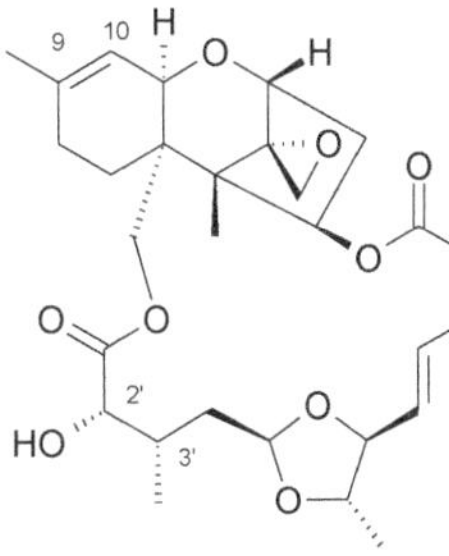

140　Verrucarin A　疣孢菌素 A*

【别名】Muconomycin A; 黏液霉素 A.【基本信息】$C_{27}H_{34}O_9$, 晶体, mp 330°C, $[\alpha]_D$= +208° (二噁烷), $[\alpha]_D$= +260° (氯仿).【类型】单端孢菌烷型倍半萜.【来源】海洋导出的真菌新喀里多尼亚枝顶孢* *Acremonium neo-aledoniae,* 来自腐木样本.【活性】蛋白质合成抑制剂 (真菌); 抗肿瘤; 杀虫剂.【文献】D. Laurent, et al. PM, 2000, 66, 63.

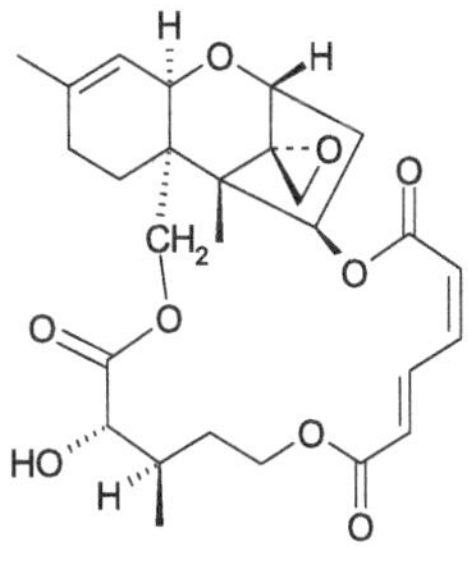

2.12　桉烷倍半萜

141　Ainigmaptilone A　南极嗜冷柳珊瑚酮 A*

【别名】(4α,5β,10α)-14-Hydroxy-1,11-eudesmadien-

3-one; (4α,5β,10α)-14-羟基-1,11-桉叶二烯-3-酮.【基本信息】$C_{15}H_{22}O_2$, 油状物, $[\alpha]_D^{25} = +26.8°$ ($c = 0.23$, 氯仿).【类型】简单桉烷型倍半萜.【来源】Primnoidae 科柳珊瑚 *Ainigmaptilon antarcticus* (嗜冷生物, 冷水域, 东威德尔海, 南极地区西部).【活性】防卫代谢物 (抗生素, 抑制被当地的掠夺性海星 *Odontaster validus* 捕食).【文献】K. B. Iken, et al. JNP, 2003, 66, 888; M.D. Lebar, et al. NPR, 2007, 24, 774 (Rev.).

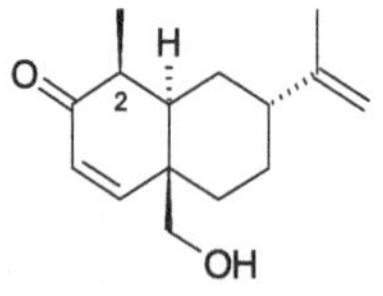

142 Brasudol 巴西醇*

【别名】(1β,7β)-1-Bromo-4(15)-eudesmen-11-ol; (1β,7β)-1-溴-4(15)-桉叶烯-11-醇.【基本信息】$C_{15}H_{25}BrO$, mp 105~106°C, $[\alpha]_D^{26} = +16.5°$.【类型】简单桉烷型倍半萜.【来源】软体动物巴西海兔* *Aplysia brasiliana* (佛罗里达, 美国).【活性】拒食剂 (鱼类).【文献】R. K. Dieter, et al. Tetrahedron Lett., 1979, 1645.

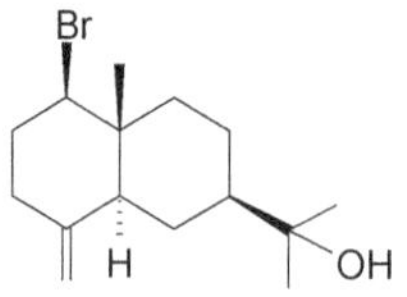

143 2-Bromo-11-eudesmen-5-ol 2-溴-11-桉叶烯-5-醇

【基本信息】$C_{15}H_{25}BrO$.【类型】简单桉烷型倍半萜.【来源】绿藻环蠕藻* *Neomeris annulata* (夸贾林环礁和关岛, 美国).【活性】拒食剂 (鱼类).【文献】V. J. Paul, et al. J. Chem. Ecol., 1993, 19, 1847; K. D. Meyer, et al. Mar. Biol. (Berlin), 1995, 122, 537.

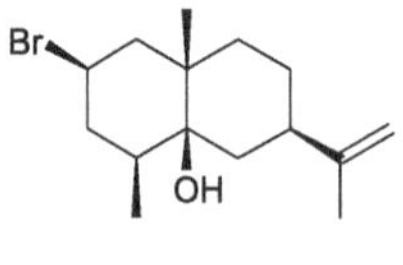

144 3-Bromo-11-eudesmen-5-ol 3-溴-11-桉叶烯-5-醇

【基本信息】$C_{15}H_{25}BrO$.【类型】简单桉烷型倍半萜.【来源】绿藻环蠕藻* *Neomeris annulata* (夸贾林环礁和关岛, 美国).【活性】拒食剂 (鱼类).【文献】V. J. Paul, et al. J. Chem. Ecol., 1993, 19, 1847; K. D. Meyer, et al. Mar. Biol. (Berlin), 1995, 122,

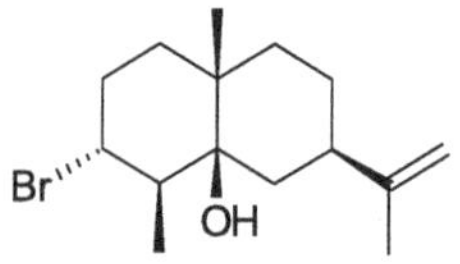

145 Isobrasudol 异巴西醇*

【别名】(1β,7α)-1-Bromo-4(15)-eudesmen-11-ol; (1β,7α)-1-溴-4(15)-桉叶烯-11-醇*.【基本信息】$C_{15}H_{25}BrO$, mp 105~107°C, $[\alpha]_D^{26} = +10.3°$.【类型】简单桉烷型倍半萜.【来源】软体动物巴西海兔* *Aplysia brasiliana* (佛罗里达, 美国).【活性】鱼毒; 拒食剂.【文献】R. K. Dieter, et al. Tetrahedron Lett., 1979, 1645.

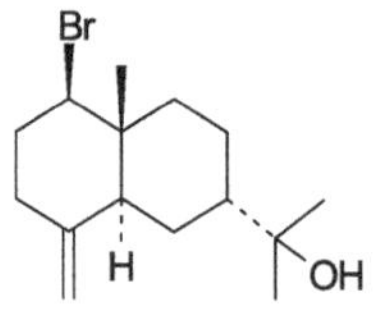

146 Junceol A‡ 灯芯沙箸海鳃醇 A‡*

【基本信息】$C_{17}H_{28}O_3$, 油状物, $[\alpha]_D^{26} = -1°$ ($c = 0.1$, 氯仿).【类型】简单桉烷型倍半萜.【来源】珊瑚纲八放珊瑚亚纲海鳃目灯芯沙箸海鳃* *Virgularia juncea*.【活性】细胞毒 (P_{388}, $ED_{50} = 5.1\mu g/mL$).【文献】S. P. Chen, et al. JNP, 2001, 64, 1241.

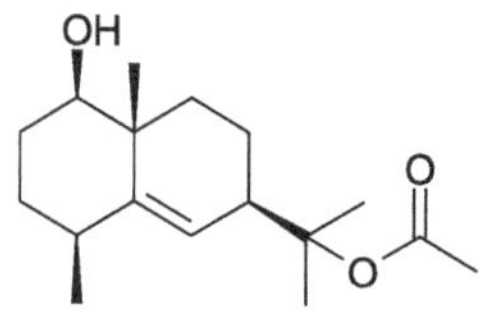

147 Kandenol A 秋茄树醇 A*

【基本信息】$C_{15}H_{24}O_3$.【类型】简单桉烷型倍半萜.【来源】红树导出的链霉菌属 *Streptomyces* sp. (内生菌), 来自红树秋茄树 *Kandelia candel* (树干, 厦门, 福建, 中国).【活性】抗菌 (枯草芽孢杆菌 *Bacillus subtilis* 和牡牛分枝杆菌 *Mycobacterium vaccae*, 低活性).【文献】L. Ding, et al. JNP, 2012, 75, 2223.

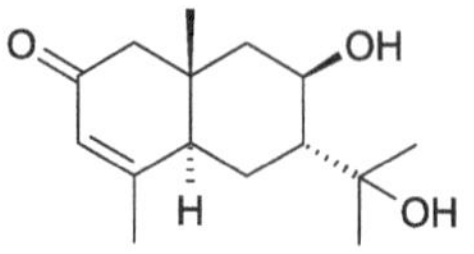

148　Kandenol B　秋茄树醇 B*

【基本信息】$C_{15}H_{24}O_4$.【类型】简单桉烷型倍半萜.【来源】红树导出的链霉菌属 *Streptomyces* sp. (内生菌),来自红树秋茄树 *Kandelia candel* (树干, 厦门, 福建, 中国).【活性】抗菌 (枯草芽孢杆菌 *Bacillus subtilis* 和牡牛分枝杆菌 *Mycobacterium vaccae*, 低活性).【文献】L. Ding, et al. JNP, 2012, 75, 2223.

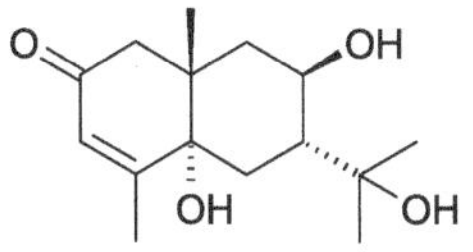

149　Kandenol C　秋茄树醇 C*

【基本信息】$C_{15}H_{24}O_5$.【类型】简单桉烷型倍半萜.【来源】红树导出的链霉菌属 *Streptomyces* sp. (内生菌), 来自红树秋茄树 *Kandelia candel* (树干, 厦门, 福建, 中国).【活性】抗菌 (枯草芽孢杆菌 *Bacillus subtilis* 和牡牛分枝杆菌 *Mycobacterium vaccae*, 低活性).【文献】L. Ding, et al. JNP, 2012, 75, 2223.

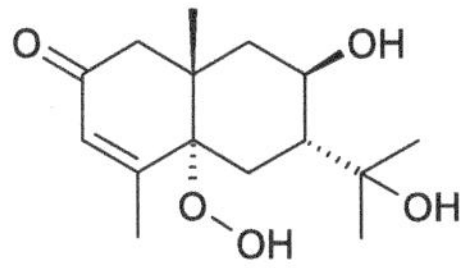

150　Kandenol D　秋茄树醇 D*

【基本信息】$C_{15}H_{24}O_4$.【类型】简单桉烷型倍半萜.【来源】红树导出的链霉菌属 *Streptomyces* sp. (内生菌), 来自红树秋茄树 *Kandelia candel* (树干, 厦门, 福建, 中国).【活性】抗菌 (枯草芽孢杆菌 *Bacillus subtilis* 和牡牛分枝杆菌 *Mycobacterium vaccae*, 低活性).【文献】L. Ding, et al. JNP, 2012, 75, 2223.

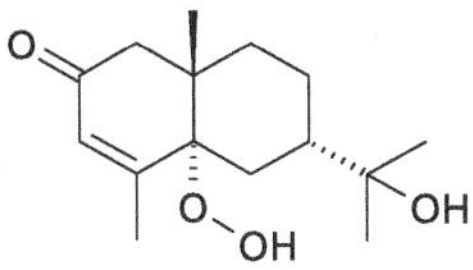

151　Kandenol E　秋茄树醇 E*

【基本信息】$C_{15}H_{22}O_3$.【类型】简单桉烷型倍半萜.【来源】红树导出的链霉菌属 *Streptomyces* sp. (内生菌),来自红树秋茄树 *Kandelia candel* (树干, 厦门, 福建, 中国).【活性】抗菌 (枯草芽孢杆菌 *Bacillus subtilis* 和牡牛分枝杆菌 *Mycobacterium vaccae*, 低活性).【文献】L. Ding, et al. JNP, 2012, 75, 2223.

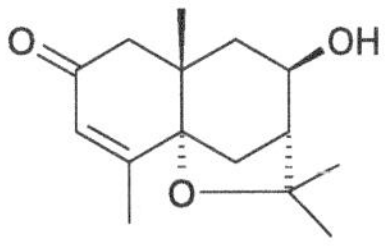

152　1-Hydroxy-4-eudesmaen-12,6-olide　1-羟基-4-桉叶烯-12,6-内酯*

【基本信息】$C_{15}H_{22}O_3$, 油状物, $[\alpha]_D^{25}$ = +25.8° (c = 1.1, 氯仿).【类型】12,6-桉烷内酯倍半萜.【来源】环节动物门矶沙蚕科 *Eunicea* sp. (加勒比海).【活性】抗疟原虫 (疟原虫 CRPF W2, IC_{50} = 14μg/mL); 抗结核 (结核分枝杆菌 *Mycobacterium tuberculosis* H37Rv, 6.25μg/mL, 值得注意的抑制活性).【文献】S. P. Garzón, et al. JNP, 2005,68, 1354.

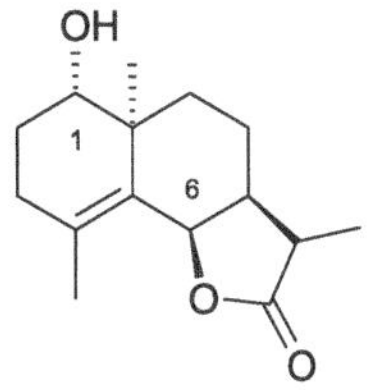

153　Atractylone　苍术酮

【基本信息】$C_{15}H_{20}O$, 晶体, mp 38°C, $[\alpha]_D$ = +40° (c = 10, 氯仿).【类型】呋喃桉烷型倍半萜.【来源】伞软珊瑚科 Xeniidae 软珊瑚* *Cespitularia* sp.【活性】5-脂肪氧合酶抑制剂.【文献】B. F. Bowden, et al. Aust. J. Chem., 1980, 33, 927.

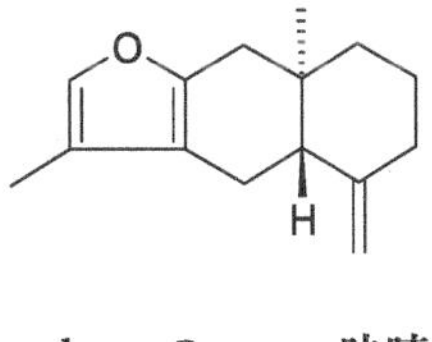

154　Furanoeudesm-3-ene　呋喃桉烷-3-烯

8,12-Epoxy-3,7,11-eudesmatriene; 8,12-环氧-3,7,11-桉烷三烯【基本信息】$C_{15}H_{20}O$, 无定形粉末, $[\alpha]_D$ = +70.2° (c = 0.5, 己烷).【类型】呋喃桉烷型倍半萜.【来源】Primnoidae 科柳珊瑚 *Dasystenella acanthina* (嗜冷生物, 冷水域, 南极地区).【活性】有毒的 (食蚊鱼 *Gambusia affinis* 鱼毒性试验, 10ppm, 防卫代谢物).【文献】M. Gavagnin, et al. JNP, 2003, 66, 1517; M. D. Lebar, et al. NPR, 2007,

24, 774 (Rev.).

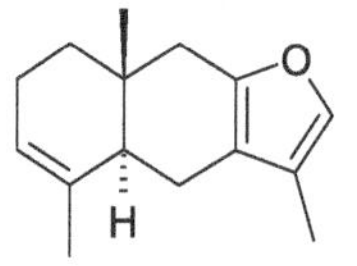

155 Tubipofuran 笙珊瑚呋喃*

【基本信息】$C_{15}H_{18}O$, 油状物, $[\alpha]_D = +5.7°$ ($c = 0.6$, 氯仿).【类型】呋喃桉烷型倍半萜.【来源】匍匐珊瑚目笙珊瑚 *Tubipora musica* (日本水域).【活性】细胞毒; 鱼毒.【文献】K. Iguchi, et al. Chem. Lett., 1986, 1789; A. Ojida, et al. JOC, 1994, 59, 5970.

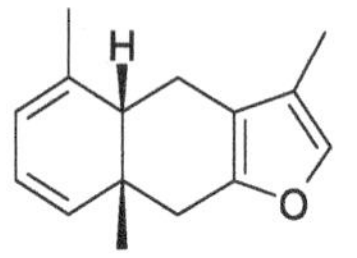

156 Tubipolide B 笙珊瑚内酯 B*

【基本信息】$C_{15}H_{18}O_2$, 油状物, $[\alpha]_D^{25} = -51.6°$ ($c = 0.02$, 氯仿).【类型】12,8-桉烷内酯倍半萜.【来源】匍匐珊瑚目笙珊瑚 *Tubipora musica* (台湾水域, 中国).【活性】细胞毒 (P_{388}, ED_{50} = 3.69μg/mL).【文献】C. Y. Duh, et al. JNP, 2001, 64, 1430.

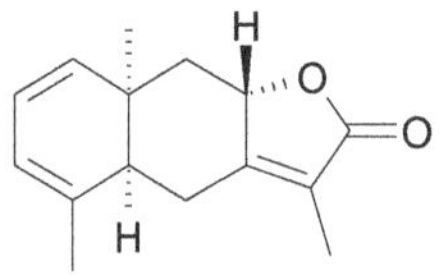

157 Tubipolide G 笙珊瑚内酯 G*

【基本信息】$C_{17}H_{18}O_4$, 油状物, $[\alpha]_D^{25} = +22.6°$ ($c = 0.02$, 氯仿).【类型】12,8-桉烷内酯倍半萜.【来源】匍匐珊瑚目笙珊瑚 *Tubipora musica* (台湾水域, 中国).【活性】细胞毒 (P_{388}, ED_{50} = 4.01μg/mL).【文献】C. Y. Duh, et al. JNP, 2001, 64, 1430.

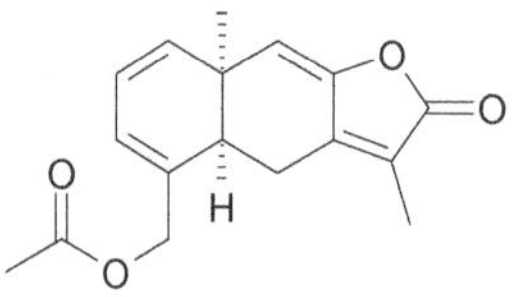

158 6-*O*-(4-Hydroxy-4-methyl-2*E*-pentenoyl)-1,6-dihydroxy-13-nor-4(15)-eudesmen-11-one 6-*O*-(4-羟基-4-甲基-2*E*-戊烯基)-1,6-二羟基-13-去甲-4(15)-桉叶烯-11-酮

【基本信息】$C_{20}H_{30}O_5$, 油状物, $[\alpha]_D^{25} = +32°$ ($c = 1.1$, 氯仿).【类型】去甲桉烷型倍半萜.【来源】环节动物门矶沙蚕科 *Eunicea* sp. (加勒比海).【活性】抗疟原虫 (疟原虫 CRPFW2, IC_{50} = 10μg/mL); 抗结核 (结核分枝杆菌 *Mycobacterium tubercuLosis* H37Rv, 6.25μg/mL, 值得注意的抑制活性).【文献】S. P. Garzón, et al. JNP, 2005, 68, 1354.

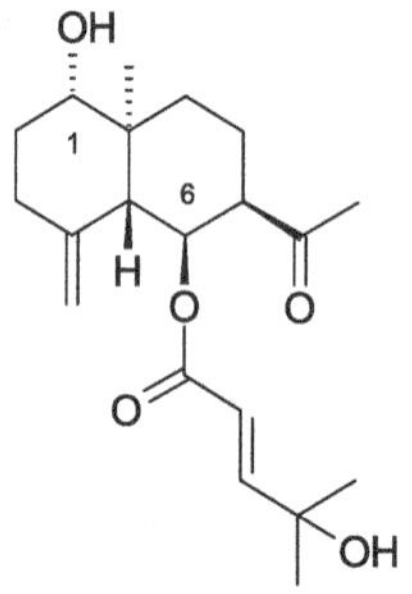

159 Cycloeudesmol 环桉醇*

【别名】Isocycloeudesmol; 异环桉醇*.【基本信息】$C_{15}H_{26}O$, 晶体 (己烷/异丙醚), mp 99.5~100.5°C, $[\alpha]_D = +21.5°$ ($c = 2.1$, 氯仿).【类型】环桉烷型倍半萜.【来源】红藻黄色凹顶藻* *Laurencia nipponica* 和红藻软骨藻属* *Chondria oppositiclada*.【活性】抗生素.【文献】T. Suzuki, et al. Chem. Lett., 1980, 1267; T. Suzuki, et al. Tetradron Lett., 1981, 22, 3423; E. Y. Chen, JOC, 1984, 49, 3245; M. Ando, et al. Tetradron Lett., 1985, 26, 235

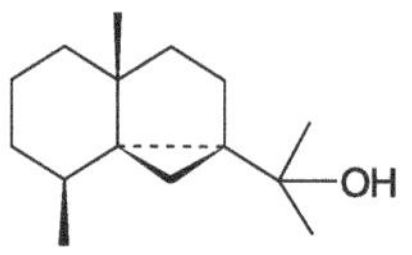

160 Heterogorgiolide 柳珊瑚内酯*

【基本信息】$C_{16}H_{20}O_3$, 无定形固体, mp 149~151°C, $[\alpha]_D^{25} = +116°$ ($c = 1.0$, 氯仿).【类型】环桉烷型倍半萜.【来源】丛柳珊瑚科 Plexauridae 柳珊瑚 *Heterogorgia uatumani* (巴西).【活性】遏制捕食.【文献】L, F. Maia, et al. JNP, 1999, 62, 1322.

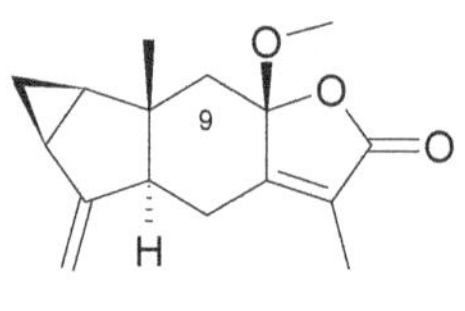

161 Spirotubipolide 螺笙珊瑚内酯*

【基本信息】$C_{17}H_{20}O_5$, 晶体, $[\alpha]_D = -194°$ ($c = 0.3$, 氯仿).【类型】重排桉烷型倍半萜.【来源】匍匐珊瑚目笙珊瑚 *Tubipora musica* (台湾水域, 中国).

【活性】细胞毒 (P_{388}, ED_{50} = 3.24μg/mL).【文献】K. Iguchi, et al. CPB, 1987, 35, 3531; C. Y. Duh, et al. JNP, 2001, 64, 1430.

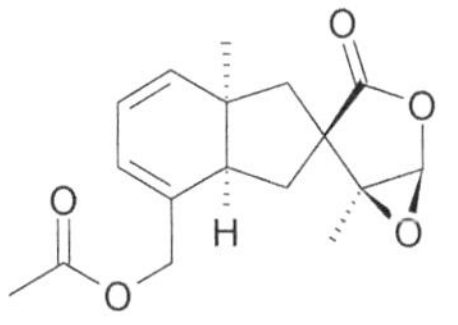

2.13 雅槛蓝烷倍半萜

162　3-Acetoxy-9,7(11)-dien-7α-hydroxy-8-oxoeremophilane　3-乙酰氧基-9,7(11)-二烯-7α-羟基-8-氧代雅槛蓝烷

【基本信息】$C_{17}H_{24}O_4$, 针状晶体 (氯仿), $[\alpha]_D^{20}$ = +3° (*c* = 0.2, 甲醇).【类型】简单雅槛蓝烷型倍半萜.【来源】海洋导出的真菌青霉属 *Penicillium* sp. BL27-2 (海泥浆, 白令海).【活性】细胞毒 (三种不同的细胞, 比 3-Acetoxy-13-deoxyphomenone 活性低几个数量级).【文献】Y. F. Huang, et al. Chin. Chem. Lett., 2008, 19, 562.

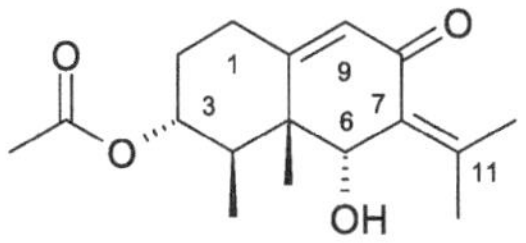

163　抗生素 JBIR 28　抗生素 JBIR 28

【基本信息】$C_{15}H_{20}O_4$, 无定形粉末, mp 120°C, $[\alpha]_D^{25}$ = +188.7° (*c* = 0.2, 甲醇).【类型】简单雅槛蓝烷型倍半萜.【来源】海洋导出的真菌青霉属 *Penicillium* sp., 来自软毛星骨海鞘* *Didemnum molle* (日本水域).【活性】细胞毒 (HeLa 细胞, 适度活性).【文献】K. Motohashi, et al. J. Antibiot., 2009, 62, 247.

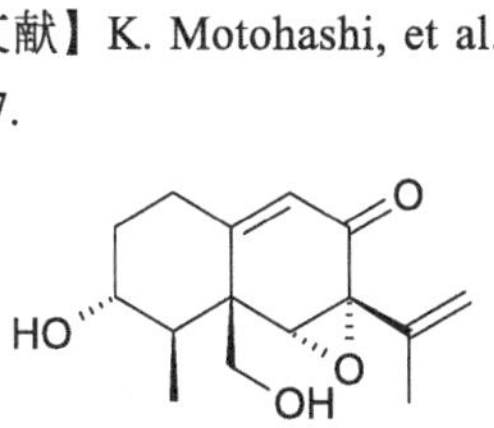

164　Chloroacetoxyhydroxyeremophiltrienone 氯乙酰氧基羟基雅槛蓝三烯酮*

【基本信息】$C_{14}H_{15}ClO_4$, 无色油状物; $[\alpha]_D^{20}$ = +274° (*c* = 0.05, 氯仿).【类型】简单雅槛蓝烷型倍半萜.【来源】深海真菌青霉属 *Penicillium* sp. PR19 N-1 (南冰洋).【活性】细胞毒 (HL60, IC_{50} = 11.8μmol/L; A549, IC_{50} = 12.2μmol/L).【文献】G. Wu, et al. Mar. Drugs, 2013, 11, 1399.

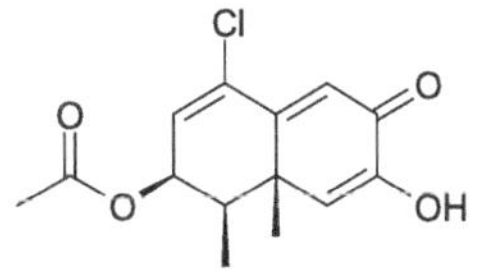

165　Dehydroxymethoxyeremofortine C　去羟基甲氧基雅槛蓝佛亭 C*

【基本信息】$C_{18}H_{24}O_6$, 无色油状物, $[\alpha]_D^{20}$ = +119° (*c* = 0.16, 氯仿).【类型】简单雅槛蓝烷型倍半萜.【来源】深海真菌青霉属 *Penicillium* sp. PR19 N-1 (南冰洋).【活性】细胞毒 (HL60, IC_{50} = 28.3μmol/L; A549, IC_{50} = 5.2μmol/L).【文献】A. Lin, et al. Arch. Pharm. Res., 2014, 37, 839.

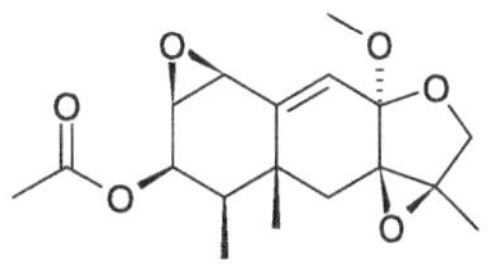

166　13-Deoxyphomenone　13-去氧丰门醇*

【基本信息】$C_{15}H_{20}O_3$, 晶体, mp 104~105°C, $[\alpha]_D^{20}$ = +236° (*c* = 0.5, 甲醇).【类型】简单雅槛蓝烷型倍半萜.【来源】海洋导出的真菌青霉属 *Penicillium* sp., 来自软毛星骨海鞘* *Didemnum molle* (日本水域).【活性】细胞毒 (HeLa 细胞, 适度活性).【文献】Y. Tirilly, et al. Phytochemistry, 1983, 22, 2082.

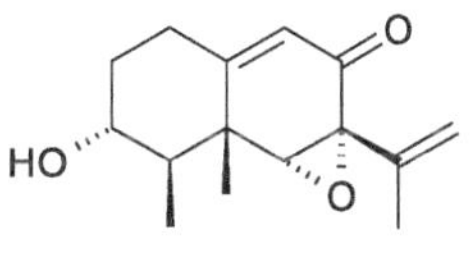

167　Eremofortine Ca　雅槛蓝佛亭 Ca*

【基本信息】$C_{17}H_{22}O_6$.【类型】简单雅槛蓝烷型倍半萜.【来源】深海真菌青霉属 *Penicillium* sp. PR19 N-1 (南冰洋).【活性】细胞毒 (HL60 和 A549).【文献】G. Wu, et al. Mar. Drugs, 2013, 11, 1399.

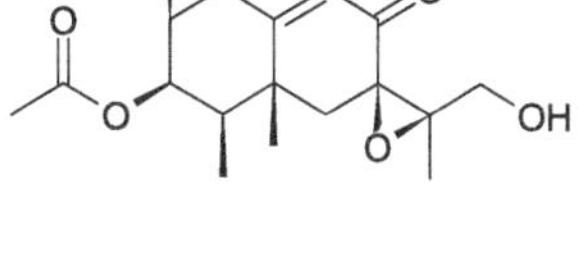

168 EremofortineCb 雅槛蓝佛亭 Cb*

【基本信息】$C_{17}H_{22}O_6$.【类型】简单雅槛蓝烷型倍半萜.【来源】深海真菌青霉属 *Penicillium* sp. PR19 N-1 (南冰洋).【活性】细胞毒 (HL60 和 A549).【文献】G. Wu, et al. Mar. Drugs, 2013, 11, 1399.

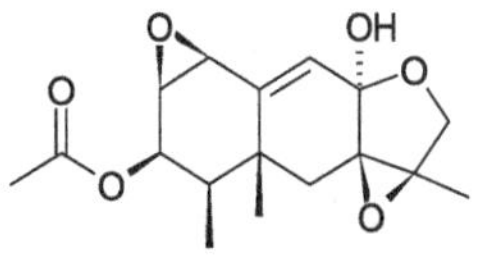

169 Eremophildiendiol 雅槛蓝二烯二酮*

【基本信息】$C_{15}H_{24}O_2$, 无色油状物, $[\alpha]_D^{20} = -49°$ ($c = 0.05$, 氯仿).【类型】简单雅槛蓝烷型倍半萜.【来源】深海真菌青霉属 *Penicillium* sp. PR19 N-1 (南冰洋).【活性】细胞毒 (HL60, $IC_{50} = 45.8\mu mol/L$; A549, $IC_{50} = 82.8\mu mol/L$).【文献】A. Lin, et al. Arch. Pharm. Res., 2014, 37, 839.

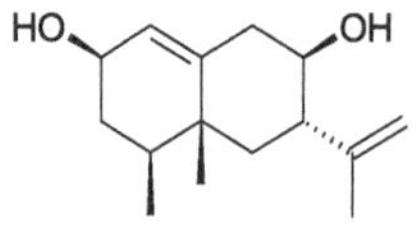

170 NPR07H239A

【基本信息】$C_{27}H_{36}O_6$, 固体, $[\alpha]_D^{25} = -71°$ ($c = 0.258$, 甲醇).【类型】简单雅槛蓝烷型倍半萜.【来源】海洋导出的真菌碳角菌属* *Xylaria* sp.【活性】细胞毒 (多种癌细胞, 对 CCRF-CEM 白血病细胞株有某种选择性, $IC_{50} = 0.9\mu g/mL$).【文献】M. Saleem, et al. NPR, 2007, 24, 1142 (Rev.).

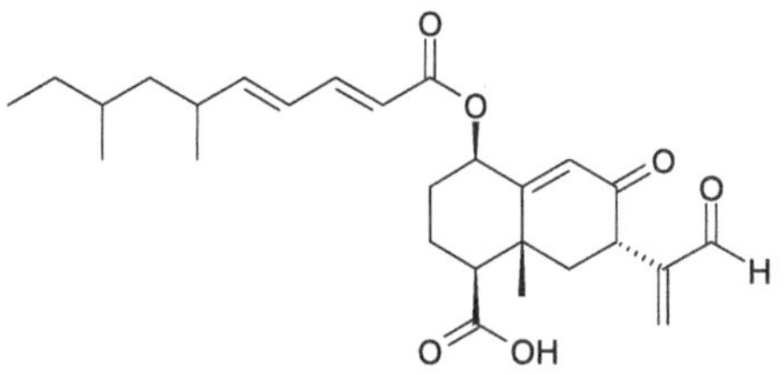

171 Peribysin A 细丝黑团孢霉新 A*

【别名】(6*β*,7*β*,8*α*,10*β*)-6,7-Epoxy-11(13)-eremophilene-8,12-diol; (6*β*,7*β*,8*α*,10*β*)-6,7-环氧-11(13)-雅槛蓝烯-8,12-二醇.【基本信息】$C_{15}H_{24}O_3$, 浅黄色油, $[\alpha]_D = -63.7°$ ($c = 4.3$, 乙醇).【类型】简单雅槛蓝烷型倍半萜.【来源】海洋导出的真菌细丝黑团孢霉* *Periconia byssoides*, 来自软体动物黑斑海兔 *Aplysia kurodai*.【活性】细胞黏附抑制剂.【文献】T. Yamada, et al. Org. Biomol. Chem., 2004, 2, 2131; T. Yamada, et al. J. Antibiot., 2005, 58, 185.

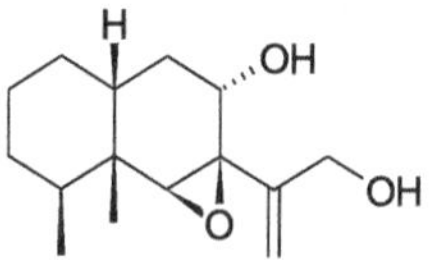

172 Peribysin F 细丝黑团孢霉新 F*

【别名】(6*β*,7*βOH*,8*α*)-11(13)-Eremophilene-6,7,8,12-tetrol; (6*β*,7*βOH*,8*α*)-11(13)-雅槛蓝烯-6,7,8,12-四醇.【基本信息】$C_{15}H_{26}O_4$, 浅黄色油, $[\alpha]_D^{22} = -21.5°$ ($c = 0.1$, 乙醇).【类型】简单雅槛蓝烷型倍半萜.【来源】海洋导出的真菌细丝黑团孢霉* *Periconia byssoides* OUPS-N133.【活性】细胞黏附抑制剂.【文献】T. Yamada, et al. J. Antibiot., 2005, 58, 185.

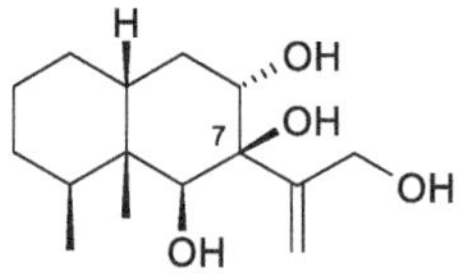

173 Peribysin G 细丝黑团孢霉新 G*

【别名】(6*β*,7*αOH*,8*α*)-11(13)-Eremophilene-6,7,8,12-tetrol; (6*β*,7*αOH*,8*α*)-11(13)-雅槛蓝烯-6,7,8,12-四醇.【基本信息】$C_{15}H_{26}O_4$, 针状晶体 (己烷/二氯甲烷), mp 187~189°C, $[\alpha]_D^{22} = -1.3°$ ($c = 0.1$, 乙醇).【类型】简单雅槛蓝烷型倍半萜.【来源】海洋导出的真菌细丝黑团孢霉* *Periconia byssoiDes* OUPS-N133.【活性】细胞黏附抑制剂.【文献】T. Yamada, et al. J. Antibiot., 2005, 58, 185.

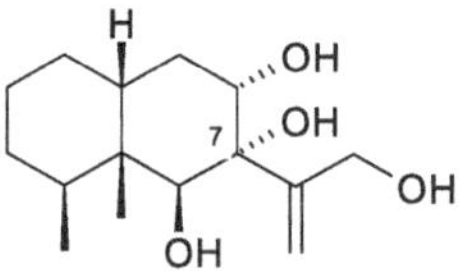

174 Peribysin J 细丝黑团孢霉新 J*

【基本信息】$C_{15}H_{26}O_5$, 浅黄色油, $[\alpha]_D^{22} = -190.1°$ ($c = 0.28$, 乙醇).【类型】简单雅槛蓝烷型倍半萜.【来源】海洋导出的真菌细丝状黑团孢霉* *Periconia byssoiDes* OUPS-N133, 来自软体动物海兔.【活性】细胞黏附抑制剂 ($IC_{50} = 11.8\mu mol/L$, 免疫系统活性).【文献】T. Yamada, et al. J. Antibiot., 2007, 60, 370.

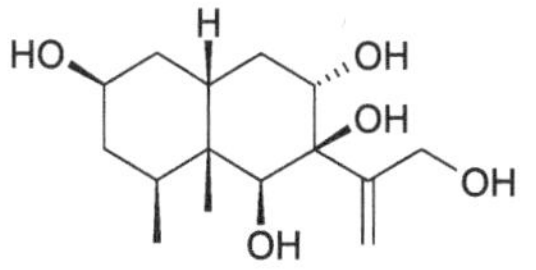

175 Cryptosphaerolide 隐球壳真菌内酯*

【基本信息】$C_{26}H_{42}O_7$，无色油状物，$[\alpha]_D = +22.6°$ ($c = 0.27$ 氯仿).【类型】呋喃雅槛蓝烷型倍半萜.【来源】海洋导出的真菌隐球壳属* *Cryptosphaeria* sp.，来自一种未鉴定的海鞘 (巴哈马，加勒比海).【活性】蛋白 Mcl-1 抑制剂 (Mcl-1/Bak 荧光共振能量迁移实验 (FRET)，$IC_{50} = 11.4\mu mol/L$，一种和细胞凋亡有牵连的抗癌药靶标)；细胞毒 (HCT116 细胞，$IC_{50} = 4.5\mu mol/L$，有值得注意的活性).【文献】H. Oh, et al. JNP, 2010, 73, 998.

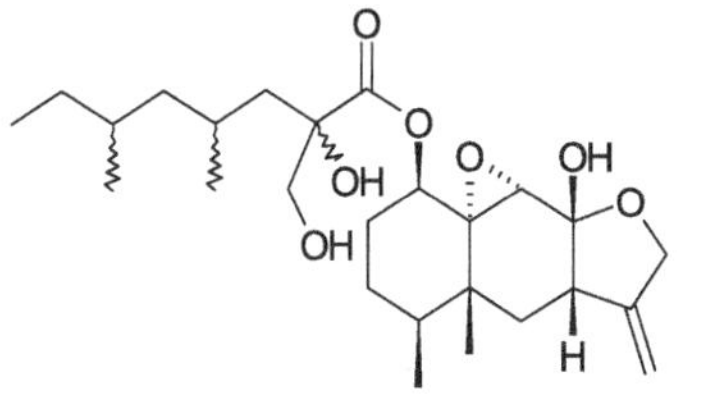

176 Microsphaeropsisin 拟小球属真菌新*

【基本信息】$C_{16}H_{22}O_4$，粉末，mp 152~154°C，$[\alpha]_D^{25} = -97.7°$ ($c = 0.13$，氯仿).【类型】呋喃雅槛蓝烷型倍半萜.【来源】海洋导出的真菌拟小球霉属* *Microsphaeropsis* sp.，来自外套黏海绵 *Myxilla incrustans*.【活性】抗真菌 (匍匐散囊菌原变种 *Eurotium repens*，微孢子门蒲头霉属 *Mycotypha microspora*，花药黑粉菌 *Ustilago violacea*).【文献】U. Höller, et al. JNP, 1999, 62, 114.

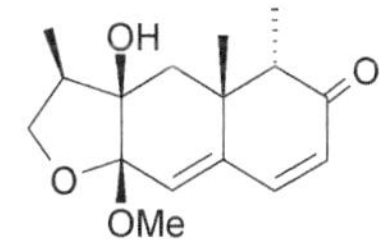

177 Peribysin B 细丝黑团孢霉新 B*

【别名】(6*β*,7*β*,8*α*,10*β*,11*β*OH)-6,7:8,13-Diepoxy-11,12-eremophilanediol; (6*β*,7*β*,8*α*,10*β*,11*β*OH)-6,7:8,13-双环氧-11,12-雅槛蓝烯二醇.【基本信息】$C_{15}H_{24}O_4$，浅黄色油，$[\alpha]_D = +42.9°$ ($c = 0.07$，乙醇).【类型】呋喃雅槛蓝烷型倍半萜.【来源】海洋导出的真菌细丝黑团孢霉* *Periconia byssoides*，来自软体动物黑斑海兔 *Aplysia kurodai*.【活性】细胞黏附抑制剂.【文献】T. Yamada, et al. Org. Biomol. Chem., 2004, 2, 2131.

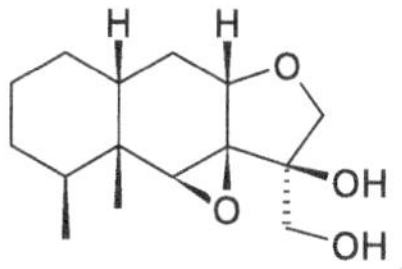

178 Peribysin C 细丝黑团孢霉新 C*

【别名】(6*β*,8*α*,10*β*)-8,12-Epoxy-7(11)-eremophilene-6,13-diol; (6*β*,8*α*,10*β*)-8,12-环氧-7(11)-雅槛蓝烯-6,13-二醇.【基本信息】$C_{15}H_{24}O_3$，浅黄色油，$[\alpha]_D = +31.5°$ ($c = 0.54$，乙醇).【类型】呋喃雅槛蓝烷型倍半萜.【来源】海洋导出的真菌细丝黑团孢霉* *Periconia byssoides*，来自软体动物黑斑海兔 *Aplysia kurodai*.【活性】细胞黏附抑制剂.【文献】T. Yamada, et al. Org. Biomol. Chem., 2004, 2, 2131; H. Koshino, et al. Tetrahedron Lett., 2006, 47, 4623.

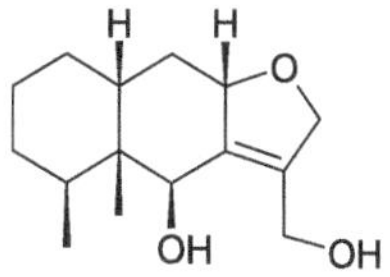

179 Peribysin D 细丝黑团孢霉新 D*

【别名】(6*β*,8*α*,10*β*)-6,12-Epoxy-7(11)-eremophilene-8,13-diol; (6*β*,8*α*,10*β*)-6,12-环氧-7(11)-雅槛蓝烯-8,13-二醇.【基本信息】$C_{15}H_{24}O_3$，浅黄色油，$[\alpha]_D = +4.6°$ ($c = 0.1$，乙醇).【类型】呋喃雅槛蓝烷型倍半萜.【来源】海洋导出的真菌细丝黑团孢霉* *Periconia byssoides*，来自软体动物黑斑海兔 *Aplysia kurodai*.【活性】细胞黏附抑制剂.【文献】T. Yamada, et al. Org. Biomol. Chem., 2004, 2, 2131; H. Koshino, et al. Tetrahedron Lett., 2006, 47, 4623.

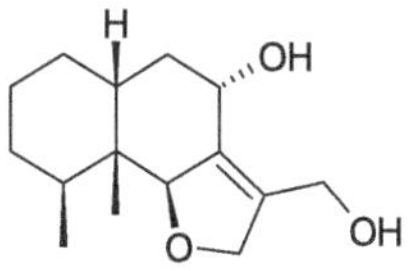

180 Peribysin H 细丝黑团孢霉新 H*

【基本信息】$C_{15}H_{24}O_4$，浅黄色油，$[\alpha]_D^{22} = -200.2°$ ($c = 0.28$，乙醇).【类型】呋喃雅槛蓝烷型倍半萜.【来源】海洋导出的真菌细丝黑团孢霉* *Periconia byssoides*，来自软体动物黑斑海兔 *Aplysia kurodai* (日本水域).【活性】细胞黏附抑制剂 (抑制 HL60 细胞对 HUVEC 细胞的黏附，比标准对照物 Herbimycin A 更有效).【文献】T. Yamada,et al. J. Antibiot., 2006, 59, 345.

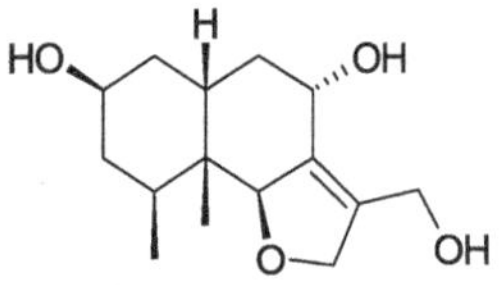

181 Peribysin I 细丝黑团孢霉新 I*

【基本信息】$C_{15}H_{24}O_4$, 浅黄色油, $[\alpha]_D^{22} = -34.1°$ ($c = 0.14$, 乙醇).【类型】呋喃雅槛蓝烷型倍半萜.【来源】海洋导出的真菌细丝黑团孢霉* *Periconia byssoides*, 来自软体动物黑斑海兔 *Aplysia kurodai* (日本水域).【活性】细胞黏附抑制剂 (抑制 HL60 细胞对 HUVEC 细胞的黏附, 比标准对照物 Herbimycin A 更有效).【文献】T. Yamada, et al. J. Antibiot., 2006, 59, 345.

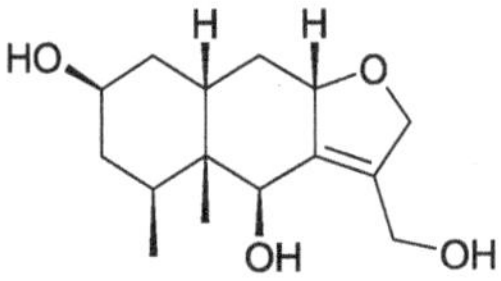

2.14 那多新烷倍半萜

182 2-Deoxylemnacarnol 2-去氧穗软珊瑚卡诺醇*

【别名】7,12-Epoxy-1(10)-nardosinen-7-ol; 7,12-环氧-1(10)-那多新烯-7-醇*.【基本信息】$C_{15}H_{24}O_2$, 晶体, mp 101~103℃, $[\alpha]_D = -165°$ ($c = 0.1$, 氯仿).【类型】那多新烷倍半萜.【来源】台湾软珊瑚* *Paralemnalia thyrsoides* (绿岛, 台湾, 中国), 穗软珊瑚属* *lemnalia africana,* 穗软珊瑚属* *Lemnalia laevis* 和台湾软珊瑚 **Paralemnalia thyrsoides* (汤斯维尔地区, 昆士兰, 澳大利亚).【活性】神经保护 [成神经细胞瘤 SH-SY5Y 细胞, 降低 6-OHDA 诱导的神经毒性,在 0.01μmol/L, 0.1μmol/L, 1.0μmol/L 和 10μmol/L 时的相对神经保护活性分别为 (10.1±1.9)%, (44.8±4.5)%, (30.2±1.2)% 和 (38.9±2.7)%].【文献】D. Daloze, et al. Bull. Soc. Chim. Belg., 1977, 86, 47; B. F. Bowden, et al. Aust. J. Chem., 1980, 33, 885; C.-Y. Huang, et al. Mar. Drugs, 2011, 9, 1543.

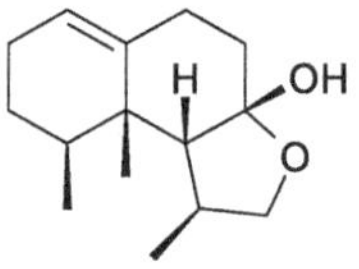

183 2-Deoxy-7-*O*-methyllemnacarnol 2-去氧-7-*O*-甲基穗软珊瑚卡诺醇*

【别名】7,2-Epoxy-7methoxy-1(1)-nardosinene; 7,2-环氧-7-甲氧基-1(1)-那多新烯*.【基本信息】$C_{16}H_{26}O_2$, 油状物.【类型】那多新烷倍半萜.【来源】台湾软珊瑚* *Paralemnalia thyrsoides* (绿岛, 台湾, 中国) 和柔荑软珊瑚属* *Nephthea* sp.【活性】神经保护 [成神经细胞瘤 SH-SY5Y 细胞, 降低 6-OHDA 诱导的神经毒性, 在 0.0001μmol/L, 0.001μmol/L 和 0.01μmol/L 时的相对神经保护活性分别为 (13.5±3.5)%, (24.5±7.9)% 和 (16.7±2.2)%].【文献】M. M. Kapojos, et al. CPB, 2008, 56, 332; C.-Y. Huang, et al. Mar. Drugs, 2011, 9, 1543.

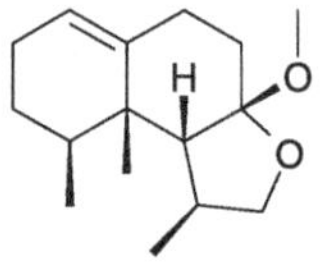

184 Paralemnolide A 台湾软珊瑚内酯 A*

【基本信息】$C_{15}H_{22}O_5$, 无色黏性油, $[\alpha]_D^{25} = -25°$ ($c = 0.4$, 氯仿).【类型】那多新烷倍半萜.【来源】台湾软珊瑚* *Paralemnalia thyrsoides* (台东县, 台湾, 中国).【活性】细胞毒 (P_{388}, $ED_{50} = 3.8$μg/mL, A549 和 HT29, 无活性, $ED_{50} > 50$μg/mL).【文献】S. -K. Wang, et al. Mar. Drugs, 2012, 10, 1528.

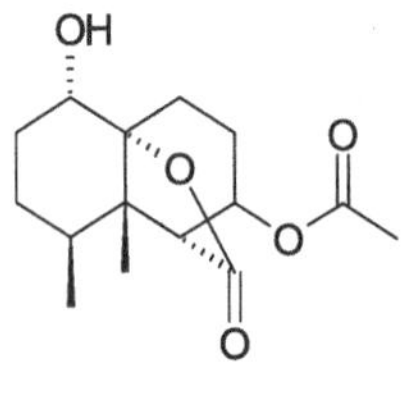

185 Paralemnolin M 台湾软珊瑚诺林 M*

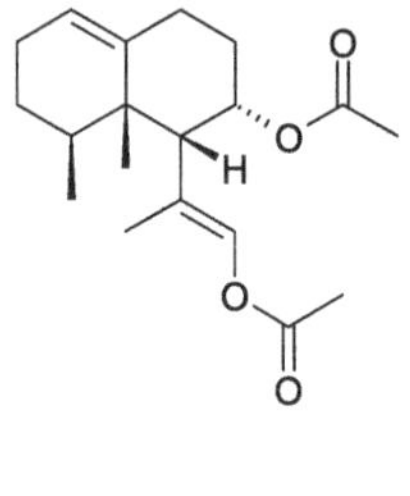

【基本信息】$C_{19}H_{28}O_4$.【类型】那多新烷倍半萜.【来源】台湾软珊瑚* *Paralemnalia thyrsoides* (绿岛, 台湾, 中国).【活性】细胞毒 (温和活性).【文献】G. -H. Wang, et al. CPB, 2010, 58, 30.

186 Paralemnolin N 台湾软珊瑚诺林 N*

【基本信息】$C_{19}H_{28}O_4$.【类型】那多新烷倍半萜.【来源】台湾软珊瑚* *Paralemnalia thyrsoides* (绿岛, 台湾, 中国).【活性】细胞毒 (温和活性).【文献】G. -H. Wang, et al. CPB, 2010, 58, 30.

187 Paralemnolin Q 台湾软珊瑚诺林 Q*

【基本信息】$C_{15}H_{22}O_3$, 白色固体; mp 118°C, $[\alpha]_D^{26}$ = +26° (*c* = 0.24, 氯仿).【类型】那多新烷倍半萜.【来源】台湾软珊瑚* *Paralemnalia thyrsoides* (绿岛, 台湾, 中国).【活性】神经保护 [成神经细胞瘤 SH-SY5Y 细胞, 降低 6-OHDA 的神经毒性, 在 0.01μmol/L, 0.1μmol/L, 1.0μmol/L 和 10μmol/L 时的相对神经保护活性分别为(8.7±2.5)%, (20.2±14.0)%, (16.2±3.5)% 和 (11.2±1.3)%].【文献】C. -Y. Huang, et al. Mar. Drugs, 2011, 9, 1543.

188 Paralemnolin S 台湾软珊瑚诺林 S*

【基本信息】$C_{15}H_{22}O_3$, 无色油状物, $[\alpha]_D^{24}$ = +83° (*c* = 0.08, 氯仿).【类型】那多新烷倍半萜.【来源】台湾软珊瑚* *Paralemnalia thyrsoides* (绿岛, 台湾, 中国).【活性】神经保护 [成神经细胞瘤 SH-SY5Y 细胞, 降低 6-OHDA 的神经毒性, 在 0.0001μmol/L, 0.001μmol/L, 0.01μmol/L 和 0.10μmol/L 时的相对神经保护活性分别为 (6.1±2.6)%, (16.2±5.1)%, (25.2±3.4)%和 (10.2±5.3)%].【文献】C. -Y. Huang, et al. Mar. Drugs, 2011, 9, 1543.

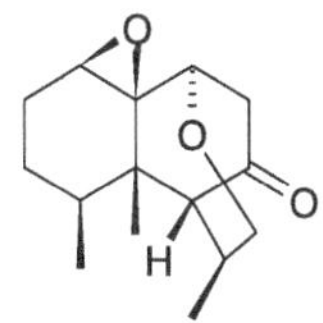

2.15 杜松烷倍半萜

189 6-Hydroxy-α-muurolene 6-羟基-α-依兰油烯*

【别名】4,9-Muuroladien-6-ol; 4,9-依兰二烯-6-醇*.【基本信息】$C_{15}H_{24}O$, 黄色油, $[\alpha]_D$ = +23° (*c* = 1.41, 氯仿).【类型】杜松烷型倍半萜.【来源】伞软珊瑚科 Xeniidae 软珊瑚 *Heteroxenia* sp. (菲律宾).【活性】抗真菌.【文献】R. A. Edrada, et al. Z. Naturforsch., C: Biosci. 2000, 55, 82.

190 (−)-8-Hydroxysclerosporin (−)-8-羟基思科勒柔斯坡瑞恩*

【别名】8-Hydroxy-4,9-cadinadien-14-oic acid; 8-羟基-4,9-杜松二烯-14-酸.【基本信息】$C_{15}H_{22}O_3$, 无定形固体, $[\alpha]_D^{23}$ = −62° (*c* = 0.033, 氯仿).【类型】杜松烷型倍半萜.【来源】海洋导出的真菌 *Cadophora malorum*, 来自绿藻浒苔属* *Enteromorpha* sp.【活性】脂肪积累抑制剂 (3T3-L1 小鼠脂细胞, 抑制甘油三酯的积累, IC_{50} = 212μmol/L, 伴随细胞毒, IC_{50} = 304μmol/L).【文献】C. Almeida, et al. JNP, 2010, 73, 476.

191 (+)-10-Isothiocyanato-4-amorphene (+)-10-异硫氰酸-4-亚莫酚*

【基本信息】$C_{16}H_{25}NS$, 油状物, $[\alpha]_D$ = +100.45° (*c* = 5.47, 四氯化碳).【类型】杜松烷型倍半萜.

【来源】软海绵科海绵 *Axinyssa fenestratus* (斐济)，软体动物裸腮目海牛亚目叶海牛属 *Phyllidia pustulosa*.【活性】驱虫剂; 抗藤壶 (幼虫定居和发育的抑制剂).【文献】K. A. Alvi, et al. JNP, 1991, 54, 71; T. Okino, et al. Tetrahedron, 1996, 52, 9447.

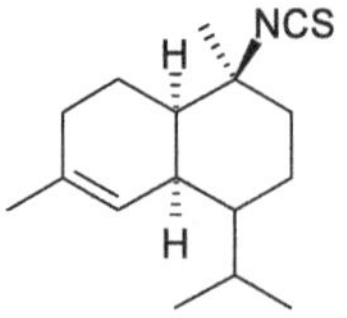

192 Scabralin A 过氧短指软珊瑚灵 A*

【基本信息】$C_{15}H_{24}O_2$.【来源】短指软珊瑚属* *Sinularia scabra* (台湾南部, 中国).【类型】杜松烷型倍半萜.【活性】细胞毒 (MCF7, ED_{50} = 9.6μg/mL; WiDr, ED_{50} = 10.7μg/mL; Doay, ED_{50} = 7.6μg/mL; Hep2, ED_{50} = 13.8μg/mL); 抗炎 [受LPS刺激的RAW264.7巨噬细胞, 抑制LPS诱导的促炎的iNOS和环加氧酶COX-2蛋白的上调, 10μmol/L, 相对于仅用LPS刺激的对照物细胞降低iNOS蛋白水平到(39.1±15.9)%, 对环加氧酶COX-2蛋白的积累无效].【文献】J. -H. Su, et al. Arch. Pharmacal Res., 2012, 35, 779.

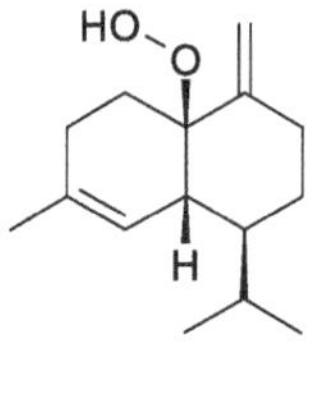

193 (+)-Sclerosporin (+)-核盘菌斯坡林*

【别名】4,9-Cadinadien-14-oic acid; 4,9-杜松烷二烯-14-酸*.【基本信息】$C_{15}H_{22}O_2$, 晶体 (石油醚), mp 159~160°C, $[\alpha]_D^{20}$ = +11.1° (c = 0.035, 甲醇), 少见的真菌导出的杜松烷类倍半萜烯的例子.【类型】杜松烷型倍半萜.【来源】海洋导出的真菌 *Cadophora malorum*, 来自绿藻浒苔属* *Enteromorpha* sp.; 陆地真菌 (灌丛核盘菌* *Sclerotinia fruticula*).【活性】抗真菌 (生芽孢的真菌).【文献】M. Katayama, et al. Tetradron Lett., 1979, 20, 1773; 1983, 24, 1703; 1984, 25, 4685; K. Sawai, et al. Agric. Biol. Chem., 1985, 49, 2501; C. Almeida,et al. JNP, 2010, 73, 476.

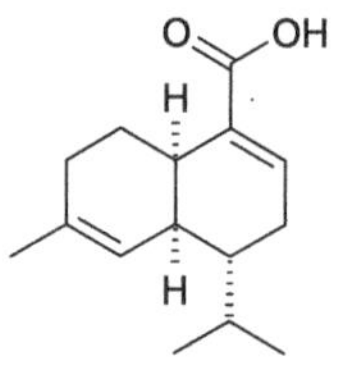

194 T-cadinthiol T-杜松硫醇*

【基本信息】$C_{15}H_{26}S$, 油状物, $[\alpha]_D$ = −24.3° (c = 1.06, 氯仿).【类型】杜松烷型倍半萜.【来源】小轴海绵科海绵 *Cymbastela hooperi* (凯尔索礁, 大堡礁, 澳大利亚).【活性】抗疟原虫 (恶性疟原虫 *Plasmodium falciparum* 克隆 D6, IC_{50} = 3.6μg/mL).【文献】G. M. König, et al. JOC, 1997, 62, 3837.

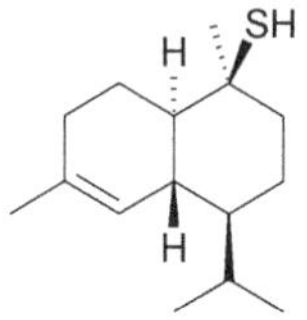

195 Thespone 桐棉二酮*

【基本信息】$C_{15}H_{12}O_3$, 红色针状晶体 (氯仿/苯), mp 196~197°C.【类型】杜松烷型倍半萜.【来源】红树桐棉 (杨叶肖槿) *Thespesia populnea*.【活性】细胞毒; 超氧阴离子产生剂.【文献】S. Neelakantan, et al. Indian J. Chem., Sect. B, 1983, 22, 95; J. J. Inbaraj, et al. Free Radical Biol. Med., 1999, 26, 1072; CA, 131, 153529c.

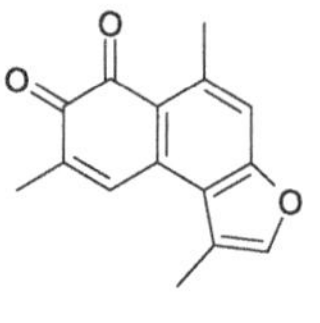

2.16 补身烷倍半萜

196 11-Acetoxy-8-drimen-12,11-olide 11-乙酰氧基-8-补身烯-12,11-内酯*

【基本信息】$C_{17}H_{24}O_4$, 油状物, 无色油状物, $[\alpha]_D^{25}$ = −7.2° (c = 0.1, 甲醇).【类型】补身烷型倍半萜.【来源】掘海绵属* *Dysidea* sp. (关岛, 美国).【活性】钠/钾-腺苷三磷酸酶 ATPase 抑制剂 (IC_{50} = 98μmol/L).【文献】V. J. Paul, et al. JNP, 1997, 60, 1115.

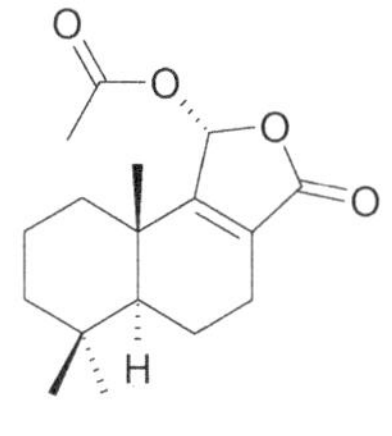

197 6β-Acetoxyolepupuane 6β-乙酰氧基欧雷扑扑安*

【基本信息】$C_{21}H_{30}O_7$, $[\alpha]_D = -118.7°$ ($c = 1.3$, 氯仿).【类型】补身烷型倍半萜.【来源】软体动物裸腮海牛亚目枝鳃海牛属 *Dendrodoris grandiflora*.【活性】拒食剂 (金鱼 *Carassius auratus*).【文献】G. Cimino, et al. Tetrahedron, 1985, 41, 1093.

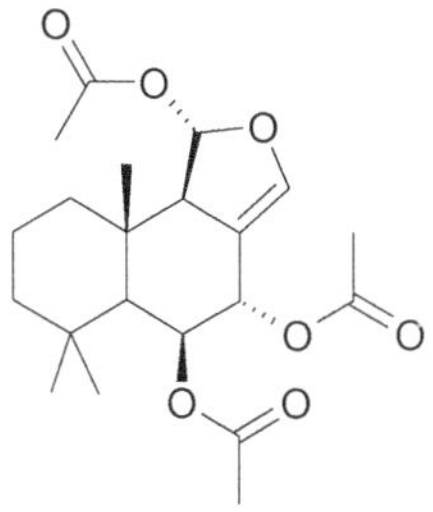

198 Albican-11,14-diol 阿比嵌-11,14-二醇*

【基本信息】$C_{15}H_{26}O_2$.【类型】补身烷型倍半萜.【来源】海洋导出的真菌变色曲霉菌* *Aspergillus versicolor*, 来自绿藻刺松藻 *Codium fragile* (大连, 辽宁, 中国).【活性】有毒的 (盐水丰年虾, 有潜力的); 抗菌 (大肠杆菌 *Escherichia coli,* 金黄色葡萄球菌 *Staphylococcus aureus*).【文献】X. -H. Liu, et al. Nat. Prod. Commun., 2012, 7, 819.

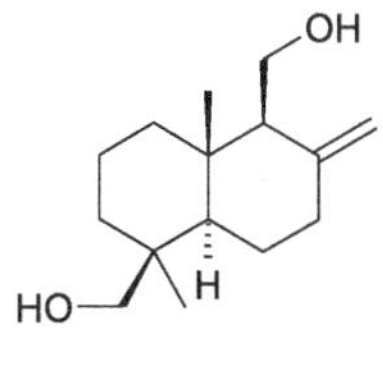

199 (+)-Albicanol (+)-阿比嵌醇*

【基本信息】$C_{15}H_{26}O$, mp 68~69°C, $[\alpha]_D = +13°$ ($c = 0.6$, 氯仿); mp 70°C, $[\alpha]_D = +12.8°$ ($c = 1.14$, 氯仿).【类型】补身烷型倍半萜.【来源】软体动物裸腮目海牛亚目海牛裸腮 *Cadlina luteomarginata* (温哥华, 加拿大) 和软体动物裸腮目海牛亚目海牛裸腮 *Cadlina luteomarginata.*【活性】鱼毒; 抗肿瘤活性.【文献】J. Hellou, et al. Tetrahedron, 1982, 38, 1875; A. K. Bannerjee, et al. J. Chem. Res. (S), 1998, 710; A. T. Anilkumar, et al. Tetrahedron, 2000, 56, 1899; H. Akita, et al. Tetrahedron: Asymmetry, 2000, 11, 1375; H. Ito, et al. CPB, 2000, 48, 1190.

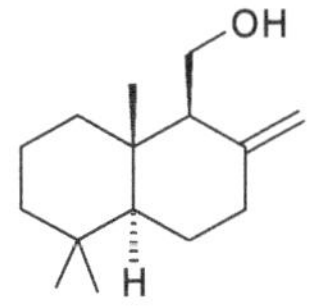

200 (+)-Albicanol acetate (+)-阿比嵌醇乙酸酯*

【别名】(5α,9β,10β)-8(12)-Drimen-11-ol acetate; (5α,9β,10β)-8(12)-补身烯-11-醇乙酸酯.【基本信息】$C_{17}H_{28}O_2$, 油状物, $[\alpha]_D = +24°$ ($c = 0.5$, 氯仿); $[\alpha]_D = +33.9°$ ($c = 1.34$, 氯仿), $[\alpha]_D^{23} = +26.2°$ ($c = 1.3$, 氯仿).【类型】补身烷型倍半萜.【来源】软体动物裸腮目海牛亚目海牛裸腮 *Cadlina luteomarginata* (温哥华, 加拿大).【活性】拒食剂 (5μg/mL); 鱼毒; 抗肿瘤活性.【文献】J. Hellou, et al. Tetrahedron, 1982, 38, 1875; J. Kubanek, et al. JOC, 1997, 62, 7239; H. Ito, et al. CPB, 2000, 48, 1190; A. T. Anilkumar, et al. Tetrahedron, 2000, 56, 1899; H. Akita, et al. Tetrahedron: Asymmetry, 2000, 11, 1375.

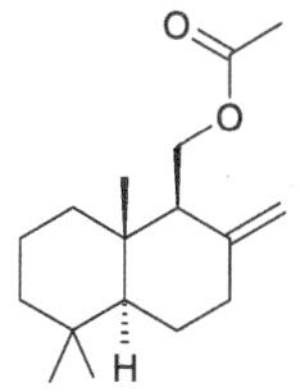

201 Antibiotic RES-1149-2 抗生素 RES-1149-2

【基本信息】$C_{23}H_{30}O_5$, 粉末, mp 131~134°C, $[\alpha]_D = -358°$ ($c = 0.1$, 甲醇).【类型】补身烷型倍半萜.【来源】海洋导出的真菌焦曲霉* *Aspergillus ustus*, 来自寄居蟹皮海绵* *Suberites domuncula* (地中海); 红树导出的真菌焦曲霉* *Aspergillus ustus*, 来自红树木榄 *Bruguiera gymnorrhiza* (根际土壤, 中国水域).【活性】细胞毒 (肿瘤细胞株

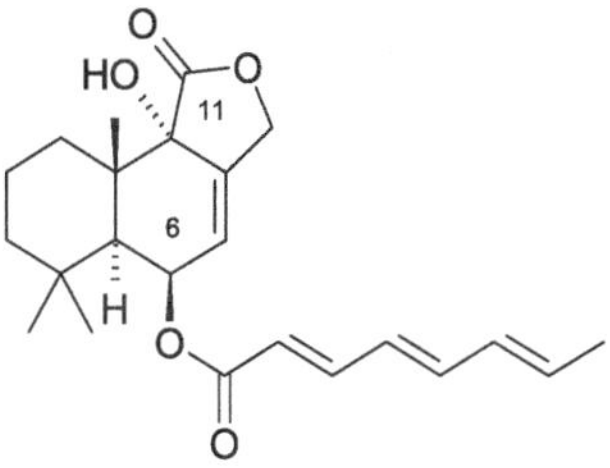

小组); 内皮素受体结合剂.【文献】P. Proksch, et al. Bot. Mar., 2008, 51, 209; H. B. Liu, et al. JNP, 2009, 72, 1585; Z. Y. Lu, et al. JNP, 2009, 72, 1761.

202 7-Deacetoxyolepupuane 7-去乙酰氧基欧雷扑扑安*

【基本信息】$C_{17}H_{26}O_3$, 晶体 (二氯甲烷/己烷), mp 83~85°C, $[\alpha]_D = -166.7°$ ($c = 0.104$, 氯仿).【类型】补身烷型倍半萜.【来源】掘海绵属* *Dysidea* sp. (关岛, 美国), 软体动物裸腮目海牛亚目枝鳃海牛属 *Dendrodoris limbata* 和 *Dendrodoris grandiflora*.【活性】抗菌 (抑制生物发光反应, 共栖的发光细菌热带鱼发光杆菌 *Photobacterium leiognathi*, IC_{50} = 90~145μmol/L); 拒食剂; 鱼毒.【文献】C. Avila, et al. Experientia, 1991, 47, 306; M. J. Garson, et al. JNP, 1992, 55, 364; V. J. Paul, et al. JNP, 1997, 60, 1115.

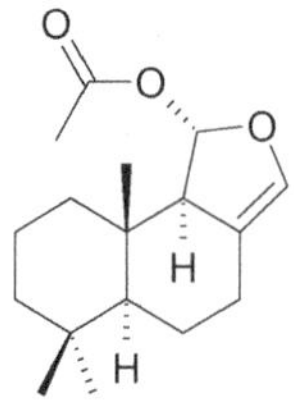

203 Dendrocarbin J 枝鳃海牛素 J*

【基本信息】11*β*-Ethoxy-7*α*-hydroxy-8-drimen-12, 11-olide; 11*β*-乙氧基-7*α*-羟基-8-补身烯-12,11-内酯.【基本信息】$C_{17}H_{26}O_4$, 油状物, $[\alpha]_D^{25} = +17°$ ($c = 0.06$, 氯仿).【类型】补身烷型倍半萜.【来源】软体动物裸腮目海牛亚目枝鳃海牛属* *Dendrodoris carbunculosa*.【活性】细胞毒 (MDR 肿瘤细胞株).【文献】Y. Sakio, et al. JNP, 2001, 64, 726.

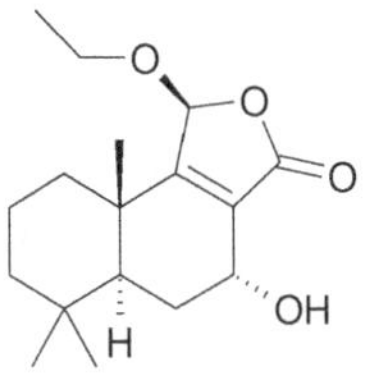

204 (*E,E*)-6-(6′,7′-Dihydroxy-2′,4′-octadienoyl)-strobilactone A (*E,E*)-6-(6′,7′-二羟基-2′,4′-辛二烯羰基)-真菌斯托比内酯 A*

【基本信息】$C_{23}H_{32}O_7$, 玻璃体, $[\alpha]_D^{21} = -155°$ ($c = 0.21$, 氯仿); 无定形粉末, $[\alpha]_D^{20} = -156°$ ($c = 0.1$, 甲醇).【类型】补身烷型倍半萜.【来源】海洋导出的真菌异常曲霉菌* *Aspergillus insuetus* OY-207, 来自 Irciniidae 科海绵 *Psammocinia* sp. (Sdot-Yam, 以色列) 和海洋导出的真菌焦曲霉* *Aspergillus ustus*, 来自寄居蟹皮海绵* *Suberites domuncula* (地中海).【活性】抗真菌 (粉色面包霉菌 *Neurospora crassa,* MIC = 162μmol/L).【文献】P. Proksch, et al. Bot. Mar., 2008, 51, 209; H. Liu, et al. JNP, 2009, 72, 1585; E. Cohen, et al. BoMC, 2011, 19, 6587.

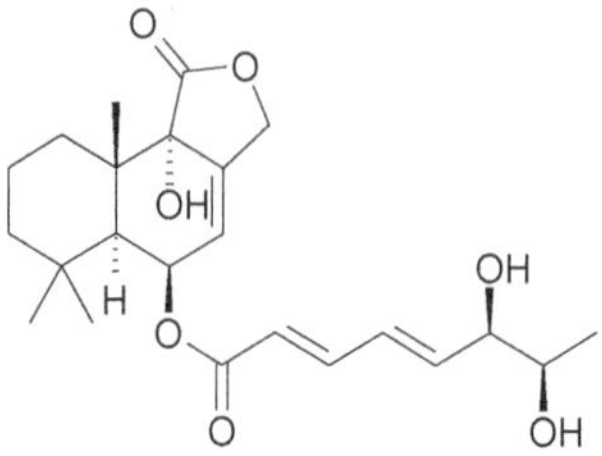

205 11,12-Drimanolide 11,12-补身烷内酯*

【基本信息】$C_{15}H_{24}O_2$, 白色固体, mp 75~76°C, $[\alpha]_D^{25} = +14.4°$ ($c = 0.3$, 甲醇).【类型】补身烷型倍半萜.【来源】掘海绵属* *Dysidea* sp. (关岛, 美国).【活性】抗菌 (抑制生物发光反应, 共栖的发光细菌热带鱼发光杆菌 *Photobacterium leiognathi*, IC_{50} = 90~145μmol/L); 钠/钾-腺苷三磷酸酶 ATPase 抑制剂 (IC_{50} = 45μmol/L); PLA_2 抑制剂 (IC_{50} = 113μmol/L).【文献】V. J. Paul, et al. JNP, 1997, 60, 1115.

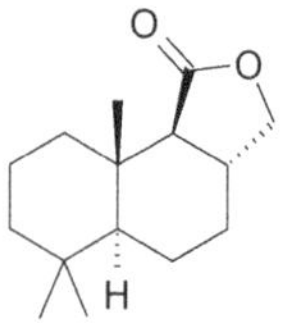

206 7-Drimen-11-carboxylic acid 2,3-dihydroxypropyl ester 7-补身烯-11-羧酸 2,3-二羟基丙酯*

【基本信息】$C_{18}H_{30}O_4$, $[\alpha]_D$= +23.1° ($c = 0.9$, 氯仿).【类型】补身烷型倍半萜.【来源】软体动物裸腮目海牛亚目海牛科 *Archidoris montereyensis*.【活性】拒食剂 (鱼, EC = 18μg/mg).【文献】K.

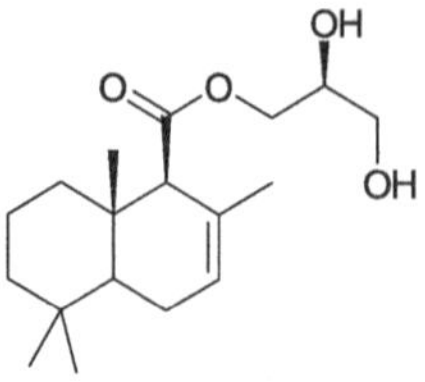

Gustafson, et al. Tetrahedron Lett., 1984, 25, 11; K. Gustafson, et al. Tetrahedron, 1985, 41, 1101; N. Ungar, et al. Tetrahedron: Asymmetry, 1999, 10, 1263.

207 (6*β*,9*α*)-11,12-Epoxy-11-ketone-7-drimene-6-*O*-(5-carboxy-2*E*,4*E*-pentadienoyl)-6,9-diol (6*β*,9*α*)-11,12-环氧-11-酮-7-补身烯-6-*O*-(5-羧基-2*E*,4*E*-戊二烯酰基)-6,9-二醇*

【基本信息】$C_{21}H_{26}O_7$, 无定形粉末, $[\alpha]_D^{20} = -157°$ ($c = 0.1$, 甲醇).【类型】补身烷型倍半萜.【来源】海洋导出的真菌焦曲霉* *Aspergillus ustus*, 来自寄居蟹皮海绵* *Suberites domuncula* (地中海).【活性】细胞毒 (肿瘤细胞株小组).【文献】P. Proksch, et al. Bot. Mar., 2008, 51, 209; H. B. Liu, et al. JNP, 2009, 72, 1585.

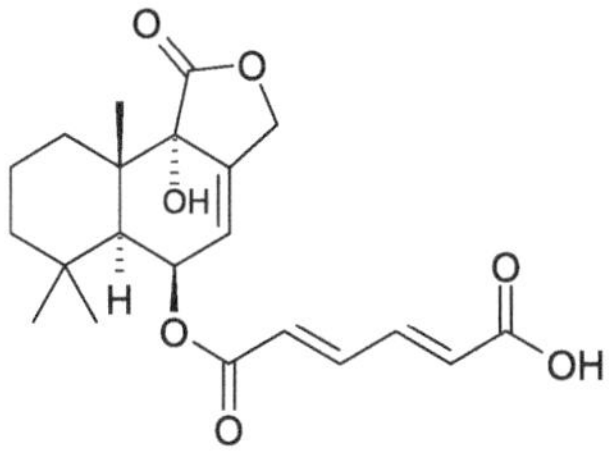

208 Epoxyphomalin A 环氧聚马林甲*

【基本信息】$C_{22}H_{32}O_5$.【类型】补身烷型倍半萜.【来源】海洋导出的真菌 *Paraconiothyrium* cf. *sporulosum*, 来自 Raspailiinae 亚科海绵 *Ectyoplasia ferox* (劳罗俱乐部礁, 多米尼加, 加勒比海) 和海洋导出的真菌茎点霉属 *Phoma* sp., 来自 Raspailiinae 亚科海绵 *Ectyoplasia ferox* (多米尼加, 加勒比海).【活性】细胞毒 (36 种人肿瘤细胞小组, 极具潜力的, 对 12 种细胞株显示有值得注意的活性, 用 COMPARE 软件分析, 具有一种独特的选择性细胞毒性模式, BXF-1218L, IC_{50} = 0.017μg/mL; BXF-T24, IC_{50} = 0.374μg/mL; CNXF-498NL, IC_{50} = 0.022μg/mL; CNXF-SF268, IC_{50} = 0.354μg/mL; CXF-HCT116, IC_{50} = 0.329μg/mL; CXF-HT29, IC_{50} = 0.198μg/mL; GXF-251L, IC_{50} = 0.034μg/mL; HNXF-536L, IC_{50} = 0.247μg/mL; LXF-1121L, IC_{50} = 0.381μg/mL; LXF-289L, IC_{50} = 0.426μg/mL; LXF-526L, IC_{50} = 0.430μg/mL; LXF-529L, IC_{50} = 0.079μg/mL; LXF-629L, IC_{50} = 0.038μg/mL; LXF-H460, IC_{50} = 0.307μg/mL; MAXF-401NL, IC_{50} = 0.010μg/mL; MAXF-MCF7, IC_{50} = 0.116μg/mL; MEXF-276L, IC_{50} = 0.047μg/mL; MEXF-394NL, IC_{50} = 0.278μg/mL; MEXF-462NL, IC_{50} = 0.058μg/mL; MEXF-514L, IC_{50} = 0.383μg/mL; MEXF-520L, IC_{50} = 0.316μg/mL; OVXF-1619L, IC_{50} = 0.258μg/mL; OVXF-899L, IC_{50} = 0.080μg/mL; OVXF-OVCAR3, IC_{50} = 0.017μg/mL; PAXF-1657L, IC_{50} = 0.027μg/mL; PAXF-PANC1, IC_{50} = 0.330μg/mL; PRXF-22RV1, IC_{50} = 0.034μg/mL; PRXF-DU145, IC_{50} = 0.745μg/mL; PRXF-LNCAP, IC_{50} = 0.937μg/mL; PRXF-PC3M, IC_{50} = 0.017μg/mL; PXF-1752L, IC_{50} = 0.033μg/mL; RXF-1781L, IC_{50} = 0.469μg/mL; RXF-393NL, IC_{50} = 0.080μg/mL; RXF-486L, IC_{50} = 0.034μg/mL; RXF-944L, IC_{50} = 0.316μg/mL; UXF-1138L, IC_{50} = 0.031μg/mL; 均值, IC_{50} = 0.114μg/mL) (Mohamed, 2009); 细胞毒 (作用模式为抑制蛋白酶体, 抑制纯化的 20S-蛋白酶体的类糜蛋白酶, 类胱天蛋白酶和类胰蛋白酶活性) (Mohamed, 2010).【文献】I. E. Mohamed, et al. Org. Lett., 2009, 11, 5014; I. E. Mohamed, et al. JNP, 2010, 73, 2053.

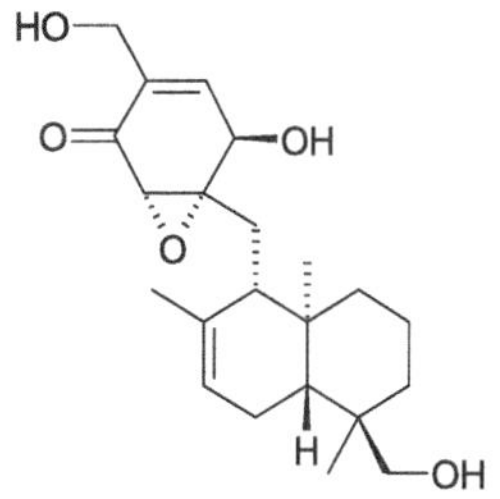

209 Epoxyphomalin B 环氧聚马林乙*

【基本信息】$C_{22}H_{32}O_4$.【类型】补身烷型倍半萜.【来源】海洋导出的真菌 *Paraconiothyrium* cf. *sporulosum*, 来自 Raspailiinae 亚科海绵 *Ectyoplasia ferox* (劳罗俱乐部礁, 多米尼加, 加勒比海)和海洋导出的真菌茎点霉属 *Phoma* sp., 来自 Raspailiinae 亚科海绵 *EctyopLasia ferox* (多米尼加, 加勒比海).【活性】细胞毒 (36 种人肿瘤细胞小组, BXF-1218L, IC_{50} = 0.606μg/mL; BXF-T24, IC_{50} = 0.402μg/mL; CNXF-498NL, IC_{50} = 0.904μg/mL; CNXF-SF268, IC_{50} = 0.338μg/mL; CXF-HCT116, IC_{50} = 2.245μg/mL; CXF-HT29, IC_{50} = 0.593μg/mL; GXF-251L, IC_{50} = 11.42μg/mL; HNXF-536L, IC_{50} = 0.326μg/mL; LXF-1121L, IC_{50} = 1.584μg/mL; LXF-289L, IC_{50} = 3.604μg/mL; LXF-526L, IC_{50} = 10.00μg/mL; LXF-529L, IC_{50} = 9.501μg/mL; LXF-629L, IC_{50} =

1.920μg/mL; LXF-H460, IC_{50} = 10.51μg/mL; MAXF-401NL, IC_{50} = 0.501μg/mL; MAXF-MCF7, IC_{50} = 0.398μg/mL; MEXF-276L, IC_{50} = 3.764μg/mL; MEXF-394NL, IC_{50} = 0.338μg/mL; MEXF-462NL, IC_{50} = 2.443μg/mL; MEXF-514L, IC_{50} = 1.425μg/mL; MEXF-520L, IC_{50} = 1.920μg/mL; OVXF-1619L, IC_{50} = 0.278μg/mL; OVXF-899L, IC_{50} = 2.623μg/mL; OVXF-OVCAR3, IC_{50} = 0.910μg/mL; PAXF-1657L, IC_{50} = 1.481μg/mL; PAXF-PANC1, IC_{50} = 0.523μg/mL; PRXF-22RV1, IC_{50} = 0.589μg/mL; PRXF-DU145, IC_{50} = 1.813μg/mL; PRXF-LNCAP, IC_{50} = 0.774μg/mL; PRXF-PC3M, IC_{50} = 0.546μg/mL; PXF-1752L, IC_{50} = 0.251μg/mL; RXF-1781L, IC_{50} = 2.656μg/mL; RXF-393NL, IC_{50} = 1.098μg/mL; RXF-486L, IC_{50} = 3.657μg/mL; RXF-944L, IC_{50} = 0.380μg/mL; UXF-1138L, IC_{50} = 1.811μg/mL; mean, IC_{50} = 1.249μg/mL) (Mohamed, 2009); 细胞毒 (作用模式为抑制蛋白酶体, 抑制纯化的 20S-蛋白酶体的类糜蛋白酶, 类胱天蛋白酶和类胰蛋白酶活性) (Mohamed, 2010).【文献】I. E. Mohamed, et al. Org. Lett., 2009, 11, 5014; I. E. Mohamed, et al. JNP, 2010, 73, 2053.

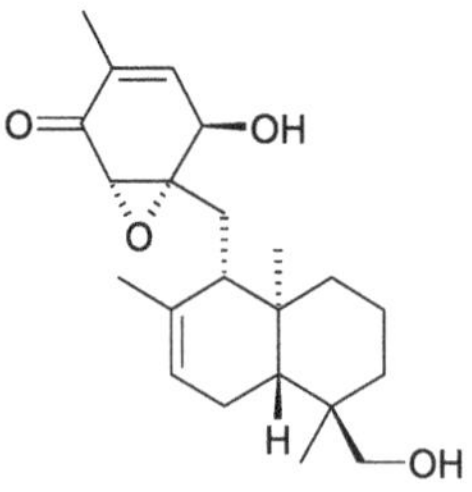

210 Hodgsonal 霍奇森醛*

【基本信息】2α,11β-Diacetoxy-7-drimen-12-al; 2α,11β-二乙酰氧基-7-补身烯-12-醛*.【基本信息】$C_{19}H_{28}O_5$, 油状物, $[\alpha]_D$ = –6.45° (c = 1.2, 氯仿).【类型】补身烷型倍半萜.【来源】软体动物裸腮目海牛亚目霍奇森巴色海牛 *Bathydoris hodgsoni* (南极地区).【活性】遏制捕食.【文献】K. Iken, et al. Tetrahedron Lett., 1998, 39, 5635.

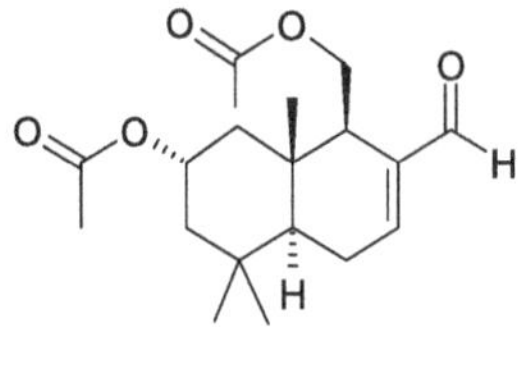

211 Insulicolide A 曲霉菌内酯 A*

【基本信息】$C_{22}H_{25}NO_8$, 晶体或浅黄色固体, mp 184~185°C, mp 193°C (分解), $[\alpha]_D^{22}$ = –360° (c = 0.0025, 乙醇), $[\alpha]_D$ = –204° (c = 0.41, 甲醇).【类型】补身烷型倍半萜.【来源】海洋导出的真菌变色曲霉菌* *Aspergillus versicolor*, 来自绿藻头状画笔藻 *Penicillus capitatus* (表面, 加勒比海), 海洋导出的真菌海岛曲霉菌* *Aspergillus insulicola*, 存在于各种藻类中 (巴哈马, 加勒比海).【活性】细胞毒 (NCI 60 细胞株小组, 平均 LC_{50} = 1.1μg/mL); 细胞毒 (HCT116 细胞, LC_{50} = 0.44μg/mL, 肾恶性上皮细胞肿瘤小组).【文献】L. Rahbæk, et al. JNP, 1997, 60, 811; G. N. Belofsky, et al. Tetrahedron, 1998, 54, 1715.

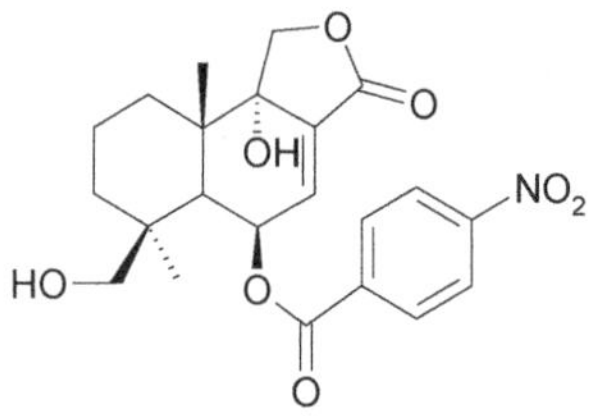

212 11-*O*-Methyl-11,12-epoxy-11-drimanol 11-*O*-甲基-11,12-环氧-11-补身醇*

【基本信息】$C_{16}H_{28}O_2$, 无色油状物, $[\alpha]_D^{25}$ = –21.6° (c = 0.3, 甲醇).【类型】补身烷型倍半萜.【来源】掘海绵属* *Dysidea* sp. (关岛, 美国).【活性】抗菌 (抑制生物发光反应, 共栖的发光细菌热带鱼发光杆菌 *Photobacterium leiognathi*, IC_{50} = 90~145μmol/L).【文献】V. J. Paul, et al. JNP, 1997, 60, 1115.

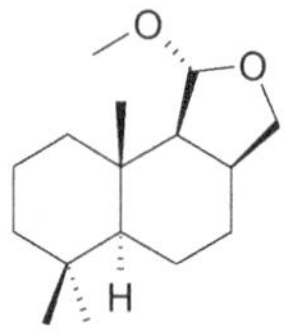

213 Polygodial 蓼二醛

【基本信息】$C_{15}H_{22}O_2$, 针状晶体 (石油醚), mp 57°C, mp 50°C, $bp_{0.8mmHg}$ 138~140°C, $[\alpha]_D$ = –210° (90% 乙醇).【类型】补身烷型倍半萜.【来源】掘海绵属* *Dysidea* sp. (关岛, 美国), 软体动物裸腮目海牛亚目枝鳃海牛属 *Dendrodoris krebsii, Dendrodoris limbata, Dendrodoris nigra* 和 *Dendrodoris tuberculosa*, 陆地植物 蓼属 *Polygonum hydropiper* 和卤室木属 *Drimys lanceolata*.【活性】抗菌 (抑制生物发光反应, 共栖的发光细菌热带鱼发光杆菌 *Photobacterium leiognathi*, 10μg/mL, IZD = 8mm,

IC_{50} = 11.4μmol/L); 钠/钾-腺苷三磷酸酶 ATPase 抑制剂 (IC_{50} = 82μmol/L); 镇痛的; 植物生长调节剂; 昆虫生长调节剂; 杀螺旋体剂; 拒食剂 (昆虫).【文献】G. Cimino, et al. Experientia, 1985, 41, 1335; V. J. Paul, et al. JNP, 1997, 60, 1115.

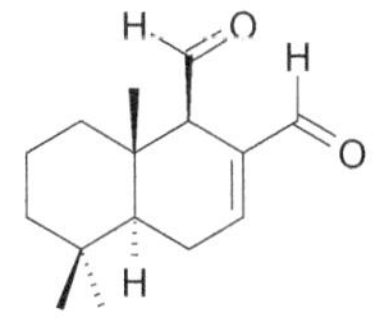

214 Purpurogemutantidin 绛红青霉突变梯定*

【基本信息】$C_{22}H_{32}O_4$, 无色油状物 (甲醇), $[\alpha]_D^{20}$ = −13.7° (*c* = 0.1, 氯仿), $[\alpha]_D^{20}$ = −9.3° (*c* = 0.5, 甲醇).【类型】补身烷型倍半萜.【来源】海洋导出的真菌紫青霉菌* *Penicillium purpurogenum* (沉积物, 渤海湾, 天津, 中国).【活性】细胞毒 (K562, IC_{50} = 0.93μmol/L; HL60, IC_{50} = 2.48μmol/L; HeLa, IC_{50} = 16.6μmol/L; BGC823, IC_{50} = 31.0μmol/L; MCF7, IC_{50} = 26.3μmol/L).【文献】S.-M. Fang, et al. Mar. Drugs, 2012, 10, 1266.

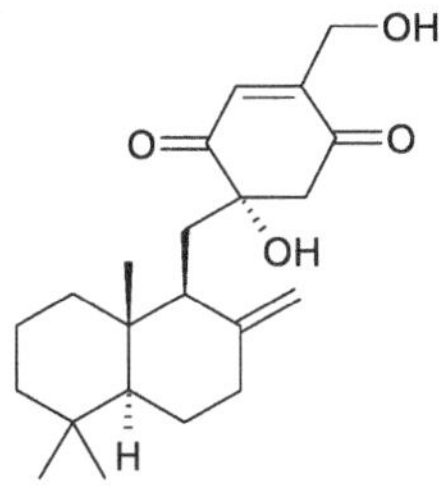

215 Purpurogemutantin 绛红青霉突变亭*

【基本信息】$C_{24}H_{34}O_6$, 白色结晶性粉末 (甲醇), mp 122~123°C, $[\alpha]_D^{20}$ = +21.0° (*c* = 1.0, 甲醇).【类型】补身烷型倍半萜.【来源】海洋导出的真菌紫青霉菌* *Penicillium purpurogenum* (沉积物, 渤海湾, 天津, 中国).【活性】细胞毒 (K562, IC_{50} = 13.4μmol/L; HL60, IC_{50} = 18.1μmol/L; HeLa, IC_{50} = 18.9μmol/L; BGC823, IC_{50} = 33.0μmol/L; MCF7, IC_{50} = 29.3μmol/L).【文献】S.-M. Fang, et al. Mar. Drugs, 2012, 10, 1266.

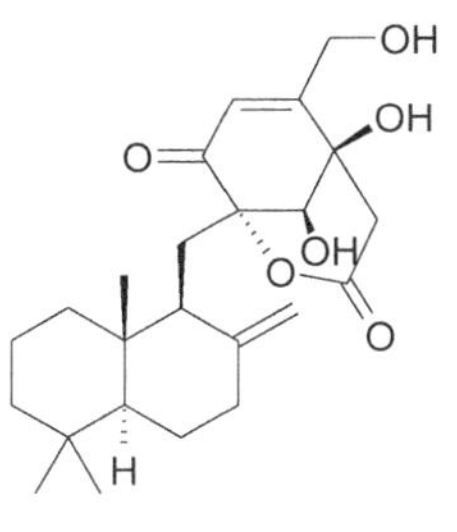

216 Strobilactone A 真菌斯托比内酯 A*

【基本信息】$C_{15}H_{22}O_4$, 玻璃体, $[\alpha]_D^{21}$ = −164° (*c* = 0.35, 氯仿).【类型】补身烷型倍半萜.【来源】海洋导出的真菌异常曲霉菌* *Aspergillus insuetus* OY-207, 来自 Irciniidae 科海绵 *Psammocinia* sp. (Sdot-Yam, 以色列), 陆地真菌 (松果菇属* *Strobilurus ohshimae*, 可食蘑菇).【活性】抗真菌 (粉色面包霉菌 *Neurospora crassa,* MIC = 242μmol/L).【文献】Y. Shiono, et al. Z. Naturforsch., B, 2007, 62, 1585; E. Cohen, et al. BoMC, 2011, 19, 6587.

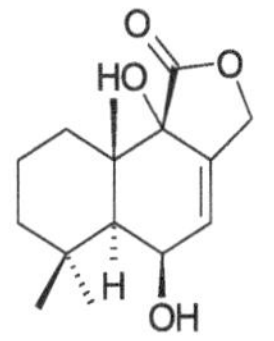

217 Ustusolate A 焦曲霉酯 A*

【基本信息】$C_{23}H_{34}O_5$, 油状物, $[\alpha]_D^{20}$ = −68° (*c* = 0.1, 甲醇).【类型】补身烷型倍半萜.【来源】红树导出的真菌焦曲霉* *Aspergillus ustus*, 来自红树木榄 *Bruguiera gymnorrhiza* (根际土壤, 中国水域).【活性】细胞毒 (A549 细胞, IC_{50} = 30.0μmol/L, 对照 VP-16, IC_{50} = 0.63μmol/L; HL60 细胞, IC_{50} = 20.6μmol/L, 对照 VP-16, IC_{50} = 0.042μmol/L).【文献】Z. Lu, et al. JNP, 2009, 72, 1761.

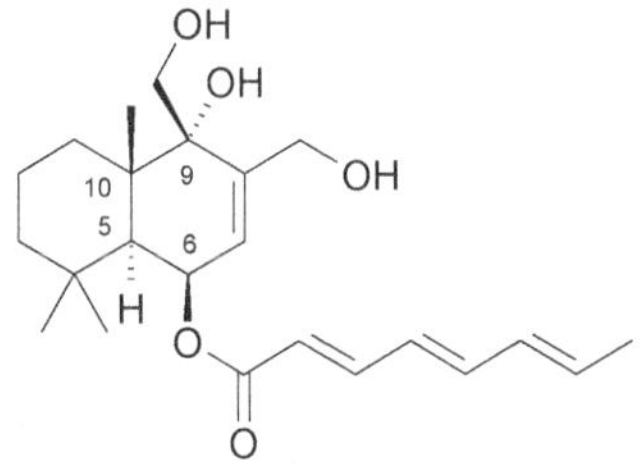

218 Ustusolate C 焦曲霉酯 C*

【基本信息】$C_{23}H_{32}O_6$, 油状物, $[\alpha]_D^{20}$ = −700° (*c* = 0.1, 甲醇).【类型】补身烷型倍半萜.【来源】红树导出的真菌焦曲霉* *Aspergillus ustus,* 来自红树木榄 *Bruguiera gymnorrhiza* (根际土壤, 文昌, 海南, 中国).【活性】细胞毒 (A549, IC_{50} = 10.5μmol/L; 对照物 VP-16, IC_{50} = 0.63μmol/L; HL60, IC_{50} > 100μmol/L).【文献】Z. Lu, et al. JNP, 2009, 72, 1761.

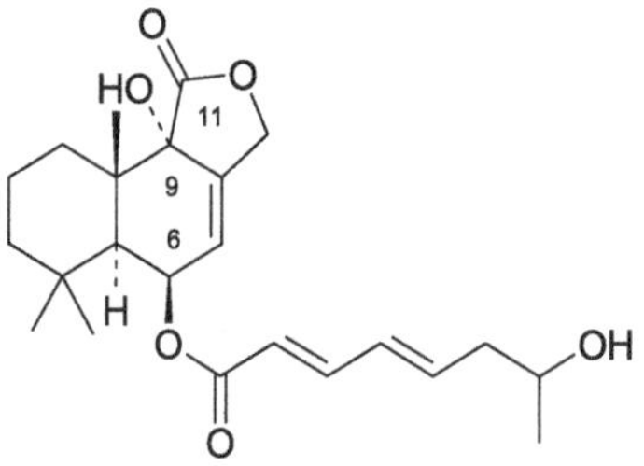

219 Ustusolate E 焦曲霉酯 E*

【基本信息】$C_{21}H_{26}O_6$，无定形粉末或油状物，$[\alpha]_D^{20} = -320°$ ($c = 0.1$，甲醇)，$[\alpha]_D^{20} = -164°$ ($c = 0.1$，甲醇).【类型】补身烷型倍半萜.【来源】海洋导出的真菌焦曲霉* *Aspergillus ustus*，来自寄居蟹皮海绵* *Suberites domuncula* (亚德里亚海) 和海洋导出的真菌焦曲霉* *Aspergillus ustus*，来自寄居蟹皮海绵* *Suberites domuncula* (地中海)，红树导出的真菌焦曲霉* *Aspergillus ustus*，来自红树木榄 *Bruguiera gymnorrhizar* (根际土壤，文昌，海南，中国).【活性】细胞毒 (L5178Y, $EC_{50} = 0.6\mu g/mL$)；细胞毒 (A549, $IC_{50} > 100\mu mol/L$; HL60, $IC_{50} = 9.0\mu mol/L$；对照物 VP-16, $IC_{50} = 0.042\mu mol/L$).【文献】P. Proksch, et al. Bot. Mar., 2008, 51, 209; H. B. Liu, et al. JNP, 2009, 72, 1585; Z. Lu, et al. JNP, 2009, 72, 1761.

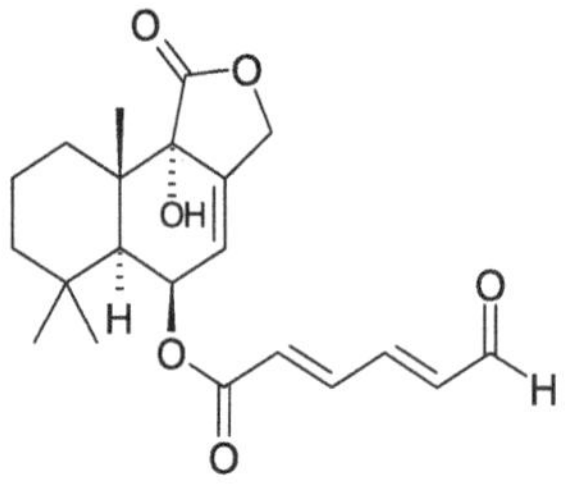

220 14(4→5),15(10→9)-Bisabeo-3-drimene-11-carboxylic acid 14(4→5),15(10→9)-双沙贝-3-三烯-11-甲酸*

【基本信息】$C_{16}H_{26}O_2$，油状物.【类型】去甲-和断-补身烷倍半萜.【来源】掘海绵属* *Dysidea* sp. (新西兰).【活性】抗菌 (枯草芽孢杆菌 *Bacillus subtilis*, $IC_{50} = 5\mu g/mL$)；抗真菌 (须发癣菌 *Trichophyton mentagrophytes*, $IC_{50} = 8\mu g/mL$).【文献】M. Stewart, et al. Aust. J. Chem., 1997, 50, 341.

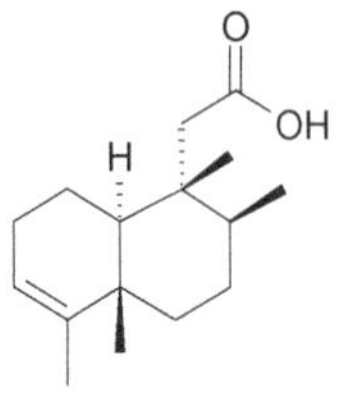

221 Diacetyl-12-nor-8,11-drimanediol 二乙酰-12-去甲-8,11-补身烷二醇*

【基本信息】$C_{18}H_{30}O_4$，白色固体，mp 84~85°C，$[\alpha]_D^{25} = +36°$ ($c = 0.2$，甲醇).【类型】去甲-和断-补身烷倍半萜.【来源】掘海绵属* *Dysidea* sp. (关岛，美国).【活性】抗菌 (抑制生物发光反应，共栖的发光细菌热带鱼发光杆菌 *Photobacterium leiognathi*, $IC_{50} = 90\text{~}145\mu mol/L$).【文献】V. J. Paul, et al. JNP, 1997, 60, 1115.

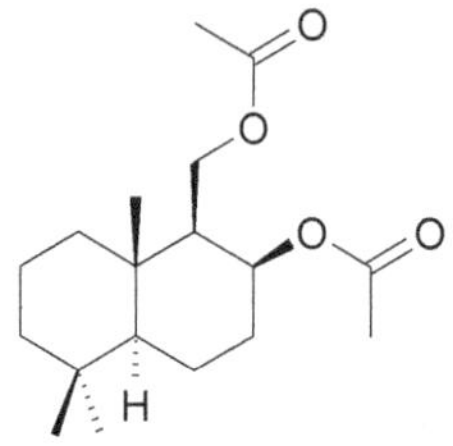

2.17 愈创木烷倍半萜

222 Anthogorgiene G 花柳珊瑚烯 G*

【基本信息】$C_{30}H_{34}O_3$.【类型】简单愈创木烷型倍半萜.【来源】花柳珊瑚属 *Anthogorgia* sp. (涠洲岛，广西，中国).【活性】抗污剂 (*in vitro*, 纹藤壶 *Balanus amphitrite*)；抗微生物.【文献】D. Chen, et al. J. Agric. Food Chem., 2012, 60, 112.

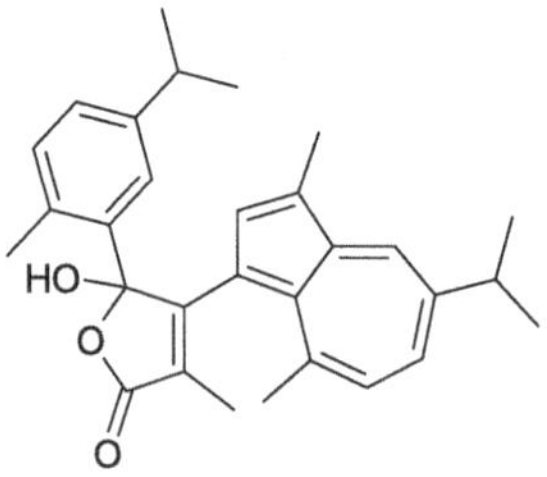

223 8,9-Dihydro-linderazulene 8,9-二氢-钓樟薁

【别名】9,10-Dihydro-linderazulene; 9,10-钓樟薁.【基本信息】$C_{15}H_{16}O$, $[\alpha]_D^{25} = -38.2°$ ($c = 0.07$，己烷).【类型】简单愈创木烷型倍半萜.【来源】刺柳珊瑚属* *Echinogorgia complexa*.【活性】抑制线粒体呼吸链 ($IC_{50} = 2.5\text{~}4.3\mu mol/L$).【文献】E. Manzo, et al. Tetrahedron Lett., 2007, 48, 2569.

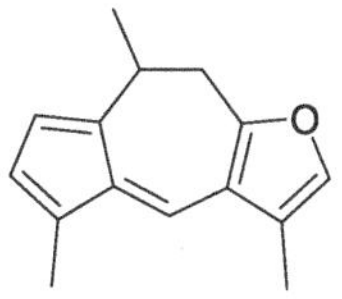

224 (1*S,4*R**,7*S**,10*R**)-1,7-*epi*-Dioxy-5-guaiene (1*S**,4*R**,7*S**,10*R**)-1,7-*epi*-过氧基-5-愈创木烯**

【基本信息】$C_{15}H_{24}O_2$, $[\alpha]_D = -49.4°$ ($c = 0.27$, 氯仿).【类型】简单愈创木烷型倍半萜.【来源】海绵 *Axinyssa* sp.【活性】抗污剂 (纹藤壶 *Balanus amphitrite* 的腺介幼体).【文献】H. Hirota, et al. Tetrahedron, 1998, 54, 13971.

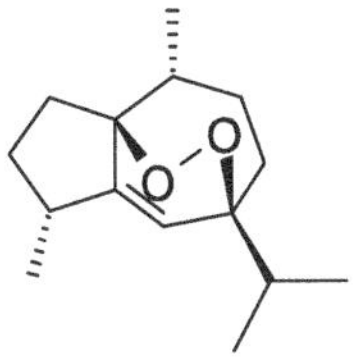

225 Guaiazulene 愈创木薁

【别名】7-Isopropyl-1,4-dimethylazulene; 7-异丙基-1,4-二甲基薁.【基本信息】$C_{15}H_{18}$, 蓝紫色片状晶体 (乙醇) 或蓝色油状物, mp 31.5°C, bp_{12mmHg} 167~168°C.【类型】简单愈创木烷型倍半萜.【来源】海鸡冠属软珊瑚* *Alcyonium* sp., 柳珊瑚 *Euplexaura erecta*.【活性】抗微生物; 毒性 [LD_{50} (大白鼠, orl) = 1550mg/kg].【文献】N. Fusetani, et al. Experientia, 1981, 37, 680; B. F. Bowden, et al. Aust. J. Chem., 1983, 36, 211.

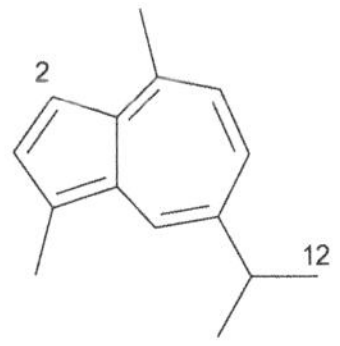

226 Hydroxycolorenone 羟基扣罗仁酮*

【基本信息】$C_{15}H_{24}O_2$, $[\alpha]_D = +58.6°$ ($c = 0.46$, 氯仿).【类型】简单愈创木烷型倍半萜.【来源】柔荑软珊瑚属* *Nephthea chabrolii* (印度尼西亚).【活性】杀虫剂 (害虫昆虫绵贪叶蛾 *Spodoptera littoralis* 幼虫).【文献】D. Handayani, et al. JNP, 1997, 60, 716.

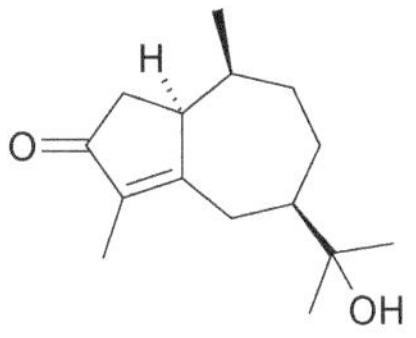

227 Isoechinofuran 异刺柳珊瑚呋喃

【基本信息】$C_{15}H_{18}O$, $[\alpha]_D^{25} = -2.8°$ ($c = 0.07$, 己烷).【类型】简单愈创木烷型倍半萜.【来源】刺柳珊瑚属* *Echinogorgia complexa*.【活性】抑制线粒体呼吸链 ($IC_{50} = 2.5\sim4.3\mu mol/L$).【文献】E. Manzo, et al. Tetradron Lett., 2007, 48, 2569.

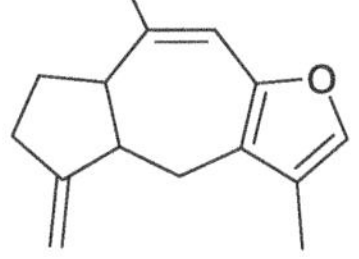

228 Linderazulene 钓樟薁

【别名】3,5,8-Trimethylazuleno[6,5-*b*]furan; 3,5,8-三甲基薁酮[6,5-*b*]呋喃.【基本信息】$C_{15}H_{15}O$,有光泽的紫黑色片状晶体 (2-丙醇), mp 106~107°C.【类型】简单愈创木烷型倍半萜.【来源】类尖柳珊瑚属* *Paramuricea chamaeleon*.【活性】免疫抑制剂.【文献】S. Imre, et al. Experientia, 1981, 37, 442.

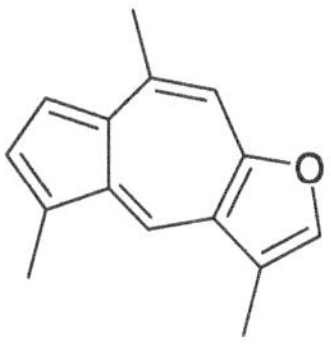

229 Menelloide E 梅内洛伊德 E*

【基本信息】$C_{15}H_{18}O_4$, 无色油状物; $[\alpha]_D^{25} = +9°$ ($c = 0.05$, 氯仿).【类型】简单愈创木烷型倍半萜.【来源】小月柳珊瑚属* *Menella* sp. (中国台湾南部海岸).【活性】抗氧化剂 [超氧化物阴离子$^{\bullet}O_2^-$清除剂, 10μg/mL, InRt = (19.85±6.65)%, IC_{50} > 10μg/mL, 对照物 DPI 二亚苯基碘, IC_{50} = (0.80±0.31)μg/mL]; 弹性蛋白酶释放抑制剂 [刺激人的中性粒细胞对 fMLP/CB 的响应, 10μg/mL, InRt = (26.99±4.99)%, IC_{50} > 10μg/mL, 对照物弹性蛋白酶抑制剂, IC_{50} = (31.82±5.92)μg/mL].【文献】C. -H. Lee, et al. Mar. Drugs, 2012, 10, 427; P. -J. Sung, et al. Biochem. Syst. Ecol., 2012, 40, 53.

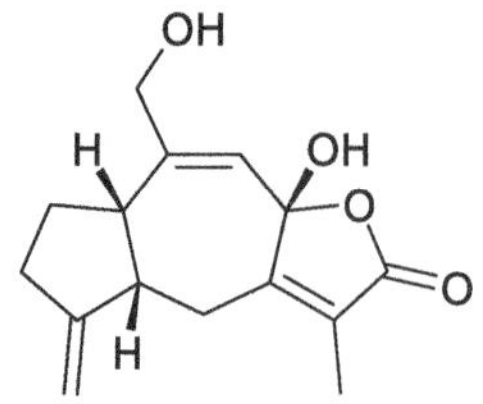

230 Methoxycolorenone 甲氧基扣罗仁酮*

【别名】(1α,7β,10β)-11-Methoxy-4-guaien-3-one; (1α,7β,10β)-11-甲氧基-4-愈创木烯-3-酮*.【基本信息】$C_{16}H_{26}O_2$, 油状物, $[\alpha]_D = +57.4°$ ($c = 0.31$, 氯仿).【类型】简单愈创木烷型倍半萜.【来源】柔荑软珊瑚属* *Nephthea chabrolii* (印度尼西亚).【活性】杀虫剂 (害虫昆虫绵贪叶蛾 *Spodoptera littoralis* 幼虫).【文献】D. Handayani, et al. JNP, 1997, 60, 716.

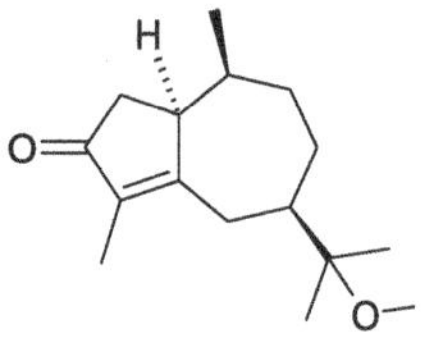

231 10-Methoxy-6-guaien-4-ol 10-甲氧基-6-愈创木烯-4-醇*

【别名】*O*-Methylguaianediol; *O*-甲基愈创木烯二醇*.【基本信息】$C_{16}H_{28}O_2$, 油状物, $[\alpha]_D = +22°$ ($c = 0.5$, 二氯甲烷).【类型】简单愈创木烷型倍半萜.【来源】Podospongiidae 科海绵 *Diacarnus erythraeanus* (红海).【活性】细胞毒 (P_{388}, A549 和 HT29, 所有的 $IC_{50} > 1\mu g/mL$).【文献】D. T. A. Youssef, et al. JNP, 2001, 64, 1332.

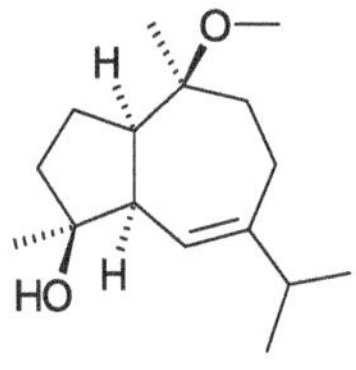

232 Americanolide D 美国假翼龙柳珊瑚内酯 D*

【别名】(1α,8α,10α)-4,7(11)-Guaiadien-12,8-olide.【基本信息】$C_{15}H_{20}O_2$, 不稳定黄色油状物, $[\alpha]_D^{23} = -15°$ ($c = 1$, 氯仿).【类型】12,8-愈创木内酯倍半萜.【来源】柳珊瑚科柳珊瑚* *PseuDopterogorgia americana* (波多黎各).【活性】细胞毒 (HeLa, $ED_{50} = 30\mu g/mL$; CHO-K1, $ED_{50} = 100\mu g/mL$; KM12, $IC_{50} = 0.1\mu g/mL$).【文献】A. D. Rodríguez, et al. JNP, 1997, 60, 207.

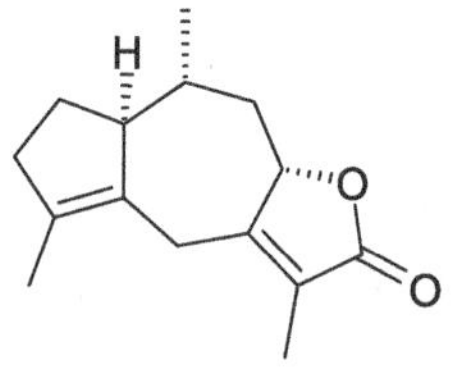

233 Gorgiabisazulene 柳珊瑚双薁*

【基本信息】$C_{31}H_{32}O_2$, 紫色无定形固体, $[\alpha]_D^{20} = -92°$ ($c = 0.05$, 氯仿).【类型】二聚愈创木烷倍半萜.【来源】全裸柳珊瑚属* *Acalycigorgia* sp. (日本水域).【活性】细胞分裂抑制剂 (受精海胆卵); 有毒的 (盐水丰年虾).【文献】M. Ochi, et al. Chem. Lett., 1993, 2003.

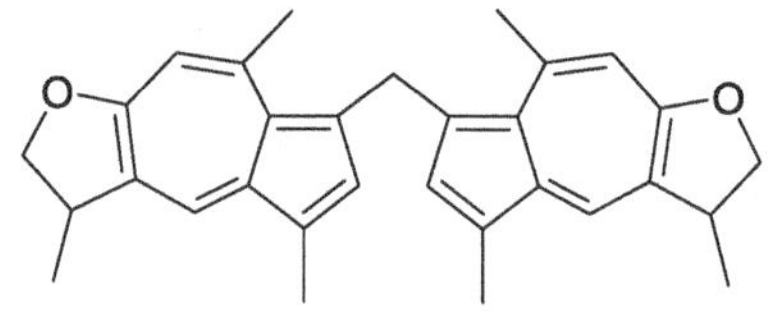

234 Clavukerin A 匍匐珊瑚克林 A*

【基本信息】$C_{12}H_{18}$, 油状物, $[\alpha]_D^{20} = -53°$ (氯仿).【类型】断-,环-,移-和去甲-愈创木烷倍半萜.【来源】伞软珊瑚科 Xeniidae 软珊瑚* *Cespitularia* sp., 匍匐珊瑚目 *CLavuLaria koellikeri*.【活性】鱼毒.【文献】B. F. Bowden, et al. Aust. J. Chem., 1983, 36, 211; M. Kobayashi, et al. CPB, 1983, 31, 2160; 1984, 32, 1667; M. Asaoka, et al. Chem. Lett., 1991, 1295.

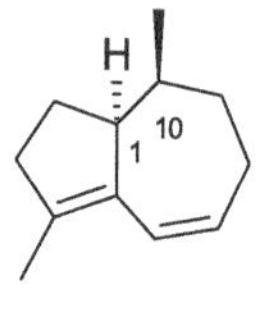

235 Clavularin A 匍匐珊瑚拉林 A*

【基本信息】$C_{12}H_{18}O_2$, 油状物.【类型】断-,环-,移-和去甲-愈创木烷倍半萜.【来源】匍匐珊瑚目 *Clavularia koellikeri*.【活性】细胞毒.【文献】M. Endo, et al. Chem. Commun., 1983, 322; 980; K. Hiroya, et al. Synlett, 1999, 529.

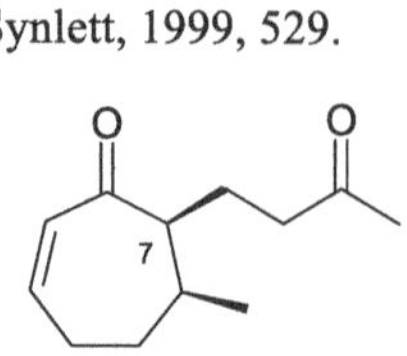

236 Clavularin B 匍匐珊瑚拉林 B*

【基本信息】$C_{12}H_{18}O_2$, 油状物.【类型】断-,环-,移-和去甲-愈创木烷倍半萜.【来源】匍匐珊瑚目 *Clavularia koellikeri*.【活性】细胞毒.【文献】M. Endo, et al. Chem. Comm., 1983, 322; 980; K. Hiroya, et al. Synlett, 1999, 529.

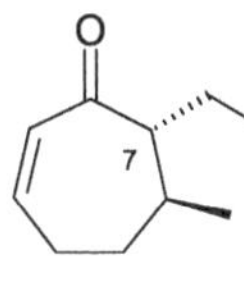

237 Hymenin 亥莫宁*

【别名】*epi*-Parthenin; *epi*-银胶菊素.【基本信息】$C_{15}H_{18}O_4$, 小叶状晶体 (乙酸乙酯), mp 173~174°C, $[\alpha]_D^{25}$ = −88.7° (*c* = 2.1, 氯仿).【类型】伪愈创木烷型倍半萜.【来源】小轴海绵属* *Axinella* sp. (深水, 大澳大利亚湾).【活性】细胞毒.【文献】H. Zhang, et al. Tetradron Lett., 2012, 53, 3784; F. Balza, et al. Phytochemistry, 1988, 27, 1421.

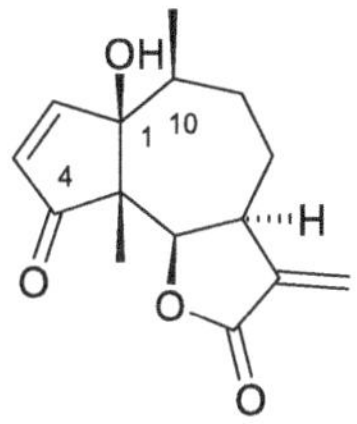

2.18 香树烷倍半萜

238 (+)-Alloaromadendrene (+)-别香树烯*

【基本信息】$C_{15}H_{24}$, 无色油状物, $[\alpha]_D^{25}$ = +25.8° (*c* = 1.6, 氯仿).【类型】香树烷型倍半萜.【来源】锐角肉芝软珊瑚* *Sarcophyton acutangulum* (日本水域), 匍匐珊瑚目绿色羽珊瑚 *Clavularia viridis* (日本水域).【活性】有毒的 (盐水丰年虾实验, LD_{50} = 3.0μg/mL).【文献】M. Yasumoto, et al. JNP, 2000, 63, 1534.

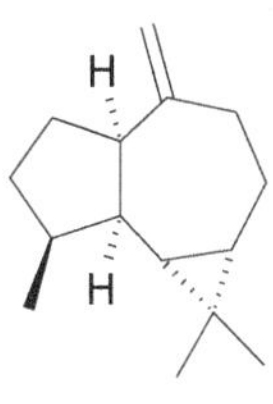

239 Lochmolin A 罗克莫短指软珊瑚灵 A*

【基本信息】$C_{15}H_{22}O_2$, 无色油状物, $[\alpha]_D^{26}$ = −89° (*c* = 0.5, 氯仿).【类型】香树烷型倍半萜.【来源】短指软珊瑚属* *lochmodes* (中国台湾北部海岸).【活性】抗炎 [LPS 刺激的 RAW264.7 巨噬细胞, 抑制环加氧酶 COX-2 蛋白的积累, 1μmol/L, 降低环加氧酶 COX-2 水平到 (36.6±3.8)%, 10μmol/L, 到 (8.7±4.5)%, 100μmol/L, 到 (1.7±1.3)%].【文献】Y. -J. Tseng, et al. Mar. Drugs, 2012, 10, 1572.

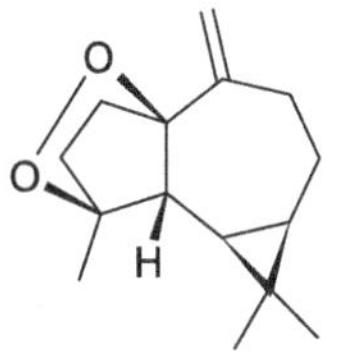

240 Lochmolin B 罗克莫短指软珊瑚灵 B*

【基本信息】$C_{17}H_{30}O_2$, 无色油状物, $[\alpha]_D^{26}$ = −173° (*c* = 0.8, 氯仿).【类型】香树烷型倍半萜.【来源】短指软珊瑚属* *Sinularia lochmodes* (中国台湾北部海岸).【活性】抗炎 [LPS 刺激的 RAW264.7 巨噬细胞, 抑制环加氧酶 COX-2 蛋白的积累, 100μmol/L, 降低环加氧酶 COX-2 水平到 (17.6±2.2)%].【文献】Y. -J. Tseng, et al. Mar. Drugs, 2012, 10, 1572.

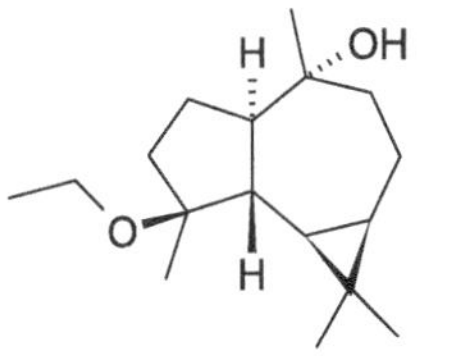

241 Lochmolin C 罗克莫短指软珊瑚灵 C*

【基本信息】$C_{15}H_{24}O_3$, 无色油状物, $[\alpha]_D^{26}$ = −261° (*c* = 0.6, 氯仿).【类型】香树烷型倍半萜.【来源】短指软珊瑚属* *Sinularia lochmodes* (中国台湾北部海岸).【活性】抗炎 [LPS 刺激的 RAW264.7 巨噬细胞, 抑制环加氧酶 COX-2 蛋白的积累, 10μmol/L, 降低环加氧酶 COX-2 水平到 (61.0±6.0)%, 100μmol/L, 到(32.8±3.2)%].【文献】Y. -J. Tseng, et al. Mar. Drugs, 2012, 10, 1572.

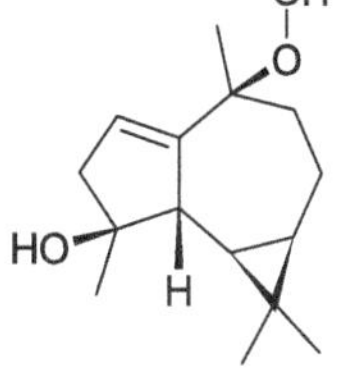

242　Lochmolin D　罗克莫短指软珊瑚灵 D*

【基本信息】$C_{15}H_{24}O_3$, 无色油状物, $[\alpha]_D^{26} = -66°$ ($c = 2.0$, 氯仿).【类型】香树烷型倍半萜.【来源】短指软珊瑚属* *Sinularia lochmodes* (中国台湾北部海岸).【活性】抗炎 [LPS 刺激的 RAW264.7 巨噬细胞, 抑制环加氧酶 COX-2 蛋白的积累, 100μmol/L, 降低环加氧酶 COX-2 水平到 (71.3±7.2)%].【文献】Y. -J. Tseng, et al. Mar. Drugs, 2012, 10, 1572.

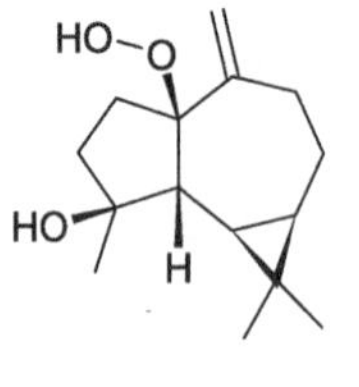

243　Spathulenol‡　斯巴醇‡

【别名】(1*α*,4*β*,5*β*,6*α*,7*α*)-10 (14)-Aromadendren-4-ol; (1*α*,4*β*,5*β*,6*α*,7*α*)-10(14)-斯巴-4-醇.【基本信息】$C_{15}H_{24}O$, 油状物, $[\alpha]_D = +56°$.【类型】香树烷型倍半萜.【来源】短指软珊瑚属* *Sinularia kavarattiensis*.【活性】拒食剂; 昆虫驱虫剂; 抗真菌; 抗感染.【文献】T. D. Hubert, et al. Phytochemistry, 1985, 24, 1197; V. T. Goud, et al. Biochem. Syst. Ecol., 2002, 30, 493.

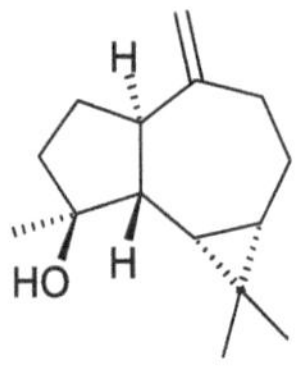

2.19　8(7→6)-移愈创木烷倍半萜

244　Sinularianin C　短指软珊瑚宁 C*

【基本信息】$C_{16}H_{22}O_4$.【类型】8(7→6)-移愈创木烷型倍半萜.【来源】短指软珊瑚属* *Sinularia* sp. (东罗岛, 海南, 中国).【活性】核转录因子-κB 抑制剂 (温和活性).【文献】B. Yang, et al. Mar. Drugs, 2013, 11, 4741.

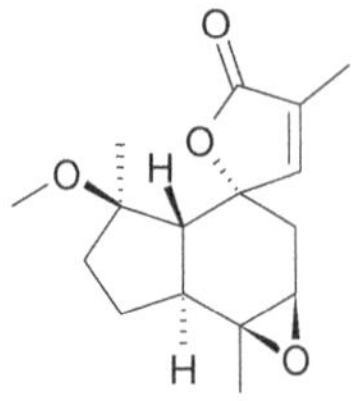

245　Sinularianin D　短指软珊瑚宁 D*

【基本信息】$C_{15}H_{20}O_3$.【类型】8(7→6)-移愈创木烷型倍半萜.【来源】短指软珊瑚属* *Sinularia* sp. (东罗岛, 海南, 中国).【活性】核转录因子-κB 抑制剂 (温和活性).【文献】B. Yang, et al. Mar. Drugs, 2013, 11, 4741.

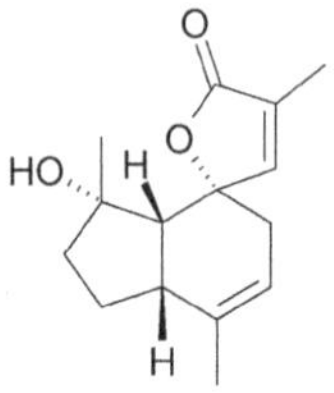

2.20　伊鲁达烷倍半萜

246　Alcyopterosin A　海鸡冠倍半萜 A*

【别名】4-Chloro-2,6,8-illudalatriene; 4-氯-2,6,8-伊卢达兰三烯*.【基本信息】$C_{15}H_{21}Cl$, 油状物.【类型】伊卢达兰烷型倍半萜.【来源】亚南极海鸡冠软珊瑚* *Alcyonium paessleri* (嗜冷生物, 冷水域, 靠近南乔治岛, 大西洋).【活性】细胞毒 (Hep2, IC_{50} = 13.5μmol/L; HT29, IC_{50} = 10μg/mL).【文献】J. A. Palermo, et al. JOC, 2000, 65, 4482; M. D. Lebar, et al. NPR, 2007, 24, 774 (Rev.).

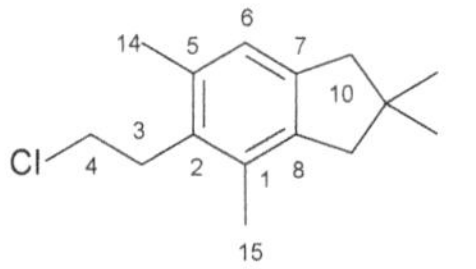

247　Alcyopterosin C　海鸡冠倍半萜 C*

【基本信息】$C_{15}H_{19}NO_4$, 晶体 (甲醇), mp 83~84°C.【类型】伊卢达兰烷型倍半萜.【来源】亚南极海鸡冠软珊瑚* *Alcyonium paessleri* (嗜冷生物, 冷水域, 靠近南乔治岛, 大西洋).【活性】细胞毒 (Hep2, IC_{50} = 13.5μmol/L; HT29, IC_{50} = 10μg/mL).

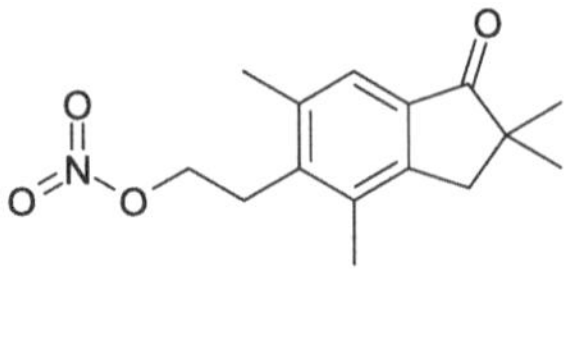

【文献】J. A. Palermo, et al. JOC, 2000, 65, 4482; M. D. Lebar, et al. NPR, 2007, 24, 774 (Rev.).

248 Alcyopterosin E 海鸡冠倍半萜 E*

【基本信息】$C_{15}H_{17}NO_5$, 油状物, $[\alpha]_D^{25} = -31.28°$ ($c = 2.35$, 氯仿).【类型】伊卢达兰烷型倍半萜.【来源】亚南极海鸡冠软珊瑚* *Alcyonium paessleri* (嗜冷生物, 冷水域, 靠近南乔治岛, 大西洋).【活性】细胞毒 (Hep2, $IC_{50} = 13.5\mu mol/L$).【文献】J. A. Palermo, et al. JOC, 2000, 65, 4482; M. D. Lebar, et al. NPR, 2007, 24, 774 (Rev.).

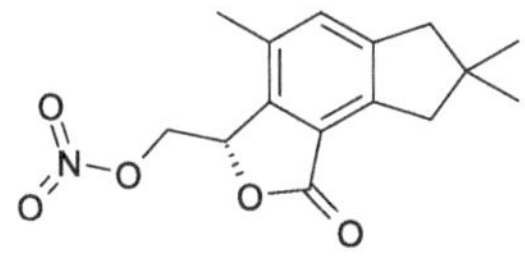

249 Alcyopterosin H 海鸡冠倍半萜 H*

【基本信息】$C_{15}H_{21}NO_4$, 油状物, $[\alpha]_D^{25} = -13.9°$ ($c = 1.05$, 氯仿).【类型】伊卢达兰烷型倍半萜.【来源】亚南极海鸡冠软珊瑚* *Alcyonium paessleri* (嗜冷生物, 冷水域, 靠近南乔治岛, 大西洋).【活性】细胞毒 (Hep2, $IC_{50} = 13.5\mu mol/L$; HT29, $IC_{50} = 10\mu g/mL$).【文献】J. A. Palermo, et al. JOC, 2000, 65, 4482; M. D. Lebar, et al. NPR, 2007, 24, 774 (Rev.).

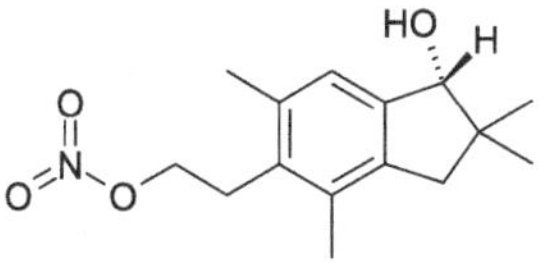

2.21 呋喃西宁倍半萜

250 14-Acetylthioxyfurodysinin lactone 14-乙酰硫氧基呋喃西林内酯*

【基本信息】$C_{17}H_{22}O_4S$, 晶体, mp 144~145°C, $[\alpha]_D = -178°$ (氯仿).【类型】呋喃西宁倍半萜.【来源】拟草掘海绵* *Dysidea herbacea* 和掘海绵属* *Dysidea* sp.【活性】白细胞三烯 LTB_4 受体部分激动剂.【文献】B. Carté, et al. Tetrahedron Lett., 1989, 30, 2725.

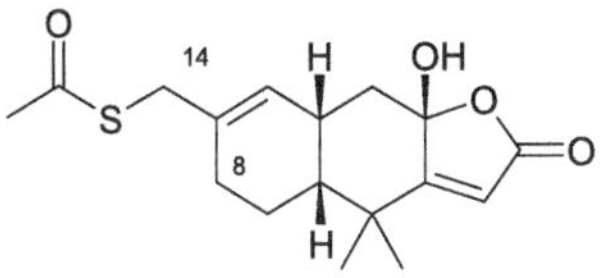

251 9,10-Dehydrofurodysinin 9,10-脱氢呋喃西林*

【基本信息】$C_{15}H_{18}O$, 油状物, $[\alpha]_D^{25} = +259°$ ($c = 0.22$, 氯仿).【类型】呋喃西宁倍半萜.【来源】软体动物裸腮目海牛亚目海牛裸腮属 *Hypselodoris webbi*.【活性】有毒的 (对盐水丰年虾; 盐水丰年虾是一种世界分布的耐高盐的小型低等甲壳类动物); 拒食剂, 鱼毒.【文献】A. Fontana, et al. JNP, 1994, 57, 510.

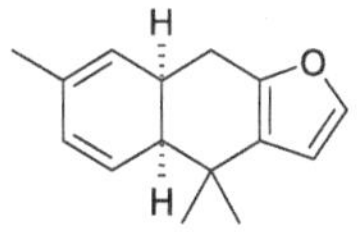

2.22 花柏烷倍半萜

252 10-Bromo-2,7(14)-chamigradiene 10-溴-2,7(14)-花柏二烯*

【基本信息】$C_{15}H_{23}Br$, 油状物.【类型】花柏烷型倍半萜.【来源】红藻坚挺凹顶藻* *Laurencia rigida* (澳大利亚).【活性】抗污剂.【文献】G. M. König, et al. JNP, 1997, 60, 967.

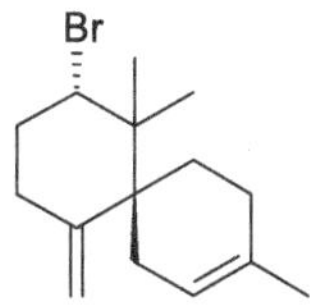

253 10-Bromo-1,7(14)-chamigradiene-3,9-diol 10-溴-1,7(14)-花柏二烯-3,9-二醇*

【基本信息】$C_{15}H_{23}BrO_2$, 油状物, $[\alpha]_D^{25} = -6.5°$ ($c = 1.37$, 氯仿).【类型】花柏烷型倍半萜.【来源】红藻坚挺凹顶藻* *Laurencia rigida* (澳大利亚).【活性】抗污剂.【文献】G. M. König, et al. JNP, 1997, 60, 967.

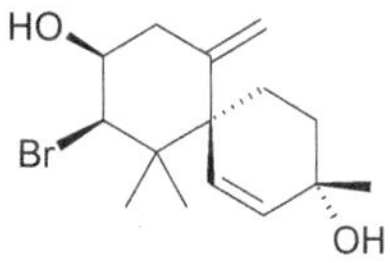

254 10-Bromo-2,7-chamigradien-9-ol 10-溴-2,7-花柏二烯-9-醇*

【基本信息】$C_{15}H_{23}BrO$, $[\alpha]_D^{25} = -49.4°$ ($c = 0.95$, 氯仿).【类型】花柏烷型倍半萜.【来源】红藻坚

挺凹顶藻* *Laurencia rigida* (澳大利亚).【活性】抗污剂.【文献】G. M. König, et al. JNP, 1997, 60, 967.

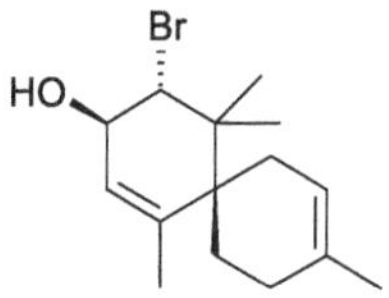

255　10-Bromo-7α,8α-expoxychamigr-1-en-3-ol 10-溴-7α,8α-环氧花柏基-1-烯-3-醇*

【基本信息】$C_{15}H_{23}BrO_2$，无色油状物，$[\alpha]_D^{24}$= −13.9° (*c* = 0.15，氯仿).【类型】花柏烷型倍半萜.【来源】红藻岗村凹顶藻 *Laurencia okamurai* (荣城，威海，山东，中国).【活性】有毒的 (盐水丰年虾).【文献】X.-D. Li, et al. Fitoterapia, 2012, 83, 518

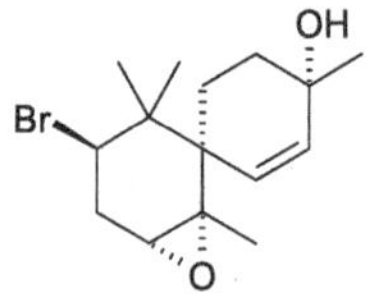

256　(6*R*,9*R*,10*S*)-10-Bromo-9-hydroxy-chamigra-2,7(14)-diene　(6*R*,9*R*,10*S*)-10-溴-9-羟基-花柏-2,7(14)-二烯*

【基本信息】$C_{15}H_{23}BrO$，油状物，$[\alpha]_D^{25}$ = −110° (*c* = 0.20，氯仿).【类型】花柏烷型倍半萜.【来源】红藻略大凹顶藻* *Laurencia majuscula* (冲绳，日本).【活性】抗菌 (纸盘扩散实验，海水产碱杆菌 *Alcaligenes aquamarinus*，氮单胞菌属 *Azomonas agilis*，固氮菌属 *Azotobacter beijerinckii*，梨火疫病菌 *Erwinia amylovora*，和大肠杆菌 *Escherichia coli*，MIC = 10~30μg/盘).【文献】C. S. Vairappan, et al. Phytochemistry, 2001, 58, 517.

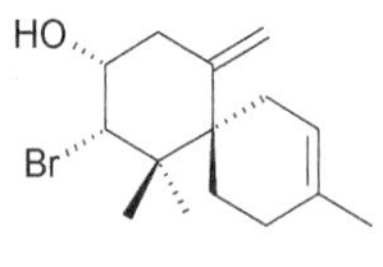

257　Cartilagineol　软骨凹顶藻醇*

【别名】Alloisoobtusol；别异钝形凹顶藻醇*.【基本信息】$C_{15}H_{23}Br_2ClO$，晶体，mp 62~63°C，$[\alpha]_D$ = −32° (*c* = 0.25，氯仿).【类型】花柏烷型倍半萜.【来源】红藻软骨状凹顶藻* *Laurencia cartilaginea* (夏威夷，美国).【活性】细胞毒 (P_{388}，IC_{50} = 5.0μg/mL；A549，IC_{50} = 1.0μg/mL；HT29，IC_{50} = 0.25μg/mL；MEL28，IC_{50} = 1.0μg/mL).【文献】E. G. Juagdan, et al. Tetrahedron, 1997, 53, 521; G. Guella, et al. Tetrahedron Lett., 1997, 38, 8261; M. E. Y. Francisco, et al. Tetrahedron Lett., 1998, 39, 5289; M. Wessels, et al. JNP, 2000, 63, 920.

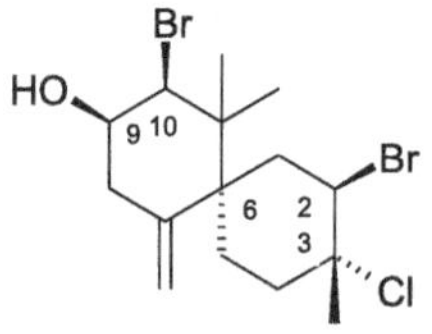

258　Chamigrane epoxide　花柏烷环氧化物

【基本信息】$C_{15}H_{23}Br_2ClO$，晶体，mp 123.5~124°C，$[\alpha]_D^{24}$ = +13° (*c* = 0.4，氯仿).【类型】花柏烷型倍半萜.【来源】红藻凹顶藻属* *Laurencia* sp. (沙巴，北婆罗洲，马来西亚)，红藻岗村凹顶藻 *Laurencia okamurai* 和红藻凹顶藻属* *Laurencia pinnatifida*.【活性】抗菌 (30mg/盘：葡萄球菌属 *Staphylococcus* sp., IZD = 9mm, MIC = 300μg/mL).【文献】M. Ojika, et al. Phytochemistry, 1982, 21, 2410; S. Bano, et al. PM, 1987, 53, 508; P. J. Cox, et al. Z. Kristallogr., 1989, 188, 1; C. S. Vairappan, et al. Mar. Drugs, 2010, 8, 1743.

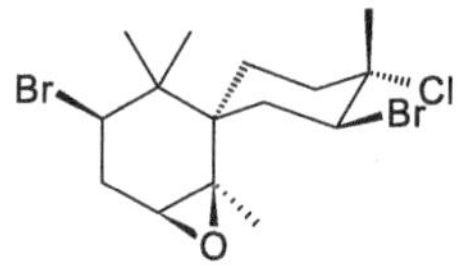

259　Dechloroelatol　去氯伊拉它凹顶藻醇*

【基本信息】$C_{15}H_{23}BrO$，油状物.【类型】花柏烷型倍半萜.【来源】红藻坚挺凹顶藻* *Laurencia rigida*.【活性】抗结核分枝杆菌.【文献】A. G. González, et al. Tetrahedron Lett., 1976, 17, 3051.

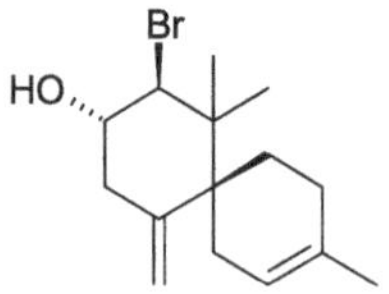

260　Deoxyprepacifenol　去氧预太平洋凹顶藻醇*

【基本信息】$C_{15}H_{21}Br_2ClO$，晶体 (戊烷)，mp 125°C.【类型】花柏烷型倍半萜.【来源】红藻棍棒形凹顶藻* *Laurencia claviformis*，红藻黄色凹顶藻* *Laurencia nipponica*，红藻高凹顶藻* *Laurencia elata*，红藻凹顶藻属* *Laurencia marianensis* (大

堡礁，澳大利亚，146°50′E 18°00′S)和红藻略大凹顶藻* *Laurencia majuscula*，软体动物加州海兔 *Aplysia californica*.【活性】杀虫剂.【文献】C. Ireland, et al. JOC, 1976, 41, 2461; F. R. Fronczek, et al. Acta Cryst., Sect. C, 1989, 45, 1102; R. de Nys, et al. Aust. J. Chem., 1993, 46, 933.

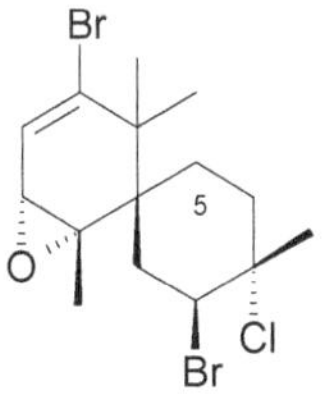

261 (*E*)-9,15-Dibromo-1,3(15)-chamigradien-7-ol (*E*)-9,15-二溴-1,3(15)-花柏二烯-7-醇*

【基本信息】$C_{15}H_{22}Br_2O$，晶体，mp 84~86°，$[\alpha]_D = -64°$ ($c = 0.29$，氯仿).【类型】花柏烷型倍半萜.【来源】软体动物黑指纹海兔 *Aplysia dactylomela* (加纳利群岛，西班牙，14°10′W 28°30′N).【活性】抗菌；抗真菌；灭藻剂；有毒的(盐水丰年虾).【文献】A. G. González, et al. Tetrahedron Lett., 1983, 24, 847.

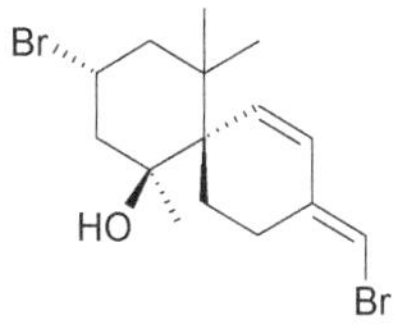

262 (3(15)*Z*,6*S*,9*S*,10*R*)-10,15-Dibromo-1,3(15),7(14)- chamigratrien-9-ol (3(15)*Z*,6*S*,9*S*,10*R*)-10,15-二溴-1,3(15),7(14)-花柏三烯-9-醇*

【基本信息】$C_{15}H_{20}Br_2O$，油状物，$[\alpha]_D = +2.7°$ ($c = 0.002$，氯仿).【类型】花柏烷型倍半萜.【来源】红藻略大凹顶藻* *Laurencia majuscula* 和红藻凹顶藻属* *Laurencia chondrioides*.【活性】细胞毒 (PS 细胞，$ED_{50} = 40\mu g/mL$).【文献】F. J. Schmitz, et al. JACS, 1982, 104, 6415; J. C. Coll, et al. Aust. J. Chem., 1989, 42, 1591; 1992, 45, 1611; A. Bansemir, et al. Chem. Biodivers. 2004, 1, 463.

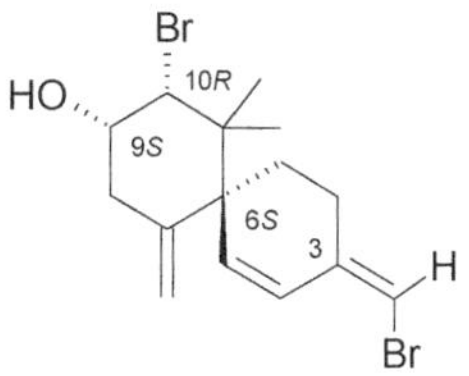

263 (3(15)*E*,6*S*,9*S*,10*R*)-10,15-Dibromo-1,3(15),7(14)-chamigratrien-9-ol (3(15)*E*,6*S*,9*S*,10*R*)-10,15-二溴-1,3(15),7(14)-花柏三烯-9-醇*

【基本信息】$C_{15}H_{20}Br_2O$，油状物，$[\alpha]_D = -40°$ ($c = 0.01$，氯仿).【类型】花柏烷型倍半萜.【来源】红藻略大凹顶藻* *Laurencia majuscula*，软体动物黑指纹海兔 *Aplysia dactylomela* (浅滩，靠近拉帕尔格拉，波多黎各).【活性】细胞毒 (PS 细胞，$ED_{50} = 50\mu g/mL$).【文献】M. Suzuki, et al. Tetrahedron Lett., 1978, 4805; F. J. Schmitz, et al. JACS, 1982, 104, 6415; J. C. Coll, et al. Aust. J. Chem., 1989, 42, 1591; 1992, 45, 1611.

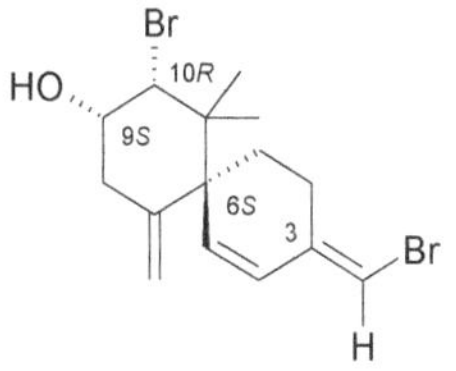

264 4,10-Dibromo-3-chloro-7,9-chamigradien-1-ol 4,10-二溴-3-氯-7,9-花柏二烯-1-醇*

【基本信息】$C_{15}H_{21}Br_2ClO$，油状物，$[\alpha]_D = -36°$ ($c = 0.12$，氯仿).【类型】花柏烷型倍半萜.【来源】红藻巢形凹顶藻* *Laurencia nidifica* (欧胡岛，夏威夷，美国).【活性】抗病毒 (单纯性疱疹病毒 HSV, $IC_{50} > 100\mu g/mL$).【文献】J. Kimura, et al. Bull. Chem. Soc. Jpn., 1999, 72, 289.

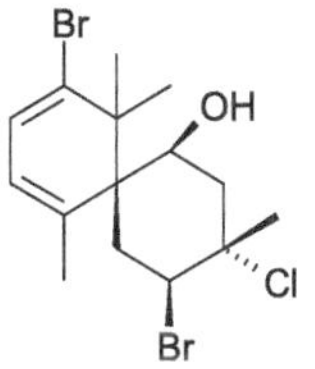

265 2,10-Dibromo-3-chloro-7,8:9,10-diepoxy-chamigrane 2,10-二溴-3-氯-7,8:9,10-双环氧花柏烷*

【基本信息】$C_{15}H_{21}Br_2ClO_2$，油状物，$[\alpha]_D = +91°$ ($c = 0.05$，氯仿).【类型】花柏烷型倍半萜.【来源】红藻巢形凹顶藻* *Laurencia nidifica* (欧胡岛，夏威夷，美国)，软体动物黑指纹海兔 *Aplysia Dactylomela* (巴西).【活性】抗病毒 (单纯性疱疹病毒 HSV, $IC_{50} = 130\mu g/mL$).【文献】C. R. Kaiser, et al. Spectrosc. Lett., 1998, 31, 573; J. Kimura, et al. Bull. Chem. Soc. Jpn., 1999, 72, 289.

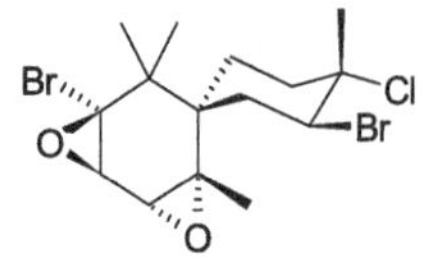

266 Elatol 伊拉它凹顶藻醇*

【别名】10-Bromo-2-chloro-2,7(14)-chamigradien-9-ol; 10-溴-2-氯-2,7(14)-花柏二烯-9-醇*.【基本信息】$C_{15}H_{22}BrClO$, 油状物, $[\alpha]_D = +83.5°$ ($c = 0.365$, 甲醇).【类型】花柏烷型倍半萜.【来源】红藻高凹顶藻* *Laurencia elata*, 红藻帚状凹顶藻* *Laurencia scoparia*, 红藻坚挺凹顶藻* *Laurencia rigida*, 红藻凹顶藻属* *laurencia chondrioides* 和红藻软骨状凹顶藻* *Laurencia cartilaginea*, 软体动物黑指纹海兔 *Aplysia Dactylomela* (浅滩, 靠近拉帕尔格拉, 波多黎各).【活性】细胞毒 (PS 细胞, $ED_{50} = 26\mu g/mL$); 抗分枝杆菌; 拒食剂; 抗突变; 抗污剂.【文献】J. J. Sims, et al. Tetrahedron Lett., 1974, 3487; F. J. Schmitz, et al. JACS, 1982, 104, 6415; G. M. König, et al. PM, 2000, 66, 337.

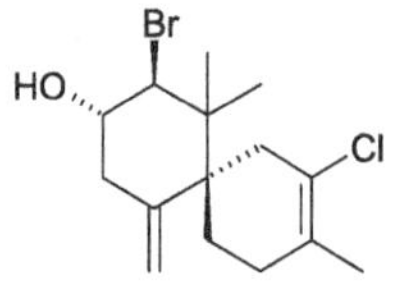

267 Isoobtusol 异钝形凹顶藻醇*

【基本信息】$C_{15}H_{23}Br_2ClO$, 晶体, mp 118~120°C, $[\alpha]_D = +33°$.【类型】花柏烷型倍半萜.【来源】红藻钝形凹顶藻* *Laurencia obtusa*, 软体动物黑指纹海兔 *Aplysia dactylomela*.【活性】有毒的 (盐水丰年虾).【文献】A. G. González, et al. Tetrahedron Lett., 1976, 17, 3051; 1979, 20, 2717, 2719; M. Wessels, et al. JNP, 2000, 63, 920.

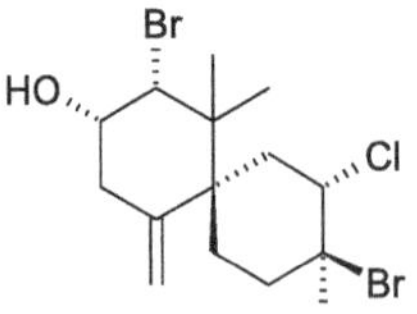

268 Isoobtusol acetate 异钝形凹顶藻醇乙酸酯*

【别名】Acetylisoobtusol; 乙酰基异钝形凹顶藻醇*.【基本信息】$C_{17}H_{25}Br_2ClO_2$, $[\alpha]_D = +57.9°$ ($c = 0.38$, 氯仿).【类型】花柏烷型倍半萜.【来源】软体动物黑指纹海兔 *Aplysia dactylomela* (浅滩, 靠近拉帕尔格拉, 波多黎各).【活性】细胞毒 (PS 细胞, $ED_{50} = 40\mu g/mL$).【文献】F. J. Schmitz, et al. JACS, 1982, 104, 6415.

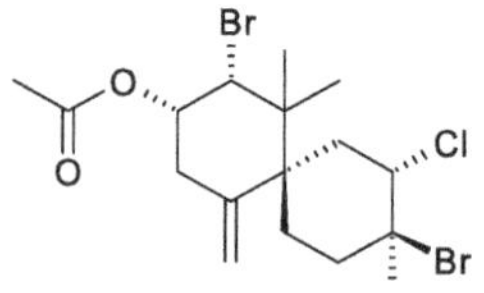

269 Isorigidol 异坚挺凹顶藻醇*

【别名】10*S*-Bromo-1,7(14)-chamigradiene-3,9-diol; 10*S*-溴-1,7(14)-花柏二烯-3,9-二醇*.【基本信息】$C_{15}H_{23}BrO_2$, 晶体, mp 138~140°C, $[\alpha]_D^{25} = -115°$ ($c = 0.32$, 二氯甲烷).【类型】花柏烷型倍半萜.【来源】红藻帚状凹顶藻* *Laurencia scoparia* (巴西).【活性】驱虫剂 (*in vitro*, 巴西钩虫 *Nippostrongylus brasiliensis* 寄生阶段, 适度活性).【文献】D. Davyt, et al. JNP, 2001, 64, 1552; L. Suescun, et al. Acta Crystallogr. Sect. C. Cryst Struct. Commun., 2001, 57, 286.

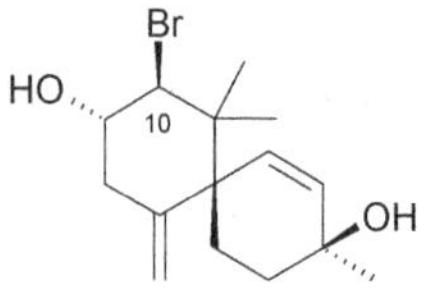

270 Laurecomin B 复生凹顶藻明 B*

【基本信息】$C_{15}H_{23}BrO$.【类型】花柏烷型倍半萜.【来源】红藻复生凹顶藻* *Laurencia composita* (平潭岛, 福建, 中国).【活性】抗真菌.【文献】X. -D. Li, et al. Fitoterapia, 2012, 83, 1191.

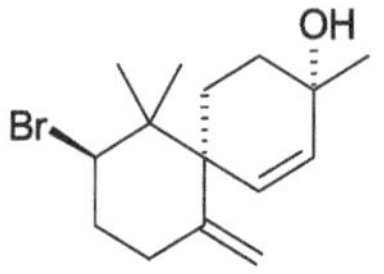

271 (6*S*,9*R*,10*S*)-Máilione (6*S*,9*R*,10*S*)-麦里酮*

【基本信息】$C_{14}H_{19}BrO_2$, mp 135~136°C, $[\alpha]_D = -20°$ ($c = 0.196$, 氯仿).【类型】花柏烷型倍半萜.【来源】红藻软骨状凹顶藻* *Laurencia cartilaginea* (夏威夷, 美国).【活性】细胞毒 (P_{388}, $IC_{50} = 5.0\mu g/mL$; A549, $IC_{50} = 5.0\mu g/mL$; HT29, $IC_{50} = 0.5\mu g/mL$; MEL28, $IC_{50} = 10.0\mu g/mL$); 驱虫剂 (巴西钩虫 *Nippostrongylus brasiliensis* 寄生阶段, 适度活性 *in vitro*).【文献】G. Guella, et al. Tetrahedron Lett., 1997, 38, 8261; E. G. Juagdan, et al. Tetrahedron,

1997, 53, 521; M. E. Y. Francisco, et al. Tetrahedron Lett., 1998, 39, 5289; D. Davyt, et al. JNP, 2001, 64, 1552; L. Suescun, et al. Acta Crystallogr. Sect. C. Cryst Struct. Commun., 2001, 57, 286.

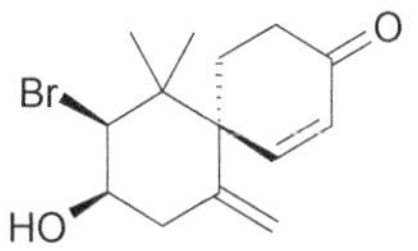

272 Mailiohydrin 麦里醇*

【基本信息】$C_{15}H_{22}Br_2O_2$，油状物，$[\alpha]_D = -9.6°$ ($c = 0.26$，氯仿).【类型】花柏烷型倍半萜.【来源】红藻凹顶藻属* *Laurencia* sp. (菲律宾).【活性】细胞毒 (NCI 的 60 种肿瘤细胞，对 NCI/ADR-Res 乳腺癌细胞株有高活性).【文献】M. E. Y. Francisco, et al. JNP, 2001, 64, 790.

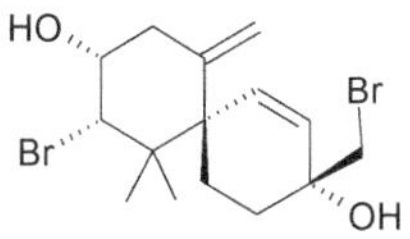

273 Obtusol 钝形凹顶藻醇*

【别名】3,10-Dibromo-2-chloro-7(14)-chamigren-9-ol; 3,10-二溴-2-氯-7(14)-花柏烯-9-醇*.【类型】花柏烷型倍半萜.【基本信息】$C_{15}H_{23}Br_2ClO$，晶体，mp 145~146°C，$[\alpha]_D = +14.3°$ ($c = 0.38$，氯仿).【来源】红藻钝形凹顶藻* *Laurencia obtusa*，软体动物黑指纹海兔 *Aplysia dactylomela*.【活性】抗真菌；灭藻剂；抗突变.【文献】A. G. González, et al. Tetrahedron Lett., 1976, 17, 3051; 1979, 20, 2717; 2719; M. Wessels, et al. JNP, 2000, 63, 920.

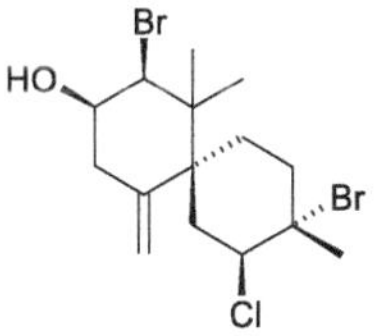

274 Pacifenol 太平洋凹顶藻醇*

【基本信息】$C_{15}H_{21}Br_2ClO_2$，晶体 (石油醚)，mp 149~150.5°C.【类型】花柏烷型倍半萜.【来源】红藻太平洋凹顶藻* *Laurencia pacifica*，红藻略大凹顶藻* *Laurencia majuscula*，红藻巢形凹顶藻* *Laurencia nidifica*，红藻棍棒形凹顶藻* *Laurencia claviformis* 和红藻凹顶藻属* *Laurencia marianensis*，软体动物黑指纹海兔 *Aplysia dactylomela*.【活性】拒食剂 (蚜虫类)；杀虫剂；抗有丝分裂.【文献】J. J. Sims, et al. JACS, 1971, 93, 3774; T. Suzuki, Chem. Lett., 1980, 541; R. de Nys, et al. Aust. J. Chem., 1993, 46, 933; C. R. Kaiser, et al. Magn. Reson. Chem., 2001, 39, 147.

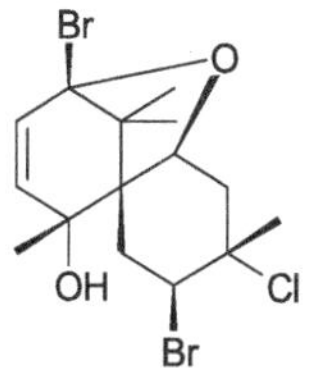

275 Steperoxide B 斯特过氧化物 B*

【别名】Merulin A; 莫汝林 A*.【类型】花柏烷型倍半萜.【基本信息】$C_{14}H_{22}O_4$，晶体，mp 214~217°C，mp 210~212°C，$[\alpha]_D^{25} = +239°$ ($c = 0.1$，甲醇)，$[\alpha]_D^{27} = +194°$ ($c = 0.16$，甲醇).【来源】红树导出的真菌 Trichocomaceae 发菌科踝节菌属 *Talaromyces flavus*，来自红树无花瓣海桑* *Sonneratia apetala* (海南岛，中国)，红树木果楝 *Xylocarpus granatum*.【活性】细胞毒 (MCF7, $IC_{50} = 4.17\mu g/mL$，对照表阿霉素 (EPI)，$IC_{50} = 0.56\mu g/mL$; MDA-MB-435, $IC_{50} = 1.90\mu g/mL$, EPI, $IC_{50} = 0.33\mu g/mL$; HepG2, $IC_{50} = 6.79\mu g/mL$, EPI, $IC_{50} = 0.56\mu g/mL$; HeLa, $IC_{50} = 7.97\mu g/mL$, EPI, $IC_{50} = 0.51\mu g/mL$; PC3, $IC_{50} = 1.82\mu g/mL$, EPI, $IC_{50} = 0.16\mu g/mL$).【文献】S. Chokpaiboon, et al. JNP, 2010, 73, 1005; D. -Z. Liu, et al. Tetrahedron Lett., 2010, 51, 3152; H. Li, et al. JNP, 2011, 74, 1230.

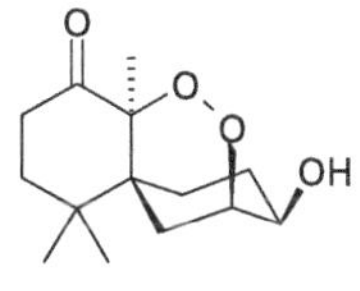

276 Talaperoxide A 塔拉真菌过氧化物 A*

【基本信息】$C_{16}H_{24}O_5$，无色晶体 (甲醇)，mp 125~127°C，$[\alpha]_D^{25} = +191°$ ($c = 0.11$，甲醇).【类型】花柏烷型倍半萜.【来源】红树导出的真菌 Trichocomaceae 发菌科踝节菌属 *Talaromyces flavus*，来自红树无花瓣海桑* *Sonneratia apetala* (海南岛，中国).【活性】细胞毒 (MCF7, $IC_{50} = 19.77\mu g/mL$，对照表阿霉素 (EPI)，$IC_{50} = 0.56\mu g/mL$; MDA-MB-435, $IC_{50} = 11.78\mu g/mL$, EPI, $IC_{50} = 0.33\mu g/mL$; HepG2, $IC_{50} = 12.93\mu g/mL$, EPI, $IC_{50} = 0.56\mu g/mL$; HeLa, $IC_{50} = 13.7\mu g/mL$, EPI, $IC_{50} =$

0.51μg/mL; PC3, IC_{50} = 5.70μg/mL, EPI, IC_{50} = 0.16μg/mL).【文献】H. Li, et al. JNP, 2011, 74, 1230.

277 Talaperoxide B 塔拉真菌过氧化物 B*

【基本信息】$C_{16}H_{24}O_5$, 无色晶体 (甲醇), mp 91~93°C, $[\alpha]_D^{25}$ = +261° (c = 0.07, 甲醇).【类型】花柏烷型倍半萜.【来源】红树导出的真菌 Trichocomaceae 科 *Talaromyces flavus*, 来自红树无花瓣海桑* *Sonneratia apetala* (海南岛, 中国).【活性】细胞毒 (MCF7, IC_{50} = 1.33μg/mL, 对照表阿霉素 (EPI), IC_{50} = 0.56μg/mL; MDA-MB-435, IC_{50} = 2.78μg/mL, EPI, IC_{50} = 0.33μg/mL; HepG2, IC_{50} = 1.29μg/mL, EPI, IC_{50} = 0.56μg/mL; HeLa, IC_{50} = 1.73μg/mL, EPI, IC_{50} = 0.51μg/mL; PC3, IC_{50} = 0.89μg/mL, EPI, IC_{50} = 0.16μg/mL).【文献】H. Li, et al. JNP, 2011, 74, 1230.

278 Talaperoxide C 塔拉真菌过氧化物 C*

【基本信息】$C_{14}H_{20}O_4$, 白色固体, mp 148~150°C, $[\alpha]_D^{25}$ = +225° (c = 0.12, 甲醇).【类型】花柏烷型倍半萜.【来源】红树导出的真菌 Trichocomaceae 发菌科踝节菌属 *Talaromyces flavus*, 来自红树无花瓣海桑* *Sonneratia apetala* (海南岛, 中国).【活性】细胞毒 (MCF7, IC_{50} = 6.63μg/mL, 对照表阿霉素 (EPI), IC_{50} = 0.56μg/mL; MDA-MB-435, IC_{50} = 2.64μg/mL, EPI, IC_{50} = 0.33μg/mL; HepG2, IC_{50} = 15.11μg/mL, EPI, IC_{50} = 0.56μg/mL; HeLa, IC_{50} = 12.71μg/mL, EPI, IC_{50}= 0.51μg/mL; PC3, IC_{50} = 4.34μg/mL, EPI, IC_{50} = 0.16μg/mL).【文献】H. Li, et al. JNP, 2011, 74, 1230.

279 Talaperoxide D 塔拉真菌过氧化物 D*

【基本信息】$C_{14}H_{20}O_4$, 白色固体, mp 120~122°C, $[\alpha]_D^{25}$ = +126° (c = 0.08, 甲醇).【类型】花柏烷型倍半萜.【来源】红树导出的真菌 Trichocomaceae 发菌科踝节菌属 *Talaromyces flavus*, 来自红树无花瓣海桑* *Sonneratia apetala* (海南岛, 中国).【活性】细胞毒 (MCF7, IC_{50} = 1.92μg/mL, 对照表阿霉素 (EPI), IC_{50} = 0.56μg/mL; MDA-MB-435, IC_{50} = 0.91μg/mL, EPI, IC_{50} = 0.33μg/mL; HepG2, IC_{50} = 0.90μg/mL, EPI, IC_{50} = 0.56μg/mL; HeLa, IC_{50} = 1.31μg/mL, EPI, IC_{50} = 0.51μg/mL; PC3, IC_{50} = 0.70μg/mL, EPI, IC_{50} = 0.16μg/mL).【文献】H. Li, et al. JNP, 2011, 74, 1230.

2.23 洒剔烷倍半萜

280 Drechslerine D 德氏霉真菌素 D*

【基本信息】$C_{15}H_{22}O_3$, 油状物, $[\alpha]_D^{22}$ = −90° (c = 0.4, 乙醇).【类型】洒剔烷型倍半萜.【来源】海洋导出的真菌德氏霉属* *Drechslera dematioidea,* 来自红藻粉枝藻 *liagora viscida* (内部组织).【活性】抗疟原虫 (恶性疟原虫 *Plasmodium falciparum*, IC_{50} ≤ 5.1μg/mL).【文献】C. Osterhage, et al. JNP, 2002, 65, 306.

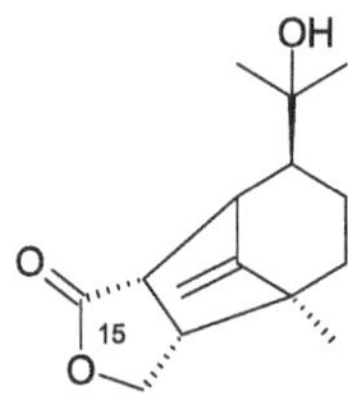

281 Drechslerine G 德氏霉真菌素 G*

【基本信息】$C_{15}H_{24}O_3$, 油状物, $[\alpha]_D^{22}$ = −7.2° (c = 0.47, 乙醇).【类型】洒剔烷型倍半萜.【来源】海洋导出的真菌 *Drechslera dematioidea,* 来自红藻粉枝藻 *Liagora viscida* (内部组织).【活性】抗疟原虫 (恶性疟原虫 *Plasmodium falciparum*, IC_{50} ≤ 5.1μg/mL).【文献】C. Osterhage, et al. JNP, 2002, 65, 306.

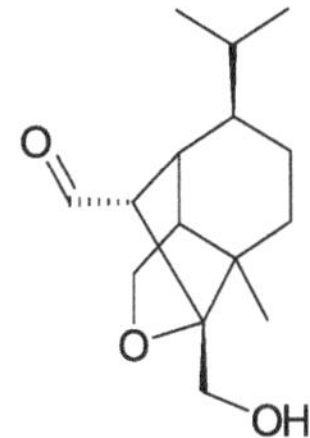

2.24 其它双环倍半萜

282 Erectathiol 直立柔荑软珊瑚硫醇*

【基本信息】$C_{15}H_{22}S$, 油状物, $[\alpha]_D^{24} = +23°$ (c = 0.4, 氯仿).【类型】布尔加兰烷型倍半萜* Bulgarane sesquiterpenoids.【来源】直立柔荑软珊瑚* *Nephthea erecta* (绿岛, 台湾, 中国).【活性】抗炎 (10μgmol/L, 降低iNOS蛋白水平 58.0%±6.5%, 降低环加氧酶COX-2蛋白水平 108.7%±4.5%); 抗菌. (166μg/盘: 产气肠杆菌 *Enterobacter aerogenes* ATCC13048, 黏质沙雷氏菌 *Serratia marcescens* ATCC25419, 小肠结肠炎耶尔森菌 *Yersinia enterocolitica* ATCC23715和宋内志贺菌 *Shigella sonnei* ATCC11060, 适度活性; 肠炎沙门氏菌 *Salmonella enteritidis* ATCC13076,比对照物氨比西林有潜力的).【文献】S. -Y. Cheng, et al. Tetrahedron Lett., 2009, 50, 802.

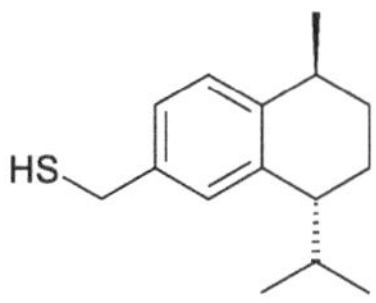

283 Peribysin E 细丝黑团孢霉新 E*

【基本信息】$C_{16}H_{26}O_4$, 浅黄色油, $[\alpha]_D = -262.2°$ (c = 0.11, 乙醇).【类型】蜂斗菜烷型倍半萜.【来源】海洋导出的真菌细丝黑团孢霉* *Periconia byssoides* OUPS-N133.【活性】细胞黏附抑制剂.【文献】T. Yamada, et al. J. Antibiot., 2005, 58, 185: A. R. Angeles, et al. JACS, 2008, 130, 13765.

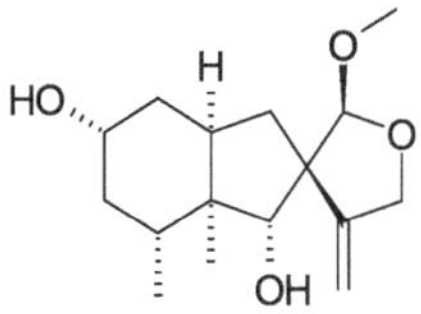

284 Picrotin 苦亭

【基本信息】$C_{15}H_{18}O_7$, 晶体 (H_2O), mp 255°C, $[\alpha]_D^{16} = -70°$ (乙醇).【类型】木防己苦烷型倍半萜.【来源】旋星海绵属* *Spirastrella inconstans*.【活性】氨基丁酸 A 受体拮抗剂; 致惊厥 (活性低于木防己苦毒宁).【文献】N. S. Sarma, et al. Ind. J. Chem., Sect. B, 1987, 26, 189; C. H. Jarboe, et al. JMC, 1968, 11, 729.

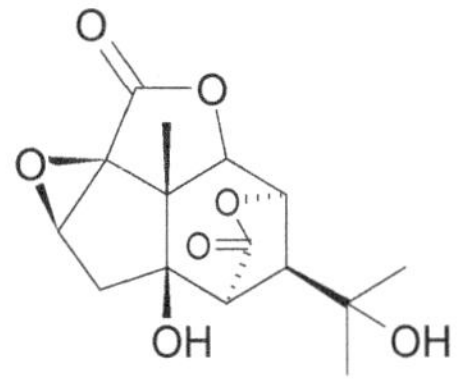

285 Picrotoxinin 木防己苦毒宁

【基本信息】$C_{15}H_{16}O_6$, 晶体 (H_2O), mp 209.5°C, $[\alpha]_D = -5.85°$ (c = 3.65, 氯仿).【类型】木防己苦烷型倍半萜.【来源】旋星海绵属* *Spirastrella inconstans*.【活性】鱼毒; 有潜力的致惊厥药; LD_{50} (小鼠, ipr) = 3mg/kg.【文献】N. S. Sarma, et al. Ind. J. Chem., Sect. B, 1987, 26, 189.

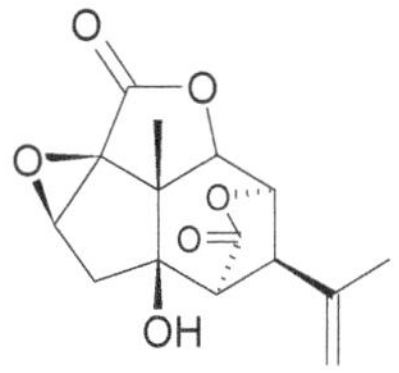

286 Pacifigorgiol 太平洋柳珊瑚醇*

【基本信息】$C_{15}H_{26}O$, 油状物, $[\alpha]_D = +41°$ (c = 1.02, 氯仿).【类型】太平洋柳珊瑚烷型倍半萜*.【来源】太平洋柳珊瑚属* *Pacifigorgia* cf. *adamsii*.【活性】鱼毒.【文献】R. R. Izac, et al. Tetrahedron Lett., 1982, 23, 3743; R. R. Izac, et al. Tetrahedron, 1982, 38, 301.

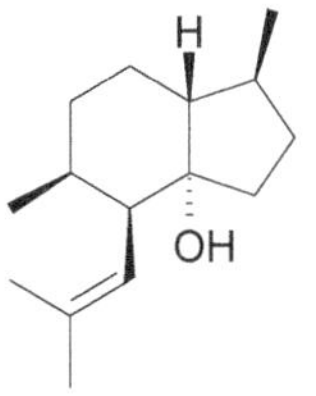

287 Pannosane 帕诺萨凹顶藻烷*

【基本信息】$C_{15}H_{24}BrClO$, 油状物, $[\alpha]_D^{23} = -6.41°$ (c = 0.53, 氯仿).【类型】杂项螺倍半萜.【来源】红藻帕诺萨凹顶藻* *Laurencia pannosa* (马来西

亚).【活性】抗菌 (青紫色素杆菌 *Chromobacterium violaceum,* MIC = 60μg/盘).【文献】M. Suzuki, et al. JNP, 2001, 64, 597.

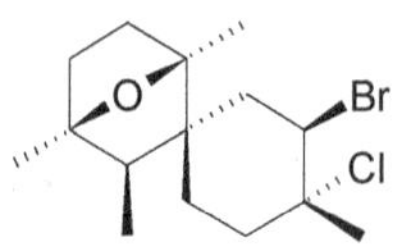

288　Pannosanol　帕诺萨凹顶藻醇*

【基本信息】$C_{15}H_{24}BrClO$, 油状物, $[\alpha]_D^{24}$ = +4.97° (*c* = 0.52, 氯仿).【类型】杂项螺倍半萜.【来源】红藻帕诺萨凹顶藻* *Laurencia pannosa* (马来西亚).【活性】抗菌 (奇异变形杆菌 *Proteus mirabilis,* MIC = 60μg/盘; 青紫色素杆菌 *Chromobacterium violaceum* 和霍乱弧菌 *Vibrio cholera,* MIC = 100μg/盘).【文献】M. Suzuki, et al. JNP, 2001, 64, 597.

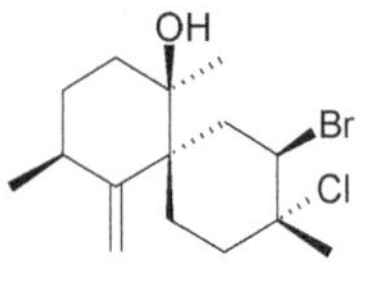

289　Aignopsanoic acid　艾格诺萨农酸*

【基本信息】$C_{15}H_{22}O_3$, 无定形粉末, $[\alpha]_D^{23}$ = +42° (*c* = 0.14, 甲醇).【类型】杂项双环倍半萜.【来源】汤加硬丝海绵 *Cacospongia mycofijiensis* (金贝湾, 巴布亚新几内亚).【活性】抗锥虫 (布氏锥虫 *Trypanosoma brucei,* 适度活性).【文献】T. A. Johnson, et al. Org. Lett., 2009, 11, 1975.

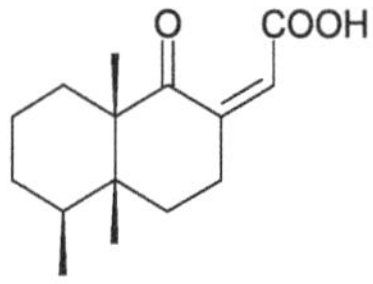

290　Aignopsanoic acid methyl ester　艾格诺萨农酸甲酯*

【基本信息】$C_{16}H_{24}O_3$, 无定形粉末, $[\alpha]_D^{23}$ = −60.4° (*c* = 0.09, 甲醇).【类型】杂项双环倍半萜.【来源】汤加硬丝海绵 *Cacospongia mycofijiensis* (金贝湾, 巴布亚新几内亚).【活性】抗锥虫 (布氏锥虫 *Trypanosoma brucei,* 适度活性).【文献】T. A. Johnson, et al. Org. Lett., 2009, 11, 1975.

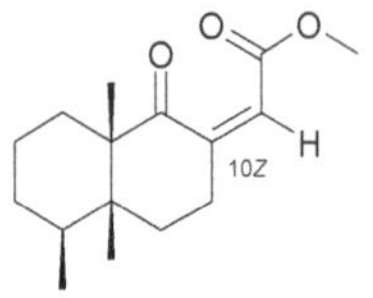

291　8,11-Dihydro-12-hydroxy isolaurene 8,11-二氢-12-羟基异凹顶藻烯*

【基本信息】$C_{15}H_{22}O$, 无色油状物, $[\alpha]_D$ = +11.5° (*c* = 0.01, 氯仿).【类型】杂项双环倍半萜.【来源】红藻钝形凹顶藻* *Laurencia obtusa* (吉达市, 沙特阿拉伯).【活性】抗菌 (革兰氏阳性枯草芽孢杆菌 *Bacillus subtilis* ATCC 6633, MIC = 39μg/mL; 革兰氏阳性金黄色葡萄球菌 *Staphylococcus aureus* ATCC 29213, MIC = 31μg/mL); 抗真菌 (白色念珠菌 *Candida albicans*, MIC = 120μg/mL; 烟曲霉 *Aspergillus fumigatus*, MIC = 200μg/mL; 黄曲霉 *Aspergillus flavus*, MIC = 1250μg/mL); 细胞毒 (艾氏腹水癌细胞 (EAC), 用于对照物实验超过 95%的细胞生存能力, 细胞毒活性 79.9%).【文献】W. M. Alarif, et al. EurJMC, 2012, 55, 462.

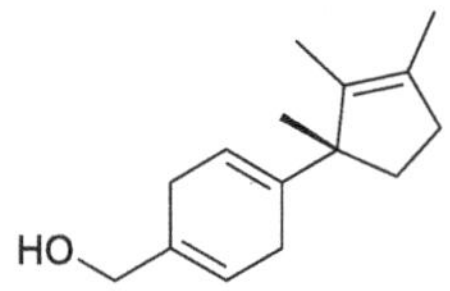

292　(−)12,13-Dihydro-14-methoxy-14-deacetoxyspiro- dysin　(−)12,13-二氢-14-甲氧基-14-去乙酰氧基螺代森*

【基本信息】$C_{16}H_{26}O_2$, 油状物, $[\alpha]_D^{25}$ = +195° (*c* = 1, 氯仿).【类型】杂项双环倍半萜.【来源】易碎掘海绵* *Dysidea fragilis* (印度水域).【活性】抗真菌 (白色念珠菌 *Candida albicans*).【文献】N. S. Reddy, et al. Ind. J. Chem., Sect. B, 1999, 38, 1002.

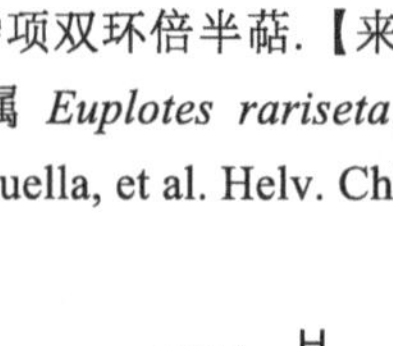

293　Epoxyrarisetenolide　环氧游仆虫内酯*

【基本信息】$C_{15}H_{20}O_3$, $[\alpha]_D^{20}$ = −52° (*c* = 0.24, 甲醇).【类型】杂项双环倍半萜.【来源】原生动物纤毛虫游仆虫属 *Euplotes rariseta*.【活性】防卫剂.【文献】G. Guella, et al. Helv. Chim. Acta, 1996, 79, 2180.

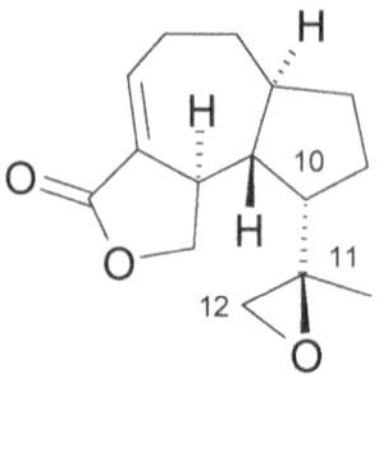

294　Hamigeran L　哈米杰拉海绵素 L*

【基本信息】$C_{20}H_{27}BrO_5$.【类型】杂项双环倍半萜.【来源】哈米杰拉属海绵 *Hamigera tarangaensis* (卡里卡里角，北岛，新西兰).【活性】细胞毒 [HL60, IC_{50} = (78.3±0.5)μmol/L].【文献】A. J. Singh, et al. Org. Biomol. Chem., 2013, 11, 8041.

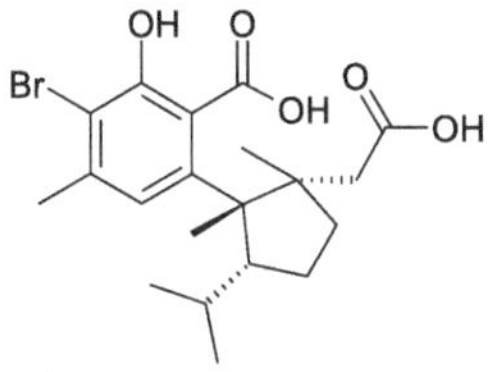

295　Hamigeran L methyl ester　哈米杰拉海绵素 L 甲酯*

【基本信息】$C_{21}H_{29}BrO_5$.【类型】杂项双环倍半萜.【来源】哈米杰拉属海绵 *Hamigera tarangaensis* [卡里卡里角，北岛，新西兰].【活性】细胞毒 [HL60, IC_{50} = (21.1±0.3)μmol/L].【文献】A. J. Singh, et al. Org. Biomol. Chem., 2013, 11, 8041.

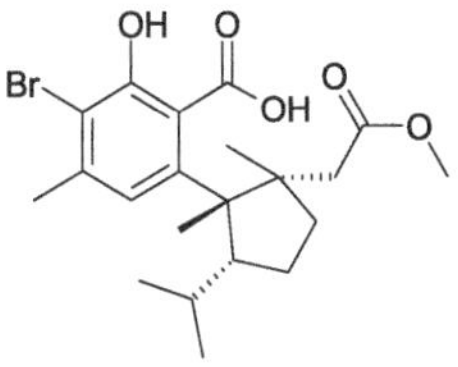

296　γ-Hydroxybutenolide　γ-羟基丁烯酸内酯类化合物*

【基本信息】$C_{15}H_{20}O_3$，固体，$[\alpha]_D^{24}$ = +0.23° (*c* = 0.35，甲醇).【类型】杂项双环倍半萜.【来源】拟草掘海绵* *Dysidea herbacea* (帕劳，大洋洲).【活性】抗污剂 (蓝贻贝 *Mytilus edulis*，紫贻贝 *Mytilus galloprovincialis*).【文献】Y. Seta, et al. JNP, 1999, 62. 39.

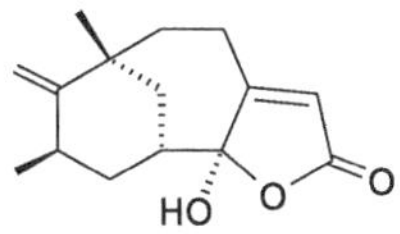

297　12-Hydroxy isolaurene　12-羟基异凹顶藻烯*

【基本信息】$C_{15}H_{20}O$，无色油状物，$[\alpha]_D$ = +41.7° (*c* = 0.01，氯仿).【类型】杂项双环倍半萜.【来源】红藻钝形凹顶藻* *Laurencia obtusa* (吉达市，沙特阿拉伯).【活性】抗菌 (革兰氏阳性枯草芽孢杆菌 *Bacillus subtilis* ATCC 6633, MIC = 46μg/mL；革兰氏阳性金黄色葡萄球菌 *Staphylococcus aureus* ATCC 29213, MIC = 52μg/mL)；抗真菌 (白色念珠菌 *Candida aLbicans*, MIC = 2000μg/mL；烟曲霉 *Aspergillus fumigatus*, MIC = 2000μg/mL，黄曲霉 *Aspergillus flavus*, MIC = 5000μg/mL).【文献】W. M. Alarif, et al. EurJMC, 2012, 55, 462.

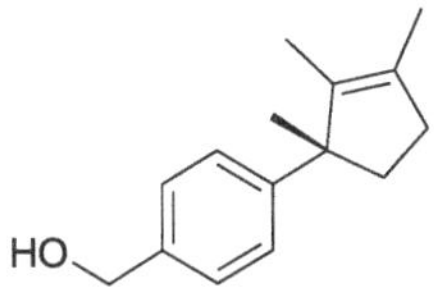

298　Isishippuric acid B　粗枝竹节柳珊瑚酸 B*

【基本信息】$C_{14}H_{22}O_4$，粉末，mp > 300°C，$[\alpha]_D^{25}$ = −115° (*c* = 1，氯仿).【类型】杂项双环倍半萜.【来源】粗枝竹节柳珊瑚 *Isis hippuris*.【活性】细胞毒 (P_{388}, A549, HT29, 所有的 ED_{50} < 0.1μg/mL).【文献】J. -H. Sheu, et al. Tetradron Lett., 2004, 45, 6413.

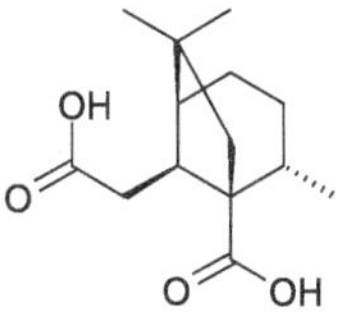

299　Isolauraldehyde　异凹顶藻烯醛*

【基本信息】$C_{15}H_{18}O$，无色油状物，$[\alpha]_D$ = +11.5° (*c* = 0.01，氯仿).【类型】杂类双环倍半萜.【来源】红藻钝形凹顶藻* *Laurencia obtusa* (吉达市，沙特阿拉伯).【活性】抗菌 (革兰氏阳性枯草芽孢杆菌 *Bacillus subtilis* ATCC 6633, MIC = 35μg/mL；革兰氏阳性金黄色葡萄球菌 *Staphylococcus aureus* ATCC 29213, MIC = 27μg/mL)；抗真菌 (白色念珠菌 *Candida albicans*, MIC = 70μg/mL，烟曲霉 *Aspergillus fumigatus*, MIC = 100μg/mL，黄曲霉 *Aspergillus flavus*, MIC = 1000μg/mL)；细胞毒 [艾氏腹水癌细胞 (EAC)，用于对照物实验超过 95%的细胞生存能力，细胞毒活性 83.1%].【文献】W. M. Alarif, et al. EurJMC, 2012, 55, 462.

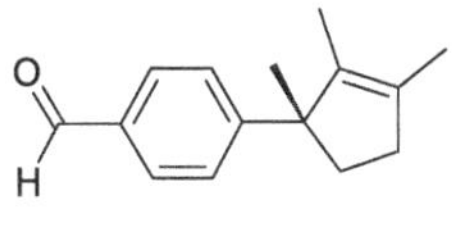

300　$\Delta^{7(14)}$-Isonakafuran 9　$\Delta^{7(14)}$-异那卡呋喃 9*

【基本信息】$C_{15}H_{20}O$, $[\alpha]_D^{25}$ = +53.7° (*c* = 0.13，氯

仿).【类型】杂项双环倍半萜.【来源】掘海绵属* *Dysidea* sp. (大堡礁, 澳大利亚, 146°50′E 18°00′S).【活性】细胞毒 (小鼠, P_{388} 白血病细胞).【文献】A. E. Flowers, et al. Aust. J. Chem., 1998, 51, 195.

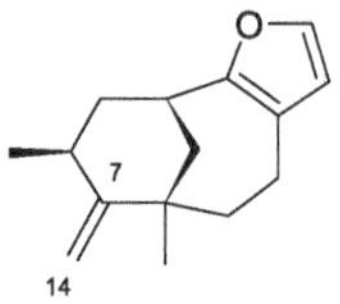

301 $\Delta^{7(14)}$-Isonakafuran 9 hydroperoxide $\Delta^{7(14)}$-异那卡呋喃 9 氢过氧化物*

【基本信息】$C_{16}H_{24}O_4$, $[\alpha]_D^{25}$ = +46.6° (*c* = 0.17, 氯仿).【类型】杂项双环倍半萜.【来源】掘海绵属* *Dysidea* sp. (大堡礁, 澳大利亚, 146°50′E 18°00′S).【活性】细胞毒 (小鼠, P_{388} 白血病细胞); 抗真菌 (抑制须发癣菌 *Trichophyton mentagrophytes* 生长).【文献】A. E. Flowers, et al. Aust. J. Chem., 1998, 51, 195.

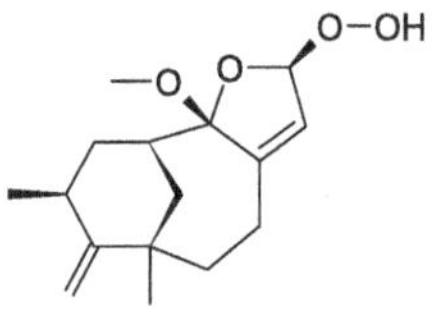

302 (−)-Microcionin 1 海绵宁 1*

【基本信息】$C_{15}H_{22}O$, 油状物, $[\alpha]_D^{25}$= −61.4° (*c* = 3.4, 氯仿).【类型】杂项双环倍半萜.【来源】空洞束海绵属* *Fasciospongia* sp.【活性】抗菌 (藤黄色微球菌 *Micrococcus luteus*, MIC = 6μg/mL).【文献】H. Gaspar, et al. JNP, 2008, 71, 2049.

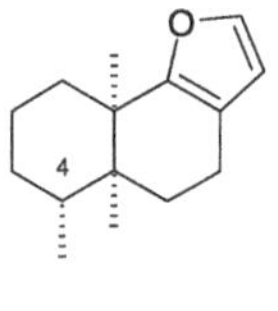

303 Nakafuran 8 那卡呋喃 8*

【基本信息】$C_{15}H_{20}O$, 油状物, $[\alpha]_D^{25}$ = +24.2° (*c* = 2.65, 氯仿).【类型】杂项双环倍半萜.【来源】易碎掘海绵* *Dysidea fragilis* (夏威夷, 美国), 软体动物裸腮目海牛亚目多彩海牛属 *Chromodoris maridadilus*, 软体动物裸腮目海牛亚目海牛裸腮属 *Hypselodoris godeffroyana*, 软体动物裸腮目海牛亚目海牛裸腮属 *Hypselodoris capensis*, 软体动物裸腮目海牛亚目海牛裸腮属 *Hypselodoris californiensis* 和软体动物裸腮目海牛亚目海牛裸腮属 *Hypselodoris ghiselini*.【活性】拒食剂 (鱼类).【文献】G. Schulte, et al. Helv. Chim. Acta, 1980, 63, 2159; J. E. Hochlowski, et al. JOC, 1982, 47, 88; J. H. Cardellina, et al. JOC, 1988, 53, 882; T. Uyehara, et al. JCS, Perkin Trans. Ⅰ, 1992, 1785.

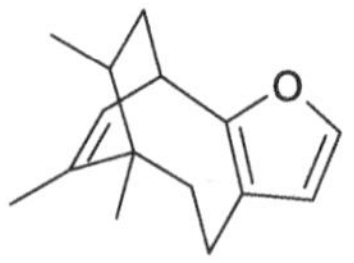

304 Nakafuran 9 那卡呋喃 9*

【基本信息】$C_{15}H_{20}O$, 油状物, $[\alpha]_D^{25}$ = −106° (*c* = 0.33, 氯仿).【类型】杂项双环倍半萜.【来源】易碎掘海绵* *Dysidea fragilis*, 软体动物裸腮目海牛亚目海牛裸腮属 *Hypselodoris ghiselini* 和软体动物裸腮目海牛亚目海牛裸腮属 *Hypselodoris godeffroyana*, 软体动物裸腮目海牛亚目多彩海牛属 *Chromodoris maridadilus* 和软体动物裸腮目海牛亚目多彩海牛属 *Chromodoris capensis*.【活性】拒食剂 (鱼类).【文献】G. R. Schulte, et al. Helv. Chim. Acta, 1980, 63, 2159; J. E. Hochlowski, et al. JOC, 1982, 47, 88.

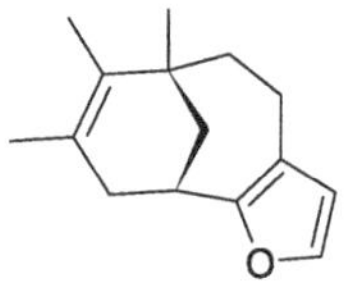

305 Raikovenal 游仆虫烯醛*

【基本信息】$C_{15}H_{24}O_2$, $[\alpha]_D^{20}$ = −40° (*c* = 0.1, 甲醇).【类型】杂项双环倍半萜.【来源】原生动物纤毛虫游仆虫属 *Euplotes raikovi*.【活性】细胞毒.【文献】G. Guella, et al. Chem. Commun., 1994, 2585.

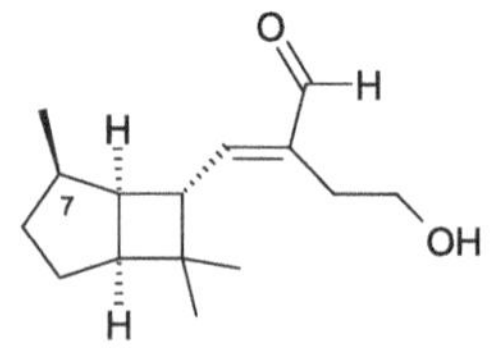

306 Rarisetenolide 游仆虫烯内酯*

【基本信息】$C_{15}H_{20}O_2$, $[\alpha]_D^{20}$ = −54° (*c* = 0.28, 甲醇).【类型】杂项双环倍半萜.【来源】原生动物纤毛虫游仆虫属 *EupLotes rariseta* (PBH1, BR1 和 GRH5).【活性】防卫剂.【文献】G. Guella, et al. Helv. Chim. Acta, 1996, 79, 2180.

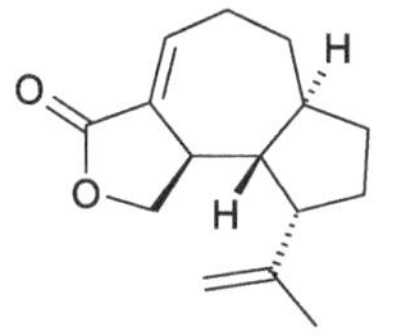

307 *epi*-Rarisetenolide *epi*-游仆虫烯内酯*

【基本信息】$C_{15}H_{20}O_2$.【类型】杂项双环倍半萜.【来源】原生动物纤毛虫游仆虫属 *EupLotes rariseta* (PBH1, BR1 和 GRH5).【活性】防卫剂.【文献】G. Guella, et al. Helv. Chim. Acta, 1996, 79, 2180.

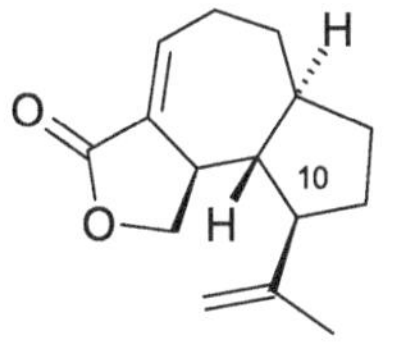

2.25 非洲萜烷倍半萜

308 3(15)-Africanene 3(15)-非洲萜烯*

【别名】9(15)-Africanene; 9(15)-非洲萜烯*.【基本信息】$C_{15}H_{24}$, 油状物, $[\alpha]_D^{24} = +86°$ ($c = 3.7$, 氯仿), $[\alpha]_D^{28} = +82°$ ($c = 0.23$, 氯仿).【类型】非洲萜烷倍半萜.【来源】细长枝短指软珊瑚* *Sinularia leptoclados* (南部印度), 短指软珊瑚属* *Sinularia erecta* 和多型短指软珊瑚* *Sinularia polydactyla*.【活性】细胞毒 (EAC, DLAT); 抗炎.【文献】Y. Kashman, et al. Experientia, 1980, 36, 891; J. C. Braekman, et al. Experientia, 1980, 36, 893; G. B. S. Reddy, et al. CPB, 1999, 47, 1214.

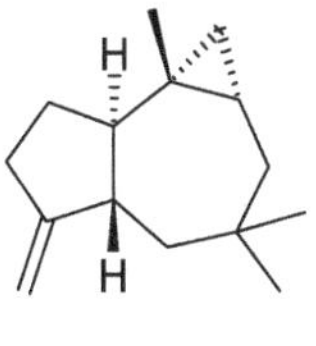

309 Africanol 非洲萜醇*

【别名】(2α,3β,6α)-2-Africananol; (2α,3β,6α)-2-非洲萜醇*.【基本信息】$C_{15}H_{26}O$, 晶体, mp 58~60°C, $[\alpha]_D = +59.5°$ ($c = 0.5$, 氯仿).【类型】非洲萜烷倍半萜.【来源】穗软珊瑚属* *Lemnalia africana*.【活性】杀藻剂.【文献】B. Tursch, et al. Tetrahedron Lett., 1974, 747; K. Hayasaka, et al. Tetrahedron Lett., 1985, 26, 873; W. Fan, et al. JOC, 1993, 58, 3557.

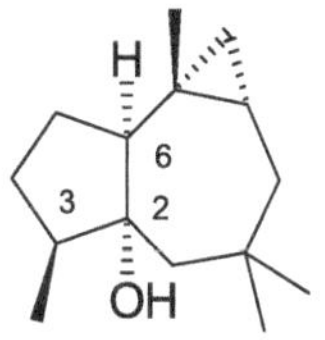

2.26 卡普涅拉烷倍半萜

310 8β-Acetoxycapnell-9 (12)-ene-10α-ol
8β-乙酰氧基卡普涅拉软珊瑚-9(12)-烯-10α-醇*

【基本信息】$C_{17}H_{26}O_3$.【类型】卡普涅拉烷倍半萜.【来源】穗软珊瑚 Nephtheidae 科* *Dendronephthya rubeola* 和卡普涅拉属软珊瑚* *Capnella imbricata* (新鲜群体丙酮提取物).【活性】抗恶性细胞增殖的 (L929, $GI_{50} = 20.9\mu mol/L$, 对照物阿霉素, $GI_{50} = 1.2\mu mol/L$; K562, $GI_{50} = 67.4\mu mol/L$, 阿霉素, $GI_{50} = 1.2\mu mol/L$); 细胞毒 (HeLa, $CC_{50} = 9.4\mu mol/L$, 对照物阿霉素, $CC_{50} = 2.0\mu mol/L$).【文献】M. Kaisin, et al. Tetrahedron, 1985, 41, 1067; C. -H. Chang, et al. JNP, 2008, 71, 619; D. Grote, et al. Chem. Biodivers., 2008, 5, 1683.

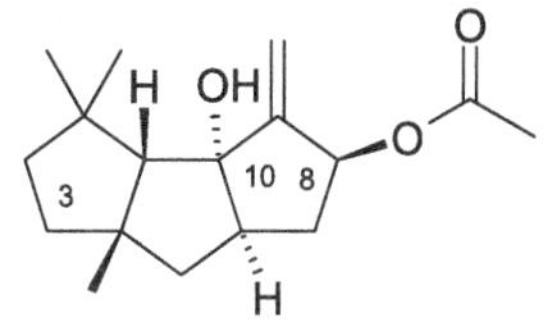

311 3β-Acetoxycapnellene-8β,10α,14-triol
3β-乙酰氧基卡普涅拉软珊瑚烯-8β,10α,14-三醇*

【基本信息】$C_{17}H_{26}O_5$, 黄色油, $[\alpha]_D = +39.7°$ ($c = 0.1$, 氯仿).【类型】卡普涅拉烷倍半萜.【来源】穗软珊瑚 Nephtheidae 科* *Dendronephthya rubeola* 和卡普涅拉属软珊瑚* *Capnella imbricata* (印度尼西亚).【活性】细胞毒 (HL60, $IC_{50} = 713\mu mol/L$; K562, $IC_{50} = 24\mu mol/L$; G402, $IC_{50} = 52\mu mol/L$; MCF7, $IC_{50} = 1029\mu mol/L$; A278, $IC_{50} = 32\mu mol/L$).【文献】M. Kaisin, et al. Tetrahedron, 1985, 41, 1067; L. A. Morris, et al. Tetrahedron, 1998, 54, 12953; D. Grote, et al. Chem. Biodivers., 2008, 5, 1683.

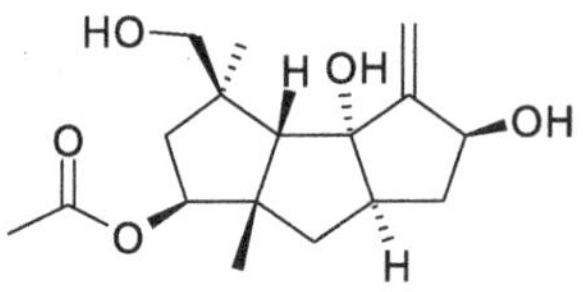

312 9(12)-Capnellene 9(12)-卡普涅拉软珊瑚烯*

【基本信息】$C_{15}H_{24}$, 油状物, $[\alpha]_D^{20} = -145°$ ($c = 0.4$, 氯仿).【类型】卡普涅拉烷倍半萜.【来源】卡普涅拉属软珊瑚 *Capnella imbricata*.【活性】抗菌; 抗肿瘤.【文献】V. Singh, et al. JOC, 1998, 63, 4011; E. Ayanoglu, et al. Tetrahedron Lett., 1978, 1671; J. Buckingham (executive editor), et al. Dictionary of Natural Products, 1995, Vol 1, p846, Champman & Hall. London.

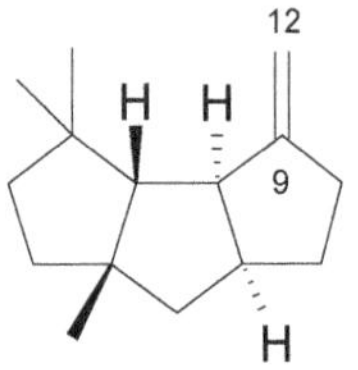

313 Capnell-9 (12)-ene-8*β*,10*α*-diol 卡普涅拉软珊瑚-9(12)-烯-8*β*,10*α*-二醇*

【基本信息】$C_{15}H_{24}O_2$, 晶体 (正己烷), $[\alpha]_D^{21} = +41°$ ($c = 0.15$, 氯仿).【类型】卡普涅拉烷倍半萜.【来源】穗软珊瑚 Nephtheidae 科* *Dendronephthya rubeola* 和卡普涅拉属软珊瑚* *Capnella imbricata*.【活性】抗恶性细胞增殖的 (L929, $GI_{50} = 6.8\mu mol/L$, 对照物阿霉素, $GI_{50} = 1.2\mu mol/L$; K562, $GI_{50} = 70.9\mu mol/L$, 阿霉素, $GI_{50} = 1.2\mu mol/L$); 细胞毒 (HeLa, $CC_{50} = 7.6\mu mol/L$, 对照物阿霉素, $CC_{50} = 2.0\mu mol/L$); 细胞毒 (HL60, K562, G402, MCF7, A2780, HT115, $IC_{50} = 0.7\sim93\mu mol/L$); 抑制致癌转录因子Myc与其伙伴蛋白Max的相互作用 (高活性); 灭藻剂.【文献】Y. M. Sheikh, et al. Tetrahedron, 1976, 32, 1171; T. C. W.Mak, et al. Zhongshan Daxue Xuebao Ziran Kexueban, 1985, 22; L. A. Morris, et al. Tetrahedron, 1998, 54, 12953; D. Grote, et al. Chem. Biodivers., 2008, 5, 1683.

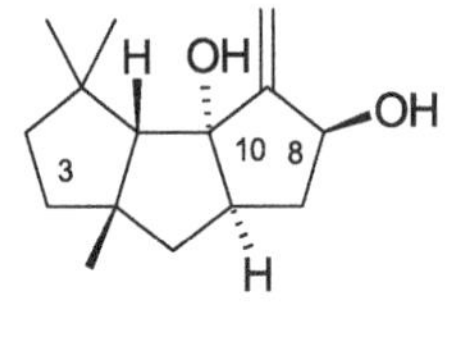

314 9 (12)-Capnellen-8*β*-ol 9 (12)-卡普涅拉软珊瑚烯-8*β*-醇*

【基本信息】$C_{15}H_{24}O$, 无定形粉末, $[\alpha]_D = +19.5°$ ($c = 0.2$, 氯仿).【类型】卡普涅拉烷倍半萜.【来源】穗软珊瑚 Nephtheidae 科* *Dendronephthya rubeola* 和卡普涅拉属软珊瑚* *Capnella imbricata* (印度尼西亚).【活性】细胞毒 (HL60, $IC_{50} = 68\mu mol/L$; K562, $IC_{50} = 4.6\mu mol/L$; G402, $IC_{50} > 4500\mu mol/L$; MCF7, $IC_{50} > 4500\mu mol/L$; HT115, $IC_{50} > 4500\mu mol/L$; A278, $IC_{50} = 6.6\mu mol/L$).【文献】L. A. Morris, et al. Tetrahedron, 1998, 54, 12953; D. Grote, et al. Chem. Biodivers., 2008, 5, 1683.

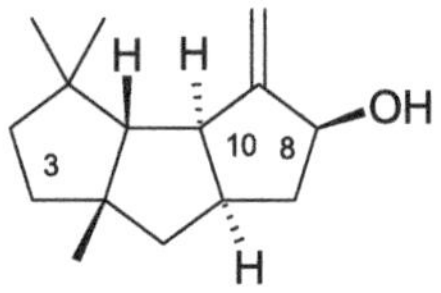

315 3*α*,14-Diacetoxycapnell-9 (12)-ene-8*β*,10*α*-diol 3*α*,14-双乙酰氧基卡普涅拉软珊瑚-9(12)-烯-8*β*,10*α*-二醇*

【基本信息】$C_{19}H_{28}O_6$, 油状物, $[\alpha]_D^{25} = +2.2°$ ($c = 1.33$, 氯仿).【类型】卡普涅拉烷倍半萜.【来源】卡普涅拉属软珊瑚* *Capnella imbricata* 和穗软珊瑚 Nephtheidae 科* *Dendronephthya rubeola*.【活性】抗恶性细胞增殖的 (L929, $GI_{50} = 126.4\mu mol/L$, 对照物阿霉素, $GI_{50} = 1.2\mu mol/L$; K562, $GI_{50} = 142.0\mu mol/L$, 阿霉素, $GI_{50} = 1.2\mu mol/L$); 细胞毒 (HeLa, $CC_{50} = 142.0\mu mol/L$, 对照物阿霉素, $CC_{50} = 2.0\mu mol/L$).【文献】M. Kaisin, et al. Tetrahedron, 1985, 41, 1067; D. Grote, et al. Chem. Biodivers., 2008, 5, 1683.

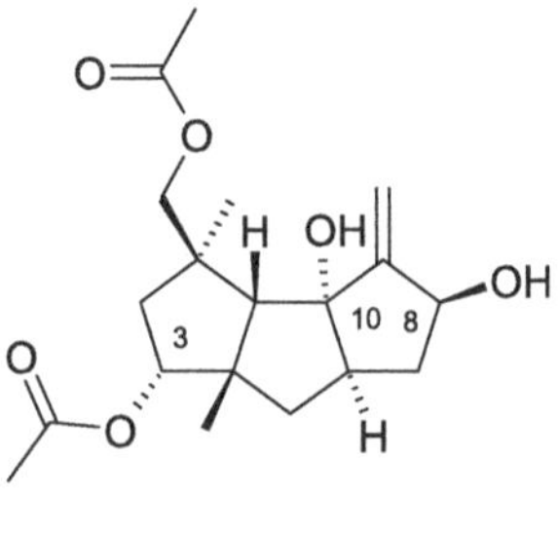

316 3*α*,8*β*-Diacetoxycapnell-9(12)-ene-10*α*-ol 3*α*,8*β*-双乙酰氧基卡普涅拉软珊瑚-9(12)-烯-10*α*-醇*

【基本信息】$C_{19}H_{28}O_5$, 油状物, $[\alpha]_D^{25} = +2.2°$

($c = 1.33$, 氯仿).【类型】卡普涅拉烷倍半萜.【来源】穗软珊瑚 Nephtheidae 科* *Dendronephthya rubeola*.【活性】抗恶性细胞增殖的 (L929, GI_{50} = 99.1μmol/L, 对照物阿霉素, GI_{50} = 1.2μmol/L; K562, GI_{50} = 62.2μmol/L, 阿霉素, GI_{50} = 1.2μmol/L); 细胞毒 (HeLa, CC_{50} = 125.0μmol/L, 对照物阿霉素, CC_{50} = 2.0μmol/L).【文献】D. Grote, et al. Chem. Biodivers., 2008, 5, 1683.

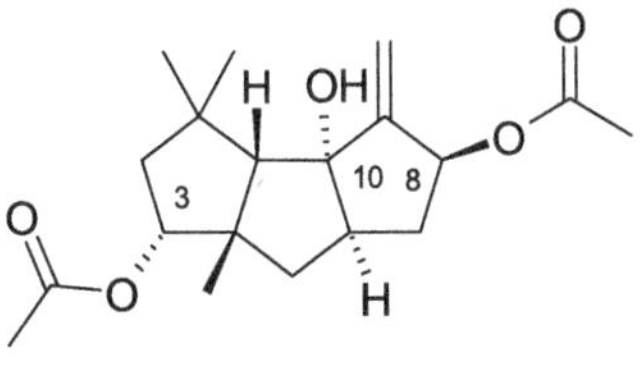

317　2*α*,8*β*,13-Triacetoxycapnell-9(12)-ene-10*α*-ol　2*α*,8*β*,13-三乙酰氧基卡普涅拉软珊瑚-9(12)-烯-10*α*-醇*

【基本信息】$C_{21}H_{30}O_7$, 油状物, $[\alpha]_D^{26} = -17°$ ($c = 0.72$, 氯仿).【类型】卡普涅拉烷倍半萜.【来源】穗软珊瑚 Nephtheidae 科* *Dendronephthya rubeola*.【活性】抗恶性细胞增殖的 (L929, GI_{50} = 126.9μmol/L, 对照物阿霉素, GI_{50} = 1.2μmol/L; K562, GI_{50} = 126.9μmol/L, 阿霉素, GI_{50} = 1.2μmol/L); 细胞毒 (HeLa, CC_{50} = 126.9μmol/L, 对照物阿霉素, CC_{50} = 2.0μmol/L).【文献】D. Grote, et al. Chem. Biodivers., 2008, 5, 1683.

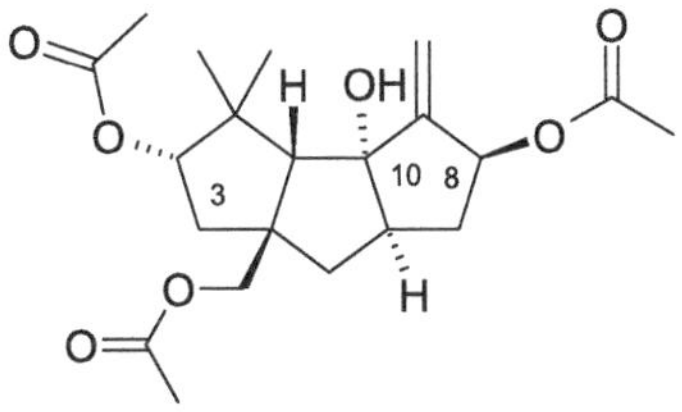

318　3*α*,8*β*,14-Triacetoxycapnell-9(12)-ene- 10*α*- ol　3*α*,8*β*,14-三乙酰氧基卡普涅拉软珊瑚-9(12)-烯-10*α*-醇*

【基本信息】$C_{21}H_{30}O_7$, 油状物, $[\alpha]_D^{24} = +1.7°$ ($c = 0.88$, 氯仿).【类型】卡普涅拉烷倍半萜.【来源】穗软珊瑚 Nephtheidae 科* *Dendronephthya rubeola*.【活性】抗恶性细胞增殖的 (L929, GI_{50} = 126.9μmol/L, 对照物阿霉素, GI_{50} = 1.2μmol/L; K562, GI_{50} = 126.9μmol/L, 阿霉素, GI_{50} = 1.2μmol/L); 细胞毒 (HeLa, CC_{50} = 126.9μmol/L, 对照物阿霉素, CC_{50} = 2.0μmol/L).【文献】D. Grote, et al. Chem. Biodivers., 2008, 5, 1683.

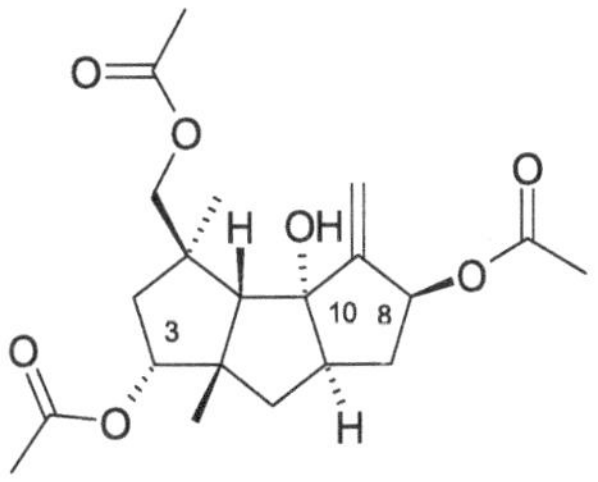

2.27　多毛烷倍半萜

319　Chondrosterin A　软韧革真菌林 A*

【基本信息】$C_{15}H_{20}O_2$, 浅黄色油, $[\alpha]_D^{20} = +112°$ ($c = 0.024$, 甲醇).【类型】多毛烷倍半萜.【来源】海洋导出的真菌软韧革菌属* *Chondrostereum* sp., 来自肉芝软珊瑚属* *Sarcophyton tortuosum* (海南岛, 中国).【活性】细胞毒 (A549, IC_{50} = 2.45μmol/L; CNE2, IC_{50} = 4.95μmol/L; LoVo, IC_{50} = 5.47μmol/L).【文献】H. -J. Li, et al. Mar. Drugs, 2012, 10, 627.

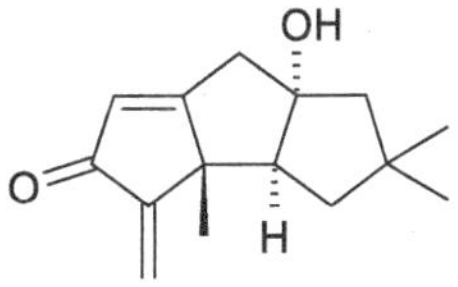

320　*ent*-Gloeosteretriol　*ent*-榆耳三醇

【基本信息】$C_{15}H_{26}O_3$, $[\alpha]_D^{25} = -1.5°$ ($c = 1.33$, 甲醇).【类型】多毛烷倍半萜.【来源】一种未鉴定的海洋导出的真菌, 来自蜂海绵属 *Haliclona* sp. (印太地区).【活性】抗菌 (革兰氏阳性枯草芽孢杆菌 *bacillus subtilis*).【文献】G. -Y. -S. Wang, et al. Tetrahedron, 1998, 54, 7335.

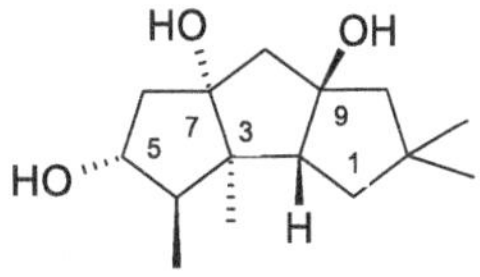

321　Hirsutanol A　多毛醇 A*

【别名】(2*α*,10*β*)-2,10-Dihydroxy-4(15),6,8-hirsutatrien-5-one; (2*α*,10*β*)-2,10-二羟基-4(15),6,8-多毛三烯-5-酮*.【基本信息】$C_{15}H_{18}O_3$, $[\alpha]_D^{25} = -23.5°$ ($c = 0.97$, 甲醇).【类型】多毛烷倍半萜.【来源】一种未鉴定的海洋导出的真菌, 来自蜂海绵属

Haliclona sp.【活性】抑制 NO 合成酶和环氧合酶-2 的表达；抗菌（革兰氏阳性枯草芽孢杆菌 *Bacillus subtilis*).【文献】G. -Y. -S. Wang, et al. Tetrahedron, 1998, 54, 7335.

322 Chondrosterin J 软韧革真菌林 J*

【基本信息】$C_{15}H_{22}O_3$.【类型】重排多毛烷倍半萜.【来源】海洋导出的真菌软韧革菌属* *Chondrostereum* sp. (在含有甘油的介质中培养), 来自一种未鉴定的软珊瑚.【活性】细胞毒(HTCLs, 有潜力的).【文献】H. -J. Li, et al. Mar. Drugs, 2014, 12, 167.

2.28 水飞蓟烷倍半萜

323 Subergorgic acid 柳珊瑚酸*

【基本信息】11-Oxo-5-silphiperfolen-13-oic acid; 11-氧代-5-水飞蓟烯-13-酸*【基本信息】$C_{15}H_{20}O_3$, 晶体, mp 179~180°C, mp 200~202°C, $[\alpha]_D^{20} = -128°$ ($c = 1$, 甲醇).【类型】水飞蓟烷型倍半萜.【来源】粗枝竹节柳珊瑚 *Isis hippuris*, 侧扁软柳珊瑚(角珊瑚) *Subergorgia suberosa.*【活性】细胞毒(P_{388}, $ED_{50} = 13.3\mu g/mL$; A549, $ED_{50} > 50\mu g/mL$; HT29, $ED_{50} > 50\mu g/mL$); 心脏中毒; 神经肌肉传递抑制剂; LD_{50} (小鼠, ivn) = 22.8mg/kg.【文献】A. Groweiss, et al. Tetrahedron Lett., 1985, 26, 2379; J. -H. Sheu, et al. JNP, 2000, 63, 1603.

2.29 况得烷倍半萜

324 Quadrone 况得酮

【基本信息】$C_{15}H_{20}O_3$, 晶体（甲醇), mp 185~186°C, $[\alpha]_D^{18} = -50°$ ($c = 0.1$, 乙醇).【类型】况得烷型倍半萜.【来源】海洋导出的真菌土色曲霉菌* *Aspergillus terreus*.【活性】细胞毒 (NCI 的 60 种肿瘤细胞, *in vitro*, 低活性, 不同的细胞毒性).【文献】R. L. Ranieri, Tetrahedron Lett., 1978, 19, 499; H. R. Bokesch, et al. Tetrahedron Lett., 1996, 37, 3259.

325 Suberosenone 侧扁软柳珊瑚烯酮*

【基本信息】$C_{15}H_{22}O$, $[\alpha]_D = +55.7°$ ($c = 0.78$, 氯仿).【类型】况得烷型倍半萜.【来源】侧扁软柳珊瑚 (角珊瑚)* *Subergorgia suberosa*.【活性】细胞毒 (NCI 的 60 种肿瘤细胞, *in vitro*, 对卵巢, 肾和黑色素瘤株特别敏感).【文献】H. R. Bokesch, et al. Tetrahedron Lett., 1996, 37, 3259; H. -Y. Lee, et al. Org. Lett., 2000, 2, 1951.

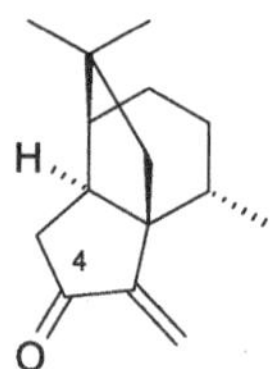

326 Terrecyclic acid A 土环酸 A*

【基本信息】$C_{15}H_{20}O_3$, 晶体 (己烷/乙醚), mp 177~179°C, $[\alpha]_D^{21} = +33.9°$ ($c = 0.177$, 氯仿).【类型】况得烷型倍半萜.【来源】海洋导出的真菌土色曲霉菌* *Aspergillus terreus*.【活性】抗微生物

(广谱); 抗肿瘤; 真菌毒素; 酶抑制剂.【文献】M. Nakagawa, et al. J. Antibiot., 1982, 35, 778; H. R. Bokesch, et al. Tetrahedron Lett., 1996, 37, 3259.

327 Terrecyclol 土环醇*

【基本信息】$C_{15}H_{22}O_2$, 油状物.【类型】况得烷型倍半萜.【来源】海洋导出的真菌土色曲霉菌* *Aspergillus terreus*.【活性】真菌毒素; 抗生素.【文献】M. Nakagawa, et al. Agric. Biol. Chem., 1984, 48, 117; H. R. Bokesch, et al. Tetrahedron Lett., 1996, 37, 3259.

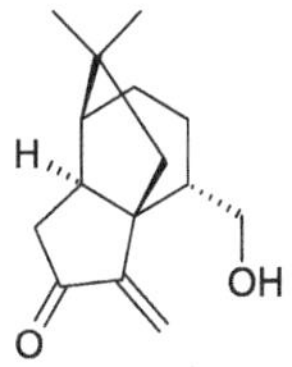

2.30 前凯普烷倍半萜

328 (+)-Dactylol (+)-黑指纹海兔醇*

【别名】3-Precapnellen-6*β*-ol; 3-前卡普涅软珊瑚烯-6*β*-醇*.【基本信息】$C_{15}H_{26}O$, mp 50~51°C, $[\alpha]_D^{24}$ = +22.5° (*c* = 1.76, 氯仿).【类型】前凯普烷倍半萜.【来源】红藻凹顶藻属* *Laurencia poitei*, 软体动物黑指纹海兔 *Aplysia dactylomela*.【活性】抑制戊巴比妥代谢.【文献】F. J. Schmitz, et al. Tetrahedron, 1978, 34, 2719.

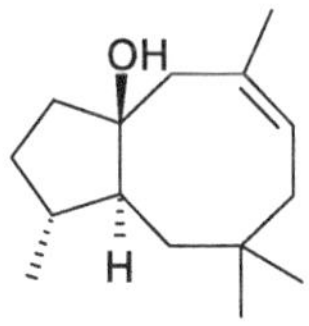

329 3*α*,4*α*-Epoxyprecapnell-9(12)-ene 3*α*,4*α*-环氧前卡普涅-9(12)-烯*

【基本信息】$C_{15}H_{24}O$, 油状物, $[\alpha]_D^{24}$ = +42° (*c* = 0.57, 氯仿).【类型】前凯普烷倍半萜.【来源】穗软珊瑚 Nephtheidae 科* *Dendronephthya rubeola*.【活性】抗恶性细胞增殖的 (L929, GI_{50} = 227.3μmol/L, 对照物阿霉素, GI_{50} = 1.2μmol/L; K562, GI_{50} = 227.3μmol/L, 阿霉素, GI_{50} = 1.2μmol/L); 细胞毒 (HeLa, CC_{50} = 193.2μmol/L, 对照物阿霉素, CC_{50} = 2.0μmol/L).【文献】D. Grote, et al. Chem. Biodivers., 2008, 5, 1683.

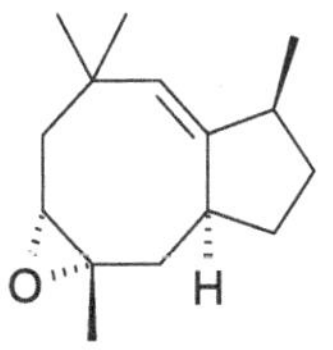

2.31 哈米杰拉海绵烷倍半萜

330 Debromohamigeran A 去溴哈米杰拉恩 A*

【基本信息】$C_{20}H_{26}O_5$, 晶体, mp 88.5~90°C, $[\alpha]_D^{25}$ = −38.5° (*c* = 0.11, 二氯甲烷).【类型】哈米杰拉海绵烷倍半萜.【来源】哈米杰拉属海绵* *Hamigera tarangaensis* (卡里卡里角, 北岛, 新西兰)。【活性】细胞毒 [HL60, IC_{50} = (12.5±3.4)μmol/L].【文献】K. D. Wellington, et al. JNP, 2000, 63, 79; K. C. Nicolaou, et al. Angew. Chem. Int. Ed., 2001, 40, 3679; A. J. Singh, et al. Org. Biomol. Chem., 2013, 11, 8041.

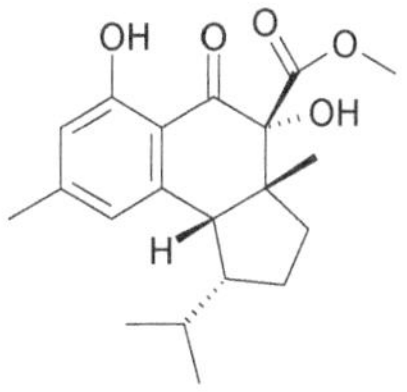

331 Hamigeran A 哈米杰拉恩 A*

【基本信息】$C_{20}H_{25}BrO_5$, 黄色针状晶体, mp 207~209°C, $[\alpha]_D^{25}$ = −22.5° (*c* = 0.5, 二氯甲烷).【类型】哈米杰拉海绵烷倍半萜.【来源】哈米杰拉属海绵* *Hamigera tarangaensis* (卡里卡里角, 北岛, 新西兰).【活性】细胞毒 [HL60, IC_{50} = (16.0±4.5)μmol/L].【文献】K. D. Wellington, et al. JNP, 2000, 63, 79; K. C. Nicolaou, et al. Angew. Chem. Int. Ed., 2001, 40, 3679; A. J. Singh, et al. Org. Biomol. Chem., 2013, 11, 8041.

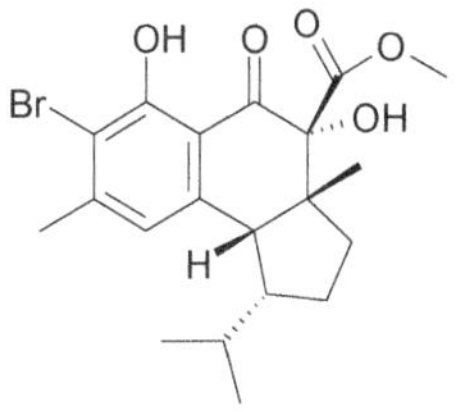

332 Hamigeran A ethyl ester 哈米杰拉恩 A 乙酯*

【基本信息】$C_{21}H_{27}BrO_5$.【类型】哈米杰拉海绵烷倍半萜.【来源】哈米杰拉属海绵* *Hamigera tarangaensis* (卡里卡里角, 北岛, 新西兰).【活性】细胞毒 (HL60).【文献】A. J. Singh, et al. Org. Biomol. Chem., 2013, 11, 8041.

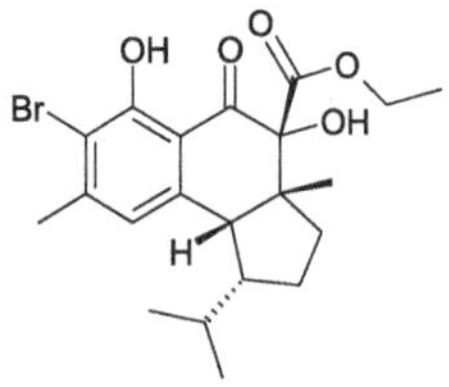

333 Hamigeran B 哈米杰拉恩 B*

【基本信息】$C_{18}H_{21}BrO_3$, 黄色片状晶体, mp 163~165°C, $[\alpha]_D^{25} = -151°$ ($c = 0.15$, 二氯甲烷).【类型】哈米杰拉海绵烷倍半萜.【来源】哈米杰拉属海绵* *Hamigera tarangaensis* (卡里卡里角, 北岛, 新西兰).【活性】细胞毒 (HL60, $IC_{50} = (3.4±0.4)\mu mol/L$).【文献】K. D. Wellington, et al. JNP, 2000, 63, 79; K. C. Nicolaou, et al. Angew. Chem. Int. Ed., 2001, 40, 3679; A. J. Singh, et al. Org. Biomol. Chem., 2013, 11, 8041.

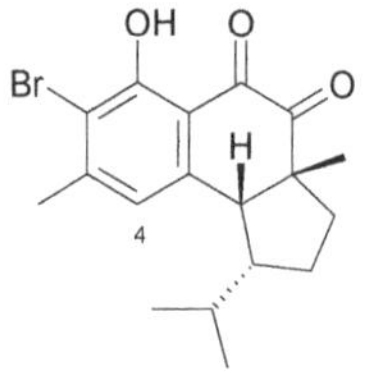

334 Hamigeran F 哈米杰拉恩 F*

【基本信息】$C_{21}H_{25}BrO_5$.【类型】哈米杰拉海绵烷倍半萜.【来源】哈米杰拉属海绵* *Hamigera tarangaensis* (卡里卡里角, 北岛, 新西兰).【活性】细胞毒 [HL60, $IC_{50} = (4.9±1.2)\mu mol/L$].【文献】A. J. Singh, et al. Org. Biomol. Chem., 2013, 11, 8041.

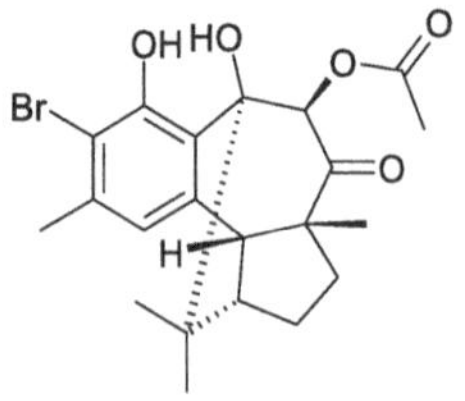

335 Hamigeran G 哈米杰拉恩 G*

【基本信息】$C_{19}H_{23}BrO_3$.【类型】哈米杰拉海绵烷倍半萜.【来源】哈米杰拉属海绵* *Hamigera tarangaensis* (卡里卡里角, 北岛, 新西兰).【活性】细胞毒 [HL60, $IC_{50} = (2.5±0.2)\mu mol/L$]; 抗真菌 (酿酒酵母 *Saccharomyces cerevisiae*, 作用模式是通过高尔基体的功能和高尔基体囊泡的形成).【文献】A. J. Singh, et al. Org. Biomol. Chem., 2013, 11, 8041.

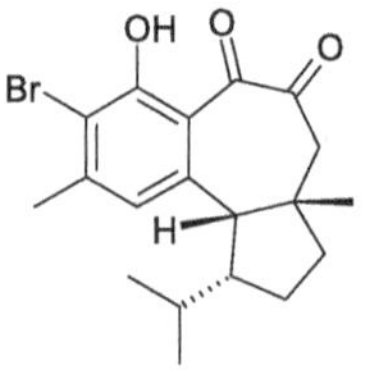

336 Hamigeran H 哈米杰拉恩 H*

【基本信息】$C_{22}H_{30}O_5$.【类型】哈米杰拉海绵烷倍半萜.【来源】哈米杰拉属海绵* *Hamigera tarangaensis* (卡里卡里角, 北岛, 新西兰).【活性】细胞毒 [HL60, $IC_{50} = (16.5±1.4)\mu mol/L$].【文献】A. J. Singh, et al. Org. Biomol. Chem., 2013, 11, 8041.

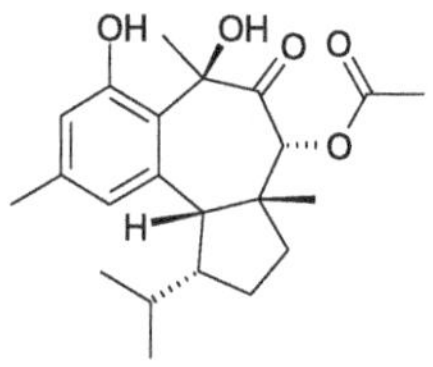

337 Hamigeran I 哈米杰拉恩 I*

【基本信息】$C_{19}H_{25}BrO_4$.【类型】哈米杰拉海绵烷倍半萜.【来源】哈米杰拉属海绵* *Hamigera tarangaensis* (卡里卡里角, 北岛, 新西兰).【活性】细胞毒 [HL60, $IC_{50} = (37.2±1.4)\mu mol/L$].【文献】A. J. Singh, et al. Org. Biomol. Chem., 2013, 11, 8041.

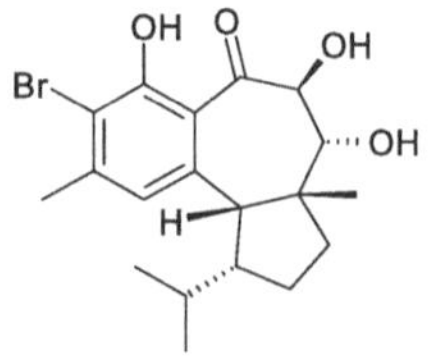

338 Hamigeran J 哈米杰拉恩 J*

【基本信息】$C_{20}H_{25}BrO_5$.【类型】哈米杰拉海绵烷倍半萜.【来源】哈米杰拉属海绵* *Hamigera tarangaensis* (卡里卡里角, 北岛, 新西兰).【活性】细胞毒 [HL60, $IC_{50} = (48.2±1.2)\mu mol/L$].【文献】

A. J. Singh, et al. Org. Biomol. Chem., 2013, 11, 8041.

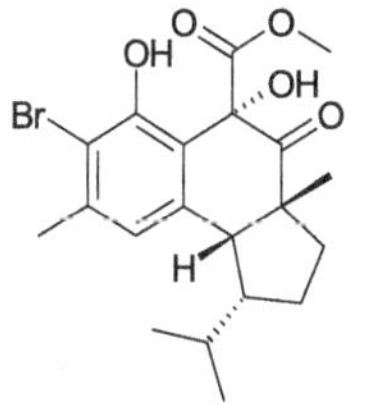

339 Hamigeran K 哈米杰拉恩 K*

【基本信息】$C_{18}H_{23}BrO_3$.【类型】哈米杰拉海绵烷倍半萜.【来源】哈米杰拉属海绵* *Hamigera tarangaensis* (卡里卡里角, 北岛, 新西兰).【活性】细胞毒 [HL60, IC_{50} = (13.7±0.6)μmol/L].【文献】A. J. Singh, et al. Org. Biomol. Chem., 2013, 11, 8041.

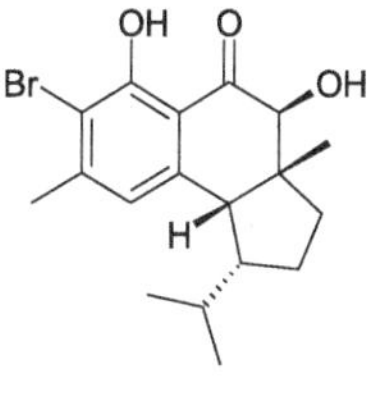

340 10-*epi*-Hamigeran K 10-*epi*-哈米杰拉恩 K*

【基本信息】$C_{18}H_{23}BrO_3$.【类型】哈米杰拉海绵烷倍半萜.【来源】哈米杰拉属海绵* *Hamigera tarangaensis* (卡里卡里角, 北岛, 新西兰).【活性】细胞毒 [HL60, IC_{50} = (28.5±1.6)μmol/L].【文献】A. J. Singh, et al. Org. Biomol. Chem., 2013, 11, 8041.

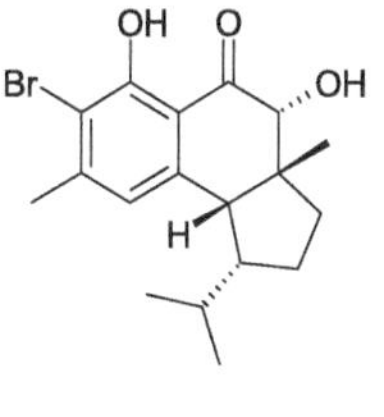

341 4-Bromohamigeran K 4-溴哈米杰拉恩 K*

【基本信息】$C_{18}H_{22}Br_2O_3$.【类型】哈米杰拉海绵烷倍半萜.【来源】哈米杰拉属海绵* *Hamigera tarangaensis* (卡里卡里角, 北岛, 新西兰).【活性】细胞毒 [HL60, IC_{50} = (5.6±0.4)μmol/L].【文献】A. J. Singh, et al. Org. Biomol. Chem., 2013, 11, 8041.

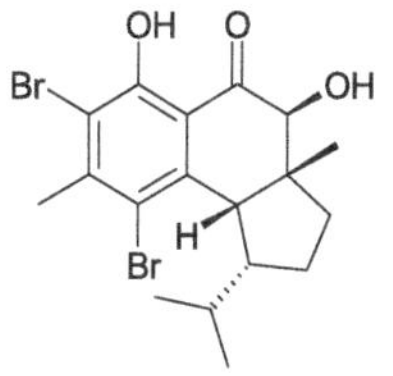

2.32 杂项三环倍半萜

342 Paesslerin A 亚南极海鸡冠软珊瑚素 A*

【基本信息】$C_{17}H_{26}O_2$.【类型】杂项三环倍半萜.【来源】亚南极海鸡冠软珊瑚* *Alcyonium paessleri* (嗜冷生物, 冷水域, 靠近南乔治岛, 大西洋).【活性】细胞毒 (人肿瘤细胞株, 适度活性).【文献】M. F. Rodriguez et al. Org. Lett., 2001, 3, 1415; M. D. Lebar, et al. NPR, 2007, 24, 774 (Rev.).

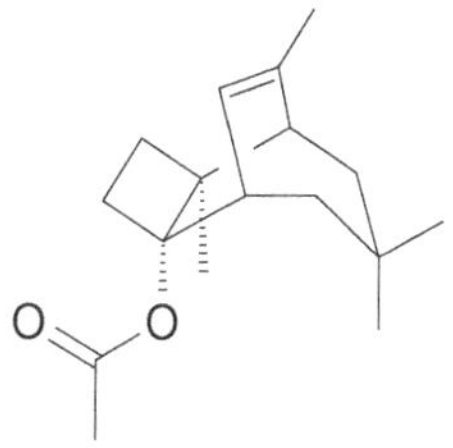

343 Paesslerin B 亚南极海鸡冠软珊瑚素 B*

【基本信息】$C_{18}H_{26}O_4$.【类型】杂项三环倍半萜.【来源】亚南极海鸡冠软珊瑚* *Alcyonium paessleri* (嗜冷生物, 冷水域, 靠近南乔治岛, 大西洋).【活性】细胞毒 (人肿瘤细胞株, 适度活性).【文献】M. F. Rodriguez et al. Org. Lett., 2001, 3, 1415
M. D. Lebar, et al. NPR, 2007, 24, 774 (Rev.).

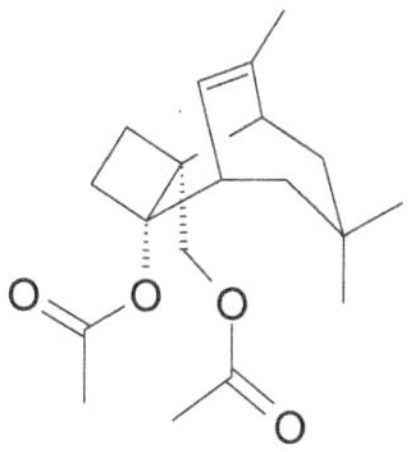

344 Suberosanone 侧扁软柳珊瑚烷酮*

【基本信息】$C_{15}H_{24}O$, 无色油状物, $[\alpha]_D^{25}$ = –60° (*c* = 0.1, 氯仿).【类型】杂项三环倍半萜.【来源】粗枝竹节柳珊瑚 *Isis hippuris*.【活性】细胞毒 (P_{388}, ED_{50} = 0.000005μg/mL; A549, ED_{50} = 0.036μg/mL; HT29, ED_{50} = 0.000005μg/mL).【文献】J. -H. Sheu, et al. JNP, 2000, 63, 1603.

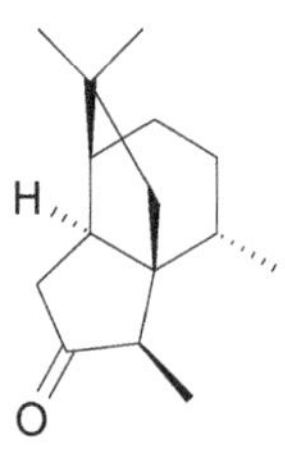

345 Suberosenol A 侧扁软柳珊瑚烯醇 A*

【基本信息】$C_{15}H_{24}O$，白色粉末，mp 106~108°C，$[\alpha]_D^{25}$ = −232° (*c* = 0.1，氯仿).【类型】杂项三环倍半萜.【来源】粗枝竹节柳珊瑚 *Isis hippuris*.【活性】细胞毒 (P_{388}, ED_{50} = 0.000005μg/mL; A549, ED_{50} = 0.0051μg/mL; HT29, ED_{50} = 0.000005μg/mL).【文献】J. -H. Sheu, et al. JNP, 2000, 63, 1603.

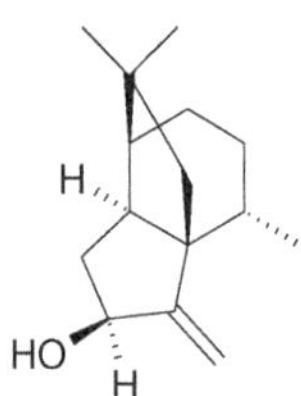

346 Suberosenol A acetate 侧扁软柳珊瑚烯醇 A 乙酸酯*

【基本信息】$C_{17}H_{26}O_2$，无色油状物，$[\alpha]_D^{25}$ = −110° (*c* = 0.1，氯仿).【类型】杂项三环倍半萜.【来源】粗枝竹节柳珊瑚 *Isis hippuris*.【活性】细胞毒 (P_{388}, ED_{50} = 0.0076μg/mL; A549, ED_{50} = 0.08μg/mL; HT29, ED_{50} = 0.00036μg/mL).【文献】J. -H. Sheu, et al. JNP, 2000, 63, 1603.

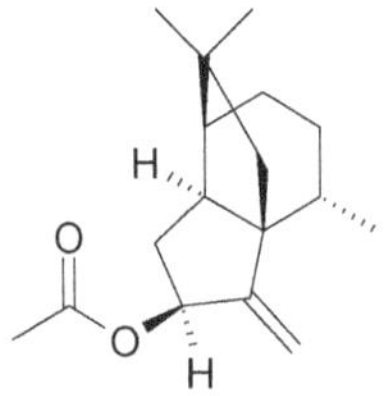

347 Suberosenol B 侧扁软柳珊瑚烯醇 B*

【基本信息】$C_{15}H_{24}O$，白色粉末，mp 74~75°C，$[\alpha]_D^{25}$ = −10° (*c* = 0.1，氯仿).【类型】杂项三环倍半萜.【来源】粗枝竹节柳珊瑚 *Isis hippuris*.【活性】细胞毒 (P_{388}, ED_{50} = 0.0000034μg/mL; A549, ED_{50} = 0.0002μg/mL; HT29, ED_{50} = 0.0000021μg/mL).【文献】J. -H. Sheu, et al. JNP, 2000, 63, 1603.

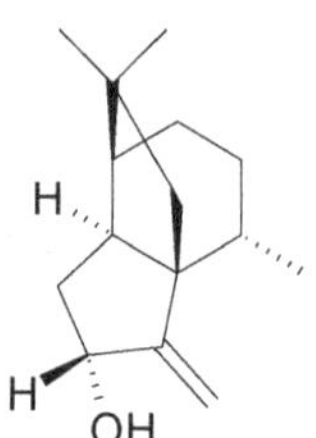

348 Suberosenol B acetate 侧扁软柳珊瑚烯醇 B 乙酸酯*

【基本信息】$C_{17}H_{26}O_2$，无色油状物，$[\alpha]_D^{25}$ = −8° (*c* = 0.03，氯仿).【类型】杂项三环倍半萜.【来源】粗枝竹节柳珊瑚 *Isis hippuris*.【活性】细胞毒 (P_{388}, ED_{50} = 0.074μg/mL; A549 ED_{50} = 0.36μg/mL; HT29, ED_{50} = 0.005μg/mL).【文献】J. -H. Sheu, et al. JNP, 2000, 63, 1603.

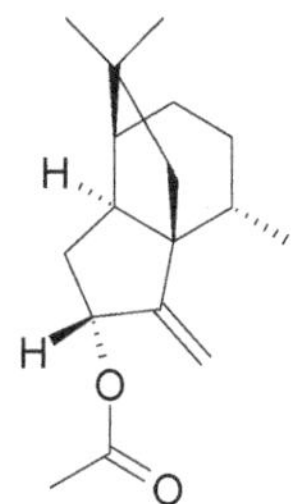

2.33 四环倍半萜

349 Cyclosinularane 环僧伽罗烷*

【基本信息】$C_{15}H_{24}$，无色油状物，$[\alpha]_D^{25}$ = +22.2° (*c* = 0.1，氯仿).【类型】僧伽罗烷倍半萜.【来源】锐角肉芝软珊瑚* *Sarcophyton acutangulum* (日本水域)，匍匐珊瑚目绿色羽珊瑚 *Clavularia viridis* (日本水域).【活性】有毒的 (盐水丰年虾, LD_{50} = 4.0μg/mL).【文献】M. Yasumoto, et al. JNP, 2000, 63, 1534.

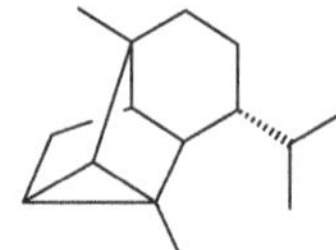

350 Lemnalol 莱姆那醇*

【别名】4(15)-Copaen-3*α*-ol; 4(15)-胡椒烯-3*α*-醇*.

【基本信息】$C_{15}H_{24}O$，晶体，mp 46~47°C，

$[\alpha]_D^{20} = -9.3°$ ($c = 0.01$, 氯仿).【类型】胡椒烷倍半萜.【来源】穗软珊瑚属* *Lemnalia tenuis* 和穗软珊瑚属**Lemnalia cervicorni*.【活性】细胞毒 (P_{388}, $IC_{50} = 16.3μmol/L$, 对照物光辉霉素, $IC_{50} = 0.15μmol/L$; HT29, $IC_{50} = 10.5μmol/L$, 光辉霉素, $IC_{50} = 0.21μmol/L$).【文献】H. Kikuchi, et al. Tetrahedron Lett., 1982, 23, 1063; H. Kikuchi, et al. CPB, 1983, 31, 1086; C. Y. Duh, et al. JNP, 2004, 67, 1650.

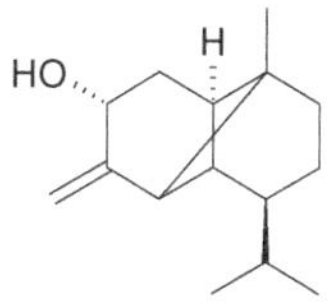

HO H

3

二萜

3.1 植烷二萜

351 Ambliofuran 掘海绵呋喃*

【基本信息】$C_{20}H_{30}O$, 油状物.【类型】植烷型二萜.【来源】掘海绵属 *Dysidea amblia* (波音特洛玛, 加利福尼亚, 美国).【活性】鱼毒.【文献】R. P. Walker, et al. JOC, 1981, 46, 1098; 1984, 49, 5160.

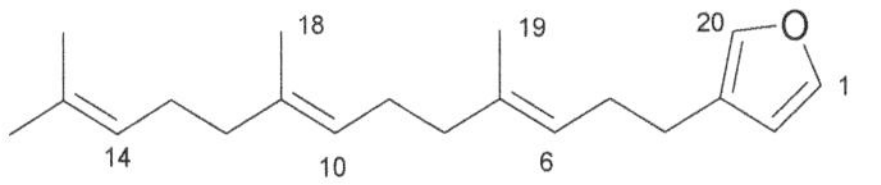

352 (−)-Bifurcadiol (−)-双叉藻二醇*

【基本信息】$C_{20}H_{34}O_2$, $[\alpha]_D = -12.47°$ ($c = 9.8$, 二氯甲烷).【类型】植烷型二萜.【来源】棕藻两分叉双叉藻* *Bifurcaria bifurcata*.【活性】细胞毒 (A549, SK-OV-3, SK-MEL-2, XF498 和 HCT15 细胞, $ED_{50} = 4.1\sim8.3\mu g/mL$).【文献】R. Valls, et al. Phytochemistry, 1986, 25, 751; S. Di Guardia, et al. Tetrahedron Lett., 1999, 40, 8359.

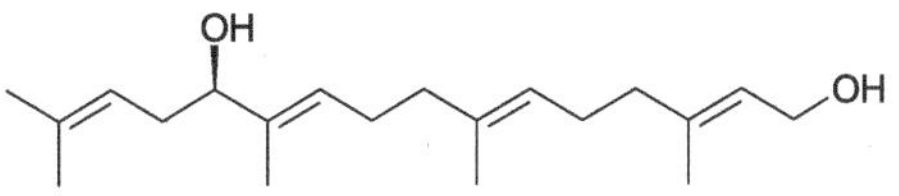

353 Bifurcane 双叉藻呋喃*

【基本信息】$C_{20}H_{30}O_2$, 油状物, $[\alpha]_D^{25} = -7.6°$ (乙醇).【类型】植烷型二萜.【来源】棕藻两分叉双叉藻* *Bifurcaria bifurcata* (布列塔尼, 法国).【活性】抑制细胞分裂 (抑制受精海胆卵的发育).【文献】R. Valls, et al. Phytochemistry, 1995, 39, 145.

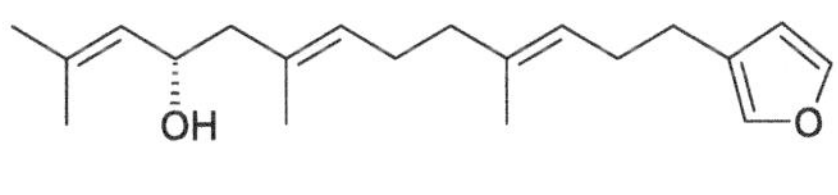

354 Bifurcanol 双叉藻醇

【基本信息】$C_{20}H_{34}O_2$, 油状物.【类型】植烷型二萜.【来源】棕藻两分叉双叉藻* *Bifurcaria bifurcata* (摩洛哥).【活性】抑制细胞分裂 (对受精海胆卵, 在比来自同样海藻的其它线型二萜还低的浓度下抑制其细胞分裂).【文献】R. Valls, et al. Phytochemistry, 1993, 34, 1585.

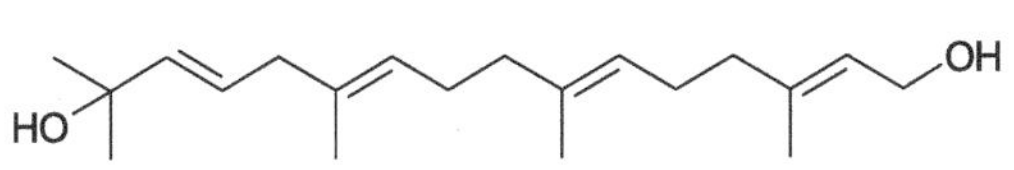

355 Cacospongionolide C 空洞束海绵内酯 C*

【别名】20-Hydroxy-2-phyten-1,20-olide; 20-羟基-2-植烯-1,20-内酯*.【基本信息】$C_{20}H_{36}O_3$, 油状物, $[\alpha]_D = -18.0°$ ($c = 0.32$, 氯仿).【类型】植烷型二萜.【来源】空洞束海绵* *Fasciospongia cavernosa* (亚得里亚海).【活性】有毒的 (盐水丰年虾).【文献】S. De Rosa, et al. JNP, 1995, 58, 1776; S. De Rosa, et al. Tetrahedron, 1995, 51, 10 731.

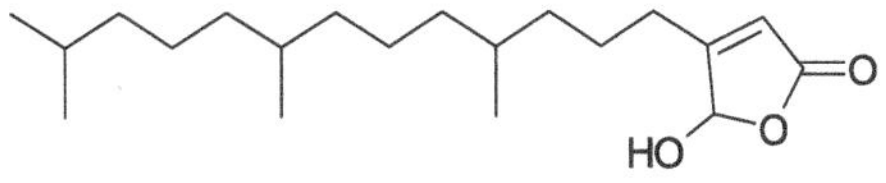

356 Chlorodesmin 绿毛藻明*

【基本信息】$C_{28}H_{38}O_9$, 油状物.【类型】植烷型二萜.【来源】绿藻绿毛藻属* *Chlorodesmis fastigiata*, 软体动物门腹足纲囊舌目叶腮螺科 *Cyerce nigricans* 和软体动物腹足纲囊舌目海天牛属* *Elysia* sp.【活性】鱼毒.【文献】R. J. Wells, et al. Experientia, 1979, 35, 1544; V. J. Paul, et al. Bioorg. Mar. Chem., 1987, 1, 1.

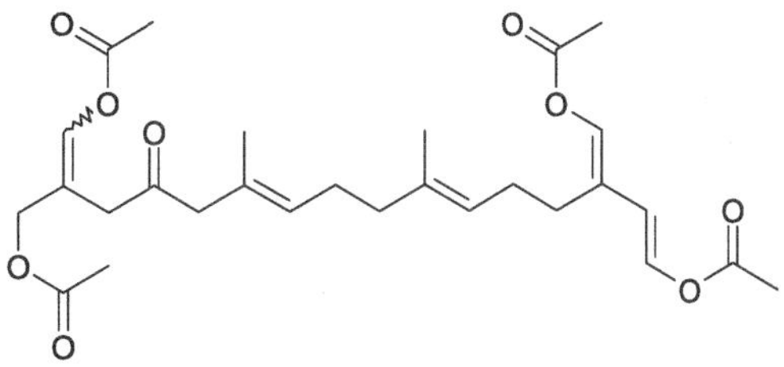

357 4,9-Diacetoxyudoteal 4,9-二乙酰氧基钙扇藻醛*

【别名】Opuntial; 仙掌藻醛*.【基本信息】$C_{28}H_{38}O_9$, 油状物, $[\alpha]_D = -16.6°$ ($c = 2.5$, 氯仿).【类型】植烷型二萜.【来源】绿藻仙掌藻* *Halimeda opuntia* 和绿藻仙掌藻属* *Halimeda* spp.【活性】细胞毒; 抗微生物.【文献】V. J. Paul, et al. Tetrahedron, 1984, 40, 3053; L. M. V. Tillekeratne, et al. Phytochemistry, 1984, 23, 1331.

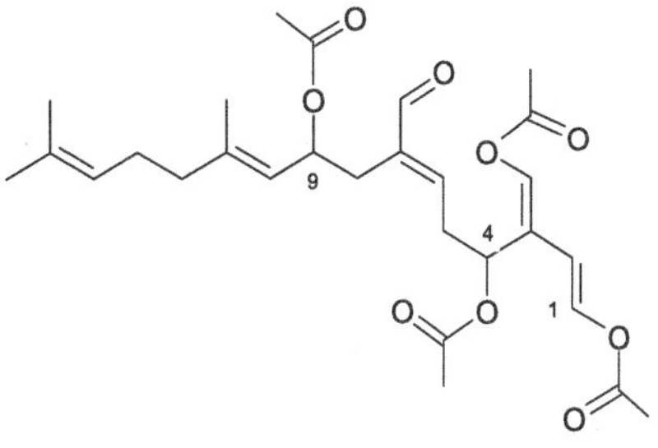

358 Eleganolone 伊列伽诺酮*

【别名】1-Hydroxy-2,6,10,14-phytatetraen-13-one; 1-羟基-2,6,10,14-植基三烯-13-酮.【基本信息】$C_{20}H_{32}O_2$, 油状物.【类型】植烷型二萜.【来源】棕藻巴利阿里囊链藻* *Cystoseira balearica* 和两分叉双叉藻* *Bifurcaria bifurcata*.【活性】弛缓药; 抗高血压药; 抗收缩药; 乙酰胆碱-组胺拮抗剂; LD_{50}（小鼠，ipr) 100~200mg/kg.【文献】C, Francisco, et al. Phytochemistry, 1978, 17, 1003; J. F. Biard, et al. Tetrahedron Lett., 1980, 21, 1849; G. Combaut, et al. Phytochemistry, 1981, 20, 2036; J. Li, et al. JNP, 1998, 61, 92; CRC Press, DNP on DVD, 2012, version 20.2.

O 13 OH

359 Eleganonal 伊列伽诺醛*

【别名】13-Oxo-2,6,10,14-phytatetraen-1-al; 13-氧代-2,6,10,14-植基四烯-1-醛.【基本信息】$C_{20}H_{30}O_2$.【类型】植烷型二萜.【来源】棕藻巴利阿里囊链藻* *Cystoseira balearica* 和两分叉双叉藻* *Bifurcaria bifurcata*.【活性】抗高血压药; 抗收缩药; 乙酰胆碱-组胺拮抗剂; 收缩能活性阻断剂.【文献】C, Francisco, et al. Phytochemistry, 1978, 17, 1003; J.F. Biard, et al. Tetrahedron Lett., 1980, 21, 1849; G. Combaut, et al. Phytochemistry, 1981, 20, 2036; V. Amico, et al. Phytochemistry, 1987, 26, 2637; J. Li, et al. JNP, 1998, 61, 92; CRC Press, DNP on DVD, 2112, version 20.2.

O O H

360 Epoxyeleganolone 环氧伊列伽诺酮*

【别名】2,3-Epoxy-1-hydroxy-6,10,14-phytatrien-13-one; 2,3-环氧-1-羟基-6,10,14-植基三烯-13-酮.【基本信息】$C_{20}H_{32}O_3$.【类型】植烷型二萜.【来源】棕藻巴利阿里囊链藻* *Cystoseira balearica* 和两分叉双叉藻* *Bifurcaria bifurcata*.【活性】抗高血压药; 抗收缩药.【文献】C, Francisco, et al. Phytochemistry, 1978, 17, 1003; J.F. Biard, et al. Tetrahedron Lett., 1980, 21, 1849; G. Combaut, et al. Phytochemistry, 1981, 20, 2036; J. Li, et al. JNP, 1998, 61, 92.

O O OH

361 5-Hydroxygeranyllinalol 5-羟基牻牛儿基里那醇*

【基本信息】$C_{20}H_{34}O_2$, 树胶状物, $[\alpha]_D = +17.65°$ ($c = 0.005$, 己烷).【类型】植烷型二萜.【来源】Heteroxyidae 科海绵 *Myrmekioderma styx* (加勒比海).【活性】有毒的 (对盐水丰年虾).【文献】S. Albrizio, et al. Z. Naturforsch, B, Chem. Sci., 1993, 48, 488.

OH OH

362 3-Hydroxy-1,4,6,10-phytatetraen-13-one 3-羟基-1,4,6,10-植基四烯-13-酮

【基本信息】$C_{20}H_{32}O_2$, $[\alpha]_D^{25} = +12.3°$ ($c = 0.013$, 己烷).【类型】植烷型二萜.【来源】Heteroxyidae 科海绵 *Myrmekioderma styx* (巴哈马, 加勒比海).【活性】有毒的 (对盐水丰年虾).【文献】S. Albrizio, et al. JNP, 1992, 55, 1287.

O OH

363 Malonganenone C 莫桑比克柳珊瑚酮 C*

【基本信息】$C_{21}H_{35}NO_2$, 黄色固体.【类型】植烷型二萜.【来源】柳珊瑚科 (Gorgoniidae) 柳珊瑚 *Leptogorgia gilchristi* (靠近马龙嘎尼港, 莫桑比克) 和直真丛柳珊瑚属* *Euplexaura nuttingi* (奔巴岛, 坦桑尼亚).【活性】细胞毒 (抗食管癌: WHCO1, IC_{50} = 57.7μmol/L; WHCO5, IC_{50} = 55.7μmol/L; WHCO6, IC_{50} = 58.6μmol/L; KYSE70, IC_{50} = 55.0μmol/L; KYSE180, IC_{50} = 35.5μmol/L; KYSE520, IC_{50} > 100.0μmol/L; MCF12, IC_{50} > 100.0μmol/L).【文献】R. A. Keyzers, et al. Tetrahedron, 2006, 62, 2200; H. Sorek, et al. JNP, 2007, 70, 1104.

5Z O N H H O

364 Malonganenone H 莫桑比克柳珊瑚酮 H*

【基本信息】$C_{21}H_{35}NO_2$, 无色油状物.【类型】植烷型二萜.【来源】直真丛柳珊瑚属* *Euplexaura nuttingi* (奔巴岛, 坦桑尼亚).【活性】诱导细胞凋

亡 (转化的哺乳动物细胞, 1.25μg/mL).【文献】H. Sorek, et al. JNP, 2007, 70, 1104.

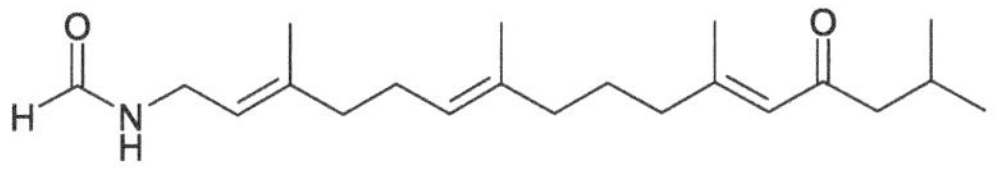

365 1,18-Phytanediyl disulfate 1,18-植烷基二磺酸盐

【基本信息】$C_{20}H_{42}O_8S_2$, 无定形固体, $[\alpha]_D^{25}$ = +7° (c = 0.004, 甲醇).【类型】植烷型二萜.【来源】Polyclinidae 科海鞘 *Sidnyum turbinatum* (地中海) 和阴茎海鞘**Ascidia mentula* (地中海).【活性】抗恶性细胞增殖的 [*in vitro*, WEHI-164, IC_{50} = (300±1)μg/mL, 对照物 6-巯基嘌呤, IC_{50} = (1.30±0.02)μg/mL]; 抗恶性细胞增殖的 (IGR-1, IC_{50} ≈ 140μg/mL; J774, IC_{50} ≈ 180μg/mL; WEHI-164, IC_{50} ≈ 360μg/mL; P_{388}, IC_{50} ≈ 210μg/mL).【文献】A. Aiello, et al. Tetrahedron, 1997, 53, 5877; A. Aiello, et al. JNP, 2001, 64, 219.

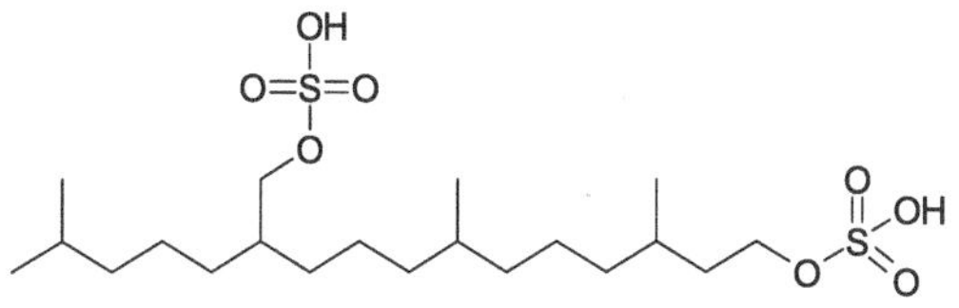

366 (4*E*,6*E*,10*E*)-1,4,6,10,14-Phytapentaen-3-ol(4*E*,6*E*,10*E*)-1,4,6,10,14-植基五烯-3-醇

【基本信息】$C_{20}H_{32}O$, $[\alpha]_D^{25}$ = +13.1° (c = 0.001, 己烷).【类型】植烷型二萜.【来源】Heteroxyidae 科海绵 *Myrmekioderma styx* [Syn. *Myrmekioderma rea*]* (编者根据世界海洋物种注册名录 WoRMS 增加的推荐学名, 原学名因资历浅不被该名录接受) (巴哈马, 加勒比海).【活性】有毒的 (对盐水丰年虾).【文献】S. Albrizio, et al. JNP, 1992, 55, 1287.

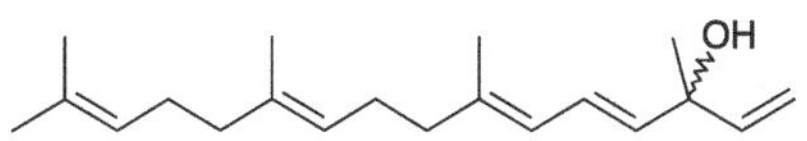

367 Styxenol A 巴哈马海绵醇 A*

【基本信息】$C_{20}H_{30}O_2$, $[\alpha]_D$ = +15.1° (二氯甲烷), $[\alpha]_D^{25}$ = +13.4° (c = 0.091, 己烷).【类型】植烷型二萜.【来源】Heteroxyidae 科海绵 *Myrmekioderma styx* [Syn. *Myrmekioderma rea*]* (编者根据世界海洋物种注册名录 WoRMS 增加的推荐学名, 原学名因资历浅不被该名录接受) (巴哈马, 加勒比海).【活性】有毒的 (对盐水丰年虾).【文献】S. Albrizio, et al. JNP, 1992, 55, 1287.

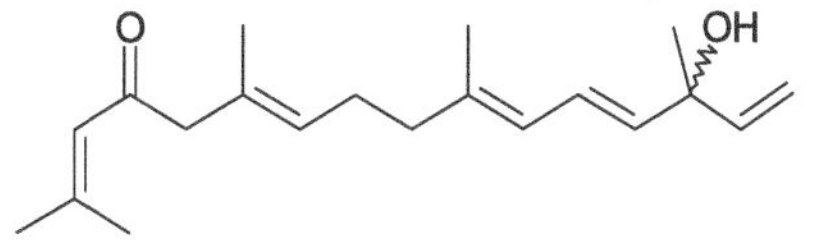

368 Thuridillin A 海天牛灵 A*

【基本信息】$C_{24}H_{32}O_8$, $[\alpha]_D^{25}$ = −12.5° (c = 0.4, 氯仿).【类型】植烷型二萜.【来源】软体动物门腹足纲囊舌目海天牛属* *Thuridilla hopei* [Syn. *Elysia cyanea*] (编者根据 WoRMS 增加的常用同义词).【活性】防卫性分泌物.【文献】M. Gavagnin, et al. Ga. Chim. Ital., 1993, 123, 205.

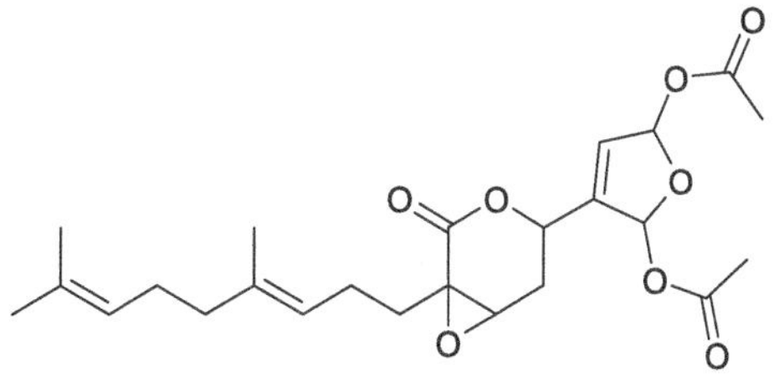

369 Udoteal 钙扇藻醛*

【基本信息】$C_{24}H_{34}O_5$, 油状物.【类型】植烷型二萜.【来源】绿藻钙扇藻**Udotea flabellum* (钙质的, 新鲜提取) 和绿藻银白钙扇藻**Udotea argentea*.【活性】拒食剂; 有毒的 (对海洋生物).【文献】V. J. Paul, et al. Phytochemistry, 1982, 21, 468; 1985, 24, 2239; V. J. Paul, et al. Marine Ecol.: Progr. Ser., 1986, 34, 157; V. J. Paul, et al. Bioorg. Mar. Chem., 1987, 1, 1-29 (Rev.).

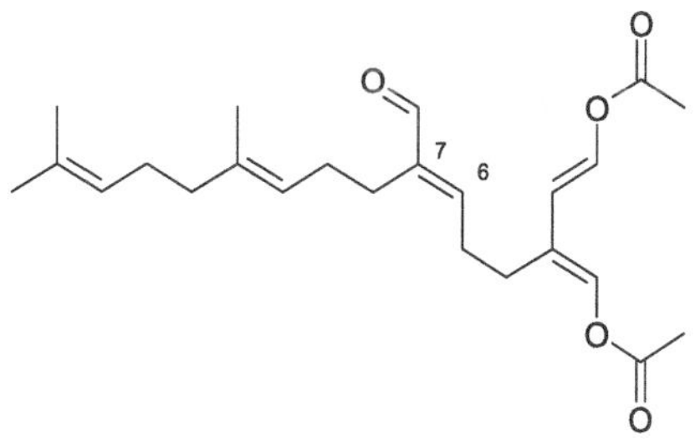

370 Verrucosin 4 疣海牛新 4*

【基本信息】$C_{25}H_{40}O_5$, 油状物, $[\alpha]_D$= −9.7° (c = 0.35, 氯仿).【类型】植烷型二萜.【来源】软体动物裸腮目海牛亚目海牛科疣海牛* *Doris verrucosa* (地中海).【活性】PKC 活化剂; 肿瘤促进剂.【文献】M. Gavagnin, et al. Tetrahedron, 1997, 53, 1491.

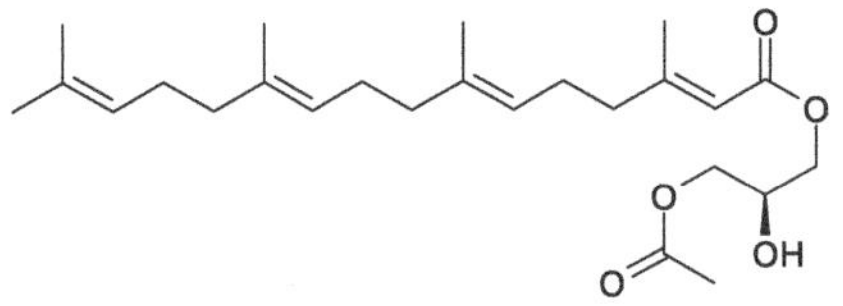

3.2 10,15-环植烷二萜

371 Agelasidine B 群海绵定 B*

【基本信息】$C_{23}H_{41}N_3O_2S$, 糖浆状物 (盐酸), $[\alpha]_D^{25} = -2.5°$ ($c = 0.43$, 甲醇).【类型】10,15-环植烷型二萜.【来源】群海绵属 *Agelas nakamurai* (冲绳, 日本).【活性】镇痉剂; 抗菌.【文献】H. Nakamura, et al. JOC, 1985, 50, 2494.

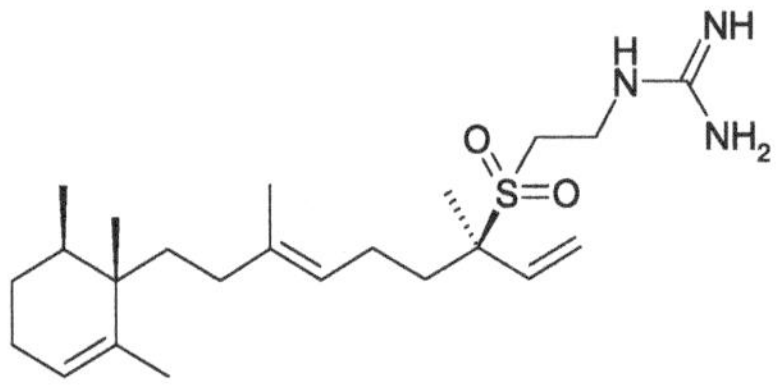

372 (+)-Agelasidine C (+)-群海绵定 C*

【基本信息】$C_{23}H_{41}N_3O_2S$, 糖浆状物 (盐酸), $[\alpha]_D^{25} = +8.5°$ ($c = 2.0$, 甲醇) (盐酸).【类型】10,15-环植烷型二萜.【来源】群海绵属 *Agelas nakamurai* (冲绳, 日本) 和群海绵属 *Agelas dispar*.【活性】镇痉剂; 抗菌; 钠/钾-腺苷三磷酸酶 ATPase 抑制剂.【文献】J. J. Morales, et al. JNP, 1992, 55, 389; H. Nakamura, et al. JOC, 1985, 50, 2494; M. Gordaliza, Mar. Drugs, 2009, 7, 833 (Rev.).

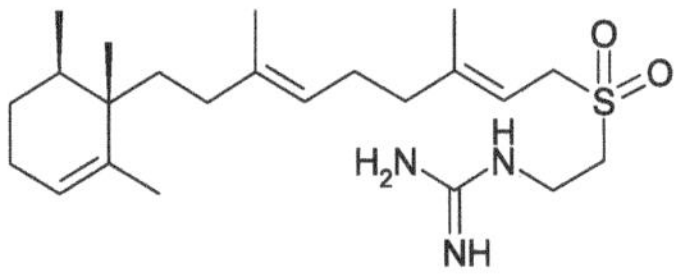

373 Agelasidine E 群海绵定 E*

【基本信息】$C_{23}H_{41}N_3O_3S$.【类型】10,15-环植烷型二萜.【来源】群海绵属 *Agelas citrina* (巴哈马, 加勒比海).【活性】抗真菌 (低活性).【文献】E. P. Stout, et al. EurJOC, 2012, 27, 5131.

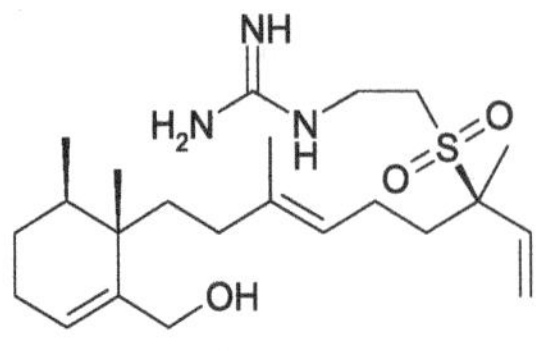

374 Agelasidine F 群海绵定 F*

【基本信息】$C_{23}H_{39}N_3O_3S$.【类型】10,15-环植烷型二萜.【来源】群海绵属 *Agelas citrina* (巴哈马, 加勒比海).【活性】抗真菌 (低活性).【文献】E. P. Stout, et al. EurJOC, 2012, 27, 5131.

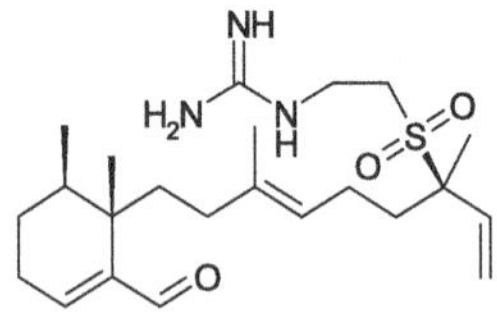

375 Agelasine E 群海绵新 E*

【基本信息】$C_{26}H_{40}N_5^+$, 粉末 (氯化物), mp 180~182°C (氯化物), $[\alpha]_D^{23} = -17.1°$ ($c = 1.88$, 甲醇) (氯化物).【类型】10,15-环植烷型二萜.【来源】群海绵属 *Agelas nakamurai* (冲绳, 日本) 和群海绵属 *Agelas* sp. (太平洋).【活性】抗结核 (适度活性); ATPase 抑制剂; 镇痉剂; 抗微生物.【文献】H. Wu, et al. Tetrahedron Lett., 1984, 25. 3719; H. Wu, et al. Bull. Chem. Soc. Jpn., 1986, 59, 2495; M. Gordaliza, Mar. Drugs, 2009, 7, 833 (Rev.).

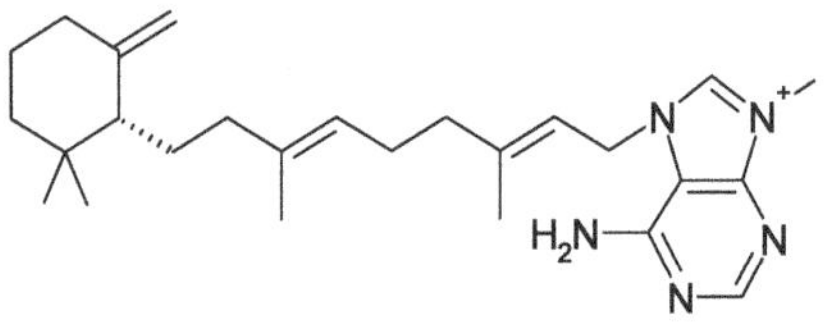

376 Agelasine F 群海绵新 F*

【基本信息】Ageline A; 群海绵林 A*.【基本信息】$C_{26}H_{40}N_5^+$, 片状晶体 (乙腈) 或粉末 (氯化物), mp 178~180°C, $[\alpha]_D^{25} = -5.5°$ ($c = 2.5$, 甲醇), $[\alpha]_D = -8.4°$ (c =3, 氯仿).【类型】10,15-环植烷型二萜.【来源】群海绵属 *Agelas nakamurai* (冲绳, 日本), 群海绵属 *Agelas* sp. (太平洋), 群海绵属 *Agelas* sp. (巴莱尔, 欧罗拉省, 菲律宾) 和群海绵属 *Agelas* sp. (帕劳, 西卡罗林岛, 大洋洲).【活性】抗菌 (金黄色葡萄球菌 *Staphylococcus aureus*, 枯草芽孢杆菌 *Bacillus subtilis*, 5μg/盘); 抗真菌 (黑曲霉 *Aspergillus niger*, 100μg/mL; 酿酒酵母 *Saccharomyces cerevisiae*, 10μg/mL; 白色念珠菌 *Candida albicans*, 5μg/盘; 产朊假丝酵母 *Candida utilis*); 有鱼毒 (使金鱼 *Carassius auratus* 致死); ATPase 抑制剂; 抗结核 (抑制某些耐药的结核分枝杆菌 *Mycobacterium tuberculosis* 菌株和抑制结核分枝杆菌 H37Rv 生长, 3.13μg/mL).【文献】

H. Wu, et al. Tetrahedron Lett., 1984, 25. 3719; R. J. Capon, et al. JACS, 1984, 106, 1819; H. Wu, et al. Bull. Chem. Soc. Jpn., 1986, 59, 2495; G. C. Mangalindan, et al. PM, 2000, 66, 364; M. Gordaliza, Mar. Drugs, 2009, 7, 833 (Rev.).

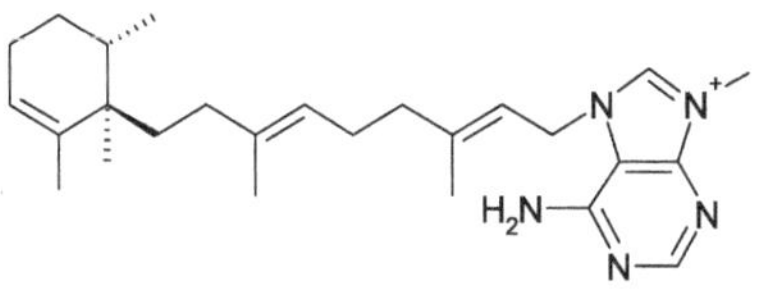

377 Ambliol A 掘海绵醇 A*

【基本信息】$C_{20}H_{32}O_2$，油状物，$[\alpha]_D^{20} = -3.9°$ ($c = 2.5$, 氯仿).【类型】10,15-环植烷型二萜.【来源】掘海绵属* *Dysidea amblia* 和大洋海绵属* *Oceanapia bartschi*.【活性】鱼毒；灭藻剂.【文献】R. P. Walker, et al. JOC, 1981, 46, 1098; F. Cafieri, et al. Z. Naturforsch., B, 1992, 48, 1408.

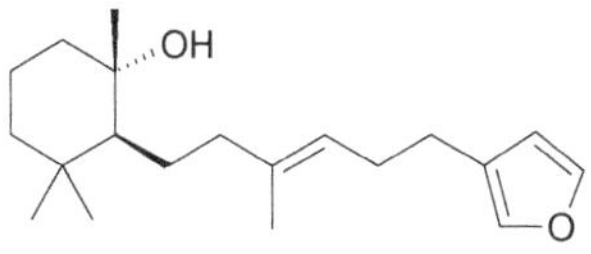

378 Ambliolide 掘海绵内酯*

【基本信息】$C_{21}H_{34}O_4$，油状物，$[\alpha]_D^{20} = -4°$ ($c = 2.2$, 氯仿).【类型】10,15-环植烷型二萜.【来源】掘海绵属* *Dysidea amblia*.【活性】鱼毒【文献】R. P. Walker, et al. JOC, 1981, 46, 1098.

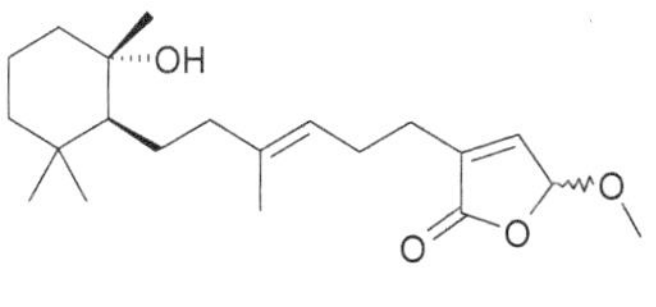

379 10,15-Cyclo-1,20-epoxy-1,3(20),6,11(18)-phytatetraene 10,15-环-1,20-环氧-1,3(20),6,11(18)-植基四烯*

【别名】Dehydroambliol A.【基本信息】$C_{20}H_{30}O$，油状物，$[\alpha]_D^{20} = -1.3°$ ($c = 1.8$, 氯仿).【类型】10,15-环植烷型二萜.【来源】掘海绵属* *Dysidea* spp., 达尔文科 Darwinellidae 海绵 *Chelonaplysilla* spp.和枝骨海绵属* *Dendrilla* spp.【活性】鱼毒.【文献】R. P. Walker, et al. JOC, 1981, 46, 1098; F. Cafieri, et al. Z. Naturforsch., B, 1992, 48, 1408.

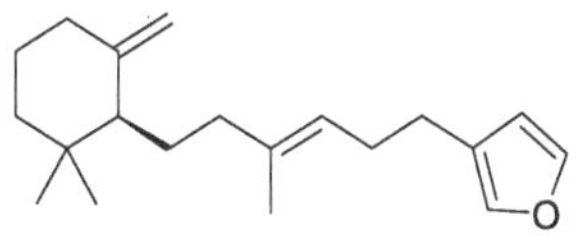

380 Irciniketene 羊海绵烯*

【别名】(4*E*,6*E*,8*Z*)-10,15-Cyclo-1,2,4,6,8,10-phytahexaen-1-one; (4*E*,6*E*,8*Z*)-10,15-环-1,2,4,6,8,10-植六烯-1-酮*.【基本信息】$C_{20}H_{26}O$.【类型】10,15-环植烷型二萜.【来源】石松羊海绵 *Ircinia selaginea* (广西，中国).【活性】细胞毒 (适度活性).【文献】S. Yan, et al. Gaodeng Xuexiao Huaxue Xuebao, 2001, 22, 949.

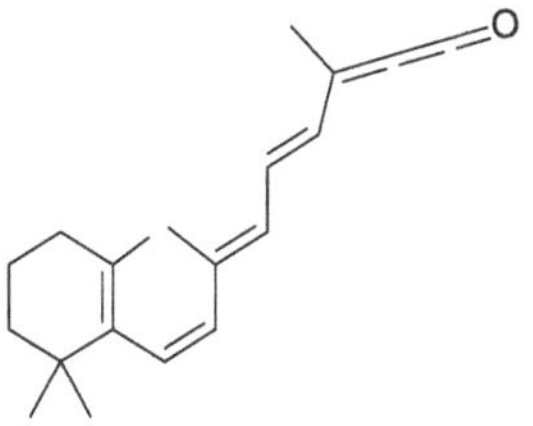

381 Laurencianol 凹顶藻醇*

【基本信息】$C_{20}H_{35}Br_2ClO_3$，晶体 (苯/己烷), mp 114~116°C.【类型】10,15-环植烷型二萜.【来源】红藻钝形凹顶藻* *Laurencia obtusa*.【活性】抗菌.【文献】S. Caccamese, et al. Tetrahedron Lett., 1982, 23, 3415.

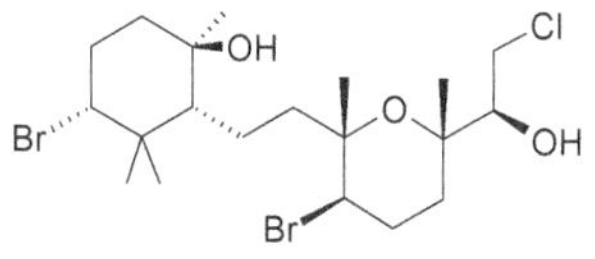

382 Muquketone 穆库克酮*

【基本信息】$C_{18}H_{30}O$，清澈的无色油.【类型】10,15-环植烷型二萜.【来源】Podospongiidae 科海绵 *Diacarnus* cf. *spinopoculum* (所罗门群岛和巴布亚新几内亚).【活性】微分细胞毒性 (软琼脂实验，50μg/盘，预计 250 单位区域差有选择性活性，M17 (乳腺-17/Adr.)−L_{1210}，−60 区域差单位)；细胞毒 [HL60 (TB), $GI_{50} = 2.88\mu mol/L$; Molt4, $GI_{50} = 2.08\mu mol/L$; A549/ATCC, $GI_{50} > 5.0\mu mol/L$; KM12, $GI_{50} > 5.0\mu mol/L$; IGROV1, $GI_{50} > 5.0\mu mol/L$; 786-0, $GI_{50} > 5.0\mu mol/L$; BT549, $GI_{50} > 5.0\mu mol/L$].【文献】S, Sperry, et al. JNP, 1998, 61, 241.

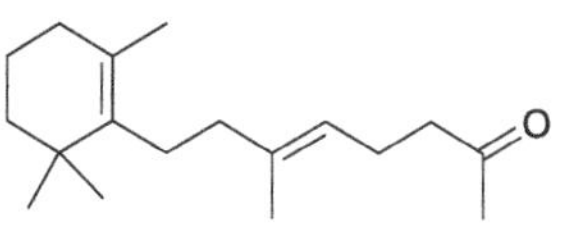

383　Thuridillin B　海天牛灵 B*

【基本信息】$C_{24}H_{32}O_8$, $[\alpha]_D^{25} = -9.4°$ ($c = 0.48$, 氯仿).【类型】10,15-环植烷型二萜.【来源】软体动物门腹足纲囊舌目海天牛属* *Thuridilla hopei.*【活性】防卫性分泌物.【文献】M. Gavagnin, et al. Ga. Chim. Ital., 1993, 123, 205.

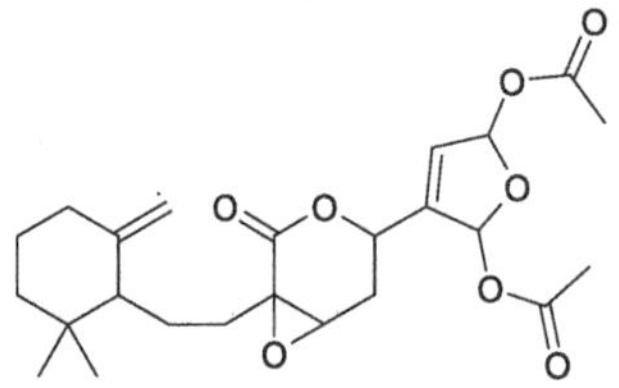

3.3　线型高二萜及去甲二萜

384　Farnesylacetone epoxide　金合欢基丙酮环氧化物*

【基本信息】$C_{18}H_{30}O_2$, 油状物, $[\alpha]_D = -3.2°$ ($c = 1$, 氯仿).【类型】线型高二萜及去甲二萜.【来源】棕藻念珠囊链藻* *Cystophora moniliformis.*【活性】抗惊厥剂.【文献】R. Kazlauskas, et al. Experientia, 1978, 34, 156; B. N. Ravi, et al. Aust. J. Chem., 1982, 35, 171.

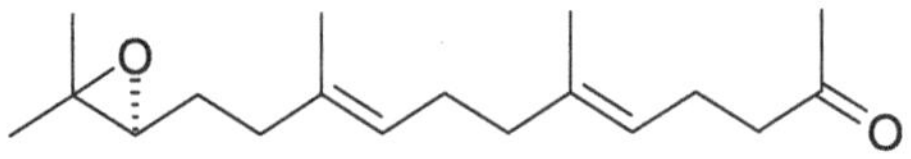

385　Hedaol A　赫达醇 A*

【基本信息】$C_{18}H_{30}O_2$, 油状物, $[\alpha]_D^{29} = -1.9°$ ($c = 0.057$, 氯仿).【类型】线型高二萜及去甲二萜.【来源】棕藻马尾藻属 *Sargassum* sp. (日本水域).【活性】细胞毒 (P_{388}, $IC_{50} = 5.1\mu g/mL$).【文献】N. Takada, et al. JNP, 2001, 64, 653.

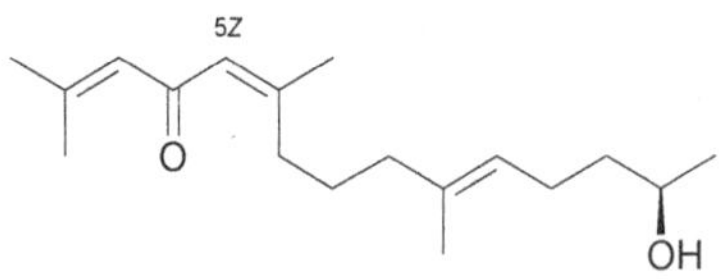

386　Hedaol B　赫达醇 B*

【基本信息】$C_{18}H_{30}O_2$, 油状物, $[\alpha]_D^{29} = -79°$ ($c = 0.047$, 氯仿).【类型】线型高二萜及去甲二萜.【来源】棕藻马尾藻属 *Sargassum* sp. (日本水域).【活性】细胞毒 (P_{388}, $IC_{50} = 2.2\mu g/mL$).【文献】N. Takada, et al. JNP, 2001, 64, 653.

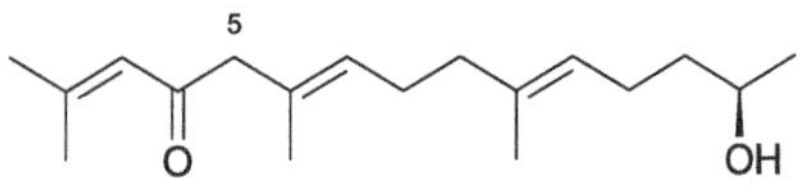

387　Hedaol C　赫达醇 C*

【基本信息】$C_{18}H_{30}O_2$, 油状物, $[\alpha]_D^{28} = -3°$ ($c = 0.047$, 氯仿).【类型】线型高二萜及去甲二萜.【来源】棕藻马尾藻属 *Sargassum* sp. (日本水域).【活性】细胞毒 (P_{388}, $IC_{50} = 50\mu g/mL$).【文献】N. Takada, et al. JNP, 2001, 64, 653.

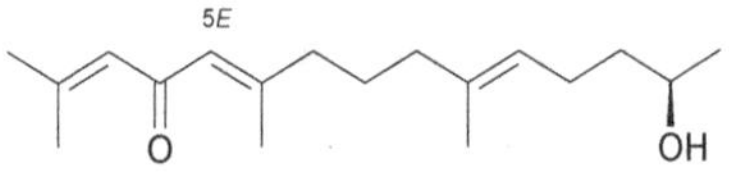

388　1-Nor-2,19-phytanediyl-di-*O*-sulfate　1-去甲-2,19-植烷二基-二-*O*-硫酸酯*

【基本信息】$C_{19}H_{40}O_8S_2$, 无定形固体, $[\alpha]_D^{25} = +5°$ ($c = 0.004$, 甲醇).【类型】线型高二萜及去甲二萜.【来源】Polyclinidae 科海鞘 *Sidnyum turbinatum* (地中海) 和阴茎海鞘**Ascidia mentula.*【活性】抗恶性细胞增殖的 [*in vitro*, WEHI-164, $IC_{50} = (230\pm5)\mu g/mL$, 对照物 6-巯基嘌呤, $IC_{50} = (1.30\pm0.02)\mu g/mL$].【文献】A. Aiello, et al. JNP, 2001, 64, 219.

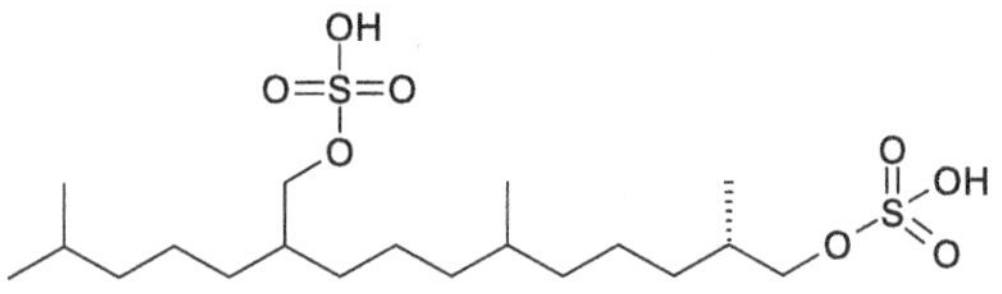

3.4　半日花烷二萜

389　(−)-Cacofuran A　(−)-硬丝海绵呋喃 A*

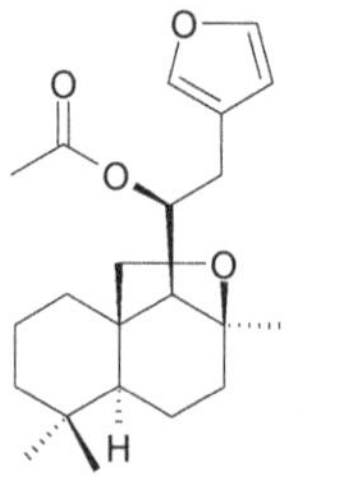

【基本信息】$C_{22}H_{32}O_4$, 玻璃体, $[\alpha]_D = -30°$ ($c= 0.4$, 二氯甲烷).【类型】半日花烷型二萜.【来源】硬丝海绵属* *Cacospongia* sp. (冲绳, 日本).【活性】

细胞生长/分裂抑制剂 (受精的海胆卵).【文献】J. Tanaka, et al. JNP, 2001, 64, 1468.

390 Cacofuran B 硬丝海绵呋喃 B*

【基本信息】$C_{20}H_{30}O_3$, 晶体 (乙酸乙酯/己烷), mp 141~145°C, $[\alpha]_D = -15°$ (c = 2, 二氯甲烷).【类型】半日花烷型二萜.【来源】硬丝海绵属* *Cacospongia* sp. (冲绳, 日本).【活性】细胞生长/分裂抑制剂 (受精的海胆卵).【文献】J. Tanaka, et al. JNP, 2001, 64, 1468.

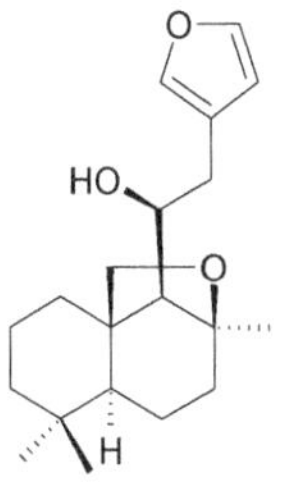

391 Chlorolissoclimide 氯海鞘二酰亚胺*

【基本信息】$C_{20}H_{30}ClNO_4$, 玻璃体.【类型】半日花烷型二萜.【来源】利索克林属海鞘* *Lissoclinum voeltzkowi*.【活性】细胞毒 (高活性); 有毒的 (和人血中毒有牵连, 来自煮熟的牡蛎未被除去的整个的壳).【文献】J. -F. Biard, et al. Nat. Prod. Lett., 1994, 4, 43.

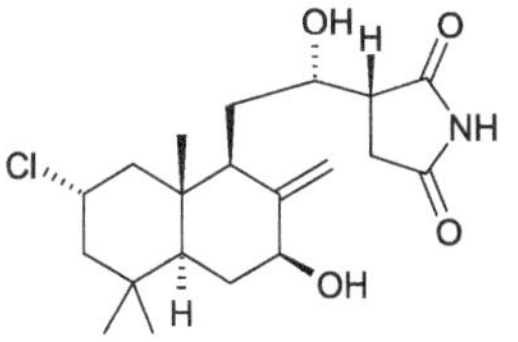

392 Dichlorolissoclimide 二氯海鞘二酰亚胺*

【基本信息】$C_{20}H_{29}Cl_2NO_4$, mp 210°C, $[\alpha]_D^{20} = +30°$ (c = 0.2, 甲醇).【类型】半日花烷型二萜.【来源】利索克林属海鞘* *Lissoclinum voeltzkowi*.【活性】酪氨酸代谢和 5-氨基乙酰丙酸脱氢酶抑制剂; 有毒的 (和人血中毒有牵连, 来自煮熟的牡蛎未被除去的整个的壳).【文献】C. Malochet-Grivois, et al. Tetrahedron Lett., 1991, 32, 6701; J. -F. Biard, et al. Nat. Prod. Lett., 1994, 4, 43.

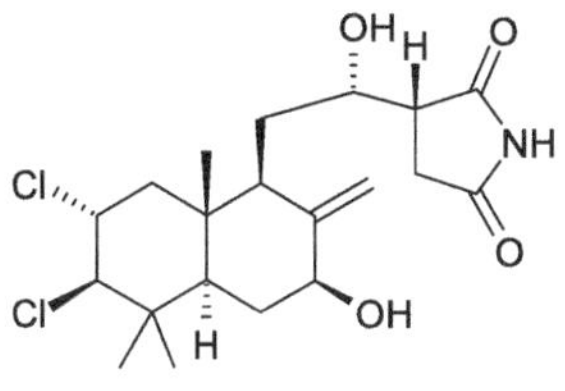

393 *ent*-15,18-Dihydroxylabd-8(17),13*E*-diene *ent*-15,18-二羟基半日花-8(17),13*E*-二烯

【基本信息】$C_{20}H_{34}O_2$.【类型】半日花烷型二萜.【来源】红树像沉香的海漆* *Excoecaria agallocha* (树干和桠枝, 广西, 中国).【活性】抗炎 (100μmol/L, 抑制促炎细胞因子 TNFα 的释放, 来自 RAW264.7 细胞, InRt = 13.2% (4h), 37.5% (16h); 核转录因子-κB 活化阻滞剂.【文献】Y. Li, et al. Phytochemistry, 2010, 71, 2124; C. Zdero, et al. Phytochemistry, 1991, 30, 1591.

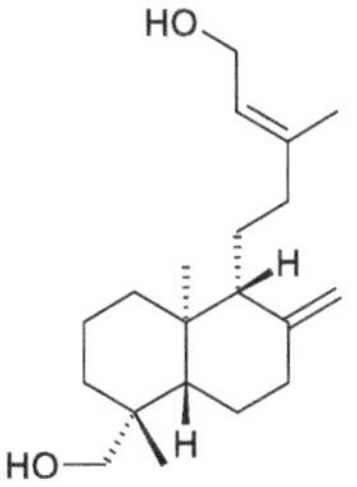

394 Echinolabdane A 刺尖柳珊瑚半日花烷 A

【基本信息】$C_{21}H_{30}O_3$, 浅黄色油, $[\alpha]_D^{23} = +8°$ (c = 0.03, 氯仿).【类型】半日花烷型二萜.【来源】刺尖柳珊瑚属* *Echinomuricea* sp. (台湾水域, 中国).【活性】抗氧化剂 [超氧化物阴离子 $O_2^{\bullet-}$清除剂, IC_{50} > 10μg/mL, 10μg/mL, InRt = (2.52±3.02)%, 对照物 DPI (二亚苯基碘), IC_{50} = (0.82±0.31)μg/mL]; 弹性蛋白酶释放抑制剂 [促进人的中性粒细胞对 fMLP/CB 的响应, IC_{50} > 10μg/mL, InRt = (1.83±3.46)%, 对照物弹性蛋白酶抑制剂, IC_{50} = (31.82±5.92)μg/mL].【文献】H. -M. Chung, et al. Mar. Drugs, 2012, 10, 1169.

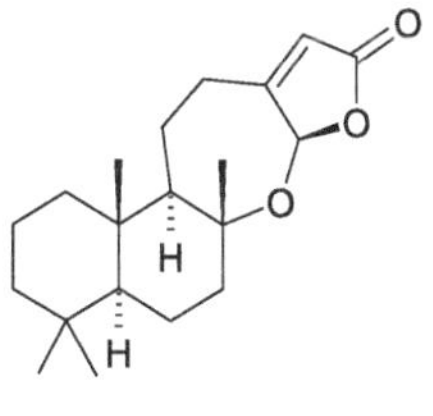

395 Haterumaimide A 利索克林海鞘二酰亚胺 A*

【基本信息】$C_{22}H_{31}Cl_2NO_5$, $[\alpha]_D^{29} = +31.3°$ (c = 0.13, 甲醇).【类型】半日花烷型二萜.【来源】利索克林属海鞘* *Lissoclinum* sp. (冲绳, 日本).【活性】细胞毒.【文献】M. J. Uddin, et al. Heterocycles, 2001, 54, 1039.

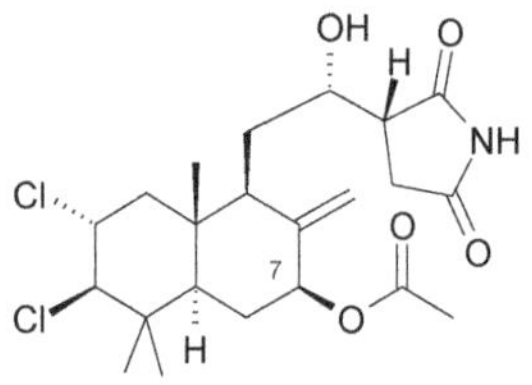

396　Haterumaimide B　利索克林海鞘二酰亚胺 B*

【基本信息】$C_{20}H_{27}Cl_2NO_4$, $[\alpha]_D^{33}$ = +32.6° (c = 0.48, 甲醇).【类型】半日花烷型二萜.【来源】利索克林属海鞘* *Lissoclinum* sp. (冲绳, 日本).【活性】细胞毒.【文献】M. J. Uddin, et al. Heterocycles, 2001, 54, 1039.

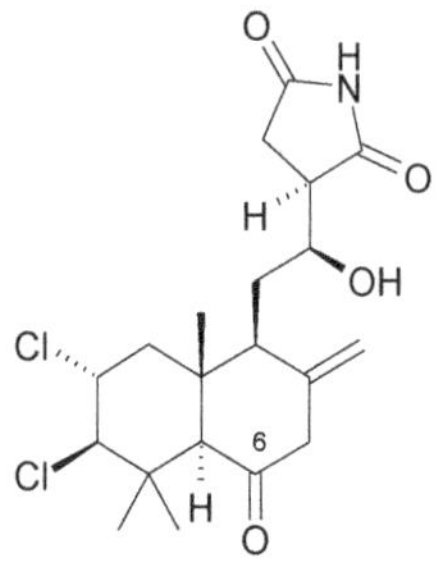

397　Haterumaimide C　利索克林海鞘二酰亚胺 C*

【基本信息】$C_{20}H_{27}Cl_2NO_4$, $[\alpha]_D^{28}$ = +66.6° (c = 0.06, 甲醇).【类型】半日花烷型二萜.【来源】利索克林属海鞘* *Lissoclinum* sp. (冲绳, 日本).【活性】细胞毒.【文献】M. J. Uddin, et al. Heterocycles, 2001, 54, 1039.

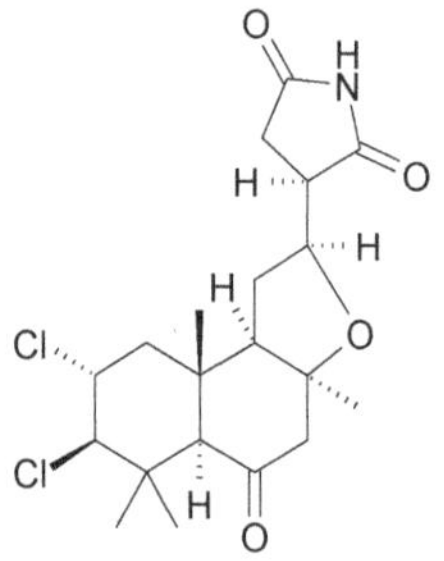

398　Haterumaimide D　利索克林海鞘二酰亚胺 D*

【基本信息】$C_{20}H_{27}Cl_2NO_4$, $[\alpha]_D^{29}$ = –27.7° (c = 0.16, 甲醇).【类型】半日花烷型二萜.【来源】利索克林属海鞘* *Lissoclinum* sp. (冲绳, 日本).【活性】细胞毒.【文献】M. J. Uddin, et al. Heterocycles, 2001, 54, 1039.

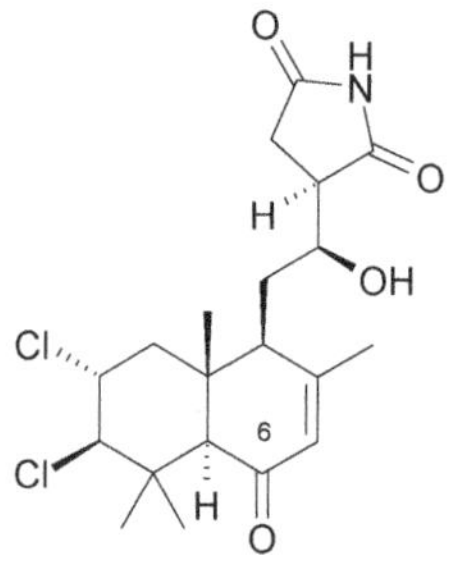

399　Haterumaimide E　利索克林海鞘二酰亚胺 E*

【基本信息】$C_{20}H_{29}Cl_2NO_4$, $[\alpha]_D^{29}$ = +29.6° (c = 0.16, 甲醇).【类型】半日花烷型二萜.【来源】利索克林属海鞘* *Lissoclinum* sp. (冲绳, 日本).【活性】细胞毒.【文献】M. J. Uddin, et al. Heterocycles, 2001, 54, 1039.

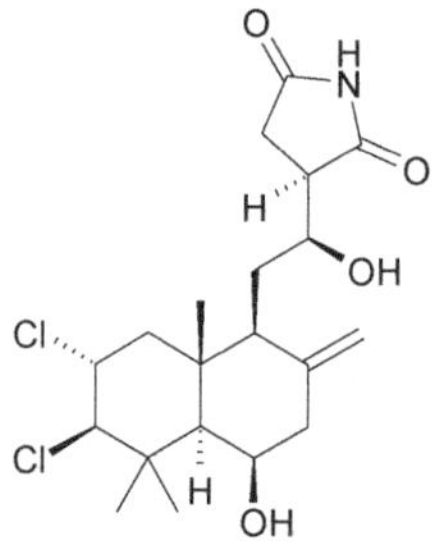

400　Haterumaimide F　利索克林海鞘二酰亚胺 F*

【基本信息】$C_{20}H_{30}ClNO_4$, 油状物, $[\alpha]_D^{29}$ = +53.7° (c = 0.35, 甲醇).【类型】半日花烷型二萜.【来源】利索克林属海鞘* *Lissoclinum* sp. (冲绳, 日本).【活性】抑制受精海胆卵第一次卵裂; 细胞毒 (P_{388}, IC_{50} = 0.0055μg/mL).【文献】M. J. Uddin, et al. JNP, 2001, 64, 1169.

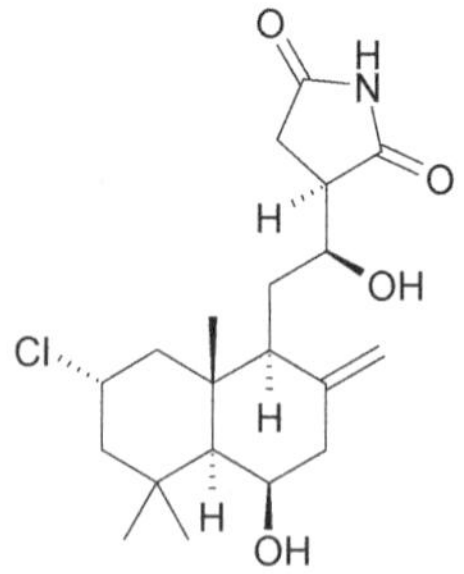

401　Haterumaimide G　利索克林海鞘二酰亚胺 G*

【基本信息】$C_{20}H_{28}ClNO_4$, 油状物, $[\alpha]_D^{29}$ = +63.5° (c = 0.58, 甲醇).【类型】半日花烷型二萜.【来源】

利索克林属海鞘* *Lissoclinum* sp. (冲绳, 日本).【活性】抑制受精海胆卵第一次卵裂; 细胞毒 (P_{388}, IC_{50} > 10μg/mL).【文献】M. J. Uddin, et al. JNP, 2001, 64, 1169.

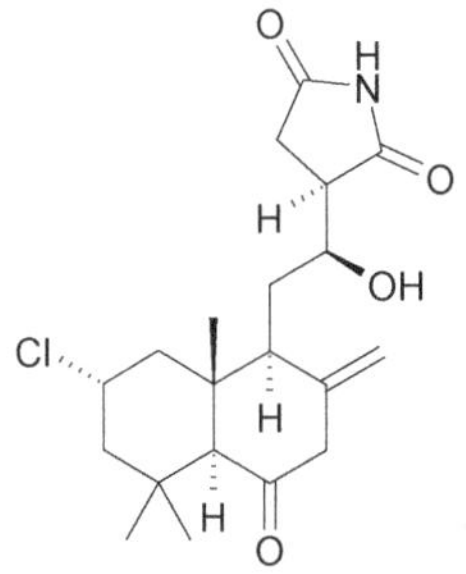

402 Haterumaimide H 利索克林海鞘二酰亚胺 H*

【基本信息】$C_{20}H_{28}ClNO_4$, 油状物, $[\alpha]_D^{32}$ = +47.6° (c = 0.31, 甲醇).【类型】半日花烷型二萜.【来源】利索克林属海鞘* *Lissoclinum* sp. (冲绳, 日本).【活性】抑制受精海胆卵第一次卵裂; 细胞毒 (P_{388}, IC_{50} = 2.7μg/mL).【文献】M. J. Uddin, et al. JNP, 2001, 64, 1169.

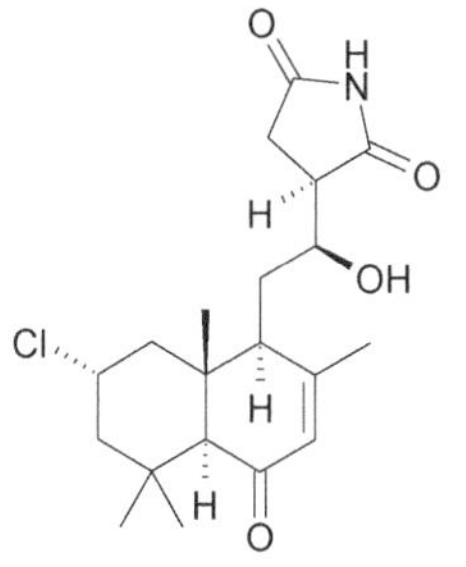

403 Haterumaimide I 利索克林海鞘二酰亚胺 I*

【基本信息】$C_{20}H_{28}ClNO_4$, 油状物, $[\alpha]_D^{32}$ = +62° (c = 0.77, 甲醇).【类型】半日花烷型二萜.【来源】利索克林属海鞘* *Lissoclinum* sp. (冲绳, 日本).【活性】抑制受精海胆卵第一次卵裂; 细胞毒 (P_{388}, IC_{50} > 10μg/mL).【文献】M. J. Uddin, et al. JNP, 2001, 64, 1169.

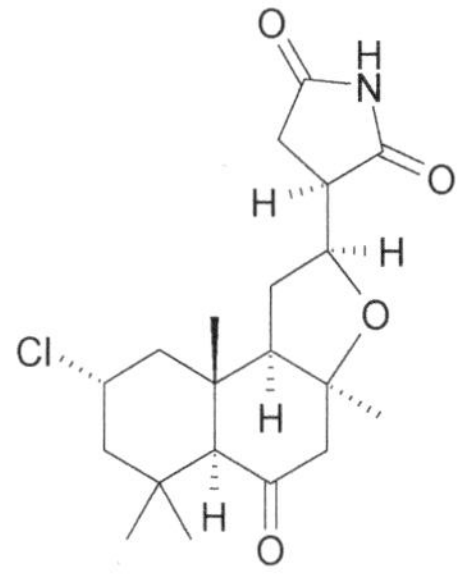

404 Labdane aldehyde TL95-8673A 半日花醛 TL95-8673A

【基本信息】$C_{20}H_{34}O_2$, $[\alpha]_D^{25}$ = –35.2° (c = 0.3, 氯仿).【类型】半日花烷型二萜.【来源】软体动物无壳侧鳃科无壳侧鳃属 *Pleurobranchaea meckelii* (地中海).【活性】软体动物保护剂.【文献】M. L. Ciavatta, et al. Tetrahedron Lett., 1995, 36, 8673.

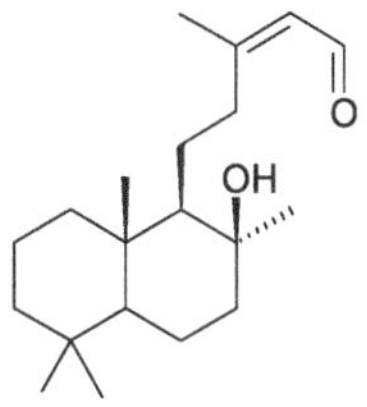

405 Labdane aldehyde TL95-8673B 半日花醛 TL95-8673B

【基本信息】$C_{20}H_{34}O_2$, $[\alpha]_D^{25}$ = –28.2° (c = 0.27, 氯仿).【类型】半日花烷型二萜.【来源】软体动物无壳侧鳃科无壳侧鳃属 *Pleurobranchaea meckelii* (地中海).【活性】软体动物保护剂.【文献】M. L. Ciavatta, et al. Tetrahedron Lett., 1995, 36, 8673.

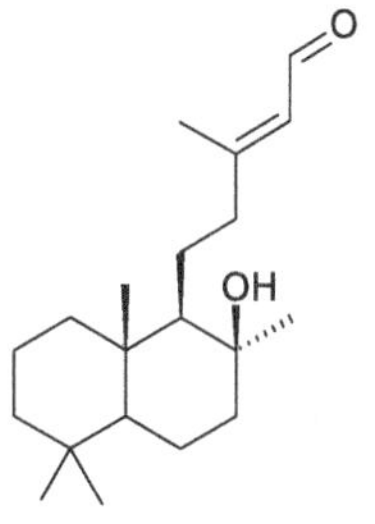

406 Verrucosin 5 疣海牛新 5*

【基本信息】$C_{25}H_{40}O_5$, 油状物, $[\alpha]_D$= –15.9° (c = 0.27, 氯仿).【类型】半日花烷型二萜.【来源】软体动物裸腮目海牛亚目海牛科疣海牛* *Doris verrucosa* (地中海).【活性】PKC 活化剂.【文献】M. Gavagnin, et al. Tetrahedron, 1997, 53, 1491.

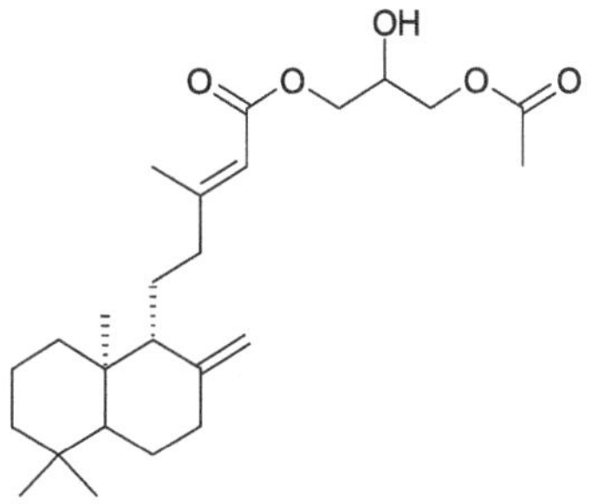

407　Sphaerolabdiene-3,14-diol　丝球藻半日花烯-3,14-二醇*

【基本信息】$C_{20}H_{33}BrO_2$, 无定形粉末, $[\alpha]_D = +9.6°$ ($c = 0.6$, 二氯甲烷).【类型】断-半日花烷型二萜.【来源】红藻似肾果荠叶丝球藻* *Sphaerococcus coronopifolius* (摩洛哥大西洋海岸).【活性】抗菌 (金黄色葡萄球菌 *Staphylococcus aureus,* 高活性).【文献】S. Etahiri, et al. JNP, 2001, 64, 1024.

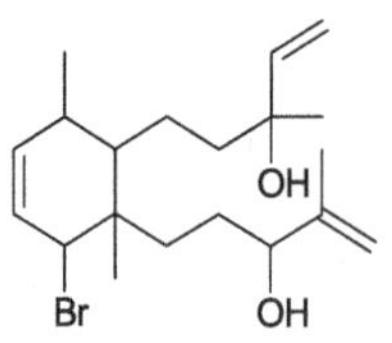

3.5　哈里曼烷二萜

408　Agelasine C　群海绵新 C*

【基本信息】$C_{26}H_{40}N_5^+$, mp 176~179°C (氯化物), $[\alpha]_D^{25} = -55.1°$ ($c = 2.04$, 甲醇) (氯化物).【类型】哈里曼烷型二萜.【来源】群海绵属* *Agelas nakamurai* (冲绳, 日本) 和群海绵属* *Agelas* sp. (太平洋).【活性】抗微生物; ATPase 抑制剂; 镇痉剂.【文献】I. Marcos, et al. Tetrahedron, 2005, 61, 11672; M. Gordaliza, Mar. Drugs, 2009, 7, 833 (Rev.).

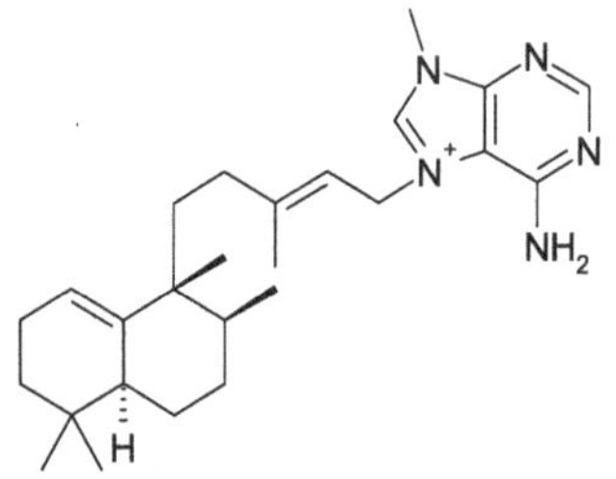

409　5,9-*diepi*-Agelasine C　5,9-*diepi*-群海绵新 C*

【基本信息】$C_{26}H_{40}N_5^+$, 粉末 (氯化物), $[\alpha]_D^{25} = +33.9°$ ($c = 0.056$, 甲醇) (氯化物).【类型】哈里曼烷型二萜.【来源】毛里塔尼亚群海绵* *Agelas mauritiana*.【活性】抗污剂 (石莼属 *Ulva* sp. 孢子, 活性不像对照物硫酸铜那样高, 抗蕨形叶石莼 *Ulva fronds* 的致死活性为 50μg/mL); 抗微藻 (两栖颤藻 *Oscillatoria amphibian* (蓝藻纲 Cyanophyceae), 中肋骨条藻 *Skeletonema costatum* (硅藻纲 Diatomophyceae), 咸孢藻属 *Brachiomonas submarina* (绿藻纲 Chlorophyceae), 和海洋原甲藻 *Prorocentrum micans* (甲藻纲 Dinophyceae), 1.0~2.5μg/mL, 看来对计量红潮有用).【文献】T. Hattori, et al. JNP, 1997, 60, 411; M. Gordaliza, Mar. Drugs, 2009, 7, 833 (Rev.).

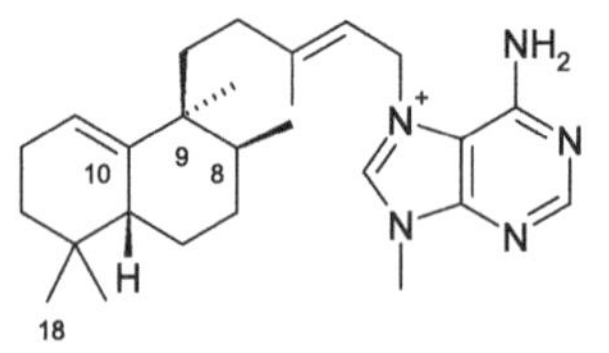

410　Agelasine J　群海绵新 J*

【基本信息】$C_{26}H_{40}N_5^+$, 粉末, $[\alpha]_D^{25} = +14°$ ($c = 0.46$, 甲醇).【类型】哈里曼烷型二萜.【来源】毛里塔尼亚群海绵* *Agelas* cf. *mauritiana* (所罗门群岛).【活性】抗疟疾 (恶性疟原虫 *Plasmodium falciparum*, $IC_{50} = 6.6μmol/L$).【文献】J. Appenzeller, et al. JNP, 2008, 71, 1451; M. Gordaliza, Mar. Drugs, 2009, 7, 833 (Rev.).

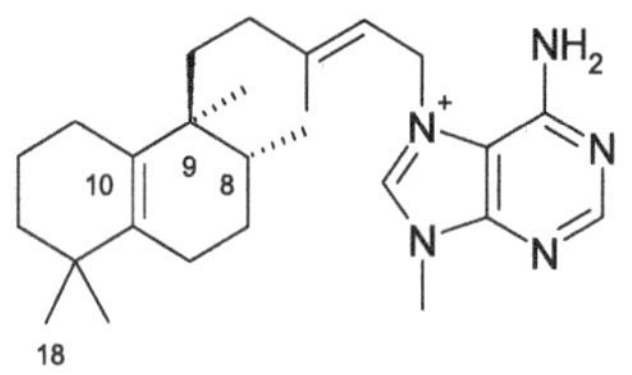

411　Agelasine O　群海绵新 O*

【基本信息】$C_{31}H_{42}BrN_6O_2^+$, 浅黄色无定形固体, $[\alpha]_D^{19} = -5.2°$ ($c = 0.5$, 甲醇).【类型】哈里曼烷型二萜.【来源】群海绵属* *Agelas* sp. (冲绳, 日本).【活性】抗菌 (大肠杆菌 *Escherichia coli,* MIC > 32.0μg/mL; 金黄色葡萄球菌 *Staphylococcus aureus,* MIC = 16.0μg/mL; 枯草芽孢杆菌 *Bacillus subtilis,* MIC = 16.0μg/mL; 藤黄色微球菌 *Micrococcus luteus,* MIC > 32.0μg/mL); 抗真菌 (黑曲霉 *Aspergillus niger,* IC_{50} > 32.0μg/mL, 须发癣菌 *Trichophyton mentagrophytes,* IC_{50} = 32.0μg/mL; 白色念珠菌 *Candida albicans,* IC_{50} > 32.0μg/mL; 新型隐球酵母 *Cryptococcus neoformans,* IC_{50} = 16.0μg/mL).【文献】T. Kubota, et al. Tetrahedron, 2012, 68, 9738.

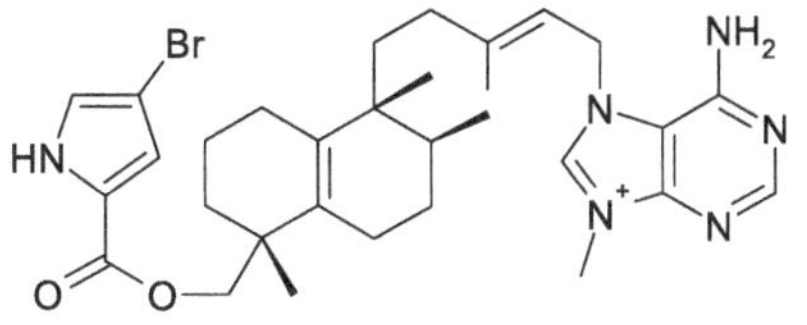

412 Agelasine S 群海绵新 S*

【基本信息】$C_{26}H_{40}N_5O_2^+$, 无色无定形固体, $[\alpha]_D^{20}= -5.4°$ ($c = 0.5$, 甲醇).【类型】哈里曼烷型二萜.【来源】群海绵属* *Agelas* sp. (冲绳, 日本).【活性】抗菌 (大肠杆菌 *Escherichia coli,* MIC > 32.0μg/mL; 金黄色葡萄球菌 *Staphylococcus aureus,* MIC > 32.0μg/mL; 枯草芽孢杆菌 *Bacillus subtilis,* MIC > 32.0μg/mL; 藤黄色微球菌 *Micrococcus luteus,* MIC > 32.0μg/mL); 抗真菌 (黑曲霉 *Aspergillus niger,* IC_{50} > 32.0μg/mL; 须发癣菌 *Trichophyton mentagrophytes,* IC_{50} > 32.0μg/mL; 白色念珠菌 *Candida albicans,* IC_{50} > 32.0μg/mL; 新型隐球酵母 *Cryptococcus neoformans,* IC_{50} > 32.0μg/mL).【文献】T. Kubota, et al. Tetrahedron, 2012, 68, 9738.

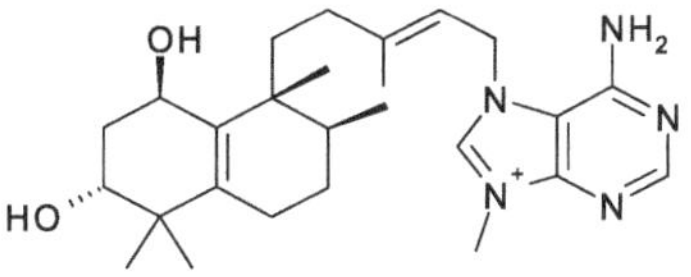

413 (+)-Agelisamine A (+)-群海绵胺 A*

【基本信息】$C_{27}H_{43}N_5O$, 浅黄色油, $[\alpha]_D^{25} = +2.3°$ (甲醇).【类型】哈里曼烷型二萜.【来源】毛里塔尼亚群海绵* *Agelas mauritiana.*【活性】细胞生长抑制剂; 抑制核苷传输进入红血球 (兔); Ca^{2+}-通道拮抗作用和 α1 肾上腺素能阻滞剂.【文献】R. Fathi-Afshar, et al. Can. J. Chem., 1988, 66, 45; M. Ohba, et al. Tetrahedron Lett., 1995, 36, 6101; M. Ohba, et al. Tetrahedron, 1997, 53, 16977.

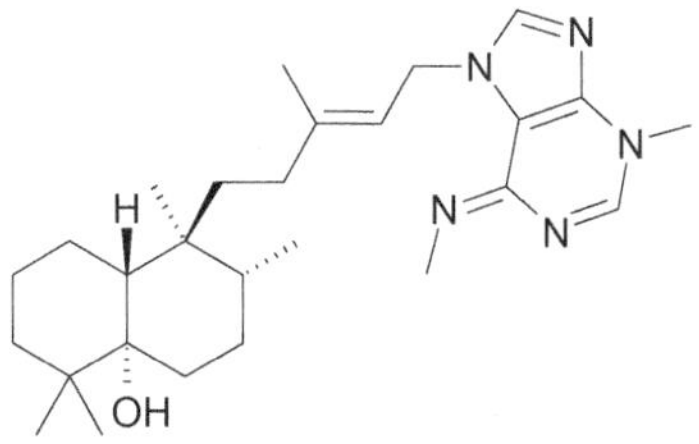

414 (+)-Agelisamine B (+)-群海绵胺 B*

【基本信息】$C_{27}H_{44}N_5O^+$, 黏性浅黄色油, $[\alpha]_D^{25} = +2.46°$ (甲醇).【类型】哈里曼烷型二萜.【来源】毛里塔尼亚群海绵* *Agelas mauritiana* (所罗门群岛).【活性】细胞毒; 抑制腺苷传输进入兔红血球; Ca^{2+}-通道拮抗作用和 α1 肾上腺素能阻滞剂.【文献】R. Fathi-Afshar, et al. Can. J. Chem., 1988, 66, 45; M. Ohba, et al. Tetrahedron Lett., 1995, 36, 6101; M.Ohba, et al. Tetrahedron, 1997, 53, 16977.

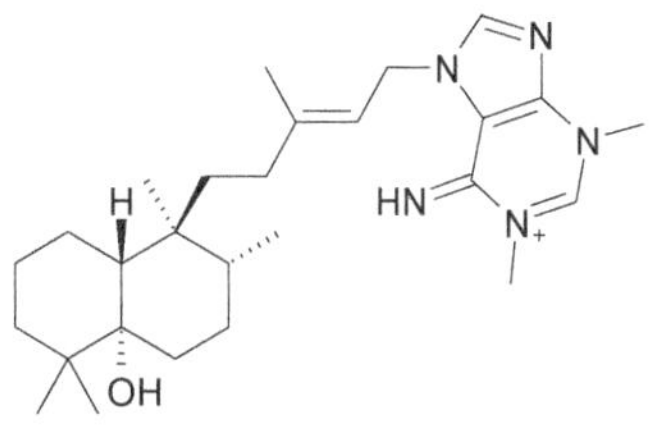

415 Ambliol B 掘海绵醇 B*

【别名】(5*β*,8*αH*)-15,16-Epoxy-13(16),14-halimadien-5-ol; (5*β*,8*αH*)-15,16-环氧-13(16),14-哈里曼二烯-5-醇*.【基本信息】$C_{20}H_{32}O_2$, 油状物, $[\alpha]_D^{20} = -3.4°$ ($c = 1.5$, 氯仿).【类型】哈里曼烷型二萜.【来源】掘海绵属* *Dysidea amblia*.【活性】鱼毒; 灭藻剂.【文献】R. P. Walker, et al. JOC, 1981, 46, 1098; 1984, 49, 5160.

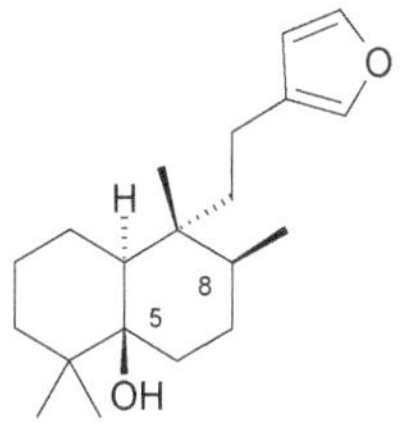

416 Ambliol C 掘海绵醇 C*

【基本信息】$C_{20}H_{32}O_2$, 晶体 (正己烷), mp 45~46°C, $[\alpha]_D = -37.8°$ ($c = 2$, 氯仿).【类型】哈里曼烷型二萜.【来源】掘海绵属* *Dysidea amblia* (波音特洛玛, 加利福尼亚, 美国).【活性】鱼毒; 灭藻剂.【文献】R. P. Walker, et al. JOC, 1981, 46, 1098; 1984, 49, 5160.

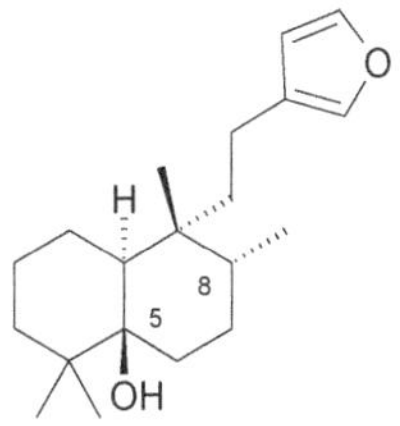

417 Austrodorin 奥地利海牛素*

【基本信息】$C_{23}H_{40}O_4$.【类型】哈里曼烷型二萜.

【来源】软体动物裸腮目海牛亚目海牛科奥地利海牛* *Austrodoris kerguelenensis*.【活性】细胞毒 (棘皮动物); 对南极鱼类有毒.【文献】M. Gavagnin, et al. Tetrahedron Lett., 1995, 36, 7319.

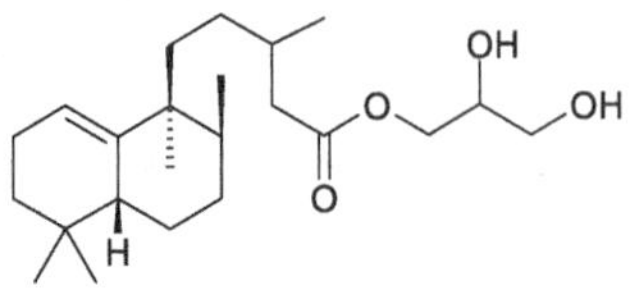

418 7-[5-(Decahydro-4a-hydroxy-1,2,5,5-tetramethyl-1-naphthalenyl)-3-methyl-2-pentenyl]-3,7-dihydro-2,3-dimethyl-6*H*-purin-6-one 7-[5-(十氢-4a-羟基-1,2,5,5-四甲基-1-萘基)-3-甲基-2-戊烯基]-3,7-二氢-2,3-二甲基-6 *H*-嘌呤-6-酮*

【基本信息】$C_{27}H_{42}N_4O_2$, 晶体 (苯) (乙酰化物), mp 95~98°C (乙酰化物).【类型】哈里曼烷型二萜.【来源】毛里塔尼亚群海绵* *Agelas mauritiana*.【活性】抗微生物.【文献】T. Nakatsu, et al. Tetrahedron Lett., 1984, 25, 935.

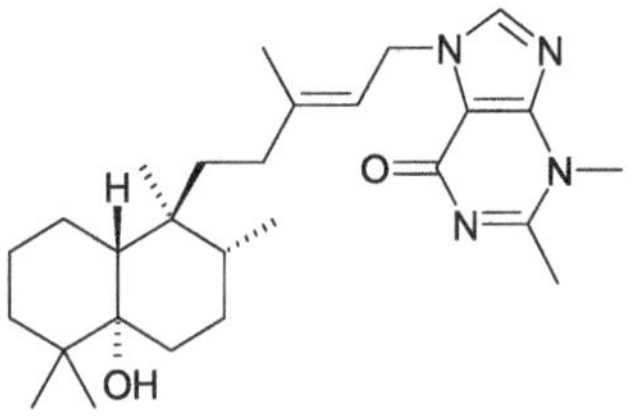

419 Echinohalimane A 刺尖柳珊瑚哈里曼烷 A*

【基本信息】$C_{20}H_{30}O_3$, 浅黄色油, $[\alpha]_D^{25} = -102°$ (c = 1.69, 氯仿).【类型】哈里曼烷型二萜.【来源】刺尖柳珊瑚属* *Echinomuricea* sp. (台湾水域, 中国).【活性】细胞毒 (K562, IC_{50} = 6.292μg/mL, 对照物阿霉素, IC_{50} = 0.171μg/mL; Molt4, IC_{50} = 2.111μg/mL, 阿霉素, IC_{50} = 0.001μg/mL; HL60, IC_{50} = 2.117μg/mL, 阿霉素, IC_{50} = 0.048μg/mL; DLD-1, IC_{50} = 0.967μg/mL, 阿霉素, IC_{50} = 2.322μg/mL; LoVo, IC_{50} = 0.563μg/mL, 阿霉素, IC_{50} = 0.959μg/mL; DU145, 20μg/mL 无活性, 阿霉素, IC_{50} = 0.005μg/mL); 抗氧化剂 [超氧化物阴离子$^{\bullet}O_2^-$清除剂, IC_{50} > 10μg/mL; 10μg/mL, InRt = (20.55±5.18)%, 对照物 DPI (二亚苯基碘), IC_{50} = (0.80±0.21)μg/mL]; 弹性蛋白酶释放抑制剂 [促进人的中性粒细胞对 fMLP/CB 的响应, IC_{50} = (0.38±0.14)μg/mL, 对照物弹性蛋白酶抑制剂, IC_{50} = (31.95±5.92)μg/mL].【文献】H. -M. Chung, et al. Mar. Drugs, 2012, 10, 2246.

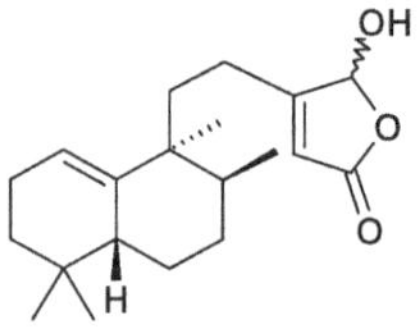

3.6 克罗烷二萜

420 Agelasine A 群海绵新 A*

【基本信息】$C_{26}H_{40}N_5^+$, 晶体 (氯化物), mp 173~174°C (氯化物), $[\alpha]_D^{25} = -31.3°$ (c = 0.59, 甲醇).【类型】克罗烷型二萜.【来源】群海绵属* *Agelas nakamurai* (冲绳, 日本) 和群海绵属* *Agelas* sp. (太平洋).【活性】抗真菌 (黑曲霉 *Aspergillus niger*, 10μg/mL; 酿酒酵母 *Saccharomyces cerevisiae*, 1μg/mL); 钠/钾-传输腺苷三磷酸酶 ATPase 抑制剂 (*in vitro*); 平滑肌收缩剂.【文献】H. Wu, et al. Bull. Chem. Soc. Jpn., 1986, 59, 2495; E. Piers, et al. JCS Perkin Trans. Ⅰ, 1995, 963; M. Gordaliza, Mar. Drugs, 2009, 7, 833 (Rev.).

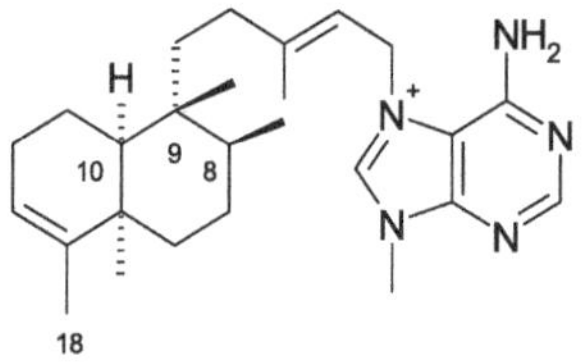

421 Agelasine B 群海绵新 B*

【基本信息】$C_{26}H_{40}N_5^+$, 晶体 (氯化物), mp 167~170°C (氯化物), $[\alpha]_D^{25} = -21.5°$ (c = 1.00, 甲醇).【类型】克罗烷型二萜.【来源】群海绵属* *Agelas nakamurai* (冲绳, 日本) 和群海绵属* *Agelas* sp. (太平洋).【活性】抗真菌 (酿酒酵母 *Saccharomyces cerevisiae*, 10μg/mL); 钠/钾-腺苷三磷酸酶 ATPase 抑制剂 (10^{-4}mol/L); 镇痉剂.【文献】H. Nakamura, et al. Tetrahedron Lett., 1984, 25, 2989; H. Wu, et al. Bull. Chem. Soc. Jpn., 1986, 59, 2495; E. Piers, et al. Tetrahedron Lett., 1992, 33, 6923; M. Gordaliza, Mar. Drugs, 2009, 7, 833 (Rev.).

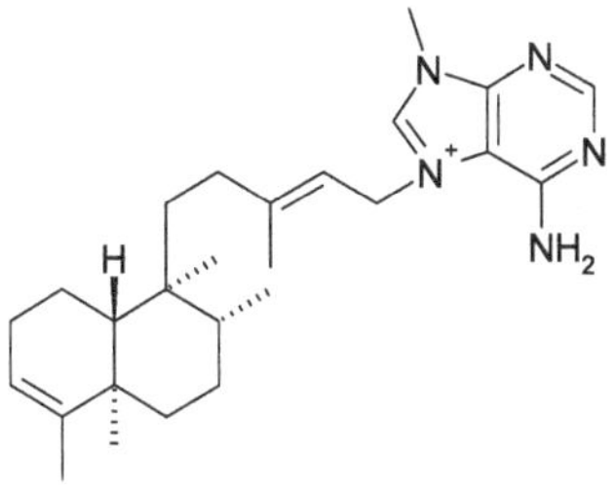

422　Agelasine D　群海绵新 D*

【基本信息】$C_{26}H_{40}N_5^+$, mp 175~176°C (氯化物), $[\alpha]_D^{25}$ = +10.4° (c = 1.1, 甲醇) (氯化物).【类型】克罗烷型二萜.【来源】群海绵属* *Agelas nakamurai* (冲绳, 日本), 群海绵属* *Agelas* sp. (太平洋) 和 *Agelas* sp. (印度尼西亚).【活性】抗疟原虫 [恶性疟原虫 *Plasmodium falciparum*, IC_{50} = 0.63μmol/L; 选择性指数 SI = IC_{50}(MCR-5 成纤维细胞)/IC_{50} (恶性疟原虫 *Plasmodium falciparum*) = 23]; 抗疟疾 [选择性指数 SI = IC_{50} (MCR-5 成纤维细胞)/IC_{50} (恶性疟原虫 *Plasmodium falciparum*) = 23]; 镇痉剂; 抗菌 (广谱, 包括结核分枝杆菌 *Mycobacterium tuberculosis*, 革兰氏阳性和革兰氏阴性菌, 需氧菌和厌氧菌); 抗菌 (表皮葡萄球菌 *Staphylococcus epidermis*, MIC = 0.09μmol/L); 钠/钾-腺苷三磷酸酶 ATPase 抑制剂; 抗污剂 (强烈抑制纹藤壶 *Balanus amphitrite* 腺介幼体定居, EC_{50} = 0.11~0.30μmol/L, 对幼虫死亡无活性).【文献】H. Nakamura, et al. Tetrahedron Lett., 1984, 25, 2989; H. Wu, et al. Bull. Chem. Soc. Jpn., 1986, 59, 2495; A. Vik, et al. JNP, 2006, 69, 381; M. Gordaliza, Mar. Drugs, 2009, 7, 833 (Rev.).; T. Hertiani, et al. BoMC, 2010, 18, 1297.

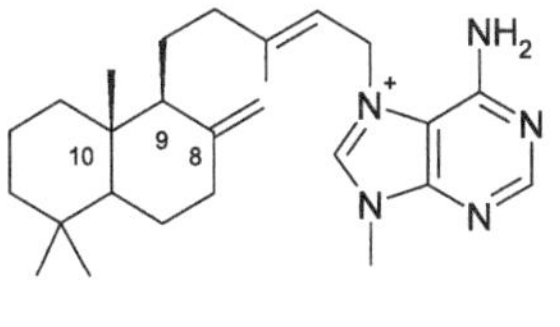

423　Agelasine G　群海绵新 G*

【基本信息】$C_{31}H_{42}BrN_6O_2^+$, $[\alpha]_D^{27}$ = −85° (c = 0.02, 氯仿).【类型】克罗烷型二萜.【来源】群海绵属* *Agelas* sp. (冲绳, 日本).【活性】细胞毒 (*in vitro*, 小鼠淋巴癌 L_{1210} 细胞, IC_{50} = 3.1μg/mL).【文献】K. Ishida, et al. CPB, 1992, 40, 766; M. Gordaliza, Mar. Drugs, 2009, 7, 833 (Rev.).

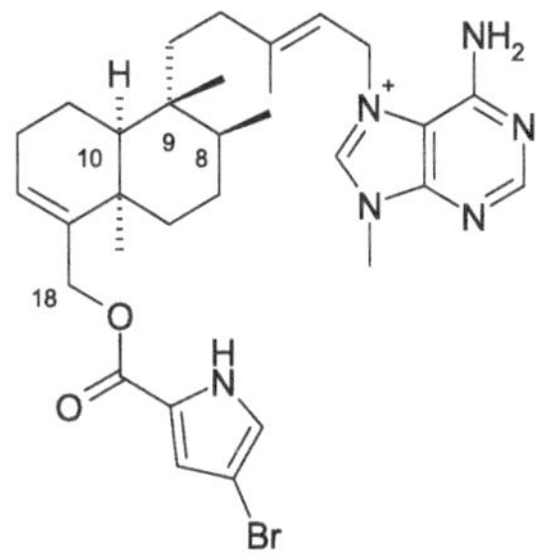

424　Agelasine H　群海绵新 H*

【基本信息】$C_{26}H_{40}N_5O^+$, 无定形固体 (氯化物), $[\alpha]_D$ = −63.9° (c = 0.36, 甲醇).【类型】克罗烷型二萜.【来源】毛里塔尼亚群海绵* *Agelas mauritiana* (雅浦岛, 密克罗尼西亚联邦).【活性】抗真菌 (黑曲霉 *Aspergillus niger*, 10μg/mL; 酿酒酵母 *Saccharomyces cerevisiae*, 1μg/mL).【文献】X. Fu, et al. JNP, 1998, 61, 548; M. Gordaliza, Mar. Drugs, 2009, 7, 833 (Rev.).

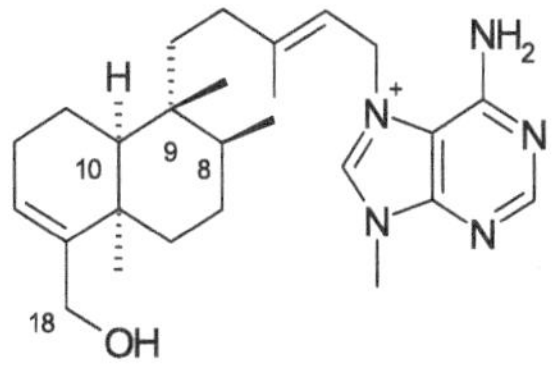

425　Agelasine I　群海绵新 I*

【基本信息】$C_{26}H_{40}N_5O^+$, 无定形固体 (氯化物), $[\alpha]_D$ = −2.5° (c = 0.20, 甲醇).【类型】克罗烷型二萜.【来源】毛里塔尼亚群海绵* *Agelas mauritiana* (雅浦岛, 密克罗尼西亚联邦).【活性】抗真菌 (酿酒酵母 *Saccharomyces cerevisiae*, 200μg/mL).【文献】X. Fu, et al. JNP, 1998, 61, 548; M. Gordaliza, Mar. Drugs, 2009, 7, 833 (Rev.).

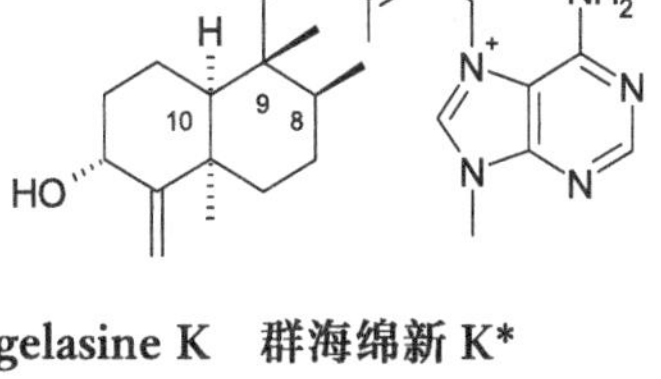

426　Agelasine K　群海绵新 K*

【基本信息】$C_{26}H_{40}N_5^+$, 粉末, $[\alpha]_D^{25}$ = +60° (c = 0.11, 甲醇).【类型】克罗烷型二萜.【来源】群海绵属* *Agelas* cf. *mauritiana* (所罗门群岛).【活性】抗疟原虫 (恶性疟原虫 *Plasmodium falciparum*, IC_{50} = 8.3μmol/L).【文献】J. Appenzeller, et al. JNP, 2008, 71, 1451; M. Gordaliza, Mar. Drugs, 2009, 7, 833 (Rev.).

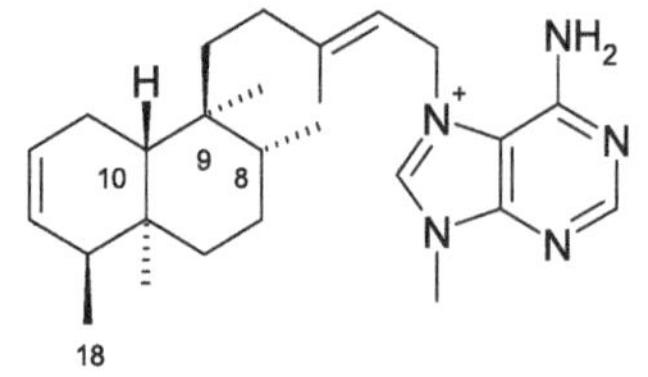

427 Agelasine L 群海绵新 L*

【基本信息】$C_{26}H_{40}N_5^+$，粉末，$[\alpha]_D^{25} = -3.2°$ ($c = 1$, 甲醇).【类型】克罗烷型二萜.【来源】群海绵属* *Agelas* cf. *mauritiana* (所罗门群岛).【活性】抗疟疾（恶性疟原虫 *Plasmodium falciparum*, $IC_{50} = 18\mu mol/L$).【文献】J. Appenzeller, et al. JNP, 2008, 71, 1451; M. Gordaliza, Mar. Drugs, 2009, 7, 833 (Rev.).

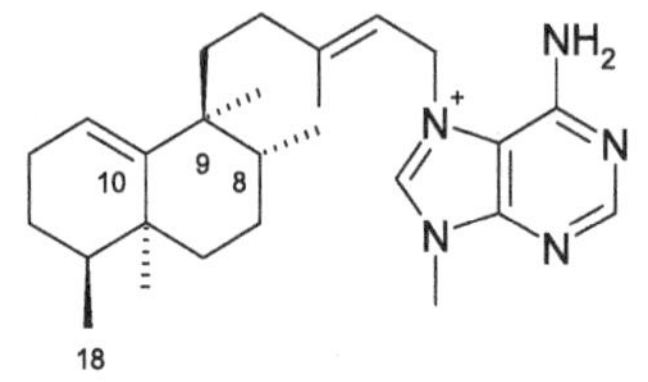

428 Agelasine P 群海绵新 P*

【基本信息】$C_{31}H_{40}BrN_6O_3^+$，浅黄色无定形固体，$[\alpha]_D^{20} = +4.5°$ ($c = 0.5$, 甲醇).【类型】克罗烷型二萜.【来源】群海绵属* *Agelas* sp. (冲绳，日本).【活性】抗菌（大肠杆菌 *Escherichia coli,* MIC > 32.0μg/mL; 金黄色葡萄球菌 *Staphylococcus aureus,* MIC = 32.0μg/mL; 枯草芽孢杆菌 *Bacillus subtilis,* MIC = 32.0μg/mL; 藤黄色微球菌 *Micrococcus luteus,* MIC > 32.0μg/mL); 抗真菌（黑曲霉 *Aspergillus niger,* IC_{50} > 32.0μg/mL; 须发癣菌 *Trichophyton mentagrophytes,* IC_{50} > 32.0μg/mL; 白色念珠菌 *Candida albicans,* IC_{50} > 32.0μg/mL; 新型隐球酵母 *Cryptococcus neoformans,* IC_{50} = 32.0μg/mL).【文献】T. Kubota, et al. Tetrahedron, 2012, 68, 9738.

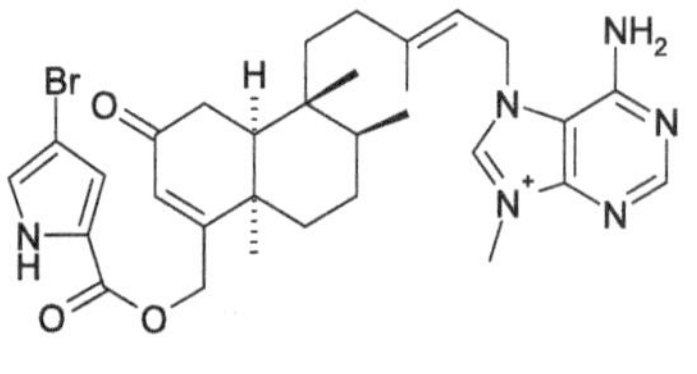

429 Agelasine Q 群海绵新 Q*

【基本信息】$C_{31}H_{40}BrN_6O_3^+$，浅黄色无定形固体，$[\alpha]_D^{20} = +6.8°$ ($c = 0.39$, 甲醇).【类型】克罗烷型二萜.【来源】群海绵属* *Agelas* sp. (冲绳，日本).【活性】抗菌（大肠杆菌 *Escherichia coli,* MIC > 32.0μg/mL; 金黄色葡萄球菌 *Staphylococcus aureus,* MIC = 8.0μg/mL; 枯草芽孢杆菌 *Bacillus subtilis,* MIC = 8.0μg/mL; 藤黄色微球菌 *Micrococcus luteus,* MIC > 32.0μg/mL); 抗真菌（黑曲霉 *Aspergillus niger,* IC_{50} = 16.0μg/mL; 须发癣菌 *Trichophyton mentagrophytes,* IC_{50} = 16.0μg/mL; 白色念珠菌 *Candida albicans,* IC_{50} = 16.0μg/mL; 新型隐球酵母 *Cryptococcus neoformans,* IC_{50} = 8.0μg/mL).【文献】T. Kubota, et al. Tetrahedron, 2012, 68, 9738.

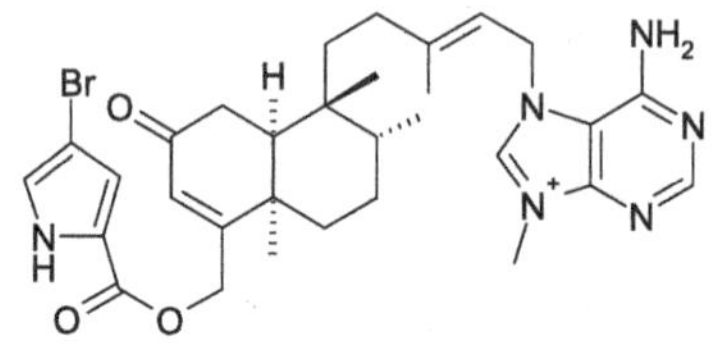

430 Agelasine R 群海绵新 R*

【基本信息】$C_{31}H_{40}BrN_6O_3^+$，浅黄色无定形固体，$[\alpha]_D^{22} = -13.0°$ ($c = 0.29$, 甲醇).【类型】克罗烷型二萜.【来源】群海绵属* *Agelas* sp. (冲绳，日本).【活性】抗菌（大肠杆菌 *Escherichia coli,* MIC > 32.0μg/mL; 金黄色葡萄球菌 *Staphylococcus aureus,* MIC = 8.0μg/mL; 枯草芽孢杆菌 *Bacillus subtilis,* MIC = 8.0μg/mL, 藤黄色微球菌 *Micrococcus luteus,* MIC > 32.0μg/mL); 抗真菌（黑曲霉 *Aspergillus niger,* IC_{50} = 16.0μg/mL; 须发癣菌 *Trichophyton mentagrophytes,* IC_{50} = 16.0μg/mL; 白色念珠菌 *Candida albicans,* IC_{50} = 16.0μg/mL; 新型隐球酵母 *Cryptococcus neoformans,* IC_{50} = 8.0μg/mL).【文献】T. Kubota, et al. Tetrahedron, 2012, 68, 9738.

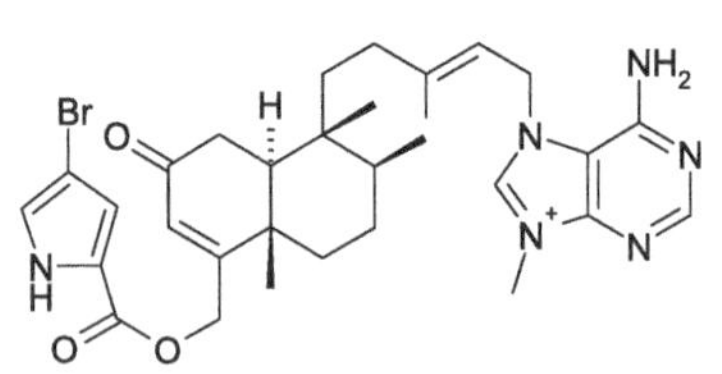

431 Agelasine T 群海绵新 T*

【基本信息】$C_{26}H_{42}N_5O^+$，无色无定形固体，$[\alpha]_D^{20} = -0.9°$ ($c = 0.5$, 甲醇).【类型】克罗烷型二萜.【来源】群海绵属* *Agelas* sp. (冲绳，日本).【活性】抗菌（大肠杆菌 *Escherichia coli,* MIC > 32.0μg/mL; 金黄色葡萄球菌 *Staphylococcus aureus,* MIC = 16.0μg/mL; 枯草芽孢杆菌 *Bacillus subtilis,*

MIC = 16.0μg/mL; 藤黄色微球菌 *Micrococcus luteus,* MIC > 32.0μg/mL); 抗真菌 (黑曲霉 *Aspergillus niger,* IC_{50} > 32.0μg/mL; 须发癣菌 *Trichophyton mentagrophytes,* IC_{50} > 32.0μg/mL; 白色念珠菌 *Candida albicans,* IC_{50} > 32.0μg/mL; 新型隐球酵母 *Cryptococcus neoformans,* IC_{50} = 16.0μg/mL).【文献】T. Kubota, et al. Tetrahedron, 2012, 68, 9738.

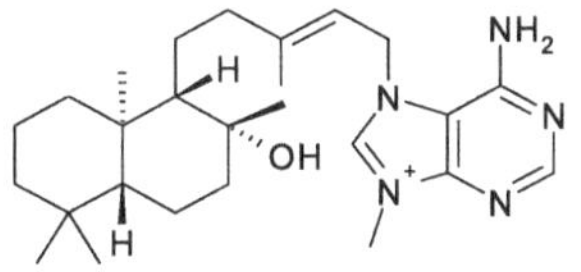

432 Agelasine U 群海绵新 U*

【基本信息】$C_{26}H_{40}N_5O^+$, 浅黄色无定形固体, $[\alpha]_D^{23}$ = –4.1° (*c* = 0.29, 甲醇).【类型】克罗烷型二萜.【来源】群海绵属* *Agelas* sp. (冲绳, 日本).【活性】抗菌 (大肠杆菌 *Escherichia coli,* MIC > 32.0μg/mL; 金黄色葡萄球菌 *Staphylococcus aureus,* MIC > 32.0μg/mL; 枯草芽孢杆菌 *Bacillus subtilis,* MIC > 32.0μg/mL; 藤黄色微球菌 *Micrococcus luteus,* MIC > 32.0μg/mL); 抗真菌 (黑曲霉 *Aspergillus niger,* IC_{50} > 32.0μg/mL; 须发癣菌 *Trichophyton mentagrophytes,* IC_{50} > 32.0μg/mL; 白色念珠菌 *Candida albicans,* IC_{50} > 32.0μg/mL; 新型隐球酵母 *Cryptococcus neoformans,* IC_{50} > 32.0μg/mL).【文献】T. Kubota, et al. Tetrahedron, 2012, 68, 9738.

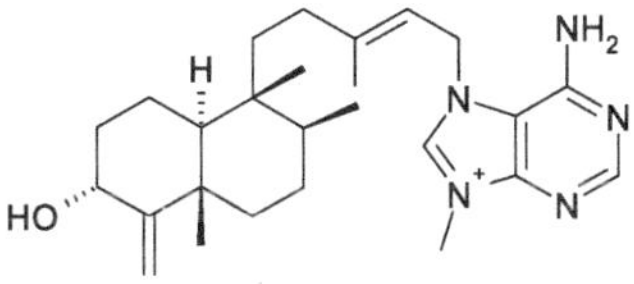

433 Ageline B 群海绵灵 B*

【基本信息】$C_{31}H_{43}N_6O_2^+$.【类型】克罗烷型二萜.【来源】群海绵属* *Agelas nakamurai* (冲绳, 日本), 群海绵属* *Agelas* sp. (太平洋) 和群海绵属* *Agelas* sp. (帕劳, 西卡罗林岛, 大洋洲).【活性】抗菌 (革兰氏阳性菌, 金黄色葡萄球菌 *Staphylococcus aureus*); 抗真菌 (酿酒酵母 *Saccharomyces cerevisiae,* 10μg/mL; 白色念珠菌 *Candida albicans*; 产朊假丝酵母 *Candida utilis*); 腺苷三磷酸酶 ATPase 抑制剂; 平滑肌收缩剂; 植物毒素; 鱼毒 (低活性).【文献】R. J. Capon, et al. JACS, 1984, 106, 1819; M. Gordaliza, Mar. Drugs, 2009, 7, 833 (Rev.).

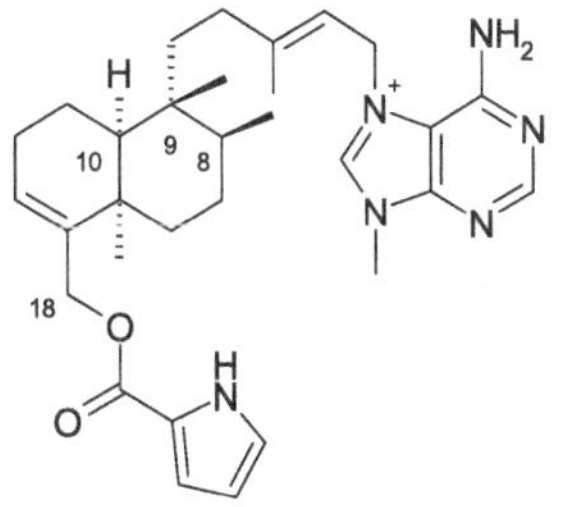

434 Asmarine A 阿斯马林 A*

【基本信息】$C_{25}H_{37}N_5O$, 晶体 (甲醇), mp 232°C, $[\alpha]_D$ = +55° (*c* = 0.5, 氯仿).【类型】克罗烷型二萜.【来源】拉丝海绵属* *Raspailia* spp. (靠近那扣拉岛, 达赫拉克群岛, 厄立特里亚, 红海; 努西比乌群岛, 马达加斯加).【活性】细胞毒 (P_{388}, IC_{50} = 1.18μmol/L, A549; IC_{50} = 1.18μmol/L; HT29, IC_{50} = 1.18μmol/L; MEL28, IC_{50} = 1.18μmol/L).【文献】T. Yosief, et al. Tetrahedron Lett., 1998, 39, 3323; T. Yosief, et al. JNP, 2000, 63, 299; M. Gordaliza, Mar. Drugs, 2009, 7, 833 (Rev.).

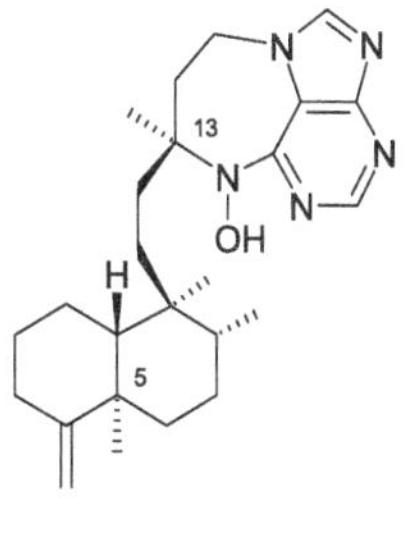

435 Asmarine B 阿斯马林 B*

【基本信息】$C_{25}H_{37}N_5O$, 油状物, $[\alpha]_D$ = +60° (*c* = 0.5, 氯仿).【类型】克罗烷型二萜.【来源】拉丝海绵属* *RaspaiLia* sp. (靠近那扣拉岛, 达赫拉克群岛, 厄立特里亚, 红海).【活性】细胞毒 (P_{388}, IC_{50} = 0.24μmol/L, A549, IC_{50} = 0.24μmol/L, HT29, IC_{50} = 0.24μmol/L, MEL28, IC_{50} = 0.24μmol/L); 细胞毒 (P_{388}, HT29, MEL28, IC_{50} = 0.12~0.24μmol/L); 细胞毒 (DU145, IGROV-ET, A549 NSCL, PANC1, LoVo, GI_{50} = 0.04~0.5μg/mL).【文献】T. Yosief, et al. Tetrahedron. Lett., 1998, 39, 3323; T. Yosief, et al. JNP, 2000, 63, 299; M. Gordaliza, Mar. Drugs, 2009, 7, 833 (Rev.).

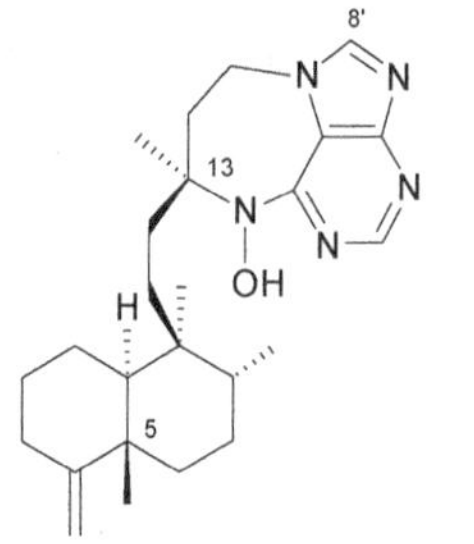

436 Echinoclerodane A 刺尖柳珊瑚克罗烷 A*

【基本信息】$C_{20}H_{30}O_3$.【类型】克罗烷型二萜.【来源】刺尖柳珊瑚属* *Echinomuricea* sp. (台湾水域, 中国).【活性】细胞毒 (K562, IC_{50} = 37.05μmol/L, 对照物阿霉素, IC_{50} = 0.29μmol/L; Molt4, IC_{50} = 13.18μmol/L, 阿霉素, IC_{50} = 0.001μmol/L; HL60, IC_{50} = 14.89μmol/L, 阿霉素, IC_{50} = 0.08μmol/L; DLD-1, IC_{50} = 23.44μmol/L, 阿霉素, IC_{50} = 4.00μmol/L; LoVo, IC_{50} = 21.69μmol/L, 阿霉素, IC_{50} = 1.65μmol/L; DU145, IC_{50} = 53.93μmol/L, 阿霉素 IC_{50} = 0.01μmol/L); 抗氧化剂 (超氧化物阴离子$^{\bullet}O_2^-$清除剂, InRt = 68.6%); 弹性蛋白酶释放抑制剂 (刺激人的中性粒细胞, 10μg/mL, InRt = 35.4%).【文献】C. -H. Cheng, et al. Molecules, 2012, 17, 9443.

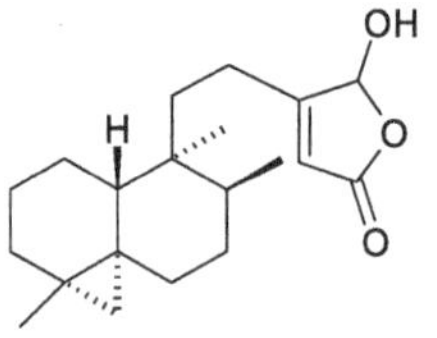

437 Palmadorin A 掌状多萜内酯 A*

【基本信息】$C_{23}H_{38}O_4$, 无色油状物, $[\alpha]_D^{25}$ = +18° (c = 0.05, 甲醇).【类型】克罗烷型二萜.【来源】软体动物裸腮目海牛亚目海牛科奥地利海牛* *Austrodoris kerguelenensis* (南极地区, 64°46.5′S, 64°03.3′W).【活性】细胞毒 [依赖于 Jak2/STAT5 的人红白血病细胞, IC_{50} = (8.7±0.4)μmol/L].【文献】T. Diyabalanage, et al. JNP, 2010, 73, 416; J. A. Maschek, et al. Tetrahedron, 2012, 68, 9095.

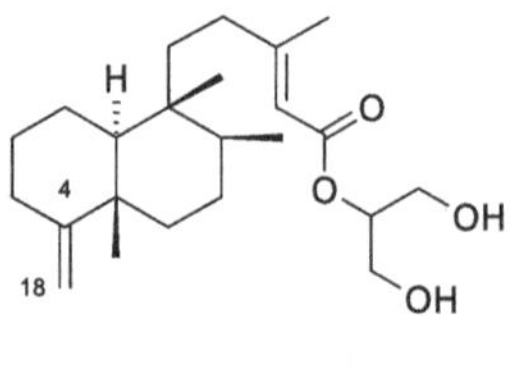

438 Palmadorin B 掌状多萜内酯 B*

【基本信息】$C_{25}H_{40}O_5$, 无色油状物, $[\alpha]_D^{25}$ = +24° (c = 0.05, 甲醇).【类型】克罗烷型二萜.【来源】软体动物裸腮目海牛亚目海牛科奥地利海牛* *Austrodoris kerguelenensis* (南极地区, 64°46.5′S, 64°03.3′W).【活性】细胞毒 [依赖于 Jak2/STAT5 的人红白血病细胞, IC_{50} = (8.3±0.8)μmol/L].【文献】T. Diyabalanage, et al. JNP, 2010, 73, 416; J. A. Maschek, et al. Tetrahedron, 2012, 68, 9095.

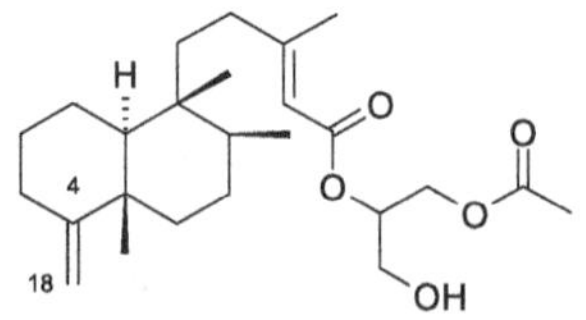

439 Palmadorin C 掌状多萜内酯 C*

【基本信息】$C_{23}H_{38}O_5$, 无色油状物, $[\alpha]_D^{25}$ = +8° (c = 0.05, 甲醇).【类型】克罗烷型二萜.【来源】软体动物裸腮目海牛亚目海牛科奥地利海牛* *Austrodoris kerguelenensis* (南极地区, 64°46.5′S, 64°03.3′W).【活性】细胞毒 (依赖于 Jak2/STAT5 的人红白血病细胞, 10μmol/L 处理 5 天, 活细胞 = 50%~80%, 低活性).【文献】T. Diyabalanage, et al. JNP, 2010, 73, 416; J. A. Maschek, et al. Tetrahedron, 2012, 68, 9095.

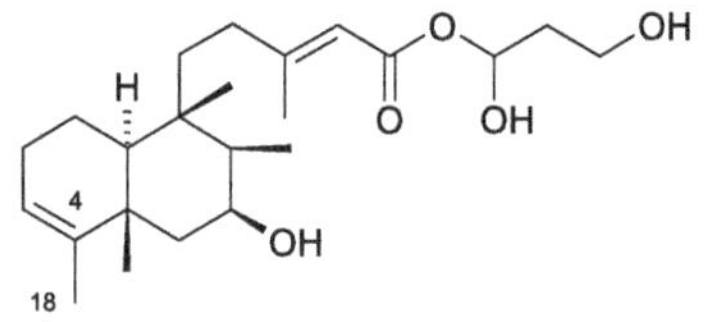

440 Palmadorin D 掌状多萜内酯 D*

【基本信息】$C_{23}H_{38}O_4$, 无色油状物, $[\alpha]_D^{20}$ = +15° (c = 0.1, 氯仿).【类型】克罗烷型二萜.【来源】软体动物裸腮目海牛亚目海牛科奥地利海牛* *Austrodoris kerguelenensis* (南极地区, 沿昂韦尔岛靠近帕尔莫站, 64°46.5′S, 64°03.3′W, 水深 1~40m).【活性】细胞毒 [依赖于 Jak2/STAT5 的人红白血病细胞, IC_{50} = (16.5±0.1)μmol/L].【文献】J. A. Maschek, et al. Tetrahedron, 2012, 68, 9095.

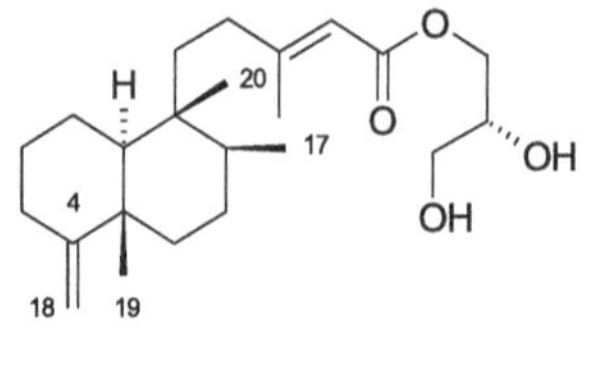

441 Palmadorin E 掌状多萜内酯 E*

【基本信息】$C_{23}H_{36}O_6$, 无色油状物, $[\alpha]_D^{20}$ = +6°

($c = 0.1$, 氯仿).【类型】克罗烷型二萜.【来源】软体动物裸腮目海牛亚目海牛科奥地利海牛* *Austrodoris kerguelenensis* (南极地区, 64°46.5′S, 64°03.3′W).【活性】细胞毒 (依赖于 Jak2/STAT5 的人红白血病细胞, 10μmol/L 处理 5 天, 活细胞 = 50%~80%, 低活性).【文献】J. A. Maschek, et al. Tetrahedron, 2012, 68, 9095.

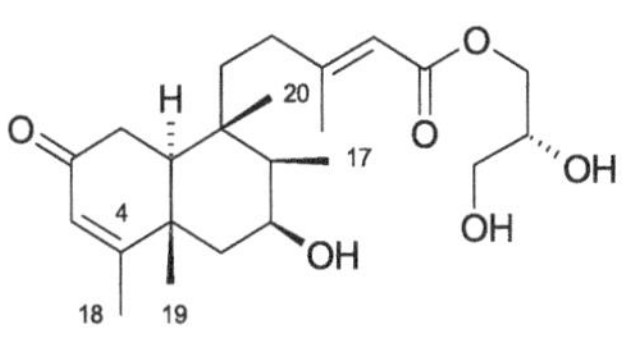

442 Palmadorin F 掌状多萜内酯 F*

【基本信息】$C_{23}H_{38}O_5$, 无色油状物, $[\alpha]_D^{20} = +41°$ ($c = 0.1$, 氯仿).【类型】克罗烷型二萜.【来源】软体动物裸腮目海牛亚目海牛科奥地利海牛* *Austrodoris kerguelenensis* (南极地区, 64°46.5′S, 64°03.3′W).【活性】细胞毒 (依赖于 Jak2/STAT5 的人红白血病细胞, 10μmol/L 处理 5 天, 活细胞 = 50%~80%, 低活性).【文献】J. A. Maschek, et al. Tetrahedron, 2012, 68, 9095.

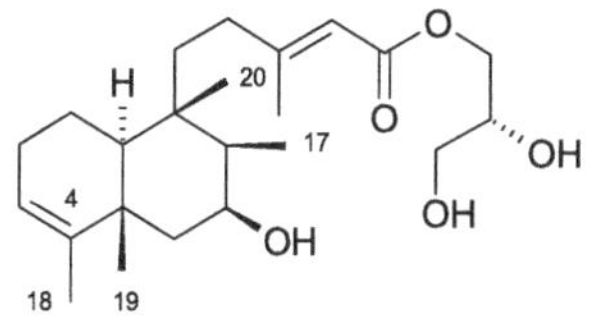

443 Palmadorin G 掌状多萜内酯 G*

【基本信息】$C_{23}H_{36}O_5$, 无色油状物, $[\alpha]_D^{20} = +13°$ ($c = 0.1$, 氯仿).【类型】克罗烷型二萜.【来源】软体动物裸腮目海牛亚目海牛科奥地利海牛* *Austrodoris kerguelenensis* (南极地区, 64°46.5′S, 64°03.3′W).【活性】细胞毒 (依赖于 Jak2/STAT5 的人红白血病细胞, 10μmol/L 处理 5 天, 活细胞 = 50%~80%, 低活性).【文献】J. A. Maschek, et al. Tetrahedron, 2012, 68, 9095

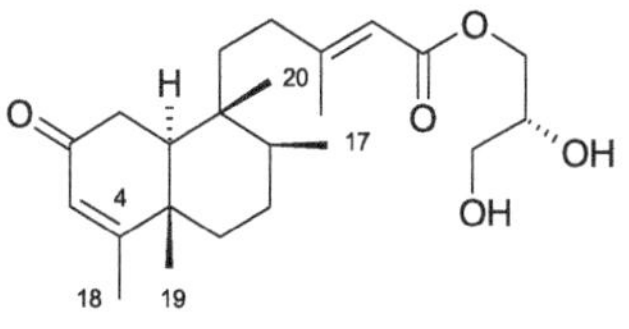

444 Palmadorin H 掌状多萜内酯 H*

【基本信息】$C_{25}H_{40}O_6$, 无色油状物, $[\alpha]_D^{20} = +16°$ ($c = 0.1$, 氯仿).【类型】克罗烷型二萜.【来源】软体动物裸腮目海牛亚目海牛科奥地利海牛* *Austrodoris kerguelenensis* (南极地区, 64°46.5′S, 64°03.3′W).【活性】细胞毒 (依赖于 Jak2/STAT5 的人红白血病细胞, 10μmol/L 处理 5 天, 活细胞 = 50%~80%, 低活性).【文献】J. A. Maschek, et al. Tetrahedron, 2012, 68, 9095.

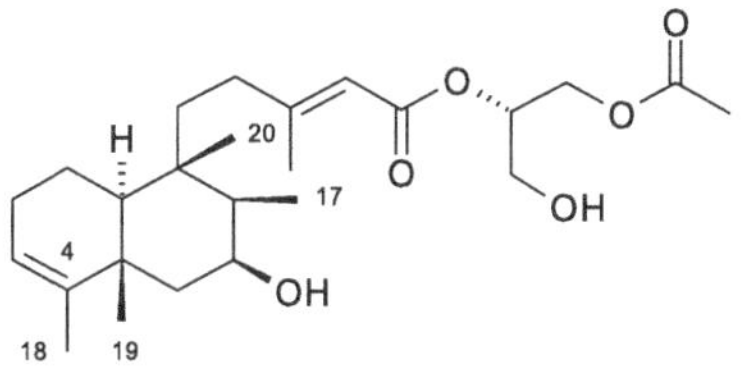

445 Palmadorin I 掌状多萜内酯 I*

【基本信息】$C_{23}H_{34}O_6$, 无色油状物, $[\alpha]_D^{20} = +11°$ ($c = 0.1$, 氯仿).【类型】克罗烷型二萜.【来源】软体动物裸腮目海牛亚目海牛科奥地利海牛* *Austrodoris kerguelenensis* (南极地区, 64°46.5′S, 64°03.3′W).【活性】细胞毒 (依赖于 Jak2/STAT5 的人红白血病细胞, 10μmol/L 处理 5 天, 活细胞 = 50%~80%, 低活性).【文献】J. A. Maschek, et al. Tetrahedron, 2012, 68, 9095.

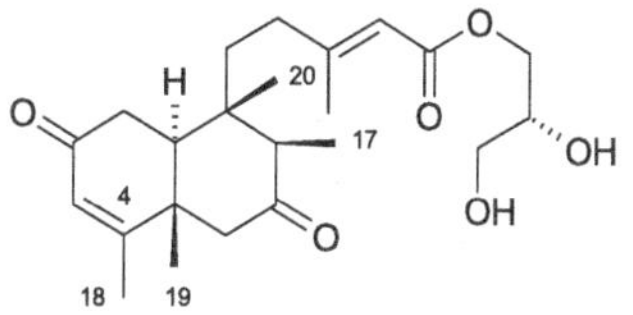

446 Palmadorin J 掌状多萜内酯 J*

【基本信息】$C_{23}H_{36}O_6$, 无色油状物, $[\alpha]_D^{20} = +8°$ ($c = 0.1$, 氯仿).【类型】克罗烷型二萜.【来源】软体动物裸腮目海牛亚目海牛科奥地利海牛* *Austrodoris kerguelenensis* (南极地区, 64°46.5′S, 64°03.3′W).【活性】细胞毒 (依赖于 Jak2/STAT5 的人红白血病细胞, 10μmol/L 处理 5 天, 活细胞 = 50%~80%, 低活性).【文献】J. A. Maschek, et al. Tetrahedron, 2012, 68, 9095.

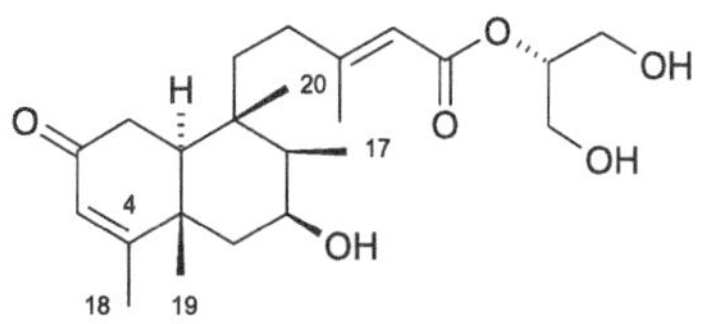

447 Palmadorin K 掌状多萜内酯 K*

【基本信息】$C_{23}H_{34}O_6$, 无色油状物.【类型】克罗烷型二萜.【来源】软体动物裸腮目海牛亚目海牛科奥地利海牛* *Austrodoris kerguelenensis* (南极地区, 64°46.5′S, 64°03.3′W).【活性】细胞毒 (依赖于Jak2/STAT5的人红白血病细胞, 10μmol/L处理 5 天, 活细胞 = 50%~80%, 低活性).【文献】J. A. Maschek, et al. Tetrahedron, 2012, 68, 9095.

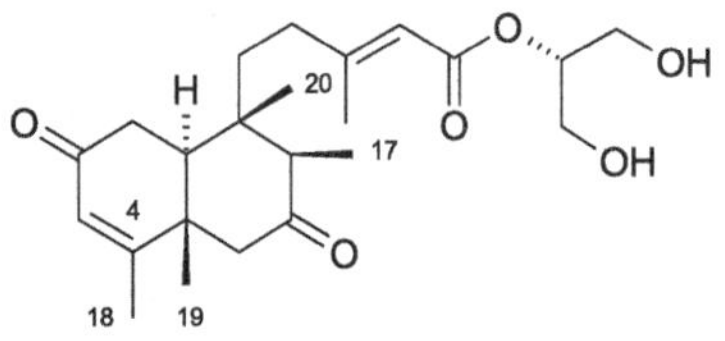

448 Palmadorin L 掌状多萜内酯 L*

【基本信息】$C_{23}H_{39}ClO_5$, 无色油状物, $[\alpha]_D^{20}$ = +25° (*c* = 0.1, 氯仿).【类型】克罗烷型二萜.【来源】软体动物裸腮目海牛亚目海牛科奥地利海牛* *Austrodoris kerguelenensis* (南极地区, 64°46.5′S, 64°03.3′W).【活性】细胞毒 (依赖于 Jak2/STAT5 的人红白血病细胞, 10μmol/L 处理 5 天, 活细胞 = 50%~80%, 低活性).【文献】J. A. Maschek, et al. Tetrahedron, 2012, 68, 9095.

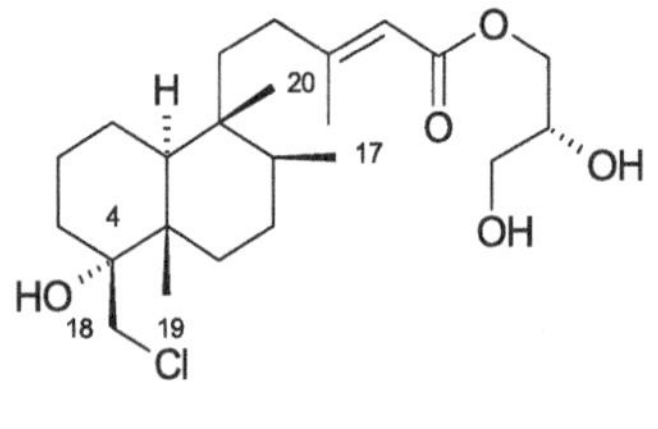

449 Palmadorin M 掌状多萜内酯 M*

【基本信息】$C_{23}H_{38}O_4$, 无色油状物, $[\alpha]_D^{20}$ = –18° (*c* = 0.1, 氯仿).【类型】克罗烷型二萜.【来源】软体动物裸腮目海牛亚目海牛科奥地利海牛* *Austrodoris kerguelenensis* (南极地区, 64°46.5′S, 64°03.3′W).【活性】细胞毒 (依赖于 Jak2/STAT5 的人红白血病细胞, IC_{50} = (4.9±0.4)μmol/L); 抑制 Jak2, STAT5 和 Erk1/2 的活化 (人红白血病细胞, 引起细胞凋亡, 5μmol/L).【文献】J. A. Maschek, et al. Tetrahedron, 2012, 68, 9095.

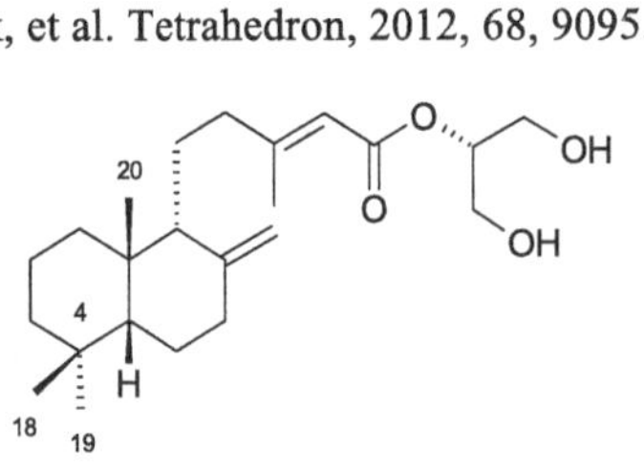

450 Palmadorin N 掌状多萜内酯 N*

【基本信息】$C_{23}H_{38}O_4$, 无色油状物, $[\alpha]_D^{20}$ = –10° (*c* = 0.1, 氯仿).【类型】克罗烷型二萜.【来源】软体动物裸腮目海牛亚目海牛科奥地利海牛* *Austrodoris kerguelenensis* (南极地区, 64°46.5′S, 64°03.3′W).【活性】细胞毒 [依赖于 Jak2/STAT5 的人红白血病细胞, IC_{50} = (6.3±0.5)μmol/L].【文献】J. A. Maschek, et al. Tetrahedron, 2012, 68, 9095.

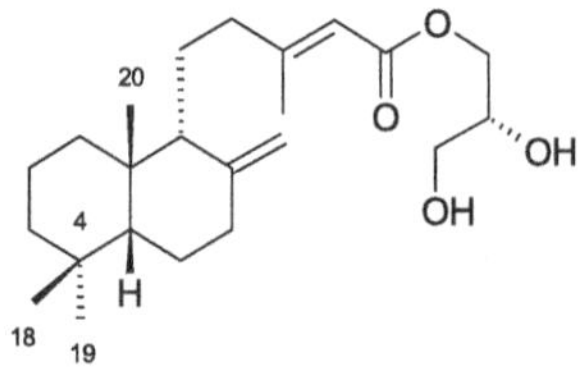

451 Palmadorin O 掌状多萜内酯 O*

【基本信息】$C_{25}H_{40}O_5$, 无色油状物, $[\alpha]_D^{20}$ = –10° (*c* = 0.1, 氯仿).【类型】克罗烷型二萜.【来源】软体动物裸腮目海牛亚目海牛科奥地利海牛* *Austrodoris kerguelenensis* (南极地区, 64°46.5′S, 64°03.3′W).【活性】细胞毒 [依赖于 Jak2/STAT5 的人红白血病细胞, IC_{50} = (13.4±0.4)μmol/L].【文献】J. A. Maschek, et al. Tetrahedron, 2012, 68, 9095.

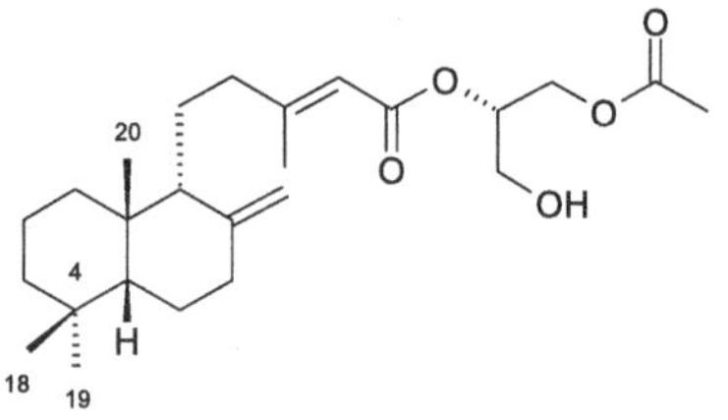

452 Palmadorin P 掌状多萜内酯 P*

【基本信息】$C_{23}H_{40}O_5$, 无色油状物, $[\alpha]_D^{20}$ = –9° (*c* = 0.1, 氯仿).【类型】克罗烷型二萜.【来源】软体动物裸腮目海牛亚目海牛科奥地利海牛* *Austrodoris kerguelenensis* (南极地区, 64°46.5′S, 64°03.3′W).【活性】细胞毒 (依赖于 Jak2/STAT5 的人红白血病细胞, 10μmol/L 处理 5 天, 活细胞 = 50%~80%, 低活性).【文献】J. A. Maschek, et al. Tetrahedron, 2012, 68, 9095.

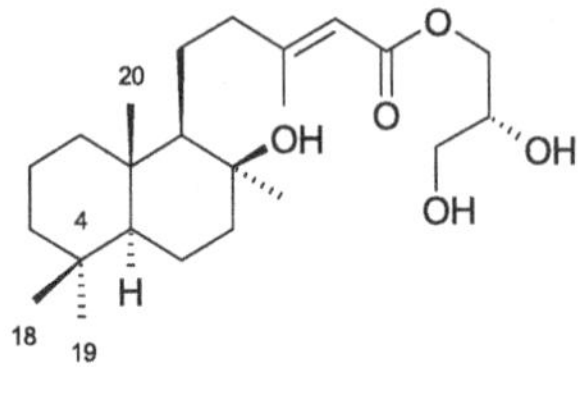

453 Palmadorin Q 掌状多萜内酯 Q*

【基本信息】$C_{23}H_{40}O_5$, 无色油状物, $[\alpha]_D^{20} = -3°$ ($c = 0.1$, 氯仿).【类型】克罗烷型二萜.【来源】软体动物裸腮目海牛亚目海牛科奥地利海牛* *Austrodoris kerguelenensis* (南极地区, 64°46.5′S, 64°03.3′W).【活性】细胞毒 (依赖于 Jak2/STAT5 的人红白血病细胞, 10μmol/L 处理 5 天, 活细胞 = 50%~80%, 低活性).【文献】J. A. Maschek, et al. Tetrahedron, 2012, 68, 9095.

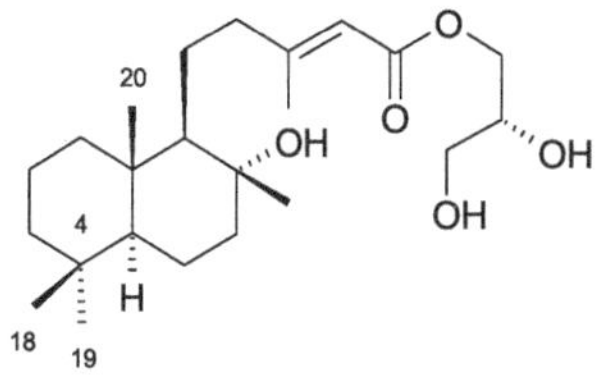

454 Palmadorin R 掌状多萜内酯 R*

【基本信息】$C_{25}H_{40}O_6$, 无色油状物, $[\alpha]_D^{20} = +53°$ ($c = 0.1$, 氯仿).【类型】克罗烷型二萜.【来源】软体动物裸腮目海牛亚目海牛科奥地利海牛* *Austrodoris kerguelenensis* (南极地区, 64°46.5′S, 64°03.3′W).【活性】细胞毒 (依赖于 Jak2/STAT5 的人红白血病细胞, 10μmol/L 处理 5 天, 活细胞 = 50%~80%, 低活性).【文献】J. A. Maschek, et al. Tetrahedron, 2012, 68, 9095.

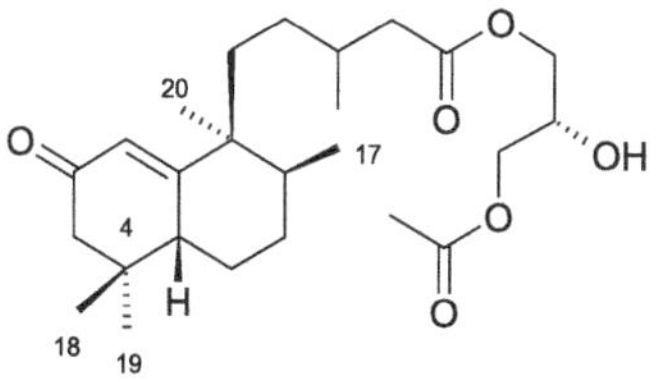

455 Palmadorin S 掌状多萜内酯 S*

【基本信息】$C_{23}H_{38}O_5$, 无色油状物, $[\alpha]_D^{20} = +29°$ ($c = 0.1$, 氯仿).【类型】克罗烷型二萜.【来源】软体动物裸腮目海牛亚目海牛科奥地利海牛* *Austrodoris kerguelenensis* (南极地区, 64°46.5′S, 64°03.3′W).【活性】细胞毒 (依赖于 Jak2/STAT5 的人红白血病细胞, 10μmol/L 处理 5 天, 活细胞 = 50%~80%, 低活性).【文献】J. A. Maschek, et al. Tetrahedron, 2012, 68, 9095.

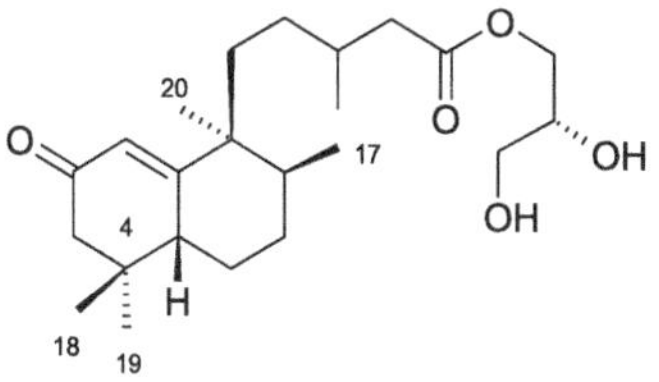

456 Popolohuanone F 坡坡咯环酮 F*

【基本信息】$C_{42}H_{57}NO_3$, 无定形紫色固体.【类型】克罗烷型二萜.【来源】掘海绵属* *Dysidea* sp.【活性】抗氧化剂 (DPPH 清除剂, $IC_{50} = 35μmol/L$).【文献】N. K. Utkina, et al. JNP, 2010, 73, 788; M. Gordaliza, et al. Mar. Drugs, 2010, 8, 2849 (Rev.).

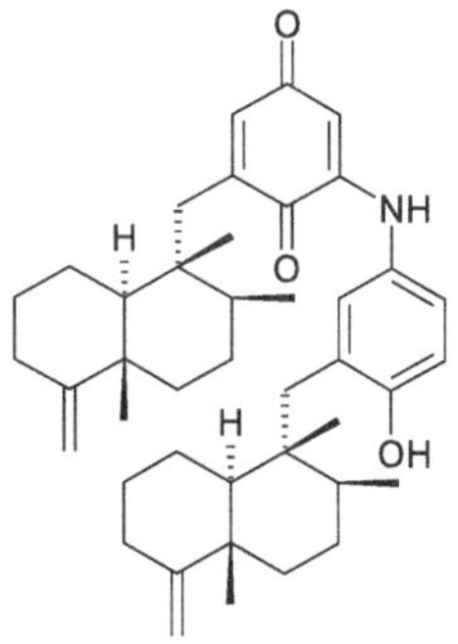

457 *ent*-14,15-Dinor-4(18)-cleroden-13-one *ent*-14,15-二去甲-4(18)-克罗烯-13-酮*

【基本信息】$C_{18}H_{30}O$, 油状物, $[\alpha]_D = +43°$ ($c = 1.2$, 氯仿).【类型】克罗烷型二萜.【来源】Podospongiidae 科海绵 *Diacarnus* cf. *spinopoculum* (所罗门群岛和巴布亚新几内亚) 和山海绵属* *Mycale* sp. (南澳大利亚).【活性】微分细胞毒性 (软琼脂实验, 50μg/盘, 预计 250 单位区域差有选择性活性, M17−L_{1210}, 0 区域差单位).【文献】R. J. Capon, et al. JNP, 1997, 60, 1261; S. Sperry, et al. JNP, 1998, 61, 241.

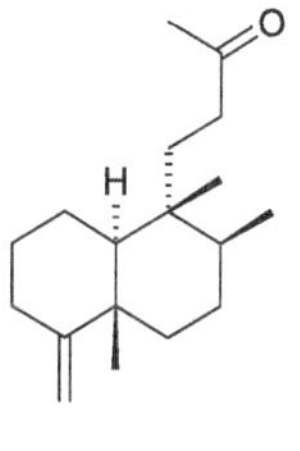

3.7 异海松烷二萜

458 11-Deoxydiaporthein A 11-去氧地阿波得素 A*

【基本信息】$C_{20}H_{30}O_5$, 晶体, $[\alpha]_D^{25} = +61.1°$ ($c = 0.46$, 氯仿).【类型】异海松烷型二萜.【来源】海洋导出的真菌帚状弯孢聚壳菌* *Eutypella scoparia* (沉积物, 南海), 和隐球壳属真菌*

Cryptosphaeria eunomia var. *eunomia*.【活性】细胞毒 (SF268, IC_{50} > 100μmol/L, 对照物顺铂, IC_{50} = 4.0μmol/L; MCF7, IC_{50} > 100μmol/L, 顺铂, IC_{50} = 9.2μmol/L; NCI-H460, IC_{50} > 100μmol/L, 顺铂, IC_{50} = 1.5μmol/L).【文献】S. Yoshida, et al. Chem. Lett., 2007, 36, 1386; L. Sun, Chin. Tradit. Herb. Drugs, 2011, 42, 432; L. Sun, et al. Mar. Drugs, 2012, 10, 539.

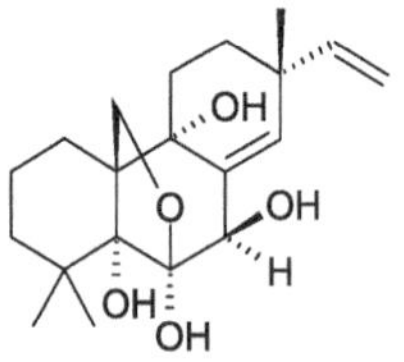

459 Diaporthein A 地阿波得素 A*

【基本信息】$C_{20}H_{30}O_6$, 固体, mp 198~200°C, $[\alpha]_D^{31}$ = +25.8° (*c* = 0.124, 氯仿).【类型】异海松烷型二萜.【来源】海洋导出的真菌弯孢聚壳属* *Eutypella scoparia* (沉积物, 南海).【活性】抗结核分枝杆菌; 细胞毒 (SF268, IC_{50} > 100μmol/L, 对照物顺铂, IC_{50} = 4.0μmol/L; MCF7, IC_{50} > 100μmol/L, 顺铂, IC_{50} = 9.2μmol/L; NCI-H460, IC_{50} > 100μmol/L, 顺铂, IC_{50} = 1.5μmol/L).【文献】L. Sun, Chin. Tradit. Herb. Drugs, 2011, 42, 432; L. Sun, et al. Mar. Drugs, 2012, 10, 539.

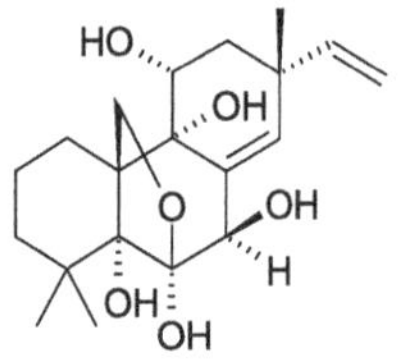

460 Diaporthein B 地阿波得素 B*

【基本信息】$C_{20}H_{28}O_6$, 固体, mp 219~220°C, $[\alpha]_D^{31}$ = +120.1° (*c* = 0.106, 氯仿).【类型】异海松烷型二萜.【来源】海洋导出的真菌弯孢聚壳属* *Eutypella scoparia* (沉积物, 南海).【活性】抗结核分枝杆菌; 细胞毒 (SF268, IC_{50} = 9.2μmol/L, 对照物顺铂, IC_{50} = 4.0μmol/L; MCF7, IC_{50} = 4.4μmol/L, 顺铂, IC_{50} = 9.2μmol/L; NCI-H460, IC_{50} = 9.9μmol/L, 顺铂, IC_{50} = 1.5μmol/L).【文献】L. Sun, Chin. Tradit. Herb. Drugs, 2011, 42, 432; L. Sun, et al. Mar. Drugs, 2012, 10, 539.

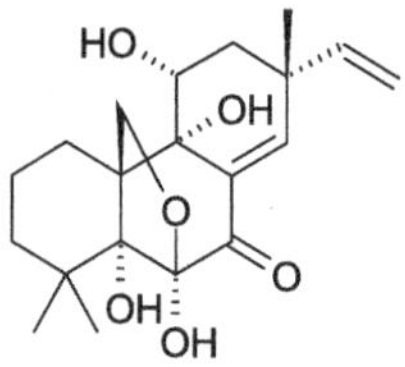

461 Gifhornenolone A 疣孢菌醇酮 A*

【基本信息】$C_{19}H_{28}O_2$, 无色针状晶体, mp 94~95°C (结晶化的, 来自乙酸乙酯-正己烷), $[\alpha]_D^{25}$ = +6.61° (*c* = 0.18, 氯仿).【类型】异海松烷型二萜.【来源】海洋导出的细菌吉夫霍恩疣孢菌 *Verrucosispora gifhornensis*, 来自未鉴定的海鞘 (广岛, 日本).【活性】雄激素拮抗剂 [二羟基睾丸素 DHT 键合到雄激素受体的抑制剂, IC_{50} = 2.8μg/mL (9.7μmol/L)].【文献】M. Shirai, et al. J. Antibiot., 2010, 63, 245.

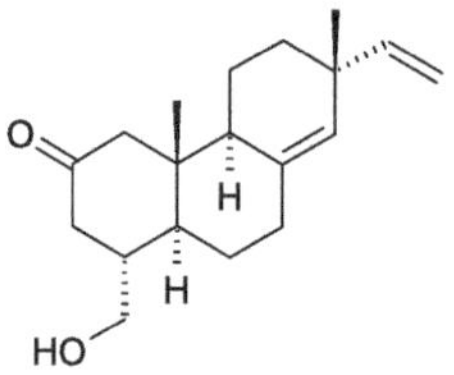

462 Isopimara-8(14),15-diene 异海松-8(14),15-二烯*

【基本信息】$C_{20}H_{32}$.【类型】异海松烷型二萜.【来源】海洋导出的真菌弯孢聚壳属* *Eutypella scoparia* (沉积物, 南海).【活性】细胞毒 (SF268, IC_{50} > 100μmol/L, 对照物顺铂, IC_{50} = 4.0μmol/L; MCF7, IC_{50} > 100μmol/L, 顺铂, IC_{50} = 9.2μmol/L; NCI-H460, IC_{50} > 100μmol/L, 顺铂, IC_{50} = 1.5μmol/L).【文献】L. Sun, Chin. Tradit. Herb. Drugs 2011, 42, 432; L. Sun, et al. Mar. Drugs, 2012, 10, 539.

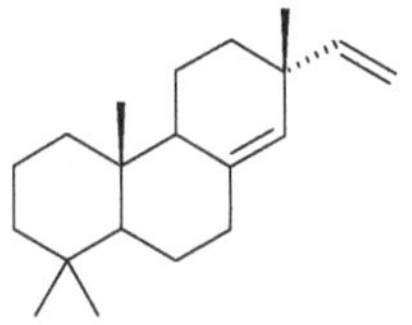

463 Libertellenone A 利贝特列酮 A*

【基本信息】$C_{20}H_{28}O_4$, 无色晶体或粉末, $[\alpha]_D$ = −96.8° (*c* = 0.133, 乙腈).【类型】异海松烷型二萜.【来源】海洋导出的真菌弯孢聚壳属* *Eutypella scoparia* (沉积物, 南海) 和海洋导出的真菌 *Libertella* sp.【活性】细胞毒 (SF268, IC_{50} =

20.5μmol/L, 对照物顺铂, IC_{50} = 4.0μmol/L; MCF7, IC_{50} = 12.0μmol/L, 顺铂, IC_{50} = 9.2μmol/L; NCI-H460, IC_{50} = 40.2μmol/L, 顺铂, IC_{50} = 1.5μmol/L). 【文献】D. -C. Oh, et al. BoMC, 2005, 13, 5267; L. Sun, Chin. Tradit. Herb. Drugs, 2011, 42, 432; L. Sun, et al. Mar. Drugs, 2012, 10, 539.

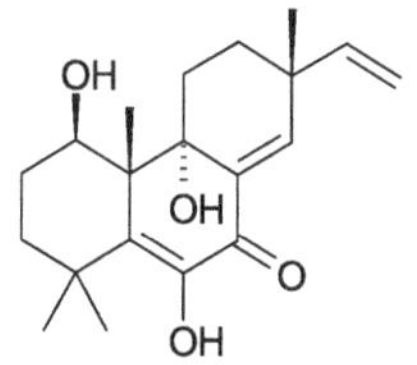

464 Libertellenone C 利贝特列酮 C*

【基本信息】$C_{20}H_{28}O_5$, 粉末, $[\alpha]_D$ = −84.1° (*c* = 0.387, 乙腈).【类型】异海松烷型二萜.【来源】海洋导出的真菌糖节菱孢* *Arthrinium sacchari*, 来自未鉴定的海绵 (阿塔米温泉, 静冈, 日本), 海洋导出的真菌 *Libertella* sp.【活性】抗血管生成.【文献】D. -C. Oh, et al. BoMC, 2005, 13, 5267; M. Tsukada, et al. JNP, 2011, 74, 1645.

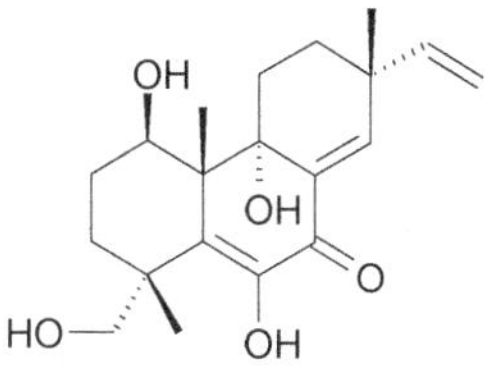

465 Libertellenone G 利贝特列酮 G*

【基本信息】$C_{20}H_{26}O_3$.【类型】异海松烷型二萜.【来源】海洋真菌弯孢聚壳属* *Eutypella* sp. D-1(北极地区).【活性】抗菌 (50μg/盘: 大肠杆菌 *Escherichia coli*, IZ = 8mm; 枯草芽孢杆菌 *Bacillus subtilis*, IZ = 8mm; 金黄色葡萄球菌 *Staphylococcus aureus*, IZ = 9mm).【文献】X. L. Lu, et al. *J. Antibiot.*, 2014, *67*, 171.

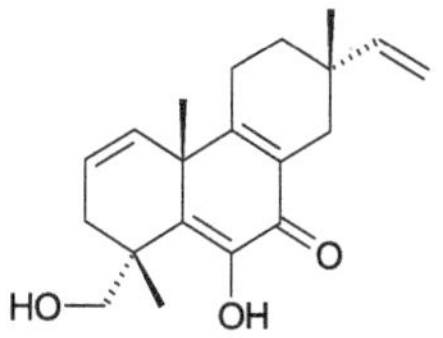

466 Scopararane B 帚状弯孢聚壳烷 B*

【基本信息】$C_{20}H_{28}O_6$, 树胶状物, $[\alpha]_D^{29}$ = +232.5° (*c* = 0.04, 甲醇).【类型】异海松烷型二萜.【来源】海洋导出的真菌帚状弯孢聚壳菌* *EutypeLLa scoparia* (沉积物, 南海).【活性】细胞毒 (SF268, IC_{50} = 80.1μmol/L, 对照物顺铂, IC_{50} = 4.0μmol/L; MCF7, IC_{50} = 60.1μmol/L, 顺铂, IC_{50} = 9.2μmol/L; NCI-H460, IC_{50} > 100μmol/L, 顺铂, IC_{50} = 1.5μmol/L).【文献】L. Sun, Chin. Tradit. Herb. Drugs 2011, 42, 432; L. Sun, et al. Mar. Drugs, 2012, 10, 539.

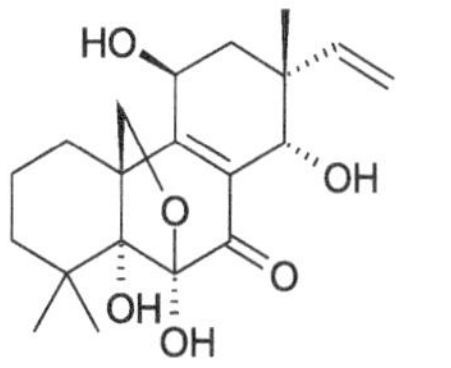

467 Scopararane C 帚状弯孢聚壳烷 C*

【基本信息】$C_{20}H_{28}O_3$, 无色晶体, mp 170.4°C, $[\alpha]_D^{25}$ = −160.40° (*c* = 1.53, 氯仿).【类型】异海松烷型二萜.【来源】海洋导出的真菌帚状弯孢聚壳菌* *Eutypella scoparia* (沉积物, 南海).【活性】细胞毒 (SF268, IC_{50} > 100μmol/L, 对照物顺铂, IC_{50} = 4.0μmol/L; MCF7, IC_{50} = 35.9μmol/L, 顺铂, IC_{50} = 9.2μmol/L; NCI-H460, IC_{50} > 100μmol/L, 顺铂, IC_{50} = 1.5μmol/L).【文献】L. Sun, et al. Mar. Drugs, 2012, 10, 539.

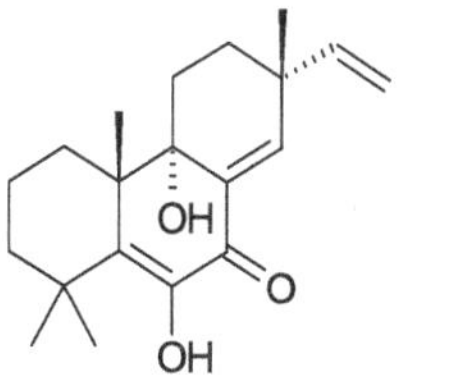

468 Scopararane D 帚状弯孢聚壳烷 D*

【基本信息】$C_{20}H_{28}O_4$, 无色晶体, mp 197.4°C, $[\alpha]_D^{25}$ = −200.36° (*c* = 0.84, 氯仿).【类型】异海松烷型二萜.【来源】海洋导出的真菌帚状弯孢聚壳菌* *Eutypella scoparia* (沉积物, 南海).【活性】细胞毒 (SF268, IC_{50} = 43.5μmol/L, 对照物顺铂, IC_{50} = 4.0μmol/L; MCF7, IC_{50} = 25.6μmol/L, 顺铂, IC_{50} = 9.2μmol/L; NCI-H460, IC_{50} = 46.1μmol/L,

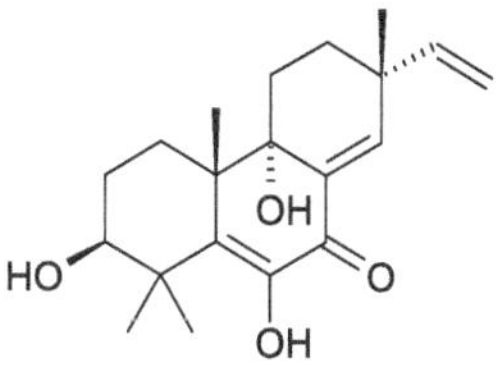

顺铂, IC_{50} = 1.5μmol/L).【文献】L. Sun, et al. Mar. Drugs, 2012, 10, 539.

469 Scopararane E 帚状弯孢聚壳烷 E*

【基本信息】$C_{20}H_{28}O_5$, 无色晶体, mp 100.0°C, $[\alpha]_D^{25}$ = −92.30° (*c* = 0.77, 甲醇).【类型】异海松烷型二萜.【来源】海洋导出的真菌帚状弯孢聚壳菌* *Eutypella scoparia* (沉积物, 南海).【活性】细胞毒 (SF268, IC_{50} > 100μmol/L, 对照物顺铂, IC_{50} = 4.0μmol/L; MCF7, IC_{50} = 74.1μmol/L, 顺铂, IC_{50} = 9.2μmol/L; NCI-H460, IC_{50} > 100μmol/L, 顺铂, IC_{50} = 1.5μmol/L).【文献】L. Sun, et al. Mar. Drugs, 2012, 10, 539.

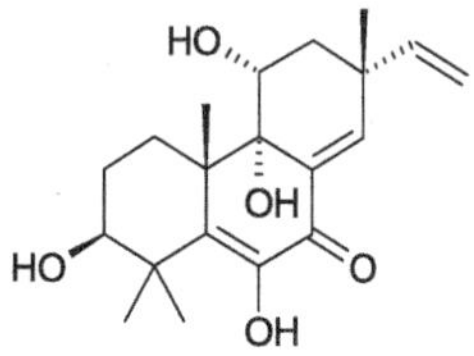

470 Scopararane F 帚状弯孢聚壳烷 F*

【基本信息】$C_{20}H_{30}O_5$, 无色晶体, mp 170.0°C, $[\alpha]_D^{25}$ = −94.70° (*c* = 0.66, 甲醇).【类型】异海松烷型二萜.【来源】海洋导出的真菌帚状弯孢聚壳菌* *Eutypella scoparia* (沉积物, 南海).【活性】细胞毒 (SF268, IC_{50} > 100μmol/L, 对照物顺铂, IC_{50} = 4.0μmol/L; MCF7, IC_{50} > 100μmol/L, 顺铂, IC_{50} = 9.2μmol/L; NCI-H460, IC_{50} > 100μmol/L, 顺铂, IC_{50} = 1.5μmol/L).【文献】L. Sun, et al. Mar. Drugs, 2012, 10, 539.

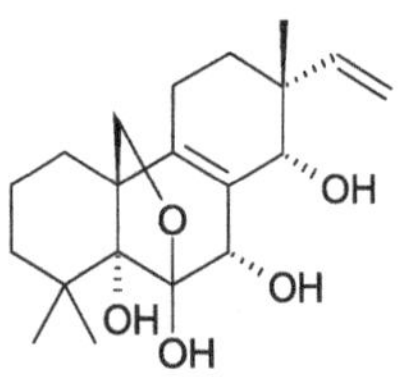

471 Scopararane G 帚状弯孢聚壳烷 G*

【基本信息】$C_{20}H_{30}O_4$, 无色油状物, $[\alpha]_D^{25}$ = +1.43° (*c* = 0.42, 甲醇).【类型】异海松烷型二萜.【来源】海洋导出的真菌帚状弯孢聚壳菌* *Eutypella scoparia* (沉积物, 南海).【活性】细胞毒 (SF268, IC_{50} > 100μmol/L, 对照物顺铂, IC_{50} = 4.0μmol/L; MCF7, IC_{50} = 85.5μmol/L, 顺铂, IC_{50} = 9.2μmol/L; NCI-H460, IC_{50} > 100μmol/L, 顺铂, IC_{50} = 1.5μmol/L).【文献】L. Sun, et al. Mar. Drugs, 2012, 10, 539.

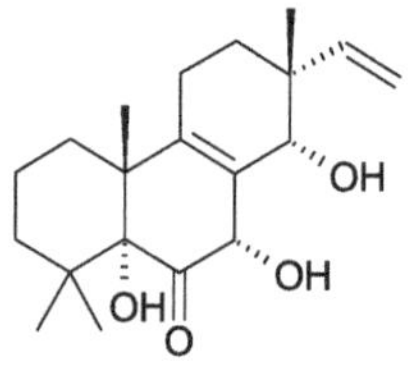

472 Tedanol 苔海绵醇*

【基本信息】$C_{20}H_{31}Br_2O_5S^-$.【类型】异海松烷型二萜.【来源】居苔海绵* *Tedania ignis* (情人礁, 大巴哈马岛, 巴哈马).【活性】抗炎 (小鼠).【文献】V. Costantino, et al. BoMC, 2009, 17, 7542.

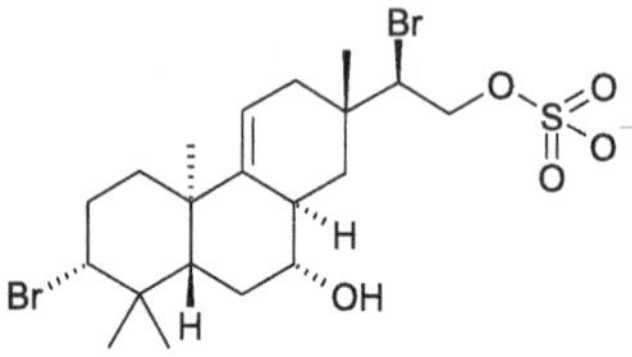

473 Virescenoside A 淡绿卵孢子菌二萜糖苷 A*

【基本信息】$C_{26}H_{42}O_8$, 无定形固体, mp 130°C, $[\alpha]_D$ = −42.7° (*c* = 1.03, 甲醇).【类型】异海松烷型二萜.【来源】海洋导出的真菌条纹枝顶孢* *Acremonium striatisporum* KMM 4401, 来自硬瓜参科海参 *Eupentacta fraudatrix*, 陆地真菌枝顶孢属* *Acremonium luzulae*.【活性】细胞毒 (Ehrlich 癌细胞, 海胆卵).【文献】N. Cagnoli-Bellavita, et al. Ga. Chim. Ital., 1969, 99, 1354; S. S. Afiyatullov, et al. JNP, 2000, 63, 848.

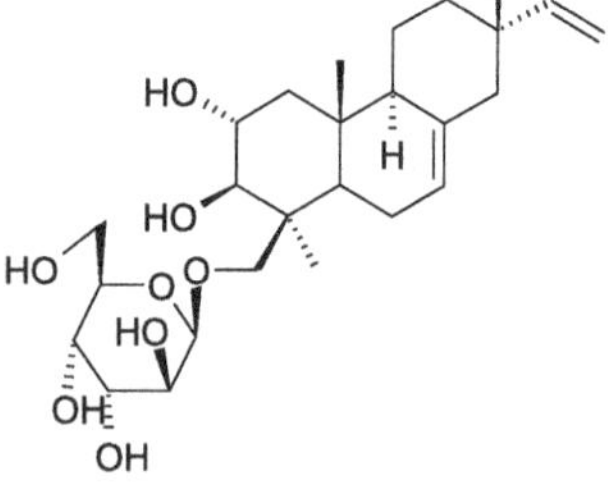

474 Virescenoside B 淡绿卵孢子菌二萜糖苷 B*

【基本信息】$C_{26}H_{42}O_7$, 无定形固体, mp 110°C, $[\alpha]_D$ = −32.3° (*c* = 1.05, 甲醇).【类型】异海松烷型二萜.【来源】海洋导出的真菌条纹枝顶孢* *Acremonium striatisporum* KMM 4401, 来自硬瓜参科海参 *Eupentacta fraudatrix*, 陆地真菌淡绿卵孢子菌* *Oospora virescens*.【活性】细胞毒 (Ehrlich 癌细胞, 海胆卵).【文献】S. S. Afiyatullov, et al. JNP, 2000, 63, 848; 2002, 65, 641.

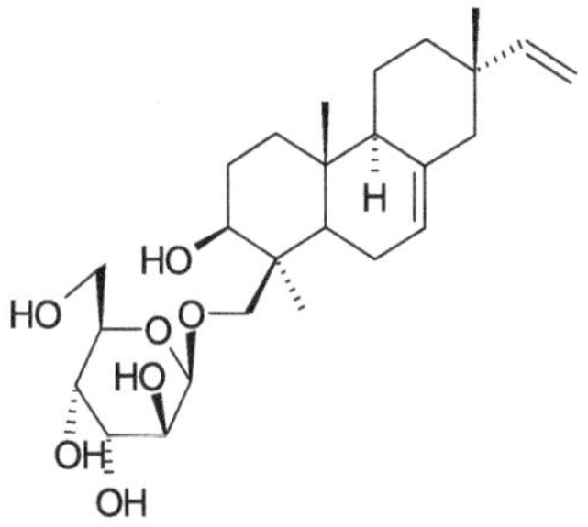

475　Virescenoside C　淡绿卵孢子菌二萜糖苷 C*
【基本信息】$C_{26}H_{40}O_7$，晶体（乙酸乙酯），mp 160~162°C, $[\alpha]_D = -71.4°$ ($c = 0.98$, 甲醇).【类型】异海松烷型二萜.【来源】海洋导出的真菌条纹枝顶孢* *Acremonium striatisporum* KMM 4401, 来自硬瓜参科海参 *Eupentacta fraudatrix*, 陆地真菌 *Acremonium Luzulae*.【活性】细胞毒 (Ehrlich 癌细胞, 海胆卵).【文献】S. S. Afiyatullov, et al. JNP , 2000, 63, 848; 2002, 65, 641.

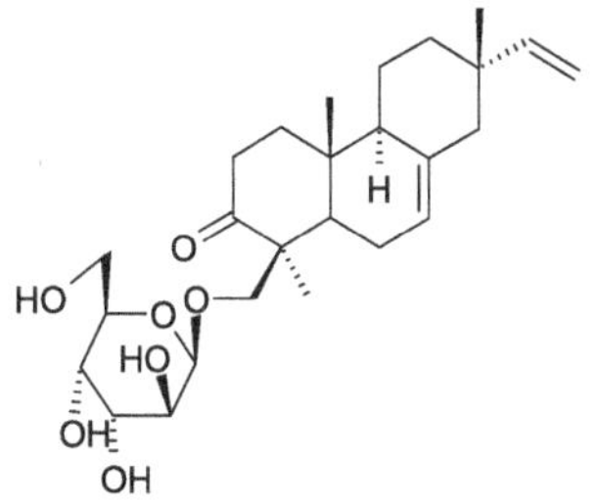

476　Virescenoside M　淡绿卵孢子菌二萜糖苷 M*
【基本信息】$C_{26}H_{40}O_9$，片状晶体（甲醇），mp 143~146°C, $[\alpha]_D^{20} = +29°$ ($c = 0.28$, 甲醇).【类型】异海松烷型二萜.【来源】海洋导出的真菌条纹枝顶孢* *Acremonium striatisporum* KMM 4401, 来自硬瓜参科海参 *Eupentacta fraudatrix* (日本海).【活性】细胞毒 (Ehrlich 癌细胞, IC_{50}= 10~100μmol/L); 细胞毒 (球海胆属 *Strongylocentrotus* sp.海胆卵的发育，MIC_{50} = 2.7~20μmol/L).【文献】S. Sh. Afiyatullov, et al. JNP, 2000, 63, 848.

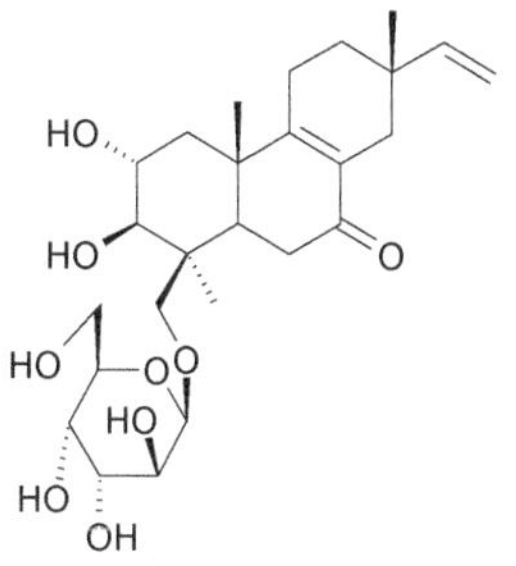

477　Virescenoside N　淡绿卵孢子菌二萜糖苷 N*
【别名】(2*α*,3*β*,7*α*)-8(14),15-Isopimaradiene-2,3,7,19-tetrol 19-*O*-*β*-D-altropyranoside; (2*α*,3*β*,7*α*)-8(14),15-异海松二烯-2,3,7,19-四醇 19-*O*-*β*-D-阿朴吡喃糖苷.【基本信息】$C_{26}H_{42}O_9$，无色无定形固体（甲醇），mp 143~146°C, $[\alpha]_D^{20} = -18°$ ($c = 0.25$, 甲醇).【类型】异海松烷型二萜.【来源】海洋导出的真菌条纹枝顶孢* *Acremonium striatisporum* KMM 4401, 来自硬瓜参科海参 *Eupentacta fraudatrix*.【活性】细胞毒 (Ehrlich 癌细胞，IC_{50} = 10~100μmol/L); 有毒的 (球海胆属 *Strongylocentrotus* sp.海胆卵的发育，MIC_{50} = 2.7~20μmol/L).【文献】S. Sh. Afiyatullov, et al. JNP, 2000, 63, 848; 2005, 68, 1308.

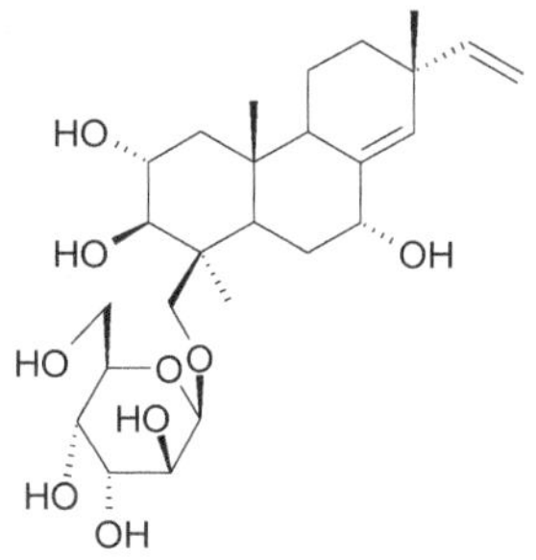

478　Virescenoside O　淡绿卵孢子菌二萜糖苷 O*
【基本信息】$C_{26}H_{42}O_8$ 无定形固体，$[\alpha]_D^{20} = -44°$ ($c = 0.5$, 甲醇).【类型】异海松烷型二萜.【来源】海洋导出的真菌条纹枝顶孢* *Acremonium striatisporum* KMM 4401, 来自硬瓜参科海参 *Eupentacta fraudatrix*.【活性】细胞毒 (Ehrlich 癌细胞，IC_{50} = 10~100μmol/L); 细胞毒 (海胆卵).【文献】S. Sh. Afiyatullov, et al. JNP, 2002, 65, 641; 2004, 67, 1047.

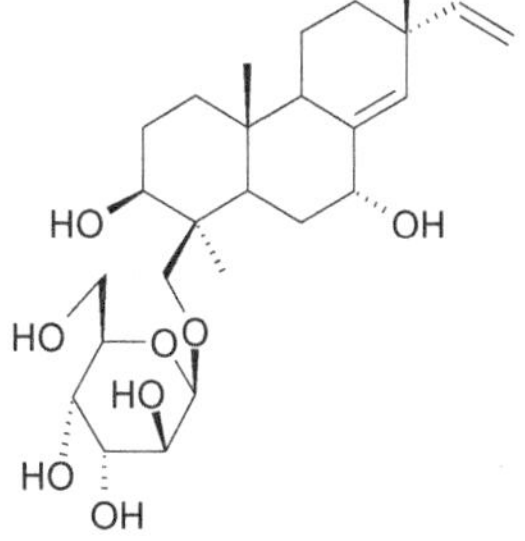

479　Virescenoside P　淡绿卵孢子菌二萜糖苷 P*
【基本信息】$C_{26}H_{40}O_8$，无定形固体，$[\alpha]_D^{20} = +31°$ ($c = 0.2$, 甲醇).【类型】异海松烷型二萜.【来源】海洋导出的真菌条纹枝顶孢* *Acremonium*

striatisporum KMM 4401，来自硬瓜参科海参 *Eupentacta fraudatrix*.【活性】细胞毒 (Ehrlich 癌细胞，IC_{50}= 10~100μmol/L).【文献】S. Sh. Afiyatullov, et al. JNP, 2002, 65, 641.

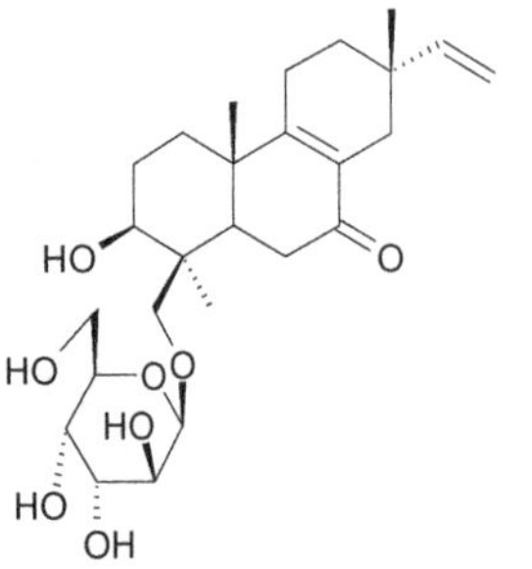

480 Virescenoside Q 淡绿卵孢子菌二萜糖苷 Q*

【基本信息】$C_{26}H_{42}O_7$，无定形固体，$[\alpha]_D^{20}$ = –20° (*c* = 0.45，甲醇).【类型】异海松烷型二萜.【来源】海洋导出的真菌条纹枝顶孢* *Acremonium striatisporum* KMM 4401，来自硬瓜参科海参 *Eupentacta fraudatrix*.【活性】细胞毒 (Ehrlich 癌细胞，IC_{50}= 10~100μmol/L).【文献】S. Sh. Afiyatullov, et al. JNP, 2000, 63, 848; 2002, 65, 641

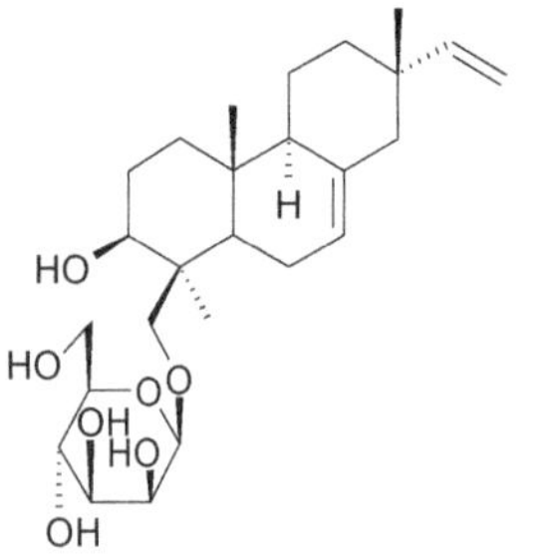

481 2-Acetoxy-15-bromo-7,16-dihydroxy-3palmitoyl-neo-parguera-4(19),9(11)-diene 2-乙酰氧基-15-溴-7,16-二羟基-3-棕榈酰-新巴拉圭-4(19),9(11)-二烯*

【基本信息】$C_{38}H_{63}BrO_6$，黏性油，$[\alpha]_D$ = –27.2° (*c* = 2.40，氯仿).【类型】重排海松烷和异海松烷型二萜.【来源】红藻钝形凹顶藻* *Laurencia obtusa*.【活性】细胞毒 (B16 细胞，IC_{50} = 0.78μg/mL).【文献】S. Takeda, et al. Chem. Lett., 1990, 19, 277.

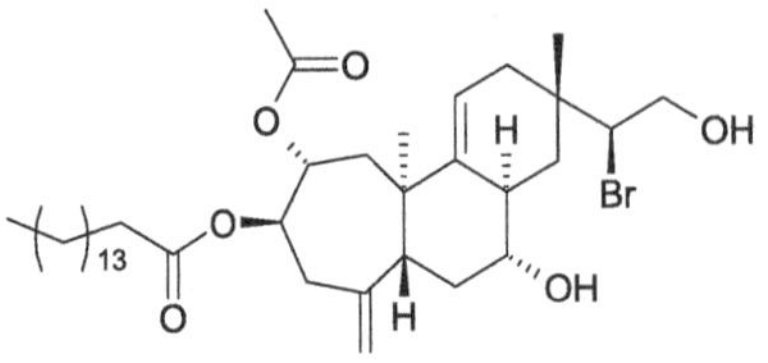

482 Myrocin A 麦罗新 A*

【基本信息】$C_{20}H_{22}O_6$，固体，$[\alpha]_D^{22}$ = –418.6° (*c* = 0.36，甲醇).【类型】重排海松烷和异海松烷型二萜.【来源】海洋导出的真菌节菱孢属* *Arthrinium* sp.，来自温桲钵海绵* *Geodia cydonium* (亚德里亚海意大利海岸) 和梨孢假壳属* *Apiospora montagnei*，海洋导出的真菌梨孢假壳属* *Apiospora montagnei* (嗜冷生物，冷水域)，来自红藻堇紫多管藻* *Polysiphonia violacea*, (内部组织，北海).【活性】细胞毒 (L5178Y, IC_{50} = 2.74μmol/L，对照物卡哈拉内酯 F, IC_{50} = 4.30μmol/L; K562, IC_{50} = 42.0μmol/L，对照物顺铂 (CDDP), IC_{50} = 7.80μmol/L; A2780, IC_{50} = 28.2μmol/L，顺铂 (CDDP), IC_{50} = 0.80μmol/L; A2780CisR, IC_{50} = 154.7μmol/L，顺铂 (CDDP), IC_{50} = 8.40μmol/L)；抑制依靠 VEGF-A 的血管内皮细胞的发芽 (细胞血管生成实验，IC_{50} = 3.70μmol/L，对照物舒尼替尼，IC_{50} = 0.12μmol/L).【文献】C. Klemke, et al. JNP, 2004, 67, 1058; M.D. Lebar, et al. NPR, 2007, 24, 774 (Rev.); S. S. Ebada, et al. BoMC, 2011, 19, 4644.

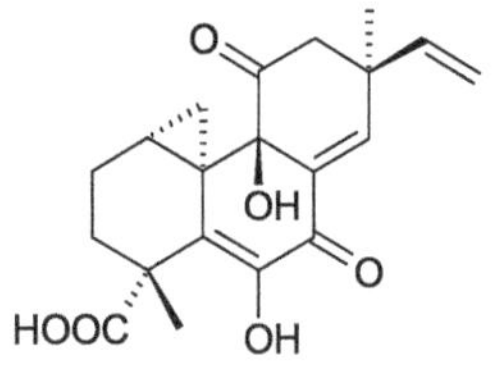

3.8 多拉伯兰烷二萜

483 Tagalsin Q 角果木素 Q*

【基本信息】$C_{18}H_{26}O_2$，晶体，mp 155~157°C, $[\alpha]_D^{25}$ = +245° (*c* = 0.5，甲醇).【类型】多拉伯兰烷二萜.【来源】红树角果木 *Ceriops tagal* (海南岛，中国).【活性】拒食剂 (椰心叶甲 *Brontispa longissima*，一种椰树的昆虫害虫，适度活性).【文献】W. -M. Hu, et al. JNP, 2010, 73, 1701.

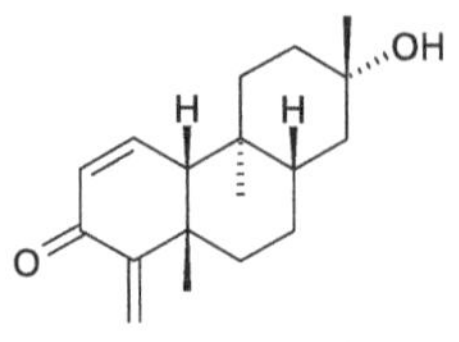

484　Tagalsin R　角果木素 R*

【基本信息】$C_{19}H_{28}O_4$，无定形粉末，$[\alpha]_D^{25} = -20°$ ($c = 0.4$，甲醇).【类型】多拉伯兰烷二萜.【来源】红树角果木 *Ceriops tagal* (海南岛，中国).【活性】拒食剂 (椰心叶甲 *Brontispa longissima*，一种椰树的昆虫害虫，适度活性).【文献】W. -M. Hu, et al. JNP, 2010, 73, 1701.

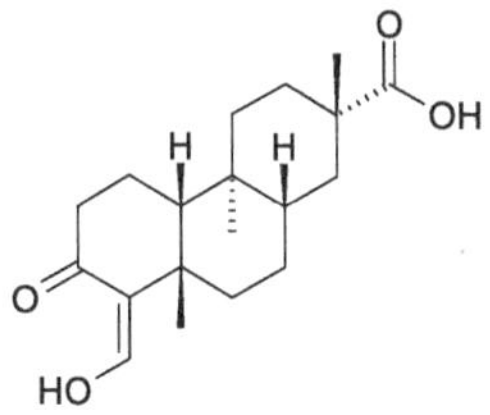

485　Tagalsin U　角果木素 U*

【别名】15,16-Dihydroxy-4(18)-erythroxylen-3-one; 15,16-二羟基-4(18)-红木烯-3-酮*.【基本信息】$C_{20}H_{32}O_3$，油状物，$[\alpha]_D^{25} = +5°$ ($c = 0.2$，甲醇).【类型】多拉伯兰烷二萜.【来源】红树角果木 *Ceriops tagal* (海南岛，中国).【活性】拒食剂 (椰心叶甲 *Brontispa longissima*，一种椰树的昆虫害虫，适度活性).【文献】W. -M. Hu, et al. JNP, 2010, 73, 1701.

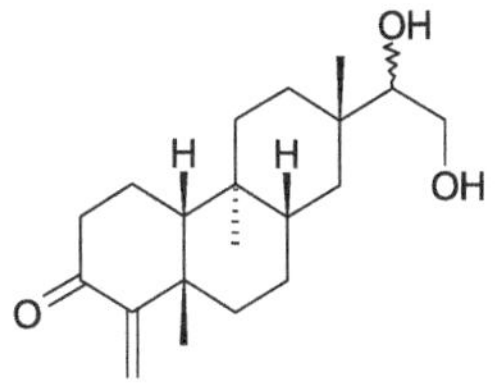

3.9　巴拉圭烷和异巴拉圭烷二萜

486　Deacetylisoparguerol　去乙酰异巴拉圭醇*

【基本信息】$C_{20}H_{31}BrO_4$，玻璃状固体，$[\alpha]_D = +5°$ ($c = 0.46$，甲醇).【类型】巴拉圭烷和异巴拉圭烷二萜.【来源】红藻钝形凹顶藻* *Laurencia obtusa*.【活性】拒食剂.【文献】S. Takeda, et al. Bull. Chem. Soc. Jpn., 1990, 63, 3066.

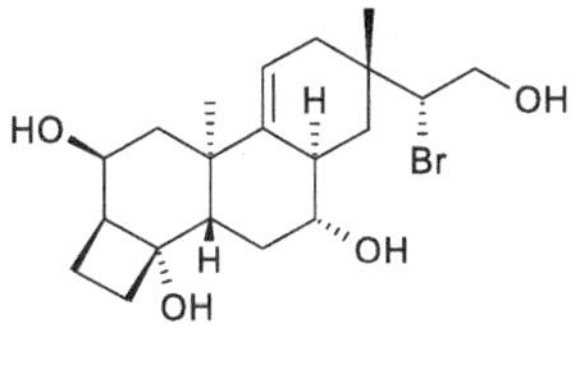

487　Deoxyparguerol　去氧巴拉圭醇*

【别名】Deoxyparguerene; 去氧巴拉圭烯*.【基本信息】$C_{22}H_{33}BrO_4$，油状物，$[\alpha]_D = -35.8°$ ($c = 0.62$，氯仿).【类型】巴拉圭烷和异巴拉圭烷二萜.【来源】软体动物黑指纹海兔 *Aplysia dactylomela* (浅滩，靠近拉帕尔格拉，波多黎各).【活性】细胞毒 (PS, $ED_{50} = 0.38\mu g/mL$).【文献】F. J. Schmitz, et al. JACS, 1982, 104, 6415.

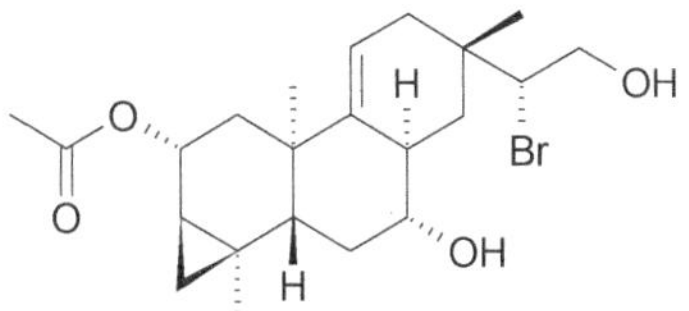

488　Isoparguerol　异巴拉圭醇*

【基本信息】$C_{22}H_{33}BrO_5$，晶体，mp 139~141°，$[\alpha]_D^{27} = +3.6°$ ($c = 0.14$，氯仿).【类型】巴拉圭烷和异巴拉圭烷二萜.【来源】软体动物黑指纹海兔 *Aplysia dactylomela* (浅滩，靠近拉帕尔格拉，波多黎各).【活性】细胞毒 (PS, $ED_{50} = 4.6\mu g/mL$).【文献】S. Yamamura, et al. Tetrahedron Lett., 1977, 2171; F. J. Schmitz, et al. JACS, 1982, 104, 6415; S. takeda, et al. Bull. Chem. Soc. Jpn., 1990, 63, 3066.

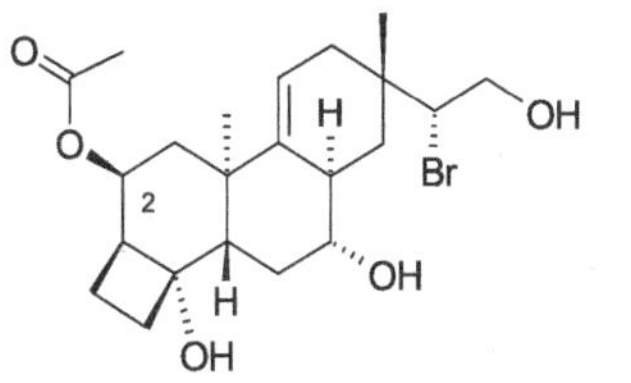

489　Isoparguerol 16-acetate　异巴拉圭醇 16-乙酸酯*

【别名】16-Acetoxy-isoparguerol; 16-乙酰氧基-异巴拉圭醇*.【基本信息】$C_{24}H_{35}BrO_6$，晶体，mp 180~182°C，$[\alpha]_D = -18.8°$ ($c = 0.09$，氯仿).【类型】巴拉圭烷和异巴拉圭烷二萜.【来源】软体动物黑指纹海兔 Aplysia dactylomela (浅滩，靠近拉帕尔格拉，波多黎各).【活性】细胞毒 (PS, $ED_{50} = 0.52\mu g/mL$).【文献】S. Yamamura, et al. Tetrahedron Lett., 1977, 2171; F. J. Schmitz, et al.

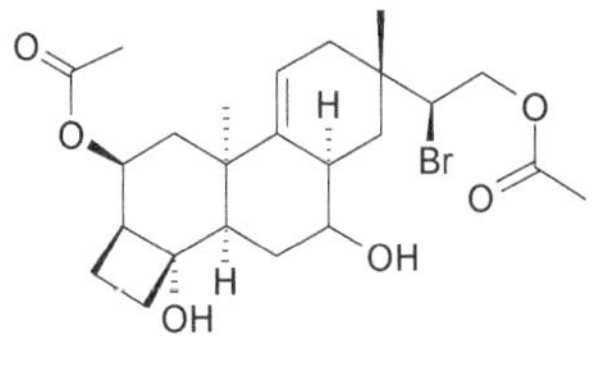

JACS, 1982, 104, 6415; S. takeda, et al. Bull. Chem. Soc. Jpn., 1990, 63, 3066.

490 9(11)-Pargueren-16-al 9(11)-巴拉圭烯-16-醛*

【基本信息】$C_{20}H_{30}O$, 油状物, $[\alpha]_D^{26} = 13.0°$ ($c = 1.54$, 氯仿).【类型】巴拉圭烷和异巴拉圭烷二萜.【来源】红藻凹顶藻属* *Laurencia saitoi*.【活性】饲食抑制剂 (小皱纹盘鲍 *Haliotis discus hannai*, 海胆 *Stronglyocentrotus nudus* 和 *Stronglyocentrotus intermedius*).【文献】K. Kurata, et al. Phytochemistry, 1998, 47, 363.

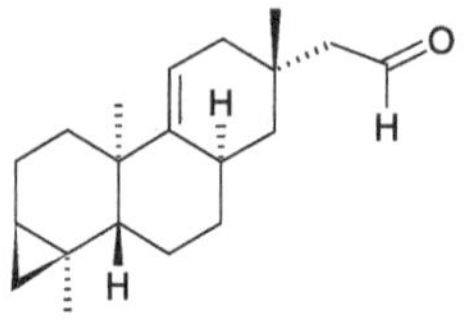

491 Parguerol 巴拉圭醇*

【别名】Parguerene; 巴拉圭烯*.【基本信息】$C_{22}H_{33}BrO_5$,油状物, $[\alpha]_D = -40°$ ($c = 0.03$, 氯仿).【类型】巴拉圭烷和异巴拉圭烷二萜.【来源】软体动物黑指纹海兔 *Aplysia dactylomela* (浅滩, 靠近拉帕尔格拉, 波多黎各).【活性】细胞毒 (PS, $ED_{50} = 3.8\mu g/mL$).【文献】F. J. Schmitz, et al. JACS, 1982, 104, 6415.

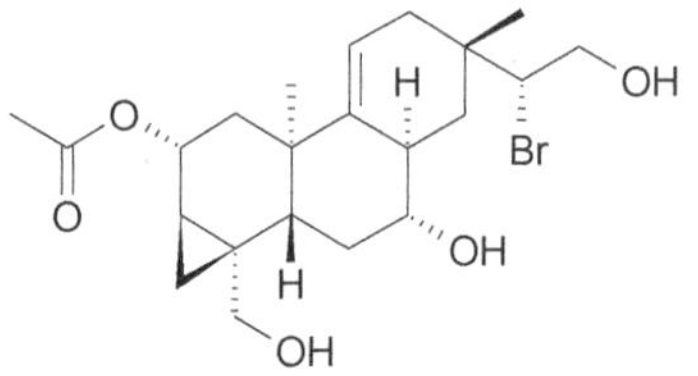

492 Parguerol 16-acetate 巴拉圭醇 16-乙酸酯*

【基本信息】$C_{22}H_{33}BrO_6$.【类型】巴拉圭烷和异巴拉圭烷二萜.【来源】软体动物黑指纹海兔 *Aplysia dactylomela* (浅滩, 靠近拉帕尔格拉, 波多黎各).【活性】细胞毒 (PS, $ED_{50} = 4.3\mu g/mL$).【文献】F. J. Schmitz, et al. JACS, 1982, 104, 6415.

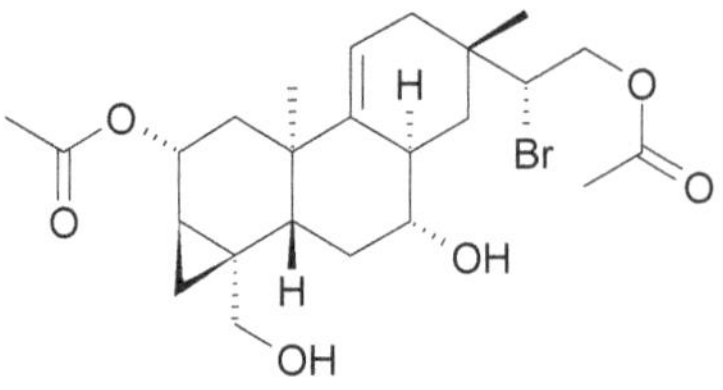

3.10 海绵烷二萜

493 19-Acetoxy-13(16),14-spongiadiene 19-乙酰氧基-13(16),14-角骨海绵二烯*

【基本信息】$C_{22}H_{32}O_3$.【类型】海绵烷二萜.【来源】角骨海绵属* *Spongia* sp. [Syn. *Heterofibria* sp.].【活性】免疫系统活性 (小鼠脾脏细胞溶酶体活化, IC_{50} (表观的) < 100μg/mL).【文献】L. P. Ponomarenko, et al. JNP, 2007, 70, 1110.

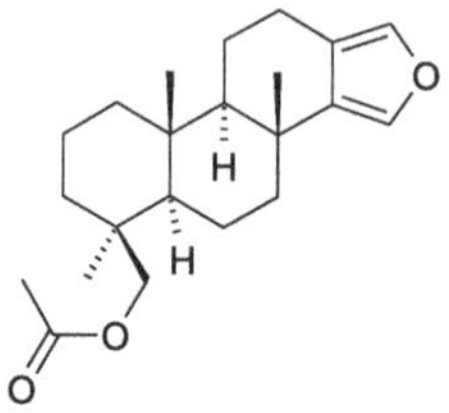

494 11α-Acetoxy-13-spongien-16-one 11α-乙酰氧基-13-角骨海绵烯-16-酮*

【基本信息】$C_{22}H_{32}O_4$, 玻璃体, $[\alpha]_D^{25} = -28°$ ($c = 0.74$, 二氯甲烷).【类型】海绵烷二萜.【来源】多沙掘海绵* *Dysidea* cf. *arenaria* (冲绳, 日本).【活性】细胞毒 (NBT-T2, $IC_{50} > 10\mu g/mL$).【文献】M. Agena, et al. Tetrahedron, 2009, 65, 1495.

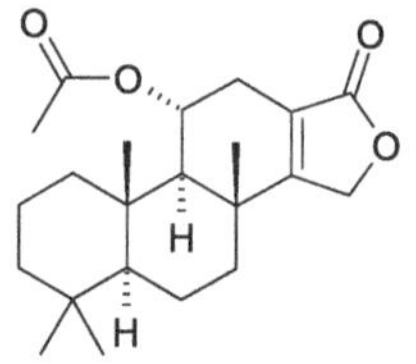

495 11β-Acetoxy-13-spongien-16-one 11β-乙酰氧基-13-角骨海绵烯-16-酮*

【基本信息】$C_{22}H_{32}O_4$, 玻璃体, $[\alpha]_D^{25} = +15°$ ($c = 0.41$, 二氯甲烷).【类型】海绵烷二萜.【来源】多沙掘海绵* *Dysidea* cf. *arenaria* (冲绳, 日本).【活性】细胞毒 (NBT-T2, $IC_{50} > 10\mu g/mL$).【文献】M. Agena, et al. Tetrahedron, 2009, 65, 1495.

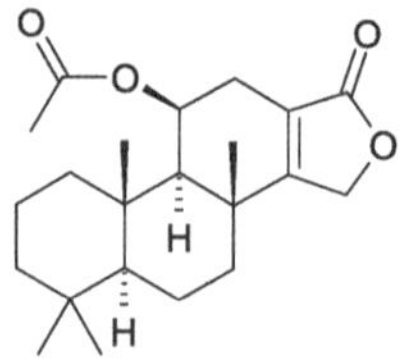

496　12-*epi*-Aplysillin　12-*epi*-秽色海绵林*

【基本信息】$C_{26}H_{40}O_7$, $[\alpha]_D^{25} = +8.2°$ ($c = 0.4$, 氯仿).【类型】海绵烷二萜.【来源】软体动物裸腮目海牛亚目多彩海牛属 *Chromodoris luteorosea* 和 *Chromodoris geminus*.【活性】鱼毒.【文献】E. D. De Silva, et al. JNP 1991, 54, 993。

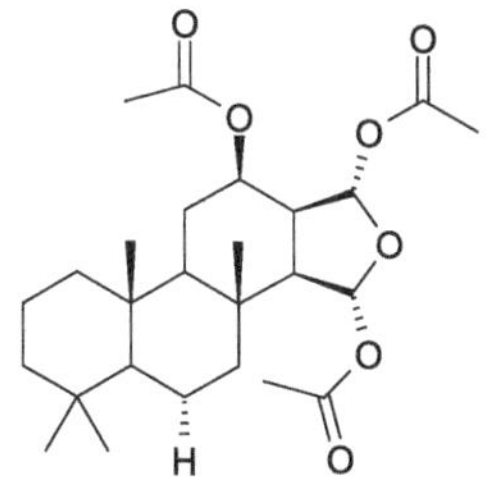

497　6*α*,11*β*-Diacetoxy-14*α*-hydroxy-12-spongien-16-one　6*α*,11*β*-双乙酰氧基-14*α*-羟基-12-角骨海绵烯-16-酮*

【基本信息】$C_{24}H_{34}O_7$, 晶体 (甲醇), $[\alpha]_D^{25} = +250°$ ($c = 0.28$, 二氯甲烷).【类型】海绵烷二萜.【来源】多沙掘海绵* *Dysidea* cf. *arenaria* (冲绳, 日本).【活性】细胞毒 (NBT-T2, $IC_{50} = 1.9\mu g/mL$).【文献】M. Agena, et al. Tetrahedron, 2009, 65, 1495.

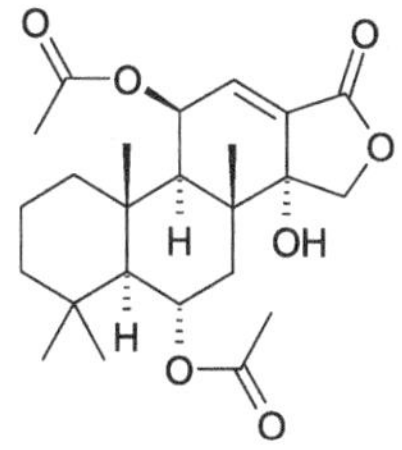

498　3,19-Diacetoxy-13(16),14-spongiadiene　3,19-双乙酰氧基-13(16),14-角骨海绵二烯*

【基本信息】$C_{24}H_{34}O_5$, 固体, mp 84~89°C, $[\alpha]_D^{27} = -73°$ ($c = 0.055$, 氯仿).【类型】海绵烷二萜.【来源】角骨海绵属* *Spongia* sp. [Syn. *Heterofibria* sp.].【活性】免疫系统活性 (小鼠脾脏细胞溶酶体活化, 表观 $IC_{50} < 100\mu g/mL$).【文献】L. P. Ponomarenko, et al. JNP, 2007, 70, 1110.

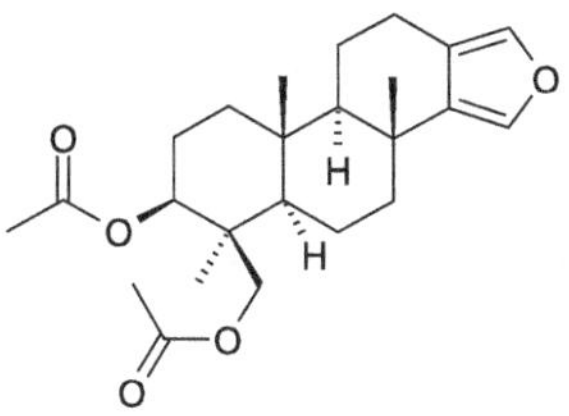

499　7*α*,11*α*-Diacetoxy-13-spongien-16-one　7*α*,11*α*-双乙酰氧基-13-角骨海绵烯-16-酮*

【基本信息】$C_{24}H_{34}O_6$, 固体, $[\alpha]_D^{25} = -125°$ ($c = 0.41$, 二氯甲烷).【类型】海绵烷二萜.【来源】掘海绵属* *Dysidea* cf. *arenaria*.【活性】细胞毒 (NBT-T2, $IC_{50} > 10\mu g/mL$).【文献】M. Agena, et al. Tetrahedron, 2009, 65, 1495.

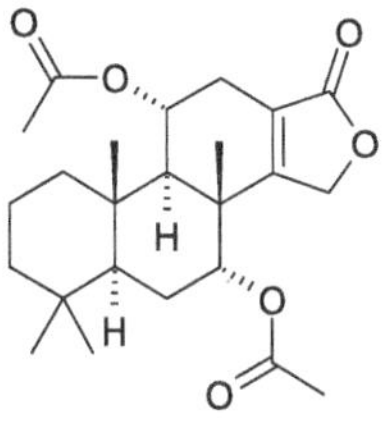

500　6*α*,11*β*-Diacetoxy-13-spongien-16-one　6*α*,11*β*-双乙酰氧基-13-角骨海绵烯-16-酮*

【基本信息】$C_{24}H_{34}O_6$, 玻璃体, $[\alpha]_D^{25} = +95°$ ($c = 0.47$, 二氯甲烷).【类型】海绵烷二萜.【来源】多沙掘海绵* *Dysidea* cf. *arenaria* (冲绳, 日本).【活性】细胞毒 (NBT-T2, $IC_{50} > 10\mu g/mL$).【文献】M. Agena, et al. Tetrahedron, 2009, 65, 1495.

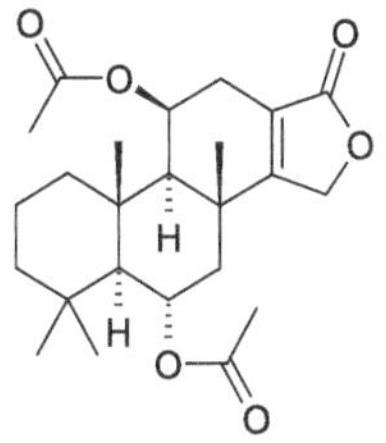

501　(11*β*,16*α*)-Epoxy-16-acetoxy-17-*O*-(3-methylbutanoyl)dihydroxy-15-isocopalanal　(11*β*,16*α*)-环氧-16-乙酰氧基-17-*O*-(3-甲基丁酰)二羟基-15-异咕吧醛*

【基本信息】$C_{27}H_{42}O_6$, 玻璃体, $[\alpha]_D^{25} = -10°$ ($c = 0.85$, 二氯甲烷).【类型】海绵烷二萜.【来源】多沙掘海绵* *Dysidea* cf. *arenaria* (冲绳, 日本).【活性】细胞毒 (NBT-T2, $IC_{50} = 1.8\mu g/mL$).【文献】M. Agena, et al. Tetrahedron, 2009, 65, 1495.

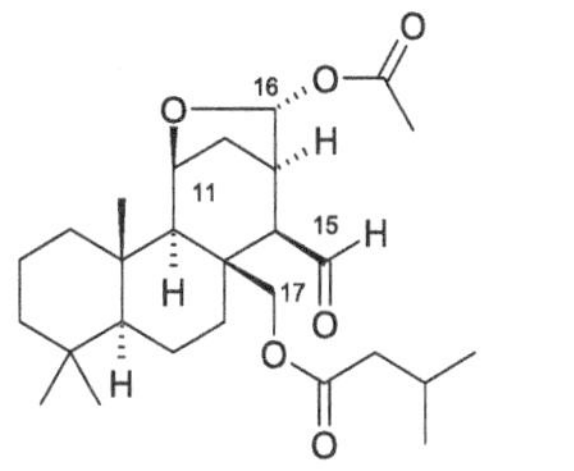

502 (11*β*,16*α*)-Epoxy-12*α*-hydroxy-16*α*-acetoxy-17-*O*-(3-methylbutanoyl)-15-isocopalanal (11*β*,16*α*)-环氧-12*α*-羟基-16*α*-乙酰氧基-17-*O*-(3-甲基丁酰)-15-异咕吧醛*

【基本信息】$C_{27}H_{42}O_7$，玻璃体，$[\alpha]_D^{25} = -12°$ ($c = 0.44$，二氯甲烷).【类型】海绵烷二萜.【来源】多沙掘海绵* *Dysidea* cf. *arenaria* (冲绳，日本).【活性】细胞毒 (NBT-T2，$IC_{50} = 4.2\mu g/mL$).【文献】M. Agena, et al. Tetrahedron, 2009, 65, 1495.

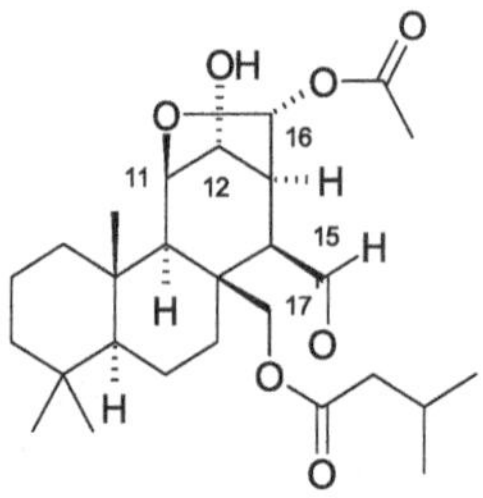

503 Haumanamide 豪曼酰氨*

【基本信息】$C_{28}H_{37}NO_3$，白色无定形粉末，$[\alpha]_D = -163.2°$ ($c = 0.13$，氯仿).【类型】海绵烷二萜.【来源】角骨海绵属* *Spongia* sp. (波那佩岛，密克罗尼西亚联邦).【活性】细胞毒 (KB, MIC = 5μg/mL; LoVo, MIC = 10μg/mL).【文献】A. T. Pham, et al. Tetrahedron Lett., 1992, 33, 1147.

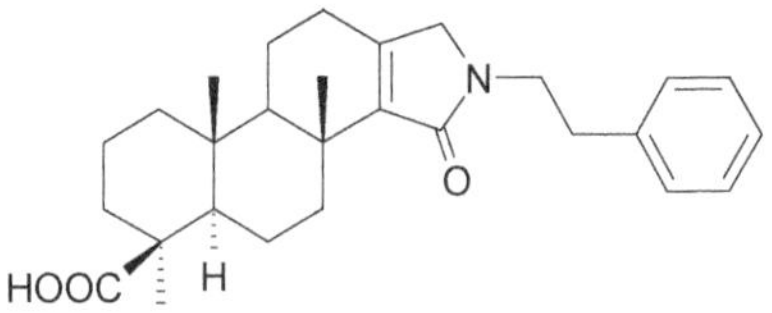

504 19-Hydroxy-3-nor-2,3-seco-13(16),14-spongiadien-2,4-olide 19-羟基-3-去甲-2,3-断-13(16),14-角骨海绵二烯-2,4-内酯*

【基本信息】$C_{19}H_{26}O_4$，粉末，$[\alpha]_D = +15.2°$ ($c = 0.27$，氯仿).【类型】海绵烷二萜.【来源】角骨海绵属* *Spongia matamata* (雅浦岛，密克罗尼西亚联邦).【活性】有毒的 (盐水丰年虾).【文献】C. -J. Li, et al. JNP, 1998, 61, 546.

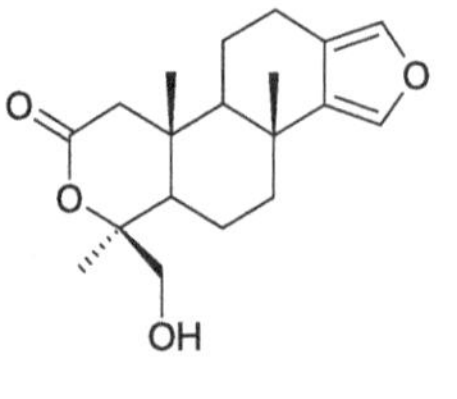

505 Isocopalendial 异咕吧烯二醛*

【别名】(14*αH*)-12-Isocopalene-15,16-dial; (14*αH*)-12-异咕吧烯-15,16-二醛*.【基本信息】$C_{20}H_{30}O_2$，晶体，mp 139~142°C (分解)，$[\alpha]_D = +48°$ ($c = 1.5$，氯仿).【类型】海绵烷二萜.【来源】药用角骨海绵* *Spongia officinalis*.【活性】拒食剂 (昆虫).【文献】D. S. de Miranda, et al. JOC, 1981, 46, 4851; G. Cimino, et al. Tetrahedron Lett., 1982, 23, 4139; T. Nakano, et al. JCS Perkin Trans. Ⅰ, 1983, 135; M. P. Mischne, et al. JOC, 1984, 49, 2035; T. Nakano, et al. J. Chem. Res.(S), 1984, 262; R. Puliti, et al. Acta Crystallogr., Sect. C, 1999, 55, 2160.

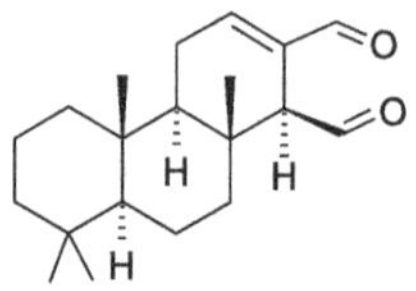

506 (14*αH*)-12-Isocopalen-15-oic acid (3-acetoxy-2- hydroxypropyl) ester (14*αH*)-12-异咕吧烯-15-酸 (3-乙酰氧基-2-羟丙基) 酯*

【基本信息】$C_{25}H_{40}O_5$，无色晶体，mp 117~119°C，$[\alpha]_D = -53.7°$ ($c = 0.21$，氯仿).【类型】海绵烷二萜.【来源】蒙特雷棘头海绵* *Acanthella montereyensis*，软体动物裸腮目海牛亚目海牛科 *Archidoris tuberculata* 和 *Archidoris pseudoargus*.【活性】鱼毒.【文献】K. Gustafson, et al. Tetrahedron, 1985, 41, 1101; Soriente, et al. Nat. Prod. Lett., 1993, 3, 31; G. Cimino, et al. JNP, 1993, 56, 1642; N. Ungur, et al. Tetrahedron, 2000, 56, 2503.

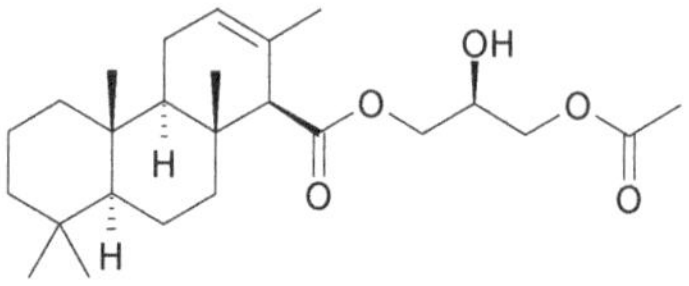

507 12-Isocopalen-15-oic acid (2-acetoxy-3-hydroxypropyl) ester 12-异咕吧烯-15-酸(2-乙酰氧基-3-羟丙基)酯*

【基本信息】$C_{25}H_{40}O_5$，油或无色晶体，mp 75~76°C，$[\alpha]_D = -33°$ ($c = 0.83$，氯仿).【类型】海绵烷二萜.【来源】蒙特雷棘头海绵* *Acanthella montereyensis*，软体动物裸腮目海牛亚目海牛科 *Archidoris tuberculata*, *Archidoris pseudoargus* 和 *Archidoris montereyensis*.【活性】鱼毒.【文献】K. Gustafson, et al. Tetrahedron, 1985, 41, 1101; Soriente, et al. Nat. Prod. Lett., 1993, 3, 31; G. Cimino, et al. JNP, 1993, 56, 1642; N. Ungur, et al. Tetrahedron, 2000, 56, 2503.

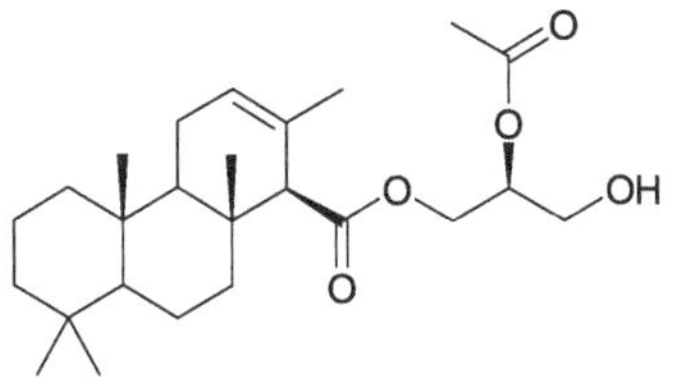

508　12-Isocopalen-15-oic acid2*S*,3-dihydroxypropyl ester　12-异咕吧烯-15-酸 2*S*, 3-二羟丙基酯*

【基本信息】$C_{23}H_{38}O_4$, 晶体 (乙醚/己烷), mp 125~126°C, $[\alpha]_D = -12.5°$ ($c = 0.4$, 氯仿).【类型】海绵烷二萜.【来源】软体动物裸腮目海牛亚目海牛科 *Archidoris montereyensis*.【活性】拒食剂 (鱼类).【文献】K. Gustafson, et al. Tetrahedron Lett., 1984, 25, 11; K. Gustafson, et al. Tetrahedron, 1985, 41, 1101; N. Ungur, et al. Tetrahedron Lett., 1996, 37, 3549.

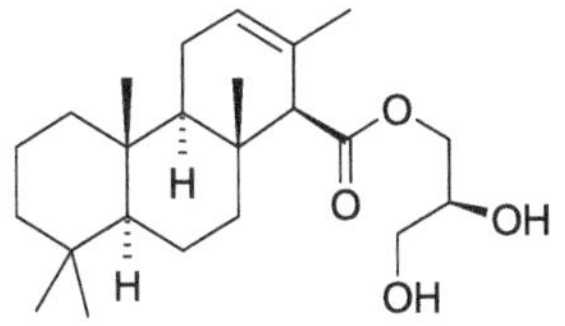

509　Isospongiadiol　异角骨海绵二醇*

【基本信息】$C_{20}H_{28}O_4$, 晶体 (甲醇水溶液), mp 181~183°C, $[\alpha]_D^{20} = -50°$ ($c = 3.0$, 二氯甲烷).【类型】海绵烷二萜.【来源】角骨海绵属* *Spongia* spp. (深水域).【活性】细胞毒; 抗病毒.【文献】S. Kohmoto, et al. Chem. Lett., 1987, 1687.

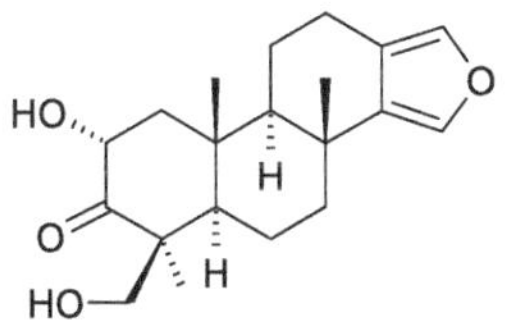

510　Murrayanolide　默里樱苔虫内酯*

【基本信息】$C_{25}H_{38}O_6$, 粉末, mp 185~187°C, $[\alpha]_D^{25} = -16.6°$ ($c = 0.75$, 氯仿).【类型】海绵烷二萜.【来源】藓苔动物默里樱苔虫* *Dendrobeania murrayana* (嗜冷生物, 冷水域, 新斯科舍省, 加拿大).【活性】金属蛋白酶胶原酶Ⅳ抑制剂 (MIC = 25μg/mL 抑制 54%).【文献】C. -M. Yu, et al. JNP, 1995, 58, 1978; M.D. Lebar, et al. NPR, 2007, 24, 774 (Rev.).

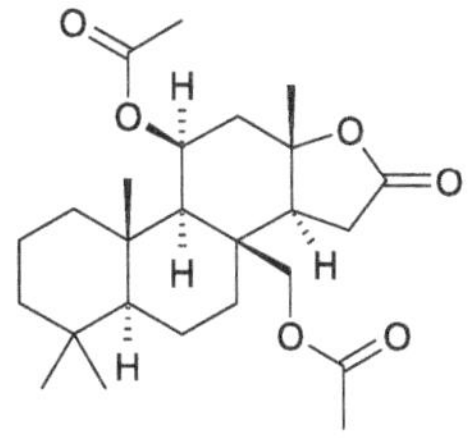

511　Verrucosin 1　疣海牛新 1*

【基本信息】$C_{25}H_{40}O_5$, $[\alpha]_D = -48.7°$ ($c = 0.7$, 氯仿).【类型】海绵烷二萜.【来源】软体动物裸腮目海牛亚目海牛科疣海牛* *Doris verrucosa* (地中海).【活性】PKC 活化剂; 水螅触手再生剂 (和形态发生有关); 肿瘤促进剂.【文献】M. Gavagnin, et al. Tetrahedron, 1997, 53, 1491.

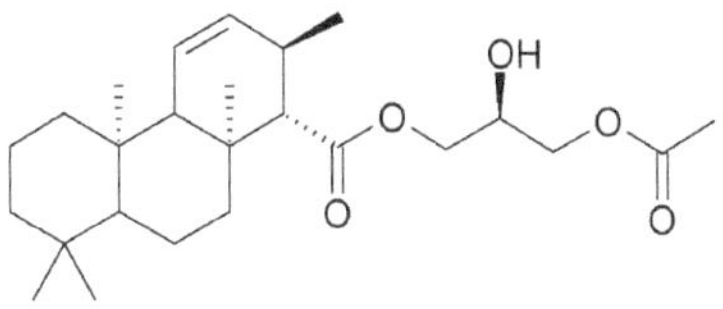

512　Verrucosin 6　疣海牛新 6*

【基本信息】$C_{25}H_{40}O_5$, $[\alpha]_D = -37.0°$ ($c = 0.1$, 氯仿).【类型】海绵烷二萜.【来源】软体动物裸腮目海牛亚目海牛科疣海牛* *Doris verrucosa* (地中海).【活性】PKC 活化剂; 水螅触手再生剂 (和形态发生有关); 肿瘤促进剂.【文献】M. Gavagnin, et al. Tetrahedron, 1997, 53, 1491.

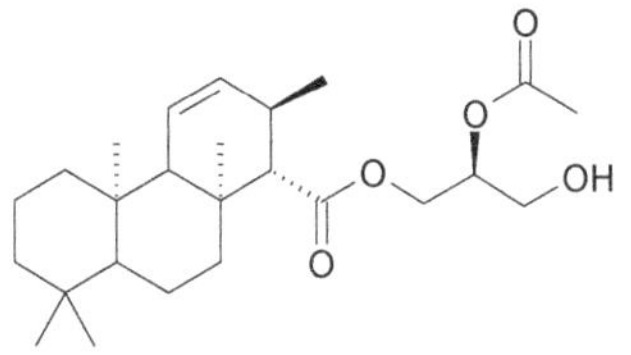

513　Verrucosin 7　疣海牛新 7*

【基本信息】$C_{25}H_{41}ClO_5$, 油状物, $[\alpha]_D = +19.1°$ ($c = 0.35$, 氯仿).【类型】海绵烷二萜.【来源】软体动物裸腮目海牛亚目海牛科疣海牛* *Doris verrucosa* (地中海).【活性】PKC 活化剂; 水螅触手再生剂 (和形态发生有关).【文献】M. Gavagnin, et al. Tetrahedron, 1997, 53, 1491.

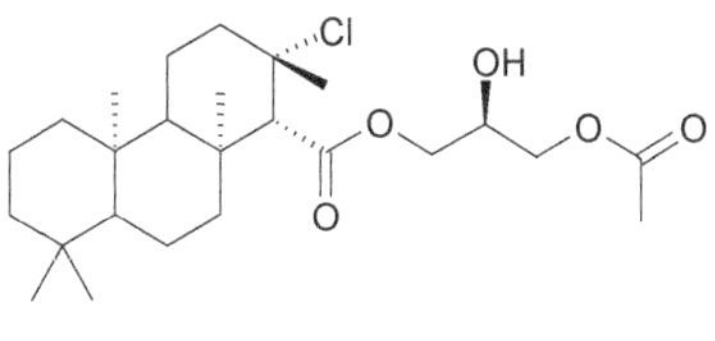

514 Verrucosin 9 疣海牛新 9*

【基本信息】$C_{25}H_{41}ClO_5$, 油状物, $[\alpha]_D = +25.0°$ ($c = 0.04$, 氯仿).【类型】海绵烷二萜.【来源】软体动物裸鳃目海牛亚目海牛科疣海牛* *Doris verrucosa* (地中海).【活性】PKC 活化剂; 水螅触手再生剂 (和形态发生有关).【文献】M. Gavagnin, et al. Tetrahedron, 1997, 53, 1491.

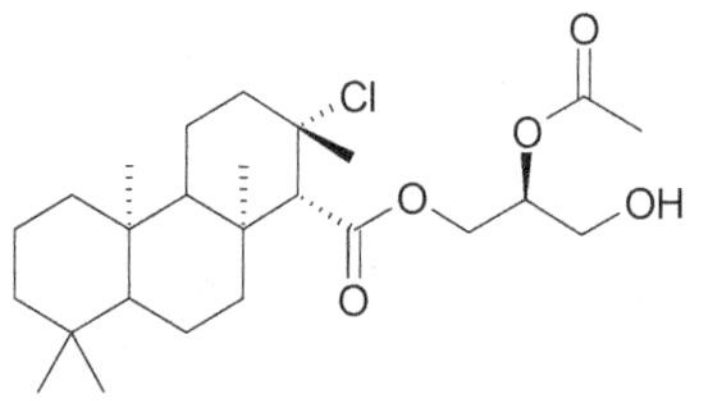

515 Verrucosin A 疣海牛新 A*

【基本信息】$C_{25}H_{40}O_5$, $[\alpha]_D = +37.3°$ ($c = 1.1$, 氯仿).【类型】海绵烷二萜.【来源】软体动物裸鳃目海牛亚目海牛科疣海牛* *Doris verrucosa*.【活性】鱼毒.【文献】G. Cimino, et al. Tetrahedron, 1988, 44, 2301; M. Gavagnin, et al. Tetrahedron Lett., 1990, 31, 6093.

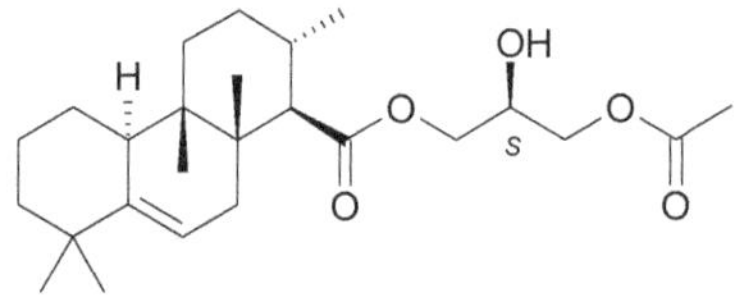

516 Verrucosin B 疣海牛新 B*

【基本信息】$C_{25}H_{40}O_5$, 晶体 (乙醚/己烷), mp 118~120°C, $[\alpha]_D = +19.2°$ ($c = 0.5$, 氯仿).【类型】海绵烷二萜.【来源】软体动物裸鳃目海牛亚目海牛科疣海牛* *Doris verrucosa*.【活性】鱼毒.【文献】G. Cimino, et al. Tetrahedron, 1988, 44, 2301; M. Gavagnin, et al. Tetrahedron Lett., 1990, 31, 6093.

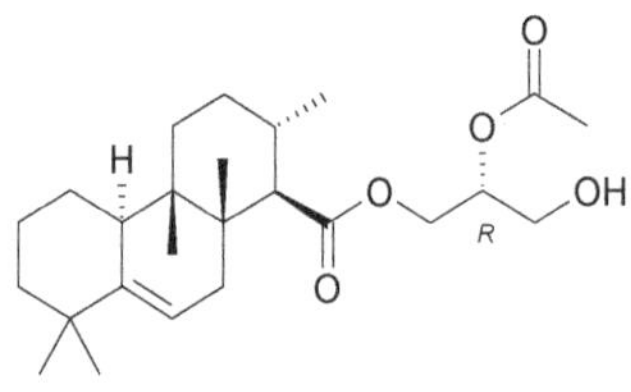

517 12-Acetoxytetrahydrosulphurin Ⅰ 12-乙酰氧基四氢舒灵Ⅰ*

【基本信息】$C_{24}H_{34}O_7$.【类型】断-,去甲-和移-海绵烷二萜.【来源】秽色海绵属* *Aplysilla* sp.【活性】磷酸酯酶 A_2 抑制剂.【文献】B. C. M. Potts, et al. JNP, 1992, 55, 1701.

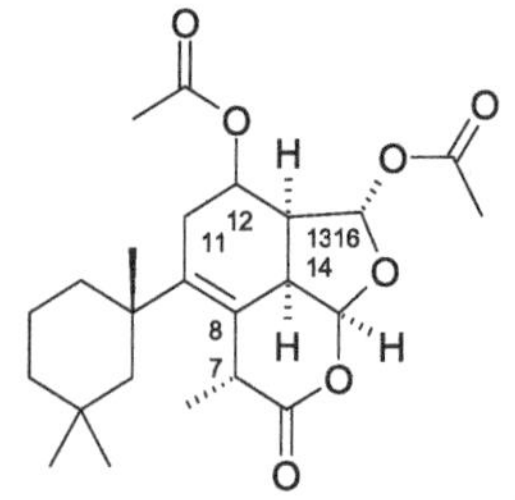

518 Aplysulphuride 海兔苏弗内酯*

【别名】Tetrahydroaplysulphurin 1; 四氢海兔苏弗林 1*.【基本信息】$C_{22}H_{32}O_5$, 晶体 (二氯甲烷/己烷), mp 109°C, $[\alpha]_D = +169°$ ($c = 1$, 氯仿).【类型】断-,去甲-和移-海绵烷二萜.【来源】小针海绵属* *Spongionella* sp. 和达尔文海绵属* *Darwinella oxeata*, 软体动物裸鳃目海牛亚目海牛裸鳃 *Cadlina luteomarginata*.【活性】表皮生长因子受体 EGFR 酪氨酸激酶抑制剂 (100μmol/L, InRt = 70%); 细胞毒 (K562 人慢性骨髓性白血病细胞株, $IC_{50} = 2.3\mu mol/L$; PBMC 外周血单核细胞, $IC_{50} = 4.5\mu mol/L$).【文献】P. Karuso, et al. Aust. J. Chem., 1984, 37, 1081; 1986, 39, 1643; J. S. Buckleton, et al. Acta Cryst. C, 1987, 43, 2430; M. E. Rateb, et al. JNP 2009, 72, 1471.

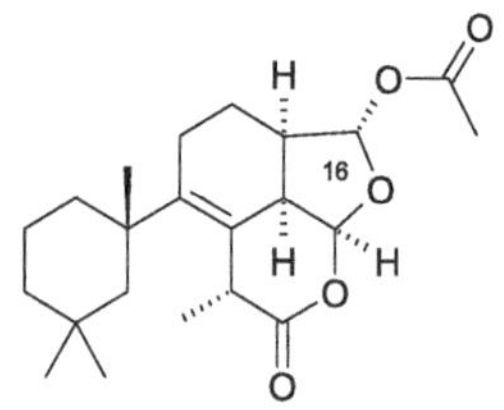

519 Chelonaplysin C 达尔文海绵新 C*

【基本信息】$C_{22}H_{32}O_5$, 晶体, (己烷/乙醚), mp 148°C, $[\alpha]_D = -6.1°$ ($c = 0.23$, 氯仿).【类型】断-,去甲-和移-海绵烷二萜.【来源】达尔文科 Darwinellidae 海绵* *Chelonaplysilla* spp.【活性】鱼毒.【文献】S. C. Bobzin, et al. JNP, 1991, 54, 225; R. Puliti, et al. Acta Cryst., Sect. C., 1992, 48, 2145.

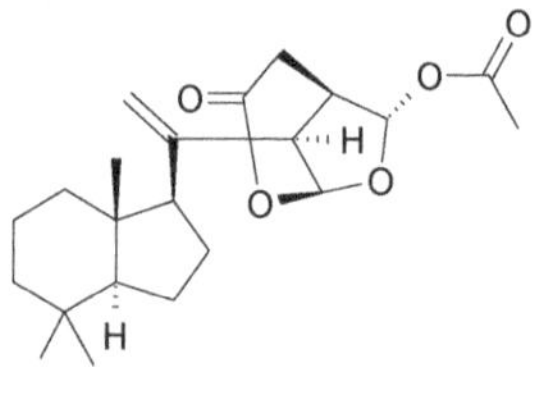

520 Chromodorolide A 色多丽丝内酯 A*

【基本信息】$C_{24}H_{34}O_8$, 晶体 (甲醇), mp 133~134°C, $[\alpha]_D = -74°$ ($c = 0.1$, 二氯甲烷).【类型】断-,去甲-

和移-海绵烷二萜.【来源】一种未鉴定的海绵 (澳大利亚), 软体动物裸腮目海牛亚目多彩海牛属 *Chromodoris cavae* [Syn. *Goniobranchus cavae*] (编者根据 WoRMS 增加的推荐学名, 原学名不为该名录接受).【活性】细胞毒 (P_{388}, InRt = 66%); 杀线虫剂 (两种重要的羊和其它反刍动物的病原体: 寄生线虫捻转血矛线虫 *Haemonchus contortus* 幼虫阶段, 100μg/mL, InRt = 94%, 10μg/mL, InRt = 0%; 蛇形毛圆线虫 *Trichostrongylus colubriformis,* 100μg/mL, InRt = 95%, 10μg/mL, InRt = 33%).【文献】E. J. Dumdei, et al. JACS, 1989, 111, 2712; W. Rungprom, et al. Mar. Drugs, 2004, 2, 101.

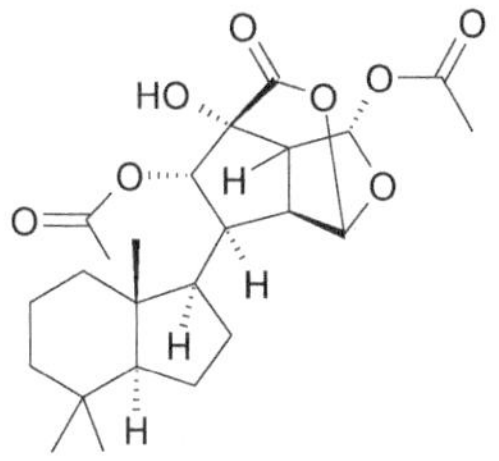

521 Gracilin A 纤弱小针海绵灵 A*

【基本信息】$C_{23}H_{34}O_5$, 油状物, $[\alpha]_D = -60.5°$ ($c = 1.3$, 氯仿).【类型】断-,去甲-和移-海绵烷二萜.【来源】小针海绵属* *Spongionella* sp. (西安佳岛, 菲律宾), 纤弱小针海绵* *Spongionella gracilis* 和秽色海绵属* *Aplysilla tango*.【活性】细胞毒 [K562, $IC_{50} = (0.6±0.2)$μmol/L; PBMC, $IC_{50} = (0.8±0.4)$μmol/L]; 表皮生长因子受体 EGFR 酪氨酸激酶抑制剂 (在 100μmol/L 孵化, InRt = 65%, 对照物染料木素, InRt = 80%);磷酸酯酶 PLA_2 抑制剂; 抗 AD 临床前实验 (靶标: 通过 Nrf2 迁移诱导的线粒体损伤靶标; BACE1 和 ERK 抑制; tau 蛋白过磷酸化降低. 动物模型: 3xTg-AD 小鼠. 效果: 用这些化合物慢性腹膜注射后, 初步行为实验指出小鼠对学习和空间记忆有正面的倾向. 进一步, 体内实验印证了以前的结果. 在处理和 ERK 抑制后, 淀粉样蛋白 β_{42} 和 tau 蛋白过磷酸化降低也被观察到了) (Russo, 2016). 注释: 阿尔兹海默病 (AD) 是一种多因素的神经退行性疾病.【文献】L. Mayol, et al. Tetradron Lett., 1985, 26, 1357; L. Mayol, et al. Tetrahedron, 1986, 42, 5369; T. F. Molinski, et al. JOC, 1987, 52, 296; L. Mayol, et al. Ga. Chim. Ital., 1988, 118, 559; A. Poiner, et al. Aust. J. Chem., 1990, 43, 1713; M. E. Ratcb, et al. JNP, 2009, 72, 1471; P. Russo, et al. Mar. Drugs, 2016, 14, 5 (Rev.).

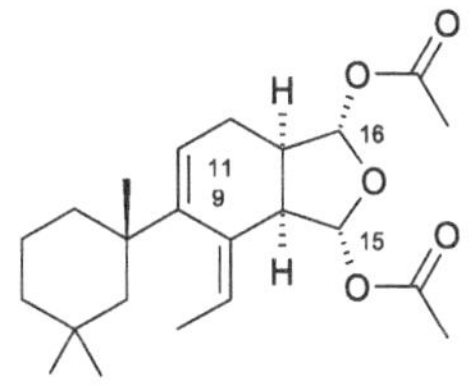

522 Gracilin H 纤弱小针海绵灵 H*

【基本信息】$C_{22}H_{28}O_8$, 无色晶体 (甲醇), mp 120.4°C, $[\alpha]_D^{20} = +280°$ ($c = 0.1$, 甲醇).【类型】断-,去甲-和移-海绵烷二萜.【来源】小针海绵属* *Spongionella* sp. (西安佳岛, 菲律宾).【活性】表皮生长因子受体 EGFR 酪氨酸激酶抑制剂 (100μmol/L, InRt = 30%); 细胞毒 [K562, $IC_{50} = (4.5±0.5)$μmol/L; PBMC, $IC_{50} = (6.5±1.5)$μmol/L]; 表皮生长因子受体 EGFR 酪氨酸激酶抑制剂 (用 100μmol/L 孵化, InRt = 30%, 对照物染料木素, InRt = 80%).【文献】M. E. Rateb, et al. JNP, 2009, 72, 1471.

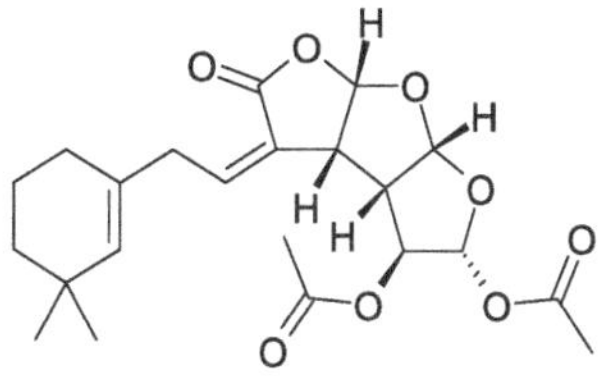

523 Gracilin I 纤弱小针海绵灵 I*

【基本信息】$C_{22}H_{28}O_8$, 无色晶体 (甲醇), mp 120.4°C, $[\alpha]_D^{20} = +280°$ ($c = 0.1$, 甲醇).【类型】断-,去甲-和移-海绵烷二萜.【来源】小针海绵属* *Spongionella* sp. (西安佳岛, 菲律宾).【活性】表皮生长因子受体 EGFR 酪氨酸激酶抑制剂 (100μmol/L, InRt = 30%); 细胞毒 [K562, $IC_{50} = (4.5±0.5)$μmol/L; PBMC, $IC_{50} = (6.5±1.5)$μmol/L]; 表皮生长因子受体 EGFR 酪氨酸激酶抑制剂 (用 100μmol/L 孵化, InRt = 30%, 对照物染料木素, InRt = 80%).【文献】M. E. Rateb, et al. JNP, 2009, 72, 1471.

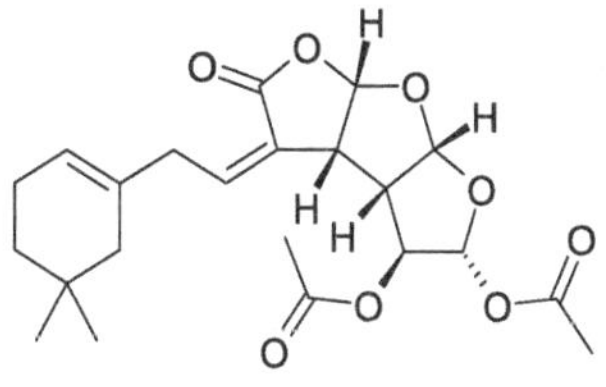

524 Gracilin J 纤弱小针海绵灵 J*

【基本信息】$C_{24}H_{32}O_{10}$, 无色油状物, $[\alpha]_D^{20}$ = +120° (c = 0.1, 甲醇).【类型】断-,去甲-和移-海绵烷二萜.【来源】小针海绵属* *Spongionella* sp. (西安佳岛, 菲律宾).【活性】细胞毒 [K562, IC_{50} = (15±1)μmol/L; PBMC, IC_{50} = (30±10)μmol/L]; 表皮生长因子受体 EGFR 酪氨酸激酶抑制剂 (用 100μmol/L 孵化, InRt = 25%, 对照物染料木素, InRt = 80%).【文献】M. E. Rateb, et al. JNP, 2009, 72, 1471.

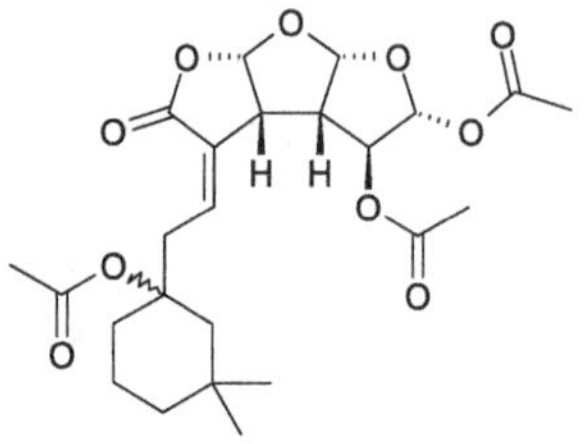

525 Gracilin K 纤弱小针海绵灵 K*

【基本信息】$C_{21}H_{30}O_8$, 无色油状物, $[\alpha]_D^{20}$ = +150° (c = 0.1, 甲醇).【类型】断-,去甲-和移-海绵烷二萜.【来源】小针海绵属* *Spongionella* sp. (西安佳岛, 菲律宾).【活性】表皮生长因子受体 EGFR 酪氨酸激酶抑制剂 (100μmol/L, InRt = 19%); 细胞毒 [K562, IC_{50} = (8.5±0.5)μmol/L; PBMC, IC_{50} = (9±1)μmol/L]; 表皮生长因子受体 EGFR 酪氨酸激酶抑制剂 (用 100μmol/L 孵化, InRt = 19%, 对照物染料木素, InRt = 80%).【文献】M. E. Rateb, et al. JNP, 2009, 72, 1471.

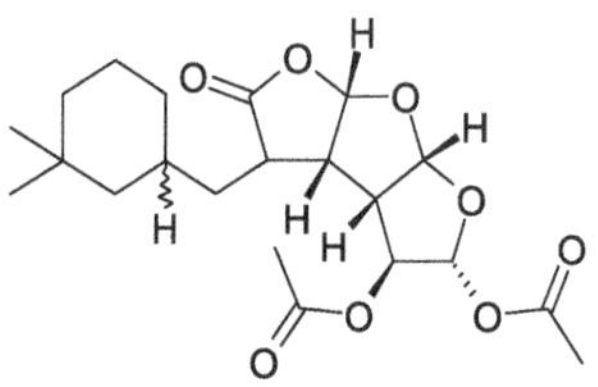

526 Gracilin L 纤弱小针海绵灵 L*

【基本信息】$C_{23}H_{34}O_6$, 无色油状物, $[\alpha]_D^{20}$ = +170° (c = 0.1, 甲醇).【类型】断-,去甲-和移-海绵烷二萜.【来源】小针海绵属* *Spongionella* sp. (西安佳岛, 菲律宾).【活性】细胞毒 [K562, IC_{50} = (2.65±0.05)μmol/L; PBMC, IC_{50} = (3.0±0.5)μmol/L]; 表皮生长因子受体 EGFR 酪氨酸激酶抑制剂 (用 100μmol/L 孵化, InRt = 75%, 对照物染料木素, InRt = 80%).【文献】M. E. Rateb, et al. JNP, 2009, 72, 1471.

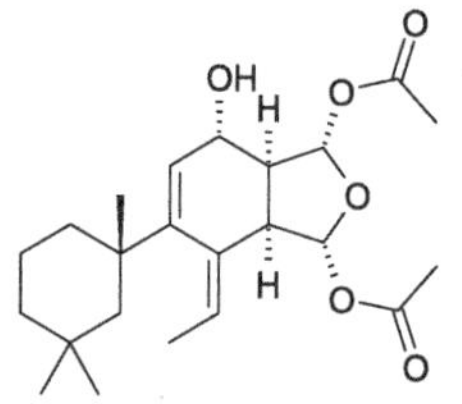

527 Macfarlandin A 裸腮麦克法兰定 A*

【基本信息】$C_{21}H_{26}O_5$, 晶体 (乙醚/己烷), mp 183~184°C, $[\alpha]_D$ = +189° (c = 0.65, 氯仿).【类型】断-,去甲-和移-海绵烷二萜.【来源】软体动物裸腮目海牛亚目多彩海牛属 *Chromodoris macfarlandi* 和 *Chromodoris luteorosea*.【活性】鱼毒, 抗微生物.【文献】T. F. Molinski, et al. JOC, 1986, 51, 2601; G. Cimino, et al. JNP, 1990, 53, 102.

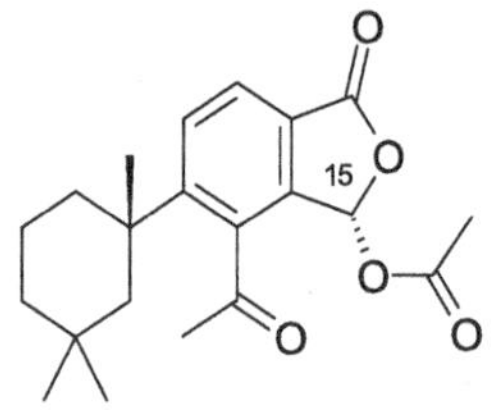

528 Macfarlandin B 裸腮麦克法兰定 B*

【基本信息】$C_{21}H_{26}O_5$, 玻璃体, $[\alpha]_D$ = −128° (c = 0.99, 氯仿).【类型】断-,去甲-和移-海绵烷二萜.【来源】软体动物裸腮目海牛亚目多彩海牛属 *Chromodoris macfarlandi* [Syn. *Felimida macfarlandi*] (编者根据 WoRMS 增加的推荐学名, 原学名不为该名录接受).【活性】抗微生物.【文献】T. F. Molinski, et al. JOC, 1986, 51, 2601; G. Cimino, et al. JNP, 1990, 53, 102.

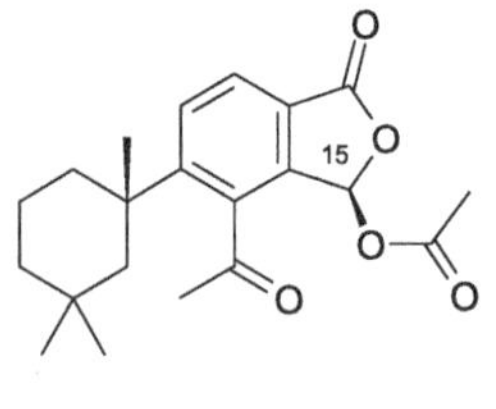

529 Macfarlandin D 裸腮麦克法兰定 D*

【基本信息】$C_{22}H_{32}O_5$, 针状晶体 (乙醚/己烷), mp 190~191°C, $[\alpha]_D$ = −169° (c = 1.2, 氯仿).【类型】断-,去甲-和移-海绵烷二萜.【来源】软体动物裸腮目海牛亚目多彩海牛属 *Chromodoris macfarlandi*.【活性】抗菌 (枯草芽孢杆菌 *Bacillus subtilis*).【文献】T. F. Molinski, et al. JOC, 1986, 51, 4564.

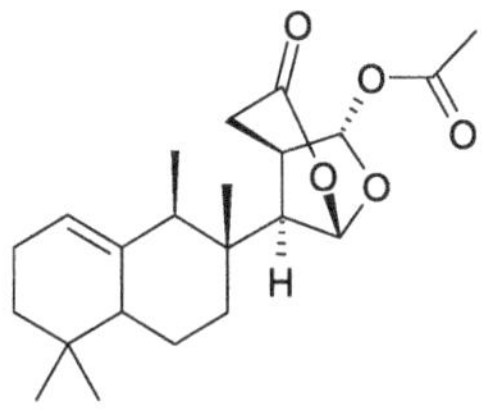

530 Membranolide C 膜枝骨海绵素 C*

【基本信息】$C_{23}H_{34}O_4$, 油状物, $[\alpha]_D^{25} = -100.8°$ ($c = 0.6$, 氯仿).【类型】断-,去甲-和移-海绵烷二萜.【来源】膜枝骨海绵* *Dendrilla membranosa* (嗜冷生物, 冷水域, 昂韦尔岛, 南极洲).【活性】抗菌 (革兰氏阴性菌); 抗真菌.【文献】S. Ankisetty, et al. JNP, 2004, 67, 1172; M.D. Lebar, et al. NPR, 2007, 24, 774 (Rev.).

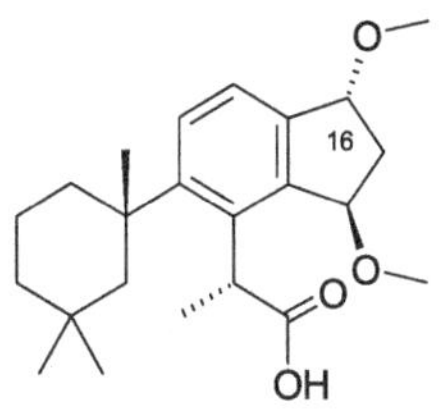

531 Membranolide D 膜枝骨海绵素 D*

【基本信息】$C_{23}H_{34}O_4$, 油状物, $[\alpha]_D^{25} = +6.5°$ ($c = 0.6$, 氯仿).【类型】断-,去甲-和移-海绵烷二萜.【来源】膜枝骨海绵* *Dendrilla membranosa* (嗜冷生物, 冷水域, 昂韦尔岛, 南极洲).【活性】抗菌 (革兰氏阴性菌); 抗真菌.【文献】S. Ankisetty, et al. JNP, 2004, 67, 1172; M.D. Lebar, et al. NPR, 2007, 24, 774 (Rev.).

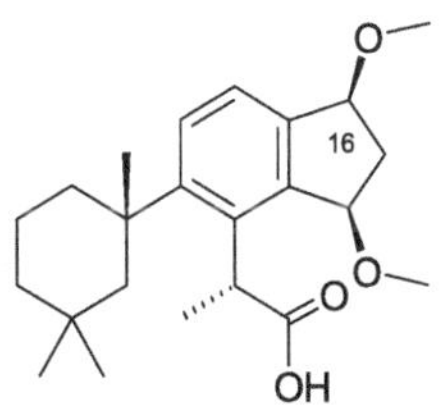

532 Norrisolide 诺里索内酯*

【基本信息】$C_{22}H_{32}O_5$, 晶体, mp 144.5~146°C, 138~140°C, $[\alpha]_D = +1°$ ($c = 1$, 氯仿).【类型】断-,去甲-和移-海绵烷二萜.【来源】达尔文科 Darwinellidae 海绵 *Chelonaplysilla violacea*, 枝骨海绵属* *Dendrilla* sp. 和掘海绵属* *Dysidea* spp., 软体动物裸腮目海牛亚目多彩海牛属 *ChromoDoris norrisi*.【活性】磷酸酯酶 A 抑制剂; 抗炎; 鱼毒.【文献】J. E. Hochlowski, et al. JOC, 1983, 48, 1141; A. Rudi, et al. Tetrahedron, 1990, 46, 4019; G. Guiunti, et al. BoMC, 2010, 18, 2115.

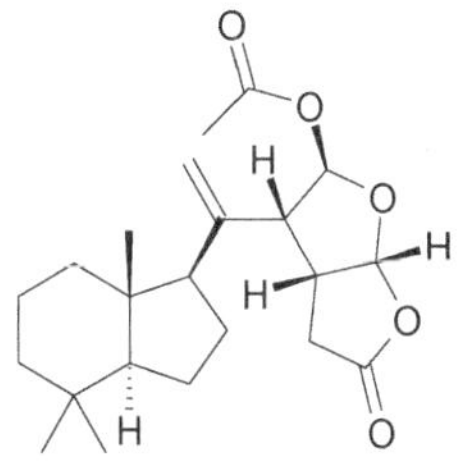

533 3′-Norspongiolactone 3′-去甲小针海绵内酯*

【基本信息】$C_{24}H_{36}O_4$, 无色油状物, $[\alpha]_D^{20} = +22°$ ($c = 0.1$, 甲醇).【类型】断-,去甲-和移-海绵烷二萜.【来源】小针海绵属* *Spongionella* sp. (西安佳岛, 菲律宾).【活性】细胞毒 [K562, $IC_{50} = (12±1)μmol/L$; PBMC, $IC_{50} = (30±10)μmol/L$]; 表皮生长因子受体 EGFR 酪氨酸激酶抑制剂 (用 100μmol/L 孵化, InRt = 60%, 对照物染料木素, InRt = 80%).【文献】M. E. Rateb, et al. JNP, 2009, 72, 1471.

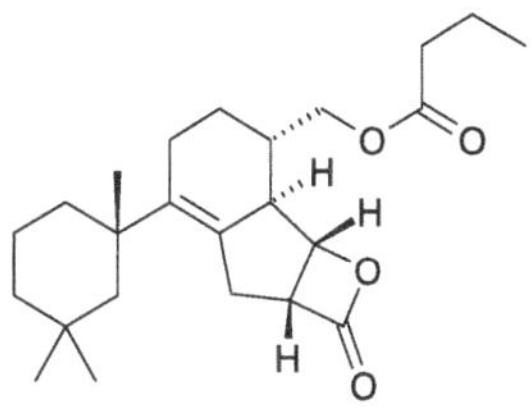

534 Verrucosin 3 疣海牛新 3*

【基本信息】$C_{25}H_{40}O_5$, $[\alpha]_D = +46.8°$ ($c = 2.4$, 氯仿).【类型】断-,去甲-和移-海绵烷二萜.【来源】软体动物裸腮目海牛亚目海牛科疣海牛* *Doris verrucosa* (地中海).【活性】PKC 活化剂; 水螅触手再生剂 (和形态发生有关); 肿瘤促进剂.【文献】M. Gavagnin, et al. Tetrahedron, 1997, 53, 1491.

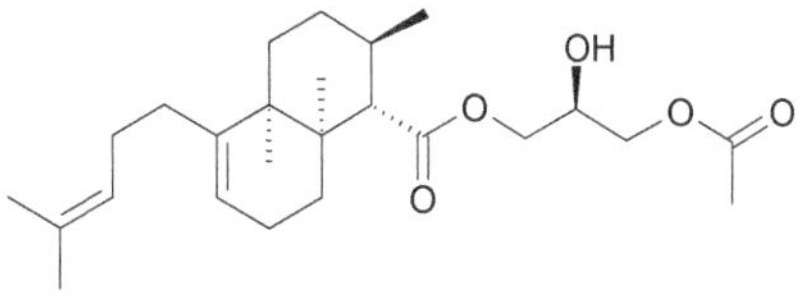

535 Verrucosin 8 疣海牛新 8*

【基本信息】$C_{25}H_{40}O_5$, $[\alpha]_D = +41.5°$ ($c = 0.05$, 氯仿).【类型】断-,去甲-和移-海绵烷二萜.【来源】软体动物裸腮目海牛亚目海牛科疣海牛* *Doris* *verrucosa* (地中海).【活性】PKC 活化剂; 水螅触手再生剂 (和形态发生有关).【文献】M. Gavagnin, et al. Tetrahedron, 1997, 53, 1491.

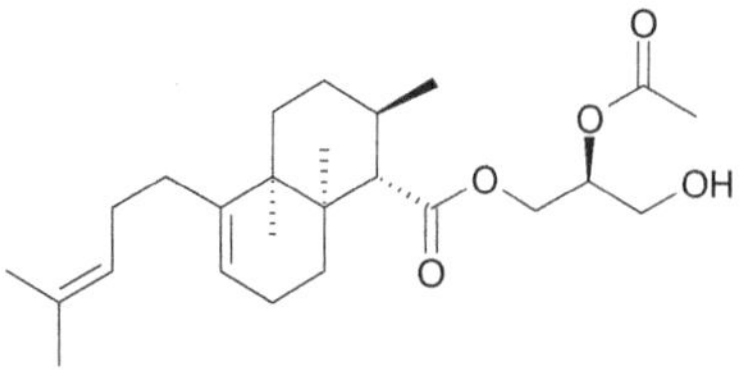

3.11 罗汉松烷二萜

536 Verrucosin 2 疣海牛新 2*

【基本信息】$C_{25}H_{40}O_5$, $[\alpha]_D = -4.8°$ ($c = 0.75$, 氯仿).【类型】罗汉松烷二萜.【来源】软体动物裸腮目海牛亚目海牛科疣海牛* *Doris verrucosa* (地中海).【活性】PKC 活化剂; 水螅触手再生剂 (和形态发生有关); 肿瘤促进剂.【文献】M. Gavagnin, et al. Tetrahedron, 1997, 53, 1491.

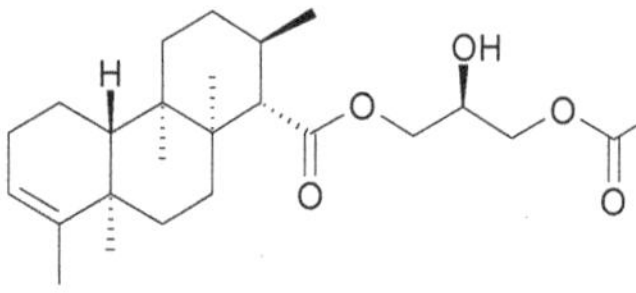

3.12 扁枝烷二萜

537 Agallochaol K 红树海漆醇 K*

【基本信息】$C_{20}H_{30}O_3$, 无色油状物, $[\alpha]_D^{27} = -46.7°$ ($c = 0.45$, 甲醇).【类型】扁枝烷二萜.【来源】红树像沉香的海漆* *Excoecaria agallocha* (树干和桠枝, 广西, 中国).【活性】抗炎 (100μmol/L, 抑制促炎细胞因子 TNF-α 的释放, 来自 Raw 264.7 细胞, InRt = 40.3% (4h), 46.0% (16h); 核转录因子-κB 活化阻滞剂; 活化蛋白-1 转录因子 AP-1 活化阻滞剂.【文献】Y. Li, et al. Phytochemistry, 2010, 71, 2124.

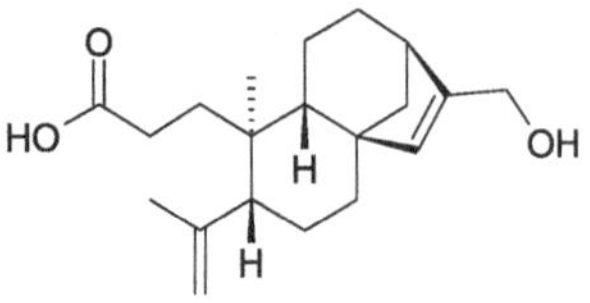

538 Agallochaol O 红树海漆醇 O*

【基本信息】$C_{29}H_{36}O_5$, 白色无定形固体, $[\alpha]_D^{27} = -53.3°$ ($c = 0.15$, 甲醇).【类型】扁枝烷二萜.【来源】红树像沉香的海漆* *Excoecaria agallocha* (树干和桠枝, 广西, 中国).【活性】抗炎 (100μmol/L, 抑制促炎细胞因子 TNF-α 的释放, 来自 RAW 264.7 细胞, InRt = 44.5% (4h), 48.2% (16h); 核转录因子-κB 活化阻滞剂.【文献】Y. Li, et al. Phytochemistry, 2010, 71, 2124.

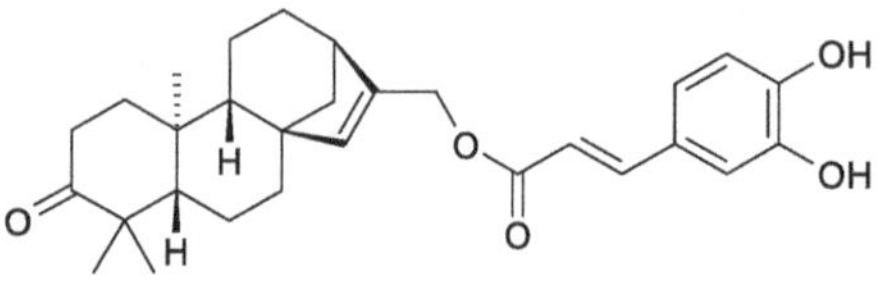

539 Agallochaol P 红树海漆醇 P*

【基本信息】$C_{20}H_{30}O_3$, 白色无定形固体, $[\alpha]_D^{27} = -59.2°$ ($c = 0.12$, 甲醇).【类型】扁枝烷二萜.【来源】红树像沉香的海漆* *Excoecaria agallocha* (树干和桠枝, 广西, 中国).【活性】抗炎 (100μmol/L, 抑制促炎细胞因子 TNF-α 的释放, 来自 RAW 264.7 细胞, InRt = 19.8% (4h), 26.6% (16h); 核转录因子-κB 活化阻滞剂.【文献】Y. Li, et al. Phytochemistry, 2010, 71, 2124.

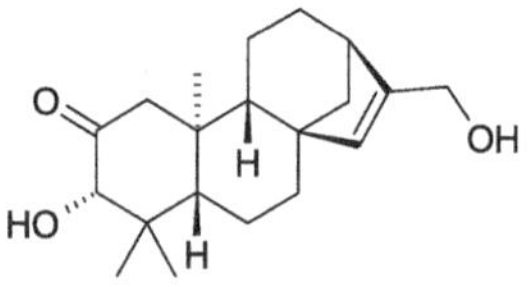

540 Agallochaol Q 红树海漆醇 Q*

【基本信息】$C_{20}H_{30}O_2$, 无色油状物, $[\alpha]_D^{27} = -45.0°$ ($c = 0.20$, 甲醇).【类型】扁枝烷二萜.【来源】红树像沉香的海漆* *Excoecaria agallocha* (树干和桠枝, 广西, 中国).【活性】抗炎 (100μmol/L, 抑制促炎细胞因子 TNF-α 的释放, 来自 RAW 264.7 细胞, InRt = 41.0% (4h), 35.6% (16h); 核转录因子-κB 活化阻滞剂; 活化蛋白-1 转录因子 AP-1 活化阻滞剂.【文献】Y. Li, et al. Phytochemistry, 2010, 71, 2124.

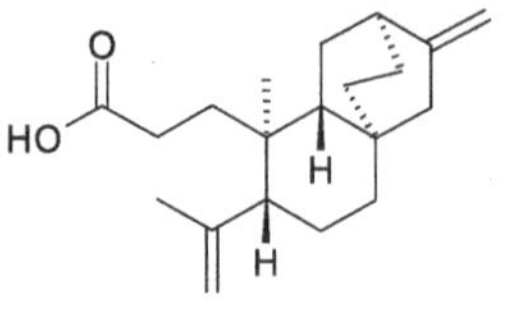

541 *ent*-17-Hydroxykaur-15-en-3-one *ent*-17-羟基考尔-15-烯-3-酮*

【基本信息】$C_{20}H_{30}O_2$, 无色针状晶体, mp 143~145°C.【类型】扁枝烷二萜.【来源】红树像沉香的海漆* *Excoecaria agallocha* (树干和桠枝, 广西, 中国).【活性】抗炎 (100μmol/L, 抑制促炎细胞因子 TNF-α 的释放, 来自 RAW 264.7 细胞, InRt = 29.5% (4h), 30.3% (16h); 核转录因子-κB 活化阻滞剂.【文献】T. Konishi,et al. CPB, 1998, 46, 1393; Y. Li, et al. Phytochemistry, 2010, 71, 2124.

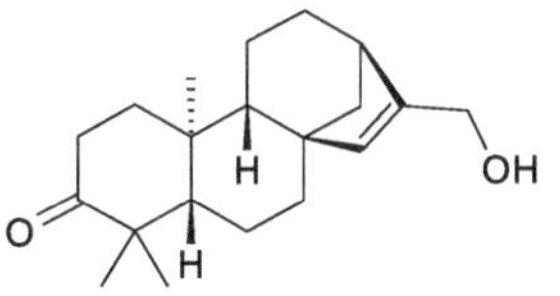

542 *ent*-Kaur-15-en-3*β*,17-diol *ent*-考尔- 15-烯-3*β*,17-二酮*

【基本信息】$C_{20}H_{32}O_2$【类型】扁枝烷二萜.【来源】红树像沉香的海漆* *Excoecaria agallocha* (树干和桠枝, 广西, 中国).【活性】抗炎 (100μmol/L, 抑制促炎细胞因子 TNF-α 的释放, 来自 RAW 264.7 细胞, InRt = 34.3% (4h), 41.2% (16h); 核转录因子-κB 活化阻滞剂.【文献】G. Palaino, et al. 1997, Ga. Chim. Ital. 127, 311; Y. Li, et al. Phytochemistry, 2010, 71, 2124.

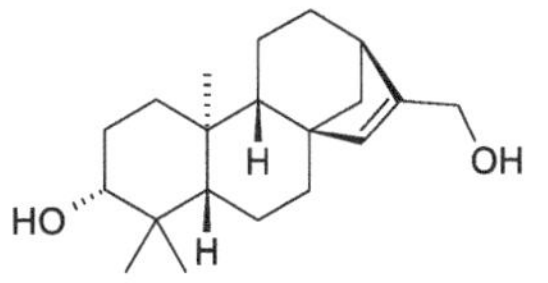

3.13 西柏烷二萜

543 (1*R*,3*Z*,7*E*,11*E*,14*S*)-18-Acetoxy-3,7,11, 15(17)- cembratetraen-16,14-olide (1*R*,3*Z*, 7*E*,11*E*,14*S*)-18-乙酰氧基-3,7,11,15(17)-西柏四烯-16,14-内酯*

【基本信息】$C_{22}H_{30}O_4$, 油状物.【类型】西柏烷型 (Cembrane) 二萜.【来源】粗厚豆荚软珊瑚* *Lobophytum crassum* 和硬豆荚软珊瑚* *Lobophytum durum*.【活性】抗炎 (LPS 刺激的小鼠 RAW 264.7 巨噬细胞, 10μmol/L, 显著抑制 iNOS 和环加氧酶 COX-2 蛋白表达; 但对 β-肌动蛋白的抑制伴有细胞毒活性); 抗菌 (肠炎沙门氏菌 *Salmonella enteritidis*, 250μmg/盘, 有值得注意的活性; 对照物安比西林, 250μg/盘, 有值得注意的活性).【文献】Z. Kinamoni, et al. Tetrahedron, 1983, 39, 1643; S. -Y. Cheng, et al. Tetrahedron, 2008, 64, 9698; W. Zhang, et al. JNP, 2008, 71, 961.

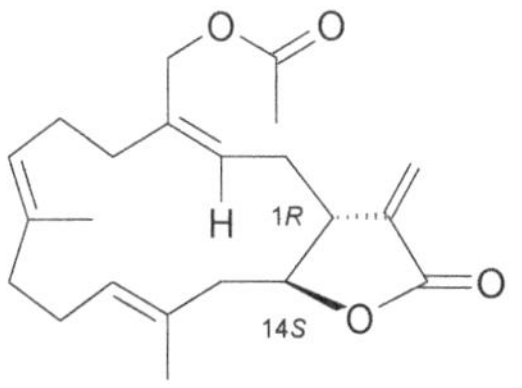

544 9-Acetoxy-5,8:12,13-diepoxycembr-15 (17)- en-16,4-olide 9-乙酰氧基-5,8:12,13-双环氧西柏-15(17)-烯-16,4-内酯*

【基本信息】$C_{22}H_{32}O_6$.【类型】西柏烷型二萜.【来源】条状短指软珊瑚* *Sinularia capillosa*.【活性】细胞毒 (P_{388}, ED_{50} = 2.5μg/mL; L_{1210}, ED_{50} = 5.0μg/mL).【文献】J. Y. Su, et al. JNP, 63, 1543.

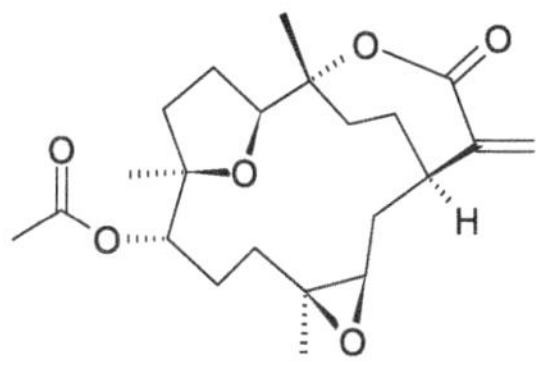

545 18-Acetoxy-3*R*,4*S*-epoxy-13*R*-hydroxy-7,11,15(17)-cembratrien-16,14-olide 18-乙酰氧基-3*R*,4*S*-环氧-13*R*-羟基-7,11,15(17)-西柏三烯-16,14-内酯*

【基本信息】$C_{22}H_{30}O_6$, 油状物, $[\alpha]_D^{24}$ = −81° (c = 1.3, 氯仿).【类型】西柏烷型二萜.【来源】硬豆荚软珊瑚* *Lobophytum durum* 和粗厚豆荚软珊瑚* *Lobophytum crassum*.【活性】抗炎 (LPS 刺激的小鼠 RAW 264.7 巨噬细胞, 10μmol/L, 不抑制促炎环加氧酶 COX-2 蛋白的上调, 但和单独的对照物 LPS 刺激的细胞比较, 抑制 iNOS 到 0.2%; 10μmol/L, 小鼠保持 β-肌动蛋白不变化); 抗菌 (肠炎沙门氏菌 *Salmonella enteritidis*, 50μg/盘, 有值得注意的活性; 对照物氨比西林, 250μg/盘, 有值得注意的活性).【文献】Y. Kashman, et al. JOC, 1981, 46, 3592; S. -Y. Cheng, et al. Tetrahedron, 2008, 64, 9698.

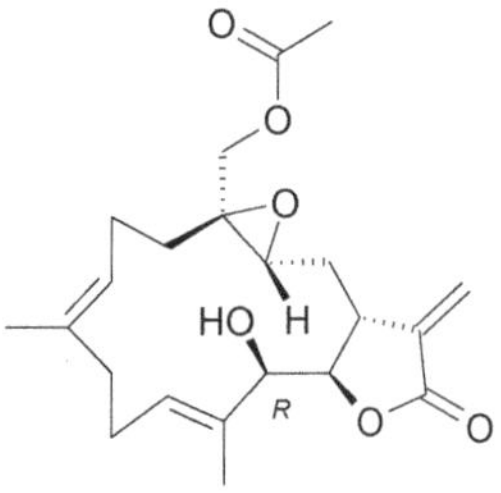

546 18-Acetoxy-3*R*,4*S*-epoxy-13*S*-hydroxy-7,11,15(17)- cembratrien-16,14-olide 18-乙酰氧基-3*R*,4*S*-环氧-13*S*-羟基-7,11,15(17)-西柏三烯-16,14-内酯*

【基本信息】$C_{22}H_{30}O_6$，油状物，$[\alpha]_D^{24}$ = +16° (*c* = 0.9，氯仿).【类型】西柏烷型二萜.【来源】硬豆荚软珊瑚* *Lobophytum durum* 和粗厚豆荚软珊瑚* *Lobophytum crassum*.【活性】抗炎 (LPS 刺激的小鼠 RAW 264.7 巨噬细胞，10μmol/L，显著抑制 iNOS 和环加氧酶 COX-2 蛋白表达；但对 β-肌动蛋白的抑制伴有细胞毒活性)；抗菌 (肠炎沙门氏菌 *Salmonella enteritidis*，100μg/盘，有值得注意的活性；对照物氨比西林，250μg/盘，有值得注意的活性).【文献】Y. Kashman, et al. JOC, 1981, 46, 3592; S. -Y. Cheng, et al. Tetrahedron, 2008, 64, 9698.

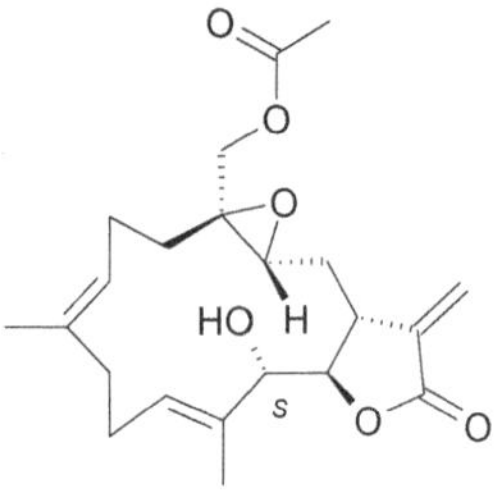

547 13-Acetoxysarcocrassolide 13-乙酰氧基微厚肉芝软珊瑚内酯*

【基本信息】$C_{22}H_{30}O_5$，无色油状物，$[\alpha]_D^{25}$ = +56.6° (*c* = 0.19，氯仿).【类型】西柏烷型二萜.【来源】微厚肉芝软珊瑚* *Sarcophyton crassocaule* (台湾水域，中国).【活性】细胞毒 (A549，EC_{50} = 4.66μg/mL；HT29，EC_{50} = 5.67μg/mL；KB，EC_{50} = 7.39μg/mL；P_{388}，EC_{50} = 0.38μg/mL).【文献】C. -Y. Duh, et al. JNP, 2000, 63, 1634.

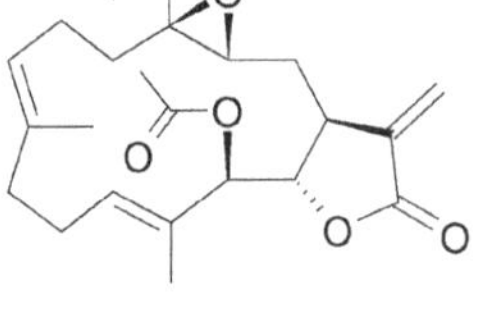

548 13-Acetoxysarcophytoxide 13-乙酰氧基肉芝软珊瑚肉芝软珊瑚环氧*

【基本信息】$C_{22}H_{32}O_4$，无色油状物，$[\alpha]_D^{25}$ = +14° (*c* = 0.1，氯仿).【类型】西柏烷型二萜.【来源】粗厚豆荚软珊瑚* *Lobophytum crassum* (东沙群岛，南海，中国).【活性】细胞毒 (A549，ED_{50} = 3.6μg/mL，对照物光辉霉素，ED_{50} = 0.18μg/mL；HT29，ED_{50} = 10μg/mL，光辉霉素，ED_{50} = 0.21μg/mL；P_{388}，ED_{50} = 28μg/mL，光辉霉素，ED_{50} = 0.15μg/mL).【文献】S. -T. Lin, et al. Mar. Drugs, 2011, 9, 2705.

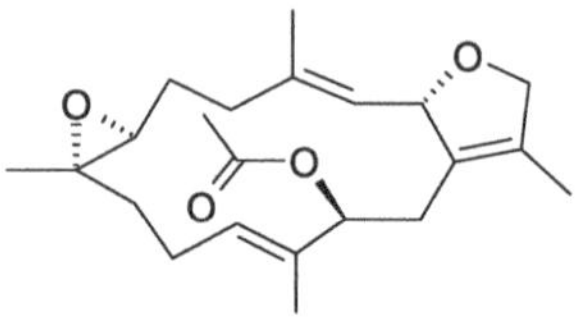

549 Acetylehrenberoxide B 乙酰基埃伦伯格埃伦伯格环氧 B*

【基本信息】$C_{22}H_{36}O_4$.【类型】西柏烷型二萜.【来源】埃伦伯格肉芝软珊瑚* *Sarcophyton ehrenbergi* (三仙台，台东县，台湾,中国).【活性】细胞毒 (P_{388}，温和活性)；抗病毒 (人巨细胞病毒).【文献】S. -K. Wang, et al. Mar. Drugs, 2013, 11, 4318.

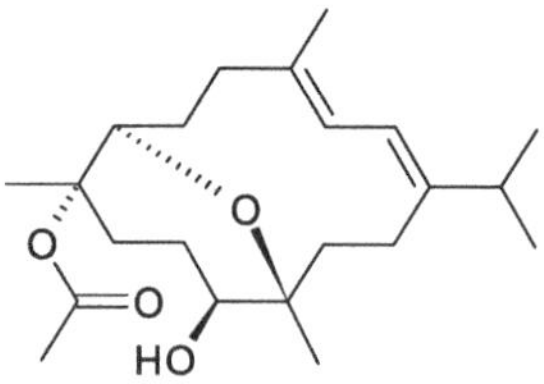

550 Asperdiol 矾沙蚕阿斯帕二醇*

【基本信息】$C_{20}H_{32}O_3$，晶体 (丙酮/己烷)，mp 109~110°C，$[\alpha]_D^{20}$ = −87° (氯仿).【类型】西柏烷型二萜.【来源】环节动物门矶沙蚕科 *Eunicea asperula* 和环节动物门矶沙蚕科 *Eunicea tourneforti*.【活性】细胞毒 (P_{388}, ED_{50} = 6μg/mL；L_{1210}, ED_{50} = 6μg/mL).【文献】A. J. Weinheimer, et al. Tetrahedron Lett., 1977, 1295; G. E. Martin, et al. Tetrahedron Lett., 1979, 2195; W. C. Still, et al. JOC, 1983, 48, 4785.

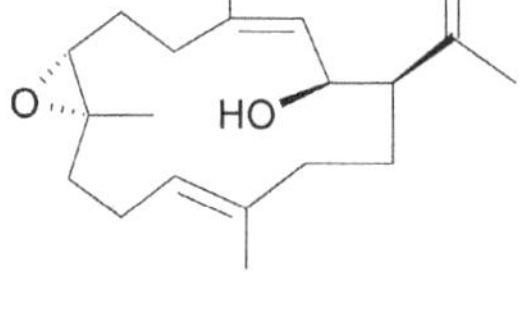

551 Bipinnatin A 毕皮那它柳珊瑚亭 A*

【别名】Lophotoxin-analog Ⅴ; 柳珊瑚毒素类似物Ⅴ.【基本信息】$C_{25}H_{28}O_{11}$, $[\alpha]_D^{20} = -76.6°$ ($c = 3.5$, 二氯甲烷).【类型】西柏烷型二萜.【来源】柳珊瑚科柳珊瑚* *Pseudopterogorgia bipinnata.*【活性】细胞毒.【文献】A. E. Wright, et al. Tetrahedron Lett., 1989, 30, 3491.

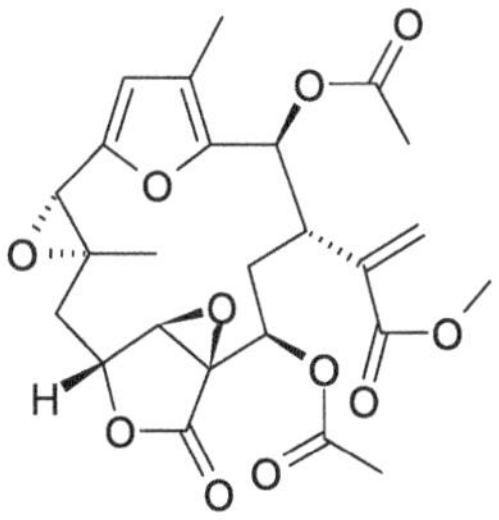

552 Bipinnatin B 毕皮那它柳珊瑚亭 B*

【别名】Lophotoxin-analog Ⅰ; 柳珊瑚毒素类似物Ⅰ.【基本信息】$C_{24}H_{26}O_{10}$, $[\alpha]_D^{20} = -68.9°$ ($c = 1.2$, 二氯甲烷).【类型】西柏烷型二萜.【来源】柳珊瑚科柳珊瑚* *Pseudopterogorgia bipinnata.*【活性】细胞毒; 不可逆地抑制 α-毒素键合到尼古丁乙酰胆碱受体.【文献】A. E. Wright, et al. Tetrahedron Lett., 1989, 30, 3491.

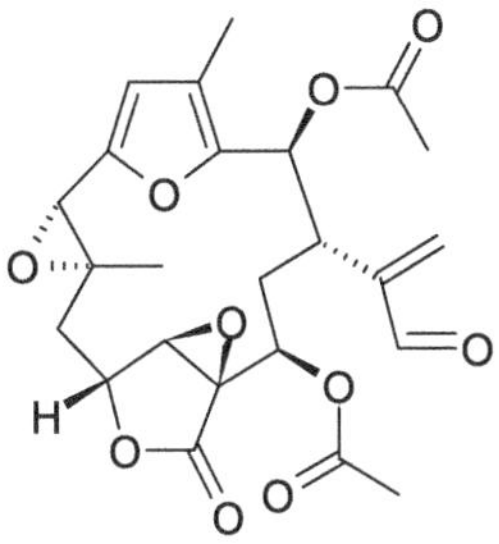

553 Bipinnatin D 毕皮那它柳珊瑚亭 D*

【基本信息】$C_{24}H_{26}O_9$, $[\alpha]_D^{20} = +34.2°$ ($c = 0.17$, 二氯甲烷).【类型】西柏烷型二萜.【来源】柳珊瑚科柳珊瑚* *Pseudopterogorgia bipinnata.*【活性】细胞毒.【文献】A. E. Wright, et al. Tetrahedron Lett., 1989, 30, 3491.

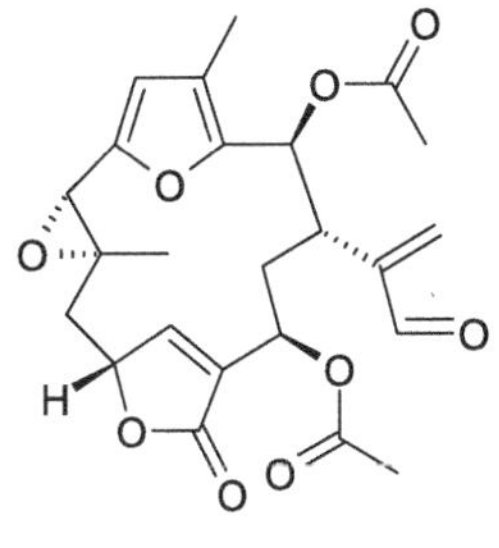

554 Calyculaglycoside A 矶沙蚕卡里库糖苷 A*

【基本信息】$C_{30}H_{48}O_8$, 油状物, $[\alpha]_D^{24} = +9.2°$ ($c = 0.6$, 氯仿).【类型】西柏烷型二萜.【来源】环节动物门矶沙蚕科 *Eunicea* sp. (哥伦比亚).【活性】抗炎; 抑制前列腺素 PGE_2 和白三烯 LTB_4 的合成.【文献】O. M. Cóbar, et al. JOC, 1997, 62, 7183; Y. P. Shi, et al. JNP, 2001, 64, 1439.

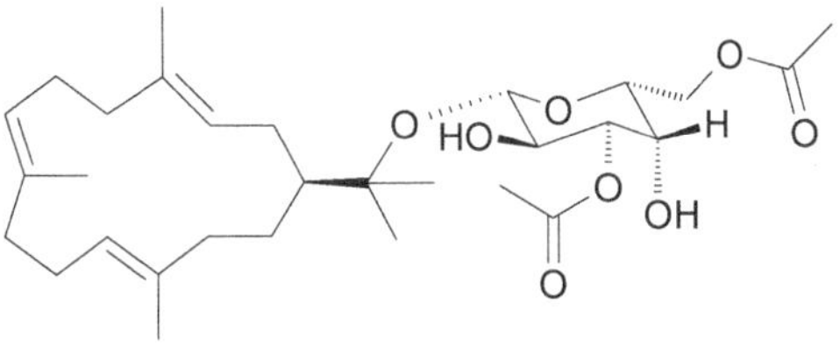

555 Calyculaglycoside B 矶沙蚕卡里库糖苷 B*

【基本信息】$C_{30}H_{48}O_8$, 油状物, $[\alpha]_D^{26} = +11.4°$ ($c = 0.5$, 氯仿).【类型】西柏烷型二萜.【来源】环节动物门矶沙蚕科 *Eunicea* sp. (哥伦比亚).【活性】细胞毒 (多数 NCI 卵巢癌和数种肾癌, 前列腺癌和结肠癌, $LC_{50} = 10^{-4} \sim 10^{-5}$mol/L); 抗炎; 抑制前列腺素 PGE_2 和白三烯 LTB_4 的合成.【文献】O. M. Cóbar, et al. JOC, 1997, 62, 7183; Y. P. Shi, et al. JNP, 2001, 64, 1439.

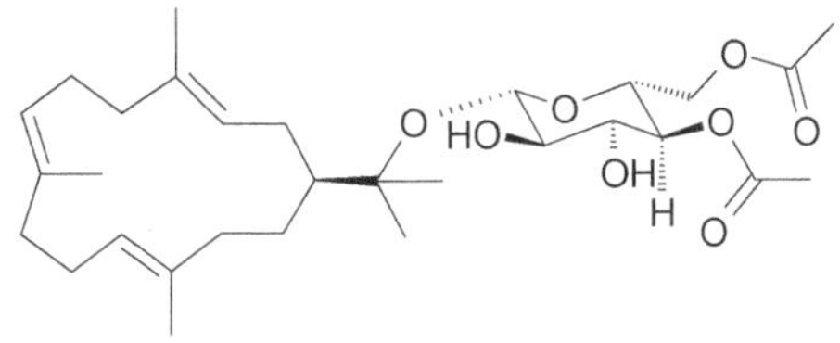

556 Calyculaglycoside C 矶沙蚕卡里库糖苷 C*

【基本信息】$C_{30}H_{48}O_8$, 油状物, $[\alpha]_D^{24} = +7.8°$ ($c = 0.5$, 氯仿).【类型】西柏烷型二萜.【来源】环节动物门矶沙蚕科 *Eunicea* sp. (哥伦比亚).【活性】细胞毒 (多数 NCI 卵巢癌和数种肾癌, 前列腺癌和结肠癌, $LC_{50} > 10^{-4} \sim 10^{-5}$mol/L); 抗炎.【文献】O. M. Cóbar, et al. JOC, 1997, 62, 7183; Y. P. Shi, et al. JNP, 2001, 64, 1439.

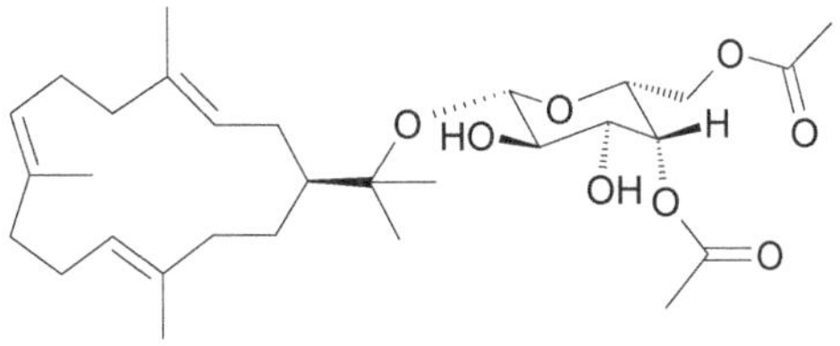

557 Capillolide 条状短指软珊瑚内酯*

【别名】3,4,11-Trihydroxy-7,15(17)-cembradien-16,

12-olide; 3,4,11-三羟基-7,15(17)-西柏二烯-16,12-内酯.【基本信息】$C_{20}H_{32}O_5$ 晶体, mp 158~160°C, $[\alpha]_D^{25}$ = +42.8° (*c* = 0.05, 乙醇).【类型】西柏烷型二萜.【来源】短指软珊瑚属* *Sinularia* sp. (东罗岛, 海南, 中国), 条状短指软珊瑚* *Sinularia capillosa,* 短指软珊瑚属* *Sinularia microclavata* 和短指软珊瑚属* *Sinularia tenella*.【活性】细胞毒 (P_{388}, ED_{50} = 15.0μg/mL; L_{1210}, ED_{50} = 18.5μg/mL).【文献】J. S. Yang, et al. JNP, 2000, 63, 1543; R. -L. Yang, et al. Huaxue Xuebao, 2000, 58, 1186; C. -W. Lin, et al. Chem. Res. Chin. Univ., 2002, 18, 189; C. -X. Zhang, et al. Acta Cryst. E, 2004, 60, o1598; B. Yang, ET AL. Mar. Drugs, 2012, 10, 2023.

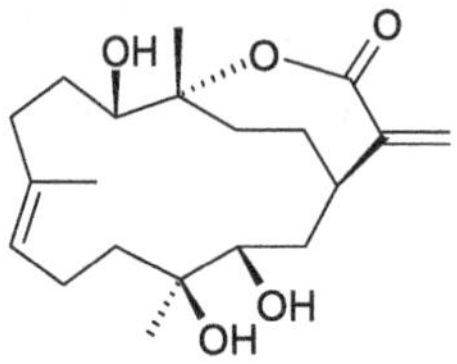

558 Cembranoid JNP98-237 西柏烷类似物 JNP98-237

【基本信息】$C_{21}H_{32}O_3$, 清亮油, $[\alpha]_D$ = +56° (*c* = 0.008, 氯仿).【类型】西柏烷型二萜.【来源】粗厚豆荚软珊瑚* *Lobophytum crassum* (大堡礁, 澳大利亚).【活性】抗真菌 (花药黑粉菌 *Ustilago violacea*).【文献】G. F. Matthée, et al. JNP, 1998, 61, 237.

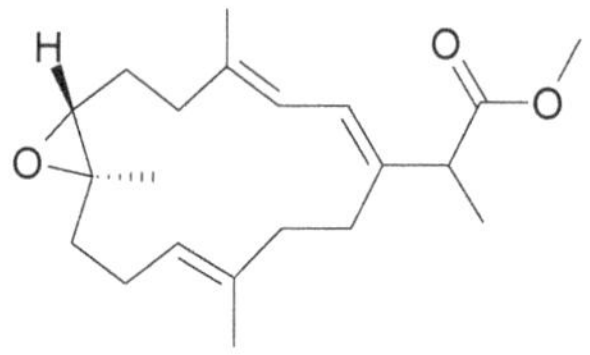

559 (1*S*,2*S*,3*E*,7*E*,11*E*)-3,7,11,15-Cembratetraen-17,2-olide (1*S*,2*S*,3*E*,7*E*, 11*E*)-3,7,11,15-西柏四烯-17,2-内酯

【基本信息】$C_{20}H_{28}O_2$.【类型】西柏烷型二萜.【来源】豆荚软珊瑚属* *Lobophytum* sp. (越南).【活性】细胞毒 (A549, IC_{50} = 5.1μmol/L, 对照物米托蒽醌, IC_{50} = 6.1μmol/L; HT29, IC_{50} = 1.8μmol/L, 对照物米托蒽醌, IC_{50} = 6.5μmol/L).【文献】H. T. Nguyen, et al. Arch. Pharm. Res. 2010, 33, 503.

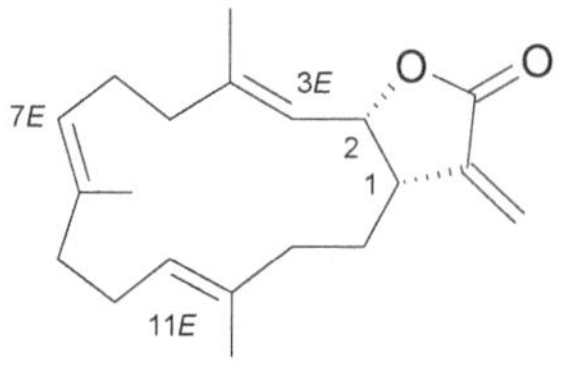

560 Cembrene A 西柏烯 A

【别名】(*all-E*)-3,7,11,15-Cembratetraene; (*all-E*)-3,7,11,15-西柏四烯.【基本信息】$C_{20}H_{32}$, 油状物, $bp_{0.8mmHg}$ 150~152°C, $[\alpha]_D$ = −19.7° (氯仿).【类型】西柏烷型二萜.【来源】灵活短指软珊瑚* *Sinularia flexibilis* 和其它珊瑚, 主要发现于高等植物.【活性】细胞毒 (KB, ED_{50} = 2.8μg/mL; P_{388}, ED_{50} = 0.31μg/mL; L_{1210}, ED_{50} = 0.22μg/mL).【文献】M. H. G. Munro, et al. in P. J. Scheuer eds. Bioorganic Marine Chemistry, 1987, New York: Springer-Verlag, 93-165.

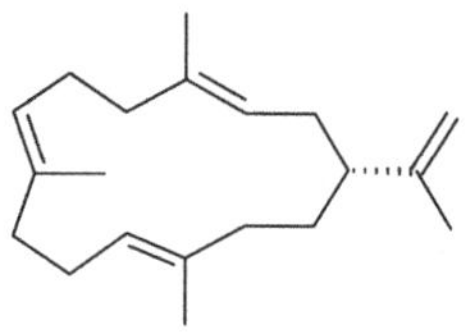

561 Claviolide 匍匐珊瑚内酯*

【基本信息】$C_{24}H_{32}O_6$, 油状物, $[\alpha]_D^{25}$ = −33.8° (*c* = 0.05, 氯仿).【类型】西柏烷型二萜.【来源】匍匐珊瑚目羽珊瑚属 *Clavularia violacea* (中国台湾水域).【活性】细胞毒 (A549, ED_{50} = 4.91μg/mL; HT29, ED_{50} = 0.84μg/mL; P_{388}, ED_{50} = 0.38μg/mL).【文献】C. -Y. Duh, et al. JNP, 2002, 65, 1535.

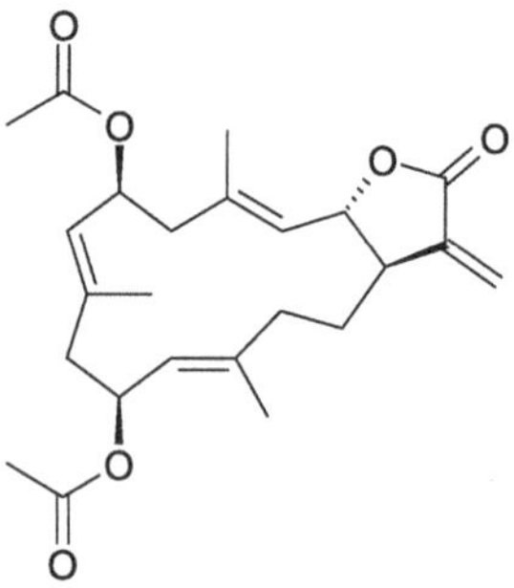

562 Crassarine F 厚短指软珊瑚素 F*

【基本信息】$C_{20}H_{32}O_2$, 无色油状物; $[\alpha]_D^{24}$ = −63°(*c* = 0.18, 氯仿).【类型】西柏烷型二萜.【来源】粗糙短指软珊瑚* *Sinularia crassa* (三仙台, 台东县, 台湾, 中国).【活性】抗炎 (免疫印迹分析实验, RAW264.7 巨噬细胞, 10μmol/L, 抑制 LPS 诱导的环加氧酶 COX-2 上调, 抑制环加氧酶 COX-2 = 65.6%±6.2%, $P < 0.05$; 对照物咖啡酸苯乙酯 10μmol/L, 抑制环加氧酶 COX-2 = 75.6%±12.2%).【文献】C. -H. Chao, et al. Mar. Drugs, 2011, 9, 1955.

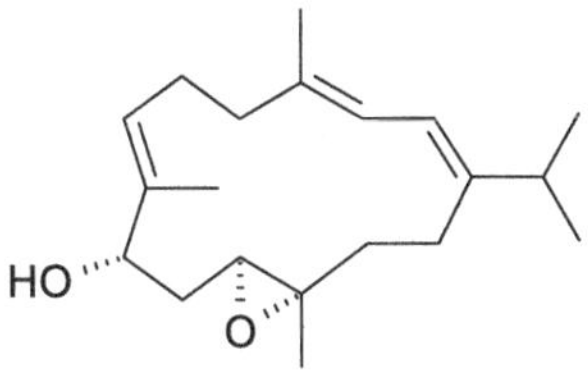

563 Crassarine H 厚短指软珊瑚素 H*

【基本信息】$C_{20}H_{30}O_2$, 无色油状物; $[\alpha]_D^{24} = -12°$(c = 0.22, 氯仿).【类型】西柏烷型二萜.【来源】粗糙短指软珊瑚* *SinuLaria crassa* (三仙台, 台东县, 台湾, 中国).【活性】抗炎 (免疫印迹分析实验, RAW264.7 巨噬细胞, 10μmol/L, 抑制 LPS 诱导的 iNOS 上调, 抑制 iNOS = 35.8%±10.7%, $P < 0.05$; 对照物咖啡酸苯乙酯 10μmol/L, 抑制 iNOS = 0.8%±4.5%).【文献】C. -H. Chao, et al. Mar. Drugs, 2011, 9, 1955.

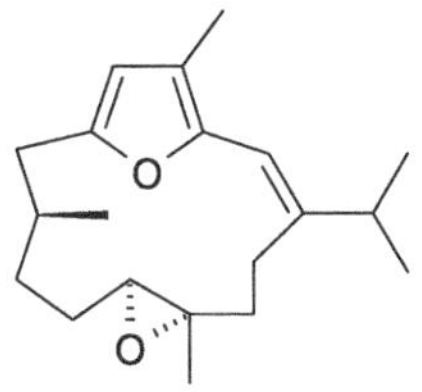

564 Crassin acetate 短指软珊瑚新乙酸酯*

【基本信息】$C_{22}H_{32}O_5$, 晶体, mp 138~140°C, $[\alpha]_D = +70.4°$.【类型】西柏烷型二萜.【来源】丛柳珊瑚科 Plexauridae 柳珊瑚 *Pseudoplexaura porosa* 和 *pseudoplexaura* spp.【活性】细胞毒 (抑制受精海胆卵细胞分裂, 16μg/mL); 细胞毒 (KB, ED_{50} = 2.0μg/mL; L_{1210}, ED_{50} = 0.2μg/mL); 抗肿瘤 (*in vivo*, P_{388}, 50μg/kg, T/C = 130); 鱼毒.【文献】M. H. G. Munro, et al. in P. J. Scheuer eds. Bioorganic Marine Chemistry, 1987, New York: Springer-Verlag, 93-165.

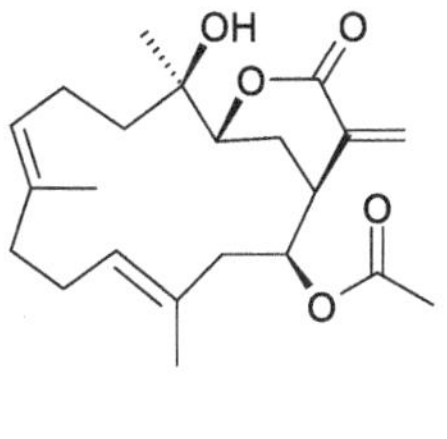

565 Crassocolide H 微厚肉芝软珊瑚内酯 H*

【别名】(1*R*,3*E*,7*E*,11*S*,12*R*,14*S*)-11-Chloro-12-hydroxy-3,7,15(17)-cembratrien-16,14-olide; (1*R*,3*E*,7*E*,11*S*,12*R*,14*S*)-11-氯-12-羟基-3,7,15(17)-西柏三烯-16,14-内酯*.【基本信息】$C_{20}H_{29}ClO_3$, 油状物, $[\alpha]_D^{25} = +7.5°$ (c = 0.4, 氯仿).【类型】西柏烷型二萜.【来源】微厚肉芝软珊瑚* *Sarcophyton crassocaule* (中国台湾水域).【活性】细胞毒 (KB 细胞, IC_{50} = 5.3μg/mL, 对照物丝裂霉素, IC_{50} = 0.08μg/mL; HeLa, IC_{50} = 14.9μg/mL, 丝裂霉素, IC_{50} = 0.06μg/mL; Daey, IC_{50} = 3.8μg/mL, 丝裂霉素, IC_{50} = 0.05μg/mL).【文献】H. -C. Huang, et al. Chem. Biodivers., 2009, 6, 1232.

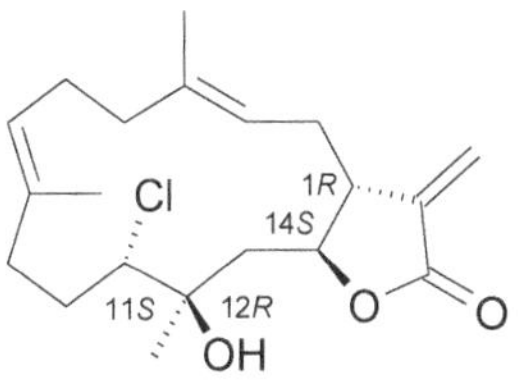

566 Crassocolide I 微厚肉芝软珊瑚内酯 I*

【别名】(1*R*,3*R*,4*S*,7*E*,11*E*,13*S*,14*R*)-3,4-Dihydroxy-13-acetoxy-7,11,15(17)-cembratrien-16,14-olide; (1*R*,3*R*,4*S*,7*E*,11*E*,13*S*,14*R*)-3,4-二羟基-13-乙酰氧基-7,11,15(17)-西柏三烯-16,14-内酯*.【基本信息】$C_{22}H_{32}O_6$, 油状物, $[\alpha]_D^{25} = -33°$ (c = 0.4, 氯仿).【类型】西柏烷型二萜.【来源】微厚肉芝软珊瑚* *Sarcophyton crassocaule* (中国台湾水域).【活性】细胞毒 (Doay 细胞, IC_{50} = 0.8μg/mL; 对照物丝裂霉素, IC_{50} = 0.05μg/mL; KB, IC_{50} > 20μg/mL; HeLa, IC_{50} > 20μg/mL).【文献】H.C.Huang, et al. Chem. Biodivers., 2009, 6, 1232.

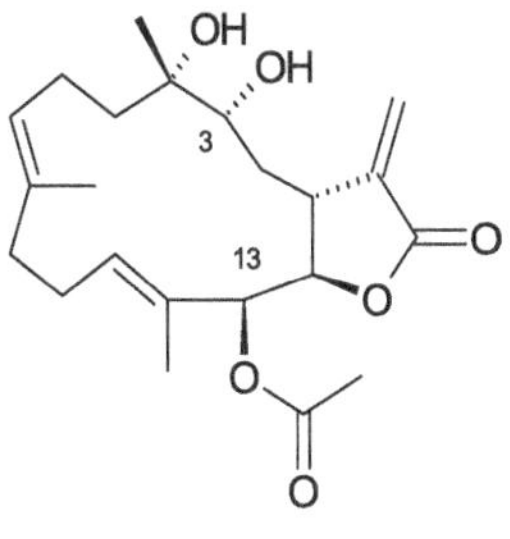

567 Crassocolide J 微厚肉芝软珊瑚内酯 J*

【别名】(1*R*,3*R*,4*S*,7*E*,11*E*,14*R*)-3,4-Dihydroxy-7,11,15(17)-cembratrien-16,14-olide; (1*R*,3*R*,4*S*,7*E*,11*E*,14*R*)-3,4-二羟基-7,11,15(17)-西柏三烯-16,14-内酯*.【基本信息】$C_{20}H_{30}O_4$ 油状物, $[\alpha]_D^{25} = +7.3°$

(c = 0.7, 氯仿).【类型】西柏烷型二萜.【来源】微厚肉芝软珊瑚* *Sarcophyton crassocaule* (中国台湾水域).【活性】细胞毒 (Doay 细胞, IC_{50} = 2.8μg/mL; 对照物丝裂霉素, IC_{50} = 0.05μg/mL; KB, IC_{50} > 20μg/mL; HeLa, IC_{50} > 20μg/mL).【文献】H. C. Huang, et al. Chem. Biodivers., 2009, 6, 1232.

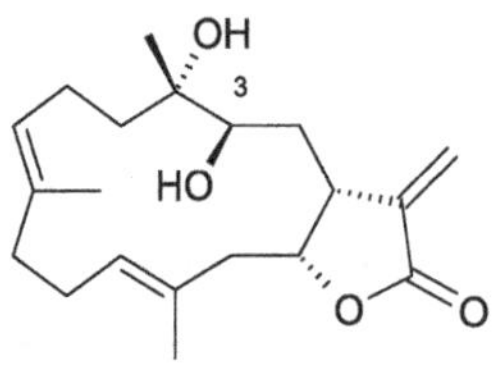

568 Crassocolide K 微厚肉芝软珊瑚内酯 K*

【别名】(1*R*,3*S*,4*S*,7*S*,11*E*,14*S*)-3,4-Epoxy-7-acetoxy-8(19),11,15(17)-cembratrien-16,14-olide; (1*R*,3*S*,4*S*,7*S*,11*E*,14*S*)-3,4-环氧-7-乙酰氧基-8(19),11,15(17)-西柏三烯-16,14-内酯*.【基本信息】$C_{22}H_{30}O_5$,油状物, $[\alpha]_D^{25}$ = +26.3° (c = 0.8, 氯仿).【类型】西柏烷型二萜.【来源】微厚肉芝软珊瑚* *Sarcophyton crassocaule* (中国台湾水域).【活性】细胞毒 (Doay 细胞, IC_{50} = 2.5μg/mL; 对照物丝裂霉素, IC_{50} = 0.05μg/mL; KB, IC_{50} > 20μg/mL; HeLa, IC_{50} > 20μg/mL).【文献】H.C. Huang, et al. Chem. Biodivers., 2009, 6, 1232.

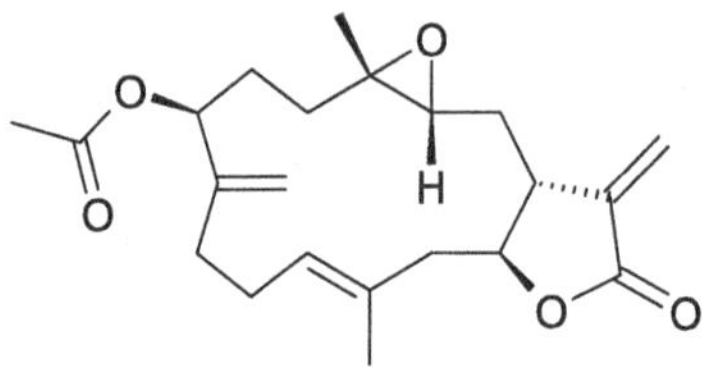

569 Crassocolide L 微厚肉芝软珊瑚内酯 L*

【基本信息】$C_{22}H_{30}O_7$.【类型】西柏烷型二萜.【来源】微厚肉芝软珊瑚* *Sarcophyton crassocaule* (垦丁县, 台湾, 中国).【活性】细胞毒 (KB 细胞, IC_{50} = 12.2μg/mL, 对照物丝裂霉素, IC_{50} = 0.08μg/mL; HeLa, IC_{50} = 8.0μg/mL, 丝裂霉素, IC_{50} = 0.06μg/mL; Daey, IC_{50} = 4.1μg/mL, 丝裂霉素, IC_{50} = 0.05μg/mL).【文献】H.C.Huang, et al. Chem. Biodivers., 2009, 6, 1232.

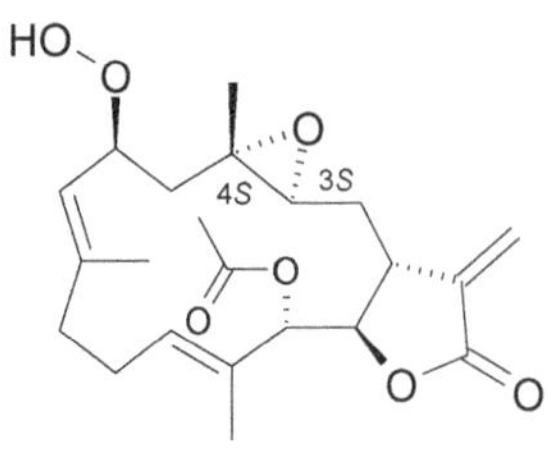

570 Crassocolide M 微厚肉芝软珊瑚内酯 M*

【别名】3*R*,4*R*:7*S*,8*S*-Diepoxy-11,15(17)-cembradien-16,14-olide; 3*R*,4*R*:7*S*,8*S*-双环氧-11,15(17)-9 西柏二烯-16,14-内酯*【基本信息】$C_{20}H_{28}O_4$, 油状物, $[\alpha]_D^{25}$ = +51.9° (c = 0.5, 氯仿).【类型】西柏烷型二萜.【来源】微厚肉芝软珊瑚* *Sarcophyton crassocaule* (中国台湾水域).【活性】细胞毒 (Doay 细胞, IC_{50} = 1.1μg/mL; 对照物丝裂霉素, IC_{50} = 0.05μg/mL; KB, IC_{50} > 20μg/mL; HeLa, IC_{50} >20μg/mL).【文献】H. -C. Huang, et al. Chem. Biodivers., 2009, 6, 1232.

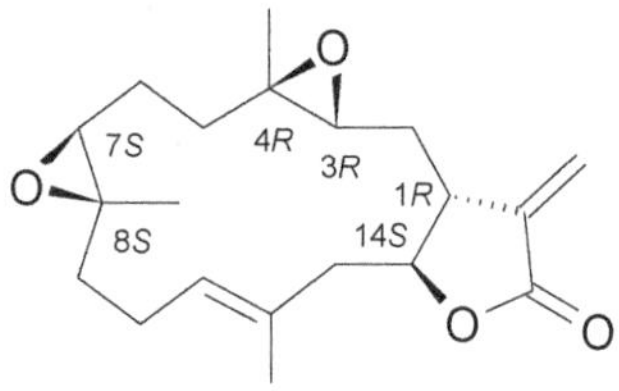

571 Crassocolide N 微厚肉芝软珊瑚内酯 N*

【基本信息】$C_{20}H_{26}O_4$.【类型】西柏烷型二萜.【来源】微厚短指软珊瑚* *Sinularia crassocaule* (垦丁县, 台湾, 中国).【活性】细胞毒 (KB, IC_{50} = 4.7μg/mL, 对照物丝裂霉素, IC_{50} = 0.08μg/mL; HeLa, IC_{50} = 4.7μg/mL, 丝裂霉素, IC_{50} = 0.06μg/mL; Doay, IC_{50} = 2.8μg/mL, 丝裂霉素, IC_{50} = 0.05μg/mL).【文献】G. -H. Wang, et al. BoMCL, 2011, 21, 7201.

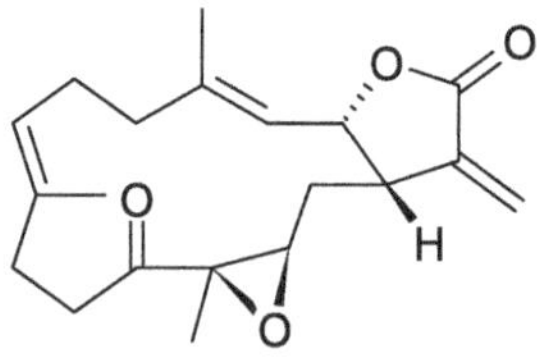

572 Crassocolide O 微厚肉芝软珊瑚内酯 O*

【基本信息】$C_{20}H_{26}O_3$.【类型】西柏烷型二萜.【来源】微厚短指软珊瑚* *Sinularia crassocaule* (垦丁县, 台湾,中国).【活性】细胞毒 (KB, IC_{50} > 20μg/mL, 对照物丝裂霉素, IC_{50} = 0.08μg/mL; HeLa, IC_{50} > 20μg/mL, 丝裂霉素, IC_{50} = 0.06μg/mL; Doay, IC_{50} = 4.5μg/mL, 丝裂霉素, IC_{50} = 0.05μg/mL).【文献】G. -H. Wang, et al. BoMCL, 2011, 21, 7201.

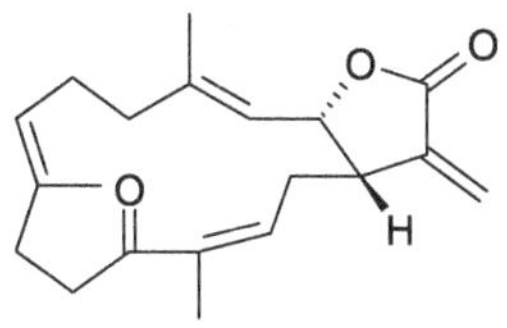

573 Crassocolide P 微厚肉芝软珊瑚内酯 P*

【基本信息】$C_{22}H_{30}O_4$.【类型】西柏烷型二萜.【来源】微厚短指软珊瑚* *Sinularia crassocaule* (垦丁县, 台湾, 中国) 和粗厚豆荚软珊瑚* *Lobophytum crassum*.【活性】细胞毒 (KB, IC_{50} > 20μg/mL, 对照物丝裂霉素, IC_{50} = 0.08μg/mL; HeLa, IC_{50} = 10.8μg/mL, 丝裂霉素, IC_{50} = 0.06μg/mL; Doay, IC_{50} = 1.9μg/mL, 丝裂霉素, IC_{50} = 0.05μg/mL).【文献】M. Wanzola, et al. CPB, 2010, 58, 1203; G. -H. Wang, et al. BoMCL, 2011, 21, 7201.

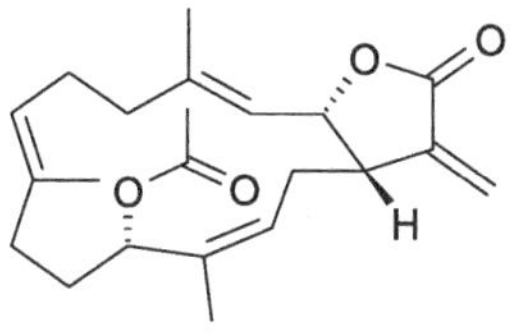

574 Crassolide 粗厚豆荚软珊瑚内酯*

【别名】(1*R*,2*S*,3*R*,4*S*,5*R*,7*E*,9*S*,11*E*,14*R*)-3,4-Epoxy-5,9,14-triacetoxy-7,11,15(17)-cembratrien-16,2-olide; (1*R*,2*S*,3*R*, 4*S*,5*R*,7*E*,9*S*,11*E*,14*R*)-3,4-环氧-5,9,14-三羟基-7,11,15(17)-西柏三烯-16,2-内酯*.【基本信息】$C_{26}H_{34}O_9$, 无定形固体, $[\alpha]_D$ = –16° (c = 0.36, 氯仿).【类型】西柏烷型二萜.【来源】胄甲海绵亚科 Thorectinae 海绵 *Smenospongia* sp., 米迦勒豆荚软珊瑚* *Lobophytum michaelae* (中国台湾水域) 和粗厚豆荚软珊瑚* *Lobophytum crassum* (印度尼西亚).【活性】细胞毒 (A549, ED_{50} = 0.39μg/mL; HT29, ED_{50} = 0.26μg/mL; KB, ED_{50} = 0.85μg/mL; P_{388}, ED_{50} = 0.08μg/mL); 鱼毒; 抑制海胆卵细胞卵裂.【文献】B.Tursch, et al. Bull. Soc. Chim. Belg., 1978, 87, 75; C .Graillet, et al. Oceanis, 1991, 17, 229; CA, 116, 16939; S. -K. Wang, et al. JNP, 1992, 55, 1430.

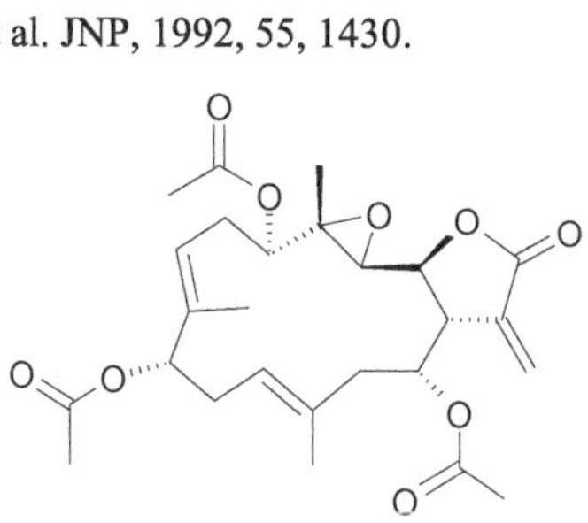

575 Crassolide‡ 微厚肉芝软珊瑚内酯*

【基本信息】$C_{20}H_{28}O_3$, 无色油状物, $[\alpha]_D^{25}$ = +127.1° (c = 0.21, 氯仿).【类型】西柏烷型二萜.【来源】微厚肉芝软珊瑚* *Sarcophyton crassocaule* (中国台湾水域).【活性】细胞毒 (A549, EC_{50} = 4.29μg/mL; HT29, EC_{50} = 4.97μg/mL; KB, EC_{50} = 8.35μg/mL; P_{388}, EC_{50} = 0.14μg/mL).【文献】C. -Y. Duh, et al. JNP, 2000, 63, 1634.

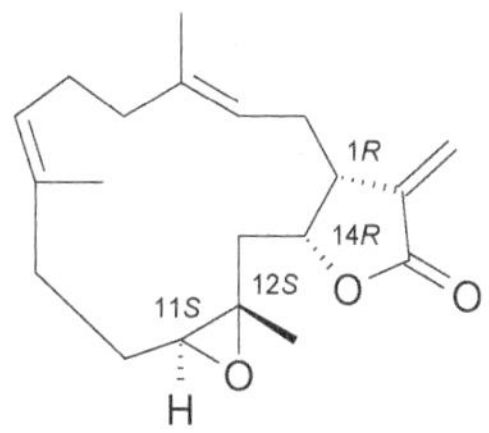

576 Crassumol A 粗厚豆荚软珊瑚醇 A*

【基本信息】$C_{20}H_{34}O_3$, 无色油状物, $[\alpha]_D^{25}$ = –20° (c = 0.1, 氯仿).【类型】西柏烷型二萜.【来源】粗厚豆荚软珊瑚* *Lobophytum crassum* (东沙群岛, 南海, 中国).【活性】细胞毒 (A549, HT29 和 P_{388}, 所有的 ED_{50} > 50μg/mL).【文献】S. -T. Lin, et al. Mar. Drugs, 2011, 9, 2705.

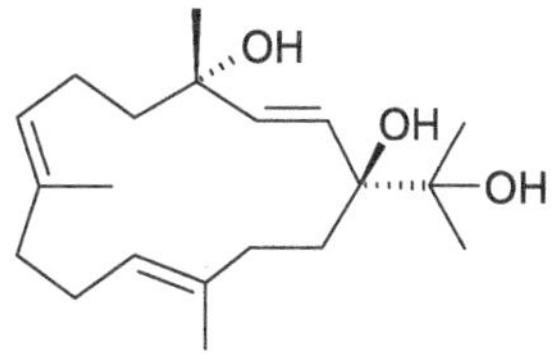

577 Crassumol B 粗厚豆荚软珊瑚醇 B*

【基本信息】$C_{20}H_{32}O_4$, 无色油状物, $[\alpha]_D^{25}$ = –40° (c = 0.1, 氯仿).【类型】西柏烷型二萜.【来源】粗厚豆荚软珊瑚* *Lobophytum crassum* (东沙群岛, 南海, 中国).【活性】细胞毒 (A549, HT29 和 P_{388}, 所有的 ED_{50} > 50μg/mL).【文献】S. -T. Lin, et al. Mar. Drugs, 2011, 9, 2705.

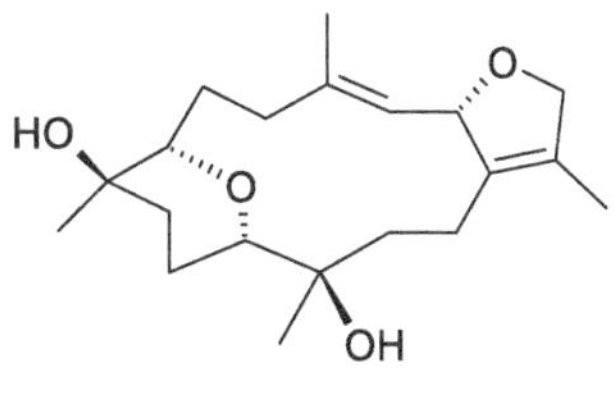

578 Crassumol C 粗厚豆荚软珊瑚醇 C*

【别名】Sarcophytonin G; 肉芝软珊瑚宁 G*.【基本信息】$C_{22}H_{34}O_4$, 无色油状物, $[\alpha]_D^{25}$ = –72°

($c = 0.1$, 氯仿).【类型】西柏烷型二萜.【来源】粗厚豆荚软珊瑚* *Lobophytum crassum* (东沙群岛, 南海, 中国) 和肉芝软珊瑚属* *Sarcophyton* sp. (东沙群岛, 南海, 中国).【活性】细胞毒 (A549, HT29 和 P_{388}, 所有的 $ED_{50} > 50\mu g/mL$).【文献】S. -T. Lin, et al. Mar. Drugs, 2011, 9, 2705; S. -P. Chen, et al. Bull. Chem. Soc. Jpn., 2012, 85, 920.

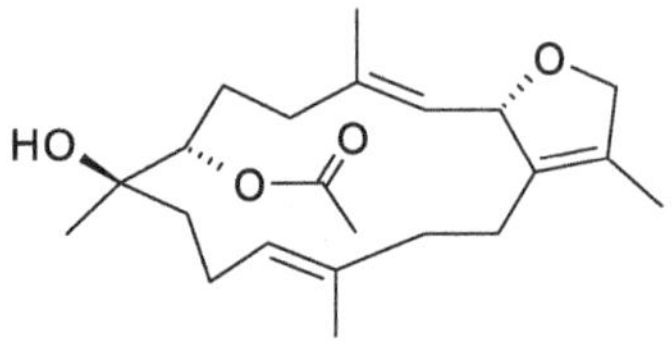

579 Crassumolide A 粗厚豆荚软珊瑚内酯 A*

【别名】(1*R*,3*E*,7*E*,10*S*,11*E*,14*S*)-10-Hydroxy-3,7,11,15(17)-cem-bratetraen-16,14-olide; (1*R*,3*E*,7*E*,10*S*,11*E*,14*S*)-10-羟基-3,7,11,15(17)-西柏四烯-16,14-内酯.【基本信息】$C_{20}H_{28}O_3$, 树胶状物, $[\alpha]_D^{22} = -20°$ ($c = 0.97$, 氯仿).【类型】西柏烷型二萜.【来源】粗厚豆荚软珊瑚* *Lobophytum crassum* 和硬豆荚软珊瑚* *Lobophytum durum*.【活性】抗炎 (LPS 刺激的小鼠巨噬细胞, 抑制促炎 iNOS 和环加氧酶 COX-2 蛋白的表达上调, $IC_{50} < 10\mu mol/L$); 细胞毒 (Ca9-22, $IC_{50} = 3.2\mu g/mL$, 对照物阿霉素, $IC_{50} = 0.1\mu g/mL$; HepG2, $IC_{50} > 5.0\mu g/mL$; Hep3B, $IC_{50} > 5.0\mu g/mL$; MDA-MB-231, $IC_{50} > 5.0\mu g/mL$; MCF7, $IC_{50} > 5.0\mu g/mL$; A549, $IC_{50} > 5.0\mu g/mL$).【文献】C. -H. Chao, et al. JNP, 2008, 71, 1819; S. -Y. Cheng, et al. Tetrahedron, 2008, 64, 9698.

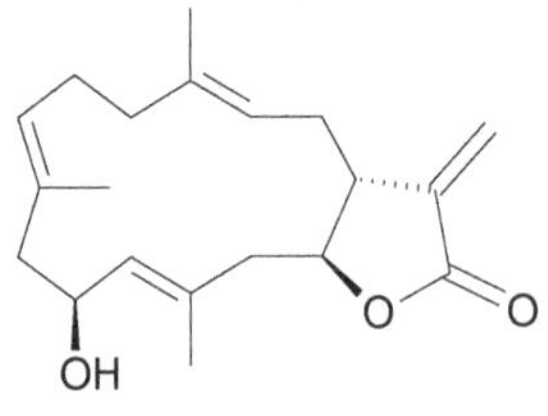

580 Crassumolide C 粗厚豆荚软珊瑚内酯 C*

【基本信息】$C_{21}H_{28}O_4$, 树胶状物, $[\alpha]_D^{22} = +36°$ ($c = 0.3$, 氯仿).【类型】西柏烷型二萜.【来源】粗厚豆荚软珊瑚* *Lobophytum crassum* 和硬豆荚软珊瑚* *Lobophytum durum*.【活性】抗炎 (LPS 刺激的小鼠巨噬细胞, 抑制促炎 iNOS 和环加氧酶 COX-2 蛋白的表达上调, $IC_{50} < 10\mu mol/L$); 细胞毒 (Ca9-22, $IC_{50} = 1.7\mu g/mL$, 对照物阿霉素, $IC_{50} = 0.1\mu g/mL$; HepG2, $IC_{50} > 5.0\mu g/mL$; Hep3B, $IC_{50} > 5.0\mu g/mL$; MDA-MB-231, $IC_{50} > 5.0\mu g/mL$; MCF7, $IC_{50} > 5.0\mu g/mL$; A549, $IC_{50} > 5.0\mu g/mL$).【文献】C. -H. Chao, et al. JNP, 2008, 71, 1819.

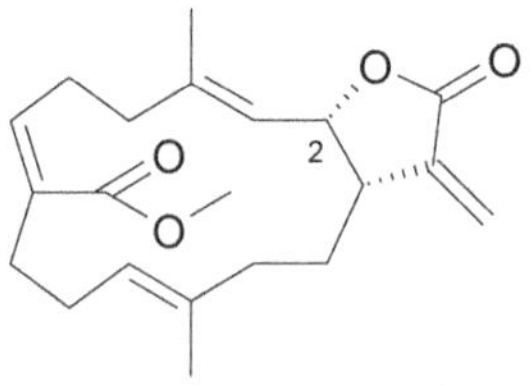

581 Crassumolide G 粗厚豆荚软珊瑚内酯 G*

【基本信息】$C_{24}H_{32}O_7$.【类型】西柏烷型二萜.【来源】粗厚豆荚软珊瑚* *Lobophytum crassum* (东沙群岛, 南海, 中国).【活性】抑制 iNOS 的积累 (模拟巨噬细胞).【文献】Y. -J. Tseng, et al. Bull. Chem. Soc. Jpn., 2011, 84, 1102.

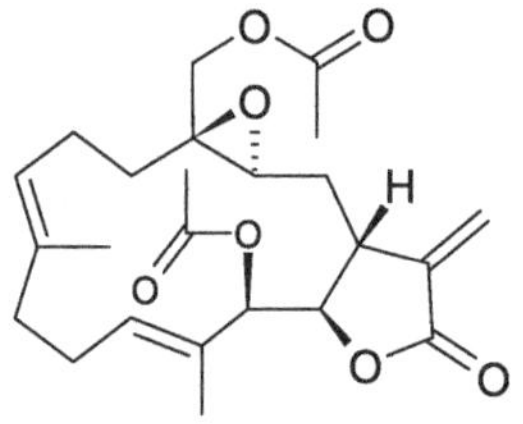

582 Crassumolide H 粗厚豆荚软珊瑚内酯 H*

【基本信息】$C_{22}H_{30}O_6$.【类型】西柏烷型二萜.【来源】粗厚豆荚软珊瑚* *Lobophytum crassum* (东沙群岛, 南海, 中国).【活性】抑制 iNOS 的积累 (模拟巨噬细胞).【文献】Y. -J. Tseng, et al. Bull. Chem. Soc. Jpn., 2011, 84, 1102.

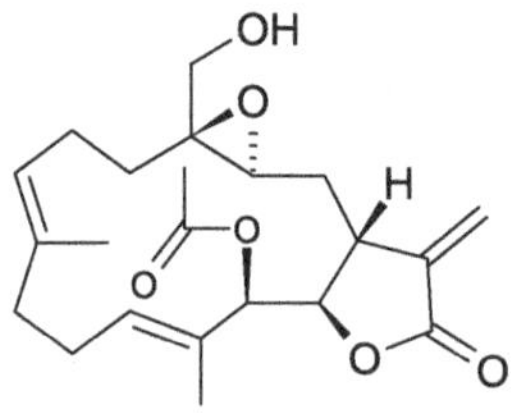

583 Crassumolide I 粗厚豆荚软珊瑚内酯 I*

【基本信息】$C_{20}H_{28}O_4$.【类型】西柏烷型二萜.【来源】粗厚豆荚软珊瑚* *Lobophytum crassum* (东沙群岛, 南海, 中国).【活性】抑制 iNOS 的积累 (模拟巨噬细胞).【文献】Y. -J. Tseng, et al. Bull. Chem. Soc. Jpn., 2011, 84, 1102.

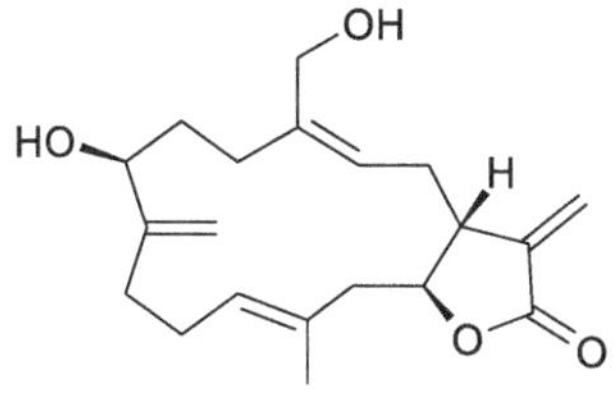

584 Culobophylin A 培养豆荚软珊瑚林 A*

【基本信息】$C_{20}H_{30}O_3$，无色油状物，$[\alpha]_D^{25} = -50°$ ($c = 0.1$，氯仿).【类型】西柏烷型二萜.【来源】粗厚豆荚软珊瑚* *Lobophytum crassum* (培养样本，屏东县，台湾，中国).【活性】细胞毒 (HL60, $IC_{50} = 3\mu g/mL$，对照物阿霉素 C, $IC_{50} = 0.05\mu g/mL$; MDA-MB-231, $IC_{50} = 16.8\mu g/mL$，对照物阿霉素 C, $IC_{50} = 6.3\mu g/mL$; DLD-1, $IC_{50} = 4.6\mu g/mL$，阿霉素 C, $IC_{50} = 5.7\mu g/mL$; HCT116, $IC_{50} = 16.3\mu g/mL$，阿霉素 C, $IC_{50} = 0.5\mu g/mL$)；抗炎 (免疫印迹分析实验，10μmol/L, RAW264.7 巨噬细胞，抑制 LPS 诱导的 iNOS 和环加氧酶 COX-2 表达上调).【文献】N. -L. Lee, et al. Mar. Drugs, 2011, 9, 2526.

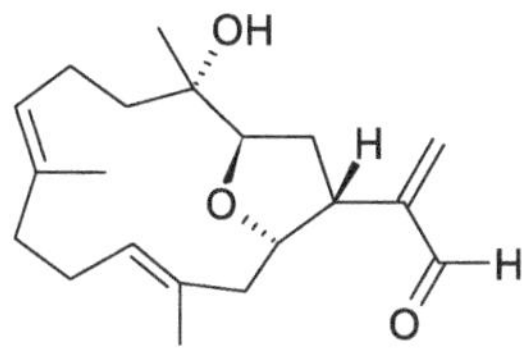

585 Culobophylin B 培养豆荚软珊瑚林 B*

【基本信息】$C_{20}H_{32}O_3$，无色油状物，$[\alpha]_D^{25} = -24°$ ($c = 0.3$，氯仿).【类型】西柏烷型二萜.【来源】粗厚豆荚软珊瑚* *Lobophytum crassum* (培养样本，屏东县，台湾，中国).【活性】细胞毒 (HL60, $IC_{50} = 6.8\mu g/mL$，对照物阿霉素 C, $IC_{50} = 0.05\mu g/mL$; MDA-MB-231, $IC_{50} > 20\mu g/mL$，对照物阿霉素 C, $IC_{50} = 6.3\mu g/mL$; DLD-1, $IC_{50} = 16.2\mu g/mL$，阿霉素 C, $IC_{50} = 5.7\mu g/mL$; HCT116, $IC_{50} = 16.7\mu g/mL$，阿霉素 C, $IC_{50} = 0.5\mu g/mL$)；抗炎 (免疫印迹分析实验，10μmol/L, RAW264.7 巨噬细胞，抑制 LPS 诱导的 iNOS 和环加氧酶 COX-2 表达上调).【文献】N. -L. Lee, et al. Mar. Drugs, 2011, 9, 2526.

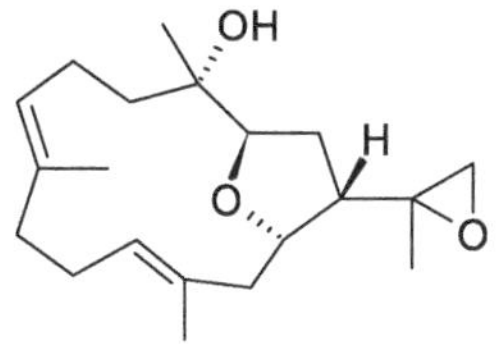

586 Culobophylin C 培养豆荚软珊瑚林 C*

【基本信息】$C_{20}H_{30}O_3$，无色油状物，$[\alpha]_D^{25} = -83°$ ($c = 0.3$，氯仿).【类型】西柏烷型二萜.【来源】粗厚豆荚软珊瑚* *Lobophytum crassum* (培养样本，屏东县，台湾，中国).【活性】细胞毒 (HL60, MDA-MB-231, DLD-1 和 HCT116 细胞株，所有的 $IC_{50} > 20\mu g/mL$，对照物阿霉素 C, $IC_{50} = 0.05 \sim 6.35\mu g/mL$)；抗炎 (免疫印迹分析实验，10μmol/L, RAW264.7 巨噬细胞，抑制 LPS 诱导的 iNOS 和环加氧酶 COX-2 表达上调).【文献】N. -L. Lee, et al. Mar. Drugs, 2011, 9, 2526.

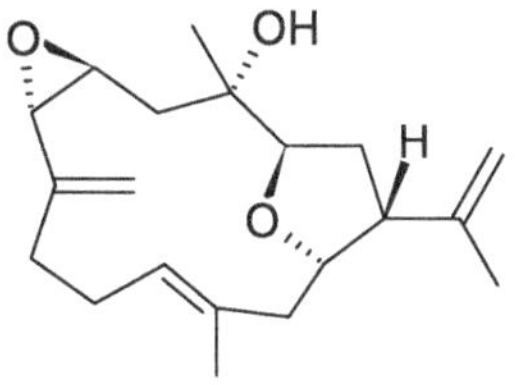

587 11-Dehydrosinulariolide 11-去氢短指软珊瑚内酯*

【基本信息】$C_{20}H_{28}O_4$，晶体 (乙醚)，mp 120°C, $[\alpha]_D = +87°$ (乙醇).【类型】西柏烷型二萜.【来源】灵活短指软珊瑚* *Sinularia flexibilis* (台湾南部海岸，中国).【活性】细胞毒 (HeLa, $IC_{50} = 3.04\mu g/mL$，对照物丝裂霉素 C, $IC_{50} = 0.08\mu g/mL$; Doay, $IC_{50} = 2.46\mu g/mL$，丝裂霉素 C, $IC_{50} = 0.06\mu g/mL$; Hep2, $IC_{50} = 1.58\mu g/mL$，丝裂霉素 C, $IC_{50} = 0.06\mu g/mL$; MCF7, $IC_{50} = 3.14\mu g/mL$，丝裂霉素 C, $IC_{50} = 0.09\mu g/mL$).【文献】M. Herin, et al. Bull. Soc. Chim. Belg., 1976, 85, 707; Y.S.Lin, et al. Tetrahedron, 2009, 65, 9157.

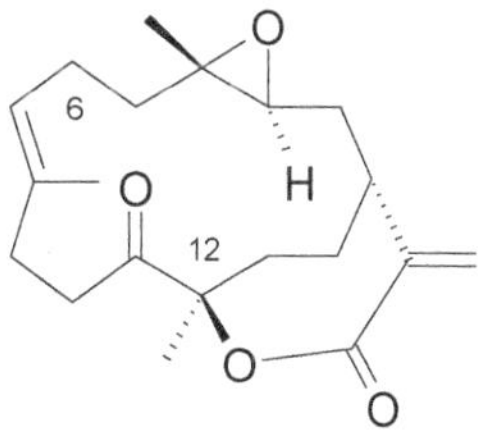

588 Denticulatolide 小齿豆荚软珊瑚内酯*

【别名】Cembranolide C; 西柏烷内酯 C.【基本信息】$C_{22}H_{30}O_6$，晶体 (己烷/二氯甲烷)，mp 129~130.5°C, $[\alpha]_D = +1.4°$ ($c = 0.5$，氯仿).【类型】西柏烷型二萜.【来源】小齿豆荚软珊瑚* *Lobophytum denticulatum*，短指软珊瑚属* *Sinularia mayi* 和微厚肉芝软珊瑚属* *Sarcophyton crassocaule*.【活

性】鱼毒.【文献】T. Kusumi, et al. Tetrahedron Lett., 1988, 29, 4731.

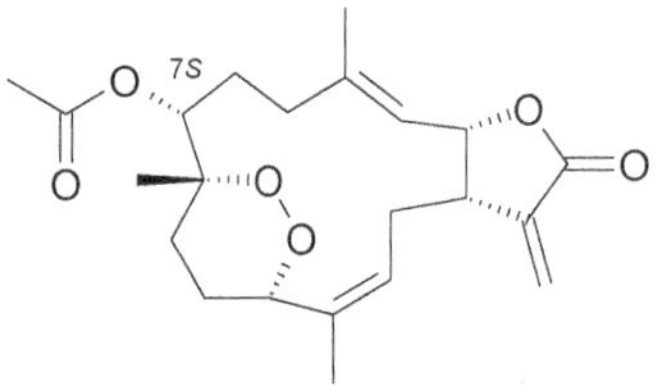

589 Deoxosarcophine 去氧圆盘肉芝软珊瑚素*

【别名】(2*S*,3*E*,7*S*,8*S*,11*E*)-2,16:7,8-Diepoxy-1(15), 3,11-cembratriene; (2*S*,3*E*,7*S*,8*S*,11*E*)-2,16:7,8-双环氧-1(15),3,11-西柏三烯.【基本信息】$C_{20}H_{30}O_2$, 晶体或油状物, mp 72~73°C, $[\alpha]_D = +157°$ ($c = 1$, 甲醇), $[\alpha]_D = +135°$ ($c = 0.93$, 氯仿) (+129°).【类型】西柏烷型二萜.【来源】圆盘肉芝软珊瑚* *Sarcophyton trocheliophorum*, 乳白肉芝软珊瑚* *Sarcophyton glaucum,* 肉芝软珊瑚属* *Sarcophyton* spp.和粗厚豆荚软珊瑚* *Lobophytum crassum*.【活性】杀藻剂; 神经肌肉传递的促进者, 钙拮抗剂.【文献】Y. Kashman, et al. Tetrahedron, 1974, 30, 3615; B. Tursch, Pure Appl. Chem., 1976, 48, 1; J. Kobayashi, et al. Experientia, 1983, 39, 67; B. F. Bowden, et al. JNP, 1987, 50, 650.

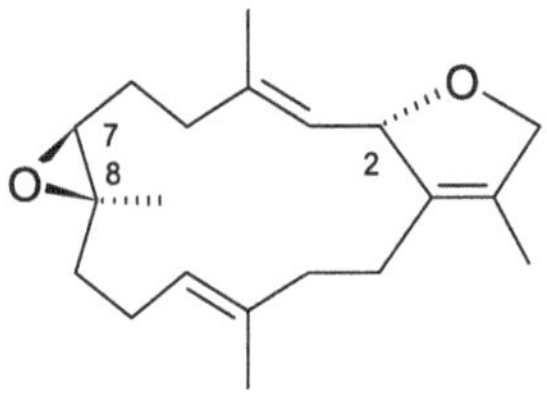

590 (1*R*,3*R*,4*S*,7*E*,11*E*)-(−)-14-Deoxycrassin (1*R*,3*R*,4*S*,7*E*,11*E*)-(−)-14-去氧豆荚软珊瑚新*

【基本信息】$C_{20}H_{30}O_3$, 无色油状物, $[\alpha]_D^{25} = -15°$ ($c = 1.0$, 氯仿).【类型】西柏烷型二萜.【来源】三角短指软珊瑚* *Sinularia triangula* (台东县, 台湾, 中国).【活性】细胞毒 (CCRF-CEM, $ED_{50} = 29.8\mu mol/L$, 对照物阿霉素, $ED_{50} = 0.57\mu mol/L$, DLD-1, $ED_{50} = 32.2\mu mol/L$, 阿霉素, $ED_{50} = 0.25\mu mol/L$); 抗炎 (免疫印迹分析实验, 10μmol/L, RAW264.7 巨噬细胞, 抑制 LPS 诱导的环加氧酶 COX-2 和 iNOS 表达上调, 降低环加氧酶 COX-2 到 5.9%±1.0%, 降低 iNOS 到 0.9%±0.7%).【文献】J. -H. Su, et al. Mar. Drugs, 2011, 9, 944.

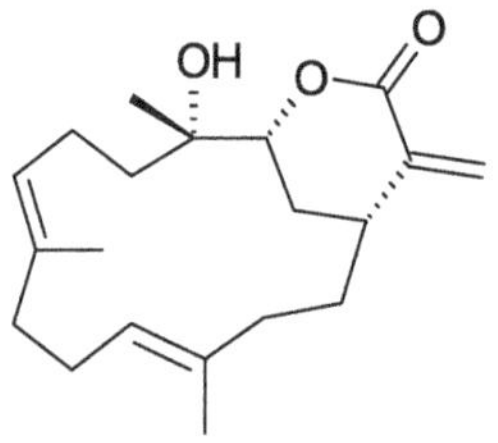

591 (1*S*,3*S*,4*R*,7*E*,11*E*)-(+)-14-Deoxycrassin (1*S*,3*S*,4*R*,7*E*,11*E*)-(+)-14-去氧豆荚软珊瑚新*

【别名】4-Hydroxy-7,11,15(17)-cembratrien-16,3-olide; 4-羟基-7,11,15(17)-西柏三烯-16,3-内酯.【基本信息】$C_{20}H_{30}O_3$, 油状物, $[\alpha]_D^{26} = +29.6°$ ($c = 0.24$, 氯仿).【类型】西柏烷型二萜.【来源】从柳珊瑚科 Plexauridae 柳珊瑚 *Pseudoplexaura porosa.*【活性】细胞毒 (HCT116, $IC_{50} = 2\mu g/mL$; SK5-MEL, $IC_{50} = 0.5\mu g/mL$; A498, $IC_{50} = 0.2\mu g/mL$).【文献】A. D. Rodríguez, et al. Experientia, 1993, 49, 179.

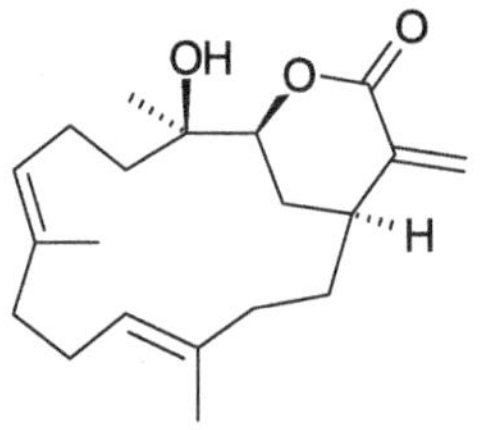

592 (2*R*,3*E*,7*S*,8*S*,11*E*)-2,16:7,8-Diepoxy-1(15),3,11-cembratriene (2*R*,3*E*,7*S*,8*S*,11*E*)-2,16:7,8-双环氧-1(15),3,11-西柏三烯

【基本信息】$C_{20}H_{30}O_2$, 晶体, mp 52~56°C, $[\alpha]_D = -64°$ ($c = 0.6$, 氯仿).【类型】西柏烷型二萜.【来源】疏指豆荚软珊瑚* *Lobophytum pauciflorum* 和豆荚软珊瑚属* *Sarcophyton* sp.【活性】鱼毒.【文献】B. F. Bowden, et al. JNP, 1987, 50, 650.

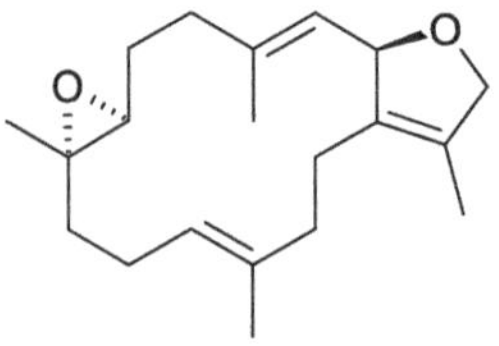

593 (1*R*,7S,8*S*,11*S*,12*S*,13*R*)-3,6:11,12-Diepoxy-7,13-diacetoxy-8-hydroxy-18-oxo-3,5,15-cembratrien-20,10-olide (1*R*,7S,8*S*,11*S*,12*S*,13*R*)-3,6:11,12-双环氧-7,13-双乙酰氧基-8-羟基-18-氧代-3,5,15-西柏三烯-20,10-内酯

【基本信息】$C_{24}H_{28}O_{10}$, 晶体 (乙酸乙酯/己烷),

mp 254~258°C, $[\alpha]_D^{25} = -13°$ ($c = 1$, $CDCl_3$).【类型】西柏烷型二萜.【来源】柳珊瑚科 (Gorgoniidae) 柳珊瑚 *Lophogorgia violacea* (巴西).【活性】拒食剂 (鱼类).【文献】R. de A. Epifanio, et al. J. Braz. Chem. Soc., 2000, 11, 584.

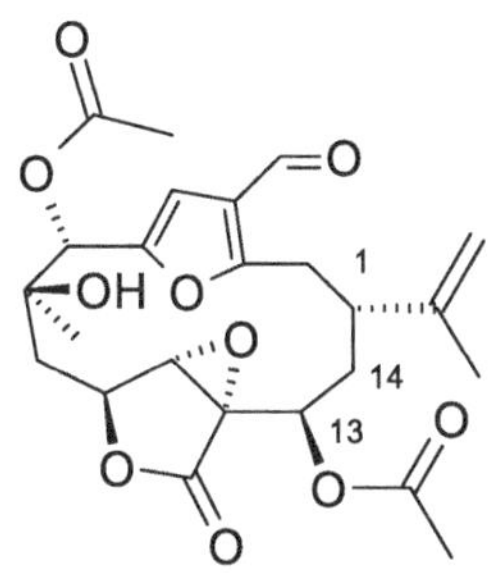

594 Dihydrosinuflexolide 二氢短指软珊瑚内酯*

【基本信息】$C_{20}H_{34}O_5$, 晶体, mp 165~167°C, $[\alpha]_D^{25} = -3.8°$ ($c = 0.066$, 甲醇).【类型】西柏烷型二萜.【来源】灵活短指软珊瑚* *Sinularia flexibilis* (台湾水域, 中国).【活性】细胞毒 (A549, $ED_{50} = 16.8\mu g/mL$; HT29, $ED_{50} = 32.4\mu g/mL$; KB, $ED_{50} > 50\mu g/mL$; P_{388}, $ED_{50} = 3.86\mu g/mL$).【文献】C. -Y. Duh, et al. JNP, 1998, 61, 844.

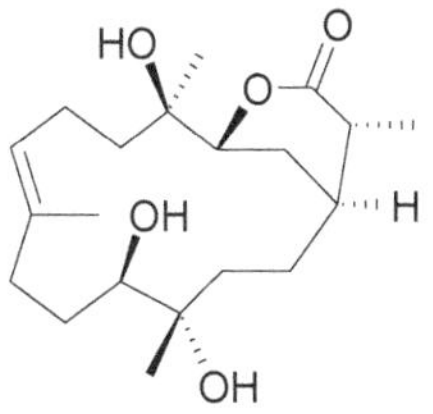

595 Dihydrosinularin 二氢短指软珊瑚素*

【别名】Dihydroflexibilide; 二氢灵活短指软珊瑚内酯*.【基本信息】$C_{20}H_{32}O_4$, 白色粉末, mp 116~118°C, $[\alpha]_D^{25} = -42°$ ($c = 0.3$, 氯仿); 晶体 (甲苯/己烷), mp 108~109°C, $[\alpha]_D^{21} = -44°$ ($c = 1$, 氯仿).【类型】西柏烷型二萜.【来源】三角短指软珊瑚* *Sinularia triangula* (台东县, 台湾, 中国) 和灵活短指软珊瑚* *Sinularia flexibilis*, 软体动物前腮 *Planaxis sulcatus*.【活性】抗炎 (免疫印迹分析实验, 10μmol/L, RAW264.7 巨噬细胞, 抑制 LPS 诱导的环加氧酶 COX-2 和 iNOS 表达上调, 降低环加氧酶 COX-2 到 24.9%±7.4%, 降低 iNOS 到 5.1%±1.6%); 细胞毒.【文献】A. J. Weinheimer, et al. Tetrahedron Lett. 1977, 34, 2923; R. Sanduja, et al. JNP, 1986, 49, 718; J. -H. Su, et al. Mar. Drugs, 2011, 9, 944.

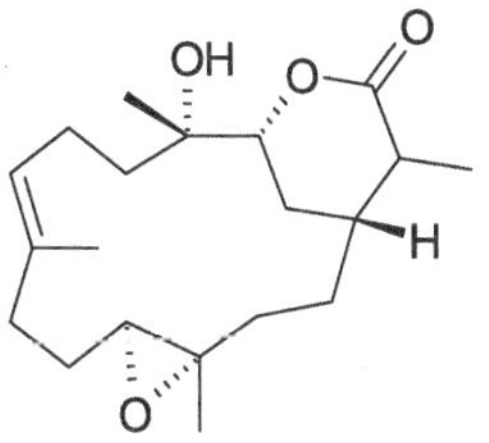

596 17-(*N,N*-Dimethyl)-amino-3,7,11-cembratrien-16,2-olid-19-oic acid 17-(*N,N*-二甲基)-氨基-3,7,11-西柏三烯-16,2-内酯-19-酸

【基本信息】$C_{22}H_{33}NO_4$, 白色树胶状物, $[\alpha]_D = +13.1°$ ($c = 0.25$, 氯仿).【类型】西柏烷型二萜.【来源】豆荚软珊瑚属* *Lobophytum* sp. (菲律宾).【活性】抗 HIV-1 活性 (基于细胞的实验, 抑制体外 HIV-1 感染引起细胞病变的效应).【文献】M. A. Rashid, et al. JNP, 2000, 63, 531.

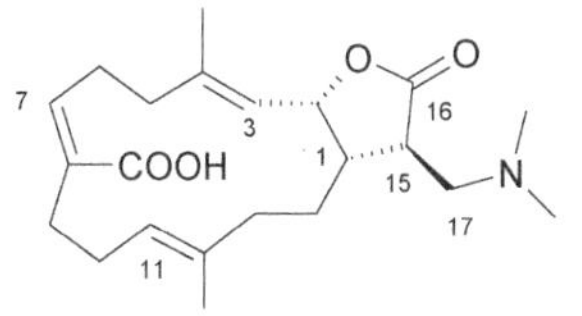

597 17-Dimethylaminolobohedleolide 17-二甲氨基赫勒依豆荚软珊瑚内酯*

【基本信息】$C_{21}H_{31}NO_4$.【类型】西柏烷型二萜.【来源】豆荚软珊瑚属* *Lobophytum* sp. (水提物).【活性】抗艾滋病毒 HIV 活性 (基于细胞的体外实验, $EC_{50} = 3.3\mu g/mL$, $IC_{50} = 10.2\mu g/mL$, 细胞保护最大值为 55%~70%).【文献】M. A. Rashid, et al. JNP, 2000, 63, 531.

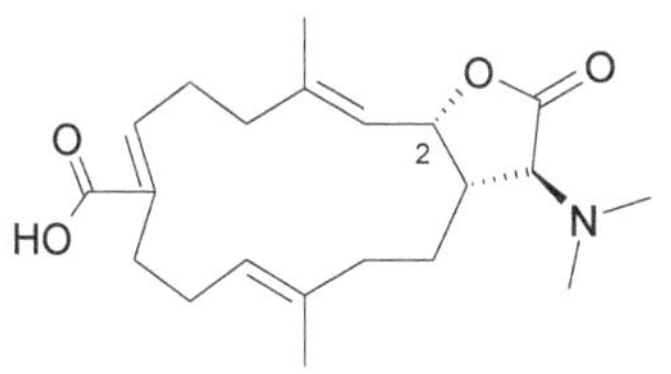

598 Durumhemiketalolide A 硬豆荚软珊瑚半酮缩醇内酯 A*

【基本信息】$C_{20}H_{28}O_5$, 油状物, $[\alpha]_D^{25} = +140°$ ($c = 0.1$, 氯仿).【类型】西柏烷型二萜.【来源】硬豆荚软珊瑚* *Lobophytum durum*.【活性】抗炎 (LPS 刺激的小鼠 RAW 264.7 巨噬细胞, 10μmol/L: 抑制促炎 iNOS 和环加氧酶 COX-2 上调, 和单独 LPS 刺激的细胞对照物比较, 分别抑制到 11.0%

和 66.7%; β-肌动蛋白不变化).【文献】S. -Y. Cheng, et al. JNP, 2009, 72, 152.

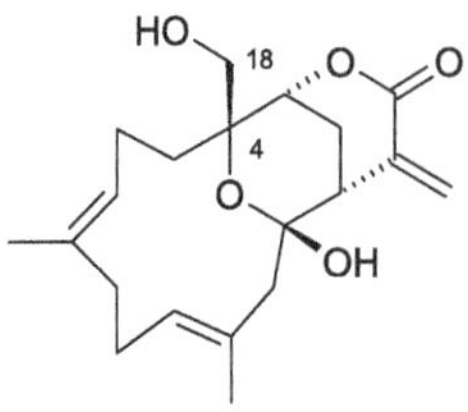

599 Durumhemiketalolide B 硬豆荚软珊瑚半酮缩醇内酯 B*

【基本信息】$C_{22}H_{30}O_6$, 油状物, $[\alpha]_D^{25} = +40°$ ($c = 0.3$, 氯仿).【类型】西柏烷型二萜.【来源】硬豆荚软珊瑚* *Lobophytum durum*.【活性】抗炎 (LPS 刺激的小鼠 RAW 264.7 巨噬细胞, 10μmol/L: 抑制促炎 iNOS 上调, 和单独 LPS 刺激的细胞对照物比较, 抑制到 6.4%; 但不抑制环加氧酶 COX-2 蛋白表达; β-肌动蛋白不变化).【文献】S. Y. Cheng, et al. JNP, 2009, 72, 152.

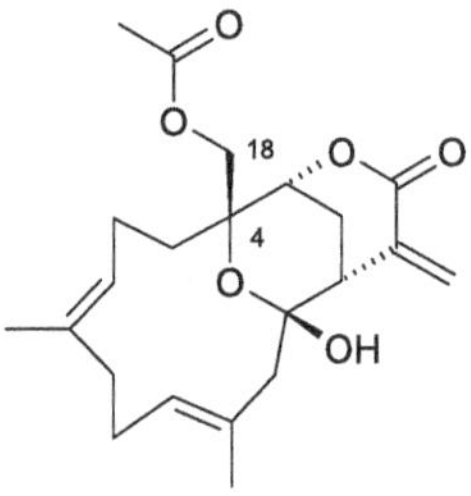

600 Durumhemiketalolide C 硬豆荚软珊瑚半酮缩醇内酯 C*

【基本信息】$C_{22}H_{30}O_6$, 油状物, $[\alpha]_D^{25} = +130°$ ($c = 0.1$, 氯仿).【类型】西柏烷型二萜.【来源】硬豆荚软珊瑚* *Lobophytum durum*.【活性】抗炎 (LPS 刺激的小鼠 RAW 264.7 巨噬细胞, 10μmol/L: 抑制促炎 iNOS 和环加氧酶 COX-2 上调, 和单独 LPS 刺激的细胞对照物比较, 分别抑制到 0.0%和 34.7%; β-肌动蛋白不变化).【文献】S. Y. Cheng, et al. JNP, 2009, 72, 152.

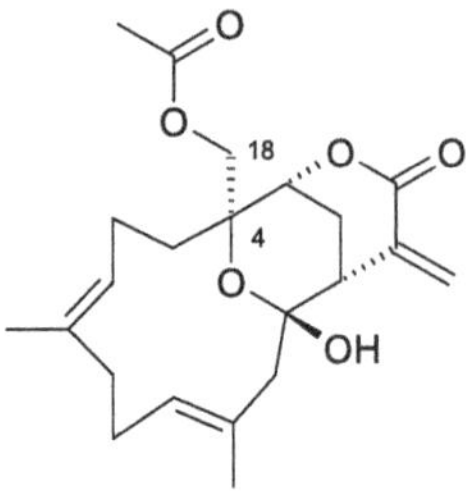

601 Durumolide A 硬豆荚软珊瑚内酯 A*

【基本信息】$C_{22}H_{30}O_7$, 油状物, $[\alpha]_D^{24} = +93°$ ($c = 0.2$, 氯仿).【类型】西柏烷型二萜.【来源】硬豆荚软珊瑚* *Lobophytum durum* 和粗厚豆荚软珊瑚* *Lobophytum crassum*.【活性】抗炎 (LPS 刺激的小鼠 RAW 264.7 巨噬细胞, 10μmol/L: 抑制促炎 iNOS 和环加氧酶 COX-2 上调, 和单独 LPS 刺激的细胞对照物比较, 分别抑制到 34.7% 和 62.5%; $IC_{50} < 10$μmol/L; MMOA: 诱导型 iNOS 和环加氧酶 COX-2 抑制; 10μmol/L, 小鼠保持 β-肌动蛋白不变化); 抗菌 (肠炎沙门氏菌 *Salmonella enteritidis*, 200μg/盘, 有值得注意的活性; 对照物氨比西林, 250μg/盘, 有值得注意的活性).【文献】S. -Y. Cheng, et al. Tetrahedron, 2008, 64, 9698; C. -H. Chao, et al. JNP, 2008, 71, 1819.

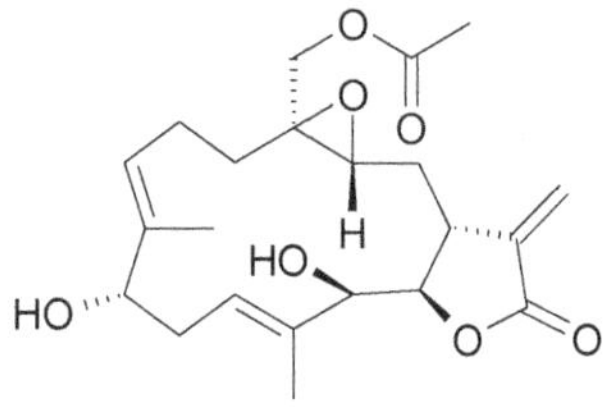

602 Durumolide B 硬豆荚软珊瑚内酯 B*

【基本信息】$C_{22}H_{30}O_5$, 油状物, $[\alpha]_D^{24} = +41.5°$ ($c = 0.4$, 氯仿).【类型】西柏烷型二萜.【来源】硬豆荚软珊瑚* *Lobophytum durum* 和粗厚豆荚软珊瑚* *Lobophytum crassum*.【活性】抗炎 (LPS 刺激的小鼠 RAW 264.7 巨噬细胞, 10μmol/L, 不抑制促炎环加氧酶 COX-2 蛋白的上调, 但和单独 LPS 刺激的细胞对照物比较, 抑制 iNOS 上调到 0.0%; MMOA: 诱导型 iNOS 和环加氧酶 COX-2 抑制; 10μmol/L, 小鼠保持 β-肌动蛋白不变化); 抗菌 (肠炎沙门氏菌 *Salmonella enteritidis*, 100μg/盘, 有值得注意的活性; 对照物氨比西林, 250μg/盘, 有值得注意的活性).【文献】S. -Y. Cheng, et al. Tetrahedron, 2008, 64, 9698; C. -H. Chao, et al. JNP, 2008, 71, 1819.

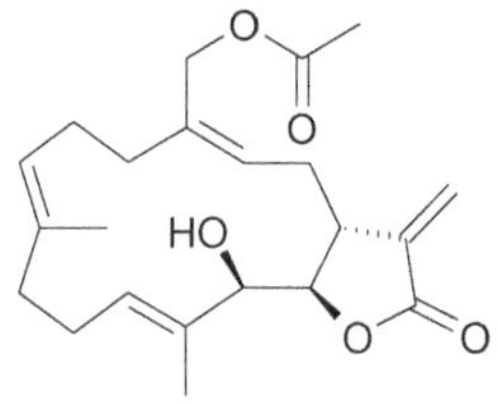

603 Durumolide C 硬豆荚软珊瑚内酯 C*

【别名】Presinularolide B; 前短指软珊瑚内酯 B*.

【基本信息】$C_{20}H_{28}O_4$，油状物，$[\alpha]_D^{20} = +33.8°$ ($c = 0.54$，氯仿)，$[\alpha]_D^{24} = +15.4°$ ($c = 1$，氯仿).【类型】西柏烷型二萜.【来源】硬豆荚软珊瑚* *Lobophytum durum* 和粗厚豆荚软珊瑚* *Lobophytum crassum.*【活性】抗炎 (LPS 刺激的小鼠 RAW 264.7 巨噬细胞，10μmol/L：抑制促炎 iNOS 和环加氧酶 COX-2 上调，和单独 LPS 刺激的细胞对照物比较，分别抑制到 0.0%和 42.5%；$IC_{50} < 10μmol/L$；MMOA：诱导型 iNOS 和环加氧酶 COX-2 抑制；10μmol/L，小鼠保持 β-肌动蛋白不变化)；抗菌 (肠炎沙门氏菌 *Salmonella enteritidis*，100μg/盘，有值得注意的活性；对照物氨比西林，250μg/盘，有值得注意的活性).【文献】S. -Y. Cheng,et al. Tetrahedron, 2008, 64, 9698; C. -H. Chao, et al. JNP, 2008, 71, 1819; W. Zhang, et al. JNP, 2008, 71, 961.

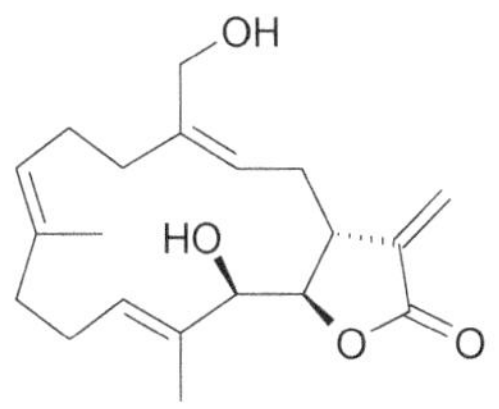

604 Durumolide D 硬豆荚软珊瑚内酯 D*

【基本信息】$C_{22}H_{30}O_6$，油状物，$[\alpha]_D^{24} = +10.2°$ ($c = 1.8$，氯仿).【类型】西柏烷型二萜.【来源】硬豆荚软珊瑚* *Lobophytum durum.*【活性】抗炎 (LPS 刺激的小鼠 RAW 264.7 巨噬细胞，10μmol/L，不抑制促炎环加氧酶 COX-2 蛋白的上调，但和单独 LPS 刺激的细胞对照物比较，抑制 iNOS 上调到 0.5%；10μmol/L，小鼠保持 β-肌动蛋白不变化)；抗菌 (肠炎沙门氏菌 *Salmonella enteritidis*，250μmg/盘，有值得注意的活性；对照物氨比西林，250μg/盘，有值得注意的活性).【文献】S. -Y. Cheng, et al. Tetrahedron, 2008, 64, 9698.

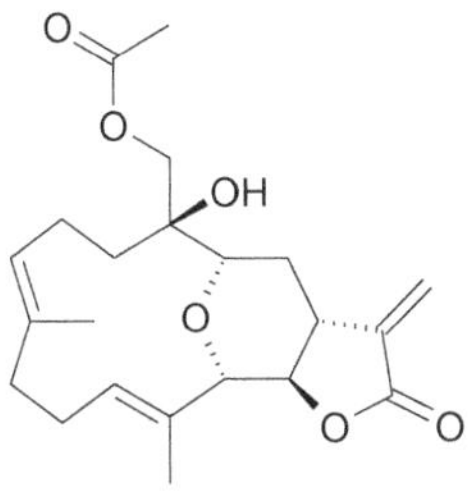

605 Durumolide E 硬豆荚软珊瑚内酯 E*

【别名】3,4-Epoxy-13-hydroxy-18-oxo-7,11,15(17)-cembratrien-16,14-olide；3,4-环氧-13-羟基-18-氧代-7,11,15(17)-西柏三烯-16,14-内酯.【基本信息】$C_{20}H_{26}O_5$，油状物，$[\alpha]_D^{24} = +32°$ ($c = 0.3$，氯仿).【类型】西柏烷型二萜.【来源】硬豆荚软珊瑚* *Lobophytum durum.*【活性】抗炎 (LPS 刺激的小鼠 RAW 264.7 巨噬细胞，10μmol/L，不抑制促炎环加氧酶 COX-2 蛋白的上调，但和单独 LPS 刺激的细胞对照物比较，抑制 iNOS 上调到 0.1%，小鼠保持 β-肌动蛋白不变化)；抗菌 (肠炎沙门氏菌 *Salmonella enteritidis*，200μg/盘，有值得注意的活性；对照物氨比西林，250μg/盘，有值得注意的活性).【文献】S. -Y. Cheng, et al. Tetrahedron, 2008, 64, 9698.

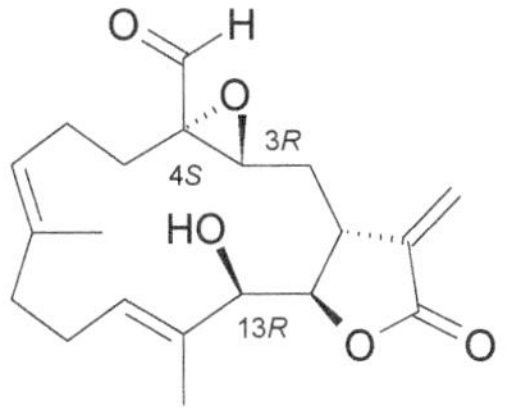

606 Durumolide P 硬豆荚软珊瑚内酯 P*

【基本信息】$C_{21}H_{32}O_5$，无色油状物，$[\alpha]_D^{25} = -121°$ ($c = 0.1$，氯仿).【类型】西柏烷型二萜.【来源】硬豆荚软珊瑚* *Lobophytum durum* (东沙群岛，南海，中国).【活性】细胞毒 (P_{388}，$ED_{50} = 3.8μg/mL$).【文献】S. -Y. Cheng, et al. Mar. Drugs, 2011, 9, 1307.

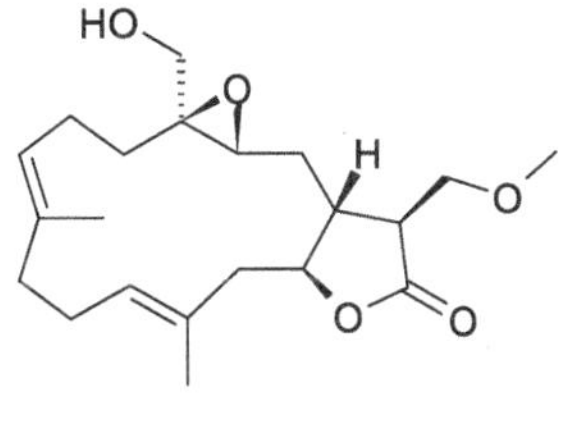

607 Durumolide Q 硬豆荚软珊瑚内酯 Q*

【基本信息】$C_{21}H_{32}O_5$，无色油状物，$[\alpha]_D^{25} = -99°$ ($c = 0.2$，氯仿).【类型】西柏烷型二萜.【来源】硬豆荚软珊瑚* *Lobophytum durum* (东沙群岛，南

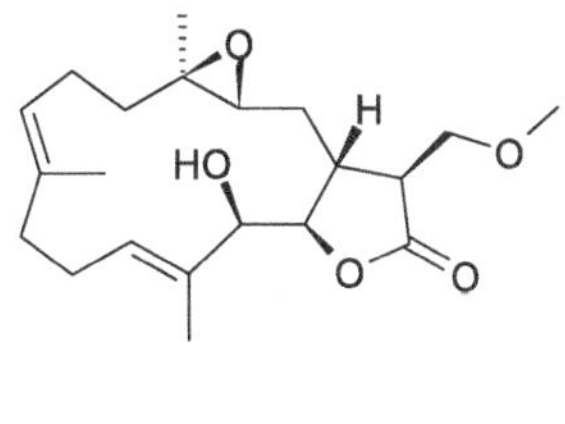

海, 中国).【活性】抗病毒 (人巨细胞病毒 HCMV, IC_{50} = 5.2μg/mL).【文献】S. -Y. Cheng, et al. Mar. Drugs, 2011, 9, 1307.

608 Ehrenbergol A 埃伦伯格醇 A*

【基本信息】$C_{21}H_{32}O_4$, 白色无定形粉末, $[\alpha]_D^{25}$ = −184° (*c* = 0.1, 氯仿).【类型】西柏烷型二萜.【来源】埃伦伯格肉芝软珊瑚* *Sarcophyton ehrenbergi* (台东县, 台湾, 中国).【活性】细胞毒 (A549, ED_{50} > 50μg/mL; HT29, ED_{50} > 50μg/mL; P_{388}, ED_{50} = 7.4μg/mL; HEL, ED_{50} > 50μg/mL); 抗病毒 (人巨细胞病毒 (HCMV), 人胚胎肺 (HEL) 细胞株, ED_{50} = 46μg/mL).【文献】S. -K. Wang, et al. Mar. Drugs, 2012, 10, 1433.

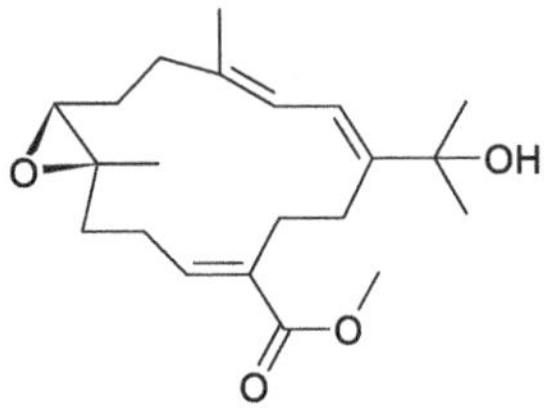

609 Ehrenbergol B 埃伦伯格醇 B*

【基本信息】$C_{22}H_{36}O_4$, 白色无定形粉末, $[\alpha]_D^{25}$ = −84° (*c* = 0.1, 氯仿).【类型】西柏烷型二萜.【来源】埃伦伯格肉芝软珊瑚* *Sarcophyton ehrenbergi* (台东县, 台湾, 中国).【活性】细胞毒 (A549, ED_{50} = 10.2μg/mL; HT29, ED_{50} > 50μg/mL; P_{388}, ED_{50} = 4.7μg/mL; HEL, ED_{50} > 50μg/mL); 抗病毒 [人巨细胞病毒 (HCMV), 人胚胎肺 (HEL) 细胞株, ED_{50} = 5.0μg/mL].【文献】S. -K. Wang, et al. Mar. Drugs, 2012, 10, 1433.

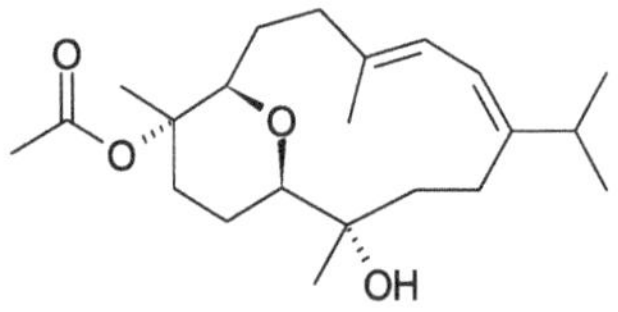

610 Ehrenbergol C 埃伦伯格醇 C*

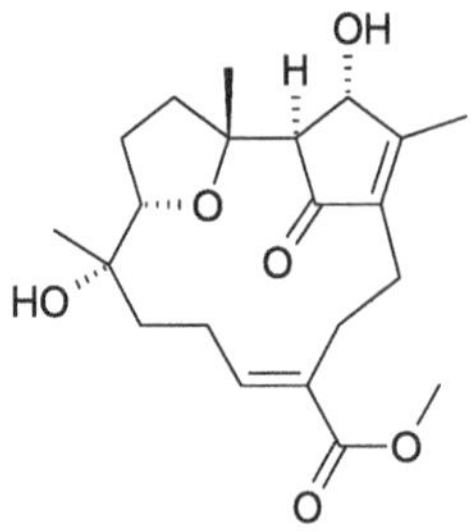

【基本信息】$C_{21}H_{30}O_6$.【类型】西柏烷型二萜.【来源】埃伦伯格肉芝软珊瑚* *Sarcophyton ehrenbergi* (三仙台, 台东县, 台湾,中国).【活性】细胞毒 (P_{388}, 温和活性).【文献】S. -K. Wang, et al. Mar. Drugs, 2013, 11, 4318.

611 Ehrenberoxide A 埃伦伯格环氧 A*

【基本信息】$C_{22}H_{34}O_4$.【类型】西柏烷型二萜.【来源】埃伦伯格肉芝软珊瑚* *Sarcophyton ehrenbergi* (东沙群岛, 南海, 中国).【活性】抗病毒 (温和活性).【文献】S. -Y. Cheng, et al. JNP, 2010, 73, 197.

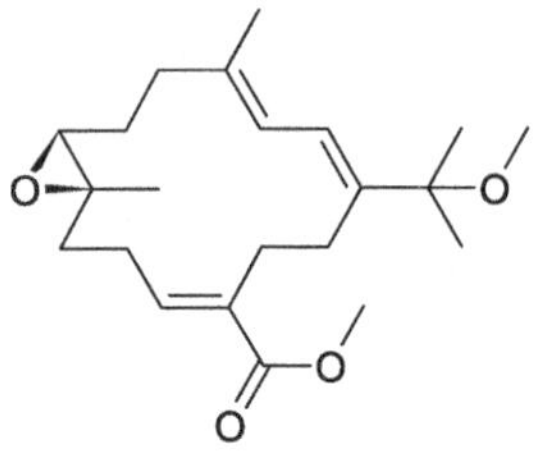

612 Ehrenberoxide B 埃伦伯格环氧 B*

【基本信息】$C_{20}H_{34}O_3$.【类型】西柏烷型二萜.【来源】埃伦伯格肉芝软珊瑚* *Sarcophyton ehrenbergi* (东沙群岛, 南海, 中国).【活性】抗病毒 (温和活性).【文献】S. -Y. Cheng, et al. JNP, 2010, 73, 197.

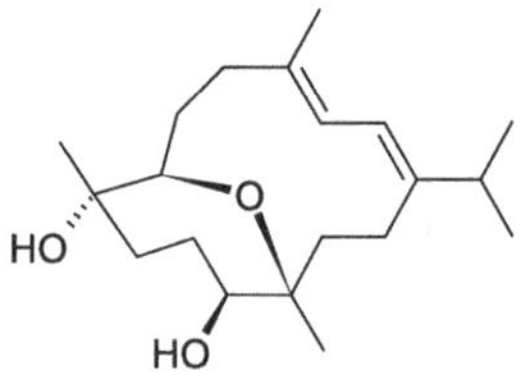

613 Ehrenberoxide C 埃伦伯格环氧 C*

【基本信息】$C_{20}H_{34}O_3$.【类型】西柏烷型二萜.【来源】埃伦伯格肉芝软珊瑚* *Sarcophyton ehrenbergi* (东沙群岛, 南海, 中国).【活性】抗病毒 (温和活性).【文献】S. -Y. Cheng, et al. JNP, 2010, 73, 197.

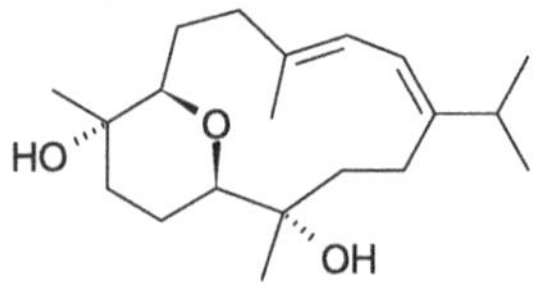

614 Emblide 哦姆毕内酯*

【基本信息】$C_{23}H_{32}O_6$, 晶体 (甲醇), mp 119~120°C, $[\alpha]_D^{25}$ = +92° (*c* = 1.3, 四氯化碳).【类型】西柏烷型二萜.【来源】乳白肉芝软珊瑚* *Sarcophyton glaucum*.【活性】细胞毒 (KB, IC_{50} =

5.0μg/mL).【文献】J. A. Toth, et al. Tetrahedron, 1980, 36, 1307.

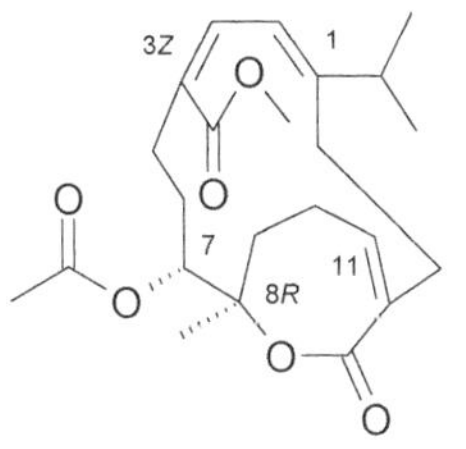

615 4,10-Epoxy-2,7,11-cembratriene 4,10-环氧-2,7,11-西柏三烯

【基本信息】$C_{20}H_{32}O$, 油状物.【类型】西柏烷型二萜.【来源】肉芝软珊瑚属* *Sarcophyton* sp. (泰国).【活性】抗污剂.【文献】U. Anthoni, et al. Tetrahedron Lett., 1991, 32, 2825.

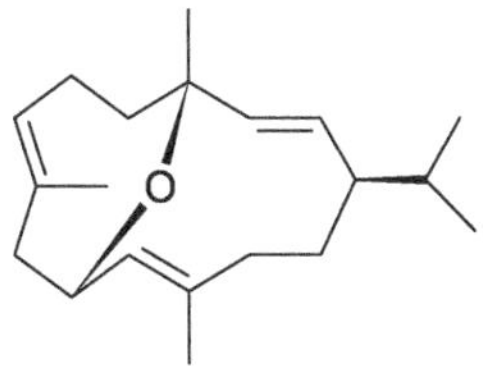

616 11,12-Epoxy-1,3,7-cembratrien-15-ol 11,12-环氧-1,3,7-西柏三烯-15-醇

【基本信息】$C_{20}H_{32}O_2$, 无色油状物, $[\alpha]_D^{25} = -8.6°$ ($c = 0.17$, 氯仿).【类型】西柏烷型二萜.【来源】短指软珊瑚属* *Sinularia* sp. (鲍登礁, 大堡礁, 澳大利亚) 和短指软珊瑚属* *Sinularia gibberosa*.【活性】细胞毒 (SF268, GI_{50} = 6.8μmol/L; MCF7, GI_{50} = 12μmol/L; H460, GI_{50} = 18.5μmol/L).【文献】C. -Y. Duh, et al. JNP, 1996, 59, 595; A. D. Wright, et al. Mar. Drugs, 2012, 10, 1619.

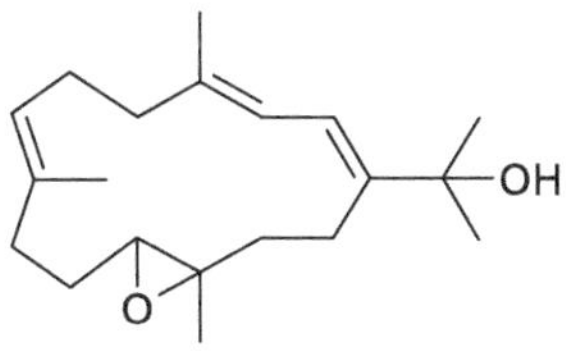

617 (1*S*,3*R*,4*R*,6*E*,8*R*,12*S*,13*R*,14*R*)-3,4-Epoxy-8,13-diacetoxy-6,15(17)-cembradien-16,14-olide (1*S*,3*R*,4*R*,6*E*,8*R*,12*S*,13*R*,14*R*)-3,4-环氧-8,13-双乙酰氧基-6,15(17)-西柏二烯-16,14-内酯

【基本信息】$C_{24}H_{34}O_7$, 半固体, $[\alpha]_D^{25} = -5.2°$ ($c = 5.6$, 氯仿).【类型】西柏烷型二萜.【来源】环节动物门矶沙蚕科 *Eunicea mammosa* (加勒比海).【活性】细胞毒 (*in vitro*).【文献】A. D. Rodríguez, et al. Can. J. Chem., 1995, 73, 643; A. D. Rodríguez, et al. JNP, 1995, 58, 1209.

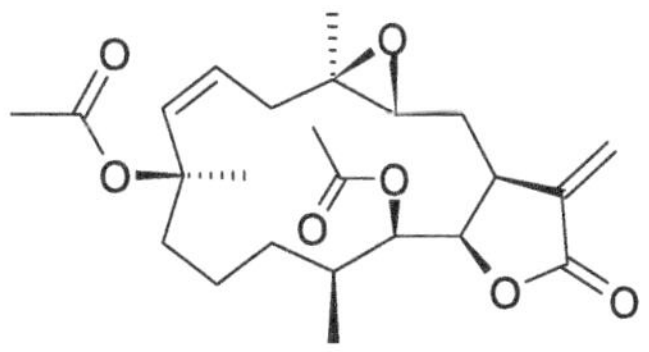

618 (1*S*,3*R*,4*R*,6*E*,8*S*,12*S*,13*R*,14*R*)-3,4-Epoxy-8,13-diacetoxy-6,15(17)-cembradien-16,14-olide (1*S*,3*R*,4*R*,6*E*,8*S*,12*S*,13*R*,14*R*)-3,4-环氧-8,13-双乙酰氧基-6,15(17)-西柏二烯-16,14-内酯

【基本信息】$C_{24}H_{34}O_7$, 半固体, $[\alpha]_D^{25} = +9.3°$ ($c = 2.7$, 氯仿).【类型】西柏烷型二萜.【来源】环节动物门矶沙蚕科 *Eunicea mammosa* (加勒比海).【活性】细胞毒 (*in vitro*).【文献】A. D. Rodríguez, et al. Can. J. Chem., 1995, 73, 643; A. D. Rodríguez, et al. JNP, 1995, 58, 1209.

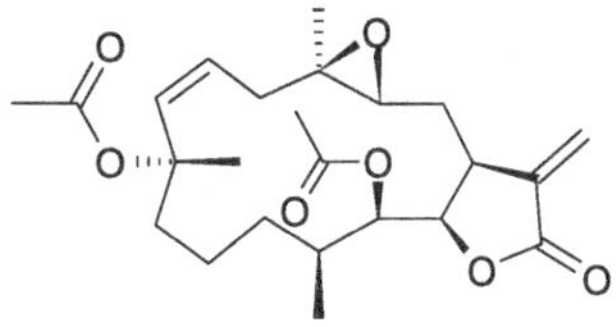

619 11,12-Epoxypukalide 11,12-环氧蒲卡内酯*

【基本信息】$C_{21}H_{24}O_7$, 晶体 (氯仿/戊烷), $[\alpha]_D = -5.33°$ ($c = 0.6$, 甲醇).【类型】西柏烷型二萜.【来源】柳珊瑚科 Gorgoniidae 柳珊瑚 *Leptogorgia setacea*.【活性】鱼拒食剂.【文献】M. B. Ksebati, et al. JNP, 1984, 47, 1009.

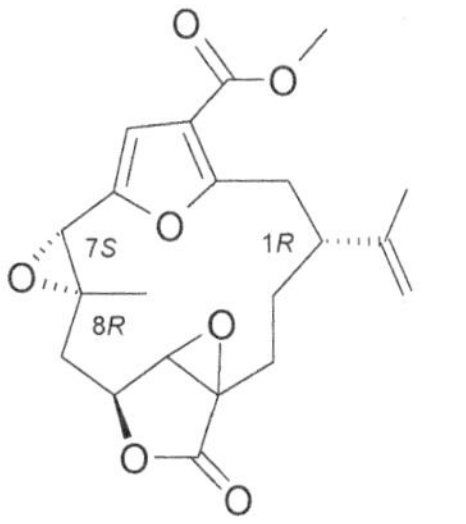

620 (+)-11*S*,12*S*-Epoxysarcophytol A (+)-11*S*,12*S*-环氧肉芝软珊瑚醇 A*

【基本信息】$C_{20}H_{32}O_2$, 针状晶体 (乙腈), mp

75~76°C, $[\alpha]_D^{20} = +218°$ (nat., $c = 0.35$, 氯仿), $[\alpha]_D = +229°$ (syn., $c = 0.95$, 氯仿).【类型】西柏烷型二萜.【来源】豆荚软珊瑚属* *Lobophytum* sp. (澳大利亚).【活性】有毒的 (盐水丰年虾).【文献】B. F. Bowden, et al. Aust. J. Chem., 1983, 36, 2289; J. Lan, et al. Tetrahedron Lett., 2000, 41, 2181.

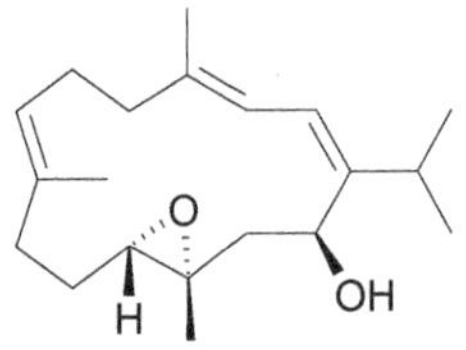

621 (+)-12-Ethoxycarbonyl-11*Z*-sarcophine (+)-12-乙氧羰基-11*Z*-肉芝软珊瑚素*

【基本信息】$C_{22}H_{30}O_5$, 白色无定形粉末, $[\alpha]_D^{25} = +77°$ ($c = 0.2$, 氯仿).【类型】西柏烷型二萜.【来源】埃伦伯格肉芝软珊瑚* *Sarcophyton ehrenbergi* (台东县, 台湾, 中国).【活性】细胞毒 (A549, $ED_{50} = 24.8\mu g/mL$; HT29, $ED_{50} > 50\mu g/mL$; P_{388}, $ED_{50} = 5.8\mu g/mL$; HEL, $ED_{50} > 50\mu g/mL$); 抗病毒 (人巨细胞病毒 HCMV, 人胚胎肺 HEL 细胞株, $ED_{50} = 60\mu g/mL$).【文献】S. -K. Wang, et al. Mar. Drugs, 2012, 10, 1433.

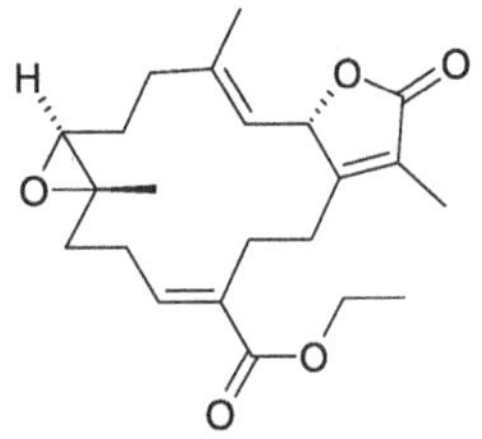

622 Eunicenolide 矶沙蚕环氧内酯*

【基本信息】$C_{20}H_{30}O_6$, 油状物, $[\alpha]_D^{25} = +13.7°$ ($c = 2.0$, 氯仿).【类型】西柏烷型二萜.【来源】环节动物门矶沙蚕科 *Eunicea succinea* (莫纳岛, 波多黎各).【活性】细胞毒 (NCI 的 60 种肿瘤细胞, 适度活性, 10^{-5}mol/L, 只对一种卵巢癌 IGROV1, 一种非小细胞肺癌 NCI-H522, 两种白血病 CCRF-CEM 和 RPMI8226 的癌细胞株有活性).【文献】查 A. D. Rodriguez, et al. JNP, 1998, 61, 40.

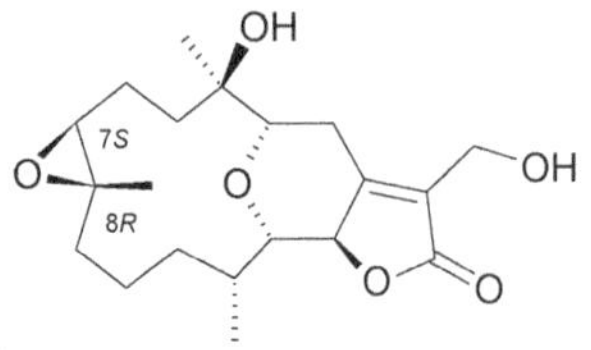

623 Eunicin 矶沙蚕素*

【基本信息】$C_{20}H_{30}O_4$, 晶体, mp 154~155.5°C, $[\alpha]_D^{29} = -95°$ ($c = 2.0$, 乙醇).【类型】西柏烷型二萜.【来源】环节动物门矶沙蚕科 *Eunicea mammosa* (比米尼群岛, 巴哈马), 环节动物门矶沙蚕科 *Eunicea succinea*, 丛柳珊瑚科 Plexauridae 柳珊瑚 *Pseudoplexaura* sp.【活性】抗菌; 细胞毒.【文献】A. J. Weinheimer, et al. Chem. Commun., 1968, 385; Y. Gopichand, et al. JNP, 1984, 47, 607; R. T. Gampe, Jr., et al. JACS, 1984, 106, 1823; A. D. Rodriguez, et al. JNP, 1993, 56, 564.

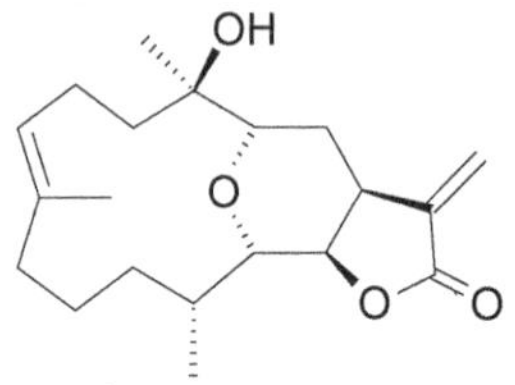

624 Eupalmerin acetate 矶沙蚕帕莫林乙酸酯*

【基本信息】$C_{22}H_{32}O_5$.【类型】西柏烷型二萜.【来源】环节动物门矶沙蚕科 *Eunicea palmari*, 环节动物门矶沙蚕科 *Eunicea succinea* 和环节动物门矶沙蚕科 *Eunicea mammosa*.【活性】杀藻剂.【文献】L. A. Fontán, et al. JOC, 1990, 55, 4956; A. D. Rodriguez, et al. JNP, 1993, 56, 564.

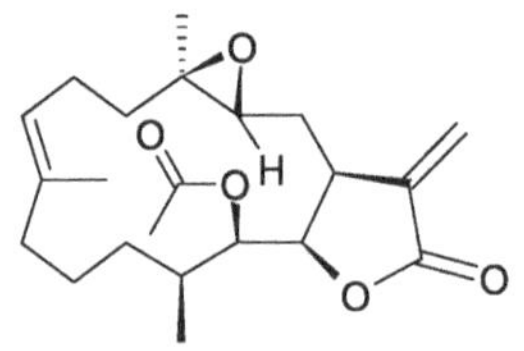

625 12,13-*bisepi*-Eupalmerin epoxide 12,13-bis-*epi*-矶沙蚕帕莫林环氧*

【基本信息】$C_{20}H_{30}O_5$, 油状物, $[\alpha]_D^{25} = -13.2°$ ($c = 4.4$, 氯仿).【类型】西柏烷型二萜.【来源】环节动物门矶沙蚕科 *Eunicea succinea* (莫纳岛, 波多黎各).【活性】细胞毒 (NCI 的 60 种肿瘤细胞, 10^{-6}mol/L, 在 LC_{50} 浓度水平, 响应来自几乎所有乳腺癌细胞株, 以及来自几种结肠细胞株).【文献】A. D. Rodriguez, et al. JNP, 1998, 61, 40.

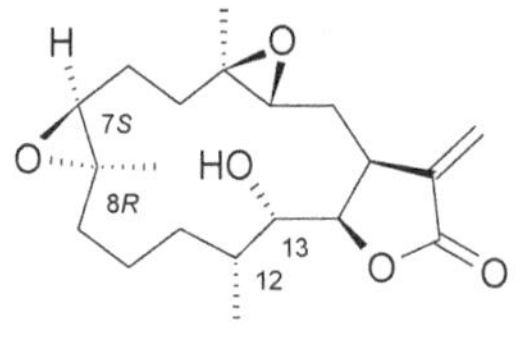

626 12-*epi*-Eupalmerone 12-*epi*-矶沙蚕莫林酮*

【别名】Sarcocrassolide B′; 肉芝软珊瑚内酯B′.【基本信息】$C_{20}H_{28}O_4$, 晶体, mp 92°C, mp 96~97°C, $[\alpha]_D^{25} = -25.9°$ ($c = 1$, 氯仿).【类型】西柏烷型二萜.【来源】肉芝软珊瑚属* *Sarcophyton crassocaule,* 环节动物门矶沙蚕科 *Eunicea pinta*.【活性】细胞毒 (NCI-H322M, $IC_{50} = 0.9\mu g/mL$; TK10, $IC_{50} = 0.13\mu g/mL$).【文献】Y. -P. Shi, et al. JNP, 2002, 65, 1232; Y. -P. Shi, et al. JNP, 2002, 65, 1232; X. H. Xu, et al. Chin. J. Chem., 2003, 21, 1506; X. H. Xu, et al. Gaodeng Xuexiao Huaxue Xuebao, 2003, 24, 1023.

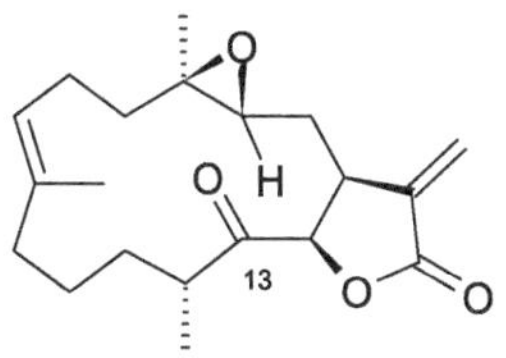

627 Flabellatene A 扇形扁矛海绵烯 A*

【基本信息】$C_{20}H_{30}O_4$, 黄色油, $[\alpha]_D = -12.7°$ ($c = 0.3$, 氯仿).【类型】西柏烷型二萜.【来源】扇形扁矛海绵* *Lissodendoryx flabellate* (南极地区).【活性】细胞毒 (小鼠成神经细胞瘤细胞 N18-T62, 0.16μmol/L); 抗恶性细胞增生的 (人 DU145 和 MCF7 细胞).【文献】A. Fontana, et al. Tetrahedron, 1999, 55, 1143.

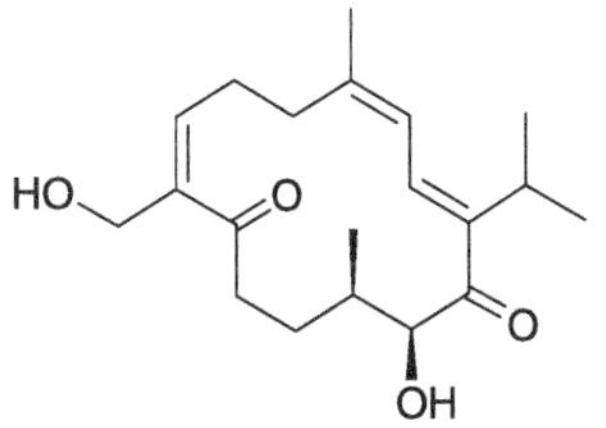

628 Flabellatene B 扇形扁矛海绵烯 B*

【别名】3,4-Epoxy-13,19-dihydroxy-1,7-cembradiene-9,14-dione; 3,4-环氧-13,19-二羟基-1,7-西柏二烯-9,14-二酮.【基本信息】$C_{20}H_{30}O_5$, 黄色油, $[\alpha]_D = +5.2°$ ($c = 0.2$, 氯仿).【类型】西柏烷型二萜.【来源】扇形扁矛海绵* *Lissodendoryx flabellate* (南极地区).【活性】细胞毒 (类似于扇形扁矛海绵烯 A).【文献】A. Fontana, et al. Tetrahedron, 1999, 55, 1143.

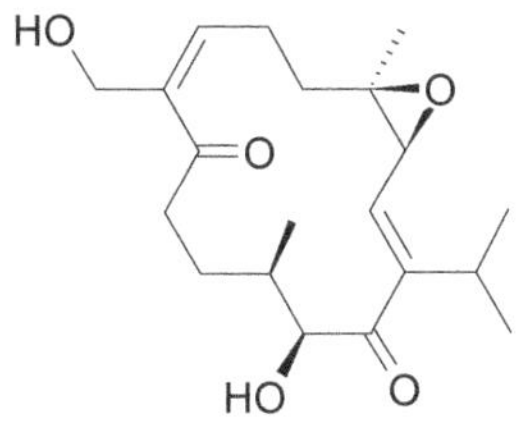

629 Flaccidoxide acetate 呋拉西得氧化物乙酸酯*

【基本信息】$C_{24}H_{36}O_5$, 无色油状物, $[\alpha]_D^{21} = +157.8°$ ($c = 0.78$, 氯仿).【类型】西柏烷型二萜.【来源】短足软珊瑚属* *Cladiella kashmani* (莫桑比克).【活性】有毒的 (盐水丰年虾 *Artemia salina*).【文献】C. A. Gray, et al. JNP, 2000, 63, 1551.

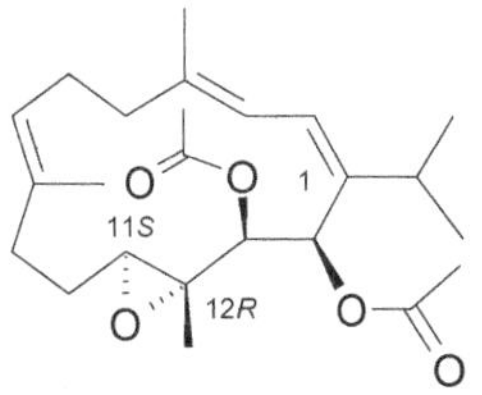

630 Flexibilisolide C 灵活短指软珊瑚内酯 C*

【基本信息】$C_{20}H_{26}O_5$.【类型】西柏烷型二萜.【来源】灵活短指软珊瑚* *Sinularia flexibilis* (东沙群岛, 南海, 中国).【活性】细胞毒; 降低 iNOS 和环加氧酶 COX-2 促炎蛋白的积累.【文献】H. -J. Shih, et al. Tetrahedron, 2012, 68, 244.

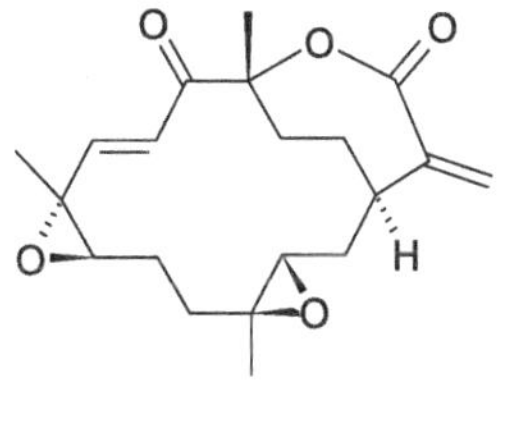

631 Flexilarin B 短指软珊瑚素 B*

【基本信息】$C_{21}H_{32}O_4$, 油状物, $[\alpha]_D = +79°$ ($c = 0.2$, 二氯甲烷).【类型】西柏烷型二萜.【来源】灵活短指软珊瑚* *Sinularia flexibilis* (中国台湾南部海岸).【活性】细胞毒 (HeLa, $IC_{50} > 20\mu g/mL$, 对照物丝裂霉素 C, $IC_{50} = 0.08\mu g/mL$; Doay, $IC_{50} = 19.7\mu g/mL$, 丝裂霉素 C, $IC_{50} = 0.06\mu g/mL$; Hep2, $IC_{50} = 12.2\mu g/mL$, 丝裂霉素 C, $IC_{50} = 0.06\mu g/mL$; MCF7, $IC_{50} > 20\mu g/mL$, 丝裂霉素 C, $IC_{50} = 0.09\mu g/mL$).【文献】Y. S. Lin, et al. Tetrahedron, 2009, 65, 9157.

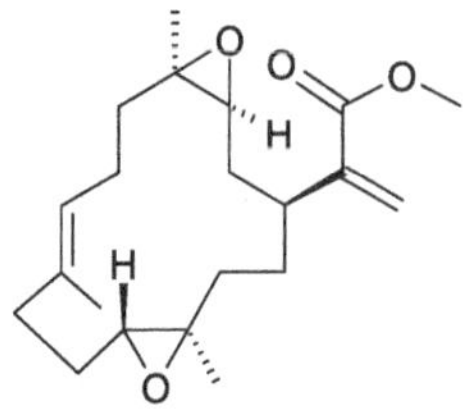

632 Flexilarin D 短指软珊瑚素 D*

【别名】(1*R*,3*S*,4*S*,6*E*,8*S*,11*R*,12*R*)-3,4-Epoxy-8-hydroperoxide-11-oxo-6,15(17)-cembradien-16,12-olide; (1*R*,3*S*,4*S*,6*E*,8*S*,11*R*,12*R*)-3,4-环氧-8-氢过氧基-11-氧代-6,15(17)-西柏二烯-16,12-内酯.【基本信息】$C_{20}H_{28}O_6$, 油状物, $[\alpha]_D = +32°$ ($c = 0.2$, 二氯甲烷).【类型】西柏烷型二萜.【来源】灵活短指软珊瑚* *Sinularia flexibilis* (中国台湾南部海岸).【活性】细胞毒 (HeLa, $IC_{50} = 0.41\mu g/mL$, 对照物丝裂霉素 C, $IC_{50} = 0.08\mu g/mL$; Doay, $IC_{50} = 1.24\mu g/mL$, 丝裂霉素 C, $IC_{50} = 0.06\mu g/mL$; Hep2, $IC_{50} = 0.07\mu g/mL$, 丝裂霉素 C, $IC_{50} = 0.06\mu g/mL$; MCF7, $IC_{50} = 1.24\mu g/mL$, 丝裂霉素 C, $IC_{50} = 0.09\mu g/mL$).【文献】Y. S. Lin, et al. Tetrahedron, 2009, 65, 9157.

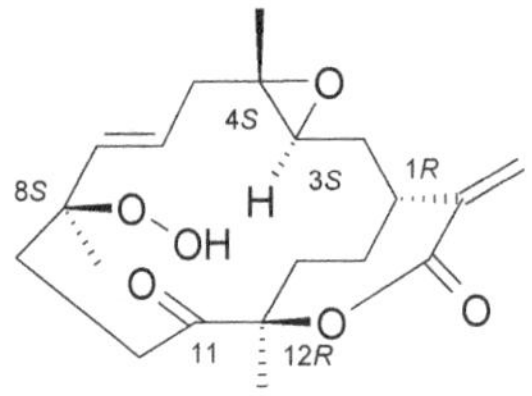

633 Flexilarin G 灵活短指软珊瑚素 G*

【别名】(1*R*,3*S*,4*S*,6*E*,8*S*,11*R*,12*R*)-3,4-Epoxy-8,11-dihydroxy-6,15(17)-cembradien-16,12-olide; (1*R*,3*S*,4*S*,6*E*,8*S*,11*R*, 12*R*)-3,4-环氧-8,11-二羟基-6,15(17)-西柏二烯-16,12 内酯.【基本信息】$C_{20}H_{30}O_5$, 油状物, $[\alpha]_D = +33°$ ($c = 0.2$, 二氯甲烷).【类型】西柏烷型二萜.【来源】灵活短指软珊瑚* *Sinularia flexibilis* (中国台湾南部海岸).【活性】细胞毒 (HeLa, $IC_{50} = 8.23\mu g/mL$, 对照物丝裂霉素 C, $IC_{50} = 0.08\mu g/mL$; Doay, $IC_{50} = 10.5\mu g/mL$, 丝裂霉素 C, $IC_{50} = 0.06\mu g/mL$; Hep2, $IC_{50} = 6.22\mu g/mL$, 丝裂霉素 C, $IC_{50} = 0.06\mu g/mL$; MCF7, $IC_{50} = 10.8\mu g/mL$, 丝裂霉素 C, $IC_{50} = 0.09\mu g/mL$).【文献】Y.S.Lin, et al. Tetrahedron, 2009, 65, 9157.

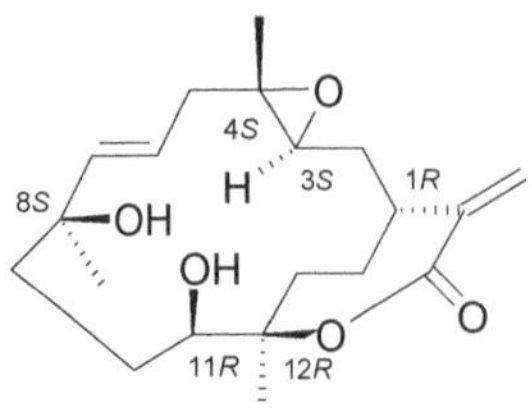

634 Granosolide A 瘤状短指软珊瑚内酯 A*

【基本信息】$C_{22}H_{32}O_6$, 粉末, mp 187~189°C, $[\alpha]_D^{25} = -8.1°$ ($c = 0.7$, 氯仿).【类型】西柏烷型二萜.【来源】瘤状短指软珊瑚* *Sinularia granosa.*【活性】细胞毒 (HeLa, Hep2, Doay 和 MCF7, 所有的 $ED_{50} > 20\mu g/mL$).【文献】Y. Lu, et al. JNP, 2008, 71, 1754.

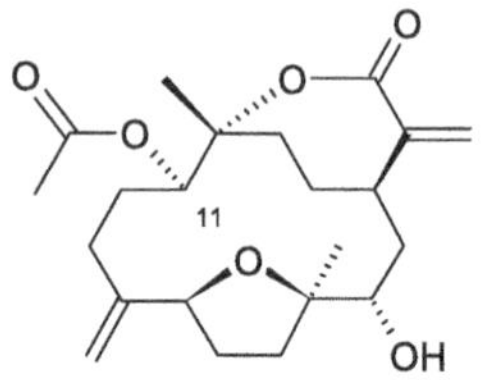

635 Granosolide B 瘤状短指软珊瑚内酯 B*

【基本信息】$C_{24}H_{34}O_7$, 粉末, mp 175~177°C, $[\alpha]_D^{25} = -38°$ ($c = 0.4$, 氯仿).【类型】西柏烷型二萜.【来源】瘤状短指软珊瑚* *Sinularia granosa.*【活性】细胞毒 (HeLa, Hep2, Doay, MCF7, 所有的 $ED_{50} > 20\mu g/mL$).【文献】Y. Lu, et al. JNP, 2008, 71, 1754.

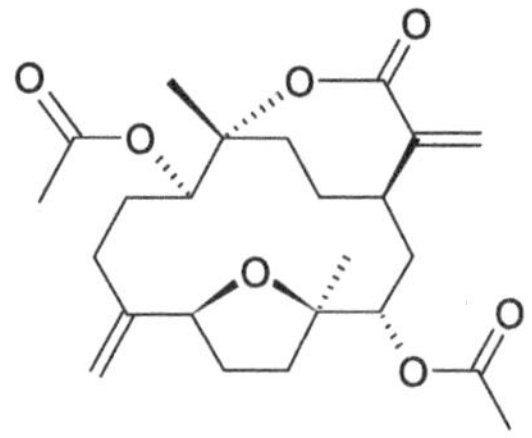

636 (3*E*,7*S*,11*Z*)-7-Hydroxy-3,11,15-cembratrien-20,8-olide (3*E*,7*S*,11*Z*)-7-羟基-3,11,15-西柏三烯-20,8-内酯

【基本信息】$C_{20}H_{30}O_3$, 玻璃体, $[\alpha]_D^{24} = +3°$ ($c = 1$).【类型】西柏烷型二萜.【来源】环节动物门矶沙蚕科 *Eunicea tourneforti.*【活性】抗真菌 (抑制 RS321, $IC_{12} > 3000\mu g/mL$).【文献】M. Govindan, et al. JNP, 1995, 58, 1174.

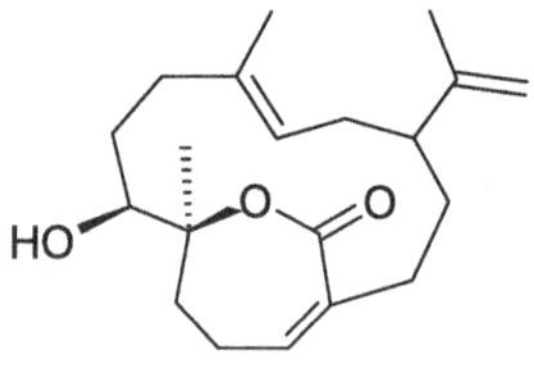

637 Isosarcophinone 异肉芝软珊瑚酮*

【基本信息】$C_{20}H_{28}O_3$.【类型】西柏烷型二萜.【来源】肉芝软珊瑚属* *Sarcophyton molle*.【活性】细胞毒 (2.5μg/mL: EAC, InRt = 70%; S_{180} 小鼠肉瘤细胞, InRt = 53.9%).【文献】J. Y. Su, et al. Gaodeng Xuexiao Huaxue Xuebao, 2001, 22, 1515; Ren-lin Zou, et al. 1989, Corals and their Medical useage, Science Press, Beijing.

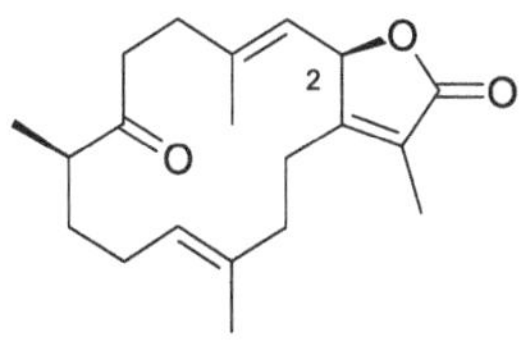

638 Isosarcophytoxide 异肉芝软珊瑚环氧化物*

【基本信息】$C_{20}H_{30}O_2$, 晶体 (石油醚), mp 67~69°C, $[\alpha]_D = -166.1°$ ($c = 0.15$, 氯仿).【类型】西柏烷型二萜.【来源】肉芝软珊瑚属* *Sarcophyton* sp.【活性】抗结核分枝杆菌 (低活性); 钙拮抗剂.【文献】B. F. Bowden, et al. Aust. J. Chem., 1979, 32, 653.

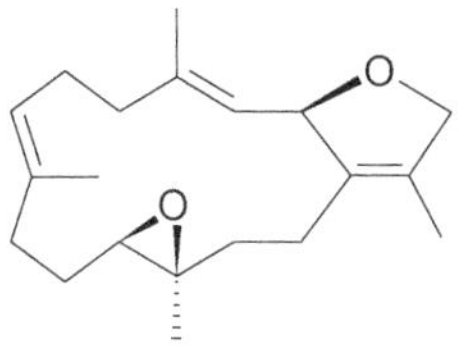

639 Jeunicin 矶沙蚕新*

【别名】(1*S*,3*R*,4*S*,7*E*,12*R*,13*R*,14*R*)-4,13-Epoxy-3-hydroxy-7,15(17)-cembradien-16,14-olide; (1*S*,3*R*,4*S*,7*E*,12*R*,13*R*,14*R*)-4,13-环氧-3-羟基-7,15(17)-西柏二烯-16,14-内酯*.【基本信息】$C_{20}H_{30}O_4$，晶体, mp 139~141°C, $[\alpha]_D^{27} = +12.8°$ ($c = 0.75$, 氯仿).【类型】西柏烷型二萜.【来源】环节动物门矶沙蚕科 *Eunicea mammosa* (牙买加) 和环节动物门矶沙蚕科 *Eunicea succinea*, 软体动物前鳃 *Planaxis sulcatus*.【活性】细胞毒.【文献】D. Van der Helm, et al. Acta Cryst. B, 1976, 32, 1558; A. J. Westheimer, et al. Acta Cryst. B, 1982, 38, 580; Y. Gopichand, et al. JNP, 1984, 47, 607; R. Sanduja, et al. J. Het. Chem., 1986, 23, 529.

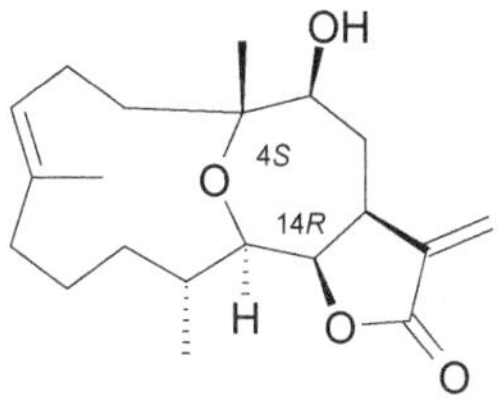

640 13*αH*,14*βH*-Jeunicin 13*αH*,14*βH*-矶沙蚕新*

【基本信息】$C_{20}H_{30}O_4$, 晶体, mp 147~147.5°C.【类型】西柏烷型二萜.【来源】环节动物门矶沙蚕科 *Eunicea mammosa*.【活性】细胞毒.【文献】A.J.Westheimer, et al. Acta Cryst. B, 1982, 38, 580.

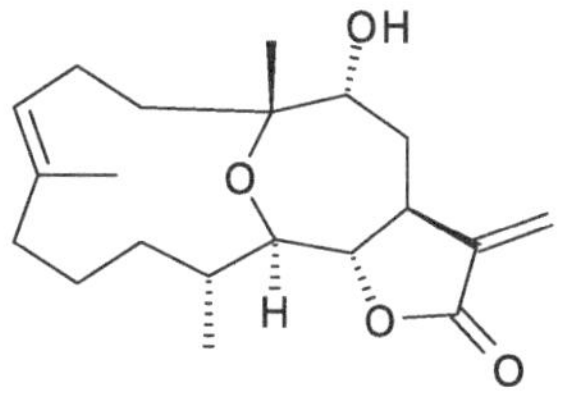

641 Kericembrenolide A 匍匐珊瑚西柏内酯 A*

【基本信息】$C_{22}H_{30}O_4$, 油状物, $[\alpha]_D^{22} = -88°$ (氯仿); $[\alpha]_D^{25} = -102.3°$ ($c = 0.13$, 氯仿).【类型】西柏烷型二萜.【来源】匍匐珊瑚目 *Clavularia koellikeri* (冲绳，日本).【活性】细胞毒 (B16 细胞，$IC_{50} = 3.8μg/mL$).【文献】M. Kobayashi, et al. CPB, 1986, 34, 2306; M. Iwashima, et al. JNP, 2000, 63, 1647.

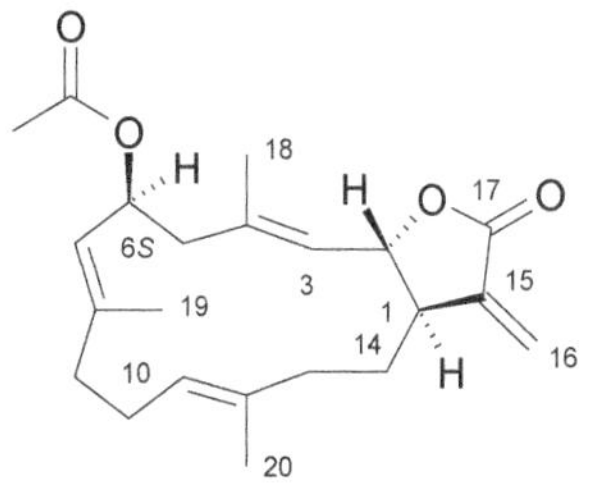

642 Kericembrenolide B 匍匐珊瑚西柏内酯 B*

【基本信息】$C_{22}H_{30}O_4$, 油状物, $[\alpha]_D^{22} = +97°$ (氯仿).【类型】西柏烷型二萜.【来源】匍匐珊瑚目 *Clavularia koellikeri* (冲绳, 日本).【活性】细胞毒 (B16 细胞, $IC_{50} = 2.5μg/mL$).【文献】M. Kobayashi, et al. CPB, 1986, 34, 2306.

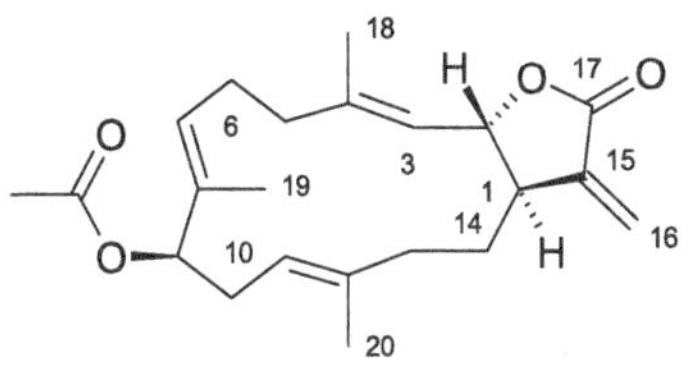

643 Kericembrenolide C 匍匐珊瑚西柏内酯 C*

【基本信息】$C_{24}H_{32}O_6$, 油状物, $[\alpha]_D^{22} = -56°$ (氯仿).【类型】西柏烷型二萜.【来源】匍匐珊瑚目 *Clavularia koellikeri* (冲绳, 日本).【活性】细胞毒

(B16 细胞, IC_{50} = 1.3μg/mL).【文献】M. Kobayashi, et al. CPB, 1986, 34, 2306.

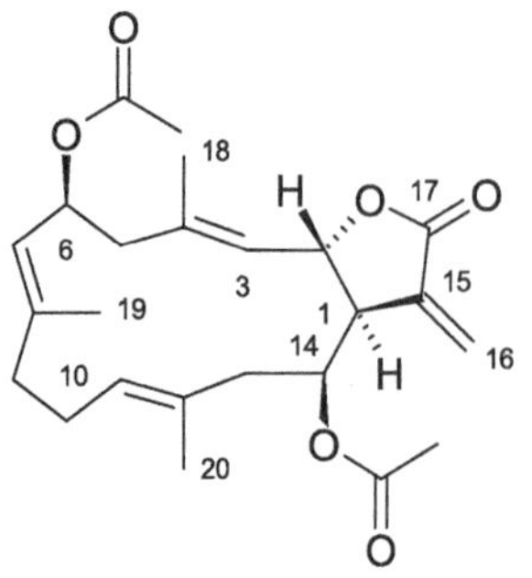

644 Kericembrenolide D 匍匐珊瑚西柏内酯 D*

【基本信息】$C_{22}H_{30}O_5$, 油状物, $[\alpha]_D^{22}$ = −71° (氯仿).【类型】西柏烷型二萜.【来源】匍匐珊瑚目 *Clavularia koellikeri* (冲绳, 日本).【活性】细胞毒 (B16 细胞, IC_{50} = 1.2μg/mL).【文献】M. Kobayashi, et al. CPB, 1986, 34, 2306.

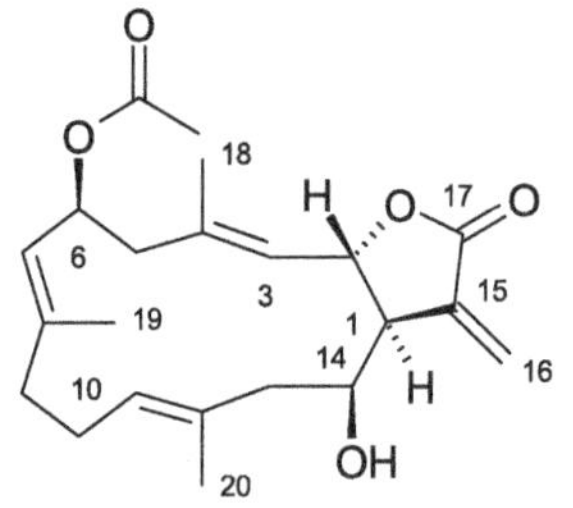

645 Kericembrenolide E 匍匐珊瑚西柏内酯 E*

【别名】(1*S*,2*S*,3*E*,6*S*,7*E*,11*E*,14*S*)-6,14-Dihydroxy-3,7,11,15(17)-cembratetraen-16,2-olide; (1*S*,2*S*,3*E*,6*S*,7*E*,11*E*,14*S*)-6,14-二羟基-3,7,11,15(17)-西柏四烯-16,2-内酯.【基本信息】$C_{20}H_{28}O_4$, $[\alpha]_D^{21}$= −53° (氯仿).【类型】西柏烷型二萜.【来源】匍匐珊瑚目 *Clavularia koellikeri* (冲绳, 日本).【活性】细胞毒 (B16 细胞, IC_{50} = 1.8μg/mL).【文献】M. Kobayashi, et al. CPB, 1986, 34, 2306.

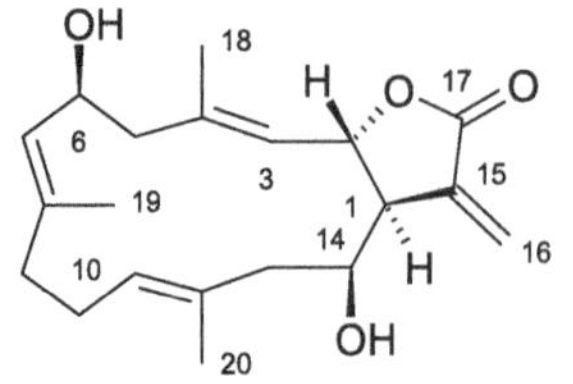

646 Knightal 矾沙蚕科耐特醛*

【别名】7,8-Epoxy-3,11,15-cembratrien-18-al; 7,8-环氧-3,11,15-西柏三烯-18-醛.【基本信息】$C_{20}H_{30}O_2$, 油状物, $[\alpha]_D^{25}$ = +7° (*c* = 2.9, 氯仿).【类型】西柏烷型二萜.【来源】环节动物门矶沙蚕科 *Eunicea knighti* (圣玛尔塔湾, 加勒比海, 哥伦比亚).【活性】在群体感应生物实验中有活性.【文献】E. Tello, et al. JNP, 2009, 72, 1595.

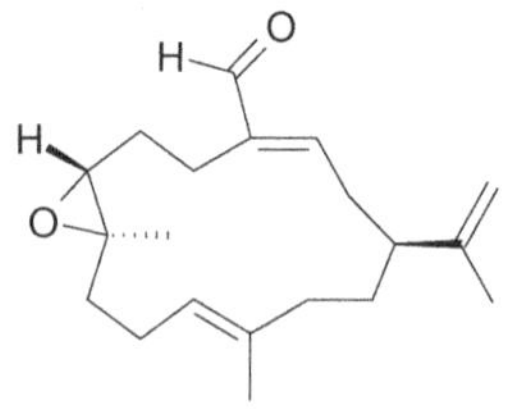

647 Knightol 矾沙蚕科耐特醇*

【基本信息】$C_{20}H_{32}O_2$, 油状物, $[\alpha]_D^{25}$ = −32° (*c* = 2.5, 氯仿).【类型】西柏烷型二萜.【来源】环节动物门矶沙蚕科 *Eunicea knighti* (圣玛尔塔湾, 加勒比海, 哥伦比亚).【活性】在群体感应生物实验中有活性; 抗菌 (海洋革兰氏阳性菌, MID = 2~8μg/盘).【文献】E. Tello, et al. JNP, 2009, 72, 1595.

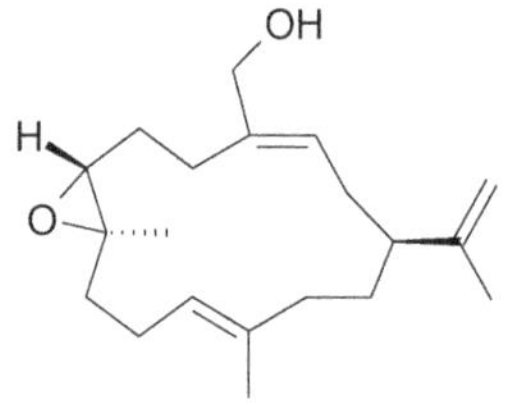

648 Lobocrassin A 粗厚豆荚软珊瑚新 A*

【基本信息】$C_{20}H_{29}ClO_4$, 无色油状物, $[\alpha]_D^{25}$ = +28° (*c* = 0.63, 氯仿).【类型】西柏烷型二萜.【来源】粗厚豆荚软珊瑚* *Lobophytum crassum* (台湾东北部, 中国).【活性】细胞毒 (K562, IC_{50} = 15.39μg/mL, 对照物阿霉素, IC_{50} = 0.24μg/mL; CCRF-CEM, IC_{50} = 5.33μg/mL, 阿霉素, IC_{50} = 0.05μg/mL; Molt4, IC_{50} = 11.86μg/mL, 阿霉素, IC_{50} = 0.07μg/mL; HepG2, IC_{50} = 32.16μg/mL, 阿霉素, IC_{50} = 0.71μg/mL; Huh7, IC_{50} = 26.13μg/mL, 阿霉素, IC_{50} = 0.46μg/mL); 抗炎 [人中性粒细胞, 抑制超氧化物阴离子产生, 10μg/mL, InRt = (2.8±1.9)%, 对照物 DPI (二亚苯基碘), IC_{50} = (0.8±0.2)μg/mL]; 弹性蛋白酶释放抑制剂 [人中性粒细胞, 响应甲酰-甲硫氨酰-亮氨酰-苯丙氨酸 (formyl-Met-Leu-Phe)/细胞松弛素 Cytochalasin B (fMLP/CB), 10μg/mL, InRt = (0.9±2.5)%, 对照物弹性蛋白酶抑制剂, IC_{50} = (30.8±5.7)μg/mL].【文

献】C. -Y. Kao, et al. Mar. Drugs, 2011, 9, 1319.

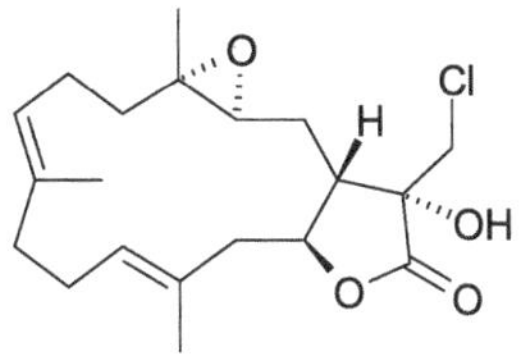

649 Lobocrassin B 粗厚豆荚软珊瑚新 B*

【基本信息】$C_{20}H_{30}O_3$, 无色油状物, $[\alpha]_D^{25} = -40°$ (c =0.07, 氯仿).【类型】西柏烷型二萜.【来源】粗厚豆荚软珊瑚* *Lobophytum crassum* (中国台湾东北部).【活性】细胞毒 (K562, IC_{50} = 2.97μg/mL, 对照物阿霉素, IC_{50} = 0.24μg/mL; CCRF-CEM, IC_{50} = 0.48μg/mL, 阿霉素, IC_{50} = 0.05μg/mL; Molt4, IC_{50} = 0.34μg/mL, 阿霉素, IC_{50} = 0.07μg/mL; HepG2, IC_{50} = 3.44μg/mL, 阿霉素, IC_{50} = 0.71μg/mL; Huh7, IC_{50} = 8.17μg/mL, 阿霉素, IC_{50} = 0.46μg/mL); 抗炎 [人中性粒细胞, 抑制超氧化物阴离子产生, IC_{50} = (4.8±0.7)μg/mL, 对照物 DPI (二亚苯基碘), IC_{50} = (0.8±0.2)μg/mL]; 弹性蛋白酶释放抑制剂 [人中性粒细胞, 响应 formyl-Met-Leu-Phe/细胞松弛素 cytochalasin B (fMLP/CB), IC_{50} = (4.9±0.4)μg/mL, 对照物弹性蛋白酶抑制剂, IC_{50} = (30.8±5.7)μg/mL].【文献】C. -Y. Kao, et al. Mar. Drugs, 2011, 9, 1319.

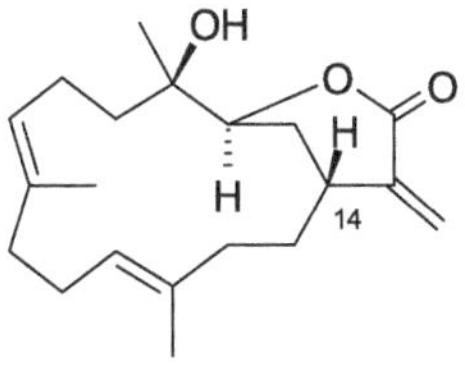

650 Lobocrassin C 粗厚豆荚软珊瑚新 C*

【基本信息】$C_{20}H_{32}O_2$, 无色油状物, $[\alpha]_D^{25} = +17°$ (c =0.37, 氯仿).【类型】西柏烷型二萜.【来源】粗厚豆荚软珊瑚* *Lobophytum crassum* (中国台湾东北部).【活性】细胞毒 (K562, IC_{50} > 40μg/mL, 对照物阿霉素, IC_{50} = 0.24μg/mL; CCRF-CEM, IC_{50} = 11.55μg/mL, 阿霉素, IC_{50} = 0.05μg/mL; Molt4, IC_{50} = 9.51μg/mL, 阿霉素, IC_{50} = 0.07μg/mL; HepG2, IC_{50} > 40μg/mL, 阿霉素, IC_{50} = 0.71μg/mL; Huh7, IC_{50} = 39.77μg/mL, 阿霉素, IC_{50} = 0.46μg/mL); 抗炎 [人中性粒细胞, 抑制超氧化物阴离子产生, 10μg/mL, InRt = (1.4±2.4)%, 对照物 DPI (二亚苯基碘), IC_{50} = (0.8±0.2)μg/mL]; 弹性蛋白酶释放抑制剂 [人中性粒细胞, 响应 formyl-Met-Leu-Phe/细胞松弛素 cytochalasin B (fMLP/CB), 10μg/mL, InRt = (9.6±9.4)%, 对照物弹性蛋白酶抑制剂, IC_{50} = (30.8±5.7)μg/mL].【文献】C. -Y. Kao, et al. Mar. Drugs, 2011, 9, 1319.

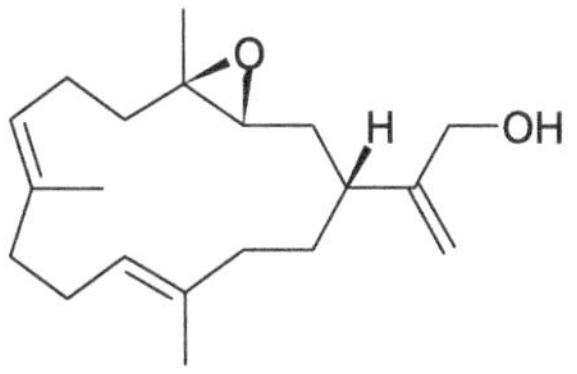

651 Lobocrassin D 粗厚豆荚软珊瑚新 D*

【基本信息】$C_{22}H_{34}O_3$, 无色油状物, $[\alpha]_D^{25} = +71°$ (c =0.57, 氯仿).【类型】西柏烷型二萜.【来源】粗厚豆荚软珊瑚* *Lobophytum crassum* (中国台湾东北部).【活性】细胞毒 (K562, IC_{50} = 24.00μg/mL, 对照物阿霉素, IC_{50} = 0.24μg/mL; CCRF-CEM, IC_{50} = 10.53μg/mL, 阿霉素, IC_{50} = 0.05μg/mL; Molt4, IC_{50} = 10.99μg/mL, 阿霉素, IC_{50} = 0.07μg/mL; HepG2, IC_{50} = 34.91μg/mL, 阿霉素, IC_{50} = 0.71μg/mL; Huh7, IC_{50} > 40μg/mL, 阿霉素, IC_{50} = 0.46μg/mL); 抗炎 [人中性粒细胞, 抑制超氧化物阴离子产生, 10μg/mL, InRt = (−1.9±7.3)%, 对照物 DPI (二亚苯基碘), IC_{50} = (0.8±0.2)μg/mL]; 弹性蛋白酶释放抑制剂 [人中性粒细胞, 响应 formyl-Met-Leu-Phe/细胞松弛素 cytochalasin B (fMLP/CB), 10μg/mL, InRt = (11.0± 3.9)%, 对照物弹性蛋白酶抑制剂, IC_{50} = (30.8±5.7)μg/mL].【文献】C. -Y. Kao, et al. Mar. Drugs, 2011, 9, 1319.

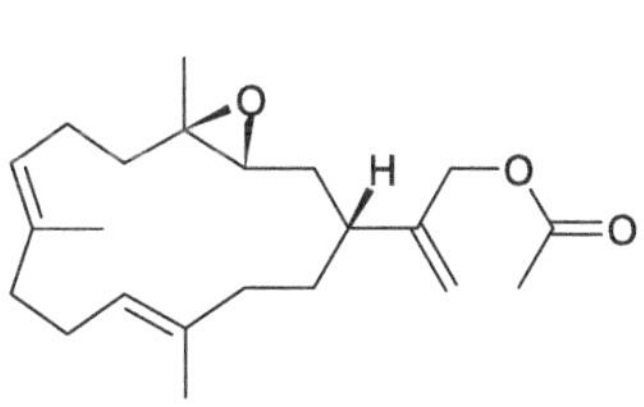

652 Lobocrassin E 粗厚豆荚软珊瑚新 E*

【基本信息】$C_{20}H_{32}O_2$, 无色油状物, $[\alpha]_D^{25} = +47°$ (c = 0.05, 氯仿).【来源】粗厚豆荚软珊瑚* *Lobophytum crassum* (中国台湾东北部).【活性】抗炎 [人中性粒细胞, 抑制超氧化物阴离子产生, 10μg/mL, InRt = (−1.2±1.5)%, 对照物 DPI (二亚苯基碘), IC_{50} = (0.8±0.2)μg/mL]; 弹性蛋白酶释放抑制剂 [人中性粒细胞, 响应 formyl-Met-Leu-Phe/

细胞松弛素 Cytochalasin B (fMLP/CB), 10μg/mL, InRt = (–4.4±9.5)%, 对照物弹性蛋白酶抑制剂, IC_{50} = (30.8±5.7)μg/mL].【文献】C. -Y. Kao, et al. Mar. Drugs, 2011, 9, 1319.

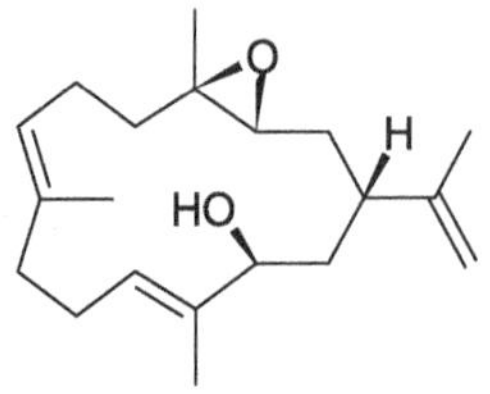

653 Lobocrassin F 粗厚豆荚软珊瑚新 F*

【基本信息】$C_{20}H_{30}O_2$.【类型】西柏烷型二萜.【来源】粗厚豆荚软珊瑚* *Lobophytum crassum* (中国台湾东北部).【活性】抗氧化剂 [超氧化物阴离子清除剂, IC_{50} > 10μg/mL; 10μg/mL, InRt = (7.80±5.23)%, 对照物 DPI (二亚苯基碘), IC_{50} = (0.80±0.31)μg/mL]; 弹性蛋白酶释放抑制剂 [刺激人的中性粒细胞对 fMLP/CB 的响应, IC_{50} = (6.27±1.91)μg/mL, 10μg/mL, InRt = (58.29±5.47)%, 对照物弹性蛋白酶抑制剂, IC_{50} = (31.82±5.92)μg/mL].【文献】C. -H. Lee, et al. Mar. Drugs, 2012, 10, 427.

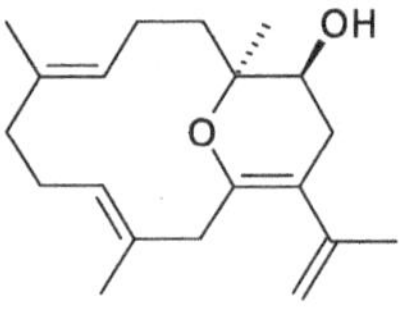

654 (7*Z*)-Lobocrassolide (7*Z*)-粗厚豆荚软珊瑚内酯*

【基本信息】$C_{20}H_{30}O_4$.【类型】西柏烷型二萜.【来源】豆荚软珊瑚属* *Lobophytum* sp. (越南).【活性】细胞毒 (A549, IC_{50} = 31.4μmol/L, 对照物米托蒽醌, IC_{50} = 6.1μmol/L; HT29, IC_{50} = 22.0μmol/L, 对照物米托蒽醌, IC_{50} = 6.5μmol/L).【文献】H. T. Nguyen, et al. Arch. Pharm. Res., 2010, 33, 503.

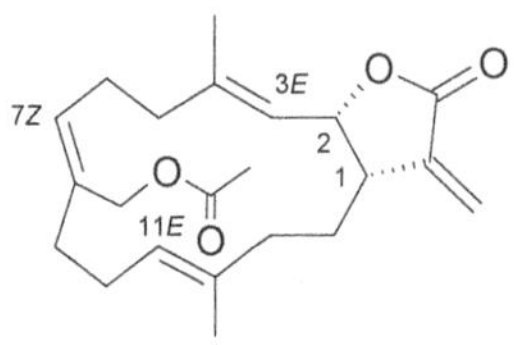

655 Lobocrassolide 粗厚豆荚软珊瑚内酯*

【基本信息】$C_{22}H_{30}O_4$, 无色棱晶, mp 98~100°C, $[\alpha]_D^{25}$ = +81.6° (c = 1.2, 氯仿).【类型】西柏烷型二萜.【来源】粗厚豆荚软珊瑚* *Lobophytum crassum* (台湾水域, 中国).【活性】细胞毒 (A549, ED_{50} = 2.99μg/mL, HT29, ED_{50} = 2.70μg/mL, KB, ED_{50} = 2.91μg/mL, P_{388}, ED_{50} = 0.012μg/mL).【文献】C. -Y. Duh, et al. JNP, 2000, 63, 884.

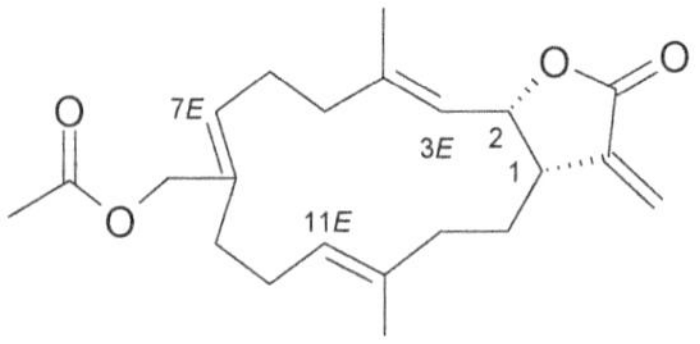

656 (7*E*)-Lobohedleolide (7*E*)-赫勒依豆荚软珊瑚内酯*

【基本信息】$C_{20}H_{26}O_4$, 油状物, $[\alpha]_D$ = +61.4° (c = 1.01, 氯仿), $[\alpha]_D$ = +35° (c = 0.07, 氯仿).【类型】西柏烷型二萜.【来源】粗厚豆荚软珊瑚* *Lobophytum crassum* 和赫勒依豆荚软珊瑚* *Lobophytum hedleyi.*【活性】抗艾滋病毒 HIV 活性 (基于细胞的体外实验, EC_{50} = 3.6μg/mL, IC_{50} = 9.0μg/mL, 细胞保护最大值为 55%~70%); 生长抑制剂; 抗炎 (10μmol/L, 抑制促炎蛋白 iNOS 和环加氧酶 COX-2 的积累); 细胞毒 (Ca9-22, IC_{50} = 2.8μg/mL, 对照物阿霉素, IC_{50} = 0.1μg/mL; HepG2, IC_{50} > 5.0μg/mL; Hep3B, IC_{50} = 4.7μg/mL; MDA-MB-231, IC_{50} > 5.0μg/mL; MCF7, IC_{50} > 5.0μg/mL; A549, IC_{50} = 4.6μg/mL).【文献】M. A. Rashid, et al. JNP, 2000, 63, 531; C. -H. Chao, et al. JNP, 2008, 71, 1819.

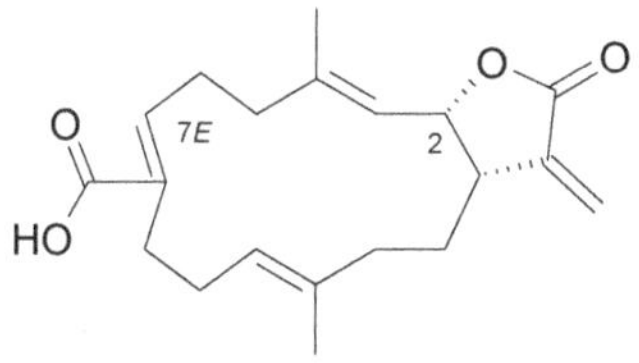

657 (7*Z*)-Lobohedleolide (7*Z*)-赫勒依豆荚软珊瑚内酯*

【基本信息】$C_{20}H_{26}O_4$, 晶体 (乙醇), mp 183~184°C, $[\alpha]_D$ = +104.2° (c = 1.12, 氯仿).【类型】西柏烷型二萜.【来源】赫勒依豆荚软珊瑚属* *Lobophytum hedleyi*, 粗厚豆荚软珊瑚* *Lobophytum crassum* 和豆荚软珊瑚属* *Lobophytum* sp. (水提物).【活性】抗艾滋病毒 HIV 活性 (基于细胞的体外实验, EC_{50} = 4.6μg/mL, IC_{50} = 7.6μg/mL, 细胞保护最大值为 55%~70%); 细胞毒 (A549, IC_{50} = 42.6μmol/L, 对照物米托蒽醌, IC_{50} = 6.1μmol/L; HT29,

IC_{50} = 35.5μmol/L，米托蒽醌，IC_{50} = 6.5μmol/L)。【文献】Y. Uchio, et al. Tetrahedron Lett., 1981, 22, 4089; M. A. Rashid, et al. JNP, 2000, 63, 531; H. T. Nguyen, et al. Arch. Pharm. Res., 2010, 33, 503.

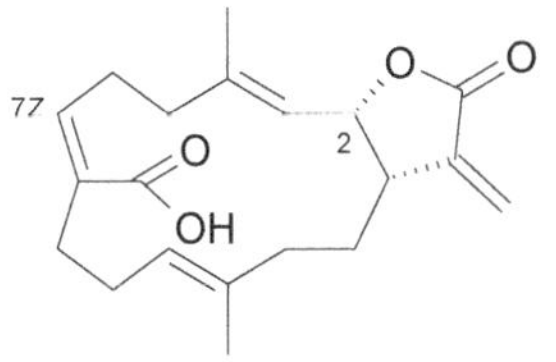

658 Lobolide 粗厚内酯*

【基本信息】$C_{22}H_{30}O_5$，晶体，mp 114~115°C，$[\alpha]_D$ = −58° (*c* = 2.7，氯仿)。【类型】西柏烷型二萜。【来源】粗厚豆荚软珊瑚* *Lobophytum crassum*.【活性】鱼毒。【文献】Y. Kashman, et al. Tetrahedron Lett., 1977, 1159; Y. Kashman, et al. JOC, 1981, 46, 3592; Z. Kinamoni, et al. Tetrahedron, 1983, 39, 1643.

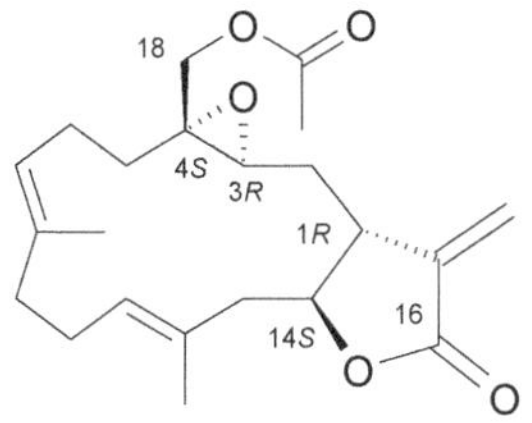

659 Lobomichaolide 米迦勒豆荚软珊瑚内酯*

【基本信息】$C_{24}H_{32}O_7$，无色棱晶，mp 180~181°C，$[\alpha]_D^{25}$ = +55.6° (*c* = 0.1，氯仿)。【类型】西柏烷型二萜。【来源】米迦勒豆荚软珊瑚* *Lobophytum michaelae* (屏东县，台湾，中国)。【活性】细胞毒 (A549, ED_{50} = 1.9μg/mL; HT29, ED_{50} = 1.4μg/mL; P_{388}，ED_{50} = 0.4μg/mL; HEL，ED_{50} = 1.7μg/mL)。【文献】S. -K. Wang, et al. JNP, 1992, 55, 1430; 2009, 72, 324 (结构修正); S. -K. Wang, et al. Mar. Drugs, 2012, 10, 306.

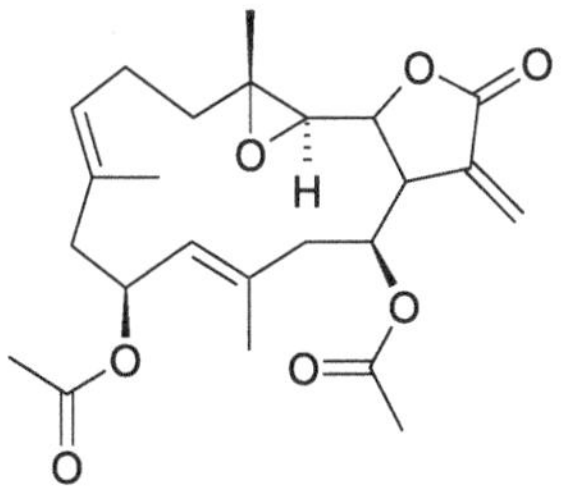

660 Lobophylin A 豆荚软珊瑚林 A*

【基本信息】$C_{20}H_{32}O_3$，无色油状物，$[\alpha]_D^{25}$ = −45° (*c* = 0.3，氯仿)，$[\alpha]_D^{25}$ = −39° (*c* = 0.3，氯仿)。【类型】西柏烷型二萜。【来源】粗厚豆荚软珊瑚* *Lobophytum crassum* (培养样本，屏东县，台湾，中国) 和豆荚软珊瑚属* *Lobophytum* sp. (东沙群岛，南海，中国)。【活性】抗炎 (免疫印迹分析实验，10μmol/L，RAW264.7 巨噬细胞，抑制 LPS 诱导的 iNOS 和环加氧酶 COX-2 上调)。【文献】N. -L. Lee, et al. Mar. Drugs, 2011, 9, 2526; M. E. F. Hegazy, et al. Mar. Drugs, 2011, 9, 1243.

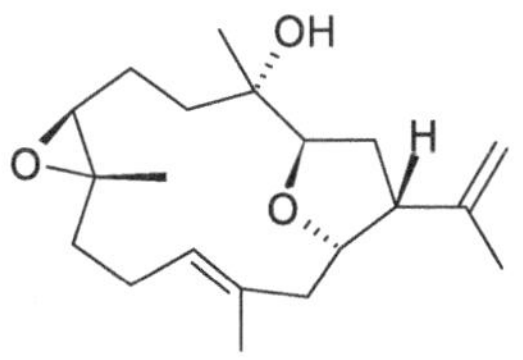

661 Lobophylin B 豆荚软珊瑚林 B*

【基本信息】$C_{20}H_{32}O_2$，无色油状物，$[\alpha]_D^{25}$ = −30° (*c* = 0.5，氯仿)，$[\alpha]_D^{25}$ = −35° (*c* = 0.3，氯仿)。【类型】西柏烷型二萜。【来源】粗厚豆荚软珊瑚* *Lobophytum crassum* (培养样本，屏东县，台湾) 和豆荚软珊瑚属* *Lobophytum* sp. (东沙群岛，南海，中国)。【活性】抗炎 (免疫印迹分析实验，10μmol/L, RAW264.7 巨噬细胞，抑制 LPS 诱导的 iNOS 和环加氧酶 COX-2 上调)。【文献】N. -L. Lee, et al. Mar. Drugs, 2011, 9, 2526; M. E. F. Hegazy, et al. Mar. Drugs, 2011, 9, 1243.

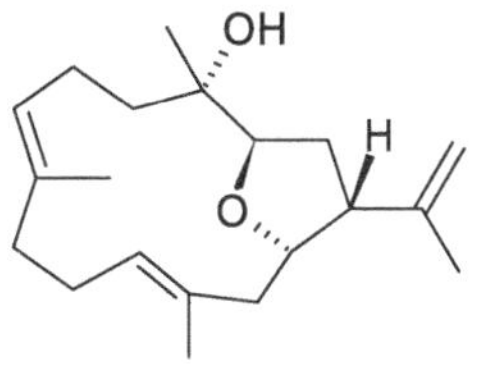

662 Lobophynin C 豆荚软珊瑚林 C*

【基本信息】$C_{21}H_{30}O_4$，$[\alpha]_D^{25}$ = +109.3° (*c* = 0.31，氯仿)。【类型】西柏烷型二萜。【来源】科氏豆荚软珊瑚* *Lobophytum schoedei* (日本水域)。【活性】鱼毒；有毒的 (盐水丰年虾 致命性)。【文献】K. Yamada, et al. JNP, 1997, 60, 798.

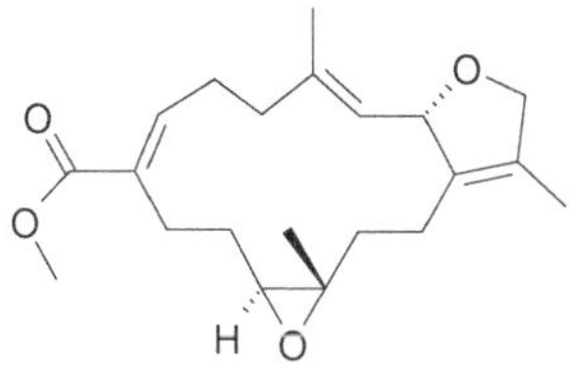

663 Lobophytolide 豆荚软珊瑚属内酯*

【别名】(1*R*,3*E*,7*E*,11*S*,12*S*,14*S*)-11,12-Epoxy-3,7,15(17)-cembratrien-16,14-olide; (1*R*,3*E*,7*E*,11*S*,12*S*,14*S*)-11,12-环氧-3,7,15(17)-西柏三烯-16,14-内酯.【基本信息】$C_{20}H_{28}O_3$, 晶体, mp 137~138°C, $[\alpha]_D = +7°$ ($c = 0.4$, 氯仿).【类型】西柏烷型二萜.【来源】豆荚软珊瑚属* *Lobophytum cristagalli* 和粗厚豆荚软珊瑚* *Lobophytum crassum*.【活性】细胞毒 (法尼基蛋白转移酶 (FPT) 抑制剂, $IC_{50} = 0.15\mu mol/L$); 鱼毒 ($LD_{50} = 12mg/L$).【文献】B. Tursch, et al. Tetrahedron Lett., 1974, 3769; B. Tursch, Pure Appl. Chem., 1976, 48, 1; R. Karlsson, Acta Crystallogr., Sect. B, 1977, 33, 2032; Ren-lin Zou, et al. 1989, Corals and their Medical useage, Science Press, Beijing.; S. J. Coval, et al. A BoMCL,1996, 6, 909.

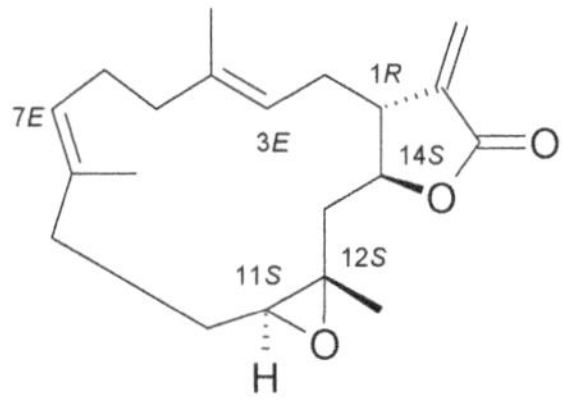

664 Lobophytone U 豆荚软珊瑚酮 U*

【基本信息】$C_{41}H_{64}O_9$.【类型】西柏烷型二萜.【来源】疏指豆荚软珊瑚* *Lobophytum pauciflorum* (海南岛, 南海, 中国).【活性】NO 产生抑制剂 (LPS 刺激的小鼠巨噬细胞).【文献】P. Yan, et al. Chem. Biodivers., 2011, 8, 1724.

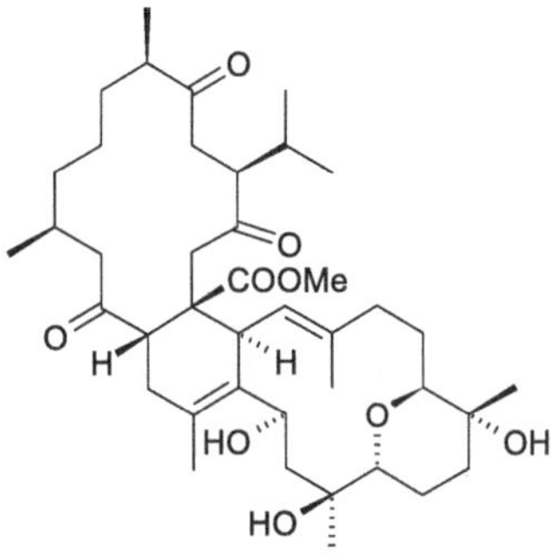

665 Lobophytone V 豆荚软珊瑚酮 V*

【基本信息】$C_{41}H_{64}O_{10}$.【类型】西柏烷型二萜.【来源】疏指豆荚软珊瑚* *Lobophytum pauciflorum* (海南岛, 南海, 中国).【活性】NO 产生抑制剂 (LPS 刺激的小鼠巨噬细胞).【文献】P. Yan, et al. Chem. Biodivers., 2011, 8, 1724.

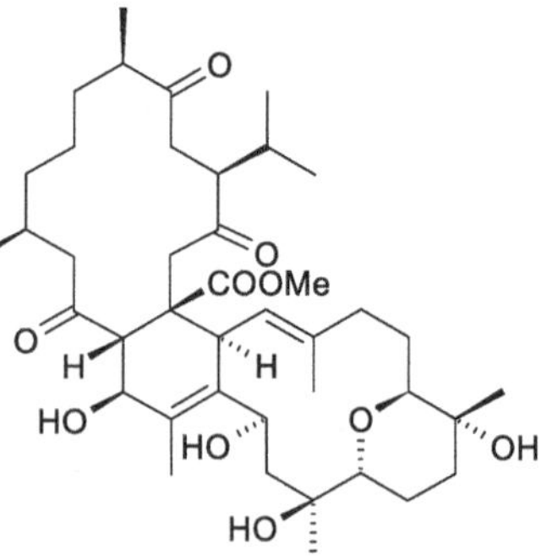

666 Lobophytone W 豆荚软珊瑚酮 W*

【基本信息】$C_{43}H_{68}O_9$.【类型】西柏烷型二萜.【来源】疏指豆荚软珊瑚* *Lobophytum pauciflorum* (海南岛, 南海, 中国).【活性】NO 产生抑制剂 (LPS 刺激的小鼠巨噬细胞).【文献】P. Yan, et al. Chem. Biodivers., 2011, 8, 1724.

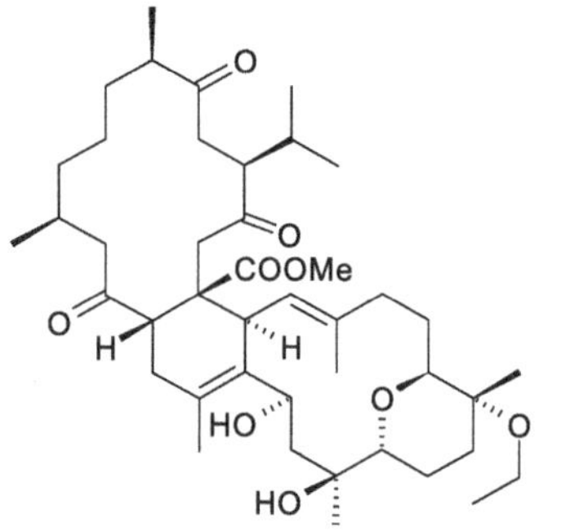

667 Lobophytone X 豆荚软珊瑚酮 X*

【基本信息】$C_{41}H_{64}O_8$.【类型】西柏烷型二萜.【来源】疏指豆荚软珊瑚* *Lobophytum pauciflorum* (海南岛, 南海, 中国).【活性】NO 产生抑制剂 (LPS 刺激的小鼠巨噬细胞).【文献】P. Yan, et al. Chem. Biodivers., 2011, 8, 1724.

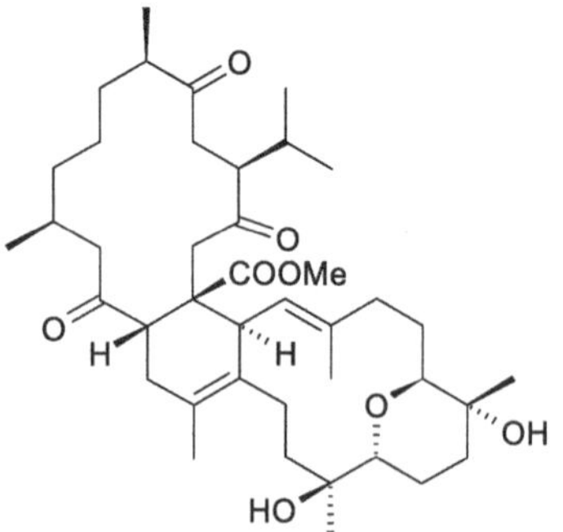

668 Lobophytone Y 豆荚软珊瑚酮 Y*

【基本信息】$C_{43}H_{66}O_8$.【类型】西柏烷型二萜.【来源】疏指豆荚软珊瑚* *Lobophytum pauciflorum* (海

南岛, 南海, 中国).【活性】NO 产生抑制剂 (LPS 刺激的小鼠巨噬细胞).【文献】P. Yan, et al. Chem. Biodivers., 2011, 8, 1724.

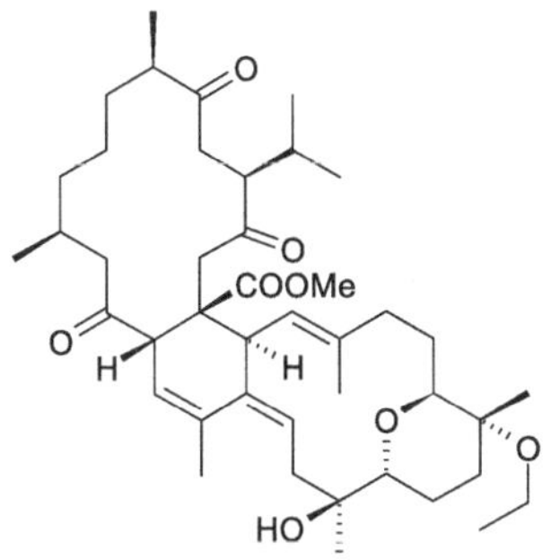

669 Lobophytone Z 豆荚软珊瑚酮 Z*

【基本信息】$C_{41}H_{62}O_8$.【类型】西柏烷型二萜.【来源】疏指豆荚软珊瑚* *Lobophytum pauciflorum* (海南岛, 南海, 中国).【活性】NO 产生抑制剂 (LPS 刺激的小鼠巨噬细胞).【文献】P. Yan, et al. Chem. Biodivers., 2011, 8, 1724.

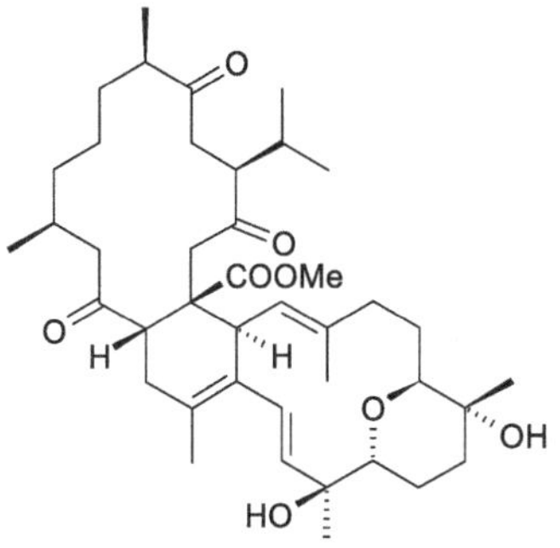

670 Lobophytone Z₁ 豆荚软珊瑚酮 Z₁*

【基本信息】$C_{43}H_{68}O_9$.【类型】西柏烷型二萜.【来源】疏指豆荚软珊瑚* *Lobophytum pauciflorum* (海南岛, 南海, 中国).【活性】NO 产生抑制剂 (LPS 刺激的小鼠巨噬细胞).【文献】P. Yan, et al. Chem. Biodivers., 2011, 8, 1724.

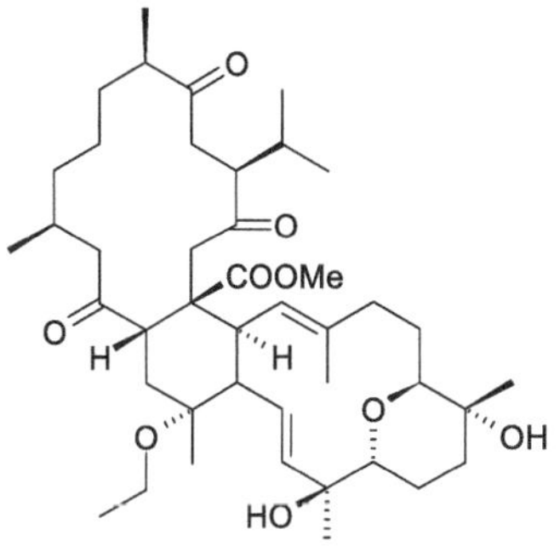

671 Lophotoxin 柳珊瑚毒素

【别名】11α,12α-Epoxy-(1*R*,7*S*,8*S*,10*S*,13*R*)-3,6:7,8-diepoxy-13-acetoxy-18-oxo-3,5,11,15-cembratetraen-20,10-olide; 11α,12α-环氧-(1*R*,7*S*,8*S*,10*S*,13*R*)-3,6:7,8-双环氧-13-乙酰氧基-18-氧代-3,5,11,15-西柏四烯-20,10-内酯.【基本信息】$C_{22}H_{24}O_8$, 晶体 (乙酸乙酯/2,3,3-三甲基戊烷), mp 164~166°C, $[\alpha]_D^{27} = +14.2°$ ($c = 1.7$, 氯仿).【类型】西柏烷型二萜.【来源】柳珊瑚科 (Gorgoniidae) 柳珊瑚 *Lophogorgia alba*, *Leptogorgia laxa*, *Lophogorgia cuspidata* 和 *Lophogorgia rigida*, 多型短指软珊瑚* *Sinularia polydactyla*.【活性】有潜力的神经肌肉毒素; 肌肉松弛剂; 杀虫剂; 杀线虫剂.【文献】R. S. Jacobs, et al. Tetrahedron, 1985, 41, 981; S. N. Abramson, et al. J. Biol. Chem., 1988, 263, 18568; 1989, 264, 12666; S. N. Abramson, et al. Drug Dev. Res., 1991, 24, 297; S. N. Abramson, et al. JMC, 1991, 34, 1798; C. Tornøe, et al. Toxicon, 1995, 33, 411.

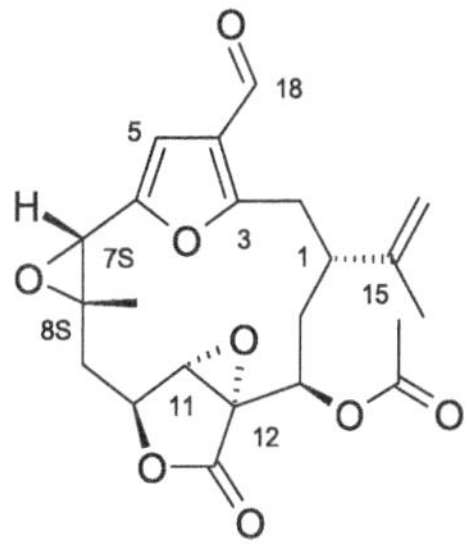

672 Methyl sartortuoate 甲基肉枝软珊瑚酯*

【基本信息】$C_{41}H_{62}O_8$, 晶体, mp 246~246.5°C, $[\alpha]_D^{28} = +196°$ ($c = 0.05$, 乙醇).【类型】西柏烷型二萜.【来源】疏指豆荚软珊瑚* *Lobophytum pauciflorum* (海南岛, 南海, 中国)和肉枝软珊瑚属* *Sarcophyton tortuosum*.【活性】NO 产生抑制剂 (LPS 刺激的小鼠巨噬细胞).【文献】J. Su, et al. Sci. Sin., Ser. B: (Engl. edn.), 1988, 31, 1172; W. -J. Lan, et al. Youji Huaxue, 2005, 25, 1465; P. Yan, et al. Chem. Biodivers., 2011, 8, 1724.

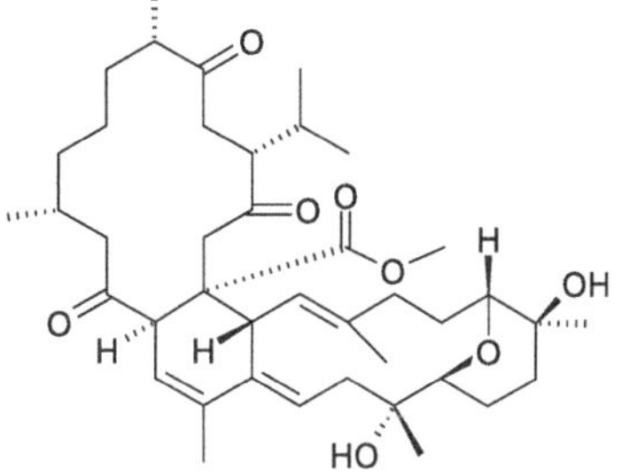

673 Michaolide L 米迦勒内酯 L*

【基本信息】$C_{22}H_{30}O_6$，白色无定形粉末，$[\alpha]_D^{25}$ = +13.3° (c = 0.1，氯仿).【类型】西柏烷型二萜.【来源】米迦勒豆荚软珊瑚* *Lobophytum michaelae* (屏东县，台湾，中国).【活性】细胞毒 (A549, ED_{50} = 1.2μg/mL; HT29, ED_{50} = 0.8μg/mL; P_{388}, ED_{50} = 0.3μg/mL; HEL, ED_{50} = 1.0μg/mL).【文献】S. -K. Wang, et al. Mar. Drugs, 2012, 10, 306.

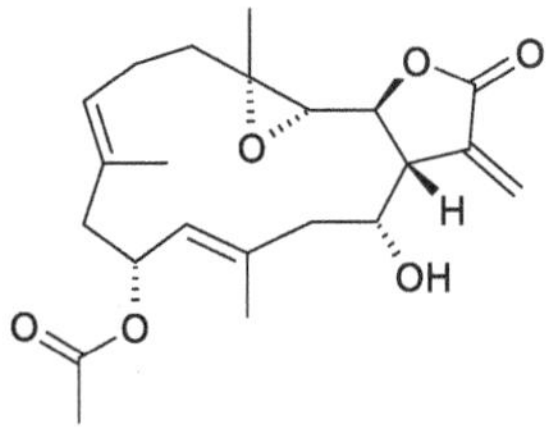

674 Michaolide M 米迦勒内酯 M*

【基本信息】$C_{26}H_{34}O_9$，白色无定形粉末，$[\alpha]_D^{25}$ = +11.2° (c = 0.1，氯仿).【类型】西柏烷型二萜.【来源】米迦勒豆荚软珊瑚* *Lobophytum michaelae* (屏东县，台湾，中国).【活性】细胞毒 (A549, ED_{50} = 2.0μg/mL; HT29, ED_{50} = 4.9μg/mL; P_{388}, ED_{50} = 1.5μg/mL; HEL, ED_{50} = 3.2μg/mL).【文献】S. -K. Wang, et al. Mar. Drugs, 2012, 10, 306.

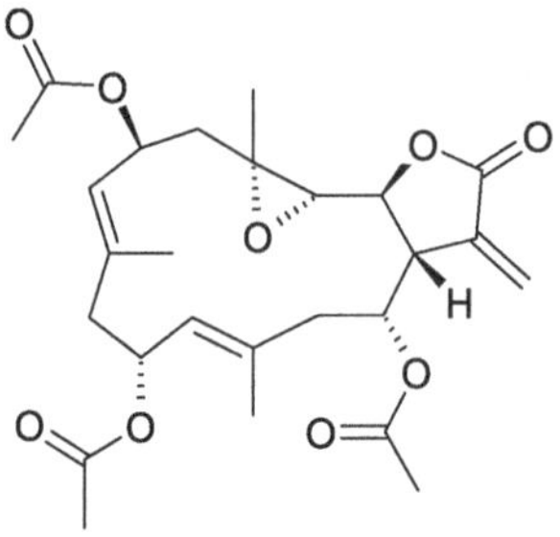

675 Michaolide N 米迦勒内酯 N*

【基本信息】$C_{26}H_{32}O_{10}$，白色无定形粉末，$[\alpha]_D^{25}$ = +7.6° (c = 0.1，氯仿).【类型】西柏烷型二萜.【来源】米迦勒豆荚软珊瑚* *Lobophytum michaelae* (屏东县，台湾，中国).【活性】细胞毒 (A549, ED_{50} = 2.1μg/mL; HT29, ED_{50} = 1.6μg/mL; P_{388}, ED_{50} = 0.4μg/mL; HEL, ED_{50} = 2.0μg/mL).【文献】S. -K. Wang, et al. Mar. Drugs, 2012, 10, 306.

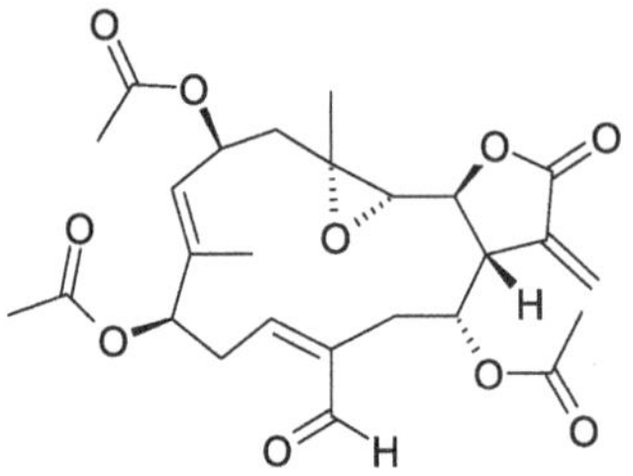

676 Michaolide O 米迦勒内酯 O*

【基本信息】$C_{26}H_{36}O_{11}$，白色无定形粉末，$[\alpha]_D^{25}$ = +3.1° (c = 0.1，氯仿).【类型】西柏烷型二萜.【来源】米迦勒豆荚软珊瑚* *Lobophytum michaelae* (屏东县，台湾，中国).【活性】细胞毒 (A549, ED_{50} = 61.3μg/mL; HT29, ED_{50} = 61.5μg/mL; P_{388}, ED_{50} = 39.6μg/mL; HEL, ED_{50} = 60.2μg/mL).【文献】S. -K. Wang, et al. Mar. Drugs, 2012, 10, 306.

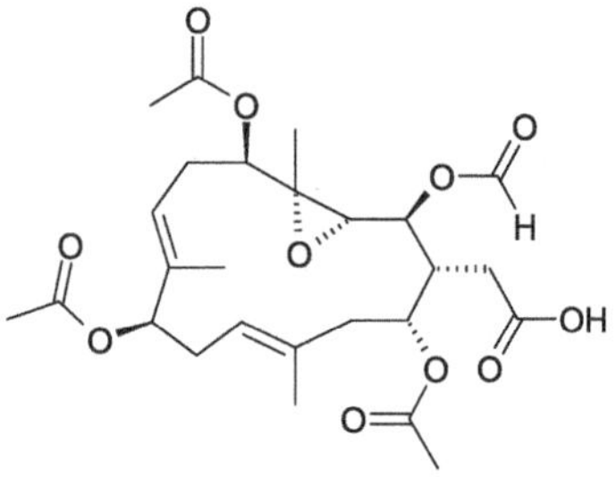

677 Michaolide P 米迦勒内酯 P*

【基本信息】$C_{22}H_{30}O_5$，白色无定形粉末，$[\alpha]_D^{25}$ = +122.0° (c = 0.1，氯仿).【类型】西柏烷型二萜.【来源】米迦勒豆荚软珊瑚* *Lobophytum michaelae* (屏东县，台湾，中国).【活性】细胞毒 (A549, ED_{50} = 3.2μg/mL; HT29, ED_{50} = 2.8μg/mL; P_{388}, ED_{50} = 2.0μg/mL; HEL, ED_{50} = 2.9μg/mL).【文献】S. -K. Wang, et al. Mar. Drugs, 2012, 10, 306.

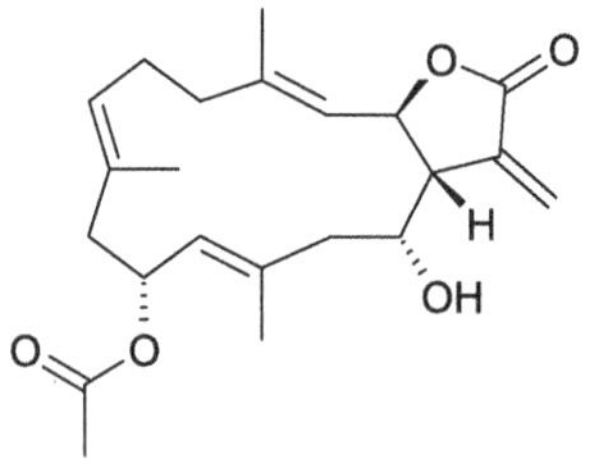

678 Michaolide Q 米迦勒内酯 Q*

【基本信息】$C_{26}H_{34}O_8$，白色无定形粉末，$[\alpha]_D^{25}$ = +81.6° (c = 0.1，氯仿).【类型】西柏烷型二萜.【来源】米迦勒豆荚软珊瑚* *Lobophytum michaelae* (屏东县，台湾，中国).【活性】细胞毒 (A549, ED_{50} = 2.0μg/mL; HT29, ED_{50} = 1.5μg/mL; P_{388}, ED_{50} = 1.0μg/mL; HEL, ED_{50} = 1.8μg/mL).【文献】S. -K. Wang, et al. Mar. Drugs, 2012, 10, 306.

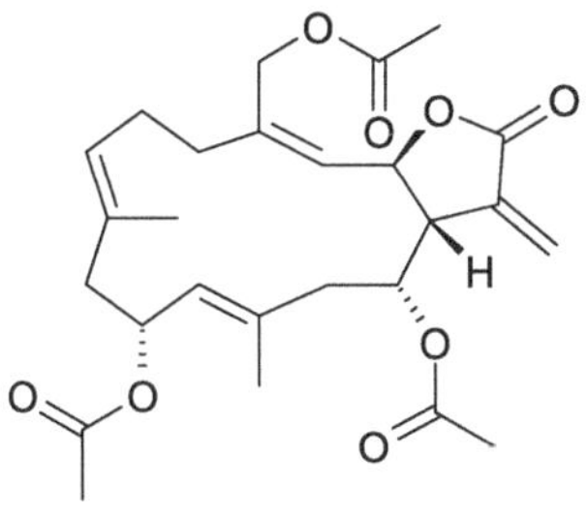

679 (−)-Nephthenol‡ (−)-柔荑软珊瑚属醇*‡

【别名】(1*R*,3*E*,7*E*,11*E*)-3,7,11-Cembratrien-15-ol; (1*R*,3*E*,7*E*,11*E*)-3,7,11-西柏三烯-15-醇.【基本信息】$C_{20}H_{34}O$, 油状物, $bp_{0.03mmHg}$ 96°C, $[\alpha]_D = -36°$ ($c = 0.2$, 氯仿).【类型】西柏烷型二萜.【来源】柔荑软珊瑚属* *Nephthea* spp.和利托菲顿属软珊瑚* *Litophyton viridis*.【活性】低血压的.【文献】S. Carmely, et al. JOC, 1981, 46, 4279; A. J. Blackman, et al. Aust. J. Chem., 1982, 35, 1873; Y. P. Shi, et al. JNP, 2001, 64, 1439.

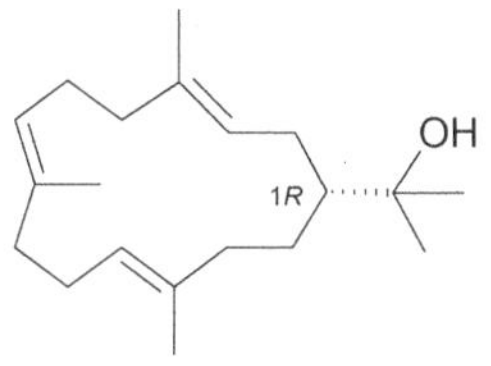

680 Nyalolide 尼阿洛内酯*

【基本信息】$C_{43}H_{66}O_{10}$, 晶体, $[\alpha]_D^{25} = +98°$ ($c = 0.08$, 氯仿).【类型】西柏烷型二萜.【来源】豆荚软珊瑚属* *Lobophytum pauciflorum* (海南岛, 南海, 中国) 和乳白肉芝软珊瑚* *Sarcophyton glaucum*.【活性】NO 产生抑制剂 (LPS 刺激的小鼠巨噬细胞).【文献】M. Feller, et al. JNP, 2004, 67, 1303; P. Yan, et al. Chem. Biodivers., 2011, 8, 1724.

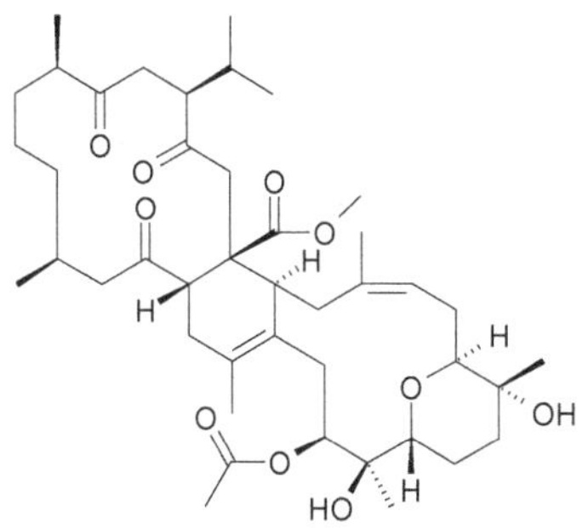

681 Pachyclavulariolide F 绿星软珊瑚内酯 F*

【基本信息】$C_{29}H_{46}O_7$, 白色无定形固体, $[\alpha]_D = +32.1°$ ($c = 1.22$g/100mL, 甲醇).【类型】西柏烷型二萜.【来源】绿星软珊瑚* *Pachyclavularia violacea* (巴布亚新几内亚).【活性】细胞毒 (P_{388}, $IC_{50} = 1.0\mu g/mL$).【文献】L. Xu, et al. Tetrahedron, 2000, 56, 9031.

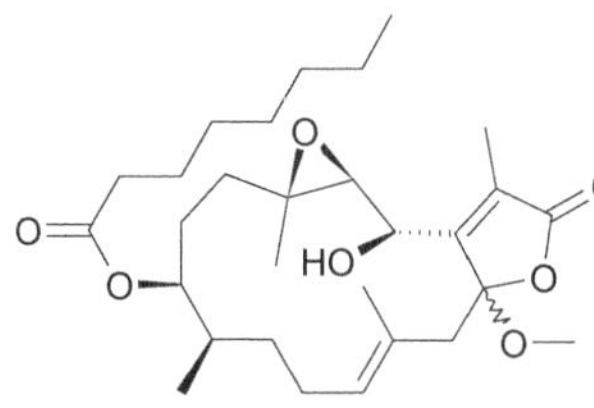

682 Pachyclavulariolide I 绿星软珊瑚内酯 I*

【基本信息】$C_{20}H_{30}O_5$, 固体, mp 188~189°C, $[\alpha]_D^{28} = +88°$ ($c = 1.03$, 氯仿).【类型】西柏烷型二萜.【来源】绿星软珊瑚* *Pachyclavularia violacea.*【活性】细胞毒 (P_{388} 小鼠淋巴细胞白血病细胞, $ED_{50} = 1.3\mu g/mL$).【文献】J. H. Sheu, et al. Tetrahedron, 2001, 57, 7639.

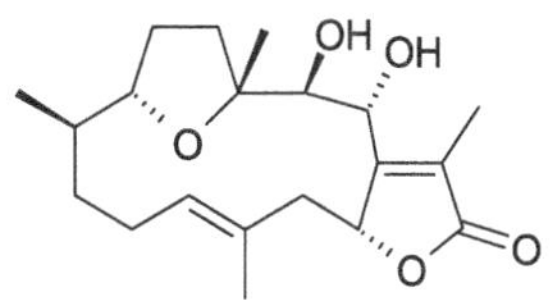

683 Pachyclavulariolide J 绿星软珊瑚内酯 J*

【基本信息】 $C_{26}H_{38}O_8$, 油状物, $[\alpha]_D^{25} = -47°$ ($c = 0.36$, 氯仿).【类型】西柏烷型二萜.【来源】绿星软珊瑚* *Pachyclavularia violacea.*【活性】细胞毒 (P_{388} 小鼠淋巴细胞白血病细胞, $ED_{50} = 2.5\mu g/mL$).【文献】J. H. Sheu, et al. Tetrahedron, 2001, 57, 7639.

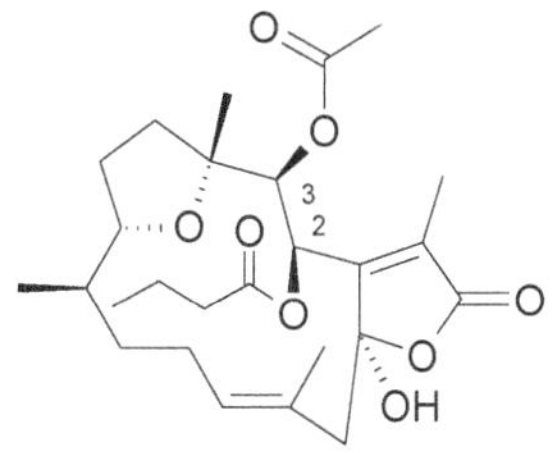

684 Pavidolide A 惊恐短指软珊瑚内酯 A*

【基本信息】$C_{21}H_{30}O_4$, $[\alpha]_D^{20} = +124.0°$ ($c = 0.25$, 氯仿).【类型】西柏烷型二萜.【来源】惊恐短指软珊瑚* *Sinularia pavida* (三亚湾, 海南, 中国).【活性】细胞毒 (HL60, HCT8, HepG2, BGC823, A549,和 A375, 所有的 $IC_{50} > 10\mu g/mL$).【文献】

S. Shen, et al. Tetrahedron Lett., 2012, 53, 5759.

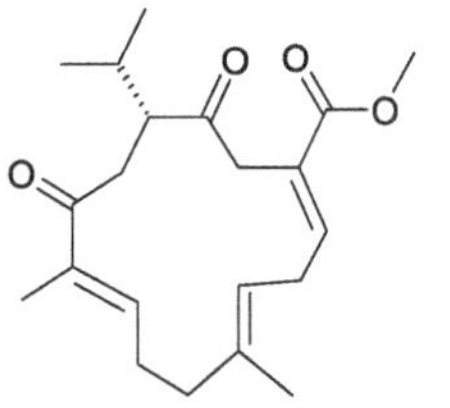

685 Pavidolide B 惊恐短指软珊瑚内酯 B*

【基本信息】$C_{20}H_{26}O_4$.【类型】西柏烷型二萜.【来源】惊恐短指软珊瑚* *Sinularia pavida* (三亚湾, 海南, 中国).【活性】细胞毒 (HL60, IC_{50} =2.7μg/mL); 细胞毒 (HCT8, HepG2, BGC823, A549 和 A375, 所有的 IC_{50} > 10μg/mL).【文献】S. Shen, et al. Tetrahedron Lett., 2012, 53, 5759.

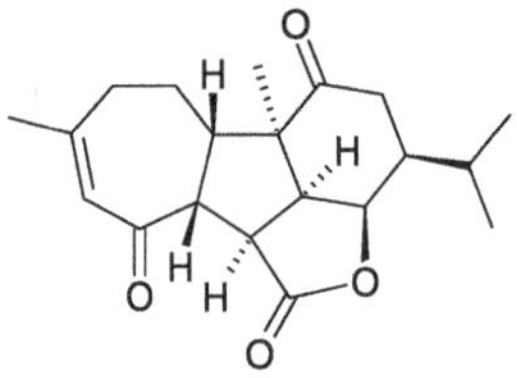

686 Pavidolide C 惊恐短指软珊瑚内酯 C*

【基本信息】$C_{21}H_{30}O_5$.【类型】西柏烷型二萜.【来源】惊恐短指软珊瑚* *SinuLaria paviDa* (三亚湾, 海南, 中国).【活性】细胞毒 (HL60, IC_{50} = 5.3μg/mL); 细胞毒 (HCT8, HepG2, BGC823, A549 和 A375, 所有的 IC_{50}> 10μg/mL); 抗污剂 (抑制纹藤壶 *Balanus amphitrite* 幼虫定居, ED_{50} = 4.32μg/mL, 低细胞毒, LD_{50} > 50μg/mL).【文献】S. Shen, et al. Tetrahedron Lett., 2012, 53, 5759.

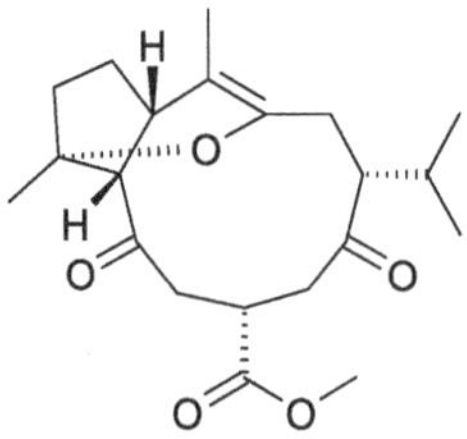

687 Pavidolide D 惊恐短指软珊瑚内酯 D*

【基本信息】$C_{20}H_{34}O_2$.【类型】西柏烷型二萜.【来源】惊恐短指软珊瑚* *Sinularia pavida* (三亚湾, 海南, 中国).【活性】细胞毒 (HL60, HCT8, HepG2, BGC823, A549 和 A375, 所有的 IC_{50} > 10μg/mL). 抗污剂 (抑制纹藤壶 *Balanus amphitrite* 幼虫定居, ED_{50} = 2.12μg/mL, 低细胞毒, LD_{50} > 50μg/mL).【文献】S. Shen, et al. Tetrahedron Lett., 2012, 53, 5759.

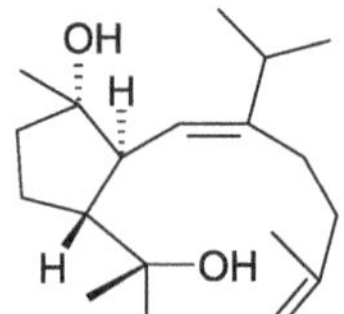

688 Pavidolide E 惊恐短指软珊瑚内酯 E*

【基本信息】$C_{20}H_{34}O_2$.【类型】西柏烷型二萜.【来源】惊恐短指软珊瑚* *Sinularia pavida* (三亚湾, 海南, 中国).【活性】细胞毒 (HL60, HCT8, HepG2, BGC823, A549 和 A375, 所有的 IC_{50} > 10μg/mL).【文献】S. Shen, et al. Tetrahedron Lett., 2012, 53, 5759.

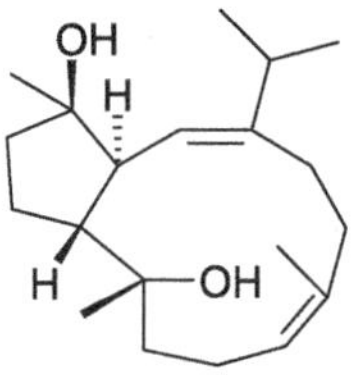

689 Petronigrione 淡黑石海绵酮*

【基本信息】$C_{41}H_{62}O_8$.【类型】西柏烷型二萜.【来源】淡黑石海绵* *Petrosia nigricans* (海云山口, 岘港, 越南).【活性】细胞毒 (HTCLs, 适度活性).【文献】N. X. Nhiem, et al. Nat. Prod. Commun., 2013, 8, 1209.

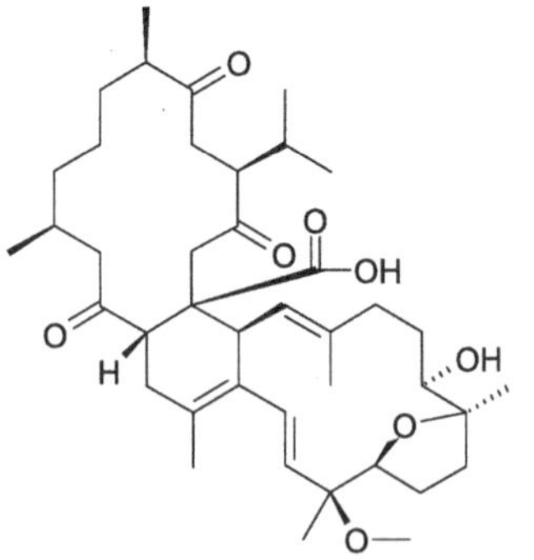

690 Pseudoplexaurol 丛柳珊瑚科柳珊瑚醇*

【基本信息】$C_{20}H_{32}O_2$, 油状物, $[\alpha]_D^{26}$ = −21.5° (c = 3.4, 氯仿).【类型】西柏烷型二萜.【来源】丛柳珊瑚科 Plexauridae 柳珊瑚 *Pseudoplexaura porosa* (加勒比海), 粗厚豆荚软珊瑚* *lobophytum* *crassum* (台湾东北部, 中国).【活性】细胞毒 (MCF7, IC_{50} = 20μg/mL; HCT116, IC_{50} = 10μg/mL; CCRF-CEM, IC_{50} = 0.15μg/mL).【文献】A. D. Rodriguez, et al. Experientia, 1993, 49, 179; A. D. Rodriguez, et al. JNP, 1993, 56, 1101; C. -Y. Kao, et al. Mar. Drugs, 2011, 9, 1319.

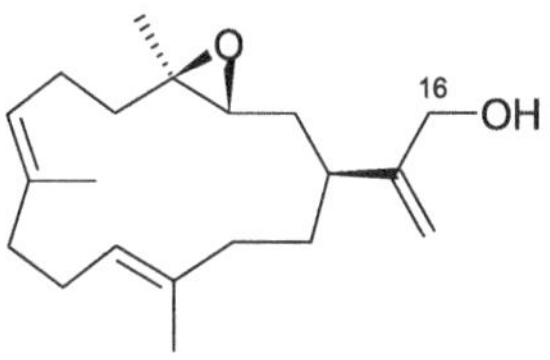

691 Pukalide 蒲卡内酯*

【别名】Methyl (1*R*,7*S*,8*R*,10*S*)-3,6:7,8-Diepoxy-3,5,11,15-cembratetraen-20,10-olid-18-oate; (1*R*,7*S*,8*R*,10*S*)-3,6:7,8-双环氧-3,5,11,15-西柏四烯-20,10-内酯-18-酸甲酯.【基本信息】$C_{21}H_{24}O_6$, 晶体 (甲醇), mp 204~206°C, $[\alpha]_D$ = +44° (*c* = 1.1, 氯仿), $[\alpha]_D^{24}$ = +42° (*c* = 0.57, 氯仿).【类型】西柏烷型二萜.【来源】分裂短指软珊瑚* *Sinularia abrupta* (夏威夷, 美国), 多型短指软珊瑚* *Sinularia polydactyla* 和短指软珊瑚属* *Sinularia erecta*, 柳珊瑚科 (Gorgoniidae) 柳珊瑚 *Lophogorgia alba*, *Lophogorgia chilensis*, *Lophogorgia cuspidata*, *Leptogorgia virgulata* 和 *Lophogorgia rigida*, 软体动物裸鳃目 *Tochuina tetraquetra*.【活性】鱼毒, 抗污剂; LD_{50} (小鼠, scu) = 8mg/kg.【文献】M. G. Missakian, et al. Tetrahedron, 1975, 31, 2513; M. B. Ksebati, et al. JNP (Lloydia), 1984, 47, 1009; D. J. Gerhart, et al. J. Chem. Ecol. 1988, 14, 1905; 1993, 19, 2697; CRC Press, DNP on DVD, 2012, version 20.2.

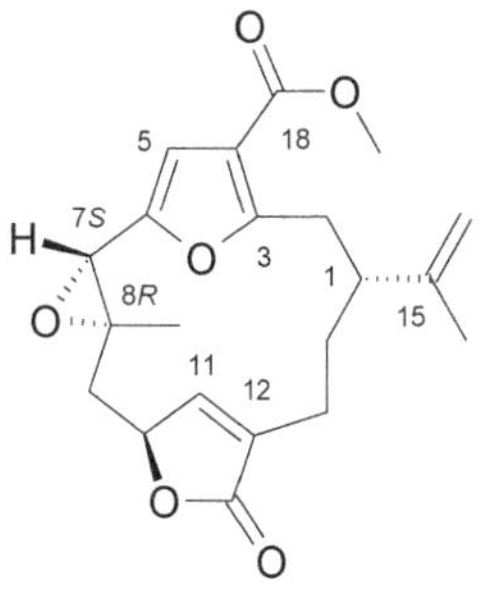

692 Querciformolide A 栎树状短指软珊瑚内酯 A*

【别名】(1*R*,3*S*,4*R*,7*S*,8*R*,12*R*)-4,8-Epoxy-3-hydroxy-7-acetoxy-11-oxo-15(17)-cembren-16,12-olide; (1*R*,3*S*,4*R*,7*S*,8*R*,12*R*)-4,8-环氧-3-羟基-7-乙酰氧基-11-氧代-15(17)-西柏烯-16,12-内酯.【基本信息】$C_{22}H_{32}O_7$, 粉末, mp 120~122°C, $[\alpha]_D^{25}$ = −2.6° (*c* = 0.8, 氯仿).【类型】西柏烷型二萜.【来源】栎树状短指软珊瑚* *Sinularia querciformis*.【活性】细胞毒 (HeLa, Hep2, Doay, MCF7, 所有的 ED_{50} > 20μg/mL).【文献】Y. Lu, et al. JNP, 2008, 71, 1754.

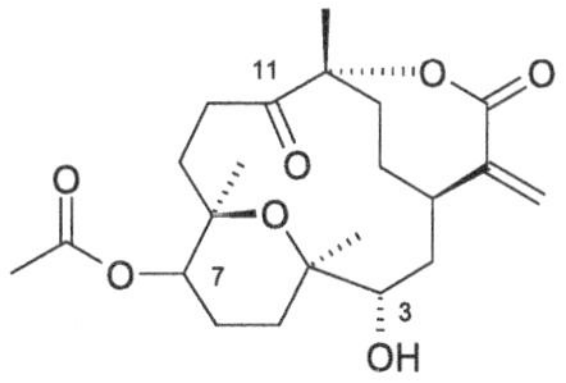

693 Querciformolide B 栎树状短指软珊瑚内酯 B*

【别名】Notandolide; 短指软珊瑚内酯*.【基本信息】$C_{22}H_{34}O_7$, 晶体, mp 109~111°C, $[\alpha]_D^{25}$ = −28° (*c* = 0.6, 氯仿).【类型】西柏烷型二萜.【来源】栎树状短指软珊瑚* *Sinularia querciformis*, 短指软珊瑚属* *Sinularia notanda* 和瘤状短指软珊瑚* *Sinularia granosa*.【活性】细胞毒 (He*l*a, Hep2, *d*oay, MCF7, 所有的 ED_{50} > 20μg/mL).【文献】A. F. Ahmed, et al. Mansoura J. Pharm. Sci., 2007, 23, 27; Y. Lu, et al. JNP, 2008, 71, 1754.

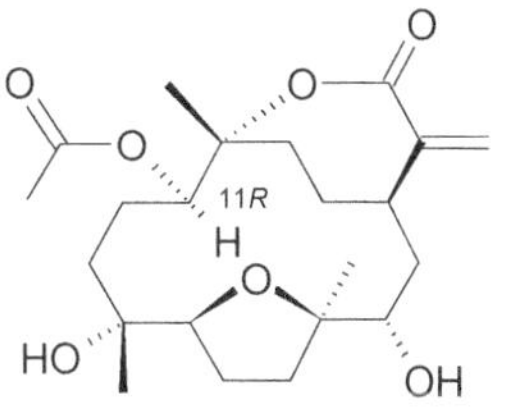

694 Querciformolide C 栎树状短指软珊瑚内酯 C*

【基本信息】$C_{24}H_{36}O_8$, 粉末, mp 149~150°C, $[\alpha]_D^{25}$ = +0.96° (*c* = 1, 氯仿).【类型】西柏烷型二萜.【来源】栎树状短指软珊瑚* *Sinularia querciformis* 和瘤状短指软珊瑚* *Sinularia granosa*.【活性】抗炎 (LPS 刺激的小鼠 RAW 264.7 巨噬细胞, 10μmol/L: 抑制促炎 iNOS 蛋白上调, 和只用对照物 LPS 刺激的细胞相比抑制到 23.7%); 细胞毒 (HeLa, Hep2, Doayh 和 MCF7, 所有的 ED_{50} > 20μg/mL).【文献】Y. Lu, et al. JNP, 2008, 71, 1754.

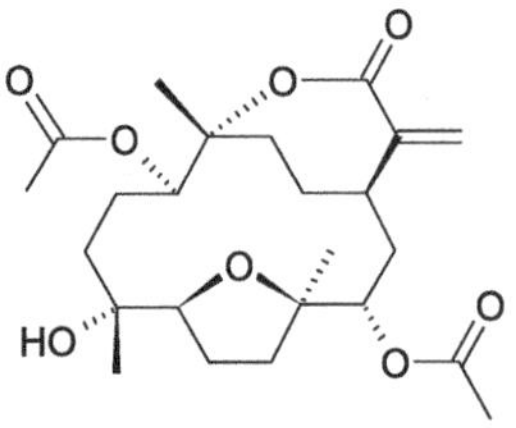

695 Querciformolide D 栎树状短指软珊瑚内酯 D*

【别名】(1*R*,3*S*,4*R*,7*S*,8*R*,11*R*,12*R*)-4,7-Epoxy-3,8,11-trihydroxy-15(17)-cembren-16,12-olide; (1*R*,3*S*,4*R*,7*S*,8*R*,11*R*,12*R*)-4,7-环氧-3,8,11-三羟基-15(17)-西柏烯-16,12-内酯.【基本信息】$C_{20}H_{32}O_6$, 粉末, mp 111~113°C, $[\alpha]_D^{25} = -2°$ (c = 0.4, 氯仿).【类型】西柏烷型二萜.【来源】栎树状短指软珊瑚* *SinuLaria querciformis*.【活性】细胞毒 (HeLa, Hep2, Doay 和 MCF7, 所有的 ED_{50} > 20μg/mL).【文献】Y. Lu, et al. JNP, 2008, 71, 1754.

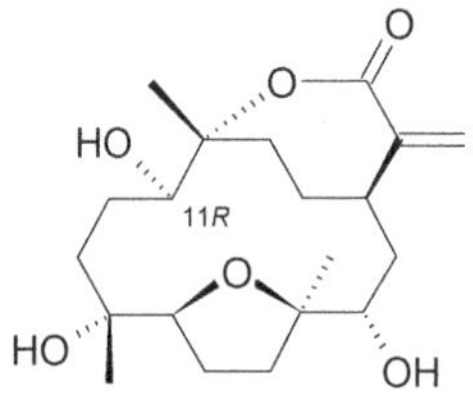

696 R-JNP711819-11

【基本信息】$C_{22}H_{30}O_6$,【类型】西柏烷型二萜.【来源】粗厚豆荚软珊瑚* *Lobophytum crassum.*【活性】抗炎 (10μmol/L, 抑制促炎蛋白 iNOS 和环加氧酶 COX-2); 细胞毒 (Ca9-22, IC_{50} = 1.2μg/mL, 对照物阿霉素, IC_{50} = 0.1μg/mL; HepG2, IC_{50} = 2.4μg/mL, 阿霉素, IC_{50} = 0.2μg/mL; Hep3B, IC_{50} = 2.5μg/mL, 阿霉素, IC_{50} = 0.2μg/mL; MDA-MB-231, IC_{50} = 2.0μg/mL, 阿霉素, IC_{50} = 0.2μg/mL; MCF7, IC_{50} = 2.0μg/mL, 阿霉素, IC_{50} = 0.2μg/mL; A549, IC_{50} = 2.3μg/mL, 阿霉素, IC_{50} = 0.2μg/mL).【文献】C. -H. Chao, et al. JNP, 2008, 71, 1819.

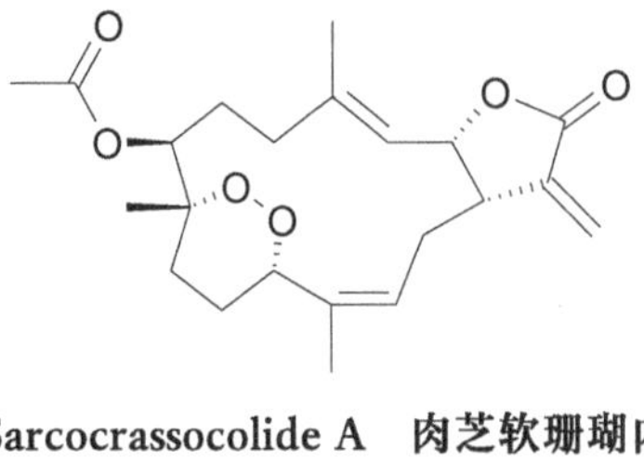

697 Sarcocrassocolide A 肉芝软珊瑚内酯 A (Lin)*

【基本信息】$C_{22}H_{30}O_6$,【类型】西柏烷型二萜.【来源】微厚肉芝软珊瑚* *Sarcophyton crassocaule* (东沙群岛, 南海, 中国).【活性】细胞毒 (温和活性); 抑制 iNOS 的表达 (巨噬细胞).【文献】W. -Y. Lin, et al. BoMC, 2010, 18, 1936.

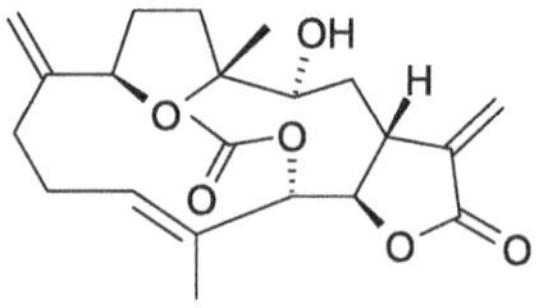

698 Sarcocrassocolide B 肉芝软珊瑚内酯 B*

【基本信息】$C_{22}H_{30}O_6$.【类型】西柏烷型二萜.【来源】微厚肉芝软珊瑚* *Sarcophyton crassocaule* (东沙群岛, 南海, 中国).【活性】细胞毒 (温和活性); 抑制 iNOS 蛋白的表达 (巨噬细胞).【文献】W. -Y. Lin, et al. BoMC, 2010, 18, 1936.

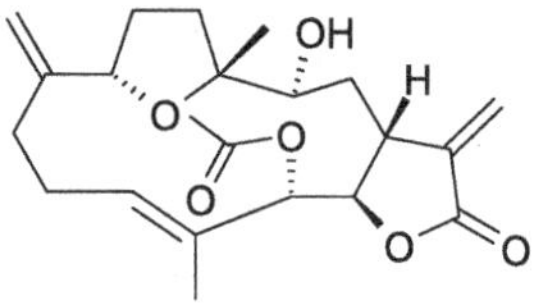

699 Sarcocrassocolide C 肉芝软珊瑚内酯 C*

【基本信息】$C_{20}H_{28}O_4$.【类型】西柏烷型二萜.【来源】微厚肉芝软珊瑚* *Sarcophyton crassocaule* (东沙群岛, 南海, 中国).【活性】细胞毒 (温和活性); 抑制 iNOS 蛋白的表达 (巨噬细胞).【文献】W. -Y. Lin, et al. BoMC, 2010, 18, 1936.

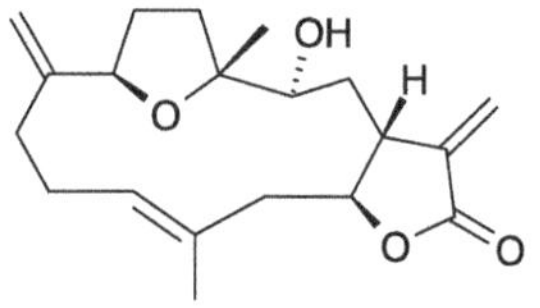

700 Sarcocrassocolide D 肉芝软珊瑚内酯 D*

【基本信息】$C_{20}H_{28}O_4$.【类型】西柏烷型二萜.【来源】微厚肉芝软珊瑚* *Sarcophyton crassocaule* (东沙群岛, 南海, 中国).【活性】细胞毒 (温和活性); 抑制 iNOS 蛋白的表达 (巨噬细胞).【文献】W. -Y. Lin, et al. BoMC, 2010, 18, 1936.

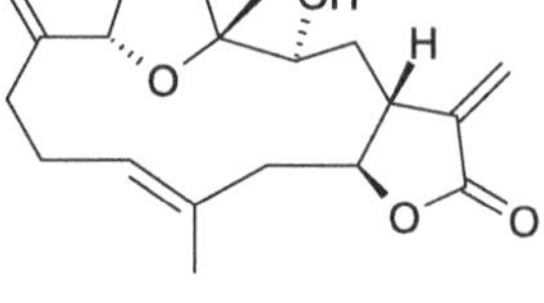

701 Sarcocrassocolide E 肉芝软珊瑚内酯 E*

【基本信息】$C_{23}H_{32}O_5$.【类型】西柏烷型二萜.【来源】微厚肉芝软珊瑚* *Sarcophyton crassocaule* (东沙群岛, 南海, 中国).【活性】细胞毒 (温和活性); 抑制 iNOS 蛋白的表达 (巨噬细胞).【文献】W. -Y. Lin, et al. BoMC, 2010, 18, 1936.

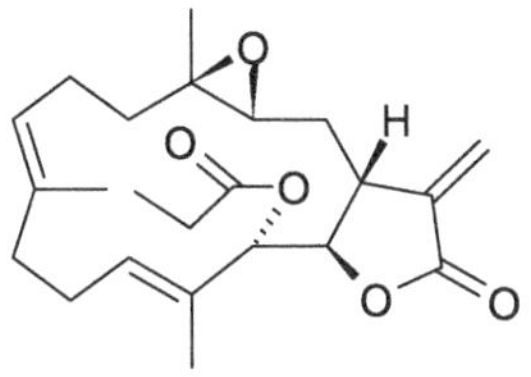

702 Sarcocrassocolide F 肉芝软珊瑚内酯 F*

【基本信息】$C_{22}H_{30}O_7$, 白色固体; mp 92.0~95.0°C, $[\alpha]_D^{25}$ = −42° (*c* = 0.6, 氯仿).【类型】西柏烷型二萜.【来源】微厚短指软珊瑚* *Sinularia crassocaule* (东沙群岛, 南海, 中国).【活性】细胞毒 [Doay, ED_{50} = (7.3±1.7)μmol/L, 对照物丝裂霉素 C, ED_{50} = (0.44±0.06)μmol/L; Hep2, ED_{50} = (15.0±1.9)μmol/L, 丝裂霉素 C, ED_{50} = (0.30±0.06)μmol/L; MCF7, ED_{50} = (19.4±2.4)μmol/L, 丝裂霉素 C, ED_{50} = (0.30±0.12)μmol/L; WiDr, ED_{50} = (18.4±0.9)μmol/L, 丝裂霉素 C, ED_{50} = (0.47±0.12)μmol/L]; 抑制 iNOS 蛋白的表达上调 (LPS 诱导的).【文献】W. -Y. Lin, et al. Mar. Drugs, 2011, 9, 994.

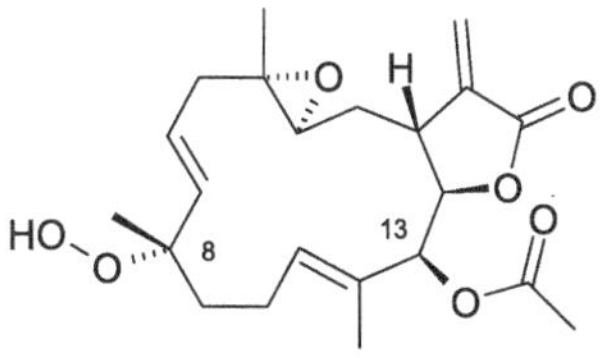

703 Sarcocrassocolide G 肉芝软珊瑚内酯 G*

【基本信息】$C_{22}H_{30}O_7$, 无色油状物, $[\alpha]_D^{25}$ = −56° (*c* = 0.6, 氯仿).【类型】西柏烷型二萜.【来源】微厚短指软珊瑚* *Sinularia crassocaule* (东沙群岛, 南海, 中国).【活性】细胞毒 [Doay, ED_{50} = (8.3±1.4)μmol/L, 对照物丝裂霉素 C, ED_{50} = (0.44±0.06)μmol/L; Hep2, ED_{50} = (16.5±1.7)μmol/L, 丝裂霉素 C, ED_{50} = (0.30±0.06)μmol/L; MCF7, ED_{50} = (9.6±2.7)μmol/L, 丝裂霉素 C, ED_{50} = (0.30±0.12)μmol/L; WiDr, ED_{50} = (18.9±1.9)μmol/L, 丝裂霉素 C, ED_{50} = (0.47±0.12)μmol/L]; 抑制 iNOS 蛋白的表达上调 (LPS 诱导的).【文献】W. -Y. Lin, et al. Mar. Drugs, 2011, 9, 994.

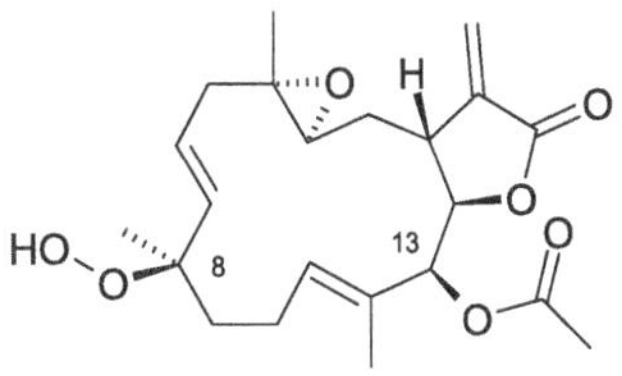

704 Sarcocrassocolide H 肉芝软珊瑚内酯 H*

【基本信息】$C_{22}H_{30}O_6$, 无色油状物, $[\alpha]_D^{25}$ = −17° (*c* = 0.5, 氯仿).【类型】西柏烷型二萜.【来源】微厚短指软珊瑚* *Sinularia crassocaule* (东沙群岛, 南海, 中国).【活性】细胞毒 [Doay, ED_{50} = (6.4±2.0)μmol/L, 对照物丝裂霉素 C, ED_{50} = (0.44±0.06)μmol/L; Hep2, ED_{50} = (13.5±2.5)μmol/L, 丝裂霉素 C, ED_{50} = (0.30±0.06)μmol/L; MCF7, ED_{50} = (9.4±2.5)μmol/L, 丝裂霉素 C, ED_{50} = (0.30±0.12)μmol/L; WiDr, ED_{50} = (18.7±1.0)μmol/L, 丝裂霉素 C, ED_{50} = (0.47±0.12)μmol/L]; 抑制 iNOS 蛋白的表达上调 (LPS 诱导的).【文献】W. -Y. Lin, et al. Mar. Drugs, 2011, 9, 994.

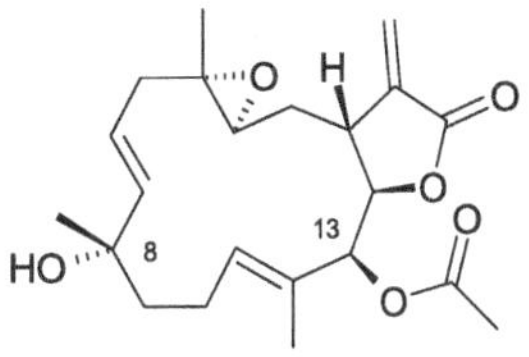

705 Sarcocrassocolide I 肉芝软珊瑚内酯 I*

【基本信息】$C_{22}H_{30}O_6$, 无色油状物, $[\alpha]_D^{25}$ = −29° (*c* = 0.4, 氯仿).【类型】西柏烷型二萜.【来源】微厚短指软珊瑚* *Sinularia crassocaule* (东沙群岛, 南海, 中国).【活性】细胞毒 [Doay, ED_{50} = (5.1±1.2)μmol/L, 对照物丝裂霉素 C, ED_{50} = (0.44±0.06)μmol/L; Hep2, ED_{50} = (5.8±0.5)μmol/L, 丝裂霉素 C, ED_{50} = (0.30±0.06)μmol/L; MCF7, ED_{50} = (8.4±1.5)μmol/L, 丝裂霉素 C, ED_{50} = (0.30±0.12)μmol/L; WiDr, ED_{50} = (6.4±2.0)μmol/L, 丝裂霉素 C, ED_{50} = (0.47±0.12)μmol/L]; 抑制 iNOS 蛋白的表达上调 (LPS 诱导的).【文献】W. -Y. Lin, et al. Mar. Drugs, 2011, 9, 994.

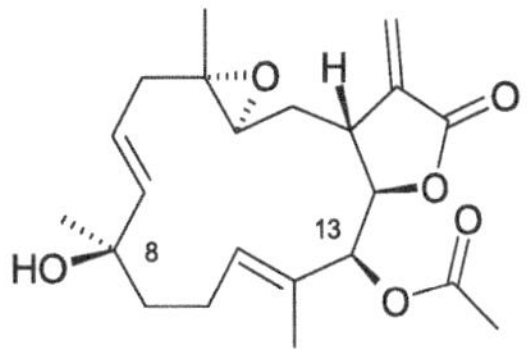

706 Sarcocrassocolide J 肉芝软珊瑚内酯 J*

【基本信息】$C_{20}H_{28}O_5$, 无色油状物, $[\alpha]_D^{25}=-142°$ ($c=0.1$, 氯仿).【类型】西柏烷型二萜.【来源】微厚短指软珊瑚* *Sinularia crassocaule* (东沙群岛, 南海, 中国).【活性】细胞毒 (Doay, Hep2, MCF7 和 WiDr, 所有的 ED_{50}> 20μmol/L); 抑制 iNOS 蛋白的表达上调 (LPS 诱导的).【文献】W. -Y. Lin, et al. Mar. Drugs, 2011, 9, 994.

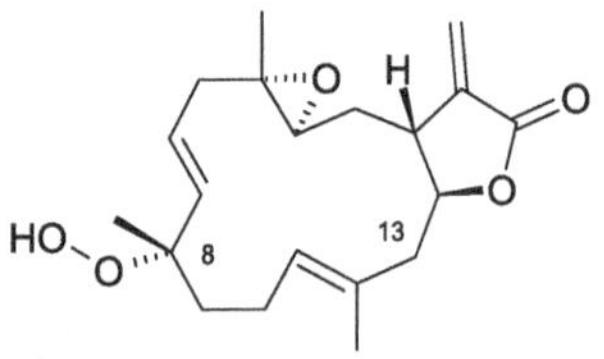

707 Sarcocrassocolide K 肉芝软珊瑚内酯 K*

【基本信息】$C_{20}H_{28}O_4$, 无色油状物, $[\alpha]_D^{25}=-51°$ ($c=0.3$, 氯仿).【类型】西柏烷型二萜.【来源】微厚短指软珊瑚* *Sinularia crassocaule* (东沙群岛, 南海, 中国).【活性】细胞毒 [Doay, ED_{50} = (9.9±4.0)μmol/L, 对照物丝裂霉素 C, ED_{50} = (0.44±0.06)μmol/L; Hep2, ED_{50} = > 20μmol/L, 丝裂霉素 C, ED_{50} = (0.30±0.06)μmol/L; MCF7, ED_{50} = (10.2±1.0)μmol/L, 丝裂霉素 C, ED_{50} = (0.30±0.12)μmol/L; WiDr, ED_{50} > 20μmol/L, 丝裂霉素 C, ED_{50} = (0.47±0.12)μmol/L]; 抑制 iNOS 蛋白的表达上调 (LPS 诱导的).【文献】W. -Y. Lin, et al. Mar. Drugs, 2011, 9, 994.

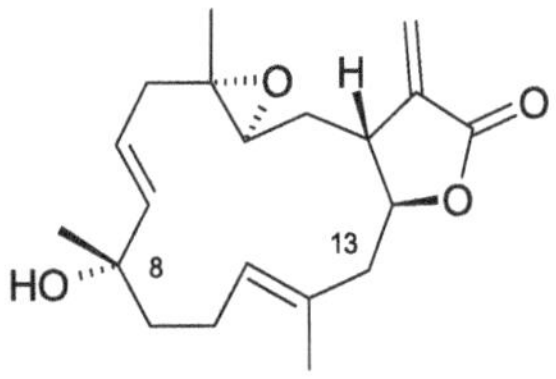

708 Sarcocrassocolide L 肉芝软珊瑚内酯 L*

【基本信息】$C_{20}H_{28}O_4$, 白色固体; mp 85~87°C, $[\alpha]_D^{25}=-140°$ ($c=0.2$, 氯仿).【类型】西柏烷型二萜.【来源】微厚短指软珊瑚* *Sinularia crassocaule* (东沙群岛, 南海, 中国).【活性】细胞毒 (Doay, Hep2, MCF7 和 WiDr, 所有的 ED_{50}s > 20μmol/L); 抑制 iNOS 蛋白的表达上调 (LPS 诱导的).【文献】W. -Y. Lin, et al. Mar. Drugs, 2011, 9, 994.

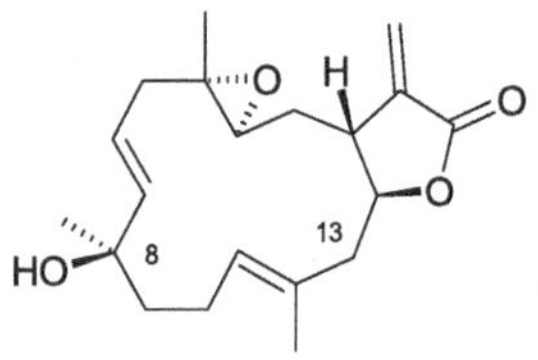

709 Sarcocrassocolide M 肉芝软珊瑚内酯 M*

【基本信息】$C_{22}H_{30}O_7$, 无色油状物, $[\alpha]_D^{25}=-61°$ ($c=0.4$, 氯仿).【类型】西柏烷型二萜.【来源】微厚肉芝软珊瑚* *Sarcophyton crassocaule* 20070402 (东沙群岛, 南海, 中国).【活性】细胞毒 [Doay, ED_{50} = (6.6±0.8)μmol/L, 对照物丝裂霉素 C, ED_{50} = (0.44±0.06)μmol/L; Hep2, ED_{50} = (10.4±1.1)μmol/L, 丝裂霉素 C, ED_{50} = (0.30±0.06)μmol/L; MCF7, ED_{50} = (10.6±0.5)μmol/L, 丝裂霉素 C, ED_{50} = (0.30±0.12)μmol/L; WiDr, ED_{50} > 40μmol/L, 丝裂霉素 C, ED_{50} = (0.47±0.12)μmol/L]; 抗炎 (*in vitro* 受 LPS 刺激的 RAW264.7 巨噬细胞; 抑制 iNOS 蛋白的表达; 抑制 iNOS 蛋白的诱导, 有值得注意的活性).【文献】W. -Y. Lin, et al. Mar. Drugs, 2012, 10, 617.

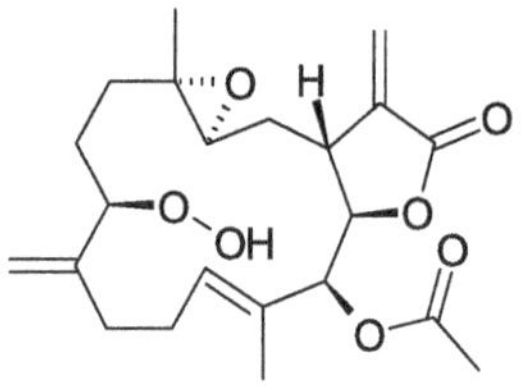

710 Sarcocrassocolide N 肉芝软珊瑚内酯 N*

【基本信息】$C_{22}H_{30}O_7$, 无色油状物, $[\alpha]_D^{25}=-153°$ ($c=0.2$, 氯仿).【类型】西柏烷型二萜.【来源】微厚肉芝软珊瑚* *Sarcophyton crassocaule* 20070402 (东沙群岛, 南海, 中国).【活性】细胞毒 [Doay, ED_{50} = (5.2±0.6)μmol/L, 对照物丝裂霉素 C, ED_{50} = (0.44±0.06)μmol/L; Hep2, ED_{50} = (12.3±1.6)μmol/L, 丝裂霉素 C, ED_{50} = (0.30±0.06)μmol/L; MCF7, ED_{50} = (10.1±2.3)μmol/L, 丝裂霉素 C, ED_{50} = (0.30±0.12)μmol/L; WiDr, ED_{50} = (30.1±2.8)μmol/L, 丝裂霉素 C, ED_{50} = (0.47±0.12)μmol/L]; 抗炎 (*in vitro,* 受 LPS 刺激的 RAW264.7 巨噬细胞, 抑制 iNOS 蛋白的表达; 抑制 iNOS 蛋白的诱导, 有值得注意的活性).【文献】W. -Y. Lin, et al. Mar. Drugs, 2012, 10, 617.

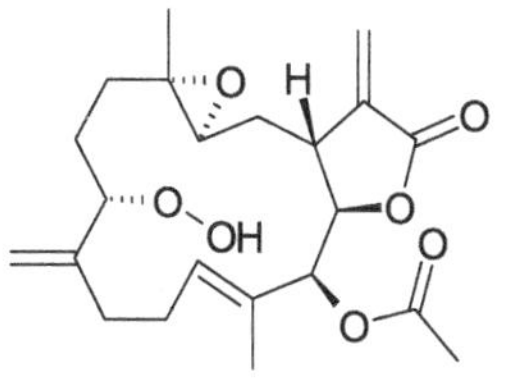

711　Sarcocrassocolide O　肉芝软珊瑚内酯 O*

【基本信息】$C_{20}H_{28}O_5$, 无色油状物, $[\alpha]_D^{25} = -140°$ ($c = 0.2$, 氯仿). 【类型】西柏烷型二萜. 【来源】微厚肉芝软珊瑚* *Sarcophyton crassocaule* 20070402 (东沙群岛, 南海, 中国). 【活性】细胞毒 [Doay, $ED_{50} = (5.0±0.7)$μmol/L, 对照物丝裂霉素 C, $ED_{50} = (0.44±0.06)$μmol/L; Hep2, $ED_{50} = (12.4±2.1)$μmol/L, 丝裂霉素 C, $ED_{50} = (0.30±0.06)$μmol/L; MCF7, $ED_{50} = (6.4±0.5)$μmol/L, 丝裂霉素 C, $ED_{50} = (0.30±0.12)$μmol/L; WiDr, $ED_{50} >$ 40μmol/L, 丝裂霉素 C, $ED_{50} = (0.47±0.12)$μmol/L]; 抗炎 (*in vitro,* 受 LPS 刺激的 RAW264.7 巨噬细胞, 抑制 iNOS 蛋白的表达; 抑制 iNOS 蛋白的诱导, 有值得注意的活性). 【文献】W. -Y. Lin, et al. Mar. Drugs, 2012, 10, 617.

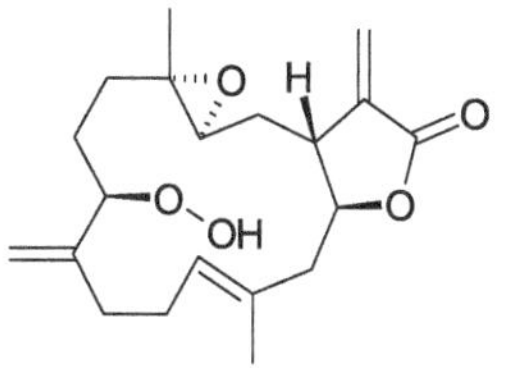

712　Sarcocrassolide　肉芝软珊瑚内酯*

【基本信息】$C_{20}H_{28}O_3$, 无色油状物, $[\alpha]_D^{25} = +7.8°$ ($c = 0.10$, 氯仿). 【类型】西柏烷型二萜. 【来源】微厚肉芝软珊瑚* *Sarcophyton crassocaule* (台湾水域, 中国). 【活性】细胞毒 (A549, $EC_{50} =$ 8.31μg/mL; HT29, $EC_{50} =$ 7.55μg/mL; KB, $EC_{50} =$ 9.15μg/mL; P_{388}, $EC_{50} =$ 0.16μg/mL). 【文献】C. -Y. Duh, et al. JNP, 2000, 63, 1634.

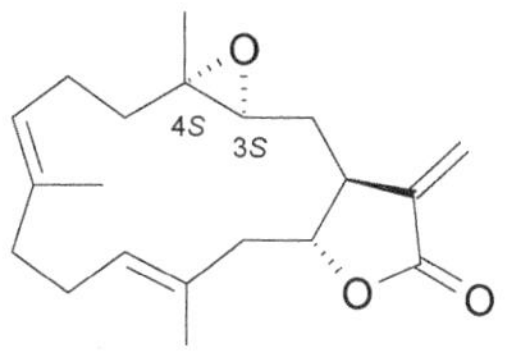

713　Sarcoglaucol　乳白肉芝软珊瑚醇*

【基本信息】$C_{21}H_{30}O_4$, 晶体 (乙醚), mp 150~152°C, $[\alpha]_D^{22} = +177°$ ($c = 0.312$, 甲醇). 【类型】西柏烷型二萜. 【来源】乳白肉芝软珊瑚* *Sarcophyton glaucum*. 【活性】鱼毒. 【文献】M. Albericci, et al. Bull. Soc. Chim. Belg., 1978, 87, 487.

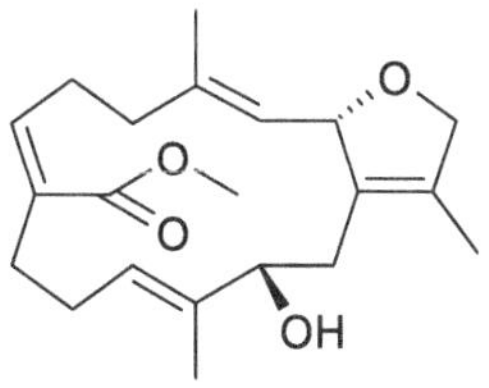

714　Sarcolactone A　肉芝软珊瑚内酯 A (Sun)*

【基本信息】$C_{20}H_{28}O_3$. 【类型】西柏烷型二萜. 【来源】漏斗肉芝软珊瑚* *Sarcophyton infundibuliforme* (涠洲珊瑚礁, 广西, 中国). 【活性】有毒的 (盐水丰年虾). 【文献】X. -P. Sun, et al. Nat. Prod. Commun., 2010, 5, 1171.

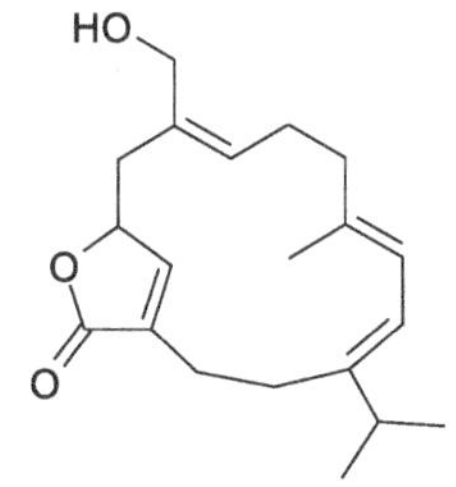

715　Sarcophine　肉芝软珊瑚素

【基本信息】$C_{20}H_{28}O_3$, 晶体 (丙酮/石油醚), mp 133~134°C, $[\alpha]_D^{25} = +92°$ ($c = 1$, 氯仿). 【类型】西柏烷型二萜. 【来源】乳白肉芝软珊瑚* *Sarcophyton glaucum*, 短指软珊瑚属* *SinuLaria gibberosa* 和豆荚软珊瑚属* *Lobophytum* sp. 【活性】鱼毒; 肿瘤发生抑制剂; 乙酰胆碱酯酶抑制剂; 腺苷三磷酸酶 ATPase 抑制剂. 【文献】J. Bernstein, et al. Tetrahedron, 1974, 30, 2817; T. Takahashi, et al. JOC, 1992, 57, 3521; Y. Li, et al. Tetrahedron Lett., 1992, 33, 1225; Q. Zheng, et al. Chinese Sci. Bull., 1992, 37, 86.

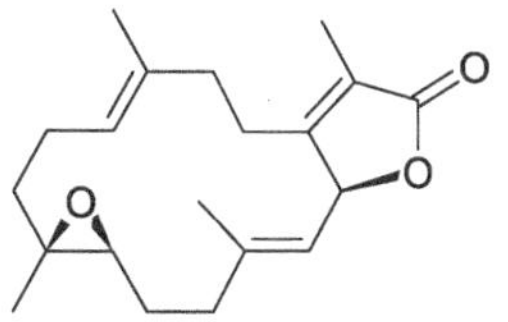

716　Sarcophinone　肉芝软珊瑚酮*

【基本信息】$C_{20}H_{28}O_3$, mp 141~142°C. 【类型】西柏烷型二萜. 【来源】肉芝软珊瑚属* *Sarcophyton* *decaryi* 和肉芝软珊瑚属* *Sarcophyton molle*.【活性】细胞毒 (2.5μg/mL: EAC, InRt = 70%, S_{180} 小鼠肉瘤细胞, InRt = 53.9%); 抑制 CYP450 1A 和诱导谷胱甘肽转移酶和醌还原酶活性.【文献】Z. Yan, et al. Redai Haiyang, 1985, 4, 80; Ren-lin Zou, et al. 1989, Corals and their Medical useage, Science Press, Beijing.; J. Y. Su, et al. Chem. J. Chin. Univ., 2001, 22, 1515.

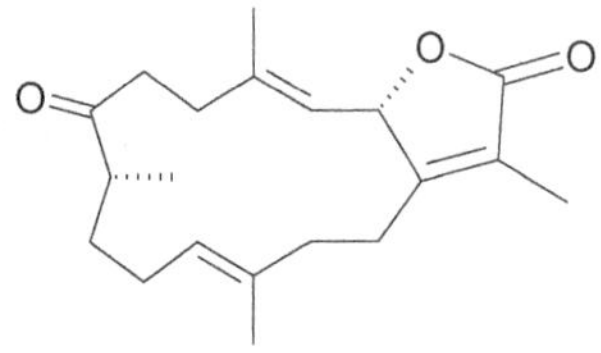

717 Sarcophytol A 肉芝软珊瑚醇 A*

【别名】(1*Z*,3*E*,7*E*,11*E*,14*S*)-1,3,7,11-Cembratetraen-14-ol; (1*Z*,3*E*,7*E*,11*E*,14*S*)-1,3,7,11-西柏四烯-14-醇.【基本信息】$C_{20}H_{32}O$, 油状物, $[\alpha]_D = +115°$, $[\alpha]_D = +206.5°$ (氯仿).【类型】西柏烷型二萜.【来源】肉芝软珊瑚属* *Sarcophyton* sp.和短指软珊瑚属* *Sinularia* sp.【活性】细胞毒 (P_{388} 细胞, $ED_{50} = 1.3\mu g/mL$; KB, $ED_{50} > 50\mu g/mL$; A549, $ED_{50} > 50\mu g/mL$; HT29, $ED_{50} = 23.9\mu g/mL$). 抗肿瘤促进剂; 鸟氨酸脱羧酶抑制剂; 增生和组胺释放抑制剂; 抗炎; 抗银屑病药.【文献】M. Kobayashi, et al. CPB, 1979, 27, 2382; 1988, 36, 2331; 1989, 37, 631; 1989, 37, 2053; 1990, 38, 815; A. J. Blackman, et al. Aust. J. Chem., 1982, 35, 1873; M. Kobayashi, et al. JOC, 1990, 55, 1947; J.-H. Shen, et al. J. Chin. Chem. Soc. (Taipei), 1999, 46, 253; M. Koh, et al. Biosci., Biotechnol., Biochem., 2000, 64, 858; C. A. Gray, et al. JNP, 2000, 63, 1551.

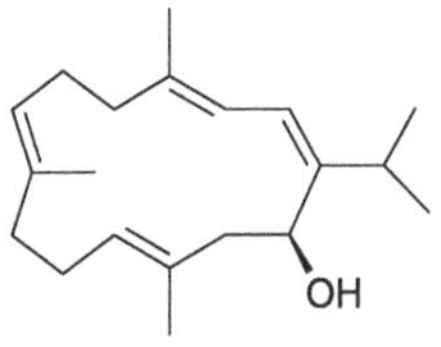

718 Sarcophytol B 肉芝软珊瑚醇 B*

【基本信息】$C_{20}H_{32}O_2$, 晶体 (丙酮) 或无色油, mp 125~126.5°C, $[\alpha]_D = +164°$ ($c = 1$, 氯仿).【类型】西柏烷型二萜.【来源】短指软珊瑚属* *Sinularia* sp. (鲍登礁, 大堡礁, 澳大利亚), 乳白肉芝软珊瑚* *Sarcophyton glaucum* 和海鸡冠属软珊瑚* *Alcyonium flaccidum*.【活性】细胞毒 (SF268, $GI_{50} = 16\mu mol/L$; MCF7, $GI_{50} = 12.5\mu mol/L$; H460, $GI_{50} = 15\mu mol/L$); 抗炎; 抗银屑病药; 组胺释放抑制剂.【文献】M. Kobayashi, et al. CPB, 1979, 27, 2382; 1989, 37, 631; 37, 2053; Y. Kashman, et al. JOC, 1981, 46, 3592; A. D. Wright, et al. Mar. Drugs, 2012, 10, 1619.

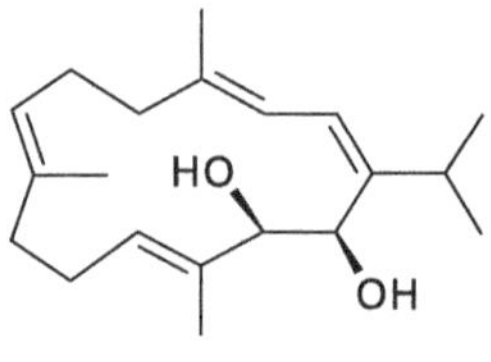

719 Sarcophytolide‡ 肉芝软珊瑚内酯*‡

【别名】(3*S*,4*R*,7*E*,12*E*,14*S*)-3,4-Epoxy-1(15),7,12-cembratrien-16,14-olide; (3*S*,4*R*,7*E*,12*E*,14*S*)-3,4-环氧-1(15),7,12-西柏三烯-16,14-内酯.【基本信息】$C_{20}H_{28}O_3$, 晶体, mp 142°C.【类型】西柏烷型二萜.【来源】乳白肉芝软珊瑚* *Sarcophyton glaucum*.【活性】抗微生物 (广谱); 神经保护剂.【文献】F. A. Badaria, et al. Int. J. Pharmacogn., 1997, 35, 284; F. A. Badaria, et al. Toxicology, 1998, 131, 133.

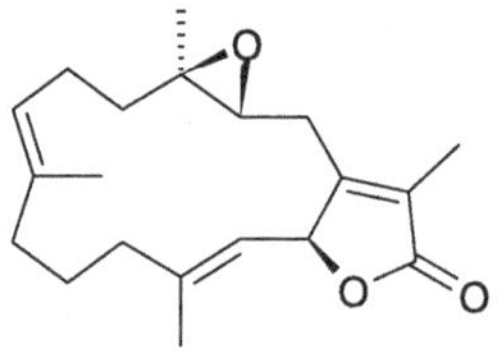

720 Sarcophytol M 肉芝软珊瑚醇 M*

【别名】(1*R*,3*E*,7*E*,11*E*)-3,7,11-Cembratrien-1-ol; (1*R*,3*E*,7*E*,11*E*)-3,7,11-西柏三烯-1-醇.【基本信息】$C_{20}H_{34}O$, 油状物, $[\alpha]_D = +57°$ ($c = 0.94$, 氯仿).【类型】西柏烷型二萜.【来源】乳白肉芝软珊瑚* *Sarcophyton glaucum*.【活性】抗肿瘤促进剂.【文献】M. Kobayashi, et al. CPB, 1989, 37, 631; Y. Li, et al. Tetrahedron Lett., 1993, 34, 2799; X. Yue, et al. Bull. Chim. Soc. Belg., 1994, 103, 35.

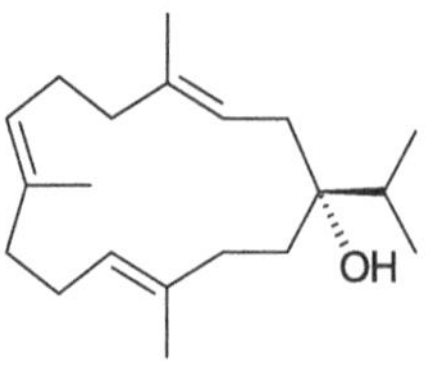

721　Sarcrassin A　肉芝软珊瑚新 A*

【基本信息】$C_{22}H_{32}O_5$，黄色油，$[\alpha]_D^{20} = -6.3°$ (c = 0.208，氯仿).【类型】西柏烷型二萜.【来源】微厚肉芝软珊瑚* *Sarcophyton crassocaule.*【活性】细胞毒 (KB, IC_{50} = 19.0μg/mL，适度活性).【文献】C. Zhang, et al. JNP, 2006, 69, 1476.

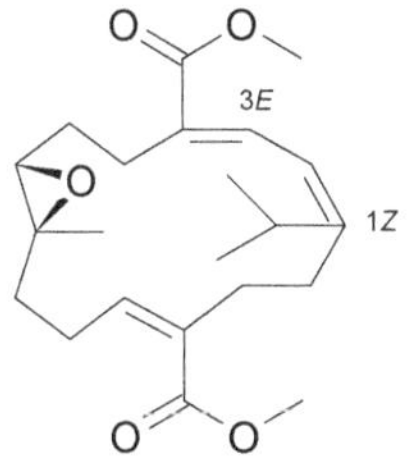

722　Sarcrassin B　肉芝软珊瑚新 B*

【基本信息】$C_{22}H_{32}O_6$，黄色油，$[\alpha]_D^{20} = +6.9°$ (c = 0.13，氯仿).【类型】西柏烷型二萜.【来源】微厚肉芝软珊瑚* *Sarcophyton crassocaule.*【活性】细胞毒 (KB, IC_{50} = 5.0μg/mL).【文献】C. Zhang, et al. JNP, 2006, 69, 1476.

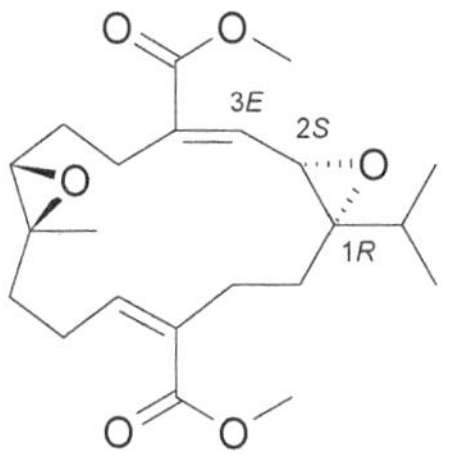

723　Sarcrassin D　肉芝软珊瑚新 D*

【基本信息】$C_{23}H_{32}O_6$，黄色油，$[\alpha]_D^{20} = +187°$ (c = 0.108，氯仿).【类型】西柏烷型二萜.【来源】微厚肉芝软珊瑚* *Sarcophyton crassocaule.*【活性】细胞毒 (KB, IC_{50} = 4.0μg/mL).【文献】C. Zhang, et al. JNP, 2006, 69, 1476.

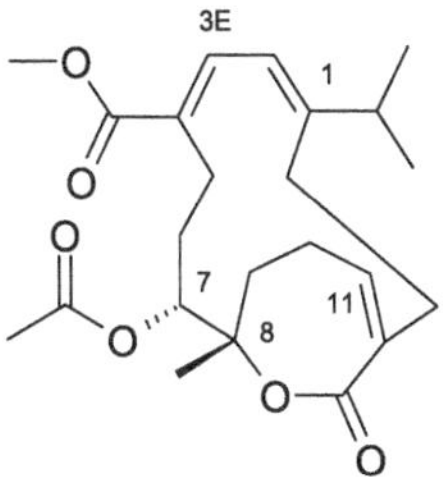

724　Sarcrassin E　肉芝软珊瑚新 E*

【基本信息】$C_{21}H_{28}O_5$，油状物，$[\alpha]_D^{20} = +51.5°$ (c = 1.7，氯仿).【类型】西柏烷型二萜.【来源】微厚肉芝软珊瑚* *Sarcophyton crassocaule.*【活性】细胞毒 (KB, IC_{50} = 13.0μg/mL，适度活性).【文献】C.Zhang, et al. JNP, 2006, 69, 1476.

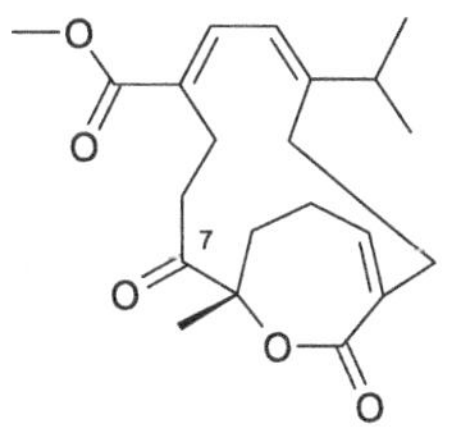

725　Sinuflexibilin　短指软珊瑚灵*

【基本信息】$C_{21}H_{36}O_6$，晶体，mp 169~170°C，$[\alpha]_D^{25} = -3.9°$ (c = 0.14，甲醇).【类型】西柏烷型二萜.【来源】灵活短指软珊瑚* *Sinularia flexibilis* (台湾水域，中国).【活性】细胞毒 (A549, ED_{50} = 0.72μg/mL; HT29, ED_{50} = 0.22μg/mL; KB, ED_{50} = 1.73μg/mL; P_{388}, ED_{50} = 0.27μg/mL).【文献】C. -Y. Duh, et al. JNP, 1998, 61, 844.

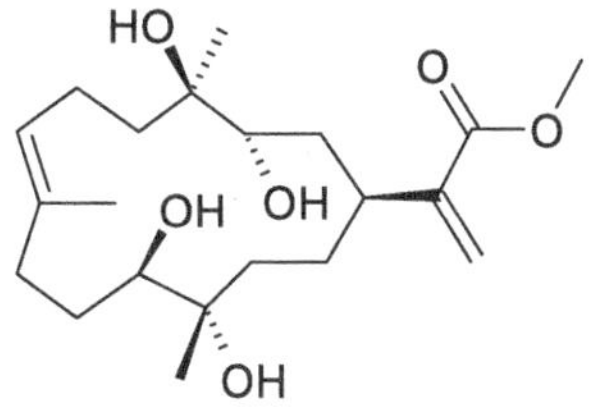

726　Sinuflexolide　灵活短指软珊瑚内酯*

【基本信息】$C_{20}H_{32}O_5$，晶体，mp 172~173°C，$[\alpha]_D^{25} = -8.6°$ (c = 0.17，氯仿).【类型】西柏烷型二萜.【来源】灵活短指软珊瑚* *Sinularia flexibilis* (台湾水域，中国).【活性】细胞毒 (A549, ED_{50} = 0.68μg/mL; HT29, ED_{50} = 0.39μg/mL; KB, ED_{50} = 0.46μg/mL; P_{388}, ED_{50} = 0.16μg/mL).【文献】C. -Y. Duh, et al. JNP, 1998, 61, 844.

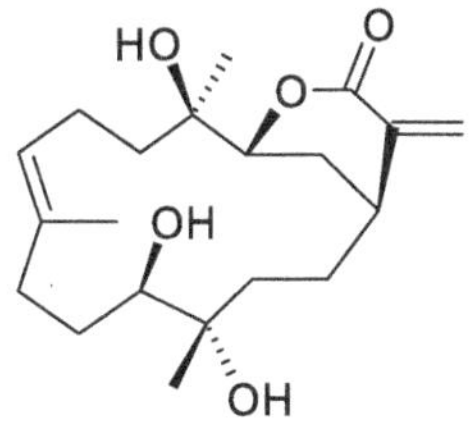

727　Sinugibberol　短指软珊瑚醇*

【基本信息】$C_{20}H_{32}O_3$，晶体，mp 142~144°C，$[\alpha]_D = +30.6°$ (c = 0.011，氯仿).【类型】西柏烷型二萜.【来源】短指软珊瑚属* *Sinularia gibberosa* (台湾水域，中国).【活性】细胞毒 (HT29, ED_{50} =

0.50μg/mL; P_{388}, ED_{50} = 11.7μg/mL).【文献】R. -S. Hou, et al. JNP, 1995, 58, 1126.

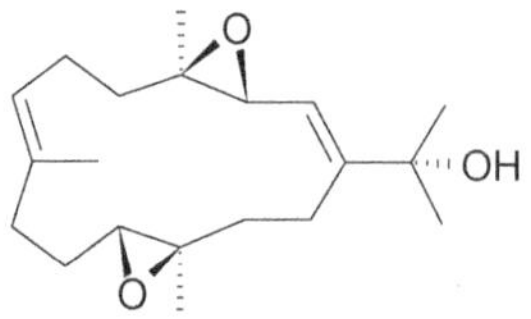

728 Sinularcasbane B 短指软珊瑚卡斯班 B*

【基本信息】$C_{20}H_{30}O_2$.【类型】西柏烷型二萜.【来源】短指软珊瑚属* *Sinularia* sp. (西瑁岛, 南海, 海南, 中国).【活性】NO 产生抑制剂 (受激巨噬细胞).【文献】J. Yin, et al. Mar. Drugs, 2013, 11, 455.

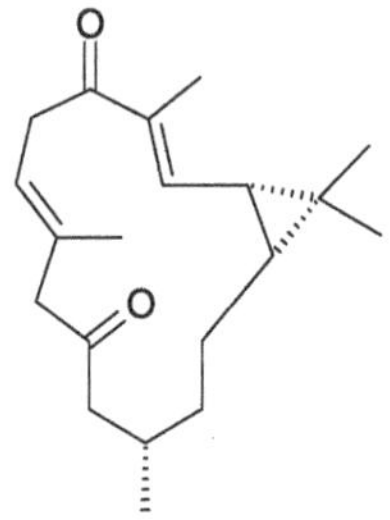

729 Sinularcasbane E 短指软珊瑚卡斯班 E*

【基本信息】$C_{20}H_{32}O_2$.【类型】西柏烷型二萜.【来源】短指软珊瑚属* *Sinularia* sp. (西瑁岛, 南海, 海南, 中国).【活性】NO 产生抑制剂 (受激巨噬细胞).【文献】J. Yin, et al. Mar. Drugs, 2013, 11, 455.

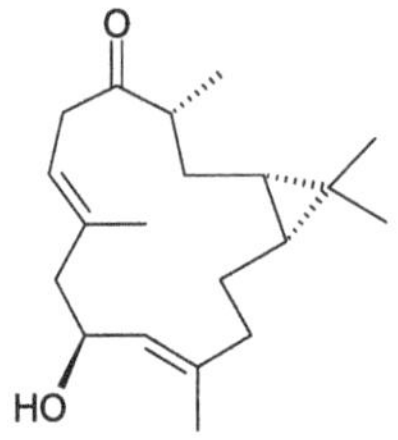

730 Sinularin 短指软珊瑚素*

【别名】Flexibilide; 灵活短指软珊瑚内酯*.【基本信息】$C_{20}H_{30}O_4$, 白色粉末; mp 151~153°C, $[\alpha]_D^{25} = -120°$ ($c = 0.5$, 氯仿); 晶体 (乙醚), mp 150~152°C, $[\alpha]_D^{21} = -115°$ ($c = 1$, 氯仿).【类型】西柏烷型二萜.【来源】短指软珊瑚属* *Sinularia* sp. (东罗岛, 海南, 中国), 三角短指软珊瑚* *Sinularia triangula* (台东县, 台湾, 中国), 灵活短指软珊瑚* *Sinularia flexibilis* 和条状短指软珊瑚* *Sinularia capillosa*.【活性】细胞毒 (CCRF-CEM, ED_{50} = 26.0μmol/L, 对照物阿霉素, ED_{50} = 0.57μmol/L, DLD-1, ED_{50} = 37.1μmol/L, 阿霉素, ED_{50} = 0.25μmol/L); 抗炎 (免疫印迹分析实验, 10μmol/L, RAW264.7 巨噬细胞, 抑制 LPS 诱导的 iNOS 和环加氧酶 COX-2 上调, 降低环加氧酶 COX-2 到约 85%, 降低 iNOS 到 1.2%±0.3%); 抗菌 (革兰氏阳性菌); 核转录因子-κB 抑制剂 (基于 HEK-293 正常人上皮肾细胞的核转录因子-κB 荧光素酶报告基因实验, IC_{50} = 5.30μg/mL; 核转录因子-κB 在调解免疫对感染的响应中扮演关键角色, 核转录因子-κB 不正确的调节与癌、炎症、自身免疫疾病、败血病休克、病毒性感染及不恰当的免疫发展相联系).【文献】A. J. Weinheimer,et al. Tetrahedron Lett., 1977, 34, 2923; R. Kazlauskas, et al. Aust. J. Chem., 1978, 31, 1817; J. S. Yang, et al. JNP, 2000, 63, 1543; J. -H. Su, et al. Mar. Drugs, 2011, 9, 944; B. Yang, ET AL. Mar. Drugs, 2012, 10, 2023.

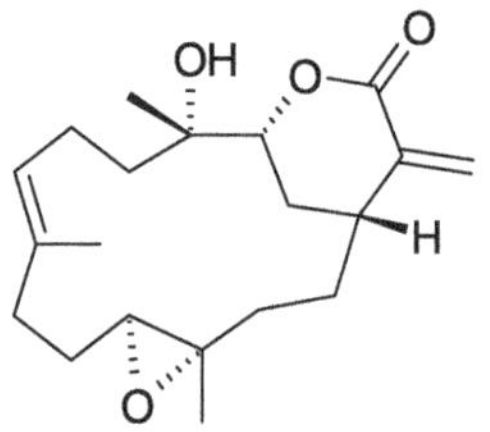

731 (−)-Sinulariol B (−)-短指软珊瑚醇 B*

【基本信息】$C_{20}H_{34}O_2$, 晶体, mp 61~63°C, $[\alpha]_D = -52°$ ($c = 1.12$, 氯仿).【类型】西柏烷型二萜.【来源】短指软珊瑚属* *Sinularia mayi* (日本水域).【活性】发现在各种软珊瑚中的西柏烷内酯的前体.【文献】M. Kobayashi, et al. CPB, 1987, 35, 2314.

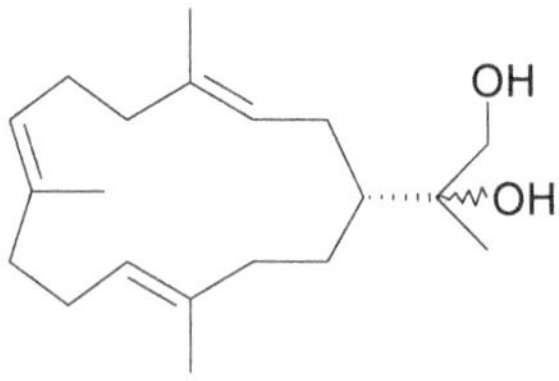

732 Sinulariolide 短指软珊瑚属内酯*

【基本信息】$C_{20}H_{30}O_4$, 晶体 (苯), mp 170~173°C, $[\alpha]_D = +76°$ ($c = 0.7$, 甲醇).【类型】西柏烷型二萜.【来源】条状短指软珊瑚* *Sinularia capillosa* 和灵活短指软珊瑚* *Sinularia flexibilis*.【活性】细胞毒 (KB, ED_{50} = 20μg/mL; PS, ED_{50} = 7μg/mL); 细胞毒 (P_{388}, ED_{50} = 8.5μg/mL; L_{1210}, ED_{50} = 10.5μg/mL); 抗菌

(革兰氏阳性菌).【文献】B. Tursch, et al. Tetrahedron, 1975, 31, 129; R. Karlsson, Acta Crystallogr., Sect. B, 1977, 33, 2027; Ren-lin Zou, et al. 1989, Corals and their Medical useage, Science Press, Beijing.; J. Y. Su, et al. JNP, 2000, 63, 1543.

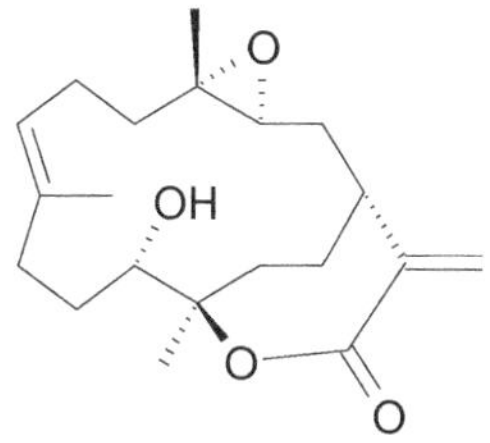

733 11-*epi*-Sinulariolide 11-*epi*-短指软珊瑚属内酯*

【基本信息】$C_{20}H_{30}O_4$, 晶体, mp 166.5~168.5°C, $[\alpha]_D = +19.7°$ ($c = 0.5$, 甲醇).【类型】西柏烷型二萜.【来源】灵活短指软珊瑚* *Sinularia flexibilis*, 软体动物前鳃 *Planaxis sulcatus*.【活性】抗污剂(强力灭藻剂).【文献】K. Mori, et al. Chem. Lett., 1983, 1515; R. Sanduja, et al. JNP, 1986, 49, 718; K. Michalek, et al.. J. Chem. Ecol., 1997, 23, 259.

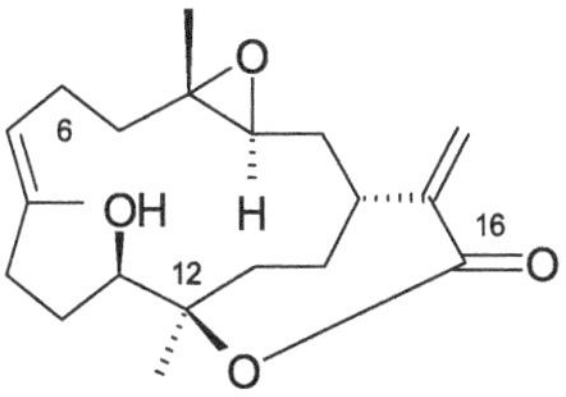

734 Sinulariol J 短指软珊瑚醇 J*

【基本信息】$C_{20}H_{34}O_4$.【类型】西柏烷型二萜.【来源】短指软珊瑚属* *Sinularia rigida* (三亚湾, 海南, 中国).【活性】抗污剂 (纹藤壶 *BaLanus amphitrite*).【文献】D. Lai, et al. Tetrahedron, 2011, 67, 6018.

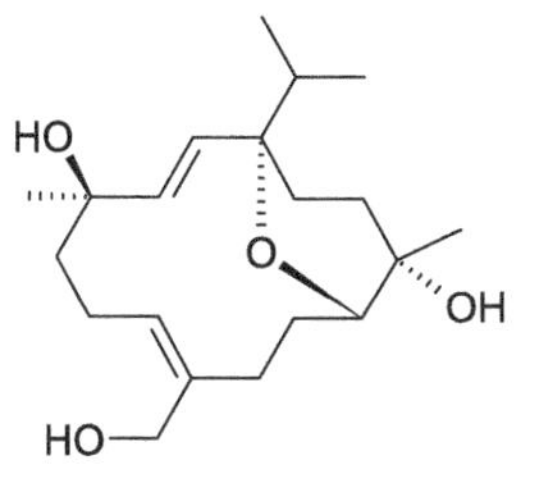

735 Sinulariolone 短指软珊瑚酮*

【别名】4,7-Epoxy-3,8-dihydroxy-11-oxo-15(17)-cembren-16,12-olide; 4,7-环氧-3,8-二羟基-11-氧代-15(17)-西柏烯-16,12-内酯.【基本信息】$C_{20}H_{30}O_6$, 晶体 (乙醚), mp 215~216°C, $[\alpha]_D^{25} = -15.8°$ ($c = 0.63$, 乙醇).【类型】西柏烷型二萜.【来源】短指软珊瑚属* *Sinularia querciformis* 和灵活短指软珊瑚* *Sinularia flexibilis* (菲律宾).【活性】抗炎 (LPS 刺激的小鼠 RAW 264.7 巨噬细胞, 10μmol/L: 抑制促炎环加氧酶 COX-2 上调, 和对照物 LPS 刺激的细胞单独存在时比较抑制到 17.4%); 细胞毒 (HeLa, Hep2, Doay 和 MCF7, 所有的 $ED_{50} > 20μg/mL$).【文献】P. P. Guerrero, et al. JNP, 1995, 58, 1185; T. Wen, et al. JNP, 2008, 71, 1133; Y. Lu, et al. JNP, 2008, 71, 1754.

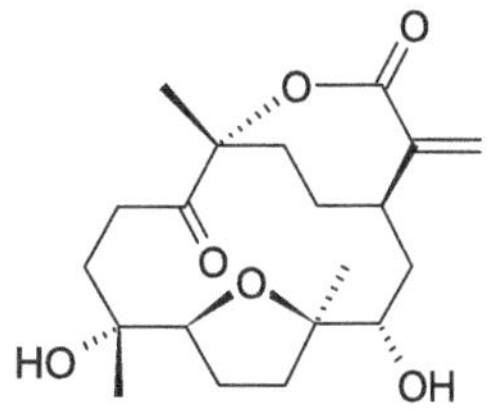

736 Sinulariolone 3-acetate 短指软珊瑚酮 3-乙酸酯*

【基本信息】4,7-Epoxy-3-acetoxy-8-hydroxy-11-oxo-15(17)-cembren-16,12-olide; 4,7-环氧-3-乙酰氧基-8-羟基-11-氧代-15(17)-西柏烯-16,12-内酯。【基本信息】$C_{22}H_{32}O_7$.【类型】西柏烷型二萜.【来源】短指软珊瑚属* *Sinularia querciformis* 和灵活短指软珊瑚* *SinuLaria flexibilis*.【活性】抗炎 (LPS 刺激的小鼠 RAW 264.7 巨噬细胞, 10μmol/L: 抑制 iNOS 表达上调, 和对照物 LPS 刺激的细胞单独存在时比较, 抑制 iNOS 到 20.3%和抑制环加氧酶 COX-2 到 14.0%); 细胞毒 (HeLa, Hep2, Doay 和 MCF7, 所有的 $ED_{50} > 20μg/mL$).【文献】P. P. Guerrero, et al. JNP, 1995, 58, 1185; Y. Lu, et al. JNP, 2008, 71, 1754.

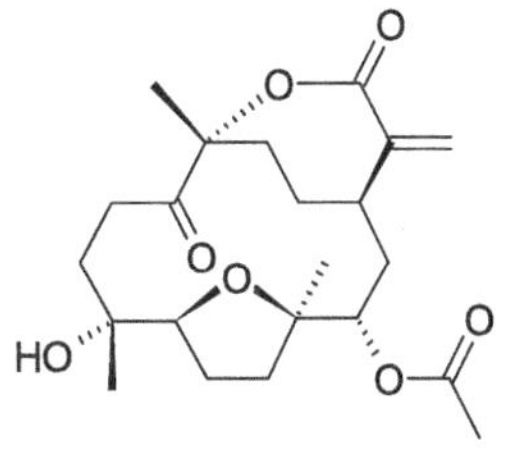

737 Sinulariol P 短指软珊瑚醇 P*

【基本信息】$C_{19}H_{30}O_3$.【类型】西柏烷型二萜.【来

源】短指软珊瑚属* *Sinularia rigida* (三亚湾, 海南, 中国).【活性】抗污剂 (苔藓虫总合草苔虫 *Bugula neritina*).【文献】D. Lai, et al. Tetrahedron, 2011, 67, 6018.

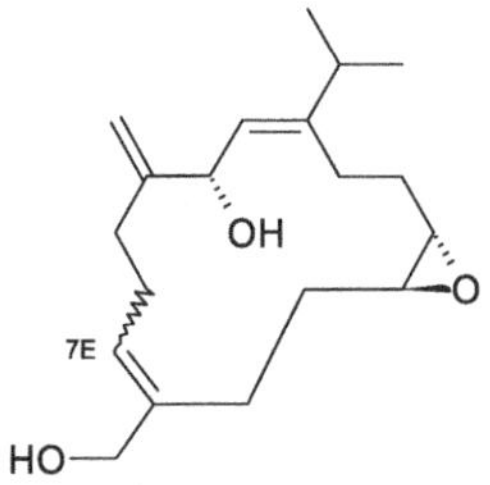

738 Sinulariol Z 短指软珊瑚醇 Z*

【基本信息】$C_{20}H_{34}O_3$.【类型】西柏烷型二萜.【来源】短指软珊瑚属* *Sinularia rigida* (三亚湾, 海南, 中国).【活性】抗污剂 (纹藤壶 *Balanus amphitrite* 和苔藓虫总合草苔虫 *Bugula neritina*).【文献】D. Lai, et al. J. Agric. Food Chem., 2013, 61, 4585.

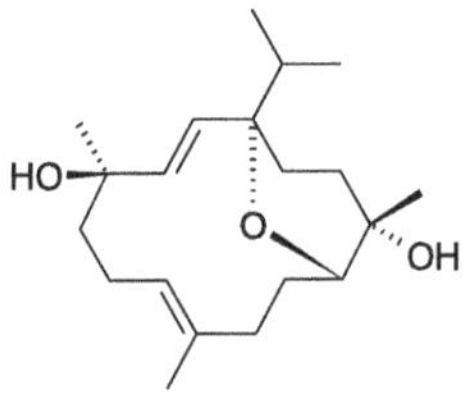

739 Sinularolide B 短指软珊瑚内酯 B*

【基本信息】$C_{20}H_{28}O_5$, 晶体, mp 137~138°C, $[\alpha]_D^{25} = -134.3°$ ($c = 0.05$, 氯仿).【类型】西柏烷型二萜.【来源】短指软珊瑚属* *Sinularia gibberosa*, 粗厚豆荚软珊瑚* *Lobophytum crassum* 和硬豆荚软珊瑚* *Lobophytum durum*.【活性】抗炎 (LPS 刺激的小鼠 RAW 264.7 巨噬细胞, 10μmol/L, 抑制 iNOS 表达上调, 和对照物 LPS 刺激的细胞单独存在时比较, 抑制 iNOS 到 0.9%和抑制环加氧酶 COX-2 到 63.7%, IC_{50} < 10μmol/L; 10μmol/L, 小鼠保持 β-肌动蛋白不变化); 抗菌 (肠炎沙门氏菌 *Salmonella enteritidis*, 100μg/盘, 有值得注意的活性; 对照物氨比西林, 250μg/盘, 有值得注意的活性).【文献】Z. Kinamoni, et al. Tetrahedron, 1983, 39, 1643; G. Li, et al. JNP, 2005, 68, 649; S. -Y. Cheng, et al. Tetrahedron, 2008, 64, 9698.

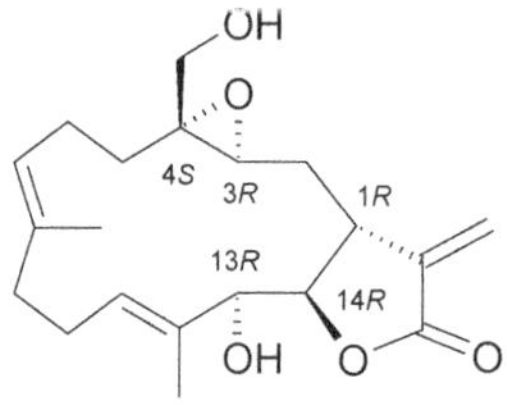

740 Sinularolide C 短指软珊瑚内酯 C*

【别名】3,4-Epoxy-13,18-dihydroxy-7,11,15(17)-cembratrien-16,14-olide; 3,4-环氧-13,18-二羟基-7,11,15(17)-西柏三烯-16,14-内酯.【基本信息】$C_{20}H_{28}O_5$, 油状物, $[\alpha]_D^{25} = -56.3°$ ($c = 0.07$, 氯仿).【类型】西柏烷型二萜.【来源】短指软珊瑚属* *Sinularia gibberosa*, 粗厚豆荚软珊瑚* *Lobophytum crassum* 和硬豆荚软珊瑚* *Lobophytum durum*.【活性】抗炎 (LPS 刺激的小鼠 RAW 264.7 巨噬细胞, 10μmol/L, 抑制促炎 iNOS 表达上调, 和对照物 LPS 刺激的细胞单独存在时比较, 抑制 iNOS 到 1.4%和抑制环加氧酶 COX-2 到 42.9%, IC_{50} < 10μmol/L; 10μmol/L, 小鼠保持 β-肌动蛋白不变化); 抗菌 (肠炎沙门氏菌 *Salmonella enteritidis*, 100μg/盘, 有值得注意的活性; 对照物安比西林, 250μg/盘, 有值得注意的活性).【文献】Li, G. et al. JNP, 2005, 68, 649; S. -Y. Cheng, et al. Tetrahedron, 2008, 64, 9698.

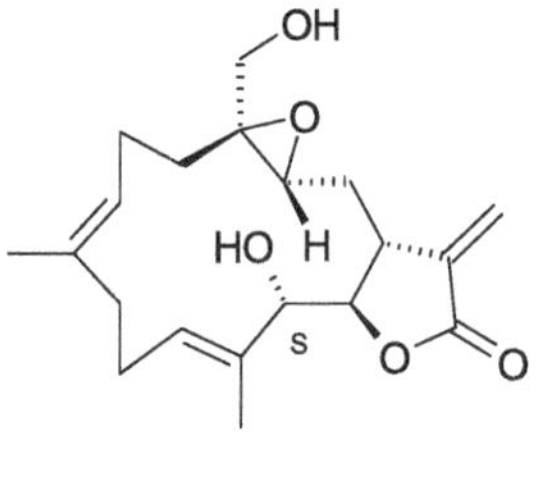

741 5-*epi*-Sinuleptolide acetate 5-*epi*-短指软珊瑚内酯乙酸酯*

【基本信息】$C_{21}H_{26}O_7$, $[\alpha]_D^{25} = -81°$ ($c = 0.5$, 氯仿).【类型】西柏烷型二萜.【来源】短指软珊瑚属* *Sinularia* sp. (台东县, 台湾, 中国).【活性】细胞毒 (MTT 方法, K562, IC_{50} = 0.67μg/mL, 对照物阿霉素, IC_{50} = 0.15μg/mL; Molt4, IC_{50} = 0.59μg/mL, 阿霉素, IC_{50} = 0.01μg/mL; HTC116, IC_{50} = 4.09μg/mL, 阿霉素, IC_{50} = 1.11μg/mL; DLD-1, IC_{50} = 0.92μg/mL, 阿霉素, IC_{50} = 0.22μg/mL; T47D, IC_{50} = 3.09μg/mL, 阿霉素, IC_{50} = 0.40μg/mL; MDA-MB-231, IC_{50} = 2.95μg/mL, 阿霉素, IC_{50} = 1.30μg/mL).【文献】W. -H. Yen, et al. Molecules, 2012, 17, 14058.

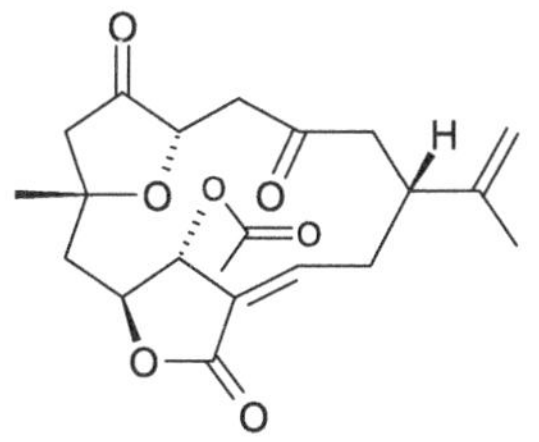

742 Sinumaximol B 最大短指软珊瑚醇 B*

【基本信息】$C_{21}H_{26}O_7$【类型】西柏烷型二萜.【来源】最大短指软珊瑚* *Sinularia maxima* (芽庄湾, 越南).【活性】白细胞介素 IL-12, 白细胞介素 IL-6, 和肿瘤坏死因子 TNF-α 生成抑制剂 (LPS 刺激的骨髓树突状细胞).【文献】N. P. Thao, et al. CPB, 2012, 60, 1581.

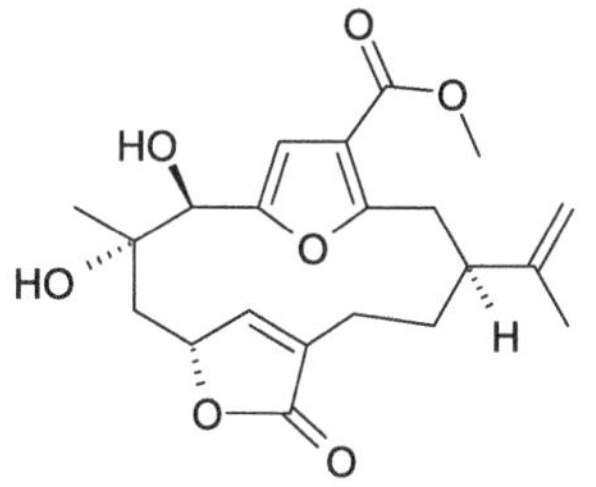

743 Sinumaximol C 最大短指软珊瑚醇 C*

【基本信息】$C_{22}H_{28}O_8$.【类型】西柏烷型二萜.【来源】最大短指软珊瑚* *Sinularia maxima* (芽庄湾, 越南).【活性】白细胞介素 IL-12, 白细胞介素 IL-6, 和肿瘤坏死因子 TNF-α 生成抑制剂 (LPS 刺激的骨髓树突状细胞).【文献】N. P. Thao, et al. CPB, 2012, 60, 1581.

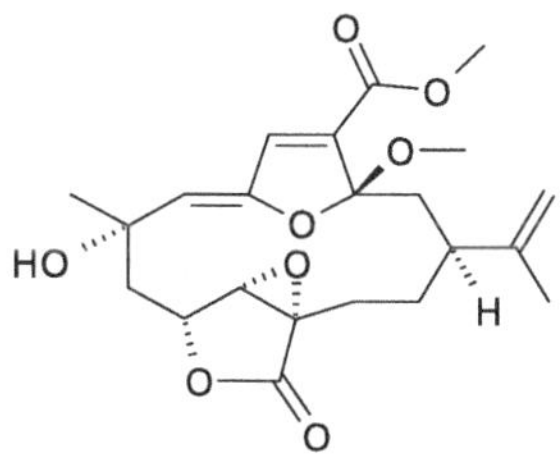

744 Thioflexibilolide A 硫代短指软珊瑚内酯 A*

【基本信息】$C_{40}H_{62}O_8S$, 无色油状物.【类型】西柏烷型二萜.【来源】灵活短指软珊瑚* *Sinularia flexibilis* (台东县, 台湾, 中国).【活性】抗炎 (微神经胶质细胞, 10μmol/L, 相对于仅用 LPS 处理的对照物细胞降低 iNOS 表达至 26.2%±11.2%, 无细胞毒活性); 神经保护 [成神经细胞瘤 SH-SY5Y 细胞, 针对 6-OHDA 诱导的损害, 在 0.001μmol/L, 0.01μmol/L, 0.1μmol/L, 1μmol/L 和 10μmol/L 时的相对神经保护活性分别为(37.2±4.3)%, (73.2±4.0)%, (30.8±8.6)%, (31.2±6.2)%和(29.9±8.5)%].【文献】B. -W. Chen, et al. Tetrahedron Lett., 2010, 51, 5764.

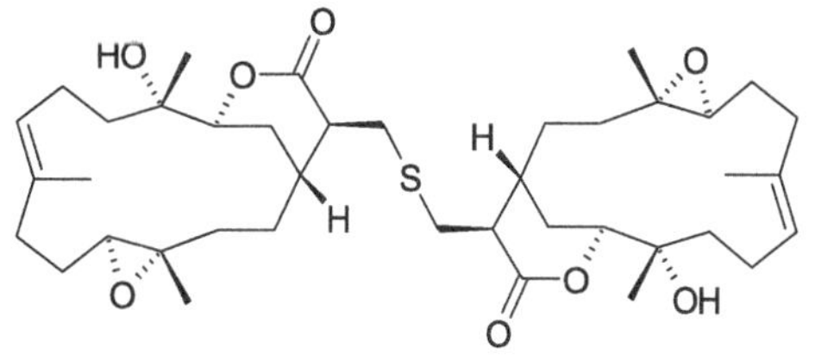

745 (1*S*,2*S*,3*E*,6*S*,7*E*,10*S*,11*E*,14*S*)-6,10,14-Triacetoxy-3,7,11,15(17)-cembratetraen-16,2-olide (1*S*,2*S*,3*E*,6*S*,7*E*,10*S*,11*E*,14*S*)-6,10,14-三乙酰氧基-3,7,11,15(17)-西柏四烯-16,2-内酯*

【基本信息】$C_{26}H_{34}O_8$, 油状物, $[\alpha]_D^{25} = -19.5°$ (c = 0.19, 氯仿).【类型】西柏烷型二萜.【来源】匍匐珊瑚目 *Clavularia koellikeri* (冲绳, 日本).【活性】细胞毒 (人结直肠腺癌 DLD-1, IC_{50} = 4.2μg/mL; 人 T 淋巴细胞白血病细胞 Molt4, IC_{50} = 0.9μg/mL).【文献】M. Iwashima, et al. JNP, 2000, 63, 1647

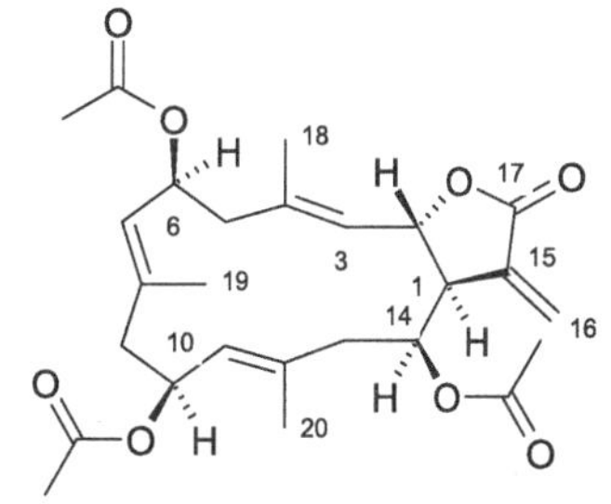

746 Triangulene A 三角短指软珊瑚烯 A*

【基本信息】$C_{20}H_{32}O_2$, 无色油状物, $[\alpha]_D^{25}$ = +70.8° (c = 0.5, 氯仿).【类型】西柏烷型二萜.【来源】三角短指软珊瑚* *Sinularia triangula* (台东县, 台湾, 中国).【活性】抗炎 (免疫印迹分析实验, 10μmol/L, RAW264.7 巨噬细胞, 抑制 LPS 诱导的 iNOS 上调, 降低 iNOS 到约 90%).【文献】J. -H. Su, et al. Mar. Drugs, 2011, 9, 944.

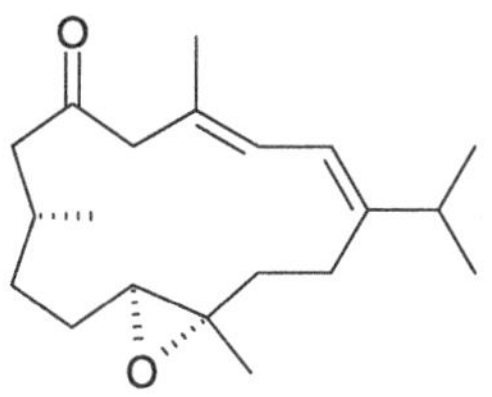

747 Triangulene B 三角短指软珊瑚烯 B*

【基本信息】$C_{20}H_{32}O_2$，无色油状物，$[\alpha]_D^{25}$ = +50.6° (*c* = 0.5，氯仿).【类型】西柏烷型二萜.【来源】三角短指软珊瑚* *Sinularia triangula* (台东县，台湾，中国).【活性】抗炎 (免疫印迹分析实验，10μmol/L, RAW264.7 巨噬细胞，抑制 LPS 诱导的 iNOS 上调，降低 iNOS 到约 75%).【文献】J. -H. Su, et al. Mar. Drugs, 2011, 9, 944.

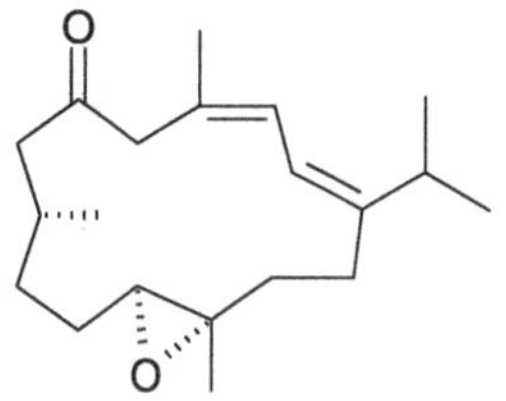

748 Uproeunicin 乌普罗矶沙蚕素*

【基本信息】$C_{20}H_{30}O_6$，油状物.【类型】西柏烷型二萜.【来源】环节动物门矶沙蚕科 *Eunicea succinea* (莫纳岛，波多黎各).【活性】细胞毒.【文献】A. D. Rodriguez, et al. JNP, 1998, 61, 40; Y. -P. Shi, et al. JNP, 2002, 65, 1232.

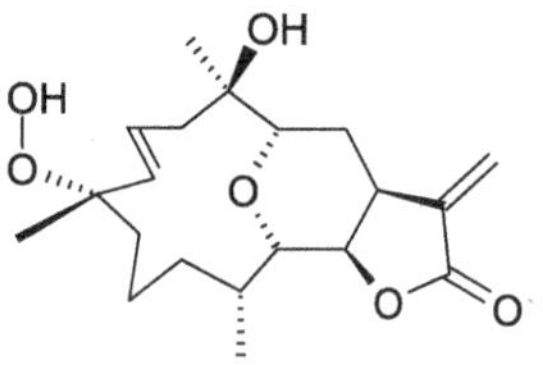

749 Uproeuniolide 乌普罗矶沙蚕内酯*

【基本信息】$C_{20}H_{28}O_4$，油状物，$[\alpha]_D^{25}$ = −30.6° (*c* = 5.0，氯仿).【类型】西柏烷型二萜.【来源】环节动物门矶沙蚕科 *Eunicea succinea* (莫纳岛，波多黎各).【活性】细胞毒.【文献】A. D. Rodriguez, et al. JNP, 1998, 61, 40; Y. -P. Shi, et al. JNP, 2002, 65, 1232

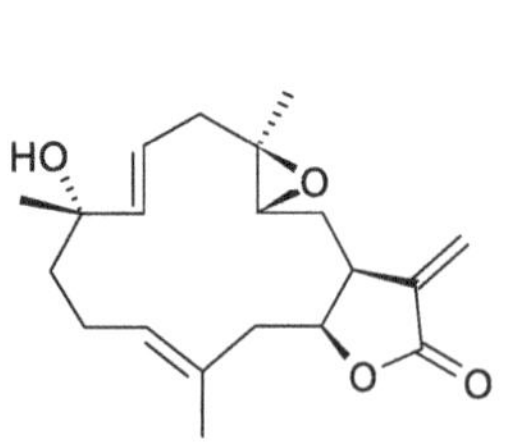

750 Uprolide A acetate 乌普尔内酯 A 乙酸酯*

【基本信息】$C_{22}H_{32}O_6$，晶体，mp 210~211°C，$[\alpha]_D^{25}$ = +29.2° (*c* = 4.63，氯仿).【类型】西柏烷型二萜.【来源】环节动物门矶沙蚕科 *Eunicea mammosa* (加勒比海).【活性】细胞毒 (*in vitro*).【文献】A. D. Rodríguez, et al. Can. J. Chem., 1995, 73, 643; A. D. Rodríguez, et al. JNP, 1995, 58, 1209.

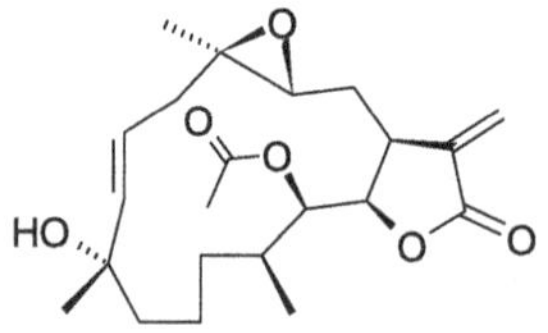

751 8-*epi*-Uprolide A acetate 8-*epi*-乌普尔内酯 A 乙酸酯*

【基本信息】$C_{22}H_{32}O_6$，油状物，$[\alpha]_D^{25}$ = +12.03° (*c* = 9.12，氯仿).【类型】西柏烷型二萜.【来源】环节动物门矶沙蚕科 *Eunicea mammosa* (加勒比海).【活性】细胞毒 (*in vitro*).【文献】A. D. Rodríguez, et al. Can. J. Chem., 1995, 73, 643; A. D. Rodríguez, et al. JNP, 1995, 58, 1209.

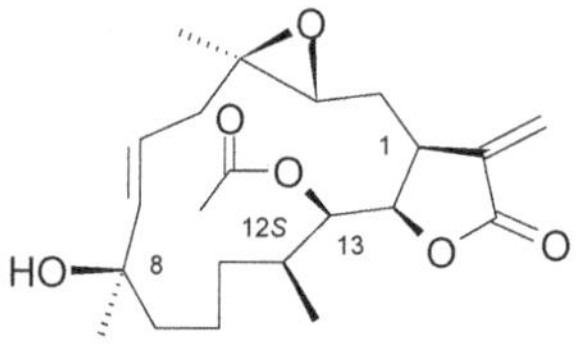

752 Uprolide B 乌普尔内酯 B*

【基本信息】$C_{20}H_{30}O_6$，油状物，$[\alpha]_D^{25}$ = −22.3° (*c* = 5.4，甲醇).【类型】西柏烷型二萜.【来源】环节动物门矶沙蚕科 *Eunicea mammosa* (加勒比海).【活性】细胞毒 (*in vitro*).【文献】A. D. Rodríguez, et al. Can. J. Chem., 1995, 73, 643; A. D. Rodríguez, et al. JNP, 1995, 58, 1209.

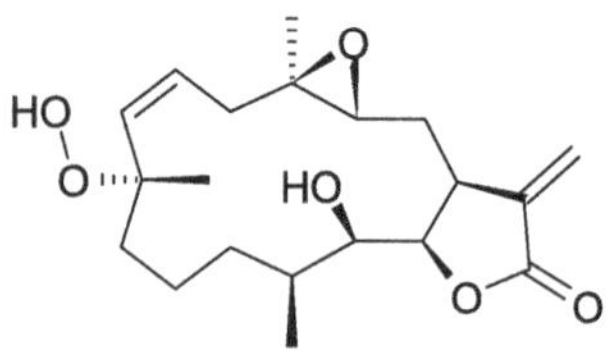

753 8-*epi*-Uprolide B 8-*epi*-乌普尔内酯 B*

【基本信息】$C_{20}H_{30}O_6$，油状物，$[\alpha]_D^{25}$ = −17.70° (甲醇).【类型】西柏烷型二萜.【来源】环节动物门矶沙蚕科 *Eunicea mammosa* (加勒比海). 细胞毒 (*in vitro*).【文献】A. D. Rodríguez, et al. Can. J. Chem., 1995, 73, 643; A. D. Rodríguez, et al. JNP, 1995, 58, 1209.

754 Uprolide B acetate 乌普尔内酯 B 乙酸酯*

【基本信息】$C_{22}H_{32}O_7$，油状物，$[\alpha]_D^{25} = +30.0°$ ($c = 4.9$, 氯仿).【类型】西柏烷型二萜.【来源】环节动物门矶沙蚕科 *Eunicea mammosa* (加勒比海).【活性】细胞毒 (*in vitro*).【文献】A. D. Rodríguez, et al. Can. J. Chem., 1995, 73, 643; A. D. Rodríguez, et al. JNP, 1995, 58, 1209; Y. P. Shi, et al. JNP, 2002, 65, 1232.

755 8-*epi*-Uprolide B acetate 8-*epi*-乌普尔内酯 B 乙酸酯*

【基本信息】$C_{22}H_{32}O_7$，油状物，$[\alpha]_D^{25} = -33.0°$ ($c = 7.8$, 氯仿).【类型】西柏烷型二萜.【来源】环节动物门矶沙蚕科 *Eunicea mammosa* (加勒比海).【活性】细胞毒 (*in vitro*).【文献】A. D. Rodríguez, et al. Can. J. Chem., 1995, 73, 643; A. D. Rodríguez, et al. JNP, 1995, 58, 1209.

6*E*

8*R*

12*S*

13*R*

756 Uprolide C 乌普尔内酯 C*

【基本信息】$C_{20}H_{30}O_6$，油状物，$[\alpha]_D^{25} = -11.38°$ ($c = 1.93$, 甲醇).【类型】西柏烷型二萜.【来源】环节动物门矶沙蚕科 *Eunicea mammosa* (加勒比海).【活性】细胞毒 (*in vitro*).【文献】A. D. Rodríguez, et al. JNP, 1995, 58, 1209; A. D. Rodríguez, et al. Can. J. Chem., 1995, 73, 643.

757 Uprolide C acetate 乌普尔内酯 C 乙酸酯*

【基本信息】$C_{22}H_{32}O_7$，油状物，$[\alpha]_D^{25} = +7.2°$ ($c = 7.0$, 氯仿).【类型】西柏烷型二萜.【来源】环节动物门矶沙蚕科 *Eunicea mammosa* (加勒比海).【活性】细胞毒 (*in vitro*).【文献】A. D. Rodríguez, et al. Can. J. Chem., 1995, 73, 643; Y. P. Shi, et al. JNP, 2002, 65, 1232.

758 7-*epi*-Uprolide C acetate 7-*epi*-乌普尔内酯 C 乙酸酯*

【基本信息】$C_{22}H_{32}O_6$, $[\alpha]_D^{25} = +19.02°$ ($c = 5.1$, 氯仿).【类型】西柏烷型二萜.【来源】环节动物门矶沙蚕科 *Eunicea mammosa* (加勒比海).【活性】细胞毒 (*in vitro*).【文献】A. D. Rodríguez, et al. Can. J. Chem., 1995, 73, 643; A. D. Rodríguez, et al. JNP, 1995, 58, 1209.

759 7-*epi*-Uprolide C diacetate 7-*epi*-乌普尔内酯 C 二乙酸酯*

【基本信息】$C_{24}H_{34}O_7$，半固体，$[\alpha]_D^{25} = +17.5°$ ($c = 8.3$, 氯仿).【类型】西柏烷型二萜.【来源】环节动物门矶沙蚕科 *Eunicea mammosa* (加勒比海).【活性】细胞毒 (*in vitro*).【文献】A. D. Rodríguez, et al. Can. J. Chem., 1995, 73, 643; A. D. Rodríguez, et al. JNP, 1995, 58, 1209.

760 Uprolide D 乌普尔内酯 D*

【别名】(1*S*,3*R*,4*S*,7*R*,12*S*,13*R*,14*R*)-4,7-Epoxy-3,13-dihydroxy-8(19),15(17)-cembradien-16,14-olide;

(1*S*,3*R*,4*S*,7*R*,12*S*,13*R*,14*R*)-4,7-环氧-3,13-二羟基-8(19),15(17)-西柏二烯-16,14-内酯.【基本信息】$C_{20}H_{30}O_5$，油状物，$[\alpha]_D^{25} = -19.9°$ ($c = 0.71$，氯仿).【类型】西柏烷型二萜.【来源】环节动物门矶沙蚕科 *Eunicea mammosa* (加勒比海).【活性】细胞毒 (HeLa 细胞，$IC_{50} = 5.0\mu g/mL$).【文献】A. D. Rodríguez, et al. Can. J. Chem., 1995, 73, 643; A. D. Rodríguez, et al. JNP, 1995, 58, 1209.

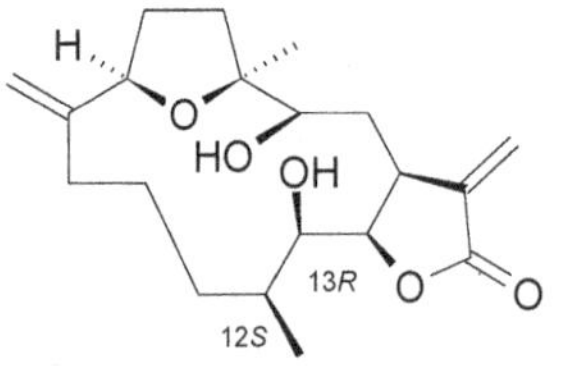

761 Uprolide D acetate 乌普尔内酯 D 乙酸酯*

【基本信息】$C_{22}H_{32}O_6$，油状物，$[\alpha]_D^{25} = +45.6°$ ($c = 0.69$，氯仿).【类型】西柏烷型二萜.【来源】环节动物门矶沙蚕科 *Eunicea mammosa* (加勒比海).【活性】细胞毒 (HeLa 细胞，$IC_{50} = 2.5\mu g/mL$；CCRF-CEMT-细胞白血病，$IC_{50} = 7.0\mu g/mL$；HCT116 结肠癌，$IC_{50} = 7.0\mu g/mL$；MCF7 乳腺腺癌，$IC_{50} = 0.6\mu g/mL$).【文献】A. D. Rodríguez, et al. Can. J. Chem., 1995, 73, 643; A. D. Rodríguez, et al. JNP, 1995, 58, 1209.

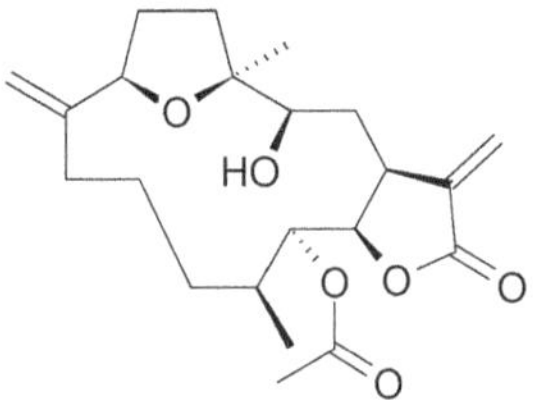

762 12,13-*bisepi*-Uprolide D acetate 12,13-二-*epi*-乌普尔内酯 D 乙酸酯*

【基本信息】$C_{22}H_{32}O_6$，油状物，$[\alpha]_D^{25} = -38.3°$ ($c = 9.4$，氯仿).【类型】西柏烷型二萜.【来源】环节动物门矶沙蚕科 *Eunicea succinea* (莫纳岛，波多黎各).【活性】细胞毒 (*in vitro,* 源于病的 NCI 初级肿瘤筛选程序，对 NCI 组所有的细胞株有非选择性高活性).【文献】A. D. Rodriguez, et al. JNP, 1998, 61, 40.

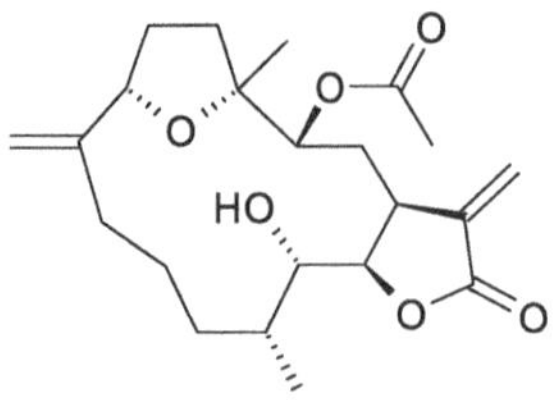

763 Uprolide E acetate 乌普尔内酯 E 乙酸酯*

【基本信息】$C_{22}H_{32}O_6$，油状物，$[\alpha]_D^{25} = +68.3°$ ($c = 0.75$，氯仿).【类型】西柏烷型二萜.【来源】环节动物门矶沙蚕科 *Eunicea mammosa* (加勒比海).【活性】细胞毒 (HeLa 细胞，$IC_{50} = 3.0\mu g/mL$).【文献】A. D. Rodríguez, et al. Can. J. Chem., 1995, 73, 643; A. D. Rodríguez, et al. JNP, 1995, 58, 1209.

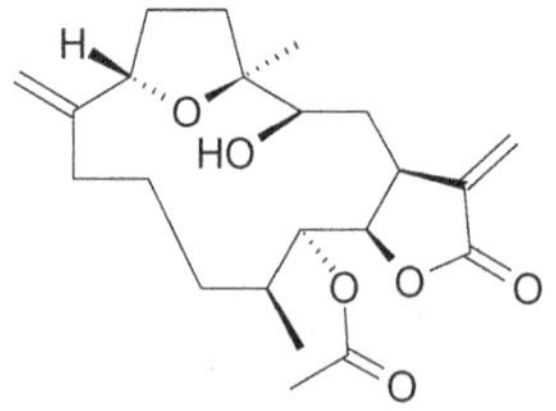

764 Uprolide F diacetate 乌普尔内酯 F 二乙酸酯*

【基本信息】$C_{24}H_{36}O_8$，$[\alpha]_D^{25} = +145.7°$ ($c = 0.88$，氯仿).【类型】西柏烷型二萜.【来源】环节动物门矶沙蚕科 *Eunicea mammosa* (加勒比海).【活性】细胞毒 (HeLa 细胞，$IC_{50} = 5.1\mu g/mL$).【文献】A. D. Rodríguez, et al. JNP, 1995, 58, 1209; A. D. Rodríguez, et al. JOC, 2000, 65, 7700.

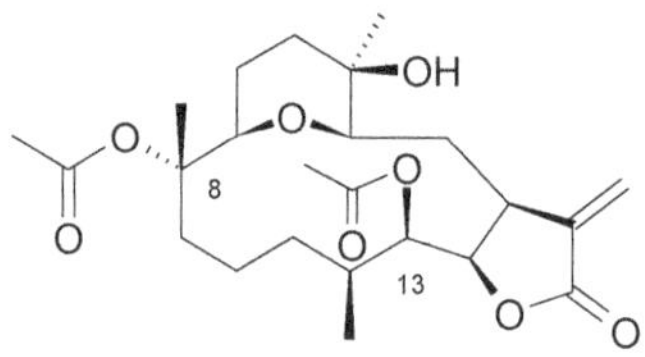

765 Uprolide G acetate 乌普尔内酯 G 乙酸酯*

【基本信息】$C_{23}H_{36}O_7$，$[\alpha]_D^{25} = +125.0°$ ($c = 0.66$，氯仿).【类型】西柏烷型二萜.【来源】环节动物门矶沙蚕科 *Eunicea mammosa* (加勒比海).【活性】细胞毒.【文献】A. D. Rodríguez, et al. JNP, 1995, 58, 1209; A. D. Rodríguez, et al. JOC, 2000, 65, 7700.

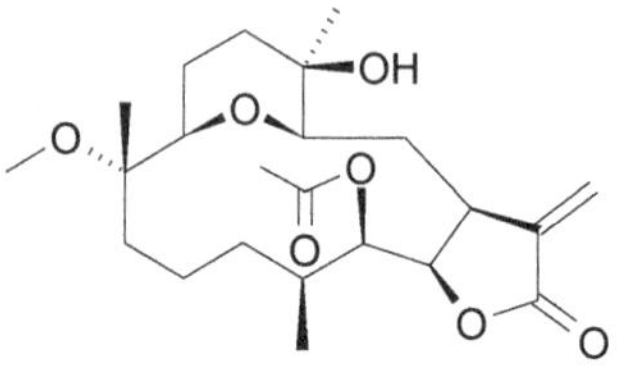

766 Uprolide H 乌普尔内酯 H*

【基本信息】$C_{20}H_{28}O_6$，晶体，mp 161°C，$[\alpha]_D^{25} =$

–25.6° (c = 1, 氯仿).【类型】西柏烷型二萜.【来源】环节动物门矶沙蚕科 *Eunicea pinta*.【活性】细胞毒 (Molt4 细胞, IC_{50} = 0.01μg/mL; SR 细胞, IC_{50} = 0.07μg/mL).【文献】Y. -P. Shi, et al. JNP, 2002, 65, 1232.

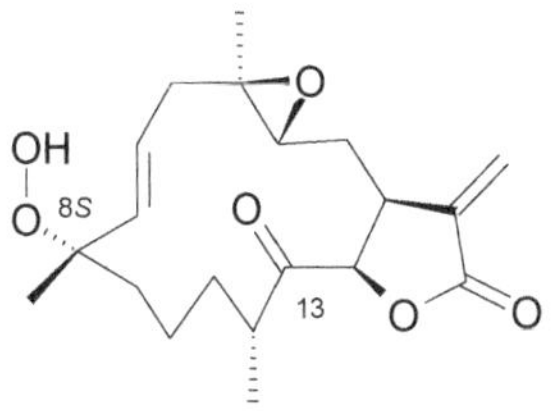

767 Yalongene A 亚龙烯 A*

【基本信息】$C_{20}H_{32}$.【类型】西柏烷型二萜.【来源】圆盘肉芝软珊瑚* *Sarcophyton trocheliophorum* (亚龙湾, 海南, 中国).【活性】保护细胞的 (过氧化氢伤害的细胞).【文献】L. -G. Yao, et al. Helv. Chim. Acta, 2012, 95, 235.

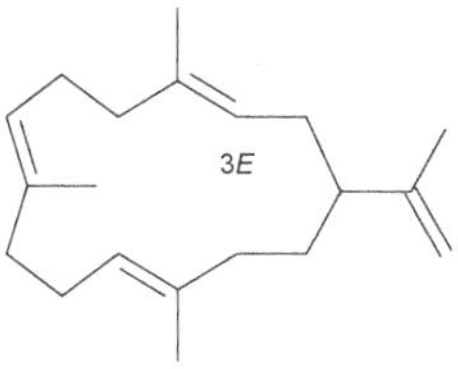

768 Yalongene B 亚龙烯 B*

【基本信息】$C_{20}H_{32}$.【类型】西柏烷型二萜.【来源】圆盘肉芝软珊瑚* *Sarcophyton trocheliophorum* (亚龙湾, 海南, 中国).【活性】保护细胞的 (过氧化氢伤害的细胞).【文献】L. -G. Yao, et al. Helv. Chim. Acta, 2012, 95, 235.

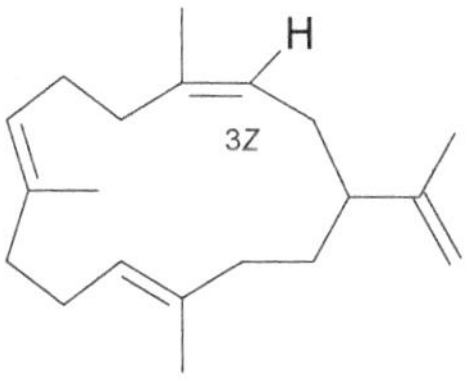

769 Gyrosanolide B 螺旋短指软珊瑚内酯 B*

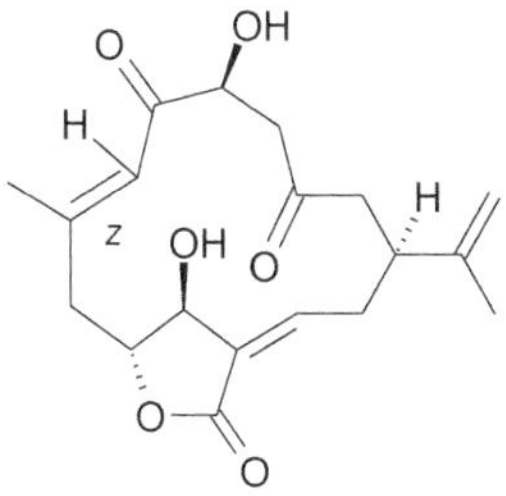

【基本信息】$C_{19}H_{24}O_6$.【类型】去甲西柏烷型二萜.【来源】螺旋短指软珊瑚* *Sinularia gyrosa* (东沙群岛, 南海, 中国).【活性】iNOS 蛋白表达抑制剂 (巨噬细胞).【文献】S. -Y. Cheng, et al. BoMC, 2010, 18, 3379.

770 Gyrosanolide C 螺旋短指软珊瑚内酯 C*

【基本信息】$C_{20}H_{26}O_6$.【类型】去甲西柏烷型二萜.【来源】螺旋短指软珊瑚* *Sinularia gyrosa* (东沙群岛, 南海, 中国).【活性】iNOS 蛋白表达抑制剂 (巨噬细胞).【文献】S. -Y. Cheng, et al. BoMC, 2010, 18, 3379.

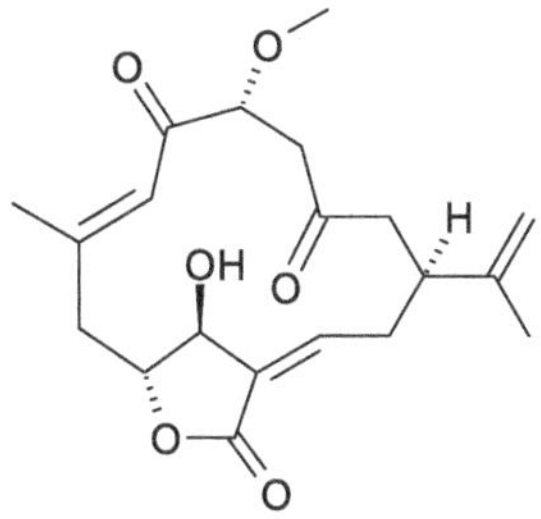

771 Calyculone A 矶沙蚕卡里库酮 A*

【基本信息】$C_{20}H_{32}O_2$, 晶体 (乙醚), $[\alpha]_D^{20}$ = +76° (c = 0.61, 氯仿).【类型】重排西柏烷型二萜.【来源】环节动物门矶沙蚕科 *Eunicea calyculata*.【活性】抗疟疾 (温和活性); 细胞毒 (NCI 实验, 强活性).【文献】S. A. Look, et al. JOC, 1984, 49, 1417.

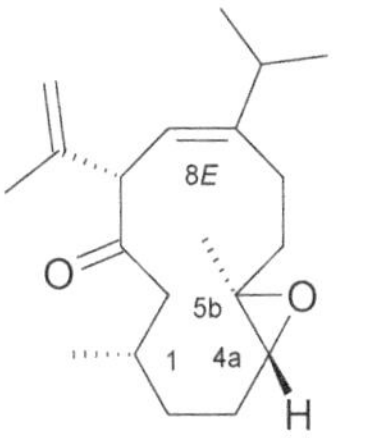

772 Calyculone B 矶沙蚕卡里库酮 B*

【基本信息】$C_{20}H_{32}O_2$, 油状物, $[\alpha]_D^{20}$ = –28° (c = 1.1, 氯仿).【类型】重排西柏烷型二萜.【来源】环节动物门矶沙蚕科 *Eunicea calyculata*.【活性】抗疟疾 (温和活性).【文献】S. A. Look, et al. JOC, 1984, 49, 1417.

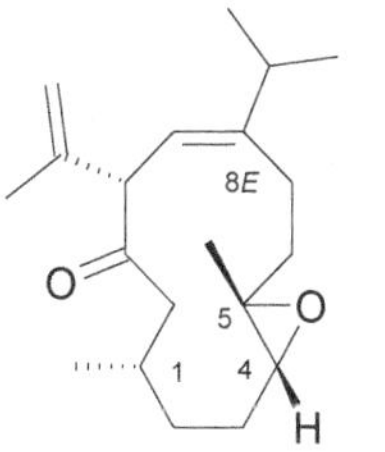

773 Calyculone C 矶沙蚕卡里库酮 C*

【基本信息】$C_{20}H_{32}O_2$，油状物，$[\alpha]_D^{25}=+95°$ ($c=0.99$，氯仿).【类型】重排西柏烷型二萜.【来源】环节动物门矶沙蚕科 *Eunicea calyculata*.【活性】抗疟疾 (温和活性).【文献】S. A. Look, et al. JOC, 1984, 49, 1417.

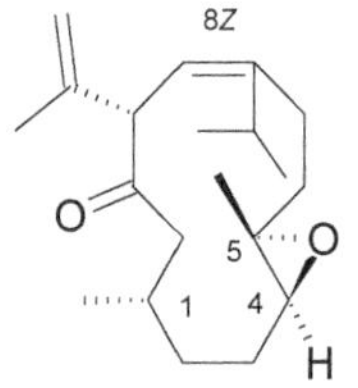

774 Calyculone H 矶沙蚕卡里库酮 H*

【基本信息】$C_{20}H_{32}O_2$.【类型】重排西柏烷型二萜.【来源】环节动物门矶沙蚕科 *Eunicea* sp. (老普罗维登西亚岛，哥伦比亚).【活性】抗疟疾 (温和活性).【文献】X. Wei, K. et al. Pure Appl. Chem., 2012, 84, 1847.

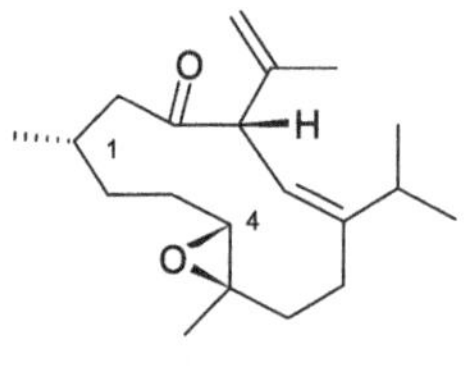

775 Caucanolide D 考卡醇内酯 D*

【基本信息】$C_{21}H_{26}O_6$，油状物，$[\alpha]_D^{20}=-16.2°$ ($c=1.4$，氯仿).【类型】重排西柏烷型二萜.【来源】柳珊瑚科柳珊瑚* *Pseudopterogorgia bipinnata.*【活性】抗疟原虫 (疟原虫 CRPFW2, $IC_{50}=15\mu g/mL$).【文献】C. A. Ospina, et al. JNP, 2005, 68, 1519.

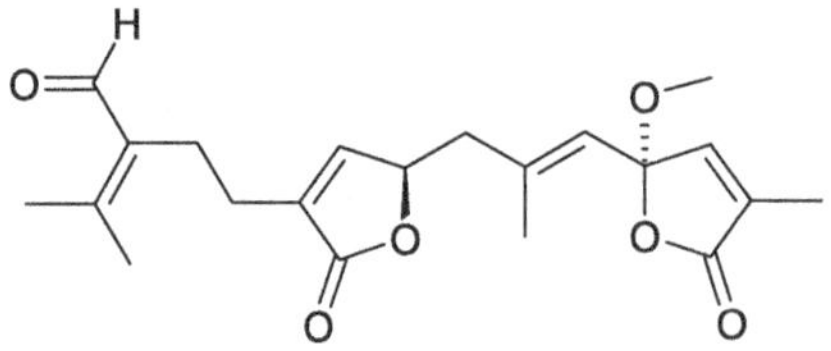

776 Caucanolide E 考卡醇内酯 E*

【基本信息】$C_{21}H_{26}O_6$，油状物，$[\alpha]_D^{20}=+72.2°$ ($c=1.3$，氯仿).【类型】重排西柏烷型二萜.【来源】柳珊瑚科柳珊瑚* *Pseudopterogorgia bipinnata.*【活性】抗疟原虫 (疟原虫 CRPFW2, $IC_{50}\geqslant 50\mu g/mL$，非常弱的活性).【文献】C. A. Ospina, et al. JNP, 2005, 68, 1519.

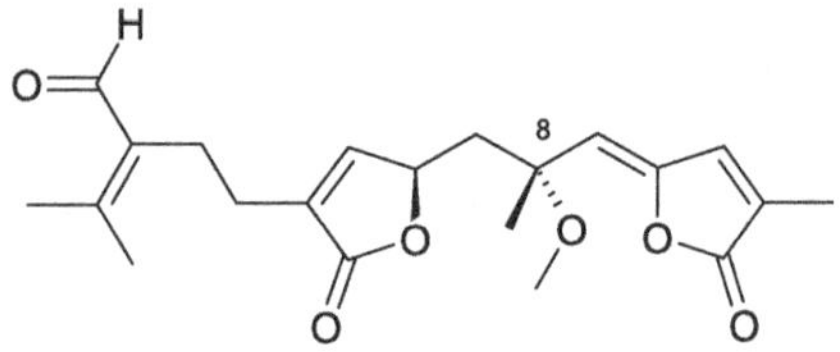

777 Caucanolide F 考卡醇内酯 F*

【基本信息】$C_{21}H_{26}O_6$，油状物，$[\alpha]_D^{20}=+34.5°$ ($c=1.3$，氯仿).【类型】重排西柏烷型二萜.【来源】柳珊瑚科柳珊瑚* *Pseudopterogorgia bipinnata.*【活性】抗疟原虫 (疟原虫 CRPFW2, $IC_{50}\geqslant 50\mu g/mL$，非常弱的活性).【文献】C. A. Ospina, et al. JNP, 2005, 68, 1519.

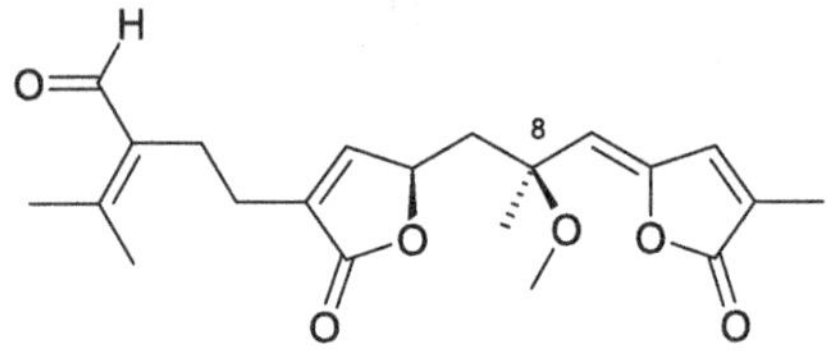

778 Ineleganolide 粗糙短指软珊瑚内酯*

【基本信息】$C_{19}H_{22}O_5$，晶体，mp 190~192°C，$[\alpha]_D^{25}=+26.4°$ ($c=0.05$，氯仿).【类型】重排西柏烷型二萜.【来源】短指软珊瑚属* *Sinularia inelegans* (台湾水域，中国).【活性】细胞毒 (P_{388} 细胞培养体系，$ED_{50}=3.82\mu g/mL$).【文献】C. -Y. Duh, et al. Tetrahedron Lett., 1999, 40, 6033.

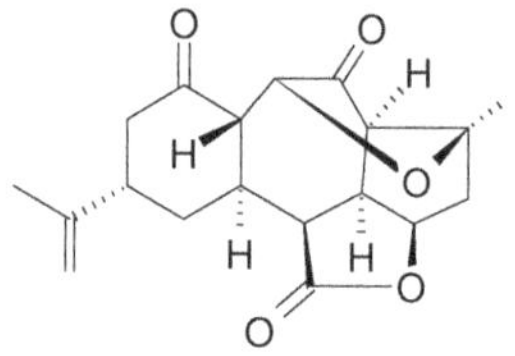

779 Pinnatin A 平那汀 A*

【别名】水黄皮亭 A.【基本信息】$C_{20}H_{24}O_4$，晶体，mp 189~211°C (分解)，$[\alpha]_D^{24}=+225.4°$ ($c=0.55$，氯仿).【类型】重排西柏烷型二萜.【来源】柳珊瑚科柳珊瑚* *Pseudopterogorgia bipinnata* (加勒比海).【活性】细胞毒[*in vitro*,源于病的 NCI 初级肿瘤筛选程序，对几乎所有的肾，卵巢，结肠和白血病癌细胞株，10^{-5}mol/L，诱导有值得注意的活性，不同的响应在 GI_{50} 水平上；对某些单独的细胞株(NCI-H522 肺癌，HCT116 结肠癌和 MALME-3M 黑色素瘤) 比平均活性更灵敏].【文献】A. D. Rodriguez, et al. JOC, 1998, 63, 4425.

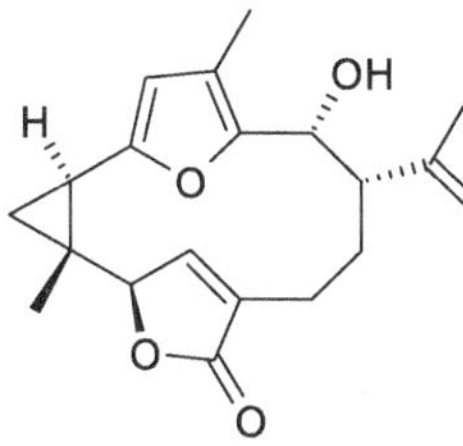

780 Pinnatin B 平那汀 B*

【别名】水黄皮亭 B.【基本信息】$C_{22}H_{26}O_6$, 晶体, mp 212~249°C (分解), $[\alpha]_D^{24} = -80.6°$ ($c = 0.9$, 氯仿).【类型】重排西柏烷型二萜.【来源】柳珊瑚科柳珊瑚* *Pseudopterogorgia bipinnata* (加勒比海).【活性】细胞毒 (*in vitro,*源于病的 NCI 初级肿瘤筛选程序, 对白血病, 黑色素瘤和乳腺癌小组, 10^{-4}mol/L, 诱导有值得注意的活性, 不同的响应在 GI_{50} 水平上).【文献】A. D. Rodriguez, et al. JOC, 1998, 63, 4425.

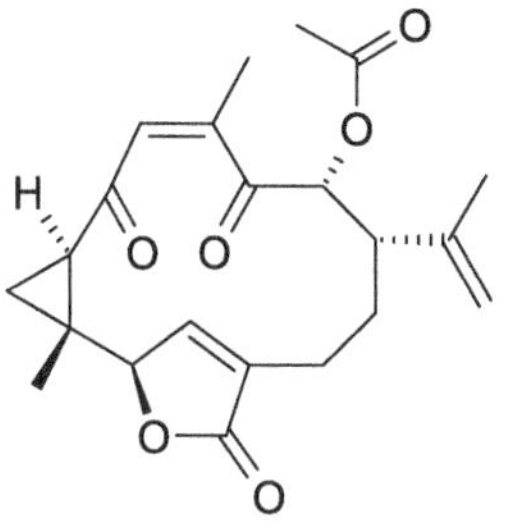

781 Pinnatin C 平那汀 C*

【别名】水黄皮亭 C.【基本信息】$C_{20}H_{24}O_5$, 晶体, mp 217~237°C (分解), $[\alpha]_D^{24} = -140°$ ($c = 0.3$, 氯仿).【类型】重排西柏烷型二萜.【来源】柳珊瑚科柳珊瑚* *Pseudopterogorgia bipinnata* (加勒比海).【活性】细胞毒 (*in vitro*).【文献】A. D. Rodriguez, et al. JOC, 1998, 63, 4425.

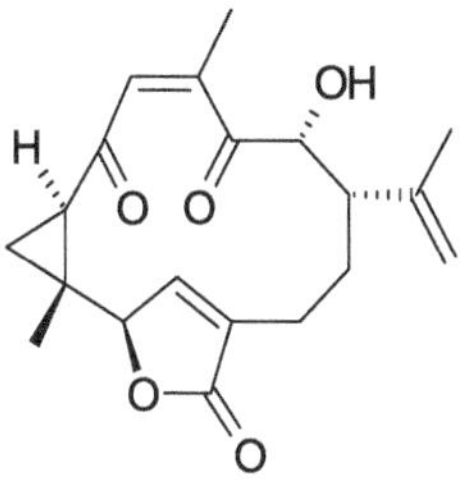

782 Pinnatin D 平那汀 D*

【别名】水黄皮亭 D.【基本信息】$C_{20}H_{24}O_5$, 晶体, mp 213~220°C (分解), $[\alpha]_D^{24} = +32.5°$ ($c = 0.4$, 氯仿).【类型】重排西柏烷型二萜.【来源】柳珊瑚科柳珊瑚* *Pseudopterogorgia bipinnata* (加勒比海).【活性】细胞毒 (*in vitro*).【文献】A. D. Rodriguez, et al. JOC, 1998, 63, 4425.

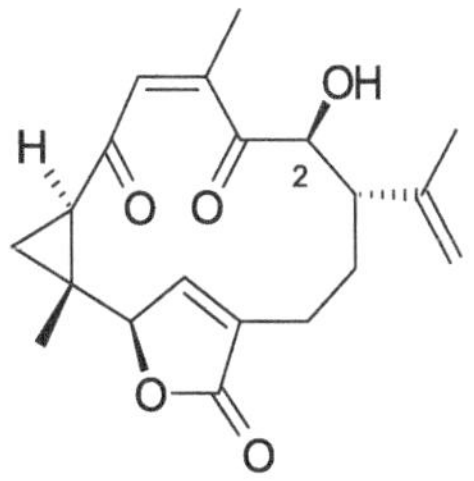

783 Pinnatin E 平那汀 E*

【别名】水黄皮亭 E.【基本信息】$C_{20}H_{24}O_5$, 晶体, mp 185°C, $[\alpha]_D^{24} = -290.0°$ ($c = 0.4$, 氯仿).【类型】重排西柏烷型二萜.【来源】柳珊瑚科柳珊瑚* *Pseudopterogorgia bipinnata* (加勒比海).【活性】细胞毒 (*in vitro*).【文献】A. D. Rodriguez, et al. JOC, 1998, 63, 4425.

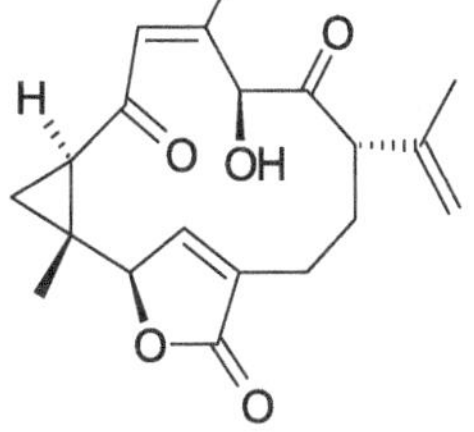

784 Sarcotal acetate 肉芝软珊瑚醛乙酸酯*

【基本信息】$C_{22}H_{36}O_4$, 油状物, $[\alpha]_D^{27} = -44.0°$ ($c = 0.1$, 甲醇).【类型】重排西柏烷型二萜.【来源】肉芝软珊瑚属* *Sarcophyton* sp. (日本水域).【活性】鱼毒【文献】T. Iwagawa, et al. Tetrahedron, 1995, 51, 5291.

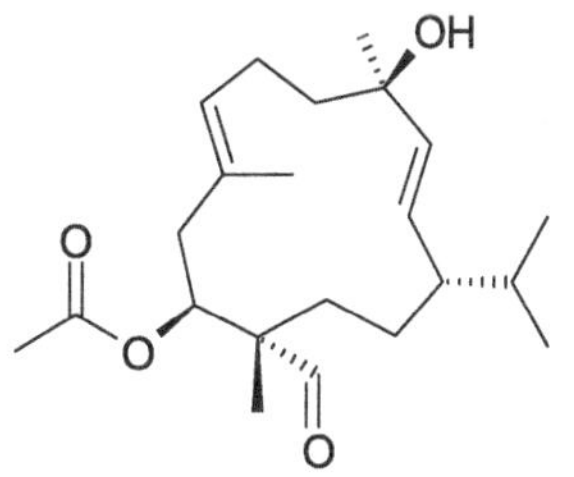

785 Sarcotol 肉芝软珊瑚醇*

【基本信息】$C_{20}H_{34}O_3$, 针状晶体, mp 113°C, $[\alpha]_D^{27} = -189.7°$ ($c = 0.01$, 甲醇).【类型】重排西柏烷型二萜.【来源】肉芝软珊瑚属* *Sarcophyton* sp. (日本水域).【活性】鱼毒; 细胞毒.【文献】T. Iwagawa, et al. Tetrahedron Lett., 1994, 35, 8415;

T. Iwagawa, et al. Tetrahedron, 1995, 51, 5291.

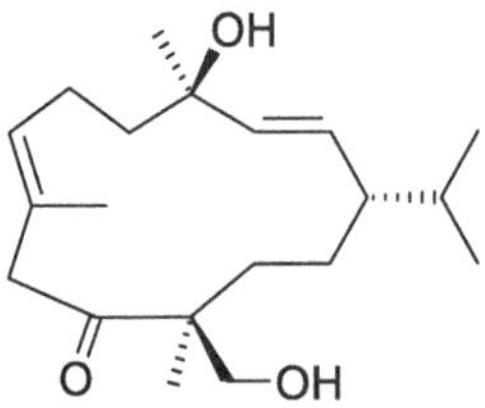

3.14 假蝶烷二萜

786 12-Acetoxypseudopterolide 12-乙酰氧基假蝶柳珊瑚内酯*

【基本信息】$C_{22}H_{26}O_5$，黄色树胶状物，$[\alpha]_D^{20}$ = +18° (*c* = 0.9，氯仿).【类型】假蝶烷型二萜.【来源】伊丽莎白柳珊瑚**Pseudopterogorgia elisabethae* (佛罗利达湾，佛罗里达，美国).【活性】细胞毒 (适度活性).【文献】A. Ata, et al. Heterocycles, 2000, 53, 717.

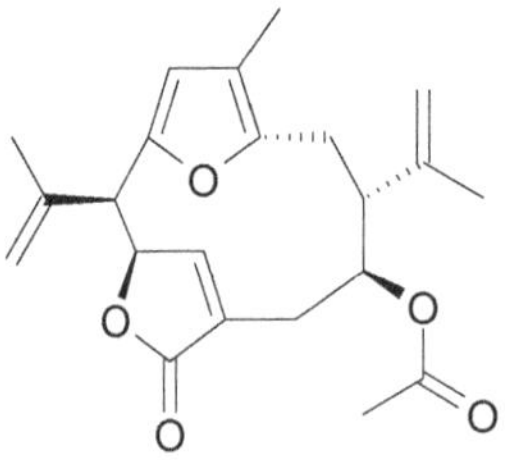

787 Bipinnapterolide B 柳珊瑚科柳珊瑚内酯 B*

【基本信息】$C_{20}H_{24}O_6$，晶体，$[\alpha]_D^{20}$ = −2° (*c* = 1，氯仿).【类型】假蝶烷型二萜.【来源】柳珊瑚科柳珊瑚* *Pseudopterogorgia bipinnata* (哥伦比亚).【活性】抗结核 [结核分枝杆菌 *Mycobacterium tuberculosis* H37Rv, 128μg/mL, InRt = 66%, IC_{50} (估算值) = 128μg/mL].【文献】C. A. Ospina, et al. Tetrahedron Lett, 2007, 48, 7520.

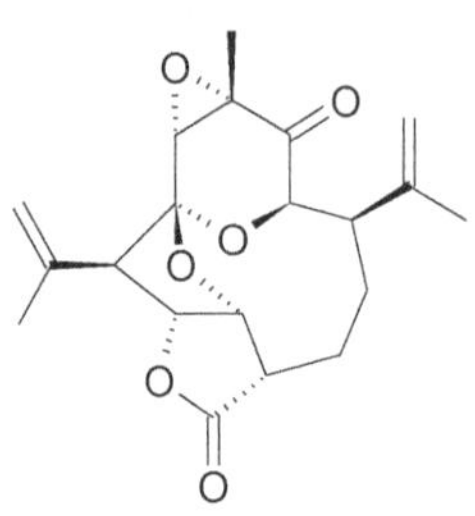

788 Bis(pseudopterane)amine 双(假蝶柳珊瑚烷)胺*

【基本信息】$C_{42}H_{47}NO_{12}$，固体，$[\alpha]_D$ = −14.8°，(*c* = 0.8，氯仿).【类型】假蝶烷型二萜.【来源】柳珊瑚科柳珊瑚* *Pseudopterogorgia acerosa* (巴哈马，加勒比海).【活性】细胞毒 (选择性生长抑制活性，HCT116, IC_{50} ≐ 4.2μmol/L; HeLa, IC_{50} = 42μmol/L).【文献】A. S. Kate, et al. JNP, 2009, 72, 1331.

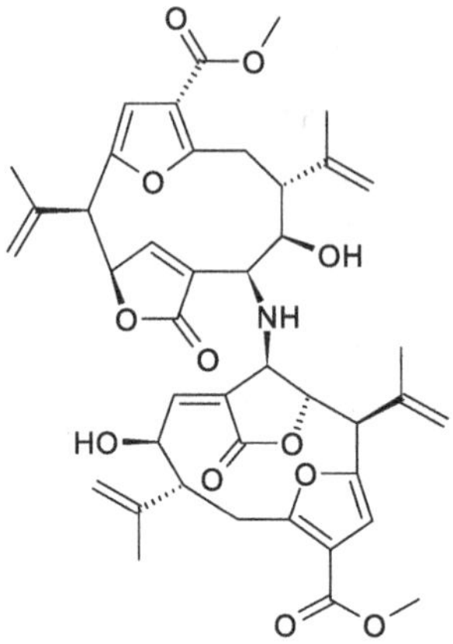

789 Caucanolide A 考卡醇内酯 A*

【基本信息】$C_{21}H_{26}O_6$，油状物，$[\alpha]_D^{20}$ = −42° (*c* = 0.7，氯仿).【类型】假蝶烷型二萜.【来源】柳珊瑚科柳珊瑚* *Pseudopterogorgia bipinnata.*【活性】抗疟原虫 (疟原虫 CRPFW2, IC_{50} = 17μg/mL).【文献】C. A. Ospina, et al. JNP, 2005, 68, 1519.

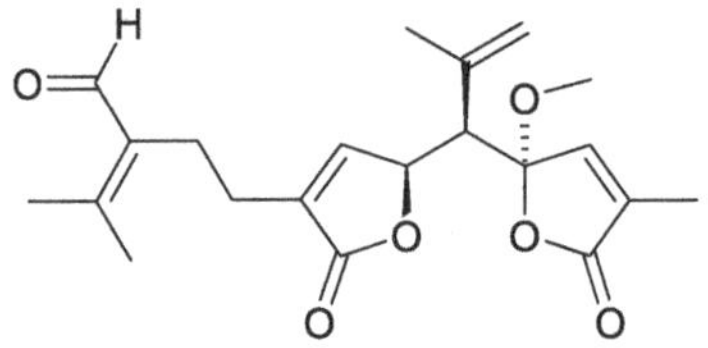

790 Caucanolide B 考卡醇内酯 B*

【基本信息】$C_{24}H_{32}N_2O_6$，油状物，$[\alpha]_D^{20}$ = −20.8° (*c* = 0.6，氯仿).【类型】假蝶烷型二萜.【来源】柳珊瑚科柳珊瑚* *Pseudopterogorgia bipinnata.*

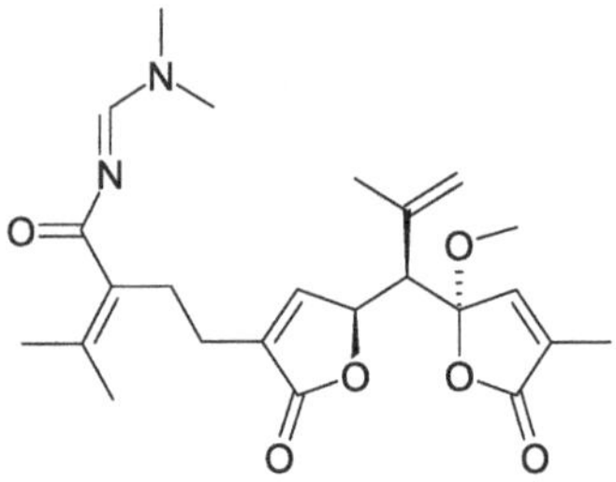

【活性】抗疟原虫（疟原虫 CRPFW2, $IC_{50} \geq 50\mu g/mL$, 非常弱的活性).【文献】C. A. Ospina, et al. JNP, 2005, 68, 1519.

791 Caucanolide C 考卡醇内酯 C*

【基本信息】$C_{21}H_{28}O_7$, 油状物, $[\alpha]_D^{20} = -7.1°$ ($c = 1.1$, 氯仿).【类型】假蝶烷型二萜.【来源】柳珊瑚科柳珊瑚* *Pseudopterogorgia bipinnata.*【活性】抗疟原虫（疟原虫 CRPFW2, $IC_{50} \geq 50\mu g/mL$, 非常弱的活性).【文献】C. A. Ospina, et al. JNP, 2005, 68, 1519.

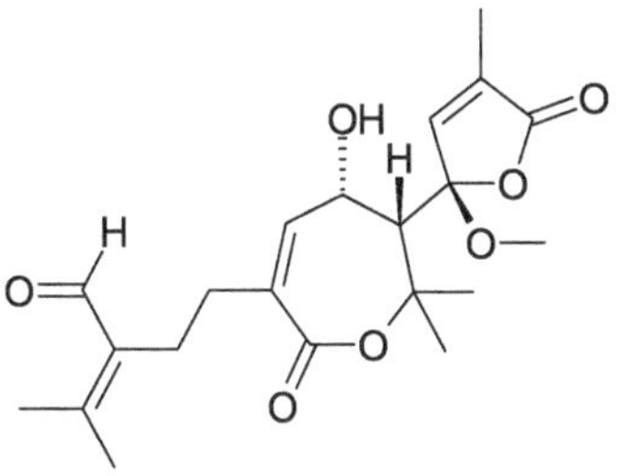

792 Diepoxygorgiacerodiol 二环氧假蝶柳珊瑚二醇*

【基本信息】$C_{21}H_{24}O_9$, 半固体, $[\alpha]_D^{25} = -0.34°$ ($c = 7.8$, 氯仿).【类型】假蝶烷型二萜.【来源】柳珊瑚科柳珊瑚* *Pseudopterogorgia acerosa.*【活性】抗炎.【文献】A. D. Rodriguéz, et al. CPB, 1996, 44, 91.

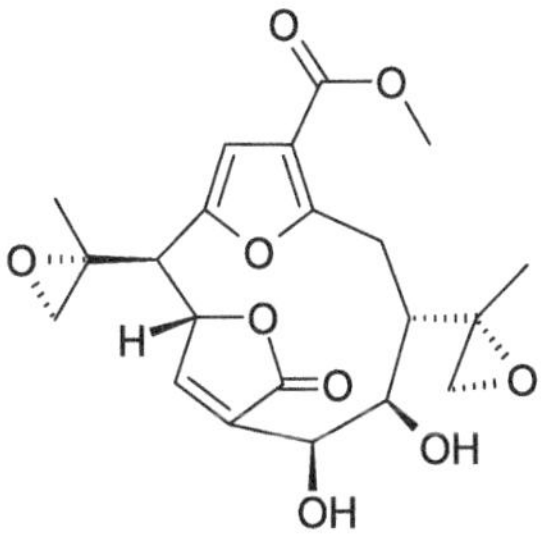

793 11-Gorgiacerol 11-假蝶柳珊瑚醇*

【别名】12-Deoxygorgiacerodiol; 11-Pseudopteronol; 12-去氧假蝶柳珊瑚二醇*; 11-假蝶柳珊瑚醇*.【基本信息】$C_{21}H_{24}O_6$, 树胶状物, $[\alpha]_D = +22°$ ($c = 0.1$, 氯仿); 浅黄色油, $[\alpha]_D^{25} = +5°$ ($c = 0.2$, 氯仿).【类型】假蝶烷型二萜.【来源】柳珊瑚科柳珊瑚* *Pseudopterogorgia acerosa.*【活性】抗炎.【文献】W. R. Chan, et al. JOC, 1993, 58, 186; W. F. Tinto, et al. JNP, 1995, 58, 1975; A. D. Rodrigúez, et al. CPB, 1996, 44, 91.

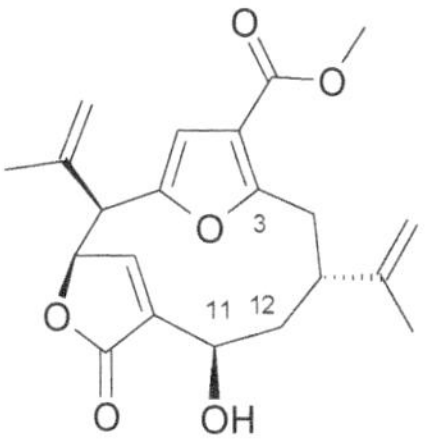

794 Kallolide A 卡洛柳珊瑚内酯 A*

【基本信息】$C_{20}H_{24}O_4$, 无定形固体, $[\alpha]_D^{20} = +145°$ ($c = 0.67$, 氯仿).【类型】假蝶烷型二萜.【来源】柳珊瑚科柳珊瑚* *Pseudopterogorgia kallos* 和柳珊瑚科柳珊瑚* *Pseudopterogorgia bipinnata.*【活性】抗炎（超过吲哚美辛的效力）; 神经递质受体抑制剂; 烟碱型乙酰胆碱受体拮抗剂.【文献】S. A. Look, et al. JOC, 1985, 50, 5741; J. A. Marshall, et al. JOC, 1998, 63, 5962; A. D. Rodriguez, et al. JOC, 1998, 63, 420; A. D. Rodriguez, et al. JOC, 1998, 63, 4425; A. D. odriguez, et al. JNP, 1999, 62, 1228; J. Marrero, et al. Tetrahedron, 2006, 62, 6998.

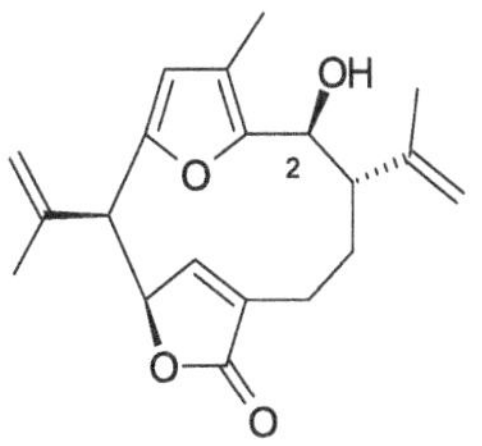

795 Kallolide B 卡洛柳珊瑚内酯 B*

【基本信息】$C_{20}H_{24}O_3$, 油状物, $[\alpha]_D^{20} = +123°$ ($c = 0.81$, 氯仿).【类型】假蝶烷型二萜.【来源】柳珊瑚科柳珊瑚* *Pseudopterogorgia kallos*（加勒比海).【活性】细胞分裂抑制剂.【文献】S. A. Look, et al. JOC, 1985, 50, 5741; J. A. Marshall, ert al, JOC, 1995, 60, 796; J. Marrero, et al. Tetrahedron, 2006, 62, 6998.

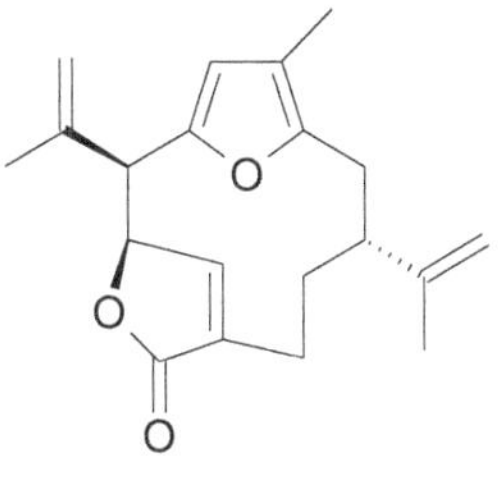

796 Pseudopteradiene 假蝶柳珊瑚双烯*

【基本信息】$C_{21}H_{22}O_5$, 浅黄色油, $[\alpha]_D^{25} = +17.5°$ ($c = 0.2$, 氯仿).【类型】假蝶烷型二萜.【来源】

柳珊瑚科柳珊瑚* *Pseudopterogorgia acerosa*.【活性】抗炎.【文献】W. R. Chan, et al. JOC, 1993, 58, 186; A. D. Rodrigúez, et al. CPB, 1996, 44, 91.

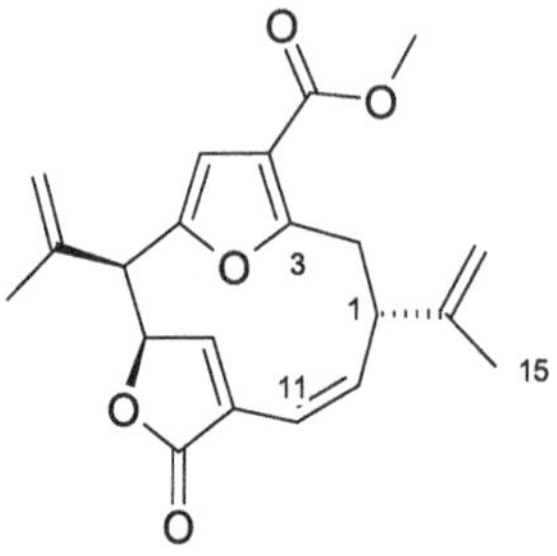

797 Pseudopteradienoic acid 假蝶柳珊瑚双烯酸*

【基本信息】$C_{20}H_{20}O_5$, 浅黄色油, $[\alpha]_D^{25} = +14.2°$ ($c = 0.2$, 氯仿).【类型】假蝶烷型二萜.【来源】柳珊瑚科柳珊瑚* *Pseudopterogorgia acerosa*.【活性】抗炎.【文献】W. R. Chan, et al. JOC, 1993, 58, 186; A. D. Rodrigúez, et al. CPB, 1996, 44, 91.

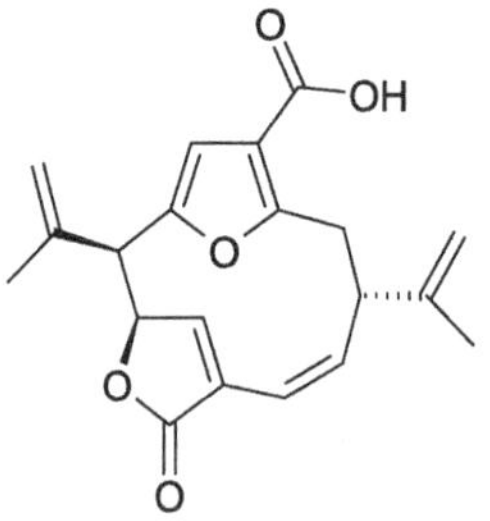

798 Pseudopteranoic acid 假蝶柳珊瑚酸*

【基本信息】$C_{20}H_{22}O_5$, 浅黄色油, $[\alpha]_D^{25} = +5°$ ($c = 4.5$, 氯仿).【类型】假蝶烷型二萜.【来源】柳珊瑚科柳珊瑚* *Pseudopterogorgia acerosa*.【活性】抗炎.【文献】W. R. Chan, et al. JOC, 1993, 58, 186; A. D. Rodrigúez, et al. CPB, 1996, 44, 91.

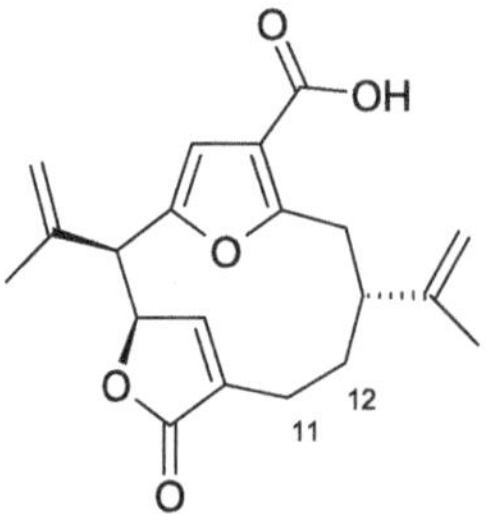

799 Pseudopterolide 假蝶柳珊瑚内酯*

【基本信息】$C_{21}H_{22}O_6$, 无定形固体, $[\alpha]_D^{26} = +96.3°$ ($c = 1.9$, 氯仿).【类型】假蝶烷型二萜.【来源】柳珊瑚科柳珊瑚* *Pseudopterogorgia acerosa*.【活性】细胞毒; 细胞卵裂抑制剂; 有类似于细胞松弛素 D 的作用【文献】M.M.Bandurraga, et al. JACS, 1982, 104, 6463; A. D. Rodriguéz, et al. CPB, 1996, 44, 91.

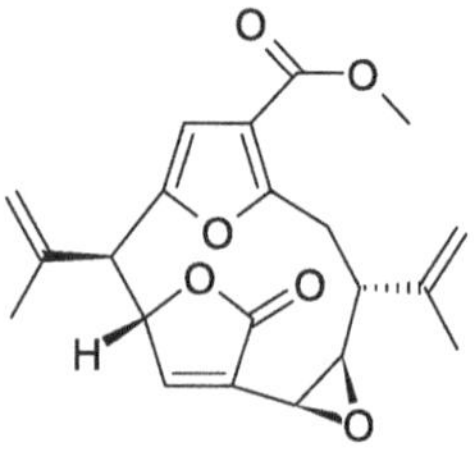

3.15 尤尼西兰烷二萜

800 6-Acetoxy-litophynin E 6-乙酰氧基-利托菲宁 E*

【基本信息】$C_{26}H_{42}O_6$.【类型】尤尼西兰烷型二萜.【来源】圆裂短足软珊瑚* *Cladiella krempfi* (澎湖列岛外海, 中国台湾, 水深 5~10m, 2008 年 6 月采样).【活性】细胞毒 [A549, $ED_{50} = (6.8\pm1.0)\mu g/mL$, 对照物紫杉醇, $ED_{50} = (1.5\pm0.9)\mu g/mL$; BT-483, $ED_{50} = (11.6\pm2.8)\mu g/mL$, 紫杉醇, $ED_{50} = (3.9\pm0.8)\mu g/mL$; H1299, $ED_{50} = (6.7\pm0.7)\mu g/mL$, 紫杉醇, $ED_{50} = (1.2\pm0.1)\mu g/mL$; HepG2, $ED_{50} = (8.5\pm1.3)\mu g/mL$, 紫杉醇, $ED_{50} = (1.4\pm0.7)\mu g/mL$; SAS, $ED_{50} = (9.5\pm3.7)\mu g/mL$, 紫杉醇, $ED_{50} = (2.3\pm1.5)\mu g/mL$; BEAS2B, $ED_{50} = (4.8\pm0.7)\mu g/mL$, 紫杉醇, $ED_{50} = (2.3\pm1.5)\mu g/mL$]; 抗炎 (抑制促炎 iNOS 蛋白的积累, 有潜力的).【文献】M. Ochi, et al. Chem. Lett., 1990, *19*, 2183; C. J. Tai, et al. Mar. Drugs, 2013, 11, 788.

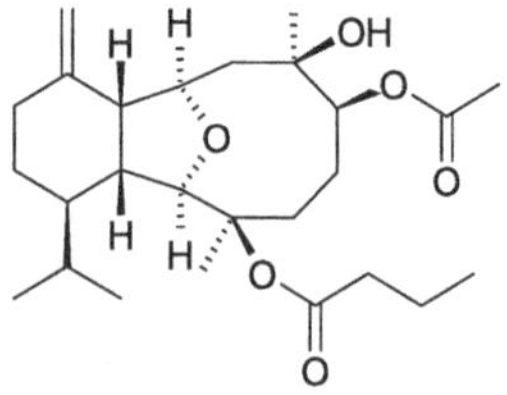

801 3-Acetylcladiellisin 3-乙酰基短足软珊瑚新*

($6\alpha,9\beta,12\beta,13\alpha$)-6,13-Epoxy-4(18),8(19)-eunicelladiene-12-acetoxy-9-ol; ($6\alpha,9\beta,12\beta,13\alpha$)-6,13-环氧-

4(18),8(19)-尤尼西兰二烯-12-乙酰氧基-9-醇*. 【基本信息】$C_{22}H_{34}O_4$，油状物，$[\alpha]_D^{28} = -58.8°$ ($c = 0.17$，氯仿).【类型】尤尼西兰烷型二萜.【来源】粗枝短足软珊瑚* *Cladiella pachyclados* (红海)，圆裂短足软珊瑚* *Cladiella krempfi* (澎湖列岛外海，中国台湾，水深 5~10m, 2008 年 6 月采样) 和澳大利亚短足软珊瑚* *Cladiella australis*.【活性】防迁移 (伤口愈合实验, PC3, 50μmol/L，迁移率≈ 30%，有潜力的，对照物 4-羟基苯基亚甲基乙内酰脲, 200μmol/L，迁移率 ≈ 25%).【文献】C. B. Rao, et al. JNP, 1994, 57, 574; D. S. Rao, et al. Indian J. Chem., Sect. B, 1994, 33, 198; H. M. Hassan, et al. JNP, 2010, 73, 848; C. J. Tai, et al. Mar. Drugs, 2013, 11, 788.

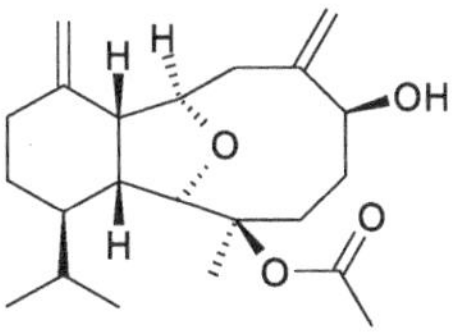

802 Alcyonin 阿西欧宁*

【基本信息】$C_{22}H_{34}O_6$.【类型】尤尼西兰烷型二萜.【来源】灵活短指软珊瑚* *Sinularia flexibiLis*.【活性】细胞毒.【文献】O. Corminboeuf, et al. Org. Lett., 2003, 5, 1543.

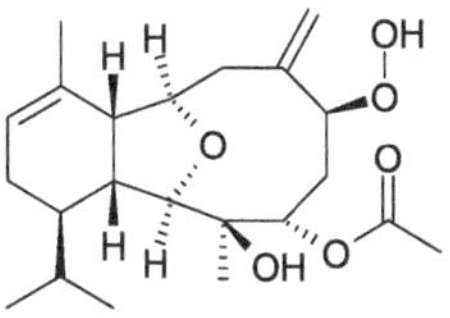

803 Astrogorgin 星柳珊瑚素*

【基本信息】$C_{28}H_{40}O_9$，$[\alpha]_D = -118°$ ($c = 0.064$，氯仿).【类型】尤尼西兰烷型二萜.【来源】丛柳珊瑚科 Plexauridae 星柳珊瑚属* *Astrogorgia* sp. (北部湾，广西，中国) 和小尖柳珊瑚属* *Muricella* sp.【活性】细胞毒；抗炎；有毒的 (盐水丰年虾)；抑制细胞分裂 (受精海星卵)；cAMP 抑制剂；抗污剂 (纹藤壶 *Balanus amphitrite*, $EC_{50} = 17.8μg/mL$).【文献】N. Fusetani, et al. Tetrahedron Lett., 1989, 30, 7079; Y. Seo, et al. JNP, 1997, 60, 171; Y. -H. Park, et al. Yakhak Hoechi, 1997, 41, 345; D. Lai, et al. JNP, 2012, 75, 1595.

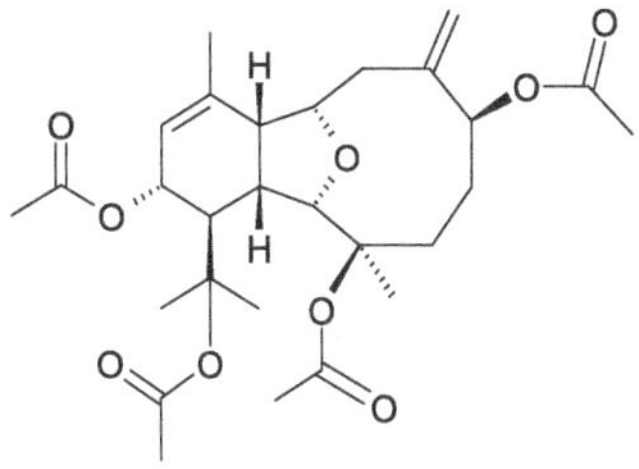

804 Astrogorgin B 星柳珊瑚素 B*

【基本信息】$C_{24}H_{36}O_6$，无色油状物，$[\alpha]_D^{25} = -137°$ ($c = 0.28$，氯仿).【类型】尤尼西兰烷型二萜.【来源】丛柳珊瑚科 Plexauridae 星柳珊瑚属* *Astrogorgia* sp. (北部湾，广西，中国).【活性】抗污剂 (纹藤壶 *Balanus amphitrite*, $EC_{50} = 5.77μg/mL$).【文献】D. Lai, et al. JNP, 2012, 75, 1595.

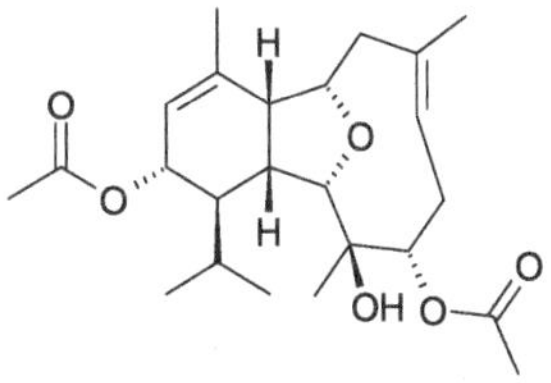

805 Astrogorgin C 星柳珊瑚素 C*

【基本信息】$C_{26}H_{38}O_8$，无色油状物，$[\alpha]_D^{25} = -92.3°$ ($c = 0.27$，氯仿).【类型】尤尼西兰烷型二萜.【来源】丛柳珊瑚科 Plexauridae 星柳珊瑚属* *Astrogorgia* sp. (北部湾，广西，中国).【活性】抗污剂 (纹藤壶 *BaLanus amphitrite*, $EC_{50} = 5.14μg/mL$).【文献】D. Lai, et al. JNP, 2012, 75, 1595.

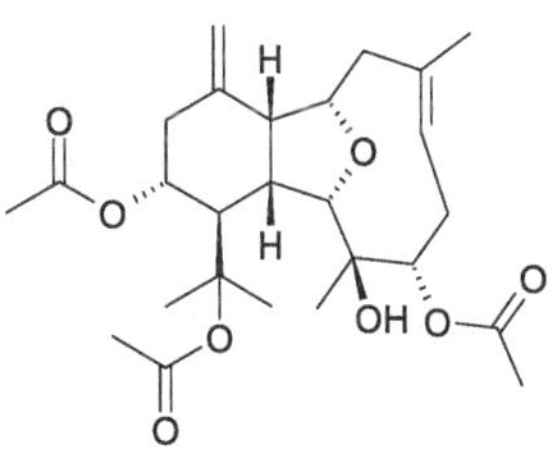

806 Astrogorgin D 星柳珊瑚素 D*

【基本信息】$C_{26}H_{38}O_7$，无色油状物，$[\alpha]_D^{25} = -25.7°$ ($c = 0.36$，氯仿).【类型】尤尼西兰烷型二萜.【来源】丛柳珊瑚科 Plexauridae 星柳珊瑚属* *Astrogorgia* sp. (北部湾，广西，中国).【活性】抗污剂 (纹藤壶 *Balanus amphitrite*, $EC_{50} = 8.23μg/mL$).【文献】D. Lai, et al. JNP, 2012, 75, 1595.

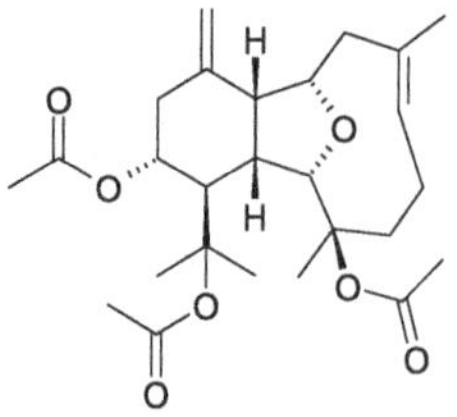

807 Astrogorgin N 星柳珊瑚素 N*

【基本信息】$C_{22}H_{32}O_4$, 无色油状物, $[\alpha]_D^{24} = -32.0°$ ($c = 0.019$, 甲醇).【类型】尤尼西兰烷型二萜.【来源】丛柳珊瑚科 Plexauridae 星柳珊瑚属* *Astrogorgia* sp. (北部湾, 广西, 中国).【活性】抗污剂 (纹藤壶 *Balanus amphitrite*, $EC_{50} = 10.7\mu g/mL$).【文献】D. Lai, et al. JNP, 2012, 75, 1595.

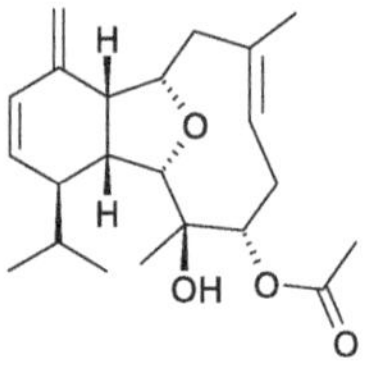

808 Australin E 奥地利林 E*

【基本信息】$C_{28}H_{44}O_7$, 晶体, mp 134~136°C, $[\alpha]_D^{25} = +61.6°$ ($c = 9.2$, 二氯甲烷).【类型】尤尼西兰烷型二萜.【来源】短足软珊瑚属* *Cladiella* sp. (波那佩岛, 密克罗尼西亚联邦).【活性】肌醇 5-磷酸酯酶 SHIP1 活化剂.【文献】D. E. Williams, et al. Aust. J. Chem., 2010, 63, 895.

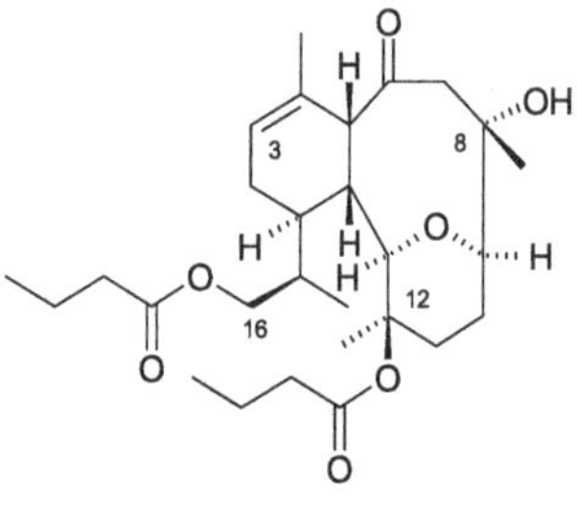

809 Briarellin A 绿白环西柏柳珊瑚林 A*

【基本信息】$C_{28}H_{44}O_8$, 油状物, $[\alpha]_D^{28} = -25.24°$ ($c = 14.9$, 氯仿).【类型】尤尼西兰烷型二萜.【来源】三爪珊瑚科 Briaridae 绿白环西柏柳珊瑚* *Briareum asbestinum* (波多黎各).【活性】细胞毒 (*in vitro* HeLa, $IC_{50} = 20.0\mu g/mL$).【文献】A. D. Rodríguez, et al. Tetrahedron, 1995, 51, 6869; C. A. Ospina, et al. JNP, 2003, 66, 357.

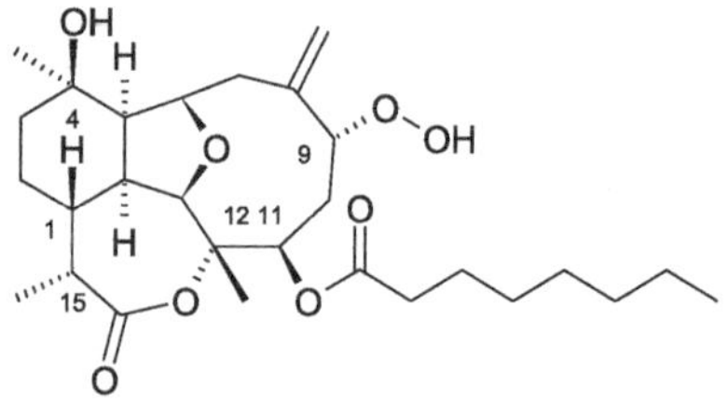

810 Briarellin D 绿白环西柏柳珊瑚林 D*

【基本信息】$C_{24}H_{36}O_6$, 油状物, $[\alpha]_D^{30} = -17.89°$ ($c = 0.033$, 氯仿).【类型】尤尼西兰烷型二萜.【来源】三爪珊瑚科绿白环西柏柳珊瑚* *Briareum asbestinum* 和三爪珊瑚科多花环西柏柳珊瑚* *Briareum polyanthes* (波多黎各).【活性】抗疟原虫 (恶性疟原虫 *Plasmodium falciparum*, $IC_{50} = 13\mu g/mL$); 抗结核 (结核分枝杆菌 *Mycobacterium tuberculosis* H37Rv, 6.25μg/mL 无值得注意的抑制活性).【文献】A. D. Rodríguez, et al. Tetrahedron, 1995, 51, 6869; C. A. Ospina, et al. JNP, 2003, 66, 357.

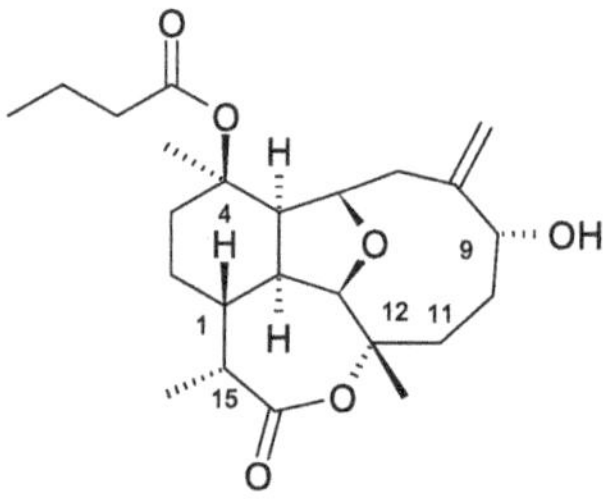

811 Briarellin D hydroperoxide 绿白环西柏柳珊瑚林 D 氢过氧化物*

【基本信息】$C_{24}H_{36}O_7$, 油状物, $[\alpha]_D^{20} = -25.2°$ ($c = 1$, 氯仿).【类型】尤尼西兰烷型二萜.【来源】三爪珊瑚科多花环西柏柳珊瑚* *Briareum polyanthes* (波多黎各).【活性】抗疟原虫 (恶性疟原虫 *Plasmodium falciparum*, $IC_{50} = 9\mu g/mL$).【文献】C. A. Ospina, et al. JNP, 2003, 66, 357.

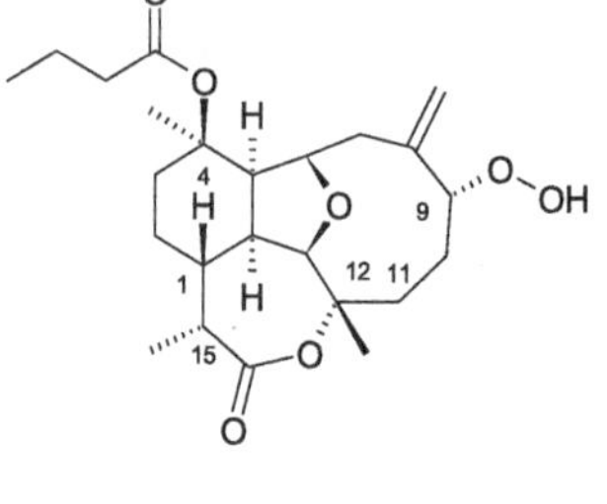

812 Briarellin E 绿白环西柏柳珊瑚林 E*

【基本信息】$C_{28}H_{46}O_6$, 油状物, $[\alpha]_D^{28} = -25.4°$

($c = 14.9$, 氯仿).【类型】尤尼西兰烷型二萜.【来源】三爪珊瑚科绿白环西柏柳珊瑚* *Briareum asbestinum* (波多黎各).【活性】细胞毒 (*in vitro* HeLa, $IC_{50} = 20.0\mu g/mL$).【文献】A. D. Rodríguez, et al. CPB, 1995, 43, 1853.

813 Briarellin J 绿白环西柏柳珊瑚林 J*

【基本信息】$C_{22}H_{32}O_5$, 半固体, $[\alpha]_D^{26} = -7.3°$ ($c = 1.1$, 氯仿).【类型】尤尼西兰烷型二萜.【来源】三爪珊瑚科多花环西柏柳珊瑚* *Briareum polyanthes* (波多黎各).【活性】抗疟原虫 (恶性疟原虫 *Plasmodium falciparum*, $IC_{50} > 50\mu g/mL$).【文献】C. A. Ospina, et al. JNP, 2003, 66, 357; 2006, 69, 1721; M. T. Crimmins, et al. Org. Lett., 2010, 12, 5028.

814 Briarellin K 绿白环西柏柳珊瑚林 K*

【基本信息】$C_{22}H_{32}O_6$, 油状物, $[\alpha]_D^{26} = -14.9°$ ($c = 1.2$, 氯仿).【类型】尤尼西兰烷型二萜.【来源】三爪珊瑚科多花环西柏柳珊瑚* *Briareum polyanthes* (波多黎各).【活性】抗疟原虫 (恶性疟原虫 *Plasmodium falciparum*, $IC_{50} = 15\mu g/mL$); 抗结核 (结核分枝杆菌 *Mycobacterium tuberculosis* H37Rv, 6.25μg/mL 无值得注意的抑制活性).【文献】C. A. Ospina, et al. JNP, 2003, 66, 357.

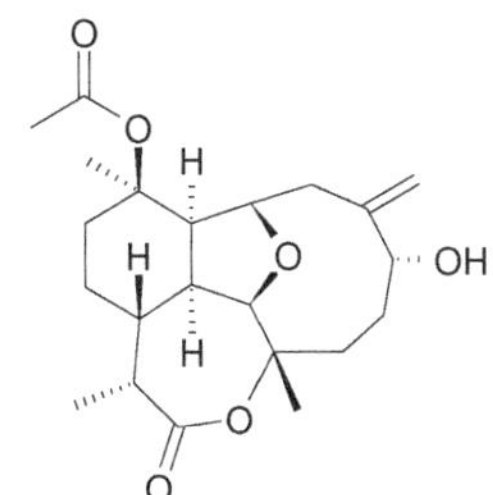

815 Briarellin K hydroperoxide 绿白环西柏柳珊瑚林 K 氢过氧化物*

【基本信息】$C_{22}H_{32}O_7$, 油状物, $[\alpha]_D^{20} = -25.6°$ ($c = 1$, 氯仿).【类型】尤尼西兰烷型二萜.【来源】三爪珊瑚科多花环西柏柳珊瑚* *Briareum polyanthes* (波多黎各).【活性】抗疟原虫 (恶性疟原虫 *Plasmodium falciparum*, $IC_{50} = 9\mu g/mL$).【文献】C. A. Ospina, et al. JNP, 2003, 66, 357.

816 Briarellin L 绿白环西柏柳珊瑚林 L*

【基本信息】$C_{26}H_{38}O_7$, 油状物, $[\alpha]_D^{26} = -20.8°$ ($c = 1.2$, 氯仿).【类型】尤尼西兰烷型二萜.【来源】三爪珊瑚科多花环西柏柳珊瑚* *Briareum polyanthes* (波多黎各).【活性】抗疟原虫 (恶性疟原虫 *Plasmodium falciparum*, $IC_{50} = 8\mu g/mL$).【文献】C. A. Ospina, et al. JNP, 2003, 66, 357.

817 Briarellin M 绿白环西柏柳珊瑚林 M*

【基本信息】$C_{22}H_{34}O_7$, 油状物, $[\alpha]_D^{26} = -14.5°$ ($c = 1$, 氯仿).【类型】尤尼西兰烷型二萜.【来源】三爪珊瑚科多花环西柏柳珊瑚* *Briareum polyanthes* (波多黎各).【活性】抗疟原虫 (恶性疟原虫 *Plasmodium falciparum*, $IC_{50} = 22\mu g/mL$).【文献】C. A. Ospina, et al. JNP, 2003, 66, 357; 2006, 69, 1721.

818 Briarellin N 绿白环西柏柳珊瑚林 N*

【基本信息】$C_{23}H_{36}O_7$, 油状物, $[\alpha]_D^{26} = -13.6°$

($c = 1.1$, 氯仿).【类型】尤尼西兰烷型二萜.【来源】三爪珊瑚科多花环西柏柳珊瑚* *Briareum polyanthes* (波多黎各).【活性】抗结核 (结核分枝杆菌 *Mycobacterium tuberculosis* H37Rv, 6.25μg/mL 无值得注意的抑制活性).【文献】C. A. Ospina, et al. JNP, 2003, 66, 357; 2006, 69, 1721.

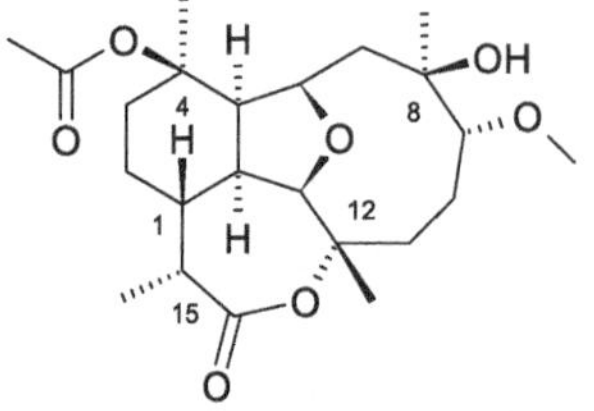

819 Briarellin O 绿白环西柏柳珊瑚林 O*

【基本信息】$C_{24}H_{38}O_7$, 油状物, $[\alpha]_D^{26} = -24.4°$ ($c = 1.1$, 氯仿).【类型】尤尼西兰烷型二萜.【来源】三爪珊瑚科多花环西柏柳珊瑚* *Briareum polyanthes* (波多黎各).【活性】抗疟原虫 (恶性疟原虫 *Plasmodium falciparum*, $IC_{50} = 24μg/mL$).【文献】C. A. Ospina, et al. JNP, 2003, 66, 357; 2006, 69, 1721.

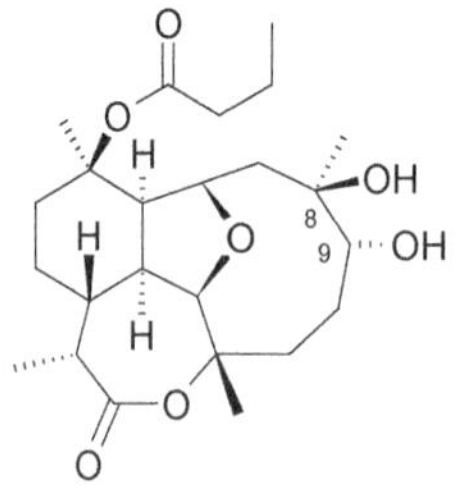

820 Secobriarellinone 开环绿白环西柏柳珊瑚林酮*

【基本信息】$C_{20}H_{28}O_6$, 无色油状物, $[\alpha]_D^{20} = +38.1°$ ($c = 0.4$, 氯仿).【类型】尤尼西兰烷型二萜.【来源】三爪珊瑚科绿白环西柏柳珊瑚* *Briareum asbestinum* (博卡德尔托罗群岛, 加勒比海, 巴拿马).【活性】抗炎 (NO 产生抑制剂, LPS 刺激的巨噬细胞, $IC_{50} = 4.7μmol/L$).【文献】J. F. Gómez-Reyes, et al. Mar. Drugs, 2012, 10, 2608.

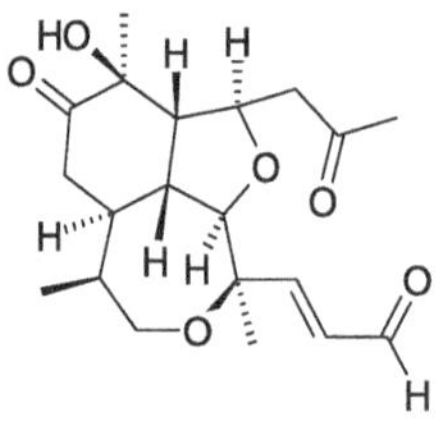

821 Briarellin P 绿白环西柏柳珊瑚林 P*

【基本信息】$C_{25}H_{40}O_7$, 油状物, $[\alpha]_D^{26} = -8.8°$ ($c = 1.1$, 氯仿).【类型】尤尼西兰烷型二萜.【来源】三爪珊瑚科多花环西柏柳珊瑚* *Briareum polyanthes* (波多黎各).【活性】抗疟原虫 (恶性疟原虫 *Plasmodium falciparum*, $IC_{50} = 14μg/mL$).【文献】C. A. Ospina, et al. JNP, 2003, 66, 357; 2006, 69, 1721.

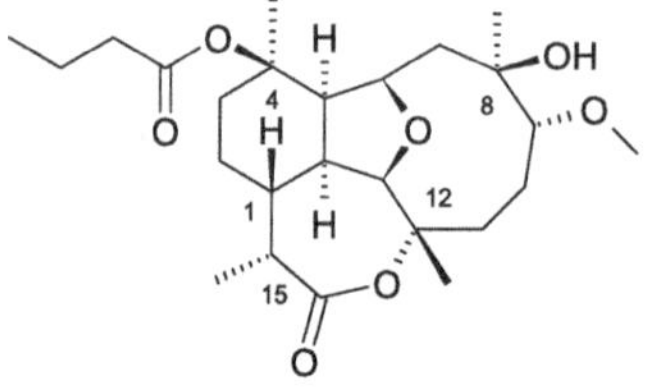

822 Briarellin S 绿白环西柏柳珊瑚林 S*

【基本信息】$C_{28}H_{44}O_7$, 无色油状物, $[\alpha]_D^{20} = +36.1°$ ($c = 4.1$, 氯仿).【类型】尤尼西兰烷型二萜.【来源】三爪珊瑚科 Briaridae 绿白环西柏柳珊瑚* *Briareum asbestinum* (博卡德尔托罗群岛, 加勒比海, 巴拿马).【活性】抗炎 (NO 产生抑制剂, LPS 刺激的巨噬细胞, $IC_{50} = 20.3μmol/L$).【文献】J. F. Gómez-Reyes, et al. Mar. Drugs, 2012, 10, 2608.

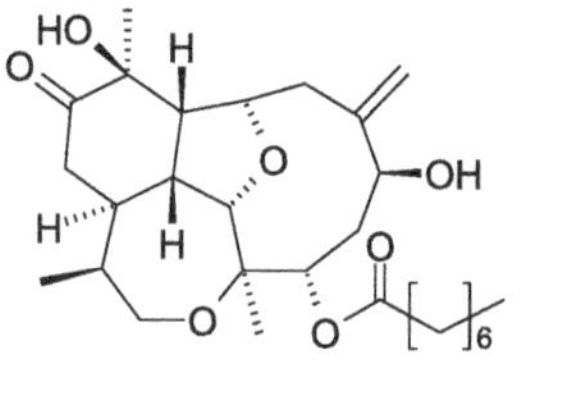

823 Calicophirin A 丛柳珊瑚菲林 A*

【基本信息】$C_{26}H_{38}O_8$, 无色油状物, $[\alpha]_D^{25} = -75.7°$ ($c = 0.8$, 氯仿), $[\alpha]_D^{19} = -92.3°$ ($c = 0.37$, 氯仿).【类型】尤尼西兰烷型二萜.【来源】小尖柳珊瑚属* *Muricella* sp. (朝鲜半岛水域), 丛柳珊瑚科(Plexauridae)柳珊瑚* *Calicogorgia* sp.和丛柳珊瑚科 Plexauridae 星柳珊瑚属* *Astrogorgia* sp. (北部湾, 广西, 中国).【活性】细胞毒 (K562, $LC_{50} = 0.9μg/mL$); PLA_2 抑制剂 (50μg/mL, InRt = 42%); 杀虫剂; 抗污剂 (纹藤壶 *Balanus amphitrite*, $EC_{50} > 25μg/mL$).【文献】M. Ochi, et al. Heterocycles, 1991, 32, 19; Y. Seo, et al. NPL, 2000, 14, 197; D. Lai, et al. JNP, 2012, 75, 1595.

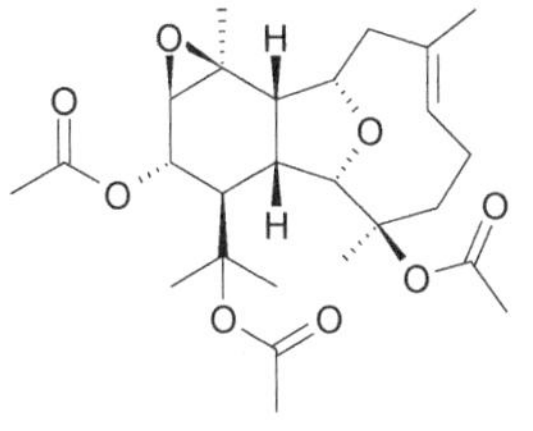

824 Calicophirin B 丛柳珊瑚菲林 B*

【基本信息】$C_{24}H_{36}O_5$, 油状物, $[\alpha]_D^{19} = -106°$ ($c = 0.46$, 氯仿).【类型】尤尼西兰烷型二萜.【来源】丛柳珊瑚科柳珊瑚* *Calicogorgia* sp., 小尖柳珊瑚属* *Muricella* sp.和丛柳珊瑚科星柳珊瑚属* *Astrogorgia* sp. (北部湾, 广西, 中国).【活性】杀虫剂; 细胞毒; cAMP 磷酸二酯酶抑制剂; 抗炎.【文献】M. Ochi, et al. Heterocycles, 1991, 32, 19; Y. Seo, et al. JNP, 1997, 60, 171; Y. -H. Park, et al. Yakhak Hoechi, 1997, 41, 345; P. Bernardelli, et al. Heterocycles, 1998, 49, 531; D. Lai, et al. JNP, 2012, 75, 1595.

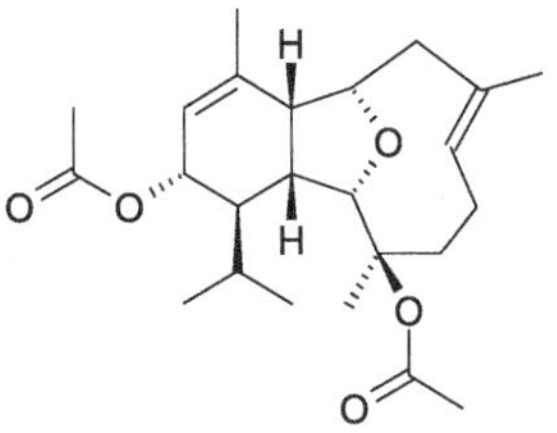

825 Cladiella peroxide 短足软珊瑚氢过氧化物*

【基本信息】$C_{20}H_{32}O_4$, $[\alpha]_D^{23} = -27.8°$ ($c = 0.42$, 氯仿).【类型】尤尼西兰烷型二萜.【来源】短足软珊瑚属* *Cladiella shaeroides* (日本水域).【活性】有毒的 (盐水丰年虾).【文献】K. Yamada, et al. JNP, 1997, 60, 393.

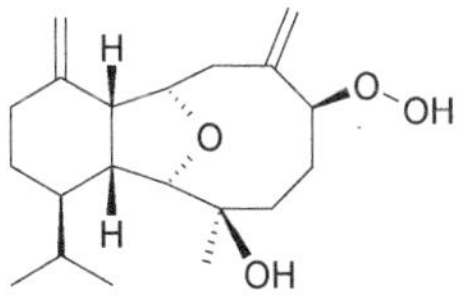

826 Cladiellin 短足软珊瑚林*

【基本信息】$C_{22}H_{34}O_3$.【类型】尤尼西兰烷型二萜.【来源】粗枝短足软珊瑚* *Cladiella pachyclados* (红海) 和短足软珊瑚属* *Cladiella* spp.【活性】防迁移 (伤口愈合实验, PC3, 50μmol/L, 迁移率≈52%, 适度活性, 对照物 4-羟基苯基亚甲基乙内酰脲, 200μmol/L, 迁移率 ≈ 25%); 抗炎; cAMP 磷酸二酯酶抑制剂; 有毒的 (盐水丰年虾).【文献】R. Kazlauskas, et al. Tetrahedron Lett., 1977, 4643; P. Bernardelli, et al. J. Am. Chem. Soc., 2001, 123, 9021; H. M. Hassan, et al. JNP, 2010, 73, 848.

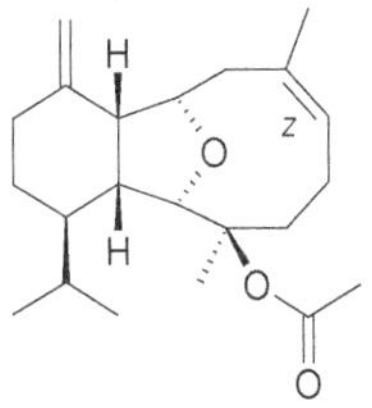

827 Cladiellisin 短足软珊瑚新*

【别名】6,13-Epoxy-4(18),8(19)-eunicelladiene-9, 12-diol; 6,13-环氧-4(18),8(19)-尤尼西兰二烯-9, 12-二醇*.【基本信息】$C_{20}H_{32}O_3$, 晶体, mp 215°C, $[\alpha]_D^{23} = -21.3°$ ($c = 0.51$, 氯仿), $[\alpha]_D^{26} = +90°$ ($c = 0.3$, 氯仿).【类型】尤尼西兰烷型二萜.【来源】短足软珊瑚属* *Cladiella sphaeroides,* 澳大利亚短足软珊瑚* *Cladiella australis* (安达曼和尼科巴群岛, 印度洋) 和类似短足软珊瑚* *Cladiella similis,* 珊瑚纲八放珊瑚亚纲海鳃目灯芯沙箸海鳃* *Virgularia juncea.*【活性】细胞毒 (P_{388}, ED_{50} = 2.0μg/mL).【文献】J. Liu, et al. Chin. Sci. Bull., 1992, 37, 1627; C. B. Rao, et al. JNP, 1994, 57, 574; D. S. Rao, et al. Indian J. Chem., Sect. B, 1994, 33, 198; K. Yamada, et al. JNP, 1997, 60, 393; S. P. Chen, et al. JNP, 2001, 64, 1241.

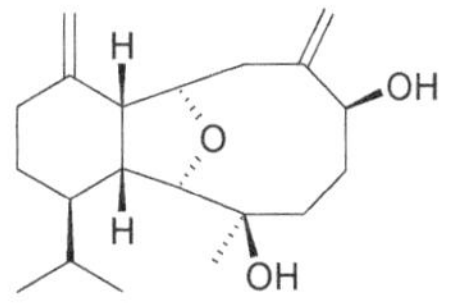

828 Cladielloide B 科拉代洛伊德 B*

【基本信息】$C_{26}H_{40}O_7$.【类型】尤尼西兰烷型二萜.【来源】短足软珊瑚属* *Cladiella* sp. (印度尼西亚).【活性】细胞毒 (有潜力的); 超氧化物抑制剂; 弹性蛋白酶抑制剂.【文献】Y. -H. Chen, et al. Mar. Drugs, 2010, 8, 2936; Y. -H. Chen, et al. Mar. Drugs, 2011, 9, 934 (结构修正).

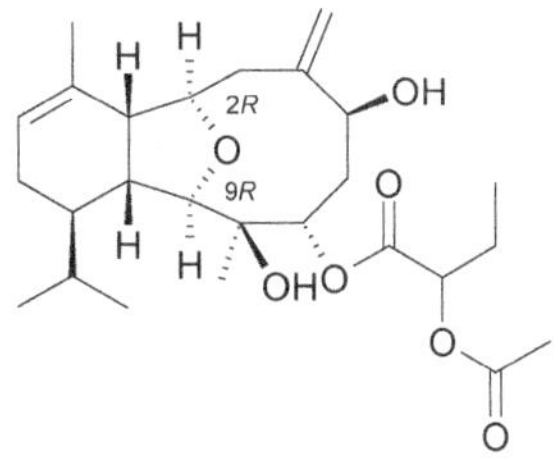

829　Cladieunicellin A　软珊瑚尤尼西林 A*

【基本信息】$C_{20}H_{32}O_3$, 无色油状物, $[\alpha]_D^{23} = -10°$ ($c = 0.51$, 氯仿).【类型】尤尼西兰烷型二萜.【来源】短足软珊瑚属* *Cladiella* sp. (印度尼西亚).【活性】细胞毒 (DLD-1, $IC_{50} = 26.5\mu g/mL$, 对照物阿霉素, $IC_{50} = 0.09\mu g/mL$; HL60, $IC_{50} > 40\mu g/mL$, 阿霉素, $IC_{50} = 0.03\mu g/mL$; CCRF-CEM, $IC_{50} > 40\mu g/mL$, 阿霉素, $IC_{50} = 0.18\mu g/mL$; $P_{388}D1$, $IC_{50} > 40\mu g/mL$, 阿霉素, $IC_{50} = 0.11\mu g/mL$); 抗炎 [人中性粒细胞对 fMLP/CB 的响应: 超氧化物阴离子 $O_2^{\bullet-}$生成抑制剂, 10μg/mL, InRt = 22.8%±6.3%), 对照物 DPI (二亚苯基碘), $IC_{50} = (0.8±0.2)\mu g/mL$; 弹性蛋白酶释放抑制剂, 10μg/mL, InRt = 25.9%±6.7%, 对照物弹性蛋白酶抑制剂, $IC_{50} = (30.8±5.7)\mu g/mL$].【文献】Y. -H. Chen, et al. CPB, 2011, 59, 353.

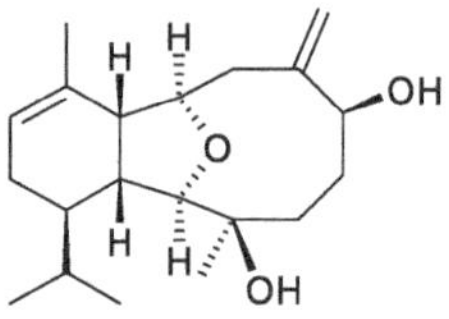

830　Cladieunicellin B　软珊瑚尤尼西林 B*

【基本信息】$C_{20}H_{32}O_4$, 无色油状物, $[\alpha]_D^{23} = -47°$ ($c = 0.07$, 氯仿).【类型】尤尼西兰烷型二萜.【来源】短足软珊瑚属* *Cladiella* sp. (印度尼西亚).【活性】细胞毒 (DLD-1, $IC_{50} = 2.0\mu g/mL$, 对照物阿霉素, $IC_{50} = 0.09\mu g/mL$; HL60, $IC_{50} > 40\mu g/mL$, 阿霉素, $IC_{50} = 0.03\mu g/mL$; CCRF-CEM, $IC_{50} > 40\mu g/mL$, 阿霉素, $IC_{50} = 0.18\mu g/mL$; $P_{388}D1$, $IC_{50} > 40\mu g/mL$, 阿霉素, $IC_{50} = 0.11\mu g/mL$).【文献】Y. -H. Chen, et al. CPB, 2011, 59, 353.

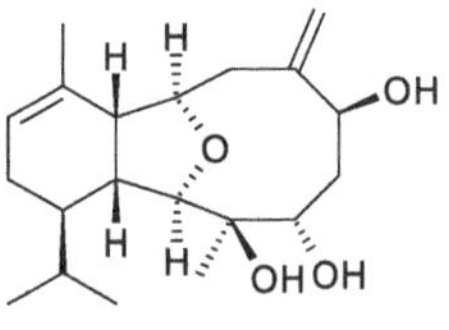

831　Cladieunicellin C　软珊瑚尤尼西林 C*

【基本信息】$C_{22}H_{34}O_5$, 无色油状物, $[\alpha]_D^{23} = -29°$ ($c = 0.07$, 氯仿).【类型】尤尼西兰烷型二萜.【来源】短足软珊瑚属* *Cladiella* sp. (印度尼西亚).【活性】细胞毒 (DLD-1, $IC_{50} > 40\mu g/mL$, 对照物阿霉素, $IC_{50} = 0.09\mu g/mL$; HL60, $IC_{50} = 18.4\mu g/mL$, 阿霉素, $IC_{50} = 0.03\mu g/mL$; CCRF-CEM, $IC_{50} > 40\mu g/mL$, 阿霉素, $IC_{50} = 0.18\mu g/mL$; $P_{388}D1$, $IC_{50} > 40\mu g/mL$, 阿霉素, $IC_{50} = 0.11\mu g/mL$); 抗炎 [人中性粒细胞对 fMLP/CB 的响应: 超氧化物阴离子 $O_2^{\bullet-}$ 生成抑制剂, $IC_{50} = (8.1±0.3)\%$, 对照物 DPI(二亚苯基碘), $IC_{50} = (0.8±0.2)\mu g/mL$; 弹性蛋白酶释放抑制剂, 10μg/mL, InRt = (49.4±6.2)%, 对照物弹性蛋白酶抑制剂, $IC_{50} = (30.8±5.7)\mu g/mL$].【文献】Y. -H. Chen, et al. CPB, 2011, 59, 353.

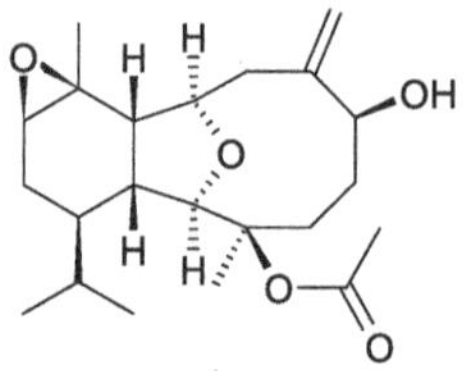

832　Cladieunicellin D　软珊瑚尤尼西林 D*

【基本信息】$C_{20}H_{32}O_5$, 无色油状物, $[\alpha]_D^{23} = -5°$ ($c = 0.06$, 氯仿).【类型】尤尼西兰烷型二萜.【来源】短足软珊瑚属* *Cladiella* sp. (印度尼西亚).【活性】抗炎 [人中性粒细胞对 fMLP/CB 的响应: 超氧化物阴离子 $O_2^{\bullet-}$生成抑制剂, 10μg/mL, InRt = 41.7±6.2%, 对照物 DPI(二亚苯基碘), $IC_{50} = (0.8±0.2)\mu g/mL$; 弹性蛋白酶释放抑制剂, 10μg/mL, InRt = 48.2%±7.0%, 对照物弹性蛋白酶抑制剂, $IC_{50} = (30.8±5.7)\mu g/mL$].【文献】Y. -H. Chen, et al. CPB, 2011, 59, 353.

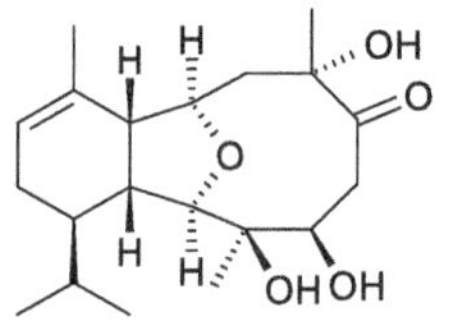

833　Cladieunicellin E　软珊瑚尤尼西林 E*

【基本信息】$C_{22}H_{36}O$, 无色油状物, $[\alpha]_D^{23} = +10°$ ($c = 0.13$, 氯仿).【类型】尤尼西兰烷型二萜.【来源】短足软珊瑚属* *Cladiella* sp. (印度尼西亚).【活性】细胞毒 (DLD-1, $IC_{50} > 40\mu g/mL$, 对照物阿霉素, $IC_{50} = 0.09\mu g/mL$; HL60, $IC_{50} = 2.7\mu g/mL$, 阿霉素, $IC_{50} = 0.03\mu g/mL$; CCRF-CEM, $IC_{50} = 31.1\mu g/mL$, 阿霉素, $IC_{50} = 0.18\mu g/mL$; $P_{388}D1$, $IC_{50} > 40\mu g/mL$, 阿霉素, $IC_{50} = 0.11\mu g/mL$); 抗炎 [人中性粒细胞对 fMLP/CB 的响应: 超氧化物阴离子 $O_2^{\bullet-}$生成抑制剂, 10μg/mL, InRt = 36.9%±5.2%; 对照物 DPI (二亚苯基碘), $IC_{50} = (0.8±0.2)\mu g/mL$; 弹性蛋白酶释放抑制剂, 10μg/mL, InRt = 12.7%±7.3%, 对照物弹性蛋白酶抑制剂, $IC_{50} = (30.8±5.7)\mu g/mL$].

【文献】Y. -H. Chen, et al. CPB, 2011, 59, 353.

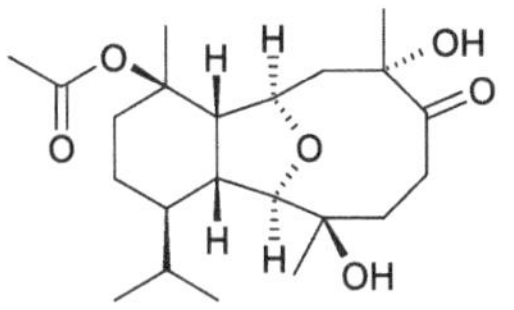

834 Cladieunicellin F 软珊瑚尤尼西林 F*

【基本信息】$C_{20}H_{34}O_3$, 无色油状物, $[\alpha]_D^{23} = -194°$ (c = 0.07, 氯仿).【类型】尤尼西兰烷型二萜.【来源】短足软珊瑚属* *Cladiella* sp. (印度尼西亚).【活性】抗炎 (超氧化物阴离子 $O_2^{\cdot-}$ 生成抑制剂, 10μg/mL, InRt =6.46%±1.28%); 弹性蛋白酶释放抑制剂 (10μg/mL, InRt = 12.91%±3.56%).【文献】Y. -H. Chen, et al. Mar. Drugs, 2011, 9, 934.

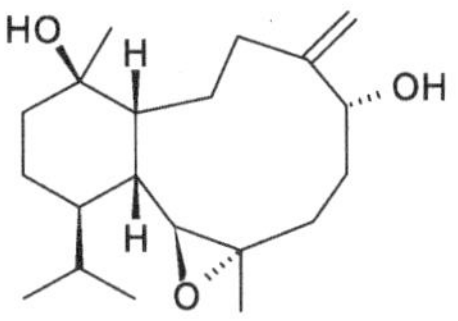

835 Cladieunicellin L 软珊瑚尤尼西林 L*

【基本信息】$C_{26}H_{40}O_9$.【类型】尤尼西兰烷型二萜.【来源】短足软珊瑚属* *Cladiella* sp. (台湾水域, 中国).【活性】细胞毒 (Molt4, IC_{50} = 14.42μmol/L, 对照物阿霉素, IC_{50} = 0.02μmol/L; HL60, IC_{50} > 20μmol/L, 阿霉素, IC_{50} = 0.02μmol/L).【文献】T. -H. Chen, et al. Mar. Drugs, 2014, 12, 2144.

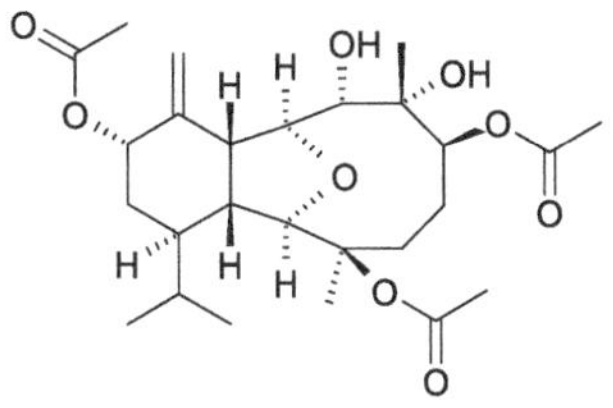

836 Cladieunicellin M 软珊瑚尤尼西林 M*

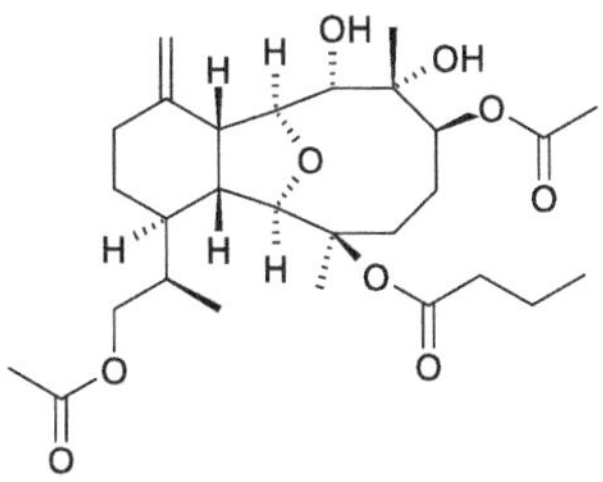

【基本信息】$C_{28}H_{44}O_9$.【类型】尤尼西兰烷型二萜.【来源】短足软珊瑚属* *Cladiella* sp. (台湾水域, 中国).【活性】细胞毒 (Molt4, IC_{50} = 16.43μmol/L, 对照物阿霉素, IC_{50} = 0.02μmol/L; HL60, IC_{50} > 20μmol/L, 阿霉素, IC_{50} = 0.02μmol/L).【文献】T. -H. Chen, et al. Mar. Drugs, 2014, 12, 2144.

837 Cladieunicellin N 软珊瑚尤尼西林 N*

【别名】Klymollin Q; 科尔特软珊瑚林 Q*.【基本信息】$C_{24}H_{38}O_7$.【类型】尤尼西兰烷型二萜.【来源】短足软珊瑚属* *Cladiella* sp.和柔软科尔特软珊瑚* *Klyxum molle*.【活性】细胞毒 (Molt4, IC_{50} > 20μmol/L, 对照物阿霉素, IC_{50} = 0.02μmol/L; HL60, IC_{50} > 20μmol/L, 阿霉素, IC_{50} = 0.02μmol/L).【文献】M. C. Lin, et al. JNP, 2013, 76, 1661; T. -H. Chen, et al. Mar. Drugs, 2014, 12, 2144.

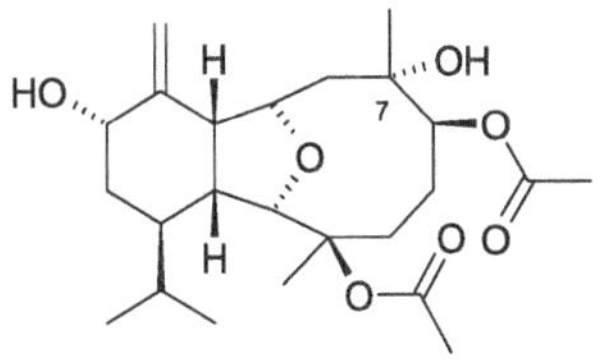

838 Cladieunicellin O 软珊瑚尤尼西林 O*

【基本信息】$C_{26}H_{40}O_8$.【类型】尤尼西兰烷型二萜.【来源】短足软珊瑚属* *Cladiella* sp. (台湾水域, 中国).【活性】细胞毒 (Molt4, IC_{50} = 14.17μmol/L, 对照物阿霉素, IC_{50} = 0.02μmol/L; HL60, IC_{50} > 20μmol/L, 阿霉素, IC_{50} = 0.02μmol/L).【文献】T. -H. Chen, et al. Mar. Drugs, 2014, 12, 2144.

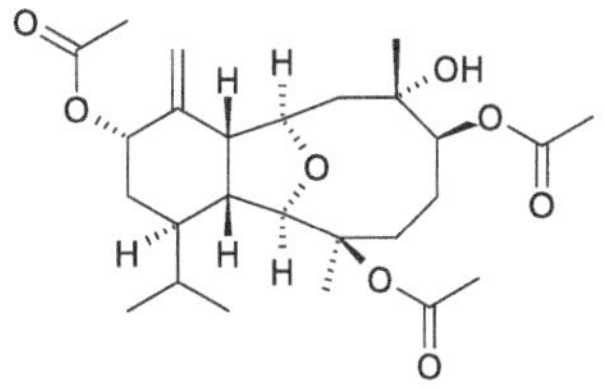

839 Cladieunicellin P 软珊瑚尤尼西林 P*

【基本信息】$C_{28}H_{44}O_9$.【类型】尤尼西兰烷型二萜.【来源】短足软珊瑚属* *Cladiella* sp. (台湾水域,中国).【活性】细胞毒 (Molt4, IC_{50} > 20μmol/L, 对照物阿霉素, IC_{50} = 0.02μmol/L; HL60, IC_{50} > 20μmol/L, 阿霉素, IC_{50} = 0.02μmol/L).【文献】T. -H. Chen, et al. Mar. Drugs, 2014, 12, 2144.

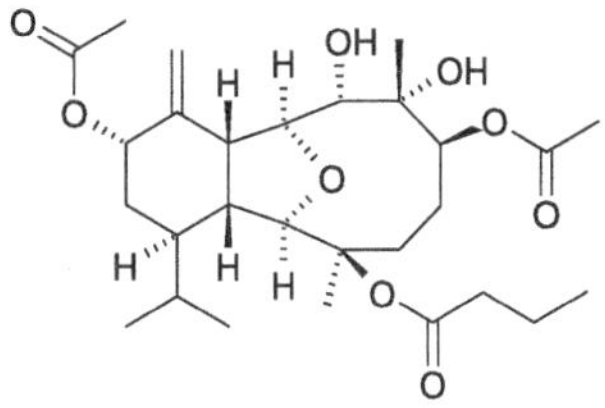

840 Cladieunicellin Q 软珊瑚尤尼西林 Q*

【基本信息】$C_{24}H_{38}O_7$.【类型】尤尼西兰烷型二萜.【来源】短足软珊瑚属* *Cladiella* sp. (台湾水域,中国).【活性】细胞毒 (Molt4, IC_{50} = 15.55μmol/L, 对照物阿霉素, IC_{50} = 0.02μmol/L; HL60, IC_{50} > 20μmol/L, 阿霉素, IC_{50} = 0.02μmol/L).【文献】T.-H. Chen, et al. Mar. Drugs, 2014, 12, 2144.

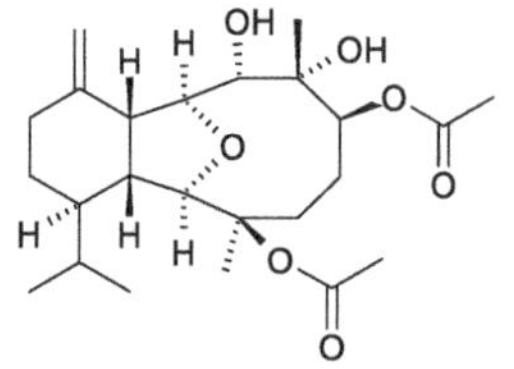

841 14-Deacetoxycalicophirin B 14-去乙酰氧基丛柳珊瑚菲林 B*

【别名】6,13-Epoxy-12-acetoxy-3,8-eunicelladiene; 6,13-环氧-12-乙酰氧基-3,8-尤尼西兰二烯*.【基本信息】$C_{22}H_{34}O_3$, 白色固体, mp 78~79°C, $[\alpha]_D^{25}$ = –34.7° (*c* = 0.5, 氯仿).【类型】尤尼西兰烷型二萜.【来源】小尖柳珊瑚属* *Muricella* sp.(朝鲜半岛水域) 和丛柳珊瑚科 Plexauridae 星柳珊瑚属* *Astrogorgia* sp. (北部湾, 广西, 中国).【活性】细胞毒 (A549, ED_{50} = 12.7μg/mL; SK-OV-3, ED_{50} = 21.3μg/mL; SK-MEL-2, ED_{50} = 11.6μg/mL; HCT15, ED_{50} = 13.9μg/mL); 抗污剂 (纹藤壶 *Balanus amphitrite*, EC_{50} = 0.59μg/mL); LD_{50} = 0.3μg/mL.【文献】Y. Seo, et al. JNP, 1997, 60, 171; D. Lai, et al. JNP, 2012, 75, 1595.

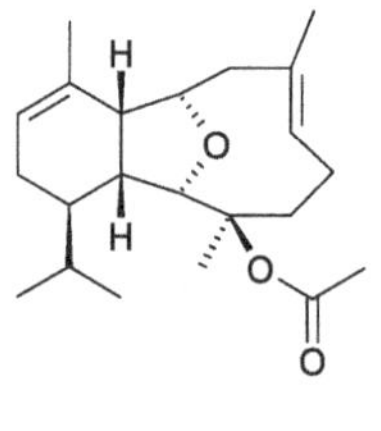

842 (4*β*,6*α*,8*Z*,13*α*)-4,12-Diacetoxy-6,13-epoxy-8-euni-cellene (4*β*,6*α*,8*Z*,13*α*)-4,12-双乙酰氧基-6,13-环氧-8-柳珊瑚烯*

【基本信息】$C_{24}H_{38}O_5$, 油状物, $[\alpha]_D$ = –15.6° (*c* = 1.4, 氯仿).【类型】尤尼西兰烷型二萜.【来源】柳珊瑚科 Gorgoniidae 柳珊瑚* *Eunicella cavolini* (地中海).【活性】有毒的 (鱼和盐水丰年虾).【文献】S. De Rosa, et al. NPL, 1995, 7, 259.

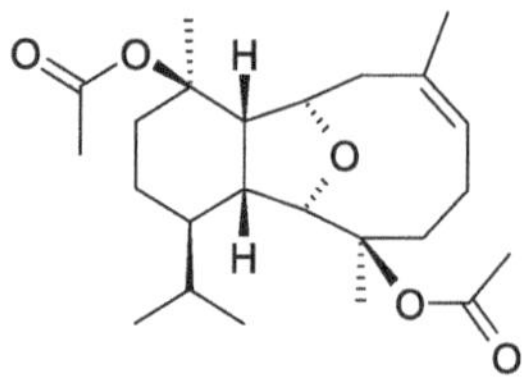

843 3,6-Diacetylcladiellisin 3,6-二乙酰基短足软珊瑚新*

【基本信息】$C_{24}H_{36}O_4$.【类型】尤尼西兰烷型二萜.【来源】粗枝短足软珊瑚* *Cladiella pachyclados* (红海).【活性】防迁移 (伤口愈合实验: PC3, 50μmol/L, 迁移率 ≈ 38%, 有潜力的; 对照物 4-羟基苯基亚甲基乙内酰脲, 200μmol/L, 迁移率 ≈ 25%).【文献】H. M. Hassan, et al. JNP, 2010, 73, 848.

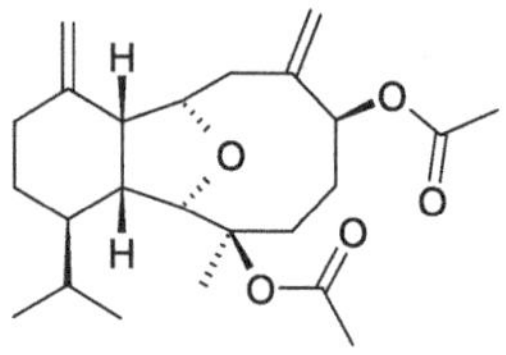

844 Dihydrovaldivone A 二氢海鸡冠酮 A*

【基本信息】$C_{25}H_{36}O_5$, 油状物.【类型】尤尼西兰烷型二萜.【来源】海鸡冠属软珊瑚* *Alcyonium valdivae* (南非).【活性】抗炎; PL A_2 抑制剂.【文献】Y. Lin, et al. Tetrahedron, 1993, 49, 7977.

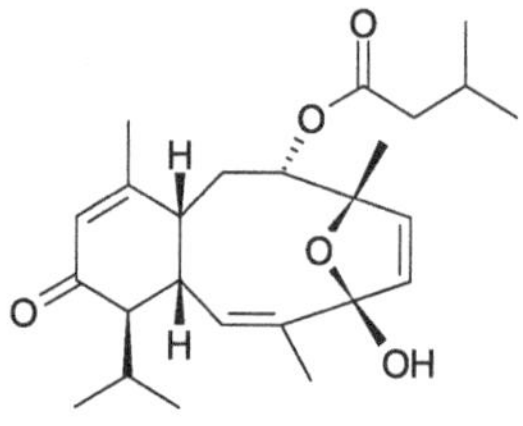

845 Eleutherobin 软珊瑚素*

【别名】五加素.【基本信息】$C_{35}H_{48}N_2O_{10}$, 无定形固体, $[\alpha]_D^{25}$ = –49.3° (*c* = 3, 甲醇).【类型】尤尼西兰烷型二萜.【来源】软珊瑚科 Alcyoniidae 软珊瑚* *Eleutherobia* cf. *albiflora* 和柔荑软珊瑚属* *Nephthea chabroli,* 红柄柳珊瑚* *Erythropodium caribaeorum*.【活性】细胞毒 (有微管稳定性质, 表明有潜力的抗癌活性, 经历了抗癌药物临床前评估(2001), 但因缺少实验材料不再继续进行).【文献】T. Lindel, et al. JACS, 1997, 119, 8744; B. H. Long, et al. Cancer Res., 1998, 58, 1111; US Pat., 1995, 5473057; CA, 124, 194297.

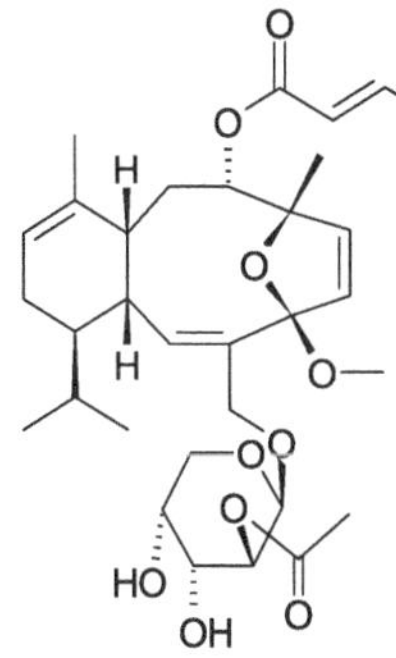

846　Eleuthoside A　软珊瑚糖苷 A*

【基本信息】$C_{36}H_{48}N_2O_{11}$，油状物，$[\alpha]_D = -9°$ ($c = 0.2$，氯仿).【类型】尤尼西兰烷型二萜.【来源】软珊瑚科(Alcyoniidae)软珊瑚* *Eleutherobia aurea* (南非).【活性】微管蛋白聚合诱导抑制剂；细胞毒 (强活性)，抗肿瘤.【文献】S. Ketzinel, et al. JNP, 1996, 59, 873; K. C. Nicolaou, et al. JACS, 1998, 120, 8661; 8674.

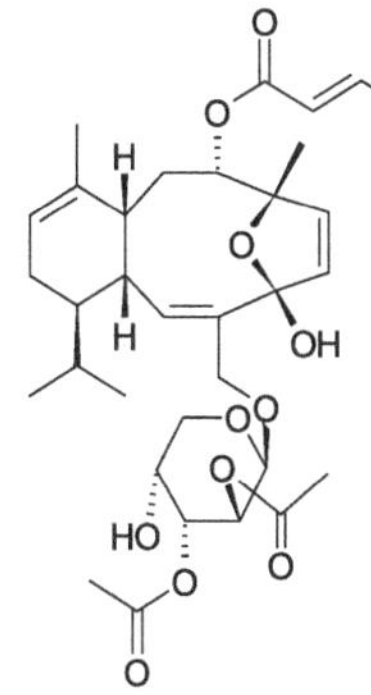

847　Hirsutalin A　硬毛短足软珊瑚素 A*

【基本信息】$C_{28}H_{44}O_7$，无色油状物，$[\alpha]_D^{25} = -22°$ ($c = 0.26$，氯仿).【类型】尤尼西兰烷型二萜.【来源】硬毛短足软珊瑚* *Cladiella hirsuta* (商陆暗礁，澎湖列岛，台湾，中国).【活性】细胞毒 (Hep3B, IC_{50} = 29μmol/L，对照物阿霉素，IC_{50} = 1.3μmol/L；A549, IC_{50} = 28μmol/L，阿霉素，IC_{50} = 2.6μmol/L；Ca9-22, IC_{50} = 35μmol/L，阿霉素，IC_{50} = 0.2μmol/L).【文献】B. -W. Chen, et al. JNP, 2010, 73, 1785.

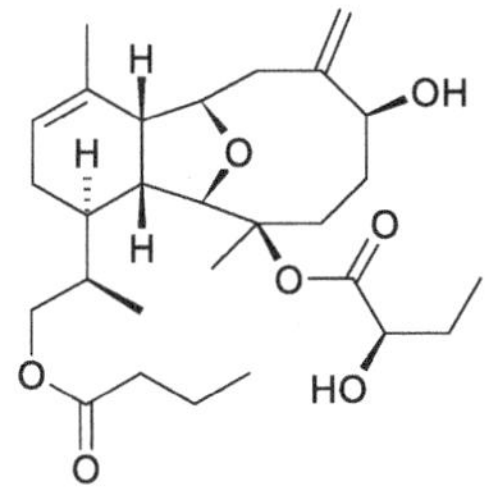

848　Hirsutalin B　硬毛短足软珊瑚素 B*

【基本信息】$C_{30}H_{46}O_9$，无色油状物，$[\alpha]_D^{25} = -41°$ ($c = 0.81$，氯仿).【类型】尤尼西兰烷型二萜.【来源】硬毛短足软珊瑚* *Cladiella hirsuta* (商陆暗礁，澎湖列岛，台湾，中国).【活性】抗炎 (10μmol/L，相对于仅用 LPS 刺激的对照物细胞降低 iNOS 蛋白水平到 6.8%±0.6%)；抗炎 (10μmol/L，相对于仅用 LPS 处理的对照物细胞降低环加氧酶 COX-2 表达至 49.0%±2.3%).【文献】B. -W. Chen, et al. JNP, 2010, 73, 1785.

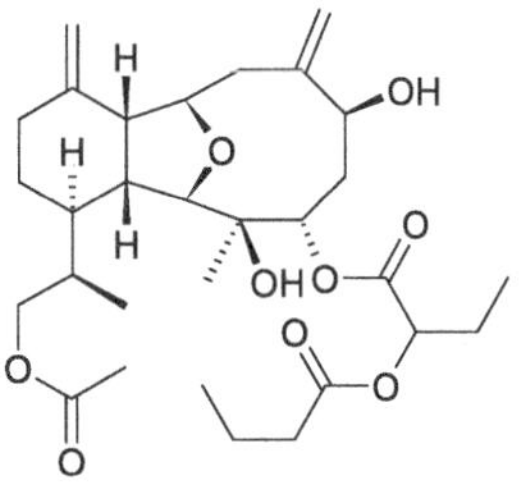

849　Hirsutalin C　硬毛短足软珊瑚素 C*

【基本信息】$C_{28}H_{44}O_7$，无色油状物，$[\alpha]_D^{25} = -78°$ ($c = 0.37$，氯仿).【类型】尤尼西兰烷型二萜.【来源】硬毛短足软珊瑚* *Cladiella hirsuta* (商陆暗礁，澎湖列岛，台湾，中国).【活性】抗炎 (10μmol/L，相对于仅用 LPS 刺激的对照物细胞降低 iNOS 蛋白水平到 43.6%±8.7%).【文献】B. -W. Chen, et al. JNP, 2010, 73, 1785.

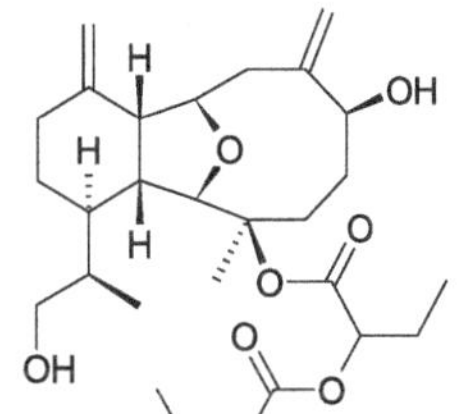

850　Hirsutalin D　硬毛短足软珊瑚素 D*

【基本信息】$C_{26}H_{40}O_7$，无色油状物，$[\alpha]_D^{22} = -52°$ ($c = 0.15$，氯仿).【类型】尤尼西兰烷型二萜.【来源】硬毛短足软珊瑚* *Cladiella hirsuta* (商陆暗礁，

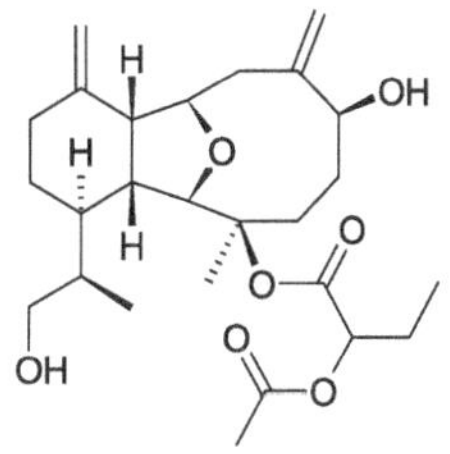

澎湖列岛, 台湾, 中国).【活性】抗炎 (10μmol/L, 相对于仅用 LPS 刺激的对照物细胞降低 iNOS 蛋白水平到 3.3%±0.1%).【文献】B. -W. Chen, et al. JNP, 2010, 73, 1785.

851 Hirsutalin E 硬毛短足软珊瑚素 E*

【基本信息】$C_{24}H_{40}O_5$, 无色油状物, $[\alpha]_D^{22} = -13°$ ($c = 3.18$, 氯仿).【类型】尤尼西兰烷型二萜.【来源】硬毛短足软珊瑚* *Cladiella hirsuta* (商陆暗礁, 澎湖列岛, 台湾, 中国), 硬毛短足软珊瑚* *Cladiella hirsuta* (商陆岛外海, 23°32′N, 119°38′E, 澎湖列岛, 中国台湾, 水深 10m, 2008 年 6 月采样).【活性】细胞毒 (P_{388}, IC_{50} > 40μmol/L, 对照物 5-FU, IC_{50} = 8.5μmol/L; K562, IC_{50} > 40μmol/L, 5-FU, IC_{50} = 24.6μmol/L; HT29, IC_{50} > 40μmol/L, 5-FU, IC_{50} = 20.8μmol/L; A549, IC_{50} = 37.2μmol/L; 5-FU, IC_{50} = 38.5μmol/L) (Huang, 2014); 抗炎 (超氧化物阴离子生成抑制剂, 10μmol/L, InRt = 4.2%±3.8%, IC_{50} > 10μmol/L) (Huang, 2014); 抗炎 (弹性蛋白酶释放抑制剂, fMLP/CB 诱导的人中性粒细胞, 10μmol/L, InRt = 3.1%±6.9%, IC_{50} > 10μmol/L) (Huang, 2014); 细胞毒 (Hep3B, IC_{50} = 14μmol/L, 对照物阿霉素, IC_{50} = 1.3μmol/L; MDA-MB-231, IC_{50} = 41μmol/L, 阿霉素, IC_{50} = 2.0μmol/L; MCF7, IC_{50} = 35μmol/L, 阿霉素, IC_{50} = 2.9μmol/L; A549, IC_{50} = 34μmol/L, 阿霉素, IC_{50} = 2.6μmol/L; Ca9-22, IC_{50} = 34μmol/L, 阿霉素, IC_{50} = 0.2μmol/L; HepG2, IC_{50} = 4.7μmol/L, 阿霉素, IC_{50} = 0.4μmol/L) (Chen, 2010).【文献】B. -W. Chen, et al. JNP, 2010, 73, 1785; T. -Z. Huang, et al. Mar. Drugs, 2014, 12, 2446.

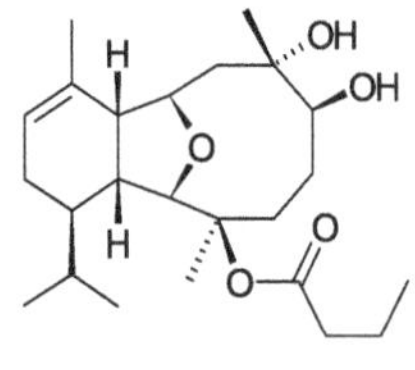

852 Hirsutalin F 硬毛短足软珊瑚素 F*

【基本信息】$C_{28}H_{44}O_8$, 无色油状物; $[\alpha]_D^{22} = -62°$ ($c = 0.10$, 氯仿).【类型】尤尼西兰烷型二萜.【来源】硬毛短足软珊瑚* *Cladiella hirsuta* (商陆暗礁, 澎湖列岛, 台湾, 中国).【活性】细胞毒 (HepG2, IC_{50} = 29μmol/L, 对照物阿霉素, IC_{50} = 0.4μmol/L; Hep3B, IC_{50} = 29μmol/L, 阿霉素, IC_{50} = 1.3μmol/L; MCF7, IC_{50} = 32μmol/L, 阿霉素, IC_{50} = 2.9μmol/L).【文献】B. -W. Chen, et al. JNP, 2010, 73, 1785.

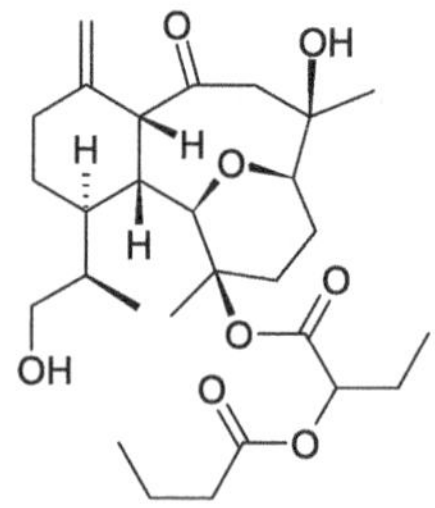

853 Hirsutalin H 硬毛短足软珊瑚素 H*

【基本信息】$C_{26}H_{42}O_7$, 无色油状物; $[\alpha]_D^{22} = -140°$ ($c = 0.30$, 氯仿).【类型】尤尼西兰烷型二萜.【来源】硬毛短足软珊瑚* *Cladiella hirsuta* (商陆暗礁, 澎湖列岛, 台湾, 中国).【活性】抗炎 (10μmol/L, 相对于仅用 LPS 刺激的对照物细胞降低 iNOS 蛋白水平到 32.3%±6.1%).【文献】B. -W. Chen, et al. JNP, 2010, 73, 1785.

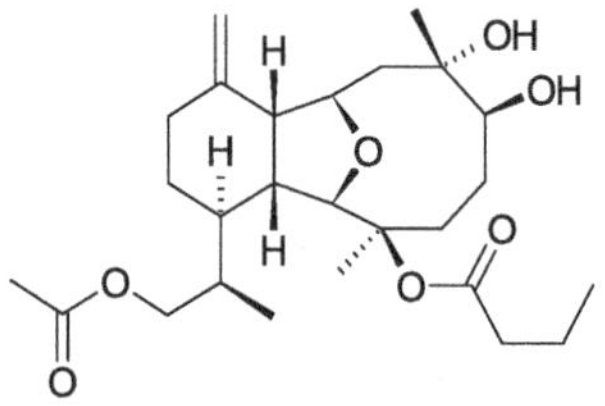

854 Hirsutalin I 硬毛短足软珊瑚素 I*

【基本信息】$C_{26}H_{42}O_8$, 无色油状物, $[\alpha]_D^{22} = -21°$ ($c = 0.14$, 氯仿).【类型】尤尼西兰烷型二萜.【来源】硬毛短足软珊瑚* *Cladiella hirsuta* (商陆暗礁, 澎湖列岛, 中国台湾).【活性】NO 产生抑制剂 (受激巨噬细胞, 20μg/mL, InRt = 10%, 低活性).【文献】B. -W. Chen, et al. Tetrahedron, 2013, 69, 2296.

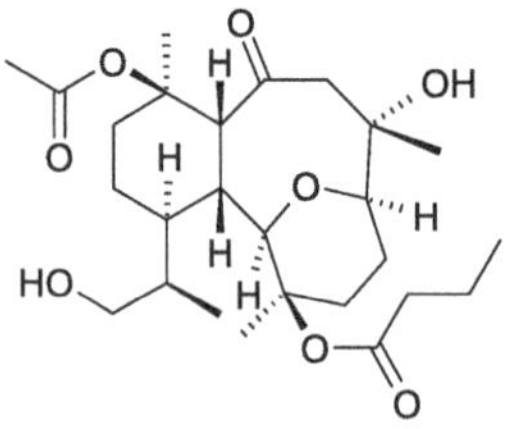

855 Hirsutalin J 硬毛短足软珊瑚素 J*

【基本信息】$C_{28}H_{44}O_8$, 无色油状物, $[\alpha]_D^{22} = +13°$ ($c = 0.58$, 氯仿).【类型】尤尼西兰烷型二萜.【来源】硬毛短足软珊瑚* *Cladiella hirsuta* (商陆暗礁, 澎湖列岛, 中国台湾).【活性】NO 产生抑制剂 (受激巨噬细胞, 20μg/mL, InRt = 20%, 低活性).【文

献】B. -W. Chen, et al. Tetrahedron, 2013, 69, 2296.

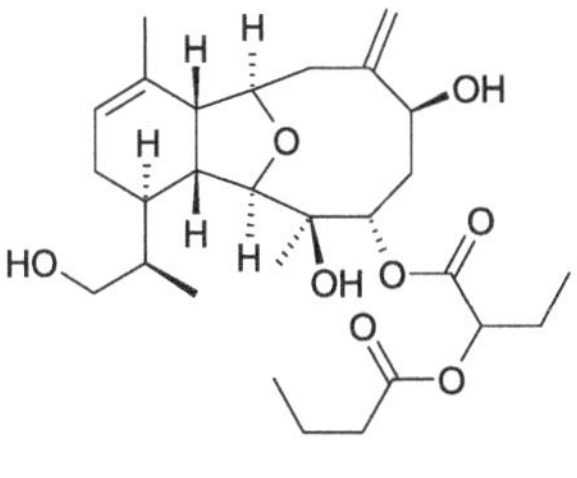

856　Hirsutalin K　硬毛短足软珊瑚素 K*

【基本信息】$C_{24}H_{36}O_7$，无色油状物，$[\alpha]_D^{22}=+17°$（$c=0.18$，氯仿）.【类型】尤尼西兰烷型二萜.【来源】硬毛短足软珊瑚* *Cladiella hirsuta*（商陆暗礁，澎湖列岛，中国台湾）.【活性】NO 产生抑制剂（受激巨噬细胞，20μg/mL，InRt = 97%，IC_{50} = 9.8μg/mL，适度活性）.【文献】B. -W. Chen, et al. Tetrahedron, 2013, 69, 2296.

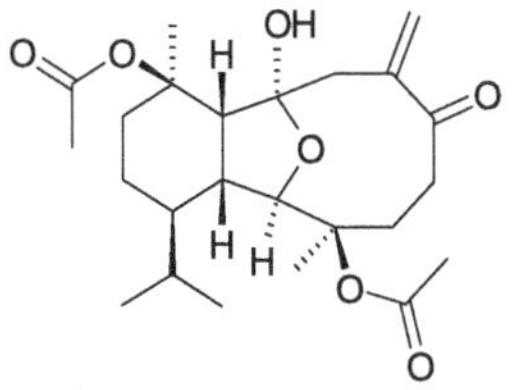

857　Hirsutalin L　硬毛短足软珊瑚素 L*

【基本信息】$C_{28}H_{44}O_8$，无色油状物，$[\alpha]_D^{22}=-44°$（$c=0.11$，氯仿）.【类型】尤尼西兰烷型二萜.【来源】硬毛短足软珊瑚* *Cladiella hirsuta*（商陆暗礁，澎湖列岛，中国台湾）.【活性】NO 产生抑制剂（受激巨噬细胞，20μg/mL，InRt = 20%，低活性）.【文献】B. -W. Chen, et al. Tetrahedron, 2013, 69, 2296.

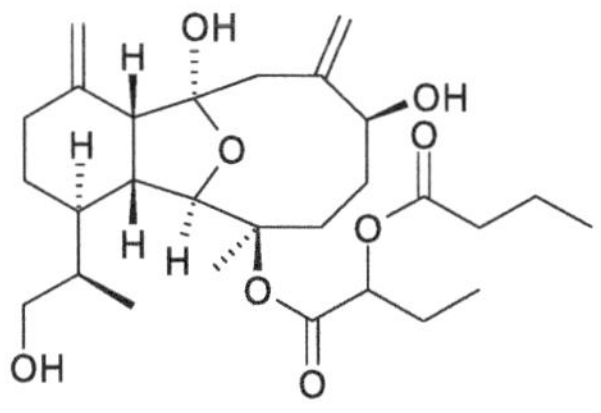

858　Hirsutalin M　硬毛短足软珊瑚素 M*

【基本信息】$C_{24}H_{38}O_6$，无色油状物，$[\alpha]_D^{22}=-29°$（$c=0.16$，氯仿）.【类型】尤尼西兰烷型二萜.【来源】硬毛短足软珊瑚* *Cladiella hirsuta*（商陆暗礁，澎湖列岛，中国台湾）.【活性】NO 产生抑制剂（受激巨噬细胞，20μg/mL，InRt = 15%，低活性）.【文献】B. -W. Chen, et al. Tetrahedron, 2013, 69, 2296.

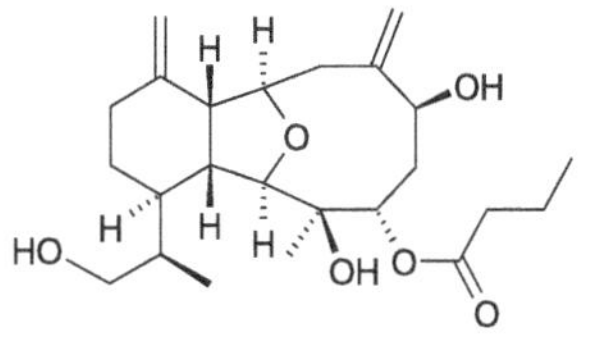

859　Hirsutalin N　硬毛短足软珊瑚素 N*

【基本信息】$C_{24}H_{38}O_7$，无色油状物，$[\alpha]_D^{25}=-98°$（$c=0.54$，氯仿）.【类型】尤尼西兰烷型二萜.【来源】硬毛短足软珊瑚* *Cladiella hirsuta*（商陆岛外海，23°32′N，119°38′E，澎湖列岛，中国台湾，水深 10m，2008 年 6 月采样）.【活性】抗炎（超氧化物阴离子生成抑制剂，10μmol/L，InRt = 1.0%±5.5%，IC_{50} > 10μmol/L，$p<0.001$）；抗炎（弹性蛋白酶释放抑制剂，fMLP/CB 诱导的人中性粒细胞，10μmol/L，InRt = 31.7%±3.2%，IC_{50} > 10μmol/L，$p<0.001$）.【文献】T. -Z. Huang, et al. Mar. Drugs, 2014, 12, 2446.

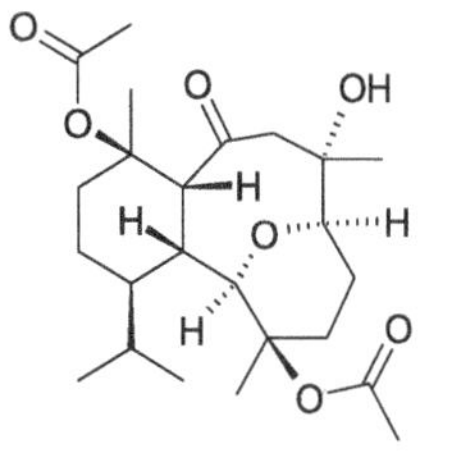

860　Hirsutalin O　硬毛短足软珊瑚素 O*

【基本信息】$C_{24}H_{38}O_6$，无色油状物，$[\alpha]_D^{25}=-128°$（$c=0.68$，氯仿）.【类型】尤尼西兰烷型二萜.【来源】硬毛短足软珊瑚* *Cladiella hirsuta*（商陆岛外海，23°32′N，119°38′E，澎湖列岛，中国台湾，水深 10m，2008 年 6 月采样）.【活性】抗炎（超氧化物阴离子生成抑制剂，10μmol/L，InRt = 9.6%±5.5%，IC_{50} > 10μmol/L）；抗炎（弹性蛋白酶释放抑制剂，fMLP/CB 诱导的人中性粒细胞，10μmol/L，InRt = 11.5%±5.0%，IC_{50} > 10μmol/L）.【文献】T. -Z. Huang, et al. Mar. Drugs, 2014, 12, 2446.

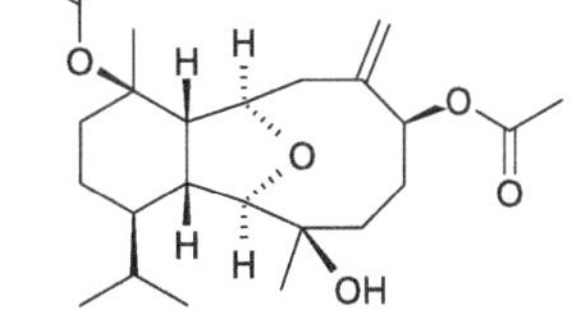

861　Hirsutalin P　硬毛短足软珊瑚素 P*

【基本信息】$C_{23}H_{40}O_6$，无色油状物，$[\alpha]_D^{25}=+27°$（$c=0.54$，氯仿）.【类型】尤尼西兰烷型二萜.【来

源】硬毛短足软珊瑚* *Cladiella hirsuta* (商陆岛外海, 23°32′N, 119°38′E, 澎湖列岛, 中国台湾, 水深 10m 2008 年 6 月采样).【活性】抗炎 [超氧化物阴离子生成抑制剂, 10μmol/L, InRt = 1.7%±0.7%, IC_{50} > 10μmol/L, $p < 0.05$]; 抗炎 (弹性蛋白酶释放抑制剂, fMLP/CB 诱导的人中性粒细胞, 10μmol/L, InRt = 17.9%±6.9%, IC_{50} > 10μmol/L, $p < 0.05$).【文献】T. -Z. Huang, et al. Mar. Drugs, 2014, 12, 2446.

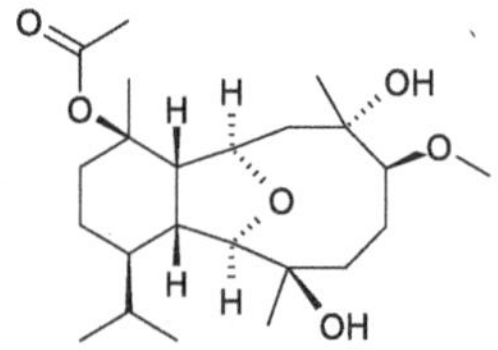

862 Hirsutalin Q 硬毛短足软珊瑚素 Q*

【基本信息】$C_{22}H_{36}O_5$, 无色油状物, $[\alpha]_D^{25} = +12°$ (c = 0.51, 氯仿).【类型】尤尼西兰烷型二萜.【来源】硬毛短足软珊瑚* *Cladiella hirsuta* (商陆岛外海, 23°32′N, 119°38′E, 澎湖列岛, 中国台湾, 水深 10m, 2008 年 6 月采样).【活性】抗炎 (超氧化物阴离子生成抑制剂, 10μmol/L, InRt = 6.1%±2.6%, IC_{50} > 10μmol/L); 抗炎 (弹性蛋白酶释放抑制剂, fMLP/CB 诱导的人中性粒细胞, 10μmol/L, InRt = 6.4%±2.4%, IC_{50} > 10μmol/L).【文献】T. -Z. Huang, et al. Mar. Drugs, 2014, 12, 2446.

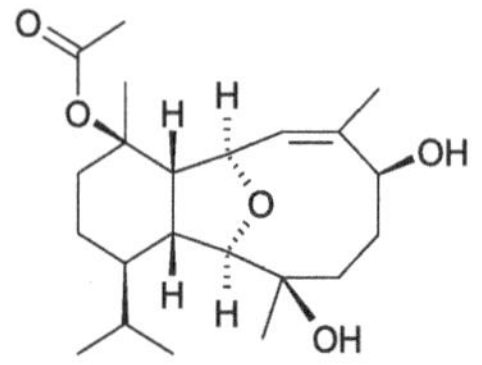

863 Hirsutalin R 硬毛短足软珊瑚素 R*

【基本信息】$C_{28}H_{42}O_7$, 黄色油, $[\alpha]_D^{25} = +18°$ (c = 0.54, 氯仿).【类型】尤尼西兰烷型二萜.【来源】硬毛短足软珊瑚* *Cladiella hirsuta* (商陆岛外海, 23°32′N, 119°38′E, 澎湖列岛, 中国台湾, 水深 10m, 2008 年 6 月采样).【活性】细胞毒 (P_{388}, IC_{50} = 13.8μmol/L, 对照物 5-FU, IC_{50} = 8.5μmol/L; K562, IC_{50} = 36.3μmol/L, 5-FU, IC_{50} = 24.6μmol/L; HT29, IC_{50} > 40μmol/L, 5-FU, IC_{50} = 20.8μmol/L; A549, IC_{50} > 40μmol/L; 5-FU, IC_{50} = 38.5μmol/L); 抗炎 (超氧化物阴离子生成抑制剂, 10μmol/L, InRt = 6.5%±2.9%, IC_{50} > 10μmol/L, $p < 0.05$); 抗炎 (弹性蛋白酶释放抑制剂, fMLP/CB 诱导的人中性粒细胞, 10μmol/L, InRt = 13.6%±4.9%, IC_{50} > 10μmol/L, $p < 0.05$).【文献】T. -Z. Huang, et al. Mar. Drugs, 2014, 12, 2446.

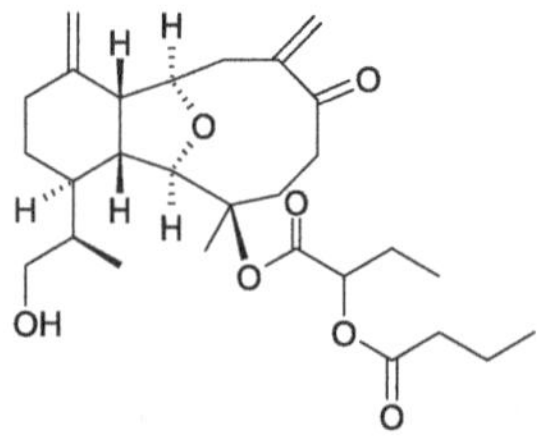

864 (−)-6α-Hydroxypolyanthellin A (−)-6α-羟基多花环西柏柳珊瑚林 A*

【基本信息】$C_{22}H_{36}O_5$.【类型】尤尼西兰烷型二萜.【来源】圆裂短足软珊瑚* *Cladiella krempfi* (卡瓦拉蒂岛, 拉克沙群岛, 印度).【活性】抗污剂 (藤壶, 适度活性).【文献】V. P. L. Mol, et al. Can. J. Chem., 2011, 89, 57.

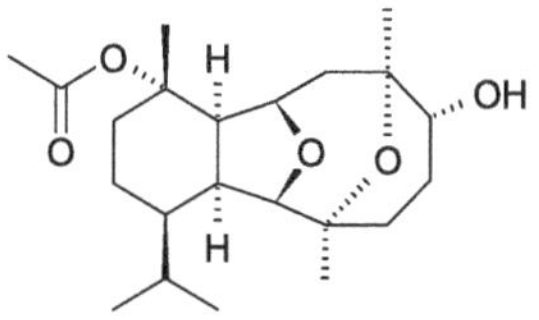

865 Klymollin C 柔软科尔特软珊瑚 C*

【基本信息】$C_{26}H_{38}O_9$, 无色油状物.【类型】尤尼西兰烷型二萜.【来源】柔软科尔特软珊瑚* *Klyxum molle* (澎湖列岛, 中国台湾).【活性】抗炎 (抑制促炎蛋白 iNOS 和环加氧酶 COX-2 在 LPS 刺激的 RAW264.7 巨噬细胞中的表达).【文献】F. -J. Hsu, et al. JNP, 2011, 74, 2467.

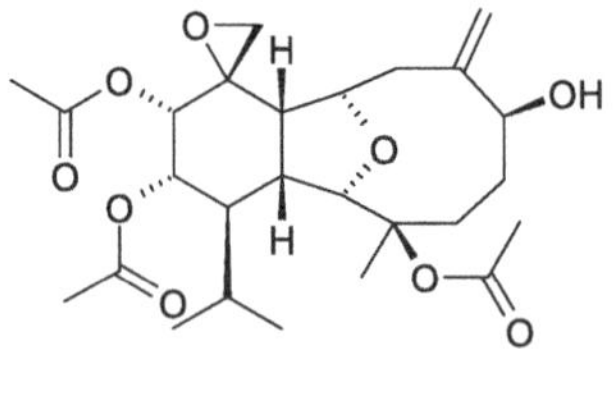

866 Klymollin D 柔软科尔特软珊瑚 D*

【基本信息】$C_{24}H_{36}O_7$, 无色油状物.【类型】尤尼西兰烷型二萜.【来源】柔软科尔特软珊瑚* *Klyxum molle* (澎湖列岛, 中国台湾).【活性】抗炎 (抑制促炎蛋白 iNOS 和环加氧酶 COX-2 在 LPS 刺激的 RAW264.7 巨噬细胞中的表达).【文献】F. -J. Hsu, et al. JNP, 2011, 74, 2467.

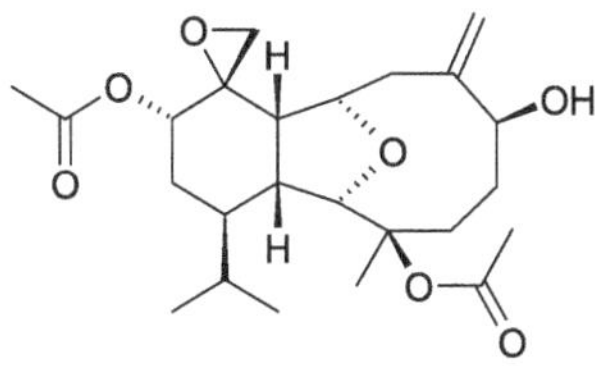

867 Klymollin E 柔软科尔特软珊瑚 E*

【基本信息】$C_{28}H_{42}O_{11}$.【类型】尤尼西兰烷型二萜.【来源】柔软科尔特软珊瑚* *Klyxum molle* (澎湖列岛, 中国台湾).【活性】抗炎 (抑制促炎蛋白 iNOS 和环加氧酶 COX-2 在 LPS 刺激的 RAW264.7 巨噬细胞中的表达).【文献】F. -J. Hsu, et al. JNP, 2011, 74, 2467.

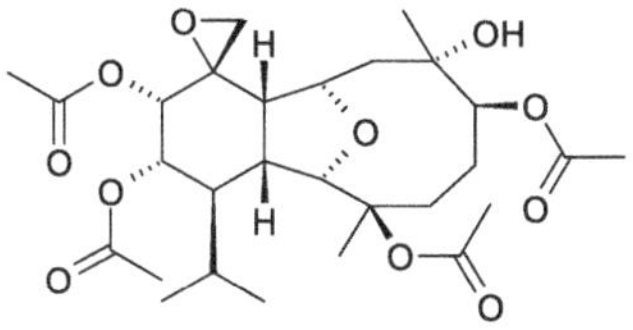

868 Klymollin F 柔软科尔特软珊瑚 F*

【基本信息】$C_{41}H_{68}O_{11}$, 无色油状物.【类型】尤尼西兰烷型二萜.【来源】柔软科尔特软珊瑚* *Klyxum molle* (澎湖列岛, 中国台湾).【活性】抗炎 (抑制促炎蛋白 iNOS 和环加氧酶 COX-2 在 LPS 刺激的 RAW264.7 巨噬细胞中的表达).【文献】F. -J. Hsu, et al. JNP, 2011, 74, 2467.

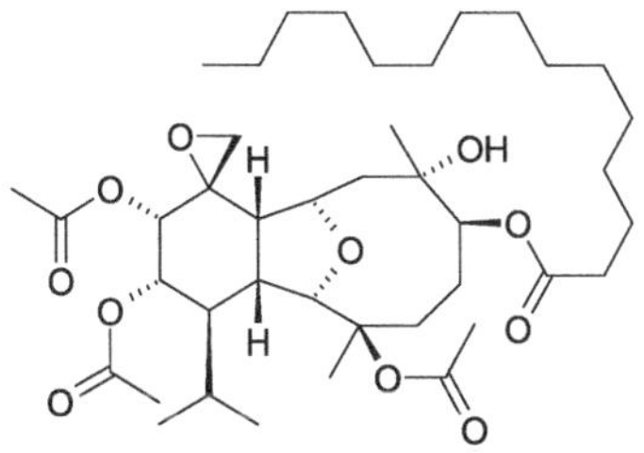

869 Klymollin G 柔软科尔特软珊瑚 G*

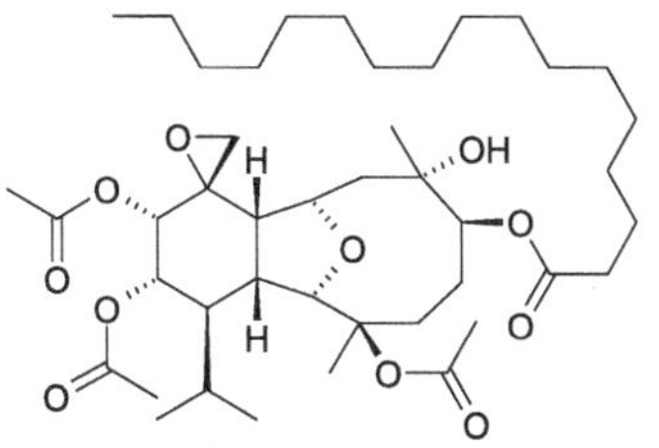

【基本信息】$C_{43}H_{72}O_{11}$, 无色油状物.【类型】尤尼西兰烷型二萜.【来源】柔软科尔特软珊瑚* *Klyxum molle* (澎湖列岛, 中国台湾).【活性】抗炎 (抑制促炎蛋白 iNOS 和环加氧酶 COX-2 在 LPS 刺激的 RAW264.7 巨噬细胞中的表达).【文献】F. -J. Hsu, et al. JNP, 2011, 74, 2467.

870 Klymollin H 柔软科尔特软珊瑚 H*

【基本信息】$C_{27}H_{40}O_{11}$, 无色油状物.【类型】尤尼西兰烷型二萜.【来源】柔软科尔特软珊瑚* *Klyxum molle* (澎湖列岛, 中国台湾).【活性】抗炎 (抑制促炎蛋白 iNOS 和环加氧酶 COX-2 在 LPS 刺激的 RAW264.7 巨噬细胞中的表达).【文献】F. -J. Hsu, et al. JNP, 2011, 74, 2467.

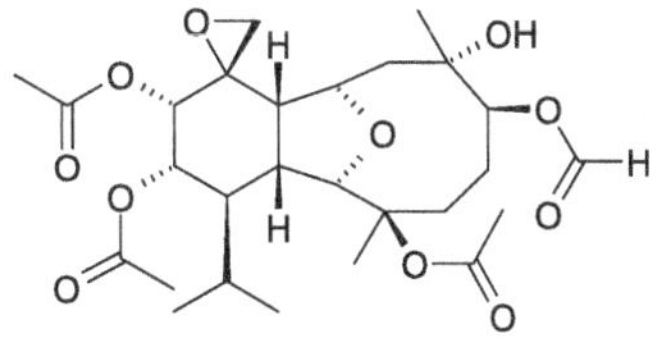

871 Klymollin W 柔软科尔特软珊瑚 W*

【基本信息】$C_{24}H_{38}O_6$, 无色油状物, $[\alpha]_D^{25} = +14°$ (c = 2.11, 氯仿).【类型】尤尼西兰烷型二萜.【来源】柔软科尔特软珊瑚* *Klyxum molle* (澎湖列岛沿岸, 中国台湾, 水深 10m, 2008 年 6 月采样).【活性】细胞毒 (MTT 比色法: CCRF-CEM, ED_{50} = 9.6μg/mL; Molt4, ED_{50} = 8.5μg/mL; T47D, ED_{50} = 19.9μg/mL; 细胞增殖抑制剂).【文献】F. Y. Chang, et al. Mar. Drugs, 2014, 12, 3060.

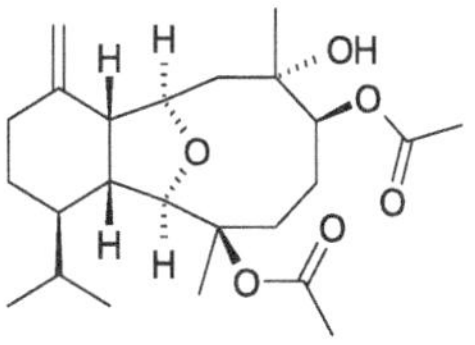

872 Klymollin X 柔软科尔特软珊瑚 X*

【基本信息】$C_{24}H_{38}O_6$, 无色油状物, $[\alpha]_D^{25} = +18°$ (c = 1.34, 氯仿).【类型】尤尼西兰烷型二萜.【来源】柔软科尔特软珊瑚* *Klyxum molle* (澎湖列岛沿岸, 中国台湾, 水深 10m, 2008 年 6 月采样).【活性】抗炎 (IL-6 释放抑制剂, LPS 诱导的小鼠 RAW264.7 巨噬细胞株, 有值得注意的活性).【文献】F. -Y. Chang, et al. Mar. Drugs, 2014, 12, 3060.

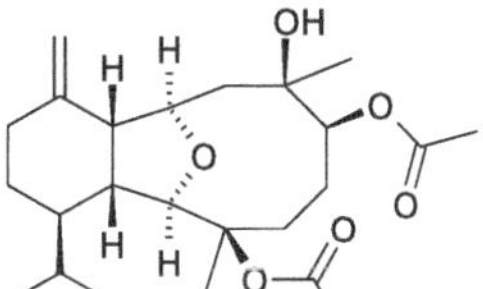

873 Klysimplexin B 单一科尔特软珊瑚新 B*

【基本信息】$C_{26}H_{40}O_7$，油状物，$[\alpha]_D^{22} = -42°$ ($c = 0.11$, 氯仿).【类型】尤尼西兰烷型二萜.【来源】单一科尔特软珊瑚* *Klyxum simplex* (培养样本，东沙群岛，南海，中国).【活性】细胞毒 (HepG2, $IC_{50} = 3.0\mu g/mL$; Hep3B, $IC_{50} = 3.6\mu g/mL$; MDA-MB-231, $IC_{50} = 6.9\mu g/mL$; MCF7, $IC_{50} = 3.0\mu g/mL$; A549, $IC_{50} = 2.0\mu g/mL$; Ca9-22, $IC_{50} = 1.8\mu g/mL$).【文献】B. -W. Chen, et al. Tetrahedron, 2009, 65, 7016.

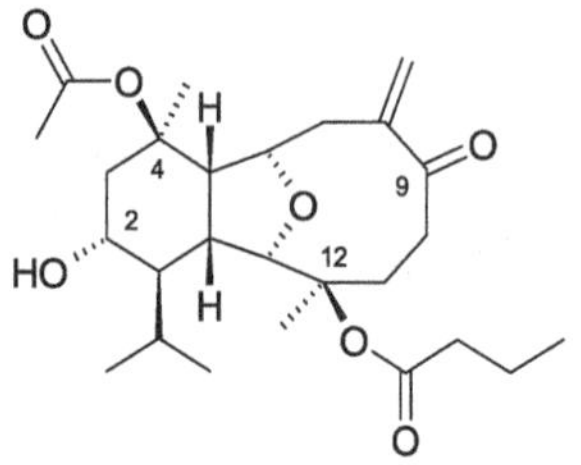

874 Klysimplexin G 单一科尔特软珊瑚新 G*

【基本信息】$C_{24}H_{40}O_7$，油状物，$[\alpha]_D^{22} = -54°$ ($c = 0.23$, 氯仿).【类型】尤尼西兰烷型二萜.【来源】粗枝短足软珊瑚* *Cladiella pachyclados* (红海) 和单一科尔特软珊瑚* *Klyxum simplex* (培养样本，东沙群岛，南海，中国).【活性】防迁移 (伤口愈合实验，PC3, 50μmol/L, 迁移率 ≈ 32%, 有潜力的，对照物 4-羟基苯基亚甲基乙内酰脲，200μmol/L, 迁移率 ≈ 25%)；抗入侵活性 (Cultrex 细胞入侵实验，PC3, 10μmol/L, 侵入率≈ 48%, 有活性，对照物 4-巯基基苯基亚甲基乙内酰脲 (S-Et-PMH), 50μmol/L, 侵入率 ≈ 50%).【文献】B. -W. Chen, et al. Tetrahedron, 2009, 65, 7016; H. M. Hassan, et al. JNP, 2010, 73, 848.

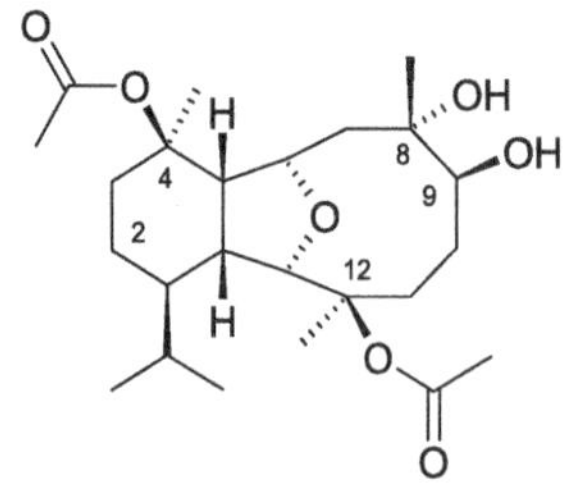

875 Klysimplexin H 单一科尔特软珊瑚新 H*

【基本信息】$C_{30}H_{48}O_9$，油状物，$[\alpha]_D^{22} = -74°$ ($c = 0.1$, 氯仿).【类型】尤尼西兰烷型二萜.【来源】单一科尔特软珊瑚* *Klyxum simplex*.【活性】细胞毒 (HepG2, $IC_{50} = 5.6\mu g/mL$; Hep3B, $IC_{50} = 6.9\mu g/mL$; MDA-MB-231, $IC_{50} = 4.4\mu g/mL$; MCF7, $IC_{50} = 5.6\mu g/mL$; A549, $IC_{50} = 2.8\mu g/mL$; Ca9-22, $IC_{50} = 6.1\mu g/mL$).【文献】B. -W. Chen, et al. Tetrahedron, 2009, 65, 7016.

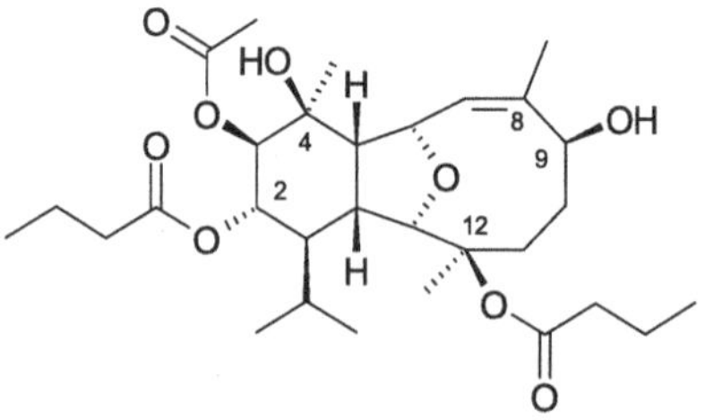

876 Klysimplexin J 单一科尔特软珊瑚新 J*

【基本信息】$C_{42}H_{74}O_8$，无色油状物，$[\alpha]_D^{25} = -40°$ ($c = 0.42$, 氯仿).【类型】尤尼西兰烷型二萜.【来源】单一科尔特软珊瑚* *Klyxum simplex* (培养样本).【活性】抗炎 (RAW264.7, 10μmol/L, 抑制 LPS 诱导的 iNOS 上调，抑制 iNOS 到约 55%；LPS 单独存在时导致的 iNOS 蛋白相对强度作为 100%, 百分数越小抗炎作用越强).【文献】B. -W. Chen, et al. Org. Biomol. Chem., 2011, 9, 834

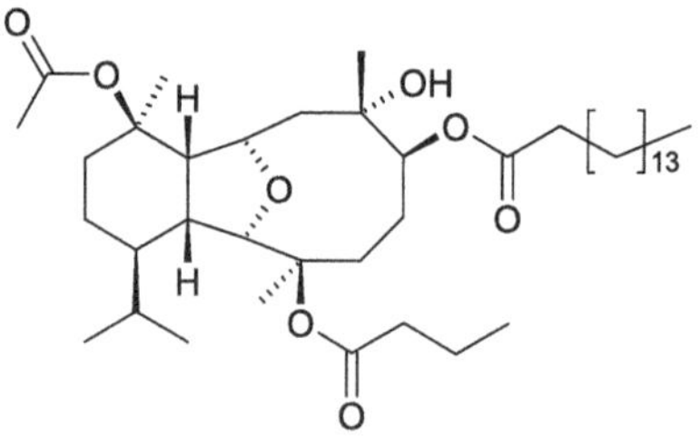

877 Klysimplexin K 单一科尔特软珊瑚新 K*

【基本信息】$C_{44}H_{78}O_8$，无色油状物，$[\alpha]_D^{25} = -38°$ ($c = 0.11$, 氯仿).【类型】尤尼西兰烷型二萜.【来源】单一科尔特软珊瑚* *Klyxum simplex* (培养样本).【活性】抗炎 (RAW264.7, 10μmol/L, 抑制 LPS 诱导的 iNOS 上调，抑制 iNOS 到约 35%；百分数越小抗炎作用越强).【文献】B. -W. Chen, et al. Org. Biomol. Chem., 2011, 9, 834.

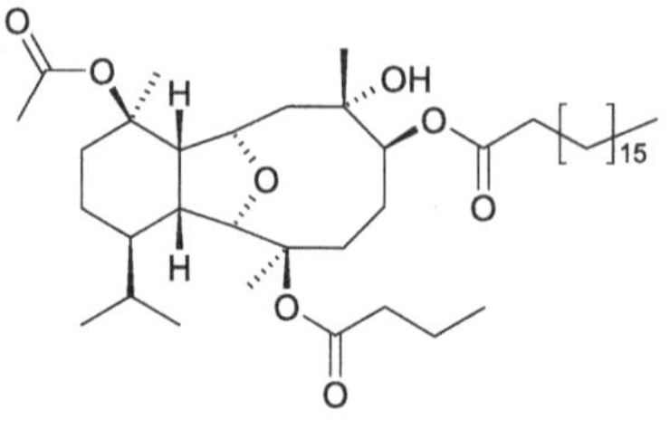

878 Klysimplexin L 单一科尔特软珊瑚新 L*

【基本信息】$C_{30}H_{48}O_9$，无色油状物，$[\alpha]_D^{25} = -64°$ ($c = 0.12$，氯仿).【类型】尤尼西兰烷型二萜.【来源】单一科尔特软珊瑚* *Klyxum simplex* (培养样本).【活性】抗炎 (RAW264.7, 10μmol/L，抑制 LPS 诱导的 iNOS 上调，抑制 iNOS 到约 25%；百分数越小抗炎作用越强).【文献】B. -W. Chen, et al. Org. Biomol. Chem., 2011, 9, 834.

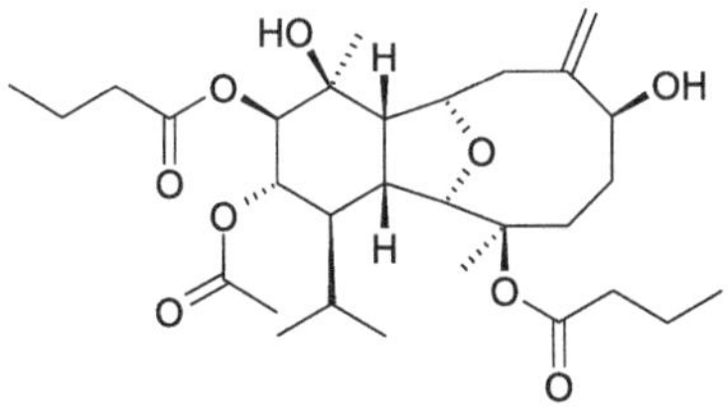

879 Klysimplexin M 单一科尔特软珊瑚新 M*

【基本信息】$C_{30}H_{48}O_{10}$，无色油状物，$[\alpha]_D^{25} = -74°$ ($c = 0.11$，氯仿).【类型】尤尼西兰烷型二萜.【来源】单一科尔特软珊瑚* *Klyxum simplex* (培养样本).【活性】抗炎 (RAW264.7, 10μmol/L，抑制 LPS 诱导的 iNOS 上调，抑制 iNOS 到约 20%).【文献】B. -W. Chen, et al. Org. Biomol. Chem., 2011, 9, 834.

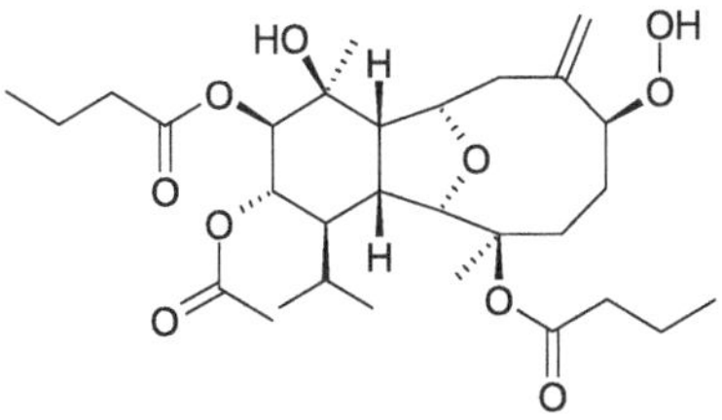

880 Klysimplexin N 单一科尔特软珊瑚新 N*

【基本信息】$C_{28}H_{44}O_9$，无色油状物，$[\alpha]_D^{25} = -53°$ ($c = 0.10$，氯仿).【类型】尤尼西兰烷型二萜.【来源】单一科尔特软珊瑚* *Klyxum simplex* (培养样本).【活性】抗炎 (RAW264.7, 10μmol/L，抑制 LPS 诱导的 iNOS 上调，抑制 iNOS 到约 35%；百分数越小抗炎作用越强).【文献】B. -W. Chen, et al. Org. Biomol. Chem., 2011, 9, 834.

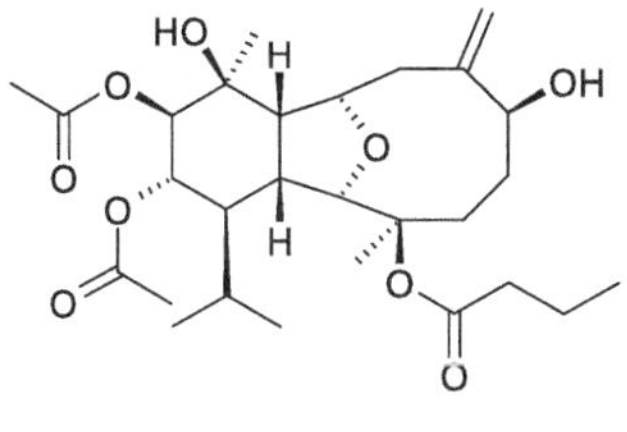

881 Klysimplexin Q 单一科尔特软珊瑚新 Q*

【基本信息】$C_{28}H_{36}O_3$，无色油状物，$[\alpha]_D^{25} = +56°$ ($c = 0.60$，氯仿).【类型】尤尼西兰烷型二萜.【来源】单一科尔特软珊瑚* *Klyxum simplex* (培养样本).【活性】细胞毒 (HepG2, IC_{50} = 53.2μmol/L; Hep3B, IC_{50} = 35.1μmol/L; MDA-MB-231, IC_{50} = 44.0μmol/L; MCF7, IC_{50} = 36.5μmol/L; A549, IC_{50} = 40.5μmol/L; Ca9-22, IC_{50} = 40.5μmol/L).【文献】B. -W. Chen, et al. Org. Biomol. Chem., 2011, 9, 834.

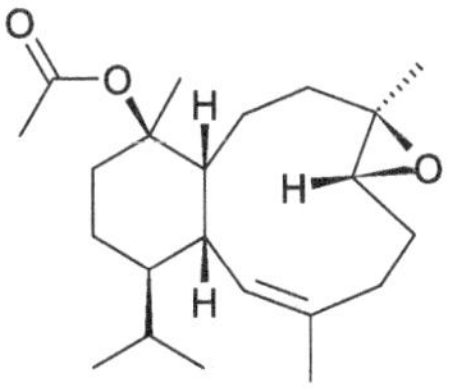

882 Klysimplexin R 单一科尔特软珊瑚新 R*

【基本信息】$C_{20}H_{34}O$，无色油状物，$[\alpha]_D^{25} = +30°$ ($c = 0.22$，氯仿).【类型】尤尼西兰烷型二萜.【来源】单一科尔特软珊瑚* *Klyxum simplex* (培养样本).【活性】抗炎 (RAW264.7, 10μmol/L，抑制 LPS 诱导的 iNOS 上调，抑制 iNOS 到约 20%；抑制 LPS 诱导的环加氧酶 COX-2 上调，抑制环加氧酶 COX-2 到约 55%；百分数越小抗炎作用越强).【文献】B. -W. Chen, et al. Org. Biomol. Chem., 2011, 9, 834.

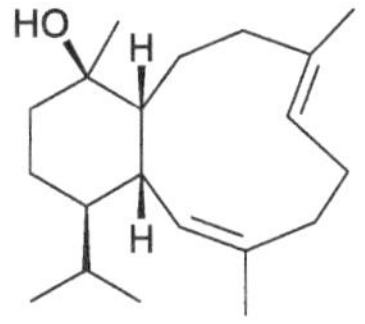

883 Klysimplexin S 单一科尔特软珊瑚新 S*

【基本信息】$C_{26}H_{42}O_7$，无色油状物，$[\alpha]_D^{25} = -43°$ ($c = 0.23$，氯仿).【类型】尤尼西兰烷型二萜.【来源】单一科尔特软珊瑚* *Klyxum simplex* (培养样本).【活性】抗炎 (RAW264.7, 10μmol/L，抑制

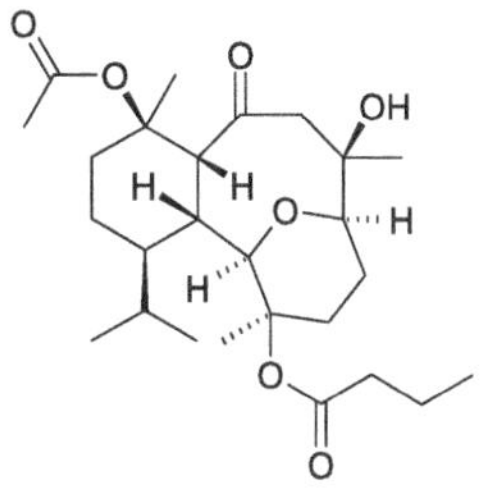

LPS 诱导的 iNOS 上调, 抑制 iNOS 到约 10%; 抑制 LPS 诱导的环加氧酶 COX-2 上调, 抑制环加氧酶 COX-2 到约 40%; 百分数越小抗炎作用越强).【文献】B. -W. Chen, et al. Org. Biomol. Chem., 2011, 9, 834.

884 Klysimplexin sulfoxide A 单一科尔特软珊瑚新亚砜 A

【基本信息】$C_{27}H_{46}O_6S$, 无色油状物, $[\alpha]_D^{25} = -33°$ (c = 0.20, 氯仿).【类型】尤尼西兰烷型二萜.【来源】单一科尔特软珊瑚* *Klyxum simplex.*【活性】抗炎 (iNOS 蛋白表达抑制剂, 巨噬细胞).【文献】B. -W. Chen, et al. Org. Biomol. Chem., 2010, 8, 2363

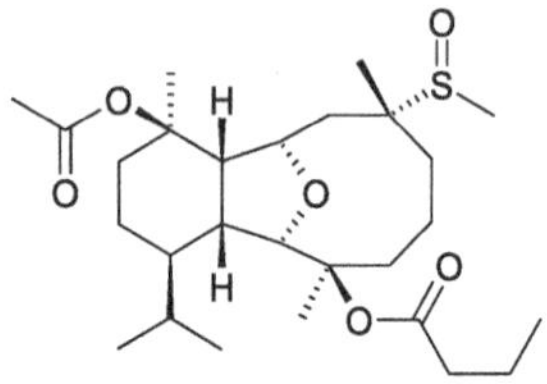

885 Klysimplexin sulfoxide B 单一科尔特软珊瑚新亚砜 B

【基本信息】$C_{31}H_{52}O_9S$, 无色油状物, $[\alpha]_D^{25} = -67°$ (c = 0.22, 氯仿).【类型】尤尼西兰烷型二萜.【来源】单一科尔特软珊瑚* *Klyxum simplex.*【活性】抗炎 (iNOS 蛋白表达抑制剂, 巨噬细胞).【文献】B. -W. Chen, et al. Org. Biomol. Chem., 2010, 8, 2363.

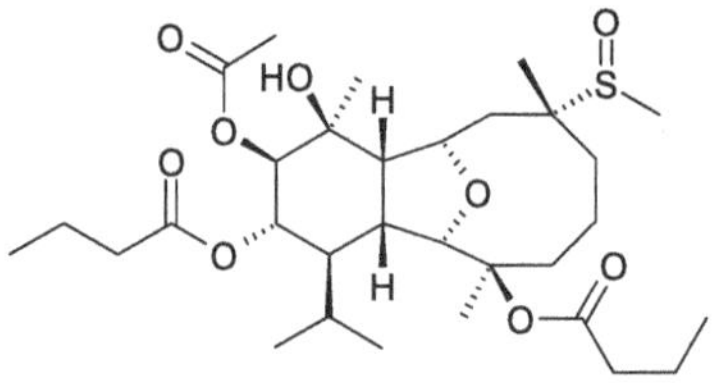

886 Klysimplexin sulfoxide C 单一科尔特软珊瑚新亚砜 C

【基本信息】$C_{30}H_{48}O_{10}S$.【类型】尤尼西兰烷型二萜.【来源】单一科尔特软珊瑚* *Klyxum simplex.*【活性】抗炎 (iNOS 和环加氧酶 COX-2 蛋白表达抑制剂, 巨噬细胞).【文献】B. -W. Chen, et al. Org. Biomol. Chem., 2010, 8, 2363.

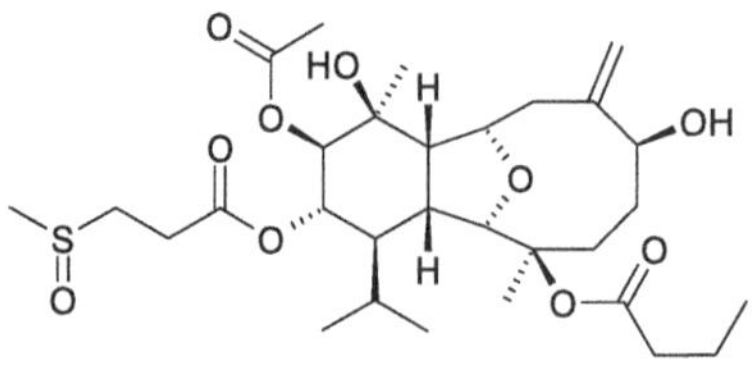

887 Klysimplexin T 单一科尔特软珊瑚新 T

【基本信息】$C_{22}H_{36}O_4$, 无色油状物, $[\alpha]_D^{25} = -56°$ (c = 0.11, 氯仿).【类型】尤尼西兰烷型二萜.【来源】单一科尔特软珊瑚* *Klyxum simplex* (培养样本).【活性】细胞毒 (HepG2, IC_{50} = 34.3μmol/L; Hep3B, IC_{50} = 26.4μmol/L; MDA-MB-231, IC_{50} = 44.0μmol/L; MCF7, IC_{50} = 27.2μmol/L; A549, IC_{50} = 42.0μmol/L; Ca9-22, IC_{50} = 37.4μmol/L).【文献】B. -W. Chen, et al. Org. Biomol. Chem., 2011, 9, 834.

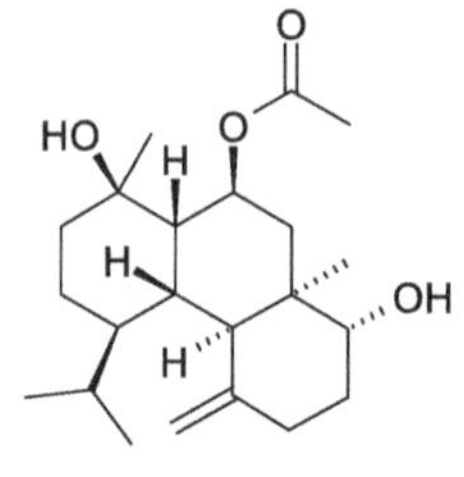

888 Krempfielin A 圆裂短足软珊瑚素 A*

【基本信息】$C_{26}H_{42}O_8$, 无色油状物; $[\alpha]_D^{25} = -39.2°$ (c = 0.83, 氯仿).【类型】尤尼西兰烷型二萜.【来源】圆裂短足软珊瑚* *Cladiella krempfi* (澎湖列岛, 中国台湾).【活性】抗炎 (免疫印迹分析实验, RAW264.7, 10μmol/L, 抑制 LPS 诱导的 iNOS 上调, 抑制 iNOS 到约 93%; 百分数越小抗炎作用越强).【文献】C. -J. Tai, et al. Mar. Drugs, 2011, 9, 2036.

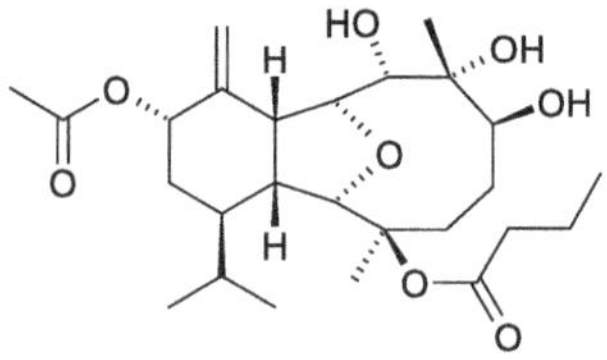

889 Krempfielin B 圆裂短足软珊瑚素 B*

【基本信息】$C_{25}H_{42}O_6$, 无色油状物; $[\alpha]_D^{25} = -62.9°$ (c = 0.35, 氯仿).【类型】尤尼西兰烷型二萜.【来源】圆裂短足软珊瑚* *Cladiella krempfi* (澎湖列岛, 中国台湾).【活性】抗炎 (免疫印迹分析实验, RAW264.7, 10μmol/L, 抑制 LPS 诱导的 iNOS 上调, 抑制 iNOS 到约 38%, $p < 0.05$; 百分数越小抗炎作用越强).【文献】C. -J. Tai, et al. Mar. Drugs, 2011, 9, 2036.

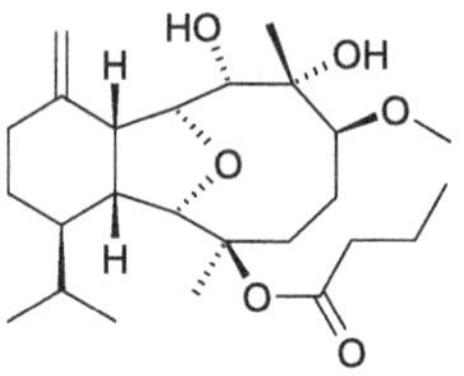

890 Krempfielin C 圆裂短足软珊瑚素 C*

【基本信息】$C_{26}H_{42}O_7$, 无色油状物; $[\alpha]_D^{25}=-51.3°$ (c = 0.62, 氯仿).【类型】尤尼西兰烷型二萜.【来源】圆裂短足软珊瑚* *Cladiella krempfi* (澎湖列岛, 中国台湾), 短足软珊瑚属* *Cladiella* sp. (台湾水域, 中国).【活性】抗炎 (免疫印迹分析实验, RAW264.7, 10μmol/L, 抑制 LPS 诱导的 iNOS 上调, 抑制 iNOS 到约 55%, $p < 0.05$).【文献】C. -J. Tai, et al. Mar. Drugs, 2011, 9, 2036; T. -H. Chen, et al. Mar. Drugs, 2014, 12, 2144.

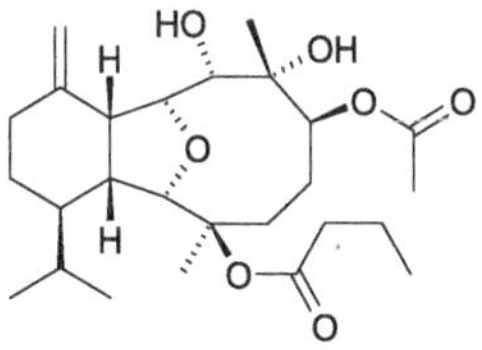

891 Krempfielin D 圆裂短足软珊瑚素 D*

【基本信息】$C_{27}H_{44}O_8$, 无色油状物; $[\alpha]_D^{25}=-52.4°$ (c = 0.50, 氯仿).【类型】尤尼西兰烷型二萜.【来源】圆裂短足软珊瑚* *Cladiella krempfi* (澎湖列岛, 中国台湾,).【活性】抗炎 (免疫印迹分析实验, RAW264.7, 10μmol/L, 抑制 LPS 诱导的 iNOS 上调, 抑制 iNOS 到约 62%, $p <0.05$).【文献】C. -J. Tai, et al. Mar. Drugs, 2011, 9, 2036.

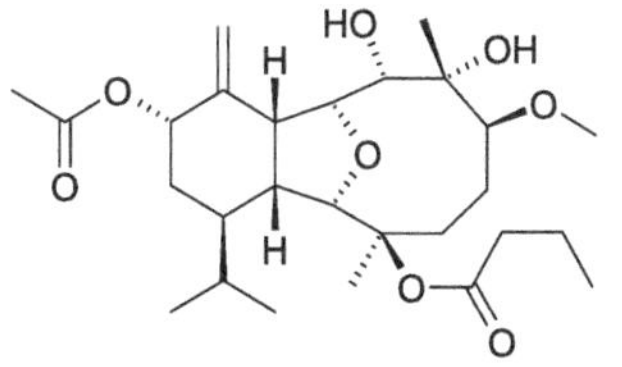

892 Krempfielin I 圆裂短足软珊瑚素 I*

【基本信息】$C_{30}H_{48}O_8$, 无色油状物; $[\alpha]_D^{25}=-18.3°$ (c = 0.35, 氯仿).【类型】尤尼西兰烷型二萜.【来源】圆裂短足软珊瑚* *Cladiella krempfi* (澎湖列岛外海, 中国台湾, 水深 5~10m, 2008 年 6 月采样).【活性】细胞毒 [A549, ED_{50} = (15.0±3.5)μg/mL, 对照物紫杉醇, ED_{50} = (1.5±0.9)μg/mL; BT-483, ED_{50} = (11.5±1.8)μg/mL, 紫杉醇, ED_{50} = (3.9±0.8)μg/mL; H1299, ED_{50} = (19.2±4.0)μg/mL, 紫杉醇, ED_{50} = (1.2±0.1)μg/mL; HepG2, ED_{50} = (12.9±3.1)μg/mL, 紫杉醇, ED_{50} = (1.4±0.7)μg/mL; SAS, ED_{50} = (10.2±3.5)μg/mL, 紫杉醇, ED_{50} = (2.3±1.5)μg/mL; BEAS2B, ED_{50} > 20μg/mL, 紫杉醇, ED_{50} = (2.3±1.5)μg/mL].【文献】C. J. Tai, et al. Mar. Drugs, 2013, 11, 788.

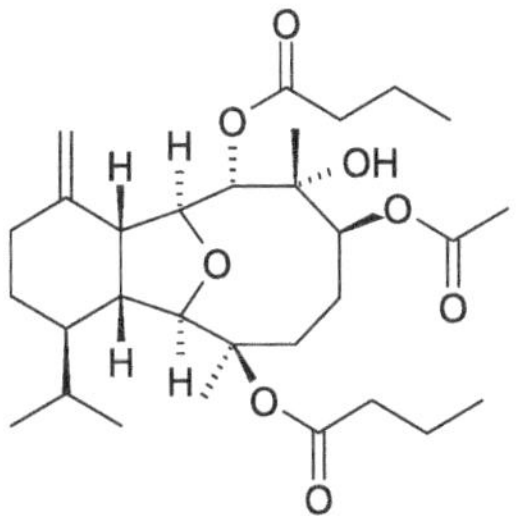

893 Krempfielin J 圆裂短足软珊瑚素 J*

【基本信息】$C_{23}H_{38}O_5$, 无色油状物, $[\alpha]_D^{23}=+52°$ (c = 0.85, 氯仿).【类型】尤尼西兰烷型二萜.【来源】圆裂短足软珊瑚* *Cladiella krempfi* (澎湖列岛外海, 中国台湾, 水深 5~10m, 2008 年 6 月采样).【活性】抗炎 (10μmol/L, 弹性蛋白酶释放抑制剂, fMLP/CB 诱导的人中性粒细胞, InRt = (14.92±7.89)%, $p < 0.05$, IC_{50} > 10μmol/L, 对照物 LY294002 (磷脂酰肌醇 3-激酶抑制剂), IC_{50} = (4.12±0.92)μmol/L).【文献】Y. N. Lee, et al. Mar. Drugs, 2013, 11, 2741.

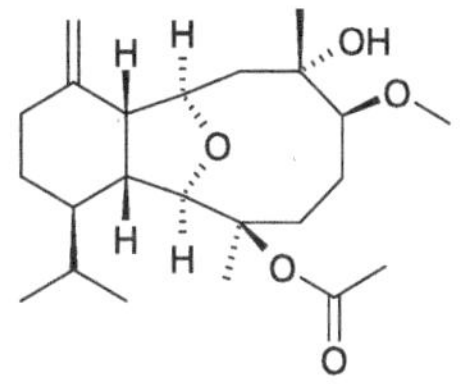

894 Krempfielin K 圆裂短足软珊瑚素 K*

【基本信息】$C_{26}H_{42}O_8$, 白色粉末, mp 162~163°C, $[\alpha]_D^{25}=-58°$ (c = 1.5, 氯仿).【类型】尤尼西兰烷型二萜.【来源】圆裂短足软珊瑚* *Cladiella krempfi* (澎湖列岛外海, 中国台湾, 水深 5~10m, 2008 年 6 月采样).【活性】抗炎 [10μmol/L, 弹性蛋白酶释放抑制剂, fMLP/CB 诱导的人中性粒细胞, InRt = (45.51±2.69)%, $p < 0.001$, IC_{50} > 10μmol/L, 对照物 LY294002 (磷脂酰肌醇 3-激酶抑制剂), IC_{50} = (4.12±0.92)μmol/L].【文献】Y. N. Lee, et al. Mar. Drugs, 2013, 11, 2741.

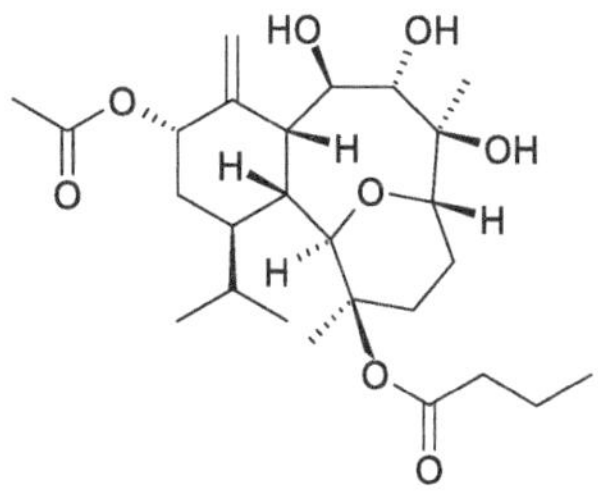

895 Krempfielin L 圆裂短足软珊瑚素 L*

【基本信息】$C_{22}H_{36}O_6$, 无色油状物, $[\alpha]_D^{25} = +26°$ ($c = 0.8$, 氯仿).【类型】尤尼西兰烷型二萜.【来源】圆裂短足软珊瑚* *Cladiella krempfi* (澎湖列岛外海, 中国台湾, 水深 5~10m, 2008 年 6 月采样) 和短足软珊瑚属* *Cladiella* sp. (台湾水域, 中国).【活性】抗炎 [10μmol/L, 弹性蛋白酶释放抑制剂, fMLP/CB 诱导的人中性粒细胞, InRt = (18.67±5.75)%, $p < 0.05$, $IC_{50} > 10μmol/L$, 对照物 LY294002 (磷脂酰肌醇 3-激酶抑制剂), $IC_{50} = (4.12±0.92)μmol/L$].【文献】Y. N. Lee, et al. Mar. Drugs, 2013, 11, 2741; T. -H. Chen, et al. Mar. Drugs, 2014, 12, 2144.

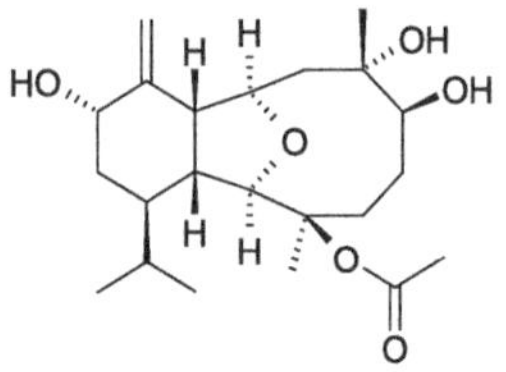

896 Krempfielin M 圆裂短足软珊瑚素 M*

【基本信息】$C_{24}H_{38}O_7$, 无色油状物, $[\alpha]_D^{25} = +24°$ ($c = 2.4$, 氯仿).【类型】尤尼西兰烷型二萜.【来源】圆裂短足软珊瑚* *Cladiella krempfi* (澎湖列岛外海, 中国台湾, 水深 5~10m, 2008 年 6 月采样).【活性】抗炎 [10μmol/L, 弹性蛋白酶释放抑制剂, fMLP/CB 诱导的人中性粒细胞, InRt = (27.30±5.42)%, $p < 0.01$, $IC_{50} > 10μmol/L$, 对照物 LY294002 (磷脂酰肌醇 3-激酶抑制剂), $IC_{50} = (4.12±0.92)μmol/L$].【文献】Y. N. Lee, et al. Mar. Drugs, 2013, 11, 2741.

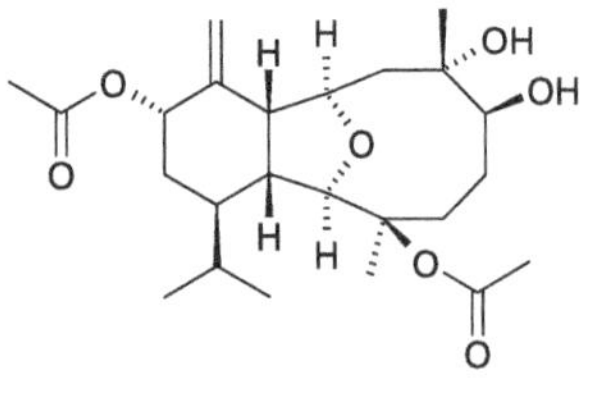

897 Krempfielin N 圆裂短足软珊瑚素 N*

【基本信息】$C_{25}H_{42}O_6$, 无色油状物, $[\alpha]_D^{25} = +27.3°$ ($c = 0.91$, 氯仿).【类型】尤尼西兰烷型二萜.【来源】圆裂短足软珊瑚* *Cladiella krempfi* (澎湖列岛外海, 中国台湾, 人工采集, 水深 5~10m, 2008 年 6 月采样, 冰冻贮存直至提取, 凭证标本号 200806CK).【活性】抗炎 [超氧化物阴离子生成抑制剂, 10μmol/L, InRt 低), 对照物 LY294002 (磷脂酰肌醇 3-激酶抑制剂), $IC_{50} = (1.88±0.45)μmol/L$]; 抗炎 [弹性蛋白酶释放抑制剂, fMLP/CB 诱导的人中性粒细胞, 10μmol/L, InRt = (73.86±14.18)%, $IC_{50} = (4.94±1.68)μmol/L$, 对照物 LY294002 (磷脂酰肌醇 3-激酶抑制剂), $IC_{50} = (4.12±0.92)μmol/L$, 可能批准进一步的生物医学研究].【文献】Y. -N. Lee, et al. Mar. Drugs, 2014, 12, 1148.

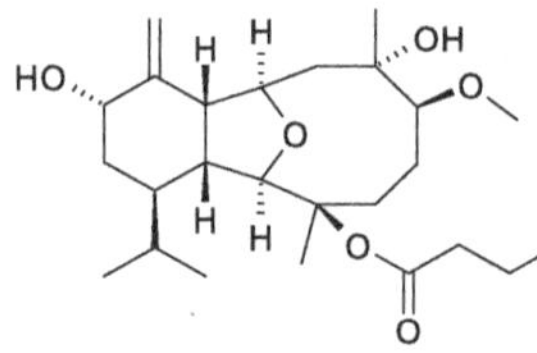

898 Krempfielin O 圆裂短足软珊瑚素 O*

【基本信息】$C_{28}H_{44}O_9$, 无色油状物, $[\alpha]_D^{25} = -56.7°$ ($c = 0.3$, 氯仿).【类型】尤尼西兰烷型二萜.【来源】圆裂短足软珊瑚* *Cladiella krempfi* (澎湖列岛外海, 中国台湾, 水深 5~10m).【活性】抗炎 [弹性蛋白酶释放抑制剂, fMLP/CB 诱导的人中性粒细胞, 10μmol/L, InRt = (13.33±3.56)%, $IC_{50} > 10μmol/L$, 对照物 LY294002 (磷脂酰肌醇 3-激酶抑制剂), $IC_{50} = (4.12±0.92)μmol/L$].【文献】Y. -N. Lee, et al. Mar. Drugs, 2014, 12, 1148.

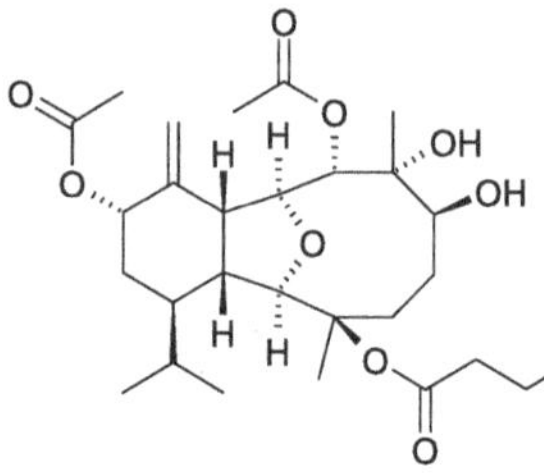

899 Krempfielin P 圆裂短足软珊瑚素 P*

【基本信息】$C_{26}H_{40}O_7$, 无色油状物, $[\alpha]_D^{25} = +13.1°$ ($c = 3.8$, 氯仿).【类型】尤尼西兰烷型二萜.【来源】圆裂短足软珊瑚* *Cladiella krempfi* (澎湖列岛外海, 中国台湾, 水深 5~10m).【活性】抗炎 [超氧化物阴离子生成抑制剂, 10μmol/L, InRt = 23%, 对照物 LY294002 (磷脂酰肌醇 3-激酶抑制剂), $IC_{50} = (1.88±0.45)μmol/L$, 可能批准进一步的生物医学研究]; 抗炎 [弹性蛋白酶释放抑制剂, fMLP/CB 诱导的人中性粒细胞, 10μmol/L, InRt = (35.54±3.17)%, $IC_{50} > 10μmol/L$, 对照物

LY294002 (磷脂酰肌醇 3-激酶抑制剂), IC_{50} = (4.12±0.92)μmol/L].【文献】Y. -N. Lee, et al. Mar. Drugs, 2014, 12, 1148

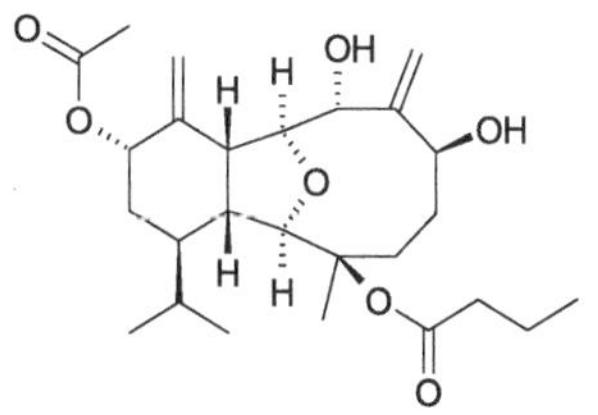

900 Labiatin B 拉毕阿它柳珊瑚亭 B*

【基本信息】$C_{26}H_{38}O_8$, 油状物, $[\alpha]_D$ = +22.5° (c = 0.3, 氯仿).【类型】尤尼西兰烷型二萜.【来源】柳珊瑚科(Gorgoniidae) 柳珊瑚* *Eunicella labiata*.【活性】细胞毒 (人结直肠癌细胞).【文献】V. Roussis, et al. Tetrahedron, 1996, 52, 2735.

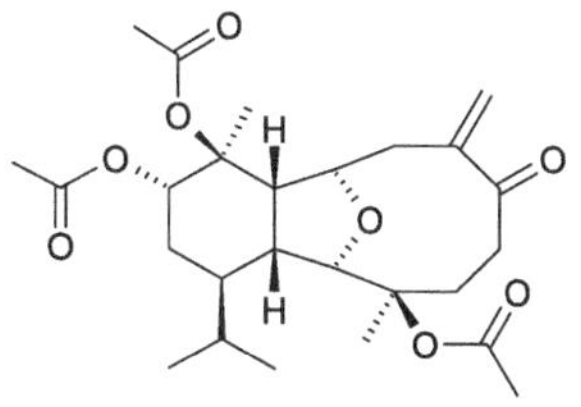

901 Litophynin A 利托菲宁 A*

【基本信息】$C_{24}H_{38}O_3$, 油状物, $[\alpha]_D^{20}$ = −16.5° (c = 0.23, 乙醇).【类型】尤尼西兰烷型二萜.【来源】利托菲顿属软珊瑚* *Litophyton* sp.【活性】杀虫剂 (家蚕 *Bombyx mori*).【文献】M. Ochi, et al. Chem. Lett., 1987, 2207; M. Ochi, et al. Tennen Yuki Kagobutsu, 1988, 30, 204; K. A. El Sayed, et al. J. Agric. Food Chem., 1997, 45, 2735.

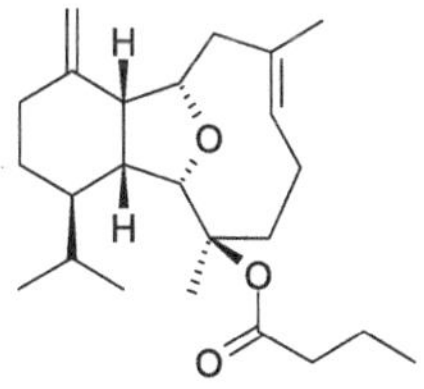

902 Litophynin B 利托菲宁 B*

【基本信息】$C_{28}H_{44}O_5$, 针状晶体, mp 99.5~100.5°C, $[\alpha]_D^{20}$ = −78.8° (c = 0.19, 乙醇).【类型】尤尼西兰烷型二萜.【来源】利托菲顿属软珊瑚* *Litophyton* sp.【活性】杀虫剂.【文献】M. Ochi, et al. Chem. Lett., 1987, 2207; P. Bernardelli, et al. Heterocycles, 1998, 49, 531.

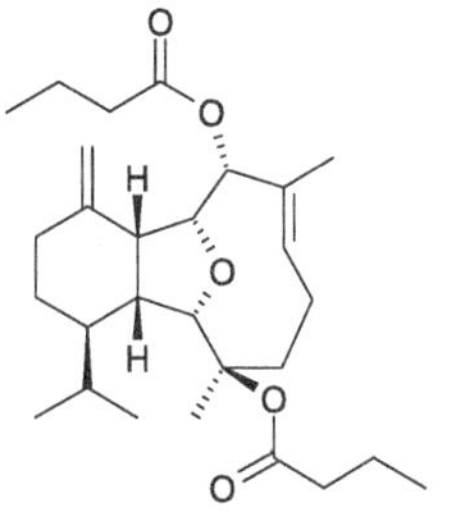

903 Litophynin C 利托菲宁 C*

【基本信息】$C_{24}H_{38}O_4$, 油状物, $[\alpha]_D^{24}$ = −2.3° (c = 0.9, 氯仿).【类型】尤尼西兰烷型二萜.【来源】利托菲顿属软珊瑚* *Litophyton* sp.【活性】杀虫剂.【文献】M. Ochi, et al. Chem. Lett., 1987, 2207; 1988, 1661; P. Bernardelli, et al. Heterocycles, 1998, 49, 531.

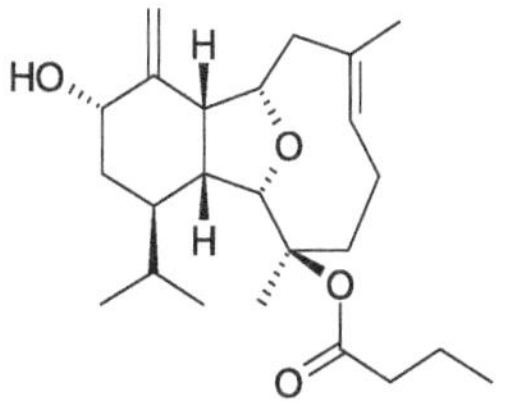

904 Litophynin D 利托菲宁 D*

【基本信息】$C_{28}H_{42}O_7$, 油状物, $[\alpha]_D^{22.5}$ = −32.5° (c = 0.14, 氯仿).【类型】尤尼西兰烷型二萜.【来源】利托菲顿属软珊瑚* *Litophyton* sp.【活性】有毒的 (盐水丰年虾).【文献】M. Ochi, et al. Chem. Lett., 1987, 2207; 1990, 2183.

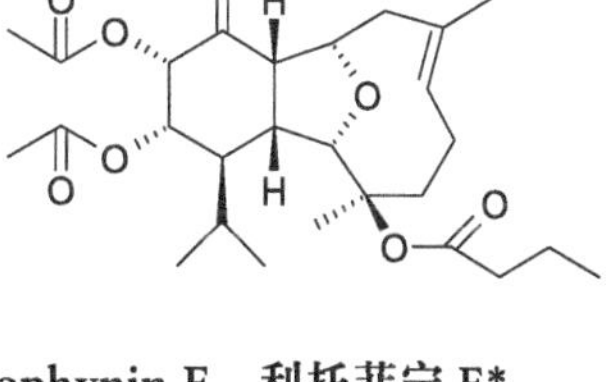

905 Litophynin E 利托菲宁 E*

【别名】(1*R**,2*R**,3*R**,6*S**,7*S**,9*R**,10*R**,14*R**)-3-Butanoyloxycladiell-11(17)-en-6,7-diol; (1*R**,2*R**,3*R**, 6*S**,7*S**,9*R**,10*R**,14*R**)-3-丁酰氧短足软珊瑚-11(17)-烯-6,7-二醇*.【基本信息】$C_{24}H_{40}O_5$, 油状物, $[\alpha]_D^{20}$ = −13.1° (c = 0.21, 氯仿).【类型】尤尼西兰烷型二萜.【来源】圆裂短足软珊瑚* *Cladiella krempfi* (澎湖列岛, 中国台湾) 和利托菲顿属软珊瑚* *Litophyton* sp., 硬毛短足软珊瑚* *Cladiella hirsuta* (商陆岛外海, 23°32′N, 119°38′ E, 澎湖列岛, 中国台湾, 水深 10m, 2008 年 6 月采样)

(Huang, 2014).【活性】抗炎 (免疫印迹分析实验, RAW264.7, 10μmol/L, 抑制 LPS 诱导的 iNOS 上调, 抑制 iNOS 到约 15%, p <0.05); 鱼毒; 抗炎 (超氧化物阴离子生成抑制剂, 10μmol/L, InRt = 1.0%±1.9%, IC_{50} > 10μmol/L); 抗炎 (弹性蛋白酶释放抑制剂, fMLP/CB 诱导的人中性粒细胞, 10μmol/L, InRt = 6.1%±5.6%, IC_{50} > 10μmol/L) (Huang, 2014).【文献】M. Ochi, et al. Chem. Lett., 1990, 2183; C. B. Rao,et al. JNP, 1994, 57, 574; C. -J. Tai, et al. Mar. Drugs, 2011, 9, 2036; T. -Z. Huang, et al. Mar. Drugs, 2014, 12, 2446.

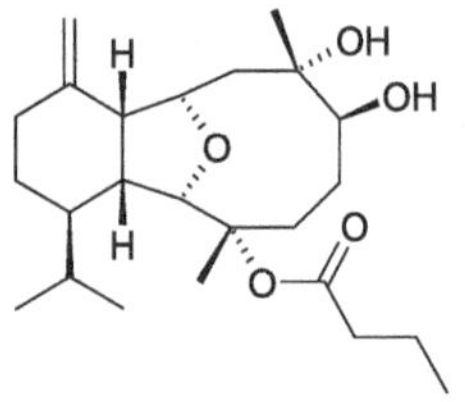

906 Litophynin F 利托菲宁 F*

【基本信息】$C_{24}H_{38}O_4$, 无定形固体, $[\alpha]_D^{24}$ = –9.4° (c = 0.43, 氯仿).【类型】尤尼西兰烷型二萜.【来源】利托菲顿属软珊瑚* *Litophyton* sp. 和圆裂短足软珊瑚* *Cladiella krempfi* (澎湖列岛外海, 中国台湾, 水深 5~10m, 2008 年 6 月采样).【活性】细胞毒 [A549, ED_{50} = (12.2±1.1)μg/mL, 对照物紫杉醇, ED_{50} = (1.5±0.9)μg/mL; BT-483, ED_{50} = (6.8±0.6)μg/mL, 紫杉醇, ED_{50} = (3.9±0.8)μg/mL; H1299, ED_{50} = (12.8±1.2)μg/mL, 紫杉醇, ED_{50} = (1.2±0.1)μg/mL; HepG2, ED_{50} = (11.1±0.4)μg/mL, 紫杉醇, ED_{50} = (1.4±0.7)μg/mL; SAS, ED_{50} = (10.3±0.5)μg/mL, 紫杉醇, ED_{50} = (2.3±1.5)μg/mL; BEAS2B, ED_{50} = (13.6±0.5)μg/mL, 紫杉醇, ED_{50} = (2.3±1.5)μg/mL]; 抗炎 (减少受 LPS 刺激的 RAW264.7 巨噬细胞环加氧酶 COX-2 蛋白的表达, 有值得注意的活性).【文献】M. Ochi, et al. Heterocycles, 1991, 32, 29; C. J. Tai, et al. Mar. Drugs, 2013, 11, 788.

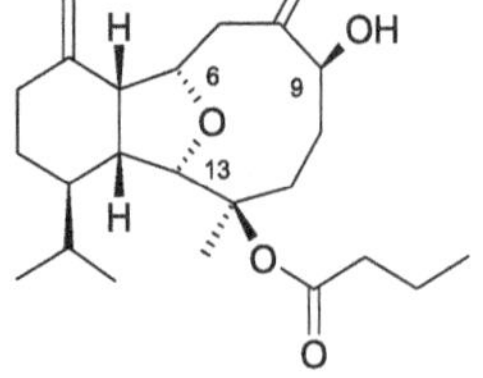

907 Litophynin H 利托菲宁 H*

【基本信息】$C_{24}H_{38}O_5$, 无定形固体, $[\alpha]_D^{20}$ = +31.4° (c = 0.12, 氯仿).【类型】尤尼西兰烷型二萜.【来源】利托菲顿属软珊瑚* *Litophyton* sp.【活性】鱼毒; 溶血的.【文献】M. Ochi, et al. Heterocycles, 1991, 32, 29; T. Miyamoto, et al. JNP, 1994, 57, 1212.

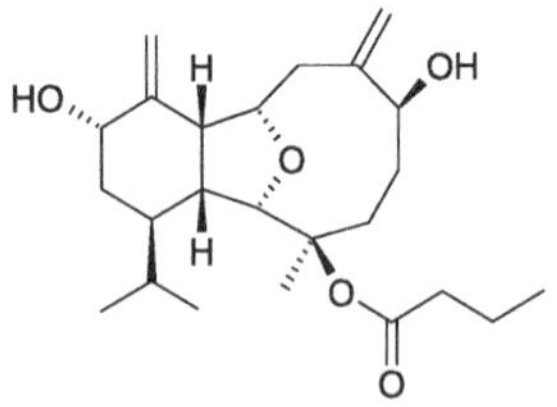

908 Litophynin I 利托菲宁 I*

【基本信息】$C_{24}H_{40}O_6$, 针状晶体, mp 122.5~123.5°C, $[\alpha]_D^{20}$ = +45.2° (c = 0.58, 氯仿).【类型】尤尼西兰烷型二萜.【来源】利托菲顿属软珊瑚* *Litophyton* sp.【活性】排斥并有毒的 (前鳃虫 *Drupella fragum*).【文献】M. Ochi, et al. Chem. Lett., 1992, 155.

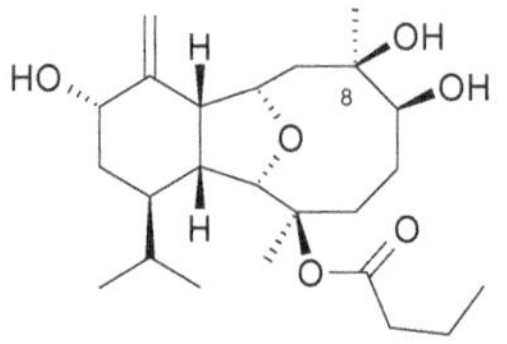

909 Litophynin I 3-acetate 利托菲宁 I 3-乙酸酯*

【基本信息】$C_{26}H_{42}O_7$, 无色油状物, $[\alpha]_D$ = +40.1° (c = 0.3, 氯仿).【类型】尤尼西兰烷型二萜.【来源】利托菲顿属软珊瑚* *Litophyton* sp. 和圆裂短足软珊瑚* *Cladiella krempfi* (澎湖列岛外海, 中国台湾,水深 5~10m, 2008 年 6 月采样).【活性】溶血的.【文献】T. Miyamoto, et al. JNP, 1994, 57, 1212; C. J. Tai, et al. Mar. Drugs, 2013, 11, 788.

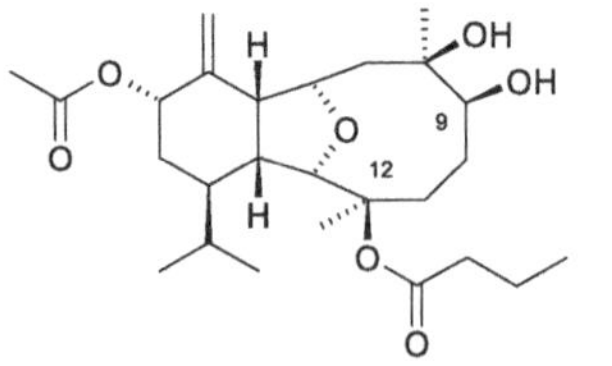

910 Litophynin J 利托菲宁 J*

【基本信息】$C_{24}H_{38}O_5$, 针状晶体, mp 120~121.5°C, $[\alpha]_D^{20}$ = +5.9° (c = 0.51, 氯仿).【类型】尤尼西兰烷型二萜.【来源】利托菲顿属软珊瑚* *Litophyton* sp.【活性】排斥并有毒的 (前鳃虫 *Drupella* *fragum*).【文献】M. Ochi, et al. Chem. Lett., 1992, 155.

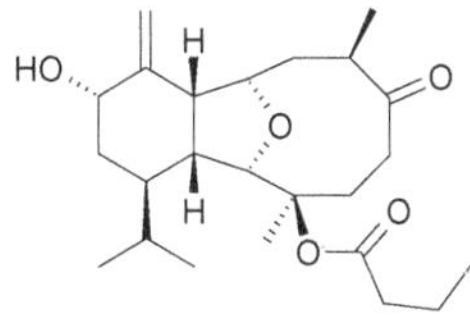

911 Litophynol A 利托菲顿醇 A*

【基本信息】$C_{24}H_{38}O_5$，无定形固体，mp 131~132°C, $[\alpha]_D^{28}$ = +19.2° (*c* = 1.1, 氯仿).【类型】尤尼西兰烷型二萜.【来源】利托菲顿属软珊瑚* *Litophyton* sp. (分泌的黏液，日本水域).【活性】溶血的；鱼毒【文献】T. Miyamoto, et al. JNP, 1994, 57, 1212.

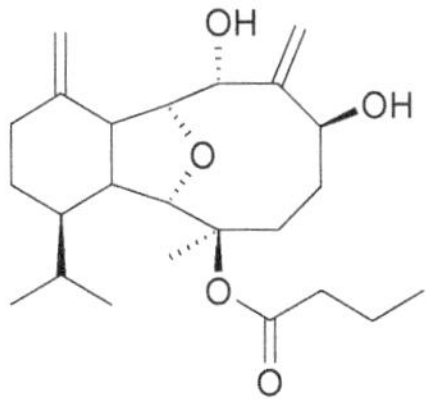

912 Litophynol B 利托菲顿醇 B*

【基本信息】$C_{24}H_{40}O_6$，油状物，$[\alpha]_D^{28}$ = −17.6° (*c* = 3.1, 氯仿).【类型】尤尼西兰烷型二萜.【来源】圆裂短足软珊瑚* *Cladiella krempfi* (澎湖列岛外海，中国台湾，水深 5~10m, 2008 年 6 月采样) 和利托菲顿属软珊瑚* *Litophyton* sp.【活性】抗炎 (免疫印迹分析实验，RAW264.7, 10μmol/L, 抑制LPS诱导的iNOS上调，抑制iNOS到约35%, p < 0.05)；鱼毒；抗炎[10μmol/L, 弹性蛋白酶释放抑制剂，fMLP/CB 诱导的人中性粒细胞，InRt = (6.15±3.42)%, IC_{50} > 10μmol/L, 对照物 LY294002 (磷脂酰肌醇 3-激酶抑制剂), IC_{50} = (4.12±0.92)μmol/L]；溶血的.【文献】T. Miyamoto, et al. JNP, 1994, 57, 1212; C. -J. Tai, et al. Mar. Drugs, 2011, 9, 2036; Y. N. Lee, et al. Mar. Drugs, 2013, 11, 2741.

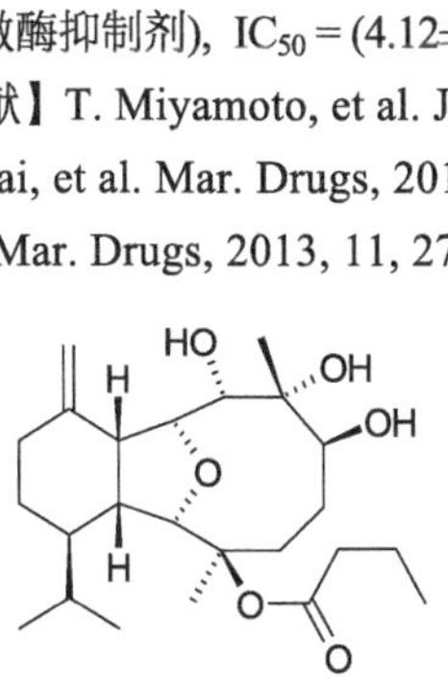

913 6-Methyl ether of litophynol B 利托菲顿醇 B-6-甲基醚*

【基本信息】$C_{25}H_{42}O_5$.【类型】尤尼西兰烷型二萜.【来源】圆裂短足软珊瑚* *Cladiella krempfi* (澎湖列岛外海，中国台湾，水深 5~10m, 2008 年 6 月采样).【活性】细胞毒 [A549, ED_{50} = (16.1±1.2)μg/mL, 对照物紫杉醇，ED_{50} = (1.5±0.9)μg/mL; BT-483, ED_{50} = (10.0±1.8)μg/mL, 紫杉醇，ED_{50} = (3.9±0.8)μg/mL; H1299, ED_{50} = (11.8±1.0)μg/mL, 紫杉醇，ED_{50} = (1.2±0.1)μg/mL; HepG2, ED_{50} > 20μg/mL, 紫杉醇，ED_{50} = (1.4±0.7)μg/mL; SAS, ED_{50} = (17.2±0.4)μg/mL, 紫杉醇，ED_{50} = (2.3±1.5)μg/mL; BEAS2B, ED_{50} = (10.4±0.3)μg/mL, 紫杉醇，ED_{50} = (2.3±1.5)μg/mL]；抗炎 (抑制促炎 iNOS 蛋白的积累，有潜力的)；抗炎 (降低环加氧酶 COX-2 蛋白在受 LPS 刺激的 RAW264.7 巨噬细胞中的表达，有值得注意的活性).【文献】T. Iwagawa, et al. Heterocycles 2011, *83*, 2149; C. J. Tai, et al. Mar. Drugs, 2013, 11, 788.

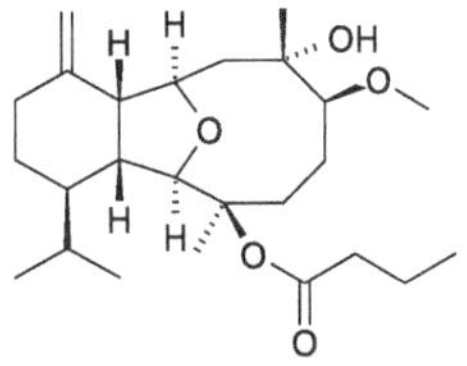

914 Muricellin 小尖柳珊瑚林*

【基本信息】$C_{26}H_{38}O_8$，油状物，$[\alpha]_D^{25}$ = −132° (*c* = 0.5, 氯仿).【类型】尤尼西兰烷型二萜.【来源】小尖柳珊瑚属* *Muricella* sp. (朝鲜半岛水域) 和丛柳珊瑚科星柳珊瑚属* *Astrogorgia* sp. (北部湾，广西，中国).【活性】细胞毒 (K562, LC_{50} = 1.4μg/mL)；PLA_2 抑制剂 (50μg/mL, InRt = 49%)；抗污剂 (纹藤壶 *Balanus amphitrite*, EC_{50} = 8.73μg/mL).【文献】Y. Seo, et al. NPL, 2000, 14, 197; D. Lai, et al. JNP, 2012, 75, 1595.

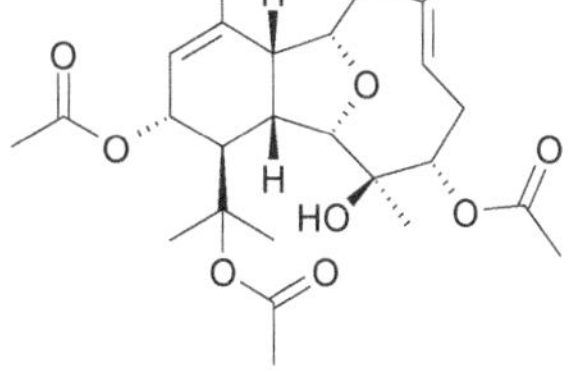

915 Ophirin 欧菲瑞恩*

【基本信息】$C_{26}H_{38}O_7$，晶体，mp 133~134°C, mp 94~95°C, $[\alpha]_D^{25}$ = −119.7° (*c* = 1, 氯仿)；无色树胶状物，$[\alpha]_D^{25}$ = −35.3° (*c* = 0.1, 氯仿).【类型】尤尼西兰烷型二萜.【来源】小尖柳珊瑚属* *Muricella* spp., 丛柳珊瑚科柳珊瑚* *Calicogorgia* sp.和丛柳珊瑚科星柳珊瑚属* *Astrogorgia* sp. (北部湾, 广西, 中国).【活性】抑制细胞分裂 (受精海星卵); 有毒的 (盐水丰年虾); 抑制 cAMP 磷酸二酯酶和抗炎; 细胞毒; 抗污剂 (纹藤壶 *Balanus amphitrite*, EC_{50} > 25μg/mL).【文献】Y. Kashman, Tetrahedron Lett., 1980, 21, 879; N. Fusetani, et al. Tetrahedron Lett., 1989, 30, 7079; M. Ochi, et al. Heterocycles, 1991, 32, 19; Y. Seo, et al. JNP, 1997, 60, 171; D. Lai, et al. JNP, 2012, 75, 1595.

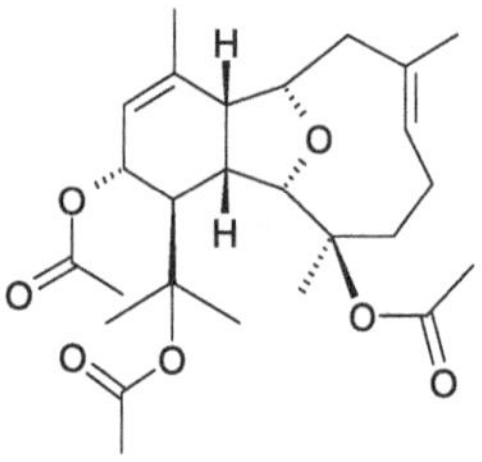

916 Pachycladin A 粗枝短足软珊瑚定 A*

【基本信息】$C_{26}H_{44}O_7$, 无色油状物, $[\alpha]_D^{25}$ = –16.0° (*c* = 0.48, 氯仿).【类型】尤尼西兰烷型二萜.【来源】粗枝短足软珊瑚* *Cladiella pachyclados* (红海).【活性】防迁移 (伤口愈合实验, PC3, 50μmol/L, 迁移率 ≈ 28%, 有潜力的, 对照物 4-羟基苯基亚甲基乙内酰脲, 200μmol/L, 迁移率 ≈ 25%); 抗入侵活性 (Cultrex 细胞入侵实验, PC3, 50μmol/L, 侵入率 ≈ 2%, 活性最强, 对照物 4-巯基乙基苯基亚甲基乙内酰脲 (S-Et-PMH), 50μmol/L, 侵入率 ≈ 50%).【文献】H. M. Hassan, et al. JNP, 2010, 73, 848.

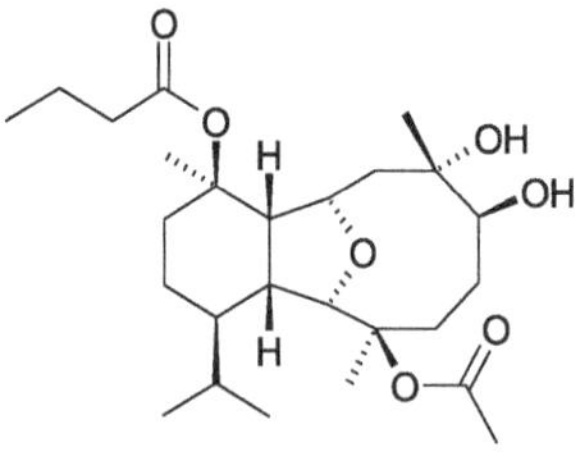

917 Pachycladin B 粗枝短足软珊瑚定 B*

【基本信息】$C_{26}H_{42}O_7$, 无色油状物, $[\alpha]_D^{25}$ = –12.7° (*c* = 0.23, 氯仿).【类型】尤尼西兰烷型二萜.【来源】粗枝短足软珊瑚* *Cladiella pachyclados* (红海).【活性】防迁移 (伤口愈合实验, PC3, 50μmol/L, 迁移率 ≈ 60%, 适度活性, 对照物 4-羟基苯基亚甲基乙内酰脲, 200μmol/L, 迁移率 ≈ 25%).【文献】H. M. Hassan, et al. JNP, 2010, 73, 848.

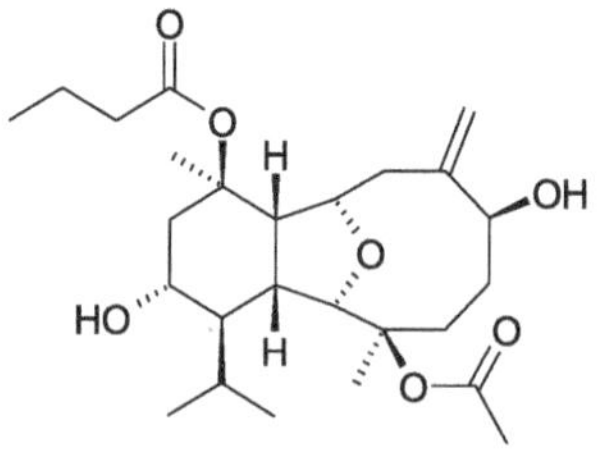

918 Pachycladin C 粗枝短足软珊瑚定 C*

【基本信息】$C_{22}H_{34}O_4$, 无色油状物, $[\alpha]_D^{25}$ = –20.1° (*c* = 0.31, 氯仿).【类型】尤尼西兰烷型二萜.【来源】粗枝短足软珊瑚* *Cladiella pachyclados* (红海).【活性】防迁移 (伤口愈合实验, PC3, 50μmol/L, 迁移率 ≈ 55%, 适度活性, 对照物 4-羟基苯基亚甲基乙内酰脲, 200μmol/L, 迁移率 ≈ 25%).【文献】H. M. Hassan, et al. JNP, 2010, 73, 848.

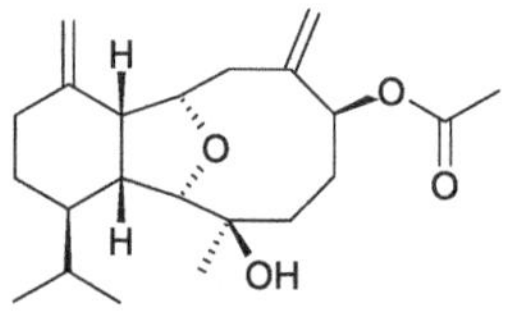

919 Pachycladin D 粗枝短足软珊瑚定 D*

【基本信息】$C_{20}H_{30}O_3$, 浅黄白色黏性残渣, $[\alpha]_D^{25}$ = –24.2° (*c* = 0.12, 氯仿).【类型】尤尼西兰烷型二萜.【来源】粗枝短足软珊瑚* *Cladiella pachyclados* (红海).【活性】防迁移 (伤口愈合实验, PC3, 50μmol/L, 迁移率 ≈ 30%, 有潜力的, 对照物 4-羟基苯基亚甲基乙内酰脲, 200μmol/L, 迁移率 ≈ 25%).【文献】H. M. Hassan, et al. JNP, 2010, 73, 848.

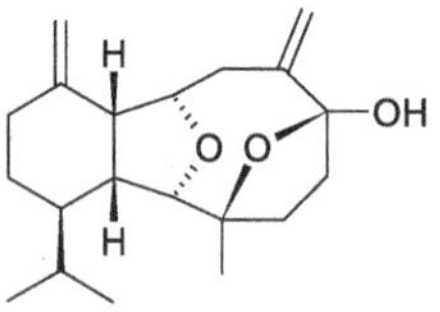

920 (–)-Polyanthelin A (–)-多花环西柏柳珊瑚林 A*

【基本信息】$C_{22}H_{36}O_4$, 油状物, $[\alpha]_D^{20}$ = –9.9° (*c* = 1, 氯仿).【类型】尤尼西兰烷型二萜.【来源】三爪珊瑚科 Briaridae 多花环西柏柳珊瑚* *Briareum polyanthes* (波多黎各).【活性】抗疟原虫 (恶性疟原虫 *Plasmodium falciparum*, IC_{50} = 16μg/mL); 抗

结核 (结核分枝杆菌 *Mycobacterium tuberculosis* H37Rv, 6.25μg/mL 无值得注意的抑制活性).【文献】C. A. Ospina, et al. JNP, 2003, 66, 357.

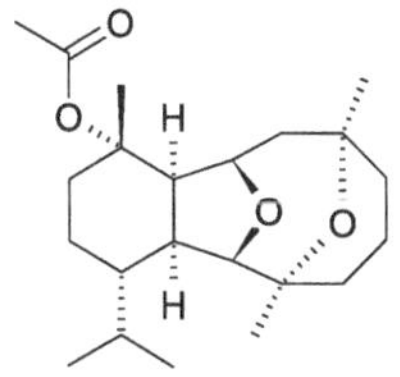

921 (+)-Polyanthelin A (+)-多花环西柏柳珊瑚林 A*

【基本信息】$C_{22}H_{36}O_4$, $[\alpha]_D^{25}$ = +8.0° (*c* = 0.73, 氯仿).【类型】尤尼西兰烷型二萜.【来源】粗枝短足软珊瑚* *Cladiella pachyclados* (红海),【活性】防迁移 (伤口愈合实验, PC3, 50μmol/L, 迁移率 ≈ 25%, 有潜力的, 对照物 4-羟基苯基亚甲基乙内酰脲, 200μmol/L, 迁移率 ≈ 25%); 抗入侵活性 (Cultrex 细胞率入侵实验, PC3, 50μmol/L, 侵入率 ≈ 18%, 活性, 对照物 4-巯基乙基苯基亚甲基乙内酰脲 (S-Et-PMH), 50μmol/L, 侵入率 ≈ 50%).【文献】B. F. Bowden, et al. Aust. J. Chem., 1989, 42, 1705; H. M. Hassan, et al. JNP, 2010, 73, 848.

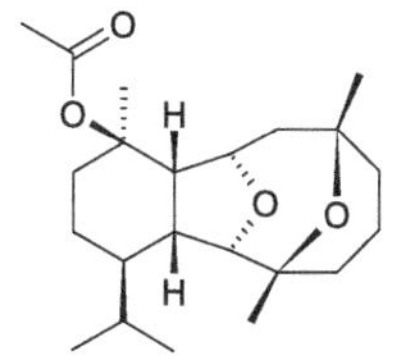

922 Polyanthellin A 多花环西柏柳珊瑚林 A*

【基本信息】$C_{22}H_{36}O_4$, 油状物, $[\alpha]_D^{20}$ = –9.9° (*c* = 1.0, 氯仿).【类型】尤尼西兰烷型二萜.【来源】三爪珊瑚科多花环西柏柳珊瑚* *Briareum polyanthes* (波多黎各).【活性】抗疟原虫 (恶性疟原虫 *Plasmodium falciparum*, IC_{50} = 16μg/mL).【文献】C. A. Ospina, et al. JNP, 2003, 66, 357.

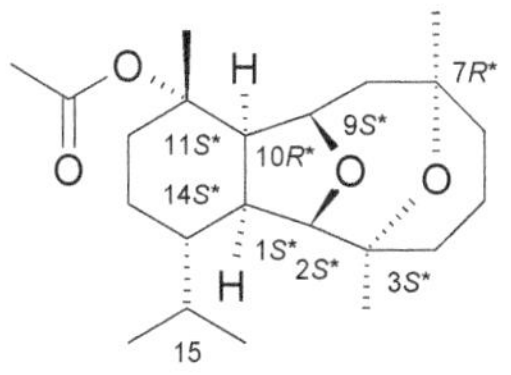

923 Sarcodictyin A 匍匐珊瑚素 A*

【基本信息】$C_{28}H_{36}N_2O_6$, 粉末 (甲醇), mp 219~222°C.【类型】尤尼西兰烷型二萜.【来源】匍匐珊瑚目 *Sarcodictyon roseum,* 软珊瑚科 Alcyoniidae 软珊瑚* *Eleutherobia aurea.*【活性】组氨酸脱羧酶抑制剂; 细胞毒 (表明有潜力的抗癌活性, 诱导微管蛋白聚合).【文献】M. D'Ambrosio, et al. Helv. Chim. Acta, 1987, 70, 2019; 1988, 71, 964; S. Ketzinel, et al. JNP, 1996, 59, 873; K. C. Nicolaou, et al. Angew. Chem. Int. Ed., 1998, 37, 1418.

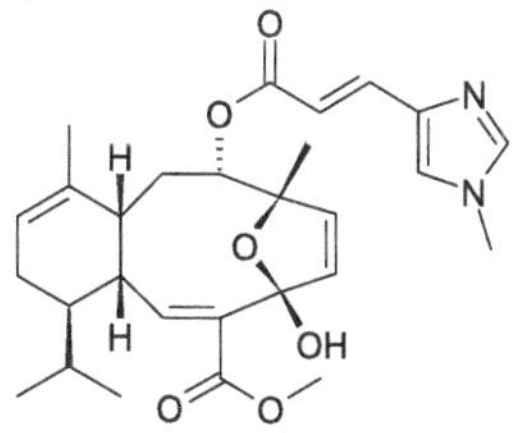

924 Sarcodictyin B 匍匐珊瑚素 B*

【基本信息】$C_{29}H_{38}N_2O_6$, 油状物, $[\alpha]_D^{20}$ = –4.36° (*c* = 0.27, 乙醇).【类型】尤尼西兰烷型二萜.【来源】匍匐珊瑚目 *Sarcodictyon roseum.*【活性】组氨酸脱羧酶抑制剂; 细胞毒 (表明有潜力的抗癌活性, 诱导微管蛋白聚合).【文献】M. D'Ambrosio, et al. Helv. Chim. Acta, 1987, 70, 2019; 1988, 71, 964; S. Ketzinel, et al. JNP, 1996, 59, 873; K. C. Nicolaou, et al. Angew. Chem. Int. Ed., 1998, 37, 1418.

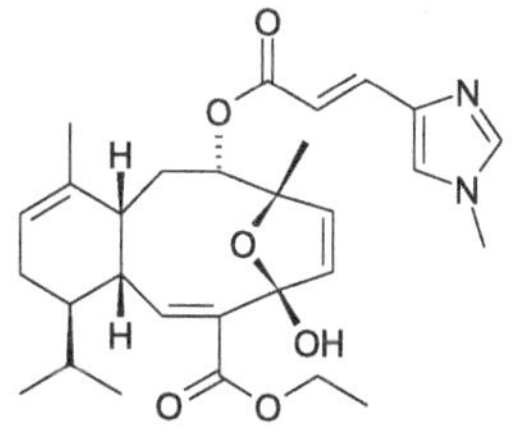

925 Sclerophytin A 短指软珊瑚亭 A*

【基本信息】$C_{20}H_{34}O_4$, 针状晶体 (苯), mp 187°C.【类型】尤尼西兰烷型二萜.【来源】粗枝短足软珊瑚* *Cladiella pachyclados* (红海), 短指软珊瑚属* *Sclerophytum capitalis* [Syn. *Sinularia capitalis*] (编者根据 WoRMS 增加的推荐学名, 原学名不为该名录接受) (埃内韦塔克环礁, 马绍尔群岛, 太平洋), 圆裂短足软珊瑚* *Cladiella krempfi* (澎湖列岛沿岸, 中国台湾, 水深 5~10m, 2008 年 6 月采样) 和柔软科尔特软珊瑚* *Klyxum molle* (澎湖列岛外海, 中国台湾, 水深 10m, 2008 年 6 月采样)

(Chang, 2014).【活性】防迁移 (伤口愈合实验, PC3, 50μmol/L, 迁移率 ≈ 17%, 有潜力的, 对照物 4-羟基苯基亚甲基乙内酰脲, 200μmol/L, 迁移率 ≈ 25%); 抗入侵活性 (Cultrex 细胞入侵实验, PC3, 50μmol/L, 侵入率 ≈ 37%, 活性, 对照物 4-巯基乙基苯基亚甲基乙内酰脲 (S-Et-PMH), 50μmol/L, 侵入率 ≈50%).【文献】P. Sharma,et al. JCS Perkin I, 1988, 2537; D. Friedrich, et al. Org. Lett., 2000, 2, 1879 (结构修正); F. Gallou, et al. Org. Lett., 2001, 3, 135; P. Bernardelli, et al. JACS, 2001, 123, 9021; D. W. C. MacMillan, et al. JACS, 2001, 123, 9033; H. M. Hassan, et al. JNP, 2010, 73, 848; C. J. Tai, et al. Mar. Drugs, 2013, 11, 788; F. -Y. Chang, et al. Mar. Drugs, 2014, 12, 3060.

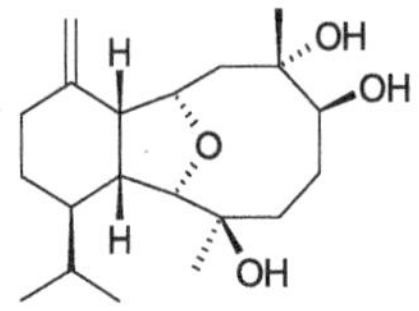

926 Sclerophytin A methyl ether 短指软珊瑚亭 A 甲基醚*

【基本信息】$C_{21}H_{36}O_4$, 晶体 (甲醇), mp 202~203°C.【类型】尤尼西兰烷型二萜.【来源】粗枝短足软珊瑚* *Cladiella pachyclados* (红海) 和圆裂短足软珊瑚* *Cladiella krempfi*.【活性】防迁移 (伤口愈合实验, PC3, 50μmol/L, 迁移率 ≈ 23%, 有潜力的, 对照物 4-羟基苯基亚甲基乙内酰脲, 200μmol/L, 迁移率 ≈ 25%); 抗入侵活性 (Cultrex 细胞入侵实验, PC3, 50μmol/L, 侵入率 ≈ 10%, 活性, 对照物 4-巯基乙基苯基亚甲基乙内酰脲 (S-Et-PMH), 50μmol/L, 侵入率 ≈ 50%).【文献】N. S. Sarma, et al. JNP, 1993, 56, 1977; J. Su, et al. JNP, 1993, 56, 1601; H. M. Hassan, et al. JNP, 2010, 73, 848.

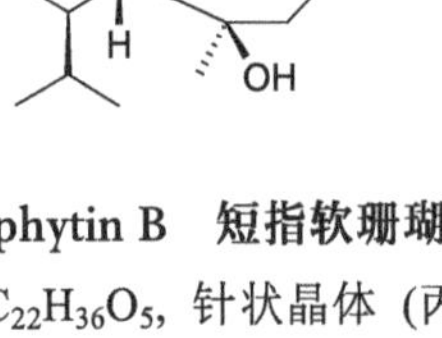

927 Sclerophytin B 短指软珊瑚亭 B*

【基本信息】$C_{22}H_{36}O_5$, 针状晶体 (丙酮), mp 190~192°C.【类型】尤尼西兰烷型二萜.【来源】澳大利亚短足软珊瑚* *Cladiella australis* (安达曼和尼科巴群岛, 印度洋), 短指软珊瑚属* *Sclerophytum capitalis* [Syn. *Sinularia capitalis*] (编者根据 WoRMS 增加的推荐学名, 原学名不为该名录接受) (埃内韦塔克环礁, 马绍尔群岛, 太平洋), 圆裂短足软珊瑚* *Cladiella krempfi* (澎湖列岛沿岸, 中国台湾, 水深 5～10m, 2008 年 6 月采样)和柔软科尔特软珊瑚* *Klyxum molle* (澎湖列岛外海, 中国台湾, 水深 5~10m, 2008 年 6 月采样) (Chang, 2014).【活性】防迁移 (伤口愈合实验, PC3, 50μmol/L, 迁移率 ≈ 54%, 适度活性, 对照物 4-羟基苯基亚甲基乙内酰脲, 200μmol/L, 迁移率 ≈ 25%); 细胞毒 (MTT 比色法, CCRF-CEM, ED_{50} = 4.2μg/mL; K562, ED_{50} = 15.0μg/mL; Molt4, ED_{50} = 16.5μg/mL; T47D, ED_{50} = 12.4μg/mL; 细胞增殖抑制剂, 强活性) (Chang, 2014).【文献】P. Sharma, et al. JCS Perkin Trans. Ⅰ, 1988, 2537; C. B. Rao, et al. JNP, 1994, 57, 574; D. S. Rao, et al. Indian J. Chem., Sect. B, 1994, 33, 198; D. Friedrich, et al. Org. Lett., 2000, 2, 1879 (结构修正); H. M. Hassan, et al. JNP, 2010, 73, 848; C. J. Tai, et al. Mar. Drugs, 2013, 11, 788; F. -Y. Chang, et al. Mar. Drugs, 2014, 12, 3060.

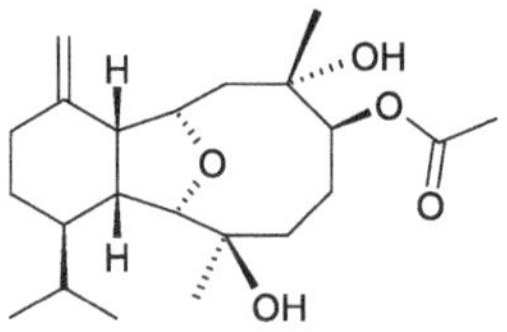

928 Sclerophytin F 短指软珊瑚亭 F*

【基本信息】$C_{20}H_{34}O_4$, 树胶状物, $[\alpha]_D = +55°$ (c = 0.2, 氯仿).【类型】尤尼西兰烷型二萜.【来源】短指软珊瑚属* *Sclerophytum capitalis* [Syn. *Sinularia capitalis*] (编者根据 WoRMS 增加的推荐学名, 原学名不为该名录接受) 和圆裂短足软珊瑚* *Cladiella krempfi* (澎湖列岛外海, 中国台湾, 水深 5~10m, 2008 年 6 月采样).【活性】抗炎 [10μmol/L, 弹性蛋白酶释放抑制剂, fMLP/CB 诱导的人中性粒细胞, InRt = (−0.32±0.81)%, IC_{50} > 10μmol/L, 对照物 LY294002 (磷脂酰肌醇 3-激酶抑制剂), IC_{50} = (4.12±0.92)μmol/L].【文献】M. Alam, et al. JOC, 1989, 54, 1896; Y. N. Lee, et al. Mar. Drugs, 2013, 11, 2741.

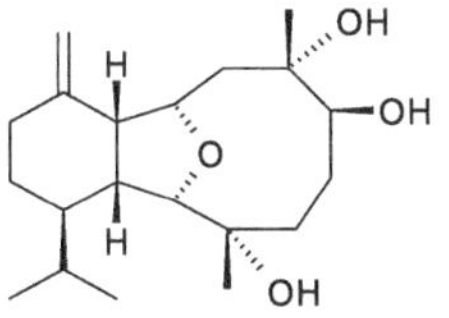

929　Simplexin A　单一科尔特软珊瑚素 A*

【基本信息】$C_{26}H_{42}O_6$，油状物，$[\alpha]_D^{26} = -8.9°$ (c = 0.8, 氯仿).【类型】尤尼西兰烷型二萜.【来源】单一科尔特软珊瑚* *Klyxum simplex* (东沙群岛，南海，中国) 和单一科尔特软珊瑚* *Klyxum simplex*.【活性】细胞毒 [K562, ED_{50} > 20μg/mL, 对照物 5-FU, ED_{50} = (2.3±0.2)μg/mL; CCRF-CEM, ED_{50} = (17.0±2.9)μg/mL, 5-FU, ED_{50} = (1.8±0.3)μg/mL; T47D, ED_{50} > 20μg/mL, 5-FU, ED_{50} = (9.8±1.5)μg/mL; Molt4, ED_{50} = (18.2±2.6)μg/mL, 5-FU, ED_{50} = (2.3±0.3)μg/mL] (Wu, 2012); 细胞毒 (Doay, ED_{50} = 10.37μg/mL; MCF7, ED_{50} = 12.06μg/mL; HeLa, ED_{50} > 20μg/mL; Hep2, ED_{50} = 12.10μg/mL. 对照物丝裂霉素: Doay, ED_{50} = 0.09μg/mL; MCF7, ED_{50} = 0.14μg/mL; HeLa, ED_{50} = 0.08μg/mL; Hep2, ED_{50} = 0.02μg/mL) (Wu, 2009).【文献】S. -L. Wu, et al. JNP, 2009, 72, 994; S. -L. Wu, et al. Mar. Drugs, 2012, 10, 1203.

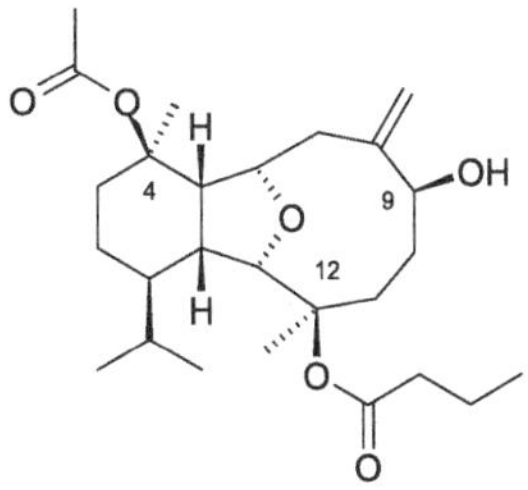

930　Simplexin D　单一科尔特软珊瑚素 D*

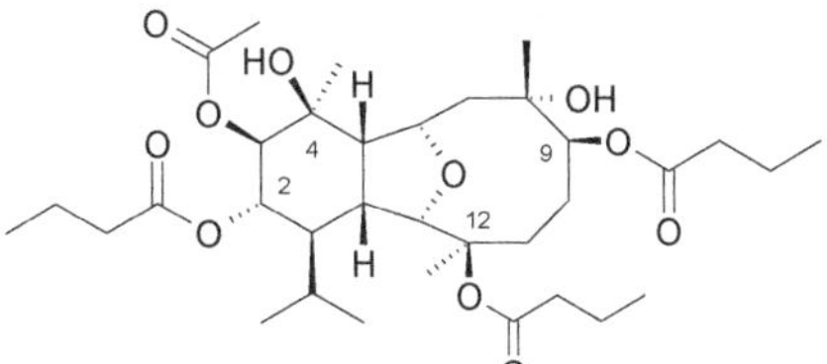

【基本信息】$C_{34}H_{56}O_{11}$，油状物，$[\alpha]_D^{26} = +9°$ (c = 1, 氯仿).【类型】尤尼西兰烷型二萜.【来源】单一科尔特软珊瑚* *Klyxum simplex* (东沙群岛，南海，中国).【活性】细胞毒 (Doay, ED_{50} = 15.34μg/mL; MCF7, ED_{50} = 12.06μg/mL; HeLa, ED_{50} > 20μg/mL; Hep2, ED_{50} > 20μg/mL; 对照物丝裂霉素: Doay, ED_{50} = 0.09μg/mL; MCF7, ED_{50} = 0.14μg/mL); 只对 iNOS 蛋白表达有效.【文献】S. L. Wu, et al. JNP, 2009, 72, 994.

931　Simplexin E　单一科尔特软珊瑚素 E*

【基本信息】$C_{33}H_{52}O_{11}$，油状物，$[\alpha]_D^{26} = +14°$ (c = 2.3, 氯仿).【类型】尤尼西兰烷型二萜.【来源】单一科尔特软珊瑚* *Klyxum simplex* (东沙群岛，南海，中国).【活性】细胞毒 (Doay, ED_{50} = 12.76μg/mL; MCF7, ED_{50} = 7.19μg/mL; HeLa, ED_{50} = 17.36μg/mL; Hep2, ED_{50} = 10.72μg/mL; 对照物丝裂霉素: Doay, ED_{50} = 0.09μg/mL; MCF7, ED_{50} = 0.14μg/mL; HeLa, ED_{50} = 0.08μg/mL; Hep2, ED_{50} = 0.02μg/mL); 抗炎 (LPS 刺激的 RAW264.7 细胞，抑制促炎 iNOS 和环加氧酶 COX-2 蛋白上调，10μmol/L, 分别降低 iNOS 和环加氧酶 COX-2 蛋白水平到 4.8%±1.8%和 37.7%±4.7%, IC_{50} < 10μmol/L).【文献】S. L. Wu, et al. JNP, 2009, 72, 994.

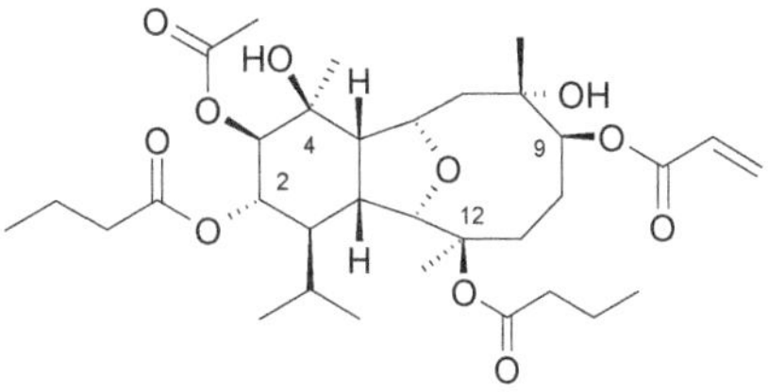

932　Simplexin M　单一科尔特软珊瑚素 M*

【基本信息】$C_{30}H_{48}O_9$.【类型】尤尼西兰烷型二萜.【来源】单一科尔特软珊瑚* *Klyxum simplex* (东沙群岛，南海，中国).【活性】iNOS 积累抑制剂 (受激巨噬细胞).【文献】S. -L. Wu, et al. Bull. Chem. Soc. Jpn., 2011, 84, 626.

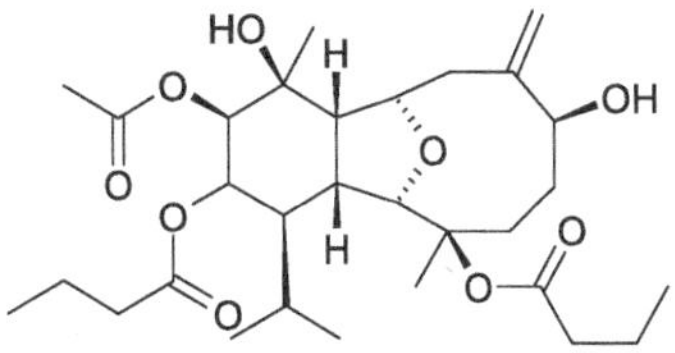

933　Simplexin N　单一科尔特软珊瑚素 N*

【基本信息】$C_{30}H_{48}O_{10}$.【类型】尤尼西兰烷型二萜.【来源】单一科尔特软珊瑚* *Klyxum simplex* (东沙群岛，南海，中国).【活性】iNOS 积累抑制剂 (受激巨噬细胞).【文献】S. -L. Wu, et al. Bull. Chem. Soc. Jpn., 2011, 84, 626.

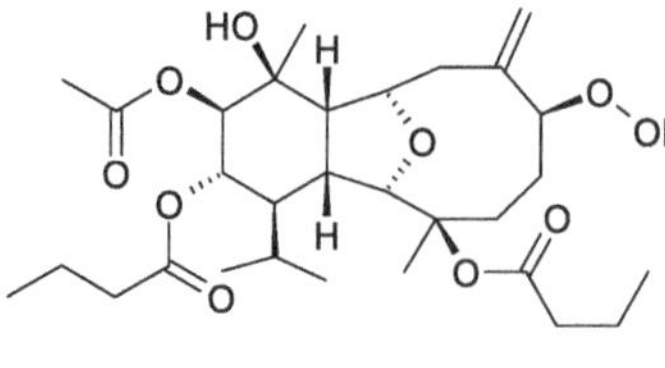

934 Simplexin O 单一科尔特软珊瑚素 O*

【基本信息】$C_{28}H_{44}O_{10}$.【类型】尤尼西兰烷型二萜.【来源】单一科尔特软珊瑚* *Klyxum simplex* (东沙群岛, 南海, 中国).【活性】iNOS 积累抑制剂(受激巨噬细胞).【文献】S. -L. Wu, et al. Bull. Chem. Soc. Jpn., 2011, 84, 626.

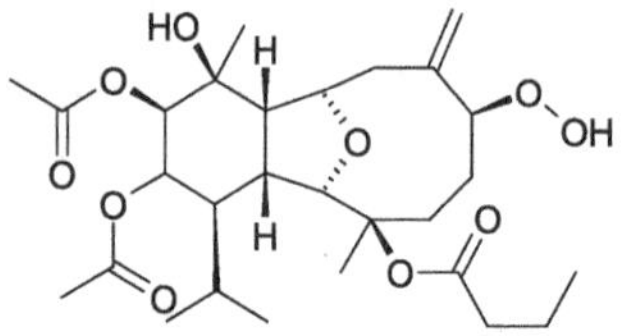

935 Simplexin P 单一科尔特软珊瑚素 P*

【基本信息】$C_{26}H_{42}O_7$, 白色粉末, mp 179.0~180.0°C, $[\alpha]_D^{26} = -27°$ (c = 1.2, 氯仿).【类型】尤尼西兰烷型二萜.【来源】单一科尔特软珊瑚* *Klyxum simplex* (东沙群岛, 南海, 中国).【活性】细胞毒 [K562, ED_{50} > 20μg/mL, 对照物 5-FU, ED_{50} = (2.3±0.2)μg/mL; CCRF-CEM, ED_{50} = (12.0±1.6)μg/mL, 5-FU, ED_{50} = (1.8±0.3)μg/mL; T47D, ED_{50} > 20μg/mL, 5-FU, ED_{50} = (9.8±1.5)μg/mL; Molt4, ED_{50} = (30.3±3.4)μg/mL, 5-FU, ED_{50} = (2.3±0.3)μg/mL].【文献】S. -L. Wu, et al. Mar. Drugs, 2012, 10, 1203.

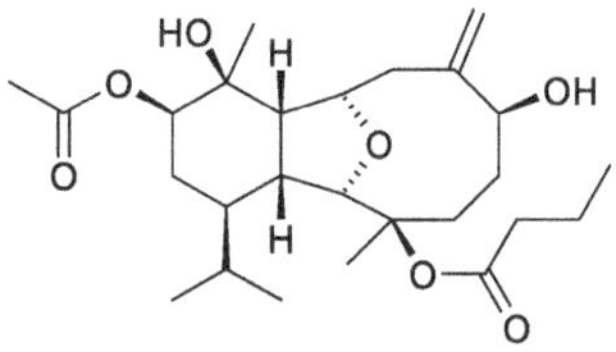

936 Simplexin Q 单一科尔特软珊瑚素 Q*

【基本信息】$C_{26}H_{42}O_7$, 无色油状物, $[\alpha]_D^{26} = -11°$ (c = 0.8, 氯仿).【类型】尤尼西兰烷型二萜.【来源】单一科尔特软珊瑚* *Klyxum simplex* (东沙群岛, 南海, 中国).【活性】细胞毒 (K562, CCRF-CEM, T47D 和 Molt4, 所有的 ED_{50} > 20μg/mL).【文献】S. -L. Wu, et al. Mar. Drugs, 2012, 10, 1203.

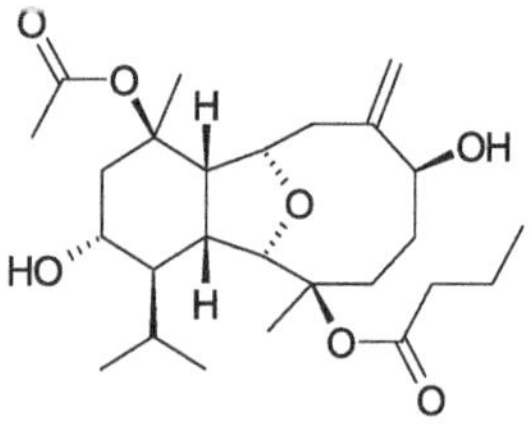

937 Simplexin R 单一科尔特软珊瑚素 R*

【基本信息】$C_{24}H_{38}O_8$, 白色粉末, mp 167~168°C, $[\alpha]_D^{26} = -27°$ (c = 0.4, 氯仿).【类型】尤尼西兰烷型二萜.【来源】单一科尔特软珊瑚* *Klyxum simplex* (东沙群岛, 南海, 中国).【活性】细胞毒 [K562, ED_{50} = (7.2±2.4)μg/mL, 对照物 5-FU, ED_{50} = (2.3±0.2)μg/mL; CCRF-CEM, ED_{50} = (2.7±0.1)μg/mL, 5-FU, ED_{50} = (1.8±0.3)μg/mL; T47D, ED_{50} = (13.5±2.8)μg/mL, 5-FU, ED_{50} = (9.8±1.5)μg/mL; Molt4, ED_{50} = (3.8±0.5)μg/mL, 5-FU, ED_{50} = (2.3±0.3)μg/mL].【文献】S. -L. Wu, et al. Mar. Drugs, 2012, 10, 1203.

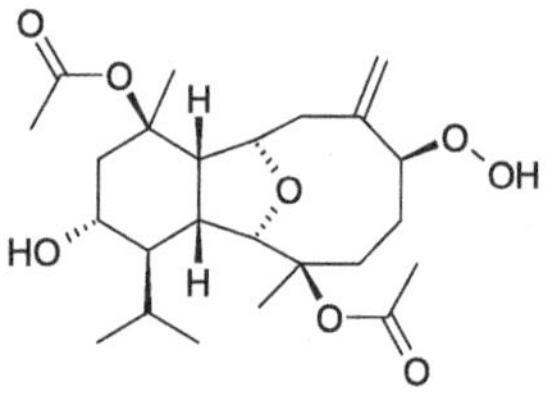

938 Simplexin S 单一科尔特软珊瑚素 S*

【别名】Cladieunicellin G; 软珊瑚尤尼西林 G*.【基本信息】$C_{22}H_{36}O_5$, 无色油状物, $[\alpha]_D^{26} = -41°$ (c = 0.6, 氯仿).【类型】尤尼西兰烷型二萜.【来源】单一科尔特软珊瑚* *Klyxum simplex* (东沙群岛, 南海, 中国) 和短足软珊瑚属* *Cladiella* sp. (印度尼西亚).【活性】细胞毒 [K562, ED_{50} > 20μg/mL, 对照物 5-FU, ED_{50} = (2.3±0.2)μg/mL; CCRF-CEM, ED_{50} = (13.0±0.9)μg/mL, 5-FU, ED_{50} = (1.8±0.3)μg/mL; T47D, ED_{50} > 20μg/mL, 5-FU, ED_{50} = (9.8±1.5)μg/mL; Molt4, ED_{50} = (16.4±3.1)μg/mL, 5-FU, ED_{50} = (2.3±0.3)μg/mL].【文献】S. -L. Wu, et al. Mar. Drugs, 2012, 10, 1203; Y. -H. Chen, et al. CPB, 2012, 60, 160.

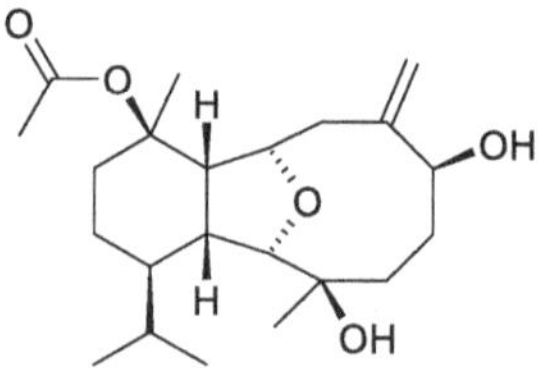

939 (–)-Solenopodin C (–)-环西柏柳珊瑚定C*

【基本信息】$C_{20}H_{34}O_2$, 无色油状物, $[\alpha]_D^{22} = -51°$ (c = 0.17, 氯仿).【类型】尤尼西兰烷型二萜.【来源】短足软珊瑚属* *Cladiella* sp. (印度尼西亚).【活性】抗炎 (超氧化物阴离子 $O_2^{\bullet-}$生成抑制剂, 10μg/mL, InRt = 45.82%±2.49%); 弹性蛋白酶释放抑制剂 (10μg/mL, InRt = 40.45%±5.80%).【文献】Y. -H. Chen, et al. Mar. Drugs, 2011, 9, 934.

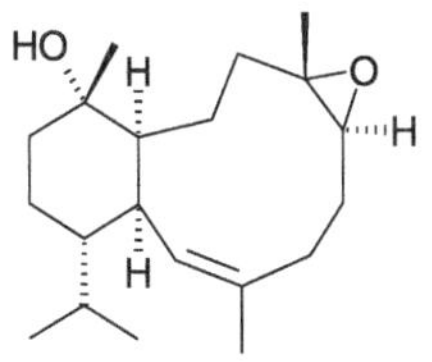

940 Valdivone A 海鸡冠酮 A*

【基本信息】$C_{25}H_{34}O_5$, 针状晶体, mp 89~91°C, $[\alpha]_D = +94.4°$ (c = 0.34, 氯仿).【类型】尤尼西兰烷型二萜.【来源】海鸡冠属软珊瑚* *Alcyonium valdivae* (南非).【活性】抗炎.【文献】Y. Lin, et al. Tetrahedron, 1993, 49, 7977.

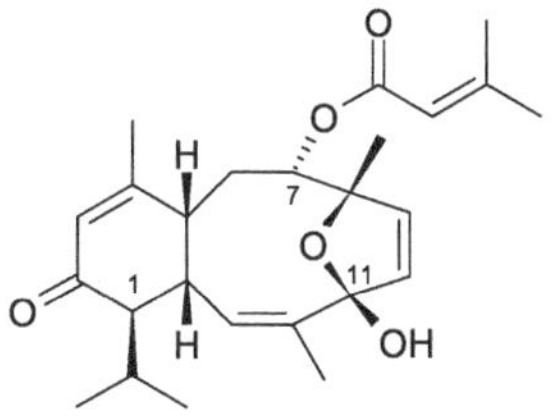

941 Valdivone B 海鸡冠酮 B*

【基本信息】$C_{28}H_{34}O_5$, 针状晶体, mp 171~173°C, $[\alpha]_D = +79.4°$ (c = 0.57, 氯仿).【类型】尤尼西兰烷型二萜.【来源】海鸡冠属软珊瑚* *Alcyonium valdivae* (南非).【活性】抗炎.【文献】Y. Lin, et al. Tetrahedron, 1993, 49, 7977.

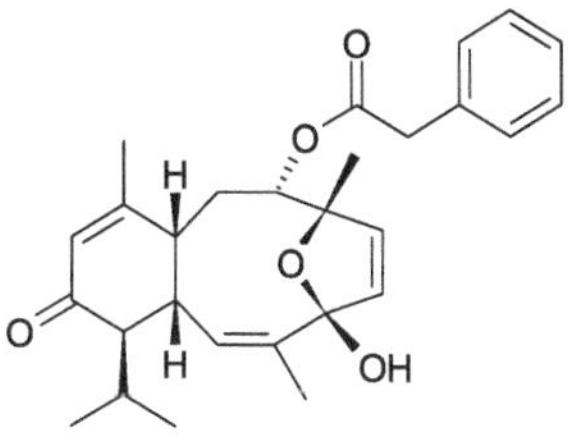

3.16 绿白柳珊瑚烷二萜

942 11-Acetoxy-4-deoxyasbestinin B 11-乙酰氧基-4-去氧绿白环西柏柳珊瑚宁 B*

【基本信息】$C_{22}H_{34}O_4$, 晶体, mp 150~152°C, $[\alpha]_D^{29} = -8.9°$ (c = 0.34, 氯仿).【类型】绿白柳珊瑚烷二萜.【来源】三爪珊瑚科 Briaridae 绿白环西柏柳珊瑚* *Briareum asbestinum*.【活性】细胞毒; 抗菌 (克雷伯氏肺炎杆菌 *Klebsiella pneumonia*).【文献】J. J. Morales, et al. JNP, 1991, 54, 1368; P. Bernardelli, et al. Heterocycles, 1998, 49, 531.

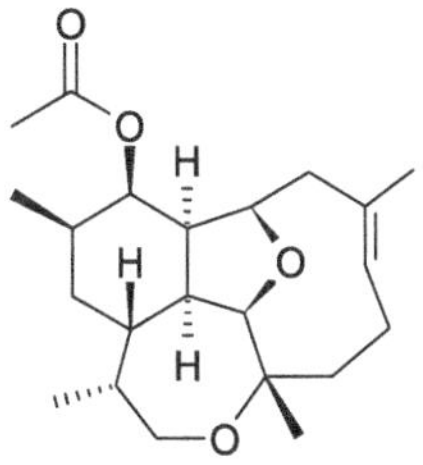

943 11-Acetoxy-4-deoxyasbestinin D 11-乙酰氧基-4-绿白环西柏柳珊瑚宁 D*

【基本信息】$C_{22}H_{34}O_4$, 油状物, $[\alpha]_D^{29} = -2.29°$ (c = 1.3, 氯仿).【类型】绿白柳珊瑚烷二萜.【来源】三爪珊瑚科绿白环西柏柳珊瑚* *Briareum asbestinum*.【活性】细胞毒; 抗菌 (克雷伯氏肺炎杆菌 *Klebsiella pneumonia*).【文献】J. J. Morales, et al. JNP, 1991, 54, 1368; P. Bernardelli, et al. Heterocycles, 1998, 49, 531.

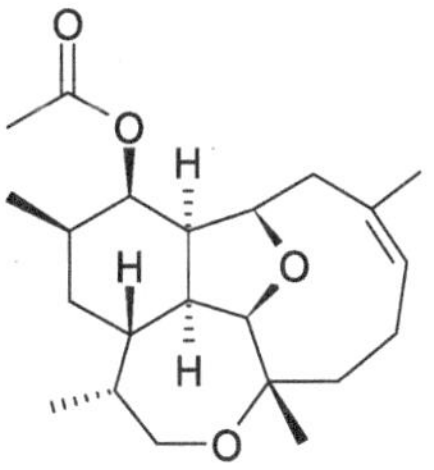

944 Asbestinin 6 绿白环西柏柳珊瑚宁 6*

【基本信息】$C_{30}H_{48}O_6$, 油状物, $[\alpha]_D^{25} = -75.9°$ (c = 4.08, 氯仿).【类型】绿白柳珊瑚烷二萜.【来源】三爪珊瑚科绿白环西柏柳珊瑚* *Briareum asbestinum* (波多黎各).【活性】细胞毒.【文献】A. D. Rodriguez, et al. Tetrahedron, 1993, 49, 319; A. D. Rodriguez, et al. JNP, 1994, 57, 1638.

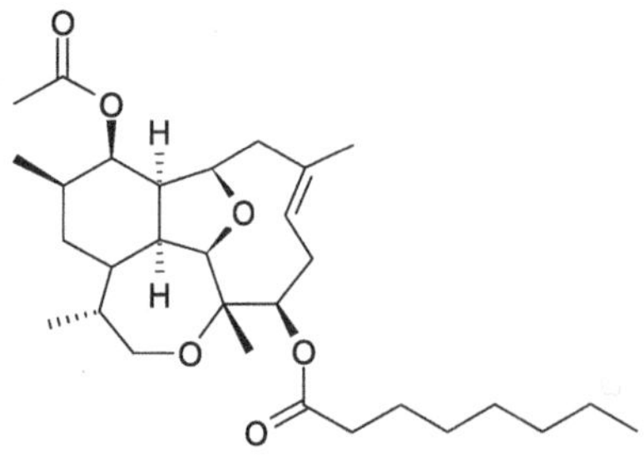

945 Asbestinin 7 绿白环西柏柳珊瑚宁 7*

【基本信息】$C_{30}H_{48}O_7$, 油状物, $[\alpha]_D^{25} = +5.0°$ ($c = 3.2$, 氯仿).【类型】绿白柳珊瑚烷二萜.【来源】三爪珊瑚科绿白环西柏柳珊瑚* *Briareum asbestinum* (波多黎各).【活性】细胞毒.【文献】A. D. Rodriguez, et al. Tetrahedron, 1993, 49, 319.

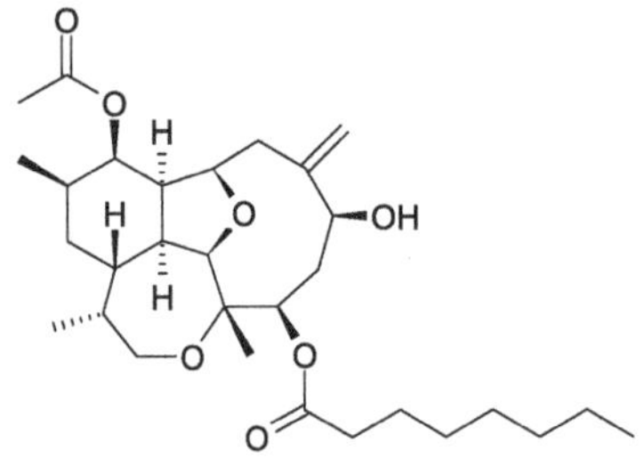

946 Asbestinin 8 绿白环西柏柳珊瑚宁 8*

【基本信息】$C_{28}H_{44}O_5$, 油状物, $[\alpha]_D^{25} = -49.0°$ ($c = 3.9$, 氯仿).【类型】绿白柳珊瑚烷二萜.【来源】三爪珊瑚科绿白环西柏柳珊瑚* *Briareum asbestinum* (波多黎各).【活性】细胞毒.【文献】A. D. Rodriguez, et al. Tetrahedron, 1993, 49, 319.

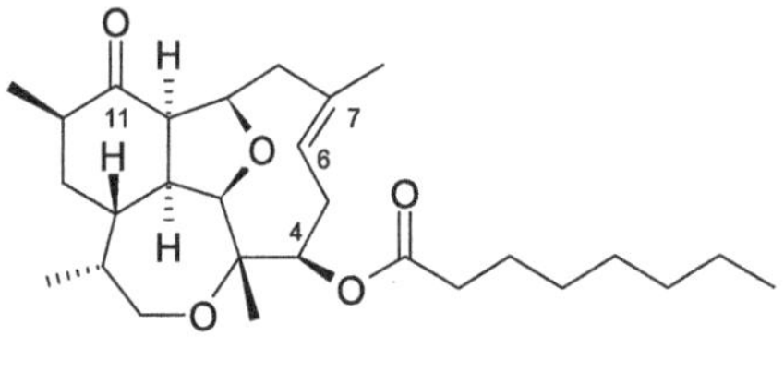

947 Asbestinin 9 绿白环西柏柳珊瑚宁 9*

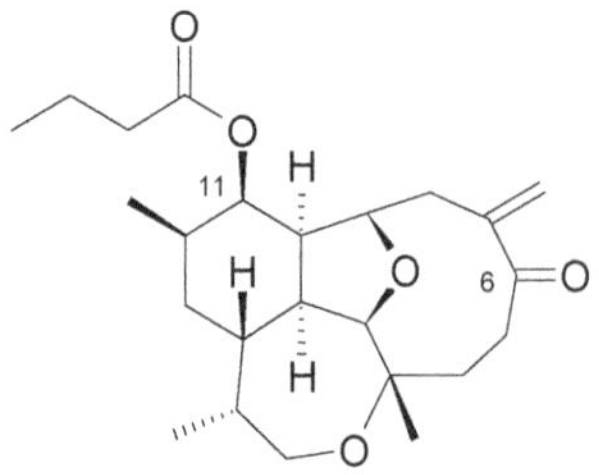

【基本信息】$C_{24}H_{36}O_5$, 油状物, $[\alpha]_D^{27} = -78.0°$ ($c = 2$, 氯仿).【类型】绿白柳珊瑚烷二萜.【来源】三爪珊瑚科绿白环西柏柳珊瑚* *Briareum asbestinum* (波多黎各).【活性】细胞毒.【文献】A. D. Rodriguez, et al. Tetrahedron, 1993, 49, 319.

948 Asbestinin 10 绿白环西柏柳珊瑚宁 10*

【基本信息】$C_{22}H_{32}O_5$, 油状物, $[\alpha]_D^{25} = -81.5°$ ($c = 0.76$, 氯仿).【类型】绿白柳珊瑚烷二萜.【来源】三爪珊瑚科绿白环西柏柳珊瑚* *Briareum asbestinum* (波多黎各).【活性】细胞毒.【文献】A. D. Rodriguez, et al. Tetrahedron, 1993, 49, 319.

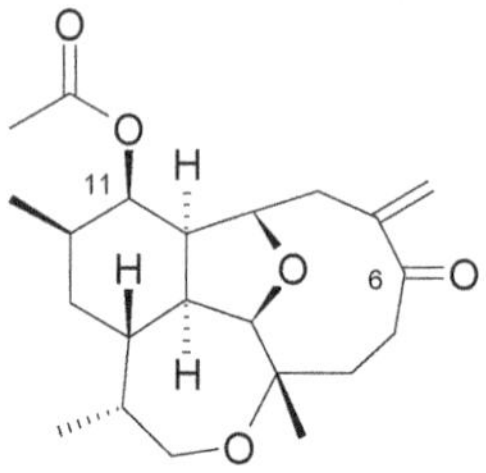

949 Secoasbestinin 开环绿白环西柏柳珊瑚宁*

【基本信息】$C_{22}H_{32}O_6$, 无色油状物, $[\alpha]_D^{25} = +21.14°$ ($c = 3.5$, 氯仿).【类型】绿白柳珊瑚烷二萜.【来源】三爪珊瑚科绿白环西柏柳珊瑚* *Briareum asbestinum* (莫纳岛, 波多黎各) (博卡德尔托罗群岛, 加勒比海, 巴拿马).【活性】细胞毒 (HeLa 和 CHO-K1, 低活性).【文献】A. D. Rodriguez, et al. Tetrahedron Lett., 1994, 35, 5793; J. F. Gómez-Reyes, et al. Mar. Drugs, 2012, 10, 2608.

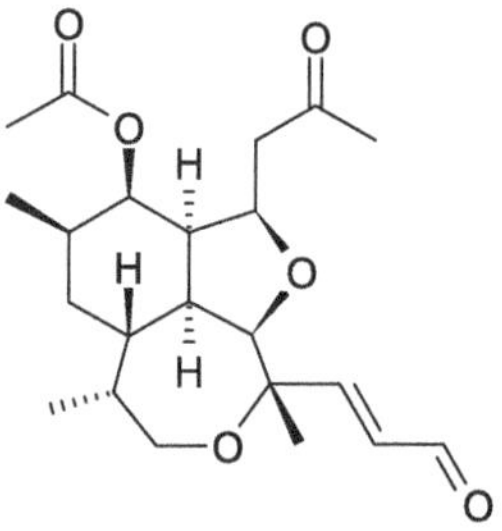

950 4-Deoxyasbestinin A 4-去氧绿白环西柏柳珊瑚宁 A*

【基本信息】$C_{24}H_{38}O_4$, 油状物, $[\alpha]_D^{29} = -6.6°$ ($c = 1.6$, 氯仿).【类型】绿白柳珊瑚烷二萜.【来源】三爪珊瑚科绿白环西柏柳珊瑚* *Briareum asbestinum*.【活性】细胞毒; 抗菌 (克雷伯氏肺炎杆菌 *Klebsiella pneumonia*).【文献】J. J. Morales, et al. JNP, 1991, 54, 1368; P. Bernardelli, et al. Heterocycles, 1998, 49, 531.

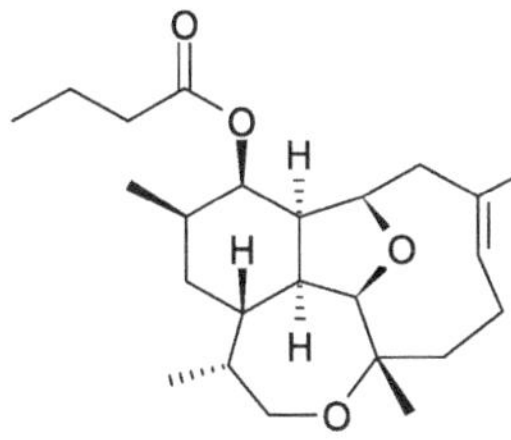

951　4-Deoxyasbestinin C　4-去氧绿白环西柏柳珊瑚宁 C*

【基本信息】$C_{24}H_{38}O_4$, 油状物, $[\alpha]_D^{29} = -1.2°$ ($c = 0.84$, 氯仿).【类型】绿白柳珊瑚烷二萜.【来源】三爪珊瑚科绿白环西柏柳珊瑚* *Briareum asbestinum*.【活性】细胞毒; 抗菌 (克雷伯氏肺炎杆菌 *Klebsiella pneumonia*).【文献】J. J. Morales, et al. JNP, 1991, 54, 1368; P. Bernardelli, et al. Heterocycles, 1998, 49, 531.

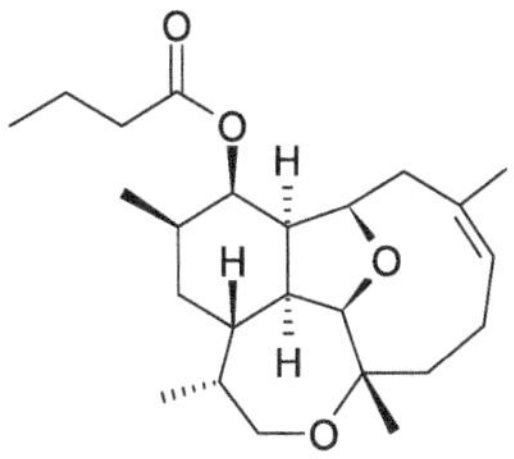

3.17　丝球藻烷二萜

952　Bromosphaerol　溴丝球藻醇*

【基本信息】$C_{20}H_{32}Br_2O$, 黏性油, $[\alpha]_D = +0.5°$.【类型】丝球藻烷二萜.【来源】红藻似肾果荠叶丝球藻* *Sphaerococcus coronopifolius*.【活性】有毒的(盐水丰年虾).【文献】E. Fattorusso, et al. Ga. Chim. Ital., 1976, 106, 779; F. Cafieri, et al. Tetrahedron Lett., 1979, 963; 1981, 22, 4123; 1984, 25, 3141; S. de Rosa, et al. Phytochemistry, 1988, 27, 1875.

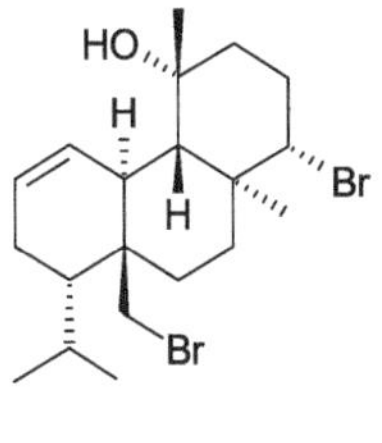

953　Bromosphaerone　溴丝球藻酮*

【基本信息】$C_{20}H_{30}Br_2O_3$, 无定形粉末, $[\alpha]_D = -71°$ ($c = 0.1$, 二氯甲烷).【类型】丝球藻烷二萜.【来源】红藻似肾果荠叶丝球藻* *Sphaerococcus coronopifolius* (摩洛哥大西洋海岸).【活性】抗菌 (金黄色葡萄球菌 *Staphylococcus aureus*, MIC = 0.047μg/mL).【文献】S. Etahiri, et al. JNP, 2001, 64, 1024.

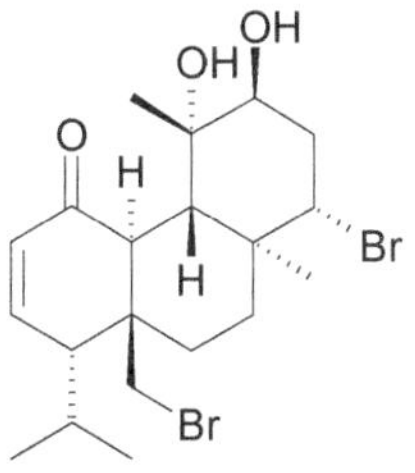

954　Sphaerococcenol A　似肾果荠叶丝球藻醇 A*

【基本信息】$C_{20}H_{29}BrO_2$, 晶体 (四氯化碳), mp 184~185°C, $[\alpha]_D^{25} = -93°$ ($c = 2$, 氯仿).【类型】丝球藻烷二萜.【来源】红藻似肾果荠叶丝球藻* *Sphaerococcus coronopifolius*.【活性】抗菌 (金黄色葡萄球菌 *Staphylococcus aureus,* 高活性); 抗疟原虫 (CRPFFcB1 菌株, IC_{50} = 1μmol/L).【文献】W. Fenical, et al. Tetrahedron Lett., 1976, 731; S. Etahiri, et al. JNP, 2001, 64, 1024.

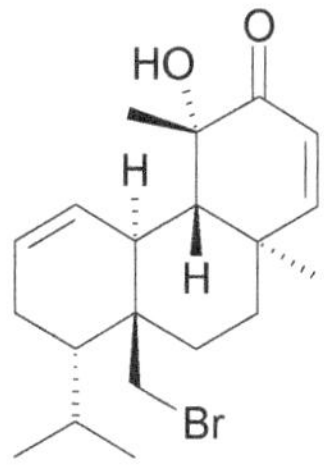

3.18　环西柏烷二萜

955　Anthoptilide A　花羽海鳃里德 A*

【基本信息】$C_{27}H_{34}O_7$, 白色针状结晶, 白色固体, $[\alpha]_D^{25} = +92.6°$ ($c = 0.63$, 甲醇).【类型】环西柏烷型二萜.【来源】珊瑚纲八放珊瑚亚纲海鳃目花羽海鳃属* *Anthoptilum* cf. *kuekenthali* (澳大利亚).【活性】抑制[^{3}H]CPDPX ([^{3}H]1,3-二丙基-8-环戊基黄嘌呤) 键合到鼠大脑腺苷 A_1 受体 (IC_{50} = 420μg/mL).【文献】N. B. Pham, et al. JNP, 2000, 63, 318.

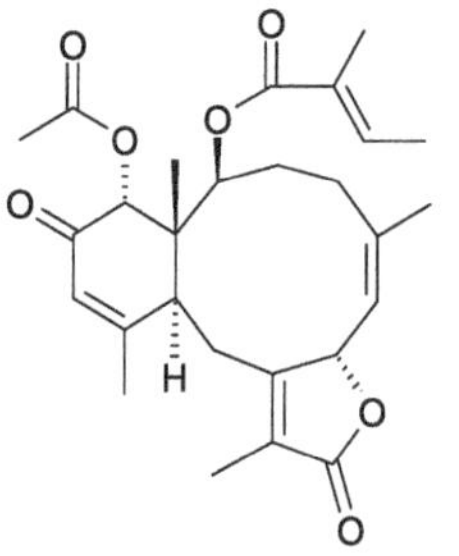

956 Anthoptilide B 花羽海鳃里德 B*

【基本信息】$C_{26}H_{34}O_7$, 白色针状结晶, 白色固体, $[\alpha]_D^{25} = +59.1°$ ($c = 0.52$, 甲醇).【类型】环西柏烷型二萜.【来源】珊瑚纲八放珊瑚亚纲海鳃目花羽海鳃属* *Anthoptilum* cf. *kuekenthali* (澳大利亚).【活性】抑制[^{3}H]CPDPX ([^{3}H]1,3-二丙基-8-环戊基黄嘌呤) 键合到鼠大脑腺苷 A_1 受体 (IC_{50} = 45μg/mL).【文献】N. B. Pham, et al. JNP, 2000, 63, 318.

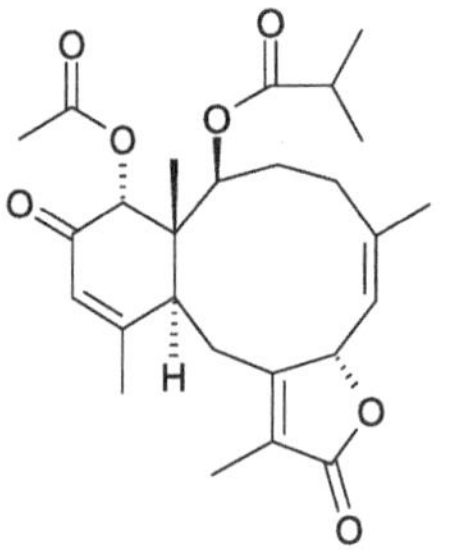

957 Anthoptilide C 花羽海鳃里德 C*

【基本信息】$C_{25}H_{32}O_7$, 白色粉末, 白色针状结晶, 白色固体, $[\alpha]_D^{25} = +17.6°$ ($c = 0.19$, 甲醇).【类型】环西柏烷型二萜.【来源】珊瑚纲八放珊瑚亚纲海鳃目花羽海鳃属* *Anthoptilum* cf. *kuekenthali* (澳大利亚).【活性】抑制[^{3}H]CPDPX ([^{3}H]1,3-二丙基-8-环戊基黄嘌呤) 键合到鼠大脑腺苷 A_1 受体 (IC_{50} = 3.1μg/mL).【文献】N. B. Pham, et al. JNP, 2000, 63, 318.

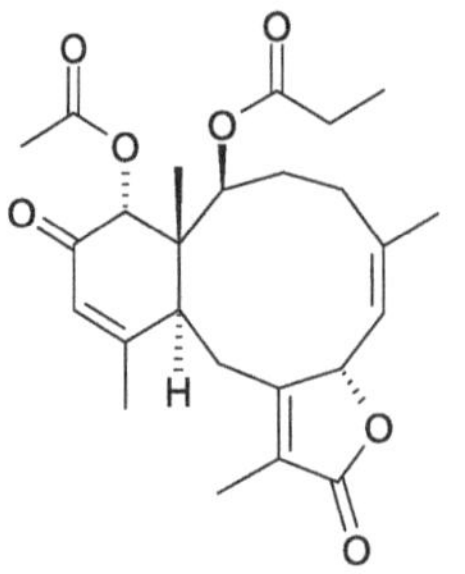

958 Anthoptilide D 花羽海鳃里德 D*

【基本信息】$C_{29}H_{32}O_7$, 白色粉末, 白色针状结晶, 白色固体, $[\alpha]_D^{25} = +104.2°$ ($c = 0.49$, 甲醇).【类型】环西柏烷型二萜.【来源】珊瑚纲八放珊瑚亚纲海鳃目花羽海鳃属* *Anthoptilum* cf. *kuekenthali* (澳大利亚).【活性】抑制[^{3}H]CPDPX ([^{3}H]1,3-二丙基-8-环戊基黄嘌呤) 键合到鼠大脑腺苷 A_1 受体 (IC_{50} = 500μg/mL).【文献】N. B. Pham, et al. JNP, 2000, 63, 318

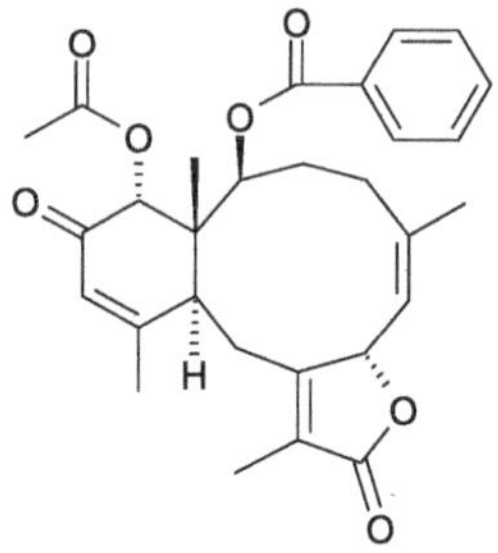

959 Anthoptilide E 花羽海鳃里德 E*

【基本信息】$C_{27}H_{36}O_8$, 无定形固体, $[\alpha]_D^{25} = +2.2°$ ($c = 0.28$, 甲醇).【类型】环西柏烷型二萜.【来源】珊瑚纲八放珊瑚亚纲海鳃目珊瑚纲海鳃目花羽海鳃属* *Anthoptilum* cf. *kuekenthali* (澳大利亚).【活性】抑制[^{3}H]CPDPX ([^{3}H]1,3-二丙基-8-环戊基黄嘌呤) 键合到鼠大脑腺苷 A_1 受体 (IC_{50} = 490μg/mL).【文献】N. B. Pham, et al. JNP, 2000, 63, 318.

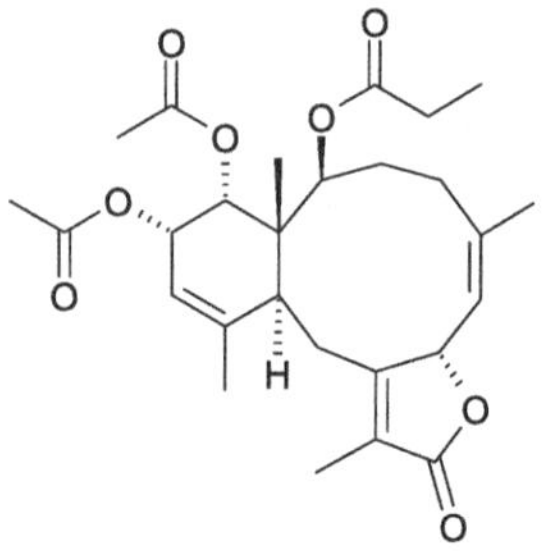

960 12-*O*-Benzoyl-12-*O*-deacetylpteroidine 12-*O*-苯甲酰基-12-*O*-去乙酰翼海鳃定*

【别名】12-Benzoyl-2,9,14-triacetoxy-6-chloro-4,8-epoxy-4,12-dihydroxy-5(16)-briaren-18,7-olide; 12-苯甲酰基-2,9,14-三乙酰氧基-6-氯-4,8-环氧-4,12-二羟基-5(16)-环西柏烯-18,7-内酯*.【基本信息】$C_{33}H_{39}ClO_{12}$, 晶体, mp 291~293°C, $[\alpha]_D = -4°$ ($c = 0.54$, 氯仿).【类型】环西柏烷型二萜.【来源】珊瑚纲八放珊瑚亚纲海鳃目翼海鳃属* *Pteroeides laboutei*.【活性】鱼毒.【文献】A. Clastres, et al. JNP, 1984, 47, 155.

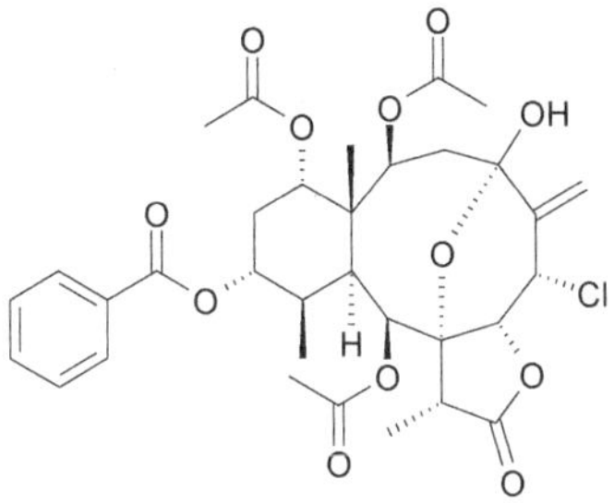

961　Benzyl briaviolide A　苄基蓝紫环西柏柳珊瑚内酯 A*

【基本信息】$C_{31}H_{37}ClO_9$，无色无定形树胶样物；$[\alpha]_D^{24} = -21°$ ($c = 0.2$，二氯甲烷).【类型】环西柏烷型二萜.【来源】蓝紫环西柏柳珊瑚* *Briareum violacea* (苄基蓝紫环西柏柳珊瑚内酯A苯酰化产生单苯甲酰基衍生物).【活性】抗炎 (超氧化物阴离子生成抑制剂，10μg/mL，InRt = 6.09%±4.09%，$p < 0.01$，对照物染料木素，InRt = 65.05%±6.12%，$p < 0.01$)；抗炎 (弹性蛋白酶释放抑制剂，fMLP/CB 诱导的人中性粒细胞，10μg/mL，InRt = 28.60%±7.54%，选择性活性，$p < 0.05$；染料木素，InRt = 52.45%±6.34%，$p < 0.05$).【文献】C. -C. Liaw, et al. Mar. Drugs, 2014, 12, 4677.

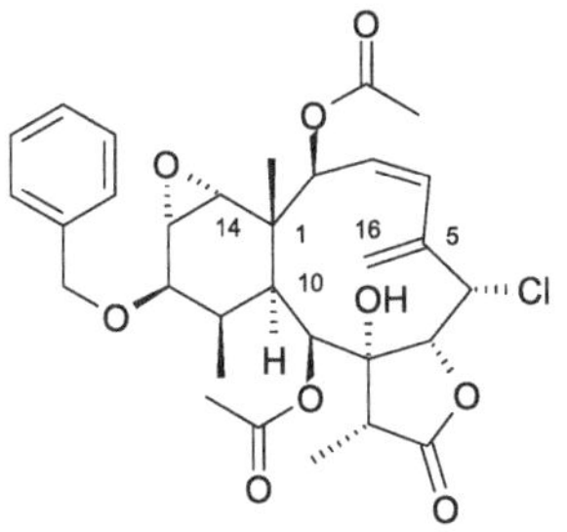

962　Bis(deacyl)solenolide D　双(去酰基)环西柏柳珊瑚内酯 D*‡

【基本信息】$C_{22}H_{29}ClO_9$，玻璃体，$[\alpha]_D^{20} = -14.5°$ ($c = 0.51$，甲醇).【类型】环西柏烷型二萜.【来源】紫色沙肉海绵* *Psammaplysilla purpurea.*【活性】生物膜形成和生物污染抑制剂.【文献】A. Yamada, et al. Bull. Chem. Soc. Jpn., 1997, 70, 3061.

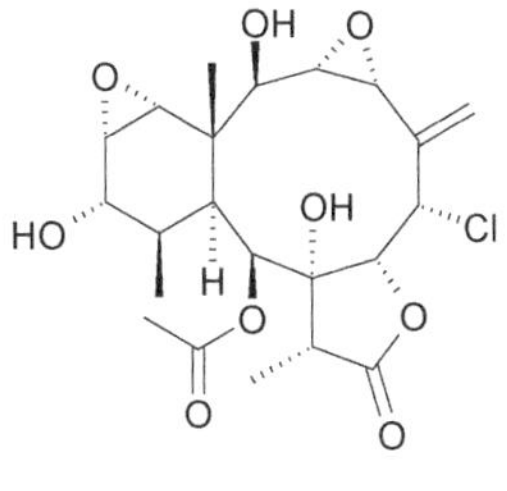

963　Briacavatolide C　环西柏柳珊瑚内酯 C*

【基本信息】$C_{30}H_{42}O_{13}$，白色无定形粉末，$[\alpha]_D^{25} = +25.5°$ ($c = 0.1$，氯仿).【类型】环西柏烷型二萜.【来源】凹入环西柏柳珊瑚* *Briareum excavatum* (兰花岛，台湾，中国).【活性】人巨细胞病毒抗体 (融合的 HEL 细胞，IC_{50} = 18μmol/L，对照物更昔洛韦).【文献】T. -T. Yeh, et al. Mar. Drugs, 2012, 10, 1019.

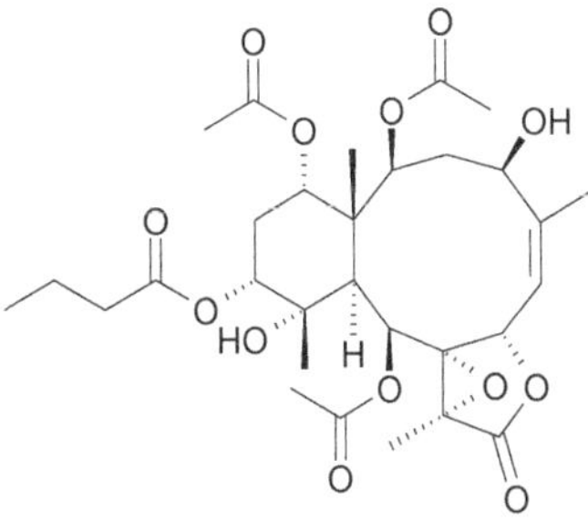

964　Briacavatolide D　环西柏柳珊瑚内酯 D*

【基本信息】$C_{24}H_{32}O_{11}$，白色无定形粉末，$[\alpha]_D^{25} = -33.6°$ ($c = 0.2$，氯仿).【类型】环西柏烷型二萜.【来源】凹入环西柏柳珊瑚* *Briareum excavatum* (兰花岛，台湾，中国).【活性】人巨细胞病毒抗体 (融合的 HEL 细胞，ED_{50} > 100μmol/L，对照物更昔洛韦)；细胞毒 (A549, HT29, P_{388}和 HEL, ED_{50} > 100μmol/L，对照物光辉霉素).【文献】S. -K. Wang, et al. Mar. Drugs, 2012, 10, 2103.

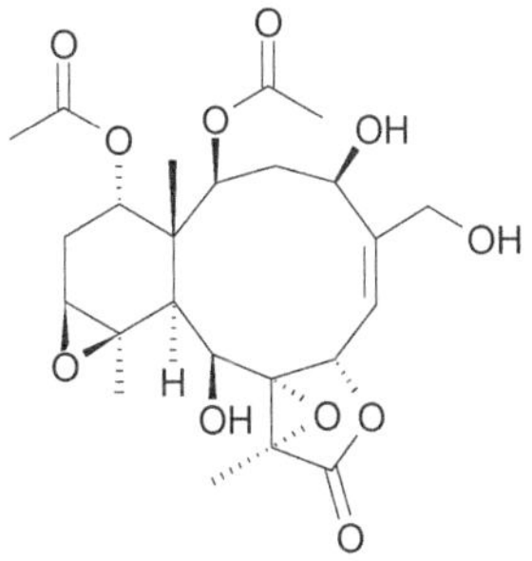

965　Briacavatolide E　环西柏柳珊瑚内酯 E*

【基本信息】$C_{28}H_{40}O_{12}$，白色无定形粉末，$[\alpha]_D^{25} = +22.3°$ ($c = 0.1$，氯仿).【类型】环西柏烷型二萜.【来源】凹入环西柏柳珊瑚* *Briareum excavatum* (兰花岛，台湾，中国).【活性】人巨细胞病毒抗体 (融合的 HEL 细胞，ED_{50} > 100μmol/L，对照物更昔洛韦)；细胞毒 (A549, HT29, P_{388}和 HEL, ED_{50} > 100μmol/L，对照物光辉霉素).【文献】S. -K. Wang, et al. Mar. Drugs, 2012, 10, 2103.

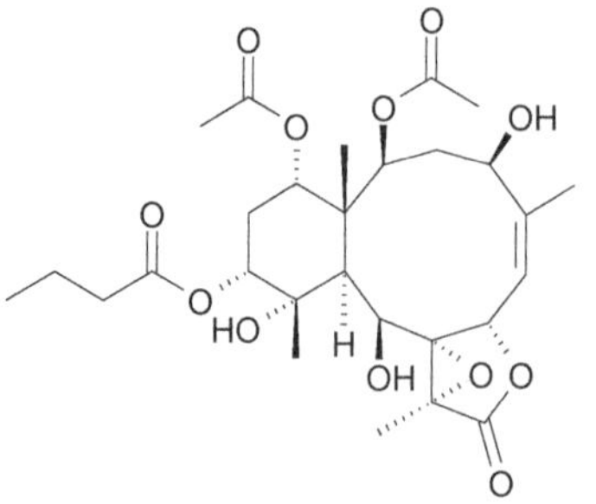

966 Briacavatolide F 环西柏柳珊瑚内酯 F*‡

【基本信息】$C_{30}H_{42}O_{13}$, 白色无定形粉末, $[\alpha]_D^{25} = -27.6°$ ($c = 0.1$, 氯仿).【类型】环西柏烷型二萜.【来源】凹入环西柏柳珊瑚* *Briareum excavatum* (兰花岛, 台湾, 中国).【活性】人巨细胞病毒抗体 (融合的 HEL 细胞, $ED_{50} = 22\mu mol/L$, 对照物更昔洛韦); 细胞毒 (A549, HT29, P_{388} 和 HEL, $ED_{50} > 100\mu mol/L$, 对照物光辉霉素).【文献】S. -K. Wang, et al. Mar. Drugs, 2012, 10, 2103.

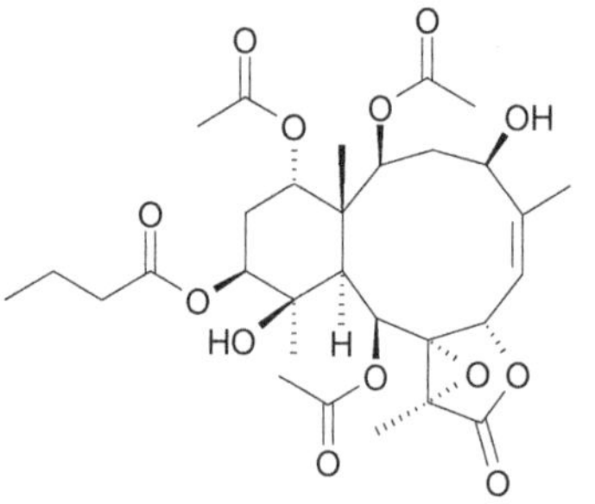

967 Briaexcavatin C 凹入环西柏柳珊瑚亭 C*

【基本信息】$C_{28}H_{36}O_{11}$, 粉末, mp 79~81°C, $[\alpha]_D^{25} = -25°$ ($c = 0.4$, 氯仿).【类型】环西柏烷型二萜.【来源】凹入环西柏柳珊瑚* *Briareum excavatum* (南台湾外海, 中国, 水深 10m, 2003 年 10 月, 凭证标本存 NMMBA 海洋生物博物馆).【活性】细胞毒 (MDA-MB-231, $IC_{50} = 17.50\mu g/mL$, 温和活性).【文献】P. -J. Sung, et al. Tetrahedron 2006, 62, 5686.

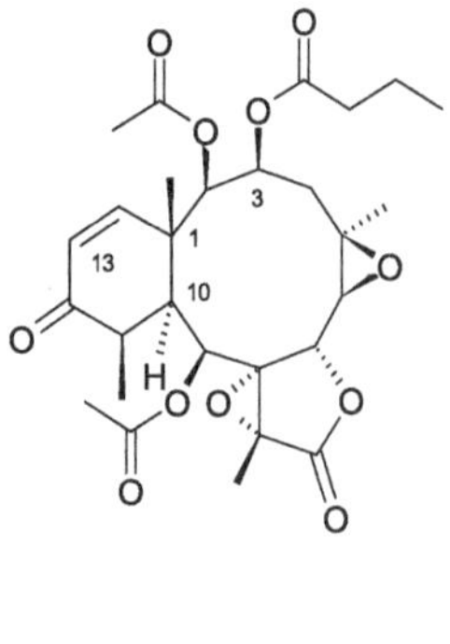

968 Briaexcavatin E 凹入环西柏柳珊瑚亭 E*

【基本信息】$C_{33}H_{46}O_{13}$, 粉末, mp 251~252°C, $[\alpha]_D^{29} = +42°$ ($c = 0.4$, 氯仿).【类型】环西柏烷型二萜.【来源】凹入环西柏柳珊瑚* *Briareum excavatum* (南台湾外海, 中国, 水深 10m, 2003 年 10 月, 凭证标本存 NMMBA 海洋生物博物馆).【活性】抑制人的嗜中性粒细胞弹性蛋白酶 HNE 的释放 (嗜中性粒细胞, 响应 fMLP/CB: $3\mu mol/L$, InRt = 12%; $5\mu mol/L$, InRt = 34%; $10\mu mol/L$, InRt = 62%; $IC_{50} = 5\sim10\mu mol/L$).【文献】P. -J. Sung, et al. Tetrahedron 2006, 62, 5686.

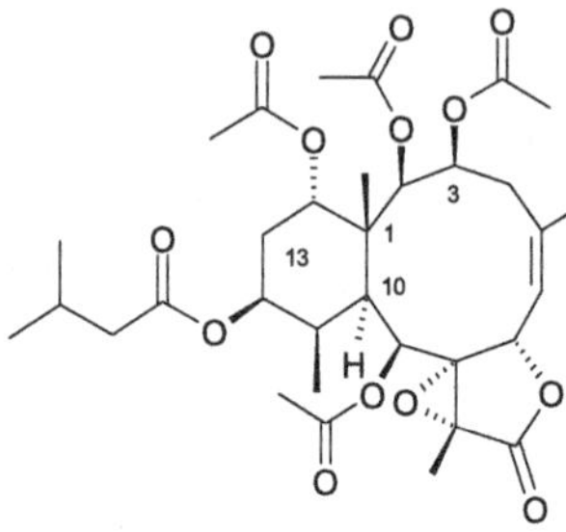

969 Briaexcavatolide B 环西柏柳珊瑚内酯 B*

【基本信息】$C_{28}H_{38}O_{10}$, 粉末, mp 219~221°C, $[\alpha]_D^{25} = -111°$ ($c = 1.0$, 氯仿).【类型】环西柏烷型二萜.【来源】凹入环西柏柳珊瑚* *Briareum excavatum*.【活性】细胞毒 (P_{388}, $ED_{50} = 1.3\mu g/mL$; KB, $ED_{50} = 1.5\mu g/mL$).【文献】J. -H, Sheu, et al. Tetrahedron, 1999, 55, 14555.

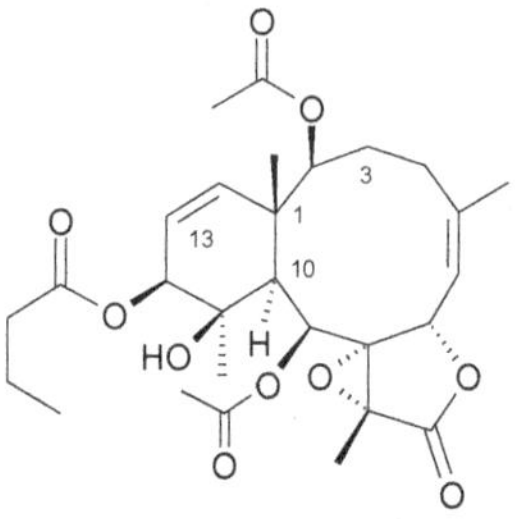

970 Briaexcavatolide F 环西柏柳珊瑚内酯 F*

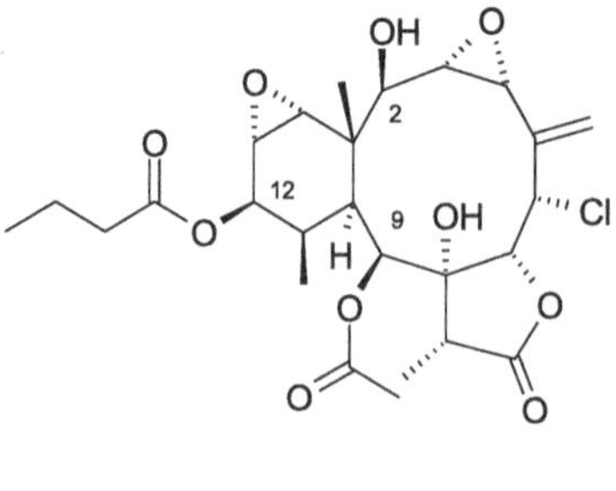

【基本信息】$C_{26}H_{35}ClO_{10}$，粉末，mp 184~186°C，$[\alpha]_D^{25}=-21°$ ($c=0.1$,甲醇).【类型】环西柏烷型二萜.【来源】凹入环西柏柳珊瑚* *Briareum excavatum.*【活性】细胞毒 (A549, $ED_{50}=1.3\mu g/mL$).【文献】J. -H, Sheu, et al. Tetrahedron, 1999, 55, 14555.

971 Briaexcavatolide L 环西柏柳珊瑚内酯 L*

【基本信息】$C_{30}H_{44}O_{13}$，粉末，mp 164~166°C，$[\alpha]_D^{27}=-37°$ ($c=0.8$, 氯仿).【类型】环西柏烷型二萜.【来源】凹入环西柏柳珊瑚* *Briareum excavatum* (南湾, 垦丁县最南端, 台湾,中国, 水深 4~5m, 1995 年 7 月采样).【活性】细胞毒 (P_{388}, $ED_{50}=0.5\mu g/mL$).【文献】P. -J. Sung, et al. JNP, 2001, 64, 318.

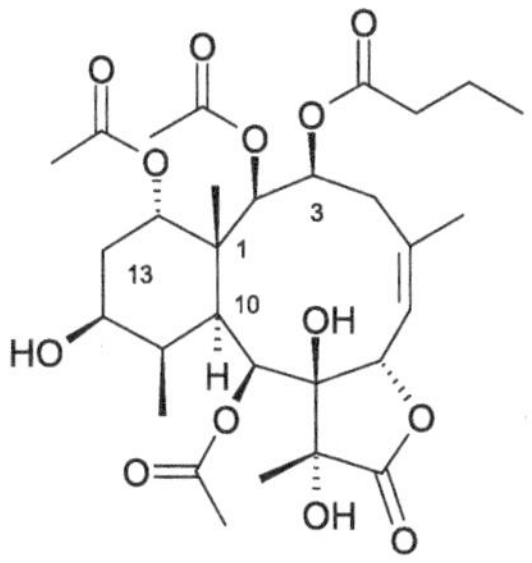

972 Briaexcavatolide P 环西柏柳珊瑚内酯 P*

【基本信息】$C_{30}H_{42}O_{13}$，晶体，mp 248~251°C，$[\alpha]_D^{27}=+167°$ ($c=1$, 甲醇).【类型】环西柏烷型二萜.【来源】凹入环西柏柳珊瑚* *Briareum excavatum.*【活性】细胞毒 (P_{388}, $ED_{50}=0.9\mu g/mL$).【文献】S. -L. Wu, et al. JNP, 2001, 64, 1415.

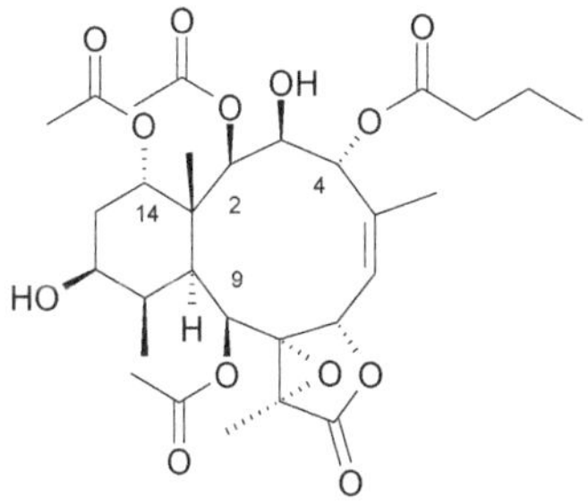

973 Brialalepolide A 瓦努阿图环西柏柳珊瑚内酯 A*

【基本信息】$C_{26}H_{34}O_{11}$，无色结晶状固体 (甲醇)，mp 216~225°C，$[\alpha]_D^{21}=-110°$ ($c=0.001$, 丙酮).【类型】环西柏烷型二萜.【来源】环西柏柳珊瑚属* *Briareum* sp. (瓦努阿图).【活性】细胞毒 (CaCo-2, 5~30μmol/L).【文献】P. M. Joyner, et al. JNP, 2011, 74, 857.

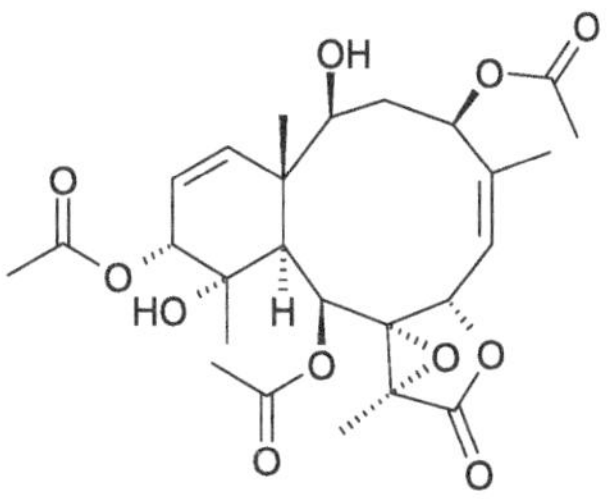

974 Brialalepolide B 瓦努阿图环西柏柳珊瑚内酯 B*

【基本信息】$C_{30}H_{42}O_{11}$，白色粉末，$[\alpha]_D^{21}=-101°$ ($c=0.0024$, 氯仿).【类型】环西柏烷型二萜.【来源】环西柏柳珊瑚属* *Briareum* sp. (瓦努阿图).【活性】细胞毒 (CaCo-2, 5~30μmol/L); 减少环加氧酶 COX-2 的表达 (人结肠腺癌细胞和小鼠巨噬细胞 RAW264.7).【文献】P. M. Joyner, et al. JNP, 2011, 74, 857.

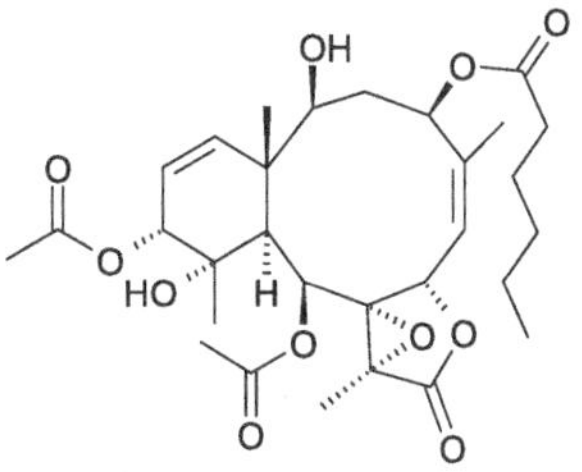

975 Brialalepolide C 瓦努阿图环西柏柳珊瑚内酯 C*

【基本信息】$C_{32}H_{46}O_{11}$，白色粉末，$[\alpha]_D^{21}=-102°$ ($c=0.0024$, 氯仿).【类型】环西柏烷型二萜.【来源】环西柏柳珊瑚属* *Briareum* sp. (瓦努阿图).【活性】细胞毒 (CaCo-2, 5~30μmol/L); 减少环加氧酶 COX-2 的表达 (人结肠腺癌细胞和小鼠巨噬细胞 RAW264.7).【文献】P. M. Joyner, et al. JNP, 2011, 74, 857.

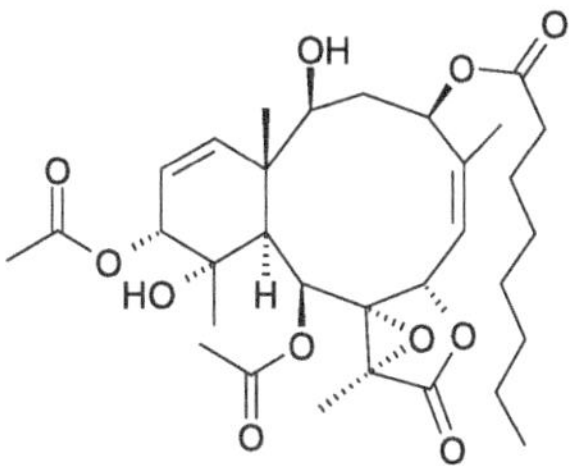

976 Brianolide 环西柏柳珊瑚属内酯*

【基本信息】$C_{24}H_{31}ClO_{10}$，$[\alpha]_D^{23}=-15°$ ($c=0.01$, 甲醇).【类型】环西柏烷型二萜.【来源】环西柏柳珊瑚属* *Briareum stechei* (西太平洋) 和环西

柏柳珊瑚属* *Briareum* sp.【活性】抗炎.【文献】J. H. Sheu, et al. JNP, 1998, 61, 602; J. H. Kwak, et al. JNP, 2001, 64, 754.

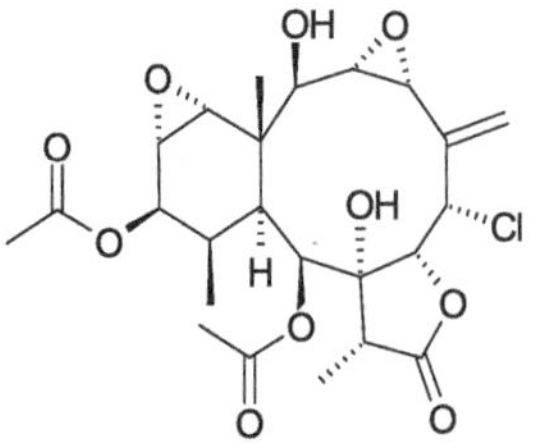

977 Brianthein A 布里安森 A*

【别名】Briviolide J.【基本信息】$C_{26}H_{34}O_8$, 无定形粉末, $[\alpha]_D^{20}$ = +118.7° (*c* = 0.4, 乙醇), $[\alpha]_D$= –104° (*c* = 0.07, 甲醇).【类型】环西柏烷型二萜.【来源】凹入环西柏柳珊瑚* *Briareum excavatum*.【活性】人肿瘤细胞株 KB-C2 的逆转多耐药性 [3μg/mL, KB-3-1 生长抑制 11% (几乎没有细胞毒性); 3μg/mL+秋水仙碱 0.1μg/mL; KB-C2 生长抑制 60%; 10μg/mL, KB-3-1 生长抑制 27% (几乎没有细胞毒性); 10μg/mL+秋水仙碱 0.1μg/mL, KB-C2 生长抑制 84%, 在 KB-C2 细胞中的布里安森 A 完全逆转对秋水仙碱的抗药性].【文献】S. Aoki, et al. Tetrahedron, 2001, 57, 8951.

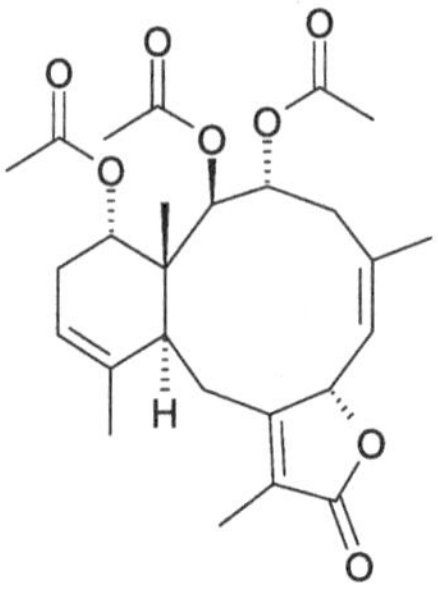

978 Brianthein B 布里安森 B*

【基本信息】$C_{26}H_{34}O_{10}$, $[\alpha]_D^{20}$ = +81.7° (*c* = 0.4, 乙醇).【类型】环西柏烷型二萜.【来源】凹入环西柏柳珊瑚* *Briareum excavatum*.【活性】人肿瘤细胞株 KB-C2 的逆转多耐药性 [3μg/mL, KB-3-1 生长抑制 5% (几乎没有细胞毒性); 3μg/mL+秋水仙碱 0.1μg/mL, KB-C2 生长抑制 26%; 10μg/mL, KB-3-1 生长抑制 26% (几乎没有细胞毒性); 10μg/mL+秋水仙碱 0.1μg/mL, KB-C2 生长抑制 37%].【文献】S. Aoki, et al. Tetrahedron, 2001, 57, 8951.

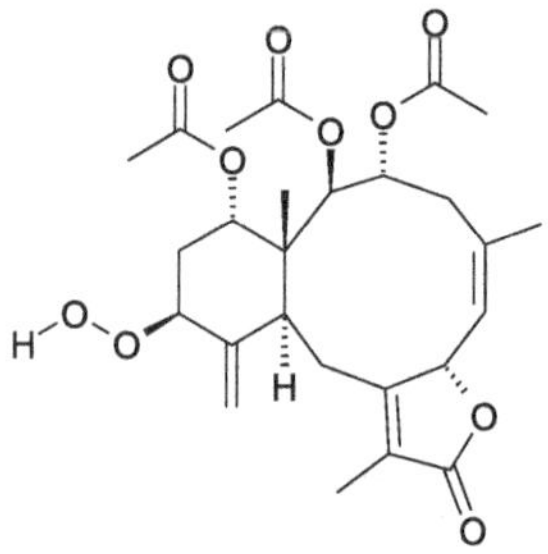

979 Brianthein C 布里安森 C*

【基本信息】$C_{26}H_{34}O_{11}$, $[\alpha]_D^{20}$ = +32.6° (*c* = 0.4, 乙醇).【类型】环西柏烷型二萜.【来源】凹入环西柏柳珊瑚* *Briareum excavatum*.【活性】人肿瘤细胞株 KB-C2 的逆转多耐药性 [3μg/mL, KB-3-1 生长抑制 11% (几乎没有细胞毒性); 3μg/mL+秋水仙碱 0.1μg/mL, KB-C2 生长抑制 0%; 10μg/mL, KB-3-1 生长抑制 17% (几乎没有细胞毒性); 10μg/mL+秋水仙碱 0.1μg/mL, KB-C2 生长抑制 15%].【文献】S. Aoki, et al. Tetrahedron, 2001, 57, 8951.

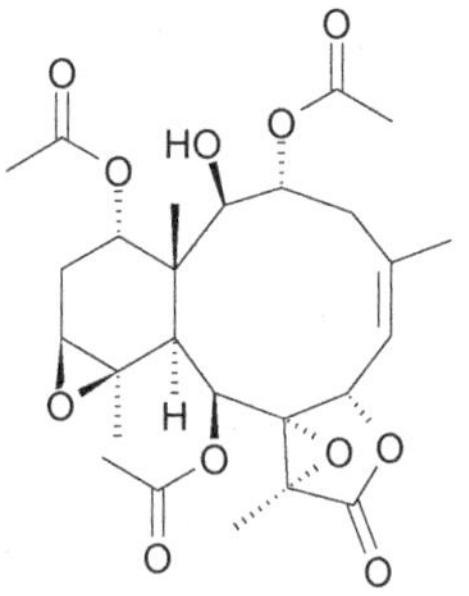

980 Brianthein X 布里安森 X*

【基本信息】$C_{24}H_{31}ClO_9$, 晶体, mp 230~232°C (分解).【类型】环西柏烷型二萜.【来源】多花环西柏柳珊瑚* *Briareum polyanthes*.【活性】杀虫剂.【文献】S. H. Grode, et al. JOC, 1983, 48, 5203.

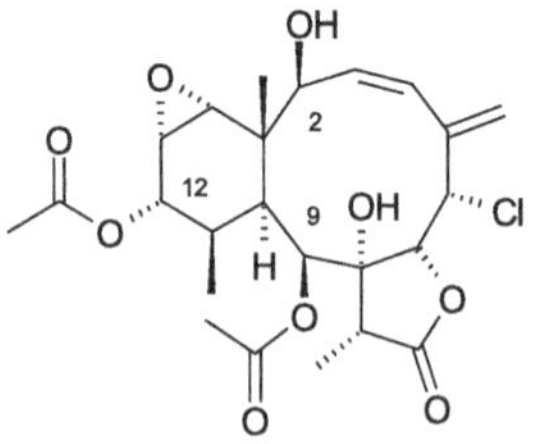

981 Brianthein Y 布里安森 Y*

【基本信息】$C_{28}H_{37}ClO_{10}$, 晶体, mp 233~235°C (分解).【类型】环西柏烷型二萜.【来源】多花环西柏柳珊瑚* *Briareum polyanthes* 和三爪珊瑚科绿

白环西柏柳珊瑚* *Briareum asbestinum*.【活性】CNS 镇静剂; 有毒的 (草蜢).【文献】S. H. Grode, et al. JOC, 1983, 48, 5203.

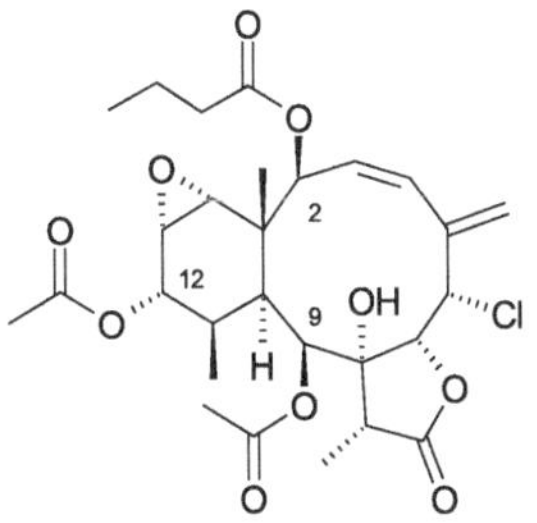

982　Briarenolide F　环西柏柳珊瑚属内酯 F*

【基本信息】$C_{28}H_{40}O_{10}$, 白色粉末, mp 141~142°C, $[\alpha]_D^{25}$ = +32° (c = 0.1, 氯仿).【类型】环西柏烷型二萜.【来源】环西柏柳珊瑚属* *Briareum* sp.【活性】抗炎 [超氧化物阴离子 $O_2^{\bullet-}$ 生成抑制剂, fMLP/CB 刺激的中性粒细胞, 10μg/mL, InRt = (76.65±4.21)%, IC_{50} = (3.82±0.45)μg/mL; 对照物 DPI 二亚苯基碘, IC_{50} = (0.82±0.31)μg/mL]; 弹性蛋白酶释放抑制剂 [10μg/mL, InRt = (27.48±6.60)%, IC_{50} > 10μg/mL; 对照物弹性蛋白酶抑制剂, IC_{50} = (31.82±5.92)μg/mL].【文献】P. -H. Hong, et al. Mar. Drugs, 2012, 10, 1156.

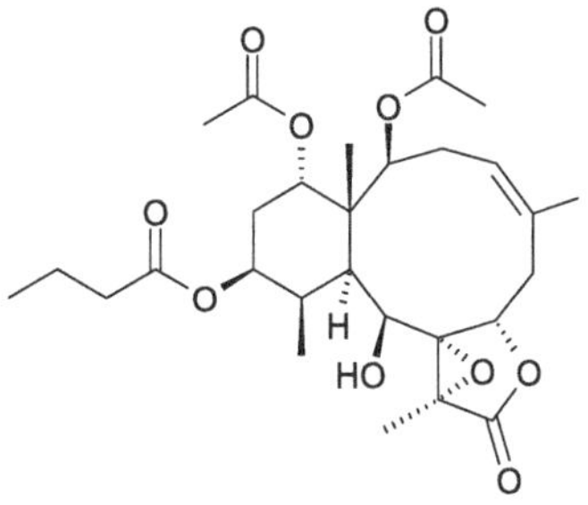

983　Briarenolide G　环西柏柳珊瑚属内酯 G*

【基本信息】$C_{22}H_{30}O_5$, 白色粉末, mp 78~80°C, $[\alpha]_D^{25}$ = −97° (c = 0.02, 氯仿).【类型】环西柏烷型二萜.【来源】环西柏柳珊瑚属* *Briareum* sp.【活性】抗炎 [超氧化物阴离子 $O_2^{\bullet-}$生成抑制剂, fMLP/CB 刺激的中性粒细胞, 10μg/mL, InRt = (22.04±3.43)%, IC_{50} > 10μg/mL; 对照物 DPI 二亚苯基碘, IC_{50} = (0.82±0.31)μg/mL]; 弹性蛋白酶释放抑制剂 [10μg/mL, InRt = (12.98±4.68)%, IC_{50} > 10μg/mL, 对照物弹性蛋白酶抑制剂, IC_{50} = (31.82±5.92)μg/mL].【文献】P. -H. Hong, et al. Mar. Drugs, 2012, 10, 1156.

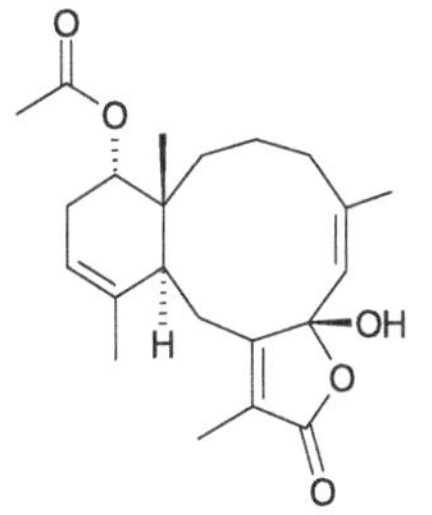

984　Briareolate ester D　绿白环西柏柳珊瑚酯 D*

【基本信息】$C_{27}H_{40}O_9$, 晶体 (乙酸乙酯/汽油), mp 160~163°C, $[\alpha]_D$ = −120° (c = 0.2, 氯仿).【类型】环西柏烷型二萜.【来源】三爪珊瑚科绿白环西柏柳珊瑚* *Briareum asbestinum*.【活性】有毒的 (盐水丰年虾).【文献】B. S. Mootoo, et al. Tetrahedron, 1996, 52, 9953; R. J. Meginley, et al. Mar. Drugs, 2012, 10, 1662.

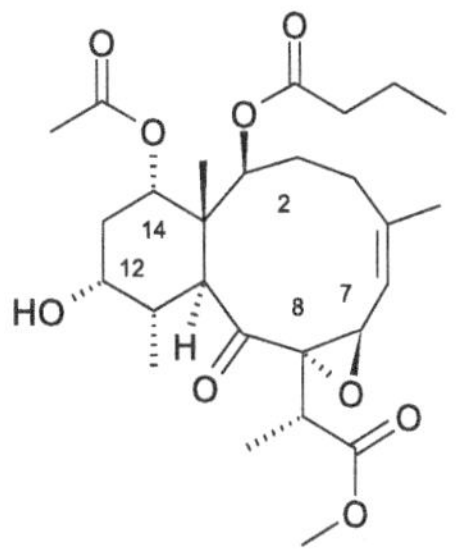

985　Briareolate ester G　绿白环西柏柳珊瑚酯 G*

【别名】Methyl 2-butanoyl-12-hydroxy-14-acetoxy-9-oxo-5,7-briaradien-18-oate; 2-丁酰基-12-羟基-14-乙酰氧基-9-氧代-5,7-环西柏二烯-18-酸甲酯.【基本信息】$C_{27}H_{40}O_8$, 晶体 (丙酮/石油醚), mp 99.5~101°C, $[\alpha]_D$ = −121.7° (c = 0.23, 氯仿).【类型】环西柏烷型二萜.【来源】三爪珊瑚科绿白环西柏柳珊瑚* *Briareum asbestinum*.【活性】有毒的 (盐水丰年虾).【文献】B. S. Mootoo, et al. Tetrahedron, 1996, 52, 9953; R. J. Meginley, et al. Mar. Drugs, 2012, 10, 1662.

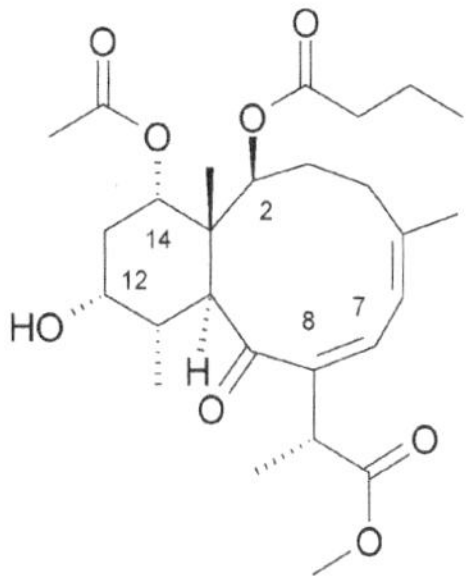

986 Briareolate ester I 绿白环西柏柳珊瑚酯 I*

【基本信息】$C_{25}H_{34}O_7$, 树胶状物, $[\alpha]_D = -113.2°$ ($c = 0.22$, 氯仿).【类型】环西柏烷型二萜.【来源】三爪珊瑚科绿白环西柏柳珊瑚* *Briareum asbestinum*.【活性】有毒的 (盐水丰年虾).【文献】B. S. Mootoo, et al. Tetrahedron, 1996, 52, 9953.

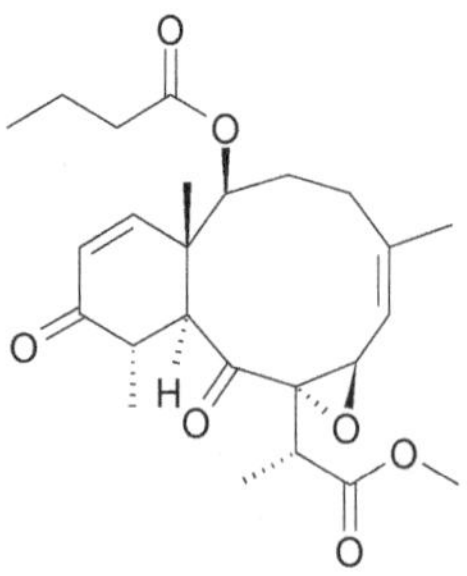

987 Briareolate ester K 绿白环西柏柳珊瑚酯 K*

【基本信息】$C_{33}H_{50}O_{10}$, 无色油状物, $[\alpha]_D^{25} = -8°$ ($c = 0.05$, 甲醇).【类型】环西柏烷型二萜.【来源】三爪珊瑚科绿白环西柏柳珊瑚* *Briareum asbestinum* (博卡拉顿, 佛罗里达, 美国).【活性】细胞毒 (人胚胎干细胞 BG02 生长抑制剂, $EC_{50} = 40\mu mol/L$).【文献】R. J. Meginley, et al. Mar. Drugs, 2012, 10, 1662.

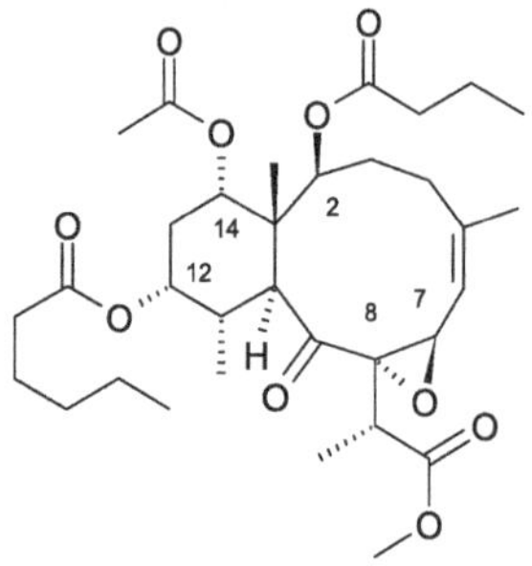

988 Briareolate ester L 绿白环西柏柳珊瑚酯 L*

【基本信息】$C_{27}H_{40}O_8$.【类型】环西柏烷型二萜.【来源】三爪珊瑚科绿白环西柏柳珊瑚* *Briareum asbestinum* (博卡拉顿, 佛罗里达, 美国).【活性】细胞毒 (人胚胎干细胞 BG02 生长抑制剂, $EC_{50} = 2.4\mu mol/L$, 胰腺癌细胞 BXPC3 生长抑制剂, $EC_{50} = 9.3\mu mol/L$).【文献】P. Gupta, et al. Org. Lett. 2011, 13, 3920; R. J. Meginley, et al. Mar. Drugs, 2012, 10, 1662.

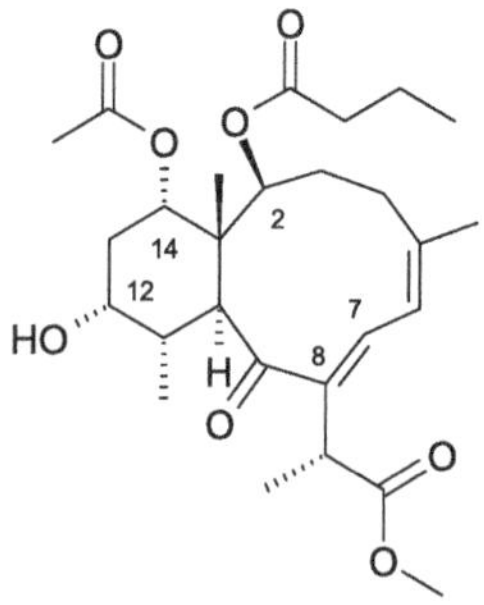

989 Briareolate ester M 绿白环西柏柳珊瑚酯 M*

【基本信息】$C_{33}H_{50}O_9$.【类型】环西柏烷型二萜.【来源】三爪珊瑚科绿白环西柏柳珊瑚* *Briareum asbestinum* (博卡拉顿, 佛罗里达, 美国).【活性】细胞毒 (人胚胎干细胞 BG02 生长抑制剂, $EC_{50} = 8.0\mu mol/L$; 胰腺癌细胞 BXPC3 生长抑制剂, $EC_{50} = 17.0\mu mol/L$).【文献】P. Gupta, et al. Org. Lett. 2011, 13, 3920; R. J. Meginley, et al. Mar. Drugs, 2012, 10, 1662.

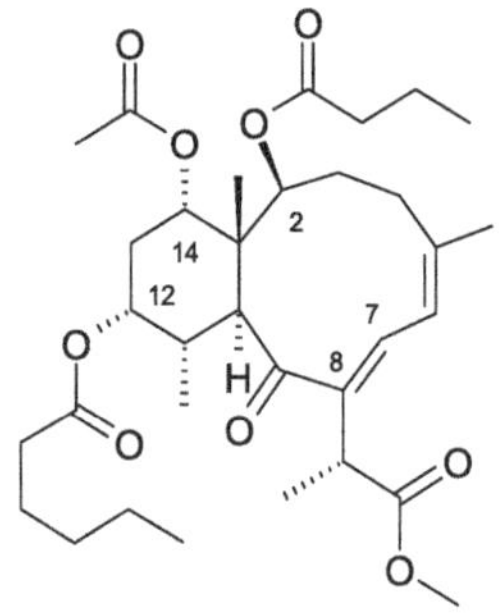

990 Briareolate ester N 绿白环西柏柳珊瑚酯 N*

【基本信息】$C_{33}H_{50}O_9$.【类型】环西柏烷型二萜.【来源】三爪珊瑚科绿白环西柏柳珊瑚* *Briareum asbestinum* (博卡拉顿, 佛罗里达, 美国).【活性】细胞毒 (人胚胎干细胞 BG02 生长抑制剂, 胰腺癌细胞 BXPC3 生长抑制剂).【文献】R. J. Meginley, et al. Mar. Drugs, 2012, 10, 1662.

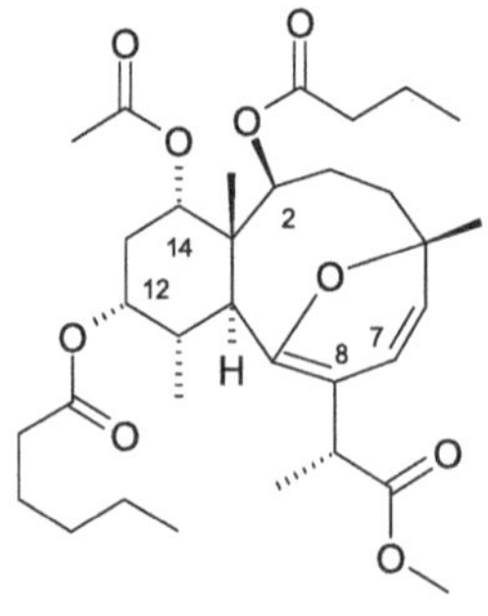

991　Briareolide A　环西柏柳珊瑚属内酯 A*

【基本信息】$C_{28}H_{40}O_{11}$, 针状晶体 (丙酮/己烷), mp 242~243°C.【类型】环西柏烷型二萜.【来源】环西柏柳珊瑚属* *Briareum* sp.【活性】抗炎.【文献】E. O. Pordesimo, et al. JOC, 1991, 56, 2344.

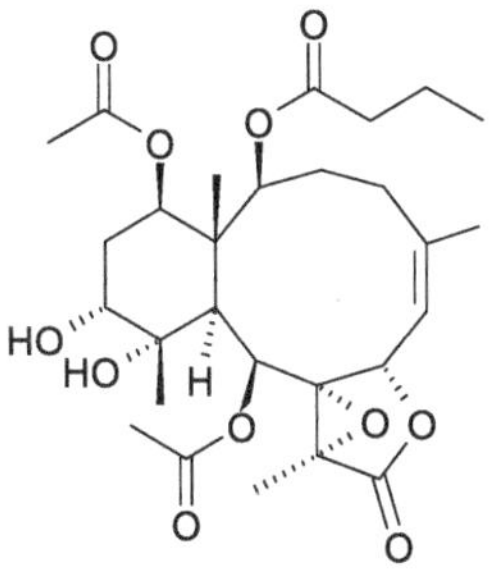

992　Briareolide B　环西柏柳珊瑚属内酯 B*

【基本信息】$C_{26}H_{36}O_{11}$, 针状晶体 (丙酮/己烷), mp 249~250°C.【类型】环西柏烷型二萜.【来源】环西柏柳珊瑚属* *Briareum* sp.【活性】抗炎.【文献】E. O. Pordesimo, et al. JOC, 1991, 56, 2344.

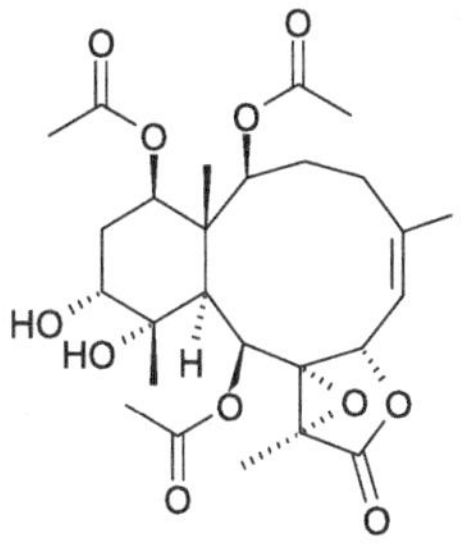

993　Briareolide C　环西柏柳珊瑚属内酯 C*

【基本信息】$C_{28}H_{38}O_{10}$, 粉末 (丙酮/己烷), mp 139~140°C.【类型】环西柏烷型二萜.【来源】环西柏柳珊瑚属* *Briareum* sp.【活性】抗炎.【文献】E. O. Pordesimo, et al. JOC, 1991, 56, 2344.

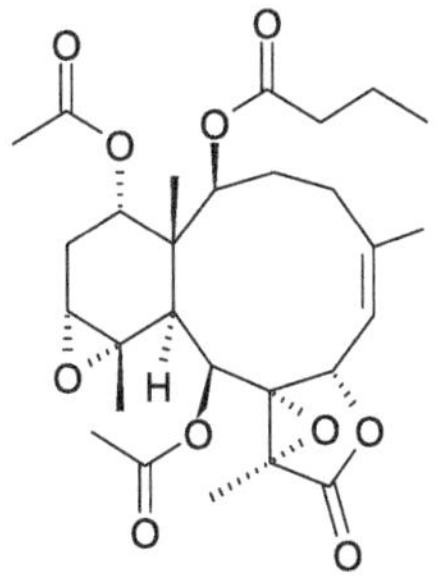

994　Briareolide D　环西柏柳珊瑚属内酯 D*

【基本信息】$C_{26}H_{34}O_{10}$, 树胶状物.【类型】环西柏烷型二萜.【来源】环西柏柳珊瑚属* *Briareum* sp.【活性】抗炎.【文献】E. O. Pordesimo, et al. JOC, 1991, 56, 2344.

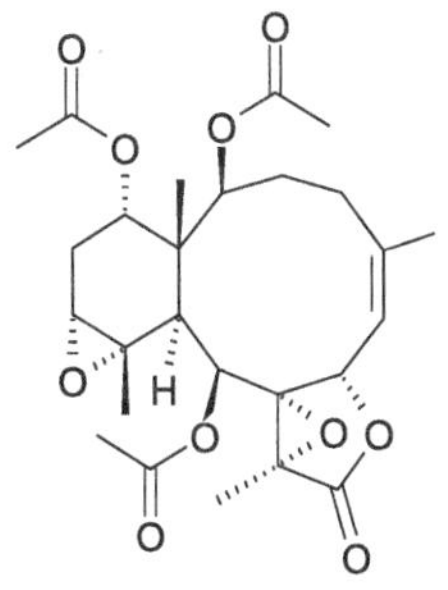

995　Briareolide E　环西柏柳珊瑚属内酯 E*

【基本信息】$C_{28}H_{40}O_{10}$, 泡沫, mp 182~183°C (分解).【类型】环西柏烷型二萜.【来源】环西柏柳珊瑚属* *Briareum* sp.【活性】抗炎.【文献】E. O. Pordesimo, et al. JOC, 1991, 56, 2344.

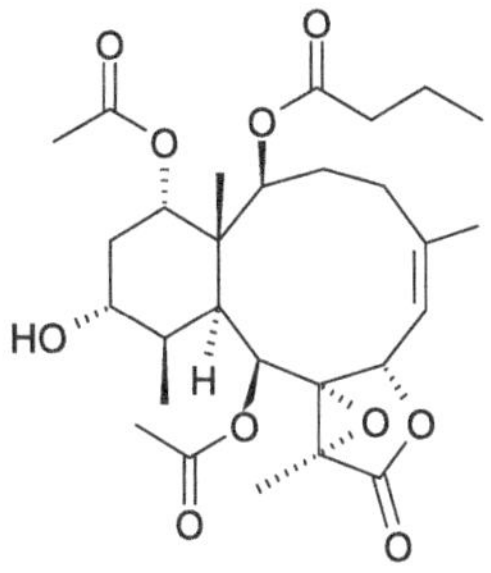

996　Briareolide K　环西柏柳珊瑚属内酯 K*

【基本信息】$C_{26}H_{36}O_8$, 树胶状物, $[\alpha]_D = +116.1°$ ($c = 0.16$, 氯仿).【类型】环西柏烷型二萜.【来源】三爪珊瑚科 Briaridae 绿白环西柏柳珊瑚* *Briareum asbestinum*.【活性】有毒的 (盐水丰年虾).【文献】B. S. Mootoo, et al. Tetrahedron, 1996, 52, 9953.

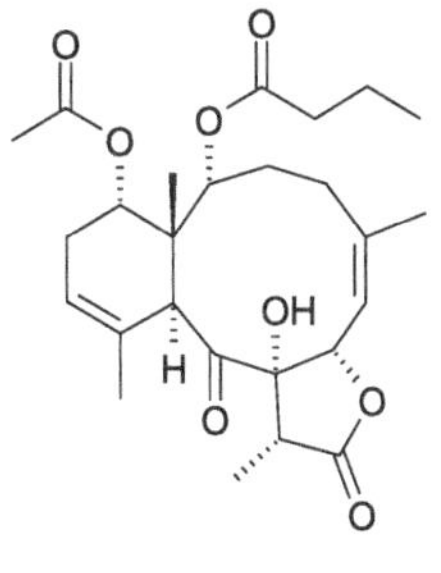

997　Briaviolide A　蓝紫环西柏柳珊瑚内酯 A*

【别名】(1*S*,2*S*,3*Z*,6*S*,7*R*,8*R*,9*S*,10*S*,11*R*,12*R*,13*S*,14*R*,17*R*)-6-Chloro-13,14-epoxy-2,9-diacetoxy-8,12-dihydroxybriaran-3(4),5(16)-dien-18,7-olide; (1*S*,2*S*,3*Z*,

6*S*,7*R*,8*R*,9*S*,10*S*,11*R*,12*R*,13*S*,14*R*,17*R*)- 6- 氯-13,14-环氧-2,9-二乙酰氧基-8,12-二羟基环西柏-3(4),5(16)-二烯-18,7-内酯.【基本信息】$C_{24}H_{31}ClO_9$, 无色无定形棱柱体, mp 174~175°C, $[\alpha]_D^{24} = -79°$ ($c = 0.5$, 二氯甲烷).【类型】环西柏烷型二萜.【来源】蓝紫环西柏柳珊瑚 * *Briareum violacea* (屏东县, 中国台湾, 水深 15m, 2007 年 5 月采样).【活性】抗炎 (超氧化物阴离子生成抑制剂, 10μg/mL, InRt = 6.09%±1.40%, $p < 0.05$; 对照物染料木素, InRt = 65.05%±6.12%, $p < 0.01$); 抗炎 (弹性蛋白酶释放抑制剂, fMLP/CB 诱导的人中性粒细胞, 10μg/mL, InRt = 11.04%±7.22%; 对照物染料木素, InRt =52.45%±6.34%, $p < 0.05$).【文献】C. -C. Liaw, et al. Mar. Drugs, 2014, 12, 4677.

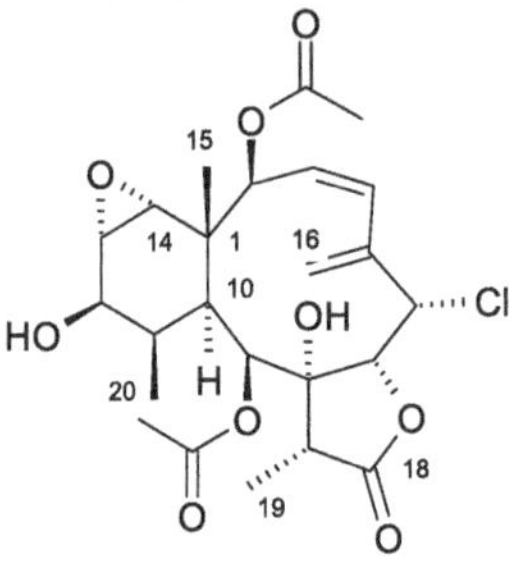

998 Briaviolide B 蓝紫环西柏柳珊瑚内酯 B*

【基本信息】$C_{27}H_{35}ClO_{10}$, 无色无定形树胶样物, $[\alpha]_D^{24} = -45°$ ($c = 0.1$, 二氯甲烷).【类型】环西柏烷型二萜.【来源】蓝紫环西柏柳珊瑚 * *Briareum violacea* (屏东县, 中国台湾, 水深 15m, 2007 年 5 月采样).【活性】抗炎 (超氧化物阴离子生成抑制剂, 10μg/mL, InRt = 6.43%±2.17%, $p < 0.05$; 对照物染料木素, InRt = 65.05%±6.12%, $p < 0.01$); 抗炎 (弹性蛋白酶释放抑制剂, fMLP/CB 诱导的人中性粒细胞, 10μg/mL, InRt = 13.43%±2.66%, $p < 0.01$; 对照物染料木素, InRt = 52.45%±6.34%, $p < 0.05$).【文献】C. -C. Liaw, et al. Mar. Drugs, 2014, 12, 4677.

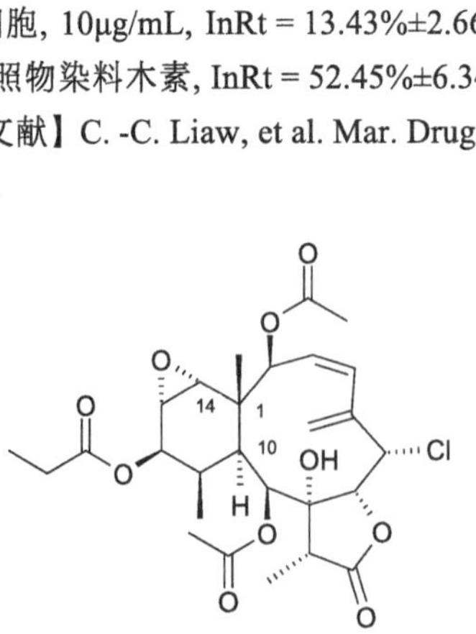

999 Briaviolide C 蓝紫环西柏柳珊瑚内酯 C*

【基本信息】$C_{28}H_{36}O_{12}$, 无色粉末, $[\alpha]_D^{24} = -6°$ ($c = 0.1$, 二氯甲烷).【类型】环西柏烷型二萜.【来源】蓝紫环西柏柳珊瑚 * *Briareum vioLacea* (屏东县, 中国台湾, 水深 15m, 2007 年 5 月采样).【活性】抗炎 (超氧化物阴离子生成抑制剂, 10μg/mL, InRt = 16.87%±4.86%, $p < 0.05$; 对照物染料木素, InRt = 65.05%±6.12%, $p < 0.01$); 抗炎 (弹性蛋白酶释放抑制剂, fMLP/CB 诱导的人中性粒细胞, 10μg/mL, InRt = 6.40%±4.29%; 对照物染料木素, InRt = 52.45%±6.34%, $p < 0.05$).【文献】C. -C. Liaw, et al. Mar. Drugs, 2014, 12, 4677.

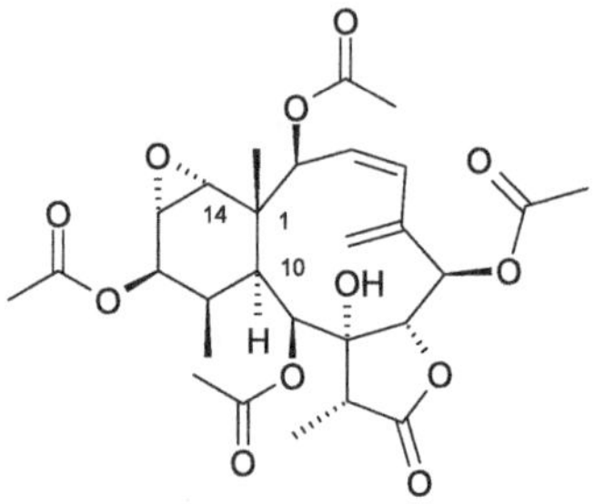

1000 Briaviolide D 蓝紫环西柏柳珊瑚内酯 D*

【类型】环西柏烷型二萜. $C_{24}H_{31}ClO_{10}$, 无色无定形粉末, $[\alpha]_D^{24} = -6°$ ($c = 0.1$, 二氯甲烷).【来源】蓝紫环西柏柳珊瑚 * *Briareum violacea* (屏东县, 中国台湾, 水深 15m, 2007 年 5 月采样).【活性】抗炎 (超氧化物阴离子生成抑制剂, 10μg/mL, InRt = 4.48%±1.47%, $p < 0.05$; 对照物染料木素, InRt = 65.05%±6.12%, $p < 0.01$); 抗炎 (弹性蛋白酶释放抑制剂, fMLP/CB 诱导的人中性粒细胞, 10μg/mL, InRt = 9.31%±6.64%; 对照物染料木素, InRt = 52.45%±6.34%, $p < 0.05$).【文献】C. -C. Liaw, et al. Mar. Drugs, 2014, 12, 4677.

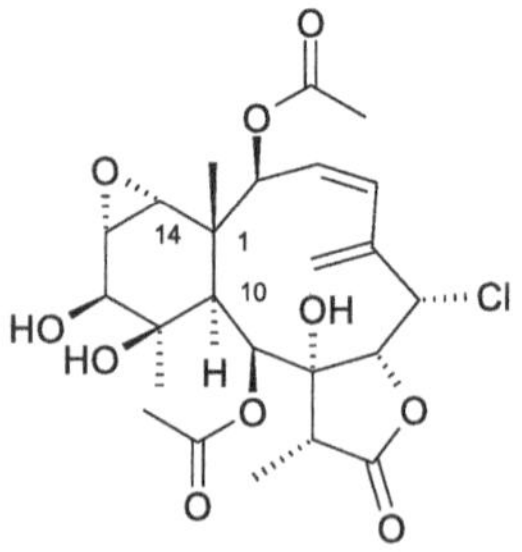

1001 Briaviolide E 蓝紫环西柏柳珊瑚内酯 E*

【基本信息】$C_{29}H_{39}ClO_{11}$, 无色无定形粉末, $[\alpha]_D^{24} = -6°$ ($c = 0.1$, 二氯甲烷).【类型】环西柏

烷型二萜.【来源】蓝紫环西柏柳珊瑚 * *Briareum violacea* (屏东县, 台湾,中国, 水深 15m, 2007 年 5 月采样).【活性】抗炎 (超氧化物阴离子生成抑制剂, 10μg/mL, InRt = 34.17%±0.79%, $p < 0.001$, 适度活性; 对照物染料木素, InRt = 65.05%±6.12%, $p < 0.01$); 抗炎 (弹性蛋白酶释放抑制剂, fMLP/CB 诱导的人中性粒细胞, 10μg/mL, InRt = 26.03%± 9.51%, 适度活性; 对照物染料木素, InRt = 52.45%± 6.34%, $p < 0.05$).【文献】C. -C. Liaw, et al. Mar. Drugs, 2014, 12, 4677.

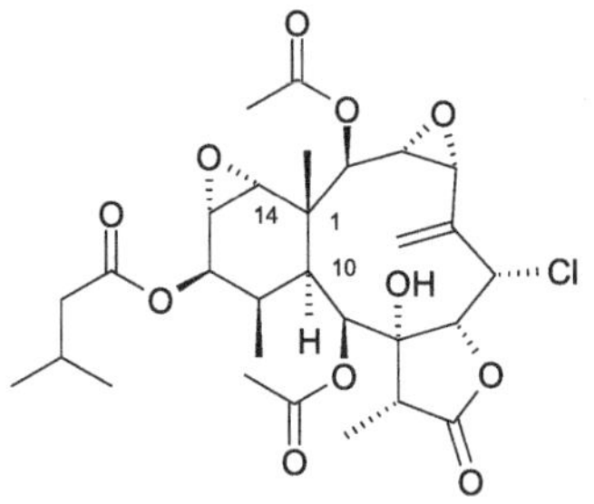

1002 Briaviolide F 蓝紫环西柏柳珊瑚内酯 F*

【基本信息】$C_{28}H_{39}ClO_{10}$, 无色无定形树胶样物, $[\alpha]_D^{24}$ = +16° (c = 0.4, 二氯甲烷).【类型】环西柏烷型二萜.【来源】蓝紫环西柏柳珊瑚 * *Briareum violacea* (屏东县, 中国台湾,水深 15m, 2007 年 5 月采样).【活性】抗炎 (超氧化物阴离子生成抑制剂, 10μg/mL, InRt = 17.35%±6.91%; 对照物染料木素, InRt = 65.05%±6.12%, $p < 0.01$); 抗炎 (弹性蛋白酶释放抑制剂, fMLP/CB 诱导的人中性粒细胞, 10μg/mL, InRt = 14.34%±5.28%; 对照物染料木素, InRt = 52.45%±6.34%, $p < 0.05$).【文献】C. -C. Liaw, et al. Mar. Drugs, 2014, 12, 4677.

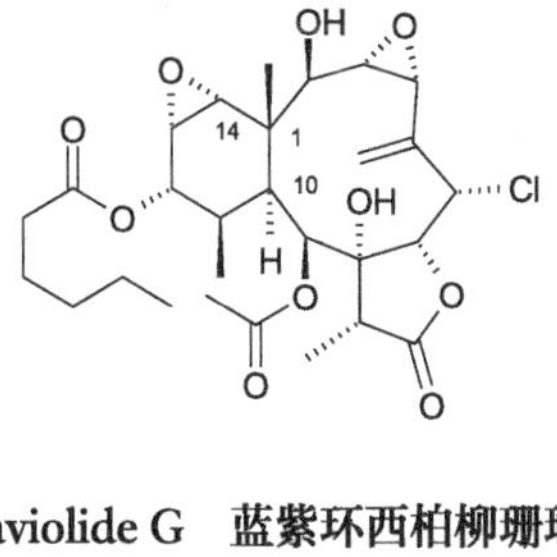

1003 Briaviolide G 蓝紫环西柏柳珊瑚内酯 G*

【基本信息】$C_{26}H_{33}ClO_{11}$, 无色无定形树胶样物, $[\alpha]_D^{24}$ = +18° (c = 0.6, 二氯甲烷).【类型】环西柏烷型二萜.【来源】蓝紫环西柏柳珊瑚 * *Briareum violacea* (屏东县, 中国台湾, 水深 15m, 2007 年 5 月采样).【活性】抗炎 (超氧化物阴离子生成抑制剂, 10μg/mL, InRt = 3.25%±2.35%; 对照物染料木素, InRt = 65.05%±6.12%, $p < 0.01$); 抗炎 (弹性蛋白酶释放抑制剂, fMLP/CB 诱导的人中性粒细胞, 10μg/mL, InRt = 16.66%±3.12%, $p < 0.01$; 对照物染料木素, InRt = 52.45%±6.34%, $p < 0.05$).【文献】C. -C. Liaw, et al. Mar. Drugs, 2014, 12, 4677.

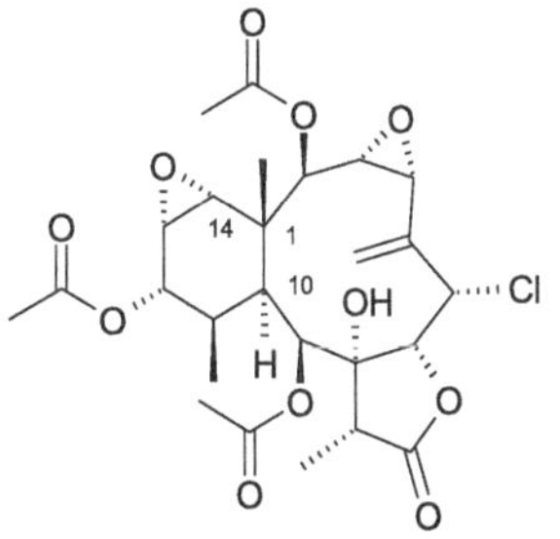

1004 Briaviolide H 蓝紫环西柏柳珊瑚内酯 H*

【基本信息】$C_{24}H_{34}O_9$, 无色无定形树胶样物, $[\alpha]_D^{24}$ = +53° (c = 0.2, 二氯甲烷).【类型】环西柏烷型二萜.【来源】蓝紫环西柏柳珊瑚 * *Briareum violacea* (屏东县, 中国台湾, 水深 15m, 2007 年 5 月采样).【活性】抗炎 (超氧化物阴离子生成抑制剂, 10μg/mL, InRt = 6.01%±4.16%; 对照物染料木素, InRt = 65.05%±6.12%, $p < 0.01$); 抗炎 (弹性蛋白酶释放抑制剂, fMLP/CB 诱导的人中性粒细胞, 10μg/mL, InRt = 18.78%±2.29%; $p < 0.01$; 对照物染料木素, InRt = 52.45%±6.34%, $p < 0.05$).【文献】C. -C. Liaw, et al. Mar. Drugs, 2014, 12, 4677.

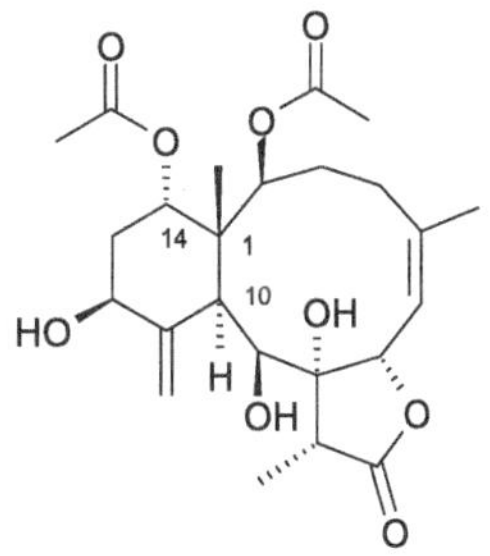

1005 Briaviolide I 蓝紫环西柏柳珊瑚内酯 I*

【基本信息】$C_{24}H_{34}O_{10}$, 无色无定形粉末, $[\alpha]_D^{24}$ = +20° (c = 0.4, 二氯甲烷).【类型】环西柏烷型二萜.【来源】蓝紫环西柏柳珊瑚* *Briareum violacea* (屏东县, 中国台湾, 水深 15m, 2007 年 5 月采样).【活性】抗炎 (超氧化物阴离子生成抑制剂, 10μg/mL, InRt = 28.66%±1.99%, 适度活性, $p < 0.001$; 对照物染料木素, InRt = 65.05%±6.12%, $p < 0.01$);

抗炎 (弹性蛋白酶释放抑制剂, fMLP/CB 诱导的人中性粒细胞, 10μg/mL, InRt = 28.81%± 6.37%, 适度活性, $p < 0.05$; 对照物染料木素, InRt = 52.45%± 6.34%, $p < 0.05$).【文献】C. -C. Liaw, et al. Mar. Drugs, 2014, 12, 4677

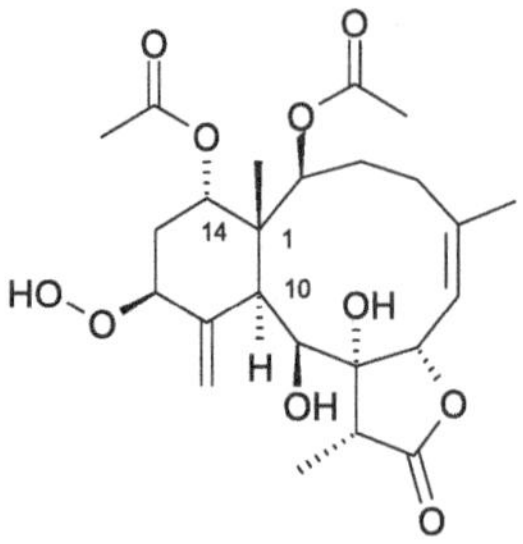

1006 Briaviolide J 蓝紫环西柏柳珊瑚内酯 J*

【基本信息】$C_{26}H_{36}O_{10}$, 无色无定形树胶样物, $[\alpha]_D^{24} = +50°$ ($c = 0.1$, 二氯甲烷).【类型】环西柏烷型二萜.【来源】蓝紫环西柏柳珊瑚 * *Briareum violacea* (屏东县, 中国台湾, 水深 15m, 2007 年 5 月采样).【活性】抗炎 (超氧化物阴离子生成抑制剂, 10μg/mL, InRt = 11.64%±3.92%, 适度活性, $p < 0.05$; 对照物染料木素, InRt = 65.05%±6.12%, $p < 0.01$); 抗炎 (弹性蛋白酶释放抑制剂, fMLP/CB 诱导的人中性粒细胞, 10μg/mL, InRt = 14.62%± 4.41%), 适度活性, $p < 0.01$; 对照物染料木素, InRt = 52.45%±6.34%, $p < 0.05$).【文献】C. -C. Liaw, et al. Mar. Drugs, 2014, 12, 4677.

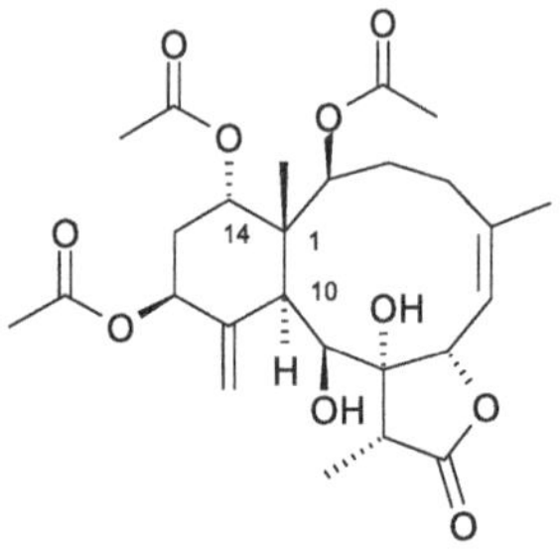

1007 2,12-Diacetoxy-8,17-epoxy-9-hydroxy- 5,13-briara-dien-18,7-olide 2,12-双乙酰氧基-8,17-环氧-9-羟基-5,13-环西柏二烯-18,7-内酯*

【基本信息】$C_{24}H_{32}O_8$, 玻璃体, $[\alpha]_D = -44.9°$ ($c = 0.31$, 氯仿).【类型】环西柏烷型二萜.【来源】环西柏柳珊瑚属* *Briareum* sp. DD6, 凹入环西柏柳珊瑚* *Briareum excavatum* (南湾, 垦丁县最南端, 中国台湾, 水深 4~5m, 1995 年 7 月采样).【活性】细胞毒 (P_{388}, ED_{50} =0.4μg/mL; HT29, ED_{50} =1.1μg/mL).【文献】B. F. Bowden, et al. Aust. J. Chem. 1989, 42, 1705; P. -J. Sung, et al. JNP, 2001, 64, 318.

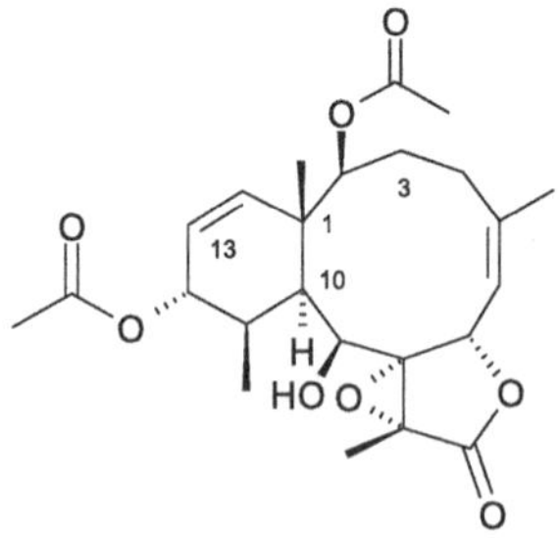

1008 Dichotellide T 灯芯柳珊瑚里德 T*

【别名】Gemmacolide X; 蕾灯芯柳珊瑚内酯 X*.【基本信息】$C_{30}H_{37}ClO_{14}$, 白色无定形粉末.【类型】环西柏烷型二萜.【来源】灯芯柳珊瑚 *Dichotella gemmacea* (梅山岛, 海南, 中国; 北部湾, 广西, 中国).【活性】细胞毒 (A549, IC_{50} > 45.7μmol/L, 对照物阿霉素, IC_{50} = 2.8μmol/L; MG63, IC_{50} > 45.7μmol/L, 对照物阿霉素, IC_{50} = 3.2μmol/L).【文献】C. Li, et al. BoMCL, 2012, 22, 4368; J. -F. Sun, et al. Tetrahedron, 2013, 69, 871.

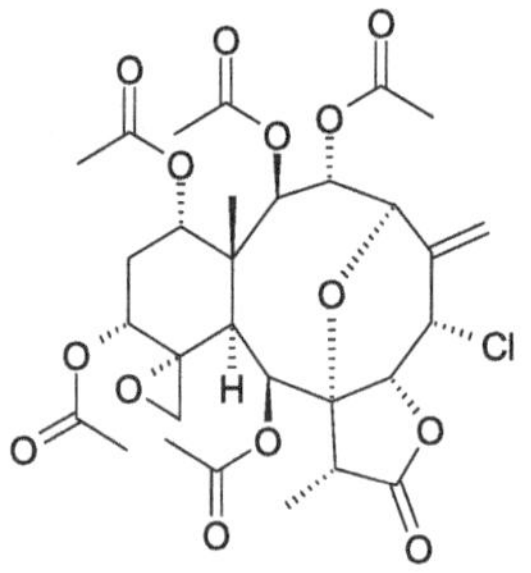

1009 7,18:11,12-Diepoxy-2-(3-methyl butanoyl)- 14-ace-toxy-5,7,11,17-briaratetraen-3-one 7,18:11,12-双环氧-2-(3-甲基丁酰基)-14-乙酰氧基-5,7,11,17-环西柏四烯-3-酮*

【基本信息】$C_{27}H_{36}O_7$, $[\alpha]_D^{20} = -98.5°$ ($c = 1.25$, 四氯化碳).【类型】环西柏烷型二萜.【来源】珊瑚

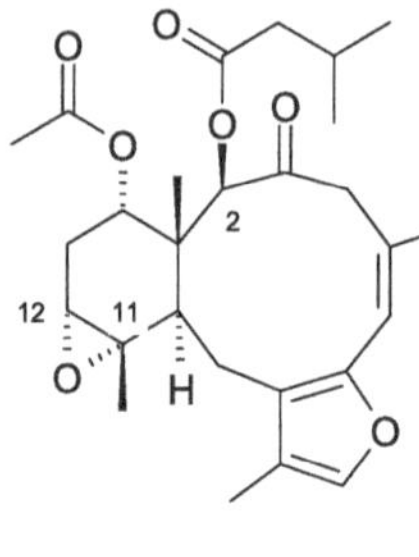

纲八放珊瑚亚纲海鳃目杆海鳃属* *Scytalium tentaculatum*.【活性】高剂量时增加心脏输出.【文献】B. N. Ravi, et al. Aust. J. Chem., 1980, 33, 2307.

1010 Erythrolide A 红柄柳珊瑚内酯 A*

【基本信息】$C_{26}H_{31}ClO_{10}$, 粉末.【类型】环西柏烷型二萜.【来源】红柄柳珊瑚* *Erythropodium caribaeorum*.【活性】拒食剂.【文献】S. A. Look, et al. JACS, 1984, 106, 5026; E. O. Pordesimo, et al. JOC, 1991, 56, 2344; R. J. Dookran, Nat. Prod., 1993, 56, 1051.

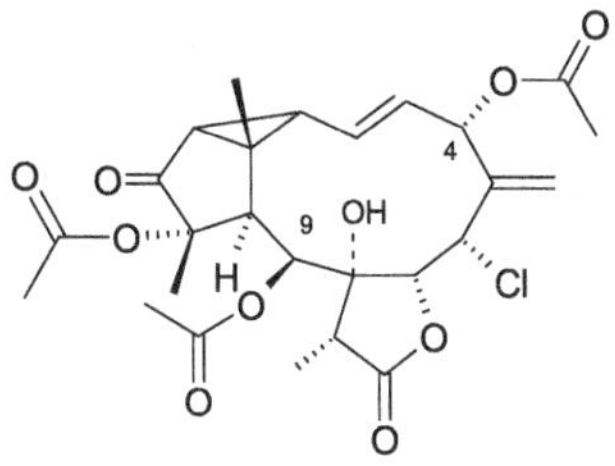

1011 Excavatoid E 凹入环西柏柳珊瑚类 E*

【基本信息】$C_{28}H_{38}O_9$, 粉末, mp 192~193°C, $[\alpha]_D^{22}$ = +2°, (c = 0.15, 氯仿).【类型】环西柏烷型二萜.【来源】凹入环西柏柳珊瑚* *Briareum excavatum* (培养样本, 中国台湾水域).【活性】弹性蛋白酶释放抑制剂 (人中性粒细胞, 适度活性).【文献】P. -J. Sung, et al. Mar. Drugs, 2009, 7, 472.

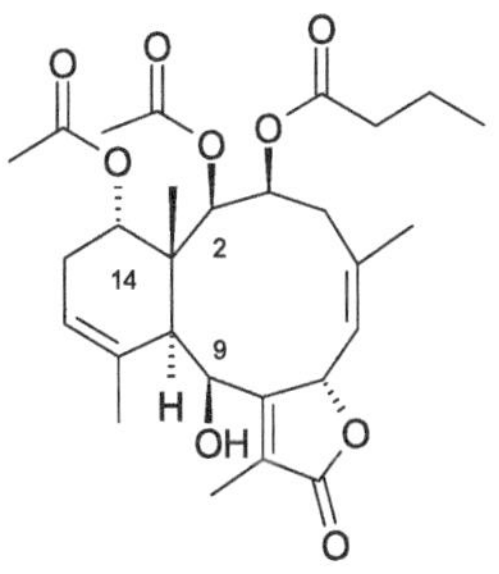

1012 Excavatoid F 凹入环西柏柳珊瑚类 F*

【基本信息】$C_{28}H_{38}O_{12}$, 粉末, mp 164~165°C, $[\alpha]_D^{25}$ = −16°, (c = 0.06, 氯仿).【类型】环西柏烷型二萜.【来源】凹入环西柏柳珊瑚* *Briareum excavatum* (培养样本, 中国台湾水域).【活性】弹性蛋白酶释放抑制剂 (人中性粒细胞, 适度活性).【文献】P. -J. Sung, et al. Mar. Drugs, 2009, 7, 472.

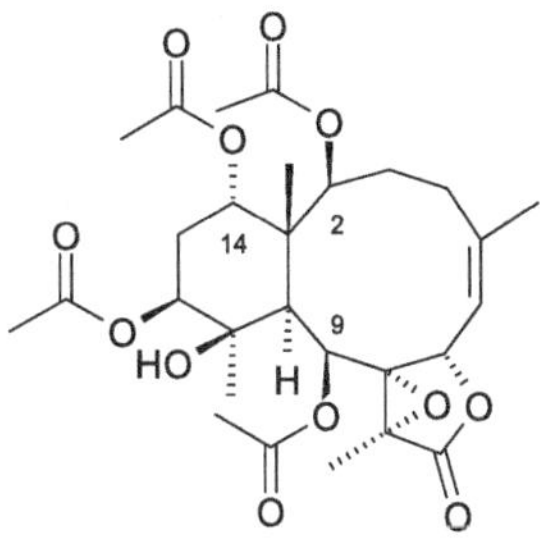

1013 Excavatoid O 凹入环西柏柳珊瑚类 O*

【基本信息】$C_{30}H_{42}O_{13}$, 白色粉末, mp 137~138°C, $[\alpha]_D^{25}$ = −39° (c = 0.4, 氯仿).【类型】环西柏烷型二萜.【来源】凹入环西柏柳珊瑚* *Briareum excavatum* (中国台湾水域).【活性】抗炎 (人中性粒细胞, 10μg/mL, 弹性蛋白酶释放抑制剂, InRt = 16.9%).【文献】P. -J. Sung, et al. Bull. Chem. Soc. Jpn., 2010, 83, 539; J. -H. Su, et al. CPB, 2010, 58, 662; P. -J. Sung, et al. Mar. Drugs, 2010, 8, 2639.

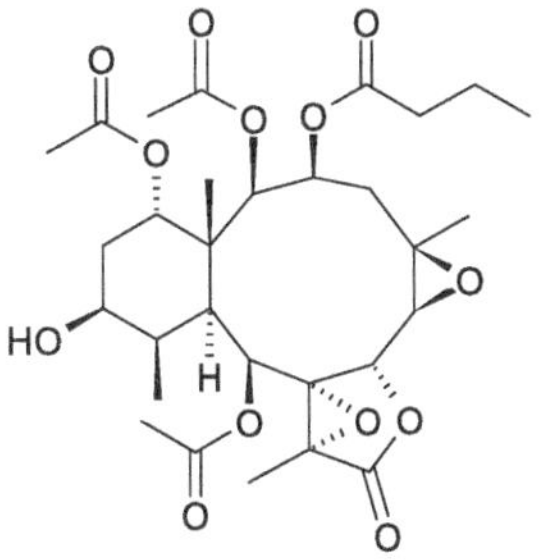

1014 Excavatoid P 凹入环西柏柳珊瑚类 P*

【基本信息】$C_{30}H_{43}ClO_{14}$, 白色粉末, mp 154~155°C, $[\alpha]_D^{25}$ = +14° (c = 0.05, 氯仿).【类型】环西柏烷型二萜.【来源】凹入环西柏柳珊瑚* *Briareum excavatum* (中国台湾水域).【活性】抗炎 (人中性粒细胞, 10μg/mL, 弹性蛋白酶释放抑制剂, InRt = 16.1%).【文献】P. -J. Sung, et al. Bull. Chem. Soc. Jpn., 2010, 83, 539; J. -H. Su, et al. CPB, 2010, 58, 662; P. -J. Sung, et al. Mar. Drugs, 2010, 8, 2639.

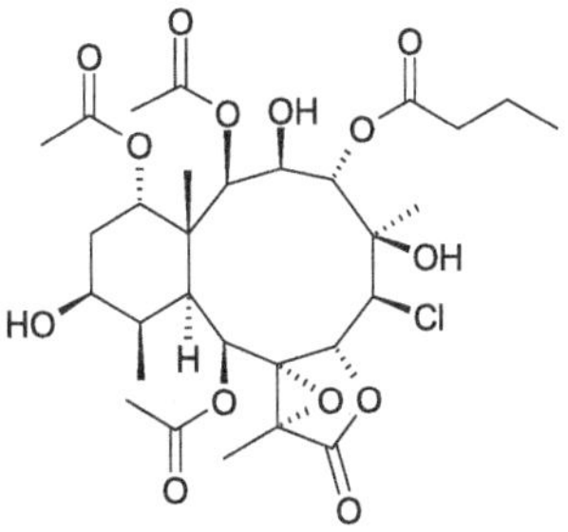

1015 Excavatolide A 凹入环西柏柳珊瑚内酯 A*

【别名】6-Chloro-4,8-epoxy-9-hydroxy-2,14-diacetoxy-

5(16),11-briaradien-18,7-olide; 6-氯-4,8-环氧-9-羟基-2,14-二乙酰氧基-5(16),11-环西柏二烯-18,7-内酯.【基本信息】$C_{24}H_{31}ClO_8$, 粉末, mp > 290°C, $[\alpha]_D^{28}$ = +38° (c = 0.05, pyridine).【类型】环西柏烷型二萜.【来源】凹入环西柏柳珊瑚* *Briareum excavatum* (中国台湾水域), 蓝紫环西柏柳珊瑚 * *Briareum violacea* (水深 15m, 屏东县, 中国台湾, 2007 年 5 月采样).【活性】细胞毒 (P_{388}, ED_{50} > 50μg/mL; KB, ED_{50} = 2.5μg/mL; A549, ED_{50} = 21.9μg/mL; HT29, ED_{50} > 50μg/mL).【文献】J. -H. Sheu, et al. JNP, 1998, 61, 602; C. -C. Liaw, et al. Mar. Drugs, 2014, 12, 4677.

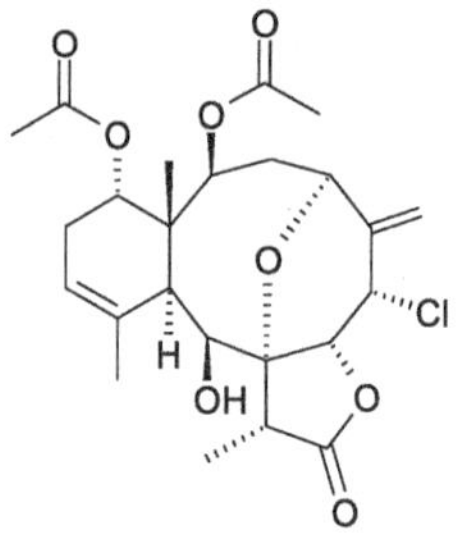

1016 Excavatolide B 凹入环西柏柳珊瑚内酯 B*

【基本信息】$C_{30}H_{42}O_{12}$, 晶体 (丙酮), mp 224~225°C, $[\alpha]_D^{26}$ = −23° (c = 0.09, 氯仿).【类型】环西柏烷型二萜.【来源】凹入环西柏柳珊瑚* *Briareum excavatum* (中国台湾水域).【活性】细胞毒 (P_{388}, ED_{50} > 50μg/mL; KB, ED_{50} > 50μg/mL; A549, ED_{50} > 50μg/mL; HT29, ED_{50} > 50μg/mL).【文献】J. -H. Sheu, et al. JNP, 1998, 61, 602.

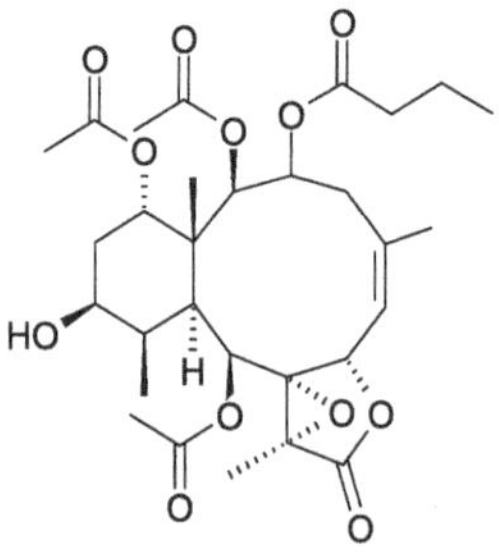

1017 Excavatolide C 凹入环西柏柳珊瑚内酯 C*

【基本信息】$C_{28}H_{38}O_{12}$, 晶体, mp 134~135°C, $[\alpha]_D^{30}$ = −13° (c = 0.18, 氯仿).【类型】环西柏烷型二萜.【来源】凹入环西柏柳珊瑚* *Briareum excavatum* (中国台湾水域).【活性】细胞毒 (P_{388}, ED_{50} = 0.3μg/mL; KB, ED_{50} = 1.9μg/mL; A549, ED_{50} = 1.9μg/mL; HT29, ED_{50} = 1.3μg/mL).【文献】J. -H. Sheu, et al. JNP, 1998, 61, 602.

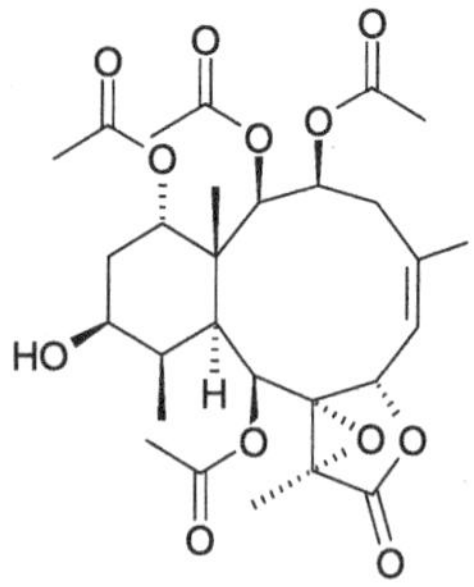

1018 Excavatolide D 凹入环西柏柳珊瑚内酯 D*

【基本信息】$C_{26}H_{36}O_{11}$, 晶体, mp 235~237°C, $[\alpha]_D^{24}$ = +32° (c = 0.38, 氯仿).【类型】环西柏烷型二萜.【来源】凹入环西柏柳珊瑚* *Briareum excavatum* (中国台湾水域).【活性】细胞毒 (P_{388}, ED_{50} = 1.8μg/mL; KB, ED_{50} = 4.2μg/mL; A549, ED_{50} > 50μg/mL; HT29, ED_{50} = 1.3μg/mL).【文献】J. -H. Sheu, et al. JNP, 1998, 61, 602.

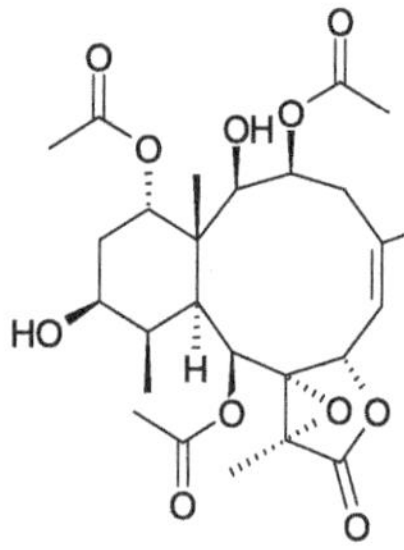

1019 Excavatolide E 凹入环西柏柳珊瑚内酯 E*

【基本信息】$C_{24}H_{34}O_9$, mp 190~191°C, $[\alpha]_D^{30}$ = +53° (c = 0.42, 氯仿).【类型】环西柏烷型二萜.【来源】凹入环西柏柳珊瑚* *Briareum excavatum* (中国台湾水域).【活性】细胞毒 (P_{388}, ED_{50} = 1.6μg/mL, KB, ED_{50} = 0.8μg/mL, A549, ED_{50} = 1.2μg/mL, HT29, ED_{50} = 1.6μg/mL).【文献】J. -H. Sheu, et al. JNP, 1998, 61, 602.

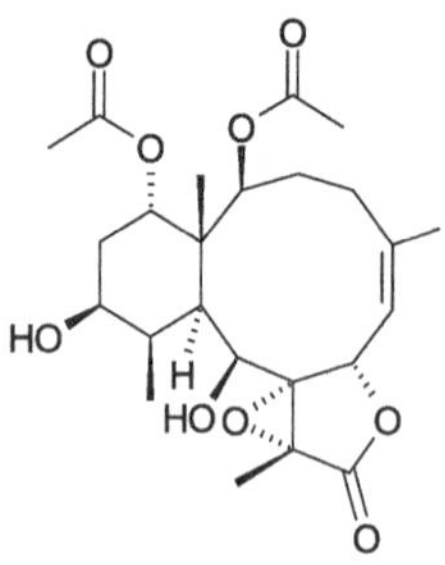

1020　Excavatolide F　凹入环西柏柳珊瑚内酯 F*

【基本信息】$C_{30}H_{40}O_{11}$，粉末，mp 79~80°C，$[\alpha]_D^{27}$ = −28° (c = 1，氯仿)．【类型】环西柏烷型二萜．【来源】凹入环西柏柳珊瑚* *Briareum excavatum* (中国台湾水域)．【活性】细胞毒 (P388，ED_{50} = 6.2μg/mL；KB，ED_{50} = 7.0μg/mL；A549，ED_{50} = 5.2μg/mL；HT29，ED_{50} = 5.5μg/mL，R. I. Geran 提出，当 ED_{50} ≤ 4.0μg/mL 时，有值得注意的活性)．【文献】P. -J. Sung, et al. JNP, 1999, 62, 457.

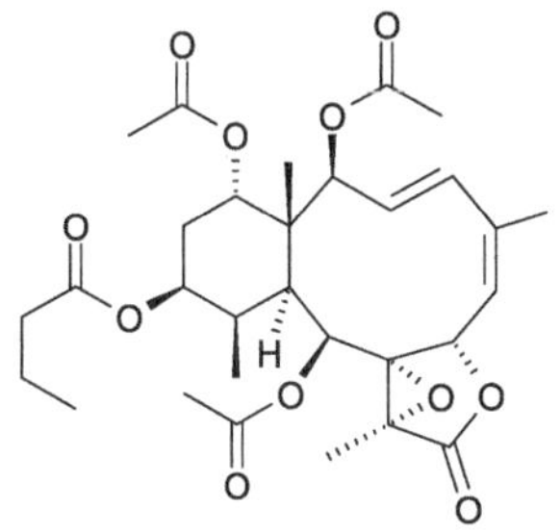

1021　Excavatolide G　凹入环西柏柳珊瑚内酯 G*

【基本信息】$C_{28}H_{38}O_{11}$，粉末，mp 219~220°C，$[\alpha]_D^{27}$ = +40° (c = 0.2，氯仿)．【类型】环西柏烷型二萜．【来源】凹入环西柏柳珊瑚* *Briareum excavatum* (中国台湾水域)．【活性】细胞毒 (P388，ED_{50} = 15.7μg/mL；KB，ED_{50} > 50μg/mL；A549，ED_{50} = 22.8μg/mL；HT29，ED_{50} > 50μg/mL)．【文献】P. -J. Sung, et al. JNP, 1999, 62, 457.

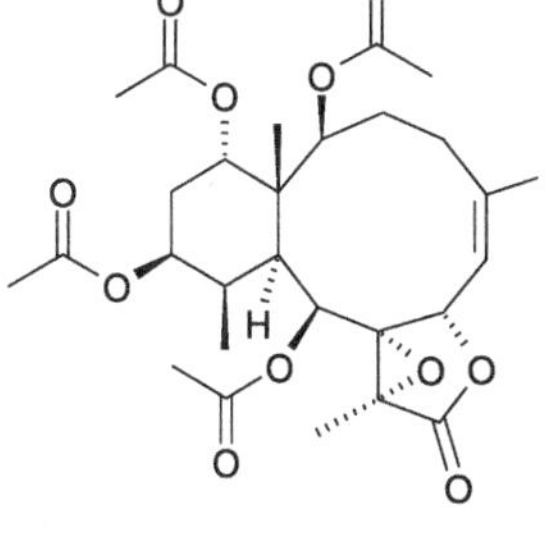

1022　Excavatolide H　凹入环西柏柳珊瑚内酯 H*

【基本信息】$C_{34}H_{48}O_{13}$，固体，mp 189~190°C，$[\alpha]_D^{27}$ = +27° (c = 0.3，氯仿)．【类型】环西柏烷型二萜．【来源】凹入环西柏柳珊瑚* *Briareum excavatum* (中国台湾水域)．【活性】细胞毒 (P388，ED_{50} > 50μg/mL；KB，ED_{50} > 50μg/mL；A549，ED_{50} > 50μg/mL；HT29，ED_{50} > 50μg/mL)．【文献】P. -J. Sung, et al. JNP, 1999, 62, 457.

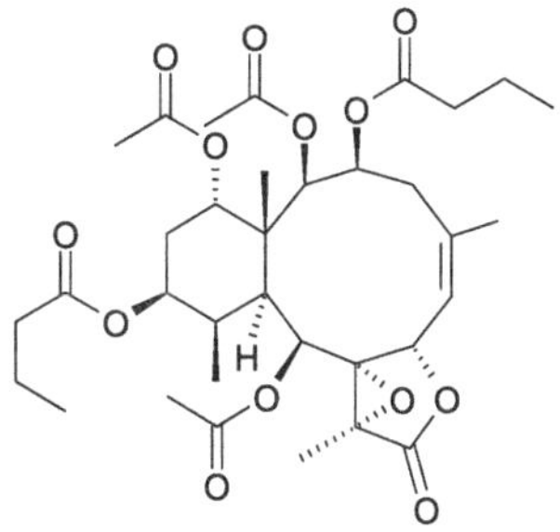

1023　Excavatolide I　凹入环西柏柳珊瑚内酯 I*

【基本信息】$C_{32}H_{44}O_{13}$，固体，mp 225~227°C，$[\alpha]_D^{26}$ = +23° (c = 1，氯仿)．【类型】环西柏烷型二萜．【来源】凹入环西柏柳珊瑚* *Briareum excavatum* (中国台湾水域)．【活性】细胞毒 (P388，ED_{50} > 50μg/mL；KB，ED_{50} > 50μg/mL；A549，ED_{50} > 50μg/mL；HT29，ED_{50} > 50μg/mL)．【文献】P. -J. Sung, et al. JNP, 1999, 62, 457.

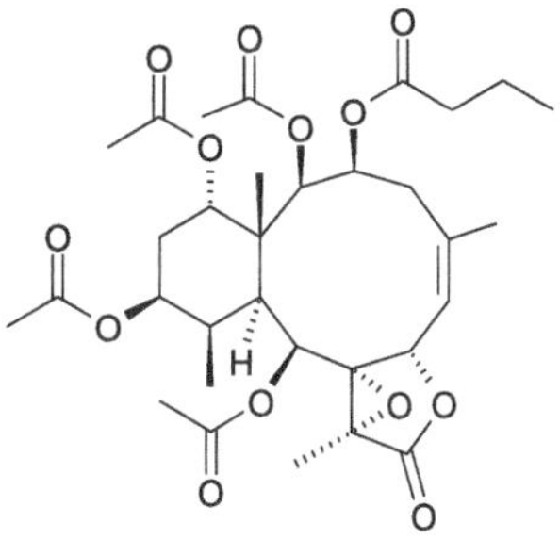

1024　Excavatolide J　凹入环西柏柳珊瑚内酯 J*

【基本信息】$C_{32}H_{44}O_{13}$，固体，mp 203~205°C，$[\alpha]_D^{26}$ = +38° (c = 0.6，氯仿)．【类型】环西柏烷型二萜．【来源】凹入环西柏柳珊瑚* *Briareum excavatum* (中国台湾水域)．【活性】细胞毒 (P388，ED_{50} = 3.8μg/mL；KB，ED_{50} = 6.5μg/mL；A549，ED_{50} = 5.2μg/mL；HT29，ED_{50} = 5.2μg/mL)．【文献】P. -J. Sung, et al. JNP, 1999, 62, 457.

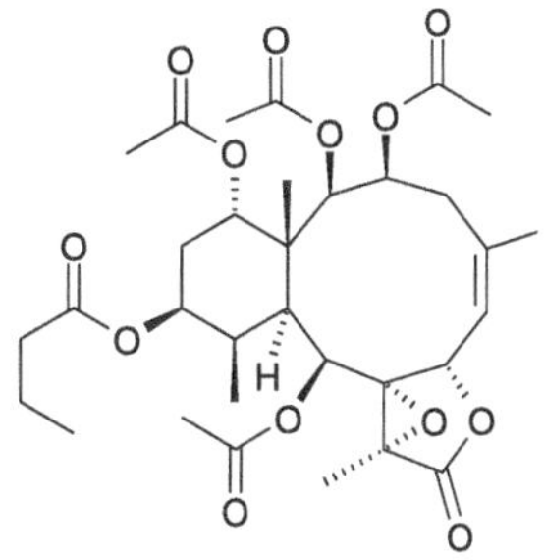

1025　Excavatolide K　凹入环西柏柳珊瑚内酯 K*

【基本信息】$C_{30}H_{44}O_{13}$，固体，mp 178~180°C，$[\alpha]_D^{26}$ = +35° (*c* = 0.7，氯仿).【类型】环西柏烷型二萜.【来源】凹入环西柏柳珊瑚* *Briareum excavatum* (中国台湾水域).【活性】细胞毒 (P_{388}，ED_{50} = 0.9μg/mL；KB，ED_{50} = 3.3μg/mL；A549，ED_{50} = 3.0μg/mL；HT29，ED_{50} = 1.3μg/mL).【文献】P. -J. Sung, et al. JNP, 1999, 62, 457.

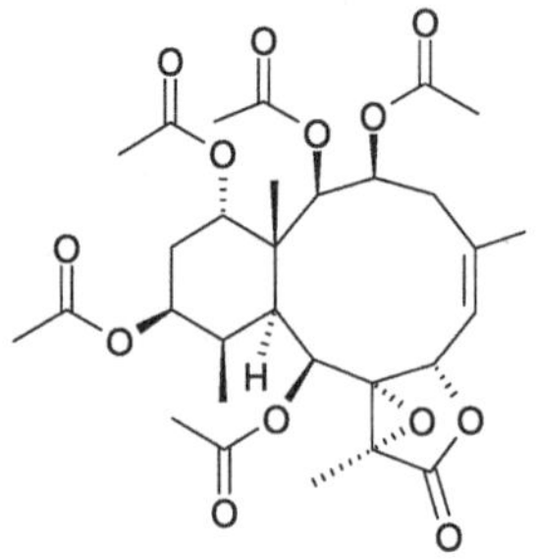

1026　Excavatolide M　凹入环西柏柳珊瑚内酯 M*

【基本信息】$C_{24}H_{34}O_{10}$，固体，mp 219~221°C，$[\alpha]_D^{26}$ = +74° (*c* = 0.6，氯仿).【类型】环西柏烷型二萜.【来源】凹入环西柏柳珊瑚* *Briareum excavatum* (中国台湾水域).【活性】细胞毒 (P_{388}，ED_{50} = 0.001μg/mL；KB，ED_{50} = 1.0μg/mL；A549，ED_{50} = 0.1μg/mL；HT29，ED_{50} = 2.2μg/mL).【文献】P. -J. Sung, et al. JNP, 1999, 62, 457.

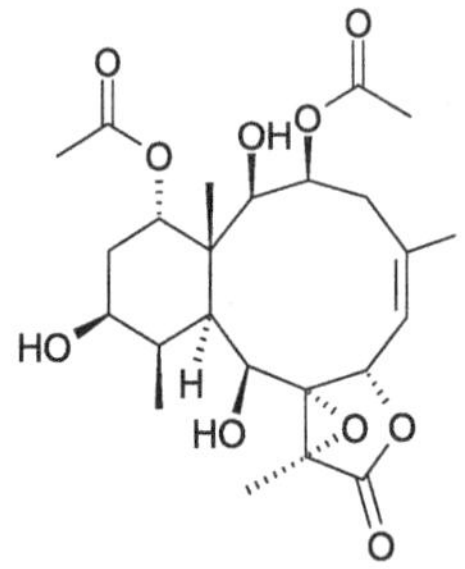

1027　Excavatolide N　凹入环西柏柳珊瑚内酯 N*

【基本信息】$C_{24}H_{32}O_9$，晶体 (氯仿/石油醚)，mp 239~240°C，$[\alpha]_D$ = +22° (*c* = 0.05，氯仿).【类型】环西柏烷型二萜.【来源】凹入环西柏柳珊瑚* *Briareum excavatum* (西澳大利亚).【活性】细胞毒 (P_{388}，IC_{50} = 5μg/mL；A549，IC_{50} > 10μg/mL；HT29，IC_{50} > 10μg/mL；MEL28，IC_{50} > 10μg/mL).【文献】J. E. Neve, et al. Aust. J. Chem., 1999, 52, 359.

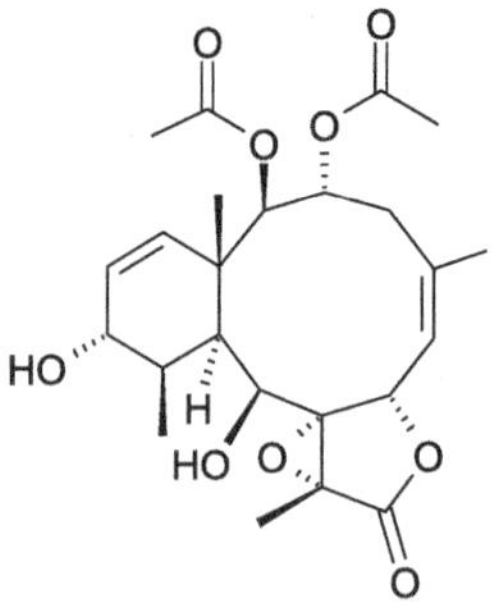

1028　Excavatolide O　凹入环西柏柳珊瑚内酯 O*

【基本信息】$C_{30}H_{38}O_{13}$，晶体 (乙醇水溶液)，mp 193~195°C，$[\alpha]_D$ = −102° (*c* = 0.05，氯仿).【类型】环西柏烷型二萜.【来源】凹入环西柏柳珊瑚* *Briareum excavatum* (西澳大利亚).【活性】细胞毒 (P_{388}，IC_{50} = 5μg/mL；A549，IC_{50} = 5μg/mL；HT29，IC_{50} = 5μg/mL；MEL28，IC_{50} > 10μg/mL).【文献】J. E. Neve, et al. Aust. J. Chem., 1999, 52, 359.

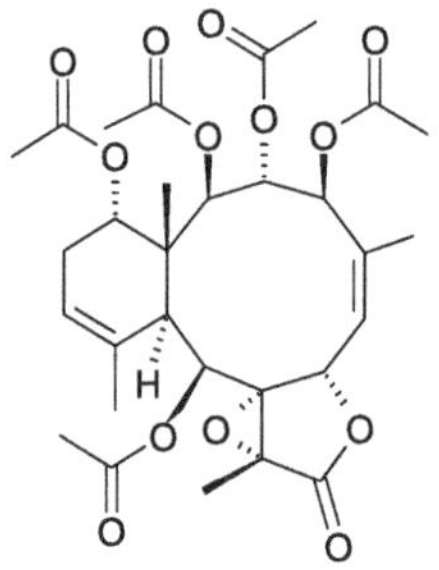

1029　Excavatolide P　凹入环西柏柳珊瑚内酯 P*

【基本信息】$C_{28}H_{36}O_{12}$，无定形粉末，mp 94~96°C，$[\alpha]_D$ = +27° (*c* = 0.05，氯仿).【类型】环西柏烷型二萜.【来源】凹入环西柏柳珊瑚* *Briareum excavatum* (西澳大利亚).【活性】细胞毒 (P_{388}，IC_{50} = 5μg/mL；A549，IC_{50} > 10μg/mL；HT29，IC_{50} > 10μg/mL；MEL28，IC_{50} > 10μg/mL).【文献】J. E. Neve, et al. Aust. J. Chem., 1999, 52, 359.

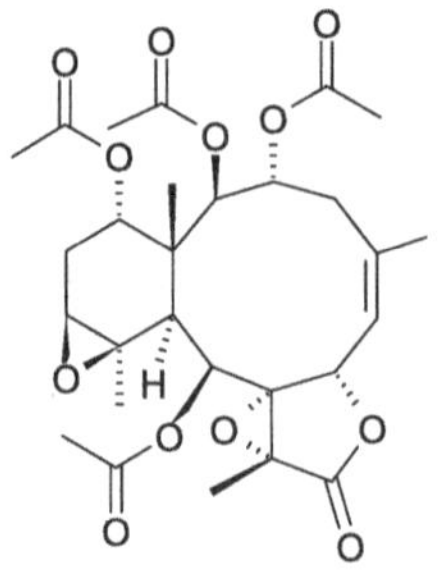

1030 Excavatolide Q 凹入环西柏柳珊瑚内酯 Q*

【基本信息】$C_{24}H_{30}O_9$，晶体 (乙醇), mp 212~214°C, $[\alpha]_D = -27°$ ($c = 0.05$, 氯仿).【类型】环西柏烷型二萜.【来源】凹入环西柏柳珊瑚* *Briareum excavatum* (西澳大利亚).【活性】细胞毒 (P_{388}, $IC_{50} = 5\mu g/mL$; A549 , $IC_{50} = 10\mu g/mL$; HT29, $IC_{50} = 10\mu g/mL$; MEL28, $IC_{50} = 10\mu g/mL$;【文献】J. E. Neve, et al. Aust. J. Chem., 1999, 52, 359.

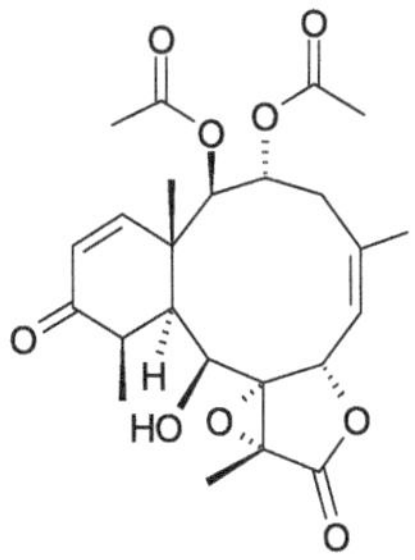

1031 Excavatolide V 凹入环西柏柳珊瑚内酯 V*

【基本信息】$C_{32}H_{42}O_{13}$，粉末，mp 183~185°C, $[\alpha]_D^{25} = +40°$ ($c = 0.6$, 氯仿).【类型】环西柏烷型二萜.【来源】凹入环西柏柳珊瑚* *Briareum excavatum* (中国台湾水域).【活性】细胞毒 (P_{388}, $ED_{50} = 3.9\mu g/mL$; KB, $ED_{50} = 7.0\mu g/mL$; A549, $ED_{50} = 19.1\mu g/mL$; HT29, $ED_{50} = 20.4\mu g/mL$).【文献】J. -H. Sheu, et al. JNP, 1999, 62, 1415.

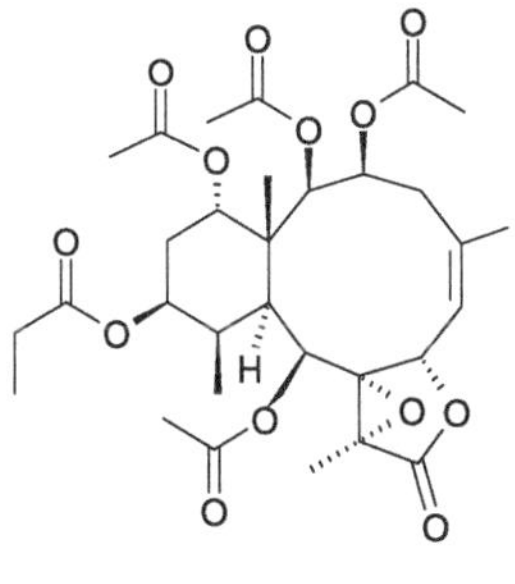

1032 Excavatolide W 凹入环西柏柳珊瑚内酯 W*

【基本信息】$C_{29}H_{40}O_{11}$，无定形固体, mp 222~224°C, $[\alpha]_D^{25} = +53°$ ($c = 0.8$, 氯仿).【类型】环西柏烷型二萜.【来源】凹入环西柏柳珊瑚* *Briareum excavatum* (中国台湾水域).【活性】细胞毒 (P_{388}, $ED_{50} = 19.4\mu g/mL$; KB, $ED_{50} > 50\mu g/mL$; A549, $ED_{50} > 50\mu g/mL$; HT29, $ED_{50} > 50\mu g/mL$).【文献】P. -J. Sung, et al. JNP, 1999, 62, 457; J. -H. Sheu, et al. JNP, 1999, 62, 1415.

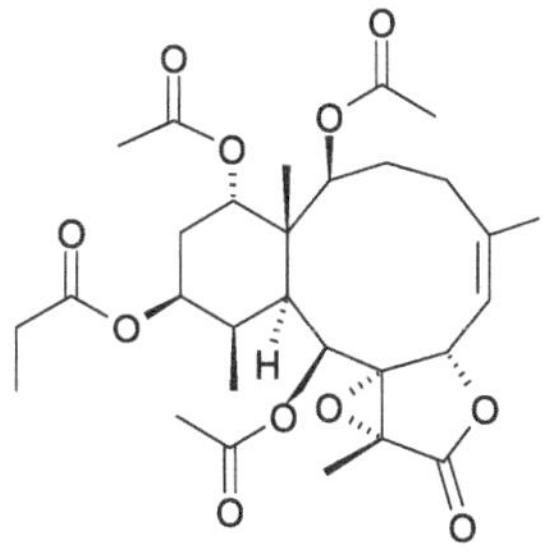

1033 Excavatolide Y 凹入环西柏柳珊瑚内酯 Y*

【基本信息】$C_{27}H_{36}O_{11}$，固体，mp 147~148°C, $[\alpha]_D^{27} = -71°$ ($c = 0.4$, 氯仿).【类型】环西柏烷型二萜.【来源】凹入环西柏柳珊瑚* *Briareum excavatum* (中国台湾水域).【活性】细胞毒 (P_{388}, $ED_{50} = 9.5\mu g/mL$; KB, $ED_{50} > 50\mu g/mL$; A549, $ED_{50} > 50\mu g/mL$; HT29, $ED_{50} = 15.1\mu g/mL$).【文献】J. -H. Sheu, et al. JNP, 1999, 62, 1415.

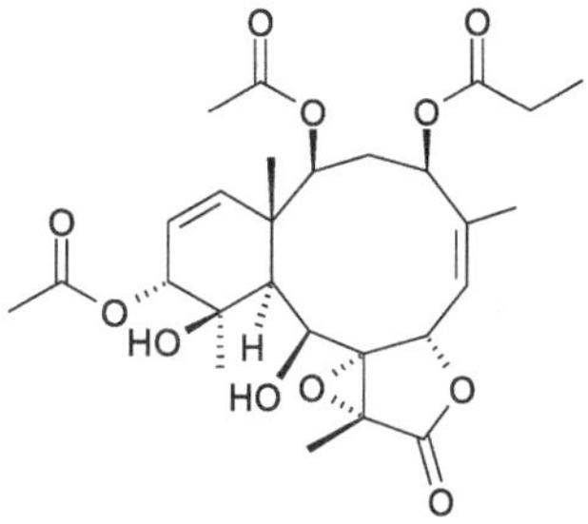

1034 Excavatolide Z 凹入环西柏柳珊瑚内酯 Z*

【基本信息】$C_{28}H_{40}O_{11}$，粉末，mp 257~259°C, $[\alpha]_D^{25} = +22°$ ($c = 0.5$, 氯仿).【类型】环西柏烷型二萜.【来源】凹入环西柏柳珊瑚* *Briareum excavatum* (中国台湾水域).【活性】细胞毒 (P_{388}, $ED_{50} = 1.3\mu g/mL$; KB, $ED_{50} = 6.5\mu g/mL$; A549, $ED_{50} = 11.2\mu g/mL$; HT29, $ED_{50} = 2.8\mu g/mL$).【文献】J. -H. Sheu, et al. JNP, 1999, 62, 1415.

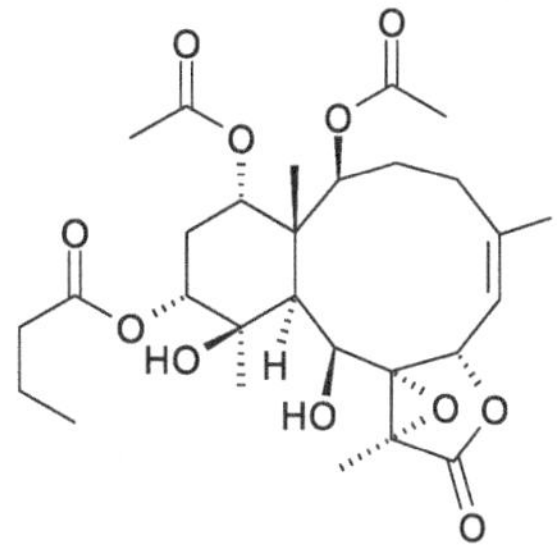

1035 Fragilide C 脆灯芯柳珊瑚里德 C*

【基本信息】$C_{27}H_{35}ClO_{11}$，粉末，mp 274~275°C，$[\alpha]_D^{25}$ = +28° (c = 0.05，氯仿).【类型】环西柏烷型二萜.【来源】脆灯芯柳珊瑚 *Junceella fragilis* (中国台湾水域).【活性】抗炎 (低活性).【文献】P. -J. Sung, et al. Tetrahedron, 2008, 64, 2596; Y. -C. Wu, et al. Mar. Drugs, 2011, 9, 2773 (Rev.).

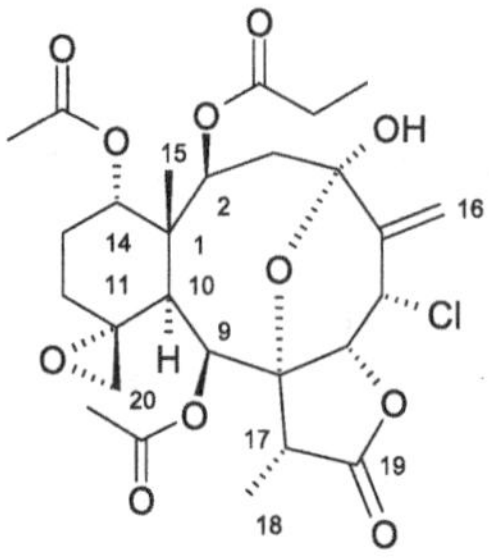

1036 Fragilide E 脆灯芯柳珊瑚里德 E*

【基本信息】$C_{28}H_{37}ClO_{13}$，晶体，mp 143~144°C，$[\alpha]_D^{25}$ = +13° (c = 0.05，氯仿).【类型】环西柏烷型二萜.【来源】脆灯芯柳珊瑚 *Junceella fragilis* (中国台湾水域).【活性】抗炎 (低活性).【文献】P. -J. Sung, et al. Chem. Lett., 2009, 38, 454; Y. -C. Wu, et al. Mar. Drugs, 2011, 9, 2773 (Rev.).

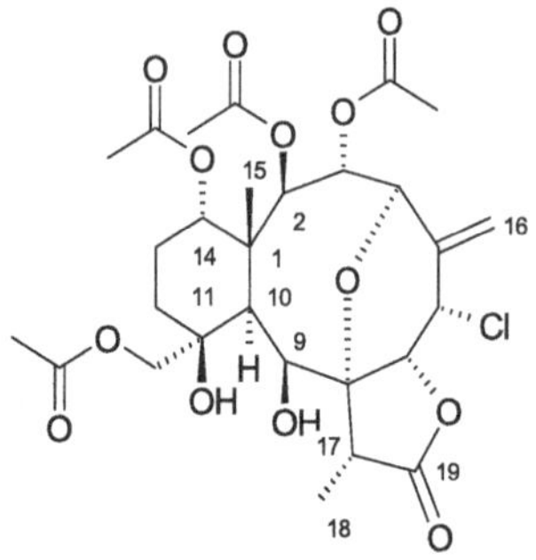

1037 12-*epi*-Fragilide G 12-*epi*-脆灯芯柳珊瑚里德 G*

【别名】Gemmacolide H; 蕾灯芯柳珊瑚内酯 H*.【基本信息】$C_{28}H_{35}ClO_{12}$，白色无定形粉末 (甲醇)，$[\alpha]_D^{24}$ = +6° (c = 0.20，氯仿).【类型】环西柏烷型二萜.【来源】粗壮鞭柳珊瑚 *ELLiseLLa robusta* (中国台湾水域，南海).【活性】细胞毒 (A549，IC_{50} = 47.3μmol/L; MG63，IC_{50} = 54.0μmol/L).【文献】Y. -C. Chang, et al. Heterocycles, 2010, 81, 991; C. Li, et al. JNP, 2011, 74, 1658.

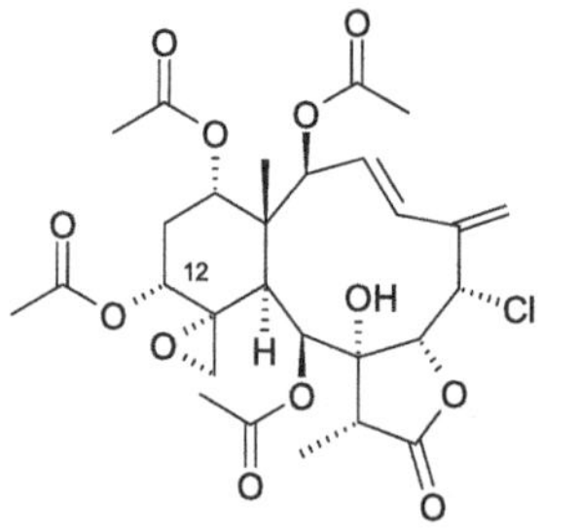

1038 Fragilide J 脆灯芯柳珊瑚里德 J*

【基本信息】$C_{26}H_{33}ClO_{11}$.【类型】环西柏烷型二萜.【来源】脆灯芯柳珊瑚 *Junceella fragilis* (中国台湾水域).【活性】抗炎 (低活性).【文献】S. -H. Wang, et al. CPB, 2010, 58, 928; Y. -C. Wu, et al. Mar. Drugs, 2011, 9, 2773 (Rev.).

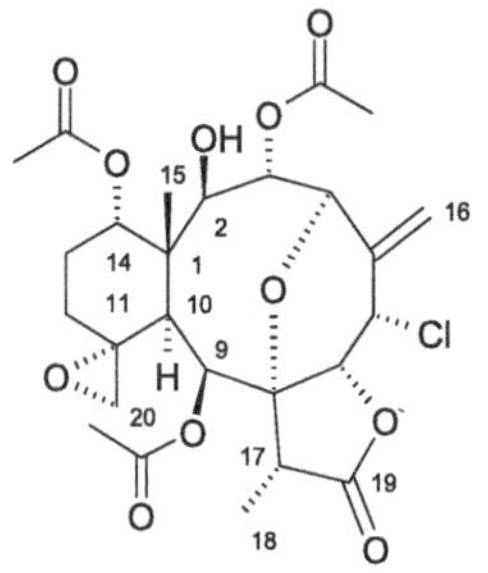

1039 Frajunolide A 脆灯芯柳珊瑚内酯 A*

【基本信息】$C_{28}H_{38}O_{11}$，无定形粉末，$[\alpha]_D^{26}$ = –87.8° (c = 1，二氯甲烷).【类型】环西柏烷型二萜.【来源】脆灯芯柳珊瑚 *Junceella fragilis* (中国台湾水域).【活性】抗炎 (低活性).【文献】Y. -C. Shen, et al , Helv. Chim. Acta, 2007, 90, 1391; Y. -C. Wu, et al. Mar. Drugs, 2011, 9, 2773 (Rev.).

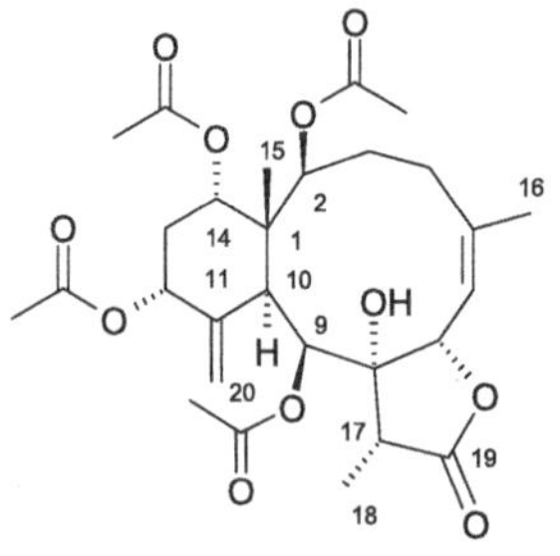

1040 Frajunolide B 脆灯芯柳珊瑚内酯 B*

【基本信息】$C_{30}H_{40}O_{13}$，无定形粉末，$[\alpha]_D^{26}$ = –12.7° (c = 1，二氯甲烷).【类型】环西柏烷型二萜.【来源】脆灯芯柳珊瑚 *Junceella fragilis* (中国台湾水域).【活性】抗炎 (超氧化物阴离子 $O_2^{\bullet-}$ 的产生和弹性蛋白酶的释放被人中性粒细胞抑制，IC_{50} > 10μg/mL；作用的分子机制：超氧化物阴离子和弹性蛋白酶的抑制作用).【文献】Y. -C. Shen, et al. Helv. Chim. Acta, 2007, 90, 1391; Y. -C. Wu, et al. Mar. Drugs, 2011, 9, 2773 (Rev.).

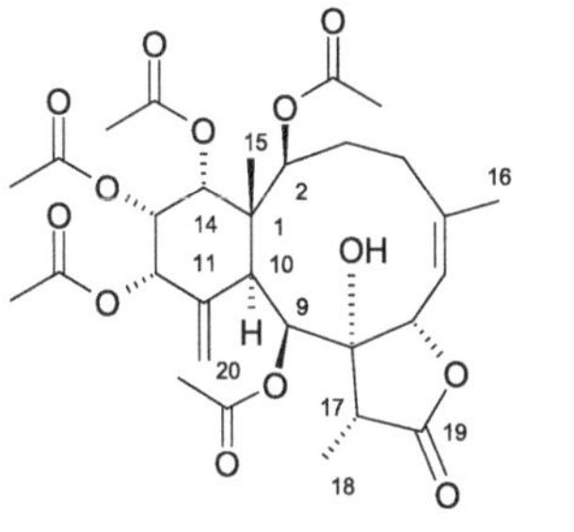

1041 Frajunolide C 脆灯芯柳珊瑚内酯 C*

【基本信息】$C_{28}H_{35}ClO_{12}$, 无定形粉末, $[\alpha]_D^{26} = -13.2°$ ($c = 0.4$, 二氯甲烷).【类型】环西柏烷型二萜.【来源】脆灯芯柳珊瑚 *Junceella fragilis* (中国台湾水域).【活性】抗炎 (超氧化物阴离子 $O_2^{\bullet-}$ 的产生和弹性蛋白酶的释放被人中性粒细胞抑制, $IC_{50} > 10\mu g/mL$; 作用的分子机制: 超氧化物阴离子和弹性蛋白酶的抑制作用).【文献】Y. -C. Shen, et al. Helv. Chim. Acta, 2007, 90, 1391; Y. -C. Wu, et al. Mar. Drugs, 2011, 9, 2773 (Rev.).

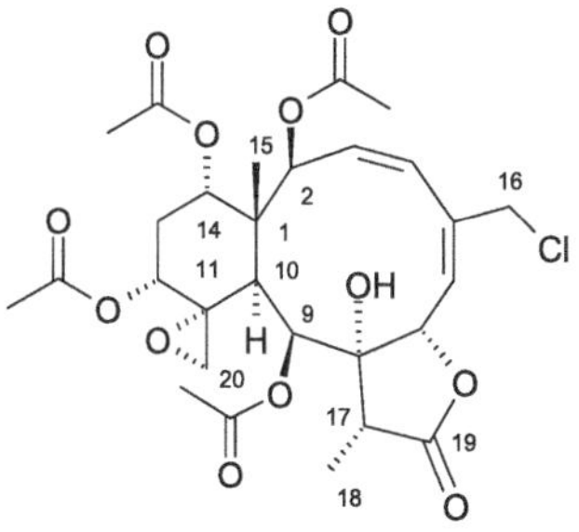

1042 Frajunolide E 脆灯芯柳珊瑚内酯 E*

【基本信息】$C_{28}H_{38}O_{11}$, 无定形粉末, $[\alpha]_D^{24} = -242°$ ($c = 0.4$, 二氯甲烷).【类型】环西柏烷型二萜.【来源】脆灯芯柳珊瑚 *Junceella fragilis* (中国台湾水域).【活性】抗炎 (低活性).【文献】C. -C. Liaw, et al. JNP, 2008, 71, 1551; Y. -C. Wu, et al. Mar. Drugs, 2011, 9, 2773 (Rev.).

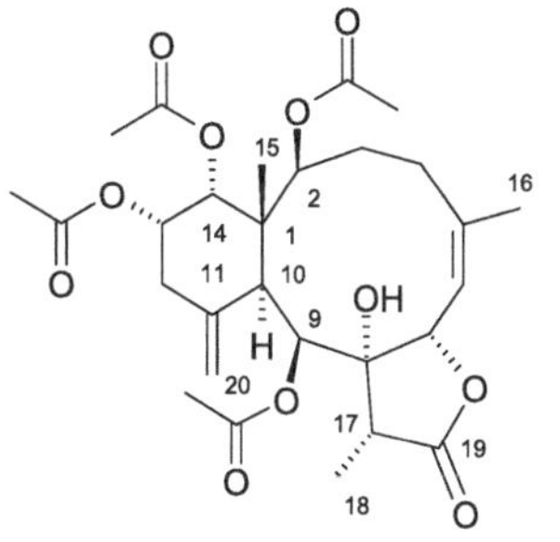

1043 Frajunolide F 脆灯芯柳珊瑚内酯 F*

【基本信息】$C_{28}H_{35}ClO_{12}$, 无定形粉末, mp 188~194°C, $[\alpha]_D^{24} = -18.3°$ ($c = 0.6$, 二氯甲烷).【类型】环西柏烷型二萜.【来源】脆灯芯柳珊瑚 *Junceella fragilis* (中国台湾水域).【活性】抗炎 (低活性).【文献】C. -C. Liaw, et al. JNP, 2008, 71, 1551; Y. -C. Wu, et al. Mar. Drugs, 2011, 9, 2773 (Rev.).

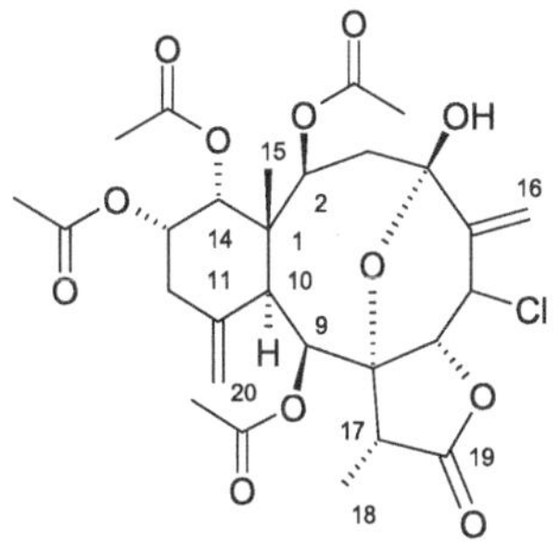

1044 Frajunolide I 脆灯芯柳珊瑚内酯 I*

【基本信息】$C_{28}H_{35}ClO_{12}$, 无定形粉末, mp 172~175°C, $[\alpha]_D^{24} = -1.6°$ ($c = 0.1$, 二氯甲烷).【类型】环西柏烷型二萜.【来源】脆灯芯柳珊瑚 *Junceella fragilis* (中国台湾水域).【活性】抗炎 (低活性).【文献】C. -C. Liaw, et al. JNP, 2008, 71, 1551; Y. -C. Wu, et al. Mar. Drugs, 2011, 9, 2773 (Rev.).

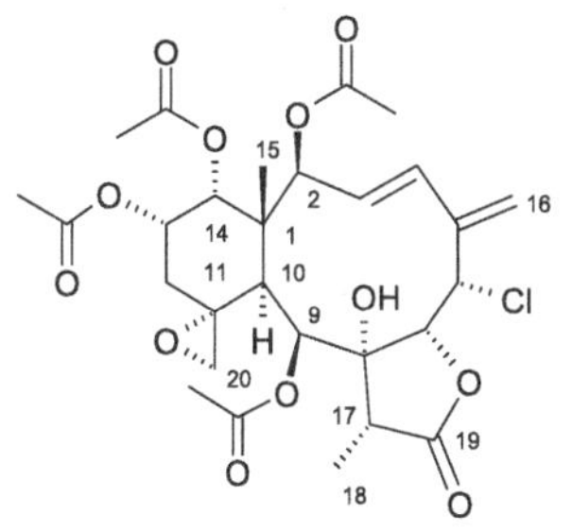

1045 Frajunolide J 脆灯芯柳珊瑚内酯 J*

【基本信息】$C_{29}H_{40}O_{11}$, 无定形粉末, $[\alpha]_D^{24} = -96.6°$ ($c = 0.3$, 二氯甲烷).【类型】环西柏烷型二萜.【来源】脆灯芯柳珊瑚 *Junceella fragilis* (中国

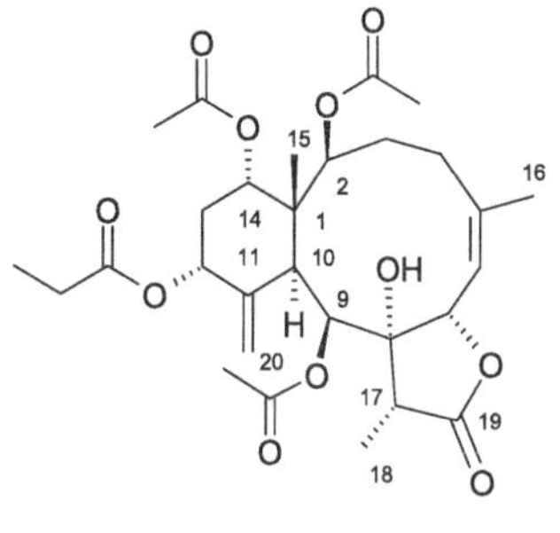

台湾水域).【活性】抗炎 (低活性).【文献】C. -C. Liaw, et al. JNP, 2008, 71, 1551; Y. -C. Wu, et al. Mar. Drugs, 2011, 9, 2773 (Rev.).

1046 Frajunolide L 脆灯芯柳珊瑚内酯 L*

【基本信息】$C_{28}H_{38}O_{11}$, 无色无定形树胶样物, $[\alpha]_D^{24} = +6.0°$ ($c = 0.2$, 二氯甲烷).【类型】环西柏烷型二萜.【来源】脆灯芯柳珊瑚 *Junceella fragilis* (台东县, 台湾, 中国).【活性】抗炎 [人中性粒细胞对 fMLP/CB 的响应, 10μg/mL: 对超氧化物阴离子 $O_2^{\bullet-}$ 的生成, 抑制率 InRt = 18.7%±2.6% ($p < 0.01$), 对照物染料木素, InRt = 65.0%±5.7%; 对弹性蛋白酶的释放, InRt = (16.2±0.7)% ($p < 0.001$), 对照物染料木素, InRt = 51.6%±5.9%].【文献】C. -C. Liaw, et al. Mar. Drugs, 2011, 9, 1477.

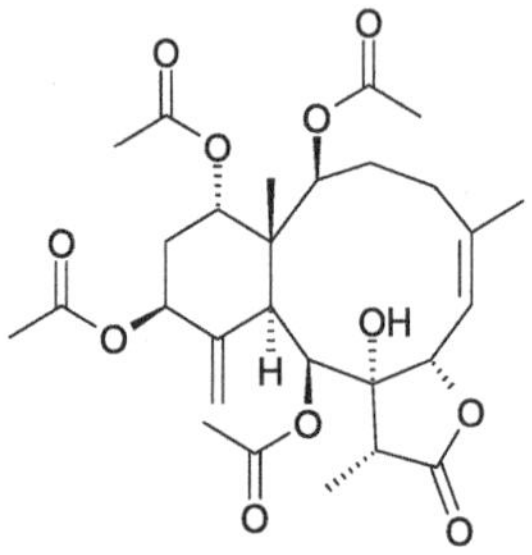

1047 Frajunolide M 脆灯芯柳珊瑚内酯 M*

【基本信息】$C_{28}H_{38}O_{18}$, 无色无定形粉末, $[\alpha]_D^{24} = +8.0°$ ($c = 0.2$, 二氯甲烷).【类型】环西柏烷型二萜.【来源】脆灯芯柳珊瑚 *Junceella fragilis* (台东县, 台湾, 中国).【活性】抗炎 [人中性粒细胞对 fMLP/CB 的响应, 10μg/mL: 对超氧化物阴离子 $O_2^{\bullet-}$ 的生成, 抑制率 InRt = 2.0%±2.3%, 对照物染料木素, InRt = 65.0%±5.7%; 对弹性蛋白酶的释放, InRt = 13.3%±3.1% ,($p < 0.05$), 对照物染料木素, InRt = 51.6%±5.9%].【文献】C. -C. Liaw, et al. Mar. Drugs, 2011, 9, 1477.

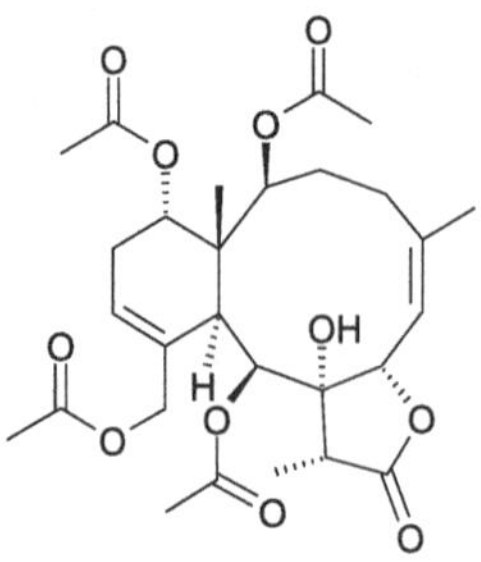

1048 Frajunolide N 脆灯芯柳珊瑚内酯 N*

【基本信息】$C_{28}H_{37}ClO_{12}$, 无色无定形粉末, $[\alpha]_D^{24} = +18°$ ($c = 0.1$, 二氯甲烷).【类型】环西柏烷型二萜.【来源】脆灯芯柳珊瑚 *Junceella fragilis* (台东县, 台湾, 中国).【活性】抗炎 (人中性粒细胞对 fMLP/CB 的响应, 10μg/mL: 对超氧化物阴离子 $O_2^{\bullet-}$ 的生成, 抑制率 InRt = 0.6%±1.5%, 对照物染料木素, InRt = 65.0%±5.7%; 对弹性蛋白酶的释放, InRt = 22.3%±7.7%, 对照物染料木素, InRt = 51.6%±5.9%).【文献】C. -C. Liaw, et al. Mar. Drugs, 2011, 9, 1477.

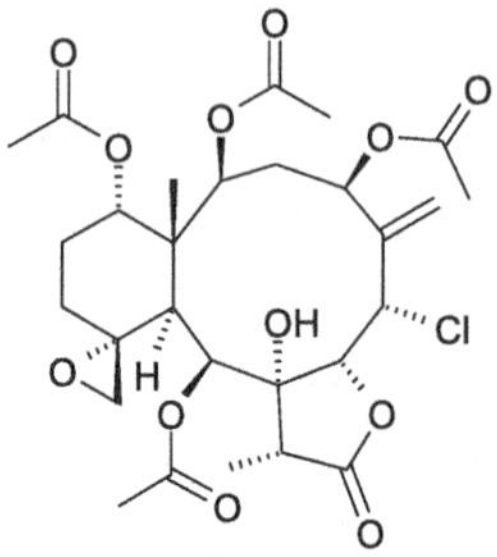

1049 Frajunolide O 脆灯芯柳珊瑚内酯 O*

【别名】Nuiinoalide C; 奴诺内酯 C*.【基本信息】$C_{28}H_{37}ClO_{11}$, 无色无定形粉末, $[\alpha]_D^{24} = +6.7°$ ($c = 0.7$, 二氯甲烷); 固体, $[\alpha]_D = +29°$ ($c = 0.4$, 氯仿).【类型】环西柏烷型二萜.【来源】脆灯芯柳珊瑚 *Junceella fragilis* (台东县, 台湾, 中国), 一种八放珊瑚.【活性】抗炎 [人中性粒细胞对 fMLP/CB 的响应, 10μg/mL: 对超氧化物阴离子 $O_2^{\bullet-}$ 的生成, 抑制率 InRt = 8.3%±3.6%, 对照物染料木素, InRt = 65.0%±5.7%; 对弹性蛋白酶的释放, InRt = 17.2%±6.7% ($p < 0.05$), 对照物染料木素, InRt = 51.6%±5.9%].【文献】M. T. Hamann, et al. Heterocycles, 1996, 42, 325; C. -C. Liaw, et al. Mar. Drugs, 2011, 9, 1477; Y. -C. Wu, et al. Mar. Drugs, 2011, 9, 2773 (Rev.).

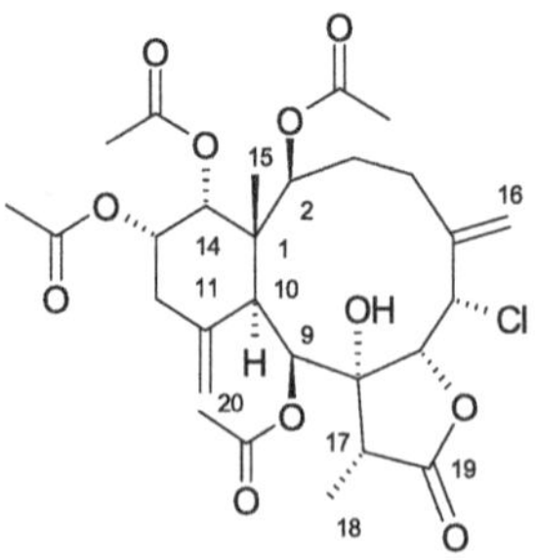

1050 Funicolide A 四角索海鳃内酯 A*

【基本信息】$C_{25}H_{34}O_6$, $[\alpha]_D^{20} = +33.2°$ ($c = 0.6$, 乙

醇).【类型】环西柏烷型二萜.【来源】珊瑚纲八放珊瑚亚纲海鳃目四角索海鳃* *Funiculina quadrangularis* (地中海).【活性】抗病毒; 抗炎.【文献】A. Guerriero, et al. Helv. Chim. Acta, 1995, 78, 1465; G. Chiasera, et al. Helv. Chim. Acta, 1995, 78, 1479.

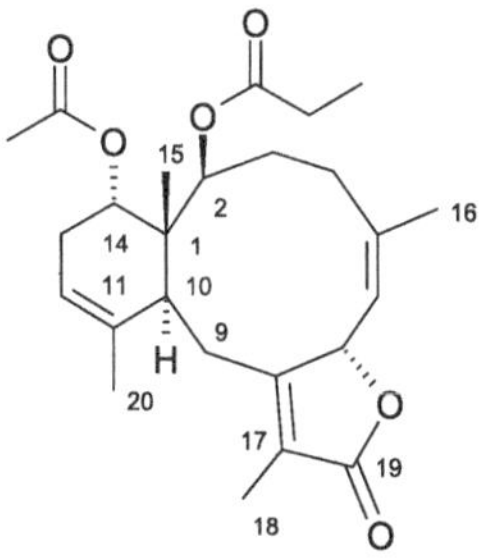

1051 7-*epi*-Funicolide A 7-*epi*-四角索海鳃内酯 A*

【基本信息】$C_{24}H_{34}O_6$, $[\alpha]_D^{20}$ = –43.4° (*c* = 0.14, 乙醇).【类型】环西柏烷型二萜.【来源】珊瑚纲八放珊瑚亚纲海鳃目四角索海鳃* *Funiculina quadrangularis* (地中海).【活性】抗病毒; 抗炎.【文献】A. Guerriero, et al. Helv. Chim. Acta, 1995, 78, 1465; G. Chiasera, et al. Helv. Chim. Acta, 1995, 78, 1479.

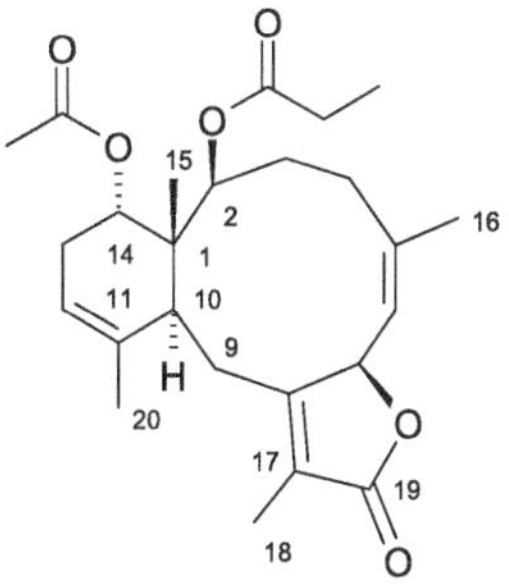

1052 Funicolide B 四角索海鳃内酯 B*

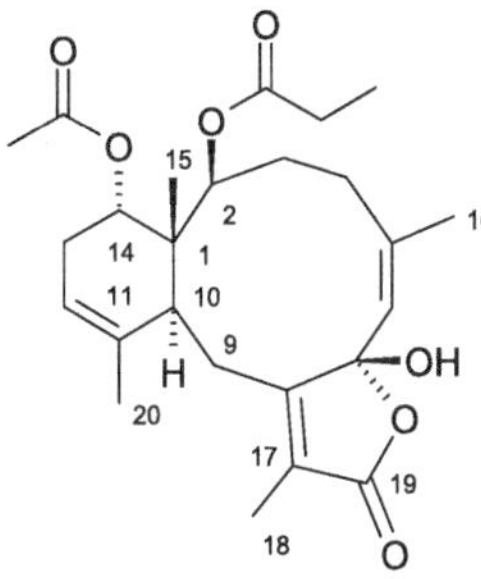

【基本信息】$C_{25}H_{34}O_7$, $[\alpha]_D^{20}$ = –45.7° (*c* = 0.14, 乙醇).【类型】环西柏烷型二萜.【来源】珊瑚纲八放珊瑚亚纲海鳃目四角索海鳃* *Funiculina quadrangularis* (地中海).【活性】抗病毒; 抗炎.【文献】A. Guerriero, et al. Helv. Chim. Acta, 1995, 78, 1465; G. Chiasera, et al. Helv. Chim. Acta, 1995, 78, 1479.

1053 Funicolide C 四角索海鳃内酯 C*

【基本信息】$C_{27}H_{36}O_8$, $[\alpha]_D^{20}$ = +69.4° (*c* = 0.31, 乙醇).【类型】环西柏烷型二萜.【来源】珊瑚纲八放珊瑚亚纲海鳃目四角索海鳃* *Funiculina quadrangularis* (地中海).【活性】抗病毒; 抗炎.【文献】A. Guerriero, et al. Helv. Chim. Acta, 1995, 78, 1465; G. Chiasera, et al. Helv. Chim. Acta, 1995, 78, 1479.

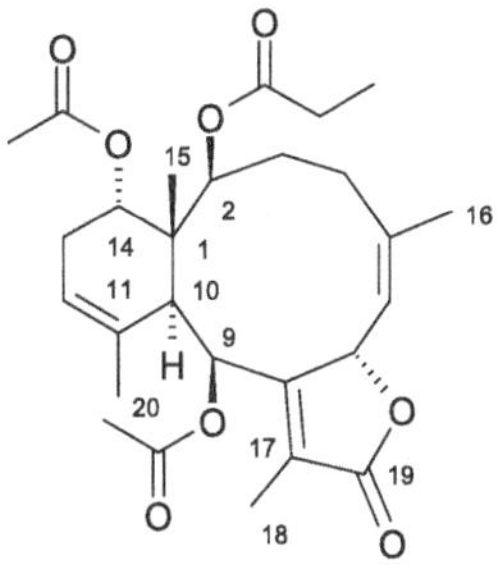

1054 Funicolide D 四角索海鳃内酯 D*

【基本信息】$C_{26}H_{36}O_6$, $[\alpha]_D^{20}$ = +33.2° (*c* = 0.25, 乙醇).【类型】环西柏烷型二萜.【来源】珊瑚纲八放珊瑚亚纲海鳃目四角索海鳃* *Funiculina quadrangularis* (地中海).【活性】抗病毒; 抗炎.【文献】A. Guerriero, et al. Helv. Chim. Acta, 1995, 78, 1465; G. Chiasera, et al. Helv. Chim. Acta, 1995, 78, 1479.

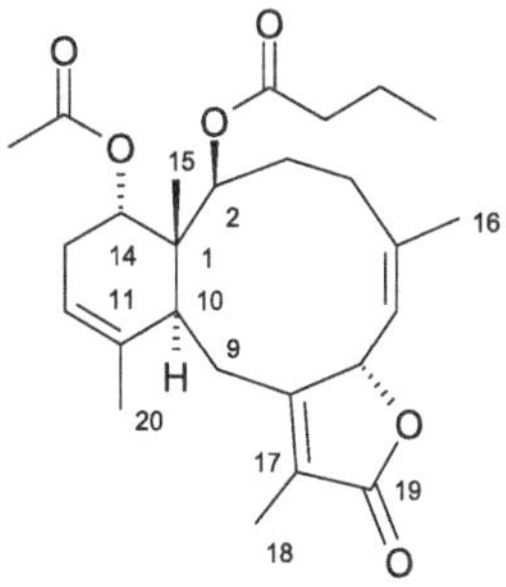

1055 Funicolide E 四角索海鳃内酯 E*

【基本信息】$C_{24}H_{32}O_7$, $[\alpha]_D^{20}$ = –61.7° (*c* = 0.59, 乙醇).【类型】环西柏烷型二萜.【来源】珊瑚纲八放珊瑚亚纲海鳃目四角索海鳃* *Funiculina quadrangularis* (地中海).【活性】抗病毒; 抗炎.

【文献】A. Guerriero, et al. Helv. Chim. Acta, 1995, 78, 1465; G. Chiasera, et al. Helv. Chim. Acta, 1995, 78, 1479.

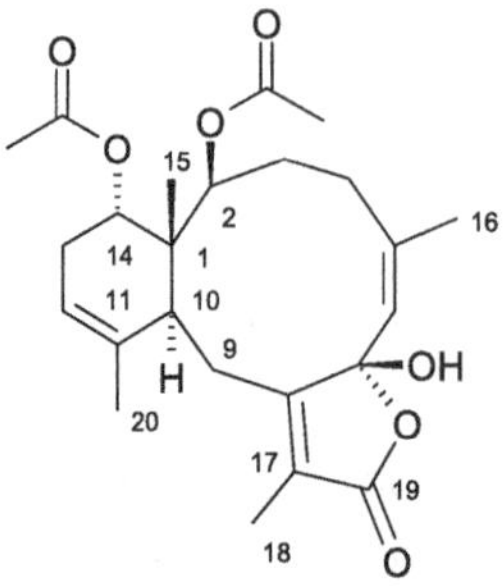

1056　Gemmacolide B　蕾灯芯柳珊瑚内酯 B*

【基本信息】$C_{33}H_{45}ClO_{14}$，油状物，$[\alpha]_D = -5.5°$ ($c = 0.44$，氯仿).【类型】环西柏烷型二萜.【来源】脆灯芯柳珊瑚 *Junceella juncea* (南海)，脆灯芯柳珊瑚 *Junceella juncea* (印度洋，杜蒂戈林海岸，泰米尔纳德邦，印度)和蕾灯芯柳珊瑚 *Junceella gemmacea* (密克罗尼西亚联邦，太平洋).【活性】免疫调节剂，杀虫剂.【文献】H. -Y. He, et al. Tetrahedron, 1991, 47, 3271; A.S.R. Anjaneyulu, et al. JCS Perkin Trans. Ⅰ, 1997, 959; A. S. R. Anjaneyulu, et al. JNP, 2003, 66, 507; S. -H. Qi, et al. Chem. Nat. Comp., 2009, 45, 49; Y. -C. Wu, et al. Mar. Drugs, 2011, 9, 2773 (Rev.).

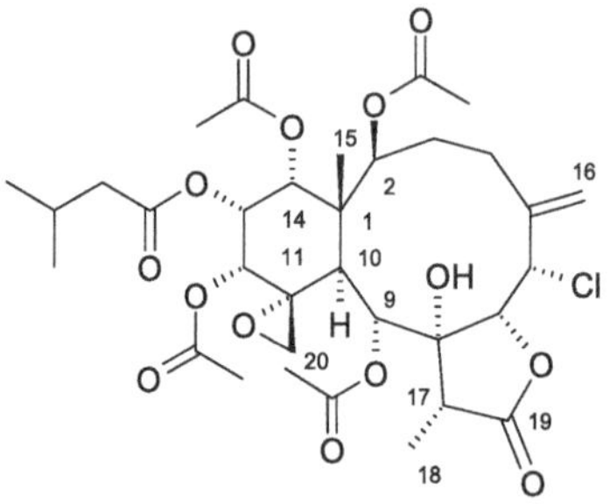

1057　(+)-Gemmacolide B　(+)-蕾灯芯柳珊瑚内酯 B*

【基本信息】$C_{33}H_{45}ClO_{14}$，晶体 (己烷/氯仿)，mp 298~230°C，$[\alpha]_D^{25} = +5.3°$ ($c = 0.44$，氯仿).【类型】环西柏烷型二萜.【来源】脆灯芯柳珊瑚 *Junceella juncea* (印度洋).【活性】免疫调节剂；杀虫剂.【文献】A. S. R. Anjaneyulu, et al. Pallas. J. Chem. Soc., Perkin Trans Ⅰ, 1997, 959; P. -J. Sung, et al. Biochemi. Syst. Ecol. 2004, 32, 185 (Rev.).

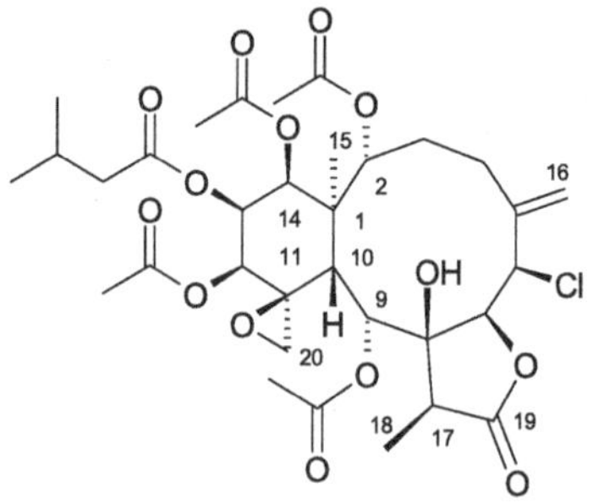

1058　Gemmacolide D　蕾灯芯柳珊瑚内酯 D*

【基本信息】$C_{28}H_{35}ClO_{13}$，油状物，$[\alpha]_D = +88.3°$ ($c = 0.66$，氯仿).【类型】环西柏烷型二萜.【来源】蕾灯芯柳珊瑚 *Junceella gemmacea* (波那佩岛，密克罗尼西亚联邦) (密克罗尼西亚联邦，太平洋).【活性】免疫调节剂.【文献】H. He, et al. Tetrahedron, 1991, 47, 3271; P. -J. Sung, et al. Biochem. Syst. Ecol., 2004, 32, 185 (Rev.).

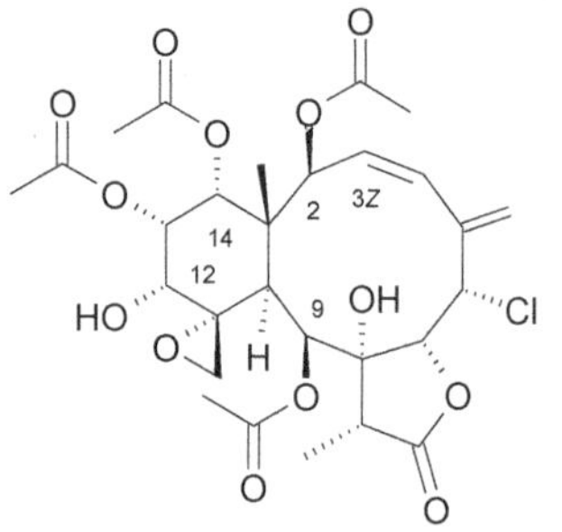

1059　Gemmacolide G　蕾灯芯柳珊瑚内酯 G*

【基本信息】$C_{30}H_{37}ClO_{14}$，白色无定形粉末 (甲醇)，$[\alpha]_D^{24} = 0°$ ($c = 0.10$，氯仿).【类型】环西柏烷型二萜.【来源】灯芯柳珊瑚 *Dichotella gemmacea* (南海).【活性】细胞毒 (A549，$IC_{50} = 8.4\mu mol/L$；MG63，$IC_{50} = 38.4\mu mol/L$).【文献】C. Li, et al. JNP, 2011, 74, 1658.

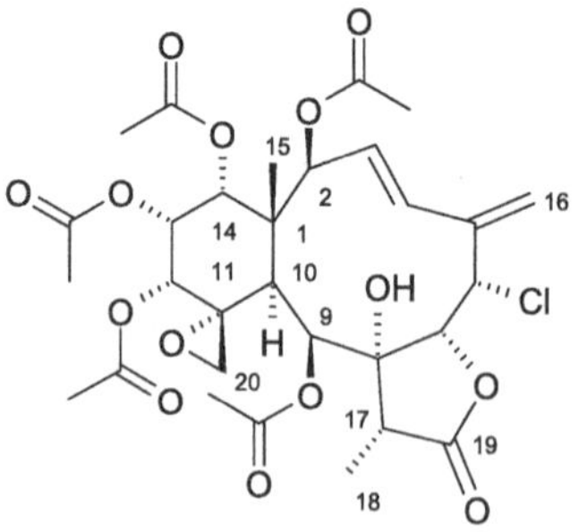

1060　Gemmacolide I　蕾灯芯柳珊瑚内酯 I*

【基本信息】$C_{31}H_{41}ClO_{12}$，白色无定形粉末 (甲醇)，

$[\alpha]_D^{24}$ = 0° (*c* = 0.17, 氯仿).【类型】环西柏烷型二萜.【来源】灯芯柳珊瑚 *Dichotella gemmacea* (南海).【活性】细胞毒 (A549, IC_{50} = 20.6μmol/L; MG63, IC_{50} = 25.0μmol/L).【文献】C. Li, et al. JNP, 2011, 74, 1658.

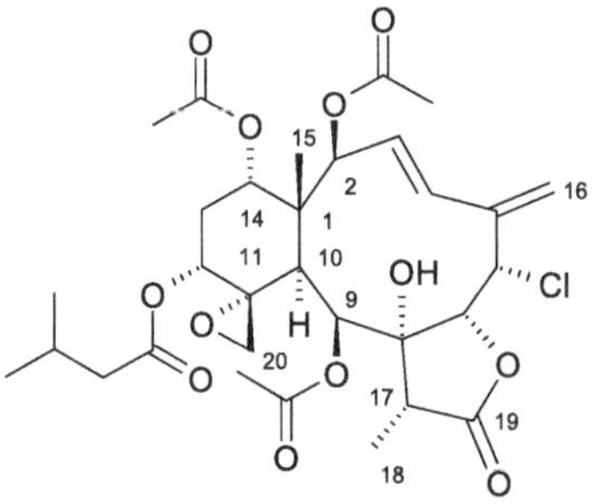

1061 Gemmacolide J 蕾灯芯柳珊瑚内酯 J*

【基本信息】$C_{33}H_{43}ClO_{14}$, 白色无定形粉末 (甲醇), $[\alpha]_D^{24}$ = 0° (*c* = 0.04, 氯仿).【类型】环西柏烷型二萜.【来源】灯芯柳珊瑚 *Dichotella gemmacea* (南海).【活性】细胞毒 (A549, IC_{50} < 1.4μmol/L; MG63, IC_{50} = 79.8μmol/L); 抗菌 (巨大芽孢杆菌 *Bacillus megaterium*); 抗真菌 (小麦壳针孢 *Septoria tritici*).【文献】C. Li, et al. JNP, 2011, 74, 1658.

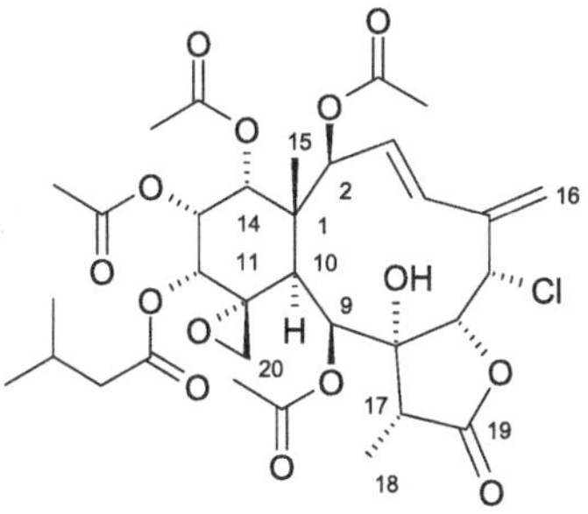

1062 Gemmacolide K 蕾灯芯柳珊瑚内酯 K*

【基本信息】$C_{33}H_{43}ClO_{15}$, 白色无定形粉末 (甲醇), $[\alpha]_D^{24}$ = −79° (*c* = 0.17, 氯仿).【类型】环西柏烷型二萜.【来源】灯芯柳珊瑚 *Dichotella gemmacea* (南海).【活性】细胞毒 (A549, IC_{50} = 38.2μmol/L; MG63, IC_{50} = 45.9μmol/L).【文献】C. Li, et al. JNP, 2011, 74, 1658.

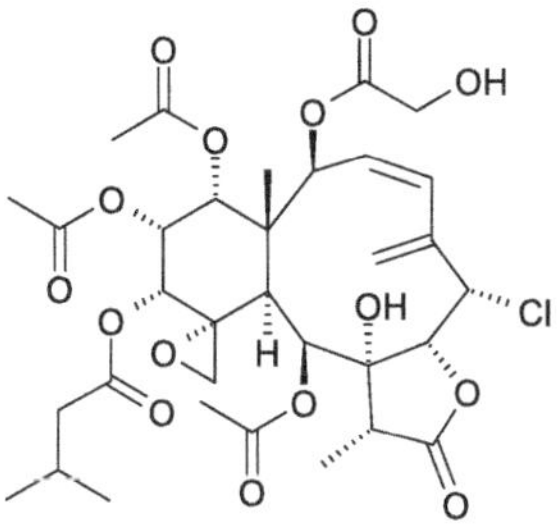

1063 Gemmacolide M 蕾灯芯柳珊瑚内酯 M*

【基本信息】$C_{34}H_{46}O_{15}$, 白色无定形粉末 (甲醇), $[\alpha]_D^{24}$ = −148° (*c* = 0.28, 氯仿).【类型】环西柏烷型二萜.【来源】灯芯柳珊瑚 *Dichotella gemmacea* (南海).【活性】抗菌 (巨大芽孢杆菌 *Bacillus megaterium*); 抗真菌 (小麦壳针孢 *Septoria tritici*).【文献】C. Li, et al. JNP, 2011, 74, 1658.

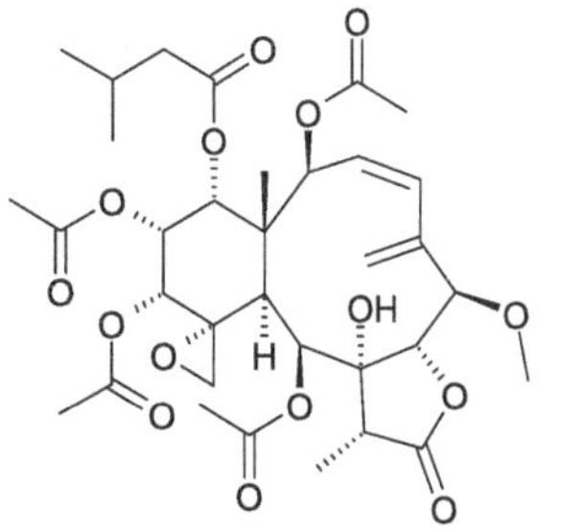

1064 Gemmacolide N 蕾灯芯柳珊瑚内酯 N*

【基本信息】$C_{29}H_{38}O_{13}$, 白色无定形粉末, $[\alpha]_D^{24}$ = 0° (*c* = 0.035, 氯仿).【类型】环西柏烷型二萜.【来源】灯芯柳珊瑚 *Dichotella gemmacea* (南海).【活性】细胞毒 [A549, IC_{50} > 50.5μmol/L, 对照物阿霉素, IC_{50} = (2.8±0.32)μmol/L; MG63, IC_{50} > 50.5μmol/L, 阿霉素, IC_{50} = (3.2±0.37)μmol/L]; 抗真菌 (琼脂扩散实验, 0.05mg, 真菌 *Microbotryum violaceum,* IZR = 0mm, 对照物青霉素, IZR = 7.0mm; 小麦壳针孢 *Septoria tritici,* IZR = 7.5mm, 青霉素, IZR = 6.0mm); 抗菌 (琼脂扩散实验, 0.05mg, 大肠杆菌大肠杆菌 *Escherichia coli,* IZR = 12.5mm, 对照物青霉素, IZR = 15.0mm; 巨兽芽孢杆菌 *Bacillus megaterium,* IZR = 0mm, 青霉素, IZR = 8.0mm).【文献】C. Li, et al. JNP, 2011, 74, 1658; C. Li, et al. Mar. Drugs, 2011, 9, 1403.

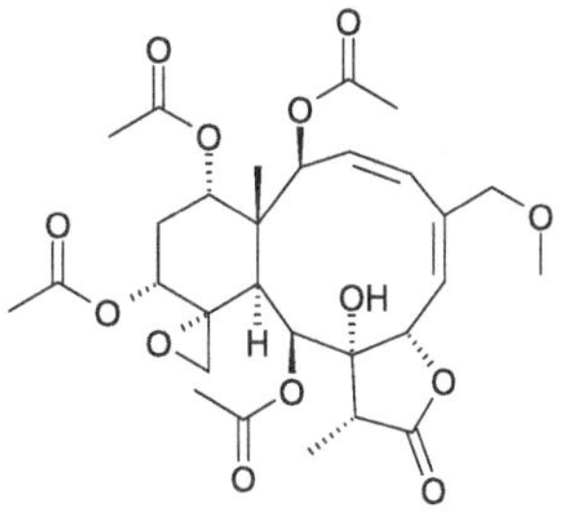

1065 Gemmacolide O 蕾灯芯柳珊瑚内酯 O*

【基本信息】$C_{30}H_{37}ClO_{15}$, 白色无定形粉末, $[\alpha]_D^{24}$ = −30° (*c* = 0.04, 氯仿).【类型】环西柏烷型二萜.【来源】灯芯柳珊瑚 *Dichotella gemmacea* (南海).

【活性】细胞毒 [A549, IC_{50} > 44.6μmol/L, 对照物阿霉素, IC_{50} = (2.8±0.32)μmol/L; MG63, IC_{50} > 44.6μmol/L, 阿霉素, IC_{50} = (3.2±0.37)μmol/L]; 抗真菌 (琼脂扩散实验, 0.05mg, 真菌 Microbotryum violaceum, IZR = 6.0mm, 对照物青霉素, IZR = 7.0mm; 小麦壳针孢 *Septoria tritici,* IZR = 6.5mm, 青霉素, IZR = 6.0mm); 抗菌 (琼脂扩散实验, 0.05mg, 大肠杆菌 *Escherichia coli,* IZR = 13.0mm, 对照物青霉素, IZR = 15.0mm; 巨大芽孢杆菌 *Bacillus megaterium,* IZR = 6.0mm, 青霉素, IZR = 8.0mm).【文献】C. Li, et al. JNP, 2011, 74, 1658; C. Li, et al. Mar. Drugs, 2011, 9, 1403.

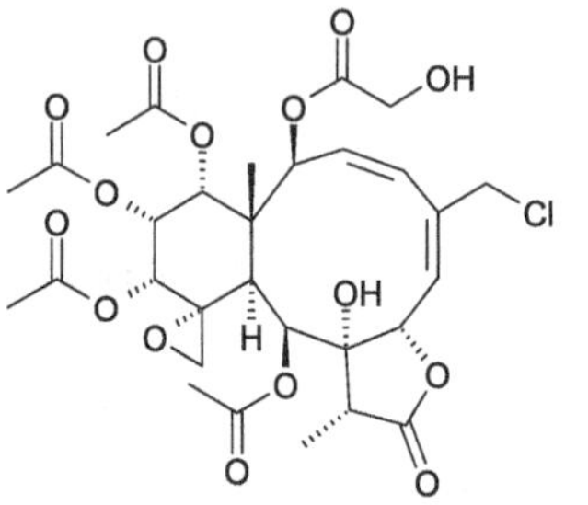

1066 Gemmacolide P 蕾灯芯柳珊瑚内酯 P*

【基本信息】$C_{33}H_{44}O_{15}$, 白色无定形粉末, $[\alpha]_D^{24}$ = –16° (c = 0.08, 氯仿).【类型】环西柏烷型二萜.【来源】灯芯柳珊瑚 *Dichotella gemmacea* (南海).【活性】细胞毒 [A549, IC_{50} > 44.1μmol/L, 对照物阿霉素, IC_{50} = (2.8±0.32)μmol/L; MG63, IC_{50} > 44.1μmol/L, 阿霉素, IC_{50} = (3.2±0.37)μmol/L]; 抗真菌 (琼脂扩散实验, 0.05mg, 真菌 Microbotryum violaceum, IZR = 6.0mm, 对照物青霉素, IZR = 7.0mm; 小麦壳针孢 *Septoria tritici,* IZR = 6.5mm, 青霉素, IZR = 6.0mm); 抗菌 (琼脂扩散实验, 0.05mg, 大肠杆菌 *Escherichia coli,* IZR = 7.5mm, 对照物青霉素, IZR = 15.0mm; 巨大芽孢杆菌 *Bacillus megaterium,* IZR = 5.5mm, 青霉素, IZR = 8.0mm).【文献】C. Li, et al. JNP, 2011, 74, 1658; C. Li, et al. Mar. Drugs, 2011, 9, 1403.

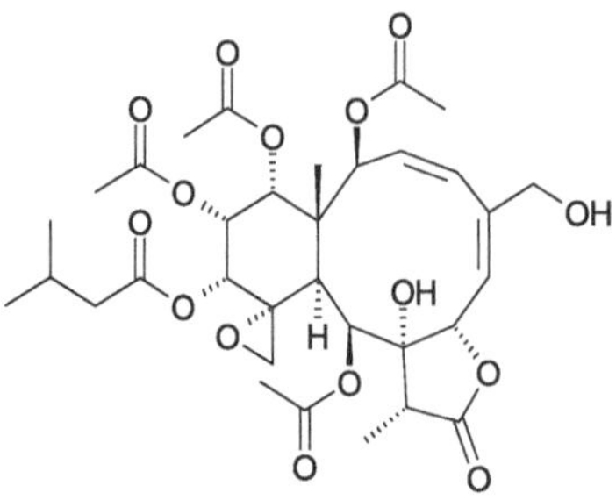

1067 Gemmacolide Q 蕾灯芯柳珊瑚内酯 Q*

【基本信息】$C_{33}H_{44}O_{16}$, 白色无定形粉末, $[\alpha]_D^{24}$ = –17° (c = 0.065, 氯仿).【类型】环西柏烷型二萜.【来源】灯芯柳珊瑚 *Dichotella gemmacea* (南海).【活性】细胞毒 [A549, IC_{50} = (21.6±1.8)μmol/L, 对照物阿霉素, IC_{50} = (2.8±0.32)μmol/L; MG63, IC_{50} = (20.5±2.1)μmol/L, 阿霉素, IC_{50} = (3.2±0.37)μmol/L]; 抗真菌 (琼脂扩散实验, 0.05mg, 真菌 *Microbotryum violaceum,* IZR = 6.5mm, 对照物青霉素, IZR = 7.0mm; 小麦壳针孢 *Septoria tritici,* IZR = 7.5mm, 青霉素, IZR = 6.0mm); 抗菌 (琼脂扩散实验, 0.05mg, 大肠杆菌大肠杆菌 *Escherichia coli,* IZR = 10.0mm, 对照物青霉素, IZR = 15.0mm; 巨大芽孢杆菌 *Bacillus megaterium,* IZR = 5.5mm, 青霉素, IZR = 8.0mm).【文献】C. Li, et al. JNP, 2011, 74, 1658; C. Li, et al. Mar. Drugs, 2011, 9, 1403.

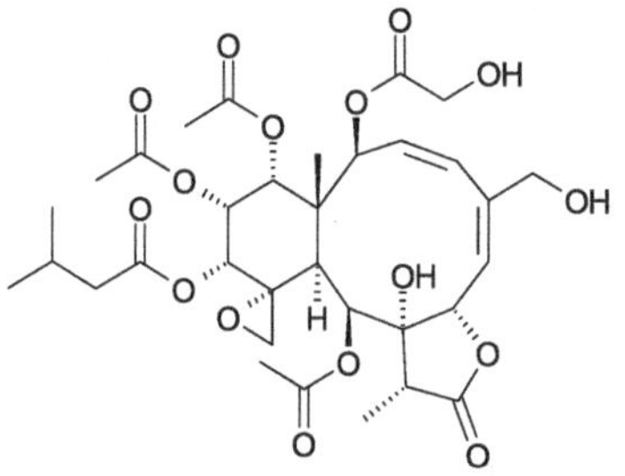

1068 Gemmacolide R 蕾灯芯柳珊瑚内酯 R*

【基本信息】$C_{33}H_{44}O_{16}$, 白色无定形粉末, $[\alpha]_D^{24}$ = –18° (c = 0.05, 氯仿).【类型】环西柏烷型二萜.【来源】灯芯柳珊瑚 *Dichotella gemmacea* (南海).【活性】细胞毒 [A549, IC_{50} = (27.2±2.4)μmol/L, 对照物阿霉素, IC_{50} = (2.8±0.32)μmol/L; MG63, IC_{50} = (23.7±2.8)μmol/L, 阿霉素, IC_{50} = (3.2±0.37)μmol/L]; 抗真菌 (琼脂扩散实验, 0.05mg, 真菌 *Microbotryum violaceum,* IZR = 0mm, 对照物青霉素, IZR = 7.0mm; 小麦壳针孢 *Septoria tritici,* IZR = 5.5mm,

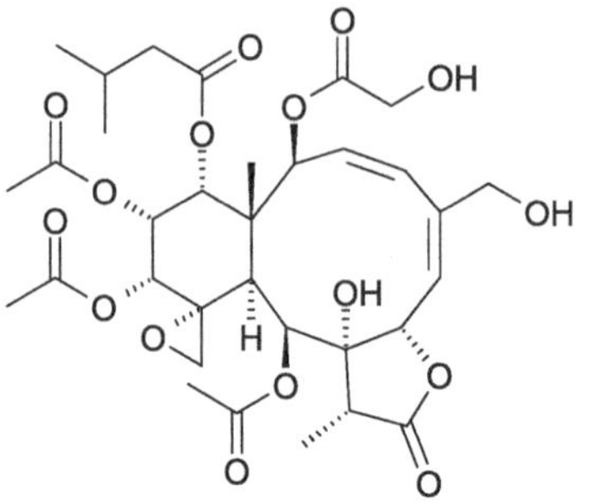

青霉素, IZR = 6.0mm); 抗菌 (琼脂扩散实验, 0.05mg, 大肠杆菌 *Escherichia coli,* IZR = 5.5mm, 对照物青霉素, IZR = 15.0mm; 巨大芽孢杆菌 *Bacillus megaterium,* IZR = 6.0mm, 青霉素, IZR = 8.0mm).【文献】C. Li, et al. JNP, 2011, 74, 1658; C. Li, et al. Mar. Drugs, 2011, 9, 1403.

1069 Gemmacolide S 蕾灯芯柳珊瑚内酯 S*

【基本信息】$C_{43}H_{60}O_{18}$, 白色无定形粉末, $[\alpha]_D^{24}$ = –71° (*c* = 0.055, 氯仿).【类型】环西柏烷型二萜.【来源】灯芯柳珊瑚 *Dichotella gemmacea* (南海).【活性】细胞毒 [A549, IC_{50} = (16.4±2.3)μmol/L, 对照物阿霉素, IC_{50} = (2.8±0.32)μmol/L; MG63, IC_{50} = (18.8±3.9)μmol/L, 阿霉素, IC_{50} = (3.2±0.37)μmol/L]; 抗真菌 (琼脂扩散实验, 0.05mg, 真菌 *Microbotryum violaceum,* IZR = 7.0mm, 对照物青霉素, IZR = 7.0mm; 小麦壳针孢 *Septoria tritici,* IZR = 0mm, 青霉素, IZR = 6.0mm); 抗菌 (琼脂扩散实验, 0.05mg, 大肠杆菌 *Escherichia coli,* IZR = 6.0mm, 对照物青霉素, IZR = 15.0mm; 巨大芽孢杆菌 *Bacillus megaterium,* IZR = 0mm, 青霉素, IZR = 8.0mm).【文献】C. Li, et al. JNP, 2011, 74, 1658; C. Li, et al. Mar. Drugs, 2011, 9, 1403.

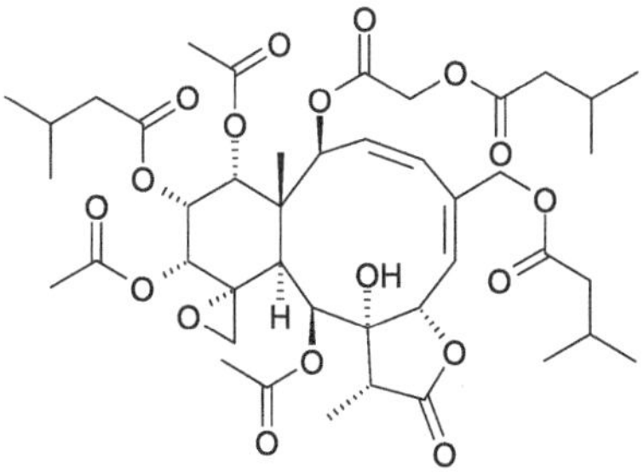

1070 Gemmacolide T 蕾灯芯柳珊瑚内酯 T*

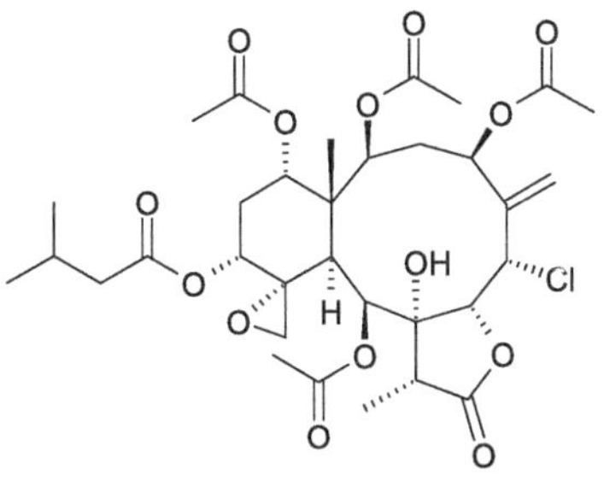

【基本信息】$C_{33}H_{45}ClO_{14}$, 白色无定形粉末.【类型】环西柏烷型二萜.【来源】灯芯柳珊瑚 *Dichotella gemmacea* (北部湾, 广西, 中国).【活性】细胞毒 (A549, IC_{50} = 16.9μmol/L, 对照物阿霉素, IC_{50} = 2.8μmol/L; MG63, IC_{50} = 18.0μmol/L, 对照物阿霉素, IC_{50} = 3.2μmol/L).【文献】C. Li, et al. BoMCL,2012, 22, 4368.

1071 Gemmacolide U 蕾灯芯柳珊瑚内酯 U*

【基本信息】$C_{33}H_{45}ClO_{14}$, 白色无定形粉末.【类型】环西柏烷型二萜.【来源】灯芯柳珊瑚 *Dichotella gemmacea* (北部湾, 广西, 中国).【活性】细胞毒 (A549, IC_{50} = 18.0μmol/L, 对照物阿霉素, IC_{50} = 2.8μmol/L; MG63, IC_{50} = 15.1μmol/L, 对照物阿霉素, IC_{50} = 3.2μmol/L).【文献】C. Li, et al. BoMCL,2012, 22, 4368.

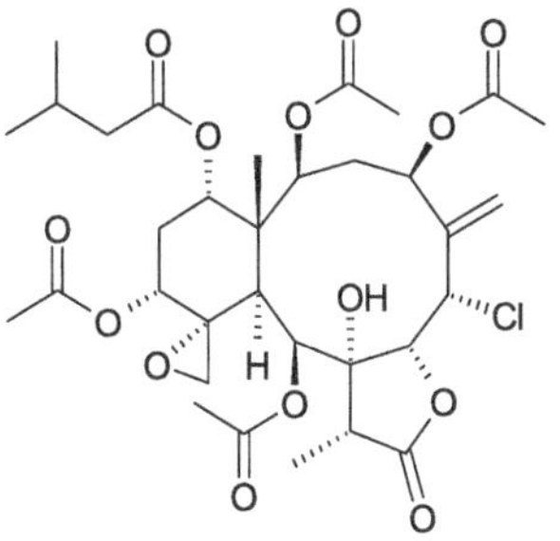

1072 Gemmacolide V 蕾灯芯柳珊瑚内酯 V*

【基本信息】$C_{30}H_{39}ClO_{14}$, 白色无定形粉末.【类型】环西柏烷型二萜.【来源】灯芯柳珊瑚 *Dichotella gemmacea* (北部湾, 广西, 中国).【活性】细胞毒 (A549, IC_{50} < 1.5μmol/L, 对照物阿霉素, IC_{50} = 2.8μmol/L; MG63, IC_{50} = 20.5μmol/L, 对照物阿霉素, IC_{50} = 3.2μmol/L).【文献】C. Li, et al. BoMCL,2012, 22, 4368.

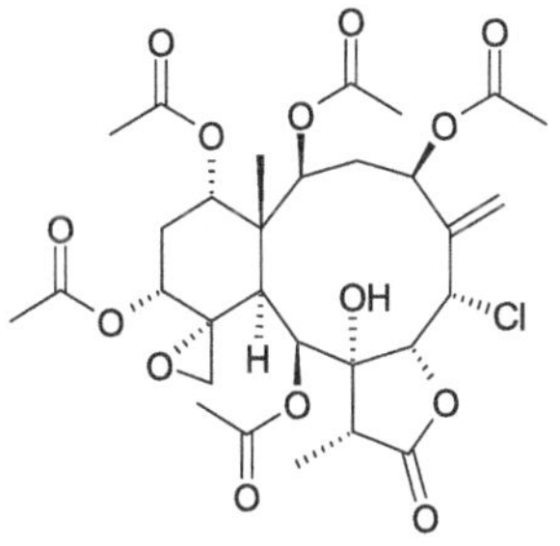

1073 Gemmacolide W 蕾灯芯柳珊瑚内酯 W*

【基本信息】$C_{38}H_{53}ClO_{16}$, 白色无定形粉末.【类型】环西柏烷型二萜.【来源】灯芯柳珊瑚 *Dichotella gemmacea* (北部湾, 广西, 中国).【活性】细胞毒 (A549, IC_{50} = 19.1μmol/L, 对照物阿霉素, IC_{50} = 2.8μmol/L; MG63, IC_{50} = 17.4μmol/L, 对照物阿霉素, IC_{50} = 3.2μmol/L).【文献】C. Li, et al. BoMCL, 2012, 22, 4368.

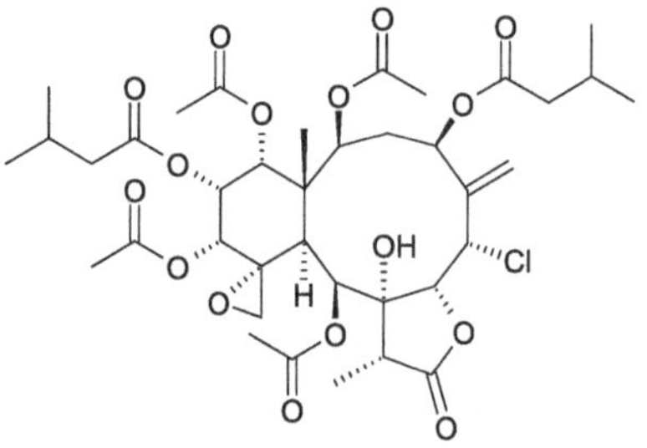

1074 Gemmacolide Y 蕾灯芯柳珊瑚内酯 Y*

【基本信息】$C_{33}H_{43}ClO_{14}$, 白色无定形粉末.【类型】环西柏烷型二萜.【来源】灯芯柳珊瑚 *Dichotella gemmacea* (北部湾, 广西, 中国).【活性】细胞毒 (A549, $IC_{50} < 0.3\mu mol/L$, 对照物阿霉素, $IC_{50} = 2.8\mu mol/L$; MG63, $IC_{50} < 0.3\mu mol/L$, 对照物阿霉素, $IC_{50} = 3.2\mu mol/L$).【文献】C. Li, et al. BoMCL, 2012, 22, 4368.

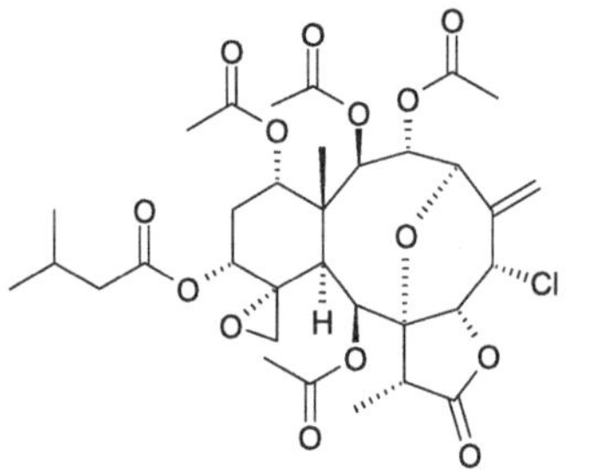

1075 Junceellolide A 灯芯柳珊瑚内酯 A*

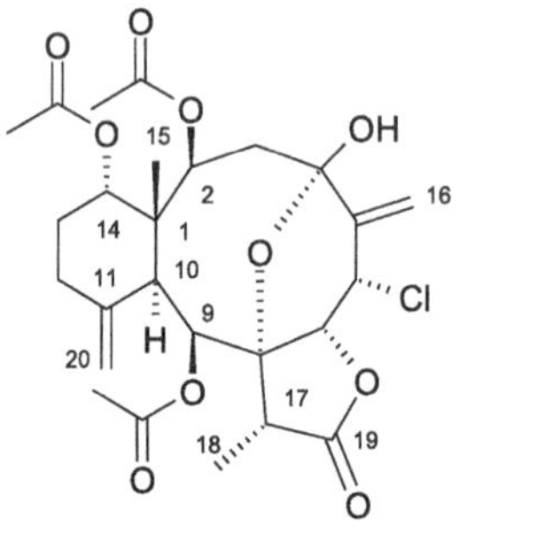

【基本信息】$C_{26}H_{33}ClO_{10}$, 晶体, mp 115~116°C, $[\alpha]_D = -7.9°$ ($c = 0.6$, 氯仿).【类型】环西柏烷型二萜.【来源】脆灯芯柳珊瑚 *Junceella fragilis* (帕斯礁, 马当, 巴布亚新几内亚), 脆灯芯柳珊瑚 *Junceella fragilis* (南海), 脆灯芯柳珊瑚 *Junceella fragilis* (中国台湾水域).【活性】抗炎.【文献】J. Shin, et al. Tetrahedron, 1989, 45, 1633; D. J. Faulkner, 1991, NPR, 8, 97; P. -J. Sung, et al. Heterocycles, 2002, 57, 535; P. -J. Sung, et al. Biochem. Syst. Ecol., 2004, 32, 185 (Rev.).; N. K. Kubota, et al. Bull. Chem. Soc. Jpn., 2006, 79, 634; C. -C. Liaw, et al. JNP, 2008, 71, 1551; Y. -C. Wu, et al. Mar. Drugs, 2011, 9, 2773 (Rev.).

1076 Junceellolide B 灯芯柳珊瑚内酯 B*

【别名】($2\beta,3E,6\alpha,7\alpha,8\alpha,9\beta,14\alpha$)-6-Chloro-2,9,14-trihydroxy-8-hydroxy-3,5(16),11(20)-briaratrien-18,7-olide; ($2\beta,3E,6\alpha,7\alpha,8\alpha,9\beta, 14\alpha$)-6-氯-2,9,14 三羟基-8-羟基-3,5(16),11(20)-环西柏三烯-18,7-内酯.【基本信息】$C_{26}H_{33}ClO_9$, 晶体, mp 95~96°C, $[\alpha]_D = +9.4°$ ($c = 1.3$, 氯仿).【类型】环西柏烷型二萜.【来源】脆灯芯柳珊瑚 *Junceella fragilis* (帕斯礁, 马当, 巴布亚新几内亚), 脆灯芯柳珊瑚 *Junceella fragilis* (南海), 脆灯芯柳珊瑚 *Junceella fragilis* (中国台湾水域).【活性】抗炎; 磷酸酯酶 A 抑制剂.【文献】J. Shin, et al. Tetrahedron, 1989, 45, 1633; P. -J. Sung, et al. Heterocycles, 57, 2002, 535; P. -J. Sung, et al. Biochem. Syst. Ecol., 2004, 32, 185 (Rev.).; N. K. Kubota, et al. Bull. Chem. Soc. Jpn., 2006, 79, 634; C. -C. Liaw, et al. JNP, 2008, 71, 1551; P. -J. Sung, et al. CPB, 2008, 56, 1276; Y. -C. Wu, et al. Mar. Drugs, 2011, 9, 2773 (Rev.).

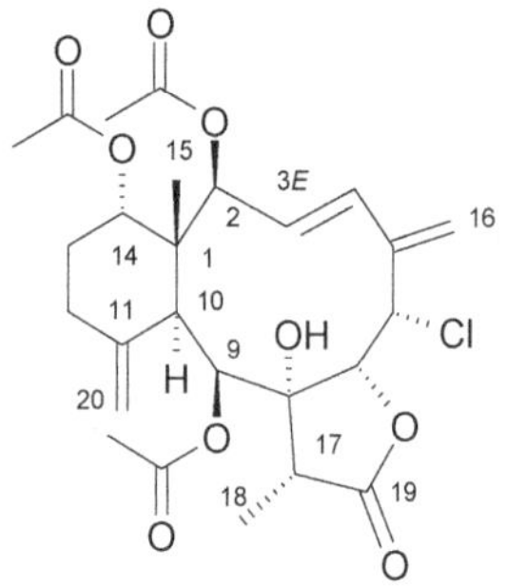

1077 Junceellolide C 灯芯柳珊瑚内酯 C*

【别名】Robustolide J; 粗壮鞭柳珊瑚内酯 J*.【基本信息】$C_{26}H_{33}ClO_{10}$, 晶体或粉末, mp 120~125°C, mp 99~101°C, $[\alpha]_D = +36.1°$ ($c = 1.2$, 氯仿), $[\alpha]_D^{25} = -11°$ ($c = 0.05$, 氯仿).【类型】环西柏烷型二萜.【来源】脆灯芯柳珊瑚 *Junceella fragilis* (南海), 脆灯芯柳珊瑚 *Junceella fragilis* (中国台湾水域), 脆灯芯柳珊瑚 *Junceella juncea* 和粗壮鞭柳珊瑚 *Ellisella robusta*.【活性】抗炎; 磷酸酯酶 A 抑制剂; 磷酸酯酶 A_2 抑制剂.【文献】J. Shin, et al. Tetrahedron, 1989, 45, 1633; P. -J. Sung, et al. Heterocycles, 2002, 57, 535; C. Tanaka, et al. JNP,

2004, 67, 1368; P. -J. Sung, et al. Biochem. Syst. Ecol., 2004, 32, 185 (Rev.); T. -L. Hwang, et al. Bull. Chem. Soc. Jpn., 2008, 81, 1638; C. -C. Liaw, et al. JNP, 2008, 71, 1551; P. -J. Sung, et al. CPB, 2008, 56, 1276; Y. -C. Wu, et al. Mar. Drugs, 2011, 9, 2773 (Rev.); C. Li, et al. BoMCL, 2012, 22, 4368.

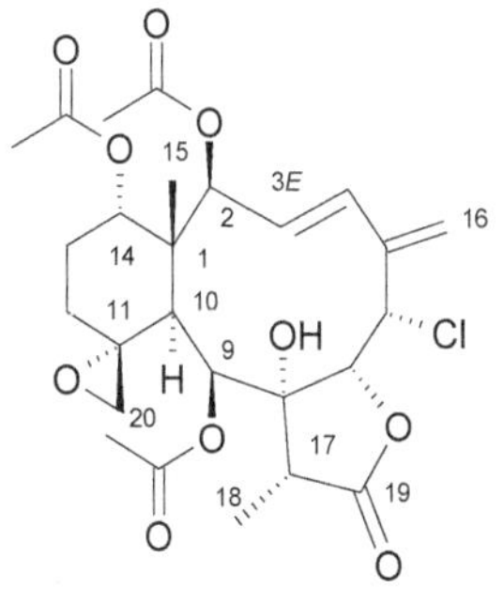

1078 Junceellolide D 灯芯柳珊瑚内酯 D*

【基本信息】$C_{28}H_{38}O_{11}$，晶体，mp 208~209°C，$[\alpha]_D = -7.7°$ ($c = 2.5$，氯仿).【类型】环西柏烷型二萜.【来源】脆灯芯柳珊瑚 *Junceella fragilis* (帕斯礁，马当，巴布亚新几内亚)，脆灯芯柳珊瑚 *Junceella fragilis* (南海)，脆灯芯柳珊瑚 *Junceella fragilis* (中国台湾水域).【活性】抗炎；磷酸酯酶 A 抑制剂；磷酸酯酶 A_2 抑制剂.【文献】J. Shin, et al. Tetrahedron, 1989, 45, 1633; P. -J. Sung, et al. Heterocycles, 2002, 57, 535; P. -J. Sung, et al. Biochem. Syst. Ecol., 2004, 32, 185 (Rev.).; N. K. Kubota, et al. Bull. Chem. Soc. Jpn., 2006, 79, 634; C. -C. Liaw, et al. JNP, 2008, 71, 1551; S. -H. Qi, et al. Chem. Nat. Comp., 2009, 45, 49; Y. -C. Wu, et al. Mar. Drugs, 2011, 9, 2773 (Rev.).

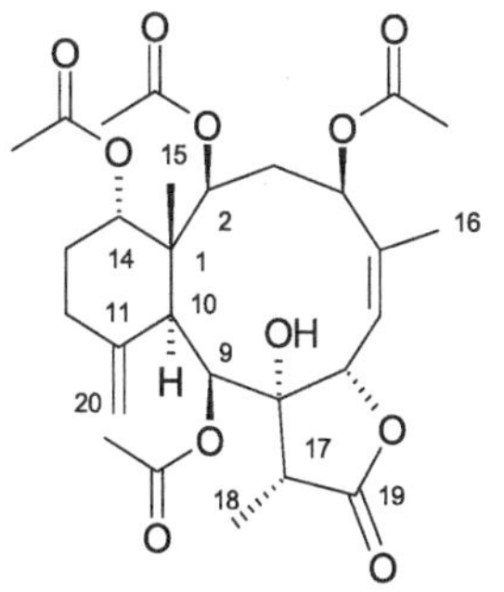

1079 Junceellolide K 灯芯柳珊瑚内酯 K*

【基本信息】$C_{26}H_{36}O_{10}$，粉末，mp 265~268°C，$[\alpha]_D^{25} = -28°$ ($c = 0.3$，氯仿).【类型】环西柏烷型二萜.【来源】脆灯芯柳珊瑚 *Junceella fragilis* (中国台湾水域).【活性】抗炎 (低活性).【文献】J. -H. Sheu, et al. JNP, 2006, 69, 269; C. -C. Liaw, et al. JNP, 2008, 71, 1551; Y. -C. Wu, et al. Mar. Drugs, 2011, 9, 2773 (Rev.).

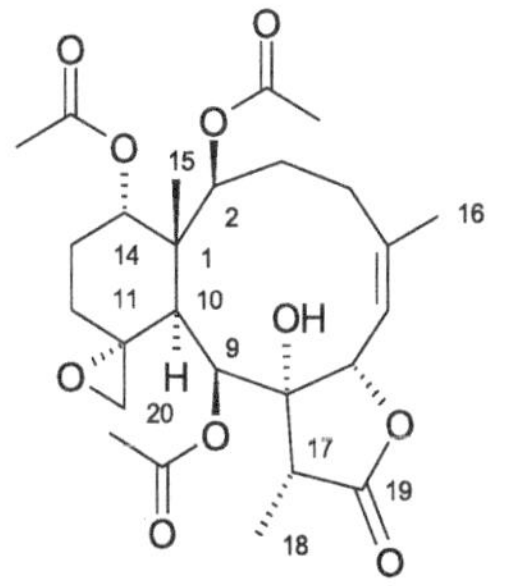

1080 Junceellonoid C 脆灯芯柳珊瑚类 C*

【基本信息】$C_{24}H_{31}ClO_{10}$，粉末，$[\alpha]_D = -67.6°$ ($c = 0.05$，吡啶).【类型】环西柏烷型二萜.【来源】脆灯芯柳珊瑚 *Junceella fragilis* (南海).【活性】细胞毒 (tMDA-MB-231 和 MCF7，100μmol/L).【文献】S. -H. Qi, et al. Helv. Chim. Acta, 2005, 88, 2349; Y. -C. Wu, et al. Mar. Drugs, 2011, 9, 2773 (Rev.).

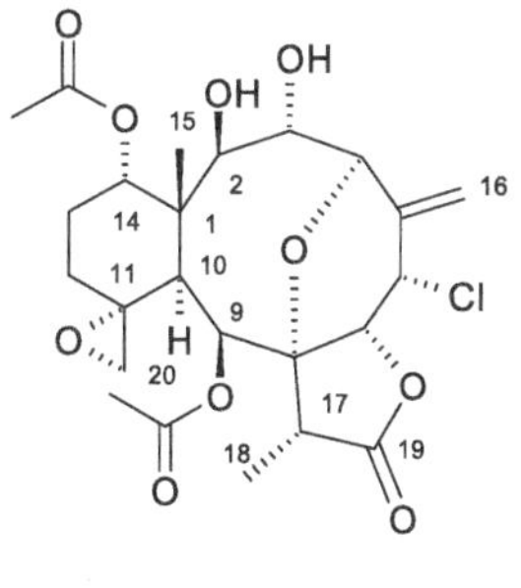

1081 Junceellonoid D 脆灯芯柳珊瑚类 D*

【基本信息】$C_{24}H_{31}ClO_9$，粉末，$[\alpha]_D = -44.8°$ ($c = 0.1$，甲醇/氯仿).【类型】环西柏烷型二萜.【来源】脆灯芯柳珊瑚 *Junceella fragilis* (南海) 和脆灯芯柳珊瑚 *Junceella fragilis* (中国台湾水域).【活

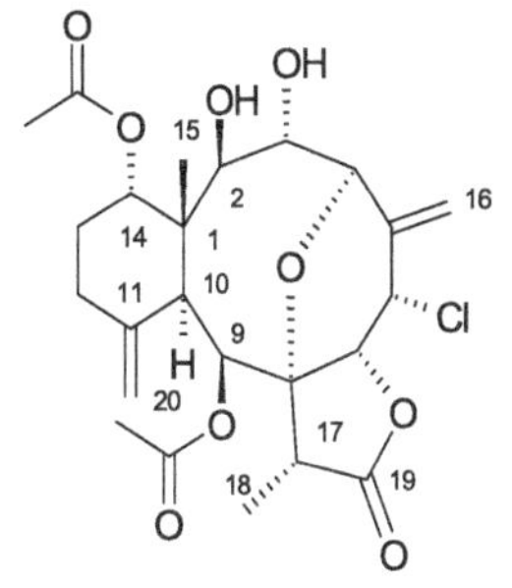

性】细胞毒 (tMDA-MB-231 和 MCF7, 100μmol/L).【文献】S. -H. Qi, et al. Helv. Chim. Acta 2005, 88, 2349; P. -J. Sung, et al. Bull. Chem. Soc. Jpn., 2009, 82, 1426; Y. -C. Wu, et al. Mar. Drugs, 2011, 9, 2773 (Rev.).

1082 Juncenolide D 灯芯柳珊瑚诺内酯 D*

【基本信息】$C_{31}H_{40}O_{15}$, 白色无定形粉末, $[\alpha]_D^{24}$ = –11° (c = 0.10, 氯仿); 无定形固体, $[\alpha]_D^{25}$ = –10.3° (c = 0.2, 二氯甲烷).【类型】环西柏烷型二萜.【来源】灯芯柳珊瑚 *Dichotella gemmacea* (南海).【活性】细胞毒 [A549, IC_{50} = (37.1±4.2)μmol/L, 对照物阿霉素, IC_{50} = (2.8±0.32)μmol/L; MG63, IC_{50} > 46.0μmol/L, 阿霉素, IC_{50} = (3.2±0.37)μmol/L]; 抗真菌 (琼脂扩散实验, 0.05mg, 真菌 *Microbotryum violaceum,* IZR = 6.0mm, 对照物青霉素, IZR = 7.0mm; 小麦壳针孢 *Septoria tritici,* IZR = 7.5mm, 青霉素, IZR = 6.0mm); 抗菌 (琼脂扩散实验, 0.05mg, 大肠杆菌 *Escherichia coli,* IZR = 12.5mm, 对照物青霉素, IZR = 15.0mm; 巨大芽胞杆菌 *Bacillus megaterium,* IZR = 6.0mm, 青霉素, IZR = 8.0mm).【文献】Y. -C. Shen, et al. JNP, 2003, 66, 302; P. -J. Sung, et al. Biochem. Syst. Ecol., 2004, 32, 185 (Rev.); C. Li, et al. JNP, 2011, 74, 1658; C. Li, et al. Mar. Drugs, 2011, 9, 1403.

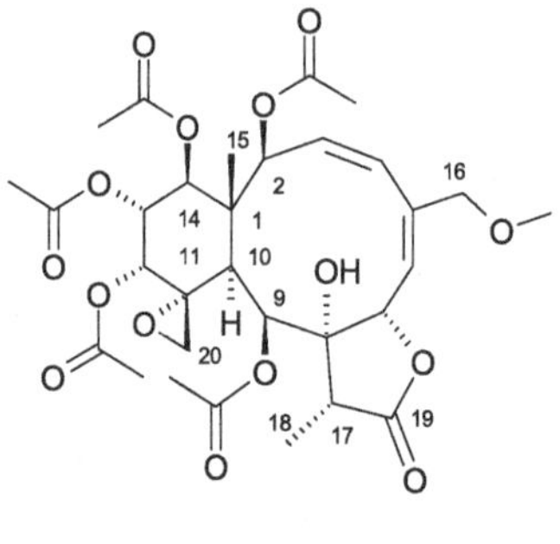

1083 Juncenolide J 灯芯柳珊瑚诺内酯 J*

【基本信息】$C_{31}H_{43}ClO_{12}$, 无定形粉末, $[\alpha]_D$ =+14° (c = 0.2, 二氯甲烷).【类型】环西柏烷型二萜.【来源】灯芯柳珊瑚 *Dichotella gemmacea* (北部湾, 广西, 中国) 和脆灯芯柳珊瑚 *Junceella juncea*.【活性】细胞毒 (A549, IC_{50} > 46.7μmol/L, 对照物阿霉素, IC_{50} = 2.8μmol/L; MG63, IC_{50} > 46.7μmol/L, 对照物阿霉素, IC_{50} = 3.2μmol/L).【文献】S. -S. Wang, et al. Helv. Chim. Acta, 2009, 92, 2092; Y. -C. Wu, et al. Mar. Drugs, 2011, 9, 2773 (Rev.); C. Li, et al. BoMCL,2012, 22, 4368.

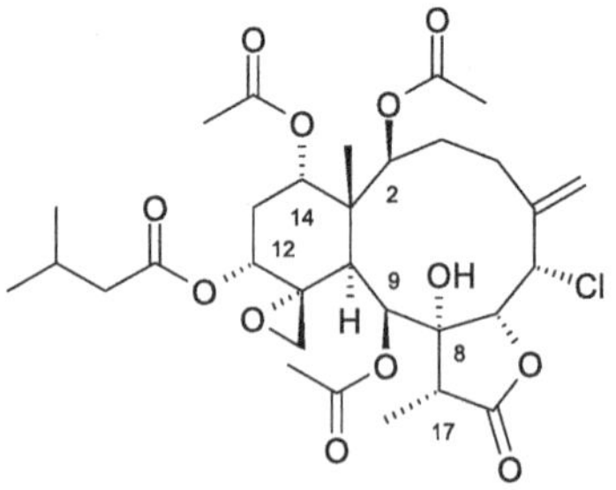

1084 Juncenolide K 灯芯柳珊瑚诺内酯 K*

【基本信息】$C_{26}H_{34}O_9$, 无定形粉末, $[\alpha]_D$ = –85° (c = 0.2, 二氯甲烷).【类型】环西柏烷型二萜.【来源】脆灯芯柳珊瑚 *Junceella juncea* (中国台湾, 水域).【活性】抗炎 (低活性).【文献】Y. -C. Lin, et al. CPB, 2005, 53, 128; S. S. Wang, et al. Helv. Chim. Acta, 2009, 92, 2092; Y. -C. Wu, et al. Mar. Drugs, 2011, 9, 2773 (Rev.).

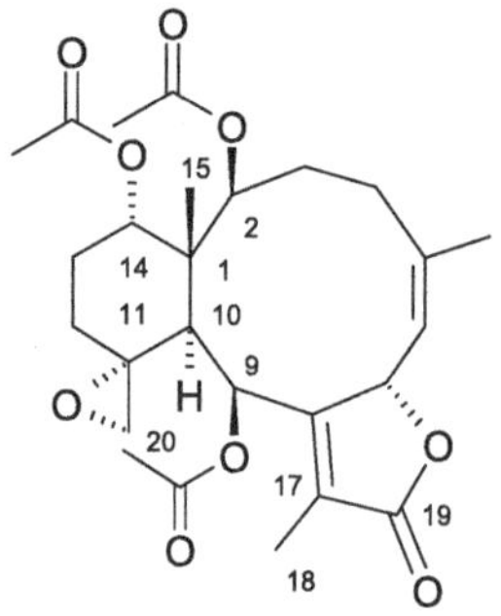

1085 Juncenolide M 灯芯柳珊瑚诺内酯 M*

【别名】Frajunolide S; 脆灯芯柳珊瑚内酯 S*.【基本信息】$C_{28}H_{35}ClO_{12}$, 无色无定形固体, $[\alpha]_D^{25}$ = –42° (c = 0.05, 二氯甲烷).【类型】环西柏烷型二萜.【来源】脆灯芯柳珊瑚 *Junceella juncea* (台东县, 台湾, 中国) 和脆灯芯柳珊瑚 *Junceella fragilis* (台东县, 台湾, 中国).【活性】抗炎 (10μg/mL, 抑制超氧化物阴离子 $O_2^{\bullet-}$ 产生, 人中性粒细胞响应 fMLP/CB, InRt = 7.6%±2.8%, 对照物染料木素, InRt = 65.0%±5.7%); 弹性蛋白酶释放抑制剂 (10μg/mL, 人中性粒细胞对 fMLP/CB 的响应, InRt = 15.9%±5.5%, 对照物染料木素, InRt = 51.6%±5.9%).【文献】J. -Y. Chang, et al. Mar. Drugs, 2012, 10, 1321; C. -C. Liaw, et al. Mar. Drugs, 2013, 11, 2042.

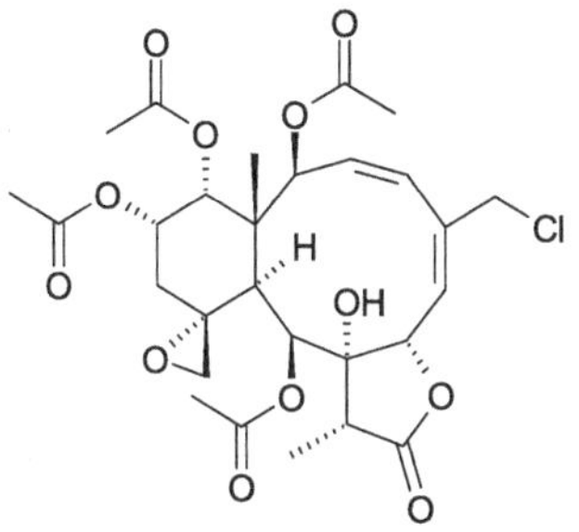

1086 Juncenolide N 灯芯柳珊瑚诺内酯 N*

【基本信息】$C_{24}H_{34}O_8$, 无色无定形固体, $[\alpha]_D^{25} = -60°$ ($c = 0.05$, 二氯甲烷).【类型】环西柏烷型二萜.【来源】脆灯芯柳珊瑚 *Junceella juncea* (台东县, 台湾, 中国).【活性】抗炎 (10μg/mL, 抑制超氧化物阴离子 $O_2^{\bullet-}$ 产生, 人中性粒细胞响应 fMLP/CB, InRt = 6.7%±2.9%) 对照物染料木素, InRt = 65.0%±5.7%) 弹性蛋白酶释放抑制剂 (10μg/mL, 人中性粒细胞对 fMLP/CB 的响应, InRt = 29.0%±5.6%, 对照物染料木素, InRt = 51.6%±5.9%)【文献】J. -Y. Chang, et al. Mar. Drugs, 2012, 10, 1321.

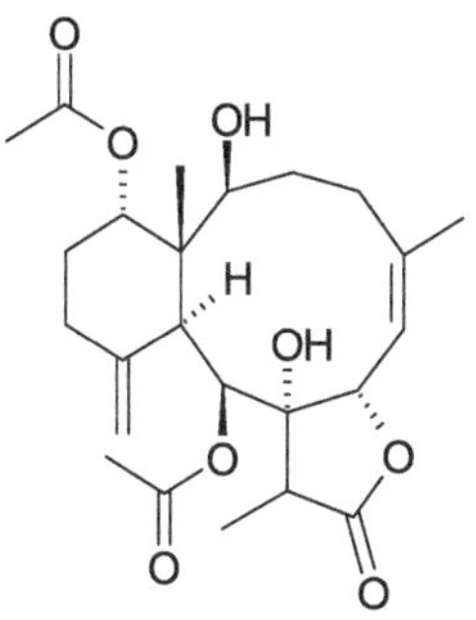

1087 Juncenolide O 灯芯柳珊瑚诺内酯 O*

【别名】Juncin Z; 脆灯芯柳珊瑚素 Z.【基本信息】$C_{29}H_{38}O_{13}$, 无色无定形固体, $[\alpha]_D^{25} = +4°$ ($c = 0.05$, 二氯甲烷); 粉末, $[\alpha]_D = +31.57°$ ($c = 0.95$, 氯仿).【类型】环西柏烷型二萜.【来源】脆灯芯柳珊瑚 *Junceella juncea* (台东县, 台湾, 中国), 脆灯芯柳珊瑚 *Junceella juncea* 和脆灯芯柳珊瑚 *Junceella fragilis* (中国台湾水域).【活性】抗炎 (10μg/mL, 抑制超氧化物阴离子 $O_2^{\bullet-}$ 产生, 人中性粒细胞响应 fMLP/CB, InRt = 27.6%±7.0%, 对照物染料木素, InRt = 65.0%±5.7%); 弹性蛋白酶释放抑制剂 (10μg/mL, 人中性粒细胞响应 fMLP/CB, InRt = 35.9%±7.4%, 对照物染料木素, InRt = 51.6%±5.9%); 抗污剂 (美国海军实验程序, 纹藤壶 *Balanus amphitrite* 幼虫在无毒的浓度下定居, EC_{50} = 1.47μg/mL, 标准需要值 EC_{50} = 25μg/mL).【文献】S. -H. Qi, et al. Tetrahedron, 2006, 62, 9123; P. -J. Sung, et al. Bull. Chem. Soc. Jpn., 2009, 82, 1426; Y. -C. Wu, et al. Mar. Drugs, 2011, 9, 2773 (Rev.); J. -Y. Chang, et al. Mar. Drugs, 2012, 10, 1321.

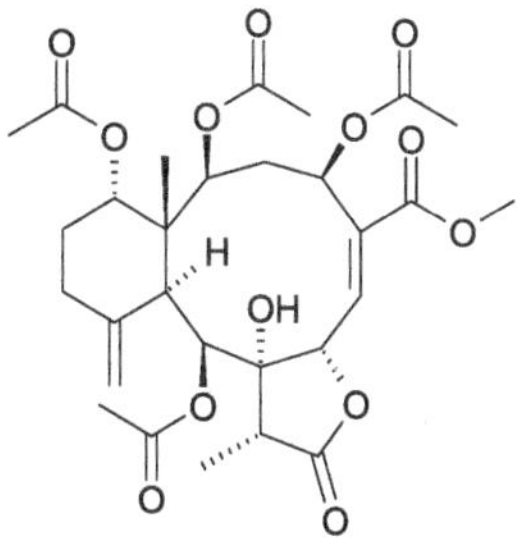

1088 Junceol A 脆灯芯柳珊瑚醇 A*

【基本信息】$C_{31}H_{44}O_{11}$, 粉末, mp 105~108°C, $[\alpha]_D^{23} = +1.3°$ ($c = 0.3$, 氯仿).【类型】环西柏烷型二萜.【来源】脆灯芯柳珊瑚 *Junceella juncea* (中国台湾水域).【活性】抗炎 (有值得注意的活性).【文献】P. -J. Sung, et al. Tetrahedron, 2008, 64, 4224; Y. -C. Wu, et al. Mar. Drugs, 2011, 9, 2773 (Rev.).

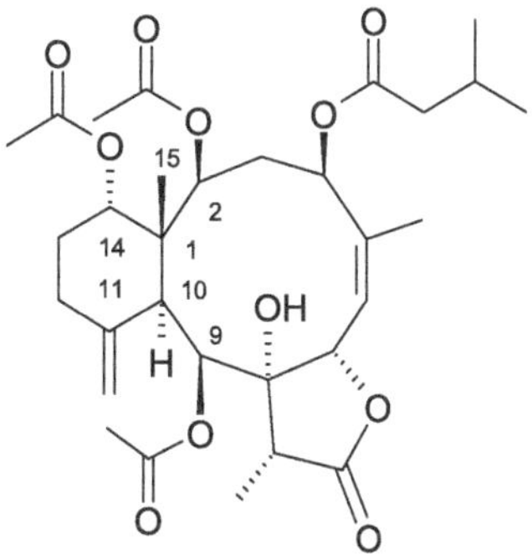

1089 Junceol B 脆灯芯柳珊瑚醇 B*

【基本信息】$C_{35}H_{49}ClO_{14}$, 粉末, mp 223~226°C,

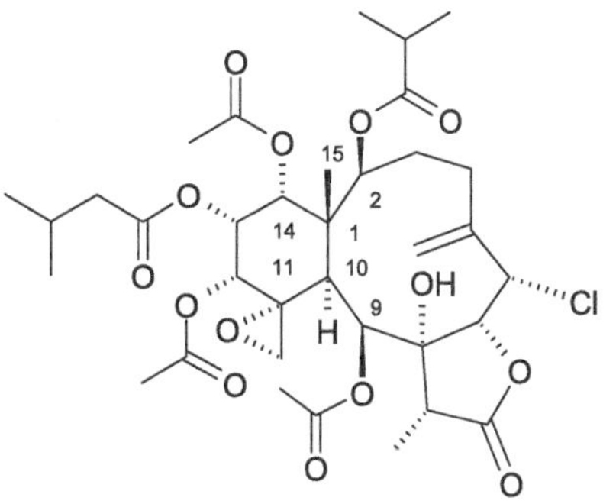

$[\alpha]_D^{23} = -24°$ ($c = 0.02$, 氯仿).【类型】环西柏烷型二萜.【来源】脆灯芯柳珊瑚 *Junceella juncea* (中国台湾水域).【活性】抗炎 (有值得注意的活性).【文献】P. -J. Sung, et al. Tetrahedron, 2008, 64, 4224; Y. -C. Wu, et al. Mar. Drugs, 2011, 9, 2773 (Rev.).

1090 Junceol C 脆灯芯柳珊瑚醇 C*

【基本信息】$C_{38}H_{55}ClO_{14}$, 粉末, mp 260~262°C, $[\alpha]_D^{23} = +21°$ ($c = 0.02$, 氯仿).【类型】环西柏烷型二萜.【来源】脆灯芯柳珊瑚 *Junceella juncea* (中国台湾水域).【活性】抗炎 (有值得注意的活性).【文献】P. -J. Sung, et al. Tetrahedron, 2008, 64, 4224; Y. -C. Wu, et al. Mar. Drugs, 2011, 9, 2773 (Rev.).

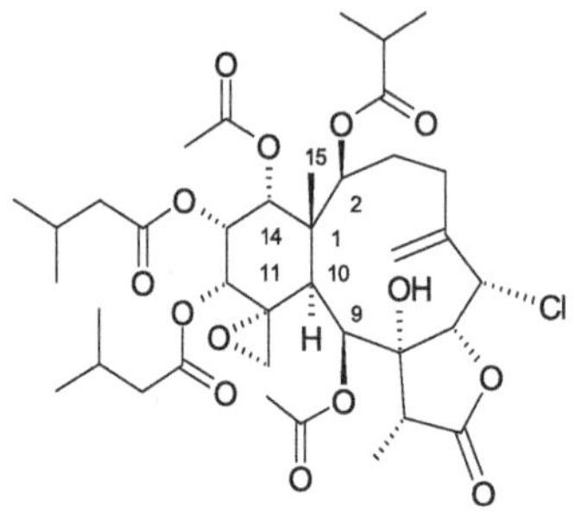

1091 Junceol D 脆灯芯柳珊瑚醇 D*

【基本信息】$C_{35}H_{50}O_{13}$, 粉末, mp 105~108°C, $[\alpha]_D^{23} = +29°$ ($c = 0.04$, 氯仿).【类型】环西柏烷型二萜.【来源】脆灯芯柳珊瑚 *Junceella juncea* (中国台湾水域).【活性】细胞毒 (CCRF-CEM, $IC_{50} = 1.3\mu g/mL$, DLD-1, $IC_{50} = 10.0\mu g/mL$).【文献】P. -J. Sung, et al. CPB, 2008, 56, 1276; Y. -C. Wu, et al. Mar. Drugs, 2011, 9, 2773 (Rev.).

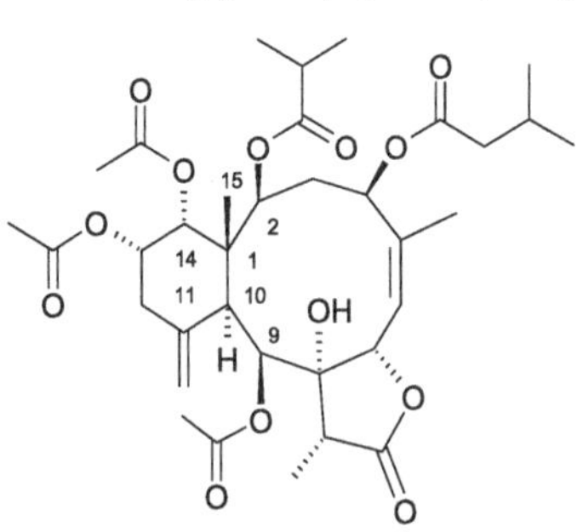

1092 Junceol E 脆灯芯柳珊瑚醇 E*

【基本信息】$C_{30}H_{42}O_{11}$, 粉末, mp 111~113°C, $[\alpha]_D^{23} = -6°$ ($c = 0.09$, 氯仿).【类型】环西柏烷型二萜.【来源】脆灯芯柳珊瑚 *Junceella juncea* (中国台湾水域).【活性】抗炎 (低活性).【文献】P. -J. Sung, et al. CPB, 2008, 56, 1276; Y. -C. Wu, et al. Mar. Drugs, 2011, 9, 2773 (Rev.).

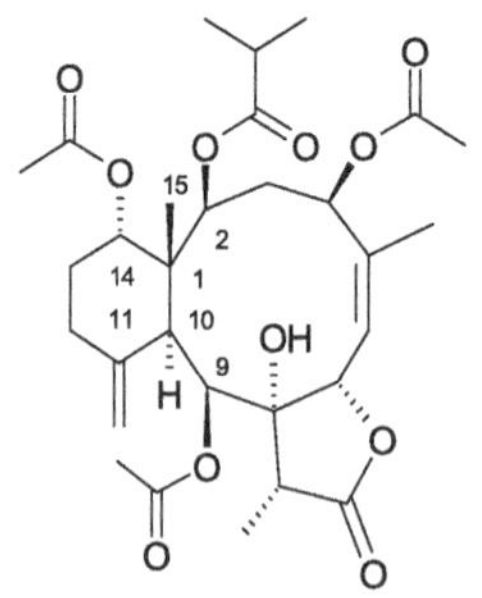

1093 Junceol F 脆灯芯柳珊瑚醇 F*

【基本信息】$C_{31}H_{44}O_{11}$, 粉末, mp 116~118°C, $[\alpha]_D^{23} = -9°$ ($c = 0.03$, 氯仿).【类型】环西柏烷型二萜.【来源】脆灯芯柳珊瑚 *Junceella juncea* (中国台湾水域).【活性】抗炎 (适度活性); 细胞毒 (CCRF-CEM, $IC_{50} = 4.9\mu g/mL$).【文献】P. -J. Sung, et al. CPB, 2008, 56, 1276; Y. -C. Wu, et al. Mar. Drugs, 2011, 9, 2773 (Rev.).

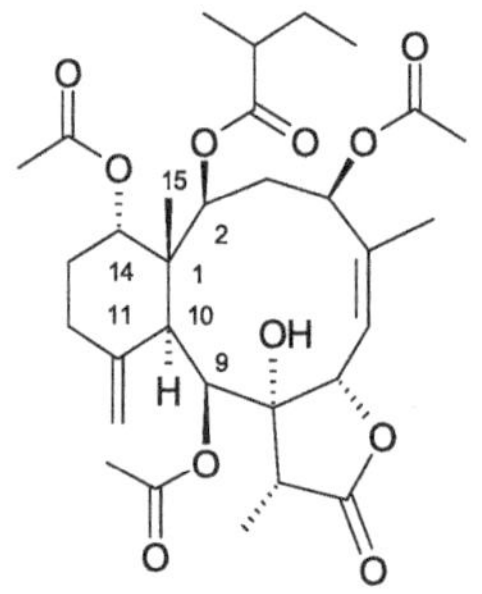

1094 Junceol G 脆灯芯柳珊瑚醇 G*

【基本信息】$C_{31}H_{44}O_{11}$, 粉末, mp 240~243°C, $[\alpha]_D^{23} = -21°$ ($c = 0.02$, 氯仿).【类型】环西柏烷型二萜.【来源】脆灯芯柳珊瑚 *Junceella juncea* (中国台湾水域).【活性】抗炎 (低活性); 细胞毒 (CCRF-CEM, $IC_{50} = 4.4\mu g/mL$).【文献】P. -J. Sung, et al. CPB, 2008, 56, 1276; Y. -C. Wu, et al. Mar. Drugs, 2011, 9, 2773 (Rev.).

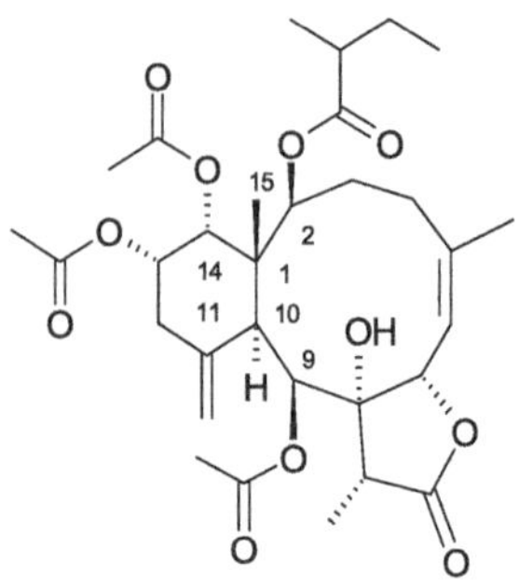

1095 Junceol H 脆灯芯柳珊瑚醇 H*

【基本信息】$C_{30}H_{42}O_{11}$，粉末，mp 272~275°C，$[\alpha]_D^{23} = -33°$ ($c = 0.03$，氯仿).【类型】环西柏烷型二萜.【来源】脆灯芯柳珊瑚 *Junceella juncea* (中国台湾水域).【活性】抗炎 (低活性)；细胞毒 (CCRF-CEM，$IC_{50} = 7.2\mu g/mL$；DLD-1，$IC_{50} = 17.0\mu g/mL$).【文献】P. -J. Sung, et al. CPB, 2008, 56, 1276; Y. -C. Wu, et al. Mar. Drugs, 2011, 9, 2773 (Rev.).

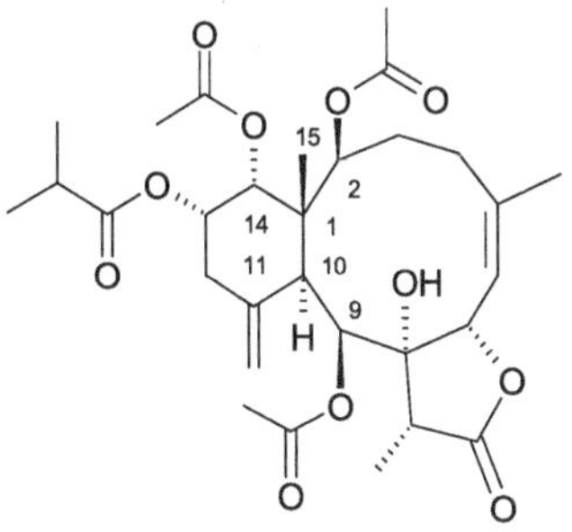

1096 Juncin E 灯芯柳珊瑚素 E*

【基本信息】$C_{30}H_{37}ClO_{14}$，油状物，$[\alpha]_D^{25} = -66°$ ($c = 0.02$，氯仿).【类型】环西柏烷型二萜.【来源】脆灯芯柳珊瑚 *Junceella juncea*.【活性】杀虫剂.【文献】S. Isaacs, et al. JNP, 1990, 53, 596; P. -J. Sung, et al. Biochem. Syst. Ecol., 2004, 32, 185 (Rev.).

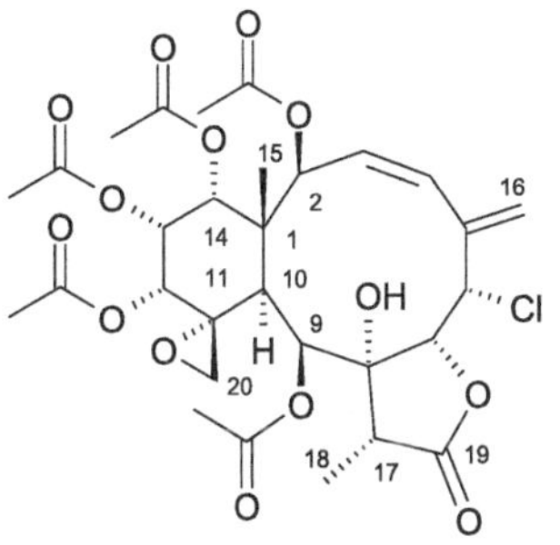

1097 Juncin O 灯芯柳珊瑚素 O*

【基本信息】$C_{33}H_{43}ClO_{14}$，白色无定形粉末 (甲醇)，$[\alpha]_D^{24} = +30°$ ($c = 0.12$，氯仿)，$[\alpha]_D = +36°$ ($c = 1.0$，氯仿).【类型】环西柏烷型二萜.【来源】灯芯柳珊瑚 *Dichotella gemmacea* (南海) 和脆灯芯柳珊瑚 *Junceella juncea*.【活性】拒食剂 (鳞翅目昆虫切根虫 *Spodoptera litura* 二龄幼虫，500μg/mL，90.7%)；细胞毒 (鳞翅目昆虫切根虫 *Spodoptera litura* 二龄幼虫，100μg/mL，死亡率：处理 24 小时 8.7%，处理 48 小时 11.9%，中等活性).【文献】S. -H. Qi, et al. JNP, 2004, 67, 1907; S. -H. Qi, et al. Chem. Nat. Comp., 2009, 45, 49; Y. -C. Wu, et al. Mar. Drugs, 2011, 9, 2773 (Rev.); C. Li, et al. JNP, 2011, 74, 1658.

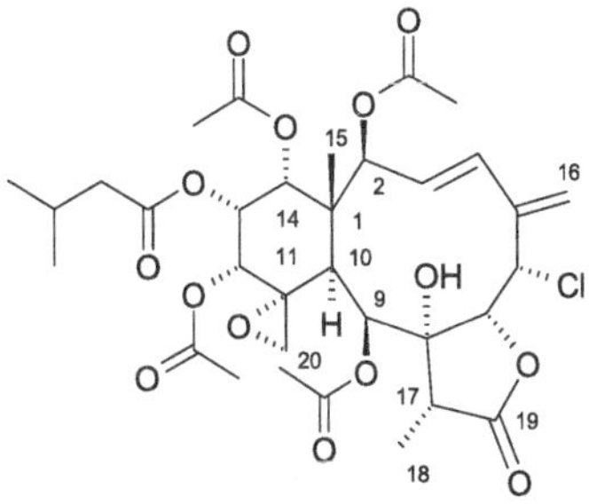

1098 Juncin P 灯芯柳珊瑚素 P*

【基本信息】$C_{28}H_{35}ClO_{13}$，粉末，$[\alpha]_D = -6.8°$ ($c = 0.24$，氯仿).【类型】环西柏烷型二萜.【来源】脆灯芯柳珊瑚 *Junceella juncea* (南海).【活性】拒食剂 (鳞翅目昆虫切根虫 *Spodoptera litura* 二龄幼虫，500μg/mL，69.0%)；细胞毒 (鳞翅目昆虫切根虫 *Spodoptera litura* 二龄幼虫，100μg/mL，死亡率：处理 24 小时 25.3%，处理 48 小时 29.7%，中等活性).【文献】S. -H. Qi, et al. JNP, 2004, 67, 1907; S. -H. Qi, et al. Chem. Nat. Comp., 2009, 45, 49; Y. -C. Wu, et al. Mar. Drugs, 2011, 9, 2773 (Rev.).

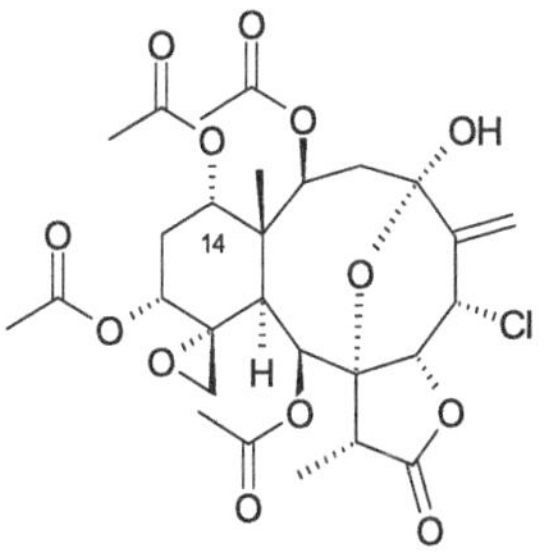

1099 Juncin Q 灯芯柳珊瑚素 Q*

【基本信息】$C_{26}H_{34}O_{13}$，粉末，$[\alpha]_D = -14°$ ($c = 0.4$，吡啶).【类型】环西柏烷型二萜.【来源】脆灯芯柳珊瑚 *Junceella juncea* (南海).【活性】拒食剂 (鳞翅目昆虫切根虫 *Spodoptera litura* 二龄幼虫，500μg/mL，46.5%)；细胞毒 (鳞翅目昆虫切根虫 *Spodoptera litura* 二龄幼虫，100μg/mL，死亡率：处理 24 小时 31.3%，处理 48 小时 44.0%，中等活性).【文献】S. -H. Qi, et al. JNP, 2004, 67, 1907; S. -H. Qi, et al. Chem. Nat. Comp., 2009, 45, 49; Y. -C. Wu, et al. Mar. Drugs, 2011, 9, 2773 (Rev.).

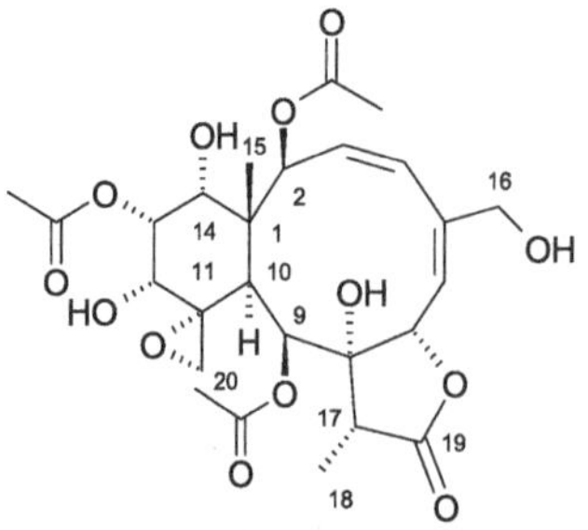

1100 Juncin R 灯芯柳珊瑚素 R*

【基本信息】$C_{33}H_{43}ClO_{14}$, 白色无定形粉末, $[\alpha]_D^{24} = -37°$ ($c = 1.14$, 氯仿).【类型】环西柏烷型二萜.【来源】灯芯柳珊瑚 *Dichotella gemmacea* (南海) 和脆灯芯柳珊瑚 *Junceella juncea*.【活性】细胞毒 [A549, $IC_{50} = (13.9±2.5)$μmol/L, 对照物阿霉素, $IC_{50} = (2.8±0.32)$μmol/L; MG63, $IC_{50} = (5.6±1.2)$μmol/L, 阿霉素, $IC_{50} = (3.2±0.37)$μmol/L]; 抗真菌 (琼脂扩散实验, 0.05mg, 真菌 *Microbotryum violaceum,* IZR = 7.5mm, 对照物青霉素, IZR = 7.0mm; 小麦壳针孢 *Septoria tritici,* IZR = 7.5mm, 青霉素, IZR = 6.0mm); 抗菌 (琼脂扩散实验, 0.05mg, 大肠杆菌 *Escherichia coli,* IZR = 14.0mm, 对照物青霉素, IZR = 15.0mm; 巨大芽孢杆菌 *Bacillus megaterium,* IZR = 6.0mm, 青霉素, IZR = 8.0mm); 抗污剂 (美国海军实验程序, 纹藤壶 *Balanus amphitrite* 幼虫在无毒浓度下定居, $EC_{50} = 0.004$μg/mL; 标准需求 $EC_{50} = 25$μg/mL).【文献】S.-H. Qi, et al. Tetrahedron, 2006, 62, 9123; Y.-C. Wu, et al. Mar. Drugs, 2011, 9, 2773 (Rev.); C. Li, et al. Mar. Drugs, 2011, 9, 1403; C. Li, et al. JNP, 2011, 74, 1658.

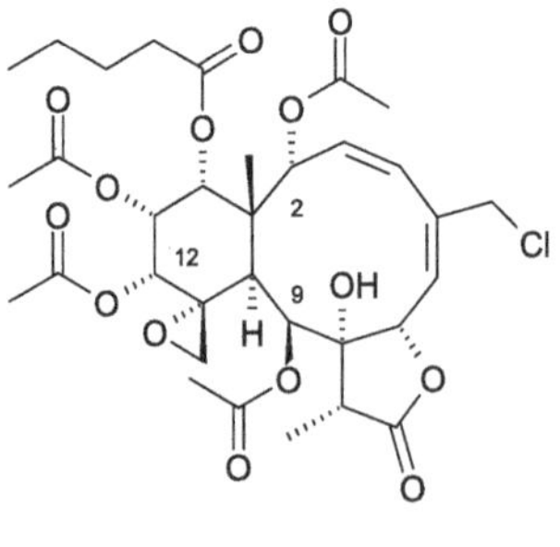

1101 Juncin S 灯芯柳珊瑚素 S*

【基本信息】$C_{33}H_{43}ClO_{14}$, 白色无定形粉末, $[\alpha]_D^{24} = -33°$ ($c = 0.97$, 氯仿).【类型】环西柏烷型二萜.【来源】灯芯柳珊瑚 *Dichotella gemmacea* (南海) 和脆灯芯柳珊瑚 *Junceella juncea*.【活性】细胞毒 [A549, $IC_{50} = (20.2±2.3)$μmol/L, 对照物阿霉素, $IC_{50} = (2.8±0.32)$μmol/L; MG63, $IC_{50} = (16.5±2.4)$μmol/L, 阿霉素, $IC_{50} = (3.2±0.37)$μmol/L]; 抗真菌 (琼脂扩散实验, 0.05mg, 真菌 *Microbotryum violaceum,* IZR = 5.5mm, 对照物青霉素, IZR = 7.0mm; 小麦壳针孢 *Septoria tritici,* IZR = 7.0mm, 青霉素, IZR = 6.0mm); 抗菌 (琼脂扩散实验, 0.05mg, 大肠杆菌 *Escherichia coli,* IZR = 10.0mm, 对照物青霉素, IZR = 15.0mm; 巨大芽孢杆菌 *Bacillus megaterium,* IZR = 0mm, 青霉素, IZR = 8.0mm); 抗污剂 (美国海军实验程序, 纹藤壶 *Balanus amphitrite* 幼虫在无毒浓度下定居, $EC_{50} = 0.34$μg/mL, 标准需求 $EC_{50} = 25$μg/mL).【文献】S. -H. Qi, et al. Tetrahedron, 2006, 62, 9123; C. Li, et al. JNP, 2011, 74, 1658; C. Li, et al. Mar. Drugs, 2011, 9, 1403; Y. -C. Wu, et al. Mar. Drugs, 2011, 9, 2773 (Rev.).

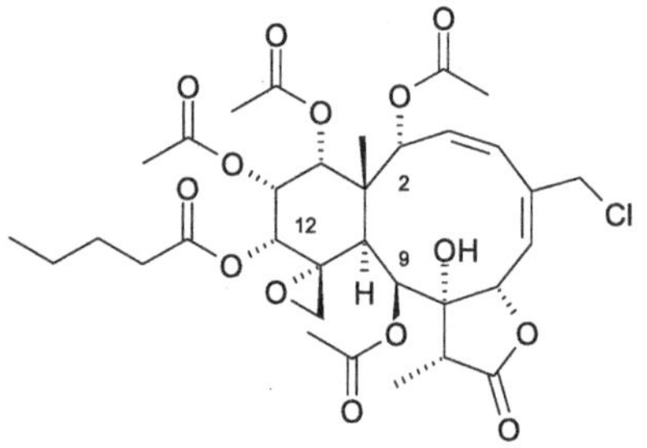

1102 Juncin T 灯芯柳珊瑚素 T*

【基本信息】$C_{36}H_{48}O_{17}$, 粉末, $[\alpha]_D = -14°$ ($c = 0.4$, 氯仿).【类型】环西柏烷型二萜.【来源】脆灯芯柳珊瑚 *Junceella juncea* (南海).【活性】抗污剂 (美国海军实验程序, 纹藤壶 *Balanus amphitrite* 幼虫在无毒浓度下定居, $EC_{50} = 2.65$μg/mL, 标准需求 $EC_{50} = 25$μg/mL).【文献】S. -H. Qi, et al. Tetrahedron, 2006, 62, 9123; Y. -C. Wu, et al. Mar. Drugs, 2011, 9, 2 773 (Rev.).

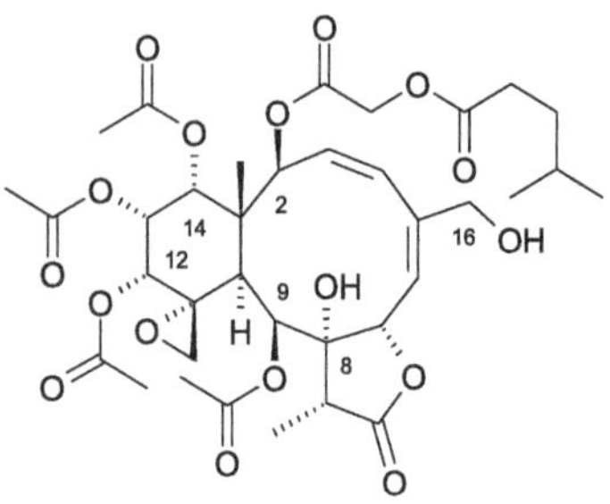

1103 Juncin U 灯芯柳珊瑚素 U*

【基本信息】$C_{34}H_{46}O_{14}$，白色无定形粉末，$[\alpha]_D^{24}$ = –20° (c = 0.87，氯仿)．【类型】环西柏烷型二萜．【来源】灯芯柳珊瑚 *Dichotella gemmacea* (南海) 和脆灯芯柳珊瑚 *Junceella juncea*．【活性】细胞毒 [A549，IC_{50} > 43.2μmol/L，对照物阿霉素，IC_{50} = (2.8±0.32)μmol/L；MG63，IC_{50} = > 43.2μmol/L，阿霉素，IC_{50} = (3.2±0.37)μmol/L]；抗真菌 (琼脂扩散实验，0.05mg，真菌 *Microbotryum violaceum,* IZR = 0mm，对照物青霉素，IZR = 7.0mm；小麦壳针孢 *Septoria tritici,* IZR = 7.5mm，青霉素，IZR = 6.0mm)；抗菌 (琼脂扩散实验，0.05mg，大肠杆菌 *Escherichia coli,* IZR = 11.0mm，对照物青霉素，IZR = 15.0mm；巨大芽孢杆菌 *Bacillus megaterium,* IZR = 8.0mm，青霉素，IZR = 8.0mm)；抗污剂 (美国海军实验程序，纹藤壶 *Balanus amphitrite* 幼虫在无毒浓度下定居，EC_{50} = 1.61μg/mL，标准需求 EC_{50} = 25μg/mL)．【文献】S. -H. Qi, et al. Tetrahedron, 2006, 62, 9123; C. Li, et al. JNP, 2011, 74, 1658; C. Li, et al. Mar. Drugs, 2011, 9, 1403; Y. -C. Wu, et al. Mar. Drugs, 2011, 9, 2773 (Rev.).

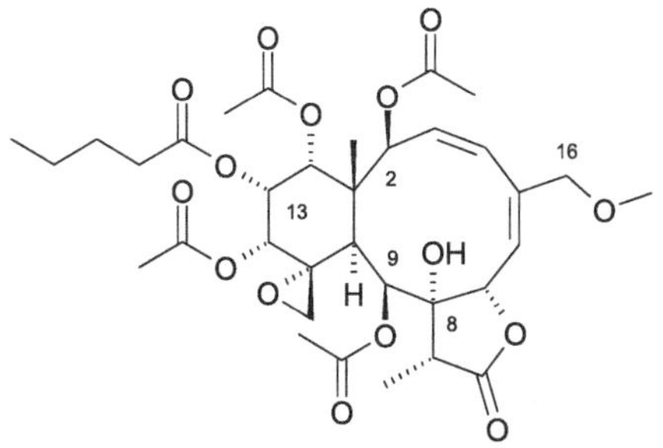

1104 Juncin V 灯芯柳珊瑚素 V*

【基本信息】$C_{27}H_{36}O_{13}$，粉末，$[\alpha]_D$ = –13.1° (c = 0.32，氯仿)．【类型】环西柏烷型二萜．【来源】脆灯芯柳珊瑚 *Junceella juncea* (南海)．【活性】抗污剂 (美国海军实验程序，纹藤壶 *Balanus amphitrite* 幼虫在无毒浓度下定居，EC_{50} = 3.77μg/mL，标准需求 EC_{50} = 25μg/mL)．【文献】S. -H. Qi, et al. Tetrahedron, 2006, 62, 9123; Y. -C. Wu, et al. Mar. Drugs, 2011, 9, 2773 (Rev.).

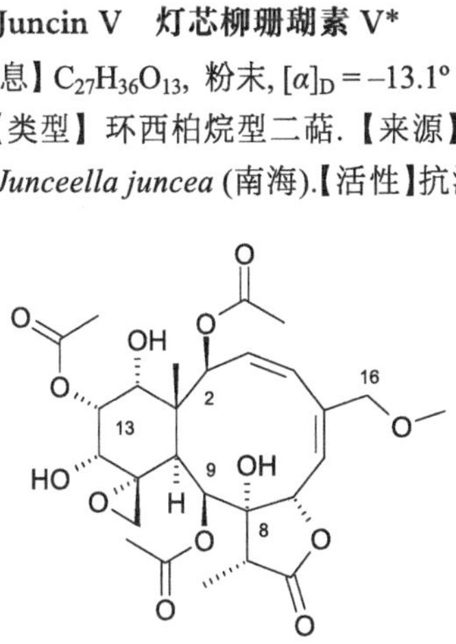

1105 Juncin W 灯芯柳珊瑚素 W*

【基本信息】$C_{28}H_{36}O_{14}$，粉末，$[\alpha]_D$ = –11.7° (c = 1.45，氯仿)．【类型】环西柏烷型二萜．【来源】脆灯芯柳珊瑚 *Junceella juncea* (南海)．【活性】抗污剂 (美国海军实验程序，纹藤壶 *Balanus amphitrite* 幼虫在无毒浓度下定居，EC_{50} = 21.06μg/mL，标准需求 EC_{50} = 25μg/mL)．【文献】S. -H. Qi, et al. Tetrahedron, 2006, 62, 9123; Y. -C. Wu, et al. Mar. Drugs, 2011, 9, 2773 (Rev.).

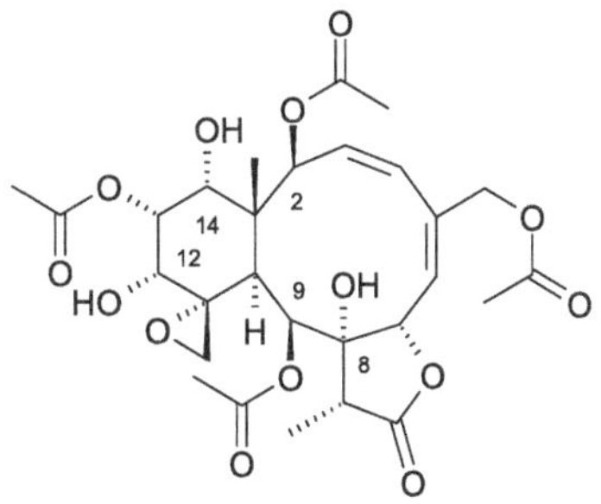

1106 Juncin X 灯芯柳珊瑚素 X*

【基本信息】$C_{30}H_{40}O_{14}$，粉末，$[\alpha]_D$ = +21.34° (c = 0.89，氯仿)．【类型】环西柏烷型二萜．【来源】脆灯芯柳珊瑚 *Junceella juncea*.【活性】抗污剂 (美国海军实验程序，纹藤壶 *Balanus amphitrite* 幼虫在无毒浓度下定居，EC_{50} = 0.004μg/mL，标准需求 EC_{50} = 25μg/mL)．【文献】S. -H. Qi, et al. Tetrahedron, 2006, 62, 9123; Y. -C. Wu, et al. Mar. Drugs, 2011, 9, 2773 (Rev.).

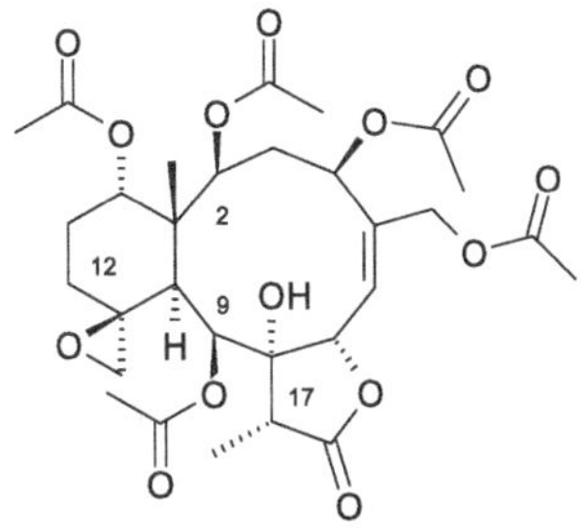

1107 Juncin Y 灯芯柳珊瑚素 Y*

【基本信息】$C_{30}H_{40}O_{13}$，粉末，$[\alpha]_D$ = +36° (c = 1，氯仿)．【类型】环西柏烷型二萜．【来源】脆灯芯柳珊瑚 *Junceella juncea* (南海)，脆灯芯柳珊瑚

Junceella fragilis (中国台湾水域).【活性】抗污剂 (美国海军实验程序, 纹藤壶 *Balanus amphitrite* 幼虫在无毒浓度下定居, $EC_{50} = 0.14\mu g/mL$, 标准需求 $EC_{50} = 25\mu g/mL$).【文献】S. -H. Qi, et al. Tetrahedron, 2006, 62, 9123; P. -J. Sung, et al. Bull. Chem. Soc. Jpn., 2009, 82, 1426; Y. -C. Wu, et al. Mar. Drugs, 2011, 9, 2773 (Rev.).

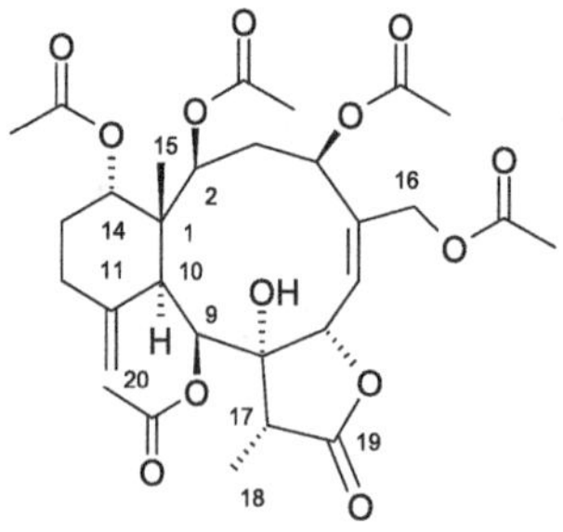

1108 Juncin Z_2 灯芯柳珊瑚素 Z_2*

【基本信息】$C_{34}H_{47}ClO_{14}$.【类型】环西柏烷型二萜.【来源】脆灯芯柳珊瑚 *Junceella juncea* (南海).【活性】拒食剂 (鳞翅目昆虫切根虫 *Spodoptera litura* 二龄幼虫, 500μg/mL, 84.5%, 中等活性); 细胞毒 (鳞翅目昆虫切根虫 *Spodoptera litura* 二龄幼虫, 100μg/mL, 细胞死亡率: 处理 24 小时 20.5%, 处理 48 小时 43.2%); 抗污剂 (纹藤壶 *Balanus amphitrite* 幼虫, $EC_{50} = 0.004\mu g/mL$).【文献】S. -H. Qi, et al. Chem. Nat. Comp., 2009, 45, 49; Y. -C. Wu, et al. Mar. Drugs, 2011, 9, 2773 (Rev.).

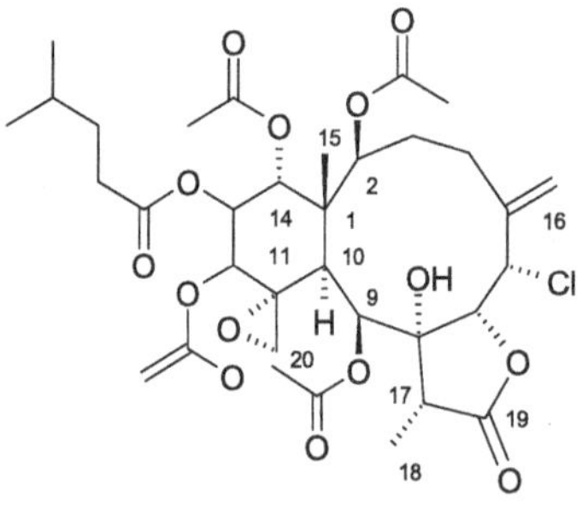

1109 Juncin ZⅠ 灯芯柳珊瑚素 ZⅠ*

【基本信息】$C_{26}H_{33}ClO_{11}$, 粉末, $[\alpha]_D = +9.3°$ ($c = 1.29$, 氯仿).【类型】环西柏烷型二萜.【来源】脆灯芯柳珊瑚 *Junceella juncea* (南海), 脆灯芯柳珊瑚 *Junceella fragilis* (中国台湾水域).【活性】抗污剂 (美国海军实验程序, 纹藤壶 *BaLanus amphitrite* 幼虫在无毒浓度下定居, $EC_{50} = 0.51\mu g/mL$, 标准需求 $EC_{50} = 25\mu g/mL$).【文献】S. -H. Qi, et al. Tetrahedron, 2006, 62, 9123; P. -J. Sung, et al. Bull. Chem. Soc. Jpn., 2009, 82, 1426; Y. -C. Wu, et al. Mar. Drugs, 2011, 9, 2773 (Rev.).

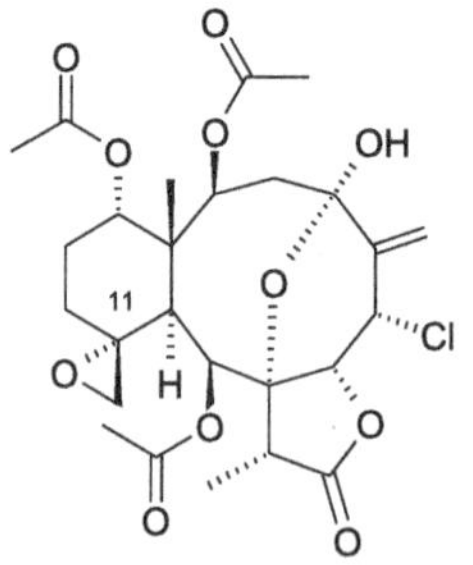

1110 Juncin ZⅡ 灯芯柳珊瑚素 ZⅡ*

【基本信息】$C_{32}H_{45}ClO_{13}$.【类型】环西柏烷型二萜.【来源】脆灯芯柳珊瑚 *Junceella juncea* (三亚, 海南, 中国).【活性】抗污剂 (纹藤壶 *Balanus amphitrite,* 有潜力的).【文献】S. H. Qi, et al. Chem. Nat. Compd., 2009, 45, 49.

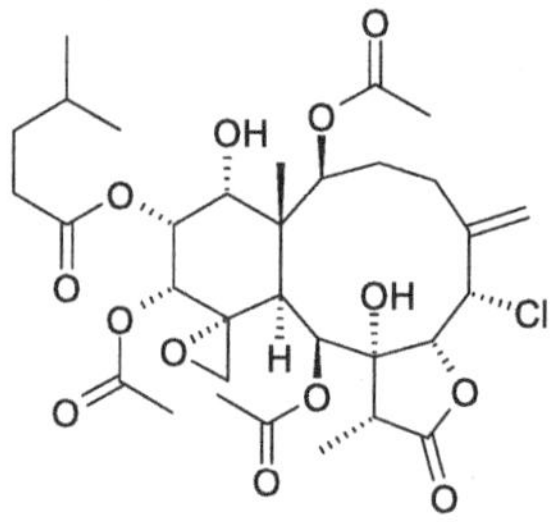

1111 Malayenolide A 马来棒海鳃内酯 A*

【基本信息】$C_{29}H_{34}O_6$, 无定形固体, $[\alpha]_D = +158.1°$ ($c = 1.05$, 氯仿).【类型】环西柏烷型二萜.【来源】珊瑚纲八放珊瑚亚纲海鳃目马来棒海鳃 *Veretillum malayense* (印度尼西亚).【活性】有毒的 (盐水丰年虾, $LC_{50} = 100\mu g/mL$).【文献】X. Fu, et al. JNP, 1999, 62, 584.

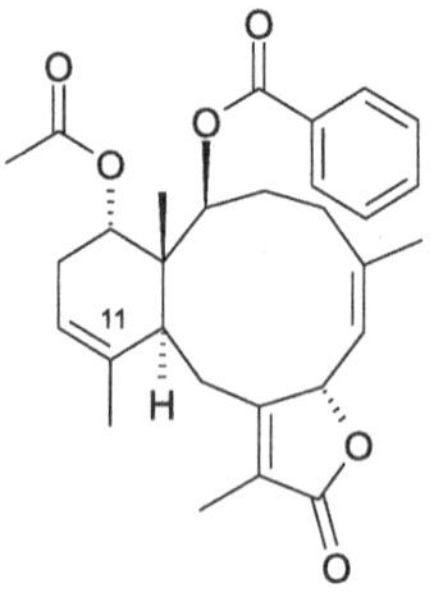

1112 Malayenolide B 马来棒海鳃内酯 B*

【基本信息】$C_{29}H_{34}O_7$, 无定形固体, $[\alpha]_D = +85.0°$

($c = 0.6$, 氯仿).【类型】环西柏烷型二萜.【来源】珊瑚纲八放珊瑚亚纲海鳃目马来棒海鳃 *Veretillum malayense* (印度尼西亚).【活性】有毒的 (盐水丰年虾, $LC_{50} < 2\mu g/mL$).【文献】X. Fu, et al. JNP, 1999, 62, 584.

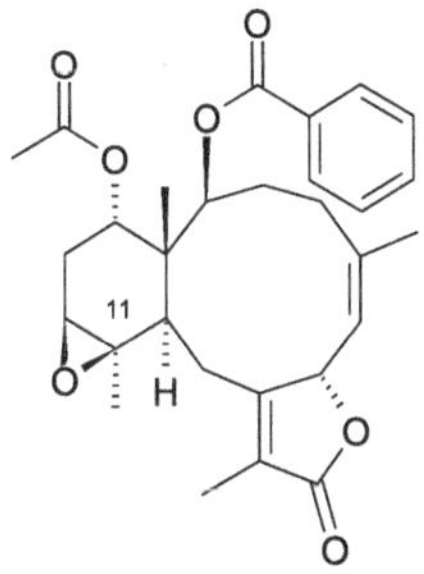

1113 Malayenolide C 马来棒海鳃内酯 C*

【基本信息】$C_{27}H_{36}O_6$, 无定形固体, $[\alpha]_D = +69.9°$ ($c = 1.53$, 氯仿).【类型】环西柏烷型二萜.【来源】珊瑚纲八放珊瑚亚纲海鳃目马来棒海鳃 *Veretillum malayense* (印度尼西亚).【活性】有毒的 (盐水丰年虾, $LC_{50} = 20\mu g/mL$).【文献】X. Fu, et al. JNP, 1999, 62, 584

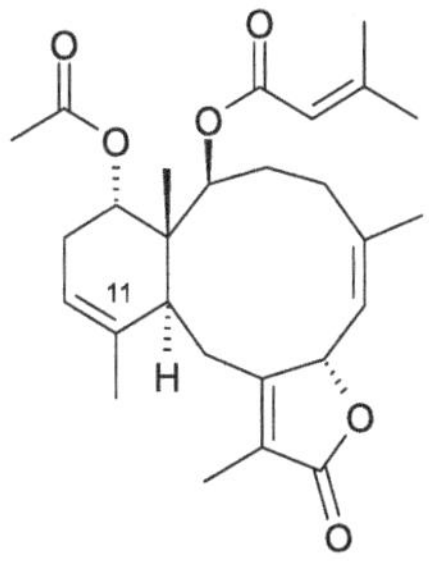

1114 Malayenolide D 马来棒海鳃内酯 D*

【基本信息】$C_{27}H_{36}O_7$, 无定形固体, $[\alpha]_D = +29.0°$ ($c = 0.69$, 氯仿).【类型】环西柏烷型二萜.【来源】珊瑚纲八放珊瑚亚纲海鳃目马来棒海鳃 *Veretillum malayense* (印度尼西亚).【活性】有毒的 (盐水丰年虾, $LC_{50} = 20\mu g/mL$).【文献】X. Fu, et al. JNP, 1999, 62, 584.

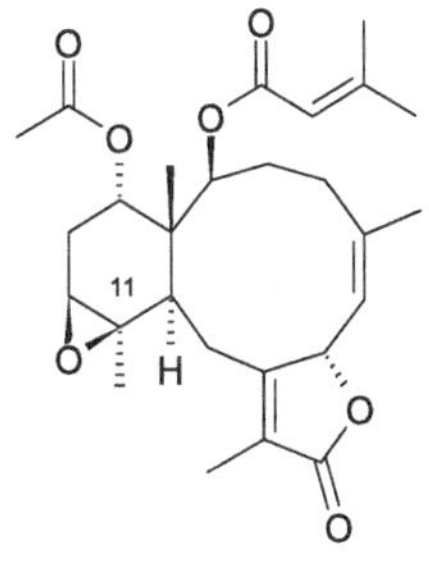

1115 Minabein 8 米纳贝软珊瑚素 8*

【基本信息】Renillafoulin A; 肾海鳃佛林 A*.【基本信息】$C_{24}H_{32}O_9$, 晶体 (甲醇) 或 白色固体, 溶于甲醇和氯仿, 难溶于水.【类型】环西柏烷型二萜.【来源】软珊瑚科(Alcyoniidae) 软珊瑚 *Minabea* sp. 和软珊瑚科 Alcyoniidae 软珊瑚* *Eleuthcrobia* sp., 珊瑚纲八放珊瑚亚纲海鳃目海紫罗兰科肾海鳃 *Renilla reniformis.*【活性】抗污剂 (抑制藤壶幼虫定居, $EC_{50} = 0.02\sim0.2pg/mL$).【文献】P. A. Kiefer, et al. JOC, 1986, 51, 4450; M. B. Ksebati, et al. Bull. Soc. Chim. Belg., 1986, 95, 835; S. C. Lievens, et al. JNP, 2004, 67, 2130.

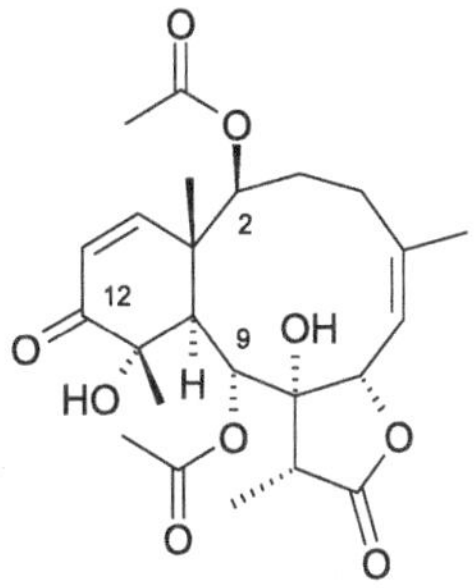

1116 Nuiinoalide A 奴诺内酯 A*

【基本信息】$C_{28}H_{37}ClO_{12}$, 固体, $[\alpha]_D = -15°$ ($c = 1.2$, 氯仿).【类型】环西柏烷型二萜.【来源】一种未鉴定的八放珊瑚.【活性】免疫调节.【文献】M. T. Hamann, et al. Heterocycles, 1996, 42, 325.

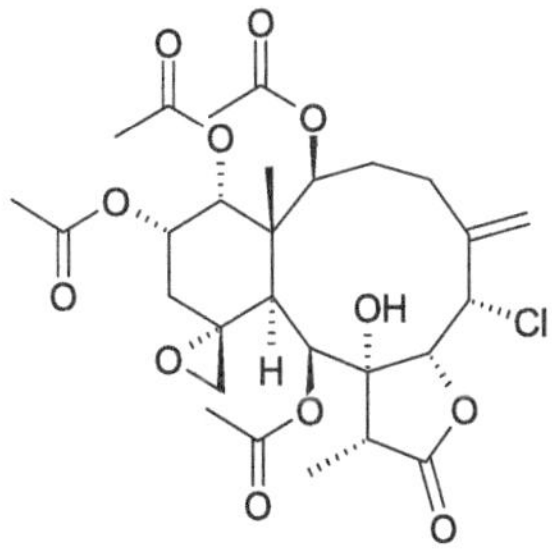

1117 Praelolide 丛柳珊瑚内酯*

【基本信息】$C_{28}H_{35}ClO_{12}$.【类型】环西柏烷型二萜.【来源】灯芯柳珊瑚 *Dichotella gemmacea* (北部湾, 广西, 中国), 鞭柳珊瑚科 Ellisellidae 鞭珊瑚* *Gorgonella umbraculum* [Syn. *Verrucella umbraculum*] (编者根据 WoRMS 增加的推荐学名, 原学名不为该名录接受), 脆灯芯柳珊瑚 *Junceella fragilis,* 丛柳珊瑚科 Plexauridae 柳珊瑚 *Plexauroides praelonga* [Syn. *Menella praelonga*] (编者根据 WoRMS 增加的推荐学名, 原学名不为该名录接受), 和小月柳

珊瑚属* *Menella praelonga*.【活性】细胞毒 (A549, IC_{50} > 50.1μmol/L, 对照物阿霉素, IC_{50} = 2.8μmol/L; MG63, IC_{50} > 50.1μmol/L, 对照物阿霉素, IC_{50} = 3.2μmol/L).【文献】Y. Luo, et al. Bull. Chem. Soc. Jpn., 1983, 83; J. Dai, et al. Sci. Sin., Ser. B: (Engl. edn.), 1985, 28, 1132; J. Shin, et al. Tetrahedron, 1989, 45, 1633; C. Li, et al. BoMCL, 2012, 22, 4368.

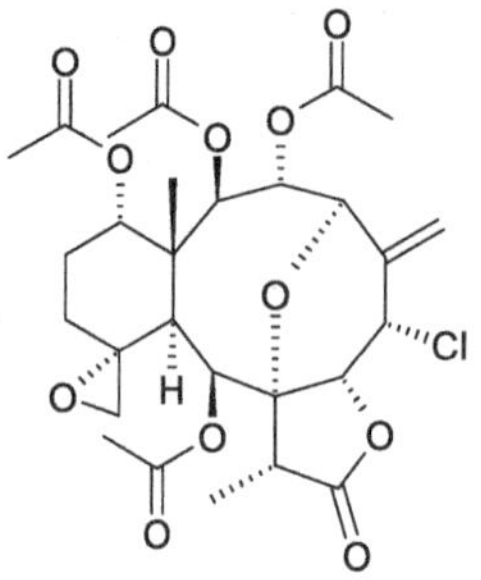

1118 12-Ptilosarcenol 12-海笔烯醇*

【别名】(2*β*,3*Z*,6*α*,7*α*,9*β*,12*α*)-6-Chloro-2,9-diacetoxy-8,12-dihydroxy-3,5(16),13-briaratrien-18,7-olide; (2*β*,3*Z*,6*α*,7*α*,9*β*,12*α*)-6-氯-2,9-二乙酰氧基-8,12-二羟基-3,5(16),13-环西柏三烯-18,7-内酯.【基本信息】$C_{24}H_{31}ClO_8$, $[\alpha]_D^{26}$ = −62.9° (*c* = 0.56, 二氯甲烷).【类型】环西柏烷型二萜.【来源】珊瑚纲八放珊瑚亚纲海鳃目海笔 *Ptilosarcus gurneyi*.【活性】杀虫剂.【文献】R. L. Hendrickson, et al. Tetrahedron, 1986, 42, 6565.

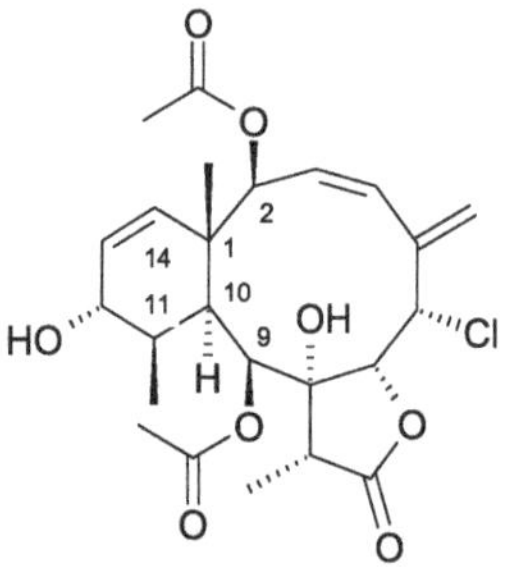

1119 Ptilosarcenone 海笔烯酮*

【基本信息】$C_{24}H_{29}ClO_8$, 晶体, mp 153~155°C, $[\alpha]_D^{26}$ = −72.4° (*c* = 1.01, 二氯甲烷).【类型】环西柏烷型二萜.【来源】珊瑚纲八放珊瑚亚纲海鳃目海笔 *Ptilosarcus gurneyi* (北太平洋).【活性】杀虫剂.【文献】S. J. Wratten, et al. Tetrahedron Lett., 1977, 1559; R. L. Hendrickson, et al. Tetrahedron, 1986, 42, 6565.

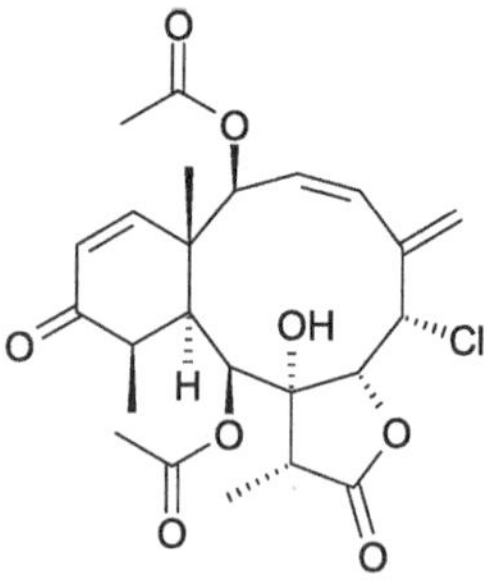

1120 Ptilosarcone 海笔酮*

【基本信息】$C_{28}H_{37}ClO_{10}$, 海笔酮在极性溶剂中分解产生海笔烯酮.【类型】环西柏烷型二萜.【来源】珊瑚纲八放珊瑚亚纲海鳃目海笔 *Ptilosarcus gurneyi* (北太平洋).【活性】有毒的.【文献】S. J. Wratten, et al. Tetrahedron Lett., 1977, 1559.

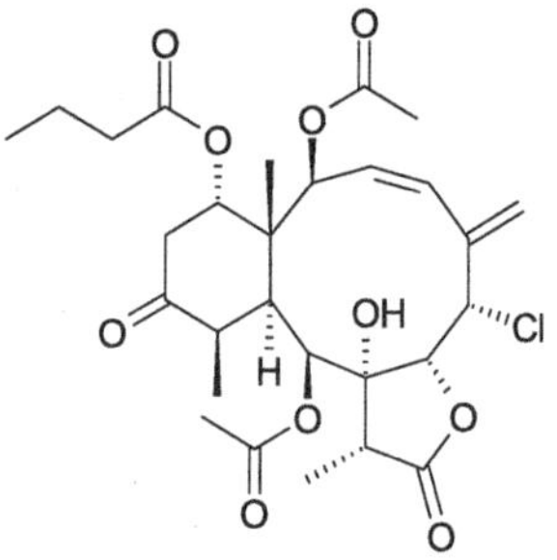

1121 Renillafoulin B 肾海鳃佛林 B*

【基本信息】$C_{25}H_{34}O_9$, 溶于甲醇, 氯仿; 难溶于水.【类型】环西柏烷型二萜.【来源】珊瑚纲八放珊瑚亚纲海鳃目海紫罗兰科肾海鳃 *Renilla reniformis*.【活性】抗污剂 (抑制藤壶幼虫定居, EC_{50} = 0.02~0.2pg/mL).【文献】P. A. Kiefer, et al. JOC, 1986, 51, 4450.

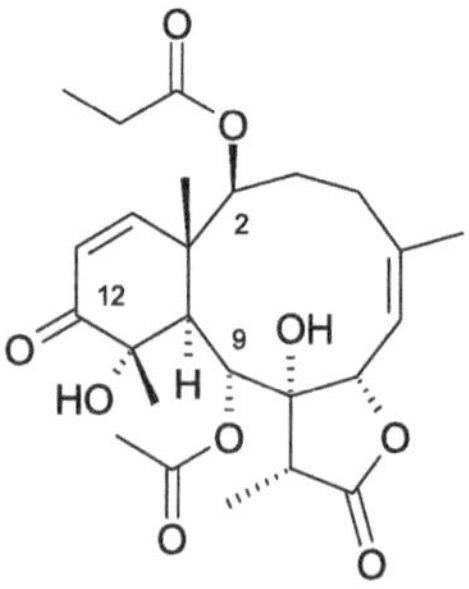

1122 Renillafoulin C 肾海鳃佛林 C*

【基本信息】$C_{26}H_{36}O_9$, 溶于甲醇, 氯仿; 难溶于水.【类型】环西柏烷型二萜.【来源】珊瑚纲八放珊瑚亚纲海鳃目海紫罗兰科肾海鳃 *Renilla reniformis*.【活性】抗污剂 (抑制藤壶幼虫定居,

EC_{50} = 0.02~0.2pg/mL).【文献】P. A. Kiefer, et al. JOC, 1986, 51, 4450.

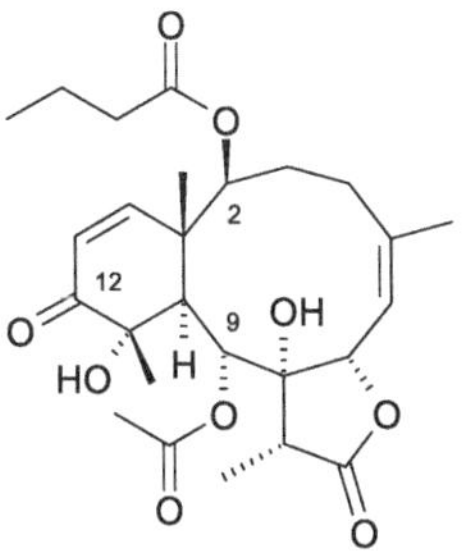

1123 Solenolide A‡ 环西柏柳珊瑚内酯 A*

【基本信息】$C_{28}H_{41}ClO_9$，晶体（乙醚），mp 132~133°C, $[\alpha]_D^{20}$ = –56° (*c* = 0.63, 氯仿).【类型】环西柏烷型二萜.【来源】环西柏柳珊瑚属* *Solenopodium* sp. [Syn. *Briareum* sp.] (编者根据世界海洋物种注册名录 WoRMS 增加的推荐学名，原学名不被该名录接受)，蓝紫环西柏柳珊瑚* *Briareum violacea* (屏东县，中国台湾，水深 15m, 2007 年 5 月采样).【活性】抗病毒；抗炎.【文献】A. Groweiss, et al. JOC, 1988, 53, 2401; C. -C. Liaw, et al. Mar. Drugs, 2014, 12, 4677.

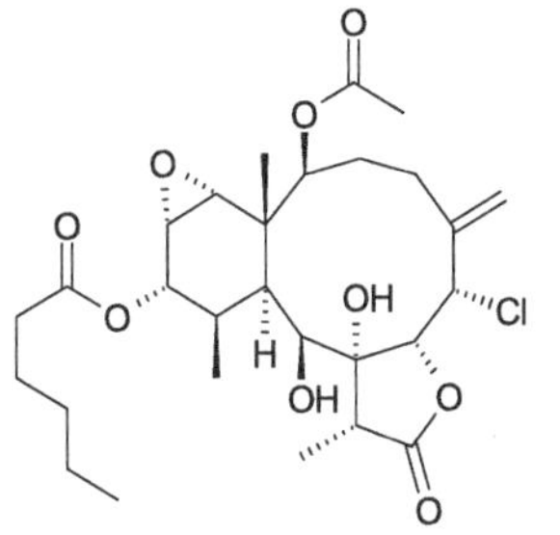

1124 Stecholide A 环西柏柳珊瑚内酯 A*

【基本信息】$C_{28}H_{38}O_{11}$，白色固体（丙酮/己烷），mp 113~115°C, $[\alpha]_D$ =+54.8° (*c* = 0.23, 氯仿).【类型】环西柏烷型二萜.【来源】环西柏柳珊瑚属* *Solenopodium stechei* [Syn. *Briareum stechei*] (编者根据世界海洋物种注册名录 WoRMS 增加的推荐学名，原学名不被该名录接受) (大堡礁，澳大利亚).【活性】细胞毒 (P_{388}, ED_{50} = 4.5μg/mL).【文献】S. J. Bloor, et al. JOC, 1992, 57, 1205.

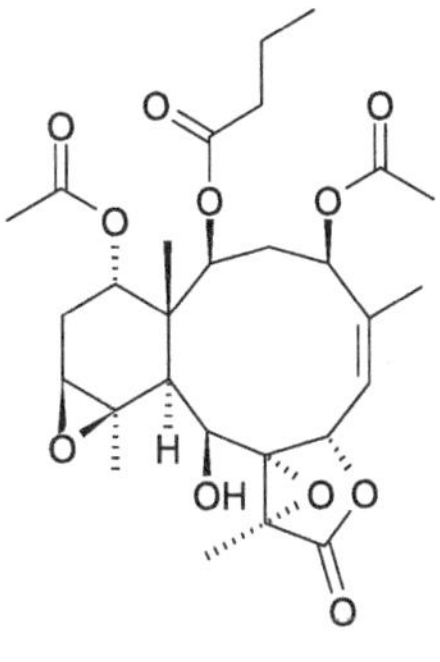

1125 Stecholide B 环西柏柳珊瑚内酯 B*

【基本信息】$C_{27}H_{36}O_{11}$，晶体（苯/己烷），mp 123~127°C, $[\alpha]_D$ = +89.0° (*c* = 0.09, 氯仿).【类型】环西柏烷型二萜.【来源】环西柏柳珊瑚属* *Solenopodium stechei* [Syn. *Briareum stechei*] (大堡礁，澳大利亚).【活性】细胞毒 (P_{388}, ED_{50} = 5.4μg/mL).【文献】S. J. Bloor, et al. JOC, 1992, 57, 1205.

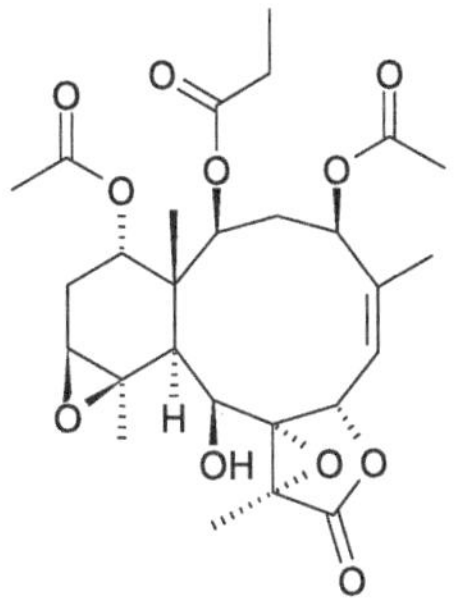

1126 Stecholide H 环西柏柳珊瑚内酯 H*

【基本信息】$C_{26}H_{36}O_9$，白色粉末，mp 84~88°C, $[\alpha]_D$ = –57.2° (*c* = 0.32, 氯仿).【类型】环西柏烷型二萜.【来源】环西柏柳珊瑚属* *Solenopodium stechei* [Syn. *Briareum stechei*] (大堡礁，澳大利亚).【活性】细胞毒 (P_{388}, ED_{50} = 10μg/mL).【文献】S. J. Bloor, et al. JOC, 1992, 57, 1205.

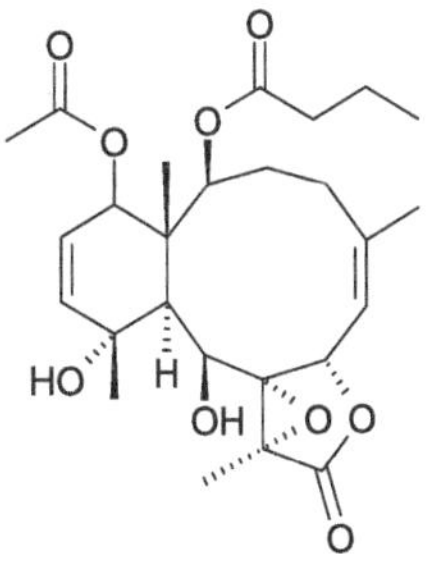

1127 Stylatulide 柱海鳃内酯*

【基本信息】$C_{26}H_{35}ClO_{10}$，晶体（二氯甲烷/己烷），mp 179~181°C, $[\alpha]_D$ = +65°.【类型】环西柏烷型二萜.【来源】珊瑚纲八放珊瑚亚纲海鳃目柱海鳃属 *Stylatula* sp.【活性】有毒的（对桡足动物幼虫).【文献】S. J. Wratten, et al. JACS, 1977, 99, 2824; S. J. Wratten, et al. Tetrahedron, 1979, 35, 1907.

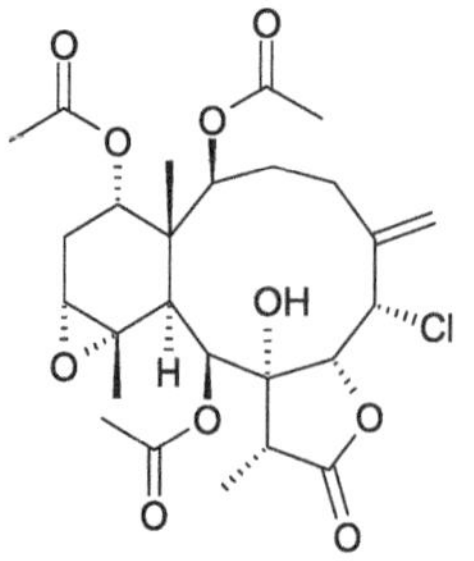

1128 Tubiporein 笙珊瑚因*

【别名】Briarlide G; 步瑞阿内酯 G*.【基本信息】$C_{28}H_{36}O_{12}$, 针状晶体 (甲醇), mp 71~71.5°C, $[\alpha]_D^{27.5} = -36.6°$ ($c = 1.0$, 氯仿), $[\alpha]_D = -73°$ ($c = 0.2$, 甲醇).【类型】环西柏烷型二萜.【来源】匍匐珊瑚目笙珊瑚属* *Tubipora* sp., 环西柏柳珊瑚属* *Briareum* sp.【活性】细胞毒.【文献】T. Natori, et al. Tetrahedron Lett., 1990, 31, 689; T. Iwagawa, et al. JNP, 2003, 66, 1412.

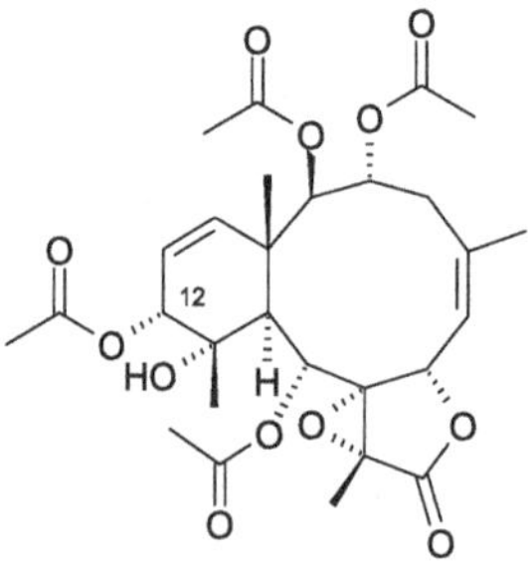

1129 Violide A 绿星软珊瑚内酯 A*

【基本信息】$C_{32}H_{46}O_{12}$, 晶体 (乙醇), mp 183.8~184.1°C, $[\alpha]_D = +33°$ ($c = 0.1$, 甲醇).【类型】环西柏烷型二萜.【来源】绿星软珊瑚* *Pachyclavularia violacea,* 环西柏柳珊瑚属* *Briareum* sp.【活性】鱼毒.【文献】T. wagawa, et al. Heterocycles, 1998, 48, 123; 1999, 51, 1653.

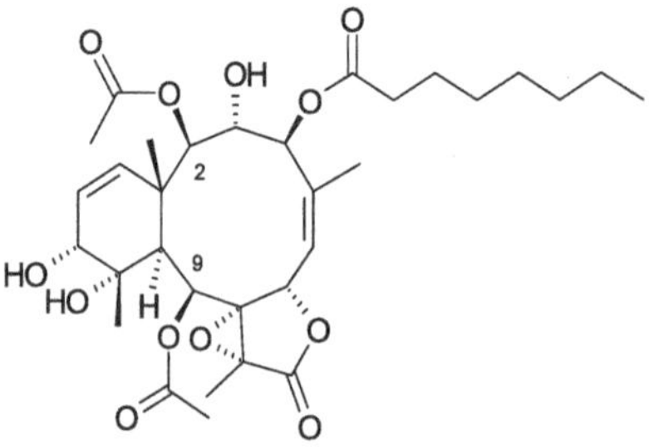

1130 Violide B 绿星软珊瑚内酯 B*

【基本信息】$C_{28}H_{36}O_{13}$, 无定形固体, $[\alpha]_D = +50.7°$ ($c = 0.07$, 氯仿).【类型】环西柏烷型二萜.【来源】绿星软珊瑚* *Pachyclavularia violacea,* 环西柏柳珊瑚属* *Briareum* sp.【活性】鱼毒.【文献】T. Wagawa, et al. Heterocycles, 1998, 48, 123; 1999, 51, 1653.

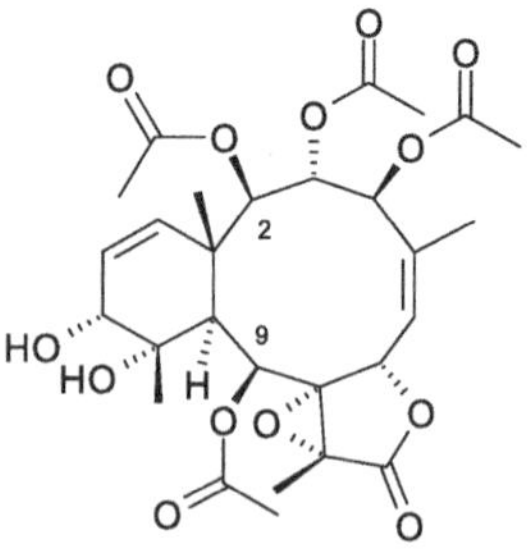

1131 Violide N 绿星软珊瑚内酯 N*

【别名】8,17-Epoxy-4-octanoyloxy-2,9-diacetoxy-11, 12,16-trihydroxy-5,13-briaradien-18,7-olide; 8,17-环氧-4-辛酰氧基-2,9-二乙酰氧基-11,12,16 三羟基-5,13-环西柏二烯-18,7-内酯.【基本信息】$C_{32}H_{46}O_{12}$, 无定形结构, $[\alpha]_D = -2.3°$ ($c = 0.1$, 甲醇).【类型】环西柏烷型二萜.【来源】环西柏柳珊瑚属* *Briareum* sp. (日本水域).【活性】细胞毒.【文献】T. Iwagawa, et al. Heterocycles, 1998, 48, 123; 2000, 53, 1789.

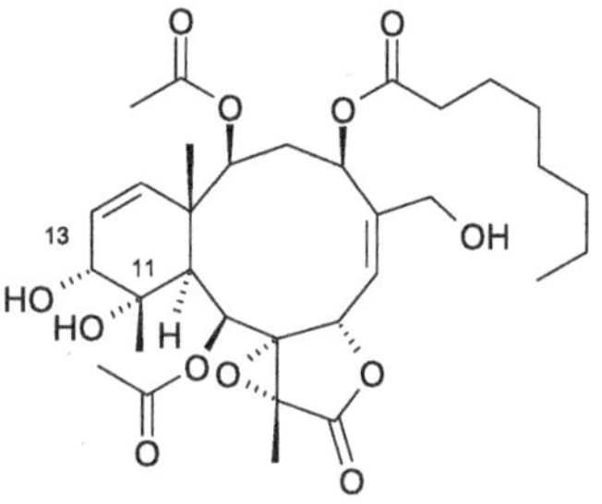

3.19 朵蕾烷二萜

1132 5-Acetoxy-10,18-dihydroxy-2,7-dolabella- diene 5-乙酰氧基-10,18-二羟基- 2,7-朵蕾二烯*

【基本信息】$C_{22}H_{36}O_4$, $[\alpha]_D^{25} = -6.7°$ ($c = 0.15$, 氯仿).【类型】朵蕾烷 (Dolabellane) 二萜.【来源】棕藻网地藻 *Dictyota dichotoma* (加的斯, 西班牙).【活性】细胞毒 (P_{388}, $ED_{50} = 5\mu g/mL$; A549, $ED_{50} = 5\mu g/mL$; HT29, $ED_{50} = 5\mu g/mL$; MEL28, $ED_{50} = 5\mu g/mL$).【文献】R. Durán, et al. Tetrahedron, 1997, 53, 8675.

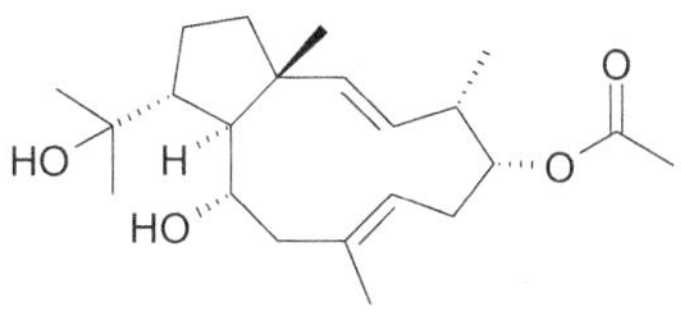

1133 18-Acetoxy-dolabelladiene 18-乙酰氧基朵蕾二烯*

【基本信息】$C_{22}H_{36}O_2$, $[\alpha]_D^{25} = -53.2°$ ($c = 0.41$, 氯仿).【类型】朵蕾烷二萜.【来源】棕藻网地藻 *Dictyota dichotoma* (加的斯, 西班牙).【活性】细胞毒 (P_{388}, $ED_{50} = 5\mu g/mL$, A549, $ED_{50} = 5\mu g/mL$, HT29, $ED_{50} = 5\mu g/mL$, MEL28, $ED_{50} = 5\mu g/mL$).【文献】R. Durán, et al. Tetrahedron, 1997, 53, 8675.

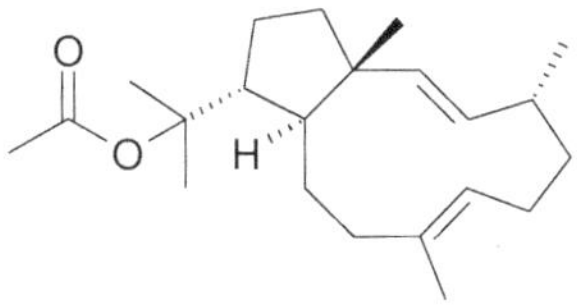

1134 3-Acetoxy-4*E*,8,18-dolabellatrien-16- al 3-乙酰氧基-4*E*,8,18-朵蕾三烯-16-醛*

【基本信息】$C_{22}H_{32}O_3$, 黏性油状物, $[\alpha]_D = +9.7°$ ($c = 1.2$, 乙醇).【类型】朵蕾烷二萜.【来源】棕藻网地藻属 *Dictyota* sp.【活性】灭螺剂.【文献】C. Tringali, et al. Tetrahedron, 1984, 40, 799; C. Tringali, et al. JNP, 1984, 47, 615; C. Tringali, et al. Phytochemistry, 1984, 23, 1681.

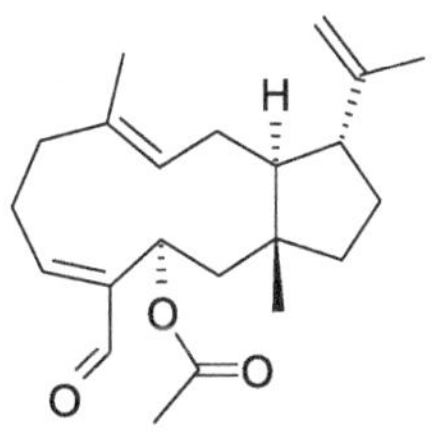

1135 16-Acetoxy-7,8-epoxy-3,12(18)-dolabella- dien-13-one 16-乙酰氧基-7,8-环氧-3,12(18)-朵蕾二烯-13-酮*

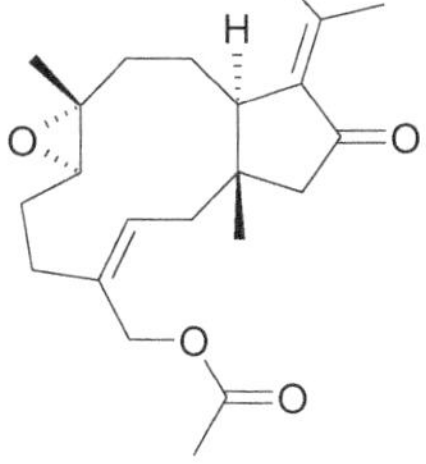

【基本信息】$C_{22}H_{32}O_4$, 玻璃体, $[\alpha]_D^{24} = +40°$ ($c = 4.5$).【类型】朵蕾烷二萜.【来源】环节动物门矶沙蚕科 *Eunicea tourneforti*.【活性】抗真菌 (RS321 抑制剂, $IC_{12} > 1800\mu g/mL$).【文献】M. Govindan, et al. JNP, 1995, 58, 1174.

1136 6-Acetoxy-7,8-epoxy-3,12- dolabelladien-13-one 6-乙酰氧基-7,8-环氧-3,12-朵蕾二烯-13-酮*

【基本信息】$C_{22}H_{32}O_5$, $[\alpha]_D^{24} = +90°$ ($c = 6$).【类型】朵蕾烷二萜.【来源】环节动物门矶沙蚕科 *Eunicea tourneforti*.【活性】抗真菌 (RS321 抑制剂, $IC_{12} > 3000\mu g/mL$).【文献】M. Govindan, et al. JNP, 1995, 58, 1174.

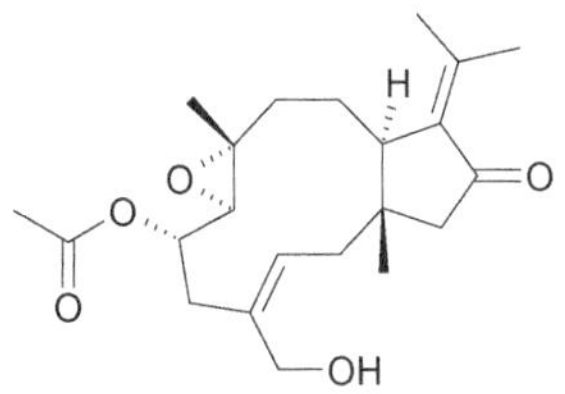

1137 18-Acetoxy-10-hydroxy-2,7- dolabella-diene 18-乙酰氧基-10-羟基-2,7-朵蕾二烯*

【基本信息】$C_{22}H_{36}O_3$, $[\alpha]_D^{25} = -36.2°$ ($c = 0.47$, 氯仿).【类型】朵蕾烷二萜.【来源】棕藻网地藻 *dictyota dichotoma* (加的斯, 西班牙).【活性】细胞毒 (P_{388}, $ED_{50} = 1.2\mu g/mL$, A549, $ED_{50} = 1.2\mu g/mL$, HT29, $ED_{50} = 2.5\mu g/mL$, MEL28, $ED_{50} = 2.5\mu g/mL$).【文献】R. Durán, et al. Tetrahedron, 1997, 53, 8675.

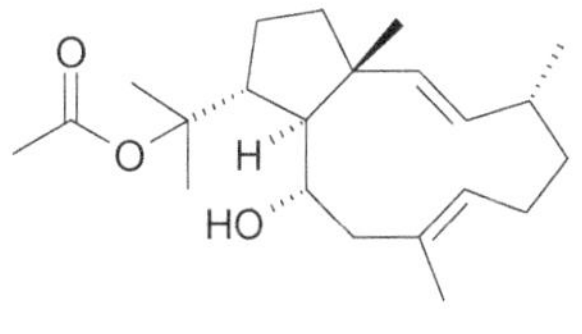

1138 Claenone 羽珊瑚酮*

【别名】(3*R*,4*R*,7*E*)-3,4- Epoxy-7,12(18)-dolabelladien-13-one; (3*R*,4*R*,7*E*)-3,4-环氧-7,12(18)-朵蕾二烯-13-酮*.【基本信息】$C_{20}H_{30}O_2$, 针状晶体 (己烷/乙酸乙酯), mp 124~126°C, $[\alpha]_D = -50.9°$ ($c = 1.20$, 氯仿).【类型】朵蕾烷二萜.【来源】匍匐珊瑚目羽珊瑚属 *Clavularia* sp. (冲绳, 日本).【活性】细胞毒 (WMF, $GI_{50} = 2.42\times10^{-7}mol/L$, RB 细胞, $GI_{50} = 3.06\times10^{-7}mol/L$); 抑制细胞分裂 (受精海胆卵).【文献】K. Mori, et al. CPB, 1988, 36, 2840; H. Miyaoka, et al. Tetrahedron Lett., 1998, 39, 6503.

1139 Clavirolide A 绿色羽珊瑚内酯 A*

【别名】(3*E*,10*β*,11*β*)-11-Hydroxy-6-oxo-3,12(18)-dolabelladien-19,10-olide; (3*E*,10*β*,11*β*)-11-羟基-6-氧代-3,12(18)-朵蕾二烯-19,10-内酯*.【基本信息】$C_{20}H_{28}O_4$, 晶体, mp 188~190°C, $[\alpha]_D = -328.8°$ ($c = 0.22$, 氯仿).【类型】朵蕾烷二萜.【来源】匍匐珊瑚目绿色羽珊瑚 *Clavularia viridis* (南海).【活性】细胞毒 (EAC, ED_{50} = 8μg/mL).【文献】J. Su, et al. JNP, 1991, 54, 380; J. Su, et al. JOC, 1991, 56, 2337.

1140 Clavirolide B 绿色羽珊瑚内酯 B*

【基本信息】$C_{20}H_{28}O_3$, 片状晶体 (丙酮/石油醚), mp 143.5~145.5°C, $[\alpha]_D^{26.5} = -392.7°$ ($c = 0.085$, 甲醇).【类型】朵蕾烷二萜.【来源】匍匐珊瑚目绿色羽珊瑚 *Clavularia viridis* (西沙群岛, 南海, 中国).【活性】细胞毒 (EAC, ED_{50} = 21.0μg/mL); 钙通道阻滞剂 (兔离体平滑肌, PD'_2 = 4.68μg/mL).【文献】J. Su, et al. JNP, 1991, 54, 380.

1141 Clavirolide C 绿色羽珊瑚内酯 C*

【基本信息】$C_{20}H_{30}O_3$, 晶体, mp 124.5~126.5°C, $[\alpha]_D^{26.5} = -38.5°$ ($c = 0.018$, 甲醇).【类型】朵蕾烷二萜.【来源】匍匐珊瑚目绿色羽珊瑚 *Clavularia viridis* (西沙群岛, 南海, 中国).【活性】细胞毒 (EAC, ED_{50} = 27.0μg/mL); 钙通道阻滞剂 (兔离体平滑肌, PD'_2 = 5.48μg/mL); 负的影响肌肉收缩的活性 (离体的豚鼠心房肌肉, 36μmol/L, 50% 负的影响肌肉收缩的活性); 心动过缓活性 (离体的豚鼠心脏, 45μmol/kg, 43.7% 伴有血压降低 24mmHg 的心动过缓).【文献】J. Su, et al. JNP, 1991, 54, 380.

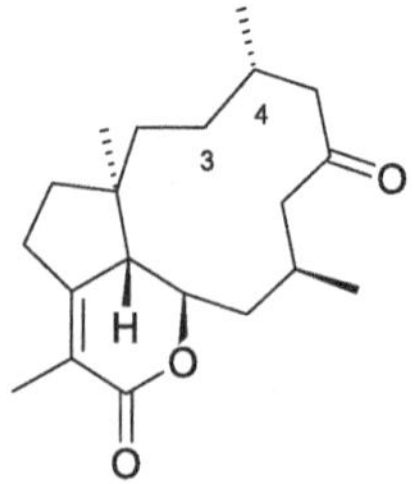

1142 Clavirolide D 绿色羽珊瑚内酯 D*

【基本信息】$C_{20}H_{28}O_3$, 糖浆状物, $[\alpha]_D^{26.5} = -118.5°$ ($c = 0.08$, 甲醇).【类型】朵蕾烷二萜.【来源】匍匐珊瑚目绿色羽珊瑚 *Clavularia viridis* (西沙群岛, 南海, 中国).【活性】细胞毒 (EAC, ED_{50} = 11.7μg/mL); 钙通道阻滞剂 (兔离体平滑肌, PD'_2 = 4.79μg/mL).【文献】J. Su, et al. JNP, 1991, 54, 380.

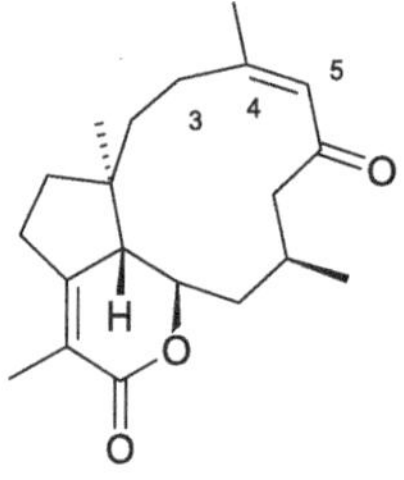

1143 Clavirolide E 绿色羽珊瑚内酯 E*

【别名】6-Oxo-4(16),12(18)-dolabelladien-19,10-olide; 6-氧代-4(16),12(18)-朵蕾二烯-19,10-内酯*.【基本信息】$C_{20}H_{28}O_3$, 晶体, mp 200~201°C, $[\alpha]_D^{20} = -40°$ ($c = 0.01$, 甲醇).【类型】朵蕾烷二萜.【来源】匍匐珊瑚目绿色羽珊瑚 *Clavularia viridis*.【活性】钙通道阻滞剂.【文献】J. Su, et al. JNP, 1991, 54, 380.

1144 Clavulactone 绿色羽珊瑚内酯*

【基本信息】$C_{20}H_{28}O_3$, 晶体 (丙酮/石油醚), mp 195~197°C, $[\alpha]_D^{20} = -238.5°$ ($c = 0.035$, 甲醇).【类型】朵蕾烷二萜.【来源】匍匐珊瑚目绿色羽珊瑚 *Clavularia viridis* (西沙群岛, 南海, 中国).【活性】细胞毒 (EAC, $ED_{50} = 8.0\mu g/mL$).【文献】J. Li, et al. Acta Chim. Sinica,1987, 45, 558; J. Su, et al. JNP, 1991, 54, 380; Z. -Y. Yang, et al. Angew. Chem., Int. Ed., 2012, 51, 6484.

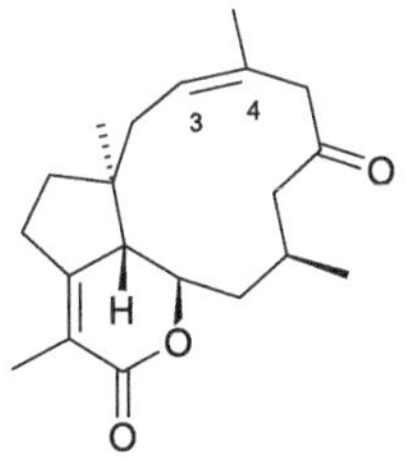

1145 10,18-Diacetoxydolabella-2,7*E*-dien-6-one 10,18-二乙酰氧基朵蕾-2,7*E*-二烯-6-酮*

【基本信息】$C_{24}H_{36}O_5$, $[\alpha]_D = -23.6°$ ($c = 0.97$, 氯仿); $[\alpha]_D^{25} = -36°$ ($c = 0.22$, 氯仿).【类型】朵蕾烷二萜.【来源】掘海绵属 *Dysidea* sp. (帕劳, 大洋洲) 和 Podospongiidae 科海绵 *Sigmosceptrella quadrilobata* (科摩罗群岛).【活性】细胞毒 (GM7373, $IC_{50} = 15.8\mu g/mL$; J774, $IC_{50} = 17.2\mu g/mL$; WEHI-164, $IC_{50} = 14.7\mu g/mL$; P_{388}, $IC_{50} = 7.7\mu g/mL$).【文献】Q. Lu, et al. JNP, 1998, 61, 1096; V. Costantino, et al. EurJOC, 1999, 227.

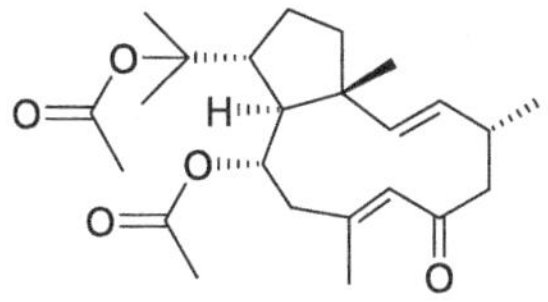

1146 2,13-Diacetoxy-3,7,18-dolabellatrien-9-one 2,13-二乙酰氧基-3,7,18-朵蕾三烯-9-酮*

【基本信息】$C_{24}H_{34}O_5$.【类型】朵蕾烷二萜.【来源】柳珊瑚海鞭 *Convexella magelhaenica* (深水域, 南大西洋站).【活性】细胞毒 (温和活性).【文献】M. T. R. de Almeida, et al. JNP, 2010, 73, 1714.

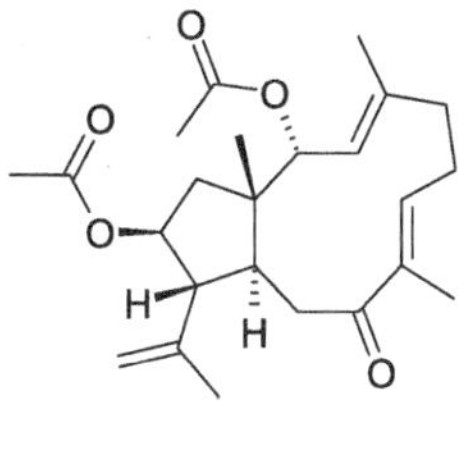

1147 19,20-Diacetoxy-7,8-epoxy-3,12,13-dolabellatrien 19,20-二乙酰氧基-7,8-环氧-3,12,13-朵蕾三烯*

【基本信息】$C_{24}H_{34}O_5$, 玻璃体, $[\alpha]_D^{24} = +0°$ ($c = 1$).【类型】朵蕾烷二萜.【来源】环节动物门矶沙蚕科 *Eunicea tourneforti*.【活性】抑制 RS321 ($IC_{12} > 3000\mu g/mL$).【文献】M. Govindan, et al. JNP, 1995, 58, 1174.

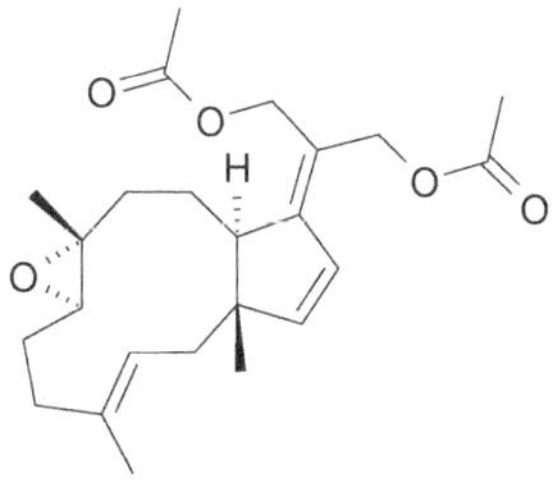

1148 (1*R)-Dolabella-4(16),7,11(12)-triene-3,13-dione (1*R**)-朵蕾-4(16),7,11(12)-三烯-3,13-二酮***

【基本信息】$C_{20}H_{28}O_2$, 油状物, $[\alpha]_D^{25} = -264.5°$ ($c = 0.11$, 氯仿).【类型】朵蕾烷二萜.【来源】匍匐珊瑚目 (根枝珊瑚目 Order Stolonifera) *Clavularia inflata* (中国台湾水域).【活性】细胞毒 (A549, $ED_{50} > 50\mu g/mL$; HT29, $ED_{50} > 50\mu g/mL$; P_{388}, $ED_{50} = 3.89\mu g/mL$).【文献】C. Y. Duh, et al. JNP, 2001, 64, 1028.

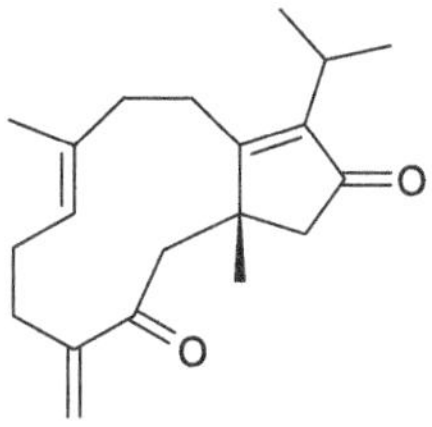

1149 Dolabella-4(16),7-diene-10,11-epoxy-3,13-dione 朵蕾-4(16),7-二烯-10,11-环氧-3,13-二酮*

【基本信息】$C_{20}H_{28}O_3$.【类型】朵蕾烷二萜.【来源】匍匐珊瑚目 (根枝珊瑚目 Order Stolonifera)

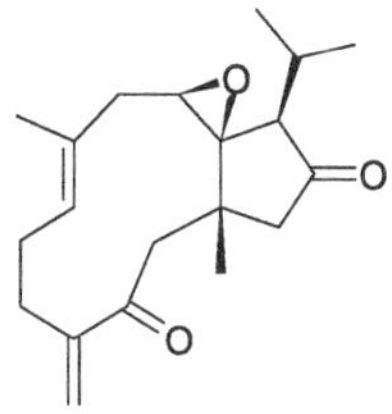

Clavularia inflata (中国台湾水域).【活性】细胞毒 (A549, ED_{50} = 7.74μg/mL; HT29, ED_{50} = 6.39μg/mL; P_{388}, ED_{50} = 3.83μg/mL).【文献】C. Y. Duh, et al. JNP, 2001, 64, 1028.

1150 Dolabella-4(16),10-diene-7,8-epoxy-3,13-dione 朵蕾-4(16),10-二烯-7,8-环氧-3,13-二酮*

【基本信息】$C_{20}H_{28}O_3$.【类型】朵蕾烷二萜.【来源】匍匐珊瑚目 (根枝珊瑚目 Order Stolonifera) *Clavularia inflata* (台湾水域,中国).【活性】细胞毒 (A549, ED_{50} = 8.56μg/mL; HT29, ED_{50} = 7.84μg/mL; P_{388}, ED_{50} = 2.48μg/mL).【文献】C. Y. Duh, et al. JNP, 2001, 64, 1028.

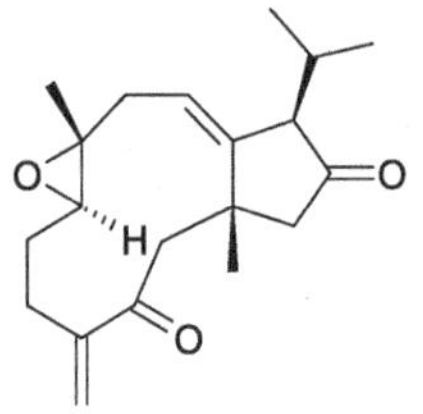

1151 Dolabellanone 9 朵蕾酮 9*

【别名】7-Hydroperoxy-3,8,12-dolabellatrien-14-one; 7-氢过氧-3,8,12-朵蕾三烯-14-酮*.【基本信息】$C_{20}H_{30}O_3$, 油状物, $[\alpha]_D^{25}$ = +43.1° (*c* = 1, 氯仿).【类型】朵蕾烷二萜.【来源】环节动物门矶沙蚕科 *Eunicea* sp. (老普罗维登西亚岛, 哥伦比亚).【活性】杀疟原虫的 (恶性疟原虫 *Plasmodium falciparum*, IC_{50} = 9.4μmol/L).【文献】X. Wei, et al. JNP, 2010, 73, 925.

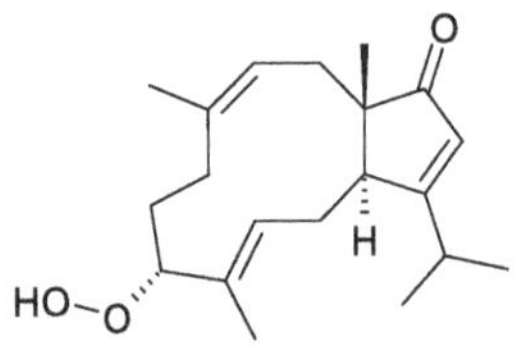

1152 (1*R,12*R**)-Dolabella-4(16),7,10-triene-3,13-dione (1*R**,12*R**)-朵蕾-4(16),7,10-三烯-3,13-二酮***

【基本信息】$C_{20}H_{28}O_2$, 油状物, $[\alpha]_D^{25}$ = −92.3° (*c* = 0.1, 氯仿).【类型】朵蕾烷二萜.【来源】匍匐珊瑚目 (根枝珊瑚目 Order Stolonifera) *Clavularia inflata* (中国台湾水域).【活性】细胞毒 (A549, ED_{50} > 50μg/mL; HT29, ED_{50} = 27.3μg/mL; P_{388}, ED_{50} = 2.60μg/mL).【文献】C. Y. Duh, et al. JNP, 2001, 64, 1028.

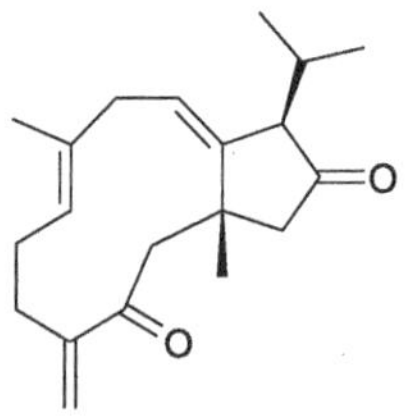

1153 3,7,18-Dolabellatrien-9-one 3,7,18-朵蕾三烯-9-酮*

【基本信息】$C_{20}H_{30}O$, 油状物, $[\alpha]_D^{25}$ = −23.4° (*c* = 7.5, 氯仿).【类型】朵蕾烷二萜.【来源】柳珊瑚海鞭 *Convexella magelhaenica* (深水域, 南大西洋站).【活性】细胞毒 (温和活性).【文献】M. T. R. de Almeida, et al. JNP, 2010, 73, 1714.

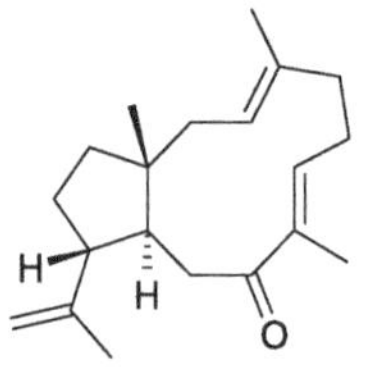

1154 3,4-Epoxy-7,18-dolabelladiene 3,4-环氧-7,18-朵蕾二烯*

【基本信息】$C_{20}H_{32}O$.【类型】朵蕾烷二萜.【来源】棕藻网地藻 *Dictyota dichotoma*.【活性】抗菌 (革兰氏阳性和革兰氏阴性菌); 细胞毒 (KB); 抗病毒 (流感病毒和腺病毒).【文献】M. Piattelli, et al. JNP, 1995, 58, 697.

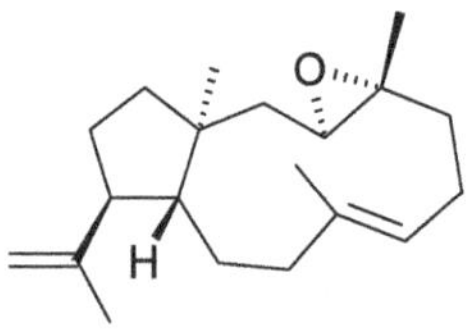

1155 7,8-Epoxy-3,18-dolabelladiene 7,8-环氧-3,18-朵蕾二烯*

【基本信息】$C_{20}H_{32}O$, $[\alpha]_D^{25}$ = +27.4° (*c* = 0.46, 氯仿).【类型】朵蕾烷二萜.【来源】棕藻网地藻 *Dictyota dichotoma* (加的斯, 西班牙).【活性】细胞毒 (P_{388}, ED_{50} = 5μg/mL; A549, ED_{50} = 5μg/mL; HT29, ED_{50} = 5μg/mL; MEL28, ED_{50} = 5μg/mL).【文献】R. Durán, et al. Tetrahedron, 1997, 53, 8675.

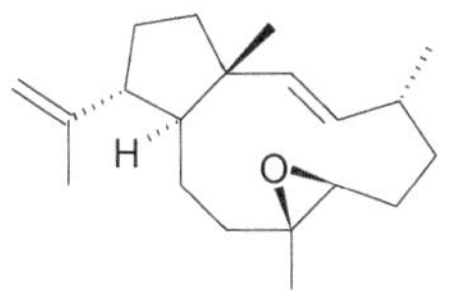

1156　7,8-Epoxy-3,12-dolabelladien-14-one 7,8-环氧-3,12-朵蕾二烯-14-酮*

【基本信息】$C_{20}H_{30}O_2$, 晶体, mp 134~136℃.【类型】朵蕾烷二萜.【来源】环节动物门矶沙蚕科 *Eunicea tourneforti*.【活性】抑制 RS321 (IC_{12} > 2600μg/mL).【文献】M. Govindan, et al. JNP, 1995, 58, 1174.

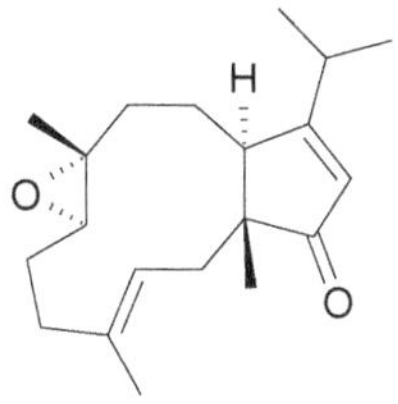

1157　3,4-Epoxy-14-hydroxy-7,18-dolabella diene 3,4-环氧-14-羟基-7,18-朵蕾二烯*

【基本信息】$C_{20}H_{32}O_2$.【类型】朵蕾烷二萜.【来源】棕藻网地藻 *Dictyota dichotoma*.【活性】抗菌 (革兰氏阳性菌和革兰氏阴性菌); 细胞毒 (KB); 抗病毒 (流感病毒和腺病毒).【文献】M. Piattelli, et al. JNP, 1995, 58, 697.

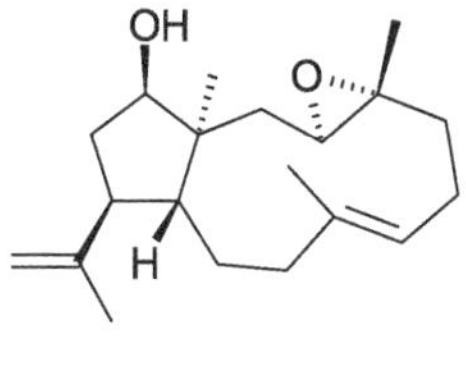

1158　3,4-Epoxy-14-oxo-7,18-dolabella diene 3,4-环氧-14-氧代-7,18-朵蕾二烯*

【基本信息】$C_{20}H_{30}O_2$.【类型】朵蕾烷二萜.【来源】棕藻网地藻 *Dictyota dichotoma*.【活性】抗菌 (革兰氏阳性菌和革兰氏阴性菌); 细胞毒 (KB); 抗病毒 (流感病毒和腺病毒).【文献】M. Piattelli, et al. JNP, 1995, 58, 697.

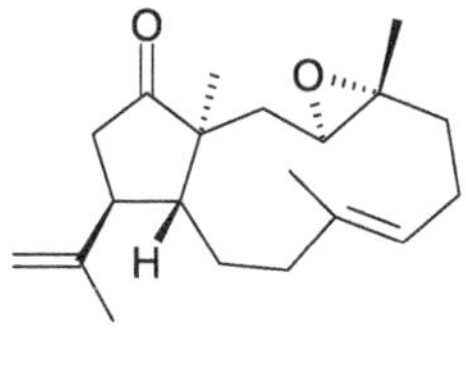

1159　7-Hydroperoxydolabella-4(16),8(17), 11(12)-triene-3,13-dione　7-过氧羟基朵蕾-4(16),8(17),11(12)-三烯-3,13-二酮*

【基本信息】$C_{20}H_{28}O_4$.【类型】朵蕾烷二萜.【来源】匍匐珊瑚目 (根枝珊瑚目 Order Stolonifera) *Clavularia inflata* (中国台湾水域).【活性】细胞毒 (A549, ED_{50} = 0.57μg/mL; HT29, ED_{50} = 0.31μg/mL; P_{388}, ED_{50} = 0.052μg/mL).【文献】C. Y. Duh, et al. JNP, 2001, 64, 1028.

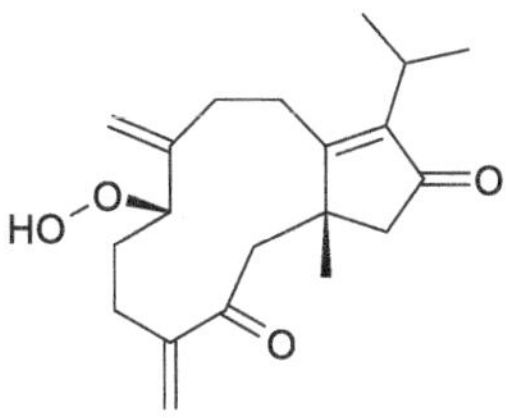

1160　(1*R,3*R**)-3-Hydroxydolabella-4(16),7, 11(12)-triene-3,13-dione　(1*R**,3*R**)-3-羟基朵蕾-4(16),7,11(12)-三烯-3,13-二酮***

【基本信息】$C_{20}H_{30}O_2$.【类型】朵蕾烷二萜.【来源】匍匐珊瑚目 (根枝珊瑚目 Order Stolonifera) *Clavularia inflata* (中国台湾水域).【活性】细胞毒 (A549, ED_{50} = 8.10μg/mL; HT29, ED_{50} = 9.19μg/mL; P_{388}, ED_{50} = 3.82μg/mL).【文献】C. Y. Duh, et al. JNP, 2001, 64, 1028.

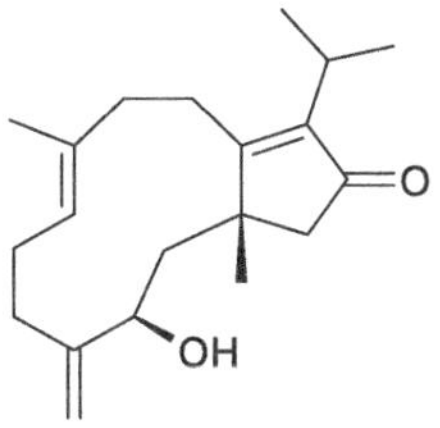

1161　Palominol　帕洛明醇*

【别名】(1*α*,3*E*,7*E*,11*α*)-3,7,12-Dolabellatrien-18-ol; (1*α*,3*E*,7*E*,11*α*)-3,7,12-朵蕾三烯-18-醇*.【基本信息】$C_{20}H_{32}O$, 晶体, mp 52~53℃, $[\alpha]_D^{27}$ = −33.3° (*c* = 1, 氯仿).【类型】朵蕾烷二萜.【来源】环节动物门矶沙蚕科 *Eunicea calyculata* 和环节动物门矶沙蚕科 *Eunicea laciniata* (加勒比海).【活性】细胞毒 (HCT116, IC_{50} = 10μg/mL).【文献】J. Cáceres, et al. Tetrahedron, 1990, 46, 341; J. Shin, et al. JOC, 1991, 56, 3392; A. D. Rodriguez, et al. JNP, 1993, 56, 1843.

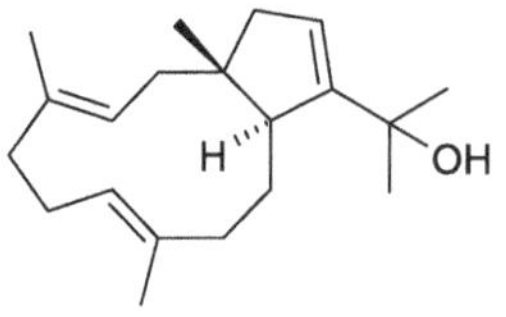

1162 Stolonidiol 匍匐珊瑚二醇*

【基本信息】$C_{20}H_{32}O_4$, 黏性油状物, $[\alpha]_D = -31°$ ($c = 1.4$, 氯仿).【类型】朵蕾烷二萜.【来源】匍匐珊瑚目 (根枝珊瑚目 Order Stolonifera) *Clavularia* sp.【活性】神经营养因子 (胆碱乙酰转移酶 ChAT 诱导剂, 基底前脑细胞: 0μg/mL, ChAT 活性 = 100%; 0.01μg/mL, ChAT 活性 = 130.2%; 0.1μg/mL, ChAT 活性 = 177.5%; 1μg/mL, ChAT 活性 = 138.6%; 10μg/mL, ChAT 活性 = 38.2%. SN49 细胞: 0μg/mL, ChAT 活性 = 100%; 0.01μg/mL, ChAT 活性 = 146.2%; 0.1μg/mL, ChAT 活性 = 141.8%; 1μg/mL, ChAT 活性 = 144.7%; 10μg/mL, ChAT 活性 = 92.7%); 细胞毒; 鱼毒的.【文献】K. Mori, et al. Tetrahedron Lett., 1987, 28, 5673; T. Yabe, et al. JNP, 2000, 63, 433; H. Miyaoka, et al. Tetrahedron Lett., 2001, 42, 9233.

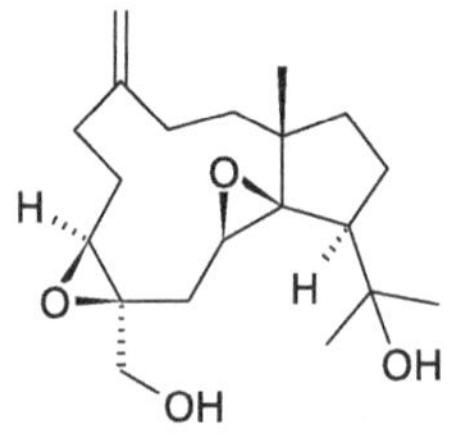

1163 Stolonidiol-17-acetate 匍匐珊瑚二醇-17-乙酸盐*

【基本信息】$C_{22}H_{34}O_5$, 黏性油状物, $[\alpha]_D = -26.8°$ ($c = 0.38$, 氯仿).【类型】朵蕾烷二萜.【来源】匍匐珊瑚目 (根枝珊瑚目 Order Stolonifera) *Clavularia* sp.【活性】细胞毒; 鱼毒.【文献】K. Mori, et al. Tetrahedron Lett., 1987, 28, 5673; T. Yabe, et al. JNP, 2000, 63, 433.

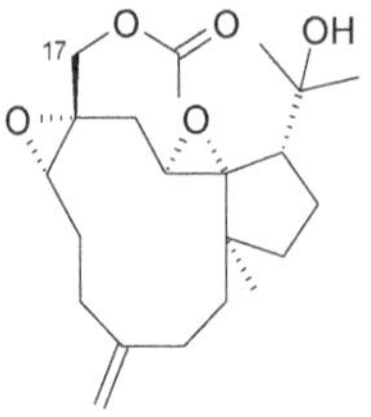

3.20 海兔烷二萜类

1164 Dolatriol 海兔三醇*

【基本信息】$C_{20}H_{32}O_3$, 晶体 (丙酮/庚烷), mp 235~236°C.【类型】海兔烷 (Dolastane) 二萜.【来源】软体动物耳形尾海兔 *Dolabella auricularia*.【活性】细胞毒 (P_{388}).【文献】G. R. Pettit, et al. JACS, 1976, 98, 4677.

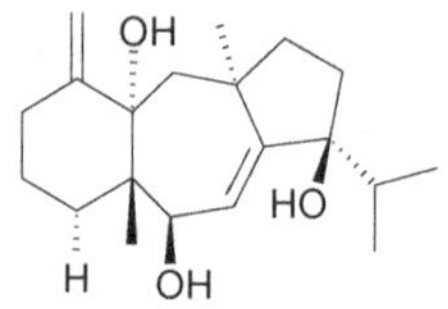

1165 Dolatriol-6- acetate 海兔三醇-6-乙酸盐*

【基本信息】$C_{22}H_{34}O_4$.【类型】海兔烷 (Dolastane) 二萜.【来源】软体动物耳形尾海兔 *Dolabella auricularia*.【活性】细胞毒 (P_{388}).【文献】G. R. Pettit, et al. JACS, 1976, 98, 4677.

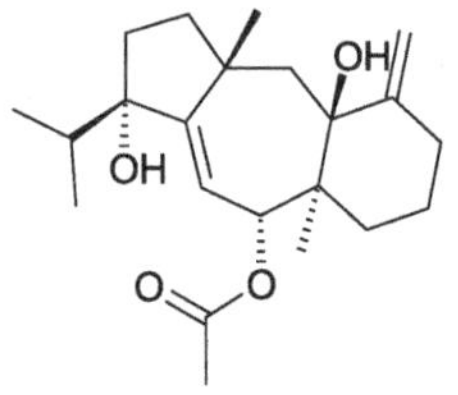

3.21 赛亚坦烷二萜类

1166 Cyanthiwigin A 赛亚坦维京 A*

【别名】2,12-Cyathadien-1-one; 2,12-赛亚坦二烯-1-酮*.【基本信息】$C_{20}H_{30}O$, 晶体, mp 84~85°C, $[\alpha]_D = +7°$ ($c = 0.5$, 二氯甲烷); 无色晶体 $[\alpha]_D = +46°$ ($c = 0.1$, 二氯甲烷).【类型】赛亚坦烷 (Cyathane) 二萜.【来源】外轴海绵属 *Epipolasis reiswigi* (牙买加岸外) 和 Heteroxyidae 科海绵 *Myrmekioderma styx* (深水域, 牙买加).【活性】细胞毒 (从经历外科手术的病人得到的肿瘤组织, $IC_{50} = 6.8$μmol/L); 抗病毒 (HBV, $EC_{50} > 100$μg/mL); 抗 HIV-1 病毒 (HIV-1, $EC_{50} > 100$μg/mL); 抗结核 (结核分枝杆菌 *Mycobacterium tuberculosis*, 6.25μg/mL, InRt = 25%).【文献】D. Green, et al. NPL, 1992, 1, 193; J. Peng, et al. Tetrahedron, 2002, 58, 7809.

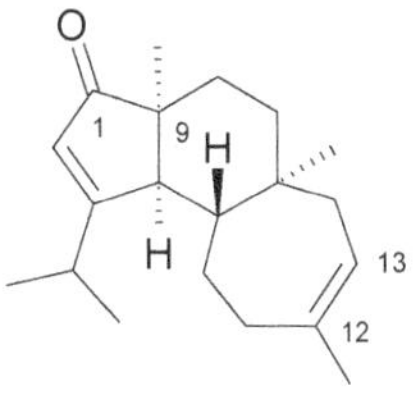

1167 Cyanthiwigin B 赛亚坦维京 B*

【别名】2,12-Cyathadiene-1,8-dione; 2,12-赛亚坦二烯-1,8-二酮*.【基本信息】$C_{20}H_{28}O_2$, 无定形粉末, $[\alpha]_D = -128°$ ($c = 0.5$, 二氯甲烷); 无色晶体 $[\alpha]_D = -125°$ ($c = 0.1$, 甲醇).【类型】赛亚坦烷二萜.【来源】外轴海绵属 *Epipolasis reiswigi* (牙买加岸外) 和 Heteroxyidae 科海绵 *Myrmekioderma styx* (深水域, 牙买加).【活性】抗病毒 (HBV, $EC_{50} > 100\mu g/mL$); 抗 HIV-1 病毒 (HIV-1, $EC_{50} = 42.1\mu g/mL$); 抗结核 (结核分枝杆菌 *Mycobacterium tuberculosis*, 6.25μg/mL, InRt = 9%).【文献】D. Green, et al. Nat. Prod. Lett., 1992, 1, 193; J. Peng, et al. Tetrahedron, 2002, 58, 7809.

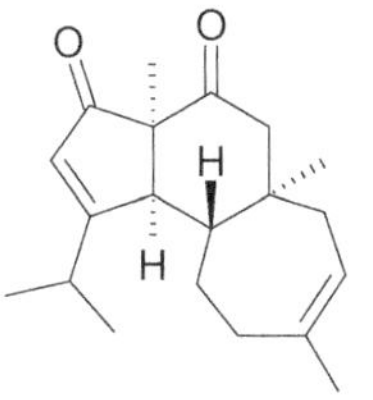

1168 Cyanthiwigin C 赛亚坦维京 C*

【基本信息】$C_{20}H_{32}O$, 无定形粉末, $[\alpha]_D = +25°$ ($c = 0.02$, 乙酸乙酯), $[\alpha]_D^{22} = +38.5°$ ($c = 0.05$, 二氯甲烷); 无色晶体 $[\alpha]_D = +37.5°$ ($c = 0.12$, 甲醇).【类型】赛亚坦烷二萜.【来源】外轴海绵属 *Epipolasis reiswigi* (牙买加岸外) 和 Heteroxyidae 科海绵 *Myrmekioderma styx* (深水域, 牙买加).【活性】细胞毒 (从经历外科手术的病人得到的肿瘤组织, $IC_{50} = 7.8\mu mol/L$); 抗病毒 (HBV, $EC_{50} = 43\mu g/mL$); 抗 HIV-1 病毒 (HIV-1, $EC_{50} > 100\mu g/mL$); 抗结核 (结核分枝杆菌 *Mycobacterium tuberculosis*, 6.25μg/mL, InRt = 50%).【文献】D. Green, et al. Nat. Prod. Lett., 1992, 1, 193; J. Peng, et al. Tetrahedron, 2002, 58, 7809.

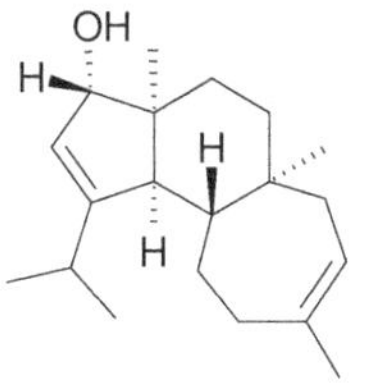

1169 Cyanthiwigin D 赛亚坦维京 D*

【基本信息】$C_{20}H_{32}O_2$, 无定形粉末, $[\alpha]_D = +17°$ ($c = 0.04$, 乙酸乙酯); 无色晶体 $[\alpha]_D = +25°$ ($c = 0.12$, 甲醇).【类型】赛亚坦烷二萜.【来源】外轴海绵属 *Epipolasis reiswigi* (牙买加岸外) 和 Heteroxyidae 科海绵 *Myrmekioderma styx* (深水域, 牙买加).【活性】细胞毒 (从经历外科手术的病人得到的肿瘤组织, $IC_{50} = 5.0\mu mol/L$); 抗 HIV-1 病毒 (HIV-1, $EC_{50} > 100\mu g/mL$); 抗结核 (结核分枝杆菌 *Mycobacterium tuberculosis*, 6.25μg/mL, InRt = 30%).【文献】D. Green, et al. NPL, 1992, 1, 193; J. Peng, et al. Tetrahedron, 2002, 58, 7809.

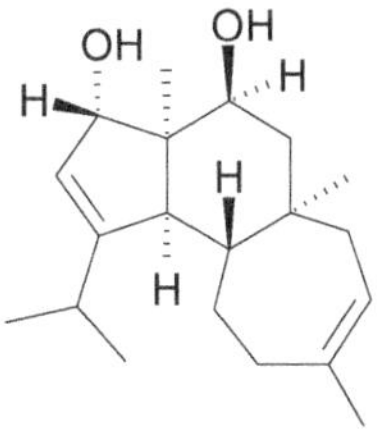

1170 Cyanthiwigin E 赛亚坦维京 E*

【基本信息】$C_{20}H_{30}O_2$, 白色粉末, $[\alpha]_D = +90°$ ($c = 0.10$, 甲醇).【类型】赛亚坦烷二萜.【来源】Heteroxyidae 科海绵 *Myrmekioderma styx* (深水域, 牙买加).【活性】细胞毒 (从经历外科手术的病人得到的肿瘤组织, $IC_{50} = 9.1\mu mol/L$).【文献】J. Peng, et al. Tetrahedron, 2002, 58, 7809.

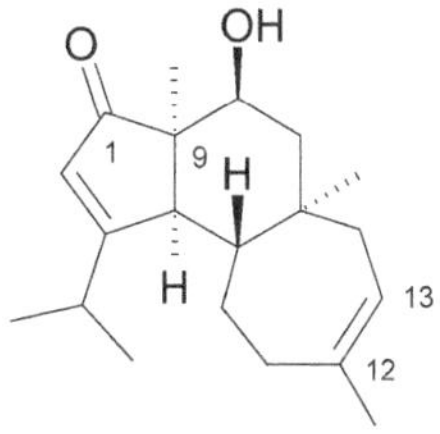

1171 Cyanthiwigin F 赛亚坦维京 F*

【基本信息】$C_{20}H_{30}O$, 无色晶体, $[\alpha]_D = -128°$ ($c = 0.03$, 甲醇).【类型】赛亚坦烷二萜.【来源】Heteroxyidae 科海绵 *Myrmekioderma styx* (深水域, 牙买加).【活性】细胞毒 (从经历外科手术的病人

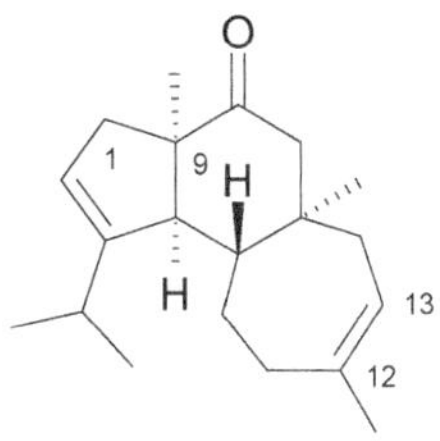

得到的肿瘤组织, IC_{50} = 3.1μmol/L).【文献】J. Peng, et al. Tetrahedron, 2002, 58, 7809.

1172 Cyanthiwigin J 赛亚坦维京 J*

【基本信息】$C_{20}H_{32}O_3$, 白色粉末, $[\alpha]_D$ = +50° (*c* = 0.11, 甲醇).【类型】赛亚坦烷二萜.【来源】Heteroxyidae 科海绵 *Myrmekioderma styx* (深水域, 牙买加).【活性】细胞毒 (从经历外科手术的病人得到的肿瘤组织, IC_{50} = 18.1μmol/L).【文献】J. Peng, et al. Tetrahedron, 2002, 58, 7809.

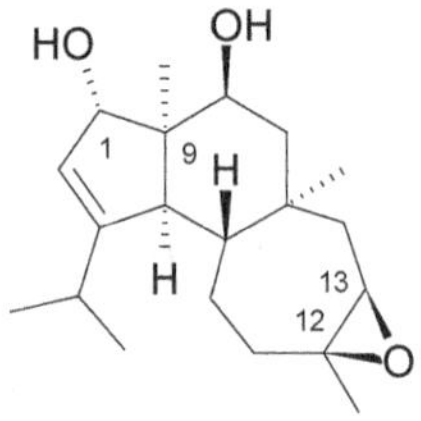

1173 Cyanthiwigin U 赛亚坦维京 U*

【别名】12-Hydroxy-2,13-cyathadien-1-one; 12-羟基-2,13-赛亚坦二烯-1-酮*.【基本信息】$C_{20}H_{30}O_2$, 无色晶体, $[\alpha]_D$ = +131° (*c* = 0.10, 甲醇).【类型】赛亚坦烷二萜.【来源】Heteroxyidae 科海绵 *Myrmekioderma styx* (深水域, 牙买加).【活性】抗 HIV-1 病毒 (HIV-1, EC_{50} > 100μg/mL).【文献】J. Peng, et al. Tetrahedron, 2002, 58, 7809.

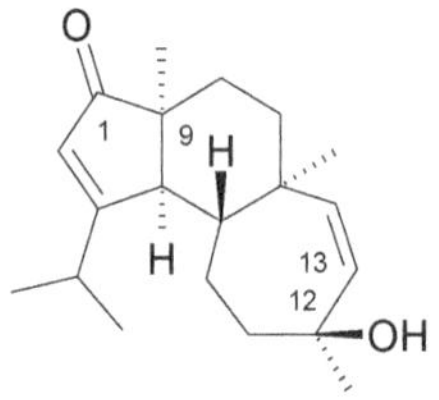

1174 Cyanthiwigin Z 赛亚坦维京 Z*

【基本信息】$C_{20}H_{30}O_2$, 无色树胶状物, $[\alpha]_D$ = −160° (*c* = 0.03, 甲醇).【类型】赛亚坦烷二萜.【来源】Heteroxyidae 科海绵 *Myrmekioderma styx* (深水域, 牙买加).【活性】抗 HIV-1 病毒 (HIV-1, EC_{50} = 5.6μg/mL).【文献】J. Peng, et al. Tetrahedron, 2002, 58, 7809.

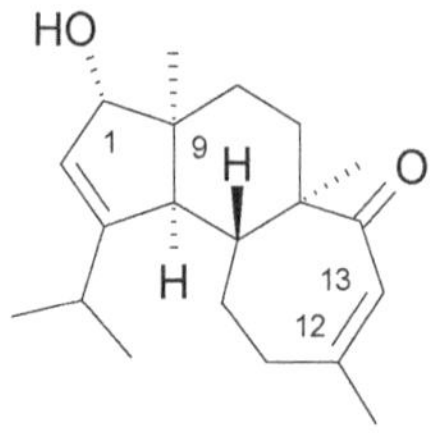

3.22 改进多疣肿烷二萜类

1175 Gukulenin A 古柯勒宁 A*

【基本信息】$C_{42}H_{54}O_{10}$, 无定形固体, $[\alpha]_D^{25}$ = −64.7° (*c* = 0.15, 甲醇), $[\alpha]_D^{25}$ = −19.1° (*c* = 0.35, 乙腈).【类型】改进多疣肿烷 (Verrucosane) 二萜.【来源】雏海绵属 *Phorbas gukulensis* (日向礁, 黄海, 中国).【活性】细胞毒 (K562 和 A549, 有值得注意的活性).【文献】S. Y. Park, et al. JNP, 2010, 73, 734; J. -E. Jeon, et al. JNP, 2013, 76, 1679.

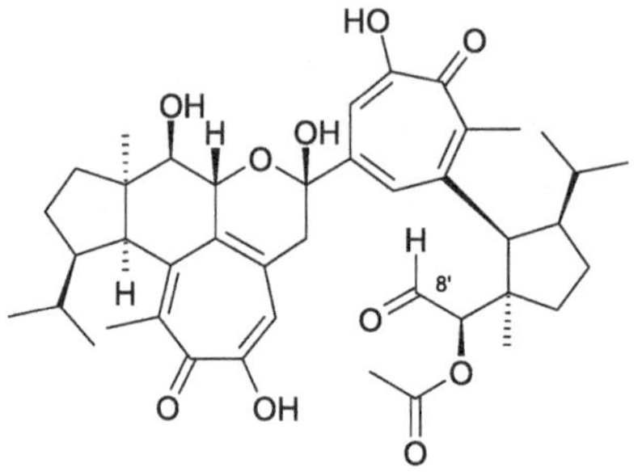

1176 Gukulenin C 古柯勒宁 C*

【基本信息】$C_{43}H_{59}NO_{10}$, 黄色无定形固体, $[\alpha]_D^{25}$ = −4.8° (*c* = 0.35, 乙腈).【类型】改进多疣肿烷二萜.【来源】雏海绵属 *Phorbas gukulensis* (日向礁, 黄海, 中国).【活性】细胞毒 (K562 和 A549, 有值得注意的活性).【文献】J. -E. Jeon, et al. JNP, 2013, 76, 1679.

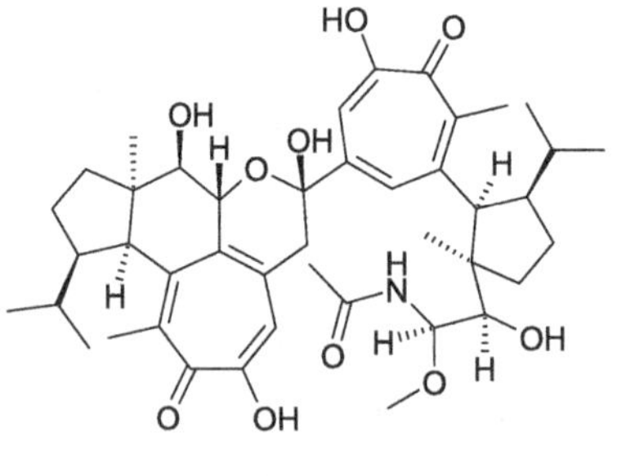

1177 Gukulenin D 古柯勒宁 D*

【基本信息】$C_{42}H_{57}NO_{10}$, 黄色无定形固体, $[\alpha]_D^{25}$ = −19.2° (*c* = 0.20, 乙腈).【类型】改进多疣肿烷二萜.【来源】雏海绵属 *Phorbas gukulensis* (日向礁, 黄海, 中国).【活性】细胞毒 (K562 和 A549, 有值得注意的活性).【文献】J. -E. Jeon, et al. JNP, 2013, 76, 1679.

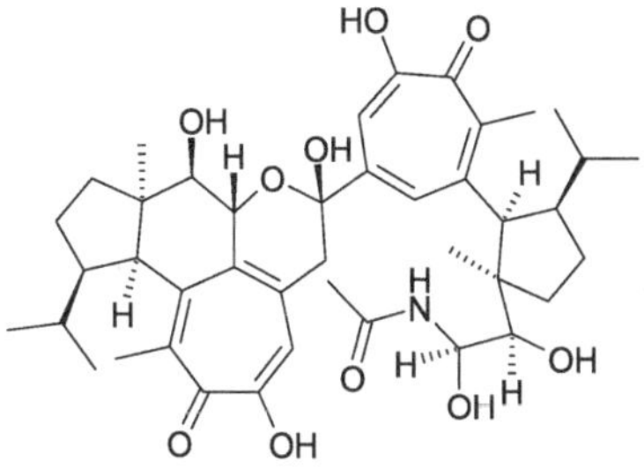

1178 Gukulenin E 古柯勒宁 E*

【基本信息】$C_{42}H_{57}NO_{11}S$, 黄色无定形固体, $[\alpha]_D^{25} = -13.9°$ ($c = 0.55$, 乙腈).【类型】改进多疣肿烷二萜.【来源】雏海绵属 *Phorbas gukulensis* (日向礁, 黄海, 中国).【活性】细胞毒 (K562 和 A549, 有值得注意的活性).【文献】J. -E. Jeon, et al. JNP, 2013, 76, 1679.

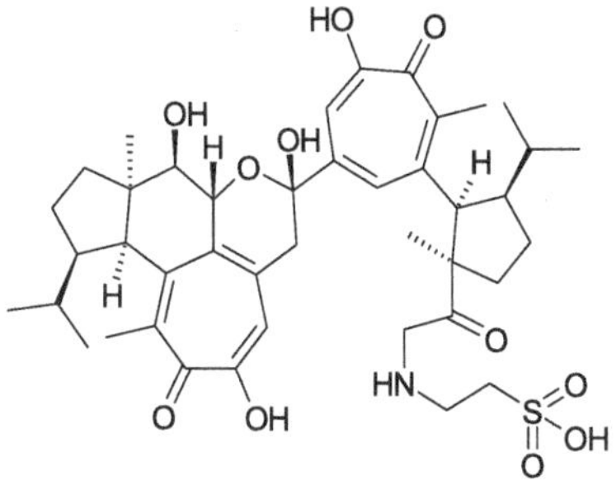

1179 Gukulenin F 古柯勒宁 F*

【基本信息】$C_{42}H_{54}O_{10}$, 黄色无定形固体, $[\alpha]_D^{25} = -21.2°$ ($c = 0.40$, 乙腈).【类型】改进多疣肿烷二萜.【来源】雏海绵属 *Phorbas gukulensis* (日向礁, 黄海, 中国).【活性】细胞毒 (K562 和 A549, 有值得注意的活性).【文献】J. -E. Jeon, et al. JNP, 2013, 76, 1679.

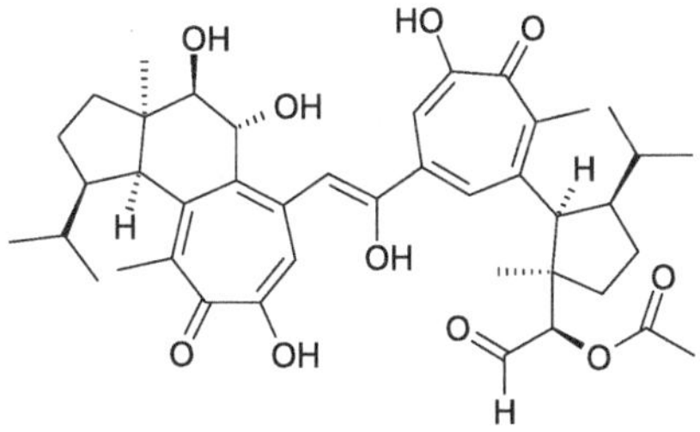

3.23 斯帕坦烷二萜

1180 13,16-Spatadiene-5,15,18,19-tetrol 13,16-斯帕坦二烯-5,15,18,19-四醇*

【基本信息】$C_{20}H_{32}O_4$, 油状物, $[\alpha]_D = -10.7°$ ($c = 1.8$, 氯仿).【类型】斯帕坦烷 (Spatane) 二萜.【来源】棕藻 *Stoechospermum marginatum*.【活性】杀藻剂; 鱼毒的.【文献】W. H. Gerwick, et al. JOC, 1981, 46, 2233.

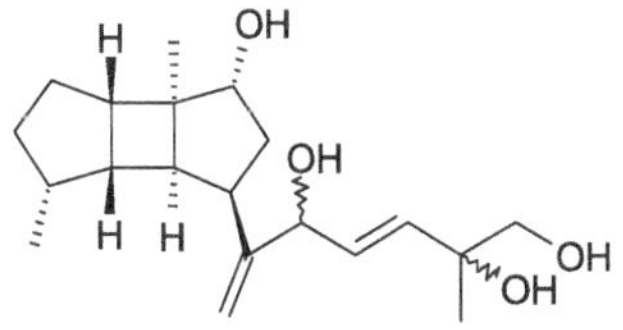

1181 (+)-Spatol (+)-斯帕坦醇*

【别名】15,16:17,18-Diepoxy-13-spaten-5-ol; 15,16:17,18-双环氧-13-斯帕坦烯-5-醇*.【基本信息】$C_{20}H_{30}O_3$, 天然产物: mp 100~101°C, $[\alpha]_D^{23} = +45.5°$ (氯仿); 合成产物: mp 100~102°C, $[\alpha]_D^{23} = +45.6°$ (氯仿).【类型】斯帕坦烷二萜.【来源】棕藻褐舌藻属 *Spatoglossum schmittii* 和棕藻褐舌藻属 *Spatoglossum howleii*.【活性】细胞分裂抑制剂; 细胞毒 (有潜力的).【文献】W. H. Gerwick, et al. JACS, 1980, 102, 7991; W. H. Gerwick, et al. JOC, 1983, 48, 3325; M. Tanaka, et al. Tetrahedron, 1994, 50, 12843.

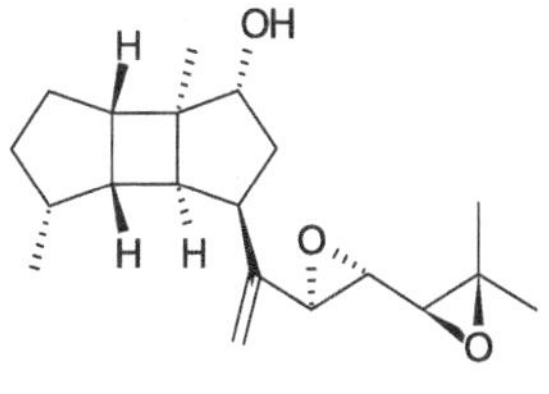

1182 Dilkamural 棕藻厚缘藻醛*

【基本信息】$C_{24}H_{34}O_6$, 油状物, $[\alpha]_D^{22} = +32°$ ($c = 0.13$, 氯仿).【类型】断-和移-斯帕坦烷二萜.【来源】棕藻厚缘藻 *Dilophus okamurai* (日本水域).【活性】抗菌 (枯草杆菌 *Bacillus subtilis*, 抑制区 = 12mm, 10μg/盘); 抑制植物致病霉菌 (黄瓜炭疽病菌 *Colletotrichum lagenarium*, 低活性).【文献】M. Ninomiya, et al. JOC, 1999, 64, 5436.

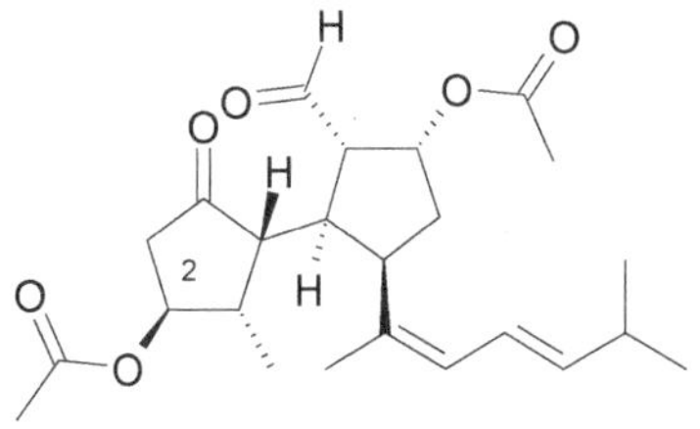

1183 Dilophus ether 棕藻厚缘藻醚*

【基本信息】$C_{22}H_{32}O_4$, $[\alpha]_D = -69°$ ($c = 0.86$, 氯仿).

【类型】断-和移-斯帕坦烷二萜.【来源】棕藻厚缘藻 *Dilophus okamurai*.【活性】拒食活性.【文献】K. Kurata, et al. Tetrahedron Lett., 1989, 30, 1567

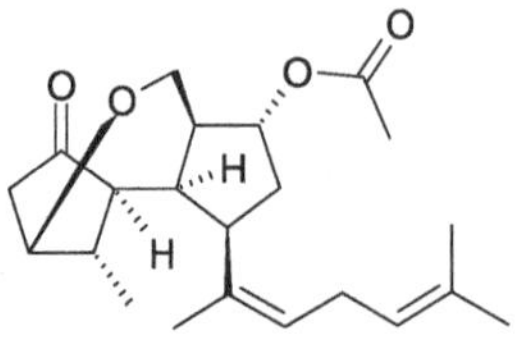

3.24 轮生烷二萜

1184 Cespitularin A 伞软珊瑚素 A*

【基本信息】$C_{20}H_{28}O_2$, 无定形固体, mp 71~72℃, $[\alpha]_D^{25}$ = –140.1° (*c* = 0.12, 氯仿).【类型】轮生烷(Verticillane) 二萜.【来源】伞软珊瑚科 Xeniidae 软珊瑚 *Cespitularia hypotentaculata* (中国台湾水域).【活性】细胞毒 (A549, ED_{50} = 8.42μg/mL; HT29, ED_{50} = 9.76μg/mL; P_{388}, ED_{50} = 3.66μg/mL, 提出以 ED_{50} ≤ 4.0μg/mL 作为有值得注意的活性的判据).【文献】C.-Y. Duh, et al. JNP, 2002, 65, 1429.

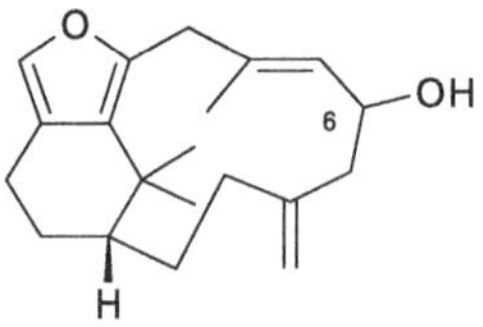

1185 Cespitularin B 伞软珊瑚素 B*

【基本信息】$C_{20}H_{28}O$, 无定形固体, mp 62~63℃, $[\alpha]_D^{25}$ = –20.6° (*c* = 0.08, 氯仿).【类型】轮生烷二萜.【来源】伞软珊瑚科 Xeniidae 软珊瑚 *Cespitularia hypotentaculata* (中国台湾水域).【活性】细胞毒 (A549, ED_{50} = 7.96μg/mL; HT29, ED_{50} = 9.25μg/mL; P_{388}, ED_{50} = 3.23μg/mL).【文献】C. -Y. Duh, et al. JNP, 2002, 65, 1429.

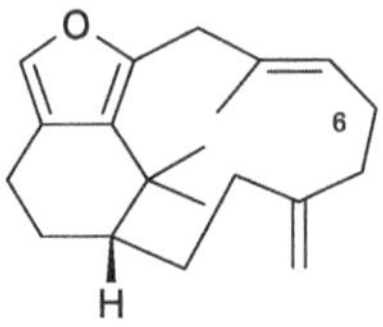

1186 Cespitularin C 伞软珊瑚素 C*

【基本信息】$C_{20}H_{32}O$, 无定形固体, mp 66~68℃, $[\alpha]_D^{25}$ = –62.3° (*c* = 0.1, 氯仿).【类型】轮生烷二萜.【来源】伞軟珊瑚科 Xeniidae 软珊瑚 *Cespitularia hypotentaculata* (中国台湾水域).【活性】细胞毒 (A549, ED_{50} = 0.12μg/mL; HT29, ED_{50} = 8.86μg/mL; P_{388}, ED_{50} = 0.01μg/mL).【文献】C. -Y. Duh, et al. JNP, 2002, 65, 1429.

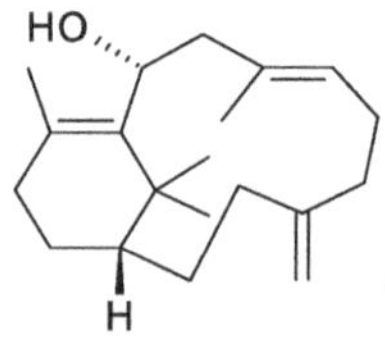

1187 Cespitularin D 伞软珊瑚素 D*

【基本信息】$C_{20}H_{28}O_4$, 油状物, $[\alpha]_D^{25}$= –169.6° (*c* = 0.23, 氯仿).【类型】轮生烷二萜.【来源】伞软珊瑚科 Xeniidae 软珊瑚 *Cespitularia hypotentaculata* (中国台湾水域).【活性】细胞毒 (A549, ED_{50} > 50μg/mL; HT29, ED_{50} > 50μg/mL; P_{388}, ED_{50} = 3.86μg/mL).【文献】C. -Y. Duh, et al. JNP, 2002, 65, 1429.

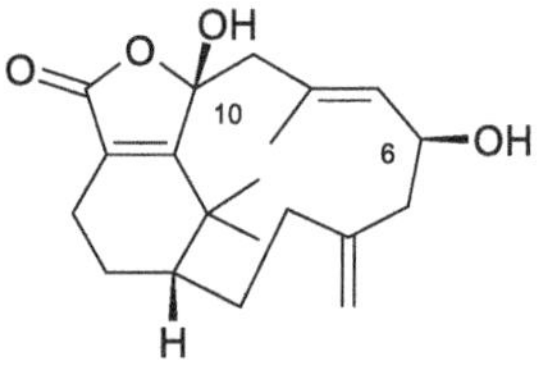

1188 Cespitularin E 伞软珊瑚素 E*

【基本信息】$C_{19}H_{28}O_2$, 油状物, $[\alpha]_D^{25}$= +122.3° (*c* = 0.22, 氯仿).【类型】轮生烷二萜.【来源】伞软珊瑚科 Xeniidae 软珊瑚 *Cespitularia hypotentaculata* (中国台湾水域).【活性】细胞毒 (A549, ED_{50} = 0.034μg/mL; HT29, ED_{50} = 17.1μg/mL; P_{388}, ED_{50} = 4.66μg/mL).【文献】C. -Y. Duh, et al. JNP, 2002, 65, 1429.

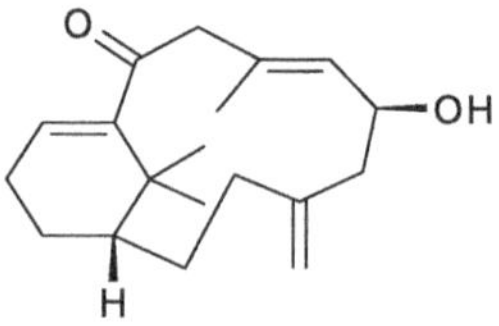

1189 Cespitularin F 伞软珊瑚素 F*

【基本信息】$C_{20}H_{28}O_3$, 油状物, $[\alpha]_D^{25}$= +39.8° (*c* = 0.21, 氯仿).【类型】轮生烷二萜.【来源】伞软珊瑚科 Xeniidae 软珊瑚 *Cespitularia hypotentaculata* (中国台湾水域).【活性】细胞毒 (A549, ED_{50} =

16.11μg/mL; HT29, ED_{50} > 50μg/mL; P_{388}, ED_{50} > 50μg/mL).【文献】C. -Y. Duh, et al. JNP, 2002, 65, 1429; 2006, 69, 1188.

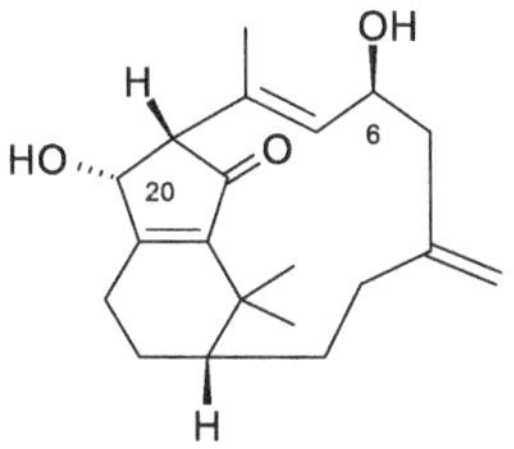

1190 Cespitularin H 伞软珊瑚素 H*

【基本信息】$C_{20}H_{28}O_3$, 无定形固体, mp 120~121°C, $[\alpha]_D^{25}$ = –93.6° (*c* = 0.19, 氯仿).【类型】轮生烷二萜.【来源】伞软珊瑚科 Xeniidae 软珊瑚 *Cespitularia hypotentaculata* (中国台湾水域).【活性】细胞毒 (A549, ED_{50} = 9.32μg/mL; HT29, ED_{50} = 23.69μg/mL; P_{388}, ED_{50} > 50μg/mL).【文献】C. -Y. Duh, et al. JNP 2002, 65, 1429.

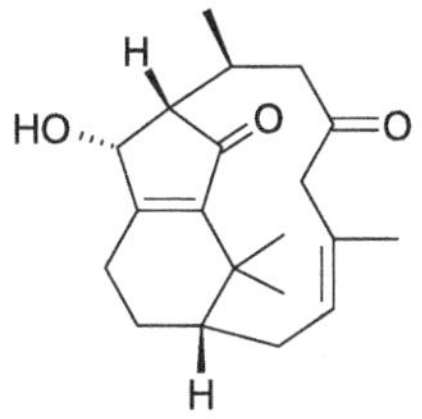

1191 Cespitulin G 伞软珊瑚林 G*

【基本信息】$C_{22}H_{32}O_5$【类型】轮生烷二萜.【来源】伞软珊瑚科 Xeniidae 软珊瑚 *Cespitularia taeniata* (绿岛, 台湾, 中国).【活性】弹性蛋白酶释放抑制剂 (中等活性); 超氧化物生成抑制剂 (受激人中性粒细胞).【文献】J. -Y. Chang, et al. Chem. Biodivers. 2012, 9, 654.

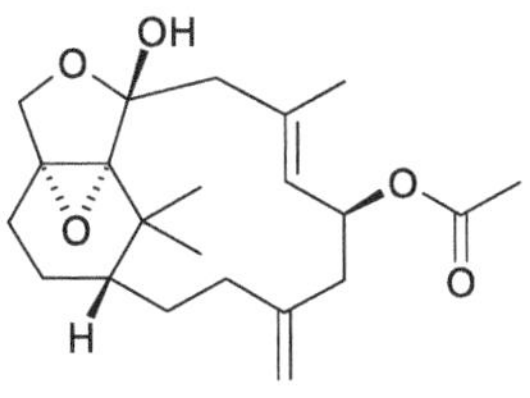

3.25 紫杉烷二萜

1192 Taxol 紫杉醇

【别名】Paclitaxel; 紫杉醇.【基本信息】$C_{47}H_{51}NO_{14}$, 针状晶体 (甲醇水溶液), mp 213~216°C, $[\alpha]_D^{20}$ = –49° (甲醇).【类型】紫杉烷二萜.【来源】真菌紫杉霉 *Taxomyces andreanae* (痕量), 陆地植物紫杉属 *Taxus* spp.【活性】细胞毒 (MTT 试验: MDA-MB-231, GI_{50} = 7.0nmol/L; U2OS, GI_{50} = 12nmol/L; NMuMG, GI_{50} = 5.9nmol/L; NIH3T3, GI_{50} = 6.4nmol/L); 抗肿瘤 (特别是黑色素瘤和卵巢癌, 因溶解度低使用有限); 抗真菌 (卵菌纲真菌); LD_{50} (小鼠, ipr) = 128mg/kg; LD_{50} (小鼠, ivn) = 12mg/kg.【文献】K. Taori, et al. JACS, 2008, 130, 1806; CRC Press, DNP on DVD, 2012, version 20.2.

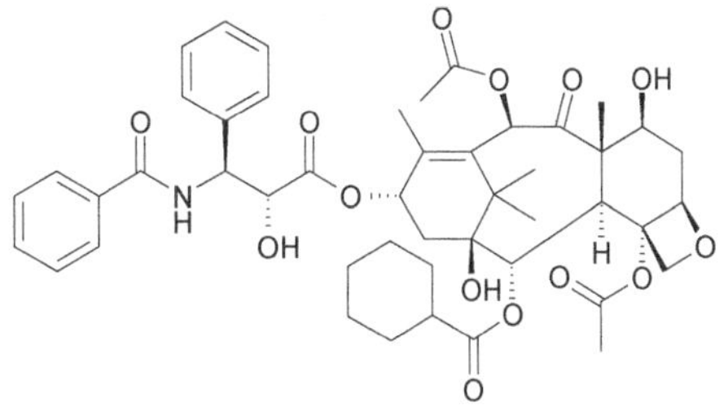

3.26 安非来克特烷二萜

1193 (1*R)-7-Formamido-11(20),14-amphilectadiene (1*R**)-7-甲酰氨基-11(20),14-安非来克特二烯***

【基本信息】$C_{21}H_{33}NO$, 清亮油, $[\alpha]_D^{25}$= +80.4° (*c* = 0.50, 氯仿).【类型】安非来克特烷 (Amphilectane) 二萜.【来源】小轴海绵科海绵 *Cymbastela hooperi* (凯尔索礁, 昆士兰, 澳大利亚).【活性】杀疟原虫的 [恶性疟原虫 *Plasmodium falciparum* FCR3F86, IC_{50} = 63.0μg/mL, 对照阿托伐醌, IC_{50} = (0.4±0.3)ng/mL].【文献】A. D. Wright, et al. JNP, 2009, 72, 492.

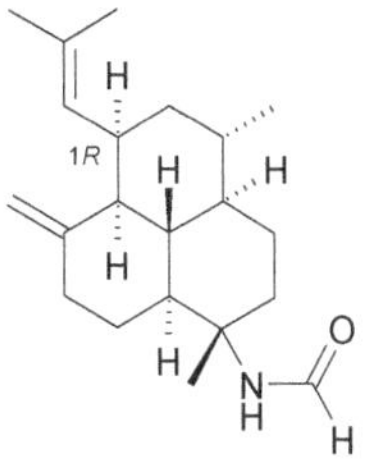

1194 (1*S)-7-Formamido-11(20),15-amphilectadiene (1*S**)-7-甲酰氨基-11(20),15-安非来克特二烯***

【基本信息】$C_{21}H_{33}NO$, 清亮油, $[\alpha]_D^{25}$= +15.5°

($c = 0.22$, 氯仿).【类型】安非来克特烷二萜.【来源】小轴海绵科海绵 *Cymbastela hooperi* (凯尔索礁, 昆士兰, 澳大利亚).【活性】杀疟原虫的 [恶性疟原虫 *Plasmodium falciparum* FCR3F86, $IC_{50} >$ 90μg/mL, 对照阿托伐醌, $IC_{50} = (0.4\pm0.3)$ng/mL].【文献】A. D. Wright, et al. JNP, 2009, 72, 492.

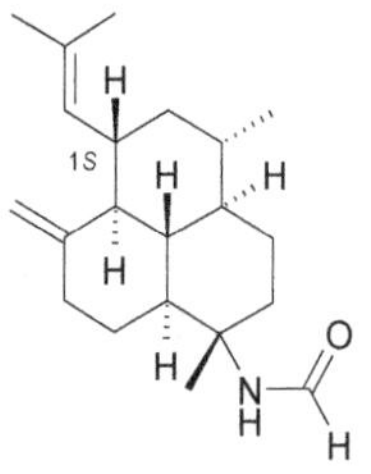

1195 Helioporin A 苍珊瑚精 A*

【基本信息】$C_{21}H_{28}O_3$, 油状物, $[\alpha]_D^{24} = +65°$ ($c =$ 4.4, 氯仿).【类型】安非来克特烷二萜.【来源】珊瑚纲八放珊瑚亚纲苍珊瑚 (蓝珊瑚) *Heliopora coerulea* (冲绳, 日本).【活性】抗病毒 (HSV-1, $IC_{50} = 4.0$μg/mL).【文献】S. A. Look, et al. JOC, 1986, 51, 5140; S. A. Look, et al. Tetrahedron, 1987, 43, 3363; J. Tanaka, et al. Tetrahedron, 1993, 49, 811.

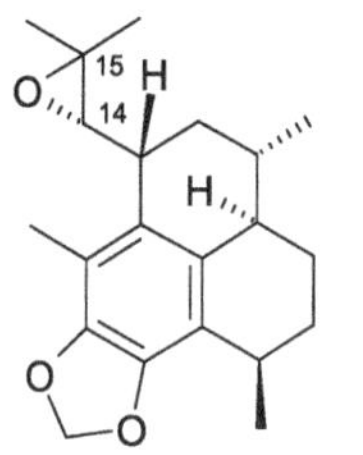

1196 Helioporin B 苍珊瑚精 B*

【基本信息】$C_{21}H_{30}O_3$, 油状物, $[\alpha]_D^{24} = +18.8°$ ($c = 2.55$, 氯仿).【类型】安非来克特烷二萜.【来源】珊瑚纲八放珊瑚亚纲苍珊瑚 (蓝珊瑚) *Heliopora coerulea* (冲绳, 日本).【活性】抗病毒 (HSV-1, $IC_{50} = 1.6$μg/mL).【文献】S. A. Look, et al. JOC, 1986, 51, 5140; S. A. Look, et al. Tetrahedron, 1987, 43, 3363; J. Tanaka, et al. Tetrahedron, 1993, 49, 811.

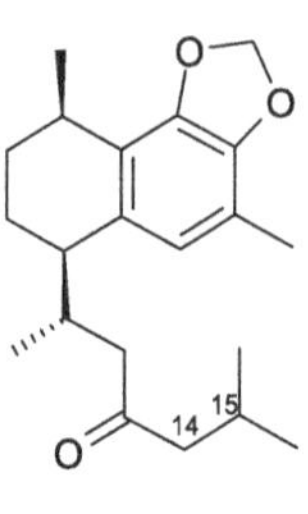

1197 Helioporin C 苍珊瑚精 C*

【基本信息】$C_{21}H_{28}O_3$, 油状物, $[\alpha]_D^{22} = +8.3°$ ($c = 0.58$, 氯仿).【类型】安非来克特烷二萜.【来源】珊瑚纲八放珊瑚亚纲苍珊瑚 (蓝珊瑚) *Heliopora coerulea* (冲绳, 日本).【活性】细胞毒 (P_{388}, $IC_{50} = 1$μg/mL).【文献】S. A. Look, et al. JOC, 1986, 51, 5140; S. A. Look, et al. Tetrahedron, 1987, 43, 3363; J. Tanaka, et al. Tetrahedron, 1993, 49, 811.

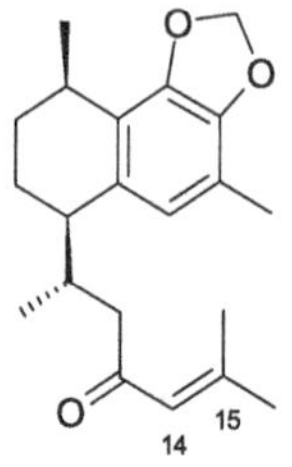

1198 Helioporin D 苍珊瑚精 D*

【基本信息】$C_{21}H_{30}O_2$, 油状物, $[\alpha]_D^{23} = +6.3°$ ($c =$ 0.36, 氯仿).【类型】安非来克特烷二萜.【来源】珊瑚纲八放珊瑚亚纲苍珊瑚 (蓝珊瑚) *Heliopora coerulea* (冲绳, 日本).【活性】细胞毒 (P_{388}, $IC_{50} = 2$μg/mL); 抗炎.【文献】S. A. Look, et al. JOC, 1986, 51, 5140; S. A. Look, et al. Tetrahedron, 1987, 43, 3363; J. Tanaka, et al. Tetrahedron, 1993, 49, 811; T. Geller, et al. Tetrahedron Lett., 1998, 39, 1537; 1541.

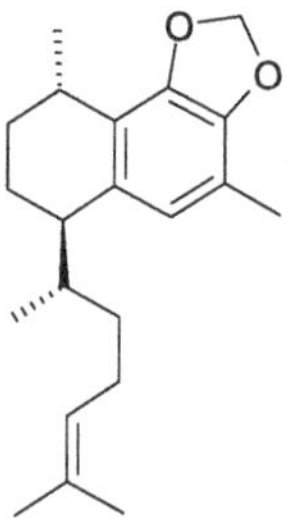

1199 Helioporin E 苍珊瑚精 E*

【基本信息】$C_{21}H_{28}O_2$, 油状物, $[\alpha]_D^{23} = +111°$ ($c = 0.55$, 氯仿).【类型】安非来克特烷二萜.【来源】珊瑚纲八放珊瑚亚纲苍珊瑚 (蓝珊瑚) *Heliopora coerulea* (冲绳, 日本).【活性】细胞毒 (P_{388}, $IC_{50} = 7$μg/mL).【文献】S. A. Look, et al. JOC, 1986, 51, 5140; S. A. Look, et al. Tetrahedron, 1987, 43, 3363; J. Tanaka, et al. Tetrahedron, 1993, 49, 811; S. E. Lazerwith, et al. Org. Lett., 2000, 2, 2389.

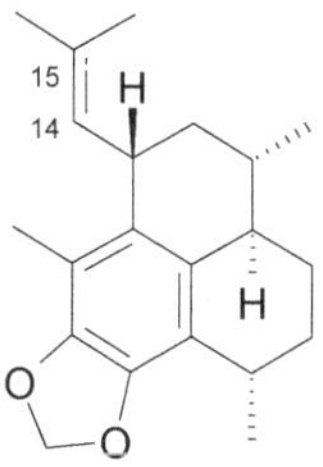

1200 Helioporin F 苍珊瑚精 F*

【基本信息】$C_{21}H_{28}O_2$, 油状物, $[\alpha]_D^{23} = -17°$ (c = 0.23, 氯仿).【类型】安非来克特烷二萜.【来源】珊瑚纲八放珊瑚亚纲苍珊瑚 (蓝珊瑚) *Heliopora coerulea* (冲绳, 日本).【活性】细胞毒 (P_{388}, IC_{50} = 5μg/mL).【文献】S. A. Look, et al. JOC, 1986, 51, 5140; S. A. Look, et al. Tetrahedron, 1987, 43, 3363; J. Tanaka, et al. Tetrahedron, 1993, 49, 811.

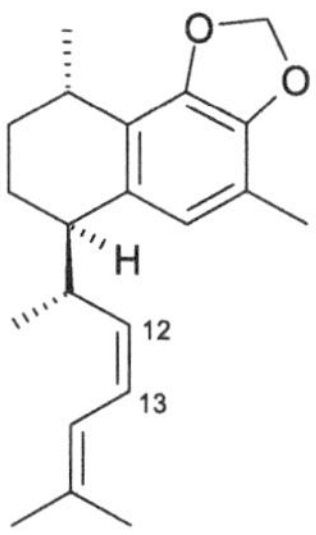

1201 Helioporin G 苍珊瑚精 G*

【基本信息】$C_{21}H_{28}O_2$, 油状物, $[\alpha]_D^{23} = -50°$ (c = 0.69, 氯仿).【类型】安非来克特烷二萜.【来源】珊瑚纲八放珊瑚亚纲苍珊瑚 (蓝珊瑚) *Heliopora coerulea* (冲绳, 日本).【活性】细胞毒 (P_{388}, IC_{50} = 5μg/mL).【文献】S. A. Look, et al. JOC, 1986, 51, 5140; S. A. Look, et al. Tetrahedron, 1987, 43, 3363; J. Tanaka, et al. Tetrahedron, 1993, 49, 811.

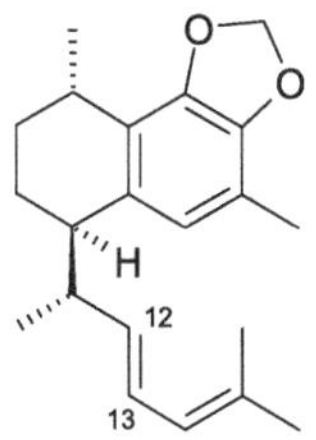

1202 Homopseudopteroxazole 高柳珊瑚噁唑*

【基本信息】$C_{26}H_{37}NO$, 浅黄色油状物, $[\alpha]_D^{25}$= +103.2° (c = 0.9, 氯仿).【类型】安非来克特烷二萜.【来源】伊丽莎白柳珊瑚* *Pseudopterogorgia elisabethae*.【活性】抗结核 (结核分枝杆菌 *Mycobacterium tuberculosis* H37Rv, 12.5μg/mL).【文献】I. I. Rodríguez, et al. JNP, 2003, 66, 855.

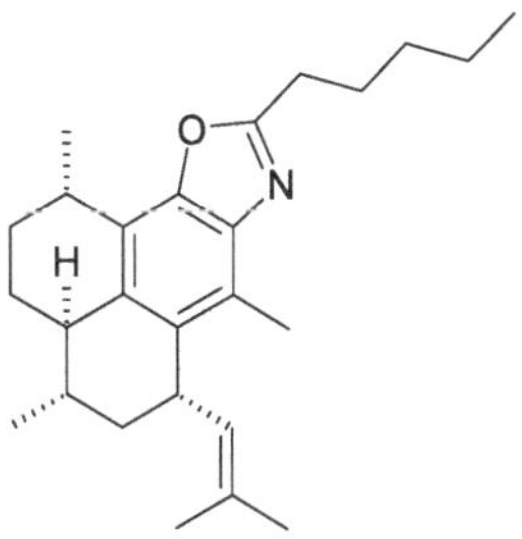

1203 7-Isocyano-10,14-amphilectadiene 7-异氰基-10,14-安非来克特二烯*

【基本信息】$C_{21}H_{31}N$, 油状物, $[\alpha]_D = -3.7°$ (c = 0.38, 氯仿).【类型】安非来克特烷二萜.【来源】小轴海绵科海绵 *Cymbastela hooperi* (大堡礁).【活性】杀疟原虫的 (恶性疟原虫 *Plasmodium falciparum* D6, IC_{50} = 302ng/mL, SI > 66.2, 对照物氯喹, IC_{50} = 3.8ng/mL, SI = 4600; W2, IC_{50} = 133ng/mL, SI > 150, 氯喹, IC_{50} = 50.5ng/mL, SI = 340); 细胞毒 (KB, IC_{50} > 20000ng/mL, 对照物氯喹, IC_{50} = 17400ng/mL).【文献】G. M. König, et al. JOC, 1996, 61, 3259.

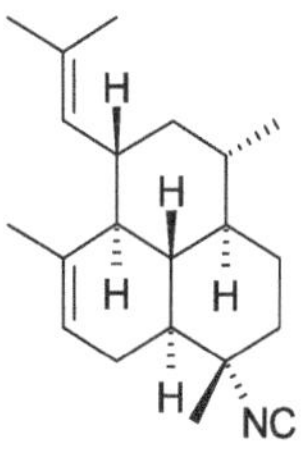

1204 7-Isocyanoamphilecta-11(20),15-diene 7-异氰基安非来克特-11(20),15-二烯*

【基本信息】$C_{21}H_{31}N$, 晶体 (正己烷), mp 148~149°C, $[\alpha]_D = +14°$ (c = 0.84, 氯仿).【类型】安非来克特烷二萜.【来源】小轴海绵科海绵 *Cymbastela hooperi* (大堡礁) 和隐海绵属 *Adocia* spp.【活性】杀疟原虫的 (恶性疟原虫 *Plasmodium falciparum* D6, IC_{50} = 520ng/mL, SI > 38.5, 对照物氯喹, IC_{50} = 3.8ng/mL, SI = 4600; W2, IC_{50} = 242ng/mL, SI > 82.6, 氯喹, IC_{50} = 50.5ng/mL, SI = 340); 细胞毒 (KB, IC_{50} > 20000ng/mL, 对照物氯喹, IC_{50} = 17400ng/mL).【文献】R. Kazlauskas, et al. Tetrahedron Lett., 1980, 21, 315; G. M. König, et al. JOC, 1996, 61, 3259.

1205 7-Isocyano-11,14-*epi*-amphilectadiene 7-异氰基-11,14-*epi*-安非来克特二烯*

【基本信息】$C_{21}H_{31}N$，晶体（正己烷），mp 106.6~108.3°C，$[\alpha]_D^{25}=-55.9°$（$c=0.9$，氯仿）.【类型】安非来克特烷二萜.【来源】小轴海绵科海绵 *Cymbastela hooperi*（大堡礁).【活性】杀疟原虫的（恶性疟原虫 *Plasmodium falciparum* D6，$IC_{50}=58.5$ng/mL，SI = 260，对照物氯喹，$IC_{50}=3.8$ng/mL，SI = 4600；W2，$IC_{50}=25.6$ng/mL，SI = 590，氯喹物，$IC_{50}=50.5$ng/mL，SI = 340)；细胞毒（KB，$IC_{50}=15200$ng/mL，对照物氯喹，$IC_{50}=17400$ng/mL).【文献】G. M. König, et al. JOC, 1996, 61, 3259.

1206 7-Isocyano-11(20),14-*epi*-amphilecta diene7-异氰基-11(20),14-*epi*-安非来克特二烯*

【基本信息】$C_{21}H_{31}N$，晶体，mp 113~115°C，mp 114.7~115.8°C，$[\alpha]_D^{25}=+115.8°$（$c=1.23$，氯仿），$[\alpha]_D^{20}=+116.8°$（$c=1.0$，氯仿).【类型】安非来克特烷二萜.【来源】隐海绵属 *Adocia* spp. 和小轴海绵科海绵 *Cymbastela hooperi*.【活性】杀疟原虫的（恶性疟原虫 *Plasmodium falciparum* D6，$IC_{50}=14.1$ng/mL，SI = 230，对照物氯喹，$IC_{50}=3.8$ng/mL，SI = 4600；W2，$IC_{50}=9.3$ng/mL，SI = 340，氯喹，$IC_{50}=50.5$ng/mL，SI = 340)；细胞毒（KB，$IC_{50}=3200$ng/mL，对照物氯喹，$IC_{50}=17400$ng/mL).【文献】R. Kazlauskas, et al. Tetrahedron Lett., 1980, 21, 315; A. Linden, et al. Acta Crystallogr., Scot. C: Cryst. Struct. Commun., 1996, 52, 2601; G. K. König, et al. JOC, 1996, 61, 3259.

1207 7-Isocyano-15-isothiocyanato-11(20)-amphilectene 7-异氰基-15-异硫氰酸根合-11(20)-安非来克特烯*

【基本信息】$C_{22}H_{32}N_2S$，晶体（正己烷），mp 102.8~103.7°C，$[\alpha]_D^{25}=+1.5°$（$c=0.55$，氯仿).【类型】安非来克特烷二萜.【来源】小轴海绵科海绵 *Cymbastela hooperi*（大堡礁).【活性】杀疟原虫的（恶性疟原虫 *Plasmodium falciparum* D6，$IC_{50}=470$ng/mL，SI > 42.6，对照物氯喹，$IC_{50}=3.8$ng/mL，SI = 4600；W2，$IC_{50}=109$ng/mL，SI > 183，氯喹物，$IC_{50}=50.5$ng/mL，SI = 340)；细胞毒（KB，$IC_{50}>20000$ng/mL，对照物氯喹，$IC_{50}=17400$ng/mL).【文献】G. M. König, et al. JOC, 1996, 61, 3259.

1208 7-Isocyano-1(14),15-neoamphilecta diene 7-异氰基-1(14),15-新安非来克特二烯*

【基本信息】$C_{21}H_{31}N$，油状物，$[\alpha]_D^{25}=+67.0°$（$c=0.79$，氯仿).【类型】安非来克特烷二萜.【来源】小轴海绵科海绵 *Cymbastela hooperi*（大堡礁).【活性】杀疟原虫的（恶性疟原虫 *Plasmodium falciparum* D6，$IC_{50}=90.0$ng/mL，SI = 210，对照物氯喹，$IC_{50}=3.8$ng/mL，SI = 4600；W2，$IC_{50}=29.7$ng/mL，SI = 640，氯喹，$IC_{50}=50.5$ng/mL，SI = 340)；细胞毒（KB，$IC_{50}=19100$ng/mL，对照物氯喹，$IC_{50}=17400$ng/mL).【文献】G. M. König, et al. JOC, 1996, 61, 3259.

1209 7-Isothiocyanato-11(20),14-*epi*-amphilectadien-12-ol 7-异硫氰酸根合-11(20), 14-*epi*-安非来克特二烯-12-醇*

【基本信息】$C_{21}H_{31}NOS$, 油状物, $[\alpha]_D^{25} = +78.4°$ ($c = 0.56$, 氯仿).【类型】安非来克特烷二萜.【来源】小轴海绵科海绵 *Cymbastela hooperi* (大堡礁).【活性】杀疟原虫的 (恶性疟原虫 *Plasmodium falciparum* D6, IC_{50} = 797ng/mL, SI = 6.6, 对照物氯喹, IC_{50} = 3.8ng/mL, SI = 4600; W2, IC_{50} = 423ng/mL, SI = 12.5, 氯喹, IC_{50} = 50.5ng/mL, SI = 340); 细胞毒 (KB, IC_{50} = 5300ng/mL, 对照物氯喹, IC_{50} = 17400ng/mL).【文献】G. M. König, et al. JOC, 1996, 61, 3259.

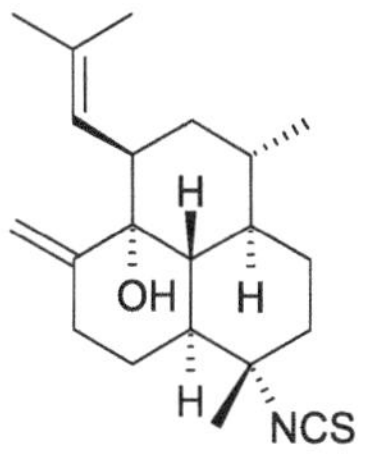

1210 Pseudopterosin A 柳珊瑚新 A*

【别名】(1*β*,3*α*,7*α*)-8,10,12,14-*epi*-Amphilectatetraene-9,10-diol 9-*O*-*β*-D-xylopyranoside; (1*β*,3*α*,7*α*)-8,10,12,14-*epi*-安非来克特四烯-9,10-二醇 9-*O*-*β*-D-吡喃木糖苷*.【基本信息】$C_{25}H_{36}O_6$, 无定形固体, $[\alpha]_D^{20} = -85°$ ($c = 0.69$, 氯仿).【类型】安非来克特烷二萜.【来源】伊丽莎白柳珊瑚* *Pseudopterogorgia elisabethae*.【活性】抗炎 (高活性); 镇痛; 弹性蛋白酶兴奋剂 (用于化妆品抗皱面霜); 抗菌 (25μg/mL 6mm 盘, 革兰氏阳性菌酿脓链球菌 *Streptococcus pyogenes*, IZD = 15mm, MIC = 0.8μg/mL; 金黄色葡萄球菌 *Staphylococcus aureus*, IZD = 11mm, MIC = 2.1μg/mL; 粪肠球菌 *Enterococcus faecalis*, IZD = 9mm, MIC = 3.4μg/mL).【文献】S. A. Look, et al. JOC, 1986, 51, 5140; A. Ata, et al. Helv. Chim. Acta, 2004, 87, 1090.

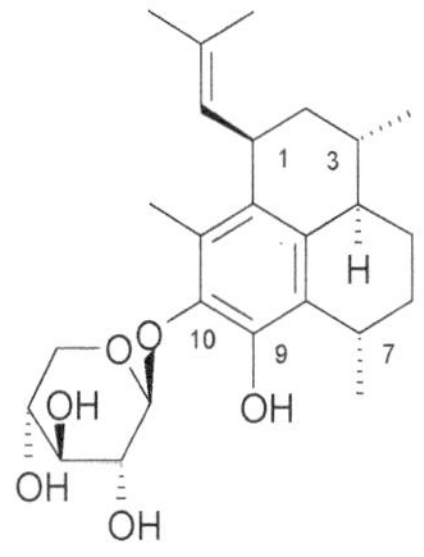

1211 Pseudopterosin B 柳珊瑚新 B*

【别名】(1*β*,3*α*,7*α*)-8,10,12,14-*epi*-Amphilectatetraene-9,10-diol 9-*O*-(2-acetyl-*β*-D-xylopyranoside); (1*β*,3*α*,7*α*)-8,10,12,14-*epi*-安非来克特四烯-9,10-二醇 9-*O*-(2-乙酰-*β*-D-吡喃木糖苷)*.【基本信息】$C_{27}H_{38}O_7$, 油状物, $[\alpha]_D^{20} = -55.2°$ ($c = 2.1$, 氯仿).【类型】安非来克特烷二萜.【来源】伊丽莎白柳珊瑚* *Pseudopterogorgia elisabethae*.【活性】抗炎; 镇痛; 抗菌 (25μg/mL, 6mm 盘, 革兰氏阳性菌酿脓链球菌 *Streptococcus pyogenes*, IZD = 13mm, MIC = 1.0μg/mL; 金黄色葡萄球菌 *Staphylococcus aureus*, IZD = 10mm, MIC = 2.3μg/mL; 粪肠球菌 *Enterococcus faecalis*, IZD = 9mm, MIC = 3.2μg/mL).【文献】S. A. Look, et al. JOC, 1986, 51, 5140; A. Ata, et al. Helv. Chim. Acta, 2004, 87, 1090.

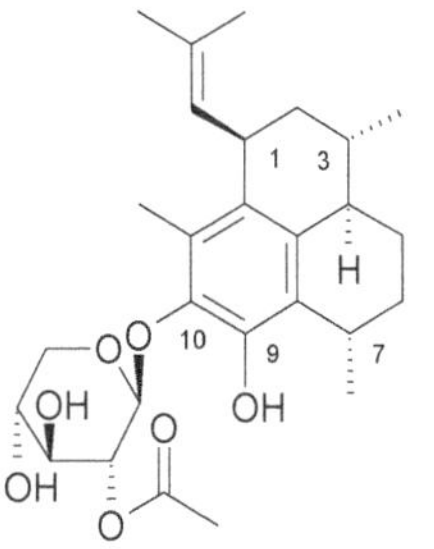

1212 Pseudopterosin C 柳珊瑚新 C*

【别名】(1*β*,3*α*,7*α*)-8,10,12,14-*epi*-Amphilectatetraene-9,10-diol 9-*O*-(3-acetyl-*β*-D-xylopyranoside); (1*β*,3*α*,7*α*)-8,10,12,14-*epi*-安非来克特四烯-9,10-二醇 9-*O*-(3-乙酰-*β*-D-吡喃木糖苷)*.【基本信息】$C_{27}H_{38}O_7$, 晶体 (乙酸乙酯/乙醇), mp 113.5~115°C, $[\alpha]_D^{20} = -77°$ ($c = 1.09$, 氯仿).【类型】安非来克特烷二萜.【来源】伊丽莎白柳珊瑚* *Pseudopterogorgia elisabethae*.【活性】抗炎; 镇痛; 用于护肤; 抗菌 (25μg/mL 6mm 盘, 革兰氏阳性菌酿脓链球菌 *Streptococcus pyogenes*, IZD = 16mm, MIC = 1.0μg/mL; 金黄色葡萄球菌

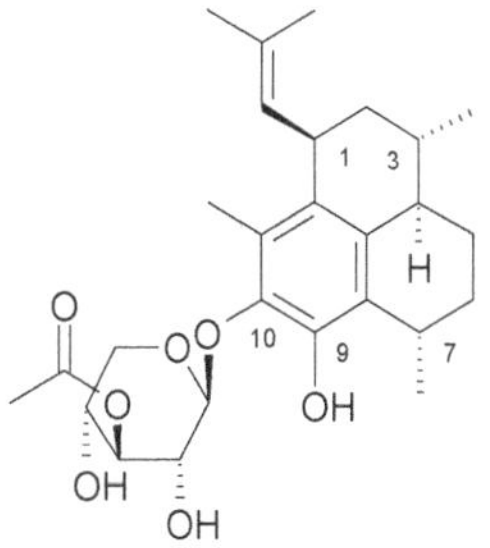

Staphylococcus aureus, IZD = 11mm, MIC = 2.0μg/mL; 粪肠球菌 *Enterococcus faecalis,* IZD = 8mm, MIC = 3.7μg/mL).【文献】S. A. Look, et al. JOC, 1986, 51, 5140; A. Ata, et al. Helv. Chim. Acta, 2004, 87, 1090.

1213 Pseudopterosin D 柳珊瑚新 D*

【别名】(1*β*,3*α*,7*α*)-8,10,12,14-*epi*-Amphilectatetraene-9,10-diol 9-*O*-(4-acetyl-*β*-D-xylopyranoside); (1*β*,3*α*,7*α*)-8,10,12,14-*epi*-安非来克特四烯-9,10-二醇 9-*O*-(4-乙酰-*β*-D-吡喃木糖苷)*.【基本信息】$C_{27}H_{38}O_7$, 油状物, $[\alpha]_D^{20} = -107.3°$ (*c* = 0.55, 氯仿).【类型】安非来克特烷二萜.【来源】伊丽莎白柳珊瑚* *Pseudopterogorgia elisabethae*.【活性】抗炎; 镇痛; 抗菌 (25μg/mL, 6mm 盘, 革兰氏阳性菌酿脓链球菌 *Streptococcus pyogenes*, IZD = 17mm, MIC = 1.0μg/mL; 金黄色葡萄球菌 *Staphylococcus aureus*, IZD = 9mm, MIC = 2.3μg/mL; 粪肠球菌 *Enterococcus faecalis,* IZD = 9mm, MIC = 3.8μg/mL).【文献】S. A. Look, et al. JOC, 1986, 51, 5140; A. Ata, et al. Helv. Chim. Acta, 2004, 87, 1090.

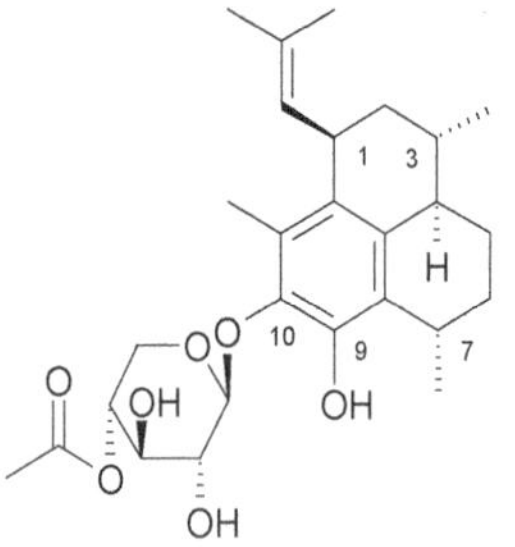

1214 Pseudopterosin E 柳珊瑚新 E*

【别名】(1*β*,3*α*,7*α*)-8,10,12,14-*epi*-Amphilectatetraene-9,10-diol 10-*O*-*α*-L-fucopyranoside; (1*β*,3*α*,7*α*)-8,10,12,14-*epi*-安非来克特四烯-9,10-二醇 10-*O*-*α*-L-吡喃岩藻糖苷*.【基本信息】$C_{26}H_{38}O_6$, 无定形物质, $[\alpha]_D = -255°$ (*c* = 0.4, 甲醇).【类型】安非来克特烷二萜.【来源】伊丽莎白柳珊瑚* *Pseudopterogorgia elisabethae*.【活性】抗炎 (对小鼠急性毒性非常低, LD_{50} > 300mg/kg, 呈现新的药理作用机制); 脂氧合酶抑制剂; 细胞脱颗粒抑制剂; 白三烯生成抑制剂; 抗菌 (25μg/mL, 6mm 盘, 革兰氏阳性菌酿脓链球菌 *Streptococcus pyogenes*, IZD = 12mm, MIC = 1.0μg/mL; 金黄色葡萄球菌 *Staphylococcus aureus*, IZD = 8mm, MIC = 2.3μg/mL; 粪肠球菌 *Enterococcus faecalis,* IZD = 8mm, MIC = 3.6μg/mL).【文献】V.Roussis, et al. JOC, 1990, 55, 4916; A. Ata, et al. Helv. Chim. Acta, 2004, 87, 1090.

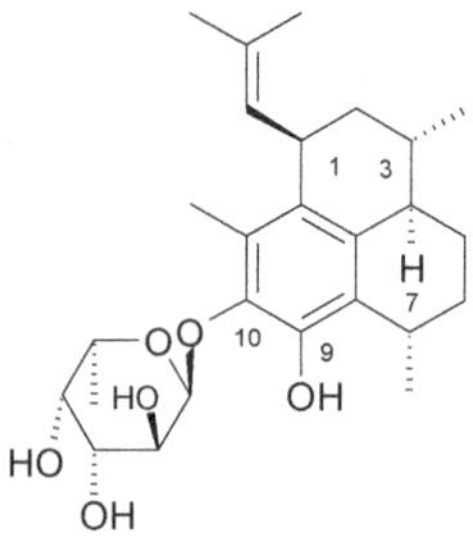

1215 Pseudopterosin F 柳珊瑚新 F*

【别名】(1*β*,3*α*,7*α*)-8,10,12,14-*epi*-Amphilectatetraene-9,10-diol 10-*O*-*α*-D-arabinopyranoside; (1*β*,3*α*,7*α*)-8,10,12,14-*epi*-安非来克特四烯-9,10-二醇 10-*O*-*α*-D-吡喃阿拉伯糖苷*.【基本信息】$C_{25}H_{36}O_6$, 针状晶体, mp 200°C (分解), $[\alpha]_D = -243.2°$ (*c* = 0.5, 甲醇).【类型】安非来克特烷二萜.【来源】伊丽莎白柳珊瑚* *Pseudopterogorgia elisabethae*.【活性】抗炎.【文献】V. Roussis, et al. JOC, 1990, 55, 4916.

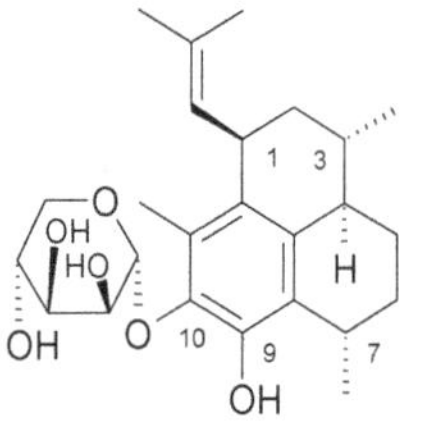

1216 Pseudopterosin G 柳珊瑚新 G*

【别名】(1*α*,3*α*,7*α*)-8,10,12,14-*epi*-Amphilectatetraene-9,10-diol 9-*O*-*α*-L-fucopyranoside; (1*α*,3*α*,7*α*)-8,10,12,14-*epi*-安非来克特四烯-9,10-二醇 9-*O*-*α*-L-吡喃岩藻糖苷*.【基本信息】$C_{26}H_{38}O_6$, 油状物, $[\alpha]_D = -56.8°$ (*c* = 2.3, 氯仿).【类型】安非来克特烷二萜.【来源】伊丽莎白柳珊瑚* *Pseudopterogorgia elisabethae*.【活性】抗炎.【文献】V. Roussis, et al. JOC, 1990, 55, 4916; S. E. Lazerwith, et al. Org. Lett., 2000, 2, 2389.

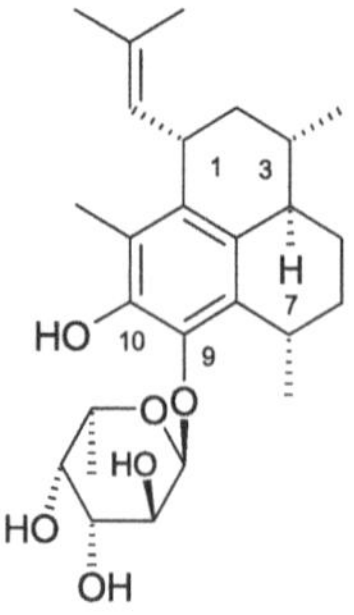

1217　Pseudopterosin H　柳珊瑚新 H*

【别名】(1*α*,3*α*,7*α*)-8,10,12,14-*epi*-Amphilectatetraene-9,10-diol 9-*O*-(2-acetyl-*α*-L-fucopyranoside); (1*α*,3*α*,7*α*)-8,10,12,14-*epi*-安非来克特四烯-9,10-二醇 9-*O*-(2-乙酰-*α*-L-吡喃岩藻糖苷)*.【基本信息】$C_{28}H_{40}O_7$, 油状物, $[\alpha]_D = -52.1°$ (c = 1.3, 氯仿).【类型】安非来克特烷二萜.【来源】伊丽莎白柳珊瑚* *Pseudopterogorgia elisabethae*.【活性】抗炎.【文献】Roussis, V. et al. JOC, 1990, 55, 4916; S. E. Lazerwith, et al. Org. Lett., 2000, 2, 2389.

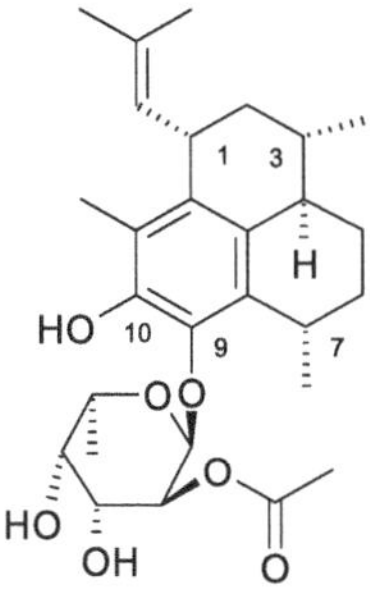

1218　Pseudopterosin I　柳珊瑚新 I*

【别名】(1*α*,3*α*,7*α*)-8,10,12,14-*epi*-Amphilectatetraene-9,10-diol 9-*O*-(3-acetyl-*α*-L-fucopyranoside); (1*α*,3*α*,7*α*)-8,10,12,14-*epi*-安非来克特四烯-9,10-二醇 9-*O*-(3-乙酰-*α*-L-吡喃岩藻糖苷)*.【基本信息】$C_{28}H_{40}O_7$, 油状物, $[\alpha]_D = -44°$ (c = 1.2, 氯仿).【类型】安非来克特烷二萜.【来源】伊丽莎白柳珊瑚* *Pseudopterogorgia elisabethae*.【活性】抗炎.【文献】Roussis, V. et al. JOC, 1990, 55, 4916; S. E. Lazerwith, et al. Org. Lett., 2000, 2, 2389.

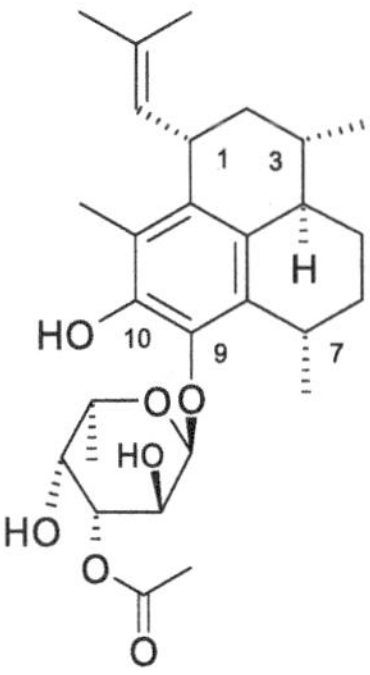

1219　Pseudopterosin J　柳珊瑚新 J*

【别名】(1*α*,3*α*,7*α*)-8,10,12,14-*epi*-Amphilectatetraene-9,10-diol 9-*O*-(4-acetyl-*α*-L-fucopyranoside); (1*α*,3*α*,7*α*)-8,10,12,14-*epi*-安非来克特四烯-9,10-二醇 9-*O*-(4-乙酰-*α*-L-吡喃岩藻糖苷)*.【基本信息】$C_{28}H_{40}O_7$, 油状物, $[\alpha]_D = -52.9°$ (c = 2.2, 氯仿).【类型】安非来克特烷二萜.【来源】伊丽莎白柳珊瑚* *Pseudopterogorgia elisabethae*.【活性】抗炎.【文献】V. Roussis, et al. JOC, 1990, 55, 4916; S. E. Lazerwith, et al. Org. Lett., 2000, 2, 2389.

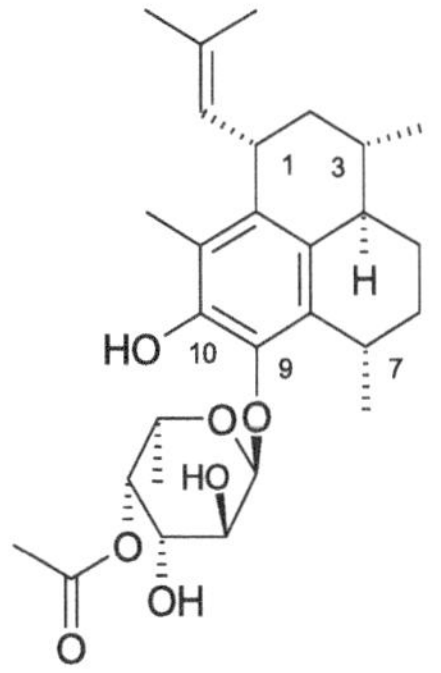

1220　Pseudopterosin K　柳珊瑚新 K*

【别名】(1*α*,3*β*,7*β*)-8,10,12,14-*epi*-Amphilectatetraene-9,10-diol 9-*O*-*α*-L-fucopyranoside; (1*α*,3*β*,7*β*)-8,10,12,14-*epi*-安非来克特四烯-9,10-二醇 9-*O*-*α*-L-吡喃岩藻糖苷*.【基本信息】$C_{26}H_{38}O_6$, 油状物, $[\alpha]_D = -111°$ (c = 2.1, 氯仿).【类型】安非来克特烷二萜.【来源】伊丽莎白柳珊瑚* *Pseudopterogorgia elisabethae*.【活性】抗炎; 抗菌 (25μg/mL, 6mm 盘, 革兰氏阳性菌酿脓链球菌 *Streptococcus pyogenes*, IZD = 14mm, MIC = 1.0μg/mL; 金黄色葡萄球菌 *Staphylococcus aureus*, IZD = 9mm, MIC = 2.1μg/mL; 粪肠球菌 *Enterococcus faecalis*, IZD = 8mm, MIC = 3.4μg/mL).【文献】V. Roussis, et al. JOC, 1990, 55, 4916; A. Ata, et al. Helv. Chim. Acta, 2004, 87, 1090.

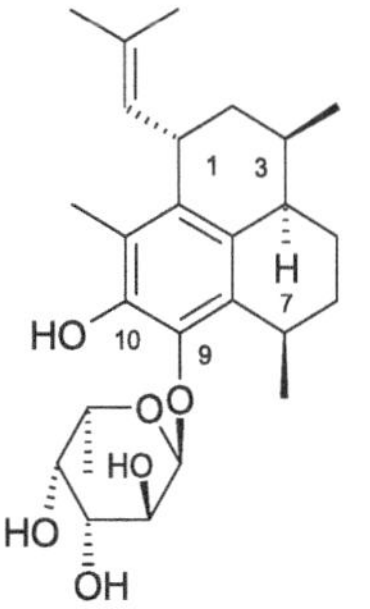

1221　Pseudopterosin L　柳珊瑚新 L*

【别名】(1*α*,3*β*,7*β*)-8,10,12,14-*epi*-Amphilectatetraene-9,10-diol 9-*O*-(3-acetyl-*α*-L-fucopyranoside); (1*α*,3*β*,7*β*)-8,10,12,14-*epi*-安非来克特四烯-9,10-二醇

9-*O*-(3-乙酰-*α*-L-吡喃岩藻糖苷)*.【基本信息】$C_{28}H_{40}O_7$, 油状物, $[\alpha]_D = -112°$ ($c = 1.1$, 氯仿).【类型】安非来克特烷二萜.【来源】伊丽莎白柳珊瑚* *Pseudopterogorgia elisabethae*.【活性】抗炎.【文献】V. Roussis, et al. JOC, 1990, 55, 4916.

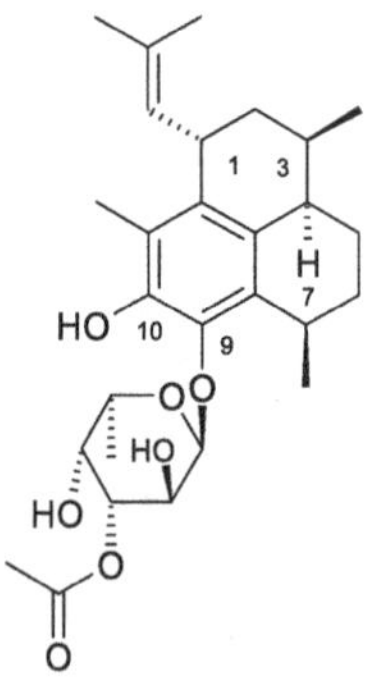

1222 Pseudopterosin P_{1aA} 柳珊瑚新 P_{1aA}

【别名】Pseudopterosin Q_{1a4}; Pseudopterosin P; (1*α*,3*α*,7*α*)-8,10,12,14-*epi*-Amphilectatetraene-9,10-diol 10-*O*-(4-*O*-acetyl-*α*-L-fucopyranoside); 柳珊瑚新 Q_{1a4}; 柳珊瑚新 P; (1*α*,3*α*,7*α*)-8,10,12,14-*epi*-安非来克特四烯-9,10-二醇 10-*O*-(4-*O*-乙酰-*α*-L-吡喃岩藻糖苷)*.【基本信息】$C_{28}H_{40}O_7$, 粉末, $[\alpha]_D^{25} = -53°$ ($c = 0.56$, 甲醇), $[\alpha]_D^{20} = -107.2°$ ($c = 1.3$, 氯仿).【类型】安非来克特烷二萜.【来源】伊丽莎白柳珊瑚* *PseuDopterogorgia eLisabethae*.【活性】抗炎 [1μmol/L PMA 刺激大鼠小胶质细胞的释放效应 (佛波醇 12-十四酸酯 13-乙酸酯): $O_2^{\cdot-}$, $IC_{50} > 10μmol/L$; TXB2, $IC_{50} > 10μmol/L$; 乳酸盐脱氢酶 LDH, $LDH_{50} = 0.6μmol/L$].【文献】A. Ata, et al. Helv. Chim. Acta, 2004, 87, 1090; I. I. Rodriguez, et al. JNP, 2004, 67, 1672; C. Duque, et al. Tetrahedron, 2004, 60, 10627.

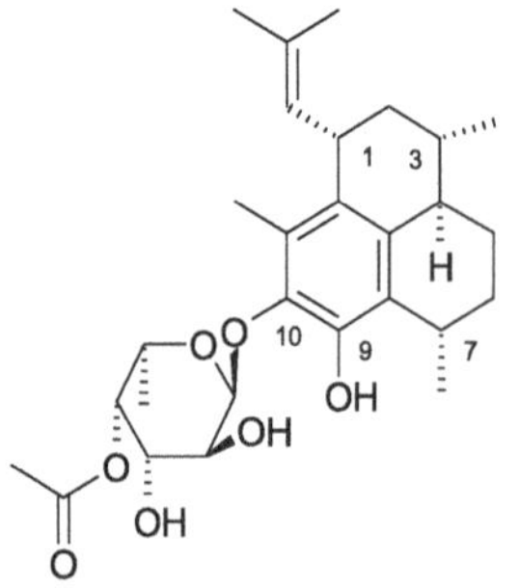

1223 Pseudopterosin P_{1bD} 柳珊瑚新 P_{1bD}

【别名】(1*β*,3*α*,7*α*)-8,10,12,14-*epi*-Amphilectatetraene-9-acetoxy-10-ol 10-*O*-*β*-D-xylopyranoside; (1*β*,3*α*,7*α*)-8,10,12,14-*epi*-安非来克特四烯-9-乙酰氧基-10-醇 10-*O*-*β*-D-吡喃木糖苷*.【基本信息】$C_{27}H_{38}O_7$, 树胶状物, $[\alpha]_D^{20} = +122°$ ($c = 0.48$, 氯仿).【类型】安非来克特烷二萜.【来源】伊丽莎白柳珊瑚* *Pseudopterogorgia elisabethae*.【活性】抗菌 (25μg/mL, 6mm 盘, 选择性抗革兰氏阳性菌酿脓链球菌 *Streptococcus pyogenes*, IZD = 15mm, MIC = 0.8μg/mL; 金黄色葡萄球菌 *Staphylococcus aureus*, IZD = 10mm, MIC = 2.0μg/mL; 粪肠球菌 *Enterococcus faecalis*, IZD = 8mm, MIC = 3.5μg/mL).【文献】A. Ata, et al. Helv. Chim. Acta, 2004, 87, 1090; I. I. Rodriguez, et al. JNP, 2004, 67, 1672; C. Duque, et al. Tetrahedron, 2004, 60, 10627.

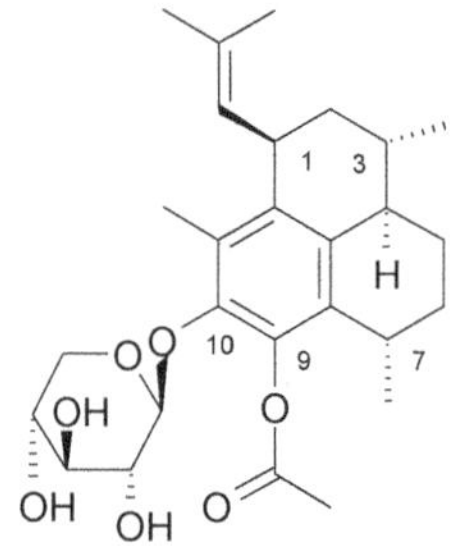

1224 Pseudopterosin Q_{1a3} 柳珊瑚新 Q_{1a3}

【别名】Pseudopterosin R_{1a1}; Pseudopterosin Q; (1*α*,3*α*,7*α*)-8,10,12,14-*epi*-Amphilectatetraene-9,10-diol 10-*O*-(3-*O*-acetyl-*α*-L-fucopyranoside); 柳珊瑚新 R_{1a1}; 柳珊瑚新 Q; (1*α*,3*α*,7*α*)-8,10,12,14-*epi*-安非来克特四烯-9,10-二醇 10-*O*-(3-*O*-乙酰-*α*-L-吡喃岩藻糖苷)*.【基本信息】$C_{28}H_{40}O_7$, 粉末, $[\alpha]_D^{25} = -34°$ ($c = 0.28$, 甲醇), $[\alpha]_D^{20} = -43.6°$ ($c = 1$, 氯仿).【类型】安非来克特烷二萜.【来源】伊丽莎白柳珊瑚* *Pseudopterogorgia elisabethae*.【活性】抗炎 (1μmol/L PMA 刺激大鼠小胶质细胞的释放效应: $O_2^{\cdot-}$, $IC_{50} = 11.2μmol/L$; TXB2, $IC_{50} = 4.7μmol/L$; 乳酸盐脱氢酶 LDH, $LDH_{50} = 3.4μmol/L$).【文献】A. Ata, et al. Helv. Chim. Acta,

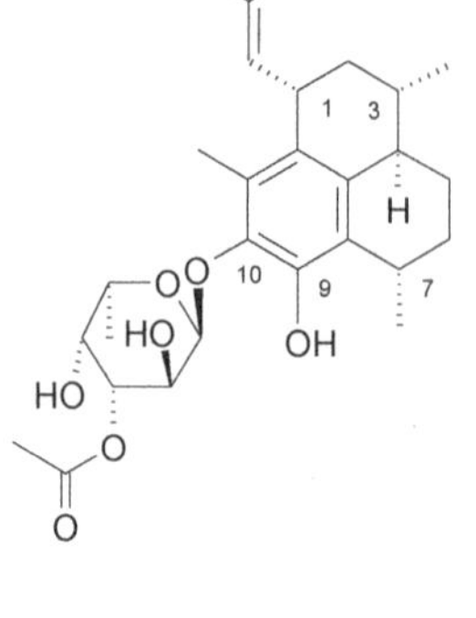

2004, 87, 1090; I. I. Rodriguez, et al. JNP, 2004, 67, 1672; C. Duque, et al. Tetrahedron, 2004, 60, 10627.

1225 Pseudopterosin Q_{1b3} 柳珊瑚新 Q_{1b3}

【别名】Pseudopterosin Q‡; (1*β*,3*α*,7*α*)-8,10,12,14-*epi*-Amphilectatetraene-9-acetoxy-10-ol 10-*O*-(3-*O*-acetyl-*β*-D-xylopyranoside); 柳珊瑚新 Q‡; (1*β*,3*α*,7*α*)-8,10,12,14-*epi*-安非来克特四烯-9-乙酰氧基-10-醇 10-*O*-(3-*O*-乙酰-*β*-D-吡喃木糖苷)*.【基本信息】$C_{29}H_{40}O_8$, 树胶状物, $[\alpha]_D^{20} = +124°$ (c = 0.67, 氯仿).【类型】安非来克特烷二萜.【来源】伊丽莎白柳珊瑚* *Pseudopterogorgia elisabethae*.【活性】抗菌 (25μg/mL, 6mm 盘, 选择性抗革兰氏阳性菌酿脓链球菌 *Streptococcus pyogenes*, IZD = 12mm, MIC = 1.0μg/mL; 金黄色葡萄球菌 *Staphylococcus aureus*, IZD = 9mm, MIC = 2.3μg/mL; 粪肠球菌 *Enterococcus faecalis,* IZD = 8mm, MIC = 3.6μg/mL);【文献】A. Ata, et al. Helv. Chim. Acta, 2004, 87, 1090; I. I. Rodriguez, et al. JNP, 2004, 67, 1672; C. Duque, et al. Tetrahedron, 2004, 60, 10627.

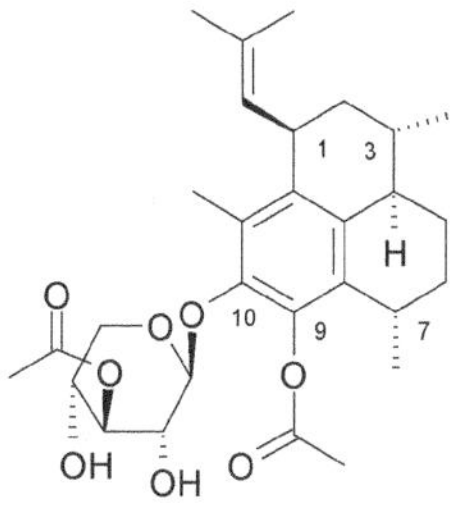

1226 Pseudopterosin T_{1aA} 柳珊瑚新 T_{1aA}

【别名】Pseudopterosin Y; (1*α*,3*α*,7*α*)-8,10,12,14-*epi*-Amphilectatetraene-9,10-diol 10-*O*-*α*-D-arabinopyranoside; 柳珊瑚新 Y; (1*α*,3*α*,7*α*)-8,10,12,14-*epi*-安非来克特四烯-9,10-二醇 10-*O*-*α*-D-吡喃阿拉伯糖苷*.【基本信息】$C_{25}H_{36}O_6$, 粉末, $[\alpha]_D^{25} = -38°$ ($c = 0.89$, 甲醇), $[\alpha]_D^{20} = -54.2°$ ($c = 1$, 氯仿).【类型】安非来克特烷二萜.【来源】伊丽莎白柳珊瑚* *Pseudopterogorgia elisabethae*.【活性】抗微生物.【文献】I. I. Rodriguez, et al. JNP, 2004, 67, 1672; C. Duque, et al. Tetrahedron, 2004, 60, 10627.

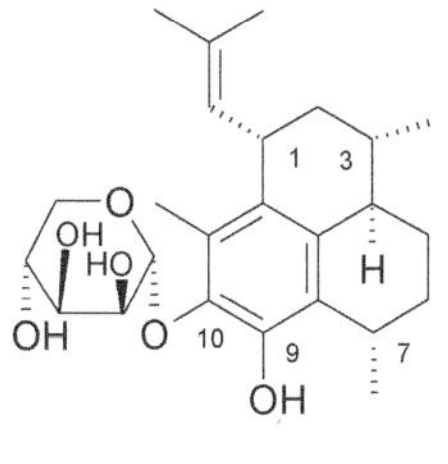

1227 Pseudopterosin U_{1a3} 柳珊瑚新 U_{1a3}

【别名】Pseudopterosin V_{1a3}; Pseudopterosin V; (1*α*,3*α*,7*α*)-8,10,12,14-*epi*-Amphilectatetraene-9,10-diol 10-*O*-(3-*O*-acetyl-*α*-D-arabinopyranoside); 柳珊瑚新 V_{1a3}; 柳珊瑚新 V; (1*α*,3*α*,7*α*)-8,10,12,14-*epi*-安非来克特四烯-9,10-二醇 10-*O*-(3-*O*-乙酰-*α*-D-吡喃阿拉伯糖苷)*.【基本信息】$C_{27}H_{38}O_7$, 粉末, $[\alpha]_D^{25} = -63°$ ($c = 0.31$, 甲醇), $[\alpha]_D^{20} = -78.3°$ ($c = 1.2$, 氯仿).【类型】安非来克特烷二萜.【来源】伊丽莎白柳珊瑚* *Pseudopterogorgia elisabethae*.【活性】抗炎 [1μmol/L PMA 刺激大鼠小胶质细胞的释放效应 (佛波醇 12-十四酸酯 13-乙酸酯): $O_2^{\bullet-}$, $IC_{50} > 10\mu mol/L$; TXB2, $IC_{50} > 10\mu mol/L$; 乳酸盐脱氢酶 LDH, $LDH_{50} = 2.2\mu mol/L$].【文献】I. I. Rodriguez, et al. JNP, 2004, 67, 1672; C. Duque, et al. Tetrahedron, 2004, 60, 10627.

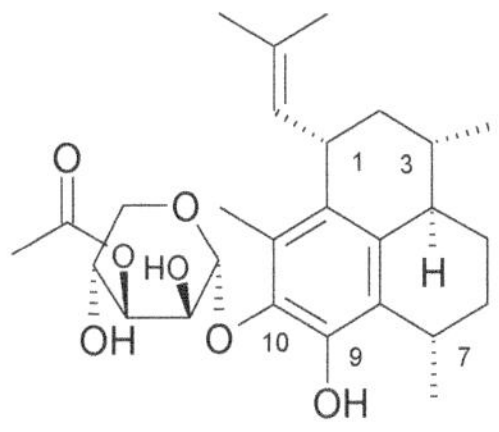

1228 Pseudopterosin U_{1a4} 柳珊瑚新 U_{1a4}

【别名】Pseudopterosin V_{1a4}; Pseudopterosin U; (1*α*,3*α*,7*α*)-8,10,12,14-*epi*-Amphilectatetraene-9,10-diol 10-*O*-(4-*O*-acetyl-*α*-D-arabinopyranoside); 柳珊瑚新 V_{1a4}; 柳珊瑚新 U; (1*α*,3*α*,7*α*)-8,10,12,14-*epi*-安非来克特四烯-9,10-二醇 10-*O*-(4-*O*-乙酰-*α*-D-吡喃阿拉伯糖苷)*.【基本信息】$C_{27}H_{38}O_7$, 粉末, $[\alpha]_D^{25} = -90°$ ($c = 0.88$, 甲醇), $[\alpha]_D^{20} = -32.9°$ ($c = 1.1$, 氯仿).【类型】安非来克特烷二萜.【来源】伊丽莎白柳珊瑚* *Pseudopterogorgia elisabethae*.【活性】抗炎 [1μmol/L PMA 刺激大鼠小胶质细胞的释放效应 (佛波醇 12-十四酸酯 13-乙酸酯): $O_2^{\bullet-}$, $IC_{50} = 11.2\mu mol/L$; TXB2, $IC_{50} = 4.7\mu mol/L$;

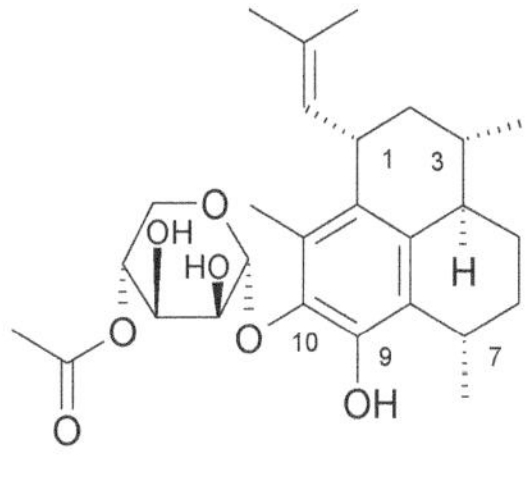

乳酸盐脱氢酶 LDH, LDH_{50} = 3.4μmol/L].【文献】I. I. Rodriguez, et al. JNP, 2004, 67, 1672; C. Duque, et al. Tetrahedron, 2004, 60, 10627.

1229 Pseudopterosin W 柳珊瑚新 W*

【别名】(1*α*,3*α*,7*α*)-8,10,12,14-*epi*-Amphilectatetraene-9,10-diol 10-*O*-(3,4-di-*O*-acetyl-*α*-D-arabinopyranoside); (1*α*,3*α*,7*α*)-8,10,12,14-*epi*-安非来克特四烯-9,10-二醇 10-*O*-(3,4-二-*O*-乙酰-*α*-D-吡喃阿拉伯糖苷)*.【基本信息】$C_{29}H_{40}O_8$, 无定形固体, $[\alpha]_D^{20}$ = −54.8° (*c* = 1.3, 氯仿).【类型】安非来克特烷二萜.【来源】伊丽莎白柳珊瑚* *Pseudopterogorgia elisabethae*.【活性】抗炎 [1μmol/L PMA 刺激大鼠小胶质细胞的释放效应 (佛波醇12-十四酸酯13-乙酸酯): $O_2^{\bullet -}$, IC_{50} > 10μmol/L; TXB2, IC_{50} > 10μmol/L; 乳酸盐脱氢酶 LDH, LDH_{50} = 10μmol/L].【文献】I. I. Rodriguez, et al. JNP, 2004, 67, 1672.

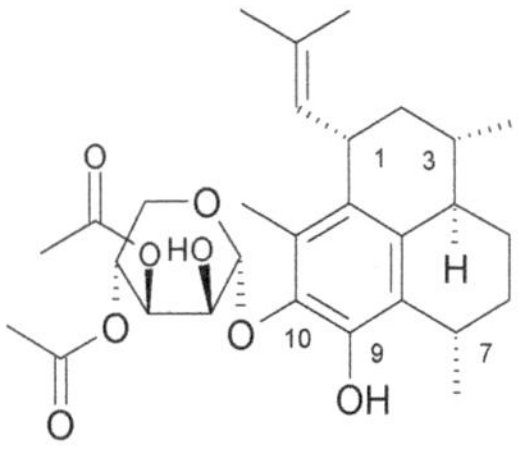

1230 Pseudopterosin X 柳珊瑚新 X*

【别名】(1*α*,3*α*,7*α*)-8,10,12,14-*epi*-Amphilectatetraene-9,10-diol 10-*O*-(2,4-di-*O*-acetyl-*α*-D-arabinopyranoside); (1*α*,3*α*,7*α*)-8,10,12,14-*epi*-安非来克特四烯-9,10-二醇 10-*O*-(2,4-二-*O*-乙酰-*α*-D-吡喃阿拉伯糖苷)*.【基本信息】$C_{29}H_{40}O_8$, 油状物, $[\alpha]_D^{20}$ = −39° (*c* = 1.3, 氯仿).【类型】安非来克特烷二萜.【来源】伊丽莎白柳珊瑚* *Pseudopterogorgia elisabethae*.【活性】抗炎 [1μmol/L PMA 刺激大鼠小胶质细胞的释放效应 (佛波醇12-十四酸酯13-乙酸酯): $O_2^{\bullet -}$, IC_{50} > 10μmol/L; TXB2, IC_{50} > 10μmol/L; 乳酸盐脱氢酶 LDH, LDH_{50} = 2.35μmol/L]; 抗微生物.【文献】I. I. Rodriguez, et al. JNP, 2004, 67, 1672.

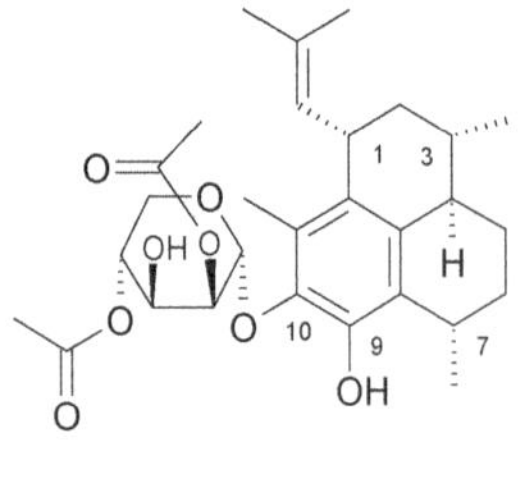

1231 Pseudopteroxazole 柳珊瑚新噁唑*

【基本信息】$C_{21}H_{27}NO$, 浅黄色油状物, $[\alpha]_D^{25}$ = +101° (*c* = 1, 氯仿).【类型】安非来克特烷二萜.【来源】伊丽莎白柳珊瑚* *Pseudopterogorgia elisabethae* (哥伦比亚) 和伊丽莎白柳珊瑚* *Pseudopterogorgia elisabethae* (西印度洋, 加勒比海).【活性】抗结核 (结核分枝杆菌 *Mycobacterium tuberculosis* H37Rv, 12.5μg/mL, InRt = 97%).【文献】A. D. Rodriguez, et al. Org. Lett., 1999, 1, 527; A. E. -S. Khalid, et al. Tetrahedron, 2000, 56, 949; T. W. Johnson, et al. JACS, 2001, 123, 4475; J. P. Davidson, et al. JACS, 2003, 125, 13486.

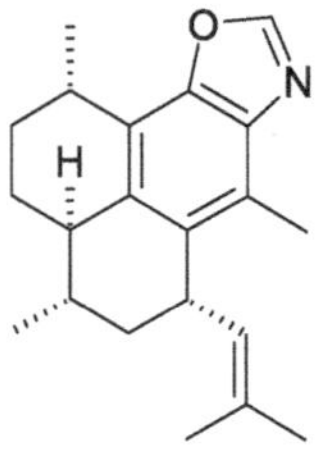

1232 Secopseudopterosin A 开环柳珊瑚新 A*

【别名】7,8-Dihydroxyerogorgiaene 8-*O*-*α*-L-arabinopyranoside; 7,8-二羟基柳珊瑚烯 8-*O*-*α*-L-吡喃阿拉伯糖苷*.【基本信息】$C_{25}H_{38}O_6$, 无定形固体, $[\alpha]_D$ = −118° (*c* = 1.7, 氯仿).【类型】安非来克特烷二萜.【来源】柳珊瑚科柳珊瑚 *Pseudopterogorgia* sp.【活性】抗炎; 镇痛.【文献】S. A. Look, et al. Tetrahedron, 1987, 43, 3363.

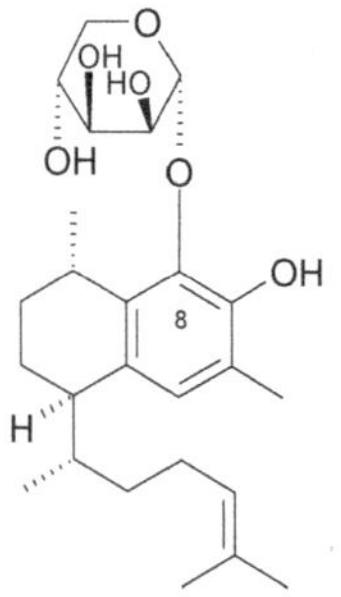

1233 Secopseudopterosin B 开环柳珊瑚新 B*

【别名】7,8-Dihydroxyerogorgiaene 8-*O*-(2-*O*-acetyl-*α*-L-arabinopyranoside); 7,8-二羟基柳珊瑚烯 8-*O*-(2-*O*-乙酰-*α*-L-吡喃阿拉伯糖苷)*.【基本信息】$C_{27}H_{40}O_7$, 不稳定物质.【类型】安非来克特烷二萜.【来源】柳珊瑚科柳珊瑚 *Pseudopterogorgia* sp.【活性】抗炎; 镇痛.【文献】S. A. Look, et al. Tetrahedron, 1987, 43, 3363.

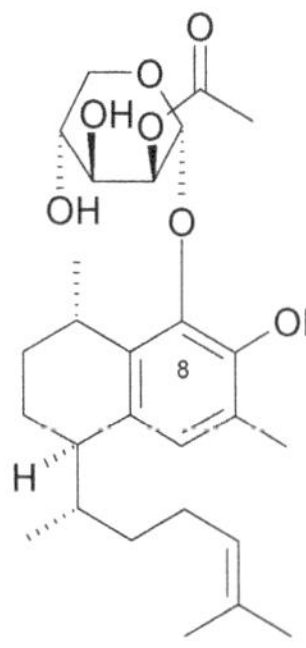

1234 Secopseudopterosin C 开环柳珊瑚新 C*

【别名】7,8-Dihydroxyerogorgiaene 8-*O*-(3-*O*-acetyl-*α*-L-arabinopyranoside); 7,8-二羟基柳珊瑚烯 8-*O*-(3-*O*-乙酰-*α*-L-吡喃阿拉伯糖苷)*.【基本信息】$C_{27}H_{40}O_7$, 无定形固体, $[\alpha]_D= -89°$ ($c = 0.58$, 氯仿).【类型】安非来克特烷二萜.【来源】柳珊瑚科柳珊瑚 *Pseudopterogorgia* sp.【活性】抗炎; 镇痛.【文献】S. A .Look, et al. Tetrahedron, 1987, 43, 3363.

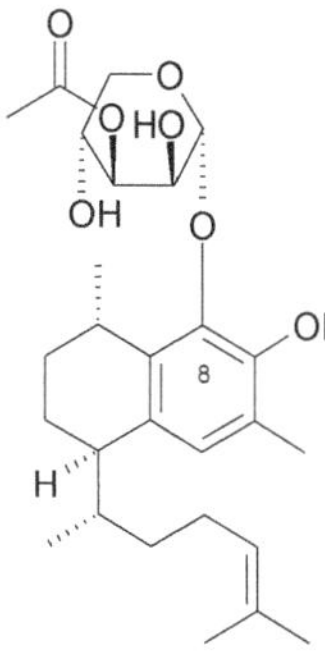

1235 Secopseudopterosin D 开环柳珊瑚新 D*

【别名】7,8-Dihydroxyerogorgiaene 8-*O*-(4-*O*-acetyl-*α*-L-arabinopyranoside); 7,8-二羟基柳珊瑚烯 8-*O*-(4-*O*-乙酰-*α*-L-吡喃阿拉伯糖苷)*.【基本信息】$C_{27}H_{40}O_7$, 无定形固体, $[\alpha]_D= -139°$ ($c = 0.6$, 氯仿).【类型】安非来克特烷二萜.【来源】柳珊瑚科柳珊瑚 *Pseudopterogorgia* sp.【活性】抗炎; 镇痛.【文献】S. A. Look, et al. Tetrahedron, 1987, 43, 3363.

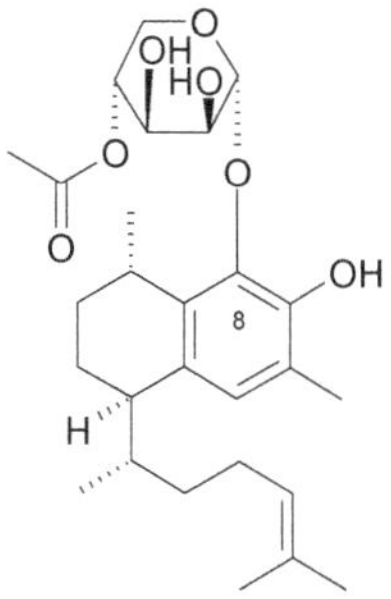

1236 Sinulobatin A 短指软珊瑚亭 A*

【基本信息】$C_{22}H_{30}O_3$, 晶体 (正己烷), mp 126~128°C, $[\alpha]_D^{25} = +115.6°$ ($c = 0.43$, 氯仿).【类型】安非来克特烷二萜.【来源】短指软珊瑚属 *Sinularia nanolobata* (日本水域).【活性】细胞毒 (L_{1210}, KB, $IC_{50} = 3.0$~$7.7\mu g/mL$).【文献】K. Yamada, et al. Tetrahedron, 1997, 53, 4569.

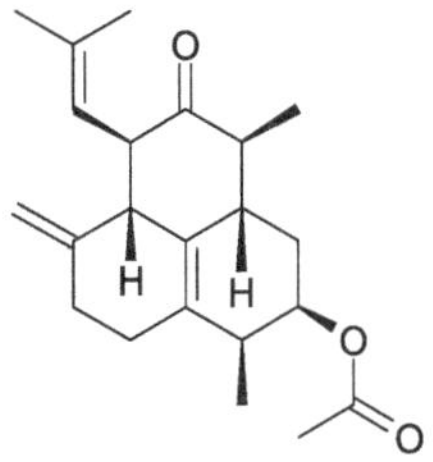

1237 Sinulobatin B 短指软珊瑚亭 B*

【基本信息】$C_{20}H_{28}O$, 无定形物质, $[\alpha]_D^{25} = +105.2°$ ($c = 0.1$, 氯仿).【类型】安非来克特烷二萜.【来源】短指软珊瑚属 *Sinularia nanolobata* (日本水域).【活性】细胞毒 (L_{1210}, KB, $IC_{50} = 3.0$~$7.7\mu g/mL$).【文献】K. Yamada, et al. Tetrahedron, 1997, 53, 4569.

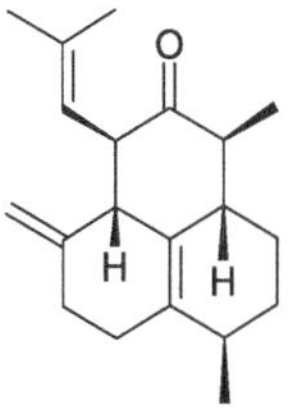

1238 Sinulobatin C 短指软珊瑚亭 C*

【基本信息】$C_{22}H_{32}O_3$, 无定形固体, $[\alpha]_D^{25} = +98.2°$ ($c = 0.23$, 氯仿).【类型】安非来克特烷二萜.【来源】短指软珊瑚属 *Sinularia nanolobata* (日本水域).【活性】细胞毒 (L_{1210}, KB, $IC_{50} = 3.0$~$7.7\mu g/mL$).【文献】K. Yamada, et al. Tetrahedron, 1997, 53, 4569.

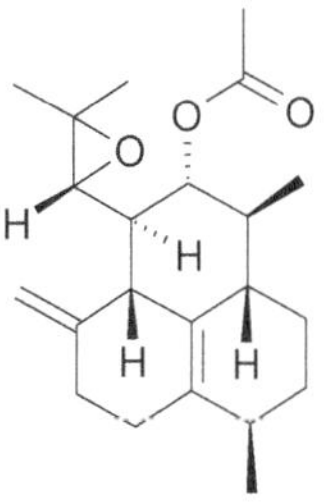

3.27 环安非来克特烷二萜

1239 7,20-Diformamidoisocycloamphilectane 7,20-双甲酰胺基异环安非来克特烷*

【基本信息】$C_{22}H_{36}N_2O_2$，清亮油，$[\alpha]_D^{25}$= +17.4° (c = 0.13，氯仿).【类型】环安非来克特烷二萜.【来源】小轴海绵科海绵 *Cymbastela hooperi* (凯尔索礁，昆士兰，澳大利亚).【活性】杀疟原虫的 [恶性疟原虫 *Plasmodium falciparum* FCR3F86, IC_{50} = 14.8μg/mL；对照物阿托伐醌，IC_{50} = (0.4±0.3)ng/mL].【文献】A. D. Wright, et al. JNP, 2009, 72, 492.

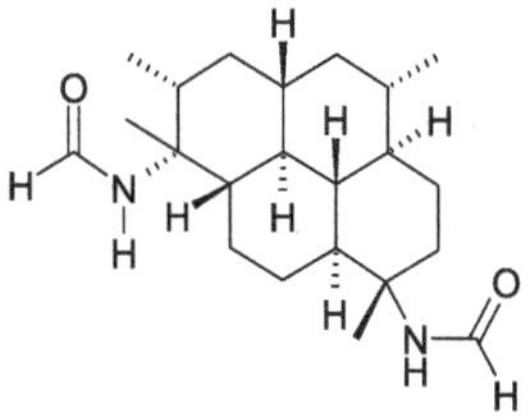

1240 7-Formamido-11(20)-cycloamphilectene 7-甲酰胺基-11(20)-环安非来克特烯*

【基本信息】$C_{21}H_{33}NO$，油状物，$[\alpha]_D^{25}$= +13.7° (c = 0.49，氯仿).【类型】环安非来克特烷二萜.【来源】小轴海绵科海绵 *Cymbastela hooperi* (凯尔索礁，昆士兰，澳大利亚).【活性】杀疟原虫的 [恶性疟原虫 *Plasmodium falciparum* FCR3F86, IC_{50} > 100μg/mL，对照阿托伐醌，IC_{50} = (0.4±0.3)ng/mL].【文献】A. D. Wright, et al. JNP, 2009, 72, 492.

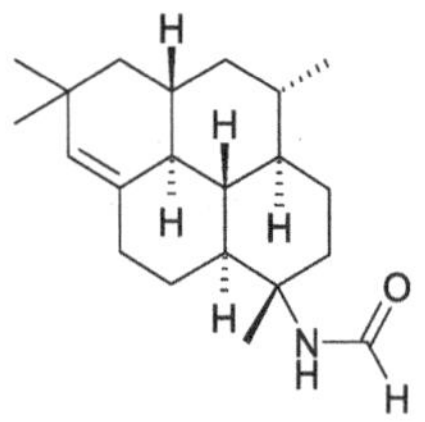

1241 7-Isocyano-11-cycloamphilectene 7-异氰基-11-环安非来克特烯*

【基本信息】$C_{21}H_{31}N$，棱柱状晶体 (正己烷)，mp 115~116°C，$[\alpha]_D^{25}$ = +17° (c = 1.89，氯仿).【类型】环安非来克特烷二萜.【来源】小轴海绵科海绵 *Cymbastela hooperi* (大堡礁).【活性】杀疟原虫的 (恶性疟原虫 *Plasmodium falciparum* D6, IC_{50} = 74.1ng/mL，SI = 200，对照物氯喹，IC_{50} = 3.8ng/mL, SI = 4600; W2, IC_{50} = 23.8ng/mL, SI = 610，氯喹，IC_{50} = 50.5ng/mL，SI = 340)；细胞毒 (KB, IC_{50} = 14500ng/mL;对照物氯喹，IC_{50} = 17400ng/mL).【文献】G. M. König, et al. JOC, 1996, 61, 3259.

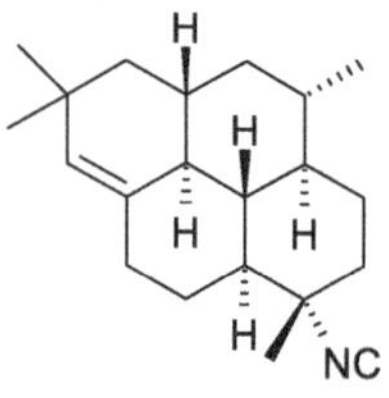

1242 7-Isocyano-10-cycloamphilectene 7-异氰基-10-环安非来克特烯*

【基本信息】$C_{21}H_{31}N$，晶体 (正己烷)，mp 134.4~135.3°C，$[\alpha]_D^{25}$ = +80.4° (c = 0.53，氯仿).【类型】环安非来克特烷二萜.【来源】小轴海绵科海绵 *Cymbastela hooperi* (大堡礁).【活性】杀疟原虫的 (恶性疟原虫 *Plasmodium falciparum* D6, IC_{50} = 84.9ng/mL, SI > 240，对照物氯喹，IC_{50} = 3.8ng/mL, SI = 4600; W2, IC_{50} = 28.4ng/mL, SI > 700，氯喹，IC_{50} = 50.5ng/mL，SI = 340)；细胞毒 (KB, IC_{50} > 20000ng/mL；对照物氯喹，IC_{50} = 17400ng/mL).【文献】G. M. König, et al. JOC, 1996, 61, 3259.

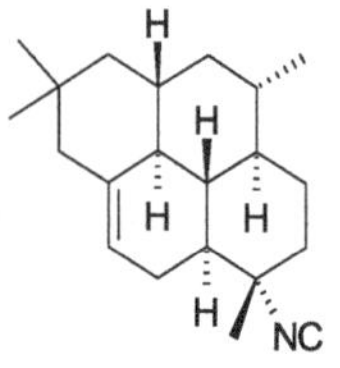

1243 (1*S*,3*S*,4*R*,7*S*,8*S*,11*S*,12*S*,13*S*,15*R*,20*R*)-20-Isocyano-7-isothiocyanatoisocycloamphilectane (1*S*,3*S*,4*R*,7*S*,8*S*,11*S*,12*S*,13*S*,15*R*,20*R*)- 20-异氰基-7-异硫氰酸根合异环安非来克特烷*

【基本信息】$C_{22}H_{32}N_2S$，油状物，$[\alpha]_D^{25}$ = +23.3° (c = 0.15，氯仿).【类型】环安非来克特烷二萜.【来源】小轴海绵科海绵 *Cymbastela hooperi* (大堡礁).【活性】杀疟原虫的 (恶性疟原虫 *Plasmodium falciparum* D6, IC_{50} = 45.1ng/mL, SI = 35.5，对照物氯喹，IC_{50} = 3.8ng/mL，SI = 4600；W2，IC_{50} = 28.5ng/mL，SI = 56.1，氯喹，IC_{50} = 50.5ng/mL, SI = 340)；细胞毒 (KB，IC_{50} = 1600ng/mL；对照物氯喹，IC_{50} = 17400ng/mL).【文献】G. M. König, et al. JOC, 1996, 61, 3259.

1244 Sinulobatin D 短指软珊瑚亭 D*

【基本信息】$C_{24}H_{34}O_4$，无定形物质，$[\alpha]_D^{26}$ = +30.6° (*c* = 0.07，氯仿).【类型】环安非来克特烷二萜.【来源】短指软珊瑚属 *Sinularia nanolobata* (日本水域).【活性】细胞毒 (L_{1210}，KB，IC_{50} = 3.0~7.7μg/mL).【文献】K. Yamada, et al. Tetrahedron, 1997, 53, 4569.

3.28 艾多烷二萜

1245 7,20-Diisocyanoisocycloamphilectane 7,20-双异氰基异环安非来克特烷*

【别名】7,20-Diisocyanoadociane; 7,20-双异氰基艾多烷*.【基本信息】$C_{22}H_{32}N_2$，晶体 (正己烷), mp 109~110°C，$[\alpha]_D^{22}$ = +47.4° (*c* = 0.7，二氯甲烷); mp 107.5~108.5°C，$[\alpha]_D^{25}$ = +43.8° (*c* = 0.64，氯仿).【类型】艾多烷 (Adociane) 二萜.【来源】隐海绵属 *Adocia* sp. (大堡礁) 和小轴海绵科海绵 *Cymbastela hooperi* (大堡礁).【活性】杀疟原虫的 (恶性疟原虫 *Plasmodium falciparum* D6，IC_{50} = 4.7ng/mL，SI = 1000，对照物氯喹，IC_{50} = 3.8ng/mL，SI = 4600; W2，IC_{50} = 4.3ng/mL，SI = 1100，氯喹，IC_{50} = 50.5ng/mL，SI = 340)；细胞毒 (KB，IC_{50} = 4700ng/mL；对照物氯喹，IC_{50} = 17400ng/mL)；抗菌 (大肠杆菌 *Escherichia coli* 和哈维氏弧菌 *Vibrio harveyi,* IC_{50} = 1~2.5μg/mL).【文献】J. T. Baker, et al. JACS, 1976, 98, 4010; R. Kazlauskas, et al. Tetrahedron Lett., 1980, 21, 315; C. J. R. Fookes, et al. J. Chem. Soc., Perkin Trans. Ⅰ, 1988, 1003; G. M. Koenig, et al. Magn. Reson. Chem., 1995, 33, 694; G. M. König, et al. JOC, 1996, 61, 3259; A. D. Wright, et al. Org. Biomol. Chem., 2011, 9, 400.

1246 7-Formamido-20-isocyanoisocycloamphilectane 7-甲酰氨基-20-异氰基异环安非来克特烷*

【基本信息】$C_{22}H_{34}N_2O$，黄色油状物，$[\alpha]_D^{25}$= +44° (*c* = 0.48，氯仿).【类型】艾多烷二萜.【来源】小轴海绵科海绵 *Cymbastela hooperi* (凯尔索礁，昆士兰，澳大利亚).【活性】杀疟原虫的 [恶性疟原虫 *Plasmodium falciparum*: FCR3F86, IC_{50} = 0.2μg/mL，对照物阿托伐醌，IC_{50} = (0.4±0.3)ng/mL; W2，IC_{50} = 0.6μg/mL，阿托伐醌，IC_{50} = 0.8ng/mL; D6，IC_{50} = 0.8μg/mL，阿托伐醌，IC_{50} = 0.2ng/mL；三菌株平均值，IC_{50} = (0.5±0.3)μg/mL，阿托伐醌，IC_{50} = (0.5±0.4)ng/mL]；细胞毒 (KB，IC_{50} > 5μg/mL；对照物阿托伐醌，IC_{50} > 5ng/mL).【文献】A. D. Wright, et al. JNP, 2009, 72, 492.

1247 (1*S*,3*S*,4*R*,7*S*,8*S*,11*S*,12*S*,13*S*,15*R*,20*R*)-7-Isocyanato-20-isocyanoisocycloamphilectane. (1*S*,3*S*,4*R*,7*S*,8*S*,11*S*,12*S*,13*S*,15*R*,20*R*)-7-异氰酸根合-20-异氰基异环安非来克特烷*

【基本信息】$C_{22}H_{32}N_2O$，油状物，$[\alpha]_D^{25}$ = +36.1° (*c* = 0.75，氯仿).【类型】艾多烷二萜.【来源】小轴海绵科海绵 *Cymbastela hooperi* (大堡礁).【活性】杀疟原虫的 (恶性疟原虫 *Plasmodium falciparum* D6，IC_{50} = 74.9ng/mL，SI = 26.7，对照物氯喹，IC_{50} = 3.8ng/mL，SI = 4600; W2，IC_{50} = 56.1ng/mL，SI = 35.7，氯喹，IC_{50} = 50.5ng/mL，SI = 340)；细胞毒 (KB，IC_{50} = 2000ng/mL；对照

物氯喹, IC_{50} = 17400ng/mL).【文献】G. M. König, et al. JOC, 1996, 61, 3259.

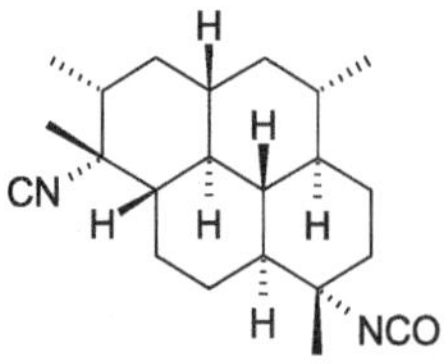

1248 (1S*,3S*,4R*,7S,8S*,11R*,12R*,13S*,20S*)-7-Isocyanoisocycloamphilect-14-ene (1S*,3S*,4R*,7S,8S*,11R*,12R*,13S*,20S*)-7-异氰基异环安非来克特-14-烯*

【基本信息】$C_{21}H_{31}N$, 晶体 (正己烷), mp 124.3~125.6°C, $[\alpha]_D^{25}$ = +4.9° (c = 0.53, 氯仿).【类型】艾多烷二萜.【来源】小轴海绵科海绵 *Cymbastela hooperi* (大堡礁).【活性】杀疟原虫的 (恶性疟原虫 *Plasmodium falciparum* D6, IC_{50} = 62.5ng/mL, SI = 290, 对照物氯喹, IC_{50} = 3.8ng/mL, SI = 4600; W2, IC_{50} = 19.5ng/mL, SI = 930, 氯喹, IC_{50} = 50.5ng/mL, SI = 340); 细胞毒 (KB, IC_{50} = 18200ng/mL; 对照物氯喹, IC_{50} = 17400ng/mL).【文献】G. M. König, et al. JOC, 1996, 61, 3259.

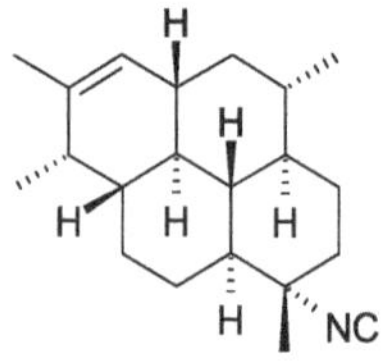

1249 (1S,3S,4R,7S,8S,11S,12S,13S,15R,20R)-20-Isocyanato-7-isocyanoisocycloamphilectane (1S,3S,4R,7S,8S,11S,12S,13S,15R,20R)-20-异氰酸根合-7-异氰基异环安非来克特烷*

【基本信息】$C_{22}H_{32}N_2O$, 油状物, $[\alpha]_D^{25}$ = +37.0° (c = 0.58, 氯仿).【类型】艾多烷二萜.【来源】小轴海绵科海绵 *Cymbastela hooperi* (大堡礁).【活性】杀疟原虫的 (恶性疟原虫 *Plasmodium falciparum* D6, IC_{50} = 3.2ng/mL, SI = 1340, 对照物氯喹, IC_{50} = 3.8ng/mL, SI = 4600; W2, IC_{50} = 2.5ng/mL, SI = 1710, 氯喹, IC_{50} = 50.5ng/mL, SI = 340); 细胞毒 (KB, IC_{50} = 4300ng/mL; 对照物氯喹, IC_{50} = 17400ng/mL).【文献】G. M. König, et al. JOC, 1996, 61, 3259.

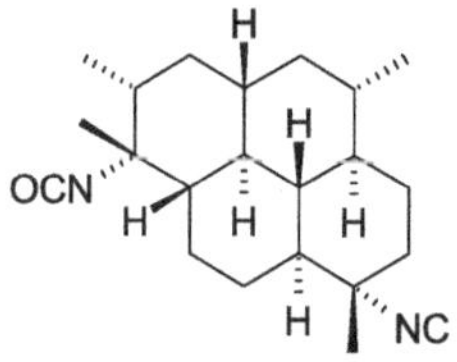

3.29 异花软珊瑚烷二萜

1250 Acalycigorgin A 裸柳珊瑚素 A*

【基本信息】$C_{25}H_{34}O_7$, 油状物, $[\alpha]_D^{20}$ = +82.3° (c = 0.4, 氯仿).【类型】异花软珊瑚烷 (Xenicane) 二萜.【来源】裸柳珊瑚属 *AcaLycigorgia* sp. (日本水域).【活性】抑制细胞分裂 (受精海鞘卵); 有毒的 (盐水丰年虾).【文献】M. Ochi, et al. Heterocycles, 1993, 36, 41; M. Ochi, et al. Heterocycles, 1994, 38, 151.

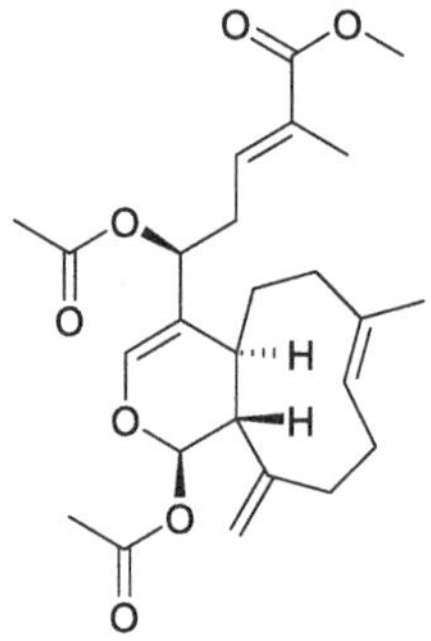

1251 Acalycigorgin B 裸柳珊瑚素 B*

【基本信息】$C_{25}H_{34}O_8$, 油状物, $[\alpha]_D^{21}$ = +70.8° (c = 0.13, 氯仿).【类型】异花软珊瑚烷二萜.【来源】裸柳珊瑚属 *Acalycigorgia* sp. (日本水域).【活性】抑制细胞分裂 (受精海鞘卵); 有毒的 (盐水丰年虾).【文献】M. Ochi, et al. Heterocycles, 1993, 36, 41; M. Ochi, et al. Heterocycles, 1994, 38, 151.

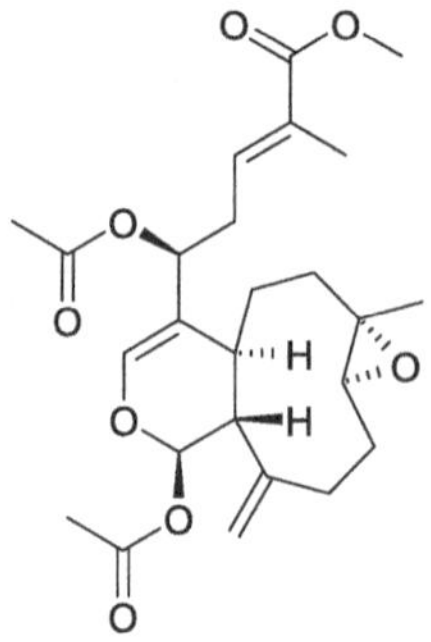

1252 Acalycigorgin C 裸柳珊瑚素 C*

【基本信息】$C_{20}H_{28}O_2$, 油状物, $[\alpha]_D^{21} = +40.3°$ ($c = 0.28$, 氯仿).【类型】异花软珊瑚烷二萜.【来源】裸柳珊瑚属 *Acalycigorgia* sp. (日本水域).【活性】抑制细胞分裂 (受精海鞘卵); 有毒的 (盐水丰年虾).【文献】M. Ochi, et al. Heterocycles, 1993, 36, 41; M. Ochi, et al. Heterocycles, 1994, 38, 151.

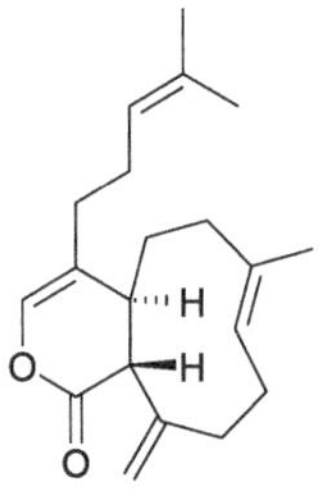

1253 Acalycigorgin D 裸柳珊瑚素 D*

【基本信息】$C_{23}H_{34}O_4$.【来源】裸柳珊瑚属 *Acalycigorgia* sp. (日本水域).【类型】异花软珊瑚烷二萜.【活性】抑制细胞分裂 (受精海鞘卵); 有毒的 (盐水丰年虾).【文献】M. Ochi, et al. Heterocycles, 1994, 38, 151.

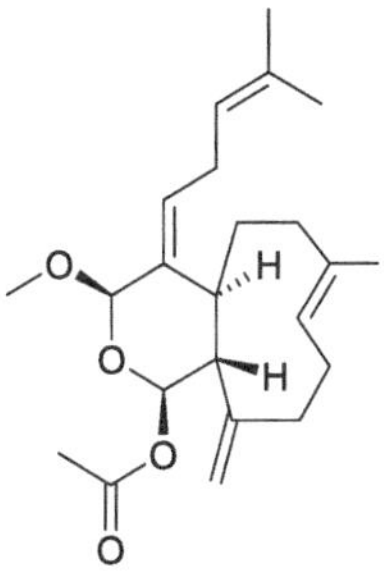

1254 Acalycigorgin E 裸柳珊瑚素 E*

【基本信息】$C_{20}H_{30}O_2$, 无定形固体, $[\alpha]_D^{21} = +51.4°$, ($c = 0.16$, 氯仿).【类型】异花软珊瑚烷二萜.【来源】膨胀棘柳珊瑚* *Acanthogorgia turgida* (格兰迪岛, 果阿, 印度) 和棘柳珊瑚属 *Acanthogorgia* sp. (日本水域).【活性】抑制细胞分裂 (受精海鞘卵); 有毒的 (盐水丰年虾).【文献】E. Manzo, et al. Nat. Prod. Res., 2009, 23, 1664; M. Ochi, et al. Heterocycles, 1994, 38, 151.

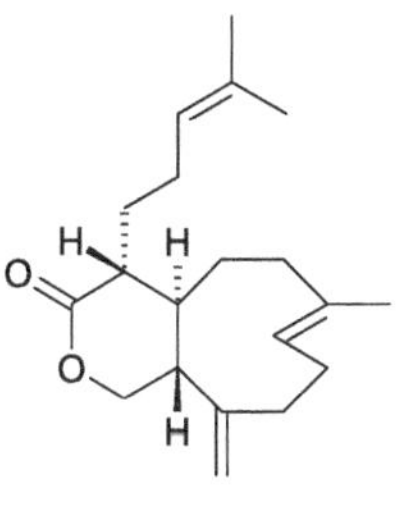

1255 Acalycixeniolide H 裸柳珊瑚异花内酯 H*

【基本信息】$C_{21}H_{30}O_5$, 无定形固体, mp 162~164℃, $[\alpha]_D = +156.5°$ ($c = 0.11$, 甲醇).【类型】异花软珊瑚烷二萜.【来源】全裸柳珊瑚* *Acalycigorgia inermis*.【活性】细胞毒 (K562, $LC_{50} = 3.9\mu g/mL$).【文献】J. R. Rho, et al. JNP, 2001, 64, 540.

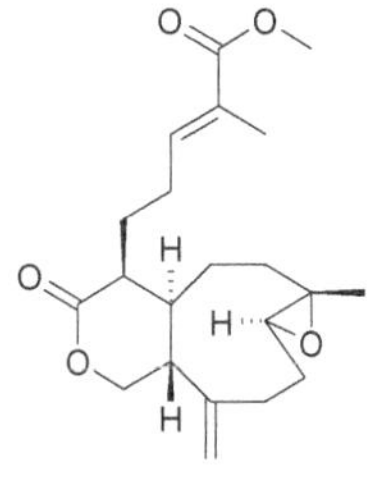

1256 Acalycixeniolide I 裸柳珊瑚异花内酯 I*

【基本信息】$C_{20}H_{30}O_3$, 无定形固体, mp 95~98℃, $[\alpha]_D = +103.9°$ ($c = 0.35$, 甲醇).【类型】异花软珊瑚烷二萜.【来源】全裸柳珊瑚* *Acalycigorgia inermis*.【活性】细胞毒 (K562, $LC_{50} = 1.2\mu g/mL$).【文献】J. R. Rho, et al. JNP, 2001, 64, 540.

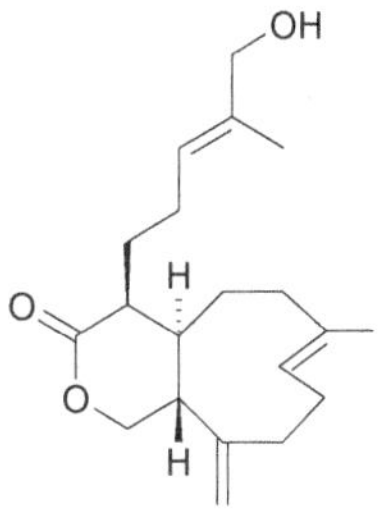

1257 Acalycixeniolide J 裸柳珊瑚异花内酯 J*

【基本信息】$C_{20}H_{30}O_3$, 无定形固体, mp 93~95℃, $[\alpha]_D^{25} = +49.4°$ ($c = 0.14$, 甲醇).【类型】异花软珊瑚烷二萜.【来源】全裸柳珊瑚* *Acalycigorgia inermis*.【活性】细胞毒 (K562, $LC_{50} = 2.0\mu g/mL$).【文献】J. R. Rho, et al. JNP, 2001, 64, 540.

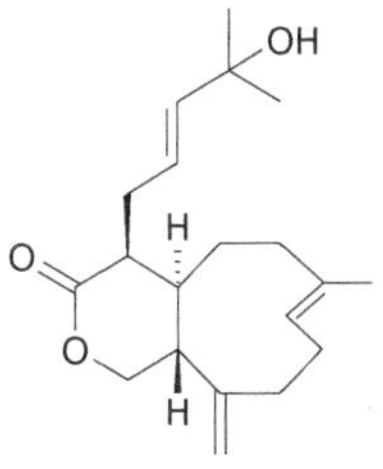

1258 Antheliatin 南非软珊瑚亭*

【基本信息】$C_{33}H_{40}O_{10}$, 晶体 (甲醇), mp 165℃, $[\alpha]_D = +3.5°$ ($c = 1.2$, 氯仿).【类型】异花软珊瑚烷二萜.【来源】南非软珊瑚* *Anthelia glauca* (南

非).【活性】细胞毒 (P_{388}, IC_{50} = 1μg/mL; A549, IC_{50} = 1μg/mL; MEL28, IC_{50} = 1μg/mL; HT29, IC_{50} = 0.1μg/mL).【文献】A. Rudi, et al. JNP, 1995, 58, 1581.

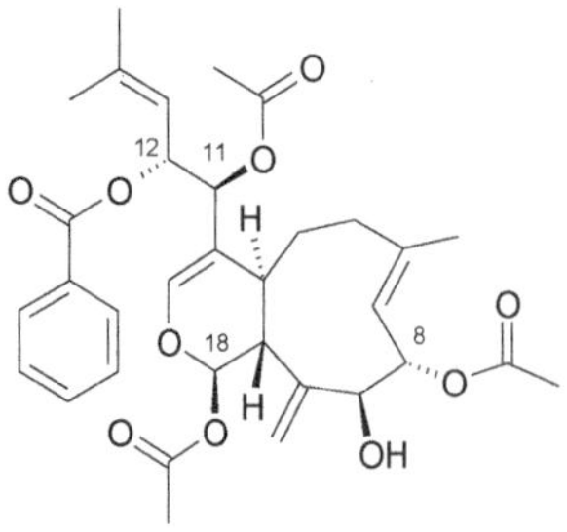

1259 Asterolaurin A 台湾软珊瑚素 A*

【基本信息】$C_{26}H_{36}O_{10}$【类型】异花软珊瑚烷二萜.【来源】台湾软珊瑚* *Asterospicularia laurae* (中国台湾水域).【活性】细胞毒 (HepG2, IC_{50} = 8.9μmol/L).【文献】Y. C. Lin, et al. JNP, 2009, 72, 1911.

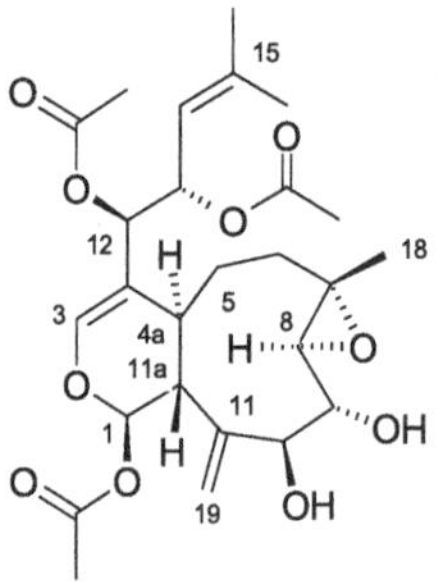

1260 Asterolaurin B 台湾软珊瑚素 B*

【基本信息】$C_{26}H_{36}O_9$.【类型】异花软珊瑚烷二萜.【来源】台湾软珊瑚* *Asterospicularia laurae* (中国台湾水域).【活性】抗炎 (10μg/mL, 人中性粒细胞对 fMLP/CB 的响应: 弹性蛋白酶释放抑制实验, InRt = 30%, 对照物染料木素, InRt = 52%; 超氧化物阴离子生成实验, InRt = 31%, 对照物染料木素, InRt = 65%).【文献】Y. C. Lin, et al. JNP, 2009, 72, 1911.

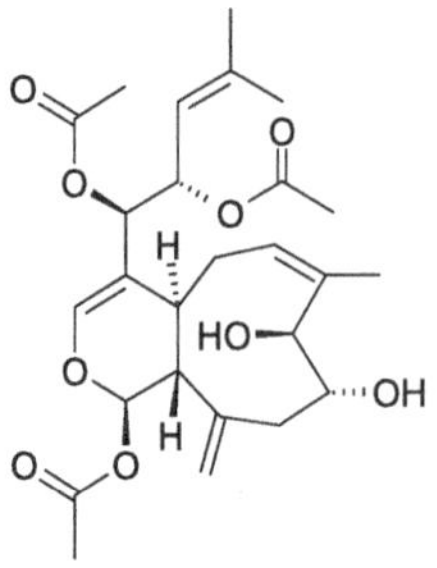

1261 Asterolaurin C 台湾软珊瑚素 C*

【基本信息】$C_{26}H_{36}O_9$.【来源】台湾软珊瑚* *Asterospicularia laurae* (中国台湾水域).【类型】异花软珊瑚烷二萜.【活性】抗炎 (10μg/mL, 人中性粒细胞对 fMLP/CB 的响应: 弹性蛋白酶释放抑制实验, InRt = 39%, 对照物染料木素, InRt = 52%; 超氧化物阴离子生成实验, InRt = 22%, 对照物染料木素, InRt = 65%).【文献】Y. C. Lin, et al. JNP, 2009, 72, 1911.

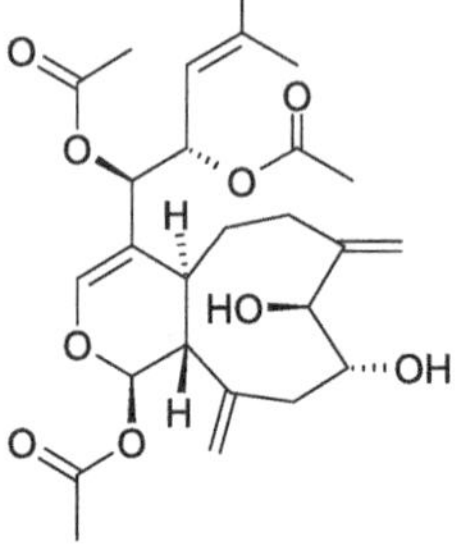

1262 Asterolaurin D 台湾软珊瑚素 D*

【基本信息】$C_{22}H_{32}O_5$.【类型】异花软珊瑚烷二萜.【来源】台湾软珊瑚* *Asterospicularia laurae* (中国台湾水域).【活性】抗炎 (10μg/mL, 人中性粒细胞对 fMLP/CB 的响应: 弹性蛋白酶释放抑制实验, InRt = 68%, 对照物染料木素, InRt = 52%, IC_{50} = 18.7μmol/L; 超氧化物阴离子生成实验, InRt = 56%, 对照物染料木素, InRt = 65%, IC_{50} = 23.6μmol/L).【文献】Y. C. Lin, et al. JNP, 2009, 72, 1911.

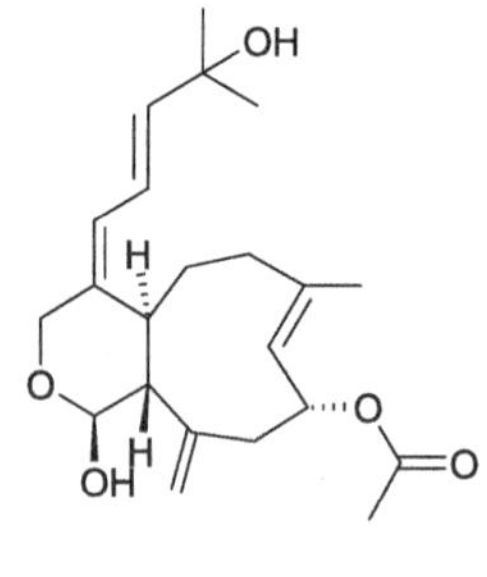

1263 Asterolaurin E 台湾软珊瑚素 E*

【基本信息】$C_{24}H_{32}O_8$.【类型】异花软珊瑚烷二萜.【来源】台湾软珊瑚* *Asterospicularia laurae* (中国台湾水域).【活性】抗炎 (10μg/mL, 人中性粒细胞对 fMLP/CB 的响应: 弹性蛋白酶释放抑制实验, InRt = 36%, 对照物染料木素, InRt = 52%; 超氧化物阴离子生成实验, InRt = 24%, 对照物染料木素, InRt = 65%).【文献】Y. C. Lin, et al. JNP, 2009, 72, 1911.

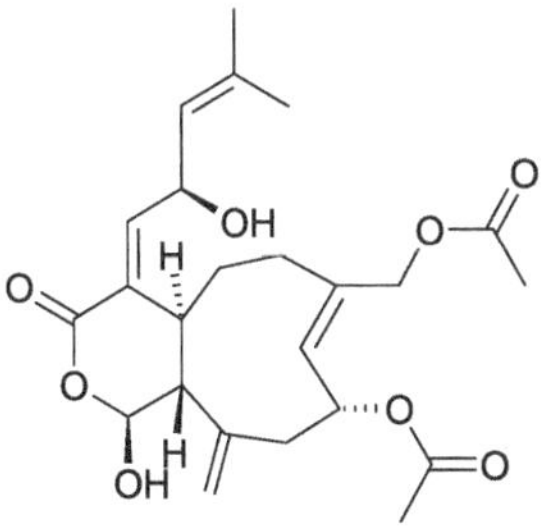

1264 Asterolaurin F 台湾软珊瑚素 F*

【基本信息】$C_{22}H_{30}O_6$.【类型】异花软珊瑚烷二萜.【来源】台湾软珊瑚* *Asterospicularia laurae* (中国台湾水域).【活性】抗炎 (10μg/mL, 人中性粒细胞对 fMLP/CB 的响应: 弹性蛋白酶释放抑制实验, InRt = 13%, 对照物染料木素, InRt = 52%; 超氧化物阴离子生成实验, InRt = 9%).【文献】Y. C. Lin, et al. JNP, 2009, 72, 1911.

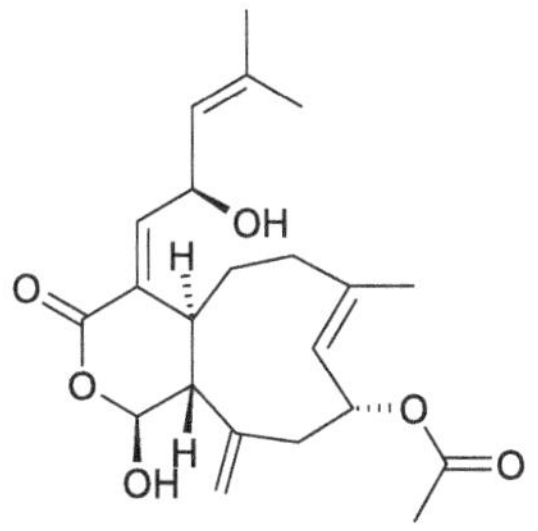

1265 Asterolaurin L 台湾软珊瑚素 L*

【别名】(1a*S*,3a*S*,4*E*,7*S*,7a*R*,10*R*)-Dodecahydro-4-[(2*E*)-4-hydroxy-4-methylpent-2-en-1-ylidene]-1a-methyl-8-methylideneoxireno[5,6]cyclonona[1,2-*c*]pyran-7,10-diol; (1a*S*,3a*S*,4*E*,7*S*,7a*R*,10*R*)-十二氢-4-[(2*E*)-4-羟基-4-甲基戊-2-烯-1-基亚基]-1*a*-甲基-8-甲亚基环氧[5,6]环壬烷[1,2-*c*]吡喃-7,10-二醇.【基本信息】$C_{20}H_{30}O_5$, 白色固体, $[\alpha]_D^{25}$ = +4.4° (*c* = 0.5, 二氯甲烷).【类型】异花软珊瑚烷二萜.【来源】台湾软珊瑚* *Asterospicularia laurae* (台湾东南部, 中国).【活性】细胞毒 (Hep2, ED_{50} = 4.12μg/mL; Doay, ED_{50} = 6.23μg/mL; MCF7, ED_{50} = 4.09μg/mL; WiDr, ED_{50} = 6.08μg/mL).【文献】Y. -S. Lin, et al. Chem. Biodivers., 2011, 8, 1310.

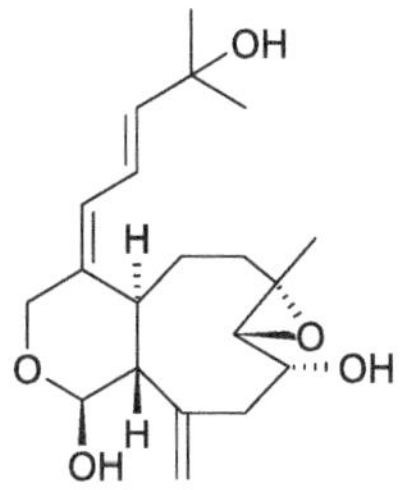

1266 Blumiolide A 台湾异花软珊瑚内酯 A*

【基本信息】$C_{20}H_{28}O_4$, 油状物, $[\alpha]_D^{25}$ = +18° (*c* = 0.4, 氯仿).【类型】异花软珊瑚烷二萜.【来源】台湾异花软珊瑚* *Xenia blumi*, 台湾异花软珊瑚* *Xenia blumi* (绿岛, 台湾, 中国).【活性】细胞毒 (人 HT29, ED_{50} = 4.6μg/mL; 小鼠 P_{388}, ED_{50} = 3.3μg/mL).【文献】A. A. H. El-Gamal, et al. JNP, 2005, 68, 1336.

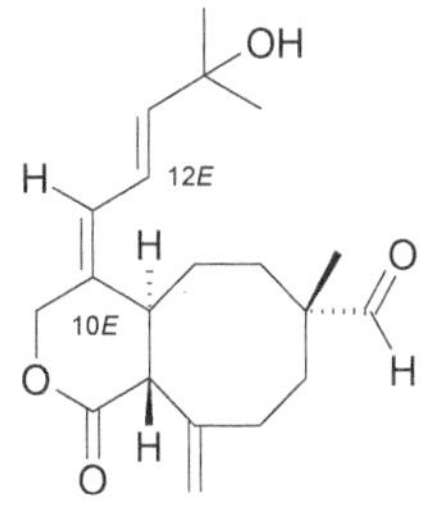

1267 Blumiolide B 台湾异花软珊瑚内酯 B*

【别名】(7*β*,10*E*,12*E*)-7,14-Dihydroxy-1(19),6(20),10,12-xenicatetraen-18,17-olide; (7*β*,10*E*,12*E*)-7,14-二羟基-1(19),6(20),10,12-异花软珊瑚四烯-18,17-内酯*.【基本信息】$C_{20}H_{28}O_4$, 油状物, $[\alpha]_D^{25}$ = +33° (*c* = 0.4, 氯仿).【类型】异花软珊瑚烷二萜.【来源】台湾异花软珊瑚* *Xenia blumi*, 台湾异花软珊瑚* *Xenia blumi* (绿岛, 台湾, 中国).【活性】细胞毒 (HT29, ED_{50} = 4.9μg/mL; P_{388}, ED_{50} = 3.7μg/mL).【文献】A. A. H. El-Gamal, et al. JNP, 2005, 68, 1336.

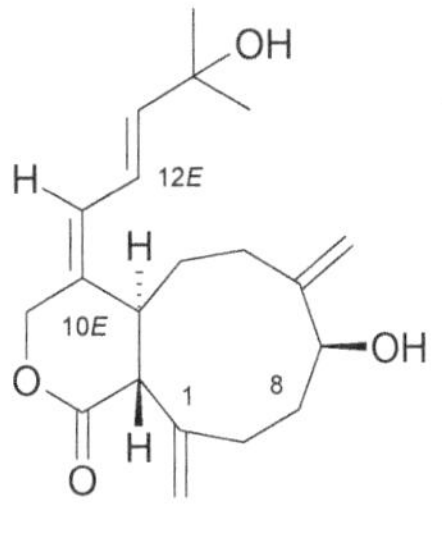

1268 Blumiolide C 台湾异花软珊瑚内酯 C*

【基本信息】$C_{20}H_{26}O_4$, 油状物, $[\alpha]_D^{25}$ = +66° (*c* = 0.4, 氯仿).【类型】异花软珊瑚烷二萜.【来源】台湾异花软珊瑚* *Xenia blumi* (绿岛, 台湾,

中国).【活性】细胞毒 (HT29, ED_{50} = 0.5μg/mL; P_{388}, ED_{50} = 0.2μg/mL).【文献】A. A. H. El-Gamal, et al. JNP, 2005, 68, 1336

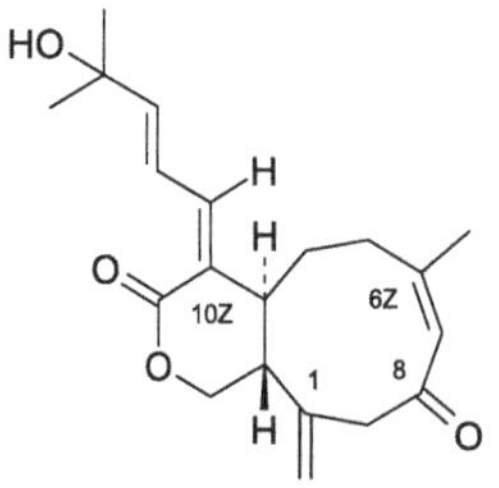

1269　Cristaxenicin A　鹿儿岛软珊瑚新 A*

【基本信息】$C_{24}H_{30}O_7$.【类型】异花软珊瑚烷二萜.【来源】Primnoidae 科软珊瑚 *Acanthoprimnoa cristata* (淤泥, 屋久岛-新曾根, 鹿儿岛县, 日本).【活性】抗利什曼原虫 (利什曼原虫 *leishmania amazonesis,* 适度选择性活性, 亚微克分子水平活性); 抗锥虫 (刚果锥虫 *Trypanosoma congolense,* 亚微克分子水平活性); 杀疟原虫的 (恶性疟原虫 *Plasmodium falciparum*).【文献】S. -T. Ishigami, et al. JOC, 2012, 77, 10962.

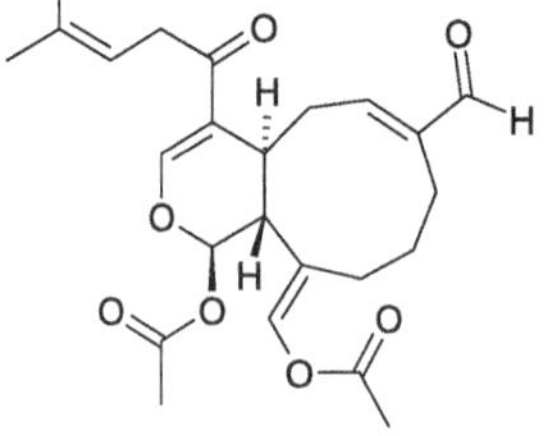

1270　9-Deoxy-7,8-epoxy-isoxeniolide A　9-去氧-7,8-环氧-异异花软珊瑚内酯 A*

【基本信息】$C_{20}H_{28}O_4$, 油状物, $[\alpha]_D^{25}$ = +26° (*c* = 0.2, 氯仿).【类型】异花软珊瑚烷二萜.【来源】台湾异花软珊瑚* *Xenia blumi* (绿岛, 台湾, 中国).【活性】细胞毒 (HT29, ED_{50} = 5.6μg/mL; P_{388}, ED_{50} = 4.7μg/mL).【文献】A. A. H. El-Gamal, et al. JNP, 2005, 68, 1336.

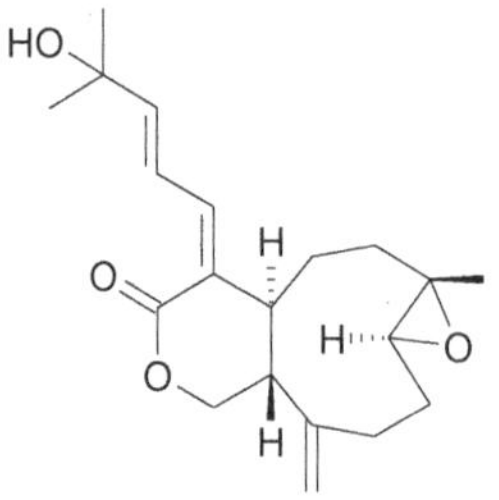

1271　8-Deoxyxeniolide A　8-去氧异花软珊瑚内酯 A

【别名】9-Deoxyxeniolide A; 9-去氧异花软珊瑚内酯 A*.【基本信息】$C_{20}H_{28}O_3$.【类型】异花软珊瑚烷二萜.【来源】异花软珊瑚属 *Xenia* sp. (菲律宾).【活性】抗菌.【文献】H. C. Vervoort, et al. Nat. Prod. Lett., 1995, 6, 49.

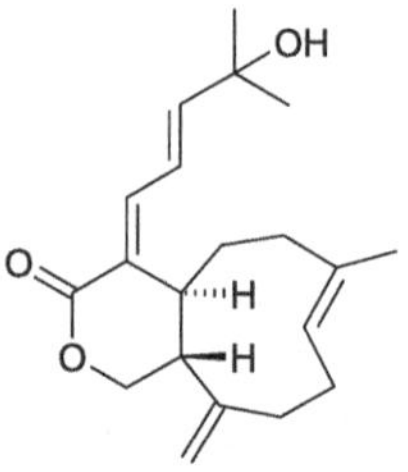

1272　Deoxyxeniolide B　去氧异花软珊瑚内酯 B

【基本信息】$C_{20}H_{28}O_2$, 无定形固体, mp 40~42°C, $[\alpha]_D^{27}$ = −22.4° (*c* = 0.96, 氯仿).【类型】异花软珊瑚烷二萜.【来源】伸长异花软珊瑚* *Xenia elongata* (日本水域).【活性】鱼毒.【文献】T. Miyamoto, et al. JNP, 1995, 58, 924.

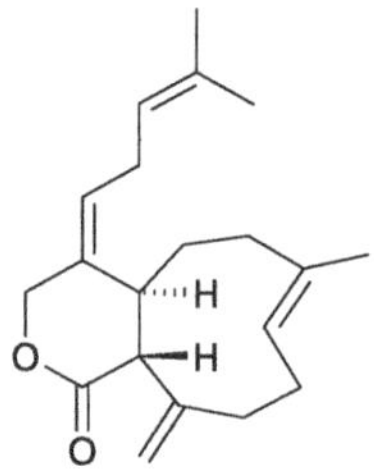

1273　8-Deoxyxeniolide B　8-去氧异花软珊瑚内酯 B

【别名】9-Deoxyxeniolide B; 9-去氧异花软珊瑚内酯 B.【基本信息】$C_{20}H_{28}O_3$.【类型】异花软珊瑚烷二萜.【来源】异花软珊瑚属 *Xenia* sp. (菲律宾).【活性】抗菌.【文献】H. C. Vervoort, et al. Nat. Prod. Lett., 1995, 6, 49.

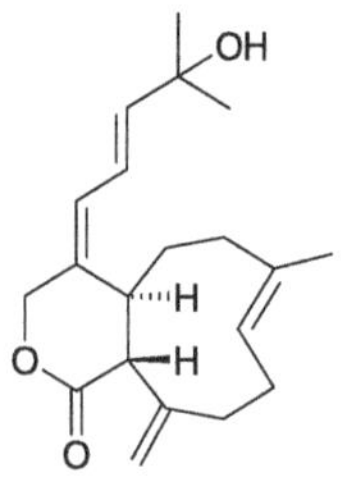

1274 Dictyodial 棕藻网地藻二醛*

【别名】1(9),6,13-Xenicatriene-18,19-dial; 1(9),6,13-异花软珊瑚三烯-18,19-二醛.【基本信息】$C_{20}H_{30}O_2$, 油状物, $[\alpha]_D^{25}=-95°$ ($c=1.2$, 氯仿).【类型】异花软珊瑚烷二萜.【来源】棕藻小圆齿网地藻* *Dictyota crenulata*, 棕藻网地藻属 *Dictyota flabellata*, 棕藻网地藻属 *Dictyota patens* 和棕藻地中海厚缘藻* *Dilophus mediterraneus,* 软体动物海兔属 *Aplysia depilans*.【活性】艾滋病毒逆转录酶 HIV-rt 抑制剂; 杀藻剂.【文献】J. Finer, et al. JOC, 1979, 44. 2044; J. F. Blount, et al. Aust. J. Chem., 1982, 35, 145; H. Nagaoka, et al. Tetrahedron Lett., 1988, 29, 5945.

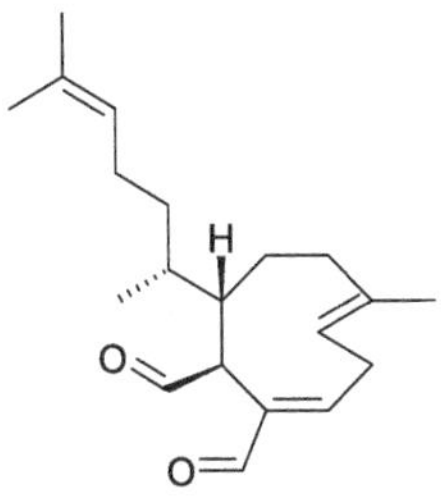

1275 Dictyoepoxide 棕藻网地藻环氧化物*

【基本信息】$C_{22}H_{36}O_4$, 油状物.【来源】棕藻网地藻属 *Dictyota* sp. (墨西哥).【类型】异花软珊瑚烷二萜.【活性】血管加压素受体拮抗剂; 正肾上腺素皮质素抑制剂.【文献】A. D. Patil, et al. Phytochemistry, 1993, 33, 1061.

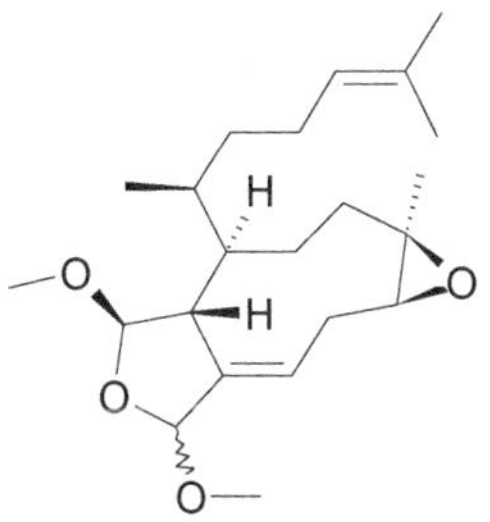

1276 Dictyolactone 棕藻网地藻内酯*

【别名】1(9),6,13-Xenicatrien-19,18-olide; 1(9),6,13-异花软珊瑚三烯-19,18-内酯*.【基本信息】$C_{20}H_{30}O_2$, 晶体 (正己烷), mp 64~65°C, $[\alpha]_D^{25}=-165°$ ($c=0.94$, 甲醇).【类型】异花软珊瑚烷二萜.【来源】棕藻舌状厚缘藻* *Dilophus Ligulatus* 和棕藻网地藻属 *Dictyota dichotoma*, 软体动物海兔属 *Aplysia depilans*.【活性】血管加压素 V1 受体拮抗剂; 去甲肾上腺素拮抗剂.【文献】J. Finer, et al. JOC, 1979, 44, 2044.

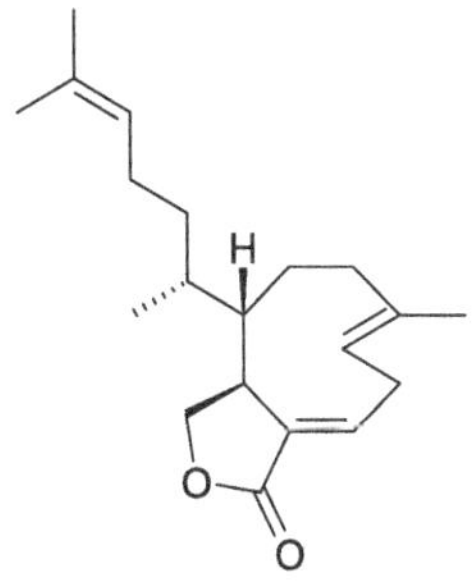

1277 Dilophic acid 棕藻厚缘藻酸*

【别名】1(9),6,13-Xenicatrien-18-oic acid; 1(9),6,13-异花软珊瑚三烯-18-酸*.【基本信息】$C_{20}H_{32}O_2$, 油状物, $[\alpha]_D^{25}=-116°$ ($c=2.35$, 氯仿).【类型】异花软珊瑚烷二萜.【来源】棕藻厚缘藻属 *Dilophus guineensis*.【活性】鱼毒.【文献】D. Schlenk, et al. Phytochemistry, 1987, 26, 1081.

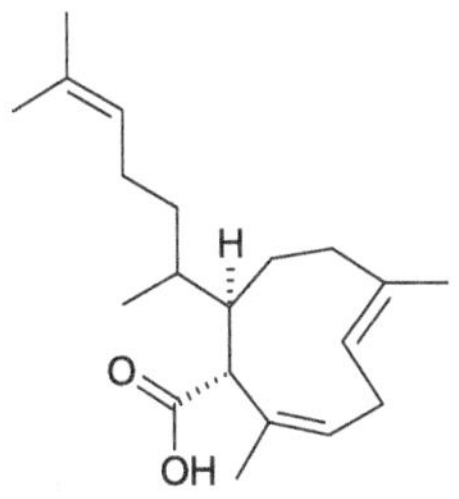

1278 Dilopholide 棕藻厚缘藻内酯*

【基本信息】$C_{22}H_{32}O_4$, 油状物, $[\alpha]_D=-113.7°$ ($c=0.86$, 氯仿).【类型】异花软珊瑚烷二萜.【来源】棕藻舌状厚缘藻* *Dilophus ligulatus* (地中海).【活性】细胞毒 (KB, $ED_{50}=1.50\mu g/mL$; P_{388}, $ED_{50}=0.50\mu g/mL$; P_{388}/Dox, $ED_{50}=12.00\mu g/mL$; NSCLC-N6, $ED_{50}=3.30\mu g/mL$. 对照巯基嘌呤: KB, $ED_{50}=0.54\mu g/mL$; P_{388}, $ED_{50}=0.70\mu g/mL$; P_{388}/Dox, $ED_{50}=0.25\mu g/mL$; NSCLC-N6, $ED_{50}=0.67\mu g/mL$).【文献】N. Bouaicha, et al. JNP, 1993, 56, 1747.

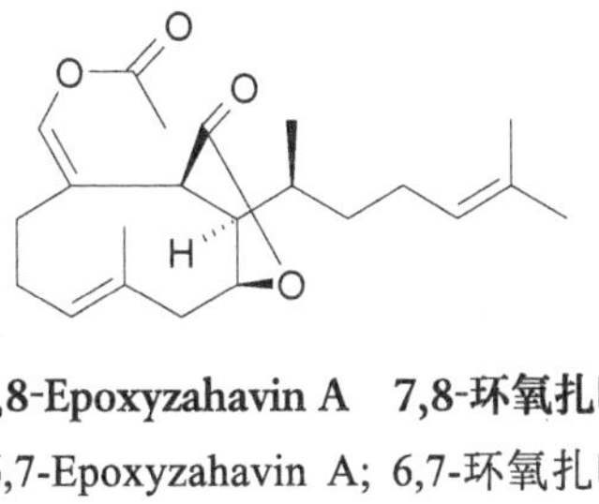

1279 7,8-Epoxyzahavin A 7,8-环氧扎哈文 A*

【别名】6,7-Epoxyzahavin A; 6,7-环氧扎哈文 A*.【类型】异花软珊瑚烷二萜.【基本信息】$C_{26}H_{36}O_8$, 油状物, $[\alpha]_D^{21}=+121.7°$ ($c=0.34$, 氯仿).【来源】

软珊瑚科* *Eleutherobia aurea* (南非).【活性】抗氧化剂 (兔中性粒细胞, 抑制超氧化物生成).【文献】G. J. Hooper, et al. JNP, 1997, 60, 889.

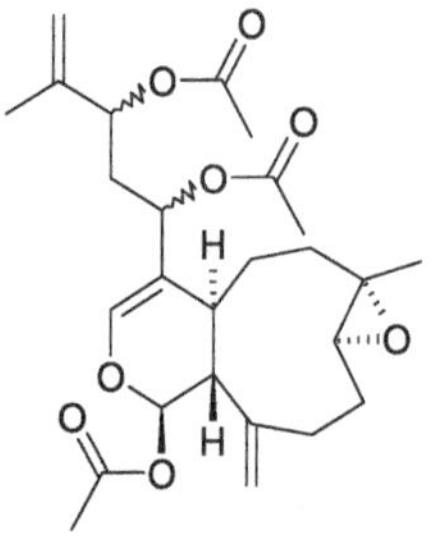

1280 Florlide D 繁花异花软珊瑚素 D*

【别名】(6α,7β,10*E*,12*E*)-6,7-Epoxy-1(19),10,12-xenicatrien-18,17-olide; (6α,7β,10*E*,12*E*)-6,7-环氧-1(19),10,12-异花软珊瑚三烯-18,17-内酯*.【基本信息】$C_{20}H_{28}O_3$, 针状晶体, mp 178°C, $[\alpha]_D$ = +178° (c = 0.09, 甲醇).【类型】异花软珊瑚烷二萜.【来源】繁花异花软珊瑚* *Xenia florida* (日本水域).【活性】抗菌 (金黄色葡萄球菌 *Staphylococcus aureus*, 气单胞菌属 *Aeromonas salmonisida*).【文献】T. Iwagawa, et al. JNP, 1998, 61, 1513.

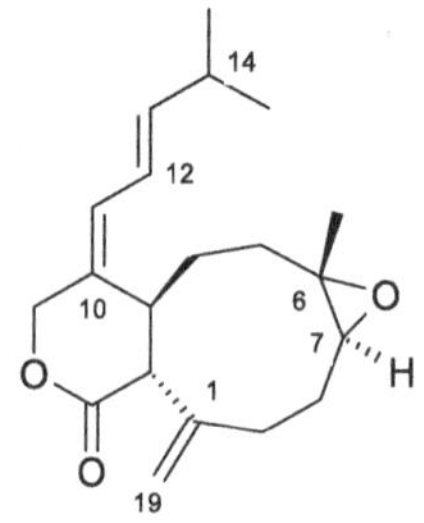

1281 Fukurinolal 弗库日醇醛*

【别名】Hydroxyacetyldictyolal; 羟基乙酰网地藻二醛*.【基本信息】$C_{22}H_{34}O_4$, 晶体, mp 79~80°C, $[\alpha]_D^{18}$ = −189° (c = 0.20, 氯仿).【类型】异花软珊瑚烷二萜.【来源】棕藻网地藻 *Dictyota dichotoma*, 棕藻厚缘藻属* *Dilophus okamurai*, 棕藻小圆齿网地藻* *Dictyota crenulata* 和棕藻舌状厚缘藻* *Dilophus ligulatus* (地中海).【活性】细胞毒 (KB, ED_{50} = 2.10μg/mL; P_{388}, ED_{50} = 3.90μg/mL; P_{388}/Dox, ED_{50} = 9.30μg/mL; NSCLC-N6, ED_{50} = 10.00μg/mL. 对照巯基嘌呤: KB, ED_{50} = 0.54μg/mL; P_{388}, ED_{50} = 0.70μg/mL; P_{388}/Dox, ED_{50} = 0.25μg/mL; NSCLC-N6, ED_{50} = 0.67μg/mL).【文献】N. Enoki, et al. Chem. Lett., 1982, 1749; M. Ochi, et al. Chem. Lett., 1982, 1927; M. P. Kirkup, et al. Phytochemistry, 1983, 22, 2539; N. Bouaicha, et al. JNP, 1993, 56, 1747.

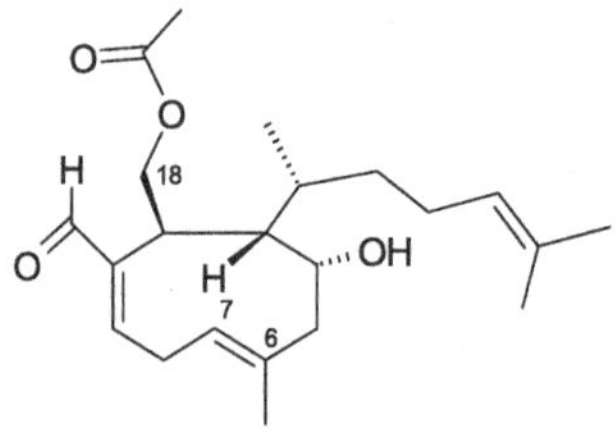

1282 Hydroxydictyodial 羟基网地藻二醛*

【别名】4-Hydroxy-1(9),6,13-xenicatriene-18,19-dial; 4-羟基-1(9),6,13-异花软珊瑚三烯-18,19-二醛*.【基本信息】$C_{20}H_{30}O_3$, 晶体或油状物, mp 79~81°C, $[\alpha]_D$= −256° (c = 2.41, 氯仿), $[\alpha]_D^{25}$= −121° (c = 0.33, 乙醇).【类型】异花软珊瑚烷二萜.【来源】棕藻网地藻属 *Dictyota spinulosa*.【活性】抗微生物; 拒食活性 (食物中含 1%抑制杂食性鱼 *Tilapia mossambica* 的喂养).【文献】M. P. Kirkup, et al. Phytochemistry, 1983, 22, 2539; J. Tanaka, et al. Chem. Lett., 1984, 231.

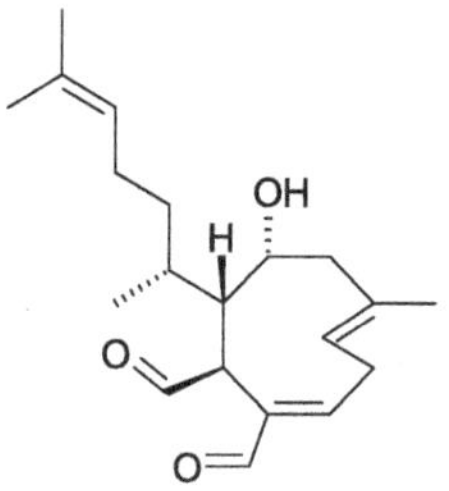

1283 Novaxenicin B 肯尼亚异花软珊瑚新 B*

【基本信息】$C_{20}H_{30}O_6$, 油状物, $[\alpha]_D^{22}$= −37° (c = 1.81, 氯仿).【类型】异花软珊瑚烷二萜.【来源】肯尼亚异花软珊瑚* *Xenia novaebrittanniae* (肯尼亚).【活性】细胞凋亡诱导剂 (转变哺乳动物细胞, 1.25μg/mL).【文献】A. Bishara, et al. Tetrahedron 2006, 62, 12092.

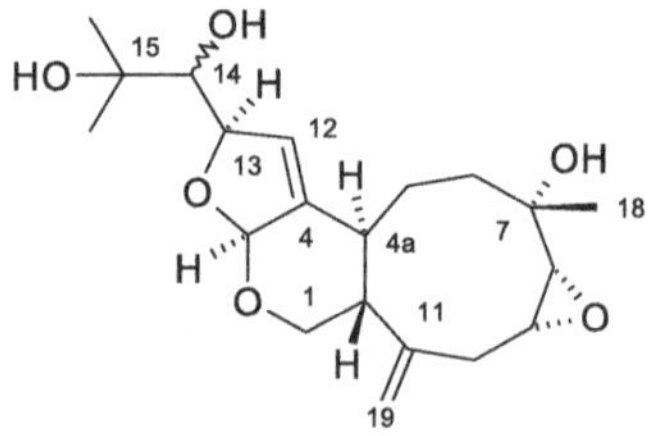

1284 Tsitsixenicin A 海绵软珊瑚新 A*

【基本信息】$C_{24}H_{34}O_5$, 黄色油状物, $[\alpha]_D^{17}$ = −64°

($c = 0.9$, 氯仿).【类型】异花软珊瑚烷二萜.【来源】软珊瑚穗软珊瑚科 *Capnella thyrsoidea* (两种变体, 南非).【活性】抗氧化剂 (超氧化物阴离子清除剂, 兔和人的中性粒细胞).【文献】G. J. Hooper, et al. Tetrahedron, 1995, 51, 9973.

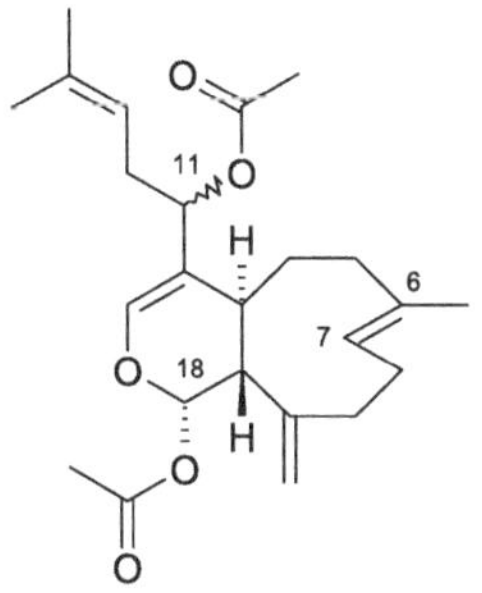

1285 Tsitsixenicin B 海绵软珊瑚新 B*

【基本信息】$C_{24}H_{34}O_6$, 油状物, $[\alpha]_D^{21} = -38°$ ($c = 0.49$, 氯仿).【类型】异花软珊瑚烷二萜.【来源】软珊瑚穗软珊瑚科 *Capnella thyrsoidea* (两种变体, 南非).【活性】抗氧化剂 (超氧化物阴离子清除剂, 兔和人的中性粒细胞).【文献】G. J. Hooper, et al. Tetrahedron, 1995, 51, 9973.

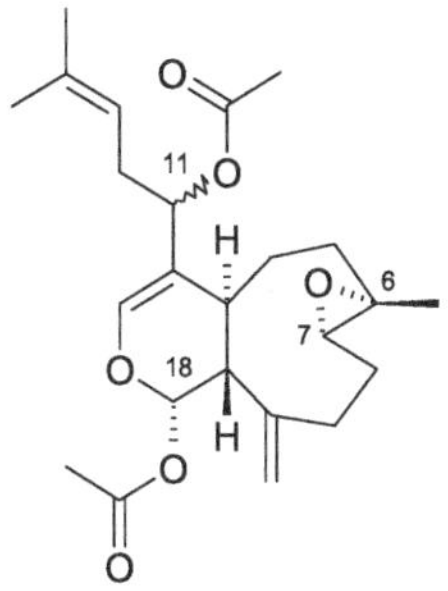

1286 Tsitsixenicin C 海绵软珊瑚新 C*

【基本信息】$C_{24}H_{32}O_7$, 油状物, $[\alpha]_D^{21} = -138.9°$ ($c = 0.6$, 氯仿).【类型】异花软珊瑚烷二萜.【来源】软珊瑚穗软珊瑚科 *Capnella thyrsoidea* (两种变体, 南非).【活性】抗氧化剂 (超氧化物阴离子清除剂).【文献】G. J. Hooper, et al. Tetrahedron, 1995, 51, 9973.

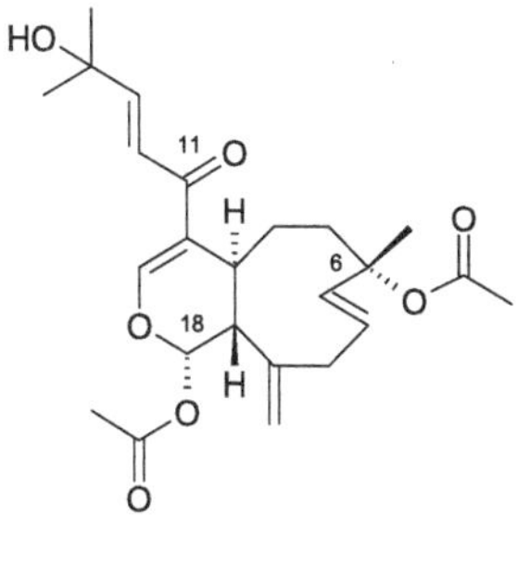

1287 Tsitsixenicin D 海绵软珊瑚新 D*

【基本信息】$C_{24}H_{32}O_6$, 油状物, $[\alpha]_D^{21} = -126°$ ($c = 0.8$, 氯仿).【类型】异花软珊瑚烷二萜.【来源】软珊瑚穗软珊瑚科 *Capnella thyrsoidea* (两种变体, 南非).【活性】抗氧化剂 (超氧化物阴离子清除剂).【文献】G. J. Hooper, et al. Tetrahedron, 1995, 51, 9973.

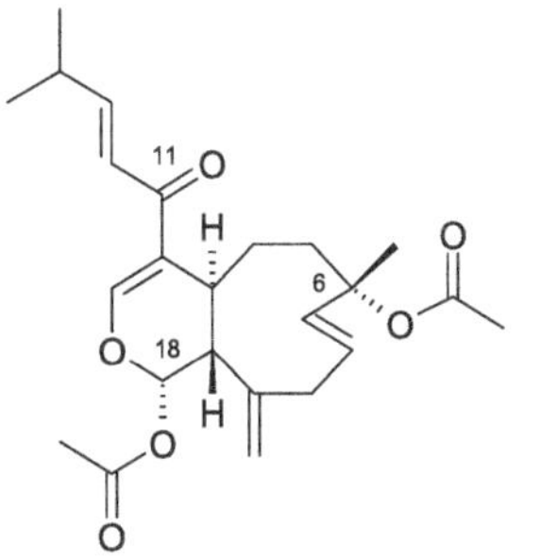

1288 Xeniolactone B 异花软珊瑚内酯 B*

【别名】9-Deoxy-7,8-epoxy-xeniolide A; 9-去氧-7,8-环氧-异花软珊瑚内酯 A*.【基本信息】$C_{20}H_{28}O_4$, 油状物, $[\alpha]_D^{25} = +28°$ ($c = 0.3$, 氯仿), $[\alpha]_D^{25} = +68°$ ($c = 0.3$, 二氯甲烷).【类型】异花软珊瑚烷二萜.【来源】台湾异花软珊瑚* *Xenia blumi* (绿岛, 台湾, 中国) 和繁花异花软珊瑚* *Xenia florida*.【活性】细胞毒 (HT29, $ED_{50} = 8.6\mu g/mL$; P_{388}, $ED_{50} = 6.9\mu g/mL$).【文献】Y. -C. Shen, et al. Tetrahedron Lett., 2005, 46, 4793; A. A. H. El-Gamal, et al. JNP, 2005, 68, 1336.

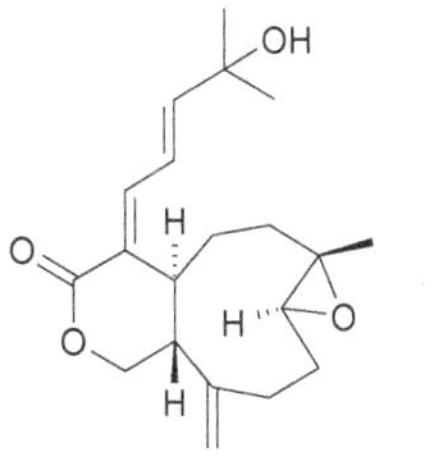

1289 Xeniolide I 异花软珊瑚内酯 I*

【基本信息】$C_{20}H_{28}O_6$, 油状物, $[\alpha]_D^{22} = +41°$ ($c = 0.17$, 氯仿).【类型】异花软珊瑚烷二萜.【来源】肯尼亚异花软珊瑚* *Xenia novaebrittanniae* (肯尼亚).【活性】抗菌 (大肠杆菌 *Escherichia coli* ATCC 和枯草杆菌 *Bacillus subtilis*, 1.25μg/mL).【文献】A. Bishara, et al. Tetrahedron 2006, 62, 12092.

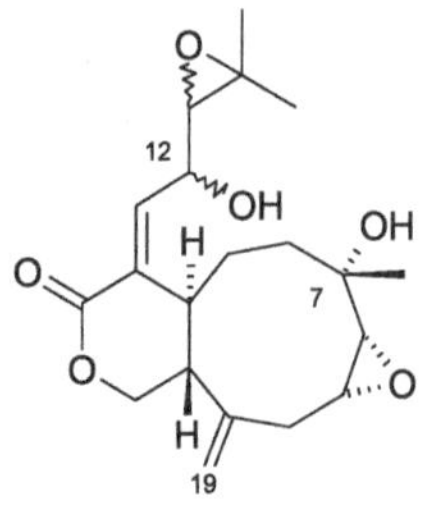

1290 Zahavin A 扎哈文 A*

【基本信息】$C_{26}H_{36}O_7$, 黏性油状物, $[\alpha]_D^{20} = +7.3°$ ($c = 1.8$, 氯仿).【类型】异花软珊瑚烷二萜.【来源】金黄海鸡冠软珊瑚* *Alcyonium aureum* (南非) 和南非软珊瑚* *Anthelia glauca*.【活性】细胞毒 (P_{388}, $IC_{50} = 1μg/mL$; A549, $IC_{50} = 1μg/mL$; MEL28, $IC_{50} = 1μg/mL$; HT29, $IC_{50} = 1μg/mL$); 超氧化物释放抑制剂.【文献】A. Rudi, et al. JNP, 1995, 58, 1581.

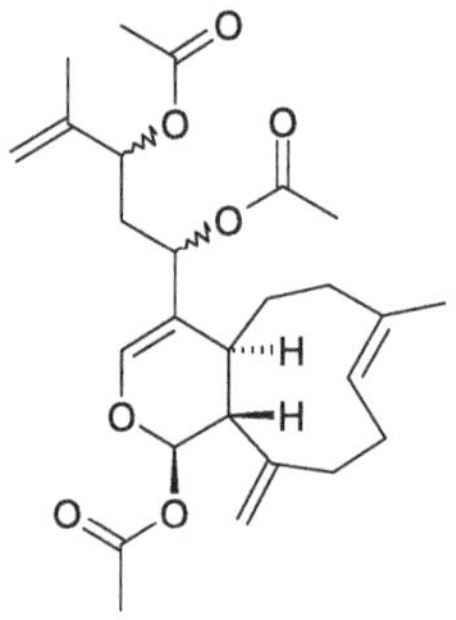

1291 Zahavin B 扎哈文 B*

【基本信息】$C_{26}H_{36}O_8$, 黏性油状物, $[\alpha]_D^{20} = +4.8°$ ($c = 0.7$, 氯仿).【类型】异花软珊瑚烷二萜.【来源】金黄海鸡冠软珊瑚* *Alcyonium aureum* (南非) 和南非软珊瑚* *Anthelia glauca*.【活性】细胞毒 (P_{388}, $IC_{50} = 1μg/mL$; A549, $IC_{50} = 1μg/mL$; MEL28, $IC_{50} = 1μg/mL$; HT29, $IC_{50} = 1μg/mL$).【文献】A. Rudi, et al. JNP, 1995, 58, 1581.

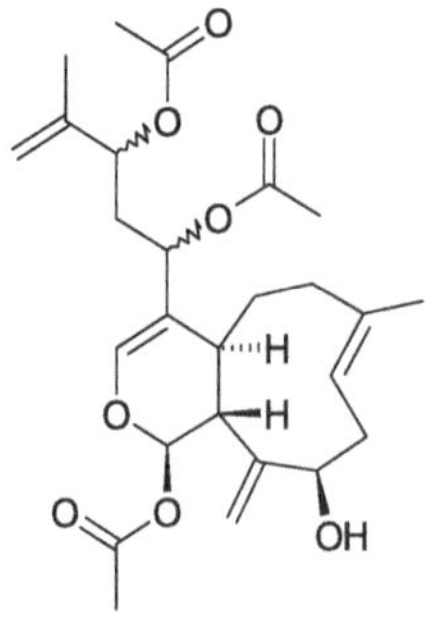

1292 Acalycixeniolide A 全裸柳珊瑚异花软珊瑚内酯 A*

【基本信息】$C_{19}H_{28}O_2$, 无定形粉末, $[\alpha]_D = +143°$ ($c = 0.31$, 氯仿).【类型】去甲-, 断-和环异花软珊瑚烷 (Xenicane) 二萜.【来源】全裸柳珊瑚 *Acalycigorgia inermis*.【活性】海星卵分裂抑制剂.【文献】Y. Fusetani, et al. Tetrahedron Lett., 1987, 28, 5837.

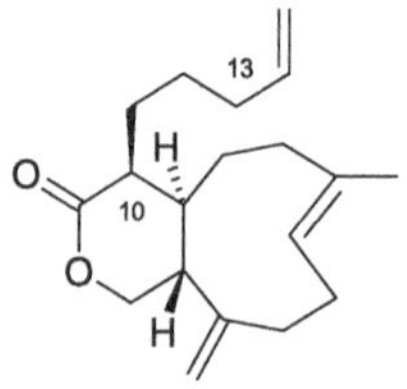

1293 Acalycixeniolide B 全裸柳珊瑚异花软珊瑚内酯 B*

【基本信息】$C_{19}H_{26}O_2$.【类型】去甲-, 断-和环异花软珊瑚烷二萜.【来源】柳珊瑚 *Acanthogorgia turgida* (格兰迪岛, 果阿, 印度) 和全裸柳珊瑚 *Acalycigorgia inermis*.【活性】抑制细胞分裂 (受精海星卵).【文献】E. Manzo, et al. Nat. Prod. Res., 2009, 23, 1664; N. Fusetani, et al. Tetrahedron Lett., 1987, 28, 5837.

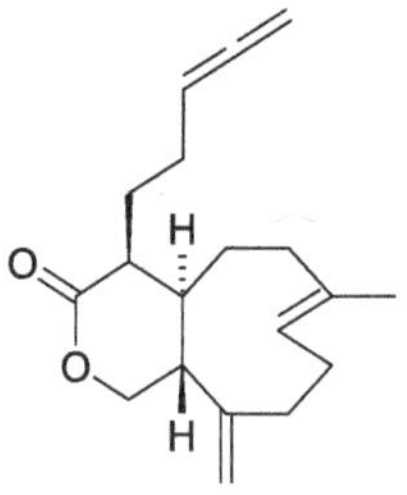

1294 Acalycixeniolide C‡ 全裸柳珊瑚异花软珊瑚内酯 C‡

【基本信息】$C_{19}H_{26}O_3$, 无定形固体, mp 91~93°C, $[\alpha]_D^{25} = 43.2°$ ($c = 0.4$, 甲醇).【类型】去甲-, 断-和环异花软珊瑚烷二萜.【来源】全裸柳珊瑚 *AcaLycigorgia inermis* (朝鲜半岛水域).【活性】细胞毒 (K562, $LC_{50} = 1.6μg/mL$).【文献】J. -R. Rho, et al. JNP, 2000, 63, 254 [erratum JNP, 2000, 63, 1051].

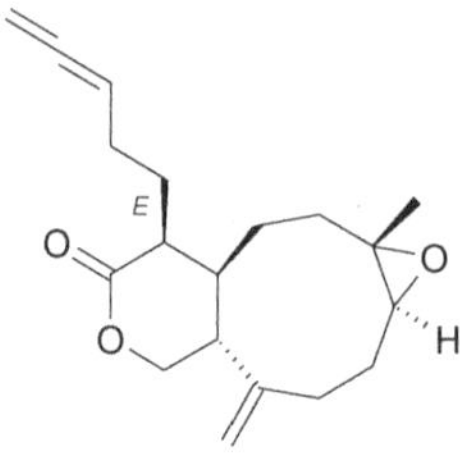

1295 Acalycixeniolide D 全裸柳珊瑚异花软珊瑚内酯 D*

【基本信息】$C_{19}H_{24}O_3$, 无定形固体, mp 87~90°C, $[\alpha]_D^{25} = 162.7°$ ($c = 0.1$, 甲醇).【类型】去甲-, 断-和环异花软珊瑚烷二萜.【来源】全裸柳珊瑚 *Acalycigorgia inermis* (朝鲜半岛水域).【活性】细胞毒 (K562, $LC_{50} = 52.0\mu g/mL$).【文献】J. -R. Rho, et al. JNP, 2000, 63, 254; 1051.

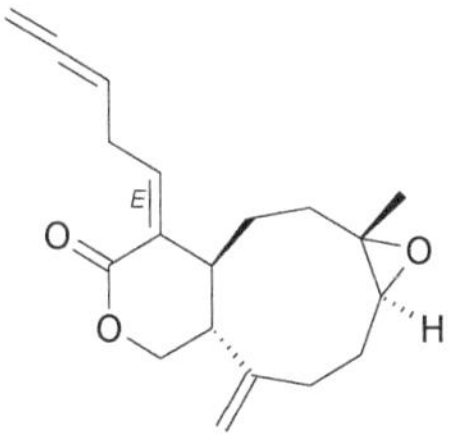

1296 Acalycixeniolide E 全裸柳珊瑚异花软珊瑚内酯 E*

【基本信息】$C_{23}H_{30}O_6$, 无色树胶状物, $[\alpha]_D^{25} = 41.5°$ ($c = 0.3$, 甲醇).【类型】去甲-, 断-和环异花软珊瑚烷二萜.【来源】全裸柳珊瑚 *Acalycigorgia inermis* (朝鲜半岛水域).【活性】细胞毒 (K562, $LC_{50} = 4.7\mu g/mL$).【文献】J. -R. Rho, et al. JNP, 2000, 63, 254 [erratum: JNP, 2000, 63, 1051].

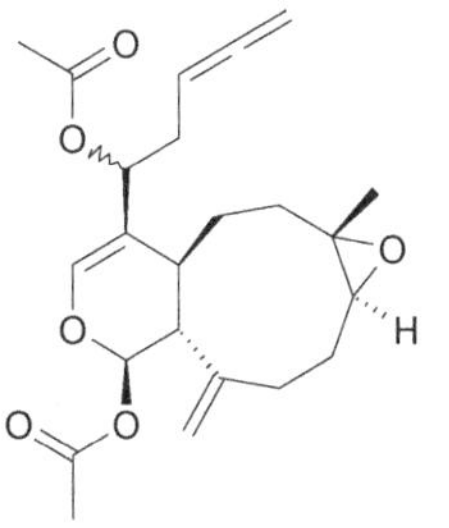

1297 Acalycixeniolide F 全裸柳珊瑚异花软珊瑚内酯 F*

【基本信息】$C_{20}H_{30}O_3$, 无色树胶状物, $[\alpha]_D^{25} = 46.8°$ ($c = 0.1$, 甲醇).【类型】去甲-, 断-和环异花软珊瑚烷二萜.【来源】全裸柳珊瑚 *Acalycigorgia inermis* (朝鲜半岛水域).【活性】细胞毒 (K562, $LC_{50} = 0.2\mu g/mL$).【文献】J. -R. Rho, et al. JNP, 2000, 63, 254 [erratum:JNP, 2000, 63, 1051].

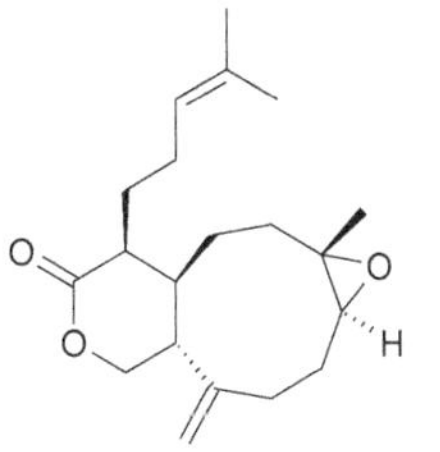

1298 Acalycixeniolide K 全裸柳珊瑚异花软珊瑚内酯 K*

【基本信息】$C_{19}H_{28}O_3$, 无定形固体, mp 127~129°C, $[\alpha]_D^{25} = +36.8°$ ($c = 0.1$, 甲醇).【类型】去甲-, 断-和环异花软珊瑚烷二萜.【来源】全裸柳珊瑚 *Acalycigorgia inermis*.【活性】细胞毒 (K562, $LC_{50} = 1.8\mu g/mL$).【文献】J. R. Rho, et al. JNP, 2001, 64, 540.

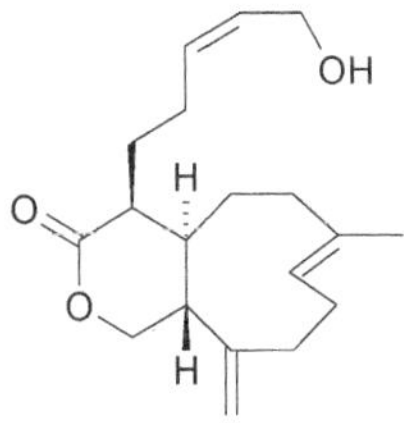

1299 Acalycixeniolide L 全裸柳珊瑚异花软珊瑚内酯 L*

【基本信息】$C_{19}H_{28}O_3$, 无定形固体, mp 137~140°C, $[\alpha]_D^{25} = +47°$ ($c = 0.12$, 甲醇).【类型】去甲-, 断-和环异花软珊瑚烷二萜.【来源】全裸柳珊瑚 *Acalycigorgia inermis*.【活性】细胞毒 (K562, $LC_{50} = 1.5\mu g/mL$).【文献】J. R. Rho, et al. JNP, 2001, 64, 540.

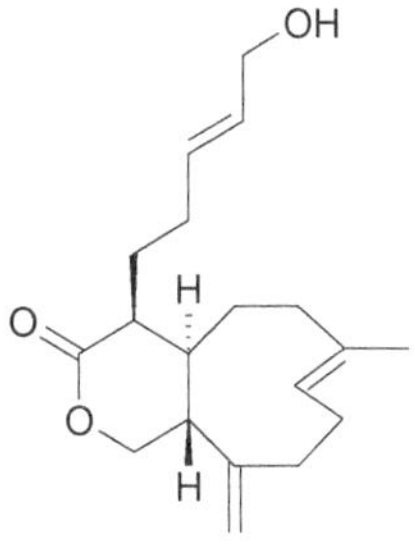

1300 4-Acetoxycrenulide 4-乙酰氧基小圆齿网地藻内酯*

【基本信息】$C_{22}H_{32}O_4$, $[\alpha]_D^{26} = +13°$ (氯仿); $[\alpha]_D^{23} = +20.1°$ ($c = 0.08$, 氯仿).【类型】去甲-, 断-和环异花软珊瑚烷二萜.【来源】棕藻小圆齿网地藻* *Dictyota crenulata* 和棕藻舌状厚缘藻* *Dilophus ligulatus* (地中海).【活性】细胞毒 (KB, $ED_{50} > 10\mu g/mL$, P_{388}, $ED_{50} > 10\mu g/mL$, P_{388}/Dox, $ED_{50} > 10\mu g/mL$, NSCLC-N6, $ED_{50} > 10\mu g/mL$).【文献】H. H. Sun, et al. JOC, 1983, 48, 1903; S. L. Midland, et al. JOC, 1983, 48, 1906; N. Bouaicha, et al. JNP, 1993, 56, 1747; L. A. Paquette, et al. JACS, 1995, 117, 1455; T. -Z. Wang, et al. JACS, 1996, 118, 1309.

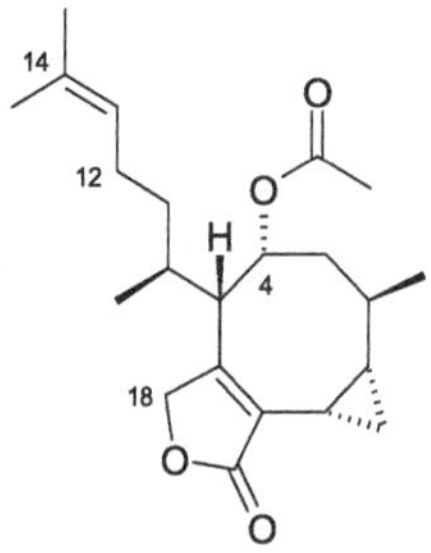

1301 Florlide B 繁花异花软珊瑚素 B*

【基本信息】$C_{20}H_{30}O_4$, 无定形固体, $[\alpha]_D = +150°$ ($c = 0.08$, 甲醇).【类型】去甲-,断-和环异花软珊瑚烷型二萜.【来源】繁花异花软珊瑚* *Xenia florida* (日本水域).【活性】抗菌 (金黄色葡萄球菌 *Staphylococcus aureus*, 气单胞菌属 *Aeromonas salmonisida*).【文献】T. Iwagawa, et al. JNP, 1998, 61, 1513.

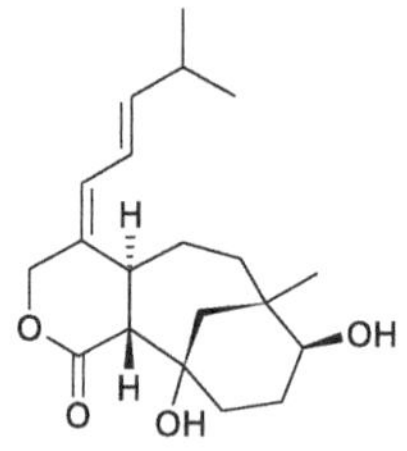

3.30 异戊二烯桉叶烷二萜

1302 Aplysiadiol 海兔二醇*

【基本信息】$C_{20}H_{31}BrO_2$, 油状物, $[\alpha]_D^{20} = -50.8°$ ($c = 0.44$, 氯仿).【类型】异戊二烯桉叶烷二萜.【来源】红藻凹顶藻属 *Laurencia* sp. (北婆罗洲岛, 沙巴州, 马来西亚) 和日本凹顶藻* *Laurencia japonensis*, 软体动物黑斑海兔 *Aplysia kurodai*.【活性】抗菌 (30mg/盘: 金黄色葡萄球菌 *Staphylococcus aureus*, IZD = 8mm, MIC = 200μg/mL; 葡萄球菌属 *Staphylococcus* sp., IZD = 10mm, MIC = 125μg/mL; 沙门氏菌属 *Salmonella* sp., IZD = 9mm, MIC = 250μg/mL).【文献】M. Ojika, et al. Phytochemistry 1982, 21, 2410; M. Ojika, et al. JNP, 1990, 53, 1619; Y. Takahashi, et al. Phytochemistry, 1998, 48, 987; C. S. Vairappan, et al. Mar. Drugs, 2010, 8, 1743.

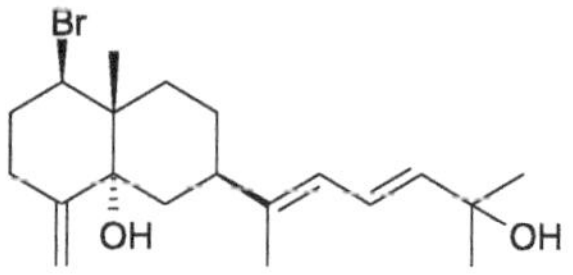

3.31 异戊二烯大根香叶烷二萜

1303 Eunicol 矶沙蚕醇*

【基本信息】$C_{20}H_{32}O$, 无色黏性油状物, $[\alpha]_D^{29} = -15°$ ($c = 0.15$, 氯仿), $[\alpha]_D^{20} = -22.8°$ ($c = 0.00395$, 二氯甲烷).【类型】异戊二烯大根香叶烷二萜.【来源】环节动物门矶沙蚕科 *Eunicea fusca*, 疏指豆荚软珊瑚* *Lobophytum pauciflorum* (竹富岛, 冲绳, 日本).【活性】细胞毒 (A431 人外皮癌细胞, $IC_{50} = 0.35μmol/L$).【文献】J. C. Coll, et al. Bull. Soc. Chim. Belg. 1986, 95, 815; M. B. Saleh, et al. Aust. J. Chem., 2010, 63, 901; S. V. S. Govindam, et al. BoMC, 2012, 20, 687.

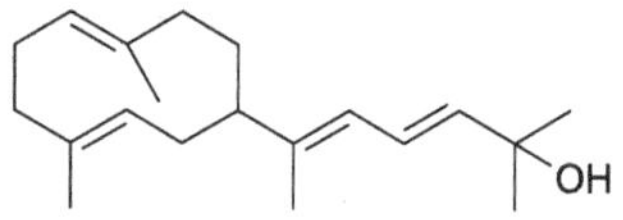

1304 Lobocompactol A 豆荚软珊瑚醇 A*

【基本信息】$C_{20}H_{32}O_3$.【类型】异戊二烯大根香叶烷二萜.【来源】豆荚软珊瑚属 *Lobophytum compactum* (康和湾, 庆和省, 越南).【活性】抗氧化剂 (过氧化物自由基清除剂, 5μmol/L, 1.4μmol/L 当量抗氧化能力).【文献】C. V. Minh, et al. BoMCL, 2011, 21, 2155.

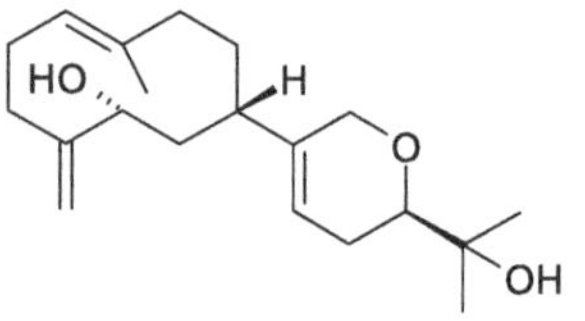

1305 Lobocompactol B 豆荚软珊瑚醇 B*

【基本信息】$C_{20}H_{32}O_3$.【类型】异戊二烯大根香叶烷二萜.【来源】豆荚软珊瑚属 *Lobophytum compactum* (康和湾, 庆和省, 越南).【活性】抗氧化剂 (过氧化物自由基清除剂, 5μmol/L, 1.4μmol/L

当量抗氧化能力).【文献】C. V. Minh, et al. BoMCL, 2011, 21, 2155.

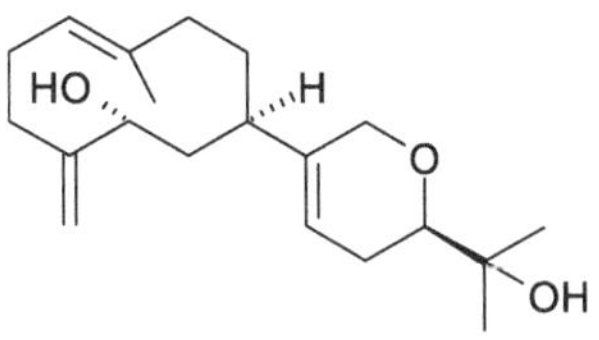

3.32 异戊二烯双环大根香叶烷二萜

1306 Faraunatin 异花软珊瑚亭*

【基本信息】$C_{20}H_{32}O$.【类型】异戊二烯双环大根香叶烷二萜.【来源】红海异花软珊瑚* *Xenia faraunensis* (红海).【活性】细胞毒 (P_{388}).【文献】Y. Kashman, et al. Tetrahedron Lett., 1994, 35, 8855.

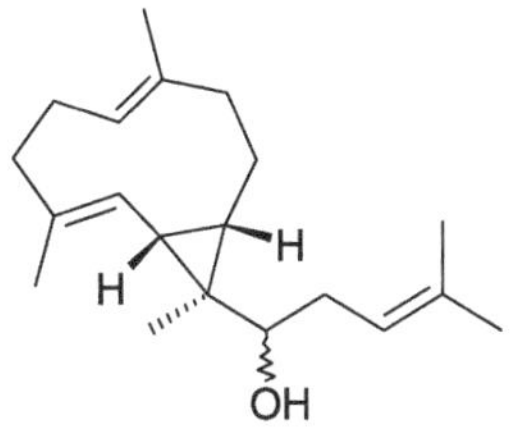

1307 Palmatol 地中海软珊瑚醇*

【基本信息】$C_{20}H_{34}O$, 晶体 (正己烷), mp 93~94°C, $[\alpha]_D^{20}$= −94.7° (c = 2.5, 氯仿).【类型】异戊二烯双环大根香叶烷二萜.【来源】海鸡冠属软珊瑚 *Alcyonium palmatum* (地中海).【活性】鱼毒; 有毒的 (盐水丰年虾).【文献】E. Zubia, et al. Tetradron Lett., 1994, 35, 7069.

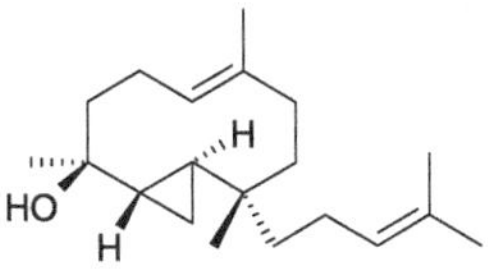

3.33 洛班烷二萜

1308 Cyclolobatriene 环豆荚软珊瑚三烯*

【基本信息】$C_{20}H_{32}O_2$, 无色黏性油状物, $[\alpha]_D^{26}$ = +57° (c = 0.139, 氯仿).【类型】洛斑烷 (Lobane) 二萜.【来源】疏指豆荚软珊瑚* *Lobophytum pauciflorum* (竹富岛, 冲绳, 日本).【活性】细胞毒 (A431 人外皮癌细胞, IC_{50} = 0.64μmol/L).【文献】S. V. S. Govindam, et al. BoMC, 2012, 20, 687.

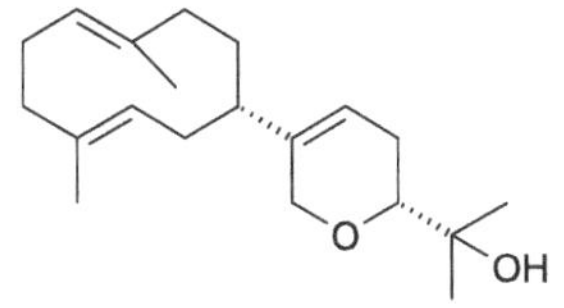

1309 Dictyoxepin 棕藻网地藻树品*

【别名】9,11-Epoxy-17-loben-3-ol; 9,11-环氧-17-蒌斑烯-3-醇*.【基本信息】$C_{20}H_{32}O_2$【类型】洛斑烷二萜.【来源】棕藻尖裂网地藻* *Dictyota acutiloba*.【活性】杀藻剂.【文献】H. H. Sun, et al. JACS, 1977, 99, 3516.

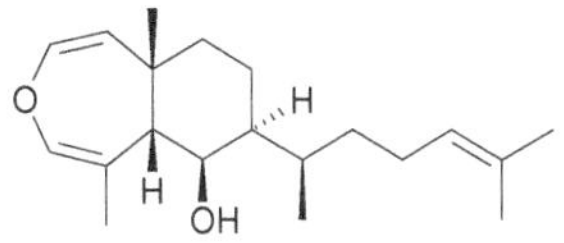

1310 17*R*,18-Epoxy-8,10,13(15)-lobatriene 17*R*,18-环氧-8,10,13(15)-蒌斑三烯*

【基本信息】$C_{20}H_{32}O$, 黄色油状物.【类型】洛斑烷二萜.【来源】豆荚软珊瑚属 *Lobophytum* sp.【活性】有毒的 (盐水丰年虾).【文献】R. W. Dunlop, et al. Aust. J. Chem., 1979, 32, 1345.

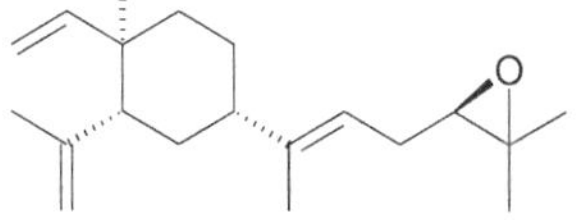

1311 14,18-Epoxyloba-8,10,13(15)-trien-17-ol14,18-环氧蒌斑-8,10,13(15)-三烯-17-醇*

【基本信息】$C_{20}H_{32}O_2$, 黏性油状物.【类型】洛斑烷二萜.【来源】短指软珊瑚属 *Sinularia* sp. (鲍登暗礁, 大堡礁, 澳大利亚) 和疏指豆荚软珊瑚* *Lobophytum pauciflorum*.【活性】抗真菌 (致植物病的真菌黄瓜枝孢霉 *Cladosporium cucumerinum*).【文献】V. Anjaneyulu, et al. Indian J. Chem., Sect. B, 1993, 32, 1198; R. U. Edrada, et al. JNP, 1998, 61, 358; A. D. Wright, et al. Mar. Drugs, 2012, 10, 1619.

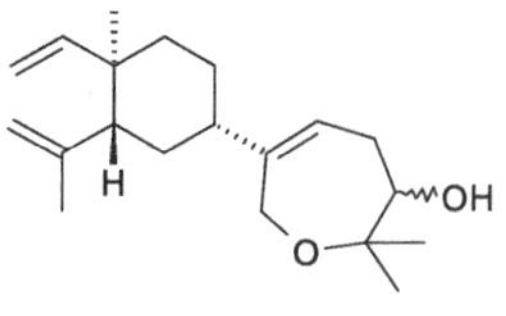

1312 14,17-Epoxyloba-8,10,13(15)-trien-18- ol acetate 14,17-环氧蓤斑-8,10,13(15)-三烯- 18-醇乙酸酯*

【基本信息】$C_{22}H_{34}O_3$, 黄色黏性油状物或无色油, $[\alpha]_D = +47.3°$ ($c = 0.31$, 氯仿).【类型】洛斑烷二萜.【来源】短指软珊瑚属 *Sinularia* sp. (鲍登暗礁, 大堡礁, 澳大利亚) 和疏指豆荚软珊瑚* *Lobophytum pauciflorum*.【活性】细胞毒 (SF268, $GI_{50} = 14\mu mol/L$; 乳腺-胸膜积液腺癌细胞, $GI_{50} = 16\mu mol/L$; 大细胞肺癌肿瘤细胞, $GI_{50} = 18.5\mu mol/L$); 有毒的 (盐水丰年虾).【文献】R. A. Edrada, et al. JNP, 1998, 61, 358; A. D. Wright, et al. Mar. Drugs, 2012, 10, 1619.

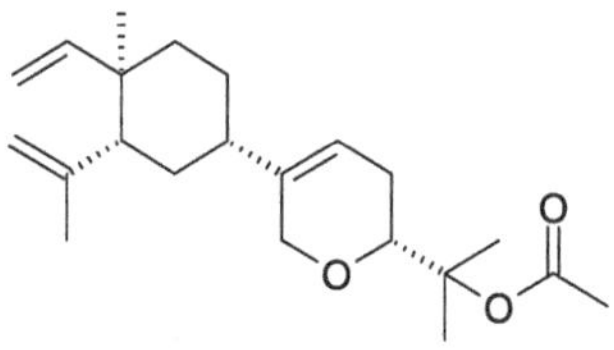

1313 Eunicidiol 矶沙蚕二醇*

【基本信息】$C_{20}H_{32}O_2$.【类型】洛斑烷二萜.【来源】环节动物门矶沙蚕科 *Eunicea fusca* (希尔斯伯勒岩架, 佛罗里达, 美国).【活性】抗炎 (高活性).【文献】D. H. Marchbank, et al. JNP, 2012, 75, 1289.

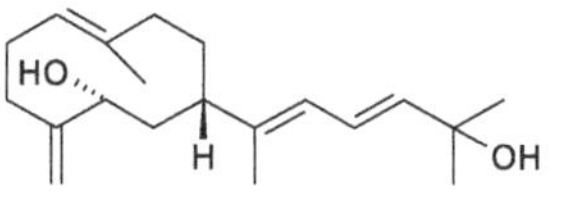

1314 Fuscol 矶沙蚕福斯科醇*

【别名】8,10,13(15),16-Lobatetraen-18-ol; 8,10,13(15),16-蓤斑四烯-18-醇*.【基本信息】$C_{20}H_{32}O$, 无色油状物, $[\alpha]_D^{29} = +14°$ ($c = 0.099$, 氯仿), $[\alpha]_D = +17.6°$ ($c = 0.9$, 氯仿).【类型】洛斑烷二萜.【来源】环节动物门矶沙蚕科 *Eunicea fusca* (圣玛尔塔湾, 加勒比海, 哥伦比亚), 疏指豆荚软珊瑚* *Lobophytum pauciflorum* (竹富岛, 冲绳, 日本).【活性】抗炎 (TPA 诱导的小鼠耳肿, 0.5mg/耳, InRt = 27.3%, 对照吲哚美新, InRt = 77.3%), 细胞毒 (A431 人外皮癌细胞, $IC_{50} = 0.52\mu mol/L$).【文献】Y. Gopichand, et al. Tetrahedron Lett., 1978, 39, 3641; J. Shin, et al. JOC, 1991, 56, 3153; H. Kosugi, et al. JCS Perkin Trans. I, 1998, 217; E. Reina, et al. BoMCL, 2011, 21, 5888; S. V. S. Govindam, et al. BoMC, 2012, 20, 687.

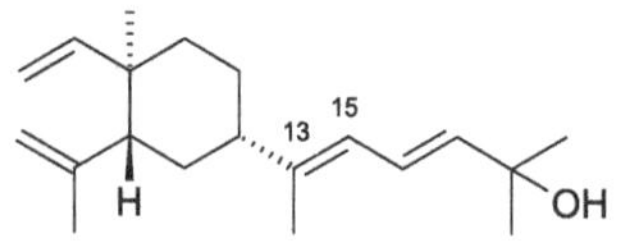

1315 Fuscol methyl ether 矶沙蚕福斯科醇甲醚*

【基本信息】$C_{21}H_{34}O$, 油状物, $[\alpha]_D = -2.6°$ ($c = 0.33$, 氯仿), $[\alpha]_D^{25} = +14.9°$ ($c = 0.9$, 氯仿).【类型】洛斑烷二萜.【来源】环节动物门矶沙蚕科 *Eunicea fusca*, 疏指豆荚软珊瑚* *Lobophytum pauciflorum*.【活性】抗真菌 (致植物病的真菌黄瓜枝孢霉 *Cladosporium cucumerinum*).【文献】A. S. R. Anjaneyulu, et al. Indian J. Chem., Sect. B, 1995, 34, 1074; R. A. Endrada, et al. JNP, 1998, 61, 358.

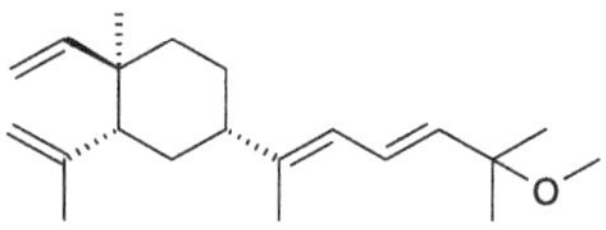

1316 Fuscoside B 矶沙蚕福斯科醇糖苷 B*

【基本信息】$C_{25}H_{40}O_5$, 油状物, $[\alpha]_D = -90°$ ($c = 1$, 氯仿).【类型】洛斑烷二萜.【来源】环节动物门矶沙蚕科 *Eunicea fusca* (加勒比海).【活性】抗炎 (小鼠腹膜巨噬细胞, 选择性抑制白三烯 LTB4 和 LTC4 的合成, 但不抑制 PGE_2 合成).【文献】Y. Gopichand, et al. Tetrahedron Lett., 1978, 3641; J. Shin, et al. JOC, 1991, 56, 3153.

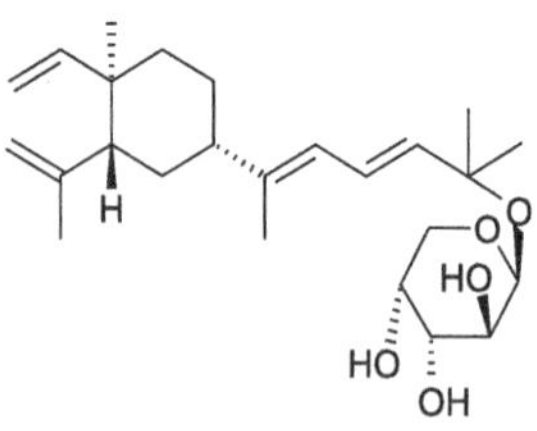

1317 Fuscoside C 矶沙蚕福斯科醇糖苷 C*

【别名】13ξ,15ξ-Epoxy (isomer 1)-8,10,13(15),16-lobatetraen-18-ol *O*-*β*-D-arabinopyranose; 13ξ,15ξ-环氧(异构体 1)-8,10,13(15),16-蓤斑四烯-18-醇 *O*-*β*-D-吡喃阿拉伯糖*.【基本信息】$C_{25}H_{40}O_6$.【类

型】洛斑烷二萜.【来源】环节动物门矶沙蚕科 *Eunicea fusca* (加勒比海).【活性】抗炎.【文献】J. H. Shin, et al. JOC. 1991, 56, 3153; B. L. Raju, et al. Indian J. Chem., Sect. B, 1995, 34, 221.

异构体1

1318 Fuscoside D 矶沙蚕福斯科醇糖苷 D*

【别名】13ξ,15ξ-Epoxy (isomer 2)-8,10,13(15),16-lobatetraen-18-ol *O*-*β*-D-arabinopyranose; 13ξ,15ξ-环氧 (异构体 2)-8,10,13(15),16-萎斑四烯-18-醇 *O*-*β*-D-吡喃阿拉伯糖*【基本信息】$C_{25}H_{40}O_6$.【类型】洛斑烷二萜.【来源】环节动物门矶沙蚕科 *Eunicea fusca*.【活性】抗炎.【文献】J. H. Shin, et al. Eunicea fusca. JOC, 1991, 56, 3153; B. L. Raju, et al. Indian J. Chem., Sect. B, 1995, 34, 221.

异构体2

1319 Ineleganene 粗糙短指软珊瑚烯*

【别名】8,10,13(15)*E*,18-Lobatetraene; 8,10,13(15)*E*, 18-萎斑四烯*.【基本信息】$C_{20}H_{32}$, 油状物, $[\alpha]_D^{25}$ = +9.6° (*c* = 0.1, 氯仿).【类型】洛斑烷二萜.【来源】短指软珊瑚属* *Sinularia inelegans* (中国台湾水域).【活性】细胞毒 (A549, GI_{50} = 3.63μg/mL; P_{388}, GI_{50} = 0.20μg/mL).【文献】M. -C. Chai, et al. JNP, 2000, 63, 843.

1320 (1*R,2*R**,4*S**,15*E*)-Loba-8,10,13(14),15(16)-tetraen-17,18-diol-17-acetate (1*R**,2*R**,4*S**,15*E*)-萎斑-8,10,13(14),15(16)-四烯-17,18-二醇-17-乙酸酯***

【基本信息】$C_{21}H_{32}O_3$, 无色油状物, $[\alpha]_D^{24}$ = −9.5° (*c* = 0.23,甲醇).【类型】洛斑烷二萜.【来源】短指软珊瑚属 *Sinularia* sp. (鲍登暗礁, 大堡礁, 澳大利亚).【活性】细胞毒 (SF268, GI_{50} = 15μmol/L; MCF7 乳腺-胸腔积液恶性腺瘤细胞, GI_{50} = 8.8μmol/L; H460 大细胞肺癌细胞, GI_{50} = 11.5μmol/L).【文献】A. D. Wright, et al. Mar. Drugs, 2012, 10, 1619.

1321 Lobatriene 萎斑三烯*

【别名】14,17-Epoxy-8,10,13(15)-lobatrien-18-ol; 14,17-环氧-8,10,13(15)-萎斑三烯-18-醇*.【类型】洛斑烷二萜. $C_{20}H_{32}O_2$, 无色黏性油状物, $[\alpha]_D^{26}$ = +85.5° (*c* = 0.098, 氯仿), $[\alpha]_D^{25}$ = +86.7° (*c* = 0.19, 氯仿).【来源】疏指豆荚软珊瑚* *Lobophytum pauciflorum* (竹富岛, 冲绳, 日本) 和豆荚软珊瑚属 *Lobophytum* sp.【活性】细胞毒 (A431 人外皮癌细胞, IC_{50} = 0.41μmol/L); 有毒的 (盐水丰年虾).【文献】R. W. Dunlop, et al. Aust. J. Chem., 1979, 32, 1345; T. Kusumi, et al. JOC, 1992, 57, 1033; V. Anjaneyulu, et al. Indian J. Chem., Sect. B, 1993, 32B, 1198; S. V. S. Govindam, et al. BoMC, 2012, 20, 687.

1322 Loba-8,10,13(15)-triene-17-acetoxy-18-ol 萎斑-8,10,13(15)-三烯-17-乙酰氧基-18-醇*

【类型】洛斑烷二萜.【基本信息】$C_{22}H_{36}O_3$, 黄色黏性油状物, $[\alpha]_D$ = +52.7° (*c* = 1.56, 氯仿).【来源】疏指豆荚软珊瑚* *Lobophytum pauciflorum*.【活性】抗真菌 (致植物病的真菌黄瓜枝孢霉 *Cladosporium cucumerinum*).【文献】R. A. Endrada, et al. JNP, 1998, 61, 358.

1323 (17*R*)-Loba-8,10,13(15)-triene-17,18-diol (17*R*)-萎斑-8,10,13(15)-三烯-17,18-二醇*

【类型】洛斑烷二萜.【基本信息】$C_{20}H_{34}O_2$, 晶体

(乙酸乙酯), mp 195.3~197.1°C, $[\alpha]_D^{25}$ = +25.9° (c = 0.34, 氯仿).【来源】豆荚软珊瑚属 *Lobophytum* sp. (大堡礁, 澳大利亚).【活性】抗惊厥剂和镇痫剂.【文献】R. W. Dunlop, et al. Aust. J. Chem., 1979, 32, 1345; M. Iwashima, et al. Tetrahedron Lett., 1992, 33, 81; H. Nagaoka, et al. CPB, 1992, 40, 556.

1324 Loba-8,10,13(15)-triene-16,17,18-triol 蒌斑-8,10,13(15)-三烯-16,17,18-三醇*

【别名】8,10,13(15)-Lobatriene-16,17,18-triol; 8,10,13(15)-蒌斑三烯-16,17,18-三醇*.【类型】洛斑烷二萜.【基本信息】$C_{20}H_{34}O_3$, 晶体或无色油, mp 73~75°C, $[\alpha]_D$ = −14.1° (c = 1, 氯仿).【来源】短指软珊瑚属 *Sinularia* sp. (鲍登暗礁, 大堡礁, 澳大利亚), 豆荚软珊瑚属 *Lobophytum* sp. (印度水域) 和豆荚软珊瑚属 *Lobophytum hirsutum*.【活性】细胞毒 (SF268, GI_{50} = 18.5μmol/L; 乳腺-胸腔积液恶性腺瘤细胞, GI_{50} = 17μmol/L; 肺癌大细胞恶性上皮肿瘤细胞, GI_{50} = 13μmol/L).【文献】B. L. Raju, et al. JNP, 1993, 56, 961; B. L. Raju, et al. Indian J. Chem., Sect. B, 1994, 33, 1033; 1995, 34, 221; A. D. Wright, et al. Mar. Drugs, 2012, 10, 1619.

1325 Lobatrienolide 蒌斑三烯内酯*

【别名】18-Hydroxy-8,10,13(15)-lobatrien-14,17-olide; 18-羟基-8,10,13(15)-蒌斑三烯-14,17-内酯*.【类型】洛斑烷二萜.【基本信息】$C_{20}H_{30}O_3$, 无色油状物, $[\alpha]_D^{25}$ = +89.3° (c = 0.63, 氯仿).【来源】短指软珊瑚属 *Sinularia* sp. (鲍登暗礁, 大堡礁, 澳大利亚) 和短指软珊瑚属 *Sinularia flexibilis* (冲绳, 日本).【活性】细胞毒 (SF268, GI_{50} = 7.4μmol/L; 乳腺-胸腔积液恶性腺瘤细胞, GI_{50} = 17μmol/L; 肺癌大细胞恶性上皮肿瘤细胞, GI_{50} = 18μmol/L).【文献】T. Hamada, et al. Chem. Lett., 1992, 33; M. Kato, et al. J. Chem. Soc., Perkin Trans. Ⅰ, 1999, 783; A. D. Wright, et al. Mar. Drugs, 2012, 10, 1619.

3.34 厚网地藻烷二萜

1326 Acutilol A 棕藻尖裂网地藻醇 A*

【别名】(5*β*,6*β*,11*R*,14*ξ*)-14,15-Epoxy-1(10),3-pachydictyadien-6-ol; (5*β*,6*β*,11*R*,14*ξ*)-14,15-环氧-1(10),3-厚网地藻二烯-6-醇*.【类型】厚网地藻烷 (Pachydictyane) 二萜.【基本信息】$C_{20}H_{32}O_2$, $[\alpha]_D^{25}$ =+29.8° (c = 1.5, 二氯甲烷).【来源】棕藻尖裂网地藻* *Dictyota acutiloba* (夏威夷, 美国).【活性】拒食活性 (海洋食草动物, 海胆类, 鱼类).【文献】I. H. Hardt, et al. Phytochemistry, 1996, 43, 71.

1327 Acutilol A acetate 棕藻尖裂网地藻醇 A 乙酸酯*

【类型】厚网地藻烷二萜.【基本信息】$C_{22}H_{34}O_3$, $[\alpha]_D^{25}$ = +29.6° (c = 1.5, 二氯甲烷).【来源】棕藻尖裂网地藻* *Dictyota acutiloba* (夏威夷, 美国).【活性】拒食活性 (海洋食草动物, 海胆类, 鱼类).【文献】I. H. Hardt, et al. Phytochemistry, 1996, 43, 71.

1328 Acutilol B 棕藻尖裂网地藻醇 B*

【别名】(5*β*,6*β*,11*R*)-6-Hydroxy-1(10),3-pachydictyadien-14-one; (5*β*,6*β*,11*R*)-6-羟基-1(10),3-厚网地藻二烯-

14-酮*【类型】厚网地藻烷二萜.【基本信息】$C_{20}H_{32}O_2$, $[\alpha]_D^{25} = -28°$ ($c = 2.0$, 二氯甲烷).【来源】棕藻尖裂网地藻* *Dictyota acutiloba* (夏威夷, 美国).【活性】拒食活性 (海洋食草动物, 海胆类, 鱼类).【文献】I. H. Hardt, et al. Phytochemistry, 1996, 43, 71.

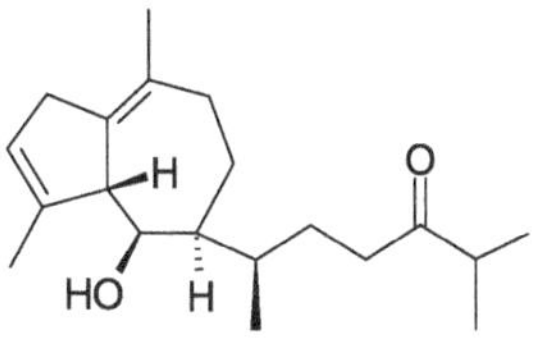

1329 Dictyol C 棕藻尖裂网地藻醇 C*

【基本信息】$C_{20}H_{34}O_2$, 晶体 (正己烷), mp 68°C, $[\alpha]_D = -16.6°$ ($c = 1$, 氯仿).【类型】厚网地藻烷二萜.【来源】棕藻网地藻属 *Dictyota dentata* (巴巴多斯), 棕藻网地藻 *Dictyota dichotoma* (地中海) 和棕藻厚缘藻属 *Dilophus dichotoma*, 软体动物海兔属 *Aplysia depilans.*【活性】抗微生物; 杀藻剂; 抗有丝分裂, 鱼毒.【文献】B. Danise, et al. Experientia, 1977, 33, 413; D. J. Faulkner, et al. Phytochemistry, 1977, 16, 991; V. Amico, et al. Tetrahedron, 1980, 36, 1409; M. Ishitsuka, et al. Chem. Lett., 1982, 1517; A. B. Alvarado, et al. JNP, 1985, 48. 132.

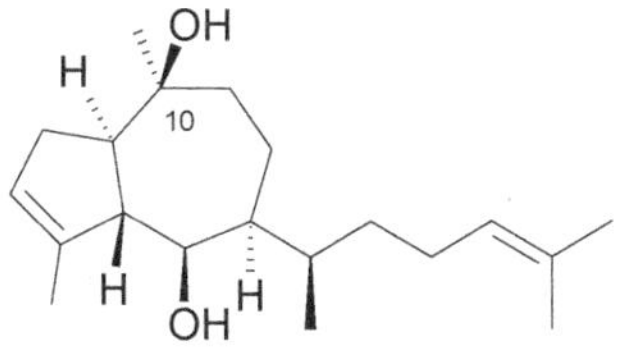

1330 Dictyol F 棕藻尖裂网地藻醇 F*

【别名】($1\alpha,5\beta,6\beta,11R,14R$)-3,10(18),15-Pachydictyatriene-6,14-diol; ($1\alpha,5\beta,6\beta,11R,14R$)-3,10(18),15-厚网地藻三烯-6,14-二醇*【类型】厚网地藻烷二萜.【基本信息】$C_{20}H_{32}O_2$, 油状物, $[\alpha]_D^{25} = +48.2°$ ($c = 1.5$, 氯仿).【来源】棕藻网地藻 *Dictyota dichotoma*.【活性】抗微生物.【文献】N. Enoki, et al. Chem. Lett., 1983, 1627.

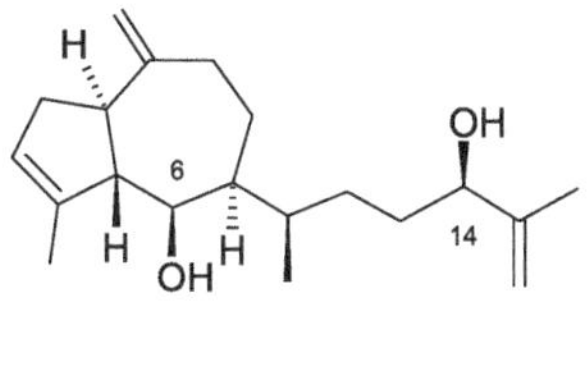

1331 *epi*-Dictyol F *epi*-棕藻尖裂网地藻醇 F*

【类型】厚网地藻烷二萜.【基本信息】$C_{20}H_{32}O_2$, 晶体, mp 62~63°C, $[\alpha]_D^{25} = +37.5°$ ($c = 1.1$, 氯仿).【来源】棕藻网地藻 *Dictyota dichotoma*, 软体动物海兔属 *Aplysia depilans*.【活性】抗微生物.【文献】N. Enoki, et al. Chem. Lett., 1983, 1627.

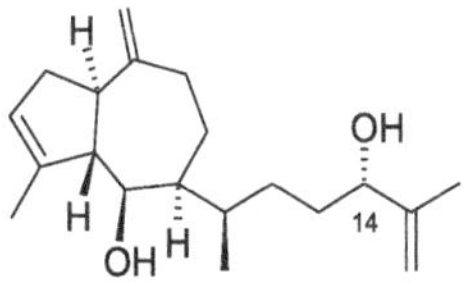

1332 Isopachydictyol A 异厚网地藻醇 A*

【基本信息】$C_{20}H_{32}O$, $[\alpha]_D^{25} = -25.7°$ ($c = 0.28$, 氯仿).【类型】厚网地藻烷二萜.【来源】棕藻网地藻 *Dictyota dichotoma* (加的斯, 西班牙).【活性】细胞毒 (P_{388}, $ED_{50} = 5\mu g/mL$; A549, $ED_{50} = 5\mu g/mL$; HT29, $ED_{50} = 5\mu g/mL$; MEL28, $ED_{50} = 5\mu g/mL$).【文献】R. Durán, et al. Tetrahedron, 1997, 53, 8675.

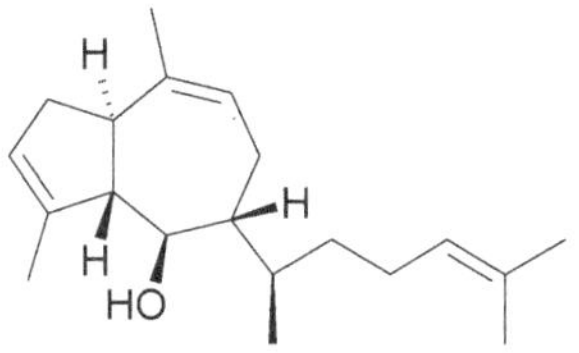

1333 Pachydictyol A 厚网地藻醇 A*

【基本信息】$C_{20}H_{32}O$, 油状物, $[\alpha]_D^{20} = +106°$ (环己烷).【类型】厚网地藻烷二萜.【来源】棕藻网地藻属 *Dictyota dentata* (巴巴多斯), 棕藻网地藻 *Dictyota dichotoma* (阿布-巴克尔, 红海, 埃及) (Wafa, 2013), 棕藻网地藻属 *Dictyota binghamiae* (不列颠哥伦比亚, 加拿大), 棕藻网地藻 *Dictyota dichotoma* (澳大利亚) 和棕藻厚网地藻 *Pachydictyon coriaceum,* 软体动物海兔属 *Aplysia depilans* 和软体动物海兔属 *Aplysia vaccaria.*【活性】拒食活性, 杀藻剂, 抗有丝分裂, 鱼毒的, 血管加压素 V1 受体拮抗剂, 去甲肾上腺素拮抗剂.【文献】D. R. Hirschfeld, et al. JACS, 1973, 95, 4049; L. Minale, et al. Tetrahedron Lett., 1976, 17, 2711; D. J. Faulkner, Tetrahedron, 1977, 33, 1421; J. F. Blount, et al. Aust. J. Chem., 1982, 35, 145; C. Pathirana, et al. Can. J. Chem., 1984, 62. 1666; Abou-El-Wafa, et al. Mar. Drugs, 2013, 11, 3109.

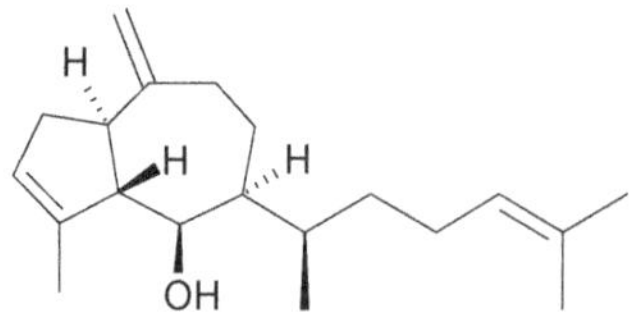

3.35 克涅欧红宝二萜

1334 Emmottene 哦默特烯*

【别名】$(1\beta,4\alpha,5\beta,6\alpha,7\beta)$-10(14),17-Cneorubadiene; $(1\beta,4\alpha,5\beta,6\alpha,7\beta)$-10(14),17-布瑞阿瑞柳珊瑚二烯*.【类型】克涅欧红宝 (Cneorubine) 二萜.【基本信息】$C_{20}H_{32}$, 油状物.【来源】多花环西柏柳珊瑚* *Briareum polyanthes*.【活性】有毒的 (盐水丰年虾, 24h, LD_{50} = 1000μg/mL).【文献】J. M. Cronan Jr., et al. JOC, 1995, 60, 6864.

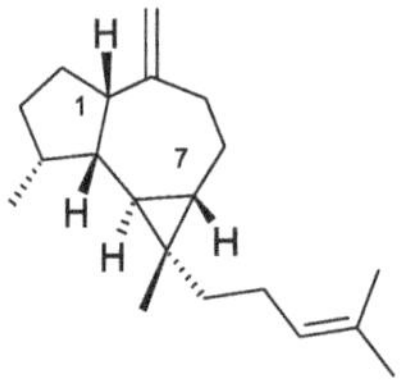

3.36 细齿烷和双花烷二萜

1335 4,9,15-Bifloratriene 4,9,15-双花三烯*

【基本信息】$C_{20}H_{32}$, 油状物, $[\alpha]_D$= +64° (c = 0.05, 氯仿); $[\alpha]_D^{20}$ = +51.4° (c = 0.5, 氯仿).【类型】细齿烷 (Serrulatane) 和双花烷 (Biflorane) 二萜.【来源】中空棘头海绵* *Acanthella cavernosa* (日本水域) 和似雪海绵属 *Cribrochalina* sp. (加勒比海).【活性】抗污剂 (抑制藤壶幼虫定居和变形).【文献】H. Hirota, et al. Tetrahedron, 1996, 52, 2359; M. L. Ciavatta, et al. Tetrahedron, 1999, 55, 12629.

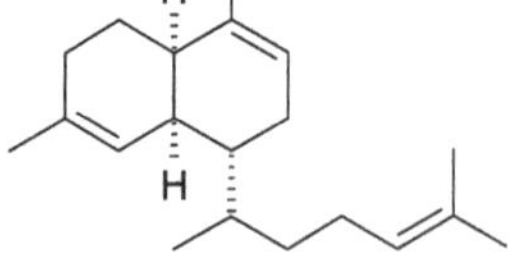

1336 5,10-Biisothiocyanatokalihinol G 5,10-双异氰酸根合卡里西醇 G*

【基本信息】$C_{23}H_{33}N_3O_2S_3$, $[\alpha]_D$ = −62.7° (c = 0.8, 氯仿).【类型】细齿烷和双花烷二萜.【来源】棘头海绵属 *Acanthella* sp. (冲绳, 日本).【活性】杀疟原虫的 (恶性疟原虫 *Plasmodium falciparum*, EC_{50} =2.6×10^{-6}mol/L; FM3C, EC_{50} = 7.0×10^{-7}mol/L).【文献】H. Miyaoka, et al. Tetrahedron, 1998, 54, 13467.

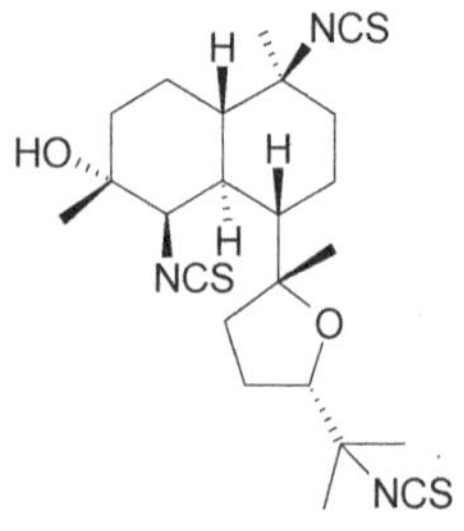

1337 Cavernene A 中空棘头海绵烯 A*

【基本信息】$C_{21}H_{33}NO$, 无色油状物, $[\alpha]_D^{20}$ = +25.0° (c = 0.06, 甲醇).【类型】细齿烷和双花烷二萜.【来源】中空棘头海绵* *Acanthella cavernosa* (西沙群岛, 南海, 中国).【活性】细胞毒 (HCT116, IC_{50} = 6.31μmol/L, 对照喜树碱, IC_{50} = 9.25μmol/L; A549, IC_{50} > 50μmol/L, 喜树碱, IC_{50} = 2.32μmol/L; HeLa, IC_{50} > 50μmol/L, 喜树碱, IC_{50} = 6.98μmol/L; QGY-7701, IC_{50} > 50μmol/L, 喜树碱, IC_{50} = 4.05μmol/L; MDA-MB-231, IC_{50} > 50μmol/L, 喜树碱, IC_{50} = 0.50μmol/L).【文献】Y. Xu, et al. Mar. Drugs, 2012, 10, 1445.

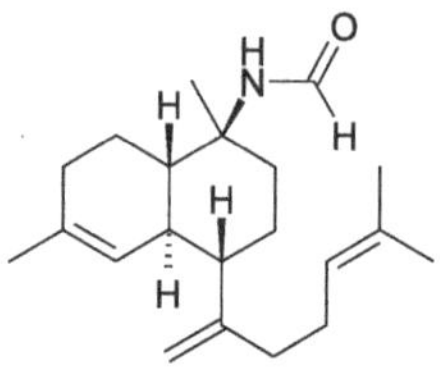

1338 Cavernene B 中空棘头海绵烯 B*

【基本信息】$C_{21}H_{35}NO$, 无色油状物, $[\alpha]_D^{20}$ = +46.2° (c = 0.07, 甲醇).【类型】细齿烷和双花烷二萜.【来源】中空棘头海绵* *Acanthella cavernosa* (西沙群岛, 南海, 中国).【活性】细胞毒 (HCT116, IC_{50} = 8.99μmol/L, 对照喜树碱, IC_{50} = 9.25μmol/L; A549, IC_{50}> 50μmol/L, 喜树碱, IC_{50} = 2.32μmol/L; HeLa, IC_{50} > 50μmol/L, 喜树碱, IC_{50} = 6.98μmol/L; QGY-7701, IC_{50} > 50μmol/L, 喜树碱, IC_{50} = 4.05μmol/L; MDA-MB-231, IC_{50} > 50μmol/L, 喜树碱, IC_{50} = 0.50μmol/L).【文献】Y. Xu, et al. Mar. Drugs, 2012, 10, 1445.

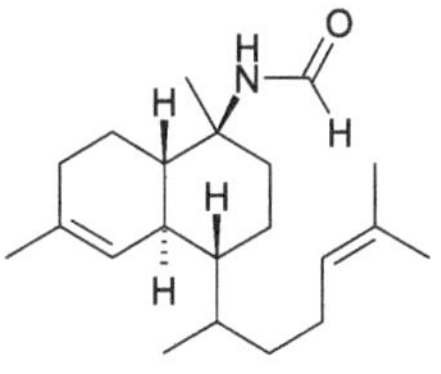

1339 Cavernene C 中空棘头海绵烯 C*

【基本信息】$C_{21}H_{35}NO$，白色针状晶体 (甲醇), mp 98.0~102.0°C, $[\alpha]_D^{20}$ = +20.0° (c = 0.03, 甲醇).【类型】细齿烷和双花烷二萜.【来源】中空棘头海绵* *Acanthella cavernosa* (西沙群岛，南海，中国).【活性】细胞毒 (HCT116, A549, HeLa, QGY-7701 和 MDA-MB-231, 所有的 IC_{50} > 50μmol/L).【文献】Y. Xu, et al. Mar. Drugs, 2012, 10, 1445.

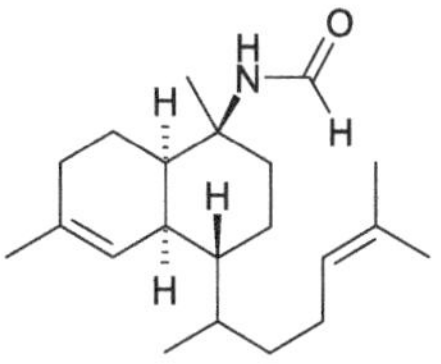

1340 Cavernene D 中空棘头海绵烯 D*

【基本信息】$C_{21}H_{33}NO_2$，无色针状晶体 (甲醇), mp 112.0~115.0°C, $[\alpha]_D^{20}$ = +51.4° (c = 0.04, 甲醇).【类型】细齿烷和双花烷二萜.【来源】中空棘头海绵* *Acanthella cavernosa* (西沙群岛，南海，中国).【活性】细胞毒 (HCT116, A549, HeLa, QGY-7701 和 MDA-MB-231, 所有的 IC_{50} > 50μmol/L).【文献】Y. Xu, et al. Mar. Drugs, 2012, 10, 1445.

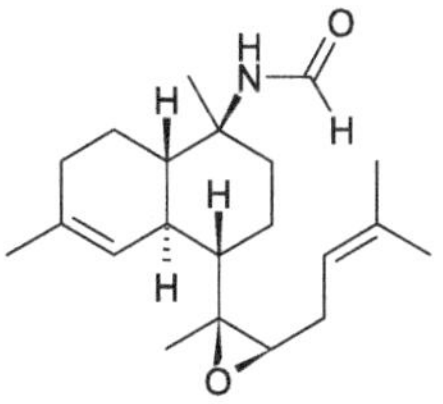

1341 Elisabethamine 伊丽莎白柳珊瑚胺*

【基本信息】$C_{21}H_{33}NO_2$，黄色树胶状物，$[\alpha]_D^{20}$ = +89.0°.【类型】细齿烷和双花烷二萜.【来源】伊丽莎白柳珊瑚* *Pseudopterogorgia elisabethae* (佛罗里达礁，佛罗里达，美国).【活性】细胞毒 (MTT 试验: LNCaP, IC_{50} = 10.35μg/mL; Calu, 20μg/mL).【文献】A. Ata, et al. Tetrahedron Lett., 2000, 41, 5821.

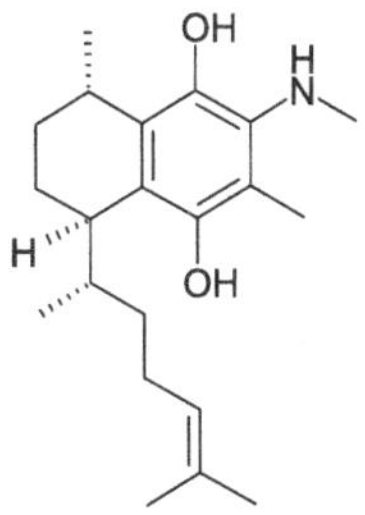

1342 10-Formamido-5-isocyanatokalihinol A 10-甲酰氨基-5-异氰酸根合卡里西醇 A*

【基本信息】$C_{22}H_{35}ClN_2O_4$, $[\alpha]_D$ = −25° (c = 0.02, 氯仿).【类型】细齿烷和双花烷二萜.【来源】中空棘头海绵* *Acanthella cavernosa* (日本水域).【活性】抗污剂 (抑制藤壶幼虫定居和变形).【文献】H. Hirota, et al. Tetrahedron, 1996, 52, 2359.

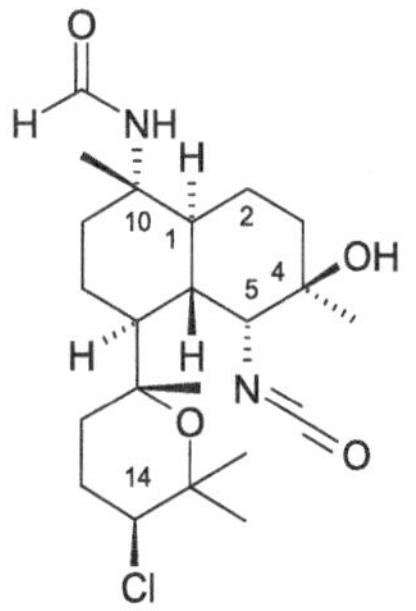

1343 10-Formamido-5-isothiocyanatokalihi nol A 10- 甲酰氨基-5-异硫氰酸根合卡里西醇 A*

【基本信息】$C_{22}H_{35}ClN_2O_3S$, $[\alpha]_D$ = +24° (c = 0.05, 氯仿).【类型】细齿烷和双花烷二萜.【来源】中空棘头海绵* *Acanthella cavernosa* (日本水域).【活性】抗污剂 (抑制藤壶幼虫定居和变形).【文献】H. Hirota, et al. Tetrahedron, 1996, 52, 2359.

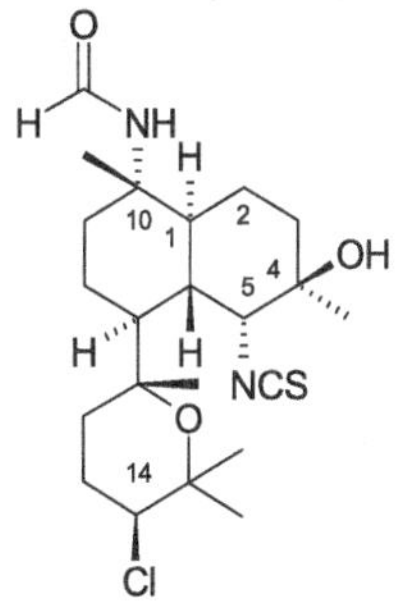

1344 15-Formamidokalihinene 15-甲酰氨基卡里西烯*

【基本信息】$C_{22}H_{34}N_2O_2$.【类型】细齿烷和双花烷二萜.【来源】中空棘头海绵* *Acanthella cavernosa*

(西沙群岛，南海，中国）和中空棘头海绵* *Acanthella cavernosa*.【活性】细胞毒 (HCT116, IC_{50} > 50μmol/L, 对照喜树碱, IC_{50} = 9.25μmol/L; A549, IC_{50}= 17.53μmol/L, 喜树碱, IC_{50} = 2.32μmol/L; HeLa, IC_{50} = 14.74μmol/L, 喜树碱, IC_{50} = 6.98μmol/L; QGY-7701, IC_{50} = 16.39μmol/L, 喜树碱, IC_{50} = 4.05μmol/L; MDA-MB-231, IC_{50} > 50μmol/L, 喜树碱, IC_{50} = 0.50μmol/L).【文献】J. Rodriguez, et al. Tetrahedron, 1994, 50, 11079; Y. Xu, et al. Mar. Drugs, 2012, 10, 1445.

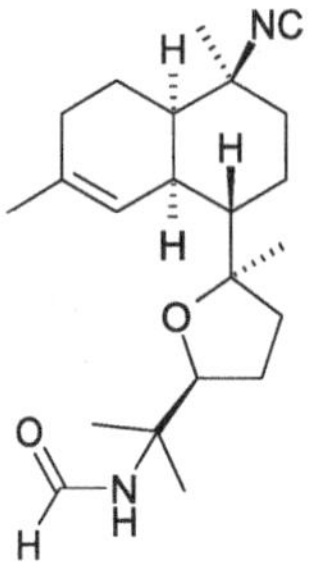

1345 10-Formamidokalihinene 10-甲酰氨基卡里西烯*

【基本信息】$C_{23}H_{34}N_2O_2$.【类型】细齿烷和双花烷二萜.【来源】中空棘头海绵* *Acanthella cavernosa* (西沙群岛，南海，中国）和中空棘头海绵* *Acanthella cavernosa*.【活性】细胞毒 (HCT116, IC_{50} > 50μmol/L, 对照喜树碱, IC_{50} = 9.25μmol/L; A549, IC_{50} = 6.98μmol/L, 喜树碱, IC_{50} = 2.32μmol/L; HeLa, IC_{50} = 13.30μmol/L, 喜树碱, IC_{50} = 6.98μmol/L; QGY-7701, IC_{50} = 14.53μmol/L, 喜树碱, IC_{50} = 4.05μmol/L; MDA-MB-231, IC_{50} = 6.84μmol/L, 喜树碱, IC_{50} = 0.50μmol/L).【文献】J. Rodriguez, et al. Tetrahedron, 1994, 50, 11079; Y. Xu, et al. Mar. Drugs, 2012, 10, 1445.

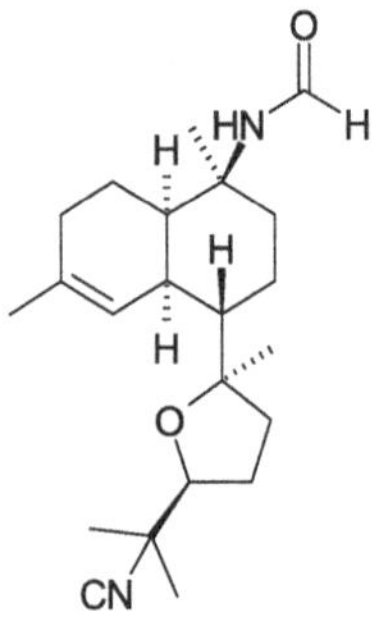

1346 10-Formamidokalihinol A 10-甲酰氨基卡里西醇 A*

【基本信息】$C_{22}H_{35}ClN_2O_3$, $[\alpha]_D$ = +11.0° (*c* = 0.15, 氯仿).【类型】细齿烷和双花烷二萜.【来源】中空棘头海绵* *Acanthella cavernosa* (日本水域).【活性】抗污剂 (抑制藤壶幼虫定居和变形).【文献】H. Hirota, et al. Tetrahedron, 1996, 52, 2359.

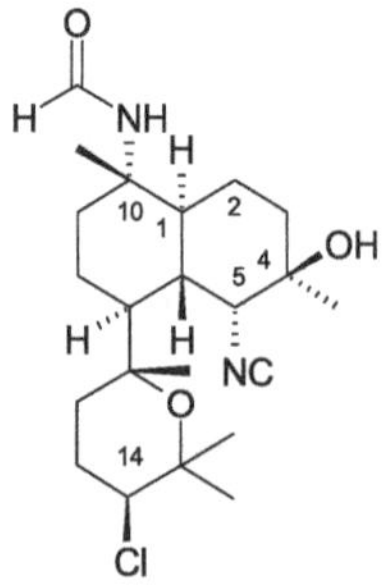

1347 10-Formamidokalihinol E 10-甲酰氨基卡里西醇 E*

【基本信息】$C_{22}H_{35}ClN_2O_3$, $[\alpha]_D$ = –2.8° (*c* = 0.15, 氯仿).【类型】细齿烷和双花烷二萜.【来源】中空棘头海绵* *Acanthella cavernosa* (日本水域).【活性】抗污剂 (抑制藤壶幼虫定居和变形).【文献】H. Hirota, et al. Tetrahedron, 1996, 52, 2359.

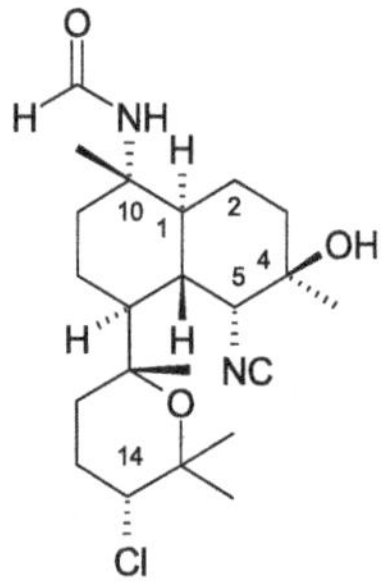

1348 6-Hydroxykalihinene 6-羟基卡里西烯*

【基本信息】$C_{22}H_{32}N_2O_2$, 针状晶体 (乙醇).【类型】细齿烷和双花烷二萜.【来源】棘头海绵属 *Acanthella* sp. (冲绳，日本）和中空棘头海绵* *Acanthella cavernosa* (斐济).【活性】杀疟原虫的 (恶性疟原虫 *Plasmodium falciparum*, EC_{50} = 8.0×10^{-8}mol/L, FM3C, EC_{50} = 1.2×10^{-6}mol/L, SI = 15).【文献】J. Rodriguez, et al. Tetrahderon, 1994, 50, 11079; H. Miyaoka, et al. Tetrahedron, 1998, 54, 13467.

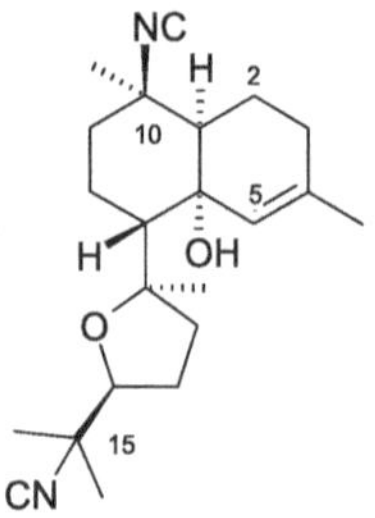

1349　10-Isothiocyanatobiflora-4,15-diene　10-异硫氰酸根合双花-4,15-二烯*

【基本信息】$C_{21}H_{33}NS$, 油状物, $[\alpha]_D = +97°$ (c = 0.085, 氯仿), $[\alpha]_D^{25} = +45°$ (c = 0.26, 氯仿).【类型】细齿烷和双花烷二萜.【来源】小轴海绵科海绵 *Cymbastela hooperi* (大堡礁, 澳大利亚), Adocidae 科海绵 (日本水域).【活性】杀疟原虫的 (恶性疟原虫 *Plasmodium falciparum* D6, IC_{50} > 10000ng/mL; W2, IC_{50} > 10000ng/mL); 细胞毒 (KB, IC_{50} > 20000ng/mL).【文献】H. A. Sharma, et al. Tetrahedron Lett., 1992, 33, 1593; G. M. König, et al. JOC, 1996, 61, 3259.

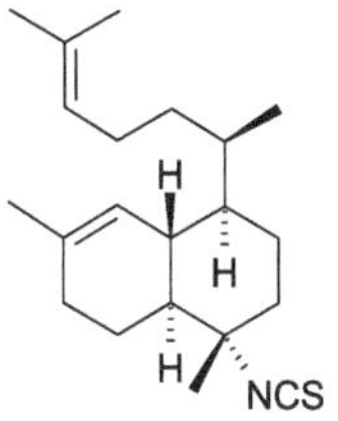

1350　10-Isothiocyanatokalihinol C　10-异硫氰酸根合卡里西醇 C*

【基本信息】$C_{22}H_{32}N_2O_2S$, $[\alpha]_D^{20} = -11°$ (c = 0.06, 氯仿).【类型】细齿烷和双花烷二萜.【来源】扁海绵属 *Phakellia pulcherrima* (菲律宾).【活性】抗生素.【文献】D. Wolf, et al. JNP, 1998, 61, 1524.

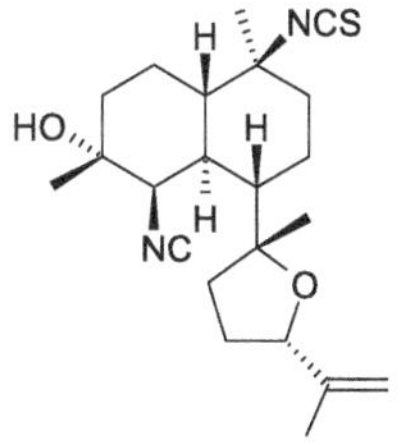

1351　Kalihinene　卡里西烯*

【基本信息】$C_{22}H_{32}N_2O$, 晶体 (乙醇), $[\alpha]_D^{25}$ = +16° (c = 0.13, 氯仿).【类型】细齿烷和双花烷二萜.【来源】棘头海绵属 *Acanthella* sp. (冲绳, 日本), 棘头海绵属 *Acanthella klethra* 和中空棘头海绵* *Acanthella cavernosa*.【活性】杀疟原虫的 (恶性疟原虫 *Plasmodium falciparum*, EC_{50} = 1.0×10^{-8}mol/L, FM3C, EC_{50} =3.7×10^{-8}mol/L, SI = 4); 抗真菌 (被孢霉属真菌 *Mortierella romannicus* 和产黄青霉真菌 *Penicillium chrysogenum*); 细胞毒 (P_{388}, IC_{50} = 1.2μg/mL).【文献】N. Fusetani, et al. Tetrahedron Lett., 1990, 31, 3599; H. Miyaoka, et al. Tetrahedron, 1998, 54, 13467.

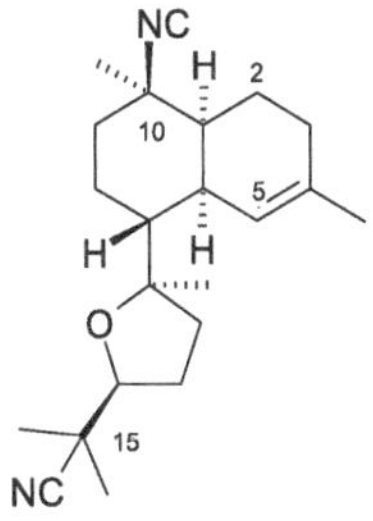

1352　Kalihinene E　卡里西烯 E*

【基本信息】$C_{21}H_{34}ClNO_2$, 无色针状晶体 (甲醇), mp 185.0~190.0℃, $[\alpha]_D^{20}$ = +25.0° (c = 0.04, 甲醇).【类型】细齿烷和双花烷二萜.【来源】中空棘头海绵* *Acanthella cavernosa* (西沙群岛, 南海, 中国).【活性】细胞毒 (HCT116, IC_{50} = 14.36μmol/L, 对照喜树碱, IC_{50} = 9.25μmol/L; A549, IC_{50} > 50μmol/L, 喜树碱, IC_{50} = 2.32μmol/L; HeLa, IC_{50} = 13.36μmol/L, 喜树碱, IC_{50} = 6.98μmol/L; QGY-7701, IC_{50} = 17.78μmol/L, 喜树碱, IC_{50} = 4.05μmol/L; MDA-MB-231, IC_{50} = 12.84μmol/L, 喜树碱, IC_{50} = 0.50μmol/L).【文献】Y. Xu, et al. Mar. Drugs, 2012, 10, 1445.

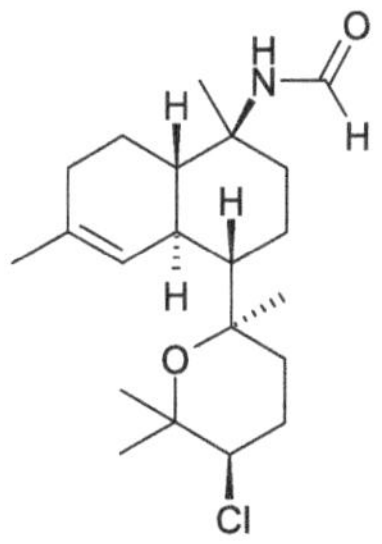

1353　Kalihinene F　卡里西烯 F*

【基本信息】$C_{21}H_{33}NO_2$, 无色油状物, $[\alpha]_D^{20}$ = +2.5° (c = 0.08, 甲醇).【类型】细齿烷和双花烷二萜.【来源】中空棘头海绵* *Acanthella cavernosa* (西沙群岛, 南海, 中国).【活性】细胞毒 (HCT116, A549, HeLa, QGY-7701 和 MDA-MB-231, 所有的 IC_{50} > 50μmol/L).【文献】Y. Xu, et al. Mar. Drugs, 2012, 10, 1445.

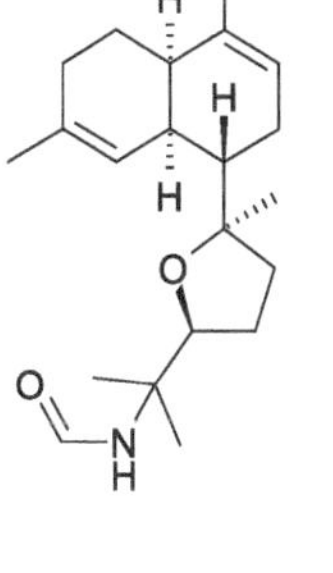

1354 Kalihinene X 卡里西烯 X*

【基本信息】$C_{21}H_{34}ClNO_2$, $[\alpha]_D^{23} = +26.7°$ ($c = 0.3$, 氯仿).【类型】细齿烷和双花烷二萜.【来源】中空棘头海绵* *Acanthella cavernosa* (西沙群岛, 南海, 中国) 和中空棘头海绵* *Acanthella cavernosa* (日本水域).【活性】细胞毒 (HCT116, $IC_{50} = 12.25\mu mol/L$, 对照喜树碱, $IC_{50} = 9.25\mu mol/L$; A549, $IC_{50} = 8.55\mu mol/L$, 喜树碱, $IC_{50} = 2.32\mu mol/L$; HeLa, $IC_{50} = 10.59\mu mol/L$, 喜树碱, $IC_{50} = 6.98\mu mol/L$; QGY-7701, $IC_{50} = 13.02\mu mol/L$, 喜树碱, $IC_{50} = 4.05\mu mol/L$; MDA-MB-231, $IC_{50} = 7.46\mu mol/L$, 喜树碱, $IC_{50} = 0.50\mu mol/L$); 抗污剂 (抑制纹藤壶 *Balanus amphitrite* 介虫幼虫的定居和变形, $EC_{50} = 0.49\mu g/mL$).【文献】T. Okino, et al. Tetrahedron Lett. 1995, 36, 8637; Y. Xu, et al. Mar. Drugs, 2012, 10, 1445.

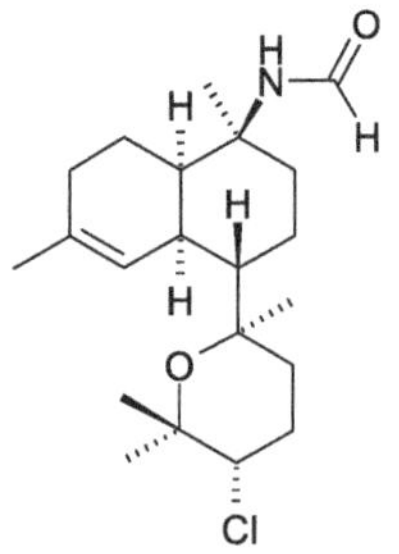

1355 Kalihinene Y 卡里西烯 Y*

【基本信息】$C_{21}H_{34}ClNO_2$, $[\alpha]_D^{23} = +11°$ ($c = 0.01$, 氯仿).【类型】细齿烷和双花烷二萜.【来源】中空棘头海绵* *Acanthella cavernosa* (西沙群岛, 南海, 中国) 和中空棘头海绵* *Acanthella cavernosa* (日本水域).【活性】细胞毒 (HCT116, $IC_{50} > 50\mu mol/L$, 对照喜树碱, $IC_{50} = 9.25\mu mol/L$; A549, $IC_{50} = 17.12\mu mol/L$, 喜树碱, $IC_{50} = 2.32\mu mol/L$; HeLa, $IC_{50} = 10.05\mu mol/L$, 喜树碱, $IC_{50} = 6.98\mu mol/L$; QGY-7701, $IC_{50} = 14.41\mu mol/L$, 喜树碱, $IC_{50} = 4.05\mu mol/L$; MDA-MB-231, $IC_{50} = 15.23\mu mol/L$, 喜树碱, $IC_{50} = 0.50\mu mol/L$); 抗污剂 (抑制纹藤壶 *Balanus amphitrite* 介虫幼虫的定居和变形, $EC_{50} = 0.45\mu g/mL$).【文献】T. Okino, et al. Tetrahedron Lett. 1995, 36, 8637; Y. Xu, et al. Mar. Drugs, 2012, 10, 1445.

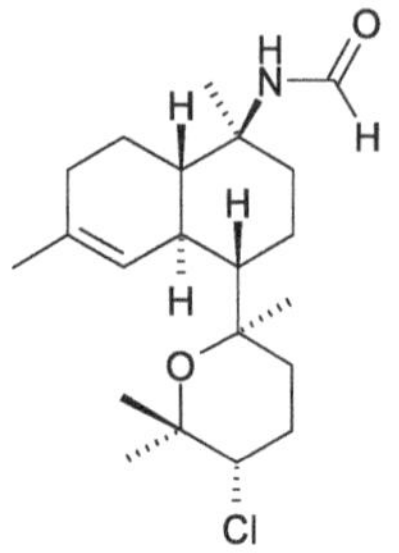

1356 Kalihinene Z 卡里西烯 Z*

【基本信息】$C_{21}H_{34}ClNO_2$, $[\alpha]_D^{23} = +11.7°$ ($c = 0.035$, 氯仿).【类型】细齿烷和双花烷二萜.【来源】中空棘头海绵* *Acanthella cavernosa* (日本水域).【活性】抗污剂 (抑制纹藤壶 *Balanus amphitrite* 介虫幼虫的定居和变形, $EC_{50} = 1.1\mu g/mL$).【文献】T. Okino, et al. Tetrahedron Lett., 1995, 36, 8637.

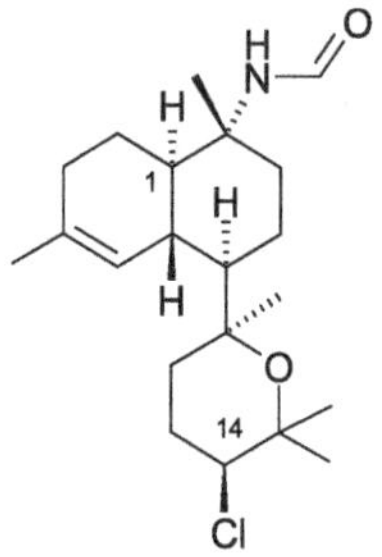

1357 Kalihinol A 卡里西醇 A*

【基本信息】$C_{22}H_{33}ClN_2O_2$, 片状晶体 (正己烷), mp 233°C, $[\alpha]_D = +16°$ ($c = 1$, 氯仿).【类型】细齿烷和双花烷二萜.【来源】棘头海绵属 *Acanthella* sp. (亚龙湾, 海南岛, 中国), 棘头海绵属 *Acanthella* sp. (冲绳, 日本) 和棘头海绵属 *Acanthella* spp. (关岛, 美国).【活性】杀疟原虫的 (恶性疟原虫 *Plasmodium falciparum,* $EC_{50} = 1.2\times10^{-9}mol/L$, FM3C, $EC_{50} = 3.8\times10^{-7}mol/L$, SI = 317); 抗菌 (枯草杆菌 *Bacillus subtilis*, 金黄色葡萄球菌 *Staphylococcus aureus*); 抗真菌 (白色念珠菌 *Candida albicans*); 驱虫药 (抗啮齿动物致病蛔虫 *Nippostongylus brasiliensis,* 高活性) (Omar, 1988); 抗污剂 (抑制纹藤壶 *Balanus amphitrite* 介虫幼虫的定居和变形, $EC_{50} = 0.087\mu g/mL$).【文献】C. W . J . Chang, et al. JACS, 1984, 106, 4644; 1987, 109, 6119; S. Omar, et al. JOC, 1988, 53, 5971; T. Okino, et al. Tetrahedron Lett., 1995, 36, 8637; H. Hirota, et al. Tetrahedron, 1996, 52, 2359; H. Miyaoka, et al. Tetrahedron, 1998, 54, 13467; S. Shimomura, et al. Tetrahedron Lett., 1999, 40, 8015; J. -Z. Sun, et al. Arch. Pharm. Res., 2009, 32, 1581.

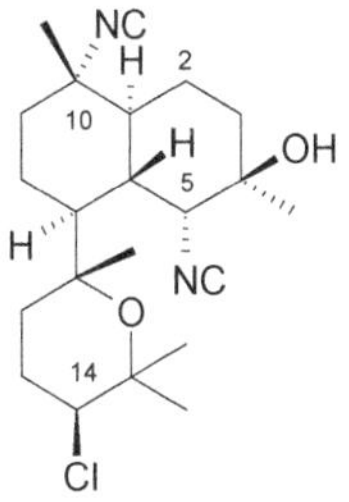

1358 Kalihinol D 卡里西醇 D*

【基本信息】$C_{22}H_{33}ClN_2O_2$, 片状晶体 (庚烷/丙酮), mp 183~184°C, $[\alpha]_D$= +8° (c = 1.5, 氯仿).【类型】细齿烷和双花烷二萜.【来源】棘头海绵属 *Acanthella* sp. (亚龙湾, 海南岛, 中国) 和棘头海绵属 *Acanthella* spp.【活性】细胞毒 (A549, IC_{50} = 3.17μg/mL).【文献】C. W. J. Chang, et al. JACS, 1987, 109, 6119; J. -Z. Sun, et al. Arch. Pharm. Res., 2009, 32, 1581.

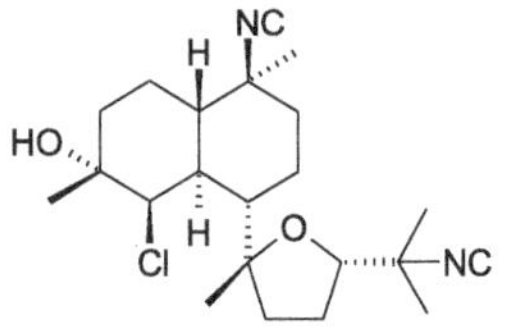

1359 Kalihinol E 卡里西醇 E*

【基本信息】$C_{22}H_{33}ClN_2O_2$, 溶于甲醇, 氯仿; 不溶于水.【类型】细齿烷和双花烷二萜.【来源】棘头海绵属 *Acanthella* spp.【活性】抗污剂 (抑制纹藤壶 *Balanus amphitrite* 介虫幼虫的定居和变形, EC_{50} < 0.5μg/mL).【文献】A. Patra, et al. JACS, 1984, 106, 7981; C. W. J. Zhang, et al. JACS, 1987, 109, 6119; T. Okino, et al. Tetrahedron Lett., 1995, 36, 8637; H. Hirota, et al. Tetrahedron, 1996, 52, 2359.

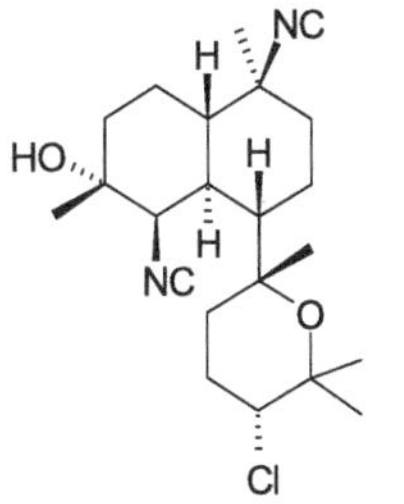

1360 Kalihinol F 卡里西醇 F*

【基本信息】$C_{23}H_{33}N_3O_2$, 晶体 (己烷/丙酮), mp 176~178°C, $[\alpha]_D$ = +8° (c = 1, 氯仿).【类型】细齿烷和双花烷二萜.【来源】棘头海绵属 *Acanthella* spp.【活性】拓扑异构酶 1 抑制剂; 抗微生物 (枯草杆菌 *Bacillus subtilis*, 金黄色葡萄球菌 *Staphylococcus aureus* 和白色念珠菌 *Candida albicans*).【文献】A. Patra, et al. JACS, 1984, 106, 7981; C. W. J. Zhang, et al. JACS, 1987, 109, 6119.

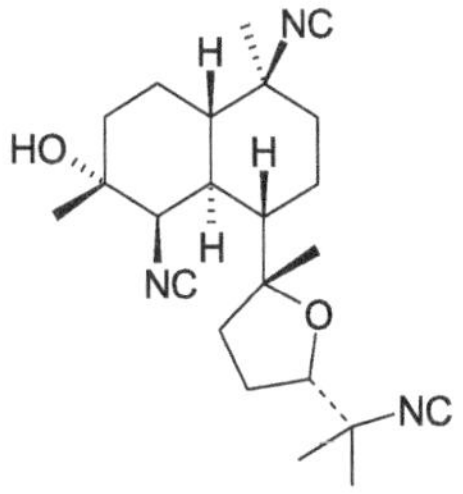

1361 10-*epi*-Kalihinol I 10-*epi*-卡里西醇 I*

【基本信息】$C_{22}H_{33}ClN_2O_2S_2$, 晶体, mp 209~210°C, $[\alpha]_D$ = −52.4° (c = 0.3, 氯仿).【类型】细齿烷和双花烷二萜.【来源】棘头海绵属 *Acanthella* sp. (冲绳, 日本).【活性】杀疟原虫的 (恶性疟原虫 *Plasmodium falciparum*, EC_{50} > 1.8×10^{-6}mol/L, InRt = 38%).【文献】H. Miyaoka, et al. Tetrahedron, 1998, 54, 13467.

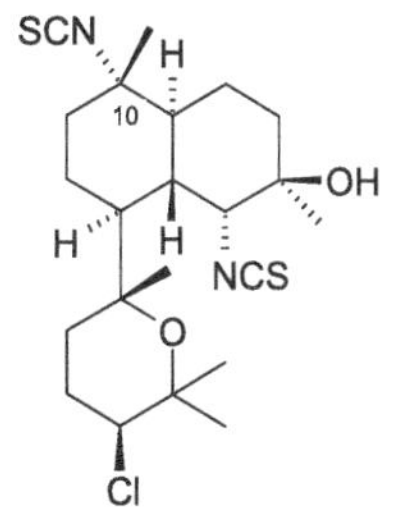

1362 Kalihinol J 卡里西醇 J*

【基本信息】$C_{22}H_{35}ClN_2O_3S$, $[\alpha]_D^{25}$ = +24° (c = 0.03, 氯仿).【类型】细齿烷和双花烷二萜.【来源】中空棘头海绵* *Acanthella cavernosa* (泰国).【活性】驱虫剂.【文献】K. A. Alvi, et al. JNP, 1991, 54, 71.

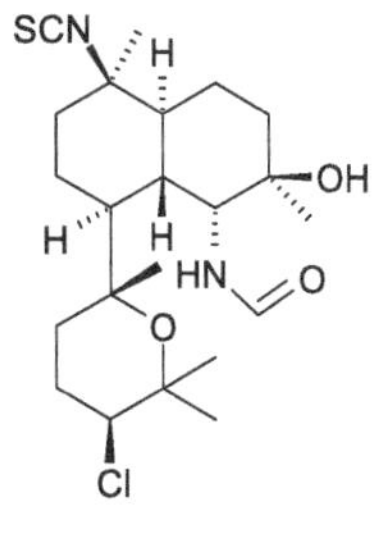

1363 Kalihinol X 卡里西醇 X*

【基本信息】$C_{22}H_{33}ClN_2O_2S$, 针状晶体 (正己烷), mp 199~200°C, $[\alpha]_D^{25}$= −30° (c = 0.09, 氯仿).【类

型】细齿烷和双花烷二萜.【来源】棘头海绵属 *Acanthella* spp.【活性】细菌的叶酸生物合成抑制剂; 驱虫药 (抗啮齿动物致病蛔虫 *Nippostongylus brasiliensis,* 高活性) (Omar, 1988).【文献】C. W. J. Chang, et al. JACS, 1987, 109, 6119; S. Omar, et al. JOC, 1988, 53, 5971; K. A. Alvi, et al. JNP, 1991, 54, 71.

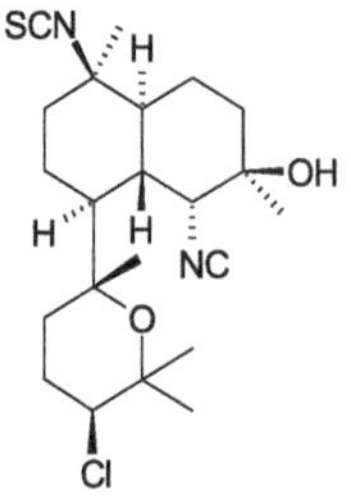

1364 10-*epi*-Kalihinol X 10-*epi*-卡里西醇 X*

【基本信息】$C_{22}H_{33}ClN_2O_2S$, 无色油状物, $[\alpha]_D^{20}$= +15° (*c* = 0.15, 氯仿).【类型】细齿烷和双花烷二萜.【来源】棘头海绵属 *Acanthella* sp. (亚龙湾, 海南岛, 中国).【活性】细胞毒 (A549, IC_{50} = 9.30μg/mL).【文献】J. -Z. Sun, et al. Arch. Pharm. Res., 2009, 32, 1581.

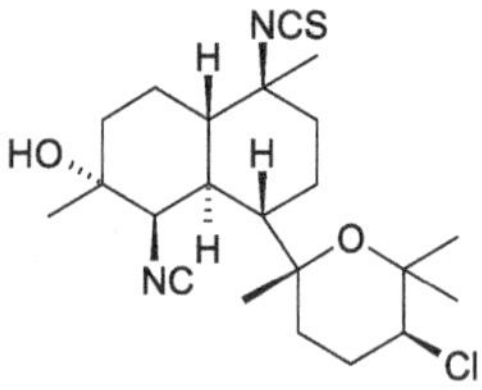

1365 Kalihinol Y 卡里西醇 Y*

【基本信息】$C_{21}H_{32}ClNO_2$, 针状晶体 (己烷/乙酸乙酯), mp 176~179℃, $[\alpha]_D$ = –34° (*c* = 1, 氯仿).【类型】细齿烷和双花烷二萜.【来源】中空棘头海绵* *Acanthella cavernosa* (泰国) 和棘头海绵属 *Acanthella* spp.【活性】细菌的叶酸生物合成抑制剂; 驱虫药 (抗啮齿动物致病蛔虫 *Nippostongylus brasiliensis,* 高活性) (Omar, 1988).【文献】C. W. J. Chang, et al. JACS, 1987, 109, 6119; S. Omar, et al. JOC, 1988, 53, 5971; K. A. Alvi, et al. JNP, 1991, 54, 71.

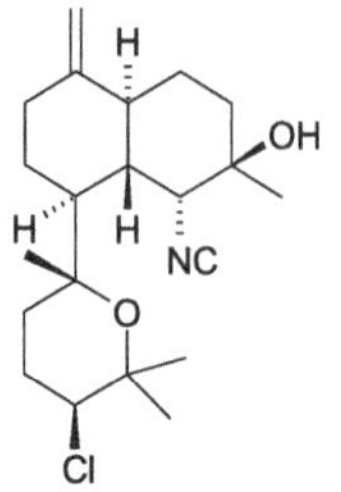

1366 Δ^9-Kalihinol Y Δ^9-卡里西醇 Y*

【基本信息】$C_{21}H_{32}ClNO_2$, 针状晶体, mp 188~190℃, $[\alpha]_D$ = +38.4° (*c* = 0.24, 氯仿), $[\alpha]_D^{20}$ = +9° (*c* = 0.05, 氯仿).【类型】细齿烷和双花烷二萜.【来源】棘头海绵属 *Acanthella* sp. 和扁海绵属 *Phakellia pulcherrima.*【活性】抗疟疾; 驱虫药 (抗啮齿动物致病蛔虫 *Nippostongylus brasiliensis,* 高活性) (Omar, 1988).【文献】S. Omar, et al. JOC, 1988, 53, 5971; D. Wolf, et al. JNP, 1998, 61, 1524; H. Miyaoka, et al. Tetrahedron, 1998, 54, 13467.

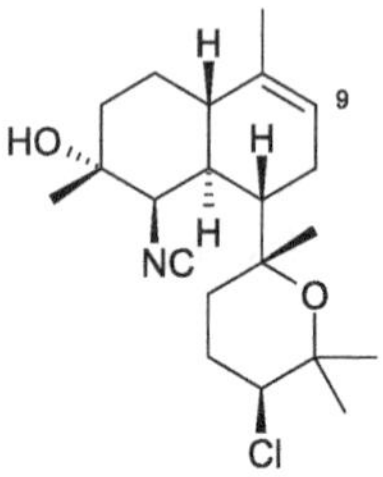

1367 Kalihipyran A 卡里西吡喃 A*

【基本信息】$C_{21}H_{31}NO_2$, 油状物, $[\alpha]_D^{23}$ = +38.6° (*c* = 0.08, 氯仿).【类型】细齿烷和双花烷二萜.【来源】中空棘头海绵* *Acanthella cavernosa* (西沙群岛, 南海, 中国) 和中空棘头海绵* *Acanthella cavernosa.*【活性】抗污剂; 细胞毒 (HCT116, IC_{50} > 50μmol/L, 对照喜树碱, IC_{50} = 9.25μmol/L; A549, IC_{50}= 13.09μmol/L, 喜树碱, IC_{50} = 2.32μmol/L; HeLa, IC_{50} = 11.19μmol/L, 喜树碱, IC_{50} = 6.98μmol/L; QGY-7701, IC_{50} = 13.53μmol/L, 喜树碱, IC_{50} = 4.05μmol/L; MDA-MB-231, IC_{50} > 50μmol/L, 喜树碱, IC_{50} = 0.50μmol/L).【文献】T. Okino, et al. JNP, 1996, 59, 1081; Y. Xu, et al. Mar. Drugs, 2012, 10, 1445.

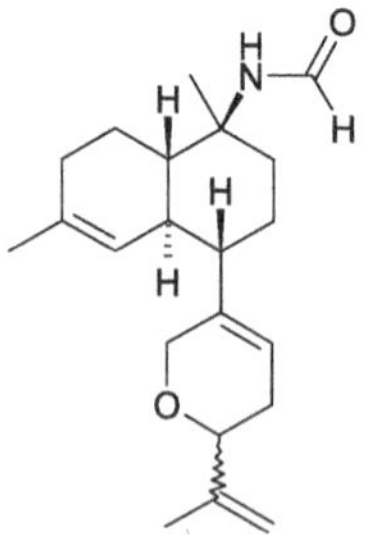

1368 Kalihipyran B 卡里西吡喃 B*

【基本信息】$C_{21}H_{32}ClNO_2$, 油状物, $[\alpha]_D^{23}$ = +73.4° (*c* = 0.035, 氯仿).【类型】细齿烷和双花烷二萜.【来源】中空棘头海绵* *Acanthella cavernosa.*【活

性】抗污剂.【文献】T. Okino ,et al. JNP, 1996, 59, 1081.

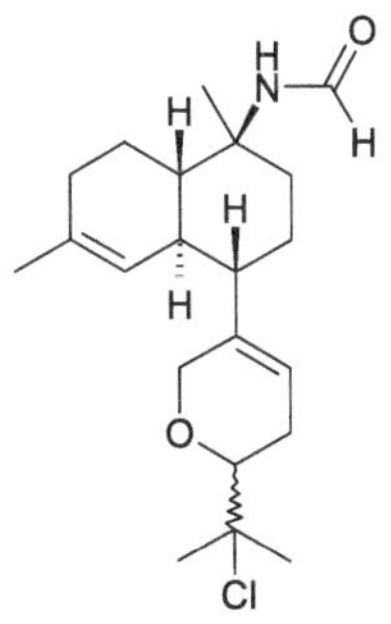

1369 Kalihipyran C 卡里西吡喃 C*

【基本信息】$C_{21}H_{31}NO_2$, 无色油状物, $[\alpha]_D^{20}$ = +24.6° (*c* = 0.07, 甲醇).【类型】细齿烷和双花烷二萜.【来源】中空棘头海绵* *Acanthella cavernosa* (西沙群岛, 南海, 中国).【活性】细胞毒 (HCT116, A549, HeLa, QGY-7701和MDA-MB-231, 所有的 IC_{50} > 50μmol/L).【文献】Y. Xu, et al. Mar. Drugs, 2012, 10, 1445.

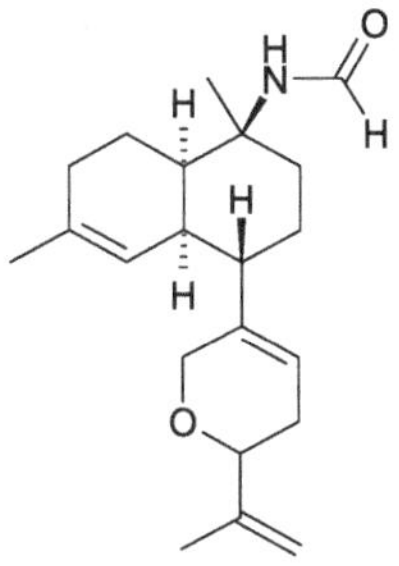

1370 Lemnabourside B 南海软珊瑚糖苷 B

【基本信息】$C_{28}H_{44}O_7$, mp 66.5~67.5ºC, $[\alpha]_D^{25}$ = +10.3° (*c* = 0.029, 乙醇).【类型】细齿烷和双花烷二萜.【来源】南海软珊瑚* *Lemnalia bournei* (南海).【活性】细胞毒 (HepA, IC_{50} = 33.5μg/mL; $S_{180}A$, IC_{50} = 40.0μg/mL; EAC, IC_{50} = 73.3μg/mL).【文献】M. Zhang, et al. JNP, 1998, 61, 1300.

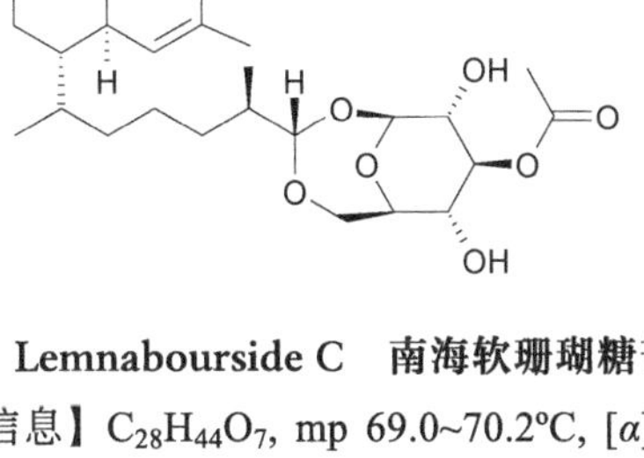

1371 Lemnabourside C 南海软珊瑚糖苷 C

【基本信息】$C_{28}H_{44}O_7$, mp 69.0~70.2ºC, $[\alpha]_D^{22.5}$ = +25.0° (*c* = 0.020, 乙醇).【类型】细齿烷和双花烷二萜.【来源】南海软珊瑚* *Lemnalia bournei* (南海).【活性】细胞毒 (HepA, IC_{50} = 41.4μg/mL; $S_{180}A$, IC_{50} = 186.9μg/mL; EAC, IC_{50} = 40.5μg/mL).【文献】M. Zhang, et al. JNP, 1998, 61, 1300.

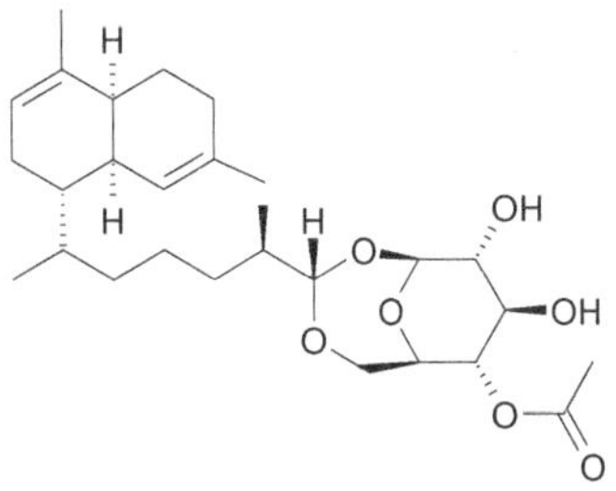

1372 Secopseudopterosin H 开环柳珊瑚新 H*

【别名】7,8-Dihydroxyerogorgiaene 7-*O*-(4-*O*-acetyl-*α*-D-arabino-pyranoside); 7,8-二羟基柳珊瑚烯 7-*O*-(4-*O*-乙酰-*α*-D-吡喃阿拉伯糖苷)*.【基本信息】$C_{27}H_{40}O_7$, 粉末, $[\alpha]_D^{25}$= −142.3° (*c* = 0.8, 氯仿).【类型】细齿烷和双花烷二萜.【来源】伊丽莎白柳珊瑚* *Pseudopterogorgia elisabethae.*【活性】抗炎 (1μmol/L PMA 刺激大鼠小胶质细胞的释放效应 (佛波醇12-十四酸酯-13-乙酸酯): $O_2^{\bullet-}$, IC_{50} > 10μmol/L; TXB2, IC_{50} > 10μmol/L; 乳酸盐脱氢酶 LDH, LDH_{50} = 3.6μmol/L).【文献】I. I. Rodriguez, et al. JNP, 2004, 67, 1672.

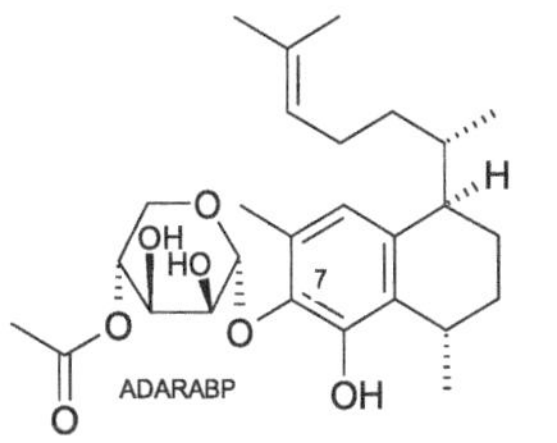

1373 Secopseudopterosin I 开环柳珊瑚新 I*

【别名】7,8-Dihydroxyerogorgiaene 7-*O*-(2-*O*-acetyl-*α*-D-arabino-pyranoside); 7,8-二羟基柳珊瑚烯 7-*O*-(2-*O*-乙酰-*α*-D-吡喃阿拉伯糖苷)*.【基本信息】$C_{27}H_{40}O_7$, 粉末, $[\alpha]_D^{25}$= −92.4° (*c* = 2.1, 氯仿).【类型】细齿烷和双花烷二萜.【来源】伊丽莎白柳珊瑚* *Pseudopterogorgia elisabethae.*【活性】抗炎 [1μmol/L PMA 刺激大鼠小胶质细胞的释放效应 (佛波醇12-十四酸酯13-乙酸酯): $O_2^{\bullet-}$, IC_{50} > 10μmol/L; TXB2, IC_{50} > 10μmol/L; 乳酸盐脱氢酶 LDH, LDH_{50} = 10μmol/L].【文献】I. I. Rodriguez, et al. JNP, 2004, 67, 1672.

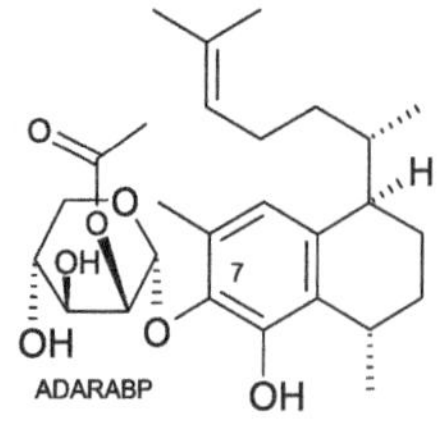

1374 Secopseudopteroxazole 开环柳珊瑚噁唑*

【基本信息】$C_{21}H_{29}NO$，浅黄色油状物，$[\alpha]_D^{25}$= +28.2° (c = 0.85，氯仿).【类型】细齿烷和双花烷二萜.【来源】伊丽莎白柳珊瑚* *Pseudopterogorgia elisabethae* (哥伦比亚).【活性】抗结核 (结核分枝杆菌 *Mycobacterium tuberculosis* H37Rv, 12.5μg/mL, InRt = 66%).【文献】A. D. Rodriguez, et al. Org. Lett., 1999, 1, 527.

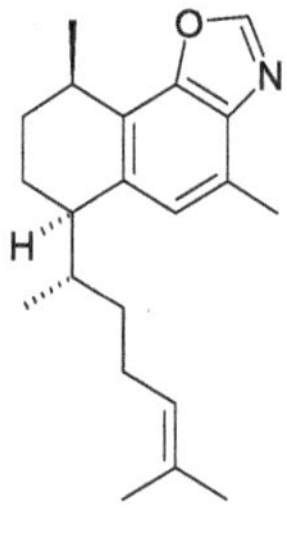

1375 (1*α*,4*αH*)-14-Serrulatene (1*α*,4*αH*)-14-细齿烯*

【基本信息】Erogorgiaene；柳珊瑚烯*.【基本信息】$C_{20}H_{30}$,油状物，$[\alpha]_D^{25}$ = +24.4° (c = 3.2，氯仿).【类型】细齿烷和双花烷二萜.【来源】伊丽莎白柳珊瑚* *Pseudopterogorgia elisabethae.*【活性】抗菌 (抗分枝杆菌).【文献】A. D. Rodriguez, et al. JNP, 2001, 64, 100.

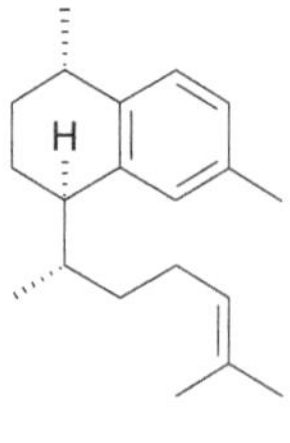

1376 14-Serrulaten-7-ol 14-细齿烯-7-醇*

【基本信息】$C_{20}H_{30}O$，油状物，$[\alpha]_D^{25}$ = +25.8° (c = 3.8，氯仿).【类型】细齿烷和双花烷二萜.【来源】伊丽莎白柳珊瑚* *Pseudopterogorgia elisabethae.*【活性】抗菌 (抗分枝杆菌).【文献】A. D. Rodriguez, et al. JNP, 2001, 64, 100.

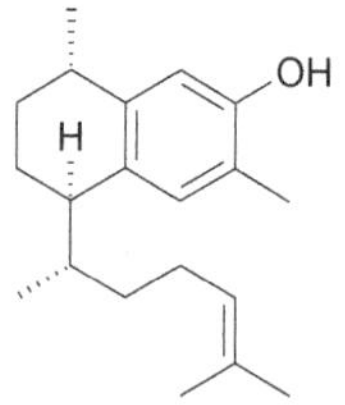

3.37 袋苔烷二萜

1377 Durbinal A 杜尔宾醛 A*

【基本信息】$C_{25}H_{38}O_4$，油状物，$[\alpha]_D$ = +5.6° (c = 2.5，氯仿).【类型】袋苔烷 (Sacculatane) 二萜.【来源】Chondropsidae科海绵 *Psammoclema* sp. (德班，索德瓦纳湾，南非).【活性】细胞毒 (P_{388}, IC_{50} = 1μg/mL).【文献】A. Rubi, et al. Tetrahedron Lett., 1995, 36, 4853.

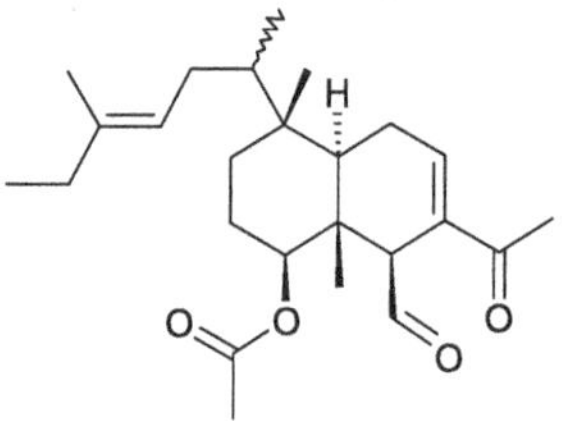

1378 Durbinal B 杜尔宾醛 B*

【基本信息】$C_{23}H_{36}O_3$，油状物，$[\alpha]_D$ = –12.5° (c = 1.4，氯仿).【类型】袋苔烷二萜.【来源】Chondropsidae科海绵 *Psammoclema* sp. (德班，索德瓦纳湾，南非).【活性】细胞毒 (P_{388}, IC_{50} = 1μg/mL).【文献】A. Rubi, et al. Tetrahedron Lett., 1995, 36, 4853.

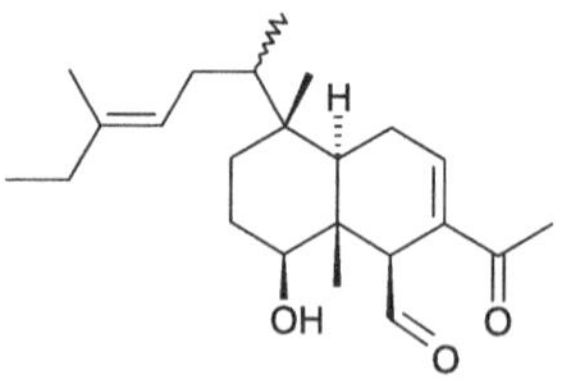

1379 Durbinal C 杜尔宾醛 C*

【基本信息】$C_{22}H_{34}O_2$，油状物，$[\alpha]_D$ = –14.5° (c = 0.9，氯仿).【类型】袋苔烷二萜.【来源】Chondropsidae科海绵 *Psammoclema* sp. (德班，索德瓦纳湾，南

非).【活性】细胞毒 (P_{388}, IC_{50} = 1μg/mL).【文献】A. Rubi, et al. Tetrahedron Lett., 1995, 36, 4853.

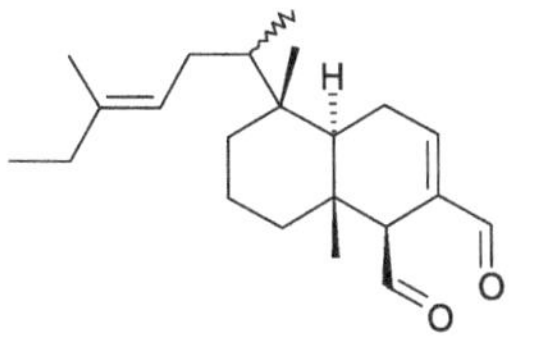

3.38 钝形烷二萜

1380 14-Bromo-1-obtusene-3,11-diol 14-溴-1-钝形烯-3,11-二醇*

【基本信息】$C_{20}H_{35}BrO_2$, 晶体, mp 134~135°C, $[\alpha]_D$ = +20° (c = 0.3, 乙醇).【类型】钝形烷 (Obtusane) 二萜.【来源】软体动物黑指纹海兔 *Aplysia dactylomela*.【活性】细胞毒.【文献】F. J. Schmitz, et al. JOC, 1979, 44, 2445

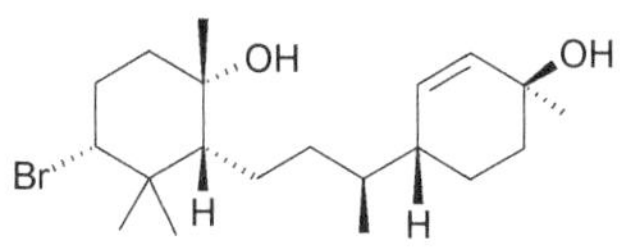

3.39 二溴伊利内尔二萜

1381 10-Acetoxyangasiol 10-乙酰氧安加西醇*

【基本信息】$C_{22}H_{32}Br_2O_5$, 白色粉末, $[\alpha]_D^{25}$ = +6.4° (c = 0.9, 氯仿).【类型】二溴伊利内尔 (Irieol) 二萜.【来源】红藻凹顶藻属 *Laurencia* sp. (北婆罗洲岛, 沙巴州, 马来西亚).【活性】抗菌 (30mg/盘: 金黄色葡萄球菌 *Staphylococcus aureus,* IZD = 10mm, MIC = 250μg/mL; 葡萄球菌属 *Staphylococcus* sp., IZD = 12mm, MIC = 200μg/mL; 霍乱弧菌 *Vibrio cholera,* IZD = 18mm, MIC = 100μg/mL).【文献】C. S. Vairappan, et al. Mar. Drugs, 2010, 8, 1743.

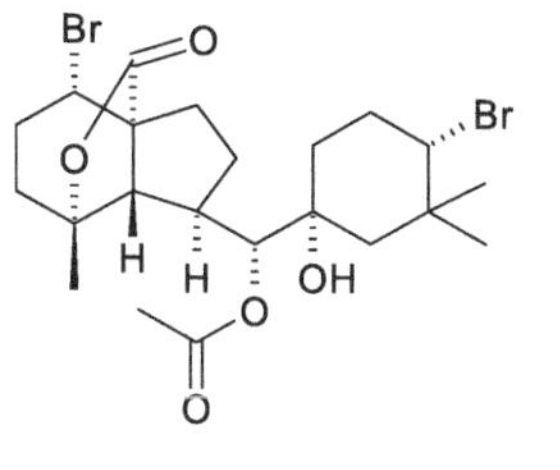

3.40 楔形洛班烷二萜

1382 (−)-Reiswigin A (−)-外轴海绵素 A*

【别名】3-Sphenolobene-5,16-dione.【基本信息】$C_{20}H_{32}O_2$, $[\alpha]_D^{20}$ = −10.3° (c = 0.6, $CDCl_3$).【类型】楔形洛班烷 (Sphenolobane) 二萜.【来源】外轴海绵属 *Epipolasis reiswigi*.【活性】抗病毒. (HSV-1 病毒和 A59 肝炎病毒, *in vitro*, 有潜力的).【文献】Y. Kashman, et al. Tetrahedron Lett., 1987, 28, 5461; D. Kim, et al. Tetrahedron Lett., 1994, 35, 7957.

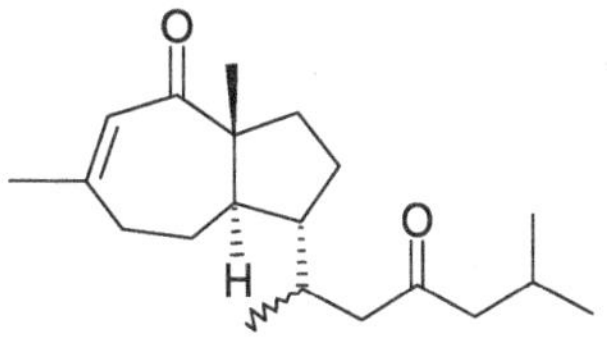

1383 Reiswigin B 外轴海绵素 B*

【别名】3,17-Sphenolobadiene-5,16-dione.【基本信息】$C_{20}H_{30}O_2$, 棕褐色油状物, $[\alpha]_D^{20}$ = −20° (c = 0.1, 氯仿).【类型】楔形洛班烷二萜.【来源】外轴海绵属 *Epipolasis reiswigi*.【活性】抗病毒.【文献】Y. Kashman, et al. Tetrahedron Lett., 1987, 28, 5461.

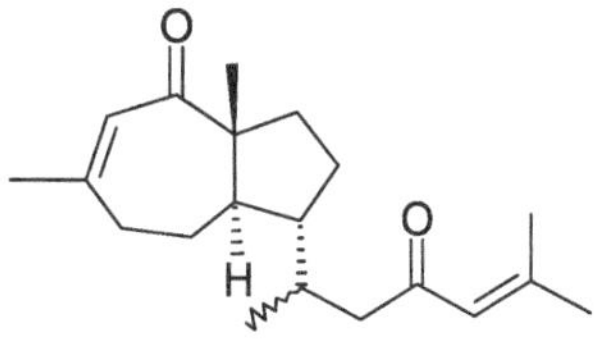

3.41 螺二萜

1384 Brevione A 短密青霉酮 A*

【基本信息】$C_{27}H_{34}O_4$, 油状物或白色粉末, $[\alpha]_D^{25}$ = +111° (c = 0.1, 氯仿).【类型】螺二萜.【来源】海洋导出的真菌青霉属 *Penicillium* sp. (深海沉积物, 东太平洋), 陆地真菌短密青霉 *Penicillium brevicompactum*.【活性】细胞毒 (MCF7, IC_{50} = 28.4μmol/L, 对照顺铂, IC_{50} = 8.09μmol/L; A549, 50μg/mL, 无活性); 异株克生的.【文献】H. Takikawa, et al. Tetrahedron, 2006, 62, 39; F. A.

Macías, et al. Tetrahedron Lett., 2000, 41, 2683; Y. Li, et al. Mar. Drugs, 2012, 10, 497.

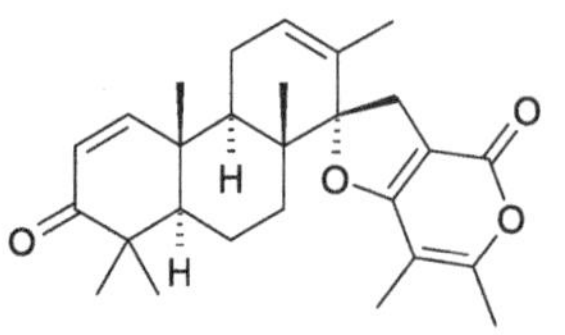

1385 Brevione B 短密青霉酮 B*

【基本信息】$C_{27}H_{36}O_4$, 油状物或白色粉末, $[\alpha]_D^{25}$ = +65.9° (c = 0.24, 氯仿).【类型】螺二萜.【来源】海洋导出的真菌青霉属 *Penicillium* sp. (深海沉积物, 东太平洋), 陆地真菌短密青霉 *Penicillium brevicompactum*.【活性】异株克生的 (黄化小麦胚芽鞘生物测定实验).【文献】F. A. Macías, et al. JOC, 2000, 65, 9039; Y. Li, et al. Mar. Drugs, 2012, 10, 497.

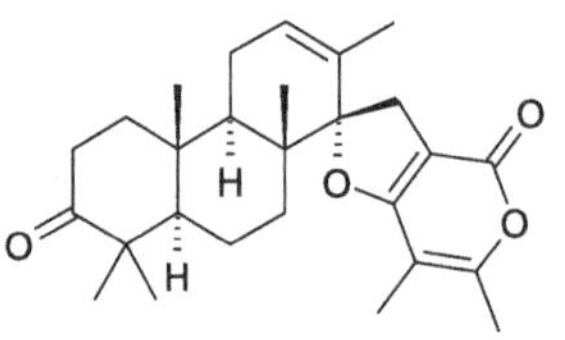

1386 Brevione E 短密青霉酮 E*

【基本信息】$C_{28}H_{34}O_7$, 油状物, $[\alpha]_D$ = +46° (c = 0.28, 氯仿), $[\alpha]_D^{25}$ = +34.5° (c = 0.7, 氯仿).【类型】螺二萜.【来源】海洋导出的极其耐药的真菌青霉属 *PeniciLLium* sp. MCCC 3A00005 (沉积物, 东太平洋, 采样深度 5115m), 陆地真菌短密青霉 *Penicillium brevicompactum*【活性】异株克生的 (黄化小麦胚芽鞘生物测定实验, 0.0001mol/L, InRt = 100%).【文献】F. A. Macías, et al. JOC, 2000, 65, 9039; Y. Li, et al. JNP, 2009, 72, 912.

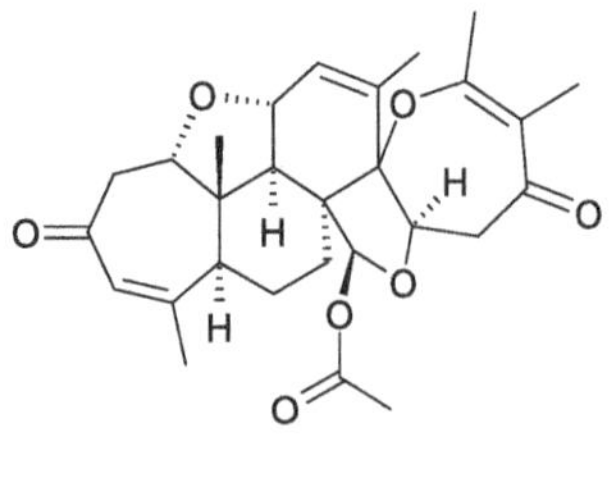

1387 Brevione F 短密青霉酮 F*

【基本信息】$C_{27}H_{32}O_5$, 粉末, $[\alpha]_D$ = +27° (c = 0.15, 氯仿).【类型】螺二萜.【来源】海洋导出的真菌青霉属 *Penicillium* sp. (深海沉积物, 东太平洋), 海洋导出的极其耐药的真菌青霉属 *Penicillium* sp. MCCC 3A00005 (沉积物, 东太平洋, 采样深度 5115m).【活性】细胞毒 (HeLa, 10μg/mL, InRt = 25.2%); HIV-1复制抑制剂 (C8166, EC_{50} = 14.7μmol/L, CC_{50} > 100μmol/L, 对照茚地那韦硫酸盐, EC_{50} = 8.71nmol/L).【文献】Y. Li, et al. JNP, 2009, 72, 912; Y. Li, et al. Mar. Drugs, 2012, 10, 497.

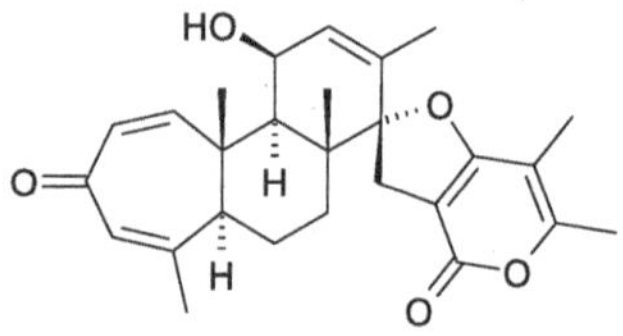

1388 Brevione G 短密青霉酮 G*

【基本信息】$C_{27}H_{32}O_5$, 粉末, $[\alpha]_D$ = −20° (c = 0.15, 氯仿).【类型】螺二萜.【来源】海洋导出的真菌青霉属 *Penicillium* sp. (深海沉积物, 东太平洋), 海洋导出的极其耐药的真菌青霉属 *Penicillium* sp. MCCC 3A00005 (沉积物, 东太平洋, 采样深度 5115m).【活性】细胞毒 (HeLa, 10μg/mL, InRt = 44.9%); HIV-1 复制抑制剂 (C8166, EC_{50} > 50μmol/L, 对照茚地那韦硫酸盐, EC_{50} = 8.71nmol/L).【文献】Y. Li, et al. JNP, 2009, 72, 912; Y. Li, et al. Mar. Drugs, 2012, 10, 497.

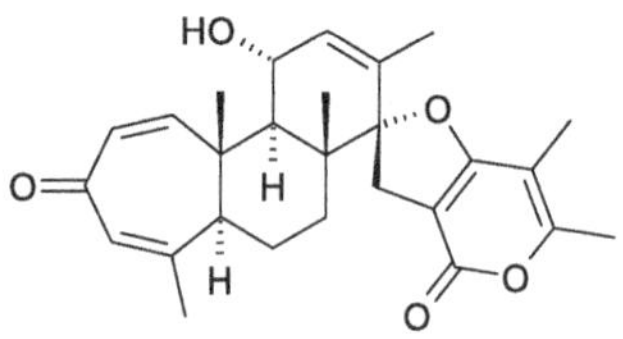

1389 Brevione H 短密青霉酮 H*

【基本信息】$C_{27}H_{30}O_7$, 粉末, $[\alpha]_D$ = −36° (c = 0.1, 氯仿).【类型】螺二萜.【来源】海洋导出的极其耐药的真菌青霉属 *Penicillium* sp. MCCC 3A00005 (沉积物, 东太平洋, 采样深度 5115m).【活性】细胞毒 (HeLa, 10μg/mL, InRt = 25.3%); 抗 HIV-1 病毒复制 (C8166, EC_{50} > 50μmol/L, 对照茚地那韦硫酸盐, EC_{50} = 8.71nmol/L).【文献】Y.. Li, et al. JNP, 2009, 72, 912.

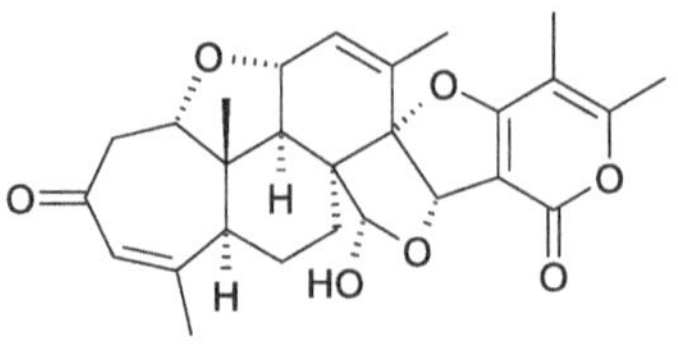

1390 Brevione I 短密青霉酮 I*

【基本信息】$C_{27}H_{34}O_5$, 黄色粉末, $[\alpha]_D^{25} = +96$ ($c = 0.1$, 氯仿).【类型】螺二萜.【来源】海洋导出的真菌青霉属 *Penicillium* sp. (深海沉积物, 东太平洋).【活性】细胞毒 (MCF7, $IC_{50} = 7.44\mu mol/L$, 对照顺铂, $IC_{50} = 8.09\mu mol/L$; A549, $IC_{50} = 32.5\mu mol/L$, 对照顺铂, $IC_{50} = 8.90\mu mol/L$).【文献】Y. Li, et al. Mar. Drugs, 2012, 10, 497.

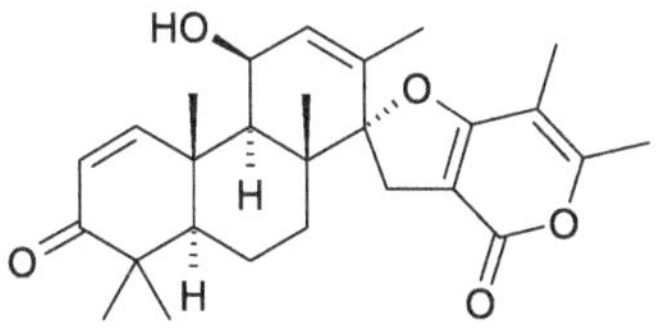

3.42 杂项二萜

1391 Dactylomelol 黑指纹海兔醇*

【基本信息】$C_{20}H_{34}BrClO_2$, 晶体 (二氯甲烷/己烷), mp 85~86°C, $[\alpha]_D^{20} = -34.3°$ ($c = 0.7$, 氯仿).【类型】杂项单环二萜.【来源】软体动物黑指纹海兔 *Aplysia Dactylomela*.【活性】有毒的 (盐水丰年虾).【文献】D. M. Estrada, et al. Tetradron Lett., 1989, 30, 6219; M. Wessels, et al. JNP, 2000, 63, 920.

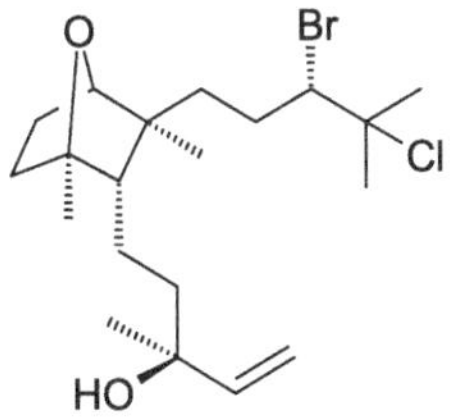

1392 Halitunal 标准仙掌藻醛*

【基本信息】$C_{22}H_{26}O_4$.【类型】杂项单环二萜.【来源】绿藻标准仙掌藻 *Halimeda tuna*.【活性】抗病毒 (小鼠冠状病毒 A59, *in vitro*).【文献】F. E. Koehn, et al. Tetradron Lett., 1991, 32, 169.

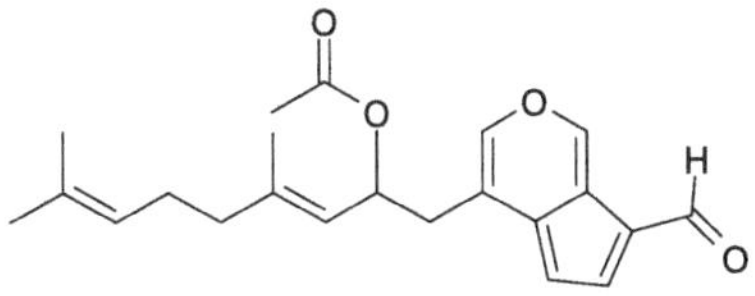

1393 4-Acetylaplykurodin B 4-乙酰黑斑海兔素 B*

【基本信息】$C_{22}H_{34}O_4$, $[\alpha]_D^{20} = -26.1°$ ($c = 0.74$, 氯仿).【类型】杂项双环二萜.【来源】软体动物海兔属 *Aplysia fasciata* (外套膜组织).【活性】鱼毒; 拒食活性.【文献】A. Spinella, et al. JNP, 1992, 55, 989.

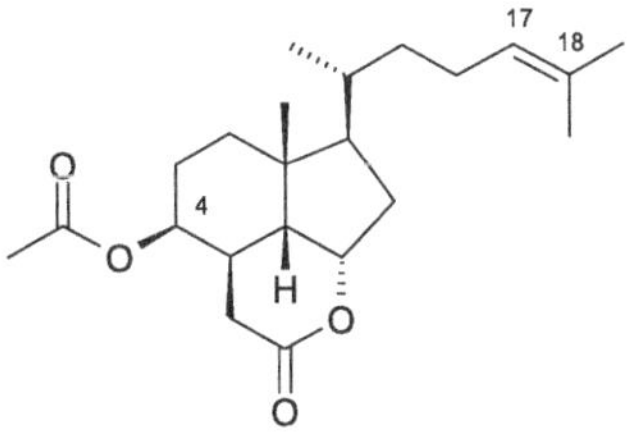

1394 Acetylcoriacenone 乙酰厚网地藻酮*

【基本信息】$C_{22}H_{32}O_3$, 油状物.【类型】杂项双环二萜.【来源】棕藻厚网地藻 *Pachydictyon coriaceum* 和棕藻舌状厚缘藻* *Dilophus ligulatus* (地中海).【活性】细胞毒 (KB, $ED_{50} > 10\mu g/mL$; P_{388}, $ED_{50} = 4.4\mu g/mL$; P_{388}/Dox, $ED_{50} > 10\mu g/mL$; NSCLC-N6, $ED_{50} = 5.4\mu g/mL$).【文献】M. Ishitsuka, et al. JOC, 1983, 48, 1937; N. Bouaicha, et al. JNP, 1993, 56, 1747.

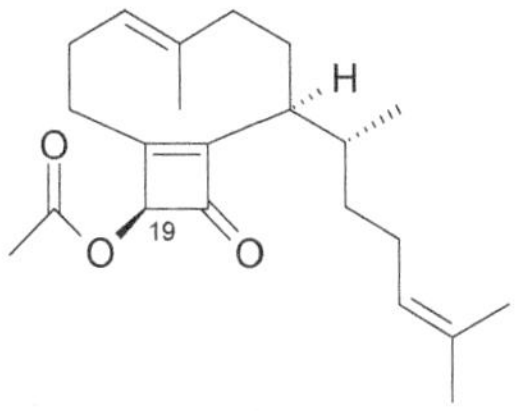

1395 Amphilectolide 安非来克特内酯*

【基本信息】$C_{17}H_{24}O_2$, 黄色油状物, $[\alpha]_D^{25} = +24.7°$ ($c = 1.7$, 氯仿).【类型】杂项双环二萜.【来源】伊丽莎白柳珊瑚* *Pseudopterogorgia elisabethae* (哥伦比亚).【活性】抗结核 (结核分枝杆菌 *Mycobacterium tuberculosis* H37Rv (6.25μg/mL, InRt = 42%).【文献】A. D. Rodríguez, et al. Tetrahedron Lett., 2000, 41, 5177.

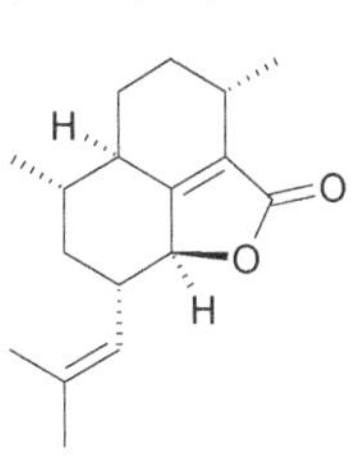

1396 Bromophycoic acid A 溴藻酸 A*

【基本信息】$C_{27}H_{43}BrO_4$.【类型】杂项双环二萜.【来源】红藻斐济红藻属 *Callophycus* sp. (斐济).【活性】细胞毒; 抗疟疾; 抗菌.【文献】M. E. Teasdale, et al. JOC, 2012, 77, 8000.

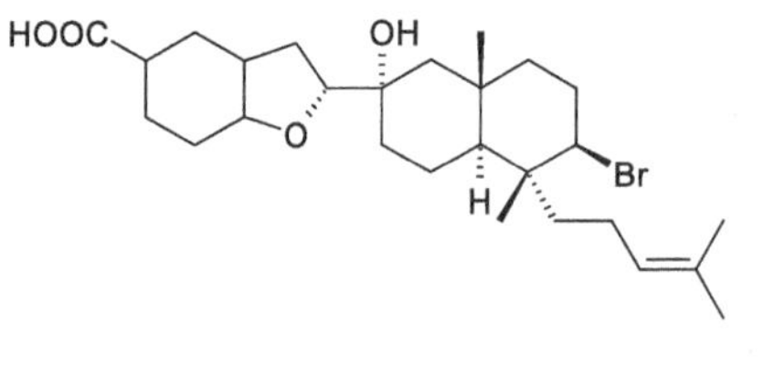

1397 Bromophycoic acid B 溴藻酸 B*

【基本信息】$C_{27}H_{43}BrO_5$.【类型】杂项双环二萜.【来源】红藻斐济红藻属 *Callophycus* sp. (斐济).【活性】细胞毒; 抗疟疾; 抗菌.【文献】M. E. Teasdale, et al. JOC, 2012, 77, 8000.

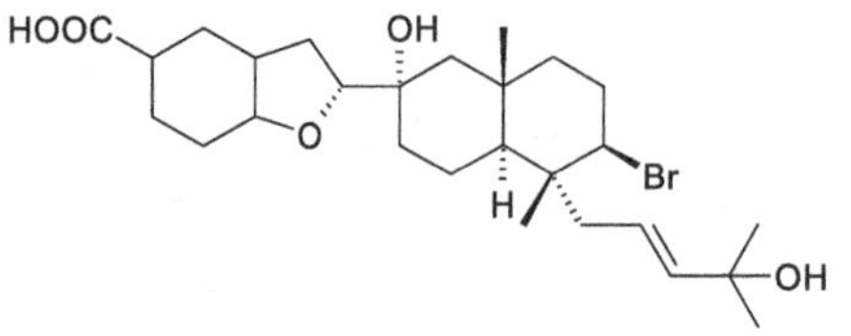

1398 Bromophycoic acid C 溴藻酸 C*

【基本信息】$C_{27}H_{43}BrO_6$.【类型】杂项双环二萜.【来源】红藻斐济红藻属 *Callophycus* sp. (斐济).【活性】细胞毒; 抗疟疾; 抗菌.【文献】M. E. Teasdale, et al. JOC, 2012, 77, 8000.

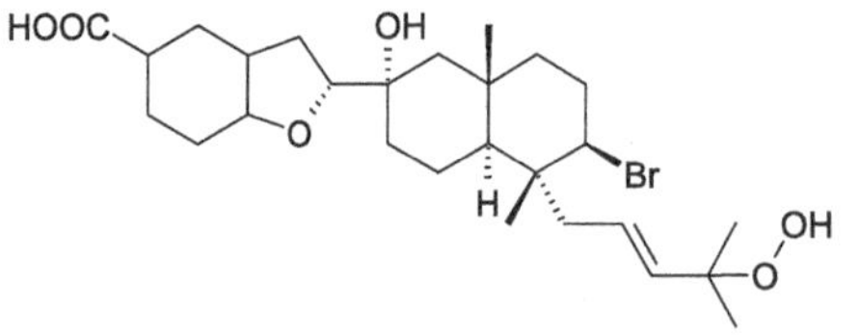

1399 Bromophycoic acid D 溴藻酸 D*

【基本信息】$C_{27}H_{41}BrO_5$【类型】杂项双环二萜.【来源】红藻斐济红藻属 *Callophycus* sp. (斐济).【活性】细胞毒; 抗疟疾; 抗菌.【文献】M. E. Teasdale, et al. JOC, 2012, 77, 8000.

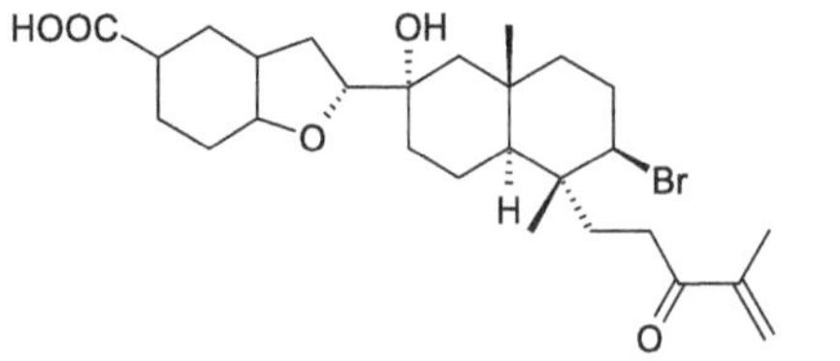

1400 Bromophycoic acid E 溴藻酸 E*

【基本信息】$C_{27}H_{37}BrO_3$【类型】杂项双环二萜.【来源】红藻斐济红藻属 *Callophycus* sp. (斐济).【活性】细胞毒; 抗疟疾; 抗菌.【文献】M. E. Teasdale, et al. JOC, 2012, 77, 8000.

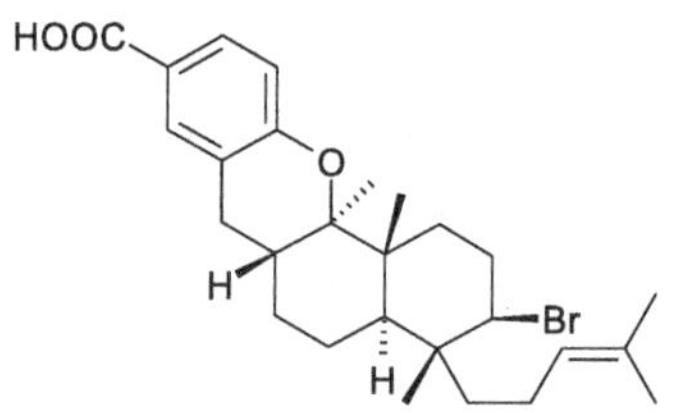

1401 Elisabethin B 伊丽莎白柳珊瑚素 B*

【基本信息】$C_{19}H_{28}O_2$, 油状物, $[\alpha]_D^{25} = -99.0°$ ($c = 1.1$, 氯仿).【类型】杂项双环二萜.【来源】伊丽莎白柳珊瑚* *Pseudopterogorgia elisabethae* (哥伦比亚).【活性】抗肿瘤.【文献】A. D. Rodriguez, et al. JOC, 1998, 63, 7083.

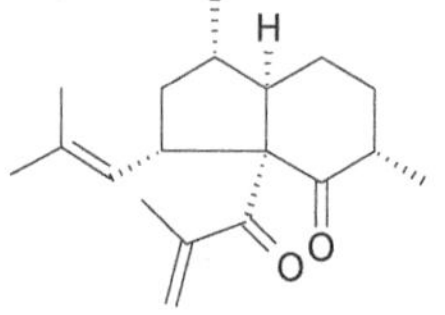

1402 Elisabethin C 伊丽莎白柳珊瑚素 C*

【基本信息】$C_{18}H_{28}O_2$, 油状物, $[\alpha]_D^{25} = -31.2°$ ($c = 0.5$, 氯仿).【类型】杂项双环二萜.【来源】伊丽莎白柳珊瑚* *Pseudopterogorgia elisabethae* (哥伦比亚).【活性】抗结核 (低活性).【文献】A. D. Rodriguez, et al. JOC, 1998, 63, 7083.

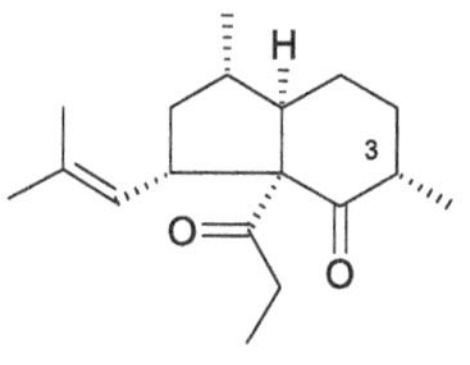

1403 3-*epi*-Aplykurodinone B 3-*epi*-黑斑海兔素二酮 B*

【基本信息】$C_{20}H_{30}O_3$, 无定形粉末, $[\alpha]_D^{25} = -98.0°$ ($c = 0.2$, 氯仿).【类型】杂项双环二萜.【来源】软体动物海兔属 *Aplysia fasciata* (西班牙).【活性】细胞毒 (P_{388}, $ED_{50} = 2.5\mu g/mL$; HT29, $ED_{50} = 2.5\mu g/mL$; A549, $ED_{50} = 2.5\mu g/mL$; MEL28, $ED_{50} = 2.5\mu g/mL$).【文献】M. J. Ortega, et al. JNP, 1997, 60, 488.

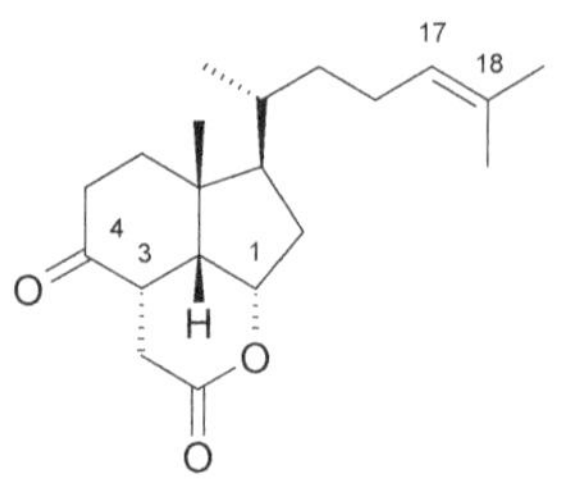

1404 Epoxyfocardin 环氧纤毛虫素*

【基本信息】$C_{20}H_{30}O_3$, $[\alpha]_D^{20} = +29°$ ($c = 0.2$, 乙醇).【类型】杂项双环二萜.【来源】纤毛虫原生生物 *Euplotes focardii* (南极地区).【活性】防御剂.【文献】G. Guella, et al. Helv. Chem. Acta, 1996, 79, 439.

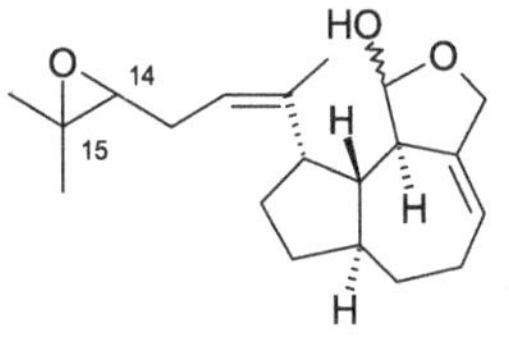

1405 Focardin 纤毛虫素*

【基本信息】$C_{20}H_{30}O_2$【类型】杂项双环二萜.【来源】纤毛虫原生生物 *Euplotes focardii* (南极地区).【活性】防御剂.【文献】G. Guella, et al. Helv. Chem. Acta, 1996, 79, 439.

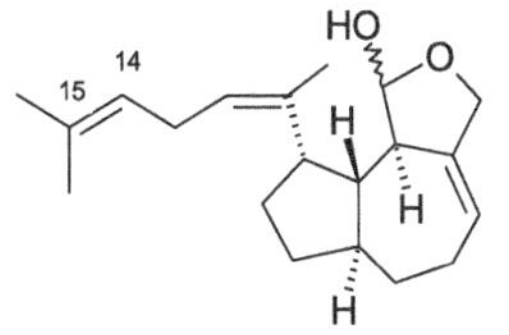

1406 Fuscoside A 矶沙蚕福斯科醇糖苷 A*

【基本信息】$C_{27}H_{44}O_7$, 油状物, $[\alpha]_D = -64°$ ($c = 0.6$, 氯仿).【类型】杂项双环二萜.【来源】环节动物门矶沙蚕科 *Eunicea fusca* (加勒比海).【活性】抗炎.【文献】J. H. Shin, et al. JOC, 1991, 56, 3153.

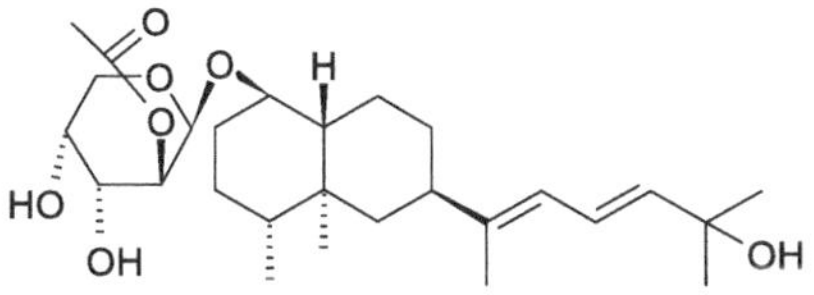

1407 Fuscoside E 矶沙蚕福斯科醇糖苷 E*

【基本信息】$C_{27}H_{44}O_6$.【类型】杂项双环二萜.【来源】环节动物门矶沙蚕科 *Eunicea fusca* (圣玛尔塔湾, 加勒比海, 哥伦比亚).【活性】抗炎 (TPA 诱导的小鼠耳肿, 0.5mg/耳, InRt = 80.5%, 对照吲哚美新, InRt = 77.3%); 抗污剂.【文献】E. Reina, et al. BoMCL, 2011, 21, 5888.

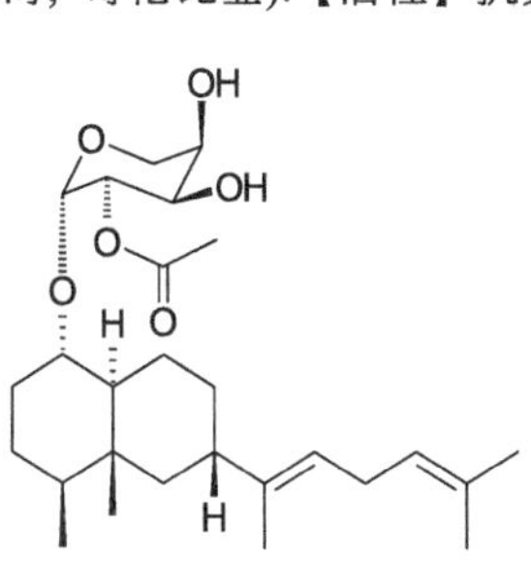

1408 Halimedalactone 仙掌藻内酯*

【基本信息】$C_{20}H_{26}O_3$, 黄色油状物, $[\alpha]_D^{25} = 0°$ ($c = 1.3$, 氯仿).【类型】杂项双环二萜.【来源】绿藻标准仙掌藻 *Halimeda tuna* 和绿藻粗糙仙掌藻 *Halimeda scabra*.【活性】抗微生物; 细胞毒.【文献】V. J. Paul, et al. Tetrahedron, 1984, 40, 3053.

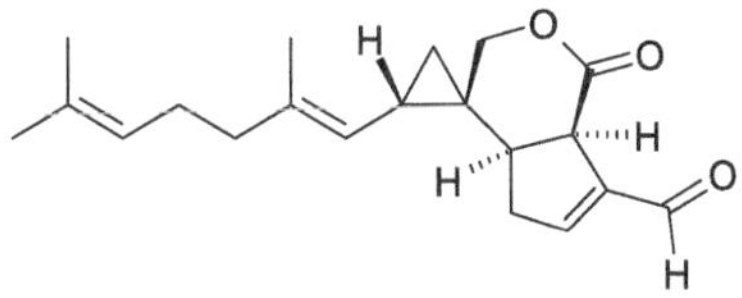

1409 Halimedatrial 仙掌藻三醛*

【基本信息】$C_{20}H_{26}O_3$, 黄色油状物, $[\alpha]_D^{25} = -59°$ ($c = 0.9$, 氯仿).【类型】杂项双环二萜.【来源】绿藻仙掌藻属 *Halimeda* spp.【活性】抗菌 (抑制海洋细菌生长); 抗真菌 (抑制海洋真菌生长); 细胞毒 (细胞分裂抑制剂, 受精海胆卵); 拒食活性 (鱼类).【文献】V. J. Paul, et al. Science, 1983, 221, 747; V. J. Paul, et al. Tetrahedron, 1984, 40, 3053; H. Nagaoka, et al. Tetrahedron Lett., 1990, 31, 1573.

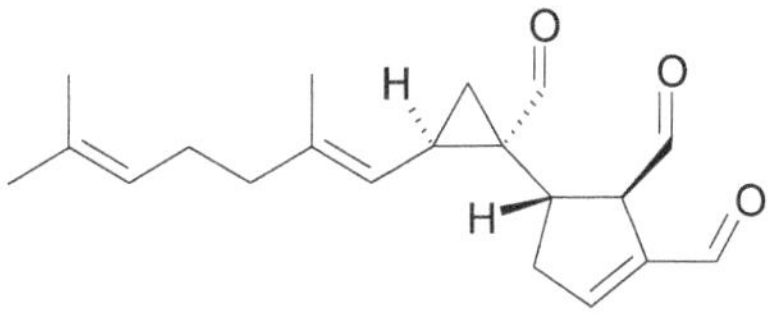

1410 Isoacetylcoriacenone 异乙酰氧厚网地藻酮*

【基本信息】$C_{22}H_{32}O_3$, 油状物.【类型】杂项双环二萜.【来源】棕藻厚网地藻 *Pachydictyon coriaceum* 和棕藻舌状厚缘藻* *Dilophus ligulatus* (地中海).【活性】细胞毒 (KB, $ED_{50} > 10\mu g/mL$; P_{388}, $ED_{50} = 6.0\mu g/mL$; P_{388}/Dox, $ED_{50} > 10\mu g/mL$; NSCLC-N6, $ED_{50} = 6.8\mu g/mL$).【文献】M. Ishitsuka, et al. JOC, 1983, 48, 1937; N. Bouaicha, et al. JNP, 1993, 56, 1747.

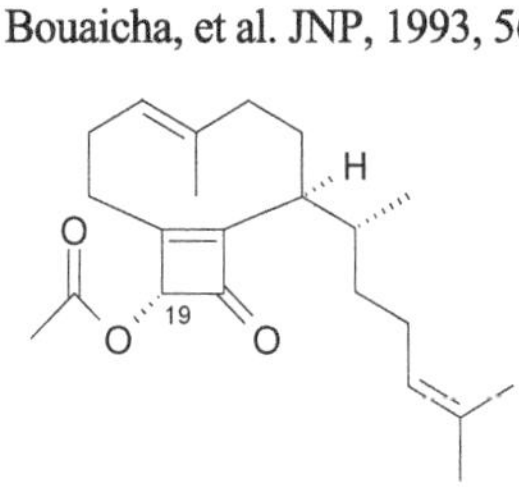

1411 Phomactin A 茎点霉素 A

【别名】Antibiotic Sch 49028; 抗生素 Sch 49028.【基本信息】$C_{20}H_{30}O_4$, 油状物, $[\alpha]_D = +245.6°$ ($c = 0.3$, 氯仿) (Sch 49028), $[\alpha]_D = +175°$ ($c = 0.75$, 氯仿) (Phomactin A).【类型】杂项双环二萜.【来源】海洋导出的真菌茎点霉属 *Phoma* sp. (SANK11486; P10364), 来自蜘蛛蟹总科海蟹 *Chionoecetes opilio* (壳).【活性】PAcF (血小板活化因子) 拮抗剂.【文献】M. Sugano, et al. JACS, 1991, 113, 5463; M. Chu, et al. J. Antibiot., 1993, 46, 554; W. P. D. Goldring, et al. Acc. Chem. Res., 2006, 39, 354.

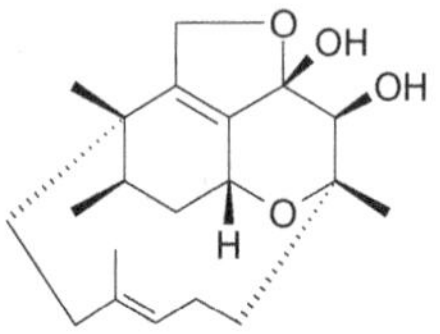

1412 Phomactin B 茎点霉素 B

【基本信息】$C_{20}H_{30}O_4$, mp 180~182°C, $[\alpha]_D = +146°$ ($c = 0.75$, 氯仿).【类型】杂项双环二萜.【来源】海洋导出的真菌茎点霉属 *Phoma* sp. SANK11486, 来自蜘蛛蟹总科海蟹 *Chionoecetes opilio* (壳).【活性】血小板聚集抑制剂 ($IC_{50} = 17.0\mu g/mL$); PAF 键合抑制剂 ($IC_{50} > 47.9\mu g/mL$).【文献】M. Chu, et al. JOC, 1994, 59, 564.

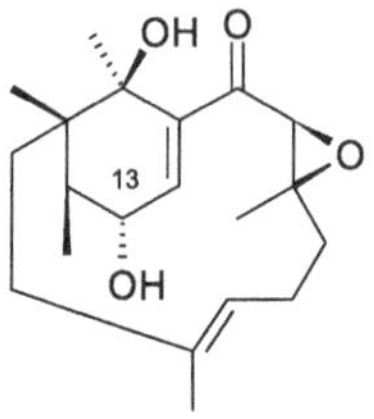

1413 Phomactin B_1 茎点霉素 B_1

【基本信息】$C_{20}H_{30}O_4$, mp 180~182°C, $[\alpha]_D = +167.3°$ ($c = 1.0$, 氯仿).【类型】杂项双环二萜.【来源】海洋导出的真菌茎点霉属 *Phoma* sp. SANK11486, 来自蜘蛛蟹总科海蟹 *Chionoecetes opilio* (壳).【活性】血小板聚集抑制剂 ($IC_{50} = 9.8\mu g/mL$); PAF 键合抑制剂 ($IC_{50} > 2.0\mu g/mL$).【文献】M. Chu, et al. JOC, 1994, 59, 564.

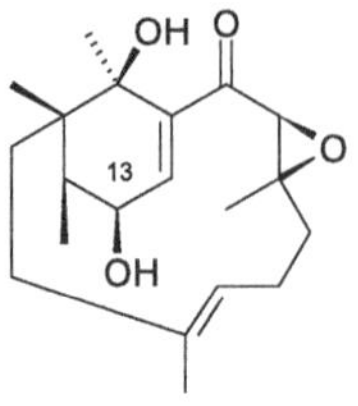

1414 Phomactin B_2 茎点霉素 B_2

【基本信息】$C_{20}H_{28}O_3$, 油状物, $[\alpha]_D = +173°$ ($c = 5.0$, 氯仿).【类型】杂项双环二萜.【来源】海洋导出的真菌茎点霉属 *Phoma* sp. SANK11486, 来自蜘蛛蟹总科海蟹 *Chionoecetes opilio* (壳).【活性】血小板聚集抑制剂 ($IC_{50} = 1.6\mu g/mL$); PAF 键合抑制剂 ($IC_{50} > 22.1\mu g/mL$).【文献】M. Chu, et al. JOC, 1994, 59, 564.

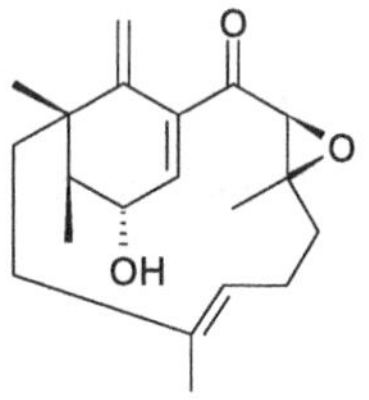

1415 Phomactin C 茎点霉素 C

【基本信息】$C_{20}H_{28}O_3$, mp 97~98°C, $[\alpha]_D = +114.3°$ ($c = 1.0$, 氯仿).【类型】杂项双环二萜.【来源】海洋导出的真菌茎点霉属 *Phoma* sp. SANK11486, 来自蜘蛛蟹总科海蟹 *Chionoecetes opilio* (壳).【活性】血小板聚集抑制剂 ($IC_{50} = 6.4\mu g/mL$); PAF 键合抑制剂 ($IC_{50} > 63.0\mu g/mL$).【文献】M. Chu, et al. JOC, 1992, 57, 5817; 1994, 59, 564; M. Chu, et al. J. Antibiot., 1993, 46, 554.

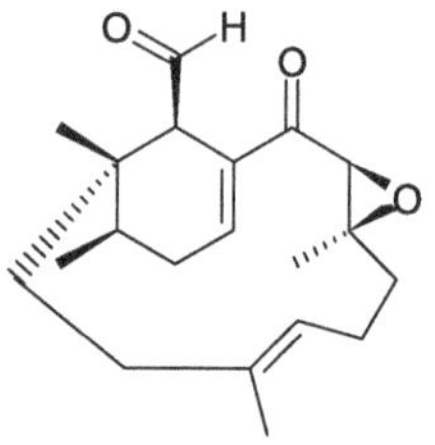

1416 Phomactin D 茎点霉素 D

【基本信息】$C_{20}H_{30}O_3$, 晶体, mp 97~98°C, $[\alpha]_D^{22} = +114.3°$ ($c = 1$, 氯仿).【类型】杂项双环二萜.【来源】海洋导出的真菌茎点霉属 *Phoma* sp., 来自蜘蛛蟹总科海蟹 *Chionoecetes opilio* (壳).【活性】PAcF (血小板活化因子) 拮抗剂 (最有潜力的, 抑制 PAcF 键合到其受体, $IC_{50} = 0.12\mu mol/L$); 血小板聚集抑制剂 ($IC_{50} = 0.80\mu mol/L$).【文献】M. Chu, et al. JOC, 1992, 57, 5817; M. Chu, et al. J. Antibiot., 1993, 46, 554; M. Sugano, et al. JOC,

1994, 59, 564; H. Miyaoka, et al. Tetrahedron Lett., 1996, 37, 7107; T. S. Bugni, et al. NPR, 2004, 21, 143 (Rev.).

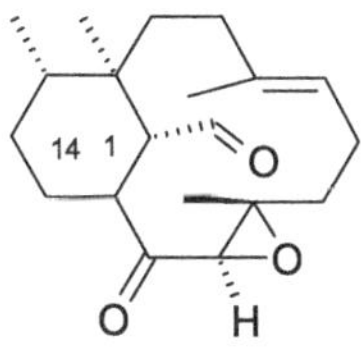

1417 Phomactin E 茎点霉素 E

【基本信息】$C_{20}H_{30}O_3$, mp 148~149ºC, $[\alpha]_D^{25}$ = +178.4° (氯仿).【类型】杂项双环二萜.【来源】海洋导出的真菌茎点霉属 *Phoma* sp.【活性】PAcF (血小板活化因子) 拮抗剂; 血小板聚集抑制剂 (PAF 诱导的, IC_{50} = 2.3μmol/L); 抑制 PAF 键合到其受体 (IC_{50} = 5.19μmol/L).【文献】M. Sugano, et al. J. Antibiot., 1995, 48, 1188.

1418 Phomactin F 茎点霉素 F

【基本信息】$C_{20}H_{30}O_4$, mp 199~202ºC, $[\alpha]_D^{25}$ = +120.9° (氯仿).【类型】杂项双环二萜.【来源】海洋导出的真菌茎点霉属 *Phoma* sp.【活性】PAcF (血小板活化因子) 拮抗剂; 血小板聚集抑制剂 (PAF 诱导的, IC_{50} = 3.9μmol/L); 抑制 PAF 键合到其受体 (IC_{50} = 35.9μmol/L).【文献】M. Sugano, et al. J. Antibiot., 1995, 48, 1188.

1419 Phomactin G 茎点霉素 G

【基本信息】$C_{20}H_{30}O_3$, mp 131~132ºC, $[\alpha]_D^{25}$ = +96.9° (氯仿).【类型】杂项双环二萜.【来源】海洋导出的真菌茎点霉属 *Phoma* sp.【活性】PAcF (血小板活化因子) 拮抗剂; 血小板聚集抑制剂 (PAF 诱导的, IC_{50} = 3.2μmol/L); 抑制 PAF 键合到其受体 (IC_{50} = 0.38μmol/L).【文献】M. Sugano, et al. J. Antibiot., 1995, 48, 1188.

1420 Sinutriangulin A 三角短指软珊瑚素 A*

【基本信息】$C_{20}H_{32}O_2$.【类型】杂项双环二萜.【来源】三角短指软珊瑚* *Sinularia triangula* (台东县, 台湾, 中国).【活性】细胞毒 (CCRF-CEM, ED_{50} = 10.1μg/mL; DLD-1, ED_{50} = 15.2μg/mL).【文献】M.-C. Lu, et al. Tetrahedron Lett., 2011, 52, 5869.

1421 Xeniafaraunol A 红海异花软珊瑚醇 A*

【基本信息】$C_{20}H_{28}O_2$, 无色玻璃体, $[\alpha]_D$= +5° (c = 0.01, 氯仿).【类型】杂项双环二萜.【来源】红海异花软珊瑚* *Xenia faraunensis* (红海).【活性】细胞毒 (P_{388}).【文献】Y. Kashman, et al. Tetrahedron Lett., 1994, 35, 8855.

1422 Xeniafaraunol B 红海异花软珊瑚醇 B*

【基本信息】$C_{20}H_{28}O_3$, 油状物, $[\alpha]_D$ = −73° (c = 0.04, 甲醇); 无色玻璃体.【类型】杂项双环二萜.【来源】红海异花软珊瑚* *Xenia faraunensis* (红海) 和繁花异花软珊瑚* *Xenia florida* (日本水域).【活性】细胞毒 (P_{388}).【文献】Y. Kashman, et al. Tetrahedron Lett., 1994, 35, 8855; T. Iwagawa, et al. JNP, 2000, 63, 468.

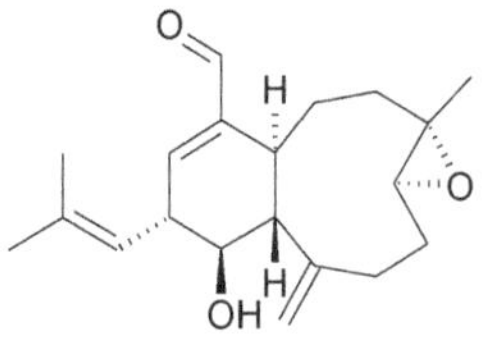

1423 Bielschowskysin

【基本信息】$C_{22}H_{26}O_9$，晶体，mp 139~141°C，$[\alpha]_D^{20} = -17.3°$ ($c = 1.1$，甲醇)．【类型】杂项三环二萜．【来源】柳珊瑚科柳珊瑚 *Pseudopterogorgia kallos* (西印度洋，加勒比海)．【活性】杀疟原虫的 (恶性疟原虫 *Plasmodium falciparum*, $IC_{50} = 10\mu g/mL$)；细胞毒 (EKVX, $GI_{50} < 0.01\mu mol/L$; CAKI-1, $GI_{50} = 0.51\mu mol/L$)；抗肿瘤．【文献】J. Marrero, et al. Org. Lett. 2004, 6, 1661.

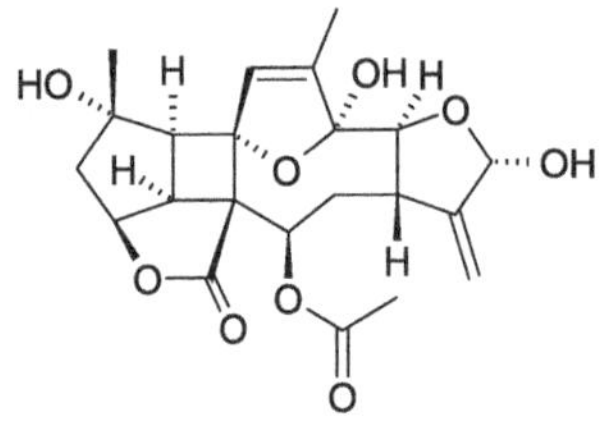

1424 Caribenol A 谷粒海绵醇 A*

【基本信息】$C_{19}H_{26}O_3$，固体，$[\alpha]_D^{20} = +40°$ ($c = 1$，氯仿)．【类型】杂项三环二萜．【来源】伊丽莎白柳珊瑚* *Pseudopterogorgia elisabethae* (圣安德烈斯群岛，哥伦比亚)．【活性】抗结核 (结核分枝杆菌 *Mycobacterium tuberculosis*, $MIC = 63\mu g/mL$)；杀疟原虫的 (CRPFW2, $IC_{50} = 20\mu g/mL$，低活性)．【文献】X. Wei, et al. JOC, 2007, 72, 7386; L.-Z. Liu, et al. JACS, 2010, 132, 13608.

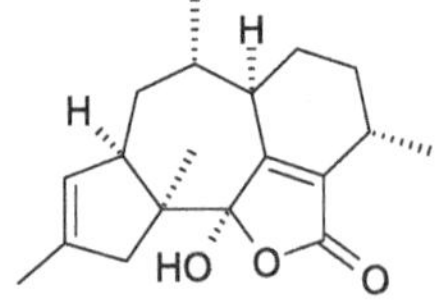

1425 Caribenol B 谷粒海绵醇 B*

【基本信息】$C_{19}H_{28}O_3$，油状物，$[\alpha]_D^{20} = +26.8°$ ($c = 0.7$，氯仿)．【类型】杂项三环二萜．【来源】伊丽莎白柳珊瑚* *Pseudopterogorgia elisabethae* (圣安德烈斯群岛，哥伦比亚)．【活性】抗结核 (结核分枝杆菌 *Mycobacterium tuberculosis*, $MIC = 128\mu g/mL$)．【文献】X. Wei, et al. JOC, 2007, 72, 7386.

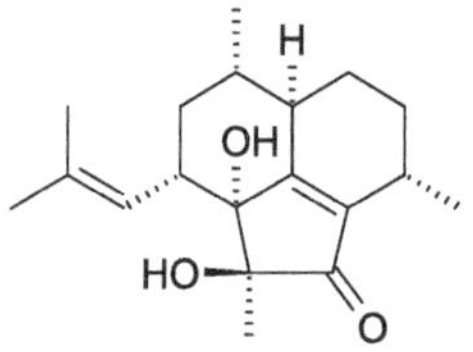

1426 Chatancin 恰坦新*

【基本信息】$C_{21}H_{32}O_4$，针状晶体 (甲醇水溶液)，mp 106~108°C，$[\alpha]_D = +10.5°$ ($c = 1$，氯仿)．【类型】杂项三环二萜．【来源】惊恐短指软珊瑚* *Sinularia pavida* (三亚湾，海南，中国) 和肉芝软珊瑚属 *Sarcophyton* sp.【活性】细胞毒 (HL60, HCT8, HepG2, BGC823, A549 和 A375，所有的 $IC_{50} > 10\mu g/mL$)；血小板聚集抑制剂 (PAF 诱导的，$IC_{50} = 2.2\mu mol/L$)；抑制 PAF 间键合到受体 ($IC_{50} = 0.32\mu mol/L$)．【文献】M. Sugano, et al. JOC, 1990, 55, 5803; J. Aigner, et al. Angew. Chem., Int. Ed., 1998, 37, 2226; S. Shen, et al. Tetrahedron Lett., 2012, 53, 5759.

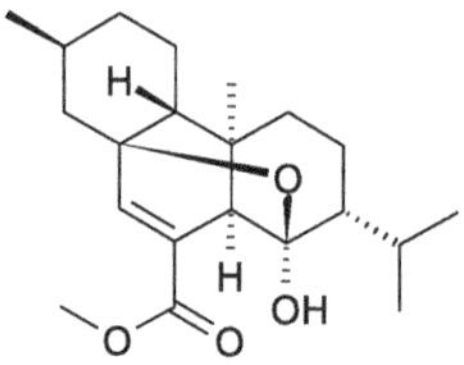

1427 Chromodorolide B 海蛞蝓内酯 B*

【基本信息】$C_{26}H_{36}O_9$，油状物，$[\alpha]_D = -95°$ ($c = 0.1$，二氯甲烷)．【类型】杂项三环二萜．【来源】软体动物裸腮目海牛亚目多彩海牛属 *Chromodoris cavae*，未鉴定的海绵 (澳大利亚)．【活性】细胞毒 (P_{388}, $10\mu g/mL$, $InRt = 70\%$)．【文献】S. A. Morris, et al. Can. J. Chem., 1991, 69, 768; W. Rungprom, et al. Mar. Drugs, 2004, 2, 101.

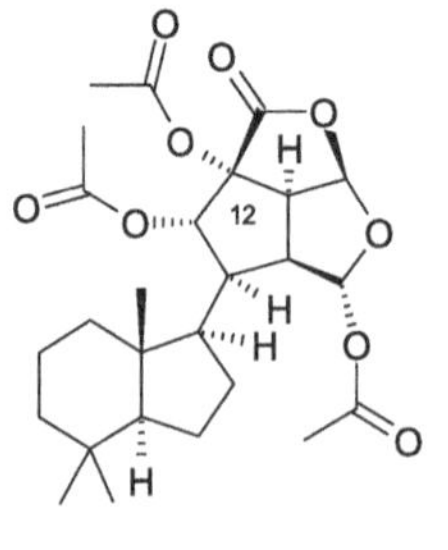

1428 Chromodorolide C 海蛞蝓内酯 C*

【基本信息】$C_{24}H_{34}O_8$，油状物，$[\alpha]_D = -78°$ ($c = 0.1$，二氯甲烷)．【类型】杂项三环二萜．【来源】秽色

海绵属 *Aplysilla* sp. (澳大利亚).【活性】细胞毒 (P_{388}, 10μg/mL, InRt = 42%).【文献】W. Rungprom, et al. Mar. Drugs, 2004, 2, 101.

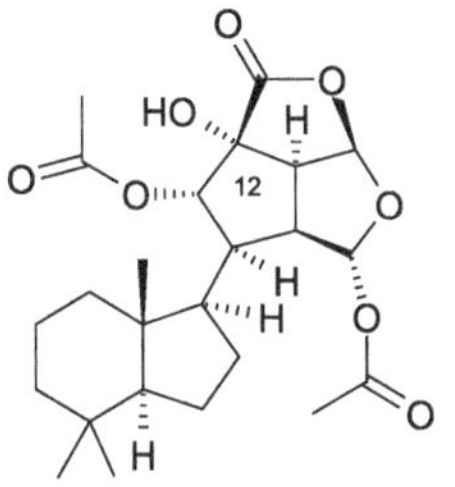

1429 Elisabanolide 伊丽莎白柳珊瑚内酯*

【基本信息】$C_{19}H_{26}O_4$, 晶体, $[\alpha]_D^{25}$ = –39.0° (*c* = 0.4, 氯仿).【类型】杂项三环二萜.【来源】伊丽莎白柳珊瑚* *Pseudopterogorgia elisabethae* (哥伦比亚) 和伊丽莎白柳珊瑚* *Pseudopterogorgia elisabethae* (西印度洋, 加勒比海).【活性】抗结核 (低活性).【文献】A. D. Rodriguez, et al. JOC, 1998, 63, 7083; A. D. Rodriguez, et al. JOC, 2000, 65, 1390.

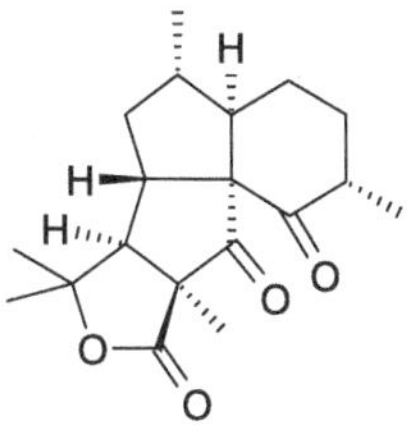

1430 3-*epi*-Elisabanolide 3-*epi*-伊丽莎白柳珊瑚内酯

【基本信息】$C_{19}H_{26}O_4$, 晶体, $[\alpha]_D^{25}$ = –4° (*c* = 1.5, 氯仿).【类型】杂项三环二萜.【来源】伊丽莎白柳珊瑚* *Pseudopterogorgia elisabethae* (哥伦比亚) 和伊丽莎白柳珊瑚* *Pseudopterogorgia elisabethae* (西印度洋, 加勒比海).【活性】抗结核 (高活性 *in vitro*).【文献】A. D. Rodríguez, et al. JOC, 2000, 65, 1390.

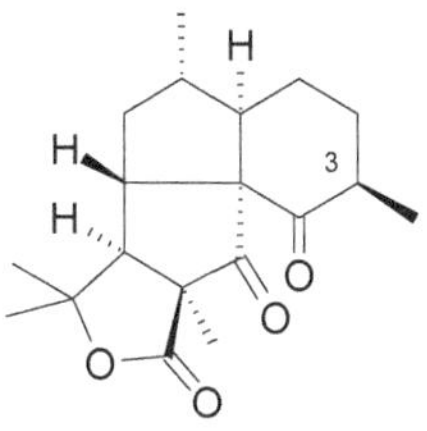

1431 Elisabethin D 伊丽莎白柳珊瑚素 D*

【别名】2*α*-Hydroxyelisabethin A; 2*α*-羟基伊丽莎白柳珊瑚素 A*【基本信息】$C_{20}H_{28}O_4$, 晶体, $[\alpha]_D^{25}$ = +6.4° (*c* = 1.2, 氯仿).【类型】杂项三环二萜.【来源】伊丽莎白柳珊瑚* *Pseudopterogorgia elisabethae* (哥伦比亚) 和伊丽莎白柳珊瑚* *Pseudopterogorgia elisabethae* (西印度洋, 加勒比海).【活性】抗结核 (高活性 *in vitro*); 细胞毒 (SF268, NCI-H460, MCF7, 没有值得注意的活性).【文献】A. D. Rodríguez, et al. JOC, 2000, 65, 1390; A. D. Rodríguez, et al. Tetrahedron Lett., 2000, 41, 5177.

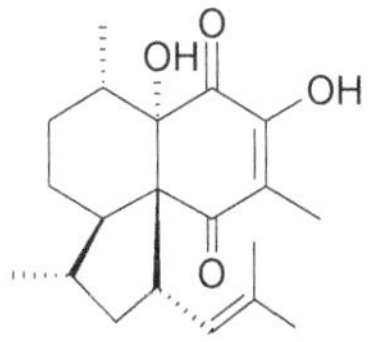

1432 Elisabethin D acetate 伊丽莎白柳珊瑚素 D 乙酸酯*

【基本信息】$C_{22}H_{30}O_5$, 油状物, $[\alpha]_D^{25}$ = +26.3° (*c* = 2.8, 氯仿).【类型】杂项三环二萜.【来源】伊丽莎白柳珊瑚* *Pseudopterogorgia elisabethae* (哥伦比亚) 和伊丽莎白柳珊瑚* *Pseudopterogorgia elisabethae* (西印度洋, 加勒比海).【活性】抗结核 (高活性 *in vitro*).【文献】A. D. Rodríguez, et al. JOC, 2000, 65, 1390.

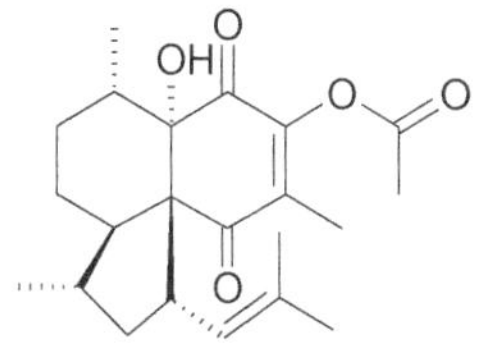

1433 Ethyl plumarellate 乙基普鲁玛柳珊瑚素*

【基本信息】$C_{23}H_{32}O_7$, 晶体, mp 136~138°C, $[\alpha]_D^{25}$ = +84.1° (*c* = 0.27, 乙酸乙酯/乙醇).【类型】杂项三环二萜.【来源】Primnoidae 科柳珊瑚 *Plumarella* sp. (嗜冷生物, 冷水域, 靠近千岛群岛, 西北太平洋).【活性】溶血的 (对小鼠血红细胞, 在 250μmol/L 浓度导致溶血 50%).【文献】V. A. Stonik, et al. Tetrahedron Lett., 2002, 43, 315; M. D. Lebar, et al. NPR, 2007, 24, 774 (Rev.).

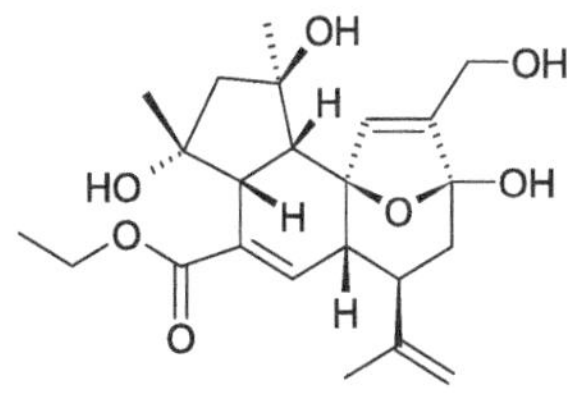

1434 Antibiotics JBIR 65 抗生素 JBIR 65

【基本信息】$C_{19}H_{24}O_4$.【类型】杂项三环二萜.【来源】

海绵导出的放线菌珊瑚状放线菌属 *Actinomadura* sp. (石垣岛, 冲绳, 日本).【活性】抗氧化剂 (清除剂, 适度活性).【文献】M. Takagi, et al. J. Antibiot., 2010, 63, 401.

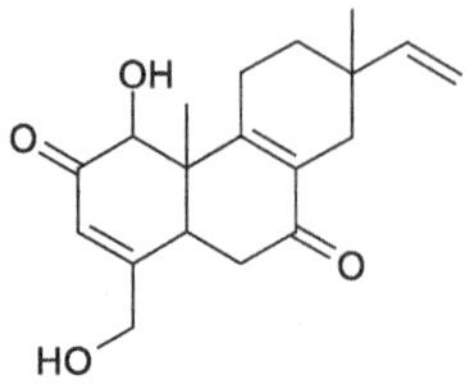

1435 Myrocin D 麦罗新 D*

【基本信息】$C_{19}H_{24}O_5$, 黄色粉末; $[\alpha]_D^{22}$ = +18.2° (*c* = 1.25, 甲醇).【类型】杂项三环二萜.【来源】海洋导出的真菌节菱孢属 *Arthrinium* sp., 来自温桲钵海绵* *Geodia cydonium* (亚得里亚海意大利海岸, 意大利).【活性】细胞毒 (L5178Y, IC_{50} = 2.05μmol/L, 对照卡哈拉内酯 F, IC_{50} = 4.30μmol/L; K562, IC_{50} = 50.3μmol/L, 对照顺铂, IC_{50} = 7.80μmol/L; A2780, IC_{50} = 41.3μmol/L, 顺铂, IC_{50} = 0.80μmol/L; A2780CisR, IC_{50} = 66.0μmol/L, 顺铂, IC_{50} = 8.40μmol/L); 抑制依赖 VEGF-A 的内皮细胞发芽 (细胞血管生成实验, IC_{50} = 2.60μmol/L, 对照舒尼替尼, IC_{50} = 0.12μmol/L).【文献】S. S. Ebada, et al. BoMC, 2011, 19, 4644.

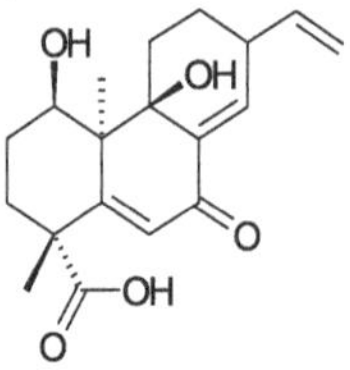

1436 Nanolobatolide 短指软珊瑚内酯*

【基本信息】$C_{18}H_{26}O_3$.【类型】杂项三环二萜.【来源】短指软珊瑚属 *Sinularia nanolobata* (中国台湾水域).【活性】抗神经系统炎症.【文献】Y. -J. Tseng, et al. Org. Lett., 2009, 11, 5030.

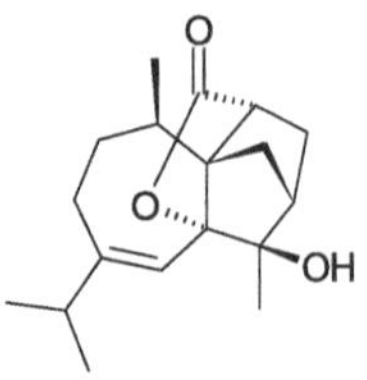

1437 Plumarellide 普鲁玛柳珊瑚内酯*

【基本信息】$C_{21}H_{26}O_6$, 晶体 (甲醇), mp 223~225°C, $[\alpha]_D^{25}$ = +109.6° (*c* = 0.23, 氯仿/甲醇).【类型】杂项三环二萜.【来源】Primnoidae 科柳珊瑚 *Plumarella* sp. (嗜冷生物, 冷水域, 靠近千岛群岛, 西北太平洋).【活性】溶血的 (对小鼠血红细胞, 140μmol/L 浓度诱导 50%溶血反应).【文献】V. A. Stonik, et al. Tetrahedron Lett., 2002, 43, 315; M.D. Lebar, et al. NPR, 2007, 24, 774 (Rev.).

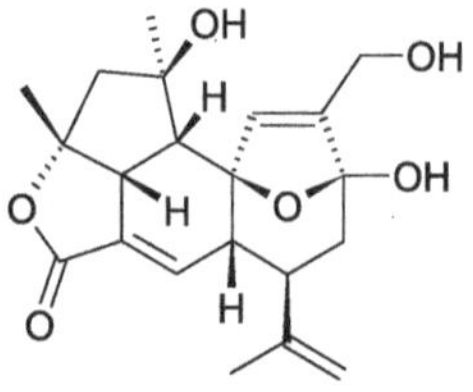

1438 Plumisclerin A 普鲁米思科列柳珊瑚素 A*

【基本信息】$C_{26}H_{36}O_8$.【类型】杂项三环二萜.【来源】刺胞动物门珊瑚纲八放珊瑚亚纲海鸡冠目软珊瑚 *Plumigorgia terminosclera* (马约特岛, 马达加斯加海峡, 科摩罗群岛).【活性】细胞毒 (中等活性).【文献】M. J. Martın, et al. Org. Lett., 2010, 12, 912.

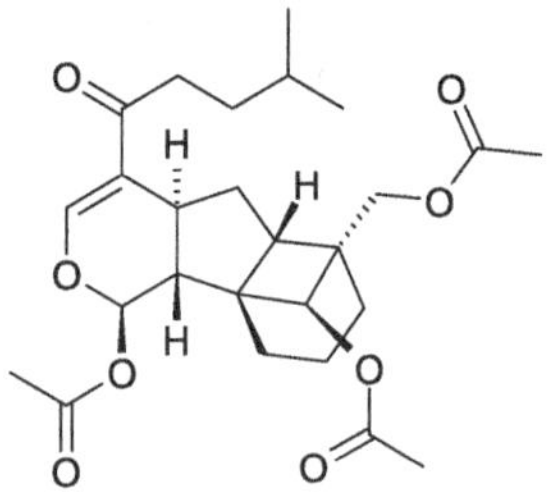

1439 Sarcophytin 肉芝软珊瑚亭*

【基本信息】$C_{21}H_{30}O_5$, 晶体, mp 160~162°C, $[\alpha]_D^{25}$ = +924.4° (*c* = 0.5, 氯仿); mp 162~163°C, $[\alpha]_D^{25}$ = +0.24° (*c* = 0.08, 氯仿).【类型】杂项三环二萜.【来源】惊恐短指软珊瑚* *Sinularia pavida* (三亚湾, 海南, 中国) 和肉芝软珊瑚属 *Sarcophyton elegans* (安达曼和尼科巴群岛, 印度洋).【活性】细胞毒 (HL60, HCT8, HepG2, BGC823, A549 和 A375, 所有的 IC_{50} > 10μg/mL).【文献】A. S. R. Anjaneyulu, et al. Indian J. Chem., Sect. B, 1998, 37, 1090; A. S. R. Anjaneyulu, et al. Tetrahedron Lett., 1998, 39, 139; A. S. R, Anjaneyuju, et al. J. Indian Chem. Soc., 1999, 76, 651; S. Shen, et al. Tetrahedron Lett., 2012, 53, 5759.

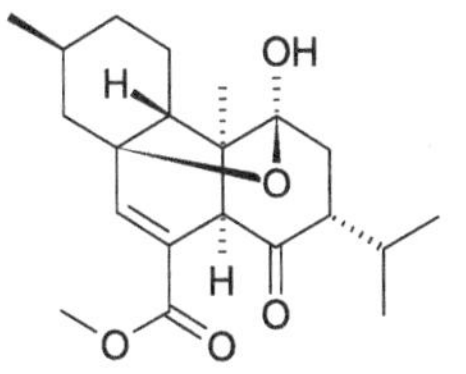

1440 Aberrarone 阿泊拉酮*

【基本信息】$C_{20}H_{26}O_4$, 橙色晶体, $[\alpha]_D^{25} = +2.2°$ ($c = 1.4$, 氯仿).【类型】杂项四环二萜.【来源】伊丽莎白柳珊瑚* *Pseudopterogorgia elisabethae* (圣安德烈斯群岛外海, 哥伦比亚, 采样深度28m).【活性】杀疟原虫的 (恶性疟原虫 *Plasmodium falciparum,* $IC_{50} = 10\mu g/mL$).【文献】I. I. Rodriguez, et al. JOC, 2009, 74, 7581.

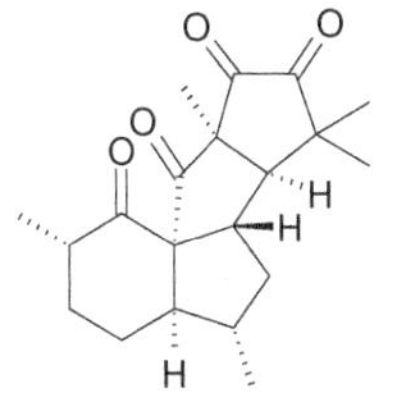

1441 15-Chloro-14-hydroxyxestoquinone 15-氯-14-羟基锉海绵醌*

【基本信息】$C_{20}H_{13}ClO_5$, 黄色固体, $[\alpha]_D = +29.6°$ ($c = 2.8$, 氯仿).【类型】杂项四环二萜.【来源】锉海绵属 *Xestospongia* sp.【活性】拓扑异构酶Ⅱ抑制剂.【文献】G. P. Concepcion, et al. JMC, 1995, 38, 4503.

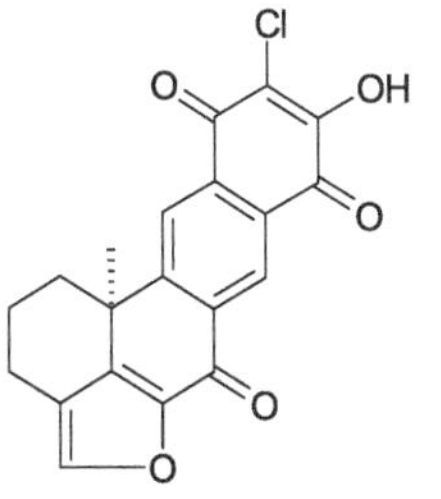

1442 14-Chloro-15-hydroxyxestoquinone 14-氯-15-羟基锉海绵醌*

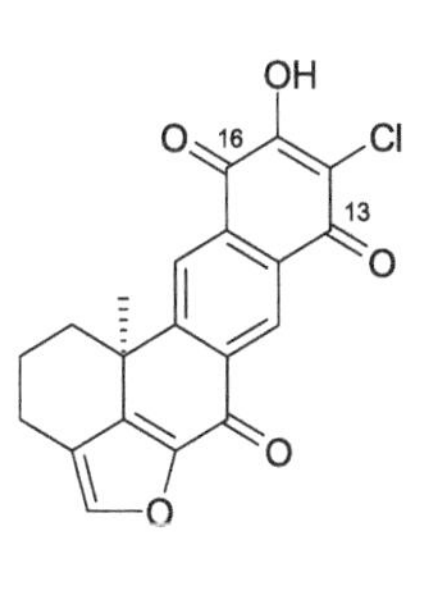

【基本信息】$C_{20}H_{13}ClO_5$, 黄色固体.【类型】杂项四环二萜.【来源】锉海绵属 *Xestospongia* sp.【活性】拓扑异构酶Ⅱ抑制剂.【文献】G. P. Concepcion, et al. JMC, 1995, 38, 4503.

1443 Colombiasin A 哥伦比亚柳珊瑚新 A*

【基本信息】$C_{20}H_{26}O_3$, 黄色油状物, $[\alpha]_D^{25} = -55.3°$ ($c = 0.9$, 氯仿).【类型】杂项四环二萜.【来源】伊丽莎白柳珊瑚* *Pseudopterogorgia elisabethae* (哥伦比亚).【活性】杀疟原虫的 (恶性疟原虫 *Plasmodium falciparum,* $IC_{50} = 10\mu g/mL$).【文献】A. D. Rodriguez, et al. Org. Lett., 2000, 2, 507; I. I. Rodriguez, et al. JOC, 2009, 74, 7581.

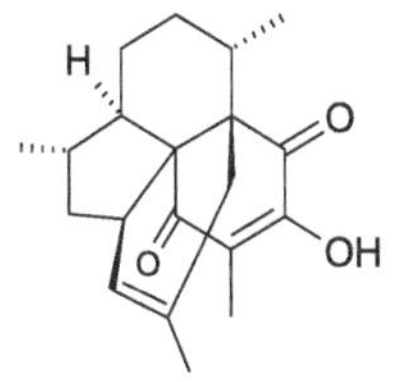

1444 Conidiogenol 蔻尼迪欧根醇*

【基本信息】$C_{20}H_{34}O_2$, 油状物, $[\alpha]_D^{20} = -20°$ ($c = 0.07$, 氯仿).【类型】杂项四环二萜.【来源】海洋导出的产黄青霉真菌 *Penicillium chrysogenum*, 来自红藻凹顶藻属 *Laurencia* sp. (涠洲岛, 广西, 中国), 陆地真菌圆弧青霉真菌 *Penicillium cyclopium.*【活性】抗菌 (荧光假单胞菌 *Pseudomonas fluorescens*, 和表皮葡萄球菌 *Staphylococcus epidermidis,* MIC 均为 $16\mu g/mL$).【文献】T. Rancal, et al. Tetrahedron Lett., 2002, 43, 6799; S. -S. Gao, et al. Chem. Biodiversity, 2011, 8, 1748.

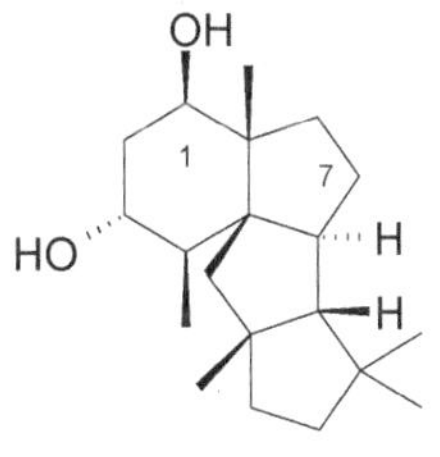

1445 Conidiogenone B 蔻尼迪欧根酮 B*

【基本信息】$C_{20}H_{30}O$, 油状物, $[\alpha]_D^{20} = -6°$ ($c = 0.55$, 甲醇).【类型】杂项四环二萜.【来源】海洋导出的产黄青霉真菌 *Penicillium chrysogenum*, 来自红藻凹顶藻属 *Laurencia* sp. (涠洲岛, 广西, 中国) 和海洋导出的真菌青霉属 sp. F23-2 (沉积物, 采样深度 5080m).【活性】细胞毒 (A549, $IC_{50} = 40.3\mu mol/L$; HL60, $IC_{50} = 28.2\mu mol/L$; Bel7402,

IC_{50} > 50μmol/L; Molt4, IC_{50} > 50μmol/L); 抗菌 (MRSA, 荧光假单胞菌 *Pseudomonas fluorescens*, 铜绿假单胞菌 *Pseudomonas aeruginosa*, 和表皮葡萄球菌 *Staphylococcus epidermidis*, 所有的 MIC = 8μg/mL).【文献】L. Du, et al. Tetrahedron, 2009, 65, 1033; S. -S. Gao, et al. Chem. Biodiversity, 2011, 8, 1748.

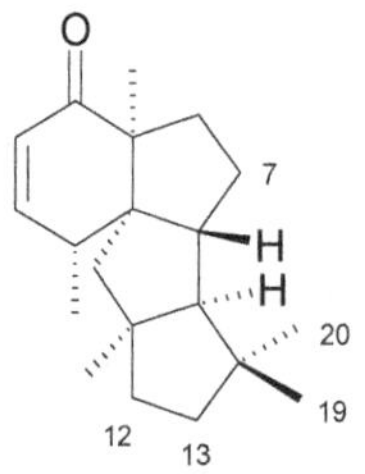

1446 Conidiogenone C 蔻尼迪欧根酮 C*

【基本信息】$C_{20}H_{30}O_2$, 油状物, $[\alpha]_D^{20}$ = −11.9° (*c* = 0.04, 甲醇).【类型】杂项四环二萜.【来源】海洋导出的真菌青霉属 *Penicillium* sp. F23-2 (沉积物, 采样深度 5080m).【活性】细胞毒 (A549, IC_{50} > 50μmol/L; HL60, IC_{50} = 0.038μmol/L; Bel7402, IC_{50} = 0.97μmol/L; Molt4, IC_{50} > 50μmol/L).【文献】L. Du, et al. Tetrahedron, 2009, 65, 1033.

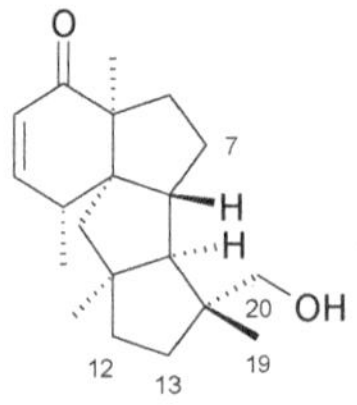

1447 Conidiogenone D 蔻尼迪欧根酮 D*

【基本信息】$C_{20}H_{30}O_2$, 油状物, $[\alpha]_D^{20}$ = −8.6° (*c* = 0.34, 甲醇).【类型】杂项四环二萜.【来源】海洋导出的真菌青霉属 *Penicillium* sp. F23-2 (沉积物, 采样深度 5080m).【活性】细胞毒 (A549, IC_{50} = 9.3μmol/L; HL60, IC_{50} = 5.3μmol/L; Bel7402, IC_{50} = 11.7μmol/L; Molt4, IC_{50} = 21.1μmol/L).【文献】L. Du, et al. Tetrahedron, 2009, 65, 1033.

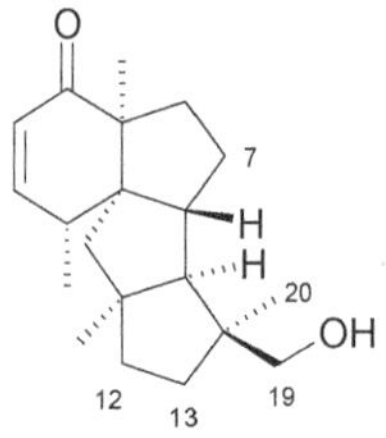

1448 Conidiogenone E 蔻尼迪欧根酮 E*

【基本信息】$C_{20}H_{30}O_2$, 油状物, $[\alpha]_D^{20}$ = −26.2° (*c* = 0.075, 甲醇).【类型】杂项四环二萜.【来源】海洋导出的真菌青霉属 *Penicillium* sp. F23-2 (沉积物, 采样深度 5080m).【活性】细胞毒 (A549, IC_{50} = 15.1μmol/L; HL60, IC_{50} = 8.5μmol/L; Bel7402, IC_{50} > 50μmol/L; Molt4, IC_{50} = 25.8μmol/L).【文献】L. Du, et al. Tetrahedron, 2009, 65, 1033.

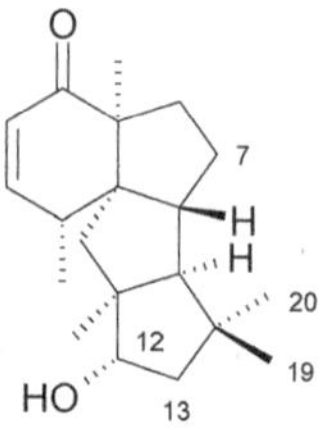

1449 Conidiogenone F 蔻尼迪欧根酮 F*

【基本信息】$C_{20}H_{30}O_2$, 油状物, $[\alpha]_D^{20}$ = −13.7° (*c* = 0.06, 甲醇).【类型】杂项四环二萜.【来源】海洋导出的真菌青霉属 *Penicillium* sp. F23-2 (沉积物, 采样深度 5080m).【活性】细胞毒 (A549, IC_{50} = 42.2μmol/L; HL60, IC_{50} = 17.8μmol/L; Bel7402, IC_{50} = 17.1μmol/L; Molt4, IC_{50} > 50μmol/L).【文献】L. Du, et al. Tetrahedron, 2009, 65, 1033.

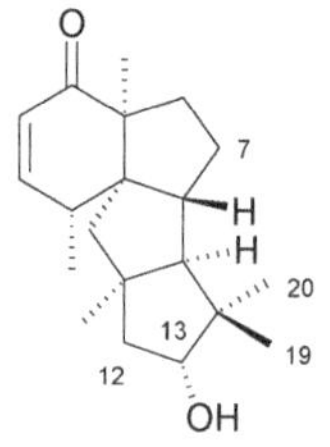

1450 Conidiogenone G 蔻尼迪欧根酮 G*

【基本信息】$C_{20}H_{30}O_2$, 油状物, $[\alpha]_D^{20}$ = +27.7° (*c* = 0.09, 甲醇).【类型】杂项四环二萜.【来源】海洋导出的真菌青霉属 *Penicillium* sp. F23-2 (沉积物, 采样深度 5080m).【活性】细胞毒 (A549, IC_{50} = 8.3μmol/L; HL60, IC_{50} = 1.1μmol/L; Bel7402, IC_{50} = 43.2μmol/L; Molt4, IC_{50} = 4.7μmol/L).【文献】L. Du, et al. Tetrahedron, 2009, 65, 1033.

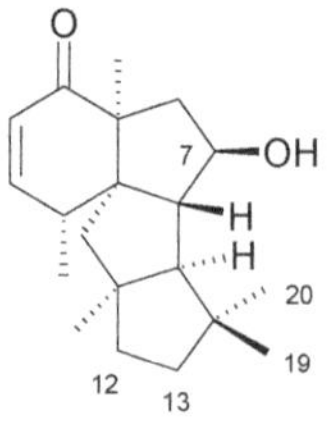

1451 Conidiogenone H 蔻尼迪欧根酮 H*

【基本信息】$C_{18}H_{28}O_3$.【类型】杂项四环二萜.【来源】海洋导出的产黄青霉真菌 *Penicillium chrysogenum*, 来自红藻凹顶藻属 *Laurencia* sp. (涠洲岛, 广西, 中国).【活性】抗菌 (MRSA, 荧光假单孢菌 *Pseudomonas fluorescens*, 铜绿假单胞菌 *Pseudomonas aeruginosa* 和表皮葡萄球菌 *Staphylococcus epidermidis*, 所有的MIC > 256μg/mL).【文献】S. -S. Gao, et al. Chem. Biodivers., 2011, 8, 1748.

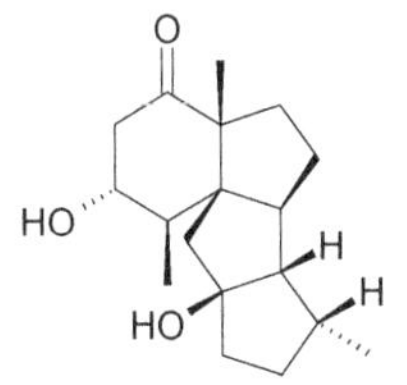

1452 Conidiogenone I 蔻尼迪欧根酮 I*

【基本信息】$C_{19}H_{33}O_3$.【类型】杂项四环二萜.【来源】海洋导出的产黄青霉真菌 *Penicillium chrysogenum*, 来自红藻凹顶藻属 *Laurencia* sp. (涠洲岛, 广西, 中国).【活性】抗菌 (MRSA, 荧光假单胞菌 *Pseudomonas fluorescens*, 铜绿假单胞菌 *Pseudomonas aeruginosa* 和表皮葡萄球菌 *Staphylococcus epidermidis*, 所有的MIC > 256μg/mL).【文献】S. -S. Gao, et al. Chem. Biodivers., 2011, 8, 1748.

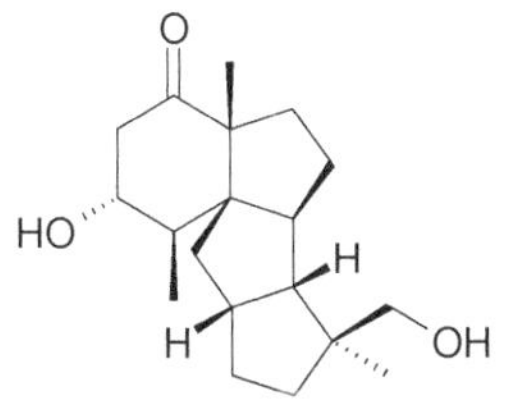

1453 14,15-Dihydroxymethylxestoquinone 14,15-双羟基甲基锉海绵醌*

【基本信息】$C_{20}H_{16}O_5$.【类型】杂项四环二萜.【来源】石海绵属 *Petrosia alfiani* (马来西亚).【活性】低氧诱导型因子-1 (HIF-1) 激活剂.【文献】V. Costantino, et al. JOC, 2012, 77, 6377.

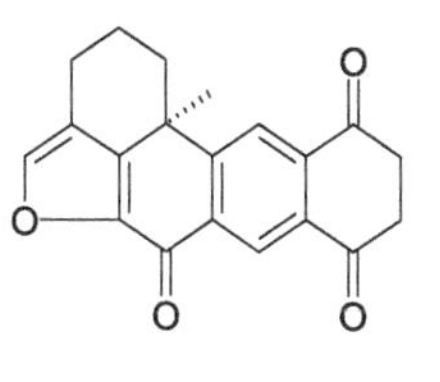

1454 Elisapterosin A 伊丽莎白柳珊瑚新 A*

【基本信息】$C_{20}H_{28}O_5$, 晶体, $[\alpha]_D^{25} = +140.7°$ ($c = 1.4$, 氯仿).【类型】杂项四环二萜.【来源】伊丽莎白柳珊瑚* *Pseudopterogorgia elisabethae* (哥伦比亚) 和伊丽莎白柳珊瑚* *Pseudopterogorgia elisabethae* (西印度洋, 加勒比海).【活性】抗结核 (高活性, *in vitro*).【文献】A. D. Rodríguez, et al. JOC, 2000, 65, 1390.

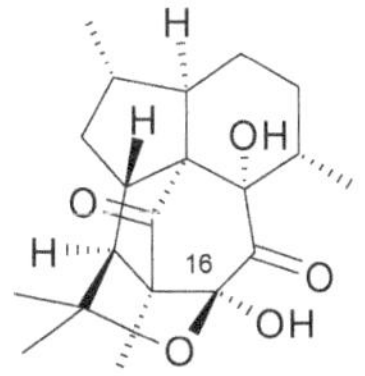

1455 Elisapterosin B 伊丽莎白柳珊瑚新 B*

【基本信息】$C_{20}H_{26}O_3$, 晶体, $[\alpha]_D^{25} = -3°$ ($c = 4.4$, 氯仿).【类型】杂项四环二萜.【来源】伊丽莎白柳珊瑚* *Pseudopterogorgia elisabethae* (哥伦比亚) 和伊丽莎白柳珊瑚* *Pseudopterogorgia elisabethae* (西印度洋, 加勒比海).【活性】抗结核 (结核分枝杆菌 *Mycobacterium tuberculosis* H37Rv, 12.5μg/mL, InRt = 79%); 细胞毒 (SF268, NCI-H460, MCF7, 没有值得注意的活性).【文献】A. D. Rodríguez, et al. JOC, 2000, 65, 1390.

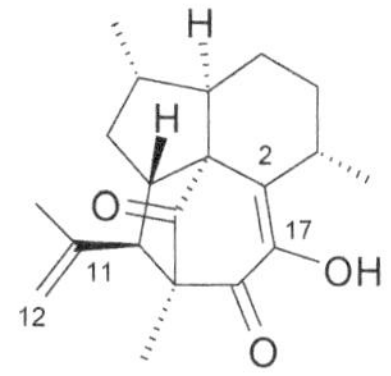

1456 Halenaquinol 哈列那醌醇*

【别名】8,11-Dihydroxy-12b-methyl-1*H*-benzo[6,7]phenanthro[10,1-*bc*]furan-3,6(2*H*,12b*H*)-dione; 8,11-二羟基-12b-甲基-1*H*-苯并[6,7]菲酚[10,1-*bc*]呋喃-3,6(2*H*,12b*H*)-二酮.【基本信息】$C_{20}H_{14}O_5$, 黄色固体, $[\alpha]_{577nm} = +179°$ (丙酮).【类型】杂项四环二萜.【来源】碳锉海绵* *Xestospongia carbonaria* (斐济) 和腐烂锉海绵* *Xestospongia sapra*.【活性】酪氨酸激酶 $pp60^{V\text{-}SRC}$ 抑制剂 ($IC_{50} = 60.0\mu mol/L$); 抗生素; 强心剂; 抗病毒 (有潜力的劳斯氏肉瘤病毒不可逆转抑制剂).【文献】N. Harada, et al. JACS, 1989, 111, 5668; R. H. Lee, et al. Biochem. Biophys. Res. Commun., 1992, 184, 765; K. A. Alvi, et al. JOC, 1993, 58, 4871; P. Wipf, et al. Org.

Biomol. Chem., 2005, 3, 2053; D. Skropeta, et al. Mar. Drugs, 2011, 9, 2131 (Rev.).

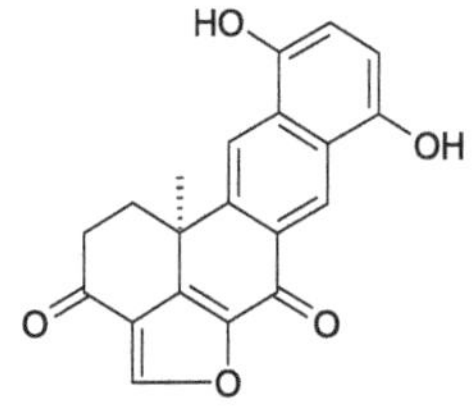

1457 Halenaquinol *O*[16]-sulfate 哈列那醌醇 *O*[16]-硫酸酯*

【基本信息】$C_{20}H_{14}O_8S$, 黄色固体, $[\alpha]_{577.00}=+106°$ (丙酮).【类型】杂项四环二萜.【来源】碳锉海绵* *Xestospongia carbonaria* (斐济) 和腐烂锉海绵* *Xestospongia sapra*.【活性】酪氨酸激酶 pp60$^{V\text{-}SRC}$ 抑制剂 ($IC_{50}=0.55\mu mol/L$).【文献】M. Kobayashi, et al. CPB, 1985, 33, 1305; R. H. Lee, et al. Biochem. Biophys. Res. Commun., 1992, 184, 765; J. Kobayashi, et al. JNP, 1992, 55, 994; D. Skropeta, et al. Mar. Drugs, 2011, 9, 2131 (Rev.).

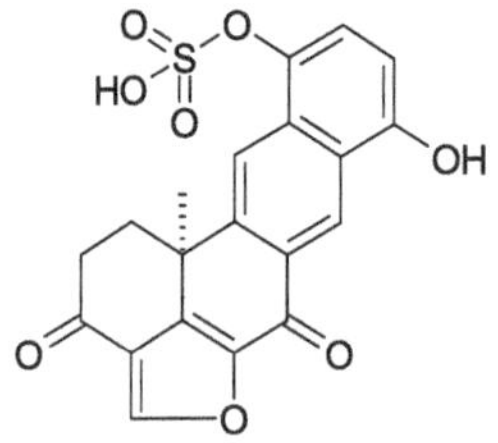

1458 Halenaquinone 哈列那醌*

【基本信息】$C_{20}H_{12}O_5$, 黄色固体, mp > 250°C, $[\alpha]_D^{25}=+22.2°$ ($c=0.124$, 氯仿); mp 186~188°C, $[\alpha]_D^{25}=+62.1°$ ($c=0.066$, 二氯甲烷).【类型】杂项四环二萜.【来源】碳锉海绵* *Xestospongia carbonaria* (斐济), 锉海绵属 *Xestospongia* sp. (瓦努阿图), 小锉海绵* *Xestospongia exigua*, 隐海绵属 *Adocia* sp. 和角骨海绵属 *Spongia* sp.【活性】酪氨酸激酶 pp60$^{V\text{-}SRC}$ 抑制剂 ($IC_{50}=1.5\mu mol/L$); 人激酶表皮生长因子受体 EGFR 抑制剂 ($IC_{50}=19\mu mol/L$); 抗生素; 强心活性; 抗肿瘤 (停止各种细胞株的增殖, 包括被致癌的 PTKs 转换的那些); 重组人 Cdc25b 磷酸酶抑制剂 (依赖细胞周期素激酶 Cdc2 激活剂, 是进入细胞周期有丝分裂阶段所必需的, $IC_{50}=0.7\mu mol/L$); 去氧核糖核酸 DNA 拓扑异构酶 I 抑制剂 (MIC = 0.4μg/mL); 抗菌 (金黄色葡萄球菌 *Staphylococcus aureus*, 枯草杆菌 *Bacillus subtilis*).【文献】D. M. Roll, et al. JACS, 1983, 105, 6177; H. Nakamura, et al. Chem. Lett., 1985, 6177; M. Kobayashi, et al. CPB, 1985, 33, 1305; M. Kobayashi, et al. Tetrahedron Lett., 1985, 26, 3833; R. H. Lee ,et al. Biochem. Biophys. Res. Commun., 1992, 184, 765; J. Kobayashi, et al. JNP, 1992, 55, 994; K. A. Alvi, et al. JOC, 1993, 58, 4871; F. Miyazaki, et al. Tetrahedron, 1998, 54, 13073; P. Wipf, et al. Org. Biomol. Chem., 2005, 3, 2053; S. Cao, et al. BoMC, 2005, 13, 999; D. Skropeta, et al. Mar. Drugs, 2011, 9, 2131 (Rev.).

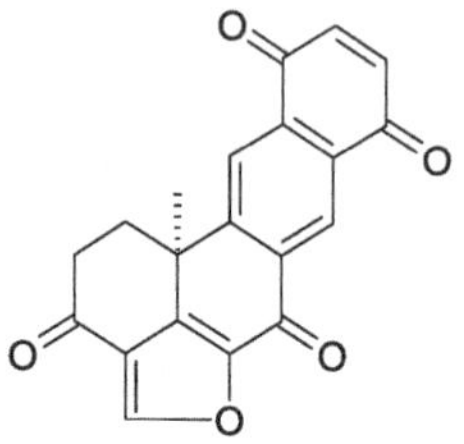

1459 15-Hydroxymethylxestoquinone 15-羟基甲基锉海绵醌*

【基本信息】$C_{21}H_{16}O_5$.【类型】杂项四环二萜.【来源】石海绵属 *Petrosia alfiani* (马来西亚).【活性】低氧诱导型因子-1 (HIF-1) 激活剂.【文献】V. Costantino, et al. JOC, 2012, 77, 6377.

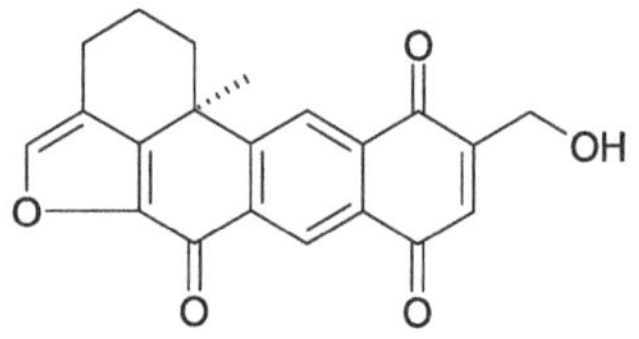

1460 14-Hydroxymethylxestoquinone 14-羟基甲基锉海绵醌*

【基本信息】$C_{21}H_{16}O_5$【类型】杂项四环二萜.【来源】石海绵属 *Petrosia alfiani* (马来西亚).【活性】低氧诱导型因子-1 (HIF-1) 激活剂; 提高呼吸和降低线粒体膜电位 (提示使线粒体呼吸解偶联的作用方式).【文献】V. Costantino, et al. JOC, 2012, 77, 6377; L. Du, et al. JNP, 2012, 75, 1553.

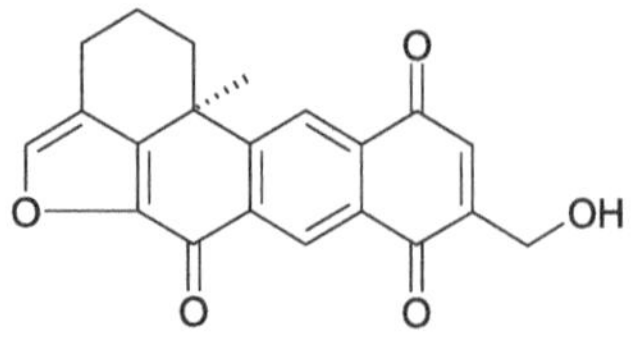

1461 Hypoxysordarin 碳团菌搜达林*

【基本信息】$C_{36}H_{50}O_{11}$, 油状物, $[\alpha]_D$= +17° (c = 0.35, 氯仿).【类型】杂项四环二萜.【来源】海洋导出的真菌碳团菌属 *Hypoxylon croceum* (来自腐木, 河口湾, 佛罗里达湿地, 佛罗里达, 美国).【活性】抗真菌 (串联稀释实验: 灰绿犁头霉 *Absidia glauca,* 米黑毛霉 *Mucor miehei,* 多变拟青霉菌 *Paecilomyces variotii,* 特异青霉菌 *Penicillium notatum,* 岛青霉 *Penicillium islandicum,* MIC_{50} (抑制真菌的, 化合物去除后,生长又开始了) 分别为 20μg/mL, 1μg/mL, 2μg/mL, 2μg/mL, 10μg/mL); 细胞毒 (HL60, IC_{50} = 50μg/mL).【文献】M. Daferner, et al. Z. Naturforsch. Teil C, 1999, 54, 474.

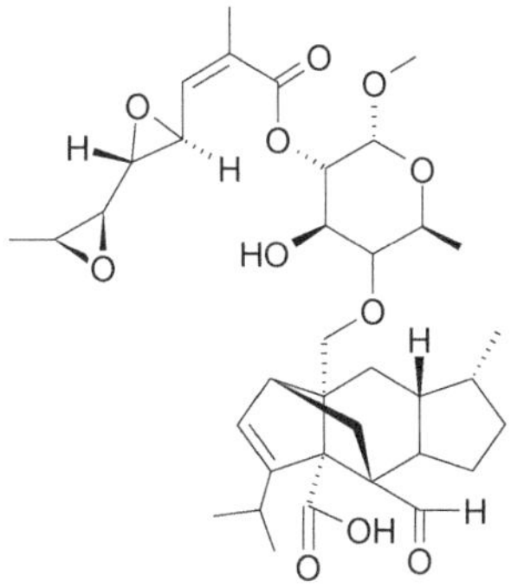

1462 14-Methoxyhalenaquinone 14-甲氧基哈列那醌*

【别名】Methoxyhalenaquinone; 甲氧基哈列那醌*.【基本信息】$C_{21}H_{14}O_6$, 粉红黄色固体.【类型】杂项四环二萜.【来源】碳锉海绵* *Xestospongia* cf. *carbonaria* 和锉海绵属 *Xestospongia* sp. (印度尼西亚).【活性】酪氨酸蛋白激酶 TPK 抑制剂 (IC_{50} = 5μmol/L).【文献】K. A. Alvi, et al. JOC, 1993, 58, 4871; Y. Zhu, et al. Heterocycles, 1998, 49, 355; M. Gordaliza, et al. Mar. Drugs, 2010, 8, 2849 (Rev.); D. Skropeta, et al. Mar. Drugs, 2011, 9, 2131 (Rev.).

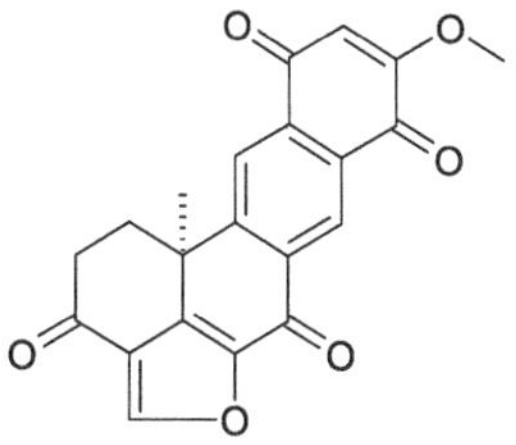

1463 15-Methoxyxestoquinone 15-甲氧基锉海绵醌*

【基本信息】$C_{21}H_{16}O_5$, 黄色固体.【类型】杂项四环二萜.【来源】锉海绵属 *Xestospongia* sp.【活性】拓扑异构酶Ⅱ抑制剂.【文献】G. P. Concepcion, et al. JMC, 1995, 38, 4503.

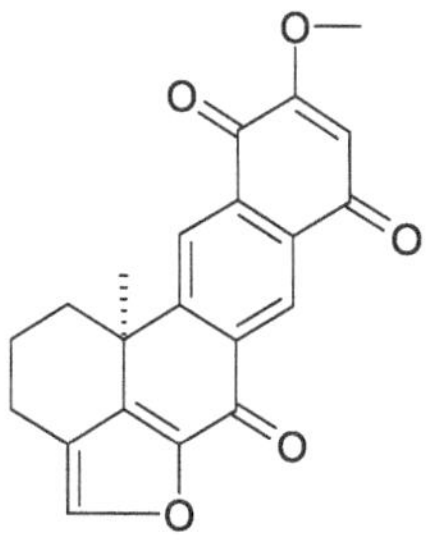

1464 14-Methoxyxestoquinone 14-甲氧基锉海绵醌*

【基本信息】$C_{21}H_{16}O_5$, 黄色固体, $[\alpha]_D$ = +13.1° (c = 3.1, 氯仿).【类型】杂项四环二萜.【来源】锉海绵属 *Xestospongia* sp.【活性】拓扑异构酶Ⅱ抑制剂; 蛋白酪氨酸激酶抑制剂.【文献】K. A. Alvi, et al. JOC, 1993, 58, 4871; G. P. Concepcion, et al. JMC, 1995, 38, 4503.

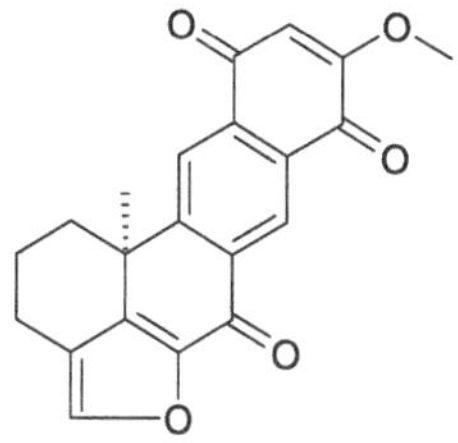

1465 (−)-Prehalenaquinone (−)-前哈列那醌*

【基本信息】$C_{20}H_{16}O_5$, 晶体, mp 207°C (合成样本), $[\alpha]_D$ = −47.5° (c = 0.747, 氯仿) (合成样本).【类型】杂项四环二萜.【来源】腐烂锉海绵* *Xestospongia sapra* (冲绳, 日本).【活性】假定的哈列那醌醇和齐斯托醌的生物合成前体 (GMT30 in DNP).【文献】N. Harada, et al. JOC, 1994, 59, 6606.

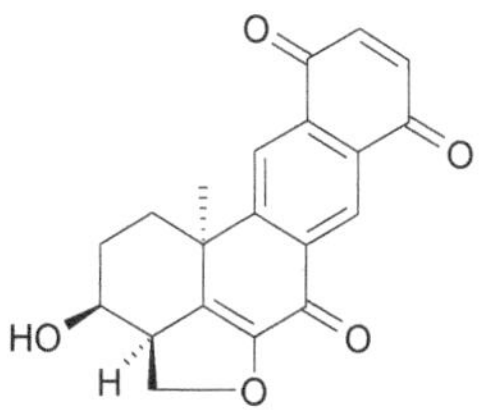

1466 Secoadociaquinone A 断隐海绵醌 A*

【基本信息】$C_{22}H_{19}NO_7S$, 橙色固体.【类型】杂项四环二萜.【来源】锉海绵属 *Xestospongia* sp.

【活性】拓扑异构酶Ⅱ抑制剂.【文献】G. P. Concepcion, et al. JMC, 1995, 38, 4503.

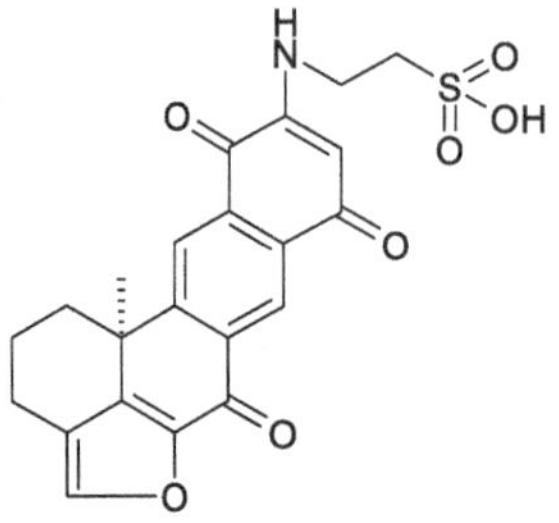

1467 Secoadociaquinone B 断隐海绵醌 B*

【基本信息】$C_{22}H_{19}NO_7S$, 橙色固体, $[\alpha]_D = +30.3°$ ($c = 1.1$, 甲醇).【类型】杂项四环二萜.【来源】锉海绵属 *Xestospongia* sp.【活性】拓扑异构酶Ⅱ抑制剂.【文献】G. P. Concepcion, et al. JMC, 1995, 38, 4503.

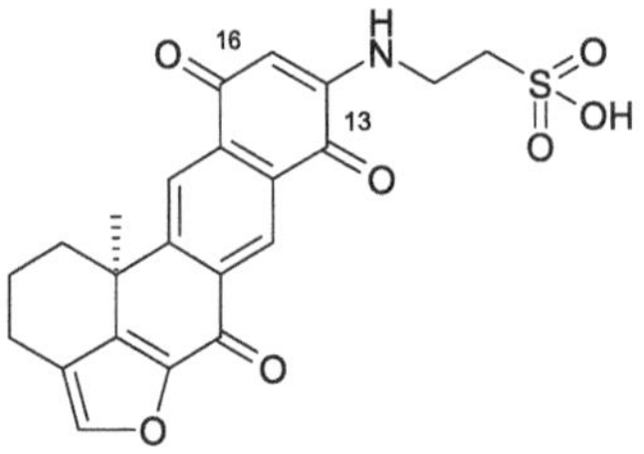

1468 Tetrahydrohalenaquinone A 四氢哈列那醌 A*

【基本信息】$C_{20}H_{20}O_5$, 固体, mp 234°C, $[\alpha]_D = +12°$.【类型】杂项四环二萜.【来源】碳锉海绵* *Xestospongia* cf. *carbonaria*.【活性】PTK 抑制剂.【文献】K. A. Alvi, et al. JOC, 1993, 58, 4871.

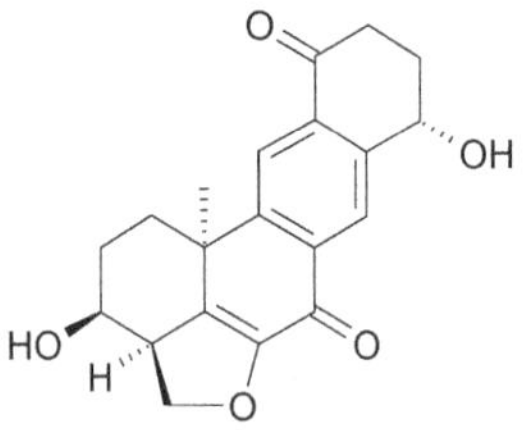

1469 Tetrahydrohalenaquinone B 四氢哈列那醌 B*

【别名】Xestosaprol A epimer; 腐烂锉海绵醇 A 差向异构体*.【基本信息】$C_{20}H_{20}O_5$, 固体, mp 234°C, $[\alpha]_D = +24°$.【类型】杂项四环二萜.【来源】碳锉海绵* *Xestospongia* cf. *carbonaria*.【活性】PTK 抑制剂.【文献】K. A. Alvi, et al. JOC, 1993, 58, 4871.

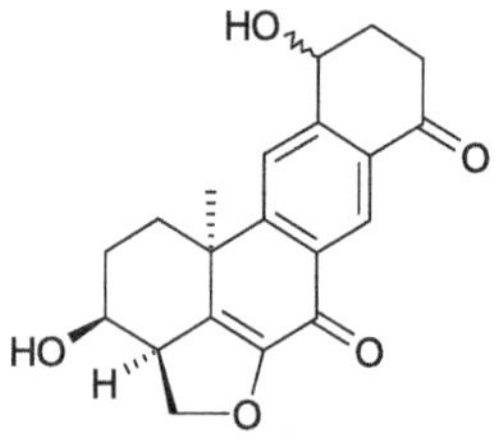

1470 Xestoquinol 16-sulfate 锉海绵醌醇 16-硫酸酯

【基本信息】$C_{20}H_{16}O_7S$, $[\alpha]_D^{25} = +27°$ ($c = 0.56$, 甲醇).【类型】杂项四环二萜.【来源】腐烂锉海绵* *Xestospongia sapra*.【活性】去氧核糖核酸 DNA 拓扑异构酶Ⅰ抑制剂 (MIC = 10μg/mL).【文献】J. Kobayashi, et al. JNP, 1992, 55, 994.

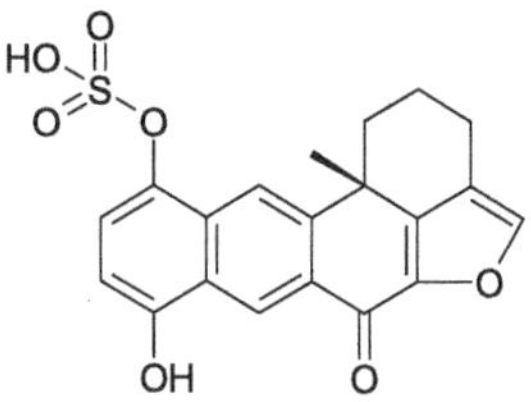

1471 Xestoquinone 锉海绵醌*

【基本信息】$C_{20}H_{14}O_4$, 黄色粉末, mp 212~214°C (分解), $[\alpha]_D^{25} = +17.2°$ ($c = 1.16$, 二氯甲烷).【类型】杂项四环二萜.【来源】碳锉海绵* *Xestospongia carbonaria* (斐济), 锉海绵属 *Xestospongia* sp. (瓦努阿图), 腐烂锉海绵* *Xestospongia sapra* 和隐海绵属 *Adocia* sp.【活性】酪氨酸激酶 pp60$^{V\text{-}SRC}$ 抑制剂 ($IC_{50} = 28.0μmol/L$); 激酶 Pfnek-1 抑制剂 (恶性疟原虫 *Plasmodium falciparum*, $IC_{50} = 1.1μmol/L$); 激酶 PfPK5 抑制剂 (低活性); 强心剂; 拓扑异构酶Ⅰ抑制剂.【文献】H. Nakamura, et al. Chem. Lett., 1985, 713; R. H. Lee, et al. Biochem. Biophys. Res. Commun., 1992, 184, 765; D. Skropeta, et al. Mar. Drugs, 2011, 9, 2131 (Rev.).

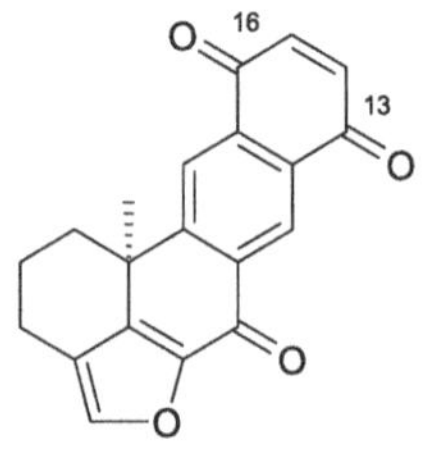

1472 Xestosaprol A 腐烂锉海绵醇 A*

【基本信息】$C_{20}H_{20}O_5$, 黄色固体, $[\alpha]_D^{27} = -42°$ ($c = 0.35$, 甲醇).【类型】杂项四环二萜.【来源】

腐烂锉海绵* *Xestospongia sapra*.【活性】去氧核糖核酸DNA拓扑异构酶Ⅰ抑制剂 (MIC = 12.5μg/mL).【文献】J. Kobayashi, et al. JNP, 1992, 55, 994.

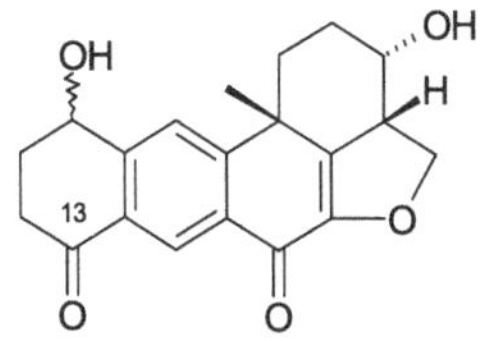

1473 Xestosaprol A 13-hydroxy-16-ketone isomer 腐烂锉海绵醇A 13-羟基-16-酮的同分异构体

【基本信息】$C_{20}H_{20}O_5$.【类型】杂项四环二萜.【来源】腐烂锉海绵* *Xestospongia sapra*.【活性】去氧核糖核酸 DNA 拓扑异构酶Ⅰ抑制剂 (MIC = 2.5μg/mL).【文献】J. Kobayashi, et al. JNP, 1992, 55, 994.

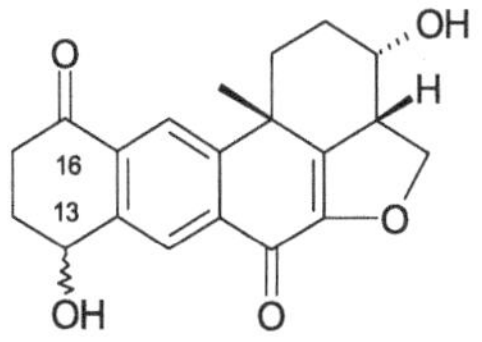

1474 Xestosaprol B 腐烂锉海绵醇B*

【基本信息】$C_{20}H_{22}O_5$, 黄色固体, $[\alpha]_D^{27} = +49°$ ($c = 0.22$, 甲醇).【类型】杂项四环二萜.【来源】腐烂锉海绵* *Xestospongia sapra*.【活性】去氧核糖核酸 DNA 拓扑异构酶Ⅰ抑制剂 (MIC = 12.5μg/mL).【文献】J. Kobayashi, et al. JNP, 1992, 55, 994.

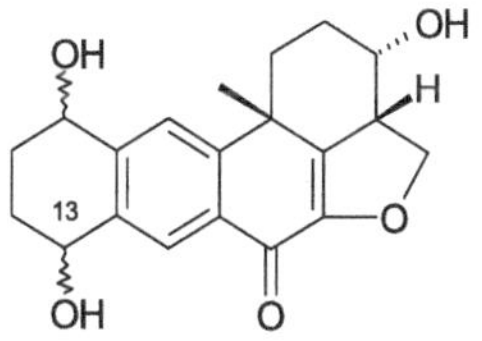

1475 Xestosaprol F 腐烂锉海绵醇F*

【基本信息】$C_{22}H_{22}O_5$, 黄色粉末, $[\alpha]_D^{22} = +14°$ ($c = 0.2$, 甲醇).【类型】杂项四环二萜.【来源】锉海绵属 *Xestospongia* sp. (香格拉齐岛, 印度尼西亚).【活性】BACE1 天冬氨酸蛋白酶抑制剂 [IC_{50} = (135±11)μmol/L, 标准分泌酶抑制剂Ⅳ, IC_{50} = (0.015±0.001)μmol/L].【文献】J. Dai, et al. JNP, 2010, 73, 1188.

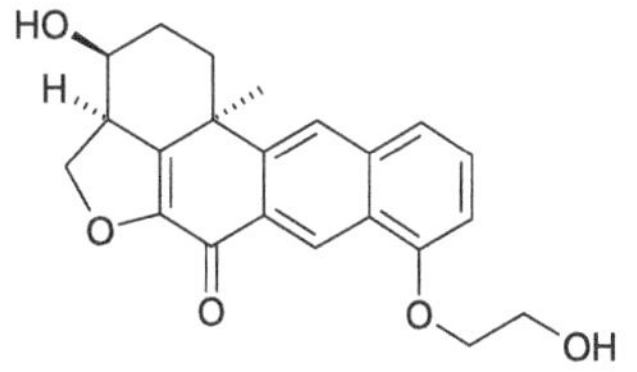

1476 Xestosaprol G 腐烂锉海绵醇G*

【基本信息】$C_{20}H_{18}O_4$, 黄色粉末, $[\alpha]_D^{22} = -8.7°$ ($c = 0.2$, 甲醇).【类型】杂项四环二萜.【来源】锉海绵属 *Xestospongia* sp. (香格拉齐岛, 印度尼西亚).【活性】BACE1 天冬氨酸蛋白酶抑制剂 [IC_{50} = (155±15)μmol/L, 标准分泌酶抑制剂Ⅳ, IC_{50} = (0.015±0.001)μmol/L].【文献】J. Dai, et al. JNP, 2010, 73, 1188.

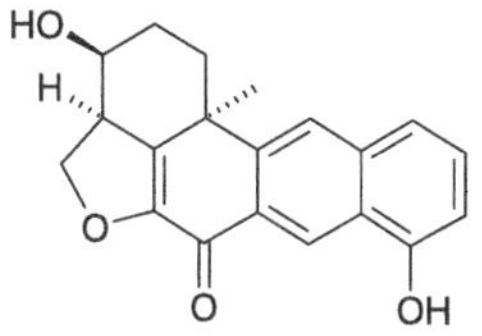

1477 Xestosaprol H 腐烂锉海绵醇H*

【基本信息】$C_{22}H_{22}O_5$, 黄色粉末, $[\alpha]_D^{22} = -10°$ ($c = 0.2$, 甲醇).【类型】杂项四环二萜.【来源】锉海绵属 *Xestospongia* sp. (香格拉齐岛, 印度尼西亚).【活性】BACE1 天冬氨酸蛋白酶抑制剂 [IC_{50} = (82±3)μmol/L, 标准分泌酶抑制剂Ⅳ, IC_{50} = (0.015±0.001)μmol/L; BACE1 是阿尔茨海默病病原学的中心角色].【文献】J. Dai, et al. JNP, 2010, 73, 1188.

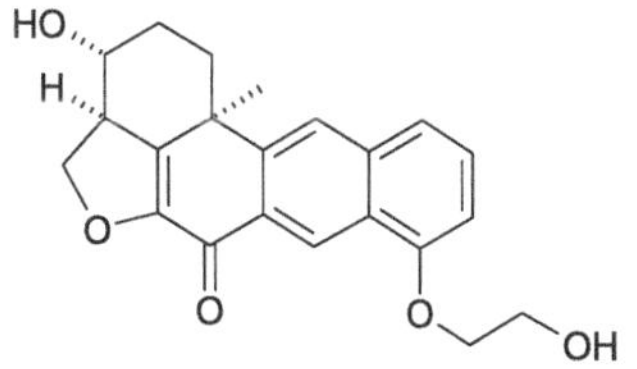

1478 Xestosaprol I 腐烂锉海绵醇I*

【基本信息】$C_{20}H_{18}O_3$, 黄色粉末, $[\alpha]_D^{22} = -27°$ ($c = 0.2$, 甲醇).【类型】杂项四环二萜.【来源】锉海绵属 *Xestospongia* sp. (香格拉齐岛, 印度尼西亚).【活性】BACE1 天冬氨酸蛋白酶抑制剂 [IC_{50} = (163±11)μmol/L, 标准分泌酶抑制剂Ⅳ, IC_{50} = (0.015±0.001)μmol/L].【文献】J. Dai, et al. JNP, 2010, 73, 1188.

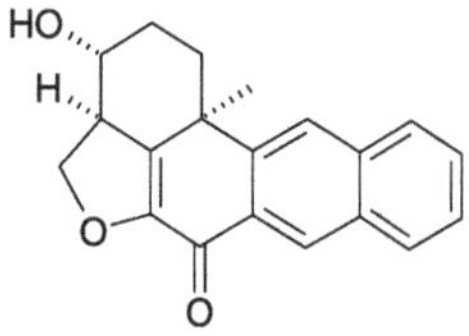

1479　Xestosaprol J　腐烂锉海绵醇 J*

【基本信息】$C_{21}H_{20}O_4$，黄色粉末，$[\alpha]_D^{22} = -42°$ ($c = 0.2$，甲醇).【类型】杂项四环二萜.【来源】锉海绵属 *Xestospongia* sp. (香格拉齐岛，印度尼西亚).【活性】BACE1 天冬氨酸蛋白酶抑制剂 ($IC_{50} = (90±5)\mu mol/L$，标准分泌酶抑制剂Ⅳ，$IC_{50} = (0.015±0.001)\mu mol/L$).【文献】J. Dai, et al. JNP, 2010, 73, 1188.

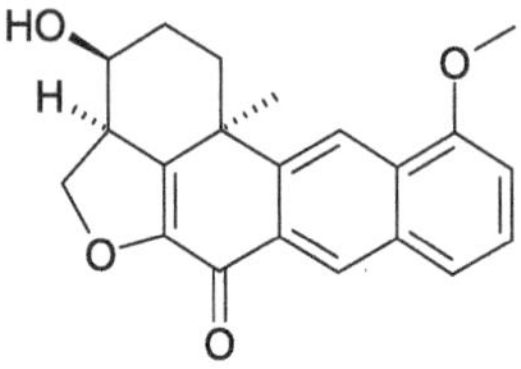

1480　Xestosaprol K　腐烂锉海绵醇 K*

【基本信息】$C_{20}H_{18}O_4$，黄色粉末，$[\alpha]_D^{22} = -20°$ ($c = 0.2$，甲醇).【类型】杂项四环二萜.【来源】锉海绵属 *Xestospongia* sp. (香格拉齐岛，印度尼西亚).【活性】BACE1 天冬氨酸蛋白酶抑制剂 [$IC_{50} = (93±4)\mu mol/L$，标准分泌酶抑制剂Ⅳ，$IC_{50} = (0.015±0.001)\mu mol/L$].【文献】J. Dai, et al. JNP, 2010, 73, 1188.

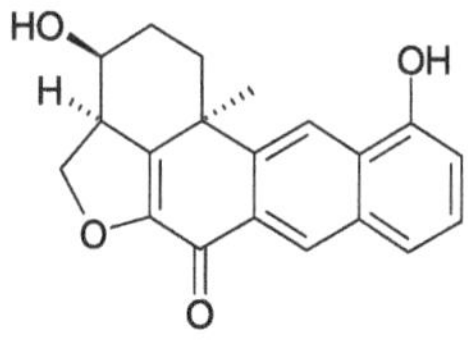

1481　Xestosaprol L　腐烂锉海绵醇 L*

【基本信息】$C_{20}H_{18}O_3$，黄色粉末，$[\alpha]_D^{22} = -8.7°$ ($c = 0.2$，甲醇).【类型】杂项四环二萜.【来源】锉海绵属 *Xestospongia* sp. (香格拉齐岛，印度尼西亚).【活性】BACE1 天冬氨酸蛋白酶抑制剂 [$IC_{50} = (98±8)\mu mol/L$，标准分泌酶抑制剂Ⅳ，$IC_{50} = (0.015±0.001)\mu mol/L$].【文献】J. Dai, et al. JNP, 2010, 73, 1188.

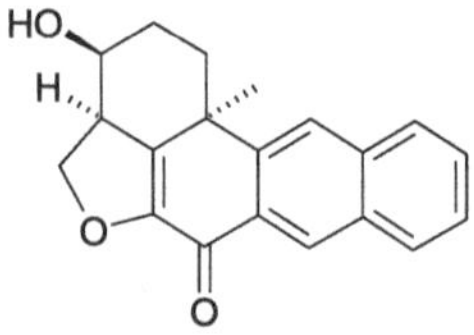

1482　Xestosaprol M　腐烂锉海绵醇 M*

【基本信息】$C_{20}H_{16}O_2$，黄色粉末，$[\alpha]_D^{22} = +17°$ ($c = 0.2$，甲醇).【类型】杂项四环二萜.【来源】锉海绵属 *Xestospongia* sp. (香格拉齐岛，印度尼西亚).【活性】BACE1 天冬氨酸蛋白酶抑制剂 [$IC_{50} = (104±8)\mu mol/L$，标准分泌酶抑制剂Ⅳ，$IC_{50} = (0.015±0.001)\mu mol/L$].【文献】J. Dai, et al. JNP, 2010, 73, 1188.

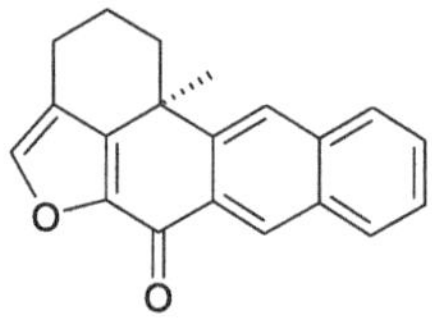

1483　Xestosaprol O　腐烂锉海绵醇 O*

【基本信息】$C_{21}H_{19}NO_7S$.【类型】杂项四环二萜.【来源】锉海绵属 *Xestospongia vansoesti* (巴拉望岛，菲律宾).【活性】IDO (吲哚胺 2,3 -加双氧酶) 抑制剂 ($IC_{50} = 4\mu mol/L$，肿瘤免疫逃逸抑制剂的先导物).【文献】R. M. Centko, et al. Org. Lett., 2014, 16, 6480.

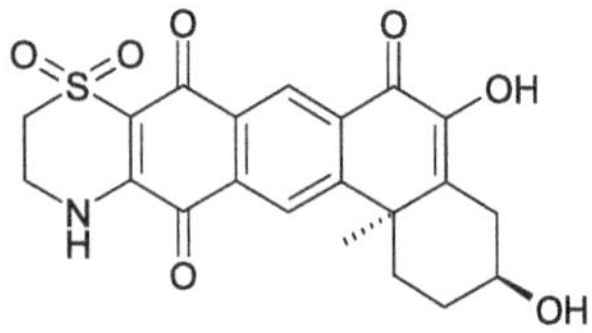

4

二倍半萜

4.1 无环二倍半萜

1484 Barangcadoic acid A 巴兰卡豆酸 A*

【基本信息】$C_{25}H_{40}O_4$, $[\alpha]_D^{28} = +34.9°$ ($c = 3.8$, 二氯甲烷).【类型】无环二倍半萜.【来源】马海绵属 *Hippospongia* sp.【活性】肾素血管紧张素系统转换酶 RCE-蛋白酶抑制剂.【文献】K. S. Craig, et al. Tetrahedron Lett., 2002, 43, 4801.

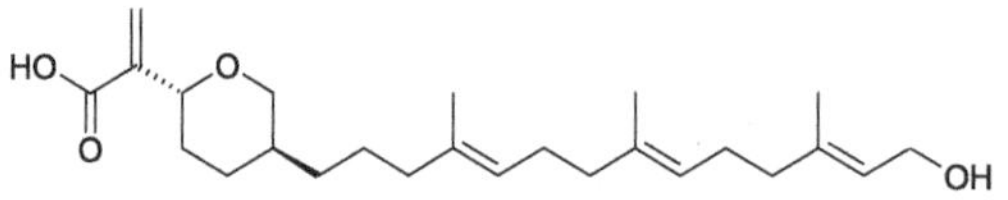

1485 Cacospongionolide D 硬丝海绵内酯 D*

【基本信息】$C_{25}H_{36}O_4$, 蜡样固体, $[\alpha]_D = +17.7°$ ($c = 0.2$, 氯仿).【类型】无环二倍半萜.【来源】空洞束海绵 *Fasciospongia cavernosa* (那不勒斯湾, 意大利).【活性】有毒的 (盐水丰年虾); 鱼毒.【文献】S. De Rosa, et al. Nat. Prod. Lett., 1997, 10, 267.

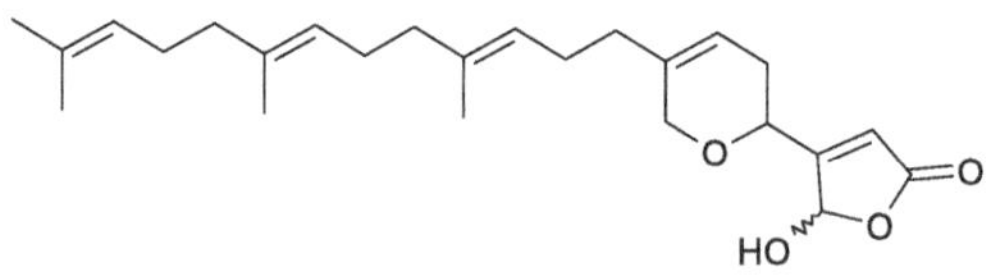

1486 8,9-Dehydroircinin 1 8,9-去氢羊海绵宁 1*

【基本信息】$C_{25}H_{28}O_5$, 油状物, $[\alpha]_D = +94.2°$ (乙酸盐).【类型】无环二倍半萜.【来源】阶梯硬丝海绵 *Cacospongia scalaris*.【活性】细胞分裂抑制剂 (受精海星卵).【文献】N. Fusetani, et al. Tetrahedron Lett., 1984, 25, 4941.

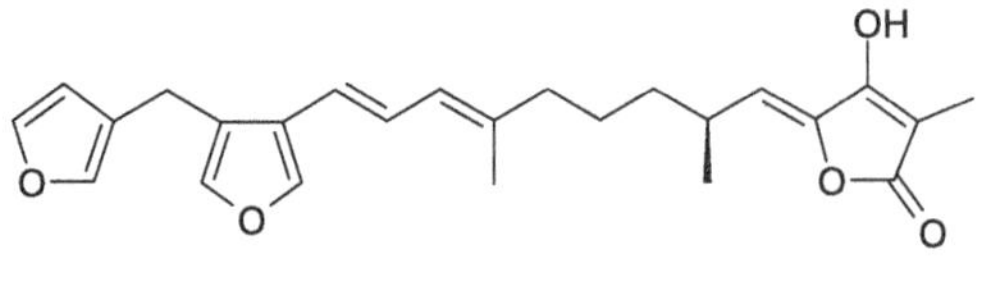

1487 Demethylfurospongin 4 去甲呋喃角骨海绵簇生束状羊海绵 4

【基本信息】$C_{25}H_{34}O_5$, 油状物.【类型】无环二倍半萜.【来源】药用角骨海绵* *Spongia officinalis* (拉卡莱塔, 加的斯, 西班牙).【活性】细胞毒 (P_{388}, $ED_{50} > 10\mu g/mL$).【文献】L. Garrido, et al. JNP, 1997, 60, 794.

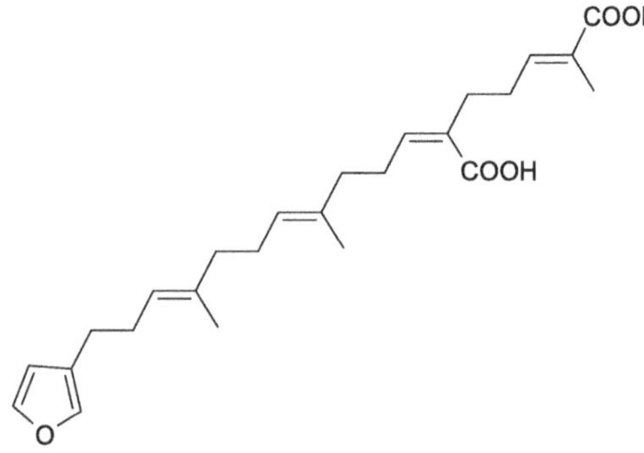

1488 Fasciculatin 簇生束状羊海绵素*

【基本信息】$C_{25}H_{34}O_4$, 油状物, $[\alpha]_D = -15.6°$ ($c = 0.5$, 氯仿).【类型】无环二倍半萜.【来源】簇生束状羊海绵* *Ircinia fasciculata* 和小紫海绵属 *Ianthella basta*, 软体动物裸腮目海牛亚目枝鳃海牛属 *Dendrodoris grandiflora*.【活性】肌苷单磷酸脱氢酶抑制剂.【文献】F. Cafieri, et al. Tetrahedron, 1972, 28, 1579; G. Alfano, et al. Experientia, 1979, 35, 1136; G. Cimino, et al. Bull. Soc. Chim. Belg., 1980, 89, 1069; G. Cimino, et al. Tetrahedron, 1985, 41, 1093.

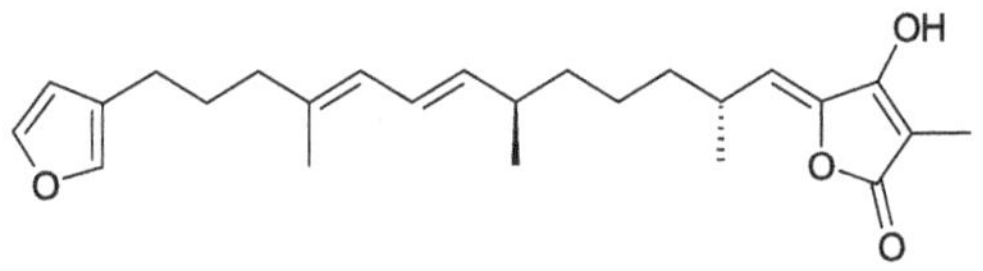

1489 Fasciculatin *O*-sulfate 簇生束状羊海绵素 *O*-硫酸酯*

【基本信息】$C_{25}H_{34}O_7S$, 无定形固体, $[\alpha]_D = -4.5°$ ($c = 2.7$, 氯仿).【类型】无环二倍半萜.【来源】簇生束状羊海绵* *Ircinia fasciculata*.【活性】肌苷单磷酸脱氢酶抑制剂.【文献】S. De Rosa, et al. Nat. Prod. Lett., 1997, 10, 7.

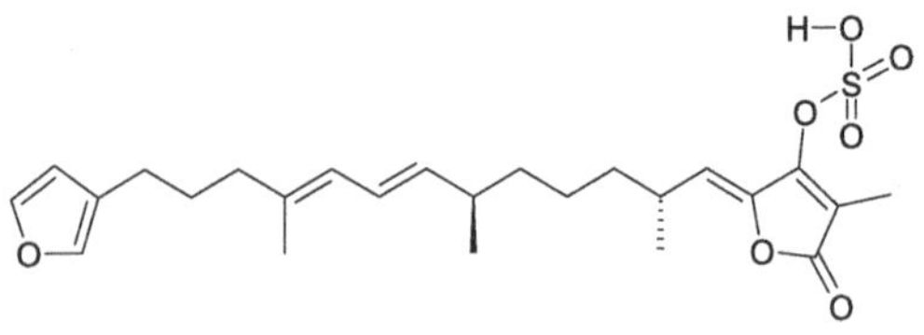

1490 Fasciospongide B 束海绵内酯 B*

【基本信息】$C_{25}H_{36}O_7$.【类型】无环二倍半萜.【来源】束海绵属 *Fasciospongia* sp. [新喀里多尼亚 (法属)].【活性】PLA_2 抑制剂; 抗炎.【文献】A.

Montagnac, et al. JNP, 1994, 57, 186.

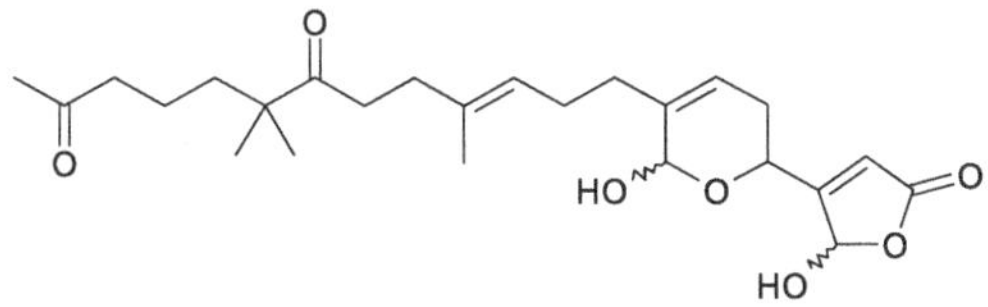

1491 Fasciospongide C 束海绵内酯 C*

【基本信息】$C_{25}H_{36}O_7$.【类型】无环二倍半萜.【来源】束海绵属 *Fasciospongia* sp. [新喀里多尼亚(法属)].【活性】PLA_2 抑制剂; 抗炎.【文献】A. Montagnac, et al. JNP, 1994, 57, 186.

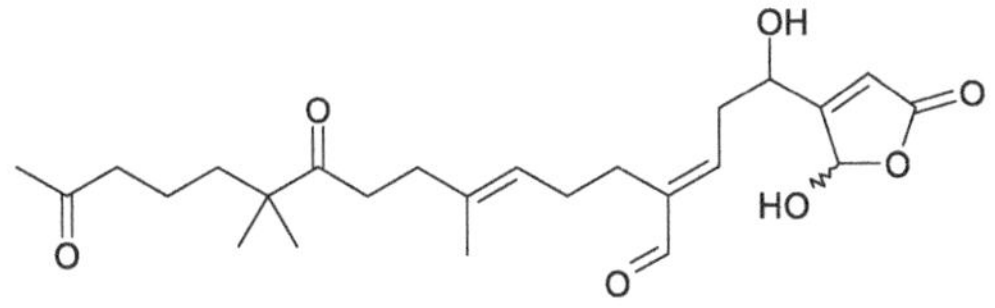

1492 5-[13-(3-Furanyl)-2,6,10-trimethyl-3,5-tridecadienyl]-4-hydroxy-3-methyl-2(5*H*)-furanone 5-[13-(3-呋喃基)-2,6,10-三甲基-3,5-十三烷二烯基]-4-羟基-3-甲基-2(5*H*)-呋喃酮

【基本信息】$C_{25}H_{36}O_4$, 油状物, $[\alpha]_D = -0.5°$ ($c = 7.4$, 氯仿).【类型】无环二倍半萜.【来源】Irciniidae 科海绵 *Psammocinia* sp. (澳大利亚).【活性】抗微生物.【文献】L. Murray, et al. Aust. J. Chem., 1995, 48, 1899.

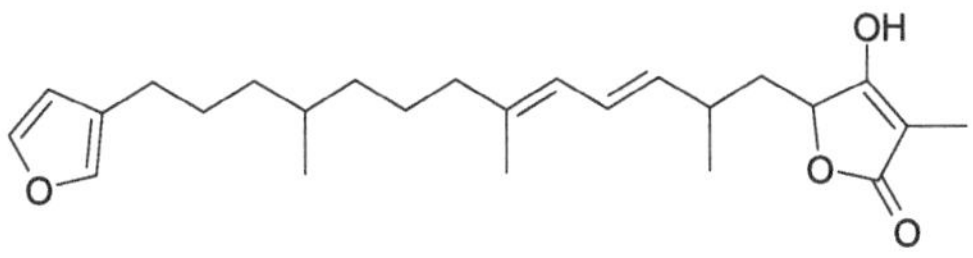

1493 Furospinulosin 1 呋喃多微刺羊海绵新 1*

【基本信息】$C_{25}H_{38}O$, 油状物.【类型】无环二倍半萜.【来源】羊海绵属 *Ircinia spinosula*, 卡特海绵属 *Carteriospongia* sp., 角骨海绵属 *Spongia idia*, 胄甲海绵属 *Thorecta* sp. 和束海绵属 *Fasciospongia* sp.【活性】鱼毒.【文献】G. Cimino, et al. Tetrahedron, 1972, 28, 1315; S. Urban, et al. Aust. J. Chem., 1992, 45, 1255; P. A. Searle, et al. Tetrahedron, 1994, 50, 9893; CRC press, DNP on DVD, 2012, version 20.2.

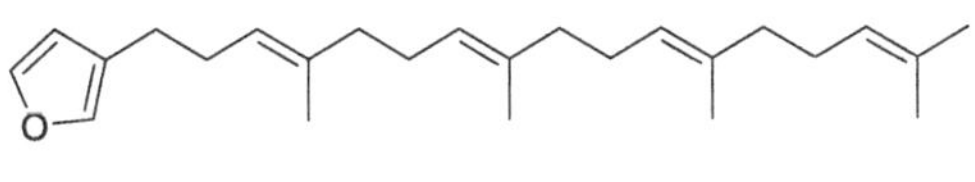

1494 Furospongin 5 呋喃角骨海绵素 5*

【基本信息】$C_{21}H_{26}O_3$, 油状物.【类型】无环二倍半萜.【来源】药用角骨海绵* *Spongia officinalis* (拉卡莱塔, 加的斯, 西班牙).【活性】细胞毒 (P_{388}, $ED_{50} = 5\mu g/mL$).【文献】L. Garrido, et al. JNP, 1997, 60, 794.

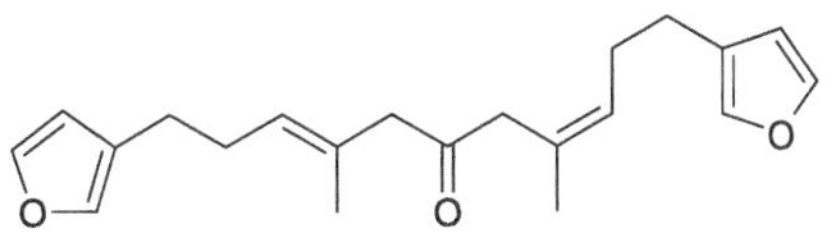

1495 (−)-Idiadione (−)-角骨海绵二酮*

【基本信息】$C_{25}H_{38}O_3$, 油状物, $[\alpha]_D = -6.6°$ ($c = 2.6$, 氯仿).【类型】无环二倍半萜.【来源】角骨海绵属 *Spongia idia.*【活性】有毒的 (几种食肉的海洋生物: 海星, 鲍鱼幼体, 盐水丰年虾).【文献】R. P. Walker, et al. JOC, 1980, 45, 4976; Y. Noda, et al. Heterocycles, 2001, 55, 1839.

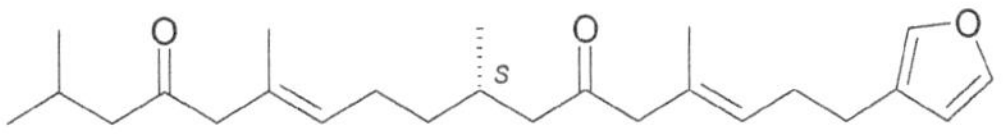

1496 (*S*)-Ircinin 1 (*S*)-羊海绵宁 1*

【基本信息】$C_{25}H_{30}O_5$, 油状物, $[\alpha]_D^{19.5} = -34.12°$ (甲醇).【类型】无环二倍半萜.【来源】羊海绵属 *Ircinia oros.*【活性】抗生素.【文献】G. Cimino, et al. Tetrahedron, 1972, 28, 333; R. J. Capon, et al. Nat. Prod. Lett., 1994, 4, 51.

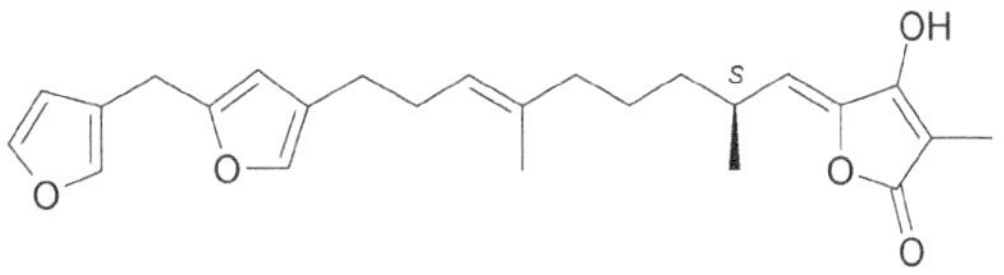

1497 (*R*)-Ircinin 1 (*R*)-羊海绵宁 1*

【基本信息】$C_{25}H_{30}O_5$, 油状物, $[\alpha]_D^{25} = +32.3°$ ($c = 0.05$, 甲醇).【类型】无环二倍半萜.【来源】角质海绵属 *Sarcotragus* spp. (济州岛, 韩国).【活性】细胞毒 (A549, $ED_{50} = 3.72\mu g/mL$; SK-OV-3, $ED_{50} = 6.55\mu g/mL$; SK-MEL-2, $ED_{50} = 8.95\mu g/mL$; XF498, $ED_{50} = 5.42\mu g/mL$; HCT15, $ED_{50} = 6.91\mu g/mL$; 对照顺铂: A549, $ED_{50} = 0.72\mu g/mL$; SK-OV-3, $ED_{50} = 1.23\mu g/mL$; SK-MEL-2, $ED_{50} = 2.26\mu g/mL$; XF498, $ED_{50} = 1.03\mu g/mL$; HCT15, $ED_{50} = 1.10\mu g/mL$; 对照阿霉素: A549, $ED_{50} = 0.02\mu g/mL$; SK-OV-3, $ED_{50} = 0.11\mu g/mL$; SK-MEL-2, $ED_{50} = 0.02\mu g/mL$; XF498, $ED_{50} = 0.08\mu g/mL$; HCT15, $ED_{50} = 0.04\mu g/mL$).

【文献】Y. Liu, et al. JNP, 2001, 64, 1301.

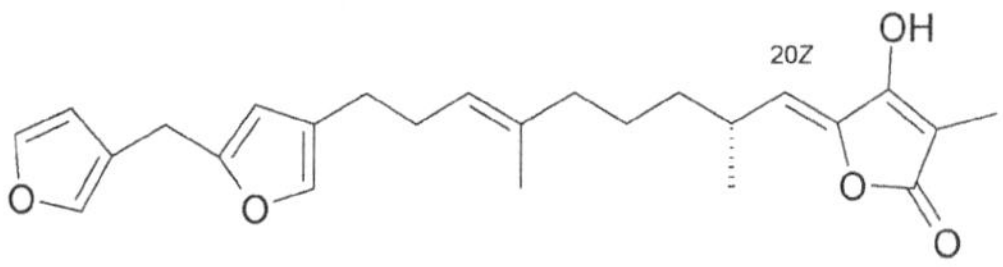

1498 (*S*)-Ircinin 1 *O*-sulfate (*S*)-羊海绵宁 1 *O*-硫酸酯*

【基本信息】$C_{25}H_{30}O_8S$, 无定形粉末, $[\alpha]_D$= +9.5° (氯仿).【类型】无环二倍半萜.【来源】易变羊海绵* *Ircinia variabiLis* 和羊海绵属 *Ircinia oros* (北亚得里亚海, 亚得里亚海).【活性】鱼毒; 有毒的 (盐水丰年虾).【文献】S. De Rosa, et al. Nat. Prod. Lett., 1996, 8, 245.

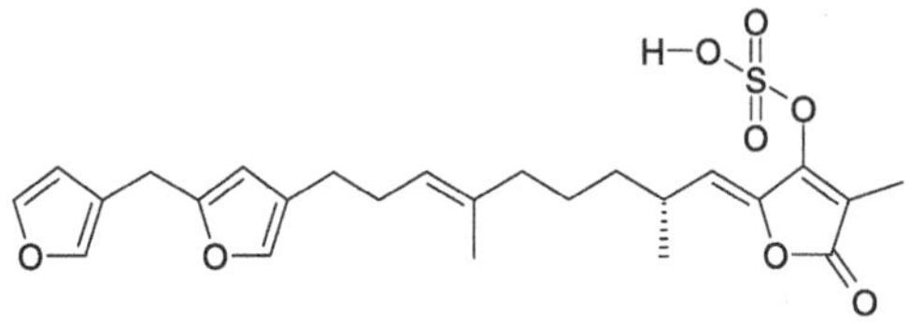

1499 (*S*)-Ircinin 1 *O*-sulfate *Δ*¹¹-isomer (*S*)-羊海绵宁 1 *O*-硫酸酯 *Δ*¹¹-同分异构体*

【基本信息】$C_{25}H_{30}O_8S$, 无定形粉末, $[\alpha]_D$= +9.5° (氯仿).【类型】无环二倍半萜.【来源】易变羊海绵* *Ircinia variabilis* 和羊海绵属 *Ircinia oros* (北亚得里亚海, 亚得里亚海).【活性】鱼毒; 有毒的 (盐水丰年虾).【文献】S. De Rosa, et al. Nat. Prod. Lett., 1996, 8, 245.

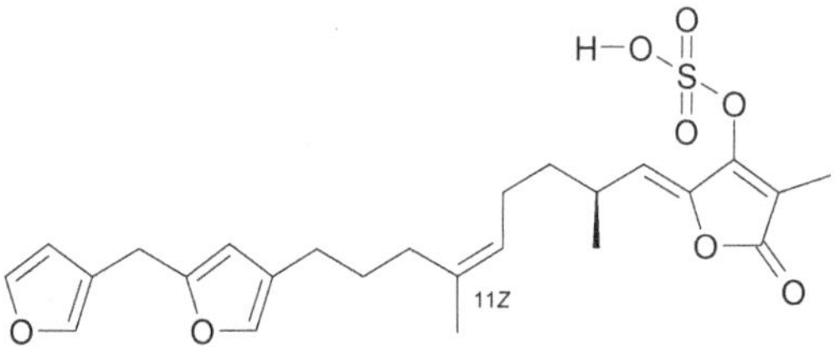

1500 Ircinin 2 羊海绵宁 2*

【基本信息】$C_{25}H_{30}O_5$, 油状物, $[\alpha]_D^{19.5}$ = –40.2° (甲醇).【类型】无环二倍半萜.【来源】角质海绵属 *Sarcotragus* spp. (济州岛, 韩国), 羊海绵属 *Ircinia oros* 和羊海绵属 *Ircinia* spp.【活性】细胞毒 (A549, ED_{50} = 3.80μg/mL; SK-OV-3, ED_{50} = 5.90μg/mL; SK-MEL-2, ED_{50} = 5.87μg/mL; XF498, ED_{50} = 3.70μg/mL; HCT15, ED_{50} = 4.74μg/mL; 对照顺铂: A549, ED_{50} = 0.72μg/mL; SK-OV-3, ED_{50} = 1.23μg/mL; SK-MEL-2, ED_{50} = 2.26μg/mL; XF498, ED_{50} = 1.03μg/mL; HCT15, ED_{50} = 1.10μg/mL; 对照阿霉素: A549, ED_{50} = 0.02μg/mL; SK-OV-3, ED_{50} = 0.11μg/mL; SK-MEL-2, ED_{50} = 0.02μg/mL; XF498, ED_{50} = 0.08μg/mL; HCT15, ED_{50} = 0.04μg/mL); 有毒的 (盐水丰年虾).【文献】G. Cimino, et al. Tetrahedron, 1972, 28, 333; R. J. Capon, et al. Nat. Prod. Lett., 1994, 4, 51; Y. Liu, et al. JNP, 2001, 64, 1301.

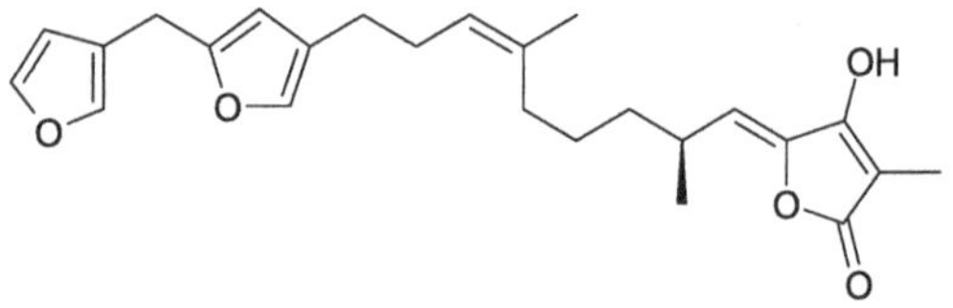

1501 Isofasciculatin 异簇生束状羊海绵素*

【基本信息】$C_{25}H_{34}O_4$, $[\alpha]_D$ = –34.7° (乙酸盐).【类型】无环二倍半萜.【来源】阶梯硬丝海绵 *Cacospongia scalaris*【活性】细胞分裂抑制剂 (受精海星卵).【文献】N. Fusetani, et al. Tetradron Lett., 1984, 25, 4941.

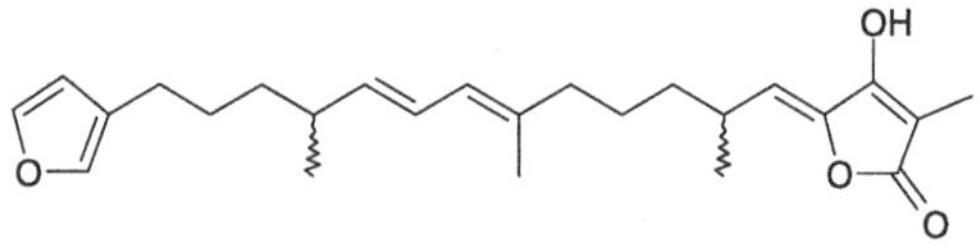

1502 Isopalinurin 异帕里奴仁*

【基本信息】$C_{25}H_{34}O_4$, 黄色油状物.【类型】无环二倍半萜.【来源】掘海绵属 *Dysidea* sp. (巴斯海峡, 145°30'E39°20'S, 塔斯马尼亚, 澳大利亚).【活性】蛋白磷酸酶 PP 抑制剂.【文献】L. Murray, et al. Aust. J. Chem., 1993, 48, 1291.

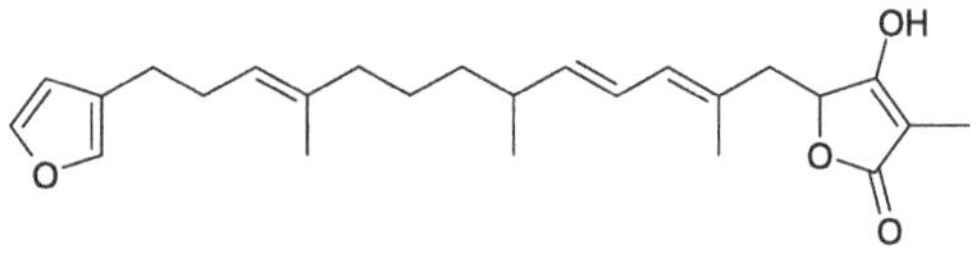

1503 Luffarin Q 小瓜海绵因 Q*

【基本信息】$C_{25}H_{38}O_2$, 油状物.【类型】无环二倍半萜.【来源】几何小瓜海绵* *Luffariella geometrica* (澳大利亚) 和胄甲海绵属 *Thorecta horridus*.【活性】抗炎.【文献】E. Fattorusso, et al. BoMCL, 1991, 1, 639; M. S. Butler, et al. Aust. J. Chem., 1992, 45, 1705.

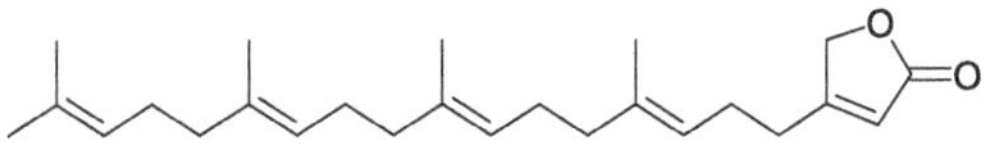

1504　Okinonellin B　欧凯农聂林 B*

【基本信息】$C_{25}H_{36}O_4$，油状物，$[\alpha]_D^{20}=+17.9°$ ($c=0.15$，乙醇).【类型】无环二倍半萜.【来源】小针海绵属 *Spongionella* sp.【活性】细胞分裂抑制剂 (海星胚胎)；细胞毒.【文献】Y. Kato, et al. Experientia, 1986, 42, 1299; W. D. Schmitz, et al. JOC, 1998, 63, 2058.

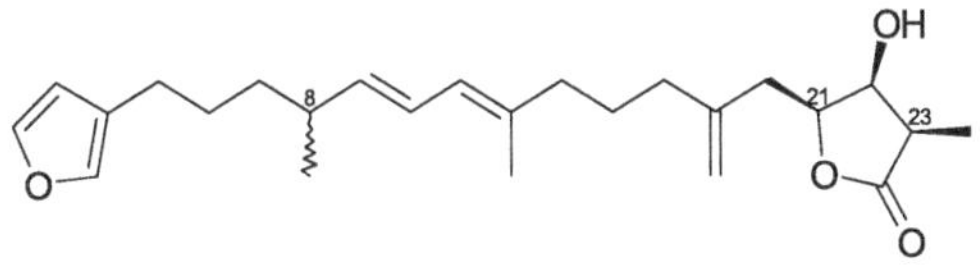

1505　Palinurin　帕里奴仁*

【基本信息】$C_{25}H_{34}O_4$，油状物，$[\alpha]_D=+45.3°$ (氯仿).【类型】无环二倍半萜.【来源】易变羊海绵* *Ircinia variabilis*.【活性】血管紧张素转换酶 ACE 抑制剂；醛糖还原酶抑制剂.【文献】G. Alfano, et al. Experientia, 1979, 35, 1136.

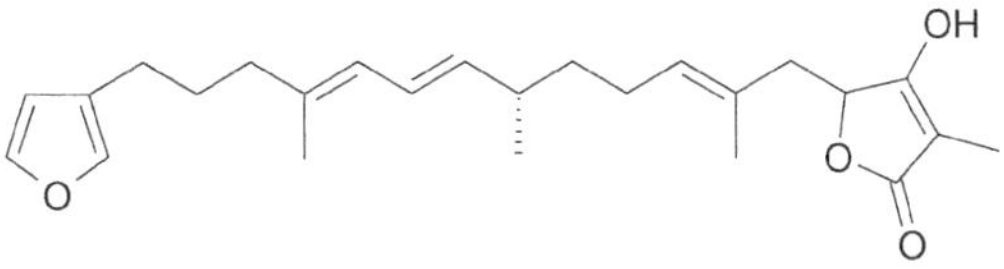

1506　Sarcotin A　角质海绵亭 A*

【基本信息】$C_{25}H_{34}O_4$.【类型】无环二倍半萜.【来源】角质海绵属 *Sarcotragus* spp. (济州岛，韩国).【活性】细胞毒 (A549, $ED_{50}=29.70\mu g/mL$; SK-OV-3, $ED_{50}=22.06\mu g/mL$; SK-MEL-2, $ED_{50}>30.00\mu g/mL$; XF498, $ED_{50}=24.83\mu g/mL$; HCT15, $ED_{50}=27.18\mu g/mL$；对照顺铂: A549, $ED_{50}=0.72\mu g/mL$; SK-OV-3, $ED_{50}=1.23\mu g/mL$; SK-MEL-2, $ED_{50}=2.26\mu g/mL$; XF498, $ED_{50}=1.03\mu g/mL$; HCT15, $ED_{50}=1.10\mu g/mL$；对照阿霉素: A549, $ED_{50}=0.02\mu g/mL$; SK-OV-3, $ED_{50}=0.11\mu g/mL$; SK-MEL-2, $ED_{50}=0.02\mu g/mL$; XF498, $ED_{50}=0.08\mu g/mL$; HCT15, $ED_{50}=0.04\mu g/mL$).【文献】Y. Liu, et al. JNP, 2001, 64, 1301.

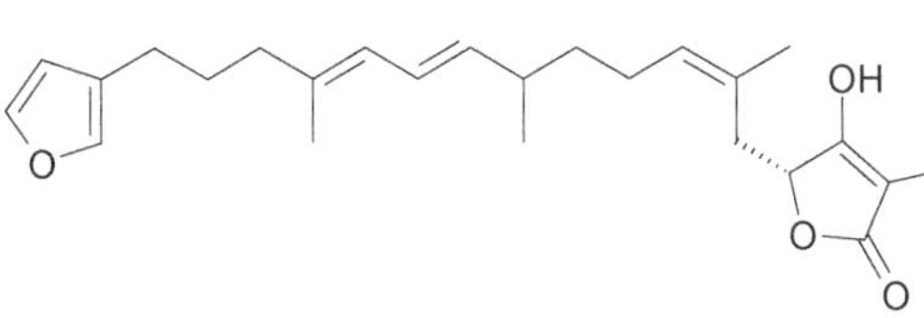

1507　Sarcotin B　角质海绵亭 B*

【基本信息】$C_{25}H_{34}O_4$，油状物.【类型】无环二倍半萜.【来源】角质海绵属 *Sarcotragus* spp. (济州岛，韩国).【活性】细胞毒 (A549, $ED_{50}=10.10\mu g/mL$; SK-OV-3, $ED_{50}=11.30\mu g/mL$; SK-MEL-2, $ED_{50}=7.78\mu g/mL$; XF498, $ED_{50}=8.89\mu g/mL$; HCT15, $ED_{50}=8.95\mu g/mL$；对照顺铂：A549, $ED_{50}=0.72\mu g/mL$; SK-OV-3, $ED_{50}=1.23\mu g/mL$; SK-MEL-2, $ED_{50}=2.26\mu g/mL$; XF498, $ED_{50}=1.03\mu g/mL$; HCT15, $ED_{50}=1.10\mu g/mL$；对照阿霉素：A549, $ED_{50}=0.02\mu g/mL$; SK-OV-3, $ED_{50}=0.11\mu g/mL$; SK-MEL-2, $ED_{50}=0.02\mu g/mL$; XF498, $ED_{50}=0.08\mu g/mL$; HCT15, $ED_{50}=0.04\mu g/mL$).【文献】Y. Liu, et al. JNP, 2001, 64, 1301.

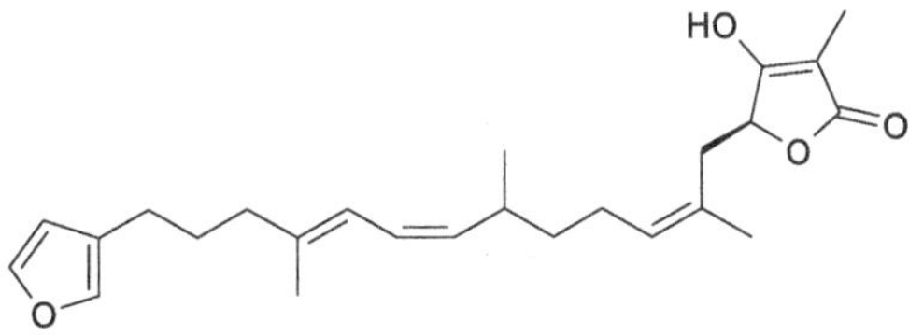

1508　Sarcotin C　角质海绵亭 C*

【基本信息】$C_{25}H_{34}O_4$，油状物.【类型】无环二倍半萜.【来源】角质海绵属 *Sarcotragus* spp. (济州岛，韩国).【活性】细胞毒 (A549, $ED_{50}=16.89\mu g/mL$; SK-OV-3, $ED_{50}=26.84\mu g/mL$; SK-MEL-2, $ED_{50}=16.31\mu g/mL$; XF498, $ED_{50}=20.40\mu g/mL$; HCT15, $ED_{50}=27.49\mu g/mL$；对照顺铂：A549, $ED_{50}=0.72\mu g/mL$; SK-OV-3, $ED_{50}=1.23\mu g/mL$; SK-MEL-2, $ED_{50}=2.26\mu g/mL$; XF498, $ED_{50}=1.03\mu g/mL$; HCT15, $ED_{50}=1.10\mu g/mL$；对照阿霉素：A549, $ED_{50}=0.02\mu g/mL$; SK-OV-3, $ED_{50}=0.11\mu g/mL$; SK-MEL-2, $ED_{50}=0.02\mu g/mL$; XF498, $ED_{50}=0.08\mu g/mL$; HCT15, $ED_{50}=0.04\mu g/mL$).【文献】Y. Liu, et al. JNP, 2001, 64, 1301.

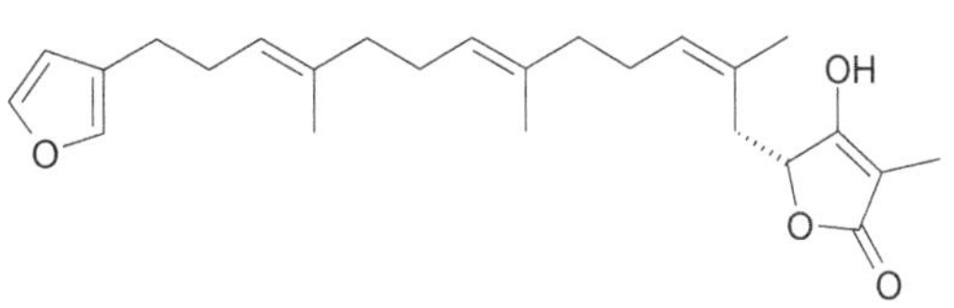

1509　Sarcotin D　角质海绵亭 D*

【基本信息】$C_{25}H_{30}O_5$，油状物，$[\alpha]_D^{25}=+36.1°$ ($c=0.05$，甲醇).【类型】无环二倍半萜.【来源】角质海绵属 *Sarcotragus* spp. (济州岛，韩国).【活性】细胞毒 (A549, $ED_{50}=4.98\mu g/mL$; SK-OV-3, $ED_{50}=9.39\mu g/mL$; SK-MEL-2, $ED_{50}=10.18\mu g/mL$; XF498, $ED_{50}=6.52\mu g/mL$; HCT15, $ED_{50}=9.82\mu g/mL$;

对照顺铂：A549, ED_{50} = 0.72μg/mL; SK-OV-3, ED_{50} = 1.23μg/mL; SK-MEL-2, ED_{50} = 2.26μg/mL; XF498, ED_{50} = 1.03μg/mL; HCT15, ED_{50} = 1.10μg/mL; 对照阿霉素：A549, ED_{50} = 0.02μg/mL; SK-OV-3, ED_{50} = 0.11μg/mL; SK-MEL-2, ED_{50} = 0.02μg/mL; XF498, ED_{50} = 0.08μg/mL; HCT15, ED_{50} = 0.04μg/mL).【文献】Y. Liu, et al. JNP, 2001, 64, 1301.

20E

1510 Sarcotin E 角质海绵亭 E*

【基本信息】$C_{25}H_{30}O_5$，油状物，$[\alpha]_D^{25}$ = +41.6° (c = 0.06, 甲醇).【类型】无环二倍半萜.【来源】角质海绵属 *Sarcotragus* spp. (济州岛，韩国).【活性】细胞毒 (A549, ED_{50} = 3.80μg/mL; SK-OV-3, ED_{50} = 6.24μg/mL; SK-MEL-2, ED_{50} = 8.37μg/mL; XF498, ED_{50} = 5.00μg/mL; HCT15, ED_{50} = 7.31μg/mL; 对照顺铂：A549, ED_{50} = 0.72μg/mL; SK-OV-3, ED_{50} = 1.23μg/mL; SK-MEL-2, ED_{50} = 2.26μg/mL; XF498, ED_{50} = 1.03μg/mL; HCT15, ED_{50} = 1.10μg/mL; 对照阿霉素：A549, ED_{50} = 0.02μg/mL; SK-OV-3, ED_{50} = 0.11μg/mL; SK-MEL-2, ED_{50} = 0.02μg/mL; XF498, ED_{50} = 0.08μg/mL; HCT15, ED_{50} = 0.04μg/mL).【文献】Y. Liu, et al. JNP, 2001, 64, 1301.

20E

1511 Thorectolide-25-acetate 类角海绵内酯-25-乙酸酯*

【基本信息】$C_{27}H_{38}O_6$, $[\alpha]_D$ = +33.8° (c = 0.49, 氯仿).【类型】无环二倍半萜.【来源】冲绳海绵 *Hyrtios* sp. [新喀里多尼亚 (法属)].【活性】细胞毒 (KB, IC_{50} = 0.3μg/mL); 眼镜蛇毒 PLA_2 抑制剂.【文献】M. -L. Bourguet-Kondracki, et al. J. Chem. Res. (S), 1996, 192.

4.2 去甲无环二倍半萜

1512 Aikupikoxide A 艾库皮克氧化物 A*

【别名】Muqubilone; 穆库比龙*.【基本信息】$C_{24}H_{40}O_6$，油状物，$[\alpha]_D^{25}$= +48° (c = 0.1, 氯仿), $[\alpha]_D$ = +81° (c = 0.8, 二氯甲烷).【类型】去甲无环二倍半萜.【来源】Podospongiidae 科海绵 *Diacarnus erythraeanus* (红海) 和 Podospongiidae 科海绵 *Diacarnus erythraeanus*.【活性】抗病毒 (HSV-1, ED_{50} = 30μg/mL); 细胞毒 (P_{388} ATCC: CCL46, A549 ATCC: CCL8 和 HT29 ATCC: HTB38 细胞, IC_{50} > 1μg/mL); 细胞毒 (Vero, IC_{50} = 60.0μg/mL).【文献】K. A. El Sayed, et al. JNP, 2001, 64, 522; D. T. A. Youssef, et al. JNP, 2001, 64, 1332.

1513 Cacospongienone A 硬丝海绵烯酮 A*

【基本信息】$C_{21}H_{28}O_3$，油状物.【类型】去甲无环二倍半萜.【来源】阶梯硬丝海绵 *Cacospongia scalaris*.【活性】细胞毒; 抗微生物; 抗炎.【文献】G. Guella, et al. Helv. Chim. Acta, 1986, 69, 726; S. Da Rosa, et al. JNP, 1995, 58, 1776.

1514 Cacospongienone B 硬丝海绵烯酮 B*

【基本信息】$C_{21}H_{28}O_3$，油状物.【类型】去甲无环二倍半萜.【来源】阶梯硬丝海绵 *Cacospongia scalaris*.【活性】细胞毒; 抗微生物; 抗炎.【文献】G. Guella, et al. Helv. Chim. Acta, 1986, 69, 726; S. Da Rosa, et al. JNP, 1995, 58, 1776.

1515 Cyclofurospongin 2 环呋喃角骨海绵素 2*

【基本信息】$C_{21}H_{26}O_3$，油状物，$[\alpha]_D^{25}$ = −6.0° (c = 1.0, 氯仿).【类型】去甲无环二倍半萜.【来

源】药用角骨海绵* *Spongia officinalis* (拉卡莱塔, 加的斯, 西班牙).【活性】细胞毒 (P_{388}, ED_{50} > 10μg/mL).【文献】L. Garrido, et al. JNP, 1997, 60, 794.

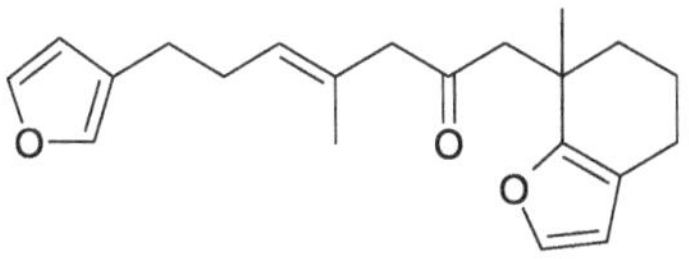

1516 1,11-Di-3-furanyl-4,8-dimethyl-1,4,8-undecatrien-6-ol 1,11-双-3-呋喃基-4,8-二甲基-1,4,8-十一烷三烯-6-醇

【基本信息】$C_{21}H_{26}O_3$, $[\alpha]_D^{25}$ = +21.8° (c = 0.78, 氯仿).【类型】去甲无环二倍半萜.【来源】角骨海绵属 *Spongis virgultosa* (西班牙).【活性】血管扩张剂 (冠状动脉).【文献】A. Fontana, et al. JNP, 1996, 59, 869.

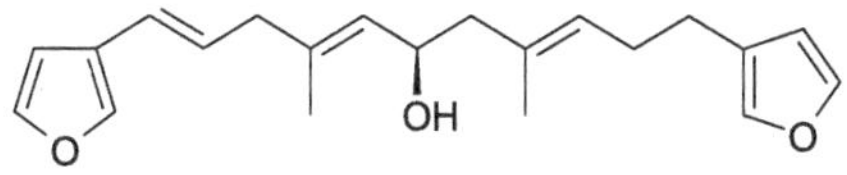

1517 Furospongin 2 呋喃角骨海绵素 2*

【基本信息】$C_{21}H_{26}O_3$, 油状物.【类型】去甲无环二倍半萜.【来源】药用角骨海绵* *Spongia officinalis* (拉卡莱塔, 加的斯, 西班牙) 和马海绵属 *Hippospongia communis*.【活性】有毒的 (盐水丰年虾).【文献】G. Cimino, et al. Tetrahedron, 1972, 28, 267; L. Garrido, et al. JNP, 1997, 60, 794.

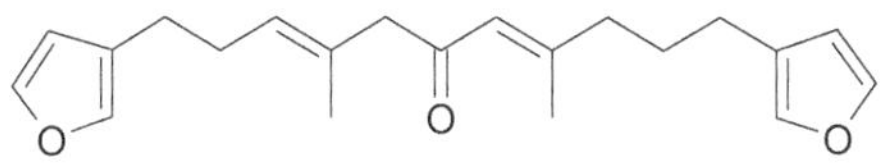

1518 Furospongolide 呋喃角骨海绵内酯*

【基本信息】$C_{21}H_{28}O_3$, 油状物.【类型】去甲无环二倍半萜.【来源】拟草掘海绵 *Dysidea herbacea* 和兰灯海绵属 *Lendenfeldia* sp.【活性】抗污剂.【文献】Y. Kashman, et al. Experientia, 1980, 36, 1279.

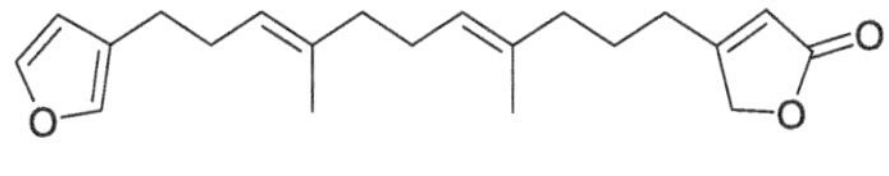

1519 Irciformonin I 台湾羊海绵宁 I*

【基本信息】$C_{23}H_{34}O_5$, 粉末, $[\alpha]_D^{25}$= +2.3° (c = 7.8, 二氯甲烷).【类型】去甲无环二倍半萜.【来源】台湾羊海绵* *Ircinia formosana* (中国台湾水域).【活性】抑制细胞增殖 (外周血单核细胞)【文献】Y. -C. Shen, et al. Helv. Chim. Acta, 2009, 92, 2101.

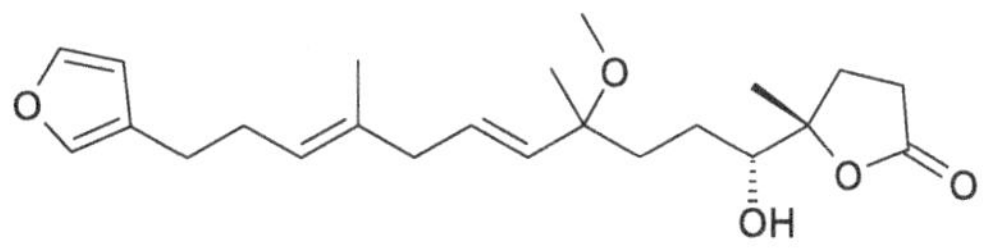

1520 *ent*-(−)-Muqubilone *ent*-(−)-穆库比龙*

【基本信息】$C_{24}H_{40}O_6$.【类型】去甲无环二倍半萜.【来源】Podospongiidae 科海绵 *Diacarnus bismarckensis* (萨纳罗阿岛, 巴布亚新几内亚).【活性】抗锥虫 (布氏锥虫 *Trypanosoma brucei*, 非洲昏睡病).【文献】B. K. Rubio, et al. JNP, 2009, 72, 218.

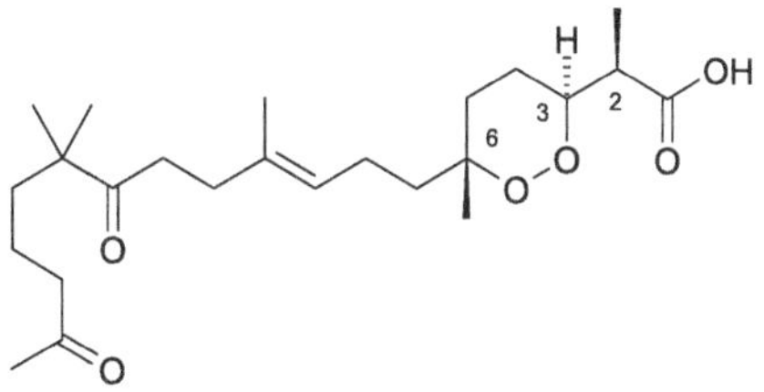

1521 (+)-Muqubilone B (+)-穆库比龙 B*

【基本信息】$C_{24}H_{40}O_6$, 油状物, $[\alpha]_D^{28}$ = +59.5° (c = 0.046, 氯仿).【类型】去甲无环二倍半萜.【来源】Podospongiidae科海绵 *Diacarnus bismarckensis* (萨纳罗阿岛, 巴布亚新几内亚).【活性】抗锥虫 (布氏锥虫 *Trypanosoma brucei*, 非洲昏睡病).【文献】B. K. Rubio, et al. JNP, 2009, 72, 218.

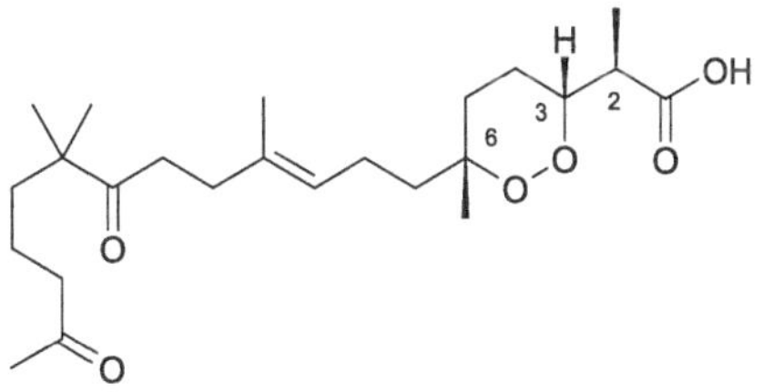

1522 Rhopaloic acid A 柔帕娄海绵酸 A*

【基本信息】$C_{24}H_{38}O_3$, 油状物, $[\alpha]_D^{25}$ = +40° (c = 0.47, 氯仿).【类型】去甲无环二倍半萜.【来源】Spongiidae 科海绵 *Rhopaloeides* sp. (日本水域).【活性】细胞毒 (*in vitro:* K562, IC_{50} = 0.1μg/mL; Molt4, IC_{50} = 0.1μg/mL; L_{1210}, IC_{50} = 0.1μg/mL); 抑制海星幼虫原肠胚形成.【文献】S.

Ohta, et al. Tetrahedron. Lett., 1996, 37, 2265; R. Takagi, et al. JCS Perkin Trans. Ⅰ, 1998, 925.

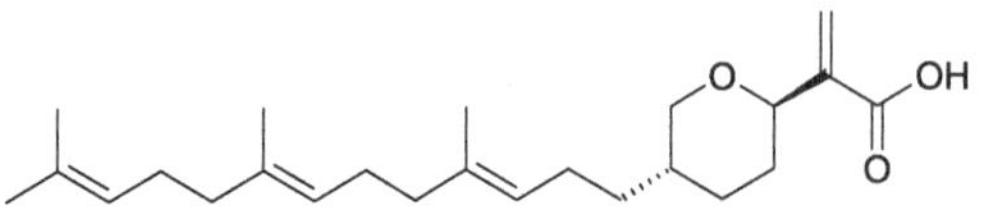

1523 Rhopaloic acid B 柔帕娄海绵酸 B*

【基本信息】$C_{24}H_{38}O_3$, 油状物, $[\alpha]_D^{25}$ = +55° (*c* = 0.23, 氯仿).【类型】去甲无环二倍半萜.【来源】Spongiidae 科海绵 *Rhopaloeides* sp. (日本水域).【活性】抑制海星幼虫原肠胚形成 (海燕 *Asterina pectinifera*).【文献】M. Yanai, et al. Tetrahedron, 1998, 54, 15607.

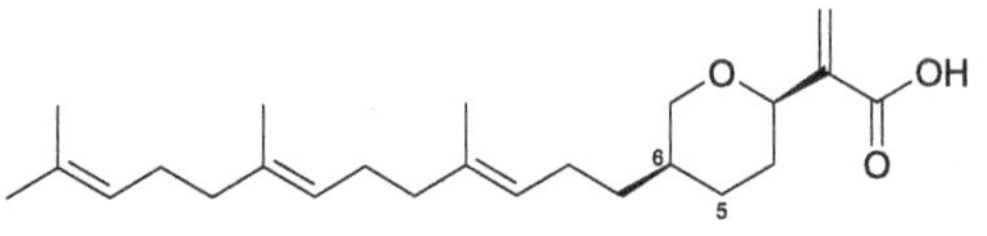

1524 Rhopaloic acid C 柔帕娄海绵酸 C*

【基本信息】$C_{24}H_{36}O_3$, 油状物, $[\alpha]_D^{25}$ = +84° (*c* = 0.03, 氯仿).【类型】去甲无环二倍半萜.【来源】Spongiidae 科海绵 *Rhopaloeides* sp. (日本水域).【活性】抑制海星幼虫原肠胚形成 (海燕 *Asterina pectinifera*).【文献】M. Yanai, et al. Tetrahedron, 1998, 54, 15607.

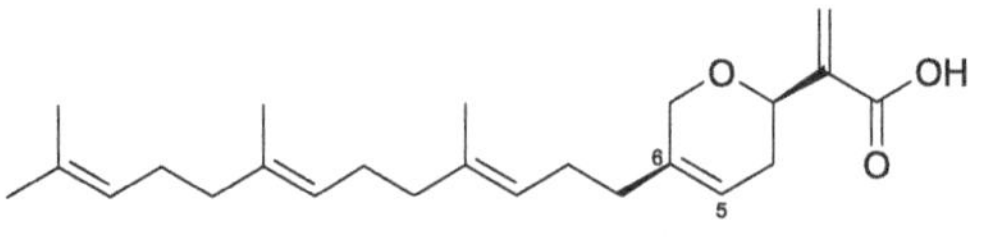

1525 Untenic acid 昂特尼克酸*

【基本信息】$C_{21}H_{28}O_3$, 油状物, $[\alpha]_D^{25}$ = +1.6° (*c* = 10.5, 氯仿).【类型】去甲无环二倍半萜.【来源】未鉴定的软海绵科海绵.【活性】钙-ATP 酶激活剂.【文献】N. Shoji, et al. Aust. J. Chem., 1992, 45, 793.

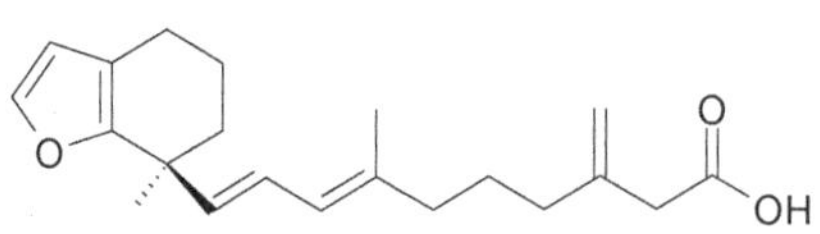

1526 Untenospongin B 昂特农马海绵素 B*

【基本信息】$C_{21}H_{26}O_3$, 油状物, $[\alpha]_D$ = –20.1° (*c* = 1.02, 氯仿); $[\alpha]_D^{25}$ = –1.5° (*c* = 2.7, 氯仿).【类型】去甲无环二倍半萜.【来源】马海绵属 *Hippospongia* sp. (冲绳, 日本).【活性】冠状动脉血管扩张剂.【文献】A. Umeyama, et al. Aust. J. Chem., 1989, 42, 459; J. Kobayashi, et al. CPB, 1993, 41, 381.

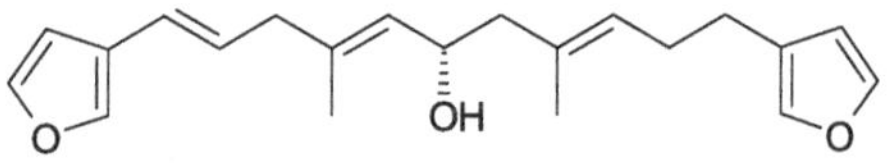

1527 Untenospongin C 昂特农马海绵素 C*

【基本信息】$C_{21}H_{26}O_3$, 油状物, $[\alpha]_D^{20}$ = –9.3° (*c* = 1, 氯仿).【类型】去甲无环二倍半萜.【来源】马海绵属 *Hippospongia* sp. (冲绳, 日本).【活性】细胞毒 (L_{1210}, IC_{50} = 3.8μg/mL).【文献】J. Kobayashi, et al. CPB, 1993, 41, 381.

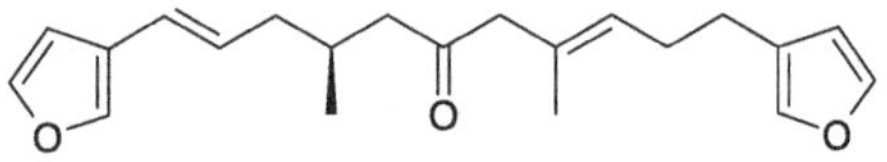

4.3 环己烷二倍半萜

1528 (Z)-24-Acetoxyneomanoalide (Z)-24-乙酰氧基新马诺内酯*

【基本信息】$C_{27}H_{40}O_5$, 油状物, $[\alpha]_D^{25}$ = –16.4° (*c* = 0.14, 氯仿).【类型】环己烷二倍半萜.【来源】小瓜海绵属 *Luffariella* sp. [产率 = 0.004% (鲜重), 佩罗鲁斯岛北岸, 18°34′S146°29′E, 大堡礁, 澳大利亚, 采样深度 4~10m].【活性】抗菌 (TLC 生物自动作图实验, 大肠杆菌 *Escherichia coli,* 枯草杆菌 *Bacillus subtilis* 和藤黄色微球菌 *Micrococcus luteus*, 有值得注意的活性).【文献】G. M. König, et al. JNP, 1992, 55, 174.

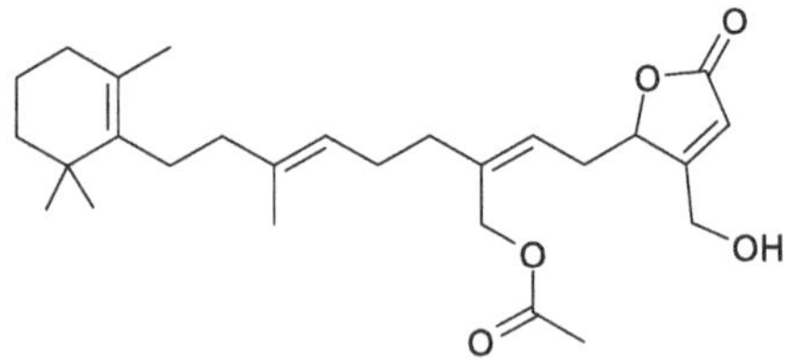

1529 4-Acetoxy-thorectidaeolide A 4-乙氧酰基胄甲海绵内酯 A*

【基本信息】$C_{27}H_{38}O_5$.【类型】环己烷二倍半萜.【来源】共同钵海绵* *Hyrtios communis* (北部礁区, 帕劳, 大洋洲).【活性】低氧诱导型因子-1 (HIF-1) 抑制剂.【文献】J. Li, et al. JNP, 2013, 76, 1492.

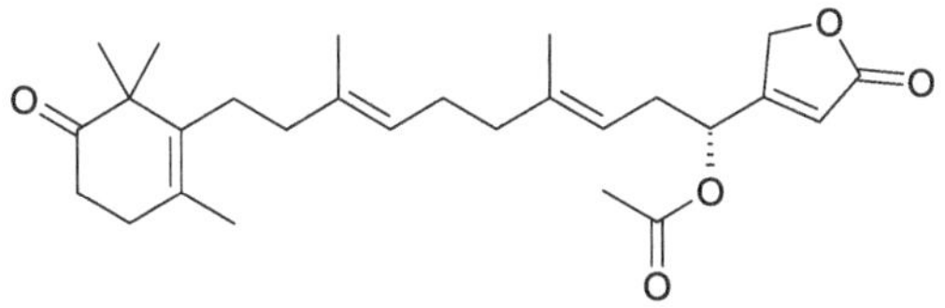

1530 (*Z*)-24-Acetyl-2,3-dihydroneomanoalide (*Z*)-24-乙酰基-2,3-二氢新马诺内酯*

【基本信息】$C_{27}H_{42}O_5$, 油状物, $[\alpha]_D^{25}$= +11° (*c* = 0.1, 氯仿).【类型】环己烷二倍半萜.【来源】小瓜海绵属 *Luffariella* sp. [产率 = 0.0005% (鲜重), 佩罗鲁斯岛北岸, 18°34′S146°29′E, 大堡礁, 澳大利亚, 采样深度 4~10m].【活性】抗菌 (TLC 生物自动作图实验, 大肠杆菌 *Escherichia coli,* 枯草杆菌 *Bacillus subtilis* 和藤黄色微球菌 *Micrococcus luteus*, 有值得注意的活性).【文献】G. M. König, et al. JNP, 1992, 55, 174.

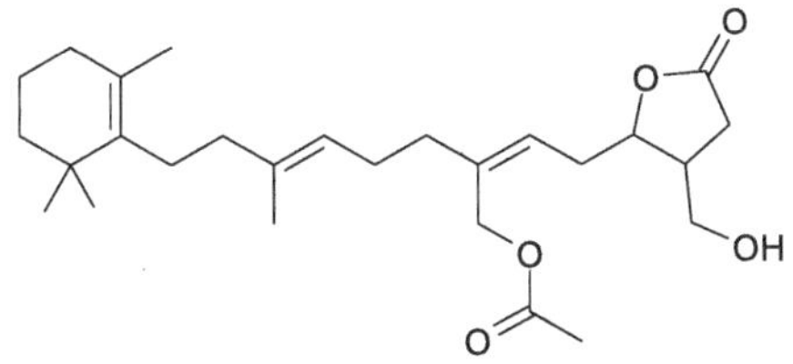

1531 Alotaketal A 阿娄它科特醇 A*

【基本信息】$C_{25}H_{34}O_4$, 无定形固体, $[\alpha]_D^{25}$ = −38.9° (*c* = 0.01, 甲醇).【类型】环己烷二倍半萜.【来源】哈米杰拉属海绵* *Hamigera* sp. (米尔恩湾, 巴布亚新几内亚).【活性】环磷酸腺苷 CAMP 信号通路激活剂 (没有激素结合的 HEK-293 细胞, EC_{50} = 0.018μmol/L).【文献】R. Forestieri, et al. Org. Lett., 2009, 11, 5166; J. Daoust, et al. Org. Lett., 2010, 12, 3208.

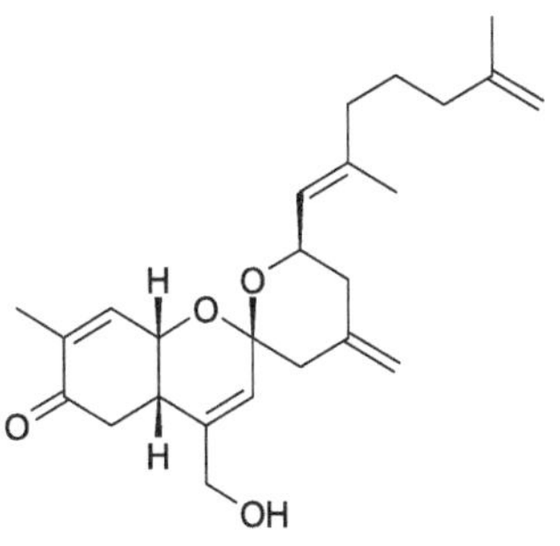

1532 Cyclolinteinol 环加勒比硬丝海绵醇*

【基本信息】$C_{25}H_{36}O_4$, $[\alpha]_D^{25}$ = +63° (*c* = 0.03, 氯仿).【类型】环己烷二倍半萜.【来源】加勒比硬丝海绵* *Cacospongia* cf. *linteiformis* (加勒比海).【活性】巨噬细胞活化抑制剂.【文献】A. Carotenuto, et al. Tetrahedron, 1997, 53, 7305.

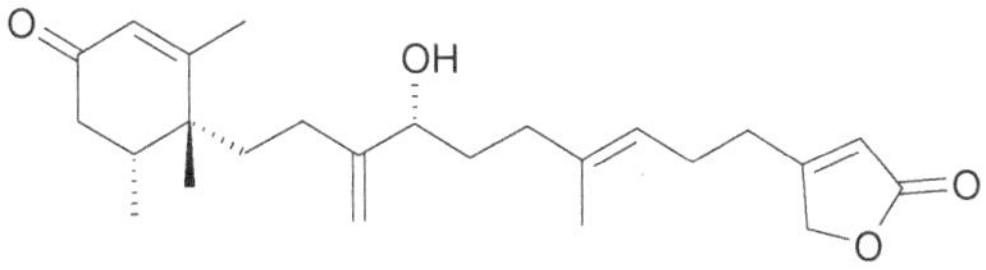

1533 Cyclolinteinol acetate 环加勒比硬丝海绵醇乙酸酯*

【基本信息】$C_{27}H_{38}O_5$, $[\alpha]_D^{25}$ = +61° (*c* = 0.003, 氯仿).【类型】环己烷二倍半萜.【来源】加勒比硬丝海绵* *Cacospongia* cf. *linteiformis* (加勒比海).【活性】巨噬细胞活化抑制剂.【文献】A. Carotenuto, et al. Tetrahedron, 1997, 53, 7305.

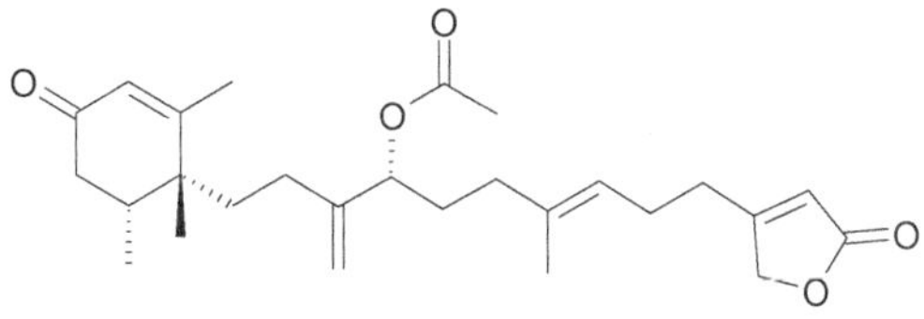

1534 Cyclolinteinone 环加勒比硬丝海绵酮*

【基本信息】$C_{25}H_{36}O_3$, 油状物, $[\alpha]_D^{25}$ = +53° (*c* = 0.04, 氯仿).【类型】环己烷二倍半萜.【来源】加勒比硬丝海绵* *Cacospongia linteiformis* (巴哈马, 加勒比海).【活性】鱼毒 (食蚊鱼 *Gambusia affinis,* 10mg/kg); 拒食活性 (鲫鱼 *Carassius auratus,* 30μg/cm^2 食物球, 高拒食因子); NO 生成抑制剂; 抗炎; 巨噬细胞活化调制器; iNOS 和 COX-2 表达调节器.【文献】M. R. Conte, et al. Tetrahedron, 1994, 50, 13469; A. Carotenuto, et al. Tetrahedron, 1997, 53, 7305; D'Acquisto, et al. Biochem. J., 2000, 346, 793.

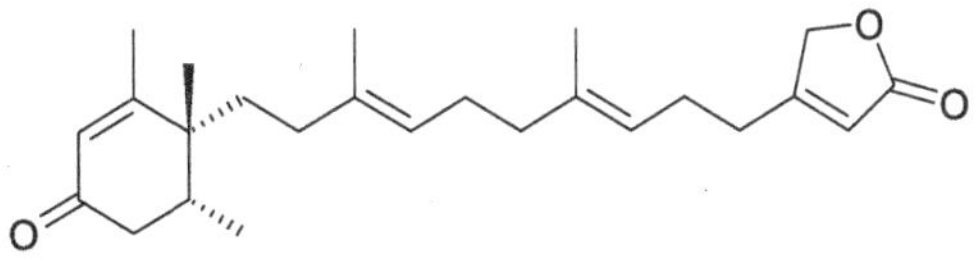

1535 16-Deoxoisodehydroluffariellolide 16-去氧异去氢小瓜海绵内酯*

【别名】3-[4,8-Dimethyl-10-(2,6,6-trimethyl-1-cyclohexen-1-yl)-3,7-decadienyl]-2(5*H*)-furanone; 3-[4,8-二甲基-10-(2,6,6-三甲基-1-环己烯-1-基)-3,7-癸二烯基]-2(5*H*)-呋喃酮.【基本信息】$C_{25}H_{38}O_2$, 亮黄色油状物.【类型】环己烷二倍半

萜.【来源】南海海绵* *Hyrtios* cf. *erecta.*【活性】抗真菌 (花药黑粉菌 *Ustilago violacea*, 50μg, 抑制生长区 2mm).【文献】G. Kirsch, et al. JNP, 2000, 63, 825.

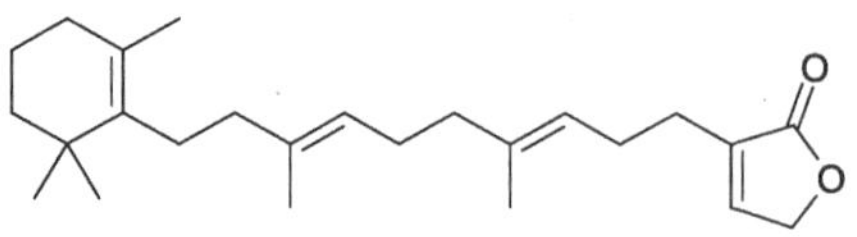

1536 (*Z*)-2,3-Dihydroneomanoalide
(*Z*)-2,3-二氢新马诺内酯*

【基本信息】$C_{25}H_{40}O_4$, 油状物, $[\alpha]_D^{25} = +2.5°$ ($c = 0.44$, 氯仿).【类型】环己烷二倍半萜.【来源】小瓜海绵属 *Luffariella* sp. [产率 = 0.002% (鲜重), 佩罗鲁斯岛北岸, 18°34′S146°29′E, 大堡礁, 澳大利亚, 采样深度 4~10m].【活性】抗菌 (TLC 生物自动作图实验, 大肠杆菌 *Escherichia coli,* 枯草杆菌 *Bacillus subtilis* 和藤黄色微球菌 *Micrococcus luteus*, 有值得注意的活性).【文献】G. M. König, et al. JNP, 1992, 55, 174.

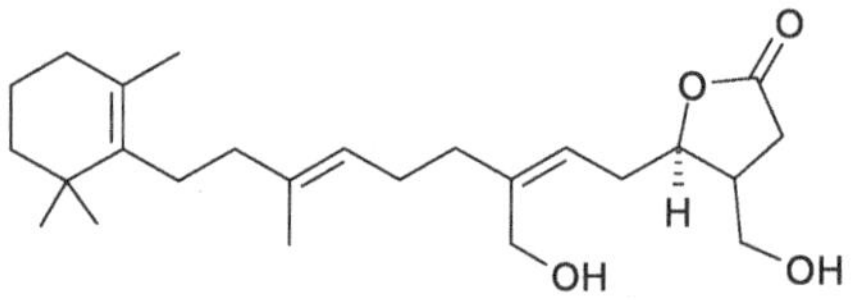

1537 Fasciospongide A 束海绵内酯 A*

【基本信息】$C_{25}H_{34}O_6$, 油状物, $[\alpha]_D = +46°$ ($c = 1$, 氯仿).【类型】环己烷二倍半萜.【来源】束海绵属 *Fasciospongia* sp. [新喀里多尼亚 (法属)].【活性】PLA_2 抑制剂; 抗炎.【文献】A. Montagnac, et al. JNP, 1994, 57, 186.

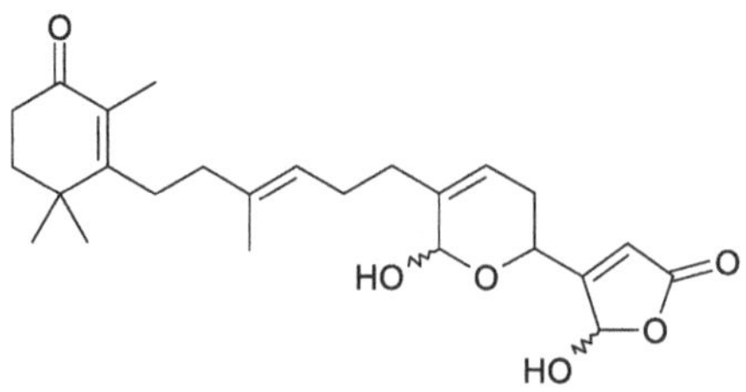

1538 Hippospongin 马海绵精*

【基本信息】$C_{25}H_{32}O_4$, 油状物, $[\alpha]_D^{25} = +15°$ ($c = 5.4$, 氯仿).【类型】环己烷二倍半萜.【来源】马海绵属 *Hippospongia* sp.【活性】镇痉剂; 抗菌 (革兰氏阳性菌).【文献】J. Kobayashi, et al. Tetrahedron Lett., 1986, 27, 2113.

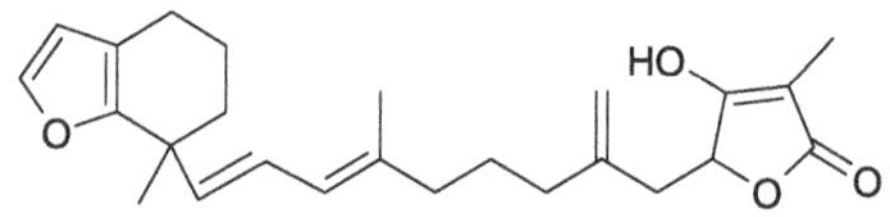

1539 3-Hydroxy-4,6-dimethyl-6-(2′-methyl-10′-phenyl-9-decenyl)-1,2-dioxan-3-acetic acid
3-羟基-4,6-二甲基-6-(2′-甲基-10′-苯基-9-癸烯基)-1,2-二噁烷-3-乙酸

【基本信息】$C_{25}H_{38}O_5$, 油状物, $[\alpha]_D^{28} = +42°$ ($c = 0.6$, 氯仿).【类型】环己烷二倍半萜.【来源】扁板海绵属 *Plakortis* sp. (北马里亚纳群岛奥罗特角, 关岛).【活性】抗菌 (金黄色葡萄球菌 *Staphylococcus aureus*, 低活性).【文献】E. Manzo, et al. JNP, 2009, 72, 1547.

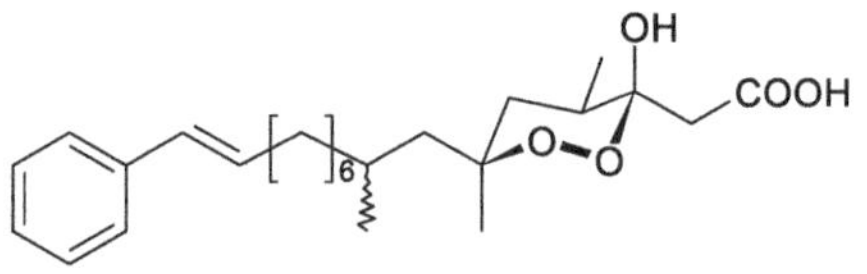

1540 3-Hydroxy-4,6-dimethyl-6-(2′-methyl-10′-phenyldecyl)-1,2-dioxan-3-acetic acid 3-羟基-4,6-二甲基-6-(2′-甲基-10′-苯基癸基)-1,2-二噁烷-3-乙酸

【基本信息】$C_{25}H_{40}O_5$, 油状物, $[\alpha]_D^{28} = +23°$ ($c = 0.4$, 氯仿).【类型】环己烷二倍半萜.【来源】扁板海绵属 *Plakortis* sp. (北马里亚纳群岛奥罗特角, 关岛).【活性】抗菌 (金黄色葡萄球菌 *Staphylococcus aureus*, 低活性).【文献】E. Manzo, et al. JNP, 2009, 72, 1547.

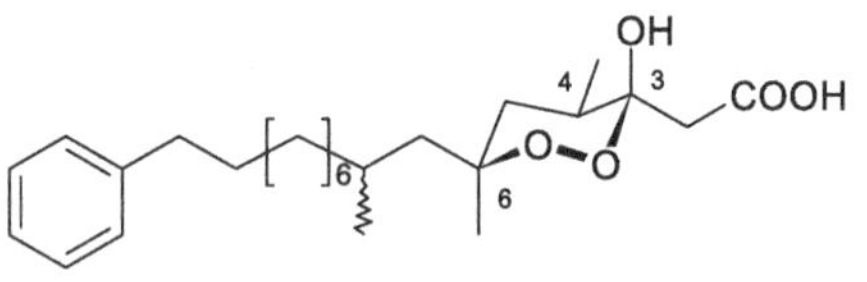

1541 3-Hydroxy-3,4,6-trimethyl-6-(2′-methyl-10′-phenyl-9-decenyl)-1,2-dioxane 3-羟基-3,4,6-三甲基-6-(2′-甲基-10′-苯基-9-癸烯基)-1,2-二噁烷

【基本信息】$C_{24}H_{38}O_3$.【类型】环己烷二倍半萜.【来源】扁板海绵属 *Plakortis* sp. (北马里亚纳群岛奥罗特角, 关岛).【活性】抗菌 (金黄色葡萄球菌 *Staphylococcus aureus*, 低活性).【文献】E. Manzo, et al. JNP, 2009, 72, 1547.

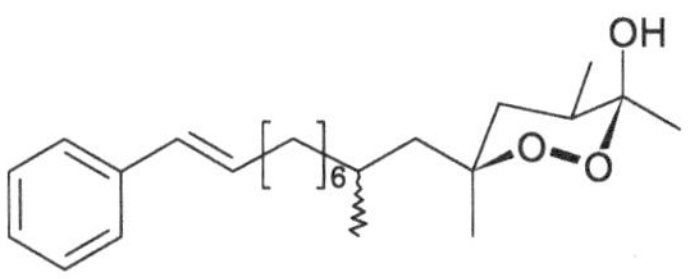

1542 3-Hydroxy-3,4,6-trimethyl-6-(2′-methyl-10′-phenyldecyl)-1,2-dioxane 3-羟基-3,4,6-三甲基-6-(2′-甲基-10′-苯基癸基)-1,2-二噁烷

【基本信息】$C_{24}H_{40}O_3$.【类型】环己烷二倍半萜.【来源】扁板海绵属 *Plakortis* sp. (北马里亚纳群岛奥罗特角, 关岛).【活性】抗菌 (金黄色葡萄球菌 *Staphylococcus aureus*, 低活性).【文献】E. Manzo, et al. JNP, 2009, 72, 1547.

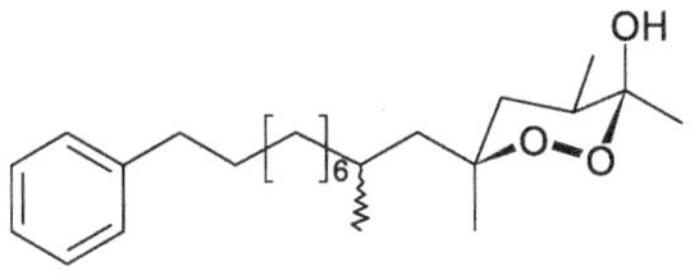

1543 Isodehydroluffariellolide 异去氢小瓜海绵内酯*

【基本信息】$C_{25}H_{36}O_3$, 无色油状物.【类型】环己烷二倍半萜.【来源】南海海绵* *Hyrtios* cf. *erecta* 和胄甲海绵亚科 Thorectinae 海绵 *Fascaplysinopsis reticulata*.【活性】酪氨酸激酶 p56lck 抑制剂 (0.5mmol/L, 降低活性到 45%).【文献】C. Jimènez, et al. JOC, 1991, 56, 3403; G. Kirsch, et al. JNP, 2000, 63, 825.

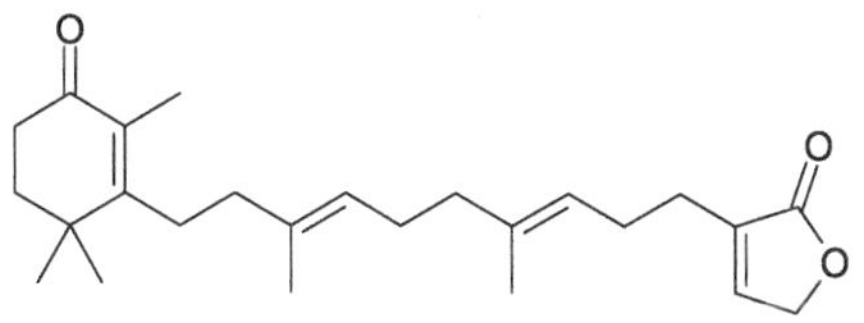

1544 Luffariellolide 小瓜海绵内酯*

【基本信息】$C_{25}H_{38}O_3$, 油状物.【类型】环己烷二倍半萜.【来源】小瓜海绵属 *luffariella* sp., *Cacospongia* sp. 和胄甲海绵亚科 Thorectinae 海绵 *FascapLysinopsis reticulata*.【活性】PLA_2 抑制剂 (有潜力的; PLA_2 与酶级联反应的起始步骤有关, 酶级联反应导致炎症介质的产生, PLA_2 特定抑制剂已被考虑作为处理炎症和有关疾病的潜在药物)【文献】K. F. Albizati, et al. Experientia, 1987, 43, 949; B. C. M. Potts, et al. JACS, 1992, 114, 5093; M. Kuramoto, et al. Mar. Drugs, 2004, 2, 39.

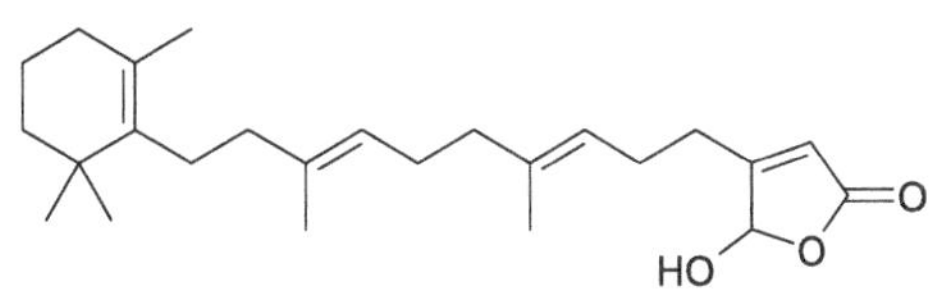

1545 Luffariolide A 小瓜海绵内酯 A*

【基本信息】$C_{25}H_{36}O_3$, 无色油状物.【类型】环己烷二倍半萜.【来源】小瓜海绵属 *Luffariella* sp. (冲绳, 日本).【活性】细胞毒 (L_{1210}, IC_{50} = 1.1μg/mL).【文献】M. Tsuda, et al. JOC, 1992, 57, 3503.

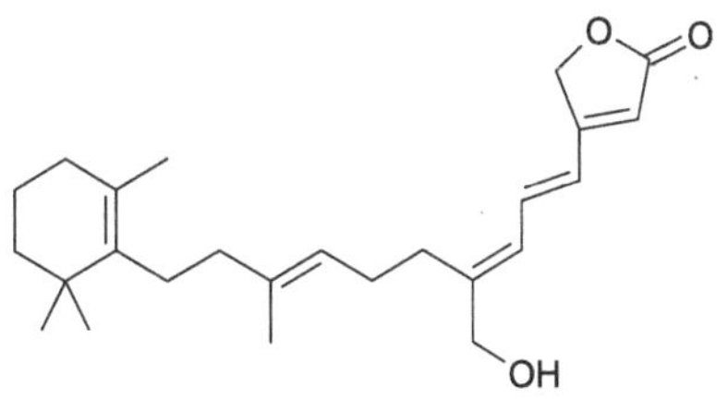

1546 Luffariolide B 小瓜海绵内酯 B*

【基本信息】$C_{25}H_{38}O_4$, 无色油状物, $[\alpha]_D^{25}$ = +20° (*c* = 1.0, 氯仿).【类型】环己烷二倍半萜.【来源】小瓜海绵属 *Luffariella* sp. (冲绳, 日本).【活性】细胞毒 (L_{1210}, IC_{50} = 1.3μg/mL).【文献】M. Tsuda, et al. JOC, 1992, 57, 3503.

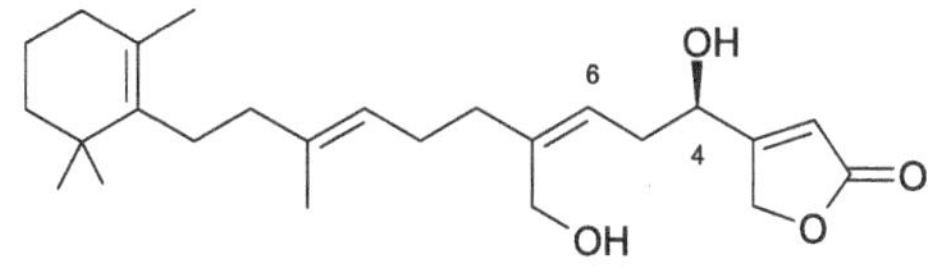

1547 Luffariolide C 小瓜海绵内酯 C*

【基本信息】$C_{25}H_{40}O_4$, 无色油状物, $[\alpha]_D^{25}$ = +4.4° (*c* = 1.6, 氯仿).【类型】环己烷二倍半萜.【来源】小瓜海绵属 *Luffariella* sp. (冲绳, 日本).【活性】细胞毒 (L_{1210}, IC_{50} = 7.8μg/mL).【文献】M. Tsuda, et al. JOC, 1992, 57, 3503.

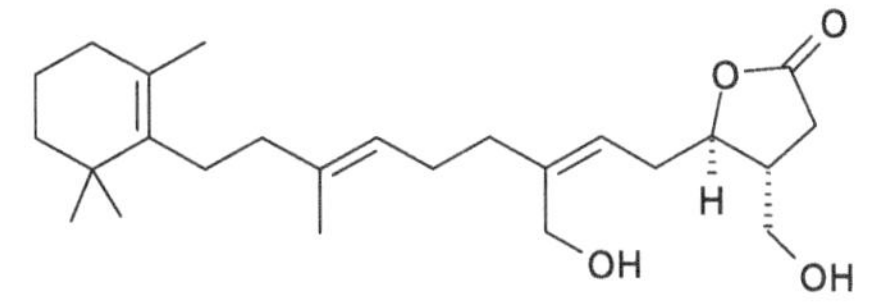

1548 Luffariolide D 小瓜海绵内酯 D*

【基本信息】$C_{25}H_{38}O_4$, 无色油状物, $[\alpha]_D^{20}$ = +9.0° (*c* = 0.15, 氯仿).【类型】环己烷二倍半萜.【来源】小瓜海绵属 *Luffariella* sp. (冲绳, 日本).【活性】

细胞毒 (L_{1210}, IC_{50} = 4.2μg/mL).【文献】M. Tsuda, et al. JOC, 1992, 57, 3503.

1549 Luffariolide E 小瓜海绵内酯 E*

【基本信息】$C_{25}H_{36}O_4$, 无色油状物, $[\alpha]_D^{17}$ = +7.1° (*c* = 0.42, 氯仿).【类型】环己烷二倍半萜.【来源】小瓜海绵属 *Luffariella* sp. (冲绳, 日本).【活性】细胞毒 (L_{1210}, IC_{50} = 1.2μg/mL).【文献】M. Tsuda, et al. JOC, 1992, 57, 3503; G. Hareau-Vittini, et al. Synthesis, 1995, 1007; G. Hareau-Vittini, et al. Synlett., 1995, 893.

1550 Manoalide 马诺内酯*

【基本信息】$C_{25}H_{36}O_5$, 无定形物质.【类型】环己烷二倍半萜.【来源】易变小瓜海绵* *Luffariella variabilis*, 胄甲海绵亚科 Thorectinae 海绵 *Smenospongia* sp. 和南海海绵* *Hyrtios erecta*.【活性】PLA_2 抑制剂 (有潜力的; PLA_2 与酶级联反应的起始步骤有关, 酶级联反应导致炎症介质的产生, PLA_2 特定抑制剂已被考虑作为处理炎症和有关疾病的潜在药物); 抗炎; 抗菌 (链霉菌属化脓性链球菌 *Streptomyces pyogenes*, 金黄色葡萄球菌 *Staphylococcus aureus; in vitro*); 细胞毒; 抗银屑病药; 镇痛; 鸟氨酸脱羧酶抑制剂.【文献】E. D. De Silva, et al. Tetrahedron Lett.,1980, 1611; E. D. De Silva, et al. Tetrahedron Lett., 1981, 22, 3147; E. S. Burley, et al. Pharmacologist, 1982, 24, 117; L. A. Blankemeier, et al. Fed. Proc., 1983, 42, 374; R. S. Jacobs, et al. Tetrahedron, 1985, 41, 981; P. Bury, et al. Tetrahedron, 1994, 50, 8793; J. Coombs, et al. Synthesis, 1998, 1367; A. Soriente, et al. Tetrahedron: Asymmetry, 1999, 10, 4481; M. Kuramoto, et al. Mar. Drugs, 2004, 2, 39; C. A. Motti, et al. Mar. Drugs, 2010, 8, 190.

1551 13*R*,16*R*,17*R*-Muqubilin A. 13*R*,16*R*,17*R*-穆库比林 A*

【别名】*epi*-Muqubilin A; *epi*-穆库比林 A*.【基本信息】$C_{24}H_{40}O_4$, 黄色油状物, $[\alpha]_D$ = +61.7° (*c* = 0.7, 氯仿).【类型】环己烷二倍半萜.【来源】Podospongiidae 科海绵 *Diacarnus* cf. *spinopoculum* (所罗门群岛和巴布亚新几内亚) 和 *Diacarnus erythraeanus* (红海).【活性】抗疟疾 (恶性疟原虫 *Plasmodium falciparum* D6, IC_{50} = 2900ng/mL, SI > 1.6; 恶性疟原虫 *Plasmodium falciparum* W2, IC_{50} > 4760ng/mL, SI > 1.0);抗病毒 (HSV-1, ED_{50} = 7.5μg/mL); 抗弓形体的 (刚地弓形虫 *Toxoplasma gondii,* 0.1μmol/L, 无值得注意的毒性); 细胞毒 (Vero, IC_{50} = 30.0μg/mL); 细胞毒 (HL60, KB, Molt4, KM12, IGROV1, 所有的 GI_{50} > 5.0μmol/L); 微分细胞毒性 (软琼脂实验, 50μg/盘, 认为 250 单位的地区差预计有"选择性的活性", M17–L_{1210}, 20 地区差单位).【文献】S, Sperry, et al. JNP, 1998, 61, 241; K. A. El Sayed, et al. JNP, 2001, 64, 522.

1552 13*R*,16*S*,17*R*-Muqubilin A 13*R*,16*S*,17*R*-穆库比林 A*

【基本信息】*ent*-Muqubilin; *ent*-穆库比林*.【基本信息】$C_{24}H_{40}O_4$, 黄色油状物, $[\alpha]_D$ = –35.6° (*c* = 9.8, 氯仿).【类型】环己烷二倍半萜.【来源】Podospongiidae 科海绵 *Diacarnus* cf. *spinopoculum* (所罗门群岛和巴布亚新几内亚).【活性】微分细胞毒性 (软琼脂实验, 50μg/盘, 认为 250 单位的地区差预计有"选择性的活性", C38–L_{1210}, –50 地区差单位; M17–L_{1210}, –30 地区差单位); 细胞毒 [HL60 (KB), GI_{50} = 1.77μmol/L; Molt4, GI_{50} > 5.0μmol/L; A549/ATCC, GI_{50} > 5.0μmol/L; KM12, GI_{50} > 5.0μmol/L; LOX-IMVI, GI_{50} = 2.17μmol/L; IGROV1, GI_{50} = 1.11μmol/L; 786-0, GI_{50} > 5.0μmol/L;

BT-549, GI_{50} > 5.0μmol/L].【文献】S, Sperry, et al. JNP, 1998, 61, 241; M. D'Ambrosio, et al. Helv. Chim. Acta, 1998, 81, 1285.

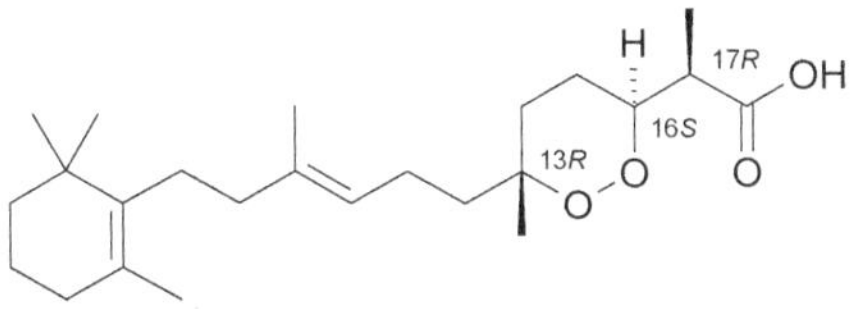

1553 13*S*,16*R*,17*S*-Muqubilin A 13*S*,16*R*,17*S*-穆库比林 A*

【基本信息】$C_{24}H_{40}O_4$, 黄色油状物, $[\alpha]_D$ = +31.6° (*c* = 0.18, 氯仿).【类型】环己烷二倍半萜.【来源】锯齿海绵属 *Prianos* sp. (红海).【活性】抗微生物; 细胞毒.【文献】Y. Kashman, et al. Tetrahedron Lett., 1979, 1707; L, V. Manes, et al. Tetrahedron Lett., 1984, 25, 931; R. J. Capon, et al. Tetrahedron, 1985, 41, 3391.

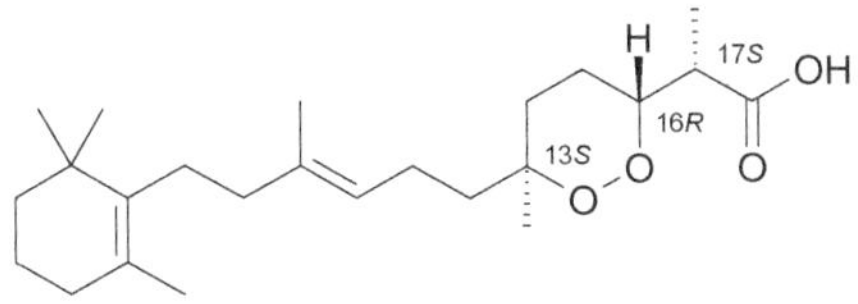

1554 Muqubilin B 穆库比林 B*

【基本信息】$C_{25}H_{42}O_5$, 油状物, $[\alpha]_D$ = −15.5° (*c* = 0.54, 氯仿).【类型】环己烷二倍半萜.【来源】Podospongiidae 科海绵 *Diacarnus* cf. *spinopoculum* (所罗门群岛和巴布亚新几内亚).【活性】细胞毒 [HL60 (KB), GI_{50} > 5.0μmol/L; Molt4, GI_{50} > 5.0μmol/L; A549/ATCC, GI_{50} > 5.0μmol/L; KM12, GI_{50} > 5.0μmol/L; IGROV1, GI_{50} = 2.42μmol/L; 786-0, GI_{50} > 5.0μmol/L].【文献】S, Sperry, et al. JNP, 1998, 61, 241.

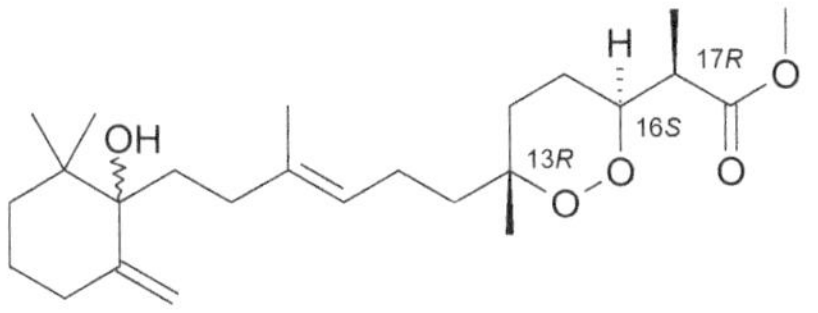

1555 (6*E*)-Neomanoalid-24-al (6*E*)-新马弄阿来得-24-醛*

【基本信息】$C_{25}H_{36}O_4$, 油状物, $[\alpha]_D^{25}$ = −10.6° (*c* = 0.18, 氯仿).【类型】环己烷二倍半萜.【来源】小瓜海绵属 *Luffariella* sp. [产率 = 0.004%(鲜重), 佩罗鲁斯岛北岸, 18°34′S146°29′E, 大堡礁, 澳大利亚, 采样深度 4~10m].【活性】抗菌 (TLC 生物自动作图实验, 大肠杆菌 *Escherichia coli,* 枯草杆菌 *Bacillus subtilis* 和藤黄色微球菌 *Micrococcus luteus*, 有值得注意的活性); 软体动物杀灭剂.【文献】G. M. König, et al. JNP, 1992, 55, 174.

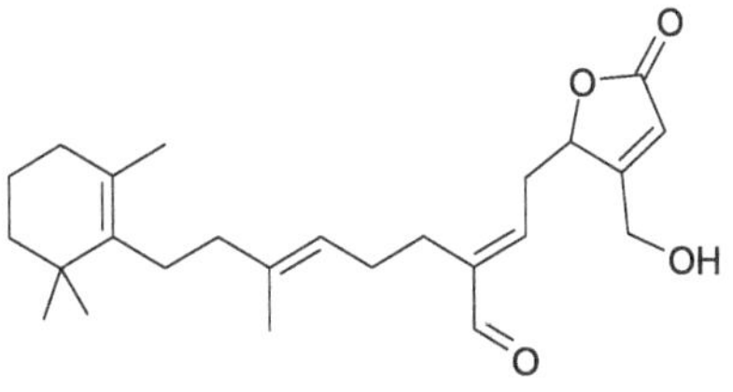

1556 (6*Z*)-Neomanoalide (6*Z*)-新马弄阿来得*

【基本信息】$C_{25}H_{38}O_4$, 玻璃体, $[\alpha]_D$ = −27.8° (*c* = 0.79, 二氯甲烷).【类型】环己烷二倍半萜.【来源】小瓜海绵属 *Luffariella* sp. [产率 = 0.016% (鲜重), 佩罗鲁斯岛北岸, 18°34′S146°29′E, 大堡礁, 澳大利亚, 采样深度 4~10m], 易变小瓜海绵* *Luffariella variabilis* 和南海海绵* *Hyrtios erecta*.【活性】抗菌 (革兰氏阳性菌枯草杆菌 *Bacillus subtilis* 和金黄色葡萄球菌 *Staphylococcus aureus*); 抗银屑病药; 鸟氨酸脱羧酶抑制剂.【文献】E. D. de Silva, et al. Tetradron Lett., 1981, 22, 3147; M. S. Butler, et al. Aust. J. Chem., 1992, 45, 1705; G. M. König, et al. JNP, 1992, 55, 174.

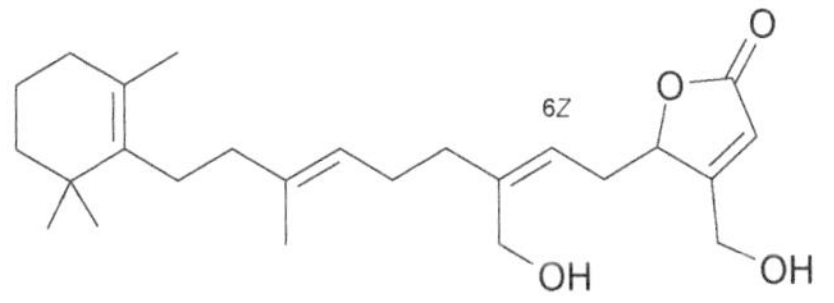

1557 (6*E*)-Neomanoalide (6*E*)-新马弄阿来得*

【基本信息】$C_{25}H_{38}O_4$, 玻璃体, $[\alpha]_D$ = −25.9° (*c* = 0.54, 二氯甲烷).【类型】环己烷二倍半萜.【来源】小瓜海绵属 *Luffariella* sp. [产率 = 0.024% (鲜重), 佩罗鲁斯岛北岸, 18°34′S146°29′E, 大堡礁, 澳大利亚, 采样深度 4~10m], 易变小瓜海绵* *Luffariella variabilis* 和南海海绵* *Hyrtios erecta*.【活性】抗菌 (革兰氏阳性菌枯草杆菌 *Bacillus subtilis* 和金黄色葡萄球菌 *Staphylococcus aureus*); 抗银屑病药; 鸟氨酸脱羧酶抑制剂.【文献】E. D. de Silva, et al. Tetrahedron Lett., 1981, 22, 3147; M.

S. Butler, et al. Aust. J. Chem., 1992, 45, 1705; G. M. König, et al. JNP, 1992, 55, 174.

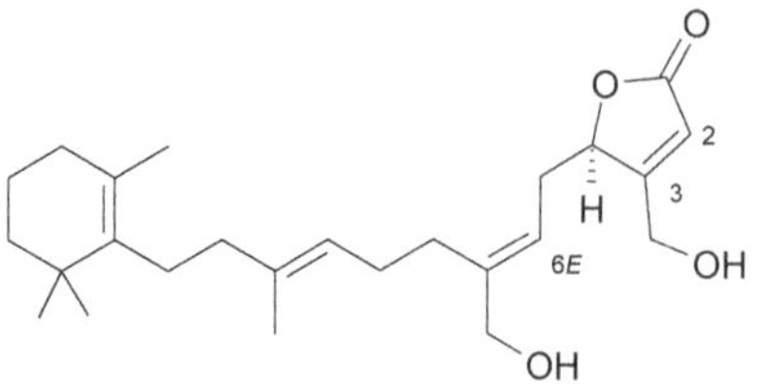

1558 Phorbaketal A 雏海绵酮醇 A*

【基本信息】$C_{25}H_{34}O_4$, 油状物, $[\alpha]_D^{25}= -118.1°$ ($c = 0.15$, 甲醇).【类型】环己烷二倍半萜.【来源】雏海绵属 *Phorbas* sp. (日向礁, 黄海, 中国).【活性】细胞毒 (MTT 试验: HT29, $IC_{50} = 12\mu g/mL$; HepG2, $IC_{50} = 11.2\mu g/mL$; A549, $IC_{50} = 11\mu g/mL$).【文献】J. -R. Rho, et al. Org. Lett., 2009, 11, 5590.

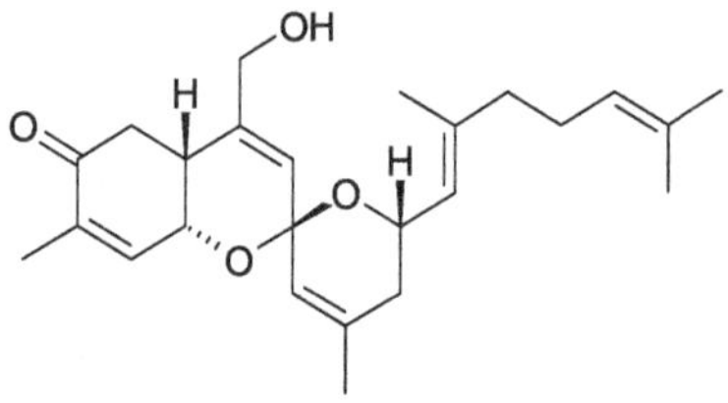

1559 Phorbaketal B 雏海绵酮醇 B*

【基本信息】$C_{25}H_{36}O_4$, 油状物, $[\alpha]_D^{25} = -115.1°$ ($c = 0.1$, 甲醇).【类型】环己烷二倍半萜.【来源】雏海绵属 *Phorbas* sp. (日向礁, 黄海, 中国).【活性】细胞毒 (MTT 试验: HT29, $IC_{50} = 27.9\mu g/mL$; HepG2, $IC_{50} = 14.8\mu g/mL$; A549, $IC_{50} = 565\mu g/mL$).【文献】J. -R. Rho, et al. Org. Lett., 2009, 11, 5590.

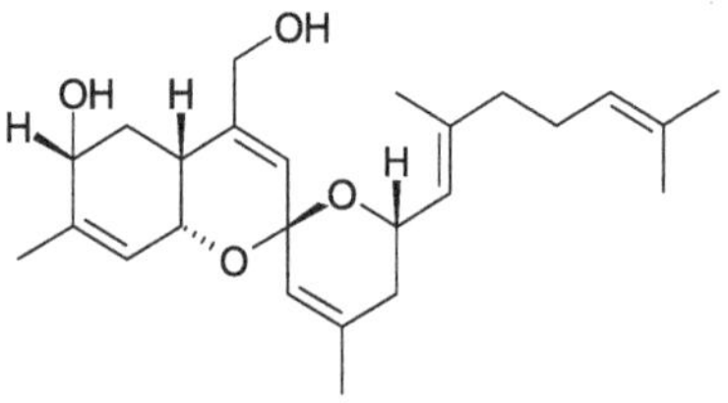

1560 Phorbaketal C 雏海绵酮醇 C*

【基本信息】$C_{25}H_{36}O_4$, 油状物, $[\alpha]_D^{25}= -122.3°$ ($c = 0.1$, 甲醇).【类型】环己烷二倍半萜.【来源】雏海绵属 *Phorbas* sp. (日向礁, 黄海, 中国).【活性】细胞毒 (MTT 试验: HT29, $IC_{50} = 212\mu g/mL$; HepG2, $IC_{50} = 11.8\mu g/mL$; A549, $IC_{50} = 12.4\mu g/mL$).【文献】J. -R. Rho, et al. Org. Lett., 2009, 11, 5590.

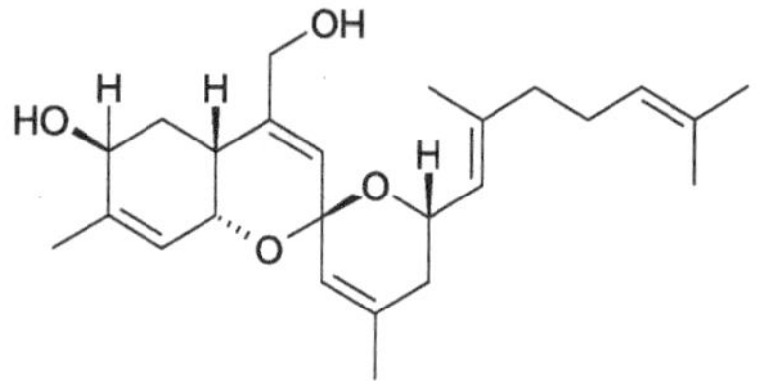

1561 Phorbaketal H 雏海绵酮醛 H*

【基本信息】$C_{25}H_{34}O_4$.【类型】环己烷二倍半萜.【来源】单锚海绵属 *Monanchora* sp. (日向礁, 黄海, 中国).【活性】细胞毒 (A498, 低活性).【文献】W. Wang, et al. JNP, 2013, 76, 170.

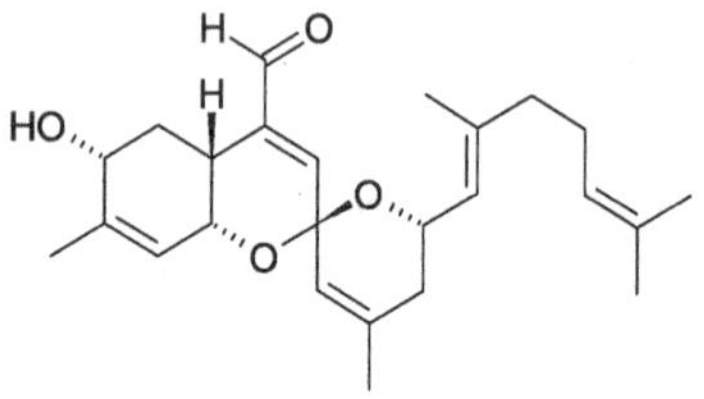

1562 Phorbaketal I 雏海绵酮醛 I*

【基本信息】$C_{25}H_{32}O_4$.【类型】环己烷二倍半萜.【来源】单锚海绵属 *Monanchora* sp. (日向礁, 黄海, 中国).【活性】细胞毒 (A498, 低活性).【文献】W. Wang, et al. JNP, 2013, 76, 170.

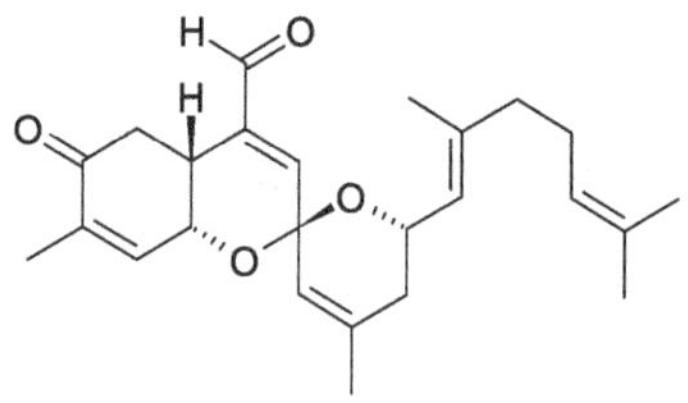

1563 Secomanoalide 断马弄阿来得*

【基本信息】$C_{25}H_{36}O_5$, 玻璃体, $[\alpha]_D = +16.2°$ ($c = 0.99$, 氯仿).【类型】环己烷二倍半萜.【来源】易变小瓜海绵* *Luffariella variabilis.*【活性】抗菌 (革兰氏阳性菌枯草杆菌 *Bacillus subtilis* 和金黄色葡萄球菌 *Staphylococcus aureus*).【文献】E. D. de Silva, et al. Tetrahedron Lett., 1981, 22, 3147.

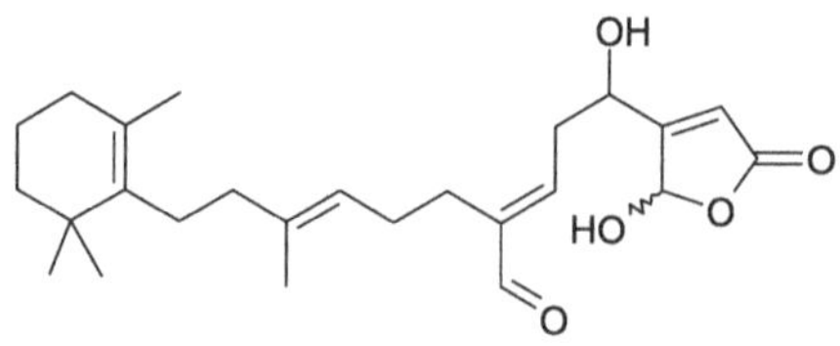

1564 Thorectidaeolide A 胄甲海绵内酯 A*

【基本信息】$C_{25}H_{36}O_4$.【类型】环己烷二倍半萜.

【来源】共同钵海绵* *Hyrtios communis* (北部礁区，帕劳，大洋洲).【活性】HIF-1 (低氧诱导型因子-1) 抑制剂.【文献】J. Li, et al. JNP, 2013, 76, 1492.

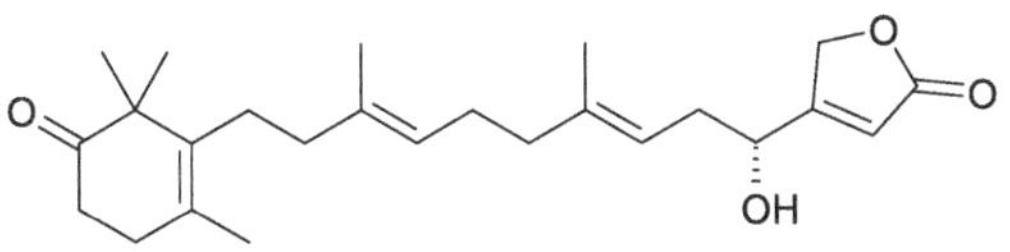

1565 Thorectidaeolide B 胄甲海绵内酯 B*

【基本信息】$C_{25}H_{36}O_4$.【类型】环己烷二倍半萜.【来源】共同钵海绵* *Hyrtios communis* (北部礁区，帕劳，大洋洲).【活性】HIF-1 (低氧诱导型因子-1) 抑制剂.【文献】J. Li, et al. JNP, 2013, 76, 1492.

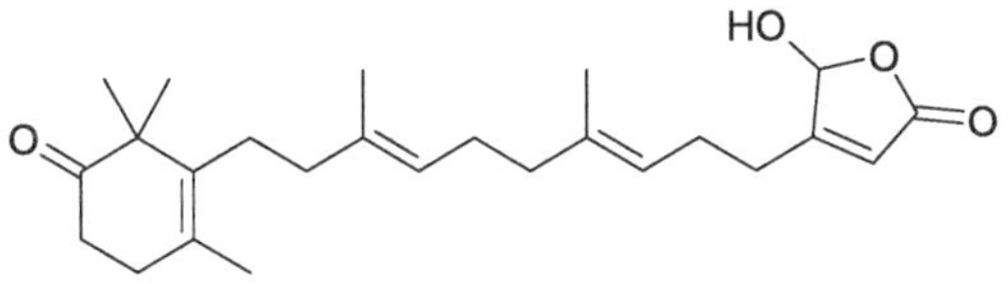

4.4 双环二倍半萜

1566 Bilosespene A 比娄赛斯烯 A*

【基本信息】$C_{25}H_{40}O_2$.【类型】双环二倍半萜.【来源】灰烬色掘海绵 *Dysidea cinerea* (达赫拉克群岛，厄立特里亚).【活性】细胞毒 (和比娄赛斯烯 B 的混合物：P_{388}, A549, HT29 和 MEL28, IC_{50} = 2.5μg/mL).【文献】A. Rudi, et al. Org. Lett., 1999, 1, 471.

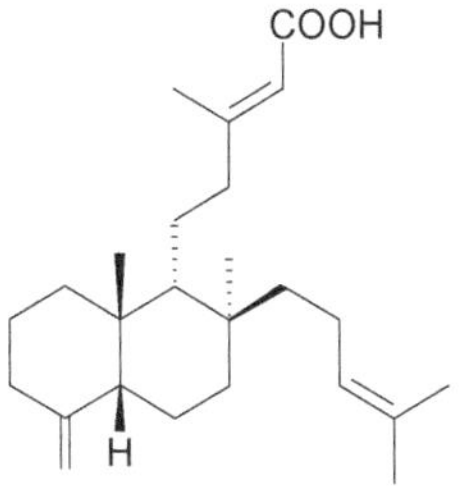

1567 Bilosespene B 比娄赛斯烯 B*

【基本信息】$C_{25}H_{40}O_2$.【类型】双环二倍半萜.【来源】灰烬色掘海绵 *Dysidea cinerea* (达赫拉克群岛，厄立特里亚).【活性】细胞毒 (和比娄赛斯烯 A 的混合物：P_{388}, A549, HT29 和 MEL28, IC_{50} = 2.5μg/mL).【文献】A. Rudi, et al. Org. Lett., 1999, 1, 471.

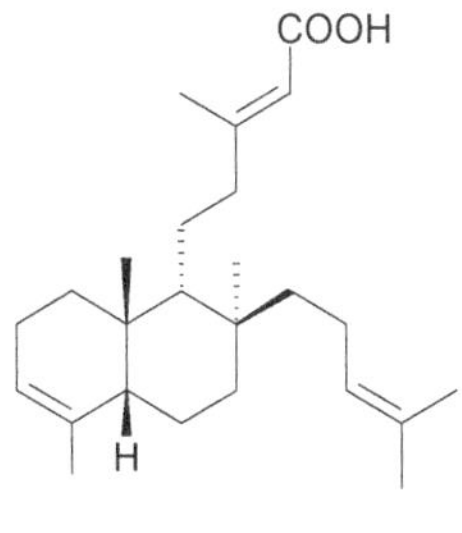

1568 Cladocoran A 地中海石珊瑚素 A*

【基本信息】$C_{27}H_{40}O_5$, 浅黄色油状物, $[\alpha]_D^{20}$ = –25.8° (c = 0.4, 甲醇).【类型】双环二倍半萜.【来源】石珊瑚目地中海石珊瑚 *Cladocora cespitosa* (地中海).【活性】抗炎 (抑制分泌 PLA_2, IC_{50} = 0.8~1.9μmol/L).【文献】A. Fontana, et al. JOC, 1998, 63, 2845; H. Miyaoka, et al. JOC, 2003, 68, 3476 (立体化学修正).

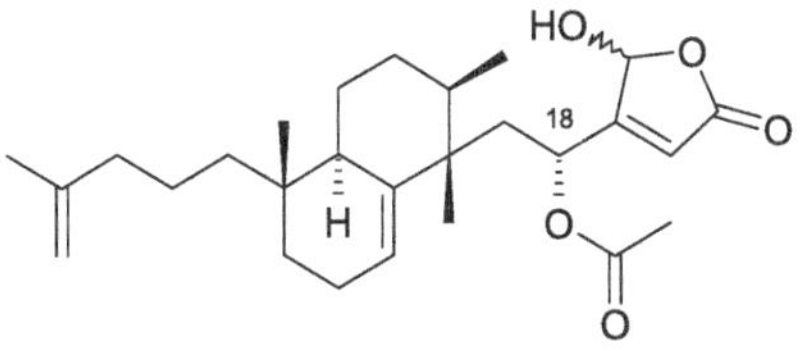

1569 Cladocoran B 地中海石珊瑚素 B*

【基本信息】$C_{25}H_{38}O_4$, 浅黄色油状物, $[\alpha]_D^{20}$ = –59.9° (c = 0.6, 甲醇).【类型】双环二倍半萜.【来源】石珊瑚目地中海石珊瑚 *Cladocora cespitosa* (地中海).【活性】抗炎 (抑制分泌 PLA_2, IC_{50} = 0.8~1.9μmol/L).【文献】A. Fontana, et al. JOC, 1998, 63, 2845; H. Miyaoka, et al. JOC, 2003, 68, 3476 (立体化学修正).

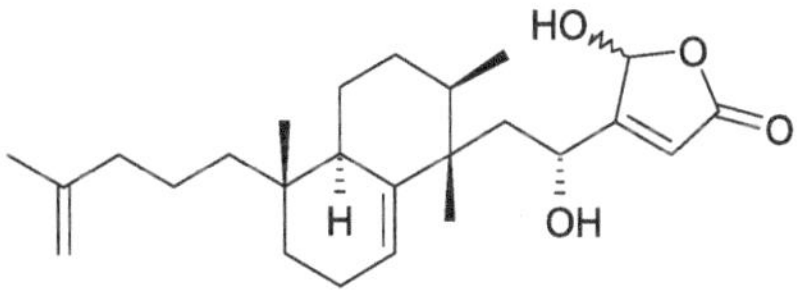

1570 (+)-Dysideapalaunic acid (+)-掘海绵帕劳乌尼可酸*

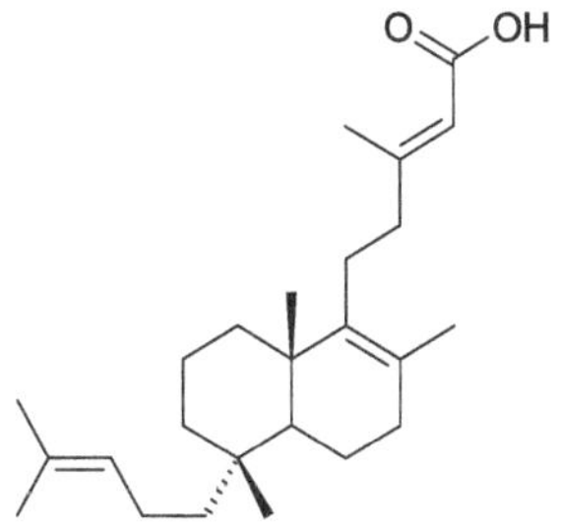

【基本信息】$C_{25}H_{40}O_2$, 油状物, $[\alpha]_D = +61°$ (氯仿).【类型】双环二倍半萜.【来源】掘海绵属 *Dysidea* sp.【活性】醛糖还原酶抑制剂.【文献】H. Hagiwara, et al. JCS Perkin Trans. Ⅰ, 1991, 343; M. Singh, et al. PM, 1999, 65, 2.

1571 Halisulfate 7 哈里硫酸酯 7*

【基本信息】$C_{25}H_{40}O_5S$.【类型】双环二倍半萜.【来源】束海绵属 *Fasciospongia* sp. (帕劳, 大洋洲) 和筛皮海绵属 *Coscinoderma* sp.【活性】抗菌 (链霉菌属 *Streptomyces* sp. 85E, 生长和孢子形成抑制剂; 20μg/盘, IZD = 18mm; 10μg/盘, IZD = 15mm; 5μg/盘, 无活性).【文献】X. Fu, et a. JNP, 1999, 62, 1190; P. Phuwapraisirisan, et al. Tetrahedron Lett., 2004, 45, 2125 (结构修正); G. Yao, et al. JNP, 2009, 72, 319.

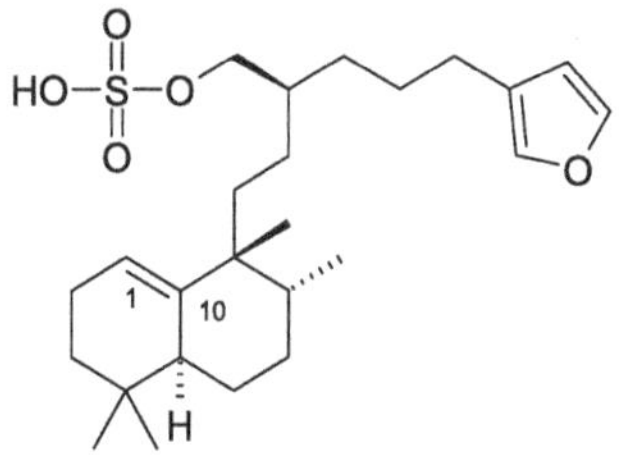

1572 Halisulfate 9 哈里硫酸酯 9*

【基本信息】$C_{25}H_{40}O_6S$, 无定形固体, mp 53~54°C, $[\alpha]_D^{25} = -57.9°$ (c = 0.31, 甲醇).【类型】双环二倍半萜.【来源】束海绵属 *Fasciospongia* sp. (帕劳, 大洋洲) 和达尔文海绵属 *Darwinella australensis*.【活性】抗菌 (*Streptomyces* sp. 85E, 生长和孢子形成抑制剂; 20μg/盘, IZD = 16mm; 10μg/盘, IZD = 14mm; 5μg/盘, 无活性).【文献】G. Yao, et al. JNP, 2009, 72, 319; T. N. Makarieva, et al. JNP, 2003, 66, 1010.

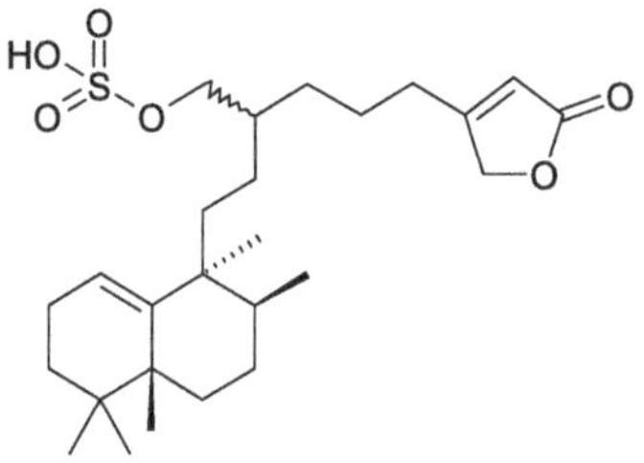

1573 25-Hydroxyhalisulfate 9 25-羟基哈里硫酸酯 9*

【基本信息】$C_{25}H_{40}O_7S$, 油状物, $[\alpha]_D^{23} = -48.5°$ (c = 0.27, 甲醇).【类型】双环二倍半萜.【来源】束海绵属 *Fasciospongia* sp. (帕劳, 大洋洲).【活性】抗菌 (*Streptomyces* sp. 85E, 生长和孢子形成抑制剂; 20μg/盘, IZD = 19mm; 10μg/盘, IZD = 13mm; 5μg/盘, 无活性).【文献】G. Yao, et al. JNP, 2009, 72, 319.

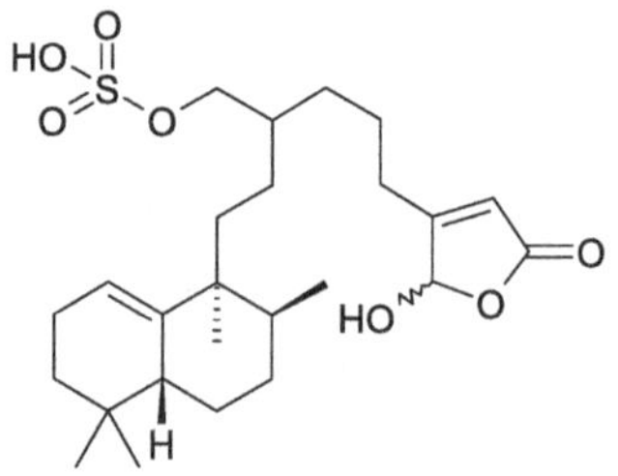

1574 Kohamaic acid A 扣哈麦克酸 A*

【基本信息】$C_{25}H_{40}O_2$, $[\alpha]_D^{31} = -3°$ (c = 0.42, 氯仿).【类型】双环二倍半萜.【来源】羊海绵属 *Ircinia* sp. (冲绳, 日本).【活性】细胞毒 (P_{388}, IC_{50} > 10μg/mL).【文献】S. Kokubo, et al. Chem. Lett., 2001, 176.

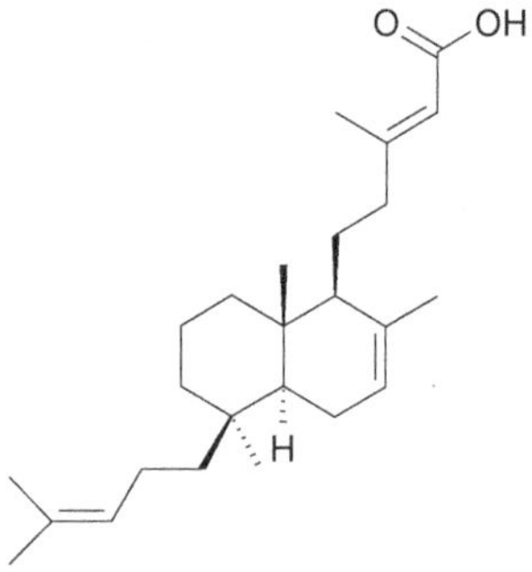

1575 Kohamaic acid B 扣哈麦克酸 B*

【基本信息】$C_{25}H_{40}O_3$, $[\alpha]_D^{30} = -4.7°$ (c = 0.082, 氯仿).【类型】双环二倍半萜.【来源】羊海绵属 *Ircinia* sp. (冲绳, 日本).【活性】细胞毒 (P_{388}, IC_{50} = 2.8μg/mL).【文献】S. Kokubo, et al. Chem. Lett., 2001, 176.

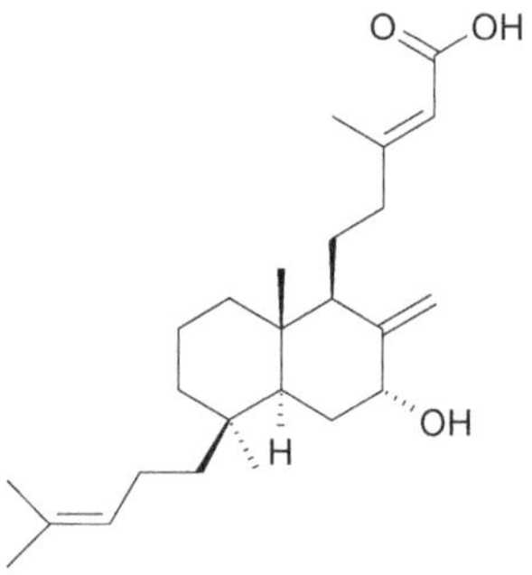

1576 Luffalactone 小瓜海绵酮*

【基本信息】$C_{27}H_{38}O_6$, 油状物, $[\alpha]_D = +18.8°$ ($c = 0.48$, C_6H_6).【类型】双环二倍半萜.【来源】易变小瓜海绵* *Luffariella variabilis.*【活性】水肿抑制剂.【文献】B. C. M. Potts, et al. JOC, 1992, 57, 2965.; R. A. Keyzers, et al. Chem. Soc. Rev., 2005, 34, 355.

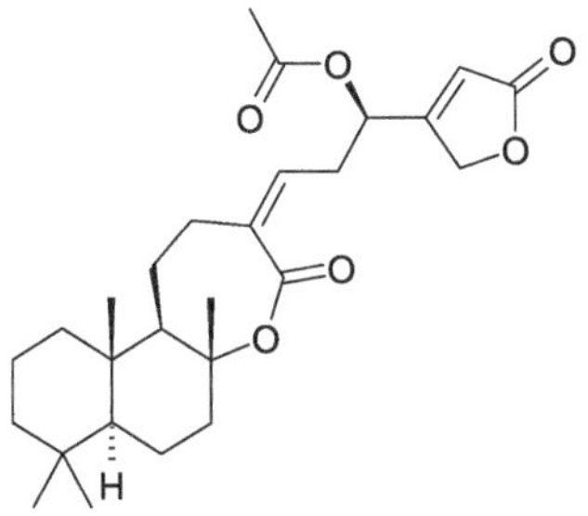

1577 Luffarin A 小瓜海绵因 A*

【基本信息】$C_{25}H_{36}O_5$, 固体, $[\alpha]_D^{20} = +101°$ ($c = 1.7$, 氯仿).【类型】双环二倍半萜.【来源】几何小瓜海绵* *Luffariella geometrica* (澳大利亚).【活性】烟碱受体抑制剂.【文献】M. S. Butler, et al. Aust. J. Chem., 1992, 45, 1705.

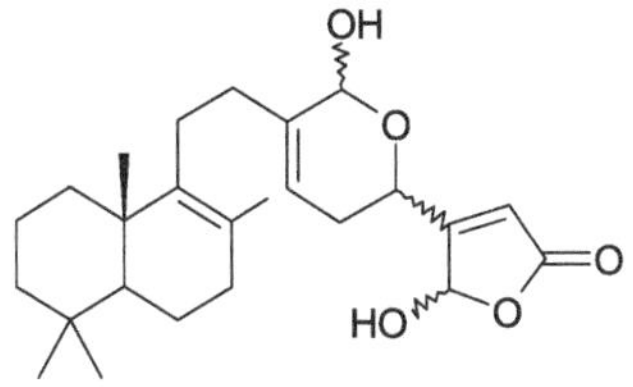

1578 Luffarin C 小瓜海绵因 C*

【基本信息】$C_{25}H_{34}O_4$, 黄色油状物, $[\alpha]_D^{20} = +47.1°$ ($c = 1.3$, 氯仿).【类型】双环二倍半萜.【来源】几何小瓜海绵* *Luffariella geometrica* (澳大利亚).【活性】烟碱受体抑制剂.【文献】M. S. Butler, et al. Aust. J. Chem., 1992, 45, 1705.

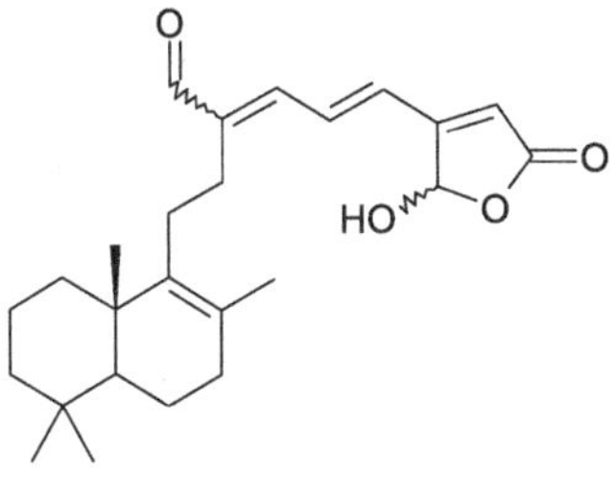

1579 Luffarin D 小瓜海绵因 D*

【基本信息】$C_{27}H_{40}O_5$, 黄色油状物, $[\alpha]_D^{20} = +26.4°$ ($c = 0.3$, 氯仿).【类型】双环二倍半萜.【来源】几何小瓜海绵* *Luffariella geometrica* (澳大利亚).【活性】烟碱受体抑制剂.【文献】M. S. Butler, et al. Aust. J. Chem., 1992, 45, 1705.

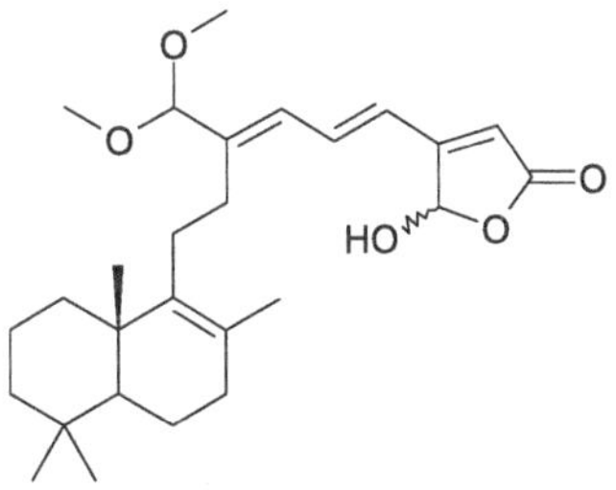

1580 Luffarin K 小瓜海绵因 K*

【基本信息】$C_{25}H_{38}O_4$, 油状物, $[\alpha]_D^{20} = +25.2°$ ($c = 2.8$, 氯仿).【类型】双环二倍半萜.【来源】几何小瓜海绵* *luffariella geometrica* (澳大利亚).【活性】烟碱受体抑制剂.【文献】M. S. Butler, et al. Aust. J. Chem., 1992, 45, 1705.

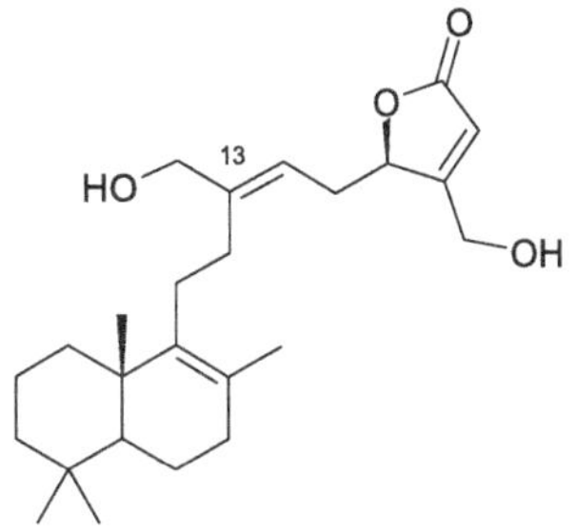

1581 Luffarin L 小瓜海绵因 L*

【基本信息】$C_{25}H_{38}O_4$, 油状物, $[\alpha]_D^{20} = +25.1°$ ($c = 2.1$, 氯仿).【类型】双环二倍半萜.【来源】几何小瓜海绵* *Luffariella geometrica* (澳大利亚).【活性】烟碱受体抑制剂.【文献】M. S. Butler, et al. Aust. J. Chem., 1992, 45, 1705.

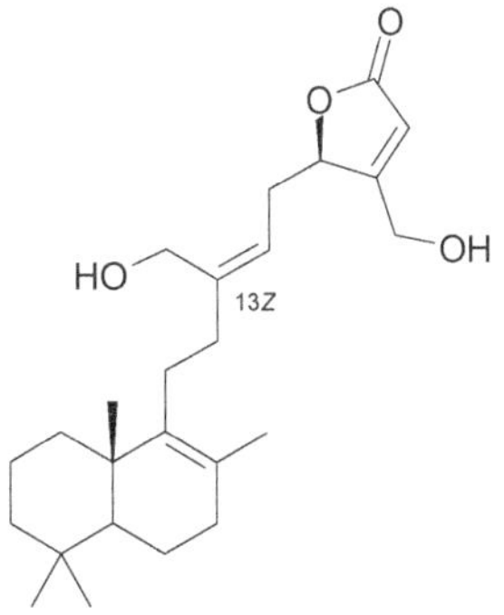

1582 Mycaperoxide A 山海绵过氧化物 A*

【基本信息】$C_{24}H_{42}O_5$, 晶体 (丙酮), mp 158~

159.5°C, $[\alpha]_D^{30}$ = –41.0° (*c* = 1.28, 丙酮).【类型】双环二倍半萜.【来源】山海绵属 *Mycale* sp. (泰国) 和山海绵属 *Mycale* cf. *spongiosa*.【活性】细胞毒 (P_{388}, A549 和 HT29 IC_{50} = 0.5~1.0μg/mL); 抗病毒 (疱疹性口炎病毒 *Vesicular stomatitis* 和单纯性疱疹 1 型病毒 *Herpes simplex* type-1, IC_{50} = 0.25~1.0μg/mL); 抗菌 (革兰氏阳性菌枯草杆菌 *Bacillus subtilis* 和金黄色葡萄球菌 *Staphylococcus aureus*).【文献】R. J. Capon, et al. JNP, 1991, 54, 190; J. Tanaka, et al. JOC, 1993, 58, 2999; M. Singh, et al. PM, 1999, 65, 2.

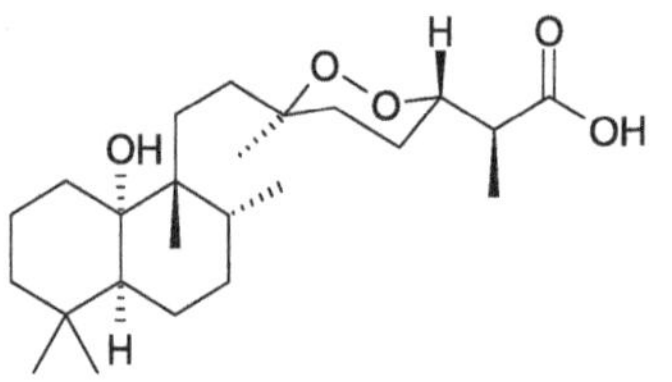

1583 Mycaperoxide B 山海绵过氧化物 B*
【基本信息】$C_{24}H_{42}O_5$, 树胶状物, $[\alpha]_D^{30}$ = –41.3° (*c* = 1.27, 丙酮).【类型】双环二倍半萜.【来源】山海绵属 *Mycale* sp. (泰国).【活性】细胞毒 (P_{388}, A549 和 HT29, IC_{50} = 0.5~1.0μg/mL); 抗病毒 (疱疹性口炎病毒 *Vesicular stomatitis* 和单纯性疱疹 1 型病毒 *Herpes simplex* type-1, IC_{50} = 0.25~1.0μg/mL); 抗菌 (革兰氏阳性菌枯草杆菌 *Bacillus subtilis* 和金黄色葡萄球菌 *Staphylococcus aureus*).【文献】J. Tanaka, et al. JOC, 1993, 58, 2999.

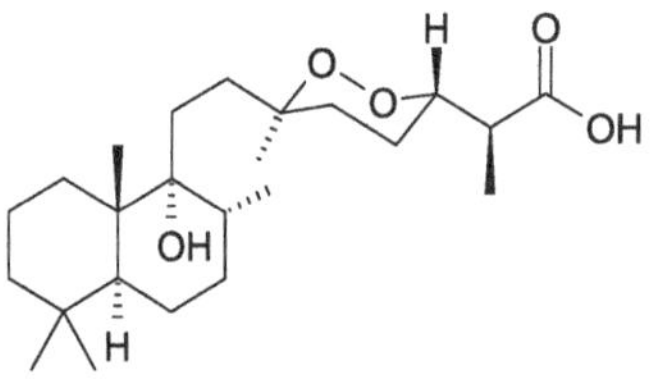

1584 Palauolide 帕劳内酯*
【基本信息】$C_{25}H_{36}O_3$, 黄色油状物, $[\alpha]_D$ = +1.5° (*c* = 0.2, 氯仿).【类型】双环二倍半萜.【来源】青甲海绵亚科 Thorectinae 海绵 *Fascaplysinopsis* sp. (帕劳, 大洋洲).【活性】PLA_2 抑制剂 (蜂毒 PLA_2, 0.8μg/mL, InRt = 85%); 抗菌.【文献】B. J. Sullivan, et al. Tetrahedron Lett., 1982, 23, 907; E. Piers, et al. Can. J. Chem., 1994, 72, 146; E. W. Schmidt, et al. Tetrahedron Lett., 1996, 37, 3951.

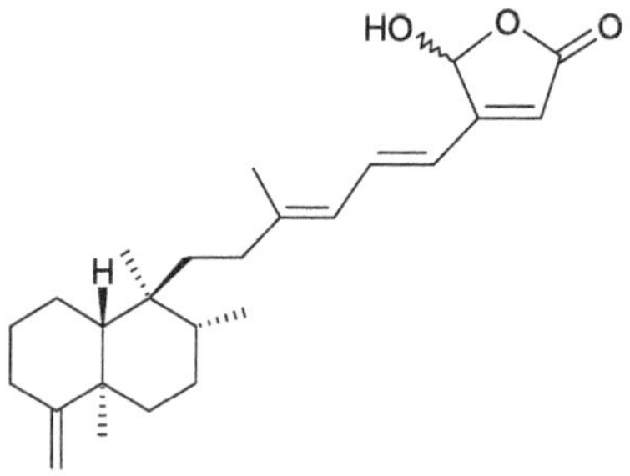

1585 Palauolol 帕劳二醇*
【基本信息】$C_{25}H_{38}O_4$, 油状物.【类型】双环二倍半萜.【来源】青甲海绵亚科 Thorectinae 海绵 *Thorectandra* sp. (帕劳, 大洋洲) 和青甲海绵亚科 Thorectinae 海绵 *Fascaplysinopsis* sp. (帕劳, 大洋洲).【活性】细胞毒 (MALME-3M, IC_{50} = 0.46μg/mL; MCF7, IC_{50} = 14.2μg/mL); 抗炎; PLA_2 抑制剂 (蜂毒 PLA_2, 0.8μg/mL, InRt = 82%); 抗菌 (金黄色葡萄球菌 *Staphylococcus aureus* 和枯草杆菌 *Bacillus subtilis*, 温和活性).【文献】R. D. Charan, et al. JNP, 2001, 64, 661; B. Sullivan, et al. Tetrahedron Lett., 1982, 23, 907; E. W. Schmidt, et al. Tetrahedron Lett., 1996, 37, 3951.

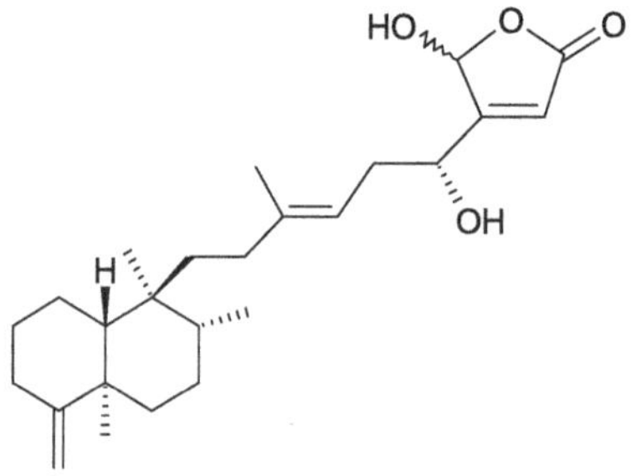

1586 Sigmosceptrellin A 斯格默色浦垂林 A*
【基本信息】$C_{24}H_{40}O_4$.【类型】双环二倍半萜.【来源】Podospongiidae 科海绵 *Sigmosceptrella laevis*.【活性】鱼毒.【文献】M. Albericci, et al. Tetrahedron Lett., 1979, 2687; A. Albericci, et al. Tetrahedron, 1982, 38, 1881.

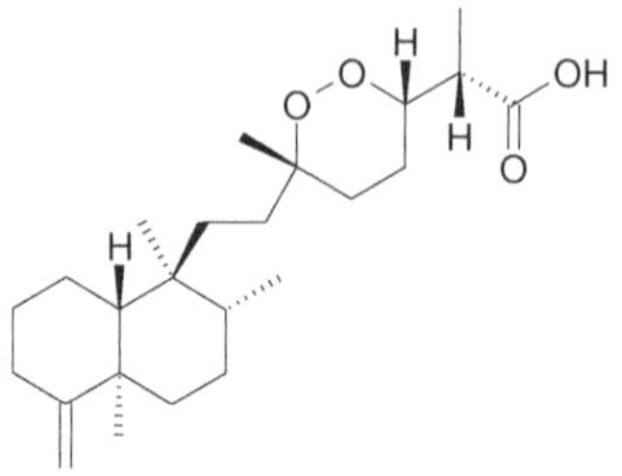

1587 Sigmosceptrellin B 斯格默色浦垂林 B*

【别名】Prianicin B; 锯齿海绵新 B*.【基本信息】$C_{24}H_{40}O_4$, 黄色油状物.【类型】双环二倍半萜.【来源】Podospongiidae 科海绵 *Diacarnus erythraeanus* (红海), Podospongiidae 科海绵 *Diacarnus* cf. *spinopoculum* (所罗门群岛和巴布亚新几内亚), Podospongiidae 科海绵 *Sigmosceptrella laevis* 和锯齿海绵属 *Prianos* sp.【活性】抗疟疾 (恶性疟原虫 *Plasmodium falciparum* D6, IC_{50} = 1200ng/mL, SI > 2.7; 恶性疟原虫 *Plasmodium falciparum* W2, IC_{50} = 3400ng/mL, SI > 1.0); 抗弓形体的 (刚地弓形虫 *Toxoplasma gondii,* 0.1μmol/L, 没有值得注意的毒性); 细胞毒 (Vero, IC_{50} = 2.5μg/mL); 微分细胞毒性 (软琼脂实验, 50μg/盘, 认为 250 单位的地区差预计有"选择性的活性", C38–L_{1210}, –50 地区差单位; M17–L_{1210}, –10 地区差单位); 细胞毒 (HL60, GI_{50} = 0.14μmol/L; Molt4, GI_{50} = 0.98μmol/L; A549/ATCC, GI_{50} = 1.45μmol/L; KM12, GI_{50} = 0.94μmol/L; IGROV1, GI_{50} = 0.12μmol/L; 786-0, GI_{50} = 0.61μmol/L; BT-549, GI_{50} = 1.81μmol/L).【文献】M. Albericci, et al. Tetrahedron Lett., 1979, 2687; S.Sokoloff, et al. Experientia, 1982, 38, 337; M.Albericci, et al. Tetrahedron, 1982, 38, 1881; S. Sperry, et al. JNP, 1998, 61, 241; K. A. El Sayed, et al. JNP, 2001, 64, 522.

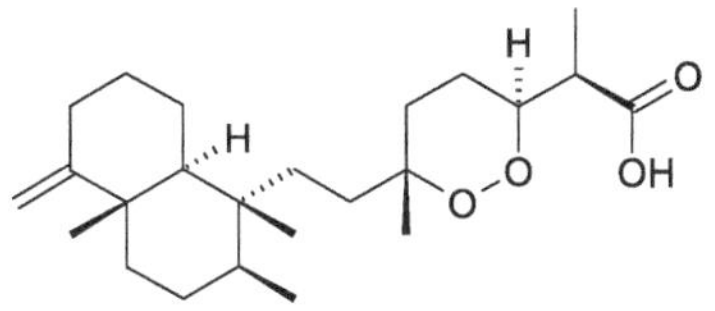

1588 Sigmosceptrellin C 斯格默色浦垂林 C*

【基本信息】$C_{24}H_{40}O_4$.【类型】双环二倍半萜.【来源】Podospongiidae 科海绵 *Diacarnus* cf. *spinopoculum* (所罗门群岛和巴布亚新几内亚) 和 Podospongiidae 科海绵 *Sigmosceptrella laevis*.【活性】微分细胞毒性 (软琼脂实验, 50μg/盘, 认为 250 单位的地区差预计有"选择性的活性", M17–L_{1210}, 0 地区差单位); 细胞毒 [HL60 (KB), GI_{50} = 0.14μmol/L; Molt4, GI_{50} = 0.84μmol/L; A549/ATCC, GI_{50} = 0.94μmol/L; KM12, GI_{50} = 0.95μmol/L; LOX-IMVI, GI_{50} = 0.16μmol/L; IGROV1, GI_{50} = 0.10μmol/L; 786-0, GI_{50} = 0.50μmol/L; BT-549, GI_{50} = 0.96μmol/L]; 鱼毒.【文献】M. Albericci, et al. Tetrahedron Lett., 1979, 2687; M. Albericci, et al. Tetrahedron, 1982, 38, 1881; S, Sperry, et al. JNP, 1998, 61, 241.

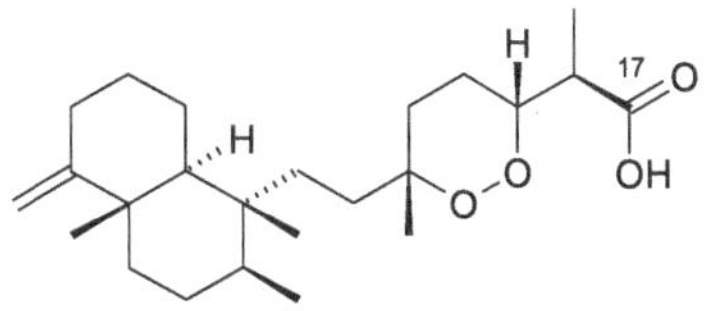

1589 Thorectandrol A 胄甲海绵醇 A*

【基本信息】$C_{25}H_{38}O_3$, 黄色油状物, $[\alpha]_D$ = –15° (*c* = 0.15, 甲醇).【类型】双环二倍半萜.【来源】海绵 *Thorectandra* sp. (帕劳, 大洋洲).【活性】细胞毒 (MALME-3M, IC_{50} = 40μg/mL; MCF7, IC_{50} = 40μg/mL).【文献】R. D. Charan, et al. JNP, 2001, 64, 661.

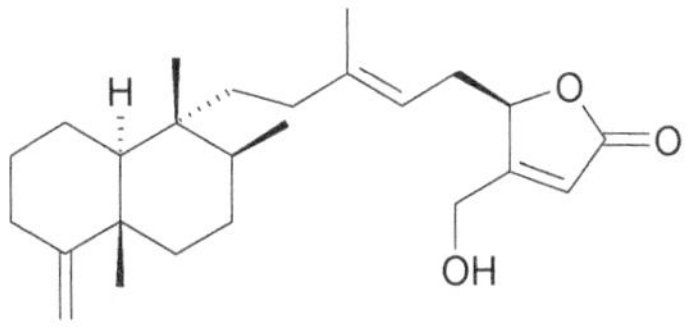

1590 Thorectandrol B 胄甲海绵醇 B*

【基本信息】$C_{27}H_{40}O_5$, 黄色油状物, $[\alpha]_D$ = –19.4° (*c* = 0.07, 甲醇).【类型】双环二倍半萜.【来源】海绵 *Thorectandra* sp. (帕劳, 大洋洲).【活性】细胞毒 (MALME-3M, IC_{50} = 30μg/mL; MCF7, IC_{50} = 30μg/mL).【文献】R. D. Charan, et al. JNP, 2001, 64, 661.

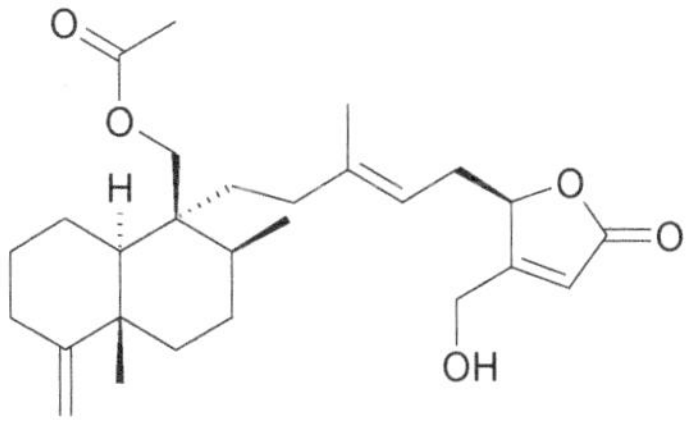

1591 Ansellone A 安塞尔酮 A*

【基本信息】$C_{27}H_{38}O_5$, $[\alpha]_D$ = –15.4° (甲醇).【类型】双环二倍半萜.【来源】软体动物裸腮目海牛亚目海牛裸腮 *Cadlina luteomarginata* (安塞尔市, 不列颠哥伦比亚, 加拿大), 雏海绵属 *Phorbas* sp. (安塞尔市, 不列颠哥伦比亚, 加拿大).【活性】环磷酸腺苷 CAMP 信号通路激活剂 (没有激素结合的 HEK-293 细胞, EC_{50} = 14μmol/L).【文献】J. Daoust, et al. Org. Lett., 2010, 12, 3208.

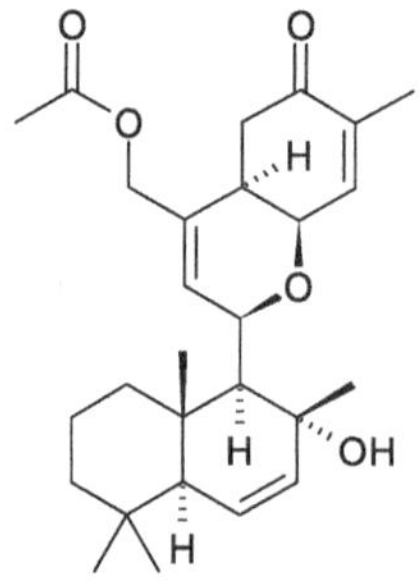

4.5 齐拉坦烷二倍半萜

1592 Cavernosolide 空洞束海绵内酯*

【别名】(24*β*,25*ξ*)-16,24-Epoxy-24,25-dihydroxy-17-cheilanthen-19,25-olide; (24*β*,25*ξ*)-16,24-环氧-24,25-二羟基-17-齐拉坦烯-19,25-内酯*.【基本信息】$C_{27}H_{40}O_6$, 晶体 (甲醇), mp 119~121°C, $[\alpha]_D = +28.7°$ ($c = 0.3$, 氯仿).【类型】齐拉坦烷 (Cheilanthane) 二倍半萜.【来源】空洞束海绵 *Fasciospongia cavernosa* (那不勒斯湾, 意大利).【活性】有毒的 (食蚊鱼 *Gambusia salina*, $LC_{50} = 0.75\mu g/mL$); 有毒的 (盐水丰年虾 *Artemia salina* 生物测定实验, $LC_{50} = 0.37\mu g/mL$).【文献】S. De Rosa, et al. JNP, 1997, 60, 844.

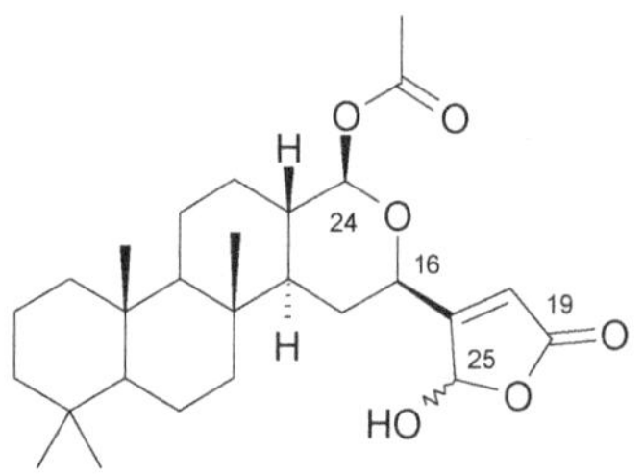

1593 13,16-Epoxy-25-hydroxy-17-cheilanthen-19,25-olide 13,16-环氧-25-羟基-17-齐拉坦烯-19,25-内酯*

【基本信息】$C_{25}H_{38}O_4$, 无定形固体, $[\alpha]_D^{25} = -118.7°$ ($c = 0.44$, 氯仿).【类型】齐拉坦烷二倍半萜.【来源】羊海绵属 *Ircinia* sp. (昆士兰, 澳大利亚).【活性】分裂素活化的和应激活化的 MSK1 激酶抑制剂 ($IC_{50} = 4\mu mol/L$); 分裂素活化的蛋白激酶 MAPKAPK-2 抑制剂 ($IC_{50} = 90\mu mol/L$).【文献】M. S. Buchanan, et al. JNP, 2001, 64, 300; D. Skropeta, et al. Mar. Drugs, 2011, 9, 2131 (Rev.).

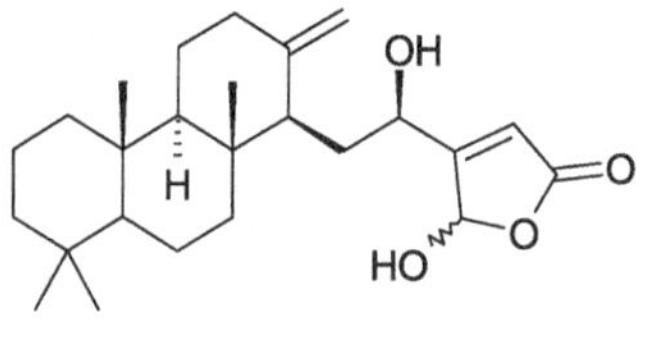

1594 Hamiltonin E 裸腮哈米酮宁 E*

【基本信息】$C_{25}H_{38}O_3$, 油状物.【类型】齐拉坦烷二倍半萜.【来源】软体动物裸腮目海牛亚目多彩海牛属 *Chromodoris hamiltoni* (南非).【活性】细胞毒; 抗微生物.【文献】J. Pika, et al. Tetrahedron, 1995, 51, 8189

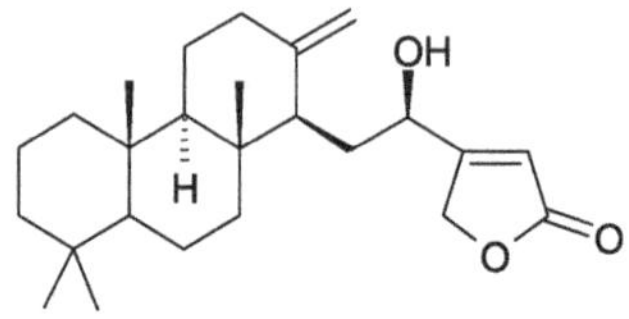

1595 25-Hydroxy-13(24),17-cheilanthadien-16,19-olide 25-羟基-13(24),17-齐拉坦二烯-16,19-内酯*

【基本信息】$C_{25}H_{38}O_3$, 无定形固体, $[\alpha]_D^{25} = -8.53°$ ($c = 0.23$, 氯仿).【类型】齐拉坦烷二倍半萜.【来源】羊海绵属 *Ircinia* sp. (昆士兰, 澳大利亚).【活性】分裂素活化的和应激活化的 MSK1 激酶抑制剂 ($IC_{50} = 4\mu mol/L$); 分裂素活化的蛋白激酶 MAPKAPK-2 抑制剂 ($IC_{50} = 90\mu mol/L$).【文献】M. S. Buchanan, et al. JNP, 2001, 64, 300; D. Skropeta, et al. Mar. Drugs, 2011, 9, 2131 (Rev.).

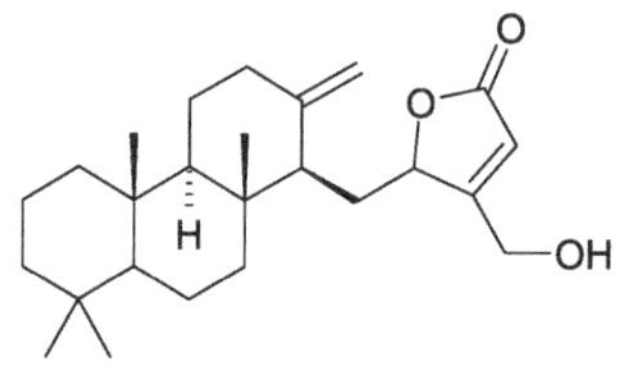

1596 25-Hydroxy-13(24),15,17-cheilanthatrien-19,25-olide 25-羟基- 13(24),15,17-齐拉坦三烯-19,25-内酯*

【基本信息】$C_{25}H_{36}O_3$, 无定形固体, $[\alpha]_D = -36.09°$ ($c = 0.53$, 氯仿).【类型】齐拉坦烷二倍半萜.【来源】羊海绵属 *Ircinia* sp. (昆士兰, 澳大利亚).【活性】分裂素活化的和应激活化的 MSK1 激酶抑制剂 ($IC_{50} = 4\mu mol/L$); 分裂素活化的蛋白激酶 MAPKAPK-2 抑制剂 ($IC_{50} = 90\mu mol/L$).【文献】M. S. Buchanan, et al. JNP, 2001, 64, 300; D.

Skropeta, et al. Mar. Drugs, 2011, 9, 2131 (Rev.).

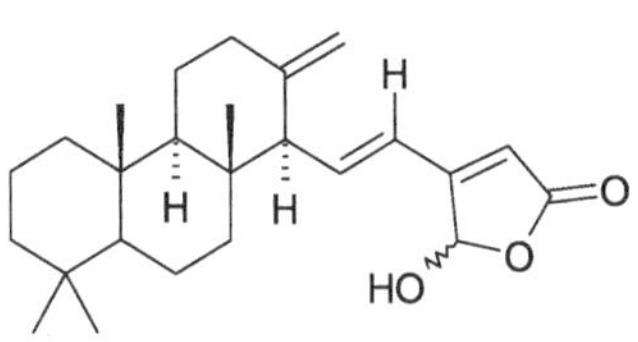

1597 Inorolide C 裸腮艾诺尔内酯 C*

【基本信息】$C_{27}H_{40}O_5$, 棒状晶体 (甲醇), mp 181~183°C, $[\alpha]_D = -43.9°$ ($c = 0.4$, 氯仿).【类型】齐拉坦烷二倍半萜.【来源】软体动物裸腮目海牛亚目多彩海牛属 *Chromodoris inornata* (日本水域).【活性】细胞毒 (L_{1210}, $IC_{50} = 1.9\mu g/mL$; KB, $IC_{50} = 6.4\mu g/mL$).【文献】T. Miyamoto, et al. Tetrahedron Lett., 1992, 33, 5811; T. Miyamoto, et al. Tetrahedron, 1999, 55, 9133.

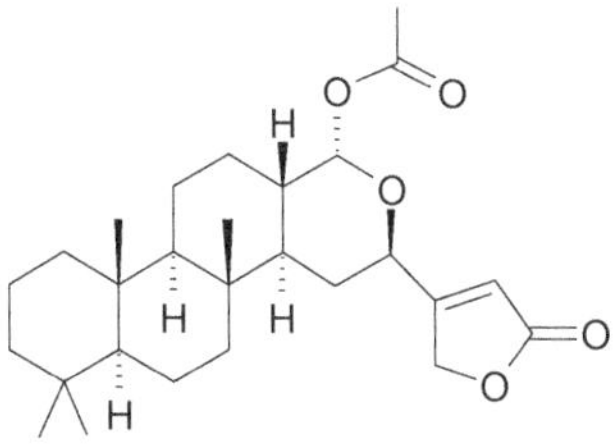

1598 Lintenolide C 加勒比硬丝海绵内酯 C*

【别名】(13α,16*R*,25ξ)-13,16-Epoxy-25-hydroxy-17-cheilanthen-19,25-olide; (13α,16*R*,25ξ)-13,16-环氧-25-羟基-17-齐拉坦烯-19,25-内酯*.【基本信息】$C_{25}H_{38}O_4$, 黄色固体, $[\alpha]_D^{25} = +47°$ ($c = 0.004$, 氯仿).【类型】齐拉坦烷二倍半萜.【来源】加勒比硬丝海绵* *Cacospongia* cf. *linteiformis* (加勒比海).【活性】拒食活性.【文献】A. Carotenuto, et al. Liebigs Ann. Chem., 1996, 77.

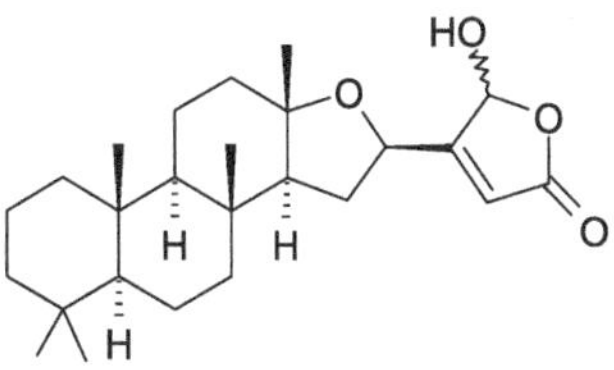

1599 Lintenolide D 加勒比硬丝海绵内酯 D*

【别名】(13α,16*R*,25ξ)-16,24-Epoxy-13,25-dihydroxy-17-cheilanthen-19,25-olide; (13α,16*R*,25ξ)-16,24-环氧-13,25-二羟基-17-齐拉坦烯-19,25-内酯*.【基本信息】$C_{25}H_{38}O_5$, 黄色固体, $[\alpha]_D^{25} = +93°$ ($c = 0.004$, 氯仿).【类型】齐拉坦烷二倍半萜.【来源】加勒比硬丝海绵* *Cacospongia* cf. *linteiformis* (加勒比海).【活性】拒食活性.【文献】A. Carotenuto, et al. Liebigs Ann. Chem., 1996, 77.

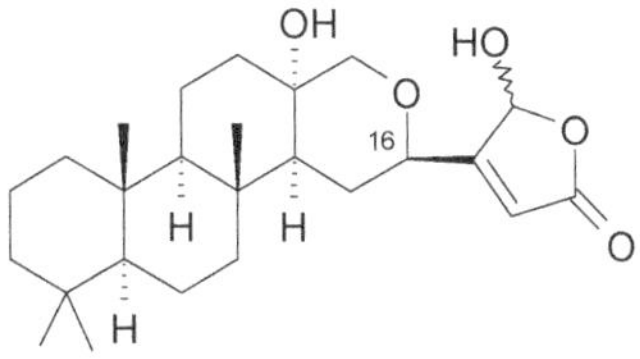

1600 Lintenolide E 加勒比硬丝海绵内酯 E*

【别名】(13α,16*S*,25ξ)-16,24-Epoxy-13,25-dihydroxy-17-cheilanthen-19,25-olide; (13α,16*S*,25ξ)-16,24-环氧-13,25-二羟基-17-齐拉坦烯-19,25-内酯*.【基本信息】$C_{25}H_{38}O_5$, $[\alpha]_D^{25} = -29°$ ($c = 0.004$, 氯仿).【类型】齐拉坦烷二倍半萜.【来源】加勒比硬丝海绵* *Cacospongia* cf. *linteiformis* (加勒比海).【活性】拒食活性.【文献】A. Carotenuto, et al. Liebigs Ann. Chem., 1996, 77.

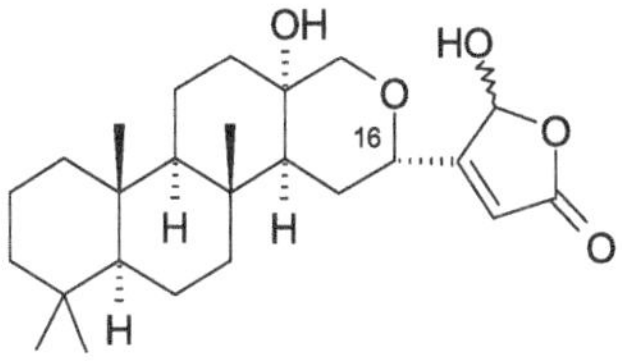

1601 Petrosaspongiolide A 新喀里多尼亚海绵内酯 A*

【别名】Ircinolide A; 羊海绵内酯 A*.【基本信息】$C_{27}H_{40}O_6$, 晶体, mp 248~251°C, $[\alpha]_D^{25} = -15°$ ($c = 0.02$, 氯仿).【类型】齐拉坦烷二倍半萜.【来源】胄甲海绵亚科 Thorectinae 海绵 *Petrosaspongia nigra* [新喀里多尼亚 (法属)], 胄甲海绵亚科 Thorectinae 海绵 *Dactylospongia* sp. 和羊海绵属 *Ircinia* sp.【活性】细胞毒 (NSCLC-N6, $IC_{50} = 13.0\mu g/mL$).【文献】Japan. Pat., 1993, 213 988; CA, 120, 45936x; A. R. Lal, et al. Tetrahedron Lett., 1994, 35, 2603; L. G. Paloma, et al. Tetrahedron, 1997, 53, 10451.

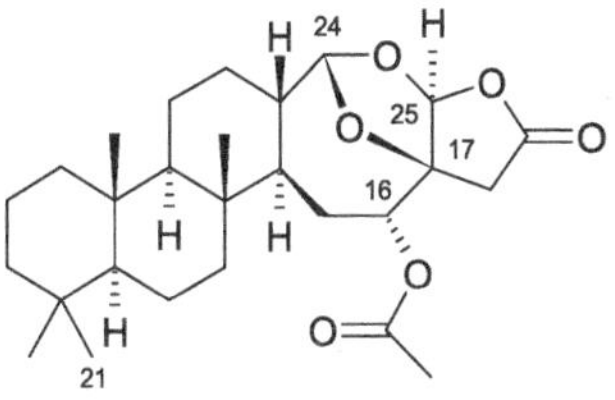

1602 Petrosaspongiolide B 新喀里多尼亚海绵内酯 B*

【别名】Ircinolide B; 羊海绵内酯 B*.【基本信息】$C_{27}H_{40}O_6$, mp 284°C, $[\alpha]_D^{25} = -15°$ ($c = 0.02$, 氯仿); 晶体, mp 238~240°C, $[\alpha]_D^{25} = -71°$ ($c = 0.03$, 氯仿).【类型】齐拉坦烷二倍半萜.【来源】胄甲海绵亚科 Thorectinae 海绵 *Petrosaspongia nigra* [新喀里多尼亚 (法属)], 羊海绵属 *Ircinia* sp. 和胄甲海绵亚科 Thorectinae 海绵 *Dactylospongia* sp.【活性】细胞毒 (NSCLC-N6, $IC_{50} = 14.8\mu g/mL$); 细胞毒 (P_{388}, $IC_{50} = 619ng/mL$); 抗微生物.【文献】A. R. Lal, et al. Tetrahedron Lett., 1994, 35, 2603; R. C. Cambie, et al. Acta Crystallogr., Sect. C: Cryst. Struct. Commun., 1996, 52, 709; L. G. Paloma, et al. Tetrahedron, 1997, 53, 10451.

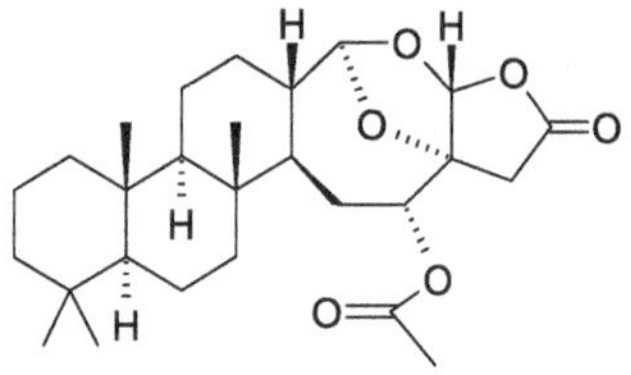

1603 Petrosaspongiolide C 新喀里多尼亚海绵内酯 C*

【基本信息】$C_{29}H_{42}O_8$, $[\alpha]_D^{25} = -12.5°$ ($c = 0.003$, 氯仿).【类型】齐拉坦烷二倍半萜.【来源】胄甲海绵亚科 Thorectinae 海绵 *Petrosaspongia nigra* [新喀里多尼亚 (法属)].【活性】细胞毒 (NSCLC-N6, $IC_{50} = 0.5\mu g/mL$).【文献】L. G. Paloma, et al. Tetrahedron, 1997, 53, 10451.

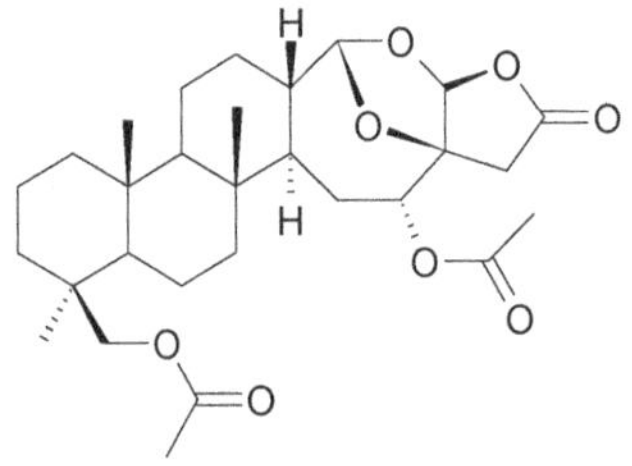

1604 Petrosaspongiolide D 新喀里多尼亚海绵内酯 D*

【基本信息】$C_{27}H_{40}O_7$, $[\alpha]_D^{25} = -27°$ ($c = 0.003$, 氯仿).【类型】齐拉坦烷二倍半萜.【来源】胄甲海绵亚科 Thorectinae 海绵 *Petrosaspongia nigra* [新喀里多尼亚 (法属)].【活性】细胞毒 (NSCLC-N6, $IC_{50} = 5.2\mu g/mL$).【文献】L. G. Paloma, et al. Tetrahedron, 1997, 53, 10451.

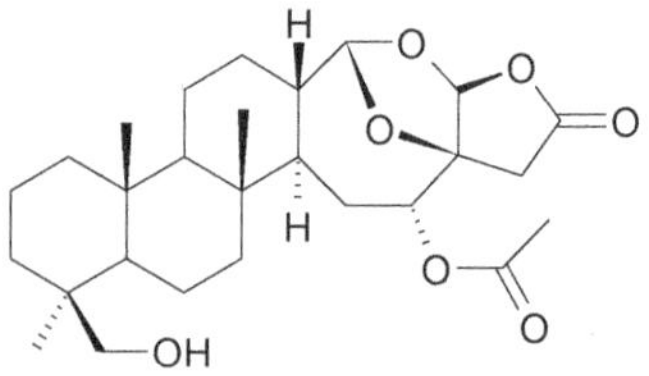

1605 Petrosaspongiolide E 新喀里多尼亚海绵内酯 E*

【基本信息】$C_{27}H_{38}O_7$, $[\alpha]_D^{25} = -19.4°$ ($c = 0.003$, 氯仿).【类型】齐拉坦烷二倍半萜.【来源】胄甲海绵亚科 Thorectinae 海绵 *Petrosaspongia nigra* [新喀里多尼亚 (法属)].【活性】细胞毒 (NSCLC-N6, $IC_{50} = 4.5\mu g/mL$).【文献】L. G. Paloma, et al. Tetrahedron, 1997, 53, 10451.

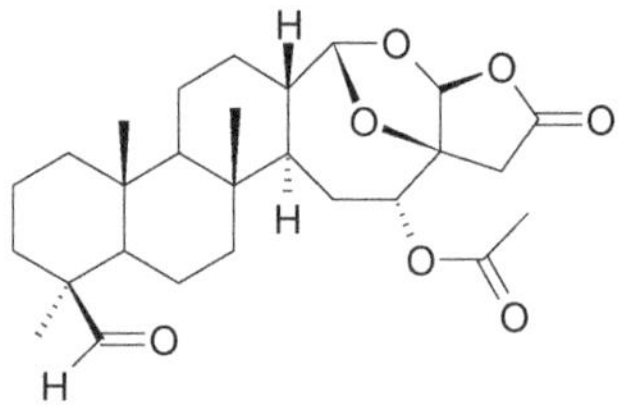

1606 Petrosaspongiolide F 新喀里多尼亚海绵内酯 F*

【基本信息】$C_{27}H_{38}O_8$, $[\alpha]_D^{25} = -17.8°$ ($c = 0.002$, 氯仿).【类型】齐拉坦烷二倍半萜.【来源】胄甲海绵亚科 Thorectinae 海绵 *Petrosaspongia nigra* [新喀里多尼亚 (法属)].【活性】细胞毒 (NSCLC-N6, $IC_{50} = 8.7\mu g/mL$).【文献】L. G. Paloma, et al. Tetrahedron, 1997, 53, 10451.

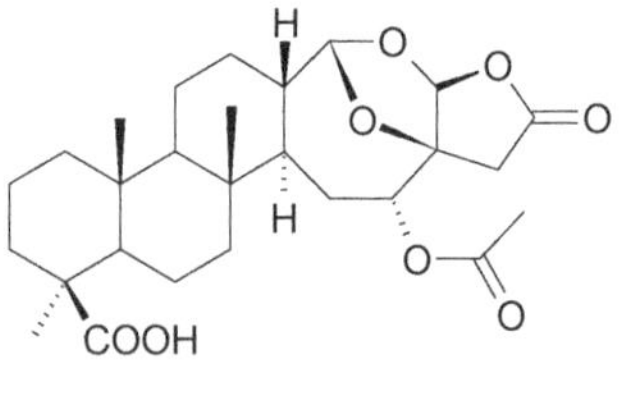

1607 Petrosaspongiolide H 新喀里多尼亚海绵内酯 H*

【基本信息】$C_{25}H_{36}O_7$, $[\alpha]_D^{25} = +4.3°$ ($c = 0.003$, 氯仿).【类型】齐拉坦烷二倍半萜.【来源】胄甲海绵亚科 Thorectinae 海绵 *Petrosaspongia nigra* [新喀里多尼亚 (法属)].【活性】细胞毒 (NSCLC-N6, $IC_{50} = 8.1\mu g/mL$).【文献】L. G. Paloma, et al. Tetrahedron, 1997, 53, 10451.

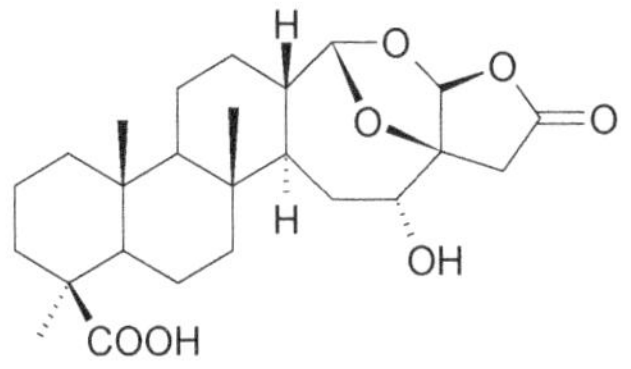

1608 Petrosaspongiolide I 新喀里多尼亚海绵内酯 I*

【基本信息】$C_{29}H_{42}O_8$, $[\alpha]_D^{25} = -28°$ ($c = 0.001$, 氯仿).【类型】齐拉坦烷二倍半萜.【来源】胄甲海绵亚科 Thorectinae 海绵 *Petrosaspongia nigra* [新喀里多尼亚 (法属)].【活性】细胞毒 (NSCLC-N6, $IC_{50} = 6.8\mu g/mL$).【文献】L. G. Paloma, et al. Tetrahedron, 1997, 53, 10451.

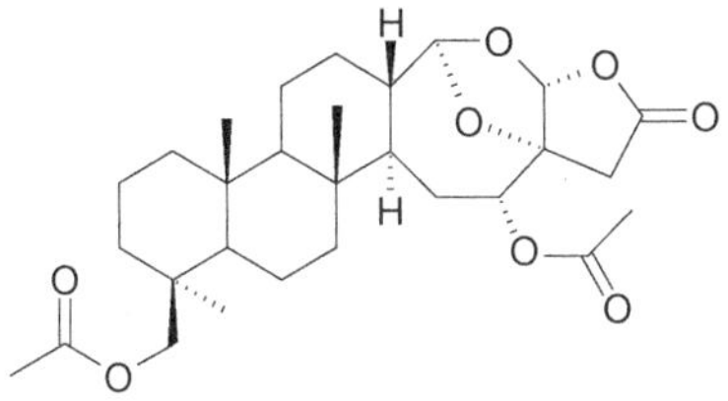

1609 Petrosaspongiolide J 新喀里多尼亚海绵内酯 J*

【基本信息】$C_{29}H_{44}O_8$, 无定形固体, $[\alpha]_D^{25} = -14.5°$ ($c = 0.003$, 氯仿).【类型】齐拉坦烷二倍半萜.【来源】胄甲海绵亚科 Thorectinae 海绵 *Petrosaspongia nigra* [新喀里多尼亚 (法属)].【活性】细胞毒 (NSCLC-N6, $IC_{50} = 6.3\mu g/mL$).【文献】L. G. Paloma, et al. Tetrahedron, 1997, 53, 10451.

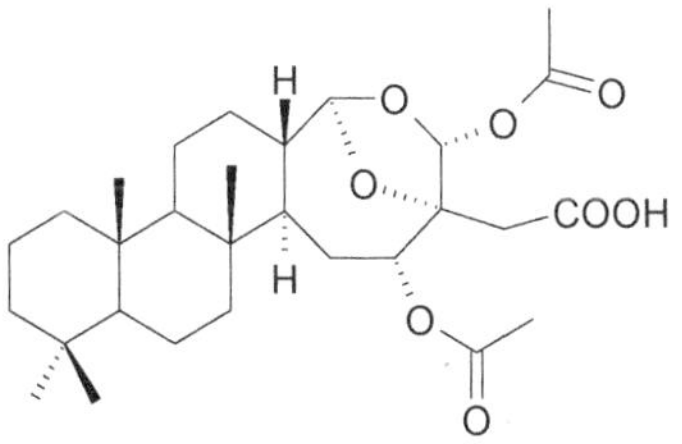

1610 Petrosaspongiolide M 新喀里多尼亚海绵内酯 M*

【基本信息】$C_{27}H_{40}O_6$, 无定形固体, $[\alpha]_D = -28.8°$ ($c = 0.02$, 氯仿).【类型】齐拉坦烷二倍半萜.【来源】胄甲海绵亚科 Thorectinae 海绵 *Petrosaspongia nigra* [新喀里多尼亚 (法属)].【活性】磷脂酶 PLA_2 选择性抑制剂.【文献】A. Randao, et al. JNP, 1998, 61, 571.

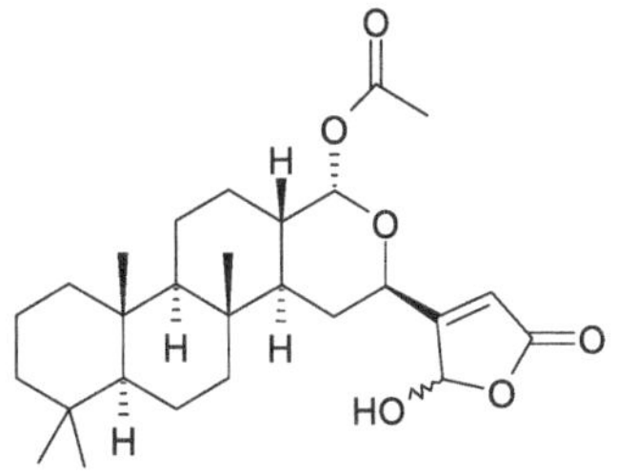

1611 Petrosaspongiolide N 新喀里多尼亚海绵内酯 N*

【基本信息】$C_{29}H_{42}O_8$, 无定形固体, $[\alpha]_D = -23.0°$ ($c = 0.001$, 氯仿).【类型】齐拉坦烷二倍半萜.【来源】胄甲海绵亚科 Thorectinae 海绵 *Petrosaspongia nigra* [新喀里多尼亚 (法属)].【活性】磷脂酶 PLA_2 选择性抑制剂.【文献】A. Randao, et al. JNP, 1998, 61, 571.

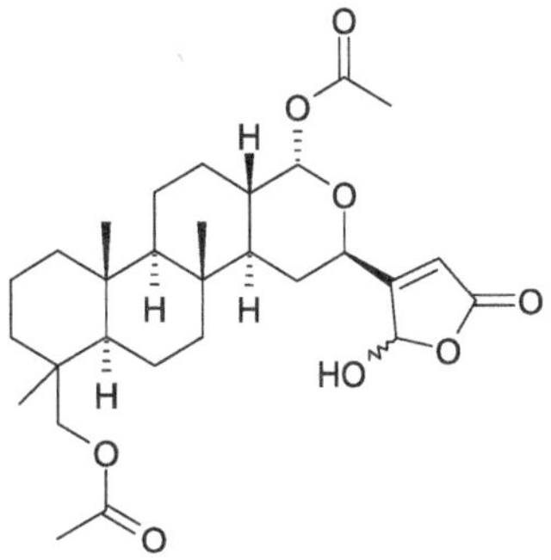

1612 Petrosaspongiolide P 新喀里多尼亚海绵内酯 P*

【基本信息】$C_{25}H_{38}O_5$, 无定形固体, $[\alpha]_D = +13.8°$ ($c = 0.001$, 甲醇).【类型】齐拉坦烷二倍半萜.【来源】胄甲海绵亚科 Thorectinae 海绵 *Petrosaspongia nigra* [新喀里多尼亚 (法属)].【活性】磷脂酶 PLA_2 选择性抑制剂.【文献】A. Randao, et al. JNP, 1998, 61, 571.

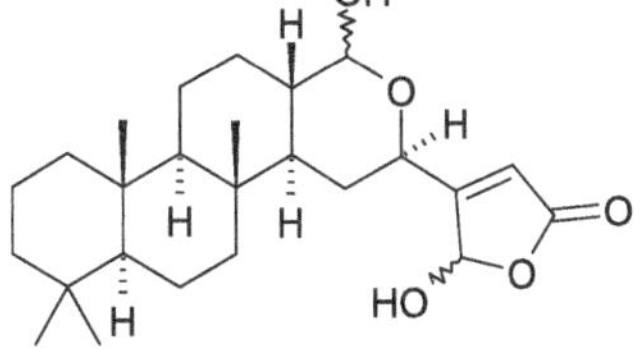

1613 Petrosaspongiolide Q 新喀里多尼亚海绵内酯 Q*

【基本信息】$C_{27}H_{40}O_7$, 无定形固体, $[\alpha]_D = +5.8°$ ($c = 0.001$, 甲醇).【类型】齐拉坦烷二倍半萜.【来

源】胄甲海绵亚科 Thorectinae 海绵 *Petrosaspongia nigra* [新喀里多尼亚 (法属)].【活性】磷脂酶 PLA_2 选择性抑制剂.【文献】A. Randao, et al. JNP, 1998, 61, 571.

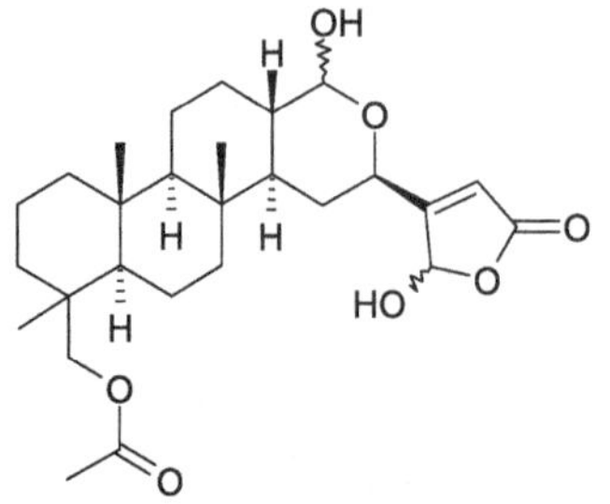

1614 Petrosaspongiolide R 新喀里多尼亚海绵内酯 R*

【基本信息】$C_{25}H_{36}O_5$, 无定形固体, $[\alpha]_D^{25} = -15.6°$ ($c = 0.003$, 甲醇).【类型】齐拉坦烷二倍半萜.【来源】胄甲海绵亚科 Thorectinae 海绵 *Petrosaspongia nigra* [新喀里多尼亚 (法属)].【活性】磷脂酶 PLA_2 选择性抑制剂.【文献】A. Randao, et al. JNP, 1998, 61, 571; L. Ferreiro-Mederos, et al. Nat. Prod. Res., 2009, 23, 256.

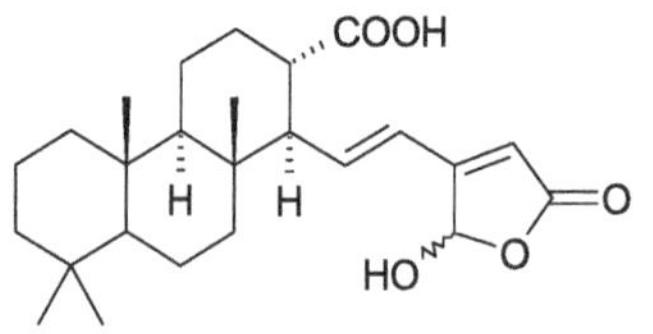

1615 (–)-Spongianolide A (–)-角骨海绵内酯 A*

【基本信息】$C_{27}H_{40}O_6$, 玻璃体, $[\alpha]_D = -27.8°$ ($c = 0.79$, 二氯甲烷); $[\alpha]_D = -31.9°$ ($c = 1.4$, 甲醇).【类型】齐拉坦烷二倍半萜.【来源】角骨海绵属 *Spongia* sp. (佛罗里达, 美国).【活性】细胞毒; PKC 抑制剂 (Spongianolides A~E, IC_{50} = 20~30μmol/L); 抗增殖 (MCF7); 抗菌.【文献】H. He, et al. Tetrahedron Lett., 1994, 35, 7189; T. Hata, et al. Tetrahedron Lett., 1999, 40, 1731; D. Skropeta, et al. Mar. Drugs, 2011, 9, 2131 (Rev.).

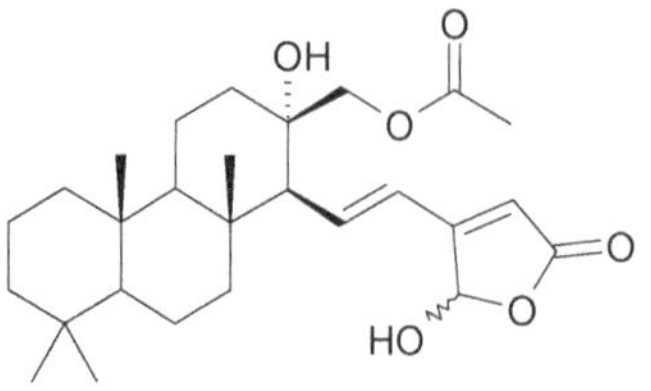

1616 Spongianolide B 角骨海绵内酯 B*

【基本信息】$C_{29}H_{44}O_7$, $[\alpha]_D = -25.7°$ ($c = 1.1$, 甲醇).【类型】齐拉坦烷二倍半萜.【来源】角骨海绵属 *Spongia* sp. (佛罗里达, 美国).【活性】PKC 抑制剂 (Spongianolides A~E, IC_{50} = 20~30μmol/L).【文献】H. He, et al. Tetrahedron Lett., 1994, 35, 7189; D. Skropeta, et al. Mar. Drugs, 2011, 9, 2131 (Rev.).

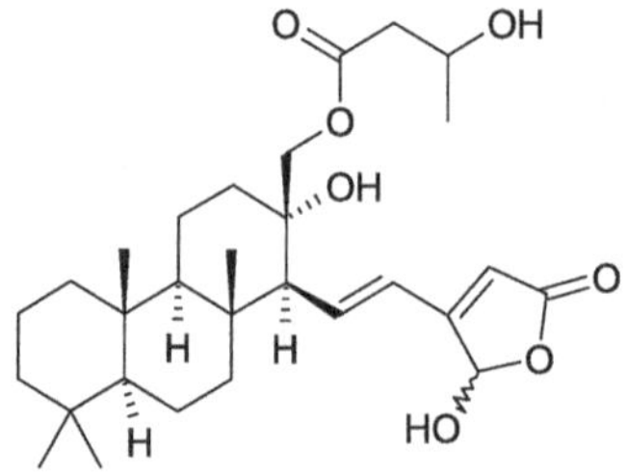

1617 Spongianolide C 角骨海绵内酯 C*

【别名】Lintenolide A; 加勒比硬丝海绵内酯 A*.【基本信息】$C_{27}H_{40}O_6$, $[\alpha]_D = +38°$ ($c = 2$, 甲醇).【类型】齐拉坦烷二倍半萜.【来源】加勒比硬丝海绵* *Cacospongia linteiformis* (巴哈马, 加勒比海) 和角骨海绵属 *Spongia* sp. (佛罗里达, 美国).【活性】PKC 抑制剂 (Spongianolides A~E, IC_{50} = 20~30μmol/L); 抗炎.【文献】M. R. Conte, et al. Tetrahedron, 1994, 50, 849; H. He, et al. Tetrahedron Lett., 1994, 35, 7189; D. Skropeta, et al. Mar. Drugs, 2011, 9, 2131 (Rev.).

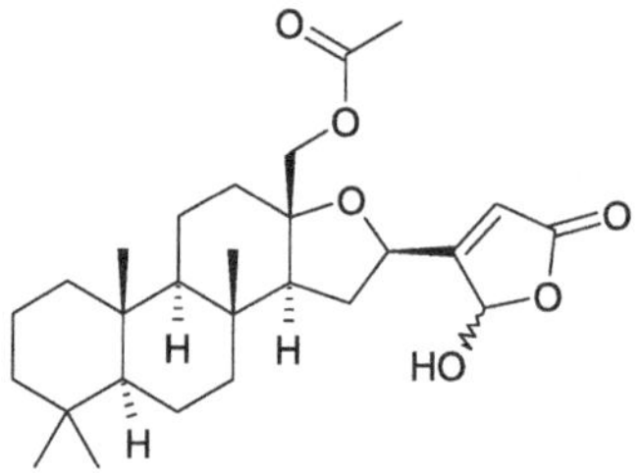

1618 Spongianolide D 角骨海绵内酯 D*

【别名】Lintenolide B; 加勒比硬丝海绵内酯 B*.【基本信息】$C_{27}H_{40}O_6$, $[\alpha]_D = -16.9°$ ($c = 1.1$, 甲醇).【类型】齐拉坦烷二倍半萜.【来源】加勒比硬丝海绵* *Cacospongia linteiformis* (巴哈马, 加勒比海) 和角骨海绵属 *Spongia* sp. (佛罗里达, 美国).【活性】PKC 抑制剂 (Spongianolides A~E, IC_{50} = 20~30μmol/L); 抗菌.【文献】M. R. Conte, et al. Tetrahedron, 1994, 50, 849; H. He, et al. Tetrahedron Lett., 1994, 35, 7189; D. Skropeta, et al. Mar. Drugs, 2011, 9, 2131 (Rev.).

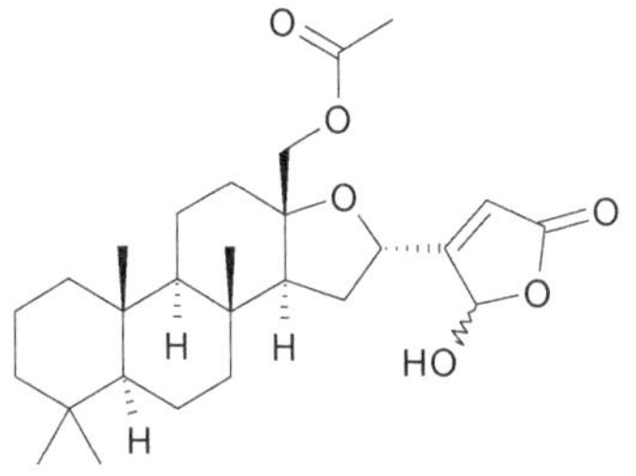

1619 Spongianolide E 角骨海绵内酯 E*

【基本信息】$C_{29}H_{44}O_7$, $[\alpha]_D = +45°$ ($c = 2.4$, 甲醇).【类型】齐拉坦烷二倍半萜.【来源】角骨海绵属 *Spongia* sp. (佛罗里达, 美国).【活性】PKC 抑制剂 (Spongianolides A~E, $IC_{50} = 20\sim30\mu mol/L$); 磷脂酶 PLA_2 抑制剂.【文献】H. He, et al. Tetradron Lett., 1994, 35, 7189; D. Skropeta, et al. Mar. Drugs, 2011, 9, 2131-2154 (Rev.).

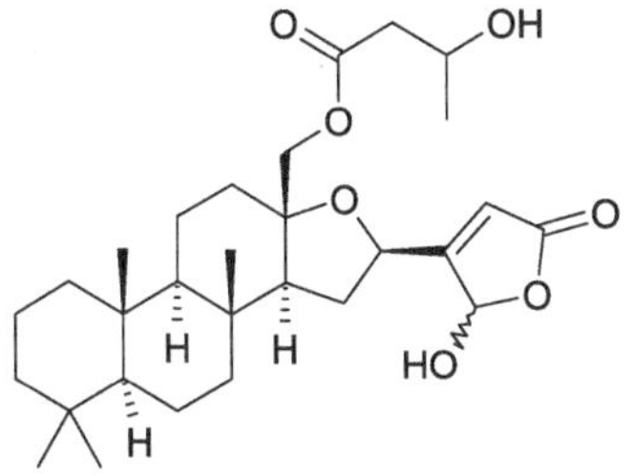

1620 Spongianolide F 角骨海绵内酯 F*

【基本信息】$C_{29}H_{44}O_7$, $[\alpha]_D = -9.4°$ ($c = 0.7$, 甲醇).【类型】齐拉坦烷二倍半萜.【来源】角骨海绵属 *Spongia* sp. (佛罗里达, 美国).【活性】PLA 抑制剂.【文献】H. He, et al. Tetrahedron Lett., 1994, 35, 7189.

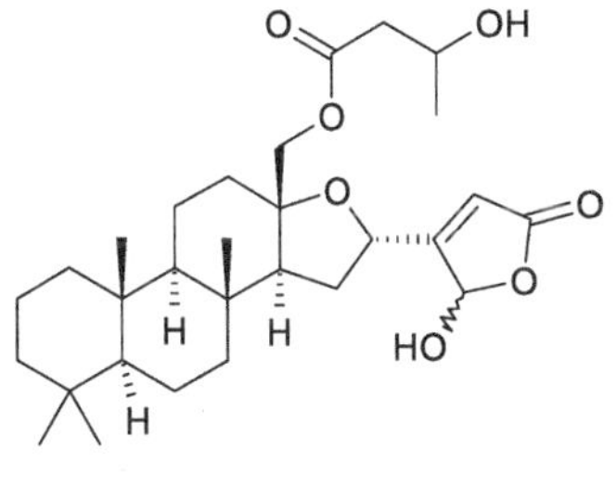

4.6 蛇孢腔菌烷二倍半萜

1621 Halorosellinic acid 泰国真菌酸*

【基本信息】$C_{25}H_{36}O_6$, 晶体, $[\alpha]_D^{29} = +20.67°$ ($c = 0.59$, 甲醇).【类型】蛇孢腔菌烷 (Ophiobolane) 二倍半萜.【来源】海洋导出的真菌炭角菌科 *Halorosellinia oceanica* BCC5149 (液体培养基, 泰国).【活性】抗疟疾 (恶性疟原虫 *Plasmodium falciparum*, $IC_{50} = 13\mu g/mL$); 抗结核 (结核分枝杆菌 *Mycobacterium tuberculosis* H37Ra, MIC = 200μg/mL).【文献】M. Chinworrungsee, et al. BoMCL, 2001, 11, 1965; M. Saleem, et al. NPR, 2007, 24, 1142 (Rev.).

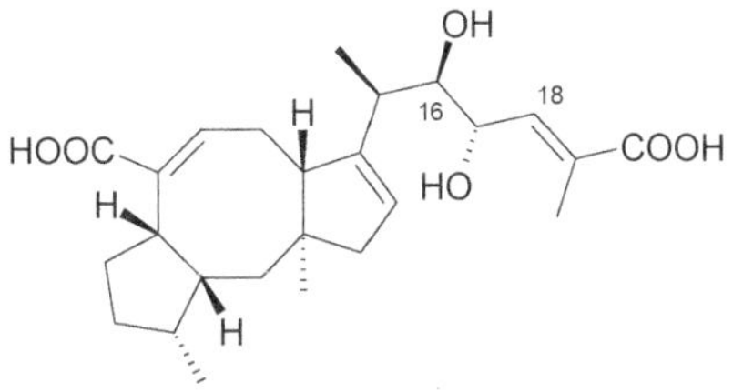

1622 Ophiobolin A 蛇孢菌素 A

【别名】Ophiobalin; 蛇孢菌素.【基本信息】$C_{25}H_{36}O_4$, 晶体, mp 182°C, $[\alpha]_D^{29} = +270°$ (氯仿).【类型】蛇孢腔菌烷二倍半萜.【来源】海洋导出的真菌杂色裸壳孢 *Emericella variecolor* GF10 (提取物, 海洋沉积物).【活性】植物毒素; 光合作用抑制剂; 抗生素; LD_{50} (小鼠, orl) = 238mg/kg.【文献】H. Wei, et al. Tetrahedron, 2004, 60, 6015; A. Andolfi, et al. Acta Cryst. E, 2006, 62, o2195.

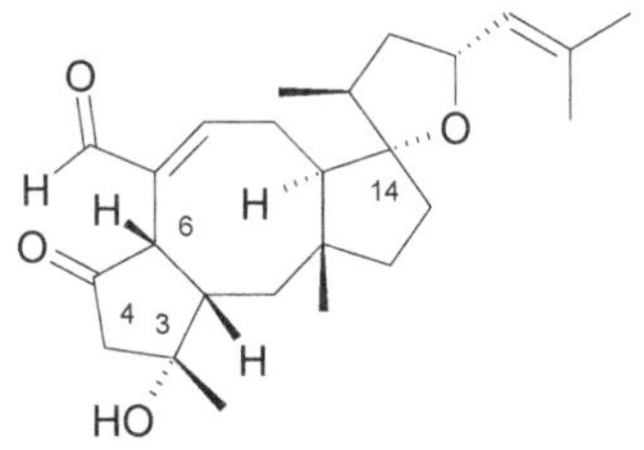

1623 Ophiobolin C 蛇孢菌素 C

【别名】Zizanin A.【基本信息】$C_{25}H_{38}O_3$, 晶体, mp 121°C, $[\alpha]_D = +363°$ ($c = 0.6$, 氯仿).【类型】蛇孢腔菌烷二倍半萜.【来源】海洋导出的真菌杂色裸壳孢 *Emericella variecolor* GF10 (提取物, 海洋沉积物).【活性】植物毒素; 光合作用抑制剂; 抗寄生虫; LD_{50} (小鼠, ipr) = 4.4mg/kg.【文献】H. Wei, et al. Tetrahedron, 2004, 60, 6015.

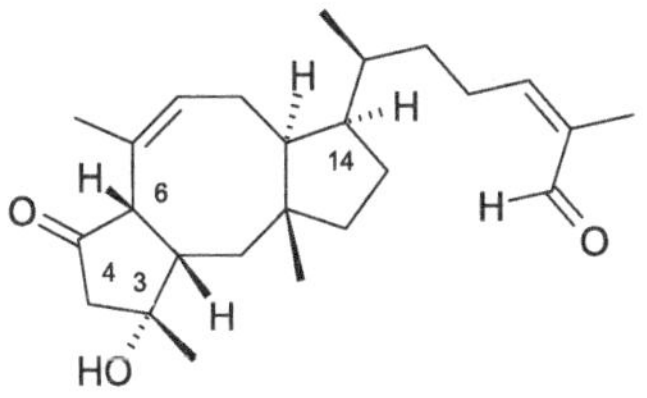

1624 Ophiobolin G 蛇孢菌素 G

【别名】5-Oxo-3,7,16,18-ophiobolatetraen-21-al; 5-氧代-3,7,16,18-蛇孢菌四烯-21-醛.【基本信息】$C_{25}H_{34}O_2$, 半透明的细针状晶体, mp 131~133°C.【类型】蛇孢腔菌烷二倍半萜.【来源】海洋导出的真菌杂色裸壳孢 *Emericella variecolor* GF10 (提取物, 海洋沉积物).【活性】植物毒素; 抗菌 (枯草杆菌 *Bacillus subtilis*); 抑制黄化小麦胚芽鞘生长.【文献】H. Wei, et al. Tetrahedron, 2004, 60, 6015.

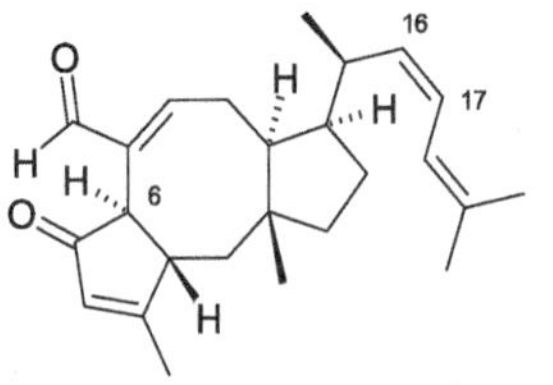

1625 6-*epi*-Ophiobolin G 6-*epi*-蛇孢菌素 G

【基本信息】$C_{25}H_{34}O_2$, 无定形粉末, $[\alpha]_D^{23}$ = +117° (*c* = 1.05, 甲醇).【类型】蛇孢腔菌烷二倍半萜.【来源】海洋导出的真菌杂色裸壳孢 *Emericella variecolor* GF10 (提取物, 海洋沉积物).【活性】细胞毒 (成神经细胞瘤细胞株).【文献】H. Wei, et al. Tetrahedron, 2004, 60, 6015; M. Saleem, et al. NPR, 2007, 24, 1142 (Rev.).

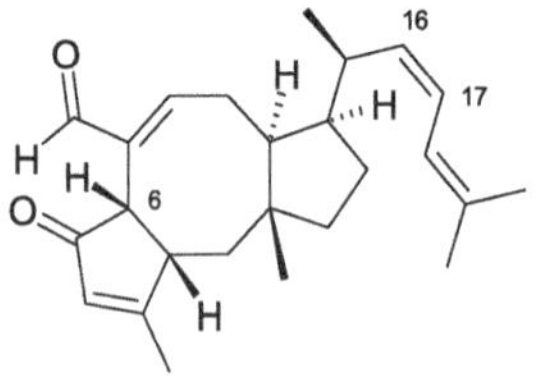

1626 Ophiobolin H 蛇孢菌素 H

【别名】5,21-Epoxy-7,16,18-ophiobolatriene-3,5-diol; 5,21-环氧-7,16,18-蛇孢菌三烯-3,5-二醇.【基本信息】$C_{25}H_{38}O_3$, 半透明的细针状晶体, mp 125~128°C.【类型】蛇孢腔菌烷二倍半萜.【来源】海洋导出的真菌杂色裸壳孢 *Emericella variecolor* GF10 (提取物, 海洋沉积物).【活性】抗菌 (枯草杆菌 *Bacillus subtilis*); 抑制黄化小麦胚芽鞘生长.【文献】H. Wei, et al. Tetrahedron, 2004, 60, 6015.

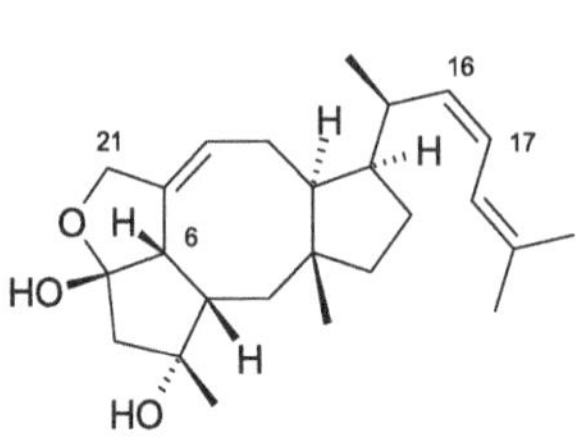

1627 Ophiobolin K 蛇孢菌素 K

【别名】3-Hydroxy-5-oxo-7,16,18-ophiobolatrien-21-al; 3-羟基-5-氧代-7,16,18-蛇孢菌三烯-21-醛.【基本信息】$C_{25}H_{36}O_3$, 无定形粉末, mp 80~82°C, $[\alpha]_D^{23}$ = +168° (*c* = 0.4, 甲醇).【类型】蛇孢腔菌烷二倍半萜.【来源】海洋导出的真菌杂色裸壳孢 *Emericella variecolor* GF10 (提取物, 海洋沉积物).【活性】细胞毒 (T47D, IC_{50} = 0.35μmol/L; MDA-MB-231, IC_{50} = 0.57μmol/L; HOP-18, IC_{50} = 0.65μmol/L; NCI-H460, IC_{50} = 0.57μmol/L; HCT116, IC_{50} = 0.33μmol/L; ACHN, IC_{50} = 0.27μmol/L; P_{388}, IC_{50} = 0.51μmol/L; P_{388}/ADR, IC_{50} = 0.16μmol/L; 阿霉素, IC_{50} = 2.56μmol/L).【文献】H. Wei, et al. Tetrahedron, 2004, 60, 6015.

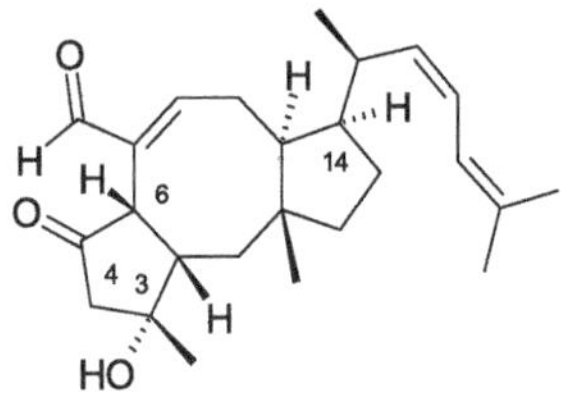

1628 6-*epi*-Ophiobolin N 6-*epi*-蛇孢菌素 N

【基本信息】$C_{25}H_{36}O_2$, 无定形粉末, $[\alpha]_D^{23}$ = +88° (*c* = 0.34, 甲醇).【类型】蛇孢腔菌烷二倍半萜.【来源】海洋导出的真菌杂色裸壳孢 *Emericella variecolor* GF10 (提取物, 海洋沉积物).【活性】细胞毒 (成神经细胞瘤细胞株).【文献】H. Wei, et al. Tetrahedron, 2004, 60, 6015; M. Saleem, et al. NPR, 2007, 24, 1142 (Rev.).

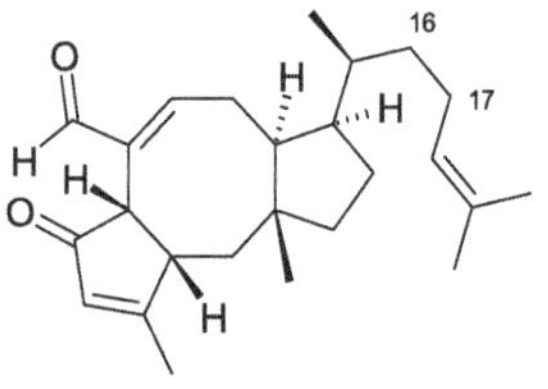

1629 Ophiobolin O 蛇孢菌素 O

【基本信息】$C_{27}H_{44}O_4$.【类型】蛇孢腔菌烷二倍半萜.【来源】海洋导出的真菌曲霉菌属 *Aspergillus* sp., 来自六放珊瑚亚纲棕绿纽扣珊瑚 *Zoanthus* sp. (阿亚马鲁角, 阿玛米群岛, 日本).【活性】细胞毒 (P_{388}); 通过 MAPK 信号通路的激活诱导 MCF7 细胞凋亡和细胞周期阻滞.【文献】D. Zhang, et al. Nat. Prod. Commun., 2012, 7, 1411; T. Yang, et al. BoMCL, 2012, 22, 579.

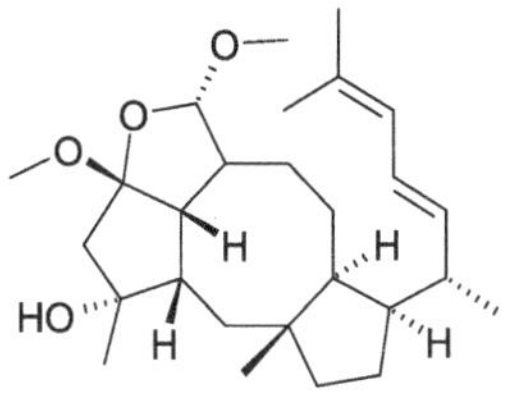

1630　6-*epi*-Ophiobolin O　6-*epi*-蛇孢菌素 O

【基本信息】$C_{27}H_{44}O_4$.【类型】蛇孢腔菌烷二倍半萜.【来源】海洋导出的真菌曲霉菌属 *Aspergillus* sp., 来自六放珊瑚亚纲棕绿纽扣珊瑚 *Zoanthus* sp. (阿亚马鲁角, 阿玛米群岛, 日本).【活性】细胞毒 (P_{388}).【文献】D. Zhang, et al. Nat. Prod. Commun., 2012, 7, 1411.

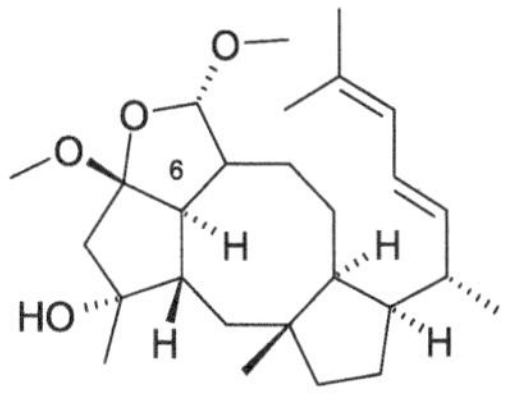

1631　Ophiobolin U　蛇孢菌素 U

【基本信息】$C_{25}H_{36}O_2$.【类型】蛇孢腔菌烷二倍半萜.【来源】海洋导出的真菌焦曲霉* *Aspergillus ustus*, 来自绿藻刺松藻 *Codium fragile* (舟山群岛, 浙江, 中国).【活性】抗菌 (抑制大肠杆菌 *Escherichia coli* 生长, 中等活性).【文献】X. -H. Liu, et al. RSC Adv., 2013, 3, 588.

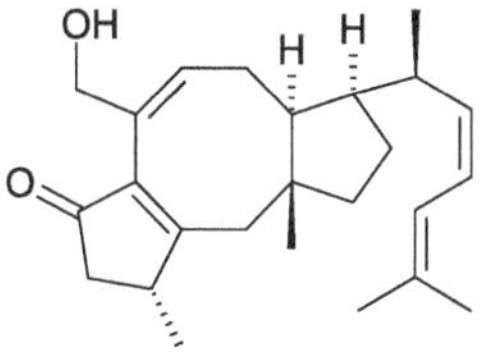

4.7　斯卡拉然烷二倍半萜

1632　21-Acetoxydeoxoscalarin　21-乙酰氧去氧斯卡拉烯*

【别名】24,25-Epoxy-16-scalarene-12,19-diacetoxy-25-ol; 24,25-环氧-16-斯卡拉烯-12,19-二乙酰氧基-25-醇*.【基本信息】$C_{29}H_{44}O_6$, mp 70~72°C, $[\alpha]_D^{27}$ = +60.6° (c = 0.9, 氯仿).【类型】斯卡拉然烷 (Scalarane) 二倍半萜.【来源】软体动物裸腮目海牛亚目多彩海牛属 *Chromodoris inornata* (日本水域).【活性】细胞毒 (L_{1210}, IC_{50} = 0.35μg/mL; KB, IC_{50} = 3.1μg/mL).【文献】T. Miyamoto, et al. Tetrahedron, 1999, 55, 9133.

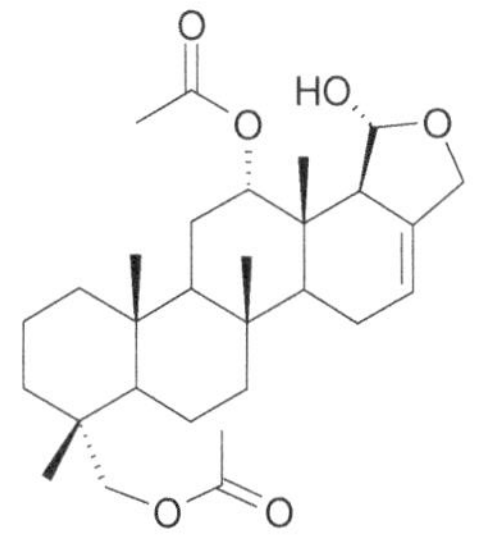

1633　12-*O*-Acetyl-16-*O*-deacetyl-16-*epi*-scalarobutenolide　12-*O*-乙酰基-16-*O*-去乙酰基-16-*epi*-斯卡拉丁烯酸内酯*

【基本信息】$C_{27}H_{40}O_5$, 无定形固体, $[\alpha]_D^{23}$= +62° (c = 0.26, 氯仿).【类型】斯卡拉然烷二倍半萜.【来源】南海海绵* *Hyrtios* cf. *erectus* (日本水域).【活性】细胞毒 (P_{388}, IC_{50} = 2.1μg/mL).【文献】G. Ryu, et al. JNP, 1996, 59, 515.

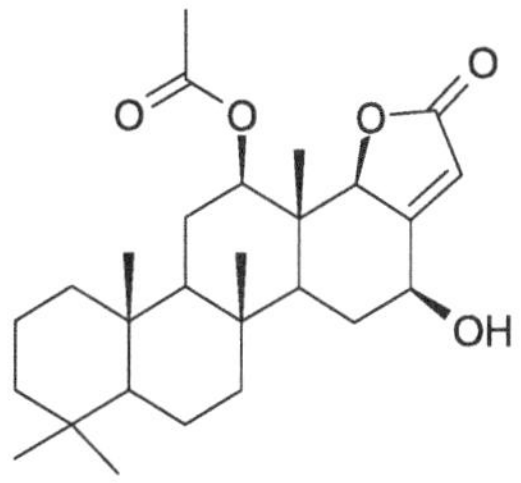

1634　12-*O*-Acetyl-16-*O*-deacetyl-12,16- Di-*epi*-scalarolbutenolide　12-*O*-乙酰基-16-*O*-去乙酰基-12, 16-Di-*epi*-斯卡拉醇丁烯酸内酯*

【基本信息】$C_{27}H_{40}O_5$, mp 179~180°C, $[\alpha]_D^{27}$ = +61.9° (c = 0.88, 氯仿).【类型】斯卡拉然烷二倍半萜.【来源】软体动物裸腮目海牛亚目多彩海牛属 *Chromodoris inornata* (日本水域).【活性】细胞毒 (L_{1210}, IC_{50} = 2.4μg/mL; KB, IC_{50} = 7.6μg/mL).【文献】T. Miyamoto, et al. Tetrahedron, 1999, 55, 9133.

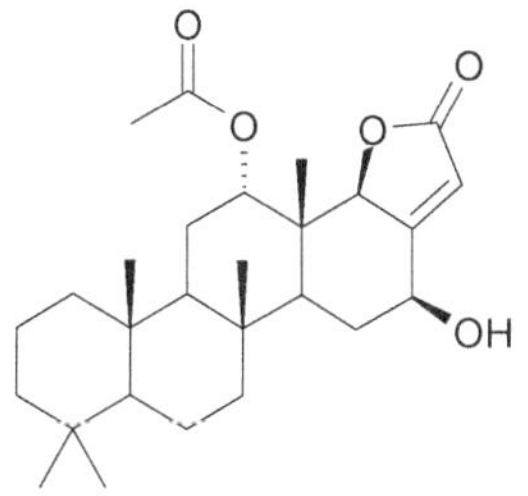

1635 16-Acetylfuroscalarol 16-乙酰呋喃斯卡拉醇*

【基本信息】$C_{29}H_{42}O_5$, 油状物, $[\alpha]_D$= +15.0° (*c* = 0.2, 氯仿).【类型】斯卡拉然烷二倍半萜.【来源】阶梯硬丝海绵 *Cacospongia scalaris* (塔里法岛, 加的斯, 西班牙).【活性】细胞毒 (P_{388}, SCHABEL, A549, HT29 和 MEL28, ED_{50} = 1~5μg/mL).【文献】A. Rueda, et al. JOC, 1997, 62, 1481.

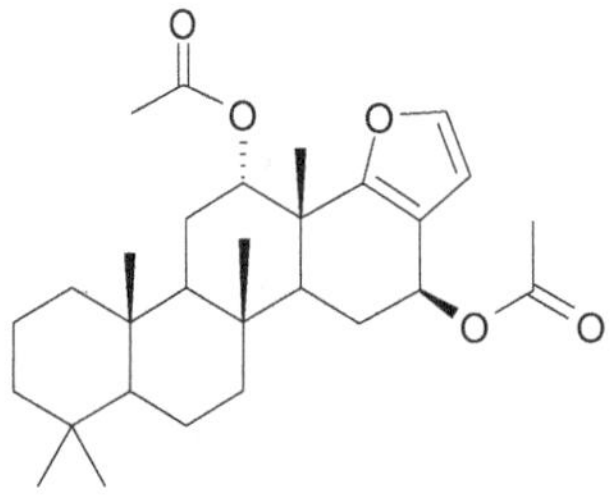

1636 12-Acetyl-12-*epi*-heteronemin 12-乙酰基-12-*epi*-直立异线海绵素*

【基本信息】$C_{31}H_{46}O_7$, 油状物.【类型】斯卡拉然烷二倍半萜.【来源】马海绵属 *Hippospongia* sp. (台东县, 台湾, 中国) 和南海海绵* *Hyrtios erecta*.【活性】细胞毒 (DLD-1, IC_{50} = 2.4μmol/L, 对照放线菌素 D, IC_{50} = 1.9μmol/L; HCT116, IC_{50} = 2.7μmol/L, 放线菌素 D, IC_{50} = 0.2μmol/L; T47D, IC_{50} = 0.3μmol/L, 放线菌素 D, IC_{50} = 0.6μmol/L; K562, IC_{50} = 0.05μmol/L, 放线菌素 D, IC_{50} = 0.03μmol/L); 抗炎.【文献】P. Crews, et al. JNP, 1986, 49, 1041; Y. -C. Chang, et al. Mar. Drugs, 2012, 10, 987.

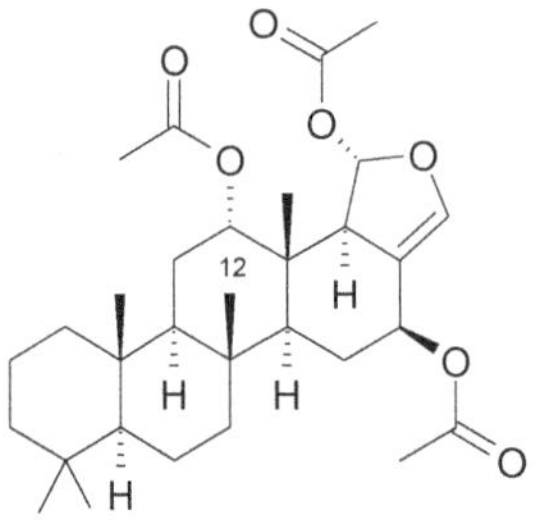

1637 12-*epi*-Acetylscalarolide 12-*epi*-乙酰斯卡拉内酯*

12α-Acetoxy-17-scalaren-25,24-olide; 12α-乙酰氧基-17-斯卡拉烯-25,24-内酯*.【基本信息】$C_{27}H_{40}O_4$, 无定形粉末, $[\alpha]_D$= +47.8° (*c* = 0.9, 氯仿).【类型】斯卡拉然烷二倍半萜.【来源】阶梯硬丝海绵 *Cacospongia scalaris* (塔里法岛, 加的斯, 西班牙).【活性】细胞毒 (P_{388}, SCHABEL, A549, HT29 和 MEL28, ED_{50} = 1~5μg/mL).【文献】A. Rueda, et al. JOC, 1997, 62, 1481.

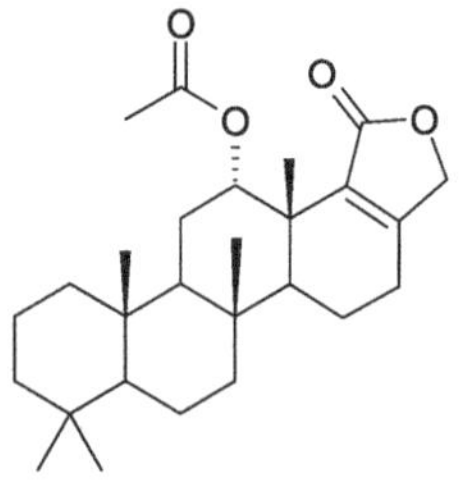

1638 12-Deacetoxy-21-acetoxyscalarin 12-去乙酰氧-21-乙酰氧斯卡拉烯*

【基本信息】$C_{27}H_{40}O_5$, 无定形固体, $[\alpha]_D^{23}$ = −2.3° (*c* = 0.66, 氯仿).【类型】斯卡拉然烷二倍半萜.【来源】南海海绵* *Hyrtios* cf. *erectus* (日本水域).【活性】细胞毒 (P_{388}, IC_{50} = 0.9μg/mL).【文献】G. Ryu, et al. JNP, 1996, 59, 515.

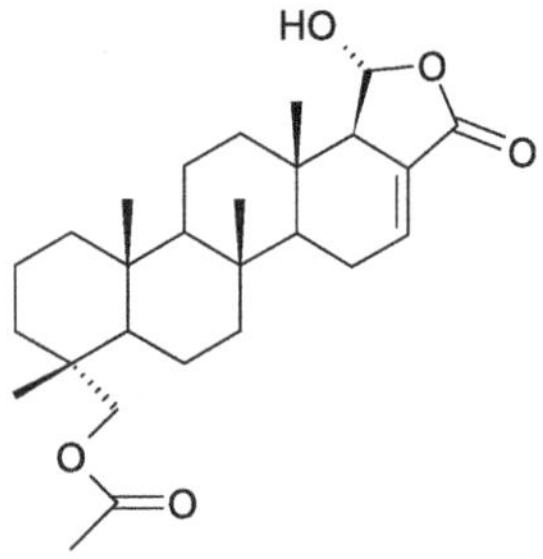

1639 12-Deacetoxyscalaradial 12-去乙酰氧斯卡拉二醛*

【别名】Desacetoxyscalaradial; 去乙酰氧斯卡拉二醛*.【基本信息】$C_{25}H_{38}O_3$.【类型】斯卡拉然烷二倍半萜.【来源】阶梯硬丝海绵 *Cacospongia scalaris* (日本水域) 和柔软硬丝海绵 *Cacospongia mollior* (地中海).【活性】细胞毒 (L_{1210}, 非常有潜力的); 鱼毒; 拒食活性 (鱼类).【文献】F. Yasuda, et al. Experientia, 1981, 37, 110; S. De Rosa, et al. JNP, 1994, 57, 256; A. Carotenuto, et al. Liebigs Ann. Chem., 1996, 77.

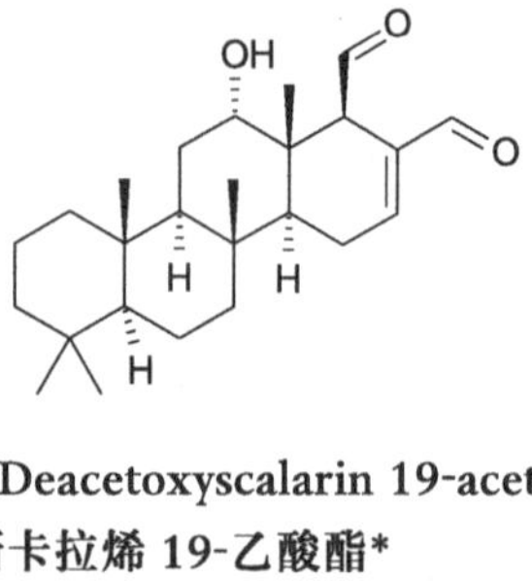

1640 12-Deacetoxyscalarin 19-acetate 12-去乙酰氧斯卡拉烯 19-乙酸酯*

【基本信息】$C_{27}H_{40}O_4$, 无定形固体, $[\alpha]_D$ = −24.3°

(c = 0.014, 甲醇).【类型】斯卡拉然烷二倍半萜.【来源】马海绵属 *Hippospongia* sp. (台东县, 台湾, 中国), Pachastrellidae 科海绵 *Brachiaster* sp.【活性】细胞毒 (DLD-1, HCT116, T47D, K562, 所有的 IC_{50} > 10μmol/L).【文献】S. -N. Wonganuchitmeta, et al. JNP, 2004, 67, 1767; Y. -C. Chang, et al. Mar. Drugs, 2012, 10, 987.

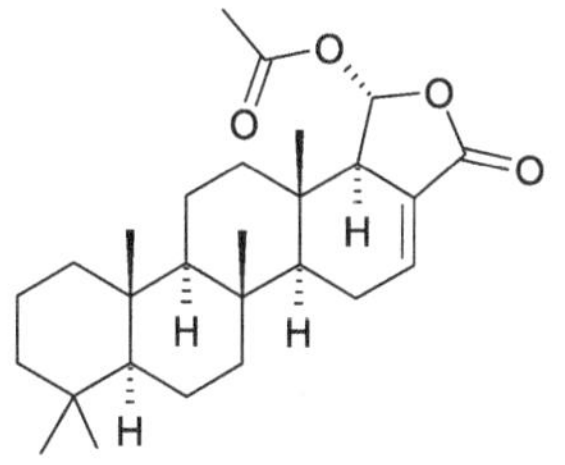

1641 12,16-Di-*epi*-12-*O*-Deacetyl-16-*O*-acetylfuroscalarol 12,16-二-*epi*-12-*O*-去乙酰-16-乙酰呋喃斯卡拉醇*

【基本信息】$C_{27}H_{40}O_4$, 油状物, $[\alpha]_D^{25}$ = –44.2° (c = 0.33, 氯仿).【类型】斯卡拉然烷二倍半萜.【来源】角骨海绵属 *Spongia agaricina* (加的斯, 西班牙).【活性】细胞毒 (P_{388}, IC_{50} = 1μg/mL; A549, IC_{50} = 1μg/mL; HT29, IC_{50} = 1μg/mL).【文献】A. Rueda, et al. JNP, 1998, 61, 258.

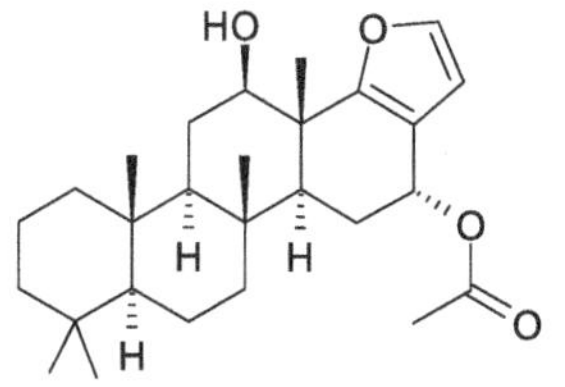

1642 12-*epi*-*O*-Deacetyl-19-deoxyscalarin 12-*epi*-*O*-去乙酰-19-去氧斯卡拉烯*

【别名】12-*O*-Deacetyl-17-deoxyscalarin; 12-*O*-去乙酰-17-去氧斯卡拉烯*.【基本信息】$C_{25}H_{38}O_3$, 油状物或针状晶体 (甲醇), mp 274~275°C, $[\alpha]_D^{25}$ = –2° (c = 0.15, 甲醇). $[\alpha]_D$ = –22.4° (c = 1, 氯仿).【类型】斯卡拉然烷二倍半萜.【来源】西米兰钵海绵* *Hyrtios gumminae* (斯米兰群岛, 安达曼海, 泰国), 直立异线海绵* *Heteronema erecta* (印度水域) 和南海海绵* *Hyrtios erecta*.【活性】细胞毒 (HuCCA-1, IC_{50} = 42μmol/L, 对照依托泊苷, IC_{50} = 5.1μmol/L; KB, IC_{50} = 7.0μmol/L, 依托泊苷, IC_{50} = 0.5μmol/L; HeLa, IC_{50} = 23μmol/L, 依托泊苷, IC_{50} = 0.4μmol/L; MDA-MB-231, IC_{50} = 5.9μmol/L, 依托泊苷, IC_{50} = 0.3μmol/L; T47D, IC_{50} = 5.2μmol/L, 依托泊苷, IC_{50} = 0.1μmol/L; H69AR, IC_{50} = 57μmol/L, 依托泊苷, IC_{50} = 46μmol/L; P_{388}, 中等活性); 细胞毒 (P_{388} 细胞株, 中等活性).【文献】Y. Venkateswarlu, et al. Indian J. Chem., Sect. B, 1995, 34, 563; G. R. Pettit, et al. Coll. Czech. Chem. Comm., 1998, 63, 1671; C. Mahidol, et al. JNP, 2009, 72, 1870.

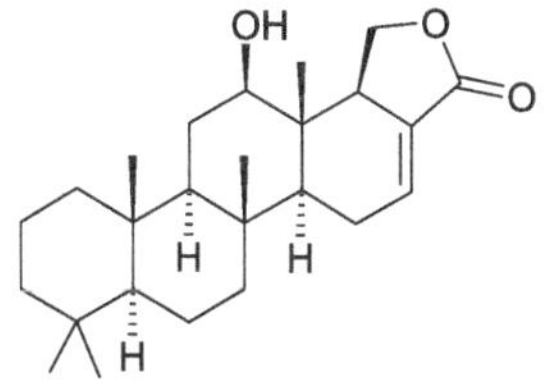

1643 12-Deacetyl-12,18-Di-*epi*-Scalaradial 12-去乙酰-12,18-二-*epi*-斯卡拉二醛*

【基本信息】$C_{25}H_{38}O_3$, 晶体, mp 216~218°C, $[\alpha]_D$ = –129° (c = 1.2, 氯仿).【类型】斯卡拉然烷二倍半萜.【来源】角骨海绵属 *Spongia idia*.【活性】灭螺剂; 鱼毒; PLA_2 抑制剂; 抗炎.【文献】R. P. Walker, et al. JOC, 1980, 45, 4976.

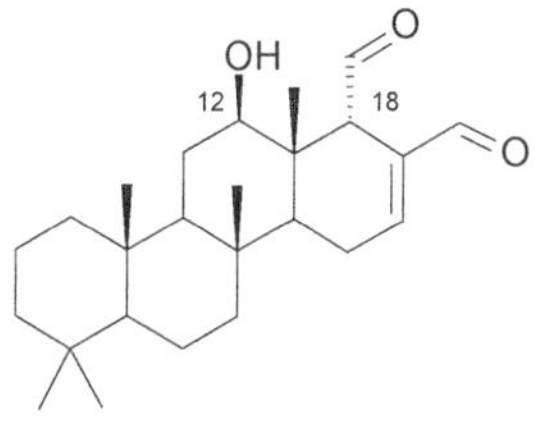

1644 16-*O*-Deacetyl-16-*epi*-scalarobutenolide 16-*O*-去乙酰-16-*epi*-斯卡拉丁烯酸内酯*

【基本信息】$C_{25}H_{38}O_4$, 无定形固体, $[\alpha]_D^{23}$ = +19.2° (c = 0.24, 氯仿).【类型】斯卡拉然烷二倍半萜.【来源】南海海绵* *Hyrtios* cf. *erectus* (日本水域).【活性】细胞毒 (P_{388}, IC_{50} = 0.4μg/mL) (Ryu, 1996); 细胞毒 (P_{388}, IC_{50} > 1000ng/mL, 对照 12-*epi*-Scalarin, IC_{50} > 1000ng/mL) (Tsuchiya, 1998).【文献】G. Ryu, et al. JNP, 1996, 59, 515; N. Tsuchiya, et al. JNP, 1998, 61, 468.

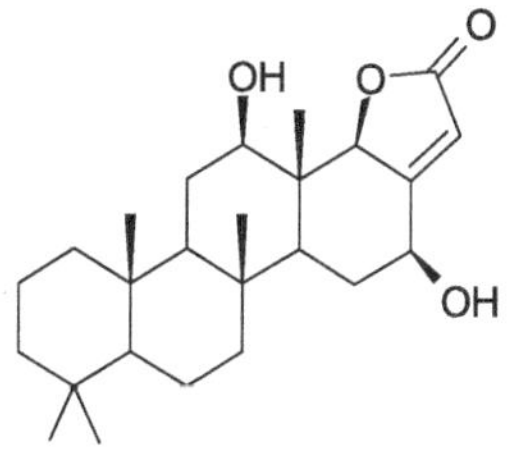

1645 Deoxoscalarin 去氧斯卡拉烯*

【基本信息】$C_{27}H_{42}O_4$，晶体（四氯化碳），mp 166~168°C，$[\alpha]_D$ = +42.5°C，(c = 1.1，氯仿).【类型】斯卡拉然烷二倍半萜.【来源】药用角骨海绵* *Spongia officinalis*，软体动物裸腮目海牛亚目舌尾海牛属 *Glossodoris tricolor*（那不勒斯，意大利），软体动物裸腮目海牛亚目海牛裸腮属 *Hypselodoris orsini.*【活性】有毒的（盐水丰年虾).【文献】G. Cimino, et al. Experientia, 1973, 29, 934; G. Cimino, et al. Experientia, 1974, 30, 846; G. Cimino, et al. JCS Perkin Trans. Ⅰ, 1977, 1587; G. Cimino, et al. Comp. Biochem. Physiol., B, 1982, 73, 471; G. Cimino, et al. Experientia, 1993, 49, 582.

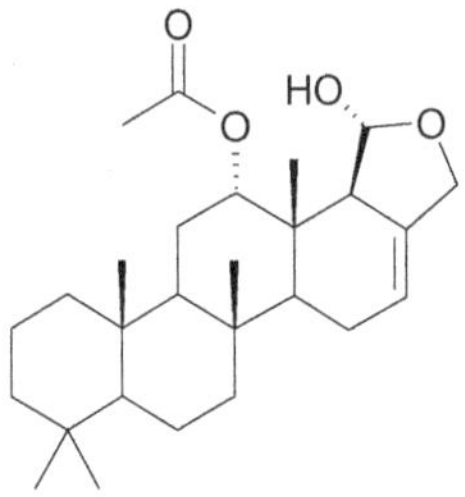

1646 Deoxoscalarin-3-one 去氧斯卡拉烯-3-酮*

【基本信息】$C_{27}H_{40}O_5$，无定形固体（甲醇），mp 65~67°C，$[\alpha]_D^{27}$ = +63.6° (c = 0.87，氯仿).【类型】斯卡拉然烷二倍半萜.【来源】软体动物裸腮目海牛亚目多彩海牛属 *Chromodoris inornata*（日本水域).【活性】细胞毒 (L_{1210}，IC_{50} = 0.95μg/mL; KB，IC_{50} = 5.2μg/mL).【文献】T. Miyamoto, et al. Tetrahedron, 1999, 55, 9133.

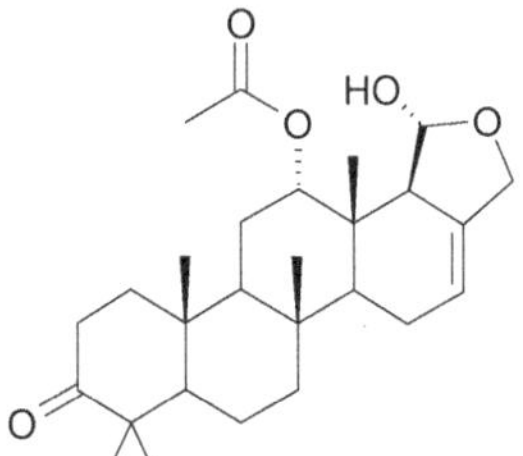

1647 12-*epi*-Deoxoscalarin-3-one 12-*epi*-去氧斯卡拉烯-3-酮*

【基本信息】$C_{27}H_{40}O_5$，无定形固体（甲醇），mp 132~135°C，$[\alpha]_D^{27}$ = +10.2° (c = 0.10，氯仿).【类型】斯卡拉然烷二倍半萜.【来源】软体动物裸腮目海牛亚目多彩海牛属 *Chromodoris inornata*（日本水域).【活性】细胞毒 (L_{1210}，IC_{50} = 6.6μg/mL; KB，IC_{50} = 22.8μg/mL).【文献】T. Miyamoto, et al. Tetrahedron, 1999, 55, 9133.

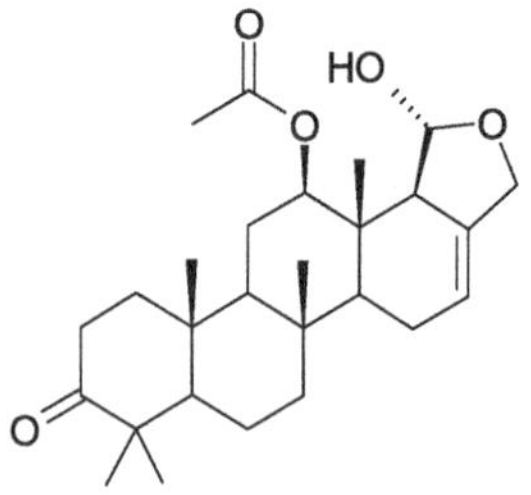

1648 12-Desacetylfuroscalarol 12-去乙酰呋喃斯卡拉醇*

【基本信息】$C_{25}H_{38}O_3$，晶体（甲醇），mp 238~242°C，$[\alpha]_D^{20}$ = +62°C，(c = 0.4，氯仿).【类型】斯卡拉然烷二倍半萜.【来源】冲绳海绵 *Hyrtios* sp.（冲绳，日本).【活性】促进神经生长因子的合成.【文献】Y. Doi, et al. CPB, 1993, 41, 2190.

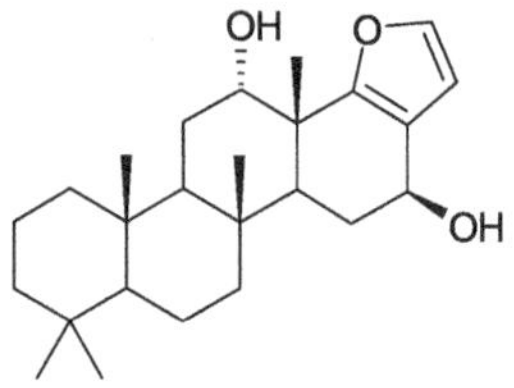

1649 19-Dihydroscalaradial 19-二氢斯卡拉二醛*

【别名】12-Acetoxy-25-hydroxy-16-scalaren-24-al; 12-乙酰氧基-25-羟基-16-斯卡拉烯-24-醛*.【基本信息】$C_{27}H_{42}O_4$，无定形粉末，$[\alpha]_D$= +50.5° (c = 0.4，氯仿).【类型】斯卡拉然烷二倍半萜.【来源】阶梯硬丝海绵 *Cacospongia scalaris*（塔里法岛，加的斯，西班牙).【活性】细胞毒 (P_{388}, SCHABEL, A549, HT29 和 MEL28, ED_{50} = 1~5μg/mL).【文献】A. Rueda, et al. JOC, 1997, 62, 1481.

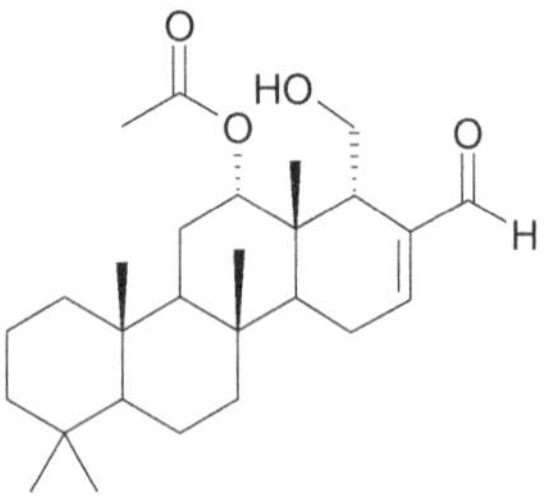

1650 12*α*,25*α*-Dihydroxy-16-scalaren-24, 25-olide 12*α*,25*α*-二羟基-16-斯卡拉烯-24, 25-内酯*

【基本信息】$C_{25}H_{38}O_4$，晶体（甲醇），mp 194°C,

$[\alpha]_D^{16}$ = +15.4° (c = 0.35, 氯仿).【类型】斯卡拉然烷二倍半萜.【来源】冲绳海绵 *Hyrtios* sp. (冲绳, 日本).【活性】神经生长因子 NGF 合成刺激剂, 抗阿尔兹海默病.【文献】Y. Doi, et al. CPB, 1993, 41, 2190.

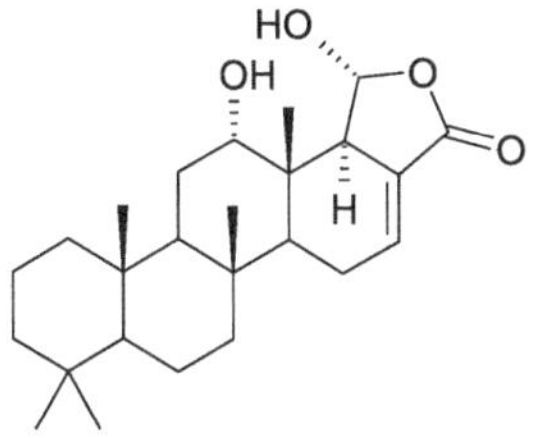

1651　24,25-Epoxy-25-hydroxy-16-scalaren-12- one　24,25-环氧-25-羟基-16-斯卡拉烯-12-酮*

【别名】12-Deacetoxy-12-oxodeoxoscalarin; 12-去乙酰氧-12-氧去氧斯卡拉烯*.【基本信息】$C_{25}H_{38}O_3$, 粉末, $[\alpha]_D$= +32.6° (c = 0.5, 氯仿).【类型】斯卡拉然烷二倍半萜.【来源】软体动物裸腮目海牛亚目舌尾海牛属 *Glossodoris atromarginata,* 角骨海绵属 *Spongia* sp.【活性】细胞毒 (人甲状腺恶性上皮肿瘤).【文献】A. Fontana, et al. JNP, 1999, 62, 1367.

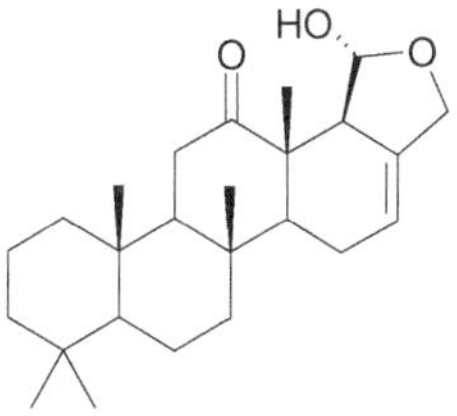

1652　24,25-Epoxy-16-scalarene-12β,25α-diol　24,25-环氧-16-斯卡拉烯-12β,25α-二醇*

【基本信息】$C_{25}H_{40}O_3$, 晶体, mp 218~220°C, $[\alpha]_D^{25}$ = +17.1° (c = 0.31, 氯仿); $[\alpha]_D$= +13.5° (c = 0.5, 氯仿).【类型】斯卡拉然烷二倍半萜.【来源】角骨海绵属 *Spongia* sp. 和南海海绵* *Hyrtios erecta* (日本水域), 软体动物裸腮目海牛亚目舌尾海牛属 *Glossodoris atromarginata* (印度水域).【活性】细胞毒 (P_{388}, IC_{50} > 1000ng/mL, 对照 12-*epi*-Scalarin, IC_{50} > 1000ng/mL).【文献】N. Tsuchiya, et al. JNP, 1998, 61, 468; A. Fontana, et al, JNP, 1999, 62, 1367.

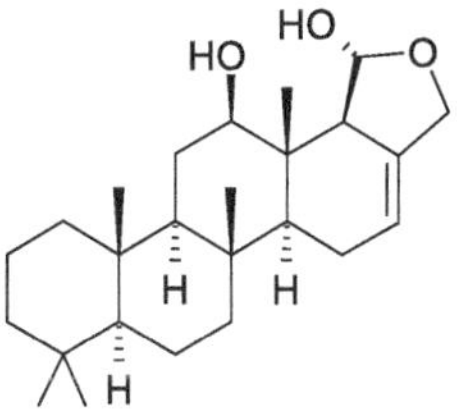

1653　(3β,12α,25α)-24,25-Epoxy-16- scalarene-3,12,25-triol (3β,12α,25α)-24,25-环氧-16-斯卡拉烯-3,12,25-三醇*

【基本信息】$C_{25}H_{40}O_4$, mp 229~231°C, $[\alpha]_D^{25}$ = +11.4° (c = 0.56, 甲醇/氯仿 1:1).【类型】斯卡拉然烷二倍半萜.【来源】南海海绵* *Hyrtios erecta* (日本水域).【活性】细胞毒 (P_{388}, IC_{50} = 250.0ng/mL, 对照 12-*epi*-Scalarin, IC_{50} > 1000ng/mL).【文献】N. Tsuchiya, et al. JNP, 1998, 61, 468.

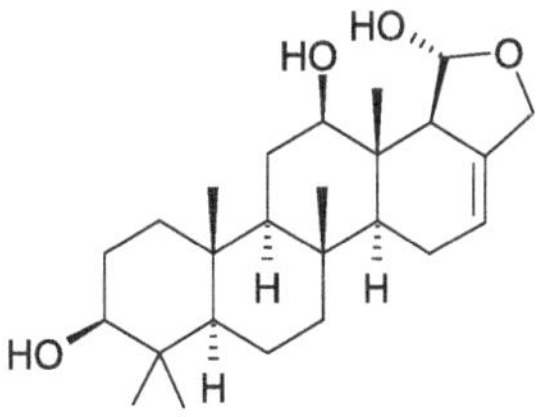

1654　Furoscalarol　呋喃斯卡拉醇*

【基本信息】$C_{27}H_{40}O_4$, 晶体 (石油醚), mp 181~183°C, $[\alpha]_D$ = +14.7° (c = 1, 氯仿).【类型】斯卡拉然烷二倍半萜.【来源】柔软硬丝海绵 *Cacospongia mollior.*【活性】拒食活性; 血小板聚集抑制剂.【文献】F. Cafieri, et al. Ga. Chim. ltal., 1977, 107, 71; G. Cimino, et al. Tetrahedron Lett., 1978, 2041.

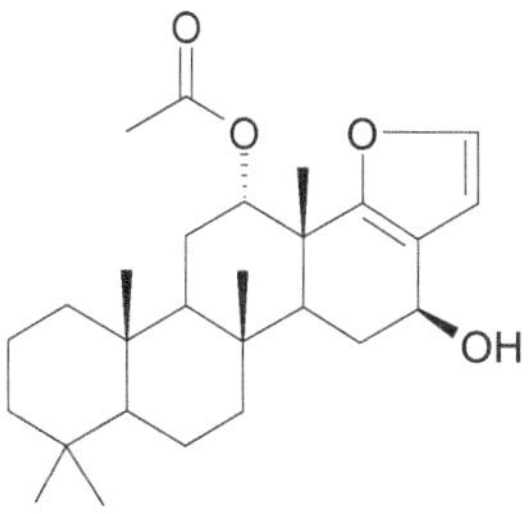

1655　Heteronemin　直立异线海绵素*

【基本信息】$C_{29}H_{44}O_6$, 晶体 (石油醚), mp 182°C.【类型】斯卡拉然烷二倍半萜.【来源】马海绵属 *Hippospongia* sp. (台东县, 台湾, 中国), 直立异线海绵* *Heteronema erecta,* Spongiidae 科海绵 *Leiosella idia,* 南海海绵* *Hyrtios erecta,* 阶梯硬丝海绵 *Cacospongia scalaris,* 无皮格形海绵 *Hyattella intestinalis* 和角骨海绵属 *Spongia idia.*【活性】细胞毒 (DLD-1, IC_{50} = 0.001μmol/L, 对照放线菌素 D, IC_{50} = 1.9μmol/L; HCT116, IC_{50} = 0.001μmol/L, 放线菌素 D, IC_{50} = 0.2μmol/L; T47D, IC_{50} =

0.001μmol/L, 放线菌素 D, IC_{50} = 0.6μmol/L; K562, IC_{50} = 0.001μmol/L, 放线菌素 D, IC_{50} = 0.03μmol/L); 有毒的 (盐水丰年虾和鲍鱼幼体); 抗结核 (结核分枝杆菌 *Mycobacterium tuberculosis* H37Rv, 12.5μg/mL, InRt = 99%); PLA_2 抑制剂; 抗炎.【文献】R. Kazlauskas, et al. Tetrahedron Lett., 1976, 30, 2631; Y. Kashman, et al. Tetrahedron 1977, 33, 2997; R. P. Walker, et al. JOC, 1980, 45, 4976; F. Yasuda, et al. Experientia, 1981, 37, 11O; A. D. Patil, et al. Acta Cryst. C, 1991, 47, 1250; A. E. -S. Khalid, et al. Tetrahedron, 2000, 56, 949; Y. -C. Chang, et al. Mar. Drugs, 2012, 10, 987.

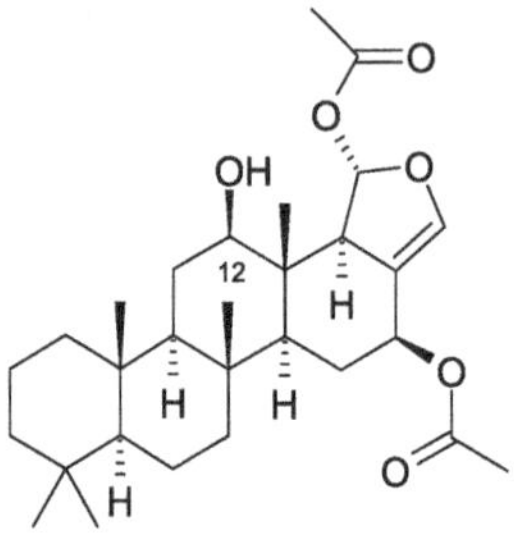

1656 12-*epi*-Heteronemin 12-*epi*-直立异线海绵素*

【基本信息】$C_{29}H_{44}O_6$, 晶体, mp 175°C, $[\alpha]_D$ = −35° (c = 0.01, 氯仿).【类型】斯卡拉然烷二倍半萜.【来源】南海海绵* *Hyrtios erecta* [新喀里多尼亚 (法属)].【活性】细胞毒; 鱼毒; 拒食活性 (鱼类).【文献】M. L. Bourguet-Kondracki, et al. Tetrahedron Lett., 1994, 35, 109.

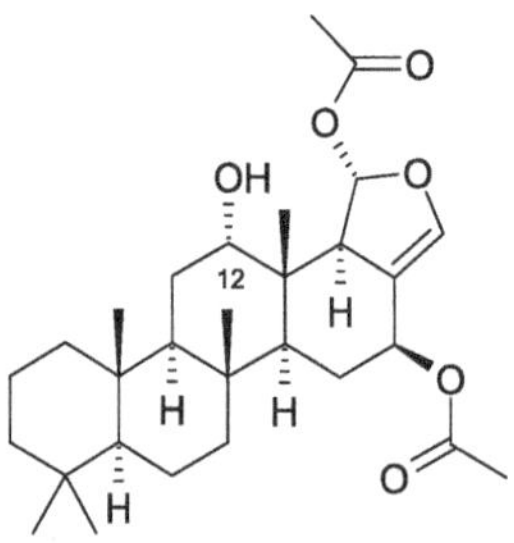

1657 Hippospongide C 马海绵素 C

【基本信息】$C_{27}H_{40}O_5$.【类型】斯卡拉然烷二倍半萜.【来源】马海绵属 *Hippospongia* sp. (台东县, 台湾, 中国).【活性】细胞毒 (四种 HTCLs, 中等活性).【文献】Y. -M. Fuh, et al. Nat. Prod. Commun., 2013, 8, 571.

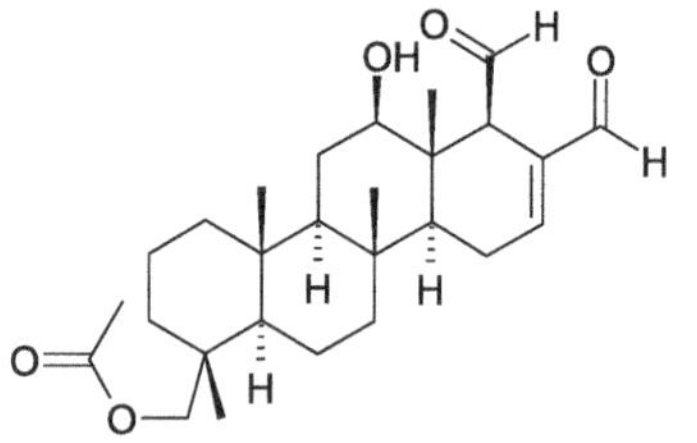

1658 21-Hydroxydeoxoscalarin 21-羟基去氧斯卡拉烯*

【基本信息】$C_{27}H_{42}O_5$, 无定形固体 (甲醇), mp 121.0~125.4°C, $[\alpha]_D$ = +55.4° (c = 0.9, 氯仿).【类型】斯卡拉然烷二倍半萜.【来源】软体动物裸腮目海牛亚目多彩海牛属 *Chromodoris inornata* (日本水域).【活性】细胞毒 (L_{1210}, IC_{50} = 4.1μg/mL; KB, IC_{50} = 21.0μg/mL).【文献】T. Miyamoto, et al. Tetrahedron, 1999, 55, 9133.

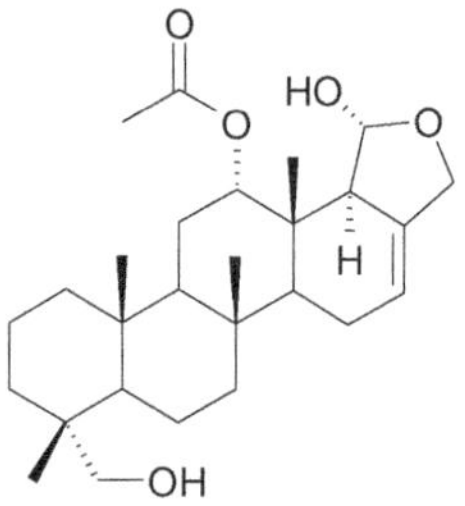

1659 Hyrtial 钵海绵醛*

【基本信息】$C_{26}H_{40}O_3$.【类型】斯卡拉然烷二倍半萜.【来源】南海海绵* *Hyrtios erecta*.【活性】抗炎.【文献】P. Crews, et al. Experientia, 1985, 41, 690.

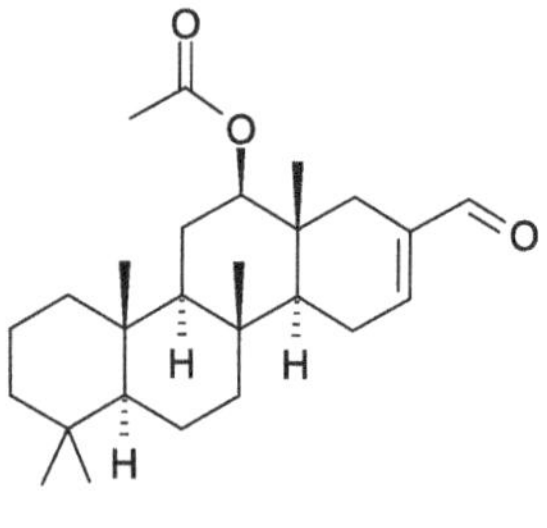

1660 Hyrtiolide 钵海绵内酯*

【基本信息】$C_{25}H_{38}O_5$, 无定形固体, $[\alpha]_D^{25}$ = +6° (c = 0.43, 氯仿).【类型】斯卡拉然烷二倍半萜.【来源】西米兰钵海绵* *Hyrtios gumminae* (斯米兰群岛, 安达曼海, 泰国) 和南海海绵* *Hyrtios erectus*.【活性】细胞毒 (HuCCA-1, IC_{50} = 57μmol/L, 对照依托泊苷, IC_{50} = 5.1μmol/L; KB, IC_{50} = 12μmol/L, 依托泊苷, IC_{50} = 0.5μmol/L; HeLa, IC_{50} = 22μmol/L, 依托泊苷, IC_{50} = 0.4μmol/L; MDA-MB-231, IC_{50} = 26μmol/L, 依托泊苷, IC_{50} = 0.3μmol/L; T47D,

IC_{50} = 34μmol/L, 依托泊苷, IC_{50} = 0.1μmol/L).【文献】H. Miyaoka, et al. JNP, 2000, 63, 1369; C. Mahidol, et al. JNP, 2009, 72, 1870.

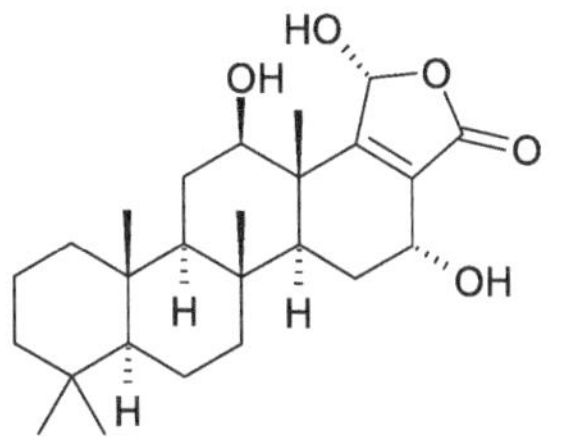

1661 Hyrtiosin E 直立钵海绵新 E*

【基本信息】$C_{29}H_{44}O_5$, 粉末, $[\alpha]_D^{20}$ = −67.9° (*c* = 0.52, 氯仿).【类型】斯卡拉然烷二倍半萜.【来源】马海绵属 *Hippospongia* sp. (台东县, 台湾, 中国) 和南海海绵* *Hyrtios erecta*.【活性】细胞毒 (DLD-1, IC_{50} = 1.1μmol/L, 对照放线菌素D, IC_{50} = 1.9μmol/L; HCT116, IC_{50} = 8.0μmol/L, 放线菌素 D, IC_{50} = 0.2μmol/L; T47D, IC_{50} = 0.7μmol/L, 放线菌素 D, IC_{50} = 0.6μmol/L; K562, IC_{50} = 0.7μmol/L, 放线菌素 D, IC_{50} = 0.03μmol/L).【文献】Y. -C. Chang, et al. Mar. Drugs, 2012, 10, 987; Z. -G. Yu, et al. Helv. Chim. Acta, 2005, 88, 1004.

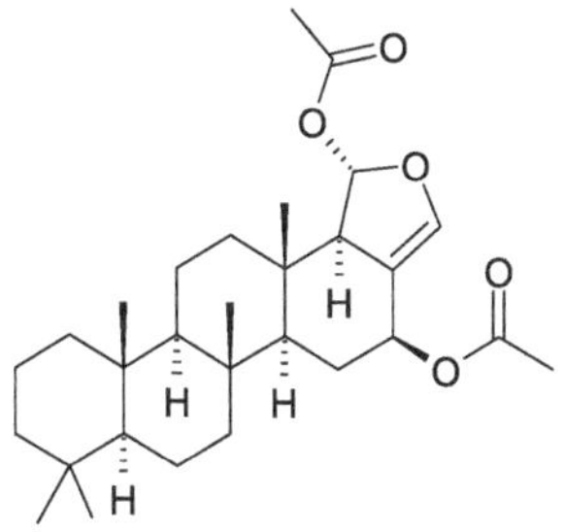

1662 24-Methyl-25-nor-12,24-dioxo-16-scalaren-22-oic acid 24-甲基-25-去甲-12,24-二氧-16-斯卡拉烯-22-酸*

【基本信息】$C_{25}H_{36}O_4$, 无定形固体.【类型】斯卡拉然烷二倍半萜.【来源】软海绵属 *Halichondria* spp., 未鉴定的海绵 (Dictyoceratida 网角海绵目).【活性】抗微生物.【文献】Nakagawa, M. et al. Tetrahedron Lett., 1987, 28, 431.

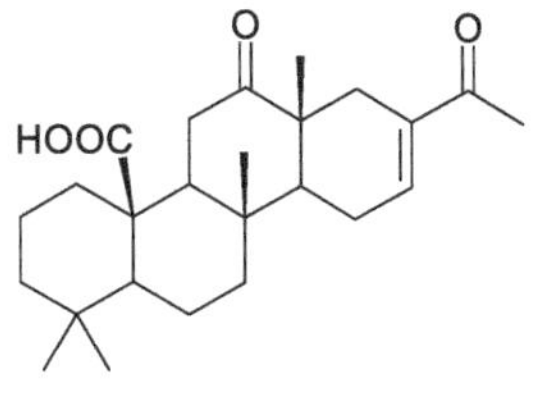

1663 Norscalaral A 去甲斯卡拉醛 A*

【基本信息】$C_{26}H_{40}O_4$, 无定形粉末, $[\alpha]_D$= +48.5° (*c* = 0.2, 氯仿).【类型】斯卡拉然烷二倍半萜.【来源】阶梯硬丝海绵 *Cacospongia scalaris* (塔里法岛, 加的斯, 西班牙).【活性】细胞毒 (P_{388}, SCHABEL, A549, HT29 和 MEL28, ED_{50} = 1~5μg/mL).【文献】A. Rueda, et al. JOC, 1997, 62, 1481.

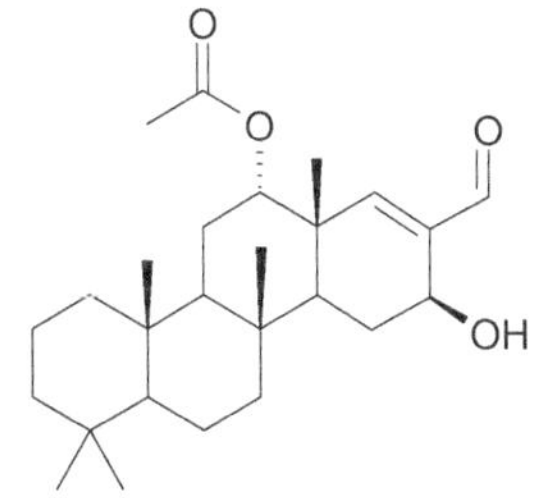

1664 Norscalaral B 去甲斯卡拉醛 B*

【基本信息】$C_{26}H_{40}O_4$, 无定形粉末, $[\alpha]_D$= +5.2° (*c* = 0.4, 氯仿).【类型】斯卡拉然烷二倍半萜.【来源】阶梯硬丝海绵 *Cacospongia scalaris* (塔里法岛, 加的斯, 西班牙).【活性】细胞毒 (P_{388}, SCHABEL, A549, HT29 和 MEL28, ED_{50} = 1~5μg/mL).【文献】A. Rueda, et al. JOC, 1997, 62, 1481.

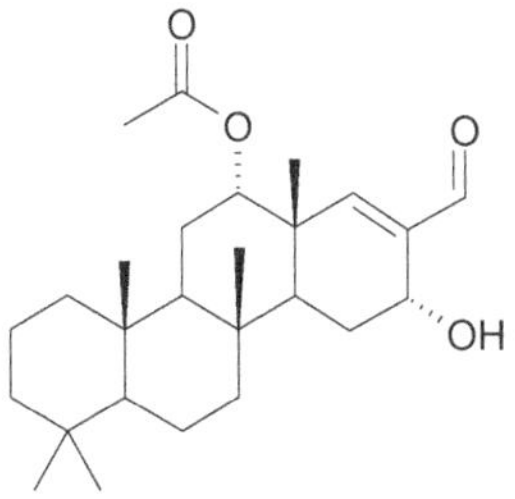

1665 Norscalaral C 去甲斯卡拉醛 C*

【基本信息】$C_{26}H_{38}O_3$, 无定形粉末, $[\alpha]_D$= +22.3° (*c* = 0.2, 氯仿).【类型】斯卡拉然烷二倍半萜.【来源】阶梯硬丝海绵 *Cacospongia scalaris* (塔里法岛, 加的斯, 西班牙).【活性】细胞毒 (P_{388}, SCHABEL, A549, HT29 和 MEL28, ED_{50} = 1~5μg/mL).【文献】A. Rueda, et al. JOC, 1997, 62, 1481.

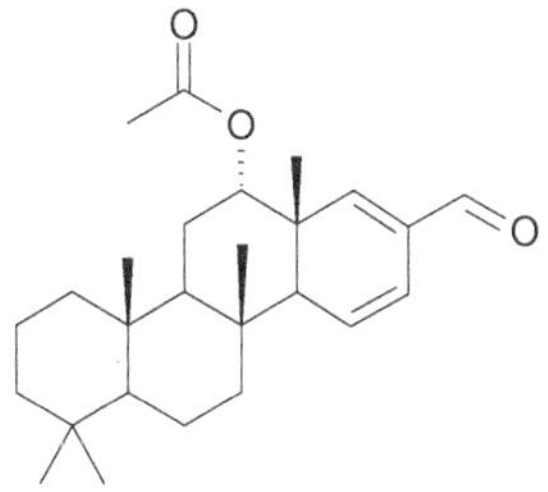

1666 Salmahyrtisol C 萨尔玛海替斯醇 C*

【别名】24,25-Epoxy-12,25-dihydroxy-16-scalaren-3-one; 24,25-环氧-12,25-二羟基-16-斯卡拉烯-3-酮*. 【基本信息】$C_{25}H_{38}O_4$, 晶体, mp 195~196°C, $[\alpha]_D^{25}$ = +40.3° (*c* = 0.65, 氯仿)【类型】斯卡拉然烷二倍半萜.【来源】南海海绵* *Hyrtios erecta* (日本水域).【活性】细胞毒 (P_{388}, IC_{50} = 14.5ng/mL; MKN1, IC_{50} = 57.7ng/mL; MKN7, IC_{50} = 56.0ng/mL; MKN74, IC_{50} = 36.8ng/mL; P_{388}, 对照 12-*epi*-Scalarin, IC_{50} > 1000ng/mL); 抗肿瘤 (*in vivo*, 对 P388 白血病植入小鼠延长生命的影响, 剂量 = 8.0mg/kg, ILS (寿命增长) = 74.4%; 剂量 = 4.0mg/kg, ILS = 51.2%; 剂量 = 2.0mg/kg, ILS = 31.4%; 剂量 = 1.0mg/kg, ILS = 32.6%; 剂量 = 0.5mg/kg, ILS = 24.4%).【文献】N. Tsuchiya, et al. JNP, 1998, 61, 468.

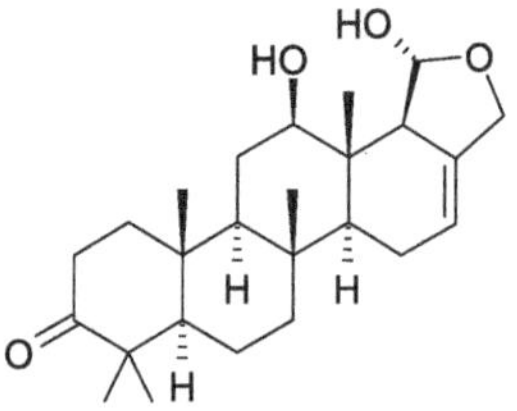

1667 Scalaradial 斯卡拉二醛*

【基本信息】$C_{27}H_{40}O_4$, 晶体 (乙醇), mp 111~113°C, $[\alpha]_D$ = +47.5° (*c* = 0.9, 甲醇).【类型】斯卡拉然烷二倍半萜.【来源】阶梯硬丝海绵 *Cacospongia scalaris* (日本水域) 和柔软硬丝海绵 *Cacospongia mollior*.【活性】PLA_2 抑制剂; 抗炎; 鱼毒.【文献】G. Cimino, et al. Experientia, 1973, 29, 934; G. Cimino, et al. Experientia, 1974, 30, 846; F. Yasuda, et al. Experientia, 1981, 37, 110; G. Cimino, et al. Experientia, 1993, 49, 582; R. Puliti, et al. Acta Crystallogr., Sect. C. 1995, 51, 1703.

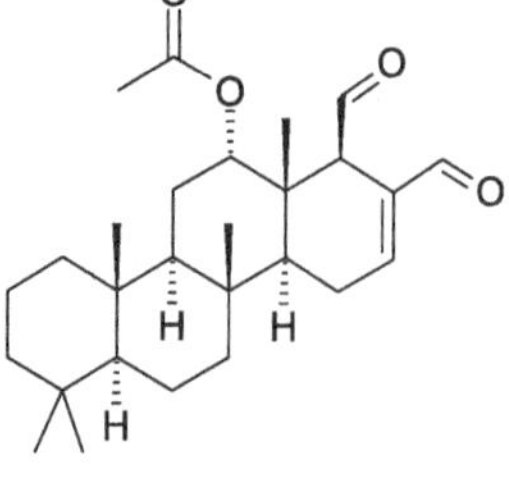

1668 12-*epi*-Scalaradial 12-*epi*-斯卡拉二醛*

【基本信息】$C_{27}H_{40}O_4$, mp 188~190°C, $[\alpha]_D$ = +36.5° (氯仿).【类型】斯卡拉然烷二倍半萜.【来源】南海海绵* *Hyrtios erecta* [Syn. *Heteronema nitens*].【活性】蜂毒抑制剂.【文献】G. Cimino, et al. Experientia, 1979, 35, 1277.

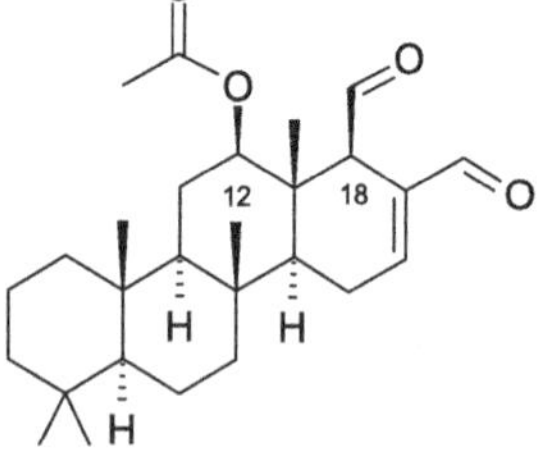

1669 18-*epi*-Scalaradial 18-*epi*-斯卡拉二醛*

【基本信息】$C_{27}H_{40}O_4$, 无定形粉末, $[\alpha]_D$= –37.9° (*c* = 0.8, 氯仿).【类型】斯卡拉然烷二倍半萜.【来源】阶梯硬丝海绵 *Cacospongia scalaris* (塔里法岛, 加的斯, 西班牙).【活性】细胞毒 (P_{388}, SCHABEL, A549, HT29 和 MEL28, ED_{50} = 1~5μg/mL).【文献】A. Rueda, et al. JOC, 1997, 62, 1481.

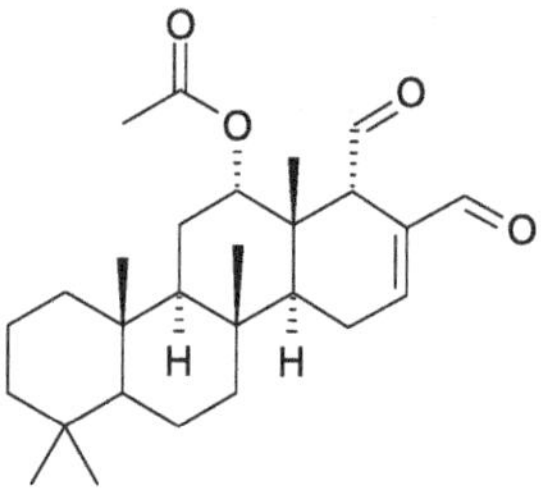

1670 Scalarafuran 斯卡拉呋喃*

【基本信息】$C_{27}H_{40}O_4$, 晶体, mp 182°C, $[\alpha]_D$ = –19.8° (*c* = 0.9, 氯仿).【类型】斯卡拉然烷二倍半萜.【来源】西米兰钵海绵* *Hyrtios gumminae* (斯米兰群岛, 安达曼海, 泰国), *Hippospongia* sp. (台东县, 台湾, 中国) 和角骨海绵属 *Spongia idia*.【活性】细胞毒 (HuCCA-1, IC_{50} = 49μmol/L, 对照依托泊苷, IC_{50} = 5.1μmol/L; KB, IC_{50} = 58μmol/L, 依托泊苷, IC_{50} = 0.5μmol/L; HeLa, IC_{50} = 63μmol/L, 依托泊苷, IC_{50} = 0.4μmol/L; MDA-MB-231, IC_{50} = 14μmol/L, 依托泊苷, IC_{50} = 0.3μmol/L; T47D, IC_{50} = 28μmol/L, 依托泊苷, IC_{50} = 0.1μmol/L; H69AR, IC_{50} = 51μmol/L, 依托泊苷, IC_{50} = 46μmol/L); 细胞毒 (DLD-1, HCT116, T47D 和 K562, 所有的 IC_{50} > 10μmol/L).【文献】R. P. Walker, et al. JOC, 1980, 45, 4976; C. Mahidol, et al. JNP, 2009, 72, 1870; Y. -C. Chang, et al. Mar. Drugs, 2012, 10, 987.

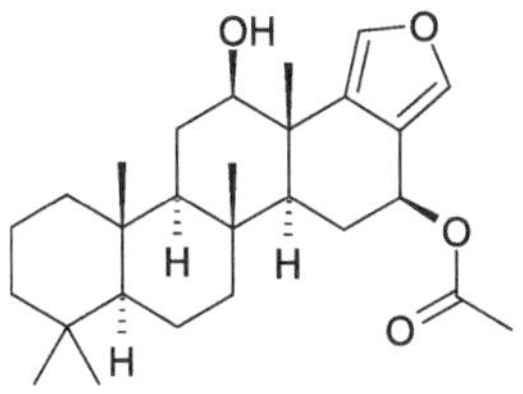

1671　16-*epi*-Scalarolbutenolide　16-*epi*-斯卡拉醇丁烯酸内酯

【基本信息】$C_{27}H_{40}O_5$, 无定形粉末, $[\alpha]_D^{25} = -7.3°$ ($c = 0.15$, 氯仿).【类型】斯卡拉然烷二倍半萜.【来源】角骨海绵属 *Spongia agaricina* (加的斯, 西班牙).【活性】细胞毒 (P_{388}, $IC_{50} = 5\mu g/mL$, A549, $IC_{50} = 5\mu g/mL$, HT29, $IC_{50} = 5\mu g/mL$).【文献】A. Rueda, et al. JNP, 1998, 61, 258.

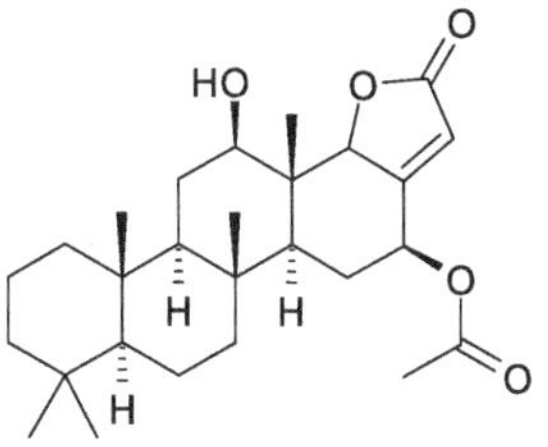

1672　Sesterstatin 1　塞斯特他汀 1*

【基本信息】$C_{25}H_{38}O_4$, 无定形粉末, mp 297~298°C, $[\alpha]_D^{22} = +16.3°$ ($c = 0.12$, 氯仿).【类型】斯卡拉然烷二倍半萜.【来源】南海海绵* *Hyrtios erecta* (马尔代夫).【活性】抗肿瘤 (P_{388}, $ED_{50} = 0.46\mu g/mL$).【文献】G. R. Pettit, et al. JNP, 1998, 61, 13; G. R. Pettit, et al. BoMCL, 1998, 8, 2093.

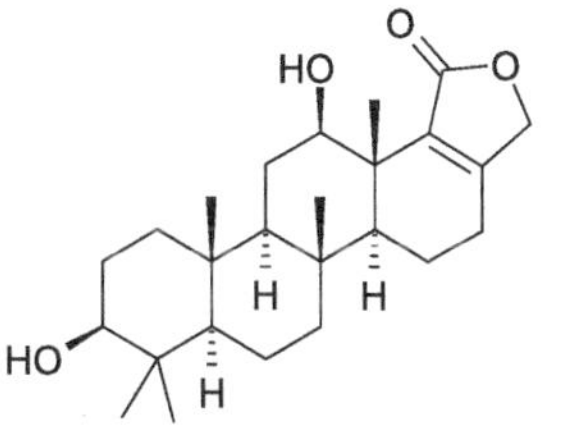

1673　Sesterstatin 2　塞斯特他汀 2*

【基本信息】$C_{25}H_{38}O_4$, 无定形粉末, mp 295~296°C, $[\alpha]_D^{22} = +13.8°$ ($c = 0.09$, 氯仿).【类型】斯卡拉然烷二倍半萜.【来源】南海海绵* *Hyrtios erecta* (马尔代夫).【活性】抗肿瘤 (P_{388}, $ED_{50} = 4.2\mu g/mL$); 抗菌 (抑制革兰氏阳性菌金黄色葡萄球菌 *Staphylococcus aureus* 生长).【文献】G. R. Pettit, et al. JNP, 1998, 61, 13; G. R. Pettit, et al. BoMCL, 1998, 8, 2093.

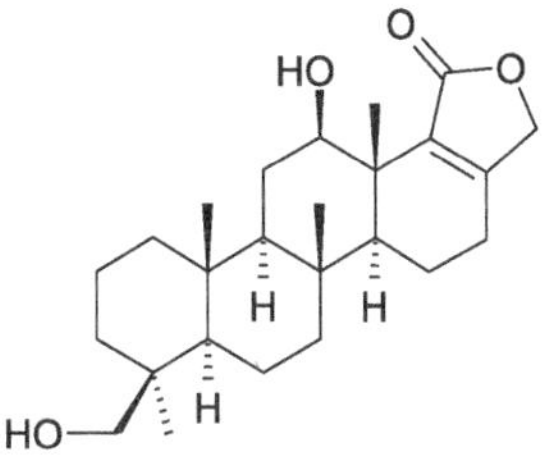

1674　Sesterstatin 3　塞斯特他汀 3*

【基本信息】$C_{25}H_{38}O_4$, 无定形粉末, mp 293~294°C, $[\alpha]_D^{22} = +27.2°$ ($c = 0.22$, 氯仿).【类型】斯卡拉然烷二倍半萜.【来源】南海海绵* *Hyrtios erecta* (马尔代夫).【活性】抗肿瘤 (P_{388}, $ED_{50} = 4.3\mu g/mL$).【文献】G. R. Pettit, et al. JNP, 1998, 61, 13; G. R. Pettit, et al. BoMCL, 1998, 8, 2093.

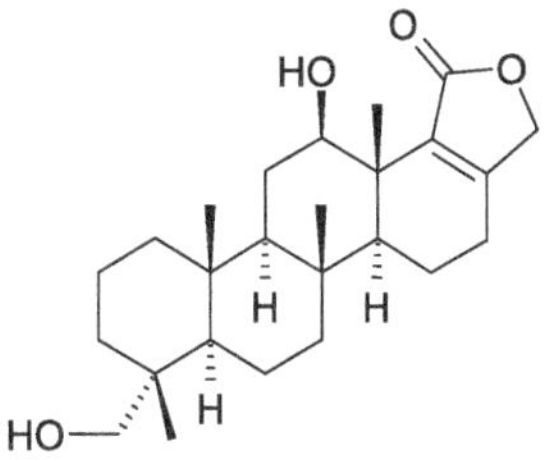

1675　Similan A　西米兰钵海绵素 A

【基本信息】$C_{26}H_{40}O_3$, 固体, mp 164~165°C, $[\alpha]_D^{22} = -4.5°$ ($c = 0.16$, 氯仿).【类型】斯卡拉然烷二倍半萜.【来源】西米兰钵海绵* *Hyrtios gumminae* (斯米兰群岛, 安达曼海, 泰国).【活性】细胞毒 (HuCCA-1, $IC_{50} = 90\mu mol/L$, 对照依托泊苷, $IC_{50} = 5.1\mu mol/L$; KB, $IC_{50} = 75\mu mol/L$, 依托泊苷, $IC_{50} = 0.5\mu mol/L$; HeLa, $IC_{50} = 125\mu mol/L$, 依托泊苷, $IC_{50} = 0.4\mu mol/L$; MDA-MB-231, $IC_{50} = 58\mu mol/L$, 依托泊苷, $IC_{50} = 0.3\mu mol/L$; T47D, $IC_{50} = 70\mu mol/L$, 依托泊苷, $IC_{50} = 0.1\mu mol/L$; H69AR, $IC_{50} > 125\mu mol/L$, 依托泊苷, $IC_{50} = 46\mu mol/L$).【文献】C. Mahidol, et al. JNP, 2009, 72, 1870.

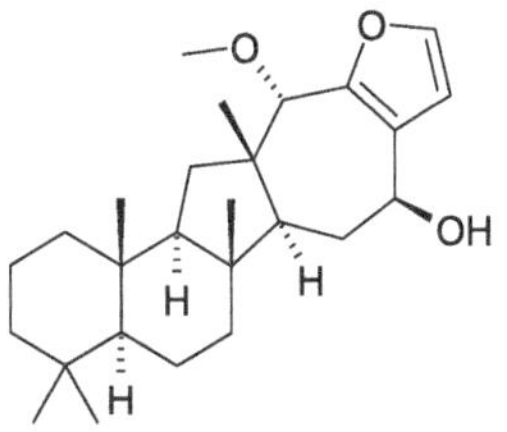

1676　(12*β*,16*α*,24*ξ*)-Trihydroxy-17-scalaren-25,24-olide　(12*β*,16*α*,24*ξ*)-三羟基-17-斯卡拉烯-25,24-内酯*

【基本信息】$C_{25}H_{38}O_5$.【类型】斯卡拉然烷二倍

半萜.【来源】西米兰钵海绵* *Hyrtios gumminae* (斯米兰群岛, 安达曼海, 泰国).【活性】细胞毒 (HuCCA-1, IC_{50} = 65μmol/L, 对照依托泊苷, IC_{50} = 5.1μmol/L; KB, IC_{50} = 14μmol/L, 依托泊苷, IC_{50} = 0.5μmol/L; HeLa, IC_{50} = 26μmol/L, 依托泊苷, IC_{50} = 0.4μmol/L; MDA-MB-231, IC_{50} = 29μmol/L, 依托泊苷, IC_{50} = 0.3μmol/L; T47D, IC_{50} = 48μmol/L, 依托泊苷, IC_{50} = 0.1μmol/L).【文献】C. Mahidol, et al. JNP, 2009, 72, 1870.

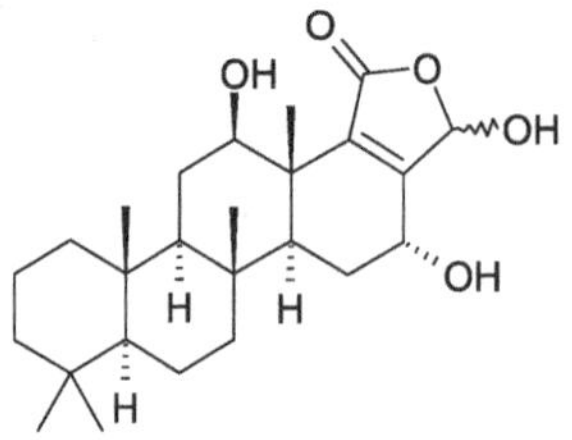

4.8 甲基和二甲基斯卡拉然烷二倍半萜

1677 12α-Acetoxy-24,25-epoxy-24-hydroxy- 20, 24-dimethylscalarane 12α-乙酰氧基-24, 25-环氧-24-羟基-20,24-二甲基斯卡拉然烷*

【基本信息】$C_{29}H_{48}O_4$, 油状物, $[\alpha]_D$ = +65° (*c* = 0.61, 二氯甲烷).【类型】甲基和二甲基斯卡拉然烷二倍半萜.【来源】卡特海绵属 *Carteriospongia foliascens*.【活性】鱼毒.【文献】J. C. Braekman, et al. Tetrahedron, 1985, 41, 4603.

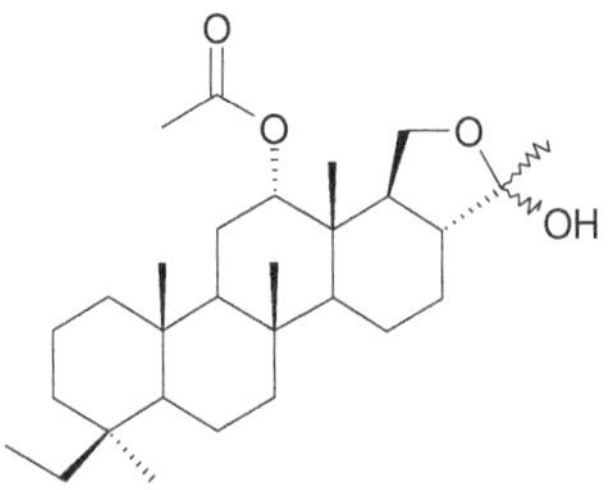

1678 12-Acetoxy-16-hydroxy-20,24-dimethyl-24-oxo-25-scalaranal 12-乙酰氧基-16-羟基- 20, 24-二甲基-24-氧代-25-斯卡拉醛*

【基本信息】$C_{29}H_{46}O_5$, 油状物, $[\alpha]_D$ = +95.6° (*c* = 0.27, 氯仿).【类型】甲基和二甲基斯卡拉然烷二倍半萜.【来源】胄甲海绵科海绵 *Strepsichordaia lendenfeldi* (大堡礁, 澳大利亚), 卡特海绵属 *Carteriospongia foliascens* 和叶海绵属 *Phyllospongia* sp.【活性】鱼毒.【文献】J. C. Braekman, et al. Tetrahedron, 1985, 41, 4603; B. F. Bowden, et al. JNP, 1992, 55, 1234; M. C. Roy, et al. JNP, 2002, 65, 1838.

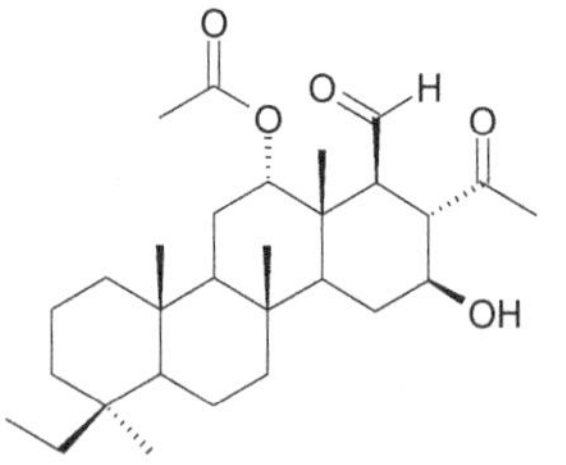

1679 12α-Acetoxy-22-hydroxy-24-methyl-24-oxo-16-scalaren-25-al 12α-乙酰氧基-22-羟基-24-甲基-24-氧代-16-斯卡拉烯-25 醛*

【基本信息】$C_{28}H_{42}O_5$, 不稳定泡沫, 溶于氯仿, 甲醇; 难溶于水.【类型】甲基和二甲基斯卡拉然烷二倍半萜.【来源】兰灯海绵属 *Lendenfeldia* sp.【活性】抗炎, 血小板聚集抑制剂.【文献】R. Kazlauskas, et al. Aust. J. Chem., 1982, 35, 51.

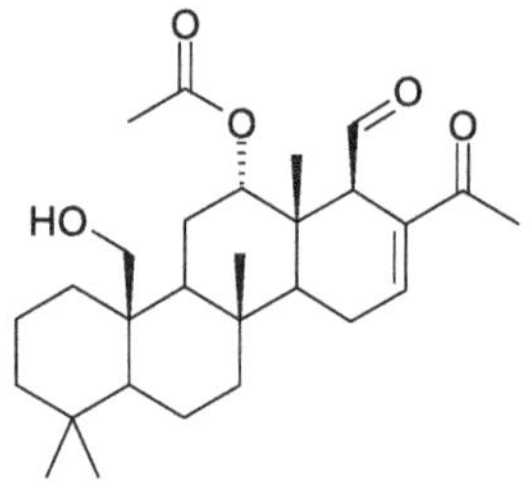

1680 (12α,16β,25ξ)-23,25-Cyclo-12-acetoxy-16,25-dihydroxy-20,24-dimethyl-24-scalaranone (12α,16β,25ξ)-23,25-环-12-乙酰氧基- 16, 25-二羟基-20,24-二甲基-24-斯卡拉酮*

【基本信息】$C_{29}H_{46}O_5$, 晶体, mp 190~193°C, $[\alpha]_D$ = +46° (*c* = 1.46, 二氯甲烷).【类型】甲基和二甲基斯卡拉然烷二倍半萜.【来源】卡特海绵属 *Carteriospongia foliascens*.【活性】鱼毒.【文献】J. C. Braekman, et al. Tetrahedron, 1985, 41, 4603.

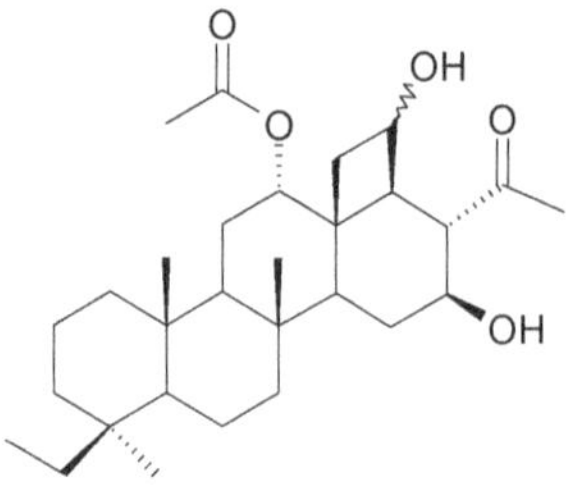

1681 Dendalone 叶海绵醛酮*

【别名】24-Methyl-24,25-dioxoscalar-16-en-12β-yl-3-hydroxy-butanoate; 24-甲基-24,25-二氧斯卡拉-16-烯-12β-基-3-羟基-丁酸甲酯*.【基本信息】$C_{30}H_{46}O_5$, 玻璃体, $[\alpha]_D = +12°$ ($c = 0.4$, 氯仿).【类型】甲基和二甲基斯卡拉然烷二倍半萜.【来源】叶海绵属 *Phyllospongia dendyi* [Syn. *Carteriospongia* cf. *foliascens*].【活性】抗炎 (*in vivo*).【文献】R. Kazlauskas, et al. Aust. J. Chem., 1980, 33, 1783.

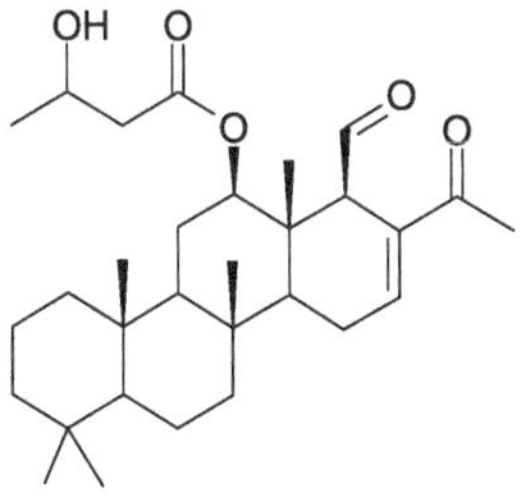

1682 12β,16β,22-Dihydroxy-22-acetoxy-24β-methylscalaran-25,24-olide 12β,16β,22-二羟基-22-乙酰氧基-24β-甲基斯卡拉-25,24-内酯*

【基本信息】$C_{28}H_{44}O_6$, 晶体 (甲醇), mp 270~271°C.【类型】甲基和二甲基斯卡拉然烷二倍半萜.【来源】兰灯海绵属 *Lendenfeldia* sp.【活性】抗炎.【文献】R. Kazlauskas, et al. Aust. J. Chem., 1982, 35, 51.

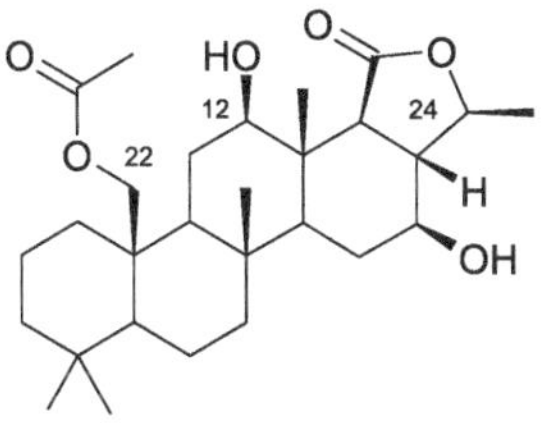

1683 16α,22-Dihydroxy-24-methyl-24-oxo-25,12-scalaranolide 16α,22-二羟基-24-甲基-24-氧代-25,12-斯卡拉内酯*

【基本信息】$C_{26}H_{40}O_5$, 无定形固体 (二乙酸酯), $[\alpha]_D = +12°$ ($c = 1$, 氯仿) (二乙酸酯).【类型】甲基和二甲基斯卡拉然烷二倍半萜.【来源】多叶兰灯海绵* *Lendenfeldia frondosa* (所罗门群岛).【活性】抗炎.【文献】R. Kazlauskas, et al. Aust. J. Chem., 1982, 35, 51; C. B. Rao, et al. JNP, 1991, 54, 364; K. A. Alvi, et al. JNP, 1992, 55, 859.

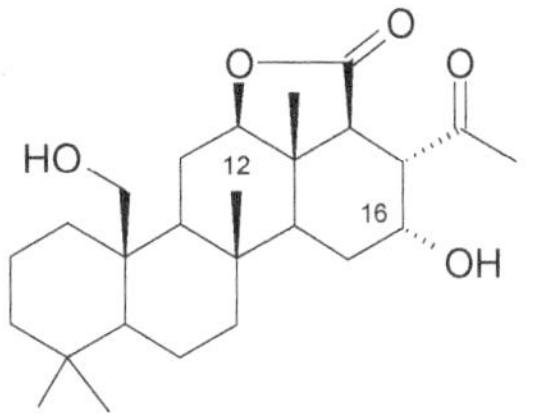

1684 16β,22-Dihydroxy-24-methyl-24-oxo-25,12-scalaranolide 16β,22-二羟基-24-甲基-24-氧代-25,12-斯卡拉内酯*

【基本信息】$C_{26}H_{40}O_5$, 晶体 (二甲基甲酰胺/乙腈), mp 279~280°C, $[\alpha]_D^{21} = 46.8°$ ($c = 1$, 甲醇).【类型】甲基和二甲基斯卡拉然烷二倍半萜.【来源】兰灯海绵属 *Lendenfeldia* sp.【活性】抗炎.【文献】R. Kazlauskas, et al. Aust. J. Chem., 1982, 35, 51; K. A. Alvi, et al. JNP, 1992, 55, 859; L. Chill, et al. Tetrahedron, 2004, 60, 10619.

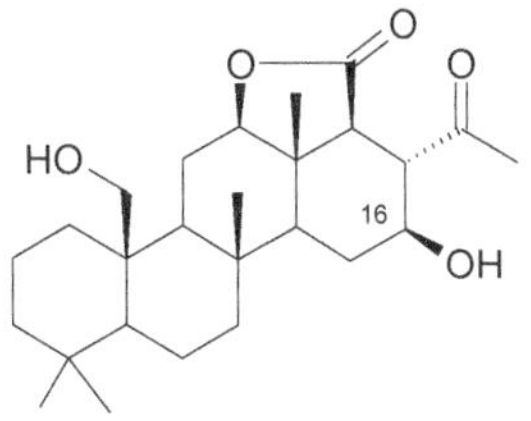

1685 Foliaspongin 叶海绵素*

【基本信息】$C_{32}H_{52}O_6$, 晶体 (甲醇), mp 186~189°C, $[\alpha]_D = +44°$ (氯仿).【类型】甲基和二甲基斯卡拉然烷二倍半萜.【来源】叶海绵属 *Phyllospongia foliascens* (冲绳, 日本).【活性】抗炎.【文献】H. Kikuchi, et al. CPB, 1981, 29, 1492; H. Kikuchi, et al. CPB, 1983, 31, 552.

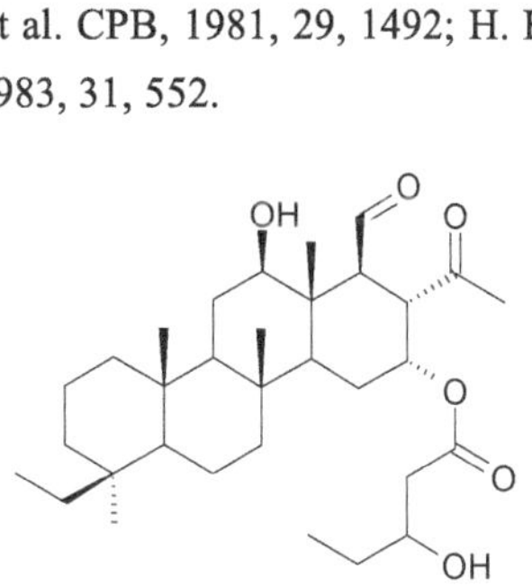

1686 16β-Hydroxy-22-acetoxy-24-methyl-24-oxo-25,12-scalaranolide 16β-羟基-22-乙酰氧基-24-甲基-24-氧代-25,12-斯卡拉内酯

【基本信息】$C_{28}H_{42}O_6$, 晶体 (乙酸乙酯/石油醚), mp 244~246°C, $[\alpha]_D^{21} = +27.7°$ ($c = 1$, 氯仿).【类型】甲基和二甲基斯卡拉然烷二倍半萜.【来源】

兰灯海绵属 *Lendenfeldia* sp.【活性】抗炎.【文献】R. Kazlauskas, et al. Aust. J. Chem., 1982, 35, 51.

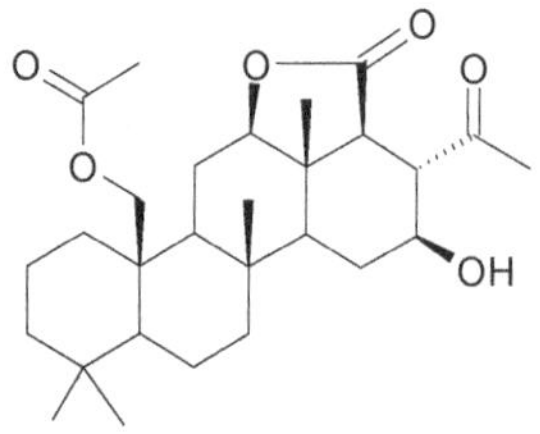

1687 12β-Hydroxy-22-acetoxy-24-methyl-24-oxo-16-scalaren-25-al 12β-羟基-22-乙酰氧基-24-甲基-24-氧代-16-斯卡拉烯-25-醛*

【基本信息】$C_{28}H_{42}O_5$, 无色油状物, $[\alpha]_D = -12.2°$ ($c = 0.1$, 氯仿).【类型】甲基和二甲基斯卡拉然烷二倍半萜.【来源】软体动物裸腮目海牛亚目舌尾海牛属 *Glossodoris sedna* (哥斯达黎加).【活性】PLA_2 抑制剂 (哺乳动物, $IC_{50} = 18\mu g/mL$).【文献】A. Fontana, et al. JNP, 2000, 63, 527.

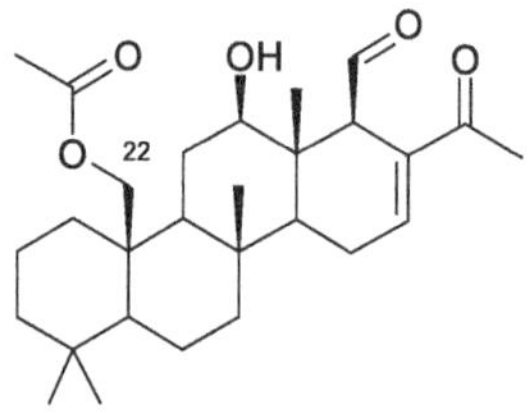

1688 12α-O-(3-Hydroxy-4-methylpentanoyl)-16α-hydroxy-20,24-dimethyl-25-nor-17-scalaren-24-one 12α-O-(3-羟基-4-甲基戊基)-16α-羟基-20,24-二甲基-25-去甲-17-斯卡拉烯-24-酮*

【基本信息】$C_{32}H_{52}O_5$, 油状物, $[\alpha]_D^{25} = 0°$ ($c = 0.2$, 二氯甲烷).【类型】甲基和二甲基斯卡拉然烷二倍半萜.【来源】卡特海绵属 *Carteriospongia foliascens* (苏拉威西, 印度尼西亚).【活性】hRCE 蛋白酶抑制剂 (人 Ras 转换酶).【文献】D. E. Williams, et al. JNP, 2009, 72, 1106.

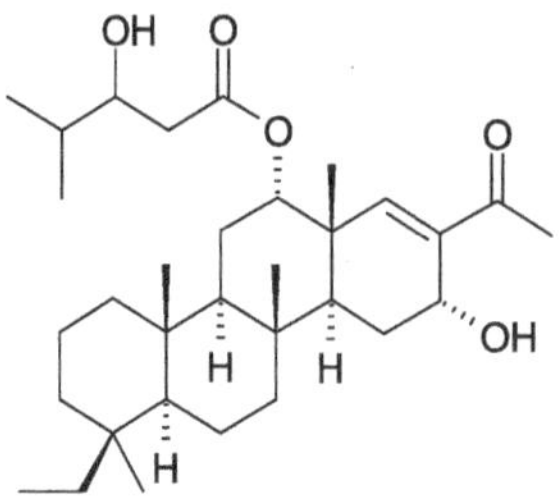

1689 12α-O-(3-Hydroxypentanoyloxy)-16α-ethoxy-24β-hydroxy-20,24-dimethyl-17-scalaren-25,24-olide 12α-O-(3-羟基戊基氧)-16α-乙氧基-24β-羟基-20,24-二甲基-17-斯卡拉烯-25,24-内酯*

【基本信息】$C_{35}H_{56}O_7$.【类型】甲基和二甲基斯卡拉然烷二倍半萜.【来源】卡特海绵属 *Carteriospongia foliascens* (苏拉威西, 印度尼西亚).【活性】hRCE 蛋白酶抑制剂 (人 Ras 转换酶).【文献】D. E. Williams, et al. JNP, 2009, 72, 1106.

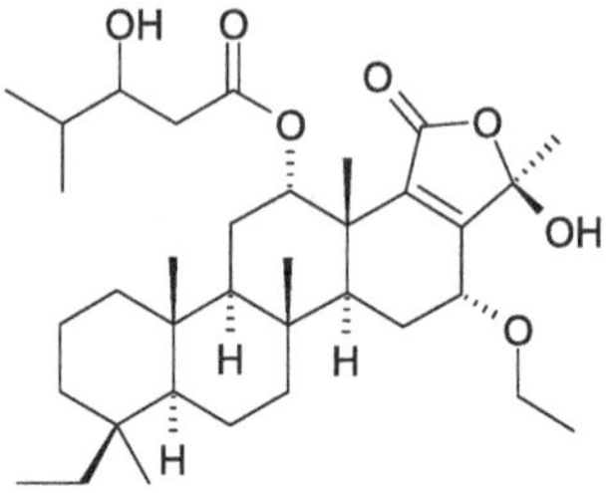

1690 12α-O-(3-Hydroxypentanoyloxy)-16α-ethoxy-24α-hydroxy-20,24-dimethyl-17-scalaren-25,24-olide 12α-O-(3-羟基戊基氧)-16α-乙氧基-24α-羟基-20,24-二甲基-17-斯卡拉烯-25,24-内酯*

【基本信息】$C_{35}H_{56}O_7$.【类型】甲基和二甲基斯卡拉然烷二倍半萜.【来源】卡特海绵属 *Carteriospongia foliascens* (苏拉威西, 印度尼西亚).【活性】hRCE 蛋白酶抑制剂 (人 Ras 转换酶).【文献】D. E. Williams, et al. JNP, 2009, 72, 1106.

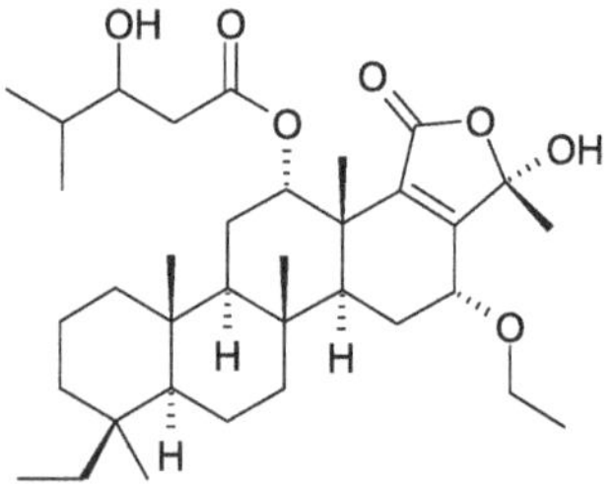

1691 24-Methyl-12,24,25-trioxo-16-scalaren-22-oic acid 24-甲基-12,24,25-三氧代-16-斯卡拉烯-22-酸*

【基本信息】$C_{26}H_{36}O_5$, 晶体 (乙醚/石油醚), mp 251~252°C, $[\alpha]_D^{21} = +33.5°$ ($c = 1$, 氯仿).【类型】甲基和二甲基斯卡拉然烷二倍半萜.【来源】兰灯海绵属 *Lendenfeldia* sp.【活性】抗炎.【文献】R. Kazlauskas, et al. Aust. J. Chem., 1982, 35, 51.

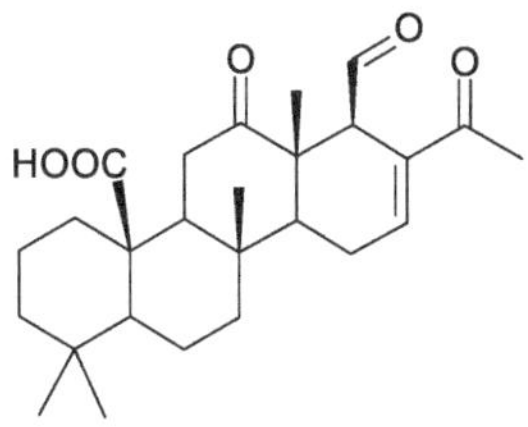

1692 Phyllofenone D 叶海绵烯酮 D*

【基本信息】$C_{26}H_{38}O_2$, 晶体 (氯仿), mp 280~282°C, $[\alpha]_D^{25}$ = +113.8° (*c* = 0.18, 氯仿).【类型】甲基和二甲基斯卡拉然烷二倍半萜.【来源】叶海绵属 *Phyllospongia foliascens* (永兴岛, 南海, 中国).【活性】细胞毒.【文献】H. -J. Zhang, et al. Helv. Chim. Acta, 2009, 92, 762.

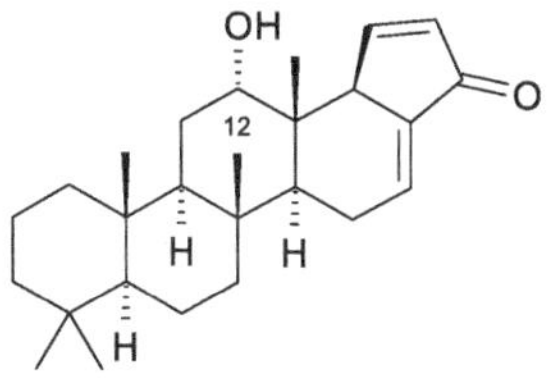

1693 Phyllolactone A 叶海绵内酯 A*

【基本信息】$C_{31}H_{48}O_5$, 粉末, $[\alpha]_D^{20}$ = +9.5° (*c* = 0.254, 甲醇).【类型】甲基和二甲基斯卡拉然烷二倍半萜.【来源】叶海绵属 *Phyllospongia lamellosa.*【活性】HIV-1 包膜介导融合抑制剂 (*in vitro*).【文献】L. C. Chang, et al. Tetrahedron, 2001, 57, 5731.

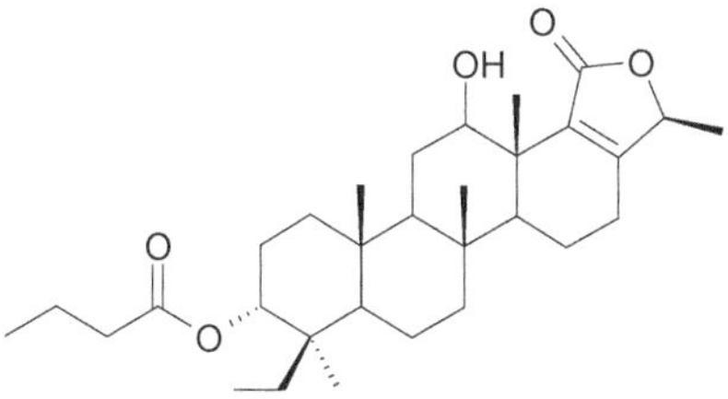

1694 Phyllolactone B 叶海绵内酯 B*

【基本信息】$C_{30}H_{46}O_5$, 粉末, $[\alpha]_D^{20}$ = +10.6° (*c* = 0.09, 甲醇).【类型】甲基和二甲基斯卡拉然烷二倍半萜.【来源】叶海绵属 *Phyllospongia lamellosa.*【活性】HIV-1 包膜介导融合抑制剂 (*in vitro*).【文献】L. C. Chang, et al. Tetrahedron, 2001, 57, 5731.

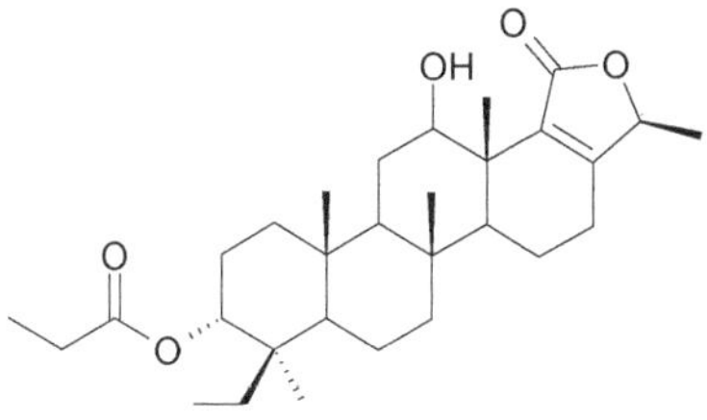

1695 Phyllolactone C 叶海绵内酯 C*

【基本信息】$C_{29}H_{44}O_5$, 粉末, $[\alpha]_D^{20}$ = +8.6° (*c* = 0.14, 甲醇).【类型】甲基和二甲基斯卡拉然烷二倍半萜.【来源】叶海绵属 *Phyllospongia lamellosa.*【活性】HIV-1 包膜介导融合抑制剂 (*in vitro*).【文献】L. C. Chang, et al. Tetrahedron, 2001, 57, 5731.

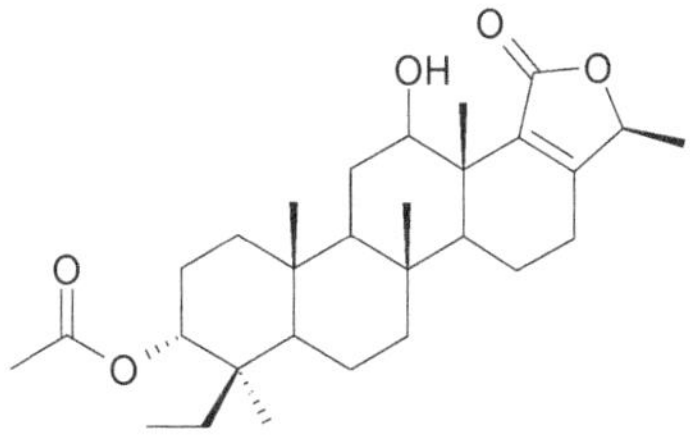

1696 Phyllolactone D 叶海绵内酯 D*

【基本信息】$C_{32}H_{48}O_6$, 无定形固体, $[\alpha]_D^{20}$ = +7.2° (*c* = 0.08, 甲醇).【类型】甲基和二甲基斯卡拉然烷二倍半萜.【来源】叶海绵属 *Phyllospongia lamellosa.*【活性】HIV-1 包膜介导融合抑制剂 (*in vitro*).【文献】L. C. Chang, et al. Tetrahedron, 2001, 57, 5731.

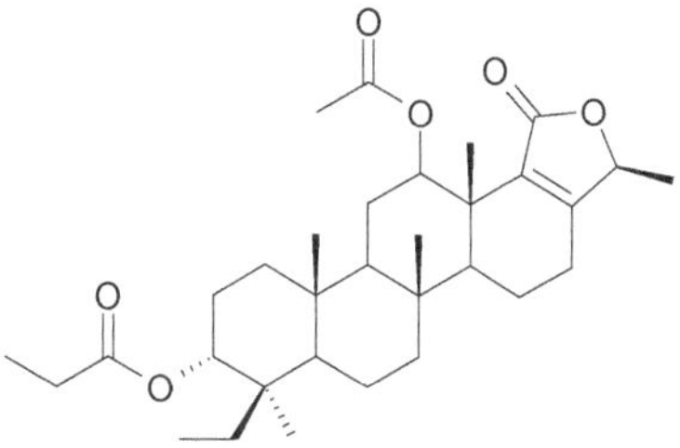

1697 Phyllolactone E 叶海绵内酯 E*

【基本信息】$C_{27}H_{42}O_4$, 油状物, $[\alpha]_D^{20}$ = +3° (*c* = 0.02, 甲醇).【类型】甲基和二甲基斯卡拉然烷二倍半萜.【来源】叶海绵属 *Phyllospongia lamellosa.*【活性】HIV-1 包膜介导融合抑制剂 (*in vitro*).【文献】L. C. Chang, et al. Tetrahedron, 2001, 57, 5731.

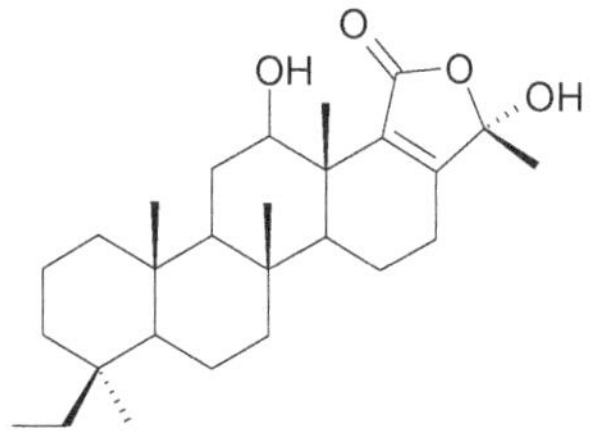

4.9 杂项二倍半萜

1698 Alotaketal C 阿娄它科特醛 C*

【基本信息】$C_{28}H_{40}O_6$.【类型】杂项二倍半萜.【来

源】雏海绵属 *Phorbas* sp. (安塞尔，豪湾，不列颠哥伦比亚，加拿大).【活性】cAMP 信号的激活水平与标准探针毛喉素相似.【文献】J. Daoust, et al. JOC, 2013, 78, 8267.

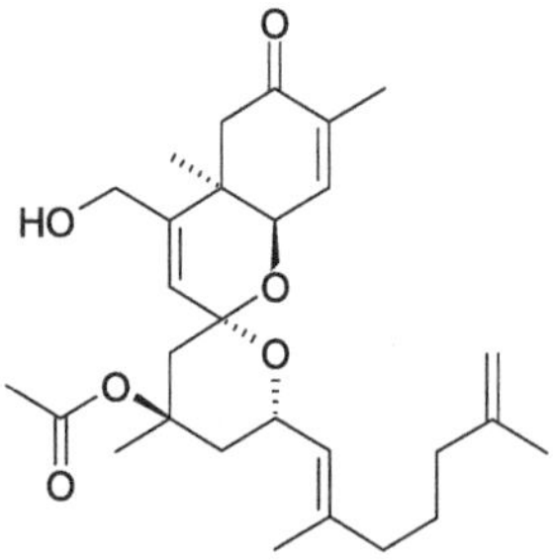

1699 Ansellone B (2012) 安塞尔酮 B (2012)*

【基本信息】$C_{27}H_{38}O_5$.【类型】杂项二倍半萜.【来源】雏海绵属 *Phorbas* sp. (韩国).【活性】一氧化氮 NO 生成抑制剂 (LPS 激发的 RAW 264.7 细胞，低微摩尔级浓度就有活性).【文献】W. Wang, et al. Org. Lett., 2012, 14, 4486.

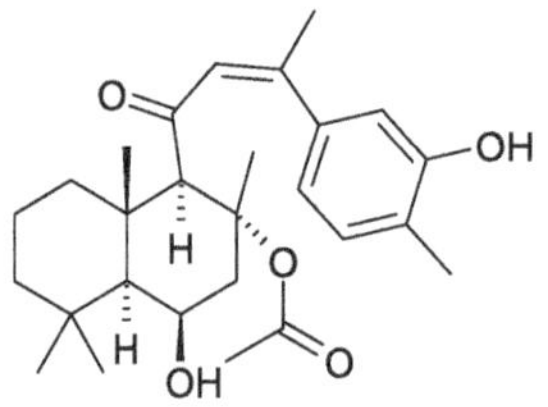

1700 Asperterpenoid A 曲霉萜 A*

【基本信息】$C_{25}H_{38}O_3$.【类型】杂项二倍半萜.【来源】红树导出的真菌曲霉菌属 *Aspergillus* sp. (内生的)，来自未鉴定的红树.【活性】抗结核 (MPtpB 抑制剂).【文献】X. Huang, et al. Org. Lett., 2013, 15, 721.

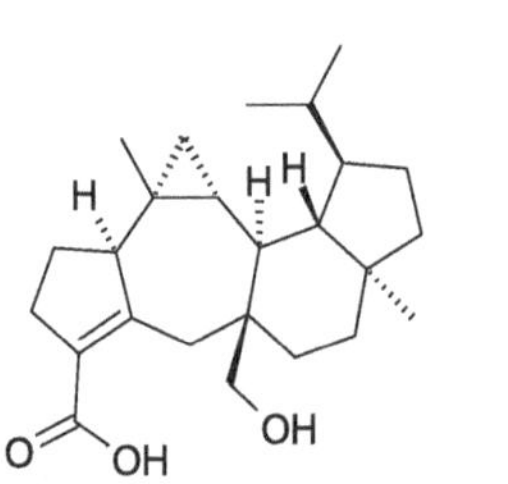

1701 Asperterpenol A 曲霉萜醇 A*

【基本信息】$C_{25}H_{42}O$.【类型】杂项二倍半萜.【来源】红树导出的真菌曲霉菌属 *Aspergillus* sp. (内生的)，来自未鉴定的红树 (南海).【活性】乙酰胆碱酯酶抑制剂.【文献】Z. Xiao, et al. Org. Lett., 2013, 15, 2522.

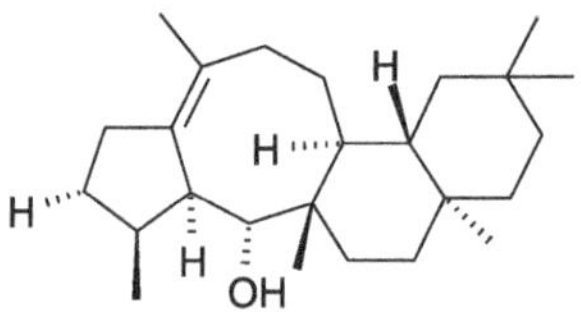

1702 Asperterpenol B 曲霉萜醇 B*

【基本信息】$C_{25}H_{42}O_2$.【类型】杂项二倍半萜.【来源】红树导出的真菌曲霉菌属 *Aspergillus* sp. (内生的)，来自未鉴定的红树 (南海).【活性】乙酰胆碱酯酶抑制剂.【文献】Z. Xiao, et al. Org. Lett., 2013, 15, 2522.

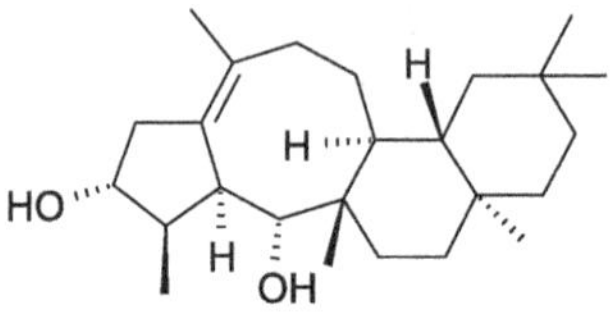

1703 Cacospongionolide B 硬丝海绵内酯 B*

【基本信息】$C_{25}H_{36}O_4$，晶体 (甲醇)，mp 116~118°C，$[\alpha]_D = +28.2°$ (c = 2.8，氯仿).【类型】杂项二倍半萜.【来源】空洞束海绵 *Fasciospongia cavernosa* (亚得里亚海).【活性】抗微生物；有毒的 (盐水丰年虾和鱼类)；PLA_2 抑制剂；抗炎.【文献】S. De Rosa, et al. JNP, 1995, 58, 1776; S. De Rosa, et al. Tetrahedron, 1995, 51, 10 731; A. Soriente, et al. EurJOC, 2000, 947 (abs config).

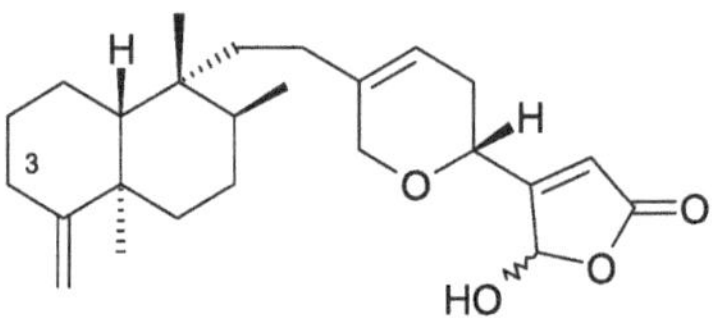

1704 Cacospongionolide E 硬丝海绵内酯 E*

【基本信息】$C_{25}H_{36}O_4$，$[\alpha]_D = -85.4°$ (c = 0.2，氯仿).【类型】杂项二倍半萜.【来源】空洞束海绵 *Fasciospongia cavernosa* (亚得里亚海).【活性】PLA_2 抑制剂 (人分泌器官)；LC_{50} (盐水丰年虾 *Artemia salina*) = 1.29μg/mL，(鱼类) = 1.01μg/mL.【文献】S. De Rosa, et al. JNP, 1998, 61, 931.

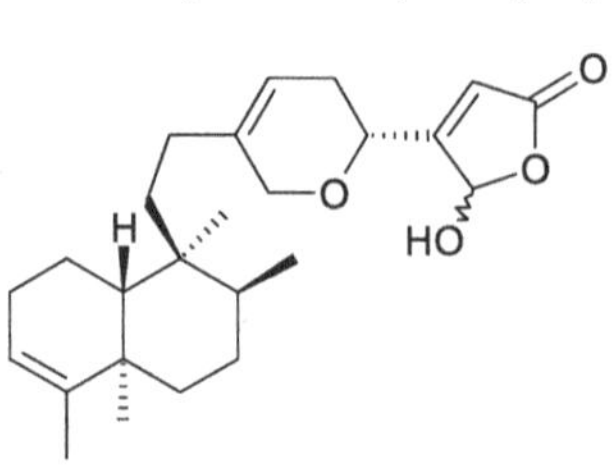

1705 Cacospongionolide F 硬丝海绵内酯 F*

【基本信息】$C_{25}H_{36}O_4$, 无定形固体, $[\alpha]_D = -123°$ ($c = 0.21$, 氯仿).【类型】杂项二倍半萜.【来源】空洞束海绵 *Fasciospongia cavernosa* (北亚得里亚海, 亚得里亚海).【活性】抗菌 (革兰氏阳性菌枯草杆菌 *Bacillus subtilis,* 藤黄色微球菌 *Micrococcus luteus,* MIC = 0.78μg/mL); 有毒的 (盐水丰年虾, 致命毒性, *Artemiasalina* 生物测定实验, IC_{50} = 0.17μg/mL); 有毒的 (鱼类, IC_{50} = 0.7μg/mL).【文献】S. De Rosa, et al. JNP, 1999, 62, 1316; D. Demeke, et al. Org. Lett., 2003, 5, 991.

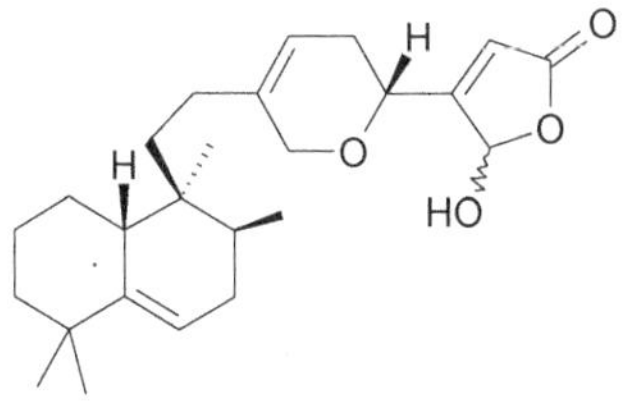

1706 25-Deoxycacospongionolide B 25-去氧硬丝海绵内酯 B*

【基本信息】$C_{25}H_{36}O_3$, 晶体 (甲醇), mp 159~161°C, $[\alpha]_D = +10.5°$ ($c = 1.40$, 氯仿).【类型】杂项二倍半萜.【来源】空洞束海绵 *Fasciospongia cavernosa* (亚得里亚海).【活性】有毒的 (盐水丰年虾 *Artemia salina*, LC_{50} = 0.74μg/mL).【文献】S. De Rosa, et al. JNP, 1995, 58, 1776; S. De Rosa, et al. Tetrahedron, 1995, 51, 10 731.

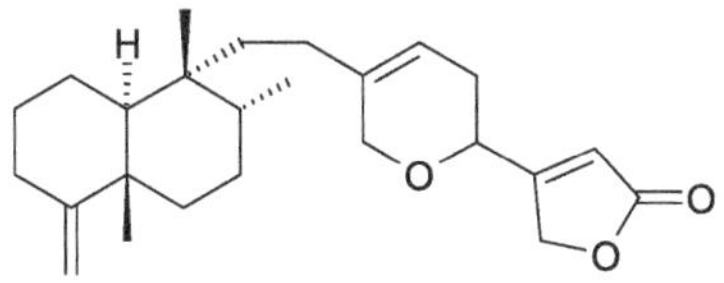

1707 Diacarperoxide S 迪阿卡海绵过氧化物 S*

【基本信息】$C_{25}H_{44}O_5$.【类型】杂项二倍半萜.【来源】Podospongiidae 科海绵 *Diacarnus megaspinorhabdosa* (巴拉格娄坡岛, 普劳, 印度尼西亚).【活性】细胞毒.【文献】S. R. M. Ibrahim, Nat. Prod. Commun., 2012, 7, 9.

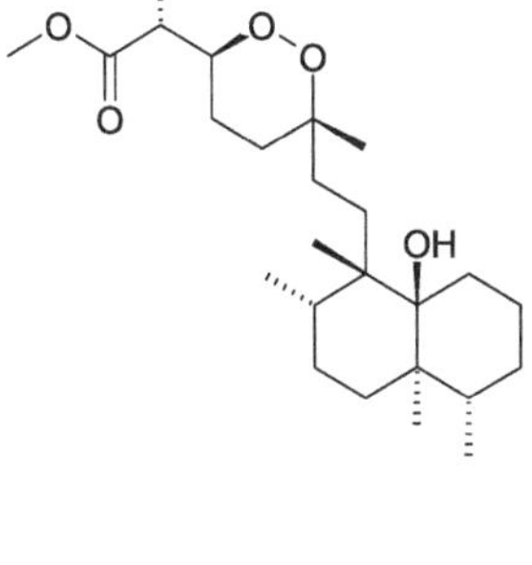

1708 Flabelliferin A 扇形卡特海绵素 A*

【基本信息】$C_{30}H_{48}O_6$.【类型】杂项二倍半萜.【来源】扇形卡特海绵* *Carteriospongia flabellifera* (图图巴岛, 瓦努阿图).【活性】细胞毒 (人结肠癌细胞株, 适度活性).【文献】T. Diyabalanage, et al. JNP, 2012, 75, 1490.

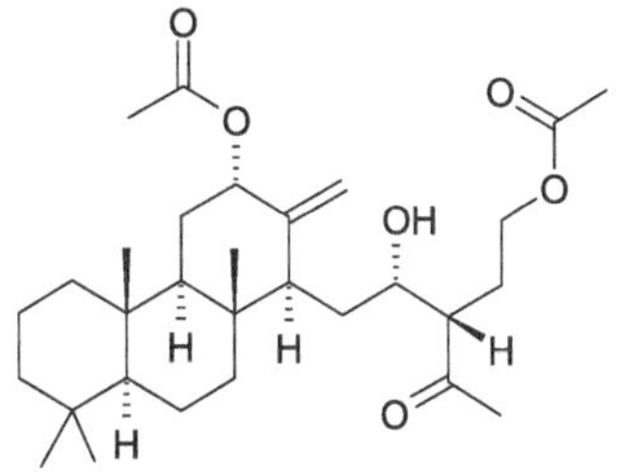

1709 Flabelliferin B 扇形卡特海绵素 B*

【基本信息】$C_{27}H_{42}O_4$.【类型】杂项二倍半萜.【来源】扇形卡特海绵* *Carteriospongia flabellifera* (图图巴岛, 瓦努阿图).【活性】细胞毒 (人结肠癌细胞株, 适度活性).【文献】T. Diyabalanage, et al. JNP, 2012, 75, 1490.

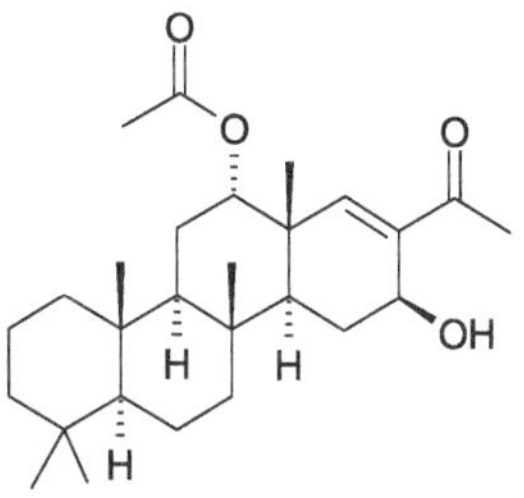

1710 Hippospongide A 马海绵素 A*

【基本信息】$C_{25}H_{36}O_3$, 白色粉末, mp 272~274°C, $[\alpha]_D^{25} = -66°$ ($c = 0.1$, 氯仿).【类型】杂项二倍半萜.【来源】马海绵属 *Hippospongia* sp. (台东县, 台湾, 中国).【活性】细胞毒 (DLD-1, HCT116, T47D 和 K562, 所有的 IC_{50} > 10μmol/L).【文献】Y. -C. Chang, et al. Mar. Drugs, 2012, 10, 987.

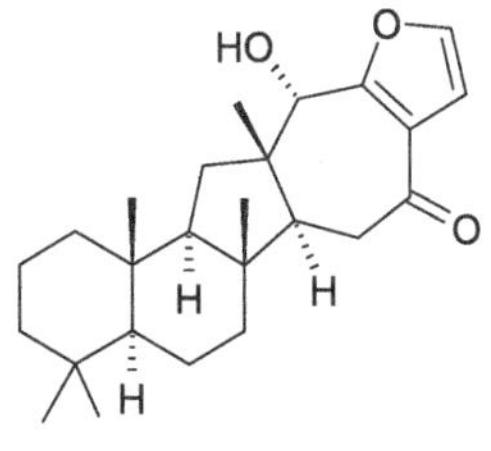

1711 Hippospongide B 马海绵素 B*

【基本信息】$C_{25}H_{40}O_3$, 白色粉末, mp 289~291°C,

$[\alpha]_D^{25}=-3°$ ($c=0.05$, 氯仿).【类型】杂项二倍半萜.【来源】马海绵属 *Hippospongia* sp. (台东县, 台湾, 中国).【活性】细胞毒 (DLD-1, HCT116, T47D 和 K562, 所有的 $IC_{50}>10\mu mol/L$).【文献】Y. -C. Chang, et al. Mar. Drugs, 2012, 10, 987.

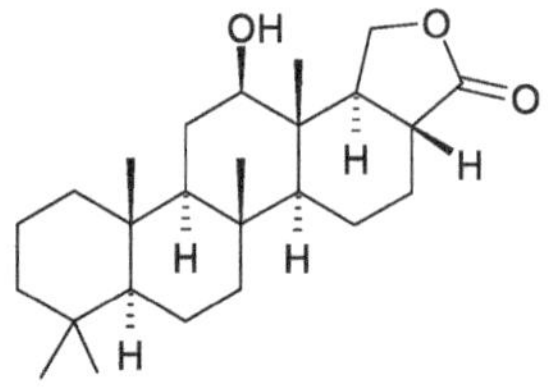

1712 (−)-Hyrtiosal (−)-直立钵海绵醛*

【基本信息】$C_{25}H_{38}O_3$, 晶体, mp 119~121°C, $[\alpha]_D=-73.8°$ ($c=0.42$, 氯仿).【类型】杂项二倍半萜.【来源】西米兰钵海绵* *Hyrtios gumminae* (斯米兰群岛, 安达曼海, 泰国) 和南海海绵* *Hyrtios erecta* (冲绳, 日本).【活性】细胞毒 (HuCCA-1, $IC_{50}=9.1\mu mol/L$, 对照依托泊苷, $IC_{50}=5.1\mu mol/L$; KB, $IC_{50}=7.8\mu mol/L$, 依托泊苷, $IC_{50}=0.5\mu mol/L$; HeLa, $IC_{50}=18\mu mol/L$, 依托泊苷, $IC_{50}=0.4\mu mol/L$; MDA-MB-231, $IC_{50}=5.4\mu mol/L$, 依托泊苷, $IC_{50}=0.3\mu mol/L$; T47D, $IC_{50}=9.1\mu mol/L$, 依托泊苷, $IC_{50}=0.1\mu mol/L$; H69AR, $IC_{50}=31\mu mol/L$, 依托泊苷, $IC_{50}=46\mu mol/L$); 细胞毒 (DLD-1, HCT116, T47D 和 K562, 所有的 $IC_{50}>10\mu mol/L$); 抗恶性细胞增生 (KB 细胞, *in vitro*, $IC_{50}=3\sim10\mu g/mL$); 血小板聚集抑制剂.【文献】K. Iguchi, et al. JOC, 1992, 57, 522; C. Mahidol, et al. JNP, 2009, 72, 1870; Y. -C. Chang, et al. Mar. Drugs, 2012, 10, 987.

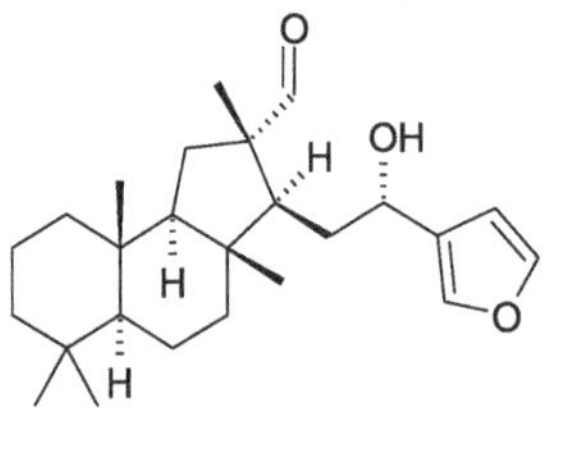

1713 Inorolide A 艾诺内酯 A*

【基本信息】$C_{27}H_{40}O_5$, 晶体 (乙醇), mp 118~120°C, $[\alpha]_D=-26.7°$ ($c=0.3$, 氯仿).【类型】杂项二倍半萜.【来源】软体动物裸腮目海牛亚目多彩海牛属 *Chromodoris inornata* (日本水域).【活性】细胞毒 (L_{1210}, $IC_{50}=1.9\mu g/mL$; KB, $IC_{50}=3.4\mu g/mL$).【文献】T. Miyamoto, et al. Tetrahedron Lett., 1992, 33, 5811; T. Miyamoto, et al. Tetrahedron, 1999, 55, 9133.

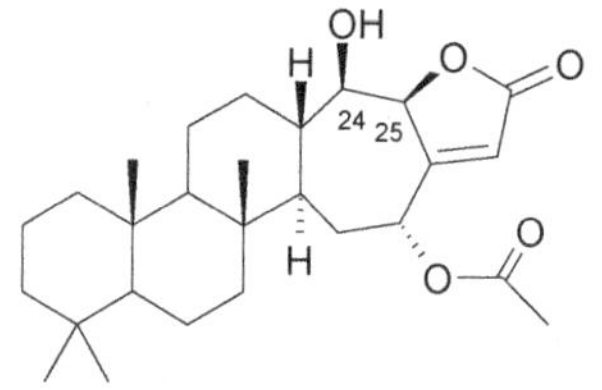

1714 Inorolide B 艾诺内酯 B*

【基本信息】$C_{27}H_{38}O_4$, 无色针晶, mp 84~85°C, $[\alpha]_D=+52°$ ($c=0.8$, 氯仿).【类型】杂项二倍半萜.【来源】软体动物裸腮目海牛亚目多彩海牛属 *Chromodoris inornata* (日本水域).【活性】细胞毒 (L_{1210}, $IC_{50}=0.72\mu g/mL$; KB, $IC_{50}=2.2\mu g/mL$).【文献】T. Miyamoto, et al. Tetrahedron Lett., 1992, 33, 5811; T. Miyamoto, et al. Tetrahedron, 1999, 55, 9133.

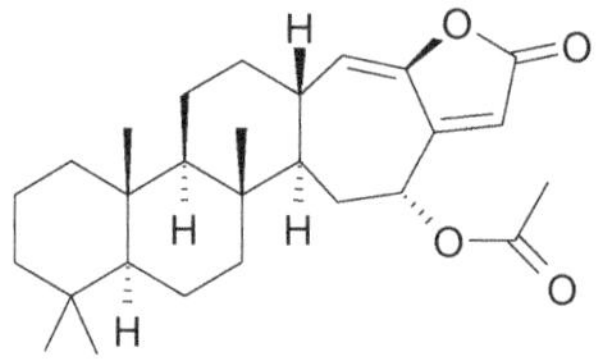

1715 Ircinianin lactam A 海绵内酰胺 A*

【基本信息】$C_{27}H_{35}NO_6$.【类型】杂项二倍半萜.【来源】Irciniidae 科海绵 *Psammocinia* sp. (新南威尔士和维多利亚多处, 澳大利亚).【活性】导致治疗炎症性疼痛、癫痫和呼吸或运动障碍.【文献】W. Balansa, et al. Org. Biomol. Chem., 2013, 11, 4695.

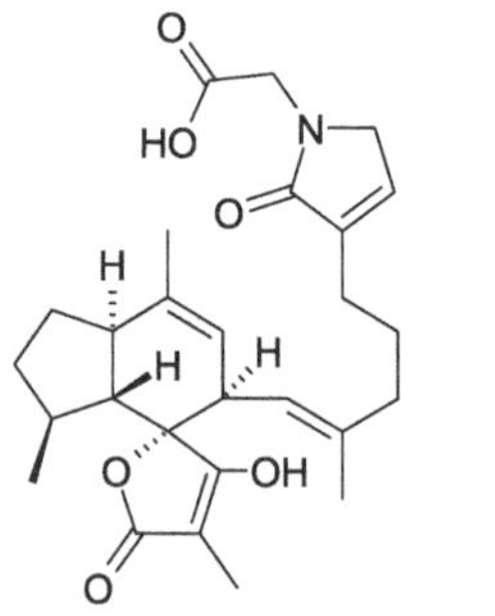

1716 Isophorbasone A 异雏海绵酮 A*

【基本信息】$C_{25}H_{32}O_3$.【类型】杂项二倍半萜.【来源】雏海绵属 *Phorbas* sp. (韩国).【活性】NO 生成抑制剂 (LPS 刺激的 RAW 264.7 细胞, 低微摩尔级浓度就有活性).【文献】W. Wang, et al. Org. Lett., 2012, 14, 4486.

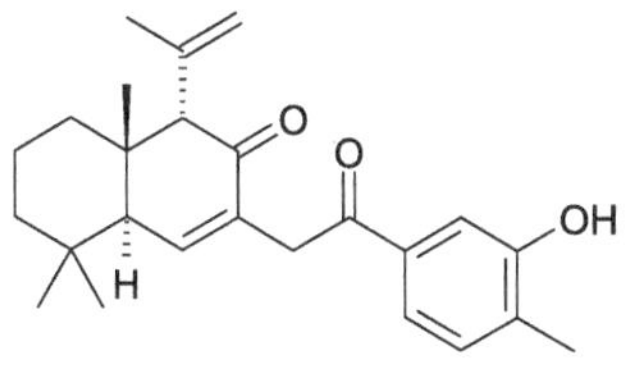

1717　13*E*-Lintenone　13*E*-加勒比硬丝海绵酮*

【基本信息】$C_{25}H_{36}O_3$，油状物，$[\alpha]_D^{25} = -75.5°$ ($c = 0.004$，氯仿).【类型】杂项二倍半萜.【来源】加勒比硬丝海绵* *Cacospongia* cf. *linteiformis* (巴哈马，加勒比海) 和加勒比硬丝海绵* *Cacospongia* cf. *linteiformis* (加勒比海).【活性】有毒的 (食蚊鱼大肚鱼 *Gambusia affinis*, $LD_{50} = 10\mu g/g$；盐水丰年虾 *Artemia salina*, $LD_{50} = 109\mu g/g$)；拒食活性 (鲫鱼 *Carassius auratus*).【文献】E. Fattorusso, et al. JOC, 1992, 57, 6921; A. Carotenuto, et al. Tetrahedron, 1995, 51, 10751.

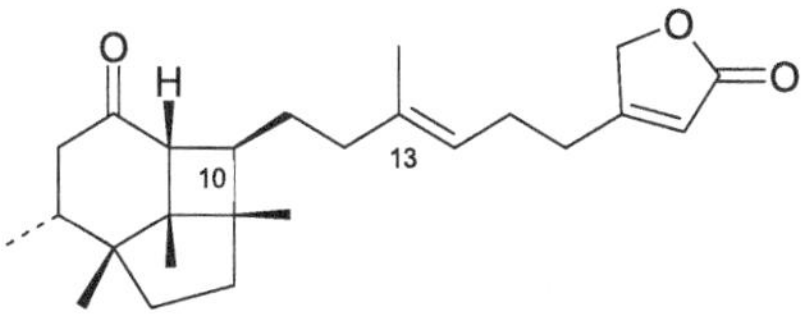

1718　13*Z*-Lintenone　13*Z*-加勒比硬丝海绵酮*

【基本信息】$C_{25}H_{36}O_3$, $[\alpha]_D^{25} = -75°$ ($c = 0.03$，氯仿).【类型】杂项二倍半萜.【来源】加勒比硬丝海绵* *Cacospongia* cf. *linteiformis* (加勒比海).【活性】鱼毒 (食蚊鱼 *Gambusia affinis*)；拒食活性.【文献】A. Carotenuto, et al. Tetrahedron, 1995, 51, 10751.

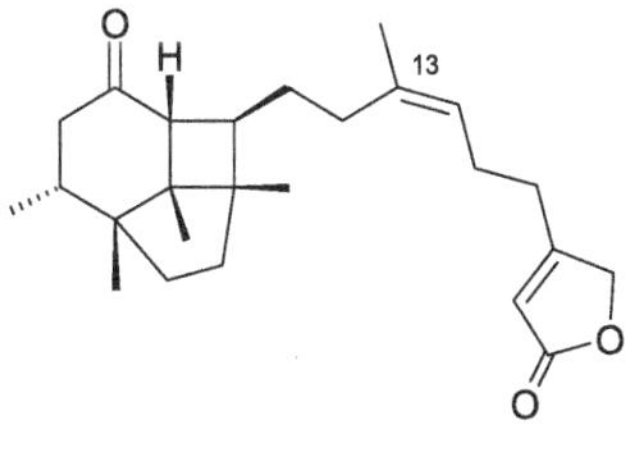

1719　Luffariellin A　小瓜海绵林 A*

【基本信息】$C_{25}H_{36}O_5$，油状物，$[\alpha]_D = +40.1°$ ($c = 0.01$，氯仿).【类型】杂项二倍半萜.【来源】易变小瓜海绵* *Luffariella variabilis*.【活性】PLA_2 抑制剂；钙稳态调节剂.【文献】M. R. Kernan, et al. JOC, 1987, 52, 3081.

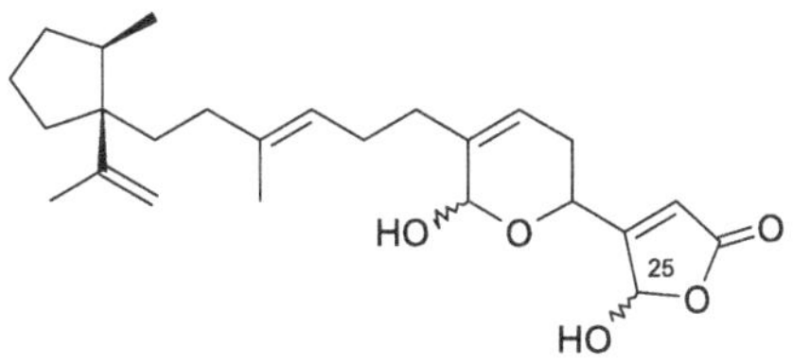

1720　Luffariellin B　小瓜海绵林 B*

【基本信息】$C_{25}H_{36}O_5$，油状物, $[\alpha]_D = -55°$ ($c = 0.03$，氯仿).【类型】杂项二倍半萜.【来源】易变小瓜海绵* *Luffariella variabilis*.【活性】PLA_2 抑制剂.【文献】M. R. Kernan, et al. JOC, 1987, 52, 3081.

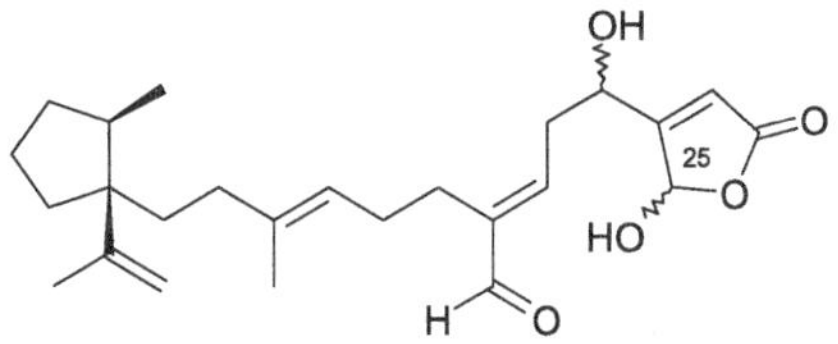

1721　Merochlorin A　杂类萜氯 A*

【基本信息】$C_{25}H_{29}ClO_4$.【类型】杂项二倍半萜.【来源】海洋导出的链霉菌属 *Streptomyces* sp. (沉积物，欧申赛德，加利福尼亚，美国).【活性】抗菌 (MRSA，有潜力的).【文献】L. Kaysser, et al. JACS, 2012, 134, 11988; G. Sakoulas, et al. , PLoS One, 2012, 7; L. Kaysser, et al. JACS, 2014, 136, 14626 (结构修正).

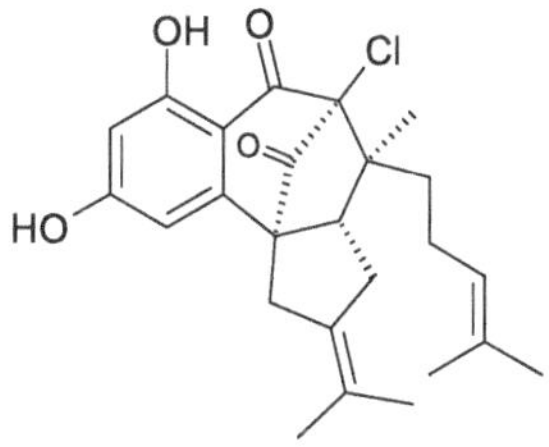

1722　Merochlorin B　杂类萜氯 B*

【基本信息】$C_{25}H_{29}ClO_4$.【类型】杂项二倍半萜.【来源】海洋导出的链霉菌属 *Streptomyces* sp. (沉积物，欧申赛德，加利福尼亚，美国).【活性】抗菌 (MRSA，有潜力的).【文献】L. Kaysser, et al. JACS, 2012, 134, 11988.

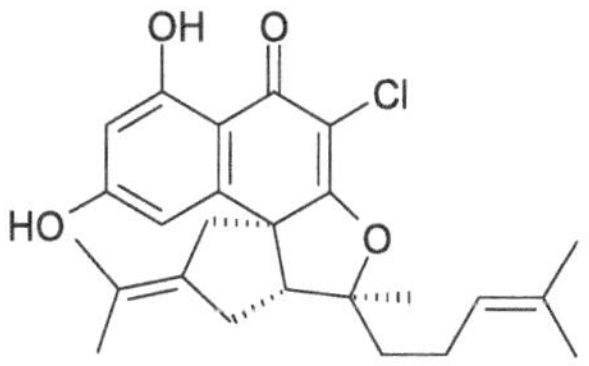

1723 Neomangicol A 新曼吉醇 A*

【基本信息】$C_{25}H_{37}ClO_5$, 无定形固体, $[\alpha]_D = -96°$ ($c = 0.39$, 甲醇).【类型】杂项二倍半萜.【来源】海洋导出的真菌异形孢子镰孢霉 *Fusarium heterosporum* CNC-477 (暂时鉴定的, 腐木, 巴哈马, 加勒比海).【活性】细胞毒 (HCT116 *in vitro*); 抗菌 (抑制革兰氏阳性菌枯草杆菌 *Bacillus subtilis* 生长).【文献】M. K. Renner, et al. JOC, 1998, 63, 8346.

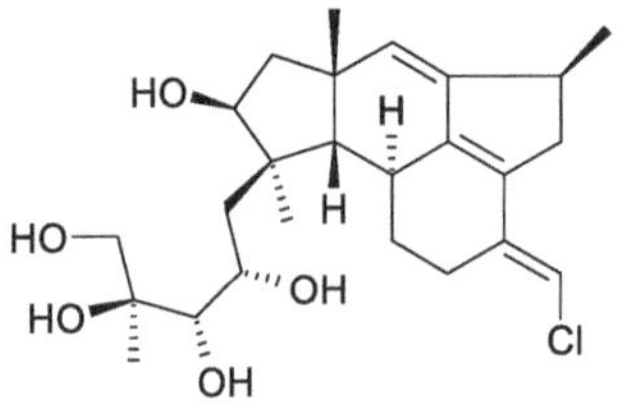

1724 Neomangicol B 新曼吉醇 B*

【基本信息】$C_{25}H_{37}BrO_5$, 无定形固体, $[\alpha]_D = -106°$ ($c = 0.20$, 甲醇).【类型】杂项二倍半萜.【来源】海洋导出的真菌异形孢子镰孢霉 *Fusarium heterosporum* CNC-477 (暂时鉴定的, 腐木, 巴哈马, 加勒比海).【活性】细胞毒 (HCT116, *in vitro*).【文献】M. K. Renner, et al. JOC, 1998, 63, 8346.

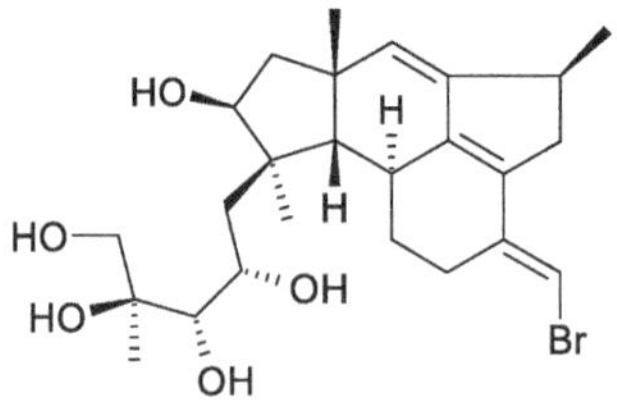

1725 Petrosaspongiolide K 新喀里多尼亚海绵内酯 K*

【基本信息】$C_{24}H_{36}O_3$, $[\alpha]_D^{25} = -15.4°$ ($c = 0.004$, 氯仿).【类型】杂项二倍半萜.【来源】胄甲海绵亚科 Thorectinae 海绵 *Petrosaspongia nigra* [新喀里多尼亚 (法属)].【活性】细胞毒 (NSCLC-N6, $IC_{50} = 1.3\mu g/mL$).【文献】L. G. Paloma, et al. Tetrahedron, 1997, 53, 10451.

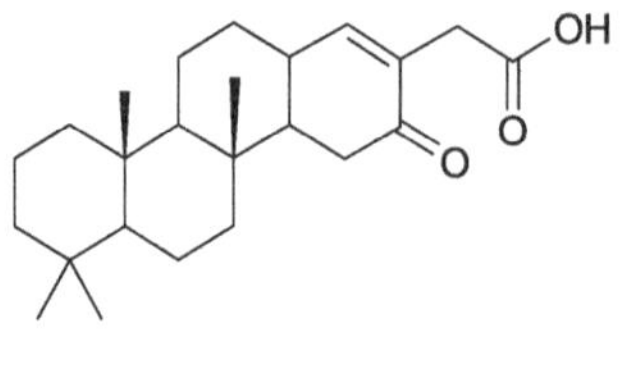

1726 Phorbasone A 雏海绵酮 A*

【基本信息】$C_{25}H_{34}O_3$.【类型】杂项二倍半萜.【来源】雏海绵属 *Phorbas* sp. (日向礁, 黄海, 中国).【活性】钙离子沉积增加 (在骨细胞中).【文献】J. -R. Rho, et al. Org. Lett., 2011, 13, 884.

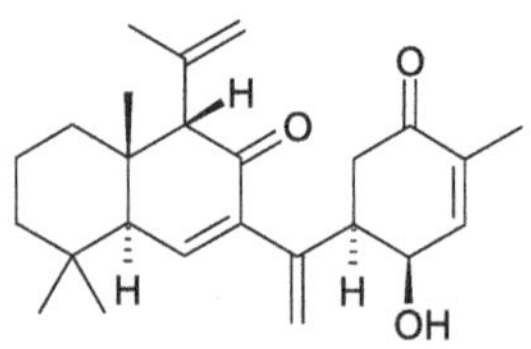

1727 Phorbasone A acetate 雏海绵酮 A 乙酸酯*

【基本信息】$C_{27}H_{36}O_4$.【类型】杂项二倍半萜.【来源】雏海绵属 *Phorbas* sp. (韩国).【活性】NO 生成抑制剂 (LPS 刺激的 RAW 264.7 细胞, 低微摩尔级浓度就有活性).【文献】W. Wang, et al. Org. Lett., 2012, 14, 4486.

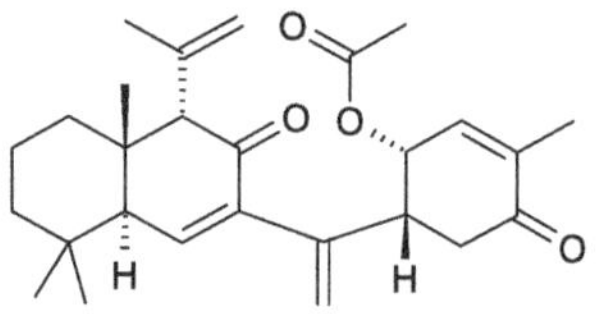

1728 Phorone A (2012) 雏海绵酮 A (2012)*

【基本信息】$C_{24}H_{32}O_3$.【类型】杂项二倍半萜.【来源】雏海绵属 *Phorbas* sp. (韩国).【活性】NO 生成抑制剂 (LPS 刺激的 RAW 264.7 细胞, 低微摩尔级浓度就有活性).【文献】W. Wang, et al. Org. Lett., 2012, 14, 4486.

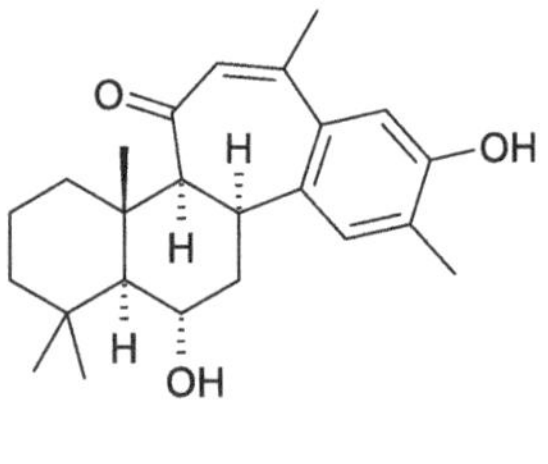

1729 Suberitenone A 皮海绵酮 A*

【基本信息】$C_{27}H_{40}O_4$, 树胶状物, $[\alpha]_D = -152.8°$ ($c = 0.5$, 氯仿).【类型】杂项二倍半萜.【来源】皮海绵属 *Suberites* sp. (嗜冷生物, 冷水域, 乔治王岛和麦克默多湾, 南极地区, 主要代谢物).【活性】胆甾醇酯转移蛋白 (CETP) 抑制剂; 抗动脉粥样硬化.【文献】Shin, J. et al. JOC, 1995, 60, 7582; M. D. Lebar, et al. NPR, 2007, 24, 774 (Rev.).

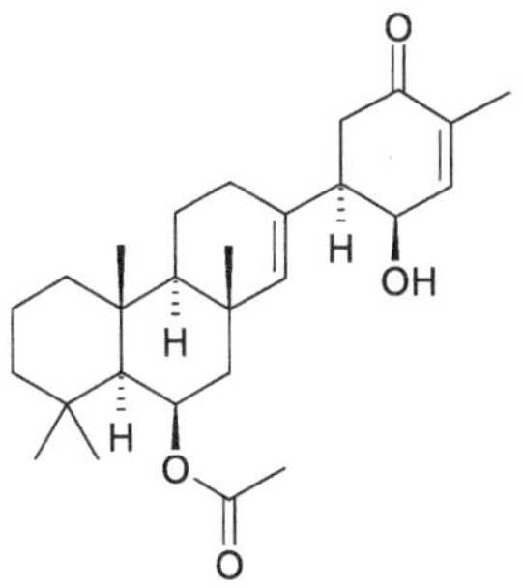

1730 Suberitenone B 皮海绵酮 B*

【基本信息】$C_{27}H_{42}O_5$，晶体，mp 232~234°C, $[\alpha]_D = -15.9°$ (c = 0.7, 氯仿).【类型】杂项二倍半萜.【来源】皮海绵属 *Suberites* sp. (嗜冷生物, 冷水域, 乔治王岛和麦克默多湾, 南极地区, 主要代谢物).【活性】胆甾醇酯转移蛋白 (CETP)抑制剂 (用于在高和低密度脂蛋白之间调节传输胆甾醇酯和甘油三酯).【文献】Shin, J. et al. JOC, 1995, 60, 7582; M. D. Lebar, et al. NPR, 2007, 24, 774 (Rev.).

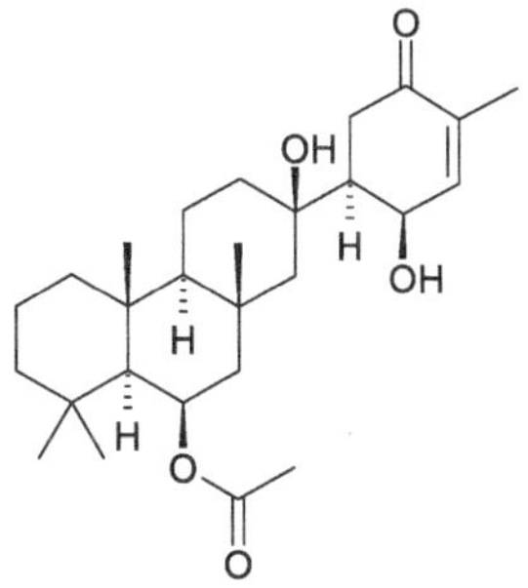

5

三萜

5.1 线型三萜

1731 Auriculol 奥瑞库醇*

【基本信息】$C_{34}H_{58}O_8$, 油状物, $[\alpha]_D^{25}$ = +0.12° (c = 0.1, 氯仿).【类型】线型三萜.【来源】软体动物耳形尾海兔 *Dolabella auricularia* (日本水域).【活性】细胞毒 (HeLa-S3, IC_{50} = 6.7μg/mL).【文献】H. Kigoshi, et al. Tetrahedron Lett., 2001, 42, 7461.

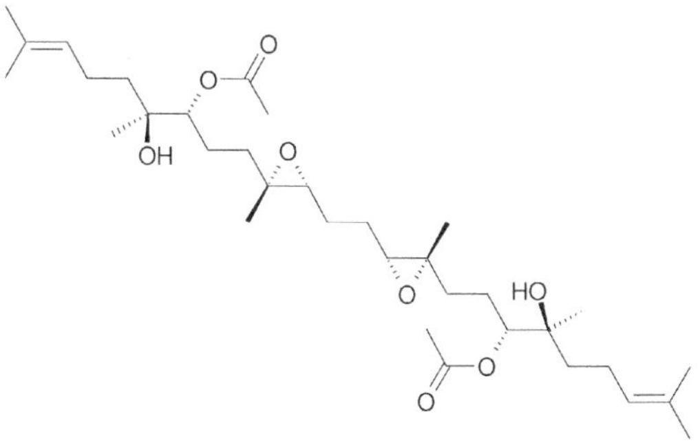

1732 Aurilol 奥瑞醇*

【基本信息】$C_{30}H_{53}BrO_7$, 油状物, $[\alpha]_D^{30}$ = +4.6° (c = 0.41, 氯仿).【类型】线型三萜.【来源】软体动物耳形尾海兔 *Dolabella auricularia* (印太地区).【活性】细胞毒 (HeLa-S3, IC_{50} = 4.3μg/mL).【文献】K. Suenaga, et al. JNP, 1998, 61, 515.

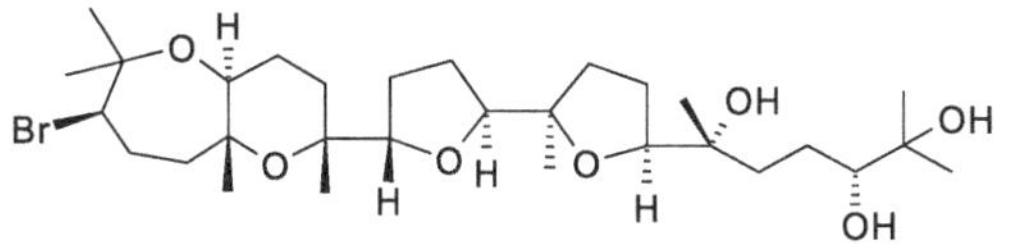

1733 Callicladol 卡里科拉得醇*

【基本信息】$C_{30}H_{51}BrO_7$, 晶体 (乙醇), mp 198~199°C, $[\alpha]_D^{23}$ = +75.1° (c = 0.6, 氯仿).【类型】线型三萜.【来源】红藻凹顶藻属 *Laurencia* sp. (越南).【活性】细胞毒 (P_{388}, IC_{50} = 1.75μg/mL).【文献】Y. Matsuo, et al. Chem. Lett., 1995, 1043; M. Suzuki, et al. Chem. Lett., 1995, 1045.

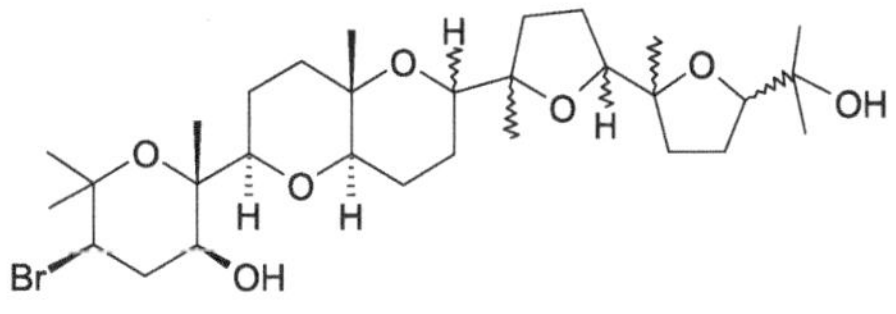

1734 10-*epi*-Dehydrothyrsiferol 10-*epi*-去氢瑟斯佛醇*

【基本信息】$C_{30}H_{51}BrO_6$, 油状物, $[\alpha]_D^{25}$ = +20.7° (c = 0.76, 氯仿).【类型】线型三萜.【来源】红藻新绿色凹顶藻* *Laurencia viridis* sp. nov. (马卡罗尼西亚, 加那利群岛, 西班牙).【活性】细胞毒 (P_{388}, IC_{50} = 1μg/mL; A549, IC_{50} = 5μg/mL; HT29, IC_{50} = 5μg/mL; MEL28, IC_{50} = 5μg/mL).【文献】M. Norte, et al. Tetrahedron Lett., 1996, 37, 2671.

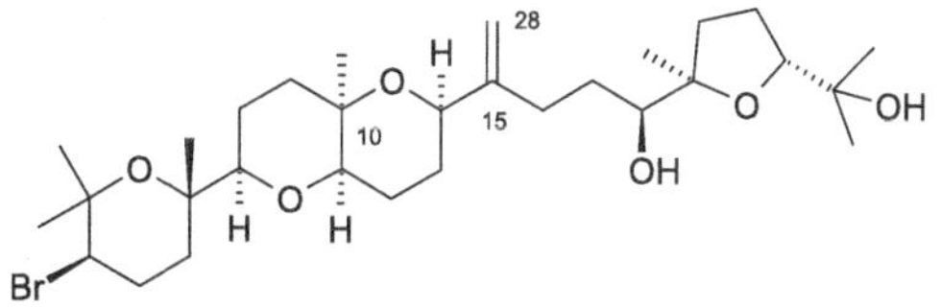

1735 Dioxepandehydrothyrsiferol 二氧杂环庚烷去氢瑟斯佛醇*

【基本信息】$C_{30}H_{51}BrO_6$, 无定形白色固体, $[\alpha]_D^{25}$ = +39° (c = 0.07, 氯仿).【类型】线型三萜.【来源】红藻绿色凹顶藻* *Laurencia viridis* (加那利群岛岸外, 西班牙).【活性】细胞毒 (P_{388}, A549, HT29 和 MEL28, 浓度低于 1μg/mL 无活性).【文献】C. P. Manríquez, et al. Tetrahedron, 2001, 57, 3117.

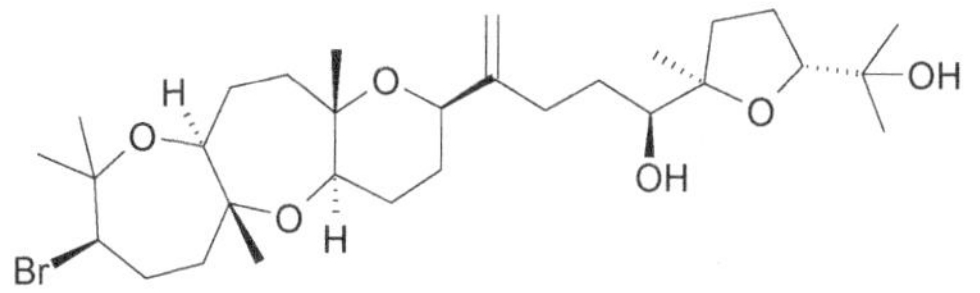

1736 Hippospongic acid A 马海绵酸 A*

【基本信息】$C_{30}H_{46}O_3$, $[\alpha]_D^{25}$ = +37° (c = 0.22, 氯仿).【类型】线型三萜.【来源】马海绵属 *Hippospongia* sp. (日本水域).【活性】抑制海星胚胎原肠胚的形成.【文献】S, Ohta, et al. Tetrahedron Lett., 1996, 37, 7765; H. Hioki, et al. Tetrahedron Lett., 1998, 39, 7745; M. Tokumasu, et al. JCS Perkin Ⅰ, 1999, 489; H. Hioki, et al. Tetrahedron, 2001, 57, 1235.

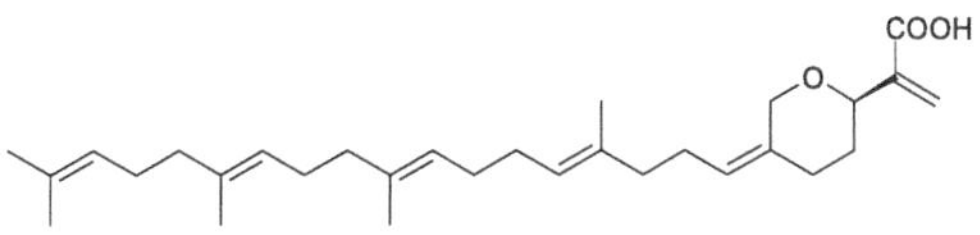

1737 16-*epi*-Hydroxydehydrothyrsiferol 16-*epi*-羟基去氢瑟斯佛醇*

【基本信息】$C_{30}H_{51}BrO_7$, 无定形白色固体, $[\alpha]_D^{25}$ =

+12° (c = 0.07, 氯仿).【类型】线型三萜.【来源】红藻绿色凹顶藻* *Laurencia viridis* (加那利群岛岸外, 西班牙).【活性】细胞毒 (P_{388}, A549, HT29 和 MEL28, 浓度低于 1μg/mL 无活性).【文献】C. P. Manríquez, et al. Tetrahedron, 2001, 57, 3117.

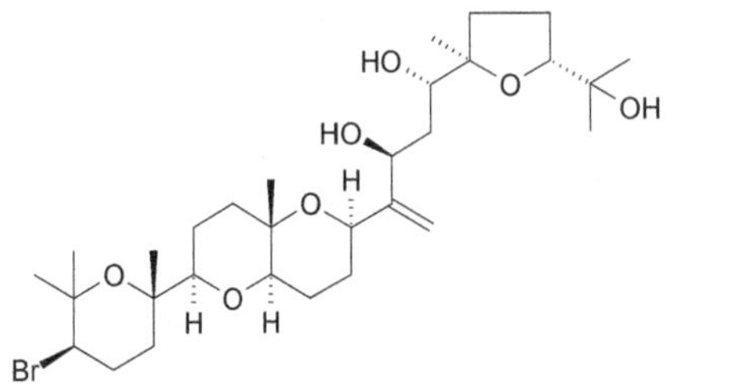

1738 Isodehydrothyrsiferol 异去氢瑟斯佛醇*

【基本信息】$C_{30}H_{51}BrO_6$, 油状物, $[\alpha]_D^{25}$ = +6.5° (c = 0.23, 氯仿).【类型】线型三萜.【来源】红藻新绿色凹顶藻* *Laurencia viridis* sp. nov. (马卡罗尼西亚, 加那利群岛, 西班牙).【活性】细胞毒 (P_{388}, IC_{50} = 0.01μg/mL; A549, IC_{50} = 2.5μg/mL; HT29, IC_{50} = 2.5μg/mL; MEL28, IC_{50} = 2.5μg/mL).【文献】M. Norte, et al. Tetrahedron Lett., 1996, 37, 2671.

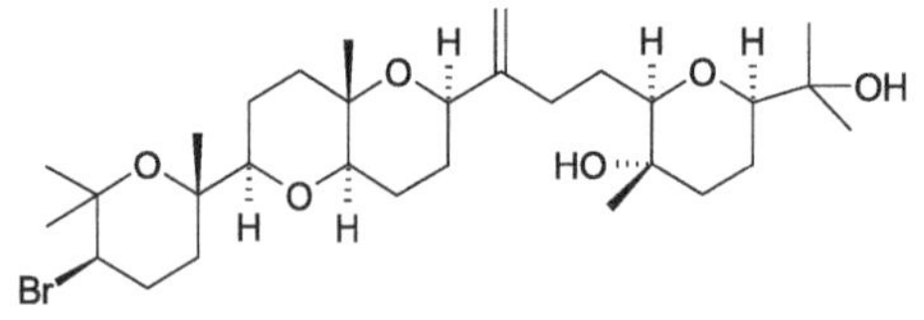

1739 Lobophytene 豆荚软珊瑚烯*

【基本信息】2,6,10,15,19,23-Hexamethyl-1,5,14,18,22-tetracosapentaen-4-ol; 2,6,10,15,19,23-六甲基-1,5,14,18,22-二十四烷五烯-4-醇.【基本信息】$C_{30}H_{52}O$.【类型】线型三萜.【来源】豆荚软珊瑚属 *Lobophytum* sp. (越南).【活性】细胞毒 (A549, IC_{50} = 8.2μmol/L, 对照米托蒽醌, IC_{50} = 6.1μmol/L; HT29, IC_{50} = 5.6μmol/L, 米托蒽醌, IC_{50} = 6.5μmol/L).【文献】H. T. Nguyen, et al. Arch. Pharm. Res, 2010, 33, 503.

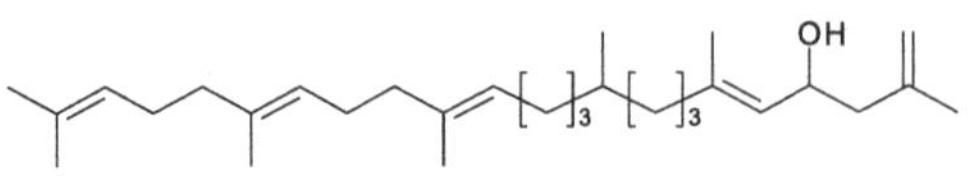

1740 Magireol A 麻吉瑞醇 A*

【基本信息】$C_{30}H_{53}BrO_6$, 晶体, mp 98.5~100°C, $[\alpha]_D$ = 0°.【类型】线型三萜.【来源】红藻钝形凹顶藻* *Laurencia obtusa*.【活性】细胞毒.【文献】T. Suzuki, et al. Chem. Lett., 1987, 361.

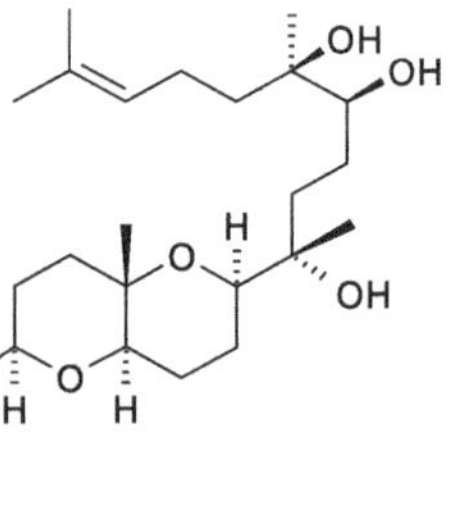

1741 Magireol B 麻吉瑞醇 B*

【基本信息】$C_{30}H_{51}BrO_5$, 晶体, mp 64.5~66°C, $[\alpha]_D$= +7.9° (c = 1.00, 氯仿).【类型】线型三萜.【来源】红藻钝形凹顶藻* *Laurencia obtusa*.【活性】细胞毒.【文献】T. Suzuki, et al. Chem. Lett., 1987, 361.

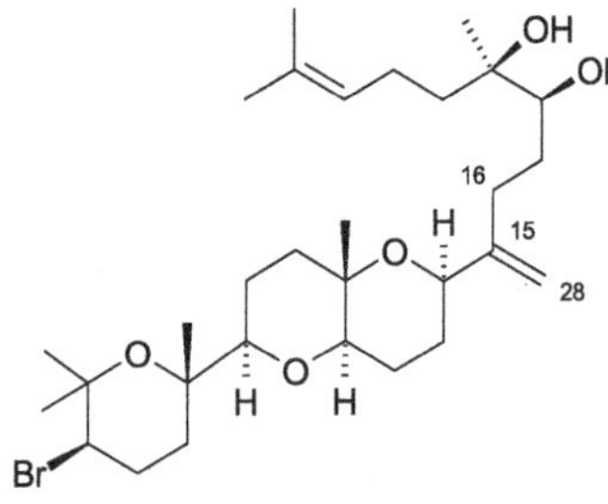

1742 Magireol C 麻吉瑞醇 C*

【基本信息】$C_{30}H_{51}BrO_5$, mp 67~69°C, $[\alpha]_D$= +6.4° (c = 1.00, 氯仿).【类型】线型三萜.【来源】红藻钝形凹顶藻* *Laurencia obtusa*.【活性】细胞毒.【文献】T. Suzuki, et al. Chem. Lett., 1987, 361.

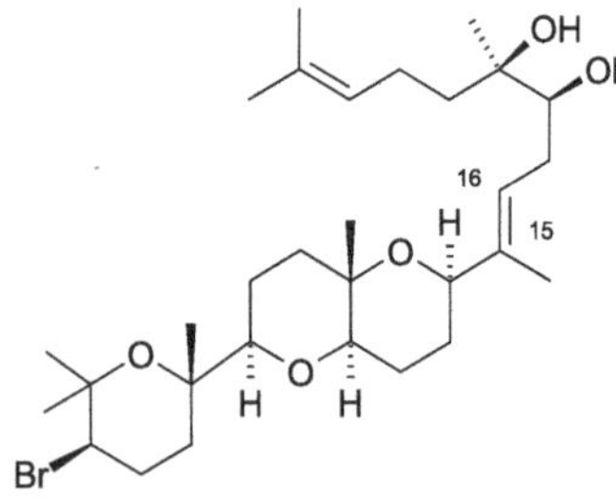

1743 Martiriol 麻尔替瑞醇*

【基本信息】$C_{30}H_{50}O_7$, 无定形白色固体, $[\alpha]_{D25}$ = +4° (c = 0.003, 氯仿).【类型】线型三萜.【来源】红藻绿色凹顶藻* *Laurencia viridis* (加那利群岛岸外, 西班牙).【活性】细胞毒 (P_{388}, A549, HT29 和 MEL28, 浓度低于 10μg/mL 无活性).【文献】C. P. Manríquez, et al. Tetrahedron, 2001, 57, 3117.

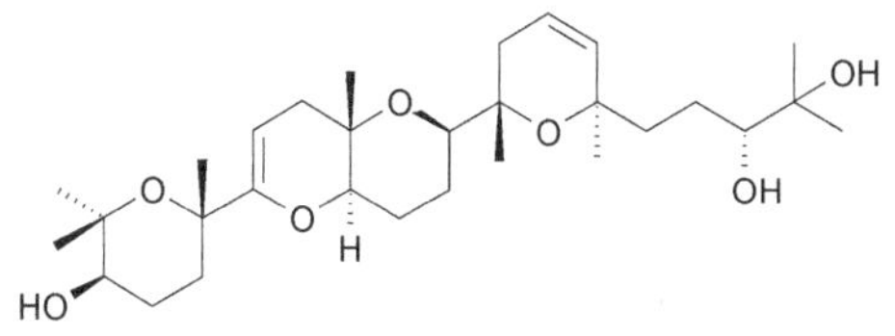

1744 Pseudodehydrothyrsiferol 伪去氢瑟斯佛醇*

【基本信息】$C_{30}H_{52}O_7$, 无定形白色固体, $[\alpha]_D^{25}=-13.1°$ ($c=0.13$, 氯仿).【类型】线型三萜.【来源】红藻绿色凹顶藻* *Laurencia viridis* (加那利群岛岸外, 西班牙).【活性】细胞毒 (P_{388}, A549, HT29, MEL28, 浓度低于 1μg/mL 无活性).【文献】C. P. Manríquez, et al. Tetrahedron, 2001, 57, 3117.

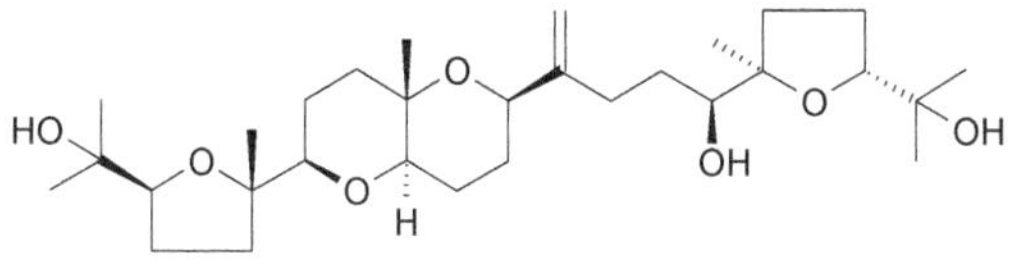

1745 Teurilene 特乌瑞烯*

【基本信息】$C_{30}H_{52}O_5$, 晶体 (二异丙醚), mp 84~85°C, $[\alpha]_D^{22}=0°$ ($c=0.37$, 氯仿).【类型】线型三萜.【来源】红藻钝形凹顶藻* *Laurencia obtusa*.【活性】细胞毒 (KB, $IC_{50}=7.0$μg/mL).【文献】T. Suzuki, et al. Tetrahedron Lett., 1985, 26, 1329; M. Hashimoto, et al. JOC, 1991, 56, 2299; H. Morita, et al. Phytochemistry, 1993, 34(3): 765.

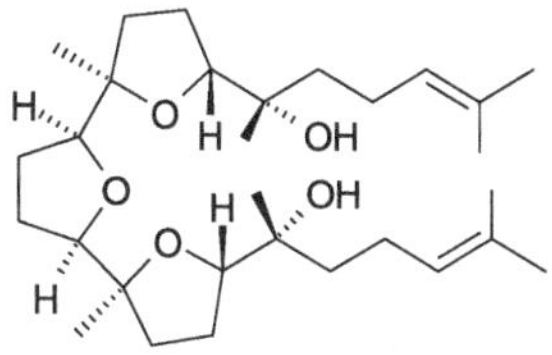

1746 Thyrsenol A 瑟森醇 A*

【基本信息】$C_{30}H_{51}BrO_8$, 无定形固体, $[\alpha]_D^{25}=+12.9°$ ($c=0.69$, 氯仿).【类型】线型三萜.【来源】红藻绿色凹顶藻* *Laurencia viridis* (加那利群岛, 西班牙).【活性】细胞毒 (P_{388}, $IC_{50}=0.25$μg/mL; A549, $IC_{50}>1.0$μg/mL; HT29, $IC_{50}>1.0$μg/mL; MEL28, $IC_{50}>1.0$μg/mL).【文献】M. Norte, et al. Tetrahedron, 1997, 53, 3173.

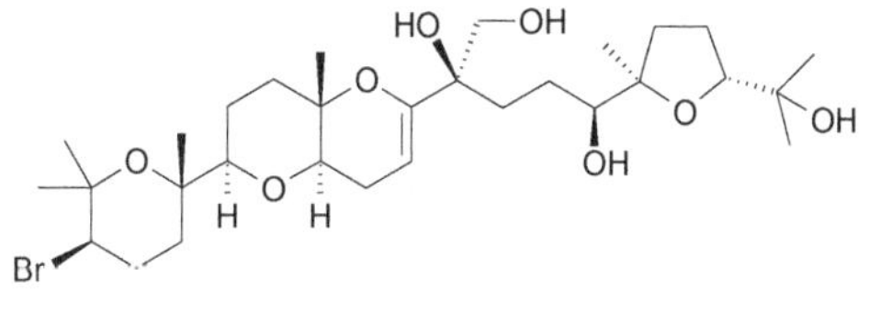

1747 Thyrsenol B 瑟森醇 B*

【基本信息】$C_{30}H_{51}BrO_8$, 无定形固体, $[\alpha]_D^{25}=-1.1°$ ($c=0.26$, 氯仿).【类型】线型三萜.【来源】红藻绿色凹顶藻* *Laurencia viridis* (加那利群岛, 西班牙).【活性】细胞毒 (P_{388}, $IC_{50}=0.01$μg/mL; A549, $IC_{50}>1.0$μg/mL; HT29, $IC_{50}>1.0$μg/mL; MEL28, $IC_{50}>1.0$μg/mL).【文献】M. Norte, et al. Tetrahedron, 1997, 53, 3173.

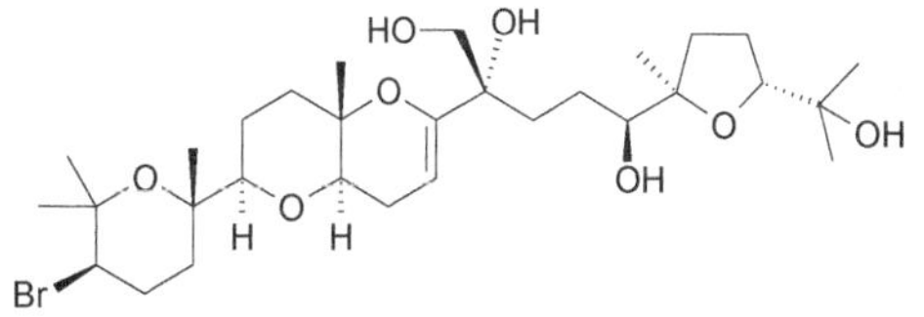

1748 Thyrsiferol 23-acetate 瑟斯佛醇 23-乙酸盐*

【基本信息】$C_{32}H_{55}BrO_8$, 晶体 (甲醇水溶液), mp 118~119°C, $[\alpha]_D^{29}=+1.99°$ ($c=4.4$, 氯仿).【类型】线型三萜.【来源】红藻钝形凹顶藻* *Laurencia obtusa*.【活性】细胞毒 (P_{388}, $ED_{50}=0.3ng/cm^3$); 蛋白磷酸酶 2A 抑制剂.【文献】T. Suzuki, et al. Tetrahedron Lett., 1985, 26, 1329.

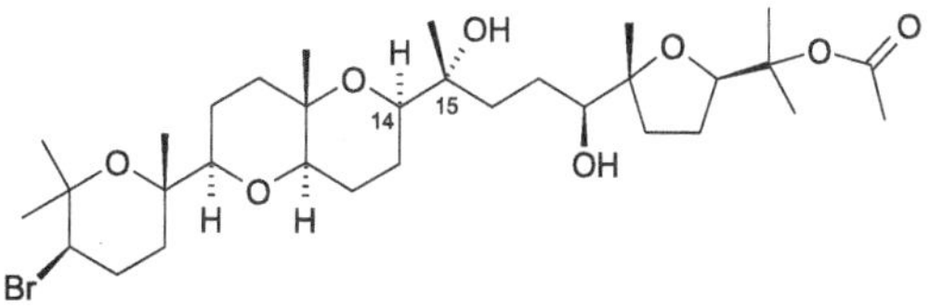

1749 Venustatriol 雅致凹顶藻三醇*

【基本信息】$C_{30}H_{53}BrO_7$, 晶体, mp 161.5°C, $[\alpha]_D^{20}=+9.4°$ ($c=3.2$, 氯仿).【类型】线型三萜.【来源】红藻雅致凹顶藻* *Laurencia venusta*.【活性】抗病毒.【文献】S. Sakami, et al. Tetrahedron Lett., 1986, 27, 4287.

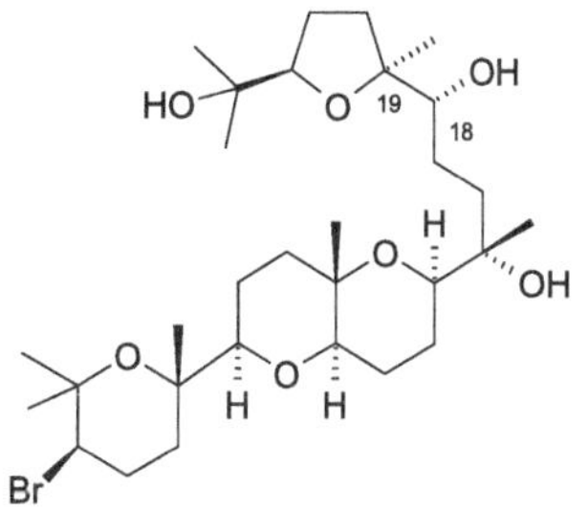

5.2 羊毛甾烷三萜

1750 25-Acetoxybivittoside D 25-乙酰氧二纵条白尼参糖苷 D*

【别名】(3β,12α)-Holost-9(11)-ene-25-acetoxy-3,12-diol 3-O-[3-O-methyl-β-D-glucopyranosyl-(1→3)-β-D-glucopyranosyl-(1→4)-6-deoxy-β-D-glucopyranosyl-(1→2)-[3-O-methyl-β-D-glucopyranosyl-(1→3)-β-D-glucopyranosyl-(1→4)]-β-D-xylopyranoside]; (3β,12α)-海参-9(11)-烯-25-乙酰氧基-3,12-二醇 3-O-[3-O-甲基-β-D-吡喃葡萄糖基-(1→3)-β-D-吡喃葡萄糖基-(1→4)-6-去氧-β-D-吡喃葡萄糖基-(1→2)-[3-O-甲基-β-D-吡喃葡萄糖基-(1→3)-β-D-吡喃葡萄糖基-(1→4)]-β-D-吡喃木糖苷].【基本信息】$C_{69}H_{112}O_{34}$, 无定形粉末, mp 205~207°C, $[\alpha]_D^{20}$ = –9.1° (c = 0.65, 吡啶).【类型】羊毛甾烷(Lanostane) 三萜.【来源】网纹白尼参 *Bohadschia marmorata* (海南岛, 中国).【活性】抗真菌 (白色念珠菌 *Candida albicans*, MIC_{80} = 43.13μmol/L; 对照酮康唑, MIC_{80} = 0.12μmol/L; 新型隐球酵母 *Cryptococcus neoformans*, MIC_{80} = 2.70μmol/L; 酮康唑, MIC_{80} = 0.12μmol/L; 烟曲霉菌 *Aspergillus fumigatus*, MIC_{80} = 43.13μmol/L; 酮康唑, MIC_{80} = 1.88μmol/L; 红色毛癣菌 *Trichophyton rubrum*, MIC_{80} = 2.70μmol/L; 酮康唑, MIC_{80} = 0.12μmol/L; 热带念珠菌 *Candida tropicalis*, MIC_{80} = 10.78μmol/L; 酮康唑, MIC_{80} = 0.03μmol/L; 克鲁斯念珠菌 (克鲁斯假丝酵母) *Candida krusei*, MIC_{80} = 10.78μmol/L; 酮康唑, MIC_{80} = 0.47μmol/L).【文献】W. -H. Yuan, et al. PM, 2009, 75, 168.

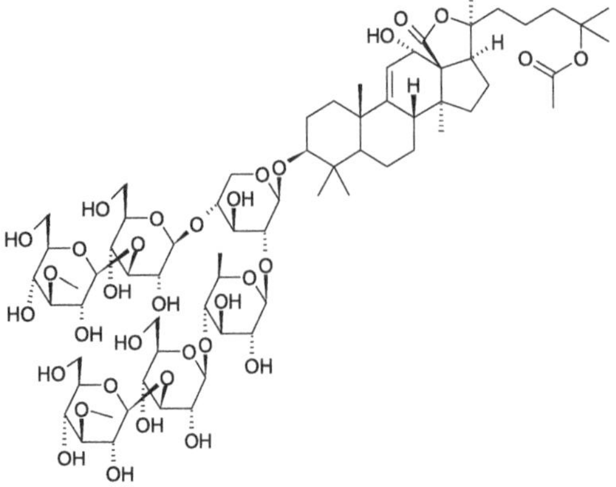

1751 Acetylpenasterol 佩纳海绵醇*

【基本信息】$C_{32}H_{50}O_4$, 晶体, mp 185~187°C, $[\alpha]_D^{25}$ = –44.7° (c = 0.59, 氯仿).【类型】羊毛甾烷三萜.【来源】佩纳海绵属 *Penares incrustans* (冲绳, 日本).【活性】抑制抗 IgE 诱导的组胺释放 (大鼠腹膜肥大细胞).【文献】N. Shoji, et al. JNP, 1992, 55, 1682.

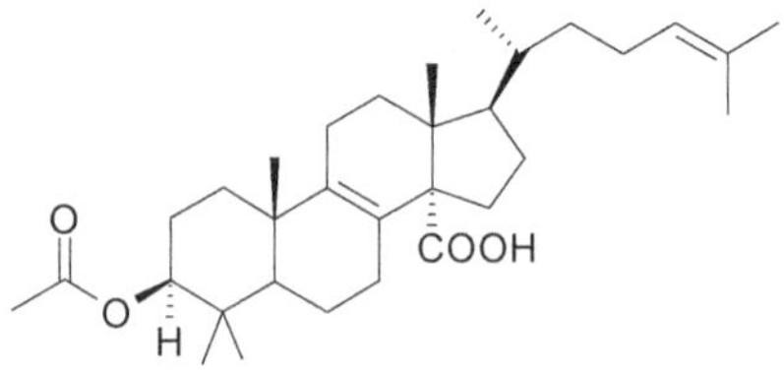

1752 Bivittoside D 二纵条白尼参糖苷 D*

【别名】Bohadschioside A; (3β,12α)-Holost-9(11)-ene-3,12-diol 3-O-[3-O-methyl-β-D-glucopyranosyl-(1→3)-β-D-glucopyranosyl-(1→4)-6-deoxy-β-D-glucopyranosyl-(1→2)-[3-O-methyl-β-D-glucopyranosyl-(1→3)-β-D-glucopyranosyl-(1→4)]-β-D-xylopyranoside]; 白尼参糖苷 A*; (3β,12α)-海参-9(11)-烯-3,12-二醇 3-O-[3-O-甲基-β-D-吡喃葡萄糖基-(1→3)-β-D-吡喃葡萄糖基-(1→4)-6-去氧-β-D-吡喃葡萄糖基-(1→2)-[3-O-甲基-β-D-吡喃葡萄糖基- (1→3)-β-D-吡喃葡萄糖基-(1→4)]-β-D-吡喃木糖苷].【基本信息】$C_{67}H_{110}O_{32}$, 晶体, mp 219~221°C, $[\alpha]_D$ = –7° (吡啶).【类型】羊毛甾烷三萜.【来源】网纹白尼参 *Bohadschia marmorata* (海南岛, 南海), 二纵条白尼参* *Bohadschia bivittata* 和梅花参 *Thelenota ananas*.【活性】抗真菌 (白色念珠菌 *Candida albicans*, MIC_{80} = 2.80μmol/L; 对照酮康唑, MIC_{80} = 0.12μmol/L; 新型隐球酵母 *Cryptococcus neoformans*, MIC_{80} = 0.70μmol/L; 酮康唑, MIC_{80} = 0.12μmol/L; 烟曲霉菌 *Aspergillus fumigatus*, MIC_{80} = 2.80μmol/L; 酮康唑, MIC_{80} = 1.88μmol/L; 红色毛癣菌 *Trichophyton rubrum*, MIC_{80} = 0.70μmol/L; 酮康唑, MIC_{80} = 0.12μmol/L; 热带念珠菌 *Candida tropicalis*, MIC_{80} = 2.80μmol/L; 酮康唑, MIC_{80} = 0.03μmol/L; 克鲁斯念珠菌 (克鲁斯假丝酵母) *Candida krusei*, MIC_{80} = 2.80μmol/L; 酮康唑, MIC_{80} = 0.47μmol/L).【文献】I. Kitagawa, et al. CPB, 1981, 29, 282; 1989, 37, 61; V. R. Hegde, et al. BoMCL, 2002, 12, 3203; W. -H. Yuan, et al. PM, 2009, 75, 168.

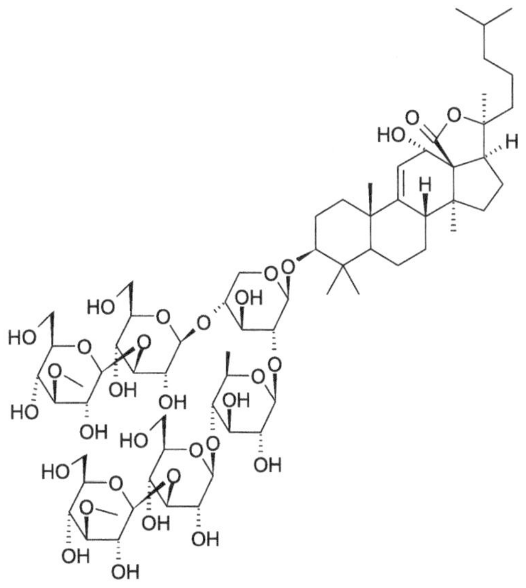

1753 Calcigeroside B 石灰质五部参糖苷 B*

【别名】Posietogenin 3-*O*-[3-*O*-methyl-*β*-D-xylopyranosyl-(1→3)-*β*-D-glucopyranosyl-(1→4)-[6-去氧-*β*-D-glucopyranosyl-(1→2)]-6-deoxy-*β*-D-glucopyranosyl-(1→2)-4-*O*-sulfato-*β*-D-xylopyranoside]; 坡偕头配基 3-*O*-[3-*O*-甲基-*β*-D-吡喃木糖基-(1→3)-*β*-D-吡喃葡萄糖基-(1→4)-[6-去氧-*β*-D-吡喃葡萄糖基-(1→2)]-6-去氧-*β*-D-吡喃葡萄糖基-(1→2)-4-*O*-硫酸酯-*β*-D-吡喃木糖苷]*.【基本信息】$C_{54}H_{84}O_{27}S$, 晶体, mp 234~236°C, $[\alpha]_D^{20} = -49°$ ($c = 0.1$, 吡啶).【类型】羊毛甾烷三萜.【来源】石灰质五部参* *Pentamera calcigera* (嗜冷生物, 冷水域, 彼得大帝湾, 俄罗斯, 日本海).【活性】细胞毒 ($IC_{50} = 5.0\mu g/mL$).【文献】S. A. Avilov, et al. JNP, 2000, 63, 65; 1349; M. D. Lebar, et al. NPR, 2007, 24, 774 (Rev.).

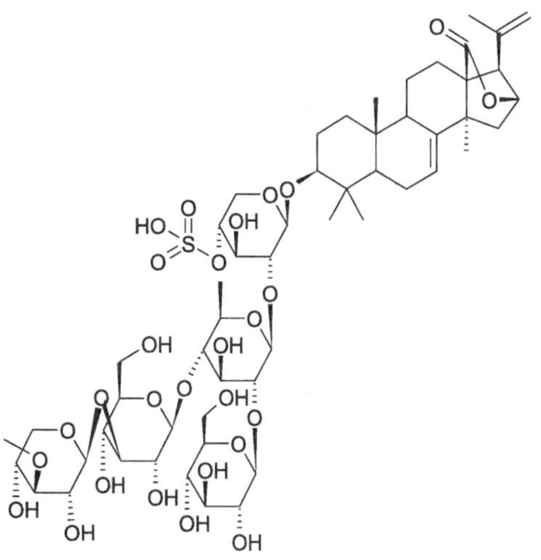

1754 Calcigeroside C₁ 石灰质五部参糖苷 C₁*

【别名】Posietogenin 3-*O*-[3-*O*-methyl-*β*-D-xylopyranosyl-(1→3)-*β*-D-glucopyranosyl-(1→4)-[*β*-D-glucopyranosyl-(1→2)]-6-deoxy-*β*-D-glucopyranosyl-(1→2)-4-*O*-sulfato-*β*-D-xylopyranoside]; 坡偕头配基 3-*O*-[3-*O*-甲基-*β*-D-吡喃木糖基-(1→3)-*β*-D-吡喃葡萄糖基-(1→4)-[*β*-D-吡喃葡萄糖基-(1→2)]-6-去氧-*β*-D-吡喃葡萄糖基-(1→2)-4-*O*-硫酸酯-*β*-D-吡喃木糖苷]*.【基本信息】$C_{54}H_{84}O_{28}S$, 晶体, mp 204~206°C, $[\alpha]_D^{20} = -60°$ ($c = 0.1$, 吡啶).【类型】羊毛甾烷三萜.【来源】石灰质五部参* *Pentamera calcigera* (嗜冷生物, 冷水域, 彼得大帝湾, 俄罗斯, 日本海).【活性】细胞毒 ($IC_{50} = 5.0\mu g/mL$).【文献】S. A. Avilov, et al. JNP, 2000, 63, 65; 1349.

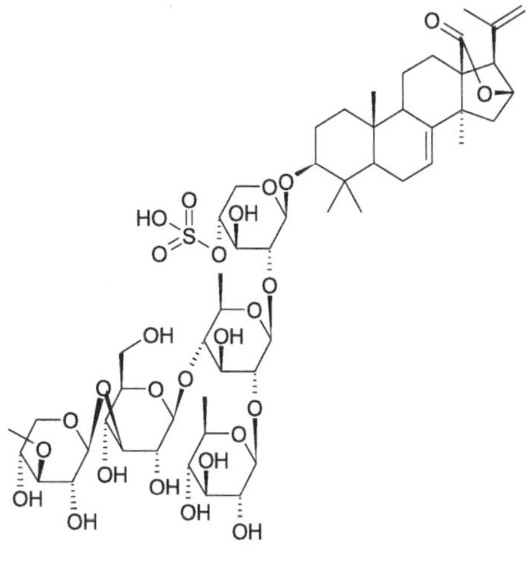

1755 Calcigeroside C₂ 石灰质五部参糖苷 C₂*

【别名】3*β*-Hydroxyholost-7-en-23-one 3-*O*-[3-*O*-methyl-*β*-D-xylopyranosyl-(1→3)-*β*-D-glucopyranosyl-(1→4)-[*β*-D-glucopyranosyl-(1→2)]-6-deoxy-*β*-D-glucopyranosyl-(1→2)-4-*O*-sulfo-*β*-D-xylopyranoside]; 3*β*-羟基海参-7-烯-23-酮 3-*O*-[3-*O*-甲基-*β*-D-吡喃木糖基-(1→3)-*β*-D-吡喃葡萄糖基-(1→4)-[*β*-D-吡喃葡萄糖基-(1→2)]-6-去氧-*β*-D-吡喃葡萄糖基-(1→2)-4-*O*-磺基-*β*-D-吡喃木糖苷].【基本信息】$C_{59}H_{94}O_{29}S$, 晶体, mp 226~228°C, $[\alpha]_D^{20} = -39°$ ($c = 0.1$, 吡啶).【类型】羊毛甾烷三萜.【来源】石灰质五部参* *Pentamera calcigera* (嗜冷生物, 冷水域, 彼得大帝湾, 俄罗斯, 日本海).【活性】细胞毒 ($IC_{50} = 5.0\mu g/mL$).【文献】S. A. Avilov, et al. JNP, 2000, 63, 65; 1349; M. D. Lebar, et al.

NPR, 2007, 24, 774 (Rev.).

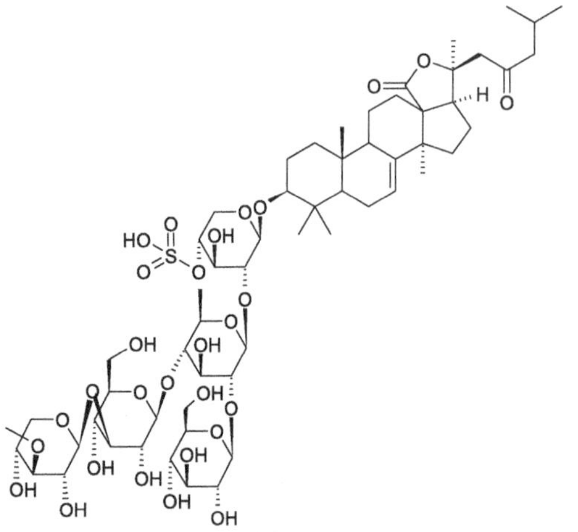

1756 Cladoloside B 枝柄参糖苷 B*

【别名】3*β*-Hydroxyholosta-9(11),25-dien-16-one 3-*O*-[3-*O*-methyl-*β*-D-glucopyranosyl-(1→3)-*β*-D-xylopyranosyl-(1→4)-6-deoxy-*β*-D-glucopyranosyl-(1→2)-[*β*-D-glucopyranosyl-(1→4)]-*β*-D-xylopyranoside]; 3*β*-羟基海参-9(11),25-二烯-16-酮 3-*O*-[3-*O*-甲基-*β*-D-吡喃葡萄糖基-(1→3)-*β*-D-吡喃木糖基-(1→4)-6-去氧-*β*-D-吡喃葡萄糖基-(1→2)-[*β*-D-吡喃葡萄糖基-(1→4)]-*β*-D-吡喃木糖苷].【基本信息】$C_{59}H_{92}O_{26}$.【类型】羊毛甾烷三萜.【来源】刺参 *Apostichopus japonicas* (大连海岸, 渤海, 中国) 和枝柄参属 *Cladolabes* sp.【活性】抗真菌 (白色念珠菌 *Candida albicans* SC5314, MIC_{80} = 3.28μmol/L, 对照: 依曲康唑, MIC_{80} = 0.09μmol/L, 特比耐芬, MIC_{80} = 27.45μmol/L, 酮康唑, MIC_{80} = 0.1μmol/L, 两性霉素 B, MIC_{80} = 17.31μmol/L, 伏力康唑, MIC_{80} = 0.04μmol/L, 氟康唑, MIC_{80} = 1.63μmol/L; 新型隐球酵母 *Cryptococcus neoformans* BLS108, MIC_{80} = 3.28μmol/L, 对照: 依曲康唑, MIC_{80} = 0.18μmol/L, 特比耐芬, MIC_{80} = 1.72μmol/L, 酮康唑, MIC_{80} = 0.12μmol/L, 两性霉素 B, MIC_{80} = 34.63μmol/L, 伏力康唑, MIC_{80} = 0.04μmol/L, 氟康唑, MIC_{80} = 3.26μmol/L; 热带念珠菌 *Candida tropicalis*, MIC_{80} = 1.64μmol/L, 对照: 依曲康唑, MIC_{80} = 0.18μmol/L, 特比耐芬, MIC_{80} = 13.73μmol/L, 酮康唑, MIC_{80} = 0.24μmol/L, 氟康唑, MIC_{80} = 1.63μmol/L; 红色毛癣菌 *Trichophyton rubrum* 0501124, MIC_{80} = 0.41μmol/L, 对照: 依曲康唑, MIC_{80} = 0.18μmol/L, 特比耐芬, MIC_{80} = 0.86μmol/L, 酮康唑, MIC_{80} = 0.12μmol/L, 两性霉素 B, MIC_{80} = 34.63μmol/L, 伏力康唑, MIC_{80} = 0.18μmol/L, 氟康唑, MIC_{80} = 13.05μmol/L; 石膏样小孢子菌 *Microsporum gypseum* 31388, MIC_{80} = 0.82μmol/L, 对照: 依曲康唑, MIC_{80} = 0.09μmol/L, 特比耐芬, MIC_{80} = 0.43μmol/L, 酮康唑, MIC_{80} < 0.24μmol/L, 两性霉素 B, MIC_{80} = 2.16μmol/L, 伏力康唑, MIC_{80} = 0.36μmol/L, 氟康唑, MIC_{80} = 3.26μmol/L; 烟曲霉菌 *Aspergillus fumigatus* 0504656, MIC_{80} = 3.28μmol/L, 对照: 依曲康唑, MIC_{80} = 2.83μmol/L, 特比耐芬, MIC_{80} = 0.86μmol/L, 酮康唑, MIC_{80} = 1.88μmol/L, 两性霉素 B, MIC_{80} = 34.63μmol/L, 伏力康唑, MIC_{80} = 0.72μmol/L, 氟康唑, 无活性).【文献】Z. Wang, et al. Food Chem., 2012, 132, 295; S. A. Avilov, et al. Khim. Prir. Soedin., 1988, 24, 764; Chem. Nat. Compd. (Engl. Transl.), 656.

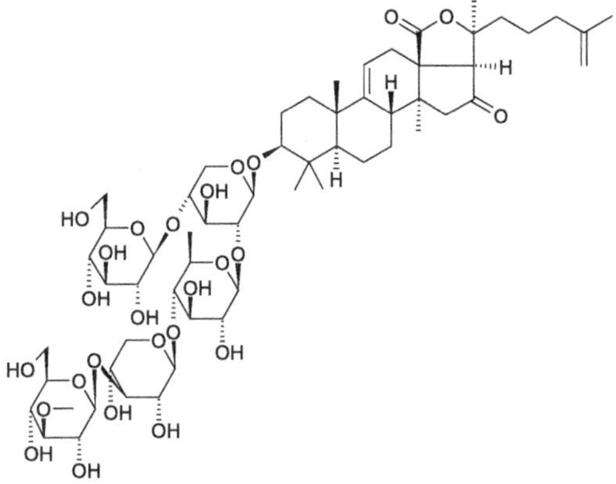

1757 Cladoloside B_1 枝柄参糖苷 B_1*

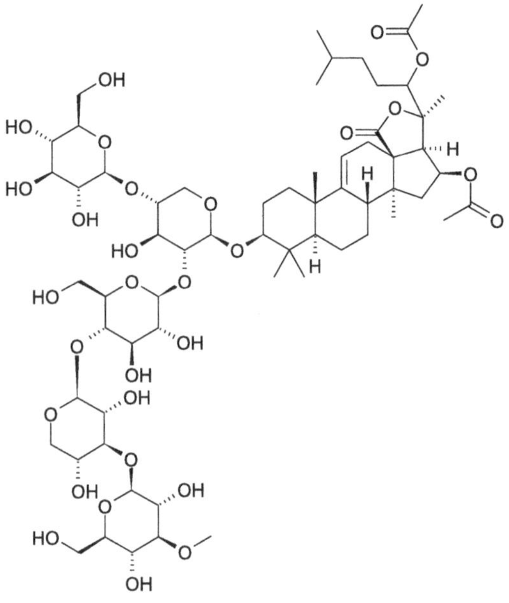

【基本信息】$C_{63}H_{100}O_{30}$.【类型】羊毛甾烷三萜.【来源】施氏枝柄参 *Cladolabes schmeltzii* (芽庄海湾, 南海).【活性】细胞毒 (高活性); 溶血的 (高活性).【文献】A. S. Silchenko, et al. Nat. Prod. Commun., 2013, 8, 1527.

1758 Cladoloside B$_2$ 枝柄参糖苷 B$_2$*

【基本信息】$C_{63}H_{98}O_{30}$.【类型】羊毛甾烷三萜.【来源】施氏枝柄参 *Cladolabes schmeltzii* (芽庄海湾, 南海).【活性】细胞毒 (高活性); 溶血的 (高活性).【文献】A. S. Silchenko, et al. Nat. Prod. Commun., 2013, 8, 1527.

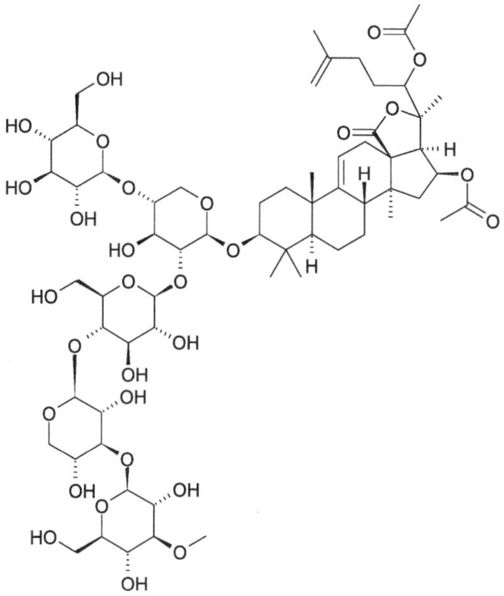

1759 Cladoloside C 枝柄参糖苷 C*

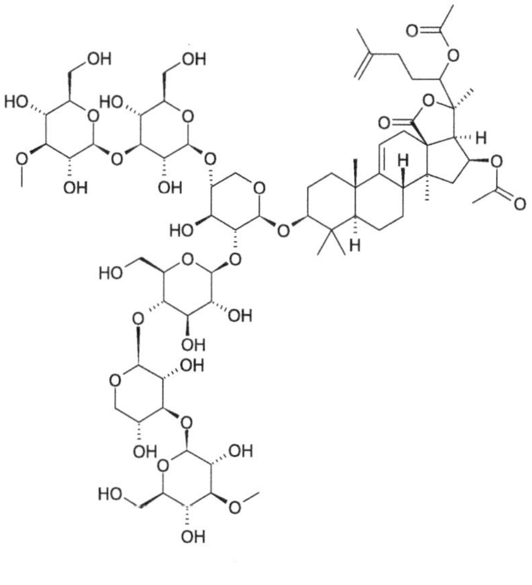

【基本信息】$C_{70}H_{110}O_{35}$.【类型】羊毛甾烷三萜.【来源】施氏枝柄参 *Cladolabes schmeltzii* (芽庄海湾, 南海).【活性】细胞毒 (高活性); 溶血的 (高活性).【文献】A. S. Silchenko, et al. Nat. Prod. Commun., 2013, 8, 1527.

1760 Cladoloside C$_1$ 枝柄参糖苷 C$_1$*

【基本信息】$C_{70}H_{112}O_{35}$.【类型】羊毛甾烷三萜.【来源】施氏枝柄参 *Cladolabes schmeltzii* (芽庄海湾, 南海).【活性】细胞毒 (高活性); 溶血的 (高活性).【文献】A. S. Silchenko, et al. Nat. Prod. Commun., 2013, 8, 1527.

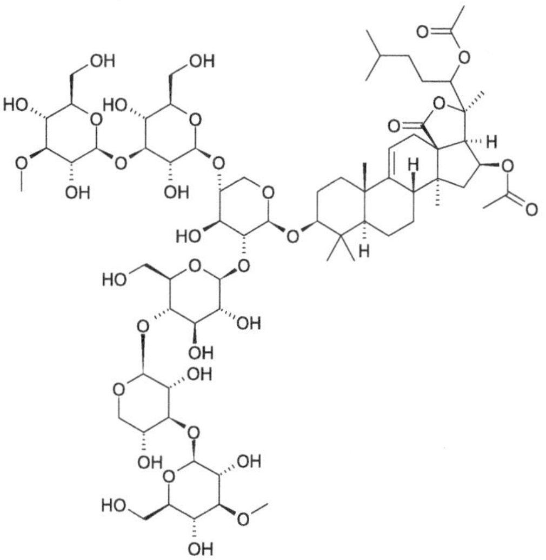

1761 Cladoloside C$_2$ 枝柄参糖苷 C$_2$*

【基本信息】$C_{66}H_{106}O_{32}$.【类型】羊毛甾烷三萜.【来源】施氏枝柄参 *Cladolabes schmeltzii* (芽庄海

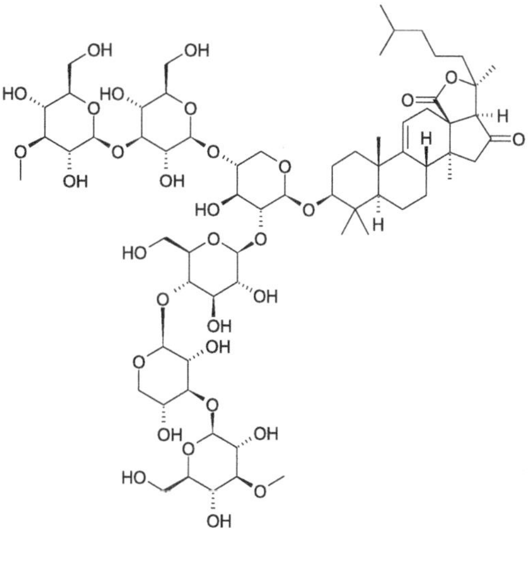

湾, 南海).【活性】细胞毒 (高活性); 溶血的 (高活性).【文献】A. S. Silchenko, et al. Nat. Prod. Commun., 2013, 8, 1527.

1762 Cladoloside D 枝柄参糖苷 D*

【基本信息】$C_{68}H_{106}O_{34}$.【类型】羊毛甾烷三萜.【来源】施氏枝柄参 *Cladolabes schmeltzii* (芽庄海湾, 南海).【活性】细胞毒 (高活性); 溶血的 (高活性).【文献】A. S. Silchenko, et al. Nat. Prod. Commun., 2013, 8, 1527.

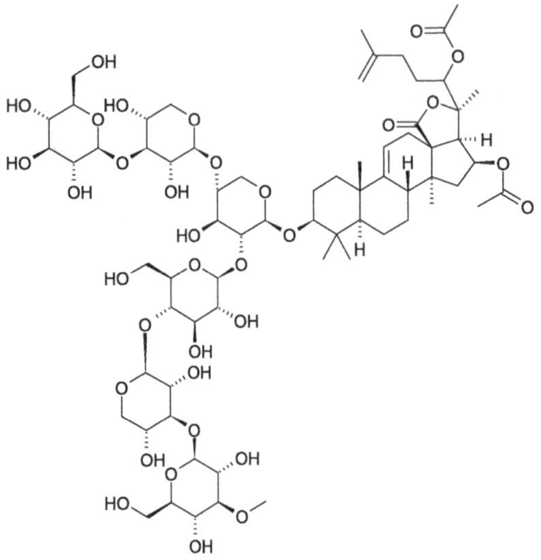

1763 Crellastatin I 肉丁海绵他汀 I*

【基本信息】$C_{58}H_{88}O_{11}S$, 无定形粉末, $[\alpha]_D = +40.7°$ ($c = 0.005$, 甲醇).【类型】羊毛甾烷三萜.【来源】肉丁海绵属 *Crella* sp. (瓦努阿图).【活性】细胞毒 (NSCLC, *in vitro*, $IC_{50} = 1.9\mu g/mL$).【文献】A. Zampella, et al. EurJOC, 1999, 949; C. Giannini, et al. Tetrahedron, 1999, 55, 13749.

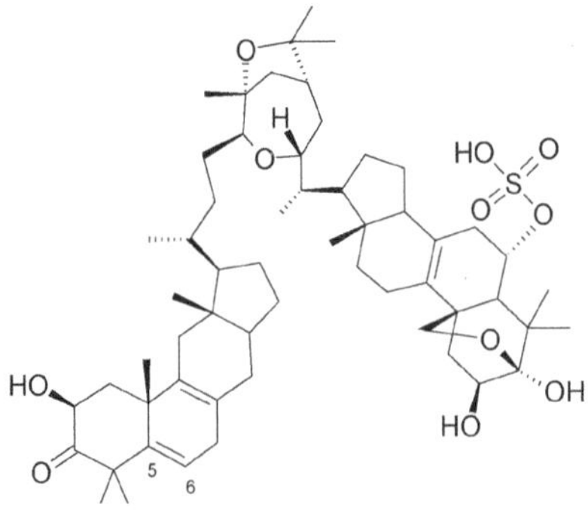

1764 Crellastatin J 肉丁海绵他汀 J*

【基本信息】$C_{58}H_{88}O_{13}S$, 无定形粉末.【类型】羊毛甾烷三萜.【来源】肉丁海绵属 *Crella* sp. (瓦努阿图).【活性】细胞毒 (NSCLC, *in vitro*, $IC_{50} = 7.6\mu g/mL$).【文献】A. Zampella, et al. EurJOC, 1999, 949; C. Giannini, et al. Tetrahedron, 1999, 55, 13749.

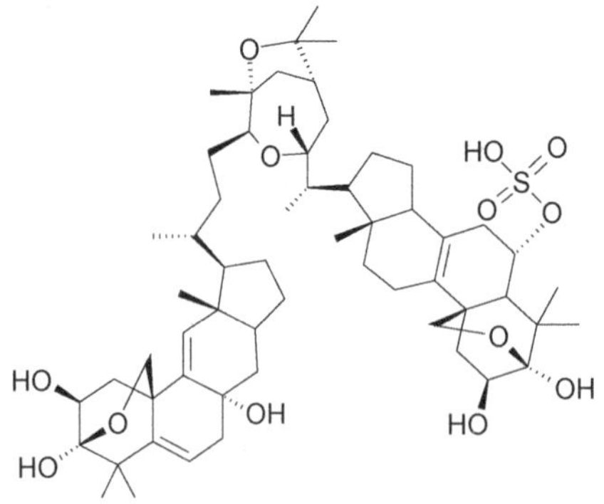

1765 Crellastatin K 肉丁海绵他汀 K*

【基本信息】$C_{58}H_{88}O_{12}S$, 无定形粉末, $[\alpha]_D = +22.3°$ ($c = 0.002$, 甲醇).【类型】羊毛甾烷三萜.【来源】肉丁海绵属 *Crella* sp. (瓦努阿图).【活性】细胞毒 (NSCLC, *in vitro*, $IC_{50} = 3.7\mu g/mL$).【文献】A. Zampella, et al. EurJOC, 1999, 949; C. Giannini, et al. Tetrahedron, 1999, 55, 13749.

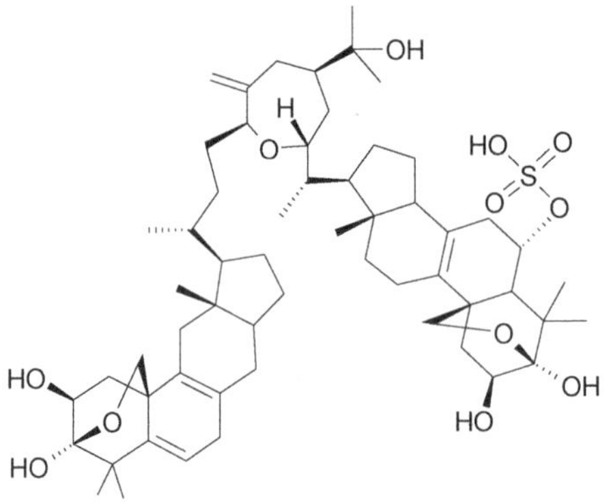

1766 Crellastatin L 肉丁海绵他汀 L*

【基本信息】$C_{57}H_{84}O_{11}S$, 无定形粉末, $[\alpha]_D = +6.11°$

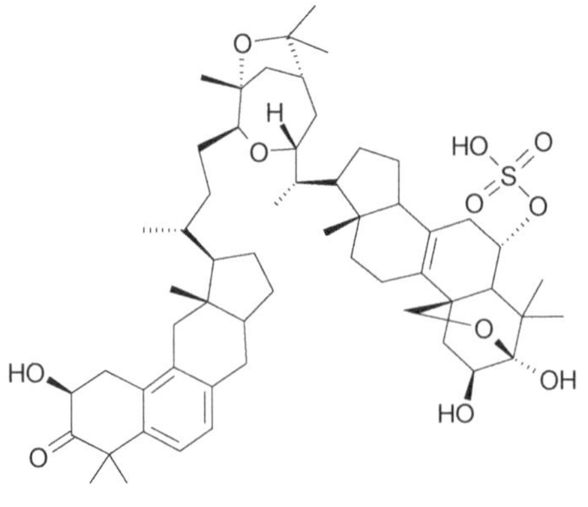

($c = 0.003$, 甲醇).【类型】羊毛甾烷三萜.【来源】肉丁海绵属 *Crella* sp. (瓦努阿图).【活性】细胞毒 (NSCLC, *in vitro*, $IC_{50} = 2.9\mu g/mL$).【文献】A. Zampella, et al. EurJOC, 1999, 949; C. Giannini, et al. Tetrahedron, 1999, 55, 13749.

1767 Crellastatin M 肉丁海绵他汀 M*

【基本信息】$C_{58}H_{88}O_{15}S_2$, 无定形粉末, $[\alpha]_D = +48.0°$ ($c = 0.001$, 甲醇).【类型】羊毛甾烷三萜.【来源】肉丁海绵属 *Crella* sp. (瓦努阿图).【活性】细胞毒 (NSCLC, *in vitro*, $IC_{50} = 1.1\mu g/mL$).【文献】A. Zampella, et al. EurJOC, 1999, 949; C. Giannini, et al. Tetrahedron, 1999, 55, 13749.

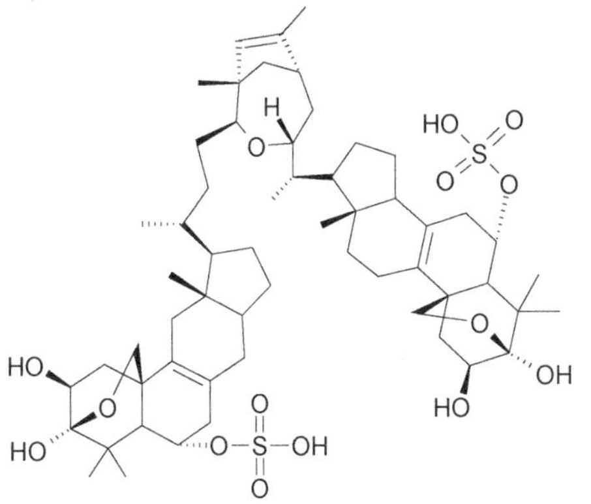

1768 Cucumarioside A₁ 瓜参糖苷 A₁*

【基本信息】$C_{55}H_{86}O_{22}$.【类型】羊毛甾烷三萜.【来源】硬瓜参科海参 *Eupentacta fraudatrix* (彼得大帝湾, 俄罗斯, 日本海).【活性】细胞毒; 抗真菌; 溶血的.【文献】A. S. Silchenko, et al. Nat. Prod. Commun., 2012, 7, 517; 845.

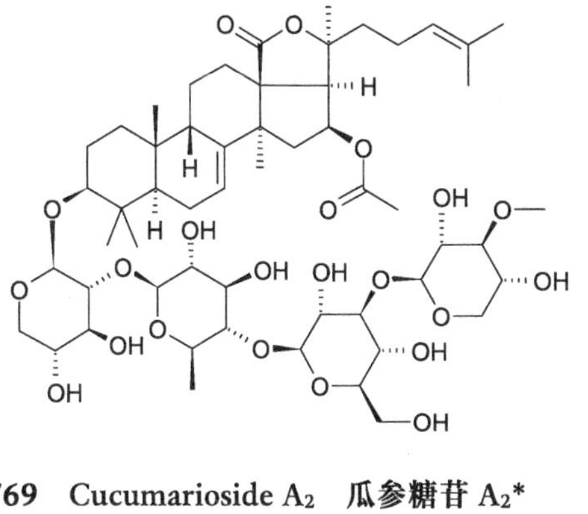

1769 Cucumarioside A₂ 瓜参糖苷 A₂*

【基本信息】$C_{57}H_{88}O_{24}$.【类型】羊毛甾烷三萜.【来源】硬瓜参科海参 *Eupentacta fraudatrix* (彼得大帝湾, 俄罗斯, 日本海).【活性】细胞毒 (小鼠脾淋巴细胞和艾氏腹水癌细胞, 中等活性); 溶血的 (小鼠红细胞, 高活性).【文献】A. S. Silchenko, et al. Nat. Prod. Commun., 2012, 7, 517; 845.

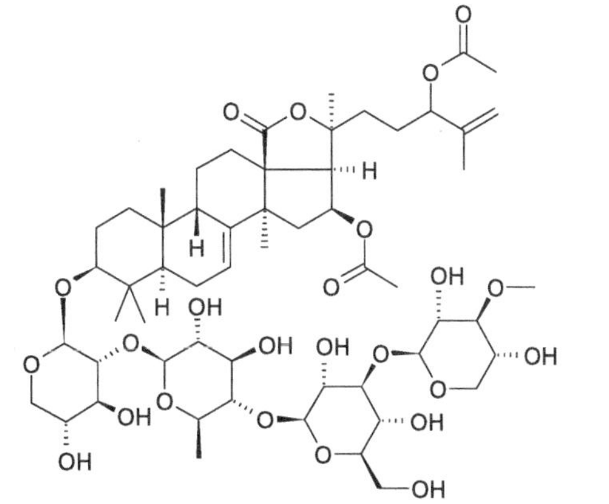

1770 Cucumarioside A₃ 瓜参糖苷 A₃*

【别名】(3β)-Holosta-7,25-diene-3-ol-16-one 3-*O*-[3-*O*-methyl-β-D-glucopyranosyl-(1→3)-6-*O*-sulfo-β-D-glucopyranosyl-(1→4)-[β-D-xylopyranosyl-(1→2)]-6-deoxy-β-D-glucopyranosyl-(1→2)-4-*O*-sulfo-β-D-xylopyranoside]; (3β)-海参-7,25-二烯-3-醇-16-酮 3-*O*-[3-*O*-甲基-β-D-吡喃葡萄糖基-(1→3)-6-*O*-磺基-β-D-吡喃葡萄糖基-(1→4)-[β-D-吡喃木糖基-(1→2)]-6-去氧-β-D-吡喃葡萄糖基-(1→2)-4-*O*-磺基-β-D-吡喃木糖苷].【基本信息】$C_{59}H_{92}O_{32}S_2$, mp 230~231℃ (分解) (钠/钾盐), $[\alpha]_D^{20} = -80.0°$ ($c = 0.1$, 吡啶) (钠/钾盐).【类型】羊毛甾烷三萜.【来源】日本瓜参 *Cucumaria japonica*

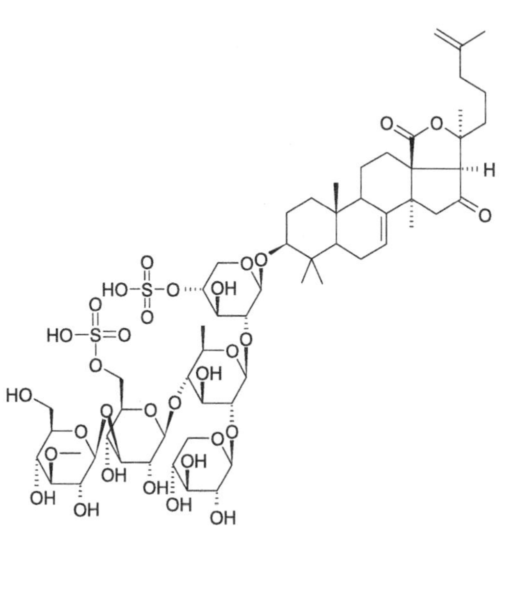

(北太平洋).【活性】细胞毒 (P_{388}, SCHABEL, A549, HT29, MEL28, IC_{50} = 1μg/mL).【文献】O. A. Drozdova, et al. Liebigs Ann./Recueil, 1997. 2351.

1771 Cucumarioside A_6-2 瓜参糖苷 A_6-2*

【别名】(3*β*)-Holosta-7,25-diene-3-ol-16-one 3-*O*-[3-*O*-methyl-6-*O*-sulfo-*β*-D-glucopyranosyl-(1→3)-*β*-D-glucopyranosyl-(1→4)-[*β*-D-xylopyranosyl-(1→2)]-6-去氧-*β*-D-glucopyranosyl-(1→2)-4-*O*-sulfo-*β*-D-xylopyranoside]; (3*β*)-海参-7,25-二烯-3-醇-16-酮 3-*O*-[3-*O*-甲基-6-*O*-磺基-*β*-D-吡喃葡萄糖基-(1→3)-*β*-D-吡喃葡萄糖基-(1→4)-[*β*-D-吡喃木糖基-(1→2)]-6-去氧-*β*-D-吡喃葡萄糖基-(1→2)-4-*O*-磺基-*β*-D-吡喃木糖苷].【基本信息】$C_{59}H_{92}O_{32}S_2$, mp 230~232℃ (分解) (钠/钾盐), $[\alpha]_D^{20}$ = −80.0° (*c* = 0.1, 吡啶) (钠/钾盐).【类型】羊毛甾烷三萜.【来源】日本瓜参 *Cucumaria japonica* (北太平洋).【活性】细胞毒 (P_{388}, SCHABEL, A549, HT29 和 MEL28, IC_{50} = 1μg/mL).【文献】O. A. Drozdova, et al. Liebigs Ann./Recueil, 1997. 2351.

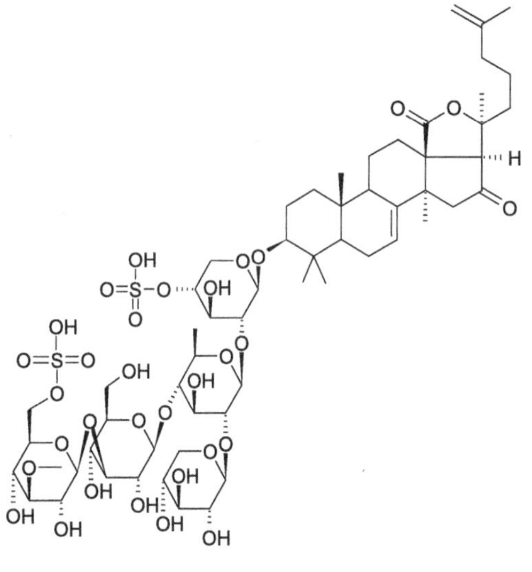

1772 Cucumarioside A_8 瓜参糖苷 A_8*

【基本信息】$C_{55}H_{90}O_{22}$.【类型】羊毛甾烷三萜.【来源】硬瓜参科海参 *Eupentacta fraudatrix* (彼得大帝湾, 俄罗斯, 日本海).【活性】细胞毒 (小鼠脾淋巴细胞和艾氏腹水癌细胞); 溶血的 (小鼠红细胞, 高活性); 抗真菌.【文献】A. S. Silchenko, et al. Nat. Prod. Commun., 2012, 7, 517+ 845; A. S. Silchenko, et al. Biochem. Syst. Ecol., 2012, 44, 53.

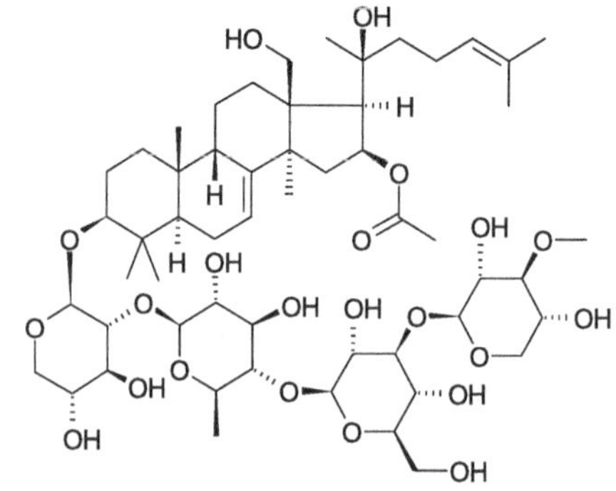

1773 Cucumarioside A_{10} 瓜参糖苷 A_{10}*

【基本信息】$C_{48}H_{74}O_{20}$.【类型】羊毛甾烷三萜.【来源】硬瓜参科海参 *Eupentacta fraudatrix* (彼得大帝湾, 俄罗斯,日本海).【活性】细胞毒 (小鼠脾淋巴细胞和艾氏腹水癌细胞, 中等活性).【文献】A. S. Silchenko, et al. Nat. Prod. Commun., 2012, 7, 517; 845.

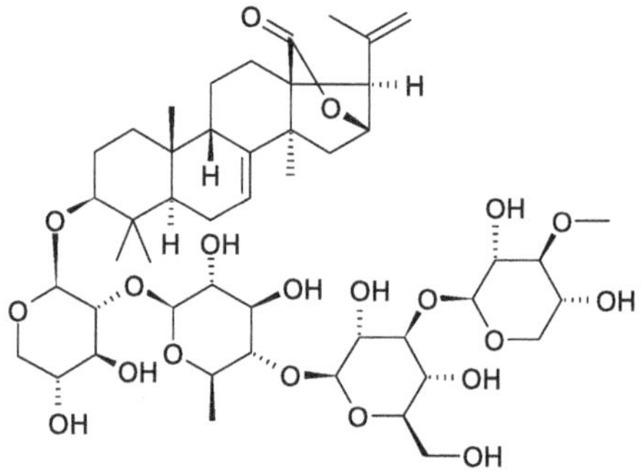

1774 Cucumarioside A_{13} 瓜参糖苷 A_{13}*

【基本信息】$C_{55}H_{84}O_{23}$.【类型】羊毛甾烷三萜.【来源】硬瓜参科海参 *Eupentacta fraudatrix* (彼得大帝湾, 俄罗斯,日本海).【活性】细胞毒 (小鼠脾淋巴细胞和艾氏腹水癌细胞, 中等活性); 溶血的 (小鼠红细胞, 高活性).【文献】A. S. Silchenko, et al. Nat. Prod. Commun., 2012, 7, 517; 845.

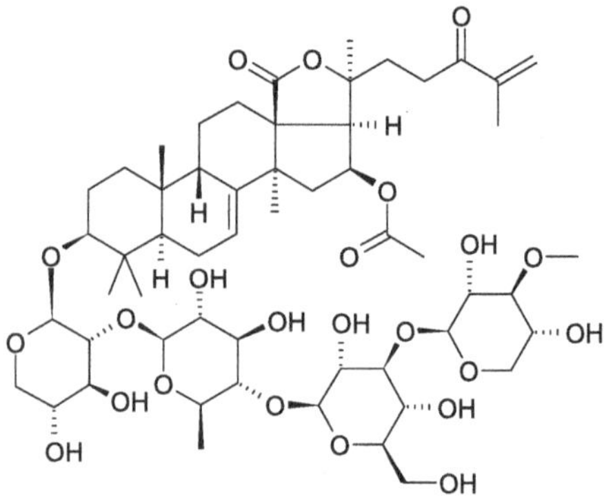

1775 Cucumarioside B$_2$ 瓜参糖苷 B$_2$*

【基本信息】$C_{47}H_{70}O_{17}$.【类型】羊毛甾烷三萜.【来源】硬瓜参科海参 *Eupentacta fraudatrix* (彼得大帝湾, 俄罗斯, 日本海).【活性】细胞毒; 溶血的 (温和活性).【文献】A. S. Silchenko, et al. Nat. Prod. Commun., 2012, 7, 1157.

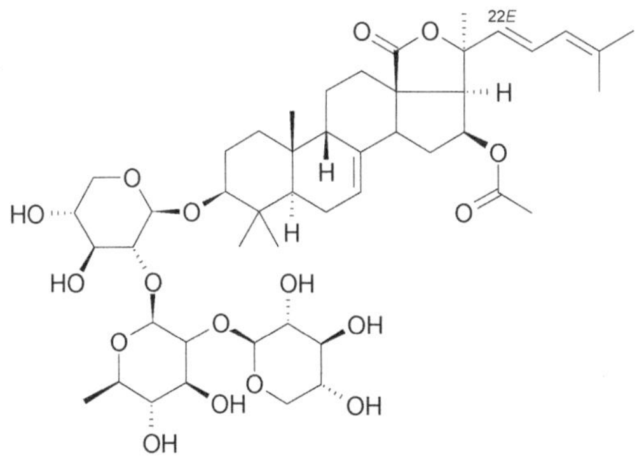

1776 Cucumarioside H$_2$ 瓜参糖苷 H$_2$*

【基本信息】$C_{61}H_{96}O_{29}S$, mp 230~232°C, $[\alpha]_D^{20}$ = –9° (c = 0.1, 吡啶).【类型】羊毛甾烷三萜.【来源】Sclerodactylidae 科海参 *Eupentacta fraudatrix* (远东).【活性】细胞毒 (小鼠脾淋巴细胞, ED_{50} > 100μg/mL); 细胞毒 (小鼠艾氏腹水癌细胞, ED_{50} > 100μg/mL); 溶血的 (小鼠红细胞, MIC_{100} = 25.0μg/mL).【文献】A. S. Silchenko, et al. Nat. Prod. Res., 2012, 26, 1765.

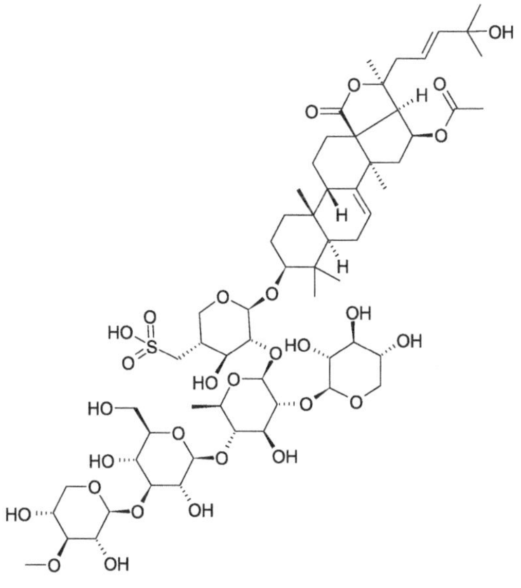

1777 Cucumarioside H$_3$ 瓜参糖苷 H$_3$*

【基本信息】$C_{54}H_{84}O_{26}S$, mp 185~190°C, $[\alpha]_D^{20}$ = –37° (c = 0.1, 吡啶).【类型】羊毛甾烷三萜.【来源】硬瓜参科海参 *Eupentacta fraudatrix* (远东).【活性】细胞毒 [小鼠脾淋巴细胞, ED_{50} = (30.0±1.1)μg/mL]; 细胞毒 (小鼠艾氏腹水癌细胞, ED_{50} > 100μg/mL); 溶血的 (小鼠红细胞, MIC_{100} = 6.25μg/mL).【文献】A. S. Silchenko, et al. Nat. Prod. Res., 2012, 26, 1765.

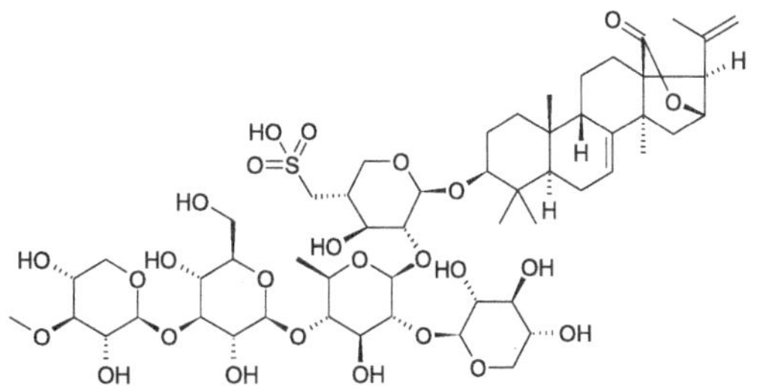

1778 Cucumarioside H$_4$ 瓜参糖苷 H$_4$*

【基本信息】$C_{63}H_{100}O_{29}S$, mp 210~215°C, $[\alpha]_D^{20}$ = –19° (c = 0.1, 吡啶).【类型】羊毛甾烷三萜.【来源】硬瓜参科海参 *Eupentacta fraudatrix* (远东).【活性】细胞毒 [小鼠脾淋巴细胞, ED_{50} = (8.2±0.9)μg/mL]; 细胞毒 [小鼠艾氏腹水癌细胞, ED_{50} = (35.7±0.6)μg/mL]; 溶血的 (小鼠红细胞, MIC_{100} < 1.1μg/mL).【文献】A. S. Silchenko, et al. Nat. Prod. Res., 2012, 26, 1765.

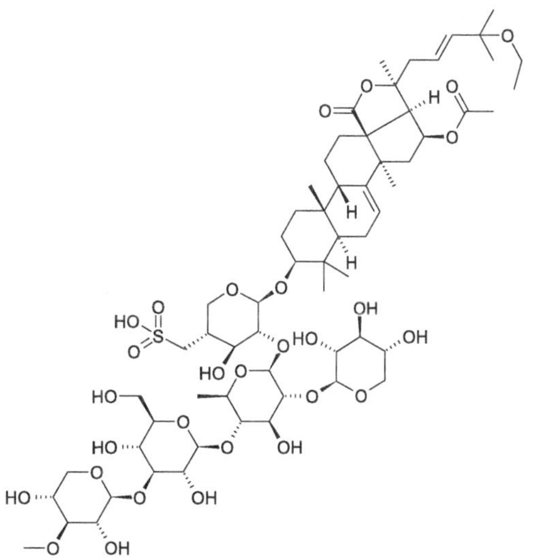

1779 Cucumarioside H$_5$ 瓜参糖苷 H$_5$*

【基本信息】$C_{60}H_{92}O_{29}S$.【类型】羊毛甾烷三萜.【来源】硬瓜参科海参 *Eupentacta fraudatrix* (特洛伊萨湾, 日本海, 俄罗斯).【活性】细胞毒; 溶血的.【文献】A. S. Silchenko, et al. Nat. Prod. Commun., 2011, 6, 1075.

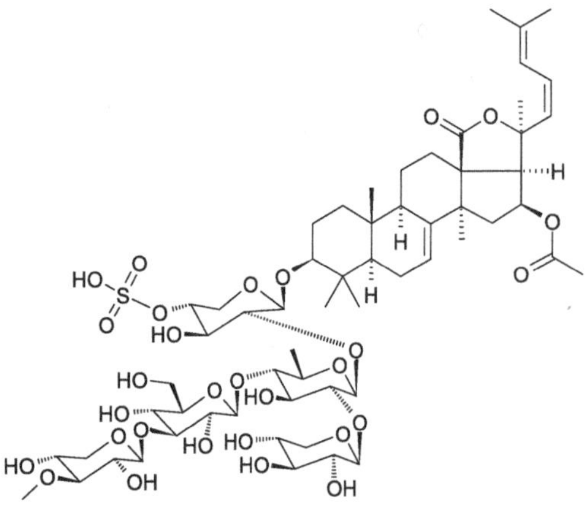

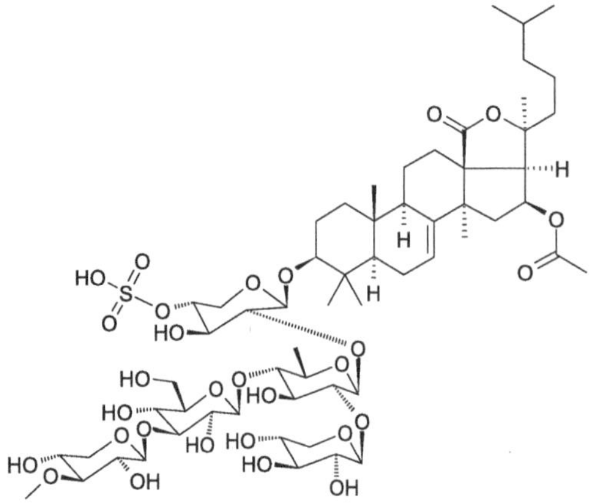

【基本信息】$C_{60}H_{96}O_{29}S$.【类型】羊毛甾烷三萜.【来源】硬瓜参科海参 *Eupentacta fraudatrix* (特洛伊萨湾, 日本海, 俄罗斯).【活性】细胞毒; 溶血的.【文献】A. S. Silchenko, et al. Nat. Prod. Commun., 2011, 6, 1075.

1780 Cucumarioside H$_6$ 瓜参糖苷 H$_6$*

【基本信息】$C_{60}H_{94}O_{29}S$.【类型】羊毛甾烷三萜.【来源】硬瓜参科海参 *Eupentacta fraudatrix* (特洛伊萨湾, 日本海, 俄罗斯).【活性】细胞毒; 溶血的.【文献】A. S. Silchenko, et al. Nat. Prod. Commun., 2011, 6, 1075.

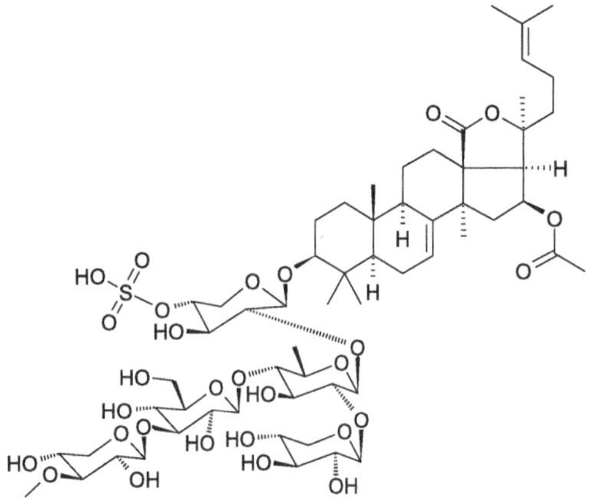

1781 Cucumarioside H$_7$ 瓜参糖苷 H$_7$*

1782 Cucumarioside H$_8$ 瓜参糖苷 H$_8$*

【基本信息】$C_{58}H_{90}O_{29}S$.【类型】羊毛甾烷三萜.【来源】硬瓜参科海参 *Eupentacta fraudatrix* (特洛伊萨湾, 日本海, 俄罗斯).【活性】细胞毒; 溶血的.【文献】A. S. Silchenko, et al. Nat. Prod. Commun., 2011, 6, 1075.

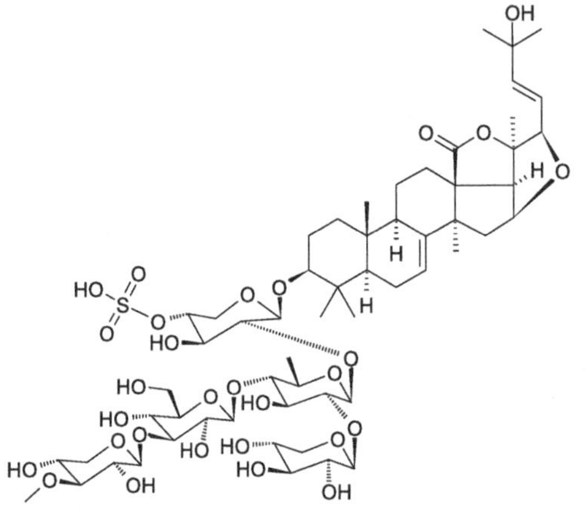

1783 Cucumarioside I$_1$ 瓜参糖苷 I$_1$*

【基本信息】$C_{60}H_{94}O_{32}S_2$.【类型】羊毛甾烷三萜.【来源】硬瓜参科海参 *Eupentacta fraudatrix* (彼得大帝湾, 俄罗斯, 日本海).【活性】细胞毒 (低活性); 溶血的 (高活性).【文献】A. S. Silchenko, et al. Nat. Prod. Commun., 2013, 8, 1053.

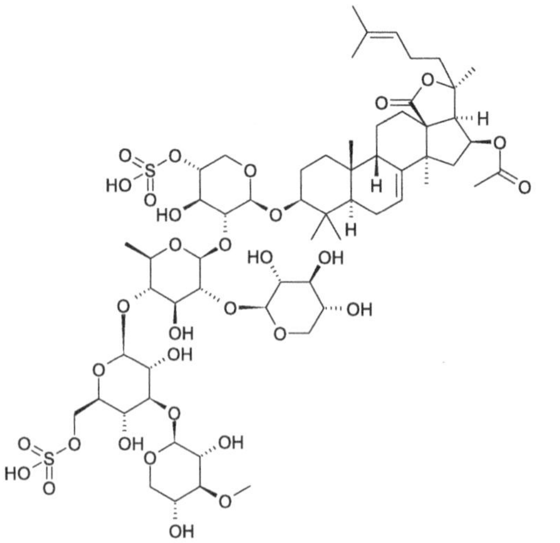

1784　Echinoside B　棘辐肛参糖苷 B*

【别名】(3*β*,12*α*,17*αOH*,20*S*)-Holost-9(11)-ene-3,12,17-triol 3-*O*-[6-去氧-*β*-D-glucopyranosyl-(1→2)-4-*O*-sulfo-*β*-D-xylopyranoside]; (3*β*,12*α*,17*αOH*,20*S*)-海参-9(11)-烯-3,12,17-三醇 3-*O*-[6-去氧-*β*-D-吡喃葡萄糖基-(1→2)-4-*O*-磺基-*β*-D-吡喃木糖苷].【基本信息】$C_{41}H_{66}O_{16}S$, 针状晶体 (含 1 分子结晶水)(甲醇水溶液) (钠盐), mp 203.5~204.5°C, $[\alpha]_D^{12} = -2.2°$ ($c = 0.88$, 吡啶).【类型】羊毛甾烷三萜.【来源】棘辐肛参 *Actinopyga echinites* 和白底辐肛参 *Actinopyga mauritiana.*【活性】有毒的(小鼠和其它生物, 极毒).【文献】Kitagawa, I. et al. CPB, 1982, 30, 2045; 1985, 33, 5214; 1991, 39, 2282.

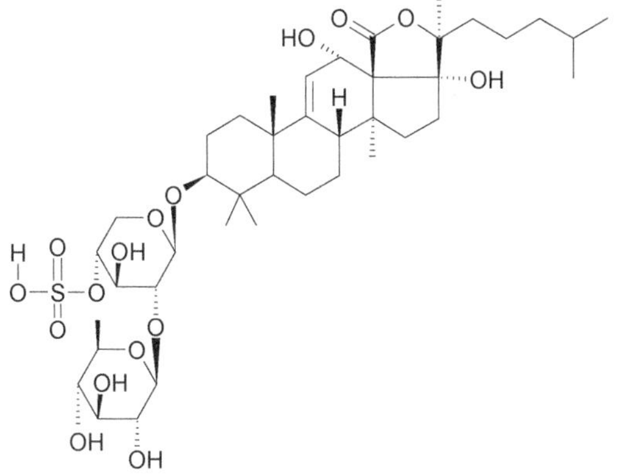

1785　Ectyoplaside A　加勒比海绵糖苷 A*

【基本信息】$C_{46}H_{74}O_{19}$, 无定形固体, $[\alpha]_D^{25} = +3°$ ($c = 0.002$, 甲醇).【类型】羊毛甾烷三萜.【来源】Raspailiinae 亚科海绵 *Ectyoplasia ferox* (加勒比海).【活性】细胞毒 (小鼠, J774 单核细胞-巨噬细胞, WEHI-164, P_{388}, *in vitro*, $IC_{50} = 8.5\sim11.0\mu g/mL$).【文献】F. Cafieri, et al. EurJOC, 1999, 231

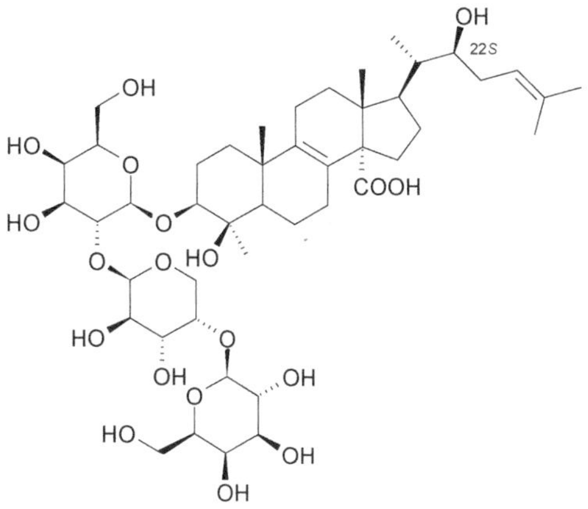

1786　Ectyoplaside B　加勒比海绵糖苷 B*

【基本信息】$C_{46}H_{74}O_{20}$, 无定形固体, $[\alpha]_D^{25} = -12°$ ($c = 0.002$, 甲醇).【类型】羊毛甾烷三萜.【来源】Raspailiinae 亚科海绵 *Ectyoplasia ferox* (加勒比海).【活性】细胞毒 (小鼠, J774 单核细胞-巨噬细胞, WEHI-164, P_{388}, *in vitro*, $IC_{50} = 8.5\sim11.0\mu g/mL$).【文献】F. Cafieri, et al. EurJOC, 1999, 231.

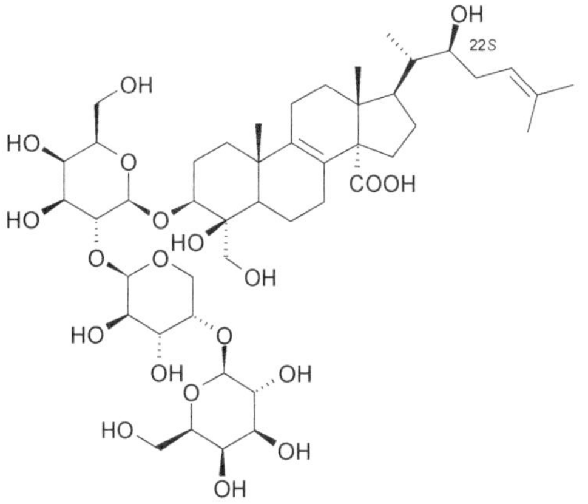

1787　Eryloside F　爱丽海绵糖苷 F*

【别名】3*β*-Hydroxylanosta-8,24-dien-30-oic acid 3-*O*-[*β*-D-galactopyranosyl-(1→2)-*α*-L-arabinopyranoside]; 3*β*-羟基羊毛甾烷-8,24-二烯-30-酸 3-*O*-[*β*-D-吡喃半乳糖基-(1→2)-*α*-L-吡喃阿拉伯糖苷].【别名】$C_{41}H_{66}O_{12}$, 无定形固体.【类型】羊毛甾烷三萜.【来源】美丽爱丽海绵* *Erylus formosus* (加勒比海).【活性】钙涌入活化剂 ($IC_{50} \approx 100\mu g/mL$); 凝血酶受体拮抗剂.【文献】P. Stead, et al. BoMCL, 2000, 10, 661; A. S. Antonov, et al. JNP, 2007, 70, 169.

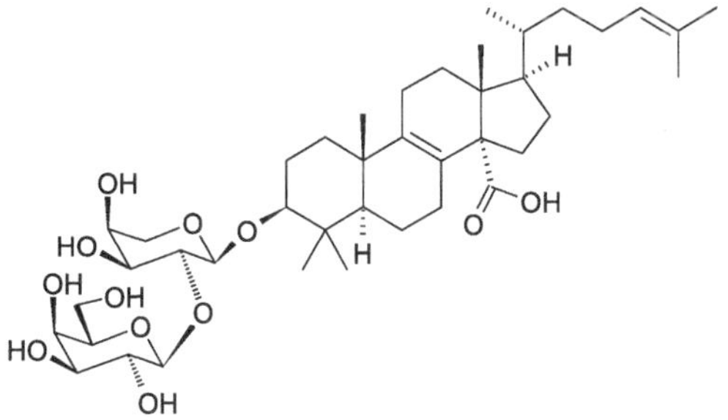

1788　Eryloside F_1　爱丽海绵糖苷 F_1*

【基本信息】$C_{42}H_{68}O_{12}$, 无定形固体, $[\alpha]_D^{25} = -23°$ ($c = 0.1$, 甲醇).【类型】羊毛甾烷三萜.【来源】美丽爱丽海绵* *Erylus formosus* (加勒比海).【活性】钙涌入活化剂 ($IC_{50} \approx 100\mu g/mL$).【文献】A.

S. Antonov, et al. JNP, 2007, 70, 169.

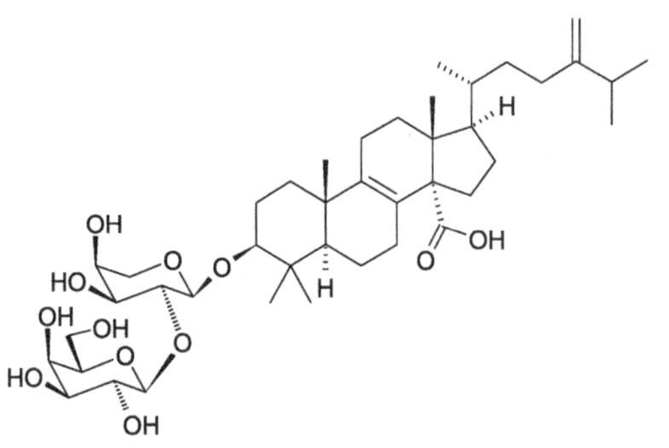

1789 Eryloside G 爱丽海绵糖苷 G*

【别名】3-Hydroxy-24-methylenelanost-8-en-30-oic acid 3-*O*-[2-acetamido-2-deoxy-*β*-D-glucopyranosyl-(1→2)-[*α*-L-arabinopyranosyl-(1→3)]-*β*-D-galactopyranoside]; 3-羟基-24-亚甲基羊毛甾-8-烯-30-酸 3-*O*-[2-乙酰胺基-2-去氧-*β*-D-吡喃葡萄糖基-(1→2)-[*α*-L-吡喃阿拉伯糖基-(1→3)]-*β*-D-吡喃半乳糖苷].【基本信息】$C_{50}H_{81}NO_{17}$, 无定形固体, mp 187~191℃ (分解), $[\alpha]_D^{25}$ = –18.8° (*c* = 0.09, 甲醇).【类型】羊毛甾烷三萜.【来源】高贵爱丽海绵* *Erylus nobilis* (朝鲜半岛水域).【活性】细胞毒 (K562, IC_{50} = 22.1μg/mL).【文献】J. Shin, et al. JNP, 2001, 64, 767.

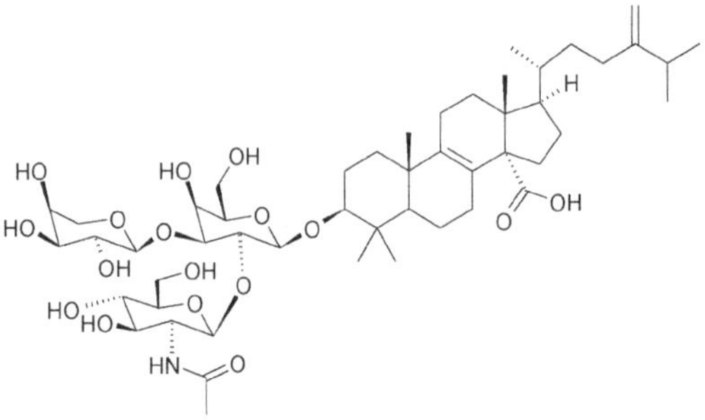

1790 Eryloside H 爱丽海绵糖苷 H*

【基本信息】$C_{49}H_{79}NO_{16}$, 无定形固体, mp 208~210℃, $[\alpha]_D^{25}$ = –12.4° (*c* = 0.07, 甲醇).【类型】羊毛甾烷三萜.【来源】高贵爱丽海绵* *Erylus nobilis* (朝鲜半岛水域).【活性】细胞毒 (K562, IC_{50} = 17.9μg/mL).【文献】J. Shin, et al. JNP, 2001, 64, 767.

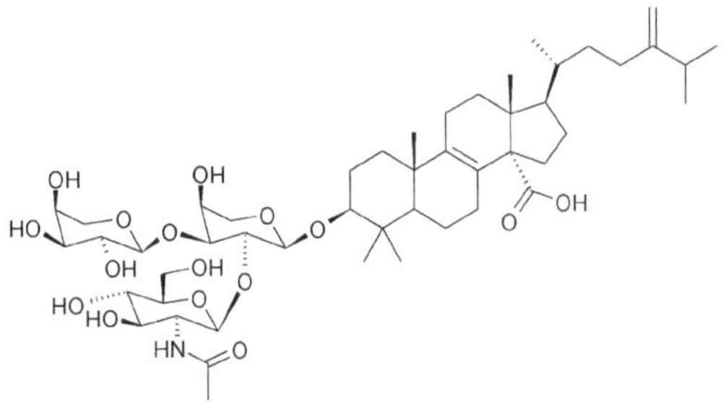

1791 Eryloside I 爱丽海绵糖苷 I*

【别名】$C_{51}H_{83}NO_{17}$, 无定形固体, mp 203~206℃, $[\alpha]_D^{25}$ = –18° (*c* = 0.06, 甲醇).【类型】羊毛甾烷三萜.【来源】高贵爱丽海绵* *Erylus nobilis* (朝鲜半岛水域).【活性】细胞毒 (K562, IC_{50} = 24.8μg/mL).【文献】J. Shin, et al. JNP, 2001, 64, 767.

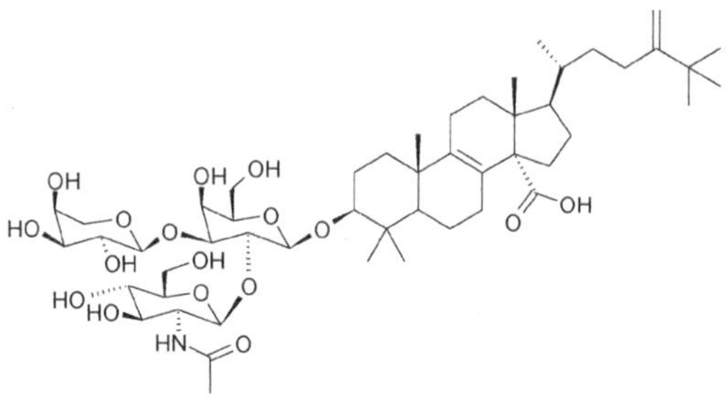

1792 Eryloside J 爱丽海绵糖苷 J*

【基本信息】$C_{50}H_{81}NO_{16}$, 无定形固体, mp 193~196℃, $[\alpha]_D^{25}$ = –16.9° (*c* = 0.06, 甲醇).【类型】羊毛甾烷三萜.【来源】高贵爱丽海绵* *Erylus nobilis* (朝鲜半岛水域).【活性】细胞毒 (K562, IC_{50} = 21.8μg/mL).【文献】J. Shin, et al. JNP, 2001, 64, 767.

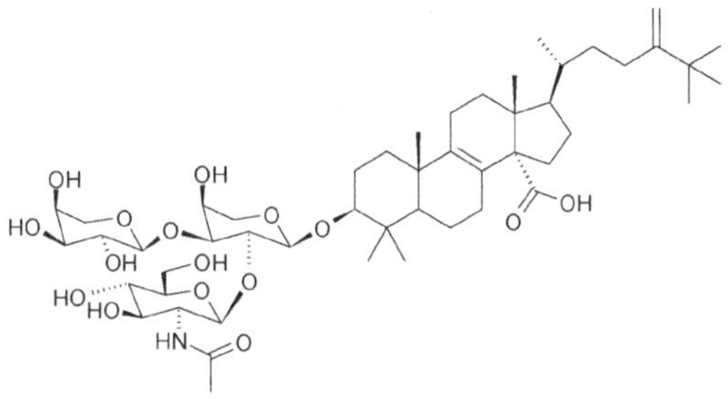

1793 Formoside B 美丽爱丽海绵糖苷 B*

【别名】3-Hydroxylanosta-8,24-dien-30-oic acid 3-*O*-[2-acetamido-2-deoxy-*β*-D-galactopyranosyl-(1→2)-[*β*-D-galactopyranosyl-(1→3)-*α*-L-arabinopyranosyl-(1→3)]-*α*-L-arabinopyranoside]; 3-羟基羊毛甾-8,24-二烯-30-酸 3-*O*-[2-乙酰氨基-2-去氧-*β*-D-吡喃半乳糖苷-(1→2)-[*β*-D-吡喃半乳糖苷-(1→3)-*α*-L-吡喃阿拉伯糖基-(1→3)]-*α*-L-吡喃阿拉伯糖苷].【基本信息】$C_{54}H_{87}NO_{21}$, 无定形固体, $[\alpha]_D^{20}$ = –10.3° (*c* = 0.13, 甲醇).【类型】羊毛甾烷三萜.【来源】美丽爱丽海绵* *Erylus formosus* (加勒比海).【活性】拒食活性 (生态相关的礁鱼

Thalassoma bifasciatum).【文献】J. Kubanek, et al. Nat. Prod. Lett., 2001, 15, 275.

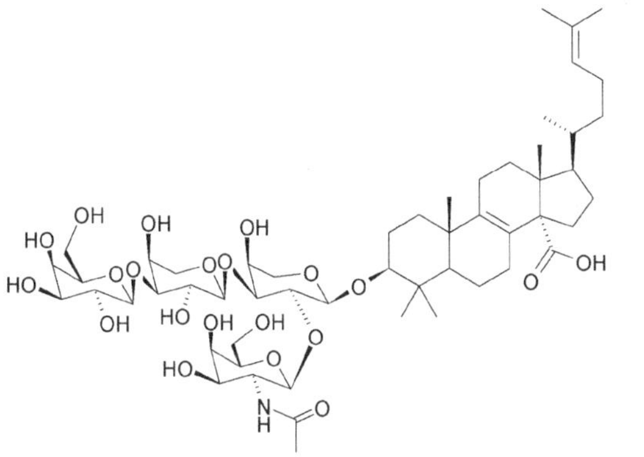

1794 Frondoside A 叶瓜参糖苷 A*

【别名】(3*β*,9*β*,16*β*)-Holost-7-ene-16-acetoxy-3-ol 3-*O*-[3-*O*-methyl-*β*-D-glucopyranosyl-(1→3)-*β*-D-xylopyranosyl-(1→4)-[*β*-D-xylopyranosyl-(1→2)]-6-deoxy-*β*-D-glucopyranosyl-(1→2)-4-*O*-sulfo-*β*-D-xylopyranoside]; (3*β*,9*β*,16*β*)-海参-7-烯-16-乙酰氧基-3-醇 3-*O*-[3-*O*-甲基-*β*-D-吡喃葡萄糖基-(1→3)-*β*-D-吡喃木糖基-(1→4)-[*β*-D-吡喃木糖基-(1→2)]-6-去氧-*β*-D-吡喃葡萄糖基-(1→2)-4-*O*-磺基-*β*-D-吡喃木糖苷].【基本信息】$C_{60}H_{96}O_{29}S$, 晶体, mp 234~236°C, $[\alpha]_D = -31°$ (c = 0.1,吡啶).【类型】羊毛甾烷三萜.【来源】叶瓜参 *Cucumaria frondosa* (北大西洋商业捕捞).【活性】免疫系统活性 (配糖体溶酶体活性, 吞噬作用和活性氧 ROS 激活, IC_{50} = 0.1~0.001μg/mL).【文献】D. L. Aminin, et al. J. Med. Food, 2008,11, 443; M. Girard, et al. Can. J. Chem., 1990, 68, 11; S. A. Avilov, et al. Chem. Nat. Comp., 1993, 29, 216.

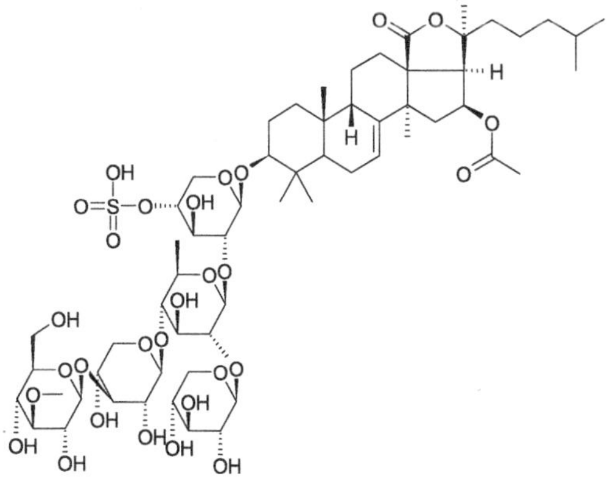

1795 Frondoside C 叶瓜参糖苷 C*

【别名】(3*β*,20*R*,22*R*)-Lanosta-9(11),24-diene-22-acetoxy-3,20-diol 3-*O*-[3-*O*-methyl-6-*O*-sulfo-*β*-D-glucopyranosyl-(1→3)-6-*O*-sulfo-*β*-D-glucopyranosyl-(1→4)-[*β*-D-xylopyranosyl-(1→2)]-6-deoxy-*β*-D-glucopyranosyl-(1→2)-4-*O*-sulfo-*β*-D-xylopyranoside]; (3*β*,20*R*,22*R*)-羊毛甾-9(11),24-二烯-22-乙酰氧基-3,20-二醇 3-*O*-[3-*O*-甲基-6-*O*-磺基-*β*-D-吡喃葡萄糖基-(1→3)-6-*O*-磺基-*β*-D-吡喃葡萄糖基-(1→4)-[*β*-D-吡喃木糖基-(1→2)]-6-去氧-*β*-D-吡喃葡萄糖基-(1→2)-4-*O*-磺基-*β*-D-吡喃木糖苷].【基本信息】$C_{61}H_{100}O_{35}S_3$.【类型】羊毛甾烷三萜.【来源】叶瓜参 *Cucumaria frondosa* (北极地区).【活性】细胞毒 (P_{388}, IC_{50} = 1μg/mL;小鼠沙波尔淋巴瘤, IC_{50} = 1μg/mL; A549, IC_{50} = 1μg/mL; HT29, IC_{50} = 1μg/mL; MEL28, IC_{50} = 1μg/mL).【文献】S. A. Avilov, et al. Can. J. Chem., 1998, 76, 137.

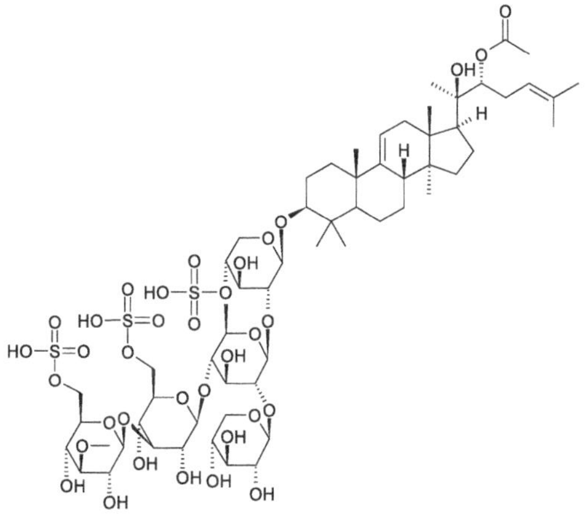

1796 Hemioedemoside A 巴塔哥尼亚海参糖苷 A*

【别名】3*β*-Hydroxyholosta-9(11),25-dien-16-one 3-*O*-[3-*O*-methyl-*β*-D-glucopyranosyl-(1→3)-6-*O*-sulfo-*β*-D-glucopyranosyl-(1→4)-6-deoxy-*β*-D-glucopyranosyl-(1→2)-4-*O*-sulfo-*β*-D-xylopyranoside]; 3*β*-羟基海参-9(11),25-二烯-16-酮 3-*O*-[3-*O*-甲基-*β*-D-吡喃葡萄糖基-(1→3)-6-*O*-磺基-*β*-D-吡喃葡萄糖基-(1→4)-6-去氧-*β*-D-吡喃葡萄糖基-(1→2)-4-*O*-磺基-*β*-D-吡喃木糖苷].【基本信息】$C_{54}H_{84}O_{28}S_2$, 无定形粉末, mp 225~227°C, $[\alpha]_D^{20} = -29.6°$ (c = 0.4, 吡啶).【类型】羊毛甾烷三萜.【来源】瓜参科海参 *Hemioedema spectabilis* (戈尔夫圣乔治岸外, 靠近科莫多罗里瓦达维亚, 巴塔哥尼亚岸外, 阿根廷, 深度 3m, 2000 年 10 月采样).【活性】抗真菌 (致植物病的真菌黄瓜枝孢霉 *Cladosporium* *cucumerinum*, 试验浓度 = 1.5~50μg/点, 抑制区 = 8~33mm, 值得考虑的活性); 有毒的 (盐水丰年虾 *Artemia salina*, LC_{50} = 18.7μg/mL).【文献】H. D. Chludil, et al. JNP, 2002, 65, 860.

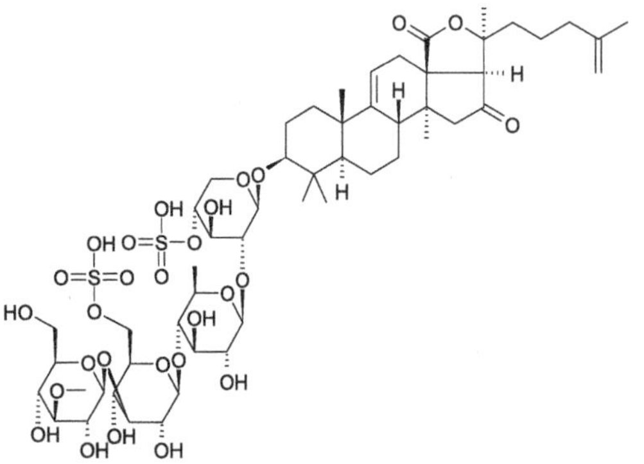

1797 Hemioedemoside B 巴塔哥尼亚海参糖苷 B*

【别名】3*β*-Hydroxyholosta-9(11),25-dien-16-one 3-*O*-[3-*O*-methyl-6-*O*-sulfo-*β*-D-glucopyranosyl-(1→3)-6-*O*-sulfo-*β*-D-glucopyranosyl-(1→4)-6-deoxy-*β*-D-glucopyranosyl-(1→2)-4-*O*-sulfo-*β*-D-xylopyranoside]; 3*β*-羟基海参-9(11),25-二烯-16-酮 3-*O*-[3-*O*-甲基-6-*O*-磺基-*β*-D-吡喃葡萄糖基-(1→3)-6-*O*-磺基-*β*-D-吡喃葡萄糖基-(1→4)-6-去氧-*β*-D-吡喃葡萄糖基-(1→2)-4-*O*-磺基-*β*-D-吡喃木糖苷].【基本信息】$C_{54}H_{84}O_{31}S_3$, 无定形粉末, mp 230~232℃, $[\alpha]_D^{20}$ = −28.9° (*c* = 0.5, 吡啶).【类型】羊毛甾烷三萜.【来源】瓜参科海参 *Hemioedema spectabilis* (戈尔夫圣乔治岸外, 靠近科莫多罗里瓦达维亚, 巴塔哥尼亚岸外, 阿根廷, 深度 3m, 2000 年 10 月采样).【活性】抗真菌 (致植物病的真菌黄瓜枝孢霉 *Cladosporium cucumerinum*); 有毒的 (盐水丰年虾 *Artemia salina*, LC_{50} = 47.2μg/mL).【文献】H. D. Chludil, et al. JNP, 2002, 65, 860.

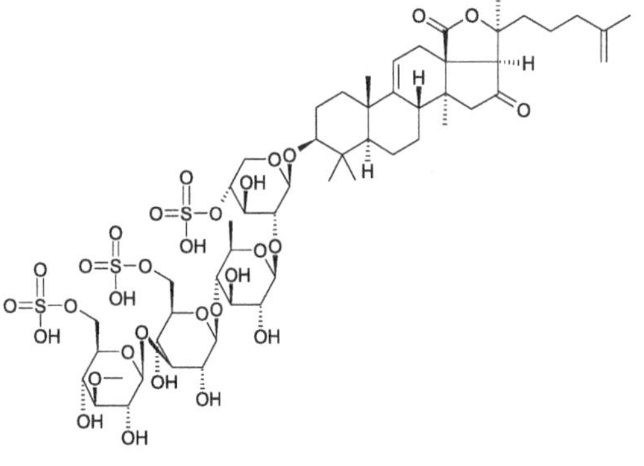

1798 Holothurin B 玉足海参糖苷 B*

【别名】Holothurigenol 3-*O*-[6-deoxy-*β*-D-glucopyranosyl-(1→2)-4-*O*-sulfo-*β*-D-xylopyranoside]; 海参醇 3-*O*-[6-去氧-*β*-D-吡喃葡萄糖基-(1→2)-4-*O*-磺基-*β*-D-吡喃木糖苷]【类型】羊毛甾烷三萜.【基本信息】$C_{41}H_{64}O_{17}S$, 针状晶体 (乙醇水溶液) (钠盐), mp 224~226℃ (钠盐), $[\alpha]_D^{17}$ = −11 (*c* = 0.3, 水).【来源】梅花参 *TheLenota ananas*, 玉足海参* *Holothuria leucospilota*, 海参属 *Holothuria lubrica*, 海参属 *Holothuria floridiana*, 海参属 *Holothuria edulis*, 黑海参 *Holothuria atra*, 绿刺参 *Stichopus chloronotus*, 辐肛参属 *Actinopyga lecanora*, 辐肛参属 *Actinopyga flammea* 和辐肛参属 *Actinopyga agassizi*.【活性】抗真菌 (须发癣菌 *Trichophyton mentagrophytes* 和申克孢子丝菌 *Sporothrix schenckii*, MIC = 1.56μg/mL); 溶血的; 杀鱼毒素.【文献】I. Kitagawa, et al. CPB, 1981, 29, 1942; 1951; R. Kumar, et al. BoMCL 2007,17, 4387; DNP on DVD, 2012, version 20.2.

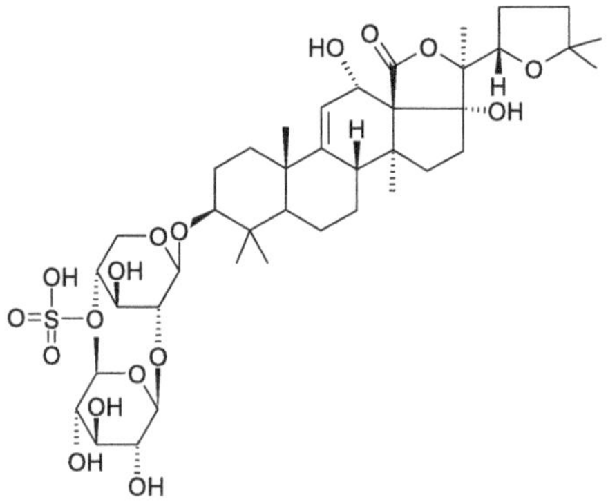

1799 Holothurinoside A 海参糖苷 A*

【别名】Holothurigenol 3-*O*-[3-*O*-methyl-*β*-D-glucopyranosyl-(1→3)-*β*-D-glucopyranosyl-(1→4)-6-deoxy-*β*-D-glucopyranosyl-(1→2)-[*β*-D-glucopyranosyl-(1→4)]-*β*-D-xylopyranoside]; 海参醇 3-*O*-[3-*O*-甲基-*β*-D-吡喃葡萄糖基-(1→3)-*β*-D-吡喃葡萄糖基-(1→4)-6-去氧-*β*-D-吡喃葡萄糖基-(1→2)-[*β*-D-吡喃葡萄糖基-(1→4)]-*β*-D-吡喃木糖苷].【基本信息】$C_{60}H_{96}O_{29}$, 玻璃体, mp 232~233℃, $[\alpha]_D$ = −0.9° (*c* = 0.0135, 甲醇).【类型】羊毛甾烷三萜.【来源】海参属 *Holothuria forskolii*.【活性】细胞毒 (P_{388}, IC_{50} = 0.46μg/mL; A549, IC_{50} = 0.33μg/mL; HeLa, IC_{50} = 0.86μg/mL; B16, IC_{50} = 0.71μg/mL); 抗病毒 (20μg/mL, 在仓鼠肾成纤维细胞 BHK 中

的水泡口腔炎病毒 VSV, InRt = 20%).【文献】J. Rodriguez, et al. Tetrahedron, 1991, 47, 4753.

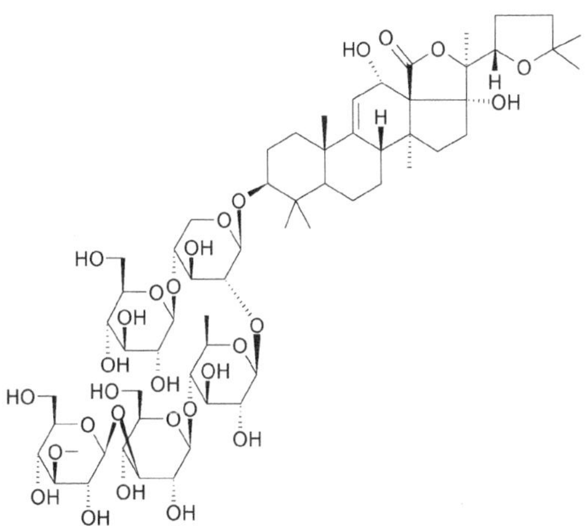

1800 Holothurinoside C 海参糖苷 C*

【别名】(3*β*,12*α*,20*R*,22*R*)-22,25-Epoxyholost-9(11)-ene-3,12-diol 3-*O*-[3-*O*-methyl-*β*-D-glucopyranosyl-(1→3)-*β*-D-glucopyranosyl-(1→4)-6-deoxy-*β*-D-glucopyranosyl-(1→2)-*β*-D-xylopyranoside]; (3*β*,12*α*,20*R*,22*R*)-22,25-环氧海参-9(11)-烯-3,12-二醇 3-*O*-[3-*O*-甲基-*β*-D-吡喃葡萄糖基-(1→3)-*β*-D-吡喃葡萄糖基-(1→4)-6-去氧-*β*-D-吡喃葡萄糖基-(1→2)-*β*-D-吡喃木糖苷].【基本信息】$C_{54}H_{86}O_{23}$, 晶体, mp 223~225°C.【类型】羊毛甾烷三萜.【来源】海参属 *Holothuria forskolii*.【活性】细胞毒 (P_{388}, IC_{50} = 0.34μg/mL; A549, IC_{50} = 0.16μg/mL; HeLa, IC_{50} = 0.47μg/mL; B16, IC_{50} = 0.93μg/mL); 抗病毒 (20μg/mL, 在仓鼠肾成纤维细胞 BHK 中的水泡口腔炎病毒 VSV, InRt = 20%).【文献】J. Rodriguez, et al. Tetrahedron, 1991, 47, 4753.

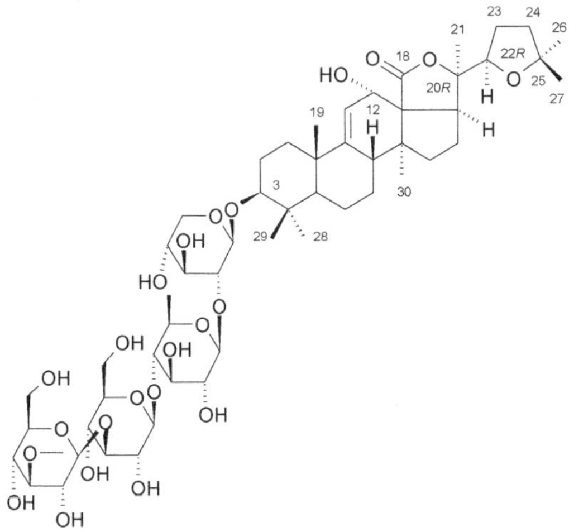

1801 Holothurinoside D 海参糖苷 D*

【别名】(3*β*,12*α*,20*R*,22*R*)-22,25-Epoxyholost-9(11)-ene-3,12-diol 3-*O*-[6-deoxy-*β*-D-glucopyranosyl-(1→2)-*β*-D-xylopyranoside]; (3*β*,12*α*,20*R*,22*R*)-22,25-环氧海参-9(11)-烯-3,12-二醇 3-*O*-[6-去氧-*β*-D-吡喃葡萄糖基-(1→2)-*β*-D-吡喃木糖苷].【基本信息】$C_{41}H_{64}O_{13}$, 晶体, mp 219~221°C.【类型】羊毛甾烷三萜.【来源】海参属 *Holothuria forskolii*.【活性】细胞毒 (P_{388}, IC_{50} = 2.00μg/mL; A549, IC_{50} = 5.00μg/mL); 抗病毒 (20μg/mL, 在仓鼠肾成纤维细胞 BHK 中的水泡口腔炎病毒 VSV, InRt = 20%).【文献】J. Rodriguez, et al. Tetrahedron, 1991, 47, 4753.

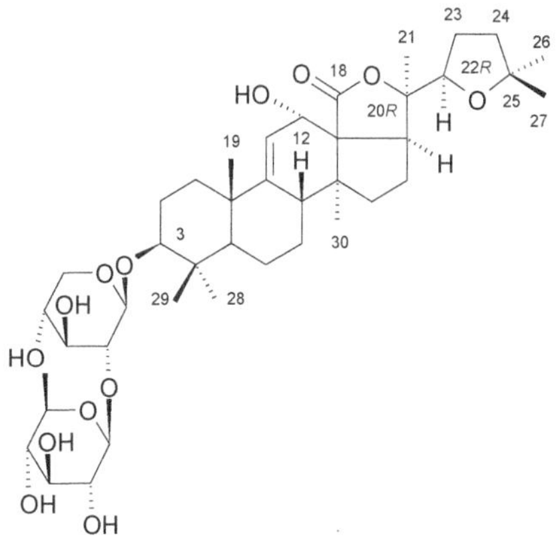

1802 Holotoxin A 海参毒素 A

【别名】3*β*-Hydroxyholosta-9(11),25-dien-16-one 3-*O*-[3-*O*-methyl-*β*-D-glucopyranosyl-(1→3)-*β*-D-glucopyranosyl-(1→4)-6-deoxy-*β*-D-glucopyranosyl-(1→2)-[3-*O*-methyl-*β*-D-glucopyranosyl-(1→3)-*β*-D-glucopyranosyl-(1→4)]-*β*-D-xylopyranoside]; 3*β*-羟基海参-9(11),25-二烯-16-酮 3-*O*-[3-*O*-甲基-*β*-D-吡喃葡萄糖基-(1→3)-*β*-D-吡喃葡萄糖基-

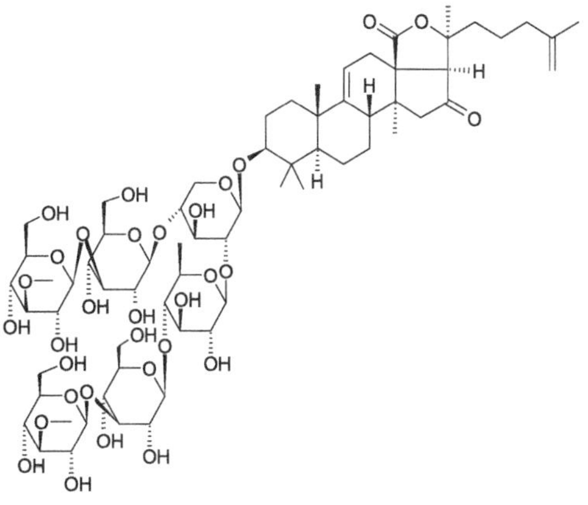

(1→4)-6-去氧-β-D-吡喃葡萄糖基-(1→2)-[3-O-甲基-β-D-吡喃葡萄糖基-(1→3)-β-D-吡喃葡萄糖基-(1→4)]-β-D-吡喃木糖苷].【基本信息】$C_{67}H_{106}O_{32}$，晶体（氯仿/甲醇/水），mp 250~253°C，$[\alpha]_D^{23}$ = –76°（c = 0.43，水）.【类型】羊毛甾烷三萜.【来源】日本刺参 *Stichopus japonicus* 和海参属 *Holothuria pervicax*.【活性】溶血的.【文献】I. Kitagawa, et al. CPB, 1978, 26, 3722.

1803 Holotoxin A₁ 海参毒素 A₁

【别名】Stichoposide A; 3β-Hydroxyholosta-9(11), 25-dien-16-one 3-O-[3-O-methyl-β-D-glucopyranosyl-(1→3)-β-D-xylopyranosyl-(1→4)-6-deoxy-β-D-glucopyranosyl-(1→2)-[3-O-methyl-β-D-glucopyranosyl-(1→3)-β-D-glucopyranosyl-(1→4)]-β-D-xylopyranoside]; 刺参糖苷 A*; 3β-羟基海参-9(11),25-二烯-16-酮 3-O-[3-O-甲基-β-D-吡喃葡萄糖基-(1→3)-β-D-吡喃木糖基-(1→4)-6-去氧-β-D-吡喃葡萄糖基-(1→2)-[3-O-甲基-β-D-吡喃葡萄糖基-(1→3)-β-D-吡喃葡萄糖基-(1→4)]-β-D-吡喃木糖苷].【基本信息】$C_{66}H_{104}O_{31}$，晶体（乙醇），mp 258~260°C，$[\alpha]_D^{20}$ = –69.2°（c = 1.2，吡啶）.【类型】羊毛甾烷三萜.【来源】刺参 *Apostichopus japonicas*（大连海岸，渤海，中国）和日本刺参 *Stichopus japonicus*.【活性】抗真菌（白色念珠菌 *Candida albicans* SC5314，MIC_{80} = 11.49μmol/L，对照：依曲康唑，MIC_{80} = 0.09μmol/L，特比耐芬，MIC_{80} = 27.45μmol/L，酮康唑，MIC_{80} = 0.1μmol/L，两性霉素 B，MIC_{80} = 17.31μmol/L，伏力康唑，MIC_{80} = 0.04μmol/L，氟康唑，MIC_{80} = 1.63μmol/L；新型隐球酵母 *Cryptococcus neoformans* BLS108，MIC_{80} = 1.44μmol/L，对照：依曲康唑，MIC_{80} = 0.18μmol/L，特比耐芬，MIC_{80} = 1.72μmol/L，酮康唑，MIC_{80} = 0.12μmol/L，两性霉素 B，MIC_{80} = 34.63μmol/L，伏力康唑，MIC_{80} = 0.04μmol/L，氟康唑，MIC_{80} = 3.26μmol/L；热带念珠菌 *Candida tropicalis*，MIC_{80} = 1.44μmol/L，对照：依曲康唑，MIC_{80} = 0.18μmol/L，特比耐芬，MIC_{80} = 13.73μmol/L，酮康唑，MIC_{80} = 0.24μmol/L，氟康唑，MIC_{80} = 1.63μmol/L；红色毛癣菌 *Trichophyton rubrum* 0501124，MIC_{80} = 1.44μmol/L，对照：依曲康唑，MIC_{80} = 0.18μmol/L，特比耐芬，MIC_{80} = 0.86μmol/L，酮康唑，MIC_{80} = 0.12μmol/L，两性霉素 B，MIC_{80} = 34.63μmol/L，伏力康唑，MIC_{80} = 0.18μmol/L，氟康唑，MIC_{80} = 13.05μmol/L；石膏样小孢子菌 *Microsporum gypseum* 31388，MIC_{80} = 0.18μmol/L，对照：依曲康唑，MIC_{80} = 0.09μmol/L，特比耐芬，MIC_{80} = 0.43μmol/L，酮康唑，MIC_{80} < 0.24μmol/L，两性霉素 B，MIC_{80} = 2.16μmol/L，伏力康唑，MIC_{80} = 0.36μmol/L，氟康唑，MIC_{80} = 3.26μmol/L；烟曲霉菌 *Aspergillus fumigatus* 0504656，MIC_{80} = 5.75μmol/L，对照：依曲康唑，MIC_{80} = 2.83μmol/L，特比耐芬，MIC_{80} = 0.86μmol/L，酮康唑，MIC_{80} = 1.88μmol/L，两性霉素 B，MIC_{80} = 34.63μmol/L，伏力康唑，MIC_{80} = 0.72μmol/L，氟康唑，无活性).【文献】I. I. Maltsev, et al. Comp. Biochem. Physiol., B: Comp. Biochem., 1984, 78, 421; Z. Wang, et al. Food Chem., 2012, 132, 295.

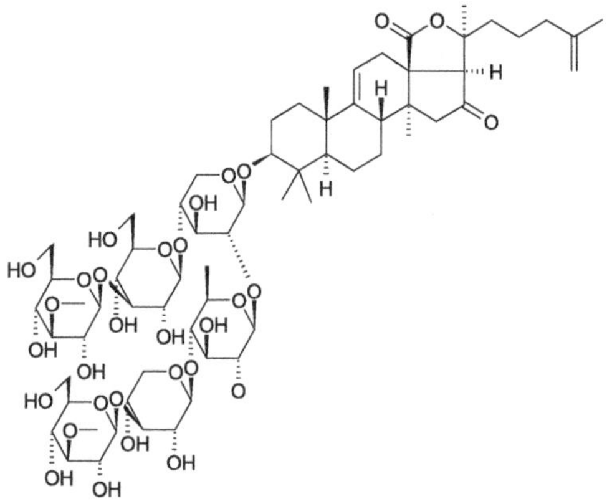

1804 Holotoxin B 海参毒素 B

【别名】3β-Hydroxyholosta-9(11),25-dien-16-one 3-O-[3-O-methyl-β-D-glucopyranosyl-(1→3)-β-D-glucopyranosyl-(1→4)-6-deoxy-β-D-glucopyranosyl-(1→2)-[β-D-glucopyranosyl-(1→3)-β-D-glucopyranosyl-(1→4)]-β-D-xylopyranoside]; 3β-羟基海参-9(11),25-二烯-16-酮 3-O-[3-O-甲基-β-D-吡喃葡萄糖基-(1→3)-β-D-吡喃葡萄糖基-(1→4)-6-去氧-β-D-吡喃葡萄糖基-(1→2)-[β-D-吡喃葡萄糖基-(1→3)-β-D-吡喃葡萄糖基-(1→4)]-β-D-吡喃木糖苷].【基本信息】$C_{66}H_{104}O_{32}$，晶体（氯仿/甲醇/水），mp 252~253°C，$[\alpha]_D^{23}$ = –78°（c = 0.28，吡啶）.【类型】羊毛甾烷三萜.【来源】刺参 *Apostichopus japonicas*（大连海岸，渤海，中国）和日本刺参 *Stichopus japonicus*.【活性】抗真菌（白色念珠菌 *Candida albicans* SC5314，MIC_{80} = 11.36μmol/L，对照：依曲康唑，MIC_{80} = 0.09μmol/L，特比耐芬，MIC_{80} = 27.45μmol/L，酮康唑，MIC_{80} = 0.1μmol/L，

两性霉素 B, MIC_{80} = 17.31μmol/L, 伏力康唑, MIC_{80} = 0.04μmol/L, 氟康唑, MIC_{80} = 1.63μmol/L; 新型隐球酵母 *Cryptococcus neoformans* BLS108, MIC_{80} = 2.84μmol/L, 对照: 依曲康唑, MIC_{80} = 0.18μmol/L, 特比耐芬, MIC_{80} = 1.72μmol/L, 酮康唑, MIC_{80} = 0.12μmol/L, 两性霉素 B, MIC_{80} = 34.63μmol/L, 伏力康唑, MIC_{80} = 0.04μmol/L, 氟康唑, MIC_{80} = 3.26μmol/L; 热带念珠菌 *Candida tropicalis,* MIC_{80} = 5.68μmol/L, 对照: 依曲康唑, MIC_{80} = 0.18μmol/L, 特比耐芬, MIC_{80} = 13.73μmol/L, 酮康唑, MIC_{80} = 0.24μmol/L, 氟康唑, MIC_{80} = 1.63μmol/L; 红色毛癣菌 *Trichophyton rubrum* 0501124, MIC_{80} = 11.36μmol/L, 对照: 依曲康唑, MIC_{80} = 0.18μmol/L, 特比耐芬, MIC_{80} = 0.86μmol/L, 酮康唑, MIC_{80} = 0.12μmol/L, 两性霉素 B, MIC_{80} = 34.63μmol/L, 伏力康唑, MIC_{80} = 0.18μmol/L, 氟康唑, MIC_{80} = 13.05μmol/L; 石膏样小孢子菌 *Microsporum gypseum* 31388, MIC_{80} = 0.71μmol/L, 对照: 依曲康唑, MIC_{80} = 0.09μmol/L, 特比耐芬, MIC_{80} = 0.43μmol/L, 酮康唑, MIC_{80} < 0.24μmol/L, 两性霉素 B, MIC_{80} = 2.16μmol/L, 伏力康唑, MIC_{80} = 0.36μmol/L, 氟康唑, MIC_{80} = 3.26μmol/L; 烟曲霉菌 *Aspergillus fumigatus* 0504656, MIC_{80} = 11.36μmol/L, 对照: 依曲康唑, MIC_{80} = 2.83μmol/L, 特比耐芬, MIC_{80} = 0.86μmol/L, 酮康唑, MIC_{80} = 1.88μmol/L, 两性霉素 B, MIC_{80} = 34.63μmol/L, 伏力康唑, MIC_{80} = 0.72μmol/L, 氟康唑, 无活性).【文献】I. Kitagawa, et al. CPB, 1978, 26, 3722; I. I. Maltsev, et al. Comp. Biochem. Physiol., B: Comp. Biochem., 1984, 78, 421; Z. Wang, et al. Food Chem., 2012, 132, 295.

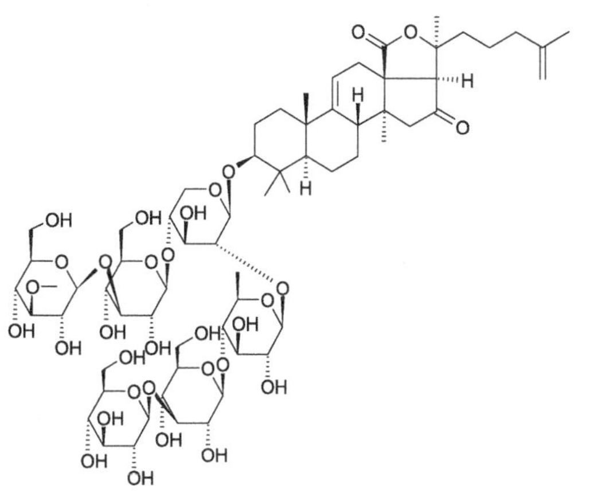

1805 Holotoxin D 海参毒素 D

【基本信息】$C_{66}H_{104}O_{32}$, 无色无定形粉末, $[\alpha]_D^{23}$ = −49° (c = 0.56, 吡啶).【类型】羊毛甾烷三萜.【来源】刺参 *Apostichopus japonicas* (大连海岸, 渤海, 中国).【活性】抗真菌 (白色念珠菌 *Candida albicans* SC5314, MIC_{80} = 6.64μmol/L, 对照: 依曲康唑, MIC_{80} = 0.09μmol/L, 特比耐芬, MIC_{80} = 27.45μmol/L, 酮康唑, MIC_{80} = 0.1μmol/L, 两性霉素 B, MIC_{80} = 17.31μmol/L, 伏力康唑, MIC_{80} = 0.04μmol/L, 氟康唑, MIC_{80} = 1.63μmol/L; 新型隐球酵母 *Cryptococcus neoformans* BLS108, MIC_{80} = 6.64μmol/L, 对照: 依曲康唑, MIC_{80} = 0.18μmol/L, 特比耐芬, MIC_{80} = 1.72μmol/L, 酮康唑, MIC_{80} = 0.12μmol/L, 两性霉素 B, MIC_{80} = 34.63μmol/L, 伏力康唑, MIC_{80} = 0.04μmol/L, 氟康唑, MIC_{80} = 3.26μmol/L; 热带念珠菌 *Candida tropicalis,* MIC_{80} = 13.29μmol/L, 对照: 依曲康唑, MIC_{80} = 0.18μmol/L, 特比耐芬, MIC_{80} = 13.73μmol/L, 酮康唑, MIC_{80} = 0.24μmol/L, 氟康唑, MIC_{80} = 1.63μmol/L; 红色毛癣菌 *Trichophyton rubrum* 0501124, MIC_{80} = 13.29μmol/L, 对照: 依曲康唑, MIC_{80} = 0.18μmol/L, 特比耐芬, MIC_{80} = 0.86μmol/L, 酮康唑, MIC_{80} = 0.12μmol/L, 两性霉素 B, MIC_{80} = 34.63μmol/L, 伏力康唑, MIC_{80} = 0.18μmol/L, 氟康唑, MIC_{80} = 13.05μmol/L; 石膏样小孢子菌 *Microsporum gypseum* 31388, MIC_{80} = 6.64μmol/L, 对照: 依曲康唑, MIC_{80} = 0.09μmol/L,特比耐芬, MIC_{80} = 0.43μmol/L, 酮康唑, MIC_{80} < 0.24μmol/L, 两性霉素 B, MIC_{80} = 2.16μmol/L, 伏力康唑, MIC_{80} = 0.36μmol/L, 氟康唑, MIC_{80} = 3.26μmol/L; 烟曲霉菌 *Aspergillus fumigatus* 0504656, MIC_{80} = 13.29μmol/L, 对照: 依曲康唑, MIC_{80} = 2.83μmol/L, 特比耐芬,

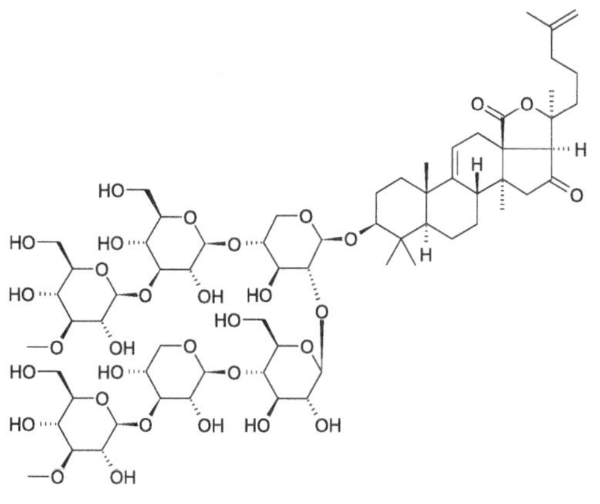

MIC_{80} = 0.86μmol/L, 酮康唑, MIC_{80} = 1.88μmol/L, 两性霉素 B, MIC_{80} = 34.63μmol/L, 伏力康唑, MIC_{80} = 0.72μmol/L, 氟康唑, 无活性).【文献】Z. Wang, et al. Food Chem., 2012, 132, 295.

1806 Holotoxin D₁ 海参毒素 D₁

【基本信息】$C_{65}H_{100}O_{32}$【类型】羊毛甾烷三萜.【来源】刺参 *Apostichopus japonicas* (大连海岸, 渤海, 中国).【活性】抗真菌 (广谱).【文献】Z. Wang, et al. Nat. Prod. Commun., 2012, 7, 1431.

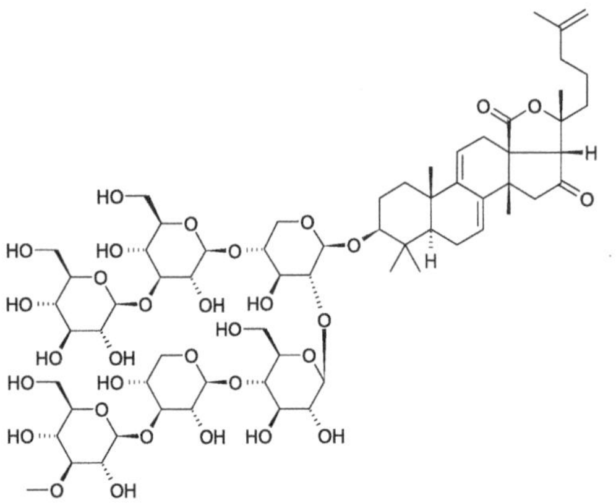

1807 Holotoxin E 海参毒素 E

【基本信息】$C_{65}H_{102}O_{31}$, 无色无定形粉末, $[\alpha]_D^{23}$ = −49° (*c* = 0.56, 吡啶).【类型】羊毛甾烷三萜.【来源】刺参 *Apostichopus japonicas* (大连海岸, 渤海, 中国).【活性】抗真菌 (白色念珠菌 *Candida albicans* SC5314, MIC_{80} = 13.45μmol/L, 对照: 依曲康唑, MIC_{80} = 0.09μmol/L, 特比耐芬, MIC_{80} = 27.45μmol/L, 酮康唑, MIC_{80} = 0.1μmol/L, 两性霉素 B, MIC_{80} = 17.31μmol/L, 伏力康唑, MIC_{80} = 0.04μmol/L, 氟康唑, MIC_{80} = 1.63μmol/L; 新型隐球酵母 *Cryptococcus neoformans* BLS108, MIC_{80} = 6.72μmol/L, 对照: 依曲康唑, MIC_{80} = 0.18μmol/L, 特比耐芬, MIC_{80} = 1.72μmol/L, 酮康唑, MIC_{80} = 0.12μmol/L, 两性霉素 B, MIC_{80} = 34.63μmol/L, 伏力康唑, MIC_{80} = 0.04μmol/L, 氟康唑, MIC_{80} = 3.26μmol/L; 热带念珠菌 *Candida tropicalis,* MIC_{80} = 13.45μmol/L, 对照: 依曲康唑, MIC_{80} = 0.18μmol/L, 特比耐芬, MIC_{80} = 13.73μmol/L, 酮康唑, MIC_{80} = 0.24μmol/L, 氟康唑, MIC_{80} = 1.63μmol/L; 红色毛癣菌 *Trichophyton rubrum* 0501124, MIC_{80} = 13.45μmol/L, 对照: 依曲康唑, MIC_{80} = 0.18μmol/L, 特比耐芬, MIC_{80} = 0.86μmol/L, 酮康唑, MIC_{80} = 0.12μmol/L, 两性霉素 B, MIC_{80} = 34.63μmol/L, 伏力康唑, MIC_{80} = 0.18μmol/L, 氟康唑, MIC_{80} = 13.05μmol/L; 石膏样小孢子菌 *Microsporum gypseum* 31388, MIC_{80} = 6.72μmol/L, 对照: 依曲康唑, MIC_{80} = 0.09μmol/L, 特比耐芬, MIC_{80} = 0.43μmol/L, 酮康唑, MIC_{80} < 0.24μmol/L, 两性霉素 B, MIC_{80} = 2.16μmol/L, 伏力康唑, MIC_{80} = 0.36μmol/L, 氟康唑, MIC_{80} = 3.26μmol/L; 烟曲霉菌 *Aspergillus fumigatus* 0504656, MIC_{80} = 26.89μmol/L, 对照: 依曲康唑, MIC_{80} = 2.83μmol/L, 特比耐芬, MIC_{80} = 0.86μmol/L, 酮康唑, MIC_{80} = 1.88μmol/L, 两性霉素 B, MIC_{80} = 34.63μmol/L, 伏力康唑, MIC_{80} = 0.72μmol/L, 氟康唑, 无活性).【文献】Z. Wang, et al. Food Chem., 2012, 132, 295.

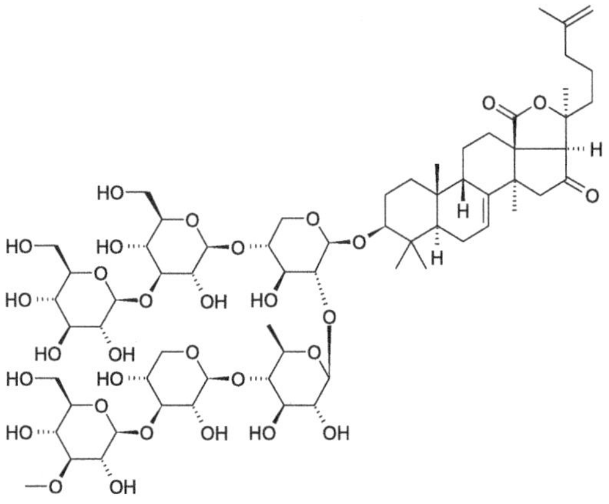

1808 Holotoxin F 海参毒素 F

【基本信息】$C_{59}H_{96}O_{25}$, 无色无定形粉末, $[\alpha]_D^{20}$ = −102° (*c* = 0.15, 吡啶).【类型】羊毛甾烷三萜.【来源】刺参 *Apostichopus japonicas* (大连海岸, 渤海, 中国).【活性】抗真菌 (白色念珠菌 *Candida albicans* SC5314, MIC_{80} = 5.58μmol/L, 对照: 依曲康唑, MIC_{80} = 0.09μmol/L, 特比耐芬, MIC_{80} = 27.45μmol/L, 酮康唑, MIC_{80} = 0.1μmol/L, 两性霉素 B, MIC_{80} = 17.31μmol/L, 伏力康唑, MIC_{80} = 0.04μmol/L, 氟康唑, MIC_{80} = 1.63μmol/L; 新型隐球酵母 *Cryptococcus neoformans* BLS108, MIC_{80} = 2.84μmol/L, 对照: 依曲康唑, MIC_{80} = 0.18μmol/L, 特比耐芬, MIC_{80} = 1.72μmol/L, 酮康唑, MIC_{80} = 0.12μmol/L, 两性霉素 B, MIC_{80} = 34.63μmol/L, 伏力康唑, MIC_{80} = 0.04μmol/L, 氟康唑, MIC_{80} = 3.26μmol/L; 热带念珠菌 *Candida tropicalis,* MIC_{80} = 5.68μmol/L, 对照: 依曲康唑, MIC_{80} = 0.18μmol/L, 特比耐芬, MIC_{80} = 13.73μmol/L, 酮康唑, MIC_{80} = 0.24μmol/L, 氟康唑, MIC_{80} = 1.63μmol/L; 红色

毛癣菌 *Trichophyton rubrum* 0501124, MIC_{80} = 5.68μmol/L, 对照: 依曲康唑, MIC_{80} = 0.18μmol/L, 特比耐芬, MIC_{80} = 0.86μmol/L, 酮康唑, MIC_{80} = 0.12μmol/L, 两性霉素 B, MIC_{80} = 34.63μmol/L, 伏力康唑, MIC_{80} = 0.18μmol/L, 氟康唑, MIC_{80} = 13.05μmol/L; 石膏样小孢子菌 *Microsporum gypseum* 31388, MIC_{80} = 1.42μmol/L, 对照: 依曲康唑, MIC_{80} = 0.09μmol/L, 特比耐芬, MIC_{80} = 0.43μmol/L, 酮康唑, MIC_{80} < 0.24μmol/L, 两性霉素 B, MIC_{80} = 2.16μmol/L, 伏力康唑, MIC_{80} = 0.36μmol/L, 氟康唑, MIC_{80} = 3.26μmol/L; 烟曲霉菌 *Aspergillus fumigatus* 0504656, MIC_{80} = 5.68μmol/L, 对照: 依曲康唑, MIC_{80} = 2.83μmol/L, 特比耐芬, MIC_{80} = 0.86μmol/L, 酮康唑, MIC_{80} = 1.88μmol/L, 两性霉素 B, MIC_{80} = 34.63μmol/L, 伏力康唑, MIC_{80} = 0.72μmol/L, 氟康唑, 无活性).【文献】Z. Wang, et al. Food Chem., 2012, 132, 295.

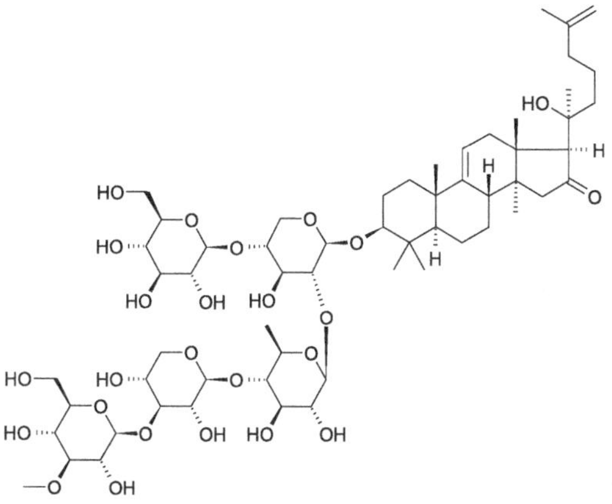

1809 Holotoxin G 海参毒素 G

【基本信息】$C_{58}H_{94}O_{25}$, 无色无定形粉末, $[\alpha]_D^{20}$ = –92° (c = 0.15, 吡啶).【类型】羊毛甾烷三萜.【来源】刺参 *Apostichopus japonicas* (大连海岸, 渤海, 中国).【活性】抗真菌 (白色念珠菌 *Candida albicans* SC5314, MIC_{80} = 5.81μmol/L, 对照: 依曲康唑, MIC_{80} = 0.09μmol/L, 特比耐芬, MIC_{80} = 27.45μmol/L, 酮康唑, MIC_{80} = 0.1μmol/L, 两性霉素 B, MIC_{80} = 17.31μmol/L, 伏力康唑, MIC_{80} = 0.04μmol/L, 氟康唑, MIC_{80} = 1.63μmol/L; 新型隐球酵母 *Cryptococcus neoformans* BLS108, MIC_{80} = 2.90μmol/L, 对照: 依曲康唑, MIC_{80} = 0.18μmol/L, 特比耐芬, MIC_{80} = 1.72μmol/L, 酮康唑, MIC_{80} = 0.12μmol/L, 两性霉素 B, MIC_{80} = 34.63μmol/L, 伏力康唑, MIC_{80} = 0.04μmol/L, 氟康唑, MIC_{80} = 3.26μmol/L; 热带念珠菌 *Candida tropicalis*, MIC_{80} = 5.81μmol/L, 对照: 依曲康唑, MIC_{80} = 0.18μmol/L, 特比耐芬, MIC_{80} = 13.73μmol/L, 酮康唑, MIC_{80} = 0.24μmol/L, 氟康唑, MIC_{80} = 1.63μmol/L; 红色毛癣菌 *Trichophyton rubrum* 0501124, MIC_{80} = 2.90μmol/L, 对照: 依曲康唑, MIC_{80} = 0.18μmol/L, 特比耐芬, MIC_{80} = 0.86μmol/L, 酮康唑, MIC_{80} = 0.12μmol/L, 两性霉素 B, MIC_{80} = 34.63μmol/L, 伏力康唑, MIC_{80} = 0.18μmol/L, 氟康唑, MIC_{80} = 13.05μmol/L; 石膏样小孢子菌 *Microsporum gypseum* 31388, MIC_{80} = 1.45μmol/L, 对照: 依曲康唑, MIC_{80} = 0.09μmol/L, 特比耐芬, MIC_{80} = 0.43μmol/L, 酮康唑, MIC_{80} < 0.24μmol/L, 两性霉素 B, MIC_{80} = 2.16μmol/L, 伏力康唑, MIC_{80} = 0.36μmol/L, 氟康唑, MIC_{80} = 3.26μmol/L; 烟曲霉菌 *Aspergillus fumigatus* 0504656, MIC_{80} = 11.61μmol/L, 对照: 依曲康唑, MIC_{80} = 2.83μmol/L, 特比耐芬, MIC_{80} = 0.86μmol/L, 酮康唑, MIC_{80} = 1.88μmol/L, 两性霉素 B, MIC_{80} = 34.63μmol/L, 伏力康唑, MIC_{80} = 0.72μmol/L, 氟康唑, 无活性).【文献】Z. Wang, et al. Food Chem., 2012, 132, 295.

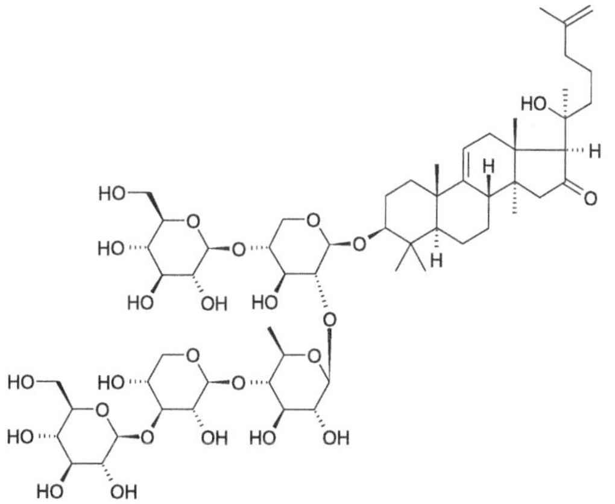

1810 17α-Hydroxyimpatienside A 17α-羟基丑海参烯糖苷 A*

【别名】(3*β*,12*α*,17*αOH*,20*S*)-Holost-9(11),24-diene-3,12,17-triol 3-*O*-[3-*O*-methyl-*β*-D-glucopyranosyl-(1→3)-*β*-D-glucopyranosyl-(1→4)-6-deoxy-*β*-D-glucopyranosyl-(1→2)-[3-*O*-methyl-*β*-D-glucopyranosyl-(1→3)-*β*-D-glucopyranosyl-(1→4)]-*β*-D-xylopyranoside]; (3*β*,12*α*,17*αOH*,20*S*)-海参-9(11),24-二烯-3,12,17-三醇 3-*O*-[3-*O*-甲基-*β*-D-吡喃葡萄糖基-(1→3) -*β*-D-吡喃葡萄糖基-(1→4)-6-去氧-*β*-D-吡喃葡萄糖基-(1→2)-[3-*O*-甲基-*β*-D-吡喃葡萄糖基-(1→3)-

β-D-吡喃葡萄糖基-(1→4)]-β-D-吡喃木糖苷].【基本信息】$C_{67}H_{108}O_{33}$, 无定形粉末, mp 209~211°C, $[\alpha]_D^{20} = -11°$ (c = 0.205, 吡啶).【类型】羊毛甾烷三萜.【来源】网纹白尼参 *Bohadschia marmorata* (海南岛, 中国).【活性】抗真菌 (白色念珠菌 *Candida albicans*, MIC_{80} = 2.78μmol/L; 对照酮康唑, MIC_{80} = 0.12μmol/L; 新型隐球酵母 *Cryptococcus neoformans*, MIC_{80} = 0.69μmol/L; 酮康唑, MIC_{80} = 0.12μmol/L; 烟曲霉菌 *Aspergillus fumigatus*, MIC_{80} = 2.78μmol/L; 酮康唑, MIC_{80} = 1.88μmol/L; 红色毛癣菌 *Trichophyton rubrum*, MIC_{80} = 11.11μmol/L; 酮康唑, MIC_{80} = 0.12μmol/L; 热带念珠菌 *Candida tropicaLis*, MIC_{80} = 2.78μmol/L; 酮康唑, MIC_{80} = 0.03μmol/L; 克鲁斯念珠菌 (克鲁斯假丝酵母) *Candida krusei*, MIC_{80} = 2.78μmol/L; 对照酮康唑, MIC_{80} = 0.47μmol/L).【文献】W. -H. Yuan, et al. PM, 2009, 75, 168.

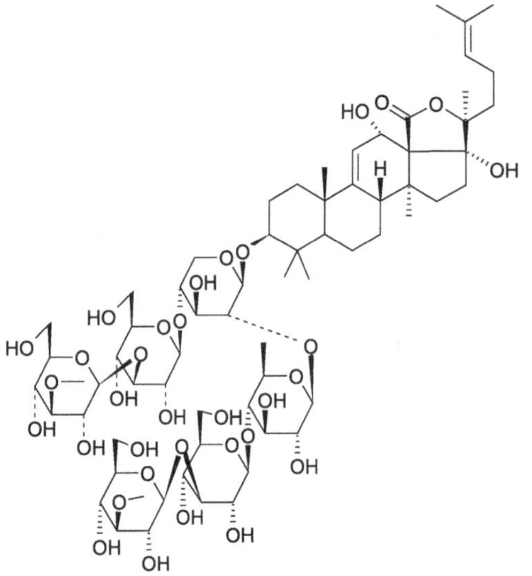

1811 Impatienside A 丑海参烯糖苷 A*

【别名】(3β,12α)-Holost-9(11),24-diene-3,12-diol 3-*O*-[3-*O*-methyl-β-D-glucopyranosyl-(1→3)-β-D-glucopyranosyl-(1→4)-6-deoxy-β-D-glucopyranosyl-(1→2)-[3-*O*-methyl-β-D-glucopyranosyl-(1→3)-β-D-glucopyranosyl-(1→4)]-β-D-xylopyranoside]; (3β,12α)-海参-9(11),24-二烯-3,12-二醇 3-*O*-[3-*O*-甲基-β-D-吡喃葡萄糖基-(1→3)-β-D-吡喃葡萄糖基-(1→4)-6-去氧-β-D-吡喃葡萄糖基-(1→2)-[3-*O*-甲基-β-D-吡喃葡萄糖基-(1→3)-β-D-吡喃葡萄糖基-(1→4)]-β-D-吡喃木糖苷].【基本信息】$C_{67}H_{108}O_{32}$, 无定形粉末, mp 217~219°C, $[\alpha]_D^{20} = -23°$ (c = 0.6, 吡啶).【类型】羊毛甾烷三萜.【来源】网纹白尼参 *Bohadschia marmorata* (海南岛, 中国) 和丑海参 *Holothuria impatiens*.【活性】抗真菌 (白色念珠菌 *Candida albicans*, MIC_{80} = 2.81μmol/L; 对照酮康唑, MIC_{80} = 0.12μmol/L; 新型隐球酵母 *Cryptococcus neoformans*, MIC_{80} = 0.70μmol/L; 酮康唑, MIC_{80} = 0.12μmol/L; 烟曲霉菌 *Aspergillus fumigatus*, MIC_{80} = 2.81μmol/L; 酮康唑, MIC_{80} = 1.88μmol/L; 红色毛癣菌 *Trichophyton rubrum*, MIC_{80} = 0.70μmol/L; 酮康唑, MIC_{80} = 0.12μmol/L; 热带念珠菌 *Candida tropicalis*, MIC_{80} = 2.81μmol/L; 酮康唑, MIC_{80} = 0.03μmol/L; 克鲁斯念珠菌 (克鲁斯假丝酵母) *Candida krusei*, MIC_{80} = 2.81μmol/L; 酮康唑, MIC_{80} = 0.47μmol/L).【文献】P. Sun, et al. Chem. Biodiversity, 2007, 4, 450; W. -H. Yuan, et al. PM, 2009, 75, 168.

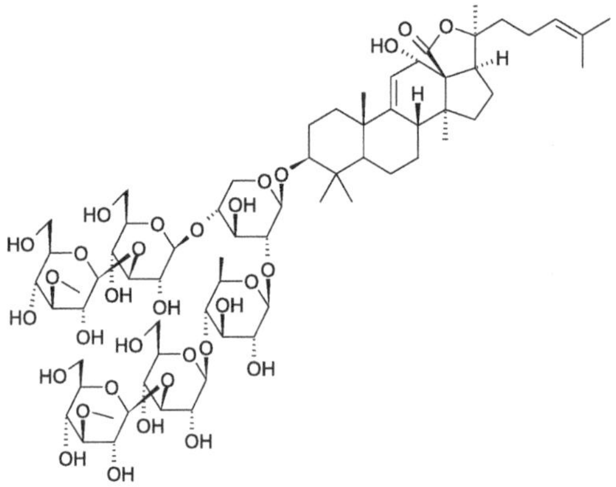

1812 Leucospilotaside B 玉足海参糖苷 B*

【别名】(3β,12α,17α,24ξ)-Holost-9(11)-ene-3,12,17,24-tetrol 3-*O*-[6-deoxy-β-D-glucopyranosyl-(1→2)-4-*O*-sulfo-β-D-xylopyranoside]; (3β,12α,17α,24ξ)-海参-9(11)-烯-3,12,17,24-四醇 3-*O*-[6-去氧-β-D-吡喃葡萄糖基-(1→2)-4-*O*-磺基-β-D-吡喃木糖苷].【基本信息】$C_{41}H_{66}O_{17}S$, 无定形粉末, mp 228~230°C, $[\alpha]_D^{20} = -6.7°$ (c = 0.3, 吡啶).【类型】羊毛甾烷三萜.【来源】玉足海参* *Holothuria leucospilota* (海南岛, 中国).【活性】细胞毒 (一组人肿瘤细胞株, 中等活性).【文献】H. Han, et al. Chin. J. Nat. Med., 2009, 7, 346; H. Han, et al. Chem. Biodivers. 2010, 7, 1764.

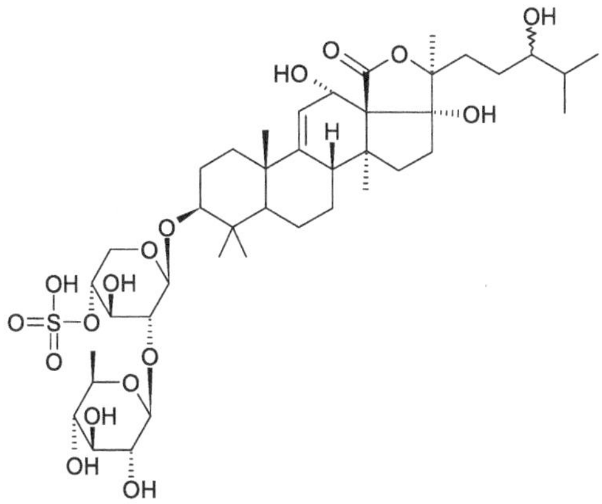

1813 Liouvilloside A 南极海参糖苷 A*

【别名】(3*β*,16*β*)-Holost-7,24-diene-16-acetoxy-3-ol 3-*O*-[3-*O*-methyl-6-*O*-sulfo-*β*-D-glucopyranosyl-(1→3)-6-*O*-sulfo-*β*-D-glucopyranosyl-(1→4)-6-deoxy-*β*-D-glucopyranosyl-(1→2)-4-*O*-sulfo-*β*-D-xylopyranoside]; (3*β*,16*β*)-海参-7,24-二烯-16-乙酰氧基-3-醇 3-*O*-[3-*O*-甲基-6-*O*-磺基-*β*-D-吡喃葡萄糖基-(1→3)-6-*O*-磺基-*β*-D-吡喃葡萄糖基-(1→4)-6-去氧-*β*-D-吡喃葡萄糖基-(1→2)-4-*O*-磺基-*β*-D-吡喃木糖苷].【基本信息】$C_{56}H_{88}O_{32}S_3$, 无定形粉末, mp 191~193°C,$[\alpha]_D^{20}$ = –4.9° (c = 0.5, 吡啶).【类型】羊毛甾烷三萜.【来源】南极海参* *Staurocucumis liouvillei* (嗜冷生物, 冷水域, 南极地区).【活性】抗病毒 (HSV-1, < 10μg/mL).【文献】M. S. Maier, et al. JNP, 2001, 64, 732; M. D. Lebar, et al. NPR, 2007, 24, 774 (Rev.).

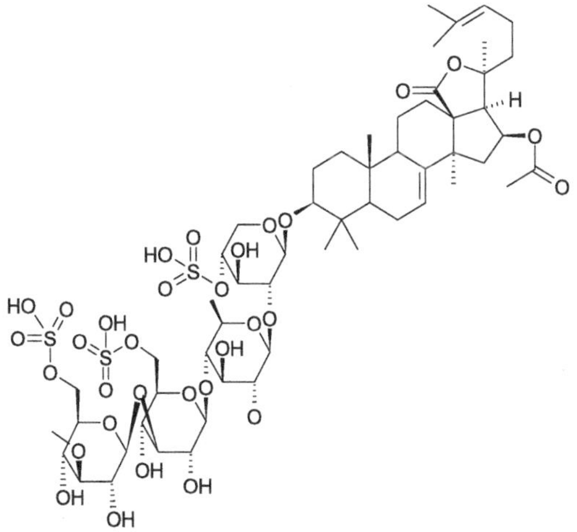

1814 Liouvilloside B 南极海参糖苷 B*

【别名】(3*β*,9*α*,16*β*)-Holost-7-ene-16-acetoxy-3-ol 3-*O*-[3-*O*-methyl-6-*O*-sulfo-*β*-D-glucopyranosyl-(1→3)-6-*O*-sulfo-*β*-D-glucopyranosyl-(1→4)-6-deoxy-*β*-D-glucopyranosyl-(1→2)-4-*O*-sulfo-*β*-D-xylopyranoside]; (3*β*,9*α*,16*β*)-海参-7-烯-16-乙酰氧基-3-醇 3-*O*-[3-*O*-甲基-6-*O*-磺基-*β*-D-吡喃葡萄糖基-(1→3)-6-*O*-磺基-*β*-D-吡喃葡萄糖基-(1→4)-6-去氧-*β*-D-吡喃葡萄糖基-(1→2)-4-*O*-磺基-*β*-D-吡喃木糖苷].【基本信息】$C_{56}H_{90}O_{32}S_3$, 无定形粉末, mp 192~194°C, $[\alpha]_D^{20}$ = –10.5° (c = 0.4, 吡啶).【类型】羊毛甾烷三萜.【来源】南极海参* *Staurocucumis liouvillei* (嗜冷生物, 冷水域, 南极地区).【活性】抗病毒 (HSV-1, < 10μg/mL).【文献】M. S. Maier, et al. JNP, 2001, 64, 732; M. D. Lebar, et al. NPR, 2007, 24, 774 (Rev.); J. Rodriguez, et al. J. Chem. Res., Synop., 1989, 342; J. Chem. Res., Miniprint, 2620.

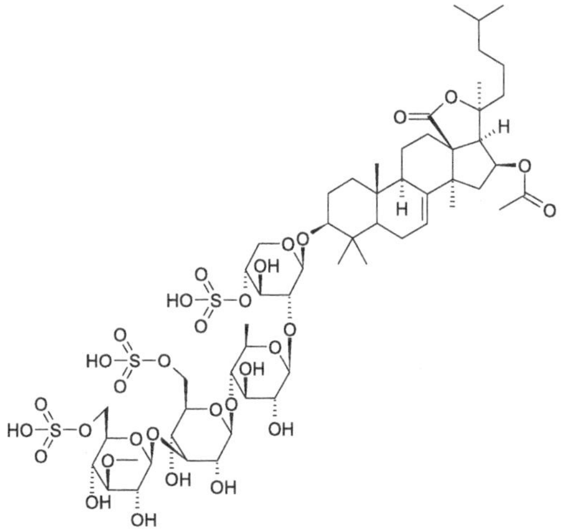

1815 Marmoratoside A 网纹白尼参糖苷 A*

【别名】(3*β*,12*α*)-Holost-9(11),25-diene-3,12-diol 3-*O*-[3-*O*-methyl-*β*-D-glucopyranosyl-(1→3)-*β*-D-glucopyranosyl-(1→4)-6-deoxy-*β*-D-glucopyranosyl-(1→2)-[3-*O*-methyl-*β*-D-glucopyranosyl-(1→3)-*β*-D-glucopyranosyl-(1→4)]-*β*-D-xylopyranoside]; (3*β*,12*α*)-海参-9(11),25-二烯-3,12-二醇 3-*O*-[3-*O*-甲基-*β*-D-吡喃葡萄糖基-(1→3)-*β*-D-吡喃葡萄糖基-(1→4)-6-去氧-*β*-D-吡喃葡萄糖基-(1→2)-[3-*O*-甲基-*β*-D-吡喃葡萄糖基-(1→3)-*β*-D-吡喃葡萄糖基-(1→4)]-*β*-D-吡喃木糖苷].【基本信息】$C_{67}H_{108}O_{32}$, 无定形粉末, mp 209~211°C, $[\alpha]_D^{20}$ = –1.7° (c = 0.34, 吡啶).【类型】羊毛甾烷三萜.【来源】网纹白尼参 *Bohadschia marmorata* (海南岛, 中国).【活性】抗真菌 (白色念珠菌 *Candida* *albicans*, MIC_{80} = 2.81μmol/L; 对照酮康唑, MIC_{80} = 0.12μmol/L; 新型隐球酵母 *Cryptococcus neoformans*, MIC_{80} = 0.70μmol/L; 酮康唑, MIC_{80} = 0.12μmol/L; 烟曲霉菌 *Aspergillus fumigatus*, MIC_{80} = 2.81μmol/L; 酮康唑, MIC_{80} = 1.88μmol/L; 红色毛癣菌 *Trichophyton rubrum*, MIC_{80} = 0.70μmol/L; 酮康唑, MIC_{80} = 0.12μmol/L; 热带念珠菌 *Candida tropicalis*, MIC_{80} = 2.81μmol/L; 酮康唑, MIC_{80} = 0.03μmol/L; 克鲁斯念珠菌 (克鲁斯假丝酵母) *Candida krusei*, MIC_{80} = 11.24μmol/L; 酮康唑, MIC_{80} = 0.47μmol/L).【文献】W. -H. Yuan, et al. PM, 2009, 75, 168.

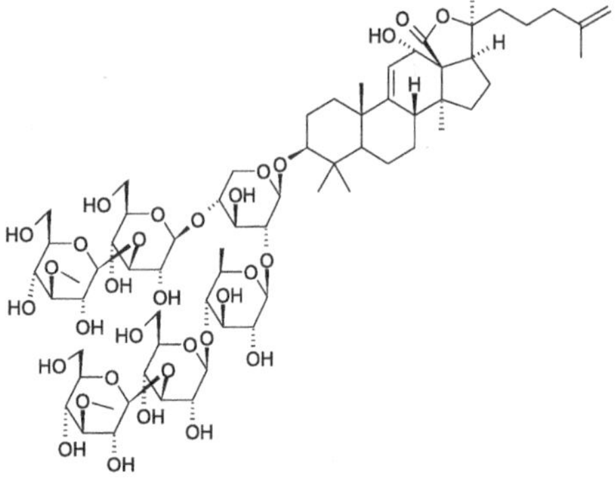

1816 Marmoratoside B 网纹白尼参糖苷 B*

【别名】(3*β*,12*α*)-Holost-9(11),23-diene-3,12,25-triol 3-*O*-[3-*O*-methyl-*β*-D-glucopyranosyl-(1→3)-*β*-D-glucopyranosyl-(1→4)-6-deoxy-*β*-D-glucopyranosyl-(1→2)-[3-*O*-methyl-*β*-D-glucopyranosyl-(1→3)-*β*-D-glucopyranosyl-(1→4)]-*β*-D-xylopyranoside]; (3*β*,12*α*)-海参-9(11),23-二烯-3,12,25-三醇 3-*O*-[3-*O*-甲基-*β*-D-吡喃葡萄糖基-(1→3)-*β*-D-吡喃葡萄糖基-(1→4)-6-去氧-*β*-D-吡喃葡萄糖基-(1→2)-[3-*O*-甲基-*β*-D-吡喃葡萄糖基-(1→3)- *β*-D-吡喃葡萄糖基-(1→4)]-*β*-D-吡喃木糖苷].【基本信息】$C_{67}H_{108}O_{33}$, 无定形粉末, mp 215~217°C, $[\alpha]_D^{20}$ = −8.8° (*c* = 0.65, 吡啶).【类型】羊毛甾烷三萜.【来源】网纹白尼参 *Bohadschia marmorata* (海南岛, 中国).【活性】抗真菌 (白色念珠菌 *Candida albicans*, MIC_{80} = 44.44μmol/L; 对照酮康唑, MIC_{80} = 0.12μmol/L; 新型隐球酵母 *Cryptococcus neoformans*, MIC_{80} = 44.44μmol/L; 酮康唑, MIC_{80} = 0.12μmol/L; 烟曲霉菌 *Aspergillus fumigatus*, MIC_{80} = 44.44μmol/L; 酮康唑, MIC_{80} = 1.88μmol/L; 红色毛癣菌 *Trichophyton rubrum*, MIC_{80} = 44.44μmol/L; 酮康唑, MIC_{80} = 0.12μmol/L; 热带念珠菌 *Candida tropicalis*, MIC_{80} = 44.44μmol/L; 酮康唑, MIC_{80} = 0.03μmol/L; 克鲁斯假丝酵母 *Candida krusei*, MIC_{80} = 44.44μmol/L; 酮康唑, MIC_{80} = 0.47μmol/L).【文献】W. -H. Yuan, et al. PM, 2009, 75, 168.

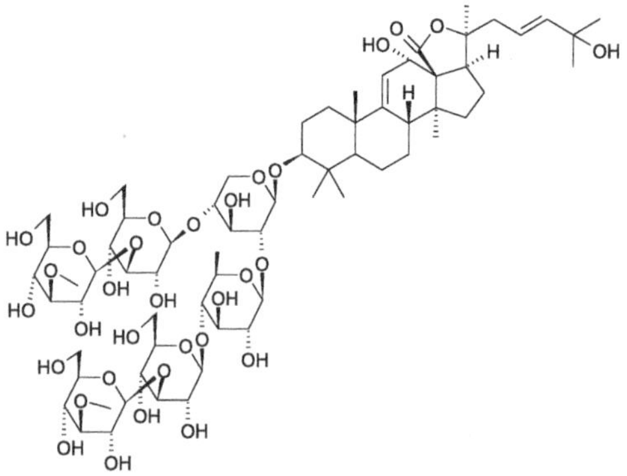

1817 Methyl 3*β*,23*R*-dihydroxy-29-nor-lanosta-8,24-dien- 28-oate 3-sulfate 3*β*,23*R*-二羟基-29-去甲-羊毛甾-8,24-二烯-28-酸甲酯 3-硫酸酯*

【基本信息】$C_{30}H_{48}O_7S$, 白色无定形固体, $[\alpha]_D^{23}$ = +53.5° (*c* = 0.11, 甲醇).【类型】羊毛甾烷三萜.【来源】红藻白果胞藻 *Tricleocarpa fragilis* (夏威夷, 美国).【活性】细胞毒 (P_{388}, IC_{50} > 2μg/mL).【文献】F. D. Horgen, et al. JNP, 2000, 63, 210.

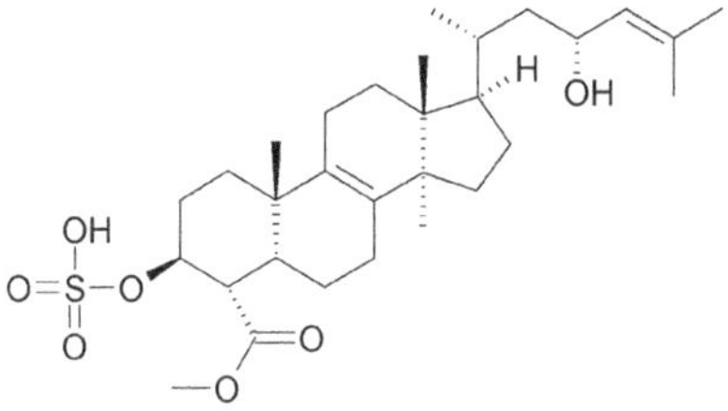

1818 Methyl 3*β*-hydroxy-23-oxo-29-nor-lanosta- 8,24-dien-28-oate 3-sulfate 3*β*-羟基-23-氧代- 29-去甲-羊毛甾-8,24-二烯-28-酸甲酯 3-硫酸酯*

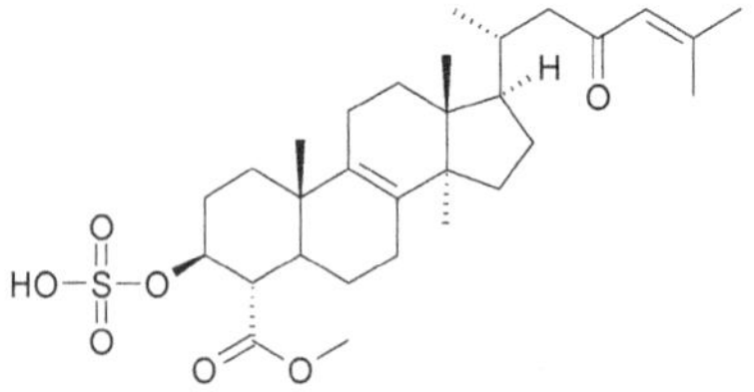

【基本信息】$C_{30}H_{46}O_7S$, 白色无定形固体, $[\alpha]_D^{28}$ = +36° (*c* = 0.10, 甲醇).【类型】羊毛甾烷三萜.【来源】红藻白果胞藻 *Tricleocarpa fragilis* (夏威夷, 美国).【活性】细胞毒 (P_{388}, IC_{50} > 1μg/mL); 有毒的 (盐水丰年虾, 50μg/mL).【文献】F. D. Horgen, et al. JNP, 2000, 63, 210.

1819 26-Nor-25-oxo-holotoxin A1 26-去甲-25-氧代-海参毒素 A_1*

【基本信息】$C_{65}H_{102}O_{32}$，无色无定形粉末，$[\alpha]_D^{20}$ = –28° (*c* = 0.30，吡啶).【类型】羊毛甾烷三萜.【来源】刺参 *Apostichopus japonicas* (大连海岸，渤海，中国).【活性】抗真菌 (白色念珠菌 *Candida albicans* SC5314, MIC_{80} > 45.91μmol/L，对照：依曲康唑，MIC_{80} = 0.09μmol/L，特比耐芬，MIC_{80} = 27.45μmol/L，酮康唑，MIC_{80} = 0.1μmol/L，两性霉素 B, MIC_{80} = 17.31μmol/L，伏力康唑，MIC_{80} = 0.04μmol/L，氟康唑，MIC_{80} = 1.63μmol/L；新型隐球酵母 *Cryptococcus neoformans* BLS108, MIC_{80} > 45.91μmol/L，对照：依曲康唑，MIC_{80} = 0.18μmol/L，特比耐芬，MIC_{80} = 1.72μmol/L，酮康唑，MIC_{80} = 0.12μmol/L，两性霉素 B，MIC_{80} = 34.63μmol/L，伏力康唑，MIC_{80} = 0.04μmol/L，氟康唑，MIC_{80} = 3.26μmol/L；热带念珠菌 *Candida tropicalis*, MIC_{80} > 45.91μmol/L，对照：依曲康唑，MIC_{80} = 0.18μmol/L，特比耐芬，MIC_{80} = 13.73μmol/L，酮康唑，MIC_{80} = 0.24μmol/L，氟康唑，MIC_{80} = 1.63μmol/L；红色毛癣菌 *Trichophyton rubrum* 0501124, MIC_{80} = 45.91μmol/L，对照：依曲康唑，MIC_{80} = 0.18μmol/L，特比耐芬，MIC_{80} = 0.86μmol/L，酮康唑，MIC_{80} = 0.12μmol/L，两性霉素 B，MIC_{80} = 34.63μmol/L，伏力康唑，MIC_{80} = 0.18μmol/L，氟康唑，MIC_{80} = 13.05μmol/L；石膏样小孢子菌 *Microsporum gypseum* 31388, MIC_{80} = 5.73μmol/L，对照：依曲康唑，MIC_{80} = 0.09μmol/L，特比耐芬，MIC_{80} = 0.43μmol/L，酮康唑，MIC_{80} < 0.24μmol/L，两性霉素 B，MIC_{80} = 2.16μmol/L，伏力康唑，MIC_{80} = 0.36μmol/L，氟康唑，MIC_{80} = 3.26μmol/L；烟曲霉菌 *Aspergillus fumigatus* 0504656, MIC_{80} = 11.48μmol/L，对照：依曲康唑，MIC_{80} = 2.83μmol/L，特比耐芬，MIC_{80} = 0.86μmol/L，酮康唑，MIC_{80} = 1.88μmol/L，两性霉素 B, MIC_{80} = 34.63μmol/L，伏力康唑，MIC_{80} = 0.72μmol/L，氟康唑，无活性).【文献】Z. Wang, et al. Food Chem., 2012, 132, 295.

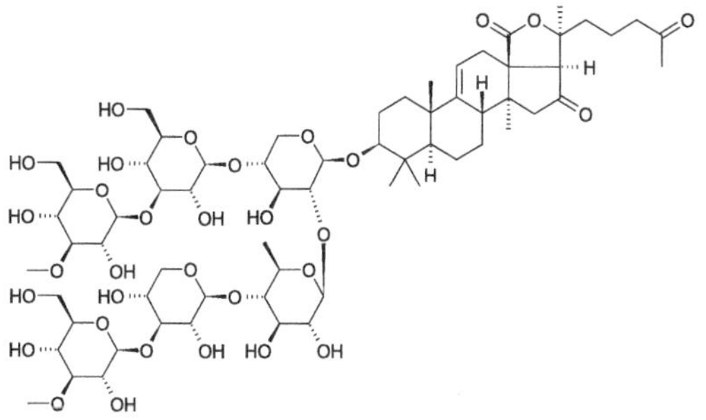

1820 Patagonicoside A 巴塔哥尼亚箱海参糖苷 A*

【别名】(3*β*,12*α*,17*αOH*)-Holost-7-ene-3,12,17-triol 3-*O*-[3-*O*-methyl-*β*-D-glucopyranosyl-(1→3)-6-*O*-sulfo-*β*-D-glucopyranosyl-(1→4)-6-deoxy-*β*-D-glucopyranosyl-(1→2)-4-*O*-sulfo-*β*-D-xylopyranoside]; (3*β*,12*α*,17*αOH*)-海参-7-烯-3,12,17-三羟基 3-*O*-[3-*O*-甲基-*β*-D-吡喃葡萄糖基-(1→3)-6-*O*-磺基-*β*-D-吡喃葡萄糖基-(1→4)-6-去氧-*β*-D-吡喃葡萄糖基-(1→2)-4-*O*-磺基-*β*-D-吡喃木糖苷].【基本信息】$C_{54}H_{88}O_{29}S_2$，无定形粉末，mp 204~206°C，$[\alpha]_D^{20}$ = –30° (*c* = 0.5，甲醇).【类型】羊毛甾烷三萜.【来源】巴塔哥尼亚箱海参* *Psolus patagonicus*.【活性】抗真菌 (致植物病的真菌黄瓜枝孢霉 *Cladosporium cucumerinum*, 1.5~50μg/点，IZD = 8~19mm，有潜力的).【文献】A. P. Murray, et al. Tetrahedron, 2001, 57, 9563.

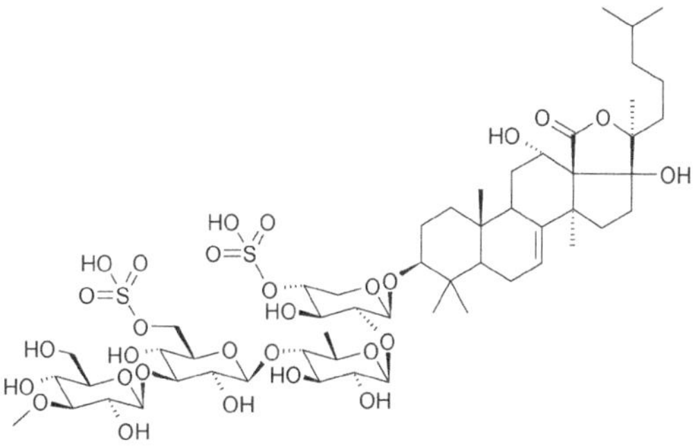

1821 Patagonicoside B 巴塔哥尼亚箱海参糖苷 B*

【基本信息】$C_{53}H_{84}O_{25}S$.【类型】羊毛甾烷三萜.【来源】巴塔哥尼亚箱海参* *Psolus patagonicus*

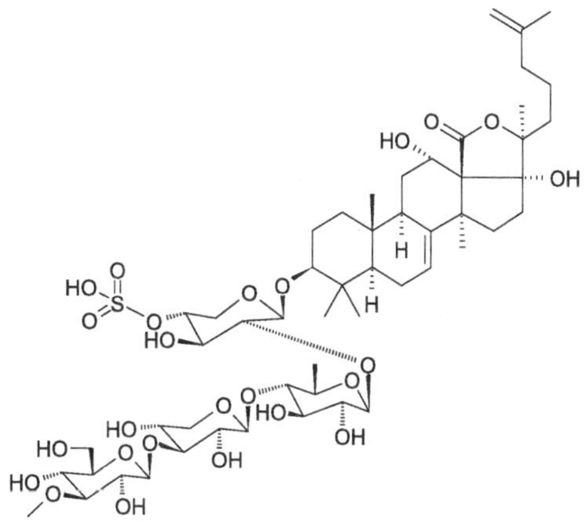

(不瑞德杰斯岛, 火地岛, 阿根廷).【活性】抗真菌 (致植物病的真菌黄瓜枝孢霉 *Cladosporium cucumerinum*, 中等活性).【文献】V. P. Careaga, et al. Chem. Biodivers. 2011, 8, 467.

1822 Patagonicoside C 巴塔哥尼亚箱海参糖苷 C*

【基本信息】$C_{54}H_{88}O_{29}S_2$.【类型】羊毛甾烷三萜.【来源】巴塔哥尼亚箱海参* *Psolus patagonicus* (不瑞德杰斯岛, 火地岛, 阿根廷).【活性】抗真菌 (致植物病的真菌黄瓜枝孢霉 *Cladosporium cucumerinum*, 中等活性).【文献】V. P. Careaga, et al. Chem. Biodivers. 2011, 8, 467.

1823 Penasterone 佩纳海绵甾酮*

【基本信息】$C_{30}H_{46}O_3$, 晶体 (甲醇), mp 126~130°C, $[\alpha]_D^{25} = -18.2°$ ($c = 0.6$, 氯仿).【类型】羊毛甾烷三萜.【来源】佩纳海绵属 *Penares incrustans* (冲绳, 日本).【活性】抑制抗 IgE 诱导的组胺释放 (大鼠腹膜肥大细胞).【文献】N. Shoji, et al. JNP, 1992, 55, 1682.

1824 PentactasideⅠ 四棱五角瓜参糖苷Ⅰ*

【基本信息】$C_{48}H_{74}O_{20}S$.【类型】羊毛甾烷三萜.【来源】四棱五角瓜参* *Pentacta quadrangularis* (湛江, 广东, 中国).【活性】细胞毒 (中等活性).【文献】H. Han, et al. PM, 2010, 76, 1900.

1825 PentactasideⅡ 四棱五角瓜参糖苷Ⅱ*

【基本信息】$C_{48}H_{74}O_{20}S$.【类型】羊毛甾烷三萜.【来源】四棱五角瓜参* *Pentacta quadrangularis* (湛江, 广东, 中国).【活性】细胞毒 (中等活性).【文献】H. Han, et al. PM, 2010, 76, 1900.

1826 PentactasideⅢ 四棱五角瓜参糖苷Ⅲ*

【基本信息】$C_{43}H_{66}O_{16}S$.【类型】羊毛甾烷三萜.【来源】四棱五角瓜参* *Pentacta quadrangularis* (湛江, 广东, 中国).【活性】细胞毒 (中等活性).【文献】H. Han, et al. PM, 2010, 76, 1900.

1827 Sarasinoside A₁ 星亮海绵糖苷 A₁*

【别名】(3*β*,5*α*)-3-Hydroxy-4,4-dimethylcholesta-8,24-dien-23-one 3-*O*-[*β*-D-glucopyranosyl-(1→2)-*β*-D-glucopyranosyl-(1→6)-2-acetamido-2-deoxy-*β*-D-glucopyranosyl-(1→2)-[2-acetamido-2-deoxy-*β*-D-galactopyranosyl-(1→4)]-*β*-D-xylopyranoside]; (3*β*,5*α*)-3-羟基-4,4-二甲基胆甾-8,24-二烯-23-酮 3-*O*-[*β*-D-吡喃葡萄糖基-(1→2)-*β*-D-吡喃葡萄糖

基-(1→6)-2-乙酰胺基-2-去氧-β-D-吡喃葡萄糖基-(1→2)-[2-乙酰胺基-2-去氧-β-D-吡喃半乳糖苷-(1→4)]-β-D-吡喃木糖苷]【基本信息】$C_{62}H_{100}N_2O_{26}$，粉末（氯仿/甲醇），mp 208~212°C，$[\alpha]_D = -7.4°$（$c = 0.3$，甲醇）.【类型】羊毛甾烷三萜.【来源】星亮海绵属 *Asteropus sarasinosum*.【活性】细胞毒；鱼毒.【文献】M. Kobayashi, et al. CPB, 1991, 39, 2867; H. -S. Lee, et al. JNP, 2000, 63, 915.

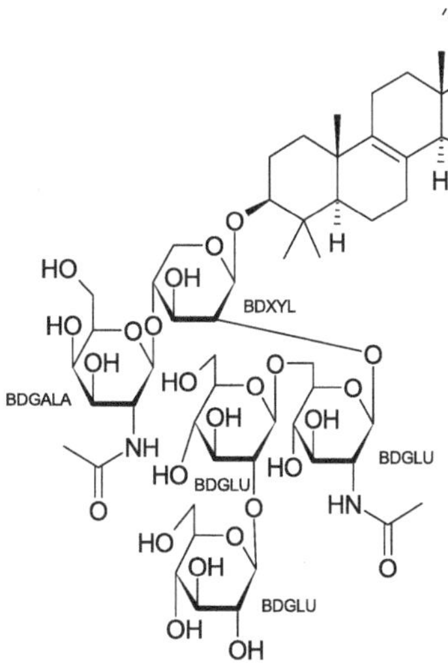

1828 Sarasinoside B₁ 星亮海绵糖苷 B₁*

【别名】(3β,5α)-3-Hydroxy-4,4-dimethylcholest-8,24-dien-23-one 3-O-[β-D-glucopyranosyl-(1→2)-β-D-xylopyranosyl-(1→6)-2-acetamido-2-deoxy-β-D-glucopyranosyl-(1→2)-[2-acetamido-2-deoxy-β-D-galactopyranosyl-(1→4)]-β-D-xylopyranoside]; (3β,5α)-3-羟基-4,4-二甲基胆甾烷-8,24-二烯-23-酮 3-O-[β-D-吡喃葡萄糖基-(1→2)-β-D-吡喃木糖基-(1→6)-2-乙酰胺基-2-去氧-β-D-吡喃葡萄糖基-(1→2)-[2-乙酰胺基-2-去氧-β-D-吡喃半乳糖基-(1→4)]-β-D-吡喃木糖苷].【基本信息】$C_{61}H_{98}N_2O_{25}$，晶体（甲醇），mp 197~199°C，$[\alpha]_D^{20} = -16°$（$c = 0.99$，甲醇）.【类型】羊毛甾烷三萜.【来源】星亮海绵属 *Asteropus sarasinosum*（所罗门群岛）.【活性】鱼毒.【文献】I. Kitagawa, et al. CPB, 1987, 35, 5036; M. Kobayashi, et al. CPB, 1991, 39, 2867; A. Espada, et al. Tetrahedron, 1992, 48, 8685.

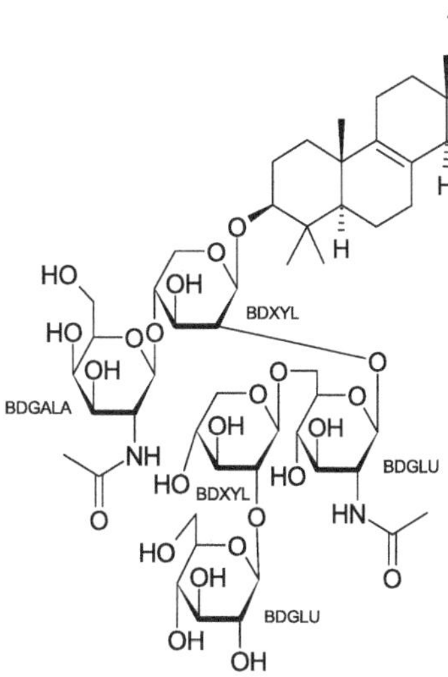

1829 Sexangulic acid 海莲酸*

【基本信息】$C_{30}H_{48}O_4$，无定形粉末，$[\alpha]_D^{24} = +38.7°$（$c = 0.60$，氯仿）.【类型】羊毛甾烷三萜.【来源】红树海莲木榄 *Bruguiera sexangula*（海南岛，中国）.【活性】细胞毒（A549 和 HL60，5μg/mL，适度活性）.【文献】L. Li, et al. Nat. Prod. Res., 2010, 24, 1044.

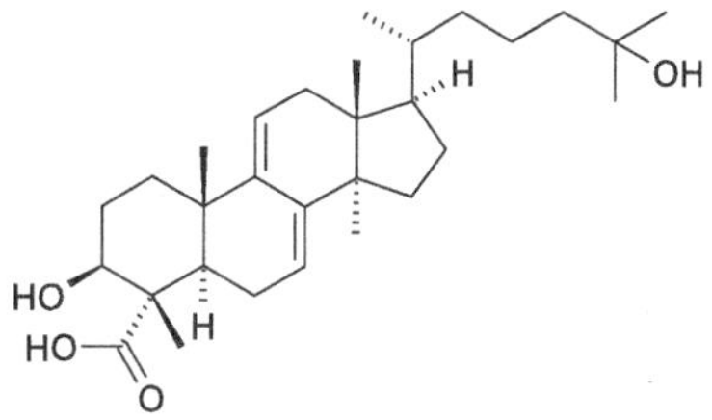

1830 Typicoside A₁ 模式辐瓜参糖苷 A₁*

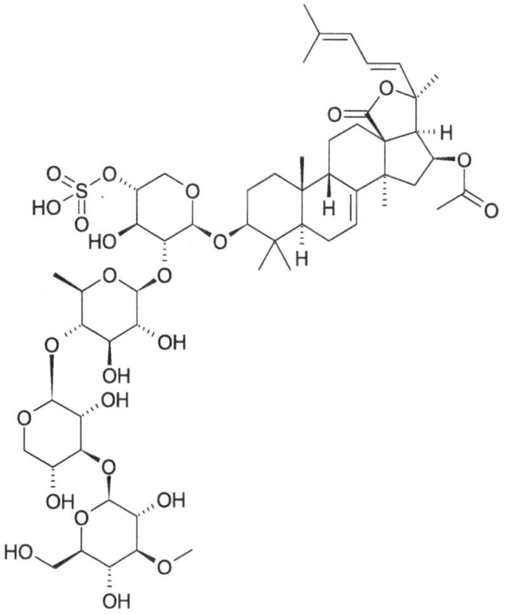

【基本信息】$C_{55}H_{84}O_{25}S$.【类型】羊毛甾烷三萜.【来源】模式辐瓜参 *Actinocucumis typica* (维津詹姆海岸, 阿拉伯海, 印度).【活性】抗真菌; 溶血的; 细胞毒.【文献】A. S. Silchenko, et al. Nat. Prod. Commun., 2013, 8, 301.

1831 Typicoside C_1 模式辐瓜参糖苷 C_1*

【基本信息】$C_{54}H_{86}O_{28}S_2$.【类型】羊毛甾烷三萜.【来源】模式辐瓜参 *Actinocucumis typica* (维津詹姆海岸, 阿拉伯海, 印度).【活性】在所有做过的实验中都明显无活性.【文献】A. S. Silchenko, et al. Nat. Prod. Commun., 2013, 8, 301.

5.3 环木菠萝烷三萜

1832 Cycloartane-3,28-disulfate-23-ol 环菠萝烷-3,28-二硫酸酯-23-醇

【基本信息】$C_{30}H_{52}O_9S_2$, 固体, mp 203~204°C (分解), $[\alpha]_D = +20.5°$ ($c = 0.002$, 甲醇).【类型】环木菠萝烷 (Cycloartane) 三萜.【来源】绿藻瘤枝藻 *Tydemania expeditionis* 和绿藻 *Tuemoya* sp.【活性】水痘带状疱疹病毒 VZV 蛋白酶抑制剂 ($IC_{50} = 4.8\mu mol/L$); 巨细胞病毒 CMV 蛋白酶抑制剂 ($IC_{50} = 6.9\mu mol/L$).【文献】M. Govindan, et al. JNP, 1994, 57, 74; A. D. Patil, et al. Nat. Prod. Lett., 1997, 9, 209.

1833 Cycloartane-23-one-3β,28-diol 3,28-disulfate 环菠萝烷-23-酮-3β,28-二醇 3,28-二硫酸酯

【基本信息】$C_{30}H_{50}O_9S_2$, 固体, mp 198~199°C (分解), $[\alpha]_D = +23.6°$ ($c = 0.005$, 甲醇).【类型】环木菠萝烷三萜.【来源】绿藻瘤枝藻 *Tydemania expeditionis*.【活性】蛋白酪氨酸激酶 pp60 抑制剂.【文献】M. Govindan, et al. JNP, 1994, 57, 74.

1834 Cycloartane-3β,23ξ,28-triol 3,28-disulfate 环菠萝烷-3β,23ξ,28-三醇 3,28-二硫酸酯

【基本信息】$C_{30}H_{52}O_9S_2$, 固体, mp 203~204°C (分解), $[\alpha]_D = +20.5°$ ($c = 0.002$, 甲醇).【类型】环木菠萝烷三萜.【来源】绿藻瘤枝藻 *Tydemania expeditionis*.【活性】蛋白酪氨酸激酶 pp60 抑制剂.【文献】M. Govindan, et al. JNP, 1994, 57, 74

1835 Cycloart-24-ene-3β,23R-diol 3-O-sulfate 环菠萝-24-烯-3β,23R-二醇 3-O-硫酸酯

【基本信息】$C_{30}H_{50}O_5S$, 白色无定形固体, $[\alpha]_D^{27} = +35°$ ($c = 0.24$, 甲醇).【类型】环木菠萝烷三萜.【来源】红藻白果胞藻 *Tricleocarpa fragilis* (夏威

夷, 美国).【活性】细胞毒 (P_{388}, IC_{50} > 2μg/mL).【文献】F. D. Horgen, et al. JNP, 2000, 63, 210.

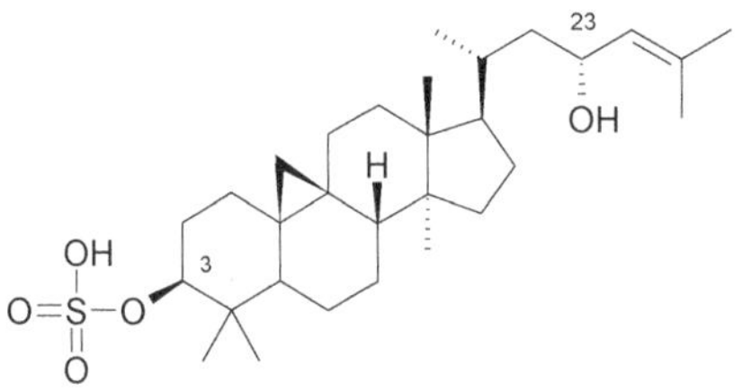

1836　Cycloart-24-ene-23-one-3β,28-diol 3, 28-disulfate　环菠萝-24-烯-23-酮-3β,28-二醇 3,28-二硫酸酯

【基本信息】$C_{30}H_{48}O_9S_2$, 固体, mp 230~232°C (分解).【类型】环木菠萝烷三萜.【来源】绿藻瘤枝藻 *Tydemania expeditionis*.【活性】蛋白酪氨酸激酶 pp60 抑制剂.【文献】M. Govindan, et al. JNP, 1994, 57, 74.

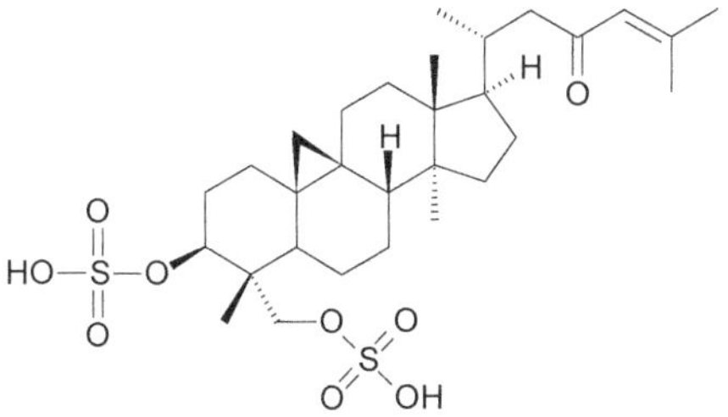

1837　Cycloart-24-ene-3β,23R,28-triol 3-sulfate　环菠萝-24-烯-3β,23R,28-三醇 3-O-硫酸酯

【基本信息】$C_{30}H_{50}O_6S$, 白色无定形固体, $[\alpha]_D^{27}$ = +35° (*c* = 0.14, 甲醇).【类型】环木菠萝烷三萜.【来源】红藻白果胞藻 *Tricleocarpa fragilis* (夏威夷, 美国).【活性】细胞毒 (P_{388}, 在 17μg/mL 浓度有可观的活性, IC_{50} > 10μg/mL).【文献】F. D. Horgen, et al. JNP, 2000, 63, 210.

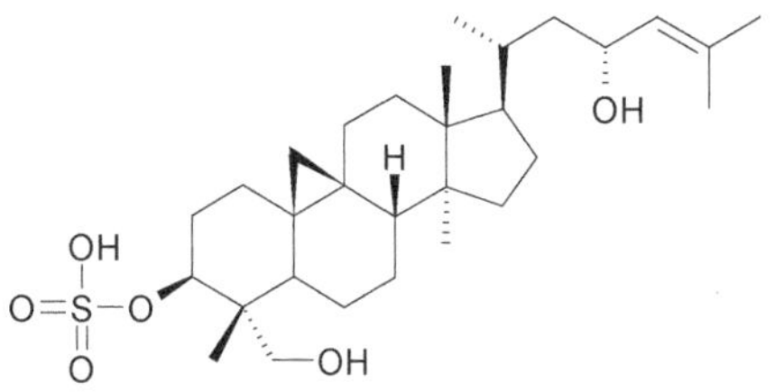

1838　Cycloart-24-en-23-one-28-sulfate-3-ol 环菠萝-24-烯-23-酮-28-硫酸酯-3-醇

【基本信息】$C_{30}H_{48}O_6S$, 无定形粉末, $[\alpha]_D$ = +17° (*c* = 0.23, 甲醇).【类型】环木菠萝烷三萜.【来源】绿藻 *Tuemoya* sp.【活性】水痘带状疱疹病毒 VZV 蛋白酶抑制剂 (IC_{50} = 4.6μmol/L); 巨细胞病毒 CMV 蛋白酶抑制剂 (IC_{50} = 6.1μmol/L).【文献】A. D. Patil, et al. Nat. Prod. Lett., 1997, 9, 209.

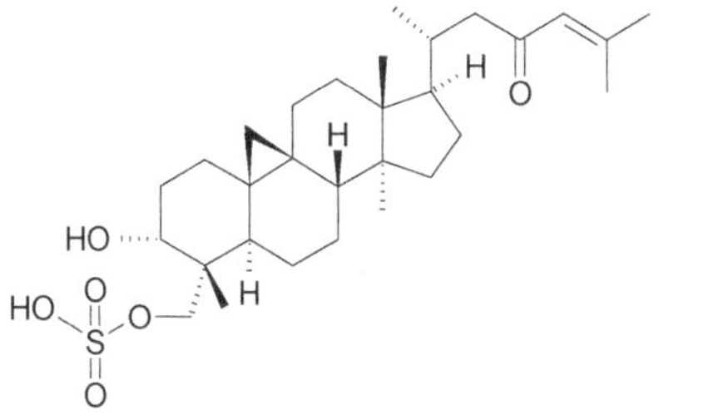

1839　3β,28-Dihydroxy-cycloart-24-en-23-one 3-O-sulfate　3β,28-二羟基-环菠萝-24-烯-23-酮 3-O-硫酸酯

【基本信息】$C_{30}H_{48}O_6S$, 白色无定形固体, $[\alpha]_D^{23}$ = +28° (*c* = 0.12, 甲醇).【类型】环木菠萝烷三萜.【来源】红藻白果胞藻 *Tricleocarpa fragilis* (夏威夷, 美国).【活性】细胞毒 (P_{388}, IC_{50} > 2μg/mL).【文献】F. D. Horgen, et al. JNP, 2000, 63, 210.

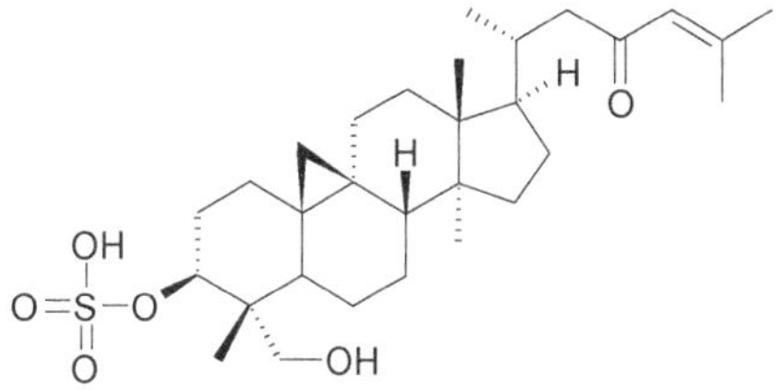

1840　3β-Hydroxycycloart-24-en-23-one 3-sulfate　3β-羟基环菠萝-24-烯-23-酮 3-硫酸酯

【基本信息】$C_{30}H_{48}O_5S$, 白色无定形固体, $[\alpha]_D^{28}$ = +20° (*c* = 0.54, 甲醇).【类型】环木菠萝烷三萜.【来源】红藻白果胞藻 *Tricleocarpa fragilis* (夏威夷, 美国).【活性】细胞毒 (P_{388}, IC_{50} > 10μg/mL).【文献】F. D. Horgen, et al. JNP, 2000, 63, 210.

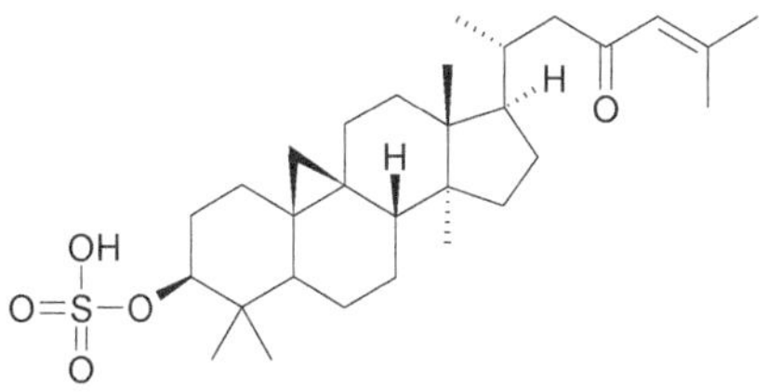

1841　Methyl 3β,23R-dihydroxycycloart-24-en-28-oate 3-sulfate　3β,23R-二羟基环菠萝-24-烯-28-酸甲酯 3-硫酸酯

【基本信息】$C_{31}H_{50}O_7S$, 白色无定形固体, $[\alpha]_D^{27}$ =

+53° (c = 0.10, 甲醇).【类型】环木菠萝烷三萜.【来源】红藻白果胞藻 *Tricleocarpa fragilis* (夏威夷, 美国).【活性】细胞毒 (P_{388}, 在 17μg/mL 浓度有可观的活性, IC_{50} > 10μg/mL).【文献】F. D. Horgen, et al. JNP, 2000, 63, 210.

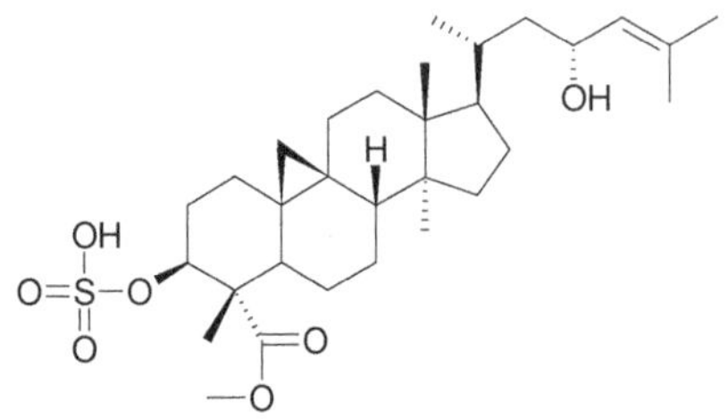

1842 Methyl 3β,23R-dihydroxy-29-nor-cycloart-24-en-28-oate 3-sulfate 3β,23R-二羟基-29-去甲-环菠萝-24-烯-28-酸甲酯 3-硫酸酯

【基本信息】$C_{30}H_{48}O_7S$, 白色无定形固体, $[\alpha]_D^{28}$ = +38° (c = 0.08, 甲醇).【类型】环木菠萝烷三萜.【来源】红藻白果胞藻 *Tricleocarpa fragilis* (夏威夷, 美国).【活性】细胞毒 (P_{388}, IC_{50} > 1μg/mL); 有毒的 (盐水丰年虾, 50μg/mL).【文献】F. D. Horgen, et al. JNP, 2000, 63, 210.

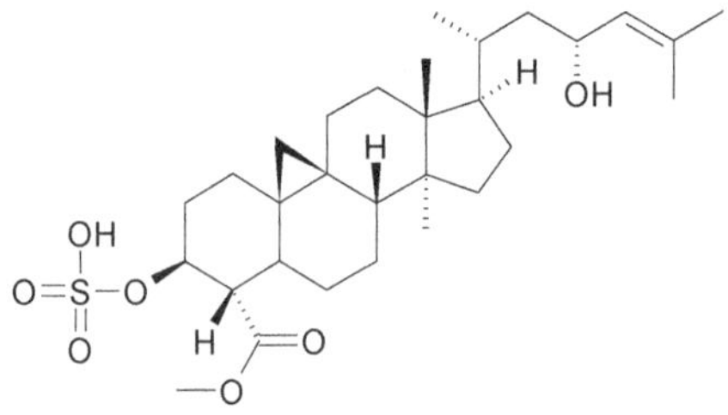

1843 Methyl 3β-hydroxy-23-oxocycloart-24-en-28-oate 3-sulfate 3β-羟基-23-环菠萝烷-24-烯-28-酸甲酯 3-硫酸酯

【基本信息】$C_{31}H_{48}O_7S$, 白色无定形固体, $[\alpha]_D^{28}$ = +24° (c = 0.44, 甲醇).【类型】环木菠萝烷三萜.【来源】红藻白果胞藻 *Tricleocarpa fragilis* (夏威夷, 美国).【活性】细胞毒 (P_{388}, IC_{50} > 10μg/mL).【文献】F. D. Horgen, et al. JNP, 2000, 63, 210.

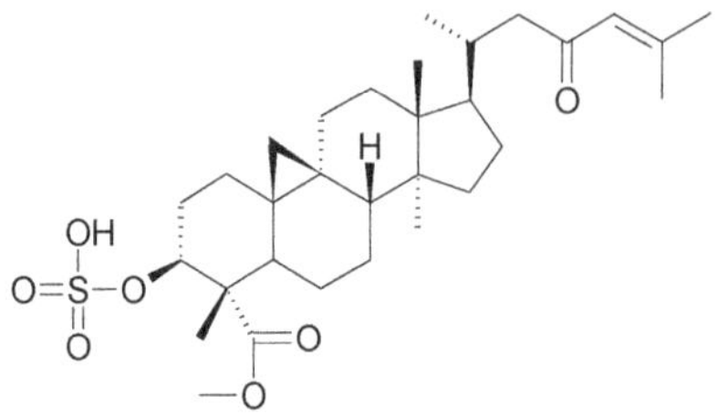

1844 Methyl 3β-Hydroxy-23-oxo-29-nor-cycloart-24-en-28-oate 3-sulfate 3β-羟基-23-氧代-29-去甲-环菠萝烷-24-烯-28-酸甲酯 3-硫酸酯

【基本信息】$C_{30}H_{46}O_7S$, 白色无定形固体, $[\alpha]_D^{28}$ = +40° (c = 0.03, 甲醇).【类型】环木菠萝烷三萜.【来源】红藻白果胞藻 *Tricleocarpa fragilis* (夏威夷, 美国).【活性】细胞毒 (P_{388}, IC_{50} > 1μg/mL).【文献】F. D. Horgen, et al. JNP, 2000, 63, 210.

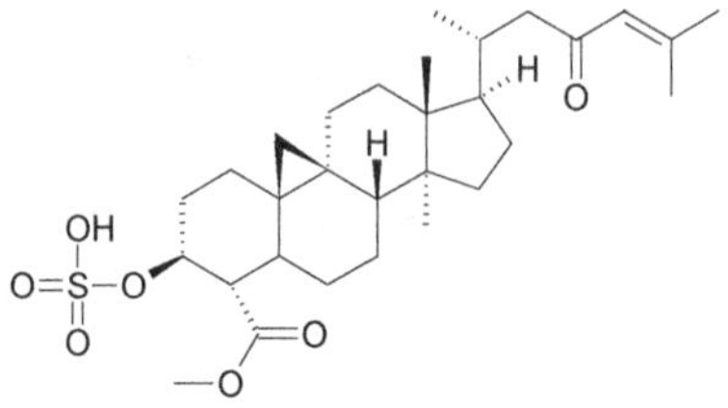

5.4 重排四去甲三萜

1845 Godavarin A 戈达瓦里素 A*

【基本信息】$C_{32}H_{38}O_7$.【类型】重排四去甲三萜.【来源】红树楝科摩鹿加木果楝* *Xylocarpus moluccensis* (种子, 戈达瓦里河口, 安得拉邦, 印度).【活性】拒食活性 (适度活性); 杀昆虫剂 (椰子害虫椰心叶甲 *Brontispa longissima*, 活性差).【文献】J. Li, et al. Phytochemistry, 2010, 71, 1917.

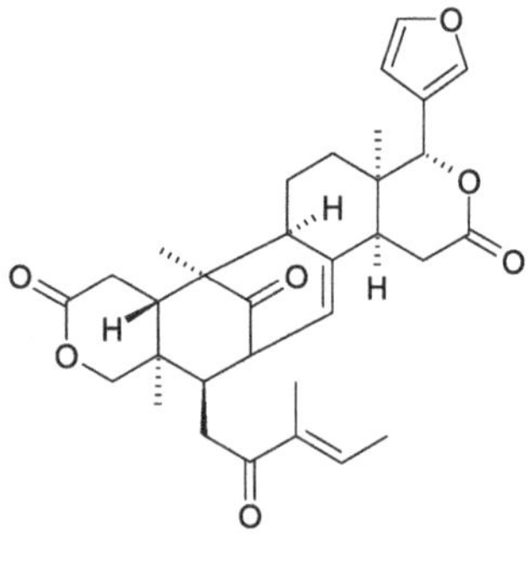

1846 Godavarin D 戈达瓦里素 D*

【基本信息】$C_{32}H_{40}O_9$.【类型】重排四去甲三萜.【来源】红树楝科摩鹿加木果楝* *Xylocarpus moluccensis* (种子, 戈达瓦里河口, 安得拉邦, 印度).【活性】拒食活性 (适度活性); 杀昆虫剂 (椰子害虫椰心叶甲 *Brontispa longissima*, 活性差).【文献】J. Li, et al. Phytochemistry, 2010, 71, 1917.

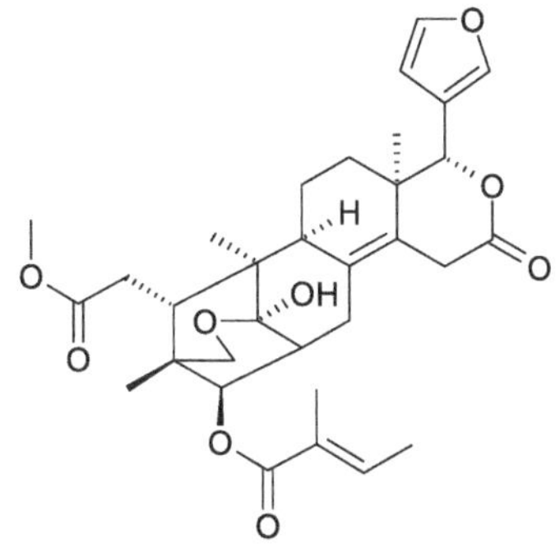

1847 2-Hydroxyfissinolide 2-羟基菲新内酯*

【基本信息】$C_{29}H_{36}O_9$.【类型】重排四去甲三萜.【来源】红树楝科摩鹿加木果楝* *Xylocarpus moluccensis* (种子提取物, 安得拉邦, 印度).【活性】拒食活性和杀昆虫剂 (椰心叶甲 *Brontispa longissima* 三龄幼虫, 1.0mg/mL, 拒食活性率 (24h) = 93.7%±5.5%, 拒食活性率 (48h) = 91.5%±3.5%, 校正死亡率 (9d) = 34.4%±5.1%).【文献】J. Li, et al. JNP, 2012, 75, 1277.

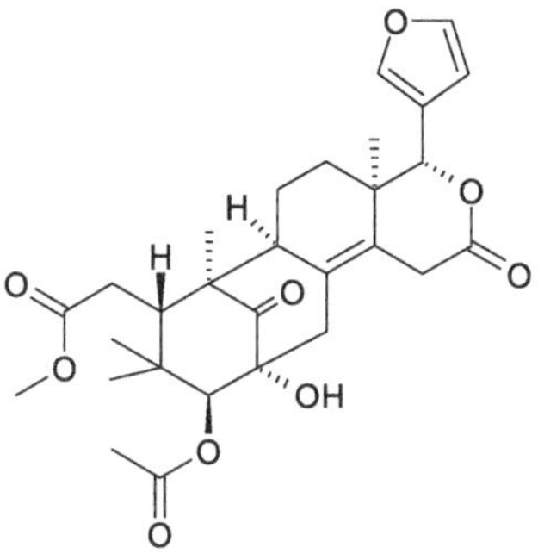

1848 6*R*-Hydroxymexicanolide 6*R*-羟基墨西哥内酯*

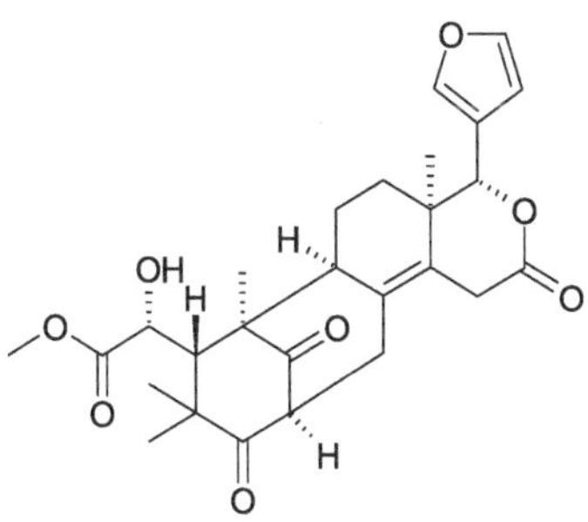

【基本信息】$C_{27}H_{32}O_8$, 无色晶体 (氯仿-甲醇, 1:1), mp 248~250°C, $[\alpha]_D^{25} = -72°$ (c = 0.27, 丙酮).【类型】重排四去甲三萜.【来源】红树楝科摩鹿加木果楝* *Xylocarpus moluccensis* (种子提取物, 安得拉邦, 印度).【活性】拒食活性和杀昆虫剂 (椰心叶甲 *Brontispa longissima* 三龄幼虫, 1.0mg/mL, 拒食活性率 (24h) = 76.6%±4.6%, 拒食活性率 (48h) = 69.3%±2.6%, 校正死亡率 (9d) = 20.7%±1.3%).【文献】D. A. Okorie, et al. Phytochemistry, 1968, 7, 1683; J. Li, et al. JNP, 2012, 75, 1277.

1849 2-Hydroxyxylorumphiin F 2-羟基木果楝属木琴素 F*

【基本信息】$C_{36}H_{50}O_{12}$, 白色无定形粉末, $[\alpha]_D^{20} = -19°$ (c = 0.1, 甲醇).【类型】重排四去甲三萜.【来源】红树楝科木果楝属木琴* *Xylocarpus rumphii* (种子, 谷迪岛, 泰国).【活性】抗炎 (NO 生成抑制剂, LPS 活化的小鼠巨噬细胞 J774.A1 细胞, IC_{50} = 24.5μmol/L, 低活性).【文献】C. Sarigaputi, et al. JNP, 2014, 77, 2037.

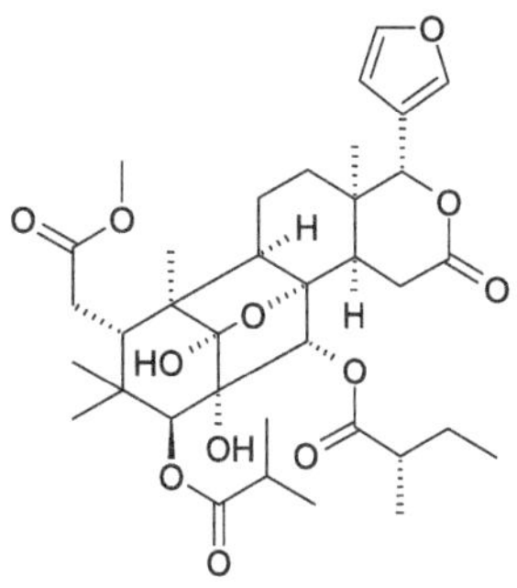

1850 Moluccensin R 摩鹿加木果楝新 R*

【基本信息】$C_{31}H_{40}O_{10}$, 白色无定形粉末, $[\alpha]_D^{25} = -77°$ (c = 2.7, 丙酮).【类型】重排四去甲三萜.【来源】红树楝科摩鹿加木果楝* *Xylocarpus moluccensis* (种子提取物, 安得拉邦, 印度).【活性】拒食活性和杀昆虫剂 (椰心叶甲 *Brontispa longissima* 三龄幼虫, 1.0mg/mL, 拒食活性率 (24h) = 69.6%±4.1%, 拒食活性率 (48h) = 62.1%±4.3%, 校正死亡率 (9d) = 17.0%±5.1%).【文献】J. Li, et al. JNP, 2012, 75, 1277.

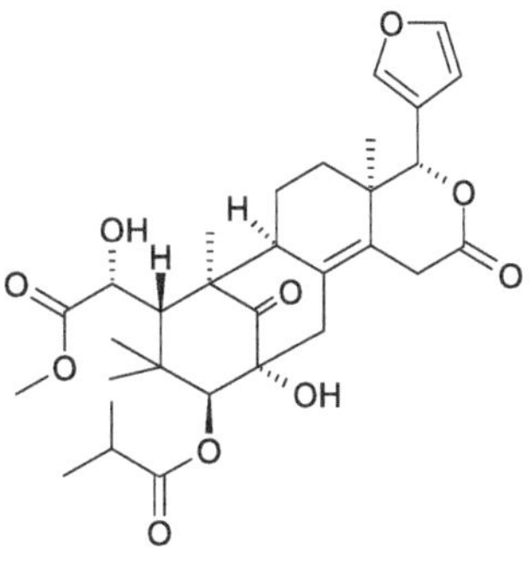

1851 Moluccensin S 摩鹿加木果楝新 S*

【基本信息】$C_{32}H_{42}O_{10}$, 白色无定形粉末, $[\alpha]_D^{25} = -65°$ ($c = 0.28$, 丙酮).【类型】重排四去甲三萜.【来源】红树楝科摩鹿加木果楝* *Xylocarpus moluccensis* (种子提取物, 安得拉邦, 印度).【活性】拒食活性和杀昆虫剂 (椰心叶甲 *Brontispa longissima* 三龄幼虫, 1.0mg/mL, 拒食活性率 (24h) = 42.3%±2.8%, 拒食活性率 (48 小时) = 44.1%±3.9%, 校正死亡率 (9d) = 48.2%±3.2%).【文献】J. Li, et al. JNP, 2012, 75, 1277.

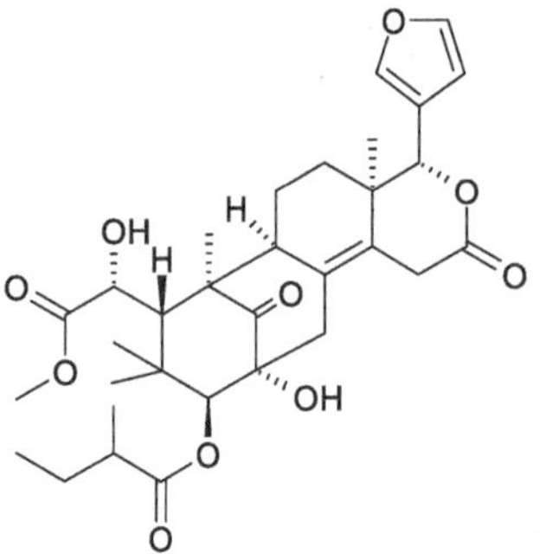

1852 Thaimoluccensin C 泰国摩鹿加木果楝新 C*

【基本信息】$C_{33}H_{40}O_{11}$.【类型】重排四去甲三萜.【来源】红树楝科摩鹿加木果楝* *Xylocarpus moluccensis* (种子, 普吉府, 泰国南部, 泰国).【活性】NO 生成抑制剂 (受激巨噬细胞, 适度活性).【文献】W. Ravangpai, et al. BoMCL, 2011, 21, 4485.

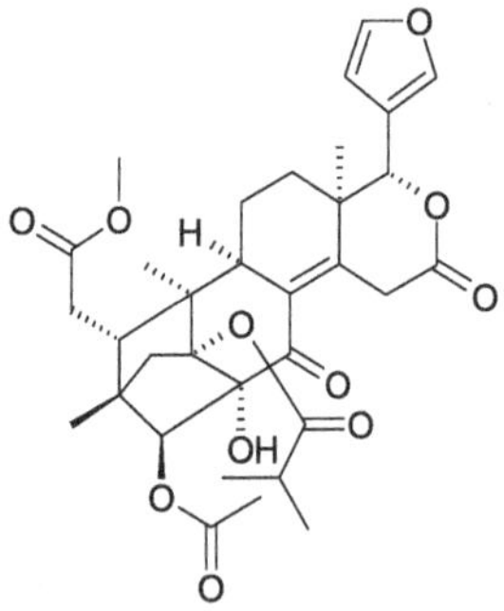

1853 Xylorumphiin I 木果楝属木琴素 I*

【基本信息】$C_{37}H_{50}O_{12}$, 白色无定形粉末, $[\alpha]_D^{20} = +4°$ ($c = 0.1$, 甲醇).【类型】重排四去甲三萜.【来源】红树楝科木果楝属木琴* *Xylocarpus rumphii* (种子, 谷迪岛, 泰国).【活性】抗炎 (NO 生成抑制剂, LPS 活化的小鼠巨噬细胞 J774.A1 细胞, $IC_{50} = 31.3\mu mol/L$, 低活性).【文献】C. Sarigaputi, et al. JNP, 2014, 77, 2037.

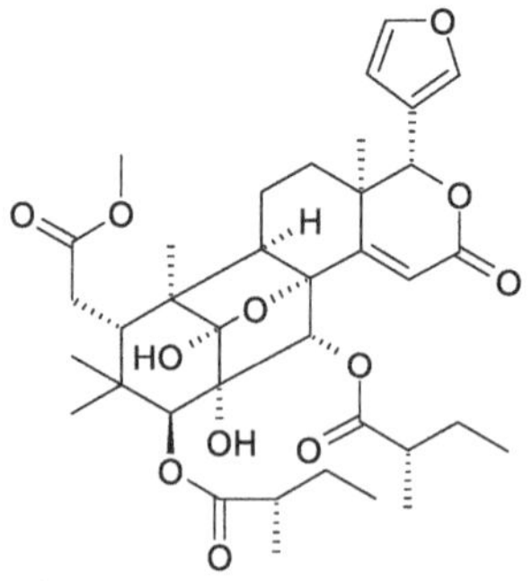

5.5 齐墩果烷三萜

1854 Acetylenoxolone 乙酰基甘草次酸

【别名】Glycyrrhetic acetate; 乙酸甘草酯.【基本信息】$C_{32}H_{48}O_5$, mp 245°C.【类型】齐墩果烷 (Oleanane) 三萜.【来源】裸肋珊瑚科 Merulinidae 石珊瑚 *Echinopora lamellosa*.【活性】抗溃疡.【文献】R. Sanduja, et al. J. Heterocycl. Chem., 1984, 21, 845

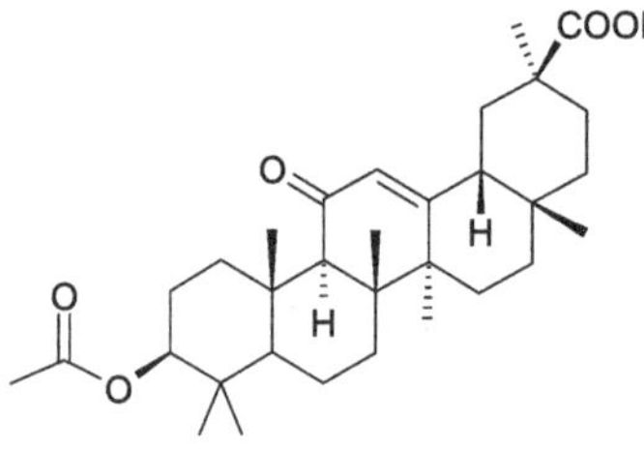

1855 Catunaroside A 山石榴糖苷 A*

【基本信息】$C_{47}H_{76}O_{18}$.【类型】齐墩果烷三萜.【来源】红树茜草科多刺山石榴* *Catunaregam spinosa* (树皮, 三亚, 海南, 中国).【活性】拒食活性 (小菜蛾 *Plutella xylostella* 二龄幼虫).【文献】G. Gao, et al. Carbohydr. Res., 2011, 346, 2200.

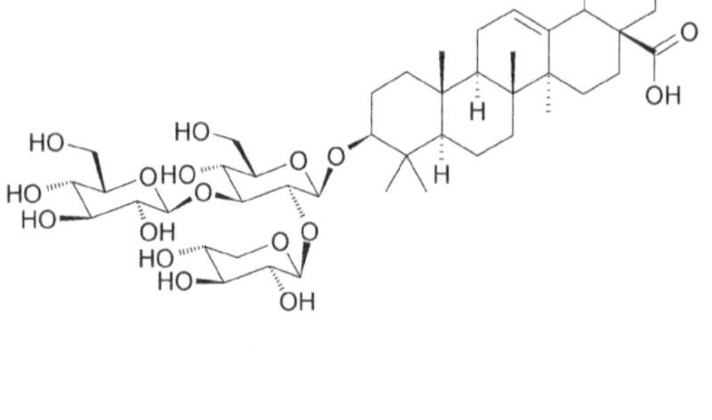

1856 Catunaroside B 山石榴糖苷 B*

【基本信息】$C_{48}H_{78}O_{17}$.【类型】齐墩果烷三萜.【来源】红树茜草科多刺山石榴* *Catunaregam spinosa* (树皮, 三亚, 海南, 中国).【活性】拒食活性 (小菜蛾 *Plutella xylostella* 二龄幼虫).【文献】G. Gao, et al. Carbohydr. Res., 2011, 346, 2200.

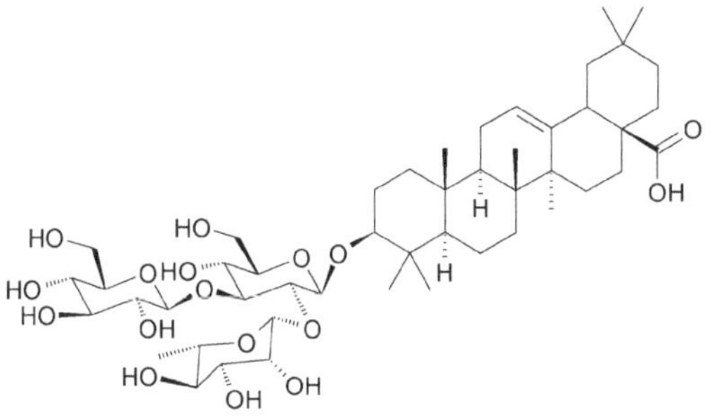

1857 Catunaroside C 山石榴糖苷 C*

【基本信息】$C_{54}H_{88}O_{23}$.【类型】齐墩果烷三萜.【来源】红树茜草科多刺山石榴* *Catunaregam spinosa* (树皮, 三亚, 海南, 中国).【活性】拒食活性 (小菜蛾 *Plutella xylostella* 二龄幼虫).【文献】G. Gao, et al. Carbohydr. Res., 2011, 346, 2200.

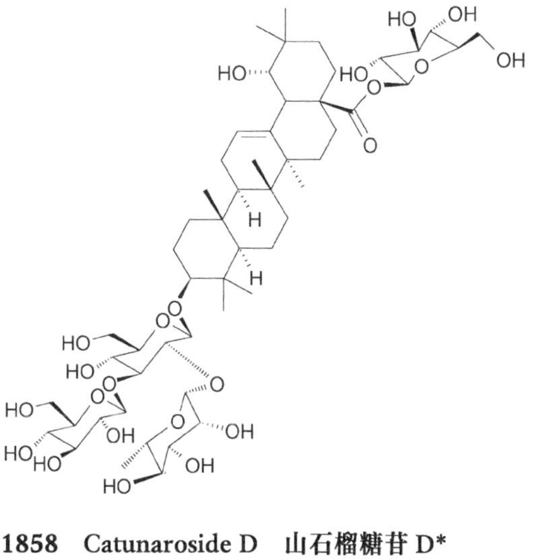

1858 Catunaroside D 山石榴糖苷 D*

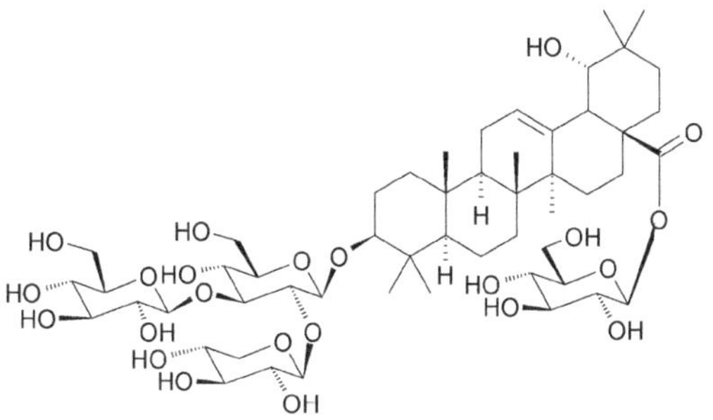

【基本信息】$C_{53}H_{86}O_{23}$.【类型】齐墩果烷三萜.【来源】红树茜草科多刺山石榴* *Catunaregam spinosa* (树皮, 三亚, 海南, 中国).【活性】拒食活性 (小菜蛾 *Plutella xylostella* 二龄幼虫).【文献】G. Gao, et al. Carbohydr. Res., 2011, 346, 2200.

1859 Miliacin 中国糜子新*

【别名】3*β*-Methoxyolean-18-ene; 黍素.【基本信息】$C_{31}H_{52}O$, 晶体 (丙酮/苯), mp 283°C, $[\alpha]_D$ = +22° (氯仿), $[\alpha]_D$ = +8° (氯仿).【类型】齐墩果烷三萜.【来源】海洋导出的真菌毛壳属 *Chaetomium olivaceum* (嗜冷生物, 冷水域, 沉积物, 靠近幌筵岛, 沿千岛群岛), 最初来自中国糜子 *Panicum miliaceum* 的种子, 后来常在高等植物中发现.【活性】溶血的诱导物 (红血球, pH 7, $HC_{50} = 2\times10^{-4}$mol/L).【文献】O. F. Smetanina, et al. Russ. Chem. Bull., 2001, 50, 2463; M. D. Lebar, et al. NPR, 2007, 24, 774 (Rev.).

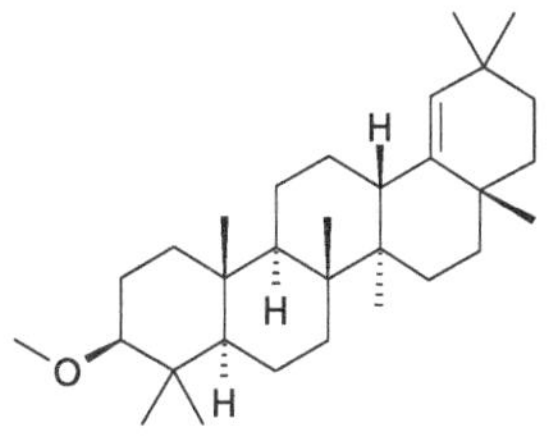

5.6 岭南臭椿烷和异岭南臭椿烷三萜

1860 Globostellatic acid A 球杆星芒海绵酸 A*

【别名】(3*α*,13*Z*,16*E*,20(22)*E*,23*E*)-3-Acetoxy-25-hydroxy-12,15-dioxo-13,16,20(22),23-isomalabaricatetraen-29-oic acid; (3*α*,13*Z*,16*E*,20(22)*E*,23*E*)-3-乙酰氧基-25-羟基-12,15-二氧代-13,16,20(22),23-异异岭南臭椿四烯-29-酸*.【基本信息】$C_{32}H_{44}O_7$, 黄色无定形固体, $[\alpha]_D^{23}$ = −45.7° (*c* = 0.35, 甲醇).【类型】岭南臭椿烷 (Malabaricane) 和异岭南臭椿烷 (isomalabaricane) 三萜.【来源】Ancorinidae 科球星芒海绵* *Stelletta globostellata* [产率 = 2.1×10^{-5}% (湿重), 日本水域].【活性】细胞毒 (P_{388}, IC_{50} = 0.1μg/mL).【文献】G. Ryu, et al. JNP, 1996, 59, 512.

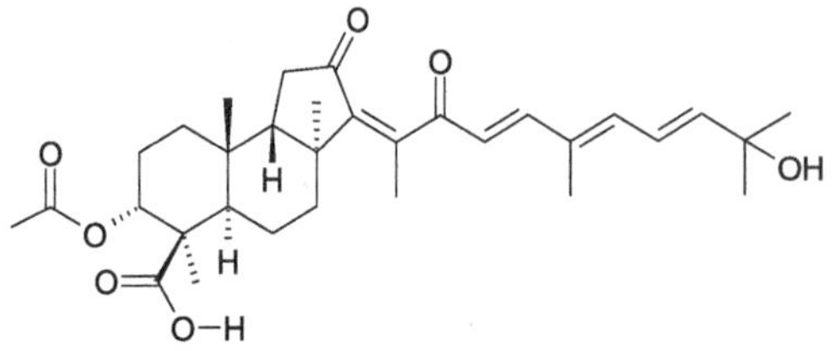

1861 Globostellatic acid B 球杆星芒海绵酸 B*

【基本信息】$C_{33}H_{48}O_7$, 浅黄色无定形固体, $[\alpha]_D^{23}$ = +126.6° (c = 0.54, 甲醇).【类型】岭南臭椿烷和异岭南臭椿烷三萜.【来源】Ancorinidae 科球星芒海绵* *Stelletta globostellata* [产率 = 1.2×10^{-5}% (湿重), 日本水域].【活性】细胞毒 (P_{388}, IC_{50} = 0.1μg/mL).【文献】G. Ryu, et al. JNP, 1996, 59, 512.

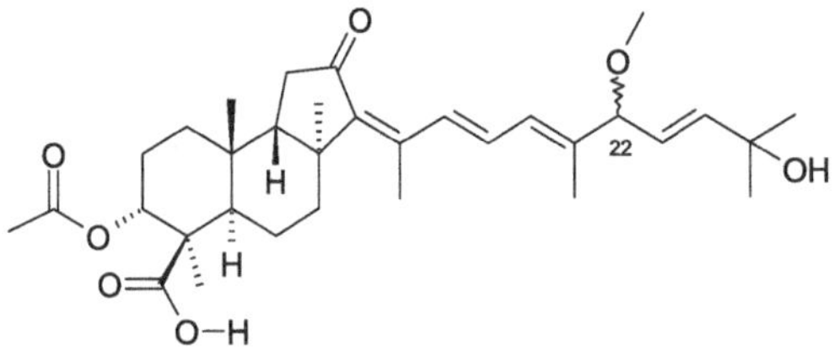

1862 Globostellatic acid C 球杆星芒海绵酸 C*

【基本信息】$C_{33}H_{48}O_7$, 黄色无定形固体, $[\alpha]_D^{23}$ = +15.2° (c = 0.82, 甲醇).【类型】岭南臭椿烷和异岭南臭椿烷三萜.【来源】Ancorinidae 科球星芒海绵* *Stelletta globostellata* [产率 = 8.0×10^{-6}% (湿重), 日本水域].【活性】细胞毒 (P_{388}, IC_{50} = 0.46μg/mL).【文献】G. Ryu, et al. JNP, 1996, 59, 512.

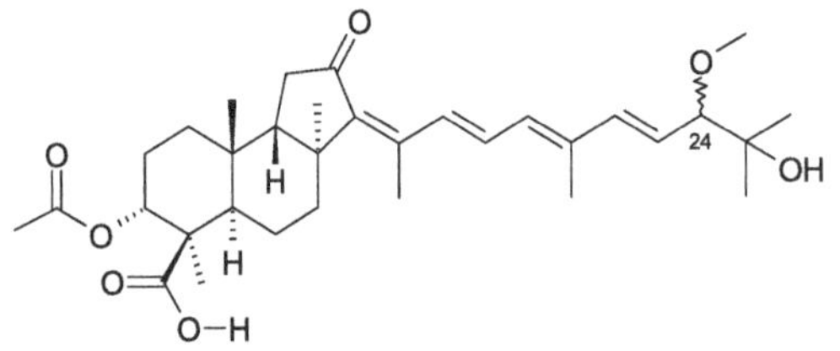

1863 Globostellatic acid D 球杆星芒海绵酸 D*

【基本信息】$C_{31}H_{46}O_6$, 黄色无定形固体, $[\alpha]_D^{23}$ = +135.7° (c = 1.1, 甲醇).【类型】岭南臭椿烷和异岭南臭椿烷三萜.【来源】Ancorinidae 科球星芒海绵* *Stelletta globostellata* [产率 = 1.8×10^{-5}% (湿重), 日本水域]【活性】细胞毒 (P_{388}, IC_{50} = 0.1μg/mL).【文献】G. Ryu, et al. JNP, 1996, 59, 512.

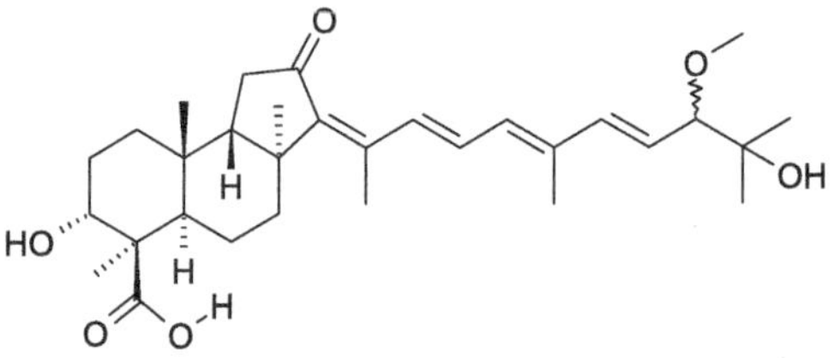

1864 Globostelletin A 球杆星芒海绵亭 A*

【基本信息】$C_{19}H_{28}O_5$, 无色油状物, $[\alpha]_D$= –17.9° (c = 0.7, 甲醇).【类型】岭南臭椿烷和异岭南臭椿烷三萜.【来源】Ancorinidae 科球杆星芒海绵* *Rhabdastrella globostellata* (海南岛, 中国).【活性】细胞毒 (HCT8, Bel7402, BGC823, A549 和 A2780, 所有的 IC_{50} > 50μmol/L).【文献】J. Li, et al. BoMC, 2010, 18, 4639.

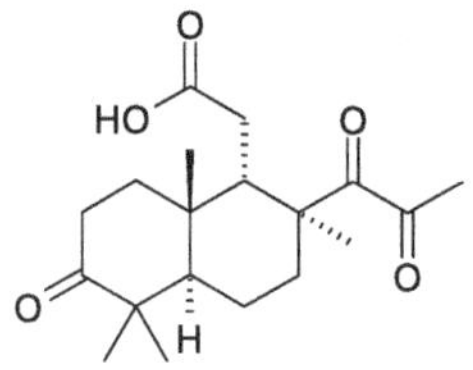

1865 Globostelletin B 球杆星芒海绵亭 B*

【基本信息】$C_{20}H_{28}O_4$, 亮黄色油状物, $[\alpha]_D^{20}$= 33.5° (c = 1.0, 甲醇).【类型】岭南臭椿烷和异岭南臭椿烷三萜.【来源】Ancorinidae 科球杆星芒海绵* *Rhabdastrella globostellata* (海南岛, 中国).【活性】细胞毒 (HCT8, Bel7402, BGC823, A549 和 A2780, 所有的 IC_{50} > 50μmol/L).【文献】J. Li, et al. BoMC, 2010, 18, 4639.

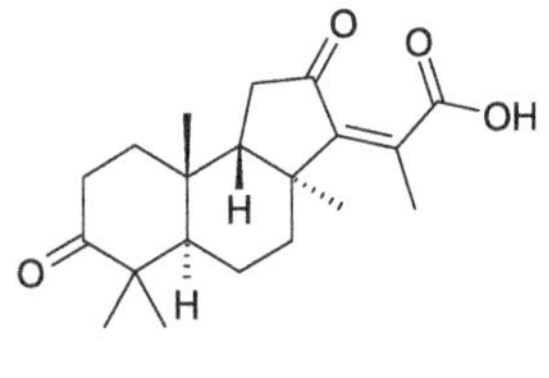

1866 Globostelletin C 球杆星芒海绵亭 C*

【基本信息】$C_{22}H_{30}O_3$, 亮黄色油状物, $[\alpha]_D^{20}$= –203.6° (c = 0.11, 甲醇).【类型】岭南臭椿烷和异岭南臭椿烷三萜.【来源】Ancorinidae 科球杆星芒海绵* *Rhabdastrella globostellata* (海南岛, 中国).【活性】细胞毒 (HCT8, IC_{50} = 22.03μmol/L; Bel7402, IC_{50} = 31.24μmol/L; BGC823, IC_{50} = 28.77μmol/L; A549, IC_{50} > 50μmol/L; A2780, IC_{50} = 9.04μmol/L).【文献】J. Li, et al. BoMC, 2010, 18, 4639.

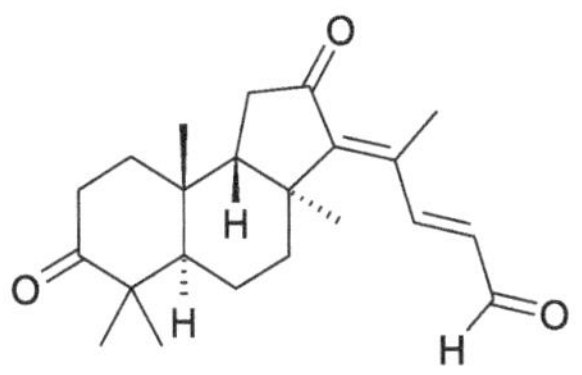

1867 Globostelletin D 球杆星芒海绵亭 D*

【基本信息】$C_{22}H_{30}O_3$, 亮黄色油状物, $[\alpha]_D^{20}$= –203.6° (c = 0.11, 甲醇).【类型】岭南臭椿烷和异岭南臭椿烷三萜.【来源】Ancorinidae 科球杆星芒海绵* *Rhabdastrella globostellata* (海南岛, 中国).【活性】细胞毒 (HCT8, IC_{50} = 22.03μmol/L; Bel7402, IC_{50} = 31.24μmol/L; BGC823, IC_{50} = 28.77μmol/L; A549, IC_{50} > 50μmol/L; A2780, IC_{50} = 9.04μmol/L).【文献】J. Li, et al. BoMC, 2010, 18, 4639.

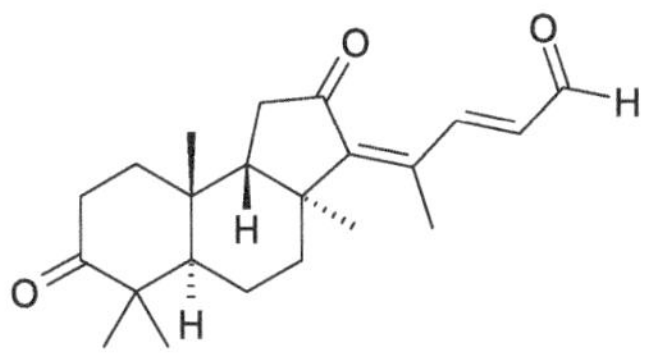

1868 Globostelletin E 球杆星芒海绵亭 E*

【基本信息】$C_{22}H_{30}O_4$, 亮黄色油状物, $[\alpha]_D^{20}$= 12.3° (c = 0.3, 甲醇).【类型】岭南臭椿烷和异岭南臭椿烷三萜.【来源】Ancorinidae 科球杆星芒海绵* *Rhabdastrella globostellata* (海南岛, 中国).【活性】细胞毒 (HCT8, Bel7402, BGC823 和 A549, 所有的 IC_{50} > 50μmol/L; A2780, IC_{50} = 17.36μmol/L).【文献】J. Li, et al. BoMC, 2010, 18, 4639.

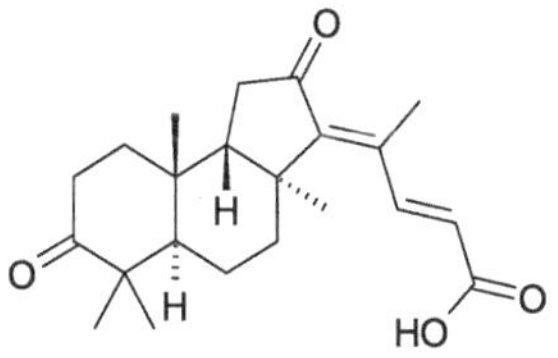

1869 Globostelletin F 球杆星芒海绵亭 F*

【基本信息】$C_{22}H_{30}O_4$, 亮黄色油状物, $[\alpha]_D^{20}$= 12.3° (c = 0.30, 甲醇).【类型】岭南臭椿烷和异岭南臭椿烷三萜.【来源】Ancorinidae 科球杆星芒海绵* *Rhabdastrella globostellata* (海南岛, 中国).【活性】细胞毒 (HCT8, Bel7402, BGC823, A549 和 A2780, 所有的 IC_{50} > 50μmol/L).【文献】J. Li, et al. BoMC, 2010, 18, 4639.

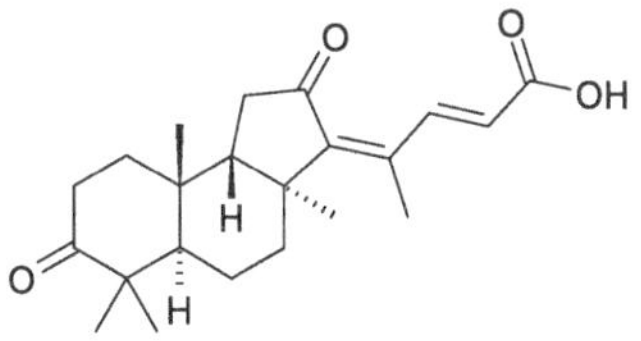

1870 Globostelletin G 球杆星芒海绵亭 G*

【基本信息】$C_{25}H_{34}O_4$, 黄色油状物, $[\alpha]_D^{20}$= –6.0° (c = 0.25, 甲醇).【类型】岭南臭椿烷和异岭南臭椿烷三萜.【来源】Ancorinidae 科球杆星芒海绵* *Rhabdastrella globostellata* (海南岛, 中国).【活性】细胞毒 (HCT8, Bel7402, BGC823 和 A549, 所有的 IC_{50} > 50μmol/L; A2780, IC_{50} = 15.37μmol/L).【文献】J. Li, et al. BoMC, 2010, 18, 4639.

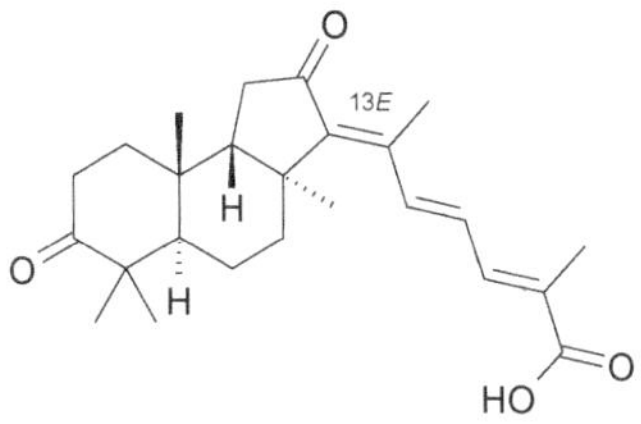

1871 Globostelletin H 球杆星芒海绵亭 H*

【基本信息】$C_{27}H_{36}O_4$, 黄色油状物, $[\alpha]_D^{20}$ = –50.0° (c = 0.10, 甲醇).【类型】岭南臭椿烷和异岭南臭椿烷三萜.【来源】Ancorinidae 科球杆星芒海绵* *Rhabdastrella globostellata* (海南岛, 中国).【活性】细胞毒 (HCT8, Bel7402, BGC823 和 A549, 所有的 IC_{50} > 50μmol/L; A2780, IC_{50} = 8.19μmol/L).【文献】J. Li, et al. BoMC, 2010, 18, 4639.

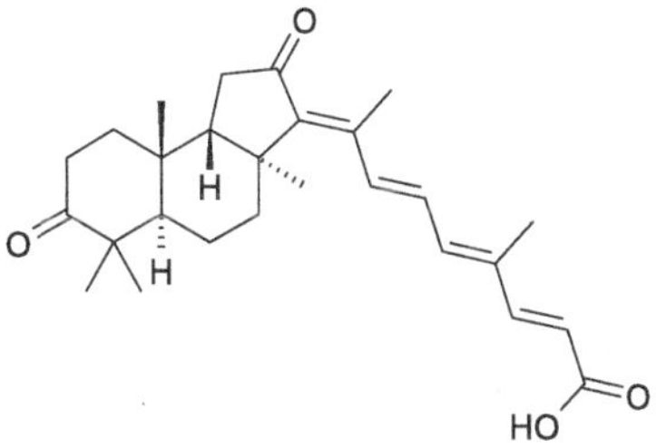

1872 Globostelletin I 球杆星芒海绵亭 I*

【基本信息】$C_{27}H_{36}O_4$, 黄色油状物, $[\alpha]_D^{20}$= –206.2° (c = 0.08, 甲醇).【类型】岭南臭椿烷和异岭南臭椿烷三萜.【来源】Ancorinidae 科球杆星芒海绵* *Rhabdastrella globostellata* (海南岛, 中国).【活性】细胞毒 (HCT8, Bel7402, BGC823 和 A549, 所有的 IC_{50} > 50μmol/L; A2780, IC_{50} = 7.66μmol/L).【文献】J. Li, et al. BoMC, 2010, 18, 4639.

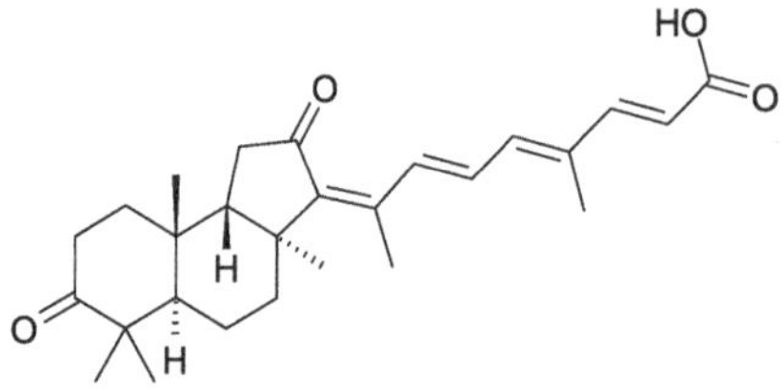

1873 29-Hydroxystelliferin A 29-羟基星斑碧玉海绵精 A*

【基本信息】$C_{32}H_{48}O_5$，黄色固体，$[\alpha]_D^{25} = -37°$ ($c = 0.1$，甲醇).【类型】岭南臭椿烷和异岭南臭椿烷三萜.【来源】碧玉海绵属 *Japsis* sp. (靠近汤加，日本).【活性】细胞毒 (和 13*E*-29-羟基星斑碧玉海绵精 A 的混合物: MALME-3M, $IC_{50} = 0.11\mu g/mL$; Molt4, $IC_{50} = 1.62\mu g/mL$).【文献】K. M. Meragelman, et al. JNP, 2001, 64, 389.

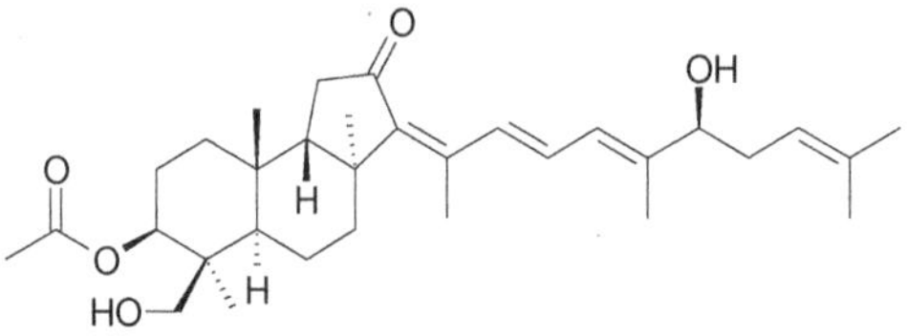

1874 29-Hydroxystelliferin E 29-羟基星斑碧玉海绵精 E*

【基本信息】$C_{34}H_{50}O_6$，黄色固体，$[\alpha]_D^{25} = -40°$ ($c = 0.33$，甲醇).【类型】岭南臭椿烷和异岭南臭椿烷三萜.【来源】碧玉海绵属 *Japsis* sp. (靠近汤加，日本).【活性】细胞毒 (和 13*E*-29-羟基星斑碧玉海绵精 E 的混合物: MALME-3M, $IC_{50} = 2.27\mu g/mL$; Molt4, $IC_{50} = 19.54\mu g/mL$).【文献】K. M. Meragelman, et al. JNP, 2001, 64, 389.

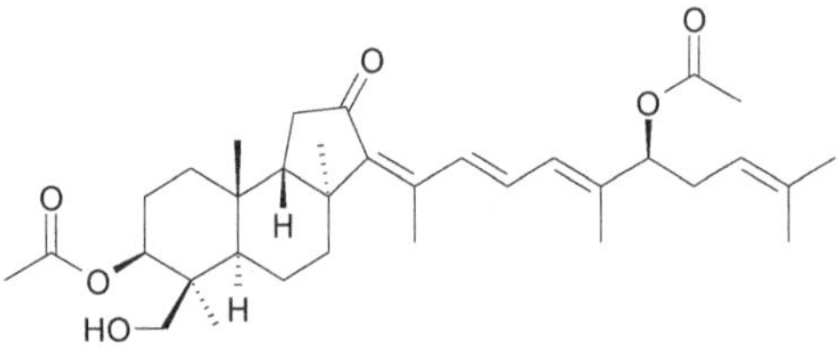

1875 3-*epi*-29-Hydroxystelliferin E 3-*epi*-29-羟基星斑碧玉海绵精 E*

【基本信息】$C_{34}H_{50}O_6$，黄色固体，$[\alpha]_D^{25} = -133°$ ($c = 0.69$，甲醇).【类型】岭南臭椿烷和异岭南臭椿烷三萜.【来源】碧玉海绵属 *Japsis* sp. (靠近汤加，日本) 和 Ancorinidae 科球星芒海绵* *Stelletta globostellata*.【活性】细胞毒 (和 13*E*-3-*epi*-29-羟基星斑碧玉海绵精 E 的混合物: MALME-3M, $IC_{50} = 1.20\mu g/mL$; Molt4, $IC_{50} = 16.62\mu g/mL$).【文献】K. M. Meragelman, et al. JNP, 2001, 64, 389; N. Oku, et al. JNP, 2000, 63, 205.

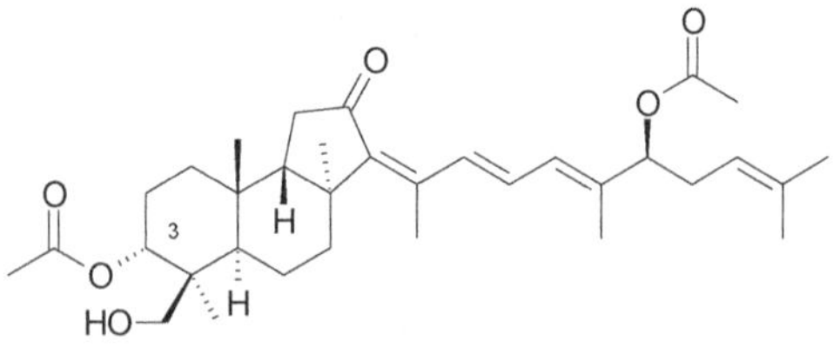

1876 Jaspiferal A 星斑碧玉海绵醛 A*

【基本信息】$C_{27}H_{36}O_5$，油状物 (甲酯)，$[\alpha]_D^{22} = -18.9°$ ($c = 0.09$，苯) (甲酯).【类型】岭南臭椿烷和异岭南臭椿烷三萜.【来源】星斑碧玉海绵 *Jaspis stellifera* (冲绳，日本).【活性】细胞毒 (L_{1210}, $IC_{50} = 3.8\mu g/mL$; KB, $IC_{50} > 10\mu g/mL$).【文献】J. Kobayashi, et al. Tetrahedron, 1996, 52, 5745.

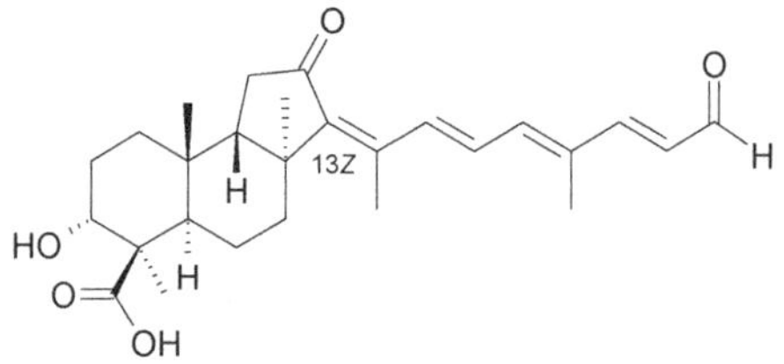

1877 Jaspiferal B 星斑碧玉海绵醛 B*

【基本信息】$C_{27}H_{36}O_5$，油状物 (甲酯)，$[\alpha]_D^{22} = -123.7°$ ($c = 0.07$，苯) (甲酯).【类型】岭南臭椿烷和异岭南臭椿烷三萜.【来源】星斑碧玉海绵 *Jaspis stellifera* (冲绳，日本).【活性】细胞毒 (L_{1210}, $IC_{50} = 3.8\mu g/mL$; KB, $IC_{50} > 10\mu g/mL$).【文献】J. Kobayashi, et al. Tetrahedron, 1996, 52, 5745.

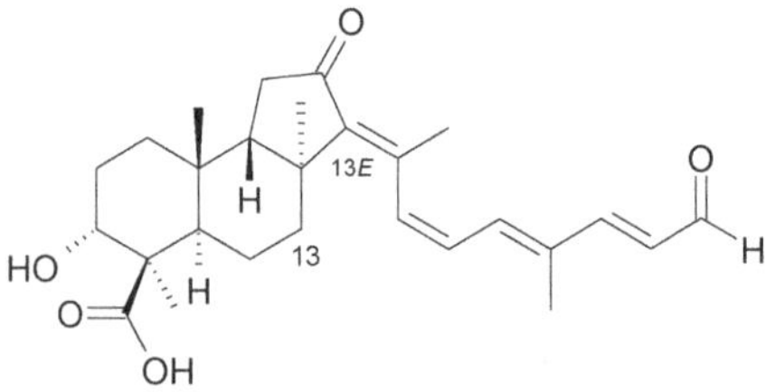

1878 Jaspiferal C 星斑碧玉海绵醛 C*

【基本信息】$C_{25}H_{34}O_5$，油状物 (甲酯)，$[\alpha]_D^{19} = -24°$ ($c = 0.14$，苯) (甲酯).【类型】岭南臭椿烷和异岭南臭椿烷三萜.【来源】星斑碧玉海绵 *Jaspis stellifera* (冲绳，日本).【活性】细胞毒 (L_{1210}, $IC_{50} = 4.3\mu g/mL$; KB, $IC_{50} > 10\mu g/mL$).【文献】J. Kobayashi, et al. Tetrahedron, 1996, 52, 5745.

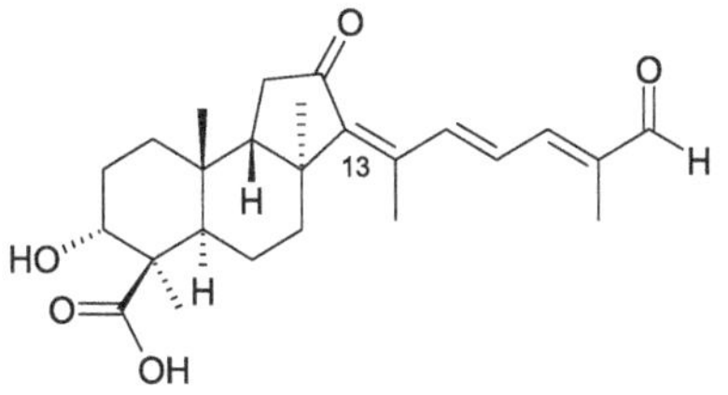

1879 Jaspiferal D 星斑碧玉海绵醛 D*

【基本信息】$C_{25}H_{34}O_5$，油状物(甲酯)，$[\alpha]_D^{19}$ = –85° (c = 0.14，苯) (甲酯).【类型】岭南臭椿烷和异岭南臭椿烷三萜.【来源】星斑碧玉海绵 *Jaspis stellifera* (冲绳，日本).【活性】细胞毒 (L_{1210}, IC_{50} = 4.3μg/mL; KB, IC_{50} > 10μg/mL).【文献】J. Kobayashi, et al. Tetrahedron, 1996, 52, 5745.

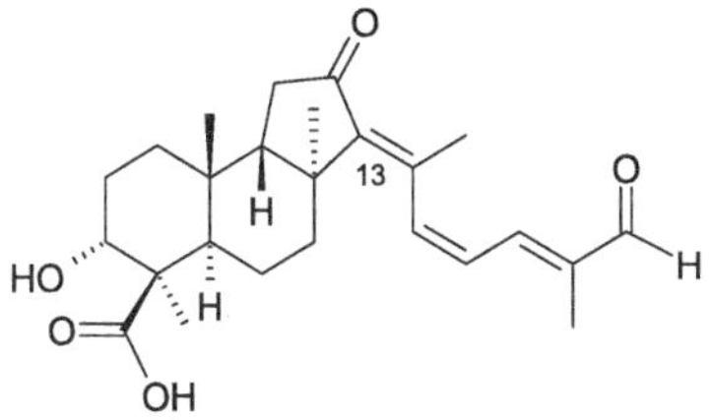

1880 Jaspiferal E 星斑碧玉海绵醛 E*

【基本信息】$C_{22}H_{30}O_5$，油状物 (甲酯)，$[\alpha]_D^{18}$ = –51° (c = 0.18，苯) (甲酯).【类型】岭南臭椿烷和异岭南臭椿烷三萜.【来源】星斑碧玉海绵 *Jaspis stellifera* (冲绳，日本).【活性】细胞毒 (L_{1210}, IC_{50} = 3.1μg/mL; KB, IC_{50}= 5.5μg/mL); 抗真菌 (和星斑碧玉海绵醛 F 的混合物，须发癣菌 *Trichophyton mentagrophytes*, MIC = 50μg/mL).【文献】J. Kobayashi, et al. Tetrahedron, 1996, 52, 5745.

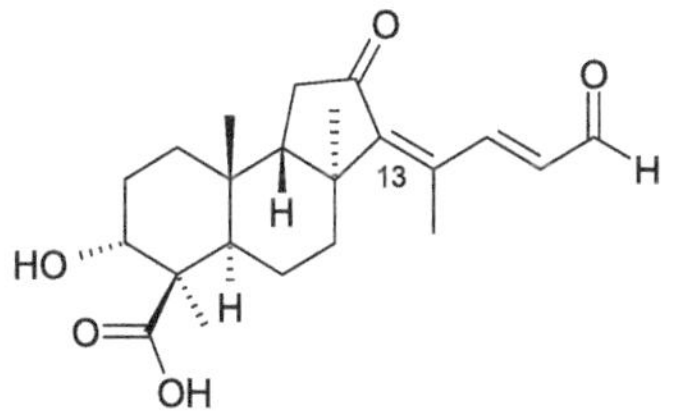

1881 Jaspiferal F 星斑碧玉海绵醛 F*

【基本信息】$C_{22}H_{30}O_5$，油状物 (甲酯)，$[\alpha]_D^{18}$ = –116° (c = 0.12，苯) (甲酯).【类型】岭南臭椿烷和异岭南臭椿烷三萜.【来源】星斑碧玉海绵 *Jaspis stellifera* (冲绳，日本).【活性】细胞毒 (L_{1210}, IC_{50} = 3.1μg/mL; KB, IC_{50}= 5.5μg/mL); 抗真菌 (和星斑碧玉海绵醛 E 的混合物，须发癣菌 *Trichophyton mentagrophytes*, MIC = 50μg/mL).【文献】J. Kobayashi, et al. Tetrahedron, 1996, 52, 5745.

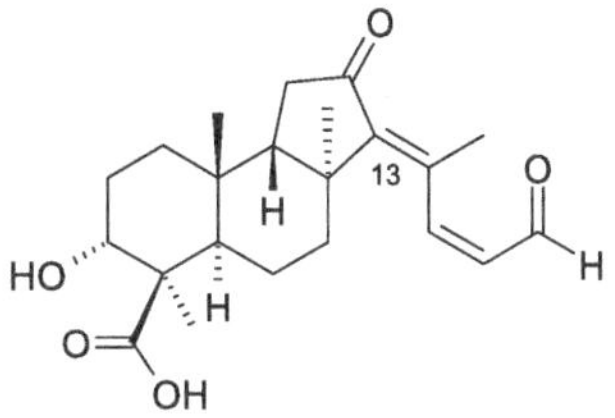

1882 Jaspiferal G 星斑碧玉海绵醛 G*

【基本信息】$C_{20}H_{28}O_5$，粉末，mp 145~147°C, $[\alpha]_D^{20}$ = –54° (c = 0.3，氯仿/甲醇).【类型】岭南臭椿烷和异岭南臭椿烷三萜.【来源】星斑碧玉海绵 *Jaspis stellifera* (冲绳，日本).【活性】细胞毒 (L_{1210}, IC_{50} = 0.54μg/mL; KB, IC_{50}= 1.8μg/mL); 抗真菌 (新型隐球酵母 *Cryptococcus neoformans*, MIC = 50μg/mL; 须发癣菌 *Trichophyton mentagrophytes*, MIC = 12.5μg/mL); 抗菌 (藤黄八叠球菌 *Sarcina lutea* , MIC = 50μg/mL).【文献】J. Kobayashi, et al. Tetrahedron, 1996, 52, 5745.

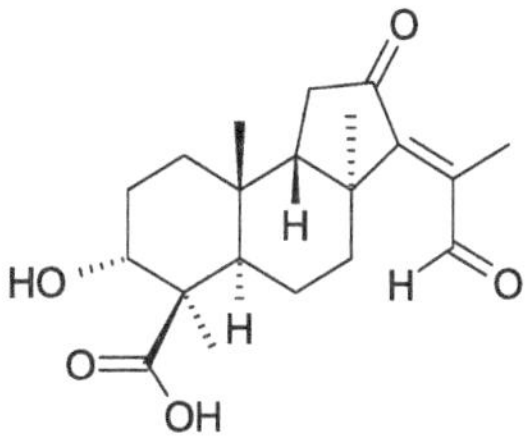

1883 Jaspolide F 星斑碧玉海绵内酯 F*

【基本信息】$C_{22}H_{28}O_4$，浅黄色固体，$[\alpha]_D^{25}$= –14.9° (c = 0.01，丙酮).【类型】岭南臭椿烷和异岭南臭椿烷三萜.【来源】Ancorinidae 科球杆星芒海绵* *Rhabdastrella globostellata* (海南岛，中国) 和碧玉海绵属 *Jaspis* sp.【活性】细胞毒 (HCT8, Bel7402, BGC823 和 A549, 所有的 IC_{50} > 50μmol/L; A2780, IC_{50} = 7.92μmol/L).【文献】S. Tang, et al. CPB, 2006, 54, 4; J. Li, et al. BoMC, 2010, 18, 4639.

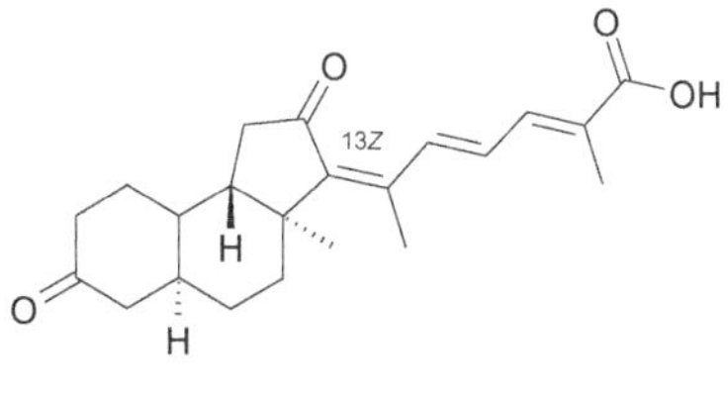

1884 Stellettin F 球星芒海绵亭 F*

【别名】Rhabdastrellic acid A; 球杆星芒海绵酸 A*

【基本信息】$C_{30}H_{40}O_4$，黄色晶体 (苯/丙酮)，$[\alpha]_D$= –61.6° (c = 0.6，丙酮).【类型】岭南臭椿烷和异岭南臭椿烷三萜.【来源】Ancorinidae 科球杆星芒海绵* *Rhabdastrella globostellata* (海南岛，中国)，星芒海绵属 *Stelletta* sp. 和 Ancorinidae 科球杆星芒海绵* *Rhabdastrella globostellata*.【活性】细胞毒 (HCT8, IC_{50} > 50μmol/L; Bel7402, IC_{50} = 21.18μmol/L; BGC823, IC_{50} > 50μmol/L; A549, IC_{50} > 50μmol/L; A2780, IC_{50} = 4.23μmol/L)；细胞毒 (HL60, IC_{50} = 6.7μmol/L，在 M/G_2 期诱导 HL60 细胞凋亡).【文献】J. L. McCormick, et al. JNP, 1996, 59, 1047; Z. J. Rao, et al. Nat. Prod., 1997, 60, 1163; J. Li, et al. BoMC, 2010, 18, 4639.

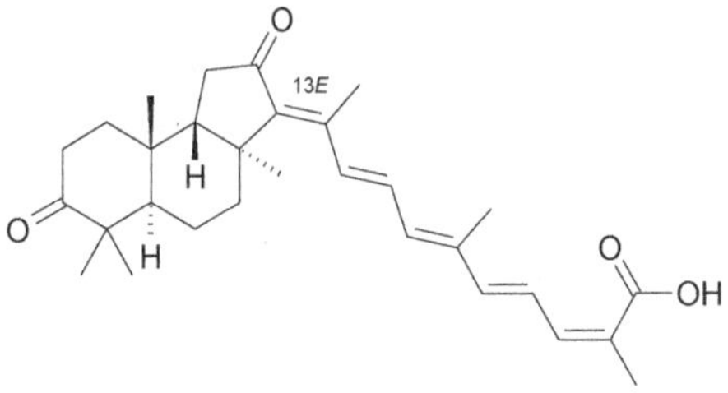

1885 Stellettin A 球星芒海绵亭 A*

【基本信息】$C_{30}H_{38}O_4$，黄色针状晶体 (乙酸乙酯/石油醚)，mp 234~235°C，$[\alpha]_D^{20}$ = +28.8° (c = 0.16，甲醇).【类型】岭南臭椿烷和异岭南臭椿烷三萜.【来源】Ancorinidae 科球星芒海绵* *Stelletta globostellata* (马来西亚)，星芒海绵属 *Stelletta tenuis* (中国水域)，星芒海绵属 *Stelletta* sp. (索马里)，Ancorinidae 科球杆星芒海绵* *Rhabdastrella globostellata* 和日本钵海绵 *Geodia japonica*.【活性】细胞毒 (P_{388}, GI_{50} = 0.012μg/mL; BXPC3, GI_{50} = 0.078μg/mL; MCF7, GI_{50} = 0.752μg/mL).【文献】T. McCabe, et al. Tetradron Lett., 1982, 23, 3307; J. Y. Su, et al. JNP, 1994, 57, 1450; G. R. Pettit, et al. JNP, 2008, 71, 438.

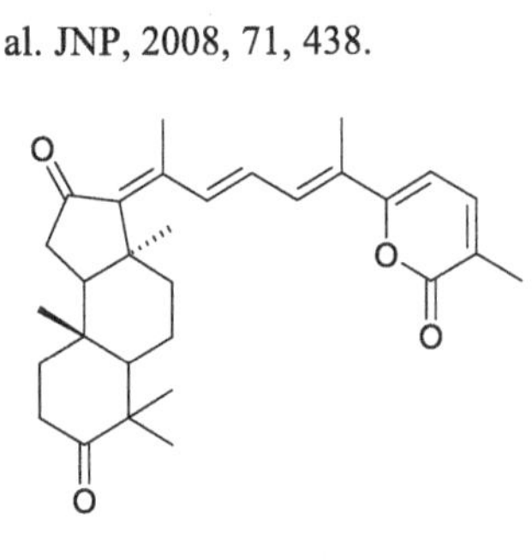

1886 Stellettin B 球星芒海绵亭 B*

【基本信息】$C_{30}H_{38}O_4$，不稳定黄色棱镜状晶体 (二氯甲烷/乙醚)，mp 258~260°C, mp266~268°C, $[\alpha]_D^{25}$ = +87° (c = 0.08，氯仿).【类型】岭南臭椿烷和异岭南臭椿烷三萜.【来源】Ancorinidae 科球星芒海绵* *Stelletta globostellata* (古达，马来西亚，1991 年采样)，星芒海绵属 *Stelletta* sp. 和星斑碧玉海绵 *Jaspis stellifera*.【活性】细胞毒 (P_{388}, GI_{50} = 0.037μg/mL).【文献】G. R. Pettit, et al. JNP 2008, 71, 438; W. -J. Lan, et al. Gaodeng Xuexiao Huaxue Xuebao, 2005, 26, 2270.

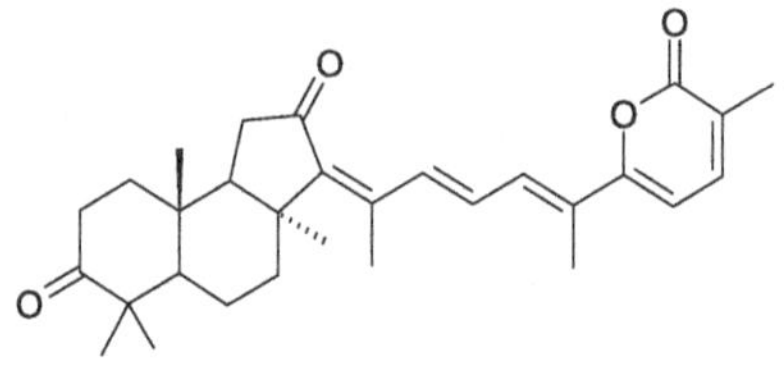

1887 Stellettin C 球星芒海绵亭 C*

【基本信息】$C_{32}H_{42}O_5$，黄色固体，$[\alpha]_D$= –250° (c = 0.51，氯仿).【类型】岭南臭椿烷和异岭南臭椿烷三萜.【来源】Ancorinidae 科球杆星芒海绵* *Rhabdastrella globostellata* (海南岛，中国) 和星芒海绵属 *Stelletta* sp.【活性】细胞毒 (HL60, IC_{50} = 3.6μmol/L; HeLa, IC_{50} = 16μmol/L).【文献】J. L. McCormick, et al. JNP 1996, 59, 1047; J. Li, et al. BoMC, 2010, 18, 4639.

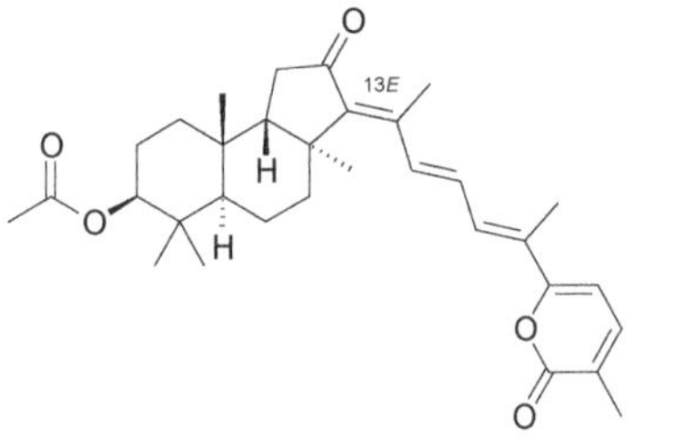

1888 Stellettin D 球星芒海绵亭 D*

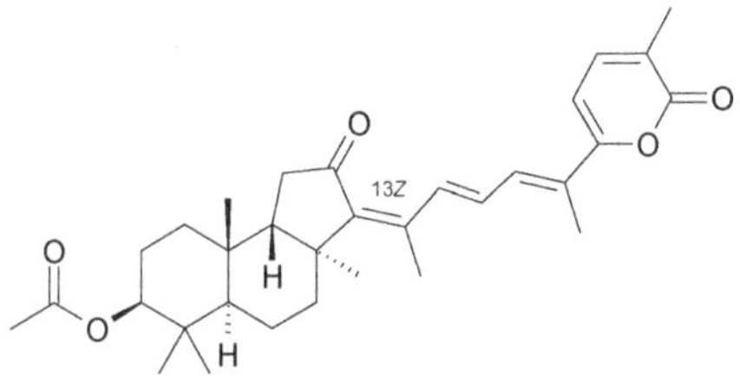

【基本信息】$C_{32}H_{42}O_5$，黄色固体，$[\alpha]_D$= –19.4° (c = 1，氯仿).【类型】岭南臭椿烷和异岭南臭椿烷三萜.【来源】Ancorinidae 科球杆星芒海绵* *Rhabdastrella globostellata* (海南岛，中国) 和星芒海绵属 *Stelletta* sp.【活性】细胞毒 (HL60, IC_{50} = 0.01μmol/L; HeLa, IC_{50} = 7.5μmol/L).【文

献】J. L. McCormick, et al. JNP 1996, 59, 1047; J. Li, et al. BoMC, 2010, 18, 4639.

1889 Stellettin E 球星芒海绵亭 E*

【基本信息】$C_{30}H_{40}O_4$.【类型】岭南臭椿烷和异岭南臭椿烷三萜.【来源】Ancorinidae 科球杆星芒海绵* *Rhabdastrella globostellata* (海南岛, 中国).【活性】细胞毒 (HCT8, IC_{50} > 50μmol/L; Bel7402, IC_{50} = 13.70μmol/L; BGC823, IC_{50} > 50μmol/L; A549, IC_{50} = 18.61μmol/L; A2780, IC_{50} < 0.5μmol/L).【文献】J. Li, et al. BoMC, 2010, 18, 4639; J. L. McCormick,et al. JNP 1996, 59, 1047.

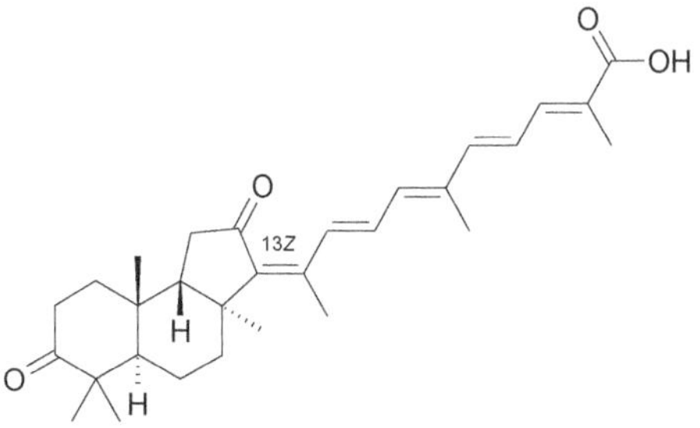

1890 Stelliferin G 斯特里弗林 G*

【基本信息】$C_{32}H_{48}O_5$, 黄色固体, $[\alpha]_D^{25}$ = –17° (*c* = 0.02, 甲醇).【类型】岭南臭椿烷和异岭南臭椿烷三萜.【来源】碧玉海绵属 *Japsis* sp. (靠近汤加, 日本).【活性】细胞毒 (和 13*E*-斯特里弗林 G 的混合物: MALME-3M, IC_{50} = 0.23μg/mL; Molt4, IC_{50} = 4.11μg/mL).【文献】K. M. Meragelman, et al. JNP, 2001, 64, 389.

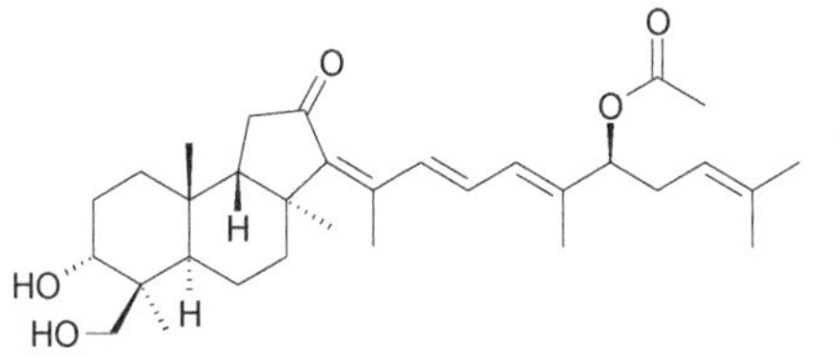

5.7 瑞斯帕斯欧宁和搜得瓦酮三萜

1891 Raspacionin 瑞斯帕斯欧宁*

【基本信息】$C_{34}H_{56}O_7$, 棱镜状晶体 (庚烷), mp 188~189°C, $[\alpha]_D$ = +31.4° (*c* = 1.5, 氯仿).【类型】瑞斯帕斯欧宁 (Raspacionins) 和搜得瓦酮 (Sodwanon) 三萜.【来源】Raspailiinae 亚科海绵 *Raspaciona aculeata* (地中海) 和 *Raspaciona larvacid.*【活性】化学相克作用物质, 杀幼虫剂.【文献】G. Cimino, et al. Tetrahedron, 1992, 48, 9013; G. Cimino, et al. JNP, 1993, 56, 534+ 1622; 1994, 57, 784; M. L. Ciavatta, et al. Tetrahedron, 2002, 58, 4943.

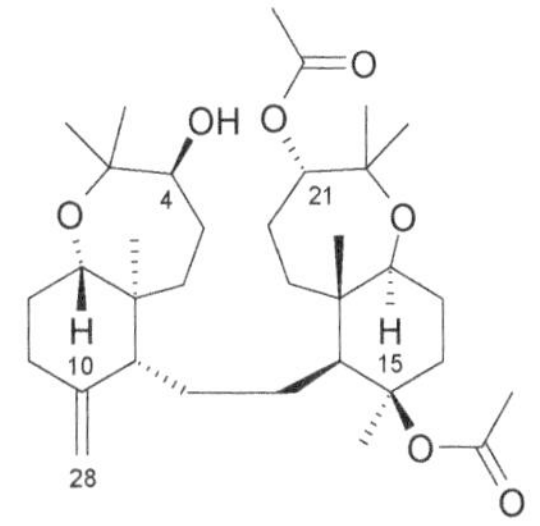

1892 Sodwanone A 搜得烷三萜酮 A*

【基本信息】$C_{30}H_{44}O_6$, 晶体, mp 253°C, $[\alpha]_D$ = –9° (*c* = 0.1, 氯仿).【类型】瑞斯帕斯欧宁和搜得瓦酮三萜.【来源】韦氏小轴海绵* *Axinella weltneri* (南非) 和小轴海绵科海绵 *Ptilocaulis spiculifer.*【活性】细胞毒.【文献】A. Rudi, et al. Tetrahedron Lett., 1993, 34, 3943; A. Rudi, et al. JNP, 1994, 57, 1416.

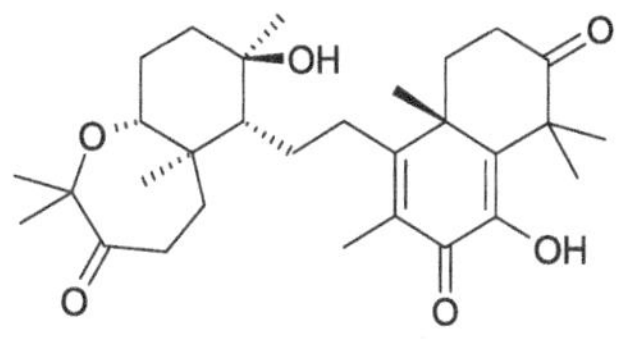

1893 Sodwanone G 搜得烷三萜酮 G*

【基本信息】$C_{30}H_{42}O_6$, 晶体 (甲醇), mp 245°C, $[\alpha]_D$ = –14.5° (*c* = 0.9, 氯仿).【类型】瑞斯帕斯欧宁和搜得瓦酮三萜.【来源】韦氏小轴海绵* *Axinella weltneri* (南非).【活性】细胞毒 (P_{388}, IC_{50} = 2.0μg/mL; A549, IC_{50} = 0.2μg/mL; HT29, IC_{50} = 2.0μg/mL; MEL28, IC_{50} = 2.0μg/mL).【文献】A. Rudi, et al. JNP, 1995, 58, 1702.

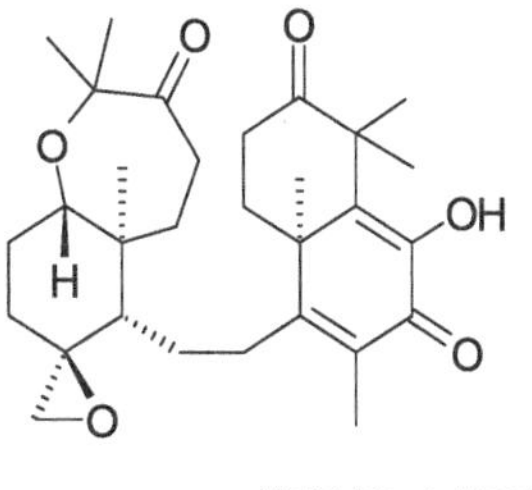

1894 Sodwanone H 搜得烷三萜酮 H*

【基本信息】$C_{30}H_{48}O_4$, 无定形粉末, $[\alpha]_D$ = –8° (*c* = 0.1, 氯仿).【类型】瑞斯帕斯欧宁和搜得瓦酮三萜.【来源】韦氏小轴海绵* *Axinella weltneri* (南

非).【活性】细胞毒 (P_{388}, IC_{50} = 10.5μg/mL; A549, IC_{50} = 0.02μg/mL; HT29, IC_{50} = 10.5μg/mL; MEL28, IC_{50} = 10.5μg/mL).【文献】A. Rudi, et al. JNP, 1995, 58, 1702.

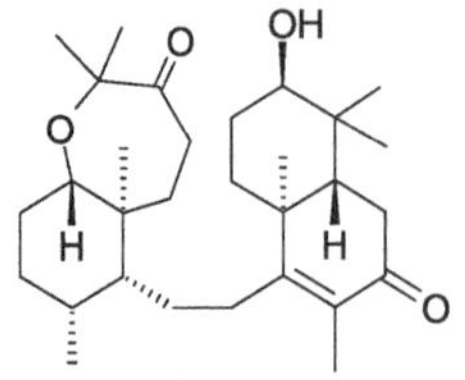

1895 Sodwanone I 搜得烷三萜酮 I*

【基本信息】$C_{30}H_{50}O_5$, 油状物, $[\alpha]_D$ = +2° (*c* = 0.2, 氯仿).【类型】瑞斯帕斯欧宁和搜得瓦酮三萜.【来源】韦氏小轴海绵* *Axinella weltneri* (南非).【活性】细胞毒 (P_{388}, IC_{50} = 20μg/mL; A549, IC_{50} = 20μg/mL; HT29, IC_{50} = 20μg/mL; MEL28, IC_{50} = 20μg/mL).【文献】A. Rudi, et al. JNP, 1995, 58, 1702.

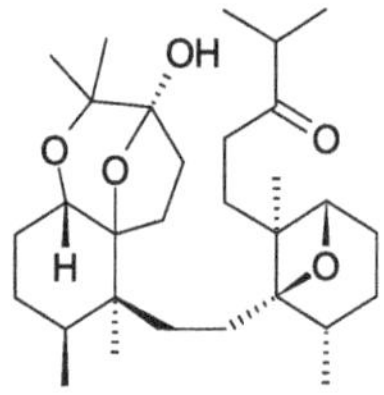

1896 Sodwanone M 搜得烷三萜酮 M*

【基本信息】$C_{30}H_{50}O_5$, 油状物, $[\alpha]_D$= +18° (*c* = 0.1, 氯仿).【类型】瑞斯帕斯欧宁和搜得瓦酮三萜.【来源】韦氏小轴海绵* *Axinella weltneri* (科摩罗群岛).【活性】细胞毒 (P_{388}, 1μg/mL).【文献】A. Rudi, et al. JNP, 1997, 60, 700.

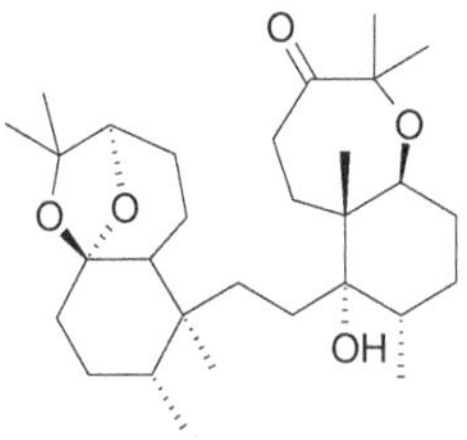

5.8 棕绿纽扣珊瑚酰胺三萜

1897 Cyclozoanthamine 环棕绿纽扣珊瑚胺*

【基本信息】$C_{30}H_{41}NO_6$, 无色油状物, $[\alpha]_D$ = −14.8° (*c* = 0.42, 氯仿).【类型】棕绿纽扣珊瑚胺(Zoanthamine) 三萜.【来源】六放珊瑚亚纲棕绿纽扣珊瑚 *Zoanthus* sp. (阿亚马鲁海岸, 阿马米群岛, 日本).【活性】细胞毒 (P_{388}, IC_{50} = 2.6μg/mL).【文献】S. Fukuzawa, et al. Heterocycl. Commun., 1995, 1, 207; M. Kuramoto, et al. Bull. Chem. Soc. Jpn., 1998, 71, 771; M. Kuramoto, et al. Mar. Drugs, 2004, 2, 39.

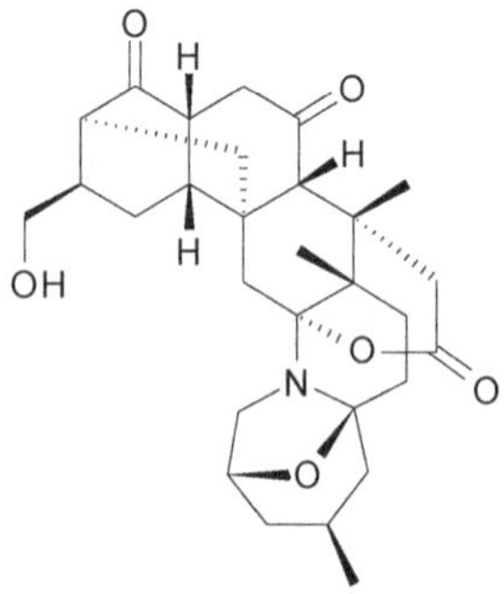

1898 28-Deoxyzoanthenamine 28-去氧棕绿纽扣珊瑚烯胺*

【基本信息】$C_{30}H_{39}NO_5$, mp 305~307℃, $[\alpha]_D$ = +216° (*c* = 3.7, 氯仿).【类型】棕绿纽扣珊瑚胺三萜.【来源】六放珊瑚亚纲棕绿纽扣珊瑚 *Zoanthus* sp.【活性】抗炎; 镇痛.【文献】C. B. Rao, et al. Heterocycles, 1989, 28, 103.

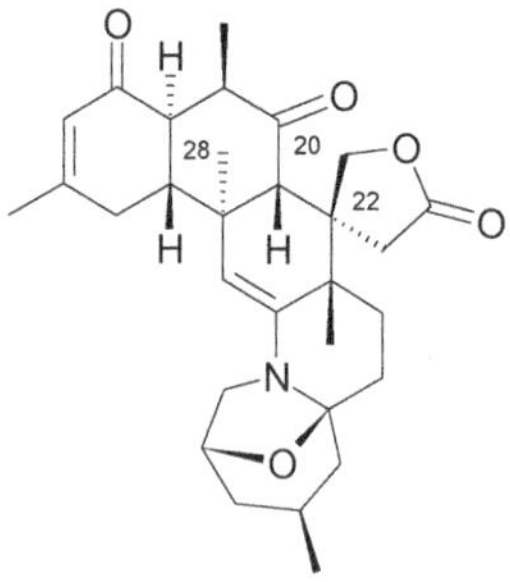

1899 22-*epi*-28-Deoxyzoanthenamine 22-*epi*-28-去氧棕绿纽扣珊瑚烯胺*

【基本信息】$C_{30}H_{39}NO_5$, 油状物, $[\alpha]_D$ = +85° (*c* = 2.36, 氯仿).【类型】棕绿纽扣珊瑚胺三萜.【来源】六放珊瑚亚纲棕绿纽扣珊瑚 *Zoanthus* spp.【活性】抗炎; 镇痛.【文献】C. B. Rao, et al. Heterocycles, 1989, 28, 103.

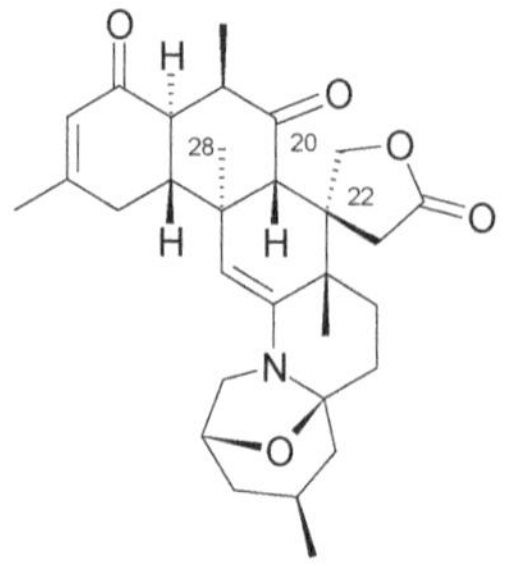

1900 Oxyzoanthamine 氧代棕绿纽扣珊瑚胺*

【别名】26-Hydroxyzoanthamine; 26-羟基棕绿纽扣珊瑚胺*.【基本信息】$C_{30}H_{41}NO_6$, 无色油状物, $[\alpha]_D = +5.3°$ ($c = 0.38$, 氯仿).【类型】棕绿纽扣珊瑚胺三萜.【来源】六放珊瑚亚纲棕绿纽扣珊瑚 *Zoanthus* sp. (阿亚马鲁海岸, 阿马米群岛, 日本).【活性】细胞毒 (P_{388}, $IC_{50} = 7.0\mu g/mL$); IL-6 生成抑制剂.【文献】S. Fukuzawa, et al. Heterocycl. Commun., 1995, 1, 207; M. Kuramoto, et al. Bull. Chem. Soc. Jpn., 1998, 71, 771; M. Kuramoto, et al. Mar. Drugs, 2004, 2, 39.

1901 *epi*-Oxyzoanthamine *epi*-氧代棕绿纽扣珊瑚胺*

【别名】26-Hydroxy-19-*epi*-zoanthamine; 26-羟基-19-*epi*-棕绿纽扣珊瑚胺*.【基本信息】$C_{30}H_{41}NO_6$, 无定形固体, $[\alpha]_D^{25} = -17.5°$ ($c = 0.24$, 氯仿).【类型】棕绿纽扣珊瑚胺三萜.【来源】六放珊瑚亚纲棕绿纽扣珊瑚 *Zoanthus* sp. (特内里费岛, 加纳利群岛, 西班牙).【活性】骨质疏松症药.【文献】A. H. Daranas, et al. Tetrahedron, 1998, 54, 7891; 1999, 55, 5539.

1902 Zoanthamide 棕绿纽扣珊瑚酰胺*

【基本信息】$C_{30}H_{37}NO_7$, mp 278~280°C, $[\alpha]_D = +133°$ ($c = 0.83$, 氯仿).【类型】棕绿纽扣珊瑚胺三萜.【来源】六放珊瑚亚纲棕绿纽扣珊瑚 *Zoanthus* sp.【活性】抗炎.【文献】C. B. Rao, et al. JOC, 1985, 50, 3757; M. Kuramoto, et al. Mar. Drugs, 2004, 2, 39.

1903 Zoanthamine 棕绿纽扣珊瑚胺*

【基本信息】$C_{30}H_{41}NO_5$, mp 306~308°C, $[\alpha]_D = +18°$ ($c = 0.48$, 氯仿).【类型】棕绿纽扣珊瑚胺三萜.【来源】六放珊瑚亚纲棕绿纽扣珊瑚 *Zoanthus* sp. (印度水域), 六放珊瑚亚纲棕绿纽扣珊瑚 *Zoanthus* sp. (阿亚马鲁海岸, 阿马米群岛, 日本).【活性】细胞毒; 抗炎; IL-6 生成抑制剂.【文献】C. B. Rao, et al. JACS, 1984, 106, 7983; S. Fukuzawa, et al. Heterocycl. Commun., 1995, 1, 207; M. Kuramoto, et al. Mar. Drugs, 2004, 2, 39; D. C. Behenna, et al. Angew. Chem., Int. Ed., 2008, 47, 2365.

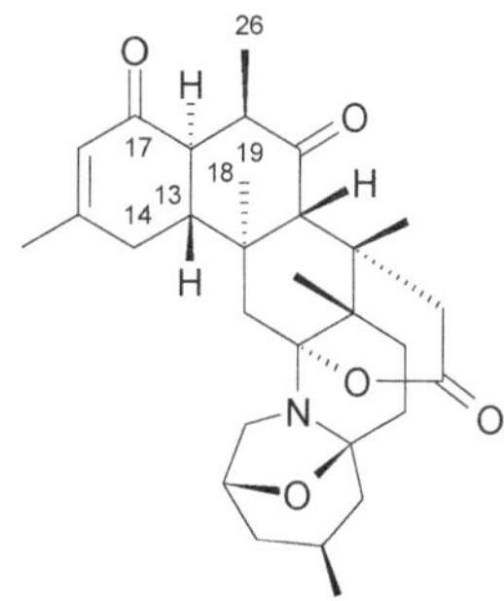

1904 Zoanthenamine 棕绿纽扣珊瑚烯胺*

【基本信息】$C_{30}H_{39}NO_6$, 粉末, mp 238~240°C.【类型】棕绿纽扣珊瑚胺三萜.【来源】六放珊瑚亚纲棕绿纽扣珊瑚 *Zoanthus* sp.【活性】抗炎.【文献】C. B. Rao, et al. JOC, 1985, 50, 3757; M. Kuramoto, et al. Mar. Drugs, 2004, 2, 39.

1905 Zooxanthellamine 卒仙得拉胺*

【基本信息】$C_{30}H_{45}NO_5$，固体，mp > 300°C，$[\alpha]_D^{20}$ = +40° (c = 0.05，甲醇).【类型】棕绿纽扣珊瑚胺三萜.【来源】甲藻共生藻属 *Symbiodinium* sp. Y-6，来自无腔动物亚门无肠目两桩涡虫属 *Amphiscolops* sp.【活性】毒素.【文献】C.B. Rao, et al. JACS, 1984, 106, 7983; H. Nakamura, et al. Bull. Chem. Soc. Jpn., 1998, 71, 781; M. Kuramoto, et al. Mar. Drugs, 2004, 2, 39.

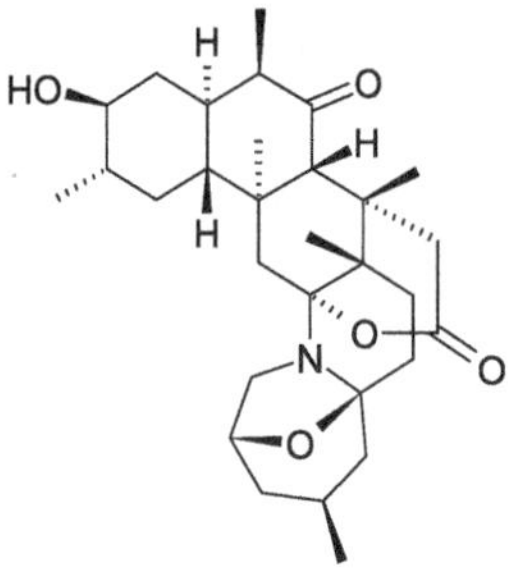

5.9 其它三萜

1906 Fusidic acid 梭链孢酸

【别名】Fusidin; Antibiotic SQ 16603; 夫西地酸; 抗生素 SQ 16603.【基本信息】$C_{31}H_{48}O_6$，晶体（乙醚），mp 192~193°C，$[\alpha]_D^{20}$ = –9° (c = 1，氯仿).【类型】普柔头斯坦烷 (Protostane) 和富西丹烷 (Fusidane) 三萜.【来源】海洋导出的真菌 *Stilbella aciculosa*.【活性】抗菌（革兰氏阳性菌）；抗 HIV.【文献】J. J. Czajkowski, Antimicrob. Chemother., 1989, 23, 15; L. J. Verbist, Antimicrob. Chemother., (Suppl. B), 1990, 25, 1; T. A. Kuznetsova, et al. Biochem. Syst. Ecol., 2001, 29, 873.

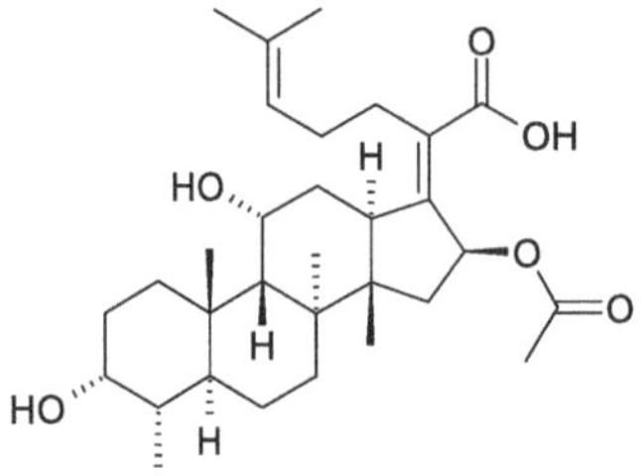

1907 Helvolic acid 烟曲霉酸

【别名】Fumigacin.【基本信息】$C_{33}H_{44}O$，针状晶体（甲醇），mp 215°C，$[\alpha]_D^{25}$ = –121° (c = 1，氯仿).【类型】普柔头斯坦烷和富西丹烷三萜.【来源】海洋导出的真菌萨氏曲霉菌* *Aspergillus sydowi* PFW1-13（来自腐木，中国水域).【活性】抗菌（圆盘扩散试验，大肠杆菌 *Escherichia coli*，MIC = 87.92μmol/L；枯草杆菌 *Bacillus subtilis*，MIC = 21.98μmol/L；溶壁微球菌 *Micrococcus lysoleikticus*，MIC = 10.99μmol/L)；对植物有毒；抗菌（葡萄球菌属 *Staphylococcus* spp.，链球菌属 *Streptococcus* spp.，微球菌属 *Micrococcus* spp.，梭菌属 *Clostridium* spp.，假单胞菌属 *Pseudomonas* spp.，分枝杆菌属 *Mycobacterium* spp.，志贺菌属 *Shigella* spp.，沙门氏菌属 *Salmonella* spp.，棒状杆菌属 *Corynebacterium* spp.)；LD_{50}（小鼠，ipr）= 400mg/kg；LD_{50}（小鼠，orl）= 1000mg/kg.【文献】J. S. -M.Tschen, et al. Bot. Bull. Acad. Sinica, 1997, 38, 251; K. F. Nielsen,et al.J. Chromatogr. A 2003, 1002, 111; M. Zhang, et al. JNP , 2008, 71, 985.

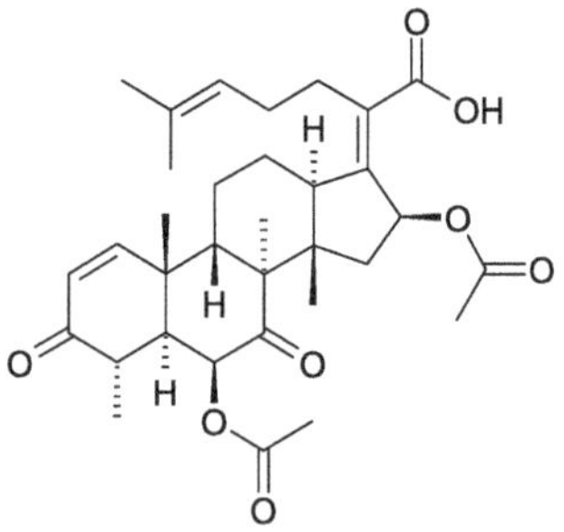

1908 25-Hydroxy-24,25-dihydrohelvolic acid 25-羟基-24,25-二氢烟曲霉酸

【别名】(4*S*,5*S*,6*S*,8*S*,9*S*,10*R*,13*R*,14*S*,16*S*,17*Z*)-6*β*,16*β*-Diacetoxy-25-hydroxy-3,7-dioxy-29-nordammara-1,17(20)-dien-21-oic acid; (4*S*,5*S*,6*S*,8*S*,9*S*,10*R*,13*R*,14*S*,16*S*,17*Z*)-6*β*,16*β*-二乙酰氧基-25-羟基-3,7-二氧代-29-去甲达玛-1,17(20)-二烯-21-酸.【基本信息】$C_{33}H_{46}O_9$，白色针状晶体，mp 206~208°C，$[\alpha]_D^{26}$ = –118.9° (c = 0.07，氯仿).【类型】普柔头斯坦烷和富西丹烷三萜.【来源】海洋导出的真菌萨氏曲霉菌 *Aspergillus sydowi* PFW1-13（来自腐木，中国水域).【活性】抗菌（圆盘扩散试验，大肠杆菌 *Escherichia coli*，MIC = 10.65μmol/L；枯草杆菌 *Bacillus subtilis*，MIC = 5.33μmol/L；溶壁微球菌 *Micrococcus lysoleikticus*，MIC = 10.65μmol/L).【文献】M. Zhang, et al. JNP , 2008, 71, 985.

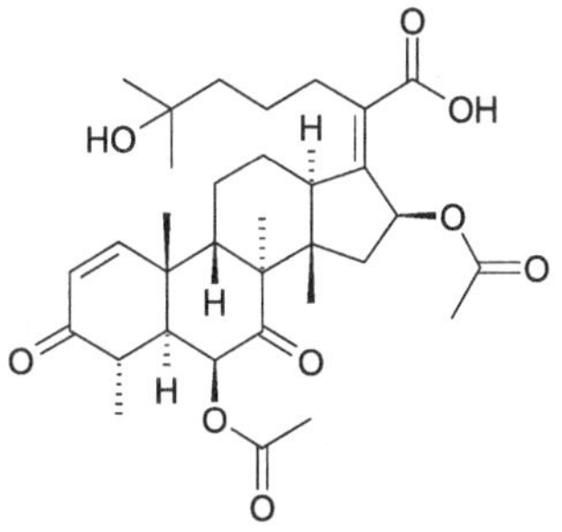

1909 Lovenone 娄文裸腮酮*

【基本信息】$C_{29}H_{48}O_4$, 玻璃体, $[\alpha]_D = -38°$ (氯仿).【类型】葫芦烷 (Cucurbitane) 三萜.【来源】软体动物裸腮目海牛亚目 *Adalaria loveni* (嗜冷生物, 冷水域, 皮肤提取物).【活性】细胞毒 (HEY, ED_{50} = 11.lμg/mL; U373, ED_{50} = 11μg/mL).【文献】E. I. Graziani, et al. Tetrahedron Lett., 1995, 36, 1763; M. D. Lebar, et al. NPR, 2007, 24, 774 (Rev.).

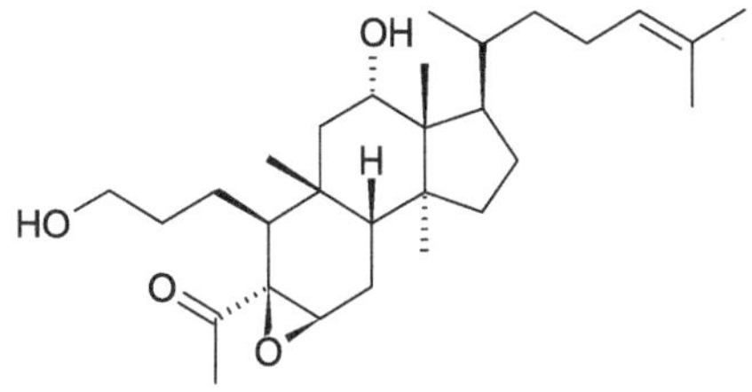

1910 7-Deacetylgedunin 7-去乙酰哥杜宁*

【基本信息】$C_{26}H_{32}O_6$.【类型】裂环四去甲三萜.【来源】红树楝科摩鹿加木果楝* *Xylocarpus moluccensis* (种子, 普吉府, 泰国南部, 泰国).【活性】NO 生成抑制剂 (受激巨噬细胞, 有活性).【文献】B. Banerji, et al. Fitoterapia, 1984, 55, 3.

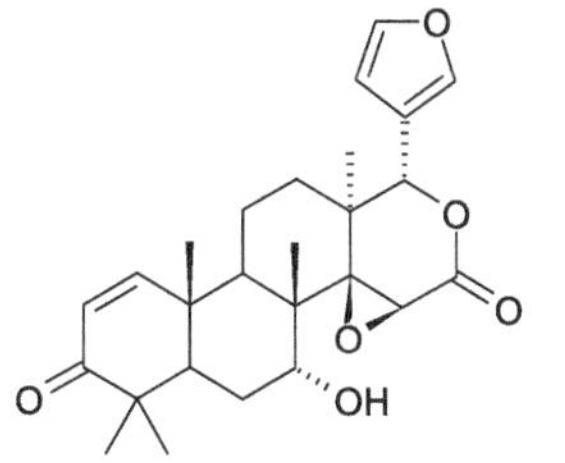

1911 Thaimoluccensin A 泰国摩鹿加木果楝新 A*

【基本信息】$C_{27}H_{36}O_8$.【类型】裂环四去甲三萜.【来源】红树楝科摩鹿加木果楝* *Xylocarpus moluccensis* (种子, 普吉府, 泰国南部, 泰国).【活性】NO 生成抑制剂 (受激巨噬细胞, 适度活性).【文献】W. Ravangpai, et al. BoMCL, 2011, 21, 4485.

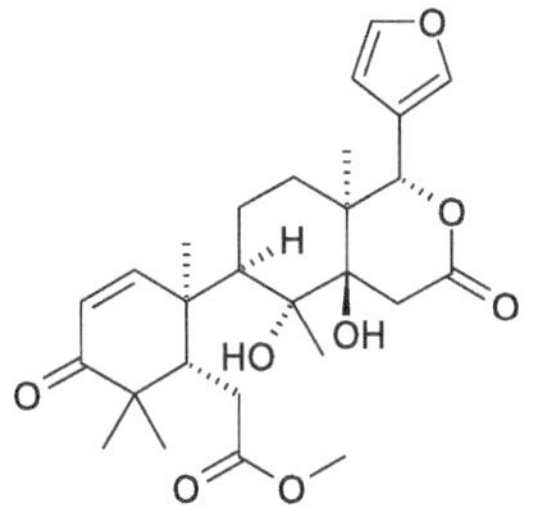

1912 Ursolic acid 熊果酸

【别名】3*β*-Hydroxy-12-ursen-28-oic acid; 3*β*-羟基-12-熊果烯-28-酸.【基本信息】$C_{30}H_{48}O_3$, 针状晶体 (乙醇), 晶体(乙醚), mp 291°C, $[\alpha]_D = +66°$ (乙醇).【类型】乌索烷 (Ursane) 三萜.【来源】Cladophorace 科海洋藻类 (黑海), 广泛分布于植物中, 例如 *labiatae* spp., *Apocynaceae* spp., *Rosaceae* spp. 和 *Oleaceae* spp., 1854 年首次自 *Arctostaphylos uva-ursi* 中分离.【活性】细胞毒 (P_{388}, GI_{50} > 1μg/mL); 血管生成抑制剂; 蛋白激酶 C 抑制剂; HIV-1 蛋白酶抑制剂; 抗溃疡.【文献】G. R. Pettit, et al. JNP 2008, 71, 438; CRC Press, DNP on DVD, 2012, version 20.2.

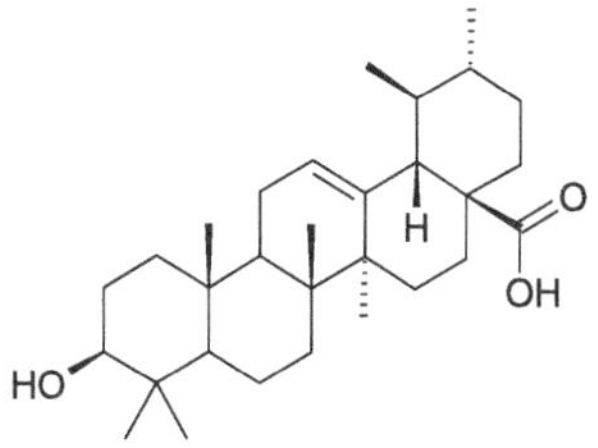

1913 Limatulone 笠小节贝酮*

【别名】*meso*-Limatulone; *meso*-笠贝酮*.【基本信息】$C_{30}H_{46}O_4$, 棒状晶体, mp 95~97°C.【类型】杂项三萜.【来源】软体动物笠小节贝* *Collisella limatula* [Syn. *Achmeia limatula*].【活性】鱼毒, 拒食活性 (鱼类).【文献】K. F. Albizati, et al. JOC, 1985, 50, 3428; K. Mori, et al. Nat. Prod. Lett., 1992, 1, 59; K. Mori, et al. JCS Perkin Trans. Ⅰ, 1993, 169.

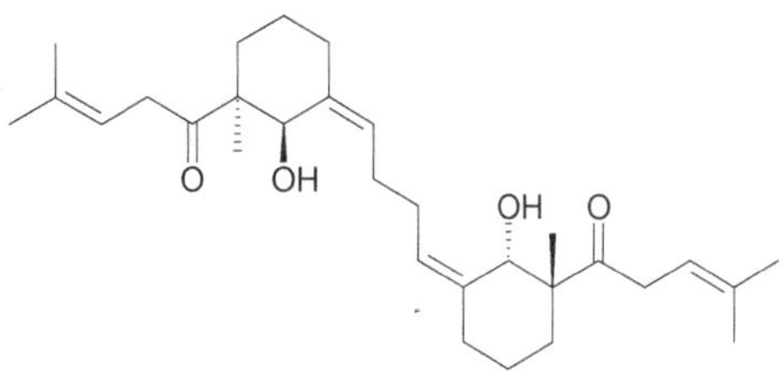

1914 (+)-Testudinariol A (+)-侧腮海蛞蝓醇 A*

【基本信息】$C_{30}H_{46}O_4$, $[\alpha]_D^{25}$ = +15.2° (c = 0.10, 氯仿).【类型】杂项三萜.【来源】软体动物侧鳃科侧腮海蛞蝓 *Pleurobranchus testudinarius* (皮肤和黏液分泌物, 地中海).【活性】鱼毒.【文献】Spinella, et al. Tetrahedron, 1997, 53, 16891; H. Takikawa, et al. Tetrahedron Lett., 2001, 42, 1527; M. Yoshida, et al. J. Chem. Soc., Perkin Trans. Ⅰ, 2001, 1007; H. Hioki, et al. Chem. Lett., 2001, 898.

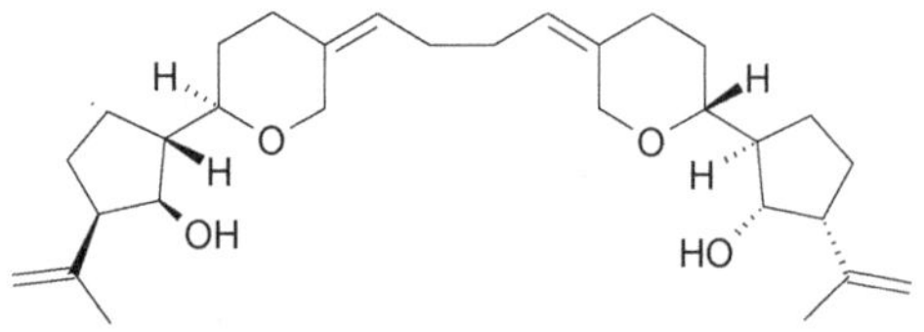

1915 (+)-Testudinariol B (+)-侧腮海蛞蝓醇 B*

【基本信息】$C_{30}H_{46}O_4$ $[\alpha]_D^{25}$ = +15.0° (c = 0.05, 氯仿).【类型】杂项三萜.【来源】软体动物侧鳃科侧腮海蛞蝓 *Pleurobranchus testudinarius* (皮肤和黏液分泌物, 地中海).【活性】鱼毒.【文献】Spinella, et al. Tetrahedron, 1997, 53, 16891; H. Takikawa, et al. Tetrahedron Lett., 2001, 42, 1527; M. Yoshida, et al. J. Chem. Soc., Perkin Trans. Ⅰ, 2001, 1007; H. Hioki, et al. Chem. Lett., 2001, 898.

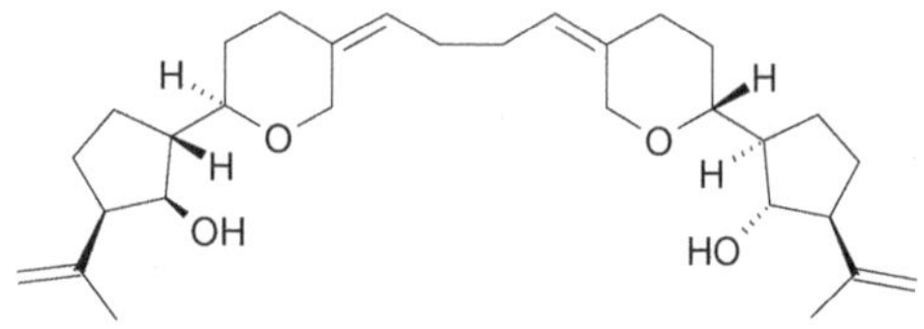

6

多萜和杂类萜

6.1 四萜

1916 (3*S*,3′*R*)-Adonixanthin-*β*-D-glucoside (3*S*,3′*R*)- 金盏花黄质-*β*-D-葡萄糖苷

【基本信息】$C_{46}H_{64}O_8$.【类型】四萜.【来源】海洋细菌土壤杆菌属 *Agrobacterium aurantiacum*.【活性】抗氧化剂; 增强抗体的生成.【文献】A. Yokoyama, et al. JNP, 1995, 58, 1929.

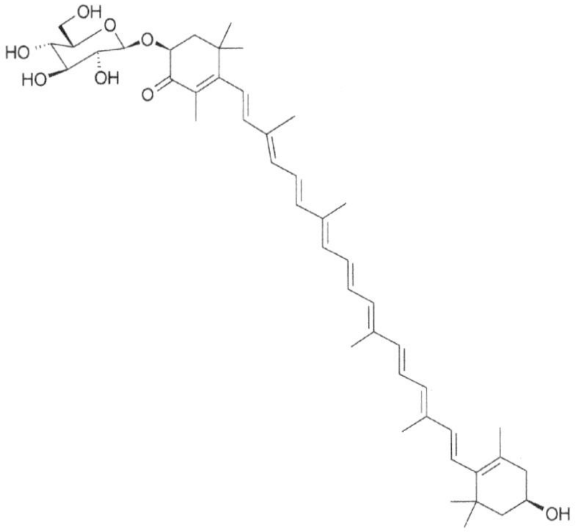

1917 (3*S*,3'*S*)-Astaxanthin (3*S*,3'*S*)-虾青素

【别名】3,3′-Dihydroxy-*β*,*β*-carotene-4,4′-dione; 3,3′-二羟基-*β*,*β*-胡萝卜素-4,4′-二酮.【基本信息】$C_{40}H_{52}O_4$, mp 223~225°C.【类型】四萜.【来源】红藻雨生红球藻 *Haematococcus pluvialis* (含量最高到干重 7%; 含 75%总胡萝卜素).【活性】抗氧化剂 [活性氧 $^1O_2$ 猝灭剂; 自由基 $O_2^{\bullet-}$, H_2O_2, $HO^{\bullet}$ 捕获剂; 活性氧 (ROS), 活性氮 (RNS) 和活性氯 (RCS) 猝灭剂 (NO, LOOH, $ONOO^-$, HOCl); 断链抗氧化剂; 脂质过氧化作用抑制剂].【文献】CRC Press, DNP in DVD, 2012, version 20.2; M. F. J. Raposo, et al. Mar. Drugs, 2015, 13, 5128 (Rev.).

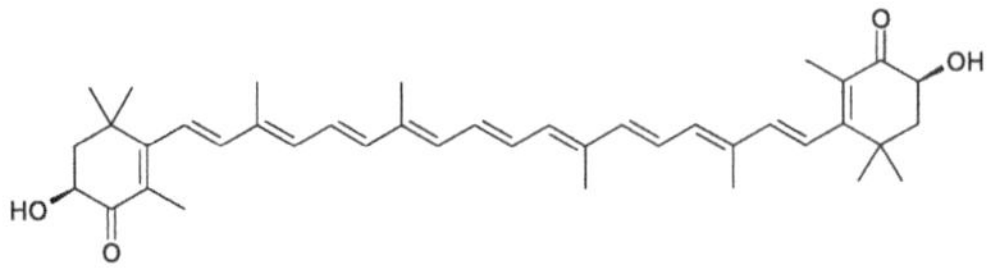

1918 (3*S*,3′*S*)-Astaxanthin *β*-D-glucoside (3*S*,3′*S*)-虾青素 *β*-D-葡萄糖苷

【基本信息】$C_{46}H_{62}O_9$.【类型】四萜.【来源】海洋细菌土壤杆菌属 *Agrobacterium aurantiacum*.【活性】抗氧化剂; 增加抗体的生成.【文献】A. Yokoyama, et al. JNP, 1995, 58, 1929.

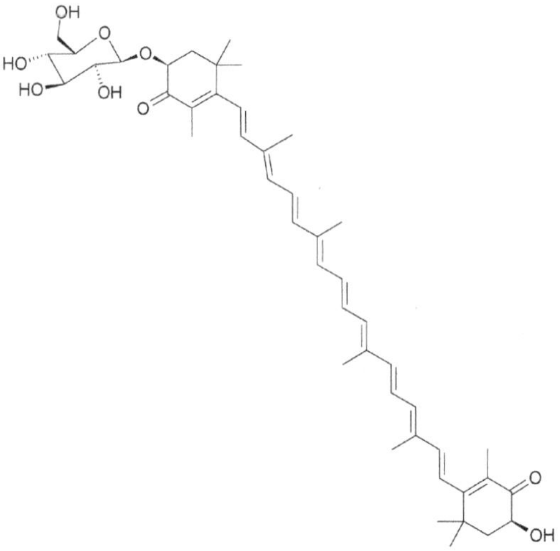

1919 Canthaxanthin 斑蝥黄

【基本信息】*β*,*β*-Carotene-4,4′-dione; *β*,*β*-胡萝卜素-4,4′-二酮【基本信息】$C_{40}H_{52}O_2$, 紫色晶体 (苯/甲醇), mp 218°C.【类型】四萜.【来源】绿藻纲环藻目 *Coelastrella striolata* var. *multistriata* (4.75%干重).【活性】抗氧化剂 (活性氧 $^1O_2$ 猝灭剂).【文献】CRC Press, DNP in DVD, 2012, version 20.2; M. F. J. Raposo, et al. Mar. Drugs, 2015, 13, 5128 (Rev.).

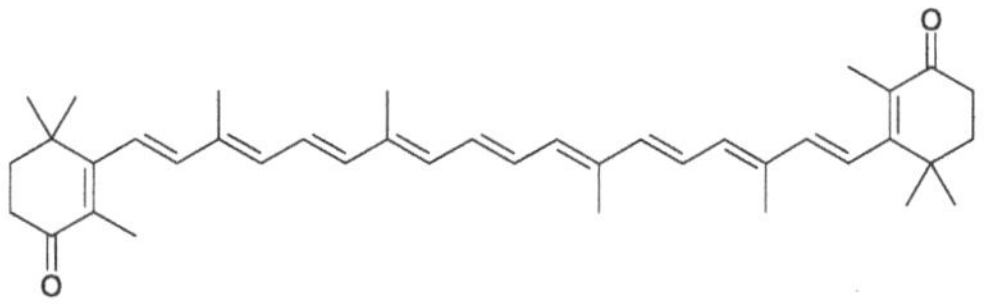

1920 *β*-Carotene *β*-胡萝卜素

【别名】*β*,*β*-Carotene; *β*,*β*-胡萝卜素.【基本信息】$C_{40}H_{56}$, 对空气敏感的深紫色棱镜状晶体 (苯/甲醇); 红色菱形晶体(石油醚), mp 183°C.【类型】四萜.【来源】绿藻盐生杜氏藻 *Dunaliella salina* (10%~13%干重, 生长于高盐介质中产生 *β*-胡萝卜素), 绿藻小球藻属 *Chlorella zofingiensis* (总类胡萝卜素产率为干重的 0.9%, 其中*β*-胡萝卜素为 50%), 蓝细菌节旋藻属 *Arthrospira* sp. [Syn. *Spirulina* sp.] (80%总类胡萝卜素), 存在于海洋生物中, 例如海绵, 特别是 Poecilosclerida 科和 Axinellida 科海绵, 广泛存在于植物和动物界.【活性】抗氧化剂 (活性氧 $^1O_2$ 猝灭剂; 自由基 NO_2,

ONOOH 和 ONOO⁻清除剂; 钠/钾-腺苷三磷酸酶抑制剂; 刺激过氧化氢酶和谷胱甘肽 S-转移酶 GST). 【文献】CRC Press, DNP in DVD, 2012, version 20.2; M. F. J. Raposo, et al. Mar. Drugs, 2015, 13, 5128 (Rev.).

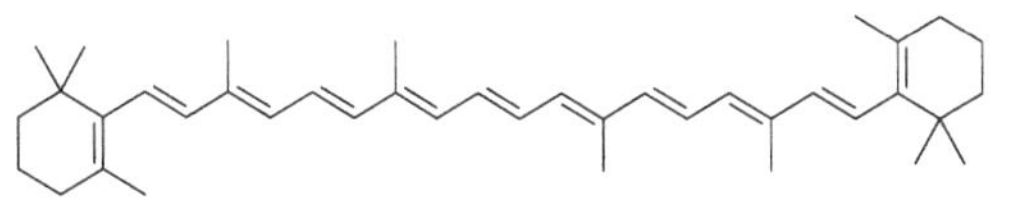

1921 Cucumariaxanthin A 瓜参叶黄素 A*

【别名】(9*Z*,9′*Z*)-5,5′,6,6′-Tetrahydro-*β*,*β*-carotene-4,4′-dione; (9*Z*,9′*Z*)-5,5′,6,6′-四氢-*β*,*β*-胡萝卜素-4,4′-二酮.【基本信息】$C_{40}H_{56}O_2$, 深橙色针晶.【类型】四萜.【来源】日本瓜参 *Cucumaria japonica*.【活性】爱泼斯坦-巴尔病毒 EBV 活化抑制剂.【文献】M. Tsushima, et al. JNP, 2001, 64, 1139.

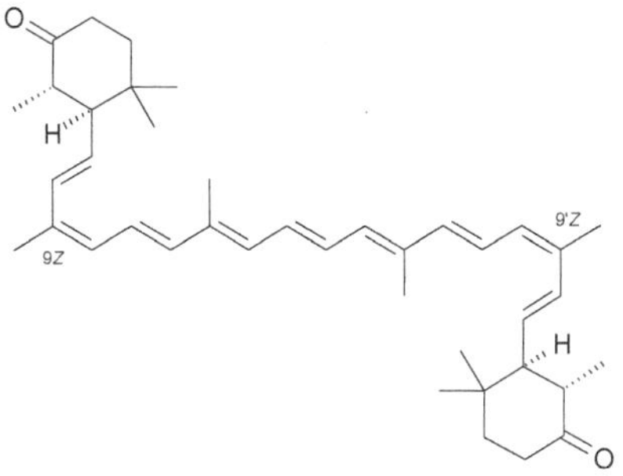

1922 Cucumariaxanthin B 瓜参叶黄素 B*

【别名】(9*Z*,9′*Z*)-5,5′,6,6′-Tetrahydro-4′-hydroxy-*β*,*β*-carotene-4-one; (9*Z*,9′*Z*)-5,5′,6,6′-四氢-4′-羟基-*β*,*β*-胡萝卜素-4-酮.【基本信息】$C_{40}H_{58}O_2$, 深橙色针晶.【类型】四萜.【来源】日本瓜参 *Cucumaria japonica*.【活性】爱泼斯坦-巴尔病毒 EBV 活化抑制剂.【文献】M. Tsushima, et al. JNP, 2001, 64, 1139.

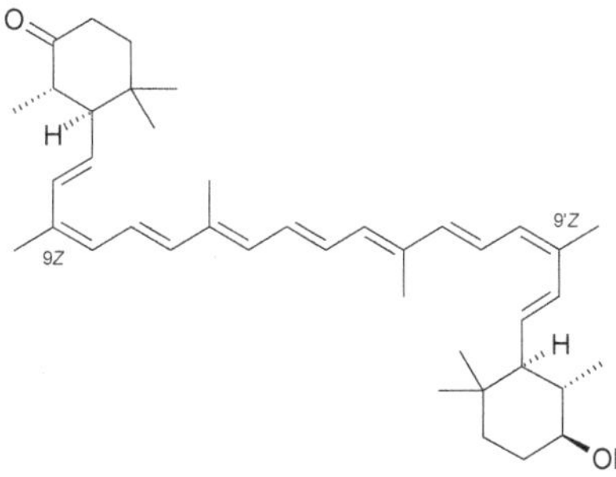

1923 Cucumariaxanthin C 瓜参叶黄素 C*

【别名】(9*Z*,9′*Z*)-5,5′,6,6′-Tetrahydro-*β*,*β*-carotene-4,4′-diol; (9*Z*,9′*Z*)-5,5′,6,6′-四氢-*β*,*β*-胡萝卜素-4,4′-二醇.【基本信息】$C_{40}H_{60}O_2$, 深橙色针晶.【类型】四萜.【来源】日本瓜参 *Cucumaria japonica*.【活性】爱泼斯坦-巴尔病毒 EBV 活化抑制剂.【文献】M. Tsushima, et al. JNP, 2001, 64, 1139.

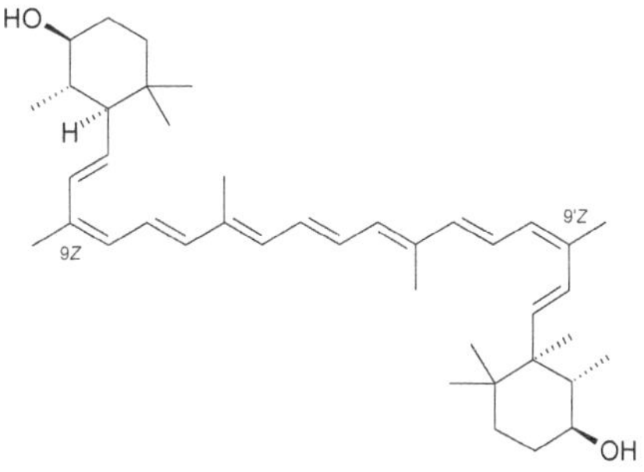

1924 Fucoxanthin 岩藻黄素

【别名】Fucoxanthol; 岩藻黄醇.【基本信息】$C_{42}H_{58}O_6$, 红棕色棱镜状晶体 (甲醇), mp 158~159°C, mp 168°C, $[\alpha]^{18}$ = +73.5° (氯仿).【类型】四萜.【来源】棕藻毛头藻属 *Sporochnus comosus* (肖岛, 昆士兰, 澳大利亚), 棕藻墨角藻属 *Fucus virsoides*, 棕藻外来囊藻* *Colpomenia peregrine*, 棕藻马尾藻科 *Hizikia fusiformis* (日本可食海草, 岩藻黄素为主要的抗氧化剂), 棕藻裙带菜 *Undaria pinnatifida* (可食) 和棕藻幅叶藻属 *Petalonia binghamiae*, 红藻变黑多管藻* *Polysiphonia nigrescens* 和红藻仙菜科仙菜 *Ceramium rubrum*, 硅藻三角褐指藻 *Phaeodactylum tricornutum* (1.65%干重), 硅藻新月细柱藻 *Cylindrotheca closterium* (0.52%干重) 和硅藻纲硅藻 *Odontella aurita* (含量直到 2.2%干重). 金藻绿光等鞭金藻 *Isochrysis* aff. *galbana* (1.8%dw).【活性】细胞毒 (SF268, GI_{50} = 12μmol/L; MCF7, GI_{50} = 8μmol/L; H460, GI_{50} = 14μmol/L; HT29, GI_{50} = 17μmol/L; CHO-K1, GI_{50} = 12μmol/L); 抗氧化剂 (羟基和过氧化物自由基清除剂, IC_{50} = 0.14~2.5mg/mL); 抗氧化剂 (活性氧 $^1O_2$ 猝灭剂, 自由基清除 ($O_2^{\bullet-}$, HO$^\bullet$, ONOO⁻, HOCl, DPPH$^\bullet$等, 钠/钾-腺苷三磷酸酶抑制剂, 刺激过氧化氢酶和谷胱甘肽 S-转移酶 GST) (Raposo, 2015); 抗肥胖 (通过 UCP1 在白色脂肪组织中表达) (Maeda, 2005); 抗肥胖和抗糖尿病 (喂食高脂食物的小鼠模型, 抑制脂肪组织和身体的体重增加和减少 MCP-1 的 mRNA 表达) (Maeda, 2009); 抗肥胖 (患糖尿病的 KK-Ay 小鼠模型,抑制白色脂肪组织增重) (Hosokawa, 2010);

抗肥胖和抗糖尿病 (喂食高脂食物的小鼠，减少体重和脂肪组织重量，减少脂肪生成及促进 β-氧化) (Kang, 2012); 多重功能营养物 (Maeda, 2008); 降血糖 (喂食高脂食物的小鼠模型，促进 Adrb3 和 GLUT4 的 mRNA 在骨骼肌肉组织中的表达) (Maeda, 2009); 抗炎 (患糖尿病的 KK-Ay 小鼠模型，*in vivo* 和 *in vitro*，下调促炎细胞因子的表达，减少促炎的 MCP-1, PAI-1, IL-6 和 TNF-α 的 mRNA 表达) (Hosokawa, 2010); 抗污剂.【文献】K. Mori, et al. Mar. Drugs, 2004, 2, 63; H. Maeda, et al. Biochem. Biophys. Res. Commun., 2005, 332, 392; N. M. Sachindra, et al. J. Agric. Food Chem., 2007, 55, 8516; H. Maeda, et al. Asia Pac. J. Clin. Nutr., 2008, 17, 196; H. Maeda, et al. Mol. Med. Rep., 2009, 2, 897; M. Hosokawa, et al. Arch. Biochem. Biophys., 2010, 504, 17; S. P. B. Ovenden, et al. JNP, 2011, 74, 739; S. I. Kang, et al. J. Agric. Food Chem., 2012, 60, 3389; CRC Press, DNP in DVD, 2012, version 20.2; M. F. J. Raposo, et al. Mar. Drugs, 2015, 13, 5128 (Rev.).

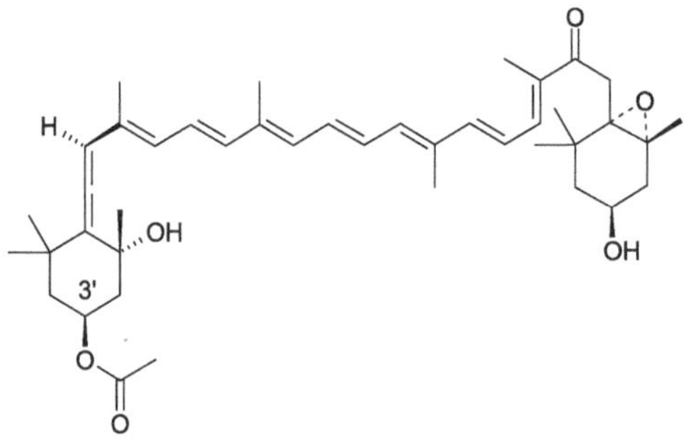

1925 Fucoxanthinol 岩藻黄素醇

【基本信息】$C_{40}H_{56}O_5$.【类型】四萜.【来源】棕藻裙带菜 *Undaria pinnatifida* (可食).【活性】抗炎 (RAW264.7 类巨噬细胞和 3T3-F442A 脂肪细胞 *in vitro*，减少促炎的 iNOS, COX-2, MCP-1 和 IL-6 信使 RNA 的超表达).【文献】M. Hosokawa, et al. Arch. Biochem. Biophys., 2010, 504, 17.

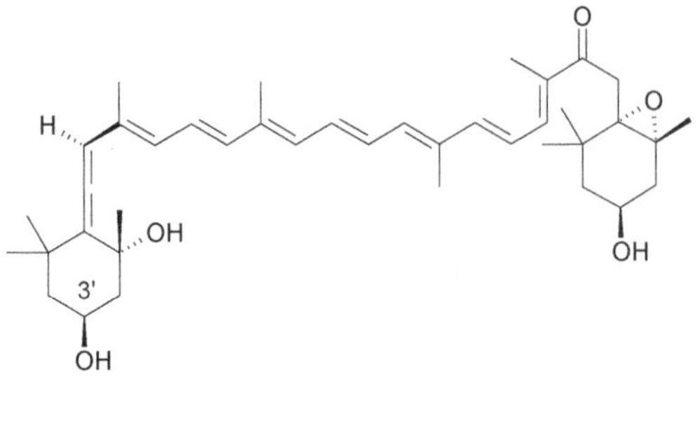

1926 Lutein 叶黄素

【别名】β,ε-Carotene-3,3′-diol; β,ε-胡萝卜素-3,3′-二醇【基本信息】$C_{40}H_{56}O_2$，紫铜色晶体 (甲醇), mp 196°C, $[\alpha]_{643.90}{}^{18}$ = +160° (氯仿).【类型】四萜.【来源】绿藻蛋白核小球藻 *Chlorella pyrenoidosa* (0.2%~0.4%干重)，红藻紫菜属 *Porphyra* spp.，溪蟹属河蟹 *Potamon dehaani*，海洋无脊椎动物，来自蛋黄和树叶的色素，存在于所有高等植物和微生物中.【活性】抗氧化剂; 抗肿瘤; 抗诱变剂; 抗微生物 (广谱); 治疗黄斑变性 (有使用潜力).【文献】CRC Press, DNP in DVD, 2012, version 20.2; M. F. J. Raposo, et al .Mar. Drugs,2015, 13, 5128 (Rev.).

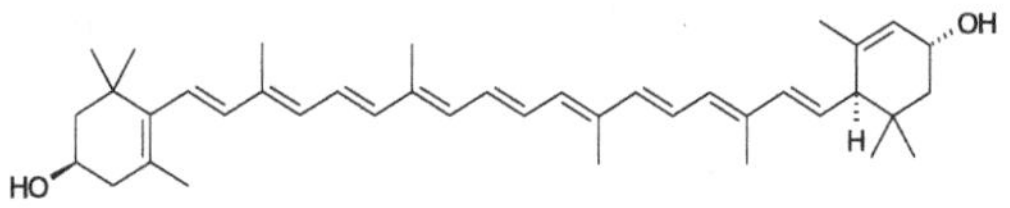

1927 Myxol 粘海绵醇

【基本信息】$C_{40}H_{56}O_3$.【类型】四萜.【来源】海洋导出的细菌黄杆菌属 *Flavobacterium* sp.，来自 Suberitidae 科海绵* *Homaxinella* sp. (帕劳，大洋洲).【活性】抗氧化剂.【文献】A. Yokoyama, et al. Fish. Sci., 1995, 61, 684.

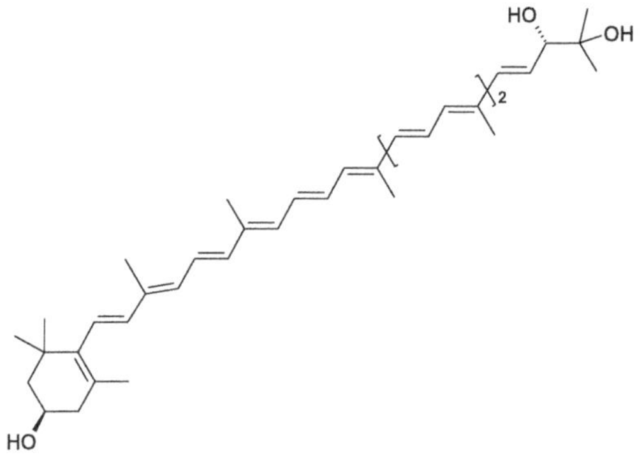

6.2 四以上多萜

1928 Plakopolyprenoside 扁板海绵聚戊烯糖苷*

【基本信息】$C_{45}H_{74}O_9$，无定形固体，$[\alpha]_D$= −9°.【类型】四以上多萜.【来源】不分支扁板海绵* *Plakortis simplex*.【活性】细胞毒.【文献】V. Costantino, et al. Tetrahedron, 2000, 56, 1393.

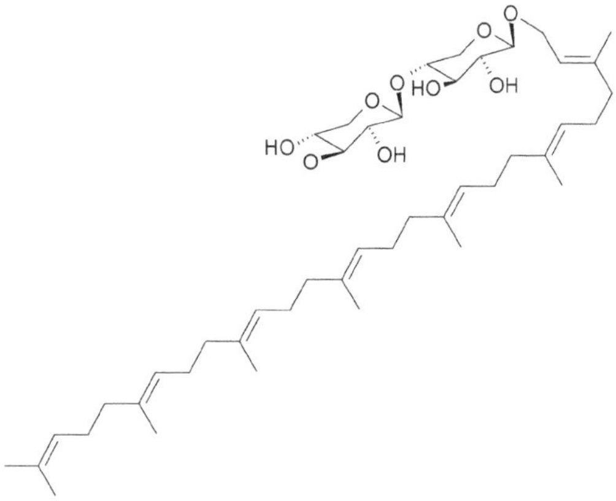

6.3 阿朴类胡萝卜素类

1929 9′-Apo-fucoxanthinone 9′-阿朴-岩藻黄素酮

【基本信息】$C_{15}H_{22}O_4$, 无定形固体, $[\alpha]_D^{19} = -284°$ ($c = 0.1$, 甲醇).【类型】阿朴类胡萝卜素.【来源】甲藻前沟藻属 *Amphidinium* sp.【活性】细胞毒; 拒食活性 (抑制喂食加利福尼亚桡足动物 *Tigriopus californicus*).【文献】Y. Doi, et al. JNP, 1995, 58, 1097.

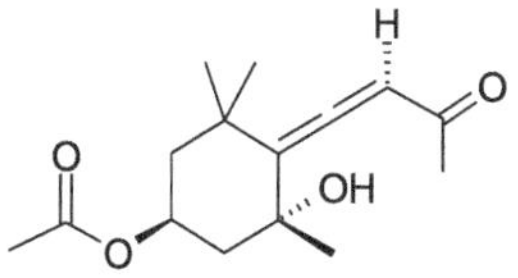

1930 Cavernosine 空洞束海绵新*

【基本信息】$C_{17}H_{28}O_3$, 油状物, $[\alpha]_{435} = -1.8°$ ($c = 1.19$, 氯仿).【类型】阿朴类胡萝卜素.【来源】空洞束海绵 *Fasciospongia cavernosa*.【活性】鱼毒.【文献】J. C. Braekman, et al. Bull. Soc. Chim. Belg., 1982, 91, 791.

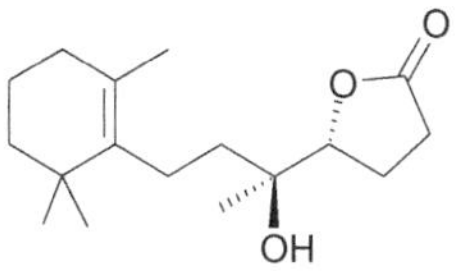

1931 Diapolycopenedioic xylosyl ester A 双多扣坡烯双羧基木糖基酯 A

【基本信息】$C_{49}H_{70}O_9$, 红色粉末, $[\alpha]_{633.00}^{20} = -20°$ ($c = 0.007$, 氯仿/甲醇).【类型】阿朴类胡萝卜素.【来源】海洋细菌产鲨烯海生红杆菌 *Rubritalea squalenifaciens*.【活性】抗氧化剂 (脂质过氧化作用抑制剂, $IC_{50} = 4.6\mu mol/L$).【文献】K. Shindo, et al. Tetrahedron Lett., 2007, 48, 2725.

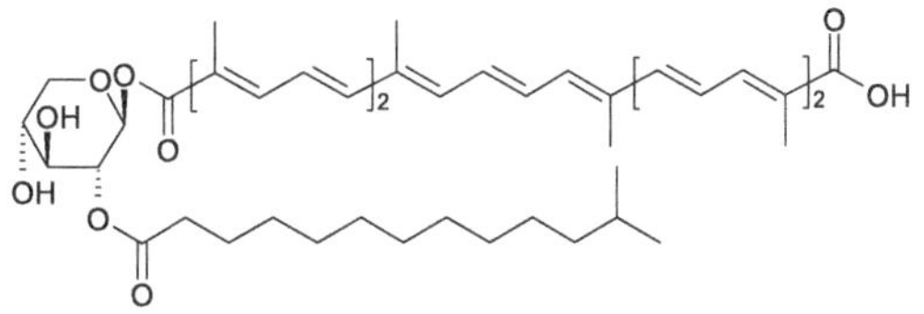

6.4 巨豆烷去甲萜类

1932 3-Hydroxy-5-megastigmene-7,9-dione 3-羟基-5-巨豆烯-7,9-二酮*

【基本信息】$C_{13}H_{20}O_3$, 油状物, $[\alpha]_D^{25} = -35°$ ($c = 0.5$, 甲醇).【类型】巨豆烷 (Megastigmane) 去甲萜.【来源】微型原甲藻 *Prorocentrum minimum*.【活性】细胞外抗微生物.【文献】R. J.Andersen, et al. JOC, 1980, 45, 1169; M. G. Constantino, et al. JOC, 1986, 51, 387.

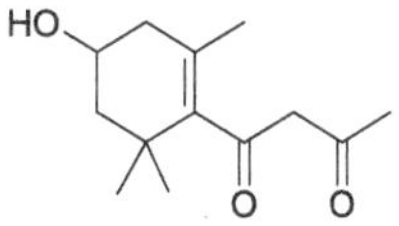

6.5 溴化杀草醚杂类萜

1933 Bromophycolide A 溴化杀草醚 A

【基本信息】$C_{27}H_{37}Br_3O_4$, 晶体 (甲醇), $[\alpha]_D^{23} = -35°$ ($c = 0.21$, 氯仿).【类型】溴化杀草醚 (Bromophycolide) 杂类萜.【来源】红藻斐济红藻* *Callophycus serratus*.【活性】抗菌 (MRSA, MIC = 5.9μmol/L; VREF, MIC = 5.9μmol/L); 细胞毒 (11 种癌细胞株, 平均 $IC_{50} = 6.7\mu mol/L$, 细胞株选择性 max IC_{50}/min $IC_{50} = 4.8$); 抗 HIV-1 病毒 (96USHIPS7 菌株, $IC_{50} = 9.8\mu mol/L$; UG/92/029 菌株, $IC_{50} = 9.1\mu mol/L$); 抗真菌 (耐两性霉素 B 的白色念珠菌 *Candida albicans* ABRCA, $IC_{50} = 49\mu mol/L$); 影响细胞周期进程和细胞凋亡 (A2780, 用溴茶碱 A 处理 24h, 观察到 G_1 期阻滞, 和细胞从 S 和 G_2/M 期失去一致).【文献】J. Kubanek, et al. Org. Lett., 2005, 7, 5261.

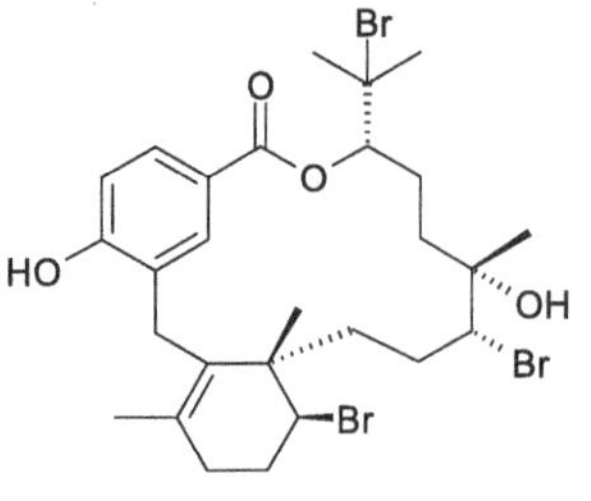

1934 **Bromophycolide B 溴化杀草醚 B**

【基本信息】$C_{27}H_{37}Br_3O_4$，晶体 (甲醇)，$[\alpha]_D = -1°$ ($c = 0.044$，氯仿).【类型】溴化杀草醚杂类萜.【来源】红藻斐济红藻* *Callophycus serratus*.【活性】抗菌 (MRSA，MIC = 5.9μmol/L；VREF，MIC = 3.0μmol/L)；细胞毒 (11 种癌细胞株，平均 IC_{50} = 27.7μmol/L，细胞株选择性最大值最小值之比 IC_{50MAX}/IC_{50MIN} = 3.8)；抗真菌 (耐两性霉素 B 的白色念珠菌 Candida albicans ABRCA，IC_{50} = 49μmol/L).【文献】J. Kubanek, et al. Org. Lett., 2005, 7, 5261.

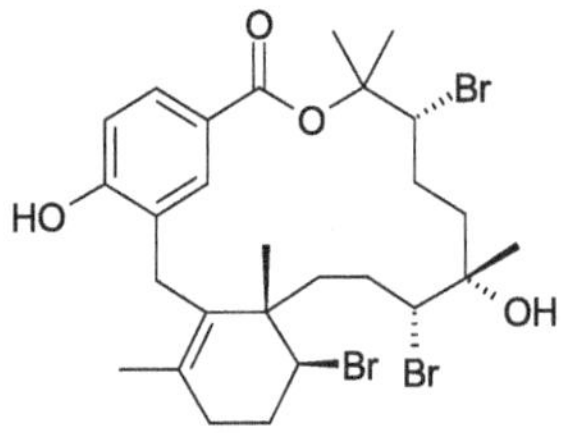

1935 **Bromophycolide J 溴化杀草醚 J**

【基本信息】$C_{28}H_{40}Br_2O_5$，无定形固体，$[\alpha]_D^{23}$= +35° ($c = 0.057$，甲醇).【类型】溴化杀草醚杂类萜.【来源】红藻斐济红藻* *Callophycus serratus* (亚努卡岛，斐济).【活性】抗菌 (MRSA，IC_{50} = 1.4μmol/L，作用的分子机制：尚未确定)；抗疟疾 (恶性疟原虫 *Plasmodium falciparum* 3D7 菌株，IC_{50} = 0.5~2.9μmol/L；作用的分子机制：尚未确定).【文献】A. L. Lane, et al. JOC, 2009, 74, 2736.

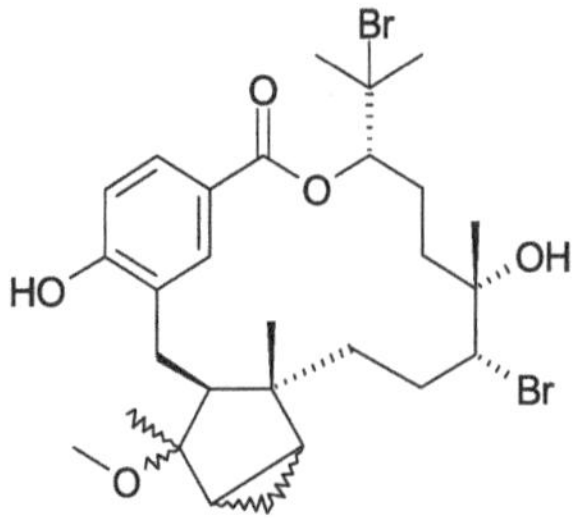

1936 **Bromophycolide M 溴化杀草醚 M**

【基本信息】$C_{27}H_{36}Br_2O_4$，无定形固体，$[\alpha]_D^{23}$ = +68° ($c = 0.1$，甲醇).【类型】溴化杀草醚杂类萜.【来源】红藻斐济红藻* *Callophycus serratus* (亚努卡岛，斐济).【活性】抗菌 (MRSA，IC_{50} = 1.4μmol/L；作用的分子机制：尚未确定)；抗疟疾 (恶性疟原虫 *Plasmodium falciparum* 3D7 菌株，IC_{50} = 0.5~2.9μmol/L；作用的分子机制：尚未确定).【文献】A. L. Lane, et al. JOC, 2009, 74, 2736.

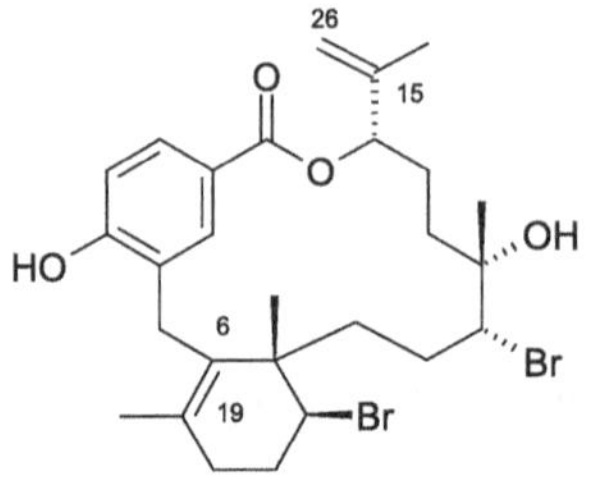

1937 **Bromophycolide N 溴化杀草醚 N**

【基本信息】$C_{27}H_{36}Br_2O_4$，无定形固体，$[\alpha]_D^{24}$= +101° ($c = 0.033$，甲醇).【类型】溴化杀草醚杂类萜.【来源】红藻斐济红藻* *Callophycus serratus* (亚努卡岛，斐济).【活性】抗菌 (MRSA，IC_{50} = 1.4μmol/L，作用的分子机制：尚未确定)；抗疟疾 (恶性疟原虫 *Plasmodium falciparum* 3D7 菌株，IC_{50} = 0.5~2.9μmol/L；作用的分子机制：尚未确定).【文献】A. L. Lane, et al. JOC, 2009, 74, 2736.

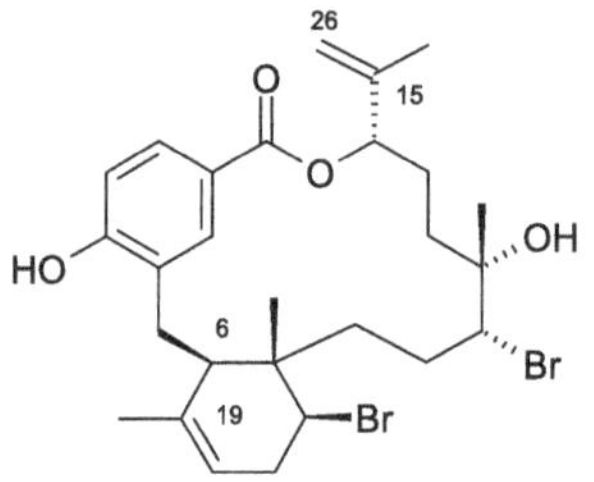

1938 **Bromophycolide O 溴化杀草醚 O**

【基本信息】$C_{27}H_{37}Br_3O_4$，无定形固体，$[\alpha]_D^{24}$ = +88° ($c = 0.011$，甲醇).【类型】溴化杀草醚杂类萜.【来源】红藻斐济红藻* *Callophycus serratus* (亚努卡岛，斐济).【活性】抗菌 (MRSA，IC_{50} = 1.4μmol/L；作用的分子机制：尚未确定)；抗疟疾 (恶性疟原虫 *Plasmodium falciparum* 3D7 菌株，IC_{50} = 0.5~2.9μmol/L，作用的分子机制：尚未确定).【文献】A. L. Lane, et al. JOC, 2009, 74, 2736.

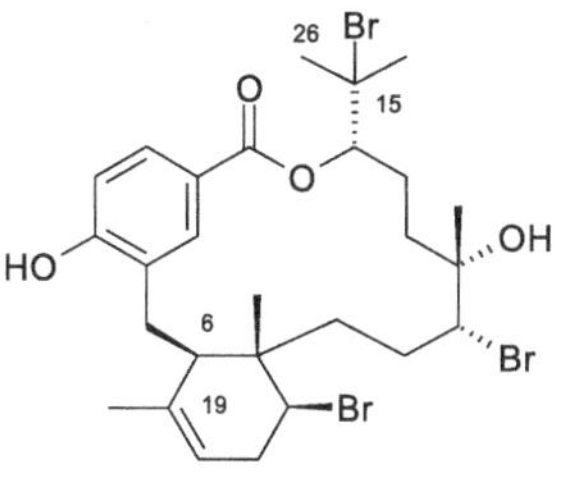

1939 Bromophycolide P 溴化杀草醚 P

【基本信息】$C_{27}H_{36}Br_2O_4$，无定形固体，$[\alpha]_D^{24}$= +120° (c = 0.05，甲醇).【类型】溴化杀草醚杂类萜.【来源】红藻斐济红藻* *Callophycus serratus* (亚努卡岛，斐济).【活性】抗菌 (MRSA, IC_{50} = 1.4μmol/L；作用的分子机制：尚未确定)；抗疟疾 (恶性疟原虫 *Plasmodium falciparum* 3D7 菌株，IC_{50} = 0.5~2.9μmol/L，作用的分子机制：尚未确定).【文献】A. L. Lane, et al. JOC, 2009, 74, 2736.

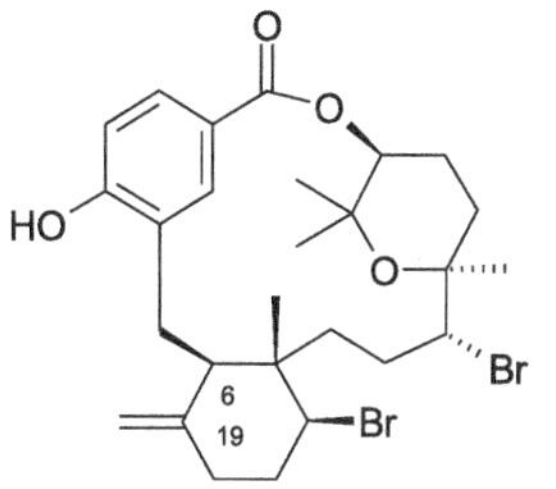

1940 Bromophycolide Q 溴化杀草醚 Q

【基本信息】$C_{27}H_{36}Br_2O_4$，无定形固体，$[\alpha]_D^{24}$= +102° (c = 1，甲醇).【类型】溴化杀草醚杂类萜.【来源】红藻斐济红藻* *Callophycus serratus* (亚努卡岛，斐济).【活性】抗菌 (MRSA, IC_{50} = 1.4μmol/L；作用的分子机制：尚未确定)；抗疟疾 (恶性疟原虫 *Plasmodium falciparum* 3D7 菌株，IC_{50} = 0.5~2.9μmol/L，作用的分子机制：尚未确定).【文献】A. L. Lane, et al. JOC, 2009, 74, 2736.

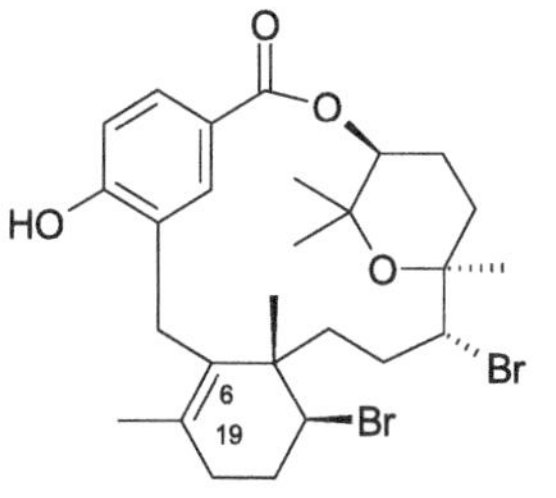

1941 Bromophycolide R 溴化杀草醚 R

【基本信息】$C_{27}H_{35}BrO_4$，无定形固体，$[\alpha]_D^{23}$ = +118° (c = 0.04，甲醇).【类型】溴化杀草醚杂类萜.【来源】红藻斐济红藻* *Callophycus serratus* (亚努卡岛，斐济).【活性】杀疟原虫的 (恶性疟原虫 *Plasmodium falciparum*, IC_{50} = 1.7μmol/L)；抗菌 (MRSA, IC_{50} > 15μmol/L; VREF, IC_{50} > 15μmol/L)；抗结核 (结核分枝杆菌 *Mycobacterium tuberculosis*, MIC > 50μmol/L)；抗真菌 (耐两性霉素 B 的白色念珠菌 *Candida albicans* ABRCA, IC_{50} > 15μmol/L)；细胞毒 (12 种癌细胞株，平均 IC_{50} = 19μmol/L，选择性 $IC_{50\,MAX}/IC_{50\,MIN}$ = 2.9).【文献】A. -S. Lin, et al. JNP, 2010, 73, 275.

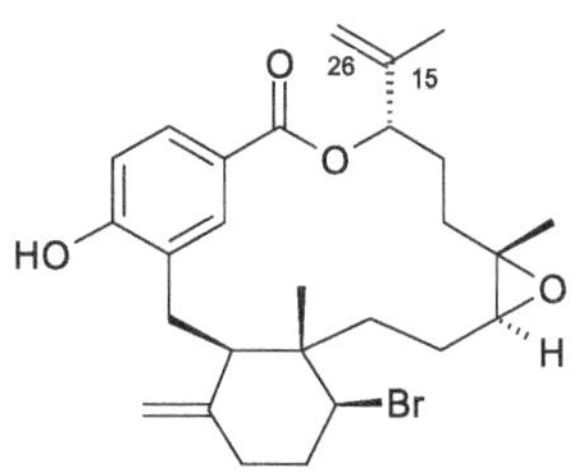

1942 Bromophycolide S 溴化杀草醚 S

【基本信息】$C_{27}H_{36}Br_2O_4$，无定形固体，$[\alpha]_D^{23}$ = +66° (c = 0.08，甲醇).【类型】溴化杀草醚杂类萜.【来源】红藻斐济红藻* *Callophycus serratus* (亚努卡岛，斐济).【活性】杀疟原虫的 (恶性疟原虫 *Plasmodium falciparum*, IC_{50} = 0.9μmol/L)；抗菌 (MRSA, IC_{50} > 15μmol/L; VREF, IC_{50} = 3.8μmol/L)；抗结核 (结核分枝杆菌 *Mycobacterium tuberculosis*, MIC = 23μmol/L)；抗真菌 (耐两性霉素 B 的白色念珠菌 *Candida albicans* ABRCA, IC_{50} > 15μmol/L)；细胞毒 (12 种癌细胞株，平均 IC_{50} = 16μmol/L，选择性 $IC_{50\,MAX}/IC_{50\,MIN}$ = 2.2).【文献】A. -S. Lin, et al. JNP, 2010, 73, 275.

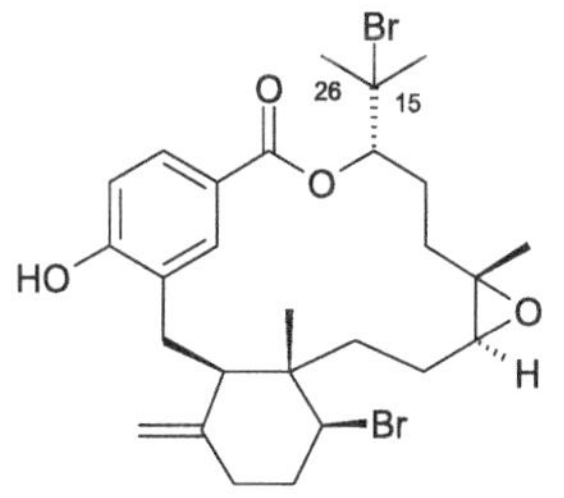

1943 Bromophycolide T 溴化杀草醚 T

【基本信息】$C_{27}H_{36}Br_2O_4$，无定形固体，$[\alpha]_D^{23}$ = +141° (c = 0.04，甲醇).【类型】溴化杀草醚杂类萜.【来源】红藻斐济红藻* *Callophycus serratus* (亚努卡岛，斐济).【活性】杀疟原虫的 (恶性疟原虫 *Plasmodium falciparum*, IC_{50} = 8.4μmol/L)；

抗菌 (MRSA, IC_{50} > 15μmol/L; VREF, IC_{50} > 15μmol/L); 抗结核 (结核分枝杆菌 *Mycobacterium tuberculosis*, MIC > 50μmol/L); 抗真菌 (耐两性霉素 B 的白色念珠菌 *Candida albicans* ABRCA, IC_{50} > 15μmol/L); 细胞毒 (12 种癌细胞株, 平均 IC_{50} = 24μmol/L, 选择性 $IC_{50\ MAX}/IC_{50\ MIN}$ = 1.6).【文献】A. -S. Lin, et al. JNP, 2010, 73, 275.

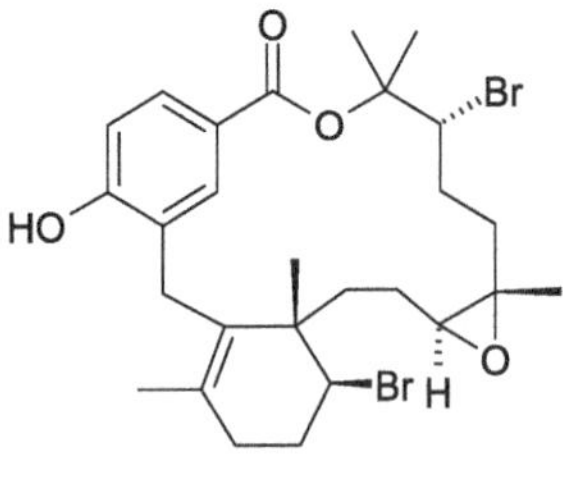

1944 Bromophycolide U 溴化杀草醚 U

【基本信息】$C_{27}H_{36}Br_2O_4$【类型】溴化杀草醚杂类萜.【来源】红藻斐济红藻* *Callophycus serratus* (亚努卡岛, 斐济).【活性】杀疟原虫的 (恶性疟原虫 *Plasmodium falciparum*, IC_{50} = 2.1μmol/L); 抗菌 (MRSA, IC_{50} = 0.9μmol/L; VREF, IC_{50} = 0.9μmol/L); 抗结核 (结核分枝杆菌 *Mycobacterium tuberculosis*, MIC = 22μmol/L); 抗真菌 (耐两性霉素 B 的白色念珠菌 *Candida albicans* ABRCA, IC_{50} > 15μmol/L); 细胞毒 (12 种癌细胞株, 平均 IC_{50} = 16μmol/L, 选择性 $IC_{50\ MAX}/IC_{50\ MIN}$ = 3.1).【文献】A. -S. Lin, et al. JNP, 2010, 73, 275.

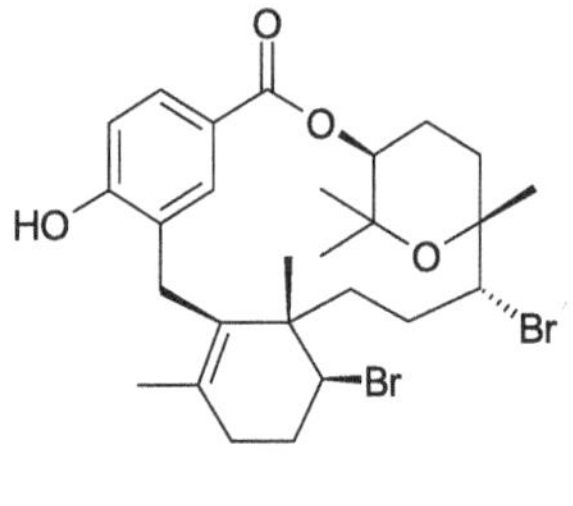

6.6 变色马海绵素杂类萜

1945 Metachromin A 变色马海绵素 A*

【基本信息】$C_{22}H_{30}O_4$, 橙色晶体 (正己烷), mp 80~82°C, $[\alpha]_D^{27}$ = −11° (*c* = 1, 氯仿).【类型】变色马海绵素 (Metachromin) 杂类萜.【来源】变色马海绵* *Hippospongia* cf. *metachromia*.【活性】血管扩张剂 (冠状动脉, 明显抑制 40nmol/L 氯化钾诱导的兔离体冠状动脉的收缩, IC_{50} = 3μmol/L); 抗肿瘤 (L_{1210}, IC_{50} = 2.40μg/mL).【文献】M. Ishibashi, et al. JOC, 1988, 53, 2855; W. P. Almeida, et al. Tetrahedron Lett., 1994, 35, 1367.

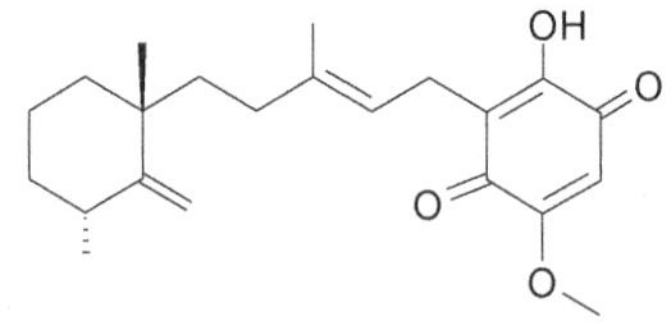

1946 Metachromin C 变色马海绵素 C*

【基本信息】$C_{22}H_{30}O_4$, 黄色固体 (正己烷), mp 90~91°C, $[\alpha]_D^{26}$= −29.7° (*c* = 0.2, 氯仿).【类型】变色马海绵素杂类萜.【来源】变色马海绵* *Hippospongia* cf. *metachromia*.【活性】冠状动脉血管扩张剂.【文献】J. Kobayashi, et al. JNP, 1989, 52, 1173; J. Kobayashi, et al. JOC, 1992, 57, 5773.

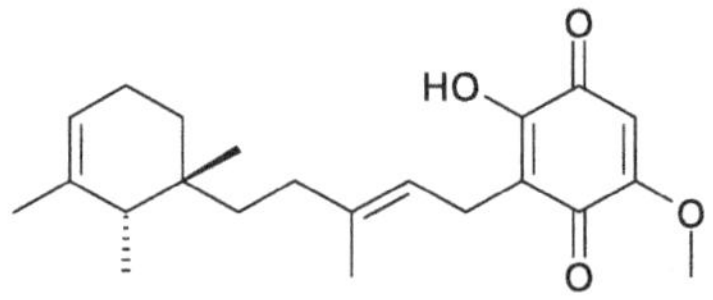

1947 Metachromin D 变色马海绵素 D*

【基本信息】$C_{24}H_{34}O_5$, 无色油状物, $[\alpha]_D^{22}$ = +15° (*c* = 0.7, 氯仿).【类型】变色马海绵素杂类萜.【来源】变色马海绵* *Hippospongia metachromia* (冲绳, 日本).【活性】细胞毒 (L_{1210}, IC_{50} = 3.0μg/mL; KB, IC_{50} = 10.0μg/mL).【文献】J. Kobayashi, et al. JOC, 1992, 57, 5773.

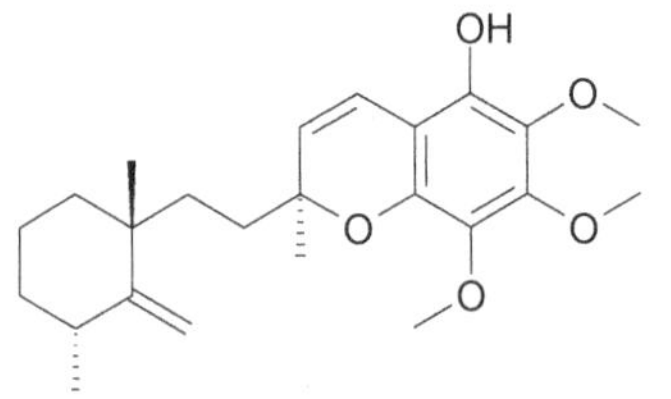

1948 Metachromin E 变色马海绵素 E*

【基本信息】$C_{22}H_{28}O_4$, 橙色油状物, $[\alpha]_D^{22}$ = −54° (*c* = 0.3, 氯仿).【类型】变色马海绵素杂类萜.【来源】变色马海绵* *Hippospongia metachromia* (冲绳, 日本).【活性】细胞毒 (L_{1210}, IC_{50} = 0.2μg/mL; KB, IC_{50} = 0.4μg/mL).【文献】J. Kobayashi, et al. JOC, 1992, 57, 5773.

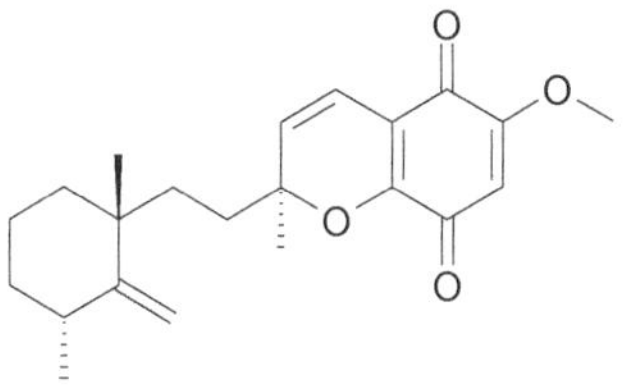

1949 Metachromin F 变色马海绵素 F*

【基本信息】$C_{25}H_{36}O_4$，黄色油状物，$[\alpha]_D^{22} = -4°$ ($c = 0.2$，氯仿).【类型】变色马海绵素杂类萜.【来源】变色马海绵* *Hippospongia metachromia* (冲绳，日本).【活性】细胞毒 (L_{1210}, $IC_{50} = 0.6\mu g/mL$; KB, $IC_{50} = 1.9\mu g/mL$).【文献】J. Kobayashi, et al. JOC, 1992, 57, 5773.

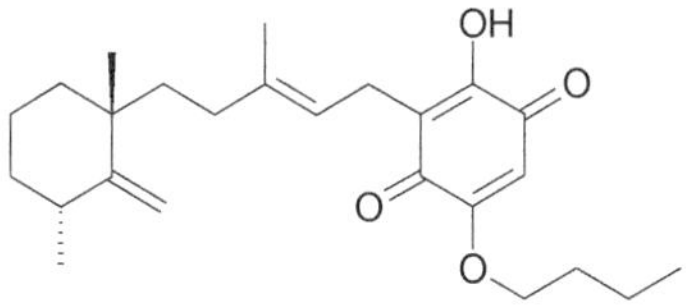

1950 Metachromin G 变色马海绵素 G*

【基本信息】$C_{29}H_{37}NO_3$，紫色油状物，$[\alpha]_D^{20} = -18°$ ($c = 0.2$, C_6H_6).【类型】变色马海绵素杂类萜.【来源】变色马海绵* *Hippospongia metachromia* (冲绳，日本).【活性】细胞毒 (L_{1210}, $IC_{50} = 1.3\mu g/mL$; KB, $IC_{50} > 10\mu g/mL$).【文献】J. Kobayashi, et al. JOC, 1992, 57, 5773.

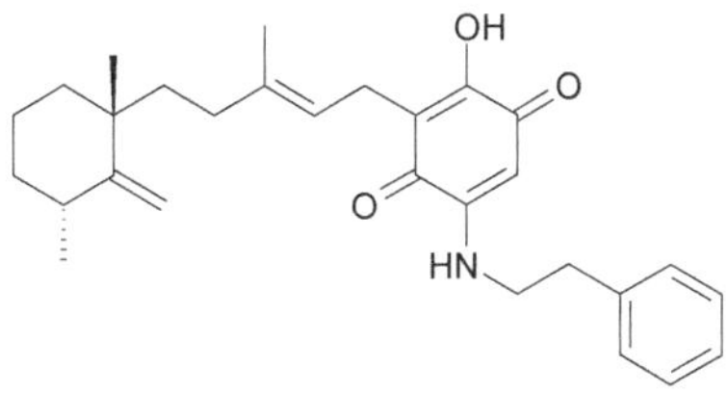

1951 Metachromin H 变色马海绵素 H*

【基本信息】$C_{26}H_{39}NO_3$，紫色油状物，$[\alpha]_D^{19} = -9°$ ($c = 0.2$, C_6H_6).【类型】变色马海绵素杂类萜.【来源】变色马海绵* *Hippospongia metachromia* (冲绳，日本).【活性】细胞毒 (L_{1210}, $IC_{50} = 2.0\mu g/mL$; KB, $IC_{50} = 6.4\mu g/mL$).【文献】J. Kobayashi, et al. JOC, 1992, 57, 5773.

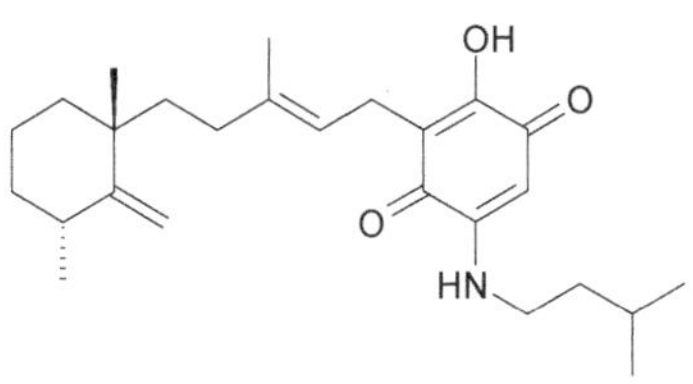

1952 Metachromin U 变色马海绵素 U*

【基本信息】$C_{22}H_{30}O_3$，棕色油状物，$[\alpha]_D^{21} = +28°$ ($c = 0.2$，甲醇).【类型】变色马海绵素杂类萜.【来源】胄甲海绵属 *Thorecta reticulata* (猎人岛，塔斯马尼亚，澳大利亚).【活性】细胞毒 (SF268, $GI_{50} = 32\mu mol/L$，对照星形孢菌素，$GI_{50} = 0.044\mu mol/L$，紫杉醇，$GI_{50} = 0.012\mu mol/L$; MCF7, $GI_{50} = 29\mu mol/L$，星形孢菌素，$GI_{50} = 11\mu mol/L$，紫杉醇，$GI_{50} = 0.012\mu mol/L$; H460, $GI_{50} = 37\mu mol/L$，星形孢菌素，$GI_{50} = 3.6\mu mol/L$，紫杉醇，$GI_{50} = 0.024\mu mol/L$; HT29, $GI_{50} = 30\mu mol/L$，星形孢菌素，$GI_{50} = 3.6\mu mol/L$，紫杉醇，$GI_{50} = 0.012\mu mol/L$; CHO-K1, $GI_{50} = 27\mu mol/L$，星形孢菌素，$GI_{50} = 0.13\mu mol/L$，紫杉醇，$GI_{50} = 5.9\mu mol/L$).【文献】S. P. B. Ovenden, et al. JNP, 2011, 74, 1335.

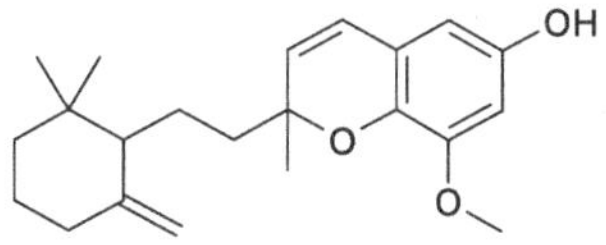

1953 Metachromin V 变色马海绵素 V*

【基本信息】$C_{21}H_{30}O_2$，无色油状物，$[\alpha]_D^{21} = 0°$ ($c = 0.1$，氯仿).【类型】变色马海绵素杂类萜.【来源】胄甲海绵属 *Thorecta reticulata* (猎人岛，塔斯马尼亚，澳大利亚).【活性】细胞毒 (SF268, $GI_{50} = 5.1\mu mol/L$，对照星形孢菌素，$GI_{50} = 0.044\mu mol/L$，紫杉醇，$GI_{50} = 0.012\mu mol/L$; MCF7, $GI_{50} = 3.2\mu mol/L$，星形孢菌素，$GI_{50} = 11\mu mol/L$，紫杉醇，$GI_{50} = 0.012\mu mol/L$; H460, $GI_{50} = 5.1\mu mol/L$，星形孢菌素，$GI_{50} = 3.6\mu mol/L$，紫杉醇，$GI_{50} = 0.024\mu mol/L$; HT29, $GI_{50} = 10\mu mol/L$，星形孢菌素，$GI_{50} = 3.6\mu mol/L$，紫杉醇，$GI_{50} = 0.012\mu mol/L$; CHO-K1, $GI_{50} = 2.1\mu mol/L$，星形孢菌素，$GI_{50} = 0.13\mu mol/L$，紫杉醇，$GI_{50} = 5.9\mu mol/L$).【文献】S. P. B. Ovenden, et al. JNP, 2011, 74, 1335.

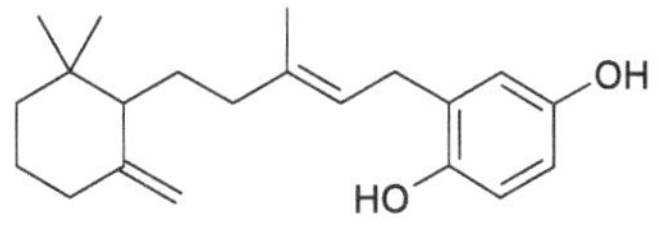

1954 Metachromin W 变色马海绵素 W*

【基本信息】$C_{22}H_{26}O_3$，黄色油状物；$[\alpha]_D^{21} = -60°$ ($c = 0.03$，氯仿).【类型】变色马海绵素杂类萜.【来源】胄甲海绵属 *Thorecta reticulata* (猎人岛，塔斯马尼亚，澳大利亚).【活性】细胞毒 (SF268,

GI_{50} = 104μmol/L, 对照星形孢菌素, GI_{50} = 0.044μmol/L, 紫杉醇, GI_{50} = 0.012μmol/L; MCF7, GI_{50} = 107μmol/L, 星形孢菌素, GI_{50} = 11μmol/L, 紫杉醇, GI_{50} = 0.012μmol/L; H460, GI_{50} = 50μmol/L, 星形孢菌素, GI_{50} = 3.6μmol/L, 紫杉醇, GI_{50} = 0.024μmol/L; HT29, GI_{50} = 130μmol/L, 星形孢菌素, GI_{50} = 3.6μmol/L, 紫杉醇, GI_{50} = 0.012μmol/L; CHO-K1, GI_{50} = 89μmol/L, 星形孢菌素, GI_{50} = 0.13μmol/L, 紫杉醇, GI_{50} = 5.9μmol/L).【文献】S. P. B. Ovenden, et al. JNP, 2011, 74, 1335.

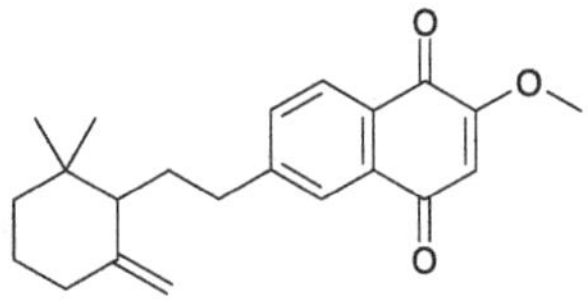

6.7 其它杂类萜

1955 6′-Acetoxyavarol 6′-乙酰氧贪婪掘海绵醇*

【基本信息】$C_{23}H_{32}O_4$, 油状物, $[\alpha]_D^{25}$ = +18.9° (c = 0.44, 氯仿).【类型】其它杂类萜.【来源】灰烬色掘海绵 *Dysidea cinerea* (红海).【活性】细胞毒 (P_{388}, IC_{50} < 0.62μg/mL); DNA 聚合酶抑制剂.【文献】S. Hirsch,et al. JNP 1991, 54, 92; M. Gordaliza, et al. Mar. Drugs, 2010, 8, 2849 (Rev.).

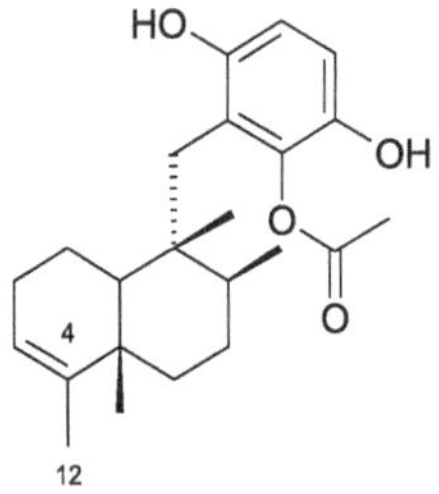

1956 20-*O*-Acetylpuupehenone 20-*O*-乙酰普乌坡赫酮*

【基本信息】$C_{23}H_{30}O_4$【类型】其它杂类萜.【来源】未鉴定的 Verongida 真海绵目海绵, 未鉴定的 Dictyoceratida 网角海绵目海绵.【活性】抗结核(结核分枝杆菌 *Mycobacterium tuberculosis* H37Rv, 12.5μg/mL, InRt = 6%, 低活性).【文献】A. E. -S. Khalid, et al. Tetrahedron, 2000, 56, 949.

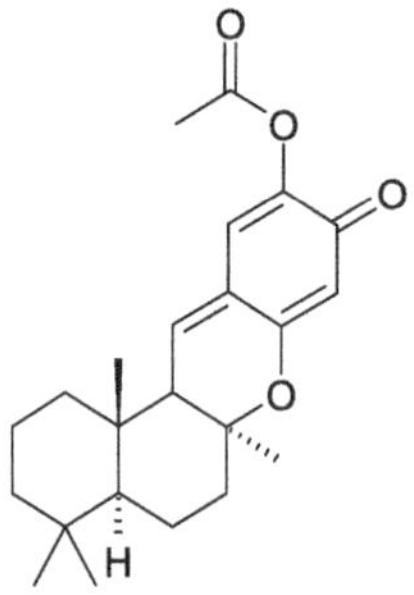

1957 Adociasulfate 1 隐海绵硫酸酯 1*

【基本信息】$C_{36}H_{54}O_9S_2$ 无定形固体, $[\alpha]_D$ = −15° (c = 0.1, 甲醇), $[\alpha]_D^{26}$ = −34° (c = 0.1, 甲醇).【类型】其它杂类萜.【来源】蜂海绵属 *Haliclona* sp. [Syn. *Adocia* sp.].【活性】驱动蛋白动力蛋白抑制剂 (IC_{50} = 12.5mmol//L); 血管 H^+-腺苷三磷酸酶抑制剂.【文献】C. L. Blackburn, et al. JOC, 1999, 64, 5565; J. A. Kalaitzis, et al. JOC, 1999, 64, 5571.

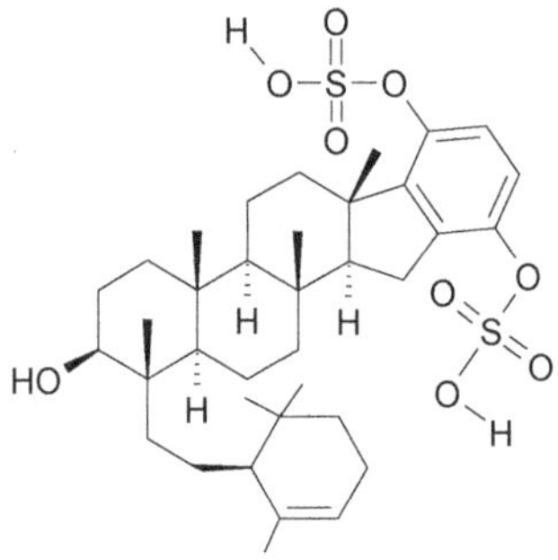

1958 Adociasulfate 2 隐海绵硫酸酯 2*

【基本信息】$C_{36}H_{54}O_9S_2$, 无定形固体, $[\alpha]_D$ = −10.9° (c = 0.15, 甲醇).【类型】其它杂类萜.【来源】蜂海绵属 *Haliclona* sp. [Syn. *Adocia* sp.] (帕劳, 大洋洲).【活性】金属硫蛋白 MT-激发的驱动蛋白动力蛋白抑制剂 (IC_{50} = 6mmol/L).【文献】R. Sakowicz, et al. Science, 1998, 280, 292; C. L. Blackburn, et al. JOC, 1999, 64, 5565.

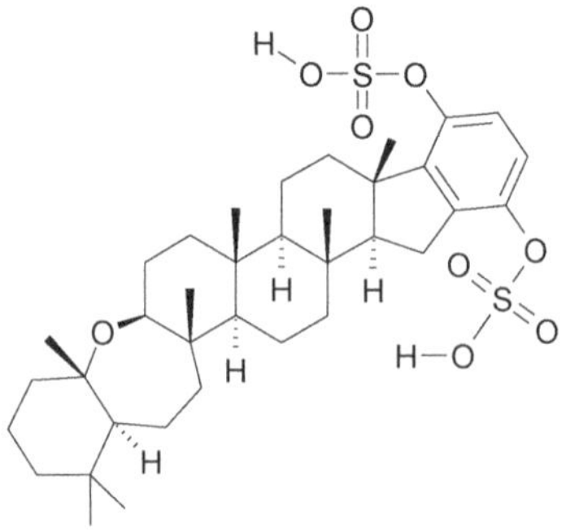

1959　Adociasulfate 3　隐海绵硫酸酯 3*

【基本信息】$C_{36}H_{56}O_{10}S_2$，玻璃体，$[\alpha]_D = -6.25°$ ($c = 0.08$，甲醇).【类型】其它杂类萜.【来源】蜂海绵属 *Haliclona* sp. [Syn. *Adocia* sp.].【活性】驱动蛋白的 ATP 酶抑制剂 ($IC_{50} = 10\mu mol/L$).【文献】C. L. Blackburn, et al. JOC, 1999, 64, 5565; M. Gordaliza, et al. Mar. Drugs, 2010, 8, 2849 (Rev.).

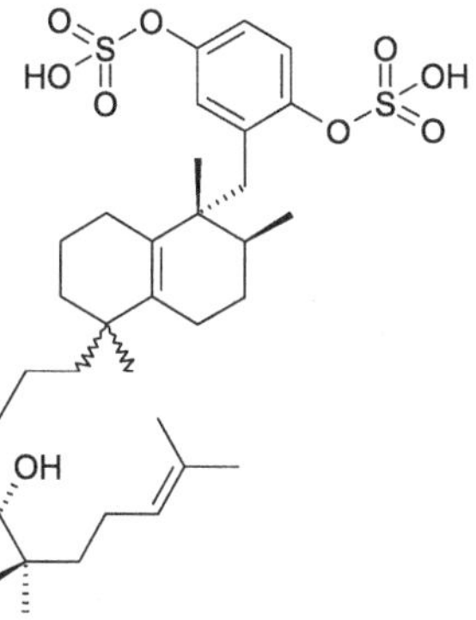

1960　Adociasulfate 4　隐海绵硫酸酯 4*

【基本信息】$C_{36}H_{54}O_6S$，无定形固体，$[\alpha]_D = -12.1°$ ($c = 1.2$，甲醇).【类型】其它杂类萜.【来源】蜂海绵属 *Haliclona* sp. [Syn. *Adocia* sp.].【活性】驱动蛋白的 ATP 酶抑制剂 ($IC_{50} = 15\mu mol/L$).【文献】C. L. Blackburn, et al. JOC, 1999, 64, 5565; M. Gordaliza, et al. Mar. Drugs, 2010, 8, 2849 (Rev.).

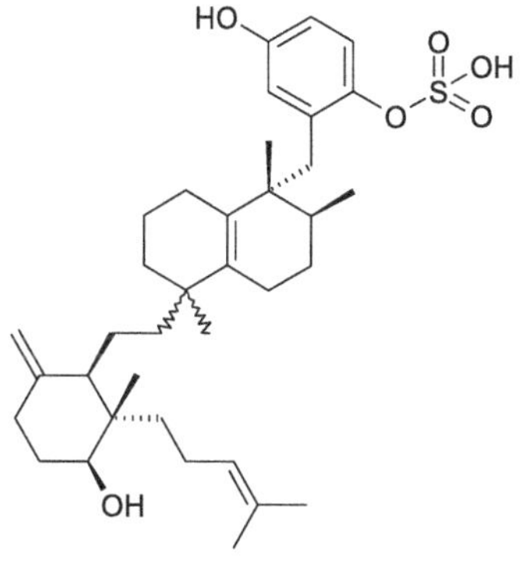

1961　Adociasulfate 5　隐海绵硫酸酯 5*

【基本信息】$C_{36}H_{54}O_6S$，无定形固体，$[\alpha]_D = -38.7°$ ($c = 0.33$，甲醇)；固体，$[\alpha]_D = -10.9°$ ($c = 0.15$，甲醇).【类型】其它杂类萜.【来源】蜂海绵属 *Haliclona* sp. [Syn. *Adocia* sp.] (帕劳，大洋洲). 和蜂海绵属 *Adocia aculeata*.【活性】驱动蛋白动力蛋白抑制剂 ($IC_{50} = 8mmol/L$).【文献】C. L. Blackburn, et al. JOC, 1999, 64, 5565; J. A. Kalaitzis, et al. JNP, 1999, 62, 1682.

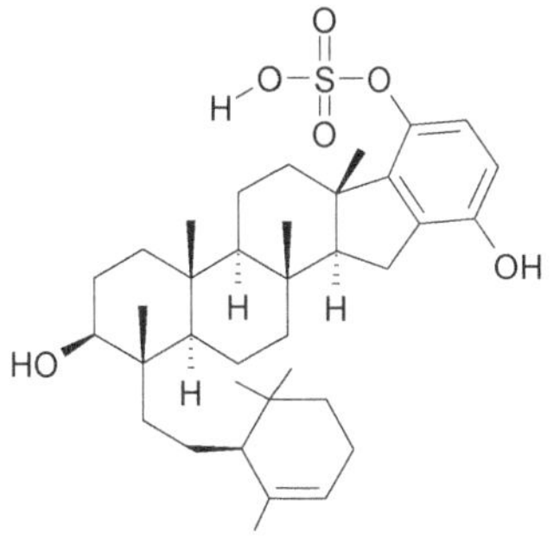

1962　Adociasulfate 6　隐海绵硫酸酯 6*

【基本信息】$C_{36}H_{54}O_6S$，无定形固体，$[\alpha]_D = -12.3°$ ($c = 0.76$，甲醇).【类型】其它杂类萜.【来源】蜂海绵属 *Haliclona* sp. [Syn. *Adocia* sp.] (帕劳，大洋洲).【活性】驱动蛋白动力蛋白抑制剂 ($IC_{50} = 6mmol/L$).【文献】C. L. Blackburn, et al. JOC, 1999, 64, 5565.

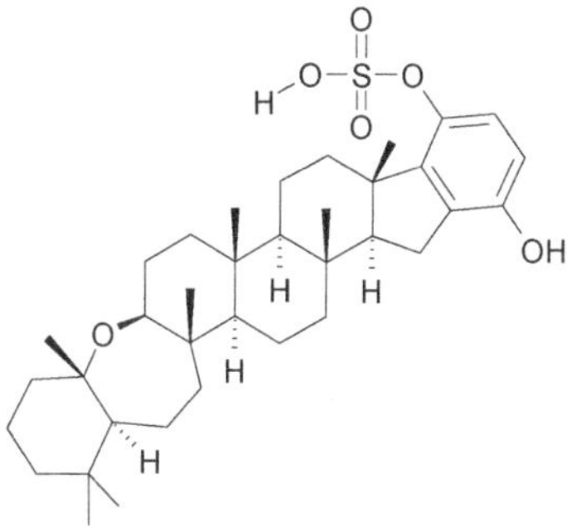

1963　Adociasulfate 7　隐海绵硫酸酯 7*

【基本信息】$C_{36}H_{54}O_6S$，无定形粉末，$[\alpha]_D^{26} = +5°$ ($c = 0.17$，甲醇).【类型】其它杂类萜.【来源】蜂海绵属 *Haliclona* sp. [Syn. *Adocia* sp.] (大堡礁，澳大利亚).【活性】血管 H^+-腺苷三磷酸酶抑制剂.【文献】J. A. Kalailzis, et al. JOC, 1999, 64, 5571; C. L. Blackburn, et al. JOC, 1999, 64, 5565.

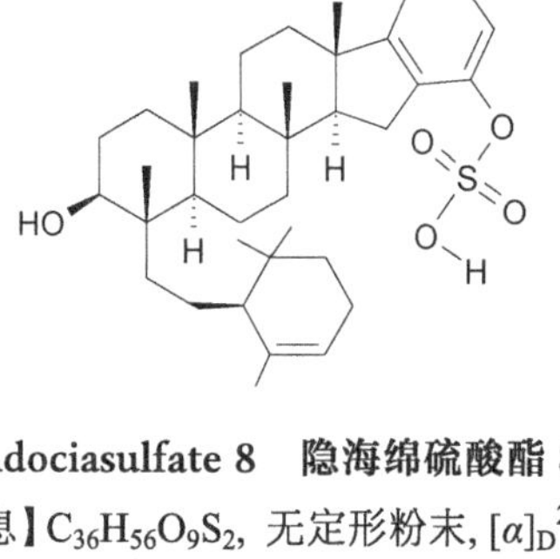

1964　Adociasulfate 8　隐海绵硫酸酯 8*

【基本信息】$C_{36}H_{56}O_9S_2$，无定形粉末，$[\alpha]_D^{26} = +18°$

($c = 0.19$, 甲醇).【类型】其它杂类萜.【来源】蜂海绵属 *Haliclona* sp. [Syn. *Adocia* sp.] (大堡礁，澳大利亚).【活性】血管 H^+-腺苷三磷酸酶抑制剂.【文献】J. A. Kalailzis, et al. JOC, 1999, 64, 5571.

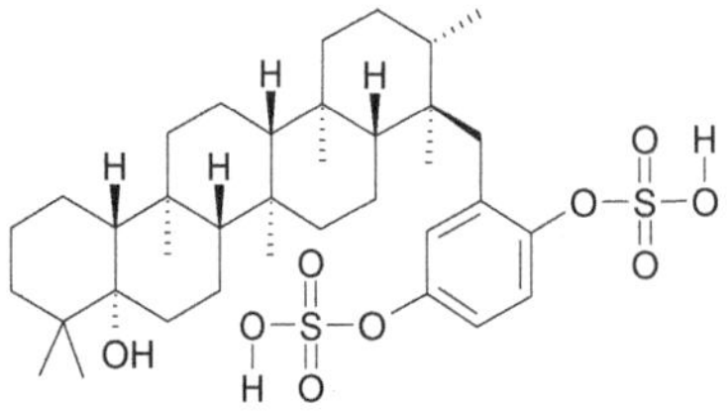

1965 Akadisulfate A 蓟海绵二硫酸酯 A*

【基本信息】$C_{22}H_{32}O_{10}S_2$.【类型】其它杂类萜.【来源】蓟海绵属 *Aka coralliphaga* (金塔纳罗奥，墨西哥).【活性】抗氧化剂.【文献】L. K. Shubina, et al. Nat. Prod. Commun., 2012, 7, 487.

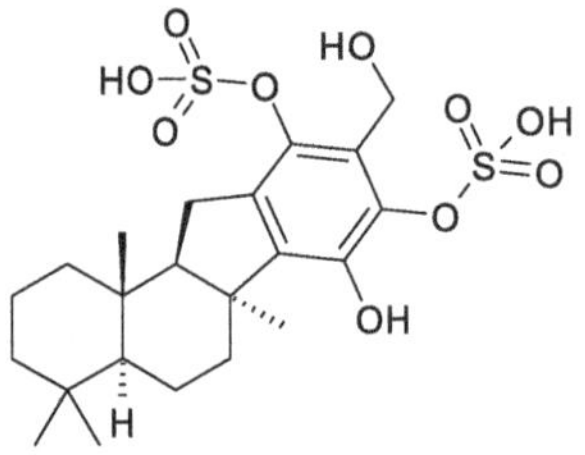

1966 Akadisulfate B 蓟海绵二硫酸酯 B*

【基本信息】$C_{22}H_{30}O_{10}S_2$.【类型】其它杂类萜.【来源】蓟海绵属 *Aka coralliphaga* (金塔纳罗奥，墨西哥).【活性】抗氧化剂.【文献】L. K. Shubina, et al. Nat. Prod. Commun., 2012, 7, 487.

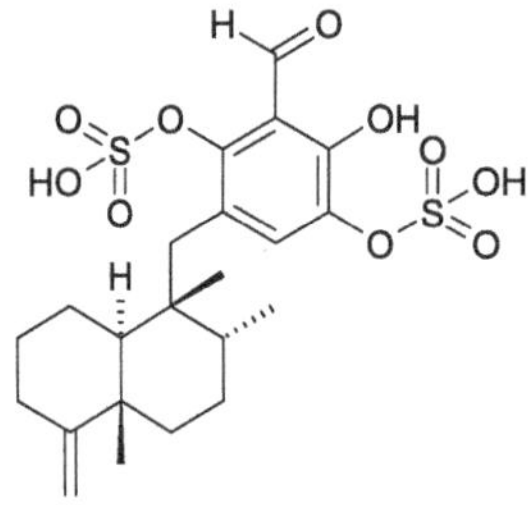

1967 Akaterpin 蓟海绵萜*

【基本信息】$C_{36}H_{54}O_8S_2$，固体，mp > 240°C，$[\alpha]_D^{24} = +15°$ ($c = 0.59$, 甲醇).【类型】其它杂类萜.【来源】美丽海绵属 *Callyspongia* sp.【活性】特定磷酸肌醇的磷脂酶 C 抑制剂.【文献】A. Fukami, et al. Tetrahedron Lett., 1997, 38, 1201; N. Kawai, et al. Tetrahedron Lett., 1999, 40, 4193; H. Hosoi, et al. Tetrahedron Lett., 2011, 52, 4961.

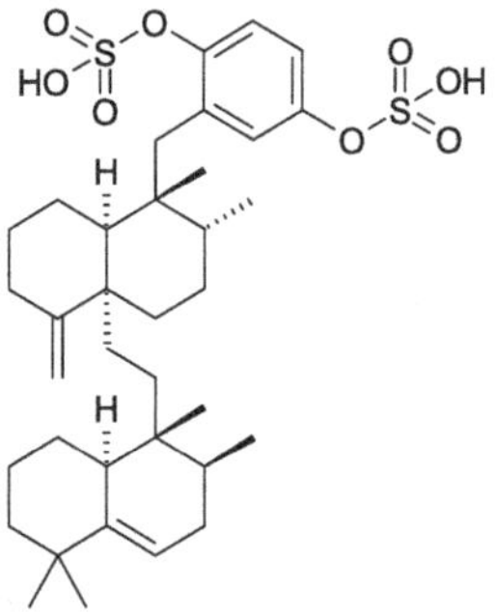

1968 APS451275-1 补身烷倍半萜烯氢醌新化合物*

【基本信息】$C_{22}H_{30}O_3$，白色粉末，$[\alpha]_D^{25} = -25°$ ($c = 0.1$, 氯仿).【类型】其它杂类萜.【来源】深海真菌 *Phialocephala* sp. (沉积物，采样深度 5059m).【活性】细胞毒 (P_{388}, $IC_{50} = 0.16\mu mol/L$; K562, $IC_{50} = 0.05\mu mol/L$).【文献】L. Chen, et al. Acta Pharm. Sin. (Zhongguo Yaoli Xuebao), 2010, 45, 1275 (中文).

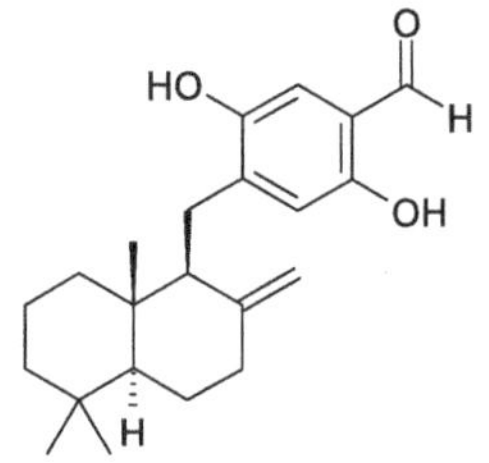

1969 Arenarol 多沙掘海绵醇*

【基本信息】$C_{21}H_{30}O_2$，晶体 (甲醇水溶液)，mp 128~130°C，$[\alpha]_D = +19°$ ($c = 0.1$, 氯仿).【类型】其它杂类萜.【来源】多沙掘海绵* *Dysidea arenaria* (特鲁克岛潟湖，密克罗尼西亚联邦，采样深度 9m).【活性】细胞毒 ($ED_{50} = 17.5\mu g/mL$); 抗氧化剂 (DPPH 自由基清除剂，$IC_{50} = 19\mu mol/L$).【文献】F. J. Schmitz, et al. JOC, 1984, 49, 241; F. J. Schmitz, et al. JOC, 1984, 49, 4971; K. Iguchi, et al. CPB, 1990, 38, 1121; N. K. Utkina, et al. JNP 2010, 73, 788; M. Gordaliza, et al. Mar. Drugs, 2010, 8, 2849 (Rev.).

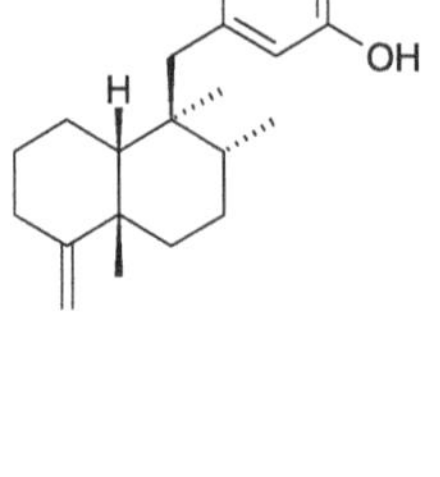

1970 Arenarone 多沙掘海绵酮*

【基本信息】$C_{21}H_{28}O_2$，黄色油状物，$[\alpha]_D = +8.3°$ ($c = 0.18$，$CDCl_3$).【类型】其它杂类萜.【来源】多沙掘海绵* *Dysidea arenaria* (特鲁克岛潟湖，密克罗尼西亚联邦，采样深度 9m).【活性】细胞毒 (P_{388}, $ED_{50} = 1.7\mu g/mL$).【文献】F. J. Schmitz, et al. JOC, 1984, 49, 241; M. Gordaliza, et al. Mar. Drugs, 2010, 8, 2849 (Rev.).

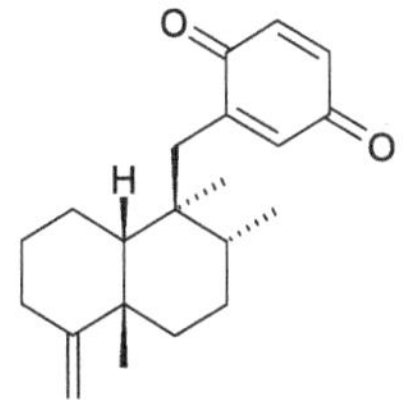

1971 Arisugacin A 阿瑞苏伽新 A*

【基本信息】$C_{28}H_{32}O_8$.【类型】其它杂类萜.【来源】海洋导出的真菌土色曲霉菌* *Aspergillus terreus* SCSGAF0162.【活性】抗病毒 (HSV 病毒，$IC_{50} = 12.76\mu mol/L$).【文献】X. -H. Nong, et al. Mar. Drugs, 2014, 12, 6113.

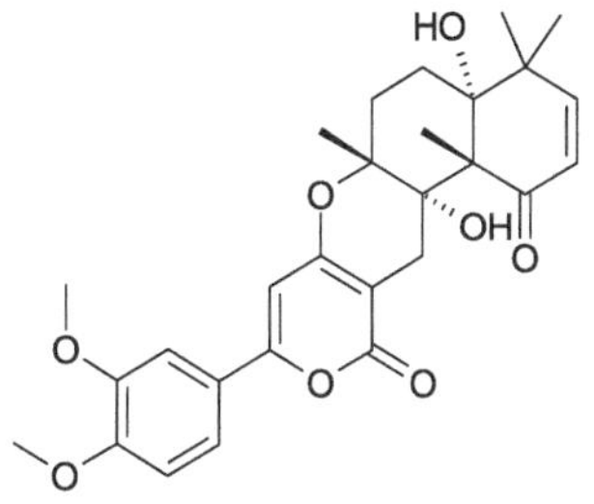

1972 Ascofuranol 艾斯科呋喃醇*

【基本信息】$C_{23}H_{31}ClO_5$，针状晶体 (丙酮/己烷)，mp 75°C，$[\alpha]_D^{21} = -7°$ ($c = 1$，甲醇)，$[\alpha]_D^{25} = -7.0°$ ($c = 1$，甲醇).【类型】其它杂类萜.【来源】海洋导出的真菌枝顶孢属 *Acremonium* sp.，来自星芒海绵属 *Stelletta* sp. (朝鲜半岛水域).【活性】真菌毒素；抗生素.【文献】P. Zhang, et al. JNP , 2009, 72, 270.

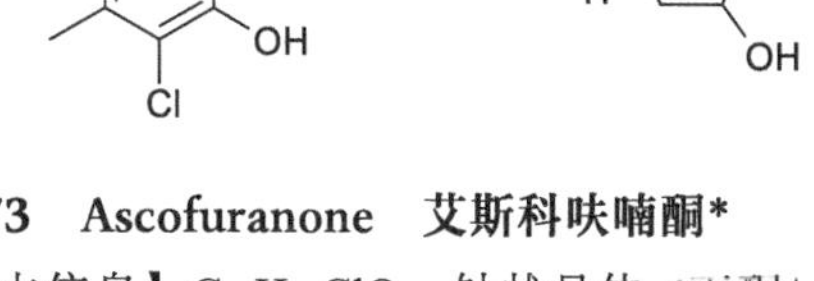

1973 Ascofuranone 艾斯科呋喃酮*

【基本信息】$C_{23}H_{29}ClO_5$，针状晶体 (丙酮/己烷)，mp 84°C，$[\alpha]_D^{25} = -50°$ ($c = 1$，甲醇).【类型】其它杂类萜.【来源】海洋导出的真菌枝顶孢属 *Acremonium* sp.，来自星芒海绵属 *Stelletta* sp. (朝鲜半岛水域).【活性】抗炎 (100μmol/L, NO 和 TNF-R 生成抑制剂)；真菌毒素；抗肿瘤；线粒体耗氧量抑制剂；甘油-3-磷酸脱氢酶抑制剂；LD_{50} (大白鼠，ipr) = 1350mg/kg.【文献】P. Zhang, et al. JNP , 2009, 72, 270.

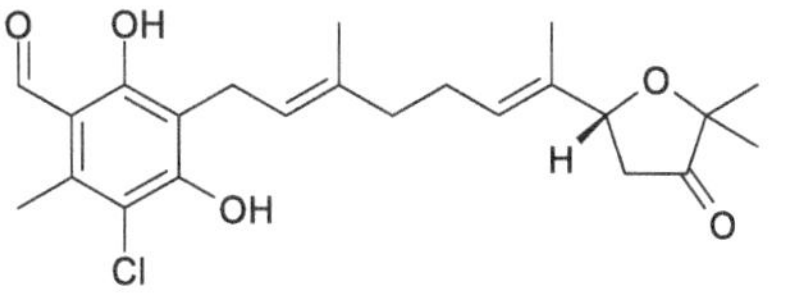

1974 Ascosalipyrrolidinone A 盐角草壳二孢真菌吡咯烷二酮 A*

【基本信息】$C_{27}H_{41}NO_3$，无定形粉末，$[\alpha]_D^{20} = -51.3°$ ($c = 0.16$，乙醇).【类型】其它杂类萜.【来源】海洋导出的亚隔孢壳科盐角草壳二孢真菌* *Ascochyta salicorniae*，来自绿藻石莼属 *Ulva* sp. (德国北海海岸).【活性】酪氨酸激酶抑制剂 ($TKp56^{lck}$, 40μg/mL, InRt = 30%; 200μg/mL, InRt = 77%)；杀疟原虫的 (恶性疟原虫 *Plasmodium falciparum* K1, $IC_{50} = 736ng/mL$；恶性疟原虫 *Plasmodium falciparum* NF 54, $IC_{50} = 378ng/mL$)；抗菌 (50μg/盘，巨大芽孢杆菌 *Bacillus megaterium*, IZD = 5mm)；抗真菌 (50μg/盘，真菌 *Microbotryum violacea*, IZD = 2mm；微孢子门蒲头霉属 *Mycotypha microspora*, IZD = 4mm).【文献】C. Osterhage, et al. JOC, 2000, 65, 6412.

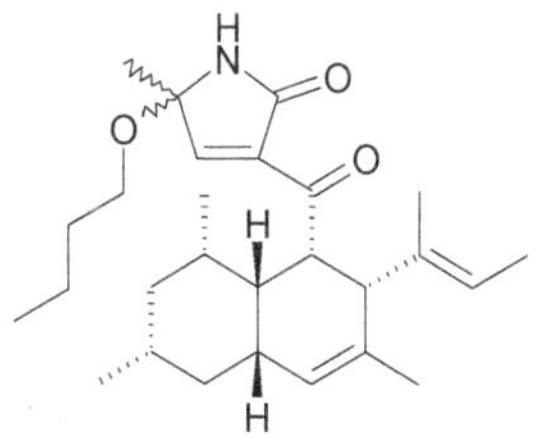

1975 Asperdemin 变色曲霉菌德明*

【基本信息】$C_{21}H_{28}O_7$.【类型】其它杂类萜.【来源】海洋导出的真菌变色曲霉菌 *Aspergillus versicolor* (沉积物，萨哈林湾，鄂霍次克海，俄罗斯).【活性】细胞生长抑制剂 (6.38mmol/L，提高四细胞期囊胚中卵细胞数量 2.4%)；膜裂解 (导致和参考样品相比细胞溶解的数量增加 9.3%，低活性).【文献】A. N. Yurchenko, et al. Russ. Chem. Bull., 2010, 59, 852.

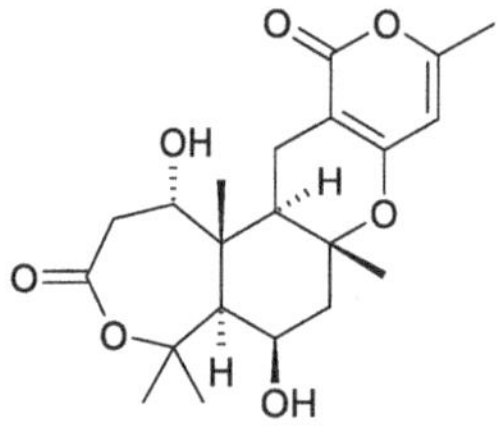

1976 Aureol 欧瑞醇*

【基本信息】$C_{21}H_{30}O_2$，晶体（正己烷），mp 144~144.5℃, $[\alpha]_D = +65°$ ($c = 2$, 氯仿).【类型】其它杂类萜.【来源】冲绳海绵 *Hyrtios* sp., 胄甲海绵亚科 Thorectinae 海绵 *Smenospongia aurea* 和小孔秽色海绵* *Aplysina lacunosa*.【活性】PLA_2 抑制剂 [蜂毒 PLA_2, IC_{50} = (0.46±0.02)mmol/L]; 抗氧化剂 [氧自由基吸收能力 (ORAC) = 0.29±0.03, 有值得注意的活性].【文献】P. Djura, et al. JOC, 1980, 45, 1435; A. A. Tymiak, et al. Tetrahedron, 1985, 41, 1039; A. Longeon, et al. Mar. Drugs, 2011, 9, 879.

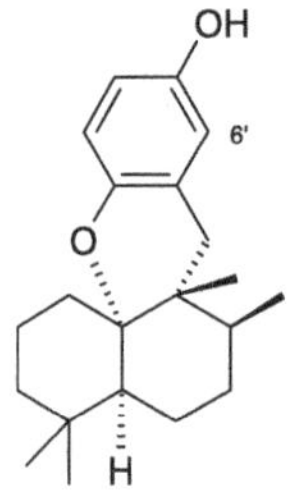

1977 Austalide B 奥斯塔内酯 B*

【基本信息】$C_{26}H_{36}O_7$【类型】其它杂类萜.【来源】海洋导出的真菌曲霉菌属 *Aspergillus aureolatus* HDN14-107, 来自未鉴定的海绵（西沙群岛，南海，中国).【活性】抗病毒 [流感病毒 A (H1N1), IC_{50} = 99μmol/L].【文献】J. X. Peng, et al. Mar. Drugs, 2016, 14, 131.

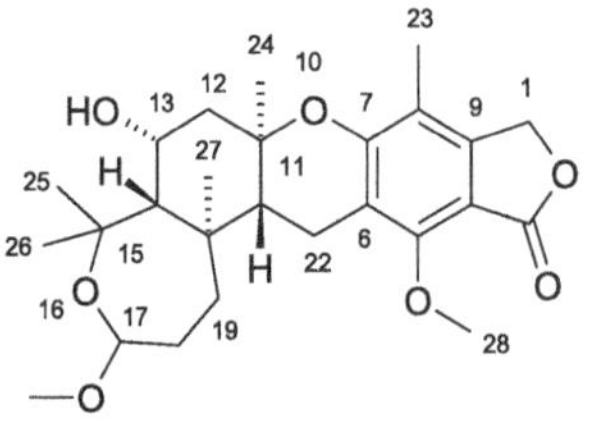

1978 Austalide I 奥斯塔内酯 I*

【基本信息】$C_{27}H_{34}O_8$.【类型】其它杂类萜.【来源】海洋导出的真菌曲霉菌属 *Aspergillus aureolatus* HDN14-107, 来自未鉴定的海绵（西沙群岛，南海，中国).【活性】抗病毒 [流感病毒 A (H1N1), IC_{50} = 131μmol/L].【文献】J. X. Peng, et al. Mar. Drugs, 2016, 14, 131.

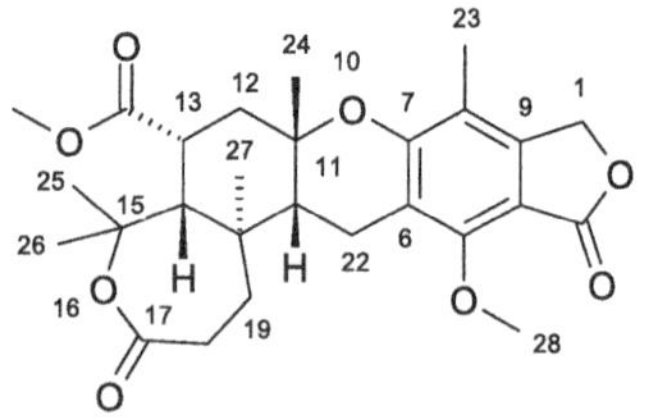

1979 Austalide M 奥斯塔内酯 M*

【基本信息】$C_{27}H_{36}O_9$.【类型】其它杂类萜.【来源】海洋导出的真菌曲霉菌属 *Aspergillus* sp., 来自柑橘荔枝海绵 *Tethya aurantium*（地中海，意大利).【活性】抗菌（碧绿色盐单胞菌* *Halomonas aquamarina*, 极地杆菌属 *Polaribacter irgensii*, 叶氏假交替单胞菌 *Pseudoalteromonas elyakovii*, 海滨玫瑰杆菌* *Roseobacter litoralis*, 腐败希瓦菌 *Shewanella putrefaciens*, 哈维氏弧菌 *Vibrio harveyi*, 需钠弧菌 *Vibrio natriegens*, 解蛋白弧菌 *Vibrio proteolyticus* 和鲨鱼弧菌 *Vibrio carchariae*, MIC = 0.001~0.01μg/mL).【文献】Y. Zhou, et al. EurJOC, 2011, 30, 6009; Y. M. Zhou, et al. Tetrahedron Lett., 2014, 55, 2789.

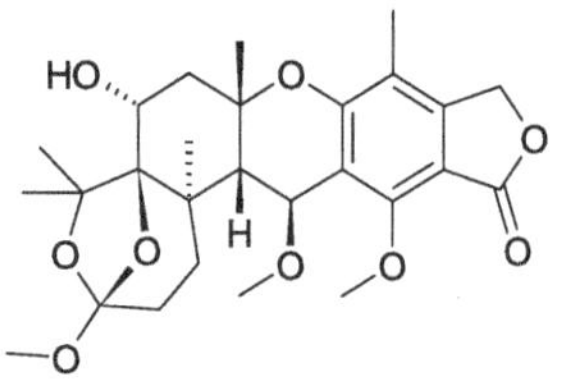

1980 Austalide N 奥斯塔内酯 N*

【基本信息】$C_{28}H_{36}O_{10}$.【类型】其它杂类萜.【来源】海洋导出的真菌曲霉菌属 *Aspergillus* sp., 来自柑橘荔枝海绵 *Tethya aurantium*（地中海，意大利).【活性】抗菌（碧绿色盐单胞菌* *Halomonas aquamarina*, 极地杆菌属 *Polaribacter irgensii*, 叶氏假交替单胞菌 *Pseudoalteromonas elyakovii*, 海滨玫瑰杆菌* *Roseobacter litoralis*, 腐败希瓦菌 *Shewanella putrefaciens*, 哈维氏弧菌 *Vibrio harveyi*, 需钠弧菌 *Vibrio natriegens*, 解蛋白弧菌 *Vibrio proteolyticus* 和鲨鱼弧菌 *Vibrio carchariae*, MIC = 0.01μg/mL).【文献】Y. Zhou, et al. EurJOC, 2011, 30, 6009; Y. M. Zhou, et al. Tetrahedron Lett, 2014, 55, 2789.

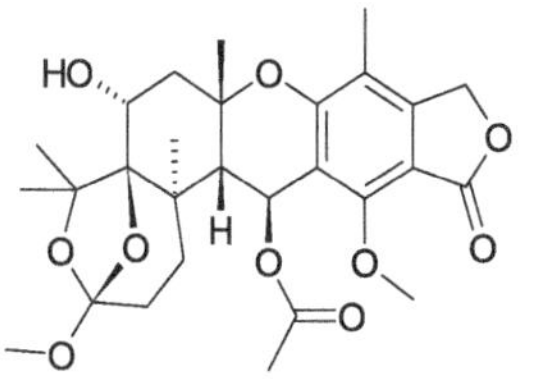

1981 Austalide P acid 奥斯塔内酯 P 酸*

【基本信息】$C_{25}H_{34}O_7$.【类型】其它杂类萜.【来源】海洋导出的真菌曲霉菌属 *Aspergillus aureolatus* HDN14-107, 来自未鉴定的海绵 (西沙群岛, 南海, 中国).【活性】抗病毒 [流感病毒 A (H1N1), IC_{50} = 145μmol/L].【文献】J. X. Peng, et al. Mar. Drugs, 2016, 14, 131.

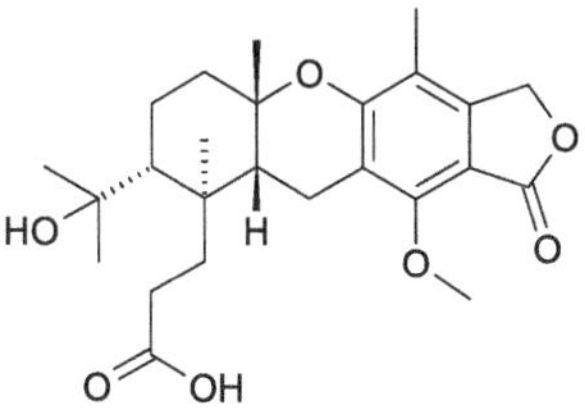

1982 Austalide R 奥斯塔内酯 R*

【基本信息】$C_{25}H_{32}O_9$.【类型】其它杂类萜.【来源】海洋导出的真菌曲霉菌属 *Aspergillus* sp., 来自未鉴定的海绵.【活性】抗菌 (碧绿色盐单胞菌 * *Halomonas aquamarina*, 极地杆菌属 *Polaribacter irgensii*, 叶氏假交替单胞菌 *Pseudoalteromonas elyakovii*, 海滨玫瑰杆菌* *Roseobacter litoralis*, 腐败希瓦菌 *Shewanella putrefaciens*, 哈维氏弧菌 *Vibrio harveyi*, 需钠弧菌 *Vibrio natriegens*, 解蛋白弧菌 *Vibrio proteolyticus* 和鲨鱼弧菌 *Vibrio carchariae*, MIC = 0.01~0.1μg/mL).【文献】Y. M. Zhou, et al. EurJOC, 2011, 30, 6009; Y. M. Zhou, et al. Tetrahedron Lett., 2014, 55, 2789.

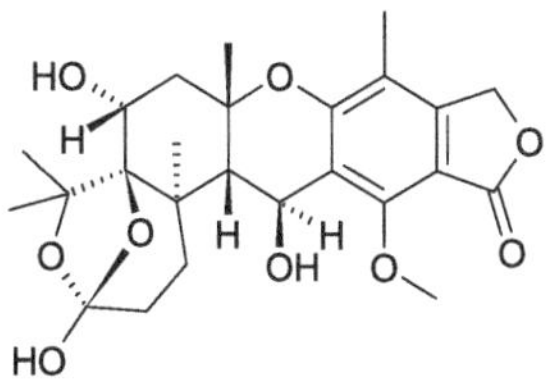

1983 Austalide U 奥斯塔内酯 U*

【基本信息】$C_{25}H_{32}O_8$, 白色无定形粉末(甲醇), $[\alpha]_D^{20}$ = −46° (*c*= 0.13, 二氯甲烷).【类型】其它杂类萜.【来源】海洋导出的真菌曲霉菌属 *Aspergillus aureolatus* HDN14-107, 来自未鉴定的海绵 (西沙群岛, 南海, 中国).【活性】抗病毒 [流感病毒 A (H1N1), IC_{50} = 90μmol/L].【文献】J. X. Peng, et al. Mar. Drugs, 2016, 14, 131.

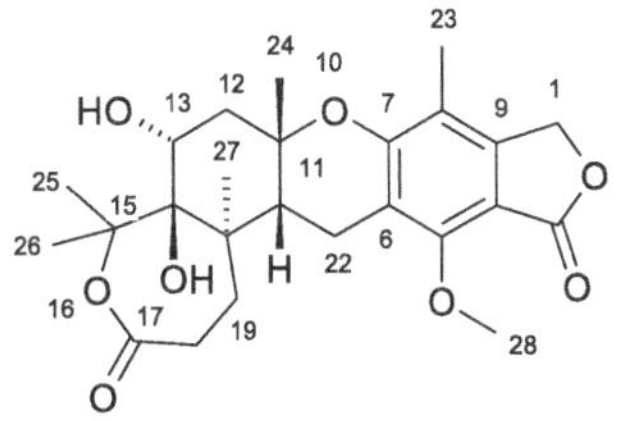

1984 Avarol 贪婪掘海绵醇*

【别名】阿瓦醇.【基本信息】$C_{21}H_{30}O_2$, 晶体 (氯仿), mp 148~150°C, $[\alpha]_D$ = +6.1°; mp 138~140°C, $[\alpha]_D$ = +4.7° (*c* = 0.17, 氯仿).【类型】其它杂类萜.【来源】贪婪掘海绵 *Dysidea avara*.【活性】抗白血病 (*in vitro* 和 *in vivo*); 抗 HIV-1 病毒 (*in vitro*, IC_{50} = 2.9μmol/L, 但临床处理有 AIDS 病的病人无效); 嗜 T 淋巴细胞抑制细胞生长的活性; 抑制成纤维细胞的生长 (淋巴细胞白血病和淋巴细胞 B 和 T 细胞, IC_{50} = 13.9~15.6μmol/L); 细胞毒 (盐水丰年虾 *Artemia salina*, LD_{50} = 0.18mg/kg; 土豆磁盘实验, 64%抑制); 免疫刺激剂; 抗炎; 镇痛; 鱼毒的; 抗诱变剂 (对苯并[*a*]芘单加氧酶有抑制作用); 抗 HIV; LD_{50} (小鼠, ipr)= 269mg/kg.【文献】L. Minale, et al. Tetrahedron Lett., 1974, 15, 3401; S. De Rosa, et al. J. Chem. Soc., Perkin Trans. Ⅰ, 1976, 1408; W. E. Muller, et al. Cancer Res., 1985, 45, 4822; P. S. J. Sarin, Natl. Cancer Inst., 1987, 78, 663; K. Iguchi, et al. CPB, 1990, 38, 1121; R. Puliti, et al. Acta Cryst., Sect. C, 1994, 50, 830; M. Gordaliza, et al. Mar. Drugs, 2010, 8, 2849 (Rev.); CRC Press, DNP on DVD, 2012, version 20.2.

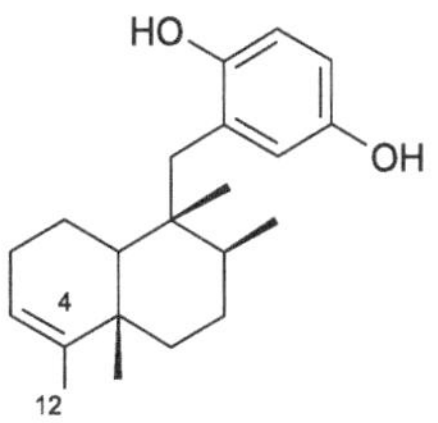

1985 Avarone 贪婪掘海绵酮*

【别名】阿瓦酮.【基本信息】$C_{21}H_{28}O_2$, 油状物, $[\alpha]_D$= +19.1° (*c* = 0.37, 氯仿).【类型】其它杂类萜.【来源】贪婪掘海绵 *Dysidea avara*.【活性】抗白血病 (*in vitro* 和 *in vivo*); 抗 HIV-1 病毒 (*in vitro*,

IC_{50} = 1.5μmol/L, 但临床处理有 AIDS 病的病人无效); 抑制成纤维细胞的生长 (淋巴细胞白血病和淋巴细胞 B 和 T 细胞, IC_{50} = 13.9~15.6μmol/L); 免疫刺激剂; 抗炎; 抗诱变剂.【文献】L. Minale, et al. Tetrahedron Lett., 1974, 15, 3401; M. Gordaliza, et al. Mar. Drugs, 2010, 8, 2849 (Rev.).

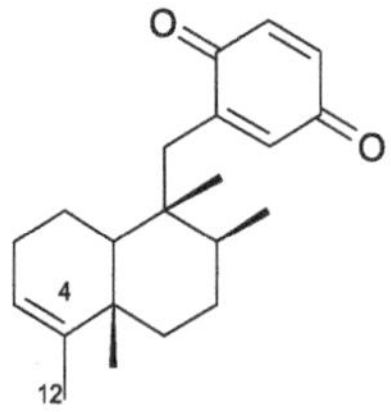

1986 Avarone adduct A 阿瓦酮加和物 A

【基本信息】$C_{26}H_{34}O_3$, 油状物.【类型】其它杂类萜.【来源】掘海绵属 *Dysidea* sp. (新西兰).【活性】细胞毒 (P_{388}, IC_{50} = 2.8μg/mL); 抗菌 (枯草杆菌 *Bacillus subtilis*); 抗真菌 (须发癣菌 *Trichophyton mentagrophytes*).【文献】M. Stewart, et al. Aust. J. Chem., 1997, 50, 341.

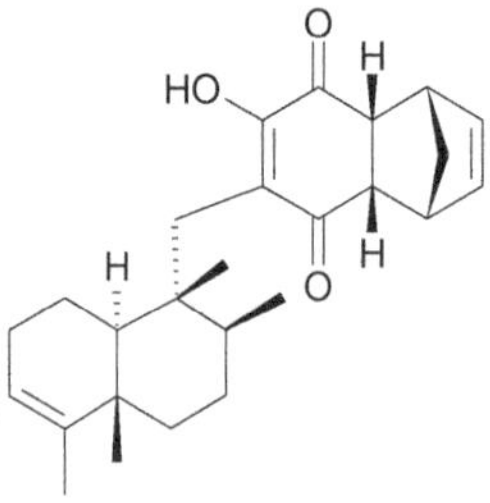

1987 Avarone adduct B 阿瓦酮加和物 B

【基本信息】$C_{26}H_{34}O_3$, 油状物.【类型】其它杂类萜.【来源】掘海绵属 *Dysidea* sp. (新西兰).【活性】细胞毒 (P_{388}, IC_{50} = 1.3μg/mL); 抗菌 (枯草杆菌 *Bacillus subtilis*, IC_{50} = 3μg/mL); 抗真菌 (须发癣菌 *Trichophyton mentagrophytes*).【文献】M. Stewart, et al. Aust. J. Chem., 1997, 50, 341.

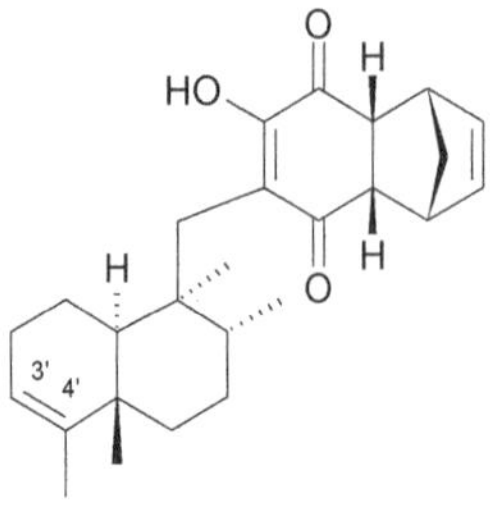

1988 Avarone adduct C 阿瓦酮加和物 C

【基本信息】$C_{26}H_{36}O_3$, 橙色油状物.【类型】其它杂类萜.【来源】掘海绵属 *Dysidea* sp. (新西兰).【活性】细胞毒 (P_{388}, IC_{50} = 8.9μg/mL); 抗菌 (枯草杆菌 *Bacillus subtilis*, IC_{50} = 5μg/mL); 抗真菌 (须发癣菌 *Trichophyton mentagrophytes*).【文献】M. Stewart, et al. Aust. J. Chem., 1997, 50, 341.

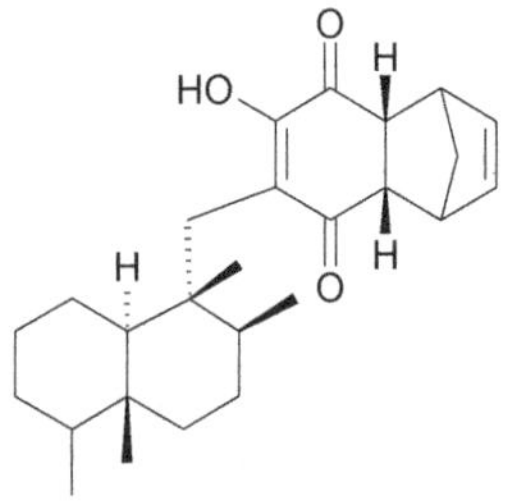

1989 Beauversetin 白僵菌色亭*

【基本信息】$C_{24}H_{33}NO_4$, 无定形黄色粉末, $[\alpha]_D^{22}$ = +122° (*c* = 0.24, 氯仿).【类型】其它杂类萜.【来源】海洋导出的真菌白僵菌 *Beauveria bassiana*, 来自外套黏海绵 *Myxilla incrustans* (德国).【活性】细胞毒 (一组 6 种细胞株, 中等活性).【文献】K. Neumann, et al. Nat. Prod. Commun., 2009, 4, 347.

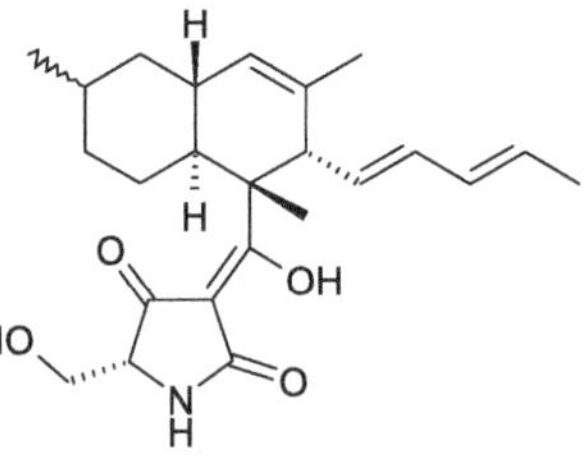

1990 Bicycloalternarene A 双环链格孢烯 A*

【基本信息】$C_{20}H_{32}O_6$【类型】其它杂类萜.【来源】海洋导出的真菌链格孢属 *Alternaria* sp., 来自美丽海绵属 *Callyspongia* sp. (三亚, 海南, 中国).【活性】核转录因子-κB 抑制剂 (RAW264.7 细胞, 低活性到中等活性).【文献】G. Zhang, et al. JNP, 2013, 76, 1946.

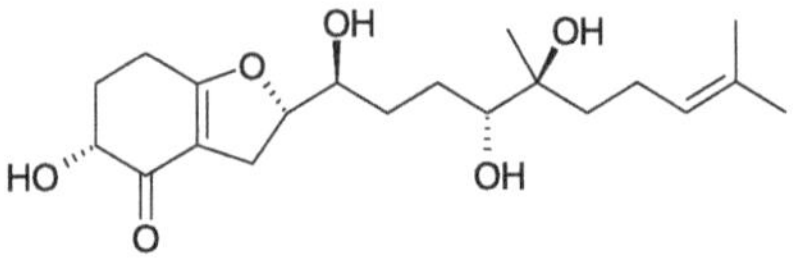

1991 Bicycloalternarene B 双环链格孢烯 B*

【基本信息】$C_{21}H_{34}O_6$【类型】其它杂类萜.【来源】海洋导出的真菌链格孢属 *Alternaria* sp., 来自美丽海绵属 *Callyspongia* sp. (三亚, 海南, 中国).【活性】核转录因子-κB 抑制剂 (RAW264.7

细胞, 低活性到中等活性).【文献】G. Zhang, et al. JNP, 2013, 76, 1946.

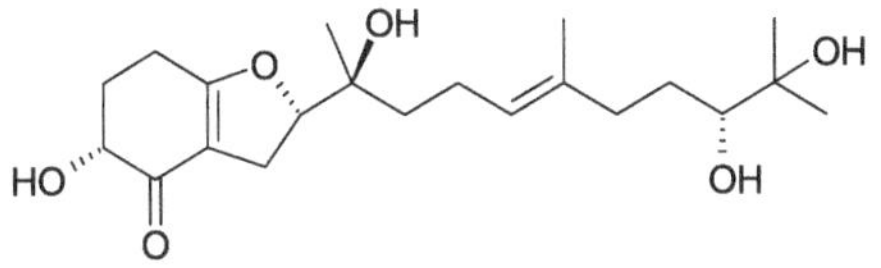

1992 Bicycloalternarene C 双环链格孢烯 C*

【基本信息】$C_{21}H_{30}O_6$.【类型】其它杂类萜.【来源】海洋导出的真菌链格孢属 *ALternaria* sp., 来自美丽海绵属 *Callyspongia* sp. (三亚, 海南, 中国).【活性】核转录因子-κB 抑制剂 (RAW264.7 细胞, 低活性到中等活性).【文献】G. Zhang, et al. JNP, 2013, 76, 1946.

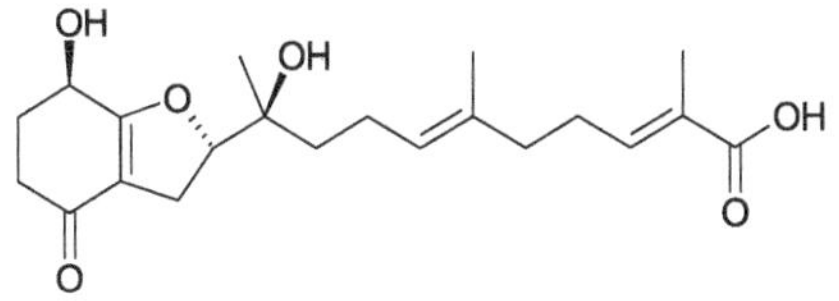

1993 Bicycloalternarene D 双环链格孢烯 D*

【基本信息】$C_{21}H_{30}O_6$.【类型】其它杂类萜.【来源】海洋导出的真菌链格孢属 *Alternaria* sp., 来自美丽海绵属 *Callyspongia* sp. (三亚, 海南, 中国).【活性】核转录因子-κB 抑制剂 (RAW264.7 细胞, 低活性到中等活性).【文献】G. Zhang, et al. JNP, 2013, 76, 1946.

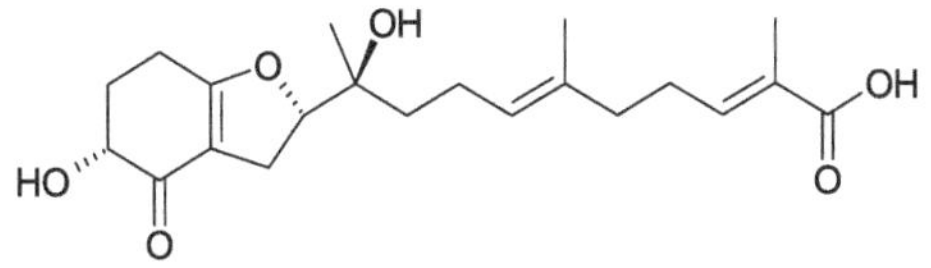

1994 Bifurcarenone 棕藻双叉藻烯酮*

【基本信息】$C_{27}H_{38}O_5$, 油状物, $[\alpha]_D^{20} = +5.5°$ ($c = 8$, 乙醇), $[\alpha]_D^{20} = +5.7°$ ($c = 0.24$, 氯仿).【类型】其它杂类萜.【来源】棕藻笔直囊链藻* *Cystoseira stricta* 和棕藻加拉帕戈斯双叉藻* *Bifurcaria galapagensis*.【活性】抗菌.【文献】K. Mori, et al. Tetrahedron, 1989, 45, 1945; H. H. Sun, et al. Tetrahedron Lett., 1980, 3123.

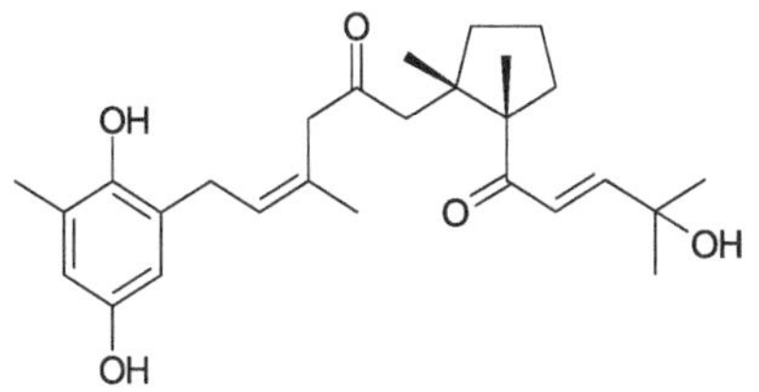

1995 Bispuupehenone 双普乌坡赫酮*

【基本信息】$C_{42}H_{54}O_6$, 晶体 (二氯甲烷), mp 234~240°C, $[\alpha]_D^{24} = -98°$ ($c = 2.4$, 氯仿).【类型】其它杂类萜.【来源】冲绳海绵 *Hyrtios* sp. [新喀里多尼亚 (法属)] 和冲绳海绵 *Hyrtios eubamma* (大溪地岛, 太平洋; 毛伊岛, 美国).【活性】细胞毒 (KB, MIC > 10μg/mL; LoVo, MIC = 10μg/mL; P_{388}, IC_{50} > 20μg/mL; A549, IC_{50} > 20μg/mL; HT29, IC_{50} > 20μg/mL; CV-1, IC_{50} > 20μg/mL); 抗病毒 (Mv 1 Lu/HSV I1, 减少 > 10%; CV-1/MSV-1, 减少 > 40%; BHK/VSV, 减少 >40%); 免疫调节.【文献】P. Amade, et al. Helv. Chim. Acta, 1983, 66, 1672; S. S. Nasu, et al. JOC, 1995, 60, 7290; S. Urban, et al. JNP, 1996, 59, 900; S. Qin, et al. Acta Cryst. E, 2008, 64, o946; M. Gordaliza, et al. Mar. Drugs, 2010, 8, 2849 (Rev.).

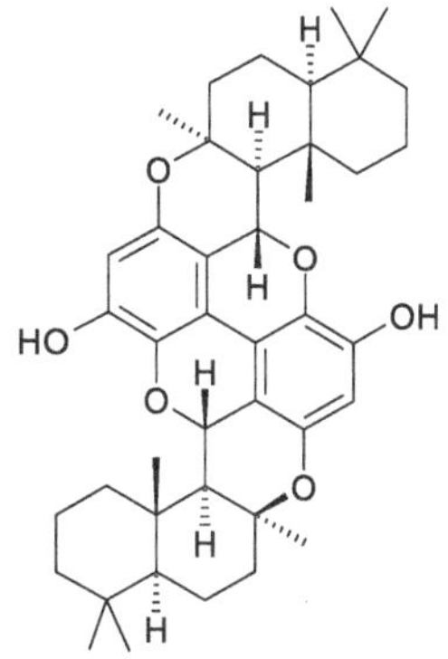

1996 Bis(sulfato)cyclosiphonodictyol A 双(硫酸酯)环海绵醇 A*

【别名】Cyclosiphonodictyol bissulfate A; 环海绵醇二硫酸酯 A*.【基本信息】$C_{22}H_{32}N_9O_2$, 无定形固体, $[\alpha]_D^{24} = +12°$ ($c = 0.2$, 甲醇).【类型】其它杂类萜.【来源】皮网海绵科海绵 *Siphonodictyon coralliphagum*.【活性】抑制绑定[^{3}H]-LTB4 到人的中性粒细胞 (IC_{50} = 44.5μmol/L).【文献】K. B. Killday, et al. JNP, 1995, 58, 958; M. Gordaliza, et al. Mar. Drugs, 2010, 8, 2849 (Rev.).

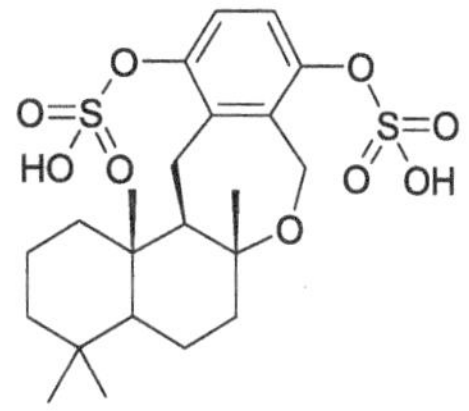

1997 Bolinaquinone 波里那醌*

【基本信息】$C_{22}H_{30}O_4$, 黄色玻璃体, $[\alpha]_D = -106°$ ($c = 0.4$, 氯仿).【类型】其它杂类萜.【来源】掘海绵属 *Dysidea* sp.【活性】细胞毒 (HCT116, $IC_{50} = 1.9\mu g/mL$, 细胞毒研究建议波里那醌的作用是干扰或破坏 DNA).【文献】F. S. De Guzman, et al. JOC, 1998, 63, 8042; M. Gordaliza, et al. Mar. Drugs, 2010, 8, 2849 (Rev.).

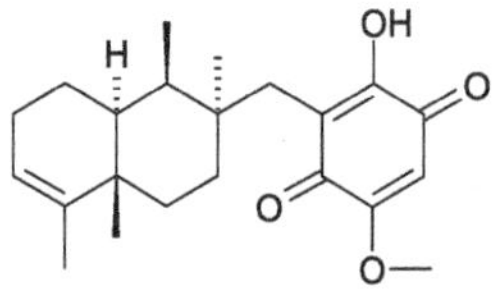

1998 Chevalone E 切瓦隆酮 E*

【基本信息】$C_{26}H_{38}O_4$.【类型】其它杂类萜.【来源】海洋导出的真菌曲霉菌属 *Aspergillus similanensis* sp. nov KUFA 0013.【活性】抗菌 (和抗生素苯唑西林有协同作用, MRSA).【文献】C. Prompanya, et al. Mar. Drugs, 2014, 12, 5160.

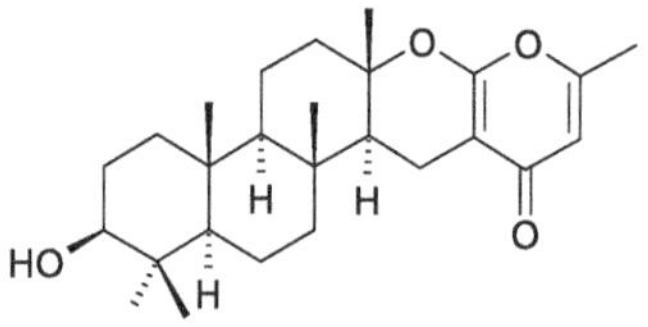

1999 6′-Chloroaureol 6′-氯欧瑞醇*

【基本信息】$C_{21}H_{29}ClO_2$, 黄色晶体 (甲醇), mp 143~144°C, $[\alpha]_D = +27.8°$ ($c = 0.02$, 氯仿).【类型】其它杂类萜.【来源】青甲海绵亚科 Thorectinae 海绵 *Smenospongia aurea* (加勒比海).【活性】抗微生物.【文献】A. Aiello, et al. Z. Naturforsch, B, Chem. Sci., 1993, 48, 209.

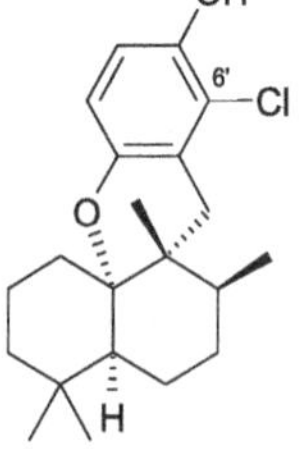

2000 21-Chloropuupehenol 21-氯普乌坡赫醇*

【基本信息】$C_{27}H_{27}ClO_3$, 红色玻璃体, $[\alpha]_D = +112°$ ($c = 0.35$, 甲醇).【类型】其它杂类萜.【来源】冲绳海绵 *Hyrtios* sp. (夏威夷, 美国).【活性】抗疟疾.【文献】S. S. Nasu, et al. JOC, 1995, 60, 7290.

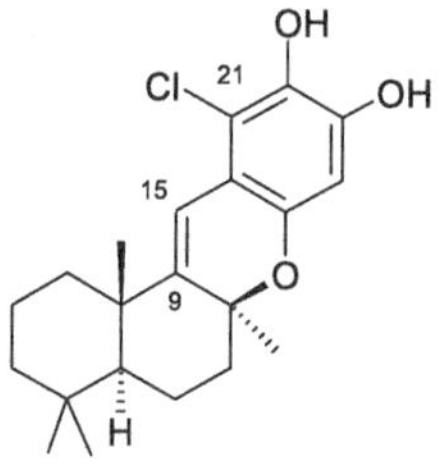

2001 Chromazonarol 克柔玛枞那醇*

【基本信息】$C_{21}H_{30}O_2$, 树胶状物, $[\alpha]_D^{25} = -50°$ ($c = 1$, 氯仿).【类型】其它杂类萜.【来源】棕藻波状网翼藻 *Dictyopteris undulata*.【活性】拒食活性; 鱼毒.【文献】W. Fenical, et al. Experientia, 1975, 31, 1004; G. Cimino, et al. Experientia, 1975, 31, 1250; F. Song, et al. Zhongguo Zhong Yao Za Zhi, 2006, 31, 125; M. Gordaliza, et al. Mar. Drugs, 2010, 8, 2849 (Rev.).

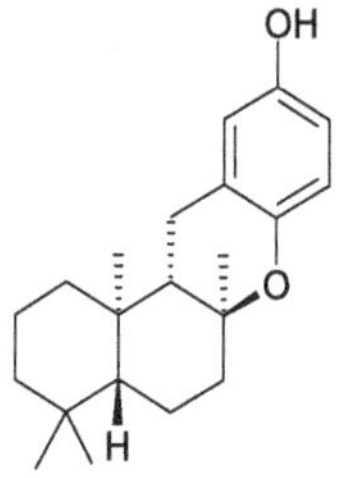

2002 *ent*-Chromazonarol *epi*-克柔玛枞那醇*

【基本信息】$C_{21}H_{30}O_2$.【类型】其它杂类萜.【来源】变苍白色掘海绵* *Dysidea pallescens*.【活性】细胞毒 (P_{388}, A549. HT29 和 MEL28, 所有的 $IC_{50} = 15.9\mu mol/L$).【文献】G. Cimino, et al. Experientia, 1975, 31, 1117; G. Cimino, et al. Experientia, 1975, 31, 1250; M. Gordaliza, et al. Mar. Drugs, 2010, 8, 2849 (Rev.).

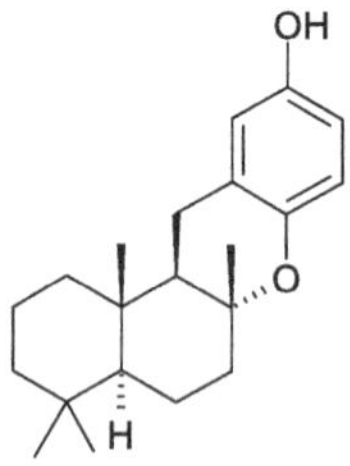

2003 *epi*-Conicol *epi*-圆锥醇*

【基本信息】$C_{16}H_{20}O_2$, 玻璃体, $[\alpha]_D = +58°$ ($c = 0.09$, 氯仿).【类型】其它杂类萜.【来源】Polyclinidae 科海鞘 *Synoicum castellatum*.【活性】细胞毒.【文献】A. R. Carroll, et al. Aust. J. Chem., 1993, 46, 1079.

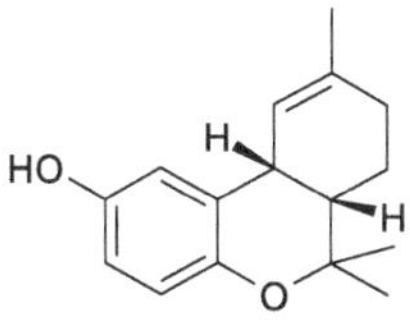

2004 Conthiaquinone A 圆锥形褶胃海鞘硫杂醌 A*

【基本信息】$C_{19}H_{25}NO_6S$.【类型】其它杂类萜.【来源】圆锥形褶胃海鞘* *Aplidium conicum* (莱切, 塞萨里奥港, 意大利).【活性】细胞毒 (适度活性).【文献】M. Menna, et al. EurJOC, 2013, 3241.

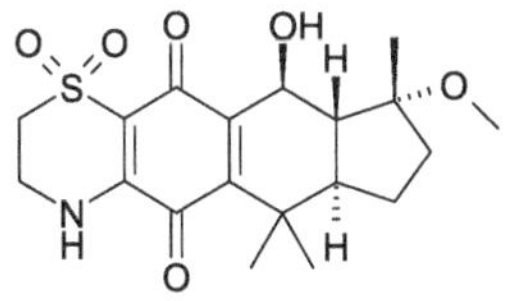

2005 Conthiaquinone A methyl ether 圆锥形褶胃海鞘硫杂醌 A 甲醚*

【基本信息】$C_{20}H_{27}NO_6S$.【类型】其它杂类萜.【来源】圆锥形褶胃海鞘* *Aplidium conicum* (莱切, 塞萨里奥港, 意大利).【活性】细胞毒 (适度活性).【文献】M. Menna, et al. EurJOC, 2013, 3241.

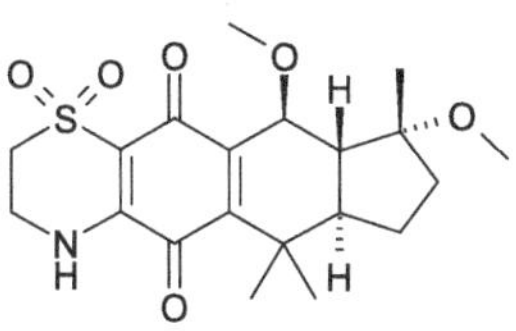

2006 Corallidictyal A 蓟海绵醛 A*

【基本信息】$C_{22}H_{28}O_4$.【类型】其它杂类萜.【来源】蓟海绵属 *Aka coralliphaga* [Syn. *Siphonodictyon coralliphaga*] (小圣萨尔瓦多岛, 巴哈马).【活性】PKC 抑制剂 (IC_{50} = 28μmol/L; 另一种依赖 cAMP 的激酶, 300μmol/L, 无活性); PKA 抑制剂 (IC_{50} = 300μmol/L).【文献】J. A. Chan, et al. JNP, 1994, 57, 1543; D. Skropeta, et al. Mar. Drugs, 2011, 9, 2131 (Rev.).

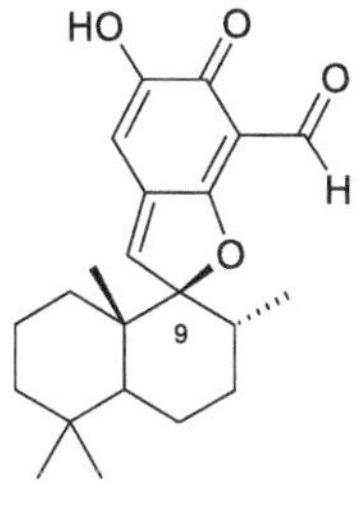

2007 Corallidictyal B 蓟海绵醛 B*

【基本信息】$C_{22}H_{28}O_4$.【类型】其它杂类萜.【来源】蓟海绵属 *Aka coralliphaga* [Syn. *Siphonodictyon coralliphaga*] (小圣萨尔瓦多岛, 巴哈马).【活性】PKC 抑制剂 (IC_{50} = 28μmol/L, 选择性佳); PKA 抑制剂 (IC_{50} = 300μmol/L).【文献】Chan, J.A. et al. JNP, 1994, 57, 1543; M. Gordaliza, et al. Mar. Drugs, 2010, 8, 2849 (Rev.); D. Skropeta, et al. Mar. Drugs, 2011, 9, 2131 (Rev.).

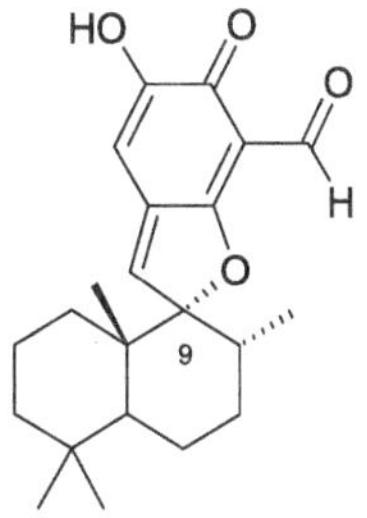

2008 Corallidictyal C 蓟海绵醛 C*

【基本信息】$C_{22}H_{30}O_4$, 黄色粉末.【类型】其它杂类萜.【来源】蓟海绵属 *Aka coralliphagum*.【活性】抗恶性细胞增殖的 (培养的小鼠成纤维细胞, 活性和对苯二酚部分的存在有关联).【文献】A. Grube, et al. JNP, 2007, 70, 504; M. Gordaliza, et al. Mar. Drugs, 2010, 8, 2849 (Rev.).

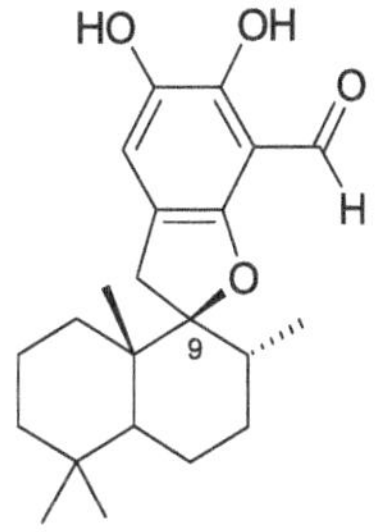

2009 Corallidictyal D 蓟海绵醛 D*

【基本信息】$C_{22}H_{30}O_4$, 黄色粉末.【类型】其它杂类萜.【来源】蓟海绵属 *Aka coralliphagum*.【活性】

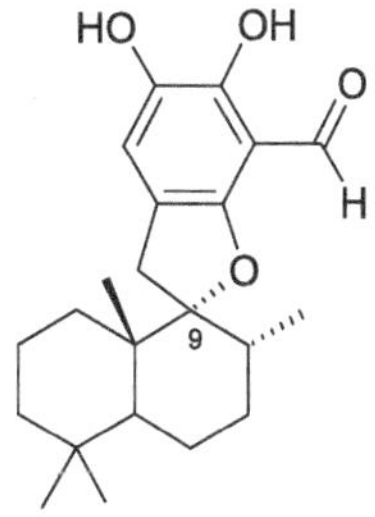

抗恶性细胞增殖的 (培养的小鼠成纤维细胞, 活性和对苯二酚部分的存在有关联).【文献】A. Grube, et al. JNP, 2007, 70, 504; M. Gordaliza, et al. Mar. Drugs, 2010, 8, 2849 (Rev.).

2010 Coscinoquinol 筛皮海绵醌醇*

【基本信息】$C_{31}H_{46}O_2$, 油状物, $[\alpha]_D = +8.2°$ ($c = 0.27$, 氯仿).【类型】其它杂类萜.【来源】筛皮海绵属 *Coscinoderma* sp. (大堡礁, 澳大利亚) 和掘海绵属 *Dysidea* sp. (热带).【活性】抗菌 (枯草杆菌 *Bacillus subtilis*, MIC ≈ 1.56~12.5μg/mL, 作用的分子机制: 抑制异柠檬酸裂合酶).【文献】G. V. Alea, et al. Aust. J. Chem., 1994, 47, 191; D. Lee, et al. BoMCL, 2008, 18, 5377.

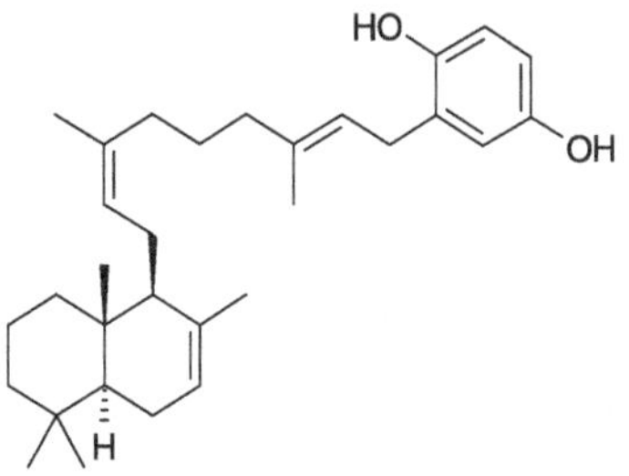

2011 Coscinosulfate 筛皮海绵素硫酸酯*

【基本信息】$C_{31}H_{48}O_6S$, 无定形固体, mp 129~130°C, $[\alpha]_D^{22} = +5°$ ($c = 1.4$, 甲醇).【类型】其它杂类萜.【来源】筛皮海绵属 *Coscinoderma mathewsi* [新喀里多尼亚 (法属)].【活性】Cdc25 磷酸酶抑制剂; 抗有丝分裂剂.【文献】A. Loukaci, et al. BoMC, 2001, 9, 3049; S. Poigny, et al. JOC, 2001, 66, 7263.

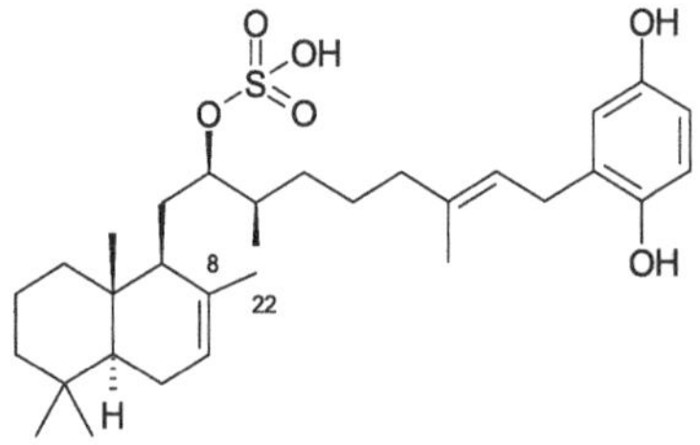

2012 Crassumtocopherol A 豆荚软珊瑚维生素 EA*

【基本信息】$C_{29}H_{50}O_5$.【类型】其它杂类萜.【来源】豆荚软珊瑚属 *Lobophytum crassum* (东沙环礁, 台湾,中国).【活性】细胞毒 (中等活性).【文献】S.-Y. Cheng, et al. Bull. Chem. Soc. Jpn., 2011, 84, 783.

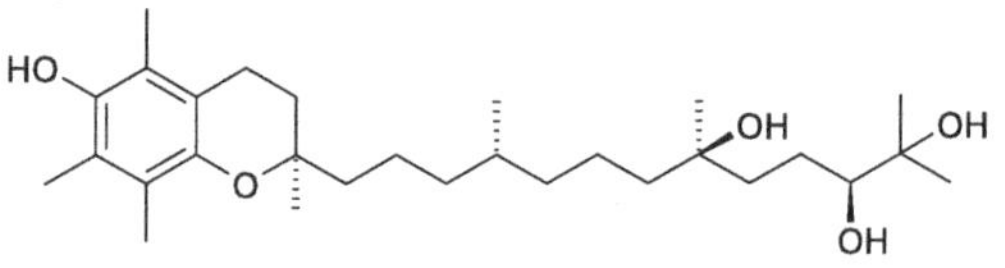

2013 Crassumtocopherol B 豆荚软珊瑚维生素 EB*

【基本信息】$C_{31}H_{52}O_6$.【类型】其它杂类萜.【来源】豆荚软珊瑚属* *Lobophytum crassum* (东沙环礁, 台湾,中国).【活性】细胞毒 (中等活性).【文献】S.-Y. Cheng, et al. Bull. Chem. Soc. Jpn., 2011, 84, 783.

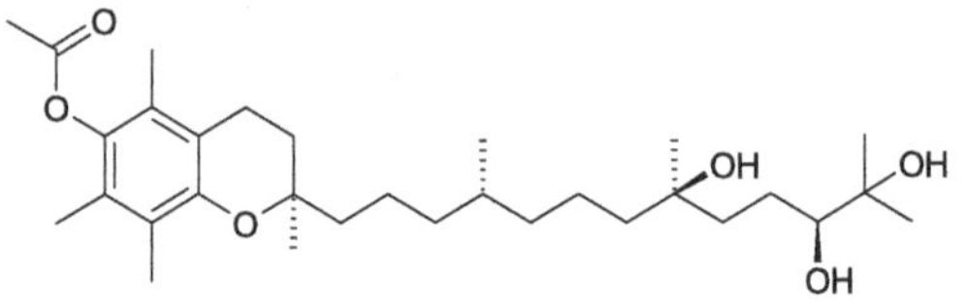

2014 15α-Cyano-19,20-di-*O*-acetylpuupehenol 15α-氰基-19,20-二-*O*-乙酰普乌坡赫醇*

【基本信息】$C_{26}H_{33}NO_5$.【类型】其它杂类萜.【来源】Verongida 目海绵和 Dictyoceratida 目海绵.【活性】抗结核 (结核分枝杆菌 *Mycobacterium tuberculosis* H37Rv, 12.5μg/mL, InRt = 64%).【文献】J. K. Zjawiony, et al. JNP, 1998, 61, 1502; A. E. -S. Khalid, et al. Tetrahedron, 2000, 56, 949.

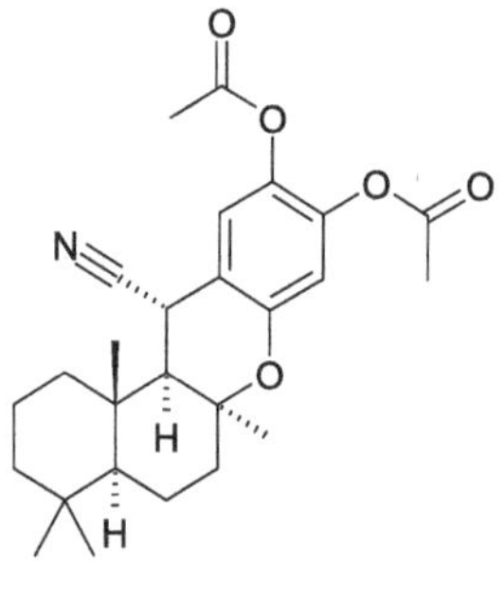

2015 10,17-*O*-Cyclo-4,5-di-*epi*-dactylospongiaquinone 10,17-*O*-环-4,5-二-*epi*-胄甲海绵醌*

【基本信息】$C_{22}H_{28}O_4$.【类型】其它杂类萜.【来源】胄甲海绵亚科 Thorectinae 海绵 *Dactylospongia elegans* (马来西亚和帕劳).【活性】抗恶性细胞增殖的 (高浓度, 其对苯二醌部分是主要的活性部分).【文献】L. Du, et al. JNP, 2013, 76, 1175.

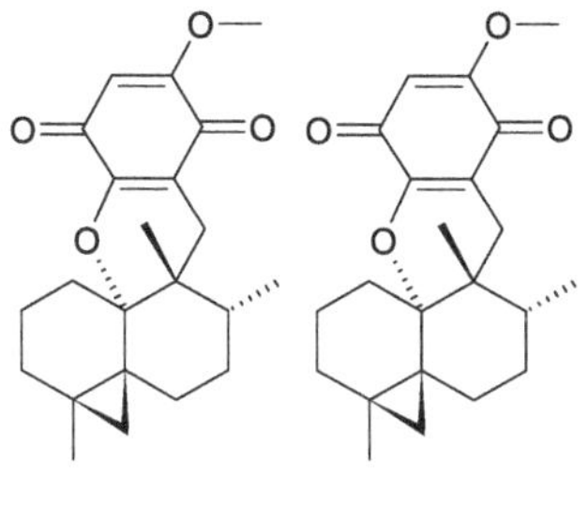

2016 15-Cyanopuupehenol 15-氰基普乌坡赫醇*

【基本信息】$C_{22}H_{29}NO_3$, 亮棕色玻璃体, $[\alpha]_D = -22°$ ($c = 0.37$, 甲醇).【类型】其它杂类萜.【来源】Verongida 目海绵 *Verongida* sp.【活性】细胞毒 (KB, 5μg/mL); 抗结核 (结核分枝杆菌 *Mycobacterium tuberculosis* H37Rv, 12.5μg/mL, InRt = 96%); 抗病毒 (HSV-2, 5μg/mL, 98%减少); 抗真菌 (6mm 盘, 5μg/mL, 特异青霉菌 *Penicillium notatum* 10mm 部分抑制, 须发癣菌 *Trichophyton mentagrophytes* 9mm, 酿酒酵母 *Saccharomyces cerevisiae* 7mm); 免疫调节剂.【文献】T. Hamann, et al. Tetrahedron Lett., 1991, 32, 5671; S. S. Nasu, et al. JOC, 1995, 60, 7290; S. Urban, et al. JNP, 1996, 59, 900; J. K. Zjawiony, et al. JNP, 1998, 61, 1502; A. E. -S. Khalid, et al. Tetrahedron, 2000, 56, 949M.; M. Gordaliza, et al. Mar. Drugs, 2010, 8, 2849 (Rev.).

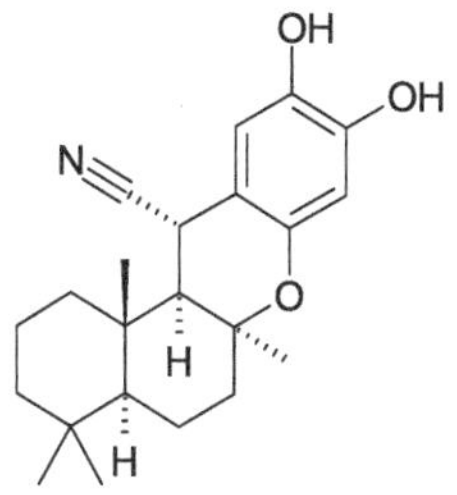

2017 15-Cyanopuupehenone 15-氰基普乌坡赫酮*

【基本信息】$C_{22}H_{27}NO_3$, 黄色玻璃体, $[\alpha]_D = +168°$ ($c = 0.082$, 甲醇).【类型】其它杂类萜.【来源】冲绳海绵 *Hyrtios* sp. (夏威夷, 美国) 和 Verongida 目海绵 *Verongida* sp. (夏威夷, 美国).【活性】抗结核 (结核分枝杆菌 *Mycobacterium tuberculosis* H37Rv, 12.5μg/mL, InRt = 90%); 免疫调节剂.【文献】M. T. Hamann, et al. JOC, 1993, 58, 6565; S. S. Nasu, et al. JOC, 1995, 60, 7290; A. E. -S. Khalid, et al. Tetrahedron, 2000, 56, 949; M. Gordaliza, et al. Mar. Drugs, 2010, 8, 2849 (Rev.).

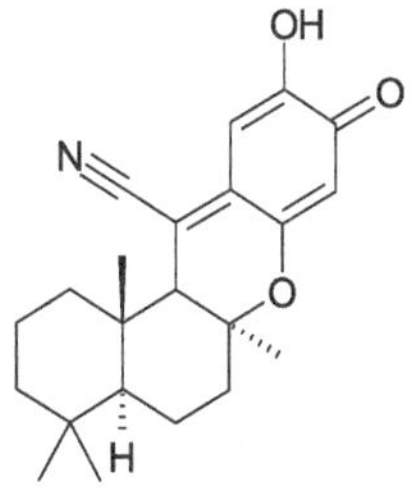

2018 Cyclocymopol 环波纹藻醇*

【基本信息】$C_{16}H_{20}Br_2O_2$, 油状物.【类型】其它杂类萜.【来源】绿藻髯毛波纹藻* *Cymopolia barbata* (百慕大和波多黎各).【活性】PLA_2 抑制剂.【文献】H. E. Högberg, et al. J. Chem. Soc., Perkin Trans. Ⅰ, 1976, 1696; O. J. McConnell, et al. Phytochemistry, 1982, 21, 2139.

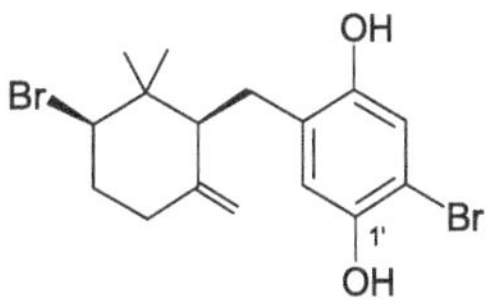

2019 Cyclospongiacatechol 环海绵维生素 E*

【基本信息】$C_{23}H_{32}O_5$.【类型】其它杂类萜.【来源】胄甲海绵亚科 Thorectinae 海绵 *Dactylospongia elegans* (马来西亚和帕劳).【活性】抗恶性细胞增殖的 (高浓度, 其对苯二醌部分是主要的活性部分).【文献】L. Du, et al. JNP, 2013, 76, 1175.

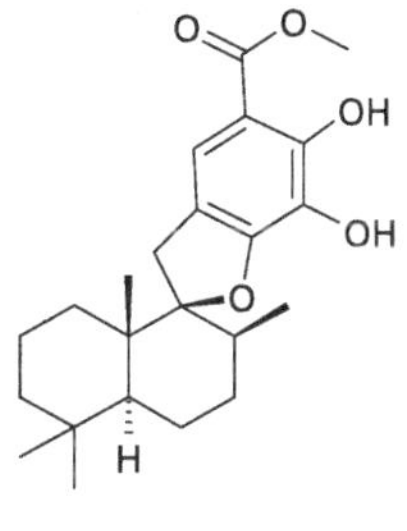

2020 Cystoazorol A 囊链藻阿佐醇 A*

【基本信息】$C_{29}H_{44}O_5$, 浅黄色油状物, $[\alpha]_D^{24} = +54.5°$ ($c = 0.05$, 甲醇).【类型】其它杂类萜.【来源】棕藻囊链藻属 *Cystoseira abies-marina* (圣米格尔岛, 莫什泰鲁什镇, 亚速尔群岛, 大西洋).【活性】细胞毒 [HeLa, 延迟期 $IC_{50} = (10.2±0.2)$μg/mL, 对数生长期 $IC_{50} = (2.8±1.2)$μg/mL, 对照紫杉醇, 延迟期 $IC_{50} = (0.12±0.07)$μg/mL, 对数生长期 $IC_{50} =$

(0.06±0.01)μg/mL; Vero, 延迟期 IC_{50} = (16.7±0.1)μg/mL, 对数生长期 IC_{50} = (6.9±0.5)μg/mL, 紫杉醇, 延迟期 IC_{50} = (0.18±0.04)μg/mL, 对数生长期 IC_{50} = (0.03±0.01)μg/mL]; 抗氧化剂 (DPPH 自由基清除剂,强效).【文献】V. L. M. Gouveia, et al. Phytochem. Lett., 2013, 6, 593.

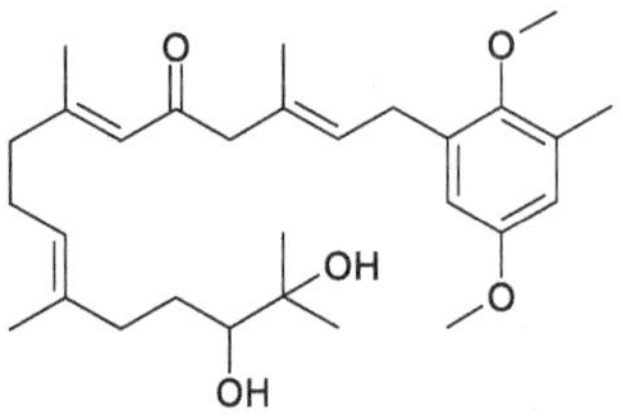

2021 Cystoazorol B 囊链藻阿佐醇 B*

【基本信息】$C_{29}H_{44}O_6$, 浅黄色油状物, $[\alpha]_D^{24}$ = −51.3° (*c*= 0.04, 甲醇).【类型】其它杂类萜.【来源】棕藻囊链藻属 *Cystoseira abies-marina* (圣米格尔岛, 莫什泰鲁什镇, 亚速尔群岛, 大西洋).【活性】细胞毒 (HeLa, 延迟期 IC_{50} > 40μg/mL, 对数生长期 IC_{50} > 40μg/mL; Vero, 延迟期 IC_{50} > 40μg/mL, 对数生长期 IC_{50} > 40μg/mL); 抗氧化剂 (DPPH 自由基清除剂, 高活性).【文献】V. L. M. Gouveia, et al. Phytochem. Lett., 2013, 6, 593.

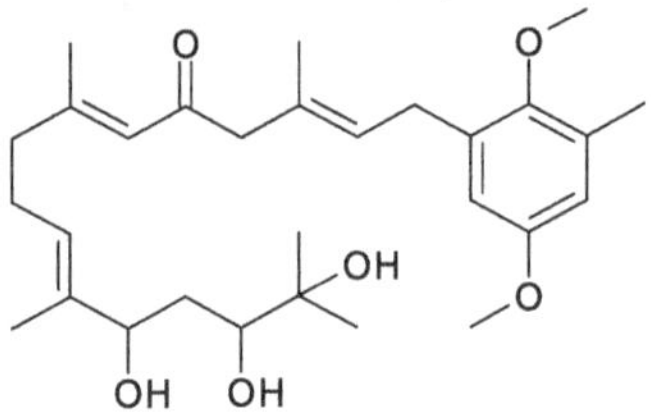

2022 Cystoazorone A 囊链藻阿佐酮 A*

【基本信息】$C_{23}H_{32}O_4$, 浅黄色油状物.【类型】其它杂类萜.【来源】棕藻囊链藻属 *Cystoseira abies-marina* (圣米格尔岛, 莫什泰鲁什镇, 亚速尔群岛, 大西洋).【活性】细胞毒 [HeLa, 延迟期 IC_{50} = (25.0±1.3)μg/mL, 对数生长期 IC_{50} = (17.3±1.6)μg/mL, 对照紫杉醇, 延迟期 IC_{50} = (0.12±0.07)μg/mL, 对数生长期 IC_{50} = (0.06±0.01)μg/mL; Vero, 延迟期 IC_{50} = (28.0±1.7)μg/mL, 对数生长期 IC_{50} = (16.5±5.3)μg/mL, 紫杉醇, 延迟期 IC_{50} = (0.18±0.04)μg/mL, 对数生长期 IC_{50} = (0.03±0.01)μg/mL].【文献】V. L. M. Gouveia, et al. Phytochem. Lett., 2013, 6, 593.

6E

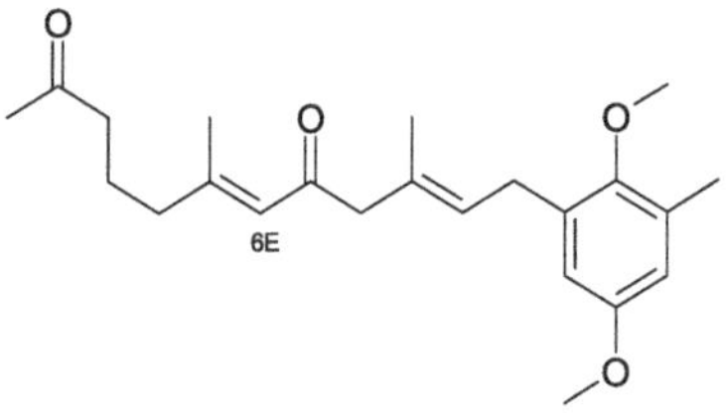

2023 Cystoazorone B 囊链藻阿佐酮 B*

【基本信息】$C_{23}H_{32}O_4$, 浅黄色油状物.【类型】其它杂类萜.【来源】棕藻囊链藻属 *Cystoseira abies-marina* (圣米格尔岛, 莫什泰鲁什镇, 亚速尔群岛, 大西洋).【活性】细胞毒 [HeLa, 延迟期 IC_{50} = (32.0±8.4)μg/mL, 对数生长期 IC_{50} = (20.1±1.7)μg/mL, 对照紫杉醇, 延迟期 IC_{50} = (0.12±0.07)μg/mL, 对数生长期 IC_{50} = (0.06±0.01)μg/mL; Vero, 延迟期 IC_{50} > 40μg/mL, 对数生长期 IC_{50} = (22.1±1.8)μg/mL, 紫杉醇, 延迟期 IC_{50} = (0.18±0.04)μg/mL, 对数生长期 IC_{50} = (0.03±0.01)μg/mL].【文献】V. L. M. Gouveia, et al. Phytochem. Lett., 2013, 6, 593.

6Z

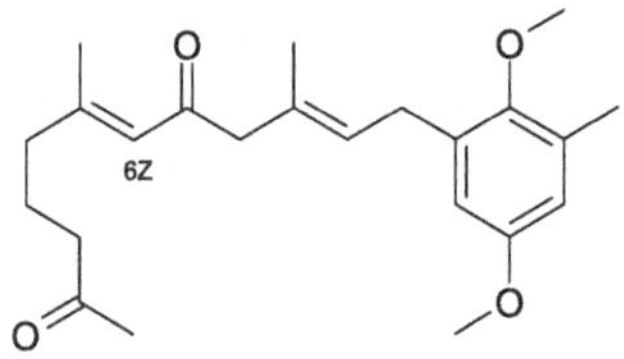

2024 Cystodione A 囊链藻二酮 A*

【基本信息】$C_{28}H_{40}O_6$.【类型】其它杂类萜.【来源】棕藻像松萝囊链藻* *Cystoseira usneoides* (直布罗陀海峡).【活性】抗氧化剂 ($ABTS^{\bullet+}$实验, 高活性).【文献】C. de los Reyes, et al. JNP, 2013, 76, 621.

6Z

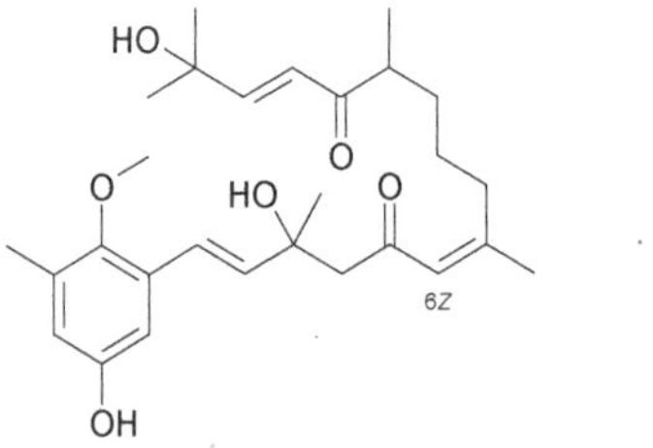

2025 Cystodione B 囊链藻二酮 B*

【基本信息】$C_{28}H_{40}O_6$.【类型】其它杂类萜.【来源】棕藻像松萝囊链藻* *Cystoseira usneoides* (直布罗陀海峡).【活性】抗氧化剂 ($ABTS^{\bullet+}$实验, 高活性).【文献】C. de los Reyes, et al. JNP, 2013, 76, 621.

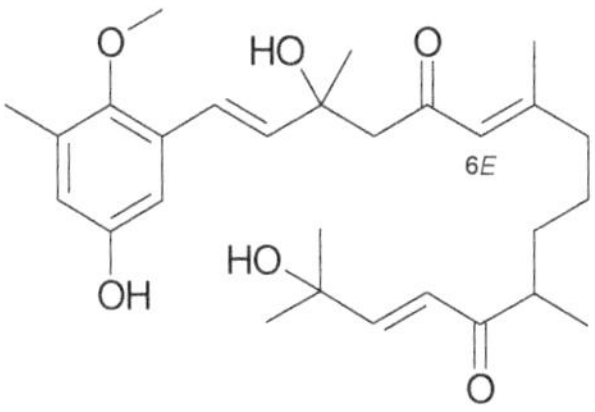

2026 Cystodione C 囊链藻二酮 C*

【基本信息】$C_{22}H_{30}O_5$.【类型】其它杂类萜.【来源】棕藻像松萝囊链藻* *Cystoseira usneoides* (直布罗陀海峡).【活性】抗氧化剂 (ABTS$^{•+}$实验, 高活性).【文献】C. de los Reyes, et al. JNP, 2013, 76, 621.

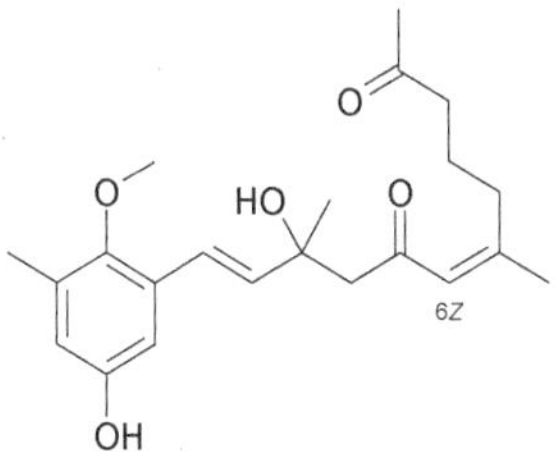

2027 Cystodione D 囊链藻二酮 D*

【基本信息】$C_{22}H_{30}O_5$.【类型】其它杂类萜.【来源】棕藻像松萝囊链藻* *Cystoseira usneoides* (直布罗陀海峡).【活性】抗氧化剂 (ABTS$^{•+}$实验, 高活性).【文献】C. de los Reyes, et al. JNP, 2013, 76, 621.

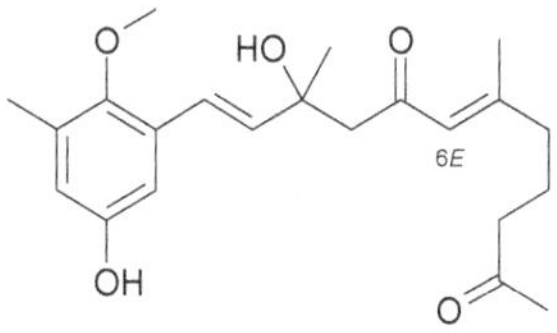

2028 Cystodione E 囊链藻二酮 E*

【基本信息】$C_{28}H_{40}O_7$.【类型】其它杂类萜.【来源】棕藻像松萝囊链藻* *Cystoseira usneoides* (直布罗陀海峡).【活性】抗氧化剂 (ABTS$^{•+}$实验, 高活性).【文献】C. de los Reyes, et al. JNP, 2013, 76, 621.

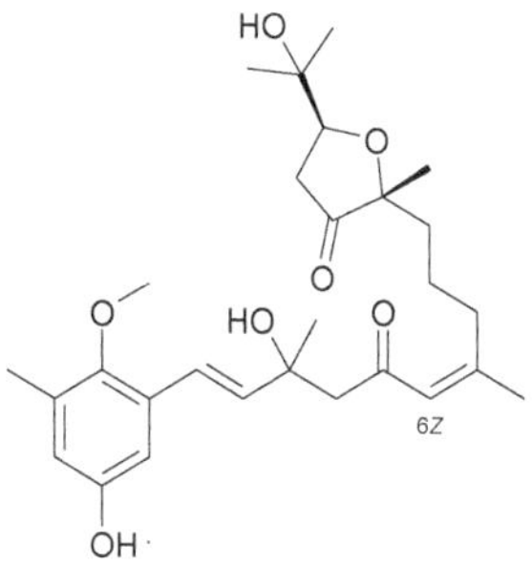

2029 Cystodione F 囊链藻二酮 F*

【基本信息】$C_{28}H_{40}O_7$.【类型】其它杂类萜.【来源】棕藻像松萝囊链藻* *Cystoseira usneoides* (直布罗陀海峡).【活性】抗氧化剂 (ABTS$^{•+}$实验, 高活性).【文献】C. de los Reyes, et al. JNP, 2013, 76, 621.

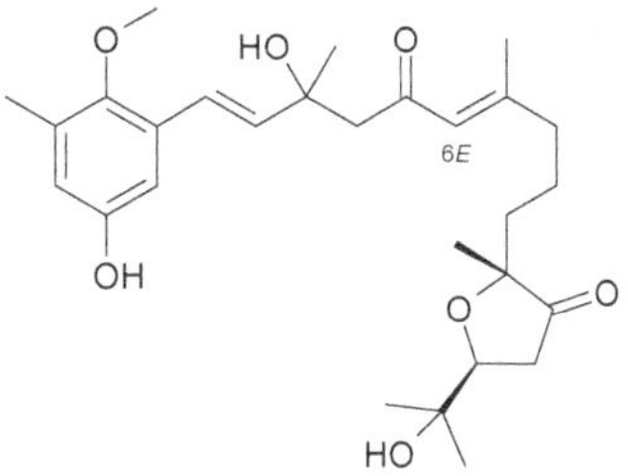

2030 8-*epi*-Dactyloquinone 8-*epi*-胄甲醌*

【基本信息】$C_{22}H_{28}O_4$.【类型】其它杂类萜.【来源】胄甲海绵亚科 Thorectinae 海绵 *Dactylospongia elegans* (马来西亚和帕劳).【活性】抗恶性细胞增殖的 (高浓度, 其对苯二醌部分是主要的活性部分); 低氧诱导型因子-1 (HIF-1) 激活剂.【文献】L. Du, et al. JNP, 2013, 76, 1175.

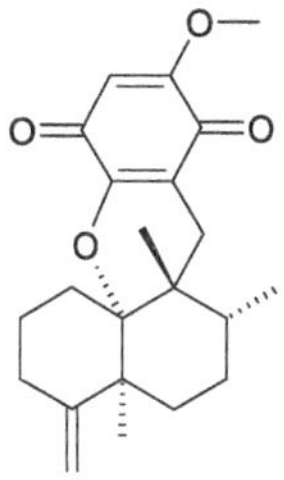

2031 Dactyloquinone B 胄甲醌 B*

【基本信息】$C_{22}H_{28}O_4$, 浅黄色粉末, mp 178~180°C, $[\alpha]_D^{26}$= –33.1° (c = 1.5, 氯仿).【类型】其它杂类萜.【来源】胄甲海绵亚科 Thorectinae 海绵 *Dactylospongia elegans*.【活性】细胞毒 (SF268, GI_{50} = 32μmol/L; MCF7, GI_{50} = 41μmol/L; H460, GI_{50} = 30μmol/L; HT29, GI_{50} = 46μmol/L; CHO-K1, GI_{50} = 43μmol/L).【文献】H. Mitome, et al. J. Nat. Prod., 2001, 64, 1506; S. P. B. Ovenden, et al. JNP, 2011, 74, 65.

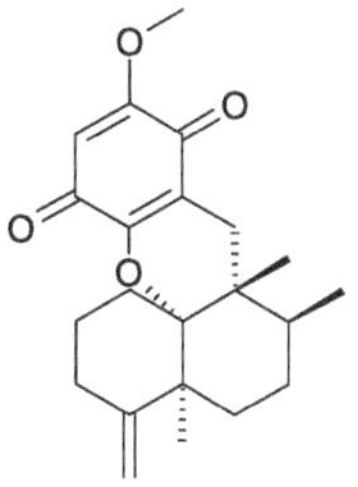

2032 Debromophycolide A 去溴斐济红藻内酯 A*

【基本信息】$C_{27}H_{36}O_5$，无定形固体，$[\alpha]_D^{23} = -7°$ ($c = 0.012$，氯仿).【类型】其它杂类萜.【来源】红藻斐济红藻* *Callophycus serratus*.【活性】细胞毒 (11 种癌细胞株，平均 $IC_{50} > 76\mu mol/L$)；抗真菌 (耐两性霉素 B 的白色念珠菌 *Candida albicans* ABRCA，无显著活性).【文献】J. Kubanek, et al. Org. Lett., 2005, 7, 5261.

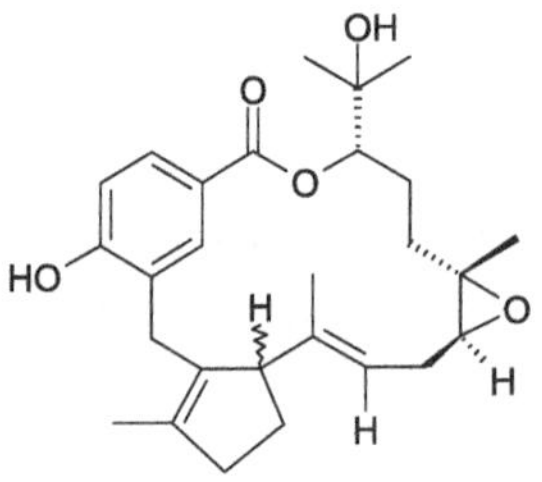

2033 11α-Dehydroxyisoterreulactone A 11α-去羟基异土色曲霉内酯 A*

【基本信息】$C_{27}H_{32}O_7$.【类型】其它杂类萜.【来源】海洋导出的真菌土色曲霉菌* *Aspergillus terreus* SCSGAF0162.【活性】抗病毒 (HSV 病毒，$IC_{50} = 33.38\mu mol/L$).【文献】X. -H. Nong, et al. Mar. Drugs, 2014, 12, 6113.

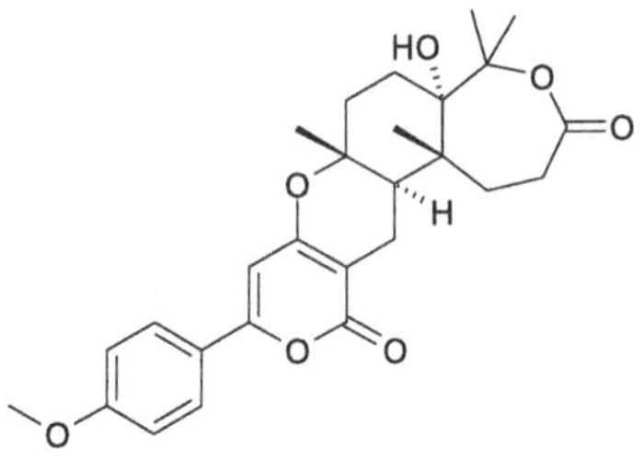

2034 2′,5′-Diacetylavarol 2′,5′-二乙酰基贪婪掘海绵醇*

【基本信息】$C_{25}H_{34}O_4$，晶体 (正己烷)，mp 92~94°C，$[\alpha]_D = +12.5°$ ($c = 1.0$，氯仿).【类型】其它杂类萜.【来源】贪婪掘海绵 *Dysidea avara*.【活性】细胞毒 (盐水丰年虾 *Artemia salina*，$LD_{50} = 0.15mg/kg$；土豆磁盘实验，InRt = 55%)；细胞毒 (HepA 和 KB).【文献】A. De Guilio, et al. Tetrahedron, 1990, 46, 7971; M. Gordaliza, et al. Mar. Drugs, 2010, 8, 2849 (Rev.).

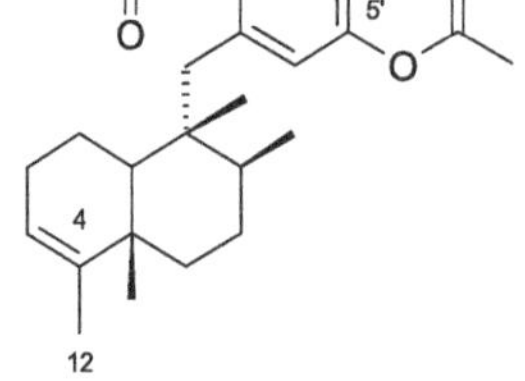

2035 Dictyoceratin B 蒂克替欧色拉亭 B*

【基本信息】$C_{23}H_{32}O_5$，无定形固体，mp 154.5~155.5°C，$[\alpha]_D^{25} = -1.22°$ ($c = 1.12$，氯仿).【类型】其它杂类萜.【来源】马海绵属 *Hippospongia* sp.【活性】抗菌 (金黄色葡萄球菌 *Staphyrococcus aureus*，枯草杆菌 *Bacillus subtilis*).【文献】H. Nakamuta, et al. Tetrahedron, 1986, 42, 4197.

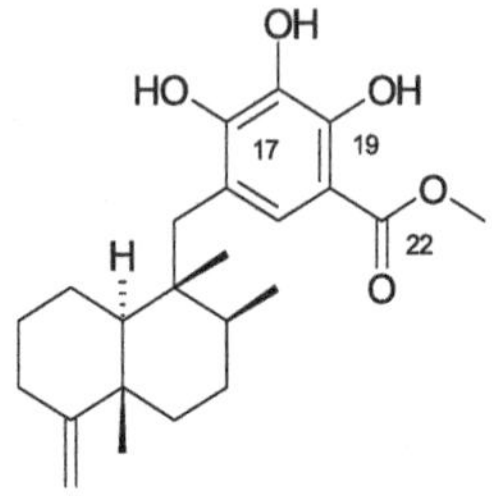

2036 Dictyoceratin C 蒂克替欧色拉亭 C*

【别名】Dictyoceratin；蒂克替欧色拉亭*.【基本信息】$C_{23}H_{32}O_3$，固体，$[\alpha]_D^{23} = +16.7°$ ($c = 0.03$，氯仿).【类型】其它杂类萜.【来源】胄甲海绵亚科 Thorectinae 海绵 *Dactylospongia* sp. 和胄甲海绵科海绵 *Petrosaspongia metachromia*.【活性】细胞毒 (诱导分化活性，使 K562 细胞 进入红细胞，最低有效浓度为 $22.5\mu mol/L$).【文献】S. Aoki, et al. CPB, 2004, 52, 935.

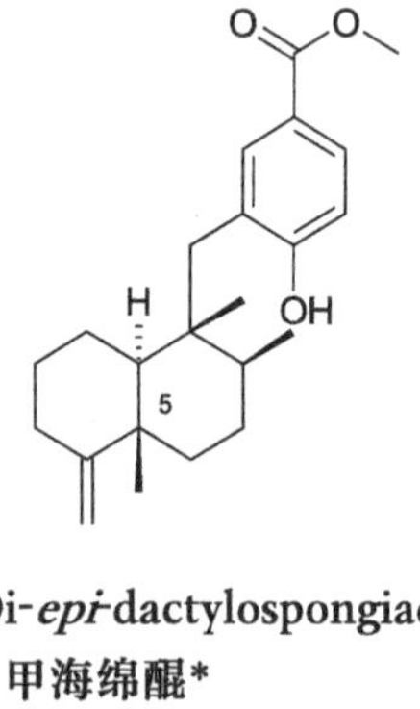

2037 4,5-Di-*epi*-dactylospongiaquinone 4,5-二-*epi*-胄甲海绵醌*

【基本信息】$C_{22}H_{30}O_4$.【类型】其它杂类萜.【来源】胄甲海绵亚科 Thorectinae 海绵 *Dactylospongia elegans* (马来西亚和帕劳).【活性】抗恶性细胞增殖的 (高浓度，其对苯二醌部分是主要的活性部分)；低氧诱导型因子-1 (HIF-1) 激活剂.【文献】L. Du, et al. JNP, 2013, 76, 1175.

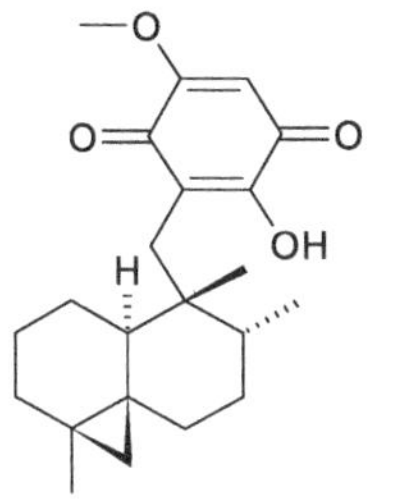

2038　3′,6′-Dihydroxyavarone　3′,6′-二羟基阿瓦酮*

【别名】Avarone B; 阿瓦酮 B.【基本信息】$C_{21}H_{28}O_4$, 油状物, $[\alpha]_D^{25} = +65.6°$ ($c = 0.32$, 氯仿).【类型】其它杂类萜.【来源】灰烬色掘海绵 *Dysidea cinerea* (红海).【活性】细胞毒 (P_{388}, $IC_{50} = 1.2\mu g/mL$).【文献】S. Hirsch, et al. JNP, 1991, 54, 92; M. Gordaliza, et al. Mar. Drugs, 2010, 8, 2849 (Rev.).

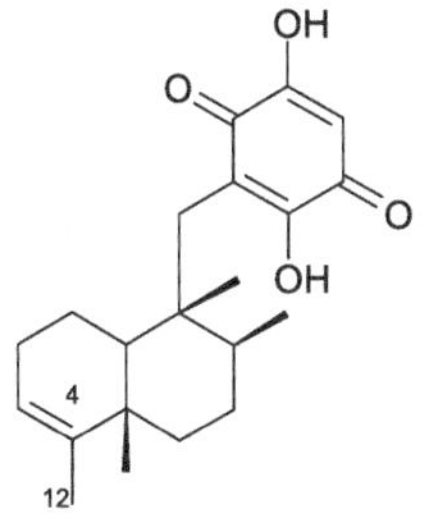

2039　5,8-Di-*epi*-ilimaquinone　5,8-二-*epi*-伊马喹酮*

【基本信息】$C_{22}H_{30}O_4$.【类型】其它杂类萜.【来源】胄甲海绵亚科 Thorectinae 海绵 *Dactylospongia elegans* (马来西亚和帕劳).【活性】抗恶性细胞增殖的 (高浓度, 其对苯二醌部分是主要的活性部分).【文献】L. Du, et al. JNP, 2013, 76, 1175.

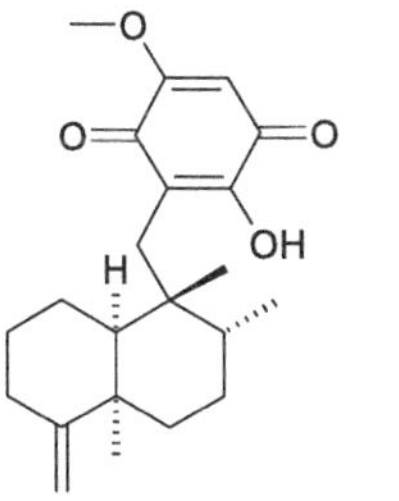

2040　Dipuupehedione　双普乌坡赫二酮*

【基本信息】$C_{42}H_{50}O_6$, 红色玻璃状固体.【类型】其它杂类萜.【来源】冲绳海绵 *Hyrtios* sp. [新喀里多尼亚 (法属)].【活性】细胞毒 (KB, $ED_{50} = 3\mu g/mL$).【文献】M. -L. Bourguet-Kondracki, et al. Tetrahedron Lett., 1996, 37, 3861; M. Gordaliza, et al. Mar. Drugs, 2010, 8, 2849 (Rev.).

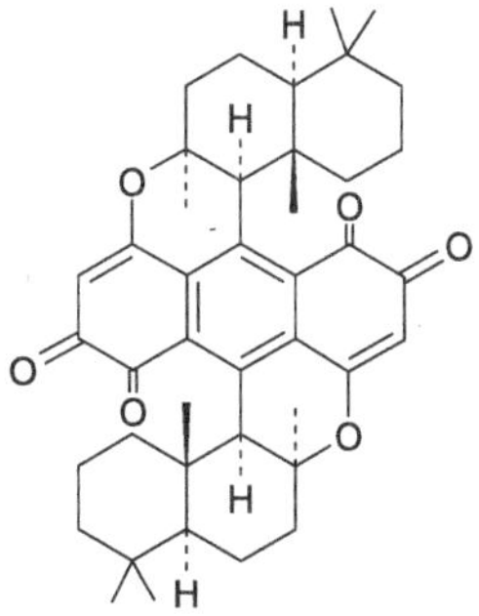

2041　Distrongylophorine　双石海绵科海绵素*

【基本信息】$C_{52}H_{70}O_8$, 奶油色粉末.【类型】其它杂类萜.【来源】石海绵属 *Strongylophora* sp.【活性】LC_{50} (盐水丰年虾) = $10.5\mu g/mL$.【文献】M. Balbin-Oliveros, et al. JNP, 1998, 61, 948.

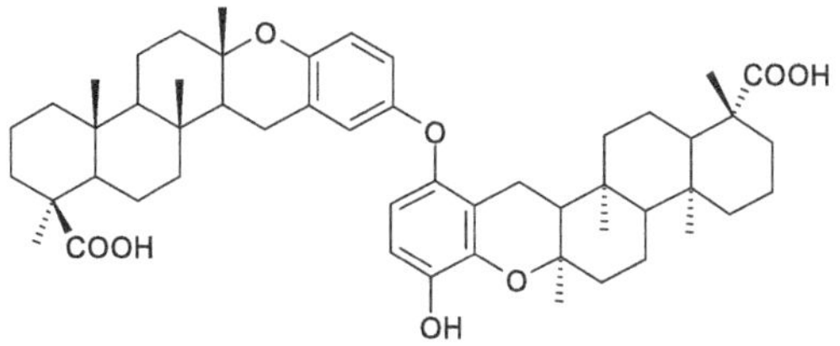

2042　Dysideavarone A　贪婪掘海绵酮 A*

【基本信息】$C_{23}H_{28}O_3$.【类型】其它杂类萜.【来源】贪婪掘海绵 *Dysidea avara* (西沙群岛, 南海, 中国).【活性】细胞毒.【文献】W. -H. Jiao, et al. Org. Lett., 2012, 14, 202.

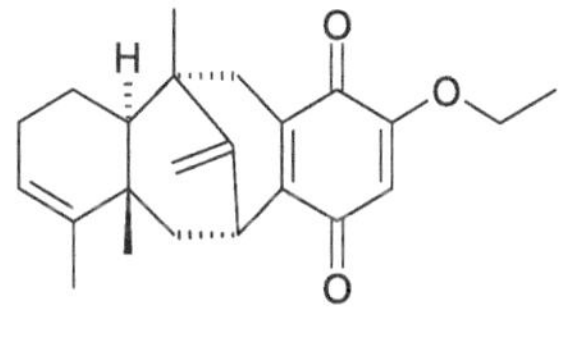

2043　Dysideavarone B　贪婪掘海绵酮 B*

【基本信息】$C_{23}H_{28}O_3$.【类型】其它杂类萜.【来源】贪婪掘海绵 *Dysidea avara* (西沙群岛, 南海, 中国).【活性】细胞毒.【文献】W. -H. Jiao, et al. Org. Lett., 2012, 14, 202.

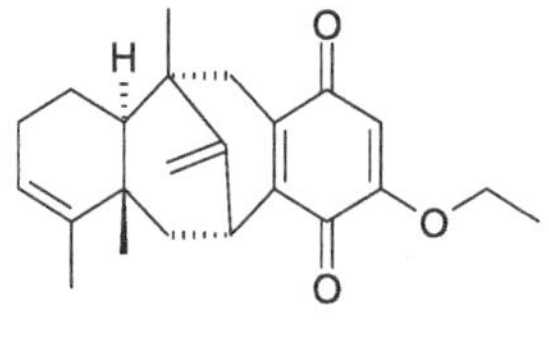

2044 Dysideavarone C 贪婪掘海绵酮 C*

【基本信息】$C_{23}H_{28}O_3$.【类型】其它杂类萜.【来源】贪婪掘海绵 *Dysidea avara* (西沙群岛, 南海, 中国).【活性】细胞毒.【文献】W. -H. Jiao, et al. Org. Lett., 2012, 14, 202.

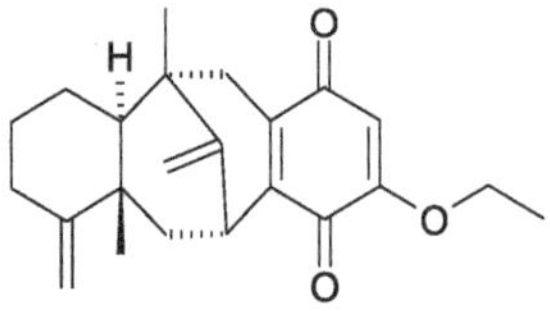

2045 Dysideavarone D 贪婪掘海绵酮 D*

【基本信息】$C_{23}H_{28}O_3$【类型】其它杂类萜.【来源】贪婪掘海绵 *Dysidea avara* (西沙群岛, 南海, 中国).【活性】细胞毒.【文献】W. -H. Jiao, et al. Org. Lett., 2012, 14, 202.

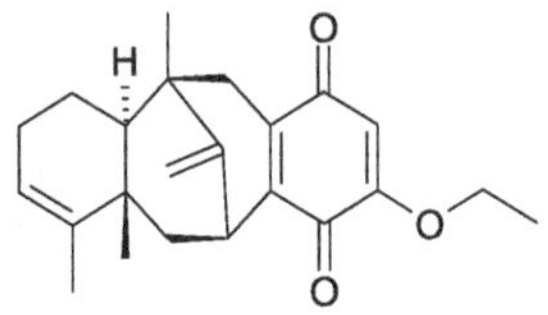

2046 Epoxyphomalin D 环氧佛马林 D*

【基本信息】$C_{22}H_{34}O_4$, 白色无定形粉末, $[\alpha]_D^{20}$ = –235° (*c* = 0.18, 丙酮).【类型】其它杂类萜.【来源】海洋导出的真菌 *Paraconiothyrium* cf *sporulosum*, 来自 Raspailiinae 亚科海绵 *Ectyoplasia ferox* (劳罗俱乐部礁, 多米尼加, 加勒比海).【活性】细胞毒 (一组 36 种人肿瘤细胞, 平均 IC_{50} = 6.12μmol/L; 选择性的前列腺癌 PC3M, IC_{50}= 0.72μmol/L; 膀胱癌 BXF-1218L, IC_{50} = 1.43μmol/L).【文献】I. E. Mohamed, et al. JNP, 2010, 73, 2053.

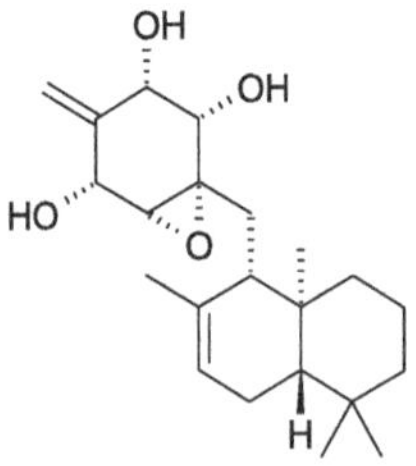

2047 Erythrolic acid D 红色杆菌酸 D*

【基本信息】$C_{19}H_{24}O_5$.【类型】其它杂类萜.【来源】海洋导出的细菌红色杆菌属 *Erythrobacter* sp. (沉积物, 特里尼蒂湾, 加尔维斯顿, 得克萨斯州, 美国).【活性】细胞毒 (非小细胞肺癌细胞, 适度活性).【文献】Y. Hu, et al. JOC, 2012, 77, 3401.

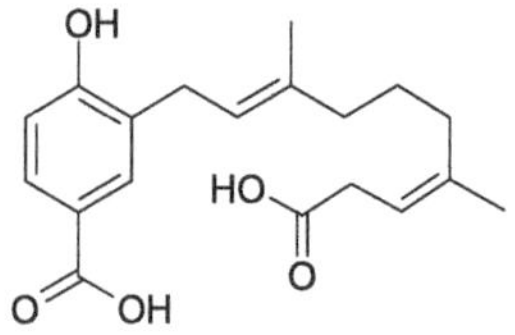

2048 Euplexide A 真丛柳珊瑚糖苷 A*

【基本信息】$C_{34}H_{48}O_{12}$, 固体, mp 92~93°C, $[\alpha]_D^{25}$ = –2.5° (*c*. = 0.2, 氯仿).【类型】其它杂类萜.【来源】网结真丛柳珊瑚* *Euplexaura anastomosans* (朝鲜半岛水域).【活性】细胞毒 (K462, IC_{50} = 2.6μg/mL); 抗氧化剂; PLA_2 抑制剂 (50μg/mL,抑制率 = 52%).【文献】J. Shin, et al. JOC, 1999, 64, 1853.

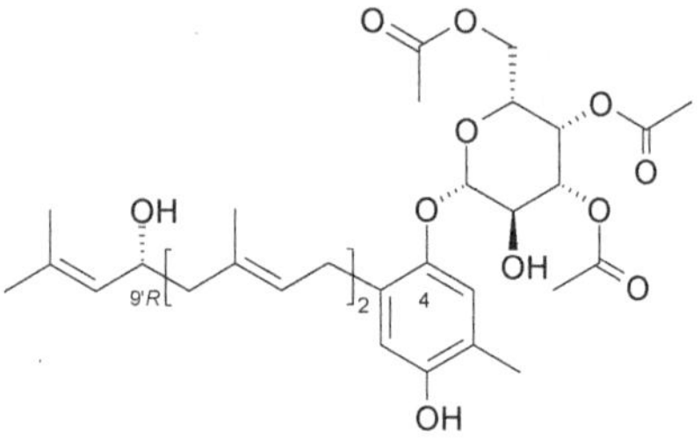

2049 Euplexide B 真丛柳珊瑚糖苷 B*

【基本信息】$C_{36}H_{50}O_{12}$, 固体, mp 170~180°C, $[\alpha]_D^{25}$ = –7.9° (*c*. = 0.2, 氯仿).【类型】其它杂类萜.【来源】网结真丛柳珊瑚* *Euplexaura anastomosans* (朝鲜半岛水域).【活性】细胞毒 (K462, IC_{50} = 3.1μg/mL); 抗氧化剂; PLA_2 抑制剂 (50μg/mL, 抑制率 = 71%).【文献】J. Shin, et al. JOC, 1999, 64, 1853.

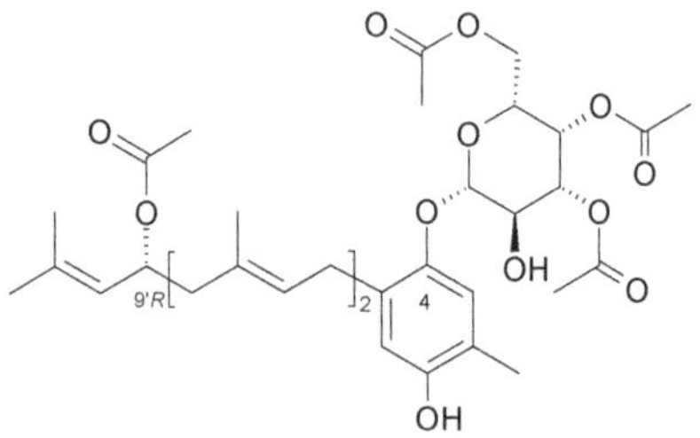

2050 Euplexide C 真丛柳珊瑚糖苷 C*

【基本信息】$C_{34}H_{48}O_{10}$, 树胶状物, $[\alpha]_D^{25}$ = –11.9° (*c*. = 0.2, 氯仿).【类型】其它杂类萜.【来源】网结真丛柳珊瑚* *Euplexaura anastomosans* (朝鲜半岛水域).【活性】细胞毒 (K462, IC_{50} = 5.2μg/mL); 抗氧化剂.【文献】J. Shin, et al. JOC, 1999, 64, 1853.

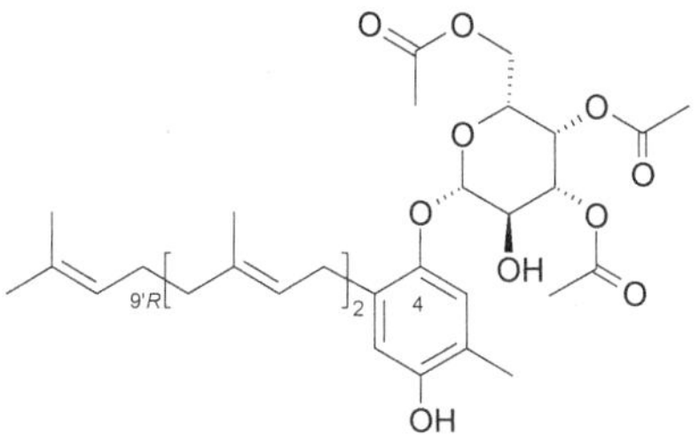

2051 Euplexide D 真丛柳珊瑚糖苷 D*

【基本信息】$C_{34}H_{48}O_{11}$, 树胶状物, $[\alpha]_D^{25} = -13.1°$ (*c.* = 0.3, 氯仿).【类型】其它杂类萜.【来源】网结真丛柳珊瑚* *Euplexaura anastomosans* (朝鲜半岛水域).【活性】细胞毒 (K462, $IC_{50} = 8.1\mu g/mL$).【文献】J. Shin, et al. JOC, 1999, 64, 1853.

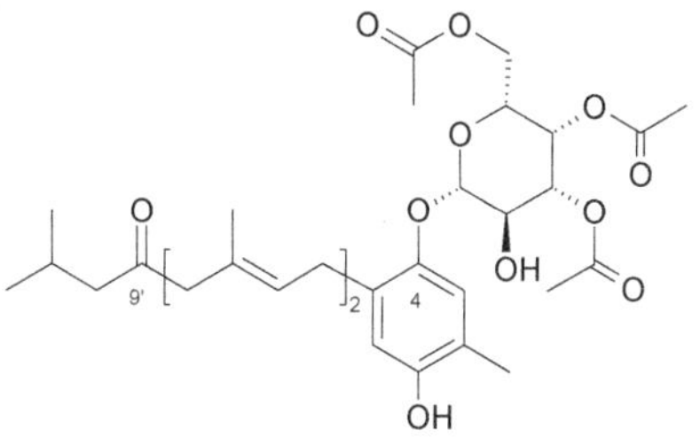

2052 Euplexide E 真丛柳珊瑚糖苷 E*

【基本信息】$C_{35}H_{50}O_{11}$, 树胶状物, $[\alpha]_D^{25} = -12.6°$ (*c* = 0.2, 氯仿).【类型】其它杂类萜.【来源】网结真丛柳珊瑚* *Euplexaura anastomosans* (朝鲜半岛水域).【活性】细胞毒 (K462, $IC_{50} = 9.4\mu g/mL$); 抗氧化剂.【文献】J. Shin, et al. JOC, 1999, 64, 1853.

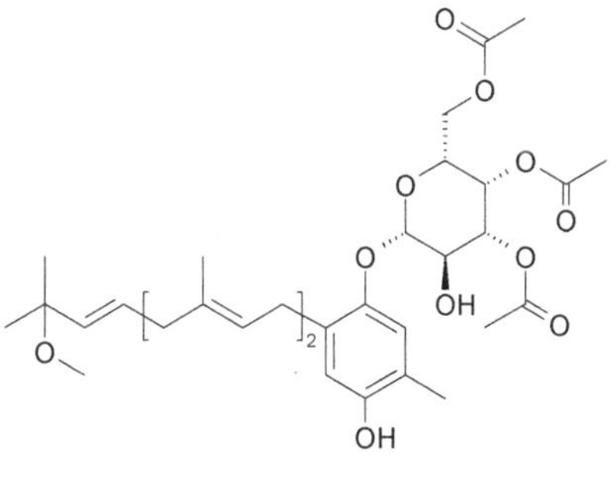

2053 Euplexide F 真丛柳珊瑚糖苷 F*

【基本信息】$C_{32}H_{46}O_9$, 树胶状物, $[\alpha]_D^{25} = -15.1°$ (*c* = 0.07, 甲醇).【类型】其它杂类萜.【来源】网结真丛柳珊瑚* *Euplexaura anastomosans*.【活性】细胞毒 (温和活性); PLA_2 抑制剂.【文献】Y. Seo, et al. Nat. Prod. Lett., 2001, 15, 81.

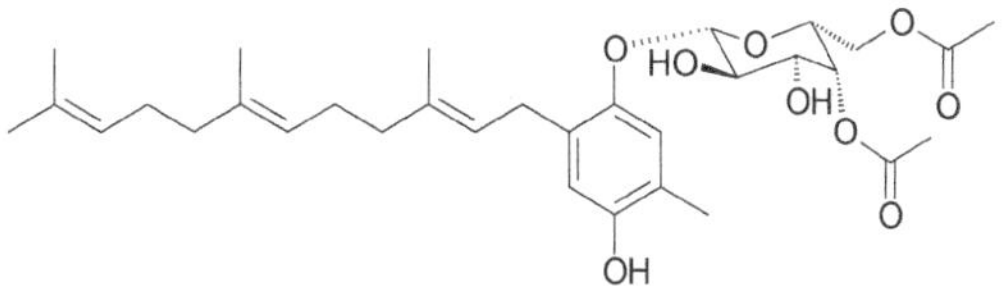

2054 Euplexide G 真丛柳珊瑚糖苷 G*

【基本信息】$C_{32}H_{46}O_9$, 树胶状物, $[\alpha]_D^{25} = -21.6°$ (*c* = 0.12, 甲醇).【类型】其它杂类萜.【来源】网结真丛柳珊瑚* *Euplexaura anastomosans*.【活性】细胞毒 (温和活性); PLA_2 抑制剂.【文献】Y. Seo, et al. Nat. Prod. Lett., 2001, 15, 81.

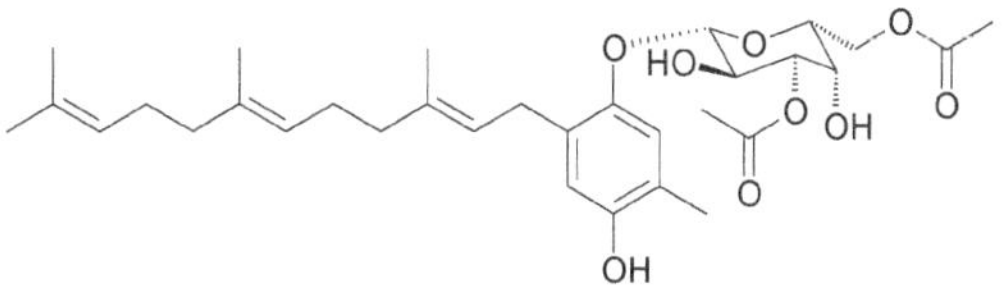

2055 Expansol A 扩展青霉醇 A*

【基本信息】$C_{30}H_{38}O_5$, 油状物, $[\alpha]_D^{23} = +4.4°$ (*c* = 0.09, 甲醇).【类型】其它杂类萜.【来源】红树导出的真菌扩展青霉 *Penicillium expansum*, 来自红树似沉香海漆* *Excoecaria agallocha* (根, 中国水域).【活性】细胞毒 (HL60, 中等活性).【文献】Z. Y. Lu, et al. JNP , 2010, 73, 911.

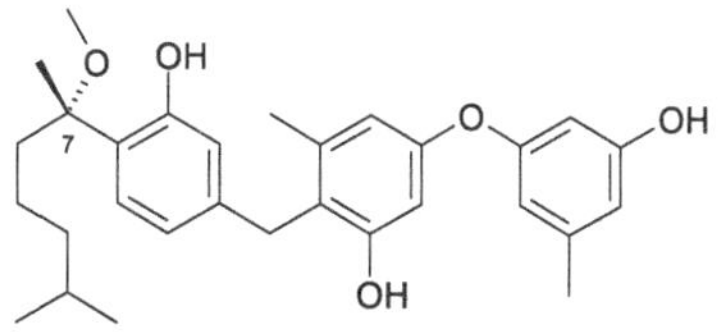

2056 Expansol B 扩展青霉醇 B*

【基本信息】$C_{29}H_{36}O_5$, 油状物, $[\alpha]_D^{23} = +7.3°$ (*c* = 0.03, 甲醇).【类型】其它杂类萜.【来源】红树导出的真菌扩展青霉 *Penicillium expansum*, 来自红树似沉香海漆* *Excoecaria agallocha* (根, 中国水域).【活性】细胞毒 (A549 和 HL60, 抑制增殖).【文献】Z. Y. Lu, et al. JNP , 2010, 73, 911.

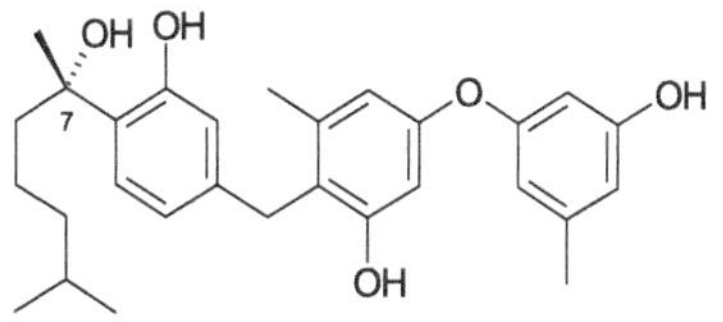

2057 Farnesylhydroquinone 法尼基氢醌*

【基本信息】$C_{21}H_{30}O_2$, 黏性油.【类型】其它杂类萜.【来源】棕藻波状网翼藻 *Dictyopteris undulata*

[Syn. *Dictyopteris zonarioides*] [产率 = 0.015%(鲜重)], 海洋导出的真菌青霉属 *Penicillium* sp. (菌丝体).【活性】抗真菌 (酿酒酵母 *Saccharomyces cerevisiae*, MIC = 25μg/mL; 白腐核盘霉 *Sclerotinia libertiana*, MIC = 25μg/mL; 稻米曲霉 *Aspergillus oryzae*, MIC = 12.5μg/mL; 黑曲霉菌 *Aspergillus niger*, MIC = 12.5μg/mL); 抗氧化剂 (DPPH 自由基清除剂, IC_{50} = 12.5μmol/L).【文献】M. Ochi, et al. Chem. Lett., 1979, 831; M. Saleem, et al. NPR, 2007, 24, 1142 (Rev.).

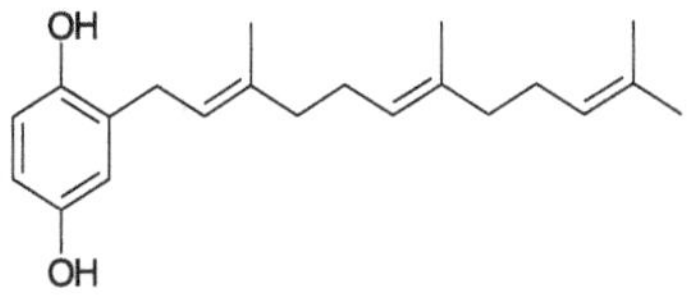

2058 Fasciquinol A 束海绵醌醇 A*

【基本信息】$C_{26}H_{38}O_5S$.【类型】其它杂类萜.【来源】束海绵属 *Fasciospongia* sp. (挖掘法收集, 南澳大利亚外海).【活性】抗菌 (革兰氏阳性菌).【文献】H. Zhang, et al. Tetrahedron, 2011, 67, 2591.

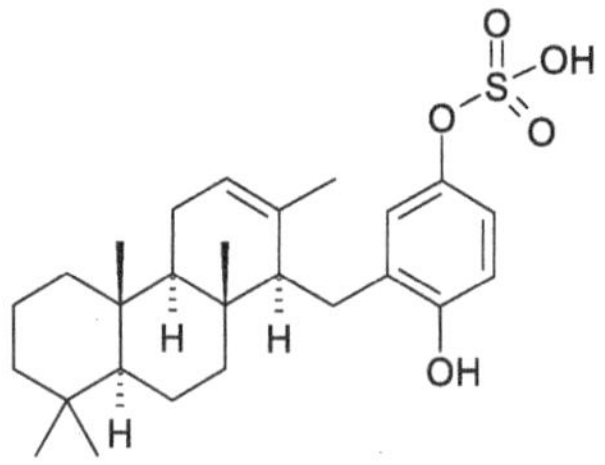

2059 Fasciquinol B 束海绵醌醇 B*

【基本信息】$C_{26}H_{38}O_2$.【类型】其它杂类萜.【来源】束海绵属 *Fasciospongia* sp. (挖掘法收集, 南澳大利亚外海).【活性】抗菌 (革兰氏阳性菌).【文献】H. Zhang, et al. Tetrahedron, 2011, 67, 2591.

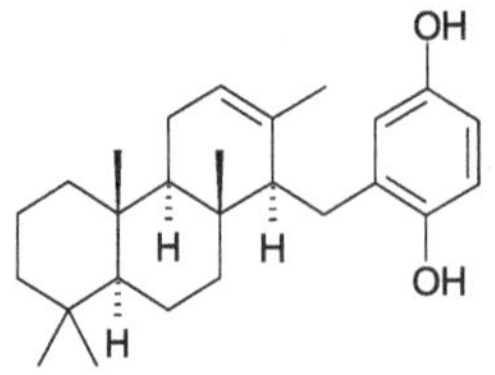

2060 Frondosin A 多叶掘海绵新 A*

【基本信息】$C_{21}H_{28}O_2$, 粉末, mp 111~113°C, $[\alpha]_D$ = +31.5° (c = 0.25, 甲醇).【类型】其它杂类萜.【来源】多叶掘海绵 *Dysidea frondosa*.【活性】PKC 抑制剂 (IC_{50} = 1.8μmol/L); 白介素-8 受体抑制剂 (浓度在低微摩尔范围就有活性); 抗 HIV.【文献】A. D. Patil, et al. Tetrahedron, 1997, 53, 5047; D. Skropeta, et al. Mar. Drugs, 2011, 9, 2131 (Rev.).

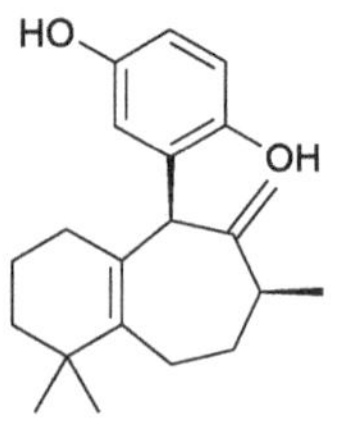

2061 (−)-Frondosin A (−)-多叶掘海绵新 A*

【基本信息】$C_{21}H_{28}O_2$, 固体, $[\alpha]_D$ = −210° (c = 0.93, 甲醇).【类型】其它杂类萜.【来源】宽海绵属 *Euryspongia* sp. (楚克州, 密克罗尼西亚联邦).【活性】HIV-1 抑制剂.【文献】Y. F. Hallock, et al. Nat. Prod. Lett., 1998, 11, 153.

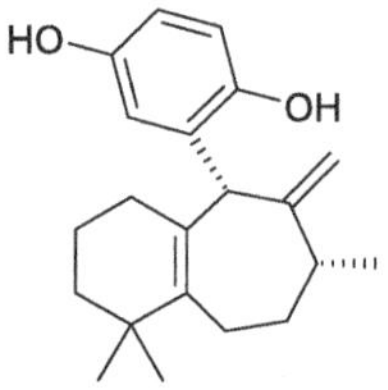

2062 Frondosin B 多叶掘海绵新 B*

【基本信息】$C_{20}H_{24}O_2$, 树胶状物, $[\alpha]_D$ = +18.6° (c = 0.17, 甲醇).【类型】其它杂类萜.【来源】多叶掘海绵 *Dysidea frondosa* (波那佩岛, 密克罗尼西亚联邦).【活性】PKC 抑制剂 (IC_{50} = 4.8μmol/L); 白介素-8 受体抑制剂 (浓度在低微摩尔范围就有活性).【文献】A. D. Patil, et al. Tetrahedron, 1997, 53, 5047; M. Inoue, et al. JACS, 2001, 123, 1878; D. Skropeta, et al. Mar. Drugs, 2011, 9, 2131 (Rev.).

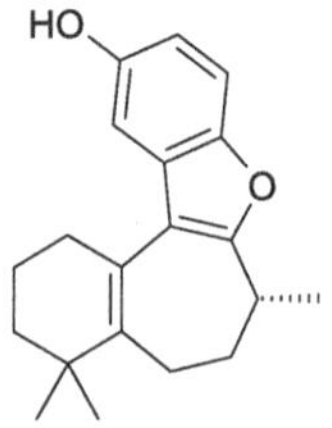

2063 Frondosin C 多叶掘海绵新 C*

【基本信息】$C_{21}H_{26}O_2$, 油状物, $[\alpha]_D$ = +9.4° (c = 0.12, 甲醇).【类型】其它杂类萜.【来源】多叶掘海绵 *Dysidea frondosa*.【活性】PKC 抑制剂 (IC_{50} =

20.9μmol/L); 白介素-8 受体抑制剂 (浓度在低微摩尔范围就有活性).【文献】A. D. Patil, et al. Tetrahedron, 1997, 53, 5047; D. Skropeta, et al. Mar. Drugs, 2011, 9, 2131 (Rev.).

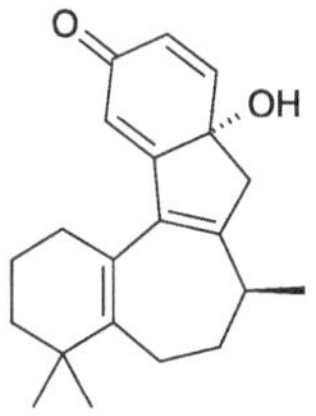

2064 (+)-Frondosin D (+)-多叶掘海绵新 D*

【基本信息】$C_{21}H_{26}O_3$, 固体, $[\alpha]_D = +29.6°$ ($c = 0.2$, 甲醇).【类型】其它杂类萜.【来源】多叶掘海绵 *Dysidea frondosa*.【活性】PKC 抑制剂 ($IC_{50} = 26.0μmol/L$); 白介素-8 受体抑制剂 (浓度在低微摩尔范围就有活性).【文献】A. D. Patil, et al. Tetrahedron, 1997, 53, 5047; D. Skropeta, et al. Mar. Drugs, 2011, 9, 2131 (Rev.).

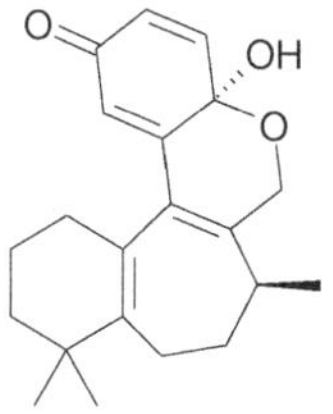

2065 (−)-Frondosin D (−)-多叶掘海绵新 D*

【基本信息】$C_{21}H_{26}O_3$, 黄色固体, $[\alpha]_D = -211°$ ($c = 0.43$, 甲醇).【类型】其它杂类萜.【来源】宽海绵属 *Euryspongia* sp. (楚克州, 密克罗尼西亚联邦).【活性】HIV-1 抑制剂.【文献】Y. F. Hallock, et al. Nat. Prod. Lett., 1998, 11, 153.

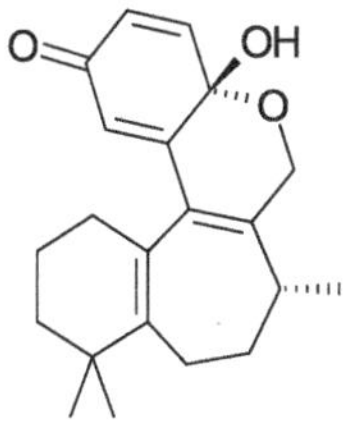

2066 Frondosin E 多叶掘海绵新 E*

【基本信息】$C_{22}H_{28}O_3$, 油状物, $[\alpha]_D = +26.1°$ ($c = 0.09$, 甲醇).【类型】其它杂类萜.【来源】多叶掘海绵 *Dysidea frondosa*.【活性】PKC 抑制剂 ($IC_{50} = 30.6μmol/L$); 白介素-8 受体抑制剂 (浓度在低微摩尔范围就有活性); 抗 HIV.【文献】A. D. Patil, et al. Tetrahedron, 1997, 53, 5047; D. Skropeta, et al. Mar. Drugs, 2011, 9, 2131 (Rev.).

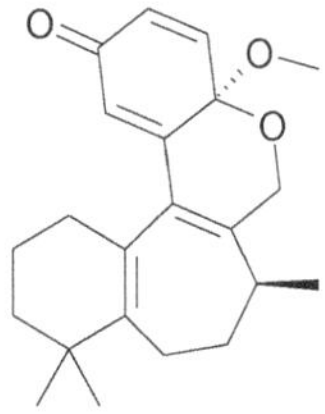

2067 Glaciapyrrole A 格拉斯亚吡咯 A*

【基本信息】$C_{19}H_{27}NO_4$, 玻璃体, $[\alpha]_D^{22} = +16.8°$ ($c = 0.02$, 甲醇).【类型】其它杂类萜.【来源】海洋导出的链霉菌属 *Streptomyces* sp. NPS008187 (嗜冷生物, 冷水域, 沉积物, 阿拉斯加, 美国).【活性】细胞毒 [HT29 和 B16 (F-10), $IC_{50} = 180μmol/L$].【文献】V. R. Macherla, et al. JNP, 2005, 68, 780; M.D. Lebar, et al. NPR, 2007, 24, 774 (Rev.).

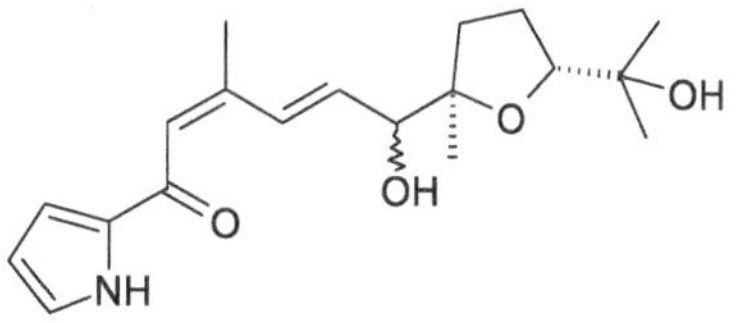

2068 Guignardone B 球座菌酮 B*

【基本信息】$C_{17}H_{24}O_5$【类型】其它杂类萜.【来源】海洋导出的真菌球座菌属 *Guignardia mangiferae*, 海洋导出的真菌球座菌属 *Guignardia* sp., 来自红树茜草科瓶花木 *Scyphiphora hydrophyllacea* (叶, 文昌, 海南, 中国).【活性】抗菌 (MRSA, 65μmol/L, IZD =8.0mm).【文献】W. H. Yuan,et al. EurJOC, 2010, 33, 6348; W. -L. Mei, et al. Mar. Drugs, 2012, 10, 1993.

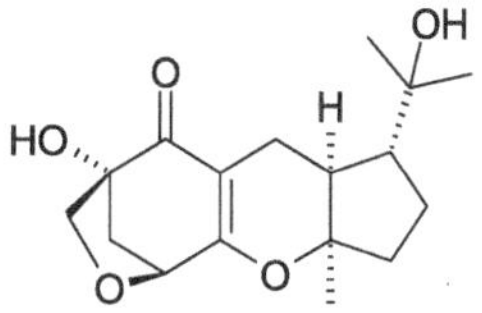

2069 Guignardone I 球座菌酮 I*

【基本信息】$C_{17}H_{26}O_5$, 无色油状物, $[\alpha]_D^{32} = -32°$ ($c = 0.24$, 甲醇).【类型】其它杂类萜.【来源】海洋导出的真菌球座菌属 *Guignardia* sp., 来自红树茜草科瓶花木 *Scyphiphora hydrophyllacea* (leaves, 文昌, 海南, 中国).【活性】抗菌 (65μmol/L: 金黄

色葡萄球菌 *Staphylococcus aureus,* IZD = 9.0mm; MRSA, IZD = 11.0mm).【文献】W. -L. Mei, et al. Mar. Drugs, 2012, 10, 1993.

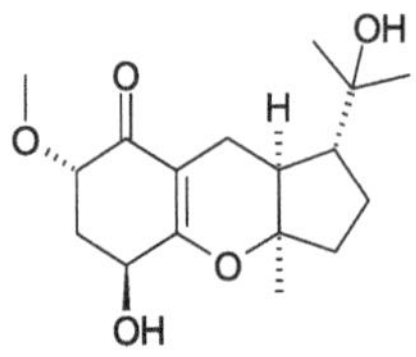

2070 Halicloic acid A 蜂海绵酸 A*

【基本信息】$C_{38}H_{56}O_5$.【类型】其它杂类萜.【来源】蜂海绵属 *Haliclona* sp. (库拉先点, 莱特, 菲律宾).【活性】吲哚胺 2,3-双加氧酶抑制剂.【文献】D. E. Williams, et al. JNP, 2012, 75, 1451.

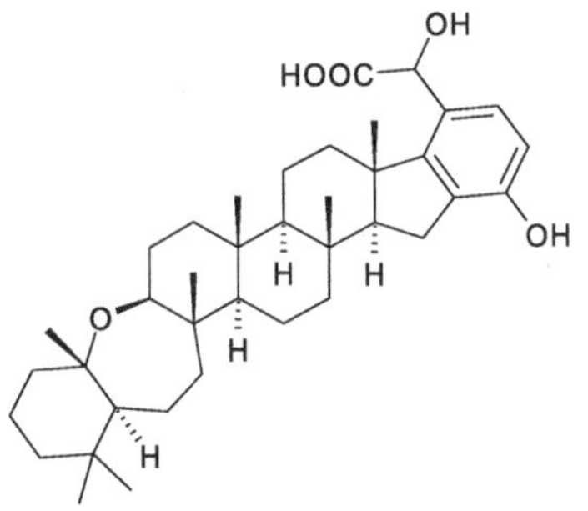

2071 Halicloic acid B 蜂海绵酸 B*

【基本信息】$C_{38}H_{56}O_5$.【类型】其它杂类萜.【来源】蜂海绵属 *Haliclona* sp. (库拉先点, 莱特, 菲律宾).【活性】吲哚胺 2,3-双加氧酶抑制剂.【文献】D. E. Williams, et al. JNP, 2012, 75, 1451.

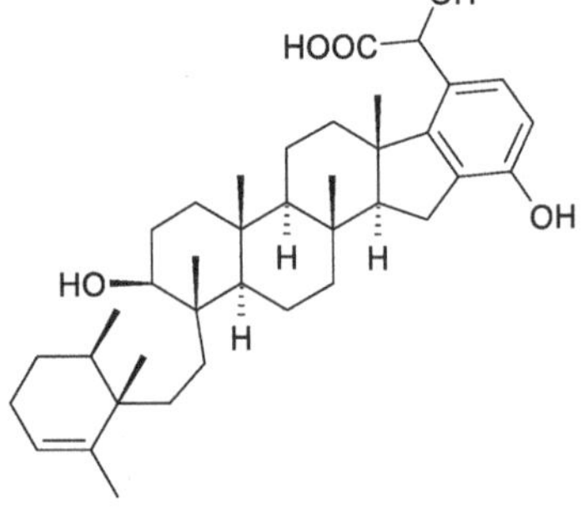

2072 Halioxepine 蜂海绵二氢二苯噁庚英*

【基本信息】$C_{26}H_{38}O_4$.【类型】其它杂类萜.【来源】蜂海绵属 *Haliclona* sp. (巴务巴务, 布顿岛, 印度尼西亚).【活性】抗氧化剂.【文献】A. Trianto, et al. CPB, 2011, 59, 1311.

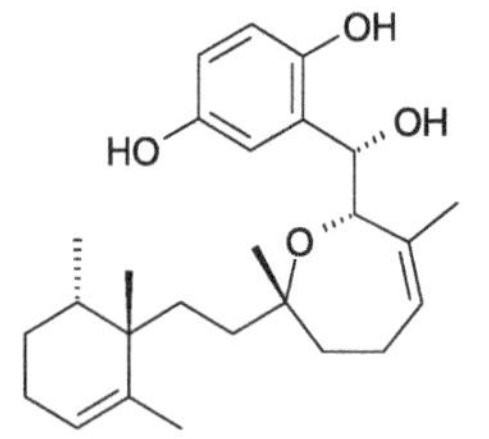

2073 Halisulfate 1 蜂海绵硫酸酯 1*

【基本信息】$C_{31}H_{48}O_6S$, 针状晶体, $[\alpha]_D$= −27.3° (c = 0.01, 甲醇).【类型】其它杂类萜.【来源】未鉴定的软海绵科海绵, 掘海绵属 *Dysidea* sp. (热带的).【活性】抗菌 (革兰氏阳性菌); 抗菌 (枯草杆菌 *Bacillus subtilis,* MIC ≈ 1.56~12.5μg/mL, 作用的分子机制: 抑制异柠檬酸裂合酶); 抗真菌 (白色念珠菌 *Candida albicans*); 磷脂酶 PLA_2 抑制剂; 丝氨酸蛋白酶抑制剂.【文献】M. R. Kernan, et al. JOC, 1988, 53, 4574; D. Lee, et al. BoMCL, 2008, 18, 5377.

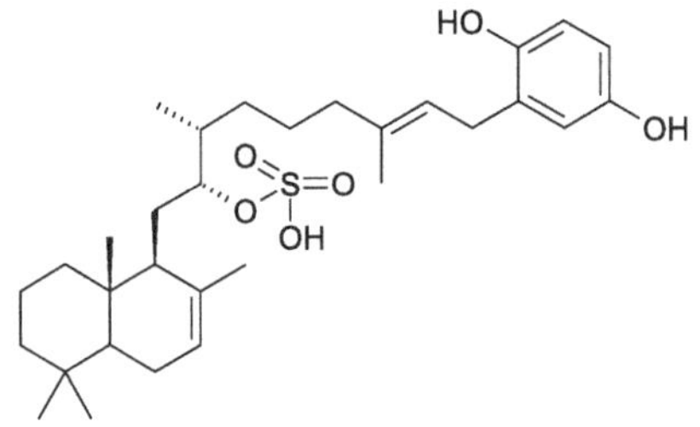

2074 Hamigeran E 哈米杰拉海绵素 E*

【基本信息】$C_{18}H_{23}BrO_5$, 油状物, $[\alpha]_D^{25}$ = +30.5° (氯仿).【类型】其它杂类萜.【来源】哈米杰拉属海绵* *Hamigera tarangaensis* (新西兰).【活性】抗菌 (金黄色葡萄球菌 *Staphylococcus aureus,* 枯草杆菌 *Bacillus subtilis*); 抗真菌 (白色念珠菌 *Candida albicans*).【文献】R. C. Cambie, et al. JNP, 1995, 58, 940; K. D. Wellington, et al. JNP, 2000, 63, 79.

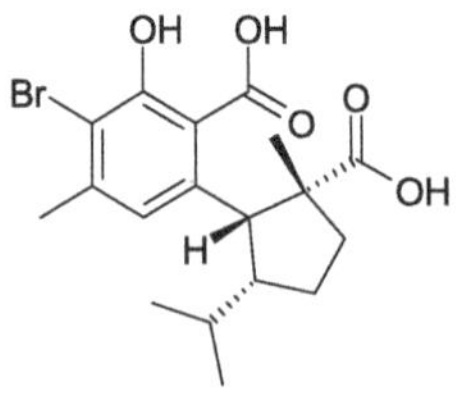

2075 2-Heptaprenyl-1,4-benzenediol-4- sulfate 2-七异戊二烯-1,4-苯二酚-4-硫酸酯

【基本信息】$C_{41}H_{62}O_5S$.【类型】其它杂类萜.【来源】多微刺羊海绵* *Ircinia spinulosa* (亚得里亚

海)，簇生束状羊海绵* *Ircinia fasciculata* (印度水域) 和羊海绵属 *Ircinia* sp. [新喀里多尼亚海岸，新喀里多尼亚 (法属)，采样深度 425~500m].【活性】酪氨酸蛋白激酶 TPK 抑制剂 (IC_{50} = 8μg/mL)；有毒的 (盐水丰年虾，致命毒性，LD_{50} = 0.02mg/kg；鱼，致命毒性，LD_{50} = 15.6mg/kg).【文献】Y. Venkateswarlu, et al. JNP, 1994, 57, 1286; G. Bifulco, et al. JNP 1995, 58, 1444; S. De Rosa, et al. JNP, 1995, 58, 1450; D. Skropeta, et al. Mar. Drugs, 2011, 9, 2131 (Rev.).

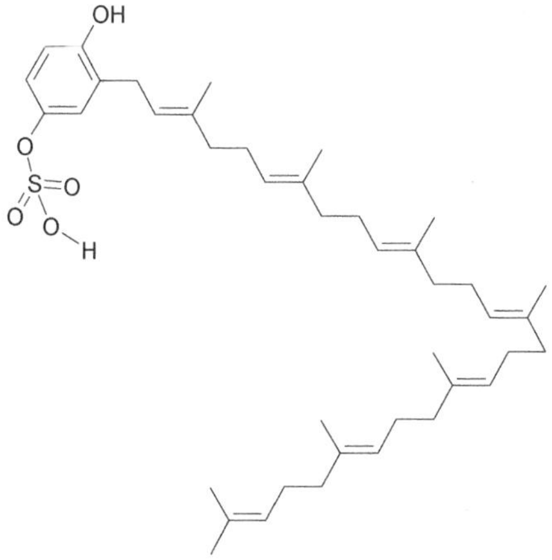

2076 Heptaprenylhydroquinone 七异戊二烯氢醌

【别名】2-Methyl-2-butenyl-geranylgeranylgeranyl-hydroquinone; 2-甲基-2-丁烯基-牻牛儿基牻牛儿基牻牛儿基氢醌.【基本信息】$C_{41}H_{62}O_2$.【类型】其它杂类萜.【来源】多刺角质海绵* *Sarcotragus spinosulus* (卡列久斯，休达，地中海，西班牙) 和马海绵属 *Hippospongia communis*.【活性】细胞毒 (人 CML K562 慢性粒细胞白血病细胞株，细胞代谢 IC_{50} = 8μmol/L，对照伊马替尼，细胞代谢 IC_{50} = 0.4μmol/L；细胞计数 IC_{50} = 7μmol/L，伊马替尼，细胞计数 IC_{50} = 0.5μmol/L)；抗菌；镇痛.【文献】G. Cimino, et al. Tetrahedron, 1972, 28, 1401; Y. F. Pouchus, et al. JNP, 1988, 51, 188; C. Abed, et al. Mar. Drugs, 2011, 9, 1210.

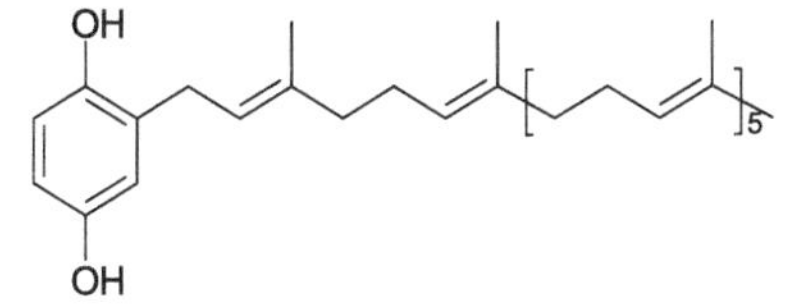

2077 2-Hexaprenyl-1,4-benzenediol 2-六异戊二烯-1,4-苯二酚

【别名】Hexaprenylhydroquinone; 六异戊二烯氢醌.【基本信息】$C_{36}H_{54}O_2$.【类型】其它杂类萜.【来源】多微刺羊海绵* *Ircinia spinulosa* 和蝇状羊海绵* *Ircinia muscarum*.【活性】镇痛；键合到神经肽 Y 的受体；酪氨酸蛋白激酶 TPK 抑制剂；HIV 整合酶抑制剂；ATP 抑制剂.【文献】G. Cimino, et al. Tetrahedron, 1972, 28, 1401; G. Bifulco, et al. JNP, 1995, 58, 1444.

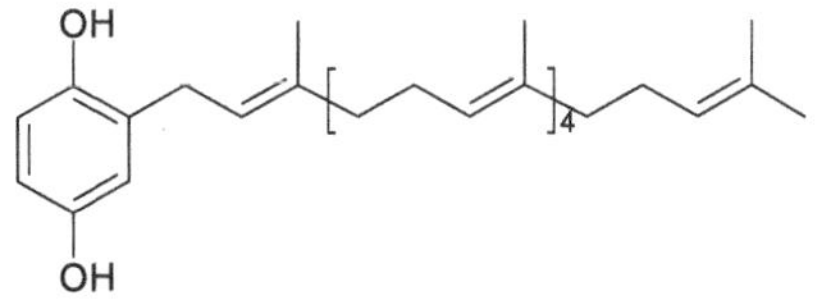

2078 Hipposulfate A 马海绵硫酸酯 A*

【基本信息】$C_{31}H_{46}O_6S$，油状物，$[\alpha]_D$ = +8.1° (c = 0.31，甲醇).【类型】其它杂类萜.【来源】变色马海绵* *Hippospongia* cf. *metachromi*a (冲绳，日本).【活性】细胞毒 (P_{388}, A549, HT29 和 MEL28，所有的 IC_{50} = 2μg/mL).【文献】M. Musman, et al. JNP, 2001, 64, 350.

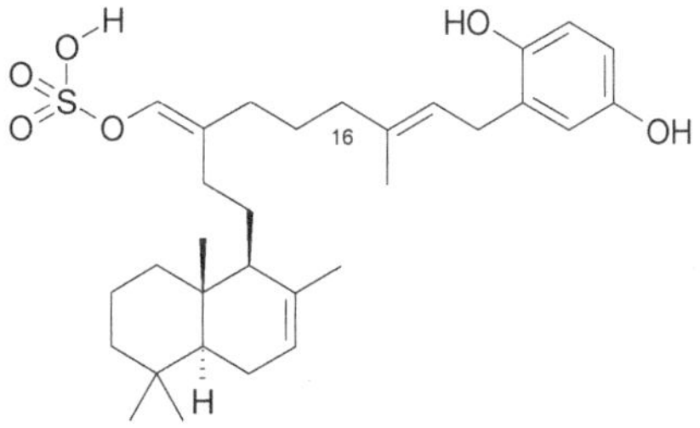

2079 Homoplakotenin 高扁板海绵宁*

【基本信息】$C_{25}H_{34}O_2$，油状物，$[\alpha]_D$ = +183° (c = 0.5，甲醇).【类型】其它杂类萜.【来源】扁板海绵属 *Plakortis lita* (帕劳，大洋洲).【活性】抑制 DNA 合成 (类风湿性滑膜成纤维细胞，InRt = 73.5%).【文献】A. Qureshi, et al.JNP, 1999, 62, 1205; J. W. Blunt, et al. NPR, 2014, 31, 160 (Rev.).

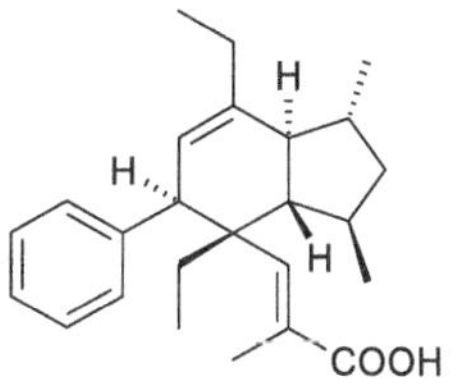

2080 Homoplakotenin sodium salt 高扁板海绵宁钠盐*

【基本信息】$C_{25}H_{33}O_2^-$, $[\alpha]_D = +211°$ ($c = 0.5$, 甲醇) (钠盐).【类型】其它杂类萜.【来源】扁板海绵属 *Plakortis lita* (帕劳, 大洋洲).【活性】抑制DNA 合成 (类风湿性滑膜成纤维细胞, InRt = 27.8%).【文献】A. Qureshi, et al. JNP, 1999, 62, 1205.

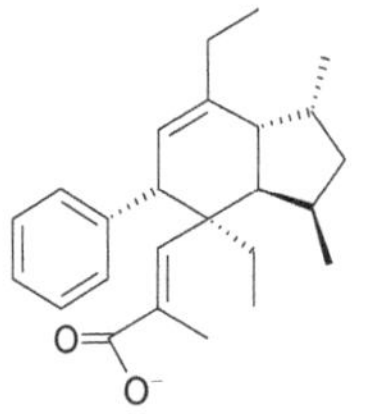

2081 (−)-Hyatellaquinone (−)-格形海绵醌*

【基本信息】$C_{22}H_{30}O_4$.【类型】其它杂类萜.【来源】无皮格形海绵 *Hyattella intestinalis* (南非) 和角骨海绵属 *Spongia* sp. (澳大利亚).【活性】艾滋病毒逆转录酶 HIV-rt 抑制剂.【文献】V. Paul, et al. Tetrahedron Lett., 1980, 21, 2787; R. J. Capon, et al. Aust J. Chem., 1993, 48, 1245.

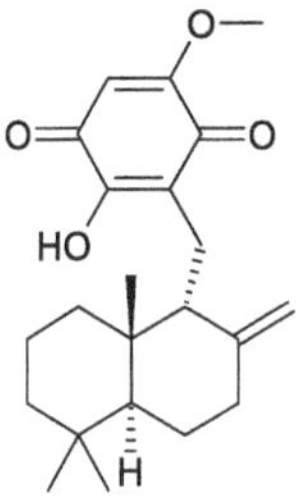

2082 (+)-Hyatellaquinone (+)-格形海绵醌*

【基本信息】$C_{22}H_{30}O_4$, 油状物, $[\alpha]_D^{25} = +15.6°$ ($c = 0.5$, 氯仿).【类型】其它杂类萜.【来源】无皮格形海绵 *Hyattella intestinalis.*【活性】艾滋病毒逆转录酶 HIV-rt 抑制剂.【文献】R. Talpir, et al. Tetrahedron, 1994, 50, 4179; S. Poigny, et al. JOC, 1999, 64, 9318.

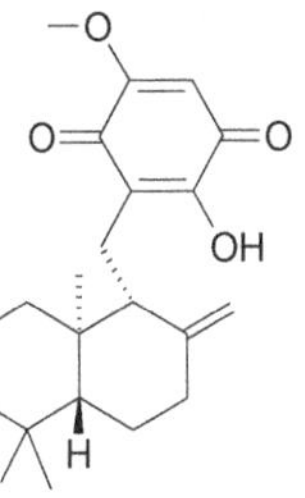

2083 6′-Hydroxyavarol 6′-羟基贪婪掘海绵醇*

【基本信息】$C_{21}H_{30}O_3$, 油状物, $[\alpha]_D^{25} = +60°$ ($c = 0.02$, 甲醇).【类型】其它杂类萜.【来源】灰烬色掘海绵 *Dysidea cinerea* (红海).【活性】艾滋病毒逆转录酶 HIV-rt 抑制剂; DNA 聚合抑制剂.【文献】S. Hirsch, et al. JNP 1991, 54, 92; M. Gordaliza, et al. Mar. Drugs, 2010, 8, 2849 (Rev.).

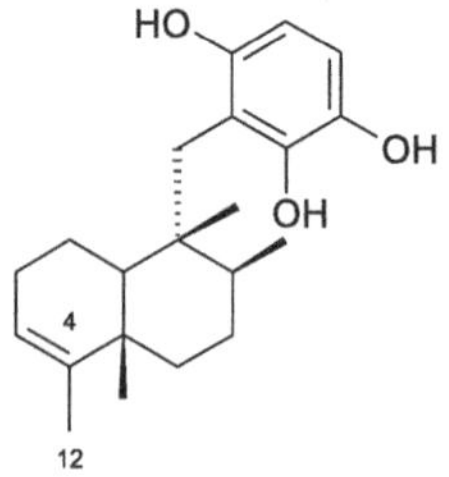

2084 3′-Hydroxyavarone 3′-羟基贪婪掘海绵酮*

【别名】Avarone A; 阿瓦酮 A.【基本信息】$C_{21}H_{28}O_3$, 油状物, $[\alpha]_D^{25} = +45°$ ($c = 0.06$, 氯仿).【类型】其它杂类萜.【来源】灰烬色掘海绵 *Dysidea cinerea* (红海).【活性】细胞毒 (P_{388}, $IC_{50} = 0.62\mu g/mL$).【文献】S. Hirsch, et al. JNP, 1991, 54, 92; M. Gordaliza, et al. Mar. Drugs, 2010, 8, 2849 (Rev.).

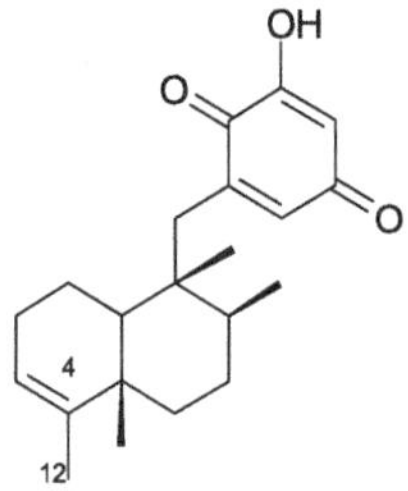

2085 5′-Hydroxy-2-heptaprenyl-1,4-benzenediol 5′-羟基-2-七异戊二烯-1,4-苯二酚*

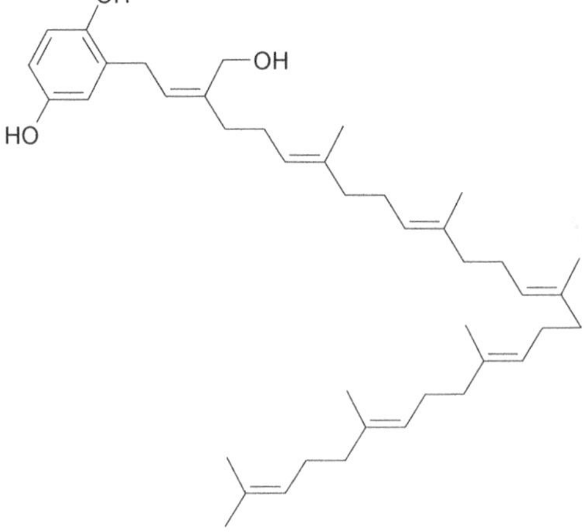

【基本信息】$C_{41}H_{62}O_3$.【类型】其它杂类萜.【来源】羊海绵属 *Ircinia* sp. [新喀里多尼亚 (法属)].【活性】键合到神经肽 Y 的受体; 酪氨酸蛋白激酶 TPK 抑制剂; HIV 整合酶抑制剂.【文献】G. Bifulco, et al. JNP, 1995, 58, 1444.

2086 25′-Hydroxy-2-octaprenyl-1,4-benzenediol- 4-sulfate 25′-羟基-2-八异戊二烯-1,4-苯二酚-4-硫酸酯*

【基本信息】$C_{46}H_{70}O_6S$.【类型】其它杂类萜.【来源】多微刺羊海绵* *Ircinia spinulosa* (亚得里亚海).【活性】有毒的 (盐水丰年虾致命毒性, LD_{50} = 0.05μg/g, 鱼类致命毒性, LD_{50} = 19.6μg/g).【文献】S. De Rosa, et al. JNP, 1995, 58, 1450.

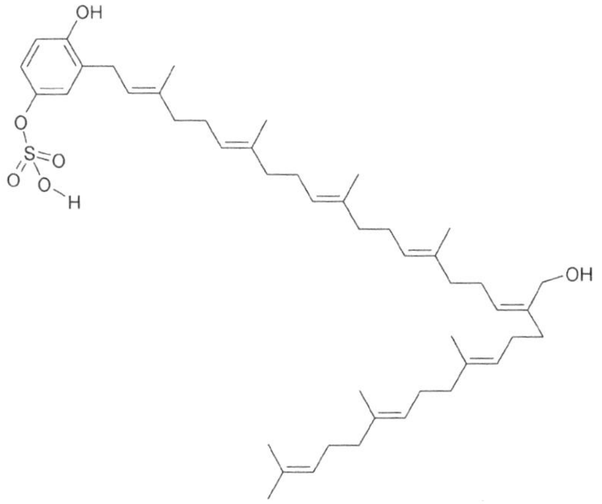

2087 19-Hydroxypolyfibrospongol B 19-羟基多纤维海绵醇 B*

【基本信息】$C_{24}H_{34}O_6$, 无定形固体, $[\alpha]_D^{25}$ = +2.3° (*c* = 0.12, 氯仿).【类型】其它杂类萜.【来源】多沙掘海绵* *Dysidea arenaria* (南海).【活性】细胞毒 (P_{388}, KB16 和 A549, IC_{50} = 0.6 ~2.0μg/mL).【文献】Y. Qiu, et al. Molecules, 2008, 13, 1275; M. Gordaliza, et al. Mar. Drugs, 2010, 8, 2849 (Rev.).

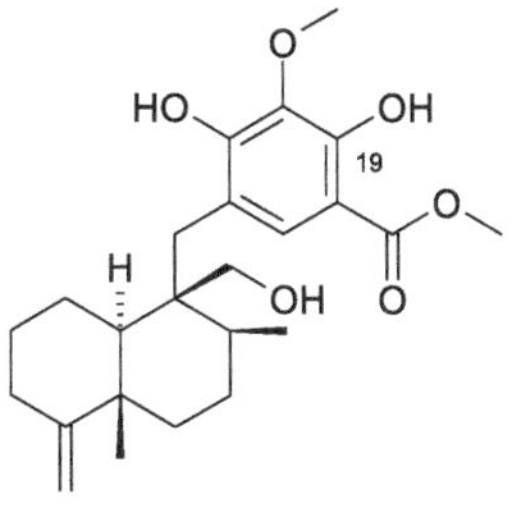

2088 9′-Hydroxysarquinone 9′-羟基马尾藻醌酮*

【基本信息】$C_{27}H_{38}O_3$, 黄色油状物, $[\alpha]_D^{21}$ = +2° (*c* = 1.9, 氯仿).【类型】其它杂类萜.【来源】棕藻易扭转马尾藻* *Sargassum tortile*.【活性】细胞毒 (P_{388}, ED_{50} = 0.7μg/mL, 对照依托泊苷, ED_{50} = 0.24μg/mL).【文献】Numata, et al. CPB, 1991, 39, 2129; Rivera, P. et al. Can. J. Chem., 1990, 68, 1399.

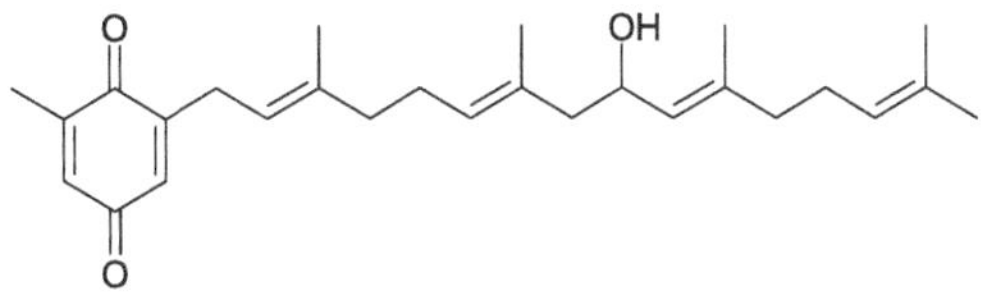

2089 Ircinol sulfate 羊海绵醇硫酸酯*

【基本信息】$C_{31}H_{50}O_5S$.【类型】其它杂类萜.【来源】羊海绵属 *Ircinia* sp. [新喀里多尼亚 (法属)].【活性】键合到神经肽 Y 的受体; 酪氨酸蛋白激酶 TPK 抑制剂; HIV 整合酶抑制剂.【文献】G. Bifulco, et al. JNP, 1995, 58, 1444.

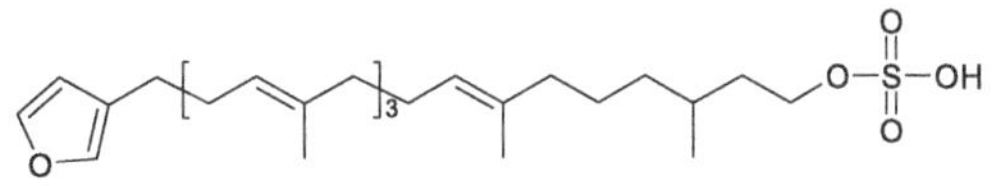

2090 Isojaspic acid 异加斯皮克酸*

【基本信息】$C_{27}H_{38}O_3$, 油状物, $[\alpha]_D^{27}$ = +9.3° (*c* = 0.4, 氯仿).【类型】其它杂类萜.【来源】硬丝海绵属 *Cacospongia* spp.【活性】抗菌 (表皮葡萄球菌 *Staphylococcus epidermidis*, MIC = 2.5μg/mL).【文献】B. K. Rubio, et al. JNP, 2007, 70, 628.

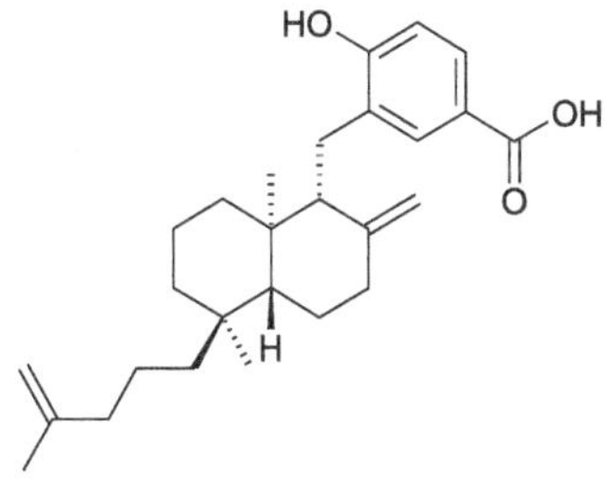

2091 Isometachromin 异变色马海绵素*

【基本信息】$C_{22}H_{30}O_4$, 油状物, $[\alpha]_D$ = −9.6° (*c* = 0.08, 氯仿).【类型】其它杂类萜.【来源】未鉴定的海绵 (深水域, Spongiidae 角骨海绵科).【活性】细胞毒 (A549, IC_{50} = 2.6μg/mL; P_{388}, IC_{50} ≥ 10μg/mL).【文献】O. J. McConnell, et al. Experientia, 1992, 48, 891.

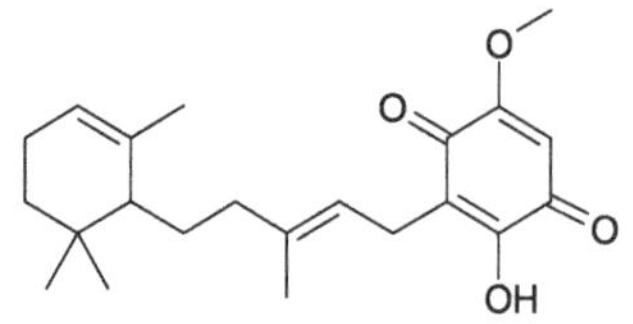

2092 Isospongiaquinone 异海绵醌酮*

【基本信息】$C_{22}H_{30}O_4$, 黄色晶体 (正己烷), mp 135.5~136°C, $[\alpha]_D^{20}$ = +64.8° (c = 1, 氯仿).【类型】其它杂类萜.【来源】多裂缝束海绵 *Fasciospongia rimosa* [Syn. *Stelospongia conulata*].【活性】抗菌 (金黄色葡萄球菌 *Staphylococcus aureus*).【文献】R. Kazlauskas, et al. Aust. J. Chem., 1978, 31, 2685; R. J. Capon, JNP, 1990, 53, 753; S. Urban, et al. JNP, 1992, 55, 1638.

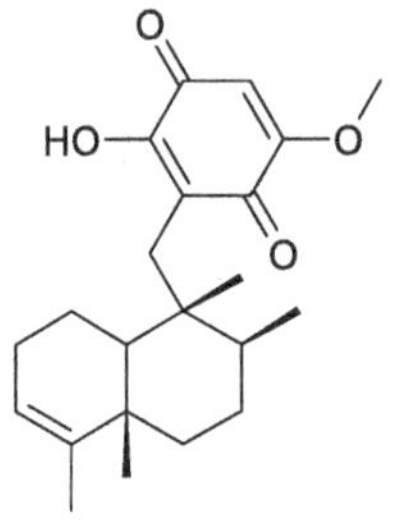

2093 5-*epi*-Isospongiaquinone 5-*epi*-异海绵醌酮*

【基本信息】$C_{22}H_{30}O_4$, 黄橙色油状物, $[\alpha]_D^{20}$ = −41.2° (c = 1.08, 氯仿).【类型】其它杂类萜.【来源】马海绵属 *Hippospongia* sp. (帕劳, 大洋洲). 和角骨海绵属 *Spongia hispida*, 海绵和海洋动物, 各种动物的组织.【活性】抗菌 (金黄色葡萄球菌 *Staphylococcus aureus*, MIC = 20μg/盘, 微球菌属 *Micrococcus* sp., MIC = 20μg/盘); 细胞毒 (NCI-H460, HepG2, SF268, MCF7, HeLa 和 HL60, 对海星卵母细胞的成熟有抑制效应, 还评估了 HepG2 细胞株的细胞循环终止作用).【文献】S. Urban, et al. JNP, 1992, 55, 1638; M. Gordaliza, et al. Mar. Drugs, 2010, 8, 2849 (Rev.).

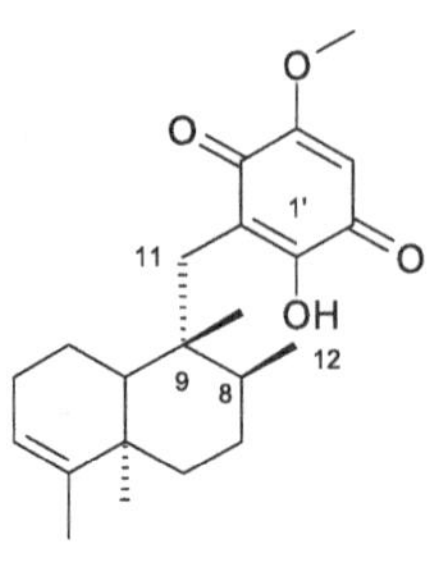

2094 Isozonarol 异波状网翼藻醇*

【基本信息】$C_{21}H_{30}O_2$, 晶体 (氯仿), mp 150~152°C, $[\alpha]_D^{22}$ = +28° (c = 1, 氯仿).【类型】其它杂类萜.【来源】棕藻波状网翼藻 *Dictyopteris undulata* [Syn. *dictyopteris zonarioides*].【活性】杀鱼毒.【文献】W. Fenical, et al. JOC, 1973, 38, 2383; G. Cimino, et al. Experientia, 1975, 31, 1250.

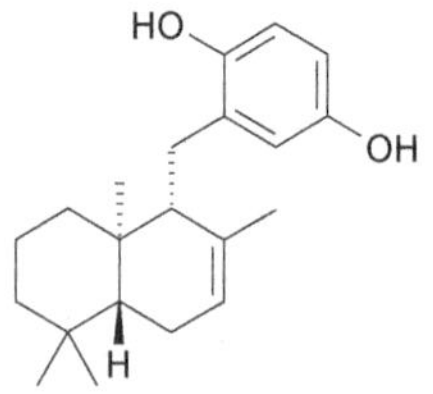

2095 Liphagal 蓟海绵醛*

【基本信息】$C_{22}H_{28}O_4$, 无定形黄色固体, $[\alpha]_D^{25}$ = +12° (c = 3.7, 甲醇).【类型】其它杂类萜.【来源】蓟海绵属 *Aka coralliphaga* (多米尼加).【活性】磷脂酰肌醇-3 激酶 (PI3K) 抑制剂 (IC_{50} = 100nmol/L; 对 PI3Kα 比对 PI3Kγ 效能高十倍); 细胞毒 (人结肠癌细胞, IC_{50} = 0.58μmol/L; 人乳腺癌细胞, IC_{50} = 1.58μmol/L).【文献】F. Marion, et al. Org. Lett., 2006, 8, 321; E. Alvarez-Manzaneda, et al. Org. Lett. 2010, 12, 4450; D. Skropeta, et al. Mar. Drugs, 2011, 9, 2131 (Rev.).

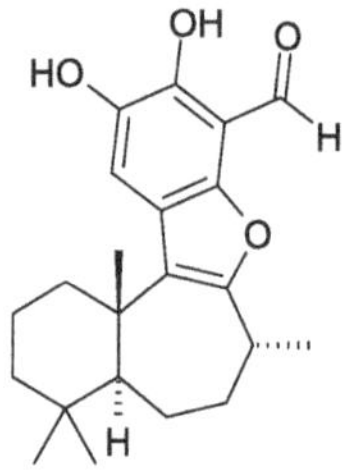

2096 Makassaric acid 望加锡海绵酸*

【别名】(+)-Makassaric acid; (+)-望加锡海绵酸*.【基本信息】$C_{27}H_{38}O_3$, 油状物, $[\alpha]_D^{25}$ = +7.3° (c = 5.4, 甲醇).【类型】其它杂类萜.【来源】印度尼西亚海绵属 *Acanthodendrilla* sp.【活性】分裂素活化的蛋白激酶 MAPKAPK-2 抑制剂

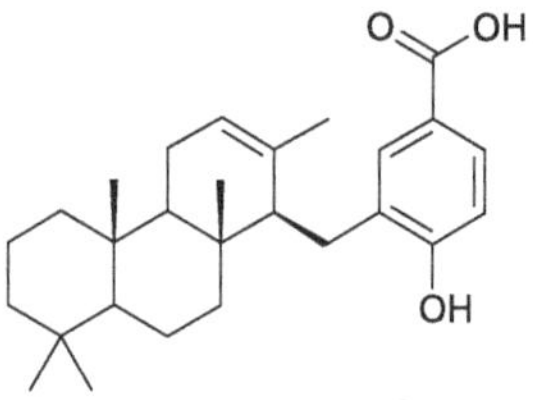

(IC_{50} = 20μmol/L).【文献】D. E. Williams, et al. JNP, 2004, 67, 2127; D. Skropeta, et al. Mar. Drugs, 2011, 9, 2131 (Rev.).

2097 Mamanuthaquinone 瑪瑪奴沙苯醌*

【基本信息】$C_{22}H_{30}O_4$, 橙色油状物, $[\alpha]_D$ = –31° (*c* = 0.058, 氯仿).【类型】其它杂类萜.【来源】束海绵属 *Fasciospongia* sp. (斐济群岛).【活性】细胞毒 (HCT116, IC_{50} = 2μg/mL); 逆转录酶抑制剂.【文献】J. C. Swersey, et al. Tetrahedron Lett., 1991, 32, 6687; T. Yoon, et al. Angew. Chem., Int. Ed. Engl., 1994, 33, 853; M. Gordaliza, et al. Mar. Drugs, 2010, 8, 2849 (Rev.).

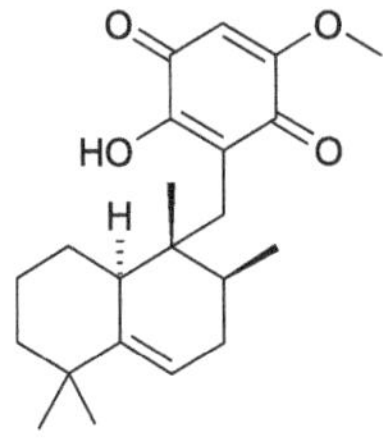

2098 Melemeleone B 麼列烯酮 B*

【基本信息】$C_{23}H_{33}NO_5S$, 红色无定形固体, mp 190~200°C, $[\alpha]_D^{20}$ = –22° (*c* = 0.01, 二氯甲烷).【类型】其它杂类萜.【来源】掘海绵属 *Dysidea* sp. (所罗门群岛).【活性】酪氨酸激酶 pp60$^{V\text{-}SRC}$ 抑制剂 (IC_{50} = 28μmol/L).【文献】K. A. Alvi, et al. JOC, 1992, 57, 6604; M. Gordaliza, et al. Mar. Drugs, 2010, 8, 2849 (Rev.); D. Skropeta, et al. Mar. Drugs, 2011, 9, 2131 (Rev.).

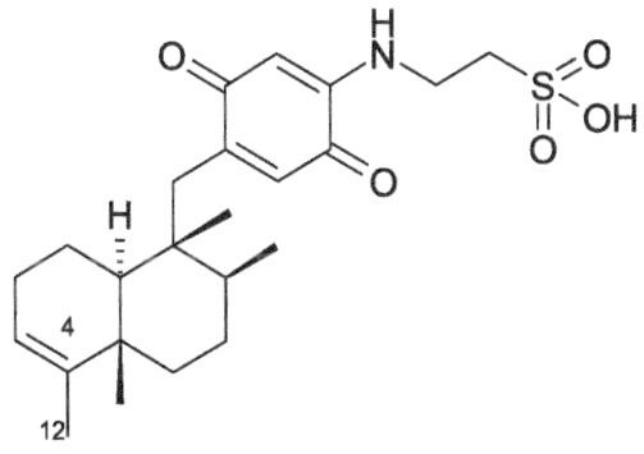

2099 Menzoquinone 酸藻醌酮*

【基本信息】$C_{27}H_{36}O_4$, 油状物.【类型】其它杂类萜.【来源】棕藻酸藻属 *Desmarestia menziesii* (嗜冷生物, 冷水域, 南极地区).【活性】抗菌 [抑制菌类生长, MRSA (8mm), MSSA (6mm), VREF (7mm), 有值得注意的活性; 海星 *Odontaster validus* 的阻食因子].【文献】S. Ankisetty, et al. JNP, 2004, 67, 1295; M. D. Lebar, et al. NPR, 2007, 24, 774 (Rev.).

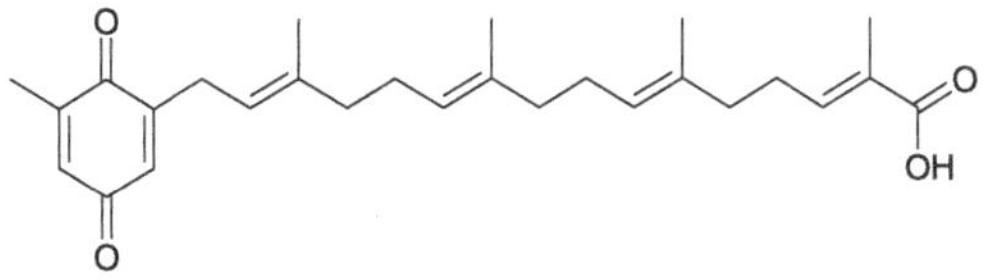

2100 Meroterphenol A 杂类萜酚 A*

【基本信息】$C_{27}H_{38}O_5$.【类型】其它杂类萜.【来源】棕藻北海道马尾藻* *Sargassum yezoense* (朝鲜半岛水域).【活性】过氧化物酶体增殖物激活受体 PPARγ 的激活剂 (活化的过氧化物酶体增殖物受体γ, 一种在能量代谢中扮演关键角色的核受体; 有潜力的).【文献】M. C. Kim, et al. CPB, 2011, 59, 834.

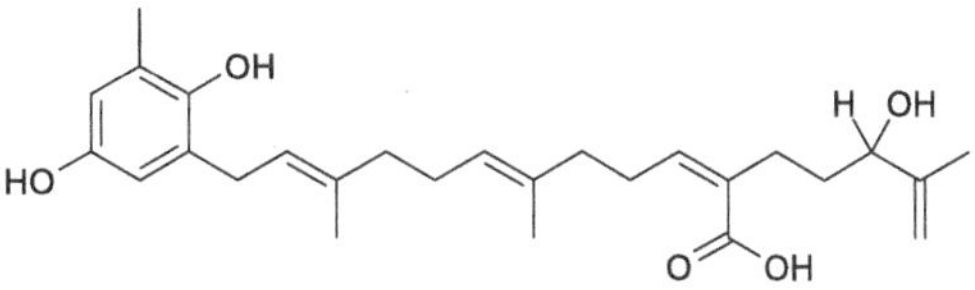

2101 Meroterphenol B 杂类萜酚 B*

【基本信息】$C_{27}H_{38}O_5$.【类型】其它杂类萜.【来源】棕藻北海道马尾藻* *Sargassum yezoense* (朝鲜半岛水域).【活性】过氧化物酶体增殖物激活受体 PPARγ 的激活剂 (活化的过氧化物酶体增殖物受体 γ, 一种在能量代谢中扮演关键角色的核受体; 有潜力的).【文献】M. C. Kim, et al. CPB, 2011, 59, 834.

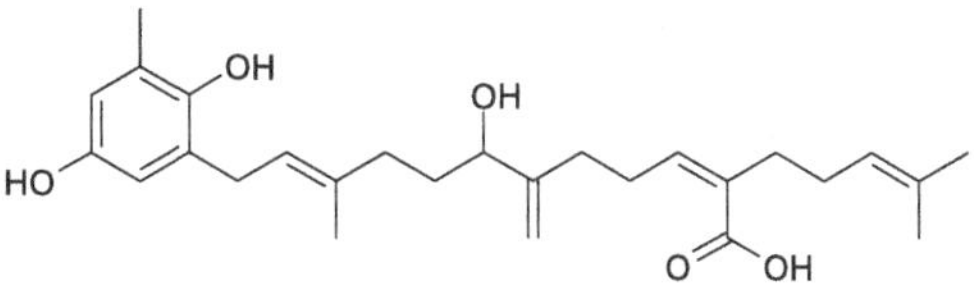

2102 Meroterphenol C 杂类萜酚 C*

【基本信息】$C_{27}H_{40}O_5$.【类型】其它杂类萜.【来源】棕藻北海道马尾藻* *Sargassum yezoense* (朝鲜半岛水域).【活性】过氧化物酶体增殖物激活受体 PPARγ 的激活剂 (活化的过氧化物酶体增殖物受体 γ, 一种在能量代谢中扮演关键角色的核受体; 有潜力的).【文献】M. C. Kim, et al. CPB, 2011, 59, 834.

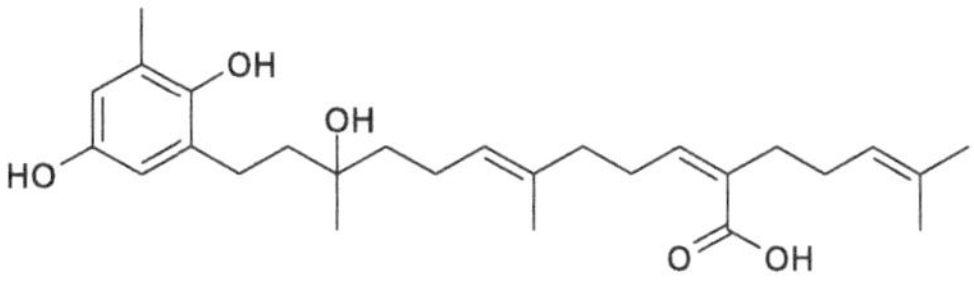

2103 Meroterphenol D 杂类萜酚 D*

【基本信息】$C_{27}H_{36}O_5$【类型】其它杂类萜.【来

源】棕藻北海道马尾藻* *Sargassum yezoense* (朝鲜半岛水域).【活性】过氧化物酶体增殖物激活受体 PPARγ 的激活剂 (活化的过氧化物酶体增殖物受体 γ, 一种在能量代谢中扮演关键角色的核受体; 有潜力的).【文献】M. C. Kim, et al. CPB, 2011, 59, 834.

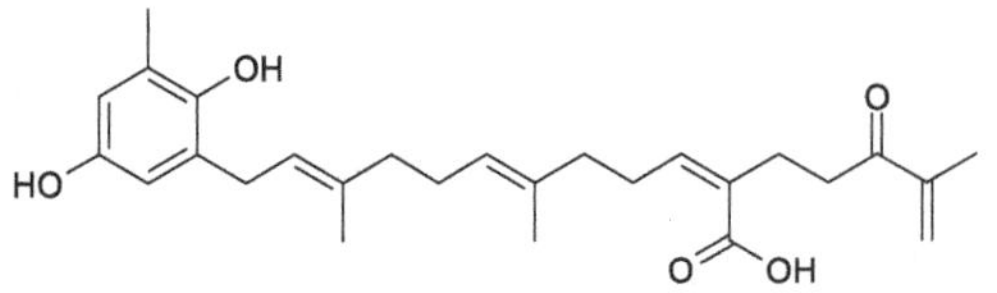

2104 5'-Methoxy-(2*E*)-bifurcarenone 5'-甲氧基-(2*E*)-双叉藻烯酮*

【基本信息】$C_{28}H_{40}O_5$, 油状物, $[\alpha]_D^{25}$= +10.7° (*c* = 1.5, 乙醇).【类型】其它杂类萜.【来源】棕藻柽柳叶囊链藻* *Cystoseira tamariscifolia* (摩洛哥), 棕藻似柔荑花序笔直囊链藻* *Cystoseira amentacea* var. *stricta* 和棕藻柽柳叶囊链藻* *Cystoseira tamariscifolia*.【活性】细胞毒 (ED_{50} = 12μg/mL); 抗菌 (根癌农杆菌 *Agrobacterium tumefaciens*, IZD = 17mm; 大肠杆菌 *Escherichia coli*, IZD = 15mm); 抗真菌 (葡萄孢菌 *Botrytis cinerea*, 1μg, IZD = 24mm, 5μg, IZD = 29mm, 10μg, IZD = 33mm, 15μg, IZD = 37mm, 20μg, IZD = 39mm; 尖孢镰刀菌属**Fusarium oxysporum* f. sp. *lycopersici*, 1μg, IZD = 15mm, 5μg, IZD = 26mm, 10μg, IZD = 30mm, 15μg, IZD = 35mm, 20μg, IZD = 36mm; 黄萎病菌属 *Verticillium alboatrum*, 1μg, IZD = 17mm, 5μg, IZD = 25mm, 10μg, IZD = 31mm, 15μg, IZD = 38mm, 20μg, IZD = 38mm).【文献】V. Mesguiche, et al. Phytochemistry, 1997, 45, 1489; A. Bennamara, et al. Phytochemistry, 1999, 52, 37.

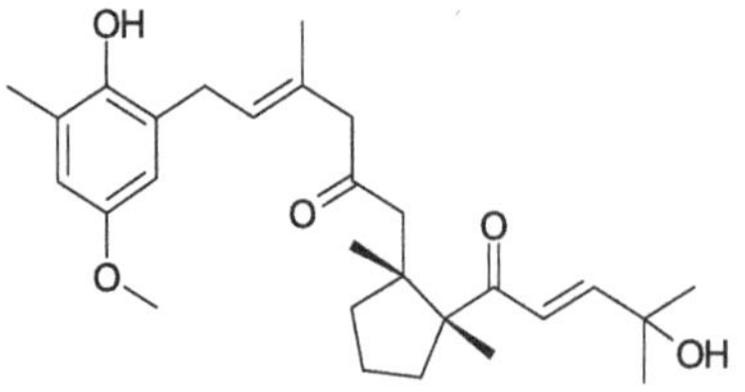

2105 15-Methoxypuupehenol 15-甲氧基普乌坡赫醇*

【基本信息】$C_{22}H_{32}O_4$, 针状晶体, mp 124°C, $[\alpha]_D^{20}$ = −17° (*c* = 0.8, 氯仿).【类型】其它杂类萜.【来源】冲绳海绵 *Hyrtios* sp. [新喀里多尼亚 (法属)].【活性】抗菌 (金黄色葡萄球菌 *Staphylococcus aureus*, IZD = 7mm, 1μg/盘); 细胞毒 (KB 细胞株, IC_{50} = 0.5μg/mL); 抗疟疾 (*in vitro*, CSPF F32, IC_{50} = 0.4μg/mL; CRPF FcB1, IC_{50} = 1.4μg/mL; CRPF PFB, IC_{50} = 1.2μg/mL); LC_{50} (盐水丰年虾) = 20~30μg/mL.【文献】M. -L. Bourguel-Kondracki, et al. JNP, 1999, 62, 1304.

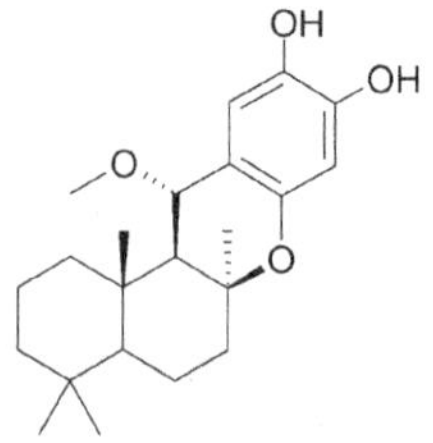

2106 3-Methoxy-5-(3,7,11,15-tetramethyl-2,6,10,14-hexadecatetraenyl)-1,2-benzenediol 3-甲氧基-5-(3,7,11,15-四甲基-2,6,10,14-十六碳四烯基)-1,2-苯二酚*

【基本信息】$C_{27}H_{40}O_3$, 油状物【类型】其它杂类萜.【来源】束海绵属 *Fasciospongia* sp.【活性】抗微生物 (低活性).【文献】M. R. Kernan, et al. JNP, 1991, 54, 269.

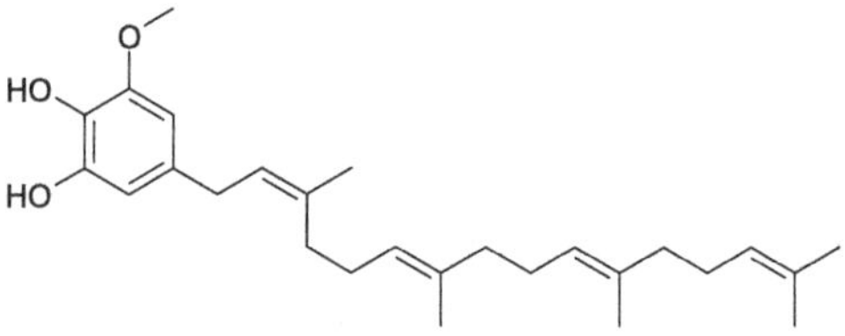

2107 15α-Methyl-19,20-di-*O*-acetylpuupehenol 15α-甲基-19,20-二-*O*-乙酰基普乌坡赫醇*

【基本信息】$C_{26}H_{36}O_5$【类型】其它杂类萜.【来源】Verongida 目海绵和 Dictyoceratida 目海绵.【活性】抗结核 (结核分枝杆菌 *Mycobacterium tuberculosis* H37Rv, 12.5μg/mL, InRt = 7%, 低活性).【文献】J. K. Zjawiony, et al. JNP, 1998, 61, 1502; A. E. -S. Khalid, et al. Tetrahedron, 2000, 56, 949.

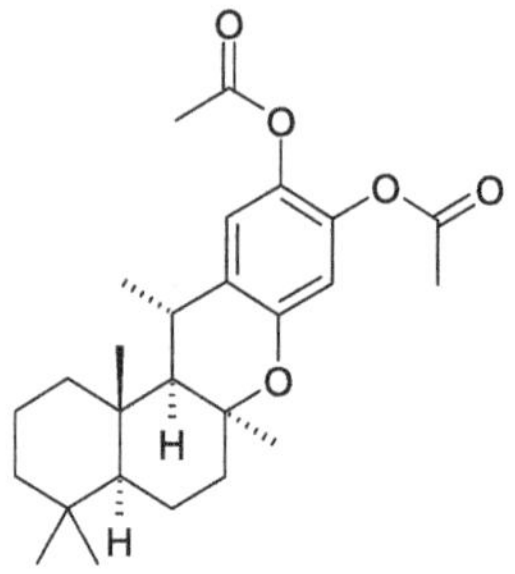

2108 15α-Methylpuupehenol 15α-甲基普乌坡赫醇*

【基本信息】$C_{22}H_{32}O_3$.【类型】其它杂类萜.【来源】Verongida 目海绵和 Dictyoceratida 目海绵.【活性】抗结核 (结核分枝杆菌 *Mycobacterium tuberculosis* H37Rv, 12.5μg/mL, InRt = 36%).【文献】J. K. Zjawiony, et al. JNP, 1998, 61, 1502; A. E. -S. Khalid, et al. Tetrahedron, 2000, 56, 949.

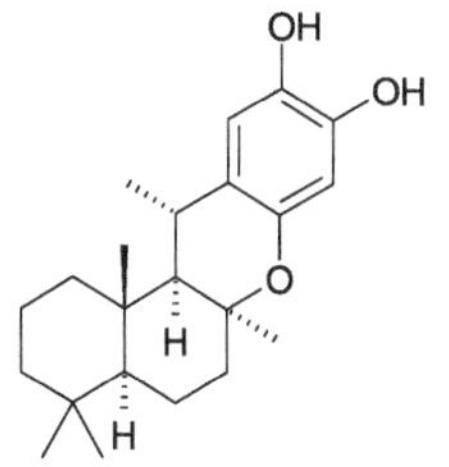

2109 2-Methyl-2-(tetraprenylmethyl)-2*H*-1-benzopyran-6-ol 2-甲基-2-(四异戊二基甲基)-2*H*-1-苯并吡喃-6-醇*

【基本信息】$C_{31}H_{44}O_2$.【类型】其它杂类萜.【来源】羊海绵属 *Ircinia* sp. [新喀里多尼亚 (法属)].【活性】键合到神经肽 Y 的受体; 酪氨酸蛋白激酶 TPK 抑制剂; HIV 整合酶抑制剂.【文献】G. Bifulco, et al. JNP, 1995, 58, 1444.

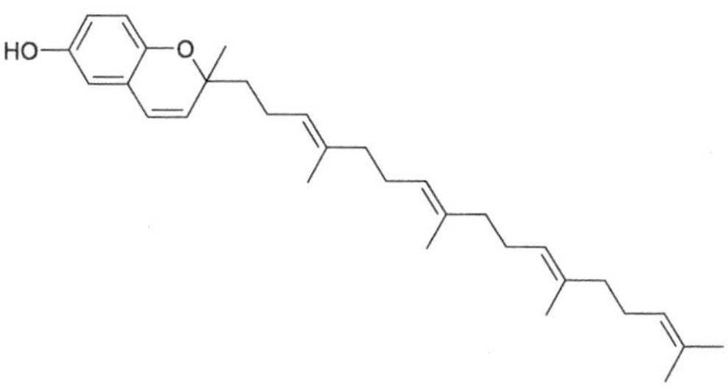

2110 Molokinenone 莫娄可烯酮*

【基本信息】$C_{20}H_{29}ClO_3$, 黄褐色玻璃体, $[\alpha]_D = -400°$ ($c = 0.012$, 甲醇).【类型】其它杂类萜.【来源】冲绳海绵 *Hyrtios* sp. (夏威夷, 美国).【活性】细胞毒 (P_{388}, $IC_{50} = 5μg/mL$; A549, $IC_{50} = 10μg/mL$; HT29, $IC_{50} = 10μg/mL$); 免疫调节剂 (MLR 混合淋巴细胞反应, IM 活性, $IC_{50} = 24μg/mL$; LCV 淋巴细胞生存能力, 细胞毒, $IC_{50} > 50μg/mL$; 效能, LCV/ MLR > 2).【文献】S. S. Nasu, et al. JOC, 1995, 60, 7290.

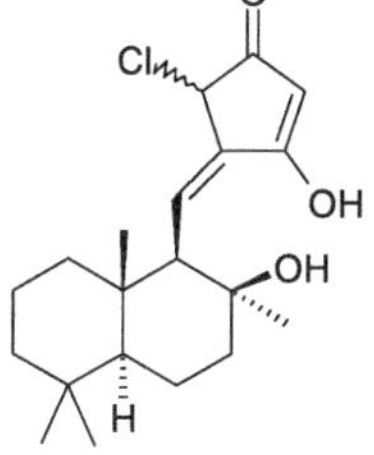

2111 Moritoside 莫里投糖苷*

【基本信息】$C_{34}H_{48}O_{11}$, 油状物, $[\alpha]_D^{23} = +22.6°$ ($c = 0.1$, 氯仿).【类型】其它杂类萜.【来源】真丛柳珊瑚属 *Euplexaura* sp.【活性】抑制海星胚胎发育; 有毒的 (盐水丰年虾).【文献】N. Fusetani, et al. Tetrahedron Lett., 1985, 26, 6449.

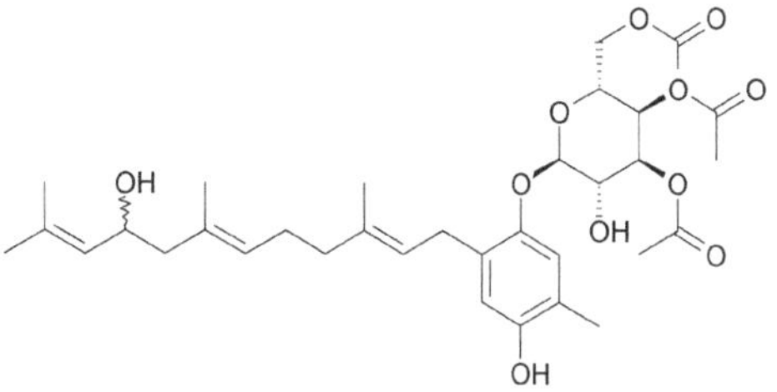

2112 Neoavarol 新贪婪掘海绵醇*

【别名】Isoavarol; 异贪婪掘海绵醇*.【基本信息】$C_{21}H_{30}O_2$, 针状晶体, mp 151~153°C, $[\alpha]_D = -38.6°$ ($c = 0.1$, 氯仿).【类型】其它杂类萜.【来源】掘海绵属 *Dysidea* sp. (冲绳, 日本).【活性】鱼毒.【文献】K. Iguchi, et al. CPB, 1990, 38, 1121; M. Gordaliza, et al. Mar. Drugs, 2010, 8, 2849 (Rev.).

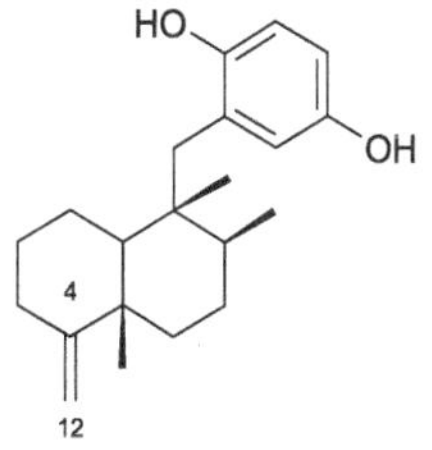

2113 Neoavarone 新贪婪掘海绵酮*

【基本信息】$C_{21}H_{28}O_2$, 黄色晶体, mp 78~79°C, $[\alpha]_D = -55.2°$ ($c = 0.07$, 氯仿).【类型】其它杂类萜.【来源】掘海绵属 *Dysidea* sp. (冲绳, 日本).【活性】鱼毒.【文献】K. Iguchi, et al. CPB, 1990, 38, 1121; M. Gordaliza, et al. Mar. Drugs, 2010, 8, 2849 (Rev.).

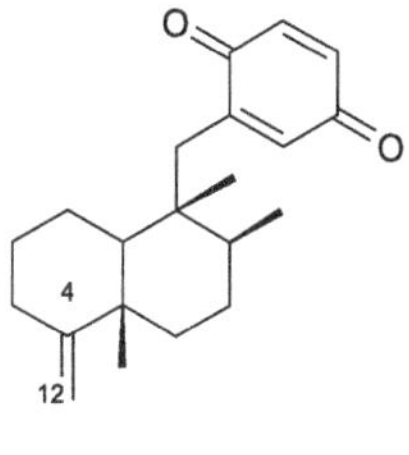

2114 Neopetrosiquinone A 新坡头西海绵醌 A*

【基本信息】$C_{21}H_{20}O_4$，黄色油状物.【类型】其它杂类萜.【来源】Petrosiidae 石海绵科海绵 *Neopetrosia proxima* (圣安斯湾，牙买加，采样深度 104m).【活性】细胞毒 (A549, IC_{50} > 14.8μmol/L; PANC1, IC_{50} = 6.1μmol/L; AsPC-1, IC_{50} = 6.1μmol/L; DLD-1, IC_{50} = 3.7μmol/L; NCI-ADR-Res, IC_{50} > 14.8μmol/L).【文献】P. L. Winder, et al. BoMC, 2011, 19, 6599.

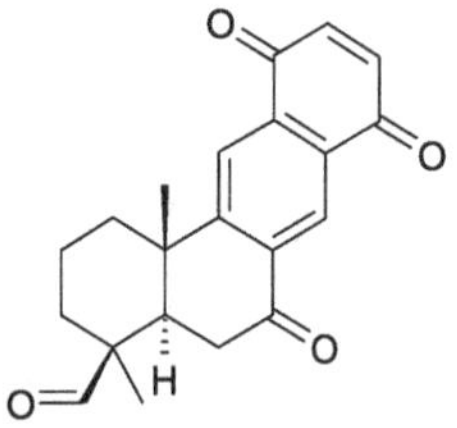

2115 Neopetrosiquinone B 新坡头西海绵醌 B*

【基本信息】$C_{21}H_{22}O_3$，黄色油状物.【类型】其它杂类萜.【来源】Petrosiidae 石海绵科海绵 *Neopetrosia proxima* (圣安斯湾，牙买加，采样深度 104m).【活性】细胞毒 (A549, IC_{50} > 15.5μmol/L; PANC1, IC_{50} = 13.8μmol/L; AsPC-1, IC_{50} > 15.5μmol/L; DLD-1, IC_{50} = 9.8μmol/L; NCI-ADR-Res, IC_{50} > 15.5μmol/L).【文献】P. L. Winder, et al. BoMC, 2011, 19, 6599.

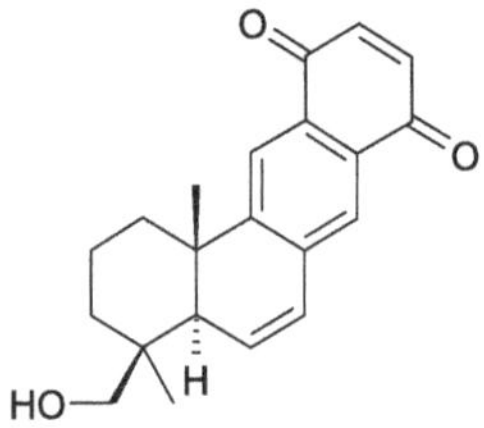

2116 15α-Nitroethyl-19,20-di-*O*-acetyl-puupehenol 15α-硝基乙基-19,20-二-*O*-乙酰基普乌坡赫醇*

【基本信息】$C_{27}H_{37}NO_7$.【类型】其它杂类萜.【来源】Verongida 目海绵和 Dictyoceratida 目海绵.【活性】抗结核 (结核分枝杆菌 *Mycobacterium tuberculosis* H37Rv, 12.5μg/mL, InRt = 15%, 低活性).【文献】J. K. Zjawiony, et al. JNP, 1998, 61, 1502; A. E. -S. Khalid, et al. Tetrahedron, 2000, 56, 949.

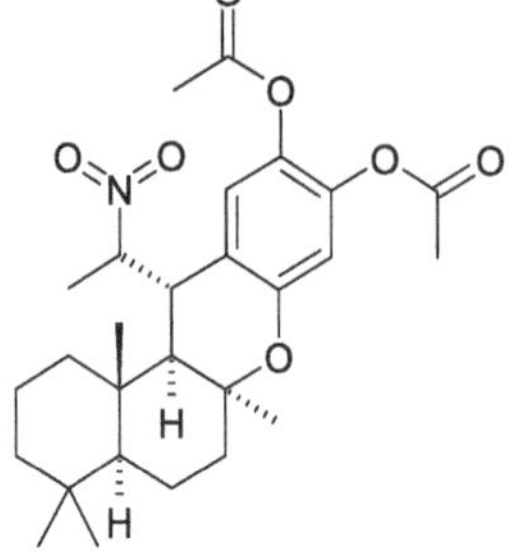

2117 15α-Nitromethyl-19,20-di-*O*-acetyl-puupehenol 15α-硝基甲基-19,20-二-*O*-乙酰基普乌坡赫醇*

【基本信息】$C_{26}H_{35}NO_7$.【类型】其它杂类萜.【来源】Verongida 目海绵和 Dictyoceratida 目海绵.【活性】抗结核 (结核分枝杆菌 *Mycobacterium tuberculosis* H37Rv, 12.5μg/mL, InRt = 22%, 低活性).【文献】J. K. Zjawiony, et al. JNP, 1998, 61, 1502; A. E. -S. Khalid, et al. Tetrahedron, 2000, 56, 949.

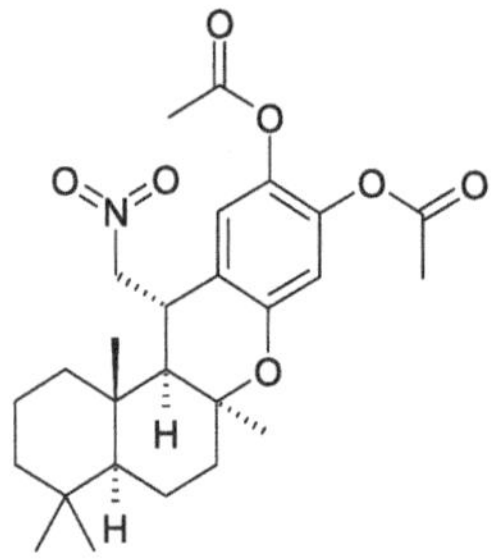

2118 Nonaprenylhydroquinone 壬异戊二烯氢醌

【基本信息】$C_{51}H_{78}O_3$，黄色固体.【类型】其它杂类萜.【来源】多刺角质海绵* *Sarcotragus spinosulus* (卡列久斯，休达，地中海，西班牙).【活性】细胞毒 (人 CML K562 慢性粒细胞白血病细胞株：细胞代谢 IC_{50} = 193μmol/L, 对照伊马替尼，细胞代谢 IC_{50} = 0.4μmol/L; 细胞计数 IC_{50} = 191μmol/L, 伊马替尼，细胞计数 IC_{50} = 0.5μmol/L).【文献】C. Abed, et al. Mar. Drugs, 2011, 9, 1210.

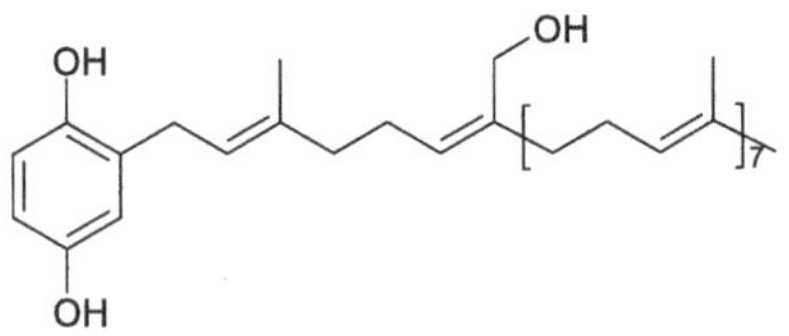

2119 Nonaprenylhydroquinone sulfate 壬异戊二烯氢醌硫酸酯

【基本信息】$C_{51}H_{78}O_5S$，黄色固体.【类型】其它杂类萜.【来源】角质海绵属 *Sarcotragus* sp. (澳大利亚).【活性】α1,3-盐藻糖转移酶Ⅶ抑制剂 (IC_{50} = 2.4μg/mL).【文献】T. Wakimoto, et al. BoMCL, 1999, 9, 727.

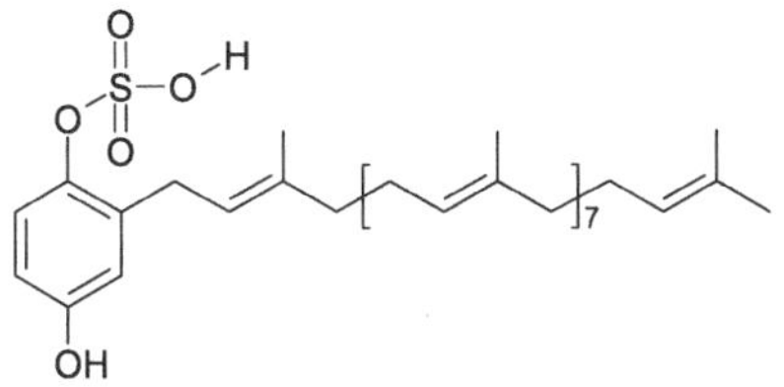

2120 Noscomin 地木耳明*

【基本信息】$C_{27}H_{38}O_4$, 无定形固体, $[\alpha]_D^{25} = +16°$ ($c = 0.1$, 甲醇).【类型】其它杂类萜.【来源】蓝细菌念珠藻属地木耳 *Nostoc commune*.【活性】抗菌 (蜡样芽孢杆菌 *Bacillus cereus*, 大肠杆菌 *Escherichia coli*, 表皮葡萄球菌 *Staphylococcus epidermidis*).【文献】B. Jaki, et al. JNP, 1999, 62, 502.

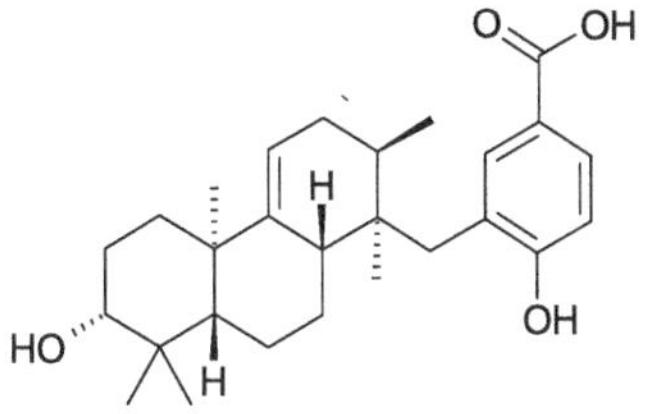

2121 Octaprenylhydroquinone 辛异戊二烯氢醌*

【基本信息】$C_{46}H_{70}O_2$.【类型】其它杂类萜.【来源】多刺角质海绵* *Sarcotragus spinosulus* (卡列久斯, 休达, 地中海, 西班牙), 马海绵属 *Hippospongia communis*, 多微刺羊海绵* *Ircinia spinulosa* 和簇生束状羊海绵* *Ircinia fasciculata*.【活性】细胞毒 (人 CML K562 慢性粒细胞白血病细胞株: 细胞代谢 $IC_{50} = 10\mu mol/L$, 对照伊马替尼, 细胞代谢 $IC_{50} = 0.4\mu mol/L$; 细胞计数 $IC_{50} = 12\mu mol/L$, 对照伊马替尼, 细胞计数 $IC_{50} = 0.5\mu mol/L$); 肌肉松弛剂; 镇痛.【文献】Y. F. Pouchus, et al. JNP, 1988, 51, 188; C. Abed, et al. Mar. Drugs, 2011, 9, 1210.

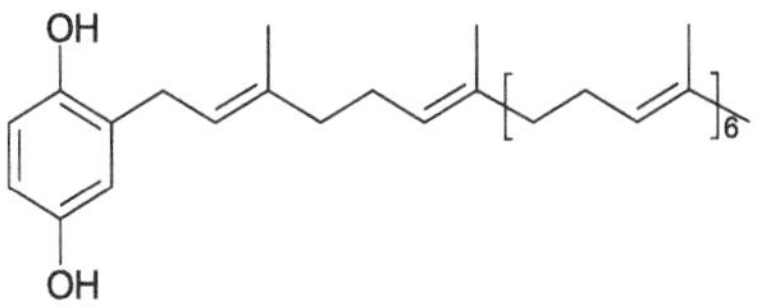

2122 15-Oxopuupehenol 15-氧代普乌坡赫醇*

【基本信息】$C_{21}H_{28}O_4$, 玻璃体, $[\alpha]_D = -106°$ ($c = 0.52$, 甲醇).【类型】其它杂类萜.【来源】冲绳海绵 *Hyrtios* spp., Verongida 目海绵和 Dictyoceratida 目海绵.【活性】细胞毒 (Vero, MIC = 3.4μg/mL; KB, MIC = 10μg/mL; LoVo, MIC = 5μg/mL; P_{388}, $IC_{50} = 1\mu g/mL$; A549, $IC_{50} = 0.5\mu g/mL$; HT29, $IC_{50} = 2\mu g/mL$; CV-1, $IC_{50} = 1\mu g/mL$; topoII, $IC_{50} = 1\mu g/mL$); 免疫调节剂 (MLR 混合淋巴细胞反应, IM 活性, $IC_{50} = 2.8\mu g/mL$; LCV 淋巴细胞生存能力, 细胞毒, $IC_{50} > 50\mu g/mL$; 效能, LCV/MLR > 18); 抗病毒 (Mv1Lu/HSV I1, 减少 > 10%; CV-1/MSV-1, 减少 > 10%; BHK/VSV, 减少 < 10%); 抗疟疾 (恶性疟原虫 *Plasmodium falciparum* D6 克隆, $IC_{50} = 2.0\mu g/mL$; 恶性疟原虫 *Plasmodium falciparum* W2 克隆, $IC_{50} = 1.3\mu g/mL$); 抗结核 (结核分枝杆菌 *Mycobacterium tuberculosis* H37Rv, 12.5μg/mL, InRt = 7%, 低活性).【文献】M. T. Hamann, et al. JOC, 1993, 58, 6565; S. S. Nasu, et al. JOC, 1995, 60, 7290; A. E. -S. Khalid, et al. Tetrahedron, 2000, 56, 949; E. J. Alvarez-Manzaneda, et al. Org. Lett., 2005, 7, 1477.

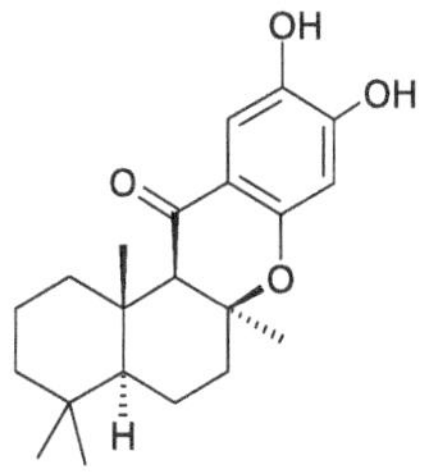

2123 Penicillipyrone B 青霉吡喃酮 B*

【基本信息】$C_{21}H_{28}O_4$,【类型】其它杂类萜.【来源】海洋导出的真菌青霉属 *Penicillium* sp. (沉积物).【活性】细胞毒 (小鼠肝癌细胞, 有值得注意的活性, 醌还原酶的诱导剂, 表明可能能预防肿瘤).【文献】L. Liao, et al. JNP, 2014, 77, 406.

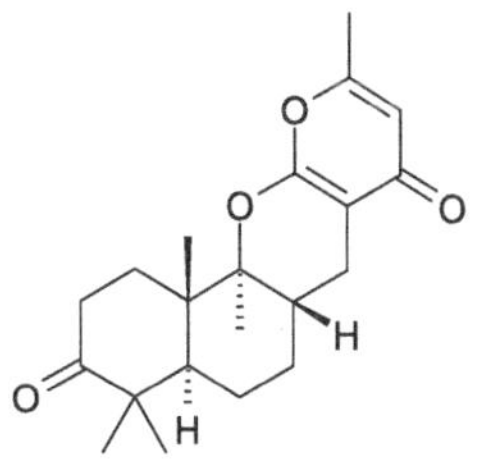

2124 Penicilliumin A 青霉明 A*

【基本信息】$C_{22}H_{32}O_4$, 白色晶状固体, $[\alpha]_D^{20} = -0.008°$ ($c = 0.85$, 氯仿).【类型】其它杂类萜.【来源】深海真菌青霉属 *Penicillium* sp. F00120 (沉积物).【活性】细胞毒 (B16, $GI_{50} = 22.88\mu g/mL$; A375, $GI_{50} = 27.37\mu g/mL$; HeLa, $GI_{50} = 44.05\mu g/mL$).【文献】X. Lin, et al. Mar. Drugs, 2012, 10, 106.

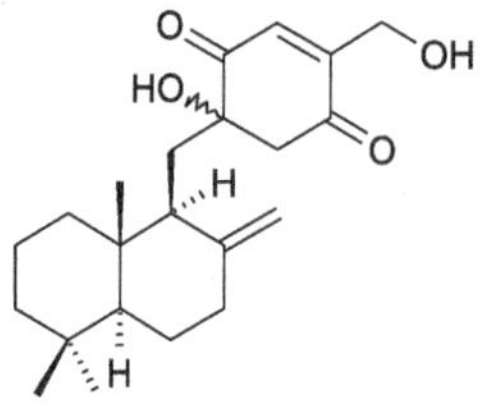

2125 2-Pentaprenyl-1,4-benzenediol-4- sulfate 2-戊异戊二烯-1,4-苯二酚-4-硫酸酯*

【基本信息】$C_{31}H_{46}O_5S$.【类型】其它杂类萜.【来源】羊海绵属 *Ircinia* sp. [新喀里多尼亚海岸, 新喀里多尼亚 (法属), 采样深度 425~500m].【活性】键合到神经肽 Y 的受体; HIV 整合酶抑制剂; 酪氨酸蛋白激酶 TPK 抑制剂 (IC_{50} = 8μg/mL).【文献】G. Bifulco,et al. JNP 1995, 58, 1444; D. Skropeta, et al. Mar. Drugs, 2011, 9, 2131 (Rev.).

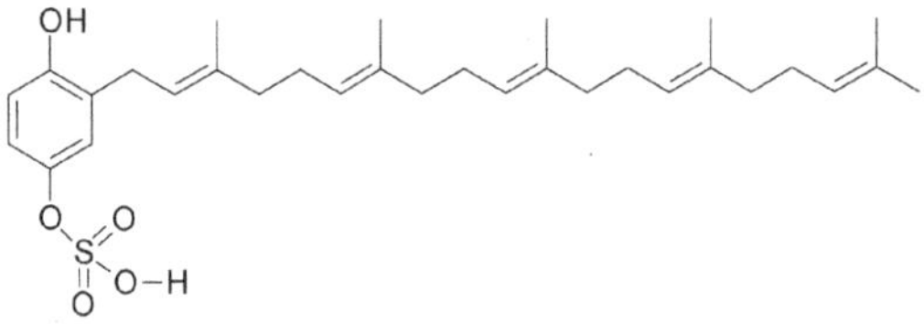

2126 Peyssonol A 耳壳藻醇 A*

【基本信息】$C_{22}H_{29}BrO_3$, 油状物, $[\alpha]_D^{25}$ = +2.0° (c = 0.1, 氯仿).【类型】其它杂类萜.【来源】红藻耳壳藻属 *Peyssonnelia* sp. (红海).【活性】艾滋病毒逆转录酶 HIV-rt 抑制剂.【文献】R. Talpir, et al. Tetrahedron, 1994, 50, 4179.

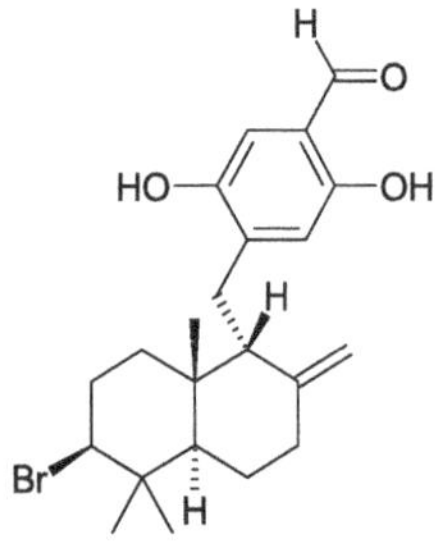

2127 Peyssonol B 耳壳藻醇 B*

【基本信息】$C_{24}H_{32}O_4$, 油状物, $[\alpha]_D^{25}$ = −57° (c = 0.1, 氯仿).【类型】其它杂类萜.【来源】红藻耳壳藻属 *Peyssonnelia* sp. (红海).【活性】艾滋病毒逆转录酶 HIV-rt 抑制剂.【文献】R. Talpir, et al. Tetrahedron, 1994, 50, 4179.

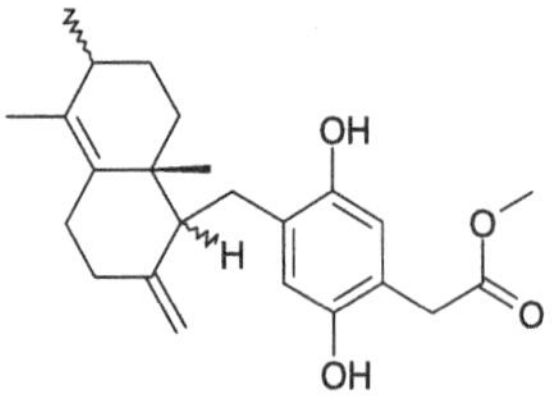

2128 Plakotenin 扁板海绵宁*

【基本信息】$C_{24}H_{32}O_2$, 油状物.【类型】其它杂类萜.【来源】扁板海绵属 *Plakortis lita.*【活性】细胞毒 (L_{1210}, IC_{50} = 5.4μg/mL; KB, IC_{50} = 7.4μg/mL); 抑制 DNA 合成 (类风湿性滑膜成纤维细胞, InRt = 76.8%).【文献】J. Kobayashi, et al. Tetrahedron Lett., 1992, 33, 2579; A. Qureshi, et al. JNP, 1999, 62, 1205.

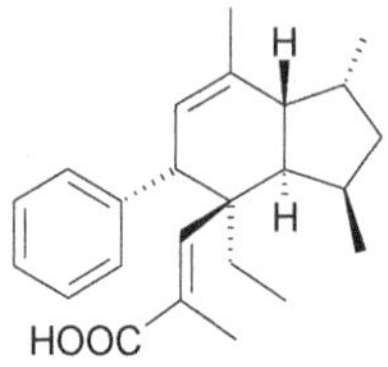

2129 Polyfibrospongol A 多丝海绵醇 A*

【基本信息】$C_{24}H_{34}O_4$, 无定形固体, $[\alpha]_D^{25}$ = +5.3° (c = 0.3, 氯仿).【类型】其它杂类萜.【来源】多丝海绵属 *Polyfibrospongia australis* (中国台湾水域) 和多沙掘海绵* *Dysidea arenaria* (南海).【活性】细胞毒 (P_{388}, IC_{50} = 0.7μg/mL; KB16, IC_{50} = 1.4μg/mL; A549, IC_{50} = 0.6μg/mL).【文献】Y. -C. Shen, et al. JNP, 1997, 60, 93; Y. Qiu, et al. Molecules, 2008, 13, 1275; M. Gordaliza, et al. Mar. Drugs, 2010, 8, 2849 (Rev.).

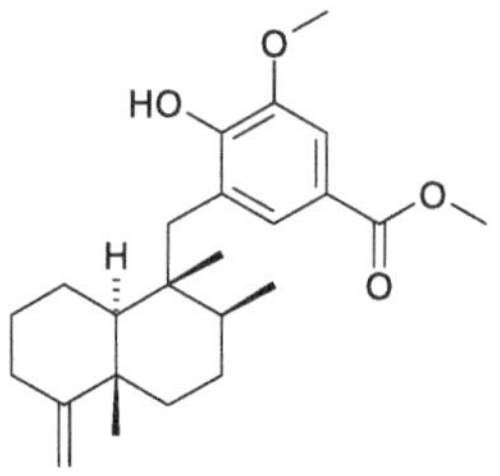

2130 Polyfibrospongol B 多丝海绵醇 B*

【基本信息】$C_{24}H_{34}O_5$, 无定形固体, $[\alpha]_D^{25}$ = +1.8° (c = 0.18, 氯仿).【类型】其它杂类萜.【来源】多丝海绵属 *Polyfibrospongia australis* (中国台湾水域) 和多沙掘海绵* *Dysidea arenaria* (南海).【活性】细胞毒 (P_{388}, IC_{50} = 1.0μg/mL; KB16, IC_{50} = 2.0μg/mL; A549, IC_{50} = 1.0μg/mL).【文献】Y. -C. Shen, et al. JNP, 1997, 60, 93; Y.Qiu, et al. Molecules, 2008, 13, 1275; M. Gordaliza, et al. Mar. Drugs, 2010, 8, 2849 (Rev.).

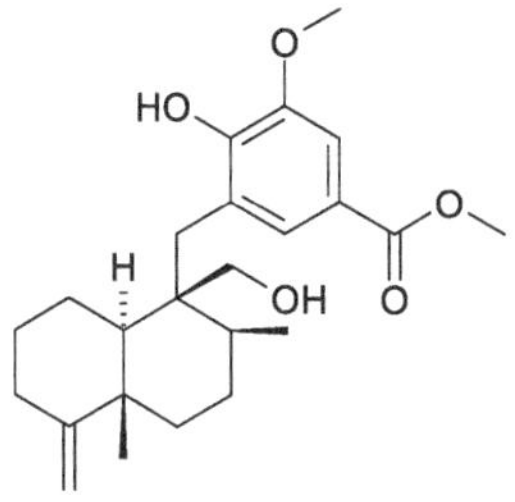

2131 Pseudoalteromone A 假交替单胞菌酮 A*

【基本信息】$C_{18}H_{24}O_5$.【来源】海洋导出的细菌假交替单胞菌属 *Pseudoalteromonas* sp. CGH2XX, 来自豆荚软珊瑚属 *Lobophytum crassum* (培养型, 中国台湾水域).【活性】细胞毒 (Molt4, IC_{50} = 3.8μg/mL; T47D, IC_{50} = 4.0μg/mL); 抗氧化剂 (10μg/mL, 人中性粒细胞, 抑制超氧化物阴离子的产生, InRt = 38.0%); 弹性蛋白酶释放抑制剂 (10μg/mL, 人中性粒细胞, InRt = 20.2%).【文献】Y. -H. Chen, et al. Mar. Drugs, 2012, 10, 1566.

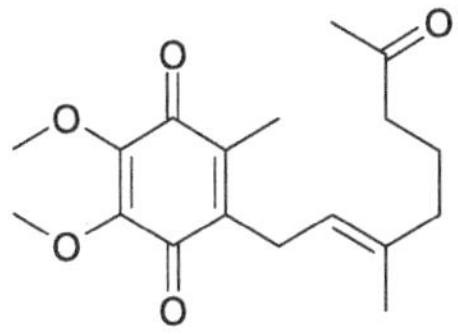

2132 Puupehedione 普乌坡赫二酮*

【基本信息】$C_{21}H_{26}O$, $[\alpha]_D$ = +208° (*c* = 0.087, 甲醇).【类型】其它杂类萜.【来源】Verongida 目海绵 *Verongida* sp. (夏威夷, 美国).【活性】抗微生物 (抑制黑螺, 在 10~17mm 之间); 细胞毒 (肿瘤细胞株分析实验, 最低抑制浓度值在 1~2μg/mL 之间).【文献】N. T. Hamann, et al. JOC, 1993, 58, 6565; S. S. Nasu, et al. JOC, 1995, 60, 7290; S. Urban, et al. JNP, 1996, 59, 900; A. E. -S. Khalid, et al. Tetrahedron, 2000, 56, 949; M. Gordaliza, et al. Mar. Drugs, 2010, 8, 2849 (Rev.).

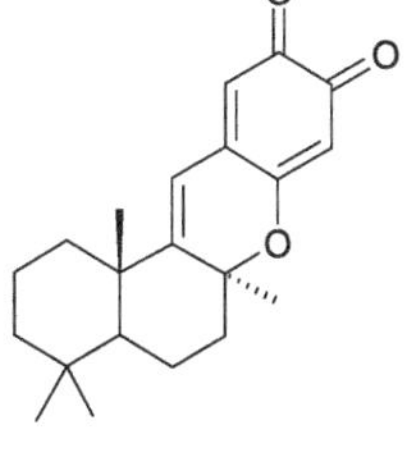

2133 (−)-Puupehenone (−)-普乌坡赫酮*

【基本信息】$C_{21}H_{28}O_3$, mp 124°C, $[\alpha]_D^{20}$ = −17° (*c* = 0.8, 氯仿).【类型】其它杂类萜.【来源】冲绳海绵 *Hyrtios* sp. [新喀里多尼亚 (法属)].【活性】细胞毒 (KB, LoVo, MIC_{50} = 5.1μg/mL; P_{388}, A549, HT29, CV-1, IC_{50} 分别为 0.25μg/mL, 0.5μg/mL, 0.5μg/mL 和 0.5μg/mL); 抗真菌 (6mm 盘, 50μg/盘: 稻米曲霉 *Aspergillus oryzae,* 特异青霉菌 *Penicillium notatum,* 须发癣菌 *Trichophyton mentagrophytes,* 酿酒酵母 *Saccharomyces cerevisiae,* 白色念珠菌 *Candida albicans,* IZD 分别为 25mm, 30mm, 10mm, 12mm 和 11mm); 抗疟疾 (*in vitro,* CSPF F32, IC_{50} = 0.6μg/mL); LC_{50} (盐水丰年虾) = 20~30μg/mL.【文献】M. -L. Bourgucl-Kondracki, et al. JNP, 1999, 62, 1304.

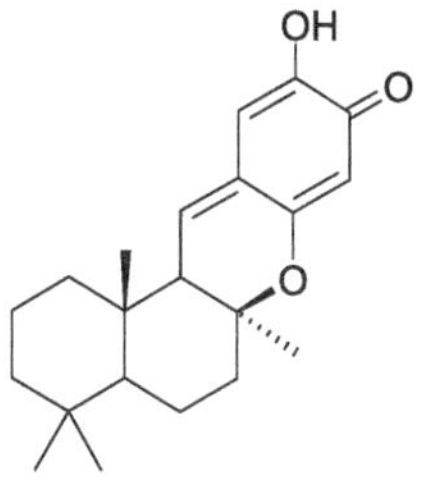

2134 (+)-Puupehenone (+)-普乌坡赫酮*

【基本信息】$C_{21}H_{28}O_3$, 晶体 (正己烷), mp 129~130°C, $[\alpha]_D$ = +315° (*c* = 1.64, 四氯化碳).【类型】其它杂类萜.【来源】石海绵属 *Strongylophora hartmani* (深水域, 巴哈马岸外, 巴哈马), 冲绳海绵 *Hyrtios eubamma* 和掘海绵属 *Dysidea* sp., 其它海绵和海洋生物.【活性】细胞毒 (P_{388}, IC_{50} = 1μg/mL; A549, IC_{50} = 0.1~1μg/mL; HCT8, IC_{50} = 1~10μg/mL; MCF7, IC_{50} = 0.1~1μg/mL); 抗肿瘤 (P_{388} *in vivo,* 每天 25mg/kg 处理 9 天, *T/C* = 119%); 细胞毒 (A549 和 HT29, IC_{50} = 0.5μmol/L; 分别在 0.3μg/mL 和 0.4μg/mL 抑制 DNA 和 RNA 合成更胜一筹); 抗真菌 (特别是对特异青霉菌 *Penicillium notatum* 和稻米曲霉 *Aspergillus oryzae*); 抗真菌 (白色念珠菌 *Candida albicans,* MIC = 3μg/mL); 抗结核 (结核分枝杆菌 *Mycobacterium tuberculosis* H37Rv, 12.5μg/mL, InRt = 99%, MIC = 12.5μg/mL, IC_{50} = 2.0μg/mL); 酶抑制剂; 杀昆虫剂.【文献】B. N. Ravi, et al. Pure Appl. Chem., 1979, 51, 1893; P. Amade, et al. Helv. Chim. Acta, 1983, 66, 1672; S. Kohmoto, et al. JNP, 1987, 50, 336; M. T. Hamann, et al. JOC, 1993, 58, 6565; S. S. Nasu, et al. JOC, 1995, 60, 7290; S. Urban, et al. JNP,

1996, 59, 900; A. E. -S. Khalid, et al. Tetrahedron, 2000, 56, 949; M. Gordaliza, et al. Mar. Drugs, 2010, 8, 2849 (Rev.); CRC Press, DNP on DVD, 2012, version 20.2.

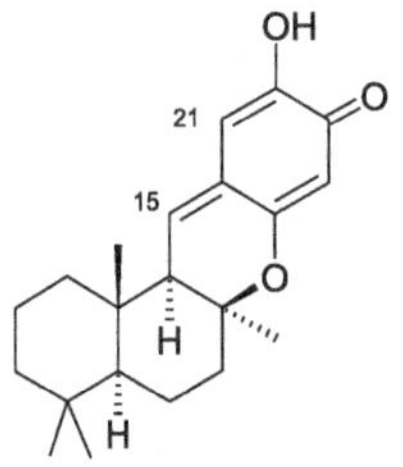

2135 Renierin B 矶海绵素 B*

【基本信息】$C_{22}H_{28}O_4$, 浅黄色油状物.【类型】其它杂类萜.【来源】黏滑矶海绵* *Reniera mucosa* (西班牙).【活性】抗氧化剂 (DPPH 自由基清除剂, IC_{50} = 35μmol/L).【文献】E. Zubia, et al. Tetrahedron, 1994, 50, 8153; M. Gordaliza, et al. Mar. Drugs, 2010, 8, 2849 (Rev.).

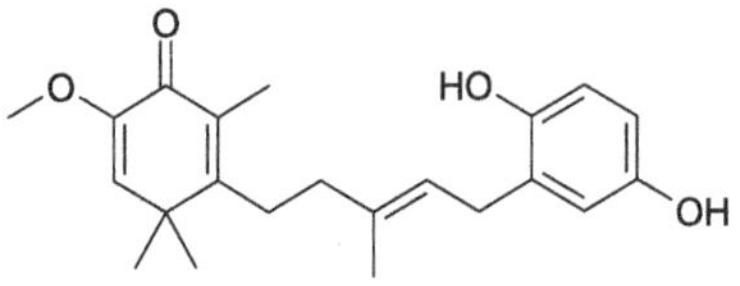

2136 Rietone 瑞哦酮*

【基本信息】$C_{24}H_{32}O_6$, 橙色油状物, $[\alpha]_D^{19}$ = +95° (*c* = 0.8, 氯仿).【类型】其它杂类萜.【来源】海鸡冠属软珊瑚 *Alcyonium fauri* (南非).【活性】细胞毒 (抗食管癌: WHCO1, IC_{50} = 49.1μmol/L; WHCO5, IC_{50} = 32.2μmol/L; WHCO6, IC_{50} = 40.9μmol/L; KYSE70, IC_{50} > 100.0μmol/L; KYSE180, IC_{50} = 50.6μmol/L; KYSE520, IC_{50} = 84.9μmol/L; MCF12, IC_{50} = 7.3μmol/L); 抗 HIV (IC_{50} = 9.32μmol/L, EC_{50} = 1.23μmol/L).【文献】G. J. Hooper, et al. Tetrahedron Lett., 1995, 3265; R. A. Keyzers, et al. Tetrahedron, 2006, 62, 2200.

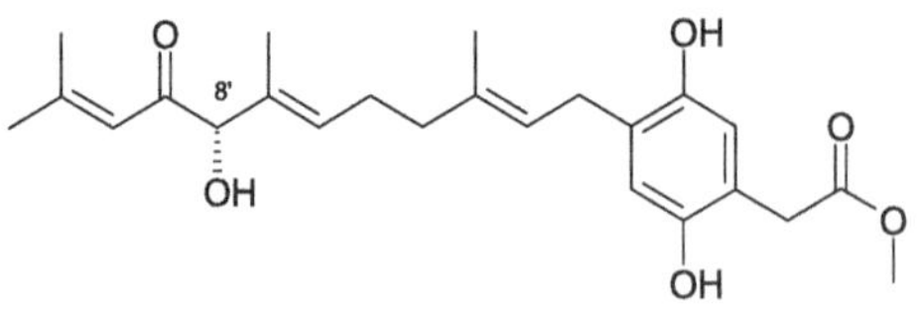

2137 Rossinone A 柔新酮 A*

【基本信息】$C_{21}H_{28}O_4$.【类型】其它杂类萜.【来源】褶胃海鞘属 *Aplidium* sp. (南极地区).【活性】抗炎; 抗恶性细胞增生.【文献】D. R. Appleton, et al. JOC, 2009, 74, 9195.

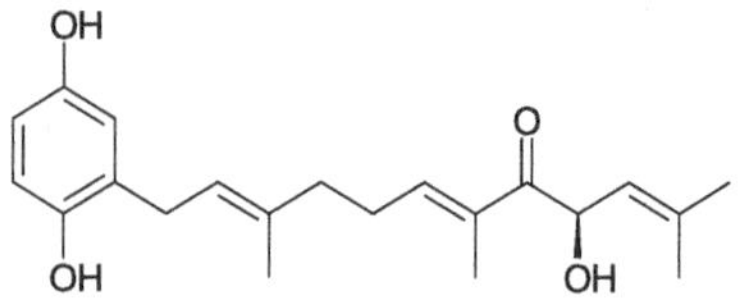

2138 Rossinone B 柔新酮 B*

【基本信息】$C_{21}H_{24}O_5$【类型】其它杂类萜.【来源】褶胃海鞘属 *Aplidium* sp. (南极地区).【活性】抗炎; 抗恶性细胞增生.【文献】D. R. Appleton, et al. JOC, 2009, 74, 9195.

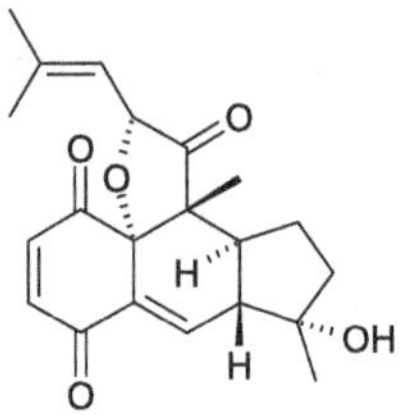

2139 Sacrohydroquinone sulfate A 角质海绵氢醌硫酸酯 A*

【基本信息】$C_{36}H_{54}O_5S$, 无定形物质.【类型】其它杂类萜.【来源】羊海绵属 *Ircinia* sp. (新喀里多尼亚海岸, 新喀里多尼亚(法属), 采样深度 425~500m) 和多刺角质海绵* *Sarcotragus spinulosus*.【活性】钠/钾-腺苷三磷酸酶抑制剂; 酪氨酸蛋白激酶 TPK 抑制剂 (IC_{50} = 4μg/mL).【文献】V. A. Stonik, et al. JNP, 1992, 55, 1256; G. Bifulco, et al. JNP, 1995, 58, 1444; D. Skropeta, et al. Mar. Drugs, 2011, 9, 2131 (Rev.).

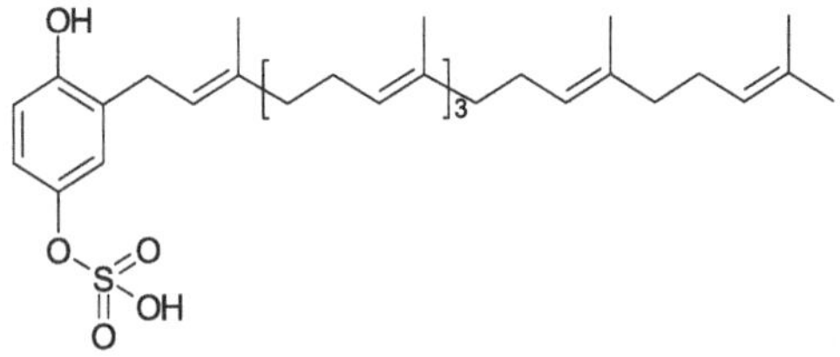

2140 Sacrohydroquinone sulfate B 角质海绵氢醌硫酸酯 B*

【基本信息】$C_{41}H_{62}O_8S_2$.【类型】其它杂类萜.【来源】多刺角质海绵* *Sarcotragus spinulosus* (深水水域).【活性】钠/钾-腺苷三磷酸酶抑制剂.【文献】V. A. Stonik, et al. JNP, 1992, 55, 1256.

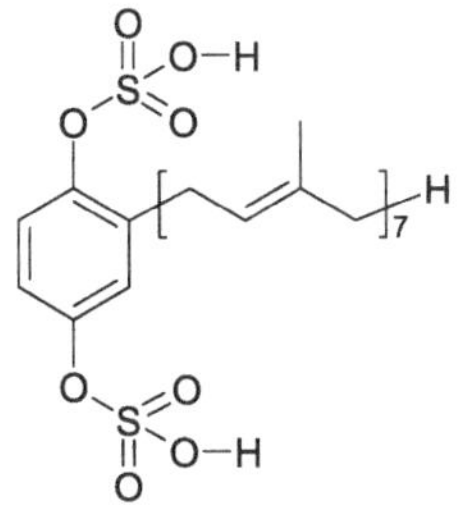

2141 Sacrohydroquinone sulfate C 角质海绵氢醌硫酸酯 C*

【基本信息】$C_{46}H_{70}O_5S$.【类型】其它杂类萜.【来源】多刺角质海绵* *Sarcotragus spinulosus* (深水水域), 多微刺羊海绵* *Ircinia spinulosa* (亚得里亚海) 和角质海绵属 *Sarcotragus* sp. (澳大利亚).【活性】有毒的 (盐水丰年虾, 致命毒性, LD_{50} = 0.04μg/g; 鱼, 致命毒性, LD_{50} = 16.9μg/g); α11,3-盐藻糖转移酶Ⅶ抑制剂(IC_{50} = 3.9μg/mL); 钠/钾-腺苷三磷酸酶抑制剂.【文献】V. A. Stonik, et al. JNP, 1992, 55, 1256; S. De Rosa, et al. JNP, 1995, 58, 1450; T. Wakimoto, et al. BoMCL, 1999, 9. 727.

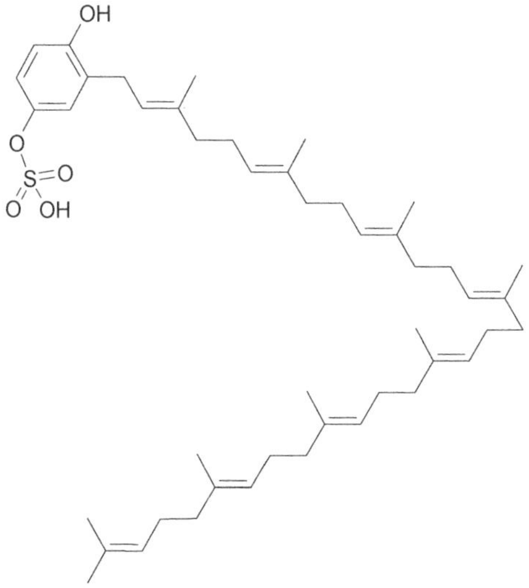

2142 Sarcochromenol A 角质海绵苯并吡喃烯醇 A*

【别名】2-Methyl-2-(pentaprenylmethyl)-2*H*-1-benzopyran-6-ol; 2-甲基-2-(五异戊二烯甲基)-2*H*-1-苯并吡喃-6-醇.【基本信息】$C_{36}H_{52}O_2$, 晶体 (乙醇) (乙酰化物), mp 25~26°C (乙酰化物), $[\alpha]_{578.00}$ = +39.2° (氯仿) (乙酰化物).【类型】其它杂类萜.【来源】羊海绵属 *Ircinia* sp. [新喀里多尼亚 (法属)].【活性】键合到神经肽 Y 的受体; 酪氨酸蛋白激酶 TPK 抑制剂; HIV-整合酶抑制剂.【文献】G. Bifulco, et al. JNP, 1995, 58, 1444.

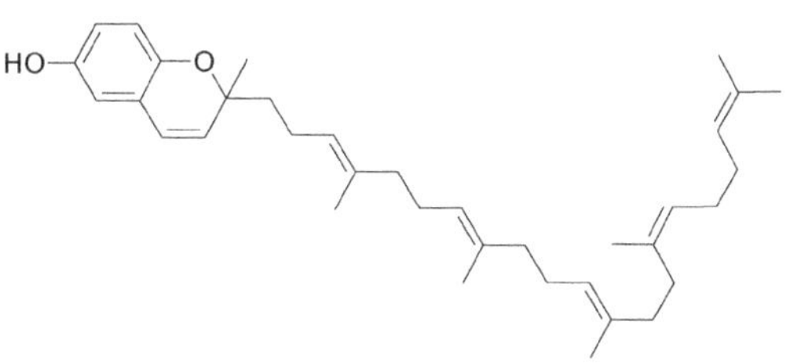

2143 Sarcochromenol B 角质海绵苯并吡喃烯醇 B*

【别名】2-(Hexaprenylmethyl)-2-methyl-2*H*-1-benzopyran-6-ol; 2-(六异戊二烯甲基)-2-甲基-2*H*-1-苯并吡喃-6-醇.【基本信息】$C_{41}H_{60}O_2$, 油状物, $[\alpha]_D$ = +3.6° (*c* = 1, 氯仿).【类型】其它杂类萜.【来源】羊海绵属 *Ircinia* sp. [新喀里多尼亚 (法属)] 和簇生束状羊海绵* *Ircinia fasciculata* (印度水域).【活性】键合到神经肽 Y 的受体; 酪氨酸蛋白激酶 TPK 抑制剂; HIV-整合酶抑制剂.【文献】Y. Venkateswarlu, et al. JNP, 1994, 57, 1286; G. Bifulco, et al. JNP, 1995, 58, 1444.

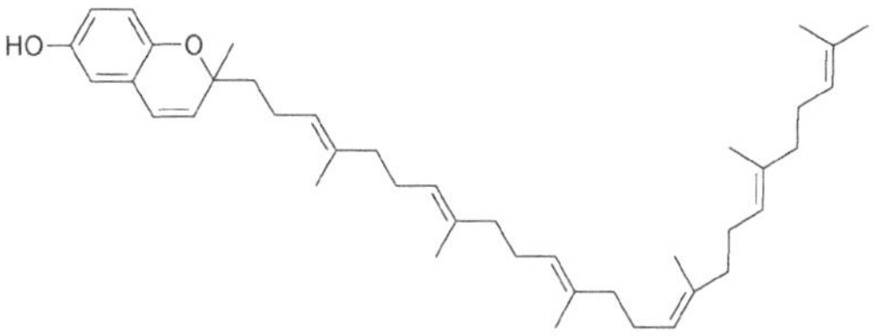

2144 Sargachromenol 棕藻马尾藻苯并吡喃烯醇*

【别名】2,8-Dimethyl-2-(4,12-dimethyl-8-carboxy-3,11-tridecadienyl)-2*H*-1-benzopyran-6-ol; 2,8-二甲基-2-(4,12-二甲基-8-羧基-3,11-十三碳二烯基)-2*H*-1-苯并吡喃-6-醇.【基本信息】$C_{27}H_{36}O_4$, 油状物.【类型】其它杂类萜.【来源】棕藻锯齿形叶马尾藻* *Sargassum serratifolium*.【活性】神经系统活性 (丁酰胆碱酯酶抑制剂, IC_{50} = 26nmol/L).【文献】T. Kusumi, et al. Chem. Lett., 1979, 277; B. W. Choi, et al. Phytother. Res. 2007, 21, 423.

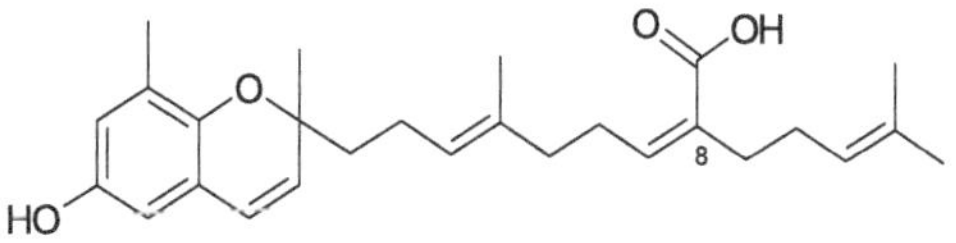

2145 Sargadiol Ⅰ 棕藻马尾藻二醇Ⅰ*

【基本信息】$C_{27}H_{38}O_3$, 浅棕色油状物, $[\alpha]_D^{23} = +1.5°$ ($c = 0.78$, 氯仿).【类型】其它杂类萜.【来源】棕藻易扭转马尾藻* *Sargassum tortile.*【活性】细胞毒 (P_{388}, $ED_{50} = 14.0\mu g/mL$, 对照依托泊苷, $ED_{50} = 0.24\mu g/mL$); 肝脏毒素; 驱蠕虫药.【文献】A. Numata, et al. CPB, 1991, 39, 2129; A. Numata, et al. Phytochemistry, 1992, 31, 1209.

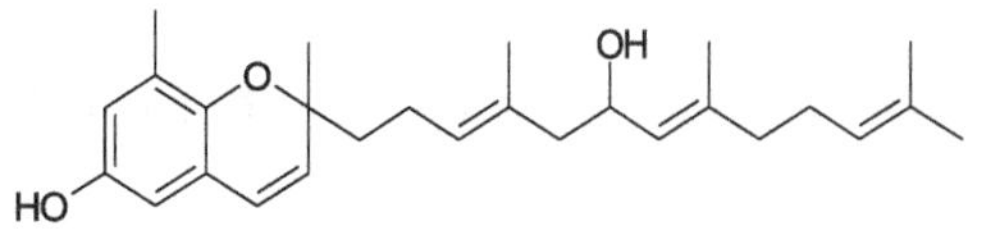

2146 Sargadiol Ⅱ 棕藻马尾藻二醇Ⅱ*

【基本信息】$C_{27}H_{38}O_3$, 浅棕色油状物, $[\alpha]_D^{23} = +1.8°$ ($c = 0.98$, 氯仿).【类型】其它杂类萜.【来源】棕藻易扭转马尾藻* *Sargassum tortile.*【活性】细胞毒 (P_{388}, $ED_{50} = 16.8\mu g/mL$, 对照依托泊苷, $ED_{50} = 0.24\mu g/mL$).【文献】A. Numata, et al. CPB, 1991, 39, 2129.

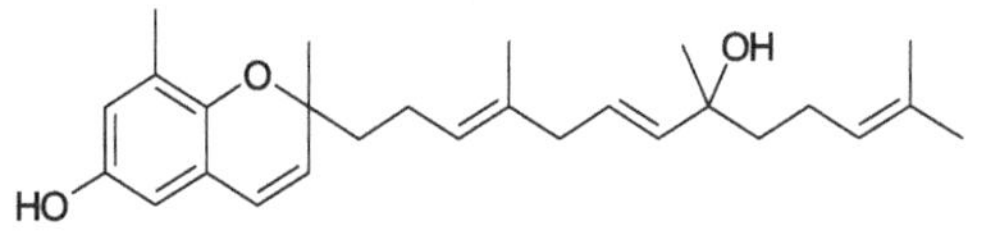

2147 Sargaol 棕藻马尾藻醇*

【基本信息】$C_{27}H_{38}O_2$, 浅棕色油状物.【类型】其它杂类萜.【来源】棕藻易扭转马尾藻* *Sargassum tortile*, 柔荑软珊瑚属 *Nephthea* sp.【活性】细胞毒 (P_{388}, $ED_{50} = 20.8\mu g/mL$, 对照依托泊苷, $ED_{50} = 0.24\mu g/mL$).【文献】B. F. Bowden, et al. Aust. J. Chem., 1981, 34, 2677; A. Numata, et al. CPB, 1991, 39, 2129; A. Numata, et al. Phytochemistry, 1992, 31, 1209.

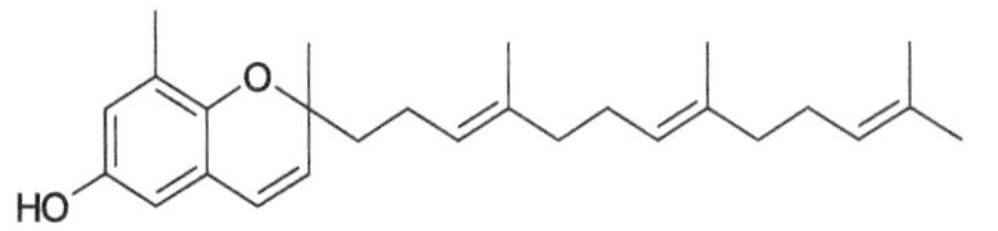

2148 Sargasal Ⅰ 棕藻马尾藻醛Ⅰ*

【基本信息】$C_{17}H_{20}O_3$, 浅棕色油状物.【类型】其它杂类萜.【来源】棕藻易扭转马尾藻* *Sargassum tortile.*【活性】细胞毒 (P_{388}, $ED_{50} = 5.8\mu g/mL$, 对照依托泊苷, $ED_{50} = 0.24\mu g/mL$).【文献】A. Numata, et al. CPB, 1991, 39, 2129; A. Numata, et al. Phytochemistry, 1992, 31, 1209.

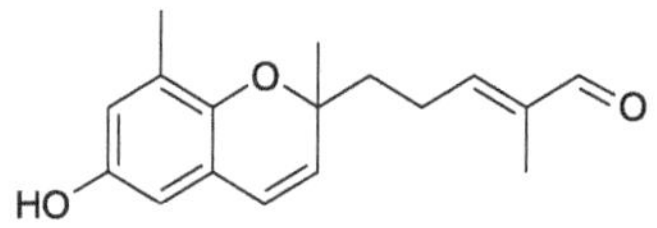

2149 Sargasal Ⅱ 棕藻马尾藻醛Ⅱ*

【基本信息】$C_{17}H_{18}O_3$, 浅棕色油状物.【类型】其它杂类萜.【来源】棕藻易扭转马尾藻* *Sargassum tortile.*【活性】细胞毒 (P_{388}, $ED_{50} = 5.7\mu g/mL$, 对照依托泊苷, $ED_{50} = 0.24\mu g/mL$).【文献】A. Numata, et al. CPB, 1991, 39, 2129; A. Numata, et al. Phytochemistry, 1992, 31, 1209.

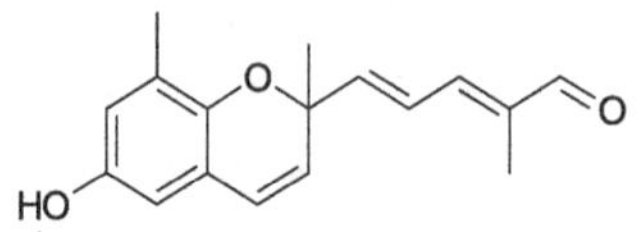

2150 Scabellone B 褶胃海鞘酮 B

【基本信息】$C_{34}H_{42}O_6$.【类型】其它杂类萜.【来源】褶胃海鞘属 *Aplidium scabellum* (豪拉基湾海湾, 新西兰).【活性】杀疟原虫的 (DRPF, 中等活性).【文献】S. T. S. Chan, et al. JOC, 2011, 76, 9151.

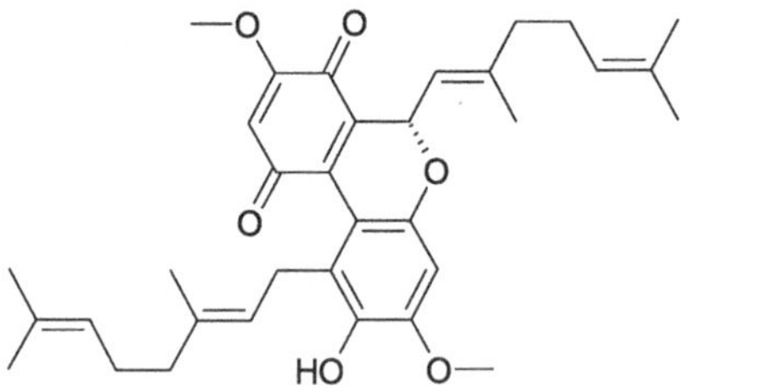

2151 Shaagrockol B 沙格柔克醇 B*

【基本信息】$C_{36}H_{56}O_{12}S_2$, $[\alpha]_D = +4°$ ($c = 0.5$, 甲醇) (二钠盐).【类型】其它杂类萜.【来源】Chalinidae 科海绵 *Toxiclona toxius* (红海).【活性】抗真菌 (酵母, 白色念珠菌 *Candida albicans*, $IC_{50} = 6\mu g/mL$).【文献】S. Isaacs, et al. Tetrahedron Lett., 1992, 33, 2227.

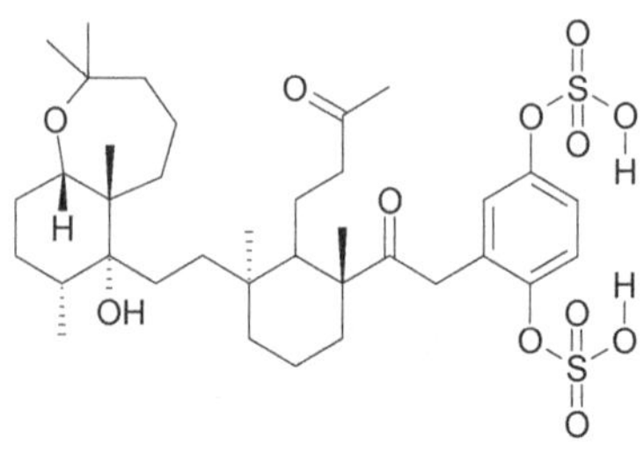

2152 Shaagrockol C 沙格柔克醇 C*

【基本信息】$C_{36}H_{56}O_{10}S_2$, $[\alpha]_D = +8°$ ($c = 0.7$, 甲醇)

(二钠盐).【类型】其它杂类萜.【来源】Chalinidae 科海绵 *Toxicona toxius* (红海).【活性】抗真菌 (酵母, 白色念珠菌 *Candida albicans*, IC_{50} = 6μg/mL).【文献】S. Isaacs, et al. Tetrahedron Lett., 1992, 33, 2227.

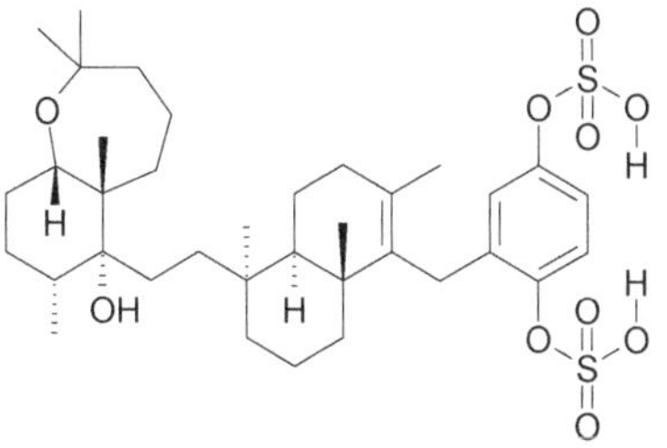

2153 Siphonodictyal C 皮网海绵科海绵醛 C*

【基本信息】$C_{22}H_{30}O_7S$, 油状物, $[\alpha]_D = -23.6°$ (c = 0.47, 甲醇).【类型】其它杂类萜.【来源】蓟海绵属 *Aka* sp. 和皮网海绵科海绵 *Siphonodictyon coralliphagum*.【活性】细胞周期蛋白依赖性激酶 CDK/细胞周期素 D1 抑制剂 (IC_{50} = 9.0μg/mL).【文献】V. Mukku, et al. JNP,2003, 66, 686; D. Skropeta, et al. Mar. Drugs, 2011, 9, 2131 (Rev.).

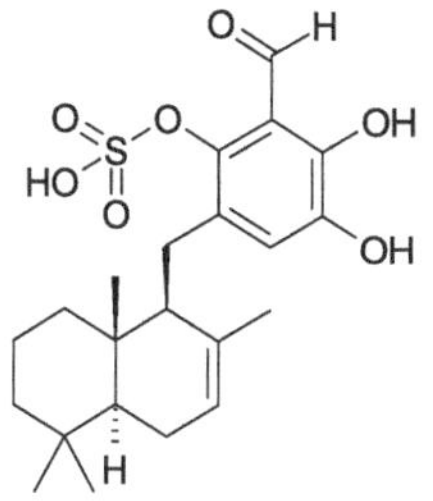

2154 Siphonodictyal sulfate 皮网海绵科海绵醛硫酸酯*

【基本信息】$C_{22}H_{32}O_7S$.【类型】其它杂类萜.【来源】蓟海绵属 *Aka coralliphaga* (金塔纳罗奥, 墨西哥).【活性】抗氧化剂.【文献】L. K. Shubina, et al. Nat. Prod. Commun., 2012, 7, 487.

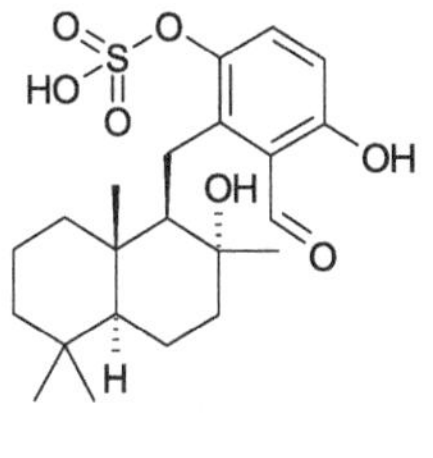

2155 Smenorthoquinone 胄甲海绵正交苯醌*

【基本信息】$C_{23}H_{32}O_4$, 黄色针状晶体 (甲醇).【类型】其它杂类萜.【来源】胄甲海绵亚科 Thorectinae 海绵 *Smenospongia* sp.【活性】细胞毒 (L_{1210}, IC_{50} = 1.5μg/mL); 抗微生物.【文献】S. Urban, et al. JNP, 1992, 55, 1638; M. Gordaliza, et al. Mar. Drugs, 2010, 8, 2849 (Rev.).

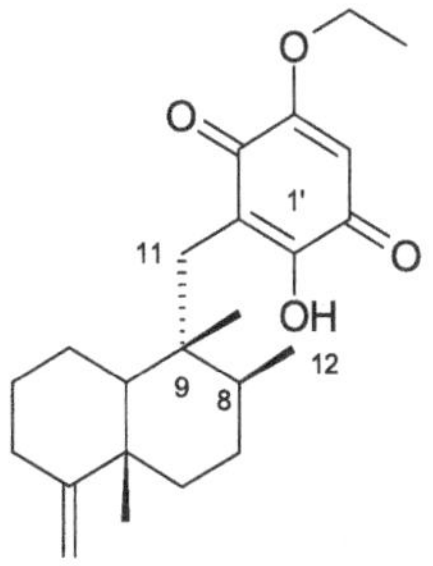

2156 Smenospondiol 胄甲海绵科海绵二醇*

【别名】Dictyoceratin A; 蒂克替欧色拉亭 A*.【基本信息】$C_{23}H_{32}O_4$, 针状晶体, mp 180~182°C, $[\alpha]_D = +12.8°$ (c = 0.9, 氯仿).【类型】其它杂类萜.【来源】胄甲海绵亚科 Thorectinae 海绵 *Smenospongia* spp. (二氯甲烷提取物) 和马海绵属 *Hippospongia* sp.【活性】细胞毒 (对 K562 细胞诱导分化进入红细胞, 最低有效浓度为 15μmol/L); 细胞毒 (P_{388}, KB16 和 A549, IC_{50} = 0.6~2.0μg/mL); 抗菌 (金黄色葡萄球菌 *Staphyrococcus aureus*, MIC = 6.3μg/mL; 枯草杆菌 *Bacillus subtilis*, MIC = 3.1μg/mL).【文献】H. Nakamuta, et al. Tetrahedron, 1986, 42, 4197; M. L. Kondracki, et al. Tetrahedron, 1989, 45, 1995; M. L. Kondracki, et al. J. Chem. Res. Synop., 1989, 3, 74; Y. Haruo, et al. Synlett, 2001, 1935; S. Aoki, et al. CPB, 2004, 52, 935; M. Gordaliza, et al. Mar. Drugs, 2010, 8, 2849 (Rev.).

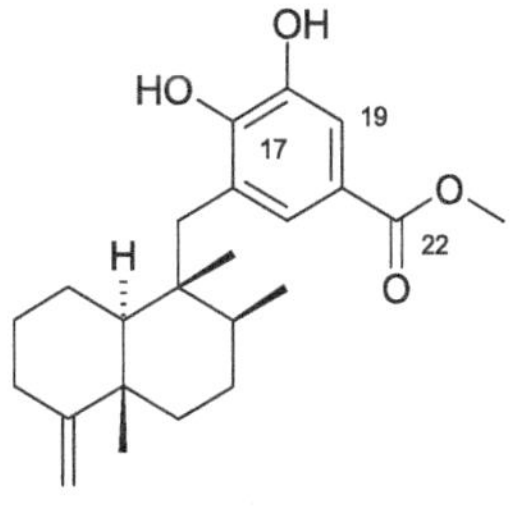

2157 (−)-Sporochnol A (−)-棕藻毛头藻醇 A*

【基本信息】$C_{16}H_{22}O$, 浅黄色树胶状物.【类型】其它杂类萜.【来源】棕藻毛头藻属 *Sporochnus bolleanus*.【活性】拒食活性 (鱼类).【文献】Y. C. Shen, et al. Phytochemistry, 1993, 32, 71; A. Fadel, et al. Tetrahedron: Asymmetry, 1999, 10, 1153; Y.

Li, et al. J. Chem. Res. (S), 2000, 530.

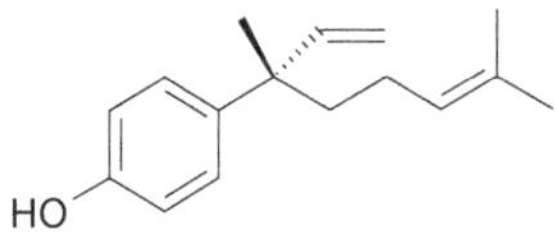

2158 (+)-Sporochnol A (+)-棕藻毛头藻醇 A*

【基本信息】$C_{16}H_{22}O$, 无定形固体, $[\alpha]_D = +10°$ ($c = 1$, 氯仿).【类型】其它杂类萜.【来源】棕藻毛头藻属 *Sporochnus bolleanus* (加勒比海).【活性】拒食活性 (鱼类).【文献】Y. -C. Shen, et al. Phytochemistry, 1993, 32, 71.

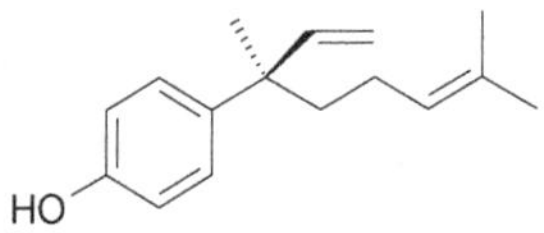

2159 Sporochnol C 棕藻毛头藻醇 C*

【基本信息】$C_{16}H_{22}O_2$, 浅黄色树胶状物.【类型】其它杂类萜.【来源】棕藻毛头藻属 *Sporochnus bolleanus* (加勒比海).【活性】拒食活性.【文献】Y. -C. Shen, et al. Phytochemistry, 1993, 32, 71.

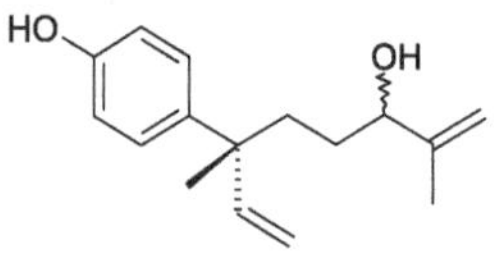

2160 Strongylin A 石海绵科海绵林 A*

【别名】Sch 50678.【类型】其它杂类萜.【基本信息】$C_{22}H_{32}O_3$, 油状物, $[\alpha]_D^{20} = +72°$ ($c = 0.023$, 二氯甲烷).【来源】石海绵属 *Strongylophora hartmani* 和锉海绵属 *Xestospongia wiedenmayeri*.【活性】细胞毒 (P_{388}, $IC_{50} = 13\mu g/mL$); 抗病毒 (流感病毒 PR-8, $IC_{50} = 6.5\mu g/mL$, IT = 9).【文献】A. E. Wright, et al. JNP, 1991, 54, 1108; S. J. Coval, et al. BoMCL, 1995, 5, 605; M. Gordaliza, et al. Mar. Drugs, 2010, 8, 2849 (Rev.).

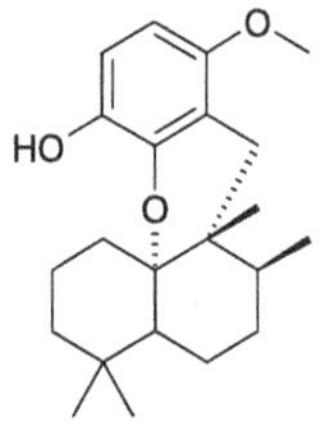

2161 Strongylophorine 1 石海绵科海绵素 1*

【基本信息】$C_{27}H_{38}O_4$, 晶体, mp 160°C, $[\alpha]_D = -27°$ ($c = 0.5$, 氯仿).【类型】其它杂类萜.【来源】石海绵属 *Strongylophora durissima*.【活性】鱼毒.【文献】J. C. Braekman, et al. Bull. Soc. Chim. Belg., 1978, 87, 917.

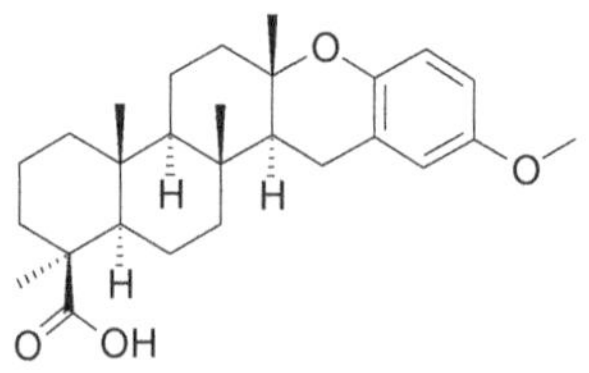

2162 Strongylophorine 2 石海绵科海绵素 2*

【基本信息】$C_{26}H_{34}O_4$, 油状物.【类型】其它杂类萜.【来源】石海绵属 *Strongylophora durissima*.【活性】鱼毒.【文献】J. C. Braekman, et al. Bull. Soc. Chim. Belg., 1978, 87, 917.

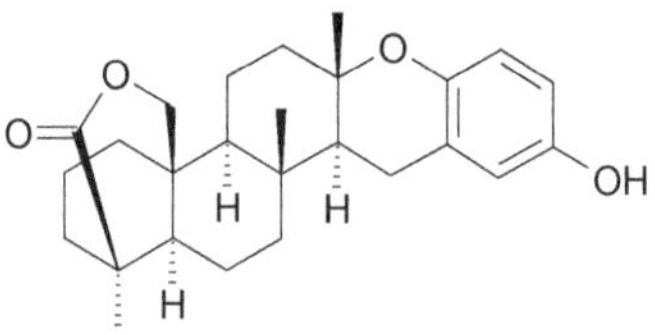

2163 Strongylophorine 3 石海绵科海绵素 3*

【基本信息】$C_{26}H_{36}O_4$, 晶体, mp 183~186°C, $[\alpha]_D = -35°$ ($c = 0.32$, 二氯甲烷).【类型】其它杂类萜.【来源】石海绵属 *Strongylophora durissima*.【活性】鱼毒.【文献】J. C. Braekman, et al. Bull. Soc. Chim. Belg., 1978, 87, 917.

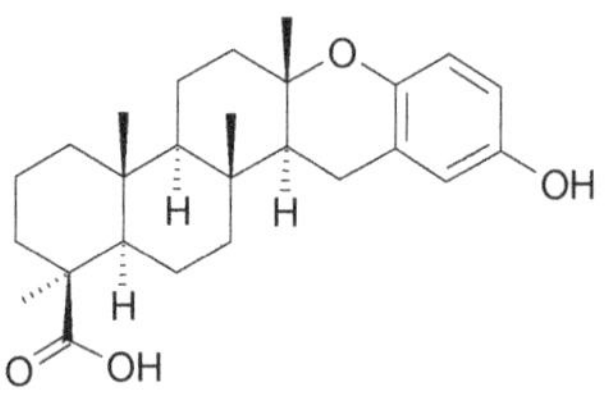

2164 (14*R*)-Stypodiol (14*R*)- 棕藻棕叶藻二醇*

【别名】*epi*-Stypodiol; *epi*-棕叶藻二醇*.【基本信息】$C_{27}H_{40}O_3$, 油状物, $[\alpha]_D = -4.5°$ ($c = 1.4$, 氯仿).【类型】其它杂类萜.【来源】棕藻棕叶藻 *Stypopodium zonale*.【活性】麻醉剂; 对礁石盘的超活性作用 (白点真雀鲷 *Eupomacentrus leucostictus*); 鱼毒.【文献】W. H. Gerwick, et al. Tetrahedron Lett., 1979, 20, 145; W. H. Gerwick, et al. JOC, 1981, 46, 22; A. Abad, et al. JOC, 1998, 63, 5100.

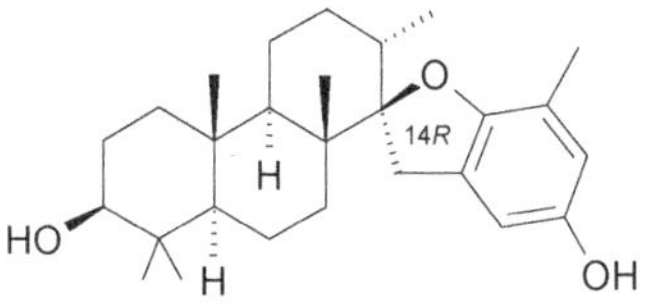

2165 (–)-Stypoldione (–)-棕藻棕叶藻醇二酮*

【基本信息】$C_{27}H_{38}O_4$, 红色晶体 (乙醚), mp 170° (分解), $[\alpha]_D = -65.1°$ ($c = 0.46$, 氯仿).【类型】其它杂类萜.【来源】棕藻棕叶藻 *Stypopodium zonale* 和棕藻扇状棕叶藻* *Stypopodium flabelliforme*, 软体动物黑指纹海兔 *Aplysia dactylomela*.【活性】细胞毒 (海胆卵); 鱼毒的; 细胞分裂抑制剂 (受精海胆卵实验, 1.1μg/mL); 抑制微管聚合 (*in vitro,* 新的机制); 磷脂酶 PLA_2 抑制剂.【文献】W. H. Gerwick, et al. Tetrahedron Lett., 1979, 145; W. H. Gerwick, et al. JOC, 1981, 46, 22; T. O'Brien, et al. Mol. Pharmacol., 1983, 24, 493; R. S. Jacobs, et al. Tetrahedron, 1985, 41, 981; W. H. Gerwick, et al. J. Chem. Ecol., 1989, 15, 677; J. Rovirosa, et al. Bol. Soc. Chil. Quim., 1994, 39, 219; K. Mori, et al. Liebigs Ann., 1995, 1755; A. Abad, et al. Synlett, 1996, 913.

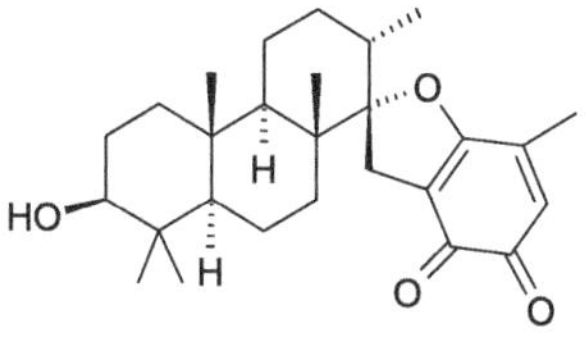

2166 Stypoquinonic acid 棕藻棕叶藻醌酸*

【基本信息】$C_{27}H_{38}O_4$, 油状物, $[\alpha]_D^{25}= +68.9°$ ($c = 0.27$, 甲醇).【类型】其它杂类萜.【来源】棕藻棕叶藻 *Stypopodium zonale* (加那利群岛, 西班牙).【活性】酪氨酸激酶抑制剂 ($IC_{50} = 79.7$μg/mL); 抗菌 (巨大芽孢杆菌 *Bacillus megaterium,* 大肠杆菌 *Escherichia coli,* 低活性).【文献】M. Wessels, et al. JNP, 1999, 62, 927.

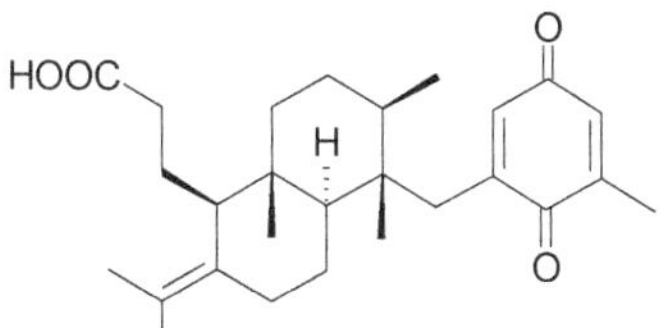

2167 Stypotriol 棕藻棕叶藻三醇*

【基本信息】$C_{27}H_{40}O_4$, 油状物, $[\alpha]_D^{25} = -10°$ ($c = 0.82$, 氯仿).【类型】其它杂类萜.【来源】棕藻棕叶藻 *Stypopodium zonale.*【活性】毒素.【文献】W. H. Gerwick, et al. Tetrahedron Lett., 1979, 145; W. H. Gerwick, et al. JOC, 1981, 46, 22.

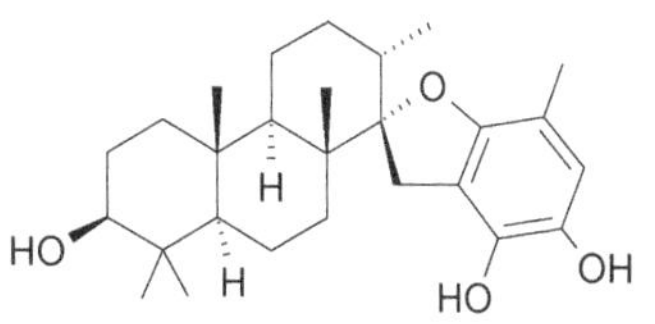

2168 (+)-Subersic acid (+)-苏泊斯科酸*

【基本信息】$C_{27}H_{38}O_3$, 油状物, $[\alpha]_D^{25} = +39.3°$ ($c = 3.26$, 甲醇).【类型】其它杂类萜.【来源】印度尼西亚海绵属 *Acanthodendrilla* sp.【活性】分裂素活化的蛋白激酶 MAPKAPK-2 抑制剂 ($IC_{50} = 9.6$μmol/L).【文献】D. E. Williams, et al. JNP, 2004, 67, 2127; D. Skropeta, et al. Mar. Drugs, 2011, 9, 2131 (Rev.).

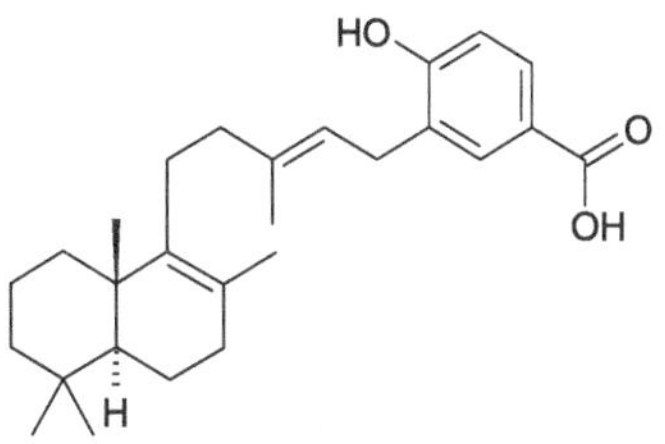

2169 (–)-Subersic acid (–)-苏泊斯科酸*

【基本信息】$C_{27}H_{38}O_3$【类型】其它杂类萜.【来源】光亮碧玉海绵* *Jaspis splendens.*【活性】脂氧合酶抑制剂 (人).【文献】J. Carroll, et al. JOC, 2001, 66, 6847.

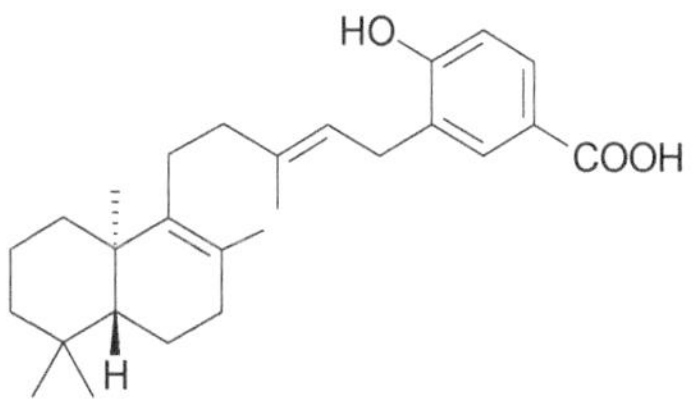

2170 *epi*-Taondiol *epi*-陶二醇*

【基本信息】$C_{32}H_{46}O_5$, 晶体 (乙醚), mp 149~152°C, $[\alpha]_D = +43.1°$ ($c. = 1.03$, 氯仿).【类型】其它杂类萜.【来源】棕藻棕叶藻 *Stypopodium zonale* 和棕藻扇状棕叶藻* *Stypopodium flabelliforme*, 软体动物黑指纹海兔 *Aplysia dactylomela.*【活性】细胞毒; 鱼毒; 抗有丝分裂, 杀藻剂.【文献】W. H. Gerwick, et al. JOC, 1981, 46, 22; F. Sánchez-Ferrando, et al. JOC, 1995, 60, 1475; M. A. Muñoz, et al. Heterocycles, 2012, 85, 1961.

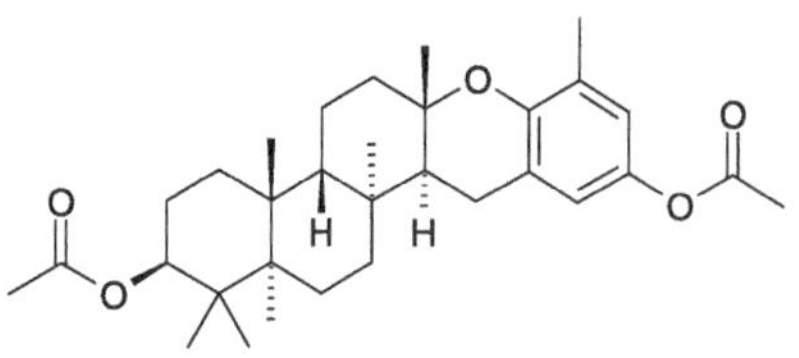

2171　Terretonin F　土色曲霉投宁 F*

【基本信息】$C_{26}H_{30}O_8$, 粉末, $[\alpha]_D^{25} = -19°$ ($c = 0.8$, 氯仿).【类型】其它杂类萜.【来源】海洋导出的真菌曲霉菌属 *Aspergillus insuetus*, 来自无花果状石海绵* *Petrosia ficiformis* (地中海).【活性】线粒体呼吸链抑制剂 (哺乳动物, 和 NADH 氧化酶相互作用).【文献】M. P. Lopez-Gresa, et al. JNP, 2009, 72, 1348.

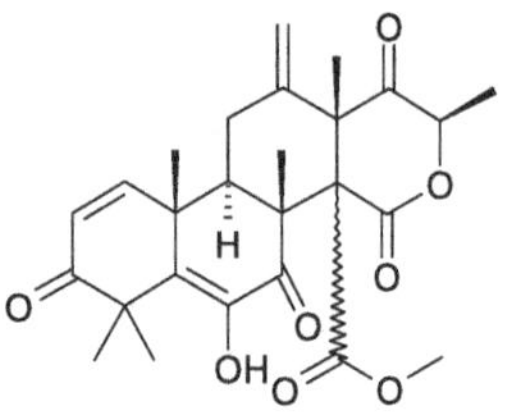

2172　Terretonin G　土色曲霉投宁 G*

【基本信息】$C_{27}H_{38}O_9$【类型】其它杂类萜.【来源】海洋导出的真菌曲霉菌属 *Aspergillus* sp. OPMF00272.【活性】抗菌 (20μg/盘: 革兰氏阳性菌金黄色葡萄球菌 *Staphylococcus aureus*, IZ = 4mm; 枯草杆菌 *Bacillus subtilis*, IZ = 2mm; 藤黄色微球菌 *Micrococcus luteus*, IZ = 2mm).【文献】T. Fukuda, et al. J. Antibiot., 2014, 67, 593.

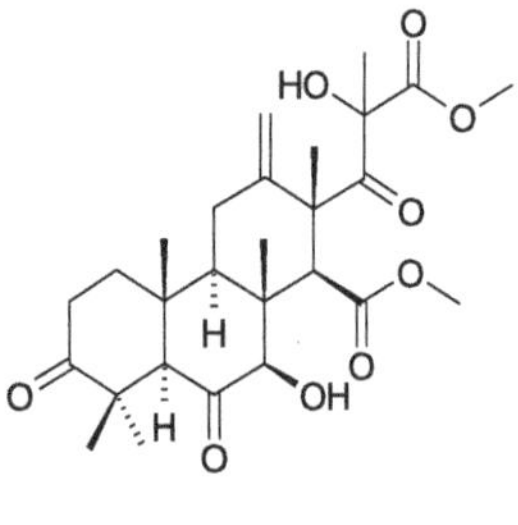

2173　Territrem B　土震素 B

【基本信息】$C_{29}H_{34}O_9$, 针状晶体(氯仿), mp 200~203°C, $[\alpha]_D = +131°$ ($c = 0.6$, 氯仿).【类型】其它杂类萜.【来源】海洋导出的真菌土色曲霉菌* *Aspergillus terreus* PT06-2 (在高盐分环境中生长, 盐分 10%时有中等活性).【活性】乙酰胆碱酯酶抑制剂 (高活性); 致肿瘤毒素.【文献】Y. Wang, et al. Mar. Drugs, 2011, 9, 1368.

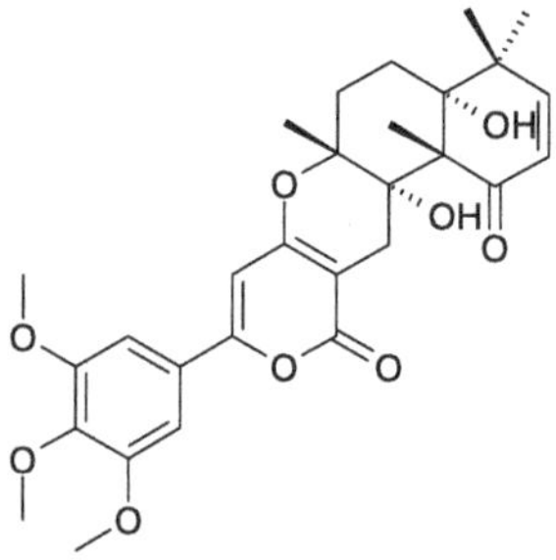

2174　2-Tetraprenylbenzoquinol　2-丁异戊二烯苯并醌醇*

【基本信息】$C_{26}H_{38}O_2$, 油状物.【类型】其它杂类萜.【来源】多微刺羊海绵* *Ircinia spinulosa* 和蝇状羊海绵* *Ircinia muscarum*.【活性】镇痛.【文献】G. Cimino, et al. Experientia, 1972, 28, 1401; Y. Venkateswarlu, et al. JNP, 1994, 57, 1286; S. Bouzbouz, et al. Synthesis, 1994, 714.

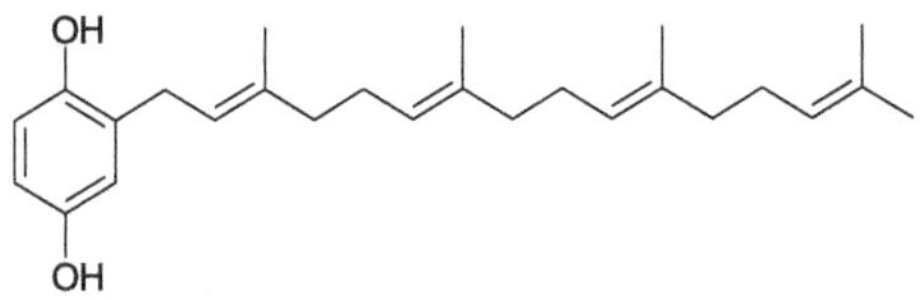

2175　α-Tocomonoenol　α-单烯生育酚

【别名】Marine derived tocopherol; 海洋源生育酚.【基本信息】$C_{29}H_{48}O_2$【类型】其它杂类萜.【来源】三文鱼 *Oncorhynchus keta* (卵, 太平洋).【活性】抗氧化剂 (和生育酚作用完全相同).【文献】Y. Yamamoto, et al. JNP, 1999, 62, 1685.

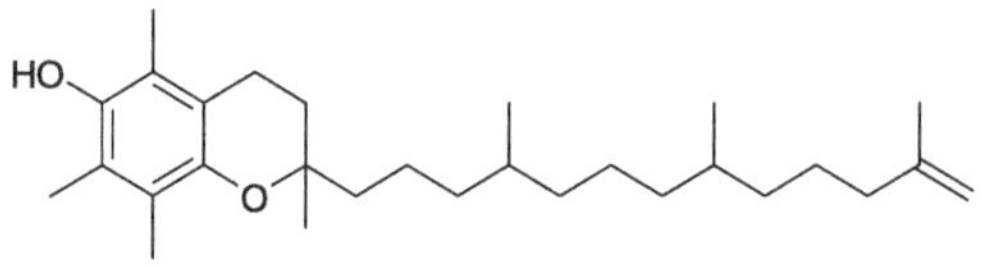

2176　δ-Tocotrienol　δ-三烯生育酚

【别名】3,4-Dihydro-2,8-dimethyl-2-(4,8,12-trimethyl-3,7,11-tridecatrienyl)-2*H*-1-benzopyran-6-ol; 3,4-二氢-2,8-二甲基-2-(4,8,12-三甲基-3,7,11-十三碳三烯基)-2*H*-1-苯并吡喃-6-醇.【基本信息】$C_{27}H_{40}O_2$, 油状物.【类型】其它杂类萜.【来源】棕藻马尾藻科 *Cystophora expansa* 和棕藻易扭转马尾藻* *Sargassum tortile*.【活性】导致水螅虫 *Conjue uchidal* 定居 (水螅虫 *Conjue uchidal* 是附生在棕藻 *Sargassum tortile* 上的; *Sargassum tortile* 的"汁液"引起水螅虫 *Conjue Uchidai* 的定居).【文献】R. Kazlauskas, et al. Aust. J. Chem., 1981, 34, 439;

T. Kato, et al. Experientia, 1975, 31, 433; T. Kato, et al. Chem. Lett., 1975, 335.

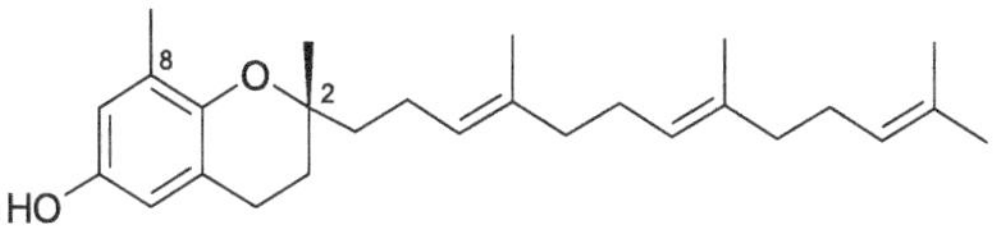

2177 δ-Tocotrinol epoxide δ-三烯生育酚环氧化物

【基本信息】$C_{27}H_{40}O_3$.【类型】其它杂类萜.【来源】棕藻易扭转马尾藻* *Sargassum tortile.*【活性】导致水螅虫 *Conjue uchidal* 定居 (水螅虫 *Conjue uchidal* 是附生在棕藻 *Sargassum tortile* 上的; *Sargassum tortile* 的"汁液"引起水螅虫 *Conjue Uchidai* 的定居).【文献】T. Kato, et al. Experientia, 1975, 31, 433; T. Kato, et al. Chem. Lett., 1975, 335.

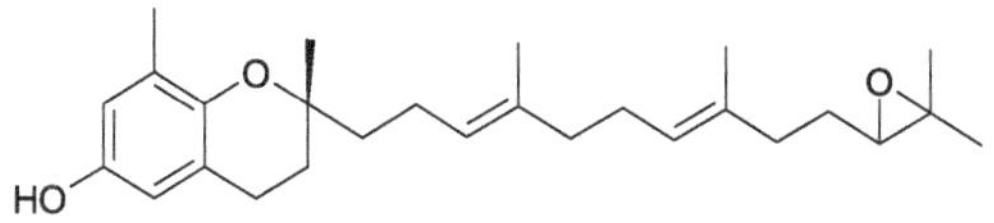

2178 15α,19,20-Tri-O-acetylpuupehenol 15α,19,20-三-O-乙酰基普乌坡赫醇*

【基本信息】$C_{27}H_{36}O_7$.【类型】其它杂类萜.【来源】Verongida 目海绵和 Dictyoceratida 目海绵.【活性】抗结核 (结核分枝杆菌 *Mycobacterium tuberculosis* H37Rv, 12.5μg/mL, InRt = 78%).【文献】J. K. Zjawiony, et al. JNP, 1998, 61, 1502; A. E. -S. Khalid, et al. Tetrahedron, 2000, 56, 949.

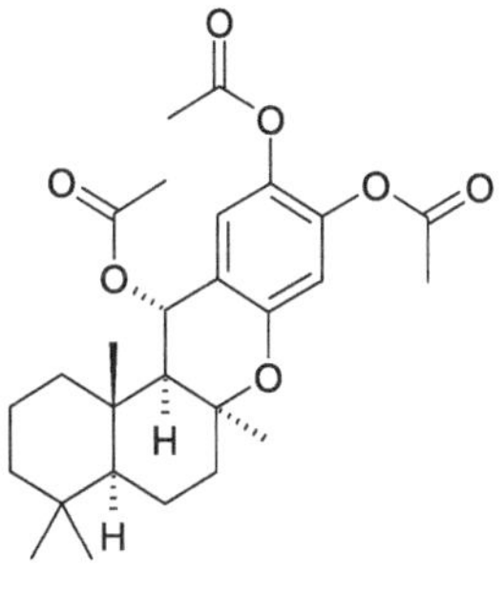

2179 Tricycloalternarene A 三环链格孢烯 A*

【基本信息】$C_{21}H_{32}O_4$.【类型】其它杂类萜.【来源】海洋导出的真菌链格孢属 *Alternaria* sp., 来自美丽海绵属 *Callyspongia* sp. (三亚, 海南, 中国).【活性】核转录因子-κB 抑制剂 (RAW264.7 细胞, 低活性到中等活性).【文献】G. Zhang, et al. JNP, 2013, 76, 1946.

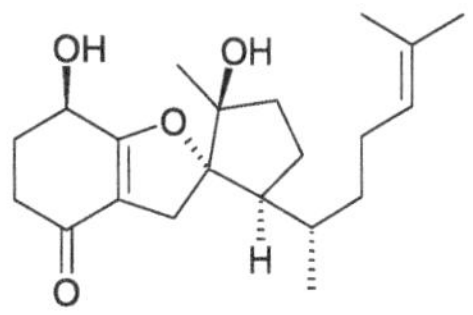

2180 Tricycloalternarene B 三环链格孢烯 B*

【基本信息】$C_{22}H_{34}O_5$【类型】其它杂类萜.【来源】海洋导出的真菌链格孢属 *Alternaria* sp., 来自美丽海绵属 *Callyspongia* sp. (三亚, 海南, 中国).【活性】核转录因子-κB 抑制剂 (RAW264.7 细胞, 低活性到中等活性).【文献】G. Zhang, et al. JNP, 2013, 76, 1946.

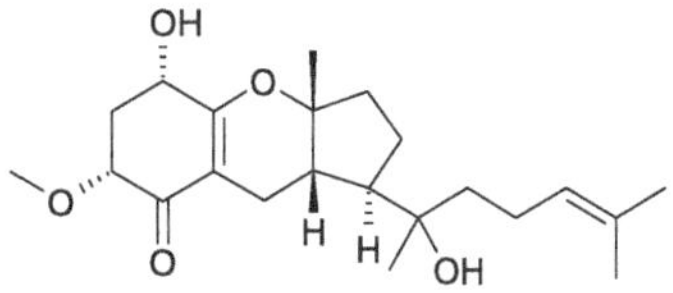

2181 Tricycloalternarene C 三环链格孢烯 C*

【基本信息】$C_{21}H_{32}O_4$.【类型】其它杂类萜.【来源】海洋导出的真菌链格孢属 *Alternaria* sp., 来自美丽海绵属 *Callyspongia* sp. (三亚, 海南, 中国).【活性】核转录因子-κB 抑制剂 (RAW264.7 细胞, 低活性到中等活性).【文献】G. Zhang, et al. JNP, 2013, 76, 1946.

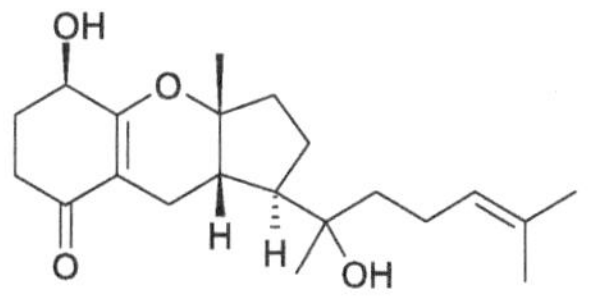

2182 Tropolactone A 头坡内酯 A*

【基本信息】$C_{26}H_{34}O_7$, 油状物, $[\alpha]_D = -48°$ (c = 1.8, 二氯甲烷).【类型】其它杂类萜.【来源】海洋导出的真菌曲霉菌属 *Aspergillus* sp., 来自未鉴定的海绵 (夏威夷, 美国).【活性】细胞毒 (HCT116, IC_{50} = 13.2μg/mL).【文献】M. Cueto, et al. Phytochemistry, 2006, 67, 1826.

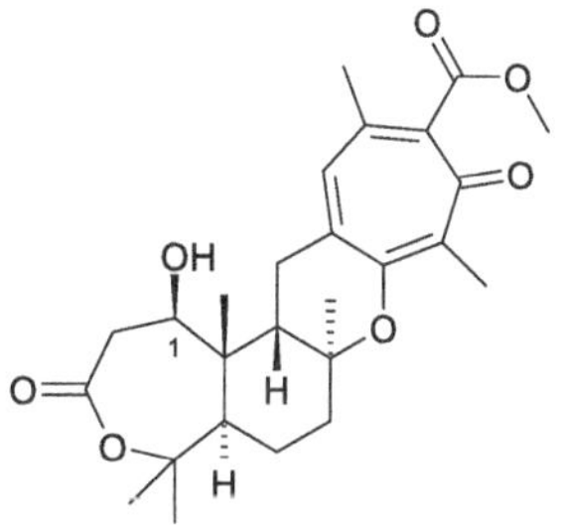

2183 Tropolactone B 头坡内酯 B*

【基本信息】$C_{28}H_{36}O_8$, 油状物, $[\alpha]_D = -30°$ ($c = 0.3$, 二氯甲烷).【类型】其它杂类萜.【来源】海洋导出的真菌曲霉菌属 *Aspergillus* sp., 来自未鉴定的海绵 (夏威夷, 美国).【活性】细胞毒 (HCT116, $IC_{50} = 10.9\mu g/mL$).【文献】M. Cueto, et al. Phytochemistry, 2006, 67, 1826.

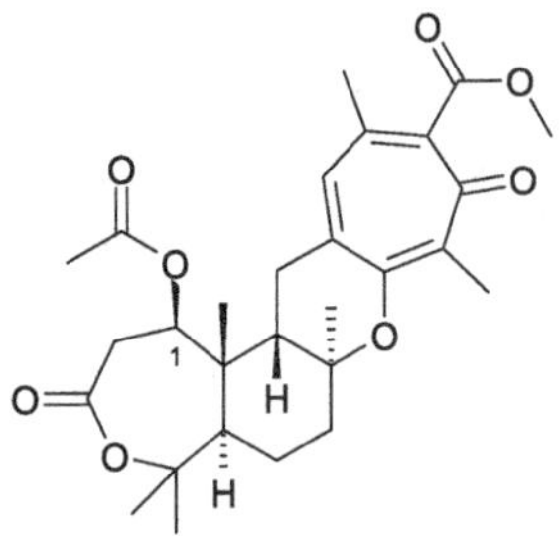

2184 Tropolactone C 头坡内酯 C*

【基本信息】$C_{26}H_{32}O_6$, 油状物, $[\alpha]_D = -78°$ ($c = 1.1$, 二氯甲烷).【类型】其它杂类萜.【来源】海洋导出的真菌曲霉菌属 *Aspergillus* sp., 来自未鉴定的海绵 (夏威夷, 美国).【活性】细胞毒 (HCT116, $IC_{50} = 13.9\mu g/mL$).【文献】M. Cueto, et al. Phytochemistry, 2006, 67, 1826.

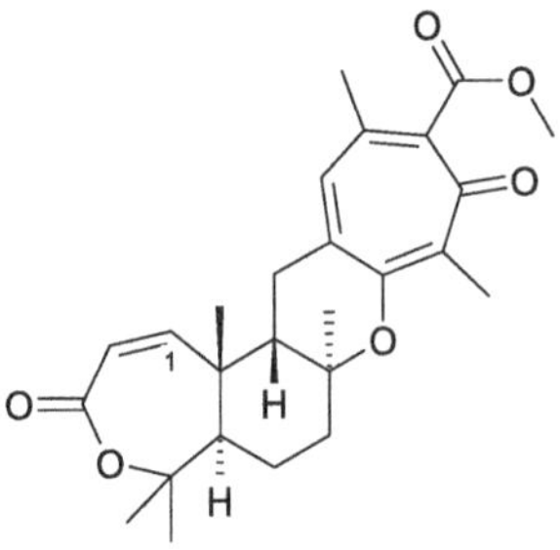

2185 Wiedendiol A 巴哈马锉海绵二醇 A*

【基本信息】$C_{22}H_{32}O_3$, $[\alpha]_D^{24} = +122.0°$ ($c = 1$, 氯仿), $[\alpha]_D^{21} = +121°$ (氯仿).【类型】其它杂类萜.【来源】锉海绵属 *Xestospongia wiedenmayeri* (巴哈马, 加勒比海).【活性】胆甾醇酯转移蛋白 (CETP) 抑制剂 ($IC_{50} = 1.0\mu mol/L$); 抗动脉粥样硬化.【文献】S. J. Coval, et al. BoMCL, 1995, 5, 605; S. Chackalamannil, et al. Tetrahedron Lett., 1995, 36, 5315; A. F. Barrero, et al. Tetrahedron, 1998, 54, 5635; M. Gordaliza, et al. Mar. Drugs, 2010, 8, 2849 (Rev.).

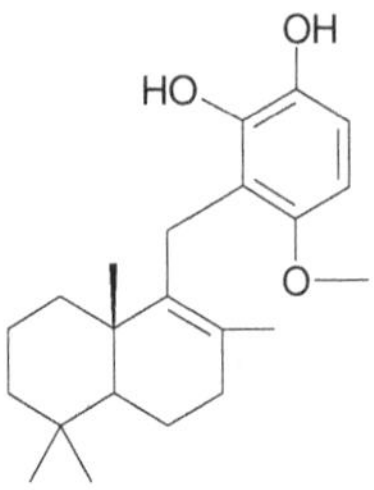

2186 Wiedendiol B 巴哈马锉海绵二醇 B*

【别名】Sch 50680.【基本信息】$C_{22}H_{32}O_3$, $[\alpha]_D^{21} = -41°$ (氯仿).【类型】其它杂类萜.【来源】锉海绵属 *Xestospongia wiedenmayeri* (巴哈马, 加勒比海).【活性】胆甾醇酯转移蛋白 (CETP) 抑制剂 ($IC_{50} = 0.6\mu mol/L$); 环氧合酶-2 抑制剂 (比参考化合物吲哚美辛活性强 10 倍).【文献】S. J. Coval, et al. BoMCL, 1995, 5, 605; A. F. Barrero, et al. Tetrahedron, 1998, 54, 5635; M. Gordaliza, et al. Mar. Drugs, 2010, 8, 2849 (Rev.).

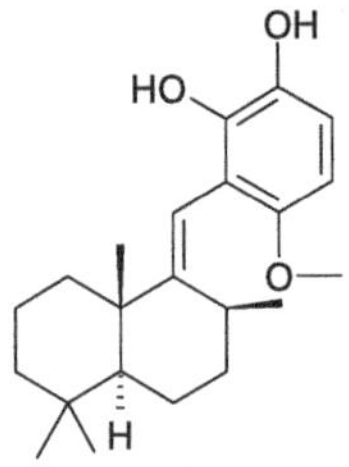

2187 Xestoquinolide A 锉海绵醌内酯 A*

【基本信息】$C_{20}H_{16}O_4$, 黄色粉末, $[\alpha]_D = +32°$.【类型】其它杂类萜.【来源】碳锉海绵* *Xestospongia* cf. *carbonaria*.【活性】酪氨酸蛋白激酶 TPK 抑制剂 ($IC_{50} = 80\mu mol/L$).【文献】K. A. Alvi, et al. JOC, 1993, 58, 4871; D. Skropeta, et al. Mar. Drugs, 2011, 9, 2131 (Rev.).

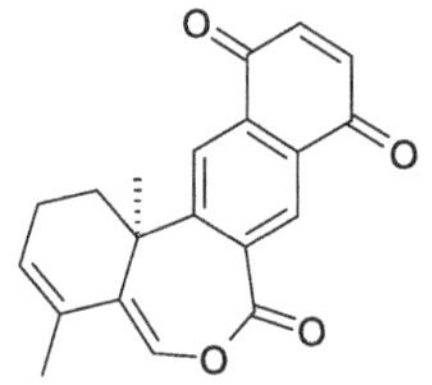

2188 Xestoquinolide B_1 锉海绵醌内酯 B_1*

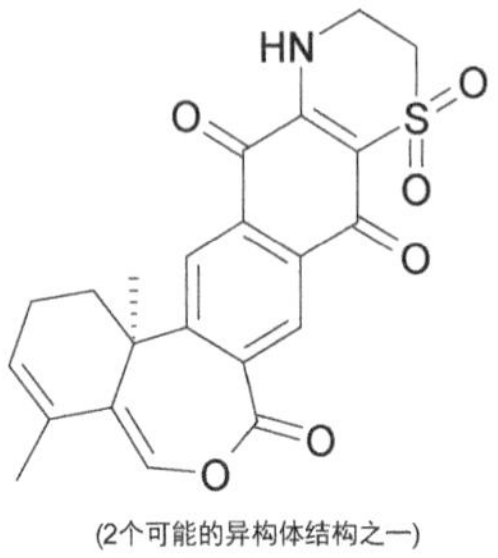

(2个可能的异构体结构之一)

【基本信息】$C_{22}H_{19}NO_6S$, 黄色粉末.【类型】其它杂类萜.【来源】碳锉海绵* *Xestospongia* cf. *carbonaria*.【活性】PTK 抑制剂.【文献】K. A. Alvi, et al. JOC, 1993, 58, 4871.

2189 Xestoquinolide B₂ 锉海绵醌内酯 B₂*

【基本信息】$C_{22}H_{19}NO_6S$, 黄色粉末.【类型】其它杂类萜.【来源】碳锉海绵* *Xestospongia* cf. *carbonaria*.【活性】PTK 抑制剂.【文献】K. A. Alvi, et al. JOC, 1993, 58, 4871.

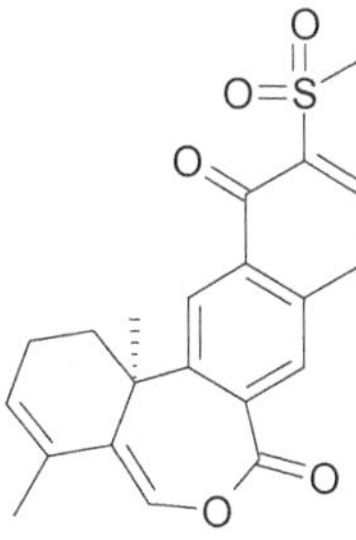

(2个可能的异构体结构之一)

2190 Yahazunol 亚哈尊醇*

【基本信息】$C_{21}H_{32}O_3$, 晶体 (丙酮/乙醚), mp 127~129°C, $[\alpha]_D^{27} = -12°$ ($c = 0.1$, 氯仿).【类型】其它杂类萜.【来源】棕藻波状网翼藻 *Dictyopteris undulata* [Syn. *Dictyopteris zonarioides*].【活性】抗微生物.【文献】M. Ochi, et al. Bull. Chem. Soc. Jpn., 1979, 52, 629.

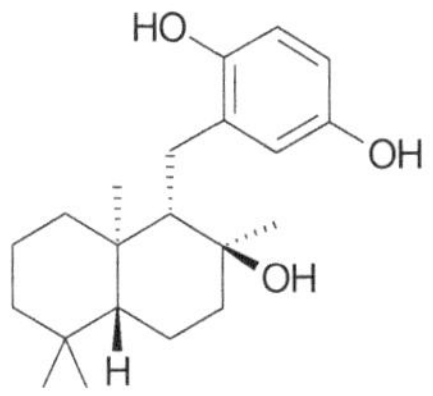

2191 Zonaquinone acetate 棕藻波状网翼藻醌乙酸酯*

【基本信息】$C_{29}H_{40}O_4$.【类型】其它杂类萜.【来源】棕藻棕叶藻 *Stypopodium zonale* (牙买加).【活性】抗恶性细胞增生 (温和活性).【文献】N. Penicooke, et al. Phytochemistry, 2013, 87, 96.

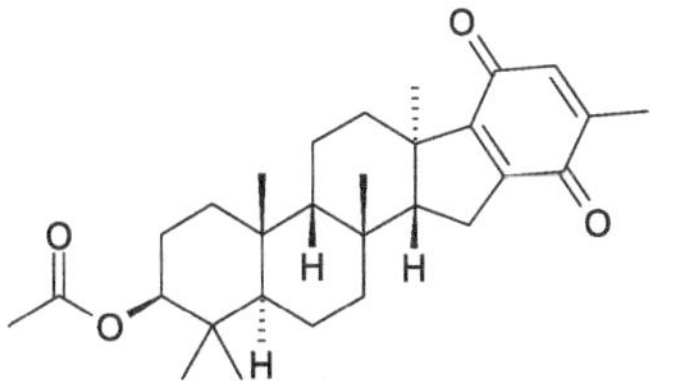

2192 (+)-Zonarol (+)-棕藻波状网翼藻醇*

【基本信息】$C_{21}H_{30}O_2$, 晶体 (乙醚/石油醚), mp 173.5~174.5°C, $[\alpha]_D^{27} = +18°$ ($c = 0.1$, 氯仿).【类型】其它杂类萜.【来源】棕藻波状网翼藻 *Dictyopteris undulata* [Syn. *Dictyopteris zonarioides*].【活性】抗真菌.【文献】W. Fenical, et al. JOC, 1973, 38, 2383; G. Cimino, et al. Experientia, 1975, 31, 1250; H. Akita, et al. Tetrahedron: Asymmetry, 1998, 9, 1789.

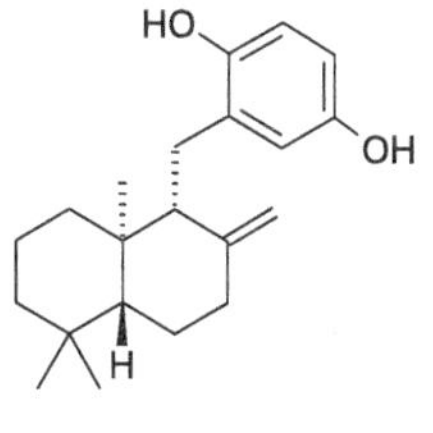

附　　录

附录 1　缩略语和符号表

缩写或符号	名称
[³H]AMPA	[³H]-1-氨基-3-羟基-5-甲基-4-异噁唑丙酸
[³H]CGS-19755	*N*-甲基-D-天冬氨酸(NMDA)受体拮抗剂
[³H]CPDPX	[³H]-1,3-二丙基-8-环戊基黄嘌呤
[³H]DPDPE	阿片样肽
[³H]KA	[³H]-红藻氨酸 (海人草酸; 2-羧甲基-3-异丙烯脯氨酸)
‡	同名异物标记
5-FU	氟尿嘧啶
5-HT	5-羟色胺(血清素)
5-HT2A	5-羟色胺 2A
5-HT2C	5-羟色胺 2C
6-MP	6-巯基嘌呤
6-OHDA	6-羟基多巴胺
AAI	抗氧化剂活性指标 (最终 DPPH 浓度/半数有效浓度 EC_{50})
ABRCA	耐两性霉素 B 的白色念珠菌 *Candida albicans*
ABTS$^{\bullet+}$	2,2′-连氮-双-(3-乙基苯基噻唑啉-6-磺酸), 自由基
ACAT	酰基辅酶 A: 胆固醇酰基转移酶
ACE	血管紧张素转换酶
AChE	乙酰胆碱酯酶
ADAM10	ADAM 蛋白酶 10
ADAM9	ADAM 蛋白酶 9
ADM	阿霉素
AGE	改进的糖化作用终端产物
AIDS	获得性免疫缺陷综合征
AKT	核糖体蛋白激酶
AKT1	AKT1 蛋白激酶
ALK	ALK 蛋白激酶
AP-1	活化蛋白-1 转录因子
APOBEC3G	人先天细胞内的抗病毒因子 (重组蛋白)
aq	水溶液
ARCA	耐两性霉素的白色念珠菌 *Candida albicans*
ARK5	ARK5 蛋白激酶
ATCC	美国型培养菌种集
ATP	腺苷三磷酸
ATPase	腺苷三磷酸酶
Aurora-B	Aurora-B 蛋白激酶
AXL	AXL 蛋白激酶
BACE	β-分泌酶
BACE1	β-分泌酶 1 (被广泛相信是阿尔兹海默病病理学中的中心角色)
BCG	卡介苗
Bcl-2	细胞存活促进因子
BoMC	杂志 *Bioorg. Med. Chem.* 的进一步缩写
BoMCL	杂志 *Bioorg. Med. Chem. Lett.* 的进一步缩写
bp	沸点
BV2	神经胶质细胞
c	浓度
CaMKⅢ	CaMKⅢ蛋白激酶
cAMP	环腺苷单磷酸
CAPE	咖啡酸苯乙酯
Caspase-2	胱天蛋白酶-2
Caspase-3	胱天蛋白酶-3
Caspase-8	胱天蛋白酶-8
Caspase-9	胱天蛋白酶-9
CB	细胞松弛素 B
CB1	神经受体
CB1	中枢类大麻素受体
CC_{50}	半数细胞毒浓度
CCR5	趋化因子受体 5
CD	使酶(诱导)活性加倍所需的浓度
CD-4	细胞分化抗原 CD-4
CD45	细胞分化抗原 CD45
Cdc2	细胞分裂周期蛋白 Cdc2, 依赖细胞周期蛋白的激酶
Cdc25	细胞分裂周期蛋白 Cdc25, 人体的酪氨酸蛋白磷酸酶

续表

缩写或符号	名称	缩写或符号	名称
Cdc25a	细胞分裂周期蛋白 Cdc25a，人体酪氨酸蛋白磷酸酶	Delta	Δ，最敏感细胞株 lg GI_{50} (mol/L) 值和 MG-MID 值之差
Cdc25b	细胞分裂周期蛋白 Cdc25b，人体重组磷酸酶	DGAT	二酰甘油酰基转移酶
CDDP	顺-二胺二氯铂（顺铂）	DHFR	二氢叶酸还原酶
CDK	细胞周期蛋白依赖激酶	DHT	二羟基睾丸素
CDK1	细胞周期蛋白依赖激酶 1	DMSO	二甲亚砜
CDK2	细胞周期蛋白依赖激酶 2	DNA	去氧核糖核酸
CDK4	细胞周期蛋白依赖激酶 4	DPI	二亚苯基碘
CDK4/cyclin D1	在与其活化剂细胞周期蛋白 D1 的复合物中的细胞周期蛋白依赖激酶 4	DPPH	1,1-联苯基-2-间-苦基偕腙肼自由基
CDK5/p25	细胞周期蛋白依赖激酶 5/p25 蛋白	DRPF	耐药的恶性疟原虫 *Plasmodium falciparum*
CDK7	细胞周期蛋白依赖激酶 7	DRS	耐药的葡萄球菌属细菌 *Staphylococcus* sp.
c-erbB-2	*c*-erbB-2 蛋白激酶	DSPF	对药物敏感的恶性疟原虫 *Plasmodium falciparum*
CETP	胆固醇酯转移蛋白	EBV	爱泼斯坦-巴尔病毒 (Epstein-Barr virus)
cGMP	环鸟苷酸，环鸟苷一磷酸	EC	有效浓度
CGRP	降钙素基因相关蛋白	EC_{50}	半数有效浓度
ChAT	胆碱乙酰转移酶	ED_{50}	半数有效剂量
CMV	巨细胞病毒	EGF	表皮生长因子
CNS	中枢神经系统	EGFR	表皮生长因子受体
COMPARE	COMPARE 是一种数据分析算法的名称	EL-4	抵抗天然杀手细胞的淋巴肉瘤细胞株
ConA	伴刀豆球蛋白 A	ELISA	和酶相关的免疫吸附剂试验；细胞有丝分裂率的测定采用的特异性微板免疫分析法
COX-1	环加氧酶-1 (组成型环加氧酶)	EPI	表阿霉素
COX-2	环加氧酶-2 (促分裂原诱导性环加氧酶)	ERK	细胞外信号调解蛋白激酶
CPB	杂志 *Chem. Pharm. Bull.* 的进一步缩写	Erk1	细胞外信号调解蛋白激酶 1
$cPLA_2$	细胞溶质的 85kDa 磷酸酯酶	Erk2	细胞外信号调解蛋白激酶 2
CPT	喜树碱	ESBLs	扩展谱 β-内酰胺酶
c-Raf	KRAS 肿瘤驱动中最重要的 RAF 亚型	EurJOC	杂志 *Eur. J. Org. Chem.* 的进一步缩写
CRPF	抗氯喹的恶性疟原虫 *Plasmodium falciparum*	Fab Ⅰ	Fab Ⅰ 蛋白
CRPF FcM29	抗氯喹的恶性疟原虫 *Plasmodium falciparum* FcM29	FAK	黏着班蛋白激酶
CSF 诱导物	CSF 诱导物	FBS	牛胎血清
CSPF	对氯喹敏感的恶性疟原虫 *Plasmodium falciparum*	FLT3	FLT3 蛋白质酪氨酸激酶
Cyp1A	芳香化酶细胞色素 P450 1A	Flu	流感病毒
CYP1A	细胞色素 P450 1A	Flu-A	流感病毒 A
CYP450 1A	细胞色素 P450 1A	fMLP/CB	*N*-甲酰-L-甲硫氨酰-L-亮氨酰-L-苯丙氨酸/细胞松弛素 B
Cytokines	细胞因子	formyl-Met-Leu-Phe	甲酰-甲硫氨酰-亮氨酰-苯丙氨酸
d	天	FOXO1a	分叉头框蛋白 1a，是 PTEN 肿瘤抑制基因的下游靶标
D	直径（mm）		
ddy	ddy 小鼠（一种自发的人类 IgA 肾病动物模型）	FPT	法尼基蛋白转移酶（PFT 的抑制作用可能是新的抗癌药物的靶标）

续表

缩写或符号	名称
FRCA	抗氟康唑的白色念珠菌 *Candida albicans*
FtsZ	真核生物微管蛋白的结构同系物，一种鸟苷三磷酸酶
FXR	法尼醇（胆汁酸）X 受体
GABA	γ-氨基丁酸
GI_{50}	半数抑制生长浓度
GLUT4	葡萄糖转运蛋白
GlyR	甘氨酸门控氯离子通道受体
gp41	一种 HIV-1 的跨膜蛋白（重组蛋白）
gpg	荷兰猪
GPR12	G 蛋白耦合受体 12 (可以是处理多种神经性疾病的重要的分子靶标)
GRP78	GRP78 分子伴侣
GSK3-α	糖原合成激酶-3α
GSK3-β	糖原合成激酶-3β
GST	谷胱甘肽硫转移酶
GTP	鸟嘌呤核苷三磷酸盐
GU4	白色念珠菌 *Candida albicans* 敏感的 GU4 株
GU5	白色念珠菌 *Candida albicans* 敏感的 GU5 株
h	小时
H1N1	H1N1 流感病毒
H3N2	H3N2 流感病毒
HBV	乙型肝炎病毒
HC_{50}	溶血中浓度
HCMV	人巨细胞病毒
HCV	丙型肝炎病毒
HD	一种对照化合物，原始论文（J. Qin, et al. BoMCL, 2010, 20, 7152）中无具体说明
hdm2	*hdm2* 癌基因是鼠基因 *mdm2* 在人的同源基因
HDM2	HDM2 蛋白（主要功能是调节 *p53* 抑癌基因的活性）
HER2	HER2 酪氨酸激酶
HF	超敏反应因子
HIF-1	缺氧诱导型因子-1
HIV	人免疫缺损病毒（艾滋病毒）
HIV-1	人免疫缺损病毒 1
HIV-1 ⅢB	人免疫缺损病毒 1 ⅢB
HIV-1 in	人免疫缺损病毒 1 整合酶
$HIV\text{-}1_{RF}$	人免疫缺损病毒 1 RF
HIV-1-rt	人免疫缺损病毒 1 反转录酶
HIV-2	人免疫缺损病毒 2
HIV-rt	人免疫缺损病毒反转录酶（艾滋病毒逆转录酶）
HLE	人白血球弹性蛋白酶
HMG-CoA	3-羟基-3-甲基戊二酰辅酶 A 还原酶
hmn	人
HNE	人嗜中性粒细胞弹性蛋白酶
$HO^{\bullet}$	羟基自由基
hRCE	人 Ras 转换酶
hPPARd	人过氧化物酶体增殖物激活受体 δ
HSV	单纯性疱疹病毒
HSV-1	单纯性疱疹病毒 1
HSV-2	单纯性疱疹病毒 2
hTopo l	hTopo l 异构酶
HXB2	HXB2 T 细胞湿热病毒株
IC_{100}	绝对抑制浓度
IC_{50}	半数抑制浓度
IC_{90}	90%抑制时的浓度
ICR	印记对照区小鼠
ID	抑制区直径（mm）
ID_{50}	抑制中剂量
IDE	胰岛素降解酶
IDO	吲哚胺双加氧酶
IFV	流感病毒
IgE	免疫球蛋白 E
IGF1-R	IGF1-R 蛋白激酶
IgM	免疫球蛋白 M
IL-1β	白细胞介素-1β
IL-2	白细胞介素-2
IL-4	白细胞介素-4
IL-5	白细胞介素-5
IL-6	白细胞介素-6
IL-8	白细胞介素-8
IL-12	白细胞介素-12
IL-13	白细胞介素-13
IM	免疫调节剂
IMP	次黄苷一磷酸
IMPDH	肌苷单磷酸盐脱氢酶
IN	整合酶
iNOS	诱导型氮氧化物合酶
InRt	抑制率
ip	腹膜内注射

缩写或符号	名称
ipr	腹膜内注射
iv	静脉注射
ivn	静脉注射
IZ	抑制区（mm）
IZD	抑制区直径（mm）
IZR	抑制区半径（mm）
JACS	杂志 *J. Am. Chem. Soc.* 的进一步缩写
Jak2	Janus 激酶 2
JCS Perkin Trans. I	杂志 *J. Chem. Soc., Perkin Trans. I* 的进一步缩写
JMC	杂志 *J. Med. Chem.* 的进一步缩写
JNK	*c*-Jun-氨基末端激酶
JNP	杂志 *J. Nat. Prod.* 的进一步缩写
JOC	杂志 *J. Org. Chem.*的进一步缩写
KDR	KDR 蛋白酪氨酸激酶
KU-812	人嗜碱性粒细胞
L-6	大白鼠骨骼肌肌母细胞
LAV	LAV T 细胞湿热病毒株
LC_{50}	细胞生存 50%时的浓度
LCV	淋巴细胞生存能力
LD	致死剂量
LD_{100}	100%致死剂量
LD_{50}	50%致死剂量
LD_{99}	99%致死剂量
LDH	乳酸盐脱氢酶
LOX	脂氧合酶
LPS	脂多糖
LTB_4	白细胞三烯 B_4
LTC_4	白细胞三烯 C_4
LY294002	磷脂酰肌醇-3-激酶抑制剂（抗炎试验中的阳性对照物）
MABA	微平板阿拉马尔蓝试验（一种抗结核试验）
MAGI 试验	也叫单生命周期试验，只反映感染第一轮的情况
MAPKAPK-2	分裂素活化的蛋白激酶-2
MAPKK	促分裂原活化蛋白激酶激酶
MBC	最低杀菌浓度
MBC_{90}	杀菌 90%的最低浓度
$MBEC_{90}$	杀菌 90%最小生物膜清除计数
MCV	疸病毒 *Molluscum contagiosum*
MDR	对多种药物的抗性
MDR1	主要促进者超家族 1；是白色念珠菌 *Candida albicans* 流出泵的一种类型，其功能是作为一种氢离子的反向运转体
MDRPF	多重耐药恶性疟原虫 *Plasmodium falciparum*
MDRSA	多重耐药金黄色葡萄球菌 *Staphylococcus aureus*
MDRSP	多重耐药肺炎链球菌
MEK1 wt	MEK1 wt 蛋白激酶
MET wt	MET wt 蛋白激酶
MG-MID	对所有细胞株试验的平均 lg GI_{50} 值（mol/L）
MIA	最小抑制量（μg/盘）
MIC	最小抑制浓度
MIC_{50}	抑制 50%的最低浓度
MIC_{80}	抑制 80%的最低浓度
MIC_{90}	抑制 90%的最低浓度
MID	最低抑制剂量
min	分钟
MLD	最低致死剂量
MLR	混合淋巴细胞反应
MMP	基质金属蛋白酶类
MMP-2	基质金属蛋白酶-2
MoBY-ORF	分子条形码酵母菌开放阅读框文库方法
mp	熔点
MPtpA	结核分枝杆菌 *Mycobacterium tuberculosis* 蛋白酪氨酸磷酸酶 A
MPtpB	结核分枝杆菌 *Mycobacterium tuberculosis* 蛋白酪氨酸磷酸酶 B
MREC	耐甲氧西林的大肠杆菌（大肠埃希菌）*Escherichia coli*
MRSA	耐甲氧西林的金黄色葡萄球菌 *Staphylococcus aureus*
MRSE	耐甲氧西林的表皮葡萄球菌 *Staphylococcus epidermidis*
MSK1	应激活化的激酶
MSR	巨噬细胞清除剂受体
MSSA	对甲氧西林敏感的金黄色葡萄球菌 *Staphylococcus aureus*
MSSE	对甲氧西林敏感的表皮葡萄球菌 *Staphylococcus epidermidis*
MT	金属硫蛋白
MT1-MMP	1 型膜基质金属蛋白酶
MT4	含 HIV-1 IIIB 病毒的 MT4 细胞
MTT	3-(4,5-二甲基噻唑-2-基)-2,5-二苯基四唑溴化物

续表

缩写或符号	名称
MTT assay	一种基于四唑比色反应的测量体外抗癌（细胞毒）活性的方法（参见 L. V. Rubinstein, et al. Nat. Cancer Inst., 1990, 82, 1113~1118)
mus	小鼠，鼠
n	平行试验次数
nACh	烟碱型乙酰胆碱
NADH	还原型烟酰胺腺嘌呤二核苷酸（还原型辅酶Ⅰ)
NDM-1	新德里金属-*β*-内酰胺酶 1
NEK2	NEK2 蛋白激酶
NEK6	NEK2 蛋白激酶
NF-κB	核转录因子-κB
NFRD	NADH-延胡索酸还原酶
NGF	神经生长因子
NMDA	*N*-甲基-D-天冬氨酸盐
$NO^{\bullet}$	一氧化氮自由基
NPR	杂志 *Nat. Prod. Rep.* 的进一步缩写
$O_2^{\bullet-}$	超氧化物自由基
$ONOO^-$	过氧亚硝酸盐自由基
ORAC	氧自由基吸收能力
orl	口服
p24	p24 蛋白(一种 24kDa 可溶性视网膜蛋白，新的 EF 手型钙结合蛋白)
p25	p25 蛋白［1 型人体免疫缺陷病毒(HIV-1) 的核心蛋白］
$P2X_7$	胞外核苷酸 P2 嘌呤受体的离子通道受体（结构和功能和其他亚型相比有显著差异，它在多种病理状态下表达上调，$P2X_7$ 受体及其介导的信号通路在中枢神经系统疾病中发挥关键作用，可能成为中枢神经系统疾病的潜在药物靶点，如帕金森病，阿尔茨海默病，肌肉萎缩侧索硬化，抑郁症和失眠等)
P2Y	另一种类型的嘌呤 G 蛋白偶联受体，包括腺苷受体 P1 和 P2 受体
$P2Y_{11}$	P2Y 八种亚型之一
P450	细胞色素 P450
p53	抑癌基因（编码抑癌蛋白 p53)
p56lck	酪氨酸激酶 p56lck
PAcF	血小板活化因子
PAF	血小板聚合因子
PARP	多 ADP-核糖聚合酶（是 DNA 修复酶)
pD_2 (= pEC_{50})	把最大响应 EC_{50} 值降低 50%所需要的摩尔浓度的负对数
PDE5	磷酸二酯酶 5
PDGF	血小板导出的生长因子
PfGSK-3	PfGSK-3 激酶
Pfnek-1	恶性疟原虫 *Plasmodium falciparum* 和 NIMA 相关的蛋白激酶
PfPK5	PfPK5 激酶
PfPK7	PfPK7 激酶
PGE_2	前列腺素 E_2
P-gp	P-糖蛋白
PHK	原代人角蛋白细胞
PIM1	PIM1 蛋白激酶
PK	蛋白激酶
PKA	蛋白激酶 A
PKC	蛋白激酶 C
PKC-δ	蛋白激酶 C-δ
PKC-ε	蛋白激酶 C-ε
PKD	PKD 核糖体蛋白
PKG	蛋白激酶 G
PLA	磷脂酶 A
PLA_2	磷脂酶 A_2
PLCγ1	PLCγ1 核糖体蛋白
PLK1	PLK1 蛋白激酶
PM	杂志 *Planta Med.* 的进一步缩写
PMA (= TPA)	佛波醇-12-豆蔻酸酯-13-乙酸酯
PMNL	人多形核白细胞
PMNL	人中性粒细胞白细胞
PP	蛋白磷酸酶
PP1	蛋白磷酸酶 PP1
PP2A	蛋白磷酸酶 PP2A
$pp60^{V\text{-}SRC}$	$pp60^{V\text{-}SRC}$ 酪氨酸激酶
PPAR	过氧化物酶体磷酸盐活化受体
PPARγ	过氧化物酶体增殖物激活受体 γ
PPDK	丙酮酸磷酸双激酶
PR	PR 蛋白酶
PRK1	PRK1 蛋白激酶
PRNG	抗盘尼西林奈瑟氏淋球菌 *Neisseria gonorrheae*
PRSP	抗盘尼西林肺炎葡萄球菌 *Staphylococcus pneumoniae*
PTEN	PTEN 肿瘤抑制基因（一种已经识别的位于人的染色体 10q23.3 的肿瘤抑制基因)
PTK	蛋白酪氨酸激酶（一类催化 ATP 上 γ-磷酸转移到蛋白酪氨酸残基上的激酶，能催化多种底物蛋白质酪氨酸残基磷酸化，在细胞生长、增殖、分化中具有重要作用)

续表

缩写或符号	名称
PTP1B	蛋白酪氨酸磷酸酶 1B (一种处理II型糖尿病的靶标)
PTPB	蛋白酪氨酸磷酸酶 B
PTPS2	蛋白酪氨酸磷酸酶 S2
PV-1	小儿麻痹病毒，脊髓灰质炎病毒
PXR	孕甾烷 X 受体
QR	醌还原酶
Range	最敏感细胞株和最不敏感细胞株的 lg GI_{50} (mol/L) 的差值范围
rat	大白鼠
rbt	兔
RCE	Ras-转换酶
RI	抗性索引
RLAR	大鼠晶状体醛糖还原酶
RNA	核糖核酸
ROS	活性氧自由基 (涉及癌、动脉硬化、风湿和衰老的发生)
RS321	编码为 RS321 的酵母
RSV	呼吸系统多核体病毒
RT	逆转录酶
RU	对 HIV-1 靶标结合力的响应单位，$1RU = 1pg/mm^2$
RyR1-FKBP12	RyR1-FKBP12 钙通道 (一种约为 2000kDa 的通道蛋白 RyR1 和 12kDa 的免疫亲和蛋白 FKBP12 相关联的四聚的异二聚体通道蛋白)
S6	S6 核糖体蛋白
SAK	SAK 蛋白激酶
SARS	严重急性呼吸系统综合征
SCID	重症联合免疫缺欠
ScRt	清除比率
SF162	SF162 亲巨核细胞的病毒株
SI	试验细胞和人脐静脉血管内皮细胞 IC_{50} 值之比
SI	选择性指数：细胞毒 CC_{50} 值和靶标 EC_{50} 值之比
SI	选择性指数：细胞毒 CC_{50} 值和靶标 IC_{50} 值之比
SI	选择性指数：细胞毒 CC_{50} 值和靶标 MIC 值之比
SI	选择性指数：细胞毒 TC_{50} 值和靶标 IC_{50} 值之比
SIRT2	人 2 型去乙酰化酶 (是一种依赖于 NAD^+ 的胞浆蛋白，它和 HDAC6 共存于微管处；已经表明 SIRT2 在细胞循环周期中对 α-微管蛋白去乙酰化并控制有丝分裂的退出)
sp.	物种
spp.	物种 (多数)
SR	肌浆内质网
SRB	磺酰罗丹明 B 试验
SRC	SRC 蛋白激酶
SV40	SV40 病毒
Syn.	同义词
T/C	存活期之比 (处理动物存活时间 *T* 和对照动物存活时间 *C* 之比，用百分比表示)
TACE	*α*-分泌酶 (一种丝氨酸蛋白酶)
Taq DNA polymerase	来自耐热细菌 *Thermus aquaticus* 的一种 DNA 聚合酶
TBARS	硫代巴比妥酸反应物试验
TC_{50}	50%细胞毒的浓度
TEAC	Trolox (奎诺二甲基丙烯酸酯，6-羟基-2,5,7,8-四甲基色烷-2-羧酸) 当量抗氧化剂能力
TGI	100%生长抑制
TMV	烟草花叶病病毒
TNF-α	肿瘤坏死因子 α
TPA (= PMA)	佛波醇-12-豆蔻酸酯-13-乙酸酯
TPK	酪氨酸蛋白激酶
TRP	瞬时型受体电位阳离子通道
TRPA1	A1 亚科瞬时型受体电位阳离子通道
TRPV1	V1 亚科瞬时型受体电位阳离子通道
TRPV1	瞬时型受体电位辣椒素-1 通道
TRPV3	V3 亚科瞬时型受体电位阳离子通道
TXB_2	凝血噁烷 B_2，血栓素 B_2
TZM-bl	人免疫缺损病毒 1 中和反应试验中的 TZM-bl 宿主细胞株
USP7	在泛素 C 端水解异构肽键的去泛素化酶 (癌的新靶标)
VCAM	血管细胞黏附分子
VCAM-1	血管细胞黏附分子-1
VCR	长春新碱
VEGF	血管内皮细胞生长因子
VEGF-A	血管内皮细胞生长因子 A
VEGFR2	酪氨酸激酶 VEGFR2
VE-PTP	VE-PTP 蛋白磷酸酶
VGSC	电压控制钠通道
VHR	VHR 蛋白磷酸酶 (人基因编码的双重底物特异性蛋白酪氨酸磷酸酶)
Vif	HIV-1 的病毒感染因子

续表

缩写或符号	名称	缩写或符号	名称
VP-16	细胞毒实验阳性对照物依托泊苷	VZV	水痘带状疱疹病毒
VRE	耐万古霉素的肠球菌属 *Enterococci* sp.	WST-8	(2-(2-甲氧基-4-硝基苯基)-3-(4-硝基苯基)-5-(2,4-二硫-苯基)-2*H*-四唑单钠盐
VREF	耐万古霉素的粪肠球菌 *Enterococcus faecium*	XTT	3′-[1-(苯基氨基羰基)-3,4-四唑鎓双(4-甲氧基-6-硝基苯)磺酸钠
VSE	万古霉素敏感肠球菌属 *Enterococci* sp.		
VSSC	电压敏感钠通道	YU2-V3	YU2-V3 病毒株
VSV	水泡口腔炎病毒	YycG/YycF-TCS	植物必需基因 YycG/YycF 双组分系统

附录 2　癌细胞代码表

(含部分正常细胞代码)

细胞代码	细胞名称	细胞代码	细胞名称
293T	肾上皮细胞	BCA-1	人乳腺癌(细胞)
3T3-L1	鼠成纤维细胞	BEAS2B	正常人肺支气管细胞
3Y1	大鼠成纤维细胞	Bel7402	人肝癌(细胞)
5637	表浅膀胱癌(细胞)	BG02	正常人胚胎干细胞
786-0	人肾癌细胞	BGC823	人胃癌(细胞)
9KB	人表皮鼻咽癌细胞	BOWES	人细胞
A-10	大鼠主动脉细胞	BR1	有 DNA 修复能力的中国仓鼠卵巢(细胞)
A2058	人黑色素瘤(细胞)		
A278	人卵巢癌(细胞)	BSC	正常猴肾细胞
A2780	人卵巢癌(细胞)	BSC-1	正常非洲绿猴肾细胞
A2780/DDP	人卵巢癌(细胞)	BSY1	乳腺癌(细胞)
A2780/Tax	人卵巢癌(细胞)	BT-483	人乳腺癌(细胞)
A2780CisR	人卵巢癌(细胞)	BT549	人乳腺癌(细胞)
A375	人黑色素瘤(细胞)	BT-549	人乳腺癌(细胞)
A375-S2	人黑色素瘤(细胞)	BXF-1218L	人膀胱癌(细胞)
A431	人表皮癌(细胞)	BXF-T24	人膀胱癌(细胞)
A498	人肾癌(细胞)	BXPC	人胰腺癌(细胞)
A549	人非小细胞肺癌(细胞)	BXPC3	人胰腺癌(细胞)
A549 NSCL	人非小细胞肺癌(细胞)	C26	人结肠癌(细胞)
A549/ATCC	人非小细胞肺癌	C38	鼠结肠腺癌(细胞)
ACC-MESO-1	人恶性胸膜间皮细胞瘤(细胞)	C6	大鼠神经胶质瘤(细胞)
ACHN	人肾癌(细胞)	CA46	人伯基特淋巴瘤(细胞)
AGS	胃腺癌(细胞)	Ca9-22	人牙龈癌(细胞)
AsPC-1	人胰腺癌(细胞)	CaCo-2	人上皮结直肠腺癌(细胞)
B16	小鼠黑色素瘤(细胞)	CAKI-1	人肾癌(细胞)
B16F1	小鼠黑色素瘤(细胞)	Calu	前列腺癌(细胞)
B16-F-10	小鼠黑色素瘤(细胞)	Calu3	非小细胞肺癌(细胞)
BC	人乳腺癌(细胞)	CCRF-CEM	人 T 细胞急性淋巴细胞白血病(细胞)
BC-1	人乳腺癌(细胞)	CCRF-CEMT	人 T 细胞急性淋巴细胞白血病(细胞)

续表

细胞代码	细胞名称	细胞代码	细胞名称
CEM	人白血病(细胞)	Fem-X	黑色素瘤(细胞)
CEM-TART	表达 HIV-1 tat 和 rev 的 T 细胞	Fl	人羊膜上皮细胞
CFU-GM	人/鼠造血祖细胞	FM3C	鼠乳腺肿瘤(细胞)
CHO	中国仓鼠卵巢(细胞)	G402	人肾成平滑肌瘤
CHO-K1	正常中国仓鼠卵巢细胞的亚克隆	GM7373	牛血管内皮(细胞)
CML K562	慢性骨髓性白血病(细胞)	GR-Ⅲ	恶性腺瘤(细胞)
CNE	人鼻咽癌(细胞)	GXF-251L	人胃癌(细胞)
CNE2	人鼻咽癌(细胞)	H116	人结直肠癌(细胞)
CNS SF295	人脑肿瘤(细胞)	H125	人结直肠癌(细胞)
CNXF-498NL	人恶性胶质瘤(细胞)	H1299	人肺腺癌(细胞)
CNXF-SF268	人恶性胶质瘤(细胞)	H1325	人非小细胞肺癌(细胞)
Colo320	人结直肠癌(细胞)	H1975	人癌(细胞)
Colo357	人结直肠癌(细胞)	H2122	人非小细胞肺癌(细胞)
Colon205	结直肠癌(细胞)	H2887	人非小细胞肺癌(细胞)
Colon250	结直肠癌(细胞)	H441	人肺腺癌(细胞)
Colon26	结直肠癌(细胞)	H460	人肺癌(细胞)
Colon38	鼠结直肠癌(细胞)	H522	人非小细胞肺癌(细胞)
CV-1	猴肾成纤维细胞	H69AR	多重耐药小细胞肺癌(细胞)
CXF-HCT116	人结肠癌(细胞)	H929	人骨髓瘤(细胞)
CXF-HT29	人结肠癌(细胞)	H9c2	大鼠心肌成纤维细胞
DAMB	人乳腺癌(细胞)	HBC4	乳腺癌(细胞)
DG-75	人 B 淋巴细胞	HBC5	乳腺癌(细胞)
DLAT	道尔顿淋巴腹水肿瘤(细胞)	HBL100	乳腺癌(细胞)
DLD-1	人结直肠腺癌(细胞)	HCC2998	人结直肠癌(细胞)
DLDH	人结直肠腺癌(细胞)	HCC366	人非小细胞肺癌(细胞)
DMS114	人肺癌(细胞)	HCC-S102	肝细胞癌(细胞)
DMS273	人小细胞肺癌(细胞)	HCT	人结直肠癌(细胞)
Doay	人成神经管细胞瘤(细胞)	HCT116	人结直肠癌(细胞)
Dox40	人骨髓瘤(细胞)	HCT116/mdr+	超表达 mdr+人结直肠癌(细胞)
DU145	前列腺癌(细胞)	HCT116/topo	耐依托泊苷结直肠癌(细胞)
DU4475	乳腺癌(细胞)	HCT116/VM46	多重耐药结直肠癌(细胞)
E39	人肾癌(细胞)	HCT15	人结直肠癌(细胞)
EAC	埃里希腹水癌(细胞)	HCT29	人结肠腺癌(细胞)
EKVX	人非小细胞肺癌(细胞)	HCT8	人结直肠癌(细胞)
EM9	拓扑异构酶 I 敏感的中国仓鼠卵巢(细胞)	HEK-293	正常人上皮肾细胞
		HEL	人胚胎肺成纤维细胞
EMT-6	鼠肿瘤细胞	HeLa	人子宫颈恶性上皮肿瘤(细胞)
EPC	鲤鱼上皮组织(细胞)	HeLa-APL	人子宫颈上皮癌(细胞)
EVLC-2	使 SV40 大 t 抗原不朽的人脐部静脉细胞	HeLa-S3	人子宫颈上皮癌(细胞)
		Hep2	人肝癌(细胞)
FADU	咽鳞状细胞癌(细胞)	Hep3B	人肝癌(细胞)
Farage	人淋巴瘤(细胞)	HepA	人肝癌腹水(细胞)

续表

细胞代码	细胞名称	细胞代码	细胞名称
Hepa1c1c7	人肝癌(细胞)	JB6 CI41	小鼠表皮细胞
HepG	人肝癌(细胞)	JB6 P^+CI41	小鼠表皮细胞
HepG2	人肝癌(细胞)	JurKat	人白血病(细胞)
HepG3	人肝癌(细胞)	JurKat-T	人 T-细胞白血病(细胞)
HepG3B	人肝癌(细胞)	K462	人白血病(细胞)
HEY	人卵巢肿瘤(细胞)	K562	人慢性骨髓性白血病(细胞)
HFF	人包皮成纤维细胞	KB	人鼻咽癌(细胞)
HL60	人早幼粒细胞白血病(细胞)	KB16	人鼻咽癌(细胞)
HL7702	人肝肿瘤(细胞)	KB-3	人表皮样癌(细胞)
HLF	人肺成纤维细胞	KB-3-1	人表皮样癌(细胞)
HM02	人胃腺癌(细胞)	KB-C2	人恶性上皮肿瘤(细胞)
HMEC	人微血管内皮细胞	KB-CV60	人恶性上皮肿瘤(细胞)
HMEC1	人微血管内皮细胞	KBV200	多药耐药性鼻咽癌(细胞)
HNXF-536L	人头颈癌(细胞)	Ketr3	人肾癌(细胞)
HOP-18	人非小细胞肺癌(细胞)	KM12	人结直肠癌(细胞)
HOP-62	人非小细胞肺癌(细胞)	KM20L2	人结直肠癌(细胞)
HOP-92	人非小细胞肺癌(细胞)	KMS34	人骨髓瘤(细胞)
Hs578T	人乳腺癌(细胞)	KU812F	人白血病(细胞)
Hs683	人(细胞)	KV/MDR	耐多重药物的癌(细胞)
HSV-1	良性细胞	KYSE180	人食管癌(细胞)
HT	人淋巴癌(细胞)	KYSE30	人食管癌(细胞)
HT1080	人纤维肉瘤(细胞)	KYSE520	人食管癌(细胞)
HT115	人结直肠癌(细胞)	KYSE70	人食管癌(细胞)
HT29	人结直肠癌(细胞)	L_{1210}	小鼠淋巴细胞白血病(细胞)
HT460	人肿瘤(细胞)	L_{1210}/Dx	耐阿霉素小鼠淋巴细胞白血病(细胞)
HTC116	人急性早幼粒细胞白血病(细胞)	L363	人骨髓瘤(细胞)
HTCLs	人肿瘤(细胞)	L-428	白血病(细胞)
HuCCA-1	人胆管癌(细胞)；人胆管细胞型肝癌(细胞)	L5178	小鼠淋巴肉瘤(细胞)
		L5178Y	小鼠淋巴肉瘤(细胞)
Huh7	人肝癌(细胞)	L-6	大鼠骨骼肌成肌细胞(细胞)
HUVEC	人脐静脉内皮细胞	L929	小鼠成纤维细胞
HUVECs	人脐静脉内皮细胞	LLC-PK_1	猪肾细胞
IC-2^{WT}	鼠细胞株	LMM3	小鼠乳腺腺癌(细胞)
IGR-1	人黑色素瘤(细胞)	LNCaP	人前列腺癌(细胞)
IGROV	人卵巢癌(细胞)	LO2	人肝脏细胞
IGROV1	人卵巢癌(细胞)	LoVo	人结直肠癌(细胞)
IGROV-ET	人卵巢癌(细胞)	LoVo-Dox	人结直肠癌(细胞)
IMR-32	人成神经细胞瘤(细胞)	LOX	人黑色素瘤(细胞)
IMR-90	人双倍体肺成纤维细胞	LOX-IMVI	人黑色素瘤(细胞)
J774	小鼠单核细胞/巨噬细胞(细胞)	LX-1	人肺癌(细胞)
J774.1	小鼠单核细胞/巨噬细胞(细胞)	LXF-1121L	人肺癌(细胞)
J774.A1	小鼠单核细胞/巨噬细胞(细胞)	LXF-289L	人肺癌(细胞)

续表

细胞代码	细胞名称	细胞代码	细胞名称
LXF-526L	人肺癌(细胞)	MEXF-394NL	人黑色素瘤(细胞)
LXF-529L	人肺癌(细胞)	MEXF-462NL	人黑色素瘤(细胞)
LXF-629L	人肺癌(细胞)	MEXF-514L	人黑色素瘤(细胞)
LXFA-629L	肺腺癌(细胞)	MEXF-520L	人黑色素瘤(细胞)
LXF-H460	人肺癌(细胞)	MG63	人骨肉瘤(细胞)
M14	黑色素瘤(细胞)	MGC-803	人癌(细胞)
M16	小鼠结肠腺癌(细胞)	MiaPaCa	人胰腺癌(细胞)
M17	耐阿霉素乳腺癌(细胞)	Mia-PaCa-2	人胰腺癌(细胞)
M17-Adr	耐阿霉素乳腺癌(细胞)	MKN1	人胃癌(细胞)
M21	黑色素瘤(细胞)	MKN28	人胃癌(细胞)
M5076	卵巢肉瘤(细胞)	MKN45	人胃癌(细胞)
MAGI	内含 HIV-1 ⅢB 病毒的 Hela-CD4-LTR-β-gal 指示器细胞	MKN7	人胃癌(细胞)
		MKN74	人胃癌(细胞)
MALME-3	黑色素瘤(细胞)	MM1S	人骨髓瘤(细胞)
MALME-3M	黑色素瘤(细胞)	Molt3	白血病(细胞)
MAXF-401	人乳腺癌(细胞)	Molt4	人 T 淋巴细胞白血病(细胞)
MAXF-401NL	人乳腺癌(细胞)	Mono-Mac-6	单核细胞
MAXF-MCF7	人乳腺癌(细胞)	MPM ACC-MESO-1	人恶性胸膜间皮瘤
MCF	人乳腺癌(细胞)	MRC-5	正常的人双倍体胚胎细胞
MCF-10A	人正常乳腺上皮(细胞)	MRC5CV1	猴空泡病毒 40 转化的人成纤维细胞
MCF12	人食管癌(细胞)	MS-1	小鼠内皮细胞
MCF7	人乳腺癌(细胞)	MX-1	人乳腺癌异种移植物
MCF7 Adr	耐药人乳腺癌(细胞)	N18-RE-105	神经元杂交瘤(细胞)
MCF7/Adr	耐药人乳腺癌(细胞)	N18-T62	小鼠成神经瘤细胞(细胞)
MCF7/ADR-RES	耐药人乳腺癌(细胞)	NAMALWA	白血病(细胞)
MDA231	人乳腺癌(细胞)	NBT-T2 (BRC-1370)	大鼠膀胱上皮细胞
MDA361	人乳腺癌(细胞)	NCI-ADR	人卵巢肉瘤(细胞)
MDA435	人乳腺癌(细胞)	NCI-ADR-Res	人卵巢肉瘤(细胞)
MDA468	人乳腺癌(细胞)	NCI-H187	人小细胞肺癌(细胞)
MDA-MB	人乳腺癌(细胞)	NCI-H226	人非小细胞肺癌(细胞)
MDA-MB-231	人乳腺癌(细胞)	NCI-H23	人非小细胞肺癌(细胞)
MDA-MB-231/ATCC	人乳腺癌(细胞)	NCI-H322M	人非小细胞肺癌(细胞)
		NCI-H446	人肺癌(细胞)
MDA-MB-435	人乳腺癌(细胞)	NCI-H460	人非小细胞肺癌(细胞)
MDA-MB-435s	人乳腺癌(细胞)	NCI-H510	人肺癌(细胞)
MDA-MB-468	人乳腺癌(细胞)	NCI-H522	人非小细胞肺癌(细胞)
MDA-N	人乳腺癌(细胞)	NCI-H69	人肺癌(细胞)
MDCK	犬肾细胞	NCI-H82	人肺癌(细胞)
ME180	子宫颈癌(细胞)	neuro-2a	成神经细胞瘤(细胞)
MEL28	人黑色素瘤(细胞)	NFF	非恶性新生儿包皮成纤维细胞
MES-SA	人子宫(细胞)	NHDF	正常的人真皮成纤维细胞
MES-SA/DX5	人子宫(细胞)	NIH3T3	非转化成纤维细胞
MEXF-276L	人黑色素瘤(细胞)		

续表

细胞代码	细胞名称
NIH3T3	正常的成纤维细胞
NMuMG	非转化上皮细胞
NOMO-1	人急性骨髓白血病
NS-1	小鼠细胞
NSCLC	人支气管和肺非小细胞肺癌
NSCLC HOP-92	人非小细胞肺癌(细胞)
NSCLC-L16	人支气管和肺非小细胞肺癌
NSCLC-N6	人支气管和肺非小细胞肺癌(细胞)
NSCLC-N6-L16	人支气管和肺非小细胞肺癌
NUGC-3	人胃癌(细胞)
OCILY17R	人淋巴瘤(细胞)
OCIMY5	人骨髓瘤(细胞)
OPM2	人骨髓瘤(细胞)
OVCAR-3	卵巢腺癌(细胞)
OVCAR-4	卵巢腺癌(细胞)
OVCAR-5	卵巢腺癌(细胞)
OVCAR-8	卵巢腺癌(细胞)
OVXF-1619L	卵巢癌(细胞)
OVXF-899L	卵巢癌(细胞)
OVXF-OVCAR3	卵巢癌(细胞)
P_{388}	小鼠淋巴细胞白血病(细胞)
P_{388}/ADR	耐阿霉素小鼠淋巴细胞白血病(细胞)
P_{388}/Dox	耐阿霉素小鼠淋白血病细胞
P_{388}D1	小鼠巨噬细胞
PANC1	人胰腺癌(细胞)
PANC89	胰腺癌(细胞)
PAXF-1657L	人胰腺癌(细胞)
PAXF-PANC1	人胰腺癌(细胞)
PBMC	正常人周围血单核细胞
PC12	人肺癌(细胞)
PC-12	大鼠嗜铬细胞瘤(细胞) (交感神经肿瘤)
PC3	人前列腺癌(细胞)
PC3M	人前列腺癌(细胞)
PC3MM2	人前列腺癌(细胞)
PC-9	人肺癌(细胞)
PRXF-22RV1	人前列腺癌(细胞)
PRXF-DU145	人前列腺癌(细胞)
PRXF-LNCAP	人前列腺癌(细胞)
PRXF-PC3M	人前列腺癌(细胞)
PS (=P_{388})	小鼠淋巴细胞白血病 P_{388} (细胞)
PV1	良性细胞
PXF-1752L	间皮细胞癌(细胞)
QG56	人肺癌(细胞)

细胞代码	细胞名称
QGY-7701	人肝细胞性肝癌(细胞)
QGY-7703	人肝癌(细胞)
Raji	人 EBV 转化的 Burkitt 淋巴瘤 B 细胞
RAW264.7	小鼠巨噬细胞
RB	人前列腺癌(细胞)
RBL-2H3	大鼠嗜碱性细胞
RF-24	乳头瘤病毒 16 E6/E7 无限增殖人脐静脉细胞
RKO	人结肠癌(细胞)
RKO-E6	人结肠癌(细胞)
RPMI7951	人恶性黑色素瘤(细胞)
RPMI8226	人骨髓瘤(细胞)
RXF-1781L	肾癌(细胞)
RXF-393	肾癌(细胞)
RXF-393NL	肾癌(细胞)
RXF-486L	肾癌(细胞)
RXF-631L	肾癌(细胞)
RXF-944L	肾癌(细胞)
S_{180}	小鼠肉瘤(细胞)
S_{180}A	肉瘤腹水细胞
SAS	人口腔癌
SCHABEL	小鼠淋巴癌(细胞)
SF268	人脑癌(细胞)
SF295	人脑癌(细胞)
SF539	人脑癌(细胞)
SGC7901	人胃癌(细胞)
SH-SY5Y	人成神经细胞瘤(细胞)
SK5-MEL	人黑色素瘤(细胞)
SKBR3	人乳腺癌(细胞)
SK-Hep1	人肝癌(细胞)
SK-MEL-2	人黑色素瘤(细胞)
SK-MEL-28	人黑色素瘤(细胞)
SK-MEL-5	人黑色素瘤(细胞)
SK-MEL-S	人黑色素瘤(细胞)
SK-N-SH	成神经细胞瘤(细胞)
SK-OV-3	卵巢腺癌(细胞)
SMMC-7721	人肝癌(细胞)
SN12C	人肾癌(细胞)
SN12k1	人肾癌(细胞)
SNB19	人脑肿瘤(细胞)
SNB75	人中枢神经系统癌(细胞)
SNB78	人脑肿瘤(细胞)
SNU-C4	人癌(细胞)
SR	白血病(细胞)

续表

细胞代码	细胞名称	细胞代码	细胞名称
St4	胃癌(细胞)	U-87-MG	高加索恶性胶质瘤(细胞)
stromal cell	骨髓基质细胞	U937	人单核细胞白血病(细胞)
SUP-B15	白血病(细胞)	UACC-257	黑色素瘤(细胞)
Sup-T1	T 细胞淋巴癌细胞	UACC62	黑色素瘤(细胞)
SW1573	人非小细胞肺癌(细胞)	UO-31	人肾癌(细胞)
SW1736	人甲状腺癌(细胞)	UT7	人白血病(细胞)
SW1990	人胰腺癌(细胞)	UV20	和 DNA 交联相关的中国仓鼠卵巢(细胞)
SW480	人结直肠癌(细胞)		
SW620	人结直肠癌(细胞)	UXF-1138L	人子宫癌(细胞)
T24	人肝癌(细胞)	V79	中国仓鼠(细胞)
T-24	人膀胱移行细胞癌(细胞)	Vero	绿猴肾肿瘤(细胞)
T47D	人乳腺癌(细胞)	WEHI-164	小鼠纤维肉瘤(细胞)
THP-1	人急性单核细胞白血病(细胞)	WHCO1	人食管癌(细胞)
TK10	人肾癌(细胞)	WHCO5	人食管癌(细胞)
tMDA-MB-231	人乳腺癌(细胞)	WHCO6	人食管癌(细胞)
tsFT210	小鼠癌(细胞)	WI26	人肺成纤维细胞
TSU-Pr1	浸润性膀胱癌(细胞)	WiDr	人结肠腺癌(细胞)
TSU-Pr1-B1	浸润性膀胱癌(细胞)	WMF	人前列腺癌(细胞)
TSU-Pr1-B2	浸润性膀胱癌(细胞)	XF498	人中枢神经系统癌(细胞)
U251	中枢神经系统肿瘤/胶质瘤(细胞)	XRS-6	拓扑异构酶Ⅱ敏感的中国仓鼠卵巢(细胞)
U266	骨髓瘤(细胞)		
U2OS	人骨肉瘤(细胞)	XVS	拓扑异构酶Ⅱ敏感的中国仓鼠卵巢(细胞)
U373	成胶质细胞瘤/星型细胞瘤(细胞)		
U373MG	人脑癌(细胞)	ZR-75-1	人乳腺癌(细胞)

索　　引

索引 1　化合物中文名称索引

化合物中文名称按汉语拼音排序 (包括 2517 个中文正名及别名，中文正名 2192 个，中文别名 325 个)，等号 (=) 后对应的是该化合物在本卷中的唯一代码 (**1~2192**)。化合物名称中表示结构所用的 D-, L-, *R*-, *S*-, *E*-, *Z*-, *O*-, *N*-, *C*-, *H*-, *cis*-, *trans*-, *ent*-, *epi*-, *meso*-, *erythro*-, *threo*-, *sec*-, *seco*-, *nor*-, *m*-, *o*-, *p*-, *n*-, α-, β-, γ-, δ-, ε-, κ-, ξ-, ψ-, ω-, Δ-, (+), (−), (±) 等，以及 0, 1, 2, 3, 4, 5, 6, 7, 8, 9 等数字及标点符号 (如括号、撇号、逗号等) 都不参加排序；异、别、正、邻、间、对、移等文字参加排序。标星号 (*) 的中文名是本书编者命名的。

(+)-阿比嵌醇* = **199**
(+)-阿比嵌醇乙酸酯* = **200**
阿比嵌-11,14-二醇* = **198**
阿泊拉酮* = **1440**
阿娄它科特醇 A* = **1531**
阿娄它科特醛 C* = **1698**
9′-阿朴-岩藻黄素酮 = **1929**
阿瑞苏伽新 A* = **1971**
阿斯马林 A* = **434**
阿斯马林 B* = **435**
阿瓦醇 = **1984**
阿瓦酮 = **1985**
阿瓦酮 A = **2084**
阿瓦酮 B = **2038**
阿瓦酮加和物 A = **1986**
阿瓦酮加和物 B = **1987**
阿瓦酮加和物 C = **1988**
阿西欧宁* = **802**
埃伦伯格醇 A* = **608**
埃伦伯格醇 B* = **609**
埃伦伯格醇 C* = **610**
埃伦伯格环氧 A* = **611**
埃伦伯格环氧 B* = **612**
埃伦伯格环氧 C* = **613**
艾格诺萨农酸* = **289**
艾格诺萨农酸甲酯* = **290**
艾库皮克氧化物 A* = **1512**
艾诺内酯 A* = **1713**
艾诺内酯 B* = **1714**
艾斯科呋喃醇* = **1972**
艾斯科呋喃酮* = **1973**
爱丽海绵糖苷 F* = **1787**
爱丽海绵糖苷 F_1* = **1788**
爱丽海绵糖苷 G* = **1789**
爱丽海绵糖苷 H* = **1790**
爱丽海绵糖苷 I* = **1791**
爱丽海绵糖苷 J* = **1792**
安非来克特内酯* = **1395**
(1β,3α,7α)-8,10,12,14-*epi*-安非来克特四烯-9,10-二醇 10-*O*-α-D-吡喃阿拉伯糖苷* = **1215**
(1α,3α,7α)-8,10,12,14-*epi*-安非来克特四烯-9,10-二醇 10-*O*-α-D-吡喃阿拉伯糖苷* = **1226**
(1β,3α,7α)-8,10,12,14-*epi*-安非来克特四烯-9,10-二醇 9-*O*-β-D-吡喃木糖苷* = **1210**
(1β,3α,7α)-8,10,12,14-*epi*-安非来克特四烯-9,10-二醇 10-*O*-α-L-吡喃岩藻糖苷* = **1214**
(1α,3α,7α)-8,10,12,14-*epi*-安非来克特四烯-9,10-二醇 9-*O*-α-L-吡喃岩藻糖苷* = **1216**
(1α,3β,7β)-8,10,12,14-*epi*-安非来克特四烯-9,10-二醇 9-*O*-α-L-吡喃岩藻糖苷* = **1220**
(1α,3α,7α)-8,10,12,14-*epi*-安非来克特四烯-9,10-二醇 10-*O*-(3,4-二-*O*-乙酰-α-D-吡喃阿拉伯糖苷)* = **1229**
(1α,3α,7α)-8,10,12,14-*epi*-安非来克特四烯-9,10-二醇 10-*O*-(2,4-二-*O*-乙酰-α-D-吡喃阿拉伯糖苷)* = **1230**
(1α,3α,7α)-8,10,12,14-*epi*-安非来克特四烯-9,10-二醇 10-*O*-(3-*O*-乙酰-α-D-吡喃阿拉伯糖苷)* = **1227**
(1α,3α,7α)-8,10,12,14-*epi*-安非来克特四烯-9,10-二醇 10-*O*-(4-*O*-乙酰-α-D-吡喃阿拉伯糖苷)* = **1228**
(1β,3α,7α)-8,10,12,14-*epi*-安非来克特四烯-9,10-二醇 9-*O*-(2-乙酰-β-D-吡喃木糖苷)* = **1211**
(1β,3α,7α)-8,10,12,14-*epi*-安非来克特四烯-9,10-二醇 9-*O*-(3-乙酰-β-D-吡喃木糖苷)* = **1212**
(1β,3α,7α)-8,10,12,14-*epi*-安非来克特四烯-9,10-二醇 9-*O*-(4-乙酰-β-D-吡喃木糖苷)* = **1213**
(1α,3α,7α)-8,10,12,14-*epi*-安非来克特四烯-9,10-二醇 9-*O*-(2-乙酰-α-L-吡喃岩藻糖苷)* = **1217**

(1α,3α,7α)-8,10,12,14-*epi*-安非来克特四烯-9,10-二醇 9-*O*-(3-乙酰-α-L-吡喃岩藻糖苷)* = **1218**
(1α,3α,7α)-8,10,12,14-*epi*-安非来克特四烯-9,10-二醇 9-*O*-(4-乙酰-α-L-吡喃岩藻糖苷)* = **1219**
(1α,3β,7β)-8,10,12,14-*epi*-安非来克特四烯-9,10-二醇 9-*O*-(3-乙酰-α-L-吡喃岩藻糖苷)* = **1221**
(1α,3α,7α)-8,10,12,14-*epi*-安非来克特四烯-9,10-二醇 10-*O*-(4-*O*-乙酰-α-L-吡喃岩藻糖苷)* = **1222**
(1α,3α,7α)-8,10,12,14-*epi*-安非来克特四烯-9,10-二醇 10-*O*-(3-*O*-乙酰-α-L-吡喃岩藻糖苷)* = **1224**
(1β,3α,7α)-8,10,12,14-*epi*-安非来克特四烯-9-乙酰氧基-10-醇 10-*O*-β-D-吡喃木糖苷* = **1223**
(1β,3α,7α)-8,10,12,14-*epi*-安非来克特四烯-9-乙酰氧基-10-醇 10-*O*-(3-*O*-乙酰-β-D-吡喃木糖苷)* = **1225**
安塞尔酮 A* = **1591**
安塞尔酮 B(2012)* = **1699**
安维林* = **8**
昂特尼克酸* = **1525**
昂特农马海绵素 B* = **1526**
昂特农马海绵素 C* = **1527**
凹顶藻醇* = **381**
allo-凹顶藻酚 = **127**
凹入环西柏柳珊瑚类 E* = **1011**
凹入环西柏柳珊瑚类 F* = **1012**
凹入环西柏柳珊瑚类 O* = **1013**
凹入环西柏柳珊瑚类 P* = **1014**
凹入环西柏柳珊瑚内酯 A* = **1015**
凹入环西柏柳珊瑚内酯 B* = **1016**
凹入环西柏柳珊瑚内酯 C* = **1017**
凹入环西柏柳珊瑚内酯 D* = **1018**
凹入环西柏柳珊瑚内酯 E* = **1019**
凹入环西柏柳珊瑚内酯 F* = **1020**
凹入环西柏柳珊瑚内酯 G* = **1021**
凹入环西柏柳珊瑚内酯 H* = **1022**
凹入环西柏柳珊瑚内酯 I* = **1023**
凹入环西柏柳珊瑚内酯 J* = **1024**
凹入环西柏柳珊瑚内酯 K* = **1025**
凹入环西柏柳珊瑚内酯 M* = **1026**
凹入环西柏柳珊瑚内酯 N* = **1027**
凹入环西柏柳珊瑚内酯 O* = **1028**
凹入环西柏柳珊瑚内酯 P* = **1029**
凹入环西柏柳珊瑚内酯 Q* = **1030**
凹入环西柏柳珊瑚内酯 V* = **1031**
凹入环西柏柳珊瑚内酯 W* = **1032**
凹入环西柏柳珊瑚内酯 Y* = **1033**
凹入环西柏柳珊瑚内酯 Z* = **1034**
凹入环西柏柳珊瑚亭 C* = **967**
凹入环西柏柳珊瑚亭 E* = **968**
奥地利海牛素* = **417**
奥地利林 E* = **808**
1,3(8)-奥克托德二烯-5,6-二醇* = **32**
2Z,4-奥克托德二烯-1,6-二醇* = **33**
奥鞘蟌醇 A* = **50**
奥瑞醇* = **1732**
奥瑞库醇* = **1731**
奥斯塔内酯 B* = **1977**
奥斯塔内酯 I* = **1978**
奥斯塔内酯 M* = **1979**
奥斯塔内酯 N* = **1980**
奥斯塔内酯 P 酸* = **1981**
奥斯塔内酯 R* = **1982**
奥斯塔内酯 U* = **1983**
澳大利亚海绵素 A* = **69**
澳大利亚海绵素 B* = **70**
澳大利亚海绵素 C* = **71**
巴哈马锉海绵二醇 A* = **2185**
巴哈马锉海绵二醇 B* = **2186**
巴哈马海绵醇 A* = **367**
巴拉圭醇* = **491**
巴拉圭醇 16-乙酸酯* = **492**
巴拉圭烯* = **491**
9(11)-巴拉圭烯-16-醛* = **490**
巴兰卡豆酸 A* = **1484**
巴塔哥尼亚海参糖苷 A* = **1796**
巴塔哥尼亚海参糖苷 B* = **1797**
巴塔哥尼亚箱海参糖苷 A* = **1820**
巴塔哥尼亚箱海参糖苷 B* = **1821**
巴塔哥尼亚箱海参糖苷 C* = **1822**
巴西醇* = **142**
白僵菌色亭* = **1989**
白尼参糖苷 A* = **1752**
斑螯黄 = **1919**
半日花醛 TL95-8673A = **404**
半日花醛 TL95-8673B = **405**
12-*O*-苯甲酰基-12-*O*-去乙酰翼海鳃定* = **960**
12-苯甲酰基-2,9,14-三乙酰氧基-6-氯-4,8-环氧-4,12-二羟基-5(16)-环西柏烯-18,7-内酯* = **960**
比娄赛斯烯 A* = **1566**
比娄赛斯烯 B* = **1567**
毕皮那它柳珊瑚亭 A* = **551**
毕皮那它柳珊瑚亭 B* = **552**
毕皮那它柳珊瑚亭 D* = **553**
扁板海绵聚戊烯糖苷* = **1928**
扁板海绵宁* = **2128**

苄基蓝紫环西柏柳珊瑚内酯 A* = 961
变色马海绵素 A* = 1945
变色马海绵素 C* = 1946
变色马海绵素 D* = 1947
变色马海绵素 E* = 1948
变色马海绵素 F* = 1949
变色马海绵素 G* = 1950
变色马海绵素 H* = 1951
变色马海绵素 U* = 1952
变色马海绵素 V* = 1953
变色马海绵素 W* = 1954
变色曲霉菌德明* = 1975
标准仙掌藻醛* = 1392
(+)-别香树烯* = 238
别异钝形凹顶藻醇* = 257
波里那醌* = 1997
钵海绵内酯* = 1660
钵海绵醛* = 1659
补身烷倍半萜烯氢醌新化合物* = 1968
11,12-补身烷内酯* = 205
(5*α*,9*β*,10*β*)-8(12)-补身烯-11-醇乙酸酯 = 200
7-补身烯-11-羧酸 2,3-二羟基丙酯* = 206
布里安森 A* = 977
布里安森 B* = 978
布里安森 C* = 979
布里安森 X* = 980
布里安森 Y* = 981
(1*β*,4*α*,5*β*,6*α*,7*β*)-10(14),17-布瑞阿瑞柳珊瑚二烯* = 1334
步瑞阿内酯 G* = 1128
苍珊瑚精 A* = 1195
苍珊瑚精 B* = 1196
苍珊瑚精 C* = 1197
苍珊瑚精 D* = 1198
苍珊瑚精 E* = 1199
苍珊瑚精 F* = 1200
苍珊瑚精 G* = 1201
苍术酮 = 153
侧扁软柳珊瑚烷酮* = 344
侧扁软柳珊瑚烯醇 A* = 345
侧扁软柳珊瑚烯醇 A 乙酸酯* = 346
侧扁软柳珊瑚烯醇 B* = 347
侧扁软柳珊瑚烯醇 B 乙酸酯* = 348
侧扁软柳珊瑚烯酮* = 325
(+)-侧腮海蛞蝓醇 A* = 1914
(+)-侧腮海蛞蝓醇 B* = 1915
丑海参烯糖苷 A* = 1811
雏海绵酮 A* = 1726
雏海绵酮 A (2012)* = 1728
雏海绵酮 A 乙酸酯* = 1727
雏海绵酮醇 A* = 1558
雏海绵酮醇 B* = 1559
雏海绵酮醇 C* = 1560
雏海绵酮醛 H* = 1561
雏海绵酮醛 I* = 1562
刺参糖苷 A* = 1803
刺尖柳珊瑚半日花烷 A = 394
刺尖柳珊瑚哈里曼烷 A* = 419
刺尖柳珊瑚克罗烷 A* = 436
丛柳珊瑚菲林 A* = 823
丛柳珊瑚菲林 B* = 824
丛柳珊瑚科柳珊瑚醇* = 690
丛柳珊瑚内酯* = 1117
粗糙短指软珊瑚内酯* = 778
粗糙短指软珊瑚烯* = 1319
粗厚豆荚软珊瑚醇 A* = 576
粗厚豆荚软珊瑚醇 B* = 577
粗厚豆荚软珊瑚醇 C* = 578
粗厚豆荚软珊瑚内酯* = 574
(7*Z*)-粗厚豆荚软珊瑚内酯* = 654
粗厚豆荚软珊瑚内酯* = 655
粗厚豆荚软珊瑚内酯 A* = 579
粗厚豆荚软珊瑚内酯 C* = 580
粗厚豆荚软珊瑚内酯 G* = 581
粗厚豆荚软珊瑚内酯 H* = 582
粗厚豆荚软珊瑚内酯 I* = 583
粗厚豆荚软珊瑚新 A* = 648
粗厚豆荚软珊瑚新 B* = 649
粗厚豆荚软珊瑚新 C* = 650
粗厚豆荚软珊瑚新 D* = 651
粗厚豆荚软珊瑚新 E* = 652
粗厚豆荚软珊瑚新 F* = 653
粗厚内酯* = 658
粗枝短足软珊瑚定 A* = 916
粗枝短足软珊瑚定 B* = 917
粗枝短足软珊瑚定 C* = 918
粗枝短足软珊瑚定 D* = 919
粗枝竹节柳珊瑚酸 B* = 298
粗壮鞭柳珊瑚内酯 J* = 1077
簇生凹顶藻醇* = 88
簇生凹顶藻醇* = 88
簇生凹顶藻烷类* = 87
簇生束状羊海绵素* = 1488
簇生束状羊海绵素 *O*-硫酸酯* = 1489
脆灯芯柳珊瑚醇 A* = 1088

灯芯柳珊瑚素 Z_2* = 1108
灯芯柳珊瑚素 ZⅠ* = 1109
灯芯柳珊瑚素 ZⅡ* = 1110
灯芯沙箸海鳃醇 A‡* = 146
迪阿卡海绵过氧化物 S* = 1707
迪欧达克特醇* = 96
迪西兜醇 A* = 97
迪西兜醇 C* = 98
地阿波得素 A* = 459
地阿波得素 B* = 460
地木耳明* = 2120
地中海软珊瑚醇* = 1307
地中海石珊瑚素 A* = 1568
地中海石珊瑚素 B* = 1569
蒂克替欧色拉亭* = 2036
蒂克替欧色拉亭 A* = 2156
蒂克替欧色拉亭 B* = 2035
蒂克替欧色拉亭 C* = 2036
9,10-钓樟薁 = 223
钓樟薁 = 228
(1*R**,2*R**,3*R**,6*S**,7*S**,9*R** ,10*R**,14*R**)-3-丁酰氧短足软珊瑚-11(17)-烯-6,7-二醇* = 905
2-丁异戊二烯苯并醌醇* = 2174
豆荚软珊瑚醇 A* = 1304
豆荚软珊瑚醇 B* = 1305
豆荚软珊瑚林 A* = 660
豆荚软珊瑚林 B* = 661
豆荚软珊瑚林 C* = 662
豆荚软珊瑚属内酯* = 663
豆荚软珊瑚酮 U* = 664
豆荚软珊瑚酮 V* = 665
豆荚软珊瑚酮 W* = 666
豆荚软珊瑚酮 X* = 667
豆荚软珊瑚酮 Y* = 668
豆荚软珊瑚酮 Z* = 669
豆荚软珊瑚酮 Z_1* = 670
豆荚软珊瑚维生素 EA* = 2012
豆荚软珊瑚维生素 EB* = 2013
豆荚软珊瑚烯* = 1739
杜尔宾醛 A* = 1377
杜尔宾醛 B* = 1378
杜尔宾醛 C* = 1379
T-杜松硫醇* = 194
4,9-杜松烷二烯-14-酸* = 193
短密青霉酮 A* = 1384
短密青霉酮 B* = 1385
短密青霉酮 E* = 1386
短密青霉酮 F* = 1387
短密青霉酮 G* = 1388
短密青霉酮 H* = 1389
短密青霉酮 I* = 1390
短指软珊瑚醇* = 727
(−)-短指软珊瑚醇 B* = 731
短指软珊瑚醇 J* = 734
短指软珊瑚醇 P* = 737
短指软珊瑚醇 Z* = 738
短指软珊瑚卡斯班 B* = 728
短指软珊瑚卡斯班 E* = 729
短指软珊瑚灵* = 725
短指软珊瑚内酯* = 693
短指软珊瑚内酯* = 1436
短指软珊瑚内酯 B* = 739
短指软珊瑚内酯 C* = 740
5-*epi*-短指软珊瑚内酯乙酸酯* = 741
短指软珊瑚宁 C* = 244
短指软珊瑚宁 D* = 245
短指软珊瑚宁 E* = 62
短指软珊瑚宁 F* = 74
短指软珊瑚属内酯* = 732
11-*epi*-短指软珊瑚属内酯* = 733
短指软珊瑚素* = 730
短指软珊瑚素 B* = 631
短指软珊瑚素 D* = 632
短指软珊瑚亭 A* = 925
短指软珊瑚亭 A* = 1236
短指软珊瑚亭 A 甲基醚* = 926
短指软珊瑚亭 B* = 927
短指软珊瑚亭 B* = 1237
短指软珊瑚亭 C* = 1238
短指软珊瑚亭 D* = 1244
短指软珊瑚亭 F* = 928
短指软珊瑚酮* = 735
短指软珊瑚酮 3-乙酸酯* = 736
短指软珊瑚新乙酸酯* = 564
短足软珊瑚林* = 826
短足软珊瑚氢过氧化物* = 825
短足软珊瑚新* = 827
断马弄阿来得* = 1563
断隐海绵醌 A* = 1466
断隐海绵醌 B* = 1467
钝形凹顶藻醇* = 273
(−)-多花环西柏柳珊瑚林 A* = 920
(+)-多花环西柏柳珊瑚林 A* = 921
多花环西柏柳珊瑚林 A* = 922

木糖苷] = **1816**
(3*β*,16*β*)-海参-7,24-二烯-16-乙酰氧基-3-醇 3-*O*-[3-*O*-甲基-6-*O*-磺基-*β*-D-吡喃葡萄糖基-(1→3)-6-*O*-磺基-*β*-D-吡喃葡萄糖基-(1→4)-6-去氧-*β*-D-吡喃葡萄糖基-(1→2)-4-*O*-磺基-*β*-D-吡喃木糖苷] = **1813**
海参糖苷 A* = **1799**
海参糖苷 C* = **1800**
海参糖苷 D* = **1801**
(3*β*,12*α*)-海参-9(11)-烯-3,12-二醇 3-*O*-[3-*O*-甲基-*β*-D-吡喃葡萄糖基-(1→3)-*β*-D-吡喃葡萄糖基-(1→4)-6-去氧-*β*-D-吡喃葡萄糖基-(1→2)-[3-*O*-甲基-*β*-D-吡喃葡萄糖基-(1→3)-*β*-D-吡喃葡萄糖基-(1→4)]-*β*-D-吡喃木糖苷] = **1752**
(3*β*,12*α*,17*αOH*,20*S*)-海参-9(11)-烯-3,12,17-三醇 3-*O*-[6-去氧-*β*-D-吡喃葡萄糖基-(1→2)-4-*O*-磺基-*β*-D-吡喃木糖苷] = **1784**
(3*β*,12*α*,17*α*OH)-海参-7-烯-3,12,17-三烯 3-*O*-[3-*O*-甲基-*β*-D-吡喃葡萄糖基-(1→3)-6-*O*-磺基-*β*-D-吡喃葡萄糖基-(1→4)-6-去氧-*β*-D-吡喃葡萄糖基-(1→2)-4-*O*-磺基-*β*-D-吡喃木糖苷] = **1820**
(3*β*,12*α*,17*α*,24*ξ*)-海参-9(11)-烯-3,12,17,24-四醇 3-*O*-[6-去氧-*β*-D-吡喃葡萄糖基-(1→2)-4-O-磺基-*β*-D-吡喃木糖苷] = **1812**
(3*β*,9*β*,16*β*)-海参-7-烯-16-乙酰氧基-3-醇 3-*O*-[3-*O*-甲基-*β*-D-吡喃葡萄糖基-(1→3)-*β*-D-吡喃木糖基-(1→4)-[*β*-D-吡喃木糖基-(1→2)]-6-去氧-*β*-D-吡喃葡萄糖基-(1→2)-4-*O*-磺基-*β*-D-吡喃木糖苷] = **1794**
(3*β*,9*α*,16*β*)-海参-7-烯-16-乙酰氧基-3-醇 3-*O*-[3-*O*-甲基-6-*O*-磺基-*β*-D-吡喃葡萄糖基-(1→3)-6-*O*-磺基-*β*-D-吡喃葡萄糖基-(1→4)-6-去氧-*β*-D-吡喃葡萄糖基-(1→2)-4-*O*-磺基-*β*-D-吡喃木糖苷] = **1814**
(3*β*,12*α*)-海参-9(11)-烯-25-乙酰氧基-3,12-二醇 3-*O*-[3-*O*-甲基-*β*-D-吡喃葡萄糖基-(1→3)-*β*-D-吡喃葡萄糖基-(1→4)-6-去氧-*β*-D-吡喃葡萄糖基-(1→2)- [3-*O*-甲基-*β*-D-吡喃葡萄糖基-(1→3)-*β*-D-吡喃葡萄糖基-(1→4)]-*β*-D-吡喃木糖苷] = **1750**
海鸡冠倍半萜 A* = **246**
海鸡冠倍半萜 C* = **247**
海鸡冠倍半萜 E* = **248**
海鸡冠倍半萜 H* = **249**
海鸡冠酮 A* = **940**
海鸡冠酮 B* = **941**
(−)-海葵酮* = **121**
海蛞蝓内酯 B* = **1427**
海蛞蝓内酯 C* = **1428**
海乐萌 = **24**
海莲酸* = **1829**
海绵内酰胺 A* = **1715**
海绵宁 1* = **302**
海绵软珊瑚新 A* = **1284**
海绵软珊瑚新 B* = **1285**
海绵软珊瑚新 C* = **1286**
海绵软珊瑚新 D* = **1287**
海天牛灵 A* = **368**
海天牛灵 B* = **383**
海头红烯 D* = **40**
海头红烯 D′* = **41**
epi-海头红烯 D* = **42**
海头红烯酮* = **4**
海兔吡喃类 A* = **9**
海兔吡喃类 B* = **10**
海兔吡喃类 C* = **11**
海兔吡喃类 D* = **12**
海兔二醇* = **1302**
海兔三醇* = **1164**
海兔三醇-6-乙酸酯* = **1165**
海兔苏弗内酯* = **518**
海兔萜类 A* = **36**
海兔亭* = **77**
海洋源生育酚 = **2175**
亥莫宁* = **237**
豪曼酰氨* = **503**
(+)-核盘菌斯坡林* = **193**
赫达醇 A* = **385**
赫达醇 B* = **386**
赫达醇 C* = **387**
(7*E*)-赫勒依豆荚软珊瑚内酯* = **656**
(7*Z*)-赫勒依豆荚软珊瑚内酯* = **657**
3-*epi*-黑斑海兔素二酮 B* = **1403**
黑蚁素* = **68**
(+)-黑指纹海兔醇* = **328**
黑指纹海兔醇* = **1391**
红柄柳珊瑚内酯 A* = **1010**
红海异花软珊瑚醇 A* = **1421**
红海异花软珊瑚醇 B* = **1422**
红色杆菌酸 D* = **2047**
红树海漆醇 K* = **537**
红树海漆醇 O* = **538**
红树海漆醇 P* = **539**
红树海漆醇 Q* = **540**
厚短指软珊瑚素 F* = **562**
厚短指软珊瑚素 H* = **563**
厚网地藻醇 A* = **1333**
(1*α*,5*β*,6*β*,11*R*,14*R*)-3,10(18),15-厚网地藻三烯-6,14-二

醇* = **1330**
4(15)-胡椒烯-3α-醇* = **350**
β-胡萝卜素 = **1920**
β,β-胡萝卜素 = **1920**
β,ε-胡萝卜素-3,3′-二醇 = **1926**
β,β-胡萝卜素-4,4′-二酮 = **1919**
花柏烷环氧化物 = **258**
花侧柏凹顶藻醇* = **124**
花侧柏凹顶藻醇乙酸酯* = **125**
花柳珊瑚烯 G* = **222**
花羽海鳃里德 A* = **955**
花羽海鳃里德 B* = **956**
花羽海鳃里德 C* = **957**
花羽海鳃里德 D* = **958**
花羽海鳃里德 E* = **959**
环桉醇* = **159**
环波纹藻醇* = **2018**
环菠萝烷-3,28-二硫酸酯-23-醇 = **1832**
环菠萝烷-3β,23ξ,28-三醇 3,28-二硫酸酯 = **1834**
环菠萝烷-23-酮-3β,28-二醇 3,28-二硫酸酯 = **1833**
环菠萝-24-烯-3β,23R-二醇 3-O-硫酸酯 = **1835**
环菠萝-24-烯-3β,23R,28-三醇 3-O-硫酸酯 = **1837**
环菠萝-24-烯-23-酮-3β,28-二醇 3,28-二硫酸酯 = **1836**
环菠萝-24-烯-23-酮-28-硫酸酯-3-醇 = **1838**
环豆荚软珊瑚三烯* = **1308**
10,17-O-环-4,5-二-epi-青甲海绵醌* = **2015**
环呋喃角骨海绵素 2* = **1515**
环海绵醇二硫酸酯 A* = **1996**
环海绵维生素 E* = **2019**
10,15-环-1,20-环氧-1,3(20),6,11(18)-植基四烯* = **379**
环加勒比硬丝海绵醇* = **1532**
环加勒比硬丝海绵醇乙酸酯* = **1533**
环加勒比硬丝海绵酮* = **1534**
环僧伽罗烷* = **349**
(−)-环西柏柳珊瑚定 C* = **939**
环西柏柳珊瑚内酯 A* = **1124**
环西柏柳珊瑚内酯 A*ǂ = **1123**
环西柏柳珊瑚内酯 B* = **969**
环西柏柳珊瑚内酯 B* = **1125**
环西柏柳珊瑚内酯 C* = **963**
环西柏柳珊瑚内酯 D* = **964**
环西柏柳珊瑚内酯 E* = **965**
环西柏柳珊瑚内酯 F* = **970**
环西柏柳珊瑚内酯 F*ǂ = **966**
环西柏柳珊瑚内酯 H* = **1126**
环西柏柳珊瑚内酯 L* = **971**
环西柏柳珊瑚内酯 P* = **972**
环西柏柳珊瑚属内酯* = **976**
环西柏柳珊瑚属内酯 A* = **991**
环西柏柳珊瑚属内酯 B* = **992**
环西柏柳珊瑚属内酯 C* = **993**
环西柏柳珊瑚属内酯 D* = **994**
环西柏柳珊瑚属内酯 E* = **995**
环西柏柳珊瑚属内酯 F* = **982**
环西柏柳珊瑚属内酯 G* = **983**
环西柏柳珊瑚属内酯 K* = **996**
8,12-环氧-3,7,11-桉烷三烯 = **154**
3,4-环氧-7,18-朵蕾二烯* = **1154**
7,8-环氧-3,18-朵蕾二烯* = **1155**
(3R,4R,7E)-3,4-环氧-7,12(18)-朵蕾二烯-13-酮* = **1138**
7,8-环氧-3,12-朵蕾二烯-14-酮* = **1156**
(24β,25ξ)-16,24-环氧-24,25-二羟基-17-齐拉坦烯-19,25-内酯* = **1592**
(13α,16R,25ξ)-16,24-环氧-13,25-二羟基-17-齐拉坦烯-19,25-内酯* = **1599**
(13α,16S,25ξ)-16,24-环氧-13,25-二羟基-17-齐拉坦烯-19,25-内酯* = **1600**
24,25-环氧-12,25-二羟基-16-斯卡拉烯-3-酮* = **1666**
3,4-环氧-13,19-二羟基-1,7-西柏二烯-9,14-二酮 = **628**
(1R,3S,4S,6E,8S,11R,12R)-3,4-环氧-8,11-二羟基-6,15(17)-西柏二烯-16,12 内酯 = **633**
(1S,3R,4S,7R,12S,13R,14R)-4,7-环氧-3,13-二羟基-8(19),15(17)-西柏二烯-16,14-内酯 = **760**
3,4-环氧-13,18-二羟基-7,11,15(17)-西柏三烯-16,14-内酯 = **740**
4,7-环氧-3,8-二羟基-11-氧代-15(17)-西柏烯-16,12-内酯 = **735**
环氧佛马林 D* = **2046**
(5β,8αH)-15,16-环氧-13(16),14-哈里曼二烯-5-醇* = **415**
(3β,12α,20R,22R)-22,25-环氧海参-9(11)-烯-3,12-二醇 3-O-[3-O-甲基-β-D-吡喃葡萄糖基-(1→3)-β-D-吡喃葡萄糖基-(1→4)-6-去氧-β-D-吡喃葡萄糖基-(1→2)-β-D-吡喃木糖苷] = **1800**
(3β,12α,20R,22R)-22,25-环氧海参-9(11)-烯-3,12-二醇 3-O-[6-去氧-β-D-吡喃葡萄糖基-(1→2)-β-D-吡喃木糖苷] = **1801**
(5β,6β,11R,14ξ)-14,15-环氧-1(10),3-厚网地藻二烯-6-醇* = **1326**
7,2-环氧-7-甲氧基-1(1)-那多新烯* = **183**
1,2-环氧-6,10-金合欢二烯-15,1-内酯 = **69**
9,13-环氧-1,3,7,9,11(13)- 金合欢五烯-12-酸 = **72**
环氧聚马林甲* = **208**
环氧聚马林乙* = **209**
10,11-环氧蕨藻烯炔* = **55**

12-*epi*-矶沙蚕莫林酮* = **626**
12,13-*bisepi*-矶沙蚕帕莫林环氧* = **625**
矶沙蚕帕莫林乙酸酯* = **624**
矶沙蚕素* = **623**
矶沙蚕新* = **639**
13*αH*,14*βH*-矶沙蚕新* = **640**
鸡蛋花素 = **49**
棘辐肛参糖苷 B* = **1784**
蓟海绵二硫酸酯 A* = **1965**
蓟海绵二硫酸酯 B* = **1966**
蓟海绵醛* = **2095**
蓟海绵醛 A* = **2006**
蓟海绵醛 B* = **2007**
蓟海绵醛 C* = **2008**
蓟海绵醛 D* = **2009**
蓟海绵萜* = **1967**
加勒比海绵糖苷 A* = **1785**
加勒比海绵糖苷 B* = **1786**
加勒比硬丝海绵内酯 A* = **1617**
加勒比硬丝海绵内酯 B* = **1618**
加勒比硬丝海绵内酯 C* = **1598**
加勒比硬丝海绵内酯 D* = **1599**
加勒比硬丝海绵内酯 E* = **1600**
13*E*-加勒比硬丝海绵酮* = **1717**
13*Z*-加勒比硬丝海绵酮* = **1718**
2-甲基-2-丁烯基-牻牛儿基牻牛儿基牻牛儿基-氢醌 = **2076**
2-丁酰基-12-羟基-14-乙酰氧基-9-氧代-5,7-环西柏二烯-18-酸甲酯 = **985**
24-甲基-24,25-二氧斯卡拉-16-烯-12*β*-基-3-羟基-丁酸甲酯* = **1681**
15*α*-甲基-19,20-二-*O*-乙酰基普乌坡赫醇* = **2107**
11-*O*-甲基-11,12-环氧-11-补身醇* = **212**
15*α*-甲基普乌坡赫醇* = **2108**
24-甲基-25-去甲-12,24-二氧-16-斯卡拉烯-22-酸* = **1662**
甲基肉枝软珊瑚酯* = **672**
24-甲基-12,24,25-三氧代-16-斯卡拉烯-22-酸* = **1691**
(+)-甲基斯豆瓦特* = **101**
2-甲基-2-(四异戊二基甲基)-2*H*-1-苯并吡喃-6-醇* = **2109**
2-甲基-2-(五异戊二烯甲基)-2*H*-1-苯并吡喃-6-醇 = **2142**
O-甲基愈创木烯二醇* = **231**
(1*R**)-7-甲酰氨基-11(20),14-安非来克特二烯* = **1193**
(1*S**)-7-甲酰氨基-11(20),15-安非来克特二烯* = **1194**
7-甲酰氨基-11(20)-环安非来克特烯* = **1240**
10-甲酰氨基卡里西醇 A* = **1346**
10-甲酰氨基卡里西烯* = **1345**
15-甲酰氨基卡里西烯* = **1344**
10-甲酰氨基-5-异硫氰酸根合卡里西醇 A* = **1343**
7-甲酰氨基-20-异氰基异环安非来克特烷* = **1246**
10-甲酰氨基-5-异氰酸根合卡里西醇 A* = **1342**
10-甲酰氨基卡里西醇 E* = **1347**
15-甲氧基锉海绵醌* = **1463**
14-甲氧基锉海绵醌* = **1464**
14-甲氧基哈列那醌* = **1462**
甲氧基哈列那醌* = **1462**
甲氧基扣罗仁酮* = **230**
15-甲氧基普乌坡赫醇* = **2105**
5'-甲氧基-(2*E*)-双叉藻烯酮* = **2104**
3-甲氧基-5-(3,7,11,15-四甲基-2,6,10,14-十六碳四烯基)-1,2-苯二酚* = **2106**
10-甲氧基-6-愈创木烯-4-醇* = **231**
(1*α*,7*β*,10*β*)-11-甲氧基-4-愈创木烯-3-酮* = **230**
11-假蝶柳珊瑚醇* = **793**
11-假蝶柳珊瑚醇* = **793**
假蝶柳珊瑚内酯* = **799**
假蝶柳珊瑚双烯* = **796**
假蝶柳珊瑚双烯酸* = **797**
假蝶柳珊瑚酸* = **798**
假交替单胞菌酮 A* = **2131**
绛红青霉突变梯定* = **214**
绛红青霉突变亭* = **215**
焦曲霉酯 A* = **217**
焦曲霉酯 C* = **218**
焦曲霉酯 E* = **219**
(–)-角骨海绵二酮* = **1495**
(–)-角骨海绵内酯 A* = **1615**
角骨海绵内酯 B* = **1616**
角骨海绵内酯 C* = **1617**
角骨海绵内酯 D* = **1618**
角骨海绵内酯 E* = **1619**
角骨海绵内酯 F* = **1620**
角果木素 Q* = **483**
角果木素 R* = **484**
角果木素 U* = **485**
角质海绵苯并吡喃烯醇 A* = **2142**
角质海绵苯并吡喃烯醇 B* = **2143**
角质海绵氢醌硫酸酯 A* = **2139**
角质海绵氢醌硫酸酯 B* = **2140**
角质海绵氢醌硫酸酯 C* = **2141**
角质海绵亭 A* = **1506**
角质海绵亭 B* = **1507**
角质海绵亭 C* = **1508**
角质海绵亭 D* = **1509**
角质海绵亭 E* = **1510**
金合欢基丙酮环氧化物* = **384**

1828
3-羟基-4,6-二甲基-6-(2′-甲基-10′-苯基癸基)-1,2-二噁烷-3-乙酸 = 1540
3-羟基-4,6-二甲基-6-(2′-甲基-10′-苯基-9-癸烯基)-1,2-二噁烷-3-乙酸 = 1539
(−)-3-羟基-4-(1′,5′-二甲基-羟己基)苯甲酸 = 110
(+)-3-羟基-4-(1′,5′-二甲基-羟己基)苯甲酸 = 111
25-羟基-24,25-二氢烟曲霉酸 = 1908
2-羟基菲新内酯* = 1847
25-羟基哈里硫酸酯 9* = 1573
3*β*-羟基海参-9(11),25-二烯-16-酮 3-*O*-[3-*O*-甲基-*β*-D-吡喃葡萄糖基-(1→3)-*β*-D-吡喃木糖基-(1→4)-6-去氧-*β*-D-吡喃葡萄糖基-(1→2)-[*β*-D-吡喃葡萄糖基-(1→4)]-*β*-D-吡喃木糖苷] = 1756
3*β*-羟基海参-9(11),25-二烯-16-酮 3-*O*-[3-*O*-甲基-*β*-D-吡喃葡萄糖基-(1→3)-*β*-D-吡喃木糖基-(1→4)-6-去氧-*β*-D-吡喃葡萄糖基-(1→2)-[3-*O*-甲基-*β*-D-吡喃葡萄糖基-(1→3)-*β*-D-吡喃葡萄糖基-(1→4)]-*β*-D-吡喃木糖苷] = 1803
3*β*-羟基海参-9(11),25-二烯-16-酮 3-*O*-[3-*O*-甲基-*β*-D-吡喃葡萄糖基-(1→3)-*β*-D-吡喃葡萄糖基-(1→4)-6-去氧-*β*-D-吡喃葡萄糖基-(1→2)-[*β*-D-吡喃葡萄糖基-(1→3)-*β*-D-吡喃葡萄糖基-(1→4)]-*β*-D-吡喃木糖苷] = 1804
3*β*-羟基海参-9(11),25-二烯-16-酮 3-*O*-[3-*O*-甲基-*β*-D-吡喃葡萄糖基-(1→3)-*β*-D-吡喃葡萄糖基-(1→4)-6-去氧-*β*-D-吡喃葡萄糖基-(1→2)-[3-*O*-甲基-*β*-D-吡喃葡萄糖基-(1→3)-*β*-D-吡喃葡萄糖基-(1→4)]-*β*-D-吡喃木糖苷] = 1802
3*β*-羟基海参-9(11),25-二烯-16-酮 3-*O*-[3-*O*-甲基-*β*-D-吡喃葡萄糖基-(1→3)-6-*O*-磺基-*β*-D-吡喃葡萄糖基-(1→4)-6-去氧-*β*-D-吡喃葡萄糖基-(1→2)-4-*O*-磺基-*β*-D-吡喃木糖苷] = 1796
3*β*-羟基海参-9(11),25-二烯-16-酮 3-*O*-[3-*O*-甲基-6-*O*-磺基-*β*-D-吡喃葡萄糖基-(1→3)-6-*O*-磺基-*β*-D-吡喃葡萄糖基-(1→4)-6-去氧-*β*-D-吡喃葡萄糖基-(1→2)-4-*O*-磺基-*β*-D-吡喃木糖苷] = 1797
3*β*-羟基海参-7-烯-23-酮 3-*O*-[3-*O*-甲基-*β*-D-吡喃木糖基-(1→3)-*β*-D-吡喃葡萄糖基-(1→4)-[*β*-D-吡喃葡萄糖基-(1→2)]-6-去氧-*β*-D-吡喃葡萄糖基-(1→2)-4-*O*-磺基-*β*-D-吡喃木糖苷] = 1755
8-羟基黑蚁素* = 73
(5*β*,6*β*,11*R*)-6-羟基-1(10),3-厚网地藻二烯-14-酮* = 1328
3*β*-羟基-23-环菠萝烷-24-烯-28-酸甲酯 3-硫酸酯 = 1843
3*β*-羟基环菠萝-24-烯-23-酮 3-硫酸酯 = 1840
15-羟基甲基锉海绵醌* = 1459
14-羟基甲基锉海绵醌* = 1460
12*α*-*O*-(3-羟基-4-甲基戊基)-16α-羟基-20,24-二甲基-25-去甲-17-斯卡拉烯-24-酮* = 1688
6-*O*-(4-羟基-4-甲基-2*E*-戊烯基)-1,6-二羟基-13-去甲-4(15)-桉叶烯-11-酮 = 158
6-*O*-(4-羟基-4-甲基-2*E*-戊烯基)-1,6-二羟基-13-去甲-4,10(14)-大根香叶烷二烯-11-酮 = 119
6-*O*-(4-羟基-4-甲基-2*E*-戊烯基)-6-羟基-13-去甲-1,3-榄香二烯-11-酮 = 114
6-*O*-(4-羟基-4-甲基-2*E*-戊烯基)-6-羟基-1-氧代-13-去甲-4,10(14)-大根香叶烷二烯-11-酮 = 120
15-羟基-2,6,10-金合欢三烯-1,15-内酯 = 70
1-羟基-2,6,10-金合欢三烯-15,1-内酯 = 71
3-羟基-5-巨豆烯-7,9-二酮* = 1932
6-羟基-$\Delta^{7(14)}$-蕨藻烯炔* = 53
6-羟基卡里西烯* = 1348
ent-17-羟基考尔-15-烯-3-酮* = 541
羟基扣罗仁酮* = 226
18-羟基-8,10,13(15)-蒌斑三烯-14,17-内酯* = 1325
12′-羟基露湿漆斑菌定 E* = 137
9′-羟基马尾藻醌酮* = 2088
5-羟基恤牛儿基里那醇* = 361
6*R*-羟基墨西哥内酯* = 1848
2-羟基木果楝属木琴素 F* = 1849
5′-羟基-2-七异戊二烯-1,4-苯二酚* = 2085
25-羟基-13(24),17-齐拉坦二烯-16,19-内酯* = 1595
25-羟基-13(24),15,17-齐拉坦三烯-19,25-内酯* = 1596
19-羟基-3-去甲-2,3-断-13(16),14-角骨海绵二烯-2,4-内酯* = 504
16-*epi*-羟基去氢瑟斯佛醇* = 1737
21-羟基去氧斯卡拉烯* = 1658
12-羟基-2,13-赛亚坦二烯-1-酮* = 1173
3-羟基-3,4,6-三甲基-6-(2′-甲基-10′-苯基癸基)-1,2-二噁烷 = 1542
3-羟基-3,4,6-三甲基-6-(2′-甲基-10′-苯基-9-癸烯基)-1,2-二噁烷 = 1541
(−)-8-羟基思科勒柔斯坡瑞恩* = 190
6′-羟基贪婪掘海绵醇* = 2083
3′-羟基贪婪掘海绵酮* = 2084
羟基网地藻二醛* = 1282
12*α*-*O*-(3-羟基戊基氧)-16*α*-乙氧基-24*β*-羟基-20,24-二甲基-17-斯卡拉烯-25,24-内酯* = 1689
12*α*-*O*-(3-羟基戊基氧)-16*α*-乙氧基-24*α*-羟基-20,24-二甲基-17-斯卡拉烯-25,24-内酯* = 1690
4-羟基-7,11,15(17)-西柏三烯-16,3-内酯 = 591
(3*E*,7*S*,11*Z*)-7-羟基-3,11,15-西柏三烯-20,8-内酯 = 636
(1*R*,3*E*,7*E*,10*S*,11*E*,14*S*)-10-羟基-3,7,11,15(17)-西柏四烯-16,14-内酯 = 579

去溴环月桂醇 = 132
去氧巴拉圭醇* = 487
去氧巴拉圭烯* = 487
11-去氧地阿波得素 A* = 458
(1*R*,3*R*,4*S*,7*E*,11*E*)-(–)-14-去氧豆荚软珊瑚新* = 590
(1*S*,3*S*,4*R*,7*E*,11*E*)-(+)-14-去氧豆荚软珊瑚新* = 591
13-去氧丰门醇* = 166
9-去氧-7,8-环氧-异花软珊瑚内酯 A* = 1288
9-去氧-7,8-环氧-异异花软珊瑚内酯 A* = 1270
2-去氧-7-*O*-甲基穗软珊瑚卡诺醇* = 183
12-去氧假蝶柳珊瑚二醇* = 793
12,13-去氧露湿漆斑菌定 E* = 135
2′,3′-去氧露湿漆斑菌毒素 D* = 136
4-去氧绿白环西柏柳珊瑚宁 A* = 950
4-去氧绿白环西柏柳珊瑚宁 C* = 951
去氧斯卡拉烯* = 1645
去氧斯卡拉烯-3-酮* = 1646
12-*epi*-去氧斯卡拉烯-3-酮* = 1647
2-去氧穗软珊瑚卡诺醇* = 182
8-去氧异花软珊瑚内酯 A = 1271
9-去氧异花软珊瑚内酯 A* = 1271
去氧异花软珊瑚内酯 B = 1272
8-去氧异花软珊瑚内酯 B = 1273
9-去氧异花软珊瑚内酯 B = 1273
16-去氧异去氢小瓜海绵内酯* = 1535
25-去氧硬丝海绵内酯 B* = 1706
8-去氧-游仆虫亭 B* = 83
去氧预太平洋凹顶藻醇* = 260
去氧圆盘肉芝软珊瑚素* = 589
28-去氧棕绿纽扣珊瑚烯胺* = 1898
22-*epi*-28-去氧棕绿纽扣珊瑚烯胺* = 1899
12-去乙酰呋喃斯卡拉醇* = 1648
7-去乙酰哥杜宁* = 1910
12-*epi*-*O*-去乙酰-19-去氧斯卡拉烯* = 1642
12-*O*-去乙酰-17-去氧斯卡拉烯* = 1642
12-去乙酰-12,18-二-*epi*-斯卡拉二醛* = 1643
16-*O*-去乙酰-16-*epi*-斯卡拉丁烯酸内酯* = 1644
14-去乙酰氧基丛柳珊瑚菲林 B* = 841
7-去乙酰氧基欧雷扑扑安* = 202
12-去乙酰氧斯卡拉二醛* = 1639
去乙酰氧斯卡拉二醛* = 1639
12-去乙酰氧斯卡拉烯 19-乙酸酯* = 1640
12-去乙酰氧-12-氧去氧斯卡拉烯* = 1651
12-去乙酰氧-21-乙酰氧斯卡拉烯* = 1638
去乙酰异巴拉圭醇* = 486
全裸柳珊瑚异花软珊瑚内酯 A* = 1292
全裸柳珊瑚异花软珊瑚内酯 B* = 1293
全裸柳珊瑚异花软珊瑚内酯 C‡ = 1294
全裸柳珊瑚异花软珊瑚内酯 D* = 1295
全裸柳珊瑚异花软珊瑚内酯 E* = 1296
全裸柳珊瑚异花软珊瑚内酯 F* = 1297
全裸柳珊瑚异花软珊瑚内酯 K* = 1298
全裸柳珊瑚异花软珊瑚内酯 L* = 1299
(+)-群海绵胺 A* = 413
(+)-群海绵胺 B* = 414
群海绵定 B* = 371
(+)-群海绵定 C* = 372
群海绵定 E* = 373
群海绵定 F* = 374
群海绵林 A* = 376
群海绵灵 B* = 433
群海绵新 A* = 420
群海绵新 B* = 421
群海绵新 C* = 408
群海绵新 D* = 422
群海绵新 E* = 375
群海绵新 F* = 376
群海绵新 G* = 423
群海绵新 H* = 424
群海绵新 I* = 425
群海绵新 J* = 410
群海绵新 K* = 426
群海绵新 L* = 427
群海绵新 O* = 411
群海绵新 P* = 428
群海绵新 Q* = 429
群海绵新 R* = 430
群海绵新 S* = 412
群海绵新 T* = 431
群海绵新 U* = 432
壬异戊二烯氢醌 = 2118
壬异戊二烯氢醌硫酸酯 = 2119
柔帕娄海绵酸 A* = 1522
柔帕娄海绵酸 B* = 1523
柔帕娄海绵酸 C* = 1524
柔软科尔特软珊瑚 C* = 865
柔软科尔特软珊瑚 D* = 866
柔软科尔特软珊瑚 E* = 867
柔软科尔特软珊瑚 F* = 868
柔软科尔特软珊瑚 G* = 869
柔软科尔特软珊瑚 H* = 870
柔软科尔特软珊瑚 W* = 871
柔软科尔特软珊瑚 X* = 872
柔新酮 A* = 2137

柔新酮 B* = **2138**
柔荑软珊瑚醇* = **122**
(–)-柔荑软珊瑚属醇*‡ = **679**
肉丁海绵他汀 I* = **1763**
肉丁海绵他汀 J* = **1764**
肉丁海绵他汀 K* = **1765**
肉丁海绵他汀 L* = **1766**
肉丁海绵他汀 M* = **1767**
肉芝软珊瑚醇* = **785**
肉芝软珊瑚醇 A* = **717**
肉芝软珊瑚醇 B* = **718**
肉芝软珊瑚醇 M* = **720**
肉芝软珊瑚内酯* = **712**
肉芝软珊瑚内酯*‡ = **719**
肉芝软珊瑚内酯 A (Lin)* = **697**
肉芝软珊瑚内酯 A (Sun)* = **714**
肉芝软珊瑚内酯 B* = **698**
肉芝软珊瑚内酯 B′ = **626**
肉芝软珊瑚内酯 C* = **699**
肉芝软珊瑚内酯 D* = **700**
肉芝软珊瑚内酯 E* = **701**
肉芝软珊瑚内酯 F* = **702**
肉芝软珊瑚内酯 G* = **703**
肉芝软珊瑚内酯 H* = **704**
肉芝软珊瑚内酯 I* = **705**
肉芝软珊瑚内酯 J* = **706**
肉芝软珊瑚内酯 K* = **707**
肉芝软珊瑚内酯 L* = **708**
肉芝软珊瑚内酯 M* = **709**
肉芝软珊瑚内酯 N* = **710**
肉芝软珊瑚内酯 O* = **711**
肉芝软珊瑚宁 G* = **578**
肉芝软珊瑚醛乙酸酯* = **784**
肉芝软珊瑚素 = **715**
肉芝软珊瑚亭* = **1439**
肉芝软珊瑚酮* = **716**
肉芝软珊瑚新 A* = **721**
肉芝软珊瑚新 B* = **722**
肉芝软珊瑚新 D* = **723**
肉芝软珊瑚新 E* = **724**
乳白肉芝软珊瑚醇* = **713**
软骨凹顶藻醇* = **257**
软骨海头红醛* = **22**
软韧革真菌林 A* = **319**
软韧革真菌林 J* = **322**
软珊瑚素* = **845**
软珊瑚糖苷 A* = **846**
软珊瑚尤尼西林 A* = **829**
软珊瑚尤尼西林 B* = **830**
软珊瑚尤尼西林 C* = **831**
软珊瑚尤尼西林 D* = **832**
软珊瑚尤尼西林 E* = **833**
软珊瑚尤尼西林 F* = **834**
软珊瑚尤尼西林 G* = **938**
软珊瑚尤尼西林 L* = **835**
软珊瑚尤尼西林 M* = **836**
软珊瑚尤尼西林 N* = **837**
软珊瑚尤尼西林 O* = **838**
软珊瑚尤尼西林 P* = **839**
软珊瑚尤尼西林 Q* = **840**
软体动物塔尼亚内酯 A* = **81**
软体动物塔尼亚内酯 B* = **82**
瑞哦酮* = **2136**
瑞斯帕斯欧宁* = **1891**
萨尔玛海替斯醇 C* = **1666**
塞斯特他汀 1* = **1672**
塞斯特他汀 2* = **1673**
塞斯特他汀 3* = **1674**
2,12-赛亚坦二烯-1,8-二酮* = **1167**
2,12-赛亚坦二烯-1-酮* = **1166**
赛亚坦维京 A* = **1166**
赛亚坦维京 B* = **1167**
赛亚坦维京 C* = **1168**
赛亚坦维京 D* = **1169**
赛亚坦维京 E* = **1170**
赛亚坦维京 F* = **1171**
赛亚坦维京 J* = **1172**
赛亚坦维京 U* = **1173**
赛亚坦维京 Z* = **1174**
三环链格孢烯 A* = **2179**
三环链格孢烯 B* = **2180**
三环链格孢烯 C* = **2181**
(2*E*,4*E*)-2,6,10-三甲基十一烷-2,4,9-三烯醛 = **66**
(2*E*,4*E*,7*Z*)-2,6,10-三甲基十一烷-2,4,7,9-四烯醛 = **65**
(3*Z*,5*E*)-3,7,11-三甲基-9-氧代十二烷基-1,3,5-三烯 = **63**
(3*E*,5*E*)-3,7,11-三甲基-9-氧代十二烷基-1,3,5-三烯 = **64**
3,5,8-三甲基薁酮[6,5-*b*]呋喃 = **228**
三角短指软珊瑚素 A* = **1420**
三角短指软珊瑚烯 A* = **746**
三角短指软珊瑚烯 B* = **747**
1,6,8-三氯-2,4-奥克托德二烯* = **35**
(1*S*,2*R*,4*R*,5*S*)-1,2,4-三氯-5-(2-氯乙烯基)-1,5-二甲基环己烷 = **43**
(1*S*,2*R*,4*S*,5*S*)-1,2,4-三氯-5-(2-氯乙烯基)-1,5-二甲基环己

烷 = **44**
(1*S*,2*R*,4*R*,5*R*)-1,2,4-三氯-5-(2-氯乙烯基)-1,5-二甲基环己烷 = **45**
(12*β*,16*α*,24*ξ*)-三羟基-17-斯卡拉烯-25,24-内酯* = **1676**
3,4,11-三羟基-7,15(17)-西柏二烯-16,12-内酯 = **557**
δ-三烯生育酚 = **2176**
δ-三烯生育酚环氧化物 = **2177**
1,6,8-三溴-2-氯-3(8)-奥克托德烯* = **34**
(2*R*,3*E*,6*R*,7*S*)-1,1,7-三溴-2,6,8-三氯-3,7-二甲基-3-辛烯 = **26**
15*α*,19,20-三-*O*-乙酰基普乌坡赫醇* = **2178**
2*α*,8*β*,13-三乙酰氧基卡普涅拉软珊瑚-9(12)-烯-10*α*-醇* = **317**
3*α*,8*β*,14-三乙酰氧基卡普涅拉软珊瑚-9(12)-烯-10*α*-醇* = **318**
(1*S*,2*S*,3*E*,6*S*,7*E*,10*S*,11*E*,14*S*)-6,10,14-三乙酰氧基-3,7,11,15(17)-西柏四烯-16,2-内酯* = **745**
伞软珊瑚林 G* = **1191**
伞软珊瑚素 A* = **1184**
伞软珊瑚素 B* = **1185**
伞软珊瑚素 C* = **1186**
伞软珊瑚素 D* = **1187**
伞软珊瑚素 E* = **1188**
伞软珊瑚素 F* = **1189**
伞软珊瑚素 H* = **1190**
色多丽丝内酯 A* = **520**
瑟森醇 A* = **1746**
瑟森醇 B* = **1747**
瑟斯佛醇 23-乙酸盐* = **1748**
沙格柔克醇 B* = **2151**
沙格柔克醇 C* = **2152**
筛皮海绵醌醇* = **2010**
筛皮海绵素硫酸酯* = **2011**
山海绵过氧化物 A* = **1582**
山海绵过氧化物 B* = **1583**
山石榴糖苷 A* = **1855**
山石榴糖苷 B* = **1856**
山石榴糖苷 C* = **1857**
山石榴糖苷 D* = **1858**
扇形扁矛海绵烯 A* = **627**
扇形扁矛海绵烯 B* = **628**
扇形卡特海绵素 A* = **1708**
扇形卡特海绵素 B* = **1709**
蛇孢菌素 = **1622**
蛇孢菌素 A = **1622**
蛇孢菌素 C = **1623**
蛇孢菌素 G = **1624**
6-*epi*-蛇孢菌素 G = **1625**
蛇孢菌素 H = **1626**
蛇孢菌素 K = **1627**
6-*epi*-蛇孢菌素 N = **1628**
蛇孢菌素 O = **1629**
6-*epi*-蛇孢菌素 O = **1630**
蛇孢菌素 U = **1631**
肾海鳃佛林 A* = **1115**
肾海鳃佛林 B* = **1121**
肾海鳃佛林 C* = **1122**
笙珊瑚呋喃* = **155**
笙珊瑚内酯 B* = **156**
笙珊瑚内酯 G* = **157**
笙珊瑚因* = **1128**
(1a*S*,3a*S*,4*E*,7*S*,7a*R*,10*R*)-十二氢-4-[(2*E*)-4-羟基-4-甲基戊-2-烯-1-基亚基]-1a-甲基-8-甲亚基环氧[5,6]环壬烷[1,2-*c*]吡喃-7,10-二醇 = **1265**
7-[5-(十氢-4a-羟基-1,2,5,5-四甲基-1-萘基)-3-甲基-2-戊烯基]-3,7-二氢-2,3-二甲基-6*H*-嘌呤-6-酮* = **418**
石海绵科海绵林 A* = **2160**
石海绵科海绵素 1* = **2161**
石海绵科海绵素 2* = **2162**
石海绵科海绵素 3* = **2163**
石灰质五部参糖苷 B* = **1753**
石灰质五部参糖苷 C_1* = **1754**
石灰质五部参糖苷 C_2* = **1755**
似肾果荠叶丝球藻醇 A* = **954**
似希金海绵醇 B* = **106**
似希金海绵醇 C* = **107**
似希金海绵醇 D* = **108**
似希金海绵醇醛* = **105**
似希金海绵酸* = **104**
似希金海绵酮* = **109**
黍素 = **1859**
束海绵醌醇 A* = **2058**
束海绵醌醇 B* = **2059**
束海绵内酯 A* = **1537**
束海绵内酯 B* = **1490**
束海绵内酯 C* = **1491**
双叉藻醇 = **354**
(−)-双叉藻二醇* = **352**
双叉藻呋喃* = **353**
双多扣坡烯双羧基木糖基酯 A = **1931**
1,11-双-3-呋喃基-4,8-二甲基-1,4,8-十一烷三烯-6-醇 = **1516**
4,9,15-双花三烯* = **1335**
双环链格孢烯 A* = **1990**

台湾软珊瑚素 A* = **1259**
台湾软珊瑚素 B* = **1260**
台湾软珊瑚素 C* = **1261**
台湾软珊瑚素 D* = **1262**
台湾软珊瑚素 E* = **1263**
台湾软珊瑚素 F* = **1264**
台湾软珊瑚素 L* = **1265**
台湾羊海绵宁 I* = **1519**
台湾异花软珊瑚内酯 A* = **1266**
台湾异花软珊瑚内酯 B* = **1267**
台湾异花软珊瑚内酯 C* = **1268**
苔海绵醇* = **472**
太平洋凹顶藻醇* = **274**
太平洋柳珊瑚醇* = **286**
泰国摩鹿加木果楝新 A* = **1911**
泰国摩鹿加木果楝新 C* = **1852**
泰国真菌酸* = **1621**
贪婪掘海绵醇* = **1984**
贪婪掘海绵酮* = **1985**
贪婪掘海绵酮 A* = **2042**
贪婪掘海绵酮 B* = **2043**
贪婪掘海绵酮 C* = **2044**
贪婪掘海绵酮 D* = **2045**
碳团菌搜达林* = **1461**
epi-陶二醇* = **2170**
特乌瑞烯* = **1745**
条状短指软珊瑚内酯* = **557**
条状短指软珊瑚氢醌* = **67**
桐棉二酮* = **195**
头坡内酯 A* = **2182**
头坡内酯 B* = **2183**
头坡内酯 C* = **2184**
土环醇* = **327**
土环酸 A* = **326**
土色曲霉投宁 F* = **2171**
土色曲霉投宁 G* = **2172**
土震素 B = **2173**
脱落素Ⅱ = **76**
脱落酸 = **76**
脱氢莪术酚* = **95**
9,10-脱氢呋喃西林* = **251**
瓦努阿图环西柏柳珊瑚内酯 A* = **973**
瓦努阿图环西柏柳珊瑚内酯 B* = **974**
瓦努阿图环西柏柳珊瑚内酯 C* = **975**
(–)-外轴海绵素 A* = **1382**
外轴海绵素 B* = **1383**
网纹白尼参糖苷 A* = **1815**
网纹白尼参糖苷 B* = **1816**
望加锡海绵酸* = **2096**
(+)-望加锡海绵酸* = **2096**
微厚肉芝软珊瑚内酯* = **575**
微厚肉芝软珊瑚内酯 H* = **565**
微厚肉芝软珊瑚内酯 I* = **566**
微厚肉芝软珊瑚内酯 J* = **567**
微厚肉芝软珊瑚内酯 K* = **568**
微厚肉芝软珊瑚内酯 L* = **569**
微厚肉芝软珊瑚内酯 M* = **570**
微厚肉芝软珊瑚内酯 N* = **571**
微厚肉芝软珊瑚内酯 O* = **572**
微厚肉芝软珊瑚内酯 P* = **573**
维罗尔 4-乙酸酯* = **134**
伪去氢瑟斯佛醇* = **1744**
乌普尔内酯 A 乙酸酯* = **750**
8-*epi*-乌普尔内酯 A 乙酸酯* = **751**
乌普尔内酯 B* = **752**
8-*epi*-乌普尔内酯 B* = **753**
乌普尔内酯 B 乙酸酯* = **754**
8-*epi*-乌普尔内酯 B 乙酸酯* = **755**
乌普尔内酯 C* = **756**
7-*epi*-乌普尔内酯 C 二乙酸酯* = **759**
乌普尔内酯 C 乙酸酯* = **757**
7-*epi*-乌普尔内酯 C 乙酸酯* = **758**
乌普尔内酯 D* = **760**
乌普尔内酯 D 乙酸酯* = **761**
乌普尔内酯 E 乙酸酯* = **763**
乌普尔内酯 F 二乙酸酯* = **764**
乌普尔内酯 G 乙酸酯* = **765**
乌普尔内酯 H* = **766**
乌普罗矶沙蚕内酯* = **749**
乌普罗矶沙蚕素* = **748**
2-戊异戊二烯-1,4-苯二酚-4-硫酸酯* = **2125**
(1*R*,3*E*,7*E*,11*E*)-3,7,11-西柏三烯-15-醇 = **679**
(1*R*,3*E*,7*E*,11*E*)-3,7,11-西柏三烯-1-醇 = **720**
(*all-E*)-3,7,11,15-西柏四烯 = **560**
(1*Z*,3*E*,7*E*,11*E*,14*S*)-1,3,7,11-西柏四烯-14-醇 = **717**
(1*S*,2*S*,3*E*,7*E*,11*E*)-3,7,11,15-西柏四烯-17,2-内酯 = **559**
西柏烷类似物 JNP98-237 = **558**
西柏烷内酯 C = **588**
西柏烯 A = **560**
(–)-西多诺尔醇* = **112**
(+)-西多威克酸* = **113**
西米兰钵海绵素 A = **1675**
(1*α*,4*αH*)-14-细齿烯* = **1375**
14-细齿烯-7-醇* = **1376**

细丝黑团孢霉新 A* = 171
细丝黑团孢霉新 B* = 177
细丝黑团孢霉新 C* = 178
细丝黑团孢霉新 D* = 179
细丝黑团孢霉新 E* = 283
细丝黑团孢霉新 F* = 172
细丝黑团孢霉新 G* = 173
细丝黑团孢霉新 H* = 180
细丝黑团孢霉新 I* = 181
细丝黑团孢霉新 J* = 174
(3*S*,3′*S*)-虾青素 = 1917
(3*S*,3′*S*)-虾青素 *β*-D-葡萄糖苷 = 1918
仙掌藻内酯* = 1408
仙掌藻醛* = 357
仙掌藻三醛* = 1409
纤毛虫素* = 1405
纤弱小针海绵灵 A* = 521
纤弱小针海绵灵 H* = 522
纤弱小针海绵灵 I* = 523
纤弱小针海绵灵 J* = 524
纤弱小针海绵灵 K* = 525
纤弱小针海绵灵 L* = 526
香茅醇 = 1
香叶醇 = 2
15*α*-硝基甲基-19,20-二-*O*-乙酰基普乌坡赫醇* = 2117
15*α*-硝基乙基-19,20-二-*O*-乙酰基普乌坡赫醇* = 2116
小齿豆荚软珊瑚内酯* = 588
小瓜海绵林 A* = 1719
小瓜海绵林 B* = 1720
小瓜海绵内酯* = 1544
小瓜海绵内酯 A* = 1545
小瓜海绵内酯 B* = 1546
小瓜海绵内酯 C* = 1547
小瓜海绵内酯 D* = 1548
小瓜海绵内酯 E* = 1549
小瓜海绵酮* = 1576
小瓜海绵因 A* = 1577
小瓜海绵因 C* = 1578
小瓜海绵因 D* = 1579
小瓜海绵因 K* = 1580
小瓜海绵因 L* = 1581
小瓜海绵因 Q* = 1503
小尖柳珊瑚林* = 914
辛异戊二烯氢醌* = 2121
新喀里多尼亚海绵内酯 A* = 1601
新喀里多尼亚海绵内酯 B* = 1602
新喀里多尼亚海绵内酯 C* = 1603
新喀里多尼亚海绵内酯 D* = 1604
新喀里多尼亚海绵内酯 E* = 1605
新喀里多尼亚海绵内酯 F* = 1606
新喀里多尼亚海绵内酯 H* = 1607
新喀里多尼亚海绵内酯 I* = 1608
新喀里多尼亚海绵内酯 J* = 1609
新喀里多尼亚海绵内酯 K* = 1725
新喀里多尼亚海绵内酯 M* = 1610
新喀里多尼亚海绵内酯 N* = 1611
新喀里多尼亚海绵内酯 P* = 1612
新喀里多尼亚海绵内酯 Q* = 1613
新喀里多尼亚海绵内酯 R* = 1614
(6*Z*)-新马弄阿来得* = 1556
(6*E*)-新马弄阿来得* = 1557
(6*E*)-新马弄阿来得-24-醛* = 1555
新曼吉醇 A* = 1723
新曼吉醇 B* = 1724
新坡头西海绵醌 A* = 2114
新坡头西海绵醌 B* = 2115
新贪婪掘海绵醇* = 2112
新贪婪掘海绵酮* = 2113
星斑碧玉海绵内酯 F* = 1883
星斑碧玉海绵醛 A* = 1876
星斑碧玉海绵醛 B* = 1877
星斑碧玉海绵醛 C* = 1878
星斑碧玉海绵醛 D* = 1879
星斑碧玉海绵醛 E* = 1880
星斑碧玉海绵醛 F* = 1881
星斑碧玉海绵醛 G* = 1882
星亮海绵糖苷 A_1* = 1827
星亮海绵糖苷 B_1* = 1828
星柳珊瑚素* = 803
星柳珊瑚素 B* = 804
星柳珊瑚素 C* = 805
星柳珊瑚素 D* = 806
星柳珊瑚素 N* = 807
熊果酸 = 1912
(1*β*,7*β*)-1-溴-4(15)-桉叶烯-11-醇 = 142
(1*β*,7*α*)-1-溴-4(15)-桉叶烯-11-醇* = 145
2-溴-11-桉叶烯-5-醇 = 143
3-溴-11-桉叶烯-5-醇 = 144
14-溴-1-钝形烯-3,11-二醇* = 1380
3,4-*erythro*-1-溴-7-二氯甲基-3-甲基-3,4,8-三氯-1*E*,5*E*,7*E*-辛三烯 = 15
4-溴哈米杰拉恩 K* = 341
10-溴-2,7(14)-花柏二烯* = 252
10-溴-2,7-花柏二烯-9-醇* = 254

10-溴-1,7(14)-花柏二烯-3,9-二醇* = **253**
10*S*-溴-1,7(14)-花柏二烯-3,9-二醇* = **269**
溴化杀草醚 A = **1933**
溴化杀草醚 B = **1934**
溴化杀草醚 J = **1935**
溴化杀草醚 M = **1936**
溴化杀草醚 N = **1937**
溴化杀草醚 O = **1938**
溴化杀草醚 P = **1939**
溴化杀草醚 Q = **1940**
溴化杀草醚 R = **1941**
溴化杀草醚 S = **1942**
溴化杀草醚 T = **1943**
溴化杀草醚 U = **1944**
10-溴-7*α*,8*α*-环氧花柏基-1-烯-3-醇* = **255**
3-溴甲基-2,3-二氯-7-甲基-1,6-辛二烯 = **17**
3-溴甲基-3-氯-7-甲基-1,6-辛二烯 = **16**
4-溴-2-甲基-5-(1,2,2-三甲基-3-环戊烯-1-基)苯酚 = **124**
3-溴甲基-2,3,6-三氯-7-甲基-1,6-辛二烯 = **19**
10-溴-2-氯-2,7(14)-花柏二烯-9-醇* = **266**
4-溴-2-氯-1-(2-氯乙烯基)-1-甲基-5-亚甲基环己烷 = **41**
(6*R*,9*R*,10*S*)-10-溴-9-羟基-花柏-2,7(14)-二烯* = **256**
7-溴-10-羟基-环月桂醇 = **130**
4-溴-1,6,8-三氯-2-奥克托德烯* = **27**
溴丝球藻醇* = **952**
溴丝球藻酮* = **953**
8-溴-1,3,4,7-四氯-3,7-二甲基-1,5-辛二烯 = **21**
(1*E*,3*R*,4*S*,5*E*)-8-溴-1,3,4,7-四氯-7-氯甲基-3-甲基-1,5-辛二烯 = **20**
6-溴-3-溴甲基-2,3-二氯-7-甲基-1,6-辛二烯 = **13**
6-溴-3-溴甲基-3,7-二氯-7-甲基-1-辛烯 = **14**
4-溴-5-溴甲基-1-(2-氯乙烯基)-2,5-二氯-1-甲基环己烷 = **37**
7-溴-3-溴甲基-2,3,6-三氯-7-甲基-1-辛烯 = **25**
Z-3-溴亚甲基-2-氯-7-甲基-1,6-辛二烯 = **18**
溴藻酸 A* = **1396**
溴藻酸 B* = **1397**
溴藻酸 C* = **1398**
溴藻酸 D* = **1399**
溴藻酸 E* = **1400**
雅槛蓝二烯二酮* = **169**
雅槛蓝佛亭 Ca* = **167**
雅槛蓝佛亭 Cb* = **168**
(6*β*,7*βOH*,8*α*)-11(13)-雅槛蓝烯-6,7,8,12-四醇 = **172**
(6*β*,7*αOH*,8*α*)-11(13)-雅槛蓝烯-6,7,8,12-四醇 = **173**
雅致凹顶藻三醇* = **1749**
亚哈尊醇* = **2190**
亚龙烯 A* = **767**
亚龙烯 B* = **768**
亚南极海鸡冠软珊瑚素 A* = **342**
亚南极海鸡冠软珊瑚素 B* = **343**
烟曲霉酸 = **1907**
岩藻黄醇 = **1924**
岩藻黄素 = **1924**
岩藻黄素醇 = **1925**
盐角草壳二孢真菌吡咯烷二酮 A* = **1974**
羊海绵醇硫酸酯* = **2089**
羊海绵内酯 A* = **1601**
羊海绵内酯 B* = **1602**
(*S*)-羊海绵宁 1* = **1496**
(*R*)-羊海绵宁 1* = **1497**
(*S*)-羊海绵宁 1*O*-硫酸酯* = **1498**
(*S*)-羊海绵宁 1*O*-硫酸酯 Δ^{11}-同分异构体* = **1499**
羊海绵宁 2* = **1500**
羊海绵烯* = **380**
(3*β*,20*R*,22*R*)-羊毛甾-9(11),24-二烯-22-乙酰氧基-3,20-二醇 3-*O*-[3-*O*-甲基-6-*O*-磺基-*β*-D-吡喃葡萄糖基-(1→3)-6-*O*-磺基-*β*-D-吡喃葡萄糖基-(1→4)-[*β*-D-吡喃木糖基-(1→2)]-6-去氧-*β*-D-吡喃葡萄糖基-(1→2)-4-*O*-磺基-*β*-D-吡喃木糖苷] = **1795**
3-氧代波来烯* = **102**
6-氧代-4(16),12(18)-朵蕾二烯-19,10-内酯* = **1143**
1-氧代莪术酚* = **103**
15-氧代普乌坡赫醇* = **2122**
5-氧代-3,7,16,18-蛇孢菌四烯-21-醛 = **1624**
11-氧代-5-水飞蓟烯-13-酸* = **323**
13-氧代-2,6,10,14-植基四烯-1-醛 = **359**
氧代棕绿纽扣珊瑚胺* = **1900**
epi-氧代棕绿纽扣珊瑚胺* = **1901**
叶瓜参糖苷 A* = **1794**
叶瓜参糖苷 C* = **1795**
叶海绵内酯 A* = **1693**
叶海绵内酯 B* = **1694**
叶海绵内酯 C* = **1695**
叶海绵内酯 D* = **1696**
叶海绵内酯 E* = **1697**
叶海绵醛酮* = **1681**
叶海绵素* = **1685**
叶海绵烯酮 D* = **1692**
叶黄素 = **1926**
伊拉它凹顶藻醇* = **266**
伊丽莎白柳珊瑚胺* = **1341**
3-*epi*-伊丽莎白柳珊瑚内酯 = **1430**
伊丽莎白柳珊瑚内酯* = **1429**

硬毛短足软珊瑚素 N* = 859
硬毛短足软珊瑚素 O* = 860
硬毛短足软珊瑚素 P* = 861
硬毛短足软珊瑚素 Q* = 862
硬毛短足软珊瑚素 R* = 863
(–)-硬丝海绵呋喃 A* = 389
硬丝海绵呋喃 B* = 390
硬丝海绵内酯 B* = 1703
硬丝海绵内酯 D* = 1485
硬丝海绵内酯 E* = 1704
硬丝海绵内酯 F* = 1705
硬丝海绵烯酮 A* = 1513
硬丝海绵烯酮 B* = 1514
疣孢菌醇酮 A* = 461
疣孢菌素 A* = 140
疣海牛新 1* = 511
疣海牛新 2* = 536
疣海牛新 3* = 534
疣海牛新 4* = 370
疣海牛新 5* = 406
疣海牛新 6* = 512
疣海牛新 7* = 513
疣海牛新 8* = 535
疣海牛新 9* = 514
疣海牛新 A* = 515
疣海牛新 B* = 516
游仆虫亭 C* = 83
游仆虫烯内酯* = 306
epi-游仆虫烯内酯* = 307
游仆虫烯醛* = 305
ent-榆耳三醇 = 320
羽珊瑚酮* = 1138
玉足海参糖苷 B* = 1798
玉足海参糖苷 B* = 1812
愈创木薁 = 225
圆裂短足软珊瑚素 A* = 888
圆裂短足软珊瑚素 B* = 889
圆裂短足软珊瑚素 C* = 890
圆裂短足软珊瑚素 D* = 891
圆裂短足软珊瑚素 I* = 892
圆裂短足软珊瑚素 J* = 893
圆裂短足软珊瑚素 K* = 894
圆裂短足软珊瑚素 L* = 895
圆裂短足软珊瑚素 M* = 896
圆裂短足软珊瑚素 N* = 897
圆裂短足软珊瑚素 O* = 898
圆裂短足软珊瑚素 P* = 899
epi-圆锥醇* = 2003
圆锥形褶胃海鞘硫杂醌 A* = 2004
圆锥形褶胃海鞘硫杂醌 A 甲醚* = 2005
allo-月桂醇 = 127
allo-月桂醇乙酸酯 = 128
杂类萜酚 A* = 2100
杂类萜酚 B* = 2101
杂类萜酚 C* = 2102
杂类萜酚 D* = 2103
杂类萜氯 A* = 1721
杂类萜氯 B* = 1722
扎哈文 A* = 1290
扎哈文 B* = 1291
粘海绵醇 = 1927
掌状多萜内酯 A* = 437
掌状多萜内酯 B* = 438
掌状多萜内酯 C* = 439
掌状多萜内酯 D* = 440
掌状多萜内酯 E* = 441
掌状多萜内酯 F* = 442
掌状多萜内酯 G* = 443
掌状多萜内酯 H* = 444
掌状多萜内酯 I* = 445
掌状多萜内酯 J* = 446
掌状多萜内酯 K* = 447
掌状多萜内酯 L* = 448
掌状多萜内酯 M* = 449
掌状多萜内酯 N* = 450
掌状多萜内酯 O* = 451
掌状多萜内酯 P* = 452
掌状多萜内酯 Q* = 453
掌状多萜内酯 R* = 454
掌状多萜内酯 S* = 455
褶胃海鞘酮 B = 2150
真丛柳珊瑚糖苷 A* = 2048
真丛柳珊瑚糖苷 B* = 2049
真丛柳珊瑚糖苷 C* = 2050
真丛柳珊瑚糖苷 D* = 2051
真丛柳珊瑚糖苷 E* = 2052
真丛柳珊瑚糖苷 F* = 2053
真丛柳珊瑚糖苷 G* = 2054
真菌斯托比内酯 A* = 216
枝柄参糖苷 B* = 1756
枝柄参糖苷 B_1* = 1757
枝柄参糖苷 B_2* = 1758
枝柄参糖苷 C* = 1759
枝柄参糖苷 C_1* = 1760

索引 2　化合物英文名称索引

化合物英文名称按英文字母排序（包括英文正名及别名），等号（=）后对应的是化合物在本卷中的唯一代码（**1~2192**）。化合物名称中表示结构所用的 D-, L-, *d*-, *l*-, *R*-, *S*-, *E*-, *Z*-, *O*-, *N*-, *C*-, *H*-, *cis*-, *trans*-, *ent*-, *epi*-, *meso*-, *erythro*-, *threo*-, *sec*-, *seco*-, *nor*- *m*-, *o*-, *p*-, *n*-, α-, β-, γ-, δ-, ε-, κ-, ξ-, ψ-, ω-, (+), (−), (±) 等，以及 0, 1, 2, 3, 4, 5, 6, 7, 8, 9 等数字及标点符号（如括号、撇、逗号等）都不参加排序。

Aberrarone = **1440**
Abscisic acid = **76**
Abscisin Ⅱ = **76**
Acalycigorgin A = **1250**
Acalycigorgin B = **1251**
Acalycigorgin C = **1252**
Acalycigorgin D = **1253**
Acalycigorgin E = **1254**
Acalycixeniolide A = **1292**
Acalycixeniolide B = **1293**
Acalycixeniolide C‡ = **1294**
Acalycixeniolide D = **1295**
Acalycixeniolide E = **1296**
Acalycixeniolide F = **1297**
Acalycixeniolide H = **1255**
Acalycixeniolide I = **1256**
Acalycixeniolide J = **1257**
Acalycixeniolide K = **1298**
Acalycixeniolide L = **1299**
10-Acetoxyangasiol = **1381**
6′-Acetoxyavarol = **1955**
3-Acetoxy-*E*-γ-bisabolene = **85**
25-Acetoxybivittoside D = **1750**
(3*Z*,5*E*)-1-Acetoxy-8-bromo-4,7-dichloro-3,7-dimethylocta-3,5-diene = **5**
2-Acetoxy-15-bromo-7,16-dihydroxy-3palmitoyl-neoparguera-4(19),9(11)-diene = **481**
8β-Acetoxycapnell-9 (12)-ene-10α-ol = **310**
3β-Acetoxycapnellene-8β,10α,14-triol = **311**
(1*R*,3*Z*,7*E*,11*E*,14*S*)-18-Acetoxy-3,7,11,15(17)-cembratetraen-16,14-olide = **543**
(7*E*)-1-Acetoxy-8-chloro-7-(dichloromethyl)-3-methyloct-7-en-4-one = **6**
(7*Z*)-1-Acetoxy-8-chloro-7-(dichloromethyl)-3-methyloct-7-en-4-one = **7**
4-Acetoxycrenulide = **1300**
21-Acetoxydeoxoscalarin = **1632**
11-Acetoxy-4-deoxyasbestinin B = **942**
11-Acetoxy-4-deoxyasbestinin D = **943**
3-Acetoxy-9,7(11)-dien-7α-hydroxy-8-oxoeremophilane = **162**
9-Acetoxy-5,8:12,13-diepoxycembr-15(17)-en-16,4-olide = **544**
5-Acetoxy-10,18-dihydroxy-2,7-dolabelladiene = **1132**
(3*E*)-6-Acetoxy-3,11-dimethyl-7-methylidendodeca-1,3,10-triene = **51**
18-Acetoxy-dolabelladiene = **1133**
3-Acetoxy-4*E*,8,18-dolabellatrien-16-al = **1134**
11-Acetoxy-8-drimen-12,11-olide = **196**
16-Acetoxy-7,8-epoxy-3,12(18)-dolabelladien-13-one = **1135**
6-Acetoxy-7,8-epoxy-3,12-dolabelladien-13-one = **1136**
18-Acetoxy-3*R*,4*S*-epoxy-13*R*-hydroxy-7,11,15(17)-cembratrien-16,14-olide = **545**
18-Acetoxy-3*R*,4*S*-epoxy-13*S*-Hydroxy-7,11,15(17)-cembratrien-16,14-olide = **546**
12α-Acetoxy-24,25-epoxy-24-hydroxy-20,24-dimethylscalarane = **1677**
12-Acetoxy-16-hydroxy-20,24-dimethyl-24-oxo-25-scalaranal = **1678**
(3α,13*Z*,16*E*,20(22)*E*,23*E*)-3-Acetoxy-25-hydroxy-12,15-dioxo-13,16,20(22),23-isomalabaricatetraen-29-oic acid = **1860**
18-Acetoxy-10-hydroxy-2,7-dolabelladiene = **1137**
12α-Acetoxy-22-hydroxy-24-methyl-24-oxo-16-scalaren-25-al = **1679**
12-Acetoxy-25-hydroxy-16-scalaren-24-al = **1649**
16-Acetoxy-isoparguerol = **489**
6-Acetoxy-litophynin E = **800**
(Z)-24-Acetoxyneomanoalide = **1528**
6β-Acetoxyolepupuane = **197**
12-Acetoxypseudopterolide = **786**
13-Acetoxysarcocrassolide = **547**
13-Acetoxysarcophytoxide = **548**
12α-Acetoxy-17-scalaren-25,24-olide = **1637**
19-Acetoxy-13(16),14-spongiadiene = **493**
11α-Acetoxy-13-spongien-16-one = **494**
11β-Acetoxy-13-spongien-16-one = **495**
12-Acetoxytetrahydrosulphurin I = **517**
4-Acetoxy-thorectidaeolide A = **1529**

4-Acetylaplykurodin B = **1393**

3-Acetylcladiellisin = **801**

Acetylcoriacenone = **1394**

12-*O*-Acetyl-16-*O*-deacetyl-16-*epi*-scalarobutenolide = **1633**

12-*O*-Acetyl-16-*O*-deacetyl-12,16-*diepi*-scalarolbutenolide = **1634**

(*Z*)-24-Acetyl-2,3-dihydroneomanoalide = **1530**

Acetylehrenberoxide B = **549**

Acetylenoxolone = **1854**

16-Acetylfuroscalarol = **1635**

12-Acetyl-12-*epi*-heteronemin = **1636**

Acetylisoobtusol = **268**

Acetylpenasterol = **1751**

20-*O*-Acetylpuupehenone = **1956**

12-*epi*-Acetylscalarolide = **1637**

14-Acetylthioxyfurodysinin lactone = **250**

4-*O*-Acetylverrol = **134**

Acutilol A = **1326**

Acutilol A acetate = **1327**

Acutilol B = **1328**

Adociasulfate 1 = **1957**

Adociasulfate 2 = **1958**

Adociasulfate 3 = **1959**

Adociasulfate 4 = **1960**

Adociasulfate 5 = **1961**

Adociasulfate 6 = **1962**

Adociasulfate 7 = **1963**

Adociasulfate 8 = **1964**

(3*S*,3′*R*)-Adonixanthin-*β*-D-glucoside = **1916**

(2*α*,3*β*,6*α*)-2-Africananol = **309**

3(15)-Africanene = **308**

9(15)-Africanene = **308**

Africanol = **309**

Agallochaol K = **537**

Agallochaol O = **538**

Agallochaol P = **539**

Agallochaol Q = **540**

Agelasidine B = **371**

(+)-Agelasidine C = **372**

Agelasidine E = **373**

Agelasidine F = **374**

Agelasine A = **420**

Agelasine B = **421**

Agelasine C = **408**

5,9-*diepi*-Agelasine C = **409**

Agelasine D = **422**

Agelasine E = **375**

Agelasine F = **376**

Agelasine G = **423**

Agelasine H = **424**

Agelasine I = **425**

Agelasine J = **410**

Agelasine K = **426**

Agelasine L = **427**

Agelasine O = **411**

Agelasine P = **428**

Agelasine Q = **429**

Agelasine R = **430**

Agelasine S = **412**

Agelasine T = **431**

Agelasine U = **432**

Ageline A = **376**

Ageline B = **433**

(+)-Agelisamine A = **413**

(+)-Agelisamine B = **414**

Aignopsanoic acid = **289**

Aignopsanoic acid methyl ester = **290**

Aikupikoxide A = **1512**

Ainigmaptilone A = **141**

Akadisulfate A = **1965**

Akadisulfate B = **1966**

Akaterpin = **1967**

Albican-11,14-diol = **198**

(+)-Albicanol = **199**

(+)-Albicanol acetate = **200**

Alcyonin = **802**

Alcyopterosin A = **246**

Alcyopterosin C = **247**

Alcyopterosin E = **248**

Alcyopterosin H = **249**

(+)-Alloaromadendrene = **238**

Alloisoobtusol = **257**

Alotaketal A = **1531**

Alotaketal C = **1698**

Ambliofuran = **351**

Ambliol A = **377**

Ambliol B = **415**

Ambliol C = **416**

Ambliolide = **378**

Americanolide D = **232**

(1*β*,3*α*,7*α*)-8,10,12,14-*epi*-Amphilectatetraene-9-acetoxy-10-ol 10-*O*-(3-*O*-acetyl-*β*-D-xylopyranoside) = **1225**

(1*β*,3*α*,7*α*)-8,10,12,14-*epi*-Amphilectatetraene-9-acetoxy-10-ol 10-*O*-*β*-D-xylopyranoside = **1223**

(1β,3α,7α)-8,10,12,14-*epi*-Amphilectatetraene-9,10-diol 9-*O*-(3-acetyl-β-D-xylopyranoside) = **1212**
(1β,3α,7α)-8,10,12,14-*epi*-Amphilectatetraene-9,10-diol 9-*O*-(4-acetyl-β-D-xylopyranoside) = **1213**
(1α,3α,7α)-8,10,12,14-*epi*-Amphilectatetraene-9,10-diol 10-*O*-(3-*O*-acetyl-α-D-arabinopyranoside) = **1227**
(1α,3α,7α)-8,10,12,14-*epi*-Amphilectatetraene-9,10-diol 10-*O*-(4-*O*-acetyl-α-D-arabinopyranoside) = **1228**
(1α,3α,7α)-8,10,12,14-*epi*-Amphilectatetraene-9,10-diol 9-*O*-(2-acetyl-α-L-fucopyranoside) = **1217**
(1α,3α,7α)-8,10,12,14-*epi*-Amphilectatetraene-9,10-diol 9-*O*-(3-acetyl-α-L-fucopyranoside) = **1218**
(1α,3α,7α)-8,10,12,14-*epi*-Amphilectatetraene-9,10-diol 9-*O*-(4-acetyl-α-L-fucopyranoside) = **1219**
(1α,3β,7β)-8,10,12,14-*epi*-Amphilectatetraene-9,10-diol 9-*O*-(3-acetyl-α-L-fucopyranoside) = **1221**
(1α,3α,7α)-8,10,12,14-Epiamphilectatetraene-9,10-diol 10-*O*-(4-*O*-acetyl-α-L-fucopyranoside) = **1222**
(1α,3α,7α)-8,10,12,14-*epi*-Amphilectatetraene-9,10-diol 10-*O*-(3-*O*-acetyl-α-L-fucopyranoside) = **1224**
(1β,3α,7α)-8,10,12,14-*epi*-Amphilectatetraene-9,10-diol 9-*O*-(2-acetyl-β-D-xylopyranoside) = **1211**
(1β,3α,7α)-8,10,12,14-*epi*-Amphilectatetraene-9,10-diol 10-*O*-α-D-arabinopyranoside = **1215**
(1α,3α,7α)-8,10,12,14-*epi*-Amphilectatetraene-9,10-diol 10-*O*-(3,4-di-*O*-acetyl-α-D-arabinopyranoside) = **1229**
(1α,3α,7α)-8,10,12,14-*epi*-Amphilectatetraene-9,10-diol 10-*O*-(2,4-di-*O*-acetyl-α-D-arabinopyranoside) = **1230**
(1β,3α,7α)-8,10,12,14-*epi*-Amphilectatetraene-9,10-diol 10-*O*-α-L-fucopyranoside = **1214**
(1α,3α,7α)-8,10,12,14-*epi*-Amphilectatetraene-9,10-diol 9-*O*-α-L-fucopyranoside = **1216**
(1α,3β,7β)-8,10,12,14-*epi*-Amphilectatetraene-9,10-diol 9-*O*-α-L-fucopyranoside = **1220**
(1α,3α,7α)-8,10,12,14-*epi*-Amphilectatetraene-9,10-diol 10-*O*-α-D-arabinopyranoside = **1226**
(1β,3α,7α)-8,10,12,14-*epi*-Amphilectatetraene-9,10-diol 9-*O*-β-D-xylopyranoside = **1210**
Amphilectolide = **1395**
Ansellone A = **1591**
Ansellone B(2012) = **1699**
Antheliatin = **1258**
Anthogorgiene G = **222**
(−)-Anthoplalone = **121**
Anthoptilide A = **955**
Anthoptilide B = **956**
Anthoptilide C = **957**
Anthoptilide D = **958**
Anthoptilide E = **959**
Antibiotic JBIR 28 = **163**
Antibiotic RES-1149-2 = **201**
Antibiotic Sch 49028 = **1411**
Antibiotics JBIR 65 = **1434**
Antibiotic SQ 16603 = **1906**
Anverene = **8**
3-*epi*-Aplykurodinone B = **1403**
Aplysiadiol = **1302**
Aplysiapyranoid A = **9**
Aplysiapyranoid B = **10**
Aplysiapyranoid C = **11**
Aplysiapyranoid D = **12**
Aplysiaterpenoid A = **36**
12-*epi*-Aplysillin = **496**
Aplysistatin = **77**
Aplysulphuride = **518**
9′-Apo-fucoxanthinone = **1929**
APS451275-1 = **1968**
Arenaran A = **78**
Arenarol = **1969**
Arenarone = **1970**
Arisugacin A = **1971**
(1α,4β,5β,6α,7α)-10 (14)-Aromadendren-4-ol = **243**
Asbestinin 10 = **948**
Asbestinin 6 = **944**
Asbestinin 7 = **945**
Asbestinin 8 = **946**
Asbestinin 9 = **947**
Ascofuranol = **1972**
Ascofuranone = **1973**
Ascosalipyrrolidinone A = **1974**
Asmarine A = **434**
Asmarine B = **435**
Asperdemin = **1975**
Asperdiol = **550**
Aspergiterpenoid A = **86**
Asperterpenoid A = **1700**
Asperterpenol A = **1701**
Asperterpenol B = **1702**
(3*S*,3′*S*)-Astaxanthin = **1917**
(3*S*,3′*S*)-Astaxanthin β-D-glucoside = **1918**
Asterolaurin A = **1259**
Asterolaurin B = **1260**
Asterolaurin C = **1261**
Asterolaurin D = **1262**

Asterolaurin E = **1263**
Asterolaurin F = **1264**
Asterolaurin L = **1265**
Astrogorgin = **803**
Astrogorgin B = **804**
Astrogorgin C = **805**
Astrogorgin D = **806**
Astrogorgin N = **807**
Atractylone = **153**
Aureol = **1976**
Auriculol = **1731**
Aurilol = **1732**
Austalide B = **1977**
Austalide I = **1978**
Austalide M = **1979**
Austalide N = **1980**
Austalide P acid = **1981**
Austalide R = **1982**
Austalide U = **1983**
Australin E = **808**
Austrodorin = **417**
Avarol = **1984**
Avarone = **1985**
Avarone A = **2084**
Avarone adduct A = **1986**
Avarone adduct B = **1987**
Avarone adduct C = **1988**
Avarone B = **2038**
Barangcadoic acid A = **1484**
Beauversetin = **1989**
12-*O*-Benzoyl-12-*O*-deacetylpteroidine = **960**
12-Benzoyl-2,9,14-triacetoxy-6-chloro-4,8-epoxy-4,12-dihydroxy-5(16)-briaren-18,7-olide = **960**
Benzyl briaviolide A = **961**
Bicycloalternarene A = **1990**
Bicycloalternarene B = **1991**
Bicycloalternarene C = **1992**
Bicycloalternarene D = **1993**
Bielschowskysin = **1423**
4,9,15-Bifloratriene = **1335**
(–)-Bifurcadiol = **352**
Bifurcane = **353**
Bifurcanol = **354**
Bifurcarenone = **1994**
5,10-Biisothiocyanatokalihinol G = **1336**
Bilosespene A = **1566**
Bilosespene B = **1567**
Bipinnapterolide B = **787**
Bipinnatin A = **551**
Bipinnatin B = **552**
Bipinnatin D = **553**
14(4→5),15(10→9)-Bisabeo-3-drimene-11-carboxylic acid = **220**
(*R*)-1,3,5,10-Bisabolatetraen-1-ol = **94**
Bis(deacyl)solenolide D = **962**
Bis(pseudopterane)amine = **788**
Bispuupehenone = **1995**
Bis(sulfato)cyclosiphonodictyol A = **1996**
Bivittoside D = **1752**
Blumiolide A = **1266**
Blumiolide B = **1267**
Blumiolide C = **1268**
Bohadschioside A = **1752**
Bolinaquinone = **1997**
Brasudol = **142**
Brevione A = **1384**
Brevione B = **1385**
Brevione E = **1386**
Brevione F = **1387**
Brevione G = **1388**
Brevione H = **1389**
Brevione I = **1390**
Briacavatolide C = **963**
Briacavatolide D = **964**
Briacavatolide E = **965**
Briacavatolide F = **966**
Briaexcavatin C = **967**
Briaexcavatin E = **968**
Briaexcavatolide B = **969**
Briaexcavatolide F = **970**
Briaexcavatolide L = **971**
Briaexcavatolide P = **972**
Brialalepolide A = **973**
Brialalepolide B = **974**
Brialalepolide C = **975**
Brianolide = **976**
Brianthein A = **977**
Brianthein B = **978**
Brianthein C = **979**
Brianthein X = **980**
Brianthein Y = **981**
Briarellin A = **809**
Briarellin D = **810**
Briarellin D hydroperoxide = **811**
Briarellin E = **812**

Briarellin J = **813**
Briarellin K = **814**
Briarellin K hydroperoxide = **815**
Briarellin L = **816**
Briarellin M = **817**
Briarellin N = **818**
Briarellin O = **819**
Briarellin P = **821**
Briarellin S = **822**
Briarenolide F = **982**
Briarenolide G = **983**
Briareolate ester D = **984**
Briareolate ester G = **985**
Briareolate ester I = **986**
Briareolate ester K = **987**
Briareolate ester L = **988**
Briareolate ester M = **989**
Briareolate ester N = **990**
Briareolide A = **991**
Briareolide B = **992**
Briareolide C = **993**
Briareolide D = **994**
Briareolide E = **995**
Briareolide K = **996**
Briarlide G = **1128**
Briaviolide A = **997**
Briaviolide B = **998**
Briaviolide C = **999**
Briaviolide D = **1000**
Briaviolide E = **1001**
Briaviolide F = **1002**
Briaviolide G = **1003**
Briaviolide H = **1004**
Briaviolide I = **1005**
Briaviolide J = **1006**
Briviolide J = **977**
4-Bromo-5-bromomethyl-1-(2-chloroethenyl)-2,5-dichloro-1-methylcyclohexane = **37**
6-Bromo-3-(bromomethyl)-2,3-dichloro-7-methyl-1,6-octadiene = **13**
6-Bromo-3-bromomethyl-3,7-dichloro-7-methyl-1-octene = **14**
7-Bromo-3-bromomethyl-2,3,6-trichloro-7-methyl-1-octene = **25**
10-Bromo-2,7(14)-chamigradiene = **252**
10-Bromo-1,7(14)-chamigradiene-3,9-diol = **253**
10*S*-Bromo-1,7(14)-chamigradiene-3,9-diol = **269**
10-Bromo-2,7-chamigradien-9-ol = **254**
10-Bromo-2-chloro-2,7(14)-chamigradien-9-ol = **266**
4-Bromo-2-chloro-1-(2-chloroethenyl)-1-methyl-5-methylene-cyclohexane = **41**
3,4-*erythro*-1-Bromo-7-dichloromethyl-3-methyl-3,4,8-trichloro-1*E*,5*E*,7*E*-octatriene = **15**
(1*β*,7*β*)-1-Bromo-4(15)-eudesmen-11-ol = **142**
(1*β*,7*α*)-1-Bromo-4(15)-eudesmen-11-ol = **145**
2-Bromo-11-eudesmen-5-ol = **143**
3-Bromo-11-eudesmen-5-ol = **144**
10-Bromo-7*α*,8*α*-expoxychamigr-1-en-3-ol = **255**
4-Bromohamigeran K = **341**
(6*R*,9*R*,10*S*)-10-Bromo-9-hydroxy-chamigra-2,7(14)-diene = **256**
3-Bromomethyl-3-chloro-7-methyl-1,6-octadiene = **16**
3-Bromomethyl-2,3-dichloro-7-methyl-1,6-octadiene = **17**
Z-3-Bromomethylene-2-chloro-7-methyl-1,6-octadiene = **18**
3-Bromomethyl-2,3,6-trichloro-7-methyl-1,6-octadiene = **19**
4-Bromo-2-methyl-5-(1,2,2-trimethyl-3-cyclopenten-1-yl)phenol = **124**
14-Bromo-1-obtusene-3,11-diol = **1380**
Bromophycoic acid A = **1396**
Bromophycoic acid B = **1397**
Bromophycoic acid C = **1398**
Bromophycoic acid D = **1399**
Bromophycoic acid E = **1400**
Bromophycolide A = **1933**
Bromophycolide B = **1934**
Bromophycolide J = **1935**
Bromophycolide M = **1936**
Bromophycolide N = **1937**
Bromophycolide O = **1938**
Bromophycolide P = **1939**
Bromophycolide Q = **1940**
Bromophycolide R = **1941**
Bromophycolide S = **1942**
Bromophycolide T = **1943**
Bromophycolide U = **1944**
Bromosphaerol = **952**
Bromosphaerone = **953**
(1*E*,3*R*,4*S*,5*E*)-8-Bromo-1,3,4,7-tetrachloro-7-chloromethyl-3-methyl-1,5-octadiene = **20**
8-Bromo-1,3,4,7-tetrachloro-3,7-dimethyl-1,5-octadiene = **21**
4-Bromo-1,6,8-trichloro-2-ochtodene = **27**
(1*R**,2*R**,3*R**,6*S**,7*S**,9*R**,10*R**,14*R**)-3-Butanoyloxycladiell-11(17)-en-6,7-diol = **905**
(–)-Cacofuran A = **389**
Cacofuran B = **390**
Cacospongienone A = **1513**

Cacospongienone B = **1514**
Cacospongionolide B = **1703**
Cacospongionolide C = **355**
Cacospongionolide D = **1485**
Cacospongionolide E = **1704**
Cacospongionolide F = **1705**
4,9-Cadinadien-14-oic acid = **193**
Caespitane = **87**
Caespitol = **88**
Calcigeroside B = **1753**
Calcigeroside C_1 = **1754**
Calcigeroside C_2 = **1755**
Calicophirin A = **823**
Calicophirin B = **824**
Callicladol = **1733**
Calyculaglycoside A = **554**
Calyculaglycoside B = **555**
Calyculaglycoside C = **556**
Calyculone A = **771**
Calyculone B = **772**
Calyculone C = **773**
Calyculone H = **774**
Canthaxanthin = **1919**
Capillolide = **557**
Capilloquinol = **67**
9(12)-Capnellene = **312**
Capnell-9 (12)-ene-8*β*,10*α*-diol = **313**
9 (12)-Capnellen-8*β*-ol = **314**
Caribenol A = **1424**
Caribenol B = **1425**
β-Carotene = **1920**
β,*β*-Carotene = **1920**
β,*ε*-Carotene-3,3′-diol = **1926**
β,*β*-Carotene-4,4′-dione = **1919**
Cartilagineal = **22**
Cartilagineol = **257**
Catunaroside A = **1855**
Catunaroside B = **1856**
Catunaroside C = **1857**
Catunaroside D = **1858**
Caucanolide A = **789**
Caucanolide B = **790**
Caucanolide C = **791**
Caucanolide D = **775**
Caucanolide E = **776**
Caucanolide F = **777**
Caulerpenyne = **52**
Caulerpenynol = **53**
Cavernene A = **1337**
Cavernene B = **1338**
Cavernene C = **1339**
Cavernene D = **1340**
Cavernosine = **1930**
Cavernosolide = **1592**
Cembranoid JNP98-237 = **558**
Cembranolide C = **588**
(*all-E*)-3,7,11,15-Cembratetraene = **560**
(1*Z*,3*E*,7*E*,11*E*,14*S*)-1,3,7,11-Cembratetraen-14-ol = **717**
(1*S*,2*S*,3*E*,7*E*,11*E*)-3,7,11,15-Cembratetraen-17,2-olide = **559**
(1*R*,3*E*,7*E*,11*E*)-3,7,11-Cembratrien-15-ol = **679**
(1*R*,3*E*,7*E*,11*E*)-3,7,11-Cembratrien-1-ol = **720**
Cembrene A = **560**
Cerbinal = **47**
Cespitol = **88**
Cespitularin A = **1184**
Cespitularin B = **1185**
Cespitularin C = **1186**
Cespitularin D = **1187**
Cespitularin E = **1188**
Cespitularin F = **1189**
Cespitularin H = **1190**
Cespitulin G = **1191**
Chabranol = **122**
Chamigrane epoxide = **258**
Chatancin = **1426**
Chelonaplysin C = **519**
Chevalone E = **1998**
Chloroacetoxyhydroxyeremophiltrienone = **164**
6′-Chloroaureol = **1999**
4-Chloro-5-(2-chloroethenyl)-1-chloromethyl-5-methylcyclohexene = **38**
Chlorodesmin = **356**
(2*β*,3*Z*,6*α*,7*α*,9*β*,12*α*)-6-Chloro-2,9-diacetoxy-8,12-dihydroxy-3,5(16),13-briaratrien-18,7-olide = **1118**
(1*S*,2*S*,3*Z*,6*S*,7*R*,8*R*,9*S*,10*S*,11*R*,12*R*,13*S*,14*R*,17*R*)-6-Chloro-13,14-epoxy-2,9-diacetoxy-8,12-dihydroxybriaran-3(4),5(16)-dien-18,7-olide = **997**
6-Chloro-4,8-epoxy-9-hydroxy-2,14-diacetoxy-5(16),11-briaradien-18,7-olide = **1015**
(1*R*,3*E*,7*E*,11*S*,12*R*,14*S*)-11-Chloro-12-hydroxy-3,7,15(17)-cembratrien-16,14-olide = **565**
15-Chloro-14-hydroxyxestoquinone = **1441**
14-Chloro-15-hydroxyxestoquinone = **1442**
4-Chloro-2,6,8-illudalatriene = **246**

Crellastatin I = **1763**
Crellastatin J = **1764**
Crellastatin K = **1765**
Crellastatin L = **1766**
Crellastatin M = **1767**
Cristaxenicin A = **1269**
Cryptosphaerolide = **175**
Cucumariaxanthin A = **1921**
Cucumariaxanthin B = **1922**
Cucumariaxanthin C = **1923**
Cucumarioside A_1 = **1768**
Cucumarioside A_{10} = **1773**
Cucumarioside A_{13} = **1774**
Cucumarioside A_2 = **1769**
Cucumarioside A_3 = **1770**
Cucumarioside A_6-2 = **1771**
Cucumarioside A_8 = **1772**
Cucumarioside B_2 = **1775**
Cucumarioside H_2 = **1776**
Cucumarioside H_3 = **1777**
Cucumarioside H_4 = **1778**
Cucumarioside H_5 = **1779**
Cucumarioside H_6 = **1780**
Cucumarioside H_7 = **1781**
Cucumarioside H_8 = **1782**
Cucumarioside I_1 = **1783**
Culobophylin A = **584**
Culobophylin B = **585**
Culobophylin C = **586**
Cupalaurenol = **124**
Cupalaurenol acetate = **125**
Curcudiol = **89**
(−)-Curcuhydroquinone = **90**
(+)-Curcuhydroquinone = **91**
Curcumene = **92**
(+)-Curcuphenol = **93**
Curcuphenol = **94**
Curcuquinol = **90**
15*α*-Cyano-19,20-di-*O*-acetylpuupehenol = **2014**
15-Cyanopuupehenol = **2016**
15-Cyanopuupehenone = **2017**
Cyanthiwigin A = **1166**
Cyanthiwigin B = **1167**
Cyanthiwigin C = **1168**
Cyanthiwigin D = **1169**
Cyanthiwigin E = **1170**
Cyanthiwigin F = **1171**
Cyanthiwigin J = **1172**
Cyanthiwigin U = **1173**
Cyanthiwigin Z = **1174**
2,12-Cyathadiene-1,8-dione = **1167**
2,12-Cyathadien-1-one = **1166**
(12*α*,16*β*,25*ξ*)-23,25-Cyclo-12-acetoxy-16,25-dihydroxy-20,24-dimethyl-24-scalaranone = **1680**
Cycloartane-3,28-disulfate-23-ol = **1832**
Cycloartane-23-one-3*β*,28-diol 3,28-disulfate = **1833**
Cycloartane-3*β*,23*ξ*,28-triol 3,28-disulfate = **1834**
Cycloart-24-ene-3*β*,23*R*-diol 3-*O*-sulfate = **1835**
Cycloart-24-ene-23-one-3*β*,28-diol 3,28-disulfate = **1836**
Cycloart-24-ene-3*β*,23R,28-triol 3-sulfate = **1837**
Cycloart-24-en-23-one-28-sulfate-3-ol = **1838**
Cyclocymopol = **2018**
10,17-*O*-Cyclo-4,5-di-*epi*-dactylospongiaquinone = **2015**
10,15-Cyclo-1,20-epoxy-1,3(20),6,11(18)-phytatetraene = **379**
Cycloeudesmol = **159**
Cyclofurospongin 2 = **1515**
Cyclolaurene = **129**
Cyclolaurenol = **130**
Cyclolaurenol acetate = **131**
Cyclolinteinol = **1532**
Cyclolinteinol acetate = **1533**
Cyclolinteinone = **1534**
Cyclolobatriene = **1308**
(4*E*,6*E*,8*Z*)-10,15-Cyclo-1,2,4,6,8,10-phytahexaen-1-one = **380**
Cyclosinularane = **349**
Cyclosiphonodictyol bissulfate A = **1996**
Cyclospongiacatechol = **2019**
Cyclozoanthamine = **1897**
Cystoazorol A = **2020**
Cystoazorol B = **2021**
Cystoazorone A = **2022**
Cystoazorone B = **2023**
Cystodione A = **2024**
Cystodione B = **2025**
Cystodione C = **2026**
Cystodione D = **2027**
Cystodione E = **2028**
Cystodione F = **2029**
(+)-Dactylol = **328**
Dactylomelol = **1391**
8-*epi*-Dactyloquinone = **2030**
Dactyloquinone B = **2031**
12-Deacetoxy-21-acetoxyscalarin = **1638**
14-Deacetoxycalicophirin B = **841**

7-Deacetoxyolepupuane = **202**
12-Deacetoxy-12-oxodeoxoscalarin = **1651**
12-Deacetoxyscalaradial = **1639**
12-Deacetoxyscalarin 19-acetate = **1640**
12,16-*diepi*-12-*O*-Deacetyl-16-*O*-acetylfuroscalarol = **1641**
12-*epi*-*O*-Deacetyl-19-deoxyscalarin = **1642**
12-*O*-Deacetyl-17-deoxyscalarin = **1642**
7-Deacetylgedunin = **1910**
Deacetylisoparguerol = **486**
12-Deacetyl-12,18-*diepi*-Scalaradial = **1643**
16-*O*-Deacetyl-16-*epi*-scalarobutenolide = **1644**
Debromohamigeran A = **330**
Debromolaurinterol = **132**
Debromophycolide A = **2032**
7-[5-(Decahydro-4a-hydroxy-1,2,5,5-tetramethyl-1-naphthalenyl)-3-methyl-2-pentenyl]-3,7-dihydro-2,3-dimethyl-6*H*-purin-6-one = **418**
Dechloroelatol = **259**
Dehydroambliol A = **379**
Dehydrocurcuphenol = **95**
9,10-Dehydrofurodysinin = **251**
8,9-Dehydroircinin 1 = **1486**
11-Dehydrosinulariolide = **587**
10-*epi*-Dehydrothyrsiferol = **1734**
11*α*-Dehydroxyisoterreulactone A = **2033**
Dehydroxymethoxyeremofortine C = **165**
Demethylfurospongin 4 = **1487**
Dendalone = **1681**
Dendrocarbin J = **203**
Dendrolasin = **68**
Denticulatolide = **588**
Deodactol = **96**
8-Deoxo-euplotin B = **83**
16-Deoxoisodehydroluffariellolide = **1535**
Deoxosarcophine = **589**
Deoxoscalarin = **1645**
Deoxoscalarin-3-one = **1646**
12-*epi*-Deoxoscalarin-3-one = **1647**
4-Deoxyasbestinin A = **950**
4-Deoxyasbestinin C = **951**
25-Deoxycacospongionolide B = **1706**
(1*R*,3*R*,4*S*,7*E*,11*E*)-(–)-14-Deoxycrassin = **590**
(1*S*,3*S*,4*R*,7*E*,11*E*)-(+)-14-Deoxycrassin = **591**
11-Deoxydiaporthein A = **458**
9-Deoxy-7,8-epoxy-isoxeniolide A = **1270**
9-Deoxy-7,8-epoxy-xeniolide A = **1288**
12-Deoxygorgiacerodiol = **793**
2-Deoxylemnacarnol = **182**
2-Deoxy-7-*O*-methyllemnacarnol = **183**
Deoxyparguerene = **487**
Deoxyparguerol = **487**
13-Deoxyphomenone = **166**
Deoxyprepacifenol = **260**
12,13-Deoxyroridin E = **135**
2′,3′-Deoxyroritoxin D = **136**
8-Deoxyxeniolide A = **1271**
9-Deoxyxeniolide A = **1271**
Deoxyxeniolide B = **1272**
8-Deoxyxeniolide B = **1273**
9-Deoxyxeniolide B = **1273**
28-Deoxyzoanthenamine = **1898**
22-*epi*-28-Deoxyzoanthenamine = **1899**
Desacetoxyscalaradial = **1639**
12-Desacetylfuroscalarol = **1648**
Diacarperoxide S = **1707**
3*α*,14-Diacetoxycapnell-9 (12)-ene-8*β*,10*α*-diol = **315**
3*α*,8*β*-Diacetoxycapnell-9(12)-ene-10*α*-ol = **316**
1,4-Diacetoxy-2-[2-(2,2-dimethyl-6-methylenecyclohexyl)ethyl]-1,3-butadiene = **79**
10,18-Diacetoxydolabella-2,7*E*-dien-6-one = **1145**
2,13-Diacetoxy-3,7,18-dolabellatrien-9-one = **1146**
2α,11*β*-Diacetoxy-7-drimen-12-al = **210**
19,20-Diacetoxy-7,8-epoxy-3,12,13-dolabellatrien = **1147**
(4*β*,6*α*,8*Z*,13*α*)-4,12-Diacetoxy-6,13-epoxy-8-eunicellene = **842**
2,12-Diacetoxy-8,17-epoxy-9-hydroxy-5,13-briaradien-18,7-olide = **1007**
(4S,5*S*,6*S*,8*S*,9*S*,10*R*,13*R*,14*S*,16*S*,17*Z*)-6*β*,16*β*-Diacetoxy-25-hydroxy-3,7-dioxy-29-nordammara-1,17(20)-dien-21-oic acid = **1908**
6*α*,11*β*-Diacetoxy-14*α*-hydroxy-12-spongien-16-one = **497**
3,19-Diacetoxy-13(16),14-spongiadiene = **498**
7*α*,11*α*-Diacetoxy-13-spongien-16-one = **499**
6*α*,11*β*-Diacetoxy-13-spongien-16-one = **500**
4,9-Diacetoxyudoteal = **357**
2′,5′-Diacetylavarol = **2034**
3,6-Diacetylcladiellisin = **843**
Diacetyl-12-nor-8,11-drimanediol = **221**
Diapolycopenedioic xylosyl ester A = **1931**
Diaporthein A = **459**
Diaporthein B = **460**
(*E*)-9,15-Dibromo-1,3(15)-chamigradien-7-ol = **261**
(3(15)*Z*,6*S*,9*S*,10*R*)-10,15-Dibromo-1,3(15),7(14)-chamigratrien-9-ol = **262**

(1*R*,3*S*,4*S*,7*S*,11*E*,14*S*)-3,4-Epoxy-7-acetoxy-8(19),11,15(17)-cembratrien-16,14-olide = **568**
6,13-Epoxy-12-acetoxy-3,8-eunicelladiene = **841**
4,7-Epoxy-3-acetoxy-8-hydroxy-11-oxo-15(17)-cembren-16,12-olide = **736**
(11*β*,16*α*)-Epoxy-16-acetoxy-17-*O*-(3-methylbutanoyl)dihydroxy-15-isocopalanal = **501**
10,11-Epoxycaulerpenyne = **55**
7,8-Epoxy-3,11,15-cembratrien-18-al = **646**
4,10-Epoxy-2,7,11-cembratriene = **615**
11,12-Epoxy-1,3,7-cembratrien-15-ol = **616**
(1*R*,3*E*,7*E*,11*S*,12*S*,14*S*)-11,12-Epoxy-3,7,15(17)-cembratrien-16,14-olide = **663**
(3*S*,4*R*,7*E*,12*E*,14*S*)-3,4-Epoxy-1(15),7,12-cembratrien-16,14-olide = **719**
(1*S*,3*R*,4*R*,6*E*,8*R*,12*S*,13*R*,14*R*)-3,4-Epoxy-8,13-diacetoxy-6,15(17)-cembradien-16,14-olide = **617**
(1*S*,3*R*,4*R*,6*E*,8*S*,12*S*,13*R*,14*R*)-3,4-Epoxy-8,13-diacetoxy-6,15(17)-cembradien-16,14-olide = **618**
11*α*,12*α*-Epoxy-(1*R*,7*S*,8*S*,10*S*,13*R*)-3,6:7,8-diepoxy-13-acetoxy-18-oxo-3,5,11,15-cembratetraen-20,10-olide = **671**
3,4-Epoxy-13,19-dihydroxy-1,7-cembradiene-9,14-dione = **628**
(1*R*,3*S*,4*S*,6*E*,8*S*,11*R*,12*R*)-3,4-Epoxy-8,11-dihydroxy-6,15(17)-cembradien-16,12-olide = **633**
(1*S*,3*R*,4*S*,7*R*,12*S*,13*R*,14*R*)-4,7-Epoxy-3,13-dihydroxy-8(19),15(17)-cembradien-16,14-olide = **760**
3,4-Epoxy-13,18-dihydroxy-7,11,15(17)-cembratrien-16,14-olide = **740**
(24*β*,25*ξ*)-16,24-Epoxy-24,25-dihydroxy-17-cheilanthen-19,25-olide = **1592**
(13*α*,16*R*,25*ξ*)-16,24-Epoxy-13,25-dihydroxy-17-cheilanthen-19,25-olide = **1599**
(13*α*,16*S*,25*ξ*)-16,24-Epoxy-13,25-dihydroxy-17-cheilanthen-19,25-olide = **1600**
4,7-Epoxy-3,8-dihydroxy-11-oxo-15(17)-cembren-16,12-olide = **735**
24,25-Epoxy-12,25-dihydroxy-16-scalaren-3-one = **1666**
3,4-Epoxy-7,18-dolabelladiene = **1154**
7,8-Epoxy-3,18-dolabelladiene = **1155**
(3*R*,4*R*,7*E*)-3,4-Epoxy-7,12(18)-dolabelladien-13-one = **1138**
7,8-Epoxy-3,12-dolabelladien-14-one = **1156**
Epoxyeleganolone = **360**
(6*β*,7*β*,8*α*,10*β*)-6,7-Epoxy-11(13)-eremophilene-8,12-diol = **171**
(6*β*,8*α*,10*β*)-8,12-Epoxy-7(11)-eremophilene-6,13-diol = **178**
(6*β*,8*α*,10*β*)-6,12-Epoxy-7(11)-eremophilene-8,13-diol = **179**
8,12-Epoxy-3,7,11-eudesmatriene = **154**
(6*α*,9*β*,12*β*,13*α*)-6,13-Epoxy-4(18),8(19)-eunicelladiene-12-acetoxy-9-ol = **801**
6,13-Epoxy-4(18),8(19)-eunicelladiene-9,12-diol = **827**
1,2-Epoxy-6,10-farnesadien-15,1-olide = **69**
9,13-Epoxy-1,3,7,9,11(13)-farnesapentaen-12-oic acid = **72**
Epoxyfocardin = **1404**
(5*β*,8*αH*)-15,16-Epoxy-13(16),14-halimadien-5-ol = **415**
(3*β*,12*α*,20*R*,22*R*)-22,25-Epoxyholost-9(11)-ene-3,12-diol 3-*O*-[6-deoxy-*β*-D-glucopyranosyl-(1→2)-*β*-D-xylopyranoside] = **1801**
(3*β*,12*α*,20*R*,22*R*)-22,25-Epoxyholost-9(11)-ene-3,12-diol 3-*O*-[3-*O*-methyl-*β*-D-glucopyranosyl-(1→3)-*β*-D-glucopyranosyl-(1→4)-6-deoxy-*β*-D-glucopyranosyl-(1→2)-*β*-*D*-xylopyranoside] = **1800**
(1*R*,3*S*,4*S*,6*E*,8*S*,11*R*,12*R*)-3,4-Epoxy-8-hydroperoxide-11-oxo-6,15(17)-cembradien-16,12-olide = **632**
(11*β*,16*α*)-Epoxy-12*α*-hydroxy-16*α*-acetoxy-17-*O*-(3-methylbutanoyl)-15-isocopalanal = **502**
(1*R*,3*S*,4*R*,7*S*,8*R*,12*R*)-4,8-Epoxy-3-hydroxy-7-acetoxy-11-oxo-15(17)-cembren-16,12-olide = **692**
(1*S*,3*R*,4*S*,7*E*,12*R*,13*R*,14*R*)-4,13-Epoxy-3-hydroxy-7,15(17)-cembradien-16,14-olide = **639**
13,16-Epoxy-25-hydroxy-17-cheilanthen-19,25-olide = **1593**
(13*α*,16*R*,25*ξ*)-13,16-Epoxy-25-hydroxy-17-cheilanthen-19,25-olide = **1598**
3,4-Epoxy-14-hydroxy-7,18-dolabelladiene = **1157**
3,4-Epoxy-13-hydroxy-18-oxo-7,11,15(17)-cembratrien-16,14-olide = **605**
2,3-Epoxy-1-hydroxy-6,10,14-phytatrien-13-one = **360**
24,25-Epoxy-25-hydroxy-16-scalaren-12-one = **1651**
13*ξ*,15*ξ*-Epoxy (isomer 1)-8,10,13(15),16-lobatetraen-18-ol *O*-*β*-D-arabinopyranose = **1317**
13*ξ*,15*ξ*-Epoxy (isomer 2)-8,10,13(15),16-lobatetraen-18-ol *O*-*β*-D-arabinopyranose = **1318**
(6*β*,9*α*)-11,12-Epoxy-11-ketone-7-drimene-6-*O*-(5-carboxy-2*E*,4*E*-pentadienoyl)-6,9-diol = **207**
17*R*,18-Epoxy-8,10,13(15)-lobatriene = **1310**
14,18-Epoxyloba-8,10,13(15)-trien-17-ol = **1311**
14,17-Epoxy-8,10,13(15)-lobatrien-18-ol = **1321**
14,17-Epoxyloba-8,10,13(15)-trien-18-ol acetate = **1312**
9,11-Epoxy-17-loben-3-ol = **1309**
7,2-Epoxy-7methoxy-1(1)-nardosinene = **183**
7,12-Epoxy-1(10)-nardosinen-7-ol = **182**
8,17-Epoxy-4-octanoyloxy-2,9-diacetoxy-11,12,16-trihydroxy-5,13-briaradien-18,7-olide = **1131**
5,21-Epoxy-7,16,18-ophiobolatriene-3,5-diol = **1626**

3,4-Epoxy-14-oxo-7,18-dolabelladiene = **1158**
(5β,6β,11*R*,14ξ)-14,15-Epoxy-1(10),3-pachydictyadien-6-ol = **1326**
Epoxyphomalin A = **208**
Epoxyphomalin B = **209**
Epoxyphomalin D = **2046**
3α,4α-Epoxyprecapnell-9(12)-ene = **329**
11,12-Epoxypukalide = **619**
Epoxyrarisetenolide = **293**
(+)-11*S*,12*S*-Epoxysarcophytol A = **620**
24,25-Epoxy-16-scalarene-12,19-diacetoxy-25-ol = **1632**
24,25-Epoxy-16-scalarene-12β,25α-diol = **1652**
(3β,12α,25α)-24,25-Epoxy-16-scalarene-3,12,25-triol = **1653**
(1*R*,2*S*,3*R*,4*S*,5*R*,7*E*,9*S*,11*E*,14*R*)-3,4-Epoxy-5,9,14-triacetoxy-7,11,15(17)-cembratrien-16,2-olide = **574**
(1*R*,3*S*,4*R*,7*S*,8*R*,11*R*,12*R*)-4,7-Epoxy-3,8,11-trihydroxy-15(17)-cembren-16,12-olide = **695**
(6α,7β,10*E*,12*E*)-6,7-Epoxy-1(19),10,12-xenicatrien-18,17-olide = **1280**
7,8-Epoxyzahavin A = **1279**
6,7-Epoxyzahavin A = **1279**
Erectathiol = **282**
Eremofortine Ca = **167**
Eremofortine Cb = **168**
Eremophildiendiol = **169**
(6β,7β*OH*,8α)-11(13)-Eremophilene-6,7,8,12-tetrol = **172**
(6β,7α*OH*,8α)-11(13)-Eremophilene-6,7,8,12-tetrol = **173**
Erogorgiaene = **1375**
Eryloside F = **1787**
Eryloside F_1 = **1788**
Eryloside G = **1789**
Eryloside H = **1790**
Eryloside I = **1791**
Eryloside J = **1792**
Erythrolic acid D = **2047**
Erythrolide A = **1010**
(+)-12-Ethoxycarbonyl-11*Z*-sarcophine = **621**
11β-Ethoxy-7α-hydroxy-8-drimen-12,11-olide = **203**
Ethyl plumarellate = **1433**
Eunicenolide = **622**
Eunicidiol = **1313**
Eunicin = **623**
Eunicol = **1303**
Eupalmerin acetate = **624**
12,13-bis-*epi*-Eupalmerin epoxide = **625**
12-*epi*-Eupalmerone = **626**
Euplexide A = **2048**
Euplexide B = **2049**
Euplexide C = **2050**
Euplexide D = **2051**
Euplexide E = **2052**
Euplexide F = **2053**
Euplexide G = **2054**
Euplotin C = **83**
Excavatoid E = **1011**
Excavatoid F = **1012**
Excavatoid O = **1013**
Excavatoid P = **1014**
Excavatolide A = **1015**
Excavatolide B = **1016**
Excavatolide C = **1017**
Excavatolide D = **1018**
Excavatolide E = **1019**
Excavatolide F = **1020**
Excavatolide G = **1021**
Excavatolide H = **1022**
Excavatolide I = **1023**
Excavatolide J = **1024**
Excavatolide K = **1025**
Excavatolide M = **1026**
Excavatolide N = **1027**
Excavatolide O = **1028**
Excavatolide P = **1029**
Excavatolide Q = **1030**
Excavatolide V = **1031**
Excavatolide W = **1032**
Excavatolide Y = **1033**
Excavatolide Z = **1034**
Expansol A = **2055**
Expansol B = **2056**
Faraunatin = **1306**
Farnesylacetone epoxide = **384**
Farnesylhydroquinone = **2057**
Fasciculatin = **1488**
Fasciculatin *O*-sulfate = **1489**
Fasciospongide A = **1537**
Fasciospongide B = **1490**
Fasciospongide C = **1491**
Fasciquinol A = **2058**
Fasciquinol B = **2059**
Flabellatene A = **627**
Flabellatene B = **628**
Flabelliferin A = **1708**
Flabelliferin B = **1709**

Flaccidoxide acetate = **629**
Flexibilide = **730**
Flexibilisolide C = **630**
Flexilarin B = **631**
Flexilarin D = **632**
Flexilarin G = **633**
Flexilin = **56**
Florlide B = **1301**
Florlide D = **1280**
Focardin = **1405**
Foliaspongin = **1685**
(1*R**)-7-Formamido-11(20),14-amphilectadiene = **1193**
(1*S**)-7-Formamido-11(20),15-amphilectadiene = **1194**
7-Formamido-11(20)-cycloamphilectene = **1240**
10-Formamido-5-isocyanatokalihinol A = **1342**
7-Formamido-20-isocyanoisocycloamphilectane = **1246**
10-Formamido-5-isothiocyanatokalihinol A = **1343**
15-Formamidokalihinene = **1344**
10-Formamidokalihinene = **1345**
10-Formamidokalihinol A = **1346**
10-Formamidokalihinol E = **1347**
Formoside B = **1793**
Fragilide C = **1035**
Fragilide E = **1036**
12-*epi*-Fragilide G = **1037**
Fragilide J = **1038**
Frajunolide A = **1039**
Frajunolide B = **1040**
Frajunolide C = **1041**
Frajunolide E = **1042**
Frajunolide F = **1043**
Frajunolide I = **1044**
Frajunolide J = **1045**
Frajunolide L = **1046**
Frajunolide M = **1047**
Frajunolide N = **1048**
Frajunolide O = **1049**
Frajunolide S = **1085**
Frondoside A = **1794**
Frondoside C = **1795**
Frondosin A = **2060**
(–)-Frondosin A = **2061**
Frondosin B = **2062**
Frondosin C = **2063**
(+)-Frondosin D = **2064**
(–)-Frondosin D = **2065**
Frondosin E = **2066**
Fucoxanthin = **1924**
Fucoxanthinol = **1925**
Fucoxanthol = **1924**
Fukurinolal = **1281**
Fulvoplumierin = **48**
Fumigacin = **1907**
Funicolide A = **1050**
7-*epi*-Funicolide A = **1051**
Funicolide B = **1052**
Funicolide C = **1053**
Funicolide D = **1054**
Funicolide E = **1055**
Furanodiene = **118**
Furanoeudesm-3-ene = **154**
5-[13-(3-Furanyl)-2,6,10-trimethyl-3,5-tridecadienyl]-4-hydroxy-3-methyl-2(5*H*)-furanone = **1492**
Furoscalarol = **1654**
Furospinulosin 1 = **1493**
Furospongin 2 = **1517**
Furospongin 5 = **1494**
Furospongolide = **1518**
Fuscol = **1314**
Fuscol methyl ether = **1315**
Fuscoside A = **1406**
Fuscoside B = **1316**
Fuscoside C = **1317**
Fuscoside D = **1318**
Fuscoside E = **1407**
Fusidic acid = **1906**
Fusidin = **1906**
Gelidene = **36**
Gemmacolide B = **1056**
(+)-Gemmacolide B = **1057**
Gemmacolide D = **1058**
Gemmacolide G = **1059**
Gemmacolide H = **1037**
Gemmacolide I = **1060**
Gemmacolide J = **1061**
Gemmacolide K = **1062**
Gemmacolide M = **1063**
Gemmacolide N = **1064**
Gemmacolide O = **1065**
Gemmacolide P = **1066**
Gemmacolide Q = **1067**
Gemmacolide R = **1068**
Gemmacolide S = **1069**
Gemmacolide T = **1070**

Gemmacolide U = **1071**
Gemmacolide V = **1072**
Gemmacolide W = **1073**
Gemmacolide X = **1008**
Gemmacolide Y = **1074**
Geraniol = **2**
(+)-Germacrene D = **115**
Gifhornenolone A = **461**
Glaciapyrrole A = **2067**
Globostellatic acid A = **1860**
Globostellatic acid B = **1861**
Globostellatic acid C = **1862**
Globostellatic acid D = **1863**
Globostelletin A = **1864**
Globostelletin B = **1865**
Globostelletin C = **1866**
Globostelletin D = **1867**
Globostelletin E = **1868**
Globostelletin F = **1869**
Globostelletin G = **1870**
Globostelletin H = **1871**
Globostelletin I = **1872**
ent-Gloeosteretriol = **320**
Glycyrrhetic-acetate = **1854**
Godavarin A = **1845**
Godavarin D = **1846**
Gorgiabisazulene = **233**
11-Gorgiacerol = **793**
Gracilin A = **521**
Gracilin H = **522**
Gracilin I = **523**
Gracilin J = **524**
Gracilin K = **525**
Gracilin L = **526**
Granosolide A = **634**
Granosolide B = **635**
(1α,8α,10α)-4,7(11)-Guaiadien-12,8-olide = **232**
Guaiazulene = **225**
Guignardone B = **2068**
Guignardone I = **2069**
Gukulenin A = **1175**
Gukulenin C = **1176**
Gukulenin D = **1177**
Gukulenin E = **1178**
Gukulenin F = **1179**
Gyrosanolide B = **769**
Gyrosanolide C = **770**
Halenaquinol = **1456**
Halenaquinol O^{16}-sulfate = **1457**
Halenaquinone = **1458**
Halicloic acid A = **2070**
Halicloic acid B = **2071**
Halimedalactone = **1408**
Halimedatrial = **1409**
Halioxepine = **2072**
Halisulfate 1 = **2073**
Halisulfate 7 = **1571**
Halisulfate 9 = **1572**
Halitunal = **1392**
Halomon = **24**
Halorosellinic acid = **1621**
Hamigeran A = **331**
Hamigeran A ethyl ester = **332**
Hamigeran B = **333**
Hamigeran E = **2074**
Hamigeran F = **334**
Hamigeran G = **335**
Hamigeran H = **336**
Hamigeran I = **337**
Hamigeran J = **338**
Hamigeran K = **339**
10-*epi*-Hamigeran K = **340**
Hamigeran L = **294**
Hamigeran L methyl ester = **295**
Hamiltonin E = **1594**
Haterumaimide A = **395**
Haterumaimide B = **396**
Haterumaimide C = **397**
Haterumaimide D = **398**
Haterumaimide E = **399**
Haterumaimide F = **400**
Haterumaimide G = **401**
Haterumaimide H = **402**
Haterumaimide I = **403**
Haumanamide = **503**
Hedaol A = **385**
Hedaol B = **386**
Hedaol C = **387**
Helioporin A = **1195**
Helioporin B = **1196**
Helioporin C = **1197**
Helioporin D = **1198**
Helioporin E = **1199**
Helioporin F = **1200**

Helioporin G = **1201**
Helvolic acid = **1907**
Hemioedemoside A = **1796**
Hemioedemoside B = **1797**
2-Heptaprenyl-1,4-benzenediol-4-sulfate = **2075**
Heptaprenylhydroquinone = **2076**
Heterogorgiolide = **160**
Heteronemin = **1655**
12-*epi*-Heteronemin = **1656**
2,6,10,15,19,23-Hexamethyl-1,5,14,18,22-tetracosapentaen-4-ol = **1739**
2-Hexaprenyl-1,4-benzenediol = **2077**
Hexaprenylhydroquinone = **2077**
2-(Hexaprenylmethyl)-2-methyl-2*H*-1-benzopyran-6-ol = **2143**
Hippospongic acid A = **1736**
Hippospongide A = **1710**
Hippospongide B = **1711**
Hippospongide C = **1657**
Hippospongin = **1538**
Hipposulfate A = **2078**
Hirsutalin A = **847**
Hirsutalin B = **848**
Hirsutalin C = **849**
Hirsutalin D = **850**
Hirsutalin E = **851**
Hirsutalin F = **852**
Hirsutalin H = **853**
Hirsutalin I = **854**
Hirsutalin J = **855**
Hirsutalin K = **856**
Hirsutalin L = **857**
Hirsutalin M = **858**
Hirsutalin N = **859**
Hirsutalin O = **860**
Hirsutalin P = **861**
Hirsutalin Q = **862**
Hirsutalin R = **863**
Hirsutanol A = **321**
Hodgsonal = **210**
(3β)-Holosta-7,25-diene-3-ol-16-one 3-*O*-[3-*O*-methyl-β-D-glucopyranosyl-(1→3)-6-*O*-sulfo-β-D-glucopyranosyl-(1→4)-[β-D-xylopyranosyl-(1→2)]-6-deoxy-β-D-glucopyranosyl-(1→2)-4-*O*-sulfo-β-D-xylopyranoside] = **1770**
(3β)-Holosta-7,25-diene-3-ol-16-one 3-*O*-[3-*O*-methyl-6-*O*-sulfo-β-D-glucopyranosyl-(1→3)-β-D-glucopyranosyl-(1→4)-[β-D-xylopyranosyl-(1→2)]-6-deoxy -β-D-glucopyranosyl-(1→2)-4-*O*-sulfo-β-D-xylopyranoside] = **1771**
(3β,16β)-Holost-7,24-diene-16-acetoxy-3-ol 3-*O*-[3-*O*-methyl-6-*O*-sulfo-β-D-glucopyranosyl-(1→3)-6-*O*-sulfo-β-D-glucopyranosyl-(1→4)-6-deoxy-β-D-glucopyranosyl-(1→2)-4-*O*-sulfo-β-D-xylopyranoside] = **1813**
(3β,12α)-Holost-9(11),24-diene-3,12-diol 3-*O*-[3-*O*-methyl-β-D-glucopyranosyl-(1→3)-β-D-glucopyranosyl-(1→4)-6-deoxy-β-D-glucopyranosyl-(1→2)-[3-*O*-methyl-β-D-glucopyranosyl-(1→3)-β-D-glucopyranosyl-(1→4)]-β-D-xylopyranoside] = **1811**
(3β,12α)-Holost-9(11),25-diene-3,12-diol 3-*O*-[3-*O*-methyl-β-D-glucopyranosyl-(1→3)-β-D-glucopyranosyl-(1→4)-6-deoxy-β-D-glucopyranosyl-(1→2)-[3-*O*-methyl-β-D-glucopyranosyl-(1→3)-β-D-glucopyranosyl-(1→4)]-β-D-xylopyranoside] = **1815**
(3β,12α,17α*OH*,20*S*)-Holost-9(11),24-diene-3,12,17-triol 3-*O*-[3-*O*-methyl-β-D-glucopyranosyl-(1→3)-β-D-glucopyranosyl-(1→4)-6-deoxy-β-D-glucopyranosyl-(1→2)-[3-*O*-methyl-β-D-glucopyranosyl-(1→3)-β-D-glucopyranosyl-(1→4)]-β-D-xylopyranoside] = **1810**
(3β,12α)-Holost-9(11),23-diene-3,12,25-triol 3-*O*-[3-*O*-methyl-β-D-glucopyranosyl-(1→3)-β-D-glucopyranosyl-(1→4)-6-deoxy-β-D-glucopyranosyl-(1→2)-[3-*O*-methyl-β-D-glucopyranosyl-(1→3)-β-D-glucopyranosyl-(1→4)]-β-D-xylopyranoside] = **1816**
(3β,12α)-Holost-9(11)-ene-25-acetoxy-3,12-diol 3-*O*-[3-*O*-methyl-β-D-glucopyranosyl-(1→3)-β-D-glucopyranosyl-(1→4)-6-deoxy-β-D-glucopyranosyl-(1→2)-[3-*O*-methyl-β-D-glucopyranosyl-(1→3)-β-D-glucopyranosyl-(1→4)]-β-D-xylopyranoside] = **1750**
(3β,9β,16β)-Holost-7-ene-16-acetoxy-3-ol 3-*O*-[3-*O*-methyl-β-D-glucopyranosyl-(1→3)-β-D-xylopyranosyl-(1→4)-[β-D-xylopyranosyl-(1→2)]-6-deoxy-β-D-glucopyranosyl-(1→2)-4-*O*-sulfo-β-D-xylopyranoside] = **1794**
(3β,9α,16β)-Holost-7-ene-16-acetoxy-3-ol 3-*O*-[3-*O*-methyl-6-*O*-sulfo-β-D-glucopyranosyl-(1→3)-6-*O*-sulfo-β-D-glucopyranosyl-(1→4)-6-deoxy-β-D-glucopyranosyl-(1→2)-4-*O*-sulfo-β-D-xylopyranoside] = **1814**
(3β,12α)-Holost-9(11)-ene-3,12-diol 3-*O*-[3-*O*-methyl-β-D-glucopyranosyl-(1→3)-β-D-glucopyranosyl-(1→4)-6-deoxy-β-D-glucopyranosyl-(1→2)-[3-*O*-methyl-β-D-glucopyranosyl-(1→3)-β-D-glucopyranosyl-(1→4)]-β-D-xylopyranoside] = **1752**
(3β,12α,17α,24ζ)-Holost-9(11)-ene-3,12,17,24-tetrol 3-*O*-[6-deoxy-β-D-glucopyranosyl-(1→2)-4-*O*-sulfo-β-D-xylopyranoside] = **1812**

(3*β*,12*α*,17*αOH*,20*S*)-Holost-9(11)-ene-3,12,17-triol 3-*O*-[6-deoxy-*β*-D-glucopyranosyl-(1→2)-4-*O*-sulfo-*β*-D-xylopyranoside] = **1784**
(3*β*,12*α*,17*αOH*)-Holost-7-ene-3,12,17-triol 3-*O*-[3-*O*-methyl-*β*-D-glucopyranosyl-(1→3)-6-*O*-sulfo-*β*-D-glucopyranosyl-(1→4)-6-deoxy-*β*-D-glucopyranosyl-(1→2)-4-*O*-sulfo-*β*-D-xylopyranoside] = **1820**
Holothurigenol 3-*O*-[6-deoxy-*β*-D-glucopyranosyl-(1→2)-4- *O*-sulfo-*β*-D-xylopyranoside] = **1798**
Holothurigenol 3-*O*-[3-*O*-methyl-*β*-D-glucopyranosyl-(1→3)-*β*-D-glucopyranosyl-(1→4)-6-deoxy-*β*-D-glucopyranosyl-(1→2)-[*β*-D-glucopyranosyl-(1→4)]-*β*-D-xylopyranoside] = **1799**
Holothurin B = **1798**
Holothurinoside A = **1799**
Holothurinoside C = **1800**
Holothurinoside D = **1801**
Holotoxin A = **1802**
Holotoxin A_1 = **1803**
Holotoxin B = **1804**
Holotoxin D = **1805**
Holotoxin D_1 = **1806**
Holotoxin E = **1807**
Holotoxin F = **1808**
Holotoxin G = **1809**
Homoplakotenin = **2079**
Homoplakotenin sodium salt = **2080**
Homopseudopteroxazole = **1202**
(–)-Hyatellaquinone = **2081**
(+)-Hyatellaquinone = **2082**
Hydrallmanol A = **50**
7-Hydroperoxydolabella-4(16),8(17),11(12)-triene-3,13-dione = **1159**
7-Hydroperoxy-3,8,12-dolabellatrien-14-one = **1151**
16*β*-Hydroxy-22-acetoxy-24-methyl-24-oxo-25,12-scalaranolide = **1686**
12*β*-Hydroxy-22-acetoxy-24-methyl-24-oxo-16-scalaren-25-al = **1687**
Hydroxyacetyldictyolal = **1281**
6′-Hydroxyavarol = **2083**
3′-Hydroxyavarone = **2084**
7-Hydroxy-10-bromo-laurene = **127**
γ-Hydroxybutenolide = **296**
8-Hydroxy-4,9-cadinadien-14-oic acid = **190**
6-Hydroxy-$\Delta^{7(14)}$-caulerpenyne = **53**
(1*R*,3*E*,7*E*,10*S*,11*E*,14*S*)-10-Hydroxy-3,7,11,15(17)-cembratetraen-16,14-olide = **579**
4-Hydroxy-7,11,15(17)-cembratrien-16,3-olide = **591**
(3*E*,7*S*,11*Z*)-7-Hydroxy-3,11,15-cembratrien-20,8-olide = **636**
25-Hydroxy-13(24),17-cheilanthadien-16,19-olide = **1595**
25-Hydroxy-13(24),15,17-cheilanthatrien-19,25-olide = **1596**
Hydroxycolorenone = **226**
12-Hydroxy-2,13-cyathadien-1-one = **1173**
3*β*-Hydroxycycloart-24-en-23-one 3-sulfate = **1840**
16-*epi*-Hydroxydehydrothyrsiferol = **1737**
8-Hydroxydendrolasin = **73**
21-Hydroxydeoxoscalarin = **1658**
Hydroxydictyodial = **1282**
25-Hydroxy-24,25-dihydrohelvolic acid = **1908**
(3*β*,5*α*)-3-Hydroxy-4,4-dimethylcholesta-8,24-dien-23-one 3-*O*-[*β*-D-glucopyranosyl-(1→2)-*β*-D-glucopyranosyl-(1→6)-2-acetamido-2-deoxy-*β*-D-glucopyranosyl-(1→2)-[2-acetamido-2-deoxy-*β*-D-galactopyranosyl-(1→4)]-*β*-D-xylopyranoside] = **1827**
(3*β*,5*α*)-3-Hydroxy-4,4-dimethylcholest-8,24-dien-23-one 3- *O*-[*β*-D-glucopyranosyl-(1→2)-*β*-D-xylopyranosyl-(1→6)-2-acetamido-2-deoxy-*β*-D-glucopyranosyl-(1→2)-[2-acetamido-2-deoxy-*β*-D-galactopyranosyl-(1→4)]-*β*-D-xylopyranoside] = **1828**
3-Hydroxy-4,6-dimethyl-6-(2′-methyl-10′-phenyl-9-decenyl)-1,2-dioxan-3-acetic acid = **1539**
3-Hydroxy-4,6-dimethyl-6-(2′-methyl-10′-phenyldecyl)-1,2-dioxan-3-acetic acid = **1540**
(1*R**,3*R**)-3-Hydroxydolabella-4(16),7,11(12)-triene-3,13-dione = **1160**
2*α*-Hydroxyelisabethin A = **1431**
(4*α*,5*β*,10*α*)-14-Hydroxy-1,11-eudesmadien-3-one = **141**
1-Hydroxy-4-eudesmaen-12,6-olide = **152**
15-Hydroxy-2,6,10-farnesatrien-1,15-olide = **70**
1-Hydroxy-2,6,10-farnesatrien-15,1-olide = **71**
2-Hydroxyfissinolide = **1847**
5-Hydroxygeranyllinalol = **361**
1-Hydroxy-4,10(14)-germacradien-12,6-olide = **116**
25-Hydroxyhalisulfate 9 = **1573**
5′-Hydroxy-2-heptaprenyl-1,4-benzenediol = **2085**
3*β*-Hydroxyholosta-9(11),25-dien-16-one 3-*O*-[3-*O*-methyl-*β*-D-glucopyranosyl-(1→3)-*β*-D-glucopyranosyl-(1→4)-6-deoxy-*β*-D-glucopyranosyl-(1→2)-[3-*O*-methyl-*β*-D-glucopyranosyl-(1→3)-*β*-D-glucopyranosyl-(1→4)]-*β*-D-xylopyranoside] = **1802**
3*β*-Hydroxyholosta-9(11),25-dien-16-one 3-*O*-[3-*O*-methyl-*β*-D-glucopyranosyl-(1→3)-*β*-D-glucopyranosyl-(1→4)-6-deoxy-*β*-D-glucopyranosyl-(1→2)-[*β*-D-glucopyranosyl-

(1→3)-β-D-glucopyranosyl-(1→4)]-β-D-xylopyranoside] = **1804**
3β-Hydroxyholosta-9(11),25-dien-16-one 3-*O*-[3-*O*-methyl-β-D-glucopyranosyl-(1→3)-6-*O*-sulfo-β-D-glucopyranosyl-(1→4)-6- deoxy -β-D-glucopyranosyl-(1→2)-4-*O*-sulfo-β-D-xylopyranoside] = **1796**
3β-Hydroxyholosta-9(11),25-dien-16-one 3-*O*-[3-*O*-methyl-β-D-glucopyranosyl-(1→3)-β-D-xylopyranosyl-(1→4)-6-deoxy-β-D-glucopyranosyl-(1→2)-[β-D-glucopyranosyl-(1→4)]-β-D-xylopyranoside] = **1756**
3β-Hydroxyholosta-9(11),25-dien-16-one 3-*O*-[3-*O*-methyl-β-D-glucopyranosyl-(1→3)-β-D-xylopyranosyl-(1→4)-6-deoxy-β-D-glucopyranosyl-(1→2)-[3-*O*-methyl-β-D-glucopyranosyl-(1→3)-β-D-glucopyranosyl-(1→4)]-β-D-xylopyranoside] = **1803**
3β-Hydroxyholosta-9(11),25-dien-16-one 3-*O*-[3-*O*-methyl-6-*O*-sulfo-β-D-glucopyranosyl-(1→3)-6-*O*-sulfo-β-D-glucopyranosyl-(1→4)-6-deoxy-β-D-glucopyranosyl-(1→2)-4-*O*-sulfo-β-D-xylopyranoside] = **1797**
3β-Hydroxyholost-7-en-23-one 3-*O*-[3-*O*-methyl-β-D-xylopyranosyl-(1→3)-β-D-glucopyranosyl-(1→4)-[β-D-glucopyranosyl-(1→2)]-6-deoxy-β-D-glucopyranosyl-(1→2)-4-*O*-sulfo-β-D-xylopyranoside] = **1755**
17α-Hydroxyimpatienside A = **1810**
12-Hydroxy isolaurene = **297**
6-Hydroxykalihinene = **1348**
ent-17-Hydroxykaur-15-en-3-one = **541**
3-Hydroxylanosta-8,24-dien-30-oic acid 3-*O*-[2-acetamido-2-deoxy-β-D-galactopyranosyl-(1→2)-[β-D-galactopyranosyl-(1→3)-α-L-arabinopyranosyl-(1→3)]-α-L-arabinopyranoside] = **1793**
3β-Hydroxylanosta-8,24-dien-30-oic acid 3-*O*-[β-D-galactopyranosyl-(1→2)-α-L-arabinopyranoside] = **1787**
7-Hydroxylaurene = **126**
18-Hydroxy-8,10,13(15)-lobatrien-14,17-olide = **1325**
3-Hydroxy-5-megastigmene-7,9-dione = **1932**
3-Hydroxy-24-methylenelanost-8-en-30-oic acid 3-*O*-[2-acetamido-2-deoxy-β-D-glucopyranosyl-(1→2)-[α-L-arabinopyranosyl-(1→3)]-β-D-galactopyranoside] = **1789**
(*Z*)-5-(Hydroxymethyl)-2-(6′-methylhept-2′-en-2′-yl)phenol = **100**
12α-*O*-(3-Hydroxy-4-methylpentanoyl)-16α-hydroxy-20,24-dimethyl-25-nor-17-scalaren-24-one = **1688**
6-*O*-(4-Hydroxy-4-methyl-2*E*-pentenoyl)-1,6-dihydroxy-13-nor-4(15)-eudesmen-11-one = **158**
6-*O*-(4-Hydroxy-4-methyl-2*E*-pentenoyl)-1,6-dihydroxy-13-nor-4,10(14)-germacradien-11-one = **119**
6-*O*-(4-Hydroxy-4-methyl-2*E*-pentenoyl)-6-hydroxy-13-nor-1,3-elemadien-11-one = **114**
6-*O*-(4-Hydroxy-4-methyl-2*E*-pentenoyl)-6-hydroxy-1-oxo-13-nor-4,10(14)-germacradien-11-one = **120**
(−)-5-(Hydroxymethyl)-2-(2′,6′,6′-trimethyltetrahydro-2*H*-pyran-2-yl)phenol = **99**
15-Hydroxymethylxestoquinone = **1459**
14-Hydroxymethylxestoquinone = **1460**
6*R*-Hydroxymexicanolide = **1848**
6-Hydroxy-α-muurolene = **189**
19-Hydroxy-3-nor-2,3-seco-13(16),14-spongiadien-2,4-olide = **504**
25′-Hydroxy-2-octaprenyl-1,4-benzenediol-4-sulfate = **2086**
(3*E*,10β,11β)-11-Hydroxy-6-oxo-3,12(18)-dolabelladien-19,10-olide = **1139**
3-Hydroxy-5-oxo-7,16,18-ophiobolatrien-21-al = **1627**
(5β,6β,11*R*)-6-Hydroxy-1(10),3-pachydictyadien-14-one = **1328**
12α-*O*-(3-Hydroxypentanoyloxy)-16α-ethoxy-24β-hydroxy-20,24-dimethyl-17-scalaren-25,24-olide = **1689**
12α-*O*-(3-Hydroxypentanoyloxy)-16α-ethoxy-24α-hydroxy-20,24-dimethyl-17-scalaren-25,24-olide = **1690**
1-Hydroxy-2,6,10,14-phytatetraen-13-one = **358**
3-Hydroxy-1,4,6,10-phytatetraen-13-one = **362**
20-Hydroxy-2-phyten-1,20-olide = **355**
(−)-6α-Hydroxypolyanthellin A = **864**
19-Hydroxypolyfibrospongol B = **2087**
12‘-Hydroxyroridin E = **137**
9′-Hydroxysarquinone = **2088**
(−)-8-Hydroxysclerosporin = **190**
29-Hydroxystelliferin A = **1873**
29-Hydroxystelliferin E = **1874**
3-*epi*-29-Hydroxystelliferin E = **1875**
3-Hydroxy-3,4,6-trimethyl-6-(2′-methyl-10′-phenyl-9-decenyl)-1,2-dioxane = **1541**
3-Hydroxy-3,4,6-trimethyl-6-(2′-methyl-10′-phenyldecyl)-1,2-dioxane = **1542**
3β-Hydroxy-12-ursen-28-oic acid = **1912**
4-Hydroxy-1(9),6,13-xenicatriene-18,19-dial = **1282**
2-Hydroxyxylorumphiin F = **1849**
26-Hydroxyzoanthamine = **1900**
26-Hydroxy-19-*epi*-zoanthamine = **1901**
Hymenin = **237**
Hypoxysordarin = **1461**
Hyrtial = **1659**
Hyrtiolide = **1660**
(−)-Hyrtiosal = **1712**
Hyrtiosin E = **1661**

Junceellolide D = **1078**
Junceellolide K = **1079**
Junceellonoid C = **1080**
Junceellonoid D = **1081**
Juncenolide D = **1082**
Juncenolide J = **1083**
Juncenolide K = **1084**
Juncenolide M = **1085**
Juncenolide N = **1086**
Juncenolide O = **1087**
Junceol A = **1088**
Junceol A‡ = **146**
Junceol B = **1089**
Junceol C = **1090**
Junceol D = **1091**
Junceol E = **1092**
Junceol F = **1093**
Junceol G = **1094**
Junceol H = **1095**
Juncin E = **1096**
Juncin O = **1097**
Juncin P = **1098**
Juncin Q = **1099**
Juncin R = **1100**
Juncin S = **1101**
Juncin T = **1102**
Juncin U = **1103**
Juncin V = **1104**
Juncin W = **1105**
Juncin X = **1106**
Juncin Y = **1107**
Juncin Z = **1087**
Juncin Z_2 = **1108**
Juncin Z Ⅰ = **1109**
Juncin Z Ⅱ = **1110**
Kalihinene = **1351**
Kalihinene E = **1352**
Kalihinene F = **1353**
Kalihinene X = **1354**
Kalihinene Y = **1355**
Kalihinene Z = **1356**
Kalihinol A = **1357**
Kalihinol D = **1358**
Kalihinol E = **1359**
Kalihinol F = **1360**
10-*epi*-Kalihinol I = **1361**
Kalihinol J = **1362**
Kalihinol X = **1363**
10-*epi*-Kalihinol X = **1364**
Kalihinol Y = **1365**
Δ^9-Kalihinol Y = **1366**
Kalihipyran A = **1367**
Kalihipyran B = **1368**
Kalihipyran C = **1369**
Kallolide A = **794**
Kallolide B = **795**
Kandenol A = **147**
Kandenol B = **148**
Kandenol C = **149**
Kandenol D = **150**
Kandenol E = **151**
ent-Kaur-15-en-3β,17-diol = **542**
Kericembrenolide A = **641**
Kericembrenolide B = **642**
Kericembrenolide C = **643**
Kericembrenolide D = **644**
Kericembrenolide E = **645**
Klymollin C = **865**
Klymollin D = **866**
Klymollin E = **867**
Klymollin F = **868**
Klymollin G = **869**
Klymollin H = **870**
Klymollin Q = **837**
Klymollin W = **871**
Klymollin X = **872**
Klysimplexin B = **873**
Klysimplexin G = **874**
Klysimplexin H = **875**
Klysimplexin J = **876**
Klysimplexin K = **877**
Klysimplexin L = **878**
Klysimplexin M = **879**
Klysimplexin N = **880**
Klysimplexin Q = **881**
Klysimplexin R = **882**
Klysimplexin S = **883**
Klysimplexin sulfoxide A = **884**
Klysimplexin sulfoxide B = **885**
Klysimplexin sulfoxide C = **886**
Klysimplexin T = **887**
Knightal = **646**
Knightol = **647**
Kohamaic acid A = **1574**

Kohamaic acid B = **1575**
Krempfielin A = **888**
Krempfielin B = **889**
Krempfielin C = **890**
Krempfielin D = **891**
Krempfielin I = **892**
Krempfielin J = **893**
Krempfielin K = **894**
Krempfielin L = **895**
Krempfielin M = **896**
Krempfielin N = **897**
Krempfielin O = **898**
Krempfielin P = **899**
Kumepaloxane = **84**
Labdane aldehyde TL95-8673A = **404**
Labdane aldehyde TL95-8673B = **405**
Labiatin B = **900**
(3*β*,20*R*,22*R*)-Lanosta-9(11),24-diene-22-acetoxy-3,20-diol 3-*O*-[3-*O*-methyl-6-*O*-sulfo-*β*-D-glucopyranosyl-(1→3)-6-*O*-sulfo-*β*-D-glucopyranosyl-(1→4)-[*β*-D-xylopyranosyl-(1→2)]-6-deoxy-*β*-D-glucopyranosyl-(1→2)-4-*O*-sulfo-*β*-D-xylopyranoside] = **1795**
Laurecomin B = **270**
Laurencianol = **381**
allo-Laurinterol = **127**
Laurinterol = **133**
allo-Laurinterol acetate = **128**
Lemnabourside B = **1370**
Lemnabourside C = **1371**
Lemnalol = **350**
Leucospilotaside B = **1812**
Libertellenone A = **463**
Libertellenone C = **464**
Libertellenone G = **465**
Limatulone = **1913**
meso-Limatulone = **1913**
Linderazulene = **228**
Lintenolide A = **1617**
Lintenolide B = **1618**
Lintenolide C = **1598**
Lintenolide D = **1599**
Lintenolide E = **1600**
13*E*-Lintenone = **1717**
13*Z*-Lintenone = **1718**
Liouvilloside A = **1813**
Liouvilloside B = **1814**
Liphagal = **2095**
Litophynin A = **901**
Litophynin B = **902**
Litophynin C = **903**
Litophynin D = **904**
Litophynin E = **905**
Litophynin F = **906**
Litophynin H = **907**
Litophynin I = **908**
Litophynin I 3-acetate = **909**
Litophynin J = **910**
Litophynol A = **911**
Litophynol B = **912**
(1*R**,2*R**,4*S**,15*E*)-Loba-8,10,13(14),15(16)-tetraen-17,18-diol-17-acetate = **1320**
8,10,13(15)*E*,18-Lobatetraene = **1319**
8,10,13(15),16-Lobatetraen-18-ol = **1314**
Lobatriene = **1321**
Loba-8,10,13(15)-triene-17-acetoxy-18-ol = **1322**
(17*R*)-Loba-8,10,13(15)-triene-17,18-diol = **1323**
Loba-8,10,13(15)-triene-16,17,18-triol = **1324**
8,10,13(15)-Lobatriene-16,17,18-triol = **1324**
Lobatrienolide = **1325**
Lobocompactol A = **1304**
Lobocompactol B = **1305**
Lobocrassin A = **648**
Lobocrassin B = **649**
Lobocrassin C = **650**
Lobocrassin D = **651**
Lobocrassin E = **652**
Lobocrassin F = **653**
(7*Z*)-Lobocrassolide = **654**
Lobocrassolide = **655**
(7*E*)-Lobohedleolide = **656**
(7*Z*)-Lobohedleolide = **657**
Lobolide = **658**
Lobomichaolide = **659**
Lobophylin A = **660**
Lobophylin B = **661**
Lobophynin C = **662**
Lobophytene = **1739**
Lobophytolide = **663**
Lobophytone U = **664**
Lobophytone V = **665**
Lobophytone W = **666**
Lobophytone X = **667**
Lobophytone Y = **668**
Lobophytone Z = **669**

Lobophytone Z_1 = **670**

Lochmolin A = **239**

Lochmolin B = **240**

Lochmolin C = **241**

Lochmolin D = **242**

Lophotoxin = **671**

Lophotoxin-analog Ⅰ = **552**

Lophotoxin-analog Ⅴ = **551**

Lovenone = **1909**

Luffalactone = **1576**

Luffariellin A = **1719**

Luffariellin B = **1720**

Luffariellolide = **1544**

Luffarin A = **1577**

Luffarin C = **1578**

Luffarin D = **1579**

Luffarin K = **1580**

Luffarin L = **1581**

Luffarin Q = **1503**

Luffariolide A = **1545**

Luffariolide B = **1546**

Luffariolide C = **1547**

Luffariolide D = **1548**

Luffariolide E = **1549**

Lutein = **1926**

(6*S*,9*R*,10*S*)-Máilione = **271**

Macfarlandin A = **527**

Macfarlandin B = **528**

Macfarlandin D = **529**

Magireol A = **1740**

Magireol B = **1741**

Magireol C = **1742**

Mailiohydrin = **272**

Makassaric acid = **2096**

(+)-Makassaric acid = **2096**

Malayenolide A = **1111**

Malayenolide B = **1112**

Malayenolide C = **1113**

Malayenolide D = **1114**

Malonganenone C = **363**

Malonganenone H = **364**

Mamanuthaquinone = **2097**

Manoalide = **1550**

Marine derived tocopherol = **2175**

Marmoratoside A = **1815**

Marmoratoside B = **1816**

Martiriol = **1743**

Melemeleone B = **2098**

Membranolide C = **530**

Membranolide D = **531**

Menelloide D = **117**

Menelloide E = **229**

Menzoquinone = **2099**

Merochlorin A = **1721**

Merochlorin B = **1722**

Meroterphenol A = **2100**

Meroterphenol B = **2101**

Meroterphenol C = **2102**

Meroterphenol D = **2103**

Mertensene = **39**

Mertensene 1 = **39**

Merulin A = **275**

Metachromin A = **1945**

Metachromin C = **1946**

Metachromin D = **1947**

Metachromin E = **1948**

Metachromin F = **1949**

Metachromin G = **1950**

Metachromin H = **1951**

Metachromin U = **1952**

Metachromin V = **1953**

Metachromin W = **1954**

5'-Methoxy-(2*E*)-bifurcarenone = **2104**

Methoxycolorenone = **230**

10-Methoxy-6-guaien-4-ol = **231**

(1*α*,7*β*,10*β*)-11-Methoxy-4-guaien-3-one = **230**

14-Methoxyhalenaquinone = **1462**

Methoxyhalenaquinone = **1462**

3*β*-Methoxyolean-18-ene = **1859**

15-Methoxypuupehenol = **2105**

3-Methoxy-5-(3,7,11,15-tetramethyl-2,6,10,14-hexadecatetraenyl)-1,2-benzenediol = **2106**

15-Methoxyxestoquinone = **1463**

14-Methoxyxestoquinone = **1464**

Methyl 3*β*,23*R*-dihydroxy-29-nor-lanosta-8,24-dien-28-oate 3-sulfate = **1817**

Methyl 3*β*-hydroxy-23-oxo-29-nor-lanosta-8,24-dien-28-oate 3-sulfate = **1818**

Methyl 2-butanoyl-12-hydroxy-14-acetoxy-9-oxo-5,7-briaradien-18-oate = **985**

2-Methyl-2-butenyl-geranylgeranylgeranyl-hydroquinone = **2076**

15*α*-Methyl-19,20-di-*O*-acetylpuupehenol = **2107**

Methyl (1*R*,7*S*,8*R*,10*S*)-3,6:7,8-Diepoxy-3,5,11,15- cembratetraen-

Pentactaside Ⅲ = **1826**
2-Pentaprenyl-1,4-benzenediol-4-sulfate = **2125**
Peribysin A = **171**
Peribysin B = **177**
Peribysin C = **178**
Peribysin D = **179**
Peribysin E = **283**
Peribysin F = **172**
Peribysin G = **173**
Peribysin H = **180**
Peribysin I = **181**
Peribysin J = **174**
Petronigrione = **689**
Petrosaspongiolide A = **1601**
Petrosaspongiolide B = **1602**
Petrosaspongiolide C = **1603**
Petrosaspongiolide D = **1604**
Petrosaspongiolide E = **1605**
Petrosaspongiolide F = **1606**
Petrosaspongiolide H = **1607**
Petrosaspongiolide I = **1608**
Petrosaspongiolide J = **1609**
Petrosaspongiolide K = **1725**
Petrosaspongiolide M = **1610**
Petrosaspongiolide N = **1611**
Petrosaspongiolide P = **1612**
Petrosaspongiolide Q = **1613**
Petrosaspongiolide R = **1614**
Peyssonol A = **2126**
Peyssonol B = **2127**
Phomactin A = **1411**
Phomactin B = **1412**
Phomactin B_1 = **1413**
Phomactin B_2 = **1414**
Phomactin C = **1415**
Phomactin D = **1416**
Phomactin E = **1417**
Phomactin F = **1418**
Phomactin G = **1419**
Phorbaketal A = **1558**
Phorbaketal B = **1559**
Phorbaketal C = **1560**
Phorbaketal H = **1561**
Phorbaketal I = **1562**
Phorbasone A = **1726**
Phorbasone A acetate = **1727**
Phorone A (2012) = **1728**
Phyllofenone D = **1692**
Phyllolactone A = **1693**
Phyllolactone B = **1694**
Phyllolactone C = **1695**
Phyllolactone D = **1696**
Phyllolactone E = **1697**
1,18-Phytanediyl disulfate = **365**
(4*E*,6*E*,10*E*)-1,4,6,10,14-Phytapentaen-3-ol = **366**
Picrotin = **284**
Picrotoxinin = **285**
Pinnatin A = **779**
Pinnatin B = **780**
Pinnatin C = **781**
Pinnatin D = **782**
Pinnatin E = **783**
Plakopolyprenoside = **1928**
Plakotenin = **2128**
Plocamene D = **40**
Plocamene D′ = **41**
epi-Plocamene D = **42**
Plocamenone = **4**
Plumarellide = **1437**
Plumericin = **49**
Plumisclerin A = **1438**
(−)-Polyanthelin A = **920**
(+)-Polyanthelin A = **921**
Polyanthellin A = **922**
Polyfibrospongol A = **2129**
Polyfibrospongol B = **2130**
Polygodial = **213**
Popolohuanone F = **456**
Posietogenin 3-*O*-[3-*O*-methyl-*β*-D-xylopyranosyl-(1→3)-*β*-D-glucopyranosyl-(1→4)-[6-deoxy-*β*-D-glucopyranosyl-(1→2)]-6-deoxy-*β*-D-glucopyranosyl-(1→2)-4-*O*-sulfato-*β*-D-xylopyranoside] = **1753**
Posietogenin 3-*O*-[3-*O*-methyl-*β*-D-xylopyranosyl-(1→3)-*β*-D-glucopyranosyl-(1→4)-[*β*-D-glucopyranosyl-(1→2)]-6-deoxy-*β*-D-glucopyranosyl-(1→2)-4-*O*-sulfato-*β*-D-xylopyranoside] = **1754**
Praelolide = **1117**
3-Precapnellen-6*β*-ol = **328**
(−)-Prehalenaquinone = **1465**
Preraikovenal = **58**
Presinularolide B = **603**
Preuplotin = **59**
Prianicin B = **1587**
Pseudoalteromone A = **2131**

Pseudodehydrothyrsiferol = **1744**
Pseudoplexaurol = **690**
Pseudopteradiene = **796**
Pseudopteradienoic acid = **797**
Pseudopteranoic acid = **798**
Pseudopterolide = **799**
11-Pseudopteronol = **793**
Pseudopterosin A = **1210**
Pseudopterosin B = **1211**
Pseudopterosin C = **1212**
Pseudopterosin D = **1213**
Pseudopterosin E = **1214**
Pseudopterosin F = **1215**
Pseudopterosin G = **1216**
Pseudopterosin H = **1217**
Pseudopterosin I = **1218**
Pseudopterosin J = **1219**
Pseudopterosin K = **1220**
Pseudopterosin L = **1221**
Pseudopterosin P = **1222**
Pseudopterosin P_{1aA} = **1222**
Pseudopterosin P_{1bD} = **1223**
Pseudopterosin Q = **1224**
Pseudopterosin Q‡ = **1225**
Pseudopterosin Q_{1a3} = **1224**
Pseudopterosin Q_{1a4} = **1222**
Pseudopterosin Q_{1b3} = **1225**
Pseudopterosin R_{1a1} = **1224**
Pseudopterosin T_{1aA} = **1226**
Pseudopterosin U = **1228**
Pseudopterosin U_{1a3} = **1227**
Pseudopterosin U_{1a4} = **1228**
Pseudopterosin V = **1227**
Pseudopterosin V_{1a3} = **1227**
Pseudopterosin V_{1a4} = **1228**
Pseudopterosin W = **1229**
Pseudopterosin X = **1230**
Pseudopterosin Y = **1226**
Pseudopteroxazole = **1231**
12-Ptilosarcenol = **1118**
Ptilosarcenone = **1119**
Ptilosarcone = **1120**
Pukalide = **691**
Purpurogemutantidin = **214**
Purpurogemutantin = **215**
Puupehedione = **2132**
(–)-Puupehenone = **2133**
(+)-Puupehenone = **2134**
Quadrone = **324**
Querciformolide A = **692**
Querciformolide B = **693**
Querciformolide C = **694**
Querciformolide D = **695**
Raikovenal = **305**
Rarisetenolide = **306**
epi-Rarisetenolide = **307**
Raspacionin = **1891**
(–)-Reiswigin A = **1382**
Reiswigin B = **1383**
Renierin B = **2135**
Renillafoulin A = **1115**
Renillafoulin B = **1121**
Renillafoulin C = **1122**
Rhabdastrellic acid A = **1884**
Rhipocephalin = **60**
Rhipocephenal = **61**
Rhopaloic acid A = **1522**
Rhopaloic acid B = **1523**
Rhopaloic acid C = **1524**
Rietone = **2136**
R-JNP711819-11 = **696**
Robustolide J = **1077**
Roridin Q = **138**
Roridin R = **139**
Rossinone A = **2137**
Rossinone B = **2138**
Rumphellaone A = **123**
Sacrohydroquinone sulfate A = **2139**
Sacrohydroquinone sulfate B = **2140**
Sacrohydroquinone sulfate C = **2141**
Salmahyrtisol C = **1666**
Sarasinoside A_1 = **1827**
Sarasinoside B_1 = **1828**
Sarcochromenol A = **2142**
Sarcochromenol B = **2143**
Sarcocrassocolide A = **697**
Sarcocrassocolide B = **698**
Sarcocrassocolide C = **699**
Sarcocrassocolide D = **700**
Sarcocrassocolide E = **701**
Sarcocrassocolide F = **702**
Sarcocrassocolide G = **703**
Sarcocrassocolide H = **704**
Sarcocrassocolide I = **705**
Sarcocrassocolide J = **706**

Sarcocrassocolide K = **707**
Sarcocrassocolide L = **708**
Sarcocrassocolide M = **709**
Sarcocrassocolide N = **710**
Sarcocrassocolide O = **711**
Sarcocrassolide = **712**
Sarcocrassolide B′ = **626**
Sarcodictyin A = **923**
Sarcodictyin B = **924**
Sarcoglaucol = **713**
Sarcolactone A = **714**
Sarcophine = **715**
Sarcophinone = **716**
Sarcophytin = **1439**
Sarcophytol A = **717**
Sarcophytol B = **718**
Sarcophytolide‡ = **719**
Sarcophytol M = **720**
Sarcophytonin G = **578**
Sarcotal acetate = **784**
Sarcotin A = **1506**
Sarcotin B = **1507**
Sarcotin C = **1508**
Sarcotin D = **1509**
Sarcotin E = **1510**
Sarcotol = **785**
Sarcrassin A = **721**
Sarcrassin B = **722**
Sarcrassin D = **723**
Sarcrassin E = **724**
Sargachromenol = **2144**
Sargadiol Ⅰ = **2145**
Sargadiol Ⅱ = **2146**
Sargaol = **2147**
Sargasal Ⅰ = **2148**
Sargasal Ⅱ = **2149**
Scabellone B = **2150**
Scabralin A = **192**
Scalaradial = **1667**
12-*epi*-Scalaradial = **1668**
18-*epi*-Scalaradial = **1669**
Scalarafuran = **1670**
16-*epi*-Scalarolbutenolide = **1671**
Sch 50678 = **2160**
Sch 50680 = **2186**
Sclerophytin A = **925**
Sclerophytin A methyl ether = **926**
Sclerophytin B = **927**
Sclerophytin F = **928**
(+)-Sclerosporin = **193**
Scopararane B = **466**
Scopararane C = **467**
Scopararane D = **468**
Scopararane E = **469**
Scopararane F = **470**
Scopararane G = **471**
Secoadociaquinone A = **1466**
Secoadociaquinone B = **1467**
Secoasbestinin = **949**
Secobriarellinone = **820**
Secomanoalide = **1563**
Secopseudopterosin A = **1232**
Secopseudopterosin B = **1233**
Secopseudopterosin C = **1234**
Secopseudopterosin D = **1235**
Secopseudopterosin H = **1372**
Secopseudopterosin I = **1373**
Secopseudopteroxazole = **1374**
(1*α*,4*αH*)-14-Serrulatene = **1375**
14-Serrulaten-7-ol = **1376**
Sesterstatin 1 = **1672**
Sesterstatin 2 = **1673**
Sesterstatin 3 = **1674**
Sexangulic acid = **1829**
Shaagrockol B = **2151**
Shaagrockol C = **2152**
Sigmosceptrellin A = **1586**
Sigmosceptrellin B = **1587**
Sigmosceptrellin C = **1588**
Similan A = **1675**
Simplexin A = **929**
Simplexin D = **930**
Simplexin E = **931**
Simplexin M = **932**
Simplexin N = **933**
Simplexin O = **934**
Simplexin P = **935**
Simplexin Q = **936**
Simplexin R = **937**
Simplexin S = **938**
Sinuflexibilin = **725**
Sinuflexolide = **726**
Sinugibberol = **727**
Sinularcasbane B = **728**
Sinularcasbane E = **729**
Sinularianin C = **244**

Sinularianin D = **245**
Sinularianin E = **62**
Sinularianin F = **74**
Sinularin = **730**
(−)-Sinulariol B = **731**
Sinulariolide = **732**
11-*epi*-Sinulariolide = **733**
Sinulariol J = **734**
Sinulariolone = **735**
Sinulariolone 3-acetate = **736**
Sinulariol P = **737**
Sinulariol Z = **738**
Sinularolide B = **739**
Sinularolide C = **740**
5-*epi*-Sinuleptolide acetate = **741**
Sinulobatin A = **1236**
Sinulobatin B = **1237**
Sinulobatin C = **1238**
Sinulobatin D = **1244**
Sinumaximol B = **742**
Sinumaximol C = **743**
Sinutriangulin A = **1420**
Siphonodictyal C = **2153**
Siphonodictyal sulfate = **2154**
Smenorthoquinone = **2155**
Smenospondiol = **2156**
Sodwanone A = **1892**
Sodwanone G = **1893**
Sodwanone H = **1894**
Sodwanone I = **1895**
Sodwanone M = **1896**
Solenolide A‡ = **1123**
(−)-Solenopodin C = **939**
13,16-Spatadiene-5,15,18,19-tetrol = **1180**
Spathulenol‡ = **243**
(+)-Spatol = **1181**
Sphaerococcenol A = **954**
Sphaerolabdiene-3,14-diol = **407**
3,17-Sphenolobadiene-5,16-dione = **1383**
3-Sphenolobene-5,16-dione = **1382**
Spirotubipolide = **161**
(−)-Spongianolide A = **1615**
Spongianolide B = **1616**
Spongianolide C = **1617**
Spongianolide D = **1618**
Spongianolide E = **1619**
Spongianolide F = **1620**
(−)-Sporochnol A = **2157**
(+)-Sporochnol A = **2158**
Sporochnol C = **2159**
Stecholide A = **1124**
Stecholide B = **1125**
Stecholide H = **1126**
Stellettin A = **1885**
Stellettin B = **1886**
Stellettin C = **1887**
Stellettin D = **1888**
Stellettin E = **1889**
Stellettin F = **1884**
Stelliferin G = **1890**
Steperoxide B = **275**
Stichoposide A = **1803**
Stolonidiol = **1162**
Stolonidiol-17-acetate = **1163**
Strobilactone A = **216**
Strongylin A = **2160**
Strongylophorine 1 = **2161**
Strongylophorine 2 = **2162**
Strongylophorine 3 = **2163**
Stylatulide = **1127**
(14*R*)-Stypodiol = **2164**
epi-Stypodiol = **2164**
(−)-Stypoldione = **2165**
Stypoquinonic acid = **2166**
Stypotriol = **2167**
Styxenol A = **367**
Subergorgic acid = **323**
Suberitenone A = **1729**
Suberitenone B = **1730**
Suberosanone = **344**
Suberosenol A = **345**
Suberosenol A acetate = **346**
Suberosenol B = **347**
Suberosenol B acetate = **348**
Suberosenone = **325**
(+)-Subersic acid = **2168**
(−)-Subersic acid = **2169**
(−)-Sydonic acid = **110**
(+)-Sydonic acid = **111**
(−)-Sydonol = **112**
(+)-Sydowic acid = **113**
Tagalsin Q = **483**
Tagalsin R = **484**
Tagalsin U = **485**
Talaperoxide A = **276**
Talaperoxide B = **277**

7-*epi*-Uprolide C acetate = **758**
7-*epi*-Uprolide C diacetate = **759**
Uprolide D = **760**
Uprolide D acetate = **761**
12,13-*bisepi*-Uprolide D acetate = **762**
Uprolide E acetate = **763**
Uprolide F diacetate = **764**
Uprolide G acetate = **765**
Uprolide H = **766**
Ursolic acid = **1912**
Ustusolate A = **217**
Ustusolate C = **218**
Ustusolate E = **219**
Valdivone A = **940**
Valdivone B = **941**
Venustatriol = **1749**
Verrol 4-acetate = **134**
Verrucarin A = **140**
Verrucosin 1 = **511**
Verrucosin 2 = **536**
Verrucosin 3 = **534**
Verrucosin 4 = **370**
Verrucosin 5 = **406**
Verrucosin 6 = **512**
Verrucosin 7 = **513**
Verrucosin 8 = **535**
Verrucosin 9 = **514**
Verrucosin A = **515**
Verrucosin B = **516**
Violide A = **1129**
Violide B = **1130**
Violide N = **1131**
Virescenoside A = **473**
Virescenoside B = **474**
Virescenoside C = **475**
Virescenoside M = **476**
Virescenoside N = **477**
Virescenoside O = **478**
Virescenoside P = **479**
Virescenoside Q = **480**
Wiedendiol A = **2185**
Wiedendiol B = **2186**
Xeniafaraunol A = **1421**
Xeniafaraunol B = **1422**
1(9),6,13-Xenicatriene-18,19-dial = **1274**
1(9),6,13-Xenicatrien-18-oic acid = **1277**
1(9),6,13-Xenicatrien-19,18-olide = **1276**
Xeniolactone B = **1288**
Xeniolide I = **1289**
Xestoquinolide A = **2187**
Xestoquinolide B_1 = **2188**
Xestoquinolide B_2 = **2189**
Xestoquinol 16-sulfate = **1470**
Xestoquinone = **1471**
Xestosaprol A = **1472**
Xestosaprol A epimer = **1469**
Xestosaprol A 13-hydroxy-16-ketone isomer = **1473**
Xestosaprol B = **1474**
Xestosaprol F = **1475**
Xestosaprol G = **1476**
Xestosaprol H = **1477**
Xestosaprol I = **1478**
Xestosaprol J = **1479**
Xestosaprol K = **1480**
Xestosaprol L = **1481**
Xestosaprol M = **1482**
Xestosaprol O = **1483**
Xylorumphiin I = **1853**
Yahazunol = **2190**
Yalongene A = **767**
Yalongene B = **768**
Zahavin A = **1290**
Zahavin B = **1291**
Zizanin A = **1623**
Zoanthamide = **1902**
Zoanthamine = **1903**
Zoanthenamine = **1904**
Zonaquinone acetate = **2191**
(+)-Zonarol = **2192**
Zooxanthellamine = **1905**

索引 3　化合物分子式索引

本索引按照 Hill 约定顺序制作，在分子式后面，紧接着出现的是所有有关化合物在本卷中的唯一代码。

C_{10}

$C_{10}H_{10}BrCl_5$ **15**

$C_{10}H_{11}Cl_3O$ **22**

$C_{10}H_{12}BrCl_3O$ **3, 4**

$C_{10}H_{12}BrCl_5$ **20**

$C_{10}H_{13}Br_2Cl$ **29**

$C_{10}H_{13}Br_2Cl_3$ **23, 37**

$C_{10}H_{13}BrCl_2$ **41**

$C_{10}H_{13}BrCl_4$ **21**

$C_{10}H_{13}Cl_3$ **35, 38, 40, 42**

$C_{10}H_{14}Br_2Cl_2$ **13, 46**

$C_{10}H_{14}Br_2O$ **30, 31**

$C_{10}H_{14}Br_3Cl$ **34**

$C_{10}H_{14}Br_3Cl_3$ **26**

$C_{10}H_{14}BrCl$ **18**

$C_{10}H_{14}BrCl_3$ **19, 27, 39**

$C_{10}H_{14}Cl_4$ **36, 43~45**

$C_{10}H_{15}Br_2Cl_3$ **24, 25**

$C_{10}H_{15}Br_2ClO$ **9, 10, 28**

$C_{10}H_{15}Br_3Cl_2$ **8**

$C_{10}H_{15}BrCl_2$ **17**

$C_{10}H_{15}BrCl_2O$ **11, 12**

$C_{10}H_{16}Br_2Cl_2$ **14**

$C_{10}H_{16}BrCl$ **16**

$C_{10}H_{16}O_2$ **32, 33**

$C_{10}H_{18}O$ **2**

$C_{10}H_{20}O$ **1**

C_{11}

$C_{11}H_8O_4$ **47**

C_{12}

$C_{12}H_{17}BrCl_2O_2$ **5**

$C_{12}H_{17}Cl_3O_3$ **6, 7**

$C_{12}H_{18}$ **234**

$C_{12}H_{18}O_2$ **235, 236**

$C_{12}H_{20}BrClO$ **83**

C_{13}

$C_{13}H_{20}O_3$ **1932**

C_{14}

$C_{14}H_{12}O_4$ **48**

$C_{14}H_{15}ClO_4$ **164**

$C_{14}H_{19}BrO_2$ **271**

$C_{14}H_{20}O$ **65**

$C_{14}H_{20}O_4$ **278, 279**

$C_{14}H_{22}O$ **66**

$C_{14}H_{22}O_4$ **275, 298**

$C_{14}H_{24}O_3$ **122**

C_{15}

$C_{15}H_{12}O_3$ **195**

$C_{15}H_{14}O_6$ **49**

$C_{15}H_{15}O$ **228**

$C_{15}H_{16}O$ **223**

$C_{15}H_{16}O_6$ **285**

$C_{15}H_{17}NO_5$ **248**

$C_{15}H_{18}$ **225**

$C_{15}H_{18}O$ **155, 227, 251, 299**

$C_{15}H_{18}O_2$ **75, 156**

$C_{15}H_{18}O_3$ **72, 108, 321**

$C_{15}H_{18}O_4$ **229, 237**

$C_{15}H_{18}O_7$ **284**

$C_{15}H_{19}BrO$ **124, 127, 130, 133**

$C_{15}H_{19}NO_4$ **247**

$C_{15}H_{20}$ **129**

$C_{15}H_{20}Br_2O$ **262, 263**

$C_{15}H_{20}O$ **95, 118, 126, 132, 153, 154, 297, 300, 303, 304**

$C_{15}H_{20}O_2$ **102, 103, 109, 232, 306, 307, 319**

$C_{15}H_{20}O_3$ **61, 117, 166, 245, 293, 296, 323, 324, 326**

$C_{15}H_{20}O_4$ **76, 113, 163**

$C_{15}H_{21}Br_2ClO$ **260, 264**

$C_{15}H_{21}Br_2ClO_2$ **265, 274**

$C_{15}H_{21}BrO_3$ **77**

$C_{15}H_{21}Cl$ **246**

$C_{15}H_{21}NO_4$ **249**

$C_{15}H_{22}$ **92**

$C_{15}H_{22}Br_2O$ **261**

$C_{15}H_{22}Br_2O_2$ **272**

$C_{15}H_{22}BrClO$ **266**

$C_{15}H_{22}O$ **68, 93, 94, 291, 302, 325**

$C_{15}H_{22}O_2$ **73, 90, 91, 100, 141, 193, 213, 239, 327**

$C_{15}H_{22}O_3$ **69, 70, 71, 99, 105, 116, 151, 152, 187, 188, 190, 280, 289, 322**

$C_{15}H_{22}O_4$ **110, 111, 216, 1929**

$C_{15}H_{22}O_5$ **184**

$C_{15}H_{22}S$ **282**

$C_{15}H_{23}Br$ **252**

$C_{15}H_{23}Br_2ClO$ **257, 258, 267, 273**

$C_{15}H_{23}BrO$ **254, 256, 259, 270**

$C_{15}H_{23}BrO_2$ **253, 255, 269**

$C_{15}H_{24}$ **115, 238, 308, 312, 349**

$C_{15}H_{24}BrClO$ **287, 288**

$C_{15}H_{24}O$ **63, 64, 189, 243, 314, 329, 344, 345, 347, 350**

$C_{15}H_{24}O_2$ **58, 86, 89, 169, 182, 192, 205, 224, 226, 305, 313**

$C_{15}H_{24}O_3$ **112, 123, 147, 171, 178, 179, 241, 242, 281**

$C_{15}H_{24}O_4$ **148, 150, 177, 180, 181**

$C_{15}H_{24}O_5$ **149**

$C_{15}H_{25}Br_2ClO$ **87**

$C_{15}H_{25}Br_2ClO_2$ **88, 96**

$C_{15}H_{25}BrO$ **142, 143, 144, 145**

$C_{15}H_{26}O$ **78, 159, 199, 286, 309, 328**

$C_{15}H_{26}O_2$ **198**

$C_{15}H_{26}O_3$ **320**

$C_{15}H_{26}O_4$ **172, 173**

$C_{15}H_{26}O_5$ **174**

$C_{15}H_{26}S$ **194**

C_{16}

$C_{16}H_{20}Br_2O_2$ **2018**

$C_{16}H_{20}O_2$ **2003**

$C_{16}H_{20}O_3$ **160**

$C_{16}H_{20}O_4$ **104**

$C_{16}H_{22}O$ **2157, 2158**

$C_{16}H_{22}O_2$ **2159**

$C_{16}H_{22}O_4$ **101, 176, 244**

628, 633, 682, 760, 1265

$C_{20}H_{30}O_6$ **459, 622, 735, 748, 752, 753, 756, 1283**

$C_{20}H_{31}Br_2O_5S^-$ **472**

$C_{20}H_{31}BrO_4$ **486, 1302**

$C_{20}H_{32}$ **462, 560, 767, 768, 1319, 1334, 1335**

$C_{20}H_{32}Br_2O$ **952**

$C_{20}H_{32}O$ **366, 615, 717, 1154, 1155, 1161, 1168, 1186, 1306, 1310, 1314, 1332, 1333**

$C_{20}H_{32}O_2$ **358, 362, 377, 415, 416, 540, 542, 562, 616, 620, 647, 650, 652, 661, 690, 718, 729, 746, 747, 771~774, 1157, 1169, 1277, 1308, 1311, 1313, 1321, 1326, 1328, 1330, 1331, 1382, 1420**

$C_{20}H_{32}O_3$ **360, 485, 550, 585, 660, 727, 827, 829, 1164, 1172, 1304, 1305**

$C_{20}H_{32}O_4$ **577, 595, 825, 830, 1162, 1180**

$C_{20}H_{32}O_5$ **82, 557, 726, 832**

$C_{20}H_{32}O_6$ **695, 1990**

$C_{20}H_{33}BrO_2$ **407**

$C_{20}H_{33}O_3$ **539**

$C_{20}H_{34}BrClO_2$ **1391**

$C_{20}H_{34}O$ **679, 720, 882, 1307**

$C_{20}H_{34}O_2$ **352, 354, 361, 393, 404, 405, 687, 688, 731, 939, 1323, 1329, 1444**

$C_{20}H_{34}O_3$ **576, 612, 613, 738, 785, 834, 1324**

$C_{20}H_{34}O_4$ **734, 925, 928**

$C_{20}H_{34}O_5$ **594**

$C_{20}H_{35}Br_2ClO_3$ **381**

$C_{20}H_{35}BrO_2$ **1380**

$C_{20}H_{36}O_3$ **355**

$C_{20}H_{42}O_8S_2$ **365**

C_{21}

$C_{21}H_{14}O_6$ **1462**

$C_{21}H_{16}O_5$ **1459, 1460, 1463, 1464**

$C_{21}H_{19}NO_7S$ **1483**

$C_{21}H_{20}O_4$ **1479, 2114**

$C_{21}H_{22}O_3$ **2115**

$C_{21}H_{22}O_5$ **796**

$C_{21}H_{22}O_6$ **799**

$C_{21}H_{24}O_5$ **2138**

$C_{21}H_{24}O_6$ **691, 793**

$C_{21}H_{24}O_7$ **619**

$C_{21}H_{24}O_9$ **792**

$C_{21}H_{25}BrO_5$ **334**

$C_{21}H_{26}O_2$ **2063**

$C_{21}H_{26}O_3$ **1494, 1515~1517, 1526, 1527, 2064, 2065, 2132**

$C_{21}H_{26}O_5$ **527, 528**

$C_{21}H_{26}O_6$ **52, 219, 775~777, 789, 1437**

$C_{21}H_{26}O_7$ **53, 55, 207, 741, 742**

$C_{21}H_{27}BrO_5$ **332**

$C_{21}H_{27}NO$ **1231**

$C_{21}H_{28}O_2$ **1199~1201, 1970, 1985, 2060, 2061, 2113**

$C_{21}H_{28}O_3$ **1195, 1197, 1513, 1514, 1518, 1525, 2084, 2133, 2134**

$C_{21}H_{28}O_4$ **580, 2038, 2122, 2123, 2137**

$C_{21}H_{28}O_5$ **724**

$C_{21}H_{28}O_6$ **60**

$C_{21}H_{28}O_7$ **791, 1975**

$C_{21}H_{29}BrO_5$ **295**

$C_{21}H_{29}ClO_2$ **1999**

$C_{21}H_{29}NO$ **1374**

$C_{21}H_{30}O_2$ **1198, 1953, 1969, 1976, 1984, 2002, 2057, 2094, 2112, 2192**

$C_{21}H_{30}O_3$ **394, 1196, 2083**

$C_{21}H_{30}O_4$ **662, 684, 713**

$C_{21}H_{30}O_5$ **686, 1255, 1439**

$C_{21}H_{30}O_6$ **610, 1992, 1993**

$C_{21}H_{30}O_7$ **197, 317, 318**

$C_{21}H_{30}O_8$ **525**

$C_{21}H_{31}N$ **1203~1206, 1208, 1242, 1248**

$C_{21}H_{31}NO_2$ **1367, 1369**

$C_{21}H_{31}NO_4$ **597**

$C_{21}H_{31}NOS$ **1209**

$C_{21}H_{32}ClNO_2$ **1365, 1366, 1368**

$C_{21}H_{32}O_3$ **558, 1320, 2190**

$C_{21}H_{32}O_4$ **608, 631, 1426, 2179, 2181**

$C_{21}H_{32}O_5$ **606, 607**

$C_{21}H_{33}NO$ **1193, 1194, 1240, 1337**

$C_{21}H_{33}NO_2$ **1340, 1341, 1353**

$C_{21}H_{33}NS$ **1349**

$C_{21}H_{34}ClNO_2$ **1352, 1354~1356**

$C_{21}H_{34}O$ **1315**

$C_{21}H_{34}O_4$ **378**

$C_{21}H_{34}O_6$ **1991**

$C_{21}H_{35}NO$ **1338, 1339**

$C_{21}H_{35}NO_2$ **363, 364**

$C_{21}H_{36}O_4$ **926**

$C_{21}H_{36}O_6$ **725**

C_{22}

$C_{22}H_{19}NO_6S$ **2188, 2189**

$C_{22}H_{19}NO_7S$ **1466, 1467**

$C_{22}H_{22}O_5$ **1475, 1477**

$C_{22}H_{24}O_8$ **671**

$C_{22}H_{25}NO_8$ **211**

$C_{22}H_{26}O_3$ **67, 1954**

$C_{22}H_{26}O_4$ **1392**

$C_{22}H_{26}O_5$ **786**

$C_{22}H_{26}O_6$ **780**

$C_{22}H_{26}O_9$ **1423**

$C_{22}H_{27}NO_3$ **2017**

$C_{22}H_{28}O_2$ **50**

$C_{22}H_{28}O_3$ **2066**

$C_{22}H_{28}O_4$ **1883, 1948, 2006, 2007, 2015, 2030, 2031, 2095, 2135**

$C_{22}H_{28}O_8$ **522, 523, 743**

$C_{22}H_{29}BrO_3$ **2126**

$C_{22}H_{29}ClO_9$ **962**

$C_{22}H_{29}NO_3$ **2016**

$C_{22}H_{30}O_3$ **1236, 1866, 1867, 1952, 1968**

$C_{22}H_{30}O_4$ **543, 573, 641, 642, 655, 1868, 1869, 1945, 1946, 1997, 2008, 2009, 2037, 2039, 2081, 2082, 2091~2093, 2097**

$C_{22}H_{30}O_5$ **336, 547, 568, 602, 621, 644, 658, 677, 983, 1432, 1880, 1881, 2026, 2027**

$C_{22}H_{30}O_6$ **545, 546, 582, 588, 599, 600, 604, 673, 696~698, 704, 705, 1264**

$C_{22}H_{30}O_7$ **569, 601, 702, 703, 709, 710**

$C_{22}H_{30}O_7S$ **2153**

1510
$C_{25}H_{30}O_8S$ **1498, 1499**
$C_{25}H_{32}O_3$ **1716**
$C_{25}H_{32}O_4$ **1538, 1562**
$C_{25}H_{32}O_7$ **957**
$C_{25}H_{32}O_8$ **1983**
$C_{25}H_{32}O_9$ **1982**
$C_{25}H_{33}O_2^-$ **2080**
$C_{25}H_{34}O_2$ **1624, 1625, 2079**
$C_{25}H_{34}O_3$ **1726**
$C_{25}H_{34}O_4$ **1488, 1501, 1502, 1505, 1506~1508, 1531, 1558, 1561, 1578, 1870, 2034**
$C_{25}H_{34}O_5$ **940, 1487, 1878, 1879**
$C_{25}H_{34}O_6$ **1050, 1537**
$C_{25}H_{34}O_7$ **986, 1052, 1250, 1981**
$C_{25}H_{34}O_7S$ **1489**
$C_{25}H_{34}O_8$ **1251**
$C_{25}H_{34}O_9$ **1121**
$C_{25}H_{36}O_2$ **1628, 1631**
$C_{25}H_{36}O_3$ **1534, 1543, 1545, 1584, 1596, 1627, 1706, 1710, 1717, 1718**
$C_{25}H_{36}O_4$ **1485, 1492, 1504, 1532, 1549, 1555, 1559, 1560, 1564, 1565, 1622, 1662, 1703~1705, 1949**
$C_{25}H_{36}O_5$ **844, 1550, 1563, 1577, 1614, 1719, 1720**
$C_{25}H_{36}O_6$ **1210, 1215, 1226, 1621**
$C_{25}H_{36}O_7$ **1490, 1491, 1607**
$C_{25}H_{37}BrO_5$ **1724**
$C_{25}H_{37}ClO_5$ **1723**
$C_{25}H_{37}N_5O$ **434, 435**
$C_{25}H_{38}O$ **1493**
$C_{25}H_{38}O_2$ **1503, 1535**
$C_{25}H_{38}O_3$ **1495, 1544, 1589, 1594, 1595, 1623, 1626, 1639, 1642, 1643, 1648, 1651, 1700, 1712**
$C_{25}H_{38}O_4$ **1377, 1546, 1548, 1556, 1557, 1569, 1580, 1581, 1585, 1593, 1598, 1644, 1650, 1666, 1672~1674**
$C_{25}H_{38}O_5$ **1539, 1599, 1600, 1612, 1660, 1676**
$C_{25}H_{38}O_6$ **510, 1232**
$C_{25}H_{40}O_2$ **1566, 1567, 1570, 1574**
$C_{25}H_{40}O_3$ **1575, 1652, 1711**
$C_{25}H_{40}O_4$ **1484, 1536, 1547, 1653**
$C_{25}H_{40}O_5$ **370, 406, 438, 451, 506, 507, 511, 512, 515, 516, 534, 535, 536, 1316, 1540**
$C_{25}H_{40}O_5S$ **1571**
$C_{25}H_{40}O_6$ **444, 454, 1317, 1318**
$C_{25}H_{40}O_6S$ **1572**
$C_{25}H_{40}O_7$ **821**
$C_{25}H_{40}O_7S$ **1573**
$C_{25}H_{41}ClO_5$ **513, 514**
$C_{25}H_{42}O$ **1701**
$C_{25}H_{42}O_2$ **1702**
$C_{25}H_{42}O_5$ **913, 1554**
$C_{25}H_{42}O_6$ **889, 897**
$C_{25}H_{44}O_5$ **1707**

C_{26}
$C_{26}H_{30}O_8$ **2171**
$C_{26}H_{31}ClO_{10}$ **1010**
$C_{26}H_{32}O_6$ **1910, 2184**
$C_{26}H_{32}O_{10}$ **675**
$C_{26}H_{33}ClO_9$ **1076**
$C_{26}H_{33}ClO_{10}$ **1075, 1077**
$C_{26}H_{33}ClO_{11}$ **1003, 1038, 1109**
$C_{26}H_{33}NO_5$ **2014**
$C_{26}H_{34}O_3$ **1986, 1987**
$C_{26}H_{34}O_4$ **2162**
$C_{26}H_{34}O_7$ **956, 2182**
$C_{26}H_{34}O_8$ **678, 745, 977**
$C_{26}H_{34}O_9$ **574, 674, 1084**
$C_{26}H_{34}O_{10}$ **978, 994**
$C_{26}H_{34}O_{11}$ **973, 979**
$C_{26}H_{34}O_{13}$ **1099**
$C_{26}H_{35}ClO_{10}$ **970, 1127**
$C_{26}H_{35}NO_7$ **2117**
$C_{26}H_{36}O_3$ **1988**
$C_{26}H_{36}O_4$ **2163**
$C_{26}H_{36}O_5$ **1691, 2107**
$C_{26}H_{36}O_6$ **1054**
$C_{26}H_{36}O_7$ **1290, 1977**
$C_{26}H_{36}O_8$ **996, 1279, 1291, 1438**
$C_{26}H_{36}O_9$ **1122, 1126, 1260, 1261, 1427**
$C_{26}H_{36}O_{10}$ **1006, 1079, 1259**
$C_{26}H_{36}O_{11}$ **676, 992, 1018**
$C_{26}H_{37}NO$ **1202**
$C_{26}H_{38}O_2$ **1692, 2059, 2174**
$C_{26}H_{38}O_3$ **1665**
$C_{26}H_{38}O_4$ **1998, 2072**
$C_{26}H_{38}O_5S$ **2058**
$C_{26}H_{38}O_6$ **1214, 1216, 1220**
$C_{26}H_{38}O_7$ **806, 816, 915**
$C_{26}H_{38}O_8$ **683, 805, 823, 900, 914**
$C_{26}H_{38}O_9$ **865**
$C_{26}H_{39}NO_3$ **1951**
$C_{26}H_{40}N_5^+$ **375, 376, 408~410, 420~422, 426, 427**
$C_{26}H_{40}N_5O^+$ **424, 425, 432**
$C_{26}H_{40}N_5O_2^+$ **412**
$C_{26}H_{40}O_3$ **1659, 1675**
$C_{26}H_{40}O_4$ **1663, 1664**
$C_{26}H_{40}O_5$ **1683, 1684**
$C_{26}H_{40}O_7$ **475, 496, 828, 850, 873, 899**
$C_{26}H_{40}O_8$ **479, 838**
$C_{26}H_{40}O_9$ **476, 835**
$C_{26}H_{42}N_5O^+$ **431**
$C_{26}H_{42}O_6$ **800, 929**
$C_{26}H_{42}O_7$ **175, 474, 480, 853, 883, 890, 909, 917, 935, 936**
$C_{26}H_{42}O_8$ **473, 478, 854, 888, 894**
$C_{26}H_{42}O_9$ **477**
$C_{26}H_{44}O_7$ **916**

C_{27}
$C_{27}H_{27}ClO_3$ **2000**
$C_{27}H_{30}O_7$ **1389**
$C_{27}H_{32}O_5$ **1387, 1388**
$C_{27}H_{32}O_7$ **2033**
$C_{27}H_{32}O_8$ **1848**
$C_{27}H_{34}O_4$ **1384**
$C_{27}H_{34}O_5$ **1390**
$C_{27}H_{34}O_7$ **955**
$C_{27}H_{34}O_8$ **1978**
$C_{27}H_{34}O_9$ **140**
$C_{27}H_{35}BrO_4$ **1941**
$C_{27}H_{35}ClO_{10}$ **998**
$C_{27}H_{35}ClO_{11}$ **1035**
$C_{27}H_{35}NO_6$ **1715**
$C_{27}H_{36}Br_2O_4$ **1936, 1937, 1939, 1940, 1942~1944**
$C_{27}H_{36}O_4$ **1385, 1727, 1871, 1872, 2099, 2144**

$C_{30}H_{38}O_5$ **2055**

$C_{30}H_{38}O_{13}$ **1028**

$C_{30}H_{39}ClO_{14}$ **1072**

$C_{30}H_{39}NO_5$ **1898, 1899**

$C_{30}H_{39}NO_6$ **1904**

$C_{30}H_{40}O_4$ **1884, 1889**

$C_{30}H_{40}O_{11}$ **1020**

$C_{30}H_{40}O_{13}$ **1040, 1107**

$C_{30}H_{40}O_{14}$ **1106**

$C_{30}H_{41}NO_5$ **1903**

$C_{30}H_{41}NO_6$ **1897, 1900, 1901**

$C_{30}H_{42}O_6$ **1893**

$C_{30}H_{42}O_{11}$ **974, 1092, 1095**

$C_{30}H_{42}O_{12}$ **1016**

$C_{30}H_{42}O_{13}$ **963, 966, 972, 1013**

$C_{30}H_{43}ClO_{14}$ **1014**

$C_{30}H_{44}O_6$ **1892**

$C_{30}H_{44}O_{13}$ **971, 1025**

$C_{30}H_{45}NO_5$ **1905**

$C_{30}H_{46}O_3$ **1736, 1823**

$C_{30}H_{46}O_4$ **1913, 1914, 1915**

$C_{30}H_{46}O_5$ **97, 98, 1681, 1694**

$C_{30}H_{46}O_7S$ **1818, 1844**

$C_{30}H_{46}O_9$ **848**

$C_{30}H_{48}O_{10}$ **879, 933**

$C_{30}H_{48}O_{10}S$ **886**

$C_{30}H_{48}O_3$ **1912**

$C_{30}H_{48}O_4$ **1829, 1894**

$C_{30}H_{48}O_5S$ **1840**

$C_{30}H_{48}O_6$ **944, 1708**

$C_{30}H_{48}O_6S$ **1838, 1839**

$C_{30}H_{48}O_7$ **945**

$C_{30}H_{48}O_7S$ **1817, 1842**

$C_{30}H_{48}O_8$ **554, 555, 556, 892**

$C_{30}H_{48}O_9$ **875, 878, 932**

$C_{30}H_{48}O_9S_2$ **1836**

$C_{30}H_{50}O_5$ **1895, 1896**

$C_{30}H_{50}O_5S$ **1835**

$C_{30}H_{50}O_6S$ **1837**

$C_{30}H_{50}O_7$ **1743**

$C_{30}H_{50}O_9S_2$ **1833**

$C_{30}H_{51}BrO_5$ **1741, 1742**

$C_{30}H_{51}BrO_6$ **1734, 1735, 1738**

$C_{30}H_{51}BrO_7$ **1733, 1737**

$C_{30}H_{51}BrO_8$ **1746, 1747**

$C_{30}H_{52}O$ **1739**

$C_{30}H_{52}O_5$ **1745**

$C_{30}H_{52}O_7$ **1744**

$C_{30}H_{52}O_9S_2$ **1832, 1834**

$C_{30}H_{53}BrO_6$ **1740**

$C_{30}H_{53}BrO_7$ **1732, 1749**

C_{31}

$C_{31}H_{32}O_2$ **233**

$C_{31}H_{37}ClO_9$ **961**

$C_{31}H_{40}BrN_6O_3^+$ **428, 429, 430**

$C_{31}H_{40}O_{10}$ **1850**

$C_{31}H_{40}O_{15}$ **1082**

$C_{31}H_{41}ClO_{12}$ **1060**

$C_{31}H_{42}BrN_6O_2^+$ **411, 423**

$C_{31}H_{43}ClO_{12}$ **1083**

$C_{31}H_{43}N_6O_2^+$ **433**

$C_{31}H_{44}O_2$ **2109**

$C_{31}H_{44}O_{11}$ **1088, 1093, 1094**

$C_{31}H_{46}O_2$ **2010**

$C_{31}H_{46}O_5S$ **2125**

$C_{31}H_{46}O_6$ **1863**

$C_{31}H_{46}O_6S$ **2078**

$C_{31}H_{46}O_7$ **1636**

$C_{31}H_{48}O_5$ **1693**

$C_{31}H_{48}O_6$ **1906**

$C_{31}H_{48}O_6S$ **2011, 2073**

$C_{31}H_{48}O_7S$ **1843**

$C_{31}H_{50}O_5S$ **2089**

$C_{31}H_{50}O_7S$ **1841**

$C_{31}H_{52}O$ **1859**

$C_{31}H_{52}O_6$ **2013**

$C_{31}H_{52}O_9S$ **885**

C_{32}

$C_{32}H_{38}O_7$ **1845**

$C_{32}H_{40}O_9$ **1846**

$C_{32}H_{42}O_5$ **1887, 1888**

$C_{32}H_{42}O_{10}$ **1851**

$C_{32}H_{42}O_{13}$ **1031**

$C_{32}H_{44}O_7$ **1860**

$C_{32}H_{44}O_{13}$ **1023, 1024**

$C_{32}H_{45}ClO_{13}$ **1110**

$C_{32}H_{46}O_5$ **2170**

$C_{32}H_{46}O_9$ **2053, 2054**

$C_{32}H_{46}O_{11}$ **975**

$C_{32}H_{46}O_{12}$ **1129, 1131**

$C_{32}H_{48}O_5$ **1854, 1873, 1890**

$C_{32}H_{48}O_6$ **1696**

$C_{32}H_{50}O_4$ **1751**

$C_{32}H_{52}O_5$ **1688**

$C_{32}H_{52}O_6$ **1685**

$C_{32}H_{55}BrO_8$ **1748**

C_{33}

$C_{33}H_{39}ClO_{12}$ **960**

$C_{33}H_{40}O_{10}$ **1258**

$C_{33}H_{40}O_{11}$ **1852**

$C_{33}H_{43}ClO_{14}$ **1061, 1074, 1097, 1100, 1101**

$C_{33}H_{43}ClO_{15}$ **1062**

$C_{33}H_{44}O_8$ **1907**

$C_{33}H_{44}O_{15}$ **1066**

$C_{33}H_{44}O_{16}$ **1067, 1068**

$C_{33}H_{45}ClO_{14}$ **1056, 1057, 1070, 1071**

$C_{33}H_{46}O_9$ **1908**

$C_{33}H_{46}O_{13}$ **968**

$C_{33}H_{48}O_7$ **1861, 1862**

$C_{33}H_{50}O_9$ **989, 990**

$C_{33}H_{50}O_{10}$ **987**

$C_{33}H_{52}O_{11}$ **931**

C_{34}

$C_{34}H_{42}O_6$ **2150**

$C_{34}H_{46}O_{14}$ **1103**

$C_{34}H_{46}O_{15}$ **1063**

$C_{34}H_{47}ClO_{14}$ **1108**

$C_{34}H_{48}O_{10}$ **2050**

$C_{34}H_{48}O_{11}$ **2048, 2051, 2111**

$C_{34}H_{48}O_{13}$ **1022**

$C_{34}H_{50}O_6$ **1874, 1875**

$C_{34}H_{56}O_7$ **1891**

$C_{34}H_{56}O_{11}$ **930**

$C_{34}H_{58}O_8$ **1731**

C_{35}

$C_{35}H_{46}O_{11}$ **138**

$C_{35}H_{48}N_2O_{10}$ **845**

$C_{35}H_{49}ClO_{14}$ **1089**

$C_{35}H_{50}O_{11}$ **2052**

$C_{35}H_{50}O_{13}$ **1091**

$C_{35}H_{56}O_7$ **1689,1690**

C_{36}

$C_{36}H_{48}N_2O_{11}$ **846**

$C_{36}H_{48}O_{17}$ **1102**

$C_{36}H_{50}O_{11}$ **1461**

$C_{58}H_{88}O_{15}S_2$ **1767**

$C_{58}H_{90}O_{29}S$ **1782**

$C_{58}H_{94}O_{25}$ **1809**

C_{59}

$C_{59}H_{92}O_{26}$ **1756**

$C_{59}H_{92}O_{32}S_2$ **1770, 1771**

$C_{59}H_{94}O_{29}S$ **1755**

$C_{59}H_{96}O_{25}$ **1808**

C_{60}

$C_{60}H_{92}O_{29}S$ **1779**

$C_{60}H_{94}O_{29}S$ **1780**

$C_{60}H_{94}O_{32}S_2$ **1783**

$C_{60}H_{96}O_{29}$ **1799**

$C_{60}H_{96}O_{29}S$ **1781, 1794**

C_{61}

$C_{61}H_{96}O_{29}S$ **1776**

$C_{61}H_{98}N_2O_{25}$ **1828**

$C_{61}H_{100}O_{35}S_3$ **1795**

C_{62}

$C_{62}H_{100}N_2O_{26}$ **1827**

C_{63}

$C_{63}H_{98}O_{30}$ **1758**

$C_{63}H_{100}O_{29}S$ **1778**

$C_{63}H_{100}O_{30}$ **1757**

C_{65}

$C_{65}H_{100}O_{32}$ **1806**

$C_{65}H_{102}O_{31}$ **1807**

$C_{65}H_{102}O_{32}$ **1819**

C_{66}

$C_{66}H_{104}O_{31}$ **1803**

$C_{66}H_{104}O_{32}$ **1804, 1805**

$C_{66}H_{106}O_{32}$ **1761**

C_{67}

$C_{67}H_{106}O_{32}$ **1802**

$C_{67}H_{108}O_{32}$ **1811, 1815**

$C_{67}H_{108}O_{33}$ **1810, 1816**

$C_{67}H_{110}O_{32}$ **1752**

C_{68}

$C_{68}H_{106}O_{34}$ **1762**

C_{69}

$C_{69}H_{112}O_{34}$ **1750**

C_{70}

$C_{70}H_{110}O_{35}$ **1759**

$C_{70}H_{112}O_{35}$ **1760**

索引 4　化合物药理活性索引

按照汉语拼音排序，在药理活性术语中，开头的阿拉伯数字 1, 2, 3, …，英文字母 A, B, C, …及希腊字母 α, β, γ,…不参加排序。本索引使用了一套格式化的药理活性数据代码，特别对所有类型的癌细胞，详见两个附录"缩略语和符号表"和"癌细胞的代码"。请读者注意，代码"细胞毒"代表体外实验结果，而代码"抗肿瘤"表示体内抗癌实验结果。

艾滋病毒逆转录酶 HIV-rt 抑制剂　**1274, 2081~2083, 2126, 2127**

爱泼斯坦-巴尔病毒 EBV 活化抑制剂　**1921~1923**

氨基丁酸 A 受体拮抗剂　**284**

白介素-6 生成抑制剂　**1900, 1903**

白介素-8 受体抑制剂　**2062~2064, 2066**

白介素-8 受体抑制剂，浓度在低微摩尔范围就有活性　**2060**

白细胞三烯生成抑制剂　**1214**

白介素-12, 白介素-6, 和肿瘤坏死因子 TNF-α 生成抑制剂，LPS 刺激的骨髓树突状细胞　**742, 743**

白细胞三烯 LTB_4 受体部分激动剂　**250**

半数致死剂量 LD_{50}　**686, 687, 841**

保护细胞的，过氧化氢伤害的细胞　**767, 768**

表皮生长因子受体 EGFR 酪氨酸激酶抑制剂　**521~526, 533**

不可逆地抑制 *α*-毒素键合到尼古丁乙酰胆碱受体　**552**

超氧化物释放抑制剂　**1290**

超氧化物生成抑制剂，受激人中性粒细胞　**1191**

超氧化物抑制剂　**828**

超氧化物阴离子产生剂　**195**

超氧化物阴离子生成抑制剂　**851, 859~863**

弛缓药　**358**

刺激谷胱甘肽 S-转移酶 GST　**1920**

刺激过氧化氢酶　**1920**

刺激过氧化氢酶和谷胱甘肽 S-转移酶 GST　**1924**

促进神经生长因子的合成　**1648**

大白鼠口服 LD_{50}　**1, 2, 76, 225**

胆甾醇酯转移蛋白 CETP 抑制剂　**1729, 2185, 2186**

胆甾醇酯转移蛋白 CETP 抑制剂，用于在高和低密度脂蛋白之间调节传输胆甾醇酯和甘油三酯　**1730**

蛋白 Mcl-1 抑制剂，Mcl-1/Bak 荧光共振能量迁移实验　**175**

蛋白激酶 A 抑制剂　**2006, 2007**

蛋白激酶 C 活化剂　**370, 406, 511~514, 534~536**

蛋白激酶 C 抑制剂　**1615~1619, 1912, 2006, 2060, 2062~2064, 2066**

蛋白激酶 C 抑制剂，选择性好　**2007**

蛋白酪氨酸激酶 PTKpp60 抑制剂　**1833, 1834, 1836**

蛋白酪氨酸激酶 PTK 抑制剂　**1464, 1468, 1469, 2188, 2189**

蛋白磷酸酶 PP2A 抑制剂　**1748**

蛋白磷酸酶 PP 抑制剂　**1502**

蛋白质合成抑制剂，真菌　**140**

导致治疗时炎症性疼痛、癫痫和呼吸或运动障碍　**1715**

低氧诱导型因子-1 (HIF-1) 激活剂　**1453, 1459, 1460, 2030, 2037**

低氧诱导型因子-1 (HIF-1) 抑制剂　**1529, 1564, 1565**

毒素　**1905, 2167**

毒素，使软珊瑚坏死　**43**

断链抗氧化剂　**1917**

对环加氧酶 COX-2 蛋白的积累无效　**192**

对礁石盘的超活性作用，白点真雀鲷 *Eupomacentrus leucostictus*　**2164**

对蕨形叶石莼 *Ulva fronds* 的致死活性为 50μg/g　**409**

对南极鱼类有毒　**417**

对植物有毒的　**1907**

多重功能营养物　**1924**

遏制捕食　**160, 210**

二羟基睾丸素 DHT 键合到雄激素受体的抑制剂　**461**

发现在各种软珊瑚中的西柏烷内酯的前体　**731**

防迁移，PC3 人前列腺癌细胞　**801, 826, 843, 874, 916~919, 921, 925~927**

防卫代谢物　**141, 154**

防卫剂　**293, 306, 307**

防卫性分泌物　**368, 383**

防污剂　**85, 115, 252~254, 266, 615, 691, 733, 1367, 1368, 1407, 1518, 1924**

　强烈抑制纹藤壶 *Balanus amphitrite* 腺介幼体定居，对幼虫死亡无活性　**422**

　抑制藤壶幼虫定居和变形　**1335, 1342, 1343, 1346, 1347**

　抑制纹藤壶 *Balanus amphitrite* 介虫幼虫的定居和变形　**1354~1357, 1359**

防御剂　**1404, 1405**

非洲昏睡病　**1520, 1521**

分裂素活化的蛋白激酶 MAPKAPK-2 抑制剂　**1593, 1595, 1596, 2096, 2168**

分裂素活化的和应激活化的 MSK1 激酶抑制剂　**1593, 1595, 1596**

蜂毒抑制剂　**1668**

抗 HIV-1 病毒 无活性 **1166, 1168, 1169, 1173**
抗 HIV 病毒 **1906, 1984, 2060, 2066, 2136**
抗艾滋病毒 HIV-1 活性，基于细胞的体外实验，抑制体外 HIV-1 感染引起细胞病变的效应 **596**
抗艾滋病毒 HIV 活性 **48, 597, 656, 657**
抗白血病, *in vitro* 和 *in vivo* **1984, 1985**
抗病毒 **509, 611~613, 1050~1055, 1123, 1383, 1749**
A59 肝炎病毒，高活性 **1382**
BHK/VSV **2122**
CV-1/MSV-1 **2122**
Mv 1 Lu/HSV I1 **1995, 2122**
单纯性疱疹病毒 HSV **265, 1971, 2033**
单纯性疱疹病毒 HSV-1 **1195, 1196, 1382, 1512, 1551, 1582, 1583, 1813, 1814**
单纯性疱疹病毒 HSV-2 **2016**
高活性劳斯氏肉瘤病毒不可逆转抑制剂 **1456**
流感病毒 A H1N1 **1977, 1978, 1981, 1983**
流感病毒 PR-8 **2160**
流感病毒和腺病毒 **1154, 1157, 1158**
疱疹性口炎病毒 *Vesicular stomatitis* VSV **1582, 1583**
人巨细胞病毒 HCMV **549, 607~609, 621**
小鼠冠状病毒 A59 **1392**
乙型肝炎病毒 HBV **1168**
在仓鼠肾成纤维细胞 BHK 中的水泡口腔炎病毒 VSV **1799, 1800, 1801**
抗病毒 无活性
单纯性疱疹病毒 HSV **264**
乙型肝炎病毒 HBV **1166, 1167**
抗动脉粥样硬化 **1729, 2185**
抗恶性细胞增生 **2137, 2138, 2191**
KB **1712**
培养的小鼠成纤维细胞，活性和对苯二酚部分的存在有关联 **2008, 2009**
其 1,4-苯醌部分是主要的活性部分 **2015, 2019, 2030, 2037, 2039**
抗恶性细胞增殖
DU145 **627**
K562 **310, 313, 315~318, 329**
L929 **310, 313, 315~318, 329**
MCF7 **627**
WEHI-164 **388**
抗恶性细胞增殖 无活性
IGR-1 **365**
J774 **365**
P_{388} **365**
WEHI-164 **365, 365**
抗肥胖，患糖尿病的 KK-Ay 小鼠模型，抑制白色脂肪组织增重 **1924**
抗肥胖，通过 UCP1 在白色脂肪组织中的表达 **1924**
抗肥胖和抗糖尿病 **1924**
抗分枝杆菌 **1375, 1376**
抗感染 **243**
抗高血压药 **359, 360, 358**
抗弓形体的，刚地弓形虫 *Toxoplasma gondii*，无值得注意的毒性 **1551, 1587**
抗寄生虫 **1623**
抗结核 **375, 1402, 1429, 1430, 1431, 1432, 1454**
mPTPB 抑制剂 **1700**
结核分枝杆菌 *Mycobacterium tuberculosis* **422, 1166~1169, 1424, 1425, 1944**
结核分枝杆菌 *Mycobacterium tuberculosis* H37Rv **114, 120, 152, 158, 376, 787, 810, 814, 818, 920, 1202, 1231, 1374, 1395, 1455, 1655, 1956, 2014, 2016~2108, 2116, 2117, 2122, 2134, 2178**
抑制某些耐药的结核分枝杆菌 *Mycobacterium tuberculosis* 菌株 **376**
抗结核 无活性
结核分枝杆菌 *Mycobacterium tuberculosis* **1941~1943**
结核分枝杆菌 *Mycobacterium tuberculosis* H37Ra **1621**
抗结核分枝杆菌 **77, 132, 259, 266, 459, 460, 638**
抗惊厥剂 **39, 384**
抗惊厥剂和镇痫剂 **1323**
抗菌 **15, 39, 43, 46, 48, 261, 312, 371, 372, 381, 623, 1271, 1273, 1375, 1376, 1396~1400, 1584, 1615, 1618, 1994, 2076**
MRSA **1445, 1721, 1722, 1933~1940, 1944, 2068, 2069, 2099**
MRSA，和抗生素苯唑西林有协同作用 **1998**
MSSA **2099**
VREF **1933, 1934, 1942, 1944, 2099**
棒状杆菌属 *Corynebacterium* spp **1907**
碧绿色盐单胞菌* *Halomonas aquamarina* **1979, 1980, 1982**
表皮葡萄球菌 *Staphylococcus epidermidis* **1444, 1445, 2090, 2120**
表皮葡萄球菌 *Staphylococcus epidermis* **422**
产气肠杆菌 *Enterobacter aerogenes* ATCC13048 **282**
肠炎沙门氏菌 *Salmonella enteritidis* **543, 545, 546, 601~605, 739, 740**
肠炎沙门氏菌 *Salmonella enteritidis* ATCC13076 **282**
大肠杆菌 *Escherichia coli* **86, 100, 110, 112, 198, 256, 411, 412, 428~432, 465, 1064~1069, 1082, 1100, 1101, 1103, 1245, 1528, 1530, 1536, 1555, 1631, 1907, 1908, 2104, 2120, 2166**

大肠杆菌 *Escherichia coli* ATCC **1289**
氮单胞菌属 *Azomonas agilis* **256**
分枝杆菌属 *Mycobacterium* spp **1907**
粪肠球菌 *Enterococcus faecalis* **1223, 1225, 1210~1213, 1220, 1214**
腐败希瓦菌 *Shewanella putrefaciens* **1979, 1980, 1982**
副溶血弧菌 *Vibrio parahaemolyticus* **110**
革兰氏阳性金黄色葡萄球菌 *Staphylococcus aureus* ATCC 29213 **291, 297, 299**
革兰氏阳性菌 **118, 730, 732, 1538, 1906, 2058, 2059, 2073**
革兰氏阳性菌和革兰氏阴性菌 **1154, 1157, 1158**
革兰氏阳性枯草芽孢杆菌 *Bacillus subtilis* ATCC 6633 **291, 297, 299**
革兰氏阴性菌 **530, 531**
根癌农杆菌 *Agrobacterium tumefaciens* **2104**
共栖的发光细菌热带鱼发光杆菌 *Photobacterium leiognathi* **213**
固氮菌属 *Azotobacter beijerinckii* **256**
广谱，包括革兰氏阳性和革兰氏阴性菌，需氧菌和厌氧菌 **422**
哈维氏弧菌 *Vibrio harveyi* **1245, 1979, 1980, 1982**
海滨玫瑰杆菌*Roseobacter litoralis* **1979, 1980, 1982**
海水产碱杆菌 *Alcaligenes aquamarinus* **256**
海洋革兰氏阳性菌 **647**
化脓性链球菌 *Streptomyces pyogenes* **1550**
霍乱弧菌 *Vibrio cholera* **124, 1381**
极地杆菌属 *Polaribacter irgensii* **1979, 1980, 1982**
假单胞菌属 *Pseudomonas* spp **1907**
解蛋白弧菌 *Vibrio proteolyticus* **1979, 1980, 1982**
金黄色葡萄球菌 *Staphylococcus aureus* **54, 90, 92, 93, 99~101, 111~113, 124, 198, 376, 407, 411, 412, 428~433, 465, 953, 954, 1210~1214, 1220, 1223, 1225, 1280, 1301, 1302, 1357, 1360, 1381, 1458, 1539~1542, 1550, 1556, 1557, 1563, 1582, 1583, 1585, 1673, 2035, 2069, 2074, 2092, 2093, 2105, 2156, 2172**
巨大芽孢杆菌 *Bacillus megaterium* **37, 1061, 1063, 1065~1069, 1082, 1100, 1101, 1103, 1974, 2166**
抗万古霉素的粪肠球菌 *Enterococcus faecium* VREF **8**
克雷伯氏肺炎杆菌 *Klebsiella pneumonia* **942, 943, 950, 951**
枯草杆菌 *Bacillus subtilis* **1182, 1289, 1357, 1360, 1458, 1528, 1530, 1536, 1555~1557, 1563, 1582, 1583, 1585, 1624, 1626, 1705, 1907, 1908, 1986~1988, 2035, 2074, 2156, 2172**
枯草杆菌 *Bacillus subtilis*, 作用的分子机制：抑制异柠檬酸裂合酶 **2010, 2073**
枯草芽孢杆菌 *Bacillus subtilis* **99, 100, 110, 147~151, 220, 320, 321, 376, 411, 412, 428~432, 465, 529**
蜡样芽孢杆菌 *Bacillus cereus* **100, 2120**
梨火疫病菌 *Erwinia amylovora* **256**
链霉菌属 *Streptomyces* sp. 85E **1571~1573**
链球菌属 *Streptococcus* spp **1907**
铜绿假单胞菌 *Pseudomonas aeruginosa* **1445**
鳗弧菌 *Vibrio anguillarum* **90, 92, 93, 110**
牡牛分枝杆菌 *Mycobacterium vaccae* **147~151**
酿脓链球菌 *Streptococcus pyogenes* **1210~1214, 1220**
酿脓链球菌 *Streptococcus pyogenes,* 选择性的 **1223, 1225**
葡萄球菌属 *Staphylococcus* sp. **124, 258, 1302, 1381**
葡萄球菌属 *Staphylococcus* spp. **1907**
气单胞菌属 *Aeromonas salmonisida* **1280, 1301**
青紫色素杆菌 *Chromobacterium violaceum* **287**
溶壁微球菌 *Micrococcus lysoleikticus* **1907, 1908**
沙门氏菌属 *Salmonella* sp. **124, 1302**
沙门氏菌属 *Salmonella* spp. **1907**
鲨鱼弧菌 *Vibrio carchariae* **1979, 1980, 1982**
四联微球菌 *Micrococcus tetragenus* **86, 100, 110, 112**
宋内志贺菌 *Shigella sonnei* ATCC11060 **282**
梭菌属 *Clostridium* spp. **1907**
藤黄八叠球菌 *Sarcina lutea* **110, 1882**
藤黄色微球菌 *Micrococcus luteus* **302, 411, 412, 428, 429, 430~432**
藤黄色微球菌 *Micrococcus luteus* **1528, 1530, 1536, 1555, 1705, 2172**
微球菌属 *Micrococcus* sp. **2093**
微球菌属 *Micrococcus* spp. **1907**
小肠结肠炎耶尔森菌 *Yersinia enterocolitica* ATCC23715 **282**
需钠弧菌 *Vibrio natriegens* **1979, 1980, 1982**
叶氏假交替单胞菌 *Pseudoalteromonas elyakovii* **1979, 1980, 1982**
抑制革兰氏阳性菌枯草杆菌 *Bacillus subtilis* 生长 **1723**
抑制海洋细菌生长 **1409**
抑制生物发光反应 **212, 213**
荧光假单胞菌 *Pseudomonas fluorescens* **1444, 1445**
黏质沙雷氏菌 *Serratia marcescens* ATCC25419 **282**
志贺菌属 *Shigella* spp **1907**
抗菌无活性
MRSA **1451, 1452, 1941~1943**
VREF **1941, 1943**
表皮葡萄球菌 *Staphylococcus epidermidis* **1451, 1452**
大肠杆菌 *Escherichia coli* **99**

人中性粒细胞, 响应 fMLP/CB **648~651, 928**
弹性蛋白酶兴奋剂, 用于化妆品抗皱面霜 **1210**
弹性蛋白酶抑制剂 **117, 828**
特定的 PLA_2 抑制剂已被考虑作为处理炎症和有关疾病的潜在药物 **1544, 1550**
特定磷酸肌醇的磷脂酶 C 抑制剂 **1967**
提出以 $ED_{50} \leqslant 40\mu g/mL$ 作为有值得注意活性的判据 **1184**
提高呼吸和降低线粒体膜电位 **1460**
天冬氨酸蛋白酶 BACE1, 阿尔茨海默病病原学的中心角色 **1477**
天冬氨酸蛋白酶 BACE1 抑制剂 **1475~1482**
通过 MAPK 信号通路的激活诱导 MCF7 细胞凋亡和细胞周期阻滞 **1629**
突变原 **53**
兔腹膜内注射 LD_{50} **1973**
兔皮肤注射 LD_{50} **1**
推定的游仆虫烯醛生物进化前体 **58**
拓扑异构酶Ⅱ抑制剂 **1441, 1442, 1463, 1464, 1466, 1467**
拓扑异构酶Ⅰ抑制剂 **1360, 1471**
微分细胞毒性, 软琼脂实验, 认为 250 单位的地区差预计有"选择性的活性", C38−L_{1210} **1551, 1552, 1587, 1588**
微分细胞毒性, 软琼脂实验, 预计 250 单位区域差有选择性活性, M17 (乳腺-17/Adr)−L_{1210} **382, 457**
微管蛋白聚合诱导抑制剂 **846**
细胞凋亡诱导剂, 转变哺乳动物细胞 **1283**
细胞毒 **50, 77, 79, 93, 155, 185, 186, 195, 235~237, 291, 299, 305, 357, 380, 395~399, 414, 509, 543, 546, 551~553, 595, 617, 618, 623, 630, 639, 640, 697~701, 748~759, 765, 781~783, 785, 786, 799, 802, 803, 824, 846, 915, 942~948, 950, 951, 1128, 1131, 1146, 1153, 1162, 1181, 1380, 1396~1400, 1408, 1409, 1438, 1504, 1513, 1514, 1550, 1553, 1594, 1615, 1656, 1692, 1707, 1740~1742, 1753~1755, 1768, 1775, 1779~1782, 1824~1827, 1830, 1892, 1903, 1928, 1929, 1969, 2003~2005, 2012, 2013, 2042~2045, 2053, 2054, 2104, 2170**
11 种癌细胞株 **1933, 1934**
12 种癌细胞株, 平均 $IC_{50} = 16\mu mol/L$ **1942, 1944**
12 种癌细胞株, 平均 $IC_{50} = 19\mu mol/L$ **1941**
12 种癌细胞株, 平均 $IC_{50} = 24\mu mol/L$ **1943**
36 种人肿瘤细胞 **2046**
36 种人肿瘤细胞, 极有潜力, 对 12 种细胞株显示有值得注意的活性, 用 COMPARE 软件分析, 表明有独特的选择性细胞毒性模式 **208**
36 种人肿瘤细胞, 平均 $IC_{50} = 1249\mu g/mL$ **209**
786-0 **1587, 1588**
786-0, $GI_{50} > 50\mu mol/L$ **1554**
A278 **314**
A2780 **313, 1866~1868, 1870~1872, 1883, 1884, 1889**
A431 **1303, 1308, 1314, 1321**
A498 **591, 1561, 1562**
A549 **5~7, 51, 63, 64, 66, 78, 104~108, 164, 165, 167, 168, 218, 257, 271, 298, 319, 344~347, 348, 352, 434, 435, 547, 548, 559, 561, 574, 575, 654~657, 659, 673~675, 677, 678, 696, 712, 725, 726, 800, 841, 847, 873, 875, 906, 970, 1017, 1019, 1020, 1024~1026, 1028, 1059, 1060, 1061, 1067~1074, 1100, 1101, 1132, 1133, 1137, 1149, 1150, 1155, 1159, 1160, 1175, 1176, 1177, 1178, 1179, 1184~1186, 1188, 1190, 1258, 1290, 1291, 1319, 1332, 1344, 1345, 1354, 1355, 1358, 1364, 1367, 1403, 1447, 1448, 1450, 1497, 1500, 1506~1510, 1558, 1560, 1582, 1583, 1635, 1637, 1641, 1649, 1663~1665, 1669, 1671, 1734, 1735, 1737~1739, 1743, 1744, 1746, 1747, 1770, 1771, 1795, 1799, 1800, 1801, 1829, 1889, 1893, 1894, 2002, 2056, 2078, 2087, 2091, 2110, 2122, 2129, 2130, 2133, 2134, 2156**
A549 NSCL **435**
A549, 和比娄赛斯烯 A 的混合物 **1567**
A549, 和比娄赛斯烯 B 的混合物 **1566**
A549/ATCC **1587, 1588**
A549/ATCC, $GI_{50} > 50\mu mol/L$ **1554**
A549/ATCC: CCL8 **1512**
ACHN **1627**
AsPC-1 **2114**
B16 **481, 641~645, 1799, 1800**
BEAS2B **800, 906**
Bel7402 **1446, 1447, 1449, 1884, 1889**
BGC823 **1866, 1867**
BT-483 **800, 906, 913**
BT-549 **1587, 1588**
BXF-1218L **208, 209**
BXF-1218L, 选择性的 **2046**
BXF-T24 **208, 209**
BXPC3 **1885**
Ca9-22 **579, 580, 656, 696, 873, 875**
CaCo-2 **973~975**
CAKI-1 **1423**
CCRF-CEM **123, 590, 648, 649~651, 690, 730, 871, 927, 937, 1091, 1093~1095, 1420**
CCRF-CEMT **761**
CHO-K1 **949, 1924, 1952, 1953**
CML K562 **2076, 2118, 2121**
CNE2 **319**
CNXF-498NL **208, 209**

P_{388}, 和比娄赛斯烯 B 的混合物 **1566**
P_{388}, 和海头红烯酮的混合物样本 **3**
P_{388}/ADR **1627**
P_{388}/Dox **1278, 1281**
PANC1 **435, 2114, 2115**
PAXF-1657L **208, 209**
PAXF-PANC1 **208, 209**
PBMC **518, 521, 522, 523, 524, 525, 526, 533**
PC3 **275, 276, 277, 278, 279**
PC3M, 选择性的 **2046**
PRXF-22RV1 **208, 209**
PRXF-DU145 **208, 209**
PRXF-LNCAP **208, 209**
PRXF-PC3M **208, 209**
PS (= P_{388}) **266, 487, 488, 489, 491, 492, 732**
PXF-1752L **208, 209**
QGY-7701 **1344, 1345, 1352, 1354, 1355, 1367**
RB **1138**
RXF-1781L **208, 209**
RXF-393NL **208, 209**
RXF-486L **208, 209**
RXF-944L **208, 209**
S_{180} **637, 716**
SAS **800, 906**
SCHABEL **1635, 1637, 1649, 1663~1665, 1669~1771, 1795**
SF268 **459, 460, 463, 616, 718, 1312, 1320, 1324, 1325, 1455, 1924, 1953, 1954, 2093**
SK5-MEL **591**
SK-MEL-2 **352, 841, 1497, 1500, 1507~1510**
SK-OV-3 **352, 841, 1497, 1500, 1506~1510**
SR **766**
T47D **741, 871, 927, 1627, 1636, 1642, 1655, 1661, 1670, 1712, 2131**
TK10 **626**
tMDA-MB-231, 100μmol/L **1080, 1081**
topoII **2122**
U2OS **1192**
U373 **1909**
UXF-1138L **208, 209**
Vero **1551, 1587, 2020, 2022, 2122**
WEHI-164 **1145, 1785, 1786**
WiDr **192, 702~705, 1265**
WMF **1138**
XF498 **352 1497, 1500, 1506~1510**
艾氏腹水癌细胞 **1769, 1772~1774**
表明高活性抗癌活性，诱导微管蛋白聚合 **923, 924**
成神经细胞瘤细胞株 **1625, 1628**
从经历外科手术的病人得到的肿瘤组织 **1166, 1168, 1169, 1170, 1171, 1172**
对 CCRF-CEM 白血病细胞株有某种选择性 **170**
对 NCI 筛选组所有细胞株有非选择性高活性 **762**
对白血病,黑色素瘤和乳腺癌组，诱导有值得注意的活性，不同的响应在 GI_{50} 水平上 **780**
对几乎所有的肾，卵巢，结肠和白血病癌细胞株诱导有值得注意的活性，不同的响应在 GI_{50} 水平上 **779**
对某些单独的细胞株 (NCI-H522 肺癌, HCT116 结肠癌和 MALME-3M 黑色素瘤) 比平均活性更灵敏 **779**
多数 NCI 卵巢癌和数种肾癌，前列腺癌和结肠癌 **555, 556**
多种癌细胞 **170**
法尼基蛋白转移酶 FPT 抑制剂 **663**
非小细胞肺癌细胞 **2047**
高活性 **391, 1757~1762**
海胆卵 **473~476, 478, 2165**
棘皮动物 **417**
抗食管癌 **363, 2136**
类似于扇形扁矛海绵烯 A **628**
鳞翅目昆虫切根虫 *Spodoptera litura* 二龄幼虫 **1097~1099, 1108**
人甲状腺恶性上皮肿瘤 **1651**
人结肠癌细胞 **1708, 1709, 2095**
人结直肠癌细胞 **900**
人胚胎肺成纤维细胞 HEL **608, 609, 621**
人胚胎干细胞 BG02 生长抑制剂 **987~990**
人乳腺癌细胞 **2095**
人肿瘤细胞 **12, 342, 343**
弱活性 **1783**
三种不同的细胞 **162**
鼠的白血病 **78**
四种 HTCLs 细胞 **1657**
纤毛虫类 **59, 84**
小鼠, J774 单核细胞-巨噬细胞 **1785, 1786**
小鼠肝癌细胞 **2123**
小鼠脾淋巴细胞 **1769, 1772~1774, 1778**
选择性生长抑制活性 **788**
盐水丰年虾 *Artemia salina* **2034**
一组 6 种细胞株 **1989**
一组人肿瘤细胞株 **1812**
一组肿瘤细胞 **201, 207**
依赖于 Jak2/STAT5 的人红白血病细胞 **437~455**
胰腺癌细胞 BXPC3 生长抑制剂 **988~990**
抑制受精海胆卵细胞分裂 **564**
有潜力的 **828**

索引 5　海洋生物拉丁学名及其成分索引

按照拉丁文字母顺序列出了本卷中所有海洋生物的拉丁文名称和中文名称及对应的化学成分的唯一编码。本书规定：对蓝细菌、红藻、绿藻、棕藻、甲藻、金藻、红树、半红树、石珊瑚、兰珊瑚等生物类别，把类别名加在中文名称前面。

A

Acalycigorgia inermis　全裸柳珊瑚　**1255~1257, 1292~1299**

Acalycigorgia sp.　全裸柳珊瑚属　**233, 1250~1253**

Acanthella cavernosa　中空棘头海绵　**1335, 1337~1340, 1342~1348, 1351~1356, 1362, 1365~1369**

Acanthella klethra　棘头海绵属　**1351**

Acanthella montereyensis　蒙特雷棘头海绵　**506, 507**

Acanthella sp.　棘头海绵属　**1336, 1348, 1351, 1357, 1358, 1361, 1364, 1366**

Acanthella spp.　棘头海绵属　**1357~1360, 1363, 1365**

Acanthodendrilla sp.　印度尼西亚海绵属　**2096, 2168**

Acanthogorgia sp.　棘柳珊瑚属　**1254**

Acanthogorgia turgida　膨胀棘柳珊瑚　**1254, 1293**

Acanthoprimnoa cristata　柳珊瑚 Primnoidae 科　**1269**

Acremonium luzulae　陆地真菌枝顶孢属　**473, 475**

Acremonium neo-caledoniae　海洋导出的真菌新喀里多尼亚枝顶孢　**134, 140**

Acremonium sp.　海洋导出的真菌枝顶孢属　**1972, 1973**

Acremonium striatisporum KMM 4401　海洋导出的真菌条纹枝顶孢　**473~480**

Actinocucumis typica　模式辐瓜参　**1830, 1831**

Actinomadura sp.　海绵导出的放线菌珊瑚状放线菌属　**1434**

Actinopyga agassizi　辐肛参属　**1798**

Actinopyga echinites　棘辐肛参　**1784**

Actinopyga flammea　辐肛参属　**1798**

Actinopyga lecanora　辐肛参属　**1798**

Actinopyga mauritiana　白底辐肛参　**1784**

Adalaria loveni　软体动物裸腮目海牛亚目　**1909**

Adocia aculeata　蜂海绵属　**1961**

Adocia sp. [Syn. *Haliclona* sp.]　隐海绵属　**1957~1964**

Adocia sp.　隐海绵属　**1245, 1458, 1471**

Adocia spp.　隐海绵属　**1204, 1206**

Agelas cf. *mauritiana*　群海绵属　**410, 426, 427**

Agelas citrina　群海绵属　**373, 374**

Agelas dispar　群海绵属　**372**

Agelas mauritiana　毛里塔尼亚群海绵　**409, 413, 414, 418, 424, 425**

Agelas nakamurai　群海绵属　**371, 372, 375, 376, 408, 420~433**

Agelas sp.　群海绵属　**375, 376, 408, 411, 412, 420~423, 428~433**

Agrobacterium aurantiacum　海洋细菌土壤杆菌属　**1916, 1918**

Ainigmaptilon antarcticus　柳珊瑚 Primnoidae 科　**141**

Aka corallifagum　蓟海绵属　**2008, 2009**

Aka coralliphaga　蓟海绵属　**1965, 1966, 2095, 2154**

Aka coralliphaga [Syn. *Siphonodictyon coralliphaga*]　蓟海绵属　**2006, 2007**

Aka sp　蓟海绵属　**2153**

Alcyonium aureum　金黄海鸡冠软珊瑚　**1290, 1291**

Alcyonium fauri　海鸡冠属软珊瑚　**2136**

Alcyonium flaccidum　海鸡冠属软珊瑚　**718**

Alcyonium paessleri　亚南极海鸡冠软珊瑚　**246~249, 342, 343**

Alcyonium palmatum　海鸡冠属软珊瑚　**1307**

Alcyonium sp.　海鸡冠属软珊瑚　**225**

Alcyonium valdivae　海鸡冠属软珊瑚　**844, 940, 941**

Alternaria sp.　海洋导出的真菌鏈格孢属　**1990~1993, 2179~2181**

Amphidinium sp.　甲藻前沟藻属　**1929**

Amphiroa nidifica　红藻做巢叉节藻　**133**

Amphiscolops sp.　无腔动物亚门无肠目两桩涡虫属　**1905**

Anthelia glauca　南非软珊瑚　**1258, 1290, 1291**

Anthogorgia sp.　花柳珊瑚属　**222**

Anthopleura pacifica　珊瑚纲海葵目太平洋侧花海葵　**121**

Anthoptilum cf. *kuekenthali*　珊瑚纲八放珊瑚亚纲海鳃目花羽海鳃属　**955~959**

Apiospora montagnei　海洋导出的真菌梨孢假壳属　**482, 482**

Aplidium conicum　圆锥形褶胃海鞘　**2004, 2005**

Aplidium scabellum　褶胃海鞘属　**2150**

Aplidium sp　褶胃海鞘属　**2137, 2138**

Aplysia angasi　软体动物海兔属　**77**

Aplysia brasiliana　软体动物巴西海兔　**142, 145**

Aplysia californica　软体动物加州海兔　**20, 22, 23, 260**

Aplysia dactylomela　软体动物黑指纹海兔　**15, 37, 46, 87, 88, 96, 124, 125, 128~131, 261, 263, 265~268, 273, 274, 328, 487~489, 491, 492, 1380, 1391, 2165, 2170**

Aplysia depilans 软体动物海兔属 **1274, 1276, 1329, 1331, 1333**
Aplysia fasciata 软体动物海兔属 **1393, 1403**
Aplysia kurodai 软体动物黑斑海兔 **9~12, 36, 171, 177~181, 1302**
Aplysia punctata 软体动物细点海兔 **5~7, 39, 46**
Aplysia sp. 软体动物海兔属 **133**
Aplysia spp. 软体动物海兔属 **129**
Aplysia vaccaria 软体动物海兔属 **1333**
Aplysilla sp. 秽色海绵属 **517, 1428**
Aplysilla tango 秽色海绵属 **521**
Aplysina lacunosa 小孔秽色海绵 **1976**
Apostichopus japonicas 刺参 **1756, 1803~1809, 1819**
Archidoris montereyensis 软体动物裸腮目海牛亚目海牛科 **206, 507, 508**
Archidoris odhneri 软体动物裸腮目海牛亚目海牛科 **54**
Archidoris pseudoargus 软体动物裸腮目海牛亚目海牛科 **506, 507**
Archidoris tuberculata 软体动物裸腮目海牛亚目海牛科 **506, 507**
Arthrinium sacchari 海洋导出的真菌糖节菱孢 **464**
Arthrinium sp. 海洋导出的真菌节菱孢属 **482, 1435**
Arthrospira sp. 蓝细菌节旋藻属 **1920**
Ascidia mentula 阴茎海鞘 **365, 388**
Ascobulla fragilis 软体动物门腹足纲囊舌目圆卷螺科 **57**
Ascochyta salicorniae 海洋导出的亚隔孢壳科盐角草壳二孢真菌 **1974**
Aspergillus aureolatus HDN14-107 海洋导出的真菌曲霉菌属 **1977, 1978, 1981, 1983**
Aspergillus insuetus 海洋导出的真菌曲霉菌属 **2171**
Aspergillus insuetus OY-207 海洋导出的真菌异常曲霉菌 **204, 216**
Aspergillus insulicola 海洋导出的真菌海岛曲霉菌 **211**
Aspergillus similanensis sp. nov KUFA 0013 海洋导出的真菌曲霉菌属 **1998**
Aspergillus sp. OPMF00272 海洋导出的真菌曲霉菌属 **2172**
Aspergillus sp. 海洋导出的真菌曲霉菌属 **76, 86, 97~101, 110~113, 1629, 1630, 1700~1702, 1979, 1980, 1982, 2182~2184**
Aspergillus sydowi PFW1-13 海洋导出的真菌萨氏曲霉菌 **1907, 1908**
Aspergillus terreus 海洋导出的真菌土色曲霉菌 **324, 326, 327**
Aspergillus terreus PT06-2 海洋导出的真菌土色曲霉菌 **2173**
Aspergillus terreus SCSGAF0162 海洋导出的真菌土色曲霉菌 **1971, 2033**
Aspergillus ustus 海洋导出的真菌焦曲霉 **201, 204, 207, 217~219, 1631**
Aspergillus versicolor 海洋导出的真菌变色曲霉菌 **198, 211, 1975**
Asteropus sarasinosum 星亮海绵属 **1827, 1828**
Asterospicularia laurae 台湾软珊瑚 **1259~1265**
Astrogorgia sp. 丛柳珊瑚科 Plexauridae 星柳珊瑚属 **803~807, 823, 824, 841, 914, 915**
Austrodoris kerguelenensis 软体动物裸腮目海牛亚目海牛科奥地利海牛 **417, 437~455**
Axinella sp. 小轴海绵属 **237**
Axinella weltneri 韦氏小轴海绵 **1892~1896**
Axinyssa fenestratus 软海绵科海绵 **191**
Axinyssa sp. 软海绵科海绵 **224**

B

Bathydoris hodgsoni 软体动物裸腮目海牛亚目霍奇森巴色海牛 **210**
Beauveria bassiana 海洋导出的真菌白僵菌 **1989**
Bifurcaria bifurcata 棕藻两分叉双叉藻 **352~354, 358~360**
Bifurcaria galapagensis 棕藻加拉帕戈斯双叉藻 **1994**
Bohadschia bivittata 二纵条白尼参 **1752**
Bohadschia marmorata 网纹白尼参 **1750, 1752, 1810, 1811, 1815, 1816**
Brachiaster sp. 海绵 Pachastrellidae 科 **1640**
Briareum asbestinum 三爪珊瑚科 (Briaridae) 绿白环西柏柳珊瑚 **809, 810, 812, 820, 822, 942~951, 981, 984~990, 996**
Briareum excavatum 凹入环西柏柳珊瑚 **963~972, 977~979, 1007, 1011~1034**
Briareum polyanthes 多花环西柏柳珊瑚 **810, 811, 813~819, 821, 920, 922, 980, 981, 1334**
Briareum sp. DD6 环西柏柳珊瑚属 **1007**
Briareum sp. 环西柏柳珊瑚属 **973~976, 982, 983, 991~995, 1128~1131**
Briareum stechei 环西柏柳珊瑚属 **976**
Briareum violacea 蓝紫环西柏柳珊瑚 **961, 997~1006, 1015, 1123**
Bruguiera gymnorrhiza 红树木榄 **201, 217~219**
Bruguiera sexangula 红树海莲木榄 **1829**

C

Cacospongia cf, *linteiformis* 加勒比硬丝海绵 **1532, 1533, 1598~1600, 1717, 1718**
Cacospongia linteiformis 加勒比硬丝海绵 **1534, 1617, 1618**

Cacospongia mollior 柔软硬丝海绵 **1639, 1654, 1667**
Cacospongia mycofijiensis 汤加硬丝海绵 **289, 290**
Cacospongia scalaris 阶梯硬丝海绵 **1486, 1501, 1513, 1514, 1635, 1637, 1639, 1649, 1655, 1663~1665, 1667, 1669**
Cacospongia sp. 硬丝海绵属 **389, 390, 1544**
Cacospongia spp. 硬丝海绵属 **2090**
Cadlina luteomarginata 软体动物裸腮目海牛亚目海牛裸腮 **68, 199, 200, 518, 1591**
Cadophora malorum 海洋导出的真菌 **190, 193**
Calicogorgia sp. 丛柳珊瑚科 Plexauridae 柳珊瑚 **823, 824, 915**
Callophycus serratus 红藻斐济红藻 **1933~1944, 2032**
Callophycus sp. 红藻斐济红藻属 **1396~1400**
Callyspongia sp. 美丽海绵属 **1967, 1990~1993, 2179~2181**
Capnella imbricata 卡普涅拉属软珊瑚 **310~315**
Capnella thyrsoidea 软珊瑚穗软珊瑚科 **1284~1287**
Carteriospongia flabellifera 扇形卡特海绵 **1708, 1709**
Carteriospongia foliascens 卡特海绵属 **1677, 1678, 1680, 1688~1690**
Carteriospongia sp. 卡特海绵属 **1493**
Catunaregam spinosa 红树茜草科多刺山石榴 **1855~1858**
Caulerpa bikiniensis 绿藻蕨藻属 **79**
Caulerpa flexilis 绿藻可弯蕨藻 **56**
Caulerpa prolifera 绿藻蕨藻 **52**
Caulerpa taxifolia 绿藻杉叶蕨藻 **52, 53, 55, 57**
Ceramium rubrum 红藻仙菜科仙菜 **1924**
Cerbera manghas 半红树海芒果 **47**
Ceriops tagal 红树角果木 **483~485**
Cespitularia hypotentaculata 伞软珊瑚科 Xeniidae 软珊瑚 **1184~1190**
Cespitularia sp. 伞软珊瑚科 Xeniidae 软珊瑚 **118, 153, 234**
Cespitularia taeniata 伞软珊瑚科 Xeniidae 软珊瑚 **1191**
Chaetomium olivaceum 海洋导出的真菌毛壳属 **1859**
Chelonaplysilla spp. 达尔文科 Darwinellidae 海绵 **379, 519**
Chelonaplysilla violacea 达尔文科 Darwinellidae 海绵 **532**
Chionoecetes opilio 蜘蛛蟹总科海蟹 **1411~1416**
Chlorella pyrenoidosa 绿藻蛋白核小球藻 **1926**
Chlorella zofingiensis 绿藻小球藻属 **1920**
Chlorodesmis fastigiata 绿藻绿毛藻属 **356**
Chondria oppositiclada 红藻软骨藻属 **159**
Chondrococcus hornemanni 红藻松香藻 **19, 25**
Chondrostereum sp. 海洋导出的真菌软韧革菌属 **319, 322**
Chromodoris capensis 软体动物裸腮目海牛亚目多彩海牛属 **304**
Chromodoris cavae 软体动物裸腮目海牛亚目多彩海牛属 **1427**
Chromodoris cavae [Syn. *Goniobranchus cavae*] 软体动物裸腮目海牛亚目多彩海牛属 **520**
Chromodoris geminus 软体动物裸腮目海牛亚目多彩海牛属 **496**
Chromodoris hamiltoni 软体动物裸腮目海牛亚目多彩海牛属 **1594**
Chromodoris inornata 软体动物裸腮目海牛亚目多彩海牛属 **1597, 1632, 1634, 1646, 1647, 1658, 1713, 1714**
Chromodoris luteorosea 软体动物裸腮目海牛亚目多彩海牛属 **496, 527**
Chromodoris macfarlandi 软体动物裸腮目海牛亚目多彩海牛属 **527~529**
Chromodoris maridadilus 软体动物裸腮目海牛亚目多彩海牛属 **303, 304**
Chromodoris norrisi 软体动物裸腮目海牛亚目多彩海牛属 **532**
Cladiella australis 澳大利亚短足软珊瑚 **801, 827, 927**
Cladiella hirsuta 硬毛短足软珊瑚 **847~863, 905**
Cladiella kashmani 短足软珊瑚属 **629**
Cladiella krempfi 圆裂短足软珊瑚 **800, 801, 864, 888~899, 905, 906, 909, 912, 913, 925~928**
Cladiella pachyclados 粗枝短足软珊瑚 **801, 826, 843, 874, 916, 917~919, 921, 925, 926**
Cladiella shaeroides 短足软珊瑚属 **825**
Cladiella similis 类似短足软珊瑚 **827**
Cladiella sp. 短足软珊瑚属 **808, 828~840, 890, 895, 938, 939**
Cladiella sphaeroides 短足软珊瑚属 **827**
Cladiella spp. 短足软珊瑚属 **826**
Cladocora cespitosa 石珊瑚目地中海石珊瑚 **1568, 1569**
Cladolabes schmeltzii 施氏枝柄参 **1757~1762**
Cladolabes sp. 枝柄参属 **1756**
Clavularia inflata 匍匐珊瑚目(根枝珊瑚目 Order Stolonifera) **1148~1150, 1152, 1159, 1160**
Clavularia koellikeri 匍匐珊瑚目 **234~236, 641~645, 745**
Clavularia sp. 匍匐珊瑚目(根枝珊瑚目 Order Stolonifera) **1138, 1162**
Clavularia violacea 匍匐珊瑚目羽珊瑚属 **561**
Clavularia viridis 匍匐珊瑚目绿色羽珊瑚 **238, 349, 1139~1144**
Cliona caribboea 穿贝海绵属 **49**
Codium fragile 绿藻刺松藻 **198, 1631**
Coelastrella striolata var, *multistriata* 绿藻纲环藻目 **1919**
Collisella limatula 软体动物笠小节贝 **1913**
Colpomenia peregrine 棕藻外来囊藻 **1924**
Convexella magelhaenica 柳珊瑚海鞭 **1146, 1153**

Corallina chilensis 红藻智利小珊瑚藻 **133**
Corallina pilulifera 红藻小珊瑚藻 **133**
Coscinoderma mathewsi 筛皮海绵属 **2011**
Coscinoderma sp. 筛皮海绵属 **1571, 2010**
Crella sp. 肉丁海绵属 **1763~1767**
Cribrochalina sp. 似雪海绵属 **1335**
Cryptosphaeria eunomia var, *eunomia* 海洋导出的真菌隐球壳属真菌 **458**
Cryptosphaeria sp. 海洋导出的真菌隐球壳属 **175**
Cucumaria frondosa 叶瓜参 **1794, 1795**
Cucumaria japonica 日本瓜参 **1770, 1771, 1921~1923**
Curvularia lunata 海洋导出的真菌弯孢霉属 **76**
Cyerce nigricans 软体动物门腹足纲囊舌目叶腮螺科 **356**
Cylindrotheca closterium 硅藻新月细柱藻 **1924**
Cymbastela hooperi 小轴海绵科海绵 **194, 1193, 1194, 1203~1209, 1239~1243, 1245~1249, 1349**
Cymopolia barbata 绿藻髯毛波纹藻 **2018**
Cystophora expansa 棕藻马尾藻科 **2176**
Cystophora moniliformis 棕藻念珠囊链藻 **384**
Cystoseira abies-marina 棕藻囊链藻属 **2020~2023**
Cystoseira amentacea var. *stricta* 棕藻似柔荑花序笔直囊链藻 **2104**
Cystoseira balearica 棕藻巴利阿里囊链藻 **358~360**
Cystoseira stricta 棕藻笔直囊链藻 **1994**
Cystoseira tamariscifolia 棕藻柽柳叶囊链藻 **2104**
Cystoseira usneoides 棕藻像松萝囊链藻 **2024~2029**

D

Dactylospongia elegans 胄甲海绵亚科 Thorectinae 海绵 **2015, 2019, 2030, 2031, 2037, 2039**
Dactylospongia sp. 胄甲海绵亚科 Thorectinae 海绵 **1601, 1602, 2036**
Darwinella australensis 达尔文海绵属 **1572**
Darwinella oxeata 达尔文海绵属 **518**
Dasystenella acanthina 柳珊瑚 Primnoidae 科 **154**
Dendrilla membranosa 膜枝骨海绵 **530, 531**
Dendrilla sp. 枝骨海绵属 **532**
Dendrilla spp. 枝骨海绵属 **379**
Dendrobeania murrayana 藓苔动物默里樱苔虫 **510**
Dendrodoris carbunculosa 软体动物裸腮目海牛亚目枝鳃海牛属 **203**
Dendrodoris grandiflora 软体动物裸腮目海牛亚目枝鳃海牛属 **197, 202, 1488**
Dendrodoris krebsii 软体动物裸腮目海牛亚目枝鳃海牛属 **213**
Dendrodoris limbata 软体动物裸腮目海牛亚目枝鳃海牛属 **202, 213**
Dendrodoris nigra 软体动物裸腮目海牛亚目枝鳃海牛属 **213**
Dendrodoris tuberculosa 软体动物裸腮目海牛亚目枝鳃海牛属 **213**
Dendrolasius fuliginosus 陆地生物蚂蚁 **68**
Dendronephthya rubeola 软珊瑚穗软珊瑚科 **310, 311, 313~318, 329**
Desmarestia menziesii 棕藻酸藻属 **2099**
Diacarnus bismarckensis 海绵 Podospongiidae 科 **1520, 1521**
Diacarnus cf. *spinopoculum* 海绵 Podospongiidae 科 **382, 457, 1551, 1552, 1554, 1587, 1588**
Diacarnus erythraeanus 海绵 Podospongiidae 科 **231, 1512, 1551, 1587**
Diacarnus megaspinorhabdosa 海绵 Podospongiidae 科 **1707**
Dichotella gemmacea 灯芯柳珊瑚 **101, 111, 113, 1008, 1059~1074, 1082, 1083, 1097, 1100, 1101, 1103, 1117**
Dictyodendrilla sp. 日本海绵属 **69~71**
Dictyopteris undulata 棕藻波状网翼藻 **2001, 2057, 2190, 2192**
Dictyopteris undulata [Syn. *Dictyopteris zonaroides*] 棕藻波状网翼藻 **2094**
Dictyopteris zonaroides [Syn. *Dictyopteris undulate*] 棕藻波状网翼藻 **2094**
Dictyota acutiloba 棕藻尖裂网地藻 **1309, 1326~1328**
Dictyota binghamiae 棕藻网地藻属 **1333**
Dictyota crenulata 棕藻小圆齿网地藻 **1274, 1281, 1300**
Dictyota dentata 棕藻网地藻属 **1329, 1333**
Dictyota dichotoma 棕藻网地藻 **1132, 1133, 1137, 1154, 1155, 1157, 1158, 1276, 1281, 1329~1333**
Dictyota flabellata 棕藻网地藻属 **1274**
Dictyota patens 棕藻网地藻属 **1274**
Dictyota sp. 棕藻网地藻属 **1134, 1275**
Dictyota spinulosa 棕藻网地藻属 **1282**
Didemnum molle 软毛星骨海鞘 **163, 166**
Didiscus flavus 寻常海绵纲海绵 **93**
Dilophus dichotoma 棕藻厚缘藻属 **1329**
Dilophus guineensis 棕藻厚缘藻属 **1277**
Dilophus ligulatus 棕藻舌状厚缘藻 **1278, 1281, 1300, 1394, 1410**
Dilophus lingulatus 棕藻舌状厚缘藻 **1276**
Dilophus mediterraneus 棕藻地中海厚缘藻 **1274**
Dilophus okamurai 棕藻厚缘藻 **1182, 1183, 1281**
Dolabella auricularia 软体动物耳形尾海兔 **1164, 1165, 1731, 1732**
Doris verrucosa 软体动物裸腮目海牛亚目海牛科疣海牛

Fucus virsoides 棕藻墨角藻属 **1924**
Funiculina quadrangularis 珊瑚纲八放珊瑚亚纲海鳃目四角索海鳃 **1050~1055**
Fusarium heterosporum CNC-477 海洋导出的真菌异形孢子镰孢霉 **1723, 1724**

G

Gelidium sesquipedale 红藻石花菜属 **36**
Geodia cydonium 温桲钵海绵 **482, 1435**
Geodia japonica 日本钵海绵 **1885**
Glossodoris atromarginata 软体动物裸腮目海牛亚目舌尾海牛属 **1651, 1652**
Glossodoris sedna 软体动物裸腮目海牛亚目舌尾海牛属 **1687**
Glossodoris tricolor 软体动物裸腮目海牛亚目舌尾海牛属 **1645**
Gorgonella umbraculum 鞭柳珊瑚科 Ellisellidae 鞭珊瑚 **1117**
Guignardia mangiferae 海洋导出的真菌球座菌属 **2068**
Guignardia sp. 海洋导出的真菌球座菌属 **2068, 2069**

H

Haematococcus pluvialis 红藻雨生红球藻 **1917**
Halichondria spp. 软海绵属 **1662**
Haliclona sp. [Syn. *Adocia* sp.] 蜂海绵属 **1957~1964**
Haliclona sp. 蜂海绵属 **320, 321, 1957~1964, 2070~2072**
Halimeda opuntia 绿藻仙掌藻 **357**
Halimeda scabra 绿藻粗糙仙掌藻 **1408**
Halimeda spp. 绿藻仙掌藻属 **357, 1409**
Halimeda tuna 绿藻标准仙掌藻 **1392, 1408**
Halorosellinia oceanica BCC5149 海洋导出的真菌炭角菌科 **1621**
Hamigera sp. 哈米杰拉属海绵 **1531**
Hamigera tarangaensis 哈米杰拉属海绵 **294, 295, 330~341, 2074**
Haminoea cymbalum 软体动物头足目葡萄螺属 **84**
Heliopora coerulea 珊瑚纲八放珊瑚亚纲苍珊瑚 (蓝珊瑚) **1195~1201**
Hemioedema spectabilis 瓜参科海参 **1796, 1797**
Heterogorgia uatumani 丛柳珊瑚科 Plexauridae 柳珊瑚 **160**
Heteronema erecta 直立异线海绵 **1642, 1655**
Heteroxenia sp. 伞软珊瑚科 Xeniidae 软珊瑚 **189**
Hippospongia cf. *metachromia* 变色马海绵 **1945, 1946, 2078**
Hippospongia communis 马海绵属 **1517, 2076, 2121**
Hippospongia metachromia 变色马海绵 **1947~1951**
Hippospongia sp. 马海绵属 **1484, 1526, 1527, 1538, 1636, 1640, 1655, 1657, 1661, 1670, 1710, 1711, 1736, 2035, 2093, 2156**
Hizikia fusiformis 棕藻马尾藻科 **1924**
Holothuria atra 黑海参 **1798**
Holothuria edulis 海参属 **1798**
Holothuria floridiana 海参属 **1798**
Holothuria forskolii 海参属 **1799~1801**
Holothuria impatiens 丑海参 **1811**
Holothuria leucospilota 玉足海参 **1798, 1812**
Holothuria lubrica 海参属 **1798**
Holothuria pervicax 海参属 **1802**
Homaxinella sp. 海绵 Suberitidae 科 **1927**
Hyatella intestinalis 无皮格形海绵 **1655, 2081, 2082**
Hydrallmania falcata 水螅纲软水母亚纲镰形奥鞘螅 **50**
Hypoxylon croceum 海洋导出的真菌碳团菌属 **1461**
Hypselodoris californiensis 软体动物裸腮目海牛亚目海牛裸腮属 **303**
Hypselodoris cantabrica 软体动物裸腮目海牛亚目海牛裸腮属 **75**
Hypselodoris capensis 软体动物裸腮目海牛亚目海牛裸腮属 **303**
Hypselodoris ghiselini 软体动物裸腮目海牛亚目海牛裸腮属 **303**
Hypselodoris ghisleni 软体动物裸腮目海牛亚目海牛裸腮属 **304**
Hypselodoris godeffroyana 软体动物裸腮目海牛亚目海牛裸腮属 **303**
Hypselodoris godeffroyana 软体动物裸腮目海牛亚目海牛裸腮属 **304**
Hypselodoris orsini 软体动物裸腮目海牛亚目海牛裸腮属 **1645**
Hypselodoris tricolor 软体动物裸腮目海牛亚目海牛裸腮属 **75**
Hypselodoris villafranca 软体动物裸腮目海牛亚目海牛裸腮属 **75**
Hypselodoris webbi 软体动物裸腮目海牛亚目海牛裸腮属 **251**
Hyrtios cf. *erecta* 南海海绵 **1535, 1543**
Hyrtios cf, *erectus* 南海海绵 **1633, 1638, 1644**
Hyrtios communis 共同钵海绵 **1529, 1564, 1565**
Hyrtios erecta 南海海绵 **1550, 1556, 1557, 1636, 1642, 1652, 1653, 1655, 1656, 1659, 1661, 1666, 1668, 1672~1674, 1712**
Hyrtios erectus 南海海绵 **1660**
Hyrtios eubamma 冲绳海绵属 **1995, 2134**
Hyrtios gumminae 西米兰钵海绵 **1642, 1660, 1670, 1675, 1676, 1712**

I

J

K

L

655~661, 663, 690, 696, 739, 740, 2012, 2013, 2131
Lobophytum cristagalli 豆荚软珊瑚属 **663**
Lobophytum denticulatum 小齿豆荚软珊瑚 **588**
Lobophytum durum 硬豆荚软珊瑚 **543, 545, 546, 579, 580, 598~607, 739, 740**
Lobophytum hedleyi 赫勒依豆荚软珊瑚 **656, 657**
Lobophytum hirsutum 豆荚软珊瑚属 **1324**
Lobophytum michaelae 米迦勒豆荚软珊瑚 **574, 659, 673~678**
Lobophytum pauciflorum 疏指豆荚软珊瑚 **592, 664~670, 672, 680, 1303, 1308, 1311, 1312, 1314, 1315, 1321, 1322**
Lobophytum schoedei 科氏豆荚软珊瑚 **662**
Lobophytum sp. 豆荚软珊瑚属 **559, 596, 597, 620, 654, 657, 660, 661, 715, 1310, 1321, 1323, 1324, 1739**
Lophogorgia alba 柳珊瑚科柳珊瑚 **671, 691**
Lophogorgia chilensis 柳珊瑚科柳珊瑚 **691**
Lophogorgia cuspidata 柳珊瑚科柳珊瑚 **671, 691**
Lophogorgia rigida 柳珊瑚科柳珊瑚 **671, 691**
Lophogorgia violacea 柳珊瑚科柳珊瑚 **593**
Luffariella geometrica 几何小瓜海绵 **1503, 1577~1581**
Luffariella sp. 小瓜海绵属 **1528, 1530, 1536, 1544~1549, 1555~1557**
Luffariella variabilis 易变小瓜海绵 **1550, 1556, 1557, 1563, 1576, 1719, 1720**

M

Marginisporum aberrans 红藻异边孢藻 **133**
Menella praelonga 丛柳珊瑚科 Plexauridae 柳珊瑚 **1117**
Menella sp. 小月柳珊瑚属 **117, 229**
Microcladia spp. 红藻小枝藻属 **40**
Microsphaeropsis sp. 海洋导出的真菌拟小球霉属 **176**
Minabea sp. 软珊瑚科 **1115**
Monanchora sp. 单锚海绵属 **1561, 1562**
Muricella sp. 小尖柳珊瑚属 **803, 823, 824, 841, 914**
Muricella spp. 小尖柳珊瑚属 **915**
Mycale cf. *spongiosa* 山海绵属 **1582**
Mycale sp. 山海绵属 **457, 1582, 1583**
Myrmekioderma dendyi 海绵 Heteroxyidae 科 **94, 95**
Myrmekioderma sp. 海绵 Heteroxyidae 科 **102, 103**
Myrmekioderma styx 海绵 Heteroxyidae 科 **361, 362, 366, 367, 1166~1174**
Myrothecium roridum 海洋导出的真菌露湿漆斑菌 **135**
Myrothecium roridum TUF 98F42 海洋导出的真菌露湿漆斑菌 **136~138**
Myrothecium sp. TUF 98F2 海洋导出的真菌漆斑菌属 **139**
Myxilla incrustans 外套黏海绵 **176, 1989**

N

Neomeris annulata 绿藻环蠕藻 **143, 144**
Neopetrosia proxima 石海棉科 Petrosiidae 海绵 **2114, 2115**
Nephthea chabroli 柔荑软珊瑚属 **122, 845**
Nephthea chabrolii 柔荑软珊瑚属 **226, 230**
Nephthea erecta 直立柔荑软珊瑚 **282**
Nephthea sp. 柔荑软珊瑚属 **183, 2147**
Nephthea spp. 柔荑软珊瑚属 **679**
Nerita albicilla 软体动物前鳃(海蜗牛) **48**
Niphates olemda 似雪海绵属 **76**
Nostoc commune 蓝细菌念珠藻属地木耳 **2120**

O

Occurs in algae 存在于各种藻类中 **211**
Occurs in all higher plants, microorganisms 存在于所有高等植物和微生物中 **1926**
Occurs in animal organisms 存在于各种动物的组织中 **2093**
Occurs in corals 存在于珊瑚中 **560**
Occurs in driftwood 存在于漂流木中 **1461**
Occurs in essential oils 存在于多种精油中 **1**
Occurs in higher plants 存在于高等植物中 **560, 1859**
Occurs in marine animals 存在于海洋动物中 **2093**
Occurs in marine invertebrate, pigment in egg yolk and leaves 存在于海洋无脊椎动物，是蛋黄和树叶的色素 **1926**
Occurs in marine organisms eg, sponges, esp, of the Poecilosclerida and Axinellida 存在于海洋生物中，例如海绵，特别是繁骨海绵 Poecilosclerida 科和 Axinellida 科海绵 **1920**
Occurs in plants and animals 存在于植物和动物中 **1920**
Occurs in plants, eg, *Labiatae* spp. *Apocynaceae* spp. *Rosaceae* spp. *Oleaceae* spp. *Arctostaphylos uva-ursi* 存在于植物中，例如唇形科 *Labiatae* spp. 夹竹桃科 *Apocynaceae* spp. 蔷薇科 *Rosaceae* spp. 和木犀科 *Oleaceae* spp. **1912**
Occurs in sponges 存在于海绵中 **2093**
Occurs in sponges and other marine organisms 存在于海绵和海洋生物中 **2134**
Oceanapia bartschi 大洋海绵属 **377**
Ochtodes crockeri 红藻奥克托德属 **28~33**
Ochtodes secundiramea 红藻奥克托德属 **34**
Odontella aurita 硅藻纲硅藻 **1924**
Oligoceras hemorrhages 樱桃海绵属 **68**
Onchidella binneyi 软体动物腹足纲缩眼目 **80**
Oncorhynchus keta 三文鱼 **2175**
Oospora virescens 陆地真菌淡绿卵孢子菌 **474**
Oxynoe olivacea 软体动物门腹足纲囊舌目长足科 **57**

P

Pachyclavularia violacea 绿星软珊瑚 **681~683, 1129, 1130**

Pachydictyon coriaceum 棕藻厚网地藻 **1333, 1394, 1410**

Pacifigorgia cf. *adamsii* 太平洋柳珊瑚属 **286**

Pacifigorgia media 太平洋柳珊瑚属 **118**

Pacifigorgia pulchraexilis 太平洋柳珊瑚属 **118**

Panicum miliaceum 中国糜子 **1859**

Pantoneura plocamioides 红藻红叶藻科 **20**

Paraconiothyrium cf. *sporulosum* 海洋导出的真菌 **208, 209, 2046**

Parahigginsia sp. 似希金海绵属 **104~109**

Paralemnalia thyrsoides 台湾软珊瑚 **182~188**

Paramuricea chamaeleon 类尖柳珊瑚属 **228**

Penares incrustans 佩纳海绵属 **1751, 1823**

Penicillium chrysogenum 海洋导出的产黄青霉真菌 **1444, 1445, 1451, 1452**

Penicillium expansum 红树导出的真菌扩展青霉 **2055, 2056**

Penicillium purpurogenum 海洋导出的真菌紫青霉菌 **214, 215**

Penicillium sp. BL27-2 海洋导出的真菌青霉属 **162**

Penicillium sp. F00120 深海真菌青霉属 **2124**

Penicillium sp. F23-2 海洋导出的真菌青霉属 **1445~1450**

Penicillium sp. MCCC 3A00005 海洋导出的极其耐药的真菌青霉属 **1386~1389**

Penicillium sp. PR19 N-1 深海真菌青霉属 **164, 165, 167~169**

Penicillium sp. 海洋导出的真菌青霉属 **163, 166, 1384, 1385, 1387, 1388, 1390, 2057, 2123**

Penicillus capitatus 绿藻头状画笔藻 **211**

Pentacta quadrangularis 四棱五角瓜参 **1824~1826**

Pentamera calcigera 石灰质五部参 **1753~1755**

Periconia byssoides 海洋导出的真菌细丝黑团孢霉 **171, 177~181**

Periconia byssoides OUPS-N133 海洋导出的真菌细丝黑团孢霉 **172~174, 283**

Petalonia binghamiae 棕藻裙带菜 **1924**

Petrosaspongia metachromia 肯甲海绵亚科 Thorectinae 海绵 **2036**

Petrosaspongia nigra 肯甲海绵亚科 Thorectinae 海绵 **1601~1614, 1725**

Petrosia alfiani 石海绵属 **1453, 1459, 1460**

Petrosia ficiformis 无花果状石海绵 **2171**

Petrosia nigricans 淡黑石海绵 **689**

Peyssonnelia sp. 红藻耳壳藻属 **2126, 2127**

Phaeodactylum tricornutum 硅藻三角褐指藻 **1924**

Phakellia pulcherrima 扁海绵属 **1350, 1366**

Phialocephala sp. 深海真菌 **1968**

Phoma sp. SANK11486 海洋导出的真菌茎点霉属 **1412~1415**

Phoma sp. SANK11486 and P10364 海洋导出的真菌茎点霉属 **1411**

Phoma sp. 海洋导出的真菌茎点霉属 **208, 209, 1416~1419**

Phorbas gukulensis 雏海绵属 **1175~1179**

Phorbas sp. 雏海绵属 **1558, 1559, 1560, 1591, 1698, 1699, 1716, 1726, 1727, 1728**

Phyllidia pustulosa 软体动物裸腮目海牛亚目叶海牛属 **191**

Phyllospongia dendyi 叶海绵属 **1681**

Phyllospongia foliascens 叶海绵属 **1685, 1692**

Phyllospongia lamellosa 叶海绵属 **1693~1697**

Phyllospongia sp. 叶海绵属 **1678**

Plakortis lita 扁板海绵属 **2079, 2080, 2128**

Plakortis simplex 不分支扁板海绵 **1928**

Plakortis sp. 扁板海绵属 **1539, 1542**

Planaxis sulcatus 软体动物前鳃 **595, 639, 733**

Pleurobranchaea meckelii 软体动物无壳侧鳃科无壳侧鳃属 **404, 405**

Pleurobranchus testudinarius 软体动物侧鳃科侧腮海蛞蝓 **1914, 1915**

Plexaurella grisea 丛柳珊瑚科 Plexauridae 柳珊瑚 **51, 63~66**

Plexauroides praelonga 丛柳珊瑚科 Plexauridae 柳珊瑚 **1117**

Plocamium angustum 红藻海头红属 **3, 4**

Plocamium cartilagineum 红藻软骨状海头红 **8, 15, 20, 22, 26, 37, 38, 41~46**

Plocamium cruciferum 红藻十字海头红 **26**

Plocamium hamatum 红藻顶端具钩海头红 **36, 37, 39, 41, 43**

Plocamium mertensii 红藻海头红属 **39, 41**

Plocamium oregonum 红藻海头红属 **20**

Plocamium spp. 红藻海头红属 **20, 21, 23**

Plocamium violaceum 红藻蓝紫色海头红 **40~42**

Plumarella sp. 柳珊瑚 Primnoidae 科 **1433, 1437**

Plumeria spp. 陆地植物鸡蛋花属 **49**

Plumigorgia terminosclera 刺胞动物门珊瑚纲八放珊瑚亚纲海鸡冠目软珊瑚 **1438**

Polyfibrospongia australis 多丝海绵属 **2129, 2130**

Polysiphonia nigrescens 红藻变黑多管藻 **1924**

Polysiphonia violacea 红藻堇紫多管藻 **482**

Porphyra spp. 红藻紫菜属 **1926**

Portieria hornemanni 红藻软粒藻属 **13, 16, 19, 25, 27, 35**

Portieria hornemannii 红藻软粒藻属 **14, 17, 18, 24, 34**

Potamon dehaani 溪蟹属河蟹 **1926**

Preissia quadrata 苔藓植物门苔类 **115**

Prianos sp. 锯齿海绵属 **1553, 1587**

Prorocentrum minimum 微型原甲藻 **1932**

Psammaplysilla purpurea 紫色沙肉海绵 **962**

Psammocinia sp. 海绵 Irciniidae 科 **204, 216, 1492, 1715**

Psammoclema sp. 海绵 Chondropsidae 科 **1377, 1378, 1379**

Pseudoalteromonas sp. CGH2XX 海洋导出的细菌假交替单胞菌属 **2131**

Pseudoplexaura porosa 丛柳珊瑚科 Plexauridae 柳珊瑚 **564, 591, 690**

Pseudoplexaura sp. 丛柳珊瑚科 Plexauridae 柳珊瑚 **623**

pseudoplexaura spp. 丛柳珊瑚科 Plexauridae 柳珊瑚 **564**

Pseudopterogorgia acerosa 柳珊瑚科柳珊瑚 **90, 788, 792, 793, 796~799**

Pseudopterogorgia americana 柳珊瑚科柳珊瑚 **90, 115, 232**

Pseudopterogorgia bipinnata 柳珊瑚科柳珊瑚 **551~553, 775~777, 779~783, 787, 789~791, 794**

Pseudopterogorgia elisabethae 伊丽莎白柳珊瑚 **786**

Pseudopterogorgia elisabethae 伊丽莎白柳珊瑚 **1202, 1210~1231, 1341, 1372~1376, 1395, 1401, 1402, 1424, 1425, 1429~1432, 1440, 1443~1455**

Pseudopterogorgia kallos 柳珊瑚科柳珊瑚 **794, 795, 1423**

Pseudopterogorgia rigida 柳珊瑚科柳珊瑚 **89~94**

Pseudopterogorgia sp 柳珊瑚科柳珊瑚 **118, 1232~1235**

Psolus patagonicus 巴塔哥尼亚箱海参 **1820~1822**

Pteroides laboutei 珊瑚纲八放珊瑚亚纲海鳃目翼海鳃属 **960**

Ptilocaulis spiculifer 小轴海绵科海绵 **1892**

Ptilosarcus gurneyi 珊瑚纲八放珊瑚亚纲海鳃目海笔 **1118~1120**

R

Raspaciona aculeata 海绵 Raspailiinae 亚科 **1891**

Raspaciona larvacid 海绵 Raspailiinae 亚科 **1891**

Raspailia spp. 拉丝海绵属 **434**

Reniera mucosa 粘滑矶海绵 **2135**

Renilla reniformis 珊瑚纲八放珊瑚亚纲海鳃目海紫罗兰科肾海鳃 **1115, 1121, 1122**

Rhabdastrella globostellata 球杆星芒海绵 Ancorinidae 科 **1864~1872, 1883~1885, 1887~1889**

Rhipocephalus phoenix 绿藻凤凰肺头藻 **60, 61**

Rhodomela californica 红藻加州松节藻 **133**

Rhopaloeides sp. 海绵 Spongiidae 科 **1522~1524**

Ritterella rete 雷海鞘属 **73**

Rubritalea squalenifaciens 海洋细菌产鲨烯海生红杆菌 **1931**

Rumphella antipathies 皱叶柳珊瑚 **123**

S

Sarcodictyon roseum 匍匐珊瑚目 **923, 924**

Sarcophyton acutangulum 锐角肉芝软珊瑚 **238, 349**

Sarcophyton crassocaule 微厚肉芝软珊瑚 **547, 565~570, 575, 588, 626, 697~701, 712, 721~724**

Sarcophyton crassocaule 20070402 微厚肉芝软珊瑚 **709~711**

Sarcophyton decaryi 肉芝软珊瑚属 **716**

Sarcophyton ehrenbergi 埃伦伯格肉芝软珊瑚 **549, 608~613, 621**

Sarcophyton elegans 肉芝软珊瑚属 **1439**

Sarcophyton glaucum 乳白肉芝软珊瑚 **589, 614, 680, 713, 715, 718~720**

Sarcophyton infundibuliforme 漏斗肉芝软珊瑚 **714**

Sarcophyton molle 肉芝软珊瑚属 **637, 716**

Sarcophyton sp. 肉芝软珊瑚属 **578, 592, 615, 638, 717, 784, 785, 1426**

Sarcophyton spp. 肉芝软珊瑚属 **589**

Sarcophyton tortuosum 肉芝软珊瑚属 **319, 672**

Sarcophyton trocheliophorum 圆盘肉芝软珊瑚 **589, 767, 768**

Sarcotragus sp. 角质海绵属 **2119, 2141**

Sarcotragus spinosulus 多刺角质海绵 **2076, 2118, 2121**

Sarcotragus spinulosus 小刺角质海绵 **2139~2141**

Sarcotragus spp. 角质海绵属 **1497, 1500, 1506~1510**

Sargassum serratifolium 棕藻锯齿形叶马尾藻 **2144**

Sargassum sp. 棕藻马尾藻属 **385~387**

Sargassum tortile 棕藻易扭转马尾藻 **2088, 2145~2149, 2176, 2177**

Sargassum yezoense 棕藻北海道马尾藻 **2100~2103**

Sclerodoris tanya 软体动物裸腮目海牛亚目 **81, 82**

Sclerophytum capitalis 短指软珊瑚属 **925, 927, 928**

Sclerotinia fruticula 陆地真菌灌丛核盘菌 **193**

Scyphiphora hydrophyllacea 红树茜草科瓶花木 **2068, 2069**

Scytalium tentaculatum 珊瑚纲八放珊瑚亚纲海鳃目杆海鳃属 **1009**

Sea hare 海兔 **174**

T

Talaromyces flavus 红树导出的真菌发菌科踝节菌属 **275~279**

Taxomyces andreanae 真菌紫杉霉 **1192**

Tedania ignis 居苔海绵 **472**

Terrestrial fungus *Penicillium brevicompactum* 陆地真菌短密青霉 **1384, 1385, 1386**

Terrestrial fungus *Penicillium cyclopium* 陆地真菌圆弧青霉真菌 **1444**

Terrestrial plants *Polygonum hydropiper* 陆地植物蓼属 **213**

Terrestrial plants *Taxus* spp. 陆地植物紫杉属 **1192**

Tethya aurantium 甘桔荔枝海绵 **1979, 1980**

Thelenota ananas 梅花参 **1752, 1798**

Thespesia populnea 红树桐棉 (杨叶肖槿) **195**

Thorecta horridus 胄甲海绵属 **1503**

Thorecta reticulata 胄甲海绵属 **1952~1954**

Thorecta sp. 胄甲海绵属 **1493**

Thorectandra sp. 胄甲海绵亚科 Thorectinae 海绵 **1585, 1589, 1590**

Thuridilla hopei [Syn. *Elysia cyanea*] 软体动物门腹足纲囊舌目海天牛属 **368, 383**

Tochuina tetraquetra 软体动物裸腮目 **691**

Toxiclona toxius 海绵 Chalinidae 科 **2151, 2152**

Tricleocarpa fragilis 红藻白果胞藻 **1817, 1818, 1835, 1837, 1839~1844**

Tubipora musica 匍匐珊瑚目笙珊瑚 **155~157, 161**

Tubipora sp. 匍匐珊瑚目笙珊瑚属 **1128**

Tuemoya sp. 绿藻 **1832, 1838**

Tydemania expeditionis 绿藻瘤枝藻 **1832~1834, 1836**

U

Udotea argentea 绿藻银白钙扇藻 **369**

Udotea flabellum 绿藻钙扇藻 **369**

Ulva sp. 绿藻石莼属 **1974**

Undaria pinnatifida 棕藻裙带菜 **1924, 1925**

Unidentified alga 未鉴定的海藻 **76**

Unidentified ascidian 未鉴定的海鞘 **175, 461**

Unidentified mangrove 未鉴定的红树 **1700~1702**

Unidentified marine alga (family Cladophorace) 未鉴定的 Cladophorace 科海洋藻类 **1912**

Unidentified marine-derived fungus 未鉴定的海洋导出的真菌 **320, 321**

Unidentified octocoral 未鉴定的八放珊瑚 **1116**

Unidentified soft coral 未鉴定的软珊瑚 **322**

Unidentified sponge 未鉴定的海绵 **139, 464, 520, 1427, 1977, 1978, 1981~1983, 2182~2184**

Unidentified sponge (family Adocidae) 未鉴定的 Adocidae 科海绵 **1349**

Unidentified sponge (family Halichondriidae) 未鉴定的软海绵科海绵 **1525, 2073**

Unidentified sponge (family Spongiidae) 未鉴定的角骨海绵科海绵 **2091**

Unidentified sponge (order Dictyoceratida) 未鉴定的网角海绵目海绵 **1662, 1956, 2014, 2107, 2108, 2116, 2117, 2122, 2178**

Unidentified sponge (order Verongida) 未鉴定的真海绵目海绵 **1956, 2014, 2107, 2108, 2116, 2117, 2122, 2178**

V

Veretillum malayense 珊瑚纲八放珊瑚亚纲海鳃目马来棒海鳃 **1111~1114**

Verongida sp. 海绵 Verongida 目 **2016, 2017, 2132**

Verrucosispora gifhornensis 海洋导出的细菌吉夫霍恩疣孢菌 **461**

Virgularia juncea 珊瑚纲八放珊瑚亚纲海鳃目灯芯沙箸海鳃 **146, 827**

X

Xenia blumi 台湾异花软珊瑚 **1266~1268, 1270, 1288**

Xenia elongata 伸长异花软珊瑚 **1272**

Xenia faraunensis 红海异花软珊瑚 **1306, 1421, 1422**

Xenia florida 繁花异花软珊瑚 **1280, 1288, 1301, 1422**

Xenia novaebrittanniae 肯尼亚异花软珊瑚 **1283, 1289**

Xenia sp. 异花软珊瑚属 **1271, 1273**

Xestospongia carbonaria 碳锉海绵 **1456~1458, 1471**

Xestospongia cf. *carbonaria* 碳锉海绵 **1462, 1468, 1469, 2187~2189**

Xestospongia exigua 小锉海绵 **1458**

Xestospongia sapra 腐烂锉海绵 **1456, 1457, 1465, 1470~1474**

Xestospongia sp. 锉海绵属 **1441, 1442, 1458, 1462~1464, 1466, 1467, 1471, 1475~1482**

Xestospongia testudinaria 似龟锉海绵 (玳瑁色锉海绵) **86, 97~100, 110, 112**

Xestospongia vansoesti 锉海绵属 **1483**

Xestospongia wiedenmayeri 锉海绵属 **2160, 2185, 2186**

Xylaria sp. 海洋导出的真菌炭角菌属 **170**

Xylocarpus granatum 红树木果楝 **275**

Xylocarpus moluccensis 红树楝科摩鹿加木果楝 **1845~1848, 1850~1852, 1910, 1911**

Xylocarpus rumphii 红树楝科木果楝属木琴 **1849, 1853**

Z

Zoanthus sp. 六放珊瑚亚纲棕绿纽扣珊瑚 **1629, 1630, 1897, 1898, 1900~1904**

Zoanthus spp. 六放珊瑚亚纲棕绿纽扣珊瑚 **1899**

索引 6　海洋生物中-拉 (英) 捆绑名称及成分索引

按汉语拼音顺序列出了本卷中所有海洋生物的中文及拉丁文捆绑名称，随后给出其化学成分的唯一代码。本书规定：对蓝细菌、红藻、绿藻、棕藻、甲藻、金藻、红树、半红树、石珊瑚、兰珊瑚等生物类别，把类别名加在中文名称前面。

存在于漂流木中 Occurs in driftwood **1461**
存在于珊瑚中 Occurs in corals **560**
存在于所有高等植物和微生物中 Occurs in all higher plants, microorganisms **1926**
存在于植物和动物中 Occurs in plants and animals **1920**
存在于植物中, 例如唇形科 *Labiatae* spp. 夹竹桃科 *Apocynaceae* spp. 蔷薇科 *Rosaceae* spp. 和木犀科 *Oleaceae* spp. Occurs in plants, eg, *Labiatae* spp. *Apocynaceae* spp. *Rosaceae* spp, *Oleaceae* spp. *Arctostaphylos uva-ursi* **1912**
锉海绵属 *Xestospongia* sp. **1441, 1442, 1458, 1462~1464, 1466, 1467, 1471, 1475~1482**
锉海绵属 *Xestospongia vansoesti* **1483**
锉海绵属 *Xestospongia wiedenmayeri* **2160, 2185, 2186**
达尔文海绵属 *Darwinella australensis* **1572**
达尔文海绵属 *Darwinella oxeata* **518**
达尔文科 Darwinellidae 海绵 *Chelonaplysilla* spp. **379, 519**
达尔文科 Darwinellidae 海绵 *Chelonaplysilla violacea* **532**
大洋海绵属 *Oceanapia bartschi* **377**
单锚海绵属 *Monanchora* sp. **1561, 1562**
单一科尔特软珊瑚 *Klyxum simplex* **873~887, 929~938**
淡黑石海绵 *Petrosia nigricans* **689**
灯芯柳珊瑚 *Dichotella gemmacea* **101, 111, 113, 1008, 1059~1074, 1082, 1083, 1097, 1100, 1101, 1103, 1117**
豆荚软珊瑚属 *Lobophytum compactum* **1304, 1305**
豆荚软珊瑚属 *Lobophytum cristagalli* **663**
豆荚软珊瑚属 *Lobophytum hirsutum* **1324**
豆荚软珊瑚属 *Lobophytum* sp. **559, 596, 597, 620, 654, 657, 660, 661, 715, 1310, 1321, 1323, 1324, 1739**
短指软珊瑚属 *Sclerophytum capitalis* **925, 927, 928**
短指软珊瑚属 *Sinularia erecta* **308, 691**
短指软珊瑚属 *Sinularia flexibilis* **1325**
短指软珊瑚属 *Sinularia gibberosa* **616, 715, 727, 739, 740**
短指软珊瑚属 *Sinularia inelegans* **778, 1319**
短指软珊瑚属 *Sinularia kavarattiensis* **243**
短指软珊瑚属 *Sinularia lochmodes* **239~242**
短指软珊瑚属 *Sinularia mayi* **115, 588, 731**
短指软珊瑚属 *Sinularia microclavata* **557**
短指软珊瑚属 *Sinularia nanolobata* **1236~1238, 1244, 1436**
短指软珊瑚属 *Sinularia notanda* **693**
短指软珊瑚属 *Sinularia rigida* **734, 737, 738**
短指软珊瑚属 *Sinularia scabra* **192**
短指软珊瑚属 *Sinularia* sp. **62, 74, 244, 245, 557, 616, 717, 718, 728~730, 741, 1311, 1312, 1320, 1324, 1325**
短指软珊瑚属 *Sinularia* spp. **72**
短指软珊瑚属 *Sinularia tenella* **557**
短足软珊瑚属 *Cladiella kashmani* **629**
短足软珊瑚属 *Cladiella shaeroides* **825**
短足软珊瑚属 *Cladiella* sp. **808, 828~840, 890, 895, 938, 939**
短足软珊瑚属 *Cladiella sphaeroides* **827**
短足软珊瑚属 *Cladiella* spp. **826**
多刺角质海绵 *Sarcotragus spinosulus* **2076, 2118, 2121**
多花环西柏柳珊瑚 *Briareum polyanthes* **810, 811, 813~819, 821, 920, 922, 980, 981, 1334**
多裂缝束海绵 *Fasciospongia rimosa* **2092**
多沙掘海绵 *Dysidea arenaria* **78, 1969, 1970, 2087, 2129, 2130**
多沙掘海绵 *Dysidea* cf, *arenaria* **494, 495, 497, 499~502**
多丝海绵属 *Polyfibrospongia australis* **2129, 2130**
多型短指软珊瑚 *Sinularia polydactyla* **308, 671, 691**
多叶掘海绵 *Dysidea frondosa* **2060, 2062~2064, 2066**
多叶兰灯海绵 *Lendenfeldia frondosa* **1683**
二纵条白尼参 *Bohadschia bivittata* **1752**
繁花异花软珊瑚 *Xenia florida* **1280, 1288, 1301, 1422**
分裂短指软珊瑚 *Sinularia abrupta* **691**
蜂海绵属 *Adocia aculeata* **1961**
蜂海绵属 *Haliclona* sp. [Syn. *Adocia* sp.] **1957~1964**
蜂海绵属 *Haliclona* sp. **320, 321, 1957~1964, 2070~2072**
辐肛参属 *Actinopyga agassizi* **1798**
辐肛参属 *Actinopyga flammea* **1798**
辐肛参属 *Actinopyga lecanora* **1798**
腐烂锉海绵 *Xestospongia sapra* **1456, 1457, 1465, 1470~1474**
甘桔荔枝海绵 *Tethya aurantium* **1979, 1980**
高贵爱丽海绵 *Erylus nobilis* **1789~1792**
共同钵海绵 *Hyrtios communis* **1529, 1564, 1565**
瓜参科海参 *Hemioedema spectabilis* **1796, 1797**
光亮碧玉海绵 *Jaspis splendens* **2169**
硅藻纲硅藻 *Odontella aurita* **1924**
硅藻三角褐指藻 *Phaeodactylum tricornutum* **1924**
硅藻新月细柱藻 *Cylindrotheca closterium* **1924**
哈米杰拉属海绵 *Hamigera* sp. **1531**
哈米杰拉属海绵 *Hamigera tarangaensis* **294, 295, 330~341, 2074**
海参属 *Holothuria edulis* **1798**
海参属 *Holothuria floridiana* **1798**
海参属 *Holothuria forskolii* **1799~1801**
海参属 *Holothuria lubrica* **1798**
海参属 *Holothuria pervicax* **1802**
海鸡冠属软珊瑚 *Alcyonium fauri* **2136**

110~113, 1629, 1630, 1700~1702, 1979, 1980, 1982, 2182~2184
海洋导出的真菌曲霉属 *Aspergillus insuetus* **2171**
海洋导出的真菌软韧革菌属 *Chondrostereum* sp **319, 322**
海洋导出的真菌萨氏曲霉菌 *Aspergillus sydowi* PFW1-13 **1907, 1908**
海洋导出的真菌碳角菌科 *Halorosellinia oceanica* BCC5149 **1621**
海洋导出的真菌碳角菌属 *Xylaria* sp **170**
海洋导出的真菌碳团菌属 *Hypoxylon croceum* **1461**
海洋导出的真菌糖节菱孢 *Arthrinium sacchari* **464**
海洋导出的真菌条纹枝顶孢 *Acremonium striatisporum* KMM 4401 **473~480**
海洋导出的真菌土色曲霉菌 *Aspergillus terreus* **324, 326, 327**
海洋导出的真菌土色曲霉菌 *Aspergillus terreus* PT06-2 **2173**
海洋导出的真菌土色曲霉菌 *Aspergillus terreus* SCSGAF0162 **1971, 2033**
海洋导出的真菌弯孢霉属 *Curvularia lunata* **76**
海洋导出的真菌细丝黑团孢霉 *Periconia byssoides* **171, 177~181**
海洋导出的真菌细丝黑团孢霉 *Periconia byssoides* OUPS-N133 **172~174, 283**
海洋导出的真菌新喀里多尼亚枝顶孢 *Acremonium neo-caledoniae* **134, 140**
海洋导出的真菌异常曲霉菌 *Aspergillus insuetus* OY-207 **204, 216**
海洋导出的真菌异形孢子镰孢霉 *Fusarium heterosporum* CNC-477 **1723, 1724**
海洋导出的真菌隐球壳属 *Cryptosphaeria* sp. **175**
海洋导出的真菌隐球壳属真菌 *Cryptosphaeria eunomia* var. *eunomia* **458**
海洋导出的真菌杂色裸壳孢 *Emericella variecolor* GF10 **1622~1628**
海洋导出的真菌枝顶孢属 *Acremonium* sp. **1972, 1973**
海洋导出的真菌帚状弯孢聚壳菌 *Eutypella scoparia* **458~460, 462, 463, 466~471**
海洋导出的真菌紫青霉菌 *Penicillium purpurogenum* **214, 215**
海洋细菌产鲨烯海生红杆菌 *Rubritalea squalenifaciens* **1931**
海洋细菌土壤杆菌属 *Agrobacterium aurantiacum* **1916, 1918**
海洋真菌弯孢聚壳属 *Eutypella* sp. D-1 **465**
赫勒依豆荚软珊瑚 *Lobophytum hedleyi* **656, 657**
黑海参 *Holothuria atra* **1798**
红柄柳珊瑚 *Erythropodium caribaeorum* **845, 1010**
红海异花软珊瑚 *Xenia faraunensis* **1306, 1421, 1422**
红树导出的链霉菌属 *Streptomyces* sp. **147~151**
红树导出的真菌发菌科踝节菌属 *Talaromyces flavus* **275~279**
红树导出的真菌扩展青霉 *Penicillium expansum* **2055, 2056**
红树海莲木榄 *Bruguiera sexangula* **1829**
红树角果木 *Ceriops tagal* **483, 484, 485**
红树楝科摩鹿加木果楝 *Xylocarpus moluccensis* **1845~1848, 1850~1852, 1910, 1911**
红树楝科木果楝属木琴 *Xylocarpus rumphii* **1849, 1853**
红树木果楝 *Xylocarpus granatum* **275**
红树木榄 *Bruguiera gymnorrhiza* **201, 217~219**
红树茜草科多刺山石榴 *Catunaregam spinosa* **1855~1858**
红树茜草科瓶花木 *Scyphiphora hydrophyllacea* **2068, 2069**
红树秋茄树 *Kandelia candel* **147~151**
红树桐棉 (杨叶肖槿) *Thespesia populnea* **195**
红树无花瓣海桑 *Sonneratia apetala* **275~279**
红树像沉香的海漆 *Excoecaria agallocha* **393, 537~542, 2055, 2056**
红藻凹顶藻属 *Laurencia chondrioides* **262, 266**
红藻凹顶藻属 *Laurencia johnstonii* **132**
红藻凹顶藻属 *Laurencia marianensis* **260, 274**
红藻凹顶藻属 *Laurencia pinnatifida* **258**
红藻凹顶藻属 *Laurencia poitei* **328**
红藻凹顶藻属 *Laurencia saitoi* **490**
红藻凹顶藻属 *Laurencia* sp. **124, 126, 127, 258, 272, 1302, 1381, 1444, 1445, 1451, 1452, 1733**
红藻凹顶藻属 *Laurencia* spp. **129**
红藻奥克托德属 *Ochtodes crockeri* **28~33**
红藻奥克托德属 *Ochtodes secundiramea* **34**
红藻白果胞藻 *Tricleocarpa fragilis* **1817, 1818, 1835, 1837, 1839~1844**
红藻变黑多管藻 *Polysiphonia nigrescens* **1924**
红藻巢形凹顶藻 *Laurencia nidifica* **133, 264, 265, 274**
红藻簇生凹顶藻 *Laurencia caespitosa* **87, 88**
红藻顶端具钩海头红 *Plocamium hamatum* **36, 37, 39, 41, 43**
红藻钝形凹顶藻 *Laurencia obtusa* **127, 267, 273, 291, 297, 299, 381, 481, 486, 1740~1742, 1745, 1748**
红藻耳壳藻属 *Peyssonnelia* sp. **2126, 2127**
红藻斐济红藻 *Callophycus serratus* **1933~1944, 2032**
红藻斐济红藻属 *Callophycus* sp. **1396~1400**
红藻粉枝藻 *Liagora viscida* **280, 281**
红藻复生凹顶藻 *Laurencia composita* **270**

角骨海绵属 *Spongia matamata* **504**
角骨海绵属 *Spongia* sp. **493, 498, 503, 1458, 1615~1620, 1651, 1652, 2081**
角骨海绵属 *Spongia* spp. **509**
角骨海绵属 *Spongia virgultosa* **1516**
角质海绵属 *Sarcotragus* sp. **2119, 2141**
角质海绵属 *Sarcotragus* spp. **1497, 1500, 1506~1510**
阶梯硬丝海绵 *Cacospongia scalaris* **1486, 1501, 1513, 1514, 1635, 1637, 1639, 1649, 1655, 1663~1665, 1667, 1669**
金黄海鸡冠软珊瑚 *Alcyonium aureum* **1290, 1291**
金藻绿光等鞭金藻 *Isochrysis* aff. *galbana* **1924**
惊恐短指软珊瑚 *Sinularia pavida* **684~688, 1426, 1439**
居苔海绵 *Tedania ignis* **472**
锯齿海绵属 *Prianos* sp. **1553, 1587**
掘海绵属 *Dysidea amblia* **351, 377, 378, 415, 416**
掘海绵属 *Dysidea cinerea* **1566, 1567, 1955, 2038, 2083, 2084**
掘海绵属 *Dysidea* sp. **75, 196, 202, 205, 212, 213, 220, 221, 250, 300, 301, 456, 1145, 1502, 1570, 1986~1988, 1997, 2010, 2073, 2098, 2112~2134**
掘海绵属 *Dysidea* spp. **379, 532**
卡普涅拉属软珊瑚 *Capnella imbricata* **310~315**
卡特海绵属 *Carteriospongia foliascens* **1677, 1678, 1680, 1688, 1689, 1690**
卡特海绵属 *Carteriospongia* sp. **1493**
科氏豆荚软珊瑚 *Lobophytum schoedei* **662**
肯尼亚异花软珊瑚 *Xenia novaebrittanniae* **1283, 1289**
空洞束海绵 *Fasciospongia cavernosa* **355, 1485, 1592, 1703~1706, 1930**
空洞束海绵属 *Fasciospongia* sp. **302, 1490, 1491, 1493, 1537, 1571~1573, 2058, 2059, 2097, 2106**
宽海绵属 *Euryspongia* sp. **2061, 2065**
拉丝海绵属 *Raspailia* spp. **434**
兰灯海绵属 *Lendenfeldia* sp. **1518, 1679, 1682, 1684, 1686, 1691**
蓝细菌节旋藻属 *Arthrospira* sp. **1920**
蓝细菌念珠藻属地木耳 *Nostoc commune* **2120**
蓝紫环西柏柳珊瑚 *Briareum violacea* **961, 997~1006, 1015, 1123**
雷海鞘属 *Ritterella rete* **73**
蕾灯芯柳珊瑚 *Junceella gemmacea* **1056, 1058**
类尖柳珊瑚属 *Paramuricea chamaeleon* **228**
类似短足软珊瑚 *Cladiella similis* **827**
利索克林属海鞘 *Lissoclinum* sp. **395~403**
利索克林属海鞘 *Lissoclinum voeltzkowi* **391, 392**
利托菲顿属软珊瑚 *Litophyton* sp. **901~912**
利托菲顿属软珊瑚 *Litophyton viridis* **679**
栎树状短指软珊瑚 *Sinularia querciformis* **692~695, 735, 736**
灵活短指软珊瑚 *Sinularia flexibilis* **560, 587, 594, 595, 630~633, 725, 726, 730, 732, 733, 735, 736, 744, 802**
瘤状短指软珊瑚 *Sinularia granosa* **634, 635, 693, 694**
柳珊瑚 Primnoidae 科 *Acanthoprimnoa cristata* **1269**
柳珊瑚 Primnoidae 科 *Ainigmaptilon antarcticus* **141**
柳珊瑚 Primnoidae 科 *Dasystenella acanthina* **154**
柳珊瑚 Primnoidae 科 *Plumarella* sp. **1433, 1437**
柳珊瑚海鞭 *Convexella magelhaenica* **1146, 1153**
柳珊瑚科柳珊瑚 *Eunicella cavolini* **842**
柳珊瑚科柳珊瑚 *Eunicella labiata* **900**
柳珊瑚科柳珊瑚 *Leptogorgia gilchristi* **363**
柳珊瑚科柳珊瑚 *Leptogorgia laxa* **671**
柳珊瑚科柳珊瑚 *Leptogorgia setacea* **619**
柳珊瑚科柳珊瑚 *Leptogorgia virgulata* **691**
柳珊瑚科柳珊瑚 *Lophogorgia alba* **671, 691**
柳珊瑚科柳珊瑚 *Lophogorgia chilensis* **691**
柳珊瑚科柳珊瑚 *Lophogorgia cuspidata* **671, 691**
柳珊瑚科柳珊瑚 *Lophogorgia rigida* **671, 691**
柳珊瑚科柳珊瑚 *Lophogorgia violacea* **593**
柳珊瑚科柳珊瑚 *Pseudopterogorgia acerosa* **90, 788, 792, 793, 796~799**
柳珊瑚科柳珊瑚 *Pseudopterogorgia americana* **90, 115, 232**
柳珊瑚科柳珊瑚 *Pseudopterogorgia bipinnata* **551~553, 775~777, 779~783, 787, 789~791, 794**
柳珊瑚科柳珊瑚 *Pseudopterogorgia kallos* **794, 795, 1423**
柳珊瑚科柳珊瑚 *Pseudopterogorgia rigida* **89~94**
柳珊瑚科柳珊瑚 *Pseudopterogorgia* sp. **118, 1232~1235**
六放珊瑚亚纲棕绿纽扣珊瑚 *Zoanthus* sp. **1629, 1630, 1897, 1898, 1900~1904**
六放珊瑚亚纲棕绿纽扣珊瑚 *Zoanthus* spp. **1899**
漏斗肉芝软珊瑚 *Sarcophyton infundibuliforme* **714**
陆地生物蚂蚁 *Dendrolasius fuliginosus* **68**
陆地真菌淡绿卵孢子菌 *Oospora virescens* **474**
陆地真菌短密青霉 Terrestrial fungus *Penicillium brevicompactum* **1384~1386**
陆地真菌灌丛核盘菌 *Sclerotinia fruticula* **193**
陆地真菌可食蘑菇松果菇属 *Strobilurus ohshimae* **216**
陆地真菌圆弧青霉真菌 Terrestrial fungus *Penicillium cyclopium* **1444**
陆地真菌枝顶孢属 *Acremonium luzulae* **473, 475**
陆地植物 *Drimys lanceolata* **213**
陆地植物鸡蛋花属 *Plumeria* spp. **49**

石海棉科 Petrosiidae 海绵 *Neopetrosia proxima* **2114, 2115**
石灰质五部参 *Pentamera calcigera* **1753~1755**
石珊瑚裸肋珊瑚科 Merulinidae *Echinopora lamellosa* **1854**
石珊瑚目地中海石珊瑚 *Cladocora cespitosa* **1568, 1569**
石松羊海绵 *Ircinia selaginea* **380**
似龟锉海绵 (玳瑁色锉海绵) *Xestospongia testudinaria* **86, 97~100, 110, 112**
似希金海绵属 *Parahigginsia* sp. **104~109**
似雪海绵属 *Cribrochalina* sp. **1335**
似雪海绵属 *Niphates olemda* **76**
疏指豆荚软珊瑚 *Lobophytum pauciflorum* **592, 664~670, 672, 680, 1303, 1308, 1311, 1312, 1314, 1315, 1321, 1322**
水螅纲软水母亚纲镰形奥鞘螅 *Hydrallmania falcata* **50**
四棱五角瓜参 *Pentacta quadrangularis* **1824~1826**
穗软珊瑚属 *Lemnalia africana* **182, 309**
穗软珊瑚属 *Lemnalia cervicorni* **350**
穗软珊瑚属 *Lemnalia laevis* **182**
穗软珊瑚属 *Lemnalia tenuis* **350**
台湾软珊瑚 *Asterospicularia laurae* **1259~1265**
台湾软珊瑚 *Paralemnalia thyrsoides* **182~188**
台湾羊海绵 *Ircinia formosana* **1519**
台湾异花软珊瑚 *Xenia blumi* **1266~1268, 1270, 1288**
苔藓植物门苔类 *Jackiella javanica* **115**
苔藓植物门苔类 *Preissia quadrata* **115**
太平洋柳珊瑚属 *Pacifigorgia* cf. *adamsii* **286**
太平洋柳珊瑚属 *Pacifigorgia media* **118**
太平洋柳珊瑚属 *Pacifigorgia pulchraexilis* **118**
贪婪掘海绵 *Dysidea avara* **1984, 1985, 2034, 2042~2045**
碳锉海绵 *Xestospongia carbonaria* **1456~1458, 1471**
碳锉海绵 *Xestospongia* cf. *carbonaria* **1462, 1468, 1469, 2187~2189**
汤加硬丝海绵 *Cacospongia mycofijiensis* **289, 290**
条状短指软珊瑚 *Sinularia capillosa* **67, 72, 544, 557, 730, 732**
外套黏海绵 *Myxilla incrustans* **176, 1989**
外轴海绵属 *Epipolasis reiswigi* **1166~1169, 1382, 1383**
外轴海绵属 *Epipolasis* sp **95**
网结真丛柳珊瑚 *Euplexaura anastomosans* **2048~2054**
网纹白尼参 *Bohadschia marmorata* **1750, 1752, 1810, 1811, 1815, 1816**
微厚短指软珊瑚 *Sinularia crassocaule* **571~573, 702~708**
微厚肉芝软珊瑚 *Sarcophyton crassocaule* **547, 565~570, 575, 588, 626, 697~701, 712, 721~724**
微厚肉芝软珊瑚 *Sarcophyton crassocaule* 20070402 **709~711**
微型原甲藻 *Prorocentrum minimum* **1932**
韦氏小轴海绵 *Axinella weltneri* **1892~1896**
未鉴定的 Adocidae 科海绵 Unidentified sponge (family Adocidae) **1349**
未鉴定的 Cladophorace 科海洋藻类 Unidentified marine alga (family Cladophorace) **1912**
未鉴定的八放珊瑚 Unidentified octocoral **1116**
未鉴定的海绵 Unidentified sponge **139, 464, 520, 1427, 1977, 1978, 1981~1983, 2182~2184**
未鉴定的海鞘 Unidentified ascidian **175, 461**
未鉴定的海洋导出的真菌 Unidentified marine-derived fungus **320, 321**
未鉴定的海藻 Unidentified alga **76**
未鉴定的红树 Unidentified mangrove **1700~1702**
未鉴定的角骨海绵科海绵 Unidentified sponge (family Spongiidae) **2091**
未鉴定的软海绵科海绵 Unidentified sponge (family Halichondriidae) **1525, 2073**
未鉴定的软珊瑚 Unidentified soft coral **322**
未鉴定的网角海绵目海绵 Unidentified sponge (order Dictyoceratida) **1662, 1956, 2014, 2107, 2108, 2116, 2117, 2122, 2178**
未鉴定的真海绵目海绵 Unidentified sponge (order Verongida) **1956, 2014, 2107, 2108, 2116, 2117, 2122, 2178**
温桲钵海绵 *Geodia cydonium* **482, 1435**
无花果状石海绵 *Petrosia ficiformis* **2171**
无皮格形海绵 *Hyatella intestinalis* **1655, 2081, 2082**
无腔动物亚门无肠目两桩涡虫属 *Amphiscolops* sp. **1905**
西米兰钵海绵 *Hyrtios gumminae* **1642, 1660, 1670, 1675, 1676, 1712**
溪蟹属河蟹 *Potamon dehaani* **1926**
细长枝短指软珊瑚 *Sinularia leptoclados* **308**
纤弱小针海绵 *Spongionella gracilis* **521**
藓苔动物默里樱苔虫 *Dendrobeania murrayana* **510**
小齿豆荚软珊瑚 *Lobophytum denticulatum* **588**
小刺角质海绵 *Sarcotragus spinulosus* **2139~2141**
小锉海绵 *Xestospongia exigua* **1458**
小瓜海绵属 *Luffariella* sp. **1528, 1530, 1536, 1544~1549, 1555~1557**
小尖柳珊瑚属 *Muricella* sp. **803, 823, 824, 841, 914**
小尖柳珊瑚属 *Muricella* spp. **915**
小孔秽色海绵 *Aplysina lacunosa* **1976**
小月柳珊瑚属 *Menella* sp. **117, 229**
小针海绵属 *Spongionella* sp. **518, 521~526, 533, 1504**
小轴海绵科海绵 *Cymbastela hooperi* **194, 1193, 1194, 1203~1209, 1239~1249, 1349**
小轴海绵科海绵 *Ptilocaulis spiculifer* **1892**

青甲海绵亚科 Thorectinae 海绵 *Smenospongia* sp. **574, 1550, 2155**

青甲海绵亚科 Thorectinae 海绵 *Smenospongia* spp. **2156**

青甲海绵亚科 Thorectinae 海绵 *Thorectandra* sp. **1585, 1589, 1590**

皱叶柳珊瑚 *Rumphella antipathies* **123**

紫色沙肉海绵 *Psammaplysilla purpurea* **962**

棕藻 *Stoechospermum marginatum* **1180**

棕藻巴利阿里囊链藻 *Cystoseira balearica* **358~360**

棕藻北海道马尾藻 *Sargassum yezoense* **2100~2103**

棕藻笔直囊链藻 *Cystoseira stricta* **1994**

棕藻波状网翼藻 *Dictyopteris undulata* **2001, 2057, 2190, 2192**

棕藻波状网翼藻 *Dictyopteris undulata* [Syn. *Dictyopteris zonaroides*] **2094**

棕藻波状网翼藻 *Dictyopteris zonaroides* [Syn. *Dictyopteris undulate*] **2094**

棕藻柽柳叶囊链藻 *Cystoseira tamariscifolia* **2104, 2104**

棕藻地中海厚缘藻 *Dilophus mediterraneus* **1274**

棕藻褐舌藻属 *Spatoglossum howleii* **1181**

棕藻褐舌藻属 *Spatoglossum schmittii* **1181**

棕藻厚网地藻 *Pachydictyon coriaceum* **1333, 1394, 1410**

棕藻厚缘藻 *Dilophus okamurai* **1182, 1183, 1281**

棕藻厚缘藻属 *Dilophus dichotoma* **1329**

棕藻厚缘藻属 *Dilophus guineensis* **1277**

棕藻加拉帕戈斯双叉藻 *Bifurcaria galapagensis* **1994**

棕藻尖裂网地藻 *Dictyota acutiloba* **1309, 1326~1328**

棕藻锯齿形叶马尾藻 *Sargassum serratifolium* **2144**

棕藻两分叉双叉藻 *Bifurcaria bifurcata* **352~354, 358~360**

棕藻马尾藻科 *Cystophora expansa* **2176**

棕藻马尾藻科 *Hizikia fusiformis* **1924**

棕藻马尾藻属 *Sargassum* sp. **385~387**

棕藻毛头藻属 *Sporochnus bolleanus* **2157, 2158, 2159**

棕藻毛头藻属 *Sporochnus comosus* **1924**

棕藻墨角藻属 *Fucus virsoides* **1924**

棕藻囊鏈藻属 *Cystoseira abies-marina* **2020~2023**

棕藻念珠囊鏈藻 *Cystophora moniliformis* **384**

棕藻裙带菜 *Petalonia binghamiae* **1924**

棕藻裙带菜 *Undaria pinnatifida* **1924, 1925**

棕藻扇状棕叶藻 *Stypopodium flabelliforme* **2165, 2170**

棕藻舌状厚缘藻 *Dilophus ligulatus* **1278, 1281, 1300, 1394, 1410**

棕藻舌状厚缘藻 *Dilophus lingulatus* **1276**

棕藻似柔荑花序笔直囊链藻 *Cystoseira amentacea* var, *stricta* **2104**

棕藻酸藻属 *Desmarestia menziesii* **2099**

棕藻外来囊藻 *Colpomenia peregrine* **1924**

棕藻网地藻 *Dictyota dichotoma* **1132, 1133, 1137, 1154, 1155, 1157, 1158, 1276, 1281, 1329, 1330~1333**

棕藻网地藻属 *Dictyota binghamiae* **1333**

棕藻网地藻属 *Dictyota dentata* **1329, 1333**

棕藻网地藻属 *Dictyota flabellata* **1274**

棕藻网地藻属 *Dictyota patens* **1274**

棕藻网地藻属 *Dictyota* sp. **1134, 1275**

棕藻网地藻属 *Dictyota spinulosa* **1282**

棕藻像松萝囊链藻 *Cystoseira usneoides* **2024~2029**

棕藻小圆齿网地藻 *Dictyota crenulata* **1274, 1281, 1300**

棕藻易扭转马尾藻 *Sargassum tortile* **2088, 2145~2149, 2176, 2177**

棕藻棕叶藻 *Stypopodium zonale* **2164~2167, 2170, 2191**

最大短指软珊瑚 *Sinularia maxima* **742, 743**

索引 7　化合物取样地理位置索引

本索引的建立是编著者统计天然产物生物来源取样地理位置的一项新的尝试，此项工作过去没有人系统地做过，读者使用本索引可以方便地查找在某一地理位置处发现的全部天然产物化合物，并可进一步通过浏览本索引，从而在统计的意义上知道世界上哪些地方是研究和发现新天然产物的热点地区。

本卷中有 1723 个化合物有取样地理位置信息，分别属于 268 个取样地理位置，这些地理位置都分别归入亚洲、大洋洲、欧洲、非洲、美洲、太平洋、大西洋以及南北极地区 8 个区域，在每一区域内，按汉语拼音顺序列出全部相关地理位置的详细文本，而相关化合物的代码紧跟其后。

亚洲

白令海　**162**

朝鲜半岛水域　**823, 841, 914, 1294~1297, 1789~1973, 2048~2052, 2100~2103**

菲律宾　**189, 272, 596, 735, 1271, 1273, 1350**

菲律宾，巴拉望岛　**1483**

菲律宾，莱特，库拉先点　**2070, 2071**

菲律宾，欧罗拉省，巴莱尔　**376**

菲律宾，西安佳岛　**521~526, 533**

韩国　**1699, 1716, 1727, 1728**

韩国，济州岛　**1497, 1500, 1506~1510**

红海　**231, 801, 826, 843, 874, 916~919, 921, 925, 926, 1306, 1421, 1422, 1512~1553, 1587, 1955, 2038, 2083, 2084, 2126, 2127, 2151, 2152**

马尔代夫　**1672~1674**

马来西亚　**287, 288, 1453, 1459, 1460, 1885, 2015, 2019, 2030, 2037, 2039**

马来西亚，北婆罗洲岛，沙巴州　**124, 258, 1302, 1381**

马来西亚，古达　**1886**

南海　**458, 459, 460, 462, 463, 466~471, 1037, 1056, 1059~1069, 1075~1078, 1080~1082, 1097~1105, 1107~1109, 1139, 1370, 1371, 1701, 1702, 2087, 2129, 2130**

南海，芽庄海湾　**1757~1762**

南海，永兴岛　**1692**

日本，阿马米群岛，阿亚马鲁海岸　**1897, 1900, 1903**

日本，阿玛米群岛，阿亚马鲁角　**1629, 1630**

日本，冲绳　**256, 371, 372, 375, 376, 389, 390, 395~403, 408, 411, 412, 420~423, 428~432, 433, 494, 495, 497, 500~502, 641~645, 745, 1138, 1195~1201, 1325, 1336, 1348, 1351, 1357, 1361, 1465, 1526, 1527, 1545~1549, 1574, 1575, 1648, 1650, 1685, 1712, 1751, 1823, 1876~1882, 1947~1951, 2078, 2112, 2113**

日本，冲绳，石峘岛　**1434**

日本，冲绳，竹富岛　**1303, 1314, 1321**

日本，广岛　**461**

日本，静冈，阿塔米温泉　**464**

日本，靠近汤加　**1873~1875, 1890**

日本，鹿儿岛县，屋久岛-新曾根　**1269**

日本，日本水域　**155, 163, 166, 180, 181, 233, 238, 349, 385~387, 662, 731, 784, 785, 825, 911, 1131, 1182, 1236~1238, 1244, 1250~1254, 1272, 1280, 1301, 1335, 1342, 1343, 1346, 1347, 1349, 1354~1356, 1422, 1522~1524, 1597, 1632~1634, 1638, 1639, 1644, 1646, 1647, 1652, 1653, 1658, 1666, 1667, 1713, 1714, 1731, 1736, 1860~1863, 1924**

日本海　**476**

日本海，彼得大帝湾，俄罗斯　**1753~1755, 1768, 1769, 1772~1775, 1783**

日本海，俄罗斯特罗伊萨湾　**1779~1782**

沙特阿拉伯，吉达市　**291, 297, 299**

泰国　**78, 615, 1362, 1365, 1582, 1583, 1621**

泰国，谷迪岛　**1849, 1853**

泰国，喀比府，皮皮岛　**102, 103**

泰国，普吉府，泰国南部　**1852, 1910, 1911**

泰国，斯米兰群岛，安达曼海　**1642, 1660, 1670, 1675, 1676, 1712**

以色列，海法，Sdot-Yam　**204, 216**

印度，阿拉伯海，维津詹姆海岸　**1830, 1831**

印度，安得拉邦　**1847, 1848, 1850, 1851**

印度，安得拉邦，戈达瓦里河口　**1845, 1846**

印度，果阿，格兰迪岛　**1254, 1293**

印度，卡瓦拉蒂岛，拉克沙群岛　**864**

印度，泰米尔纳德邦，杜蒂戈林海岸，印度洋　**1056**

印度，印度南部　**308**

印度尼西亚　**76, 139, 226, 230, 311, 314, 422, 574, 828~834, 938, 939, 1111~1114, 1462**

印度尼西亚，布顿岛，巴务巴务　**2072**

印度尼西亚，普劳，巴拉格娄坡岛　**1707**

印度尼西亚，苏拉威西　**1688~1690**

印度尼西亚，香格拉齐岛　**1475~1482**

印度水域　**292, 1324, 1642, 1652, 1903, 2075, 2143**

印度洋　**1057**

印度洋，安达曼和尼科巴群岛 827, 927, 1439
印太地区 320, 1732
远东 1776~1778
越南 559, 654, 1733, 1739
越南，庆和省，康和湾 1304, 1305
越南，岘港，海云山口 689
越南，芽庄湾 742, 743
中国，大连海岸，渤海 1756, 1803~1809, 1819
中国，福建，平潭岛 270
中国，福建，厦门 147~151
中国，广东，湛江 1824~1826
中国，广西 380, 393, 537~542
中国，广西，北部湾 803~807, 823, 824, 841, 914, 915, 1008, 1070~1074, 1083, 1117
中国，广西，涠洲岛 97, 98, 222, 1444, 1445, 1451, 1452
中国，广西，涠洲珊瑚礁 86, 99, 100, 110, 112, 714
中国，海南，东罗岛 62, 74, 244, 245, 557, 730
中国，海南，梅山岛 1008
中国，海南，三亚 1110, 1855~1858, 1990~1993, 2179~2181
中国，海南，三亚湾 684~688, 734, 737, 738, 1426, 1439
中国，海南，文昌 218, 219, 2068, 2069
中国，海南，西瑁岛，南海 728, 729
中国，海南，亚龙湾 767, 768, 1357, 1358, 1364
中国，海南岛 275~279, 319, 483~485, 1750, 1752, 1810~1812, 1815, 1816, 1829, 1864, 1865~1872, 1883, 1884, 1887~1889
中国，黄海，日向礁 1175~1179, 1558~1562, 1726
中国，辽宁，大连 198
中国，南海，东沙群岛 67, 548, 576~578, 581~583, 606, 607, 611~613, 630, 660, 661, 697~711, 769, 770, 873, 874, 929~938
中国，南海，海南岛 664~670, 672, 680
中国，南海，西沙群岛 1140~1142, 1144, 1337~1340, 1344, 1345, 1352~1355, 1367, 1369, 1977, 1978, 1981, 1983, 2042~2045
中国，山东，威海，荣城 255
中国台湾，东沙环礁 2012, 2013
中国台湾，垦丁县 569, 571~573
中国台湾，垦丁县最南端，南湾 971, 1007
中国台湾，兰花岛 963~966
中国台湾，绿岛 182, 183, 185~188, 282, 1191, 1266~1268, 1270, 1288
中国台湾，南台湾外海 967, 968
中国台湾，澎湖列岛 865~870, 888~891, 905
中国台湾，澎湖列岛，商陆暗礁 847~858
中国台湾，澎湖列岛，商陆岛外海 851, 859~863, 905
中国台湾，澎湖列岛外海 800, 801, 892~899, 906, 909, 912, 913, 925~927, 928
中国台湾，澎湖列岛沿岸 871, 872, 925, 927
中国台湾，屏东县 584~586, 659~661, 673~678, 997~1006, 1015, 1123
中国台湾，台东县 184, 590, 595, 608, 609, 621, 730, 741, 744, 746, 747, 1046~1049, 1085~1087, 1420, 1636, 1640, 1655, 1657, 1661, 1670, 1710, 1711
中国台湾，台东县，三仙台 549, 562, 563, 610
中国台湾，台湾北部海岸 239~242
中国台湾，台湾东北部 648~653, 690
中国台湾，台湾东南部 1265
中国台湾，台湾南部 117, 192
中国台湾，台湾南部海岸 229, 587, 631~633
中国台湾，台湾水域 104~109, 156, 157, 161, 394, 419, 436, 547, 561, 565~568, 570, 574, 575, 594, 655, 712, 725~727, 778, 835, 836, 838~840, 890, 895, 1011~1026, 1031~1045, 1075~1079, 1081, 1084, 1087~1095, 1107, 1109, 1148~1150, 1152, 1159, 1160, 1184~1190, 1259~1264, 1319, 1436, 1519, 2129~2131
中国台湾，小琉球岛 122
中国，天津，渤海湾 214, 215
中国，浙江，舟山群岛 1631
中国，中国水域 101, 111, 113, 201, 217, 1885, 1907, 1908, 2055, 2056

大洋洲

澳大利亚 46, 69, 70, 71, 85, 252~254, 520, 620, 955~959, 1333, 1427, 1428, 1492, 1503, 1577~1581, 2081, 2119, 2141
澳大利亚，大澳大利亚湾 237
澳大利亚，大堡礁 37, 92, 260, 300, 301, 558, 1124~1126, 1203~1205, 1207~1209, 1241~1243, 1245, 1247~1249, 1323, 1349, 1528, 1530, 1536, 1678, 1963, 1964, 2010
澳大利亚，大堡礁，鲍登礁 616, 718, 1311, 1312, 1320, 1324, 1325
澳大利亚，大堡礁，凯尔索礁 194
澳大利亚，大堡礁，佩罗鲁斯岛北岸 1528, 1530, 1536, 1555~1557
澳大利亚，昆士兰 1593, 1595, 1596
澳大利亚，昆士兰，凯尔索礁 1193, 1194, 1239, 1240, 1246
澳大利亚，昆士兰，汤斯维尔地区 182
澳大利亚，昆士兰，肖岛 1924
澳大利亚，朗斯代尔角 3, 4
澳大利亚，塔斯马尼亚，巴斯海峡 1502
澳大利亚，塔斯马尼亚，猎人岛 1952~1954

欧洲

非洲

美洲

太平洋

大西洋

南北极地区